SISTEMAS DIGITAIS
princípios e aplicações
12ª EDIÇÃO

SISTEMAS DIGITAIS
princípios e aplicações
12ª EDIÇÃO

NEAL S. WIDMER
Purdue University

GREGORY L. MOSS
Purdue University

RONALD J. TOCCI
Monroe Community College

Tradução
Sérgio Nascimento

Revisão técnica
Renato Giacomini
Professor titular do Centro Universitário FEI.
Mestre e doutor em Engenharia Elétrica pela
Escola Politécnica da USP.

Copyright © 2017 by Pearson Education, Inc. or its affiliates.
©2019 by Pearson Education do Brasil Ltda.

Todos os direitos reservados. Nenhuma parte desta publicação poderá ser reproduzida ou transmitida de qualquer modo ou por qualquer outro meio, eletrônico ou mecânico, incluindo fotocópia, gravação ou qualquer outro tipo de sistema de armazenamento e transmissão de informação, sem prévia autorização por escrito da Pearson Education do Brasil.

VICE-PRESIDENTE DE EDUCAÇÃO	Juliano Costa
GERENTE DE PRODUTOS	Alexandre Mattioli
SUPERVISORA DE PRODUÇÃO EDITORIAL	Silvana Afonso
COORDENADOR DE PRODUÇÃO EDITORIAL	Jean Xavier
EDIÇÃO	Karina Ono
ESTAGIÁRIO	Rodrigo Orsi
PREPARAÇÃO	Érica Alvim
REVISÃO	Renata Gonçalves
CAPA	Natália Gaio
	(Imagem de capa: Robert Lucian Crusitu/Shutterstock)
DIAGRAMAÇÃO E PROJETO GRÁFICO	Casa de Ideias
Impresso no Brasil por	Docuprint DCPT 224011

Dados Internacionais de Catalogação na Publicação (CIP)
(Câmara Brasileira do Livro, SP, Brasil)

Widmer, Neal S.
 Sistemas digitais : princípios e aplicações / Neal S. Widmer, Gregory L. Moss, Ronald J. Tocci ; [tradução Sérgio Nascimento]. -- São Paulo : Pearson Education do Brasil, 2018.

 Título original: Digital systems : principles and applications
 12. ed. americana.
 ISBN 978-85-430-2501-8

 1. Circuitos lógicos 2. Computadores 3. Eletrônica digital I. Moss, Gregory L. II. Tocci, Ronald J. III. Título.

18-22136   CDD-621.381

Índice para catálogo sistemático:
1. Sistemas digitais : Engenharia eletrônica : Tecnologia 621.381

Maria Paula C. Riyuzo - Bibliotecária - CRB-8/7639

Direitos exclusivos cedidos à
Pearson Education do Brasil Ltda.,
uma empresa do grupo Pearson Education
Av. Francisco Matarazzo, 1400,
7º andar, Edifício Milano
CEP 05033-070 - São Paulo - SP - Brasil
Fone: 19 3743-2155
pearsonuniversidades@pearson.com

Distribuição
Grupo A Educação
www.grupoa.com.br
Fone: 0800 703 3444

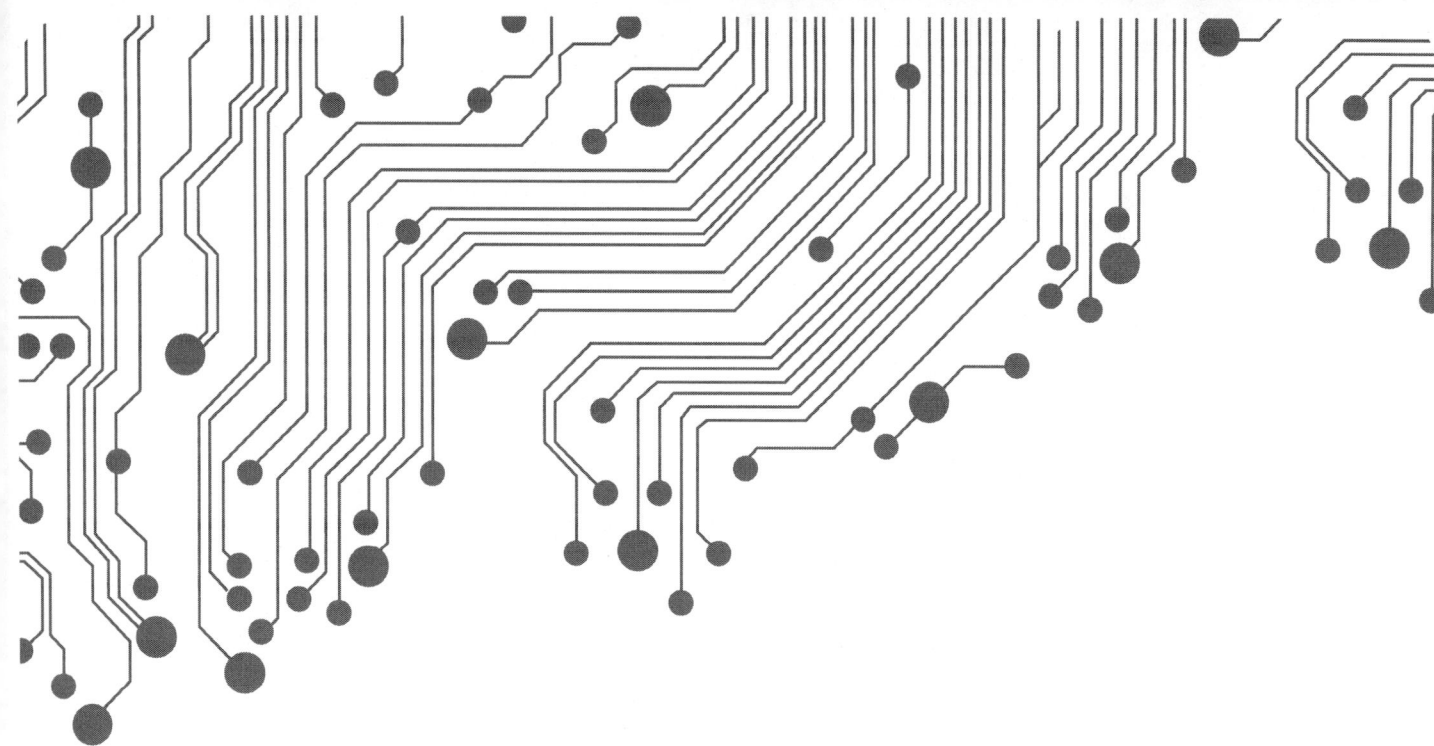

SUMÁRIO

PREFÁCIO XIII

CAPÍTULO 1 CONCEITOS INTRODUTÓRIOS 1

1.1 **INTRODUÇÃO A 1s E 0s DIGITAIS** 3

1.2 **SINAIS DIGITAIS** 8
Necessidade de estipular o tempo 9
Altos e baixos ao longo do tempo 10
Periódico/não periódico 11
Período/frequência 11
Ciclo de trabalho 11
Transições 11
Limites/eventos 12

1.3 **CIRCUITOS LÓGICOS E TECNOLOGIA ENVOLVIDA** 13
Circuitos lógicos 13
Circuitos digitais integrados 13

1.4 **REPRESENTAÇÕES NUMÉRICAS** 14
Representações analógicas 15
Representações digitais 15

1.5 **SISTEMAS ANALÓGICOS E DIGITAIS** 17
Vantagens das técnicas digitais 17
Limitações das técnicas digitais 18

1.6 **SISTEMAS DE NUMERAÇÃO DIGITAL** 19
Sistema decimal 20
Contagem decimal 20
Sistema binário 21
Contagem binária 22

1.7 **REPRESENTAÇÃO DE SINAIS COM QUANTIDADES NUMÉRICAS** 24

1.8 **TRANSMISSÕES PARALELA E SERIAL** 26

1.9 **MEMÓRIA** 27

1.10 **COMPUTADORES DIGITAIS** 28
Principais partes de um computador 29
Tipos de computadores 30
Memória 31
Progresso digital hoje e amanhã 32

CAPÍTULO 2 SISTEMAS DE NUMERAÇÃO E CÓDIGOS 37

2.1 **CONVERSÕES DE BINÁRIO PARA DECIMAL** 39

2.2 **CONVERSÕES DE DECIMAL PARA BINÁRIO** 40
Faixa de contagem 42

2.3 **SISTEMA DE NUMERAÇÃO HEXADECIMAL** 42
Conversão de hexa em decimal 43
Conversão de decimal em hexa 44
Conversão de hexa em binário 45
Conversão de binário em hexa 45
Contagem em hexadecimal 45
Vantagens do sistema hexa 45
Resumo sobre as conversões 46

2.4 **CÓDIGO BCD** 47
Código decimal codificado em binário 47
Comparação entre BCD e binário 48

2.5 **CÓDIGO GRAY** 50
Codificadores de quadratura 51

2.6 **RELAÇÕES ENTRE AS REPRESENTAÇÕES NUMÉRICAS** 52

2.7 **BYTE, NIBBLE E PALAVRA** 53

Bytes **53**
Nibbles **54**
Palavras (*words*) **55**

2.8 CÓDIGOS ALFANUMÉRICOS 55
Código ASCII **55**

2.9 MÉTODO DE PARIDADE PARA DETECÇÃO DE ERROS 57
Bit de paridade **58**
Correção de erros **60**

2.10 APLICAÇÕES 61

CAPÍTULO 3 DESCRIÇÃO DOS CIRCUITOS LÓGICOS 69

3.1 CONSTANTES E VARIÁVEIS BOOLEANAS 72

3.2 TABELAS-VERDADE 73

3.3 OPERAÇÃO OR COM PORTA OR 75
Porta OR **76**
Resumo da operação OR **76**

3.4 OPERAÇÃO AND COM PORTA AND 79
Porta AND **80**
Resumo da operação AND **81**

3.5 OPERAÇÃO NOT 83
Circuito NOT (INVERSOR) **83**
Resumo das operações booleanas **84**

3.6 DESCRIÇÃO DOS CIRCUITOS LÓGICOS ALGEBRICAMENTE 85
Precedência de operador **85**
Circuitos que contêm INVERSORES **86**

3.7 AVALIAÇÃO DAS SAÍDAS DOS CIRCUITOS LÓGICOS 87
Análise com o uso de uma tabela **88**

3.8 IMPLEMENTAÇÃO DE CIRCUITOS A PARTIR DE EXPRESSÕES BOOLEANAS 90

3.9 PORTAS NOR E PORTAS NAND 91
Porta NOR **92**
Porta NAND **93**

3.10 TEOREMAS BOOLEANOS 95
Teoremas com mais de uma variável **97**

3.11 TEOREMAS DE DEMORGAN 99
Implicações dos teoremas de DeMorgan **101**

3.12 UNIVERSALIDADE DAS PORTAS NAND E NOR 103

3.13 REPRESENTAÇÕES ALTERNATIVAS PARA PORTAS LÓGICAS 106
Interpretação de símbolos lógicos **108**
Resumo **109**

3.14 QUE REPRESENTAÇÕES DE PORTA LÓGICA USAR 110
Qual diagrama de circuito deve ser usado? **111**
Inserção dos pequenos círculos **111**
Analisando circuitos **113**
Níveis de acionamento **114**
Identificação dos sinais lógicos ativos-em-BAIXO **115**
Identificação de sinais de dois estados **115**

3.15 ATRASO DE PROPAGAÇÃO 116

3.16 RESUMO DOS MÉTODOS PARA DESCREVER CIRCUITOS LÓGICOS 117

3.17 LINGUAGENS DE DESCRIÇÃO *VERSUS* LINGUAGENS DE PROGRAMAÇÃO 119
VHDL e AHDL **120**
Linguagens de programação **120**

3.18 IMPLEMENTAÇÃO DOS CIRCUITOS LÓGICOS EM PLDS 122

3.19 FORMATO E SINTAXE DO HDL 124

3.20 SINAIS INTERMEDIÁRIOS 127

CAPÍTULO 4 CIRCUITOS LÓGICOS COMBINACIONAIS 139

4.1 FORMA DE SOMA DE PRODUTOS 141
Produto de somas **142**

4.2 SIMPLIFICAÇÃO DE CIRCUITOS LÓGICOS 142

4.3 SIMPLIFICAÇÃO ALGÉBRICA 143

4.4 PROJETANDO CIRCUITOS LÓGICOS COMBINACIONAIS 148
Procedimento completo de projeto **150**

4.5 MÉTODO DO MAPA DE KARNAUGH 155
Formato do mapa de Karnaugh **155**
Agrupamento **157**
Agrupamento de dois quadros (pares) **157**
Agrupamento de quatro quadros (quartetos) **158**
Agrupamento de oito quadros (octetos) **159**
Processo completo de simplificação **159**
Preenchendo o mapa K a partir da expressão de saída **163**
Condições de irrelevância (*don't-care*) **164**
Resumo **166**

4.6 CIRCUITOS EXCLUSIVE-OR E EXCLUSIVE-NOR 166
Exclusive-OR (OU-Exclusivo) **167**
Exclusive-NOR (Não OU Exclusivo, também chamado de Coincidência) **168**

4.7 GERADOR E VERIFICADOR DE PARIDADE 172

4.8 CIRCUITOS PARA HABILITAR/DESABILITAR 174

4.9 CARACTERÍSTICAS BÁSICAS DE CIS DIGITAIS DE LEGADO 176
CIs digitais bipolares e unipolares **178**
Família TTL **180**
Família CMOS **180**
Alimentação e terra **181**
Faixas de tensão para os níveis lógicos **181**
Entradas não conectadas (flutuantes) **182**
Diagramas de conexão de circuitos lógicos **183**

4.10 ANÁLISE DE DEFEITOS EM SISTEMAS DIGITAIS 185

4.11 FALHAS INTERNAS DOS CIS DIGITAIS 186
Mau funcionamento do circuito interno do CI **187**
Entradas curto-circuitadas internamente com GND ou com a fonte de alimentação **187**
Saídas curto-circuitadas internamente com GND ou com a fonte de alimentação **187**
Circuito aberto nas entradas ou saídas **188**
Curto-circuito entre dois pinos **190**

4.12 FALHAS EXTERNAS 191
Linhas de sinal abertas **191**
Linhas de sinal em curto **192**
Falha na fonte de alimentação **192**
Carregamento da saída **193**

4.13 ANÁLISE DE DEFEITOS DE CIRCUITOS PROTOTIPADOS 195

4.14 DISPOSITIVOS LÓGICOS PROGRAMÁVEIS 200
Hardware de um PLD **201**
Programando um PLD **202**
Software de desenvolvimento **203**
Projeto e processo de desenvolvimento **205**

4.15 REPRESENTANDO DADOS EM HDL 208
Matrizes de bits/vetores de bits **209**
Objetos de dados VHDL **211**

4.16 TABELAS-VERDADE COM USO DE HDL 213

4.17 ESTRUTURAS DE CONTROLE DE DECISÃO EM HDL 216

IF/ELSE 217
ELSIF 221
CASE 224

CAPÍTULO 5 FLIP-FLOPS E DISPOSITIVOS RELACIONADOS 239

5.1 LATCH COM PORTAS NAND 242
Setando o latch (FF) 243
Resetando o latch (FF) 244
Setando e resetando simultaneamente 244
Resumo do latch NAND 244
Representações alternativas 245
Terminologia 246

5.2 LATCH COM PORTAS NOR 248
Estado do flip-flop quando energizado 250

5.3 ANÁLISE DE DEFEITOS EM ESTUDOS DE CASO 251

5.4 PULSOS DIGITAIS 252

5.5 SINAIS DE CLOCK E FLIP-FLOPS COM CLOCK 254
Flip-flops com clock 255
Tempos de setup (preparação) e hold (manutenção) 256

5.6 FLIP-FLOP S-R COM CLOCK 258
Circuito interno de um flip-flop S-R disparado por borda 260

5.7 FLIP-FLOP J-K COM CLOCK 261
Circuito interno de um flip-flop J-K disparado por borda 263

5.8 FLIP-FLOP D COM CLOCK 264
Implementação de um flip-flop D 265
Transferência de dados em paralelo 265

5.9 LATCH D (LATCH TRANSPARENTE) 266

5.10 ENTRADAS ASSÍNCRONAS 268
Designações para as entradas assíncronas 270

5.11 CONSIDERAÇÕES A RESPEITO DA TEMPORIZAÇÃO EM FLIP-FLOPS 272
Tempos de setup e hold 272
Atrasos de propagação 272
Frequência máxima de clock, $f_{MÁX}$ 272
Tempos de duração do pulso de clock nos níveis ALTO e BAIXO 273
Largura de pulsos assíncronos ativos 273
Tempos de transição do clock 273

5.12 PROBLEMAS POTENCIAIS DE TEMPORIZAÇÃO EM CIRCUITOS COM FFs 274

5.13 APLICAÇÕES COM FLIP-FLOPS 276

5.14 SINCRONIZAÇÃO DE FLIP-FLOPS 276

5.15 DETECTANDO UMA SEQUÊNCIA DE ENTRADA 278

5.16 DETECTANDO UMA TRANSIÇÃO OU "EVENTO" 279

5.17 ARMAZENAMENTO E TRANSFERÊNCIA DE DADOS 280
Transferência paralela de dados 281

5.18 TRANSFERÊNCIA SERIAL DE DADOS: REGISTRADORES DE DESLOCAMENTO 283
Exigência quanto ao tempo de hold 284
Transferência serial entre registradores 284
Operação de deslocamento para a esquerda 286
Transferência paralela *versus* serial 286

5.19 FREQUÊNCIA E CONTAGEM 287

Operação de contagem 288
Diagrama de transição de estados 289
Módulo do contador 289

5.20 APLICAÇÃO DE FLIP-FLOPS COM RESTRIÇÕES DE TEMPO 291
Problemas de tempo 295

5.21 APLICAÇÃO EM MICROCOMPUTADOR 298

5.22 DISPOSITIVOS SCHMITT-TRIGGER 300

5.23 MULTIVIBRADOR MONOESTÁVEL 302
Monoestável não redisparável 303
Monoestável redisparável 303
Dispositivos comerciais 304
Multivibrador monoestável 305

5.24 CIRCUITOS GERADORES DE CLOCK 305
Oscilador Schmitt-trigger 306
Temporizador 555 usado como multivibrador astável 306
Geradores de clock a cristal 308

5.25 ANÁLISE DE DEFEITOS EM CIRCUITOS COM FLIP-FLOP 309
Entradas abertas 309
Saídas em curto 311
Desalinhamento do clock 312

5.26 CIRCUITOS SEQUENCIAIS EM PLDS USANDO ENTRADA ESQUEMÁTICA 314

5.27 CIRCUITOS SEQUENCIAIS USANDO HDL 318
O latch D 321

5.28 DISPOSITIVOS DISPARADOS POR BORDA 322

5.29 CIRCUITOS EM HDL COM COMPONENTES MÚLTIPLOS 328

CAPÍTULO 6 ARITMÉTICA DIGITAL: OPERAÇÕES E CIRCUITOS 345

6.1 ADIÇÃO E SUBTRAÇÃO BINÁRIAS 347
Adição binária 347
Subtração binária 348

6.2 REPRESENTAÇÃO DE NÚMEROS COM SINAL 348
Forma do complemento de 1 349
Forma do complemento de 2 350
Representação de números com sinal usando complemento de 2 350
Extensão de sinal 352
Negação 352
Caso especial na representação de complemento de 2 353

6.3 ADIÇÃO NO SISTEMA DE COMPLEMENTO DE 2 356

6.4 SUBTRAÇÃO NO SISTEMA DE COMPLEMENTO DE 2 358
Overflow aritmético 359
Círculos de números e aritmética binária 360

6.5 MULTIPLICAÇÃO DE NÚMEROS BINÁRIOS 361
Multiplicação em sistema de complemento de 2 362

6.6 DIVISÃO BINÁRIA 362

6.7 ADIÇÃO BCD 363
Soma menor ou igual a 9 363
Soma maior do que 9 364
Subtração BCD 365

6.8 ARITMÉTICA HEXADECIMAL 365
Adição hexadecimal 366
Subtração hexadecimal 367

Representação hexadecimal de números com sinal 368
- 6.9 CIRCUITOS ARITMÉTICOS 368
  - Unidade lógica e aritmética 369
- 6.10 SOMADOR BINÁRIO PARALELO 370
- 6.11 PROJETO DE UM SOMADOR COMPLETO 372
  - Simplificação com o mapa K 374
  - Meio somador 374
- 6.12 SOMADOR PARALELO COMPLETO COM REGISTRADORES 375
  - Notação para registradores 376
  - Sequência de operações 377
- 6.13 PROPAGAÇÃO DO CARRY 378
- 6.14 SOMADOR PARALELO EM CIRCUITO INTEGRADO 379
  - Conexão em cascata de somadores paralelos 379
- 6.15 CIRCUITOS DE COMPLEMENTO DE 2 381
  - Adição 381
  - Subtração 382
  - Adição e subtração combinadas 383
- 6.16 CIRCUITO INTEGRADO ALU 384
  - A ALU 74LS382/74HC382 385
  - Expandindo a ALU 387
  - Outras ALUs 388
- 6.17 ANÁLISE DE DEFEITOS EM ESTUDO DE CASO 388
- 6.18 USANDO FUNÇÕES DA BIBLIOTECA ALTERA 390
  - LPMs de megafunção para circuitos aritméticos 391
  - Usando um somador paralelo para contar 394
- 6.19 OPERAÇÕES LÓGICAS EM VETORES DE BITS COM HDLS 397
- 6.20 SOMADORES EM HDL 399
- 6.21 PARAMETRIZANDO A CAPACIDADE EM BITS DE UM CIRCUITO 400

CAPÍTULO 7 CONTADORES E REGISTRADORES 413

- 7.1 CONTADORES ASSÍNCRONOS 415
  - Fluxo do sinal 416
  - Número de módulo 417
  - Divisão de frequência 417
  - Ciclo de trabalho 419
- 7.2 ATRASO DE PROPAGAÇÃO EM CONTADORES ASSÍNCRONOS 419
- 7.3 CONTADORES SÍNCRONOS (PARALELOS) 422
  - Operação do circuito 422
  - Vantagem dos contadores síncronos sobre os assíncronos 424
  - CIs comerciais 424
- 7.4 CONTADORES COM NÚMEROS MOD < 2^N 425
  - Diagrama de transição de estados 427
  - Mostrando os estados do contador 427
  - Alterando o número MOD 429
  - Procedimento geral 429
  - Contadores decádicos/contadores BCD 431
- 7.5 CONTADORES SÍNCRONOS DECRESCENTES E CRESCENTES/DECRESCENTES 432
- 7.6 CONTADORES COM CARGA PARALELA 435
  - Carga síncrona 436
- 7.7 CIRCUITOS INTEGRADOS DE CONTADORES SÍNCRONOS 437
  - As séries 74ALS160-163/74HC160-163 437
  - As séries 74ALS190-191/74HC190-191 441
  - Contador de múltiplos estágios 446
- 7.8 DECODIFICANDO UM CONTADOR 447
  - Decodificação ativa em nível ALTO 448
  - Decodificação ativa em nível BAIXO 450
  - Decodificação de um contador BCD 450
- 7.9 ANÁLISE DE CONTADORES SÍNCRONOS 451
- 7.10 PROJETO DE CONTADORES SÍNCRONOS 455
  - Ideia básica 456
  - Tabela de excitação J-K 456
  - Procedimento de projeto 457
  - Controle de um motor de passo 461
  - Projeto de contador síncrono com FFs D 463
- 7.11 FUNÇÕES DE BIBLIOTECA ALTERA PARA CONTADORES 465
- 7.12 CONTADORES BÁSICOS USANDO HDL 470
  - Métodos de descrição de transição de estado 471
  - Descrição comportamental 474
  - Simulação de contadores básicos 476
  - Contadores com recursos completos em HDL 477
  - Simulação de contador com recursos completos 481
- 7.13 CONECTANDO MÓDULOS EM HDL 483
  - Contador BCD de MOD-100 487
- 7.14 MÁQUINAS DE ESTADO 492
  - Simulação de máquinas de estado 496
  - Máquina de estado de semáforo 496
  - Escolhendo técnicas de codificação HDL 503
- 7.15 TRANSFERÊNCIA DE DADOS EM REGISTRADORES 505
- 7.16 REGISTRADORES DE CIS 506
  - Entrada paralela/saída paralela – O 74ALS174/74HC174 506
  - Entrada serial/saída serial — O 74ALS166/74HC166 508
  - Entrada paralela/saída serial — O 74ALS165/74HC165 510
  - Entrada serial/saída paralela — O 74ALS164/74HC164 512
- 7.17 CONTADORES COM REGISTRADORES DE DESLOCAMENTO 514
  - Contador em anel 514
  - Partida de contador em anel 515
  - Contador Johnson 516
  - Decodificando um contador Johnson 517
  - Contadores com registradores de deslocamento de CIs 518
- 7.18 ANÁLISE DE DEFEITOS 519
- 7.19 REGISTRADORES DE MEGAFUNÇÃO 522
- 7.20 REGISTRADORES EM HDL 525
- 7.21 CONTADORES EM ANEL EM HDL 532
- 7.22 MONOESTÁVEIS EM HDL 535
  - Simulação de monoestáveis não redisparáveis 537
  - Monoestáveis redisparáveis disparados por borda em HDL 538
  - Simulação de monoestáveis redisparáveis disparados por borda 541

CAPÍTULO 8 FAMÍLIAS LÓGICAS DE CIRCUITOS INTEGRADOS 561

- 8.1 TERMINOLOGIA DE CIs DIGITAIS 563
  - Parâmetros de corrente e tensão (Figura 8.1) 564
  - Fan-out 564
  - Atrasos de propagação 565
  - Requisitos de potência 565

Imunidade ao ruído 566
Níveis de tensão inválidos 568
Ação de fornecimento de corrente e de absorção de corrente 569
Encapsulamentos de CIs 569

8.2 A FAMÍLIA LÓGICA TTL 573
Operação do circuito — estado BAIXO 574
Operação do circuito — estado ALTO 575
Ação de absorção de corrente 576
Ação de fornecimento de corrente 577
Circuito de saída totem pole 577
Porta NOR TTL 577
Resumo 577

8.3 ESPECIFICAÇÕES TÉCNICAS (DATA SHEETS) PARA TTL 578
Faixas de tensão de alimentação e de temperatura 580
Níveis de tensão 580
Faixas máximas de tensão 581
Dissipação de potência 581
Atrasos de propagação 581

8.4 CARACTERÍSTICAS DA SÉRIE TTL 582
TTL padrão, série 74 582
TTL Schottky, série 74S 583
TTL Schottky de baixa potência, série 74LS (LS-TTL) 584
TTL Schottky avançada, série 74AS (AS-TTL) 584
TTL Schottky avançada de baixa potência, série 74ALS 584
TTL fast — 74F 584
Comparação das características das séries TTL 584

8.5 FAN-OUT E ACIONAMENTO DE CARGA PARA TTL 586
Determinando o fan-out 587

8.6 OUTRAS CARACTERÍSTICAS DE TTL 591
Entradas desconectadas (flutuando) 591
Entradas não utilizadas 591
Entradas conectadas 592
Colocando entradas TTL em nível baixo 593
Transientes de corrente 594

8.7 TECNOLOGIA MOS 595
O MOSFET 596
Chave MOSFET básica 597

8.8 LÓGICA MOS COMPLEMENTAR 599
Inversor CMOS 599
Porta NAND CMOS 600
Porta NOR CMOS 600
FF SET-RESET CMOS 602

8.9 CARACTERÍSTICAS DA SÉRIE CMOS 602
Série 4000/14000 602
74HC/HCT (CMOS de alta velocidade) 603
74AC/ACT (CMOS avançada) 603
74AHC/AHCT (CMOS avançada de alta velocidade) 603
Lógica BiCMOS de 5 V 604
Tensão de alimentação 604
Níveis de tensão lógicos 604
Margens de ruído 605
Dissipação de potência 605
Dissipação de potência (P_D) aumenta com a frequência 605
Fan-out 606
Velocidade de comutação 607
Entradas não usadas 607
Sensibilidade à eletricidade estática 607
Latch-up 608

8.10 TECNOLOGIA DE BAIXA TENSÃO 609
Família CMOS 610
Família BiCMOS 611

8.11 SAÍDAS DE COLETOR ABERTO E DE DRENO ABERTO 612
Saídas de coletor e de dreno abertos 614
Buffers/drivers de coletor aberto e de dreno aberto 616
Símbolo IEEE/ANSI para saída de coletor e dreno abertos 617

8.12 SAÍDAS LÓGICAS TRISTATE (TRÊS ESTADOS) 618
Vantagem do tristate 618
Buffers tristate 619
CIs tristate 620
Símbolo IEEE/ANSI para saídas tristate 621

8.13 INTERFACE LÓGICA DE BARRAMENTO DE ALTA VELOCIDADE 621

8.14 PORTA DE TRANSMISSÃO CMOS (CHAVE BILATERAL) 623

8.15 INTERFACEAMENTO DE CIs 626
TTL e CMOS em interface de 5 V 627
CMOS acionando TTL 628
CMOS acionando TTL no estado ALTO 629
CMOS acionando TTL no estado BAIXO 629

8.16 INTERFACEAMENTO COM TENSÃO MISTA 630
Saídas de baixa tensão acionando cargas de alta tensão 630
Saídas de alta tensão acionando cargas de baixa tensão 631

8.17 COMPARADORES DE TENSÃO ANALÓGICOS 632

8.18 ANÁLISE DE DEFEITOS 634
Usando um pulsador lógico e uma ponta de prova para testar um circuito 635
Descobrindo pontos do circuito em curto 635

8.19 CARACTERÍSTICAS DE UM FPGA 636
Tensão de fonte de alimentação 637
Níveis de tensão lógica 637
Dissipação de energia 638
Tensão de entrada máxima e classificações de corrente de saída 638
Velocidade de chaveamento 638

CAPÍTULO 9 CIRCUITOS LÓGICOS MSI 653

9.1 DECODIFICADORES 654
Entradas ENABLE (HABILITAÇÃO) 655
Decodificadores BCD para decimal 659
Decodificador/driver BCD para decimal 660
Aplicações de decodificadores 660

9.2 DECODIFICADORES/DRIVERS BCD PARA 7 SEGMENTOS 662
Displays de LEDs anodo comum *versus* catodo comum 664

9.3 DISPLAYS DE CRISTAL LÍQUIDO 665
Acionando um LCD 666
Tipos de LCDs 667

9.4 CODIFICADORES 669
Codificadores de prioridades 670
Codificador de prioridade decimal para BCD 74147 671
Codificador de chaves 672

- 9.5 ANÁLISE DE DEFEITOS 676
- 9.6 MULTIPLEXADORES (SELETORES DE DADOS) 678
  - Multiplexador básico de duas entradas 679
  - Multiplexador de quatro entradas 679
  - Multiplexador de oito entradas 680
  - MUX quádruplo de duas entradas (74ALS157/HC157) 682
- 9.7 APLICAÇÕES DE MULTIPLEXADORES 684
  - Roteamento de dados 684
  - Conversão paralelo em série 685
  - Sequenciamento de operações 686
  - Geração de funções lógicas 688
- 9.8 DEMULTIPLEXADORES (DISTRIBUIDORES DE DADOS) 689
  - Demultiplexador de 1 para 8 linhas 690
  - Sistema de monitoração de segurança 692
  - Sistema síncrono de transmissão de dados 693
  - Multiplexação por divisão de tempo 697
- 9.9 MAIS ANÁLISE DE DEFEITOS 699
- 9.10 COMPARADOR DE MAGNITUDE 702
  - Entradas de dados 702
  - Saídas 704
  - Entradas de cascateamento 704
  - Aplicações 706
- 9.11 CONVERSORES DE CÓDIGO 707
  - Ideia básica 707
  - Processo de conversão 708
  - Implementação do circuito 709
  - Implementação de outros conversores de códigos 711
- 9.12 BARRAMENTO DE DADOS 711
- 9.13 O REGISTRADOR TRISTATE 74ALS173/HC173 713
- 9.14 OPERAÇÃO DE BARRAMENTO DE DADOS 715
  - Operação de transferência de dados 716
  - Sinais do barramento 716
  - Diagrama simplificado de tempo de barramento 718
  - Expandindo o barramento 719
  - Representação simplificada de barramento 720
  - Barramento bidirecional 721
- 9.15 DECODIFICADORES USANDO HDL 723
- 9.16 DECODIFICADOR/DRIVER HDL PARA 7 SEGMENTOS 726
- 9.17 CODIFICADORES USANDO HDL 730
- 9.18 MULTIPLEXADORES E DEMULTIPLEXADORES EM HDL 734
- 9.19 COMPARADORES DE MAGNITUDE EM HDL 737
- 9.20 CONVERSORES DE CÓDIGO EM HDL 739

CAPÍTULO 10 PROJETOS DE SISTEMA DIGITAL USANDO HDL 759

- 10.1 GERENCIAMENTO DE PEQUENOS PROJETOS 760
  - Definição 761
  - Planejamento estratégico/decomposição do problema 761
  - Síntese e teste 761
  - Integração do sistema e testes 762
- 10.2 PROJETO DE ACIONADOR DE MOTOR DE PASSO 762
  - Definição do problema 763
  - Planejamento estratégico/decomposição de problema 764
  - Síntese e testes 765
- 10.3 PROJETO DE CODIFICADOR PARA TECLADO NUMÉRICO 770
  - Análise do problema 771
  - Planejamento estratégico/decomposição do problema 773
- 10.4 PROJETO DE RELÓGIO DIGITAL 778
  - Projeto hierárquico top-down 780
  - Construindo os blocos de baixo para cima (*bottom up*) 783
  - Projeto do contador de MOD-12 786
  - Combinando blocos graficamente 790
  - Combinando blocos usando apenas HDL 791
- 10.5 PROJETO DE FORNO DE MICRO-ONDAS 796
  - Definição do projeto 796
  - Planejamento estratégico/decomposição do problema 798
  - Síntese/integração e testes 802
- 10.6 PROJETO DE FREQUENCÍMETRO 803

CAPÍTULO 11 INTERFACE COM O MUNDO ANALÓGICO 813

- 11.1 REVISÃO DE DIGITAL *VERSUS* ANALÓGICO 814
- 11.2 CONVERSÃO DIGITAL-ANALÓGICA 816
  - Saída analógica 818
  - Pesos de entrada 818
  - Resolução (tamanho do degrau) 819
  - Resolução percentual 820
  - O que significa resolução? 821
  - DACs bipolares 823
- 11.3 CIRCUITOS DAC 823
  - Precisão da conversão 825
  - DAC com saída em corrente 825
  - Rede R/2R 827
- 11.4 ESPECIFICAÇÕES DE DACS 829
  - Resolução 829
  - Precisão 829
  - Erro de offset 830
  - Tempo de estabilização 830
  - Monotonicidade 831
- 11.5 UM CIRCUITO INTEGRADO DAC 831
- 11.6 APLICAÇÕES DE DACS 832
  - Controle 832
  - Teste automático 832
  - Reconstrução de sinais 833
  - Conversão A/D 833
  - Controle de amplitude digital 833
  - DACs seriais 833
- 11.7 ANÁLISE DE DEFEITOS EM DACS 834
- 11.8 CONVERSÃO ANALÓGICO-DIGITAL 835
- 11.9 ADC DE RAMPA DIGITAL 837
  - Precisão e resolução de A/D 839
  - Tempo de conversão, t_C 840
- 11.10 AQUISIÇÃO DE DADOS 842
  - Reconstruindo um sinal digitalizado 843
  - Falseamento 845
  - ADCs seriais 846
- 11.11 ADC DE APROXIMAÇÕES SUCESSIVAS 846
  - Tempo de conversão 848
  - Um CI comercial: o ADC de aproximações sucessivas

ADC0804 849
11.12 **ADCs FLASH** 854
Tempo de conversão 856
11.13 **OUTROS MÉTODOS DE CONVERSÃO A/D** 857
ADC de rampa dupla 857
ADC de tensão-frequência 858
Modulação sigma/delta 859
ADC com pipeline 862
11.14 **ARQUITETURAS TÍPICAS PARA APLICAÇÕES DE ADCS** 863
11.15 **CIRCUITOS DE AMOSTRAGEM E RETENÇÃO** 863
11.16 **MULTIPLEXAÇÃO** 865
11.17 **PROCESSAMENTO DIGITAL DE SINAIS (DSP)** 866
Filtragem digital 867
11.18 **APLICAÇÕES DE INTERFACEAMENTO ANALÓGICO** 870
Sistemas de aquisição de dados 870
Câmera digital 871
Telefone celular digital 872

CAPÍTULO 12 DISPOSITIVOS DE MEMÓRIA 885

12.1 **TERMINOLOGIA DE MEMÓRIAS** 887
12.2 **OPERAÇÃO GERAL DA MEMÓRIA** 891
Entradas de endereço 892
A entrada $\overline{WE}$ 892
Habilitação de saída (OE, do inglês, *output enable*) 893
Habilitação da memória 893
12.3 **CONEXÕES CPU-MEMÓRIA** 895
12.4 **MEMÓRIA DE APENAS LEITURA** 897
Diagrama em bloco de uma ROM 897
A operação de leitura 898
12.5 **ARQUITETURA DA ROM** 899
Matriz de registradores 900
Decodificadores de endereço 900
Buffers de saída 900
12.6 **TEMPORIZAÇÃO DA ROM** 901
12.7 **TIPOS DE ROMS** 903
ROM programada por máscara 903
ROMs programáveis (PROMs) 906
ROM programável e apagável (EPROM, do inglês, *erasable programmable ROM*) 907
PROM apagável eletricamente (EEPROM, do inglês, *electrically erasable PROM*) 908
12.8 **MEMÓRIA FLASH** 910
Um CI de memória flash CMOS típico 911
Tecnologia flash: NOR e NAND 912
12.9 **APLICAÇÕES DAS ROMs** 915
Memória de programa de microcontrolador dedicado 915
Transferência de dados e portabilidade 916
Memória *bootstrap* 916
Tabelas de dados 916
Conversor de dados 917
Gerador de funções 917
12.10 **RAM SEMICONDUTORA** 918
12.11 **ARQUITETURA DA RAM** 918
Operação de leitura 919
Operação de escrita 920
Seleção do chip 920
Pinos comuns de entrada e saída 920
12.12 **RAM ESTÁTICA (SRAM)** 921
Temporização de uma RAM estática 922
Ciclo de leitura 923
Ciclo de escrita 924
12.13 **RAM DINÂMICA (DRAM)** 925
12.14 **ESTRUTURA E OPERAÇÃO DA RAM DINÂMICA** 926
Multiplexação de endereço 928
12.15 **CICLOS DE LEITURA/ESCRITA DA DRAM** 931
Ciclo de leitura de uma DRAM 932
Ciclo de escrita de uma DRAM 932
12.16 **REFRESH DA DRAM** 933
12.17 **TECNOLOGIA DA DRAM** 936
Módulos de memória 936
DRAM FPM 937
DRAM EDO 937
SDRAM 937
DDRSDRAM 937
12.18 **OUTRAS TECNOLOGIAS DE MEMÓRIA** 938
Armazenamento magnético 938
Memória ótica 940
RAM de mudança de fase (PRAM, do inglês, *phase change RAM*) 940
RAM ferroelétrica (FRAM, do inglês, *ferroelectric RAM*) 941
12.19 **EXPANSÃO DO TAMANHO DA PALAVRA E DA CAPACIDADE** 941
Expansão do tamanho da palavra 941
Expansão da capacidade 944
Decodificação incompleta de endereço 947
Combinando chips de DRAM 948
12.20 **FUNÇÕES ESPECIAIS DA MEMÓRIA** 950
Memória cache 950
Memória primeiro a entrar, primeiro a sair (FIFO, do inglês, *first-in, first-out memory*) 951
Buffer circular 952

CAPÍTULO 13 ARQUITETURAS DE DISPOSITIVOS LÓGICOS PROGRAMÁVEIS 963

13.1 **ÁRVORE DAS FAMÍLIAS DE SISTEMAS DIGITAIS** 965
Mais sobre PLDs 967
13.2 **PRINCÍPIOS FUNDAMENTAIS DOS CIRCUITOS DE PLDs** 971
Simbologia de PLDs 972
13.3 **ARQUITETURAS DE PLDs** 974
PROMs 974
Lógica de arranjo programável (PAL) 976
Arranjo lógico programável em campo (FPLA) 978
Arranjo de lógica genérico (GAL) 978
13.4 **AS FAMÍLIAS ALTERA MAX E MAX II** 979
13.5 **GERAÇÕES DE HCPLDs** 982

GLOSSÁRIO 987

RESPOSTAS PARA OS PROBLEMAS SELECIONADOS 1003

ÍNDICE DE CIs 1011

ÍNDICE 1015

A você, Cap, por me amar há tanto tempo e pelos milhões de modos pelos quais você torna mais brilhante a vida de todos com quem entra em contato.

RJT

À minha esposa e melhor amiga, Kris, que muito me ajudou nesta tarefa. Aos nossos filhos e seus parceiros: John e Brooke, Brad e Amber, Blake e Tashi, Matt e Tamara, Katie e Matthew; e nossos netos: Jersey, Judah e os dois que ainda não conhecemos, mas que estão por vir.

NSW

À minha crescente família, Marita, David, Ryan, Christy, Jeannie, Taylor, Micah, Brayden e Lorelei.

GLM

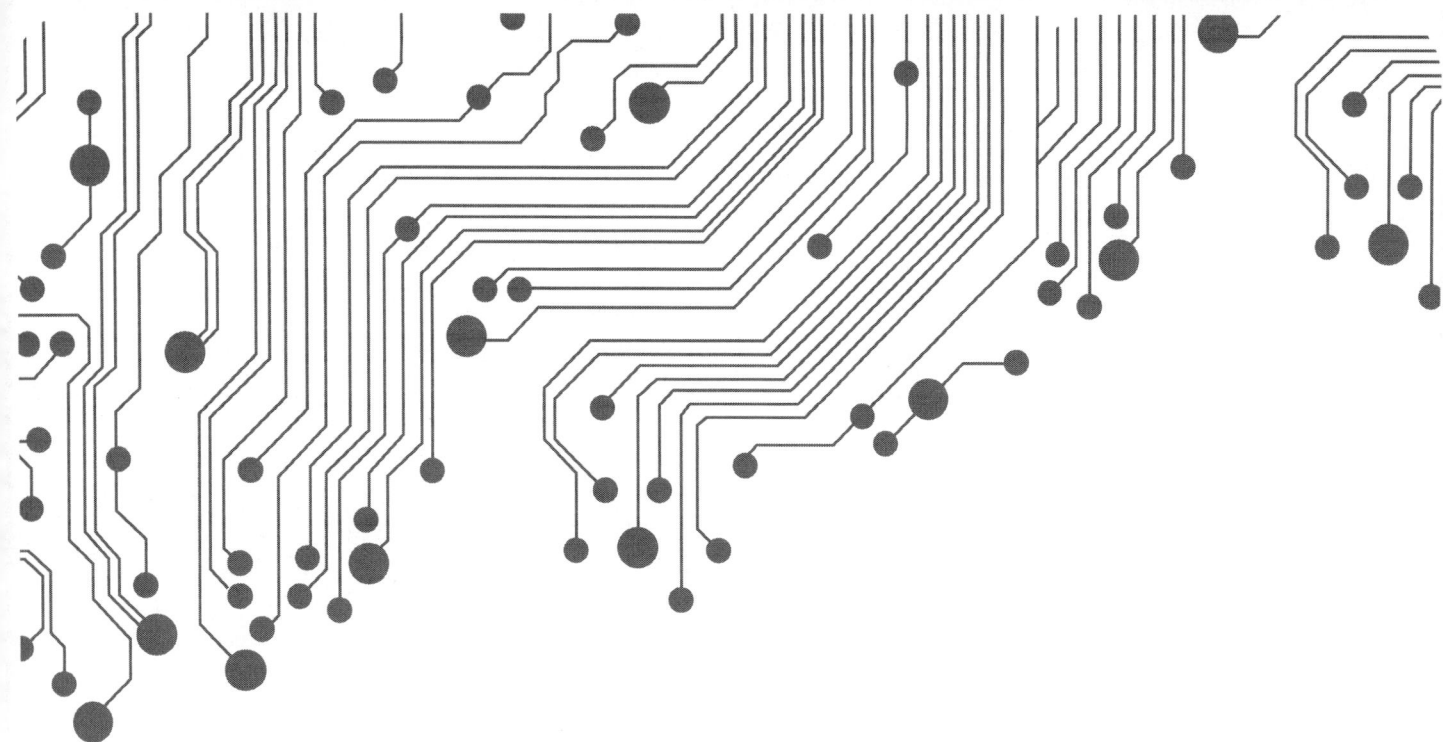

PREFÁCIO

Este livro consiste em um estudo abrangente de princípios e técnicas de sistemas digitais modernos. Ele ensina os princípios fundamentais dos sistemas digitais e trata de maneira ampla tanto dos métodos tradicionais de aplicação de projetos digitais e técnicas de desenvolvimento quanto dos modernos, abordando inclusive como gerenciar um projeto de sistema. Ele pode ser usado no ensino técnico e no superior, nas áreas de tecnologia, engenharia e ciência da computação. Embora alguma noção de eletrônica básica seja útil, a maior parte do material não requer esse tipo de conhecimento prévio. E pode-se pular trechos que tratam de conceitos de eletrônica sem afetar a compreensão dos princípios lógicos.

■ O QUE HÁ DE NOVO NESTA EDIÇÃO?

Na lista a seguir há um resumo das melhorias feitas nesta 12ª edição de *Sistemas digitais*. Mais detalhes podem ser encontrados na seção Alterações específicas, na página XVII.

- Cada *seção* agora tem uma pequena lista de objetivos.
- O Capítulo 1 foi amplamente revisado em resposta ao feedback dos usuários.
- Um novo material sobre análise de problemas de circuitos prototipados usando técnicas sistemáticas de isolamento de defeitos aplicados a circuitos lógicos digitais foi adicionado à Seção 4.13.
- Os codificadores de eixo em quadratura, usados para obter a posição absoluta do eixo, servem como um exemplo real de aplicações de flip-flop e limitações de tempo.

- Proporcionamos mais conteúdo a fim de explicar melhor o comportamento dos objetos de dados de VHDL e como eles são atualizados em processos sequenciais.
- Ao longo do texto, a tecnologia obsoleta foi excluída ou abreviada a fim de fornecer apenas conteúdo apropriado para sistemas modernos. Exemplos mais modernos são usados conforme necessário.
- Novos problemas foram inseridos e os problemas desatualizados foram removidos.

APERFEIÇOAMENTOS GERAIS

Na indústria dos tempos atuais, colocar rapidamente um produto no mercado é fundamental. O uso de ferramentas de projeto modernas, CLPDs e FPGAs possibilita que os engenheiros progridam do conceito ao silício funcional de maneira muito rápida. Microcontroladores assumiram aplicações que antes eram implementadas por circuitos digitais, e DSP foi usado para substituir circuitos analógicos. É incrível que microcontroladores, DSP e toda a lógica necessária para juntá-los sejam consolidados em um único FGPA usando linguagem de descrição de hardware com ferramentas de desenvolvimento avançadas. Os estudantes de hoje devem ser expostos a essas ferramentas modernas, mesmo em um curso introdutório. É responsabilidade de todo educador encontrar a melhor maneira de preparar os estudantes para o que eles encontrarão na vida profissional.

Os componentes padrão SSI e MSI que serviram como "tijolos e cimento" na construção de sistemas digitais durante quase 40 anos são agora obsoletos e estão se tornando menos disponíveis. Muitas das técnicas ensinadas ao longo desse tempo se concentraram no aperfeiçoamento de circuitos construídos a partir desses dispositivos ultrapassados. Os tópicos adequados apenas à aplicação da velha tecnologia, *mas que não contribuem para uma compreensão da nova*, estão perdendo espaço. Do ponto de vista educacional, contudo, esses pequenos CIs oferecem um modo de estudar circuitos digitais simples, e as conexões de circuitos usando placas de montagem de circuitos (*breadboards*) são um valioso exercício pedagógico. Elas ajudam a solidificar conceitos como entradas e saídas binárias, funcionamento de dispositivos físicos e limitações práticas, usando uma plataforma bastante simples. Como consequência, resolvemos apresentar as descrições conceituais de circuitos digitais e oferecer exemplos com componentes da lógica padrão convencional. Para professores que continuam a ensinar os fundamentos usando circuitos SSI e MSI, esta edição conserva qualidades que renderam a este livro uma aceitação ampla no passado. Muitas ferramentas de projeto de hardware chegam a fornecer uma técnica de entrada de projetos "amigável", que emprega a funcionalidade dos componentes convencionais com a flexibilidade dos dispositivos lógicos programáveis. Um projeto digital pode ser descrito em um diagrama esquemático com blocos de construção pré-fabricados e são equivalentes aos componentes convencionais, que podem ser compilados e depois programados diretamente em um PLD alvo com a capacidade adicional de simular facilmente o projeto na mesma ferramenta de desenvolvimento.

Acreditamos que os estudantes aplicarão os conceitos apresentados neste livro com métodos de descrição de nível mais alto e dispositivos programáveis mais complexos. A principal mudança nesta área é a necessidade de entender os métodos de descrição em vez de se concentrar na arquitetura de um dispositivo real. As ferramentas de software evoluíram a um ponto em que não há necessidade de se preocupar com o mecanismo interno do hardware, mas de se atentar ao que acontece, aos resultados e em como o projetista pode descrever o que se espera que o dispositivo faça. Acreditamos também que os alunos desenvolverão projetos com ferramentas de última geração e soluções de hardware.

Este livro oferece uma vantagem estratégica no ensino dos novos e importantes tópicos das linguagens de descrição de hardware aos iniciantes no campo digital. O VHDL é, sem dúvida, uma linguagem padrão nesse campo, mas é também bastante complexo e tem uma curva de aprendizado íngreme. Alunos iniciantes muitas vezes se sentem desencorajados pelas rigorosas exigências de vários tipos de dados e têm dificuldade em entender os eventos disparados por borda em VHDL. Felizmente, a Altera oferece o AHDL, linguagem menos exigente e que usa os mesmos conceitos do VHDL, mas é muito mais fácil. De tal modo, os professores podem optar por AHDL para ensinar aos iniciantes e VHDL para as classes mais avançadas. Esta edição apresenta mais de 40 exemplos em AHDL, mais de 40 exemplos em VHDL e alguns exemplos de teste de simulação. Todos esses arquivos de projeto estão disponíveis no site (<www.grupoa.com.br>).

O sistema de desenvolvimento de software da Altera é o Quartus II. Este livro não ensina como usar uma plataforma específica de hardware nem os detalhes de um software de sistema de desenvolvimento. Procuramos mostrar o que essa ferramenta faz em vez de treinar o leitor para utilizá-la.

Muitas opções de hardware de laboratório estão disponíveis para os leitores. Placas de desenvolvimento completas estão disponíveis, oferecendo os tipos normais de chaves lógicas tipo entradas e saídas, botões, sinais de clock, LEDs e displays de sete segmentos. Muitas placas também oferecem conectores padrão para hardwares de computador prontamente disponíveis, como teclado numérico, mouse, monitor de vídeo VGA, portas COM, jack in/out de áudio, dois conectores de faixa I/O para uso geral de 40 pinos que permitem conexão com qualquer hardware periférico digital etc.

Nosso método de HDL e PLDs dá aos professores várias opções:

1. Pode-se pular as partes sobre HDL sem prejudicar a continuidade do texto.
2. O HDL pode ser ensinado como tópico separado, inicialmente pulando essas seções e depois voltando às últimas seções dos capítulos 3, 4, 5, 6, 7 e 9 e, por fim, ao Capítulo 10.
3. HDL e o uso de PLDs podem ser tratados à medida que o curso se desenvolve — capítulo a capítulo — e intercalados com aulas expositivas e prática de laboratório.

Entre todas as linguagens específicas de descrição de hardware, o VHDL claramente é o padrão na área e é a linguagem que mais será usada pelos estudantes em sua vida profissional, embora acreditemos que é uma ideia ousada ensinar VHDL em um curso introdutório. A natureza da sintaxe, as distinções sutis entre os tipos de objetos e os níveis mais altos de abstração podem constituir obstáculos para um iniciante. Por essa razão, incluímos o AHDL da Altera como a linguagem introdutória recomendada. Incluímos também o VHDL como linguagem recomendada para cursos introdutórios oferecidos a estudantes de nível mais avançado. Não recomendamos o aprendizado de ambas as linguagens no mesmo curso. As figuras do código HDL são definidas em uma cor para corresponder à explicação do texto codificado por cores. O leitor pode se concentrar em apenas uma linguagem. Obviamente, tentamos atender aos diversos interesses do mercado, mas acreditamos que escrevemos um livro passível de ser usado em diversos cursos e que servirá como excelente referência após a graduação.

ORGANIZAÇÃO DOS CAPÍTULOS

Alguns professores optam por não usar os capítulos de um livro didático na sequência em que são apresentados. Este livro foi escrito de modo que cada capítulo fosse construído a partir do material anterior; apesar disso, é possível alterar a sequência dos capítulos, até certo ponto. A primeira parte do Capítulo 6 (sobre operações aritméticas) pode ser vista logo após o Capítulo 2 (sobre sistemas de numeração), embora isso provoque um intervalo antes dos circuitos aritméticos do Capítulo 6. Grande parte do conteúdo do Capítulo 8 (sobre as características dos CIs) pode ser abordada anteriormente (por exemplo, depois do capítulo 4 ou 5) sem criar grandes problemas.

Este livro pode ser usado em curso de um ou dois períodos letivos. Em um período letivo, limites sobre horas/aula disponíveis podem exigir que alguns tópicos sejam omitidos. Obviamente, a escolha dos tópicos a serem suprimidos depende de fatores como objetivo do curso ou programa e conhecimento prévio dos estudantes. Seções em cada capítulo que lidam com a análise de defeitos, PLDs, HDLs ou aplicações de microcomputador podem ser deixadas para um curso avançado.

Tipos de problemas

Esta edição inclui seis categorias de problemas: básicos (B), complicados (C), análise de defeitos (T, de *troubleshooting*), novos (N), projeto (D, de *design*) e HDL (H). Problemas aos quais não foi atribuída letra são considerados de dificuldade intermediária, entre básicos e complicados. Problemas cujas respostas ou soluções estão impressas no final do livro foram marcados com uma estrela (Figura P1).

FIGURA P1 As letras denotam categorias de problemas e as estrelas indicam os problemas que têm as soluções apresentadas no final do livro.

PROBLEMAS*

SEÇÃO 9.1

9.1 Consulte a Figura 9.3. Determine os níveis
B   de cada saída do decodificador para os seguintes conjuntos de condições de entrada:

(a)* Todas as entradas em nível BAIXO.

(b)* Todas as entradas em nível BAIXO exceto E_3 = ALTO.

(c) Todas as entradas em nível ALTO exceto $E_1 = E_2$ = BAIXO.

(d) Todas as entradas em nível ALTO.

9.2* Qual é o número de entradas e saídas de um
B   decodificador que aceita 64 combinações diferentes de entrada?

9.3 Para um 74ALS138, que condições de
B   entrada produzirão as seguintes saídas?

(a)* Nível BAIXO em $\overline{O}_6$.

* As respostas para os problemas assinalados com uma estrela (*) podem ser encontradas no final do livro.

Gerenciamento de projetos e projeto em nível de sistema

Vários exemplos do mundo real estão incluídos no Capítulo 10 para descrever as técnicas usadas para gerenciar projetos. Essas aplicações em geral são familiares para a maioria dos alunos que estudam eletrônica, e o principal exemplo de um relógio digital é familiar a todos. Muitos textos falam sobre o projeto *top-down*, mas este texto demonstra as principais características desta abordagem e como usar as ferramentas modernas para realizá-la.

ARQUIVOS DE SIMULAÇÃO

Esta edição inclui arquivos de simulação que podem ser carregados no Multisim®. Os esquemas dos circuitos de muitas das figuras ao longo do texto foram incluídos como arquivos de entrada para essa conhecida ferramenta de simulação. Todos os arquivos demonstram, de alguma maneira, o funcionamento do circuito ou reforçam um conceito. Em muitos casos, instrumentos são anexados ao circuito e sequências de entrada são aplicadas para demonstrar os conceitos em uma das figuras do texto. Esses circuitos podem, então, ser modificados para expandir tópicos ou criar tarefas e tutoriais para os alunos. Todas as figuras no texto que possuem um arquivo de simulação correspondente no site são identificadas pelo ícone de computador mostrado na Figura P2.

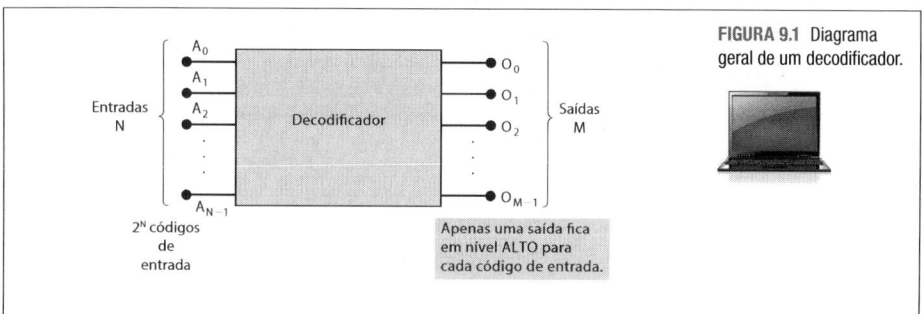

FIGURA 9.1 Diagrama geral de um decodificador.

FIGURA P2 O ícone denota um arquivo de simulação correspondente no site.

■ ALTERAÇÕES ESPECÍFICAS

As principais alterações no modo de abordar os assuntos estão relacionadas a seguir.

- **Capítulo 1.** Ele foi revisto extensivamente em resposta ao feedback dos usuários. Enfatiza-se como os sistemas digitais impactarão as inovações do futuro.

- O novo material enfoca a interpretação da terminologia e a introdução aos conceitos usados em todo o texto. Conceitos básicos de sinais binários são apresentados e explicados por meio de exemplos. Um novo material sobre ciclos periódicos e medições em formas de onda digitais é apresentado, preparando o cenário para a compreensão dessas questões em capítulos posteriores. As noções básicas de sinais digitais e amostragem são explicadas em nível introdutório.

  O conteúdo deste capítulo, na 11ª edição, agora está muito desatualizado; além disso, algumas das analogias históricas usadas naquela edição não eram tão efetivas. As revisões sanaram essas questões.

- **Capítulo 2.** O Código de Gray é usado para introduzir o conceito de um codificador de quadratura: um dispositivo que produz uma sequência de código cinza de 2 bits capaz de discernir a direção e a rotação angular de um eixo.

- **Capítulo 3.** Novos problemas no final deste capítulo focam nos circuitos lógicos comuns aos automóveis.

- **Capítulo 4.** O material que introduz o software de programação e desenvolvimento do PLD foi atualizado e aprimorado. A seção sobre análise de defeitos foi expandida para ensinar a resolver problemas estruturados, conforme se aplica à depuração de hardware de circuitos digitais tradicionais prototipados. O conteúdo sobre VHDL foi aprimorado a fim de explicar alguns aspectos sutis, mas muito importantes, dos objetos de dados nessa linguagem. O papel do "PROCESSO" também é coberto de forma mais completa, melhorando as bases que o Capítulo 5 constrói.

- **Capítulo 5.** Sistemas digitais de alta velocidade são facilmente afetados pelas limitações de tempo do circuito. O novo material deste capítulo explica os efeitos adversos causados quando os requisitos de configuração e tempo de espera são violados, explicando a metaestabilidade. Um exemplo de ensino que pode ser reproduzido no ambiente de laboratório foi adicionado. O foco está nas muitas aplicações dos flip-flops D, mas é apresentado no contexto de um codificador de eixo em quadratura que deve manter de modo confiável e repetidamente a posição absoluta do eixo à medida que ele é girado para a frente e para trás ao longo de vários ciclos. Técnicas de projeto do Capítulo 4 são empregadas para projetar um circuito que deve atender às necessidades do sistema. O desempenho marginal do circuito inicial demonstra o que acontece quando as restrições em tempo real não são levadas em conta. Uma forma de corrigir este problema é apresentada usando ainda mais aplicações de flip-flops D.
- **Capítulo 6.** Um exemplo da 11ª edição fez uso de alguns recursos do software Quartus que se tornaram obsoletos. O exemplo foi modificado a fim de se alinhar com as atualizações mais recentes do Quartus.
- **Capítulo 7.** Muito poucas e pequenas alterações foram feitas no Capítulo 7.
- **Capítulo 8.** A seção sobre lógica acoplada emissora (Emitter Coupled Logic – ECL), que estava obsoleta, foi excluída; e foram feitas outras pequenas atualizações.
- **Capítulo 9.** O conceito de multiplexação por divisão de tempo foi inserido a fim de fornecer um exemplo de quantos sinais digitais são capazes de compartilhar um caminho de dados comum. Um sistema simples é apresentado e pode ser facilmente reproduzido em um exercício de laboratório.
- **Capítulo 10.** Nenhuma alteração foi feita no Capítulo 10.
- **Capítulo 11.** Nenhuma alteração foi feita no Capítulo 11.
- **Capítulo 12.** A cobertura da porta flutuante MOSFETS, a tecnologia por trás da memória flash, foi aprimorada.
- **Capítulo 13.** Este capítulo foi generalizado com referências a séries mais antigas de CPLDs e FPGAs abreviadas.

■ RECURSOS CONSERVADOS

Esta edição conserva todos os recursos que tornaram as edições anteriores tão aceitas. Utilizamos diagramas em bloco como método para ensinar as operações lógicas básicas sem confundir o leitor com os detalhes do funcionamento interno. Apenas as características elétricas mais básicas dos CIs lógicos são evitadas até que ele compreenda os princípios lógicos. No Capítulo 8, o leitor entra em contato com o funcionamento interno de um CI. Nesse ponto, ele interpreta as características de entrada e saída de blocos lógicos e as "encaixa" de forma adequada no sistema como um todo.

O tratamento de cada novo tópico ou dispositivo segue, em geral, os seguintes passos: o princípio do funcionamento é apresentado; exemplos e aplicações são explicados em detalhes, muitas vezes usando CIs de verdade; breves questões para revisão são formuladas ao final das seções e, por fim, há uma lista de problemas no final de cada capítulo. Esses problemas, que vão dos mais simples aos mais complexos, dão aos professores uma ampla gama de opções de tarefas a atribuir aos estudantes. Esses problemas visam, muitas vezes, reforçar o conteúdo sem, simplesmente, repetir os princípios. Exigem que os estudantes demonstrem compreensão dos princípios aplicando-os a diferentes situações. Esse método também ajuda os alunos a desenvolver confiança e ampliar o conhecimento do material.

Os textos sobre PLDs e HDLs estão distribuídos ao longo do livro, com exemplos que enfatizam recursos-chave em cada aplicação. Esses tópicos aparecem no final de cada capítulo, o que torna fácil relacionar cada um deles à discussão geral anterior no capítulo ou tratar da discussão geral separadamente dos tópicos sobre PLD/HDL.

Uma extensa cobertura sobre a análise de defeitos está distribuída entre os capítulos 4 e 12 e inclui a apresentação de princípios e técnicas de análise de defeitos, estudos de caso, 17 exemplos de análise de defeitos e 46 problemas *reais* de análise de defeito. Quando complementado por exercícios práticos em laboratório, esse material promove o desenvolvimento das habilidades de análise de defeitos.

Esta edição oferece mais de 220 exemplos resolvidos, mais de 660 perguntas de revisão e mais de 640 problemas/exercícios. Alguns são aplicações que mostram como os dispositivos lógicos são utilizados em um típico sistema de microcomputador. As respostas para a maioria dos problemas são dadas após o Glossário, o qual proporciona definições concisas de todos os termos no texto destacados em negrito.

Um Índice de CIs também é apresentado no final para ajudar os leitores a localizar facilmente textos sobre CIs mencionados. Os esquemas das páginas finais do livro fornecem tabelas dos teoremas de álgebra booleana mais utilizados, resumos de portas lógicas e tabelas-verdade de flip-flops para consulta rápida quando se está resolvendo problemas ou trabalhando no laboratório.

■ AGRADECIMENTOS

Agradecemos a todos aqueles que avaliaram a 11ª edição e responderam a um extenso questionário. Seus comentários, críticas e sugestões foram levados em consideração e se tornaram valiosos para determinar a forma final da 12ª edição.

Somos também muito gratos ao professor Frank Ambrosio, do Monroe Community College, por seu costumeiro trabalho de alta qualidade no Manual de soluções do professor, e ao professor Daniel Leon-Salas, da Purdue University, pela revisão técnica de tópicos e muitas sugestões de melhorias.

Um projeto de escrita desta magnitude requer um apoio editorial meticuloso e profissional, e a Pearson se mostrou, mais uma vez, muito competente. Agradecemos à equipe da Pearson pela ajuda para tornar esta publicação um sucesso.

Por fim, queremos que nossas esposas, filhos e netos saibam o quanto apreciamos o seu apoio e sua compreensão. Esperamos eventualmente compensá-los por todas as horas que passamos longe deles trabalhando nesta revisão.

Neal S. Widmer
Ronald J. Tocci
Gregory l. Moss

Material de apoio do livro
No site www.grupoa.com.br professores e alunos podem acessar os seguintes materiais adicionais:

Para professores:

- Apresentações em PowerPoint
- Manual de soluções (em inglês)
- TestGen on-line

Esse material é de uso exclusivo para professores e está protegido por senha. Para ter acesso a ele, os professores que adotam o livro devem entrar em contato através do e-mail divulgacao@grupoa.com.br.

Para estudantes:

- Arquivos HDL
- Arquivos Multisim
- Software Quartus II e arquivos de tutorial (em inglês)
- Software MAX+PLUS II e arquivos de tutorial (em inglês)

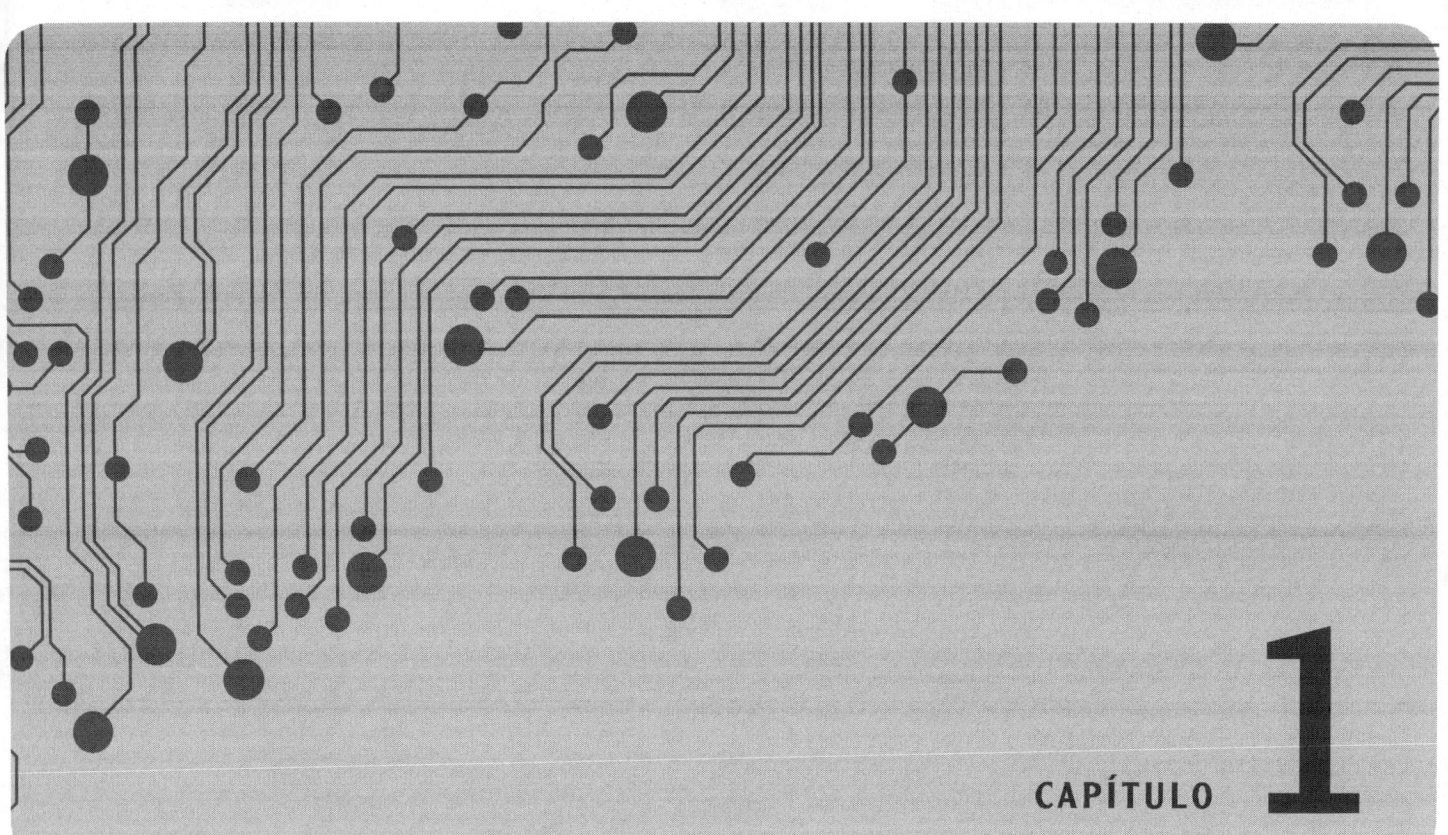

CAPÍTULO 1

CONCEITOS INTRODUTÓRIOS

■ CONTEÚDO

1.1 Introdução a 1s e 0s digitais
1.2 Sinais digitais
1.3 Circuitos lógicos e tecnologia envolvida
1.4 Representações numéricas
1.5 Sistemas analógicos e digitais
1.6 Sistemas de numeração digital
1.7 Representação de sinais com quantidades numéricas
1.8 Transmissões paralela e serial
1.9 Memória
1.10 Computadores digitais

■ OBJETIVOS DO CAPÍTULO

Após ler este capítulo, você será capaz de:

- Distinguir entre representações digitais e analógicas.
- Descrever como a informação pode ser representada usando apenas dois estados (1s e 0s).
- Citar as vantagens e as desvantagens das técnicas digitais comparadas às analógicas.
- Descrever o propósito dos conversores analógico-digital (*analog-to-digital converters* — ADCs) e digital-analógico (*digital-to-analog converters* — DACs).
- Reconhecer as características básicas do sistema de numeração binário.
- Converter um número binário em seu equivalente decimal.
- Contar pelo sistema de numeração binário.
- Identificar sinais digitais típicos.
- Identificar um diagrama de tempo.
- Determinar as diferenças entre as transmissões paralela e serial.
- Descrever a propriedade de memória.
- Descrever as principais partes de um computador digital e entender suas funções.
- Distinguir entre microcomputadores, microprocessadores e microcontroladores.

■ INTRODUÇÃO

Atualmente, o termo *digital* tornou-se parte do nosso vocabulário diário por conta do modo intenso pelo qual os circuitos e técnicas digitais passaram a ser utilizados em quase todas as áreas: computadores, automação, robôs, tecnologia e ciência médica, transportes, telecomunicações, entretenimento, exploração espacial e assim por diante. Você está próximo de iniciar uma fascinante viagem educacional, na qual vai descobrir princípios, conceitos e operações fundamentais comuns aos sistemas digitais, desde uma simples chave liga/desliga até o mais complexo computador.

Este capítulo apresentará muitos dos conceitos subjacentes que você encontrará ao aprender mais sobre seu mundo digital. À medida que novos termos e conceitos são apresentados, você será direcionado para os capítulos posteriores no texto, que expandem e esclarecem os pontos. Queremos que você perceba o quão profundamente os sistemas digitais impactam sua vida e, então, que você se pergunte como eles funcionam e como você pode usar os sistemas digitais para melhorar o futuro.

Vamos passar por um exemplo típico de começar um dia. O despertador me acorda e eu olho para a hora do dia exibida em grandes LEDs brilhantes de sete segmentos (ver Capítulo 9). O alarme digital comparou a hora do dia com a configuração de meu alarme e, quando elas estavam iguais, ativou o alarme (ver Capítulo 10) — que fica "travado", emitindo som, até que eu o reinicie com "desligar" ou "soneca" (ver Capítulo 5 sobre *latches*). Vou ao banheiro e decido me pesar antes de tomar banho. A balança do banheiro responde ao toque do meu dedo, despertando de seu modo de repouso, iluminando a exibição digital e esperando que eu suba. Ela mede meu peso e o exibe na tela. Depois de alguns segundos, volta a ficar em *stand-by*. Pego meu barbeador elétrico sem fio do carregador — um circuito digital dentro do barbeador vem controlando o ciclo de carregamento. Pego minha escova de dentes elétrica, que pode operar em três modos ou "estados", dependendo de quantas vezes eu pressionar o botão (ver máquinas de estado, no Capítulo 7). Ela também acompanha por quanto tempo eu escovo e sinaliza a cada 30 segundos em um ciclo de escovação de 2 minutos. Tudo isso é controlado por um sistema digital dentro da peça de mão da escova de dentes. Eu aciono a luz do closet. Há um recurso de economia de energia que a desliga, caso eu esqueça, graças a um pequeno circuito digital na lâmpada (ver interface, no Capítulo 8). Entro em meu quarto e acendo as luzes em baixa iluminação usando o interruptor *dimmer*. O interruptor *dimmer* é um antigo circuito analógico, mas as novas lâmpadas de LED ainda podem ser controladas por ele! Isso é devido a um circuito digital dentro da lâmpada que controla os LEDs (veja a modulação de largura de pulso, no Capítulo 11). Desconecto meu celular de seu carregador. Que milagre digital eu estou segurando na minha mão!

Nem deixei o quarto e minha vida já foi tocada por sete sistemas digitais. Poderíamos continuar, mas você já entendeu. Os sistemas digitais estão por todos os lados, e as novas aplicações estão constantemente sendo desenvolvidas. Todos os sistemas digitais do mundo são construídos a partir de um número surpreendentemente pequeno de circuitos básicos ou blocos de construção. Apesar da pouca variedade de blocos, há muitas ocorrências de cada um na maioria dos sistemas. Este livro irá apresentá-lo a esses circuitos digitais básicos e ajudá-lo a entender o propósito, o papel, as capacidades e as limitações de cada um. Então você pode usar suas habilidades de inovação e o conhecimento adquirido com este livro para atender à próxima demanda.

1.1 INTRODUÇÃO A 1s E 0s DIGITAIS

Objetivos

Após ler esta seção, você será capaz de:

- Correlacionar novos termos com suas definições.
- Identificar dois estados e atribuir um dígito a cada um.
- Correlacionar cada estado com sua representação em um determinado circuito.
- Reconhecer qual estado ativará um dispositivo em um determinado sistema.
- Identificar o estado de um sinal digital sob várias condições físicas.
- Atribuir nomes próprios aos sinais em um sistema digital.

Os sistemas digitais lidam com coisas que estão em um de dois estados distintos. O exemplo mais simples é qualquer coisa que esteja ligada ou desligada. Se hoje você olhar para muitos dispositivos, verá que o interruptor liga/desliga é um único botão com um símbolo, como o mostrado na **Figura 1.1**. Esse ícone representa um 0 e um 1 — os dígitos numéricos usados para descrever os dois estados em um sistema digital, desligado e ligado, respectivamente. Uma vez que existem apenas dois dígitos, nós os chamamos de **dígitos binários** ou **bits** (*Binary digIT*). Costuma-se dizer que os sistemas digitais são apenas um monte de 1s e 0s, e isso é bem preciso. Quando organizamos grupos de dígitos numéricos, podemos criar sistemas numéricos, que são maneiras muito poderosas de representar as coisas. Como pode ser visto em todos os sistemas digitais em torno de nós, muito pode ser feito com apenas dois estados possíveis quando os circuitos que podem representar esses dois estados são estrategicamente organizados.

FIGURA 1.1 O onipresente símbolo liga/desliga.

Vamos tentar identificar algumas coisas que devem ser categorizadas em um dos dois estados em um sistema que é familiar a todos: o automóvel. As portas estão travadas ou destravadas. Não há como uma porta estar parcialmente travada. Poderíamos também dizer que ela está aberta ou fechada, mas em um sistema automotivo o importante é saber quando a porta está completamente fechada e seguramente trancada. Um estado é considerado fechada e trancada, enquanto o outro estado é algo próximo de entreaberta e toda aberta. O freio de mão está acionado (ajustado em qualquer intensidade) ou não está acionado (completamente solto). O motor está em funcionamento (a qualquer velocidade) ou não. O botão para abrir o porta-malas está pressionado ou não pressionado. Em alguns carros, abrir o porta-malas quando o motor está em funcionamento requer que o freio de mão esteja acionado, as portas destravadas e o botão para abrir o porta-malas pressionado. Quando o motor não está em funcionamento, o porta-malas pode ser aberto sempre que o botão for pressionado e as portas estiverem destravadas. Os circuitos digitais observam o estado de cada componente e tomam uma decisão "lógica" para abrir ou não o porta-malas. Por esse motivo, essas condições são muitas vezes referidas como **estados lógicos**.

Depois que os dois estados de um componente do sistema são definidos, um dos valores digitais (1 ou 0) é atribuído a cada estado. Por exemplo, em um Ford, talvez uma porta que esteja aberta possa ser atribuída a um 1 (fechada = 0), mas, em um Lexus, uma porta aberta pode receber um estado de 0 (fechada = 1). No Capítulo 3, discutiremos convenções de nomeação para sinais digitais que ajudem a evitar confusão quanto ao significado de 1s e 0s em qualquer sistema.

Como os estados de 1 e 0 são representados eletricamente em um sistema digital? A resposta depende da tecnologia do sistema elétrico, mas a resposta mais simples é que um 0, em geral, é representado por uma baixa tensão (perto de 0 V), e um 1, em geral, é representado por uma tensão mais alta. Considere, como exemplo, circuitos elétricos comuns em uma casa e em um automóvel. Em sistemas elétricos, uma tensão deve ser aplicada a um circuito para que a corrente circule através do dispositivo ativo e o "ligue". A **Figura 1.2(a)** demonstra uma lâmpada em sua casa que requer 110 V CA (corrente alternada) para ligar a luz. Quando nenhuma tensão é aplicada (0 volts), a luz é desligada. Qualquer lâmpada em seu carro exige

12 V CC (corrente contínua) para ligar a luz e 0 V para desligá-la, conforme demonstrado na Figura 1.2(b). Os dois sistemas são muito semelhantes, mas a tecnologia deles difere. Nesses simples exemplos de circuitos, a tensão ALTA está conectada ou desconectada da lâmpada. Um modelo mais preciso de um circuito lógico digital reflete que a saída está sempre conectada à fonte da tensão alta (estado ALTO) ou à fonte da tensão baixa (estado BAIXO). As figuras 1.2(c) e (d) ilustram como isso seria para um circuito de luz simples. O Capítulo 8 explicará em pormenores por que os circuitos de lógica digital funcionam como as figuras 1.2(c) e (d) e não como uma fiação elétrica simples em sua casa ou carro, descrita nas figuras 1.2(a) e (b). O ponto principal é que um 0 é normalmente representado pela tensão BAIXA ou valor perto de 0 V. O estado designado como 1 é tipicamente representado por uma tensão ALTA, e o valor dessa tensão depende da tecnologia do sistema. Esses valores ALTO e BAIXO são muitas vezes referidos como **níveis lógicos**.

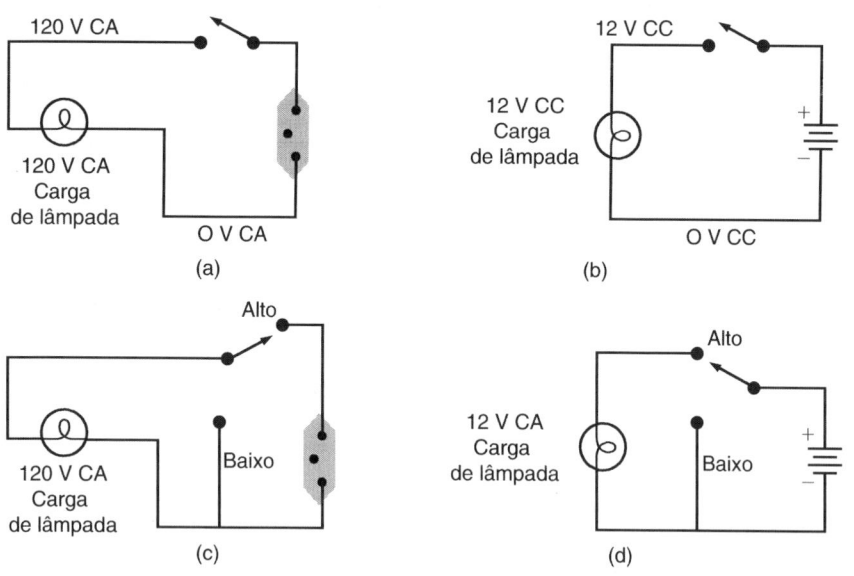

FIGURA 1.2 (a) Fiação doméstica comum de 120 V CA; (b) fiação automotiva comum de 12 V CC; (c) modelo de 120 V CA de um circuito lógico; (d) modelo de 12 V CA de um circuito lógico.

Alguns dispositivos digitais são ativados aplicando-se ALTO, enquanto outros são ativados aplicando-se BAIXO. A **Figura 1.3** demonstra esses dois cenários para um simples circuito de luz. Observe que, na Figura 1.3(a), o interruptor fornece o ALTO ao conectar a fonte de tensão que fornece corrente da bateria à luz e a ativa. Na Figura 1.3(b), o interruptor fornece o BAIXO ao conectar o caminho de retorno da luz à bateria para ativar a luz. No Capítulo 3, investigaremos mais profundamente esse conceito de um dispositivo sendo ativo-ALTO ou ativo-BAIXO.

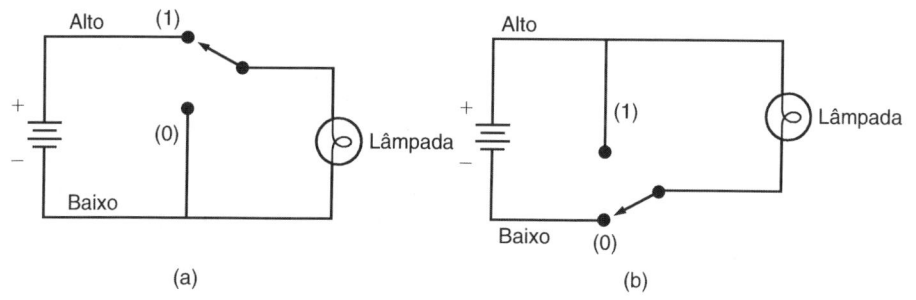

FIGURA 1.3 (a) Aplicar ALTO liga a lâmpada; (b) aplicar BAIXO liga a lâmpada.

Os sensores que servem de insumos para sistemas digitais também podem ser conectados de muitas maneiras diferentes. Por exemplo, considere um circuito que pode determinar se a chave de um carro foi inserida no interruptor de ignição. Como muitas vezes somos lembrados, essa informação é usada para tocar um alarme se a porta do carro for aberta quando a chave ainda estiver na ignição. A **Figura 1.4** demonstra duas formas possíveis de conectar esse interruptor e o efeito que cada método tem no significado do nível de saída digital. Na Figura 1.4(a), os contatos estão abertos, produzindo um BAIXO quando nenhuma tecla está presente. Quando a chave é inserida, como na Figura 1.4(b), empurra os pontos de contato para a posição +12 V, produzindo um ALTO na saída. Um bom nome para o sinal de saída desse circuito seria *chave_inserida* porque o nível lógico ALTO representa o estado 1 ou verdadeiro, ou seja, *chave_inserida* é verdadeiro quando a saída é ALTA. Compare esse circuito com o da Figura 1.4(c), em que os contatos do interruptor estão ligados de maneira oposta. Nesse caso, inserir a chave produz um BAIXO [Figura 1.4(d)], e remover a chave produz um ALTO [Figura 1.4(c)]. Um bom nome para esse sinal é *chave_removida*, porque a saída é ALTA quando a chave é removida. O nome do sinal descreve uma condição física que deve ser verdadeira quando o nível é ALTO ou 1. Os capítulos 3 e 4 expandirão esses conceitos usando ALTOS e BAIXOS para ativar/desativar outros circuitos. Isso é fundamental para a compreensão de todos os sistemas digitais.

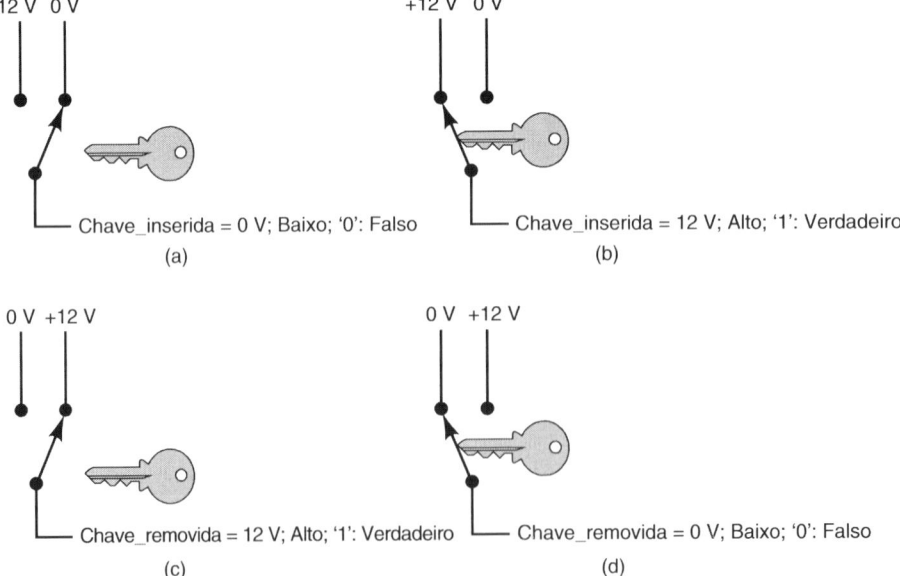

FIGURA 1.4 Condições físicas, níveis lógicos e rótulos de sinal: (a) é falso que a chave esteja inserida, (b) é verdadeiro que a chave esteja inserida, (c) é verdadeiro que a chave esteja removida, (d) é falso que a chave esteja removida.

Agora que sabemos que 1s são representados por uma tensão ALTA e 0s por tensão BAIXA, tudo o que resta é definir quão alta a tensão deve ser para ser considerada como 1 e quão baixa a tensão deve ser para ser considerada como 0. A resposta para esta questão também depende da tecnologia utilizada para implementar o sistema digital. Os sistemas digitais eletrônicos passaram por muitas mudanças à medida que a tecnologia avançou, mas os princípios de representação de 1s e 0s permanecem os mesmos. Em todos os sistemas, uma gama definida de tensões superiores é aceitável como ALTA (1). Outra gama definida de tensões mais baixas é aceitável como BAIXA (0). No meio está uma gama de tensões que não é considerada ALTA nem BAIXA. As tensões nessa faixa são consideradas inválidas. A **Figura 1.5** demonstra esse conceito para sistemas lógicos de 5 volts baseados em tecnologia de transistor bipolar. A Figura 1.5(a) indica que, para que os circuitos que utilizam essa tecnologia reconheçam a entrada como "1", deve haver uma tensão maior do que dois, mas inferior a cinco. A tensão de entrada deve ser inferior a 0,8 V para reconhecê-lo como um "0". Na evolução dos sistemas digitais, várias tecnologias, como interruptores eletromecânicos (*relays*), válvulas, transistores bipolares e MOSFETs, foram utilizadas para implementar circuitos lógicos digitais, cada um com sua própria definição característica de como representar um 1 e um 0.

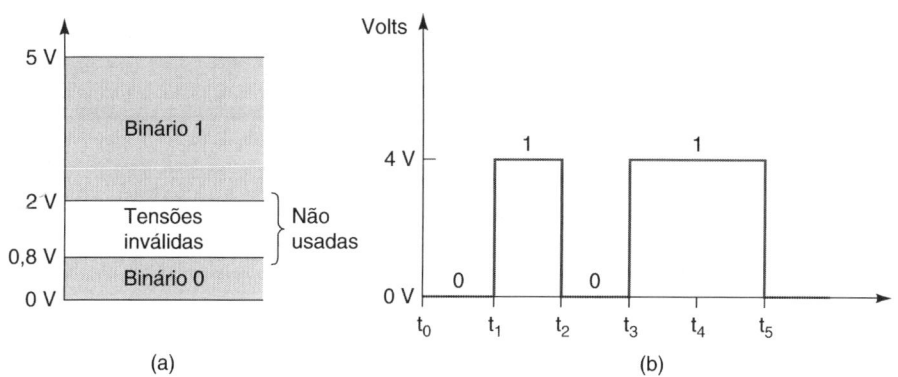

FIGURA 1.5 Níveis lógicos e temporização: (a) faixas de tensão típicas para uma dada tecnologia de circuitos digitais; (b) um gráfico de níveis de sinal mudando ao longo do tempo.

É bastante comum e muitas vezes necessário descrever a atividade de um nível lógico ao longo do tempo. Chamamos isso de **diagrama de tempo**. A Figura 1.5(b) representa uma forma de onda digital típica para as faixas de tensão definidas na parte (a). O eixo do tempo é rotulado em pontos específicos no tempo, $t_1, t_2, \ldots t_5$. Observe que o nível de tensão ALTA entre t_1 e t_2 é de 4 V. Em sistemas digitais, o valor exato de uma tensão não é importante. Uma tensão ALTA de 3,7 V ou 4,3 V representaria exatamente a mesma informação. Da mesma forma, uma tensão BAIXA de 0,3 V representa a mesma informação que 0 V. Isso aponta uma diferença significativa entre sistemas analógicos e digitais. Em um sistema analógico, a tensão exata é importante. Por exemplo, se a tensão analógica proveniente de um sensor for proporcional à temperatura, então, 3,7 V representaria um valor de temperatura diferente de 4,3 V. Em outras palavras, a tensão traz informações significativas no sistema analógico. Os circuitos que podem preservar as tensões exatas são muito mais complicados do que os circuitos digitais que simplesmente precisam reconhecer uma tensão em uma das duas faixas. Os circuitos digitais são projetados para produzir tensões de saída que se enquadram nas gamas de tensão recomendadas de 0 e 1, como as definidas na Figura 1.5. Assim, os circuitos digitais são projetados para responder de forma previsível às tensões de entrada que estão dentro das faixas definidas de 0 e 1. O que isso significa é que um circuito digital responderá da mesma maneira a todas as tensões de entrada que se enquadram na faixa permitida de 0; do mesmo modo, não distinguirá entre tensões de entrada que se enquadram na faixa permitida de 1. Para ilustrar, a **Figura 1.6** representa um circuito digital típico com entrada v_i e saída v_o. A saída é mostrada para duas formas de onda de sinal de entrada diferentes. Note que v_o é o mesmo para ambos os casos porque as duas formas de onda de entrada, enquanto diferem em seus níveis de tensão exatos, estão nos mesmos níveis binários.

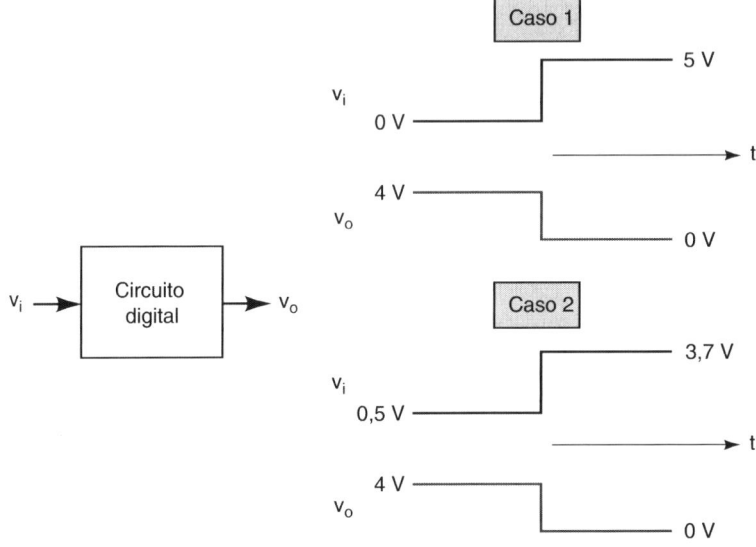

FIGURA 1.6 Um circuito digital responde ao nível binário de uma entrada (0 ou 1) e não à sua tensão real.

QUESTÕES DE REVISÃO[1]

1. Quais são os dois dígitos numéricos usados para representar estados em um sistema digital?
2. Quais são os dois termos utilizados para representar os dois níveis lógicos?
3. Qual é a abreviatura do dígito binário?
4. Que valor de dígito binário é tipicamente representado por tensão baixa (quase zero)?
5. Qual tensão representa o valor do dígito binário de 1?
6. A qual nível lógico em geral é atribuído um valor de 1?
7. Qual é o nível lógico produzido na Figura 1.4(a) quando a chave é removida?
8. De acordo com a Figura 1.5, qual é a menor tensão que seria reconhecida como nível lógico 1?
9. De acordo com a Figura 1.5, qual é a maior tensão que seria reconhecida como nível lógico 0?
10. De acordo com a Figura 1.5, como uma tensão de 1,0 V seria reconhecida?

1.2 SINAIS DIGITAIS

OBJETIVOS

Após ler esta seção, você será capaz de:

- Determinar se uma forma de onda é periódica ou não.
- Medir o período e a frequência.
- Medir o ciclo de trabalho.

---

[1] As respostas às perguntas de revisão são encontradas no final do capítulo em que elas ocorrem.

- Identificar eventos e classificar os limites como subindo ou caindo.
- Reconhecer entradas válidas/inválidas.
- Reconhecer um diagrama de tempo.

Suponha que haja um sensor de luz que se destine a ligar as luzes da rua à noite. Um exemplo de um circuito que pode executar esse trabalho é mostrado na **Figura 1.7(a)**. O Capítulo 8 explicará mais sobre comparadores analógicos. A saída desse circuito produzirá um nível lógico 1 quando nenhuma luz estiver presente (escuridão). Ela produz um nível lógico 0 (0 V) quando um certo nível de luz estiver presente. O sinal que vem do sensor deve ser rotulado com um nome de sinal. Sempre será um 1 (ALTO) ou um 0 (BAIXO), mas deve ser atribuído um nome que informe o usuário sobre a condição física representada pelo sinal. Por exemplo, se esse sensor for destinado a controlar uma luz de rua, o nome do sinal de saída deve ser algo como "noturno". Quando o sinal é "1", é verdadeiro que é durante o período noturno. Quando a saída é "0", pode-se dizer que é falso que seja noturno. O Capítulo 3 expandirá essas técnicas de rotulagem.

Quando um circuito como este é colocado em serviço, ele emitirá 1 de noite e 0 durante o dia. Em algum momento próximo ao amanhecer, ele mudará de 1 para 0. Próximo ao crepúsculo, ele mudará de 0 para 1. Essa transição entre os dois estados é chamada de **borda**. *Ao amanhecer, quando o sinal passa de ALTO para BAIXO, ele é considerado uma **borda de descida**.* Representar graficamente o estado lógico ao longo do tempo nos diz algo sobre o funcionamento do sistema. A Figura 1.7(b) mostra o gráfico ao longo do tempo da saída do sensor de luz.

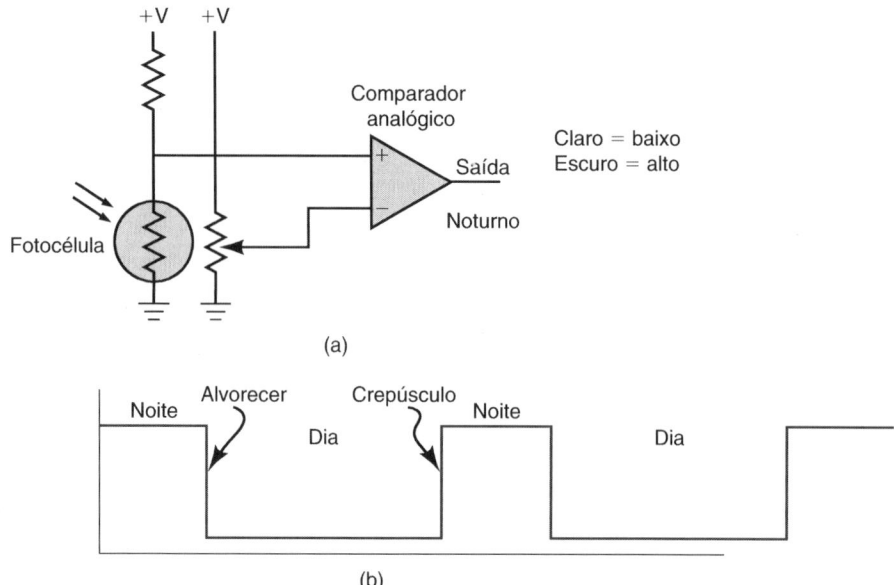

FIGURA 1.7 (a) Sensor de escuridão; (b) diagrama de tempo da saída.

Necessidade de estipular o tempo

Os circuitos digitais têm entradas que estão em um dos dois estados: 1 ou 0. As saídas também produzem um 1 ou um 0. Na seção anterior, aprendemos que 1s e 0s são representados por tensões prescritas e que mudanças de tensão nas entradas resultam em mudanças na tensão de saída. Pode ser muito útil mostrar a relação entre as mudanças na entrada e as mudanças na saída para demonstrar o funcionamento do sistema. Isso significa que os estados lógicos devem ser observados ao longo do tempo. Os diagramas de tempo mostram a relação, ao longo do tempo, entre muitos "sinais" digitais. É muito importante que você entenda diagramas de tempo e possa relacioná-los com eventos físicos em um circuito digital. Por exemplo, suponha que haja um circuito representado pelo diagrama de blocos na **Figura 1.8** que detecta a "borda" ao amanhecer, aguarda 10 minutos e depois desliga a luz da rua. A Figura 1.8(b) é um diagrama de tempo que mostra a entrada para o circuito, bem como a saída. A partir desse diagrama, é possível determinar a relação entre os dois sinais. Observe as setas curvas. Elas são usadas para indicar a relação de causa e efeito entre sinais de entrada e saída.

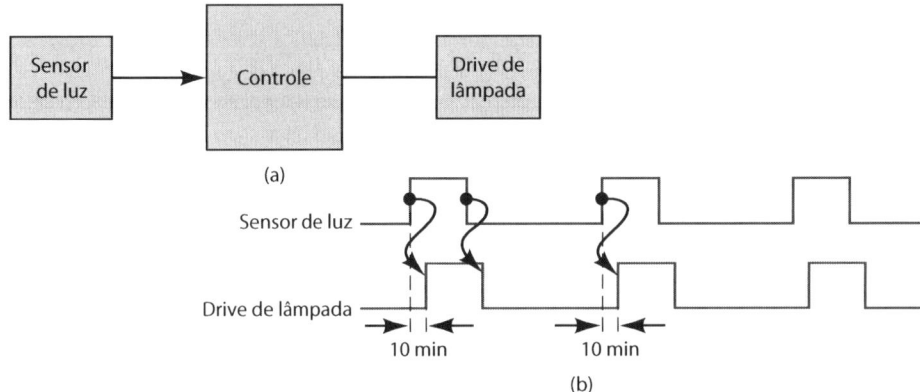

FIGURA 1.8 Diagrama de tempo com entrada e saída.

Altos e baixos ao longo do tempo

Pense em uma entrada digital comum para um sistema que você opere o tempo todo. Um forno de micro-ondas tem um dispositivo na porta que informa ao sistema se ela está fechada ou aberta. Esse dispositivo pode ser conectado de várias maneiras. Vamos supor que o dispositivo esteja aberto quando a porta estiver aberta e fechado quando a porta estiver fechada. Deste modo, ele é conectado como mostrado na **Figura 1.9(a)**. O diagrama de tempo na Figura 1.9(b) representa a condição da porta ao longo do tempo. Pode-se observar o diagrama em qualquer momento e conhecer a condição física da porta.

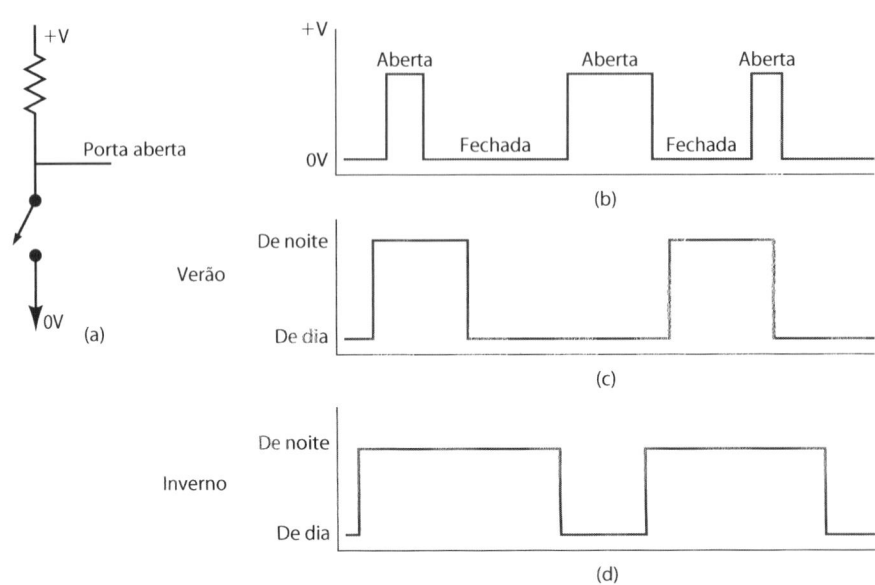

FIGURA 1.9 Um sinal não periódico *versus* periódico com ciclo de trabalho: (a) sensor de porta de micro-ondas, (b) operação não periódica da porta do forno, (c) sinal periódico de dia/de noite — noites curtas de verão —, (d) sinal periódico de dia/de noite — dias curtos de inverno.

Periódico/não periódico

Abrir e fechar uma porta de forno de micro-ondas é algo que acontece em intervalos completamente irregulares. Se tentássemos medir o período de tempo em que a porta fica aberta, cada medida seria diferente. Não há regularidade no ciclo de abertura e fechamento de uma porta, logo, não haveria um período de tempo fixo entre os eventos. Portanto, é referido como um sinal **não periódico**. Vamos agora contrastar esse sinal digital com um sensor que liga e desliga as luzes da rua. Para essa analogia, vamos ignorar os efeitos do clima e supor dias sem nuvens. Também supomos que o sensor faz uma transição limpa no amanhecer e outra transição limpa ao anoitecer. O sensor nos diz se é dia ou noite. Um diagrama de tempo desse sensor pareceria com a Figura 1.9(c) em junho (Estados Unidos central). Em dezembro, o diagrama de tempo do sensor se pareceria mais com a Figura 1.9(d).

Período/frequência

Observe as semelhanças e diferenças nas formas de onda de temporização das figuras 1.9(c) e (d). O período de luz do dia é diferente entre junho e dezembro, mas o tempo de duração de um dia inteiro é sempre o mesmo. A terra sempre leva 24 horas para uma rotação ou um ciclo completo. Quando você mede de amanhecer a amanhecer, a duração é sempre a mesma, independentemente da estação. Da mesma forma, note que a quantidade de tempo de crepúsculo a crepúsculo também é sempre a mesma. Quando um sistema é executado de forma que o tempo para um ciclo completo é sempre constante, ele é chamado de sistema *periódico*. Certamente, a rotação da Terra é periódica, e seu período é sempre 24 horas. O período de qualquer onda pode ser definido como a quantidade de tempo por ciclo (segundos/ciclo). A frequência de uma onda periódica é definida como o número de ciclos por unidade de tempo (ciclos/segundo). Em outras palavras, a frequência (F) e o período (T) são recíprocos.

$$F = 1/T \qquad T = 1/F$$

Ciclo de trabalho

O tempo e a hora da noite variam de acordo com as estações, mas o período permanece o mesmo. Se quisermos medir por quanto tempo o sinal digital está em seu estado "ativo", devemos pensar sobre o propósito do sinal digital. No nosso exemplo de um sensor cujo dever é ligar as luzes da rua, poderíamos dizer que esse sensor está em serviço durante a noite, quando (nesse exemplo) o sensor é ALTO. O **ciclo de trabalho** da luz da rua seria a porcentagem de tempo em que está escuro ao longo de um dia inteiro.

$$\text{Ciclo de trabalho} = \text{duração do pulso ativo}/\text{período} = t_w/T$$

Transições

Assim como você percebe que a noite não se transforma instantaneamente em dia, é verdade que nenhum sinal digital pode realmente mudar instantaneamente de BAIXO a ALTO. Há um tempo de transição. É comum declarar a transição como acontecendo quando o sinal está a meio caminho entre os dois estados. As medições são tiradas do ponto 50% da forma de onda. Por exemplo, a largura do pulso ALTO é medida como mostrado na **Figura 1.10**. O período T também é medido de 50% dos pontos, como mostrado. O Capítulo 5 terá mais a dizer sobre as medidas desses tempos de transição e o período de uma forma de onda digital.

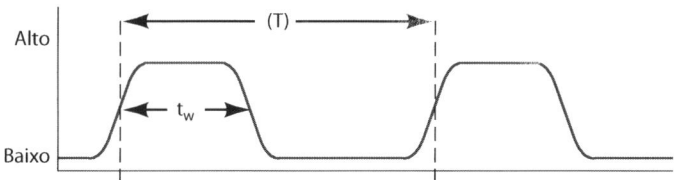

FIGURA 1.10 Medição da largura e período de pulso.

Limites/eventos

Sempre que você tiver um sistema com apenas dois estados, o único "**evento**" que pode ser considerado é quando o sistema muda de estado. Uma transição de BAIXO para ALTO ou de ALTO para BAIXO é considerada um "evento" em sistemas digitais. Nos diagramas de tempo, essas transições aparecem como "bordas" afiadas. Algumas são bordas de subida e outras são bordas de descida. Aprenderemos no Capítulo 3 que existem circuitos que respondem aos níveis ALTOS (ALTO ativo) e circuitos que respondem aos níveis BAIXOS (BAIXO ativo). Os circuitos que respondem a um determinado nível são geralmente considerados como sendo ***sensíveis a nível***. Outros tipos de circuitos digitais respondem a bordas de subida ou a bordas de descida. Estes são chamados de circuitos ***sensíveis a borda*** e serão introduzidos no Capítulo 5.

QUESTÕES DE REVISÃO

1. Desenhe um diagrama de tempo que mostre quando uma pessoa está em horário de trabalho durante uma semana inteira. Comece na segunda-feira de manhã. O diagrama terá uma entrada que representa o ciclo dia/noite (assumir equinócio, em que o comprimento do dia = comprimento da noite — amanhecer às 6h e crepúsculo às 18h) e uma saída ALTA representando quando uma pessoa está em horário de trabalho. Suponha que ela tenha um típico trabalho das 8h às 17h, de segunda a sexta-feira, com sábado e domingo livres.
2. A forma de onda "em_horário_de_trabalho" no diagrama da pergunta anterior é periódica ou não periódica?
3. Consulte a **Figura 1.11**.
   (a) A forma de onda de entrada é periódica?
   (b) Qual é o período da forma de onda de entrada em segundos?
   (c) Qual é o ciclo de trabalho ativo-ALTO da forma de onda de entrada?
   (d) Qual é a frequência da forma de onda em Hz?
   (e) Que tipo de evento na entrada causa uma alteração na saída?
   (f) Qual é o período da forma de onda de saída em segundos?
   (g) Qual é a frequência da forma de onda de saída em Hz?

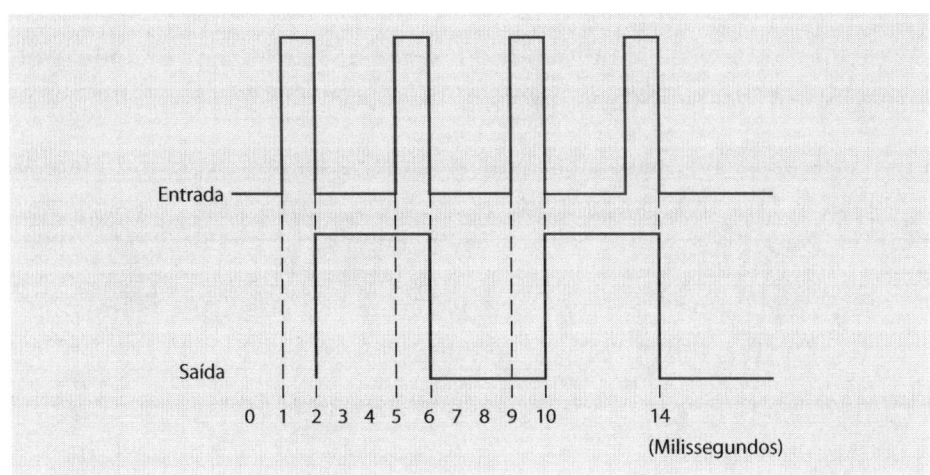

FIGURA 1.11 Questão de avaliação de resultado.

1.3 CIRCUITOS LÓGICOS E TECNOLOGIA ENVOLVIDA

OBJETIVOS

Após ler esta seção, você será capaz de:

- Identificar níveis lógicos digital aceitáveis para determinada tecnologia.
- Reconhecer os termos que descrevem as tecnologias atualmente prevalentes e antigas para circuitos digitais.

Circuitos lógicos

A maneira como um circuito digital responde a uma entrada é referida como a *lógica* do circuito. Cada tipo de circuito digital obedece a certo conjunto de regras de lógica. Por esse motivo, os circuitos digitais também são chamados de **circuitos lógicos**. Usaremos ambos os termos de forma intercambiável em todo o texto. No Capítulo 3, veremos mais claramente o que se entende por "lógica" de um circuito.

Estudaremos todos os tipos de circuitos lógicos que são atualmente utilizados em sistemas digitais. Inicialmente, nossa atenção será focada apenas na operação lógica que esses circuitos executam — isto é, a relação entre as entradas e saídas do circuito. Vamos adiar qualquer discussão sobre o circuito interno desses circuitos lógicos até que possamos desenvolver uma compreensão de sua operação lógica.

Circuitos digitais integrados

Os circuitos digitais da tecnologia de hoje são, sobretudo, implementados usando circuitos integrados (CIs) muito sofisticados que são configurados eletronicamente ou feitos sob medida para sua aplicação. Muitas tecnologias do passado são completamente obsoletas. Por exemplo, os circuitos lógicos a válvulas nunca seriam usados hoje por uma série de razões, como por serem grandes demais, consumirem muita energia e pelo fato de as válvulas serem difíceis de encontrar. Às vezes, faz sentido usar a tecnologia madura, que é econômica e cujos componentes estarão disponíveis durante toda a vida de um produto. Por exemplo, a maioria dos

CIs que compunham sistemas digitais na década de 1970 já não é mais fabricada, mas ainda está disponível no mercado em grandes estoques de sobras. Esses dispositivos, em raras ocasiões, são usados em um novo produto e para instrução laboratorial para cursos digitais no ensino médio e na faculdade. Ao longo deste texto, tentaremos fornecer informações suficientes sobre a gama de tecnologias para permitir que você aprenda usando dispositivos simples do passado e, ainda, apresentá-lo aos fundamentos necessários para usar as ferramentas do futuro.

Hoje, a tecnologia mais comum usada para implementar circuitos digitais (incluindo a grande maioria de hardwares do computador) é **CMOS**, que significa **metal-óxido-semicondutor complementar** (do inglês, *complementary metal-oxide semiconductor*). Outras tecnologias foram relegadas a nichos muito menores no mercado. Antes do avanço da tecnologia CMOS, a tecnologia do transistor bipolar reinava e teve uma influência profunda nos sistemas digitais. A melhor família lógica que surgiu da tecnologia bipolar é conhecida como **TTL, ou lógica de transistor-transistor** (do inglês, *transistor-transistor logic*). Você aprenderá sobre as várias tecnologias de circuitos integrados, suas características e vantagens e desvantagens relativas no Capítulo 8.

QUESTÕES DE REVISÃO

1. *Verdadeiro ou falso*: o valor exato de uma tensão de entrada é crítico para um circuito digital.
2. Um circuito digital pode produzir a mesma tensão de saída para diferentes valores de tensão e corrente de entrada?
3. Um circuito digital também é referido como um circuito _____.
4. A tecnologia mais prevalente utilizada para circuitos digitais hoje é abreviada como _____.
5. Esse acrônimo representa _____ _____ _____ _____.
6. Os sistemas antigos do passado utilizam uma tecnologia abreviada como _____.
7. O tipo de transistor utilizado em sistemas antigos foi o transistor _____.

1.4 REPRESENTAÇÕES NUMÉRICAS

Objetivos

Após ler esta seção, você será capaz de:

- Fazer a distinção entre representações digitais e analógicas.
- Identificar exemplos de cada tipo de representação.

Na ciência, na tecnologia, nos negócios e, de fato, em muitos outros campos de trabalho, estamos constantemente lidando com *quantidades*, que são medidas, monitoradas, guardadas, manipuladas aritmeticamente, observadas ou utilizadas de alguma outra maneira na maioria dos sistemas físicos. Quando manipulamos quantidades diversas, é importante representar seus valores de modo eficiente e preciso. Existem basicamente dois modos de representação dos valores das quantidades: o *analógico* e o *digital*.

Representações analógicas

Na **representação analógica**, uma quantidade é representada por um indicador proporcional continuamente variável. Um exemplo disso é o velocímetro de um automóvel dos modelos clássicos dos anos 1960 e 1970, nos quais a deflexão do ponteiro é proporcional à velocidade e segue as mudanças que ocorrem conforme o veículo acelera ou diminui a velocidade. Nos carros mais antigos, um cabo flexível mecânico conectava a transmissão ao velocímetro no painel. É interessante notar que, nos carros mais modernos, há preferência pela representação analógica, ainda que a velocidade agora seja medida digitalmente.

Antes da revolução digital, os termômetros utilizavam representação analógica para medir a temperatura, e ainda há muitos desse tipo em uso hoje em dia. O termômetro de mercúrio utiliza uma coluna cuja altura varia conforme a temperatura. Esses instrumentos estão sendo retirados do mercado devido a preocupações ambientais, mas, apesar disso, são excelentes exemplos de representação analógica. Outro exemplo é o termômetro externo, no qual o ponteiro gira ao redor de um mostrador à medida que uma mola de metal se expande e contrai com as variações de temperatura. A posição do ponteiro é proporcional à temperatura. Independentemente de quão pequena seja a mudança, haverá variação proporcional na indicação.

Nesses dois exemplos, as quantidades físicas (velocidade e temperatura) estão sendo associadas a um indicador por meios puramente mecânicos. Nos sistemas analógicos elétricos, a quantidade física medida ou processada é convertida em uma tensão ou corrente proporcional (sinal elétrico). Essa tensão ou corrente é, então, usada pelo sistema para exibição, processamento ou controle.

Não importa como sejam representadas, quantidades analógicas têm uma importante característica: *podem variar ao longo de uma faixa contínua de valores*. A velocidade de um automóvel pode ser representada por um valor qualquer entre zero e, digamos, 160 km/h. De modo similar, a temperatura indicada por um termômetro analógico pode ter qualquer valor de $-6°$ C a $48°$ C.

Representações digitais

Na **representação digital**, as quantidades são representadas não por indicadores continuamente variáveis, mas por símbolos chamados *dígitos*. Como exemplo, considere um termômetro digital interno/externo. Ele tem quatro dígitos e pode medir mudanças a partir de $0,1°$ C. A temperatura real aumenta de modo gradativo de, digamos, $22°$ C para $22,1°$ C, mas a representação digital muda subitamente de $22°$ C para $22,1°$ C. Em outras palavras, essa representação digital de temperatura externa varia em níveis *discretos*, se comparada à representação analógica da temperatura fornecida por um termômetro de coluna líquida ou um bimetálico, nos quais a leitura varia de maneira contínua.

Desse modo, é possível dizer que a maior diferença entre quantidades analógicas e digitais é:

        Analógica $\equiv$ contínua
        Digital $\equiv$ discreta (passo a passo)

Em razão dessa natureza discreta das representações digitais, não há ambiguidade quando se faz a leitura de uma quantidade digital, ao passo que o valor de uma quantidade analógica apresenta, muitas vezes, uma interpretação livre. Na prática, quando medimos uma quantidade analógica, sempre "arredondamos" para um nível de precisão conveniente. Em outras palavras, digitalizamos a quantidade. A representação digital é o resultado da atribuição de um número de precisão limitada a uma quantidade continuamente variável.

O mundo é repleto de variáveis físicas que estão mudando constantemente. Se pudermos medi-las e representá-las como quantidade digital, poderemos, então, registrar, manipular aritmeticamente ou, de alguma outra maneira, usar essas quantidades para controlar coisas.

EXEMPLO 1.1

Dentre as alternativas a seguir, quais estão relacionadas a quantidades analógicas e quais estão relacionadas a quantidades digitais?
(a) Subida usando uma escada.
(b) Subida usando uma rampa.
(c) Corrente que flui de uma tomada elétrica por um motor.
(d) Altura de uma criança medida por uma fita métrica em divisão de 1 cm.
(e) Altura de uma criança colocando uma marca na parede.
(f) Quantidade de pedras em um balde.
(g) Quantidade de areia em um balde.
(h) Volume de água em um balde.

Solução
(a) Digital.
(b) Analógica.
(c) Analógica.
(d) Digital: medido até o meio centímetro mais próximo.
(e) Analógica.
(f) Digital: só pode aumentar/diminuir por uma pedra.
(g) Digital: só pode aumentar/diminuir por grãos discretos de areia.
(h) Analógica (a não ser que você queira chegar ao nível da nanotecnologia!).

QUESTÕES DE REVISÃO

1. Qual método de representação de quantidades envolve etapas discretas?
2. Qual método de representação de quantidades é continuamente variável?
3. Identifique cada alternativa como representação digital ou analógica:
   (a) Hora do dia usando um relógio de sol.
   (b) Hora do dia usando seu celular.
   (c) Nível do volume de seu televisor de tela plana.
   (d) Nível do volume do rádio do tubo de vácuo.
   (e) Medir a circunferência de uma bola de basquete em milímetros.
   (f) Medir a circunferência de uma bola de basquete envolvendo uma corda em torno dela e cortando a corda para estipular o comprimento.

1.5 SISTEMAS ANALÓGICOS E DIGITAIS

Objetivos

Após ler esta seção, você será capaz de:
- Identificar as vantagens das técnicas digitais.
- Identificar as limitações das técnicas digitais.

Um **sistema digital** é uma combinação de dispositivos projetados para manipular informação lógica ou quantidades físicas representadas no formato digital; ou seja, as quantidades podem assumir apenas valores discretos. Esses dispositivos são, na maioria das vezes, eletrônicos, mas podem ser mecânicos, magnéticos ou pneumáticos. Alguns dos sistemas digitais mais conhecidos são os computadores, as calculadoras, os equipamentos de áudio e vídeo e o sistema de telecomunicações.

Um **sistema analógico** contém dispositivos que manipulam quantidades físicas representadas na forma analógica. Em um sistema analógico, as quantidades físicas podem variar ao longo de uma faixa contínua de valores. Por exemplo, a amplitude do sinal de saída de um alto-falante em um receptor de rádio pode apresentar qualquer valor entre zero e seu limite máximo.

Vantagens das técnicas digitais

Um número cada vez maior de aplicações em eletrônica, assim como em muitas outras tecnologias, utiliza técnicas digitais para implementar funções que eram realizadas por métodos analógicos. Os principais motivos da migração para a tecnologia digital são:

1. *Os sistemas digitais são em geral mais fáceis de projetar.* Isso porque os circuitos utilizados são *circuitos de chaveamento*, nos quais não importam os valores *exatos* de tensão ou corrente, mas apenas a faixa — ALTA (*HIGH*) ou BAIXA (*LOW*) — na qual eles se encontram.
2. *O armazenamento de informação é mais fácil.* Esta é uma habilidade de dispositivos e circuitos especiais, que podem guardar (*latch*) informação digital e mantê-la pelo tempo necessário, e de técnicas de armazenamento em massa, que podem armazenar bilhões de bits de informação em um espaço físico relativamente pequeno. A capacidade de armazenamento de sistemas analógicos é, ao contrário da dos digitais, bastante limitada.
3. *É mais fácil manter a precisão e exatidão em todo o sistema.* Uma vez que um sinal é digitalizado, o grau em que ele se deteriora é previsível e mais facilmente contido dentro de limites aceitáveis. Nos sistemas analógicos, os valores de tensão e corrente tendem a ser distorcidos pelos efeitos da variação na temperatura, na umidade e na tolerância dos componentes nos circuitos que processam o sinal.
4. *As operações podem ser programadas.* É bastante fácil projetar sistemas digitais cuja operação é controlada por um conjunto de instruções armazenadas denominado *programa*. Os sistemas analógicos também podem ser *programados*, mas a variedade e a complexidade das operações disponibilizadas são bastante limitadas.

5. *Os circuitos digitais são menos afetados por ruído.* Flutuações espúrias na tensão (ruído) não são tão críticas em sistemas digitais porque o valor exato da tensão não é importante, desde que o ruído não tenha amplitude suficiente para dificultar a distinção entre um nível ALTO e um nível BAIXO.
6. *Mais circuitos digitais podem ser fabricados em chips CI.* É verdade que os circuitos analógicos também foram beneficiados com o grande desenvolvimento da tecnologia de CIs, mas são relativamente complexos e utilizam dispositivos que não podem ser economicamente integrados (capacitores de alto valor, resistores de precisão, indutores e transformadores), evitando, assim, que os sistemas analógicos alcancem igualmente um alto grau de integração.

Limitações das técnicas digitais

Há poucas desvantagens no uso de técnicas digitais. Os dois principais problemas são:

O mundo real é analógico, e digitalizar sempre apresenta algum erro.
Processar sinais digitais leva tempo.

As grandezas físicas são, em sua maioria, de natureza analógica e, muitas vezes, são entradas e saídas monitoradas, operadas e controladas por um sistema. Como exemplos temos temperatura, pressão, posição, velocidade, nível de líquido e vazão, entre outros. Estamos habituados a expressar essas grandezas *digitalmente*, como quando dizemos que a temperatura é de 18° C (17,8° C quando desejarmos mais precisão), mas o que estamos realmente fazendo é uma aproximação digital para uma grandeza analógica inerente.

Para obter vantagens das técnicas digitais ao lidarmos com entradas e saídas analógicas, devemos seguir quatro passos:

1. Converter a variável física em um sinal elétrico (analógico).
2. Converter os sinais elétricos (analógicos) para o formato digital.
3. Realizar o processamento (operação) da informação digital.
4. Converter as saídas digitais de volta ao formato analógico (o formato do mundo real).

Poderia ser escrito um livro inteiro só sobre o primeiro passo. Há muitos tipos de dispositivos que convertem variáveis físicas em sinais elétricos analógicos (sensores), usados para medir elementos do mundo "real", analógico. Em um carro, por exemplo, há sensores para o nível do combustível (tanque da gasolina), temperatura (do ar e do motor), velocidade (velocímetro), aceleração (sensor de colisão do *airbag*), pressão (óleo, coletor de ar) e consumo de combustível, para citar apenas alguns. O Capítulo 11 abrange os dispositivos que convertem de analógico para digital.

Para ilustrar um típico sistema que utiliza esse método, a **Figura 1.12** mostra um sistema de controle de temperatura. Um usuário move botões para cima ou para baixo para fixar a temperatura desejada em incrementos de 0,1° (representação digital). Um sensor de temperatura no ambiente aquecido converte a temperatura medida em uma tensão proporcional. Essa tensão analógica é convertida em uma quantidade digital por um **conversor analógico-digital** (**ADC** — do inglês, *analog-to--digital converter*). Esse valor é, então, comparado ao valor desejado e usado para determinar o valor digital do calor necessário. O valor digital é convertido em uma quantidade analógica (tensão) por um **conversor digital-analógico** (**DAC** — do inglês, *digital-to-analog converter*). Essa tensão é aplicada a um dispositivo de aquecimento, que produzirá uma quantidade de calor proporcional à tensão aplicada e afetará a temperatura do espaço.

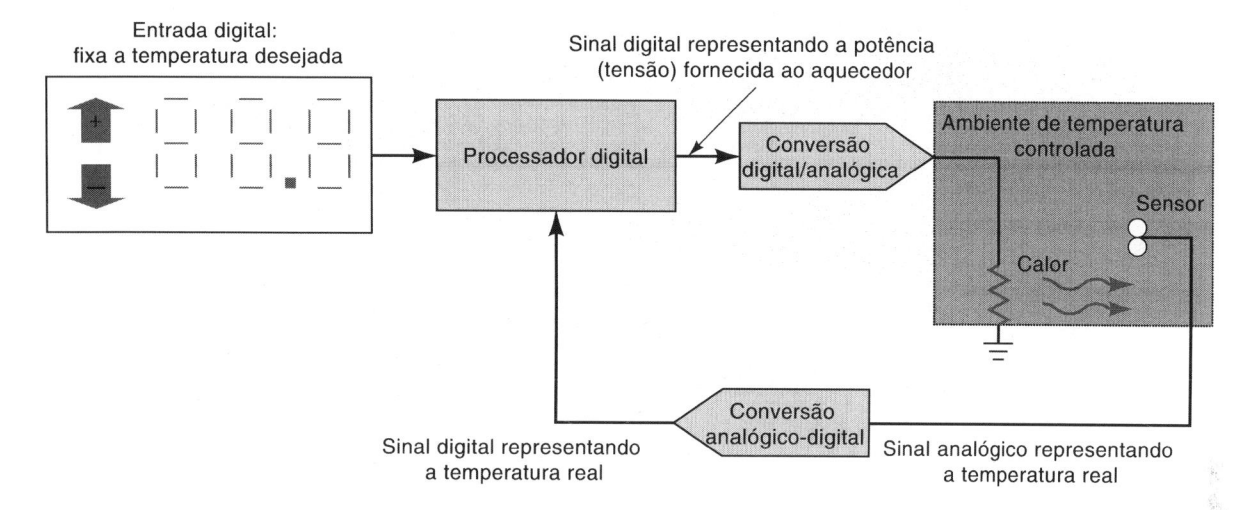

FIGURA 1.12 Diagrama de um sistema de controle de temperatura de precisão que utiliza processamento digital.

QUESTÕES DE REVISÃO

1. Cite três vantagens das técnicas digitais.
2. Liste as duas principais limitações das técnicas digitais.

1.6 SISTEMAS DE NUMERAÇÃO DIGITAL

OBJETIVOS

Após ler esta seção, você será capaz de:

- Identificar o peso de cada dígito binário.
- Determinar a faixa de valores binários dado o número de dígitos binários.
- Interpretar os números binários em decimal.
- Contar em binário.

Há muitos sistemas de numeração em uso na tecnologia digital. Os mais comuns são os sistemas decimal, binário e hexadecimal. Humanos operam usando números decimais, sistemas digitais operam usando números binários, e o **hexadecimal** é um sistema de numeração que torna mais fácil para humanos lidar com números binários. Os três sistemas de numeração são definidos e funcionam da mesma forma. Vamos começar examinando o decimal. Por ser tão conhecido, raramente paramos para pensar sobre como este sistema de numeração realmente funciona. Examinar suas características nos ajudará a entender melhor os outros sistemas.

Sistema decimal

O **sistema decimal** é composto de *10* numerais ou símbolos: 0, 1, 2, 3, 4, 5, 6, 7, 8 e 9; usando esses símbolos como *dígitos* de um número, pode-se expressar qualquer quantidade. O sistema decimal, também chamado de sistema de *base 10* por ter dez dígitos, desenvolveu-se naturalmente pelo fato de as pessoas possuirem dez dedos. De fato, a palavra *dígito* é derivada da palavra "dedo" em latim.

O sistema decimal é um *sistema de valor posicional*, no qual o valor de cada dígito depende de sua posição no número. Por exemplo, considere o número decimal 453. Sabemos que o dígito 4 representa, na verdade, 4 *centenas*, o 5 representa 5 *dezenas* e o 3 representa 3 *unidades*. Em essência, o dígito 4 é o de maior peso entre os três e é denominado *dígito mais significativo* (MSD, do inglês, *most significant digit*). O dígito 3 é o de menor peso, sendo denominado *dígito menos significativo* (LSD, do inglês, *least significant digit*).

Considere outro exemplo: 27,35. Esse número é, na realidade, igual a 2 dezenas mais 7 unidades mais 3 décimos mais 5 centésimos, ou (2 × 10) + (7 × 1) + (3 × 0,1) + (5 × 0,01). A vírgula decimal é usada para separar a parte inteira da parte fracionária do número.

Mais especificamente, as diversas posições relativas à vírgula decimal têm pesos que podem ser expressos em potências de 10. Isso é ilustrado na **Figura 1.13**, em que o número 2.745,214 é representado. A vírgula decimal separa as potências de 10 com expoente **positivo** das potências de 10 com expoente negativo. O número 2.745,214 é, portanto, igual a

$$(2 \times 10^{+3}) + (7 \times 10^{+2}) + (4 \times 10^1) + (5 \times 10^0) + (2 \times 10^{-1}) + (1 \times 10^{-2}) + (4 \times 10^{-3})$$

Em geral, qualquer número é uma soma de produtos do valor de cada dígito pelo seu valor posicional.

FIGURA 1.13 Valores posicionais de um número decimal expresso como potências de 10.

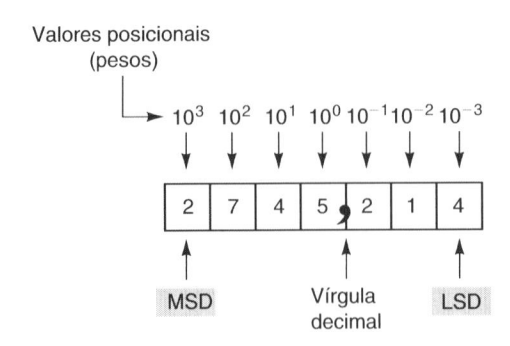

Contagem decimal

Quando contamos no sistema decimal, começamos com 0 na posição das unidades e passamos, progressivamente, pelos símbolos (dígitos) até chegarmos a 9. Então, inserimos um número 1 à próxima posição de maior peso e recomeçamos com 0 na primeira posição (ver **Figura 1.14**). Esse processo continua até atingirmos a contagem 99. Então, somamos 1 à terceira posição e recomeçamos com 0s (zeros) nas duas primeiras. O mesmo procedimento é seguido até atingirmos a contagem que desejarmos.

É importante notar que, na contagem decimal, a posição das unidades (LSD) varia de modo crescente a cada passo na contagem, a posição das dezenas varia de modo crescente a cada 10 passos, a posição das centenas varia de modo crescente a cada 100 passos, e assim por diante.

Outra característica do sistema decimal é que, usando apenas duas posições decimais, $10^2 = 100$, é possível contar cem números diferentes (0 a 99).[2] Com três posições decimais, é possível contar mil números (0 a 999), e assim por diante. Em geral, com N posições ou dígitos decimais, podem-se contar 10^N números diferentes, começando pelo zero e incluindo-o na contagem. O maior número sempre será $10^N - 1$.

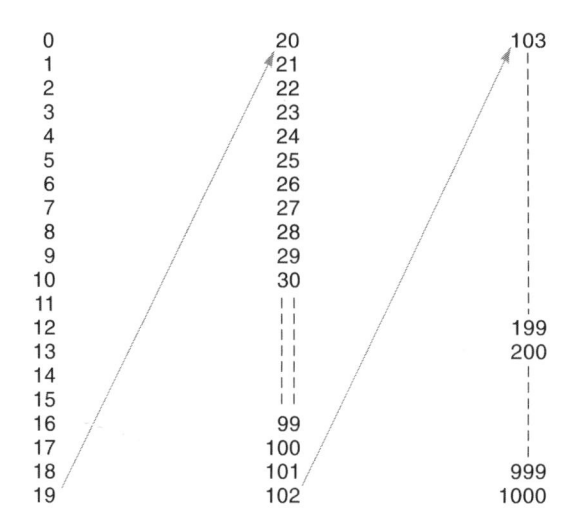

```
 0      20      103
 1      21       |
 2      22       |
 3      23       |
 4      24       |
 5      25       |
 6      26       |
 7      27       |
 8      28       |
 9      29       |
10      30       |
11      ||       |
12      ||      199
13      ||      200
14      ||       |
15      ||       |
16      99       |
17     100       |
18     101      999
19     102     1000
```

FIGURA 1.14 Contagem decimal.

Sistema binário

Infelizmente, o sistema de numeração decimal não é conveniente para ser implementado em sistemas digitais. Por exemplo, é muito difícil projetar um equipamento eletrônico para que ele opere com dez níveis diferentes de tensão (cada um representando um caractere decimal, 0 a 9). Por outro lado, é muito fácil projetar um circuito eletrônico simples e preciso que opere com apenas dois níveis de tensão. Por esse motivo, quase todos os sistemas digitais usam o sistema de numeração binário (base 2) como sistema básico de numeração para suas operações. Outros sistemas de numeração são seguidamente utilizados para interpretar ou representar quantidades binárias para a conveniência das pessoas que trabalham com e usam sistemas digitais.

No sistema binário, há apenas dois símbolos ou valores possíveis para os dígitos: 0 e 1. Mesmo assim, este sistema também pode ser usado para representar qualquer quantidade que possa ser representada em decimal ou em outro sistema de numeração. Entretanto, é comum que o sistema binário use um número maior de dígitos para expressar determinado valor.

Tudo o que foi mencionado anteriormente sobre o sistema decimal é igualmente aplicável ao sistema binário, que também é um sistema de valor posicional, em que cada dígito binário tem um valor próprio, ou peso, expresso como uma potência de 2. Isso é mostrado na **Figura 1.15**. Aqui, as posições à esquerda da *vírgula binária* (semelhante à vírgula decimal) são potências de 2 com expoente positivo, e as posições à direita são potências de 2 com expoente negativo. O número 1011,101 aparece representado na figura. Para encontrar seu equivalente no sistema decimal, basta somar os produtos do valor de cada dígito (0 ou 1) pelo seu respectivo valor posicional:

---

[2] O zero é contado como um número.

$$1011,101_2 = (1 \times 2^3) + (0 \times 2^2) + (1 \times 2^1) + (1 \times 2^0)$$
$$+ (1 \times 2^{-1}) + (0 \times 2^{-2}) + (1 \times 2^{-3})$$
$$= 8 + 0 + 2 + 1 + 0,5 + 0 + 0,125$$
$$= 11,625_{10}$$

FIGURA 1.15 Valores posicionais de um número binário expresso como potências de 2.

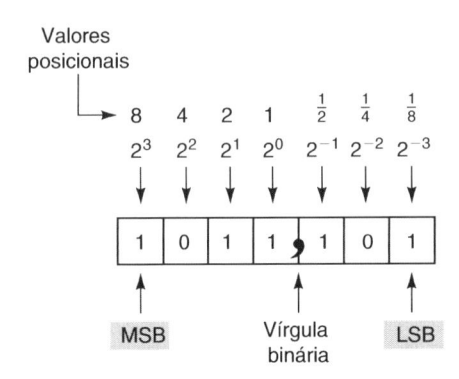

Na operação anterior, observe que foram usados subscritos (2 e 10) para indicar a base na qual o número em questão é expresso. Essa convenção é usada para evitar confusão quando mais de um sistema de numeração está sendo utilizado.

No sistema binário, o termo *dígito binário* (*binary digit*) é quase sempre abreviado com o uso do termo *bit*, que usaremos desse ponto em diante. Assim, o número expresso na Figura 1.15 tem 4 bits à esquerda da vírgula binária, representando a parte inteira do número, e 3 bits à direita da vírgula binária, representando a parte fracionária. O bit mais significativo (MSB, do inglês, *most significant bit*) é o da esquerda (o de maior peso), e o menos significativo (LSB, do inglês, *least significant bit*) é o da direita (o de menor peso). Esses bits estão indicados na Figura 1.15. Nesse caso, o MSB tem peso de 2^3, e o LSB, de 2^{-3}. Os pesos de cada dígito aumentam por um fator de 2 à medida que a posição se desloca da direita para a esquerda.

Contagem binária

Quando operamos com números binários, normalmente estamos restritos a um número específico de bits. Essa restrição é determinada pelo circuito usado para representar esses números binários. Vamos usar números binários de 4 bits para ilustrar o método de contagem binária.

A sequência (mostrada na **Figura 1.16**) começa com todos os bits em 0; essa contagem é denominada *contagem zero*. Para cada contagem sucessiva, a posição de peso unitário (2^0) *alterna*, ou seja, muda de um valor binário para o outro. Cada vez que o bit de peso unitário muda de 1 para 0, a posição de peso 2 (2^1) alterna (muda de estado). Cada vez que o bit de peso 2 muda de 1 para 0, o bit de peso 4 (2^2) alterna (muda de estado). Do mesmo modo, cada vez que o bit de peso 4 passa de 1 para 0, o bit de peso 8 (2^3) alterna. Esse mesmo processo se repetirá para os bits de ordem maior, caso o número binário tenha mais de 4 bits.

A sequência de contagem binária tem uma característica importante, mostrada na Figura 1.16. O bit de peso 1 (LSB) muda de 0 para 1 ou de 1 para 0 a *cada* contagem. O segundo bit (posição de peso 2) permanece em 0 durante duas contagens e, em seguida, permanece em 1 durante duas contagens, voltando depois para 0 durante duas contagens, e assim por diante. O terceiro bit (posição de peso 4) se mantém em 0 durante quatro contagens, permanecendo em 1 durante quatro contagens, e assim por diante. O quarto bit (posição de peso 8) permanece em 0 durante oito contagens e em 1 durante oito contagens. Se desejássemos contar além disso, acrescentaríamos bits, e esse procedimento continuaria com a alternância de 0s (zeros) e 1s (uns) em grupos de 2^{N-1}. Por exemplo, usando a quinta posição binária, o quinto bit alternaria dezesseis 0s, então dezesseis 1s, e assim por diante.

Como vimos no sistema decimal, também é verdade para o sistema binário que, usando N bits ou posições, pode-se contar 2^N. Por exemplo, com 2 bits, pode-se contar $2^2 = 4$ contagens (00_2 até 11_2); com 4 bits, pode-se contar $2^4 = 16$ contagens (0000_2 até 1111_2), e assim por diante. A última contagem será sempre com os bits em 1, que é igual a $2^N - 1$ no sistema decimal. Por exemplo, usando 4 bits, a última contagem é $1.111_2 = 2^4 - 1 = 15_{10}$.

Pesos → $2^3=8$	$2^2=4$	$2^1=2$	$2^0=1$	Número decimal equivalente
0	0	0	0	0
0	0	0	1	1
0	0	1	0	2
0	0	1	1	3
0	1	0	0	4
0	1	0	1	5
0	1	1	0	6
0	1	1	1	7
1	0	0	0	8
1	0	0	1	9
1	0	1	0	10
1	0	1	1	11
1	1	0	0	12
1	1	0	1	13
1	1	1	0	14
1	1	1	1	15

↑ LSB

FIGURA 1.16 Sequência de contagem binária.

EXEMPLO 1.2

Qual é o maior número que pode ser representado usando-se oito bits?

Solução

$2^N - 1 = 2^8 - 1 = 255_{10} = 11111111_2$

Essa foi uma breve introdução ao sistema de numeração binário e à sua relação com o sistema decimal. Dedicaremos muito mais tempo a esses dois sistemas e a alguns outros sistemas no próximo capítulo.

QUESTÕES DE REVISÃO

1. Qual é o número decimal equivalente a 1101011_2?
2. Qual é o número binário seguinte a 10111_2 na sequência da contagem?
3. Qual é o valor do maior número decimal que pode ser representado usando-se 12 bits?

1.7 REPRESENTAÇÃO DE SINAIS COM QUANTIDADES NUMÉRICAS

Objetivos

Após ler esta seção, você será capaz de:
- Representar um sinal contínuo com uma sequência de medidas.
- Avaliar os efeitos relativos da precisão na medição.
- Avaliar os efeitos relativos da frequência de medição.
- Identificar a faixa aceitável de tensões que representam 1s e 0s em um dado sistema digital.

Vamos agora considerar o conceito de representação de um sinal analógico como uma sequência de números digitais. Na seção anterior, aprendemos que qualquer quantidade pode ser representada por um número binário, tão facilmente como pode ser representada por um número decimal. Suponha que você esteja fazendo uma experiência científica que exige que você mantenha um registro de mudanças de temperatura durante um longo período. Você sabe que a temperatura do ar é uma quantidade analógica: variável continuamente. Contudo, você também sabe que a temperatura em geral muda bem devagar, então, em vez de tentar registrar continuamente a temperatura, você decide medi-la a cada hora.

Seu dispositivo de medição de temperatura é bastante impreciso e só pode medir em incrementos de 10° F. Por exemplo, qualquer temperatura entre 60° e 69° F (inclusive) será lida 60° F. Qualquer temperatura entre 70° e 79° F (inclusive) será lida 70° F. A **Figura 1.17** mostra um gráfico contínuo da temperatura no início do verão, que começa fria, mas aquece rapidamente em torno das 13h00. Após as 13h00, uma tempestade chega e a temperatura cai muito de repente e drasticamente. A **Figura 1.18(a)** mostra os dados retirados das leituras de temperatura desse dia a cada hora. Se traçarmos os números da nossa tabela, você poderá ver na Figura 1.18(b) que a forma geral está próxima do sinal analógico, mesmo que algumas das mudanças lentas detalhadas não sejam detectadas.

FIGURA 1.17 Amostras de temperatura tomadas a cada hora. A linha indica sinal analógico.

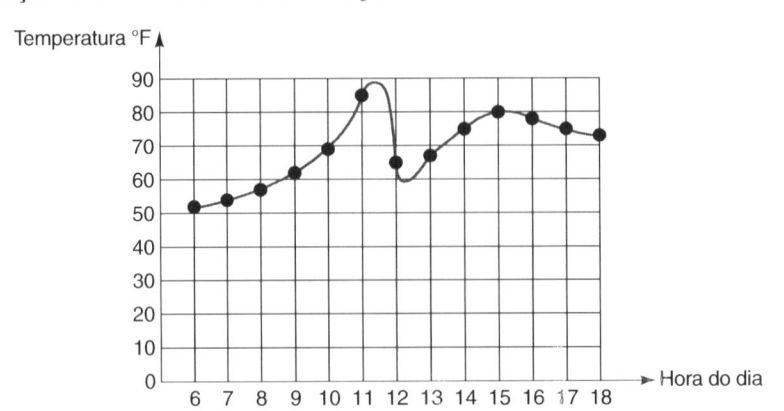

Em seguida, vamos supor que decidimos arbitrariamente medir a temperatura a cada duas horas a partir das 6h da manhã. Essas medidas também são mostradas na Figura 1.18(a). O gráfico das medidas tomadas a cada duas horas é mostrado na Figura 1.18(c). Observe que ele não parece nada com o sinal analógico atual. Com base nessas medidas, a temperatura para esse dia parece ser muito estável e bastante leve. Esse exemplo destina-se a apontar várias características da representação de sinais analógicos como quantidades digitais.

1. O evento principal do dia (aumento súbito do calor seguido por uma queda repentina da temperatura) aconteceu entre duas amostras; por isso, no que diz respeito a esse sinal digital, o evento não aconteceu.
2. O sinal é representado como uma lista de medidas tomadas em intervalos regulares. Essas são chamadas de amostras.
3. As medidas não representam exatamente o valor atual no momento em que é amostrado devido às limitações do dispositivo de medição (etapas de 10 graus). Isso é chamado de erro de quantização.
4. A frequência com que uma amostra é gravada tem um enorme impacto na precisão da reprodução.
5. Quanto mais amostras são tomadas, mais precisamente o sinal é representado.

Número da amostra	1	2	3	4	5	6	7	8	9	10	11	12	13
Hora do dia	6	7	8	9	10	11	12	1	2	3	4	5	6
Amostragem a cada hora	50	50	50	60	60	80	60	60	70	80	70	70	70
Amostragem a cada duas horas	50		50		60		60		70		70		70
Valor binário armazenado	101	101	101	110	110	1000	110	110	111	1000	111	111	111

(a)

FIGURA 1.18 Medições de temperatura: (a) tabela de dados; (b) gráfico de amostras por hora; (c) gráfico de amostras a cada duas horas.

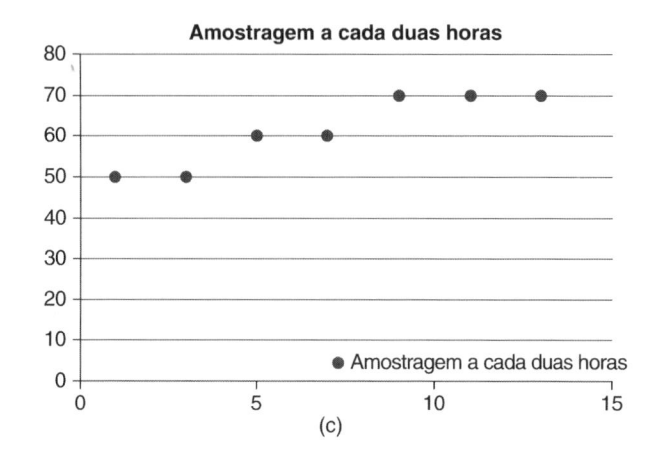

O Capítulo 11 terá mais a dizer sobre sinais digitais e como eles são processados.

QUESTÃO DE REVISÃO

1. Como um sinal analógico é representado em um sistema digital?

1.8 TRANSMISSÕES PARALELA E SERIAL

Objetivo
Após ler esta seção, você será capaz de:
- Fazer a distinção entre transferência paralela e serial.

Uma das operações mais comuns que ocorre em qualquer sistema digital é a transmissão de informações de um lugar para outro. As informações podem ser transmitidas a uma distância tão pequena como alguns centímetros na mesma placa de circuito, ou a uma distância de muitos quilômetros, como quando duas pessoas estão enviando mensagens de texto uma à outra em diferentes continentes. A informação que é transmitida é em forma binária e, em geral, é representada como tensões nas saídas de um circuito de envio que estão conectadas às entradas de um circuito de recepção. A **Figura 1.19** ilustra os dois métodos básicos para a transmissão de informações digitais: o **paralelo** e o **serial**.

FIGURA 1.19 (a) A transmissão paralela usa uma linha de conexão por bit, e todos os bits são transmitidos simultaneamente; (b) a transmissão em série usa apenas uma linha de sinal, e os bits individuais são transmitidos em série (um de cada vez).

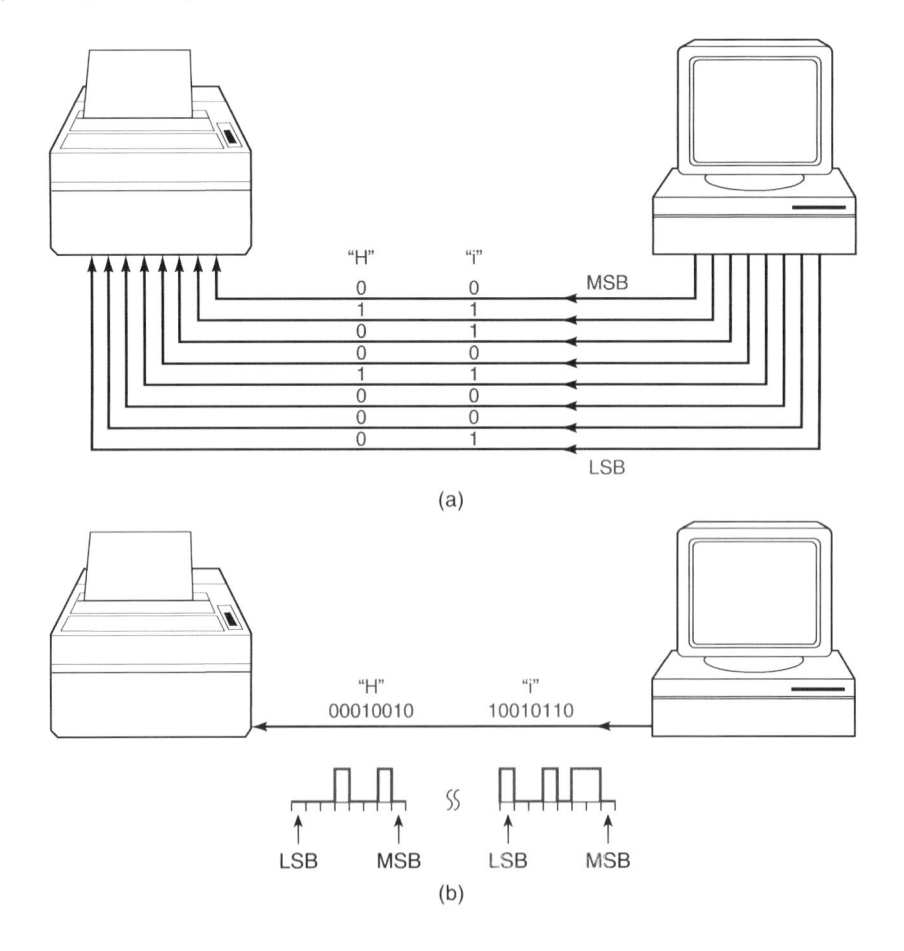

A Figura 1.19(a) mostra a transmissão paralela de dados de um computador para uma impressora. As interfaces de impressora paralela eram padrão em computadores pessoais antes do USB (do inglês, *universal serial bus*). Neste cenário, presuma que estejamos tentando imprimir a palavra "*Hi*" ("olá", em inglês) na impressora. O código binário para "H" é 01001000, e o código binário para "i" é 01101001. Cada um dos caracteres (o "H" e o "i") é composto de oito bits. Utilizando a transmissão paralela, os oito bits são transmitidos simultaneamente por oito fios. O "H" é transmitido primeiro, depois o "i".

A Figura 1.19(b) demonstra como é empregada uma transmissão serial no computador ao se usar uma porta USB para enviar dados a uma impressora. Embora os detalhes da formatação dos dados sejam muito mais complicados para uma porta USB do que mostramos aqui, o que importa é que os dados são transmitidos, um bit de cada vez, por um único fio. Os bits são mostrados no diagrama como se estivessem realmente se movendo pelo fio na ordem mostrada. O bit menos significativo de "H" é enviado primeiro, e o mais significativo de "i" é enviado por último. É claro que, na realidade, apenas um bit pode estar no fio em qualquer ponto no tempo, e o tempo geralmente é desenhado no gráfico a partir da esquerda e movendo-se para a direita. Isso resulta em um gráfico de bits lógicos pelo tempo da transmissão serial, chamado diagrama de tempo. Note que, nessa apresentação, o bit menos significativo está à esquerda, porque foi enviado primeiro.

A principal relação entre as representações paralela e serial diz respeito à velocidade *versus* a simplicidade do circuito. A transmissão de um dado binário de um ponto para outro de um sistema digital pode ser feita mais rapidamente por meio da representação paralela, pois todos os bits são transmitidos simultaneamente, enquanto no formato serial é transmitido um bit de cada vez. Por sua vez, o formato paralelo requer mais linhas de sinais interligando o transmissor e o receptor de dados binários que o formato serial. Em outras palavras, a comunicação paralela é mais rápida; a serial precisa de menos linhas de sinais. Essa comparação entre os métodos de comunicação paralela e serial para a representação de uma informação binária será objeto de discussão em muitos trechos deste livro.

QUESTÃO DE REVISÃO

1. Descreva as vantagens relativas das transmissões paralela e serial de um dado binário.

1.9 MEMÓRIA

OBJETIVO

Após ler esta seção, você será capaz de:

- Articular a diferença entre circuitos sem memória e com memória.

Quando um sinal de entrada é aplicado à maioria dos dispositivos ou circuitos, a saída muda em resposta à entrada; quando o sinal de entrada é removido, a saída volta ao estado original. Esses circuitos não apresentam a propriedade de *memória*, visto que suas saídas voltam ao estado normal. Em circuitos digitais, certos tipos de dispositivos e circuitos possuem memória. Quando uma entrada é aplicada em um circuito desse tipo, a saída muda de estado, porém ela se mantém no novo estado ainda que o sinal de entrada seja removido em seguida. Essa propriedade de retenção da resposta a uma entrada momentânea é denominada **memória**. A **Figura 1.20** ilustra as operações com e sem memória.

Os dispositivos e circuitos de memória desempenham papel importante nos sistemas digitais porque proveem um meio de armazenamento, temporário ou permanente, de números binários, com a capacidade de alterar, a qualquer momento, a informação contida. Veremos que os diversos elementos de memória incluem tipos magnético, óptico e aqueles que utilizam circuitos de retenção (denominados *latches* e *flip-flops*).

FIGURA 1.20
Comparação entre as operações com e sem memória.

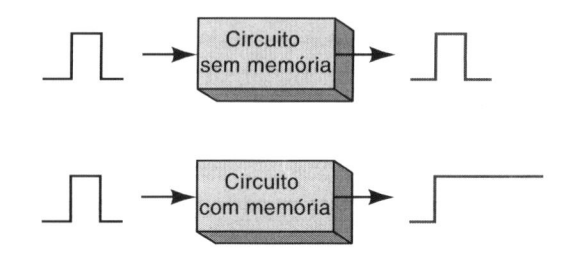

QUESTÕES DE REVISÃO

1. Uma saída de circuito sem memória sempre depende da entrada _____ (passado, presente ou futuro).
2. Uma saída de circuito de memória depende de _____.

1.10 COMPUTADORES DIGITAIS

OBJETIVOS

Após ler esta seção, você será capaz de:

- Definir os blocos de função em qualquer computador.
- Nomear os dois blocos que compõem uma unidade de processamento central.
- Explicar a estratégia primária de melhorar o desempenho/capacidade de computadores.

As técnicas digitais têm sido aplicadas em inúmeras áreas da tecnologia. Porém, a área de **computação digital** automática é, sem dúvida, a mais notável e a mais ampla. Em termos simples, *um computador é um sistema de hardware que realiza operações aritméticas, manipula dados (normalmente na forma binária) e toma decisões.*

Em geral, os humanos são capazes de fazer o que os computadores fazem, mas os computadores o fazem com velocidade e precisão muito maiores, apesar de realizarem os cálculos fazendo uma operação de cada vez. Por exemplo, uma pessoa andando pela sala não pensa em qual músculo contrair e qual músculo relaxar, ou para qual direção ir, nem mesmo nota os obstáculos. Nossos cérebros estão processando essa informação o tempo todo em paralelo. Um robô controlado por computador precisaria receber dados do sensor 1, depois processar essa informação e, em seguida, enviar um comando para um atuador que se mova de uma certa maneira. Então, teria que repetir esse processo para muitos outros sensores e atuadores. É claro que o fato de o computador necessitar de apenas alguns nanossegundos por passo compensa essa aparente ineficiência.

Um computador é mais rápido e mais preciso que uma pessoa; porém, diferentemente de nós, precisa receber um conjunto completo de instruções que determine *exatamente* o que fazer em cada passo de suas operações. Esse conjunto de instruções, denominado **programa**, é elaborado por uma ou mais pessoas para cada tarefa da máquina. Os programas são colocados na unidade de memória do computador, codificados na forma binária, sendo que cada instrução tem um código único. O computador busca, na memória, os códigos de instrução, *um de cada vez*, e realiza a operação determinada pelo código.

Principais partes de um computador

Existem vários tipos de sistemas de computador, mas cada um pode ser representado pelas mesmas unidades funcionais. Cada unidade desempenha uma função específica, e todas operam em conjunto para realizar as instruções contidas no programa. A **Figura 1.21** mostra as cinco partes principais de um **computador digital** e as interações entre elas. As linhas contínuas com setas representam o fluxo de dados e informações. As linhas tracejadas com setas representam o fluxo dos sinais de controle e de temporização.

As principais funções de cada unidade são:

1. **Unidade de entrada.** Por meio dessa unidade, um conjunto completo de instruções e dados é introduzido na unidade de memória do sistema computacional para ser armazenado até o momento de utilização. Uma informação tipicamente é introduzida na unidade de entrada por um teclado, um disco ou vários sensores (no caso de um computador de controle de processos).
2. **Unidade de memória.** A memória armazena as instruções e os dados recebidos da unidade de entrada. Ela armazena o resultado de operações aritméticas, recebidas da unidade aritmética, e também fornece informações para a unidade de saída.
3. **Unidade de controle.** Essa unidade busca, uma de cada vez, as instruções na unidade de memória e as interpreta. Então, envia sinais apropriados para outras unidades de acordo com uma instrução específica a ser executada.
4. **Unidade lógica/aritmética.** Todos os cálculos aritméticos e as decisões lógicas são realizados nessa unidade, que pode enviar resultados para serem armazenados na unidade de memória.
5. **Unidade de saída.** Essa unidade recebe os dados da unidade de memória e imprime, exibe ou apresenta de qualquer outra maneira as informações ao operador (ou processa, no caso de um computador de controle de processos).

Como mostra a Figura 1.21, as unidades lógica/aritmética e de controle são quase sempre consideradas uma **unidade central de processamento** (**CPU**, do inglês, *central processing unit*). A CPU contém o circuito para busca e decodificação (interpretação) de instruções e também para controle e realização de várias operações determinadas pelas instruções.

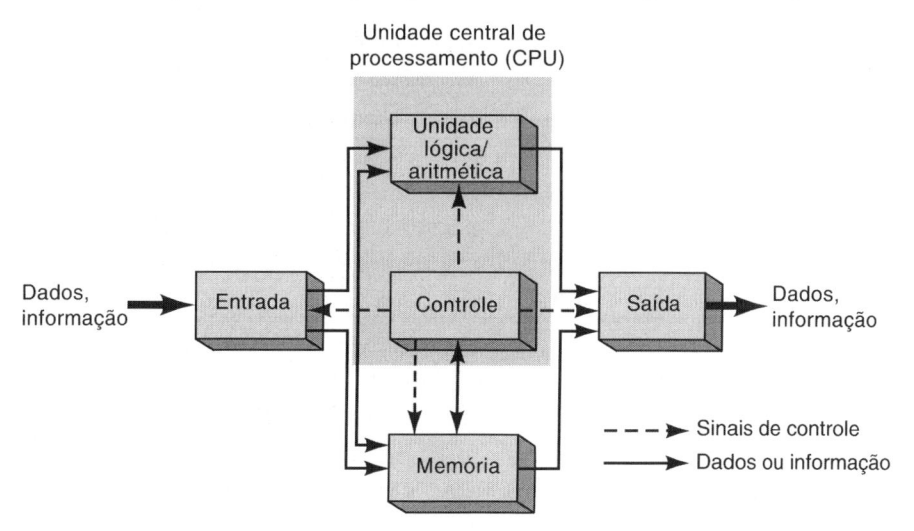

FIGURA 1.21 Diagrama funcional de um computador digital.

Tipos de computadores

Existem muitas maneiras de categorizar computadores e muitos nomes para diferentes tipos de computadores em cada categoria. Alguns termos antigos costumam ser usados incorretamente para descrever novas configurações, e alguns novos termos são nada mais que outro nome para configurações mais antigas. Vamos descrever três categorias de computadores e oferecer alguns nomes de tipos de computadores de cada categoria. O importante é lembrar que todos esses sistemas em todas essas categorias podem ser divididos nas cinco unidades principais que descrevemos. Essas partes são simplesmente dispostas de forma diferente para otimizar o sistema para um propósito específico.

A unidade de processamento central da primeira geração de computadores foi constituída por muitos circuitos digitais distribuídos em várias placas de circuitos. Por isso, na década de 1970, quando todas as partes de uma unidade de processamento central foram "integradas" em um chip bastante pequeno, eles receberam o nome de "**microprocessadores**". Esses microprocessadores foram combinados com circuitos de memória, entrada e saída para produzir "**microcomputadores**". Com os avanços na tecnologia de circuitos integrados, cada vez mais circuitos digitais puderam se encaixar em pacotes menores e menores, e os fabricantes começaram a oferecer microcomputadores envolvidos por hardware de suporte especializado para facilitar o controle das coisas — tudo em um único circuito integrado. Estes vieram a ser conhecidos como **microcontroladores**.

Computadores de ponta. Os computadores de ponta são sistemas muito poderosos capazes de lidar com muitas tarefas e produzir resultados muito rapidamente. Alguns dos nomes que são muitas vezes dados a esses sistemas de computação são *supercomputadores*, *clusters*, *servidores* e *mainframes*. Hoje, todos esses sistemas obtêm sua alta velocidade e grande taxa de transferência usando uma estratégia simples de dividir o trabalho. O computador geral é composto por muitos microprocessadores poderosos com recursos locais (memória, entrada, saída), além de recursos de memória e as entradas e saídas que são compartilhadas. Em outras palavras, eles são compostos por muitos computadores trabalhando juntos para produzir os resultados pretendidos.

Computadores pessoais. A maneira como vamos definir o computador pessoal é um computador de uso geral capaz de executar muitas aplicações diferentes e é destinado a pessoas individualmente. Estações de trabalho, desktops, laptops, notebooks, tablets e até mesmo celulares enquadram-se nesta categoria. Eles têm um único processador, embora possam ser compostos por múltiplos "núcleos". Cada núcleo é realmente uma CPU ou processador que compartilha as instruções, acessadas de uma área comum chamada de cache. Os núcleos trabalham juntos para pegar (buscar) a próxima instrução e executá-la o mais eficientemente possível.

Computadores embarcados. Apesar de todos os computadores de ponta e pessoais que você vê em todos os lugares, a categoria que reivindica a maioria das aplicações de computador é o mercado informático embarcado. Estes são os computadores de chip único que também contêm hardware digital embutido para ajudá-lo a controlar de forma eficiente e se comunicar com outros dispositivos. Esses outros dispositivos incluem conversores analógico-digital e digital-analógico, moduladores de largura de pulso, temporizador/

contadores e circuitos de interface serial. Esses computadores são embarcados em tantos produtos comerciais que é quase sempre mais fácil nomear os produtos que não possuem um microcontrolador. Você provavelmente nunca viu um em uma ratoeira, mas se alguma vez alguém construir uma ratoeira mais elaborada, provavelmente incluirá um microcontrolador.

A única coisa sobre os microcontroladores embutidos é que eles são parte integrante do funcionamento interno de um sistema. Eles não são vistos, embora geralmente estejam no centro de todas as funções do sistema. O projetista fornece a um controlador embarcado um programa de instruções e espera-se que ele execute esse programa pelo resto da vida.

Memória

O propósito fundamental de todos os dispositivos de memória é armazenar um grupo de 1s e 0s. Esse fato levanta duas questões: quantos 1s e 0s estão em um grupo? Quantos grupos podem ser armazenados no dispositivo de memória? O Capítulo 12 explicará todas as diferentes configurações de dispositivos de memória e ajudará você a decidir qual tamanho/formato atenderá às suas necessidades. O objetivo de todos os dispositivos de memória (e a maioria dos outros componentes eletrônicos) é torná-lo menor, mais rápido, menos caro e gastando menos energia. Usando diferentes tecnologias, pode-se otimizar alguns desses recursos, mas nenhuma tecnologia por si só é melhor em todos eles. Como consequência, os sistemas de computação usam uma combinação de tecnologias de memória. Por exemplo, muitos computadores ainda usam discos rígidos mecânicos para armazenamento em longo prazo. Essa tecnologia armazena 1s e 0s (dados) como campos magnéticos em um disco rotativo. Os discos rígidos de estado sólido mais recentes armazenam dados usando a tecnologia Flash em transistores especiais. Os dados sobre esses dispositivos podem ser recuperados, mesmo que a energia seja removida do dispositivo de armazenamento. A memória de trabalho do seu computador, onde as aplicações são acessadas quando estão ativas, é feita a partir da tecnologia RAM dinâmica que armazena dados em capacitores. A memória de trabalho deve armazenar um número muito grande de bits. A memória de vídeo deve ser muito rápida. Contudo, não é um problema se a memória de trabalho e a memória de vídeo perderem seus dados quando a energia é desligada.

Para entender os termos da memória, pense em como um dormitório ou hotel típico é estabelecido. Cada andar tem o mesmo número de quartos e cada quarto tem um número na porta. Esse número (em geral, referido como o endereço) é usado para localizar um quarto específico entre todos os quartos do dormitório. Os dígitos da ordem inferior do número do quarto identificam onde está localizado dentro de um determinado piso, e o dígito de ordem superior identifica o piso. O número de pessoas, as características das pessoas e a variedade de coisas são únicas em cada quarto. Da mesma forma, os sistemas de memória possuem uma variedade de locais para armazenar informações. Estes são chamados de locais de memória e são identificados com um endereço. O endereço terá dígitos superiores que especificam uma área geral no dispositivo juntamente com dígitos mais baixos que identificam um local específico nessa área. O conteúdo de qualquer local de memória dado será um número binário referido como dados.

O número de dígitos que podem ser armazenados será o mesmo em cada local, mas o valor dos dados armazenados lá pode ser exclusivo. O Capítulo 12 terá muito mais a dizer sobre os vários tipos de dispositivos de memória.

Progresso digital hoje e amanhã

Por que o conteúdo deste livro e o assunto dos sistemas digitais são importantes para você? Para responder a esta pergunta, basta pensar nas invenções que mudaram a forma como fazemos coisas desde o ano 2000. Se você não consegue pensar em 10 exemplos, use a internet para procurar invenções do século 21. Ao analisar as listas geradas por muitas pessoas, faça uma pergunta simples: alguma parte dessa invenção é um sistema digital? Em quase todos os casos, a resposta é SIM! Se você quer fazer parte de grandes inovações nos próximos 50 anos, o conhecimento dos sistemas digitais o ajudará. Os blocos de construção de sistemas digitais são conhecidos e compreendidos há décadas. Como a tecnologia faz esses blocos de construção mais rápido, menores, menos caros e gastando menos energia, você poderá encontrar novas maneiras de usá-los para resolver os problemas do mundo.

QUESTÕES DE REVISÃO

1. Nomeie as cinco principais unidades funcionais de um computador.
2. Quais são as duas unidades que compõem a CPU?
3. Qual é a principal estratégia para melhorar as capacidades, a velocidade e a produção de sistemas de computação?
4. Qual categoria possui o maior número de aplicativos de computador?
5. Se você descobrir a maior invenção do século 21, que tecnologia muito provavelmente estará envolvida?

RESUMO

1. As duas maneiras básicas de representar o valor numérico das quantidades físicas são analógicas (contínuas) e digitais (discretas).
2. As quantidades no mundo real são, em sua maioria, analógicas, mas as técnicas digitais são, em geral, superiores às técnicas analógicas, e a maioria dos avanços previstos será no domínio digital.
3. O sistema do número binário (0 e 1) é o sistema básico usado na tecnologia digital.
4. Os circuitos digitais ou lógicos operam em tensões que se enquadram em faixas prescritas que representam um binário 0 ou um binário 1.
5. As duas formas básicas de transferência de informações digitais são paralela — todos os bits simultaneamente — e serial — um bit de cada vez.
6. As partes principais de todos os computadores são as unidades de entrada, controle, memória, aritmética/lógica e de saída.
7. A combinação da unidade aritmética/lógica e da unidade de controle compõe a CPU (unidade de processamento central).
8. Os sistemas de computação para uso geral de hoje são compostos por muitos núcleos de CPU (microprocessadores) que trabalham em conjunto.
9. Um microcontrolador é um microcomputador especialmente projetado para aplicações de controle dedicadas (não de uso geral).

TERMOS IMPORTANTES*

dígitos binários
bits
estados lógicos
níveis lógicos
diagrama de tempo
borda
borda de descida
não periódico
periódico
frequência (F)
período (T)
ciclo de trabalho
evento

sensíveis a nível
sensíveis a borda
circuitos lógicos
CMOS
TTL
representação analógica
representação digital
sistema digital
sistema analógico
conversor analógico-digital (ADC)
conversor digital-analógico (DAC)
sistema hexadecimal
sistema decimal
sistema binário

transmissão paralela
transmissão serial
memória
computador digital
unidade de entrada
unidade de memória
unidade de controle
unidade aritmética/lógica
unidade de saída
unidade central de processamento (CPU)
microprocessador
microcomputador
microcontrolador

PROBLEMAS**

SEÇÃO 1.1

1.1 Na Figura 1.22(a), qual é o nível lógico que deve ser emitido para ligar o LED?

1.2 Na Figura 1.22(b), qual é o nível lógico que deve ser emitido para ligar o LED?

1.3 Na Figura 1.22(a), qual interruptor deve ser fechado para ligar o LED?

1.4 Na Figura 1.22(b), qual interruptor deve ser fechado para ligar o LED?

FIGURA 1.22 Seção 1.1.

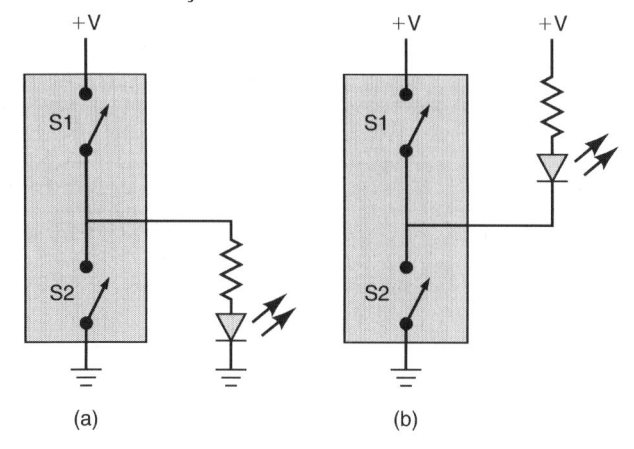

SEÇÕES 1.2 E 1.3

1.5 Crie um bom rótulo (nome) para cada sinal descrito a seguir:

(a)★ Um sensor emite um BAIXO quando a porta do elevador está fechada.

(b) Um sensor de luz de rua produz um ALTO quando detecta a luz do dia.

(c)★ Um sensor de assento do passageiro fica BAIXO quando o assento está vazio.

(d) Um sensor de temperatura fica ALTO quando o fluido do radiador está criticamente quente.

1.6★ Desenhe dois ciclos do diagrama de tempo para um sinal digital que alterna continuamente entre 0,2 V (binário 0) durante 2 ms e 4,4 V (binário 1) por 4 ms.

1.7★ Meça o período, a frequência e o ciclo de trabalho da forma de onda do Problema 1.6. Suponha que a parte ativa da forma de onda seja ALTA.

1.8 Desenhe dois ciclos do diagrama de tempo para um sinal que alterna entre 0,3 V (binário 0) por 5 ms e 3,9 V (binário 1) por 2 ms.

1.9 Meça o período, a frequência e o ciclo de trabalho da forma de onda do Problema 1.8. Suponha que a parte ativa da forma de onda seja BAIXA.

1.10 Rotule cada forma de onda na Figura 1.23: periódica/não periódica. Para aquelas que são periódicas, meça T, F e ciclo de trabalho (suponha o ALTO ativo).

---

* Estes termos podem ser encontrados em **negrito** no capítulo e são definidos no Glossário no fim do livro. Isto se aplica a todos os capítulos.

** As respostas para os problemas assinalados com uma estrela (★) podem ser encontradas no final do livro.

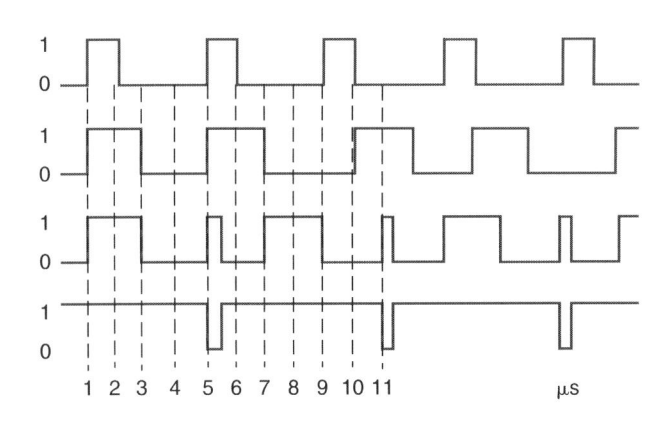

FIGURA 1.23 Problema 1.10.

SEÇÕES 1.4 E 1.5

1.11★ Quais das seguintes são quantidades analógicas e quais são digitais?
- (a) Número de átomos em uma amostra de material.
- (b) Altitude de uma aeronave.
- (c) Pressão em um pneu de bicicleta.
- (d) Corrente através de um alto-falante.
- (e) Sua idade medida em anos.

1.12 Quais das seguintes são quantidades analógicas e quais são digitais?
- (a) Largura de uma peça de madeira.
- (b) A quantidade de tempo antes de o som de aviso do forno desligar.
- (c) A hora do dia exibida em um relógio de quartzo.
- (d) Elevação medida por etapas de contagem em uma escada.
- (e) Elevação medida por um ponto em uma rampa.

SEÇÃO 1.6

1.13★ Converta os seguintes números binários para os valores decimais equivalentes.
- (a) 11001_2
- (b) $1001{,}1001_2$
- (c) $10011011001{,}10110_2$

1.14 Converta os seguintes números binários em decimais.
- (a) 10011_2
- (b) $1100{,}0101_2$
- (c) $10011100100{,}10010_2$

1.15★ Usando três bits, mostre a sequência de contagem binária de 000 a 111.

1.16 Usando seis bits, mostre a sequência de contagem binária de 000000 a 111111.

1.17★ Qual é o número máximo que se pode contar usando 10 bits?

1.18 Qual é o número máximo que se pode contar usando 14 bits?

1.19★ Quantos bits são necessários para se contar até um máximo de 511?

1.20 Quantos bits são necessários para se contar até um máximo de 63?

SEÇÃO 1.7

1.21 Qual dos seguintes aumentará/diminuirá a qualidade do sinal digital?
- (a) Aumentar o tempo entre as amostras.
- (b) Aumentar o número de bits em cada amostra.
- (c) Aumentar a frequência de amostragem.

SEÇÃO 1.8

1.22★ Suponha que os valores inteiros decimais de 0 a 15 sejam transmitidos em binário.
- (a) Quantas linhas serão necessárias se a representação em paralelo for usada?
- (b) Quantas linhas serão necessárias se a representação em série for usada?

RESPOSTAS DAS QUESTÕES DE REVISÃO

SEÇÃO 1.1

1. 0 e 1.
2. BAIXO e ALTO.
3. Bit.
4. 0.
5. Depende da tecnologia do sistema.
6. ALTO.
7. BAIXO.
8. 2,0 V.
9. 0,8 V.
10. Inválida.

SEÇÃO 1.2

1. Veja a Figura 1.24.

2. Não periódica.
3. (a) Sim.
   (b) 0,004 segundo.
   (c) 25%.
   (d) 250 Hz.
   (e) Borda de descida.
   (f) 0,008 segundo.
   (g) 125 Hz.

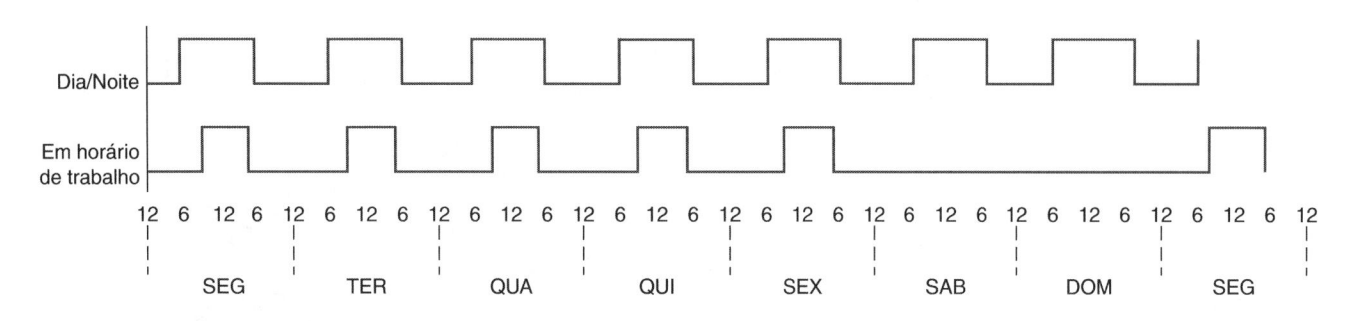

FIGURA 1.24 Seção 1.2, questão de revisão 1.

SEÇÃO 1.3
1. Falso.
2. Sim.
3. Lógico.
4. CMOS.
5. Metal-óxido-semicondutor complementar.
6. TTL.
7. Bipolar.

SEÇÃO 1.4
1. Digital.
2. Analógico.
3. (a) Analógica.
   (b) Digital.
   (c) Digital.
   (d) Analógica.
   (e) Digital.
   (f) Analógica.

SEÇÃO 1.5
1. Mais fácil de projetar; mais fácil de armazenar informações; maior acurácia e precisão; programabilidade; menos afetado pelo ruído; maior grau de integração.
2. As quantidades físicas do mundo real são analógicas. O processamento digital leva tempo.

SEÇÃO 1.6
1. 107_{10}
2. 11000_2
3. 4.095_{10}

SEÇÃO 1.7
1. Uma sequência de números binários, representando o valor do sinal medido em intervalos regulares.

SEÇÃO 1.8
1. Paralelo é mais rápido; serial requer apenas uma linha de sinal.

SEÇÃO 1.9
1. Presente.
2. Saídas passadas e entradas atuais.

SEÇÃO 1.10
1. Entrada, saída, memória, aritmética/lógica, controle.
2. Controle e aritmética/lógica.
3. Divisão do trabalho em vários processadores.
4. Computadores embarcados.
5. Sistemas digitais.

CAPÍTULO 2

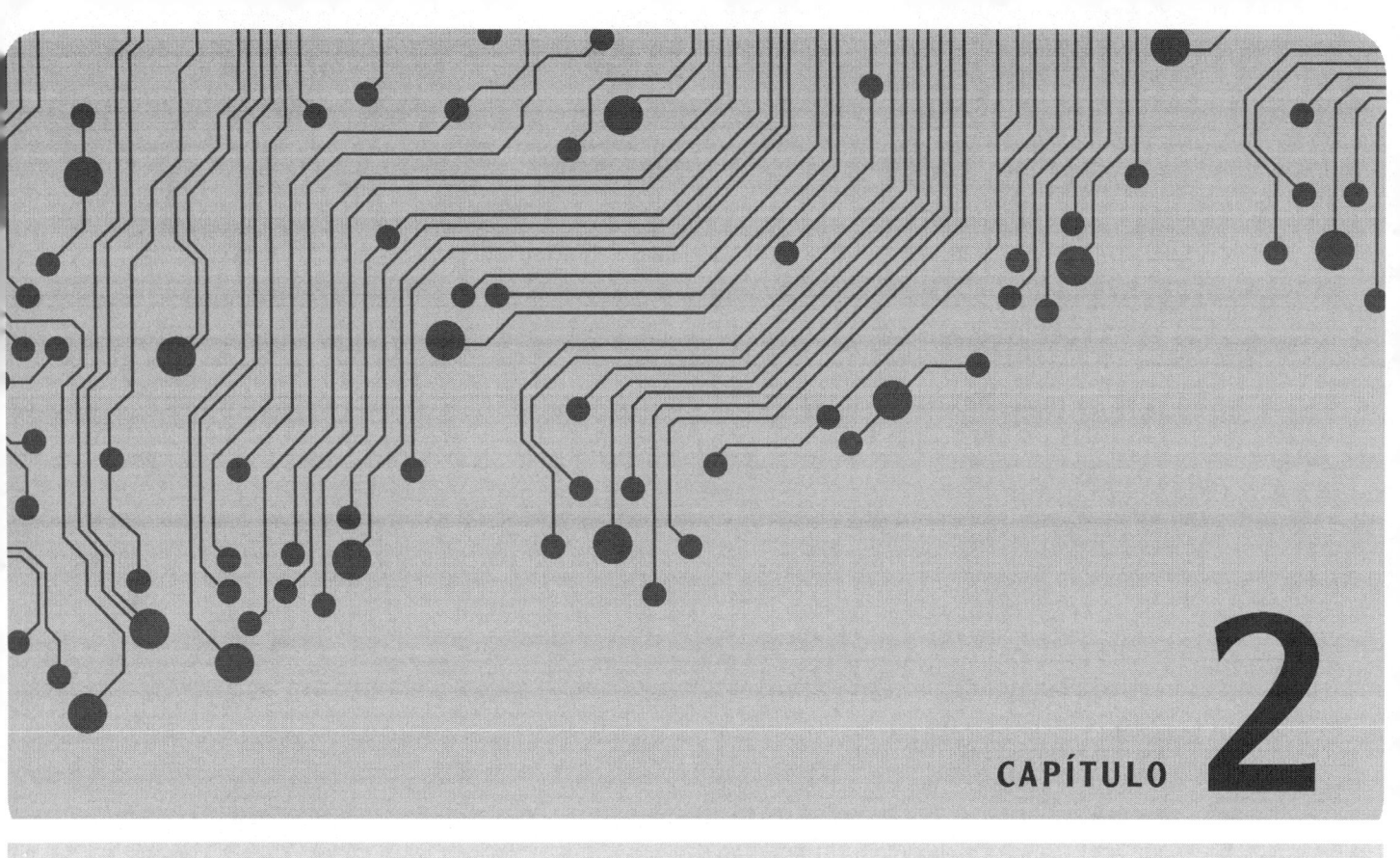

SISTEMAS DE NUMERAÇÃO E CÓDIGOS

■ CONTEÚDO

- 2.1 Conversões de binário para decimal
- 2.2 Conversões de decimal para binário
- 2.3 Sistema de numeração hexadecimal
- 2.4 Código BCD
- 2.5 Código Gray
- 2.6 Relações entre as representações numéricas
- 2.7 Byte, nibble e palavra
- 2.8 Códigos alfanuméricos
- 2.9 Método de paridade para detecção de erros
- 2.10 Aplicações

■ OBJETIVOS DO CAPÍTULO

Depois de ler este capítulo, você será capaz de:

- Converter um número de um sistema de numeração (decimal, binário ou hexadecimal) para o equivalente em qualquer outro sistema de numeração.
- Citar vantagens do sistema de numeração hexadecimal.
- Contar em hexadecimal.
- Representar números decimais usando o código BCD; citar os prós e os contras do uso do código BCD.
- Explicar a diferença entre BCD e binário puro.
- Apontar o propósito dos códigos alfanuméricos, como o código ASCII.
- Explicar o método de paridade para detecção de erro.
- Determinar o bit de paridade a ser acrescentado a uma sequência de dados.

■ INTRODUÇÃO

O sistema de numeração binário é o mais importante em sistemas digitais, mas há outros também importantes. O sistema decimal é relevante por ser universalmente usado para representar quantidades fora do sistema digital. Isso significa que há situações em que os valores decimais têm de ser convertidos em binários antes de entrar em um sistema digital. Por exemplo, quando você digita um número decimal em sua calculadora (ou computador), o circuito interno dessas máquinas converte o número decimal em um valor binário.

Do mesmo modo, há situações em que os valores binários das saídas de um sistema digital têm de ser convertidos em decimais a fim de serem apresentados ao mundo externo. Por exemplo, sua calculadora (ou computador) usa números binários para calcular as respostas de um problema e, então, converte-as para valores decimais antes de apresentá-las.

Como veremos, não é fácil apenas olhar para um longo número binário e convertê-lo em seu valor decimal equivalente. É muito cansativo digitar uma longa sequência de 1s e 0s em um teclado numérico ou escrever longos números binários no papel. É especialmente difícil tentar transmitir uma quantidade binária quando se está falando com alguém. O sistema de numeração de base hexadecimal (base 16) tornou-se a maneira padrão de comunicar valores numéricos em sistemas digitais. A grande vantagem é que os números hexadecimais podem ser facilmente convertidos para o sistema binário e vice-versa. Veremos que muitas ferramentas de computador avançadas, que são projetadas para ajudar criadores de softwares a lidar com problemas ou vírus em seus programas, usam o sistema de numeração hexadecimal para inserir números armazenados no computador como binários e exibi-los de novo como hexadecimais.

Outras formas de representar quantidades decimais com dígitos codificados em binário foram inventadas. Apesar de não serem de fato sistemas de numeração, facilitam a conversão entre o código binário e o sistema de numeração decimal. Esses códigos costumam ser chamados de decimal codificado em binário (BCD, do inglês *binary-coded decimal*). Quantidades e padrões de bits podem ser representados por quaisquer desses métodos em qualquer sistema dado e em todo material escrito que suporte o sistema. Assim, é muito importante que você seja capaz de interpretar valores em qualquer sistema e efetuar conversões entre quaisquer dessas representações numéricas. Outros códigos que usam 1s e 0s para representar elementos como caracteres alfanuméricos serão abordados, por serem bastante comuns em sistemas digitais.

2.1 CONVERSÕES DE BINÁRIO PARA DECIMAL

Objetivos

Após ler esta seção, você será capaz de:

- Converter números binários em decimais.
- Identificar o peso de cada bit em um número binário.

Conforme explicado no Capítulo 1, o sistema de numeração binário é um sistema posicional em que cada dígito binário (bit) possui certo peso, de acordo com a posição relativa ao LSB. Qualquer número binário pode ser convertido em seu decimal equivalente, simplesmente somando os pesos das várias posições em que o número binário tiver um bit 1. Para ilustrar, vamos converter 11011_2 em seu equivalente decimal.

$$1 \quad 1 \quad 0 \quad 1 \quad 1_2$$
$$2^4 + 2^3 + 0 + 2^1 + 2^0 = 16 + 8 + 2 + 1$$
$$= 27_{10}$$

Vamos ver outro exemplo com um número maior de bits:

$$1 \quad 0 \quad 1 \quad 1 \quad 0 \quad 1 \quad 0 \quad 1_2 =$$
$$2^7 + 0 + 2^5 + 2^4 + 0 + 2^2 + 0 + 2^0 = 181_{10}$$

Note que o procedimento é determinar os pesos (por exemplo, as potências de 2) para cada posição que contenha um bit 1 e, então, somá-los. Observe também que o MSB tem peso de 2^7, ainda que seja o oitavo bit; isso ocorre porque o LSB é o primeiro bit e tem peso de 2^0.

Outro método de conversão de binário para decimal que evita a soma de números grandes e o acompanhamento dos pesos das colunas é chamado de método *double-dabble*. O procedimento é este:

1. Anote o 1 mais à esquerda no número binário.
2. Dobre-o e some o bit a seguir à direita.
3. Anote o resultado sob o próximo bit.
4. Continue com os passos 2 e 3 até terminar com o número binário.

Vamos usar os mesmos números binários para verificar esse método.

Dados: $\quad 1 \quad 1 \quad 0 \quad 1 \quad 1_2$

Resultados: $1 \times 2 = 2$
$\quad\quad\quad +1$
$\quad\quad\quad 3 \times 2 = 6$
$\quad\quad\quad\quad +0$
$\quad\quad\quad\quad 6 \times 2 = 12$
$\quad\quad\quad\quad\quad +1$
$\quad\quad\quad\quad\quad 13 \times 2 = 26$
$\quad\quad\quad\quad\quad\quad +1$
$\quad\quad\quad\quad\quad\quad 27_{10}$

Dados: $\quad 1 \quad 0 \quad 1 \quad 1 \quad 0 \quad 1 \quad 0 \quad 1_2$

Resultados: $1 \to 2 \to 5 \to 11 \to 22 \to 45 \to 90 \to \mathbf{181_{10}}$

QUESTÕES DE REVISÃO

1. Converta o binário 100011011011_2 em seu equivalente decimal somando os produtos dos dígitos e pesos.
2. Qual é o peso do MSB de um número de 16 bits?
3. Repita a conversão na Questão 1 usando o método *double-dabble*.

2.2 CONVERSÕES DE DECIMAL PARA BINÁRIO

OBJETIVOS

Após ler esta seção, você será capaz de:

- Converter números decimais em binários.
- Identificar o número de bits necessários para determinada faixa de valores.
- Identificar a faixa de valores dado o número de bits.

Há duas maneiras de se converter um número decimal *inteiro* em sua representação de sistema binário equivalente. O primeiro método é o processo inverso descrito na Seção 2.1. O número decimal é simplesmente expresso como uma soma de potências de 2, e, então, 1s e 0s são colocados nas posições corretas dos bits. Para ilustrar:

$$45_{10} = 32 + 8 + 4 + 1 = 2^5 + 0 + 2^3 + 2^2 + 0 + 2^0$$
$$= 1 \quad 0 \quad 1 \quad 1 \quad 0 \quad 1_2$$

Observe que um 0 é colocado nas posições 2^1 e 2^4, visto que todas as posições devem ser consideradas. Outro exemplo é:

$$76_{10} = 64 + 8 + 4 = 2^6 + 0 + 0 + 2^3 + 2^2 + 0 + 0$$
$$= 1 \quad 0 \quad 0 \quad 1 \quad 1 \quad 0 \quad 0_2$$

Outro método para converter um número decimal inteiro utiliza divisões sucessivas por 2. A conversão, ilustrada a seguir para o número 25_{10}, requer divisões sucessivas pelo número decimal 2 e a escrita, de modo inverso, dos restos de cada divisão, até que um quociente 0 seja obtido. Observe que o resultado binário é alcançado escrevendo-se o primeiro resto na posição do LSB e o último na posição do MSB. Esse processo, representado pelo fluxograma da Figura 2.1, também pode ser usado para a conversão de um número decimal em qualquer outro sistema de numeração, como é possível ver.

$$\frac{25}{2} = 12 + \text{o resto de 1} \longrightarrow \text{LSB}$$
$$\frac{12}{2} = 6 + \text{o resto de 0}$$
$$\frac{6}{2} = 3 + \text{o resto de 0}$$
$$\frac{3}{2} = 1 + \text{o resto de 1}$$
$$\frac{1}{2} = 0 + \text{o resto de 1}$$
$$\text{MSB}$$
$$25_{10} = 1 \quad 1 \quad 0 \quad 0 \quad 1_2$$

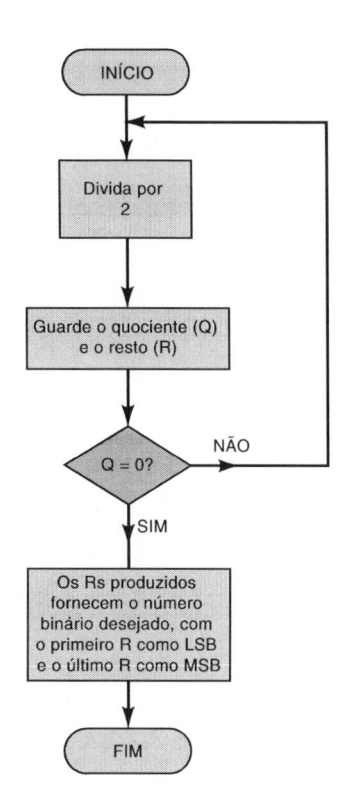

FIGURA 2.1 Fluxograma do método de divisões sucessivas na conversão de decimal em binário de números inteiros. O mesmo processo pode ser usado para converter um inteiro decimal em qualquer outro sistema de numeração.

NA CALCULADORA

Ao usar uma calculadora para realizar as divisões por 2, é possível saber se o resto é 0 ou 1 caso o resultado tenha ou não parte fracionária. Por exemplo, 25/2 produziria 12,5. Já que há parte fracionária (0,5), o resto é 1. Se não houver parte fracionária, como 12/2 = 6, o resto será 0. O Exemplo 2.1 ilustra essa situação.

EXEMPLO 2.1

Converta 37_{10} em binário. Tente fazê-lo antes de olhar a solução.

Solução

$$\frac{37}{2} = 18,5 \longrightarrow \text{o resto de } 1 \text{ (LSB)}$$

$$\frac{18}{2} = 9,0 \longrightarrow \quad 0$$

$$\frac{9}{2} = 4,5 \longrightarrow \quad 1$$

$$\frac{4}{2} = 2,0 \longrightarrow \quad 0$$

$$\frac{2}{2} = 1,0 \longrightarrow \quad 0$$

$$\frac{1}{2} = 0,5 \longrightarrow \quad 1 \text{ (MSB)}$$

Assim, $37^{10} = \mathbf{100101_2}$.

Faixa de contagem

Lembre-se de que usando N bits, é possível contar 2^N diferentes números em decimal (de 0 a $2^N - 1$). Por exemplo, para $N = 4$, pode-se contar de 0000_2 a 1111_2, que corresponde a 0_{10} a 15_{10}, em um total de 16 números diferentes. Nesse caso, o valor do maior número decimal é $2^4 - 1 = 15$, e há 2^4 números diferentes.

Portanto, em geral, pode-se dizer:

Usando N bits, pode-se representar números decimais na faixa de 0 a $2^N - 1$, em um total de 2^N números diferentes.

EXEMPLO 2.2

(a) Qual é a faixa total de valores decimais que se pode representar com oito bits?
(b) Quantos bits são necessários para a representação de valores decimais na faixa de 0 a 12.500?

Solução
(a) Neste caso, temos $N = 8$. Assim, pode-se representar os números decimais na faixa de 0 a $2^8 - 1 = 255$. É possível comprovar isso verificando-se que 11111111_2, convertido em decimal, vale 255_{10}.
(b) Usando 13 bits, pode-se contar, em decimal, de 0 a $2^{13} - 1 = 8.191$. Usando 14 bits, pode-se contar de 0 a $2^{14} - 1 = 16.383$. Evidentemente, 13 bits não são suficientes, porém com 14 bits é possível ir além de 12.500. Assim, o número necessário de bits é **14**.

QUESTÕES DE REVISÃO

1. Converta 83_{10} em binário usando os dois métodos apresentados.
2. Converta 729_{10} em binário usando os dois métodos apresentados. Verifique sua resposta, fazendo a conversão de volta para decimal.
3. Quantos bits são necessários para contar até 1 milhão em decimal?

2.3 SISTEMA DE NUMERAÇÃO HEXADECIMAL

OBJETIVOS

Após ler esta seção, você será capaz de:

- Identificar o peso de cada dígito hexadecimal.
- Converter entre qualquer um dos seguintes sistemas de numeração: binário, decimal e hexadecimal.
- Contar em hexadecimal.
- Identificar a faixa de números (em todos os sistemas) para determinado número de dígitos.
- Identificar o número de dígitos necessários para determinada faixa de valores.
- Memorizar o valor de cada dígito hexadecimal em binário e decimal.
- Citar as vantagens do sistema de numeração hexadecimal.

O **sistema de numeração hexadecimal** usa a base 16. Assim, ele tem 16 símbolos possíveis para os dígitos. Utiliza os dígitos de 0 a 9 mais as letras A, B, C, D, E e F como símbolos. As posições dos dígitos recebem pesos como potências de 16, como mostrado a seguir, em vez de usar as potências de 10 como no sistema decimal.

| 16^4 | 16^3 | 16^2 | 16^1 | 16^0 | . | 16^{-1} | 16^{-2} | 16^{-3} | 16^{-4} |

Vírgula hexadecimal

A Tabela 2.1 mostra as relações entre hexadecimal, decimal e binário. Observe que cada dígito hexadecimal é representado por um grupo de quatro dígitos binários. É importante lembrar que os dígitos hexa (abreviação para "hexadecimal"), de A até F, são equivalentes aos valores decimais de 10 até 15.

TABELA 2.1

Hexadecimal	Decimal	Binário
0	0	0000
1	1	0001
2	2	0010
3	3	0011
4	4	0100
5	5	0101
6	6	0110
7	7	0111
8	8	1000
9	9	1001
A	10	1010
B	11	1011
C	12	1100
D	13	1101
E	14	1110
F	15	1111

Conversão de hexa em decimal

Um número hexa pode ser convertido em seu equivalente decimal pelo fato de a posição de cada dígito hexa ter um peso que é uma potência de 16. O LSD tem peso de $16^0 = 1$; o dígito da próxima posição superior tem peso de $16^1 = 16$; o próximo tem peso de $16^2 = 256$, e assim por diante. O processo de conversão é demonstrado nos exemplos a seguir.

NA CALCULADORA

Você pode usar a função y^x da calculadora para calcular as potências de 16.

$$356_{16} = 3 \times 16^2 + 5 \times 16^1 + 6 \times 16^0$$
$$= 768 + 80 + 6$$
$$= 854_{10}$$

$$2AF_{16} = 2 \times 16^2 + 10 \times 16^1 + 15 \times 16^0$$
$$= 512 + 160 + 15$$
$$= 687_{10}$$

Observe que no segundo exemplo o valor 10 foi substituído por A e o valor 15 por F na conversão para decimal.

Para praticar, comprove que $1BC2_{16}$ é igual a 7.106_{10}.

Conversão de decimal em hexa

Lembre-se de que fizemos a conversão de decimal em binário usando divisões sucessivas por 2. Da mesma maneira, a conversão de decimal em hexa pode ser feita usando-se divisões sucessivas por 16 (Figura 2.1). O exemplo a seguir apresenta essa conversão de duas maneiras.

EXEMPLO 2.3

(a) Converta 423_{10} em hexa.

Solução

$$\frac{423}{16} = \boxed{26} + \text{o resto de 7}$$
$$\frac{26}{16} = 1 + \text{o resto de 10}$$
$$\frac{1}{16} = 0 + \text{o resto de 1}$$

$$423_{10} = \boxed{1A7_{16}}$$

(b) Converta 214_{10} em hexa.

Solução

$$\frac{214}{16} = 13 + \text{o resto de 6}$$
$$\frac{13}{16} = 0 + \text{o resto de 13}$$

$$214_{10} = \boxed{D6_{16}}$$

Observe de novo que os restos dos processos de divisão formam os dígitos do número hexa. Note, também, que quaisquer restos maiores que 9 são representados pelas letras de A até F.

NA CALCULADORA

> Se uma calculadora for usada para calcular as divisões no processo de conversão, o resultado incluirá uma fração decimal em vez de um resto. Este pode ser obtido multiplicando-se a fração por 16. Para ilustrar, no Exemplo 2.3(b), a calculadora teria efetuado
>
> $$\frac{214}{16} = 13{,}375$$
>
> O resto é $(0{,}375) \times 16 = 6$.

Conversão de hexa em binário

O sistema de numeração hexadecimal é usado sobretudo como método "taquigráfico" (compacto) para representar números binários. A conversão de hexa em binário é relativamente simples. *Cada* dígito hexa é convertido no equivalente binário de 4 bits (Tabela 2.1). Isso é ilustrado a seguir para $9F2_{16}$.

$$9F2_{16} = \quad 9 \quad\quad\quad F \quad\quad\quad 2$$
$$\quad\quad\quad \downarrow \quad\quad\quad \downarrow \quad\quad\quad \downarrow$$
$$= 1\ 0\ 0\ 1 \quad 1\ 1\ 1\ 1 \quad 0\ 0\ 1\ 0$$
$$= 100111110010_2$$

Para praticar, verifique que $BA6_{16} = 101110100110_2$.

Conversão de binário em hexa

A conversão de binário em hexa consiste, simplesmente, em fazer o inverso do processo anterior. O número binário é disposto em grupos de *quatro* bits, e cada grupo é convertido no dígito hexa equivalente. Os zeros (sombreados a seguir) são acrescentados, quando preciso, para completar um grupo de 4 bits.

$$1\ 1\ 1\ 0\ 1\ 0\ 0\ 1\ 1\ 0_2 = \underbrace{0\ 0\ 1\ 1}_{3}\ \underbrace{1\ 0\ 1\ 0}_{A}\ \underbrace{0\ 1\ 1\ 0}_{6}$$
$$= 3A6_{16}$$

Para realizar as conversões entre hexa e binário, é preciso conhecer os números binários de 4 bits (0000 a 1111) e seus dígitos hexa equivalentes. Uma vez que essa habilidade é adquirida, as conversões podem ser realizadas rapidamente, sem necessidade de qualquer cálculo. É por isso que o sistema hexa é tão útil na representação de números binários grandes.

Para praticar, verifique que $101011111_2 = 15F_{16}$.

Contagem em hexadecimal

Quando contamos em hexa, cada dígito pode ser incrementado (acrescido de 1) de 0 a F. Quando o dígito de uma posição chega no valor F, este volta para 0, e o dígito da próxima posição é incrementado. Isso é ilustrado nas seguintes sequências de contagem hexa:

(a) 38, 39, 3A, 3B, 3C, 3D, 3E, 3F, 40, 41, 42
(b) 6F8, 6F9, 6FA, 6FB, 6FC, 6FD, 6FE, 6FF, 700

Observe que, quando o dígito de uma posição é 9, ele se torna A quando é incrementado.

Com N dígitos hexa é possível contar de 0 até o decimal $16^N - 1$, em um total de 16^N valores diferentes. Por exemplo, com três dígitos hexa é possível contar de 000_{16} a FFF_{16}, o que corresponde à faixa de 0_{10} a 4.095_{10}, em um total de $4.096 = 16^3$ valores diferentes.

Vantagens do sistema hexa

O sistema hexa costuma ser usado em sistemas digitais como uma espécie de forma "compacta" de representar sequências de bits. No trabalho com computadores, sequências binárias de até 64 bits não são incomuns. Elas nem sempre representam valores numéricos, mas, como você descobrirá, podem ser algum tipo de código que representa uma informação não numérica. Quando manipulamos números com uma extensa quantidade de bits, é mais conveniente e menos sujeito a erros escrevê-los em hexa; assim, como já vimos, é relativamente fácil realizar conversões mútuas entre binário e hexa. Para ilustrar a vantagem da representação em hexa de uma sequência binária, suponha que você tem uma lista impressa contendo 50 posições de memória, cada uma com números de 16 bits, e que precise conferi-los de acordo com outra lista. Você preferirá conferir 50 números do tipo 0110111001100111 ou 50 números do tipo 6E67? Em qual dos dois casos seria mais provável você fazer uma leitura incorreta? De qualquer modo, é importante lembrar-se de que os circuitos digitais trabalham com binários. O sistema hexa é usado simplesmente por uma questão de conveniência. Você deve memorizar o padrão binário de quatro bits para cada dígito hexadecimal. Só então você perceberá a utilidade desse recurso para os sistemas digitais.

EXEMPLO 2.4

Converta o decimal 378 em um número binário de 16 bits, mudando primeiro para hexadecimal.

Solução

$$\frac{378}{16} = 23 + \text{ o resto de } 10_{10} = A_{16}$$

$$\frac{23}{16} = 1 + \text{ o resto de } 7$$

$$\frac{1}{16} = 0 + \text{ o resto de } 1$$

Assim, $378_{10} = 17A_{16}$. Esse valor hexa pode facilmente ser convertido no binário 000101111010. Por fim, é possível expressar 378_{10} como um número de 16 bits acrescentando-se quatro 0s à esquerda:

$$378_{10} = 0000\ \ 0001\ \ 0111\ \ 1010_2$$

EXEMPLO 2.5

Converta $B2F_{16}$ em decimal.

Solução

$$B2F_{16} = B \times 16^2 + 2 \times 16^1 + F \times 16^0$$
$$= 11 \times 256 + 2 \times 16 + 15$$
$$= 2.863_{10}$$

Resumo sobre as conversões

Neste momento, você já deve estar pensando em como guardar de modo correto as diferentes conversões de um sistema de numeração para outro. Provavelmente, você fará com que muitas dessas conversões sejam *automaticamente* efetuadas em sua calculadora apenas pressionando uma tecla, mas é importante dominá-las para compreender o processo. Além disso, o que você fará se a bateria da calculadora estiver descarregada em um momento crucial e não houver outra à mão para substituí-la? O resumo a seguir pode ajudá-lo, porém não substituirá a habilidade obtida com a prática.

1. Quando converter o binário ou hexa em decimal, use o método da soma dos pesos de cada dígito ou siga o procedimento *double-dabble*.
2. Quando converter o decimal em binário ou hexa, use o método de divisões sucessivas por 2 (binário) ou 16 (hexa), reunindo os restos da divisão (Figura 2.1).

3. Quando converter o binário em hexa, agrupe os bits em grupos de quatro e converta cada grupo no dígito hexa equivalente.
4. Quando converter o hexa em binário, converta cada dígito em quatro bits equivalentes.

QUESTÕES DE REVISÃO

1. Converta $24CE_{16}$ em decimal.
2. Converta 3117_{10} em hexa e, em seguida, em binário.
3. Converta 1001011110110101_2 em hexa.
4. Escreva os próximos quatro números da seguinte contagem hexa: E9A, E9B, E9C, E9D, ___, ___, ___, ___.
5. Converta 3527_{16} em binário.
6. Que faixa de valores decimais pode ser representada por números hexa de quatro dígitos?

2.4 CÓDIGO BCD

OBJETIVOS

Após ler esta seção, você será capaz de:

- Converter números decimais para código BCD.
- Converter o código BCD em decimal.
- Citar os prós e os contras da utilização do BCD.
- Citar vantagens/desvantagens do BCD *versus* binário em sistemas digitais.

Quando números, letras ou palavras são representados por um grupo especial de símbolos, dizemos que estão codificados, sendo o grupo de símbolos denominado *código*. Provavelmente, o código mais familiar é o Morse, em que uma série de pontos e traços representa letras do alfabeto.

Vimos que qualquer número decimal pode ser representado por um binário equivalente. Os grupos de 0s e 1s em um número binário podem ser usados como representação codificada de um número decimal. Quando um número decimal é representado por seu número binário equivalente, dizemos que é uma **codificação em binário puro**.

Todos os sistemas digitais usam algum modo de numeração binária em suas operações internas; porém, o mundo externo é naturalmente decimal. Isso significa que conversões entre os sistemas decimal e binário são realizadas com frequência. Vimos que conversões entre decimal e binário podem se tornar longas e complicadas para números grandes. Por isso, uma maneira de codificar números decimais que combine algumas características dos dois sistemas, binário e decimal, é usada em determinadas situações.

Código decimal codificado em binário

Se *cada* dígito de um número decimal for representado por seu equivalente em binário, o resultado será um código denominado **decimal codificado em binário** (abreviado por BCD). Como um dígito decimal pode ter no máximo o valor 9, são necessários 4 bits para codificar cada dígito (o código binário do 9 é 1001).

Para ilustrar o uso do código BCD, vamos usar um número decimal, por exemplo, 874. Cada *dígito* é convertido no equivalente binário, como mostrado a seguir:

$$\begin{array}{ccc} 8 & 7 & 4 \\ \downarrow & \downarrow & \downarrow \\ 1000 & 0111 & 0100 \end{array} \quad \text{(decimal)}$$
$$\text{(BCD)}$$

Exemplificando de novo, vamos converter 943 em código BCD:

$$\begin{array}{ccc} 9 & 4 & 3 \\ \downarrow & \downarrow & \downarrow \\ 1001 & 0100 & 0011 \end{array} \quad \text{(decimal)}$$
$$\text{(BCD)}$$

De novo, cada dígito decimal é convertido no equivalente binário puro. Observe que *sempre* são utilizados 4 bits para cada dígito.

O código BCD representa, então, cada dígito de um número decimal por um número binário de 4 bits. Evidentemente, são usados apenas os números binários de 4 bits, entre 0000 e 1001. O código BCD não usa os números 1010, 1011, 1100, 1101, 1110 e 1111. Em outras palavras, são usados apenas 10 dos 16 possíveis grupos de 4 bits. Se qualquer um desses números de 4 bits "proibidos" aparecer alguma vez em uma máquina que use o código BCD, provavelmente será uma indicação de que ocorreu algum erro.

EXEMPLO 2.6

Converta 0110100000111001 (BCD) em seu equivalente decimal.

Solução

Separe o número BCD em grupos de 4 bits e converta cada grupo em decimal.

$$\underbrace{0110}_{6} \underbrace{1000}_{8} \underbrace{0011}_{3} \underbrace{1001}_{9}$$

EXEMPLO 2.7

Converta o número BCD 011111000001 em seu equivalente decimal.

Solução

$$\underbrace{0111}_{7} \underbrace{1100}_{\downarrow} \underbrace{0001}_{1}$$

O grupo referente a um código proibido indica um erro no número BCD.

Comparação entre BCD e binário

É importante perceber que o BCD não é outro sistema de numeração, como os sistemas binário, decimal e hexadecimal. Na verdade, ele é um sistema decimal no qual cada dígito é codificado em seu equivalente binário. Além disso, é importante entender que um número BCD *não* é o mesmo que um número binário puro. O código binário puro é obtido a partir do número decimal *completo* que é representado em binário; no código BCD, *cada dígito* decimal é convertido individualmente em binário. Para ilustrar, veja como exemplo o número 137, comparando os códigos binário puro e BCD:

$$137_{10} = 10001001_2 \quad \text{(binário)}$$
$$137_{10} = 0001\ 0011\ 0111 \quad \text{(BCD)}$$

O código BCD requer 12 bits, e o código binário puro, apenas 8 bits, para representar o decimal 137. O código BCD requer mais bits que o binário puro para representar os números decimais maiores que um dígito. Isso acontece porque o código BCD não usa todos os grupos de 4 bits possíveis, conforme demonstrado antes; por isso, é um pouco ineficiente.

A principal vantagem do código BCD é a relativa facilidade de conversão em decimal e vice-versa. Apenas os grupos de 4 bits dos dígitos de 0 a 9 precisam ser memorizados. Essa facilidade de conversão é especialmente importante do ponto de vista do hardware, porque nos sistemas digitais são os circuitos lógicos que realizam as conversões mútuas entre BCD e decimal.

EXEMPLO 2.8

Um caixa eletrônico de banco permite que você indique em decimal o montante de dinheiro que quer retirar ao pressionar teclas de dígitos decimais. O computador converte esse número em binário puro ou BCD? Explique.

Solução
O número que representa o saldo (o dinheiro que você tem no banco) está armazenado como um número binário puro. Quando o montante retirado é indicado, ele tem de ser subtraído do saldo. Tendo em vista que a aritmética precisa ser feita nos números, ambos os valores (o saldo e o dinheiro retirado) têm de ser binários puros. Ela converte a entrada decimal em binário puro.

EXEMPLO 2.9

O telefone celular permite que você tecle/armazene um número de telefone de dígito decimal 10. Ele armazena o número do telefone em binário puro ou BCD? Explique.

Solução
Um número de telefone é uma combinação de muitos dígitos decimais. Não é necessário combinar matematicamente os dígitos (isto é, você nunca soma dois números de telefone juntos). O aparelho só precisa armazená-los na sequência em que foram inseridos e buscá-los quando se pressiona *enviar*. Portanto, serão armazenados como dígitos BCD na memória do computador do celular.

QUESTÕES DE REVISÃO

1. Represente o valor decimal 178 no equivalente binário puro. Em seguida, codifique o mesmo número decimal usando BCD.
2. Quantos bits são necessários para representar, em BCD, um número decimal de oito dígitos?
3. Qual é a vantagem da codificação em BCD de um número decimal quando comparada ao binário puro? E qual é a desvantagem?

2.5 CÓDIGO GRAY

OBJETIVOS

Após ler esta seção, você será capaz de:

- Citar a vantagem do código Gray em comparação ao binário.
- Converter entre o código Gray e valores binários.
- Gerar a sequência de código Gray.

TABELA 2.2 Equivalentes entre binários de três bits e código Gray.

B_2	B_1	B_0	G_2	G_1	G_0
0	0	0	0	0	0
0	0	1	0	0	1
0	1	0	0	1	1
0	1	1	0	1	0
1	0	0	1	1	0
1	0	1	1	1	1
1	1	0	1	0	1
1	1	1	1	0	0

Os sistemas digitais operam em altas velocidades e reagem a variações que ocorrem nas entradas digitais. Assim como na vida, quando diversas condições de entrada variam ao mesmo tempo, a situação pode ser mal interpretada e provocar uma reação errônea. Quando se olha para os bits na sequência de contagem binária, fica claro que muitas vezes vários deles precisam mudar de estado ao mesmo tempo. Por exemplo, quando o número binário de três bits muda de 3 para 4, os três bits precisam mudar.

A fim de reduzir a probabilidade de um circuito digital interpretar mal uma entrada que está mudando, desenvolveu-se o **código Gray** para representar uma sequência de números. A única característica distintiva do código Gray é que apenas um bit muda entre dois números sucessivos na sequência. A Tabela 2.2 mostra a transição entre valores binários de três bits e do código. Para converter binários em Gray, comece com o bit mais significativo e use-o como o Gray MSB, conforme mostrado na Figura 2.2(a). Em seguida, compare o binário MSB com o próximo bit binário (B1). Se forem iguais, então G1 = 0. Se forem diferentes, G1 = 1. G0 pode ser encontrado comparando-se B1 com B0.

FIGURA 2.2 Convertendo (a) binário em Gray e (b) Gray em binário.

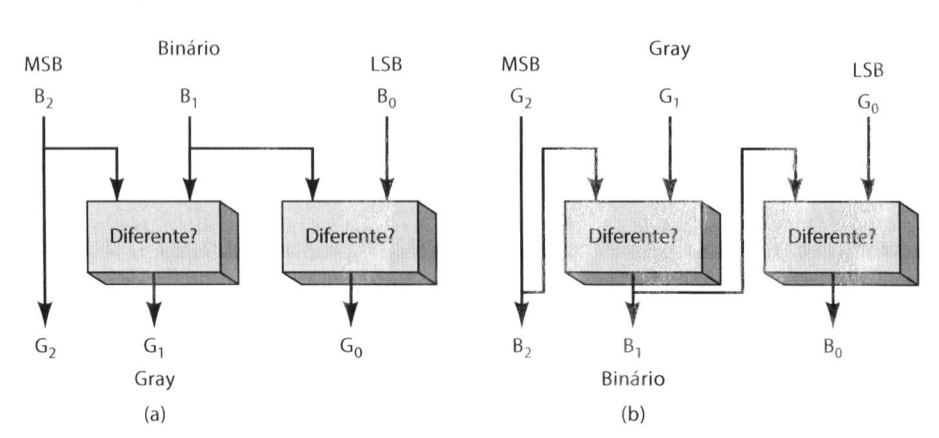

(a)   (b)

A conversão do código Gray em binário é mostrada na Figura 2.2(b). Observe que o MSB em Gray é sempre o mesmo que o MSB em binário. O próximo bit binário é encontrado comparando-se o bit *binário* da esquerda com *o bit correspondente em código Gray*. Bits similares produzem um 0 e bits diferentes produzem um 1. A aplicação mais comum do código Gray é nos codificadores de posição de eixo (*encoders*), como mostra a Figura 2.3. Esses dispositivos produzem um valor binário que representa a posição de um eixo mecânico em rotação. Um codificador de posição prático usaria mais de três bits e dividiria a rotação em mais de oito segmentos, de modo a poder detectar incrementos de rotação muito menores.

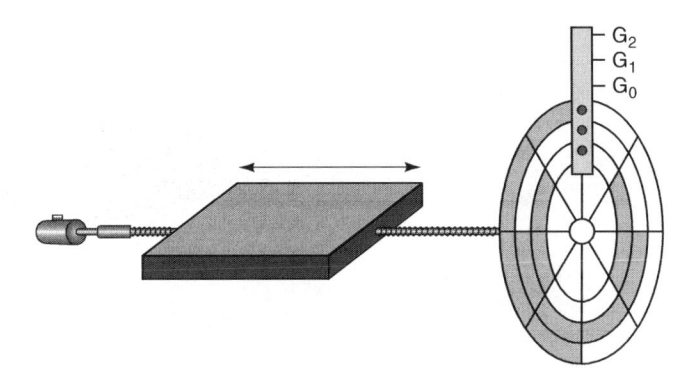

FIGURA 2.3 Codificador de posição de eixo de três bits e oito posições.

Codificadores de quadratura

A aplicação mais comum do código Gray é o codificador de eixo em quadratura. À medida que o eixo gira, esse dispositivo produz uma sequência de código Gray de dois bits em suas saídas. A rotação no sentido horário produz a sequência mostrada na Tabela 2.3(a), e a rotação no sentido anti-horário, a sequência mostrada na Tabela 2.3(b). A conversão desses valores do código Gray em binário mostra que eles estão contando ou contando inversamente, dependendo do sentido de rotação. A sensibilidade ou número de graus de rotação representados por cada estado da sequência Gray varia entre os muitos modelos de codificadores de eixo disponíveis. Uma característica importante de um codificador de eixo é que a *sequência* de estados pode ser usada para determinar em qual direção o eixo está girando.

TABELA 2.3 Código Gray de dois bits de um codificador de eixo em quadratura.

Sentido horário				Sentido anti-horário			
A	B	Binário	Decimal	A	B	Binário	Decimal
0	0	00	0	0	0	00	0
0	1	01	1	1	0	11	3
1	1	10	2	1	1	10	2
1	0	11	3	0	1	01	1
(a)				(b)			

A Figura 2.4 mostra um codificador de eixo barato, que pode ser usado como botão giratório de controle na eletrônica de consumo. Esse botão poderia ser um controle de volume, ou um controle de sintonia em um receptor de rádio, por exemplo. Existem três terminais nesse codificador. Um terminal conecta-se à roda com raios. Os raios condutores na roda esfregam-se contra dois braços de contato metálicos de mola à medida que o eixo gira. Os outros dois terminais são conectados aos dois contatos metálicos da mola. Os contatos do metal da mola são posicionados de modo que um sempre fará contato com o raio ligeiramente antes do outro quando o eixo for girado. Com esse codificador conectado como mostra a Figura 2.5, girar o eixo no sentido horário e no sentido anti-horário produz as formas de onda mostradas. Observe que os estados desses diagramas de tempo seguem a sequência do código Gray de dois bits.

FIGURA 2.4 Codificador de quadratura de contato mecânico.

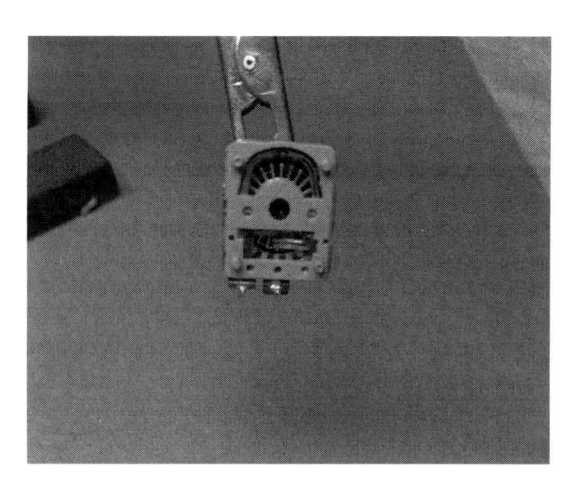

FIGURA 2.5 Operação de um codificador de quadratura.

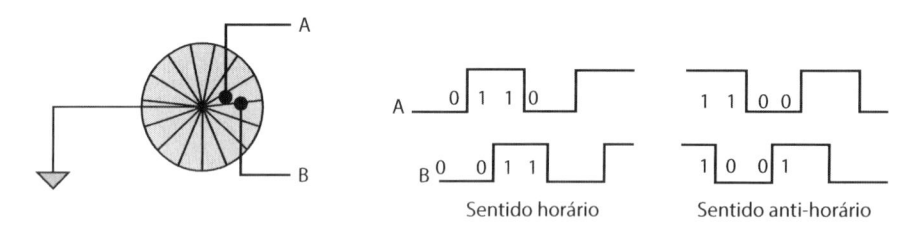

Os codificadores de quadratura são referidos como codificadores de eixo incrementais, enquanto os codificadores que colocam bits de código Gray suficientes para identificar unicamente qualquer posição do eixo, como ilustrado na Figura 2.3, são referidos como codificadores de eixo absolutos. O Capítulo 5 demonstrará como combinar um codificador de eixo incremental (em quadratura) com um circuito de contador digital para acompanhar a posição absoluta do eixo.

QUESTÕES DE REVISÃO

1. Converta o número 0101 (binário) para o equivalente em código Gray.
2. Converta 0101 (código Gray) para o equivalente em número binário.

2.6 RELAÇÕES ENTRE AS REPRESENTAÇÕES NUMÉRICAS

A Tabela 2.4 mostra a representação dos números decimais de 1 a 15 nos sistemas binário, hexa e nos códigos BCD e Gray. Analise-a cuidadosamente e veja se você entendeu como ela foi obtida. Observe, especialmente, que a representação BCD sempre usa 4 bits para cada dígito decimal.

TABELA 2.4 Equivalentes de sistema/código de numeração.

Decimal	Binário	Hexadecimal	BCD	Gray
0	0	0	0000	0000
1	1	1	0001	0001
2	10	2	0010	0011
3	11	3	0011	0010
4	100	4	0100	0110
5	101	5	0101	0111
6	110	6	0110	0101
7	111	7	0111	0100
8	1000	8	1000	1100
9	1001	9	1001	1101
10	1010	A	0001 0000	1111
11	1011	B	0001 0001	1110
12	1100	C	0001 0010	1010
13	1101	D	0001 0011	1011
14	1110	E	0001 0100	1001
15	1111	F	0001 0101	1000

2.7 BYTE, NIBBLE E PALAVRA

Objetivos

Após ler esta seção, você será capaz de:

- Definir termos comuns: *byte*, *nibble* e *palavra*.
- Usar estas palavras em seu contexto.
- Interpretar essas palavras no contexto usado.

Bytes

A maioria dos microcomputadores manipula e armazena informações e dados binários em grupos de 8 bits. Por isso, a sequência de 8 bits recebe um nome especial: **byte**. Um byte é constituído sempre de 8 bits e pode representar quaisquer tipos de dados ou informações. Os exemplos a seguir ilustram isso.

EXEMPLO 2.10

Quantos bytes há em uma sequência de 32 bits?

Solução
32/8 = 4; assim, uma sequência de 32 bits é constituída por **4** bytes.

EXEMPLO 2.11

Qual é o maior número decimal que pode ser representado em binário usando-se 2 bytes?

Solução
Como 2 bytes correspondem a 16 bits, então o valor do maior número decimal equivalente é $2^{16} - 1 = 65.535$.

EXEMPLO 2.12

Quantos bytes são necessários para se representar, em BCD, o valor decimal 846.569?

Solução
Cada dígito decimal é convertido no código BCD de 4 bits. Assim, um número decimal de seis dígitos requer 24 bits. Esses 24 bits correspondem a 3 bytes. Isso está representado no diagrama a seguir.

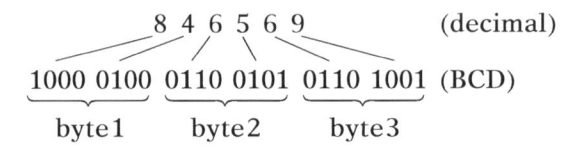

$$\underbrace{\overbrace{1000\ 0100}^{8\ 4}}_{\text{byte 1}}\ \underbrace{\overbrace{0110\ 0101}^{6\ 5}}_{\text{byte 2}}\ \underbrace{\overbrace{0110\ 1001}^{6\ 9}}_{\text{byte 3}}\ \text{(decimal)}\ \text{(BCD)}$$

Nibbles

Números binários muitas vezes são divididos em grupos de 4 bits, como vimos nas conversões de códigos BCD e de números hexadecimais. Nos primórdios dos sistemas digitais, surgiu um termo para descrever um grupo de 4 bits. Como a palavra "*byte*" tem o mesmo som da palavra "mordida" em inglês ("*bite*"), e "*nibble*" em inglês significa "mordiscar", e esses grupos de 4 bits possuem a metade do tamanho de um byte, eles foram denominados **nibbles**. Os exemplos a seguir ilustram o uso desse termo.

EXEMPLO 2.13

Quantos nibbles existem em um byte?

Solução
2.

EXEMPLO 2.14

Qual é o valor hexa do nibble menos significativo do número binário 10010101?

Solução

$$1001\ 0101$$

O nibble menos significativo é 0101 = 5.

Palavras (*words*)

Bits, *nibbles* e *bytes* são termos que representam um número fixo de dígitos binários. Com o desenvolvimento dos sistemas ao longo dos anos, sua capacidade de lidar com dados binários também cresceu. Uma **palavra** (*word*) é um grupo de bits que representa uma unidade de informação. O tamanho de palavra depende do tamanho do caminho (*pathway*) de dados que usa a informação. O **tamanho de palavra** pode ser definido como o número de bits da palavra binária sobre o qual um sistema digital opera. Por exemplo, o computador do forno de micro-ondas provavelmente lida com um byte de cada vez. Ele tem um tamanho de palavra de 8 bits. Por sua vez, o computador pessoal na escrivaninha pode lidar com 8 bytes de cada vez, então possui um tamanho de palavra de 64 bits.

QUESTÕES DE REVISÃO

1. Quantos bytes são necessários para representar 235_{10} em binário?
2. Qual é o maior valor decimal que pode ser representado em BCD, usando-se dois bytes?
3. Quantos dígitos hexadecimais um nibble pode representar?
4. Quantos nibbles existem em um dígito BCD?

2.8 CÓDIGOS ALFANUMÉRICOS

OBJETIVOS

Após ler esta seção, você será capaz de:

- Usar uma tabela para traduzir códigos ASCII e caracteres.
- Explicar o propósito de códigos alfanuméricos como ASCII.

Além de dados numéricos, um computador deve ser capaz de manipular informações não numéricas. Ou seja, um computador deve reconhecer códigos que representem letras do alfabeto, sinais de pontuação e outros caracteres especiais, assim como números. Esses códigos são denominados **alfanuméricos**. Um código alfanumérico completo inclui 26 letras minúsculas, 26 maiúsculas, 10 dígitos numéricos, 7 sinais de pontuação e algo em torno de 20 a 40 caracteres, tais como +, /, #, %, *, e assim por diante. É possível dizer que um código alfanumérico simboliza todos os caracteres encontrados em um teclado de computador.

Código ASCII

O código alfanumérico mais utilizado é o **Código Padrão Norte-americano para Troca de Informações** (*American Standard Code for Information Interchange*, **ASCII**). O código ASCII (pronuncia-se "askii") é um código de 7 bits; portanto, tem $2^7 = 128$ representações codificadas. Isso é mais do que o necessário para representar todos os caracteres de um teclado padrão, assim como funções do tipo (RETURN) e (LINEFEED). A Tabela 2.5 mostra uma listagem do código ASCII padrão. A tabela fornece os equivalentes hexadecimal e decimal. O código binário de 7 bits para cada caractere é obtido convertendo-se o valor hexadecimal em binário.

TABELA 2.5 Códigos ASCII padrão.

Caractere	Hexa	Decimal	Caractere	Hexa	Decimal	Caractere	Hexa	Decimal	Caractere	Hexa	Decimal
NUL (null)	0	0	Space	20	32	@	40	64	`	60	96
Start Heading	1	1	!	21	33	A	41	65	a	61	97
Start Text	2	2	"	22	34	B	42	66	b	62	98
End Text	3	3	#	23	35	C	43	67	c	63	99
End Transmit.	4	4	$	24	36	D	44	68	d	64	100
Enquiry	5	5	%	25	37	E	45	69	e	65	101
Acknowlege	6	6	&	26	38	F	46	70	f	66	102
Bell	7	7	`	27	39	G	47	71	g	67	103
Backspace	8	8	(	28	40	H	48	72	h	68	104
Horiz. Tab	9	9	)	29	41	I	49	73	i	69	105
Line Feed	A	10	*	2A	42	J	4A	74	j	6A	106
Vert. Tab	B	11	+	2B	43	K	4B	75	k	6B	107
Form Feed	C	12	,	2C	44	L	4C	76	l	6C	108
Carriage Return	D	13	-	2D	45	M	4D	77	m	6D	109
Shift Out	E	14	.	2E	46	N	4E	78	n	6E	110
Shift In	F	15	/	2F	47	O	4F	79	o	6F	111
Data Link Esc	10	16	0	30	48	P	50	80	p	70	112
Direct Control 1	11	17	1	31	49	Q	51	81	q	71	113
Direct Control 2	12	18	2	32	50	R	52	82	r	72	114
Direct Control 3	13	19	3	33	51	S	53	83	s	73	115
Direct Control 4	14	20	4	34	52	T	54	84	t	74	116
Negative ACK	15	21	5	35	53	U	55	85	u	75	117
Synch Idle	16	22	6	36	54	V	56	86	v	76	118
End Trans Block	17	23	7	37	55	W	57	87	w	77	119
Cancel	18	24	8	38	56	X	58	88	x	78	120
End of Medium	19	25	9	39	57	Y	59	89	y	79	121
Substitue	1A	26	:	3A	58	Z	5A	90	z	7A	122
Escape	1B	27	;	3B	59	[	5B	91	{	7B	123
Form Separator	1C	28	<	3C	60	\	5C	92	|	7C	124
Group Separator	1D	29	=	3D	61	]	5D	93	}	7D	125
Record Separator	1E	30	>	3E	62	^	5E	94	~	7E	126
Unit Separator	1F	31	?	3F	63	_	5F	95	Delete	7F	127

EXEMPLO 2.15

Use a Tabela 2.5 para encontrar o código ASCII de 7 bits para o caractere de barra invertida (\).

Solução

O valor hexa fornecido na Tabela 2.5 é 5C. Traduzindo cada dígito hexa em binário de 4 bits, obtemos 0101 1100. Os 7 bits menores representam o código ASCII para \, ou 1011100.

O código ASCII é usado para a transferência de informação alfanumérica entre um computador e dispositivos externos, como uma impressora ou outro computador. Um computador também usa internamente o código ASCII para armazenar informações digitadas por um operador. O exemplo a seguir ilustra isso.

EXEMPLO 2.16

Um operador está digitando um programa em linguagem C em determinado computador. O computador converte cada tecla no código ASCII equivalente e armazena o código como um byte na memória. Determine a sequência binária que deverá ser inserida na memória quando o operador digitar a seguinte instrução em C:

if (x>3)

Solução
Localize cada caractere (inclusive o espaço em branco — *blank*) na Tabela 2.5 e transcreva o código ASCII de cada um.

i	69	0110	1001
f	66	0110	0110
space	20	0010	0000
(	28	0010	1000
x	78	0111	1000
>	3E	0011	1110
3	33	0011	0011
)	29	0010	1001

Observe que foi acrescentado um 0 à esquerda do bit de cada código ASCII, porque o código tem de ser armazenado como um byte (8 bits). Esse acréscimo de um bit extra é denominado *preenchimento com 0s*.

QUESTÕES DE REVISÃO

1. Codifique, em ASCII, a seguinte mensagem, usando a representação hexa: "COST = $72".
2. A seguinte mensagem, codificada em ASCII, é armazenada em posições sucessivas na memória de um computador:
   01010011 01010100 01001111 01010000
   Qual é a mensagem?

2.9 MÉTODO DE PARIDADE PARA DETECÇÃO DE ERROS

OBJETIVOS

Após ler esta seção, você será capaz de:
- Usar esquemas de paridade pares ou ímpares.
- Adicionar o bit de paridade apropriado para qualquer esquema.
- Explicar o método de paridade para a detecção de erros.
- Determinar se ocorreu um erro durante o uso de qualquer esquema.

A movimentação de dados e códigos binários de um local para outro é a operação mais frequentemente realizada em sistemas digitais. Eis alguns exemplos:

- A transmissão de voz digitalizada por um enlace (*link*) de micro-ondas.
- O armazenamento e a recuperação de dados armazenados em dispositivos de memorização externa, como discos óticos e magnéticos.
- A transmissão de dados digitais de um computador para outro, que esteja distante, por meio da linha telefônica (usando-se um *modem*). Essa é a principal maneira de enviar e receber informações pela internet.

Quando uma informação é transmitida de um dispositivo (transmissor) para outro (receptor), há a possibilidade de ocorrência de erro quando o receptor não recebe uma informação idêntica àquela enviada pelo transmissor. A principal causa de erro de transmissão é o *ruído elétrico*, que consiste em flutuações espúrias na tensão ou corrente presentes em todos os sistemas eletrônicos em intensidades diversas. A Figura 2.6 mostra um tipo de erro de transmissão.

FIGURA 2.6 Exemplo de um erro causado por um ruído em uma transmissão digital.

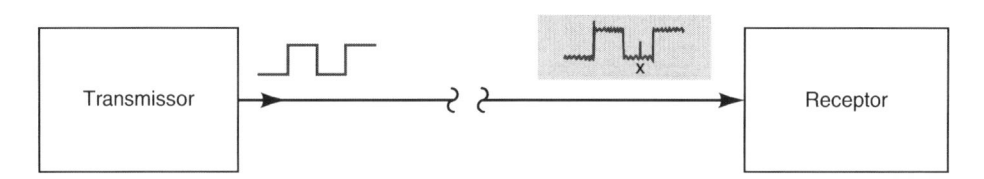

O transmissor envia um sinal digital, no formato serial, relativamente livre de ruído, por meio de uma linha de sinal para o receptor. Contudo, no momento em que o sinal chega ao receptor, apresenta certo nível de ruído sobreposto ao sinal original. Às vezes, o ruído tem amplitude grande o suficiente para alterar o nível lógico do sinal, como ocorre no ponto *x*. Quando isso ocorre, o receptor pode interpretar incorretamente que o bit em questão tenha nível lógico 1, o que não corresponde à informação enviada pelo transmissor.

A maioria dos equipamentos digitais modernos é projetada para ser relativamente livre de ruído, e a probabilidade de erros, como visto na Figura 2.6, deve ser muito baixa. Entretanto, temos de entender que, muitas vezes, os sistemas digitais transmitem centenas ou até milhões de bits por segundo, de modo que mesmo uma pequena taxa de ocorrência de erros pode produzir erros aleatórios capazes de gerar incômodos, se não desastres. Por isso, muitos sistemas digitais utilizam algum método de detecção (e, algumas vezes, de correção) de erros. Uma das técnicas mais simples e mais usadas para detecção de erros é o **método de paridade**.

Bit de paridade

Um **bit de paridade** consiste em um bit extra anexado ao conjunto de bits do código a ser transferido de uma localidade para outra. O bit de paridade pode ser 0 ou 1, dependendo do número de 1s contido no conjunto de bits do código. Dois métodos diferentes são usados.

No método que usa *paridade par*, o valor do bit de paridade é determinado para que o número total de 1s no conjunto de bits do código (incluindo o bit de paridade) seja *par*. Por exemplo, suponha que o conjunto de bits seja 1000011. Esse é o código ASCII do caractere "C". Esse conjunto de bits tem *três* 1s; portanto, anexamos um bit de paridade par igual a 1 para tornar par o número total de 1s. O *novo* conjunto de bits, *incluindo o bit de paridade*, passa a ser:

11000011
⬑————— bit de paridade anexado[1]

Se o grupo de bits do código contiver um número par de 1s, o bit de paridade terá o valor 0. Por exemplo, se o conjunto de bits do código fosse 1000001 (o código ASCII para "A"), o bit de paridade designado seria o 0, de modo que o novo código, *incluindo o bit de paridade*, seria 01000001.

O método de *paridade ímpar* é usado exatamente da mesma maneira, exceto pelo fato de que o bit de paridade é determinado para que o número total de 1s, incluindo o bit de paridade, seja *ímpar*. Por exemplo, para o conjunto de bits do código 1000001, o bit de paridade designado deve ser 1, e para o grupo de bits 1000011, deve ser 0.

Quer a paridade utilizada seja par, quer seja ímpar, o bit de paridade passa a ser parte real da palavra de código. Por exemplo, anexando um bit de paridade ao código ASCII de 7 bits, geramos um código de 8 bits. Assim, o bit de paridade é tratado exatamente como qualquer outro bit do código.

O bit de paridade é gerado para detectar erros de *um único bit* que ocorram durante a transmissão de um código de um local para outro. Por exemplo, suponha que o caractere "A" seja transmitido e que seja usada a paridade *ímpar*. O código transmitido será:

11000001

Quando ele chega ao circuito receptor, este verifica se o código contém um número ímpar de 1s (incluindo o bit de paridade). Em caso afirmativo, o receptor considera que o código foi recebido de modo correto. Contudo, suponha que, em razão de algum ruído ou mau funcionamento do circuito receptor, seja recebido o seguinte código:

11000000

O receptor identificará que o código tem um número *par* de 1s. Isso significa, para o receptor, que há um erro no código, presumindo que transmissor e receptor tenham usado paridade ímpar. Contudo, não há como o receptor identificar qual bit está errado, visto que ele não sabe qual é o código correto.

É evidente que o método de paridade não funcionará se ocorrer erro em *dois* bits, porque dois bits errados não geram alteração na paridade do código. Na prática, o método de paridade é usado apenas nas situações em que a probabilidade de erro de um único bit é baixa e, em dois bits, é essencialmente zero.

Quando se usa o método de paridade, tem de haver uma concordância entre transmissor e receptor em relação ao tipo de paridade (par ou ímpar) a ser usada. Embora não exista vantagem de um método sobre o outro, a paridade par é mais usada. O transmissor anexa um bit de paridade a cada unidade de informação transmitida. Por exemplo, se o transmissor estiver enviando um dado codificado em ASCII, ele anexará um bit de paridade a cada conjunto ASCII de 7 bits. Quando o receptor analisar o dado recebido, ele verificará se a quantidade de 1s de cada conjunto de bits (incluindo o bit de paridade) está de acordo com o método de paridade escolhido previamente. Essa operação é frequentemente denominada *verificação de paridade* dos dados. Quando

---

[1] O bit de paridade pode ser colocado tanto no início quanto no final de um grupo de código; em geral, é colocado à esquerda do MSB.

um erro for detectado, o receptor poderá enviar uma mensagem de volta ao transmissor, solicitando a retransmissão do último conjunto de dados. O procedimento a seguir, quando um erro é detectado, depende do tipo de sistema.

EXEMPLO 2.17

A comunicação entre computadores remotos acontece, muitas vezes, por rede telefônica. Por exemplo, a comunicação pela internet ocorre via rede telefônica. Quando um computador transmite uma mensagem para outro, a informação é, normalmente, codificada em ASCII. Quais seriam as cadeias de caracteres de bits transmitidas por um computador para o envio da mensagem "HELLO" usando-se ASCII com paridade par?

Solução
Primeiro, determine o código ASCII de cada caractere da mensagem. Em seguida, conte o número de 1s de cada código. Se o número de 1s for par, anexe um 0 como o MSB. Caso o número de 1s seja ímpar, anexe um 1. Dessa maneira, os códigos de 8 bits (bytes) resultantes terão uma quantidade par de 1s (incluindo o bit de paridade).

```
                bits de paridade par anexados
                        ↓
            H =   0   1 0 0 1 0 0 0
            E =   1   1 0 0 0 1 0 1
            L =   1   1 0 0 1 1 0 0
            L =   1   1 0 0 1 1 0 0
            O =   1   1 0 0 1 1 1 1
```

Correção de erros

A detecção de erros é benéfica, porque o sistema que recebe um dado contendo um erro sabe que recebeu um "produto danificado". Não seria ótimo se o receptor pudesse saber também qual bit estava errado? Se um bit binário está errado, então o valor correto é seu complemento. Vários métodos foram desenvolvidos para conseguir isto. Em cada caso, ele exige que vários bits de "detecção de erro/códigos de correção" sejam aplicados para cada pacote de informação transmitido. À medida que o pacote é recebido, um circuito digital pode detectar se os erros ocorreram (mesmo múltiplos erros) e corrigi-los. Essa tecnologia é usada para transferência maciça de dados em alta velocidade em aplicações como drives de discos magnéticos, *flash drives*, CD, DVD, *Blu-Ray Disc*, televisão digital e redes de internet de banda larga.

QUESTÕES DE REVISÃO

1. Anexe um bit de paridade ímpar ao código ASCII do símbolo $ e expresse o resultado em hexadecimal.
2. Anexe um bit de paridade par ao código BCD relativo ao decimal 69.
3. Por que o método de paridade não consegue detectar um erro duplo de bit em um dado transmitido?

2.10 APLICAÇÕES

Vejamos algumas aplicações que também servem como revisão de alguns conceitos abordados neste capítulo. Essas aplicações ajudarão você a entender como os diversos sistemas de numeração e códigos são usados no mundo digital. Outras aplicações estão presentes nos problemas no final do capítulo.

APLICAÇÃO 2.1

Um CD-ROM típico pode armazenar 650 megabytes de dados digitais. Sendo 1 mega = 2^{20}, quantos bits de dados um CD-ROM pode guardar?

Solução
Lembre-se de que um byte corresponde a 8 bits. Portanto, 650 megabytes equivalem a $650 \times 2^{20} \times 8 =$ **5.452.595.200 bits**.

APLICAÇÃO 2.2

Para programar vários microcontroladores, as instruções binárias são armazenadas em um arquivo de um computador pessoal de um modo especial conhecido como formato Intel-Hex. A informação hexadecimal é codificada em caracteres ASCII para ser exibida facilmente na tela do PC, impressa e transmitida (um caractere de cada vez) por uma porta serial COM de um PC padrão. A seguir, você pode ver uma linha de um arquivo em formato Intel-Hex:

:10200000F7CFFFCF1FEF2FEF2A95F1F71A95D9F7EA

Formato Intel-Hex:

Número de bytes de dados nesta linha
    Endereço inicial
        Tipo de linha
           Bytes de dados

                                  Soma de checagem

:10 2000 00   F7 CF FF CF 1F EF 2F EF 2A 95 F1 F7 1A 95 D9 F7 EA

O primeiro caractere enviado é o código ASCII para dois pontos, seguido por um 1. Cada um deles possui um bit de paridade par anexado como o bit mais significativo. Um instrumento de teste verifica o padrão binário conforme ele passa pelo cabo até o microcontrolador.

(a) Qual deve ser a aparência do padrão binário (inclusive a paridade)? (MSB – LSB)
(b) O valor 10, seguindo os dois pontos, representa o número de bytes hexadecimal total que deve ser carregado na memória do micro. Qual é o número decimal de bytes que está sendo carregado?
(c) O número 2000 é um valor hexa de 4 dígitos, que representa o endereço em que o primeiro byte será armazenado. Qual é o maior endereço possível? Quantos bits seriam necessários para representar esse endereço?
(d) O valor do primeiro byte de dados é F7. Qual é o valor (em binário) do nibble menos significativo desse byte?

Solução

(a) Os códigos ASCII são 3A (para :) e 31 (para 1)   00111010   10110001
    bit de paridade par ────────────↑──────────↑

(b) 10 hexa = 1 × 16 + 0 × 1 = 16 bytes decimais.

(c) FFFF é o maior valor possível. Cada dígito hexa tem 4 bits; portanto, precisamos de 16 bits.

    FFFF   1111 1111 1111 1111   16 bits

(d) O nibble menos significativo (4 bits) é representado pelo hexa 7. Em binário, seria 0111.

APLICAÇÃO 2.3

Um pequeno computador de controle de processos usa código hexadecimal para representar seus endereços de memória de 16 bits.
(a) Quantos dígitos hexadecimais são necessários?
(b) Qual é a faixa de endereços em hexadecimal?
(c) Quantas posições de memória existem?

Solução

(a) Visto que 4 bits são convertidos em um único dígito hexadecimal, 16/4 = 4. Então, quatro dígitos hexadecimais são necessários.
(b) A faixa binária vai de 0000000000000000_2 a 1111111111111111_2. Em hexadecimal, isso se transforma em 0000_{16} a $FFFF_{16}$.
(c) Com quatro dígitos hexadecimais, o número total de endereços é $16^4 =$ 65.536.

APLICAÇÃO 2.4

Números são fornecidos em BCD para um sistema baseado em microcontrolador e armazenados em binário puro. Como programador, você deve decidir se precisa de 1 ou 2 bytes de posições de armazenamento.
(a) Quantos bytes serão necessários se o sistema precisar de uma entrada decimal de 2 dígitos?
(b) E se forem necessários três dígitos?

Solução

(a) Com dois dígitos é possível fornecer valores até 99 ($1001\ 1001_{BCD}$). Em binário, esse valor é 01100011, que caberá em uma posição de memória de 8 bits. Dessa forma, você pode usar um único byte.
(b) Três dígitos podem representar valores até 999 (1001 1001 1001). Em binário, esse valor é 1111100111 (10 bits). Ou seja, você não pode usar apenas um byte; precisa de dois.

APLICAÇÃO 2.5

Quando é necessário transmitir caracteres ASCII entre dois sistemas independentes (como entre um computador e um modem), é preciso encontrar um modo de avisar o receptor quando um novo caractere está entrando. Além disso, muitas vezes é necessário detectar erros na transmissão. O método de transferência é chamado de comunicação de dados assíncrona. O estado normal de repouso da linha de transmissão é o lógico 1. Quando o transmissor envia um caractere ASCII, é preciso ser detectado, para que o receptor saiba onde os dados começam e terminam. O primeiro bit deve ser sempre um bit inicial (do inglês, *start bit* — o nível lógico 0). A seguir, o código ASCII é enviado: primeiro o LSB e por último o MSB. Depois do MSB, um bit de paridade é anexado para se verificarem possíveis erros de transmissão. Por fim, a transmissão é encerrada pelo envio de um bit de parada — do inglês, *stop bit* (nível lógico 1). Na Figura 2.7 você pode ver uma transmissão assíncrona típica de um código ASCII de sete bits para o símbolo # (Hexa 23) com paridade par.

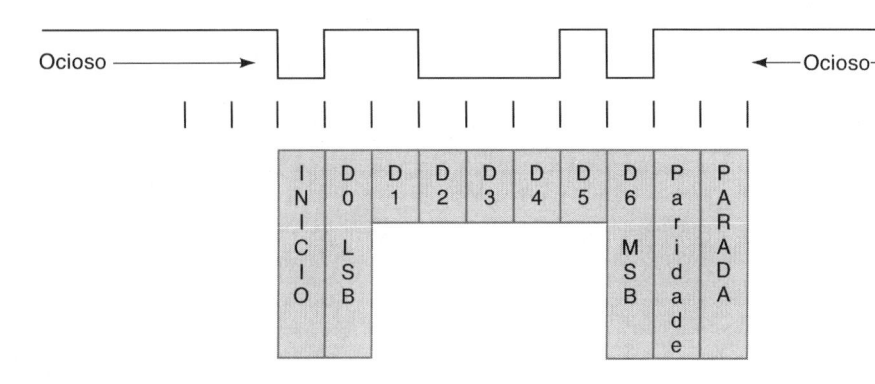

FIGURA 2.7 Dados seriais assíncronos com paridade par.

APLICAÇÃO 2.6

Um PC encontra um erro ao executar uma aplicação. A caixa de diálogo informa sobre os endereços que ele não conseguiu ler ou escrever. Qual sistema de numeração é usado para transmitir a área de endereço?

Solução
Esses números serão normalmente transmitidos em hexadecimal. Em vez do subscrito 16, como usamos neste texto, outros métodos podem ser usados para indicar hexadecimal (por exemplo, anexando um prefixo 0x ao número).

RESUMO

1. O sistema de numeração hexadecimal é usado em sistemas digitais e computadores como alternativa para a representação de quantidades binárias.
2. Nas conversões entre hexa e binário, cada dígito hexa corresponde a quatro bits.
3. O método de divisões sucessivas é usado para a conversão de números decimais em binários ou hexadecimais.
4. Usando um número binário de N bits, podemos representar valores decimais de 0 a $2^N - 1$.
5. O código BCD para um número decimal é formado convertendo-se cada dígito do número decimal no equivalente binário de quatro bits.
6. O código Gray define uma sequência de padrões de bits em que apenas um bit varia entre sucessivos padrões de sequência.
7. Um byte é uma sequência de 8 bits. Um nibble é uma sequência de 4 bits. O tamanho de uma palavra depende do sistema.
8. O código alfanumérico usa grupos de bits para representar todos os caracteres e funções que fazem parte de um típico teclado de computador. O código ASCII é o código alfanumérico mais usado.
9. O método de paridade para detecção de erros anexa um bit de paridade especial a cada grupo de bits transmitidos.

TERMOS IMPORTANTES

sistema de numeração hexadecimal
codificação em binário puro
decimal codificado em binário (BCD)
código Gray
byte
nibble
palavra (*word*)
tamanho de palavra
código alfanumérico
Código Padrão Norte-americano para Troca de Informações (ASCII)
método de paridade
bit de paridade

PROBLEMAS*

SEÇÕES 2.1 E 2.2

2.1 Converta os seguintes números binários em decimais.

(a)* 10110   (g)* 1111010111
(b) 10010101   (h) 11011111
(c)* 100100001001   (i)* 100110
(d) 01101011   (j) 1101
(e)* 11111111   (k)* 111011
(f) 01101111   (l) 1010101

2.2 Converta os seguintes valores decimais em binários.

(a)* 37   (g)* 205
(b) 13   (h) 2.133
(c)* 189   (i)* 511
(d) 1.000   (j) 25
(e)* 77   (k) 52
(f) 390   (l) 47

2.3 Qual é o maior valor decimal que pode ser representado por: (a)* um número binário de 8 bits? (b) Um número de 16 bits?

SEÇÃO 2.4

2.4 Converta cada número hexadecimal em seu equivalente decimal.

(a)* 743   (g)* 7FF
(b) 36   (h) 1.204
(c)* 37FD   (i) E71
(d) 2.000   (j) 89
(e)* 165   (k) 58
(f) ABCD   (l) 72

2.5 Converta cada um dos seguintes números decimais em hexadecimais.

(a)* 59   (g)* 65.536
(b) 372   (h) 255
(c)* 919   (i) 29
(d) 1.024   (j) 33
(e)* 771   (k) 100
(f) 2.313   (l) 200

2.6 Converta os valores hexadecimais do Problema 2.4 em binários.

2.7 Converta os números binários do Problema 2.1 em hexadecimais.

2.8 Relacione os números hexadecimais, em sequência, de 175_{16} a 180_{16}.

2.9* Quando um número decimal grande é convertido em binário, algumas vezes é mais fácil convertê-lo primeiro em hexadecimal e, então, em binário. Experimente esse procedimento para o número 2.133_{10} e compare-o com o procedimento usado no Problema 2.2(h).

2.10 Quantos dígitos hexadecimais são necessários para representar números decimais até 20.000? E até 40.000?

2.11 Converta os valores hexadecimais a seguir em decimais.

(a)* 92   (g)* 2C0
(b) 1A6   (h) 7F
(c)* 315A   (i) 19
(d) A02D   (j) 42
(e)* 000F   (k) CA
(f) 55   (l) F1

---

* As respostas dos problemas marcados com uma estrela (*) podem ser encontradas no final do livro.

2.12 Converta os valores decimais a seguir em hexadecimais.

(a)★ 75
(b) 314
(c)★ 2.048
(d) 24
(e)★ 7.245
(f) 498
(g)★ 25.619
(h) 4.095
(i) 95
(j) 89
(k) 128
(l) 256

2.13 Escreva o dígito hexa equivalente para os seguintes números binários de 4 bits na ordem em que foram escritos, sem fazer cálculos por escrito nem com a calculadora.

(a) 1001
(b) 1101
(c) 1000
(d) 0000
(e) 1111
(f) 0010
(g) 1010
(h) 1001
(i) 1011
(j) 1100
(k) 0011
(l) 0100
(m) 0001
(n) 0101
(o) 0111
(p) 0110

2.14 Escreva o número binário de quatro bits para o dígito hexadecimal equivalente, sem fazer cálculos por escrito nem com a calculadora.

(a) 6
(b) 7
(c) 5
(d) 1
(e) 4
(f) 3
(g) C
(h) B
(i) 9
(j) A
(k) 2
(l) F
(m) 0
(n) 8
(o) D
(p) 9

2.15 Qual é o maior valor que pode ser representado por três dígitos hexa?

2.16★ Converta os valores em hexa do Problema 2.11 em binários.

2.17★ Relacione os números hexa, em sequência, de 280 a 2A0.

2.18 Quantos dígitos hexadecimais são necessários para representar os números decimais até 1 milhão? E até 4 milhões?

SEÇÃO 2.4

2.19 Codifique os números decimais a seguir em BCD.

(a)★ 47
(b) 962
(c)★ 187
(d) 6.727
(e)★ 13
(f) 529
(g)★ 89.627
(h) 1.024
(i)★ 72
(j) 38
(k)★ 61
(l) 90

2.20 Quantos bits são necessários para representar os números decimais na faixa de 0 a 999 usando (a) o código binário puro? (b) E o código BCD?

2.21 Os números a seguir estão em BCD. Converta-os em decimais.

(a)★ 1001011101010010
(b) 000110000100
(c)★ 011010010101
(d) 0111011101110101
(e)★ 010010010010
(f) 010101010101
(g) 10111
(h) 010110
(i) 1110101

SEÇÃO 2.7

2.22★ (a) Quantos bits estão contidos em 8 bytes?
(b) Qual é o maior número hexadecimal que pode ser representado em 4 bytes?
(c) Qual é o maior valor decimal codificado em BCD que pode ser representado em 3 bytes?

2.23 (a) Consulte a Tabela 2.5. Qual é o nibble mais significativo do código ASCII para a letra X?
(b) Quantos nibbles podem ser armazenados em uma palavra de 16 bits?
(c) Quantos bytes são necessários para formar uma palavra de 24 bits?

SEÇÕES 2.8 E 2.9

2.24 Represente a expressão "X = 3 × Y" em código ASCII (excluindo as aspas). Anexe um bit de paridade ímpar.

2.25★ Anexe um bit de paridade *par* a cada um dos códigos ASCII do Problema 2.24 e apresente o resultado em hexa.

2.26 Os bytes a seguir (mostrados em hexa) representam o nome de uma pessoa do modo como foi armazenado na memória de um computador. Cada byte é um código em ASCII preenchido. Determine o nome da pessoa.

(a)* 42 45 4E 20 53 4D 49 54 48

(b) 4A 6F 65 20 47 72 65 65 6E

2.27 Converta os seguintes números decimais para o código BCD e, em seguida, anexe um bit de paridade *ímpar*.

(a)* 74
(b) 38
(c)* 8.884
(d) 275
(e)* 165
(f) 9.201
(g) 11
(h) 51

2.28★ Em determinado sistema digital, os números decimais de 000 a 999 são representados em código BCD. Um bit de paridade *ímpar* foi incluído ao final de cada grupo de código. Analise cada grupo de código a seguir e suponha que cada um tenha sido transmitido de um local para outro. Alguns dos grupos contêm erros. Suponha que *não tenham ocorrido mais do que* dois erros para cada grupo. Determine qual(is) grupo(s) de código contém(êm) um único bit errado e qual(is), *definitivamente*, contém(êm) dois. (*Dica*: lembre-se de que se trata de um código BCD.)

(a) 1001010110000
   MSB   LSB   Bit de paridade
(b) 0100011101100
(c) 0111110000011
(d) 1000011000101

2.29 Considere que um receptor tenha recebido os seguintes dados referentes ao transmissor do Exemplo 2.17:

0 1 0 0 1 0 0 0
1 1 0 0 0 1 0 1
1 1 0 0 1 1 0 0
1 1 0 0 1 0 0 0
1 1 0 0 1 1 0 0

Quais erros o receptor pode detectar a partir desses dados recebidos?

QUESTÕES DE FIXAÇÃO

2.30★ Faça as conversões a seguir. Em algumas, você pode querer experimentar diversos métodos para ver qual é mais prático. Por exemplo, a conversão de binário em decimal pode ser feita diretamente ou pode-se fazer uma conversão de binário em hexadecimal e, em seguida, de hexadecimal em decimal.

(a) $1417_{10} =$ _____ $_2$
(b) $255_{10} =$ _____ $_2$
(c) $11010001_2 =$ _____ $_{10}$
(d) $1110101000100111_2 =$ _____ $_{10}$
(e) $2497_{10} =$ _____ $_{16}$
(f) $511_{10} =$ _____ (BCD)
(g) $235_{16} =$ _____ $_{10}$
(h) $4316_{10} =$ _____ $_{16}$
(i) $7A9_{16} =$ _____ $_{10}$
(j) $3E1C_{16} =$ _____ $_{10}$
(k) $1600_{10} =$ _____ $_{16}$
(l) $38.187_{10} =$ _____ $_{16}$
(m) $865_{10} =$ _____ (BCD)
(n) 100101000111 (BCD) $=$ _____ $_{10}$
(o) $465_{16} =$ _____ $_2$
(p) $B34_{16} =$ _____ $_2$
(q) 01110100 (BCD) $=$ _____ $_2$
(r) $111010_2 =$ _____ (BCD)

2.31★ Represente o valor decimal 37 em cada uma das seguintes formas:

(a) Binário puro.
(b) BCD.
(c) Hexa.
(d) ASCII (isto é, considere cada dígito um caractere).

2.32★ Preencha os espaços em branco com a(s) palavra(s) correta(s).

(a) A conversão de decimal em _____ requer divisões sucessivas por 16.
(b) A conversão de decimal em binário requer divisões sucessivas por _____.
(c) No código BCD, cada _____ é convertido no equivalente binário de 4 bits.
(d) O código _____ altera apenas um bit quando passamos de uma representação, no código, para a seguinte.
(e) Um transmissor anexa um _____ aos bits do código para permitir ao receptor detectar _____.

(f) O código _____ é o alfanumérico mais usado em sistemas de computadores.

(g) _____ é usado frequentemente como alternativa conveniente para a representação de números binários grandes.

(h) Uma sequência de oito bits é denominada _____.

2.33 Escreva os números binários resultantes quando cada um dos seguintes números é incrementado em uma unidade.
(a)★ 0111
(b) 010011
(c) 1011
(d) 1111

2.34 Aplique uma operação de decremento a cada número binário.
(a)★ 1100
(b) 101000
(c) 1110
(d) 1001 0000

2.35 Escreva os números resultantes quando cada um dos seguintes números é incrementado.
(a)★ 7779_{16}
(b) 9999_{16}
(c)★ $0FFF_{16}$
(d) 2000_{16}
(e)★ $9FF_{16}$
(f) $100A_{16}$
(g) F_{16}
(h) FE_{16}

2.36★ Repita o Problema 2.35 para a operação de decremento.

EXERCÍCIOS DESAFIADORES

2.37★ Os *endereços* das posições de memória de um microcomputador são números binários que identificam cada circuito da memória em que um byte é armazenado. O número de bits que constitui um endereço depende da quantidade de posições de memória. Visto que o número de bits pode ser muito grande, o endereço é especificado em hexa em vez de binário.

(a) Se um microcomputador tem 20 bits de endereço, quantas posições diferentes de memória ele possui?

(b) Quantos dígitos hexa são necessários para representar um endereço de uma posição de memória?

(c) Qual é o endereço, em hexa, da 256ª posição da memória? (*Obs.*: o primeiro endereço é sempre zero.)

(d) O programa de computador está armazenado no bloco de 2 kbyte mais baixo da memória. Dê o endereço de partida e final desse bloco.

2.38 Em um CD de áudio, o sinal de tensão de áudio é amostrado cerca de 44.000 vezes por segundo, e o valor de cada amostra é gravado na superfície do CD como um número binário. Em outras palavras, cada número binário gravado representa um único ponto da forma de onda do sinal de áudio.

(a) Se os números binários têm uma extensão de 6 bits, quantos valores diferentes de tensão podem ser representados por um único número binário? Repita o cálculo para 8 e 10 bits.

(b) Se forem usados 10 bits, quantos bits serão gravados no CD em 1 segundo?

(c) Se um CD tem capacidade de armazenar 5 bilhões de bits, quantos segundos de áudio poderão ser gravados quando forem utilizados números de 10 bits?

2.39★ Uma câmera digital, que grava em preto e branco, forma um reticulado sobre uma imagem e, então, mede e grava um número binário, que representa o nível (intensidade) de cinza em cada célula do reticulado. Por exemplo, quando são usados números de 4 bits, o valor correspondente ao preto é ajustado em 0000 e o valor correspondente ao branco é ajustado em 1111, e qualquer nível de cinza fica entre 0000 e 1111. Se forem usados 6 bits, o preto corresponderá a 000000 e o branco a 111111, e todos os tons de cinza estarão entre esses dois valores.

Suponha que desejemos distinguir entre 254 diferentes tons de cinza em cada célula do reticulado. Quantos bits seriam necessários para a representação desses níveis (tons)?

2.40 Uma câmera digital de 3 megapixels armazena um número de 8 bits para o brilho de cada uma das cores primárias (vermelho, verde e azul) encontradas em cada elemento componente da imagem (pixel).

Se cada bit é armazenado (sem compressão de dados), quantas imagens podem ser armazenadas em um cartão de memória de 128 megabytes? (*Obs.*: nos sistemas digitais, mega significa 2^{20}.)

2.41 Construa uma tabela mostrando as representações de todos os números decimais de 0 a 15 em binário, hexa e BCD. Compare sua tabela com a Tabela 2.4.

RESPOSTAS DAS QUESTÕES DE REVISÃO

SEÇÃO 2.1

1. 2.267.
2. 32.768.
3. 2.267.

SEÇÃO 2.2

1. 1010011.
2. 1011011001.
3. 20 bits.

SEÇÃO 2.3

1. 9422.
2. C2D; 110000101101.
3. 97B5.
4. E9E, E9F, EA0, EA1.
5. 11010100100111.
6. 0 a 65.535.

SEÇÃO 2.4

1. 10110010_2; 000101111000 (BCD).
2. 32.
3. Vantagem: a conversão é mais fácil. Desvantagem: o código BCD requer mais bits.

SEÇÃO 2.5

1. 0111.
2. 0110.

SEÇÃO 2.7

1. Um.
2. 9999.
3. Um.
4. Um.

SEÇÃO 2.8

1. 43, 4F, 53, 54, 20, 3D, 20, 24, 37, 32.
2. STOP.

SEÇÃO 2.9

1. A4.
2. 001101001.
3. Dois bits errados em um dado não alteram a paridade da quantidade de 1s nos dados.

CAPÍTULO 3

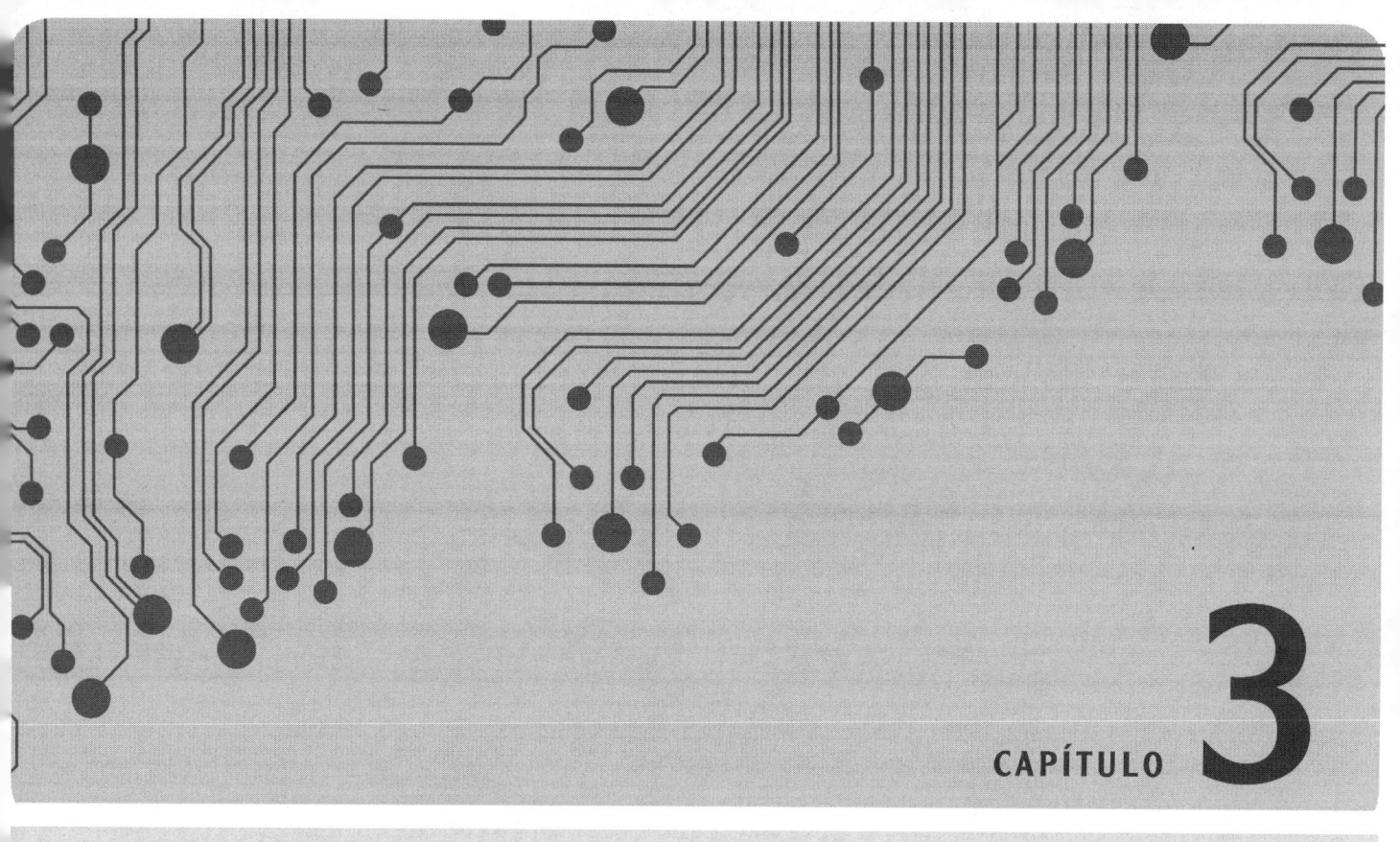

DESCRIÇÃO DOS CIRCUITOS LÓGICOS

■ CONTEÚDO

- 3.1 Constantes e variáveis booleanas
- 3.2 Tabelas-verdade
- 3.3 Operação OR com porta OR
- 3.4 Operação AND com porta AND
- 3.5 Operação NOT
- 3.6 Descrição dos circuitos lógicos algebricamente
- 3.7 Avaliação das saídas dos circuitos lógicos
- 3.8 Implementação de circuitos a partir de expressões booleanas
- 3.9 Portas NOR e portas NAND
- 3.10 Teoremas booleanos
- 3.11 Teoremas de DeMorgan
- 3.12 Universalidade das portas NAND e NOR
- 3.13 Representações alternativas para portas lógicas
- 3.14 Que representações de portas lógica usar
- 3.15 Atraso de propagação
- 3.16 Resumo dos métodos para descrever circuitos lógicos
- 3.17 Linguagens de descrição *versus* linguagens de programação
- 3.18 Implementação dos circuitos lógicos em PLDs
- 3.19 Formato e sintaxe do HDL
- 3.20 Sinais intermediários

■ OBJETIVOS DO CAPÍTULO

Após ler este capítulo, você será capaz de:

- Realizar as três operações lógicas básicas.
- Descrever a operação e construir tabelas-verdade para as portas AND, NAND, OR e NOR e o circuito NOT (INVERSOR).
- Desenhar os diagramas de tempo para os diversos circuitos lógicos das portas.
- Escrever as expressões booleanas para as portas lógicas e suas combinações.
- Implementar circuitos lógicos usando as portas básicas AND, OR e NOT.
- Usar a álgebra booleana para simplificar circuitos lógicos complexos.
- Usar os teoremas de DeMorgan na simplificação de expressões lógicas.
- Usar uma das portas lógicas universais (NAND ou NOR) na implementação de circuitos representados por expressões booleanas.
- Explicar as vantagens de se construir um diagrama de circuito lógico usando a simbologia alternativa para portas *versus* a simbologia-padrão para portas lógicas.
- Descrever o significado dos sinais lógicos ativos em nível BAIXO e ativos em nível ALTO.
- Descrever e medir o tempo de atraso de propagação.
- Usar vários métodos para descrever a operação de circuitos lógicos.
- Interpretar circuitos simples definidos por linguagem de descrição de hardware (HDL).
- Explicar a diferença entre HDL e linguagem de programação de computadores.
- Criar um arquivo HDL para uma porta lógica simples.
- Criar um arquivo HDL para circuitos combinacionais com variáveis intermediárias.

■ INTRODUÇÃO

Os capítulos 1 e 2 apresentaram os conceitos de níveis lógicos e circuitos lógicos. Em lógica, há apenas duas condições possíveis para qualquer entrada ou saída: verdadeira e falsa. O sistema binário de numeração usa apenas dois dígitos, 1 e 0, por isso é perfeito para representar relações lógicas. Os circuitos lógicos digitais usam faixas de tensões predeterminadas para representar esses estados binários. Por meio desses conceitos, é possível criar circuitos feitos com pouco mais que areia e fios combinados que tomam decisões coerentes, inteligentes e lógicas. É de vital importância ter um método para descrever as decisões lógicas tomadas por esses circuitos. Em outras palavras, deve-se descrever como eles operam. Neste capítulo, vamos aprender muitas maneiras de descrever a operação dos circuitos. Todos os métodos de descrição são importantes, pois aparecem nos livros técnicos e na documentação dos sistemas e são usados junto com as modernas ferramentas de projeto e desenvolvimento.

A vida está repleta de exemplos de circunstâncias em que se pode dizer que se está em um estado ou em outro. Por exemplo, uma pessoa está viva ou morta, uma luz está acesa ou apagada, uma porta está fechada ou aberta, agora está chovendo ou não. Em 1854, um matemático chamado George Boole escreveu *Uma investigação das leis do pensamento*, em que descrevia o modo como se toma decisões lógicas com base em circunstâncias verdadeiras ou falsas. O método que ele descreveu é hoje conhecido como lógica booleana, e o sistema que emprega símbolos e operadores para descrever essas decisões é chamado de álgebra booleana. Do mesmo modo que são usados símbolos como x e y para representar valores numéricos desconhecidos na álgebra comum, a álgebra booleana usa símbolos para representar uma expressão lógica que possui um de dois valores possíveis: verdadeiro ou falso. A expressão lógica pode ser *a porta está fechada*, *o botão está pressionado* ou *o nível do combustível está baixo*. Escrever essas expressões é muito cansativo e, assim, tendemos a substituí-las por símbolos como A, B e C.

A principal utilidade dessas expressões lógicas é descrever o relacionamento entre as saídas do circuito lógico (as decisões) e as entradas (as circunstâncias). Neste capítulo, estudaremos os circuitos lógicos mais básicos — as *portas lógicas* —, que são os blocos fundamentais a partir dos quais todos os outros circuitos lógicos e sistemas digitais são construídos. Vamos ver como a operação de diferentes portas lógicas e circuitos mais complexos construídos a partir da combinação delas podem ser descritos e analisados por meio da álgebra booleana. Aprenderemos, também, como a álgebra booleana pode ser usada para simplificar a expressão booleana de um circuito, de modo que ele possa ser construído de novo, usando menos portas lógicas e/ou menos conexões. No Capítulo 4, haverá uma abordagem mais detalhada de simplificações de circuitos.

A álgebra booleana não é usada apenas como instrumento de análise e simplificação de sistemas lógicos; é também uma valiosa ferramenta de projeto usada para que um circuito lógico produza uma relação entrada/saída. Esse processo é muitas vezes chamado de síntese de circuitos lógicos, em contraposição à análise. Outras técnicas são utilizadas na análise, síntese e documentação de sistemas e circuitos lógicos, entre elas, tabelas-verdade, símbolos esquemáticos, diagramas de tempo e — por último, mas não menos importante — linguagens. Para categorizar esses métodos, pode-se dizer que a álgebra booleana é uma ferramenta matemática, assim como as tabelas-verdade são de organização de dados, os símbolos esquemáticos são ferramentas de desenho, os diagramas de tempo são ferramentas gráficas e as linguagens são ferramentas descritivas universais.

Hoje em dia, todas essas ferramentas podem ser usadas para fornecer entradas aos computadores, que podem simplificar e efetuar traduções entre essas várias maneiras de descrição e, em última análise, fornecer saídas na forma necessária para implementar um sistema digital. Para extrair o máximo benefício dos softwares de computador, deve-se primeiro entender por completo os modos aceitáveis de descrição desses sistemas em termos que o computador entenda. Este capítulo fornecerá a base para um estudo mais aprofundado dessas ferramentas para a síntese e a análise dos sistemas digitais.

As ferramentas aqui descritas são inestimáveis para a descrição, análise, projeto e implementação de circuitos digitais. O estudante que pretende trabalhar com sistemas digitais deve estudar muito para entender e dominar a álgebra booleana (acredite, é bem mais fácil que a álgebra convencional) e todas as outras ferramentas. Faça *todos* os exemplos, exercícios e problemas, mesmo aqueles que seu professor não indicar. E quando esses exercícios acabarem, faça outros por conta própria. Você vai ver que o tempo investido valerá a pena à medida que sentir sua habilidade se aprimorar e sua confiança aumentar.

3.1 CONSTANTES E VARIÁVEIS BOOLEANAS

OBJETIVOS

Após ler esta seção, você será capaz de:

- Diferenciar entre variáveis e constantes booleanas.
- Estabelecer os valores possíveis de uma variável booleana ou constante.
- Definir a álgebra booleana.

A principal diferença entre a álgebra booleana e a convencional é que, na booleana, as constantes e variáveis podem ter apenas dois valores possíveis, 0 ou 1. Uma variável booleana é uma quantidade que pode, em momentos diferentes, ser igual a 0 ou a 1. As variáveis booleanas são muitas vezes usadas para representar o nível de tensão presente em uma conexão ou em terminais de entrada/saída de um circuito. Por exemplo, em determinado sistema digital, o valor booleano 0 pode representar qualquer tensão dentro da faixa de 0 a 0,8 V, enquanto o valor booleano 1 pode representar qualquer tensão dentro da faixa de 2 a 5 V.[1]

Assim, as variáveis booleanas 0 e 1 não representam efetivamente números, mas o estado do nível de tensão de uma variável, denominado **nível lógico**. Referimo-nos a uma tensão em um circuito digital como sendo de nível lógico 0 ou 1, dependendo do valor numérico efetivo. Em lógica digital, vários outros termos são usados como sinônimos para esses níveis lógicos. Alguns dos mais comuns são mostrados na Tabela 3.1. Usamos as designações 0/1 e BAIXO/ALTO na maioria das ocasiões.

TABELA 3.1 Termos lógicos comuns

Nível Lógico 0	Nível Lógico 1
Falso	Verdadeiro
Desligado	Ligado
BAIXO	ALTO
Não	Sim
Aberto	Fechado

Conforme vimos na introdução, a **álgebra booleana** é um modo de expressar a relação entre as entradas e as saídas de um circuito lógico. As entradas são consideradas variáveis lógicas cujos níveis lógicos determinam, a qualquer momento, os níveis da(s) saída(s). Ao longo desse estudo,

---

[1] Tensões entre 0,8 V e 2 V são indefinidas (nem 0 nem 1) e não deveriam ocorrer em circunstâncias normais.

usaremos letras como símbolos para representar as variáveis lógicas. Por exemplo, a letra A pode ser usada para representar a entrada ou a saída de determinado circuito digital e, em um instante qualquer, teremos A = 0 ou A = 1; se A não for um valor, será o outro.

Como os valores possíveis de uma variável são apenas dois, a álgebra booleana é mais fácil de ser manipulada que a álgebra convencional. Nela não existem frações, decimais, números negativos, raízes quadradas, raízes cúbicas, logaritmos, números imaginários, e assim por diante. A álgebra booleana tem, de fato, apenas *três* operações básicas expressas em língua inglesa: OR (OU), AND (E) e NOT (NÃO).

Essas operações básicas são denominadas *operações lógicas*. Os circuitos digitais, denominados *portas lógicas*, podem ser construídos a partir de diodos, transistores e resistores interconectados de modo que a saída do circuito seja o resultado de uma operação lógica básica (*OR, AND* ou *NOT*) realizada sobre as entradas. Usaremos a álgebra booleana primeiro para descrever e analisar essas portas lógicas básicas, depois para analisar e projetar combinações de portas lógicas conectadas como circuitos lógicos.

Uma constante booleana representa um ponto no circuito onde o nível da lógica nunca muda. Em outras palavras, cada bit é ligado fisicamente (em inglês, *hard-wired*) ao nível lógico 0 ou nível lógico 1. Um bom nome para um nível lógico constante 1 seria VCC ou ALTO. O VCC é um nome comum dado ao fornecimento de tensão positiva de sistemas digitais. Um bom nome para um nível lógico constante 0 seria BAIXO ou GND. GND significa *terra* (*ground*, em inglês), que é o termo usado para o lado negativo da fonte de alimentação para circuitos digitais. Lembre-se, conforme vimos no Capítulo 1, que esses níveis de tensão são usados para representar 1s e 0s.

QUESTÕES DE REVISÃO

1. Um circuito tem mais entradas do que as necessidades de sua aplicação. As entradas extras não afetarão sua aplicação se forem BAIXAS. Você deve aplicar uma variável ou uma constante? Qual seria um bom nome para esse ponto no circuito?
2. O codificador em quadratura (código Gray de dois bits) descrito no Capítulo 2 tem seus dois canais A e B conectados como entradas para um circuito lógico. Essas entradas devem ser rotuladas como variáveis ou constantes? Qual seria um bom nome para cada entrada?
3. Defina a álgebra booleana.

3.2 TABELAS-VERDADE

OBJETIVOS

Após ler esta seção, você será capaz de:

- Construir uma tabela-verdade.
- Identificar a saída correta para qualquer entrada.
- Determinar o tamanho da tabela-verdade com base no número de variáveis.

Uma **tabela-verdade** é um método para descrever como a saída de um circuito lógico depende dos níveis lógicos presentes nas entradas do circuito. A Figura 3.1(a) ilustra uma tabela-verdade para um tipo de circuito lógico de duas entradas e relaciona todas as combinações possíveis para os níveis lógicos presentes nas entradas A e B com o correspondente nível lógico na saída x. A primeira linha da tabela mostra que, quando A e B forem nível 0, a saída x será nível 1, o que equivale a dizer estado 1. A segunda linha mostra que, quando a entrada B passa para o estado 1, de modo que $A = 0$ e $B = 1$, a saída x torna-se 0. Da mesma maneira, a tabela mostra o que acontece com o estado lógico da saída para qualquer conjunto de condições de entrada.

FIGURA 3.1 Exemplos de tabelas-verdade para circuitos de (a) duas; (b) três; e (c) quatro entradas.

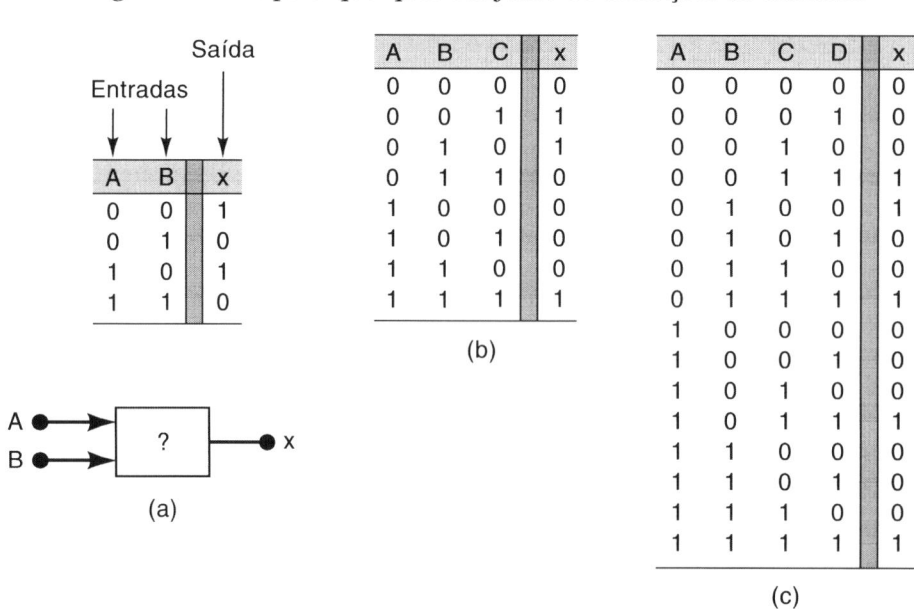

A	B	x
0	0	1
0	1	0
1	0	1
1	1	0

(a)

A	B	C	x
0	0	0	0
0	0	1	1
0	1	0	1
0	1	1	0
1	0	0	0
1	0	1	0
1	1	0	0
1	1	1	1

(b)

A	B	C	D	x
0	0	0	0	0
0	0	0	1	0
0	0	1	0	0
0	0	1	1	1
0	1	0	0	1
0	1	0	1	0
0	1	1	0	0
0	1	1	1	1
1	0	0	0	0
1	0	0	1	0
1	0	1	0	0
1	0	1	1	1
1	1	0	0	0
1	1	0	1	0
1	1	1	0	0
1	1	1	1	1

(c)

As figuras 3.1(b) e (c) mostram exemplos de tabelas-verdade para circuitos lógicos de três e quatro entradas. Veja de novo que cada tabela relaciona, no lado esquerdo, todas as combinações possíveis para os níveis lógicos de entrada e, no lado direito, os níveis lógicos resultantes para a saída x. É evidente que o valor real da saída x dependerá do tipo de circuito lógico.

Observe que há quatro linhas para uma tabela-verdade de duas entradas, oito linhas para uma tabela-verdade de três entradas e 16 linhas para uma tabela-verdade de quatro entradas. O número de combinações de entrada é igual a 2^N para uma tabela-verdade de N entradas. Observe também que a lista das combinações possíveis segue a sequência de contagem binária, por isso é muito fácil preencher uma tabela sem esquecer nenhuma combinação.

QUESTÕES DE REVISÃO

1. Qual será o estado da saída para o circuito de quatro entradas representado na Figura 3.1(c) quando todas as entradas, exceto a B, forem nível 1?
2. Repita a Questão 1 para as seguintes condições de entrada: $A = 1$, $B = 0$, $C = 1$ e $D = 0$.
3. Quantas linhas deve ter uma tabela que represente um circuito de cinco entradas?

3.3 OPERAÇÃO OR COM PORTA OR

OBJETIVOS

Após ler esta seção, você será capaz de:

- Definir a função lógica OR.
- Escrever equações booleanas usando a função OR.
- Desenhar o símbolo lógico para a função OR.
- Escrever uma tabela-verdade descrevendo a função OR.
- Fazer um diagrama de tempo que demonstre a função OR.
- Usar qualquer um dos métodos anteriores para inferir a saída correta de um circuito lógico com base em sua entrada.

A **operação OR** é a primeira das três operações booleanas básicas a ser estudada. Um exemplo dessa operação é o que acontece no forno de cozinha. A lâmpada dentro do forno deve se acender se *o interruptor for acionado* OU (OR) se *a porta do forno for aberta*. A letra A pode ser usada para representar *interruptor acionado* (verdadeiro ou falso), e a letra B, *porta do forno aberta* (verdadeiro ou falso). A letra x pode representar *lâmpada acesa* (verdadeiro ou falso). A tabela-verdade na Figura 3.2(a) mostra o que acontece quando duas entradas lógicas, A e B, são combinadas usando uma operação OR para produzir a saída x. A tabela mostra que x será um nível lógico 1 para cada combinação de níveis de entradas em que uma *ou* mais entradas forem 1. O único caso em que x é um nível 0 acontece quando ambas as entradas são 0.

A expressão booleana para a operação OR é

$$x = A + B$$

A	B	x = A + B
0	0	0
0	1	1
1	0	1
1	1	1

(a)

(b)

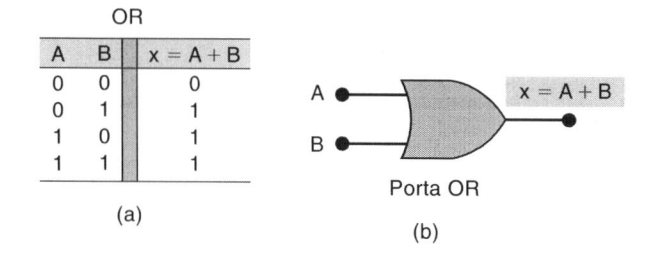

FIGURA 3.2 (a) Tabela-verdade que define a operação OR; (b) símbolo de circuito para uma porta OR de duas entradas.

Nessa expressão, o sinal + não representa a adição convencional; ele representa a operação OR. Essa operação é semelhante à operação convencional de adição, exceto para o caso em que A e B forem 1; a operação OR produz $1 + 1 = 1$, não $1 + 1 = 2$. Na álgebra booleana, 1 significa nível alto, conforme já vimos, de modo que nunca se pode ter um resultado maior que 1. O mesmo é válido para uma combinação de três entradas que usa a operação OR. Então, teremos $x = A + B + C$. Se considerarmos as três entradas em nível 1, teremos

$$x = 1 + 1 + 1 = 1$$

A expressão $x = A + B$ é lida como "x é igual a A OU B", o que significa que x será 1 quando A ou B for 1. Da mesma maneira, a expressão $x = A + B + C$ é lida como "x é igual a A OU B OU C", o que significa que x será 1 quando A ou B ouU C ou qualquer combinação delas for 1. Para descrever esse circuito em linguagem normal, seria possível dizer que *x é verdadeiro (1) QUANDO A é verdadeiro (1) OU B é verdadeiro (1) OU C é verdadeiro (1)*.

Porta OR

Em circuitos digitais, uma **porta OR**[2] é um circuito que tem duas ou mais entradas e cuja saída é igual à combinação OR das entradas. A Figura 3.2(b) mostra o símbolo lógico para uma porta OR de duas entradas. As entradas *A* e *B* são níveis lógicos de tensão, e a saída *x* é um nível lógico de tensão cujo valor é o resultado da operação OR entre *A* e *B*; ou seja, $x = A + B$. Em outras palavras, a porta OR opera de modo que sua saída será ALTA (nível lógico 1) se a entrada *A* ou *B ou ambas* forem nível lógico 1. A saída de uma porta OR será nível BAIXO (nível lógico 0) apenas se todas as entradas forem nível lógico 0.

Essa mesma ideia pode ser estendida para quando houver mais de duas entradas. A Figura 3.3 mostra uma porta OR de três entradas e sua tabela-verdade. Uma análise dessa tabela mostra, de novo, que a saída será 1 para todos os casos em que uma ou mais entradas forem 1. Esse princípio geral é o mesmo para portas OR com qualquer número de entradas.

Usando a linguagem da álgebra booleana, a saída *x* pode ser expressa como $x = A + B + C$ — enfatizando, mais uma vez, que o sinal + representa a operação OR. A saída de qualquer porta OR pode ser expressa como uma combinação OR das várias entradas. Colocaremos isso em prática quando analisarmos circuitos lógicos.

FIGURA 3.3 Símbolo e tabela-verdade para uma porta OR de três entradas.

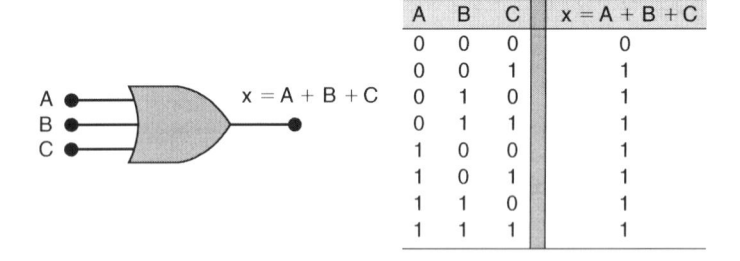

A	B	C	$x = A + B + C$
0	0	0	0
0	0	1	1
0	1	0	1
0	1	1	1
1	0	0	1
1	0	1	1
1	1	0	1
1	1	1	1

Resumo da operação OR

Os pontos importantes a serem lembrados em relação à operação OR e às portas OR são:

1. A operação OR gera um resultado (saída) 1 sempre que *quaisquer* das entradas for 1. Caso contrário, a saída é 0.
2. Uma porta OR é um circuito lógico que realiza uma operação OR sobre as entradas do circuito.
3. A expressão $x = A + B$ é lida "*x* é igual a *A* ou *B*".

---

2 O termo *porta* vem da operação habilitar/desabilitar, a ser discutida no Capítulo 4.

EXEMPLO 3.1

Muitos sistemas de controle industrial requerem a ativação de uma função de saída sempre que qualquer de suas várias entradas for ativada. Por exemplo, em um processo químico, pode ser necessário que um alarme seja ativado sempre que a temperatura do processo exceder um valor máximo *ou* sempre que a pressão ultrapassar certo limite. A Figura 3.4 expõe um diagrama em bloco desse sistema. O circuito transdutor de temperatura produz uma tensão de saída proporcional à temperatura do processo. Essa tensão, V_T, é comparada a uma tensão de referência para temperatura, V_{TR}, em um circuito comparador de tensão. A saída do comparador de tensão, T_H, é geralmente uma tensão baixa (nível lógico 0), mas essa saída muda para uma tensão alta (nível lógico 1) quando V_T excede V_{TR}, indicando que a temperatura do processo é muito alta. Uma configuração semelhante é usada para se medir pressão, de modo que a saída do comparador, P_H, muda de BAIXA para ALTA quando a pressão é muito alta. Qual a finalidade da porta OR?

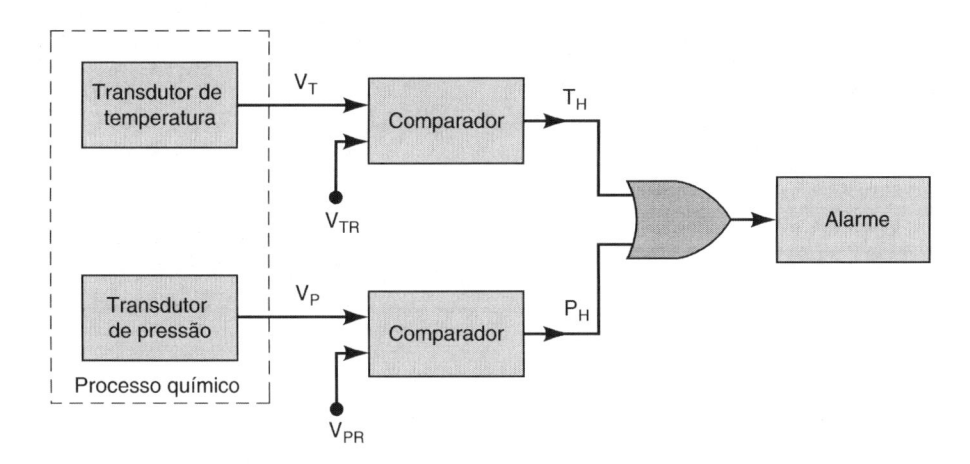

FIGURA 3.4 Exemplo do uso de uma porta OR em um sistema de alarme.

Solução
Como queremos que o alarme seja ativado quando a temperatura *ou* a pressão for muito alta, é evidente que as saídas dos comparadores podem ser as entradas de uma porta OR de duas entradas. Assim, a saída da porta OR muda para nível ALTO (1) para cada condição de alarme, ativando-o. Obviamente, essa mesma ideia pode ser estendida para situações com mais de duas variáveis de processo.

EXEMPLO 3.2

Determine a saída da porta OR na Figura 3.5. As entradas *A* e *B* da porta OR variam de acordo com o diagrama de tempo mostrado. Por exemplo, a entrada *A* começa no nível BAIXO no instante t_0, muda para ALTO em t_1, volta para BAIXO em t_3, e assim por diante.

FIGURA 3.5 Exemplo 3.2.

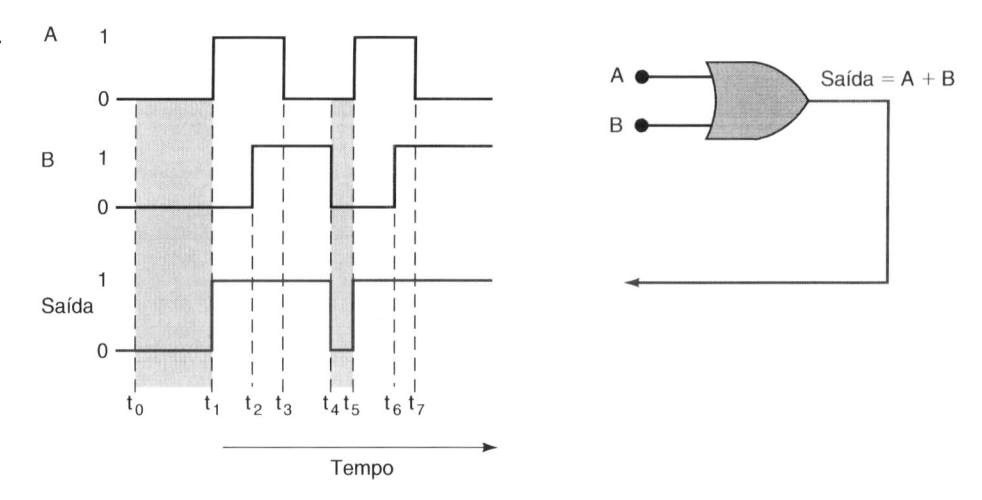

Solução

A saída da porta OR será ALTA sempre que *qualquer* entrada for ALTA. Entre os instantes t_0 e t_1, as duas entradas são BAIXAS, portanto SAÍDA = BAIXO. Em t_1, a entrada A muda para ALTO, enquanto a entrada B permanece BAIXO. Isso faz com que a SAÍDA seja ALTA em t_1 e permaneça ALTA até t_4, uma vez que durante esse intervalo uma ou ambas as entradas são ALTAS. Em t_4, a entrada B muda de 1 para 0, de modo que as duas entradas são BAIXAS, levando a SAÍDA de volta para BAIXO. Em t_5, a entrada A vai para ALTO, mandando a SAÍDA de volta para ALTO, onde permanece pelo restante de tempo mostrado.

EXEMPLO 3.3A

Para a situação representada na Figura 3.6, determine a forma de onda na saída da porta OR.

FIGURA 3.6 Exemplos 3.3(a) e (b).

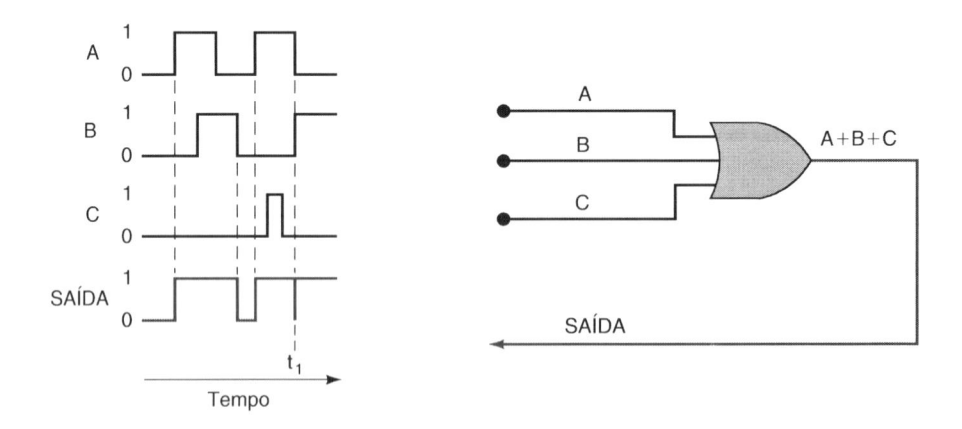

Solução

As entradas A, B e C da porta OR de três entradas variam, conforme é mostrado pela forma de onda. A saída da porta OR é determinada, sabendo-se que será nível ALTO sempre que *qualquer* uma das entradas for nível ALTO. Usando esse raciocínio, a forma de onda da saída da porta OR é a mostrada na figura. Uma atenção particular deve ser dada ao que ocorre no instante

t_1. O diagrama mostra que nesse instante a entrada A muda de ALTO para BAIXO, enquanto a entrada B está mudando de BAIXO para ALTO. Uma vez que essas entradas fazem suas transições quase de maneira simultânea e que essas transições têm certo tempo de duração, há um curto intervalo em que ambas as entradas da porta OR estão na faixa indefinida entre 0 e 1. Quando isso ocorre, a saída da porta OR também apresenta um valor nessa faixa, como é evidenciado pelo *glitch* ou *spike* na forma de onda de saída em t_1. A ocorrência do *glitch* e seu tamanho (amplitude e largura) dependem da velocidade em que ocorrem as transições nas entradas.

EXEMPLO 3.3B

O que aconteceria com o *glitch* na saída do circuito da Figura 3.6 se a entrada C fosse colocada no estado ALTO enquanto ocorresse a transição de A e B no instante t_1?

Solução
Com a entrada C em nível ALTO no instante t_1, a saída da porta OR permanece no estado ALTO, independentemente do que ocorrer nas outras entradas, porque qualquer entrada em nível ALTO mantém a saída de uma porta OR em nível ALTO. Portanto, não aparecerá o *glitch* na saída.

QUESTÕES DE REVISÃO

1. Qual é o único conjunto de condições de entrada que produz uma saída BAIXA para qualquer porta OR?
2. Escreva a expressão booleana para uma porta OR de seis entradas.
3. Se a entrada A na Figura 3.6 for mantida em nível 1, qual será a forma de onda de saída?

3.4 OPERAÇÃO AND COM PORTA AND

OBJETIVOS

Após ler esta seção, você será capaz de:

- Definir a função lógica AND.
- Escrever equações booleanas usando a função AND.
- Desenhar o símbolo lógico para a função AND.
- Elaborar uma tabela-verdade descrevendo a função AND.
- Fazer um diagrama de tempo que demonstre a função AND.
- Usar qualquer um dos métodos anteriores para inferir a saída correta de um circuito lógico com base em sua entrada.

A **operação AND** é a segunda operação booleana básica. Como exemplo do uso do lógico AND, considere uma secadora de roupas que só opera se *o temporizador estiver acima de zero* AND (E) *a porta estiver fechada*. Digamos que a letra A representa *temporizador estabelecido*, B representa *porta fechada*, e *x*, *aquecedor e motor ligados*. A tabela-verdade na Figura 3.7(a) mostra o que acontece quando duas entradas lógicas, *A* e *B*, são combinadas usando uma operação AND para gerar a saída *x*. A tabela mostra que *x* será nível lógico 1 apenas quando *A* e *B* forem 1. Para qualquer outro caso em que uma das entradas for 0, a saída será 0.

A expressão booleana para a operação AND é

$$x = A \cdot B$$

FIGURA 3.7 (a) Tabela-verdade para a operação AND; (b) símbolo da porta AND.

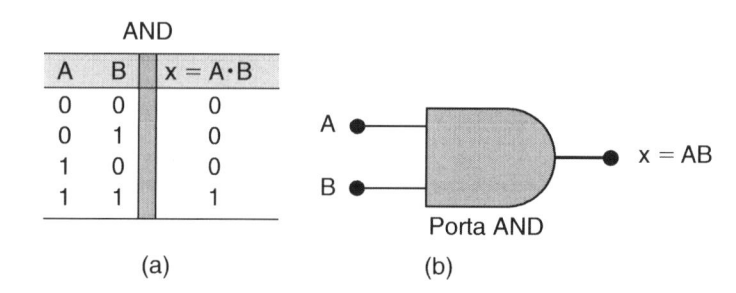

AND

A	B	x = A·B
0	0	0
0	1	0
1	0	0
1	1	1

(a)

$x = AB$

Porta AND

(b)

Nessa expressão, o sinal · representa a operação booleana AND, e não é multiplicação. Contudo, a operação AND sobre variáveis booleanas equivale à multiplicação convencional, conforme análise da tabela-verdade mostrada; por isso, considera-se que sejam a mesma coisa. Essa característica pode ser útil na análise de expressões lógicas que contenham operações AND.

A expressão $x = A \cdot B$ é lida como "*x* é igual a *A* e *B*", o que significa que *x* será 1 somente quando *A* e *B* forem, ambas, nível 1. O sinal · costuma ser omitido, e a expressão torna-se simplesmente $x = AB$. No caso de se efetuar a operação AND de três entradas, teremos $x = A \cdot B \cdot C = ABC$. Essa expressão é lida como "*x* é igual a *A* e *B* e *C*", o que significa que *x* será 1 apenas quando as variáveis *A*, *B* e *C* forem 1.

Porta AND

O símbolo lógico para uma **porta AND** de duas entradas é mostrado na Figura 3.7(b). A saída da porta AND é igual ao produto lógico AND das entradas, que é $x = AB$. Em outras palavras, a porta AND é um circuito que opera de modo que sua saída seja nível ALTO somente quando todas as entradas também o forem. Para todos os outros casos, a saída da porta AND é nível BAIXO.

Essa mesma operação é característica de portas AND com mais de duas entradas. Por exemplo, uma porta AND de três entradas e sua tabela-verdade correspondente são mostradas na Figura 3.8. Observe, mais uma vez, que a saída da porta é 1 apenas no caso em que $A = B = C = 1$. A expressão para a saída é $x = ABC$. Para uma porta AND de quatro entradas, a saída é $x = ABCD$, e assim por diante.

Observe a diferença entre os símbolos das portas AND e OR. Sempre que houver o símbolo de uma porta AND em um diagrama de circuito lógico, a saída será nível ALTO *somente* quando *todas* as entradas forem nível ALTO. Em relação ao símbolo OR, a saída será nível ALTO quando *qualquer* entrada for nível ALTO.

A	B	C	x = ABC
0	0	0	0
0	0	1	0
0	1	0	0
0	1	1	0
1	0	0	0
1	0	1	0
1	1	0	0
1	1	1	1

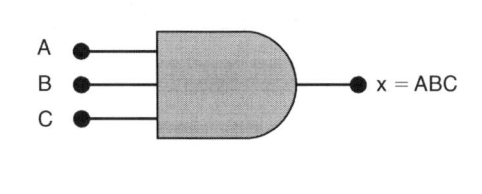

FIGURA 3.8 Tabela-verdade e símbolo para uma porta AND de três entradas.

Resumo da operação AND

1. A operação AND é realizada da mesma maneira que a multiplicação convencional de 1s e 0s.
2. Uma porta AND é um circuito lógico que realiza uma operação AND sobre as entradas do circuito.
3. A saída de uma porta AND será 1 *somente* quando *todas* as entradas forem 1; para todos os outros casos, a saída será 0.
4. A expressão $x = AB$ é lida como "x é igual a A e B".

EXEMPLO 3.4

Determine a saída x da porta AND na Figura 3.9 para as formas de onda de entrada dadas.

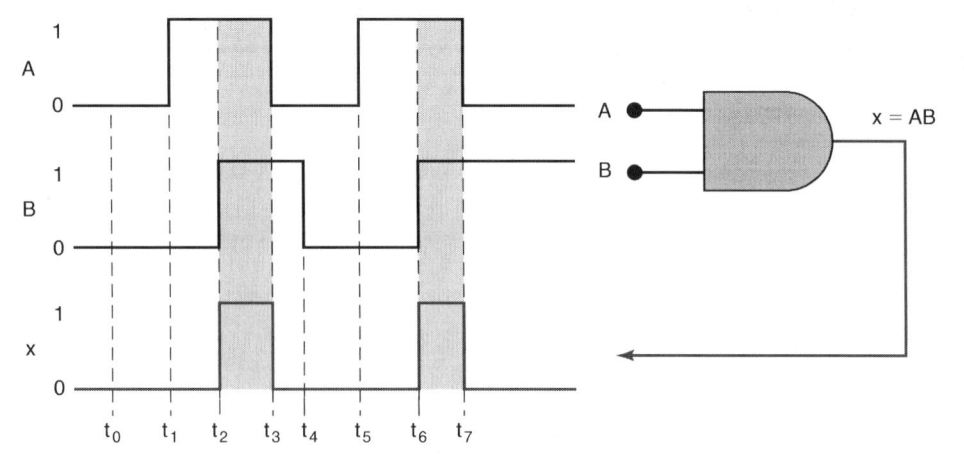

FIGURA 3.9 Exemplo 3.4.

Solução

A saída de uma porta AND é considerada nível ALTO, desde que todas as entradas sejam nível ALTO ao mesmo tempo. Para as formas de onda de entrada dadas, essa condição é satisfeita apenas durante os intervalos $t_2 - t_3$ e $t_6 - t_7$. Em todos os outros momentos, uma ou mais entradas são 0, produzindo, portanto, uma saída em nível BAIXO. Observe que a mudança de nível em uma entrada ocorre quando a outra está em nível BAIXO, sem efeito na saída.

EXEMPLO 3.5A

Determine a forma de onda de saída para a porta AND mostrada na Figura 3.10.

FIGURA 3.10 Exemplos 3.5(a) e 3.5(b).

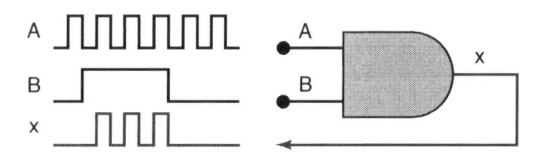

Solução
A saída x será 1 apenas quando A e B forem nível ALTO ao mesmo tempo. Usando essa regra, pode-se determinar a forma de onda de x, conforme é mostrado na figura.

Observe que a forma de onda de x será 0 sempre que B for 0, independente do sinal em A. Observe também que sempre que B for 1, a forma de onda de x será a mesma de A. Assim, pode-se pensar em B como uma entrada de *controle* cujo nível lógico determina se a forma de onda em A passa ou não para a saída x. Nessa situação, a porta AND é usada como *circuito inibidor*. Pode-se dizer que $B = 0$ é a condição de inibição que produz 0 na saída. Por outro lado, quando $B = 1$, temos a condição de *habilitação*, que permite ao sinal em A alcançar a saída. Essa operação de controle de inibição é uma aplicação importante das portas AND que encontraremos mais adiante.

EXEMPLO 3.5B

O que acontecerá com a forma de onda da saída x, na Figura 3.10, se a entrada B for mantida em nível 0?

Solução
Com B mantida em nível BAIXO, a saída x também permanecerá em nível BAIXO. Isso pode ser interpretado de duas maneiras diferentes. Primeiro, com $B = 0$ temos $x = A \cdot B = A \cdot 0 = 0$, uma vez que qualquer multiplicação (operação AND) por 0 tem como resultado 0. Outro modo de perceber isso é que uma porta AND requer que todas as entradas sejam nível ALTO para que a saída seja nível ALTO, e isso não acontece se B for mantida em nível BAIXO.

QUESTÕES DE REVISÃO

1. Qual é a única combinação de entrada que produz uma saída em nível ALTO em uma porta AND de cinco entradas?
2. Qual nível lógico deve ser aplicado à segunda entrada de uma porta AND de duas entradas se o sinal lógico na primeira entrada for desabilitado (impossibilitado) para alcançar a saída?
3. *Verdadeiro ou falso*: a saída de uma porta AND sempre será diferente da saída de uma porta OR para as mesmas condições de entrada.

3.5 OPERAÇÃO NOT

OBJETIVOS

Após ler esta seção, você será capaz de:
- Definir a função lógica NOT.
- Escrever equações booleanas usando a função NOT.
- Desenhar o símbolo da lógica para a função NOT.
- Elaborar uma tabela-verdade descrevendo a função NOT.
- Fazer um diagrama de tempo que demonstra a função NOT.

A **operação NOT** é diferente das operações OR e AND pelo fato de poder ser realizada sobre uma única variável de entrada. Por exemplo, se a variável A for submetida à operação NOT, o resultado x poderá ser expresso como

$$x = \overline{A}$$

onde a barra sobre o nome da variável representa a operação NOT. Essa expressão é lida como "x é igual a A negado", o "x é igual ao *inverso* de A" ou "x é igual ao *complemento* de A". Cada uma dessas expressões é usada com frequência, e todas indicam que o valor lógico de $x = \overline{A}$ *é o oposto do* valor lógico de A. A tabela-verdade da Figura 3.11(a) esclarece isso para os dois casos: $A = 0$ e $A = 1$. Ou seja,

$$0 = \overline{1} \text{ porque } 0 \text{ é } 1 \text{ negado}$$

e

$$1 = \overline{0} \text{ porque } 1 \text{ é } 0 \text{ negado}$$

A operação NOT também é conhecida como **inversão** ou **complemento**, termos que serão usados indistintamente ao longo deste livro. Embora usemos a barra sobre a variável para indicar a inversão, é importante mencionar que outro indicador de inversão é o apóstrofo ('). Ou seja,

$$A' = \overline{A}$$

Ambos podem ser interpretados como indicadores de inversão.

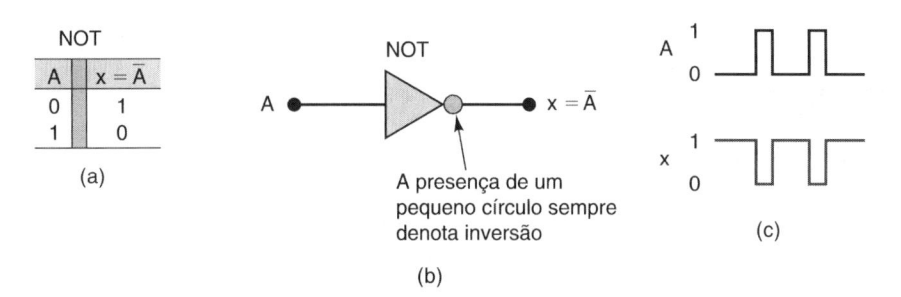

FIGURA 3.11 (a) Tabela-verdade; (b) símbolo para o INVERSOR (circuito NOT); (c) amostras de formas de ondas.

NOT

A	x = $\overline{A}$
0	1
1	0

(a)

A ●──▷○── ● x = $\overline{A}$

A presença de um pequeno círculo sempre denota inversão

(b)

(c)

Circuito NOT (INVERSOR)

A Figura 3.11(b) mostra o símbolo para o **circuito NOT**, mais frequentemente denominado **INVERSOR**. Esse circuito tem *sempre* apenas uma entrada, e seu nível lógico de saída é oposto ao nível lógico de entrada.

A Figura 3.11(c) mostra como um INVERSOR afeta um sinal de entrada. Ele inverte (complementa) o sinal de entrada em todos os pontos da forma de onda, de maneira que se a entrada = 0, a saída = 1, e vice-versa.

APLICAÇÃO 3.1

A Figura 3.12 mostra uma típica aplicação da porta NOT. O botão é conectado a um fio metálico para produzir um lógico 1 (verdadeiro) quando pressionado. Às vezes, queremos saber se o botão não está sendo pressionado; por isso, esse circuito fornece uma expressão que é verdadeira quando isso ocorre.

FIGURA 3.12 Uma porta NOT indicando que um botão *não* está pressionado quando a saída é verdadeira.

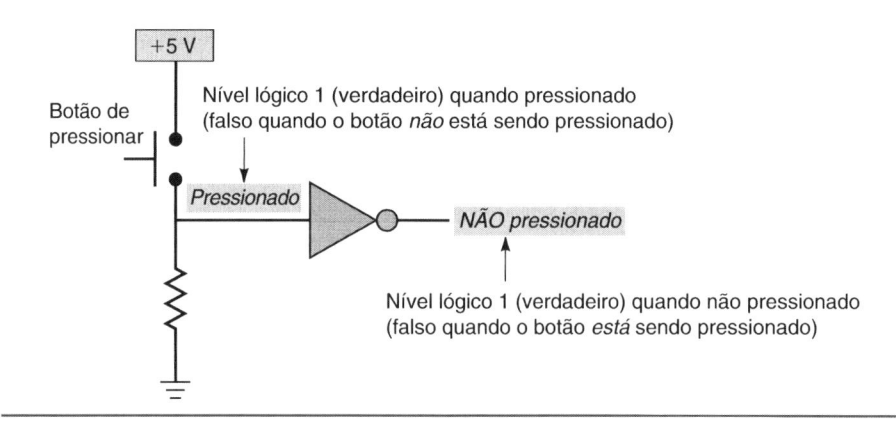

Resumo das operações booleanas

As regras para as operações OR, AND e NOT podem ser resumidas como a seguir:

OR	AND	NOT
0 + 0 = 0	0 · 0 = 0	$\overline{0} = 1$
0 + 1 = 1	0 · 1 = 0	$\overline{1} = 0$
1 + 0 = 1	1 · 0 = 0	
1 + 1 = 1	1 · 1 = 1	

QUESTÕES DE REVISÃO

1. A saída do INVERSOR na Figura 3.11 é conectada à entrada de um segundo INVERSOR. Determine o nível lógico da saída do segundo INVERSOR para cada nível lógico da entrada *A*.
2. A saída da porta AND na Figura 3.7 é conectada à entrada de um INVERSOR. Determine a tabela-verdade mostrando a saída *y* do INVERSOR para cada combinação das entradas *A* e *B*.

3.6 DESCRIÇÃO DOS CIRCUITOS LÓGICOS ALGEBRICAMENTE

Objetivo

Após ler esta seção, você será capaz de:
- Traduzir diagramas lógicos em expressões algébricas booleanas.

Qualquer circuito lógico, independentemente de sua complexidade, pode ser descrito usando-se as três operações booleanas básicas, porque as portas OR, AND e circuito NOT são os blocos fundamentais dos sistemas digitais. Por exemplo, considere o circuito da Figura 3.13(a), o qual tem três entradas (*A*, *B* e *C*) e uma única saída (*x*). Usando as expressões booleanas de cada porta, pode-se determinar facilmente a expressão lógica da saída.

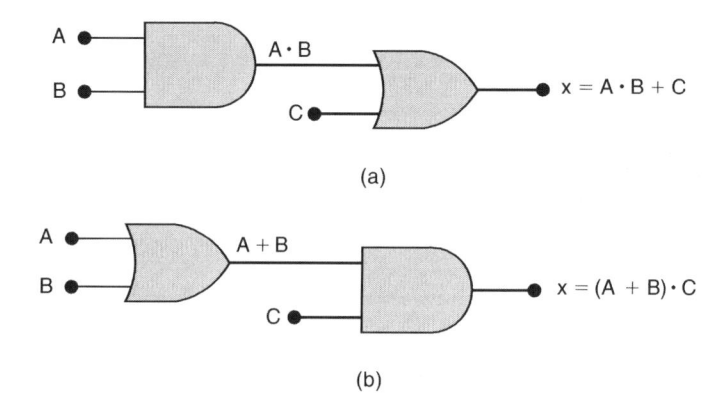

FIGURA 3.13 (a) Circuito lógico e suas expressões booleanas; (b) circuito lógico com expressão que requer parênteses.

A expressão para a saída de uma porta AND é escrita assim: $A \cdot B$. Essa saída da porta AND está conectada em uma entrada da porta OR cuja entrada é a *C*. A porta OR opera sobre as entradas de modo que a saída é uma soma lógica delas. Assim, pode-se expressar a saída da porta OR como $x = A \cdot B + C$ (essa expressão final poderia ser escrita como $x = C + A \cdot B$, uma vez que não importa qual termo da soma lógica seja escrito primeiro).

Precedência de operador

Ocasionalmente, pode haver alguma confusão em se determinar qual operação deve ser realizada primeiro em uma expressão. A expressão $A \cdot B + C$ pode ser interpretada de duas maneiras diferentes: (1) operação OR de $A \cdot B$ com *C* ou (2) operação AND de *A* com a soma lógica $B + C$. Para evitar essa confusão, deve ficar entendido que se uma expressão tiver operações AND e OR, as operações AND serão realizadas primeiro, a menos que existam *parênteses* na expressão; nesse caso, a operação dentro dos parênteses será realizada primeiro. Essa regra para determinar a ordem das operações é a mesma usada na álgebra convencional.

Para ilustrar o fato, considere o circuito da Figura 3.13(b). A expressão para a saída da porta OR é simplesmente $A + B$. Essa saída serve como uma entrada da porta AND cuja outra entrada é *C*. Assim, expressa-se a saída da porta AND como $x = (A + B) \cdot C$. Observe que, nesse caso, o uso dos parênteses indica que a operação OR entre *A* e *B* é realizada *antes* e, a seguir, a operação

AND com *C*. Sem os parênteses, a expressão seria interpretada *incorretamente*, uma vez que $A + B \cdot C$ significa a operação OR de *A* com o produto lógico $B \cdot C$.

Circuitos que contêm INVERSORES

Sempre que um INVERSOR estiver presente em um circuito lógico, a expressão para a saída do INVERSOR será igual à expressão de entrada com uma barra sobre ela. A Figura 3.14 mostra dois exemplos usando INVERSORES. Na Figura 3.14(a), a entrada $\overline{A}$ é alimentada por meio de um INVERSOR, cuja saída é, portanto, *A*. A saída do INVERSOR alimenta uma porta OR com *B*, de modo que a saída da OR é igual a $\overline{A} + B$. Observe que a barra está apenas sobre a variável *A*, indicando que, primeiro, inverte-se *A* e, em seguida, faz-se a operação OR com *B*.

Na Figura 3.14(b), a saída da porta OR é igual a $A + B$ e é alimentada por um INVERSOR. Portanto, a saída do INVERSOR é igual a $\overline{(A + B)}$, uma vez que ele inverte a expressão *completa* de entrada. Observe que a barra cobre a expressão de entrada $(A + B)$. Isso é importante porque, conforme veremos depois, as expressões $\overline{(A + B)}$ e $(\overline{A} + \overline{B})$ *não* são equivalentes. A expressão $\overline{(A + B)}$ significa que é realizada a operação OR entre *A* e *B* e, em seguida, a soma lógica é invertida, ao passo que a expressão $(\overline{A} + \overline{B})$ indica que *A* é invertida e *B* é invertida, então o resultado é a operação OR dessas variáveis invertidas.

A Figura 3.15 mostra mais dois exemplos que devem ser analisados cuidadosamente. Observe o uso de *dois* conjuntos separados de parênteses na Figura 3.15(b). Note também que na Figura 3.15(a) a variável de entrada *A* está conectada a duas portas diferentes.

FIGURA 3.14 Circuitos com INVERSORES.

FIGURA 3.15 Mais exemplos.

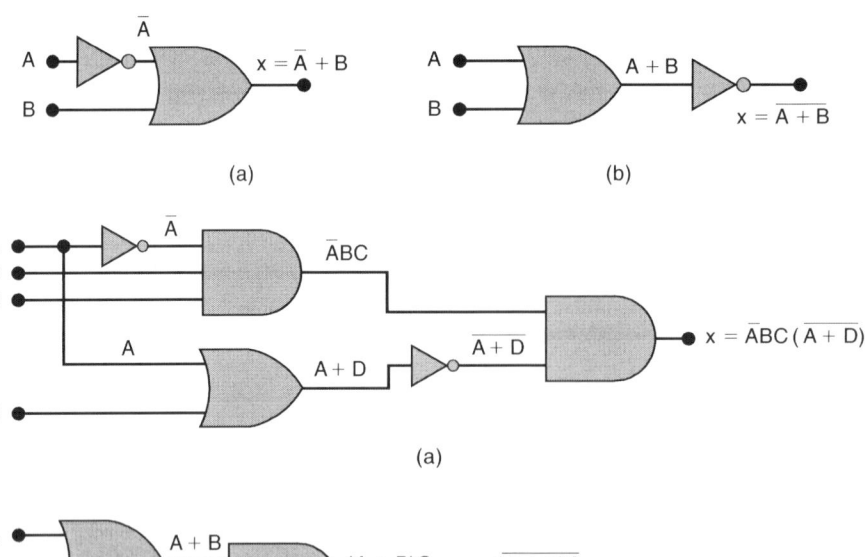

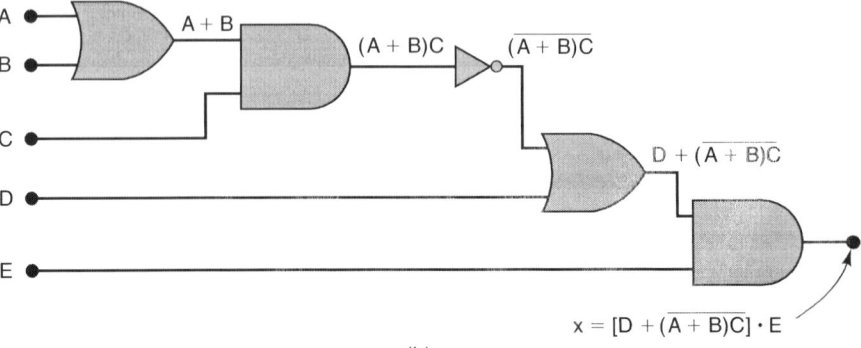

QUESTÕES DE REVISÃO

1. Na Figura 3.15(a), troque cada porta AND por uma OR e cada porta OR por uma AND. Em seguida, escreva a expressão para a saída x.
2. Na Figura 3.15(b), troque cada porta AND por uma OR e cada porta OR por uma AND. Em seguida, escreva a expressão para a saída x.

3.7 AVALIAÇÃO DAS SAÍDAS DOS CIRCUITOS LÓGICOS

OBJETIVOS

Após ler esta seção, você será capaz de:

- Avaliar qualquer diagrama de circuito ou saída de equação booleana dada uma entrada específica.
- Traduzir equações booleanas ou diagramas lógicos em uma tabela-verdade.

De posse da expressão booleana para a saída de um circuito, pode-se obter o nível lógico da saída para qualquer conjunto de níveis lógicos de entrada. Por exemplo, suponha que desejemos saber o nível lógico da saída x para o circuito da Figura 3.15(a) para o caso em que $A = 0$, $B = 1$, $C = 1$ e $D = 1$. Assim como na álgebra convencional, o valor de x pode ser encontrado com a substituição dos valores das variáveis na expressão e realizando a operação indicada, conforme mostrado a seguir:

$$\begin{align}x &= \overline{A}BC(\overline{A+D})\\&= \overline{0}\cdot 1 \cdot 1 \cdot (\overline{0+1})\\&= 1 \cdot 1 \cdot 1 \cdot (\overline{0+1})\\&= 1 \cdot 1 \cdot 1 \cdot (\overline{1})\\&= 1 \cdot 1 \cdot 1 \cdot 0\\&= 0\end{align}$$

Com mais um exemplo, vamos determinar a saída do circuito na Figura 3.15(b) para $A = 0$, $B = 0$, $C = 1$, $D = 1$ e $E = 1$.

$$\begin{align}x &= [D + \overline{(A+B)C}] \cdot E\\&= [1 + \overline{(0+0)\cdot 1}] \cdot 1\\&= [1 + \overline{0 \cdot 1}] \cdot 1\\&= [1 + \overline{0}] \cdot 1\\&= [1 + 1] \cdot 1\\&= 1 \cdot 1\\&= 1\end{align}$$

Em geral, as regras a seguir têm de ser obedecidas quando se avalia uma expressão booleana:

1. Primeiro, realize as inversões de termos simples; ou seja, $\overline{0} = 1$ ou $\overline{1} = 0$.
2. Em seguida, realize as operações dentro de parênteses.
3. Realize as operações AND antes das operações OR, a menos que os parênteses indiquem o contrário.
4. Se uma expressão estiver sob uma barra, realize a operação indicada pela expressão e, em seguida, inverta o resultado.

Para praticar, determine as saídas dos dois circuitos na Figura 3.15 no caso em que todas as entradas forem 1. As respostas são $x = 0$ e $x = 1$, respectivamente.

Análise com o uso de uma tabela

Sempre que você tiver um circuito composto de múltiplas portas lógicas e quiser saber como funciona, a melhor maneira de analisá-lo é usar uma tabela-verdade. As vantagens desse método são:

- Permite que se analise uma porta ou combinação lógica de cada vez.
- Permite que se confira facilmente o trabalho.
- Quando o trabalho se encerra, há uma tabela que ajuda na verificação de erros do circuito lógico.

Lembre-se de que uma tabela-verdade lista todas as possíveis combinações de entrada em ordem numérica. Para cada possível combinação de entrada, pode-se determinar o estado lógico em cada ponto (nó) do circuito lógico, inclusive a saída. Veja, por exemplo, a Figura 3.16(a). Há vários nós intermediários no circuito que não são entradas nem saídas, são apenas conexões entre a saída de uma porta e a entrada de outra. Nesse diagrama, elas foram chamadas de u, v e w. O primeiro passo, após listar todas as combinações de entrada, é criar uma coluna na tabela-verdade para cada sinal intermediário (nó), como mostrado na Figura 3.16(b). O nó u foi acrescentado como o complemento de A.

FIGURA 3.16 Análise de um circuito lógico usando tabelas-verdade.

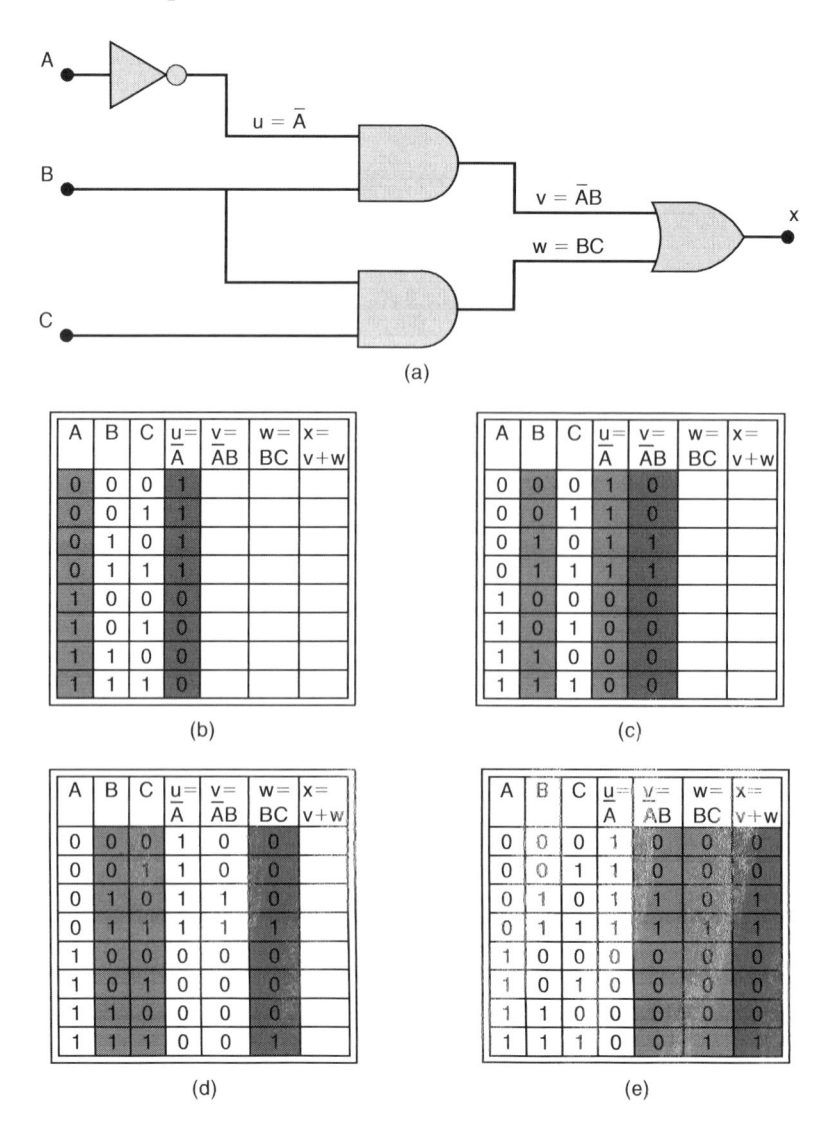

(a)

A	B	C	$u=\bar{A}$	$v=\bar{A}B$	$w=BC$	$x=v+w$
0	0	0	1			
0	0	1	1			
0	1	0	1			
0	1	1	1			
1	0	0	0			
1	0	1	0			
1	1	0	0			
1	1	1	0			

(b)

A	B	C	$u=\bar{A}$	$v=\bar{A}B$	$w=BC$	$x=v+w$
0	0	0	1	0		
0	0	1	1	0		
0	1	0	1	1		
0	1	1	1	1		
1	0	0	0	0		
1	0	1	0	0		
1	1	0	0	0		
1	1	1	0	0		

(c)

A	B	C	$u=\bar{A}$	$v=\bar{A}B$	$w=BC$	$x=v+w$
0	0	0	1	0	0	
0	0	1	1	0	0	
0	1	0	1	1	0	
0	1	1	1	1	1	
1	0	0	0	0	0	
1	0	1	0	0	0	
1	1	0	0	0	0	
1	1	1	0	0	1	

(d)

A	B	C	$u=\bar{A}$	$v=\bar{A}B$	$w=BC$	$x=v+w$
0	0	0	1	0	0	0
0	0	1	1	0	0	0
0	1	0	1	1	0	1
0	1	1	1	1	1	1
1	0	0	0	0	0	0
1	0	1	0	0	0	0
1	1	0	0	0	0	0
1	1	1	0	0	1	1

(e)

O próximo passo é preencher a coluna v como mostrado na Figura 3.16(c). No diagrama, pode-se ver que $v = \overline{A}B$. O nó v deve ser ALTO quando $\overline{A}$ (nó u) for ALTO AND B for ALTO. Isso ocorre sempre que A for BAIXO AND B for ALTO. O terceiro passo é prever os valores do nó w, que é o produto lógico de BC. Essa coluna será ALTA quando B for ALTO AND C for ALTO, como mostra a Figura 3.16(d). O passo final é combinar logicamente colunas v e w para prever a saída x. Como $x = v + w$, a saída x deve ser ALTA quando v for ALTO OR w for ALTO, como mostra a Figura 3.16(e).

Se você construiu o circuito e ele não estava produzindo a saída correta para x em todas as condições, essa tabela pode ser usada para encontrar o problema. O procedimento geral é testar o circuito em todas as combinações de entradas. Se qualquer combinação de entrada produz uma saída incorreta (ou seja, um erro), compare o estado lógico real de cada nó intermediário no circuito com o valor teórico correto na tabela ao aplicar a condição de entrada. Se o estado lógico para um nó intermediário estiver *correto*, o problema deve estar à direita desse nó. Se o estado lógico para um nó intermediário estiver *incorreto*, o problema deve estar à esquerda desse nó (ou esse nó está com algum curto-circuito). Os procedimentos detalhados de verificação de erros e possíveis falhas no circuito serão abordados mais detalhadamente no Capítulo 4.

EXEMPLO 3.6

Analise a operação da Figura 3.15(a) criando uma tabela que mostre o estado lógico em cada nó do circuito.

Solução

Preencha a coluna t com 1 sempre que $A = 0$ e $B = 1$ e $C = 1$.
Preencha a coluna u com 1 sempre que $A = 1$ ou $D = 1$.
Preencha a coluna v com o complemento de todas as linhas da coluna u.
Preencha a coluna x com 1 sempre que $t = 1$ e $v = 1$.

A	B	C	D	$t = \overline{A}BC$	$u = A + D$	$v = \overline{A + D}$	$x = tv$
0	0	0	0	0	0	1	0
0	0	0	1	0	1	0	0
0	0	1	0	0	0	1	0
0	0	1	1	0	1	0	0
0	1	0	0	0	0	1	0
0	1	0	1	0	1	0	0
0	1	1	0	1	0	1	1
0	1	1	1	1	1	0	0
1	0	0	0	0	1	0	0
1	0	0	1	0	1	0	0
1	0	1	0	0	1	0	0
1	0	1	1	0	1	0	0
1	1	0	0	0	1	0	0
1	1	0	1	0	1	0	0
1	1	1	0	0	1	0	0
1	1	1	1	0	1	0	0

QUESTÕES DE REVISÃO

1. Use a expressão para x a fim de determinar a saída do circuito na Figura 3.15(a) para as condições: $A = 0$, $B = 1$, $C = 1$ e $D = 0$.
2. Use a expressão para x a fim de determinar a saída do circuito na Figura 3.15(b) para as condições: $A = B = E = 1$, $C = D = 0$.
3. Determine as respostas das questões 1 e 2, encontrando os níveis lógicos presentes em cada saída das portas, usando uma tabela como a da Figura 3.16.

3.8 IMPLEMENTAÇÃO DE CIRCUITOS A PARTIR DE EXPRESSÕES BOOLEANAS

OBJETIVO

Após ler esta seção, você será capaz de:

- Traduzir qualquer equação booleana em um diagrama lógico.

Quando a operação de um circuito é definida por uma expressão booleana, pode-se desenhar o diagrama do circuito lógico diretamente a partir da expressão. Por exemplo, se precisarmos de um circuito definido por $x = A \cdot B \cdot C$, saberemos de imediato que é preciso uma porta AND de três entradas. Se precisarmos de um circuito definido por $x = A + \overline{B}$, poderemos usar uma porta OR de duas entradas com um INVERSOR em uma das entradas. O mesmo raciocínio pode ser estendido para circuitos mais complexos.

Suponha que desejemos construir um circuito cuja saída seja $y = AC + \overline{BC} + \overline{A}BC$. Essa expressão booleana contém três termos (AC, $\overline{BC}$, $\overline{A}BC$), sobre os quais é aplicada a operação OR. Essa expressão nos diz que é necessária uma porta OR de três entradas iguais a AC, $\overline{BC}$ e $\overline{A}BC$. Isso está ilustrado na Figura 3.17(a), que traz desenhada uma porta OR de três entradas nomeadas AC, $\overline{BC}$ e $\overline{A}BC$.

Cada entrada da porta OR tem um termo que é um produto lógico AND, o que significa que uma porta AND, com as entradas apropriadas, pode ser usada para gerar esses termos. Isso é indicado na Figura 3.17(b), que mostra o diagrama final do circuito. Observe que o uso de INVERSORES produz os termos $\overline{A}$ e $\overline{C}$ presentes na expressão.

Esse mesmo procedimento geral pode ser seguido sempre, embora mais adiante vejamos outras técnicas mais inteligentes e eficientes que podem ser empregadas. Neste momento, contudo, esse método simples será usado para simplificar os conhecimentos novos a serem estudados.

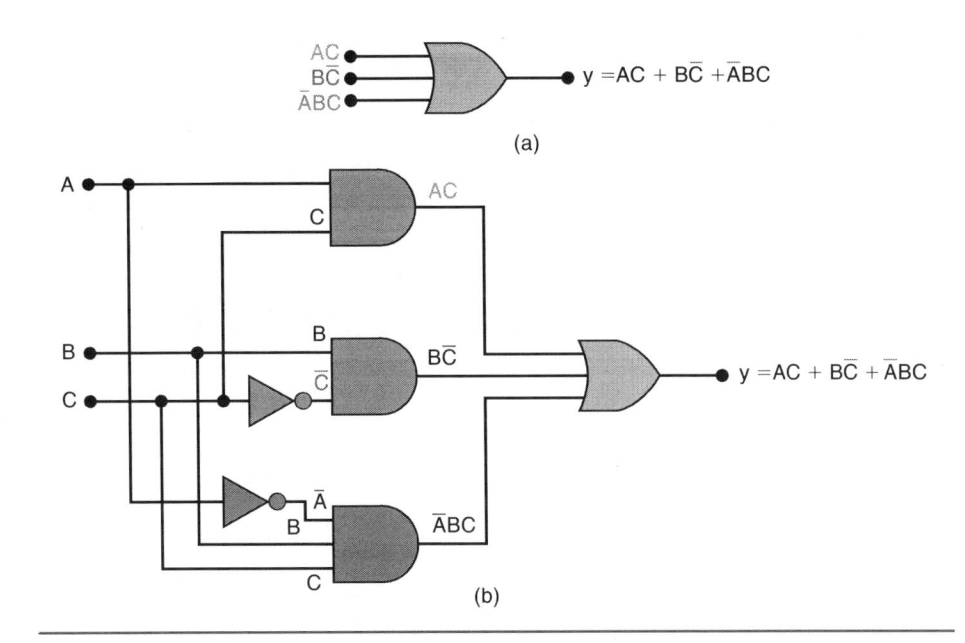

FIGURA 3.17 Construindo um circuito lógico a partir de uma expressão booleana.

EXEMPLO 3.7

Desenhe o diagrama do circuito que implementa a expressão $x = (A + B)(\overline{B} + C)$.

Solução
Essa expressão mostra que os termos $A + B$ e $\overline{B} + C$ são entradas de uma porta AND, e cada um deles é gerado por portas OR independentes. O resultado é demonstrado na Figura 3.18.

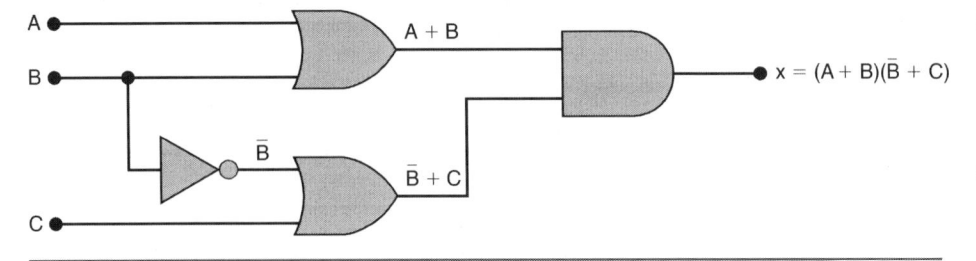

FIGURA 3.18 Exemplo 3.7.

QUESTÕES DE REVISÃO

1. Elabore o diagrama do circuito que implementa a expressão $x = \overline{ABC}(\overline{A + D})$ usando portas de, no máximo, três entradas.
2. Faça o diagrama do circuito para a expressão $y = AC + B\overline{C} + \overline{A}BC$.
3. Desenhe o diagrama do circuito para $x = [D + (A + B)C] \cdot E$.

3.9 PORTAS NOR E PORTAS NAND

OBJETIVOS

Após ler esta seção, você será capaz de:

- Definir as funções de lógica NOR e NAND.
- Escrever equações booleanas usando a função NOR e NAND.
- Desenhar o símbolo lógico para a função NOR e NAND.

- Escrever uma tabela-verdade descrevendo a função NOR e NAND.
- Desenhar um diagrama de tempo que demonstre a função NOR e NAND.
- Usar qualquer um dos métodos anteriores para inferir a saída correta de um circuito lógico baseado em sua entrada.

Dois outros tipos de portas lógicas, NAND e NOR, são muito usados em circuitos digitais. Na realidade, essas portas combinam as operações básicas AND, OR e NOT e, assim, é relativamente simples escrever suas expressões booleanas.

Porta NOR

O símbolo de uma **porta NOR ("NÃO-OU")** de duas entradas é mostrado na Figura 3.19(a). É o mesmo que o da porta OR, exceto pelo pequeno círculo na saída, que representa a operação de inversão. Assim, a operação da porta NOR é semelhante à da porta OR seguida de um INVERSOR; então, os circuitos nas figuras 3.19(a) e (b) são equivalentes, e a expressão de saída para a porta NOR é $x = \overline{A + B}$.

A tabela-verdade da Figura 3.19(c) mostra que a saída da porta NOR é exatamente o inverso da saída da porta OR para todas as condições possíveis de entrada. A saída de uma porta OR será nível ALTO quando qualquer entrada for nível ALTO; a saída de uma porta NOR será nível BAIXO quando qualquer entrada for nível ALTO. Essa mesma operação pode ser estendida para portas NOR com mais de duas entradas.

FIGURA 3.19 (a) Símbolo da porta NOR; (b) circuito equivalente; (c) tabela-verdade.

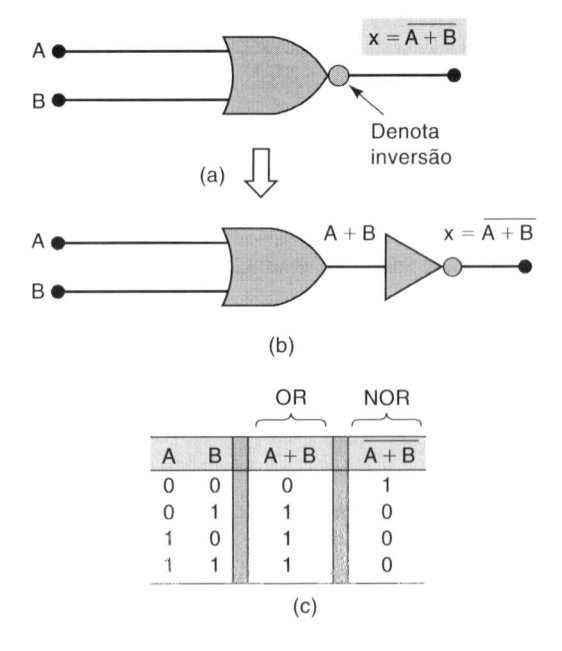

A	B	OR $A+B$	NOR $\overline{A+B}$
0	0	0	1
0	1	1	0
1	0	1	0
1	1	1	0

EXEMPLO 3.8

Determine a forma de onda na saída de uma porta NOR para as formas de onda de entrada mostradas na Figura 3.20.

Solução
Uma maneira de determinar a forma de onda de saída de uma porta NOR é encontrar primeiro a forma de onda de saída da OR e, em seguida, invertê-la

(trocar todos os 1s por 0s e vice-versa). Outra alternativa é usar o fato de que a saída de uma porta NOR será nível ALTO *somente* quando todas as entradas forem nível BAIXO. Assim, você pode analisar as formas de onda de entrada, encontrar os intervalos de tempo em que todas estão em nível BAIXO e traçar, para esses intervalos, o nível ALTO da saída da porta NOR. A saída da porta NOR será nível BAIXO para todos os outros intervalos. A forma de onda resultante da saída é mostrada na figura.

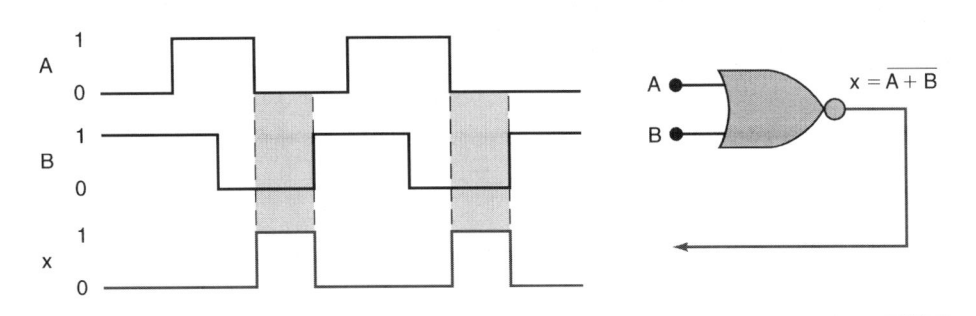

FIGURA 3.20 Exemplo 3.8.

EXEMPLO 3.9

Determine a expressão booleana para uma porta NOR de três entradas seguida de um INVERSOR.

Solução
Veja a Figura 3.21, em que é mostrado o diagrama do circuito. A expressão na saída da NOR é $\overline{(A + B + C)}$, que ao passar por um INVERSOR, produz

$$x = \overline{(\overline{A + B + C})}$$

A presença de dois sinais de inversão indica que a expressão $(A + B + C)$ foi invertida e, em seguida, invertida de novo. Deve ficar claro que isso faz com que o resultado da expressão $(A + B + C)$ não se altere. Ou seja,

$$x = \overline{(\overline{A + B + C})} = (A + B + C)$$

Sempre que duas barras estiverem sobre a mesma variável ou expressão, uma cancela a outra, como no exemplo anterior. Contudo, em casos como $\overline{\overline{A} + \overline{B}}$, as barras de inversão não se cancelam. Isso porque as barras de inversão menores inverter as variáveis A e B, enquanto a maior inverte a expressão $(\overline{A} + \overline{B})$. Assim, $\overline{\overline{A} + \overline{B}} \neq A + B$. Do mesmo modo, $\overline{\overline{A}\ \overline{B}} \neq AB$.

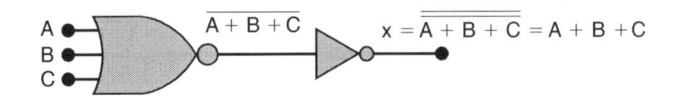

FIGURA 3.21 Exemplo 3.9.

Porta NAND

O símbolo para uma **porta NAND ("NÃO-E")** de duas entradas é mostrado na Figura 3.22(a) e é o mesmo que o da porta AND, exceto pelo pequeno círculo na saída, que indica a operação de inversão. Portanto, a operação da porta NAND é semelhante à da porta AND seguida de um INVERSOR; assim, os circuitos nas figuras 3.22(a) e (b) são equivalentes, e a expressão de saída para a porta NAND é $x = \overline{AB}$.

A tabela-verdade da Figura 3.22(c) mostra que a saída da porta NAND é exatamente o inverso da porta AND para todas as condições possíveis de entrada. A saída de uma porta AND será nível ALTO somente quando todas as entradas forem nível ALTO, ao passo que a saída de uma porta NAND será nível BAIXO apenas quando todas as entradas forem nível ALTO. Essa mesma característica é válida para portas NAND com mais de duas entradas.

FIGURA 3.22 (a) Símbolo da porta NAND; (b) circuito equivalente; (c) tabela-verdade.

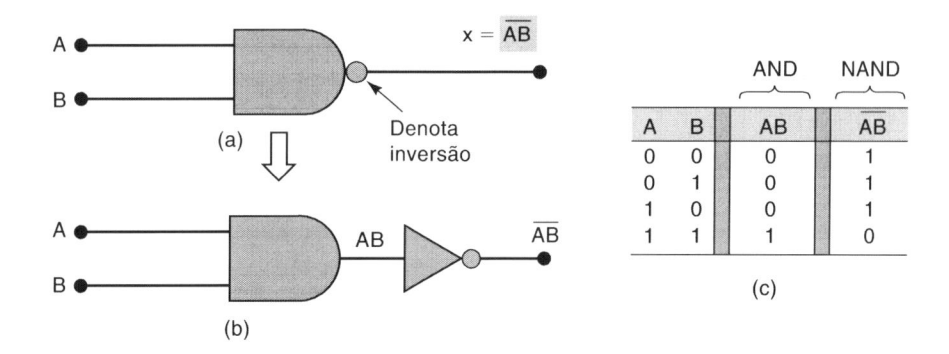

A	B	AB (AND)	$\overline{AB}$ (NAND)
0	0	0	1
0	1	0	1
1	0	0	1
1	1	1	0

EXEMPLO 3.10

Determine a forma de onda de saída de uma porta NAND que tem as entradas mostradas na Figura 3.23.

Solução
Uma maneira de fazer isso é desenhar primeiro a forma de onda de saída de uma porta AND e, em seguida, invertê-la. Outra alternativa é usar o fato de que a saída de uma porta NAND será nível BAIXO apenas quando todas as entradas forem nível ALTO. Assim, você pode encontrar esses intervalos de tempo durante os quais todas as entradas são nível ALTO e traçar, para tais intervalos, o nível BAIXO da saída da porta NAND. A saída será nível ALTO para todos os outros intervalos.

FIGURA 3.23 Exemplo 3.10.

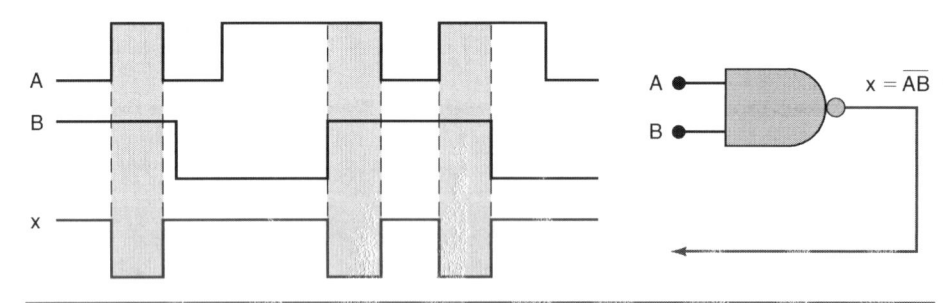

EXEMPLO 3.11

Implemente o circuito lógico que tem como expressão $x = \overline{AB \cdot \overline{(C + D)}}$ usando apenas portas NOR e NAND.

Solução
O termo $\overline{(C + D)}$ é a expressão para a saída de uma porta NOR. Deve-se fazer uma operação AND desse termo com A e B e inverter o resultado; isso,

é claro, é a operação NAND. Assim, o circuito é implementado conforme mostrado na Figura 3.24. Observe que a porta NAND faz a operação AND entre os termos A, B e $\overline{(C + D)}$ e, em seguida, inverte o resultado *completo*.

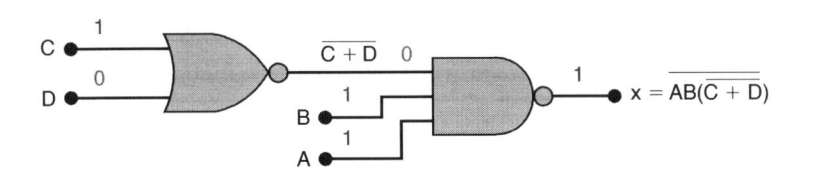

FIGURA 3.24 Exemplos 3.11 e 3.12.

EXEMPLO 3.12

Determine o nível de saída na Figura 3.24 para $A = B = C = 1$ e $D = 0$.

Solução
No primeiro método, usa-se a expressão para x.

$$\begin{aligned}
x &= \overline{AB(\overline{C + D})} \\
&= \overline{1 \cdot 1 \cdot (\overline{1 + 0})} \\
&= \overline{1 \cdot 1 \cdot (\overline{1})} \\
&= \overline{1 \cdot 1 \cdot 0} \\
&= \overline{0} = 1
\end{aligned}$$

No segundo método, escrevemos no diagrama os níveis lógicos nas entradas (aparecem coloridos na Figura 3.24) e percorremos o circuito passando por cada porta até a saída final. A porta NOR, que tem entradas 1 e 0, produz uma saída 0 (uma porta OR produziria uma saída 1). A porta NAND tem, portanto, nas entradas, os níveis 0, 1 e 1, o que produz uma saída 1 (uma AND produziria uma saída 0).

QUESTÕES DE REVISÃO

1. Qual é o único conjunto de condições de entrada que produz uma saída nível ALTO a partir de uma porta NOR de três entradas?
2. Determine o nível lógico da saída na Figura 3.24 para $A = B = 1$ e $C = D = 0$.
3. Troque a porta NOR da Figura 3.24 por uma NAND e troque a NAND por uma NOR. Qual é a nova expressão para x?

3.10 TEOREMAS BOOLEANOS

OBJETIVOS

Após ler esta seção, você será capaz de:

- Correlacionar teoremas algébricos comuns à álgebra booleana.
- Empregar os teoremas da álgebra booleana para simplificar as expressões.
- Provar a equivalência de duas expressões gerando e comparando tabelas-verdade.

Vimos como a álgebra booleana pode ser usada para ajudar na análise de um circuito lógico e como expressar matematicamente a operação. Continuaremos nosso estudo da álgebra booleana investigando as várias regras denominadas **teoremas booleanos**, que poderão nos ajudar a simplificar expressões e circuitos lógicos. O primeiro grupo de teoremas é apresentado na Figura 3.25. Em cada um, x é uma variável lógica que pode ser 0 ou 1. Cada teorema está acompanhado de um circuito lógico que demonstra sua validade.

O teorema (1) diz que, se for realizada uma operação AND de qualquer variável com 0, o resultado tem de ser 0. Isso é fácil de lembrar porque a operação AND é como a multiplicação convencional, em que qualquer coisa multiplicada por 0 é 0. Sabemos também que a saída de uma porta AND será 0 sempre que qualquer entrada for 0, independentemente do nível lógico nas outras entradas.

O teorema (2) também é óbvio se fizermos a comparação com a multiplicação convencional.

O teorema (3) pode ser provado testando-se cada caso. Se $x = 0$, então $0 \cdot 0 = 0$; se $x = 1$, então $1 \cdot 1 = 1$. Portanto, $x \cdot x = x$.

FIGURA 3.25 Teoremas para uma única variável.

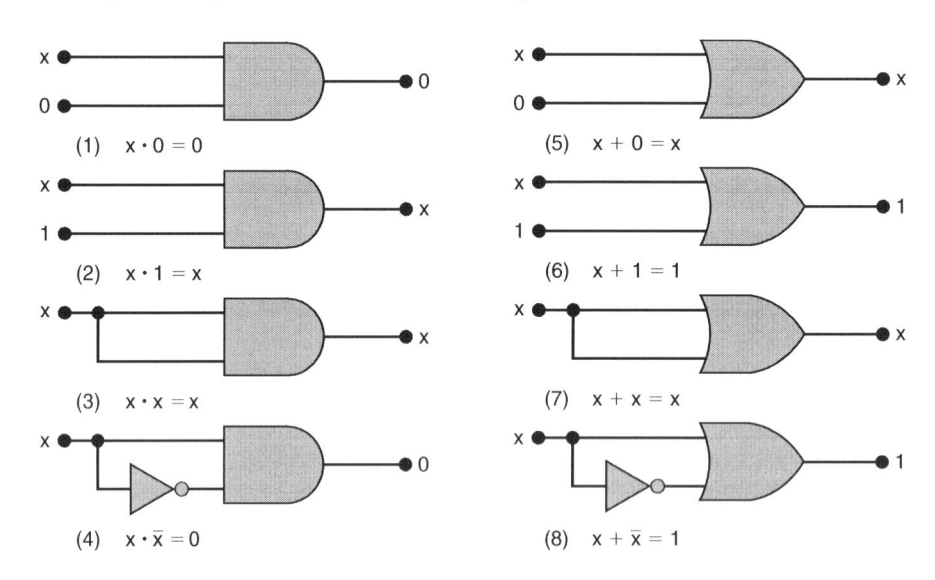

(1) $x \cdot 0 = 0$

(2) $x \cdot 1 = x$

(3) $x \cdot x = x$

(4) $x \cdot \bar{x} = 0$

(5) $x + 0 = x$

(6) $x + 1 = 1$

(7) $x + x = x$

(8) $x + \bar{x} = 1$

O teorema (4) pode ser provado da mesma maneira. Contudo, pode-se argumentar que em qualquer momento a variável x ou seu inverso $\bar{x}$ deve ser nível 0; então, o produto lógico AND tem de ser 0.

O teorema (5) é simples, uma vez que 0 *somado* a qualquer valor não afeta esse valor, tanto na adição convencional como na operação lógica OR.

O teorema (6) diz que, se for realizada uma operação OR de qualquer variável com 1, o resultado sempre será 1. Verifica-se isso para os dois valores de x: $0 + 1 = 1$ e $1 + 1 = 1$. De modo equivalente, pode-se lembrar que a saída de uma porta OR será 1 se *quaisquer* das entradas for 1, independentemente do valor das outras entradas.

O teorema (7) pode ser provado pelo teste dos dois valores de x: $0 + 0 = 0$ e $1 + 1 = 1$.

O teorema (8) pode ser provado de maneira parecida ou pode-se argumentar que em qualquer instante x ou $\bar{x}$ tem de ser nível 1, de modo que estaremos fazendo uma operação OR entre 0 e 1 que sempre resultará em 1.

Antes de apresentar qualquer outro teorema, vamos ressaltar que, quando os teoremas de (1) a (8) são aplicados, x pode realmente representar uma expressão que contém mais de uma variável. Por exemplo, se tivéssemos a expressão $A\overline{B}(\overline{\overline{AB}})$, seria possível aplicar o teorema (4), $x = A\overline{B}$. Assim, pode-se dizer que $A\overline{B}(\overline{\overline{AB}}) = 0$. A mesma ideia pode ser aplicada no uso de qualquer um desses teoremas.

Teoremas com mais de uma variável

Os teoremas apresentados a seguir envolvem mais de uma variável:

(9) $x + y = y + x$
(10) $x \cdot y = y \cdot x$
(11) $x + (y + z) = (x + y) + z = x + y + z$
(12) $x(yz) = (xy)z = xyz$
(13a) $x(y + z) = xy + xz$
(13b) $(w + x)(y + z) = wy + xy + wz + xz$
(14) $x + xy = x$
(15a) $x + \overline{x}y = x + y$
(15b) $\overline{x} + xy = \overline{x} + y$

Os teoremas (9) e (10) são chamados *leis comutativas*, as quais indicam que a ordem em que as variáveis aparecem nas operações OR ou AND não importa — o resultado é o mesmo.

Os teoremas (11) e (12) são as *leis associativas*, que dizem que é possível agrupar as variáveis em expressões AND ou OR como desejarmos.

O teorema (13) é a *lei distributiva*, que diz que uma expressão pode ser expandida multiplicando-se termo a termo, assim como na álgebra convencional. Esse teorema também indica que é possível fatorar uma expressão, ou seja, se tivermos uma soma de dois (ou mais) termos e cada um tiver uma variável em comum, ela poderá ser fatorada como na álgebra convencional. Por exemplo, na expressão $A\overline{B}C + \overline{A}\,\overline{B}\,\overline{C}$, pode-se colocar em evidência a variável $\overline{B}$:

$$A\overline{B}C + \overline{A}\,\overline{B}\,\overline{C} = \overline{B}(AC + \overline{A}\,\overline{C})$$

Considere, como outro exemplo, a expressão $ABC + ABD$, na qual os dois termos têm as variáveis A e B em comum; assim, $A \cdot B$ pode ser fatorado de ambos os termos. Ou seja,

$$ABC + ABD = AB(C + D)$$

Os teoremas de (9) a (13) são fáceis de lembrar e usar, pois são idênticos aos da álgebra convencional. Os teoremas (14) e (15), por outro lado, não possuem equivalentes na álgebra convencional e podem ser demonstrados testando-se todas as possibilidades para x e y. Isso está ilustrado a seguir para o teorema (14), a partir de uma tabela de análise para a equação $x + xy$:

x	y	xy	x + xy
0	0	0	0
0	1	0	0
1	0	0	1
1	1	1	1

Observe que o valor da expressão toda ($x + xy$) é sempre igual a x.

O teorema (14) também pode ser provado, fatorando-se variáveis e usando-se os teoremas (6) e (2) da seguinte maneira:

$$x + xy = x(1 + y)$$
$$= x \cdot 1 \quad \text{[usando o teorema (6)]}$$
$$= x \quad \text{[usando o teorema (2)]}$$

Todos esses teoremas booleanos podem ser úteis na simplificação de expressões lógicas, ou seja, na redução do número de termos em uma expressão. Quando isso acontece, a expressão reduzida produz um circuito menos complexo que o produzido pela expressão original. Boa parte do próximo capítulo é dedicada ao processo de simplificação de circuitos. Por enquanto, os exemplos a seguir servirão para ilustrar como os teoremas booleanos podem ser aplicados. **Nota:** você encontra todos eles no final deste livro.

EXEMPLO 3.13

Simplifique a expressão $y = A\overline{B}D + A\overline{B}\,\overline{D}$.

Solução

Fatorando-se em evidência as variáveis comuns, $A\overline{B}$, usando o teorema (13), temos:

$$y = A\overline{B}(D + \overline{D}).$$

Usando-se o teorema (8), o termo entre parênteses é equivalente a 1. Assim,

$$y = A\overline{B} \cdot 1$$
$$= A\overline{B} \quad \text{[usando o teorema (2)]}$$

EXEMPLO 3.14

Simplifique $z = (\overline{A} + B)(A + B)$.

Solução

A expressão pode ser expandida, multiplicando-se os termos [teorema (13)]:

$$z = \overline{A} \cdot A + \overline{A} \cdot B + B \cdot A + B \cdot B$$

Aplicando-se o teorema (4), o termo $\overline{A} \cdot A = 0$. Além disso, $B \cdot B = B$ [teorema (3)]:

$$z = 0 + \overline{A} \cdot B + B \cdot A + B = \overline{A}B + AB + B$$

Fatorando-se a variável B [teorema (13)], temos:

$$z = B(\overline{A} + A + 1)$$

Por fim, usando-se os teoremas (2) e (6), temos:

$$z = B$$

EXEMPLO 3.15

Simplifique $x = ACD + \overline{A}BCD$.

Solução
Fatorando-se os termos comuns CD, temos:

$$x = CD(A + \overline{A}B)$$

Usando-se o teorema [15(a)], é possível substituir $A + \overline{A}B$ por $A + B$. Assim,

$$x = CD(A + B)$$
$$= ACD + BCD$$

QUESTÕES DE REVISÃO

1. Use os teoremas (13) e (14) para simplificar a expressão $y = A\overline{C} + AB\overline{C}$.
2. Use os teoremas (13) e (8) para simplificar a expressão $y = \overline{A}\,\overline{B}CD + \overline{A}\,\overline{B}\,\overline{C}\,\overline{D}$.
3. Use os teoremas (13) e (15b) para simplificar a expressão $y = \overline{A}D + ABD$.

3.11 TEOREMAS DE DEMORGAN

OBJETIVOS

Após ler esta seção, você será capaz de:

- Expressar o teorema de DeMorgan algebricamente.
- Usar o teorema de DeMorgan para simplificar expressões algébricas.
- Desenhar circuitos equivalentes de DeMorgan.

Dois dos mais importantes teoremas da álgebra booleana foram contribuição de um grande matemático chamado DeMorgan. Os **teoremas de DeMorgan** são bastante úteis na simplificação de expressões nas quais um produto ou uma soma de variáveis aparecem negados (barrados). São eles:

$$(16) \quad \overline{(x + y)} = \overline{x} \cdot \overline{y}$$
$$(17) \quad \overline{(x \cdot y)} = \overline{x} + \overline{y}$$

O teorema (16) aponta que, quando a soma OR de duas variáveis é invertida, equivale a inverter cada variável individualmente e, em seguida, fazer a operação AND entre elas. O teorema (17) diz que, quando o produto AND de duas variáveis é invertido, isso é o mesmo que inverter cada variável individualmente e, em seguida, fazer a operação OR entre elas. Cada um dos teoremas de DeMorgan pode ser logo demonstrado por meio da verificação de todas as possibilidades de combinações entre x e y. Deixemos isso para os exercícios do final do capítulo.

Embora esses teoremas tenham sido apresentados em termos das variáveis únicas x e y, são igualmente válidos para situações em que x e/ou y

são expressões com mais de uma variável. Por exemplo, vamos aplicá-los na expressão $(\overline{A\overline{B} + C})$, conforme mostrado a seguir:

$$\overline{(A\overline{B} + C)} = \overline{(A\overline{B})} \cdot \overline{C}$$

Observe que usamos o teorema (16) e consideramos $A\overline{B}$ como x e C como y. O resultado ainda pode ser simplificado, uma vez que temos um produto $A\overline{B}$ que é invertido. Usando-se o teorema (17), a expressão passa a ser:

$$\overline{A\overline{B}} \cdot \overline{C} = (\overline{A} + \overline{\overline{B}}) \cdot \overline{C}$$

Note que é possível substituir $\overline{\overline{B}}$ por B, de modo que no final se tenha

$$(\overline{A} + B) \cdot \overline{C} = \overline{A}\,\overline{C} + B\overline{C}$$

Esse resultado final contém apenas sinais de inversão em variáveis simples.

EXEMPLO 3.16

Simplifique a expressão $z = \overline{(\overline{A} + C) \cdot (B + \overline{D})}$ para que tenha apenas variáveis simples invertidas.

Solução

Usando o teorema (17) e considerando $(\overline{A} + C)$ como x e $(B + \overline{D})$ como y, temos:

$$z = \overline{(\overline{A} + C)} + \overline{(B + \overline{D})}$$

Pode-se pensar sobre essa operação como a quebra de um inversor grande ao meio e a troca do sinal AND ($\cdot$) pelo sinal OR (+). Agora, o termo $\overline{(\overline{A} + C)}$ pode ser simplificado aplicando-se o teorema (16). Do mesmo modo, $\overline{(B + \overline{D})}$ também pode ser simplificado:

$$z = \overline{(\overline{A} + C)} + \overline{(B + \overline{D})}$$
$$= (\overline{\overline{A}} \cdot \overline{C}) + \overline{B} \cdot \overline{\overline{D}}$$

Nesse caso, partimos a barra grande ao meio e substituímos o sinal (+) por ($\cdot$). Cancelando as duplas inversões, temos:

$$z = A\overline{C} + \overline{B}D$$

O Exemplo 3.16 mostra que, quando usamos os teoremas de DeMorgan para simplificar uma expressão, pode-se partir uma barra em qualquer ponto sobre uma expressão e trocar o sinal do operador nesse ponto pelo operador oposto (+ é trocado por $\cdot$ e vice-versa). Esse procedimento é feito de maneira contínua até que a expressão seja reduzida a uma na qual as variáveis simples são invertidas. A seguir mais dois exemplos.

Exemplo 1

$$z = \overline{A + \overline{B} \cdot C}$$
$$= \overline{A} \cdot \overline{(\overline{B} \cdot C)}$$
$$= \overline{A} \cdot (\overline{\overline{B}} + \overline{C})$$
$$= \overline{A} \cdot (B + \overline{C})$$

Exemplo 2

$$\omega = \overline{(A + BC) \cdot (D + EF)}$$
$$= \overline{(A + BC)} + \overline{(D + EF)}$$
$$= (\overline{A} \cdot \overline{BC}) + (\overline{D} \cdot \overline{EF})$$
$$= [\overline{A} \cdot (\overline{B} + \overline{C})] + [\overline{D} \cdot (\overline{E} + \overline{F})]$$
$$= \overline{A}B + \overline{A}C + \overline{D}E + \overline{D}F$$

Os teoremas de DeMorgan são facilmente estendidos para mais de duas variáveis. Por exemplo, pode-se provar que

$$\overline{x + y + z} = \overline{x} \cdot \overline{y} \cdot \overline{z}$$
$$\overline{x \cdot y \cdot z} = \overline{x} + \overline{y} + \overline{z}$$

Nesse caso, o inversor foi partido em *dois* pontos na expressão, e os sinais do operador foram trocados pelos sinais opostos. Isso pode ser estendido a qualquer número de variáveis. De novo, perceba que as variáveis podem representar expressões, em vez de variáveis simples. Vejamos outro exemplo:

$$x = \overline{\overline{AB} \cdot \overline{CD} \cdot \overline{EF}}$$
$$= \overline{\overline{AB}} + \overline{\overline{CD}} + \overline{\overline{EF}}$$
$$= AB + CD + EF$$

Implicações dos teoremas de DeMorgan

Vamos analisar os teoremas (16) e (17) do ponto de vista dos circuitos lógicos. Primeiro, considere o teorema (16),

$$\overline{x + y} = \overline{x} \cdot \overline{y}$$

O lado esquerdo da equação pode ser visto como a saída de uma porta NOR cujas entradas são x e y. O lado direito da equação, por sua vez, é o resultado da inversão das variáveis x e y colocadas nas entradas de uma porta AND. Essas duas representações são equivalentes e estão ilustradas na Figura 3.26(a). Isso quer dizer que uma porta AND com INVERSORES em cada uma das entradas é equivalente a uma porta NOR. Na realidade, as duas representações são usadas para a função NOR. Quando uma porta AND com entradas invertidas é usada para representar a função NOR, é comum ser representada conforme a Figura 3.26(b), em que os pequenos círculos nas entradas representam a inversão.

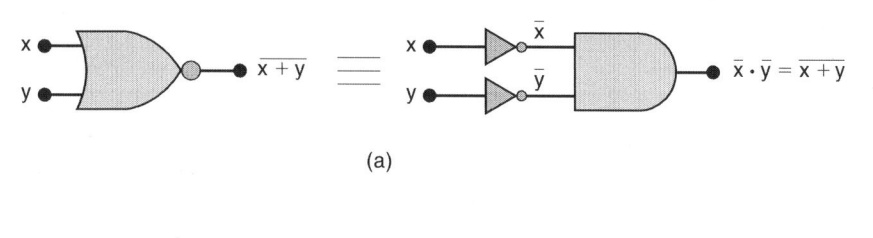

FIGURA 3.26 (a) Circuitos equivalentes relativos ao teorema (16); (b) símbolo alternativo para a função NOR.

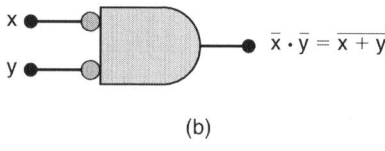

Agora considere o teorema (17),

$$\overline{x \cdot y} = \overline{x} + \overline{y}$$

O lado esquerdo da equação pode ser implementado por uma porta NAND com entradas x e y. O lado direito pode ser implementado invertendo-se as entradas x e y, primeiro, e, então, colocando-as nas entradas de uma porta OR. Essas duas representações são mostradas na Figura 3.27(a). A porta OR com INVERSORES em cada uma das entradas é equivalente à porta NAND. Na realidade, ambas são usadas para a função NAND. Quando a porta OR com entradas invertidas é usada para representar a função NAND, ela costuma ser desenhada conforme mostrado na Figura 3.27(b), em que os pequenos círculos representam a inversão.

FIGURA 3.27 (a) Circuitos equivalentes relativos ao teorema (17); (b) símbolo alternativo para a função NAND.

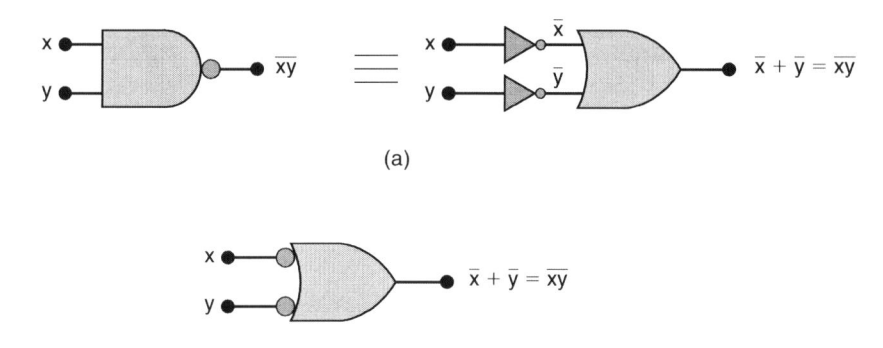

(a)

(b)

EXEMPLO 3.17

Determine a expressão de saída para o circuito da Figura 3.28 e simplifique-a usando os teoremas de DeMorgan.

FIGURA 3.28 Exemplo 3.17.

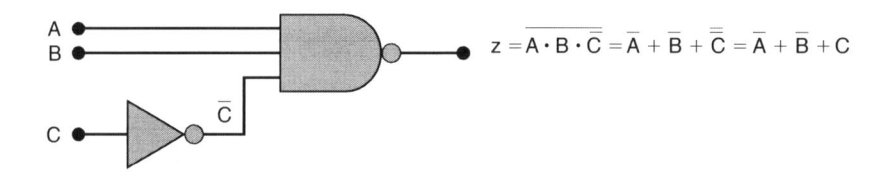

$$z = \overline{A \cdot B \cdot \overline{C}} = \overline{A} + \overline{B} + \overline{\overline{C}} = \overline{A} + \overline{B} + C$$

Solução
A expressão para z é $z = \overline{AB\overline{C}}$. Usando-se o teorema de DeMorgan para partir a barra maior:

$$z = \overline{A} + \overline{B} + \overline{\overline{C}}$$

Cancelando-se a dupla inversão sobre a variável C, obtém-se:

$$z = \overline{A} + \overline{B} + C$$

QUESTÕES DE REVISÃO

1. Use os teoremas de DeMorgan para converter a expressão $z = \overline{(A + B) \cdot \overline{C}}$ de modo que apresente inversões apenas em variáveis simples.
2. Repita a Questão 1 para a expressão $y = \overline{\overline{RS}T + \overline{Q}}$.
3. Implemente um circuito que tenha como expressão de saída $z = \overline{A} \, \overline{B} C$ usando apenas uma porta NOR e um INVERSOR.
4. Use os teoremas de DeMorgan para converter $y = \overline{A + \overline{B} + \overline{C}D}$ em uma expressão que contenha inversões apenas em variáveis simples.

3.12 UNIVERSALIDADE DAS PORTAS NAND E NOR

Objetivos

Após ler esta seção, você será capaz de:
- Usar as portas NAND para criar funções lógicas AND, OR e NOT.
- Usar as portas NOR para criar funções lógicas AND, OR e NOT.
- Demonstrar a redução do número total de CIs com tecnologia de encapsulamento DIP.

Todas as expressões booleanas consistem em várias combinações das operações básicas OR, AND e INVERSOR. Portanto, qualquer expressão pode ser implementada usando-se combinações de portas OR, portas AND e INVERSORES. Contudo, é possível implementar qualquer expressão usando-se *apenas* portas NAND e nenhum outro tipo de porta. Isso porque, em combinações apropriadas, podem ser usadas para apresentar cada uma das operações booleanas OR, AND e INVERSOR. Isso é demonstrado na Figura 3.29.

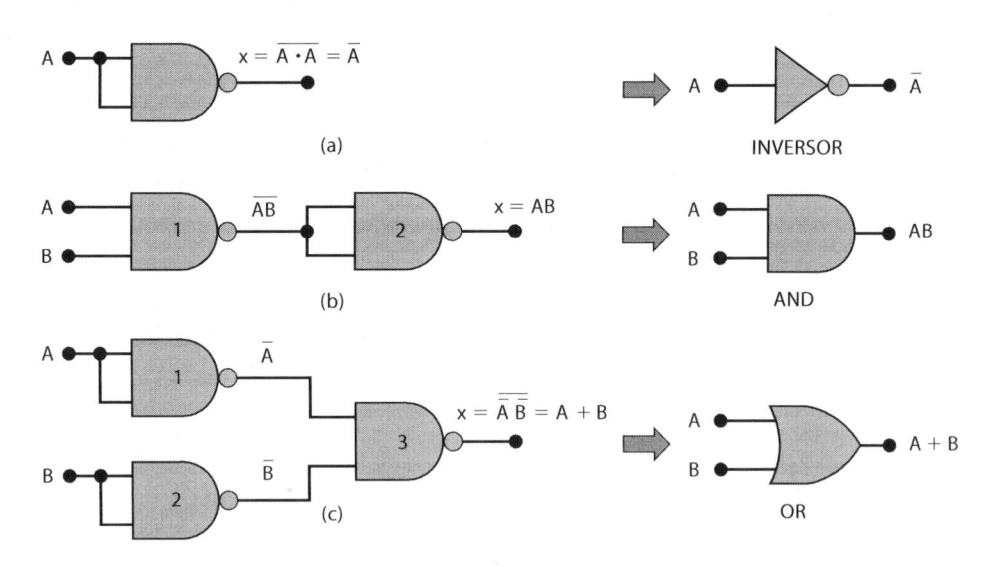

FIGURA 3.29 As portas NAND podem ser usadas para implementar qualquer função booleana.

Na Figura 3.29(a), temos, primeiro, uma porta NAND de duas entradas que foram conectadas juntas, de modo que a variável A é aplicada em ambas. Nessa configuração, a porta NAND funciona como um INVERSOR, uma vez que sua saída é $x = \overline{A \cdot A} = \overline{A}$.

Na Figura 3.29(b), temos duas portas NAND conectadas para realizar a operação AND. A porta NAND 2 é usada como INVERSOR para transformar $\overline{AB}$ em $\overline{\overline{AB}} = AB$, que é a função AND desejada.

A operação OR pode ser implementada usando-se portas NAND conectadas, conforme mostra a Figura 3.29(c). Nesse caso, as portas NAND 1 e 2 são usadas como INVERSORES para inverter as entradas, de modo que a saída final seja $x = \overline{\overline{A} \cdot \overline{B}}$, que pode ser simplificada para $x = A + B$ usando-se o teorema de DeMorgan.

De modo semelhante, nota-se que as portas NOR podem ser associadas para implementar quaisquer operações booleanas. Isso está ilustrado

FIGURA 3.30 As portas NOR podem ser usadas para implementar qualquer operação booleana.

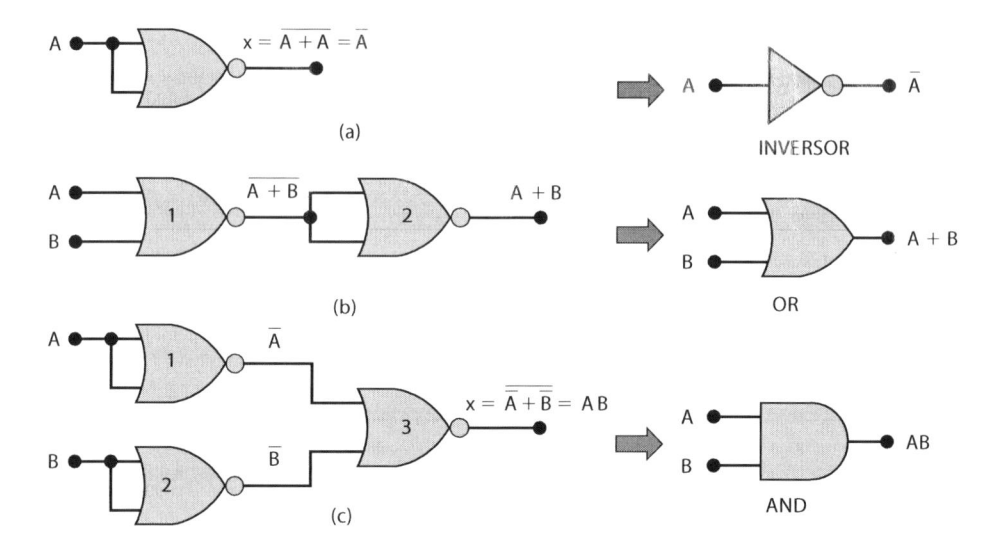

na Figura 3.30. A parte (a) da figura mostra que uma porta NOR com as entradas conectadas juntas funciona como INVERSOR, uma vez que sua saída é $x = \overline{A + A} = \overline{A}$.

Na Figura 3.30(b), duas portas NOR foram associadas para a realização da operação OR. A porta NOR número 2 é usada como INVERSOR para transformar $\overline{A + B}$ em $\overline{\overline{A + B}} = A + B$, que é a função OR desejada.

A operação AND pode ser implementada com portas NOR, conforme a Figura 3.30(c). Nesse caso, as portas NOR 1 e 2 são usadas como INVERSORES para as entradas, de modo que a saída final seja $x = \overline{A} + \overline{B}$, que pode ser simplificada para $x = \overline{\overline{A} + \overline{B}}$ pelo uso do teorema de DeMorgan.

Como qualquer operação booleana pode ser implementada usando-se apenas portas NAND, qualquer circuito lógico pode ser construído usando-se apenas portas NAND. A mesma afirmação vale para portas NOR. Essa característica das portas NAND e NOR pode ser muito útil no projeto de circuitos lógicos, conforme o Exemplo 3.18.

EXEMPLO 3.18

Em um processo de fabricação, uma esteira de transporte deve ser desligada sempre que determinadas condições ocorrerem. Essas condições são monitoradas e têm seus estados sinalizados por quatro sinais lógicos: o *A* será ALTO sempre que a velocidade da esteira de transporte for muito alta; o *B* será ALTO sempre que o recipiente localizado no final da esteira estiver cheio; o *C* será ALTO quando a tensão na esteira for muito alta; e o *D* será ALTO quando o comando manual estiver desabilitado.

Um circuito lógico é necessário para gerar um sinal *x* que será ALTO sempre que as condições *A* e *B* ou *C* e *D* existirem de maneira simultânea. É evidente que a expressão lógica para *x* será $x = AB + CD$. O circuito é implementado com um número mínimo de circuitos integrados (CIs). Os circuitos integrados TTL, mostrados na Figura 3.31, estão disponíveis. Cada CI é *quádruplo*, o que significa que contém *quatro* portas lógicas idênticas em um chip.

Solução

Uma maneira simples de implementar a expressão dada é usar duas portas AND e uma OR, conforme a Figura 3.32(a). Essa implementação usa duas portas do CI 74LS08 e uma do CI 74LS32. A numeração ao redor do símbolo do CI corresponde aos números dos pinos. Eles sempre são inseridos em qualquer diagrama de circuito lógico. Para nossos propósitos, a maioria dos diagramas lógicos não conterá a numeração dos pinos, a menos que seja necessário para a descrição da operação do circuito.

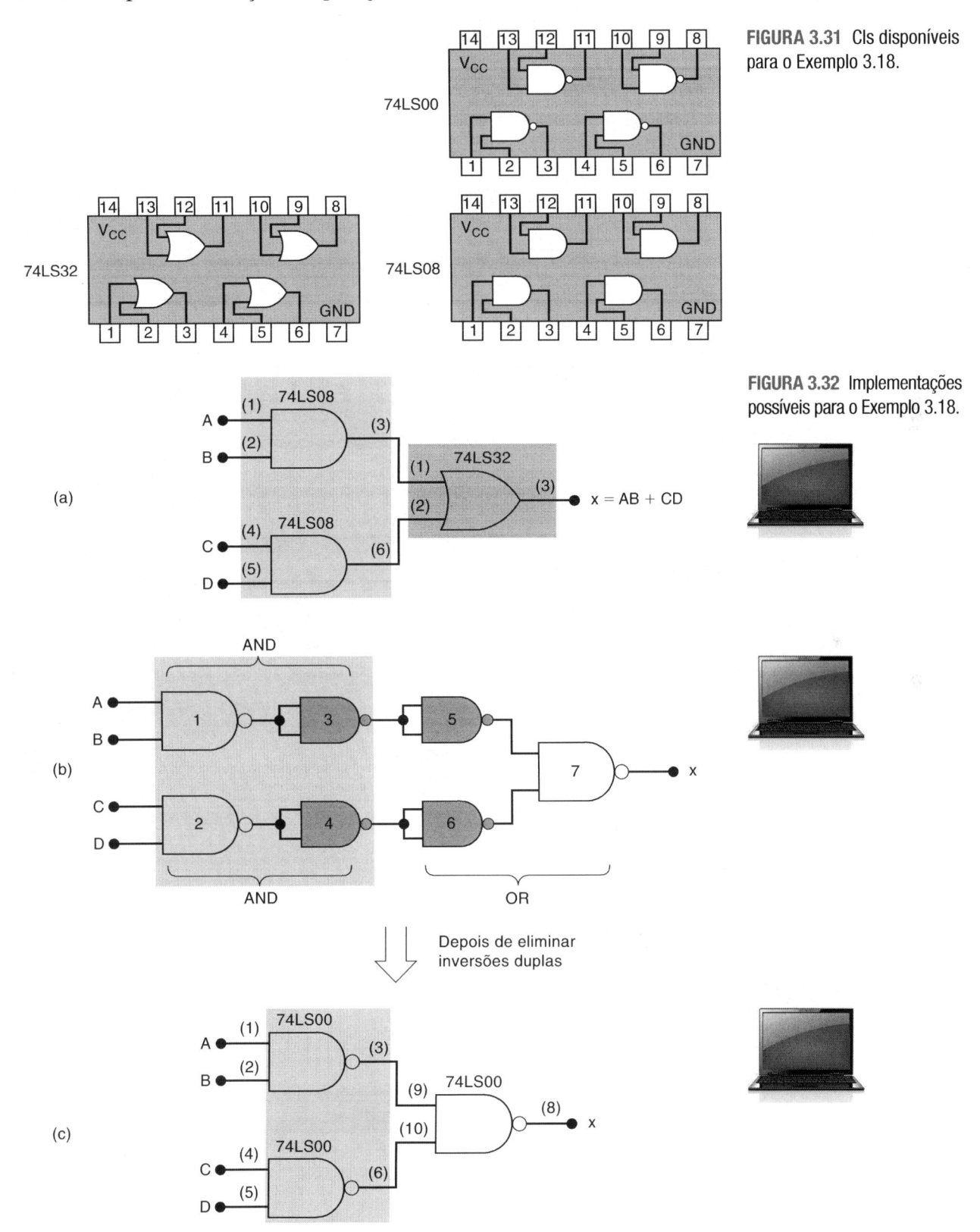

FIGURA 3.31 CIs disponíveis para o Exemplo 3.18.

FIGURA 3.32 Implementações possíveis para o Exemplo 3.18.

Outra implementação pode ser realizada a partir do circuito da Figura 3.32(a), substituindo-se cada porta AND e OR pela implementação de porta NAND equivalente da Figura 3.29. O resultado é mostrado na Figura 3.32(b).

À primeira vista, esse novo circuito parece requerer sete portas NAND. Contudo, as portas NAND 3 e 5 estão conectadas como INVERSORES em série, podendo ser eliminadas do circuito, uma vez que realizam uma dupla inversão no sinal de saída da porta NAND 1. De modo semelhante, as portas NAND 4 e 6 podem ser eliminadas. O circuito final, após eliminar os duplos INVERSORES, está representado na Figura 3.32(c).

Esse circuito final é mais eficiente que o da Figura 3.32(a) porque usa três portas NAND de duas entradas e pode ser implementado a partir de um CI, o 74LS00.

QUESTÕES DE REVISÃO

1. Quantas formas diferentes temos agora para implementar a operação de inversão em um circuito lógico?
2. Implemente a expressão $x = (A + B)(C + D)$ usando portas OR e AND. Em seguida, utilize a expressão usando apenas portas NOR, convertendo cada uma das portas OR e AND em suas implementações NOR a partir da Figura 3.30. Qual dos circuitos é mais eficiente?
3. Escreva a expressão de saída para o circuito da Figura 3.32(c) e use os teoremas de DeMorgan para mostrar que ele é equivalente à expressão para o circuito da Figura 3.32(a).
4. Veja novamente a Figura 3.32(a). Se a entrada D precisasse ser invertida para produzir $x = AB + \overline{C}D$, quantos CIs seriam necessários?
5. Supondo as trocas descritas, quantos CIs seriam necessários, usando-se NAND somente como na Figura 3.32(c)?

3.13 REPRESENTAÇÕES ALTERNATIVAS PARA PORTAS LÓGICAS

OBJETIVOS

Após ler esta seção, você será capaz de:

- Interpretar diagramas lógicos com base nos níveis ativos das entradas.
- Representar funções lógicas da maneira mais significativa usando símbolos alternativos.

Já apresentamos as cinco portas lógicas básicas (AND, OR, INVERSOR, NAND e NOR) e os símbolos-padrão usados para representá-las em um diagrama de circuito lógico. Embora ainda seja possível encontrar alguns diagramas de circuitos que usam exclusivamente esses símbolos-padrão, é cada vez mais comum a ocorrência de diagramas que utilizam os **símbolos lógicos alternativos** *junto* aos símbolos-padrão.

Antes de discutir as razões para o uso de um símbolo alternativo para uma porta lógica, apresentaremos os símbolos alternativos para cada porta e mostraremos que são equivalentes aos símbolos-padrão (Figura 3.33). O lado esquerdo da figura mostra o símbolo-padrão para cada porta lógica; o lado direito mostra o símbolo alternativo que é obtido a partir do símbolo-padrão para cada porta, fazendo-se o seguinte:

1. Inverta cada entrada e cada saída do símbolo-padrão. Isso é feito acrescentando pequenos círculos nas entradas e saídas, que não têm os círculos, e removendo os já existentes.
2. Mude o símbolo da operação de AND para OR ou de OR para AND. (No caso especial do INVERSOR, o símbolo da operação não é alterado.)

Por exemplo, o símbolo-padrão da NAND é o símbolo de uma AND com um pequeno círculo na saída. Seguindo os passos anteriores, remova o pequeno círculo da saída e acrescente um em cada entrada. Em seguida, troque o símbolo AND pelo OR. O resultado é o símbolo de uma OR com pequenos círculos nas entradas.

Pode-se provar que o símbolo alternativo é equivalente ao símbolo-padrão usando os teoremas de DeMorgan e lembrando que o pequeno círculo representa uma inversão. A expressão de saída para o símbolo-padrão da NAND é $\overline{AB} = \overline{A} + \overline{B}$, igual à expressão de saída do símbolo alternativo. Esse mesmo procedimento pode ser seguido para cada par de símbolos na Figura 3.33.

Alguns pontos devem ser enfatizados em relação às equivalências dos símbolos lógicos:

1. As equivalências podem ser estendidas para portas com *qualquer* número de entradas.
2. Nenhum dos símbolos-padrão tem pequenos círculos em suas entradas, mas todos os alternativos têm.
3. Os símbolos-padrão e os símbolos alternativos para cada porta representam o mesmo circuito físico; *não há diferenças nos circuitos representados pelos dois símbolos*.
4. As portas NAND e NOR são inversoras; portanto, os símbolos-padrão e os símbolos alternativos têm pequenos círculos na entrada *ou* na saída. As portas AND e OR são *não inversoras*, e os símbolos alternativos para cada uma têm pequenos círculos *tanto* nas entradas *quanto* nas saídas.

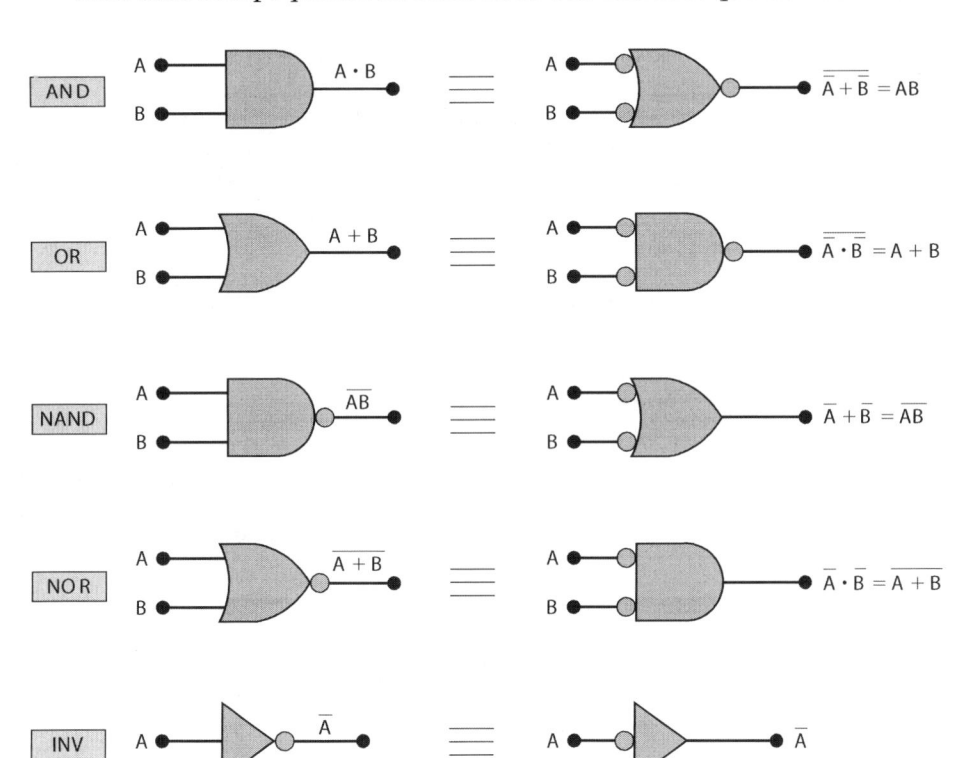

FIGURA 3.33 Símbolos-padrão e alternativos para várias portas lógicas e para o inversor.

Interpretação de símbolos lógicos

Cada um dos símbolos das portas lógicas na Figura 3.33 gera uma única interpretação de como a porta opera. Antes de demonstrar essas interpretações, temos de estabelecer o conceito de **níveis lógicos ativos**.

Quando uma linha de entrada ou saída em um símbolo de um circuito lógico *não tem um pequeno círculo*, diz-se que ela é **ativa em nível lógico ALTO** ou simplesmente **ativa-em-ALTO**. Quando uma linha de entrada ou saída *tem um pequeno círculo*, diz-se que ela é **ativa-em-BAIXO**. A presença ou ausência de um pequeno círculo determina, portanto, o estado de ativação (ativa-em-ALTO/ativa-em-BAIXO) de entradas e saídas de um circuito, e isso é usado para se interpretar a operação do circuito.

Para ilustrar, a Figura 3.34(a) mostra o símbolo-padrão para uma porta NAND que tem um pequeno círculo na saída e nenhum círculo nas entradas. Assim, ele tem saída ativa-em-BAIXO e entradas do tipo ativa-em-ALTO. A operação lógica representada por esse símbolo pode, portanto, ser interpretada do seguinte modo:

A saída vai para o nível BAIXO apenas quando *todas* as entradas forem para o nível ALTO.

Observe que essa afirmação diz que a saída vai para o estado ativo somente quando *todas* as entradas também estiverem no estado ativo. A palavra *todas* é usada por causa do símbolo AND.

O símbolo alternativo para uma porta NAND, mostrado na Figura 3.34(b), tem uma saída ativa-em-ALTO e entradas do tipo ativa-em-BAIXO, e sua operação pode ser definida do seguinte modo:

A saída vai para o nível ALTO quando *qualquer entrada* for para o nível BAIXO.

FIGURA 3.34 Interpretação dos dois símbolos da porta NAND.

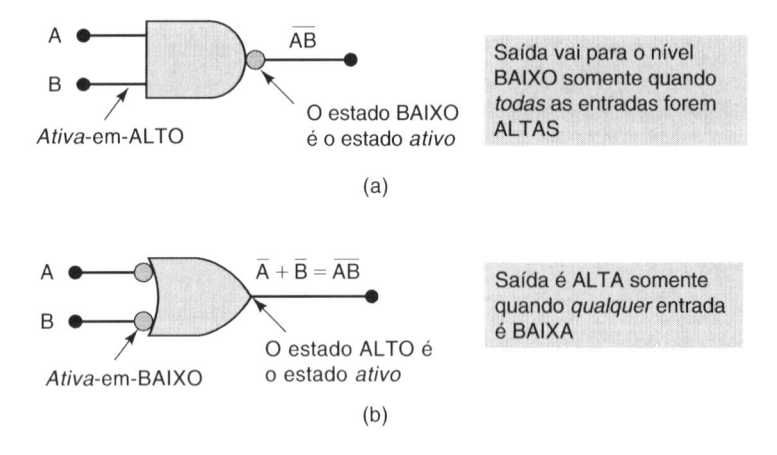

Esta afirmação diz que a saída estará em seu estado ativo sempre que *qualquer* uma das entradas estiver em seu estado ativo. A palavra *qualquer* é usada por causa do símbolo OR.

Refletindo rapidamente, pode-se ver que as duas interpretações para os símbolos da NAND, na Figura 3.34, são maneiras diferentes de se dizer a mesma coisa.

Resumo

Nesse momento, você deve estar imaginando por que há necessidade de dois símbolos e de interpretações diferentes para cada porta lógica. Espera-se que as razões sejam esclarecidas após a leitura da próxima seção. Por enquanto, vamos resumir os pontos mais importantes referentes às representações de portas lógicas.

1. Para obter o símbolo alternativo para uma porta lógica, deve-se tomar o símbolo-padrão e mudar o símbolo de sua operação (OR para AND ou AND para OR) e, em seguida, alterar os pequenos círculos nas entradas e nas saídas (isto é, deve-se retirar os círculos presentes e acrescentá-los onde não existiam).
2. Para interpretar a operação de uma porta lógica, primeiro observe qual estado lógico, 0 ou 1, é o ativo para as entradas e qual é o ativo para a saída. Em seguida, identifique qual estado de saída é gerado, tendo *todas* as entradas em seus estados ativos (se o símbolo usado for de uma AND) ou tendo *quaisquer* das entradas em seu estado ativo (se o símbolo usado for de uma OR).

EXEMPLO 3.19

Descreva a interpretação dos dois símbolos para a porta OR.

Solução

O resultado é mostrado na Figura 3.35. Observe que a palavra *qualquer* será usada quando o símbolo da operação for de uma OR; a palavra *todas* será usada quando o símbolo for de uma AND.

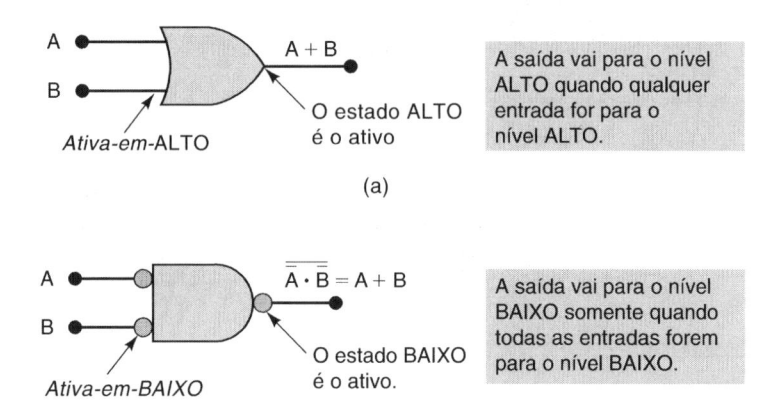

FIGURA 3.35 Interpretação dos dois símbolos da porta OR.

QUESTÕES DE REVISÃO

1. Descreva a interpretação da operação realizada pelo símbolo-padrão da porta NOR na Figura 3.33.
2. Repita a Questão 1 para o símbolo alternativo da porta NOR.
3. Repita a Questão 1 para o símbolo alternativo da porta AND.
4. Repita a Questão 1 para o símbolo-padrão da porta AND.

3.14 QUE REPRESENTAÇÕES DE PORTA LÓGICA USAR

OBJETIVOS
Após ler esta seção, você será capaz de:
- Escolher os símbolos da lógica mais descritiva.
- Analisar rapidamente a operação do circuito com base no diagrama.

Alguns projetistas de circuitos lógicos e alguns livros usam apenas os símbolos-padrão para portas lógicas nos diagramas de circuitos. Embora essa prática seja logicamente correta, ela não facilita a interpretação do circuito. O uso dos símbolos alternativos em um diagrama de circuito pode tornar a operação do circuito muito mais clara. Isso pode ser ilustrado no exemplo mostrado na Figura 3.36.

FIGURA 3.36 (a) Circuito original usando símbolos-padrão NAND; (b) representação equivalente em que a saída Z é ativa-em-ALTO; (c) representação equivalente em que a saída Z é ativa-em-BAIXO; (d) tabela-verdade.

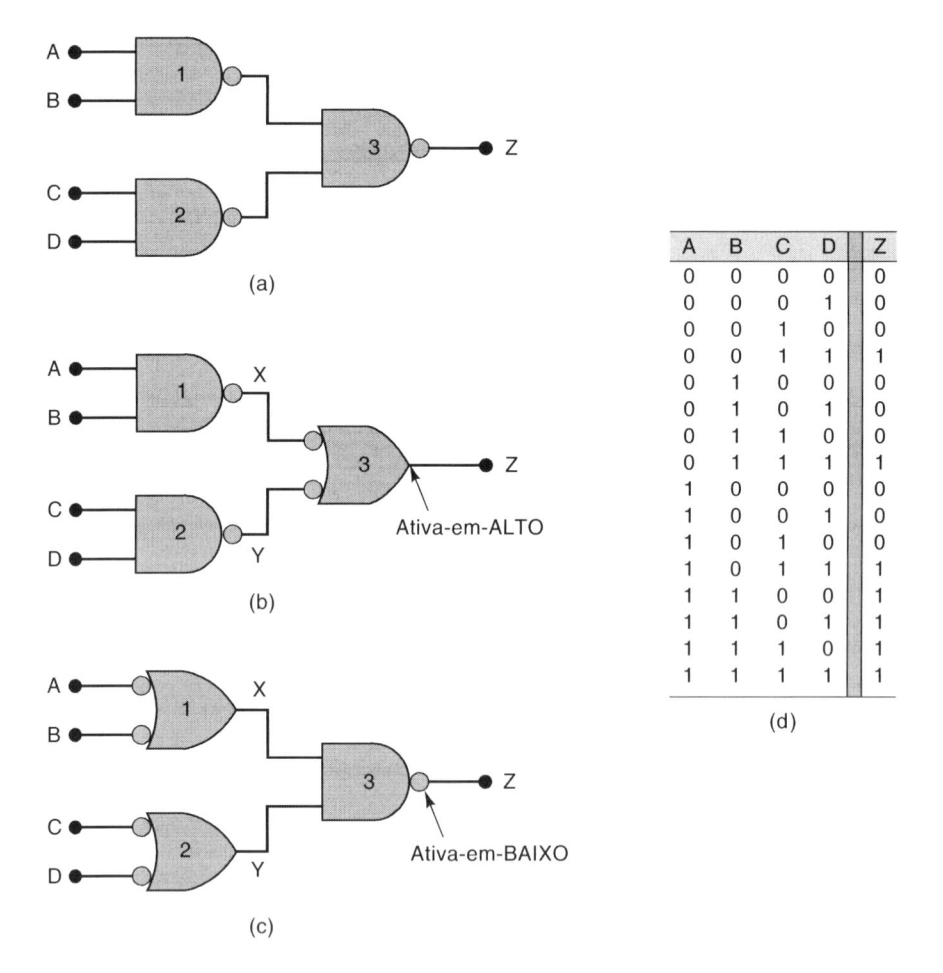

A	B	C	D	Z
0	0	0	0	0
0	0	0	1	0
0	0	1	0	0
0	0	1	1	1
0	1	0	0	0
0	1	0	1	0
0	1	1	0	0
0	1	1	1	1
1	0	0	0	0
1	0	0	1	0
1	0	1	0	0
1	0	1	1	1
1	1	0	0	1
1	1	0	1	1
1	1	1	0	1
1	1	1	1	1

(d)

O circuito da Figura 3.36(a) contém três portas NAND conectadas para gerar uma saída Z que depende das entradas A, B, C e D. Esse diagrama de circuito usa o símbolo-padrão para cada uma das portas NAND. Embora esteja logicamente correto, ele não facilita o entendimento do funcionamento do circuito. Contudo, as representações do circuito das figuras 3.36(b) e (c) podem ser analisadas mais facilmente para determinar seu funcionamento.

A representação da Figura 3.36(b) é obtida a partir do diagrama do circuito original, substituindo a porta NAND 3 por seu símbolo alternativo.

Nesse diagrama, a saída Z é obtida a partir do símbolo de uma porta NAND que tem uma saída ativa-em-ALTO. Assim, pode-se dizer que a saída Z será nível ALTO quando X ou Y for nível BAIXO. Agora, como X e Y aparecem, cada um, como a saída de símbolos NAND que tem saídas em nível ativa-em--BAIXO, pode-se dizer que X será nível BAIXO apenas quando $A = B = 1$, e Y será nível BAIXO apenas se $C = D = 1$. Em resumo, pode-se descrever o funcionamento do circuito do seguinte modo:

A saída Z vai para o nível ALTO sempre que $A = B = 1$ ou $C = D = 1$ (ou ambas as condições).

Essa descrição pode ser traduzida para uma tabela-verdade fazendo $Z = 1$ para os casos em que $A = B = 1$ e para os casos em que $C = D = 1$. Para todos os outros casos, $Z = 0$. A tabela-verdade resultante é mostrada na Figura 3.36(d).

A representação da Figura 3.36(c) é obtida a partir do diagrama do circuito original, substituindo-se as portas NAND 1 e 2 por seus símbolos alternativos. Nessa representação equivalente, a saída Z é obtida a partir de uma porta NAND que tem uma saída ativa-em-BAIXO. Assim, pode-se dizer que a saída Z será BAIXA apenas quando $X = Y = 1$. Como X e Y são saídas ativas em nível ALTO, pode-se dizer que X será nível ALTO quando A ou B for nível BAIXO, e Y será nível ALTO quando C ou D for nível BAIXO. Em resumo, pode-se descrever a operação do circuito do seguinte modo:

A saída Z vai para o nível BAIXO apenas quando A ou B for nível BAIXO e C ou D for nível BAIXO.

Essa descrição pode ser traduzida para uma tabela-verdade fazendo $Z = 0$ para todos os casos em que pelo menos uma das entradas A ou B seja nível BAIXO, ao mesmo tempo em que pelo menos uma das entradas C ou D seja nível BAIXO. Para todos os outros casos, $Z = 1$. A tabela-verdade resultante é a mesma obtida para o diagrama da Figura 3.36(b).

Qual diagrama de circuito deve ser usado?

Depende da função específica atribuída à saída do circuito. Se ela estiver sendo usada para ativar algo (por exemplo, ligar um LED ou ativar outro circuito lógico) quando a saída Z for para o estado 1, pode-se dizer que a saída Z é ativa-em-ALTO, e o diagrama da Figura 3.36(b) deve ser usado. Por outro lado, se o circuito estiver sendo usado para atuar quando a saída Z estiver no estado 0, então Z será ativa-em-BAIXO, e o diagrama da Figura 3.36(c) deverá ser usado.

É claro que podem existir situações em que *ambos* os estados serão usados para gerar ações diferentes e qualquer um pode ser o estado ativo. Para tais casos, qualquer representação pode ser usada.

Inserção dos pequenos círculos

Veja a representação do circuito da Figura 3.36(b) e observe que os símbolos para as portas NAND 1 e 2 foram escolhidos para ter as saídas ativas--em-BAIXO e condizer com as entradas ativas-em-BAIXO da porta NAND 3. Veja a representação do circuito da Figura 3.36(c) e note que os símbolos para as portas NAND 1 e 2 foram escolhidos para ter as saídas ativas-em-ALTO e condizer com as entradas ativas-em-ALTO da porta NAND 3. Isso conduz à seguinte regra geral para a elaboração de diagramas de circuitos lógicos:

Sempre que possível, escolha símbolos de portas para que os pequenos círculos nas saídas sejam conectados a pequenos círculos nas entradas, e as saídas sem esses círculos sejam conectadas a entradas igualmente sem círculos.

Os exemplos a seguir mostram como essa regra pode ser aplicada.

EXEMPLO 3.20

O circuito lógico da Figura 3.37(a) está sendo usado para ativar um alarme quando a saída Z for para nível ALTO. Modifique o diagrama do circuito de modo que ele represente mais efetivamente sua operação.

FIGURA 3.37 Exemplo 3.20.

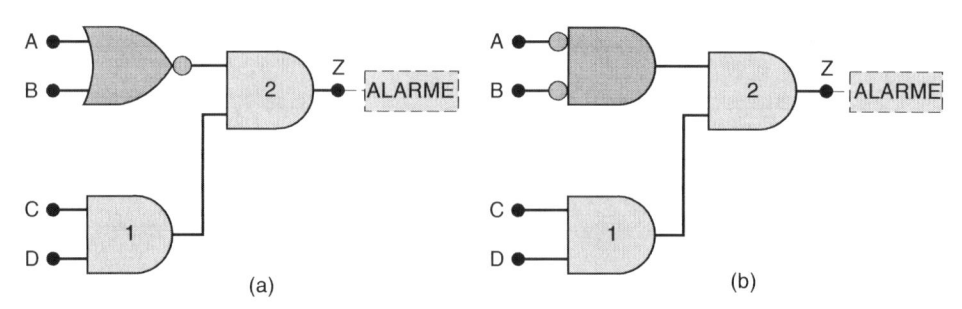

Solução
Como Z = 1 ativará o alarme, Z tem de ser ativa-em-ALTO. Desse modo, o símbolo da porta AND 2 não deve ser alterado. O símbolo da porta NOR deve ser trocado pelo símbolo alternativo sem o pequeno círculo na saída (ativa-em-ALTO) para condizer com a entrada sem o círculo da porta AND 2, conforme mostra a Figura 3.37(b). Observe, agora, que o circuito tem saídas sem círculos conectadas às entradas também sem círculos da porta AND 2.

EXEMPLO 3.21

Quando a saída do circuito lógico da Figura 3.38(a) estiver em nível BAIXO, ativará outro circuito lógico. Modifique o diagrama do circuito para representar mais efetivamente sua operação.

FIGURA 3.38 Exemplo 3.21.

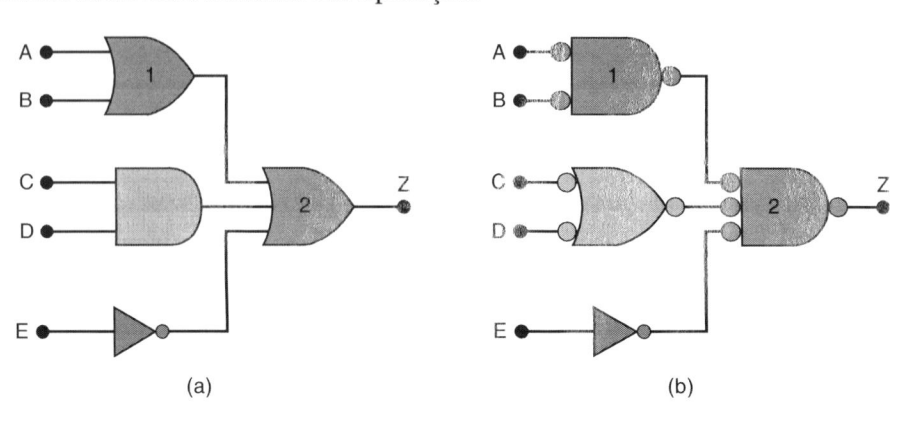

Solução
Como a saída Z deve ser ativa-em-BAIXO, o símbolo para a porta OR 2 tem de ser trocado por seu símbolo alternativo, conforme aponta a Figura 3.38(b). O novo símbolo da porta OR 2 tem os pequenos círculos na entrada, de modo que os símbolos da porta AND e da porta OR 1 devem ser alterados para que tenham os círculos nas saídas, como mostrado na Figura 3.38(b). O INVERSOR já tem um pequeno círculo na saída. Agora, o circuito tem todas as saídas com pequenos círculos conectadas às entradas com pequenos círculos da porta 2.

Analisando circuitos

Quando o esquema de um circuito lógico é desenhado usando-se as regras seguidas nesses exemplos, é mais fácil para o engenheiro ou o técnico (ou o estudante) seguir o sinal pelo circuito e determinar as condições de entrada necessárias para ativar a saída. Isso está ilustrado nos exemplos a seguir que, por sinal, usam diagramas de circuito de um esquema lógico de um computador real.

EXEMPLO 3.22

O circuito lógico da Figura 3.39 gera uma saída *MEM*, usada para ativar CIs de memória em dado microcomputador. Determine as condições de entrada necessárias para se ativar *MEM*.

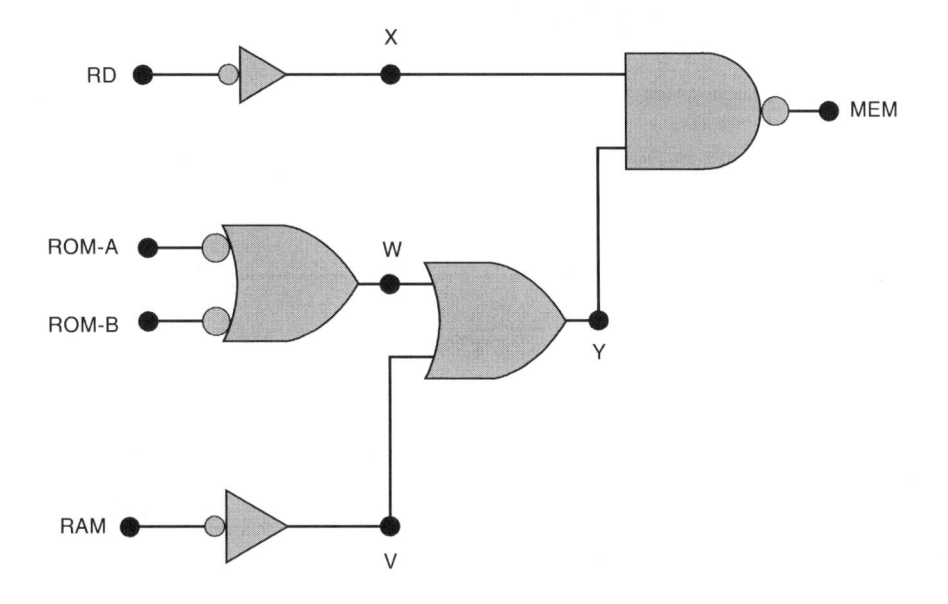

FIGURA 3.39 Exemplo 3.22.

Solução
Uma maneira de fazer isso é escrever a expressão para *MEM* em termos das entradas *RD*, *ROM-A*, *ROM-B* e *RAM* e avaliá-la para as 16 combinações possíveis dessas entradas. Embora esse método funcione, ele requer mais trabalho que o necessário.

Um método mais eficiente é interpretar o diagrama do circuito, usando as ideias que desenvolvemos nas duas últimas seções. Os passos são:

1. *MEM* é ativa-em-BAIXO, e esse sinal será nível BAIXO apenas quando *X* e *Y* forem nível ALTO.
2. *X* será nível ALTO apenas quando *RD* = 0.
3. *Y* será nível ALTO quando *W* ou *V* forem nível ALTO.
4. *V* será nível ALTO quando *RAM* = 0.
5. *W* será nível ALTO quando *ROM-A* ou *ROM-B* = 0.
6. Sintetizando, *MEM* será nível BAIXO apenas quando *RD* = 0 *e* pelo menos uma das três entradas *ROM-A*, *ROM-B* ou *RAM* for nível BAIXO.

EXEMPLO 3.23

O circuito lógico da Figura 3.40 é usado para que o display de cristal líquido (LCD) de um dispositivo eletrônico de mão seja ligado quando o microcontrolador estiver enviando dados do controlador do LCD ou recebendo dados dele. O circuito ligará o display quando *LCD* = 1. Determine as condições de entrada necessárias para se ligar o LCD.

FIGURA 3.40 Exemplo 3.23.

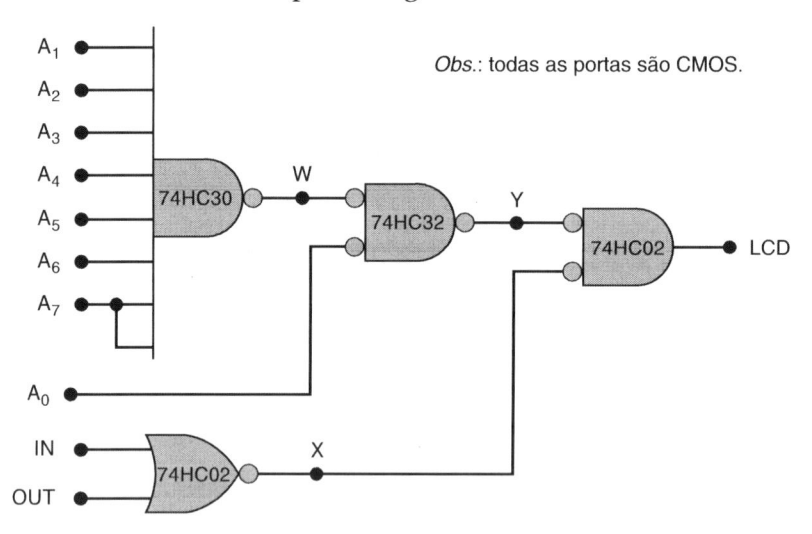

Solução
Mais uma vez, interpretaremos o diagrama passo a passo:

1. A saída *LCD* é ativa-em-ALTO e vai para nível ALTO apenas quando $X = Y = 0$.
2. *X* será nível BAIXO quando *IN* ou *OUT* forem nível ALTO.
3. *Y* será nível BAIXO apenas quando $W = 0$ e $A_0 = 0$.
4. *W* será nível BAIXO apenas quando as entradas de A_1 até A_7 forem todas nível ALTO.
5. Sintetizando, a saída *LCD* será nível ALTO quando $A_1 = A_2 = A_3 = A_4 = A_5 = A_6 = A_7 = 1$ e $A_0 = 0$ e *IN* ou *OUT* (ou ambas) forem nível 1.

Observe o símbolo diferente para a porta NAND CMOS de oito entradas (74HC30); note também que o sinal A_7 está conectado em duas entradas da NAND.

Níveis de acionamento

Descrevemos os sinais lógicos como ativos-em-BAIXO ou ativos-em-ALTO. Por exemplo, a saída *MEM* da Figura 3.39 é ativa-em-BAIXO, e a saída *LCD* da Figura 3.40 é ativa-em-ALTO, uma vez que são os estados que fazem algo acontecer. De modo semelhante, a Figura 3.40 tem entradas de A_1 até A_7 ativas-em-ALTO, e a entrada A_0 ativa-em-BAIXO.

Quando um sinal lógico está em seu estado ativo, pode-se dizer que está **acionado**. Por exemplo, quando dizemos que a entrada A_0 está acionada, significa que ela está em seu estado ativa-em-BAIXO. Quando um sinal lógico não está em seu estado ativo, dizemos que está **não acionado**. Portanto, quando dizemos que *LCD* está não acionado, ele está em seu estado inativo (baixo).

É fácil deduzir que os termos *acionado* e *não acionado* são sinônimos de *ativo* e *inativo*, respectivamente:

acionado = ativo
não acionado = inativo

Os dois termos costumam ser usados na área digital. Portanto, você deve saber reconhecer as duas maneiras de descrever o estado ativo de um sinal lógico.

Identificação dos sinais lógicos ativos-em-BAIXO

Tornou-se comum usar uma barra sobre o nome dos sinais ativos-em-BAIXO. A barra serve como outro modo de indicar que um sinal é ativo-em-BAIXO; é fácil concluir, que a ausência de uma barra significa que o sinal é ativo-em-ALTO.

Para ilustrar, todos os sinais da Figura 3.39 são ativos-em-BAIXO, e, assim, eles podem ser nomeados como segue:

$$\overline{RD},\ \overline{ROM\text{-}A},\ \overline{ROM\text{-}B},\ \overline{RAM},\ \overline{MEM}$$

Lembre-se de que a barra sobre o nome é simplesmente um modo de frisar que esses sinais são ativos em nível BAIXO. Empregaremos sempre essa convenção para nomear os sinais lógicos de maneira adequada.

Identificação de sinais de dois estados

Muitas vezes, um sinal de saída tem dois estados ativos, ou seja, tem uma função importante no estado ALTO e outra no BAIXO. É usual a nomeação de tais sinais para que os dois estados ativos sejam evidentes. Um exemplo comum é o sinal de leitura/escrita (*read/write*, $RD/\overline{WR}$), que é interpretado da seguinte maneira: quando esse sinal for nível ALTO, a operação de leitura (*RD*) será realizada; quando for nível BAIXO, a operação de escrita ($\overline{WR}$) será realizada.

QUESTÕES DE REVISÃO

1. Use o método dos exemplos 3.22 e 3.23 para determinar as condições de entrada necessárias para ativar a saída do circuito na Figura 3.37(b).
2. Repita a Questão 1 para o circuito da Figura 3.38(b).
3. Quantas portas NAND há na Figura 3.39?
4. Quantas portas NOR há na Figura 3.40?
5. Qual será o nível da saída na Figura 3.38(b) quando todas as entradas forem acionadas?
6. Quantas entradas são necessárias para se acionar a saída de alarme na Figura 3.37(b)?
7. Quais dos seguintes sinais são ativos em nível BAIXO: RD, $\overline{W}$, $R/\overline{W}$?

3.15 ATRASO DE PROPAGAÇÃO

OBJETIVOS

Após ler esta seção, você será capaz de:
- Prever o efeito do atraso da propagação.
- Medir o atraso real da propagação.
- Usar descritores de parâmetros-padrão para atraso de propagação.

O **atraso de propagação** pode ser definido, de maneira simples, como o tempo que leva para um sistema produzir uma saída apropriada após receber uma entrada. Pense numa típica máquina automática de venda. Você coloca o dinheiro nela e pressiona o botão para fazer uma seleção. Você não recebe o produto de imediato; leva um pouco de tempo para ele ser retirado da prateleira e largado na porta de saída. Este é o atraso de propagação. Um exemplo biológico pode ser encontrado em nossos reflexos. No trânsito, do momento que você vê luzes de freios no carro à frente até você colocar o pé no freio há um atraso mensurável ou um tempo de reação.

Circuitos digitais reais também têm um tempo de atraso de propagação mensurável. As razões vão se tornar mais claras quando estudarmos as características reais de circuitos e semicondutores (transistores) em vez de apenas sua operação idealizada. O Capítulo 8 fornecerá mais informações sobre o funcionamento interno de CIs lógicos. Uma porta AND, como a da Figura 3.41(a), mostra que o atraso de propagação existe e pode ser mensurado.

FIGURA 3.41 Medição do atraso de propagação em uma porta lógica.

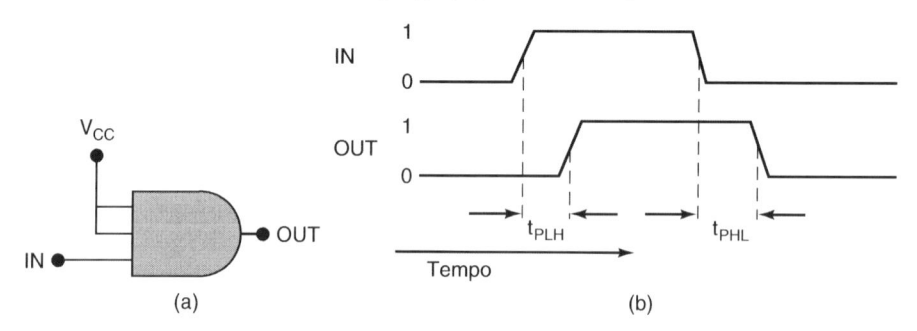

Quando o sinal IN assume um nível ALTO, ele faz com que o sinal OUT assuma um nível ALTO pouco depois. Da mesma maneira, quando o sinal IN assume um nível BAIXO, ele faz com que o sinal OUT assuma um nível BAIXO pouco tempo depois. Duas coisas devem ser observadas no diagrama de tempo na Figura 3.41(b):

1. Transições não são verdadeiramente verticais (instantâneas), então medimos do ponto de 50% na entrada para o ponto de 50% na saída.
2. O tempo que leva para fazer a *saída* assumir um nível ALTO não é necessariamente o mesmo que faz a *saída* assumir um nível BAIXO. Esses tempos de atraso são chamados t_{PLH} (tempo de propagação BAIXO para ALTO) e t_{PHL} (tempo de propagação ALTO para BAIXO).

A velocidade de um circuito lógico está relacionada à característica de atraso de propagação. Qualquer componente escolhido para implementar o circuito lógico terá uma planilha de dados que expõe o valor do atraso de propagação. Essa informação é usada para assegurar que o circuito possa operar rápido o suficiente para a aplicação.

QUESTÕES DE REVISÃO

1. Por que as transições não são verticais quando se mede o atraso de propagação?
2. Onde as medidas de tempo são tomadas quando as transições não são verticais?
3. Qual é o parâmetro que mede o tempo após as mudanças de entrada até que a saída possa trocar do nível ALTO para o BAIXO?
4. Qual é o parâmetro que mede o tempo após as mudanças de entrada até que a saída possa trocar do nível BAIXO para o ALTO?

3.16 RESUMO DOS MÉTODOS PARA DESCREVER CIRCUITOS LÓGICOS

OBJETIVO

Após ler esta seção, você será capaz de:

■ Listar os métodos usados para se descrever a operação de um circuito lógico.

Os tópicos abordados neste capítulo, até agora, privilegiaram apenas três funções lógicas simples, às quais nos referimos como AND, OR e NOT. Esses conceitos não são novos, porque usamos essas funções lógicas todos os dias ao tomarmos decisões. Aqui estão alguns exemplos: se está chovendo OU (OR) se o jornal diz que irá chover, pegamos o guarda-chuva; se eu receber meu pagamento hoje E (AND) for ao banco, terei dinheiro para gastar à noite; se eu obtiver uma nota satisfatória na prova escrita E (AND) NÃO (NOT) for mal na de laboratório, vou passar em sistemas digitais. A essa altura, você deve estar se perguntando por que nos esforçamos tanto para descrever conceitos tão familiares. A resposta pode ser resumida em dois pontos-chave:

1. Devemos saber representar essas decisões lógicas.
2. Precisamos saber combinar essas funções lógicas e implementar um sistema de tomada de decisões.

   Aprendemos a representar cada uma das funções lógicas básicas usando:

   Sentenças lógicas em nossa própria língua
   Tabelas-verdade
   Símbolos lógicos tradicionais
   Expressões de álgebra booleana
   Diagramas de tempo

EXEMPLO 3.24

As seguintes expressões descrevem o modo como um circuito lógico precisa operar a fim de acionar um indicador de alerta de cinto de segurança em um carro.

Se o motorista estiver presente E NÃO estiver usando cinto E a ignição estiver acionada, ENTÃO acenda a luz de advertência.

Descreva o circuito usando álgebra booleana, diagramas de símbolos lógicos, tabelas-verdade e diagramas de tempo.

Solução
Veja a Figura 3.42.

FIGURA 3.42 Métodos de descrição dos circuitos lógicos: (a) expressão booleana; (b) diagrama esquemático; (c) tabela-verdade; (d) diagrama de tempo.

Expressão booleana

luz_de_advertência = motorista_presente • $\overline{\text{cinto\_em\_uso}}$ • ignição_ligada

(a)

Diagrama esquemático

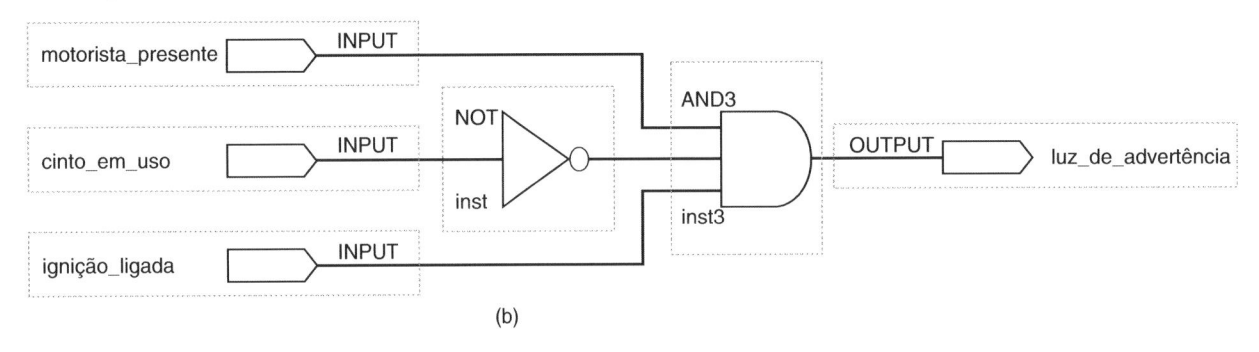

(b)

Tabela-verdade

motorista_presente	cinto_em_uso	ignição_ligada	luz_de_advertência
0	0	0	0
0	0	1	0
0	1	0	0
0	1	1	0
1	0	0	0
1	0	1	1
1	1	0	0
1	1	1	0

(c)

Diagrama de tempo

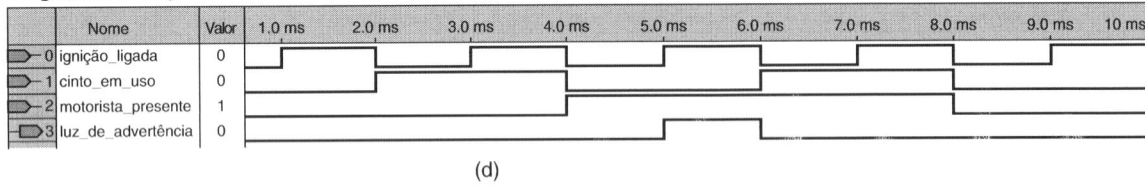

(d)

A Figura 3.42 mostra quatro formas diferentes de representar o circuito lógico descrito em linguagem normal no Exemplo 3.24. Há muitas outras maneiras de representaremos a lógica dessa decisão. Como exemplo, poderíamos imaginar um conjunto inteiramente novo de símbolos gráficos ou utilizar o francês ou o japonês para declarar a relação lógica. Obviamente não há como cobrirmos todas as formas possíveis, mas é necessário compreender os métodos mais comuns para podermos nos comunicar com os outros em nossa profissão. Além disso, certas situações são mais fáceis de descrever por meio de um método do que por outro. Em alguns casos, uma figura vale mil palavras e, em outros, as palavras são concisas o bastante e mais facilmente comunicáveis. O importante é que precisamos saber descrever e comunicar a operação de sistemas digitais.

Muitas ferramentas foram desenvolvidas para permitir que um projetista faça uma descrição de circuito em um computador com a finalidade de documentá-lo, simulá-lo e, em última análise, criar um circuito funcional. A ferramenta que recomendamos é da Altera Corporation, uma das principais fornecedoras de circuitos digitais no mundo. O software Quartus II está disponível gratuitamente e pode ser baixado do site da Altera. O Quartus II oferece uma maneira de descrever um circuito traçando-se um diagrama lógico. O diagrama lógico na Figura 3.42(b) é um arquivo de descrição de bloco (.bdf) gerado usando-se o Quartus II. Observe que o diagrama é formado por símbolos de entrada gráficos, símbolos de saída gráficos e símbolos de portas lógicas. Todos esses símbolos são fornecidos em uma biblioteca de componentes incluídos no Quartus II. Os componentes são facilmente conectados com o uso de uma ferramenta de desenho.

Após o projetista editar um arquivo de descrição de bloco (.bdf), ele pode abrir um arquivo de simulação na forma de um diagrama de tempo. Ele cria as formas de onda de entrada, e o simulador desenha a forma de onda de saída. O diagrama de tempo mostrado na Figura 3.42(d) é uma simulação de diagrama de tempo do Quartus II.

QUESTÕES DE REVISÃO

1. Aponte cinco formas de se descrever a operação de circuitos lógicos.
2. Cite duas ferramentas disponíveis no software Quartus II.

3.17 LINGUAGENS DE DESCRIÇÃO *VERSUS* LINGUAGENS DE PROGRAMAÇÃO[3]

OBJETIVOS

Após ler esta seção, você será capaz de:

- Articular a diferença entre linguagem de descrição de hardware e linguagens de programação de computador.
- Apontar a fonte de origem da VHDL e da AHDL.

A tendência mais recente no campo dos sistemas digitais é empregar linguagens baseadas em texto para a descrição de circuitos digitais. É provável que você tenha notado que nenhum dos métodos descritos na Figura 3.42 é fácil de ser transmitido ao computador, em razão de diversos problemas, como barras superiores, símbolos, formato ou desenho de linha. Nesta seção, iniciaremos o aprendizado de algumas das ferramentas mais avançadas que os profissionais do campo digital utilizam para descrever os circuitos que implementam suas ideias. Essas ferramentas são chamadas de **linguagens de descrição de hardware** (**HDLs**, do inglês, *hardware description languages*). Mesmo com os potentes computadores que temos hoje, não é possível descrever um circuito lógico em linguagem comum e

---

[3] Não ler as seções que tratam de linguagens de descrição de hardware não trará prejuízo para a compreensão da sequência da obra.

esperar que o computador entenda. Os computadores precisam de uma linguagem definida de modo mais rígido. Neste livro, vamos nos concentrar em duas linguagens: a **linguagem de descrição de hardware Altera** (**AHDL**, do inglês, *Altera hardware description language*) e a **linguagem de descrição de hardware para circuitos integrados de velocidade muito alta** [*very high speed integrated circuit* (**VHSIC**) *hardware description language* (**VHDL**)].

VHDL e AHDL

O VHDL não é uma linguagem nova. Foi desenvolvido pelo Departamento de Defesa dos Estados Unidos, no início da década de 1980, como uma maneira concisa de documentar os projetos no Programa de Circuitos Integrados de Velocidade Muito Alta (VHSIC). Se "HDL" fosse anexado, ainda, a essa sigla ela ficaria muito longa, mesmo para os militares, por isso o nome da linguagem foi abreviado para VHDL. Foram desenvolvidos programas de computador para receber os arquivos em linguagem VHDL e simular a operação dos circuitos. Com o desenvolvimento de complexos dispositivos lógicos programáveis em sistemas digitais, o VHDL transformou-se em uma das principais linguagens de descrição de hardware de alto nível para projetar e implementar circuitos digitais (síntese). A linguagem foi padronizada pelo IEEE, tornando-se universalmente atraente para engenheiros e para criadores de ferramentas de software, que traduzem projetos em padrões de bits, usados para a programação de dispositivos reais.

O AHDL é uma linguagem desenvolvida pela Altera Corporation para configurar, de modo conveniente, os dispositivos lógicos criados pela empresa. A Altera foi uma das primeiras empresas a produzir dispositivos lógicos que podem ser reconfigurados eletronicamente. Esses dispositivos são chamados **dispositivos lógicos programáveis** (**PLDs**, do inglês *programmable logic devices*). Diferentemente do VHDL, essa linguagem não pretende ser universal para descrever qualquer circuito lógico. Foi criada para a programação de sistemas digitais complexos em PLDs da Altera de modo simples, embora muito semelhante ao VHDL. O AHDL possui características plenamente adaptadas à arquitetura dos dispositivos da Altera. Todos os exemplos deste capítulo utilizarão os softwares Quartus II da Altera para desenvolver arquivos de projeto, tanto em AHDL quanto em VHDL. Você perceberá as vantagens da utilização do sistema de desenvolvimento da Altera em ambas as linguagens quando se programa um dispositivo real. O sistema Altera torna o desenvolvimento do circuito fácil e pronto para ser carregado em um PLD da Altera. Ele também permite o desenvolvimento de blocos de construção, utilizando-se entrada esquemática, AHDL, VHDL e outros métodos, e, depois, interligando-os para formar um sistema completo.

Há outros HDLs mais adequados para programar dispositivos lógicos programáveis simples. Você descobrirá que todas essas linguagens são fáceis de usar após ter aprendido os princípios básicos de AHDL ou VHDL explicados neste capítulo.

Linguagens de programação

É importante fazer a distinção entre linguagens de descrição de hardware que visam descrever a configuração de hardware de um circuito e linguagens de programação que representam uma sequência de instruções a serem executadas por um computador a fim de se realizar alguma tarefa. Em ambos os casos, utilizamos uma *linguagem* para *programar* um dispositivo. Contudo, os computadores são sistemas digitais complexos feitos de circuitos lógicos, que operam seguindo uma lista de tarefas (ou seja, instruções, ou "o programa"), cada uma das quais precisa ser executada em ordem sequencial. A velocidade de operação é determinada pela rapidez com que o computador consegue executar cada instrução. Por exemplo, se um computador precisa responder a quatro entradas diferentes, ele necessita de pelo menos quatro instruções separadas (tarefas sequenciais) para detectar e identificar qual entrada alterou o estado. Um circuito lógico digital, por outro lado, é limitado em sua velocidade apenas pela rapidez com que o circuito pode variar as saídas em resposta a variações nas entradas. Ele monitora todas as entradas ao mesmo tempo (**concorrente**) e responde a todas as variações.

A seguinte analogia ajudará a entender a diferença entre operação de computador e operação de circuito lógico digital, além do papel dos elementos de linguagem na descrição do que os sistemas fazem. Pense em como seria descrever o que se faz em um carro de Fórmula Indy durante uma parada para reabastecimento (*pit stop*). Se uma única pessoa executasse todas as tarefas necessárias de uma só vez, ela teria de ser muito rápida. É assim que um computador funciona: uma tarefa de cada vez, mas com muita rapidez. É claro que, na Indy, há uma equipe de mecânicos que cerca o carro, e cada um cumpre uma tarefa específica. Todos os membros atuam ao mesmo tempo, como elementos de um circuito digital. Agora, pense em como você descreveria para outra pessoa o que está sendo feito em um carro da Indy durante a parada usando (1) a abordagem mecânica individual ou (2) a abordagem de equipe. As duas descrições não seriam semelhantes? Como veremos, as linguagens usadas para descrever hardware digital (HDL) são bastante semelhantes às linguagens usadas para descrever programas de computador (por exemplo, BASIC, C, JAVA), ainda que a implementação resultante funcione de maneira bem diferente. Não é necessário conhecer as linguagens de programação para entender HDL. O importante é que, quando houver aprendido tanto HDL quanto uma linguagem de computador, você entenda seus diferentes papéis nos sistemas digitais.

EXEMPLO 3.25

Compare a operação de um computador e de um circuito lógico na execução da operação lógica simples $y = AB$.

Solução
O circuito lógico é uma porta AND simples. A saída y será ALTA dentro de cerca de 10 ns do ponto em que A e B são ALTAS de maneira simultânea. Cerca de 10 ns depois que ambas as entradas se tornem BAIXAS, a saída y será BAIXA.
O computador deve executar um programa de instruções que toma decisões. Suponha que cada instrução leve 20 ns. (Isso é bastante rápido!) Cada figura no fluxograma mostrado na Figura 3.43 representa uma instrução. Fica claro que serão necessárias pelo menos duas ou três instruções (entre 40 e 60 ns) para ele responder a variações nas entradas.

FIGURA 3.43 Processo de decisão de um programa de computador.

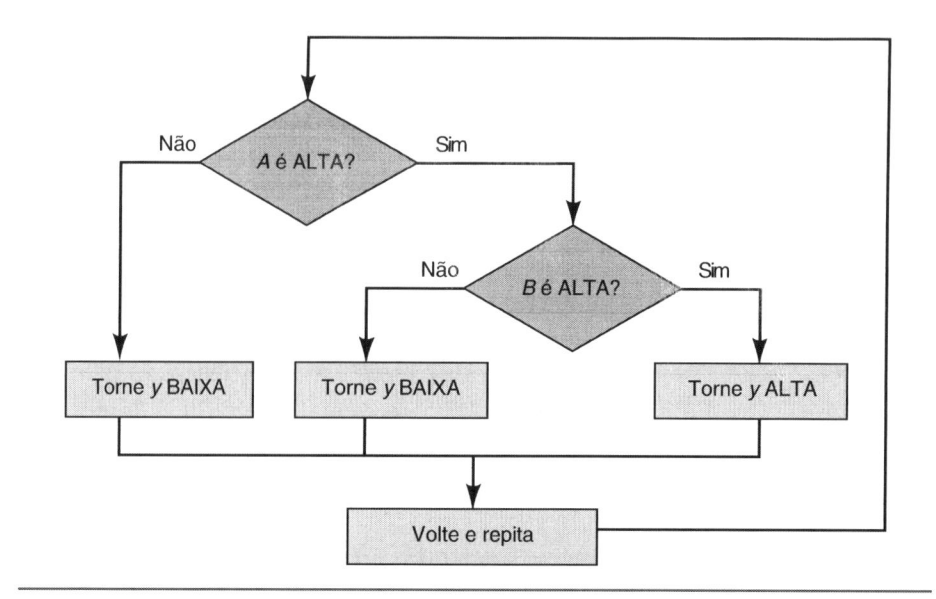

QUESTÕES DE REVISÃO

1. O que quer dizer a sigla HDL?
2. Qual é o propósito do HDL?
3. Qual é a função de uma linguagem de programação de computador?
4. Qual é a principal diferença entre o HDL e as linguagens de programação de computador?
5. Quem criou o AHDL?
6. Quem criou o VHDL?

3.18 IMPLEMENTAÇÃO DOS CIRCUITOS LÓGICOS EM PLDs

OBJETIVOS

Após ler esta seção, você será capaz de:

- Definir PLD.
- Explicar a "programação" de um PLD.
- Explicar o papel da compilação.

Hoje em dia, muitos circuitos digitais são implementados com o uso de dispositivos de lógica programáveis (PLDs). Esses dispositivos não são como microcomputadores ou microcontroladores que "rodam" o programa de instruções. Em vez disso, são configurados eletronicamente, e seus circuitos internos são conectados também eletronicamente para formar um circuito lógico. Pode-se imaginar essa instalação programável como milhares de conexões que podem estar conectadas (1) ou não conectadas (0). A Figura 3.44 mostra uma pequena área de conexões programáveis. Cada intersecção entre uma linha (fio horizontal) e uma coluna (fio vertical) é uma conexão programável. Você pode imaginar como seria difícil tentar configurar esses dispositivos acrescentando 1s e 0s em uma grade manualmente (mas era assim que isso era feito na década de 1970).

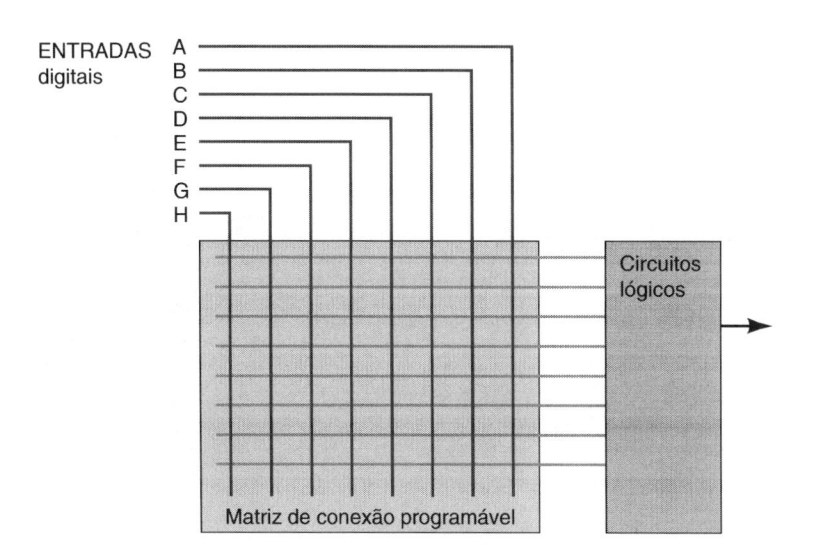

FIGURA 3.44 Configurando conexões de hardware com dispositivos de lógica programáveis.

O papel da HDL é fornecer um modo conciso e conveniente para o projetista descrever a operação do circuito em um formato que permita um computador pessoal manejar e armazenar de maneira adequada. O computador executa um software especial chamado **compilador** para traduzir a HDL para a grade de 1s e 0s que pode ser carregada no PLD. Se você puder dominar a HDL de alto nível, isso tornará a programação de PLDs muito mais fácil que tentar usar álgebra booleana, desenhos esquemáticos ou tabelas-verdade. De maneira semelhante àquela com que você aprendeu a falar, começaremos nos referindo a coisas simples e gradativamente aprenderemos aspectos mais complicados dessas linguagens. O objetivo é aprender o suficiente de HDL para podermos nos comunicar e executar tarefas simples. Uma plena compreensão dos detalhes dessas linguagens está além dos objetivos deste livro e só pode ser alcançada com a prática.

Nas seções deste livro que tratam das linguagens HDL, apresentaremos tanto AHDL como VHDL em um formato que lhe permitirá ignorar uma linguagem e se concentrar em outra sem perder informações importantes. É claro que, assim, haverá muita informação redundante se você decidir ler as explicações de ambas as linguagens. Acredita-se que essa redundância é compensada pelo fato de dar a você a opção de se concentrar em apenas uma das duas linguagens ou aprender ambas comparando e contrastando exemplos semelhantes. A maneira recomendada de ler o livro é concentrar-se em uma linguagem. É verdade que o modo mais prático de se tornar bilíngue é ser criado em um ambiente em que as duas línguas são faladas habitualmente. Também é muito fácil, contudo, confundir detalhes, por isso damos exemplos específicos separados e independentes. Espera-se que esse formato lhe possibilite aprender uma linguagem e, mais tarde, utilizar este livro como referência, caso precise aprender uma segunda linguagem.

QUESTÕES DE REVISÃO

1. O que significa a sigla PLD?
2. Como os circuitos são reconfigurados eletronicamente em um PLD?
3. O que faz um compilador?

3.19 FORMATO E SINTAXE DO HDL

OBJETIVOS

Após ler esta seção, você será capaz de:
- Identificar palavras-chave exclusivas de AHDL ou VHDL.
- Usar a sintaxe do HDL corretamente.
- Escrever um arquivo de fonte simples.

Qualquer linguagem possui propriedades únicas, semelhanças com outras linguagens e sintaxe própria. Quando estudamos gramática na escola, aprendemos convenções como a ordem das palavras como elementos de uma frase e a pontuação adequada. Isso se chama **sintaxe** da língua. Uma linguagem projetada para ser interpretada por um computador deve seguir regras rígidas de sintaxe. Um computador é apenas uma combinação de areia processada e fios de metal que não tem a menor ideia do que você "quer" dizer, então você deve apresentar as instruções usando a sintaxe exata que a linguagem do computador espera e entende. O formato básico de qualquer descrição de circuito de hardware (em qualquer linguagem) envolve dois elementos fundamentais:

1. A definição do que entra e do que sai (por exemplo, especificações de entrada/saída).
2. A definição de como as saídas respondem às entradas (por exemplo, a operação).

Um diagrama esquemático do circuito, como a Figura 3.45, pode ser lido e compreendido por um engenheiro ou técnico competentes porque ambos entenderiam o significado de cada símbolo no desenho. Se você entende como cada elemento funciona e como os elementos estão conectados um ao outro, compreende como o circuito funciona. Do lado esquerdo do diagrama está o conjunto de entradas e, do lado direito, o conjunto de saídas. Os símbolos ao centro definem a operação. A linguagem baseada em texto deve transmitir a mesma informação. Todos os HDLs usam o formato mostrado na Figura 3.46.

Em uma linguagem baseada em texto, o circuito que está sendo descrito deve receber um nome. As entradas e saídas ("ports") devem ser nomeadas e definidas de acordo com sua natureza. É um único bit de um botão alternador (botão de ativar/desativar)? Ou é um número de 4 bits fornecido por um teclado numérico? A linguagem baseada em texto deve, de algum modo, transmitir a natureza dessas entradas e saídas. O **modo** de um port define se é entrada, saída ou ambas. O **tipo** refere-se ao número de bits e a como esses bits são agrupados e interpretados. Se o *tipo* de entrada é um único bit (*single*), então ele pode ter apenas dois valores possíveis: 0 e 1. Se o tipo de entrada for um número binário de 4 bits transmitido por um teclado numérico, ele pode ter 16 valores diferentes (0000_2–1111_2). O tipo determina o intervalo de valores possíveis. A definição da operação do circuito em uma linguagem baseada em texto está contida em um conjunto de declarações que segue a definição de entrada/saída (I/O) do circuito. As duas seções seguintes descrevem o circuito bastante simples da Figura 3.45 e ilustram os elementos principais das linguagens AHDL e VHDL.

FIGURA 3.45 Descrição por diagrama esquemático.

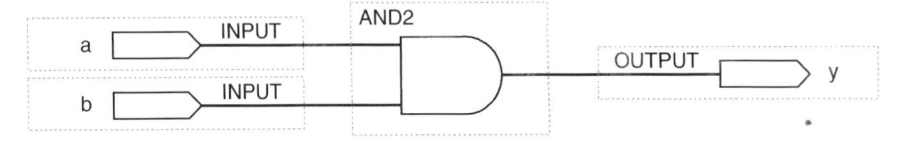

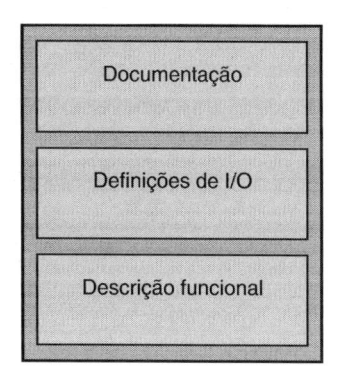

FIGURA 3.46 Formato de arquivos HDL.

DESCRIÇÃO BOOLEANA USANDO AHDL

Consulte a Figura 3.47. A palavra-chave **SUBDESIGN** nomeia o bloco do circuito, que, nesse caso, é *and_gate*. O nome do arquivo também deve ser and_gate.tdf. Observe que a palavra-chave SUBDESIGN deve ser escrita inteiramente com letras maiúsculas. Isso não é exigência do software, mas o uso de um estilo consistente na escrita torna a leitura do código muito mais fácil. O guia de estilo que vem junto com o compilador da Altera para AHDL sugere o uso de maiúsculas nas palavras-chave. Variáveis que são nomeadas pelo projetista devem ficar em minúsculas.

FIGURA 3.47 Elementos essenciais em AHDL.

```
SUBDESIGN and_gate
(
    a, b     :INPUT;
    y        :OUTPUT;
)
BEGIN
    y 5 a & b;
END;
```

A seção SUBDESIGN define as entradas e saídas do bloco do circuito lógico. O circuito que estamos tentando descrever deve estar contido dentro de algo, da mesma maneira que um diagrama de bloco contém tudo que constitui essa parte do projeto. Em AHDL, essa definição de entrada/saída está entre parênteses. A lista de variáveis usadas para entradas nesse bloco emprega separação por vírgulas e é seguida pela expressão :INPUT;. Em AHDL, pressupõe-se que o tipo de bit seja *single* (único), a não ser que a variável seja designada como de múltiplos bits. O bit de saída *single* (único) é declarado com o modo :OUTPUT;. Aprenderemos a forma adequada de descrever outros tipos de entradas, saídas e variáveis à medida que precisarmos utilizá-los.

O conjunto de declarações que descreve a operação do circuito AHDL está contido na seção lógica entre as palavras-chave BEGIN e END. END deve terminar com ponto e vírgula, de modo semelhante a um parágrafo que termina com um ponto. Neste exemplo, a operação do hardware é descrita por uma equação de álgebra booleana muito simples, que declara que a saída (*y*) recebe como atribuição (=) o nível lógico produzido por *a* AND *b*. Essa equação de álgebra booleana é chamada de **declaração de atribuição**

concorrente. Todas as declarações (há apenas uma neste exemplo) entre BEGIN e END são avaliadas constante e simultaneamente. A ordem em que são listadas não faz diferença. Os operadores booleanos básicos são:

    &   AND
    #   OR
    !   NOT
    $ XOR

QUESTÕES DE REVISÃO

1. O que aparece dentro dos parênteses ( ) após SUBDESIGN?
2. O que aparece entre BEGIN e END?

DESCRIÇÃO BOOLEANA USANDO VHDL

Consulte a Figura 3.48. A palavra-chave **ENTITY** nomeia o bloco do circuito, que, nesse caso, é and_gate. Observe que a palavra-chave ENTITY deve ser escrita em letras maiúsculas, mas and_gate não. Isso não é exigência do software, mas o uso de um estilo consistente na escrita torna a leitura do código muito mais fácil. O guia de estilo que vem junto com o compilador da Altera para VHDL sugere o uso de maiúsculas nas palavras-chave. Variáveis que são nomeadas pelo projetista devem ficar em minúsculas.

FIGURA 3.48 Elementos essenciais em VHDL.

```
ENTITY and_gate IS
PORT (    a, b    :IN BIT;
          y       :OUT BIT);
END and_gate;
ARCHITECTURE ckt OF and_gate IS
BEGIN
        y <= a AND b;
END ckt;
```

A declaração ENTITY pode ser encarada como uma descrição do bloco. O circuito que estamos tentando descrever deve estar contido dentro de algo, da mesma maneira que um diagrama de bloco contém tudo o que constitui essa parte do projeto. Em VHDL, a palavra-chave PORT diz ao compilador que estamos definindo entradas e saídas para esse bloco de circuito. Os nomes usados para entradas (separadas por vírgulas) são listados, terminando com dois-pontos (:) e uma descrição do modo e do tipo da entrada (:IN BIT;). Em VHDL, a descrição **BIT** diz ao compilador que cada variável da lista é um bit único (*single*). Aprenderemos a forma adequada de descrever outros tipos de entradas, saídas e variáveis à medida que precisarmos utilizá-los. A linha que contém END and_gate; encerra a declaração ENTITY.

A declaração **ARCHITECTURE** é usada para descrever a operação de tudo que está dentro do bloco. O projetista inventa um nome para essa descrição da arquitetura do funcionamento interno do bloco ENTITY (*ckt* nesse exemplo). Todo ENTITY deve ter pelo menos uma ARCHITECTURE associada a ele. As palavras OF e IS são palavras-chave nessa declaração. O corpo da descrição da arquitetura está contido entre as palavras-chave BEGIN e END. END é seguido por um nome que foi atribuído a essa arquitetura. A linha deve ser pontuada com ponto e vírgula, de maneira semelhante a como se termina um parágrafo com um ponto. Dentro do corpo (entre BEGIN e END), está a descrição da operação do bloco. Neste exemplo, a operação do hardware é descrita por uma equação de álgebra booleana muito simples, que declara que a saída (*y*) recebe como atribuição (<=) o nível lógico produzido por *a* AND *b*. Essa equação de álgebra booleana é chamada de **declaração de atribuição concorrente**, que significa que todas as declarações (há apenas uma neste exemplo) entre BEGIN e END são avaliadas constante e concorrentemente. A ordem em que são listadas não faz diferença.

QUESTÕES DE REVISÃO

1. Qual é o papel da declaração ENTITY?
2. Que seção-chave define a operação do circuito?
3. Qual é o operador de atribuição usado para dar valor a um sinal lógico?

3.20 SINAIS INTERMEDIÁRIOS

OBJETIVOS

Após ler esta seção, você será capaz de:

- Definir variáveis em HDL.
- Usar variáveis no código HDL.
- Documentar o arquivo de fonte.

Em muitos projetos, é preciso definir pontos de sinal "dentro" do bloco de circuito. Esses pontos do circuito não são entradas nem saídas do bloco, mas podem ser úteis como ponto de referência. Pode ser um sinal que precise ser conectado a muitos outros lugares dentro do bloco. Em um diagrama esquemático analógico ou digital, eles seriam chamados de pontos de teste ou *nós*. Em HDL, são chamados de **nós internos** ou **sinais locais**. A Figura 3.49 mostra um circuito simples que usa um sinal intermediário chamado *m*. Em HDL, esses nós (sinais) não são definidos com entradas ou saídas, mas na seção que descreve a operação do bloco. As entradas e as saídas estão disponíveis para outros blocos de circuito no sistema, mas esses sinais locais são reconhecidos apenas dentro desse bloco.

No exemplo de código a seguir, observe a informação no topo. O objetivo dessa informação é estritamente documental. É crucial que o projeto seja documentado em todos os detalhes. É preciso, no mínimo, descrever o projeto que está sendo usado, quem o escreveu e a data. Costuma-se chamar essa informação muitas vezes é chamada de cabeçalho (*header*). Estamos utilizando cabeçalhos resumidos a fim de tornar este livro um pouco mais leve, para que você possa levá-lo para as aulas, mas lembre-se: o espaço de memória é barato e a informação é valiosa. Não tenha medo de *documentar detalhadamente*. Há também comentários junto a muitas das declarações do código. Esses comentários ajudam o projetista a lembrar-se do que estava tentando fazer e as outras pessoas a entender os objetivos do código.

FIGURA 3.49 Um diagrama de circuito lógico com uma variável intermediária.

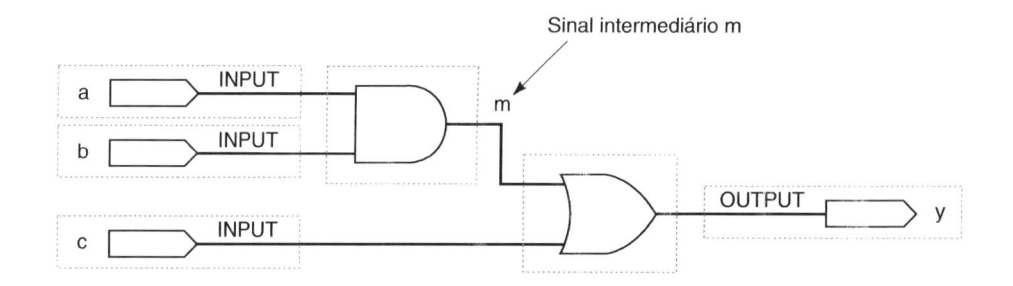

DESCRIÇÃO BOOLEANA USANDO AHDL

O código AHDL que descreve o circuito na Figura 3.49 é mostrado na Figura 3.50. Os **comentários** em AHDL podem ficar entre os caracteres %, como se pode ver na figura entre as linhas 1 e 4. Essa seção do código permite ao projetista escrever muitas linhas de informação que serão ignoradas pelos programas de computador que usam esse arquivo, mas podem ser lidas por qualquer pessoa que esteja tentando decifrar o código. Observe que os comentários ao final das linhas 7, 8, 11, 13 e 14 são precedidos de dois traços (--). O texto após os traços é apenas para documentação. Ambos os tipos de símbolo podem ser usados, mas o símbolo de porcentagem deve ser usado em pares para abrir e fechar o comentário. Os traços duplos indicam um comentário que se estende até o fim da linha.

Em AHDL, os sinais locais são declarados na seção VARIABLE, que fica entre a seção SUBDESIGN e a seção lógica. O sinal intermediário *m* está definido na linha 11, após a palavra-chave **VARIABLE**. A palavra-chave **NODE** designa a natureza da variável. Observe que um sinal de dois pontos separa o nome da variável da designação do nó. Na descrição de hardware na linha 13, a variável intermediária recebe (é ligada a) um valor (*m* = *a*&*b*;), e então *m* é usado na segunda declaração na linha 14 para atribuir (ligar) um valor a *y* (*y* = *m* # *c*;). Lembre-se de que as declarações de atribuição são concorrentes e, assim, a ordem em que são fornecidas não importa. Para ficar mais legível, pode parecer lógico atribuir valores a variáveis intermediárias antes que sejam usadas em outras declarações de atribuição, como mostrado aqui.

FIGURA 3.50 Variáveis intermediárias em AHDL descritas na Figura 3.49.

```
1       %  Intermediate variables in AHDL (Figure 3-49)
2          Digital Systems 12th ed
3          NS Widmer
4          May 27, 2015           %
5       SUBDESIGN fig3_50
6       (
7          a,b,c    :INPUT;    -- define entradas no bloco
8          y        :OUTPUT;   -- define a saída do bloco
9       )
10      VARIABLE
11         m        :NODE;     -- nomeia um sinal intermediário
12      BEGIN
13         m = a & b;          -- gera um termo de produto interno
14         y = m # c;          -- gera soma na saída
15      END;
```

QUESTÕES DE REVISÃO

1. Qual é a designação usada para variáveis intermediárias?
2. Onde essas variáveis são declaradas?
3. Importa quem vem antes na equação, se o *m* ou o *y*?
4. Que caractere é usado para se delimitar um bloco de comentários?
5. Que caracteres são usados para se comentar uma única linha?

DESCRIÇÃO BOOLEANA USANDO VHDL

O código VHDL que descreve o circuito na Figura 3.49 é mostrado na Figura 3.51. Os **comentários** em VHDL são precedidos de dois traços (--). Digitar dois traços sucessivos permite que o projetista escreva informações desse ponto até o final da linha. A informação será ignorada pelos programas que usam esse arquivo, mas pode ser lida por qualquer pessoa que esteja tentando decifrar o código.

O sinal intermediário *m* é definido na linha 13, após a palavra-chave SIGNAL. A palavra-chave BIT designa o tipo do sinal. Observe que um sinal de dois-pontos separa o nome do sinal da designação do tipo. Na descrição de hardware na linha 16, o sinal intermediário recebe (é ligado a) um valor (*m* <= *a* AND *b*;), e então *m* é usado na declaração na linha 17 para atribuir (ligar) um valor a *y* (*y* <= *m* OR *c*;). Lembre-se de que as declarações de atribuição são concorrentes e, assim, a ordem em que são fornecidas não importa. Para ficar mais legível, pode parecer lógico atribuir valores a sinais intermediários antes que sejam usados em outras declarações de atribuição, como mostrado aqui.

FIGURA 3.51 Sinais intermediários em VHDL descritos na Figura 3.49.

```
1      -- Variáveis intermediárias em VHDL (Figura 3.49)
2      -- Sistemas digitais 12a. ed
3      -- NS Widmer
4      -- May 27, 2015
5
6      ENTITY  fig3_51 IS
7      PORT( a, b, c   :IN BIT;      -- define entradas no bloco
8            y         :OUT BIT);    -- define a saída do bloco
9      END fig3_51;
10
11     ARCHITECTURE ckt OF fig3_51 IS
12
13        SIGNAL m    :BIT;          -- nomeia um sinal intermediário
14
15     BEGIN
16           m <= a AND b;           -- gera um termo de produto interno
17           y <= m OR c;            -- gera soma na saída
18     END ckt;
```

QUESTÕES DE REVISÃO

1. Qual é a designação usada para sinais intermediários?
2. Onde esses sinais são declarados?
3. Importa quem vem antes na equação, se o m ou o y?
4. Que caracteres são usados para comentar uma única linha?

RESUMO

1. A álgebra booleana é uma ferramenta matemática usada na análise e no projeto de circuitos digitais.
2. As operações booleanas básicas são OR, AND e NOT (INVERSOR).
3. Uma porta OR gerará uma saída em nível ALTO quando quaisquer entradas forem nível ALTO. Uma porta AND gerará uma saída em nível ALTO somente quando todas as entradas forem nível ALTO. Um circuito NOT (INVERSOR) gerará uma saída que é o nível lógico oposto ao da entrada.
4. Uma porta NOR é o mesmo que uma porta OR com a saída conectada a um INVERSOR. Uma porta NAND é o mesmo que uma porta AND com a saída conectada a um INVERSOR.
5. As regras e os teoremas booleanos podem ser usados para simplificar a expressão de um circuito lógico e sua implementação.
6. As portas NAND podem ser usadas para implementar qualquer operação booleana básica. As portas NOR podem ser igualmente usadas.
7. Os símbolos alternativos ou padrão podem ser usados para cada porta lógica, dependendo se a saída é ativa-em-ALTO ou ativa-em-BAIXO.
8. O atraso de propagação é o tempo entre uma transição de entrada e a resposta resultante do circuito.
9. As linguagens de descrição de hardware tornaram-se um método importante de descrever circuitos digitais.
10. O código HDL deve sempre conter comentários que documentem suas características fundamentais, para que uma pessoa que o leia mais tarde possa entender seu propósito.
11. Todas as descrições de circuitos HDL contêm uma definição de entradas e saídas, seguida por uma seção que descreve a operação do circuito.
12. Além de entradas e saídas, conexões intermediárias internas ao circuito podem ser definidas. São chamadas de nós ou sinais internos.

TERMOS IMPORTANTES

nível lógico
álgebra booleana
tabela-verdade
operação OR
porta OR
operação AND
porta AND
operação NOT
inversão (complemento)
circuito NOR (INVERSOR)
porta NOR
porta NAND
teoremas booleanos
teoremas de DeMorgan
símbolos lógicos alternativos

níveis lógicos ativos
ativa-em-ALTO
ativa-em-BAIXO
acionado
não acionado
atraso de propagação
linguagens de descrição de hardware (HDLs)
linguagem de descrição de hardware Altera (AHDL)
linguagem de descrição de hardware para circuitos integrados de velocidade muito alta (VHSIC e VHDL)
dispositivos lógicos programáveis (PLDs)

concorrente
compilador
sintaxe
modo
tipo
SUBDESIGN
declaração de atribuição de concorrente
ENTITY
BIT
ARCHITECTURE
nós internos (sinais locais)
comentários
VARIABLE
NODE

PROBLEMAS*

As letras que aparecem antes dos problemas indicam a natureza ou o tipo de problema, conforme descrito a seguir:

- **B** problema básico
- **T** problema de análise de defeito
- **D** problema de projeto ou modificação de circuito
- **N** novo conceito ou nova técnica não abordado no texto
- **C** problema desafiador
- **H** problema em HDL

SEÇÃO 3.3

B 3.1* (a) Desenhe a forma de onda de saída para a porta OR da Figura 3.52.

B (b) Suponha que a entrada A na Figura 3.52 seja, não intencionalmente, curto-circuitada para o terra (isto é, $A = 0$). Desenhe a forma de onda de saída resultante.

B (c) Suponha que a entrada A na Figura 3.52 seja, não intencionalmente, curto-circuitada para a linha de alimentação +5 V (isto é, $A = 1$). Desenhe a forma de onda de saída resultante.

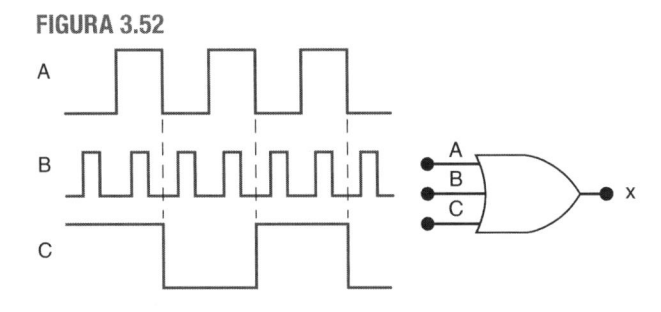

FIGURA 3.52

3.2 Uma porta OR de três entradas deve produzir um lógico 0 em sua saída, mas em vez disso está produzindo um lógico 1. Como você pode determinar qual das três entradas está incorreta?

C 3.3 Leia as afirmações a seguir referentes à porta OR. À primeira vista, parecem ser verdadeiras, mas depois de uma análise, você verá que nenhuma é *totalmente* verdadeira. Prove isso com um exemplo específico que refute cada afirmativa.

(a) Se a forma de onda de saída de uma porta OR for a mesma que a de uma das entradas, a outra entrada estará sendo mantida permanentemente em nível BAIXO.

(b) Se a forma de onda de saída de uma porta OR for sempre nível ALTO, uma de suas entradas estará sendo mantida sempre em nível ALTO.

B 3.4 Quantos conjuntos diferentes de condições de entrada produzem uma saída em nível ALTO em uma porta OR de cinco entradas?

SEÇÃO 3.4

3.5 Uma porta AND de três entradas deve estar produzindo um lógico 1 na sua saída, mas está produzindo um lógico 0. Como você pode determinar qual das três entradas está incorreta?

B 3.6 Transforme a porta OR na Figura 3.52 em uma porta AND.

(a)* Desenhe a forma de onda de saída.

(b) Desenhe a forma de onda de saída se a entrada A for permanentemente curto-circuitada para o terra.

(c) Desenhe a forma de onda de saída se a entrada A for permanentemente curto-circuitada para +5 V.

D 3.7* Tomando como referência a Figura 3.4, modifique o circuito de modo que o alarme seja ativado apenas quando a pressão e a temperatura excederem, ao mesmo tempo, seus valores-limite.

B 3.8* Transforme a porta OR na Figura 3.6 em uma porta AND e desenhe a forma de onda de saída.

B 3.9 Suponha que você tenha uma porta de duas entradas de função desconhecida que pode ser uma porta OR ou uma porta AND. Qual combinação de níveis de entrada você colocaria nas entradas da porta para determinar seu tipo?

B 3.10 *Verdadeiro ou falso*: uma porta AND, não importa quantas entradas tenha, produzirá uma saída em nível ALTO para apenas uma combinação de níveis de entrada.

---
* As respostas dos problemas marcados com uma estrela (*) podem ser encontradas ao final do livro.

SEÇÕES 3.5 A 3.7

B 3.11 Aplique a forma de onda A mostrada na Figura 3.23 à entrada de um INVERSOR. Desenhe a forma de onda de saída. Repita para a forma de onda B.

B 3.12 (a)★ Escreva a expressão booleana para a saída x na Figura 3.53(a). Determine o valor de x para todas as condições possíveis de entrada e relacione os resultados em uma tabela-verdade.

(b) Repita para o circuito da Figura 3.53(b).

FIGURA 3.53

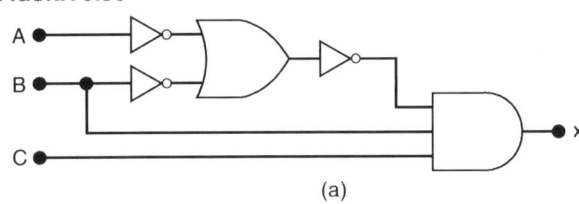

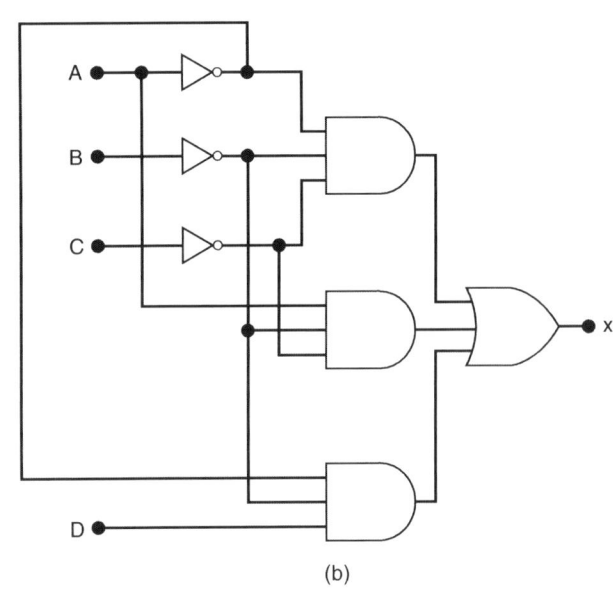

(a)

(b)

B 3.13★ Crie uma tabela de análise completa para o circuito da Figura 3.15(b) encontrando os níveis lógicos presentes na saída de cada porta para as 32 combinações possíveis de entrada.

B 3.14 (a)★ Transforme cada OR por AND e cada AND em OR na Figura 3.15(b). Em seguida, escreva a expressão para a saída.

(b) Complete uma tabela de análise.

B 3.15 Crie uma tabela de análise completa para o circuito da Figura 3.15(a) encontrando os níveis lógicos presentes na saída de cada porta para as 16 combinações possíveis de entrada.

SEÇÃO 3.8

B 3.16 Para cada uma das expressões a seguir, desenhe o circuito lógico correspondente usando portas AND, OR e INVERSORES.

(a)★ $x = \overline{AB(C+D)}$
(b)★ $z = \overline{A + B + \overline{CDE}} + \overline{BCD}$
(c) $y = \overline{(M+N) + \overline{P}Q}$
(d) $x = \overline{W + P\overline{Q}}$
(e) $z = MN(P + \overline{N})$
(f) $x = (A+B)(\overline{A}+\overline{B})$
(g) $g = AC + B\overline{C}$
(h) $h = \overline{\overline{AB} + \overline{CD}}$

SEÇÃO 3.9

B 3.17★ (a) Aplique as formas de onda de entrada da Figura 3.54 em uma porta NOR e desenhe a forma de onda de saída.

(b) Repita para a entrada C mantida permanentemente em nível BAIXO.

(c) Repita para a entrada C mantida em nível ALTO.

FIGURA 3.54

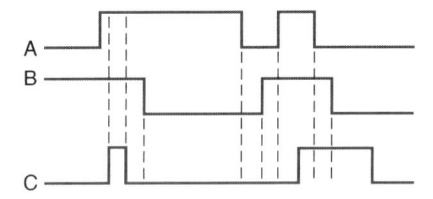

B 3.18 Repita o Problema 3.17 para uma porta NAND.

C 3.19★ Escreva a expressão para a saída do circuito da Figura 3.55 e use-a para determinar a tabela-verdade completa. Em seguida, aplique as formas de onda mostradas na Figura 3.54 às entradas do circuito e desenhe a forma de onda de saída resultante.

FIGURA 3.55

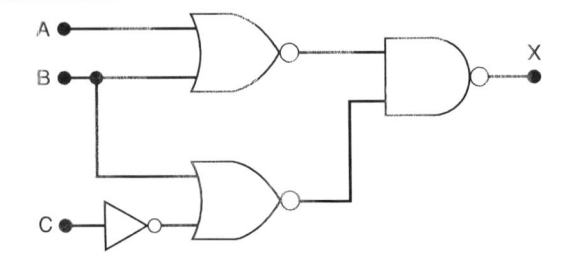

B 3.20 Determine a tabela-verdade para o circuito da Figura 3.24.

B 3.21 Modifique os circuitos construídos no Problema 3.16 para usar as portas NAND e NOR onde for apropriado.

SEÇÃO 3.10

C 3.22 Prove os teoremas (15a) e (15b) testando todos os casos possíveis.

B 3.23★ EXERCÍCIO DE FIXAÇÃO
Complete cada expressão.
(a) $A + 1 = $ _____
(b) $A \cdot A = $ _____
(c) $B \cdot \bar{B} = $ _____
(d) $C + C = $ _____
(e) $x \cdot 0 = $ _____
(f) $D \cdot 1 = $ _____
(g) $D + 0 = $ _____
(h) $C + \bar{C} = $ _____
(i) $G + GF = $ _____
(j) $y + \bar{w}y = $ _____

C 3.24 (a)★ Simplifique a seguinte expressão usando os teoremas (13b), (3) e (4):
$$x = (M + N)(\bar{M} + P)(\bar{N} + \bar{P})$$
(b) Simplifique a seguinte expressão usando os teoremas (13a), (8) e (6):
$$z = \bar{A}B\bar{C} + AB\bar{C} + B\bar{C}D$$

SEÇÕES 3.11 E 3.12

C 3.25 Prove os teoremas de DeMorgan testando todos os casos possíveis.

B 3.26 Simplifique cada uma das seguintes expressões usando os teoremas de DeMorgan.
(a)★ $\overline{AB\bar{C}}$
(b) $\overline{\bar{A} + \bar{B}C}$
(c)★ $\overline{AB\overline{CD}}$
(d) $\overline{\bar{A} + \bar{B}}$
(e)★ $\overline{\overline{AB}}$
(f) $\overline{\bar{A} + \bar{C} + \bar{D}}$
(g)★ $\overline{A(\bar{B} + \bar{C})D}$
(h) $\overline{(M + \bar{N})(\bar{M} + N)}$
(i) $\overline{\overline{ABCD}}$

B 3.27★ Use os teoremas de DeMorgan para simplificar a expressão de saída do circuito da Figura 3.55.

C 3.28 Converta o circuito da Figura 3.53(b) para um circuito que use apenas portas NAND. Em seguida, escreva a expressão de saída para o novo circuito, simplifique-a usando os teoremas de DeMorgan e compare-a com a expressão do circuito original.

C 3.29 Converta o circuito da Figura 3.53(a) para um que use apenas portas NOR. Em seguida, escreva a expressão de saída para o novo circuito, simplifique-a usando os teoremas de DeMorgan e compare-a com a expressão do circuito original.

B 3.30 Mostre como uma porta NAND de duas entradas pode ser construída a partir de portas NOR de duas entradas.

B 3.31 Mostre como uma porta NOR de duas entradas pode ser construída a partir de portas NAND de duas entradas.

C 3.32 Um avião a jato emprega um sistema de monitoração dos valores de rpm, pressão e temperatura dos seus motores usando sensores que operam conforme descrito a seguir:

saída do sensor RPM = 0 apenas quando a velocidade for < 4.800 rpm

saída do sensor P = 0 apenas quando a pressão for < 1,33 N/m²

saída do sensor T = 0 apenas quando a temperatura for < 93,3° C

A Figura 3.56 mostra o circuito lógico que controla uma lâmpada de advertência dentro da cabine para certas combinações de condições da máquina. Suponha que um nível ALTO na saída W ative a luz de advertência.

(a)★ Determine quais condições do motor indicam sinal de advertência ao piloto.
(b) Troque esse circuito por outro que contenha todas as portas NAND.

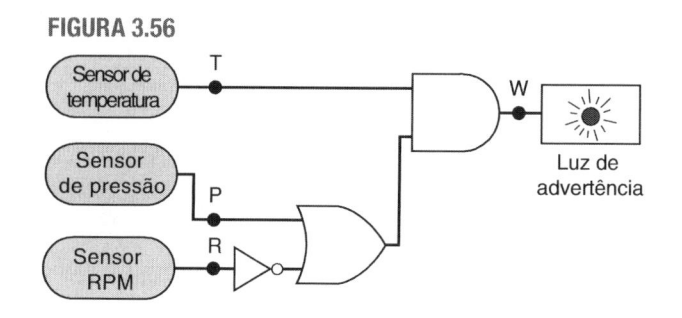

FIGURA 3.56

3.33 O porta-malas de um automóvel é aberto de duas maneiras: pressionando-se um botão na tampa do porta-malas ou pressionando-se o respectivo botão na chave fob. Porém, esses botões apenas abrem o porta-malas sob certas condições, por motivos de segurança. O diagrama de lógica para esse circuito é mostrado na Figura 3.57.

FIGURA 3.57

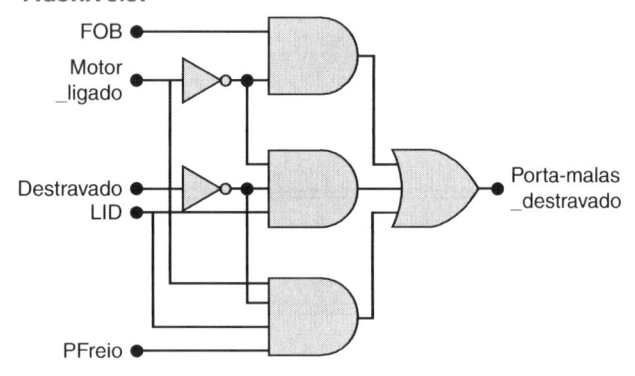

A saída é Porta-malas_destravado.

ALTO ativa a liberação da retenção e abre o porta-malas.

As entradas são definidas da seguinte maneira:

Botão na tampa (lid) do porta-malas	LID	BAIXO = não pressionado	ALTO = pressionado
Botão na chave fob	FOB	BAIXO = não pressionado	ALTO = pressionado
Condição de travamento da porta	Travada	Baixo = destravado	ALTO = travado
Freio de estacionar	PFreio	Baixo = não definido (off)	ALTO = freio definido
Status do motor	Motor_ligado	Baixo = desligado	ALTO = motor ligado

(a) Escreva as condições que abrirão o porta-malas.

(b) Escreva a equação booleana usando os nomes dos sinais fornecidos.

(c) Redesenhe o circuito usando todas as portas NAND (suponha que você possua até quatro portas NAND disponíveis).

3.34 O início remoto para um automóvel girará o motor sob certas condições. O circuito lógico é mostrado na Figura 3.58. As entradas são definidas da seguinte forma:

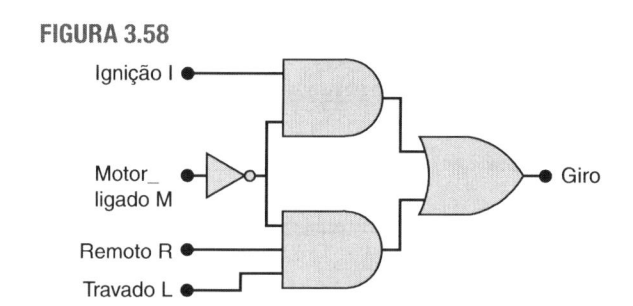

FIGURA 3.58

I	Ignição	Chave de ignição na posição START = ALTO
M	Motor_ligado	Motor funcionando = ALTO
R	Remoto	Botão de start remoto em FOB pressionado = ALTO
L	Travado	Portas travadas = ALTO

(a) Escreva a expressão booleana do diagrama de circuito.

(b) Desenhe a tabela-verdade para esse circuito.

(c) Escreva a expressão SOP não simplificada (usando todos os termos de produtos de quatro variáveis).

(d) Use a álgebra booleana para simplificar a expressão SOP em (c) para combinar a expressão em (a).

(e) Implemente esse circuito usando apenas portas NAND.

SEÇÕES 3.13 E 3.14

B 3.35★ Para cada afirmativa a seguir, desenhe o símbolo apropriado da porta lógica (padrão ou alternativo) para as operações dadas.

(a) Uma saída em nível ALTO ocorre apenas quando todas as três entradas estão em nível BAIXO.

(b) Uma saída em nível BAIXO ocorre quando qualquer uma das quatro entradas está em nível BAIXO.

(c) Uma saída em nível BAIXO ocorre apenas quando todas as oito entradas estão em nível ALTO.

B 3.36 Desenhe as representações-padrão para cada uma das portas lógicas básicas. Em seguida, desenhe as representações alternativas.

C 3.37 Suponha que o circuito da Figura 3.55 seja um simples circuito combinacional de uma chave digital de código cuja saída gera um sinal ativo-em-BAIXO $\overline{DESTRAVADO}$ para apenas uma combinação das entradas.

(a)* Modifique o diagrama do circuito para que ele represente mais eficientemente a operação do circuito.

(b) Use o novo diagrama do circuito para determinar a combinação de entrada que ativa a saída. Faça isso da saída para a entrada do circuito, usando as informações dadas pelos símbolos das portas utilizadas nos exemplos 3.22 e 3.23. Compare os resultados com a tabela-verdade obtida no Problema 3.19.

C 3.38 (a) Determine as condições de entrada necessárias para ativar a saída Z na Figura 3.37(b). Faça isso da saída para a entrada do circuito, de acordo com os exemplos 3.22 e 3.23.

(b) Admita que o estado BAIXO na saída Z seja o estado ativo do alarme. Altere o diagrama do circuito para refletir essa condição e, em seguida, use o diagrama alterado para determinar as condições de entrada necessárias para ativar o alarme.

D 3.39 Modifique o circuito da Figura 3.40 de modo que $A_1 = 0$ seja necessário para produzir $LCD = 1$ em vez de $A_1 = 1$.

B 3.40★ Determine as condições de entrada necessárias para levar a saída para o estado ativo na Figura 3.59.

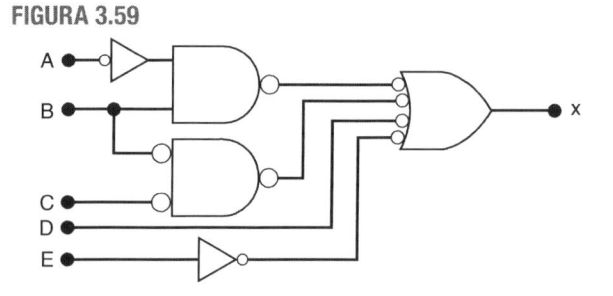

FIGURA 3.59

B 3.41★ (a) Qual é o estado acionado (ativo) para a saída da Figura 3.59?

(b) E para a saída da Figura 3.36(c)?

B 3.42 Use o resultado do Problema 3.40 para obter a tabela-verdade completa para o circuito da Figura 3.59.

N 3.43★ A Figura 3.60 mostra uma aplicação de portas lógicas que simula um circuito de duas vias como o usado em nossas casas para ligar ou desligar uma lâmpada a partir de interruptores diferentes. Nesse caso, é usado um LED que estará LIGADO (conduzindo) quando a saída da porta NOR for nível BAIXO. Observe que essa saída foi nomeada $\overline{LIGHT}$ para indicar que é ativa-em-BAIXO. Determine as condições de entrada necessárias para ligar o LED. Em seguida, verifique se o circuito funciona como um interruptor de duas vias (interruptores A e B). (No Capítulo 4, você aprenderá a projetar circuitos como esse para produzir uma relação entre entradas e saídas.)

FIGURA 3.60

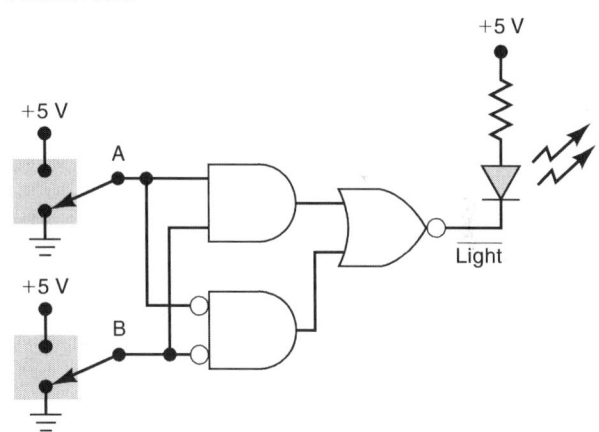

SEÇÃO 3.15

B 3.44 Um inversor 7406 TTL tem um t_{PLH} máximo de 15 ns e um t_{PHL} de 23 ns. Um pulso positivo que dura 100 ns é aplicado à entrada.

(a) Desenhe as formas de onda de entrada e de saída. Faça uma escala do eixo X de maneira que o tempo final seja 200 ns.

(b) Coloque t_{PLH} e t_{PHL} no gráfico.

(c) Qual será a amplitude do pulso na saída, se ocorrerem as piores hipóteses de atraso de propagação?

SEÇÃO 3.17
EXERCÍCIOS DE FIXAÇÃO SOBRE HDL

H 3.45★ *Verdadeiro ou falso*:
(a) O VHDL é uma linguagem de programação de computadores.
(b) O VHDL pode fazer o mesmo que o AHDL.
(c) O AHDL é uma linguagem do padrão IEEE.
(d) Cada intersecção de uma matriz de comutação pode ser programada como circuito aberto ou em curto-circuito entre uma linha e uma coluna.
(e) O primeiro item que aparece no topo de uma lista em HDL é a descrição funcional.
(f) O tipo de um objeto indica se ele é entrada ou saída.
(g) O modo de um objeto determina se ele é entrada ou saída.
(h) Nós internos são os que foram eliminados e jamais serão usados de novo.
(i) Sinais locais é outro nome para variáveis intermediárias.
(j) O cabeçalho é um bloco de comentários que documentam informações importantes sobre o projeto.

SEÇÃO 3.18

B 3.46 Redesenhe a matriz de conexão programável da Figura 3.44. Nomeie os sinais de saída (linhas horizontais) da matriz de conexão (da linha de cima até a de baixo) da seguinte forma: AAABADHE. Desenhe um X nas intersecções apropriadas para fazer uma linha e uma coluna entrarem em curto-circuito e criar essas conexões ao circuito lógico.

H 3.47★ Escreva o código HDL na linguagem de sua escolha que produzirá as seguintes funções de saída:

$$X = A + B$$
$$Y = \overline{AB}$$
$$Z = A + B + C$$

H 3.48 Escreva o código HDL na linguagem de sua escolha que implementará o circuito lógico da Figura 3.39.
(a) Utilize uma única equação booleana.
(b) Use as variáveis intermediárias V, W, X e Y.

APLICAÇÃO EM MICROCOMPUTADOR

C 3.49★ Consulte a Figura 3.40 no Exemplo 3.23. As entradas de A_7 a A_0 são de *endereço* provenientes das saídas de um chip de microprocessador em um microcomputador. O código de endereço de 8 bits A_7 a A_0 seleciona qual dispositivo o microprocessador deseja ativar. No Exemplo 3.23, o código do endereço necessário para ativar a LCD foi de A_7 a $A_0 = 11111110_2 = FE_{16}$.

Modifique o circuito de modo que o microprocessador tenha de gerar o código $4A_{16}$ para ativar a unidade de disco.

PROBLEMAS DESAFIADORES

C 3.50 Mostre como $x = AB\overline{C}$ pode ser implementado com uma porta NOR de duas entradas e uma porta NAND de duas entradas.

C 3.51★ Implemente a expressão $y = ABCD$ usando apenas portas NAND de duas entradas.

RESPOSTAS DAS QUESTÕES DE REVISÃO

SEÇÃO 3.1
1. Constante; GND.
2. Variáveis; *A*, *B*.
3. Veja o glossário.

SEÇÃO 3.2
1. $x = 1$
2. $x = 0$
3. 32

SEÇÃO 3.3
1. Todas as entradas em nível BAIXO.
2. $x = A + B + C + D + E + F$
3. Constantemente em nível ALTO.

SEÇÃO 3.4

1. Todas as cinco entradas = 1.
2. Uma entrada em nível BAIXO mantém a saída em nível BAIXO.
3. Falso; veja a tabela-verdade de cada porta.

SEÇÃO 3.5

1. A saída do segundo INVERSOR será a mesma que a entrada A.
2. y será nível BAIXO apenas para $A = B = 1$.

SEÇÃO 3.6

1. $x = \overline{A} + B + C + \overline{AD}$
2. $x = D(\overline{AB + C}) + E$

SEÇÃO 3.7

1. $x = 1$
2. $x = 1$
3. $x = 1$ para ambos.

SEÇÃO 3.8

1. Veja a Figura 3.15(a).
2. Veja a Figura 3.17(b).
3. Veja a Figura 3.15(b).

SEÇÃO 3.9

1. Todas as entradas em nível BAIXO.
2. $x = 0$
3. $x = \overline{A + B + \overline{CD}}$

SEÇÃO 3.10

1. $y = A\overline{C}$
2. $y = \overline{A}\ \overline{B}\ \overline{D}$
3. $y = \overline{A}D + BD$

SEÇÃO 3.11

1. $z = \overline{A}\ \overline{B} + C$
2. $y = (\overline{R} + S + \overline{T})Q$
3. O mesmo que na Figura 3.28, exceto que NAND é substituída por NOR.
4. $y = \overline{AB}(C + \overline{D})$

SEÇÃO 3.12

1. Três.

2. O circuito com NOR é mais eficiente porque pode ser implementado com somente três portas NOR.
3. $x = \overline{(\overline{AB})(\overline{CD})} = \overline{\overline{AB}} + \overline{(\overline{CD})} = AB + CD$
4. 3
5. 1

SEÇÃO 3.13

1. A saída será nível BAIXO quando qualquer entrada for nível ALTO.
2. A saída será nível ALTO somente quando todas as entradas forem nível BAIXO.
3. A saída será nível BAIXO quando qualquer entrada for nível BAIXO.
4. A saída será nível ALTO somente quando todas as entradas forem nível ALTO.

SEÇÃO 3.14

1. Z será nível ALTO quando $A = B = 0$ e $C = D = 1$.
2. Z será nível BAIXO quando $A = B = 0$, $E = 1$ e C ou D (ou ambas) forem 0.
3. Duas.
4. Duas.
5. BAIXO.
6. $A = B = 0$, $C = D = 1$
7. $\overline{W}$

SEÇÃO 3.15

1. A escala é em nanossegundos e leva um montante finito de tempo para mudar os estados.
2. Do ponto 50% na entrada ao ponto 50% na saída.
3. t_{PHL}
4. t_{PLH}

SEÇÃO 3.16

1. Equação booleana, tabela-verdade, diagrama lógico, diagrama de tempo, linguagem.
2. Entrada esquemática de arquivos .bdf e simulação usando diagramas de tempo.

SEÇÃO 3.17

1. Linguagem de descrição de hardware.

2. Descrever um circuito digital e sua operação.
3. Dar a um computador uma lista sequencial de tarefas.
4. O HDL descreve circuitos de hardware concorrentes; as instruções de computador executam instruções uma a uma.
5. Altera Corporation.
6. Departamento de Defesa dos Estados Unidos.

SEÇÃO 3.18

1. Dispositivo lógico programável.
2. Estabelecer e romper conexões em uma matriz de comutação.
3. O compilador traduz código HDL em um padrão de bits para configurar a matriz de comutação.

SEÇÃO 3.19
AHDL

1. As definições de entrada e saída.
2. A descrição de como o hardware opera.

VHDL

1. Nomear o circuito e definir suas entradas e saídas.
2. A descrição de ARCHITECTURE.
3. <=

SEÇÃO 3.20
AHDL

1. NODE.
2. Depois da definição de I/O e antes de BEGIN.
3. Não.
4. %
5. --

VHDL

1. SIGNAL.
2. Dentro de ARCHITECTURE e antes de BEGIN.
3. Não.
4. --

CAPÍTULO 4

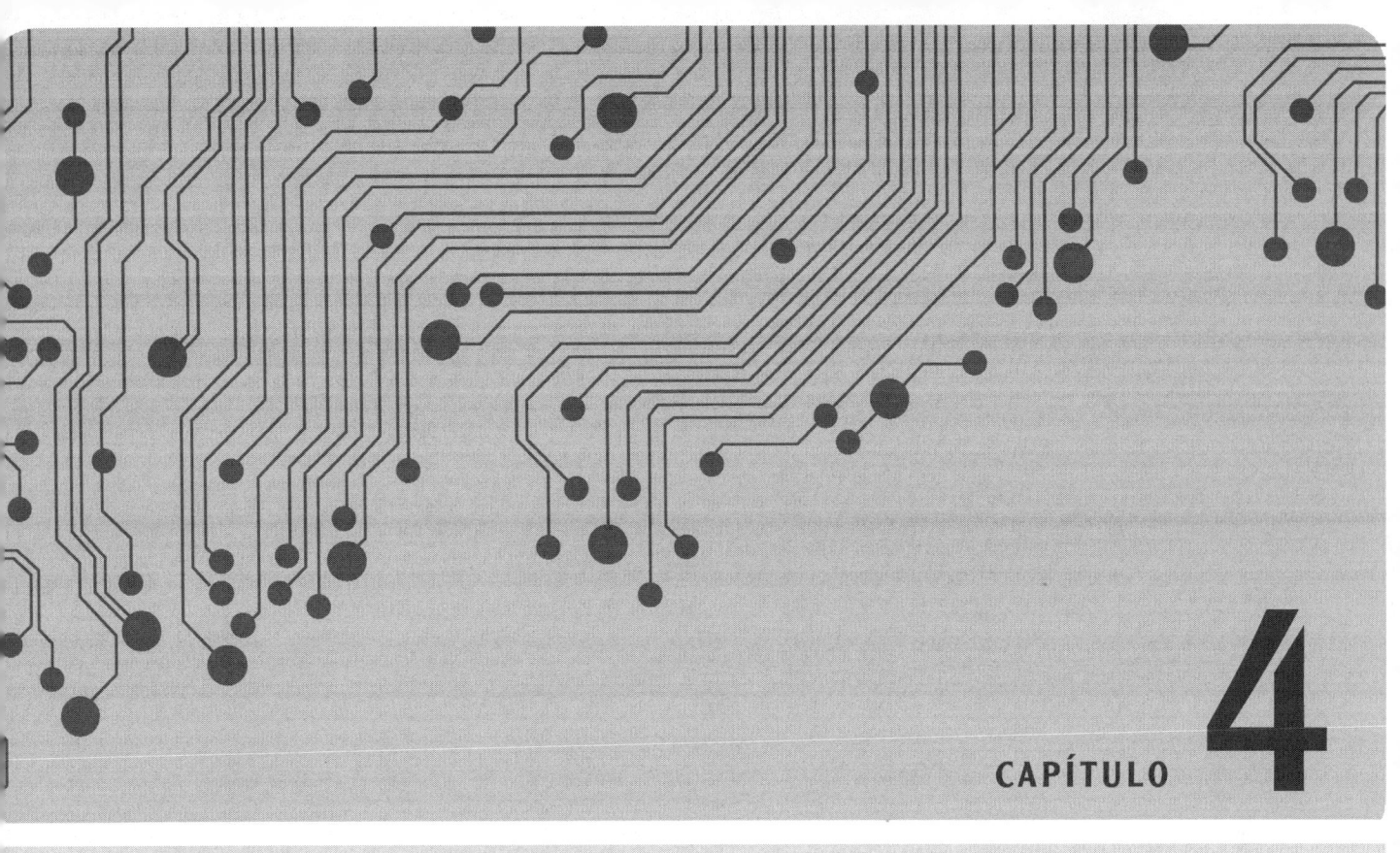

CIRCUITOS LÓGICOS COMBINACIONAIS

■ CONTEÚDO

4.1 Forma de soma de produtos
4.2 Simplificação de circuitos lógicos
4.3 Simplificação algébrica
4.4 Projetando circuitos lógicos combinacionais
4.5 Método do mapa de Karnaugh
4.6 Circuitos exclusive-OR e exclusive-NOR
4.7 Gerador e verificador de paridade
4.8 Circuitos para habilitar/desabilitar
4.9 Características básicas de CIs digitais de legado
4.10 Análise de defeitos em sistemas digitais
4.11 Falhas internas dos CIs digitais
4.12 Falhas externas
4.13 Análise de defeitos de circuitos prototipados
4.14 Dispositivos lógicos programáveis
4.15 Representando dados em HDL
4.16 Tabelas-verdade com uso de HDL
4.17 Estruturas de controle de decisão em HDL

■ OBJETIVOS DO CAPÍTULO

Após ler este capítulo, você será capaz de:

- Converter uma expressão lógica em uma expressão de soma de produtos (SOP).
- Executar os passos necessários a fim de obter a forma mais simplificada de uma expressão de soma de produtos.
- Fazer uso da álgebra booleana e do mapa de Karnaugh como ferramentas para simplificação e projeto de circuitos lógicos.
- Explicar o funcionamento dos circuitos exclusive-OR e exclusive-NOR.
- Desenvolver circuitos lógicos simples sem o auxílio da tabela-verdade.
- Descrever como implementar circuitos de habilitação.
- Citar as características básicas de CIs digitais TTL e CMOS.
- Utilizar as regras básicas para análise de defeitos em sistemas digitais.
- Deduzir, a partir de resultados observados, os defeitos de funcionamento em circuitos lógicos combinacionais.
- Especificar o princípio fundamental dos dispositivos lógicos programáveis (PLDs).
- Delinear os passos envolvidos na programação de um PLD a fim de que ele desempenhe a função de um circuito lógico combinacional simples.
- Descrever métodos de projetos hierárquicos.
- Identificar tipos de dados adequados para variáveis de bit único, vetores de bits e valores numéricos.
- Detalhar circuitos lógicos usando estruturas HDL de controle IF/ELSE, IF/ELSIF e CASE.
- Escolher a estrutura HDL de controle adequada a um dado problema.

■ INTRODUÇÃO

No Capítulo 3, estudamos a operação de todas as portas lógicas básicas e usamos a álgebra booleana a fim de descrever e analisar circuitos feitos a partir da combinação de portas lógicas. Esses circuitos podem ser classificados como *combinacionais* porque, em qualquer instante de tempo, o nível lógico da saída do circuito depende da combinação dos níveis lógicos presentes nas entradas. Um circuito combinacional não possui a característica de *memória*, então sua saída depende *apenas* dos valores atuais das entradas.

Neste capítulo, continuaremos o estudo de circuitos combinacionais. De início, faremos uma análise mais detalhada da simplificação de circuitos lógicos. Dois métodos serão utilizados: o primeiro, com os teoremas da álgebra booleana; e o segundo, com uma técnica de *mapeamento*. Além disso, estudaremos técnicas simples para projetar circuitos lógicos combinacionais que vão satisfazer dado conjunto de requisitos. Um estudo completo a respeito do projeto de circuitos lógicos não é um dos objetivos, mas os métodos que estudaremos proporcionarão uma boa introdução para o assunto.

Grande parte deste capítulo é dedicada ao tópico da análise de defeitos, *troubleshooting*, termo que tem sido adotado como descrição geral do processo de isolamento de um problema, ou falha, em qualquer sistema e a identificação de uma maneira para resolvê-lo. As habilidades analíticas e os métodos eficientes para a análise de defeitos são igualmente aplicáveis a qualquer sistema, não importa se é um problema de encanamento, um problema com carro, uma questão de saúde ou um circuito digital. Sistemas digitais, implementados usando circuitos integrados TTL, têm sido, por décadas, excepcionais para o estudo eficiente e sistemático de métodos de análise de defeitos. Como ocorre com qualquer sistema, as características práticas das peças que formam o sistema têm de ser compreendidas, a fim de que se possa fazer uma análise efetiva de sua operação normal, localizando-se o problema e propondo-se uma solução. Apresentaremos algumas características básicas e falhas típicas de CIs de portas lógicas das famílias TTL e CMOS, que ainda são comumente usados para instrução de laboratório em cursos digitais introdutórios, e vamos tirar vantagem desta tecnologia a fim de ensinar alguns princípios fundamentais de análise de defeitos.

Nas últimas seções, apresentaremos conceitos básicos que envolvem os dispositivos lógicos programáveis e as linguagens de descrição de hardware. O conceito de conexões programáveis de hardware será reforçado, e forneceremos mais detalhes sobre o papel do sistema de desenvolvimento. Você aprenderá os passos a serem seguidos no projeto e o atual desenvolvimento de sistemas digitais. Serão fornecidas informações a fim de que você possa escolher os tipos corretos de objetos de dados, usados em projetos simples, apresentados posteriormente neste livro. Por fim, várias estruturas de controle serão explicadas, e serão dadas instruções sobre o seu uso apropriado.

4.1 FORMA DE SOMA DE PRODUTOS

OBJETIVOS

Após ler esta seção, você será capaz de:

- Identificar a forma de uma expressão de soma de produtos (SOP).
- Distinguir a forma de uma expressão de produto de somas (POS).

Os métodos de simplificação e projetos de circuitos lógicos que estudaremos requerem que a expressão lógica esteja na forma de **soma de produtos** (**SOP**, do inglês, ***sum-of-products***). Alguns exemplos de expressões desse tipo são:

1. $ABC + \overline{A}\overline{B}C$
2. $AB + \overline{A}B\overline{C} + \overline{C}\overline{D} + \overline{D}$
3. $\overline{A}B + C\overline{D} + EF + GK + \overline{H}L$

Cada expressão consiste em dois ou mais termos AND (produtos) conectados por uma operação OR. Cada termo AND consiste em uma ou mais variáveis que aparecem *individualmente* na forma complementada ou não complementada. Por exemplo, na expressão que é uma soma de produtos $ABC + \overline{A}\overline{B}C$, o primeiro produto AND contém as variáveis A, B e C na forma não complementada (não invertida). O segundo termo AND contém A e C em sua forma complementada (invertida). Note que em uma expressão na forma de soma de produtos, um sinal de inversão *não pode* abranger mais que uma variável em um termo (por exemplo, não poderíamos ter $\overline{ABC}$ ou $\overline{RST}$).

Produto de somas

Outra forma geral para expressões lógicas é usada, às vezes, no projeto de circuitos lógicos. Ela é chamada de **produto de somas** (**POS**, do inglês *product-of-sums*) e consiste em dois ou mais termos OR (somas) conectados por operações AND. Cada termo OR contém uma ou mais variáveis na forma complementada ou não complementada. Vamos ver algumas expressões na forma de produto de somas:

1. $(A + \overline{B} + C)(A + C)$
2. $(A + \overline{B})(\overline{C} + D)F$
3. $(A + C)(B + \overline{D})(\overline{B} + C)(A + \overline{D} + \overline{E})$

Os métodos de simplificação e projeto de circuitos que usaremos são baseados na forma de soma de produtos, de modo que não usaremos muito produto de somas. Todavia, a forma de produto de somas aparecerá em alguns circuitos lógicos que apresentam uma estrutura particular.

QUESTÕES DE REVISÃO

1. Quais das expressões a seguir estão na forma de soma de produtos?
(a) $AB + CD + E$
(b) $AB(C + D)$
(c) $(A + B)(C + D + F)$
(d) $\overline{MN} + PQ$
2. Repita a Questão 1 para a forma de POS.

4.2 SIMPLIFICAÇÃO DE CIRCUITOS LÓGICOS

OBJETIVOS

Após ler esta seção, você será capaz de:

- Justificar o uso da simplificação.
- Apontar duas técnicas de simplificação para circuitos digitais.

Uma vez obtida a expressão de um circuito lógico, pode-se reduzi-la a uma forma mais simples, que contenha um menor número de termos ou variáveis em um ou mais termos da expressão. Essa nova expressão pode, então, ser usada na implementação de um circuito equivalente ao original, mas que contém menos portas lógicas e conexões.

Para ilustrar, o circuito da Figura 4.1(a) pode ser simplificado a fim de produzir o circuito mostrado na Figura 4.1(b). Como os dois circuitos têm a mesma lógica, um circuito mais simples é mais desejável por conter menos portas lógicas e, portanto, ser menor e mais barato do que o original. Ademais, a confiabilidade será maior por ter um número menor de conexões, que são causas potenciais de defeitos em circuitos.

Outra vantagem estratégica de se simplificar circuitos lógicos envolve a velocidade operacional de circuitos. Lembre-se das discussões anteriores, em que portas lógicas são sujeitas ao atraso de propagação. Se circuitos lógicos práticos são configurados de tal maneira que mudanças lógicas nas entradas têm de ser propagadas através de muitas camadas de portas, a fim de determinar a saída, eles não têm como operar tão rápido quanto circuitos com menos camadas de portas. Por exemplo, compare os circuitos da figuras 4.1(a) e (b). Em (a) o percurso mais longo que um sinal tem de viajar envolve três portas. Na Figura 4.1(b), o percurso de sinal mais longo (C) envolve apenas duas portas. Trabalhar no sentido de uma forma comum como SOP ou POS assegura um atraso de propagação semelhante para todos os sinais no sistema e ajuda a determinar a velocidade operacional máxima do sistema.

Nas seções subsequentes, vamos analisar dois métodos para simplificação de circuitos lógicos. O primeiro usa os teoremas da álgebra booleana e depende muito da inspiração e experiência do usuário. O segundo (o mapa de Karnaugh) consiste em um método sistemático de aproximação passo a passo. Alguns professores podem pular este último, por ser, até certo ponto, mecânico e provavelmente não contribuir para um melhor aprendizado da álgebra booleana. Isso pode ser feito sem afetar a continuidade ou a clareza do restante do texto.

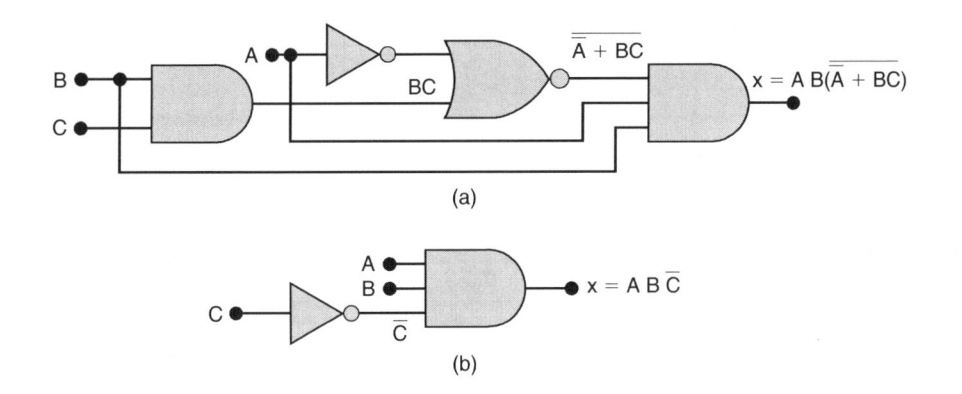

FIGURA 4.1 Muitas vezes, é possível simplificar um circuito lógico como o mostrado em (a) a fim de se gerar uma implementação mais eficiente, conforme mostrado em (b).

QUESTÕES DE REVISÃO

1. Apresente duas vantagens de simplificação.
2. Aponte dois métodos de simplificação.

4.3 SIMPLIFICAÇÃO ALGÉBRICA

OBJETIVOS

Após ler esta seção, você será capaz de:

- Aplicar teoremas e propriedades de álgebra booleana com o intuito de reduzir expressões booleanas.
- Manipular expressões nas formas POS e SOP.

Podemos usar os teoremas da álgebra booleana, estudados no Capítulo 3, a fim de simplificar expressões de circuitos lógicos. É uma pena que nem sempre seja óbvio qual teorema deve ser aplicado a fim de se obter o resultado mais simplificado. Ademais, não é fácil dizer se uma expressão está na forma mais simples ou se ainda pode ser simplificada. Desse modo, as simplificações algébricas são, muitas vezes, um processo de tentativa e erro. Contudo, com a experiência, podem-se obter resultados razoavelmente bons.

Os exemplos a seguir ilustram várias formas em que os teoremas booleanos podem ser aplicados na tentativa de simplificação de expressões. Você deve observar que esses exemplos contêm duas etapas primordiais:

1. A expressão original é colocada na forma de soma de produtos, aplicando-se repetidamente os teoremas de DeMorgan e a multiplicação de termos.
2. Uma vez que a expressão original esteja na forma de soma de produtos, verifica-se se os termos de produto têm fatores comuns, realizando a fatoração, sempre que possível. A fatoração deveria resultar na eliminação de um ou mais termos.

EXEMPLO 4.1

Simplifique o circuito lógico mostrado na Figura 4.2(a).

FIGURA 4.2 Exemplo 4.1.

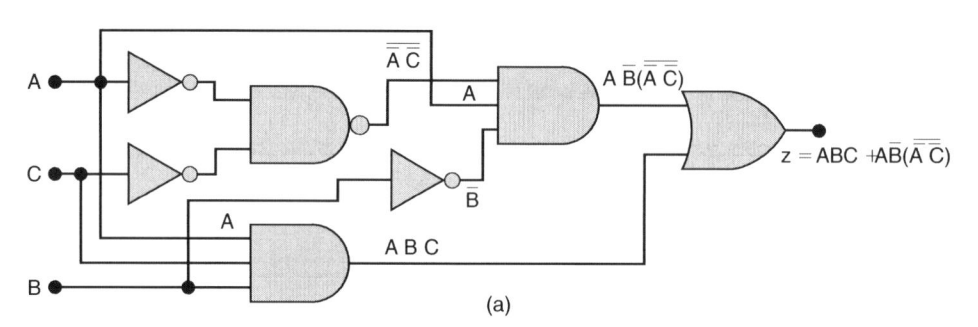

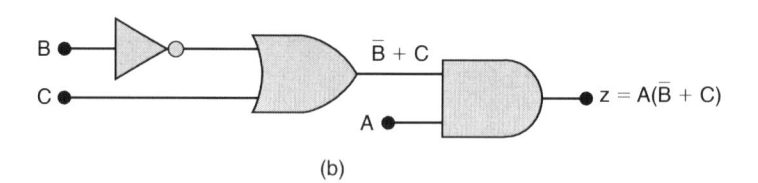

Solução

O primeiro passo é determinar a expressão para a saída, usando o método apresentado na Seção 3.6. O resultado é

$$z = ABC + A\overline{B} \cdot (\overline{\overline{A} \, \overline{C}})$$

Uma vez determinada a expressão, é uma boa ideia quebrar todas as barras de inversão, usando os teoremas de DeMorgan, para, em seguida, multiplicar todos os termos.

$$z = ABC + A\overline{B}\,(\overline{\overline{A}} + \overline{\overline{C}}) \text{ [teorema (17)]}$$
$$= ABC + A\overline{B}\,(A + C) \text{ [cancelar inversões duplas]}$$
$$= ABC + A\overline{B}A + A\overline{B}C \text{ [múltipla saída]}$$
$$= ABC + A\overline{B} + A\overline{B}C \text{ [}A \cdot A = A\text{]}$$

Agora, com a expressão na forma de soma de produtos, devemos procurar por variáveis comuns entre os termos, com a intenção de fatorar. O primeiro e o terceiro termos têm AC em comum, que pode ser fatorado, obtendo-se:

$$z = AC(B + \overline{B}) + A\overline{B}$$

Uma vez que $B + \overline{B} = 1$, então,

$$z = AC(1) + A\overline{B}$$
$$= AC + A\overline{B}$$

Agora pode-se fatorar A, resultando em
$$z = A(C + \bar{B})$$
Esse resultado não tem como ser simplificado. A implementação do circuito é mostrada na Figura 4.2(b). O circuito mostrado em (b) é bem mais simples que o circuito original, mostrado em (a).

EXEMPLO 4.2

Simplifique a expressão $z = A\bar{B}\,\bar{C} + A\bar{B}C + ABC$.

Solução
Esta expressão já está na forma de soma de produtos.
Método 1: os primeiros dois termos da expressão têm em comum o produto $A\bar{B}$. Portanto,
$$z = A\bar{B}(\bar{C} + C) + ABC$$
$$= A\bar{B}(1) + ABC$$
$$= A\bar{B} + ABC$$
Pode-se fatorar a variável A dos dois termos:
$$z = A(\bar{B} + BC)$$
Aplicando-se o teorema (15b),
$$z = A(\bar{B} + C)$$

Método 2: a expressão original é $z = A\bar{B}\,\bar{C} + A\bar{B}C + ABC$. Os dois primeiros termos têm $A\bar{B}$ em comum. Os dois últimos têm AC. Como saber se devemos fatorar $A\bar{B}$, dos dois primeiros termos, ou AC, dos dois últimos termos? Na realidade, podemos fazer ambas as coisas, usando o termo $A\bar{B}C$ duas vezes. Em outras palavras, pode-se reescrever a expressão como:
$$z = A\bar{B}\,\bar{C} + A\bar{B}C + A\bar{B}C + ABC)$$
na qual acrescentamos um termo extra $A\bar{B}C$. Isso é válido e não altera o valor da expressão, uma vez que $A\bar{B}C + A\bar{B}C = A\bar{B}C$ [teorema (7)]. Agora, podemos fatorar $A\bar{B}$ dos dois primeiros termos e AC dos dois últimos termos, obtendo:
$$z = A\bar{B}\,(\bar{C} + C) + AC(\bar{B} + B)$$
$$= A\bar{B} \cdot 1 + AC \cdot 1$$
$$= A\bar{B} + AC = A(\bar{B} + C)$$
Este resultado é, naturalmente, o mesmo obtido com o método 1. Esse artifício de usar o mesmo termo duas vezes pode ser aplicado sempre. De fato, o mesmo termo pode ser usado mais de duas vezes, se necessário.

EXEMPLO 4.3

Simplifique a expressão $z = \bar{A}C(\overline{\bar{A}BD}) + \bar{A}B\bar{C}\,\bar{D} + A\bar{B}C$.

Solução
Inicialmente, use o teorema de DeMorgan no primeiro termo:
$$z = \bar{A}C(A + \bar{B} + \bar{D}) + \bar{A}B\bar{C}\,\bar{D} + A\bar{B}C \qquad \text{(passo 1)}$$
Multiplicando, obtemos
$$z = \bar{A}CA + \bar{A}C\bar{B} + \bar{A}C\bar{D} + \bar{A}B\bar{C}\,\bar{D} + A\bar{B}C \qquad (2)$$

Uma vez que $\overline{A} \cdot A = 0$, o primeiro termo é eliminado:

$$z = \overline{A}\,\overline{B}C + \overline{A}C\overline{D} + \overline{A}B\overline{C}\,\overline{D} + A\overline{B}C \qquad (3)$$

Essa é a forma de soma de produtos. Agora, devemos procurar por fatores comuns entre os termos-produto. A ideia é identificar o maior fator comum entre dois ou mais termos-produto. Por exemplo, o primeiro e o último termos têm em comum o fator $\overline{B}C$, e o segundo e o terceiro compartilham o fator comum $\overline{A}\,\overline{D}$; e podemos fatorá-los da seguinte maneira:

$$z = \overline{B}C(\overline{A} + A)\,\overline{A}\,\overline{D}\,(C + B\overline{C}) \qquad (4)$$

Agora, uma vez que $\overline{A} + A = 1$ e $C + B\overline{C} = C + B$ {teorema [15(a)]}, temos

$$z = \overline{B}C + \overline{A}\,\overline{D}\,(B + C) \qquad (5)$$

Esse mesmo resultado poderia ser obtido com outras escolhas para fatoração. Por exemplo, poderíamos ter fatorado C do primeiro, do segundo e do quarto termos-produto, no passo 3, a fim de obter

$$z = C(\overline{A}\,\overline{B} + \overline{A}\,\overline{D} + A\overline{B}) + \overline{A}B\overline{C}\,\overline{D}$$

A expressão dentro dos parênteses ainda pode ser fatorada, obtendo-se:

$$z = C(\overline{B}[\overline{A} + A] + \overline{A}\,\overline{D}) + \overline{A}B\overline{C}\,\overline{D}$$

Uma vez que $\overline{A} + A = 1$, a expressão torna-se

$$z = C(\overline{B} + \overline{A}\,\overline{D}) + \overline{A}B\overline{C}\,\overline{D}$$

Multiplicando, obtemos

$$z = \overline{B}C + \overline{A}C\overline{D} + \overline{A}B\overline{C}\,\overline{D}$$

Agora, podemos fatorar $\overline{A}\,\overline{D}$ do segundo e do terceiro termos e obteremos

$$z = \overline{B}C + \overline{A}\,\overline{D}(C + B\overline{C})$$

Usando-se o teorema [15(a)], a expressão entre parênteses se torna $B + C$. Desse modo, temos, finalmente

$$z = \overline{B}C + \overline{A}\,\overline{D}(B + C)$$

É o mesmo resultado que obtivemos anteriormente, mas exigiu muito mais passos. O exemplo ilustra por que você deve procurar pelos maiores fatores comuns: eles conduzirão à expressão final em menos passos.

O Exemplo 4.3 ilustra a frustração que muitas vezes sentimos com a simplificação booleana. Como chegamos à mesma equação (que parece não poder ser simplificada) por dois métodos diferentes, pareceria razoável concluir que essa equação final é a forma mais simples. De fato, a forma mais simples dessa equação é

$$z = \overline{A}B\overline{D} + \overline{B}C$$

Mas parece que não há como simplificar o passo 5 para chegar a esta versão mais simples. Neste caso, deixamos de notar uma operação anterior no processo que poderia ter conduzido à forma mais simples. A pergunta é "Como poderíamos saber que pulamos um passo?". Mais adiante, neste mesmo capítulo, examinaremos uma técnica de mapeamento que sempre leva à forma mais simples de soma de produtos.

EXEMPLO 4.4

Simplifique a expressão $x = (\overline{A} + B)(A + B + D)\overline{D}$.

Solução

A expressão pode ser colocada sob a forma de soma de produtos quando multiplicando todos os termos. O resultado é

$$x = \overline{A}A\overline{D} + \overline{A}B\overline{D} + \overline{A}D\overline{D} + BA\overline{D} + BB\overline{D} + BD\overline{D}$$

O primeiro termo pode ser eliminado, uma vez que $\overline{A}A = 0$. Da mesma maneira, o terceiro e o sexto termos podem ser eliminados, uma vez que $D\overline{D} = 0$. O quinto termo pode ser simplificado para $B\overline{D}$, uma vez que $BB = B$. Isso resulta em

$$x = \overline{A}B\overline{D} + AB\overline{D} + B\overline{D}$$

Pode-se fatorar $B\overline{D}$ a partir de cada termo, obtendo-se

$$x = B\overline{D}(\overline{A} + A + 1)$$

Obviamente, o termo dentro dos parênteses é sempre 1, de modo que, finalmente, temos

$$x = B\overline{D}$$

EXEMPLO 4.5

Simplifique o circuito mostrado na Figura 4.3(a).

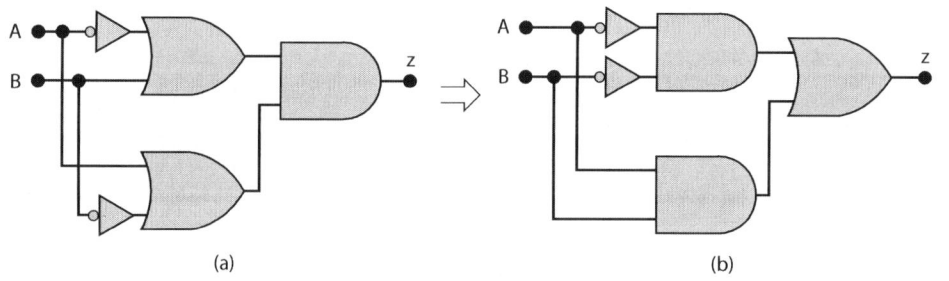

FIGURA 4.3 Exemplo 4.5.

Solução

A expressão para a saída z é

$$z = (\overline{A} + B)(A + \overline{B})$$

Multiplicando a fim de obter a forma de soma de produtos, temos

$$z = \overline{A}A + \overline{A}\,\overline{B} + BA + B\overline{B}$$

Podemos eliminar $\overline{A}A = 0$ e $B\overline{B} = 0$ para finalizarmos com

$$z = \overline{A}\,\overline{B} + AB$$

Essa expressão está implementada na Figura 4.3(b), e, se a compararmos com o circuito original, veremos que os dois circuitos contêm o mesmo número de portas e conexões. Neste caso, o processo de simplificação produziu um circuito equivalente, porém não o mais simples.

EXEMPLO 4.6

Simplifique a expressão $x = A\overline{B}C + \overline{A}BD + \overline{C}\,\overline{D}$.

Solução

Você pode tentar, mas não há como simplificar ainda mais essa expressão.

QUESTÕES DE REVISÃO

1. Determine quais das seguintes expressões *não* estão na forma de soma de produtos:
   (a) $RS\overline{T} + \overline{R}S\overline{T} + \overline{T}$
   (b) $A\overline{CD} + \overline{A}CD$
   (c) $MN\overline{P} + (M + \overline{N})P$
   (d) $AB + A\overline{B}C + \overline{AB}\;CD$
2. Simplifique o circuito mostrado na Figura 4.1(a) a fim de obter o circuito mostrado na Figura 4.1(b).
3. Troque cada porta AND na Figura 4.1(a) por uma porta NAND. Determine a nova expressão para x e simplifique-a.

4.4 PROJETANDO CIRCUITOS LÓGICOS COMBINACIONAIS

Objetivos

Após ler esta seção, você será capaz de:

- Desenvolver sistematicamente um circuito para executar qualquer função lógica de até quatro variáveis.
- Apresentar as etapas do processo do projeto.

Quando o nível de saída desejado de um circuito lógico é dado para todas as condições de entrada possíveis, os resultados podem ser convenientemente apresentados em uma tabela-verdade. A expressão booleana para o circuito requerido pode, então, ser obtida a partir dessa tabela. Por exemplo, considere a Figura 4.4(a), em que uma tabela-verdade é mostrada para um circuito que tem duas entradas, A e B, e saída x. A tabela mostra que a saída x será nível 1 *apenas* para o caso em que $A = 0$ e $B = 1$. Agora, resta determinar que circuito lógico produz a operação desejada. Deve ficar evidente que uma solução possível é aquela mostrada na Figura 4.4(b). Nesse caso, usa-se uma porta AND com entradas $\overline{A}$ e B, de forma que $x = \overline{A} \cdot B$. Obviamente, x será 1 *apenas* quando as duas entradas da porta AND forem 1, ou seja, $\overline{A} = 1$ (o que significa $A = 0$) e $B = 1$. Para todos os outros valores de A e B a saída x será 0.

FIGURA 4.4 Circuito que produz uma saída em nível 1, apenas para a condição $A = 0$, $B = 1$.

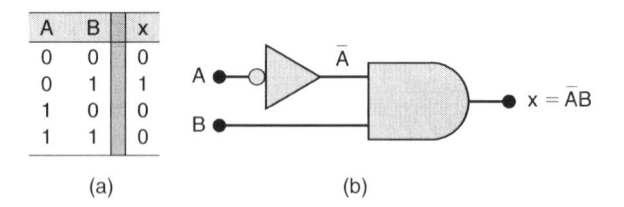

A	B	x
0	0	0
0	1	1
1	0	0
1	1	0

(a) (b)

Uma abordagem semelhante pode ser usada para outras condições de entrada. Por exemplo, se x fosse nível ALTO apenas para a condição $A = 1$ e $B = 0$, o circuito resultante seria uma porta AND com entradas A e $\overline{B}$. Em outras palavras, para qualquer uma das quatro condições possíveis de entrada, é possível gerar uma saída x em nível ALTO usando uma porta AND com entradas apropriadas, a fim de gerar o produto AND requerido. Esses quatro casos diferentes são mostrados na Figura 4.5. Cada porta AND mostrada gera uma saída que é ALTO *apenas* para a condição de entrada dada e gera uma saída nível BAIXO para todas as outras condições. Deve-se notar que as entradas da porta AND são ou não invertidas dependendo dos valores que as variáveis têm para dada condição. Se a variável for BAIXO para a condição dada, ela é invertida antes de entrar na porta AND.

Vamos considerar o caso mostrado na Figura 4.6(a), em que temos uma tabela-verdade que indica que a saída x será 1 para dois casos distintos: $A = 0, B = 1$ e $A = 1, B = 0$. Como isso pode ser implementado? Sabemos que o termo AND $\overline{A} \cdot B$ gera um nível 1 somente para a condição $A = 0$ e $B = 1$, e o termo AND $A \cdot \overline{B}$ gera um nível 1 para a condição $A = 1$ e $B = 0$. Uma vez que $x = 1$ para *uma ou outra* condição, deve ficar claro que sobre esses termos é realizada uma operação OR a fim de se produzir a saída desejada, x. Essa implementação é mostrada na Figura 4.6(b), na qual a expressão resultante para a saída é $x = \overline{A}B + A\overline{B}$.

Nesse exemplo, o termo AND é gerado para cada caso da tabela em que a saída x é nível 1. As saídas das portas AND são entradas de uma OR, que produz a saída final x, que será nível 1 quando um ou outro termo da AND também for. Esse mesmo procedimento pode ser estendido para exemplos com mais de duas entradas. Considere a tabela-verdade para um circuito de três entradas (Tabela 4.1). Nessa tabela, há três casos em que a saída $x = 1$. O termo AND requerido para cada um dos casos é mostrado. Observe, novamente, que para cada caso em que uma variável é 0, ela aparece invertida no termo AND. A expressão na forma de soma de produtos para a saída x é obtida fazendo-se a operação OR dos três termos AND.

$$x = \overline{A}\overline{B}C + \overline{A}B C + ABC$$

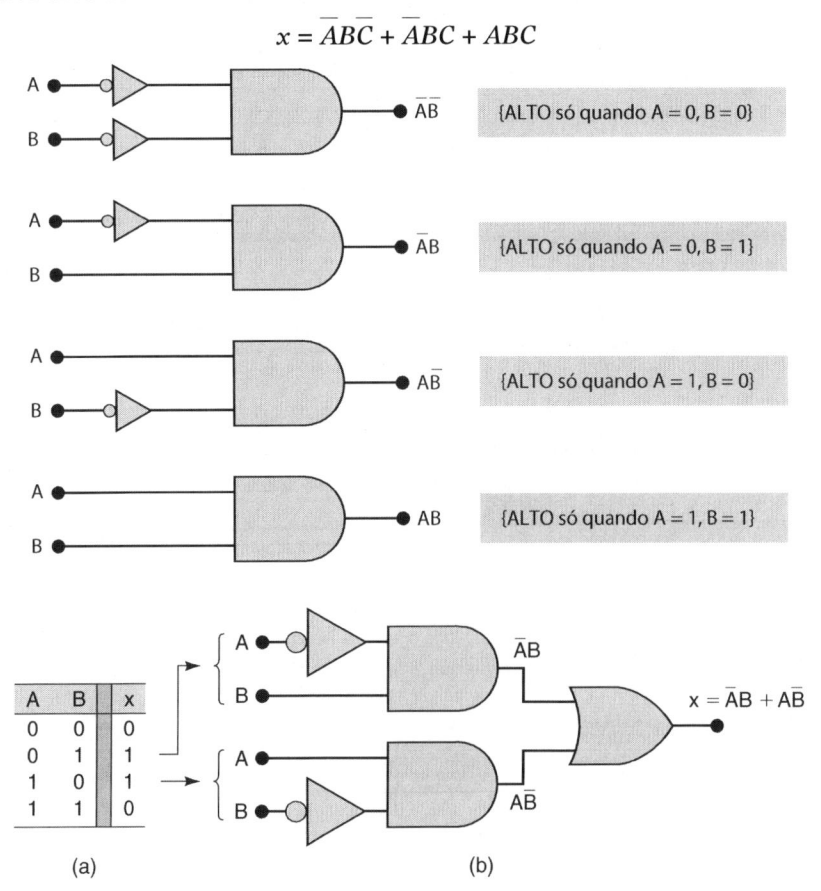

FIGURA 4.5 Uma porta AND, com entradas apropriadas, pode ser usada para gerar uma saída em ALTO para um conjunto específico de níveis de entrada.

FIGURA 4.6 Cada conjunto de condições de entrada, que gera uma saída em nível 1, é implementado por portas AND independentes. As saídas das portas AND são as entradas de uma OR que produz a saída final.

TABELA 4.1 Gerando termos AND.

A	B	C	x	
0	0	0	0	
0	0	1	0	
0	1	0	1	→ $\bar{A}B\bar{C}$
0	1	1	1	→ $\bar{A}BC$
1	0	0	0	
1	0	1	0	
1	1	0	0	
1	1	1	1	→ ABC

Procedimento completo de projeto

Qualquer problema lógico pode ser resolvido por meio do seguinte procedimento passo a passo:

1. Interprete o problema e construa uma tabela-verdade a fim de descrever seu funcionamento.
2. Escreva o termo AND (produto) para cada caso em que a saída seja 1.
3. Escreva a expressão da soma de produtos (SOP) para a saída.
4. Simplifique a expressão de saída, se possível.
5. Implemente o circuito para a expressão final, simplificada.

Os exemplos a seguir ilustram o procedimento completo de projeto.

EXEMPLO 4.7

Projete um circuito lógico com três entradas, A, B e C, cuja saída será nível ALTO apenas quando a maioria das entradas for nível ALTO.

Solução
Passo 1. Construa a tabela-verdade.
Com base no enunciado do problema, a saída x deve ser nível 1 sempre que duas ou mais entradas forem nível 1; para todos os outros casos, a saída deve ser nível 0 (Tabela 4.2).

TABELA 4.2 Exemplo 4.7: tabelas-verdade e termos AND.

A	B	C	x	
0	0	0	0	
0	0	1	0	
0	1	0	0	
0	1	1	1	→ $\bar{A}BC$
1	0	0	0	
1	0	1	1	→ $A\bar{B}C$
1	1	0	1	→ $AB\bar{C}$
1	1	1	1	→ ABC

Passo 2. Escreva o termo AND para cada caso em que a saída seja 1.
Existem quatro desses casos. Os termos AND são mostrados junto à tabela-verdade (Tabela 4.2). Observe, novamente, que cada termo AND contém as variáveis de entrada em sua forma invertida ou não invertida.

Passo 3. Escreva a expressão da soma de produtos para a saída.

$$x = \overline{A}BC + A\overline{B}C + AB\overline{C} + ABC$$

Passo 4. Simplifique a expressão de saída.

Essa expressão pode ser simplificada de várias maneiras. Talvez a mais rápida seja perceber que o último termo ABC tem duas variáveis em comum com cada um dos outros termos. Desse modo, pode-se usar o termo ABC para fatorar cada um dos outros termos. A expressão é reescrita com o termo ABC aparecendo três vezes (lembre-se do Exemplo 4.2, que atestou que essa operação é permitida na álgebra booleana):

$$x = \overline{A}BC + ABC + A\overline{B}C + ABC + AB\overline{C} + ABC$$

Fatorando apropriadamente os pares de termos, obtemos

$$x = BC(\overline{A} + A) + AC(\overline{B} + B) + AB(\overline{C} + C)$$

Uma vez que cada termo entre parênteses é igual a 1, temos

$$x = BC + AC + AB$$

Passo 5. Implemente o circuito para a expressão final.

Essa expressão está implementada na Figura 4.7. Uma vez que a expressão está na forma de soma de produtos, o circuito consiste em um grupo de portas AND ligadas em uma única porta OR.

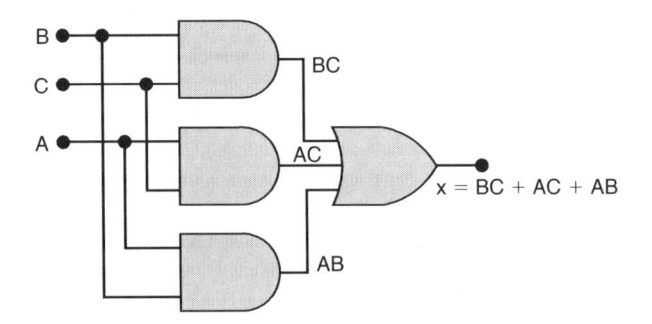

FIGURA 4.7 Exemplo 4.7.

EXEMPLO 4.8

Veja a Figura 4.8(a), na qual um conversor analógico-digital está monitorando a tensão CC (V_B) de uma bateria de 12 V de uma espaçonave em órbita. A saída do conversor é um número binário de quatro bits, $ABCD$, que corresponde à tensão da bateria em degraus de 1 V, sendo a variável A o MSB. As saídas binárias do conversor são as entradas de um circuito lógico que gera uma saída em nível ALTO, sempre que o valor binário for maior que $0110_2 = 6_{10}$, ou seja, quando a tensão da bateria for maior que 6 V. Projete esse circuito lógico.

Solução
A tabela-verdade é mostrada na Figura 4.8(b). Para cada caso temos o número decimal equivalente ao número binário representado pela combinação $ABCD$.

FIGURA 4.8 Exemplo 4.8.

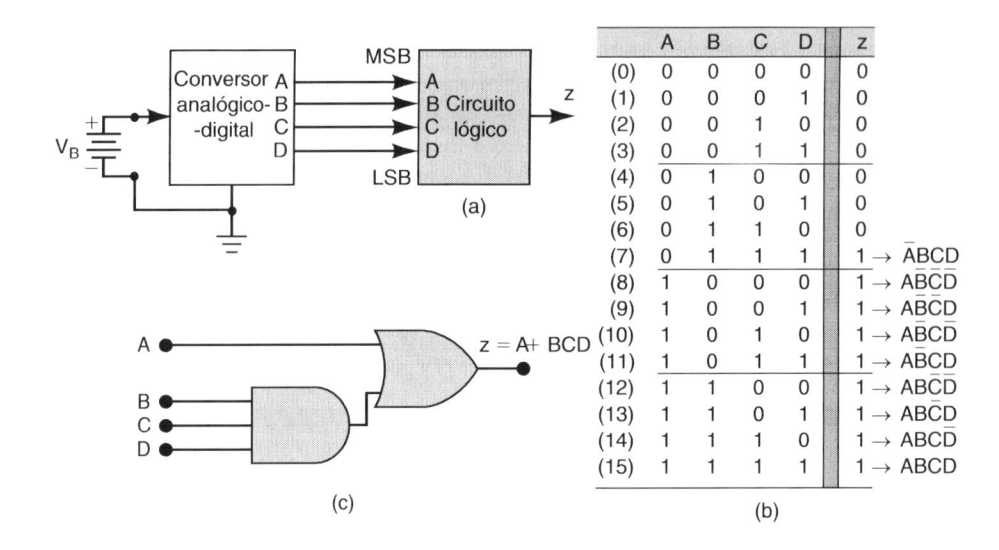

	A	B	C	D	z	
(0)	0	0	0	0	0	
(1)	0	0	0	1	0	
(2)	0	0	1	0	0	
(3)	0	0	1	1	0	
(4)	0	1	0	0	0	
(5)	0	1	0	1	0	
(6)	0	1	1	0	0	
(7)	0	1	1	1	1	$\rightarrow \overline{A}BCD$
(8)	1	0	0	0	1	$\rightarrow A\overline{B}\,\overline{C}\,\overline{D}$
(9)	1	0	0	1	1	$\rightarrow A\overline{B}\,\overline{C}D$
(10)	1	0	1	0	1	$\rightarrow A\overline{B}C\overline{D}$
(11)	1	0	1	1	1	$\rightarrow A\overline{B}CD$
(12)	1	1	0	0	1	$\rightarrow AB\overline{C}\,\overline{D}$
(13)	1	1	0	1	1	$\rightarrow AB\overline{C}D$
(14)	1	1	1	0	1	$\rightarrow ABC\overline{D}$
(15)	1	1	1	1	1	$\rightarrow ABCD$

A saída z é igual a 1 para todos os casos em que o número binário for maior que 0110. Para todos os outros, z é igual a 0. Essa tabela-verdade fornece a seguinte expressão na forma de soma de produtos:

$$z = \overline{A}BCD + A\overline{B}\,\overline{C}\,\overline{D} + A\overline{B}\,\overline{C}D + A\overline{B}C\overline{D} + A\overline{B}CD + AB\overline{C}\,\overline{D} + AB\overline{C}D + ABC\overline{D} + ABCD$$

Simplificar essa expressão é uma tarefa desafiadora, mas com um pouco de cuidado ela pode ser realizada. O processo passo a passo envolve fatoração e eliminação de termos na forma $A + \overline{A}$:

$$z = \overline{A}BCD + A\overline{B}\,\overline{C}(\overline{D} + D) + A\overline{B}C(\overline{D} + D) + AB\overline{C}(\overline{D} + D) + ABC(\overline{D} + D)$$
$$= \overline{A}BCD + A\overline{B}\,\overline{C} + A\overline{B}C + AB\overline{C} + ABC$$
$$= \overline{A}BCD + A\overline{B}(\overline{C} + C) + AB(\overline{C} + C)$$
$$= \overline{A}BCD + A\overline{B} + AB$$
$$= \overline{A}BCD + A(\overline{B} + B)$$
$$= \overline{A}BCD + A$$

Essa expressão pode ser reduzida ainda mais, com a aplicação do teorema (15a), que diz que $x + \overline{x}y = x + y$. Neste caso, $x = A$ e $y = BCD$. Desse modo,

$$z = \overline{A}BCD + A = BCD + A$$

Essa expressão final está implementada na Figura 4.8(c).

Como este exemplo demonstra, o método da simplificação algébrica pode ser um pouco extenso quando a expressão original contém muitos termos. Essa é uma limitação que não ocorre com o método do mapa de Karnaugh, como veremos adiante.

EXEMPLO 4.9

Veja a Figura 4.9(a). Em uma simples máquina copiadora, um sinal de parada, S, é gerado a fim de interromper a operação da máquina e ativar um indicador luminoso, sempre que uma das condições a seguir ocorrer: (1) a bandeja de alimentação de papel estiver vazia ou (2) as duas microchaves sensoras de papel estiverem acionadas, indicando um atolamento de papel. A presença de papel na bandeja de alimentação é indicada por um nível ALTO no sinal lógico P. Cada uma das microchaves produz sinais lógicos

(Q e R) que vão para o nível ALTO sempre que um papel estiver passando sobre a chave, que é ativada. Projete um circuito lógico que gere uma saída S em nível ALTO para as condições estabelecidas e implemente-o, usando o chip CMOS 74HC00 que contém quatro portas NAND de duas entradas.

FIGURA 4.9 Exemplo 4.9.

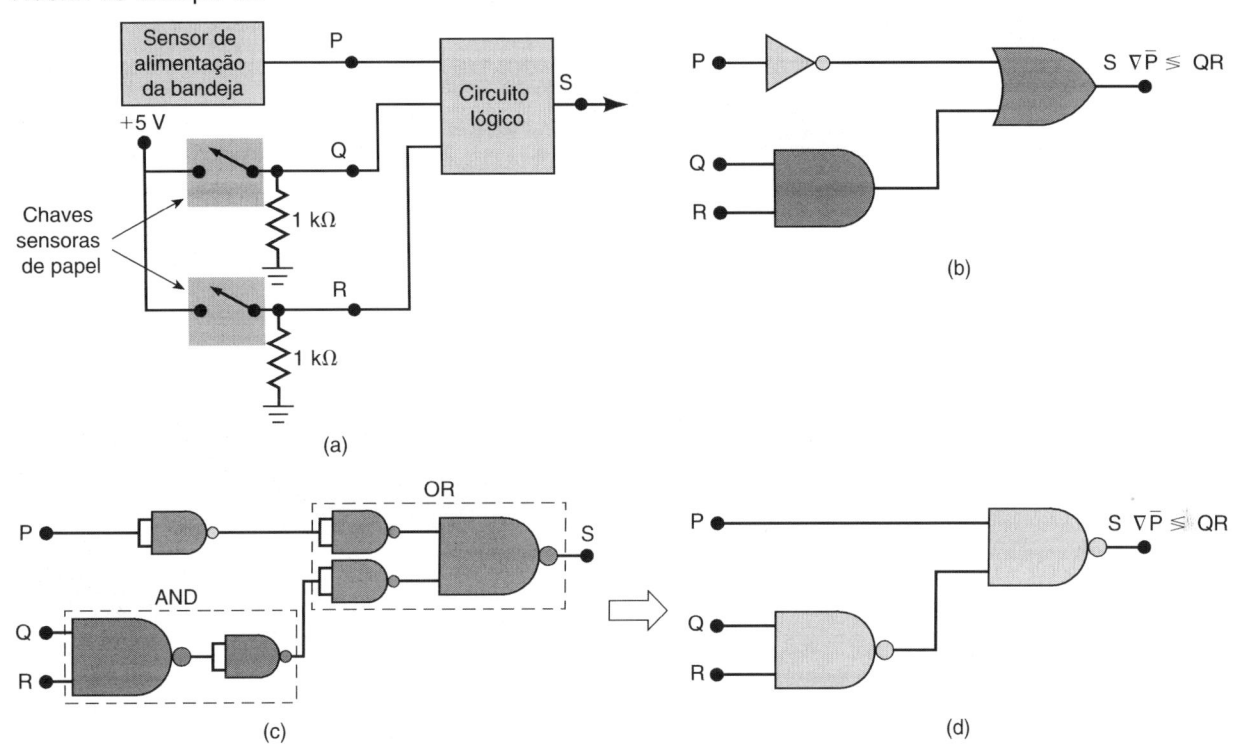

Solução

Usaremos o processo dos cinco passos mostrado no Exemplo 4.7. A tabela-verdade é mostrada na Tabela 4.3. A saída S será nível lógico 1 sempre que $P = 0$, uma vez que indica que falta papel na bandeja de alimentação. A saída S também será nível 1 para os dois casos em que Q e R forem nível 1, indicando atolamento de papel. Conforme mostrado na tabela, existem cinco condições diferentes de entrada que geram saída em nível ALTO.

(Passo 1)

TABELA 4.3 Exemplo 4.9: Tabela-verdade e termos AND.

P	Q	R	S	
0	0	0	1	$\bar{P}\bar{Q}\bar{R}$
0	0	1	1	$\bar{P}\bar{Q}R$
0	1	0	1	$\bar{P}Q\bar{R}$
0	1	1	1	$\bar{P}QR$
1	0	0	0	
1	0	1	0	
1	1	0	0	
1	1	1	1	PQR

Os termos AND para cada um desses casos são mostrados. **(Passo 2)**

A expressão na forma de soma de produtos torna-se

$$S = \bar{P}\bar{Q}\bar{R} + \bar{P}\bar{Q}R + \bar{P}QR + P\bar{Q}R + PQR \quad \text{(Passo 3)}$$

Podemos começar a simplificação fatorando $\bar{P}\bar{Q}$ a partir dos termos 1 e 2 e $\bar{P}Q$ a partir dos termos 3 e 4:

$$S = \bar{P}\bar{Q}(\bar{R} + R) + \bar{P}Q(\bar{R} + R) + PQR$$

Agora, podemos eliminar os termos $\bar{R} + R$, uma vez que são iguais a 1:

$$S = \bar{P}\bar{Q} + \bar{P}Q + PQR$$

Fatorar $\bar{P}$ a partir dos termos 1 e 2 nos permite eliminar Q a partir desses termos:

$$S = \bar{P} + PQR$$

Neste ponto, podemos aplicar o teorema [15(b)] $(\bar{x} + xy = \bar{x} + y)$ para obter

$$S = \bar{P} + QR \quad \text{(Passo 4)}$$

Para verificar essa equação booleana simplificada, vejamos se ela confere com a tabela-verdade com a qual começamos. A equação diz que a saída S será de nível ALTO sempre que P for BAIXO OR (ou) Q AND R forem de nível ALTO. Observe na Tabela 4.3 que a saída é nível ALTO para todos os quatro casos em que P é BAIXO. S também é ALTO quando Q AND (e) R são ambos de nível ALTO, independentemente do estado de P. Isso está de acordo com a equação.

A implementação AND/OR para esse circuito é mostrada na Figura 4.9(b).

(Passo 5)

Para implementar esse circuito usando o 74HC00, que é um CI quádruplo com portas NAND de duas entradas, temos de converter cada porta lógica e INVERSOR ao substituir suas respectivas portas NAND (conforme a Seção 3.12). Esse circuito é mostrado na Figura 4.9(c). Obviamente, podemos eliminar os dois pares de inversores duplos a fim de obter a implementação com portas NAND, mostrada na Figura 4.9(d).

O circuito final é obtido conectando-se duas das portas lógicas NAND do CI 74HC00. Esse chip CMOS tem a mesma configuração de portas e numeração de pinos que o chip TTL 74LS00 mostrado na Figura 3.31. A Figura 4.10 mostra o diagrama de conexão do circuito com a numeração de pinos, incluindo os pinos de + 5 V e TERRA (GND). O circuito também inclui um transistor de driver de saída e LED para indicar o estado da saída S.

FIGURA 4.10 Circuito da Figura 4.9(d) implementado usando um chip NAND 74HC00.

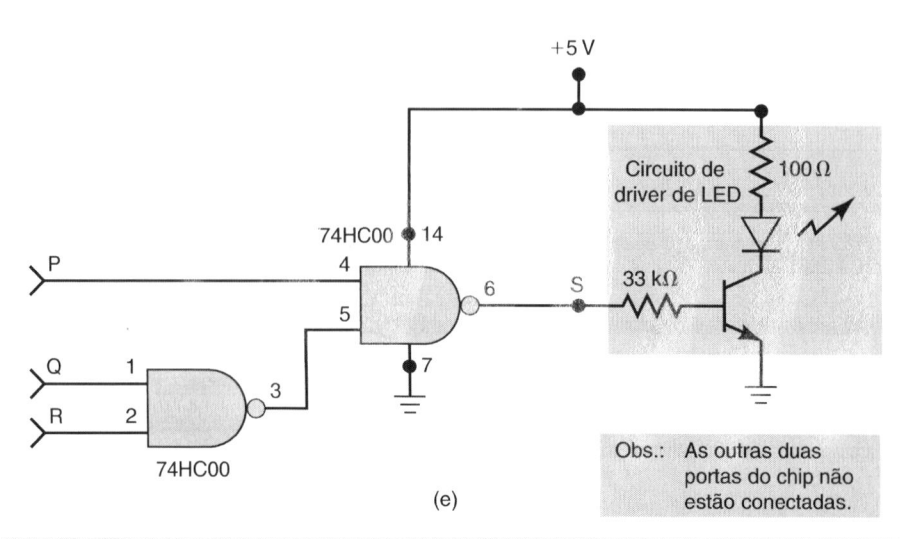

QUESTÕES DE REVISÃO

1. Escreva a expressão, na forma de soma de produtos, para um circuito com quatro entradas e uma saída, que será nível ALTO apenas quando a entrada *A* for nível BAIXO exatamente ao mesmo tempo que as outras duas entradas forem nível BAIXO.
2. Implemente a expressão da Questão 1 usando apenas portas NAND de quatro entradas. Quantas são necessárias?
3. Aponte as etapas do processo de projeto sistemático.

4.5 MÉTODO DO MAPA DE KARNAUGH

Objetivos

Após ler esta seção, você será capaz de:

■ Identificar as condições de irrelevância e usá-las nas tabelas-verdade.

■ Usar mapas K para gerar a expressão SOP mais simples de uma tabela-verdade.

O **mapa de Karnaugh** (**mapa K**) é um método gráfico usado para simplificar uma equação lógica ou para converter uma tabela-verdade no circuito lógico correspondente, de maneira simples e metódica. Embora um mapa de Karnaugh possa ser usado em problemas que envolvem qualquer número de variáveis de entrada, sua utilidade prática está limitada a cinco ou seis variáveis. A apresentação a seguir está restrita a problemas com até quatro entradas, pois resolver problemas com cinco ou seis entradas é complicado demais, sendo melhor solucioná-los com um programa de computador.

Formato do mapa de Karnaugh

O mapa K, assim como uma tabela-verdade, é um meio de mostrar a relação entre as entradas lógicas e a saída desejada. A Figura 4.11 mostra três exemplos de mapas K, para duas, três e quatro variáveis, em conjunto com as tabelas-verdade correspondentes. Esses exemplos ilustram os seguintes pontos importantes:

1. A tabela-verdade fornece o valor da saída X para cada combinação de valores de entrada. O mapa K fornece a mesma informação em um formato diferente. Cada linha na tabela-verdade corresponde a um quadrado no mapa K. Por exemplo, na Figura 4.11(a), a condição $A = 0, B = 0$ na tabela-verdade corresponde ao quadrado $\overline{A}\,\overline{B}$ no mapa K. Uma vez que a tabela-verdade mostra $X = 1$ para esse caso, é colocado um 1 no quadrado $\overline{A}\,\overline{B}$ no mapa K. Da mesma maneira, a condição $A = 1, B = 1$ na tabela-verdade corresponde ao quadrado AB no mapa K. Uma vez que $X = 1$ nesse caso, um 1 é colocado no quadrado AB. Todos os outros quadrados são preenchidos com 0s. Essa mesma ideia é usada nos mapas de três ou quatro variáveis mostrados na figura.
2. Os quadrados do mapa K são nomeados de modo que quadrados adjacentes horizontalmente difiram apenas em uma variável. Por exemplo, o quadrado do canto superior esquerdo no mapa de quatro variáveis é $\overline{A}\,\overline{B}\,\overline{C}\,\overline{D}$, enquanto o imediatamente à direita é $\overline{A}\,\overline{B}\,CD$ (apenas a variável D é diferente). Da mesma forma, quadrados adjacentes verticalmente

diferem apenas em uma variável. Por exemplo, o do canto superior esquerdo do mapa de quatro variáveis é $\bar{A}\,\bar{B}\,\bar{C}\,\bar{D}$, enquanto o diretamente abaixo dele é $\bar{A}BC\,\bar{D}$ (apenas a variável B é diferente).

Observe que cada quadrado da linha superior é considerado adjacente ao correspondente na linha inferior. Por exemplo, o quadrado $\bar{A}\,\bar{B}CD$ na linha superior é adjacente ao quadrado $ABCD$ na linha inferior, uma vez que um difere do outro apenas na variável A. Você pode imaginar que a parte superior do mapa foi dobrada de forma a tocar a parte inferior. De modo semelhante, os quadrados da coluna mais à esquerda são adjacentes aos quadrados da coluna mais à direita.

3. Para que os quadrados adjacentes, tanto na vertical quanto na horizontal, difiram apenas de uma variável, as denominações, de cima para baixo, devem ser feitas na ordem mostrada: $\bar{A}\,\bar{B}, \bar{A}B, AB, A\bar{B}$. O mesmo se aplica às denominações de variáveis da esquerda para a direita: $\bar{C}\,\bar{D}, \bar{C}D, CD, C\bar{D}$.

4. Uma vez que um mapa K seja preenchido com 0s e 1s, a expressão na forma de soma de produtos para a saída X pode ser obtida fazendo-se a operação OR dos quadrados que contêm 1. No mapa de três variáveis na Figura 4.11(b), os quadrados $\bar{A}\,\bar{B}\,\bar{C}, \bar{A}\,\bar{B}C, \bar{A}B\bar{C}$ e $AB\bar{C}$ contêm 1, de forma que $X = \bar{A}\,\bar{B}\,\bar{C} + \bar{A}\,\bar{B}C + \bar{A}B\bar{C} + AB\bar{C}$.

FIGURA 4.11 Mapas de Karnaugh e tabelas-verdade para (a) duas, (b) três e (c) quatro variáveis.

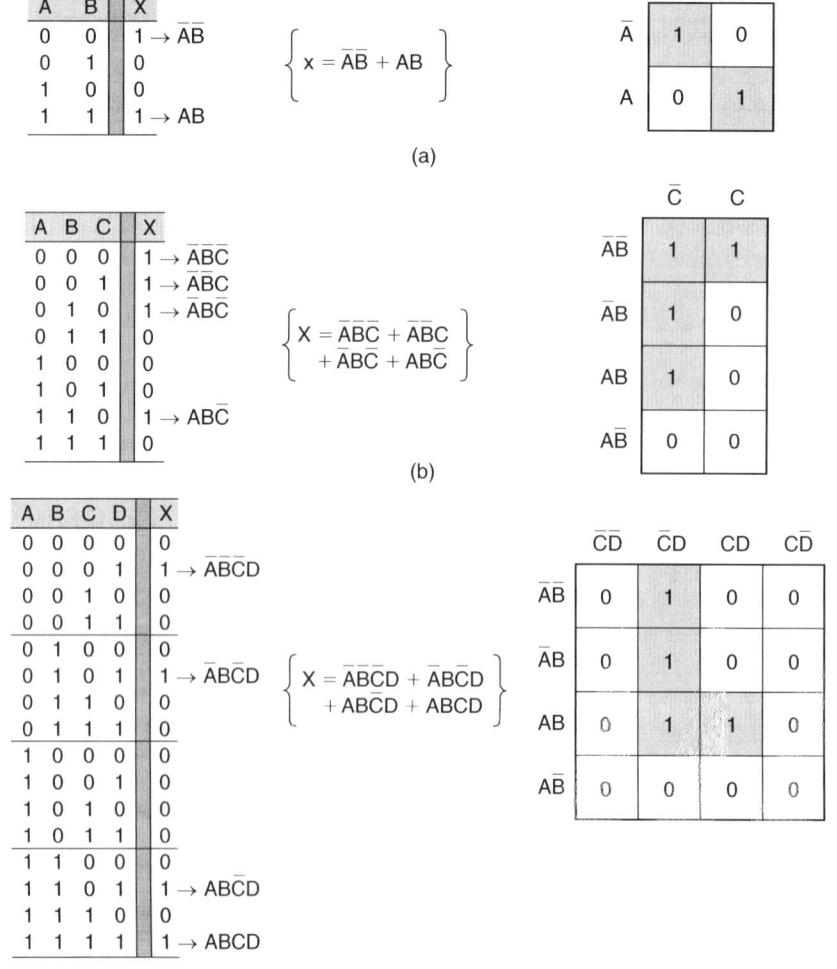

A	B	X	
0	0	1	→ $\bar{A}\bar{B}$
0	1	0	
1	0	0	
1	1	1	→ AB

$\{ x = \bar{A}\bar{B} + AB \}$

	$\bar{B}$	B
$\bar{A}$	1	0
A	0	1

(a)

A	B	C	X	
0	0	0	1	→ $\bar{A}\bar{B}\bar{C}$
0	0	1	1	→ $\bar{A}\bar{B}C$
0	1	0	1	→ $\bar{A}B\bar{C}$
0	1	1	0	
1	0	0	0	
1	0	1	0	
1	1	0	1	→ $AB\bar{C}$
1	1	1	0	

$\{ X = \bar{A}\bar{B}\bar{C} + \bar{A}\bar{B}C + \bar{A}B\bar{C} + AB\bar{C} \}$

	$\bar{C}$	C
$\bar{A}\bar{B}$	1	1
$\bar{A}B$	1	0
AB	1	0
$A\bar{B}$	0	0

(b)

A	B	C	D	X	
0	0	0	0	0	
0	0	0	1	1	→ $\bar{A}\bar{B}\bar{C}D$
0	0	1	0	0	
0	0	1	1	0	
0	1	0	0	0	
0	1	0	1	1	→ $\bar{A}B\bar{C}D$
0	1	1	0	0	
0	1	1	1	0	
1	0	0	0	0	
1	0	0	1	0	
1	0	1	0	0	
1	0	1	1	0	
1	1	0	0	0	
1	1	0	1	1	→ $AB\bar{C}D$
1	1	1	0	0	
1	1	1	1	1	→ $ABCD$

$\{ X = \bar{A}\bar{B}\bar{C}D + \bar{A}B\bar{C}D + AB\bar{C}D + ABCD \}$

	$\bar{C}\bar{D}$	$\bar{C}D$	CD	$C\bar{D}$
$\bar{A}\bar{B}$	0	1	0	0
$\bar{A}B$	0	1	0	0
AB	0	1	1	0
$A\bar{B}$	0	0	0	0

(c)

Agrupamento

A expressão para a saída X pode ser simplificada combinando-se adequadamente os quadros do mapa K que contêm 1. O processo de combinação desses 1s é denominado **agrupamento**.

Agrupamento de dois quadros (pares)

A Figura 4.12(a) é o mapa K para uma determinada tabela-verdade de três variáveis. Esse mapa contém um par de 1s adjacentes verticalmente; o primeiro representa $\overline{A}B\overline{C}$, e o segundo, $AB\overline{C}$. Observe que nesses dois termos a variável A aparece na forma normal e complementada (invertida), enquanto B e $\overline{C}$ permanecem inalterados. Esses dois termos podem ser agrupados (combinados), resultando na eliminação da variável A, uma vez que ela aparece nos dois termos nas formas complementada e não complementada. Isso é facilmente provado, conforme mostrado a seguir:

$$X = \overline{A}B\overline{C} + AB\overline{C}$$
$$= B\overline{C}(\overline{A} + A)$$
$$= B\overline{C}(1) = B\overline{C}$$

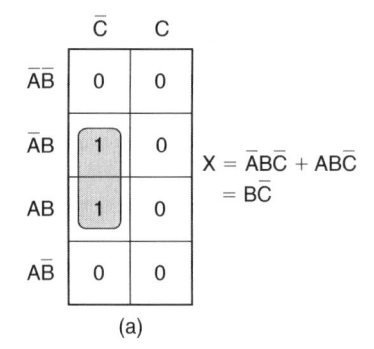

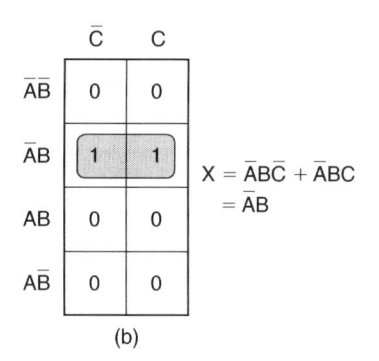

FIGURA 4.12 Exemplos de agrupamentos de pares de 1s adjacentes.

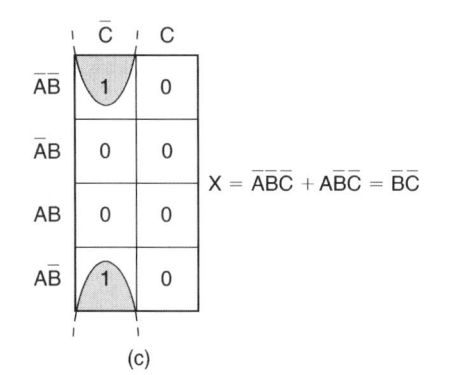

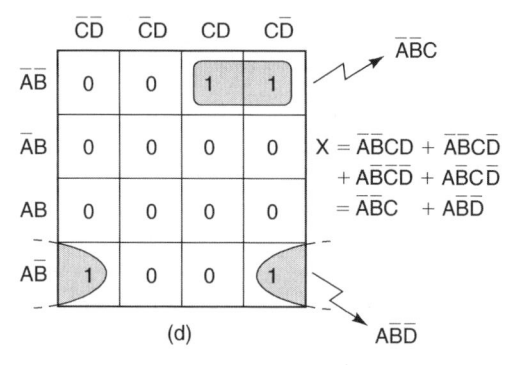

Este mesmo princípio é válido para qualquer par de 1s adjacentes vertical ou horizontalmente. A Figura 4.12(b) mostra um exemplo de dois 1s adjacentes horizontalmente. Esses dois 1s podem ser agrupados eliminando-se a variável C, uma vez que ela aparece nas formas complementada e não complementada, resultando em $X = \overline{A}B$.

Outro exemplo é mostrado na Figura 4.12(c). Nesse mapa K, as linhas superior e inferior de quadros são consideradas adjacentes. Desse modo, os dois 1s nesse mapa podem ser agrupados, gerando como resultado $\overline{A}\,\overline{B}\,\overline{C} + A\,\overline{B}\,\overline{C} = \overline{B}\,\overline{C}$.

A Figura 4.12(d) mostra um mapa K que tem dois pares de 1s que podem ser agrupados. Os dois 1s na linha superior são horizontalmente adjacentes, assim como os dois 1s na linha inferior, uma vez que, em um mapa K, a coluna mais à esquerda e a mais à direita são consideradas adjacentes. Quando o par de 1s superior é agrupado, a variável D é eliminada (já que ela aparece tanto como D quanto como $\overline{D}$), resultando no termo $\overline{A}\,BC$. Agrupando o par de 1s inferior, eliminamos a variável C, obtendo o termo $AB\,\overline{D}$. Esses dois termos são unidos por uma operação OR, resultando no valor final para X.

Resumindo:

Agrupando um par de 1s adjacentes em um mapa K, eliminamos a variável que aparece nas formas complementada e não complementada.

Agrupamento de quatro quadros (quartetos)

Um mapa K pode conter um grupo de quatro 1s adjacentes entre si. Esse grupo é denominado *quarteto*. A Figura 4.13 mostra vários exemplos de quartetos. Na parte (a) da figura, os quatro 1s são adjacentes verticalmente, e na parte (b), horizontalmente. O mapa K na Figura 4.13(c) contém quatro 1s formando um quadrado, sendo considerados adjacentes entre si. Os quatro 1s na Figura 4.13(d) também o são, assim como os quatro 1s do mapa na Figura 4.13(e), porque, conforme mencionado anteriormente, as linhas superior e inferior são adjacentes entre si, da mesma forma que as colunas mais à esquerda e mais à direita.

Quando um quarteto é agrupado, o termo resultante conterá apenas as variáveis que não alteram a forma, considerando todos os quadros do quarteto. Por exemplo, na Figura 4.13(a), os quatro quadros que contêm 1 são $\overline{A}\,\overline{B}C, \overline{A}BC, ABC$ e $A\overline{B}C$. Uma análise desses termos revela que apenas a variável C permanece inalterada (as variáveis A e B aparecem nas formas complementada e não complementada). Desse modo, a expressão resultante para X é simplesmente $X = C$. Isso pode ser provado como mostrado a seguir:

$$X = \overline{A}\,\overline{B}C + \overline{A}BC + ABC + A\overline{B}C$$
$$= \overline{A}C(\overline{B} + B) + AC(B + \overline{B})$$
$$= \overline{A}C + AC$$
$$= C(\overline{A} + A) = C$$

Como outro exemplo, considere a Figura 4.13(d), na qual os quatro quadros que contêm 1s são $AB\overline{C}\,\overline{D}, A\overline{B}\,\overline{C}\,\overline{D}, ABCD$ e $A\overline{B}CD$. Uma análise desses termos indica que apenas as variáveis A e D permanecem inalteradas, de modo que a expressão simplificada para X é

$$X = A\overline{D}$$

Isso pode ser provado da mesma maneira que anteriormente. O leitor deve analisar cada um dos outros casos mostrados na Figura 4.13 a fim de verificar as expressões indicadas para X.

Resumindo:

Agrupando um quarteto de 1s adjacentes, eliminamos duas variáveis que aparecem nas formas complementada e não complementada.

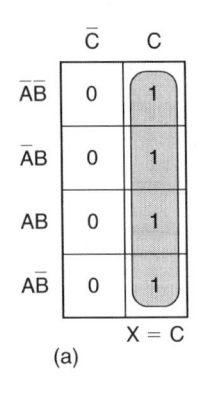

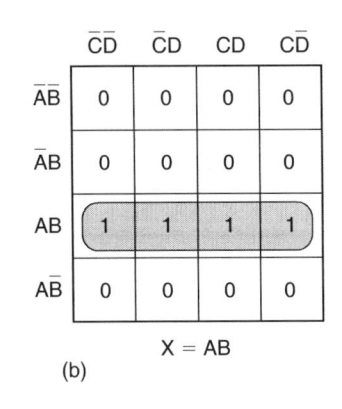

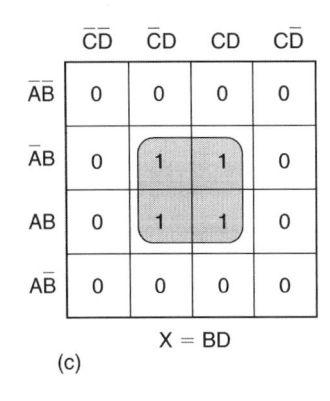

FIGURA 4.13 Exemplos de agrupamentos de quatro 1s (quartetos).

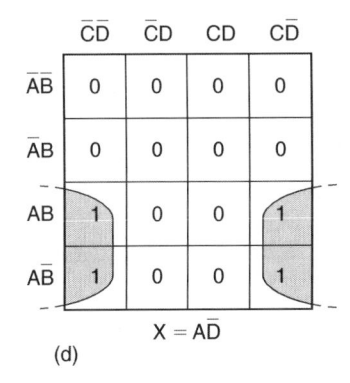

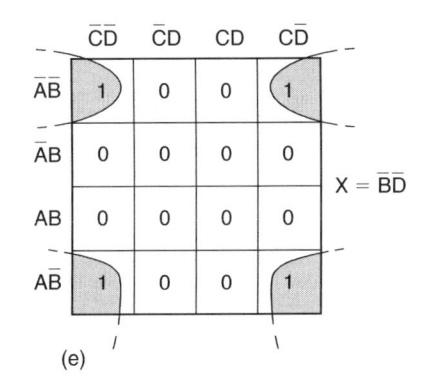

Agrupamento de oito quadros (octetos)

Um grupo de oito 1s adjacentes entre si é denominado *octeto*. Vários exemplos de octetos são mostrados na Figura 4.14. Quando um octeto é agrupado em um mapa de quatro variáveis, três são eliminadas, porque apenas uma variável permanece inalterada. Por exemplo, a análise do agrupamento dos oito quadros 1s na Figura 4.14(a) mostra que apenas a variável B se mantém na mesma forma para os oito quadros: as outras variáveis aparecem nas formas complementada e não complementada. Então, para esse mapa, $X = B$. O leitor pode verificar os resultados para os outros exemplos mostrados na Figura 4.14.

Resumindo:

Agrupando um octeto de 1s adjacentes, eliminamos três variáveis que aparecem nas formas complementada e não complementada.

Processo completo de simplificação

Vimos como o agrupamento de pares, quartetos e octetos em um mapa K pode ser usado a fim de se obter uma expressão simplificada. Podemos resumir as regras de agrupamentos para grupos de *qualquer* tamanho:

Quando uma variável aparece nas formas complementada e não complementada em um agrupamento, tal variável é eliminada da expressão. As variáveis que não se alteram para todos os quadros do agrupamento têm de permanecer na expressão final.

FIGURA 4.14 Exemplos de agrupamentos de oito 1s (octetos).

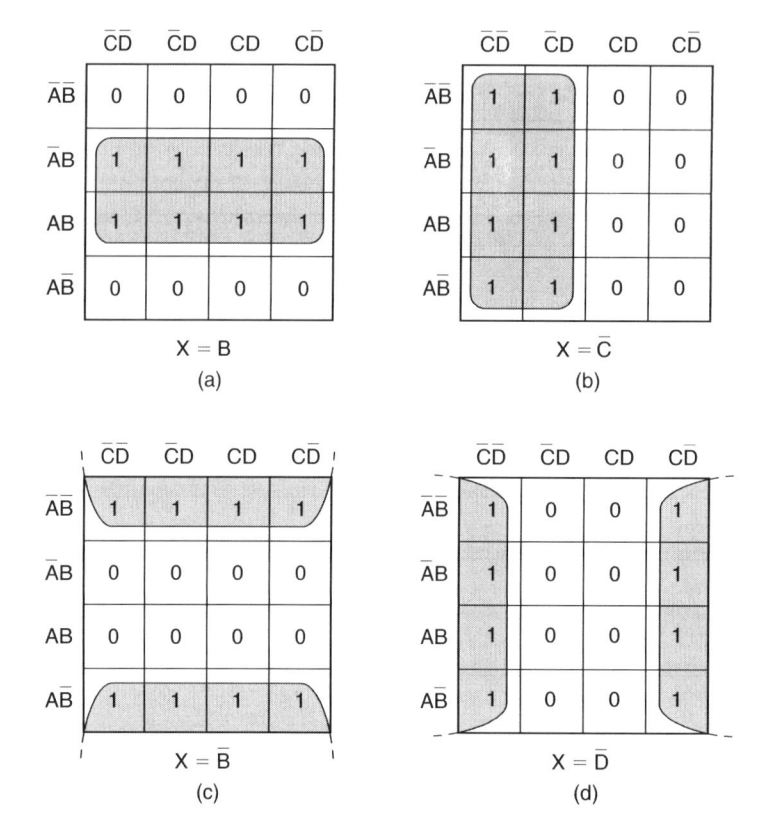

Deve ficar claro que um grupo maior de 1s elimina mais variáveis. Para ser exato, um grupo de dois 1s elimina uma variável, um de quatro 1s elimina duas e um de oito 1s elimina três. Esse princípio será usado para se obter a expressão lógica simplificada a partir do mapa K que contenha qualquer combinação de 1s e 0s.

O procedimento será inicialmente resumido e, em seguida, aplicado em vários exemplos. Estes são os passos seguidos no uso do método do mapa K para a simplificação de uma expressão booleana:

Passo 1 Construa o mapa K e coloque os 1s nos quadros que correspondem aos 1s na tabela-verdade. Coloque os 0s nos outros quadros.

Passo 2 Analise o mapa quanto aos 1s adjacentes e agrupe os 1s que *não* sejam adjacentes a quaisquer outros 1s. Esses são denominados 1s *isolados*.

Passo 3 Em seguida, procure os 1s que são adjacentes a somente um outro 1. Agrupe *todo* par que contenha tal 1.

Passo 4 Agrupe qualquer octeto, mesmo que contenha alguns 1s que já tenham sido agrupados.

Passo 5 Agrupe qualquer quarteto que contenha um ou mais 1s que ainda não tenham sido agrupados, *certificando-se de usar o menor número de agrupamentos*.

Passo 6 Agrupe quaisquer pares necessários para incluir 1s que ainda não tenham sido agrupados, *certificando-se de usar o menor número de agrupamentos*.

Passo 7 Forme a soma OR de todos os termos gerados por cada grupo.

Esses passos são seguidos exatamente como mostrado e mencionado nos exemplos a seguir. Em cada caso, a expressão lógica resultante estará em sua forma mais simples da soma de produtos.

EXEMPLO 4.10

A Figura 4.15(a) mostra um mapa K para um problema de quatro variáveis. Vamos supor que o passo 1 (construa um mapa K a partir da tabela-verdade do problema) tenha sido completado. Os quadrados estão numerados por conveniência a fim de identificar cada grupo. Use os passos 2 a 7 do processo de simplificação para reduzir o mapa K a uma expressão SOP.

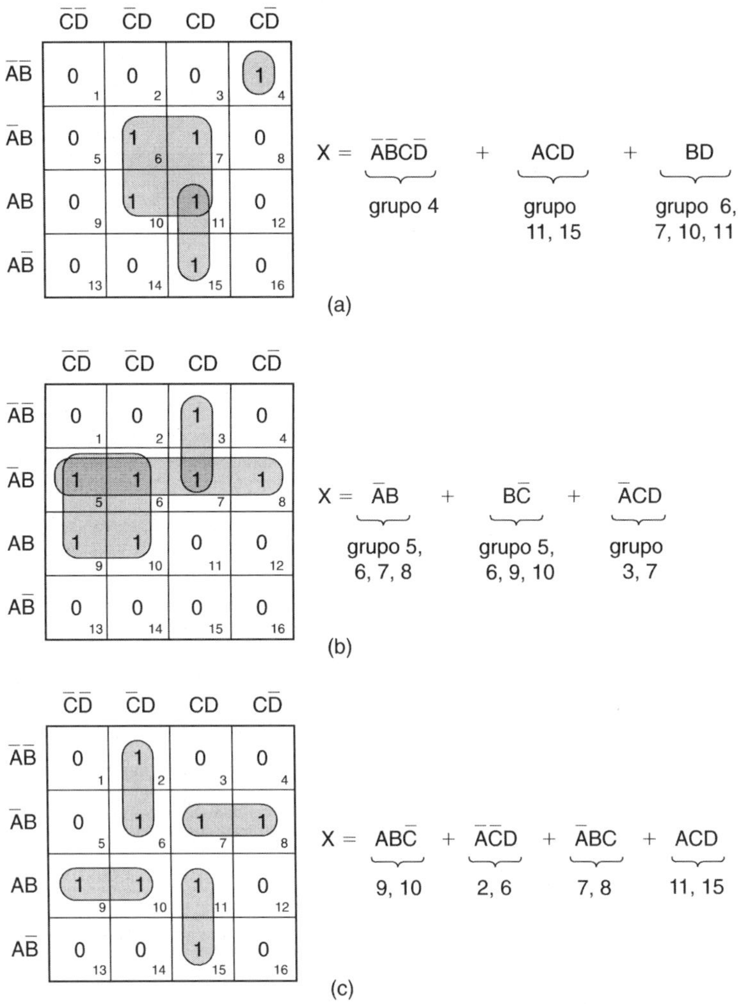

FIGURA 4.15 Exemplos 4.10 a 4.12.

(a) $X = \overline{A}\overline{B}C\overline{D}$ + ACD + BD
  grupo 4 — grupo 11, 15 — grupo 6, 7, 10, 11

(b) $X = \overline{A}B$ + $B\overline{C}$ + $\overline{A}CD$
  grupo 5, 6, 7, 8 — grupo 5, 6, 9, 10 — grupo 3, 7

(c) $X = AB\overline{C}$ + $\overline{A}\overline{C}D$ + $\overline{A}BC$ + ACD
  9, 10 — 2, 6 — 7, 8 — 11, 15

Solução

Passo 2 O quadrado 4 é o único que contém um 1 que não é adjacente a qualquer outro 1. Ele é agrupado e denominado grupo 4.

Passo 3 O quadrado 15 é adjacente *apenas* ao quadrado 11. Esse par é agrupado e denominado grupo 11, 15.

Passo 4 Não há octetos.

Passo 5 Os quadrados 6, 7, 10 e 11 formam um quarteto (grupo 6, 7, 10, 11). Observe que o quadrado 11 foi usado novamente, mesmo fazendo parte do grupo 11, 15.

Passo 6 Todos os 1s já estão agrupados.

Passo 7 Cada grupo gera um termo na expressão para X. O grupo 4 é simplesmente $\overline{A}\overline{B}C\overline{D}$. O grupo 11, 15 é ACD (a variável B foi eliminada). O grupo 6, 7, 10, 11 é BD (A e C foram eliminados).

EXEMPLO 4.11

Considere o mapa K na Figura 4.15(b). Mais uma vez, vamos supor que o passo 1 já tenha sido realizado. Simplifique.

Solução
Passo 2 Não há 1s isolados.
Passo 3 O 1 no quadro 3 é adjacente *apenas* ao 1 no quadro 7. O agrupamento desse par (grupo 3, 7) gera o termo ACD.
Passo 4 Não há octetos.
Passo 5 Existem dois quartetos. Os quadrados 5, 6, 7 e 8 formam um quarteto. O agrupamento desse quarteto gera o termo $\overline{AB}$. O segundo quarteto é formado pelos quadrados 5, 6, 9 e 10, o qual é agrupado porque contém dois quadrados que não foram agrupados anteriormente. O agrupamento desse quarteto gera o termo $B\overline{C}$.
Passo 6 Todos os 1s já foram agrupados.
Passo 7 Os termos gerados pelos três grupos são unidos pela operação OR, resultando na expressão para X.

EXEMPLO 4.12

Considere o mapa K na Figura 4.15(c). Simplifique.

Solução
Passo 2 Não existem 1s isolados.
Passo 3 O 1 no quadro 2 é adjacente apenas ao 1 no quadro 6. Esse par é agrupado para gerar $\overline{A}\,\overline{CD}$. De maneira semelhante, o quadrado 9 é adjacente apenas ao 10. Agrupando esse par, gera-se $A\overline{BC}$. Do mesmo modo, o grupo 7, 8 e o grupo 11, 15 geram os termos $\overline{AB}C$ e ACD, respectivamente.
Passo 4 Não existem octetos.
Passo 5 Existe um quarteto formado pelos quadrados 6, 7, 10 e 11. Esse quarteto, contudo, *não* é agrupado porque todos os 1s do quarteto já foram incluídos em outros grupos.
Passo 6 Todos os 1s já foram agrupados.
Passo 7 A expressão para X é mostrada na figura.

EXEMPLO 4.13

Considere os dois agrupamentos de mapas K na Figura 4.16. Qual deles é melhor?

Solução
Passo 2 Não existem 1s isolados.
Passo 3 Não existem 1s que sejam adjacentes a apenas um outro 1.
Passo 4 Não existem octetos.
Passo 5 Não existem quartetos.
Passos 6 e 7 Existem muitos pares possíveis. O processo de agrupamento tem de usar o menor número de grupos para envolver todos os 1s. Para esse mapa, há *dois* agrupamentos possíveis, que requerem apenas quatro agrupamentos de pares. A Figura 4.16(a) mostra uma solução e a expressão resultante. A Figura 4.16(b) mostra outra solução. Observe que as duas expressões têm a mesma complexidade; portanto, nenhuma é melhor que a outra.

	$\overline{C}\overline{D}$	$\overline{C}D$	CD	$C\overline{D}$
$\overline{A}\overline{B}$	0	1	0	0
$\overline{A}B$	0	1	1	1
AB	0	0	0	1
$A\overline{B}$	1	1	0	1

$X = \overline{A}CD + \overline{A}BC + A\overline{B}\overline{C} + AC\overline{D}$

(a)

	$\overline{C}\overline{D}$	$\overline{C}D$	CD	$C\overline{D}$
$\overline{A}\overline{B}$	0	1	0	0
$\overline{A}B$	0	1	1	1
AB	0	0	0	1
$A\overline{B}$	1	1	0	1

$X = \overline{A}BD + BC\overline{D} + \overline{B}CD + A\overline{B}\overline{D}$

(b)

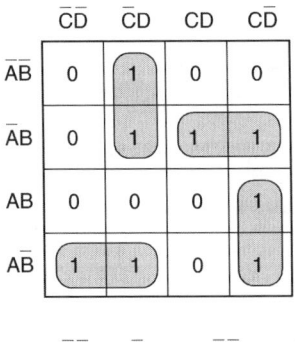

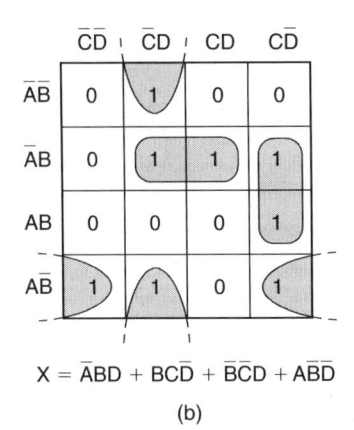

FIGURA 4.16 O mesmo mapa K com duas soluções igualmente boas.

Preenchendo o mapa K a partir da expressão de saída

Quando a saída desejada é apresentada como uma expressão booleana em vez de uma tabela-verdade, o mapa K pode ser preenchido usando-se os seguintes passos:

1. Passe a expressão para a forma de soma de produtos caso ela não esteja nesse formato.
2. Para cada termo-produto da expressão na forma de soma de produtos, coloque um 1 em cada quadrado do mapa K cuja denominação seja a mesma da combinação das variáveis de entrada. Coloque um 0 em todos os outros quadrados.

O exemplo a seguir ilustra esse procedimento.

EXEMPLO 4.14

Use um mapa K a fim de simplificar $y = \overline{C}(\overline{A}\,\overline{B}\,\overline{D} + D) + A\overline{B}C + \overline{D}$.

Solução

1. Multiplique o primeiro termo para obter $y = \overline{A}\,\overline{B}\,\overline{C}\,\overline{D} + \overline{C}D + A\overline{B}C + \overline{D}$, que está agora na forma de soma de produtos.
2. Para o termo $\overline{A}\,\overline{B}\,\overline{C}\,\overline{D}$, coloque simplesmente um 1 no quadrado $\overline{A}\,\overline{B}\,\overline{C}\,\overline{D}$ do mapa K (Figura 4.17). Para o termo $\overline{C}D$, coloque um 1 em todos os quadrados que tenham $\overline{C}D$ nas denominações, ou seja, $\overline{A}\,\overline{B}\,\overline{C}D$, $AB\overline{C}D$, $A\overline{B}\overline{C}D$. Para o termo ABC, coloque um 1 em todos os quadrados que tenham ABC nas denominações, ou seja, $AB\overline{C}D$, $ABCD$. Para o termo $\overline{D}$ coloque um 1 em todos os quadrados que tenham $\overline{D}$ nas denominações, ou seja, todos os quadrados das colunas mais à esquerda e mais à direita.

O mapa K agora está preenchido e pode ser agrupado para as simplificações. Verifique que os agrupamentos adequados geram $y = A\overline{B} + \overline{C} + \overline{D}$.

	$\overline{C}\overline{D}$	$\overline{C}D$	CD	$C\overline{D}$
$\overline{A}\overline{B}$	1	1	0	1
$\overline{A}B$	1	1	0	1
AB	1	1	0	1
$A\overline{B}$	1	1	1	1

$y = A\overline{B} + \overline{C} + \overline{D}$

FIGURA 4.17 Exemplo 4.14

Condições de irrelevância (*don't-care*)

Alguns circuitos lógicos podem ser projetados de modo que existam certas condições de entrada para as quais não há níveis de saída especificados, em geral porque essas condições de entrada nunca ocorrerão. Em outras palavras, existem certas combinações para os níveis de entrada em que é irrelevante (*don't-care*) se a saída é nível 1 ou 0. Isso está ilustrado na tabela-verdade da Figura 4.18(a).

FIGURA 4.18 Condições de irrelevância devem ser alteradas para 0 ou 1, de modo a gerar agrupamentos no mapa K que produzam a expressão mais simples.

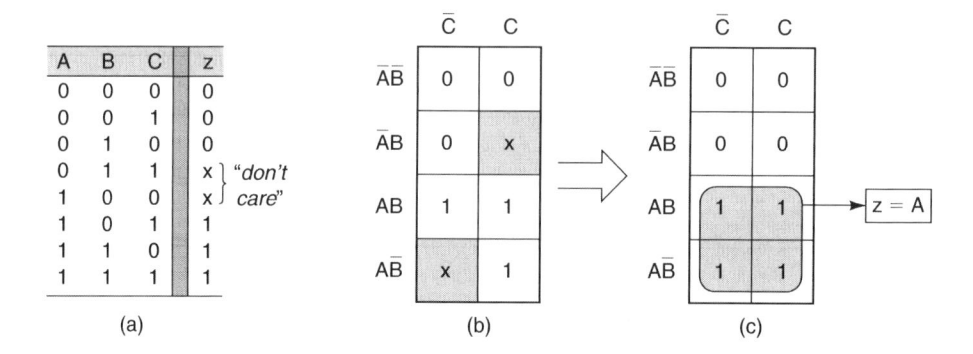

A	B	C	z
0	0	0	0
0	0	1	0
0	1	0	0
0	1	1	x
1	0	0	x
1	0	1	1
1	1	0	1
1	1	1	1

"don't care"

(a) (b) (c)

Nesse caso, a saída z não é especificada nem como 0 nem como 1 para as condições $A, B, C = 1, 0, 0$ e $A, B, C = 0, 1, 1$. Em vez de níveis, um x é mostrado para essas condições. O x representa a **condição de irrelevância (*don't-care*)**. Uma condição de irrelevância pode acontecer por várias razões, com mais frequência em algumas situações das combinações de entrada que nunca ocorrerão; desse modo, não há saída especificada para essas condições.

Um projetista de circuito está livre para fazer a saída ser 0 ou 1 para qualquer condição de irrelevância, podendo com isso gerar uma expressão de saída mais simples. Por exemplo, o mapa K para essa tabela-verdade é mostrado na Figura 4.18(b) com um x colocado nos quadrados $\overline{AB}\,\overline{C}$ e $\overline{A}BC$. Nesse caso, o projetista deve alterar o x no quadrado $\overline{AB}\,\overline{C}$ para 1 e o x no quadrado $\overline{A}BC$ para 0, uma vez que isso produz um quarteto que pode ser agrupado para gerar $z = A$, conforme mostrado na Figura 4.18(c).

Sempre que ocorrerem condições de irrelevância, temos de decidir qual x será alterado para 0 e qual para 1, de modo a gerar o melhor agrupamento no mapa K (isto é, a expressão mais simplificada). Essa decisão nem sempre é fácil. Diversos problemas no final do capítulo proporcionarão a prática necessária para lidar com os casos de irrelevância. Vejamos outro exemplo.

EXEMPLO 4.15

Vamos projetar um circuito lógico que controla uma porta de elevador em um prédio de três andares. O circuito na Figura 4.19(a) tem quatro entradas. M é um sinal lógico que indica quando o elevador está se movendo ($M = 1$) ou parado ($M = 0$). $F1$, $F2$ e $F3$ são os sinais indicadores dos andares, que são, normalmente, nível BAIXO, passando para nível ALTO apenas quando o elevador está posicionado em determinado andar. Por exemplo, quando estiver no segundo andar, $F2 = 1$ e $F1 = F3 = 0$. A saída do circuito é o sinal *ABRIR*, que, normalmente, é nível BAIXO e vai para o ALTO quando a porta do elevador precisa ser aberta.

Pode-se preencher a tabela-verdade para a saída *ABRIR* [Figura 4.19(b)] do seguinte modo:

FIGURA 4.19 Exemplo 4.15.

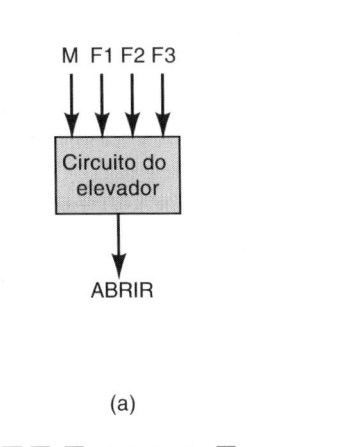

M	F1	F2	F3	OPEN
0	0	0	0	0
0	0	0	1	1
0	0	1	0	1
0	0	1	1	X
0	1	0	0	1
0	1	0	1	X
0	1	1	0	X
0	1	1	1	X
1	0	0	0	0
1	0	0	1	0
1	0	1	0	0
1	0	1	1	X
1	1	0	0	0
1	1	0	1	X
1	1	1	0	X
1	1	1	1	X

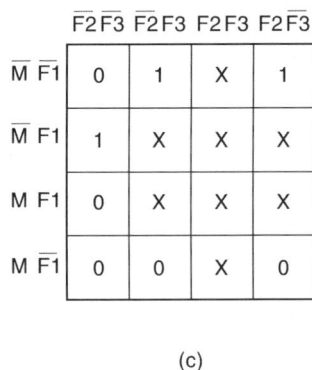

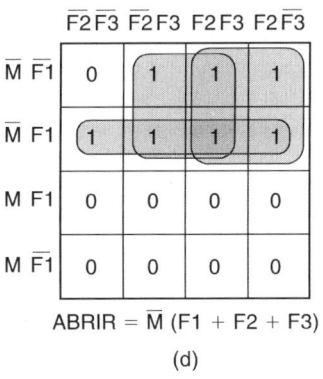

(a) Circuito do elevador → ABRIR

(b)

(c) Mapa K com valores 0, 1, X

(d) $ABRIR = \overline{M}(F1 + F2 + F3)$

1. Uma vez que o elevador não está em mais de um andar ao mesmo tempo, apenas uma das entradas relativas aos andares pode ser nível ALTO em um dado momento. Isso significa que todos os casos da tabela-verdade em que mais de uma entrada relativa aos andares for nível 1 são condições de irrelevância. Pode-se colocar um *x* na coluna da saída ABRIR para aqueles oito casos em que mais de uma entrada *F* seja nível 1.
2. Observando os outros oito casos, quando *M* = 1, o elevador se move, então a saída ABRIR tem de ser 0, pois não queremos que a porta do elevador abra. Quando *M* = 0 (elevador parado), queremos ABRIR = 1 proporcionada por uma das entradas, relativas aos andares, em nível 1. Quando *M* = 0 e todas as entradas relativas aos andares são 0, o elevador está parado, mas não está adequadamente alinhado com qualquer andar, de forma que desejamos *ABRIR* = 0 para manter a porta fechada.

A tabela-verdade agora está completa, e podemos transferir as informações para o mapa K, conforme mostra a Figura 4.19(c). O mapa tem apenas três 1s, porém possui oito condições de irrelevância. Ao mudar quatro desses quadrados de irrelevância para 1s, pode-se gerar agrupamentos de quartetos que contenham os 1s originais [Figura 4.19(d)]. É o melhor que podemos fazer quanto à minimização da expressão de saída. Verifique que os agrupamentos geram a expressão para a saída *ABRIR* mostrada.

Resumo

O processo do mapa K tem várias vantagens sobre o método algébrico. O mapa K é um processo mais ordenado, com passos bem definidos quando comparado com o processo de tentativa e erro, algumas vezes usado na simplificação algébrica. Geralmente, o mapa K requer menos passos, em especial para expressões que contêm muitos termos, e sempre gera uma expressão mínima.

Ainda assim, alguns professores preferem o método algébrico, porque requer conhecimento amplo de álgebra booleana e não é simplesmente um procedimento mecânico. Cada método tem suas vantagens, e, embora a maioria dos projetistas de circuitos lógicos seja adepta de ambos, ser habilidoso em um deles é o suficiente para produzir resultados aceitáveis.

Existem outras técnicas mais complexas para minimizar circuitos lógicos com mais de quatro entradas. Elas são adequadas para circuitos com grande número de entradas, nos quais tanto o método algébrico quanto o mapa K são impraticáveis. A maioria dessas técnicas pode ser implementada por um programa de computador, que realizará a minimização a partir dos dados provenientes de uma tabela-verdade ou de uma expressão não simplificada.

QUESTÕES DE REVISÃO

1. Use o mapa K para obter a expressão do Exemplo 4.7.
2. Use o mapa K para obter a expressão do Exemplo 4.8. Esse exemplo enfatiza a vantagem do mapa K para expressões que contenham muitos termos.
3. Obtenha a expressão do Exemplo 4.9 com o uso de um mapa K.
4. O que é uma condição de irrelevância?

4.6 CIRCUITOS EXCLUSIVE-OR E EXCLUSIVE-NOR

OBJETIVOS

Após ler esta seção, você será capaz de:

- Definir as funções lógicas exclusive-OR e exclusive-NOR.
- Escrever equações booleanas usando as funções XOR/XNOR.
- Desenhar o símbolo lógico para as funções XOR/XNOR.
- Escrever uma tabela-verdade descrevendo as funções XOR/XNOR.
- Desenhar um diagrama de tempo que demonstre as funções XOR/XNOR.
- Usar qualquer um dos métodos anteriormente citados para inferir a saída correta de um circuito lógico com base em sua entrada.

Dois circuitos lógicos especiais, que aparecem muitas vezes em sistemas digitais, são os circuitos *exclusive-OR* e *exclusive-NOR*.

Exclusive-OR (OU-Exclusivo)

Considere o circuito lógico mostrado na Figura 4.20(a). A expressão de saída para esse circuito é

$$x = \overline{A}B + A\overline{B}$$

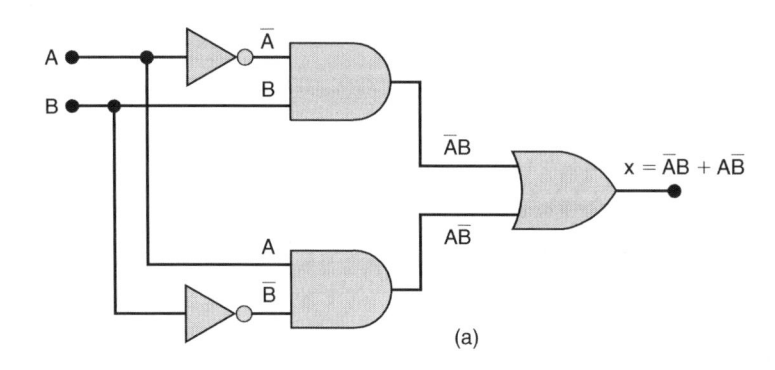

FIGURA 4.20 (a) Circuito XOR e tabela-verdade; (b) símbolo tradicional para a porta XOR.

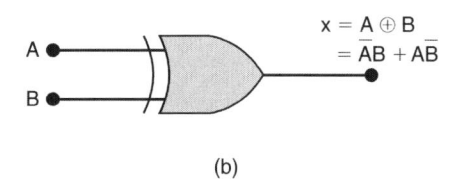

A	B	x
0	0	0
0	1	1
1	0	1
1	1	0

A tabela-verdade que acompanha o circuito mostra que $x = 1$ em dois casos: $A = 0, B = 1$ (o termo $\overline{A}B$) e $A = 1, B = 0$ (o termo $A\overline{B}$). Em outras palavras:

Esse circuito produz uma saída em nível ALTO sempre que as duas entradas estão em níveis opostos.

Esse é o circuito **exclusive-OR**, que daqui em diante será abreviado como **XOR**.

Essa combinação particular de portas lógicas ocorre com frequência e é muito útil em determinadas aplicações. Na verdade, o circuito XOR tem um símbolo próprio, mostrado na Figura 4.20(b). Admite-se que esse símbolo contém todo o circuito lógico XOR e, portanto, tem a mesma expressão lógica e a mesma tabela-verdade. Esse circuito XOR normalmente é denominado *porta* XOR e o consideraremos outro tipo de porta lógica.

Uma porta XOR tem apenas *duas* entradas; não existem portas XOR de três ou quatro entradas. As duas entradas são combinadas de modo que $x = \overline{A}B + A\overline{B}$. Uma forma abreviada algumas vezes usada para indicar uma expressão de saída XOR é

$$x = A \oplus B$$

em que o símbolo $\oplus$ representa a operação da porta XOR.

As características de uma porta XOR são resumidas a seguir:

1. Tem apenas duas entradas, e a expressão para sua saída é

$$x = \overline{A}B + A\overline{B} = A \oplus B$$

2. Sua saída será nível *ALTO* apenas quando as duas entradas estiverem em níveis *diferentes*.

Existem disponíveis alguns CIs contendo portas XOR. Os CIs listados a seguir são chips *quádruplos* de portas XOR, que contêm quatro portas XOR.

74LS86   Quádruplo XOR (família TTL)
74C86   Quádruplo XOR (família CMOS)
74HC86   Quádruplo XOR (CMOS de alta velocidade)

Exclusive-NOR (Não OU Exclusivo, também chamado de Coincidência)

O circuito **exclusive-NOR** (abreviado como **XNOR**) opera de maneira completamente oposta ao circuito XOR. A Figura 4.21(a) demonstra um circuito XNOR acompanhado de sua tabela-verdade. A expressão de saída é

$$x = AB + \overline{A}\,\overline{B}$$

a qual indica, com a tabela-verdade, que x é 1 para dois casos: $A = B = 1$ (o termo AB) e $A = B = 0$ (o termo $\overline{A}\,\overline{B}$). Em outras palavras:

O XNOR gerará uma saída em nível ALTO se as duas entradas estiverem no mesmo nível lógico.

Deve ficar evidente que a saída de um circuito XNOR é exatamente o inverso da saída de um XOR. O símbolo tradicional para uma porta XNOR é obtido simplesmente acrescentando-se um pequeno círculo na saída do símbolo da porta XOR [Figura 4.21(b)].

A porta XNOR também tem *apenas duas* entradas e as combina de modo que a saída seja

$$x = AB + \overline{A}\,\overline{B}$$

FIGURA 4.21 (a) Circuito exclusive-NOR; (b) símbolo tradicional para a porta XNOR.

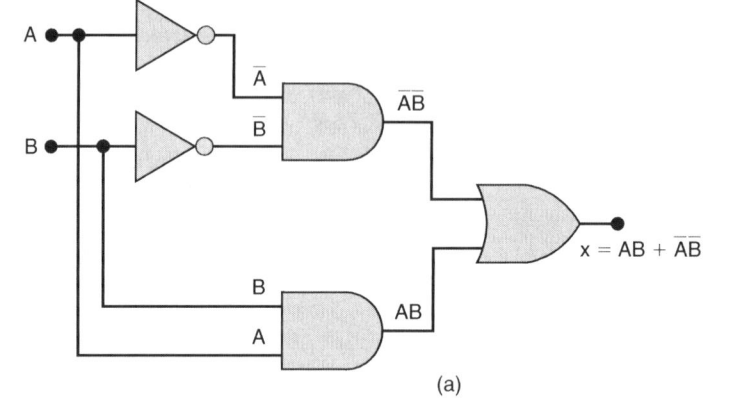

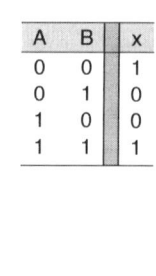

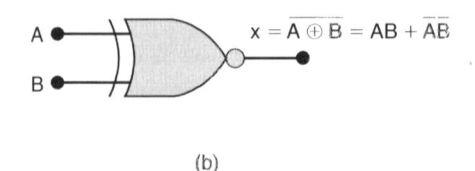

Uma forma abreviada de indicar a expressão de saída de uma porta XNOR é

$$x = \overline{A \oplus B}$$

que é simplesmente o inverso da operação XOR. A operação da porta XNOR está resumida a seguir:

1. Tem apenas duas entradas, e a expressão para sua saída é

$$x = AB + \overline{A}\,\overline{B} = \overline{A \oplus B}$$

2. Sua saída será nível *ALTO* apenas quando as duas entradas estiverem no *mesmo* nível lógico.

Existem disponíveis alguns CIs contendo portas XNOR. Os CIs listados a seguir são chips quádruplos de portas XNOR (contendo quatro portas XNOR).

74LS266   Quádruplo XNOR (família TTL)
74C266   Quádruplo XNOR (família CMOS)
74HC266   Quádruplo XNOR (CMOS de alta velocidade)

Cada um desses chips XNOR tem, contudo, um circuito especial de saída, que limita seu uso a aplicações específicas. Muitas vezes, um projetista de circuitos lógicos obtém a função XNOR conectando a saída de uma porta XOR a um INVERSOR.

EXEMPLO 4.16

Determine a forma de onda de saída para as formas de onda de entrada mostradas na Figura 4.22.

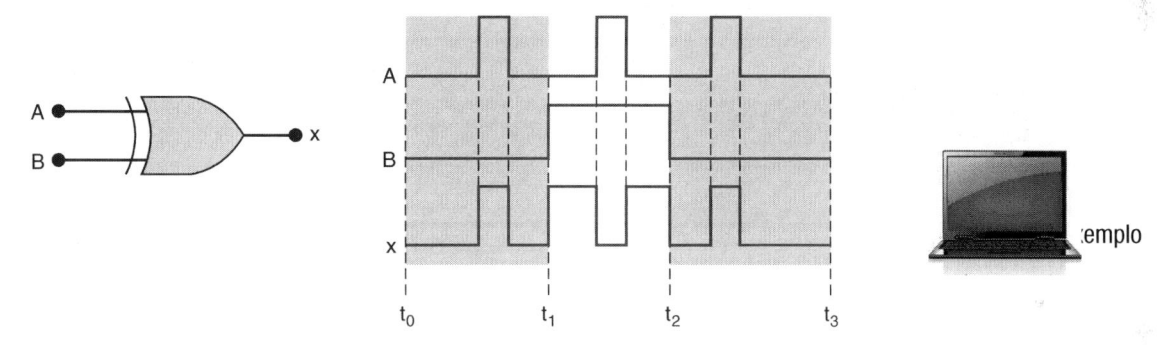

Solução
A forma de onda de saída é obtida usando o fato de que a saída da porta XOR será nível ALTO apenas quando suas entradas estiverem em níveis diferentes. A forma de onda de saída resultante revela alguns pontos interessantes:

1. A forma de onda de saída x segue a forma de onda na entrada A durante os intervalos em que $B = 0$. Isso ocorre durante os intervalos t_0 a t_1 e t_2 a t_3.
2. A forma de onda de x é o *inverso* da forma de onda na entrada A durante os intervalos de tempo em que $B = 1$. Isso acontece durante o intervalo de t_1 a t_2.
3. Essas observações mostram que uma porta XOR pode ser usada como *INVERSOR controlado*, ou seja, uma de suas entradas pode ser usada para controlar se o sinal na outra entrada será invertido ou não. Essa propriedade é útil em determinadas aplicações.

EXEMPLO 4.17

A notação $x_1 x_0$ representa um número binário de dois bits que pode ter qualquer valor (00, 01, 10 ou 11); por exemplo, quando $x_1 = 1$ e $x_0 = 0$, o número binário é 10, e assim por diante. De forma semelhante, $y_1 y_0$

representa outro número binário de dois bits. Projete um circuito lógico usando as entradas x_1, x_0, y_1 e y_0, cuja saída será nível ALTO apenas quando os dois números binários, x_1x_0 e y_1y_0, forem *iguais*.

Solução

O primeiro passo é construir a tabela-verdade para 16 condições de entrada (Tabela 4.4). A saída z deve ser nível ALTO sempre que os valores de x_1x_0 e y_1y_0 coincidirem, ou seja, $x_1 = y_1$ e $x_0 = y_0$. A tabela mostra que existem quatro casos desse tipo. Poderíamos continuar agora o procedimento normal, obter a expressão para z na forma de soma de produtos, tentar simplificá-la e, então, implementar o resultado. Contudo, a natureza desse problema torna-o adequado para ser implementado com o uso de portas XNOR, e um pouco de reflexão produz uma solução simples com um mínimo de esforço. Veja a Figura 4.23; nesse diagrama lógico, x_1 e y_1 são as entradas de uma porta XNOR, e x_0 e y_0 são as entradas de outra porta XNOR. A saída de cada porta XNOR será nível ALTO apenas quando suas entradas forem iguais. Desse modo, para $x_0 = y_0$ e $x_1 = y_1$, as saídas das duas portas XNOR serão nível ALTO. Essa é a condição que estamos procurando, porque significa que os dois números de dois bits são iguais. A saída da porta AND será nível ALTO apenas nesse caso, gerando, portanto, a saída desejada.

TABELA 4.4

x_1	x_0	y_1	y_0	z (Saída)
0	0	0	0	1
0	0	0	1	0
0	0	1	0	0
0	0	1	1	0
0	1	0	0	0
0	1	0	1	1
0	1	1	0	0
0	1	1	1	0
1	0	0	0	0
1	0	0	1	0
1	0	1	0	1
1	0	1	1	0
1	1	0	0	0
1	1	0	1	0
1	1	1	0	0
1	1	1	1	1

FIGURA 4.23 Circuito para detectar a igualdade de dois números binários de dois bits.

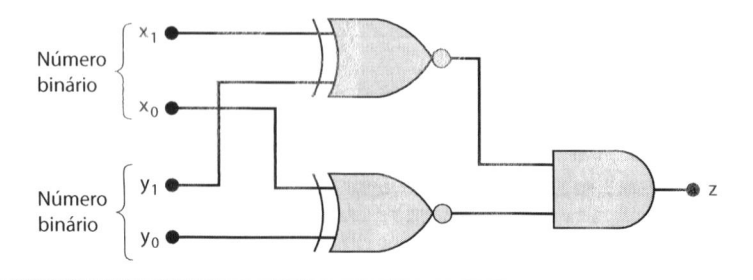

EXEMPLO 4.18

Ao simplificar a expressão para a saída de um circuito lógico combinacional, você pode encontrar operações XOR ou XNOR durante a fatoração. Isso permite, muitas vezes, o uso de portas XOR ou XNOR na implementação do circuito final. Para ilustrar, simplifique o circuito da Figura 4.24(a).

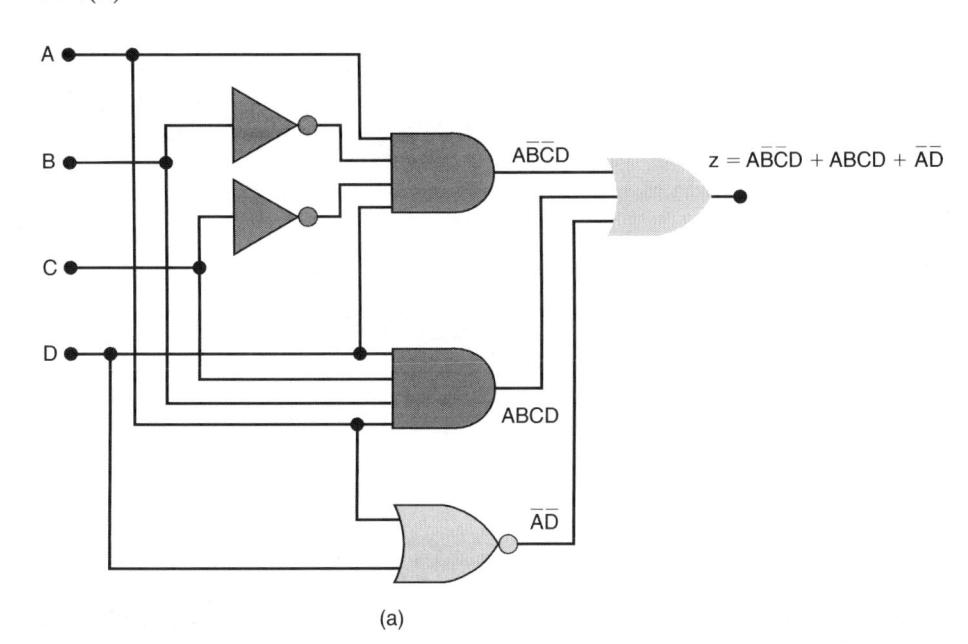

FIGURA 4.24 O Exemplo 4.18 mostra como uma porta XNOR pode ser usada para simplificar a implementação de um circuito.

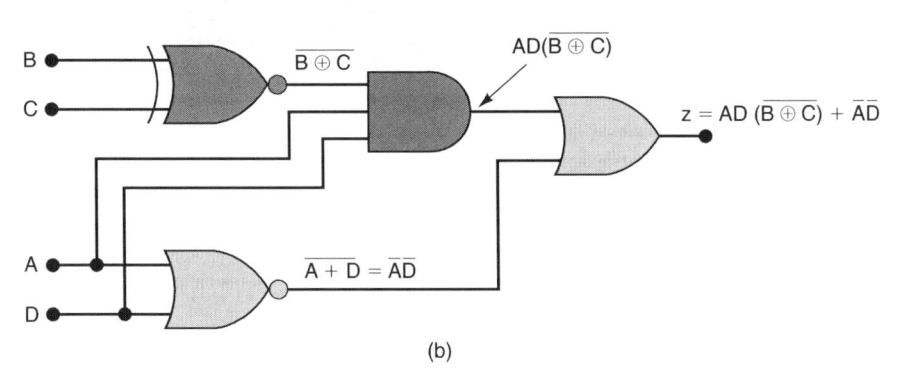

(a)

(b)

Solução

A expressão não simplificada obtida do circuito é

$$z = ABCD + \overline{A}\,\overline{B}\,\overline{C}D + \overline{A}\,\overline{D}$$

Pode-se fatorar AD a partir dos dois primeiros termos:

$$z = AD(BC + \overline{B}\,\overline{C}) + \overline{A}\,\overline{D}$$

À primeira vista, é possível pensar que a expressão entre parênteses pode ser substituída por 1. Porém, isso somente aconteceria se tivéssemos $BC + \overline{BC}$. Você deve reconhecer a expressão entre parênteses como uma combinação XNOR de B e C. Esse fato pode ser usado para se implementar de novo o circuito mostrado na Figura 4.24(b). Esse circuito é muito mais simples que o original, uma vez que usa portas lógicas com menos entradas e dois INVERSORES foram eliminados.

QUESTÕES DE REVISÃO

1. Use a álgebra booleana para demonstrar que a expressão de saída da porta XNOR é exatamente o inverso da expressão de saída da XOR.
2. Qual é a saída de uma porta XNOR quando um sinal lógico e seu inverso são conectados em suas entradas?
3. Um projetista de circuitos lógicos precisa de um INVERSOR e tudo o que ele tem disponível é uma porta XOR de um chip 74HC86. Ele precisa de outro chip?

4.7 GERADOR E VERIFICADOR DE PARIDADE

OBJETIVOS

Após ler esta seção, você será capaz de:

- Aplicar portas XOR com o intuito de criar um gerador de paridade.
- Aplicar portas XOR com o objetivo de criar um verificador de paridade.

No Capítulo 2, vimos que um transmissor pode anexar um bit de paridade em um conjunto de bits de dados antes de transmiti-lo ao receptor. Vimos, também, como esse bit de paridade permite ao receptor detectar qualquer erro em um único bit que tenha ocorrido na transmissão. A Figura 4.25 mostra um exemplo de um tipo de circuito lógico usado para **geração de paridade** e **verificação de paridade**. Esse exemplo usa um grupo de quatro bits como os dados a serem transmitidos, fazendo uso da paridade par. Esse circuito pode ser facilmente adaptado para usar paridade ímpar e um número qualquer de bits.

FIGURA 4.25 Portas XOR utilizadas para implementar (a) um gerador de paridade e (b) um verificador de paridade para um sistema que usa paridade par.

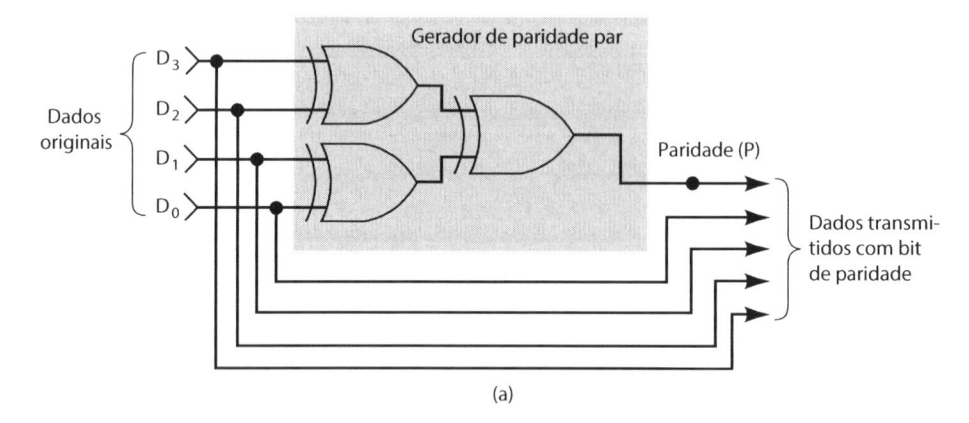

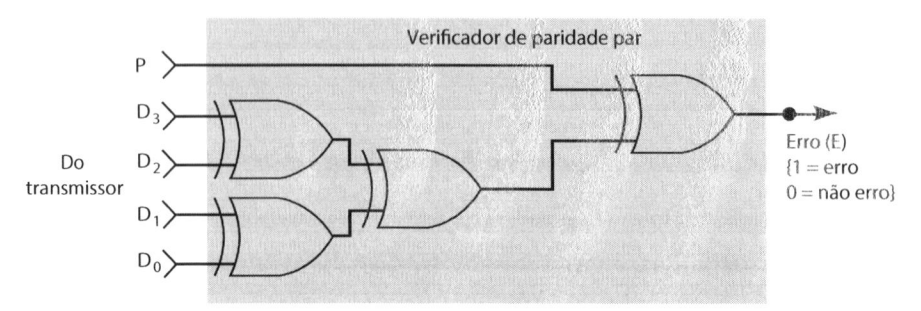

Na Figura 4.25(a), o conjunto dos dados a serem transmitidos é aplicado ao circuito gerador de paridade, que produz um bit de paridade par, P, em sua saída. Esse bit de paridade é transmitido para o receptor com os bits do dado original, totalizando cinco bits. Na Figura 4.25(b), esses cinco bits (dado + paridade) entram no circuito verificador de paridade do receptor, o qual gera uma saída de erro, E, que indica se ocorreu ou não um erro em um único bit.

Não deve surpreender que esses dois circuitos empreguem portas XOR, quando consideramos que uma única porta XOR opera de tal modo que gera uma saída em nível 1, se o número de 1s nas entradas for ímpar, e uma saída em nível 0, se o número de 1s nas entradas for par.

EXEMPLO 4.19

Determine a saída do gerador de paridade para cada um dos seguintes conjuntos de dados de entrada, $D_3D_2D_1D_0$: (a) 0111; (b) 1001; (c) 0000; (d) 0100. Veja a Figura 4.25(a).

Solução
Para cada caso, aplique os níveis de dados às entradas do gerador de paridade e percorra o circuito passando por cada porta lógica até chegar à saída P. Os resultados são: (a) 1; (b) 0; (c) 0; (d) 1. Observe que P gera nível 1 apenas quando o dado original contém um número ímpar de 1s. Desse modo, o número total de 1s enviado ao receptor (dado + paridade) será par.

EXEMPLO 4.20

Determine a saída do verificador de paridade [veja a Figura 4.25(b)] para cada um dos conjuntos de dados enviados pelo transmissor:

	P	D_3	D_2	D_1	D_0
(a)	0	1	0	1	0
(b)	1	1	1	1	0
(c)	1	1	1	1	1
(d)	1	0	0	0	0

Solução
Para cada caso, aplique esses níveis às entradas do verificador de paridade e percorra o circuito passando por cada porta lógica até chegar à saída E. Os resultados são: (a) 0; (b) 0; (c) 1; (d) 1. Observe que a saída E gera nível 1 apenas quando um número ímpar de 1s aparece nas entradas do verificador de paridade. Isso indica que um erro ocorreu, uma vez que está sendo usada a paridade par.

QUESTÕES DE REVISÃO

1. Quantas portas XOR são necessárias para gerar o bit de paridade para um valor de dados de oito bits?
2. Quantas portas XOR são necessárias para verificar o bit de paridade para um valor de dados de oito bits (mais um bit de paridade)?

4.8 CIRCUITOS PARA HABILITAR/DESABILITAR

OBJETIVOS

Após ler esta seção, você será capaz de:

- Usar circuitos lógicos para habilitar/desabilitar seletivamente a passagem de um sinal.
- Selecionar a função lógica correta para garantir níveis lógicos necessários quando desabilitada.

Cada uma das portas lógicas básicas pode ser usada a fim de controlar a passagem de um sinal lógico da entrada para a saída. Isso está ilustrado com formas de onda na Figura 4.26, na qual um sinal lógico A é aplicado em uma das entradas de cada porta lógica. A outra entrada de cada porta lógica é a de controle, B. O nível lógico na entrada de controle determina se o sinal de entrada está **habilitado** a alcançar a saída ou impedido (**desabilitado**) de alcançá-la. Essa ação de controle é a razão para esses circuitos serem denominados *portas*.

FIGURA 4.26 As quatro portas básicas podem habilitar ou desabilitar a passagem de um sinal de entrada A sob o controle de um nível lógico na entrada de controle B.

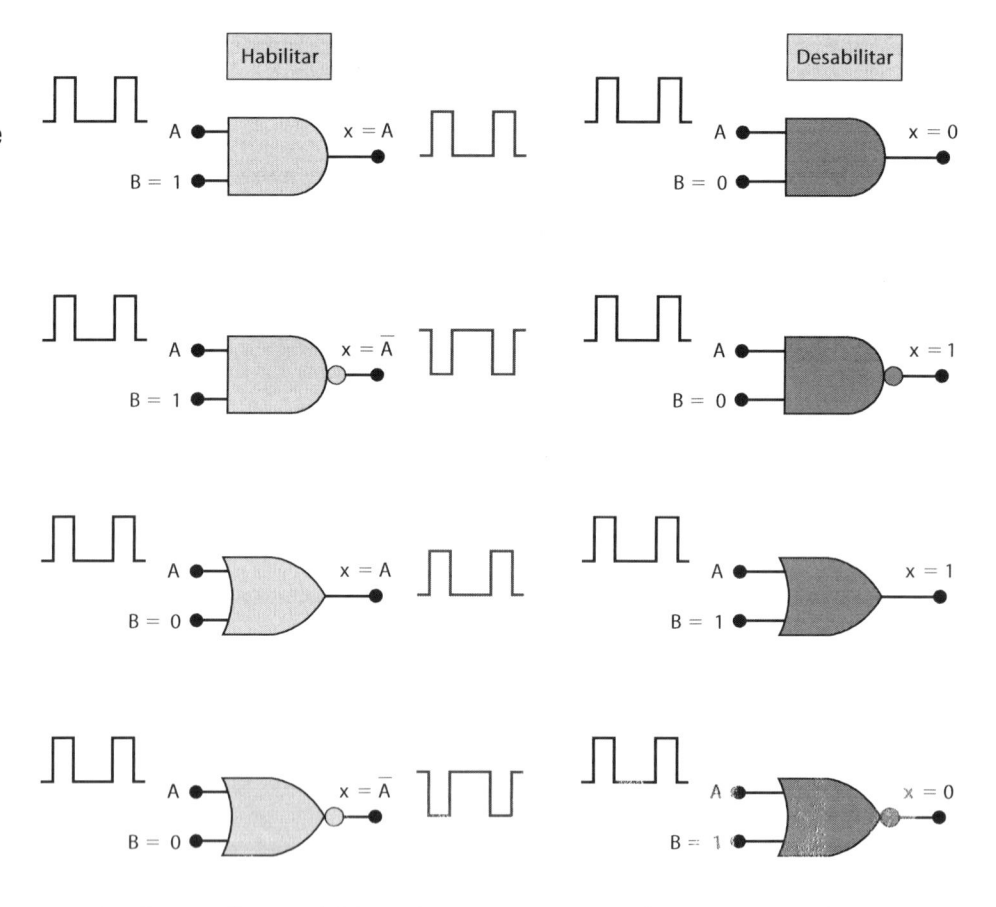

Analise a Figura 4.26 e observe que, quando portas não inversoras (AND e OR) são habilitadas, a saída segue exatamente o sinal A. Ao contrário, quando portas inversoras (NAND e NOR) são habilitadas, a saída é o inverso do sinal A.

Observe também que as portas AND e NOR geram uma saída constante em nível BAIXO quando estão desabilitadas. Ao contrário, as portas NAND e OR geram saída constante em nível ALTO quando estão desabilitadas.

Existem diversas situações no projeto de circuitos digitais em que a passagem de um sinal lógico é habilitada ou desabilitada, dependendo das condições presentes em uma ou mais entradas. Algumas situações são apresentadas nos exemplos a seguir.

EXEMPLO 4.21

Projete um circuito lógico que permita a passagem de um sinal para a saída apenas quando as entradas de controle B e C forem ambas nível ALTO; caso contrário, a saída permanecerá em nível BAIXO.

Solução
Uma porta AND é usada porque o sinal deve passar sem inversão e, na condição desabilitada, a saída deve ser nível BAIXO. Uma vez que a condição de habilitação deve ocorrer apenas quando $B = C = 1$, uma porta AND de três entradas é usada, conforme é mostrado na Figura 4.27(a).

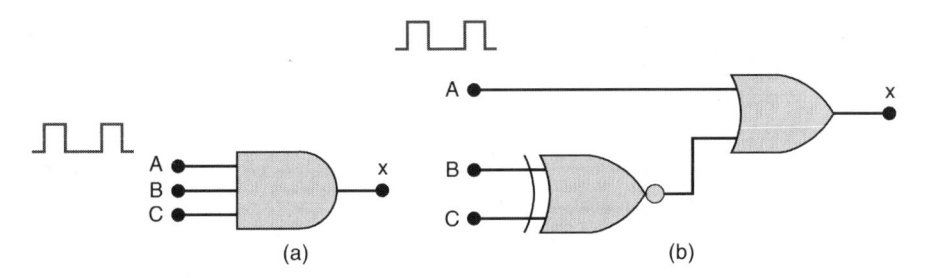

FIGURA 4.27 Exemplos 4.21 e 4.22.

EXEMPLO 4.22

Projete um circuito lógico que permita a passagem de um sinal para a saída apenas quando uma entrada, mas não ambas, for nível ALTO; caso contrário, a saída permanecerá em nível ALTO.

Solução
O resultado é mostrado na Figura 4.27(b). Uma porta OR é usada porque queremos que a saída, na condição desabilitada, seja nível ALTO e que o sinal não seja invertido. As entradas de controle B e C são combinadas em uma porta XNOR. Quando B e C forem diferentes, a saída da XNOR enviará um nível BAIXO para habilitar a porta OR. Quando estiverem no mesmo nível lógico, a XNOR enviará um nível ALTO para desabilitar a porta OR.

EXEMPLO 4.23

Projete um circuito lógico com sinal de entrada A, entrada de controle B e saídas X e Y, que operam da seguinte forma:
1. Quando $B = 1$, a saída X segue a entrada A, e a saída Y é 0.
2. Quando $B = 0$, a saída X é 0, e a saída Y segue a entrada A.

Solução
As duas saídas serão 0 quando estiverem desabilitadas e seguirão o sinal de entrada quando estiverem habilitadas. Desse modo, uma porta AND deve ser usada para cada saída. Uma vez que a saída X é habilitada quando $B = 1$, a porta AND referente a essa saída tem de ser controlada por B, conforme mostrado na Figura 4.28. Uma vez que a saída Y é habilitada

quando $B = 0$, a porta AND correspondente a essa saída é controlada por $\overline{B}$. O circuito na Figura 4.28 é denominado *circuito direcionador de pulsos*, porque direciona o pulso de entrada para uma das saídas, dependendo de B.

FIGURA 4.28 Exemplo 4.23.

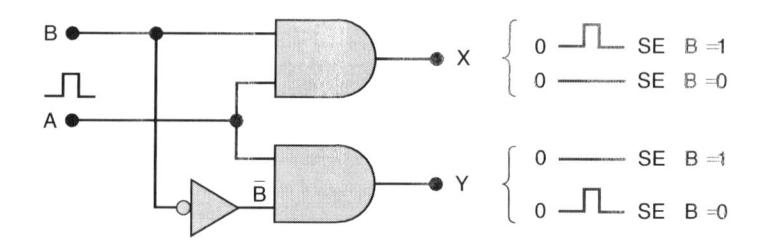

QUESTÕES DE REVISÃO

1. Projete um circuito lógico com três entradas, A, B e C, e uma saída que vai para nível BAIXO apenas quando A for nível ALTO e B e C forem diferentes.
2. Desenvolva um circuito para passar o sinal A somente quando B for nível ALTO e C for nível BAIXO. A saída deve ser nível BAIXO quando A não estiver sendo aprovada.
3. Qual porta lógica gera uma saída em nível 1 no estado desabilitado?
4. Quais portas lógicas possibilitam a passagem invertida do pulso de entrada quando estão habilitadas?

4.9 CARACTERÍSTICAS BÁSICAS DE CIS DIGITAIS DE LEGADO[1]

Objetivos

Após ler esta seção, você será capaz de:

- Fazer uso da tecnologia de legado para fins educacionais.
- Identificar características importantes dos circuitos TTL e CMOS.
- Implementar um circuito lógico usando circuitos integrados de tecnologia SSI e MSI.

CIs digitais são uma coleção de resistores, diodos e transistores fabricados em um único pedaço de material semicondutor (em geral, silício), denominado *substrato*, comumente conhecido como *chip*. O chip é confinado em um encapsulamento protetor plástico ou cerâmico, a partir do qual saem pinos para conexão do CI com outros dispositivos. Um dos tipos de encapsulamento mais comuns é o **dual-in-line package** (DIP), mostrado na Figura 4.29(a), assim denominado porque contém duas linhas de pinos em paralelo. Os pinos são numerados no sentido anti-horário, quando o encapsulamento é visto de cima, a partir da marca de identificação (entalhe ou ponto) situada em uma das extremidades do encapsulamento (veja a Figura 4.29[b]). Nesse caso, o DIP mostrado é de 14 pinos e mede 19,05 mm por 6,35 mm; encapsulamentos de 16, 20, 24, 28, 40 e 64 pinos também são usados.

---

[1] Esta seção foi incluída para aqueles que usam CIs TTL em exercícios de laboratório. Para aqueles que usam FPGAs para experiências, ela pode ser ignorada.

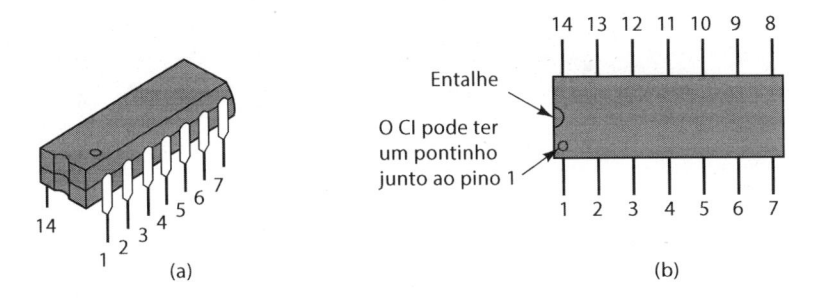

FIGURA 4.29 (a) Encapsulamento *dual-in-line* (DIP); (b) vista superior; (c) o chip de silício é muito menor que o encapsulamento de proteção; (d) encapsulamento PLCC.

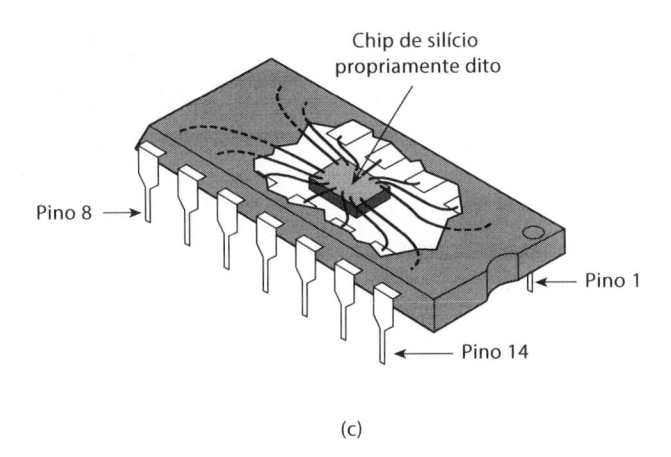

A Figura 4.29(c) mostra que o chip de silício é, na verdade, muito menor que seu DIP; tipicamente, pode ser tão pequeno quanto um quadrado de 1 mm de lado. O chip de silício é conectado aos pinos do DIP por meio de fios muito finos (poucas dezenas de micrômetros de diâmetro).

O DIP é, provavelmente, o encapsulamento para CIs digitais mais fácil de ser encontrado em equipamentos digitais antigos, embora outros tipos estejam se tornando cada vez mais populares. O CI mostrado na Figura 4.29(d) é apenas um entre muitos encapsulamentos comuns nos modernos circuitos digitais. Esse encapsulamento, em especial, utiliza terminais em forma de "J" que se curvam sob o CI. Veremos alguns dos outros tipos no Capítulo 8.

CIs digitais são muitas vezes classificados de acordo com a complexidade de seus circuitos, medida pelo número de portas lógicas equivalentes em seu substrato. Os níveis de complexidade que são comumente definidos são apresentados na Tabela 4.5.

TABELA 4.5 Categorias de CIs.

Complexidade	Portas por chip
Integração em pequena escala (SSI)	Menos de 12
Integração em média escala (MSI)	Entre 12 e 99
Integração em grande escala (LSI)	Entre 100 e 9999
Integração em escala muito grande (VLSI)	Entre 10.000 e 99.999
Integração em escala ultragrande (ULSI)	Entre 100.000 e 999.999
Integração em escala giga (GSI)	1.000.000 ou mais

Todos os CIs especificados no Capítulo 3, e também neste capítulo, são chips **SSI**, que contêm um pequeno número de portas. Nos sistemas digitais modernos, dispositivos com grau médio de integração — integração em média escala (**MSI**, do inglês, *medium-scale integration*) — e com alto grau de integração — integração em grande escala (**LSI**, do inglês *large-scale integration*), integração em escala muito grande (**VLSI**, do inglês *very large-scale integration*), integração em escala ultragrande (**ULSI**, do inglês *ultra large-scale integration*) e integração em escala giga (**GSI**, do inglês *giga-scale integration*) — podem realizar a maior parte das funções que antes eram implementadas por várias placas de circuito impresso, cheias de dispositivos SSI. Contudo, chips SSI ainda são usados como "interface" ou "ponte" entre os chips mais complexos. Os CIs de pequena escala também proporcionam um excelente modo de aprender a lidar com os blocos de construção básicos dos sistemas digitais. Consequentemente, muitos cursos práticos usam esses CIs para construir e testar pequenos projetos.

O mundo industrial da eletrônica digital está agora se voltando para os dispositivos lógicos programáveis (PLDs, do inglês *programmable logic devices*) para implementar sistemas digitais maiores. Alguns PLDs simples estão disponíveis em encapsulamentos DIP, mas os dispositivos lógicos programáveis mais complexos exigem mais pinos que os disponíveis em DIPs. Circuitos integrados maiores, que possam precisar ser removidos de um circuito e substituídos, costumam ser fabricados em um encapsulamento plástico com contatos (PLCC, do inglês *plastic leaded chip carrier*). A Figura 4.29(d) mostra o EPM 7128SLC84 da Altera em um encapsulamento PLCC. As principais características desse chip são: mais pinos, um espaçamento menor entre eles e pinos ao redor de toda a periferia. Observe que o pino 1 não fica "no canto", como no DIP, mas no meio da parte de cima do encapsulamento. A maioria dos circuitos lógicos em uso hoje em dia são muito mais complexos (VLSI e maiores) e requerem muitos outros pinos. Eles não podem ser removidos e recolocados em uma placa de circuito experimental, então serão descritos em uma seção posterior.

CIs digitais bipolares e unipolares

CIs digitais também podem ser classificados de acordo com o principal tipo de componente eletrônico usado nos circuitos. *CIs bipolares* são aqueles fabricados utilizando-se transistores bipolares de junção (NPN e PNP) como principal elemento de circuito. *CIs unipolares* são aqueles que usam transistores unipolares de efeito-de-campo (MOSFETs canal P e canal N) como elemento principal.

A família **lógica transistor-transistor** (**TTL**, do inglês *transistor-transistor logic*) tem sido a principal família de CIs digitais bipolares nos últimos 40 anos. A série 74 padrão foi a primeira de CIs TTL. Ela não é mais usada em novos projetos, tendo sido substituída por várias séries TTL de alto desempenho, mas a configuração básica de seu circuito é a base de todas as séries de CIs TTL. Essa configuração de circuito é mostrada na Figura 4.30(a) para um INVERSOR TTL padrão. Observe que esse circuito contém vários transistores bipolares como elemento principal do circuito.

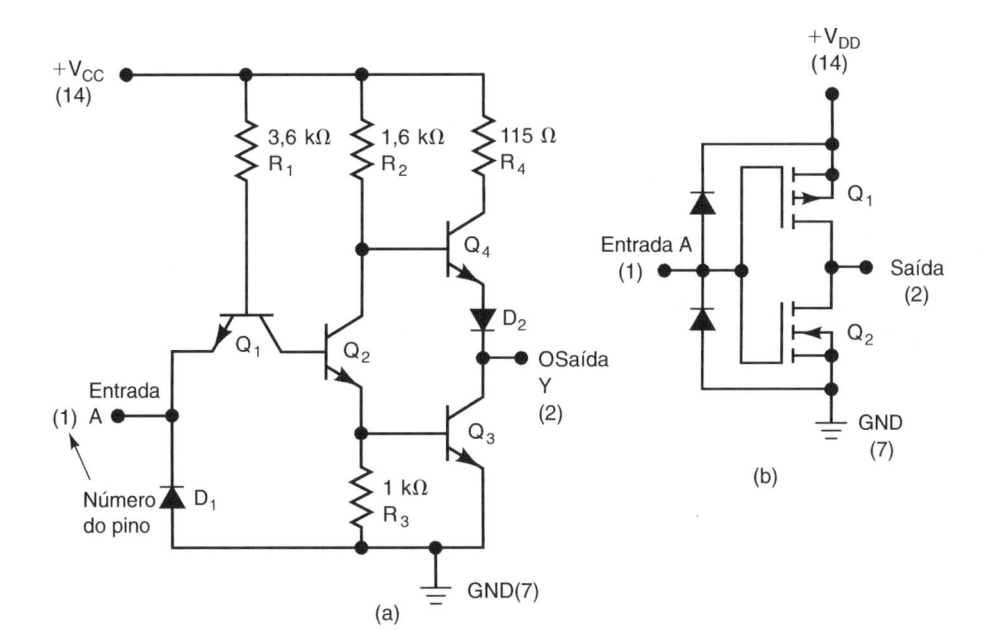

FIGURA 4.30 (a) Circuito INVERSOR TTL; (b) circuito INVERSOR CMOS. A numeração dos pinos está entre parênteses.

A família TTL foi a principal família de CIs nas categorias SSI e MSI até a década de 1990. Desde então, sua posição de liderança está sendo ameaçada pela família CMOS, que tem gradualmente substituído a TTL. A família **complementar metal-óxido-semicondutor** (**CMOS**, do inglês *complementary metal-oxide semiconductor*) faz parte de uma classe de CIs digitais unipolares, porque usa MOSFETs canal P e canal N como elementos principais do circuito. A Figura 4.30(b) mostra o circuito de um INVERSOR CMOS padrão. Se compararmos os circuitos TTL e CMOS na Figura 4.30, ficará evidente que a versão CMOS usa poucos componentes. Essa é uma das principais vantagens da família CMOS sobre a TTL.

Graças à simplicidade e forma compacta, além de outras qualidades superiores dos CMOS, os CIs modernos de grande escala são fabricados predominantemente com tecnologia CMOS. Laboratórios de escola que usam dispositivos SSI e MSI costumam usar TTL por causa da durabilidade, embora alguns também utilizem CMOS. O Capítulo 8 apresentará um estudo englobando os circuitos e as características de CIs TTL e CMOS. Por enquanto, precisamos abordar apenas algumas de suas características básicas, para podermos falar sobre análise de defeitos em circuitos combinacionais simples.

Família TTL

A família lógica TTL consiste, na verdade, em várias subfamílias ou séries. A Tabela 4.6 relaciona o nome de cada uma das séries com o prefixo usado para identificar os diferentes CIs que fazem parte dessas séries. Por exemplo, CIs que fazem parte da TTL padrão têm um número de identificação iniciado por 74. O 7402, o 7438 e o 74123 são CIs pertencentes a essa série. Da mesma maneira, CIs que pertencem à série TTL Schottky de baixa potência (*low-power Schottky*) têm seu número de identificação começando por 74LS. O 74LS02, o 74LS38 e o 74LS123 são exemplos de dispositivos da série 74LS.

As principais diferenças entre as séries TTL têm a ver com suas características elétricas, como dissipação de potência e velocidade de chaveamento (comutação). Elas não diferem na disposição dos pinos ou na operação lógica realizada pelos circuitos internos. Por exemplo, o 7404, o 74S04, o 74LS04, o 74AS04 e o 74ALS04 são todos CIs com seis INVERSORES, cada um contendo *seis* INVERSORes em um único chip.

TABELA 4.6 Diversas séries dentro da família lógica TTL.

Série TTL	Prefixo	Exemplo de CI
TTL Padrão	74	7404 (INVERSOR hexa)
TTL Schottky	74S	74S04 (INVERSOR hexa)
TTL Schottky de baixa potência	74LS	74LS04 (INVERSOR hexa)
TTL Schottky avançada	74AS	74AS04 (INVERSOR hexa)
TTL Schottky avançada de baixa potência	74ALS	74ALS04 (INVERSOR hexa)

Família CMOS

Várias séries CMOS disponíveis estão relacionadas na Tabela 4.7. A série 4000 é a mais antiga. Ela possui muitas das funções lógicas da família TTL, mas não foi projetada para ser *compatível pino a pino* com os dispositivos TTL. Por exemplo, o chip quádruplo NOR 4001 contém quatro portas NOR de duas entradas, assim como o chip TTL 7402, mas as entradas e as saídas das portas do chip CMOS não têm a mesma pinagem que os sinais correspondentes no chip TTL.

As séries 74C, 74HC, 74HCT, 74AC e 74ACT são as mais recentes das famílias CMOS. As três primeiras são compatíveis pino a pino com os dispositivos TTL de mesma numeração. Por exemplo, o 74C02, o 74HC02 e o 74HCT02 possuem a mesma pinagem que o 7402, o 74LS02, e assim por diante. As séries 74HC e 74HCT operam a uma velocidade mais alta que os dispositivos da 74C. A série 74HCT foi projetada para ser *eletricamente compatível* com dispositivos TTL, ou seja, um circuito integrado 74HCT pode ser diretamente conectado a dispositivos TTL, sem que seja necessário circuito de interface. As séries 74AC e 74ACT são CIs de altíssimo desempenho. Nenhum deles é compatível pino a pino com TTL. Os dispositivos 74ACT são eletricamente compatíveis com TTL. Exploraremos as várias séries TTL e CMOS em detalhes no Capítulo 8, assim como as últimas tecnologias de baixa tensão usadas em CIs modernos.

TABELA 4.7 Várias séries da família lógica CMOS.

Séries CMOS	Prefixo	Exemplo de CI
CMOS com porta de metal	40	4001 (porta NOR quádrupla)
Porta de metal, compatível pino a pino com TTL	74C	74C02 (porta NOR quádrupla)
Porta de silício, compatível pino a pino com TTL, alta velocidade	74HC	74HC02 (porta NOR quádrupla)
Porta de silício, alta velocidade, compatível pino a pino e eletricamente com TTL	74HCT	74HCT02 (porta NOR quádrupla)
CMOS de altíssimo desempenho, não é compatível pino a pino nem eletricamente com TTL	74AC	74AC02 (porta NOR quádrupla)
CMOS de altíssimo desempenho, não é compatível pino a pino, mas é eletricamente compatível com TTL	74ACT	74ACT02 (porta NOR quádrupla)

Alimentação e terra

Para usar CIs digitais, é necessário que se façam as conexões apropriadas aos pinos do CI. As conexões mais importantes são as de *alimentação CC* (*corrente contínua*) e *terra*. Essas conexões são necessárias para que o circuito no chip opere de maneira correta. Ao observar a Figura 4.30, você pode ver que tanto os circuitos TTL quanto os CMOS têm a fonte de tensão CC ligada a um pino e o GND (terra) conectado a outro. O pino de alimentação é denominado V_{CC} para o circuito TTL e V_{DD} para o circuito CMOS. Muitos dos circuitos integrados CMOS recentes, projetados para serem compatíveis com circuitos integrados TTL, também usam a designação V_{CC} para o pino de alimentação.

Caso a conexão de alimentação ou GND não seja feita, as portas lógicas no chip não responderão adequadamente às entradas lógicas, e ele não fornecerá os níveis lógicos de saída esperados.

Faixas de tensão para os níveis lógicos

Para dispositivos TTL, V_{CC} é nominalmente +5 V. Para dispositivos CMOS, V_{DD} pode estar situado na faixa que vai de +3 a +18 V, embora +5 V seja a tensão mais usada, sobretudo quando dispositivos CMOS estão em um mesmo circuito, em conjunto com dispositivos TTL.

Para os dispositivos TTL padrão, as faixas de tensão de entrada aceitáveis para os níveis lógicos 0 e 1 são definidas na Figura 4.31(a). Um nível lógico 0 corresponde a qualquer tensão na faixa de 0 a 0,8 V; um nível lógico 1 corresponde a qualquer tensão na faixa de 2 a 5 V. As tensões fora dessas faixas são denominadas **indeterminadas** e não devem ser usadas como entrada de qualquer dispositivo TTL. Os fabricantes de CIs não garantem como um circuito TTL responderá a níveis de tensão de entrada que estejam na faixa indeterminada (entre 0,8 e 2 V).

As faixas de tensão de entrada lógica para que os circuitos integrados CMOS operem com V_{DD} = +5 V são mostradas na Figura 4.31(b). Tensões entre 0 e 1,5 V são definidas como nível lógico 0, e tensões na faixa de 3,5 a 5 V, como nível lógico 1. A faixa indeterminada inclui as tensões entre 1,5 e 3,5 V.

FIGURA 4.31 Faixas de tensão de entrada de nível lógico para CIs digitais (a) TTL e (b) CMOS.

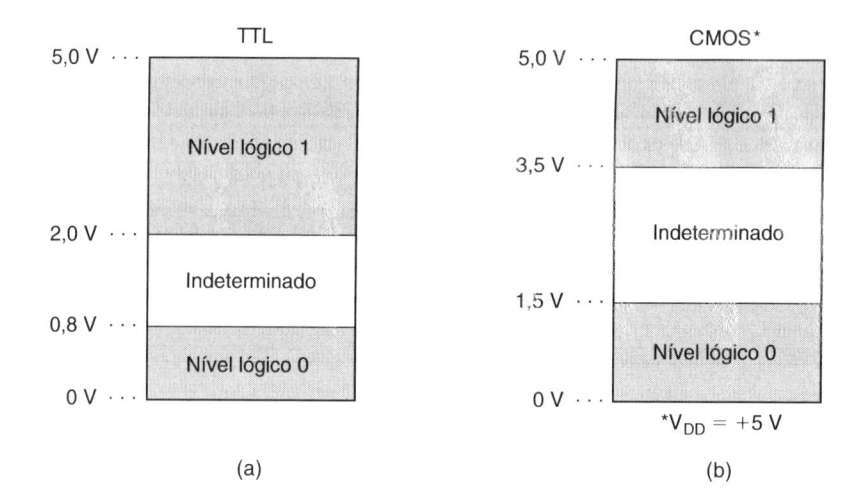

Entradas não conectadas (flutuantes)

O que acontece quando uma entrada de um CI digital é desconectada? Costuma ser denominada **entrada flutuante**. As respostas para esta pergunta são diferentes para circuitos TTL e CMOS.

Uma entrada flutuante em um circuito TTL funciona exatamente como se estivesse em nível lógico 1. Em outras palavras, o CI responde como se na entrada tivesse sido aplicado um nível lógico ALTO. Essa característica é muitas vezes usada quando se testa um circuito TTL. Um técnico preguiçoso poderia deixar determinadas entradas desconectadas, em vez de conectá-las ao nível lógico ALTO. Embora isso seja correto do ponto de vista de níveis lógicos, não é recomendado, sobretudo no projeto final de circuitos, uma vez que uma entrada flutuante em um circuito TTL é muito suscetível a sinais de ruídos, que provavelmente afetarão de forma adversa o funcionamento.

Uma entrada flutuante em algumas portas TTL vai medir o nível CC entre 1,4 e 1,8 V quando verificada em um voltímetro ou um osciloscópio. Embora esse valor esteja na faixa de nível indeterminado para TTL, ele produzirá a mesma resposta que para um nível lógico 1. Lembre-se de que essa característica de entrada TTL flutuante pode ser valiosa quando estiver fazendo análise de defeito em um circuito TTL.

Se uma entrada de um circuito CMOS for deixada flutuante, pode ter resultados desastrosos. O CI pode superaquecer e, possivelmente, danificar-se. Por essa razão, todas as entradas de um circuito CMOS devem ser conectadas a um nível lógico (BAIXO ou ALTO) ou à saída de um outro CI. Uma entrada CMOS flutuante não vai medir uma tensão CC específica, mas varia aleatoriamente em função do ruído captado. Desse modo, ela não funciona como um nível lógico 1 ou 0, portanto seu efeito na saída é imprevisível. Algumas vezes, a saída oscila como resultado do ruído captado pela entrada flutuante.

Muitos dos CIs CMOS mais complexos possuem circuitos embutidos nas entradas, o que reduz a probabilidade de qualquer reação destrutiva a uma entrada aberta. Com esse tipo de circuito, não é necessário aterrar todos os pinos não usados em um grande CI ao fazer experiências. É prudente, contudo, ligar as entradas não usadas a ALTO ou BAIXO (o que for apropriado no caso) na implementação final do circuito.

Diagramas de conexão de circuitos lógicos

Um diagrama de conexão mostra *todas* as conexões elétricas, numeração de pinos, numeração de CIs, valores de componentes, nomes de sinais e tensões de alimentação. A Figura 4.32 mostra um diagrama de conexão típico para um circuito lógico simples. Analise-o com cuidado e observe os seguintes pontos importantes:

1. O circuito usa portas lógicas de dois CIs diferentes. Os dois INVERSORES fazem parte do 74HC04 denominado Z1. O 74HC04 contém seis INVERSORES; dois deles estão sendo usados nesse circuito e cada um foi denominado como parte do chip Z1. De modo semelhante, as duas portas NAND fazem parte de um chip 74HC00 que contém quatro portas NAND. Todas foram denominadas Z2. Fazendo a numeração de cada porta como Z1, Z2, Z3 etc., pode-se determinar qual porta é parte de qual chip. Isso é útil especialmente em circuitos complexos que contêm muitos CIs com várias portas em cada.
2. A numeração de pinos de cada entrada e saída está indicada no diagrama. A numeração de pinos e os nomes dos CIs são usados a fim de que se possa identificar facilmente qualquer ponto do circuito. Por exemplo, o pino 2 de Z1 refere-se à saída do INVERSOR que está na parte superior do diagrama. De modo semelhante, é possível dizer que o pino 4 de Z1 está conectado ao pino 9 de Z2.
3. As conexões de alimentação e GND de cada CI (não de cada porta) são mostradas no diagrama. Por exemplo, o pino 14 de Z1 está conectado em +5 V, e o pino 7 de Z1 está conectado em GND. Essas duas conexões proveem a alimentação de *todos* os seis INVERSORES que fazem parte de Z1.
4. No circuito contido na Figura 4.32, os sinais que são entradas estão à esquerda, e os que são saídas, à direita. A barra sobre o nome do sinal indica que está ativo quando BAIXO. Os pequenos círculos que estão posicionados nos símbolos do diagrama também indicam o estado ativo-em-BAIXO. Todos os sinais nesse caso são de um único bit.
5. Os sinais são definidos graficamente na Figura 4.32 como entradas e saídas, e a relação entre eles (o funcionamento do circuito) é descrita graficamente por meio de símbolos lógicos interconectados.

Os fabricantes de equipamentos eletrônicos em geral fornecem esquemas detalhados que usam um formato semelhante ao mostrado na Figura 4.32. Esses diagramas de conexões são de grande importância quando fazemos análise de defeitos em um circuito. Escolhemos a identificação de cada CI como Z1, Z2, Z3, e assim por diante. Outras designações usadas normalmente são CI1, CI2, CI3 etc. e U1, U2, U3 etc.

No Capítulo 3, introduzimos as ferramentas de entrada gráfica do software Quartus II da Altera. Um exemplo de um diagrama lógico desenhado usando esse software é mostrado na Figura 4.33. Um circuito como este não é projetado a fim de ser implementado usando CIs lógicos SSI ou MSI. Por isso, não há números de pinos ou designações de chips nos símbolos lógicos, apenas números-instância. O software da Altera traduz uma descrição gráfica da função lógica em um arquivo binário, usado para configurar circuitos lógicos dentro de um dos muitos CIs digitais da Altera. Estes circuitos lógicos configuráveis, ou programáveis, serão descritos ainda neste capítulo. Observe, também, que uma convenção comum para a nomeação de sinais de entrada e saída é uso do sufixo N, em vez da barra sobre o nome, para indicar que o sinal é ativo-em-BAIXO. Por exemplo, a entrada LOADN é um sinal que será BAIXO para que se realize a função LOAD.

FIGURA 4.32 Diagrama de conexão típico de um circuito lógico.

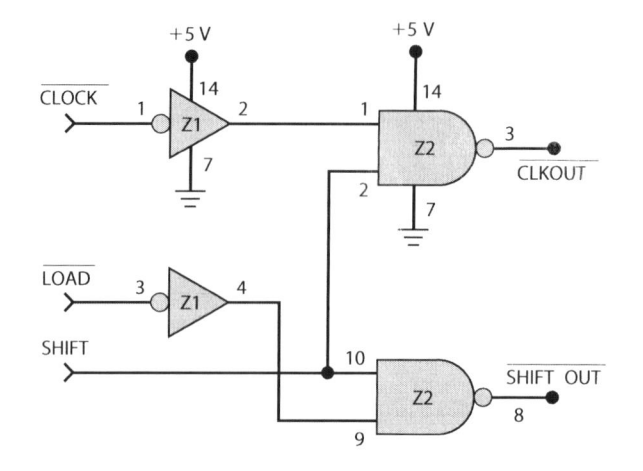

IC	Tipo
Z1	Inversor hexa 74HC04
Z2	Inversor quádruplo 74HC00

FIGURA 4.33 Diagrama lógico usando a captura esquemática Quartus II.

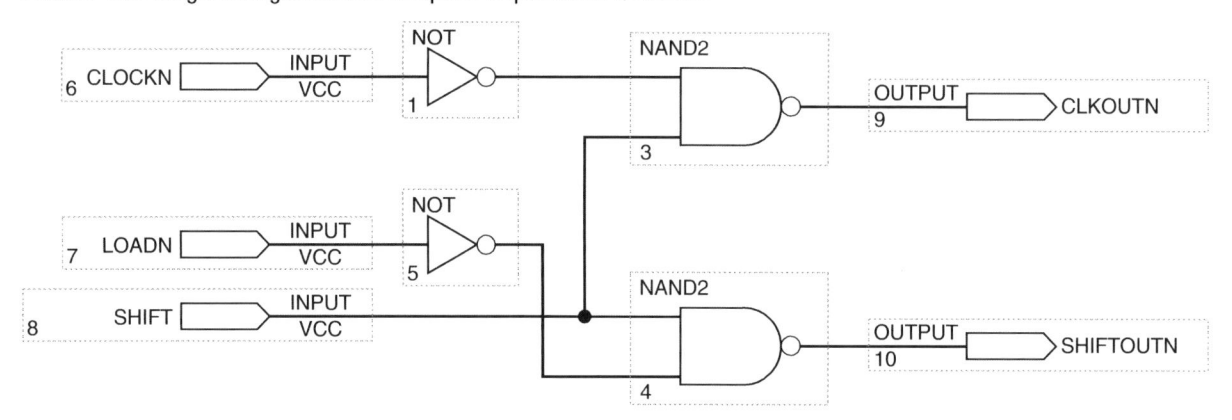

QUESTÕES DE REVISÃO

1. Qual é o tipo de transistor usado em (a) TTL e (b) CMOS?
2. Relacione as seis classificações comuns para os CIs digitais de acordo com sua complexidade.
3. *Verdadeiro ou falso*: um chip 74S74 contém a mesma lógica e a mesma configuração de um 74LS74.
4. *Verdadeiro ou falso*: um chip 74HC74 contém a mesma lógica e a mesma configuração de um 74AS74.
5. Quais são as séries de CMOS que não são compatíveis pino a pino com TTL?
6. Qual é a faixa de tensão de entrada aceitável para um nível lógico 0 na família TTL? E para um nível lógico 1?
7. Repita a Questão 6 para a família CMOS operando com $V_{DD} = 5$ V.
8. Como um circuito integrado TTL responde a uma entrada flutuante?
9. Como um circuito integrado CMOS responde a uma entrada flutuante?
10. Quais séries CMOS podem ser conectadas diretamente à família TTL sem um circuito de interface?
11. Para que servem os números nos pinos em um diagrama de conexão de circuitos lógicos?
12. Quais são as principais semelhanças entre arquivos de projeto gráfico, usados em lógica programável, e diagramas de conexão de circuitos lógicos tradicionais?

4.10 ANÁLISE DE DEFEITOS EM SISTEMAS DIGITAIS

OBJETIVOS

Após ler esta seção, você será capaz de:

- Indicar três etapas necessárias para sanar uma falha ou defeito no sistema.
- Usar uma ponta de prova lógica a fim de determinar o nível lógico presente em qualquer ponto de um circuito.

Existem três passos básicos a serem seguidos a fim de se consertar um circuito ou sistema digital que esteja apresentando erro:
1. *Identificação do defeito.* Observe o funcionamento do circuito/sistema e compare com o esperado.
2. *Isolação do defeito.* Faça testes e medições para identificar o defeito.
3. *Correção do defeito.* Substitua o componente defeituoso, conserte a conexão defeituosa, remova o curto-circuito, e assim por diante.

Embora esses passos pareçam relativamente simples, o procedimento real a ser seguido em uma análise de defeito depende muito do tipo e da complexidade do circuito, das ferramentas usadas na análise de defeitos e da documentação disponível.

Boas técnicas de análise de defeitos só podem ser aprendidas em um ambiente de laboratório por meio da experimentação e da análise de defeitos em sistemas ou circuitos defeituosos. Não há maneira melhor de se tornar hábil na manutenção de circuitos que praticar. Tampouco é a quantidade de livros lidos que proporciona essa experiência. Contudo, podemos ajudá-lo a desenvolver habilidades analíticas que constituem a parte mais importante da análise de defeitos. Descreveremos os tipos de defeitos mais comuns em sistemas constituídos de CIs digitais e diremos como identificá-los. Em seguida, apresentaremos casos típicos para ilustrar os processos analíticos envolvidos na análise de defeitos. Além disso, existem problemas de análise de defeitos, no final deste capítulo, que proporcionam uma oportunidade de usar esse processo analítico para tirar conclusões a respeito de defeitos em circuitos digitais.

Para as discussões e os exercícios de análise de defeitos que faremos neste livro, consideraremos que os técnicos de manutenção tenham disponíveis as ferramentas básicas: *ponta de prova lógica, osciloscópio* e *gerador de pulsos*. É claro que a ferramenta mais importante e eficiente é a inteligência, e é isso que procuraremos desenvolver, ao apresentar, neste capítulo e nos seguintes, técnicas, princípios, exemplos e problemas de análise de defeitos.

Nas próximas três seções de análise de defeitos, usaremos apenas a inteligência e uma **ponta de prova lógica** como a ilustrada na Figura 4.34. Uma ponta de prova lógica tem uma ponta de metal que deve tocar no circuito o ponto específico que desejamos testar. Na figura, está sendo testado o pino 3 do CI. A ponta de prova lógica também pode tocar a placa de circuito impresso, um fio sem isolação, um pino de conector, um terminal de componente discreto, como transistor ou qualquer outro ponto que seja condutor no circuito. O nível lógico mostrado pelo ponto do circuito lógico é indicado pelo estado do indicador luminoso ou LED existente na ponta de prova. Os quatro estados possíveis são mostrados na tabela da Figura 4.34. Observe que um nível lógico *indeterminado* não gera sinal luminoso. Isso inclui as condições em que o ponto do circuito em teste está aberto ou flutuando, ou seja, sem conexão com a fonte de tensão. Esse tipo de ponta de prova também possui um LED amarelo para indicar a presença de um trem de pulsos. Quaisquer transições (BAIXO para ALTO ou ALTO para BAIXO) farão o LED amarelo piscar por uma fração de segundos e depois se apagar. Se as transições estiverem ocorrendo com frequência, o LED continuará a piscar em torno de 3 Hz. Observando os LEDs verde e vermelho com o amarelo que está piscando, é possível perceber se o sinal está preponderantemente ALTO ou BAIXO.

FIGURA 4.34 Uma ponta de prova lógica é usada para monitorar o nível lógico ativo no pino do CI ou em qualquer outro ponto acessível do circuito lógico.

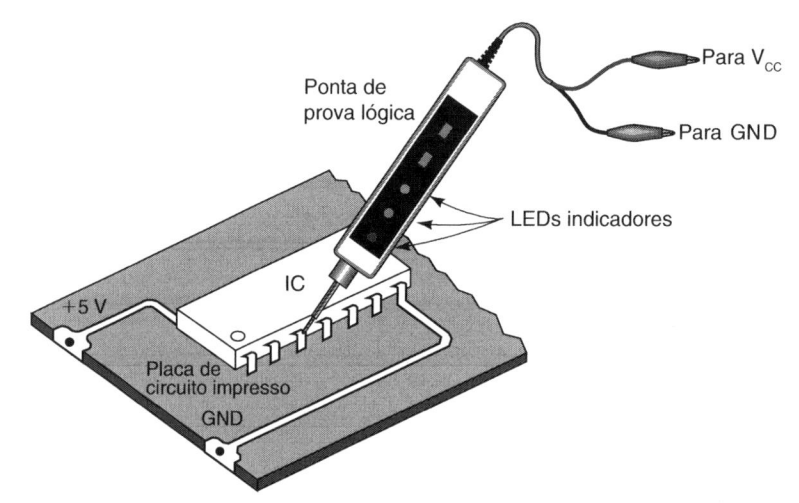

LEDs

Vermelho	Verde	Amarelo	Condição lógica
OFF	ON	OFF	BAIXA
ON	OFF	OFF	ALTA
OFF	OFF	OFF	INDETERMINADA*
X	X	PISCANDO	PULSANTE

* Inclui condição aberta ou flutuante.

QUESTÕES DE REVISÃO

1. Aponte as três etapas necessárias para sanar uma falha ou defeito do sistema.
2. Apresente os indicadores em uma ponta de prova lógica.

4.11 FALHAS INTERNAS DOS CIS DIGITAIS

OBJETIVOS

Após ler esta seção, você será capaz de:

- Identificar formas comuns de falha de circuitos integrados digitais.
- Reconhecer os sintomas de cada modo de falha.
- Compreender a contenção do sinal.

As falhas internas mais comuns dos CIs digitais são:

1. Mau funcionamento do circuito interno.
2. Entradas ou saídas curto-circuitadas para GND ou V_{CC}.
3. Entradas ou saídas abertas.
4. Curto-circuito entre dois pinos (exceto GND ou V_{CC}).

Descreveremos agora cada um desses tipos de falhas.

Mau funcionamento do circuito interno do CI

Esse problema é causado, em geral, quando um dos componentes internos está danificado ou operando fora das especificações. Quando isso acontece, as saídas do CI não respondem de maneira adequada às entradas. Não há como prever qual é o comportamento da saída, porque depende de qual componente interno foi danificado. Um exemplo poderia ser um curto-circuito entre a base e o emissor do transistor Q_4 ou um valor de resistência bastante alto para R_2 no INVERSOR TTL na Figura 4.30(a). Esse tipo de falha interna ao CI não é tão comum quanto os outros três tipos.

Entradas curto-circuitadas internamente com GND ou com a fonte de alimentação

Esse tipo de falha interna faz que a entrada do CI fique permanentemente no estado BAIXO ou ALTO. A Figura 4.35(a) mostra o pino 2 de uma porta NAND em curto com o GND internamente ao CI. Isso faz que o pino 2 esteja sempre no estado BAIXO. Se nesse pino for conectado o sinal lógico B, esse sinal estará em curto com GND. Desse modo, esse tipo de defeito afetará o dispositivo que estiver gerando o sinal B.

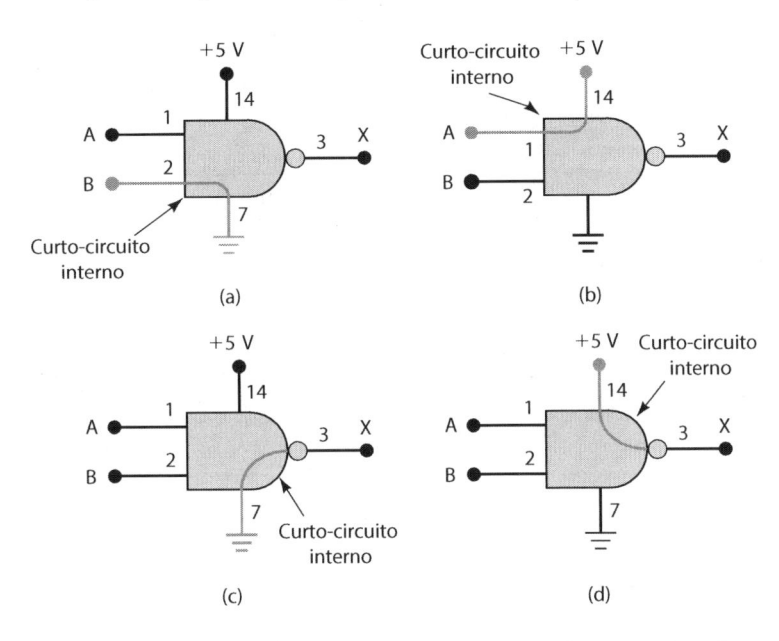

FIGURA 4.35 (a) Entrada do CI curto-circuitada internamente com GND; (b) entrada do CI curto-circuitada internamente com a fonte de alimentação. Esses dois tipos de falhas forçam a entrada de sinal no pino em curto a permanecer no mesmo estado; (c) saída do CI curto-circuitada internamente com GND; (d) saída do CI curto-circuitada internamente com a fonte de alimentação. Esses dois tipos de falhas não afetam as entradas do CI.

De maneira semelhante, um pino de entrada de um CI pode estar em curto internamente com +5 V, conforme é mostrado na Figura 4.35(b). Isso fará que o pino permaneça no estado ALTO. Se nesse pino de entrada for colocado um sinal A, esse sinal estará em curto com +5 V.

Saídas curto-circuitadas internamente com GND ou com a fonte de alimentação

Esse tipo de falha interna faz que o pino de saída permaneça no estado BAIXO ou ALTO. A Figura 4.35(c) mostra o pino 3 da porta NAND em curto internamente com o GND do CI. Essa saída permanece em nível BAIXO e não responderá às condições aplicadas aos pinos de entrada 1 e 2; em outras palavras, as entradas lógicas A e B não terão efeito sobre a saída X.

O pino de saída de um CI também pode estar em curto com +5 V internamente, conforme é mostrado na Figura 4.35(d). Isso força o pino 3 de saída a permanecer em nível ALTO, sem levar em consideração o estado dos sinais nos pinos de entrada. Observe que esse tipo de falha não afeta os sinais lógicos nas entradas do CI.

EXEMPLO 4.24

Veja o circuito da Figura 4.36. Um técnico usa uma ponta de prova lógica a fim de determinar as condições em vários pinos do CI. Os resultados são registrados na tabela que está na figura. Analise-os e determine se o circuito está funcionando de maneira adequada. Se não estiver, indique alguns dos prováveis defeitos.

FIGURA 4.36 Exemplo 4.24.

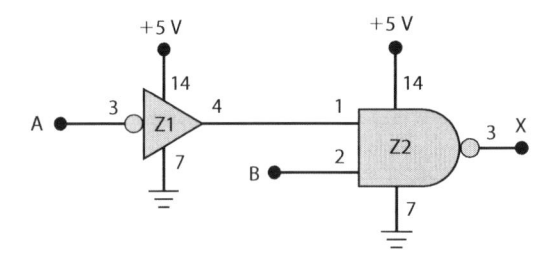

Pino	Condição
Z1-3	Pulsante
Z1-4	BAIXO
Z2-1	BAIXO
Z2-2	ALTO
Z2-3	ALTO

Solução

O pino 4 de saída do INVERSOR deveria se mostrar pulsante, uma vez que a entrada desse INVERSOR é pulsante. Contudo, o resultado registrado mostra que o pino 4 está permanentemente em nível BAIXO. Como esse pino está conectado ao pino 1 de Z2, a saída da NAND é nível ALTO. A partir da discussão anterior, podemos relacionar três defeitos capazes de produzir esse tipo de operação.

Primeiro, pode existir um componente defeituoso internamente ao INVERSOR, que impede que ele responda de maneira adequada ao sinal de entrada. Segundo, o pino 4 do INVERSOR pode estar em curto com GND internamente ao Z1, por isso mantém esse pino em nível BAIXO. Terceiro, o pino 1 de Z2 pode estar em curto com GND internamente ao Z2. Isso evitaria a mudança na saída do INVERSOR.

Além desses possíveis defeitos, pode haver curtos externos com GND em qualquer ponto da conexão entre o pino 4 de Z1 e o pino 1 de Z2. Veremos como isolar a falha real na Seção 4.13.

Circuito aberto nas entradas ou saídas

Algumas vezes, o fio condutor que conecta o pino do CI ao circuito interno se rompe, gerando o que chamamos de circuito aberto. A Figura 4.37 no Exemplo 4.25 mostra essa situação em uma entrada (pino 13) e em uma saída (pino 6). Se um sinal for aplicado no pino 13, ele não alcançará a entrada da porta NAND no 1; então, esse sinal não terá efeito sobre a saída da porta NAND no 1. A entrada da porta estará no estado flutuante. Conforme mencionado antes, os dispositivos TTL respondem às entradas flutuantes como nível lógico 1, e os dispositivos CMOS respondem de modo instável, podendo, ainda, ser danificados em razão do superaquecimento.

Na saída da porta NAND 4, existe um circuito aberto que impede o sinal de chegar ao pino 6; desse modo, não há tensão estável presente nesse pino. Se ele for conectado a uma entrada de outro CI, causará condição de flutuação nessa entrada.

EXEMPLO 4.25

O que uma ponta de prova lógica indicaria nos pinos 13 e 6 mostrados na Figura 4.37?

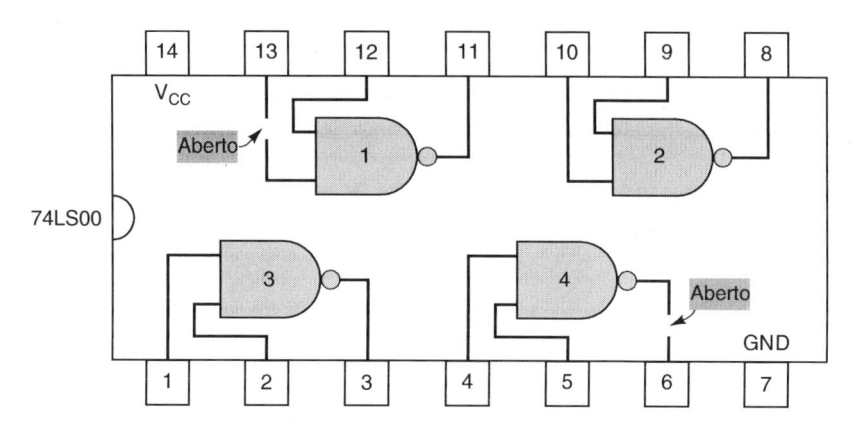

FIGURA 4.37 Um CI com uma entrada aberta internamente não responderá aos sinais aplicados nos pinos de entrada. Uma saída aberta internamente produzirá uma tensão imprevisível no pino de saída.

Solução
No pino 13, a ponta de prova lógica indicará o nível lógico do sinal externo conectado ao pino 13 (que não é mostrado no diagrama). No pino 6, a ponta de prova lógica não mostrará indicação luminosa, típica de um nível lógico indeterminado, uma vez que o nível lógico na saída da NAND nunca chega ao pino 6.

EXEMPLO 4.26

Observe o circuito da Figura 4.38 e a tabela que registra as indicações da ponta de prova lógica. Quais são os defeitos que poderiam gerar os resultados registrados na tabela? Considere que os CIs sejam da família TTL.

Pino	Condição
Z1-3	ALTO
Z1-4	BAIXO
Z2-1	BAIXO
Z2-2	Pulsante
Z2-3	Pulsante

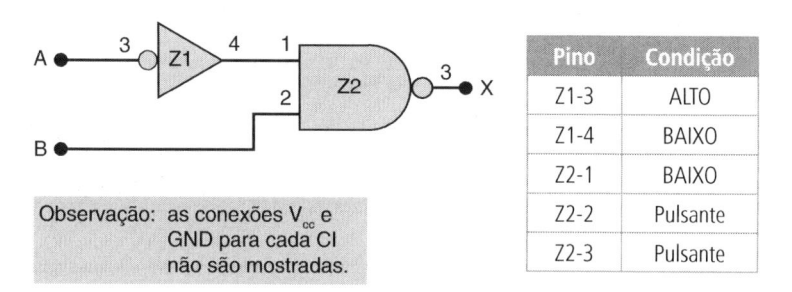

FIGURA 4.38 Exemplo 4.26.

Observação: as conexões V_{cc} e GND para cada CI não são mostradas.

Solução
Uma análise dos resultados registrados na tabela indica que o INVERSOR parece funcionar de maneira adequada, mas a saída da porta NAND não está de acordo com as entradas. A saída da NAND deveria ser nível ALTO, uma vez que o pino 1 de entrada está em nível BAIXO. Esse nível BAIXO evitaria que a porta NAND respondesse aos pulsos no pino 2. É provável que esse nível BAIXO não esteja chegando ao circuito interno da porta NAND, por conta de uma ruptura interna. Já que o CI é TTL, esse circuito aberto produz o mesmo efeito que um nível ALTO no pino 1. Se o CI fosse CMOS, o circuito

aberto internamente no pino 1 poderia produzir um nível indeterminado na saída, e um possível superaquecimento e destruição do chip.

A partir do que foi mencionado anteriormente a respeito de entradas TTL em aberto, você poderia esperar que a tensão no pino 1 de Z2 estivesse entre 1,4 e 1,8 V e fosse indicada como nível indeterminado pela ponta de prova lógica. Isso aconteceria se o circuito aberto fosse *externo* ao chip NAND. Não há circuito aberto entre o pino 4 de Z1 e o pino 1 de Z2; portanto, a tensão no pino 4 de Z1 alcança o pino 1 de Z2; porém, o circuito torna-se desconectado *dentro* do chip NAND.

Curto-circuito entre dois pinos

Um curto-circuito interno entre dois pinos de um CI fará que os sinais lógicos dos dois pinos sejam sempre idênticos. Sempre que dois sinais, supostamente diferentes, mostram as mesmas variações nos níveis lógicos, existe grande possibilidade de estarem em curto.

Considere o circuito mostrado na Figura 4.39, no qual os pinos 5 e 6 da porta NOR estão em curto internamente. O curto faz que os pinos de saída dos dois INVERSORES sejam conectados juntos, de modo que os sinais no pino 2 de Z1 e no pino 4 de Z1 sejam idênticos, ainda que os dois sinais de entrada dos INVERSORES tentem gerar saídas diferentes. A fim de ilustrar, considere a forma de onda de entrada mostrada no diagrama. Embora as de entrada sejam diferentes, as formas de onda nas saídas Z1-2 e Z1-4 são as mesmas.

Durante o intervalo de t_1 a t_2, os dois INVERSORES têm entrada em nível ALTO e tentam gerar saída em nível BAIXO, de maneira que, por estarem em curto, isso não faz diferença. Durante o intervalo de t_4 a t_5, os dois INVERSORES têm nível BAIXO nas entradas e tentam gerar saídas em nível ALTO, de maneira que, por estarem em curto, isso não afeta o resultado. Contudo, durante os intervalos de t_2 a t_3 e de t_3 a t_4, um INVERSOR tenta gerar saída em nível ALTO, enquanto outro tenta gerar saída em nível BAIXO. Isso é denominado **contenção** de sinal, porque os dois sinais "disputam" entre si. Quando isso acontece, o nível de tensão efetivo que aparece nas saídas em curto depende do circuito interno do CI. Para dispositivos TTL, seria normalmente uma tensão na faixa do nível lógico 0 (ou seja, próxima de 0,8 V), embora essa tensão ainda possa estar na faixa de nível indeterminado. Para a maioria dos dispositivos CMOS, essa tensão estaria na faixa de nível indeterminado.

Sempre que você vir uma forma de onda como os sinais Z1-2 e Z1-4 mostrados na Figura 4.39, com três diferentes níveis de tensão, deve suspeitar que duas saídas podem estar em curto.

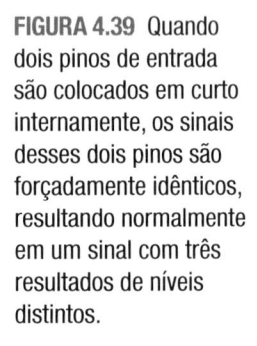

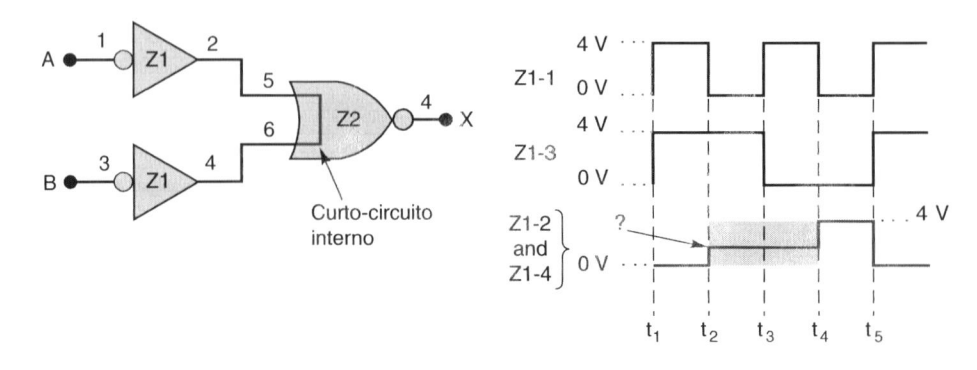

FIGURA 4.39 Quando dois pinos de entrada são colocados em curto internamente, os sinais desses dois pinos são forçadamente idênticos, resultando normalmente em um sinal com três resultados de níveis distintos.

QUESTÕES DE REVISÃO

1. Relacione os diferentes tipos de defeitos internos de um CI digital.
2. Que defeito interno de um CI pode gerar um sinal que apresenta três diferentes níveis de tensão?
3. Qual seria a indicação de uma ponta de prova lógica em Z1-2 e Z1-4 na Figura 4.39 se $A = 0$ e $B = 1$?
4. O que é contenção de sinal?

4.12 FALHAS EXTERNAS

OBJETIVOS

Após ler esta seção, você será capaz de:

- Identificar formas comuns de falhas/defeitos associados a placas e sistemas de circuitos.
- Reconhecer os sintomas de cada modo de falha.
- Usar métodos comuns para diagnosticar esses modos de falha.
- Compreender os efeitos de carga nos circuitos digitais.

Vimos como reconhecer defeitos de diversas falhas internas em CIs digitais. Um maior número de defeitos pode acontecer externamente aos CIs; descreveremos os mais comuns nesta seção.

Linhas de sinal abertas

Esta categoria inclui qualquer tipo de falha que produz ruptura ou descontinuidade elétrica, de tal modo que um nível de tensão ou sinal seja impedido de passar de um ponto para outro. Algumas das causas de linhas de sinal abertas são:
1. Fio interrompido.
2. Conexão com solda fria; conexão de *wire-wrap* folgada.
3. Fissuras ou cortes na placa de circuito impresso (alguns são tão pequenos que é difícil vê-los sem o auxílio de uma lente de aumento).
4. Pino do CI dobrado ou quebrado.
5. Defeito no soquete do CI, de modo que o pino do CI não faz bom contato elétrico com o soquete.

Esse tipo de falha em circuitos pode, muitas vezes, ser detectado com uma inspeção visual cuidadosa e, posteriormente, desconectando-se o circuito da fonte de alimentação, para verificar continuidade (ou seja, verificar os caminhos de baixa resistência elétrica) com um ohmímetro entre os dois pontos do circuito.

EXEMPLO 4.27

Considere o circuito CMOS mostrado na Figura 4.40 e a tabela com as indicações de uma ponta de prova lógica. Qual é o defeito mais provável do circuito?

Solução
O nível indeterminado na saída da porta NOR é provavelmente devido ao nível indeterminado no pino 2 de entrada. Como há um nível BAIXO em

Z1-6, também deveria estar em Z2-2. É óbvio que o nível BAIXO de Z1-6 não chegou em Z2-2, devendo existir um circuito aberto no caminho do sinal entre esses dois pontos. O ponto em que o circuito está aberto pode ser determinado com a ponta de prova lógica começando por Z1-6 e percorrendo o caminho do sinal, nível BAIXO, na direção de Z2-2, até o ponto em que o nível, indicado pela ponta de prova, mude para indeterminado.

FIGURA 4.40 Exemplo 4.27.

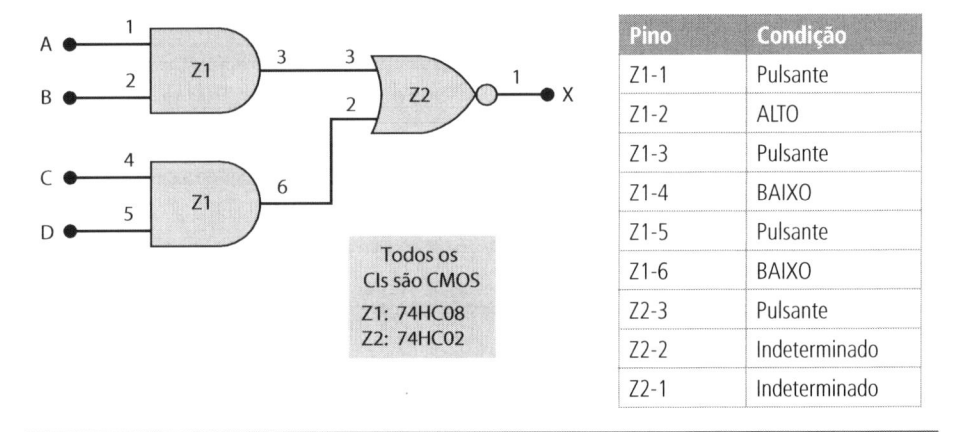

Todos os CIs são CMOS
Z1: 74HC08
Z2: 74HC02

Pino	Condição
Z1-1	Pulsante
Z1-2	ALTO
Z1-3	Pulsante
Z1-4	BAIXO
Z1-5	Pulsante
Z1-6	BAIXO
Z2-3	Pulsante
Z2-2	Indeterminado
Z2-1	Indeterminado

Linhas de sinal em curto

Este tipo de falha apresenta o mesmo efeito que um curto interno entre pinos do CI. Essa falha faz que dois sinais sejam exatamente iguais (contenção de sinal). Uma linha de sinal pode estar em curto com GND ou V_{CC}, em vez de outra linha de sinal. Nesse caso, o sinal será forçado para o estado BAIXO ou ALTO. As principais causas para curtos inesperados entre dois pontos de um circuito são:

1. *Conexões malfeitas.* Um exemplo disso é a retirada de uma parte demasiadamente grande da isolação de fios muito próximos entre si.
2. *Pontes de solda.* Respingos de solda que colocam em curto dois ou mais pontos. Em geral, ocorre entre pontos que estejam muito próximos entre si, tais como os pinos de um CI.
3. *Corrosão incompleta.* Um par de trilhas adjacentes em uma placa de circuito impresso não é totalmente separado no processo de corrosão.

De novo, uma inspeção visual cuidadosa pode possibilitar a descoberta desses tipos de falhas, e uma verificação com ohmímetro pode indicar se dois pontos de um circuito estão em curto.

Falha na fonte de alimentação

Todos os sistemas digitais têm uma ou mais fontes de alimentação CC que geram as tensões V_{CC} e V_{DD} de que os chips precisam. Uma fonte de alimentação danificada ou em sobrecarga (com solicitação de corrente maior do que ela pode fornecer) provocará tensão de alimentação com regulação inadequada para os CIs, fazendo que eles não funcionem ou funcionem de forma instável.

Uma fonte de alimentação pode perder a regulação por conta de uma falha em seu circuito interno, ou por estar sendo solicitada a fornecer mais corrente que aquele valor para a qual foi projetada. Isso pode acontecer se um chip ou um componente tiver um defeito que a faça absorver muito mais corrente do que o normal.

Uma boa prática é verificar os níveis de tensão de cada fonte de alimentação do sistema, para saber se estão dentro das faixas especificadas. Também é uma boa ideia medir as tensões das fontes de alimentação com osciloscópio, para verificar se não há quantidade significativa de *ripple* (ondulação) sobre a tensão CC e se os níveis de tensão permanecem regulados durante o funcionamento do sistema.

Um dos sinais mais comuns de defeito na fonte de alimentação é um ou mais CIs operando de modo instável ou simplesmente não funcionando. Alguns CIs são mais tolerantes às variações de tensão da fonte de alimentação e podem funcionar de modo apropriado, enquanto outros não são. Você deve sempre testar os níveis de tensão de alimentação e GND para cada CI que parece apresentar funcionamento incorreto.

Carregamento da saída

Quando um CI digital tem a saída conectada a diversas entradas de CIs, sua capacidade de fornecimento de corrente de saída pode ser excedida e a tensão de saída pode passar para a faixa de nível indeterminado. Esse efeito é denominado *carregamento* do sinal de saída (o que acontece, na realidade, é uma sobrecarga do sinal de saída), ocorrendo, em geral, em decorrência de um projeto malfeito ou por conexões incorretas.

EXEMPLO 4.28

Considere o circuito da Figura 4.41. Espera-se que a saída Y seja nível ALTO para as seguintes condições:
1. $A = 1, B = 0$, independentemente do nível lógico em C
2. $A = 0, B = 1, C = 1$

Você deve verificar isso por conta própria.

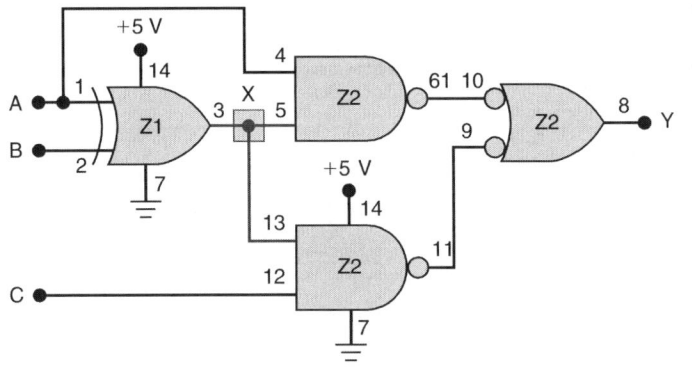

Pino	Condição
Z1-1	BAIXA
Z1-2	BAIXA
Z2-3	ALTA
Z2-4	BAIXA
Z2-5	ALTA
Z2-6, 10	ALTA
Z2-13	ALTA
Z2-12	ALTA
Z2-9, 11	BAIXA
Z2-8	ALTA

FIGURA 4.41 Exemplo 4.28.

CIs são TTL
Z1: 74LS86
Z2: 74LS00

Quando o circuito é testado, o técnico observa que a saída Y vai para nível ALTO sempre que A for nível ALTO ou C for nível ALTO, independentemente do nível em B. O técnico faz as medições com uma ponta de prova lógica para a condição em que $A = B = 0, C = 1$ e as registra, conforme é mostrado na Figura 4.41.

Analise a tabela da figura e relacione as causas possíveis para o mau funcionamento. Então, siga o procedimento passo a passo a fim de determinar a falha.

Solução

Todas as saídas das portas NAND estão corretas, em função dos níveis presentes em suas entradas. A porta XOR, contudo, deveria gerar nível BAIXO no pino de saída 3, uma vez que suas duas entradas estão em nível BAIXO. A tabela mostra que Z1-3 está permanentemente em nível ALTO, mesmo que suas entradas indiquem que devesse estar em nível BAIXO. Existem algumas possíveis causas para isso:

1. Uma falha em um componente interno de Z1, que evita que sua saída passe para o nível BAIXO.
2. Um curto externo com V_{CC} em qualquer ponto ao longo dos condutores conectados ao ponto X (linha destacada no diagrama).
3. Curto interno do pino 3 de Z1 com V_{CC}.
4. Curto interno do pino 5 de Z2 com V_{CC}.
5. Curto interno do pino 13 de Z2 com V_{CC}.

Todas essas possibilidades, exceto a primeira, descrevem um curto do ponto X (e de qualquer pino do CI conectado a ele) com V_{CC}.

O procedimento a seguir pode ser usado a fim de se identificar o defeito. Esse não é o único possível e, conforme mencionado anteriormente, o procedimento de análise de defeito usado por um técnico depende muito dos equipamentos de teste disponíveis.

1. Verifique os níveis de tensão em V_{CC} e GND nos pinos apropriados de Z1. Embora seja improvável que a ausência de um desses níveis faça que Z1-3 permaneça em nível ALTO, é uma boa ideia verificar em qualquer CI que esteja gerando uma saída incorreta.
2. Desligue a fonte de alimentação do circuito e use um ohmímetro para verificar a existência de um curto (resistência menor que 1 Ω) entre o ponto X e qualquer ponto conectado a V_{CC} (tal como Z1-14 ou Z2-14). Se o ohmímetro não indicar existência de curto, as últimas quatro possibilidades da nossa lista podem ser eliminadas. Isso significa que é bem provável que Z1 tenha um defeito interno e deva ser substituído.
3. Se no passo 2 for identificado curto entre o ponto X e V_{CC}, faça uma inspeção visual na placa de circuito procurando por pontes de solda, resíduos de cobre não corroído, fios desencapados em contato e qualquer outra causa possível de um curto externo com V_{CC}. Um lugar provável para se encontrar uma ponte de solda seria entre os pinos adjacentes 13 e 14 de Z2. O pino 14 está conectado em V_{CC}, e o pino 13, ao ponto X. Se for encontrado curto externo, remova-o e meça com um ohmímetro, a fim de verificar se o ponto X não está mais em curto com V_{CC}.
4. Se o passo 3 não revelar curto externo, as três possibilidades que restam são curtos internos com V_{CC} em Z1-3, Z2-13 ou Z2-5. Um desses está colocando o ponto X em curto com V_{CC}.

Para determinar qual dos pinos desses CIs é o problema, devemos desconectar cada um deles do ponto X, *um de cada vez*, e verificar de novo a existência de curto com V_{CC} após cada desconexão. Quando o pino que estiver em curto com V_{CC} for desconectado, o ponto X não estará mais em curto com V_{CC}.

O processo de desconexão de cada pino suspeito do ponto X pode ser simples, dependendo de como o circuito foi montado. Se os CIs estiverem em soquetes, tudo o que você precisa fazer é retirar o CI daí, dobrar o pino suspeito para fora e recolocar o CI no soquete. Se o CI estiver soldado na placa de circuito impresso, você deve cortar a trilha que está conectada ao pino e consertá-la, quando tiver terminado o teste.

A falha mostrada no Exemplo 4.28, embora simples, indica o tipo de raciocínio que um técnico de manutenção deve empregar a fim de identificar um defeito. Você terá a oportunidade de desenvolver sua habilidade em análise de defeito resolvendo os problemas identificados pela letra **T** no final deste capítulo.

QUESTÕES DE REVISÃO

1. Quais são os tipos mais comuns de falhas externas?
2. Liste algumas das causas dos circuitos abertos do caminho do sinal.
3. Que sintomas são causados por uma falha na fonte de alimentação?
4. Como o carregamento pode afetar um nível de tensão de saída IC?

4.13 ANÁLISE DE DEFEITOS DE CIRCUITOS PROTOTIPADOS

OBJETIVOS

Após ler esta seção, você será capaz de:

- Desenvolver técnicas sistemáticas de análise de defeitos para isolar eficientemente os problemas ao criar e testar projetos de circuitos.
- Reconhecer os defeitos únicos que estão muitas vezes presentes em circuitos prototipados.

A análise de defeitos de circuitos pode ser dividida em duas categorias principais:

1. Encontrando falhas em um sistema que estava funcionando anteriormente (ou seja, reparo).
2. Encontrar falhas em um sistema que está sendo testado pela primeira vez (ou seja, prototipagem).

Muitas das habilidades necessárias para análise de defeitos nessas duas categorias são as mesmas, mas também há diferenças importantes. O número de modos de falha que são possíveis é muito maior na categoria de prototipagem porque, neste ponto, não comprovamos que o projeto deveria funcionar. É aconselhável fazer todo o possível para validar seu projeto antes de seu protótipo, a fim de poupar muita frustração na construção de um circuito a partir de um projeto defeituoso. Por exemplo, suponha que seja cometido um erro no processo de simplificação (seja por álgebra booleana ou por K-mapeamento), o qual resulte em uma equação incorreta. Se esse erro não for percebido até depois da construção do protótipo do circuito, isso poderia significar mais do que simplesmente recarregar. Poderia significar que você precisa de mais CIs ou mesmo mais espaço de placa de circuito/*breadboard*. Muitos esforços para construir o protótipo inicial podem ter sido desperdiçados.

É por isso que a análise de um projeto de circuito é tão importante antes de se construir um protótipo. Esta análise pode significar simplesmente trabalhar o problema de modo retroativo. Em outras palavras, pegue o circuito que você projetou e pretende construir e faça uma análise da tabela-verdade de sua operação. Se esses resultados corresponderem à tabela-verdade do processo de projeto, então é provavelmente certo que não houve um erro fundamental no projeto. Ainda pode haver uma supervisão das limitações práticas dos circuitos que causam problemas como atrasos de propagação ou falhas espúrias. Os simuladores de circuitos que funcionam em computadores tornaram-se muito populares por esse motivo. A maioria dos simuladores é capaz de levar em conta as muitas limitações práticas dos dispositivos no projeto e ajudar a apontar problemas antes de o circuito ser implementado em hardware.

Mesmo quando o projeto foi analisado e verificado com cuidado, ainda existe grande probabilidade de erros na fabricação dos protótipos de circuitos. Os fios podem ser cruzados ou conectados ao ponto errado em um circuito. Os CIs podem ser inseridos no lugar errado. Os números de pinos incorretos em um diagrama esquemático podem ser particularmente frustrantes. Ninguém comete esses erros de propósito, por isso é bem difícil reconhecer todos os pressupostos que estão em sua mente que podem não ser válidos. Um processo sistemático pode apontar seus pressupostos incorretos e erros ao isolar o defeito em uma área muito pequena. Com alguns testes simples nesta pequena área, o defeito real torna-se óbvio. Lembre-se sempre disso quando você estiver convencido de que um circuito deveria funcionar, mas, ainda assim, não funciona – deve haver uma suposição errada. Algo que você acha que sabe ser verdade é, de fato, falso, ou vice-versa.

O primeiro princípio nesta técnica é *eliminar* a maior quantidade possível de falhas possíveis. Em seguida, concentre-se nas partes que não foram eliminadas. O segundo passo é, essencialmente, o método científico de hipótese e teste. A análise de defeitos de circuitos lógicos combinacionais é uma maneira ótima de exercitar e dominar essas duas habilidades de resolução de problemas tão importantes.

Para demonstrar esse processo, vamos supor que um projeto tenha sido concluído e que a análise/simulação tenha verificado que o projeto deve fazer o que esperamos. O circuito da Figura 4.42 é o resultado do projeto. Este circuito é construído e, quando testado, verifica-se que muitas das saídas correspondem à tabela-verdade original, mas outras não. Neste ponto, não vamos dar um exemplo real de um erro neste circuito, mas sim descrever um processo que funcionará para qualquer erro. Lembre-se de que o objetivo é isolar de forma rápida e eficiente o problema. Então, aplicaremos essas técnicas a alguns erros comuns a fim de mostrar como um erro pode ser isolado.

1. Identifique a primeira combinação de entrada na tabela que produz uma saída incorreta. As entradas devem ser colocadas neste estado para testarmos a falha. Ocorre uma das duas possibilidades neste ponto: a saída da porta OR é nível ALTO, mas deve ser nível BAIXO, ou a saída é nível BAIXO, mas deve ser nível ALTO.
2. Se a saída for nível BAIXO, mas, de acordo com a tabela-verdade, ela deve ser nível ALTO, a própria natureza de uma porta NOR pode nos ajudar a isolar o problema. A saída em nível ALTO de uma porta NOR pode ser considerada como um estado único porque só pode acontecer quando todas as suas entradas são em nível BAIXO. Se uma das

entradas de porta NOR for realmente em nível ALTO, então saberemos que o problema está naquele ramo do circuito e eliminaremos dois terços do circuito. A hipótese é de que uma das portas AND esteja fornecendo um nível ALTO quando deveria ser nível BAIXO. Use a sonda lógica a fim de testar os pinos IC U3C 1, 2 e 13. Se eles forem todos nível BAIXO, nossa hipótese estará equivocada, o que deve significar que o problema é com a porta NOR. Os testes descritos nas seções anteriores podem ser usados para localizarmos o problema dentro deste CI. Contudo, se um dos pinos de entrada de U3C for nível ALTO, deveremos descobrir o porquê. De qualquer forma, o espaço que contém a falha ficou muito menor.

3. Suponhamos que um dos pinos na porta NOR (por exemplo, pino 13) fosse nível ALTO. Observe o diagrama e note que o pino 6 da porta U1B AND deveria estar conectando o pino de entrada NOR 13. Em vez de supor que a saída (pino 6) de U1B é nível ALTO, use a sonda lógica para testá-la. Se esta saída for nível BAIXO, mas a outra extremidade do fio for nível ALTO, não deve haver fio entre os dois. Este é, de fato, o tipo de erro mais comum ao se prototipar. O rastreamento do circuito entre os dois deve localizar o problema.

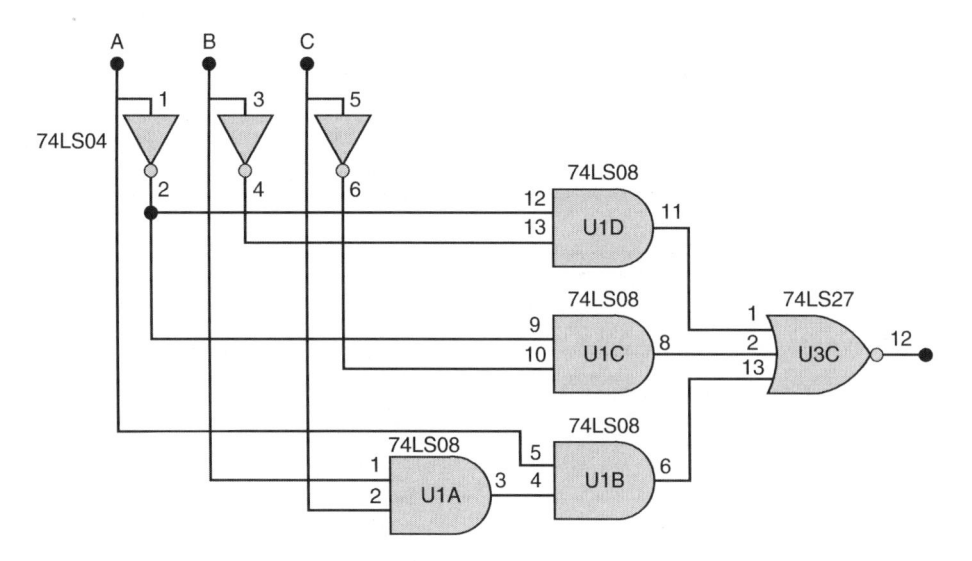

FIGURA 4.42 Um exemplo para a análise de defeitos de um circuito de protótipo.

4. Supondo que o pino de saída 6 da porta U1B AND seja nível ALTO (lembre-se de que ele deve ser nível BAIXO com essas entradas), os níveis lógicos nas entradas devem ser examinados. Hipoteticamente, pelo menos uma das entradas para essa porta AND deve ser em nível BAIXO, mas qual? A maneira de descobrir é examinar a combinação de entrada atual, encontrar a entrada que seja nível BAIXO e procurar o esquema para determinar a qual pino deve ser conectada. Conecte esse pino e veja se é nível BAIXO. Mova a entrada HIGH, LOW, HIGH, LOW e veja sua ponta de prova lógica. Isso mostrará se a entrada está devidamente conectada à porta. Se isso for correto, então conecte as outras entradas à porta AND enquanto muda as variáveis de entrada que as conduzem. Trace a entrada da porta AND que não está respondendo de maneira adequada aos circuitos lógicos que a conduzem. Se tudo estiver correto e pelo menos uma das entradas for nível BAIXO, a porta AND tem uma falha ou está sendo carregada. Conecte a saída da porta AND e desconecte o fio

que ela conduz. O nível lógico mudou? Se sim, trace o problema da carga. Se não, analise o defeito do chip da porta AND (verifique o V_{CC} e o GND com a ponta de prova e, se estiver em ordem, substitua o CI).

Agora, voltemos à tabela-verdade. Exploraremos duas possíveis causas desse efeito e veremos se a abordagem descrita acima é capaz de identificá-las.

Cenário de defeito n. 1: o pino U1B 5 está realmente conectado a $\overline{A}$, em vez de A.

A Figura 4.43(a) mostra os requisitos de projeto e os resultados do teste para este circuito.

FIGURA 4.43 Resultados de teste da Figura 4.42: (a) cenário de defeito 1; (b) cenário de defeito 2.

A	B	C	Resultados exigidos	Resultados de teste
0	0	0	0	0
0	0	1	0	0
0	1	0	0	0
0	1	1	1	0
1	0	0	1	1
1	0	1	1	1
1	1	0	1	1
1	1	1	0	1

(a)

A	B	C	Resultados exigidos	Resultados de teste
0	0	0	0	0
0	0	1	0	0
0	1	0	0	0
0	1	1	1	0
1	0	0	1	1
1	0	1	1	1
1	1	0	1	1
1	1	1	0	0

(b)

Faça a análise de defeito para isolar o problema.

1. A quarta linha na tabela tem o erro. Defina as mudanças de entrada para $A = 0, B = 1, C = 1$.
2. Conecte a saída da porta U3C NOR. É nível BAIXO, mas deve ser ALTO.
3. Verifique as entradas para a porta NOR. O pino 13 é nível ALTO (mas deve ser BAIXO).
4. O pino 6 da porta AND U1B é nível ALTO.
5. Olhando para as chaves, o pino U1B 5 deve ser nível BAIXO porque A é BAIXO. Conectar o pino U1B pin 5 mostra que é nível ALTO. O deslocamento da chave A para nível ALTO faz que o pino 5 seja nível BAIXO.
6. Conclusão: o pino 5 de U1B não é o mesmo que A; é o inverso de A. Traçar o fio mostra que foi acidentalmente ligado a $\overline{A}$ (pino 2 do inversor). Observe que corrigir este problema também resolve a última linha na tabela-verdade.

Cenário de defeito n. 2. Ao inserir o CI U1 no *protoboard*, o pino 13 dobrado e enrolado sob o CI entra em contato com o pino 14. Visualmente, ele parece bem, mas o pino elétrico 13 de U1 está em curto-circuito para V_{CC}.

A Figura 4.43(b) mostra os requisitos de projeto e os resultados do teste para esse cenário.

Faça a análise de defeito para isolar o problema.

1. A quarta linha na tabela tem o erro. Defina as mudanças de entrada para $A = 0$, $B = 1$, $C = 1$.
2. Conecte a saída da porta NOR U3C. É nível BAIXO, mas deve ser ALTO.
3. Nenhuma das entradas para U3C deve ser nível ALTO. Conectando-os, o pino 1 é nível ALTO.
4. O pino 11 da porta AND U1D é nível ALTO.
5. Olhando para as chaves, o pino 13 U1D deve ser nível BAIXO porque B é nível ALTO. Conectar o pino 13 U1D mostra que é nível ALTO. Mover a chave B para nível BAIXO não tem efeito no pino 13. Ele permanece nível ALTO, o que é errado.
6. Conectar o pino de saída 4 do inversor à entrada B mostra que segue o complemento da chave B, indo para nível ALTO e BAIXO, o que está certo.
7. Conclusão: o fio do pino inversor 4 não deve ser conectado ao pino 13 U1D, conforme o diagrama mostra. A inspeção visual indica que o fio parece estar conectado da maneira correta. No entanto, o pino 13 no CI U1D parece ser nível ALTO o tempo todo. Conectar os outros furos do *protoboard* para o pino 13 indica que o sinal está correto (o complemento de B). Deve haver uma desconexão entre o *protoboard* e o CI. Quando o chip é removido, o problema torna-se óbvio: o pino 13 está dobrado e não faz contato com a placa de circuito.

Generalização: se a saída de uma porta lógica deve estar em seu estado único (apenas uma combinação de entrada produz esse estado), mas está de fato, no outro estado, então uma das entradas da porta está no estado errado e será fácil de identificar. Lide com o problema. Isso elimina as outras entradas e os circuitos que as conduzem.

Para demonstrar, suponha que a saída de uma porta AND seja nível BAIXO e deve ser nível ALTO.

Hipótese: uma de suas entradas deve ser nível BAIXO. Teste esta hipótese.

Se for falso (todas as entradas realmente são nível ALTO), o problema está na própria porta ou na carga.

Se for verdade, procure a entrada que é BAIXA e determine a razão.

Se a saída de uma porta não deveria estar em seu estado exclusivo, mas está, qualquer uma das entradas para essa porta pode estar incorreta. Por exemplo, quando uma saída de porta AND deveria ser nível BAIXO, mas é, de fato, nível ALTO (somente nível ALTO quando todas as entradas forem nível ALTO), não é óbvio qual entrada deve ser nível BAIXO. Nesse caso, use seu conhecimento do circuito que conduz essas entradas para identificar qual entrada deve ser nível BAIXO nas condições atuais e rastreie-a até sua origem.

Para demonstrar, suponha que a saída de uma porta AND é nível ALTO e deve ser nível BAIXO.

Hipótese: Todas as suas entradas devem ser nível ALTO. Teste esta hipótese.

Se for falso (uma das entradas realmente é nível BAIXO), o problema está na própria porta ou na sua carga. Concentre-se em problemas potenciais com este CI.

Se for verdadeiro (todas as entradas são nível ALTO), pelo menos uma delas está incorreta e deve ser nível BAIXO. Olhe a lógica que impulsiona cada entrada para determinar qual deve ser nível BAIXO. Concentre-se em problemas neste circuito de driver.

Sempre que um nó conduzido for identificado como incorreto, rastreie de volta à saída da porta que o conduz. Se as duas extremidades de um fio não concordarem, encontre o erro de fiação. Se a saída da porta de condução concordar com a entrada da porta acionada, verifique se as entradas para a porta de condução estão corretas. Supondo que elas estejam corretas, analise se há problemas de carregamento ou curto-circuito para V_{CC} ou GND, desconectando a carga a partir da saída da porta de condução. Se descarregar, a saída não produz o nível lógico adequado na saída da porta de condução, então, há um defeito na porta de condução.

Com a aplicação repetida desta abordagem você poderá resolver o problema de forma eficiente e sistemática, movendo-se da saída final de volta somente aos ramos do circuito que são afetados pelo defeito.

QUESTÕES DE REVISÃO

1. Qual é o estado único de uma saída da porta AND?
2. Se a saída de uma porta AND não estiver em seu estado único, mas deveria estar, qual é o problema mais provável?
3. Qual é o estado exclusivo de uma saída OR?
4. Se a saída de uma porta OR não estiver em seu único, mas deveria estar, qual é o problema mais provável?
5. Se um nó de circuito tiver o nível lógico incorreto, por que você testaria a outra extremidade do fio que deveria conduzir esse nó?
6. Se você suspeita que uma saída esteja incorreta em razão de um problema de carregamento (no circuito que está conduzindo), como pode provar isso?

4.14 DISPOSITIVOS LÓGICOS PROGRAMÁVEIS[2]

Objetivos

Após ler esta seção, você será capaz de:

- Explicar o que é feito dentro de um PLD para "programá-lo".
- Descrever métodos usados na realizacão do processo de programação para PLDs.
- Definir termos comuns associados ao desenvolvimento de PLD.
- Definir técnicas de projeto hierárquico.

Nas seções anteriores, apresentamos brevemente a classe de CIs conhecida como dispositivos lógicos programáveis. No Capítulo 3, apresentamos a descrição do funcionamento de um circuito por meio de linguagem de descrição de hardware. Nesta seção, trataremos desses assuntos com mais profundidade e nos prepararemos para o uso das ferramentas disponíveis para desenvolvimento e a implementação de sistemas digitais usando PLDs. É claro que é impossível compreender todos os detalhes de como um PLD funciona antes de absorver os fundamentos dos circuitos digitais. Enquanto examinamos os novos conceitos, vamos expandir o conhecimento sobre PLDs e métodos de programação. O material aqui apresentado possibilita que todos os que não estejam interessados em PLDs pulem essas seções, sem prejuízo da continuidade do estudo.

---

[2] Todas as seções que tratam de PLDs podem ser ignoradas sem prejuízo à continuidade.

Vamos rever o processo já estudado de projeto de circuitos lógicos combinacionais. Os sinais de entrada são identificados e designados por um nome algébrico como A, B, C ou LOAD, SHIFT, CLOCK. Do mesmo modo, os sinais de saída recebem nomes como X, Z ou CLOCK_OUT, SHIFT_OUT. Então, uma tabela-verdade é construída de modo a conter todas as possíveis combinações de entrada e identifica os estados requeridos para as saídas em função de cada condição de entrada. A tabela-verdade é uma maneira de descrever como o circuito funciona. Outra são as expressões booleanas. A partir desse ponto, o projetista deve encontrar a relação algébrica simplificada e selecionar os CIs digitais a serem interligados, de forma a implementar o circuito. Você já deve ter verificado, experimentalmente, que esses últimos passos são entediantes, consomem tempo e são propensos a erros.

Os dispositivos de lógica programável possibilitam que a maioria dessas etapas seja realizada por um computador com *software de desenvolvimento* para PLD. O uso de lógica programável melhora a eficiência do projeto e o processo de desenvolvimento. Como consequência, a maioria dos sistemas digitais modernos é implementada desse modo. A tarefa do projetista de circuitos é identificar entradas e saídas, especificar a relação lógica da maneira mais conveniente e selecionar o dispositivo programável capaz de implementar o circuito com o menor custo. O conceito que está por trás dos dispositivos lógicos programáveis é simples: coloque muitas portas lógicas em um único CI e controle eletronicamente as conexões entre elas.

Hardware de um PLD

No Capítulo 3, foi dito que muitos circuitos digitais hoje em dia são implementados por dispositivos lógicos programáveis (PLDs). Tais dispositivos são configurados eletronicamente, e seus circuitos internos também são conectados eletronicamente a fim de formarem um circuito lógico. Esses circuitos programáveis podem ser pensados como milhares de conexões que estão conectadas (1) ou não (0). É cansativo configurar esses dispositivos manualmente colocando 1s e 0s em uma rede, então, a próxima pergunta lógica é: "Como controlar as portas de interconexão em um PLD eletronicamente?".

Um método comum para isso é o uso de uma matriz de comutação ou chaveamento. Consulte a Figura 3.44, na qual esse conceito foi apresentado. Uma matriz é apenas uma rede de condutores (fios) dispostos em linhas e colunas. Sinais de entrada são conectados às colunas da matriz, e as saídas, às linhas da matriz. Em cada intersecção de linha e coluna, há uma chave que pode conectar eletricamente aquela linha àquela coluna. As chaves podem ser mecânicas, fusíveis, eletromagnéticas (relés) ou transistores. Essa é a estrutura geral usada em muitas aplicações e será explorada com mais detalhes no Capítulo 12, quando estudarmos dispositivos de memória.

Os PLDs também usam uma matriz de comutação que costuma ser chamada de matriz programável. Ao decidir quais intersecções são conectadas e quais não são, podemos "programar" o modo como as entradas são conectadas às saídas da matriz. Na Figura 4.44, uma matriz programável é usada a fim de selecionar as entradas para cada porta AND. Observe que, nessa matriz simples, pode-se produzir qualquer combinação de produto lógico entre as variáveis A, B em qualquer das saídas de porta AND. Uma matriz, ou matriz programável, como a mostrada na figura, também pode ser usada para conectar as saídas AND às portas OR. Os detalhes das várias arquiteturas de PLD serão estudados no Capítulo 13.

FIGURA 4.44 Uma matriz programável para selecionar entradas como termos-produto.

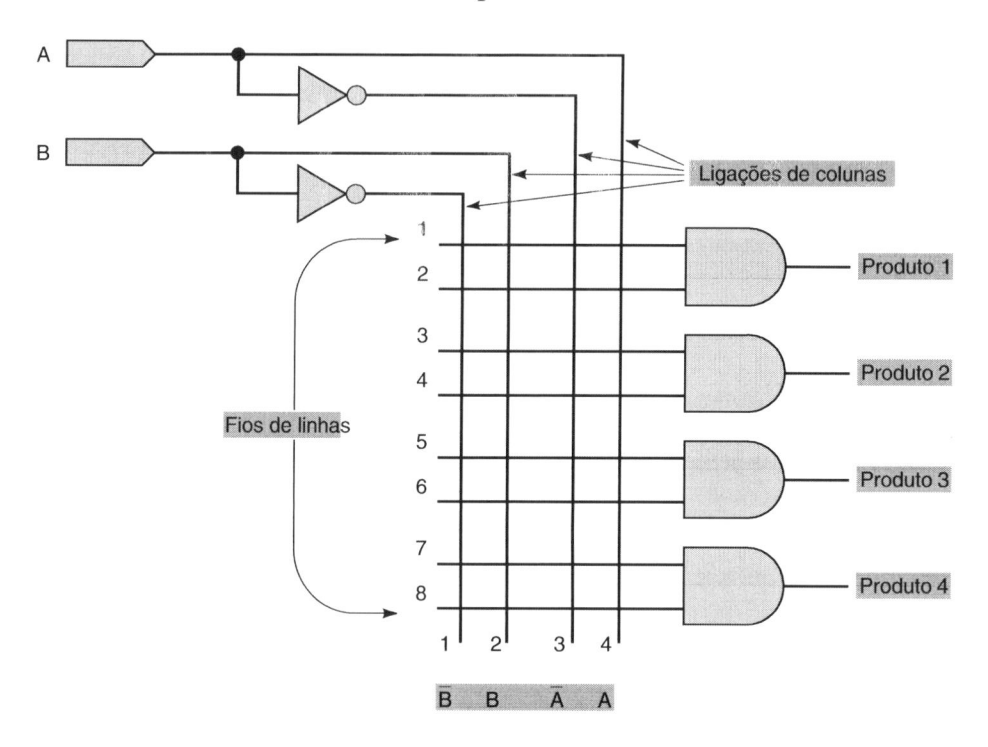

Programando um PLD

Há duas maneiras de "programar" um CI PLD. Programar significa estabelecer as reais conexões na matriz. Em outras palavras, significa determinar quais dessas conexões estarão abertas (0) e quais estarão fechadas (1). O primeiro método envolve a remoção do CI PLD de sua placa de circuito. Esse CI é, então, colocado em um equipamento especial, chamado **programador**. A maioria dos programadores modernos é conectada a um computador pessoal, que executa um software contendo bibliotecas de informações sobre os diversos tipos de dispositivos programáveis disponíveis.

O software de programação é chamado, por meio de um comando, e executado no PC a fim de estabelecer uma comunicação com o programador. Esse software possibilita ao usuário configurar o programador com os dados referentes ao tipo de dispositivo a ser programado, verificar se o dispositivo está apagado, ler o estado de cada conexão programável no dispositivo e prover instruções a fim de programá-lo. Por fim, o dispositivo é colocado em um soquete especial que permite que você deixe o chip e depois anexe os contatos nos pinos. Ele é denominado **soquete ZIF** (do inglês, *zero insertion force*). A Figura 4.45 mostra soquetes ZIF comuns usados para encapsulamentos DIP e PLCC. *Programadores universais*, que podem programar qualquer tipo de dispositivo programável, são disponibilizados por diversos fabricantes.

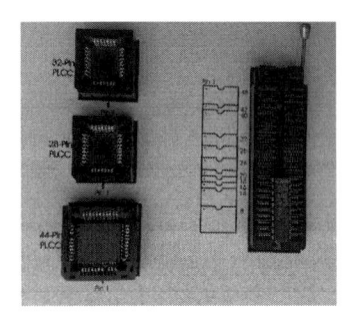

FIGURA 4.45 Soquetes ZIF para encapsulamentos DIP e PLCC normalmente encontrados em programadores universais.

Felizmente, à medida que os dispositivos programáveis começaram a se proliferar, os fabricantes perceberam a necessidade de padronizar as pinagens e os métodos de programação. Um dos resultados foi a criação do Conselho Unificado de Engenharia de Dispositivos Eletrônicos (**JEDEC**, do inglês Joint Electronic Device Engineering Council). Uma de suas realizações foi o JEDEC 3, um formato para transferência de dados de programação para PLDs, independente do fabricante e do software de programação para PLD. As pinagens para vários encapsulamentos de CI também foram padronizadas, tornando os programadores universais menos complexos. Consequentemente, são capazes de programar muitos tipos de PLDs. O software, que possibilita ao projetista especificar uma configuração para um PLD, precisa apenas gerar um arquivo de saída segundo o padrão JEDEC, o qual pode ser carregado em qualquer programador de PLD compatível e que seja capaz de programar o tipo de PLD desejado.

O método mais comum usado hoje em dia é conhecido como programação em sistema (**ISP**, do inglês *in-system programming*). Como o nome sugere, o CI não precisa ser removido de seu circuito para o armazenamento da informação de programação. Uma interface padrão foi desenvolvida pelo Joint Test Action Group (**JTAG**) para permitir que os CIs fossem testados sem de fato conectar o equipamento de teste a todos os pinos do CI, permitindo a programação interna. Quatro pinos sobre o CI são usados como portal a fim de armazenar dados e extrair informações sobre a condição interna do CI. Muitos CIs, entre os quais PLDs e microcontroladores, são fabricados hoje em dia, incluindo a interface JTAG. Um cabo de interface conecta os quatro pinos JTAG do CI a uma porta de saída (em geral, USB) de um computador pessoal. Um software executado no PC estabelece contato com o CI e carrega a informação no formato adequado. A Figura 4.46(a) mostra um USB comum para um programador JTAG. As placas de desenvolvimento, como a mostrada na Figura 4.46(b), geralmente incluem USB para os circuitos de interface JTAG que possibilitam uma programação fácil usando o software de desenvolvimento.

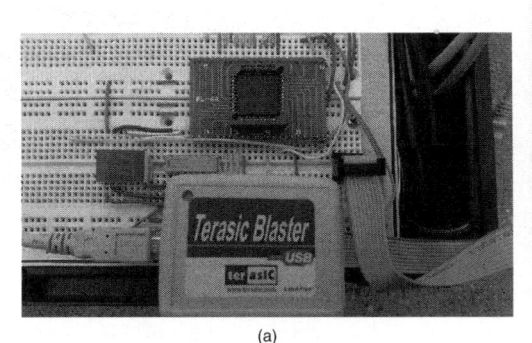

FIGURA 4.46 Programador JTAG: (a) USB comum para um programador JTAG; (b) placa de desenvolvimento comum que inclui USB para os circuitos de interface JTAG.

Software de desenvolvimento

Estudamos vários métodos de descrição de circuitos lógicos, inclusive captura esquemática, equações lógicas, diagramas de tempo, tabelas-verdade e HDL. Descrevemos, também, os principais métodos de armazenamento de 1s e 0s em um CI PLD, para conectar os circuitos lógicos da forma desejada. O maior desafio para a obtenção de um PLD programado é converter qualquer forma de descrição em uma matriz de 1s e 0s.

Felizmente, essa tarefa é efetuada com facilidade por um computador que execute o software de desenvolvimento, ao qual vamos nos referir e que utilizaremos nos exemplos, feito pela Altera. Esse software possibilita que o projetista forneça uma descrição de circuito em quaisquer das formas que discutimos: arquivos de projeto gráfico (esquemas), AHDL e VHDL. Permite também o uso de outro HDL, chamado Verilog, e a opção de se descrever o circuito de outras maneiras, como os diagramas de transição de estado. Blocos de circuito descritos por quaisquer desses métodos também podem ser "conectados" a fim de se implementar um sistema digital muito maior, como mostra a Figura 4.47. Qualquer diagrama lógico encontrado neste livro pode ser refeito com o uso de ferramentas de entrada esquemática do software da Altera para a criação de um arquivo de projeto gráfico. Não vamos nos concentrar na criação de projetos gráficos neste livro, porque isso é bem fácil de aprender em laboratório. Vamos nos concentrar em exemplos de métodos que nos permitirão usar HDL como um meio alternativo de descrever um circuito. Para mais informações sobre o software da Altera, visite o website da empresa.

O conceito de usar blocos de construção de circuitos é chamado **projeto hierárquico**. Circuitos lógicos pequenos e úteis podem ser definidos da forma que for mais conveniente (gráfico, AHDL, VHDL etc.) e, então, combinados com outros a fim de formar uma grande seção de um projeto. Seções podem ser combinadas e conectadas a outras para formar todo o sistema. A Figura 4.48 mostra a estrutura hierárquica de um aparelho de DVD em um diagrama de bloco. A caixa externa engloba o sistema todo. As linhas tracejadas identificam cada subseção principal, e cada uma contém circuitos individuais. Embora isso não seja mostrado nesse diagrama, cada circuito pode ser composto de blocos de construção menores de circuitos digitais comuns. O software de desenvolvimento da Altera torna esse tipo de projeto, modular e hierárquico, fácil de ser realizado.

FIGURA 4.47 Combinação de blocos desenvolvidos com o uso de métodos de descrição diferentes.

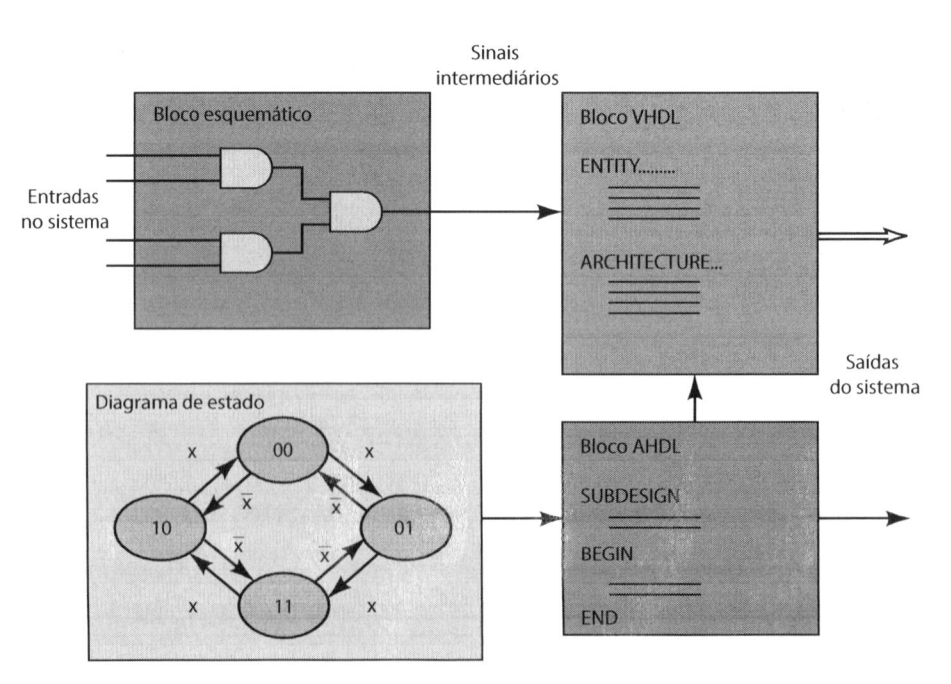

FIGURA 4.48 Diagrama de bloco de um aparelho de DVD.

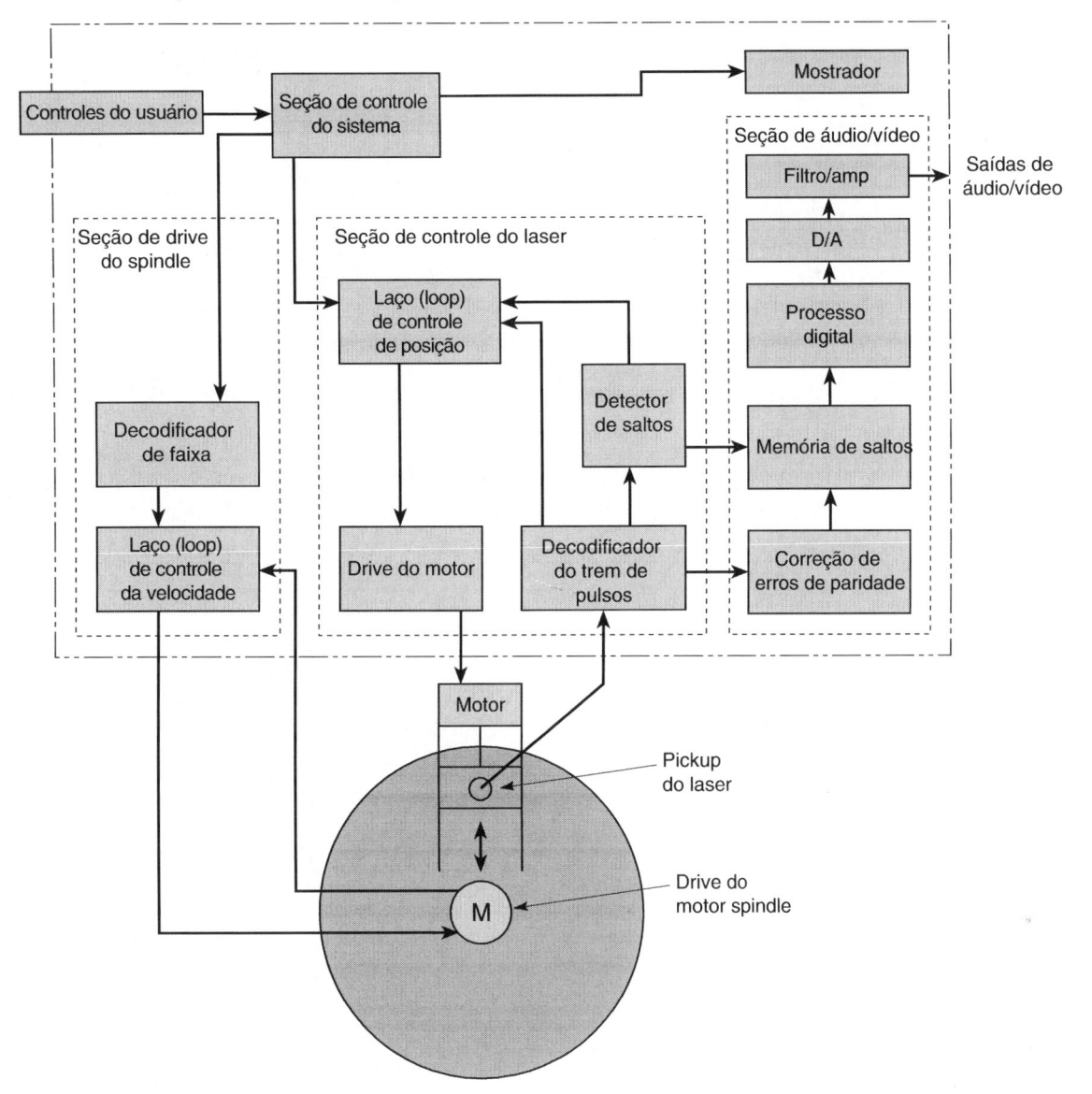

Projeto e processo de desenvolvimento

Outra forma de se descrever a hierarquia de um sistema, como a de um aparelho de DVD, é mostrada na Figura 4.49. O nível superior representa todo o sistema. É feito de três subseções, cada uma constituída de circuitos menores. Observe que esse diagrama não mostra como os sinais fluem pelo sistema, mas identifica claramente os vários níveis da estrutura hierárquica do projeto.

Esse tipo de diagrama recebeu o nome de um dos métodos de projeto mais comuns: ***top-down*** (de cima para baixo). Nesse método, começa-se com a descrição geral de todo o sistema, como o box superior na Figura 4.49, e depois, são definidas as várias subseções que constituem o sistema. Elas são, por sua vez, divididas em circuitos individuais conectados. Cada um desses níveis hierárquicos possui entradas, saídas e comportamento definidos e pode ser testado individualmente, antes de ser conectado aos outros.

Depois de definidos os blocos de cima para baixo, o sistema é construído de baixo para cima. Nesse projeto de sistema, cada bloco possui um arquivo de projeto que o descreve. Os blocos do nível mais baixo devem ser projetados, abrindo-se um arquivo de projeto e escrevendo-se uma descrição de seu funcionamento. O bloco projetado é, então, compilado por meio das ferramentas de desenvolvimento. O processo de compilação determina se foram cometidos erros de sintaxe. Se a sintaxe não estiver correta, o computador não conseguirá traduzir sua descrição de modo apropriado. Depois que o projeto tiver sido compilado sem erros de sintaxe, deve ser testado a fim de verificar se está funcionando da maneira correta. Os sistemas de desenvolvimento oferecem programas simuladores, que podem ser executados no PC, e simulam o modo como o circuito responde a entradas. O simulador é um programa que calcula os estados lógicos de saída corretos, com base em uma descrição do circuito lógico e das entradas atuais. Um conjunto de entradas hipotéticas e suas correspondentes saídas corretas provam que o bloco funciona como esperado. Essas entradas hipotéticas costumam ser chamadas de **vetores de teste**. Testes rigorosos durante a simulação aumentam bastante a probabilidade de confiabilidade de funcionamento final do sistema. A Figura 4.50 mostra o arquivo de simulação para o circuito descrito na Figura 3.13(a) do Capítulo 3. As entradas a, b e c foram fornecidas como vetores de teste, e a simulação produziu a saída y.

Quando o projetista estiver satisfeito com o funcionamento do projeto, este pode ser verificado programando-se realmente um CI e testando-o. Em um PLD complexo, ele pode deixar o sistema de desenvolvimento atribuir pinos e depois dispor a placa final do circuito de acordo com essa atribuição ou especificar os pinos para cada sinal usando os recursos do software. Se o compilador atribuir os pinos, as atribuições podem ser encontradas no arquivo de relatório ou no de *pin-out*, que fornece detalhes sobre a implementação do projeto. Se o projetista especificar os pinos, é importante saber as restrições e limitações da arquitetura dos chips. Esses detalhes serão vistos no Capítulo 13. O fluxograma da Figura 4.51 resume o processo de projeto para o projeto de cada bloco.

Depois que todos os circuitos em uma subseção tiverem testados, poderão ser combinados, e a subseção poderá ser testada seguindo o mesmo processo usado nos circuitos menores. Então, as subseções são combinadas, e o sistema é testado. Essa abordagem se presta muito bem a um típico ambiente de projeto, em que uma equipe de pessoas trabalha em conjunto, todas responsáveis por seus próprios circuitos e seções que acabam compondo o sistema.

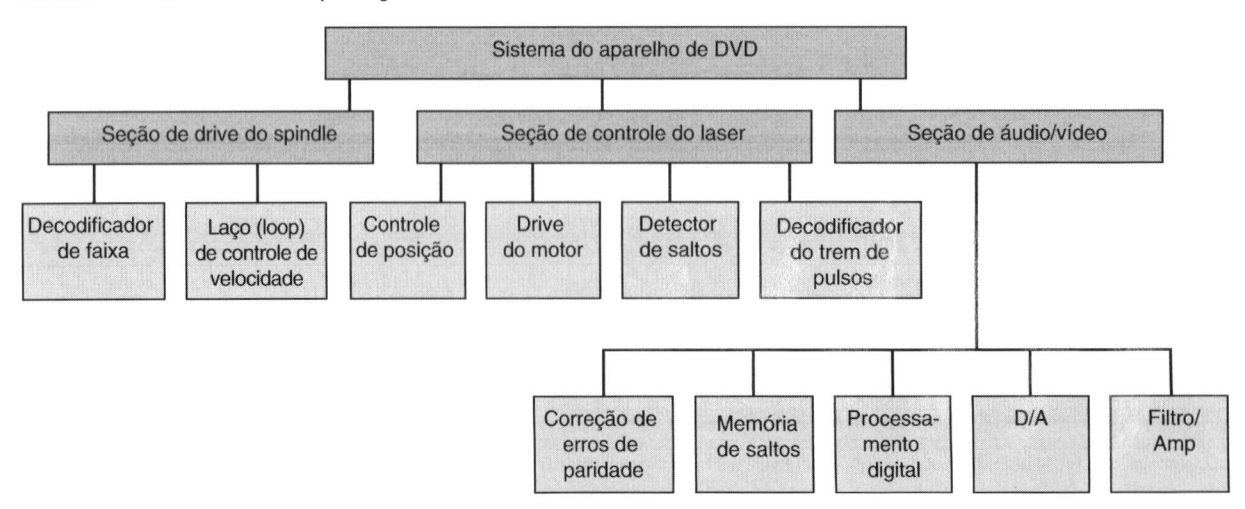

FIGURA 4.49 Quadro de hierarquia organizacional.

FIGURA 4.50 Uma simulação de tempo de um circuito descrito em HDL.

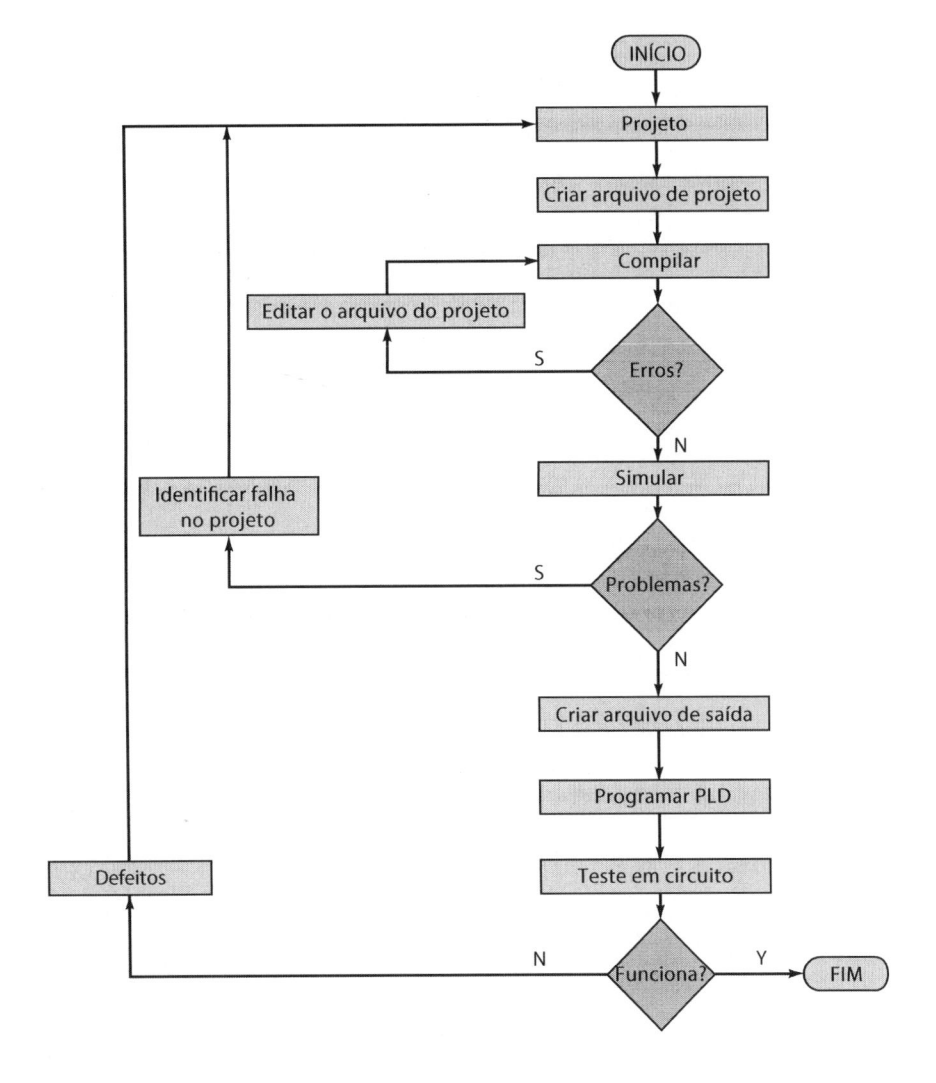

FIGURA 4.51 Fluxograma do ciclo de desenvolvimento de PLDs.

QUESTÕES DE REVISÃO

1. O que é, de fato, "programado" em um PLD?
2. Que bits (colunas, linhas) na Figura 4.44 precisam ser conectados para fazer Produto 1 = AB?
3. Que bits (colunas, linhas) na Figura 4.44 precisam ser conectados para fazer Produto 3 = $A\overline{B}$?
4. Defina o design hierárquico.
5. A maioria dos PLDs modernos é programada em circuito usando a interface padrão _____.

4.15 REPRESENTANDO DADOS EM HDL

OBJETIVOS
Após ler esta seção, você será capaz de:
- Listar os sistemas numéricos que podem ser usados para representar valores de dados em AHDL e VHDL.
- Usar corretamente a sintaxe de AHDL e VHDL.
- Fazer uso de matrizes de bits em AHDL e VHDL.
- Declarar matrizes de bits em AHDL e VHDL.
- Selecionar os tipos de dados corretos no VHDL.
- Utilizar os tipos de dados padrão IEEE quando aplicável.

Dados numéricos podem ser representados de diversas maneiras. Já estudamos o sistema de numeração hexadecimal, como um modo conveniente de comunicar padrões de bits. Naturalmente, preferimos usar o sistema de numeração decimal, mas os computadores e sistemas digitais operam apenas com informação binária, como vimos em capítulos anteriores. Quando escrevemos em HDL, é comum precisarmos usar esses vários formatos numéricos, e o computador deve ser capaz de entender qual sistema de numeração estamos usando. Até agora, usamos um número subscrito a fim de indicar o sistema de numeração. Por exemplo, 101_2 era binário, 101_{16}, hexadecimal, e 101_{10}, decimal. Toda linguagem de programação e o HDL possuem uma forma única de identificar os diversos sistemas de numeração, em geral com prefixo para indicá-los. Na maioria das linguagens, um número sem prefixo indica um decimal. Quando lemos uma dessas designações, devemos encará-las como um símbolo, que representa um padrão de bits. Esses valores numéricos são chamados de escalares ou **literais**. A Tabela 4.8 resume os métodos de especificação de valores em binário, hexa e decimal, para AHDL e VHDL.

TABELA 4.8 Designando sistemas de numeração em HDL.

Sistema de numeração	AHDL	VHDL	Padrão do bit	Equivalente decimal
Binário	B"101"	B"101"	101	5
Hexadecimal	H"101"	X"101"	100000001	257
Decimal	101	101	1100101	101

EXEMPLO 4.29

Expresse os valores numéricos do seguinte padrão de bits em binário, hexa e decimal, usando notação em AHDL e VHDL:

$$11001$$

Solução
O binário é designado da mesma forma em AHDL e VHDL: **B "11001"**.
Convertendo o binário em hexa, temos 19_{16}.
Em AHDL: **H "19"**.
Em VHDL: **X "19"**.
Convertendo o binário em decimal, temos 25_{10}.
O decimal é designado da mesma forma em AHDL e VHDL: 25.

Matrizes de bits/vetores de bits

No Capítulo 3, declaramos nomes para entradas e saídas de um circuito lógico bastante simples, definindo-os como bits ou dígitos binários únicos. E se quiséssemos representar uma entrada, saída ou sinal composto de vários bits? Em HDL, devemos definir o tipo do sinal e seu intervalo de valores aceitáveis.

Para entender os conceitos usados em HDL, vamos, primeiro, conhecer algumas convenções adaptadas na descrição de bits de palavras binárias em sistemas digitais comuns. Suponha que tenhamos um número de oito bits representando a temperatura atual e que o número esteja entrando em nosso sistema digital, por meio de um port de entrada que denominamos P1, como mostrado na Figura 4.52. Vamos nos referir aos bits individuais desse port, como P1 bit 0 para o menos significativo até P1 bit 7 para o mais significativo.

Pode-se também descrever esse port dizendo que se chama P1 e possui bits numerados de 7 a 0, em ordem descendente. Os termos **matriz de bits** e **vetor de bits** costumam ser usados a fim de descrever esse tipo de estrutura de dados. Isso significa apenas que a estrutura geral de dados (port de oito bits) possui um nome (P1), e que cada elemento individual (bit) possui um único número **índice** (0-7) para descrever a posição do bit (e, possivelmente, seu peso numérico) na estrutura geral. As linguagens HDL e de programação de computador se beneficiam dessa notação. Por exemplo, o terceiro bit a partir da direita é designado como P1[2] e pode ser conectado a outro bit de sinal, por meio de um operador de atribuição.

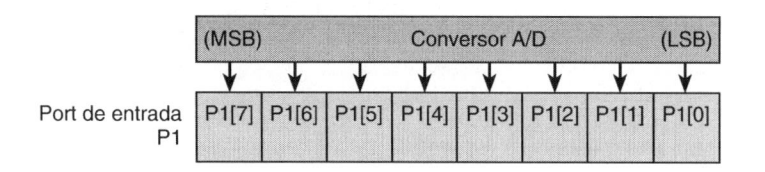

FIGURA 4.52 Notação de matriz de bits.

EXEMPLO 4.30

Suponha que haja uma matriz de 8 bits chamada P1, como mostra a Figura 4.52, e outra de 4 bits chamada P5.
(a) Qual é a designação de bit para o bit mais significativo de P1?
(b) Qual é a designação de bit para o bit menos significativo de P5?
(c) Mencione uma expressão que faça o bit menos significativo de P5 se propagar até o bit mais significativo de P1.

Solução
(a) O nome do port é P1, e o bit mais significativo é o 7. A designação adequada para o bit 7 da P1 é P1[7].
(b) O nome do port é P5, e o bit menos significativo é o 0. A designação adequada para o bit 0 da P5 é P5[0].
(c) O sinal de condução (fonte) é colocado do lado direito do operador de atribuição, e o sinal acionado (destino) é colocado do lado esquerdo: P1[7] = P5[0];.

DECLARAÇÕES DE MATRIZ DE BITS EM AHDL

Em AHDL, o port *p1* da Figura 4.52 é definido como um port de entrada de 8 bits; podemos nos referir ao valor desse port usando qualquer sistema de numeração, como hexa, binário, decimal etc. A sintaxe em AHDL usa um nome para o vetor de bits seguido pelo intervalo das designações de índices entre colchetes. Essa declaração é incluída na seção SUBDESIGN. Por exemplo, a fim de declarar um port de entrada de 8 bits chamado *p1*, você escreveria

```
p1[7..0] :INPUT; --define an 8-bit input port
```

EXEMPLO 4.31

Declare uma entrada de 4 bits chamada de *keypad* em AHDL.

Solução

```
keypad[3..0] :INPUT;
```

Variáveis intermediárias também podem ser declaradas como matrizes de bits. Como os bits únicos, são declaradas logo após declarações I/O, em SUBDESIGN. Como exemplo, a temperatura de 8 bits no port *p1* pode ser atribuída (conectada) a um nó chamado *temp*, da seguinte forma:

```
VARIABLE temp[7..0] :NODE;
BEGIN
    temp[] = p1[];
END;
```

Observe que o port de entrada *p1* tem os dados aplicados a ele e está orientando os fios de sinal chamados *temp*. Pense no termo à direita do sinal de igual como a fonte dos dados, e no termo à esquerda como o destino. Os colchetes vazios [] significam que cada um dos bits correspondentes nas duas matrizes está conectado. Bits individuais também podem ser "conectados", especificando-se os bits dentro dos colchetes. Por exemplo, a fim de conectar apenas o bit menos significativo de p1 com o LSB de temp, a declaração seria temp[0] = p1[0];.

DECLARAÇÕES DE VETORES DE BITS EM VHDL

Em VHDL, o port *p1* da Figura 4.52 é definido como um port de entrada de 8 bits, e podemos nos referir a seu valor apenas por meio de literais binários. A sintaxe em VHDL usa um nome para o vetor de bits seguido pelo modo (:IN), o tipo (**BIT_VECTOR**) e o intervalo de designação dos índices entre parênteses. Essa declaração está incluída na seção ENTITY. Por exemplo, a fim de declarar um port de entrada de 8 bits chamada *p1*, você escreveria

```
PORT (p1 :IN BIT_VECTOR (7 DOWNTO 0);
```

EXEMPLO 4.32

Declare uma entrada de 4 bits chamada *keypad* em VHDL.

Solução

```
PORT(keypad :IN BIT_VECTOR (3 DOWNTO 0);
```

Sinais intermediários também podem ser declarados como matrizes de bits. Como os bits únicos, são declarados dentro da definição de ARCHITECTURE. Como exemplo, a temperatura de 8 bits no port *p1* pode ser atribuída (conectada) a um sinal chamado *temp*, da seguinte maneira:

```
SIGNAL      temp :BIT_VECTOR (7 DOWNTO 0);
BEGIN
    temp <= p1;
END;
```

Observe que o port de entrada *p1* tem os dados aplicados a ela e está orientando os fios de sinal, denominados *temp*. Nenhum elemento do vetor de bits é especificado, o que significa que todos os bits estão sendo conectados. Bits individuais também podem ser "conectados" por atribuições de sinal e especificando-se os números de bits dentro dos parênteses. Por exemplo, a fim de conectar apenas o bit menos significativo de *p1* ao LSB de *temp*, a declaração seria temp(0) <= p1(0);.

Objetos de dados VHDL

Uma parte muito importante do VHDL que deve ser dominada é o uso de objetos de dados. Como esse nome implica, a um objeto de dados podem ser atribuídos valores que são chamados de "dados". A natureza e a finalidade de cada objeto de dados são muito importantes no VHDL e devem ser atribuídas a um "tipo" específico. Exemplos de objetos de dados são sinais, variáveis e constantes.

Os sinais são como fios em um circuito de hardware que pode ter um valor de 1 ou 0 conectado a eles. No entanto, ao contrário dos fios em um circuito, o valor de um sinal será "lembrado" até que seja atualizado de forma explícita. Este conceito de memória foi apresentado no Capítulo 1, e o mecanismo de hardware será muito mais claramente explicado no próximo capítulo. Por enquanto, basta dizer que um sinal ao qual tenha sido atribuído um valor permanecerá nesse valor, a menos que um valor diferente lhe seja atribuído. Um sinal indeterminado não assume por padrão 1, ou 0. O operador utilizado para atribuir um valor a um sinal é "<=".

As variáveis em VHDL são semelhantes a variáveis em qualquer linguagem de computador. Elas são um lugar nomeado para "armazenar" um valor até o próximo momento (evento) em que ele precise mudar. As variáveis são sempre declaradas e modificadas dentro de um "PROCESSO". O operador utilizado a fim de atribuir um valor a uma variável é ": =".

Constantes são simplesmente nomes que são permanentemente atribuídos para se representar um valor. Esta prática pode tornar a compreensão do código muito mais fácil.

Cada objeto de dados deve ter um "tipo" de dados. Os tipos de dados incluídos no VHDL são BIT, BIT_VECTOR e INTEGER. Um BIT pode ter valores de 0 ou 1. Um BIT_VECTOR é um grupo de bits, cada um dos quais pode ter um valor de 0 ou 1. Um INTEGER pode ter qualquer valor inteiro positivo ou negativo ou zero (ou seja, –3, –2, –1, 0, 1, 2, 3...).

O VHDL é bastante específico quanto a definições de cada tipo de dados. O tipo "bit_vector" descreve uma matriz de bits individuais. Isso é interpretado de modo diferente do que acontece com um número binário de 8 bits (chamado "quantidade escalar"), de tipo **integer**. Infelizmente, o VHDL não permite atribuir um valor integer ao sinal BIT_VECTOR de forma direta, pois eles não são do mesmo "tipo". Os dados podem ser representados por quaisquer dos tipos mostrados na Tabela 4.9, mas as atribuições de dados e outras operações devem ser feitas entre objetos de mesmo tipo. Por exemplo, o compilador não permitirá que você tome um número de um teclado, declarado como integer, e conecte-o a quatro LEDs, declarados como saídas BIT_VECTOR. Observe na Tabela 4.9, em Valores possíveis, que **objetos** de dados individuais BIT e STD_LOGIC (isto é, sinais, variáveis, entradas e saídas) são designados por aspas simples, enquanto os valores atribuídos aos tipos BIT_VECTOR e STD_LOGIC_VECTOR são strings de valores de bits válidos entre aspas duplas.

TABELA 4.9 Tipos de dados comuns em VHDL.

Tipos de dados	Declaração (exemplo)	Valores possíveis	Uso
BIT	y :OUT BIT;	'0' '1'	y <= '0';
STD_LOGIC	driver :STD_LOGIC	'0' '1' 'z' 'x' '-'	driver <= 'z';
BIT_VECTOR	bcd_data :BIT_VECTOR (3 DOWNTO 0);	"0101" "1001" "0000"	digit <= bcd_data;
STD_LOGIC_VECTOR	dbus :STD_LOGIC_VECTOR (3 DOWNTO 0);	"0Z1X"	IF rd = '0' THEN dbus <= "zzzz";
INTEGER	z:INTEGER RANGE –32 TO 31;	–32.. –2, –1,0,1,2... 31	IF z > 5 THEN...

O VHDL também oferece alguns tipos de dados padronizados necessários quando usamos funções lógicas contidas nas **bibliotecas**. Como você deve ter adivinhado, bibliotecas são apenas coleções de pequenos pedaços de código VHDL que podem ser usados em suas descrições de hardware a fim de que não seja preciso reinventar a roda. Essas bibliotecas oferecem funções convenientes, chamadas **macrofunções** (macrofunctions) ou **maxplus2**, como muitos dos dispositivos do padrão TTL descritos no decorrer deste livro. Em vez de escrever uma nova descrição de um dispositivo TTL conhecido, podemos simplesmente pegar sua macrofunção na biblioteca e usá-la em nosso sistema. Certamente, é preciso trocar sinais de entrada e saída com essas macrofunções, e os tipos de sinais em seu código devem combinar com os tipos nas funções (que outra pessoa escreveu). Isso significa que todos precisam usar os mesmos tipos de dados padrão.

Quando o VHDL foi padronizado pelo IEEE, muitos tipos de dados foram criados ao mesmo tempo. Os dois que usaremos neste livro são **STD_LOGIC**, que equivale ao tipo BIT, e **STD_LOGIC_VECTOR**, que equivale a BIT_VECTOR. Como você deve se lembrar, um tipo BIT pode ter apenas os valores '0' e '1'. Os tipos lógicos padrão estão definidos na biblioteca IEEE e apresentam um espectro mais amplo de valores possíveis que seus equivalentes internos. Os valores possíveis para um tipo STD_LOGIC ou para qualquer elemento em um STD_LOGIC_VECTOR são dados na Tabela 4.10. Os nomes dessas categorias farão mais sentido depois que estudarmos as características dos circuitos lógicos no Capítulo 8. Por enquanto, vamos mostrar exemplos usando valores de apenas '1' e '0'.

TABELA 4.10 Valores STD_LOGIC.

'1'	Lógico 1 (exatamente como o tipo BIT)
'0'	Lógico 0 (exatamente como o tipo BIT)
'Z'	Alta impedância*
'-'	Irrelevante (exatamente como você usou nos mapas K)
'U'	Não inicializado
'X'	Desconhecido
'W'	Fraco, desconhecido
'L'	Fraco '0'
'H'	Fraco '1'

*Vamos estudar a lógica tristate (de três estados) no Capítulo 8.

QUESTÕES DE REVISÃO

1. Como você declararia uma matriz de entrada de 6 bits chamada push_buttons em (a) AHDL ou (b) VHDL?
2. Que declaração você usaria para retirar o MSB da matriz na Questão 1 e colocá-lo em um port de saída de bit único chamado z? Use (a) AHDL ou (b) VHDL.
3. Em VHDL, qual é o tipo padrão IEEE equivalente ao tipo BIT?
4. Em VHDL, qual é o tipo padrão IEEE equivalente ao tipo BIT_VECTOR?
5. Enumere os sistemas numéricos que podem ser usados com AHDL e VHDL.

4.16 TABELAS-VERDADE COM USO DE HDL

OBJETIVOS

Após ler esta seção, você será capaz de:

■ Fazer uso de construções de controle de decisão comuns à maioria das linguagens de programação para descrever o comportamento do hardware.
■ Usar a sintaxe correta.
■ Aplicar um processo em VHDL.

Aprendemos que a tabela-verdade é outra forma de expressar o funcionamento de um bloco de circuito. Ela relaciona a saída do circuito com qualquer combinação possível de suas entradas. Como vimos na Seção 4.4, a tabela-verdade é o ponto de partida para um projetista definir como o circuito deve operar. Então, uma expressão booleana é derivada a partir dessa tabela e simplificada por meio de mapas K ou álgebra booleana. Por fim, o circuito é implementado a partir da equação booleana final. Não seria ótimo se pudéssemos ir da tabela-verdade diretamente para o circuito final? Podemos fazer exatamente isso se usarmos HDL na tabela-verdade.

DECLARAÇÕES DE MATRIZ DE BITS EM AHDL

O código na Figura 4.53 utiliza AHDL a fim de implementar um circuito e usa uma tabela-verdade para descrever seu funcionamento. A tabela-verdade para esse projeto foi apresentada no Exemplo 4.7. O ponto principal nesse exemplo é o uso da palavra-chave TABLE em AHDL. Ela possibilita ao projetista especificar o funcionamento do circuito, do mesmo modo que se preenche uma tabela-verdade. Na primeira linha depois de TABLE, as variáveis de entrada (a, b, c) são listadas exatamente como se cria um cabeçalho de coluna em uma tabela-verdade. Incluindo as três variáveis binárias entre parênteses, dizemos ao compilador que queremos usar esses bits como um grupo e nos referir a eles como um número binário de 3 bits ou padrão de bits. Os valores específicos para esse padrão estão listados abaixo do grupo e são chamados de literais binários. O operador especial (=>) é usado em tabelas-verdade para separar as entradas da saída (y).

FIGURA 4.53 Arquivo de projeto em AHDL para a Figura 4.7.

```
SUBDESIGN Figure 4-53
(
     a,b,c    :INPUT;      --a é a mais significativa
     y        :OUTPUT;     --define a saída do bloco
)
BEGIN
     TABLE
          (a,b,c)     =>     y;    --cabeçalhos das colunas
          (0,0,0)     =>     0;
          (0,0,1)     =>     0;
          (0,1,0)     =>     0;
          (0,1,1)     =>     1;
          (1,0,0)     =>     0;
          (1,0,1)     =>     1;
          (1,1,0)     =>     1;
          (1,1,1)     =>     1;
     END TABLE;
END;
```

Na Figura 4.53, a TABLE mostra a relação entre o código HDL e uma tabela-verdade. Uma forma mais comum de representar cabeçalhos de dados de entrada é usar uma matriz de bits variáveis para representar o valor em a, b, c. Esse método envolve uma declaração da matriz de bits na linha anterior a BEGIN, como em:

```
VARIABLE in_bits[2..0]      :NODE;
```

Logo antes da palavra-chave TABLE, os bits de entrada podem ser atribuídos à matriz *inbits[ ]*:

```
in_bits[] = (a,b,c);
```

O agrupamento de três bits independentes em ordem, como nesse exemplo, é chamado de **concatenação** e costuma ser feito para conectar bits individuais a uma matriz de bits. O cabeçalho da tabela dos conjuntos de bits de entrada pode ser representado por *in_bits[ ]*, nesse caso. Observe que, ao listar as possíveis combinações de entradas, temos várias opções. Podemos criar um grupo de 1s e 0s entre parênteses, como mostrado na Figura 4.53, ou podemos representar o mesmo padrão de bit, usando o número binário, hexa ou decimal equivalente. Cabe ao projetista decidir que formato é mais adequado, dependendo do que as variáveis de entrada representam.

TABELAS-VERDADE COM USO DE VHDL: ATRIBUIÇÃO DE SINAL SELECIONADA

O código na Figura 4.54 usa VHDL para implementar um circuito usando uma **atribuição de sinal selecionada** para descrever seu funcionamento. Isso possibilita ao projetista especificar o funcionamento do circuito, exatamente como quando se preenche uma tabela-verdade. A tabela-verdade para esse projeto foi apresentada no Exemplo 4.7. O ponto mais importante desse exemplo é o uso da declaração WITH signal_name SELECT em VHDL. Um ponto secundário é como colocar os dados em um formato que possa ser usado de modo conveniente com a atribuição de sinal selecionada. Observe que as entradas são definidas na declaração ENTITY como três bits independentes *a*, *b* e *c*. Nada nessa declaração torna quaisquer desses bits mais significativos do que outros. A ordem em que são listados não importa. Queremos comparar o valor atual desses bits com cada uma das combinações que poderiam estar presentes. Se desenharmos uma tabela-verdade, deveremos decidir qual bit colocar à esquerda (MSB) e qual colocar à direita (LSB). Isso é feito em VHDL pela concatenação (conectando em ordem) das variáveis de bits para a formação de um vetor de bits. O operador de concatenação é "&". Um sinal é declarado como um BIT_VECTOR para receber o conjunto ordenado de bits de entrada, usado para comparar o valor de uma entrada com a sequência literal entre aspas. A saída (*y*) é atribuída (<=) a um valor de bit ('0' ou '1') WHEN (quando) *in_bits* contém o valor listado entre aspas duplas.

O VHDL é bastante rigoroso em relação a como atribuir e comparar objetos, como sinais, variáveis, constantes e literais. Uma saída *y* é um BIT, e, desse modo, a atribuição precisa ser de um valor de '0' ou '1'. O SINAL *in_bits* é um BIT_VECTOR de 3 bits, portanto, precisa ser comparado com o valor de uma sequência literal de 3 bits. O VHDL não permite que *in_bits* seja comparado a um número hexa, como X "5", ou um número decimal, como 3. Essas quantidades escalares só seriam válidas em atribuições ou comparações com integers.

FIGURA 4.54 Arquivo de projeto em VHDL para a Figura 4.7.

```
ENTITY Figure 4-54 IS
PORT(
    a,b,c  :IN BIT;              --a é a mais significativa
    y      :OUT BIT);
END Figure 4-54;
ARCHITECTURE truth OF Figure 4-54 IS
  SIGNAL in_bits :BIT_VECTOR(2 DOWNTO 0);
  BEGIN
  in_bits <= a & b & c;  --concatena bits de entrada em bit_vector
        WITH in_bits SELECT
        y    <=    '0' WHEN "000",       -- Tabela-verdade
                   '0' WHEN "001",
                   '0' WHEN "010",
                   '1' WHEN "011",
                   '0' WHEN "100",
                   '1' WHEN "101",
                   '1' WHEN "110",
                   '1' WHEN "111";
END truth;
```

EXEMPLO 4.33

Declare três sinais em VHDL que sejam bits únicos chamados *quente_demais*, *frio_demais* e *ideal*. Combine (concatene) esses três bits em um sinal de 3 bits chamado *temperatura*, com quente à esquerda e frio à direita.

Solução
1. Declare os sinais primeiro em Architecture.
   ```
   SIGNAL too_hot, too_cold, just_right :BIT;
   SIGNAL temp_status :BIT_VECTOR (2 DOWNTO 0);
   ```
2. Escreva declarações de atribuição concorrentes entre BEGIN e END.
   ```
   temp_status <= too_hot & just_right & too_cold;
   ```

QUESTÕES DE REVISÃO

1. Como você concatenaria três bits x, y e z em uma matriz de três bits chamada *omega*? Use AHDL ou VHDL.
2. Como as tabelas-verdade são implementadas em AHDL?
3. Como as tabelas-verdade são implementadas em VHDL?

4.17 ESTRUTURAS DE CONTROLE DE DECISÃO EM HDL

OBJETIVOS

Após ler esta seção, você será capaz de:

- Escolher a melhor estrutura de controle para descrever um circuito baseado em seus requisitos.
- Diferenciar operações concorrentes de operações sequenciais.

Nesta seção, estudaremos métodos que permitirão dizer ao sistema digital como tomar decisões "lógicas", de maneira semelhante à que tomamos em nosso dia a dia. No Capítulo 3, aprendemos que declarações de atribuição concorrentes são avaliadas de modo que a ordem em que são escritas não têm efeito sobre o circuito que está sendo descrito. Quando usamos **estruturas de controle de decisão**, a ordem em que fazemos as perguntas importa. A fim de resumir esse conceito, nos termos usados na documentação do HDL, declarações que podem ser escritas em qualquer sequência são chamadas **concorrentes**, e as que são avaliadas na sequência em que são escritas, **sequenciais**. A sequência de declarações sequenciais afeta o funcionamento do circuito.

Os exemplos que vimos até agora envolvem bits individuais. Muitos sistemas digitais requerem entradas que representem um valor numérico. Consulte o Exemplo 4.8, em que o propósito do circuito lógico é monitorar a tensão da bateria com um conversor A/D. O valor digital é representado por um número de 4 bits vindo do conversor A/D para o circuito lógico. Essas entradas não são variáveis binárias independentes, mas quatro dígitos binários de um número que representa a tensão na bateria. Precisamos fornecer os dados do tipo correto a fim de que sua utilização como número seja possível.

IF/ELSE

Tabelas-verdade são ótimas para listar todas as possíveis combinações de variáveis independentes, mas há modos melhores de lidar com dados numéricos. Por exemplo, quando uma pessoa sai para ir à escola ou para trabalhar de manhã, ela precisa tomar uma decisão lógica acerca de usar ou não um casaco. Suponhamos que decida com base apenas na temperatura do momento. Quantos de nós raciocinaríamos da seguinte forma?

> Vou colocar o casaco se a temperatura for 0.
> Vou colocar o casaco se a temperatura for 1.
> Vou colocar o casaco se a temperatura for 2....
> Vou colocar o casaco se a temperatura for 15.
> *Não* vou colocar o casaco se a temperatura for 16.
> *Não* vou colocar o casaco se a temperatura for 17.
> *Não* vou colocar o casaco se a temperatura for 18....
> *Não* vou colocar o casaco se a temperatura for 39.

Esse método é parecido com o modo como a tabela-verdade descreve a decisão. Para cada possível entrada, ela decide qual será a saída. É claro que, na verdade, decide assim:

> Vou colocar o casaco se a temperatura for menos de 15 graus.
> Caso contrário, *não* vou colocar o casaco.

Uma linguagem HDL nos dá a capacidade de descrever circuitos lógicos usando esse tipo de raciocínio. Primeiro, precisamos descrever as entradas como um *número dentro de determinado intervalo*, e, então, podemos escrever declarações que decidam o que fazer com as saídas, com base no *valor* do próximo número. Na maioria das linguagens de programação, assim como nas HDLs, essas decisões são tomadas por meio de uma estrutura de controle IF/THEN/ELSE. Sempre que a decisão for entre fazer algo e não fazer nada, uma construção **IF/THEN** é usada. A palavra-chave IF é seguida por uma declaração que é verdadeira ou falsa. IF (se) isso for verdadeiro, THEN (então) faça o que houver sido especificado. Na eventualidade de a declaração ser falsa, não há ação. A Figura 4.55(a) mostra, graficamente, como essa decisão funciona. O losango representa a decisão sendo tomada por meio da avaliação da declaração contida dentro dele. Todas as decisões têm dois resultados possíveis: verdadeiro ou falso. Neste exemplo, se a declaração for falsa, não há ação.

FIGURA 4.55 Fluxo lógico das construções (a) IF/THEN e (b) IF/THEN/ELSE.

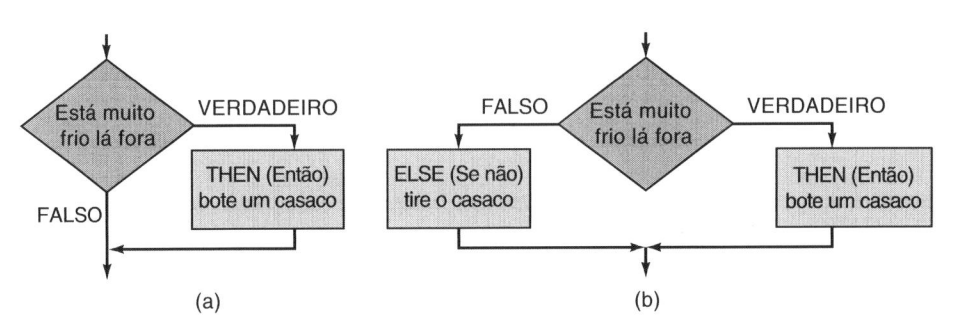

Em alguns casos, não é o bastante apenas decidir agir ou não agir; devemos escolher entre duas ações diferentes. Por exemplo, em nossa analogia, acerca da decisão sobre botar um casaco ou não usando IF/THEN, supõe-se que a pessoa não está inicialmente usando um casaco ao tomar a decisão (pois era o começo do dia). Se tal pessoa estiver de casaco ao tomar a decisão (digamos, ao meio-dia), não há previsão para ela tirá-lo se estiver muito quente.

Quando as decisões implicam duas ações possíveis, a estrutura de controle IF/THEN/**ELSE** é usada, como mostra a Figura 4.55(b). Mais uma vez, a declaração é avaliada como verdadeira ou falsa. A diferença é que, quando é falsa, uma ação diferente é executada. Uma de duas ações precisa ocorrer com essa construção. Tal ação pode ser expressa verbalmente como: "IF (se) a declaração for verdadeira, THEN (então) faça isso. ELSE (se não), faça aquilo". Na analogia do casaco, essa estrutura de controle funcionaria, esteja a pessoa usando casaco inicialmente ou não.

O Exemplo 4.8 mostra um circuito lógico que tem como entrada um valor numérico representando a tensão da bateria monitorada por um conversor A/D. As entradas *A*, *B*, *C*, *D* são, na verdade, dígitos binários em um número de 4 bits, sendo *A* o MSB e *D* o LSB. A Figura 4.56 apresenta o mesmo circuito com entradas rotuladas como um número de 4 bits chamado *valor_digital*. A relação entre os bits é a seguinte:

FIGURA 4.56 Circuito lógico semelhante ao Exemplo 4.8.

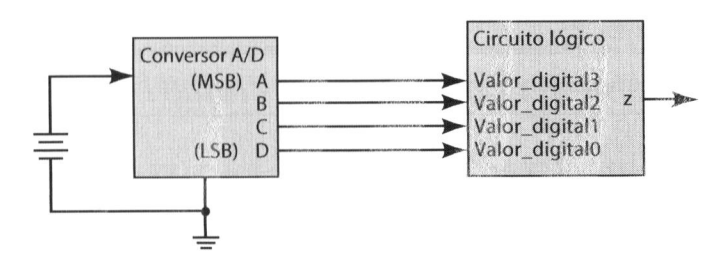

A	*valor_digital[3]*	valor digital do bit 3 (MSB)
B	*valor_digital[2]*	valor digital do bit 2
C	*valor_digital[1]*	valor digital do bit 1
D	*valor_digital[0]*	valor digital do bit 0 (LSB)

A entrada pode ser tratada como um número decimal entre 0 e 15 se especificarmos o tipo correto da variável de entrada.

IF/THEN/ELSE COM USO DE AHDL

Em AHDL, as entradas podem ser especificadas como um número binário composto de bits múltiplos, atribuindo-se um nome de variável seguido por uma lista das posições de bits, como mostrado na Figura 4.57. O nome é *valor_digital*, e as posições de bits vão de 3 até 0. Observe como se torna simples o código usando esse método junto com uma construção IF/ELSE. IF é seguido por uma declaração que se refere ao valor da variável de entrada de 4 bits inteira e a compara com o número 6. É claro que 6 é uma forma decimal de uma quantidade escalar, e *valor_digital[ ]*, na verdade, representa um número binário. O compilador pode interpretar números em qualquer sistema, então ele cria um circuito lógico que compara o valor binário de *valor_digital* com o número binário para 6 e decide se a declaração é verdadeira ou falsa. Se for verdadeira, THEN a próxima declaração (*z* =VCC) é usada a fim de atribuir um valor a *z*. Observe que, em AHDL, precisamos usar VCC para um lógico 1 e GND para um lógico 0 quando atribuímos um nível lógico a um único bit. Quando *valor_digital* for 6 ou menos, ele vem após a declaração de ELSE (*z* = GND). END IF; encerra a estrutura de controle.

FIGURA 4.57 Versão em AHDL.

```
SUBDESIGN Figure 4-57
(
    digital_value[3..0]     :INPUT;     -- define entradas para o bloco
    z                       :OUTPUT;    -- define saída para o bloco
)
BEGIN
    IF digital_value[] > 6 THEN
         z = VCC;                       -- saída em 1
      ELSE z = GND;                     -- saída em 0
    END IF;
END;
```

IF/THEN/ELSE COM USO DE VHDL

Em VHDL, o ponto crucial é a declaração do tipo das entradas. Consulte a Figura 4.58. A entrada é tratada como variável única, chamada *valor_digital*. Como seu tipo é declarado como INTEGER, o compilador sabe que deve tratá-la como número. Ao especificar um intervalo entre 0 e 15, o compilador a reconhece como um número de 4 bits. Observe que RANGE (intervalo) não especifica o número índice de um vetor de bits, mas sim os limites do valor numérico do integer. Integers são tratados diferentemente de matrizes de bits (BIT_VECTOR), em VHDL. Um integer pode ser comparado com outros números, por meio de operadores de desigualdade. Um BIT_VECTOR não pode ser usado com operadores de desigualdade.

Talvez o aspecto mais difícil do VHDL seja entender a estrutura de controle chamada "processo" (PROCESS). Lembre-se de que o VHDL é uma linguagem que se destina a descrever o comportamento de um circuito de hardware com a intenção de ser avaliado por um computador com a finalidade de simulação ou síntese. O PROCESS em VHDL é um segmento de código que possui características de um programa de computador, mas cujo objetivo é descrever eventos sequenciais em um circuito digital. É muito importante entender como as ações descritas em um PROCESS de fato ocorrem no circuito.

Um PROCESS não está constantemente ativo, descrevendo o que está acontecendo o tempo todo. Em vez disso, um PROCESS é um segmento de código que descreve a reação de um circuito a uma mudança em uma (ou mais) de suas entradas. Essas entradas que invocam as mudanças descritas no PROCESS são identificadas na *lista de sensibilidade*. Esta lista segue a palavra-chave PROCESS e está contida entre parênteses. A interpretação das declarações dentro do PROCESS (que resulta em mudanças dentro do circuito) é sequencial, não concorrente. Em outras palavras, a ordem das declarações tem um efeito sobre o comportamento do circuito resultante.

As variáveis são declaradas e modificadas dentro de um "PROCESS". O valor deles é atualizado imediatamente. Em outras palavras, quando um PROCESS é ativado por uma mudança em sua lista de sensibilidade e a lógica dentro do PROCESS leva à atribuição de um novo valor a uma variável, o efeito é imediato. Portanto, essas variáveis atualizam-se na ordem das declarações dentro do PROCESS. Por outro lado, SIGNALS que são alterados dentro de um PROCESSO são arbitrados no final do processo.

FIGURA 4.58 Versão em VHDL.

```
ENTITY Figure 4-58 IS
PORT( digital_value  :IN INTEGER RANGE 0 TO 15; -- entrada de 4 bits
         z           :OUT BIT);
END Figure 4-58;
ARCHITECTURE decision OF Figure 4-58 IS
BEGIN
   PROCESS (digital_value)
      BEGIN
         IF (digital_value > 6) THEN
            z <= '1';
         ELSE
            z <= '0';
      END IF;
END PROCESS;
END decision;
```

EXEMPLO 4.34

Compare os segmentos de código VHDL ex1 e ex2 abaixo. Ambos os exemplos usam um sinal *sig*, uma variável *var* e uma entrada *a*, com saídas *ledseg* e *ledvar*. Todas são de TYPE :BIT.

```
SIGNAL sig              :BIT ;
   ex1: PROCESS   (a)
           VARIABLE var    :BIT:= '0' ;    -- resultados não dependem deste
                                              valor
           BEGIN
                   var := a;               -- var pega o valor da entrada a
                                              imediatamente
                   sig <=  var;            -- atribuição direta a sig resulta
                                              em um fio
                   var := not sig;         -- var é atualizada com
                                              complemento da entrada a
                   ledvar <= var;          -- resultado: ledvar recebe o
                                              complemento de a
           END PROCESS;
           ledsig <= sig;                  -- resultado: ledsig é conduzido
                                              pela entrada a
   ex2: PROCESS   (a)
           VARIABLE var :BIT:= '0' ;       -- resultados não dependem desse
                                              valor inicial
           BEGIN
                   sig <= a;               -- a primeira atribuição de signal
                                              é efetuada no final do processo
                   var :=  sig;            -- var é atribuída por sig mas
                                              sig ainda não está finalizado
                   sig <= not var;         -- a ligação a sig é feita aqui e
                                              não na primeira linha
                                              (sig<=a)
                   ledvar <= var;          -- resultado: ledvar não recebe
                                              valor algum!
           END PROCESS;
           ledsig <= sig;                  -- resultado: ledsig recebe o
                                              complemento de ledvar
```

Solução
A ordem das atribuições faz uma grande diferença no hardware resultante. O primeiro exemplo (ex1) resulta em ledsig conectado para entrada *a* e ledvar conectado a NOT a. O segundo exemplo (ex2) resulta em um circuito sem sentido. Ledsig é conduzido por ledvar NOT, mas ledvar não está conectado à entrada A. Ele não é conduzido por nada. Tanto ledsig como ledvar são padrão para uma lógica 1 em hardware. Em uma simulação de tempo, as duas saídas de ex2 são indeterminadas. Isso ocorre porque as atribuições de sinal são resolvidas no final do processo, onde a última tarefa determina a conexão.

Para usar a estrutura de controle IF/THEN/ELSE, o VHDL exige que o código seja inserido dentro de um PROCESSO. Por exemplo, na Figura 4.58, sempre que o *valor-digital* muda, ele faz que o código do processo seja reavaliado. Mesmo sabendo que o *valor-digital* é, de fato, um número binário de quatro bits, ele será avaliado pelo compilador como um número entre os valores decimais equivalentes de 0 e 15. Se a declaração entre parênteses for verdadeira, então a próxima declaração será aplicada (*z* tem um valor de lógica 1). Se esta afirmação não for verdadeira, a lógica segue a cláusula ELSE e atribui um valor de 0 a *z*. O END IF; termina a estrutura de controle, e o END PROCESS; termina a avaliação das declarações sequenciais.

ELSIF

Muitas vezes, precisamos escolher entre várias ações possíveis, dependendo da situação. A construção IF escolhe entre executar um conjunto de ações ou não. A construção IF/ELSE seleciona uma de duas ações possíveis.

Combinando as decisões de IF e ELSE, pode-se criar uma estrutura de controle chamada de **ELSIF**, que escolhe um entre vários possíveis resultados. A estrutura de decisão é mostrada graficamente na Figura 4.59.

Observe que, à medida que cada condição é avaliada, uma ação será executada se a condição for verdadeira, ou a próxima condição será avaliada. Toda ação é associada a uma condição, e não há possibilidade de mais de uma ação ser selecionada. Observe, também, que as condições usadas a fim de decidir a ação apropriada podem ser qualquer expressão avaliada como verdadeira ou falsa. Isso possibilita ao projetista usar os operadores de desigualdade para escolher uma ação com base em um intervalo de valores de entrada. Como exemplo dessa aplicação, vamos examinar o sistema de medição de temperatura que usa um conversor A/D, como descrito na Figura 4.60. Suponha que queiramos indicar quando a temperatura está em determinados intervalos, aos quais nos referiremos como Frio demais, Ideal e Quente demais.

A relação entre os valores digitais para temperatura e as categorias é

Valores digitais	*Categoria*
0000-1000	Frio Demais
1001-1010	Ideal
1011-1111	Quente Demais

Pode-se expressar o processo de tomada de decisão para esse circuito lógico da seguinte maneira:

IF (se) o valor digital é menor ou igual a 8, THEN (então) acenda apenas o indicador Frio Demais.
ELSE IF (se não e se) o valor digital for maior do que 8 AND (e) menor do que 11, THEN (então) acenda apenas o indicador Ideal.
ELSE (se não), acenda apenas o indicador Quente Demais.

FIGURA 4.59 Fluxograma para decisões múltiplas com uso de IF/ELSIF.

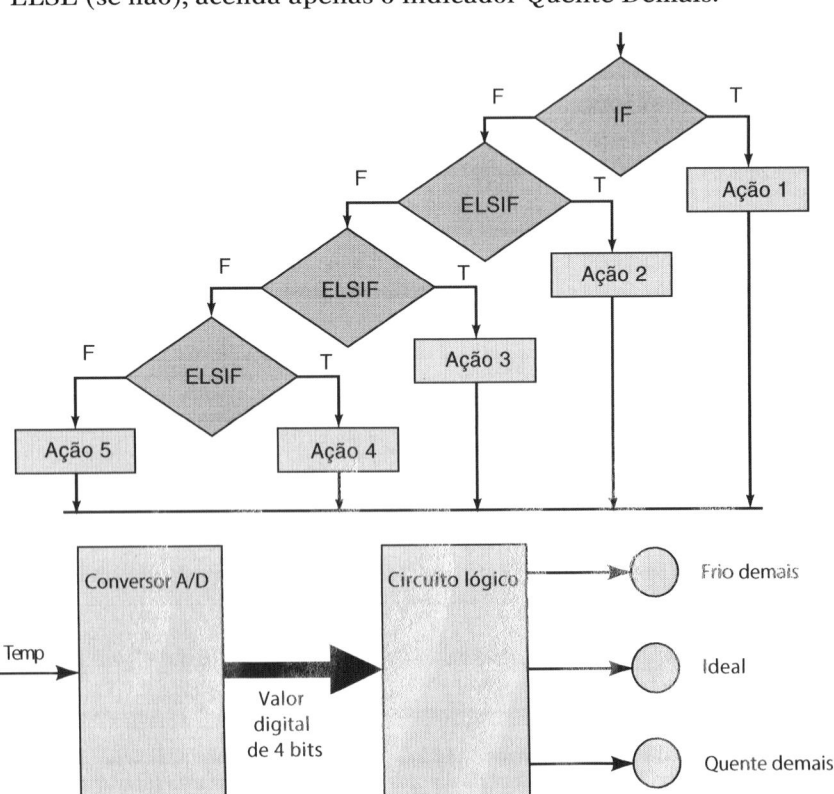

FIGURA 4.60 Circuito indicador de variação de temperatura.

ELSIF COM USO DE AHDL

O código AHDL na Figura 4.61 define as entradas como um número binário de 4 bits. As saídas são três bits individuais que acionam os três indicadores de intervalo. Esse exemplo usa uma variável intermediária (*status*) que nos permite atribuir um padrão de bit que representa as três condições *frio_demais*, *ideal* e *quente_demais*. A seção sequencial do código usa IF, ELSIF, ELSE para identificar o intervalo em que a temperatura está e atribui o padrão de bit correto a *status*. Na última declaração, os bits de *status* são conectados aos bits da porta de saída, os quais foram ordenados em um grupo que se refere aos padrões de bit atribuídos a *status[ ]*. Também teria sido possível utilizar três declarações concorrentes: frio_demais = status[2]; ideal = status[1]; quente_demais = status[0];.

FIGURA 4.61 Exemplo das variações de temperatura em AHDL com uso de ELSIF.

```
SUBDESIGN Figure 4-61
(
  digital_value[3..0]            :INPUT;   --define as entradas
                                             do bloco
  too_cold, just_right, too_hot :OUTPUT; --define saídas
)
VARIABLE
status[2..0] :NODE;--holds state of too_cold, just_right, too_hot
BEGIN
  IF     digital_value[] <= 8 THEN status[] = b"100";
  ELSIF  digital_value[] > 8 AND digital_value[] < 11 THEN
         status[] = b"010";
  ELSE   status[] = b"001";
  END IF;
  (too_cold, just_right, too_hot) = status[]; -- atualiza os bits
                                                 de saída
END;
```

ELSIF COM USO DE VHDL

O código VHDL na Figura 4.62 define as entradas como um integer de 4 bits. As saídas são três bits individuais que acionam três indicadores de intervalo. Esse exemplo usa um sinal intermediário (*status*) que possibilita atribuir um padrão de bit que representa as três condições *frio_demais*, *ideal* e *quente_demais*. A seção de processo do código usa IF, ELSIF e ELSE para identificar o intervalo em que a temperatura está e atribuir o padrão de bit correto a *status*. Nas três últimas declarações, todos os bits de *status* são conectados ao bit do port de saída correto.

FIGURA 4.62 Exemplo das variações de temperatura em VHDL com uso de ELSIF.

```
ENTITY Figure 4-62 IS
PORT(digital_value:IN INTEGER RANGE 0 TO 15;    -- declara entrada
                                                   de 4 bits
     too_cold, just_right, too_hot :OUT BIT);
END Figure 4-62;

ARCHITECTURE howhot OF Figure 4-62 IS
SIGNAL status   :BIT_VECTOR (2 downto 0);
ENTITY Figure 4-62 IS
```

```
PORT(digital_value:IN INTEGER RANGE 0 TO 15;    -- declara entrada
                                                   de 4 bits
      too_cold, just_right, too_hot :OUT BIT);t
END Figure 4-62;
ARCHITECTURE howhot OF Figure 4-62 IS
SIGNAL status    :BIT_VECTOR (2 downto 0);
BEGIN
   PROCESS (digital_value)
      BEGIN
         IF (digital_value <= 8) THEN status <= "100";
         ELSIF (digital_value > 8 AND digital_value < 11) THEN
                status <= "010";
         ELSE status <= "001";
       END IF;
      END PROCESS;
   too_cold    <= status(2);      -- atribui bits de status à saída
   just_right  <= status(1);
   too_hot     <= status(0);
END howhot;
```

CASE

Há outra importante estrutura de controle que é útil no processo de escolha de ações com base nas condições atuais. Ela recebe diversos nomes, dependendo da linguagem de programação, mas quase sempre envolve a palavra CASE. Essa construção determina o valor de uma expressão ou um objeto e depois percorre uma lista de possíveis valores (casos) para a expressão ou objeto em avaliação. Cada caso possui uma lista de ações que deveriam ocorrer. Uma construção CASE é diferente de uma IF/ELSIF, porque um caso correlaciona um único valor de um objeto com um conjunto de ações. Lembre-se de que uma IF/ELSIF correlaciona um conjunto de ações a uma declaração verdadeira. Pode haver uma única correspondência para uma declaração CASE. Uma IF/ELSIF pode ter mais de uma declaração verdadeira, mas THEN executará a ação associada com a primeira declaração verdadeira que avaliar.

Outro ponto importante nos exemplos das figuras 4.63 a 4.67 é a necessidade de combinar diversas variáveis independentes em um conjunto de bits, chamado vetor de bits. Lembre-se de que esse ato de ligar vários bits em uma ordem particular é chamado de *concatenação*. Ele permite considerar o padrão de bits como um grupo ordenado.

CASE COM USO DE AHDL

O exemplo em AHDL na Figura 4.63 demonstra uma construção CASE implementando o circuito da Figura 4.9 (veja também a Tabela 4.3). Esse exemplo usa bits individuais como entradas. Na primeira declaração após BEGIN, esses bits são concatenados e atribuídos à variável intermediária chamada *status*. A declaração CASE avalia a variável *status* e encontra o padrão de bit (após a palavra-chave WHEN), que corresponde ao valor de *status*. Executa-se, então, a ação que se segue a =>. Nesse exemplo, apenas se atribui o lógico 0 à saída dos três casos especificados. Todos os *outros* casos produzem um lógico 1 na saída.

FIGURA 4.63 Figura 4.9 representada em AHDL.

```
SUBDESIGN Figure 4-63
(
    p, q, r           :INPUT;      -- define entradas do bloco
    s                 :OUTPUT;     -- define saídas
)
VARIABLE
  status[2..0]        :NODE;
BEGIN
    status[]= (p, q, r); -- conecta os bits de entrada em ordem
    CASE status[] IS
        WHEN b"100"       => s = GND;
        WHEN b"101"       => s = GND;
        WHEN b"110"       => s = GND;
        WHEN OTHERS       => s = VCC;
    END CASE;
END;
```

CASE COM USO DE VHDL

O exemplo em VHDL na Figura 4.64 demonstra a construção CASE implementando o circuito da Figura 4.9 (veja também Tabela 4.3). O exemplo usa bits individuais como entradas. Na primeira declaração após BEGIN, esses bits são concatenados e atribuídos à variável intermediária chamada *status* por meio do operador &. A declaração CASE deve ocorrer dentro de um PROCESS em VHDL. Ela avalia a variável *status* e encontra o padrão de bit (após a palavra-chave WHEN), que corresponde ao valor de *status*. Executa-se, então, a ação descrita após =>. Nesse exemplo simples, a saída produz um lógico 0 em todos os três casos especificados. Todos os *outros* casos produzem um lógico 1 na saída.

EXEMPLO 4.35

Um detector de moedas em uma máquina de venda aceita *quarters* (moedas de 25 centavos de dólar – Q), *dimes* (moedas de 10 centavos de dólar – D) e *nickels* (moedas de 5 centavos de dólar – N) e ativa o sinal correspondente (Q, D, N) apenas com a moeda correta. É fisicamente impossível múltiplas moedas estarem presentes ao mesmo tempo. Um circuito digital deve usar os sinais Q, D e N como entradas e produzir um número binário representando o valor da moeda, como mostrado na Figura 4.65. Escreva o código AHDL e VHDL.

FIGURA 4.64 Figura 4.9 representada em VHDL.

```
ENTITY Figure 4-64 IS
PORT( p, q, r        :IN bit;        --declara a entrada de 3 bits
      s              :OUT BIT);
END Figure 4-64;
ARCHITECTURE copy OF Figure 4-64 IS
SIGNAL status        :BIT_VECTOR (2 downto 0);
BEGIN
   status <= p & q & r;              --conecta os bits em ordem
   PROCESS (status)
      BEGIN
         CASE status IS
            WHEN "100"  =>  s <= '0';
            WHEN "101"  =>  s <= '0';
            WHEN "110"  =>  s <= '0';
            WHEN OTHERS =>  s <= '1';
         END CASE;
      END PROCESS;
END copy;
```

FIGURA 4.65 Um circuito detector de moedas para uma máquina de venda.

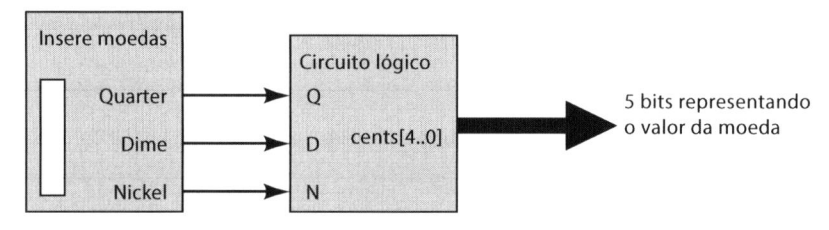

Solução

Esta é uma aplicação ideal da construção CASE para descrever a operação correta. As saídas devem ser declaradas como números de 5 bits a fim de representar os valores até 25 centavos. A Figura 4.66 mostra a solução em AHDL, e a Figura 4.67, em VHDL.

FIGURA 4.66 Um detector de moeda em AHDL.

```
SUBDESIGN Figure 4-66
(
   q, d, n          :INPUT;   -- define quarter, dime, nickel
   cents[4..0]      :OUTPUT;  -- define o valor binário das moedas
)
BEGIN
   CASE (q, d, n) IS        -- agrupa as moedas em um conjunto
                                   ordenado
      WHEN b"001" => cents[] = 5;
      WHEN b"010" => cents[] = 10;
      WHEN b"100" => cents[] = 25;
      WHEN others => cents[] = 0;
   END CASE;
END;
```

FIGURA 4.67 Um detector de moeda em VHDL.

```
ENTITY    Figure 4-67 IS
PORT( q, d, n :IN BIT;                        -- quarter, dime,
                                                 nickel
   cents         :OUT INTEGER RANGE 0 TO 25); -- valor binário das
                                                 moedas
END Figure 4-67;
ARCHITECTURE detector of Figure 4-67 IS
   SIGNAL coins :BIT_VECTOR(2 DOWNTO 0);      -- agrupa os sensores
                                                 de moeda
   BEGIN
      coins <= (q & d & n);                   -- atribui os
                                                 sensores ao grupo

      PROCESS (coins)
         BEGIN
            CASE (coins) IS
               WHEN "001"   => cents <= 5;
               WHEN "010"   => cents <= 10;
               WHEN "100"   => cents <= 25;
               WHEN others => cents <= 0;
            END CASE;
         END PROCESS;
   END detector;
```

QUESTÕES DE REVISÃO

1. Que estrutura de controle decide fazer ou não fazer?
2. Que estrutura de controle decide fazer isso ou fazer aquilo?
3. Que estrutura(s) de controle decide(m) qual de várias ações diferentes executar?
4. *Verdadeiro* ou *falso*: as construções IF/THEN/ELSE e CASE devem ser usadas dentro de um processo em VHDL.
5. *Verdadeiro* ou *falso*: as construções IF/THEN/ELSE podem ser usadas em toda a seção concorrente da AHDL.

RESUMO

1. As duas formas gerais para expressões lógicas são a forma de soma de produtos (SOP) e a forma de produto de somas (POS).

2. Um dos métodos de projeto de circuitos lógicos combinacionais é (1) construir a tabela-verdade, (2) convertê-la em uma expressão na forma de soma de produtos, (3) simplificar a expressão usando álgebra booleana ou mapa K, (4) implementar a expressão final.

3. O mapa K é um método gráfico para representar a tabela-verdade de um circuito e gerar a expressão simplificada para a saída do circuito.

4. Um circuito XOR tem a expressão $x = A\bar{B} + \bar{A}B$. Sua saída x será nível ALTO apenas quando as entradas A e B estiverem em níveis opostos.

5. Um circuito exclusive-NOR possui a expressão $x = \bar{A}\bar{B} + AB$. Sua saída x será nível ALTO apenas quando as entradas A e B estiverem no mesmo nível lógico.

6. Cada uma das portas básicas (AND, OR, NAND, NOR) pode ser usada para ativar ou desativar a passagem de um sinal de entrada para a saída.

7. As principais famílias de CIs digitais são as famílias TTL e CMOS. Os CIs digitais estão disponíveis em uma ampla gama de complexidade (portas por CI), desde as funções lógicas básicas até as de alta complexidade.

8. Realizar uma análise de defeitos requer, pelo menos, a compreensão de como o circuito funciona, o conhecimento sobre os tipos de falhas possíveis, um diagrama completo de conexão do circuito lógico e uma ponta de prova lógica.
9. Um dispositivo lógico programável (PLD) é um CI que contém um grande número de portas lógicas, cujas interconexões podem ser programadas pelo usuário para gerar as relações lógicas desejadas entre entradas e saídas.
10. Para programar um PLD, é necessário um sistema de desenvolvimento, que consiste em um computador, um software de desenvolvimento para PLD e um programador, que realiza a programação real do chip do PLD.
11. O sistema da Altera permite a adoção de técnicas de projeto hierárquico adequadas, usando qualquer forma de descrição de hardware.
12. Os tipos dos objetos de dados devem ser especificados a fim de que o compilador HDL saiba o intervalo de números a serem representados.
13. Tabelas-verdade podem ser fornecidas diretamente no arquivo fonte, com o uso dos recursos de HDL.
14. As estruturas de controle lógico como IF, ELSE e CASE podem ser usadas a fim de se descrever o funcionamento de um circuito lógico, o que torna o código e a análise de defeitos muito mais simples.

TERMOS IMPORTANTES

soma de produtos (SOP)
produto de somas (POS)
mapa de Karnaugh (mapa K)
agrupamento
condição de irrelevância
exclusive-OR (XOR)
exclusive-NOR (XNOR)
geração de paridade
verificação de paridade
habilitado/desabilitado
dual-in-line package (DIP)
SSI, MSI, LSI, VLSI, ULSI, GSI
lógica transistor-transistor (TTL)
complementar metal-óxido semicondutor (CMOS)
lista de sensibilidade
indeterminada

entrada flutuante
ponta de prova lógica
contenção
programador
soquete ZIF
JEDEC
ISP
JTAG
projeto hierárquico
top-down
vetores de teste
literais
matriz de bits
vetor de bits
índice
BIT_VECTOR
integer

objetos
bibliotecas
macrofunções
maxplus2
STD_LOGIC
STD_LOGIC_VECTOR
concatenação
atribuição de sinal selecionada
estruturas de controle de decisão
concorrentes
sequenciais
IF/THEN
ELSE
PROCESS
ELSIF
CASE

PROBLEMAS*

SEÇÕES 4.2 E 4.3

B **4.1★** Simplifique as seguintes expressões usando a álgebra booleana.

(a) $x = ABC + \overline{A}C$

(b) $y = (Q + R)(\overline{Q} + \overline{R})$

(c) $w = AB\overline{C} + A\overline{B}C + \overline{A}$

(d) $q = \overline{RST}\,(R + S + T)$

(e) $x = \overline{A}\,\overline{B}\,\overline{C} + \overline{A}BC + AB\overline{C} + A\overline{B}\,\overline{C} + ABC$

(f) $z = (B + \overline{C})(\overline{B} + C) + \overline{A} + B + C$

(g) $y = \overline{(C + D)} + \overline{A}CD + \overline{A}B\,\overline{C} + \overline{A}\,BCD + AC\overline{D}$

(h) $x = AB(\overline{C}\,\overline{D}) + \overline{AB}D + \overline{B}\,\overline{C}\,\overline{D}$

B **4.2.** Simplifique o circuito mostrado na Figura 4.68 usando a álgebra booleana.

FIGURA 4.68 Problemas 4.2 e 4.3.

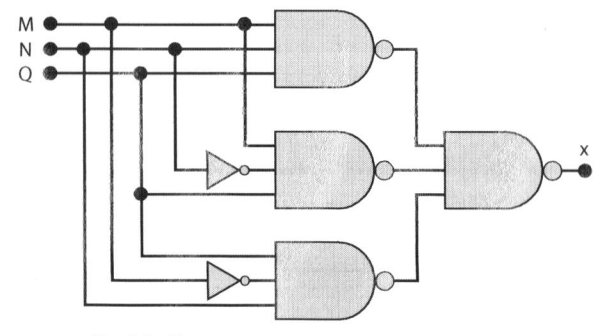

* As respostas às questões assinaladas com uma estrela (★) encontram-se no final do livro.

B 4.3★ Troque cada porta no circuito do Problema 4.2 por uma porta NOR e simplifique o circuito, usando a álgebra booleana.

SEÇÃO 4.4

B, D 4.4★ Projete o circuito lógico correspondente à tabela-verdade mostrada na Tabela 4.11.

TABELA 4.11

A	B	C	x
0	0	0	1
0	0	1	0
0	1	0	1
0	1	1	1
1	0	0	1
1	0	1	0
1	1	0	0
1	1	1	1

B, D 4.5 Projete um circuito lógico cuja saída seja nível ALTO *apenas* quando a maioria das entradas A, B e C for nível BAIXO.

D 4.6 Uma fábrica precisa de uma sirene para indicar o fim do expediente. A sirene deve ser ativada quando ocorrer uma das seguintes condições:

1. Já passou das 17h e todas as máquinas estão desligadas.

2. É sexta-feira, a produção do dia foi atingida e todas as máquinas estão paradas.

Projete um circuito lógico para controle da sirene. (*Dica*: use quatro variáveis lógicas de entrada a fim de representar as diversas condições; por exemplo, a entrada A será nível ALTO apenas quando for 17h ou mais.)

D 4.7★ Um número de quatro bits é representado como $A_3A_2A_1A_0$, em que A_3, A_2, A_1 e A_0 são os bits individuais e A_0 é o LSB. Projete um circuito lógico que gere uma saída em nível ALTO sempre que o número binário for maior que 0010 e menor que 1000.

D 4.8 A Figura 4.69 mostra um diagrama para um circuito de alarme de automóvel usado a fim de se detectar determinada condição indesejada. As três chaves são usadas para indicar o estado da porta do motorista, da ignição e dos faróis, respectivamente. Projete um circuito lógico com essas três chaves como entrada, de modo que o alarme seja ativado sempre que ocorrer uma das seguintes condições:

- Os faróis estão acesos e a ignição está desligada.
- A porta está aberta e a ignição está ligada.

4.9★ Implemente o circuito do Problema 4.4 usando apenas portas NAND.

4.10 Implemente o circuito do Problema 4.5 usando apenas portas NAND.

FIGURA 4.69 Problema 4.8.

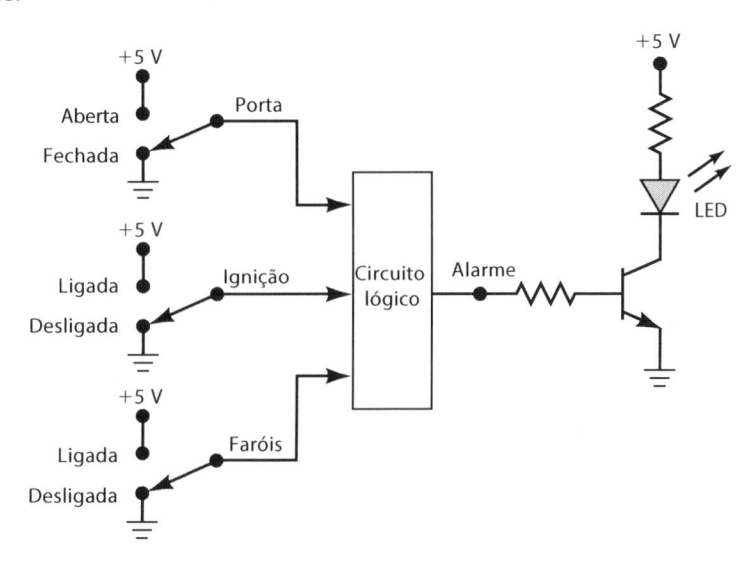

230 Sistemas digitais – princípios e aplicações

SEÇÃO 4.5

B 4.11 Determine a expressão mínima para o mapa K mostrado na Figura 4.70. Dedique atenção especial ao passo 5 para o mapa em (a).

FIGURA 4.70 Problema 4.11.

	$\bar{C}\bar{D}$	$\bar{C}D$	CD	$C\bar{D}$
$\bar{A}\bar{B}$	1	1	1	1
$\bar{A}B$	1	1	0	0
AB	0	0	0	1
$A\bar{B}$	0	0	1	1

(a)*

	$\bar{C}\bar{D}$	$\bar{C}D$	CD	$C\bar{D}$
$\bar{A}\bar{B}$	1	0	1	1
$\bar{A}B$	1	0	0	1
AB	0	0	0	0
$A\bar{B}$	1	0	1	1

(b)

	$\bar{C}$	C
$\bar{A}\bar{B}$	1	1
$\bar{A}B$	0	0
AB	1	0
$A\bar{B}$	1	X

(c)

D

B 4.12 Na tabela-verdade a seguir, crie um mapa K de 2 × 2, agrupe os termos e simplifique. Então, consulte de novo a tabela, para ver se a expressão é verdadeira para todos os registros na tabela.

A	B	y
0	0	1
0	1	1
1	0	0
1	1	0

B 4.13 Começando com a tabela-verdade na Tabela 4.11, use um mapa K para encontrar a equação da soma de produtos mais simples.

B 4.14 Simplifique a expressão em (a)* do Problema 4.1(e) usando um mapa K; (b) do Problema 4.1(g) usando um mapa K; (c)* do Problema 4.1(h) usando um mapa K.

B 4.15* Obtenha a expressão de saída do Problema 4.7 usando um mapa K.

C,D 4.16 A Figura 4.71 mostra um *contador BCD* que gera uma saída de quatro bits representando o código BCD para o número de pulsos que é aplicado na entrada do contador. Por exemplo, após a ocorrência de quatro pulsos, as saídas do contador serão $DCBA = 0100_2 = 4_{10}$. O contador retorna para 0000 no décimo pulso, começando a contagem novamente. Em outras palavras, as saídas $DCBA$ nunca representarão número maior que $1001_2 = 9_{10}$.

(a)* Projete um circuito lógico que gere saída em nível ALTO sempre que o contador estiver nas contagens 2, 3 e 9. Use o mapa K e aproveite as condições de irrelevância.

(b) Repita para $x = 1$ quando $DCBA = 3, 4, 5, 8$.

4.17* A Figura 4.72 mostra quatro chaves que fazem parte do circuito de controle em uma máquina copiadora. As chaves estão posicionadas em diversos pontos ao longo da trajetória do papel dentro da máquina. Cada chave está no estado normal aberta e, quando o papel passa sobre a chave, ela é fechada. É impossível o fechamento simultâneo das chaves SW1 e SW4. Projete um circuito lógico que gere saída em nível ALTO sempre que *duas ou mais* chaves estiverem fechadas ao mesmo tempo. Use o mapa K e aproveite as vantagens das condições de irrelevância.

FIGURA 4.71 Problema 4.16.

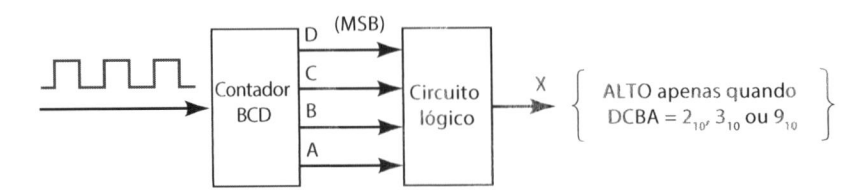

FIGURA 4.72 Problema 4.17.

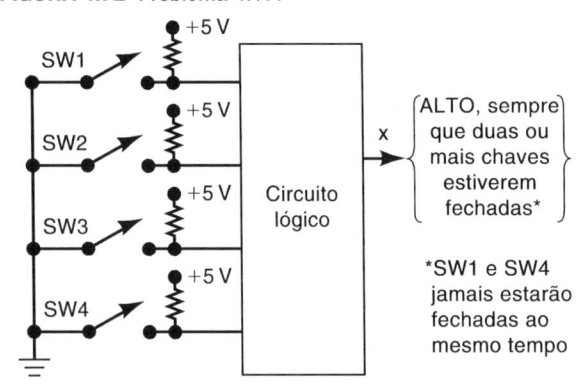

B 4.18★ O Exemplo 4.3 demonstrou a simplificação algébrica. O Passo 3 resultou na equação de soma de produtos $z = \bar{A}\bar{B}C + \bar{A}CD + \bar{A}B\bar{C}\bar{D} + \bar{A}BC$. Use um mapa K para provar que essa equação pode ser simplificada em relação à resposta mostrada no exemplo.

C 4.19 Use álgebra booleana a fim de chegar ao mesmo resultado obtido pelo método do mapa K no Problema 4.18.

SEÇÃO 4.6

B 4.20 (a) Determine a forma de onda de saída para o circuito mostrado na Figura 4.73.
(b) Repita para a entrada B mantida em nível BAIXO.
(c) Repita para a entrada B mantida em nível ALTO.

FIGURA 4.73 Problema 4.20.

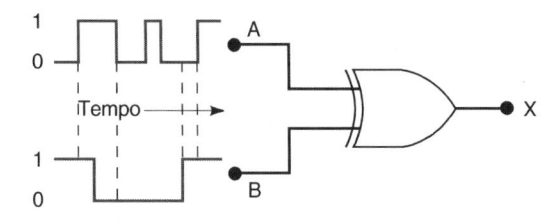

B 4.21★ Determine as condições de entrada necessárias para gerar uma saída $x = 1$ no circuito mostrado na Figura 4.74.

FIGURA 4.74 Problema 4.21.

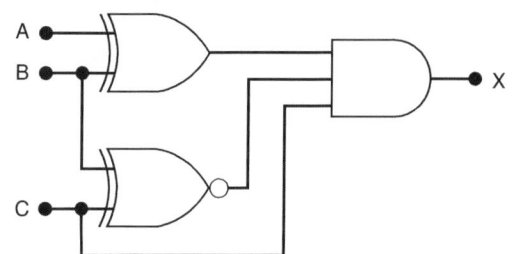

B 4.22 Projete um circuito que produza uma saída em nível ALTO só quando todas as três entradas estiverem no mesmo nível.
(a) Use uma tabela-verdade e um mapa K a fim de obter a solução da soma de produtos.
(b) Use duas entradas de portas XOR e outras portas a fim de encontrar a solução. (*Dica:* lembre-se da propriedade transitiva da álgebra... se $a = b$ e $b = c$, então $a = c$.)

B 4.23★ Um chip 7486 contém quatro portas XOR. Mostre como implementar uma porta XNOR usando apenas um chip 7486. *Dica:* veja o Exemplo 4.16.

B 4.24★ Modifique o circuito mostrado na Figura 4.23 para comparar dois números de quatro bits e gerar saída em nível ALTO quando os dois números forem idênticos.

B 4.25 A Figura 4.75 apresenta um *detector de magnitude relativa* que recebe dois números binários de três bits $x_2 x_1 x_0$ e $y_2 y_1 y_0$ e determina se eles são iguais; se não forem, indica qual é o maior. Existem três saídas, definidas como mostrado a seguir:

1. $M = 1$ apenas se os dois números de entrada forem iguais.
2. $N = 1$ apenas se $x_2 x_1 x_0$ for maior que $y_2 y_1 y_0$.
3. $P = 1$ apenas se $y_2 y_1 y_0$ for maior que $x_2 x_1 x_0$.

Projete um circuito lógico para esse detector. O circuito tem *seis* entradas e *três* saídas e, portanto, é muito complexo para se usar uma tabela-verdade. Como sugestão, veja o Exemplo 4.17 para saber como começar a resolver esse problema.

FIGURA 4.75 Problema 4.25.

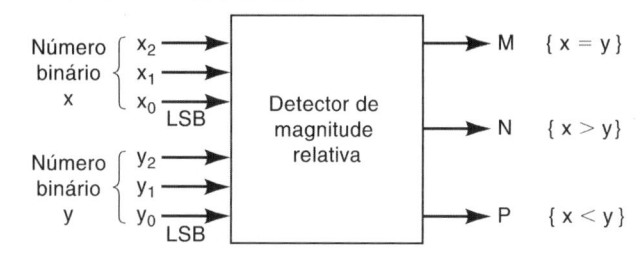

MAIS PROBLEMAS DE PROJETO

C,D 4.26★ A Figura 4.76 representa um circuito multiplicador que recebe dois números binários, $x_1 x_0$ e $y_1 y_0$, e gera um número binário de saída, $z_3z_2z_1z_0$, igual ao produto aritmético dos dois números de entrada. Projete um circuito lógico para o multiplicador. (*Dica*: o circuito lógico terá quatro entradas e quatro saídas.)

FIGURA 4.76 Problema 4.26.

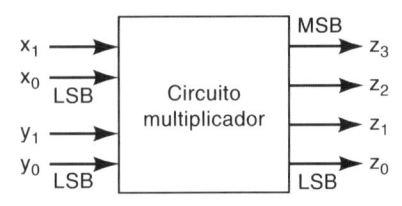

D 4.27 Um código BCD é transmitido para um receptor remoto. Os bits são A_3, A_2, A_1 e A_0, sendo A_3 o MSB. O circuito do receptor inclui um *detector de erro BCD* que analisa o código recebido para saber se é um BCD válido (ou seja, ≤ 1001). Projete esse circuito para gerar nível ALTO para qualquer condição de erro.

D 4.28★ Projete um circuito lógico cuja saída seja nível ALTO sempre que A e B forem nível ALTO, enquanto C e D estiverem em nível BAIXO ou ambas em nível ALTO. Tente fazer o projeto sem usar uma tabela-verdade. Em seguida, verifique o resultado construindo uma tabela-verdade a partir do circuito, para ver se está de acordo com o enunciado do problema.

D 4.29 Quatro grandes tanques em uma indústria química contêm diferentes líquidos sendo aquecidos. São usados sensores de nível de líquido para detectar sempre que o nível no tanque A ou no B subir acima de um nível predeterminado. Os sensores de temperatura nos tanques C e D detectam quando a temperatura de um desses tanques cai abaixo de determinado limite. Suponha que as saídas A e B dos sensores de nível de líquido estejam no nível BAIXO, quando o nível for satisfatório, e no nível ALTO, quando o nível for muito alto. Além disso, as saídas C e D dos sensores de temperatura serão nível BAIXO, quando a temperatura for satisfatória, e nível ALTO, quando a temperatura for muito baixa. Projete um circuito lógico que detecte sempre que o nível no tanque A ou no B for alto, ao mesmo tempo que a temperatura em um dos tanques C ou D for muito baixa.

C,D 4.30★ A Figura 4.77 mostra o cruzamento de uma rodovia com uma via de acesso. Sensores detectores de veículos são colocados ao longo das pistas C e D (na rodovia) e nas pistas A e B (via de acesso). As saídas desses sensores serão nível BAIXO (0), quando nenhum veículo estiver presente, e nível ALTO (1), quando algum estiver. O sinal de trânsito no cruzamento é controlado de acordo com a seguinte lógica:

FIGURA 4.77 Problema 4.30.

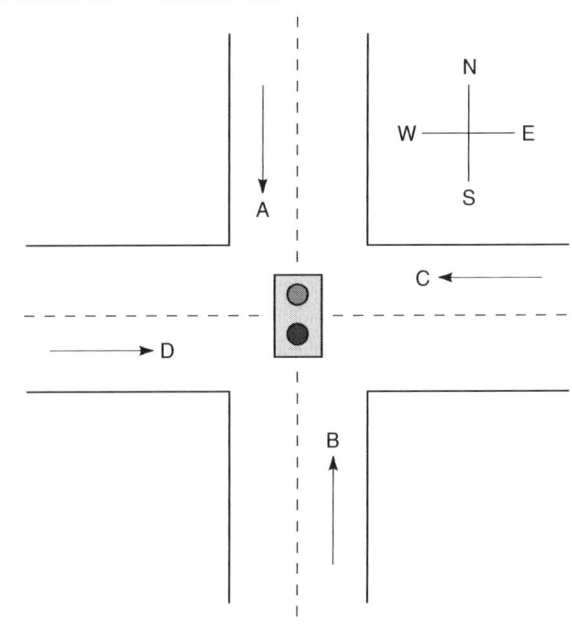

1. O sinal da direção leste-oeste (L-O) será verde quando *as duas* pistas C e D estiverem ocupadas.
2. O sinal da direção L-O será verde sempre que as pistas C *ou* D estiverem ocupadas, mas com *ambas*, A e B, desocupadas.
3. O sinal da direção norte-sul (N-S) será verde sempre que *as duas* pistas A e B estiverem ocupadas, mas C e D estiverem, *ambas*, desocupadas.
4. O sinal da direção N-S também será verde quando as pistas A *ou* B estiverem ocupadas enquanto *ambas* as pistas C e D estiverem vazias.
5. O sinal da direção L-O será verde quando *não* houver veículo presente.

Usando as saídas dos sensores A, B, C e D como entradas, projete um circuito lógico para controlar o semáforo. Devem existir duas saídas, N-S e L-O, que serão nível ALTO quando a luz correspondente for *verde*. Simplifique o circuito o máximo possível e mostre *todos* os passos.

SEÇÃO 4.7

D 4.31 Projete mais uma vez o gerador e verificador de paridade mostrado na Figura 4.25 para: (a) operar usando paridade ímpar (*Dica*: qual é a relação entre um bit de paridade ímpar e de paridade par para o mesmo conjunto de bits de dados?); (b) operar com oito bits de dados.

SEÇÃO 4.8

B 4.32 (a) Sob que condições uma porta OR permitirá a passagem de um sinal lógico para a saída sem alteração?

(b) Repita o item (a) para uma porta AND.

(c) Repita para uma porta NAND.

(d) Repita para uma porta NOR.

B 4.33★ (a) Um INVERSOR pode ser usado como circuito para habilitar/desabilitar? Explique.

(b) Uma porta XOR pode ser usada em um circuito para habilitar/desabilitar? Explique.

D 4.34 Projete um circuito lógico que permita que um sinal A na entrada passe para a saída apenas quando a entrada de controle B for nível BAIXO enquanto a entrada de controle C for nível ALTO; caso contrário, a saída será nível BAIXO.

D 4.35★ Projete um circuito que *desabilite* a passagem de um sinal de entrada apenas quando as entradas de controle B, C e D estiverem todas em nível ALTO; a saída será nível ALTO na condição de circuito desabilitado.

D 4.36 Projete um circuito lógico que controle a passagem de um sinal A de acordo com os seguintes requisitos:

1. A saída X será igual à entrada A quando as entradas de controle B e C forem iguais.

2. X permanecerá em nível ALTO quando B e C forem diferentes.

D 4.37 Projete um circuito lógico que tenha dois sinais de entrada, A_1 e A_0, e uma entrada de controle S, de forma que seu funcionamento esteja de acordo com os requisitos mostrados na Figura 4.78. (Esse tipo de circuito é denominado *multiplexador* e será abordado no Capítulo 9.)

FIGURA 4.78 Problema 4.37.

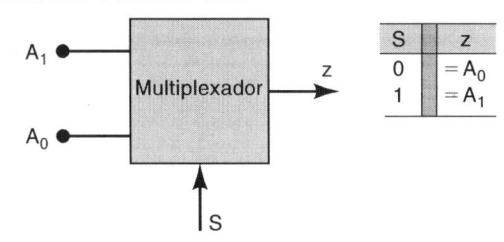

D 4.38★ Use o mapa K a fim de projetar um circuito que atenda aos requisitos do Exemplo 4.17. Compare esse circuito com a solução mostrada na Figura 4.23. Esse exercício mostra que o mapa K não pode aproveitar as vantagens das portas lógicas XOR e XNOR. O projetista deve ser capaz de determinar quando essas portas são aplicáveis.

SEÇÕES 4.9 A 4.13

T★ 4.39 (a) Um técnico está testando um circuito lógico e verifica que a saída de determinado INVERSOR está permanentemente em nível BAIXO enquanto sua entrada está pulsante. Relacione as razões possíveis para esse mau funcionamento.

(b) Repita a parte (a) para a situação em que a saída do INVERSOR está sempre no nível indeterminado.

T 4.40★ Os sinais mostrados na Figura 4.79 são aplicados às entradas do circuito mostrado na Figura 4.32. Suponha que exista um circuito aberto interno em Z1-4.

(a) Qual é a indicação de uma ponta de prova lógica em Z1-4?

(b) Que leitura de tensão CC você esperaria ler em um voltímetro colocado em Z1-4? (Lembre-se de que os CIs são TTL.)

(c) Faça um esboço de como seriam os sinais $\overline{CLKOUT}$ e $\overline{SHIFTOUT}$.

(d) Em vez de um circuito aberto em Z1-4, suponha que os pinos 9 e 10 de Z2 estejam em curto internamente. Faça um esboço do provável sinal em Z2-10, $\overline{CLKOUT}$ e $\overline{SHIFTOUT}$.

FIGURA 4.79 Problema 4.40.

CLOCK

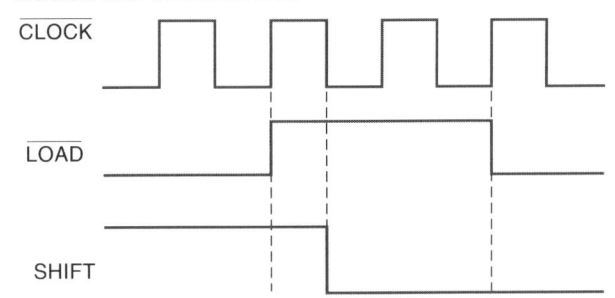

LOAD

SHIFT

T 4.41 Suponha que os CIs mostrados na Figura 4.32 sejam CMOS. Descreva como o funcionamento do circuito seria afetado por um circuito aberto no condutor que conecta Z2-2 e Z2-10.

T 4.42 No Exemplo 4.24, apresentamos três possíveis falhas para a situação mostrada na Figura 4.36. Que procedimento deveria ser seguido a fim de se determinar qual defeito está causando o problema?

T 4.43★ Veja o circuito mostrado na Figura 4.38. Suponha que os dispositivos sejam CMOS. Suponha, também, que a indicação da ponta de prova lógica em Z2-3 seja "indeterminada" em vez de "pulsante". Aponte as possíveis falhas e escreva um procedimento a ser seguido de modo a determinar o defeito real.

T 4.44★ Veja o circuito da Figura 4.41. Lembre-se de que a saída Y deve estar em nível ALTO para qualquer uma das seguintes condições:
1. $A = 1, B = 0$, independentemente de C
2. $A = 0, B = 1, C = 1$

Ao testar o circuito, o técnico observa que a saída Y vai para o nível ALTO apenas para a primeira condição, mas permanece em nível BAIXO para todas as outras condições de entrada. Considere a lista a seguir com as possíveis falhas. Para cada uma, escreva "sim" ou "não" para indicar se o defeito pode ou não ser real. Explique a razão de cada resposta "não".
(a) Curto interno de Z2-13 com GND.
(b) Circuito aberto na conexão com Z2-13.
(c) Curto interno de V_{CC} em Z2-11.
(d) Circuito aberto na conexão de VCC com Z2.
(e) Circuito aberto interno em Z2-9.
(f) Conexão aberta de Z2-11 a Z2-9.
(g) Ponte de solda entre os pinos 6 e 7 de Z2.

T 4.45 Desenvolva um procedimento a fim de identificar a falha que está causando o mau funcionamento descrito no Problema 4.44.

T 4.46★ Suponha que as portas mostradas na Figura 4.41 sejam todas CMOS. Quando o técnico testa o circuito, conclui que funciona corretamente, exceto para as seguintes condições:
1. $A = 1, B = 0, C = 0$
2. $A = 0, B = 1, C = 1$

Para essas condições, a ponta de prova lógica indica níveis indeterminados em Z2-6, Z2-11 e Z2-8. Qual é a falha mais provável no circuito? Explique a razão.

T 4.47 A Figura 4.80 é um circuito lógico combinacional que ativa o alarme de um carro sempre que o assento do motorista e/ou do passageiro está ocupado, mas o cinto de segurança não está sendo usado quando o carro é ligado. Os sinais *DRIV* e *PASS* são ativos em nível ALTO e indicam, respectivamente, a presença do motorista e do passageiro. Tais sinais são obtidos a partir de chaves atuadas por pressão colocadas nos assentos. O sinal *IGN* é ativo em nível ALTO quando a chave da ignição estiver ligada. O sinal $\overline{BELTD}$ é ativo em nível BAIXO e indica que o cinto de segurança do motorista *não* está sendo usado. O sinal $\overline{BELTP}$ é o correspondente ao cinto de segurança do passageiro. O alarme será ativado (BAIXO) sempre que o carro for ligado, um dos bancos dianteiros estiver ocupado e o cinto de segurança não estiver sendo usado.
(a) Verifique se o circuito funciona conforme a descrição dada.
(b) Descreva como esse sistema de alarme funcionaria se ocorresse um curto interno de Z1-2 com GND.
(c) Descreva como o circuito funcionaria se ocorresse uma desconexão entre Z2-6 e Z2-10.

T 4.48★ Suponha que o sistema mostrado na Figura 4.80 esteja funcionando de modo que o alarme seja ativado logo que o motorista e/ou o passageiro estejam sentados e o carro seja ligado, independentemente de os cintos de segurança estarem ou não sendo usados. Quais são as possíveis falhas? Qual procedimento deverá ser seguido a fim de se identificar a causa do problema?

T **4.49**★ Considere que o sistema de alarme mostrado na Figura 4.80 esteja funcionando de modo que o alarme seja ativado continuamente assim que o carro for ligado, independentemente dos estados das outras entradas. Aponte as possíveis falhas e escreva um procedimento para identificar o defeito.

FIGURA 4.80 Problemas 4.47, 4.48 e 4.49.

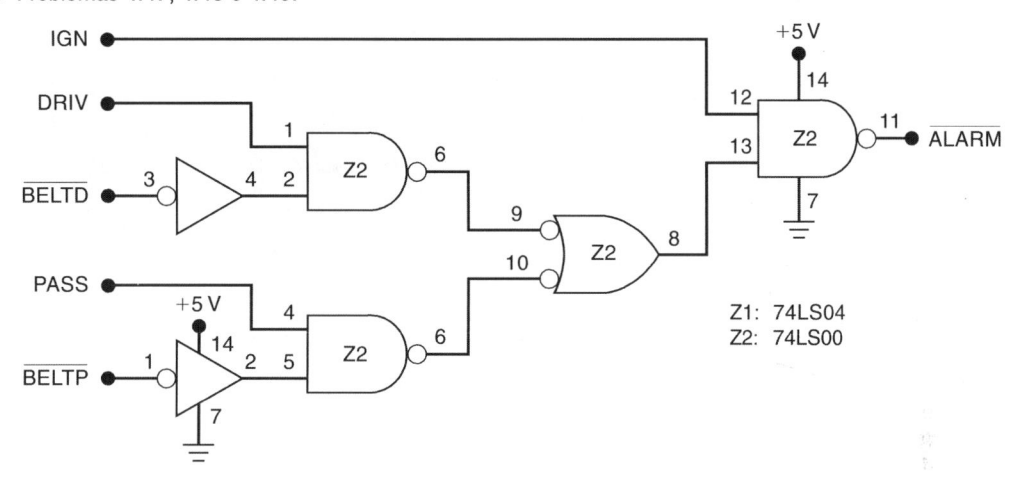

Z1: 74LS04
Z2: 74LS00

EXERCÍCIOS DE FIXAÇÃO SOBRE PLDS (50 A 55)

4.50★ *Verdadeiro ou falso*:
  (a) Um projeto top-down começa com uma descrição geral do sistema inteiro e suas especificações.
  (b) Um arquivo JEDEC pode ser usado como arquivo de entrada em um programador.
  (c) Se um arquivo de entrada for compilado sem erros, isso significa que o circuito do PLD funcionará da maneira correta.
  (d) Um compilador pode interpretar um código mesmo que tenha erros de sintaxe.
  (e) Vetores de teste são usados a fim de simular e testar um dispositivo.

H,B **4.51** O que significam os caracteres % usados em um arquivo de projeto em AHDL?

H,B **4.52** Como comentários são introduzidos em um arquivo de projeto VHDL?

B **4.53** O que é um soquete ZIF?

B **4.54**★ Cite três modos de entrada usados a fim de introduzir a descrição de um circuito em um software de desenvolvimento de PLD.

B **4.55** O que significam as siglas JEDEC e HDL?

SEÇÃO 4.15

H,B **4.56** Declare os seguintes objetos de dados em AHDL ou VHDL:
  (a)★ Uma matriz de 8 bits de saída chamada *gadgets*.
  (b) Um bit de saída único chamado *buzzer*.
  (c) Um port de entrada numérico de 16 bits chamado *altitude*.
  (d) Um bit único, intermediário, dentro de um arquivo de descrição de hardware chamado *wire2*.

H,B **4.57** Expresse os seguintes números literais em hexa, binário e decimal usando a sintaxe de AHDL ou VHDL.
  (a)★ 152_{10}
  (b) 1001010100_2
  (c) $3C4_{16}$

H,B **4.58**★ As seguintes definições semelhantes de I/O são dadas em AHDL e VHDL. Escreva quatro declarações de atribuição concorrentes que conectem as entradas às saídas, como mostrado na Figura 4.81.

FIGURA 4.81 Problema 4.58.

```
SUBDESIGN hw
(
   inbits[3..0]   :INPUT;
   outbits[3..0]  :OUTPUT;
)
```

```
ENTITY hw IS
PORT (
   inbits   :IN BIT_VECTOR (3 downto 0);
   outbits  :OUT BIT_VECTOR (3 downto 0)
   );
END hw;
```

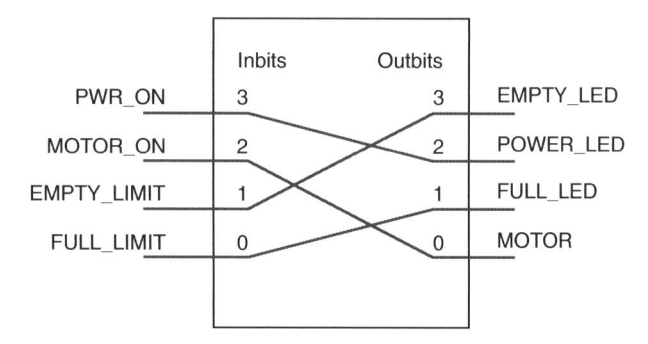

	Inbits	Outbits	
PWR_ON	3	3	EMPTY_LED
MOTOR_ON	2	2	POWER_LED
EMPTY_LIMIT	1	1	FULL_LED
FULL_LIMIT	0	0	MOTOR

SEÇÃO 4.16

H,D 4.59 Modifique a tabela-verdade em AHDL da Figura 4.53 para implementar $AB + A\overline{C} + \overline{A}B$.

H,D 4.60★ Modifique o projeto em AHDL da Figura 4.57 de forma que $z = 1$ só quando os valores digitais forem inferiores a 1010_2.

H,D 4.61 Modifique a tabela-verdade em VHDL da Figura 4.54 para implementar $AB + A\overline{C} + \overline{A}B$.

H,D 4.62★ Modifique o projeto em VHDL da Figura 4.58 de forma que $z = 1$ só quando os valores digitais forem inferiores a 1010_2.

H,B 4.63 Modifique o código de (a) Figura 4.57 ou (b) Figura 4.58, de modo que a saída z seja de nível BAIXO só quando valor_digital estiver entre 6 e 11 (inclusive).

H,D 4.64 Modifique: (a) o projeto em AHDL da Figura 4.63 para implementar a Tabela 4.1; (b) o projeto em VHDL da Figura 4.64 para implementar a Tabela 4.1.

H,D 4.65★ Escreva a equação booleana do arquivo do projeto de descrição de hardware para implementar o Exemplo 4.9.

4.66 Escreva a equação booleana do arquivo do projeto de descrição de hardware para implementar um gerador de paridade de 4 bits, como mostrado na Figura 4.25(a).

EXERCÍCIOS DE FIXAÇÃO

B 4.67 Defina cada um dos seguintes termos:
(a) Mapa de Karnaugh.
(b) Forma de soma de produtos.
(c) Gerador de paridade.
(d) Octeto.
(e) Circuito de habilitação.
(f) Condição de irrelevância.
(g) Entrada flutuante.
(h) Nível de tensão indeterminado.
(i) Contenção.
(j) PLD.
(k) TTL.
(l) CMOS.

APLICAÇÕES EM MICROCOMPUTADOR

C 4.68 Em um microcomputador, o microprocessador (MPU, do inglês *microprocessor unit*) está sempre se comunicando com os seguintes dispositivos: (1) memória de acesso aleatório (RAM, do inglês *random-access memory*), que armazena programas e dados que podem ser facilmente alterados; (2) memória apenas de leitura (ROM, do inglês *read-only memory*), que armazena programas e dados que nunca são alterados; (3) dispositivos externos de entrada/saída (I/O, do inglês *input/output*), como: teclados, monitores de vídeo, impressoras e unidades de disco. Enquanto executa um programa, o MPU gera um código de endereço que seleciona com qual dispositivo (RAM, ROM ou I/O) ele quer se comunicar. A Figura 4.82 mostra uma configuração típica, na qual o MPU gera um código de endereço de oito bits, de A_{15} a A_8. Na verdade, o MPU gera um código de endereço de 16 bits, e os bits de ordem inferior, A_7 a A_0, não são usados no processo de seleção de dispositivos. O código de endereço é aplicado a um circuito lógico usado a fim de gerar os sinais de seleção para os dispositivos: $\overline{RAM}$, $\overline{ROM}$ e $\overline{I/O}$.

Analise esse circuito e determine o seguinte:

(a)* A faixa de endereço, A_{15} a A_8, que ativa o sinal $\overline{RAM}$.

(b) A faixa de endereço que ativa o sinal $\overline{I/O}$.

(c) A faixa de endereço que ativa o sinal $\overline{ROM}$.

Expresse os endereços em binário e em hexadecimal. Por exemplo, a resposta para (a) é A_{15} a $A_8 = 00000000_2$ a $11101111_2 = 00_{16}$ a EF_{16}.

C,D 4.69 Em alguns microcomputadores, o MPU pode ser *desabilitado* por curtos períodos, enquanto outro dispositivo controla os dispositivos RAM, ROM e I/O. Durante esses intervalos, um sinal específico ($\overline{DMA}$) é ativado pelo MPU, sendo usado para desabilitar (desativar) a lógica de seleção de dispositivos, de modo que os sinais $\overline{RAM}$, $\overline{ROM}$ e $\overline{I/O}$ fiquem em seus estados inativos. Modifique o circuito mostrado na Figura 4.82 a fim de que os sinais $\overline{RAM}$, $\overline{ROM}$ e $\overline{I/O}$ sejam desativados sempre que o sinal $\overline{DMA}$ for ativado, independentemente do código de endereço.

FIGURA 4.82 Problemas 4.68 e 4.69.

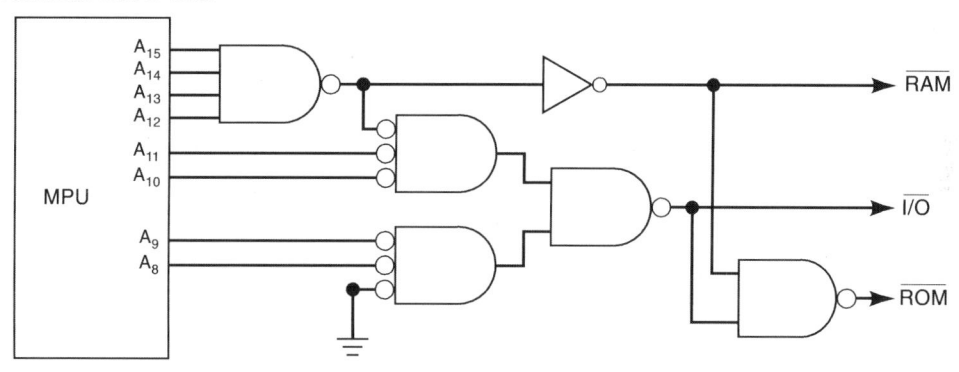

RESPOSTAS DAS QUESTÕES DE REVISÃO

SEÇÃO 4.1

1. Somente (a).
2. Somente (c).

SEÇÃO 4.2

1. Menor, menos dispendioso para construir o circuito.
2. Mantém atrasos de propagação uniformes para todos os circuitos.

SEÇÃO 4.3

1. A expressão (b) não está na forma de soma de produtos, por causa do sinal de inversão sobre ambas as variáveis C e D; ou seja, o termo $\overline{ACD}$. A expressão (c) não está na forma de soma de produtos, por causa do termo $(M + \overline{N})P$.
2. Ver Exemplo 4.1.
3. $x = \overline{A} + \overline{B} + \overline{C}$

SEÇÃO 4.4

1. $x = \overline{A}\,\overline{B}\,\overline{C}D + \overline{A}\,\overline{B}C\overline{D} + \overline{A}B\overline{C}\,\overline{D}$
2. Oito: quatro inversores para A, B, C e D mais quatro para soma de produtos.
3. Traduza para tabelas-verdade, escreva o termo-produto para cada um, gere a soma de produtos.

SEÇÃO 4.5

1. $x = AB + AC + BC$
2. $z = A + BCD$
3. $S = \overline{P} + QR$
4. Uma condição de entrada para a qual não existe condição de saída especificada, ou seja, podemos torná-la 0 ou 1, conforme a preferência.

SEÇÃO 4.6

2. Nível BAIXO permanente.

3. Não; a porta XOR disponível pode ser usada como INVERSOR conectando uma de suas entradas em nível ALTO permanente. (Veja o Exemplo 4.16.)

SEÇÃO 4.7
1. Sete.
2. Oito.

SEÇÃO 4.8
1. $x = \overline{A(B \oplus C)}$
2. $x = AB\overline{C}$
3. OR, NAND
4. NAND, NOR

SEÇÃO 4.9
1. (a) Transistores de junção bipolar.
   (b) MOSFETS
2. SSI, MSI, LSI, VLSI, ULSI, GSI
3. Verdadeiro.
4. Verdadeiro.
5. As séries 40, 74AC e 74ACT.
6. 0 a 0,8 V; 2 a 5 V.
7. 0 a 1,5 V; 3,5 a 5 V.
8. Como se as entradas estivessem em nível ALTO.
9. Imprevisível; ele pode superaquecer e ser destruído.
10. 74HCT e 74ACT.
11. Descrevem exatamente como interconectar os chips a fim de esquematizar os circuitos e a análise de defeitos.
12. As entradas e saídas são definidas, e as relações lógicas são descritas.

SEÇÃO 4.11
1. Entradas ou saídas em aberto; entradas ou saídas em curto com V_{CC}; entradas ou saídas em curto com GND; pinos em curto entre si; falhas no circuito interno.
2. Pinos em curto entre si.
3. Para TTL, nível BAIXO; para CMOS, nível indeterminado.
4. Duas ou mais saídas conectadas juntas.

SEÇÃO 4.12
1. Circuito aberto em linhas de sinais; linhas de sinais encurtadas; falha na fonte de alimentação; carregamento da saída.

2. Fios interrompidos; conexões de solda fria; fissuras ou cortes na placa de circuito impresso; pinos de CI dobrados ou quebrados; soquetes de CI com defeito.
3. CIs funcionando de forma instável ou simplesmente não funcionando.
4. Nível lógico indeterminado.

SEÇÃO 4.13
1. ALTO.
2. Uma de suas entradas é nível BAIXO.
3. Nível BAIXO.
4. Uma das suas entradas é nível ALTO.
5. Se eles não concordam, o problema é simplesmente na fiação.
6. Desconecte o fio da saída. Se a saída estiver correta, o problema está na carga.

SEÇÃO 4.14
1. Conexões eletricamente controladas estão sendo programadas como abertas ou fechadas.
2. (4, 1) (2, 2) ou (2, 1) (4, 2)
3. (4, 5) (1, 6) ou (4, 6) (1, 5)
4. Ver glossário.
5. JTAG

SEÇÃO 4.15
1. (a) push_buttons[5..0] :INPUT; (b) push_buttons :IN BIT_VECTOR (5 DOWNTO 0)
2. (a) z _ push_buttons[5]
   (b) z <= push_buttons(5)
3. STD_LOGIC
4. STD_LOGIC_VECTOR
5. Decimal, binário, hexadecimal.

SEÇÃO 4.16
1. (AHDL) omega[ ] = (x, y, z); (VHDL) omega <= x & y & z.
2. Usando o teclado TABLE.
3. Usando as atribuições de sinal selecionadas.

SEÇÃO 4.17
1. IF/THEN
2. IF/THEN/ELSE
3. CASE ou IF/ELSIF
4. Verdadeiro.
5. Verdadeiro.

CAPÍTULO 5

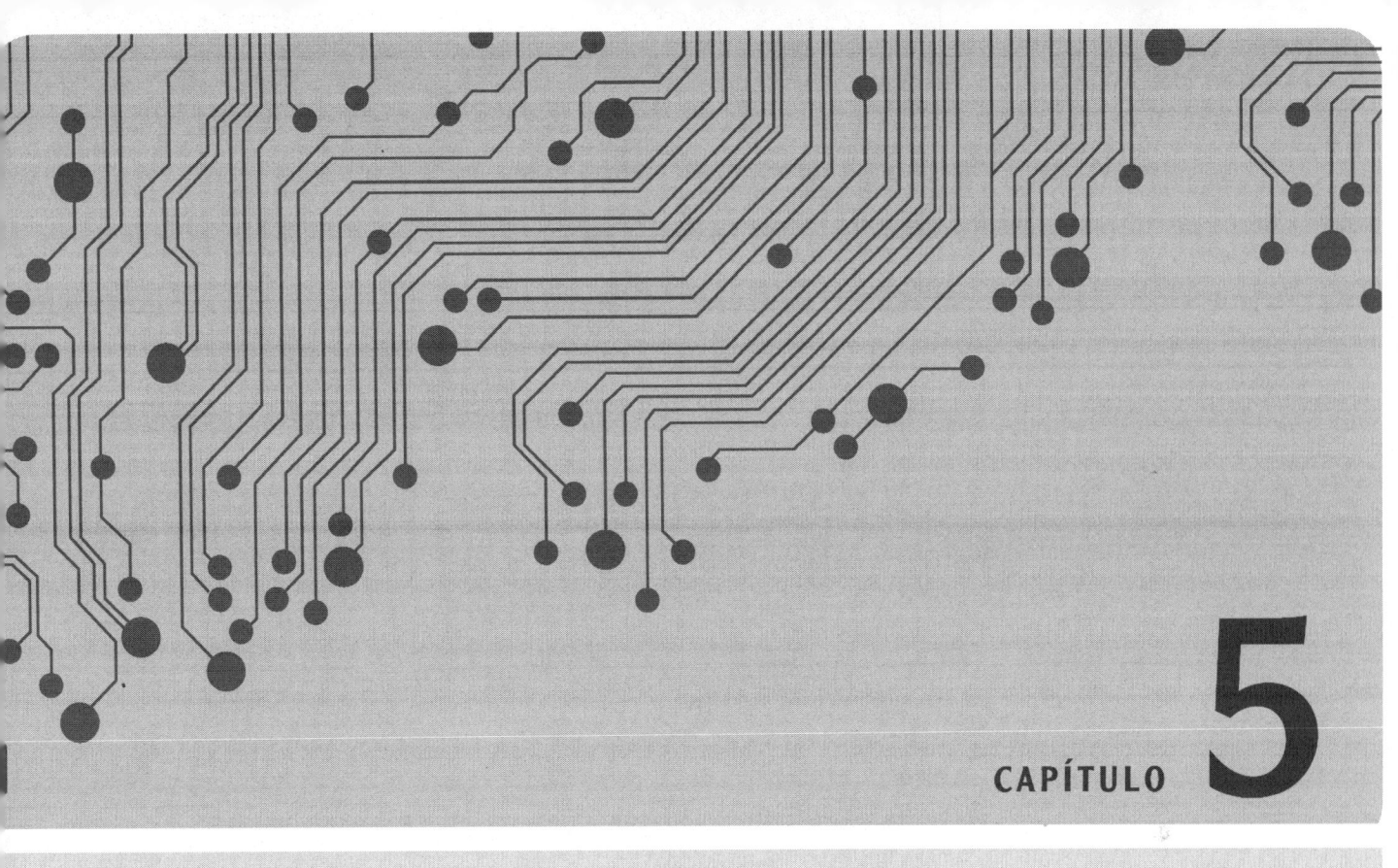

FLIP-FLOPS E DISPOSITIVOS RELACIONADOS

■ CONTEÚDO

5.1 Latch com portas NAND
5.2 Latch com portas NOR
5.3 Análise de defeitos em estudos de caso
5.4 Pulsos digitais
5.5 Sinais de clock e flip-flops com clock
5.6 Flip-flop S-R com clock
5.7 Flip-flop J-K com clock
5.8 Flip-flop D com clock
5.9 Latch D (latch transparente)
5.10 Entradas assíncronas
5.11 Considerações a respeito da temporização em flip-flops
5.12 Potenciais problemas de temporização em circuitos com FFs
5.13 Aplicações com flip-flops
5.14 Sincronização de flip-flops
5.15 Detectando uma sequência de entrada
5.16 Detectando uma transição ou "evento"
5.17 Armazenamento e transferência de dados
5.18 Transferência serial de dados: registradores de deslocamento
5.19 Divisão de frequência e contagem
5.20 Aplicação de flip-flops com restrições de tempo
5.21 Aplicação em microcomputador
5.22 Dispositivos Schmitt-trigger
5.23 Multivibrador monoestável
5.24 Circuitos geradores de clock
5.25 Análise de defeitos em circuitos com flip-flop
5.26 Circuitos sequenciais em PLDs usando entrada esquemática
5.27 Circuitos sequenciais usando HDL
5.28 Dispositivos disparados por borda
5.29 Circuitos em HDL com componentes múltiplos

■ OBJETIVOS DO CAPÍTULO

Após ler este capítulo, você será capaz de:

- Construir e analisar o funcionamento de um flip-flop (FF) latch feito com portas NAND ou NOR.
- Descrever a diferença entre sistemas síncronos e assíncronos.
- Descrever o funcionamento dos flip-flops disparados por borda.
- Analisar e aplicar os diversos parâmetros de temporização de flip-flops especificados pelos fabricantes.
- Explicar as principais diferenças entre as transferências serial e paralela de dados.
- Traçar as formas de onda de saída de vários tipos de flip-flops em resposta a um conjunto de sinais de entrada.
- Usar diagramas de transição de estado para descrever o funcionamento de contadores.
- Usar flip-flops em circuitos de sincronização.
- Conectar registradores de deslocamento formando circuitos de transferência de dados.
- Empregar flip-flops como circuitos divisores de frequência e contadores.
- Descrever as características típicas dos dispositivos Schmitt-trigger.
- Aplicar dois tipos diferentes de monoestáveis em projeto de circuitos.
- Projetar um oscilador usando um temporizador 555.
- Reconhecer e prever os efeitos do desalinhamento do sinal de clock em circuitos síncronos.
- Realizar análise de defeitos em circuitos com vários tipos de flip-flops.
- Criar circuitos sequenciais com PLDs usando entrada esquemática.
- Escrever código HDL para latches.
- Usar blocos primitivos lógicos, componentes e bibliotecas em código HDL.
- Construir circuitos em nível estrutural a partir de componentes.

■ INTRODUÇÃO

Os circuitos lógicos estudados até agora são considerados combinacionais, porque os níveis lógicos de saída, em qualquer instante de tempo, são dependentes apenas dos níveis presentes nas entradas no mesmo instante. Nenhuma condição de entrada anterior tem efeito sobre as saídas atuais, pois um circuito lógico combinacional não tem memória. A maioria dos sistemas digitais é composta de circuitos combinacionais e de elementos de memória.

A Figura 5.1 apresenta um diagrama em blocos de um sistema digital geral, que reúne portas lógicas combinacionais com dispositivos de memória. A parte combinacional recebe sinais lógicos tanto das entradas externas quanto das saídas dos elementos de memória. O circuito combinacional opera sobre essas entradas produzindo diversas saídas, algumas das quais são usadas para determinar os valores binários a serem armazenados nos elementos de memória. As saídas de alguns elementos de memória, por outro lado, são conectadas a entradas de portas lógicas no circuito combinacional. Esse processo indica que as saídas externas de um sistema digital são funções tanto das entradas externas quanto das informações armazenadas nos elementos de memória.

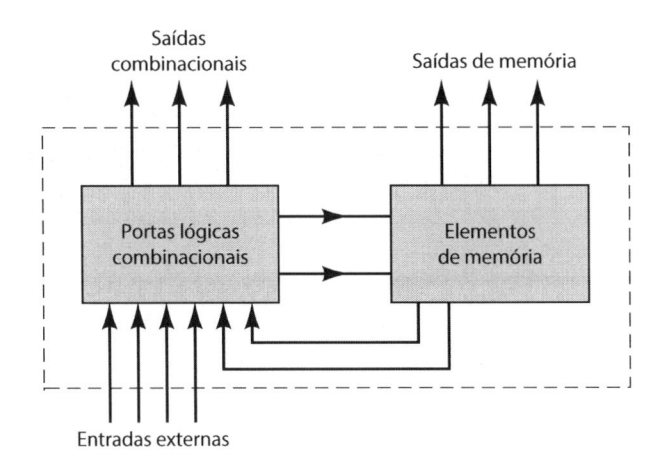

FIGURA 5.1 Diagrama geral de um sistema digital.

O elemento de memória mais importante é o **flip-flop** (FF), composto por um conjunto de portas lógicas. Embora uma porta lógica não tenha, por si só, capacidade de armazenamento, algumas podem ser conectadas entre si de modo a permitir o armazenamento de informação. Um elemento de memória pode ser criado aplicando-se o conceito de **realimentação**, que é conseguida conectando-se determinadas saídas de porta de volta às entradas de porta apropriadas. A realimentação é um conceito de engenharia extremamente importante que tem muitas aplicações na eletrônica. Algumas formas diferentes de arranjo de portas são usadas para produzir flip-flops.

A Figura 5.2(a) mostra um tipo de símbolo genérico usado para representar um flip-flop. Esse símbolo apresenta duas saídas, denominadas Q e $\overline{Q}$, opostas entre si. $Q/\overline{Q}$ são as designações mais comuns para nomearmos as saídas dos FFs. Às vezes, utilizaremos outras designações, como $X/\overline{X}$ e $A/\overline{A}$, por conveniência, na identificação de FFs diferentes em um circuito lógico.

A saída Q é denominada saída *normal* do FF; $\overline{Q}$ é a saída *invertida* do FF. Sempre que nos referimos ao estado do FF, estamos mencionando o estado da saída normal (Q); fica subentendido que a saída invertida ($\overline{Q}$) está no estado lógico oposto. Por exemplo, se dissermos que um FF está no estado ALTO (1), estamos querendo dizer que $Q = 1$; se dissermos que um FF está no estado BAIXO (0), estamos querendo dizer que $Q = 0$. É certo que o estado de $\overline{Q}$ será sempre o inverso de Q.

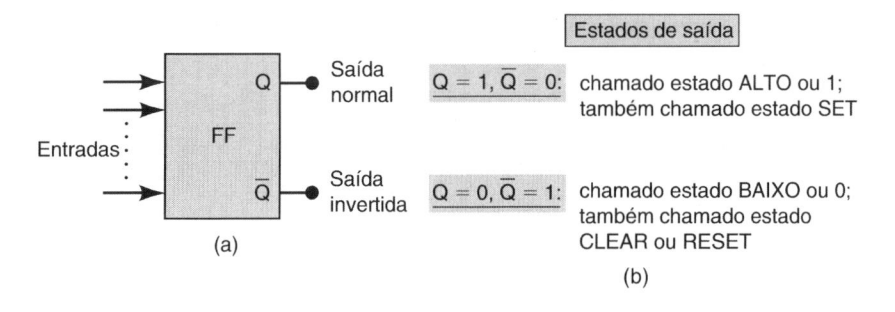

FIGURA 5.2 Símbolo geral para um flip-flop e definição dos seus dois estados de saída possíveis.

Estados de saída

$Q = 1, \overline{Q} = 0$: chamado estado ALTO ou 1; também chamado estado SET

$Q = 0, \overline{Q} = 1$: chamado estado BAIXO ou 0; também chamado estado CLEAR ou RESET

Os dois estados possíveis de operação para um FF são apresentados na Figura 5.2(b). Note que o estado ALTO ou 1 ($Q = 1/\overline{Q} = 0$) também é chamado de estado **SET**. Sempre que os níveis nas entradas de um FF fazem sua saída ir para o estado $Q = 1$, denominamos essa operação *setar* o FF; o FF foi setado. De modo semelhante, o estado BAIXO ou 0 da saída ($Q = 0/\overline{Q} = 1$) é denominado **CLEAR** ou **RESET**. Sempre que os níveis nas entradas do FF fazem sua saída ir para o estado $Q = 0$, denominamos essa operação *limpar* ou *resetar* o FF; o FF foi limpo (resetado). Como veremos, muitos FFs têm entradas **SET** e/ou **CLEAR (RESET)**, usadas para conduzir o FF em um estado de saída específico.

Como indicado no símbolo mostrado na Figura 5.2(a), um FF pode ter uma ou mais entradas. Elas são usadas para fazer que o FF comute para trás e para a frente ("flip-flop") entre seus possíveis estados de saída. Veremos que a maioria das entradas dos FFs precisa ser apenas momentaneamente ativada (pulsada) para provocar a mudança de estado na saída do FF, e a saída permanece no novo estado mesmo após o pulso de entrada terminar. Essa é a característica de *memória* dos FFs.

O flip-flop é conhecido por outros nomes, como *latch* e *multivibrador biestável*. O termo *latch* é usado para determinados tipos de flip-flops que descreveremos. O termo *multivibrador biestável* é a denominação mais técnica, porém é um termo extenso para ser usado com regularidade.

5.1 LATCH COM PORTAS NAND

Objetivos

Após ler esta seção, você será capaz de:

- Definir as condições SET e RESET de um latch ou FF.
- Prever o estado de saída dadas quaisquer alterações nas entradas de latch NAND.
- Distinguir entre as entradas de controle ativo-em-ALTO e ativo-em-BAIXO.

O circuito de um FF mais simples pode ser construído a partir de duas portas NAND ou duas portas NOR. A versão com portas NAND, denominada **latch com portas NAND**, ou simplesmente **latch**, é apresentada na Figura 5.3(a). As duas portas NAND são interligadas de modo cruzado, de maneira que a saída da NAND-1 seja conectada a uma das entradas da NAND-2 e vice-versa. A configuração de circuito dá a realimentação necessária para se produzir a função de memória. As saídas das portas, denominadas Q e $\overline{Q}$, respectivamente, são as saídas do latch. Em condições normais, essas saídas sempre serão o inverso uma da outra. Existem duas entradas no latch: a entrada SET é a que *seta Q* para o estado 1; a entrada RESET é a que *reseta Q* para o estado 0.

FIGURA 5.3 Um latch com portas NAND tem dois estados de repouso possíveis quando SET = RESET = 1.

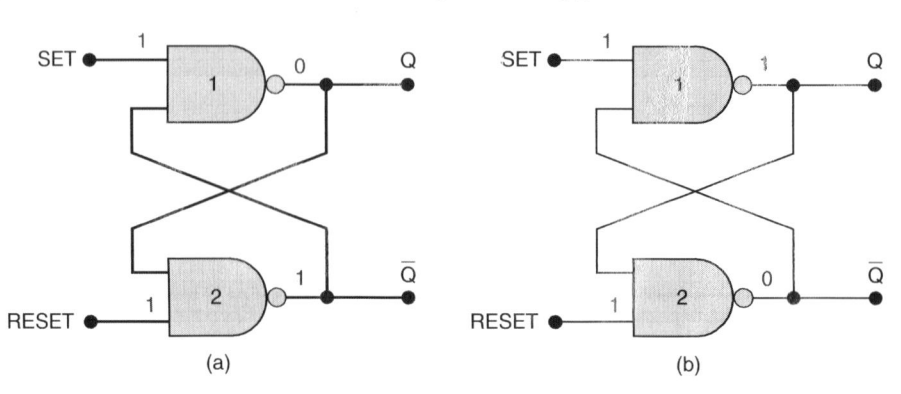

As entradas SET e RESET estão normalmente em repouso no estado ALTO, e uma delas é pulsada em nível BAIXO sempre que se deseja alterar as saídas do latch. Começaremos a análise mostrando que existem dois estados de saída igualmente prováveis quando SET = RESET = 1. Uma possibilidade é mostrada na Figura 5.3(a), na qual temos $Q = 0$ e $\overline{Q} = 1$. Com $Q = 0$, as entradas da NAND-2 são 0 e 1, o que gera $\overline{Q} = 1$. O nível 1 de $\overline{Q}$ faz que a NAND-1 tenha nível 1 em ambas as entradas para gerar uma saída 0 em Q. De fato, o que temos é um nível BAIXO na saída da NAND-1, gerando um nível ALTO na saída da NAND-2, que, por sua vez, mantém a saída da NAND-1 em nível BAIXO.

A segunda possibilidade é mostrada na Figura 5.3(b), na qual $Q = 1$ e $\overline{Q} = 0$. O nível ALTO na saída da NAND-1 gera um nível BAIXO na saída da NAND-2, que, por sua vez, mantém a saída da NAND-1 em nível ALTO. Desse modo, existem dois estados de saída possíveis quando SET = RESET = 1; conforme veremos em breve, o estado atual da saída depende do que aconteceu anteriormente nas entradas.

Setando o latch (FF)

Vamos analisar o que acontece quando a entrada SET é momentaneamente pulsada em nível BAIXO, enquanto a entrada RESET é mantida em nível ALTO. A Figura 5.4(a) mostra o que acontece quando $Q = 0$ antes da ocorrência do pulso. Como a entrada SET é pulsada em nível BAIXO no instante t_0, Q vai para nível ALTO, e esse nível ALTO forçará $\overline{Q}$ para o nível BAIXO, de modo que na NAND-1 há duas entradas em nível BAIXO. Assim, quando a entrada SET retorna para o estado 1 no instante t_1, a saída da NAND-1 *permanece* em nível ALTO, que, por sua vez, mantém a saída da NAND-2 em nível BAIXO.

A Figura 5.4(b) mostra o que acontece quando $Q = 1$ e $\overline{Q} = 0$ antes da aplicação do pulso na entrada SET. Uma vez que $\overline{Q} = 0$ já mantém a saída da NAND-1 em nível ALTO, o pulso BAIXO na entrada SET não altera nada. Assim, quando a entrada SET retorna para o nível ALTO, as saídas do latch ainda estão nos estados em que $Q = 1$ e $\overline{Q} = 0$.

Podemos resumir o que é mostrado na Figura 5.4 dizendo que um pulso de nível BAIXO na entrada SET sempre leva o latch para o estado em que $Q = 1$. Essa é a operação de *setar* o latch ou FF.

FIGURA 5.4 Pulso na entrada SET para o estado 0 quando: (a) $Q = 0$ antes do pulso na entrada SET; (b) $Q = 1$ antes do pulso na entrada SET. Observe que, nos dois casos, a saída Q termina em nível ALTO.

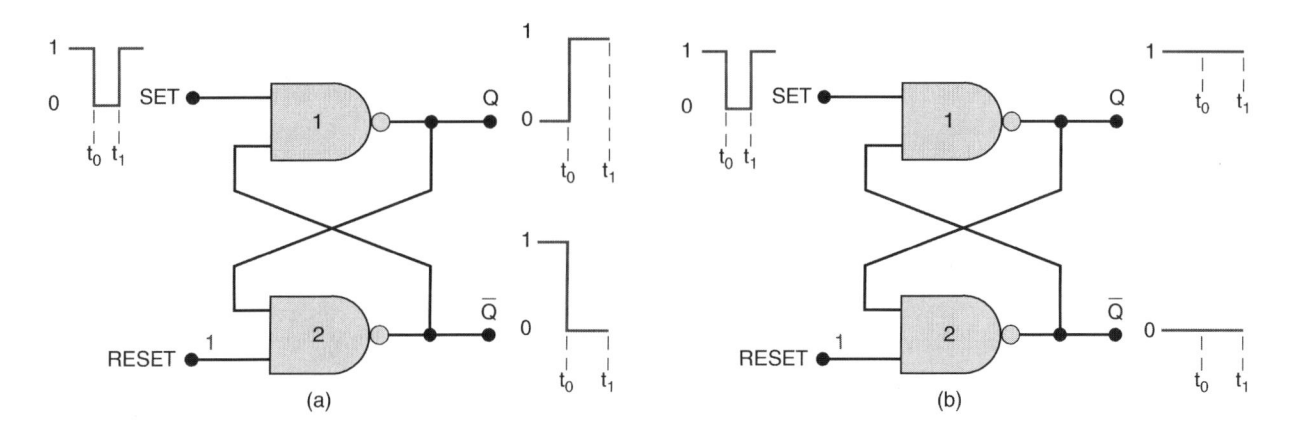

Resetando o latch (FF)

Agora, vamos analisar o que acontece quando a entrada RESET é pulsada em nível BAIXO, enquanto a entrada SET é mantida em nível ALTO. A Figura 5.5(a) mostra o que acontece quando $Q = 0$ e $\overline{Q} = 1$ antes da ocorrência do pulso. Uma vez que $Q = 0$ já mantém a saída da NAND-2 em nível ALTO, um pulso em nível BAIXO na entrada RESET não apresentará efeito algum. Quando o nível na entrada RESET retorna para ALTO, as saídas do latch ainda são $Q = 0$ e $\overline{Q} = 1$.

FIGURA 5.5 Pulso na entrada RESET para o estado BAIXO quando: (a) $Q = 0$ antes do pulso na entrada RESET; (b) $Q = 1$ antes do pulso na entrada RESET. Em cada caso, a saída Q termina em nível BAIXO.

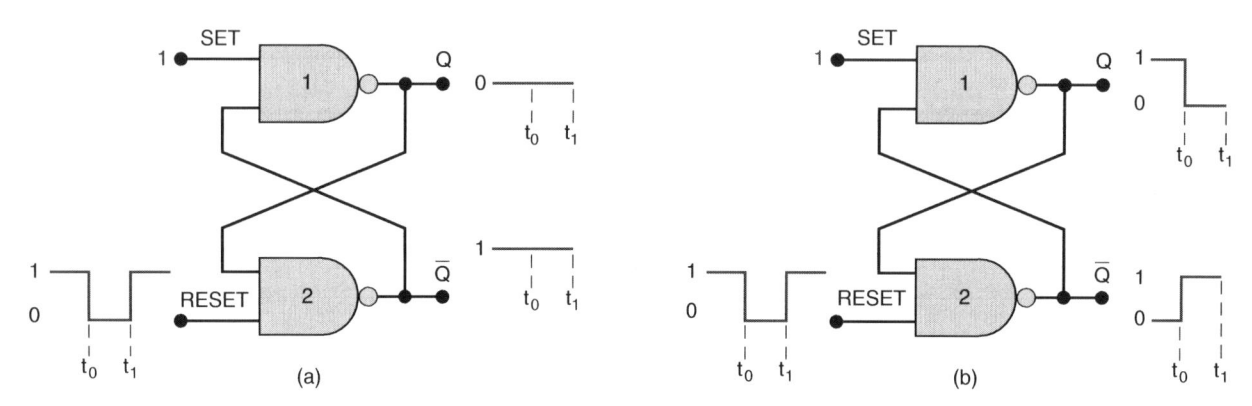

A Figura 5.5(b) mostra a situação em que $Q = 1$ antes da ocorrência do pulso na entrada RESET. Como a entrada RESET é colocada em nível BAIXO no instante t_0, $\overline{Q}$ vai para nível ALTO, forçando a saída Q para nível BAIXO, de modo que a NAND-2 passa a ter duas entradas em nível BAIXO. Assim, quando a entrada RESET retorna para o nível ALTO em t_1, a saída da NAND-2 *permanece* em nível ALTO, o que, por sua vez, mantém a saída da NAND-1 em nível BAIXO.

A Figura 5.5 pode ser resumida afirmando-se que um pulso em nível BAIXO na entrada RESET sempre levará o latch para o estado em que $Q = 0$. Essa é a operação de *limpar* ou *resetar* o latch.

Setando e resetando simultaneamente

O último caso a ser considerado é o das entradas SET e RESET pulsadas simultaneamente em nível BAIXO. Esse procedimento gera nível ALTO em ambas as saídas das portas NAND, de modo que $Q = \overline{Q} = 1$. É óbvio que essa é uma condição indesejada, uma vez que as duas saídas são supostamente inversas uma da outra. Além disso, quando as entradas SET e RESET retornam para o nível ALTO, o estado resultante da saída dependerá de qual entrada retornou primeiro para o nível ALTO. Transições simultâneas de volta para o nível 1 produzem resultados imprevisíveis. Por essas razões, a condição em que SET = RESET = 0 não é normalmente usada em um latch NAND.

Resumo do latch NAND

A operação descrita anteriormente pode ser colocada em uma tabela de função (Figura 5.6) e resumida da seguinte forma:

1. SET = RESET = 1. É o estado normal de repouso e não tem qualquer efeito sobre o estado da saída. As saídas Q e $\overline{Q}$ permanecem nos mesmos estados em que estavam antes dessa condição de entrada.
2. SET = 0, RESET = 1. Sempre faz a saída ir para o estado em que $Q = 1$, no qual permanecerá mesmo que a entrada SET retorne para o nível ALTO. Essa é a operação de *setar* o latch.
3. SET = 1, RESET = 0. Sempre gera um estado de saída em que $Q = 0$, no qual a saída permanece mesmo após a entrada RESET retornar para o nível ALTO. Essa é a operação de *limpar* ou *resetar* o latch.
4. SET = RESET = 0. Tenta, ao mesmo tempo, setar e limpar o latch e produz $Q = \overline{Q} = 1$. Se as entradas retornarem ao 1 simultaneamente, o estado resultante será imprevisível. Essa condição de entrada não deve ser usada.

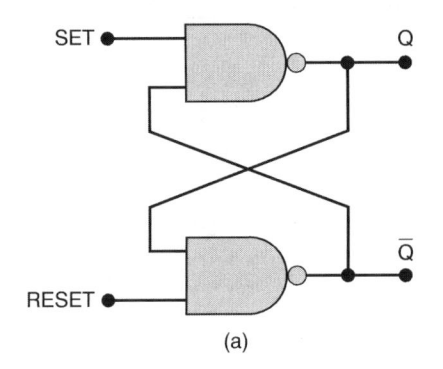

Set	Reset	Output
1	1	Não muda
0	1	Q = 1
1	0	Q = 0
0	0	Inválida*

*Produz $Q = \overline{Q} = 1$.

FIGURA 5.6 (a) Latch NAND; (b) tabela de função.

Representações alternativas

A partir da descrição do funcionamento do latch NAND, fica claro que as entradas SET e RESET são ativas em nível BAIXO. A entrada SET, quando vai para o nível BAIXO, gera $Q = 1$; a entrada RESET, quando vai para o nível BAIXO, gera $Q = 0$. Por isso, o latch NAND é quase sempre desenhado usando-se a representação alternativa para cada porta NAND, conforme mostrado na Figura 5.7(a). Os pequenos círculos nas entradas, assim como os nomes dos sinais $\overline{SET}$ e $\overline{RESET}$, indicam o estado de ativação em nível BAIXO dessas entradas. (Você pode rever as seções 3.13 e 3.14 sobre esse assunto.)

A Figura 5.7(b) mostra uma representação em bloco simplificada, que será usada algumas vezes. As letras S e R representam as entradas SET e RESET, e os pequenos círculos indicam que essas entradas são ativas em nível BAIXO. Sempre que usamos esse símbolo, estamos representando um latch NAND. O latch NAND e o latch NOR (apresentados na Seção 5.2) são comumente chamados **latches S-R**.

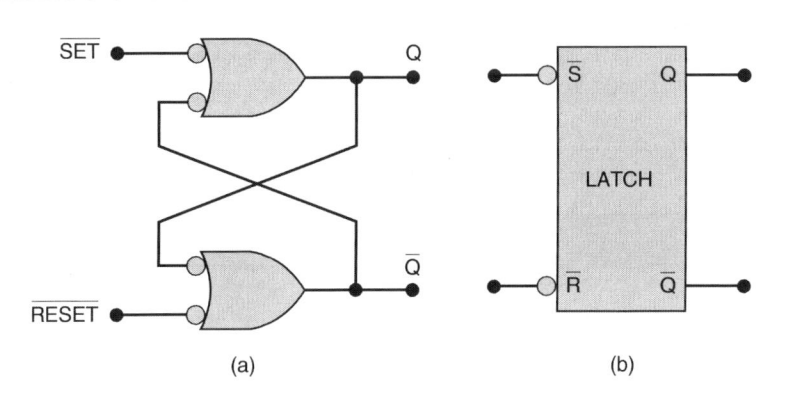

FIGURA 5.7
(a) Representação equivalente de um latch NAND; (b) símbolo de bloco simplificado.

Terminologia

A ação de *resetar* um FF ou um latch também é denominada *limpar*, e ambos os termos são usados indistintamente na área digital. De fato, a entrada RESET também pode ser denominada entrada CLEAR, e um latch SET-RESET pode ser denominado latch SET-CLEAR.

EXEMPLO 5.1

As formas de onda na Figura 5.8 são aplicadas nas entradas do latch mostrado na Figura 5.7. Considerando que inicialmente $Q = 0$, determine a forma de onda na saída Q.

FIGURA 5.8 Exemplo 5.1.

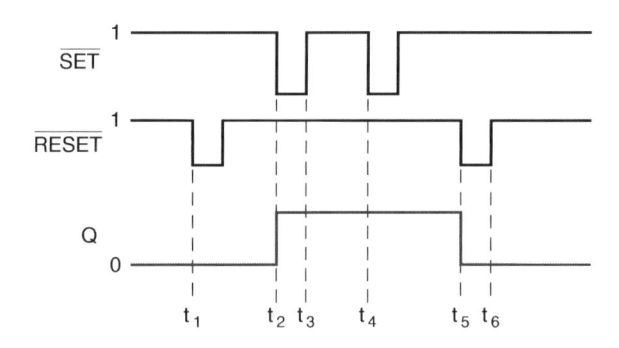

Solução
Inicialmente, $\overline{SET} = \overline{RESET} = 1$, de modo que a saída Q permanecerá no estado 0. O pulso em nível BAIXO que ocorre na entrada $\overline{RESET}$, no instante t_1, não tem efeito, uma vez que a saída Q já está no estado (0).
A única maneira de levar a saída Q para o estado 1 é aplicando um pulso em nível BAIXO na entrada $\overline{SET}$. Isso ocorre no instante t_2, quando a entrada $\overline{SET}$ vai para o nível BAIXO. Quando o sinal na entrada $\overline{SET}$ retorna para nível ALTO em t_3, a saída Q permanece em seu novo estado ALTO.
No instante t_4, quando a entrada $\overline{SET}$ vai para o nível BAIXO mais uma vez, não há efeito sobre a saída Q, porque ela já está setada no estado 1.
A única forma de trazer a saída Q de volta para o estado 0 é aplicando um pulso em nível BAIXO na entrada $\overline{RESET}$. Isso ocorre no instante t_5. Quando a entrada $\overline{RESET}$ retorna para o estado 1 em t_6, a saída Q permanece no estado BAIXO.

O Exemplo 5.1 mostra que a saída do latch "lembra" a última entrada que foi ativada e que não mudará de estado até que a entrada oposta seja ativada.

EXEMPLO 5.2

É quase impossível obter uma transição "limpa" de tensão a partir de uma chave mecânica, por conta do fenômeno da **trepidação do contato** (*contact bounce*). Isso está demonstrado na Figura 5.9(a), em que a ação de mover a chave do contato da posição 1 para o contato da posição 2 gera várias transições na tensão de saída, conforme ocorre a trepidação da chave (estabelece e interrompe a conexão do contato móvel com o contato 2 por várias vezes) antes do repouso do contato móvel sobre o contato 2.

As múltiplas transições no sinal de saída, em geral, não duram mais que poucos milissegundos, mas podem ser inaceitáveis em muitas aplicações. Um latch NAND pode ser usado para evitar que a presença da trepidação do contato afete o sinal de saída. Descreva o funcionamento do circuito da Figura 5.9(b) que elimina o efeito da "trepidação da chave".

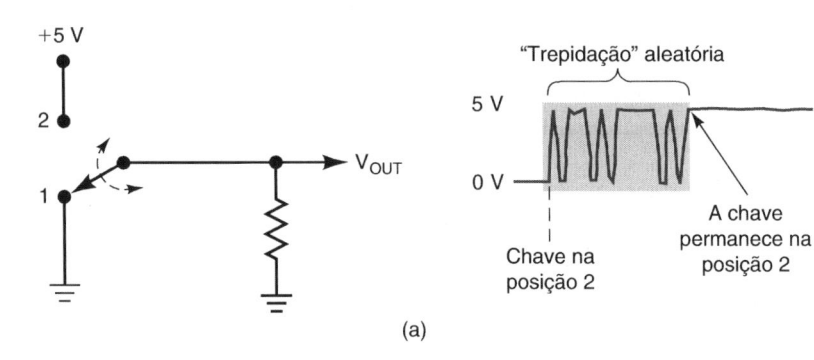

FIGURA 5.9 (a) A trepidação de um contato mecânico gera múltiplas transições; (b) latch NAND usado para eliminar a trepidação na chave mecânica.

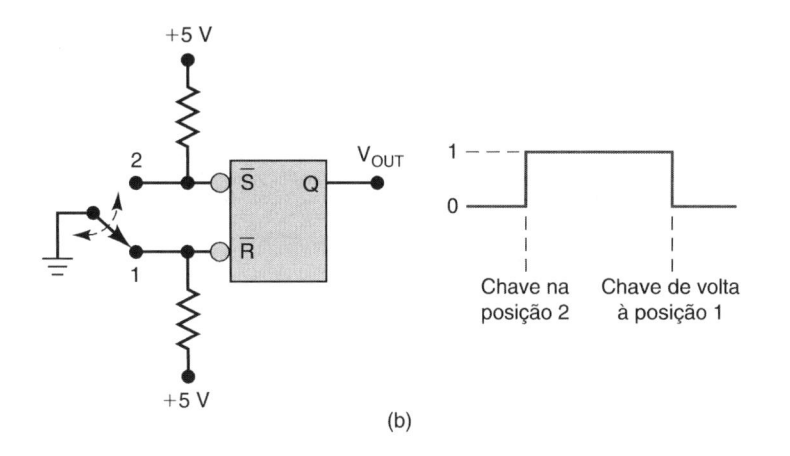

Solução

Suponha que a chave esteja em repouso na posição 1, de modo que a entrada $\overline{RESET}$ esteja em nível BAIXO e $Q = 0$. Quando se move a chave para a posição 2, a entrada $\overline{RESET}$ vai para o nível ALTO, e um nível BAIXO aparece na entrada $\overline{SET}$, quando a chave faz o primeiro contato. Isso seta a saída $Q = 1$ com um atraso de apenas alguns nanossegundos (o tempo de resposta da porta NAND). Agora, caso a chave desfaça a conexão com o contato 2, as entradas $\overline{SET}$ e $\overline{RESET}$ serão ambas nível ALTO, e a saída Q não será afetada, permanecendo em nível ALTO. Dessa maneira, nada acontecerá com a saída Q enquanto a chave trepidar no contato 2, antes de atingir finalmente o repouso na posição 2.

Da mesma maneira, quando a chave é comutada da posição 2 de volta à posição 1, ela coloca um nível BAIXO na entrada $\overline{RESET}$ logo que ocorre o primeiro contato. Isso reseta a saída Q para o estado BAIXO, no qual permanece mesmo com as várias trepidações da chave no contato 1 antes de atingir o repouso.

Assim, na saída Q, tem-se uma única transição cada vez que a chave é comutada de uma posição para outra.

QUESTÕES DE REVISÃO

1. Qual é o estado normal de repouso das entradas $\overline{SET}$ e $\overline{RESET}$? E qual é o estado ativo de cada uma?
2. Quais serão os estados de Q e $\overline{Q}$ após um FF ter sido resetado (limpo)?
3. *Verdadeiro ou falso*: a entrada $\overline{SET}$ nunca pode ser usada para gerar $Q = 0$.
4. Quando a potência é aplicada primeiro a qualquer circuito de FF, é impossível determinar os estados iniciais de Q e $\overline{Q}$. O que poderia ser feito para garantir que um latch NAND sempre comece no estado em que $Q = 1$?

5.2 LATCH COM PORTAS NOR

Objetivos

Após ler esta seção, você será capaz de:

- Prever o estado de saída dadas quaisquer alterações nas entradas de um latch NOR.
- Distinguir entre entradas de controle ativas em nível ALTO e ativas em nível BAIXO.

Duas portas NOR interligadas de modo cruzado podem ser usadas como um **latch com portas NOR**. A configuração, mostrada na Figura 5.10(a), é semelhante à configuração do latch NAND, exceto pelo fato de as saídas Q e $\overline{Q}$ estarem em posições trocadas.

A análise do funcionamento do latch NOR pode ser feita exatamente da mesma maneira que a do latch NAND. Os resultados são mostrados na tabela de função apresentada na Figura 5.10(b) e resumidos a seguir:

1. SET = RESET = 0. É o estado de repouso de um latch NOR e não tem efeito sobre o estado da saída. As saídas Q e $\overline{Q}$ permanecem nos mesmos estados que estavam antes dessa condição de entrada.
2. SET = 1, RESET = 0. Sempre faz a saída ir para o estado em que $Q = 1$, no qual permanecerá mesmo depois de a entrada SET retornar para 0.
3. SET = 0, RESET = 1. Sempre gera um estado de saída em que $Q = 0$, no qual permanece mesmo depois de a entrada RESET retornar para 0.
4. SET = 1, RESET = 1. Tenta, ao mesmo tempo, setar e resetar o latch, e isso gera $Q = \overline{Q} = 0$. Caso as entradas retornem simultaneamente para 0, o estado resultante na saída será imprevisível. Essa condição não deve ser usada.

O latch com portas NOR funciona exatamente como o NAND, exceto pelo fato de as entradas SET e RESET serem ativas em nível ALTO, em vez de ativas em nível BAIXO, e o estado de repouso ser SET = RESET = 0. A saída Q será setada em nível ALTO, por meio de um pulso em nível ALTO na entrada SET; e será resetada em nível BAIXO, por meio de um pulso em nível ALTO na entrada RESET. O símbolo simplificado do bloco para o latch NOR mostrado na Figura 5.10(c) não apresenta os pequenos círculos nas entradas S e R; isso indica que as entradas são ativas em nível ALTO.

FIGURA 5.10 (a) Latch com portas NOR; (b) tabela de função; (c) símbolo de bloco simplificado.

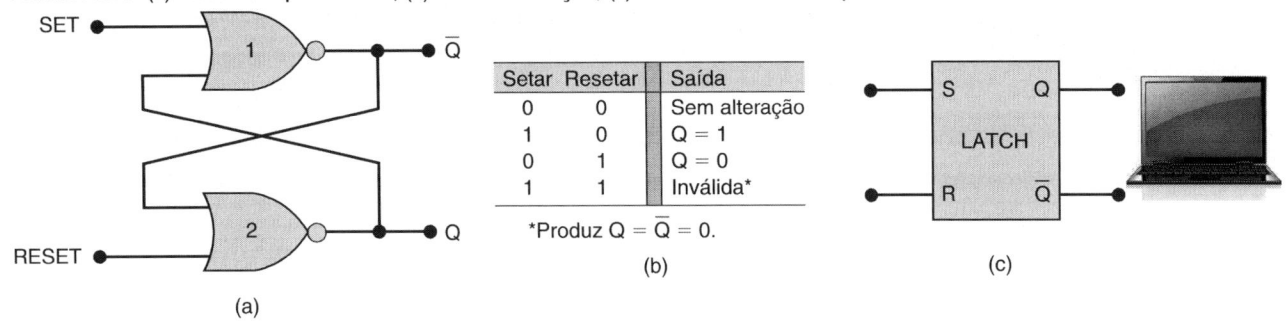

Setar	Resetar	Saída
0	0	Sem alteração
1	0	Q = 1
0	1	Q = 0
1	1	Inválida*

*Produz $Q = \overline{Q} = 0$.

EXEMPLO 5.3

Considere inicialmente $Q = 0$ e determine a forma de onda da saída Q, para um latch NOR cujas entradas são mostradas na Figura 5.11.

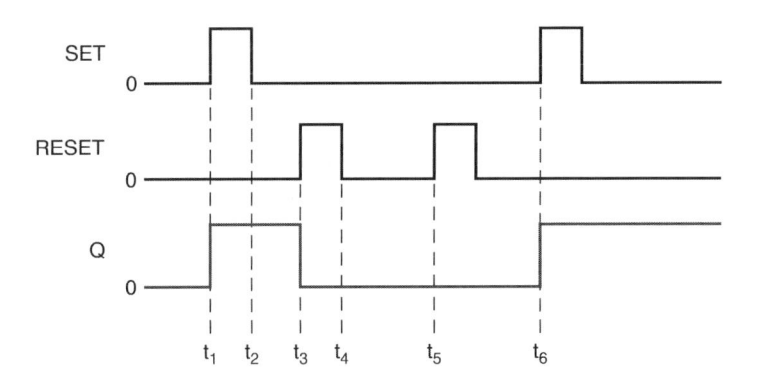

FIGURA 5.11 Exemplo 5.3.

Solução

Inicialmente, SET = RESET = 0, o que não afeta a saída Q, que permanece em nível BAIXO. Quando SET vai para o nível ALTO, no instante t_1, Q vai para o nível 1, permanecendo em 1 mesmo depois de a entrada SET retornar para o nível 0, em t_2.

Em t_3, a entrada RESET vai para o nível ALTO e leva Q para o estado 0, no qual permanece mesmo depois de a entrada RESET retornar para o nível BAIXO, em t_4.

O pulso na entrada RESET, em t_5, não tem efeito sobre a saída Q, uma vez que ela já está em nível BAIXO. O pulso na entrada SET, em t_6, leva a saída Q de volta para o nível 1, no qual permanece.

O Exemplo 5.3 mostra que o latch "lembra" a última entrada ativada, e a saída Q não muda de estado até que a entrada oposta seja ativada.

EXEMPLO 5.4

A Figura 5.12 mostra um circuito simples que pode ser usado para detectar a interrupção de um feixe de luz. A luz é focalizada em um fototransistor conectado em uma configuração emissor-comum para operar como chave. Suponha que o latch tenha sido resetado, antes, para o estado 0 ao abrir a chave SW1 momentaneamente e descreva o que acontece se o feixe de luz for interrompido por um momento.

FIGURA 5.12 Exemplo 5.4.

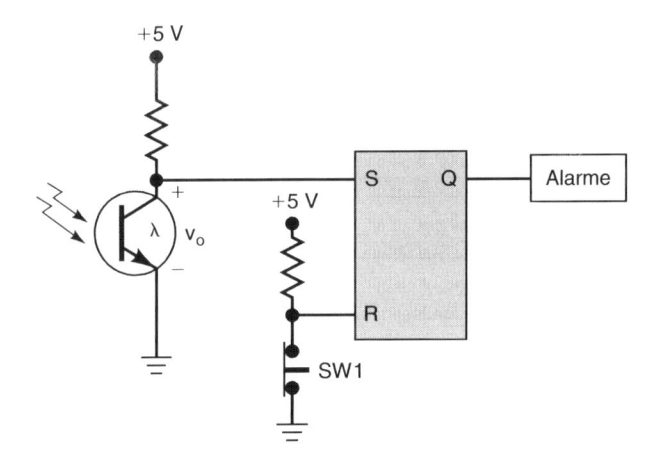

Solução
Com a luz incidindo no fototransistor, podemos supor que ele esteja saturado (condução máxima), de modo que a resistência entre o coletor e o emissor seja muito pequena. Dessa maneira, a tensão v_0 fica próxima de 0 V. Isso representa um nível BAIXO na entrada SET do latch, e, assim, SET = RESET = 0.

Quando o feixe de luz é interrompido, o fototransistor entra em corte e a resistência coletor-emissor torna-se muito alta (ou seja, essencialmente, um circuito aberto). Isso faz que a tensão v_0 alcance aproximadamente 5 V, ativando a entrada SET, que leva a saída Q para o nível ALTO e liga o alarme.

A saída Q permanecerá em nível ALTO e o alarme continuará ligado mesmo que a tensão v_0 retorne para 0 V (ou seja, o feixe de luz foi interrompido apenas por um momento); isso acontece porque as entradas SET e RESET estarão ambas em nível BAIXO, não gerando alteração na saída Q.

Nessa aplicação, a característica de memória do latch é usada para converter uma ocorrência momentânea (a interrupção do feixe de luz) em uma saída constante. O alarme será desativado novamente quando o latch for resetado ao abrir SW1, permitindo que a entrada RESET seja colocada em nível ALTO com o resistor. Observe que, se tentarmos resetar o latch enquanto o feixe de luz estiver interrompido, produziremos a condição de entrada de latch inválida SET = RESET = 1. Será necessário manter SW1 aberto até que o feixe de luz seja restabelecido para resetar o latch de alarme.

Estado do flip-flop quando energizado

Quando o circuito é energizado, não é possível prever o estado inicial da saída do flip-flop se as entradas SET e RESET estiverem inativas (por exemplo, $S = R = 1$ para latch NAND, $S = R = 0$ para latch NOR). Existem chances iguais de o estado inicial da saída ser $Q = 0$ ou $Q = 1$. Isso depende de fatores como os atrasos internos de propagação, capacitâncias parasitas e carga externa. Se um latch ou FF tiver de iniciar em um estado particular para garantir uma operação adequada de um circuito, ele terá de ser colocado no estado desejado, ativando momentaneamente a entrada SET ou RESET no início da operação. Isso é obtido aplicando-se um pulso na entrada apropriada.

QUESTÕES DE REVISÃO

1. Qual é o estado normal de repouso das entradas de um latch NOR? Qual é o estado ativo dessas entradas?
2. Quando um latch está setado, qual é o estado das saídas Q e $\overline{Q}$?
3. Qual é a única maneira de levar a saída Q de um latch NOR a comutar de 1 para 0?
4. Se o latch NOR na Figura 5.12 fosse substituído por um latch NAND, por que o circuito não funcionaria de maneira apropriada?

5.3 ANÁLISE DE DEFEITOS EM ESTUDOS DE CASO

Os dois exemplos a seguir demonstram o tipo de raciocínio usado na análise de defeitos de circuitos que contêm um latch.

EXEMPLO 5.5

Analise e descreva o funcionamento do circuito mostrado na Figura 5.13.

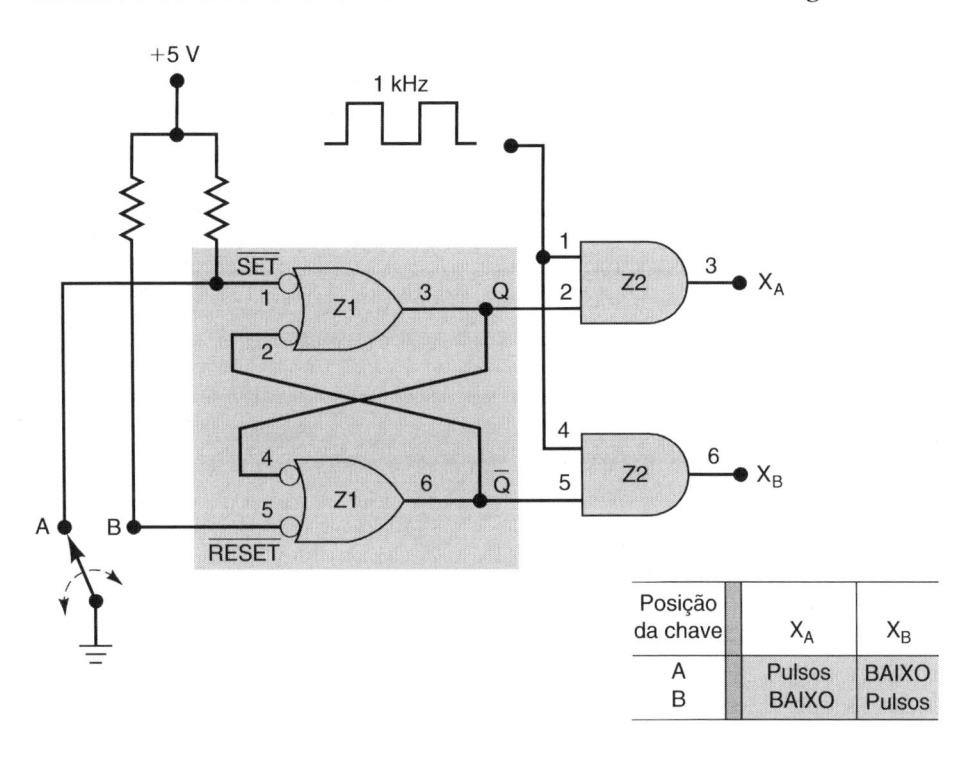

FIGURA 5.13 Exemplos 5.5 e 5.6.

Posição da chave	X_A	X_B
A	Pulsos	BAIXO
B	BAIXO	Pulsos

Solução

A chave é usada para setar ou resetar o latch NAND produzindo sinais livres de trepidação nas saídas Q e $\overline{Q}$. As saídas desse latch controlam a passagem de um sinal formado por pulsos com frequência de 1 kHz por meio das saídas AND X_A e X_B.

Quando a chave é colocada na posição A, o latch é setado para $Q = 1$. Isso habilita os pulsos de 1 kHz a chegarem à saída X_A, enquanto o nível BAIXO em $\overline{Q}$ mantém $X_B = 0$. Quando a chave é colocada na posição B, o latch é resetado para $Q = 0$, mantendo $X_A = 0$, enquanto o nível ALTO em $\overline{Q}$ habilita a passagem dos pulsos para X_B.

EXEMPLO 5.6

Um técnico testa o circuito apresentado na Figura 5.13 e registra suas observações, mostradas na Tabela 5.1. Ele percebe que, quando a chave está na posição B, o circuito funciona da maneira correta; porém, na posição A, o latch não seta para o estado $Q = 1$. Quais são os possíveis defeitos para esse mau funcionamento?

TABELA 5.1

Posição da chave	$\overline{SET}$ (Z1-1)	$\overline{RESET}$ (Z1-5)	Q (Z1-3)	$\overline{Q}$ (Z1-6)	X_A (Z2-3)	X_B (Z2-6)
A	BAIXO	ALTO	BAIXO	ALTO	BAIXO	Pulsos
B	ALTO	BAIXO	BAIXO	ALTO	BAIXO	Pulsos

Solução

Existem algumas possibilidades:
1. Circuito aberto internamente em Z1-1, que impediria que a saída Q respondesse à entrada $\overline{SET}$.
2. Falha em um componente interno da porta NAND Z1, que impediria que ela funcionasse corretamente.
3. A saída Q está fixa em nível BAIXO, o que poderia ser causado por:
   (a) Z1-3 em curto internamente com GND.
   (b) Z1-4 em curto internamente com GND.
   (c) Z2-2 em curto internamente com GND.
   (d) A saída Q em curto externamente com GND.

   Uma verificação com ohmímetro, medindo-se entre a saída Q e GND, determinará a existência de qualquer uma dessas condições apresentadas. Uma verificação visual pode revelar algum curto externo.

O que você acha de um possível curto interno ou externo de $\overline{Q}$ com V_{CC}? Um pouco de raciocínio vai levá-lo a concluir que essa possibilidade não é a causa do problema. Se $\overline{Q}$ estivesse em curto com V_{CC}, não evitaria que a saída Q fosse levada para nível ALTO, quando $\overline{SET}$ fosse para nível BAIXO. Como a saída Q *não está* indo para nível ALTO, esse não é o defeito. A razão que faz que a saída $\overline{Q}$ esteja fixa em nível ALTO é a saída Q estar fixa em nível BAIXO, mantendo a saída $\overline{Q}$ em nível ALTO por meio da porta NAND, na parte inferior do diagrama.

5.4 PULSOS DIGITAIS

Objetivos

Após ler esta seção, você será capaz de:

- Identificar o estado ativo de um sinal.
- Classificar como pulso positivo ou negativo.
- Definir termos comuns às formas de onda de pulso (pulsos positivos/negativos, borda positiva/negativa, tempo de subida, tempo de descida etc.).
- Medir as características do pulso em um diagrama de tempo ou forma de onda.

Como você pode ver na explicação sobre latches S-R, há situações nos sistemas digitais em que um sinal passa de um estado normal inativo para o estado oposto (ativo), fazendo que algo aconteça no circuito. Então, o sinal volta a seu estado inativo, enquanto o efeito do sinal recentemente ativado permanece no sistema. Esses sinais são chamados de **pulsos**, e é muito importante entender a terminologia associada a pulsos e formas de ondas de pulsos. Um pulso que executa a função planejada quando o nível está ALTO é chamado de *positivo*, e um pulso que executa a função planejada quando o nível está BAIXO é chamado de *negativo*. Nos circuitos reais, leva tempo para que a forma de onda de um pulso varie de um nível para o outro. Esses momentos de transição são chamados de tempo de subida (t_r, *rise time*) e tempo de descida (t_f, *fall time*), e são definidos como o tempo que a tensão leva para variar entre 10 e 90% do nível ALTO de tensão, como mostrado no pulso positivo da Figura 5.14(a). A transição no início do pulso é chamada de borda de subida, e a transição ao final do pulso é a borda de descida. A duração (largura) do pulso (t_w) é definida como o tempo entre os pontos em que as bordas de subida e descida estão a 50% do nível ALTO de tensão. A Figura 5.14(b) mostra um pulso ativo em nível BAIXO (ou pulso negativo).

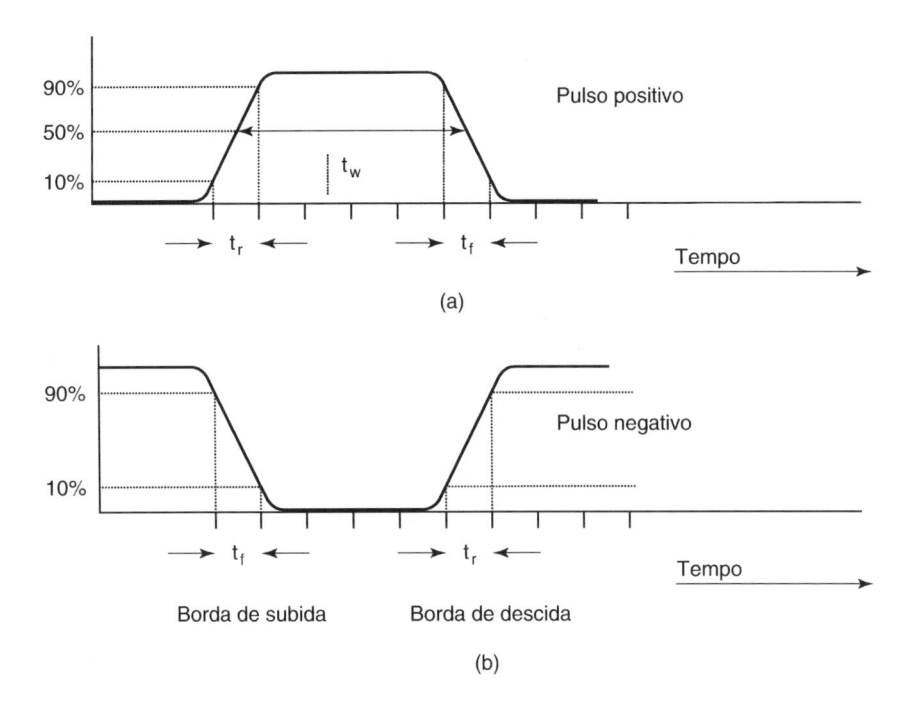

FIGURA 5.14 (a) Um pulso positivo e (b) um pulso negativo.

EXEMPLO 5.7

Quando um microcontrolador quer ter acesso a dados em sua memória externa, ele ativa um pino de saída em estado ativo em nível BAIXO chamado $\overline{RD}$ (*read*). As folhas de dados dizem que o pulso $\overline{RD}$ costuma ter largura t_w de 50 ns, tempo de subida t_r de 15 ns e tempo de descida t_f de 10 ns. Trace um gráfico do pulso $\overline{RD}$ em escala.

Solução
A Figura 5.15 mostra a forma do pulso. O pulso $\overline{RD}$ é ativo em nível BAIXO, então a borda de início do pulso é de descida, medida por t_f, e a de fim é de subida, medida por t_r.

FIGURA 5.15 Exemplo 5.7.

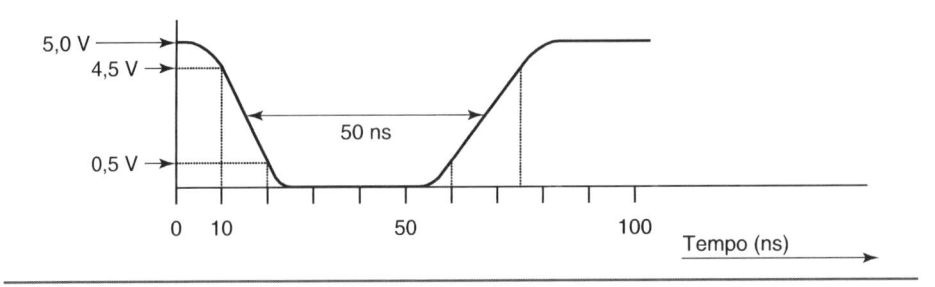

QUESTÕES DE REVISÃO

1. Defina o seguinte: tempo de subida, tempo de descida, borda de subida, borda de descida, borda de início, borda de fim, pulso positivo, pulso negativo e largura de pulso.
2. Onde a largura do pulso é medida?
3. Onde o tempo de subida é medido?
4. Onde o tempo de descida é medido?

5.5 SINAIS DE CLOCK E FLIP-FLOPS COM CLOCK

OBJETIVOS

Após ler esta seção, você será capaz de:

- Diferenciar entre entradas síncrona e assíncrona para um FF.
- Definir o que significa disparo por borda.
- Definir o tempo de setup.
- Definir o tempo de hold.
- Definir a metastabilidade em um FF.

Os sistemas digitais podem operar tanto no modo *assíncrono* quanto no *síncrono*. Nos sistemas assíncronos, as saídas de circuitos lógicos podem mudar de estado a qualquer momento em que uma ou mais entradas também mudarem. É mais difícil fazer projeto e análise de defeitos de um sistema assíncrono do que de um sistema síncrono.

Em sistemas síncronos, os momentos exatos em que uma saída qualquer pode mudar de estado são determinados por um sinal denominado **clock**, que geralmente é um trem de pulsos retangulares ou uma onda quadrada, conforme mostrado na Figura 5.16. Esse sinal de clock é distribuído para todas as partes do sistema, e a maioria das saídas (se não todas) pode mudar de estado apenas quando ocorre transição. As transições (também denominadas *bordas*) estão indicadas na Figura 5.16. Quando o clock muda de 0 para 1, denomina-se **transição positiva** (**PGT**, do inglês, *positive-going transition*); quando muda de 1 para 0, denomina-se **transição negativa** (**NGT**, do inglês, *negative-going transition*).

Os sistemas digitais, em sua maioria, são síncronos (embora tenham algumas partes assíncronas), porque o projeto e a análise de defeitos são mais fáceis em circuitos síncronos. A análise de defeitos é mais fácil de ser realizada, porque as saídas dos circuitos só podem mudar de estado em instantes específicos. Em outras palavras, quase todos os eventos são sincronizados com as transições do sinal de clock.

A sincronização dos eventos com o sinal de clock é obtida com o uso de **flip-flops D com clock**, que são projetados para mudar de estado em uma das transições do sinal de clock.

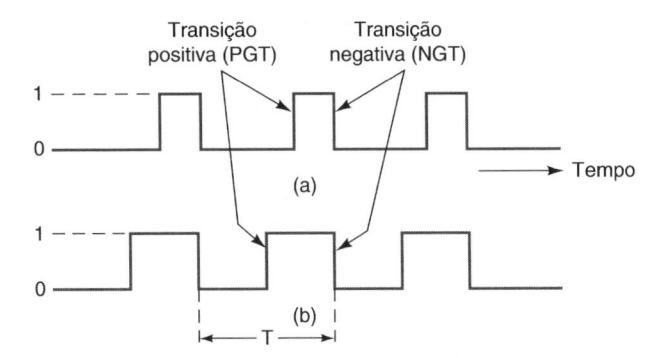

FIGURA 5.16 Sinais de clock.

A velocidade com que um sistema digital funciona depende da frequência em que ocorrem os ciclos de clock. Estes são medidos de uma PGT até a próxima PGT, ou de uma NGT até a próxima NGT. O tempo para completar um ciclo (em segundos/ciclo) é chamado de **período** (*T*), como mostra a Figura 5.16(b). A velocidade de um sistema digital, normalmente, é representada pelo número de ciclos de clock que ocorrem em 1 s (ciclos/segundo), conhecido como a **frequência** (*f*) de clock. A unidade padrão de frequência é o hertz. Um hertz (1 Hz) = 1 ciclo/segundo.

Flip-flops com clock

Vários tipos de FFs com clock são usados em um grande número de aplicações. Antes de começarmos o estudo dos diferentes tipos de FFs com clock, apresentaremos as principais características comuns a esses FFs.

1. FFs com clock têm uma entrada de clock denominada *CLK*, *CK* ou *CP* (*clock pulse*). Em geral, usamos a denominação *CLK*, conforme mostrado na Figura 5.17. Na maioria dos FFs com clock, a entrada *CLK* é **disparada por borda**, o que significa que essa entrada é ativada pela transição do sinal; isso é indicado por um pequeno triângulo na entrada *CLK*. Isso os diferencia dos latches, que são disparados por níveis.

   A Figura 5.17(a) mostra um FF com um pequeno triângulo na entrada *CLK* para indicar que essa entrada é ativada *apenas* quando ocorre uma transição positiva; nenhuma outra parte do pulso terá efeito na entrada *CLK*. A Figura 5.17(b) mostra o símbolo de um FF com um pequeno círculo e um pequeno triângulo na entrada *CLK*. Isso significa que a entrada *CLK* é ativada *apenas* quando ocorre uma transição negativa; nenhuma outra parte do pulso de entrada terá efeito na entrada *CLK*.

2. FFs com clock também têm uma ou mais **entradas de controle**, que podem ter vários nomes, dependendo do funcionamento. As entradas de controle não terão efeito sobre a saída *Q* até que uma transição ativa do clock ocorra. Em outras palavras, o efeito dessas entradas está

sincronizado com o sinal aplicado na entrada *CLK*, por isso são denominadas **entradas de controle síncronas**.

Por exemplo, as entradas de controle do FF mostrado na Figura 5.17(a) não terão efeito sobre a saída *Q* até que ocorra uma borda de subida no sinal de clock. Do mesmo modo, as entradas de controle mostradas na Figura 5.17(b) não terão efeito até que ocorra uma transição negativa no sinal de clock.

3. Em suma, pode-se dizer que as entradas de controle deixam as saídas do FF prontas para mudar de estado, ao passo que a transição ativa da entrada *CLK* é que de fato *dispara* a mudança. As entradas de controle determinam O QUE ocorrerá com as saídas; a entrada *CLK* determina QUANDO as saídas serão alteradas.

FIGURA 5.17 Flip-flops com clock têm entrada de clock (CLK), que pode ser ativada por (a) uma transição positiva ou (b) por uma transição negativa. As entradas de controle determinam o efeito da transição ativa do clock.

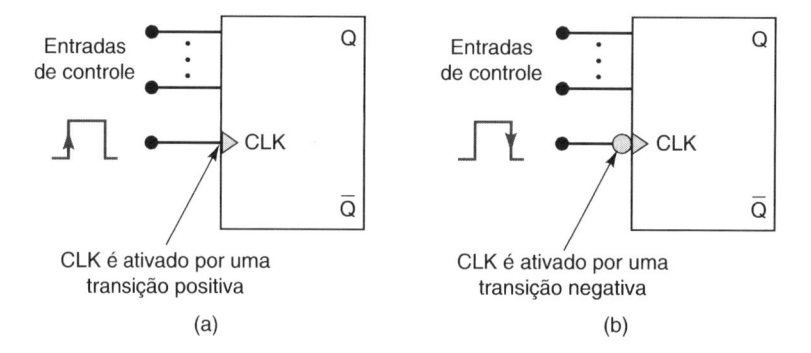

Tempos de setup (preparação) e hold (manutenção)

Um flip-flop que dispara de forma confiável responderá à borda de clock ativa, lendo a entrada, e, após um atraso de propagação previsível, atualizando sua saída de forma adequada. Esta seção investiga alguns requisitos de tempo que devem ser atendidos se for esperado que o flip-flop dispare de forma confiável. O disparo não confiável pode significar que a saída se instala no estado errado. Por exemplo, suponha que um flip-flop esteja resetado inicialmente. Se mudarmos os dados nas entradas de controle para muito próximo da borda do clock, podemos pensar que setamos o flip-flop, mas ele pode permanecer resetado. Outra possível resposta é que o flip-flop funcionará de forma inaceitável antes de se estabelecer como ALTO ou BAIXO. Em outras palavras, pode haver algumas tensões anormais breves presentes na saída que são referidas como ***estados metaestáveis***. A saída pode começar a mudar de seu estado original para o oposto, mas retorna a seu estado original. Uma terceira possibilidade é que ele pode começar a mudar, hesitar na região inválida, e, em seguida, proceder a estabelecer-se no estado oposto. Em qualquer caso, a metaestabilidade pode confundir os outros circuitos lógicos e fazer que o sistema responda indevidamente.

Dois parâmetros de temporização têm de ser observados para que um FF com clock responda de maneira confiável às entradas de controle ao ocorrer uma transição ativa na entrada *CLK*. Eles estão demonstrados na Figura 5.18 para um FF disparado por transição positiva.

O **tempo de setup**, t_S, é o intervalo de tempo que precede imediatamente a transição ativa do sinal de *CLK*, durante o qual a entrada de controle tem de ser mantida no nível adequado. Os fabricantes de CIs costumam especificar o tempo de setup mínimo permitido t_S(mín). Se esse parâmetro não for considerado, o FF pode responder de modo não confiável quando ocorrer a transição do clock.

O **tempo de hold**, t_H, é o intervalo de tempo contado imediatamente após a transição ativa do sinal de *CLK*, durante o qual a entrada de controle síncrona tem de ser mantida no nível adequado. Os fabricantes de CIs costumam especificar um valor mínimo aceitável para o tempo de hold t_H(mín). Se esse parâmetro não for considerado, o FF não será disparado de maneira confiável.

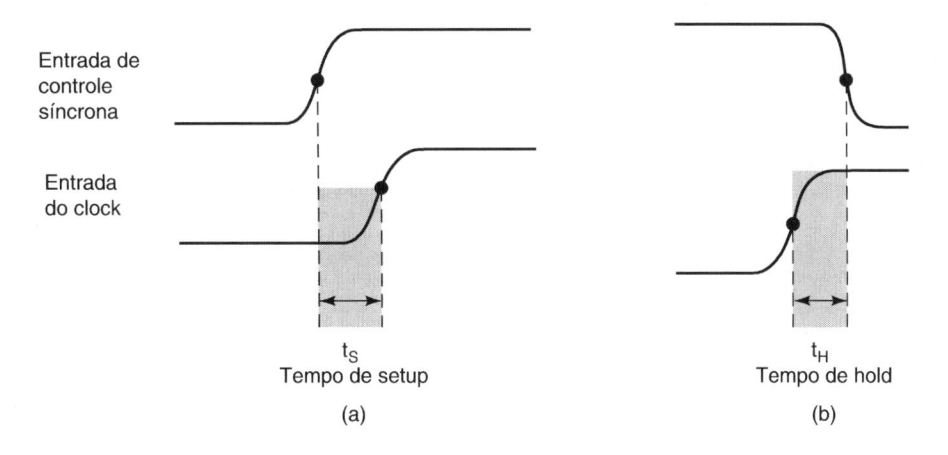

FIGURA 5.18 Entradas de controle têm de ser mantidas estáveis por (a) um tempo t_S antes da transição ativa do clock e por (b) um tempo t_H após a transição ativa do clock.

A Figura 5.19 mostra os quatro possíveis resultados que podem ocorrer para qualquer flip-flop dado quando os tempos de setup ou hold publicados são violados. A possibilidade (a) é que a saída não responde na entrada ALTO. A possibilidade (b) é que a saída tenta ir para ALTO, mas cai para BAIXO. A possibilidade (c) é que a saída começa a ser ALTO, passa por indecisão na região inválida e, em seguida, responde adequadamente, estabelecendo ALTO. A possibilidade (d) é que o flip-flop pode responder como pretendido para ALTO.

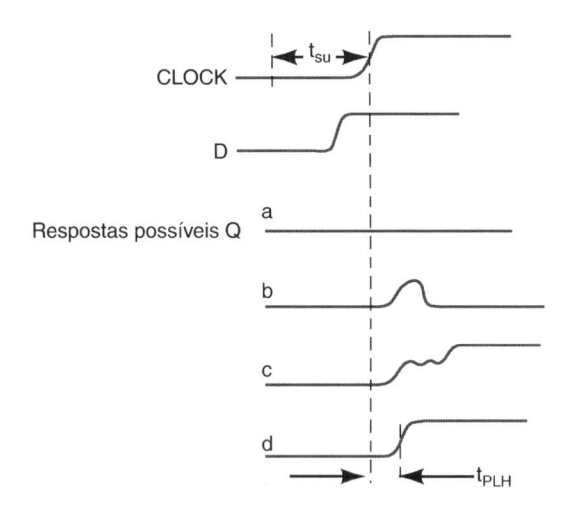

FIGURA 5.19 (a) *Q* não muda; (b) resposta metaestável, *Q* estabelece BAIXO; (c) resposta metaestável, *Q* estabelece ALTO; (d) *Q* muda conforme pretendido.

Assim, para garantir que um FF com clock responda adequadamente quando ocorrer a transição ativa, as entradas de controle têm de estar estáveis (imutáveis) por pelo menos um intervalo de tempo igual a t_S(mín) *antes* da transição do clock e por pelo menos um intervalo de tempo igual a t_H(mín) *após* a transição do clock. Tais intervalos são necessários para permitir os atrasos de propagação das portas internas que controlam a operação dos dispositivos de flip-flop.

Flip-flops em CIs têm os valores mínimos de t_S e t_H na faixa de nanossegundos. Os tempos de setup normalmente estão situados na faixa de 5 a 50 ns, ao passo que os tempos de hold estão na faixa de 0 a 10 ns. Observe que esses tempos são medidos entre os instantes em que as transições estão em 50%.

Esses parâmetros de temporização são muito importantes em sistemas síncronos porque, conforme veremos, existem diversas situações em que as entradas de controle síncronas de um FF mudam de estado aproximadamente ao mesmo tempo que a entrada CLK.

QUESTÕES DE REVISÃO

1. Quais são os dois tipos de entradas que um FF com clock possui?
2. Qual é o significado do termo *disparado por borda*?
3. *Verdadeiro ou falso*: a entrada CLK afeta a saída do FF apenas quando ocorre transição ativa na entrada de controle.
4. Defina os parâmetros tempo de setup e tempo de hold para um FF com clock.
5. *Verdadeiro ou falso*: os estados metaestáveis são o maior benefício do uso de flip-flops de clock.
6. O que faz um flip-flop exibir um estado metaestável?

5.6 FLIP-FLOP S-R COM CLOCK

Objetivos

Após ler esta seção, você será capaz de:

- Prever a saída Q com qualquer alteração em qualquer entrada, S, R ou clock.
- Elaborar um diagrama de temporização a fim de demonstrar mudanças de entrada e estados de saída resultantes.

A Figura 5.20(a) mostra o símbolo lógico para um **flip-flop S-R com clock** disparado na transição positiva do sinal de clock. Isso significa que o FF pode mudar de estado *apenas* quando o sinal aplicado na entrada de clock transitar de 0 para 1. As entradas S e R controlam o estado do FF, como descrito anteriormente, para um latch de porta NOR, mas o FF não responde a essas entradas até que ocorra uma transição positiva no sinal de clock.

A tabela de função na Figura 5.20(b) mostra como as entradas FF responderão à transição positiva em uma entrada CLK para várias combinações de entradas S e R. Essa tabela de função usa algumas nomenclaturas novas. A seta para cima (↑) indica que uma transição positiva é necessária na entrada CLK; a denominação Q_0 indica o nível na saída Q antes da transição superior do clock. Essa nomenclatura é usada frequentemente pelos fabricantes de CIs em seus manuais.

As formas de onda mostradas na Figura 5.20(c) demonstram a operação do flip-flop S-R com clock. Se levarmos em conta que os parâmetros de tempo de setup e hold são considerados em todos os casos, poderemos analisar essas formas de onda da seguinte maneira:

1. Inicialmente, todas as entradas estão em nível 0; vamos supor que a saída Q esteja em nível 0, ou seja, $Q_0 = 0$.

2. Quando ocorre a transição positiva do primeiro pulso de clock (ponto *a*), as entradas *S* e *R* estão em nível 0, de modo que a saída do FF não é afetada, permanecendo no estado $Q = 0$ (ou seja, $Q = Q_0$).
3. Quando ocorre a transição positiva do segundo pulso de clock (ponto *c*), a entrada *S* está em nível ALTO e a entrada *R* ainda está em nível BAIXO. Dessa maneira, o FF é setado para o estado 1 no instante da borda de subida do pulso de clock.
4. Quando ocorre a borda de subida no terceiro pulso de clock (ponto *e*), *S* é igual a 0 e *R* é igual a 1, fazendo que o FF seja resetado para o estado 0.
5. O quarto pulso de clock seta o FF mais uma vez, levando a saída *Q* para o estado 1 (ponto *g*), porque $S = 1$ e $R = 0$ no instante em que ocorre a borda de subida.
6. O quinto pulso também mostra que $S = 1$ e $R = 0$ quando faz sua transição positiva. Contudo, como a saída *Q* já está em nível ALTO, ela permanece nesse estado.
7. A condição em que $S = R = 1$ não deve ser usada, porque resulta em condição ambígua.

Deve-se observar, a partir dessas formas de onda, que o FF não é afetado pelas transições negativas dos pulsos de clock. Perceba, também, que os níveis lógicos nas entradas *S* e *R* não têm efeito no FF, exceto nos instantes de ocorrência das transições positivas do sinal de clock. *S* e *R* são entradas de *controle* síncronas; elas controlam para qual estado lógico o FF vai quando ocorrer o pulso de clock. A entrada *CLK* é a entrada de **disparo** que faz que o FF mude de estado lógico de acordo com os níveis lógicos nas entradas *S* e *R* no instante em que ocorre a transição ativa do clock.

A Figura 5.21 mostra o símbolo e a tabela de função para um flip-flop *S-R* disparado na transição *negativa* que ocorre na entrada *CLK*. O pequeno círculo e o pequeno triângulo na entrada *CLK* indicam que esse FF é disparado apenas quando a entrada *CLK* muda de 1 para 0. Esse FF opera da mesma maneira que um FF disparado por borda de subida, exceto pelo fato de a saída mudar de estado lógico apenas nos instantes em que ocorrerem as bordas de descida nos pulsos de clock (pontos *b*, *d*, *f*, *h* e *j*, na Figura 5.20). Tanto os FFs disparados por borda positiva quanto os por negativa são usados em sistemas digitais.

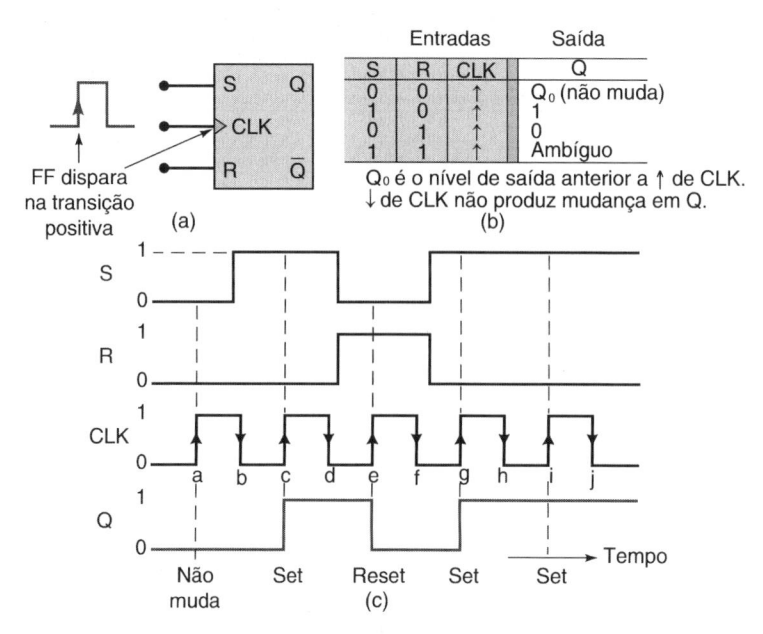

FIGURA 5.20 (a) Flip-flop S-R com clock que responde apenas à borda de subida do pulso de clock; (b) tabela de função; (c) formas de onda típicas.

FIGURA 5.21 Flip-flop S-R com clock disparado apenas nas transições negativas.

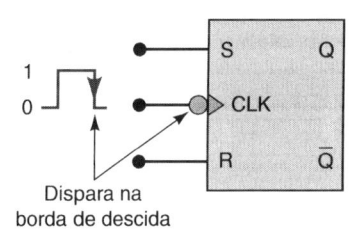

Entradas			Saída
S	R	CLK	Q
0	0	↓	Q_0 (não muda)
1	0	↓	1
0	1	↓	0
1	1	↓	Ambíguo

Circuito interno de um flip-flop S-R disparado por borda

Uma análise detalhada do circuito interno de um FF com clock não é necessária, uma vez que todos os tipos estão disponíveis como CIs. Apesar de nosso principal interesse estar no funcionamento externo do FF, podemos entendê-lo melhor analisando o circuito interno de uma versão simplificada de um FF. A Figura 5.22 mostra esse circuito para um flip-flop S-R disparado por borda.

FIGURA 5.22 Versão simplificada do circuito interno de um flip-flop S-R disparado por borda.

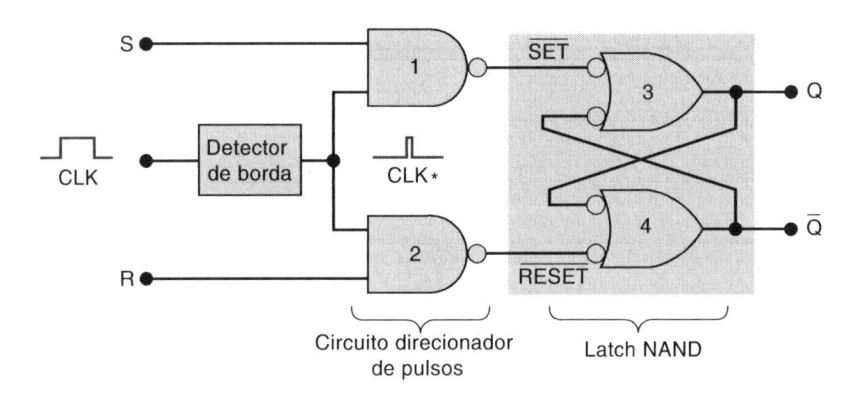

O circuito contém três seções:

1. Um latch NAND básico formado pelas portas NAND-3 e NAND-4.
2. Um **circuito direcionador de pulsos** formado pelas portas NAND-1 e NAND-2.
3. Um **circuito detector de borda**.

Conforme mostrado na Figura 5.22, o circuito detector de borda produz um pulso estreito e positivo ($CLK^\star$), que ocorre no instante da transição ativa do pulso na entrada CLK. O circuito direcionador de pulsos "direciona" esse pulso estreito para a entrada $\overline{SET}$ ou a $\overline{RESET}$ do latch, de acordo com os níveis presentes em S e R. Por exemplo, com $S = 1$ e $R = 0$, o sinal $CLK^\star$ é invertido na passagem pela NAND-1 para produzir um pulso de nível BAIXO na entrada $\overline{SET}$, o qual resulta em $Q = 1$. Com $S = 0$ e $R = 1$, o sinal $CLK^\star$ é invertido na passagem pela NAND-2 e produz um pulso de nível baixo na entrada $\overline{RESET}$ do latch, o qual resulta em $Q = 0$.

A Figura 5.23(a) mostra como o sinal $CLK^\star$ é gerado para FFs disparados por transição positiva. O INVERSOR produz um atraso de alguns nanossegundos, de modo que a transição de $\overline{CLK}$ ocorra um pouco depois da transição de CLK. A porta AND produz um *spike* (pulso estreito) na saída de nível ALTO por apenas alguns nanossegundos, no intervalo em que CLK e $\overline{CLK}$ estão ambos em nível ALTO. O resultado é um pulso estreito em

$CLK\star$, que ocorre na transição positiva de CLK. A configuração do circuito na Figura 5.23(b) produz um sinal $CLK\star$ na transição negativa do sinal CLK para os FFs que são disparados por transição negativa.

Uma vez que o sinal $CLK\star$ fica em nível ALTO por apenas alguns nanossegundos, a saída Q é afetada pelos níveis lógicos em S e R apenas por um curto período de tempo, após a ocorrência da borda ativa do sinal CLK. É isso que dá aos FFs essa característica de serem disparados por borda.

FIGURA 5.23 Implementação de um circuito detector de borda usado em flip-flops disparados por bordas: (a) positiva; (b) negativa. A duração dos pulsos $CLK\star$ é normalmente de 2 a 5 ns.

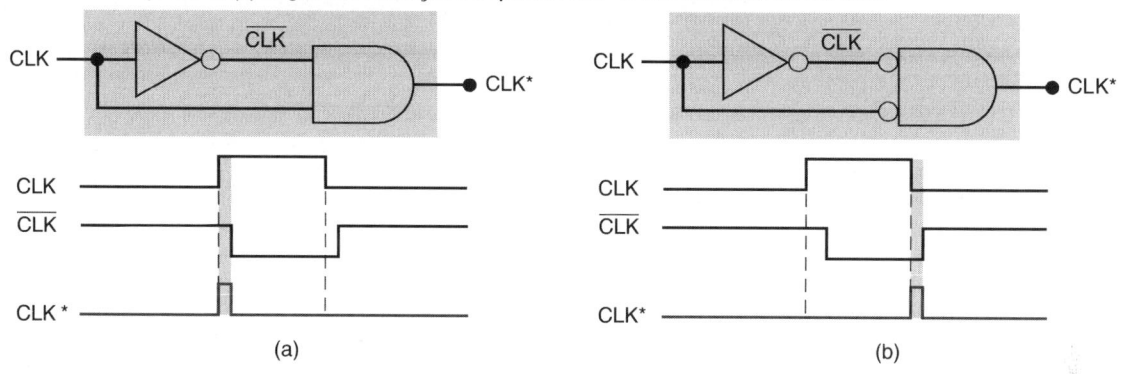

QUESTÕES DE REVISÃO

1. Suponha que as formas de onda na Figura 5.20(c) sejam aplicadas nas entradas do FF mostrado na Figura 5.21. O que acontecerá com a saída Q no ponto b? E no ponto f? E no ponto h?
2. Explique por que as entradas S e R afetam a saída Q apenas durante a transição ativa de CLK.

5.7 FLIP-FLOP J-K COM CLOCK

OBJETIVOS

Após ler esta seção, você será capaz de:

- Identificar o propósito de todas as combinações de entrada J-K.
- Diferenciar entre um J-K e FF S-R.
- Para qualquer alteração nas entradas, J, K, clk, prever o estado de saída em Q.

A Figura 5.24(a) mostra um **flip-flop J-K com clock** disparado por borda de subida do sinal de clock. As entradas *J* e *K* controlam o estado lógico do FF da mesma maneira que fazem as entradas *S* e *R* para um flip-flop *S-R* com clock, exceto por uma diferença: *a condição em que J = K = 1 não resulta em uma saída ambígua*. Para tal situação, o FF sempre muda para o estado *oposto* no instante da transição positiva do sinal de clock. Esse modo é denominado **modo de comutação** (*toggle mode*) e nele, se ambas as entradas *J* e *K* forem nível ALTO, o FF mudará de estado (comutará) para cada borda de subida do sinal de clock.

A tabela de função mostrada na Figura 5.24(a) resume como o flip-flop *J-K* responde às transições positivas para cada combinação nas entradas *J* e *K*.

Perceba que a tabela de função é a mesma do flip-flop S-R com clock (Figura 5.20), exceto para a condição $J = K = 1$. Essa condição resulta em $Q = \overline{Q_0}$, o que significa que o novo valor da saída Q será o inverso do que ela tinha antes da transição positiva; essa é a operação de comutação.

FIGURA 5.24 (a) Flip-flop J-K com clock que responde apenas às bordas positivas do clock; (b) formas de ondas.

J	K	CLK	Q
0	0	↑	Q_0 (não muda)
1	0	↑	1
0	1	↑	0
1	1	↑	$\overline{Q_0}$ (comuta)

(a)

(b)

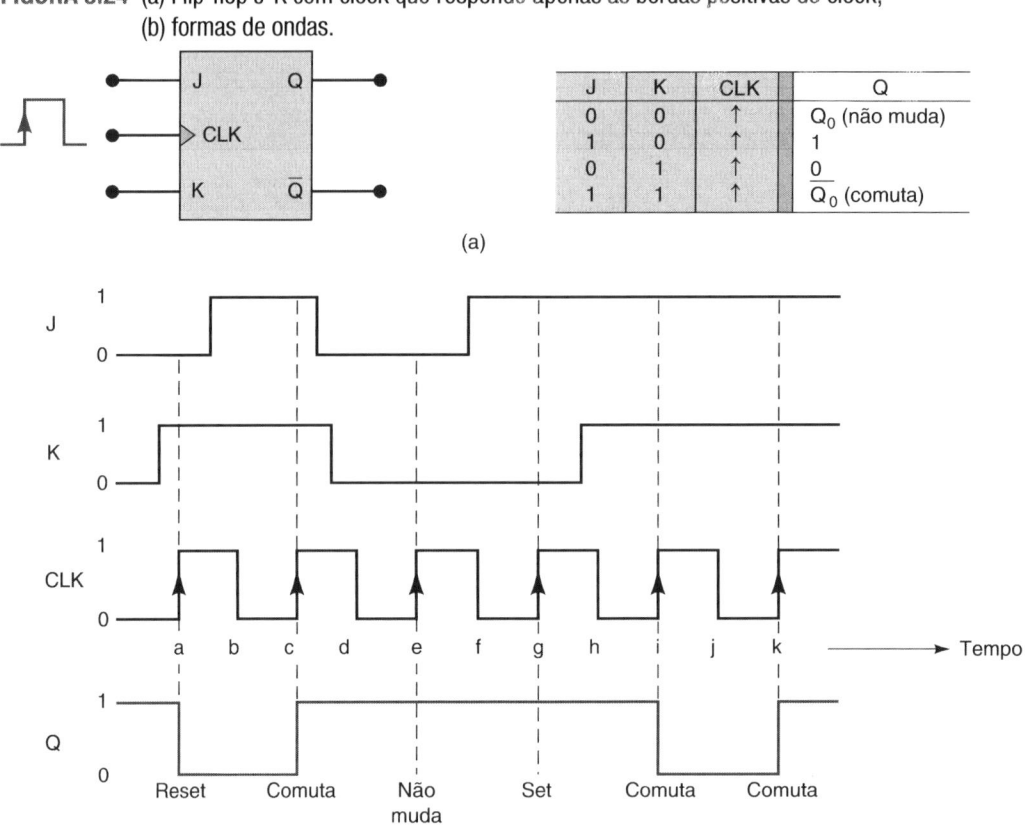

A operação desse FF é demonstrada pelas formas de onda mostradas na Figura 5.24(b). Consideramos que, mais uma vez, os parâmetros de tempo de setup e tempo de hold tenham sido levados em conta.

1. Inicialmente, todas as entradas estão em nível 0; vamos supor que a saída Q esteja em 1, ou seja, $Q_0 = 1$.
2. Quando ocorre a borda de subida do primeiro pulso de clock (ponto a), temos a condição em que $J = 0$ e $K = 1$. Dessa maneira, o FF será resetado para $Q = 0$.
3. Na transição positiva do segundo pulso de clock, temos $J = K = 1$ (ponto c). Isso faz que o FF *comute* para o estado oposto, $Q = 1$.
4. No ponto e, na forma de onda do clock, as entradas J e K estão ambas em nível 0, de modo que o FF não muda de estado nessa transição.
5. No ponto g, $J = 1$ e $K = 0$. Essa é a condição que leva a saída Q para o estado 1. Contudo, ela já está nesse estado 1, de modo que permanecerá nele.
6. No ponto i, $J = K = 1$ e, portanto, o FF comuta para o estado lógico oposto. O mesmo ocorre no ponto k.

Observe, nessas formas de onda, que o FF não é afetado pelas bordas negativas dos pulsos de clock. Perceba, também, que as entradas J e K não têm efeito, exceto nos instantes em que ocorrem as transições positivas do sinal de clock. As entradas *J* e *K* sozinhas não são capazes de fazer o FF mudar de estado lógico.

A Figura 5.25 mostra o símbolo para um flip-flop J-K com clock disparado nas transições negativas do sinal de clock. O pequeno círculo na entrada *CLK* indica que esse FF é disparado quando a entrada *CLK* for de 1 para 0. Esse FF funciona da mesma maneira que o FF ativado por borda de subida, mostrado na Figura 5.24, exceto pelo fato de que a saída muda de estado lógico apenas nas transições negativas do sinal de clock (pontos *b*, *d*, *f*, *h* e *j*). Ambos os flip-flops J-K costumam ser utilizados.

O flip-flop J-K é muito mais versátil que o *S-R*, porque não tem estados ambíguos. A condição *J* = *K* = 1, que gera a operação de comutação da saída, é bastante utilizada em todos os tipos de contadores binários. Em suma, o flip-flop J-K pode fazer tudo que um S-R faz e *também* operar no modo de comutação.

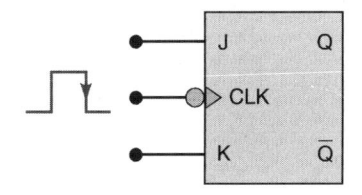

J	K	CLK	Q
0	0	↓	Q_0 (não muda)
1	0	↓	1
0	1	↓	0
1	1	↓	$\overline{Q_0}$ (comuta)

FIGURA 5.25 Flip-flop J-K disparado apenas nas transições negativas.

Circuito interno de um flip-flop J-K disparado por borda

Uma versão simplificada do circuito interno de um flip-flop J-K disparado por borda é mostrada na Figura 5.26. Esse circuito contém as mesmas três seções do flip-flop S-R disparado por borda (Figura 5.22). De fato, a única diferença entre os dois circuitos é que as saídas Q e $\overline{Q}$ são realimentadas para o circuito direcionador de pulsos formados pelas portas NAND. Essa conexão de realimentação é que confere ao flip-flop J-K a operação de comutação para a condição em que *J* = *K* = 1.

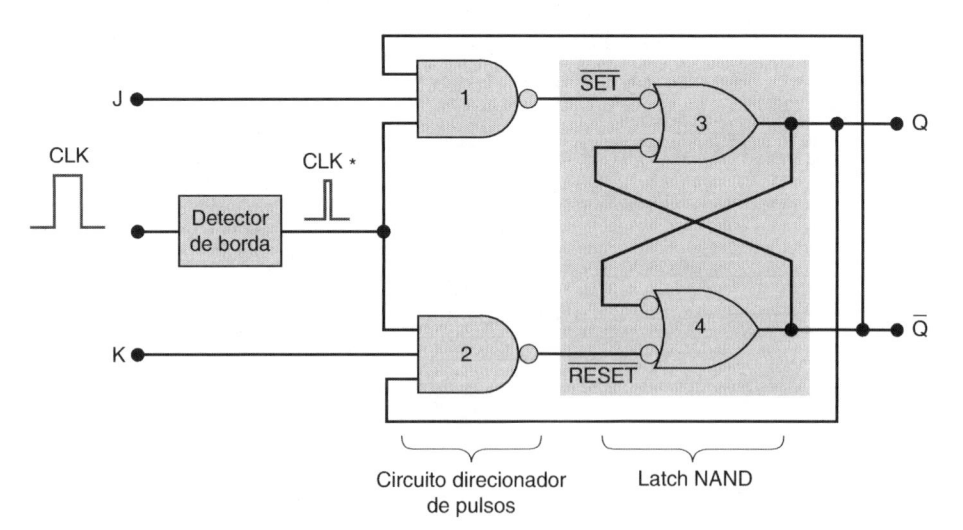

FIGURA 5.26 Circuito interno de um flip-flop J-K disparado por borda.

Vamos analisar a condição de comutação em detalhe, considerando que *J* = *K* = 1 e que *Q* esteja em nível BAIXO quando o pulso de *CLK* ocorrer. Com $Q = 0$ e $\overline{Q} = 1$, a porta NAND-1 direciona *CLK*★ (invertido) para a entrada $\overline{SET}$ do latch NAND, gerando $Q = 1$. Se considerarmos que a saída

Q está em nível ALTO quando ocorrer o pulso de clock, a porta NAND-2 direciona $CLK\star$ (invertido) para a entrada $\overline{RESET}$ do latch, gerando $Q = 0$. Dessa maneira, a saída Q sempre vai para o estado oposto.

Para que a operação de comutação funcione conforme descrito, o pulso $CLK\star$ tem de ser muito estreito e tem de retornar para o nível 0 antes que as saídas Q e $\overline{Q}$ comutem para seus novos valores; caso contrário, os novos valores de Q e $\overline{Q}$ farão que o pulso $CLK\star$ comute a saída do latch de novo.

QUESTÕES DE REVISÃO

1. *Verdadeiro ou falso*: um flip-flop J-K pode ser usado como um flip-flop S-R, porém, um flip-flop S-R não pode ser usado como um J-K.
2. Um flip-flop J-K tem alguma condição de entrada ambígua?
3. Que condição de entrada para J-K sempre seta a saída Q no instante em que ocorre a transição ativa de CLK?

5.8 FLIP-FLOP D COM CLOCK

OBJETIVOS

Após ler esta seção, você será capaz de:

- Prever a resposta de um FF D para qualquer sequência de eventos em suas entradas.
- Criar ou interpretar diagramas de tempo que demonstram flip-flops com clock.

A Figura 5.27(a) mostra o símbolo e a tabela de função para um **flip-flop D com clock** disparado na transição positiva. Ao contrário dos flip-flops S-R e J-K, o flip-flop D tem apenas uma entrada de controle síncrona, entrada D, que representa a palavra *data* (dado). A operação do flip-flop D é muito simples: a saída Q vai para o mesmo estado lógico presente na entrada D quando ocorre uma transição positiva em CLK. Em outras palavras, o nível presente na entrada D será *armazenado* no flip-flop no instante em que ocorrer a transição positiva. As formas de onda mostradas na Figura 5.27(b) demonstram essa operação.

FIGURA 5.27 (a) Flip-flop D disparado apenas nas transições positivas; (b) formas de onda.

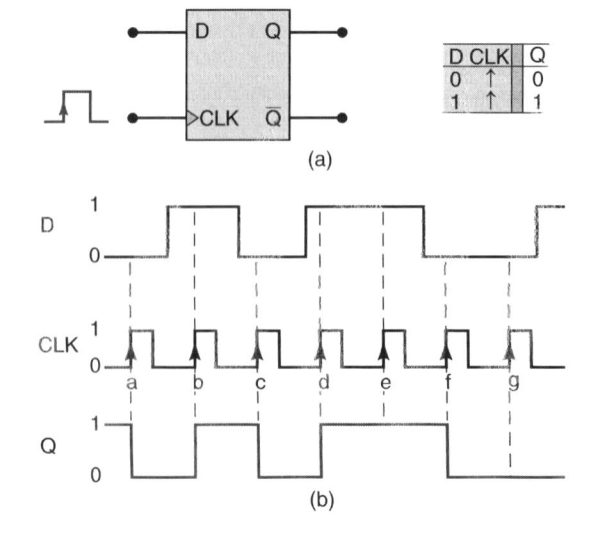

Considere, inicialmente, a saída Q em nível ALTO. Quando ocorre a primeira transição de subida do clock (ponto *a*), a entrada D está em BAIXO; a saída Q vai para o estado 0. Ainda que o nível na entrada D mude entre os pontos *a* e *b*, isso não afeta a saída Q, que armazena o nível BAIXO que estava na entrada D no ponto *a*. Quando ocorre uma transição positiva em *b*, a saída Q vai para o nível ALTO, uma vez que a entrada D está em nível ALTO nesse instante. A saída Q armazena esse nível ALTO até que uma transição positiva em *c* faça que a saída Q vá para o nível BAIXO, uma vez que a entrada D está em nível BAIXO nesse instante. De modo semelhante, a saída Q assume o nível presente na entrada D quando ocorrem as transições positivas nos pontos *d*, *e*, *f* e *g*. Observe que a saída Q permanece em nível ALTO no ponto *e* porque a entrada D continua em nível ALTO.

É importante lembrar, mais uma vez, que a saída Q pode mudar de estado apenas quando ocorre uma transição positiva. A entrada D não tem efeito entre transições positivas.

Um flip-flop D disparado por borda negativa opera da mesma maneira descrita anteriormente, a diferença é que a saída Q assume o valor da entrada D quando ocorre uma transição negativa em CLK. O símbolo para o flip-flop D disparado por transições negativas tem um pequeno círculo na entrada CLK.

Implementação de um flip-flop D

Um flip-flop D disparado por borda é facilmente implementado acrescentando-se um único INVERSOR a um flip-flop J-K disparado por borda, conforme mostrado na Figura 5.28. Se você fizer um teste com os dois valores possíveis na entrada D, verá que a saída Q assume o nível lógico presente na entrada D quando ocorre uma transição positiva. O mesmo procedimento pode ser usado para converter um flip-flop S-R em um D.

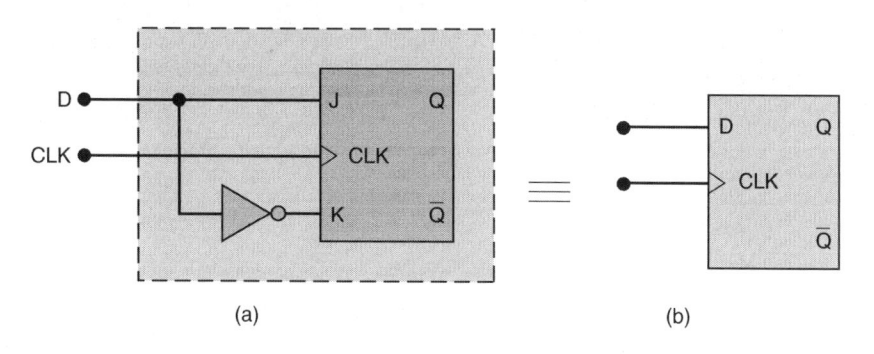

FIGURA 5.28 Implementação de um flip-flop D disparado por borda a partir de um flip-flop J-K.

Transferência de dados em paralelo

Você pode estar se perguntando a respeito da utilidade do flip-flop D, já que ele apresenta na saída Q o mesmo valor da entrada D. Não é exatamente isso; lembre-se de que a saída Q assume o valor da entrada D apenas em determinados instantes, e, portanto, elas não são idênticas a D (por exemplo, veja as formas de onda na Figura 5.27).

Na maioria das aplicações do flip-flop D, a saída Q deve assumir os valores da entrada D apenas em instantes definidos com precisão — um exemplo disso está demonstrado na Figura 5.29. As saídas X, Y e Z de um circuito lógico são transferidas para os FFs Q_1, Q_2 e Q_3 para armazenamento. Usando flip-flops D, os níveis presentes em X, Y e Z são transferidos para Q_1, Q_2 e Q_3, respectivamente, no momento da aplicação do pulso TRANSFERÊNCIA nas entradas *CLK* comuns. Os FFs podem armazenar esses valores para serem processados depois. Esse é um exemplo de **transferência paralela** de um dado binário; os três bits (X, Y e Z) são transferidos *simultaneamente*.

FIGURA 5.29 Transferência de dados em paralelo usando flip-flops D.

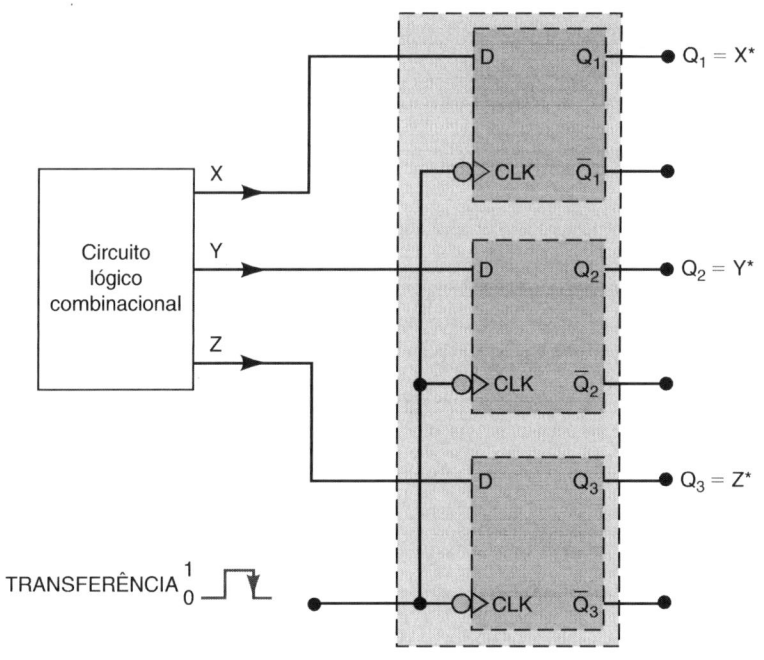

*Após ocorrência de borda de descida

QUESTÕES DE REVISÃO

1. O que acontecerá com a forma de onda da saída Q na Figura 5.27(b) se a entrada D for mantida permanentemente em nível BAIXO?
2. *Verdadeiro ou falso*: a saída Q será igual ao nível lógico na entrada D em todos os instantes.
3. FFs J-K podem ser usados para transferência paralela de dados?

5.9 LATCH D (LATCH TRANSPARENTE)

OBJETIVOS

Após ler esta seção, você será capaz de:

- Diferenciar entre um latch D e uma operação de FF D.
- Identificar as condições com latch e transparentes de um latch D.
- Prever as saídas para qualquer alteração de entrada no modo travado e transparente de um latch D.

O flip-flop *D* disparado por borda usa um circuito detector de borda para garantir que a saída responda à entrada *D apenas* quando ocorrer a transição ativa do clock. Se esse detector não for usado, o circuito resultante operará de maneira um pouco diferente. Esse circuito é chamado de **latch D** e tem a configuração mostrada na Figura 5.30(a).

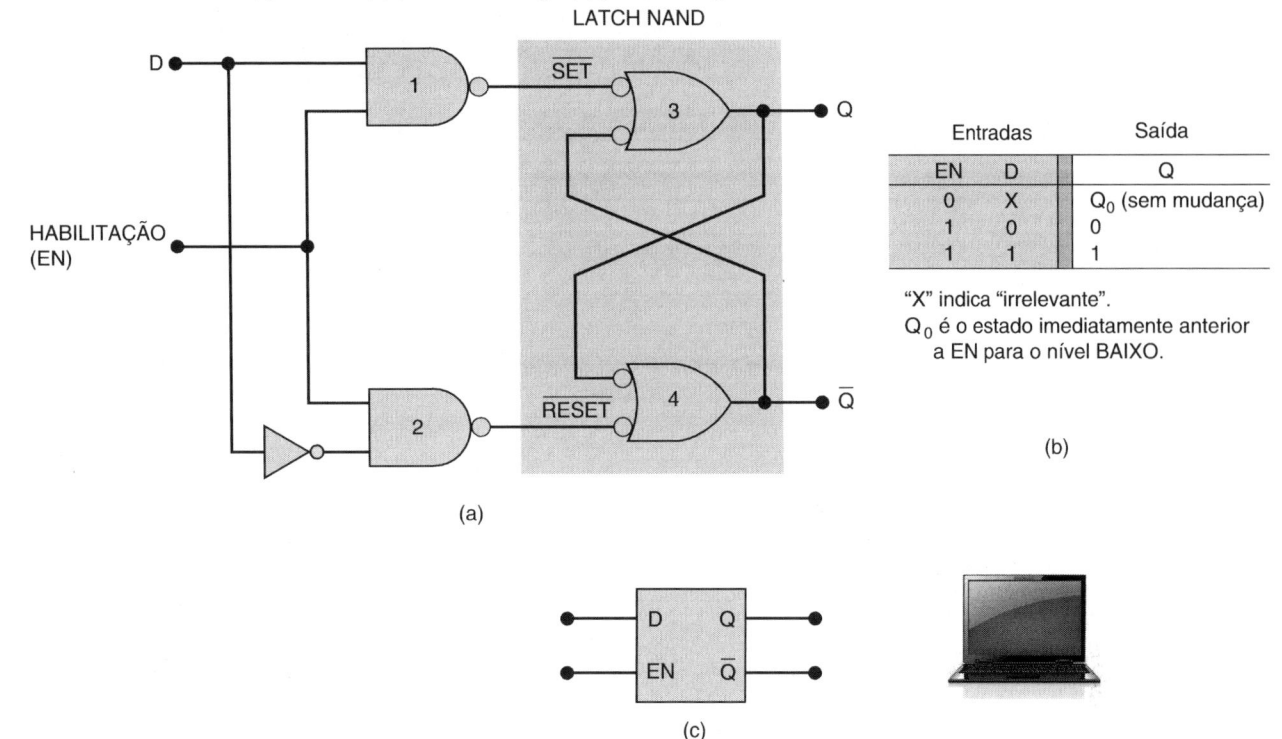

FIGURA 5.30 Latch D: (a) estrutura; (b) tabela de função; (c) símbolo lógico.

Entradas		Saída
EN	D	Q
0	X	Q_0 (sem mudança)
1	0	0
1	1	1

"X" indica "irrelevante".
Q_0 é o estado imediatamente anterior a EN para o nível BAIXO.

(b)

O circuito contém um latch NAND e um direcionador de pulsos formado pelas portas NAND-1 e 2 *sem* o circuito detector de borda. A entrada comum das portas que implementam o circuito direcionador é denominada entrada de *habilitação* (*enable*, abreviado por *EN*), em vez de entrada de clock, pois seu efeito nas saídas Q e $\overline{Q}$ não está restrito às transições. A operação do latch D é descrita a seguir:

1. Quando *EN* for nível ALTO, a entrada *D* produzirá um nível BAIXO em uma das entradas $\overline{SET}$ ou $\overline{RESET}$ do latch NAND, e a saída Q terá o mesmo nível lógico que a entrada *D*. Se a entrada *D* mudar de nível enquanto *EN* estiver em nível ALTO, a saída Q seguirá essas mudanças. Em outras palavras, enquanto *EN* = 1, a saída Q é igual à entrada *D*; nesse modo, diz-se que o latch D é "transparente".
2. Quando *EN* for nível BAIXO, a entrada *D* estará desabilitada a alterar o latch NAND, uma vez que as saídas das duas portas direcionadoras serão mantidas em nível ALTO. Dessa maneira, as saídas Q e $\overline{Q}$ permanecerão no mesmo nível lógico em que estavam antes que a entrada *EN* fosse para nível BAIXO. Em outras palavras, as saídas estão "com latch" em seus níveis atuais, não podendo mudar de valor enquanto *EN* estiver em nível BAIXO, mesmo que o nível lógico na entrada *D* mude.

Essa operação está resumida na tabela de função mostrada na Figura 5.30(b), e o símbolo lógico para o latch D é mostrado na Figura 5.30(c). Perceba que, apesar de a entrada *EN* operar como se fosse a entrada *CLK* para um flip-flop disparado por borda, não existe o pequeno triângulo na entrada *EN*. Isso porque o símbolo do pequeno triângulo é usado estritamente para indicar entradas que provocam alterações na saída apenas quando uma transição ocorre. *O latch D não é disparado por borda.*

FIGURA 5.31 Formas de onda para o Exemplo 5.8 mostrando os dois modos de operação do latch D transparente.

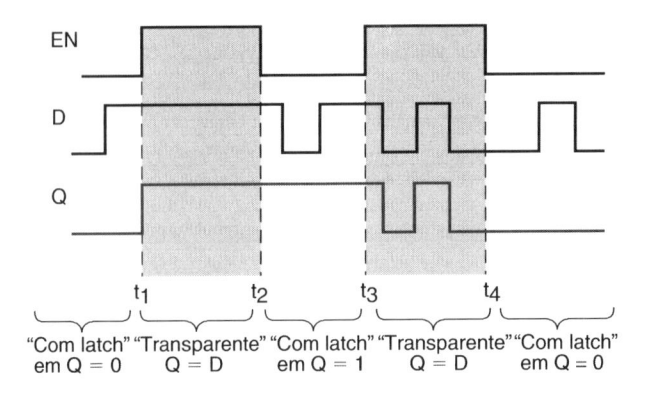

EXEMPLO 5.8

Determine a forma de onda da saída Q para um latch D com as formas de onda das entradas EN e D mostradas na Figura 5.31. Considere, inicialmente, $Q = 0$.

Solução

Antes do instante t_1, EN está fixo em nível BAIXO, de maneira que a saída Q está com latch em seu nível atual 0 e não pode mudar de estado mesmo que ocorra mudança na entrada D. Durante o intervalo de t_1 a t_2, EN está em nível ALTO, de modo que a saída Q segue o sinal presente na entrada D. Desse modo, a saída Q vai para o nível ALTO em t_1 e permanece nesse nível, já que a entrada D não sofre alteração. Quando EN retorna para o nível BAIXO em t_2, a saída Q mantém o nível ALTO que tinha no instante t_2, enquanto EN está no nível BAIXO.

Em t_3, quando EN retorna para o nível ALTO, a saída Q segue as mudanças na entrada D até o instante t_4, quando EN retorna para o nível BAIXO. Durante o intervalo de t_3 a t_4, o latch D está "transparente", uma vez que as mudanças na entrada D são transferidas para a saída Q. No instante t_4, quando EN vai para nível BAIXO, a saída Q mantém o nível 0 que tinha no instante t_4. Após esse instante, as variações na entrada D não afetam a saída Q, já que ela está com latch (ou seja, $EN = 0$).

QUESTÕES DE REVISÃO

1. Descreva a diferença na operação entre um latch D e um flip-flop D disparado por borda.
2. *Verdadeiro ou falso*: um latch D está no modo transparente quando $EN = 0$.
3. *Verdadeiro ou falso*: em um latch D, a entrada D pode influenciar a saída Q apenas quando $EN = 1$.

5.10 ENTRADAS ASSÍNCRONAS

OBJETIVOS

Após ler esta seção, você será capaz de:

- Distinguir entre entradas síncrona e assíncrona.
- Para qualquer alteração em qualquer entrada síncrona ou assíncrona, prever o estado de saída de Q.

Para os flip-flops com clock que estudamos até agora, as entradas *S*, *R*, *J*, *K* e *D* têm sido denominadas entradas de *controle*. Elas também são chamadas entradas síncronas, porque seu efeito na saída do FF é sincronizado com a entrada *CLK*. Como já estudamos, as entradas de controle síncronas devem ser usadas em conjunto com o sinal de clock para disparar o FF.

A maioria dos FFs com clock também tem uma ou mais **entradas assíncronas** que operam independentemente das síncronas e da de clock. Tais entradas podem ser usadas para colocar o FF no estado 1 ou 0 *em qualquer instante, independentemente das condições das outras entradas*. Em outras palavras, as entradas assíncronas são **entradas de sobreposição**, que podem ser usadas para sobrepor todas as outras, de modo a colocar o FF em um determinado estado.

A Figura 5.32 mostra um flip-flop J-K com duas entradas assíncronas denominadas $\overline{\text{PRESET}}$ e $\overline{\text{CLEAR}}$, as quais são ativas em nível BAIXO, conforme indicado pelo uso dos pequenos círculos no símbolo do FF. A tabela de função que acompanha a figura resume o efeito dessas entradas na saída do FF. Vamos analisar os vários casos.

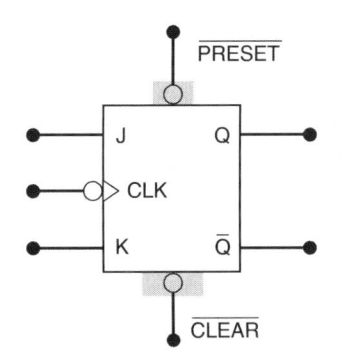

FIGURA 5.32 Flip-flop J-K com clock e entradas assíncronas.

J	K	Clk	PRE	CLR	Q
0	0	↓	1	1	Q (não muda)
0	1	↓	1	1	0 (reset síncrono)
1	0	↓	1	1	1 (set síncrono)
1	1	↓	1	1	$\overline{Q}$ (comutação síncrona)
x	x	x	1	1	Q (não muda)
x	x	x	1	0	0 (clear assíncrono)
x	x	x	0	1	1 (preset assíncrono)
x	x	x	0	0	(Inválido)

- $\overline{\text{PRESET}} = \overline{\text{CLEAR}} = 1$. As entradas assíncronas estão desativadas e o FF está livre para responder às entradas *J*, *K* e *CLK*; em outras palavras, a operação com clock pode ser realizada.

- $\overline{\text{PRESET}} = 0; \overline{\text{CLEAR}} = 1$. A entrada $\overline{\text{PRESET}}$ está ativada e a saída *Q* é *imediatamente* colocada em nível 1 independentemente de quais sejam os níveis presentes nas entradas *J*, *K* e *CLK*. A entrada *CLK* não pode afetar o FF enquanto $\overline{\text{PRESET}} = 0$.

- $\overline{\text{PRESET}} = 1; \overline{\text{CLEAR}} = 0$. A entrada $\overline{\text{CLEAR}}$ está ativada e a saída *Q* é *imediatamente* colocada em nível 0, independentemente dos níveis presentes nas entradas *J*, *K* e *CLK*. A entrada *CLK* não tem efeito enquanto $\overline{\text{CLEAR}} = 0$.

- $\overline{\text{PRESET}} = \overline{\text{CLEAR}} = 0$. Essa condição não deve ser usada, pois resulta em uma resposta ambígua.

É importante perceber que essas entradas assíncronas respondem a níveis de tensão contínua (CC), o que significa que, se um nível 0 for mantido na entrada $\overline{\text{PRESET}}$, o FF permanecerá no estado $Q = 1$ independentemente do que estiver ocorrendo nas outras entradas. De modo semelhante, um nível BAIXO constante na entrada $\overline{\text{CLEAR}}$ mantém o FF no estado $Q = 0$. Desse modo, as entradas assíncronas podem ser usadas para manter o FF em um estado particular por qualquer intervalo desejado, mas, na maioria das vezes, são utilizadas para setar ou resetar o FF no estado determinado pela aplicação por meio de um pulso momentâneo.

Muitos FFs com clock disponíveis em CIs têm essas duas entradas assíncronas; alguns têm apenas a entrada $\overline{\text{CLEAR}}$. Alguns FFs têm entradas assíncronas que são ativas em nível ALTO em vez de ativas em nível BAIXO. O símbolo para esses FFs não apresenta o pequeno círculo nas entradas assíncronas.

Designações para as entradas assíncronas

Os fabricantes de CIs ainda não concordaram quanto à nomenclatura a ser usada para essas entradas assíncronas. As designações mais comuns são *PRE* (abreviatura de PRESET) e *CLR* (abreviatura de CLEAR). Essas designações as distinguem com clareza das entradas síncronas SET e RESET. Outras designações como S_D (SET direto) e R_D (RESET direto) também são usadas. A partir de agora, usaremos as denominações *PRE* e *CLR* para representar as entradas assíncronas, já que são mais comuns. Quando essas entradas assíncronas forem ativas em nível BAIXO, como costumam ser, usaremos uma barra sobre o nome da entrada para indicar que ela é ativa em nível BAIXO, ou seja, $\overline{PRE}$ e $\overline{CLR}$.

Embora a maioria dos CIs de flip-flops tenha uma ou mais entradas assíncronas, existem algumas aplicações em que elas não são usadas. Nesses casos, são mantidas permanentemente no nível inativo. Muitas vezes, usaremos FFs ao longo do restante do texto sem mostrar as entradas assíncronas não usadas; consideraremos que estão sempre conectadas ao seu nível lógico inativo.

EXEMPLO 5.9

A Figura 5.33(a) mostra o símbolo para um FF J-K que responde a uma transição negativa na sua entrada de clock e tem entradas assíncronas ativas em nível BAIXO. As entradas assíncronas externas, que são ativas em nível BAIXO, são denominadas $\overline{PRE}$ e $\overline{CLR}$, e o pequeno círculo em uma entrada significa que ela responde a um sinal lógico BAIXO.
As entradas *J* e *K* estão conectadas ao estado ALTO neste exemplo. Sendo assim, determine a resposta da saída *Q* às formas de onda mostradas na Figura 5.33(a). Considere a saída *Q* inicialmente em nível ALTO.

Solução
Inicialmente, $\overline{PRE}$ e $\overline{CLR}$ estão desativadas, em estado ALTO; logo, não terão efeito sobre a saída *Q*. Dessa maneira, quando ocorrer a primeira transição negativa do sinal CLK no ponto *a*, a saída *Q* comutará para o estado oposto. Lembre-se de que *J* = *K* = 1 produz uma operação de comutação.
No ponto *b*, a entrada $\overline{PRE}$ é pulsada para o estado ativo em nível BAIXO, fazendo, *imediatamente*, *Q* = 1. Observe que a entrada $\overline{PRE}$ gera *Q* = 1 sem esperar pela borda de descida de *CLK*. As entradas assíncronas operam independentemente do *CLK*.
No ponto *c*, a transição negativa do *CLK* faz a saída *Q* comutar para o estado oposto. Perceba que a entrada $\overline{PRE}$ retornou para o estado inativo antes do ponto *c*. Da mesma maneira, a transição negativa do *CLK* no ponto *d* faz a saída *Q* comutar de volta para o nível ALTO.

FIGURA 5.33 Formas de onda para o Exemplo 5.9 mostrando como um flip-flop com clock responde às entradas assíncronas.

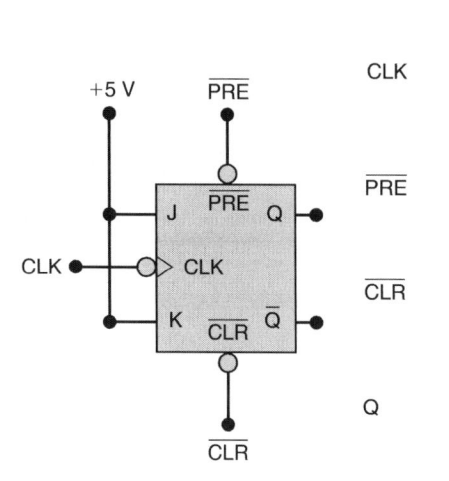

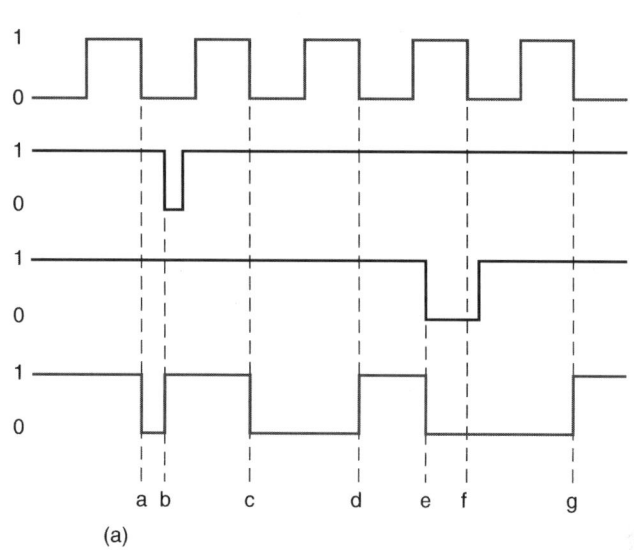

(a)

Ponto	Operação
a	Comutação síncrona na transição negativa em CLK
b	Set assíncrono em $\overline{PRE} = 0$
c	Comutação síncrona
d	Comutação síncrona
e	Clear assíncrono em $\overline{CLR} = 0$
f	$\overline{CLR}$ se sobrepõe à transição negativa de CLK
g	Comutação síncrona

(b)

No ponto *e*, a entrada $\overline{CLR}$ é pulsada para seu estado ativo em nível BAIXO, gerando, *imediatamente*, $Q = 0$. Lembre-se, mais uma vez, que essa entrada é independente do *CLK*.

A transição negativa do *CLK* no ponto *f não comuta* a saída *Q*, pois a entrada $\overline{CLR}$ ainda está ativa. O nível BAIXO na entrada $\overline{CLR}$ sobrepõe-se à entrada *CLK* mantendo $Q = 0$.

Quando ocorre a borda de descida do *CLK* no ponto *g*, a saída *Q* comuta para o estado ALTO, uma vez que nenhuma das entradas assíncronas está ativa nesse ponto.

Esses passos são apresentados na Figura 5.33(b).

QUESTÕES DE REVISÃO

1. Qual é a diferença entre a operação de uma entrada síncrona e a de uma assíncrona?
2. Um flip-flop *D* pode responder às entradas *D* e *CLK* enquanto $\overline{PRE} = 1$?
3. Relacione as condições necessárias para que um flip-flop J-K disparado por borda positiva e com entradas assíncronas ativas em nível BAIXO comute para o estado oposto.

5.11 CONSIDERAÇÕES A RESPEITO DA TEMPORIZAÇÃO EM FLIP-FLOPS

OBJETIVOS

Após ler esta seção, você será capaz de:

- Definir parâmetros de flip-flops que limitam a velocidade de operação e confiabilidade.
- Determine se os sinais do sistema estão dentro dos limites de operação confiáveis de qualquer flip-flop dado.

Os fabricantes de CIs de flip-flops especificam vários parâmetros de temporização importantes e características que devem ser consideradas antes que um FF seja usado em algum circuito. Descreveremos os mais importantes e, em seguida, apresentaremos alguns exemplos de determinados CIs de flip-flops comerciais das famílias lógicas TTL e CMOS.

Tempos de setup e hold

Os tempos de setup e hold já foram discutidos, e, da Seção 5.5, você deve recordar que esses tempos representam parâmetros que devem ser considerados para o disparo confiável de FFs. As folhas de dados fornecidas pelos fabricantes de CIs sempre especificam os valores *mínimos* de t_S e t_H.

Atrasos de propagação

Toda vez que um sinal muda de estado na saída dos FFs, existe um atraso de tempo a partir do instante em que o sinal é aplicado até o instante em que a saída comuta de estado. A Figura 5.34 demonstra os **atrasos de propagação** que ocorrem em resposta a uma borda de subida na entrada *CLK*. Perceba que esses atrasos são medidos entre os pontos de 50% da amplitude das formas de onda de entrada e de saída. Os mesmos tipos de atrasos ocorrem em resposta a sinais nas entradas assíncronas de FFs (PRESET e CLEAR). As folhas de dados dos fabricantes costumam especificar os atrasos de propagação em resposta a todas as entradas, e, normalmente, especificam os valores *máximos* para t_{PLH} e t_{PHL}.

Os CIs modernos de flip-flops têm atrasos de propagação, que variam desde alguns nanossegundos, até valores em torno de 100 ns. Os valores de t_{PLH} e t_{PHL} geralmente não são os mesmos; eles aumentam de modo diretamente proporcional ao número de cargas acionadas pela saída *Q*. Os atrasos de propagação de FFs têm um significado importante em determinadas situações que encontraremos mais adiante.

Frequência máxima de clock, $f_{MÁX}$

Essa é a maior frequência que pode ser aplicada na entrada *CLK* de um FF mantendo um disparo confiável. O limite $f_{MÁX}$ varia de um FF para outro, mesmo que eles tenham o mesmo número. Por exemplo, o fabricante do CI 7470, que é um flip-flop J-K, realiza testes em diversos FFs desse tipo e pode constatar que os valores de $f_{MÁX}$ estão na faixa de 20 a 35 MHz. Então, o fabricante especifica a *mínima* $f_{MÁX}$ como 20 MHz. Isso pode parecer confuso, mas uma rápida análise deve tornar claro que o fabricante

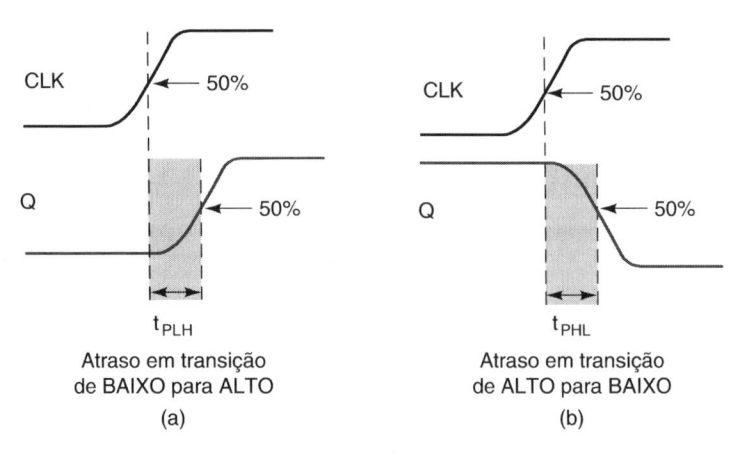

FIGURA 5.34 Atrasos de propagação nos FFs.

(a) Atraso em transição de BAIXO para ALTO — t_{PLH}
(b) Atraso em transição de ALTO para BAIXO — t_{PHL}

está querendo dizer que não garante que o FF 7470, que você usará no circuito, funcionará em uma frequência acima de 20 MHz; a maioria desses FFs funcionará acima dos 20 MHz, porém, alguns não funcionarão. Contudo, se você usar uma frequência de operação abaixo de 20 MHz, o fabricante garante que todos esses FFs funcionarão.

Tempos de duração do pulso de clock nos níveis ALTO e BAIXO

Os fabricantes também especificam o tempo *mínimo* de duração que o sinal *CLK* deve permanecer no nível BAIXO antes de ir para o ALTO — algumas vezes, denominado $t_W(L)$ — e o tempo *mínimo* que o sinal *CLK* deve ser mantido no nível ALTO antes de retornar para o BAIXO — em alguns casos, denominado $t_W(H)$. Esses tempos estão identificados na Figura 5.35(a). Desconsiderar esses parâmetros de tempo mínimo pode resultar em disparos não confiáveis. Observe que esses valores de tempo são medidos entre os pontos médios do sinal de transição.

FIGURA 5.35 (a) Tempos de duração do clock em nível BAIXO e em nível ALTO; (b) largura do pulso assíncrono.

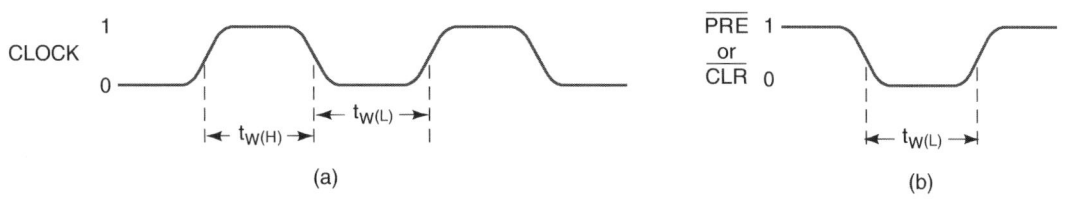

Largura de pulsos assíncronos ativos

O fabricante também especifica o período *mínimo* pelo qual a entrada PRESET ou CLEAR deve ser mantida no estado ativo, de maneira a setar ou resetar o FF de modo confiável. A Figura 5.35(b) mostra o tempo $t_W(L)$ para entradas assíncronas ativas em nível BAIXO.

Tempos de transição do clock

Para garantir um disparo confiável, os tempos de transição da forma de onda do clock (tempos de subida e descida) devem ser mantidos muito pequenos. Se a transição no sinal de clock demorar para ir de um nível para outro, o FF pode disparar de modo instável ou nem disparar. Os fabricantes normalmente não relacionam o parâmetro de tempo máximo de transição para cada circuito integrado de cada FF; em vez disso, é fornecido um parâmetro geral para todos os CIs de uma família lógica. Por exemplo, o tempo de transição deve ser geralmente ≤ 50 ns para dispositivos TTL e ≤ 200 ns para CMOS. Esses parâmetros podem variar de acordo com os fabricantes e as diversas subfamílias que pertencem às famílias lógicas TTL e CMOS.

QUESTÕES DE REVISÃO

1. Quais parâmetros de temporização FF indicam o tempo que a saída Q leva para responder a uma entrada?
2. *Verdadeiro ou falso*: um FF com uma classificação $f_{MÁX}$ de 25 MHz pode ser ativado de forma confiável por qualquer forma de onda de pulso *CLK* com uma frequência abaixo de 25 MHz.
3. O mínimo período durante o qual uma entrada de controle deve ser estável antes da borda de clock é chamado de _____.
4. O mínimo período durante o qual uma entrada de controle deve permanecer estável depois de uma borda de clock é chamado de _____.
5. *Verdadeiro ou falso*: as formas de onda de clock com um tempo de subida ou descida muito grande podem não disparar o flip-flop de forma confiável.

5.12 PROBLEMAS POTENCIAIS DE TEMPORIZAÇÃO EM CIRCUITOS COM FFs

OBJETIVOS

Após ler esta seção, você será capaz de:

- Prever a saída Q, observando formas de onda de temporização das entradas de controle.
- Aplicar limitações de temporização para circuitos síncronos.

Em muitos circuitos digitais, a saída de um FF é conectada, diretamente ou por meio de portas lógicas, à entrada de outro FF, e ambos são disparados pelo mesmo sinal de clock. Isso representa um problema potencial de temporização. Uma situação típica é demonstrada na Figura 5.36, na qual a saída de Q_1 está conectada à entrada J de Q_2 e os dois FFs são disparados pelo mesmo sinal em suas entradas *CLK*.

O problema potencial de temporização é o seguinte: como Q_1 muda de estado na transição negativa do pulso de clock, a entrada J_2 de Q_2 mudará de estado quando receber a mesma borda de descida do pulso de clock. Isso pode conduzir a uma resposta imprevisível de Q_2.

Vamos considerar, inicialmente, $Q_1 = 1$ e $Q_2 = 0$. Dessa maneira, o FF Q_1 possui $J_1 = K_1 = 1$, e Q_2 possui $J_2 = Q_1 = 1$ e $K_2 = 0$ antes da transição negativa do pulso de clock. Quando ocorre a transição negativa do clock, Q_1 comuta para o estado BAIXO, mas isso só ocorre depois de decorrido o tempo de propagação, t_{PHL}. A mesma borda de descida dispara Q_2 de modo confiável para o estado ALTO, desde que t_{PHL} seja maior que o parâmetro de tempo de hold de Q_2, t_H. Se essa condição não for satisfeita, a resposta de Q_2 será imprevisível.

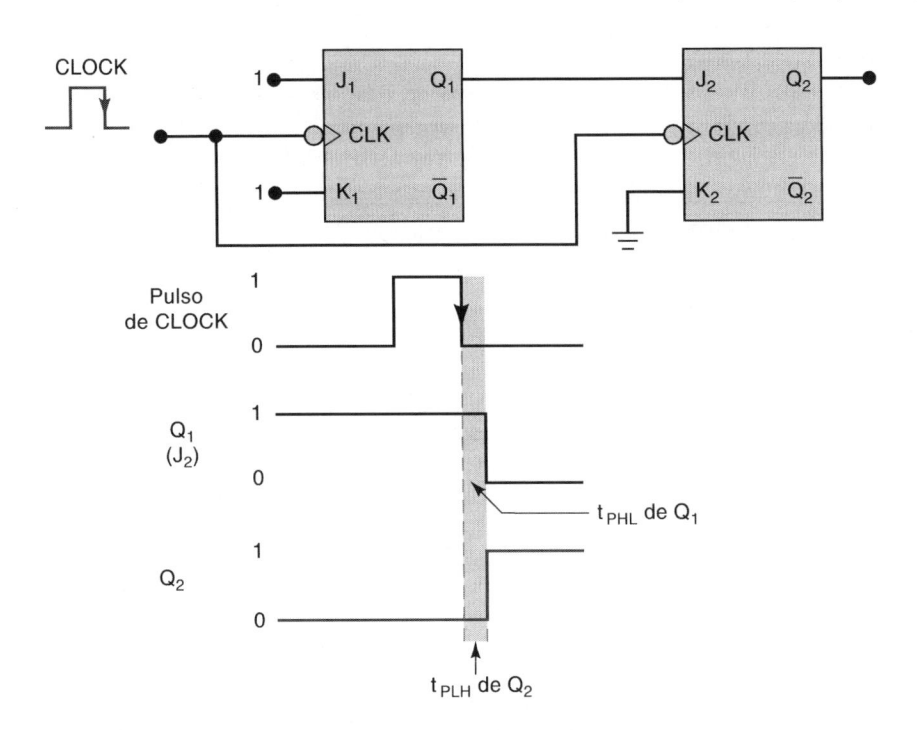

FIGURA 5.36 Q_2 responderá adequadamente ao nível presente em Q_1 antes da transição negativa de *CLK*, desde que o tempo de hold de Q_2, t_H, seja menor que o atraso de propagação de Q_1.

Felizmente, todos os FFs recentes disparados por borda têm um tempo de hold de 5 ns ou menos; a maioria possui um $t_H = 0$, o que significa que não necessitam de parâmetro de tempo de hold. Para esses FFs, situações como a da Figura 5.36 não representam problema.

A menos que seja informado o contrário, em todos os circuitos de FF que encontraremos ao longo deste texto, consideraremos que o tempo de hold dos FFs é apenas o suficiente para que ele responda de modo confiável de acordo com a seguinte regra:

A saída do FF vai para o estado determinado pelos níveis lógicos presentes nas entradas de controle síncronas imediatamente antes da transição ativa do clock.

Se aplicarmos essa regra na Figura 5.36, obteremos que a saída Q_2 vai para o estado determinado por $J_2 = 1$, $K_2 = 0$, condição presente nas entradas antes da transição negativa do pulso de clock. O fato de J_2 mudar de estado em resposta à mesma transição negativa não tem efeito.

EXEMPLO 5.10

Determine a saída Q para um flip-flop J-K disparado por borda de descida que tem como entrada as formas de onda mostradas na Figura 5.37. Considere que $t_H = 0$ e que, inicialmente, $Q = 0$.

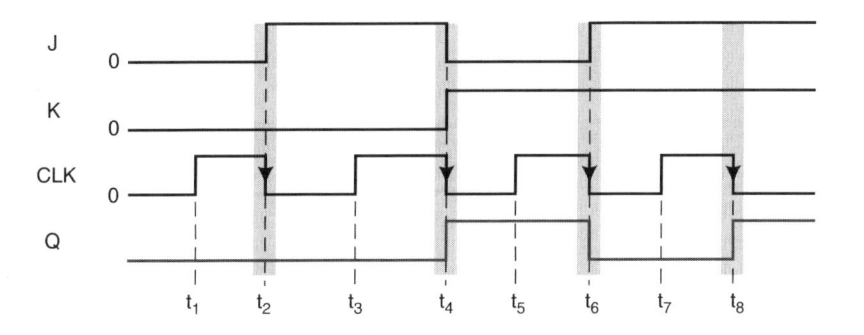

FIGURA 5.37 Exemplo 5.10.

Solução

O FF responderá apenas nos instantes t_2, t_4, t_6 e t_8. Em t_2, a saída Q responde à condição de entrada $J = K = 0$, presente antes do instante t_2. Em t_4, a saída Q responde à condição de entrada $J = 1$, $K = 0$, presente antes do t_4. Em t_6, a saída Q responde à condição de entrada $J = 0$, $K = 1$, presente antes do t_6. Em t_8, a saída Q responde às entradas $J = K = 1$.

QUESTÕES DE REVISÃO

1. *Verdadeiro ou falso*: os circuitos síncronos sempre violam os tempos de set e hold porque as saídas mudam na borda de clock ativo.
2. *Verdadeiro ou falso*: o tempo de atraso de propagação deve exceder os parâmetros de tempo de hold para que o circuito de flip-flop síncrono funcione de forma confiável.
3. Para a análise de um circuito síncrono, onde podem ser encontradas as entradas de controle que determinarão as mudanças de saída?

5.13 APLICAÇÕES COM FLIP-FLOPS

Flip-flops disparados por borda (com clock) são dispositivos versáteis, que podem ser usados em uma ampla variedade de aplicações, incluindo contagem, armazenamento binário de dados, transferência de dados de um local para outro e muito mais, e quase todas essas aplicações usam FFs com clock. Muitas estão incluídas na categoria de **circuitos sequenciais**, em que as saídas seguem uma sequência predeterminada de estados, com um novo estado ocorrendo a cada pulso de clock. Novamente o conceito de realimentação é aplicado, mas não apenas para criar os próprios elementos de memória FF. As saídas dos FFs também são geralmente realimentadas para portas no circuito sequencial, que controla a operação dos FFs e, portanto, determinam o novo estado que vai ocorrer no próximo pulso de clock. Introduziremos algumas aplicações básicas nas próximas seções e faremos um estudo mais detalhado nos capítulos subsequentes.

5.14 SINCRONIZAÇÃO DE FLIP-FLOPS

OBJETIVOS

Após ler esta seção, você será capaz de:

- Identificar situações em que a sincronização é desejável.
- Sincronizar sinais externos ao clock usando um FF D.

A maioria dos sistemas digitais opera de maneira essencialmente síncrona, e a maioria dos sinais muda de estado em sincronismo com as transições do clock. Em muitos casos, contudo, haverá um sinal externo não sincronizado com o clock; em outras palavras, um sinal assíncrono. Por exemplo, os sinais assíncronos muitas vezes ocorrem como o resultado de uma atuação do operador humano em uma chave em um instante aleatório em relação ao sinal de clock. Entradas a partir de máquinas e comunicações também são exemplos de transições que ocorrem de maneira aleatória, e essa ação aleatória pode produzir resultados imprevisíveis e indesejados. O exemplo a seguir demonstra como um FF pode ser usado para sincronizar os efeitos de uma entrada assíncrona.

EXEMPLO 5.11

A Figura 5.38(a) mostra uma situação em que o sinal de entrada A é gerado a partir de uma chave, sem o efeito de trepidação, acionada por um operador (um circuito que elimina o efeito de trepidação foi apresentado no Exemplo 5.2). O ponto A vai para o estado ALTO quando o operador aciona a chave e volta para o estado BAIXO quando o operador libera a chave. Essa entrada A é usada para controlar a passagem de um sinal de clock por uma porta AND, de modo que os pulsos de clock apareçam na saída X apenas quando a entrada A estiver em nível ALTO.

O problema com esse circuito é que a entrada A é assíncrona e pode mudar de estado a qualquer instante em relação ao sinal de clock, porque o momento exato em que o operador aciona ou libera a chave é essencialmente aleatório. Isso pode produzir pulsos *parciais* de clock na saída X se a transição na entrada A ocorrer enquanto o sinal de clock estiver em nível ALTO, conforme mostrado nas formas de onda na Figura 5.38(b).

Esse tipo de saída frequentemente não é aceitável, então, deve-se desenvolver um método para evitar a ocorrência de pulsos parciais em X — uma solução é mostrada na Figura 5.39(a). Descreva como esse circuito resolve o problema e desenhe a forma de onda na saída X para a mesma situação apresentada na Figura 5.38(b).

FIGURA 5.38 Um sinal assíncrono em A pode produzir pulsos parciais em X.

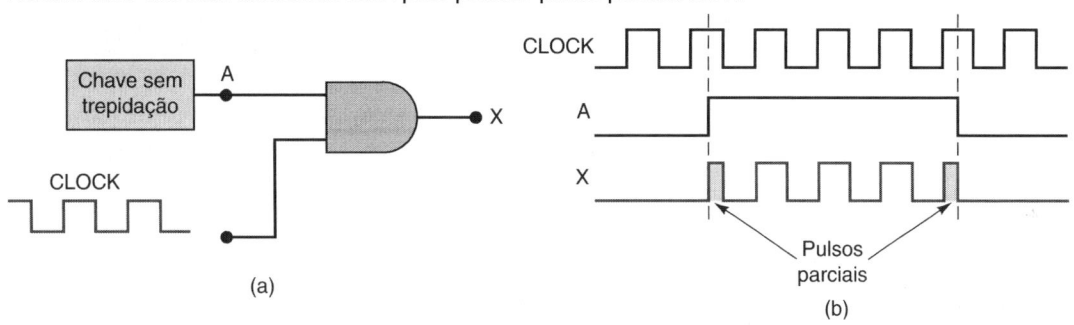

FIGURA 5.39 Um flip-flop D disparado por borda é usado para sincronizar a habilitação da porta AND com a transição negativa do clock.

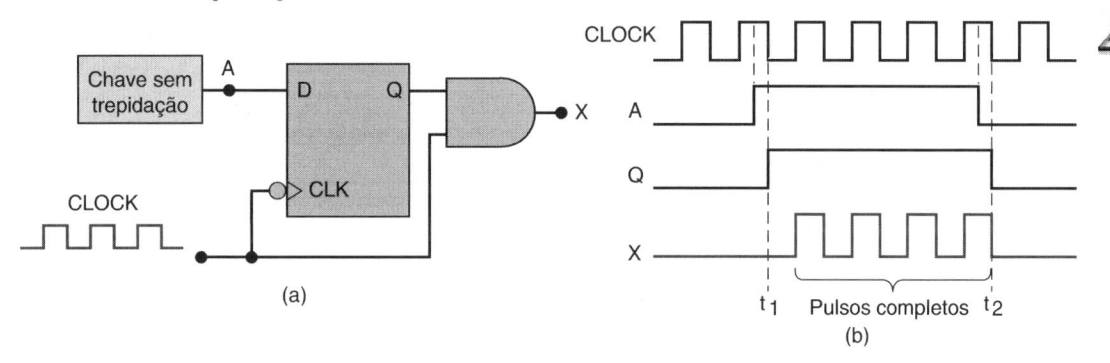

Solução

O sinal no ponto A está conectado à entrada D do flip-flop Q, o qual é disparado pela transição negativa do sinal de clock. Dessa maneira, quando o ponto A for para o nível ALTO, a saída Q não irá para o nível ALTO até a próxima transição negativa do clock no instante t_1. Esse nível ALTO na saída Q habilita a porta AND a dar passagem ao subsequente pulso *completo* de clock para a saída X, conforme é mostrado na Figura 5.39(b).

Quando o sinal A retorna para o nível BAIXO, a saída Q não vai para o nível BAIXO até que ocorra a próxima transição negativa do clock em t_2. Assim, a porta AND não desabilita a passagem do pulso de clock até que t_2 tenha passado por completo para a saída X. Desse modo, a saída X contém apenas pulsos completos.

Há um problema potencial nesse circuito. Como A pode chegar ao nível ALTO a qualquer momento, ele pode, por mero acaso, violar os parâmetros de tempo de setup do flip-flop. Em outras palavras, a transição de A pode ocorrer tão próxima ao limite do clock que causa uma resposta instável (*glitch*) da saída Q, e impedir isso exigiria um circuito de sincronização mais complexo.

QUESTÕES DE REVISÃO

1. Quando os circuitos de sincronização devem ser utilizados?
2. Como os FFs D são usados para sincronizar sinais?

5.15 DETECTANDO UMA SEQUÊNCIA DE ENTRADA

OBJETIVO

Após ler esta seção, você será capaz de:

- Usar um FF D para detectar qual dos dois sinais mudou primeiro.

Em muitas situações, uma saída é ativada apenas quando as entradas são ativadas em determinada sequência, o que não pode ser realizado usando-se apenas lógica combinacional; é necessário usar a característica de armazenamento dos FFs.

Por exemplo, uma porta AND pode ser usada para determinar quando duas entradas A e B estão em nível ALTO, mas sua saída responderá da mesma maneira, independentemente de qual entrada foi primeiro para o nível ALTO. Porém, suponha que desejemos gerar uma saída em nível ALTO *somente* se a entrada A for para o nível ALTO e a entrada B for para o nível ALTO algum tempo depois. Uma maneira de implementar esse sistema é mostrada na Figura 5.40(a).

As formas de onda nas figuras 5.40(b) e (c) mostram que a saída estará no nível ALTO apenas se a entrada A for para o nível ALTO antes da entrada B. Isso acontece porque a entrada A tem de estar em nível ALTO para que a saída Q esteja em nível ALTO na transição positiva do sinal em B.

Para que esse circuito funcione adequadamente, a entrada A deve estar em nível ALTO antes da entrada B por pelo menos um intervalo de tempo igual ao tempo de setup requerido pelo FF.

FIGURA 5.40 Flip-flop D com clock usado para responder a uma sequência particular de entradas.

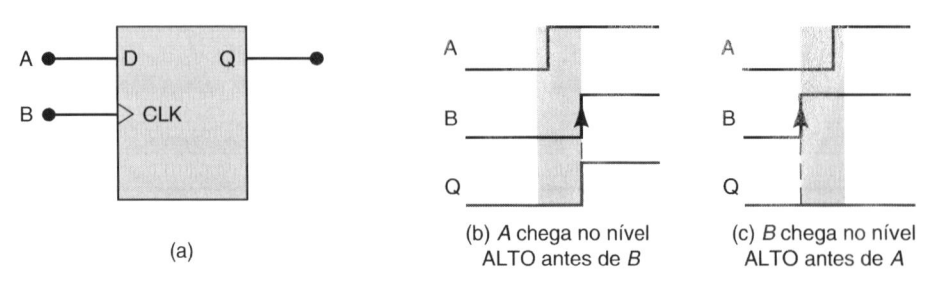

(a)

(b) A chega no nível ALTO antes de B

(c) B chega no nível ALTO antes de A

EXEMPLO 5.12

Revise o material na Seção 2.5 referente aos sinais do codificador de eixo em quadratura. Lembre-se de que um codificador de eixo em quadratura produz dois sinais de saída que são deslocados de 90 graus. Se o eixo girar para uma direção, a saída *A* conduzirá para a saída *B*; se girar na outra direção, a saída *A* atrasará a saída *B*. Use um FF D para determinar a direção do eixo na rotação.

Solução

Consulte a Figura 5.41. As duas saídas em quadratura são conectadas como mostrado: entrada *A* a *D* e entrada *B* para *clk*. A primeira metade do diagrama de temporização mostra os sinais em quadratura ao girar no sentido horário, ao passo que a segunda metade do diagrama de temporização mostra os sinais ao girar no sentido anti-horário.

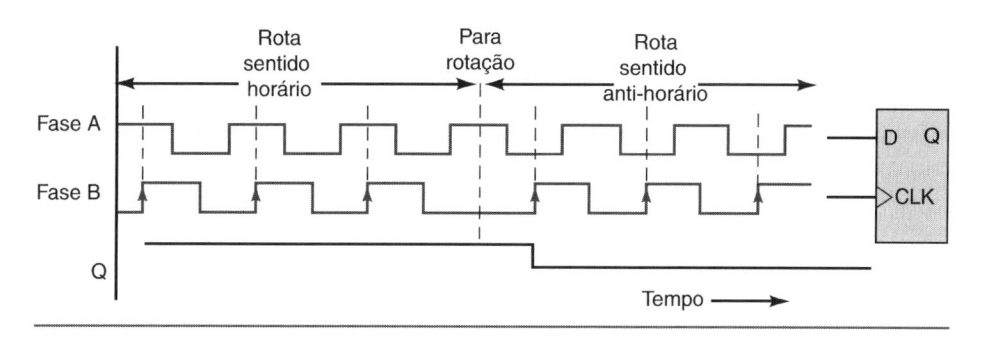

FIGURA 5.41 A sequência de sinais do codificador de quadratura determina o sentido de rotação. O FF D detecta essa sequência.

QUESTÃO DE REVISÃO

1. Como um FF D identifica qual entrada muda primeiro?

5.16 DETECTANDO UMA TRANSIÇÃO OU "EVENTO"

OBJETIVOS

Após ler esta seção, você será capaz de:

- Usar um FF D e uma porta XOR para detectar um evento.
- Prever a saída do detector de eventos para qualquer sinal de entrada.

Como você deve se lembrar, usamos vários termos (por exemplo, transição, borda, evento) para descrever uma mudança no estado lógico, seja uma mudança de BAIXO para ALTO ou uma mudança de ALTO para BAIXO. Muitas vezes, é importante que os circuitos digitais respondam à mudança quando acontece. Nos circuitos sincronizados e com clock, as atualizações sempre acontecem em uma borda de clock, então, é necessário um circuito que emita um ALTO sempre que sua entrada (o sinal em cuja mudança estamos interessados) tenha mudado de estado desde a última borda do clock. Um flip-flop D pode ser usado para esse propósito comparando o nível lógico na sua entrada D com o nível lógico na saída Q. O circuito simples na Figura 5.42 demonstra essa aplicação. Nos tempos t_1, t_2 e t_3, o sinal é BAIXO e não houve alteração na entrada desde a borda do clock anterior. Entre t_3 e t_4, o sinal de entrada muda de estado, mas a saída Q do flip-flop ainda armazena um BAIXO (o valor apresenta a última vez que foi sincronizado). A porta XOR detecta que suas entradas são diferentes umas das outras, indicando uma mudança no sinal de entrada desde a última borda do clock. Em t_4, a saída Q é atualizada para um ALTO, então, a entrada e a saída são mais uma vez as mesmas. É importante notar que a largura do pulso de saída chamado "borda" depende de quanto tempo há entre a transição do sinal de entrada e a borda do clock, o que pode produzir pulsos de saída muito estreitos, como mostrado em t_6.

FIGURA 5.42 Detecção de uma borda: (a) circuito; (b) exemplo de temporização.

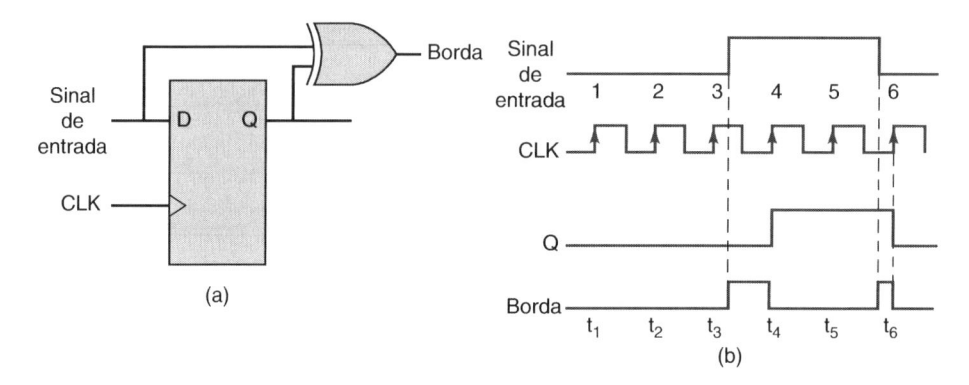

QUESTÕES DE REVISÃO

1. Qual é o propósito da porta XOR no circuito do detector de eventos?
2. Suponha que o CLK seja de 1 MHz, 50% do ciclo de trabalho. Se o sinal de entrada muda de estado na borda descendente do CLK, como será o sinal *BORDA* de saída?

5.17 ARMAZENAMENTO E TRANSFERÊNCIA DE DADOS

OBJETIVOS

Após ler esta seção, você será capaz de:
- Usar flip-flops para transferir dados de um local para outro.
- Distinguir entre métodos de transferência síncrona e assíncrona.

Com certeza, o uso mais comum de flip-flops é no armazenamento de dados ou de informações. Os dados podem representar valores numéricos (por exemplo, números binários, números BCD-decimal codificado em binário) ou qualquer outro de uma grande variedade de tipos de dados que podem ser codificados em binário. Esses dados são geralmente armazenados em grupos de FFs denominados **registradores**.

A operação mais comum realizada sobre os dados armazenados em FFs ou registradores é a **transferência de dados**, que envolve a transferência de dados de um FF ou registrador para outro. A Figura 5.43 demonstra como esse processo pode ser implementado entre dois FFs usando flip-flops S-R, J-K e D. Em cada caso, o valor lógico atual armazenado em um FF *A* é transferido para um FF *B* na transição negativa do pulso TRANSFER. Dessa maneira, após essa transição negativa, a saída *B* terá o mesmo valor que a saída *A*.

As operações mostradas na Figura 5.43 são exemplos de **transferência síncrona**, uma vez que as entradas de controle síncronas e a entrada *CLK* foram usadas para realizar a transferência. A operação de transferência também pode ser obtida usando-se as entradas assíncronas de um FF. A Figura 5.44 mostra como uma **transferência assíncrona** pode ser implementada usando-se as entradas PRESET e CLEAR de qualquer tipo de FF. Nesse caso, as entradas assíncronas são ativas em nível BAIXO. Quando a linha TRANSFER ENABLE (habilitar a transferência) é mantida em nível BAIXO, as saídas das duas NAND são mantidas em nível ALTO, não tendo efeito sobre as saídas do FF. Quando a linha TRANSFER ENABLE é colocada em nível ALTO, uma das saídas das portas NAND vai para nível BAIXO, dependendo do estado das saídas A e $\bar{A}$. Esse nível BAIXO vai setar ou resetar o FF B para o mesmo estado do FF A. Essa transferência assíncrona é realizada independentemente das entradas síncronas e do CLK do FF; ela também é conhecida como **transferência por interferência**, porque o dado que está sendo transferido "interfere" no FF B mesmo que as entradas síncronas estejam ativadas.

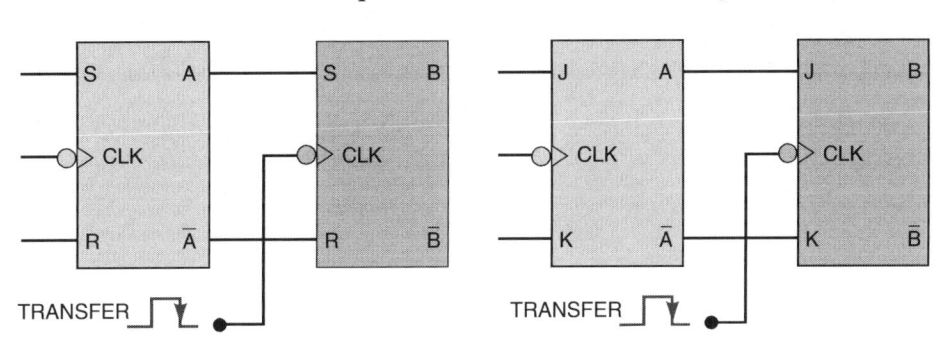

FIGURA 5.43 Operação de transferência síncrona de dados realizada por diversos tipos de FFs com clock.

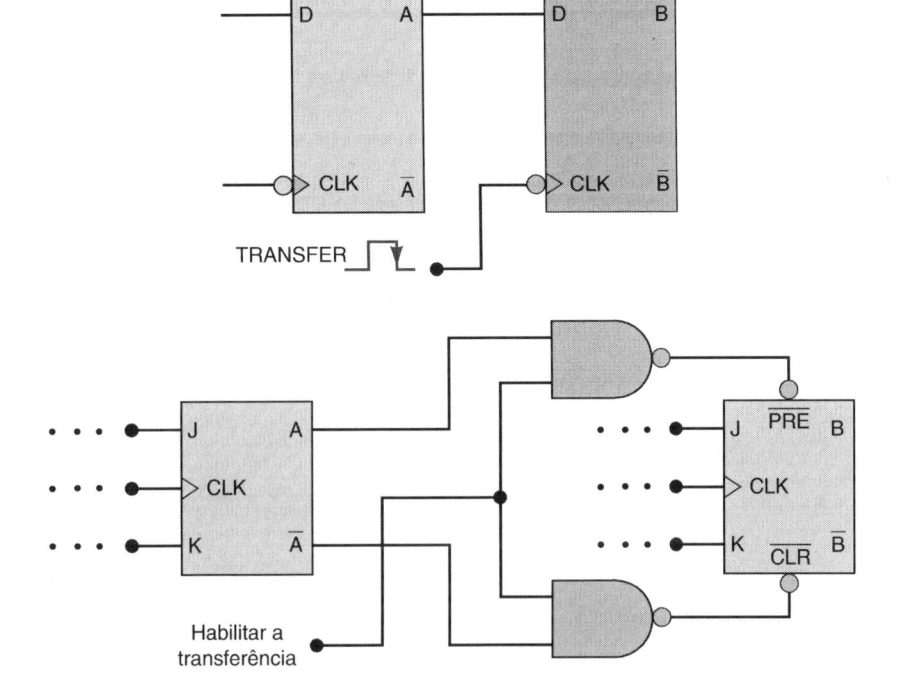

FIGURA 5.44 Operação de transferência assíncrona de dados.

Transferência paralela de dados

A Figura 5.45 demonstra uma transferência de dados de um registrador para outro usando FFs do tipo D. O registrador X é constituído dos FFs X_2, X_1 e X_0; o registrador Y consiste dos FFs Y_2, Y_1 e Y_0. Na aplicação da transição negativa do pulso TRANSFER, o nível armazenado em X_2 é transferido para Y_2, X_1 para Y_1 e X_0 para Y_0. A transferência do conteúdo do registrador X para o Y é síncrona, também denominada transferência paralela, uma vez que os conteúdos de X_2, X_1 e X_0 são transferidos *simultaneamente* para Y_2, Y_1 e Y_0. Caso uma **transferência serial de dados** fosse realizada, o conteúdo do registrador X seria transferido, um bit de cada vez, para o registrador Y — isso será analisado na próxima seção.

É importante entender que a transferência paralela não altera o conteúdo do registrador, que é a fonte dos dados. Por exemplo, na Figura 5.45, se $X_2X_1X_0 = 101$ e $Y_2Y_1Y_0 = 011$ antes de ocorrer o pulso TRANSFER, então, após ocorrer o pulso TRANSFER, o conteúdo dos dois registradores será 101.

FIGURA 5.45 Transferência paralela de conteúdos do registro X no registro Y.

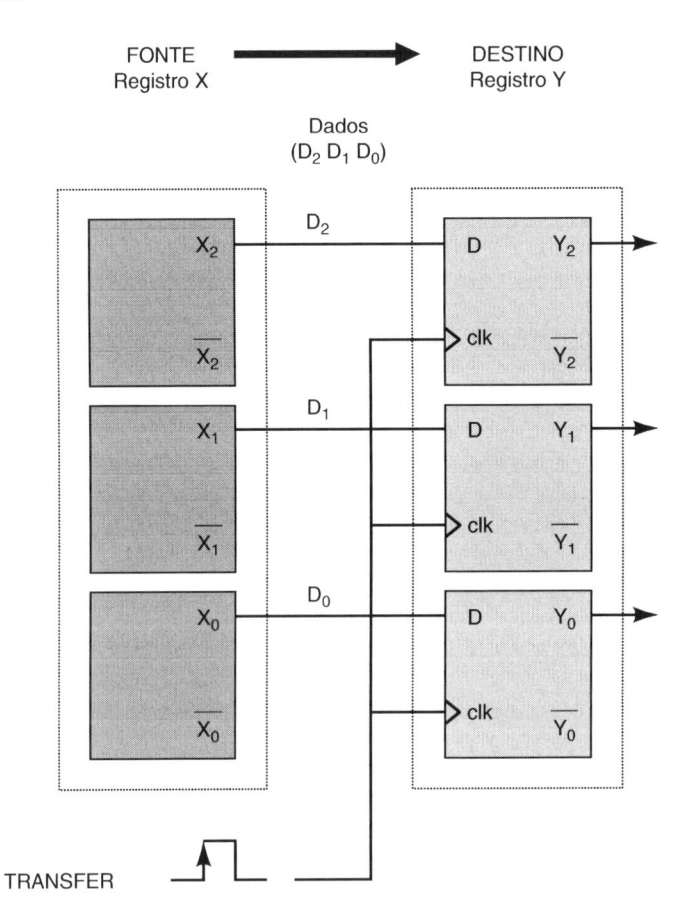

QUESTÕES DE REVISÃO

1. *Verdadeiro ou falso:* a transferência assíncrona de dados usa a entrada *CLK*.
2. Que tipo de FF é o mais indicado para transferências síncronas por requerer um número menor de conexões entre os FFs?
3. Se fossem usados flip-flops J-K no registrador mostrado na Figura 5.45, quantas conexões seriam necessárias entre o registrador X e o Y?
4. *Verdadeiro ou falso:* a transferência síncrona de dados requer um circuito menor que a transferência assíncrona.

5.18 TRANSFERÊNCIA SERIAL DE DADOS: REGISTRADORES DE DESLOCAMENTO

Objetivos

Após ler esta seção, você será capaz de:

- Comparar as vantagens e desvantagens entre transferência de dados em série e em paralelo.
- Prever o valor presente em cada FF em um registrador de deslocamento após cada limite de clock dado o nível lógico de outras entradas.

Antes de descrevermos a operação de transferência serial de dados, devemos analisar a configuração básica de um *registrador de deslocamento*. Um **registrador de deslocamento** é um grupo de FFs organizados de modo que os números binários armazenados nos FFs sejam deslocados de um FF para o seguinte a cada pulso de clock. Você, sem dúvida, já viu registradores de deslocamento em operação em dispositivos tais como uma calculadora eletrônica, em que os dígitos mostrados no display são deslocados cada vez que você tecla um novo dígito. Essa operação é semelhante à que acontece em um registrador de deslocamento.

A Figura 5.46(a) mostra uma maneira de organizar flip-flops J-K para que operem como um registrador de deslocamento de quatro bits. Perceba que os FFs estão conectados de maneira que: o valor da saída X_3 é transferido para X_2; o valor de X_2, para X_1; e o de X_1, para X_0. Isso significa que, quando ocorre uma transição negativa no pulso de deslocamento, cada FF recebe o valor armazenado previamente no FF à esquerda. O flip-flop X_3 recebe o valor determinado pelos níveis das entradas J e K quando ocorre uma transição negativa. Por enquanto, vamos supor que as entradas J e K de X_3 sejam acionadas pela forma de onda ENTRADA DE DADOS mostrada na Figura 5.46(b). Vamos supor também que todos os FFs estejam no estado 0 antes que os pulsos de deslocamento sejam aplicados.

As formas de onda na Figura 5.46(b) mostram como os dados de entrada são deslocados da esquerda para a direita, de um FF para outro, enquanto os pulsos de deslocamento são aplicados. Quando ocorre a primeira transição negativa em t_1, cada um dos FFs X_2, X_1 e X_0 tem em suas entradas a condição $J = 0$ e $K = 1$, por conta do estado do FF que está à esquerda. O FF X_3 tem $J = 1$ e $K = 0$, em razão do sinal ENTRADA DE DADOS. Dessa maneira, no instante t_1, somente X_3 vai para o nível ALTO, enquanto todos os outros FFs permanecem no nível BAIXO. Quando ocorrer a segunda borda de descida em t_2, o FF X_3 terá $J = 0$ e $K = 1$, por conta do sinal ENTRADA DE DADOS. O FF X_2 tem $J = 1$ e $K = 0$, por causa do atual nível ALTO de X_3. Os FFs X_1 e X_0 permanecem com $J = 0$ e $K = 1$. Assim, no instante t_2, apenas o FF X_2 vai para o nível ALTO; o FF X_3 vai para o nível BAIXO, e os FFs X_1 e X_0 permanecem no nível BAIXO.

Um raciocínio semelhante pode ser usado para determinarmos como as formas de onda dos FFs mudam nos instantes t_3 e t_4. Observe que, a cada borda de descida do pulso de deslocamento, cada saída de FF recebe o nível lógico presente na saída do FF à esquerda *antes* da transição negativa. Obviamente, X_3 recebe o nível que estava presente na ENTRADA DE DADOS antes da transição negativa.

FIGURA 5.46 Registrador de deslocamento de quatro bits.

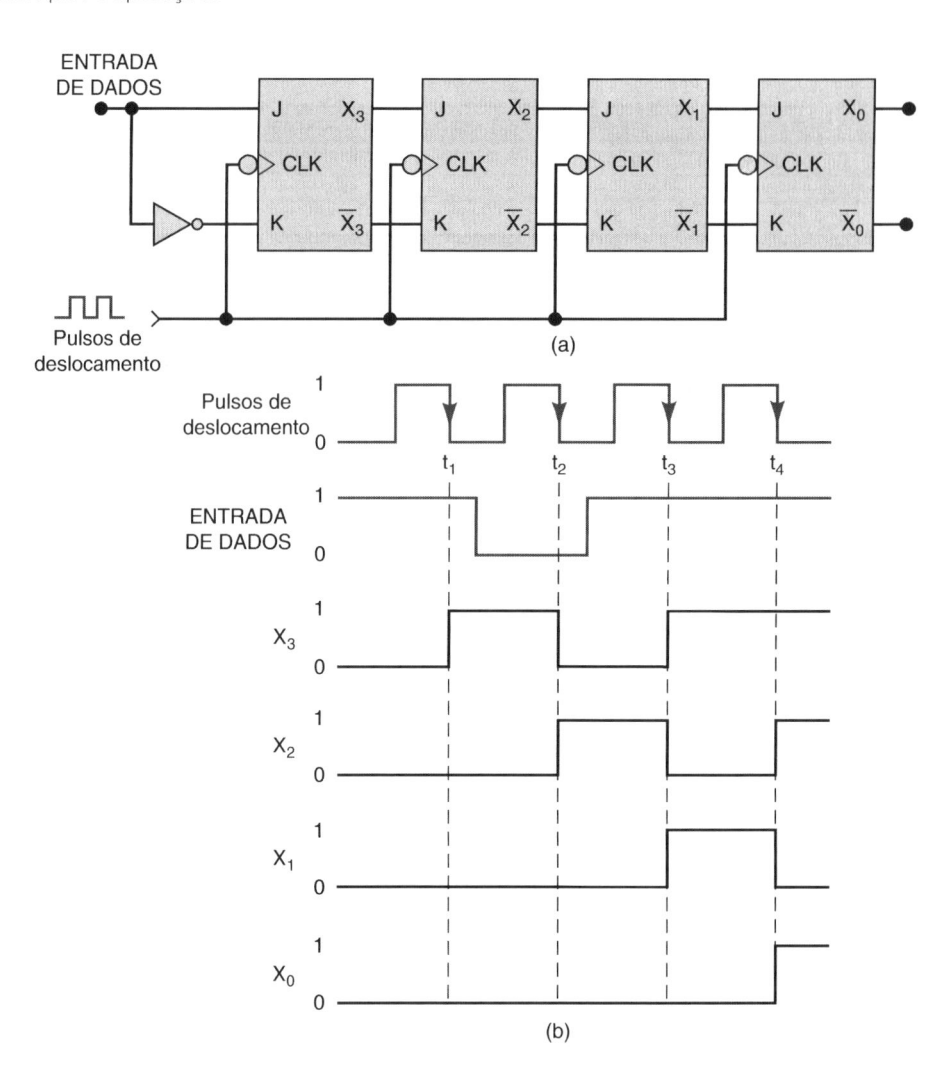

Exigência quanto ao tempo de hold

Nesse tipo de registrador de deslocamento, é necessário que os FFs tenham um tempo de hold muito pequeno, porque existem momentos em que as entradas J e K mudam de estado simultaneamente à transição do CLK. Por exemplo, a saída X_3 comuta de 1 para 0 em resposta à transição negativa no instante t_2, fazendo que as entradas J e K de X_2 mudem de estado enquanto sua entrada de CLK está mudando. Na realidade, em virtude do atraso de propagação de X_3, as entradas J e K de X_2 não mudarão de estado durante um curto intervalo de tempo após a transição negativa. Por esse motivo, um registrador de deslocamento deve ser implementado usando FFs disparados por borda que tenham valor de t_H menor que um atraso de propagação do CLK para a saída. Este último requisito é facilmente atendido pela maioria dos modernos FFs disparados por borda.

Transferência serial entre registradores

A Figura 5.47(a) mostra dois registradores de deslocamento de três bits conectados de modo que o conteúdo do registrador X seja transferido de forma serial (deslocada) para o registrador Y. Estamos usando FFs D para cada registrador de deslocamento, uma vez que eles requerem menos conexões que os FFs J-K. Observe como X_0, o último FF do registrador X, está conectado à entrada D de Y_2, o primeiro FF do registrador Y. Dessa maneira, quando os pulsos de deslocamento são aplicados, a transferência da informação acontece da seguinte maneira: $X_2 \rightarrow X_1 \rightarrow X_0 \rightarrow Y_2 \rightarrow Y_1 \rightarrow Y_0$. O FF X_2 vai para o estado determinado por sua entrada D. Por ora, a entrada D será mantida em nível BAIXO, de modo que X_2 vai para o nível BAIXO no primeiro pulso e permanecerá assim.

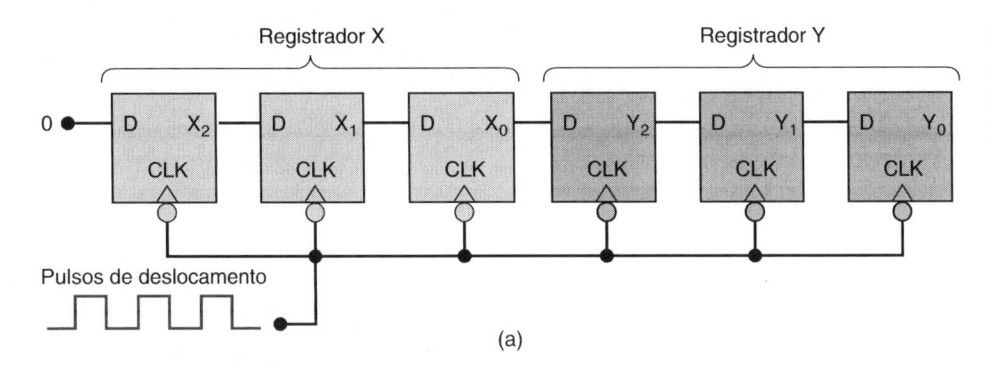

FIGURA 5.47 Transferência serial de dados de um registrador X para um registrador Y.

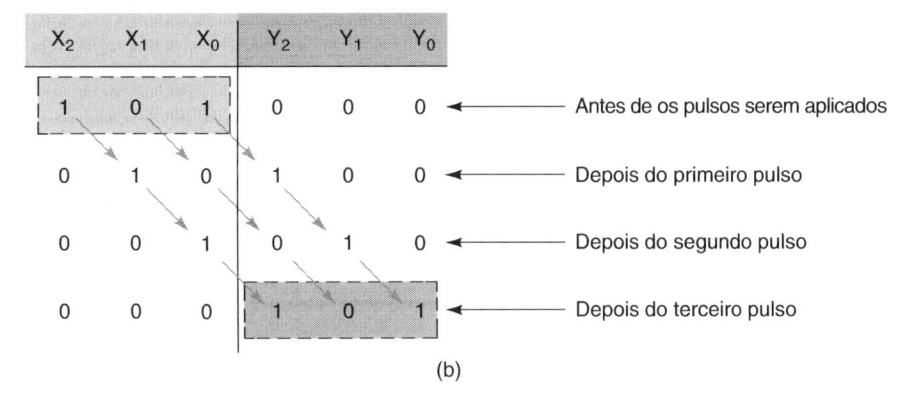

Para ilustrar, vamos considerar que, antes que seja aplicado qualquer pulso de deslocamento, o conteúdo do registrador X seja 101 (ou seja, $X_2 = 1$, $X_1 = 0$, $X_0 = 1$) e o registrador Y seja 000. Veja a tabela na Figura 5.47(b), que mostra como os estados de cada FF mudam conforme os pulsos de deslocamento são aplicados. Devem ser observados os seguintes pontos:

1. Na transição negativa de cada pulso, cada FF recebe o valor que estava armazenado no FF à esquerda antes da ocorrência do pulso.
2. Após *três* pulsos, o nível 1, que estava inicialmente em X_2, está em Y_2; o nível 0, que estava, de início, em X_1, está em Y_1; e o nível 1, que estava inicialmente em X_0, está em Y_0. Em outras palavras, a informação 101 armazenada no registrador X foi deslocada para o registrador Y. O registrador X é agora 000; ele perdeu o dado original.
3. A transferência completa dos *três* bits de dados requer *três* pulsos de deslocamento.

EXEMPLO 5.13

Suponha os mesmos valores dos registradores X e Y mostrados na Figura 5.47. Qual será o valor de cada FF após a ocorrência de seis pulsos de deslocamento?

Solução

Se continuarmos o processo mostrado na Figura 5.47(b) para mais três pulsos de deslocamento, veremos que todos os FFs estarão no estado 0 após seis pulsos. Outra maneira de chegarmos a esse resultado é a seguinte: um nível 0 constante na entrada D de X_2 é deslocado a cada pulso, de modo que após seis pulsos os registradores estarão carregados com 0s.

Operação de deslocamento para a esquerda

Os FFs mostrados na Figura 5.47 podem ser facilmente conectados de maneira que o deslocamento de informações seja feito da direita para a esquerda. Não existe vantagem em se fazer o deslocamento em uma direção ou outra; a direção escolhida pelo projetista do sistema lógico, em geral, será determinada pela natureza da aplicação, como veremos a seguir.

Transferência paralela *versus* serial

Na transferência paralela, todas as informações são transferidas simultaneamente na ocorrência de um *único* pulso (Figura 5.45), não importando quantos bits são transferidos. Na transferência serial, conforme exemplificado na Figura 5.47, a transferência completa de N bits de informação requer N pulsos de clock (três bits requerem três pulsos; quatro bits, quatro pulsos; e assim por diante). Então, a transferência paralela é obviamente muito mais rápida que a serial usando registradores de deslocamento.

Na transferência paralela, a saída de cada FF no registrador X é conectada na entrada correspondente do registrador Y. Na transferência serial, apenas o último FF do registrador X é conectado no registrador Y. Desse modo, em geral, a transferência paralela requer mais conexões entre o registrador transmissor (X) e o registrador receptor (Y) que a transferência serial. Essa diferença se torna problemática quando um grande número de bits de informação está sendo transferido. Essa é uma consideração importante quando os registradores de transmissão e recepção estão distantes um do outro, uma vez que isso determina quantas linhas (fios) são necessárias para a transmissão da informação.

A escolha entre a transmissão paralela ou serial depende das especificações e aplicação em particular. Muitas vezes, é usada uma combinação dos dois tipos de transferência para se obter a vantagem da *velocidade* proporcionada pela transferência paralela e a *economia e simplicidade* da transferência serial. Posteriormente, abordaremos mais sobre transferência de informações.

QUESTÕES DE REVISÃO

1. *Verdadeiro ou falso*: o método mais rápido para transferência de dados de um registrador para outro é a transferência paralela.
2. Qual é a maior vantagem da transferência serial sobre a paralela?
3. Veja a Figura 5.47. Considere que o conteúdo inicial dos registros seja $X_2 = 0$, $X_1 = 1$, $X_0 = 0$, $Y_2 = 1$, $Y_1 = 1$, $Y_0 = 0$. Suponha também que a entrada D de X_2 seja mantida em nível ALTO. Determine o valor da saída de cada FF após a ocorrência de quatro pulsos de deslocamento.
4. Em qual das formas de transferência de dados a fonte dos dados não os perde?

5.19 FREQUÊNCIA E CONTAGEM

Objetivos

Após ler esta seção, você será capaz de:

- Usar flip-flops para dividir uma frequência de clock por potências de 2.
- Usar flip-flops para criar um contador binário.
- Definir o número MOD de um contador.
- Determinar a frequência de cada saída de um contador.

Veja a Figura 5.48(a). Cada FF tem suas entradas J e K em nível 1, para que ele mude de estado (comute) sempre que o sinal em sua entrada de *CLK* for do nível ALTO para o BAIXO. Os pulsos de clock são aplicados apenas na entrada *CLK* do FF Q_0. A saída de Q_0 está conectada na entrada *CLK* do FF Q_1, e a saída de Q_1 está conectada na entrada *CLK* do FF Q_2. As formas de onda, mostradas na Figura 5.48(b), indicam como os FFs mudam de estado conforme os pulsos são aplicados. Os pontos importantes a serem observados são os seguintes:

1. O FF Q_0 comuta na transição negativa de cada pulso na entrada de clock. Dessa maneira, a forma de onda da saída Q_0 tem uma frequência que é exatamente a metade da frequência dos pulsos de clock.
2. O FF Q_1 comuta de estado cada vez que a saída Q_0 vai do nível ALTO para o BAIXO. A forma de onda de Q_1 tem uma frequência exatamente igual à metade da frequência da saída Q_0 e, portanto, um quarto da frequência do sinal de clock.
3. O FF Q_2 comuta de estado cada vez que a saída Q_1 vai do nível ALTO para o BAIXO. Assim, a forma de onda Q_2 tem a metade da frequência de Q_1 e, portanto, um oitavo da frequência de clock.
4. Cada saída de FF é uma onda quadrada (isto é, cada saída será ALTA durante metade de seu período).

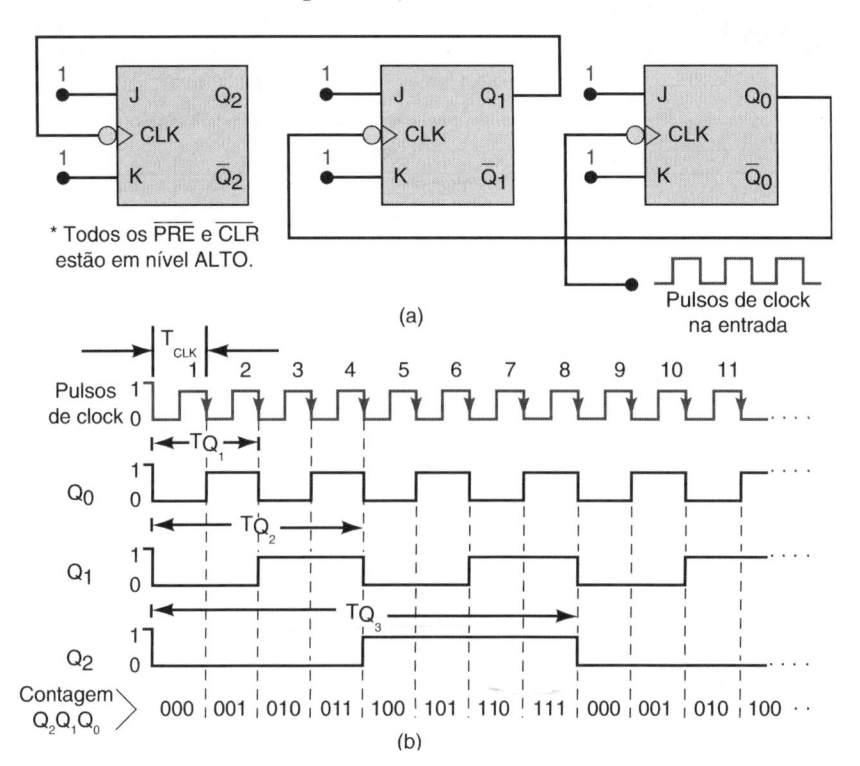

FIGURA 5.48 Flip-flops J-K conectados para formar um contador binário de três bits (módulo 8).

Como vimos, cada FF divide a frequência do sinal de sua entrada por 2. Dessa maneira, se acrescentarmos um quarto FF a essa cadeia, ele teria frequência igual a 1/16 da frequência de clock, e assim por diante. Usando um número apropriado de FFs, esse circuito pode dividir uma frequência por qualquer potência de 2. Especificamente, usando N flip-flops produziríamos uma frequência de saída do último FF que seria igual a $1/2^N$ da frequência de entrada.

Essa aplicação com flip-flops é conhecida como **divisor de frequência**. Muitas aplicações requerem um divisor de frequência. Por exemplo, seu relógio de pulso é certamente um relógio "quartzo"; o termo *relógio quartzo* significa que um cristal de quartzo é usado para gerar um oscilador com frequência bastante estável. A frequência natural de ressonância do cristal de quartzo do relógio é em torno de 1 MHz ou mais. Para obter no display a atualização do mostrador de segundos, que ocorre uma vez a cada segundo, a frequência do oscilador é *dividida* por um valor que produzirá uma frequência de saída de 1 Hz bastante estável e precisa.

Operação de contagem

Além de funcionar como divisor de frequência, o circuito da Figura 5.48 também opera como **contador binário**. Isso pode ser demonstrado ao analisarmos a sequência de estados dos FFs após a ocorrência de cada pulso de clock. A Figura 5.49 apresenta os resultados em uma **tabela de estados**. Digamos que os valores de $Q_2Q_1Q_0$ representam um número binário em que Q_2 está na posição 2^2, Q_1 na 2^1 e Q_0 na 2^0. Os primeiros oito estados de $Q_2Q_1Q_0$ mostrados na tabela devem ser reconhecidos como uma contagem binária sequencial de 000 a 111. Após a primeira transição negativa, os FFs passam para o estado 001 ($Q_2 = 0, Q_1 = 0, Q_0 = 1$) que representa 001_2 (equivalente ao decimal 1); após a segunda transição negativa, os FFs passam para o estado 010_2, que equivale a 2_{10}; após três pulsos, temos $011_2 = 3_{10}$; após quatro pulsos, temos $100_2 = 4_{10}$; e assim por diante, até que ocorram sete pulsos, quando teremos $111_2 = 7_{10}$. Na oitava transição negativa, os FFs retornam para o estado 000 e a sequência binária se repete para os pulsos de clock posteriores.

Assim, para os primeiros sete pulsos de entrada, o circuito funciona como contador binário, no qual os estados dos FFs representam o número binário equivalente ao número de pulsos ocorridos. Esse contador pode contar até $111_2 = 7_{10}$ antes de retornar para 000.

FIGURA 5.49 Tabela com os estados dos flip-flops mostrando uma sequência de contagem binária.

2^2 Q_2	2^1 Q_1	2^0 Q_0	
0	0	0	Antes de aplicar os pulsos de clock
0	0	1	Depois do pulso #1
0	1	0	Depois do pulso #2
0	1	1	Depois do pulso #3
1	0	0	Depois do pulso #4
1	0	1	Depois do pulso #5
1	1	0	Depois do pulso #6
1	1	1	Depois do pulso #7
0	0	0	Depois do pulso #8 retorna para 000
0	0	1	Depois do pulso #9
0	1	0	Depois do pulso #10
0	1	1	Depois do pulso #11
.	.	.	.
.	.	.	.
.	.	.	.

Diagrama de transição de estados

Outra maneira de mostrar como os estados dos FFs mudam a cada pulso de clock aplicado é pelo uso de um **diagrama de transição de estados**, conforme demonstrado na Figura 5.50. Cada círculo representa um estado possível, indicado pelo número binário dentro do círculo. Por exemplo, o círculo que contém o número binário 100 representa o estado 100 (ou seja, $Q_2 = 1$, $Q_1 = Q_0 = 0$).

As setas que conectam um círculo ao outro mostram como ocorre a mudança de um estado para o outro à medida que os pulsos de clock são aplicados. Observando um estado de um círculo em particular, vemos qual é o estado anterior e o posterior. Por exemplo, observando o estado 000, vemos que ele é alcançado quando o contador está no estado 111 e o pulso de clock é aplicado. Da mesma maneira, vemos que o estado 000 sempre é seguido pelo estado 001.

Usaremos diagramas de transição de estados para ajudar a descrever, analisar e projetar contadores e outros circuitos sequenciais.

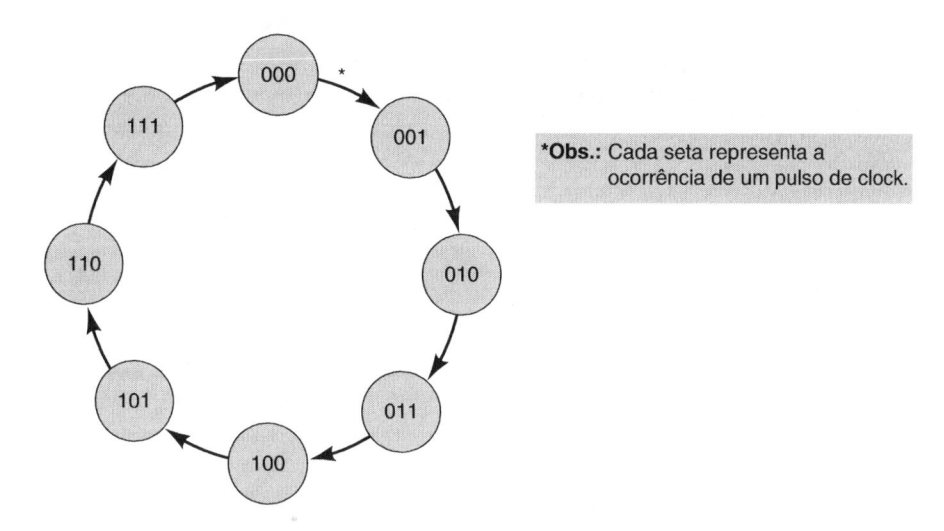

*Obs.: Cada seta representa a ocorrência de um pulso de clock.

FIGURA 5.50 O diagrama de transição de estados mostra como os estados de flip-flops do contador mudam a cada pulso de clock aplicado.

Módulo do contador

O contador mostrado na Figura 5.48 tem $2^3 = 8$ estados diferentes (000 a 111). Dizemos que é um *contador de módulo 8*, em que o **número do módulo** indica o número de estados da sequência de contagem. Se um quarto FF fosse acrescentado, a sequência de estados contaria, em binário, de 0000 a 1111, em um total de 16 estados — esse seria um *contador de módulo 16*. Em geral, se N flip-flops estiverem conectados na disposição mostrada na Figura 5.48, o contador resultante terá 2^N estados diferentes e, portanto, será um contador de módulo 2^N capaz de contar até $2^N - 1$ antes de retornar ao estado 0.

O número do módulo de um contador também indica a divisão entre a frequência de entrada e a obtida na saída do último flip-flop. Por exemplo, um contador de quatro bits possui quatro FFs, em que cada um representa um dígito binário (bit), sendo assim um contador de módulo $2^4 = 16$. Desse modo, esse contador pode contar até 15 (= $2^4 - 1$). Ele também pode ser usado para dividir a frequência de pulso de entrada por 16 (o número do módulo).

Estudamos apenas um contador de FF binário básico, mas os contadores serão detalhados no Capítulo 7.

EXEMPLO 5.14

Suponha que o contador de módulo 8 mostrado na Figura 5.48 esteja no estado 101. Qual será o estado (a contagem) após a aplicação de 13 pulsos?

Solução

Localize o estado 101 no diagrama de transição de estados. Siga ao redor do diagrama de estado por oito mudanças de estado e você deve ter retornado ao estado 101. Agora, continue por mais cinco mudanças de estado (total de 13) e você deve estar agora no estado 010.

Perceba que, como esse é um contador de módulo 8, ele necessita de oito transições de estado para fazer uma excursão completa no diagrama e retornar ao estado inicial.

EXEMPLO 5.15

Considere um circuito de um contador que possui seis FFs conectados na disposição mostrada na Figura 5.48 (isto é, $Q_5, Q_4, Q_3, Q_2, Q_1, Q_0$).
(a) Determine o número do módulo do contador.
(b) Determine a frequência na saída do último FF (Q_5) quando a frequência do clock de entrada for de 1 MHz.
(c) Qual é a faixa de estados de contagem desse contador?
(d) Considere como estado (contagem) inicial o valor 000000. Qual será o estado do contador após 129 pulsos?

Solução
(a) Número de módulo = 2^6 = 64.
(b) A frequência no último FF é igual à frequência do clock de entrada dividida pelo número do módulo. Ou seja,

$$f\,(em\ Q5) = \frac{1\ MHz}{64} = 15,625\ kHz$$

(c) Esse contador contará de 000000_2 a 111111_2 (0 a 63_{10}) em um total de 64 estados. Observe que o número de estados é o mesmo que o número do módulo.
(d) Uma vez que esse contador é de módulo 64, ele retorna para o estado inicial a cada 64 pulsos de clock. Sendo assim, após 128 pulsos, o contador retorna para 000000. O 129º pulso leva o contador para a contagem 000001.

QUESTÕES DE REVISÃO

1. Um sinal de clock de 20 kHz é aplicado em um FF J-K com $J = K = 1$. Qual é a frequência da forma de onda de saída do FF?
2. Quantos FFs são necessários para se construir um contador que conte de 0 a 255_{10}?
3. Qual é o número de módulo desse contador da Questão 2?
4. Qual será a frequência de saída do oitavo FF quando a frequência de clock for de 512 kHz?
5. Se esse contador começar em 00000000, qual será seu estado após 520 pulsos?

5.20 APLICAÇÃO DE FLIP-FLOPS COM RESTRIÇÕES DE TEMPO

Objetivos

Após ler esta seção, você será capaz de:
- Identificar aplicações comuns de flip-flops.
- Correlacionar as limitações de tempo com problemas de desempenho.

Os codificadores de eixo em quadratura foram apresentados na Seção 2.3 e, depois, utilizados no Exemplo 5.12 para demonstrar a capacidade de detectar uma sequência. Um olhar mais profundo neste exemplo revela que usar um simples flip-flop D para acompanhar um eixo rotativo é inadequado. O objetivo é produzir um número binário na saída de um contador que sempre representa a posição física do eixo, o que pode ser realizado conceitualmente, contando enquanto se gira em sentido horário e, depois, contando quando se gira em sentido anti-horário, como mostrado na Figura 5.51. No entanto, a realidade prática é que o eixo pode se inverter em qualquer ponto nesse tempo, fazendo que a contagem e a posição do eixo se desalinhem. O tempo t_1 mostra o que pode acontecer quando o codificador do eixo inverte sua rotação. Em t_2, a margem ascendente na fase B é a borda de clock para o detector de sequência FF D e também para o contador. Observe que a contagem não se inverteu nesta borda do clock, mas continuou a contar para baixo. O contador não se inverte até o próximo limite ascendente em B. Um desalinhamento ainda maior pode acontecer como mostrado em t_3, que é um exemplo que mostra que o eixo parou muito próximo do ponto de transição da fase B. Se ocorre uma leve vibração do eixo (muito típico), então o sinal da fase B alterna entre BAIXO e ALTO. A forma de onda resultante apresentaria um erro maior à medida que o valor de contagem continuasse a aumentar mesmo que o eixo não estivesse realmente girando. Obviamente, esse circuito de detector de sequência simples é inadequado para controlar a posição absoluta do codificador de eixo a partir de um codificador em quadratura.

FIGURA 5.51 Problemas ao usar um detector de sequência simples para criar um codificador de eixo absoluto.

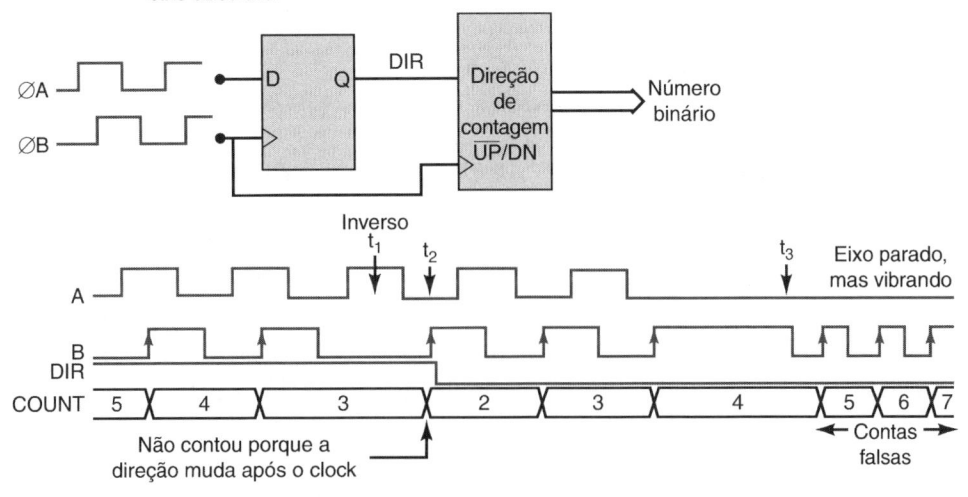

O requisito de se manter o contador e a posição do eixo alinhado é ter a atualização do contador em cada transição da fase A ou fase B e sempre saber qual direção é representada por cada transição. Por exemplo, se o codificador parar muito perto de uma transição em B como na Figura 5.51 em t_3, o contador deve contar em ordem crescente sempre que B mudar de nível BAIXO para ALTO e deve fazer contagem em ordem decrescente sempre que B mudar de nível ALTO para BAIXO. Isso exige que usemos algumas das habilidades de projeto de circuitos digitais vistas nos capítulos anteriores e que entendamos as limitações de tempo de flip-flops reais. Também precisamos explorar o uso de uma entrada de clock que controla de forma síncrona tudo no sistema. Esse clock deve funcionar a uma frequência muito superior à frequência dos sinais de entrada.

Este exemplo usa alguns recursos dos contadores que serão abordados mais detalhadamente no Capítulo 7. Nesse estágio, tratamos esses contadores como blocos funcionais e simplesmente apresentamos os controles típicos desses contadores. As seguintes definições das entradas de controle devem ser úteis.

Clock Clk	O contador atualiza suas saídas na borda de subida do clock. As outras entradas (habilitação e direção) controlam exatamente como o contador evolui quando ocorre a borda do clock.
Habilitação	A entrada de habilitação deve ser ativada para que o contador conte para cima ou para baixo. Se a habilitação não for ativada, o contador manterá o valor presente.
Direção	Esta entrada controla a direção (para cima ou para baixo) em que o contador avançará em cada pulso de clock, supondo que ele está habilitado. Para este exemplo, quando direção = 0, ele faz contagem ascendente. Quando dir = 1, faz contagem decrescente.

Em suma, esse contador manterá seu estado atual, desde que não seja habilitado (habilitação = 0). Se estiver habilitado, ele fará contagem em ordem crescente (quando direção = 0) ou contagem descendente (quando direção = 1) na próxima borda de subida do clock. O clock pode ter uma frequência muito alta se simplesmente ativarmos o contador para um único ciclo de clock sempre que uma borda ocorrer na fase A ou B.

A Figura 5.52 mostra o diagrama de blocos do sistema. O bloco geral possui entradas do decodificador de quadratura fase A, fase B e clock. O clock deve ser de alta frequência — digamos, 50 Mhz —, e a saída é um número binário que representa a posição do eixo. Observe os sub-blocos. Os dois blocos do detector de transição são idênticos e são usados para reconhecer quando ocorreu uma transição em A ou B. A porta OR está conectada ao controle de habilitação do contador e é ativada quando tenha ocorrido uma transição em A ou B. O bloqueio no centro do diagrama é responsável por observar os sinais de quadratura e decidir para qual direção o eixo está se movendo. A melhor maneira de entender as entradas para esse bloco é considerando o diagrama de temporização de sinais em quadratura. Saber em qual direção o eixo está se movimentando exige que você saiba qual fase mudou, qual direção mudou e o nível lógico da outra fase. Note as quatro entradas para o circuito decodificador de direção. Elas são o estado atual de A e B, juntamente com o estado lógico que estava presente durante a última borda do clock (QA e QB). Sempre que uma fase muda de estado, o bloco do decodificador de direção deve determinar qual a direção do eixo movido e dizer ao contador qual a maneira de contar na próxima borda do clock ascendente.

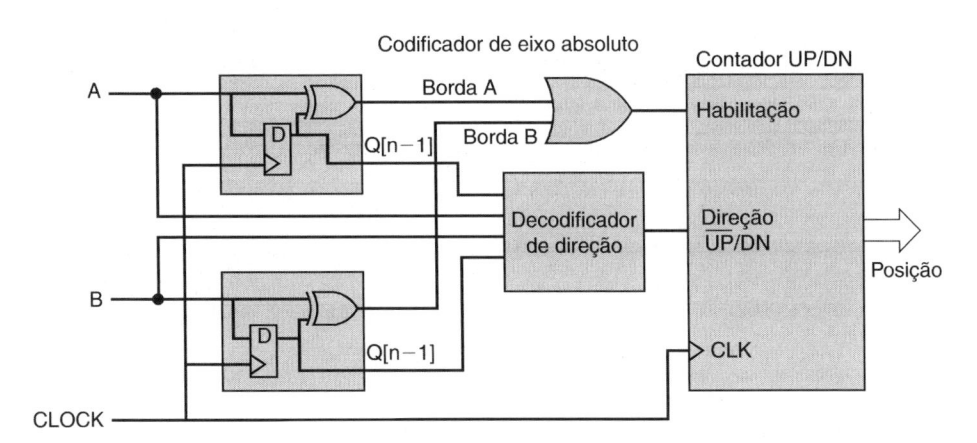

FIGURA 5.52 Diagrama de bloco de um sistema absoluto de posição do eixo.

Esta é uma excelente oportunidade para se praticar a tradução de um problema real em uma tabela-verdade, projetando o circuito decodificador de direção. Para cada combinação destas quatro entradas para o decodificador de direção, deve-se determinar o que aconteceu (se alguma coisa) e determinar qual direção de rotação é representada. Isso parece bastante complicado quando se olha para o diagrama de tempo dos sinais de quadratura, mas pode ser sistematicamente definido preenchendo-se uma tabela-verdade, uma linha por vez. Há muitas maneiras de se organizar a tabela-verdade de um problema como esse, mas, neste caso, parece melhor agrupar a saída de cada flip-flop com sua entrada. Consulte a Figura 5.53, que explica o significado das variáveis que são usadas para preencher a tabela-verdade. A saída Q representa o nível no sinal do codificador em quadratura na borda do clock anterior. Pense nisso como o nível lógico anterior do sinal. A entrada D para o flip-flop possui o codificador atual conectado a ela. Pense nisso como o nível lógico presente.

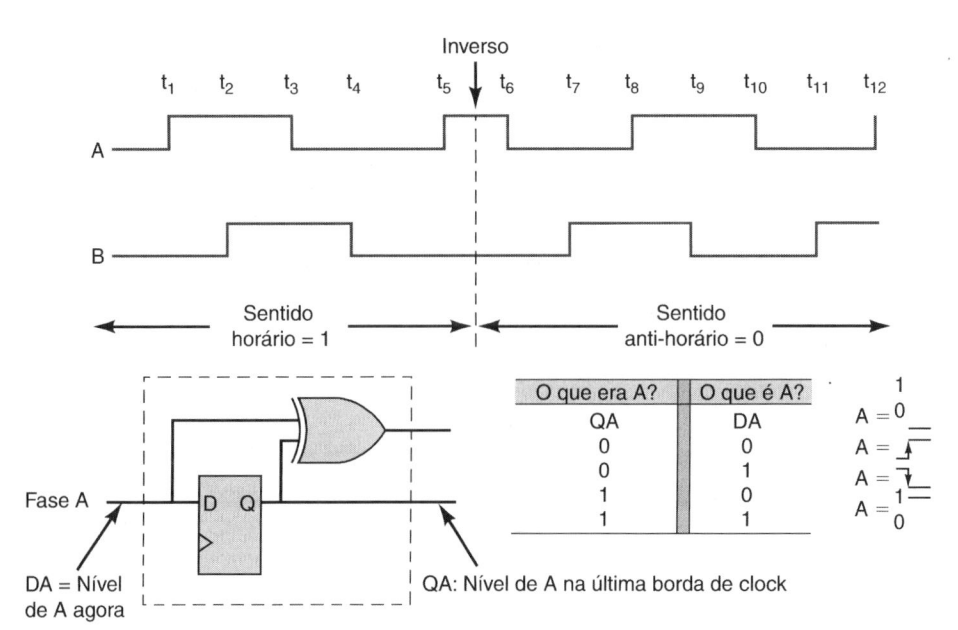

FIGURA 5.53 Definição das entradas do decodificador de direção.

O próximo passo é preencher a tabela-verdade. Existem duas condições descritas nesta tabela-verdade que não nos interessam. Para elas, não nos importa se o contador seja informado para agir no sentido ascendente ou descendente.

1. Não houve alteração no sinal *A* ou *B* (isto é, *QA* = *DA* e *QB* = *DB*). Observe, neste caso, que o contador não estará habilitado.
2. Houve uma alteração nos sinais *A* e *B* (isto é, *QA* = $\overline{DA}$ e *QB* = $\overline{DB}$) Note que isso é impossível com os sinais do codificador em quadratura.

A Figura 5.54 mostra a tabela-verdade configurada com saídas definidas para as diferentes condições de entrada. Por exemplo, na linha 0 da tabela-verdade, o último valor de *A* (*QA*) é BAIXO e o valor atual de *A* (*DA*) é BAIXO, indicando que nada mudou. A mesma condição existe para o sinal *B*. Desse modo, colocamos um *x* (irrelevante) na saída da tabela-verdade para a direção. A direção não importa porque o contador só é ativado quando há uma alteração na entrada *A* ou *B*. Da mesma forma, não houve alteração em *A* nem em *B* para números de linha 3, 12 e 15. Quatro linhas da tabela-verdade representam uma mudança em *A* e *B* no mesmo ciclo de clock. Por exemplo, a linha 5 diz que *A* passou de BAIXO a ALTO e *B* passou de BAIXO a ALTO. Isso é impossível para um codificador em quadratura e nunca aparece no tempo. Mais uma vez, inserimos um *x* na saída porque essa condição nunca ocorrerá. As linhas 6, 9 e 10 também são impossíveis.

FIGURA 5.54 Tabela-verdade do decodificador de direção.

	Q_A	D_A	Q_B	D_B	DIREÇÃO
(0)	0	0	0	0	X
(1)	0	0	0	1	0
(2)	0	0	1	0	1
(3)	0	0	1	1	X
(4)	0	1	0	0	1
(5)	0	1	0	1	X
(6)	0	1	1	0	X
(7)	0	1	1	1	0
(8)	1	0	0	0	0
(9)	1	0	0	1	X
(10)	1	0	1	0	X
(11)	1	0	1	1	1
(12)	1	1	0	0	X
(13)	1	1	0	1	1
(14)	1	1	1	0	0
(15)	1	1	1	1	X

As oito entradas restantes na tabela-verdade representam os pontos críticos nas formas de onda de entrada que devem determinar a direção correta para o contador. Consulte o exemplo de sincronização de sinais em quadratura na Figura 5.53. A linha 1 na tabela-verdade diz que *A* não muda e está em nível BAIXO, mas *B* mudou de nível BAIXO para ALTO (uma borda ascendente). Agora, encontre a forma de onda na Figura 5.53 em que essa condição existe. Perceba que ocorre na metade direita do diagrama em t_7 (direção = 0). A próxima linha (2) da tabela-verdade diz que *A* não muda e está em nível BAIXO, mas *B* mudou de nível ALTO para BAIXO (uma borda descendente). Procure essa condição no diagrama de tempo e você a encontrará em t_4 na metade esquerda, onde direção = 1. Cubra a coluna de direção na tabela e tente usar esta técnica para prever a saída de direção para as linhas 4, 7, 8, 11, 13 e 14.

A equação de soma de produto não simplificada para esta tabela-verdade (considerando todas as entradas x como sendo 0) é:

$$\text{Direção} = \overline{QA}\,\overline{DA}\,QB\,\overline{DB} + \overline{QA}\,DA\,\overline{QB}\,\overline{DB} + QA\,\overline{DA}\,QB\,DB + QA\,DA\,\overline{QB}\,DB$$

O mapa de Karnaugh para esta tabela-verdade é mostrado na Figura 5.55. Quando esses agrupamentos são feitos, a expressão de soma de produto mais simples é

$$\text{Direção} = DA\,\overline{QB} + \overline{DA}\,QB$$

Isso pode ser ainda mais simplificado em uma função OR exclusiva:

$$\text{Direção} = DA \oplus QB$$

Das quatro entradas possíveis para este circuito decodificador (conforme descrito na tabela-verdade), apenas duas são necessárias para a produção do resultado desejado. Esse é o poder da simplificação booleana. Deve-se notar que existe outra maneira possível de agrupar os termos neste mapa K, o que resulta em uma equação que usa os outros dois termos. O resultado será o mesmo.

$$\text{Direção} = \overline{(\overline{QA}\,\overline{DB})} + \overline{(QA\,DB)} = \overline{(QA \oplus DB)} \text{ uma função exclusiva NOR.}$$

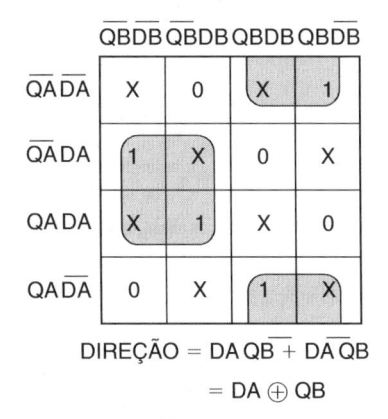

FIGURA 5.55 Mapa K, equação booleana minimizada e circuito lógico para o decodificador de direção.

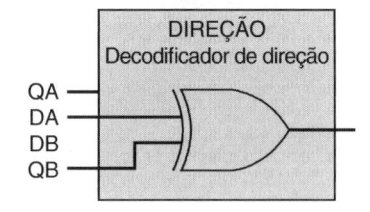

Problemas de tempo

Os principais objetivos deste exemplo de projeto são mostrar (1) aplicações de flip-flops, (2) técnicas de projeto de circuito combinacional e (3) demonstrar restrições de tempo real. Os dois primeiros objetivos já foram realizados conforme um FF D foi usado para se detectarem transições e o bloco decodificador de direção foi projetado e simplificado para uma simples porta XOR. É necessário algum trabalho de laboratório para demonstrar os problemas de temporização. Você pode tentar isso sozinho, mas aqui estão os resultados que experimentamos. Se o circuito da Figura 5.52 for implementado em 20 placas FPGA diferentes, algumas delas funcionarão perfeitamente e outras terão problemas de repetibilidade. Para esclarecer o experimento, vamos supor que o codificador do eixo é girado para uma posição de referência e o contador é resetado para zero. Quando o eixo é girado no sentido horário por qualquer número de graus e depois retornado no sentido anti-horário exatamente para a posição de referência, o contador deve novamente estar em zero. Se resultar uma ou duas contagens fora do zero, então o circuito não terá respondido perfeitamente a todas as bordas. Em uma aplicação em que esse codificador de eixo mede a posição de um braço de robô que solda as junções do seu carro, o soldador eventualmente se afastaria da junção e soldaria no lugar errado.

Por que o mesmo projeto funciona consistentemente em alguns circuitos e não em outros? A resposta está nas restrições reais de tempo do circuito que implementa o sistema digital. Lembre-se de que discutimos tempo de atraso de propagação, tempo de setup, tempo de hold e largura de pulso mínima nas seções anteriores, e também descrevemos a necessidade do uso de flip-flops com a finalidade de *sincronizar sinais*. Com essas questões em mente, vamos analisar o funcionamento desse circuito.

O problema começa com a natureza do dispositivo de entrada e do circuito do detector de borda. No nosso exemplo, usamos um clock de 50 MHz, o que significa que as bordas do clock acontecem a cada 20 ns. Os pulsos que provêm do codificador do eixo podem acontecer a qualquer momento, por isso é muito provável que pelo menos algumas das transições em A e B ocorram muito próximas da borda do clock. Um problema é que o tempo de setup do flip-flop pode ser prejudicado e não registre a transição até o próximo clock. Nessa aplicação, um atraso de um período de clock não afetará a operação do sistema. No entanto, considere o quão estreito o pulso de detecção de borda (saída) será se o codificador mudar de estado muito próximo à borda do clock, como mostrado na Figura 5.56. Essa situação produz uma entrada de habilitação para o circuito do contador que é muito estreita e potencialmente muito próxima da borda do clock do contador. Se os requisitos de tempo de setup e tempo de hold para esse sinal de habilitação não forem atendidos, o contador pode não estar habilitado e a transição não fará que o contador incremente ou diminua como deveria. O circuito terá "perdido" essa transição e ficará errado por uma contagem. A probabilidade aleatória diz que algumas dessas transições serão muito próximas da borda do clock, então, por que alguns FPGAs funcionam consistentemente? As restrições de tempo publicadas representam o desempenho do pior caso de todas as peças fabricadas com todas as variáveis contabilizadas. Algumas dessas peças responderão a pulsos muito estreitos e terão características de tempo muito boas com tempos de setup e de hold muito baixos, de modo que raramente perderão a contagem. Outras se aproximam dos limites publicados e exibirão mais erros.

Um projeto melhorado eliminará a possibilidade desses erros, mesmo para as características de temporização do pior caso do dispositivo escolhido para o projeto. Para sanar o problema, adicionaremos mais duas

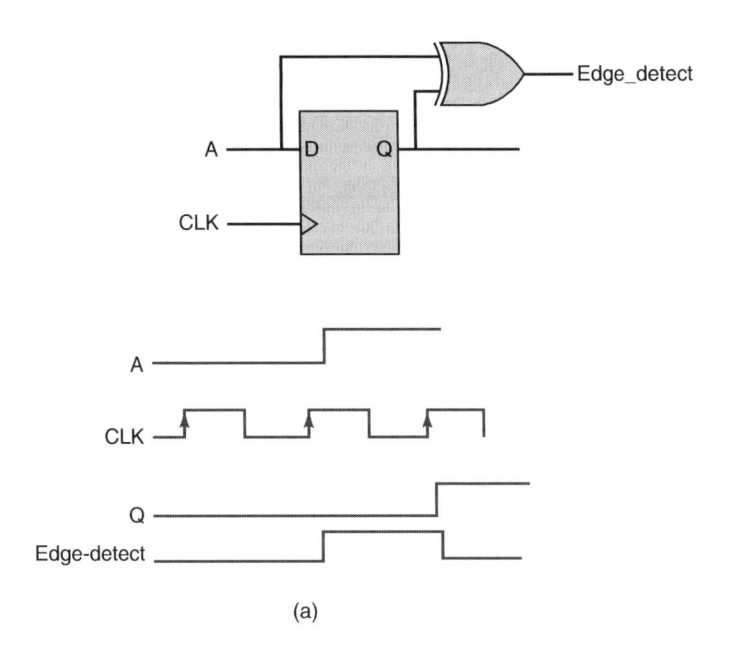

FIGURA 5.56 Problemas de temporização: o pulso *edge_detect* pode ser (a) até um período de clock largo ou (b) muito estreito e muito perto da próxima transição positiva do clock.

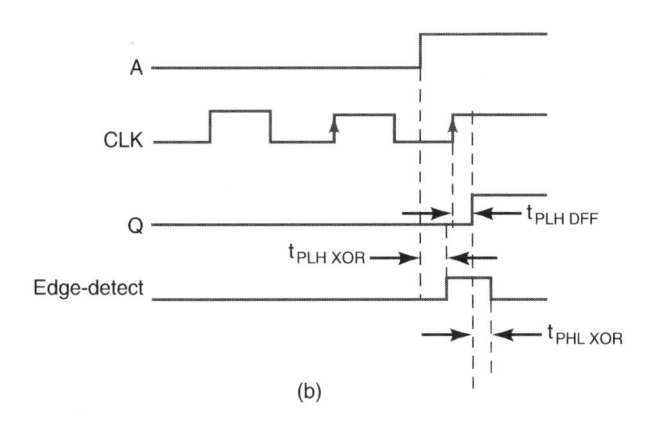

(a)

(b)

aplicações de flip-flops ao projeto: sincronização e transferência de dados. O primeiro flip-flop (mais à esquerda, nomeado sincronização) da Figura 5.57(a) serve para a sincronização. A transição de *A* (que é aleatória) sempre aparecerá na saída *Q* deste flip-flop imediatamente após a borda do clock, então, dizemos que está sincronizada com o clock. No entanto, ainda é possível que a ocorrência da borda em *A* prejudique o requisito de tempo de setup deste FF D de sincronização, o que pode produzir uma resposta indesejada em *Q*, que é referida como um estado metaestável. Isso pode resultar em um pequeno pulso espúrio ou uma transição demorada para o novo estado. Qualquer um pode ter efeitos adversos no desempenho do outro circuito lógico.

O segundo flip-flop (*XFER*) simplesmente transfere os dados da entrada (*D*) para a saída (*Q*). Qualquer resposta inválida do flip-flop de sincronização terá estabelecido um nível de lógica válido antes de ser sincronizado no flip-flop *XFER*, e isso assegurará que o flip-flop de *edge-detect* sempre tenha uma transição limpa em sua entrada que sempre ocorre exatamente um período de clock antes da borda do clock, como mostrado na Figura 5.57(b). O fato de a saída *edge_pulse* ter sempre um clock de largura assegura sinais de *habilitação* e *direção* estáveis para o circuito contador síncrono.

FIGURA 5.57 Circuito de codificador de quadratura melhorado: (a) adicionando flip-flops de sincronização e de transferência de dados; (b) operação confiável representada em um diagrama de tempo.

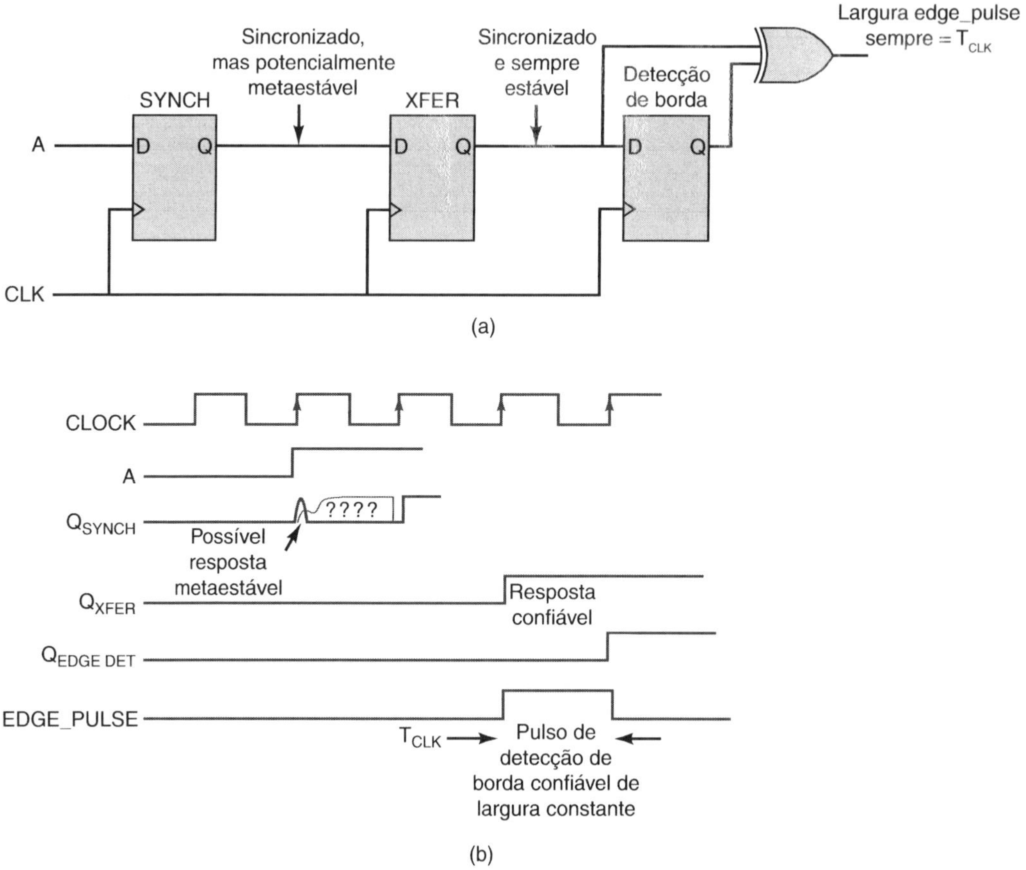

QUESTÕES DE REVISÃO

1. Nomeie três aplicações comuns de flip-flops que foram usadas no sistema codificador em quadratura.
2. Por que um único FF D servindo como o detector de sequência foi inadequado para acompanhar a posição absoluta?
3. Quais problemas de tempo estão em falta na Figura 5.52?

5.21 APLICAÇÃO EM MICROCOMPUTADOR

Seu estudo dos sistemas digitais ainda está em um estágio inicial, e você não aprendeu muito sobre microprocessadores e microcomputadores. Contudo, pode ter uma ideia básica de como os FFs são usados em uma aplicação típica de controle microprocessado sem se preocupar com todos os detalhes que precisará saber mais tarde.

A Figura 5.58 mostra um microprocessador (ou uma unidade central de processamento — MPU, do inglês, *microprocessor unit*), cujas saídas são usadas para transferir um dado binário para o registrador X, que consiste em quatro flip-flops D, X_3, X_2, X_1, X_0. Um conjunto de saídas do microprocessador é denominado *código de endereço*, sendo composto por oito saídas, $A_{15}, A_{14}, A_{13}, A_{12}, A_{11}, A_{10}, A_9$ e A_8. A maioria das MPUs tem 16 saídas de endereço disponíveis, mas nem sempre todas são usadas. Um segundo conjunto de saídas da MPU consiste em quatro *linhas de dados*,

D_3, D_2, D_1 e D_0. A maioria das MPUs tem oito linhas de dados disponíveis. Outra saída da MPU é o sinal de controle de temporização $\overline{WR}$, que vai para o nível BAIXO quando a MPU está pronta para escrever.

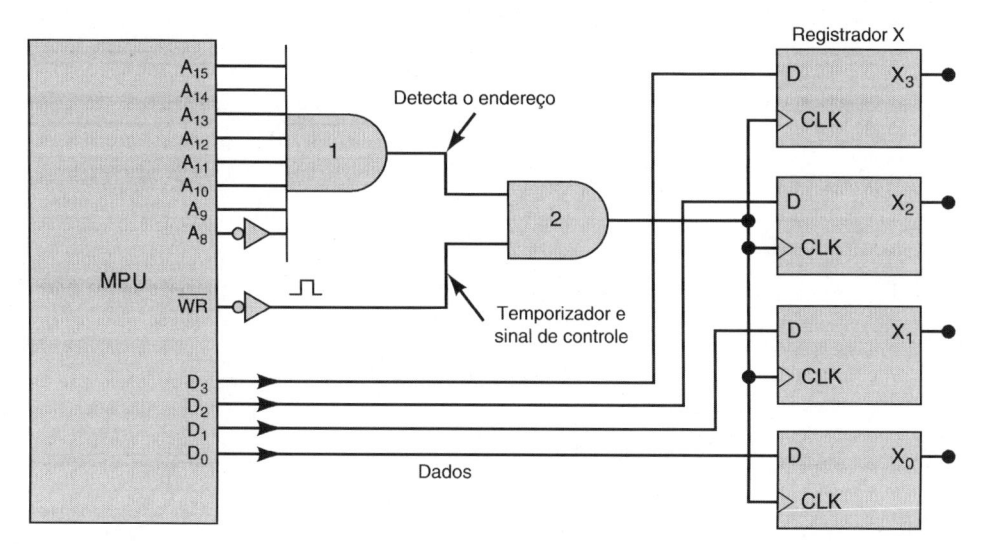

FIGURA 5.58 Exemplo de um microprocessador que transfere dados binários para um registrador externo.

Lembre-se de que a MPU é a unidade central de processamento de um microcomputador e sua principal função é executar um programa constituído de instruções armazenadas na memória. Uma das instruções que ela poderia executar seria dizer para transferir um número binário armazenado em um registrador interno para o registrador externo X — isso é denominado *ciclo de escrita*. Ao executar essa instrução, a MPU realiza os seguintes passos:

1. Coloca o número binário nas linhas de saída de dados D_3 a D_0.
2. Coloca o código de endereço nas linhas de saída de A_{15} a A_8 para selecionar o registrador X como local de destino dos dados.
3. Uma vez que as saídas de dados e endereços estejam estabilizadas, a MPU gera o pulso de escrita $\overline{WR}$ para disparar o registrador e completar a transferência paralela dos dados para X.

Existem muitas situações nas quais uma MPU, sob o controle de um programa, envia dados para um registrador externo para controlar eventos externos. Por exemplo, os FFs individuais do registrador podem fazer o controle de LIGA/DESLIGA (em inglês, ON/OFF) de dispositivos eletromecânicos como solenoides, relés, motores etc. (é claro que por meio de circuitos de interfaces apropriados). O dado enviado da MPU para o registrador determinará quais dispositivos serão ligados e quais serão desligados. Outro exemplo comum é aquele em que um registrador é usado para guardar um número binário a ser fornecido a um conversor digital-analógico (DAC, do inglês *digital-to-analog converter*). A MPU envia o número binário para o registrador, e o DAC converte-o em uma tensão analógica que pode ser usada para controlar algo como a posição de um feixe de elétrons em um tubo de imagem (CRT, do inglês *cathode ray tube*) ou a velocidade de um motor.

EXEMPLO 5.16

(a) Qual código de endereço deve ser gerado pela MPU na Figura 5.58 para que o dado seja transferido para o registrador X?

(b) Considere que $X_3 - X_0 = 0110$, $A_{15} - A_8 = 11111111$ e $D_3 - D_0 = 1011$. Qual será o valor do registrador X após a ocorrência do pulso $\overline{WR}$?

Solução

(a) Para que o dado seja transferido para X, o pulso de clock deve passar pela porta AND no 2 a fim de chegar às entradas *CLK* dos FFs, o que acontece apenas se a entrada superior da porta AND 2 for nível ALTO. Isso significa que todas as entradas da porta AND 1 devem ser nível ALTO, ou seja, A_{15} até A_9 deve ser 1, e A_8 deve ser 0. Dessa maneira, a presença do código de endereço 11111110 é necessária para possibilitar que o dado seja transferido para o registrador X.

(b) Com $A_8 = 1$, o nível BAIXO na saída da AND 1 impedirá que o pulso $\overline{WR}$ passe pela porta AND 2, e os FFs não estão com clock. Desse modo, o conteúdo do registrador X não mudará de 0110.

5.22 DISPOSITIVOS SCHMITT-TRIGGER

Objetivos

Após ler esta seção, você será capaz de:
- Prever resultados de entradas de transição lenta na saída de ICs de lógica normal.
- Prever resultados de entradas de transição lenta na saída de Schmitt-triggers.

Um **circuito Schmitt-trigger** não é classificado como flip-flop, mas exibe a característica de um tipo de memória que o torna útil em determinadas situações. Uma dessas situações é mostrada na Figura 5.59(a). Nesse caso, um INVERSOR comum é acionado por uma entrada lógica que tem um tempo de transição relativamente lento. Quando esse tempo excede o valor máximo permitido (esse valor depende da família lógica em questão), as saídas das portas lógicas e INVERSORES podem produzir oscilações enquanto o sinal de entrada passa pela faixa indeterminada. As mesmas condições de entrada podem produzir disparos indesejados em FFs.

Um dispositivo que possui um tipo Schmitt-trigger de entrada é projetado para aceitar sinais com transições lentas e produzir saídas com transições livres de oscilações. A saída geralmente tem tempos de transição muito rápida (de 10 ns) independentemente das características do sinal de entrada. A Figura 5.59(b) mostra um INVERSOR Schmitt-trigger e sua resposta a uma entrada com transição lenta.

Se você analisar as formas de onda mostradas na Figura 5.59(b), observará que a saída não muda do nível ALTO para o BAIXO até que a entrada ultrapasse a tensão de disparo positiva, V_{T+}. Uma vez que a saída vai para o nível BAIXO, ela permanece nesse nível mesmo quando a tensão de entrada cai abaixo de V_{T+} (essa é a característica de memória), até que essa tensão caia abaixo da *tensão de retorno negativa*, V_{T-}. Os valores das tensões de disparo e de retorno variam de uma família lógica para outra, mas V_{T-} sempre é menor que V_{T+}.

FIGURA 5.59 (a) Resposta de um inversor comum a uma entrada de tempo de transição lento e (b) resposta de Schmitt-trigger a uma entrada de tempo de transição lento.

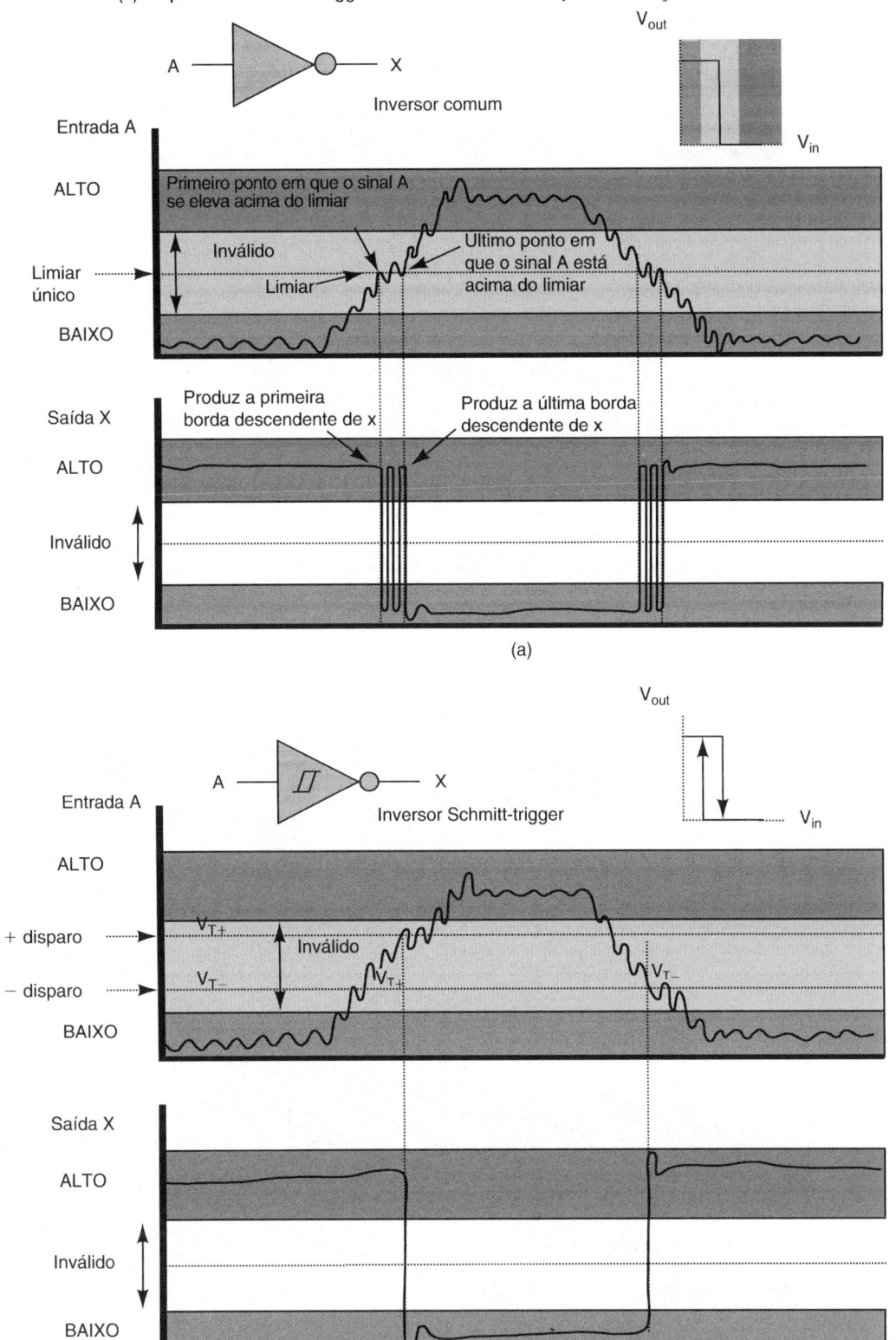

O INVERSOR Schmitt-trigger e todos os outros dispositivos com entradas Schmitt-trigger usam um símbolo especial, mostrado na Figura 5.59(b), para indicar que podem, de modo confiável, responder a sinais de entrada com transições lentas. Os projetistas de circuitos lógicos usam CIs com entradas Schmitt-trigger para converter sinais com transições lentas em sinais com transições rápidas que podem acionar entradas comuns de CIs.

Vários CIs com entrada Schmitt-trigger estão disponíveis. Os CIs 7414, 74LS14 e 74HC14 contêm, cada um, seis INVERSORES com entradas Schmitt-trigger. Os CIs 7413, 74LS13 e 74HC13 possuem duas portas NANDs de quatro entradas com entradas Schmitt-trigger.

QUESTÕES DE REVISÃO

1. O que poderia acontecer quando um sinal de transição lenta é aplicado a um CI lógico comum?
2. Como um dispositivo lógico com Schmitt-trigger opera de modo diferente de um com entrada comum?

5.23 MULTIVIBRADOR MONOESTÁVEL

OBJETIVOS

Após ler esta seção, você será capaz de:

- Prever a saída de monoestável antes que ele seja disparado.
- Distinguir o comportamento de um monoestável não redisparável de um redisparável.
- Calcular a largura do pulso de um monoestável.

Um circuito digital que está de algum modo relacionado com o FF é o **monoestável**. Como o FF, o monoestável tem duas saídas, Q e $\overline{Q}$, que são o inverso uma da outra. Ao contrário do FF, o monoestável tem apenas um estado de saída *estável* (em geral, $Q = 0$, $\overline{Q} = 1$), no qual permanece até que seja disparado por um sinal de entrada. Uma vez que o monoestável tenha sido disparado, sua saída comuta para o estado oposto ($Q = 1$, $\overline{Q} = 0$). Ela permanece nesse **estado quase estável** por um período fixo de tempo, t_p, que costuma ser determinado por uma constante de tempo RC, calculada em função dos valores dos componentes conectados externamente ao monoestável. Depois de decorrido o tempo t_p, a saída do monoestável retorna a seu estado de repouso até que seja disparado mais uma vez.

A Figura 5.60(a) mostra o símbolo lógico para um monoestável. O valor de t_p é muitas vezes indicado em alguma parte desse símbolo. Na prática, t_p pode variar de vários nanossegundos a várias dezenas de segundos. O valor exato de T_p depende dos valores dos componentes externos, R_T e C_T.

Dois tipos de monoestáveis estão disponíveis na forma de CI, **monoestável não redisparável** e **monoestável redisparável**.

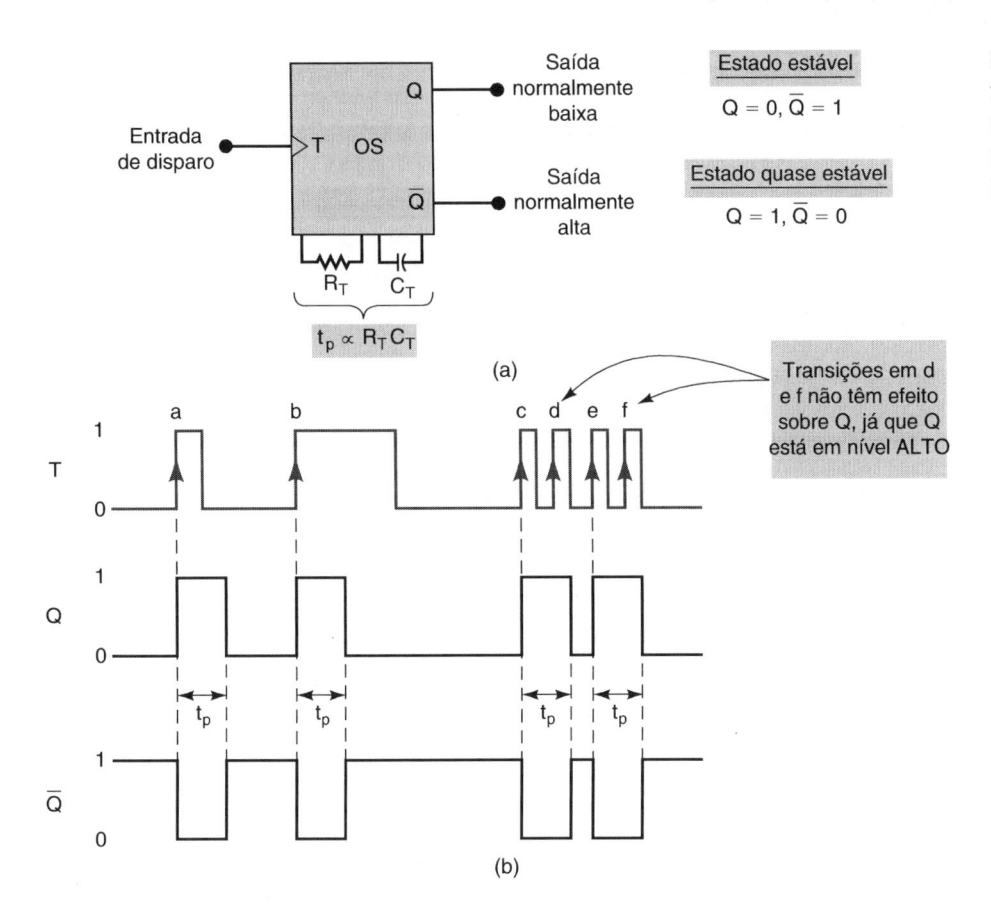

FIGURA 5.60 Símbolo e formas de onda típicas de um monoestável cujo modo de operação é não redisparável.

Monoestável não redisparável

As formas de onda mostradas na Figura 5.60(b) demonstram a operação de um monoestável não redisparável que é disparado nas bordas de subida aplicadas em sua entrada de disparo (*T*, *trigger*). Os pontos importantes a serem observados são:

1. As transições positivas em *a*, *b*, *c* e *e* disparam o monoestável, levando-o para seu estado quase estável durante um tempo t_p, após o qual retorna automaticamente para o estado estável.
2. As bordas positivas nos pontos *d* e *f* não têm efeito sobre o monoestável, porque ele já foi disparado no estado quase estável. O monoestável tem de retornar para o estado estável antes de ser disparado.
3. A duração do pulso de saída do monoestável é sempre a mesma, independentemente da duração dos pulsos de entrada. Conforme foi dito antes, t_p depende apenas de R_T, C_T e do circuito interno do monoestável. Um monoestável típico pode ter um tempo t_p, dado por $t_p = 0{,}693\, R_T C_T$.

Monoestável redisparável

O monoestável redisparável opera de modo semelhante ao não redisparável, exceto por uma importante diferença: *ele pode ser redisparado enquanto estiver em seu estado quase estável, recomeçando a temporização de um novo intervalo de tempo* t_p. A Figura 5.61(a) compara a resposta dos dois tipos de monoestáveis, usando um t_p de 2 ms. Vamos analisar as formas de onda.

Os dois tipos de monoestáveis respondem ao primeiro pulso de disparo em $t = 1$ ms, indo para o nível ALTO por um tempo de 2 ms e, em seguida, retornando para o nível BAIXO. O segundo pulso de disparo em $t = 5$ ms dispara os dois monoestáveis, levando-os para o nível ALTO. O terceiro pulso de disparo em $t = 6$ ms não tem efeito sobre o monoestável não redisparável, uma vez que ele já está no estado quase estável. Contudo, esse pulso de disparo *redispara* o monoestável redisparável, fazendo-o iniciar um novo intervalo de temporização $t_p = 2$ ms. Dessa maneira, ele permanece no estado ALTO por 2 ms *após* esse terceiro pulso de disparo.

De fato, um monoestável redisparável começa um novo intervalo de tempo t_p cada vez que um pulso de disparo é aplicado, independentemente do estado atual de sua saída Q. Na realidade, os pulsos de disparo podem ser aplicados a uma taxa alta o suficiente para que o monoestável seja redisparado antes do final do intervalo de tempo t_p, fazendo que a saída Q permaneça em nível ALTO. Isso é mostrado na Figura 5.61(b), em que foram aplicados oito pulsos a cada 1 ms. A saída Q não retorna para o nível BAIXO antes que tenham decorrido 2 ms após o último pulso de disparo.

FIGURA 5.61 (a) Resposta comparativa de um monoestável não redisparável com outro redisparável com um tempo $t_p = 2$ ms. (b) O monoestável redisparável inicia a temporização de um novo intervalo de tempo t_p a cada pulso de disparo recebido.

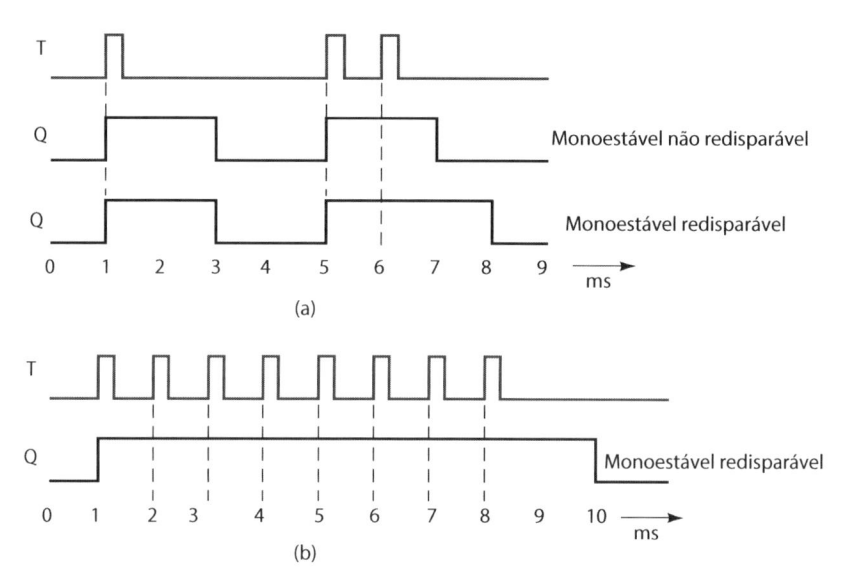

Dispositivos comerciais

Vários CIs monoestáveis estão disponíveis nas versões redisparável e não redisparável. O 74121 é um CI que contém um único monoestável não redisparável; os CIs 74221, 74LS221 e 74HC221 são duplos monoestáveis não redisparáveis; os CIs 74122 e 74LS122 têm um único monoestável redisparável; os CIs 74123, 74LS123 e 74HC123 são duplos monoestáveis redisparáveis.

A Figura 5.62 mostra o símbolo tradicional para o CI 74121, um monoestável não redisparável. Perceba que ele tem internamente portas lógicas que possibilitam diversas maneiras de disparo do monoestável pelas entradas A_1, A_2 e B. A entrada B é uma entrada Schmitt-trigger, que possibilita um disparo confiável do monoestável com sinais de transição lenta.

Os pinos denominados R_{INT}, R_{EXT}/C_{EXT} e C_{EXT} são usados para conectar um resistor e um capacitor externos, para conseguirem um pulso com a duração desejada.

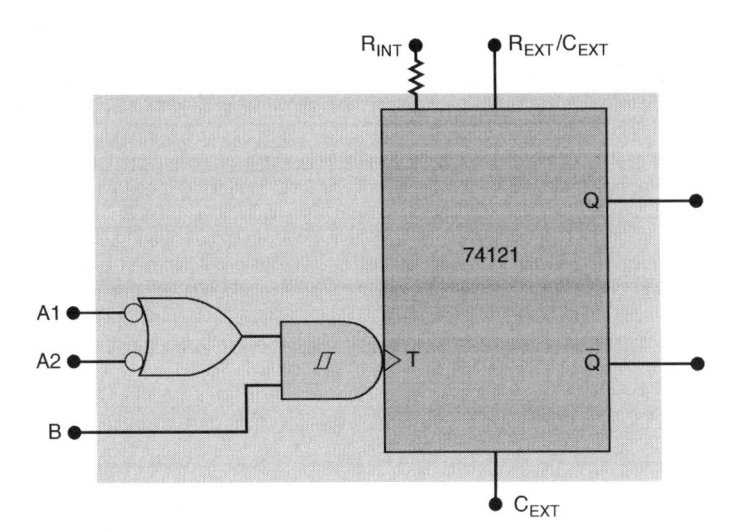

FIGURA 5.62 Símbolos lógicos para o monoestável não redisparável 74121.

Multivibrador monoestável

O *multivibrador monoestável* recebe esse nome porque tem apenas um estado estável. Os monoestáveis têm aplicações limitadas na maioria dos sistemas sequenciais síncronos, e os projetistas experientes, em geral, evitam usá-los porque são suscetíveis a falsos disparos por conta dos ruídos espúrios. Costumam ser usados em aplicações simples de temporização com um intervalo de tempo t_p predefinido. Vários exercícios no final deste capítulo demonstram como os monoestáveis são usados.

QUESTÕES DE REVISÃO

1. Na ausência de um pulso de disparo, qual é o estado da saída de um monoestável?
2. *Verdadeiro ou falso*: quando um monoestável não redisparável é disparado enquanto se encontra no estado quase estável, a saída não é afetada.
3. O que determina o valor de t_p para um monoestável?
4. Descreva a diferença no funcionamento de um monoestável redisparável e de um não redisparável.

5.24 CIRCUITOS GERADORES DE CLOCK

OBJETIVOS

Após ler esta seção, você será capaz de:

- Descrever a operação de osciladores RC e osciladores a cristal.
- Calcular a frequência dos osciladores Schmitt-trigger.
- Calcular a frequência e o ciclo de trabalho para os temporizadores osciladores 555.

Os FFs têm dois estados estáveis, portanto, podemos dizer que são *multivibradores biestáveis*. Os monoestáveis têm um estado estável, e, assim, podemos chamá-los de *multivibradores monoestáveis*. Há um terceiro tipo de multivibrador que não tem estados estáveis, chamado **multivibrador astável**. A saída desse tipo de circuito lógico comuta (oscila) entre dois estados instáveis. Esses circuitos são úteis na geração de sinais de clock para circuitos digitais síncronos.

Diversos tipos de multivibradores astáveis são de uso comum — apresentaremos três sem entrar em detalhes do funcionamento de cada um. Esses circuitos estão sendo apresentados para que você possa construir um circuito gerador de clock, caso seja necessário em algum projeto, ou para testar um circuito digital no laboratório.

Oscilador Schmitt-trigger

A Figura 5.63 mostra como um INVERSOR Schmitt-trigger pode ser conectado como oscilador. O sinal em V_{OUT} é aproximadamente uma forma de onda quadrada com uma frequência que depende dos valores de R e C. A relação entre a frequência e os valores de RC é mostrada na Figura 5.63 para três diferentes INVERSORES Schmitt-trigger. Observe os limites máximos nos valores de resistência para cada dispositivo. O circuito para de oscilar se o valor de R não estiver abaixo desses limites.

Temporizador 555 usado como multivibrador astável

O CI **temporizador 555** é um dispositivo compatível com TTL que pode operar em diferentes modos. A Figura 5.64 mostra como componentes externos podem ser conectados ao CI 555 de modo que ele opere como oscilador astável. Sua saída tem uma forma de onda retangular repetitiva que comuta entre dois níveis lógicos, sendo o intervalo de tempo de cada nível determinado pelos valores de R e C.

FIGURA 5.63 Oscilador Schmitt-trigger usando um INVERSOR 7414. Uma NAND Schmitt-trigger 7413 também pode ser usada.

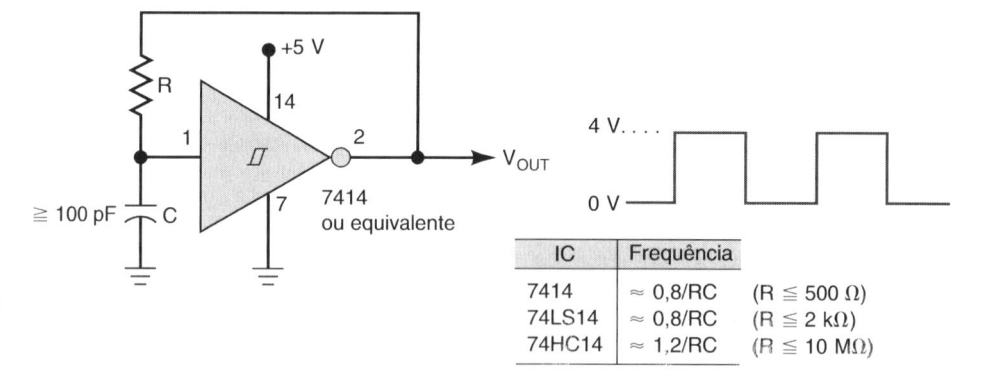

IC	Frequência	
7414	≈ 0,8/RC	(R ≦ 500 Ω)
74LS14	≈ 0,8/RC	(R ≦ 2 kΩ)
74HC14	≈ 1,2/RC	(R ≦ 10 MΩ)

O núcleo do temporizador 555 é composto por dois comparadores de tensão e um latch S-R, como mostra a Figura 5.64. Os comparadores de tensão são dispositivos que produzirão um nível ALTO sempre que a tensão na entrada + for maior que a tensão na entrada –. O capacitor externo (C) carrega até que sua tensão ultrapasse ⅔ × V_{CC}, como determinado pelo comparador de tensão superior que monitora V_{T+}. Quando a saída desse comparador passa para o nível ALTO, ele reseta o latch *S-R*, fazendo que o pino de saída (3) vá para o nível BAIXO. Ao mesmo tempo, $\overline{Q}$ vai para o nível ALTO, fechando a chave

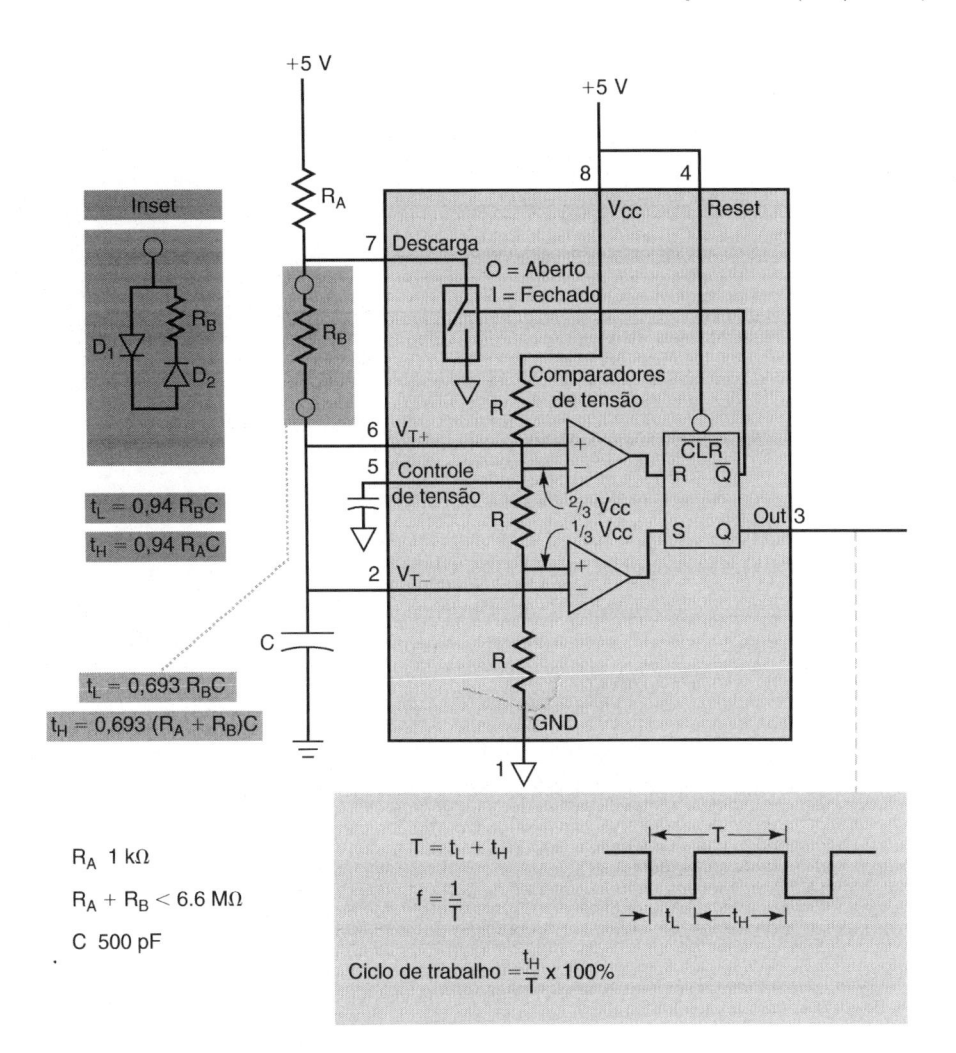

FIGURA 5.64 CI temporizador 555 usado como um multivibrador astável.

[Diagrama: Temporizador 555 configurado como multivibrador astável, mostrando:]

- Inset com diodos D_1, D_2 e R_B
- $t_L = 0{,}94\, R_B C$
- $t_H = 0{,}94\, R_A C$
- $t_L = 0{,}693\, R_B C$
- $t_H = 0{,}693\, (R_A + R_B) C$

R_A 1 kΩ
$R_A + R_B <$ 6,6 MΩ
C 500 pF

$T = t_L + t_H$
$f = \dfrac{1}{T}$
Ciclo de trabalho $= \dfrac{t_H}{T} \times 100\%$

[Pinos: 8 V_{CC}, 4 Reset, 7 Descarga (O = Aberto, I = Fechado), 6 V_{T+}, 5 Controle de tensão ($\frac{2}{3} V_{CC}$, $\frac{1}{3} V_{CC}$), 2 V_{T-}, 3 Out, 1 GND. Comparadores de tensão, latch S-R com CLR.]

de descarga e fazendo que o capacitor comece a descarregar por R_B. Ele continuará a descarregar até que a tensão do capacitor caia abaixo de $\frac{1}{3} \times V_{CC}$, como determinado pelo comparador de tensão inferior que monitora V_{T-}. Quando a saída desse comparador for de nível ALTO, ele seta o latch S-R, e, assim, o pino de saída vai para o nível ALTO, abrindo a chave de descarga e permitindo que o capacitor comece a carregar de novo, repetindo o ciclo.

As fórmulas para o cálculo desses intervalos de tempo, t_L e t_H, e do período total de oscilação, T, são mostradas na figura. A frequência da oscilação é, obviamente, o inverso de T. O **ciclo de trabalho** (*duty cycle*) é a razão entre a amplitude do pulso (ou t_H) e o período (T), e é expressa como uma porcentagem. Como as fórmulas indicam no diagrama, os intervalos t_L e t_H não podem ser iguais, a não ser que R_A seja zero. Isso não pode acontecer, pois geraria uma corrente excessiva pelo dispositivo e significa que é impossível produzir uma onda quadrada na saída com um ciclo de trabalho de exatamente 50%. Contudo, é possível conseguir um ciclo de trabalho bem próximo de 50% fazendo $R_B \gg R_A$ (desde que R_A seja maior que 1 kΩ), de modo que $t_L \approx t_H$.

EXEMPLO 5.17

Calcule a frequência e o ciclo de trabalho de saída do multivibrador astável com 555 para $C = 0{,}001\ \mu\text{F}$, $R_A = 2{,}2$ kΩ e $R_B = 100$ kΩ.

Solução

$$t_L = 0{,}693(100 \text{ k}\Omega)(0{,}001 \text{ }\mu\text{F}) = 69{,}3 \text{ }\mu\text{s}$$
$$t_H = 0{,}693(102{,}2 \text{ k}\Omega)(0{,}001 \text{ }\mu\text{F}) = 70{,}7 \text{ }\mu\text{s}$$
$$T = 69{,}3 + 70{,}7 = 140 \text{ }\mu\text{s}$$
$$f = 1/140 \text{ }\mu\text{s} = 7{,}29 \text{ kHz}$$
$$\text{ciclo de trabalho} = 70{,}7/140 = 50{,}5\%$$

Perceba que o ciclo de trabalho é bem próximo de 50% (onda quadrada), porque R_B é muito maior que R_A. O ciclo de trabalho pode ficar ainda mais próximo de 50%, fazendo R_B ainda maior que R_A. Por exemplo, você pode verificar que, se alterarmos R_A para 1 kΩ (mínimo valor permitido), os resultados serão f = 7,18 kHz e ciclo de trabalho = 50,3%.

Uma modificação simples pode ser feita nesse circuito para permitir um ciclo de trabalho de menos de 50%. A estratégia é permitir que o capacitor seja carregado apenas por partículas que fluem por R_A e se descarregue apenas conforme as partículas fluem por R_B. Isso pode ser feito conectando-se um diodo (D_2) em série com R_B e outro diodo (D_1) em paralelo com R_B e D_2, como mostrado no detalhe da Figura 5.64. O circuito do detalhe substitui R_B no desenho. Diodos são dispositivos que possibilitam que a corrente flua através deles em apenas uma direção, como indicado pela seta. O diodo D_1 permite que toda a corrente de carga que veio por R_A se desvie de R_B, e D_2 garante que nada da corrente de carga passe por R_B. Toda a corrente de descarga passa por D_2 e R_B quando a chave de descarga está fechada. As equações para t_H e t_L para esse circuito são

$$t_L = 0{,}94 R_B C$$
$$t_H = 0{,}94 R_A C$$

Obs.: a constante 0,94 é dependente da queda de tensão dos diodos.

EXEMPLO 5.18

Usando os diodos com R_B, como mostrado na Figura 5.64, calcule os valores de R_A e R_B necessários para obter uma forma de onda de ciclo de trabalho de 1 kHz, 25% com um 555. Suponha que C seja um capacitor de 0,1 μF.

Solução

$$T = \frac{1}{f} = \frac{1}{1000} = 0{,}001 \text{ s} = 1 \text{ ms}$$
$$t_H = 0{,}25 \times T = 0{,}25 \times 1 \text{ ms} = 250 \text{ }\mu\text{s}$$
$$R_A = \frac{t_H}{0{,}94 \times C} = \frac{250 \text{ }\mu\text{s}}{0{,}94 \times 0{,}1 \text{ }\mu\text{F}} = 2{,}66 \text{ k}\Omega \cong 2{,}7 \text{ k}\Omega \text{ (5\% tolerância)}$$
$$R_B = \frac{t_L}{0{,}94 \times C} = \frac{750 \text{ }\mu\text{s}}{0{,}94 \times 0{,}1 \text{ }\mu\text{F}} = 7{,}98 \text{ k}\Omega \cong 8{,}2 \text{ k}\Omega \text{ (5\% tolerância)}$$

Geradores de clock a cristal

As frequências de saída dos sinais dos circuitos geradores de clock descritos anteriormente dependem dos valores dos resistores e capacitores, portanto, não são extremamente precisas ou estáveis. Mesmo que sejam usados resistores variáveis para que a frequência desejada possa ser ajustada "alterando" o valor da resistência, ocorrem alterações nos valores de R e C em função de variações na temperatura ambiente e envelhecimento dos componentes, gerando, portanto, um desvio na frequência ajustada. Se a precisão e estabilidade da frequência forem problemáticas, outro método de geração de sinal de clock pode ser usado: um **gerador de clock a cristal**. Esse oscilador usa um componente de alta precisão e estabilidade denominado *cristal de quartzo*. Um pedaço de cristal de quartzo pode ser cortado, com forma e tamanho específicos, para vibrar (ressoar) em uma frequência precisa e bem estável com a temperatura e com o envelhecimento do dispositivo; frequências de 10 kHz a 80 MHz estão prontamente disponíveis. Quando um cristal é colocado em configurações de determinados circuitos, estes podem oscilar em uma frequência precisa e estável igual à frequência de ressonância do cristal. Osciladores a cristal são disponibilizados em encapsulamentos de CI.

Circuitos geradores de clock a cristal são usados em todos os sistemas e microcomputadores baseados em microprocessadores e em qualquer aplicação em que um sinal de clock seja usado para gerar intervalos precisos de tempo. Veremos algumas aplicações nos próximos capítulos.

QUESTÕES DE REVISÃO

1. Determine a frequência aproximada de um oscilador Schmitt-trigger que usa um 74HC14 com $R = 10$ kΩ e $C = 0,005$ μF.
2. Determine a frequência aproximada e o ciclo de trabalho de um oscilador 555 para $R_A = R_B = 2,2$ kΩ e $C = 2.000$ pF.
3. Qual é a vantagem de um gerador de clock a cristal sobre um circuito oscilador RC?

5.25 ANÁLISE DE DEFEITOS EM CIRCUITOS COM FLIP-FLOP

OBJETIVOS

Após ler esta seção, você será capaz de:

- Identificar defeitos comuns em circuitos com flip-flop.
- Descrever o desalinhamento do clock e seus efeitos.

Os CIs de flip-flops são suscetíveis aos mesmos tipos de defeitos internos e externos que ocorrem em circuitos lógicos combinacionais. Todas as técnicas de análise de defeitos discutidas no Capítulo 4 podem ser aplicadas prontamente aos circuitos que contêm FFs, tanto quanto àqueles com portas lógicas.

Por causa da característica de sua memória e por operar com clock, os circuitos de FF estão sujeitos a vários tipos de defeitos e sintomas associados que não ocorrem em circuitos combinacionais. Em particular, os circuitos de FFs são suscetíveis a problemas de temporização, o que geralmente não ocorre em circuitos combinacionais. Os tipos de defeitos mais comuns aos circuitos de FFs são descritos a seguir.

Entradas abertas

Entradas não conectadas, ou em flutuação, de qualquer circuito lógico são muito suscetíveis a flutuações espúrias de tensão denominadas *ruídos*. Se o ruído for grande o suficiente em amplitude e duração, as saídas dos circuitos lógicos podem mudar de estado em resposta ao ruído. A saída de uma porta lógica retorna a seu estado original quando o sinal de ruído diminui, contudo, a saída de um FF permanecerá em seu novo estado por causa de sua memória. Dessa maneira, o efeito do ruído captado por qualquer entrada é mais problemático para um FF ou latch do que para uma porta lógica.

As entradas mais críticas de um FF são aquelas que podem disparar o FF e levá-lo para um estado diferente — como as entradas *CLK*, PRESET e CLEAR. Sempre que você vir a saída de um FF mudar de estado erroneamente, deve considerar a possibilidade de uma conexão aberta em uma dessas entradas.

EXEMPLO 5.19

A Figura 5.65 mostra um registrador de deslocamento de três bits feito com FFs TTL. Inicialmente, todos os FFs estão no nível BAIXO antes que os pulsos de clock sejam aplicados. À medida que os pulsos de clock são aplicados, cada transição positiva provoca o deslocamento da informação de cada FF para o que está à direita. O diagrama mostra a sequência "esperada" de estados dos FFs após cada pulso de clock. Uma vez que $J_2 = 1$ e $K_2 = 0$, o flip-flop X_2 vai para o nível ALTO no pulso de clock 1 e assim permanece para todos os pulsos subsequentes. Esse nível ALTO se desloca para X_1 e, em seguida, para X_0 nos pulsos de clock 2 e 3, respectivamente. Assim, após o terceiro pulso, todos os FFs estarão em nível ALTO e permanecerão nesse nível com a aplicação contínua dos pulsos.

Agora, vamos supor que a resposta "real" dos estados dos FFs seja conforme mostrado no diagrama. Nesse caso, os FFs mudam de estado de acordo com o esperado para os três primeiros pulsos de clock. A partir desse ponto, o flip-flop X_0, em vez de permanecer no nível ALTO, alterna do ALTO para o BAIXO. Que possível defeito esse resultado pode produzir?

FIGURA 5.65 Exemplo 5.19.

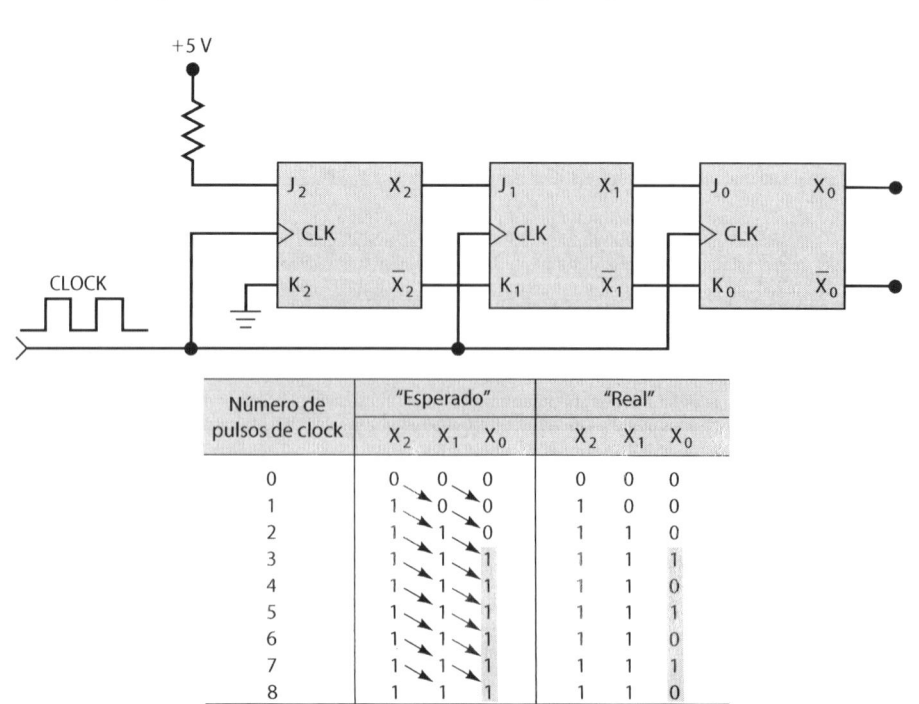

Número de pulsos de clock	"Esperado"			"Real"		
	X_2	X_1	X_0	X_2	X_1	X_0
0	0	0	0	0	0	0
1	1	0	0	1	0	0
2	1	1	0	1	1	0
3	1	1	1	1	1	1
4	1	1	1	1	1	0
5	1	1	1	1	1	1
6	1	1	1	1	1	0
7	1	1	1	1	1	1
8	1	1	1	1	1	0

Solução

No segundo pulso, o FF X_1 torna-se nível ALTO. Isso gera $J_0 = 1$ e $K_0 = 0$, de modo que todos os pulsos subsequentes geram $X_0 = 1$. Em vez disso, vemos que X_0 muda de estado (comuta) para todos os pulsos após o segundo. Essa operação de comutação ocorreria se J_0 e K_0 estivessem em nível ALTO. O defeito mais provável é uma conexão aberta entre $\overline{X}_1$ e K_0. Lembre-se de que um dispositivo TTL responde a uma entrada aberta como se ela estivesse no nível lógico ALTO; assim, a entrada K_0 aberta é o mesmo que um nível ALTO.

Saídas em curto

O exemplo a seguir demonstra como um defeito em um circuito com FF pode causar um sintoma que induz ao erro, o que resulta em mais tempo gasto para identificar o defeito.

EXEMPLO 5.20

Considere o circuito mostrado na Figura 5.66 e analise as indicações da ponta de prova lógica relacionadas na tabela que acompanha o circuito. Existe um nível BAIXO na entrada D do FF quando pulsos são aplicados em sua entrada CLK, mas a saída Q falha em ir para o estado BAIXO. O técnico testa esse circuito considerando cada um dos seguintes possíveis defeitos:

1. Z2-5 está em curto internamente com V_{CC}.
2. Z1-4 está em curto internamente com V_{CC}.
3. Z2-5 ou Z1-4 está em curto externamente com V_{CC}.
4. Z2-4 está em curto interna ou externamente com GND. Isso manteria a entrada PRE ativada e se sobreporia à entrada CLK.
5. Existe uma falha interna em Z2 que evita que o FF Q responda adequadamente a suas entradas.

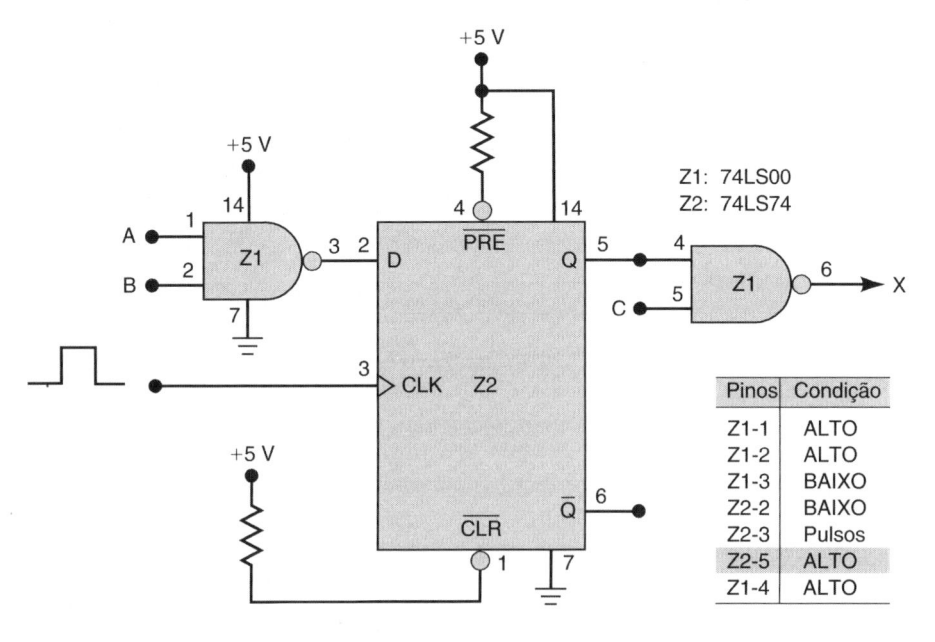

FIGURA 5.66 Exemplo 5.20.

Pinos	Condição
Z1-1	ALTO
Z1-2	ALTO
Z1-3	BAIXO
Z2-2	BAIXO
Z2-3	Pulsos
Z2-5	ALTO
Z1-4	ALTO

Após fazer as verificações necessárias com o ohmímetro, o técnico descarta as quatro primeiras possibilidades; além disso, ele também verifica os pinos de V_{CC} e GND de Z2, comprovando que a tensão nesses pinos é adequada. Ele fica relutante em dessoldar Z2 do circuito até ter certeza de que esse CI está com defeito, e decide, desse modo, verificar o sinal de clock. Usa um osciloscópio para verificar amplitude, frequência, largura de pulso e tempos de transição do clock. O técnico comprova que todos os parâmetros estão dentro das especificações do 74LS74. Por fim, conclui que Z2 está com defeito.

Ele remove o chip 74LS74 e o substitui por outro. Para sua surpresa, o circuito com o novo chip comporta-se exatamente da mesma forma. Depois de pensar, decide substituir o chip de portas NAND sem saber por quê. Como esperado, não observa alteração no funcionamento do circuito.

Ainda mais surpreso, lembra-se de que seu professor de laboratório enfatizava a importância de uma verificação visual cuidadosa na placa de circuito; assim, examina a placa cuidadosamente. Ao fazer isso, detecta uma ponte de solda entre os pinos 6 e 7 de Z2. Ele remove a ponte de solda e testa o circuito, que agora funciona corretamente. Explique como esse defeito produziu o funcionamento observado.

Solução

A ponte de solda estava colocando em curto a saída $\overline{Q}$ com GND. Isso significa que $\overline{Q}$ está permanentemente em nível BAIXO. Lembre-se de que, em todos os latches e FFs, as saídas $\overline{Q}$ e Q têm em seu interior um acoplamento cruzado, de modo que o nível lógico de uma afeta o da outra. Por exemplo, veja mais uma vez o circuito interno de um flip-flop J-K na Figura 5.26. Observe que um nível lógico constante em $\overline{Q}$ mantém um nível BAIXO em uma das entradas da NAND-3 para que a saída Q permaneça em nível ALTO independentemente das condições em J, K e CLK.

O técnico aprendeu uma importante lição na análise de defeitos em circuitos com FFs. Ele aprendeu que as duas saídas devem ser testadas mesmo que não estejam conectadas a outros dispositivos.

Desalinhamento do clock

Um dos problemas mais comuns de temporização em circuitos sequenciais é o **desalinhamento do clock**. Um tipo de desalinhamento do sinal de clock ocorre quando um sinal de clock, em virtude dos atrasos de propagação, chega às entradas de CLK dos diferentes FFs em instantes de tempo distintos. Em muitas situações, um desalinhamento de clock pode fazer que um FF comute para um estado errado. Isso é mais bem demonstrado com um exemplo.

Veja a Figura 5.67(a), em que o sinal $CLOCK1$ está conectado diretamente ao FF Q_1 e indiretamente ao FF Q_2 por uma porta NAND e um INVERSOR. Os dois FFs são supostamente disparados pela transição negativa de $CLOCK1$ desde que a entrada X esteja no nível ALTO. Se considerarmos inicialmente $Q_1 = Q_2 = 0$ e $X = 1$, a transição negativa de $CLOCK1$ deveria fazer $Q_1 = 1$ e não ter efeito em Q_2. As formas de onda na Figura 5.67(b) mostram como o desalinhamento do clock pode produzir um disparo incorreto de Q_2.

Por conta da soma dos atrasos de propagação da porta NAND e do INVERSOR, as transições do sinal $CLOCK2$ ficam atrasadas em relação ao sinal $CLOCK1$ por uma parcela de tempo t_1. A transição negativa do sinal $CLOCK2$ chega à entrada CLK de Q_2 depois da transição negativa do sinal $CLOCK1$ à entrada CLK de Q_1. Esse t_1 corresponde ao desalinhamento do clock. A transição negativa do sinal $CLOCK1$ faz Q_1 ir para o nível ALTO após um tempo t_2 que é igual ao atraso de propagação t_{PLH} de $Q1$. Se t_2 for menor que o tempo de desalinhamento t_1, Q_1 será nível ALTO quando a borda de descida do sinal

CLOCK2 ocorrer, e isso poderia fazer, incorretamente, $Q_2 = 1$, se seu tempo de setup, t_S, requerido fosse atendido.

Por exemplo, suponha que o desalinhamento de clock seja de 40 ns e o t_{PLH} de Q_1 seja de 25 ns. Dessa maneira, Q_1 vai para o nível ALTO 15 ns antes da transição negativa do sinal CLOCK2. Se o tempo de setup requerido por Q_2 for menor que 15 ns, Q_2 responderá ao nível ALTO na entrada D quando ocorrer a transição negativa do sinal CLOCK2, e Q_2 vai para o nível ALTO. É claro que não é essa a resposta esperada para Q_2. Supostamente, Q_2 permaneceria em nível BAIXO.

Os efeitos do desalinhamento de clock nem sempre são facilmente detectados, porque a resposta do FF afetado pode ser intermitente (algumas vezes, ele funciona corretamente; outras, não). Isso acontece porque a situação depende dos atrasos de propagação do circuito e dos parâmetros de temporização do FF, os quais variam com a temperatura, o comprimento das conexões, a tensão de alimentação e a carga. Eventualmente, ao conectar o terminal do osciloscópio na saída de um FF ou de uma porta lógica, acrescenta-se uma capacitância de carga que provoca aumento no atraso de propagação do dispositivo, de modo que o circuito passa a funcionar corretamente, mas, então, quando o terminal é removido, o circuito passa a ter um funcionamento incorreto de novo. Esse é um tipo de situação que explica a razão do estresse dos técnicos.

Os problemas causados pelo desalinhamento do clock podem ser eliminados igualando-se os atrasos nos diversos caminhos do sinal de clock, de maneira que a transição ativa chegue a cada FF aproximadamente ao mesmo tempo. Essa situação é abordada no Problema 5.52.

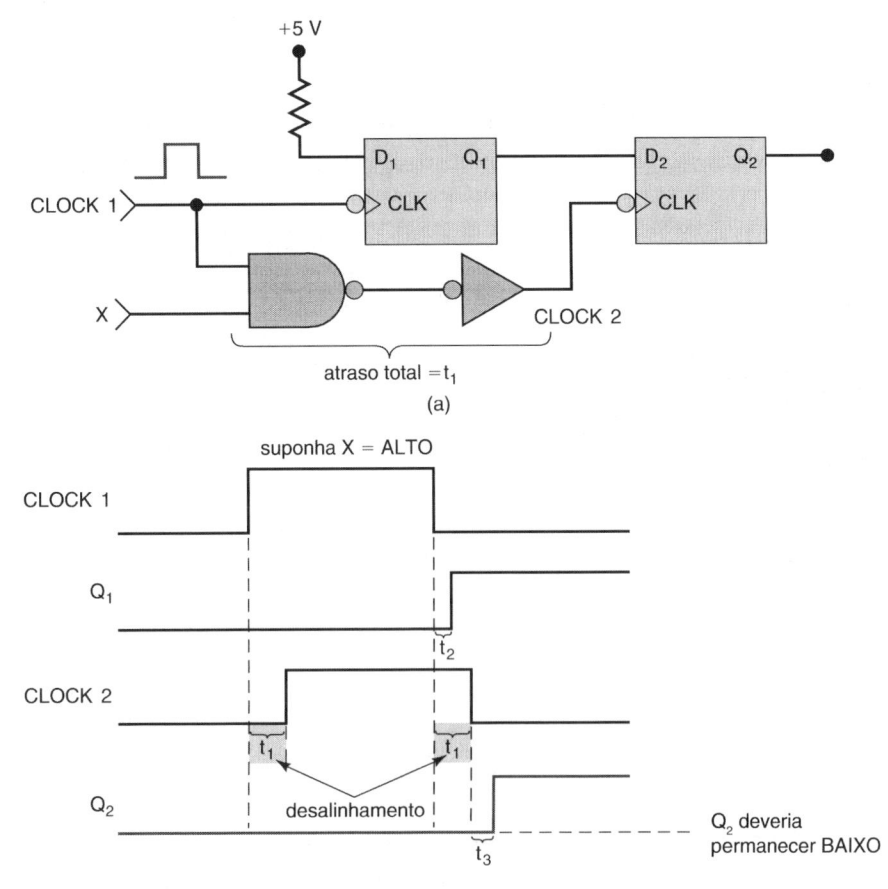

FIGURA 5.67 O desalinhamento do clock ocorre quando dois FFs, supostamente disparados simultaneamente, são disparados em momentos diferentes em virtude de um atraso no sinal de clock que chega ao segundo flip-flop. (a) Circuitos de portas extras que podem causar desalinhamento do clock; (b) temporizador mostrando a chegada atrasada de CLOCK 2.

> **QUESTÃO DE REVISÃO**
>
> 1. O que é desalinhamento do clock? Como ele pode causar problema?

5.26 CIRCUITOS SEQUENCIAIS EM PLDS USANDO ENTRADA ESQUEMÁTICA[1]

OBJETIVOS

Após ler esta seção, você será capaz de:

- Fazer uso de ferramentas de entrada esquemática para criar circuitos sequenciais no Quartus.
- Identificar as bibliotecas em que símbolos de blocos construtivos comuns são encontrados no Quartus.

Circuitos lógicos que usam flip-flops e latches podem ser implementados com PLDs. O software de desenvolvimento Quartus II da Altera possibilita que o projetista descreva o circuito desejado usando entradas esquemáticas. O Quartus fornece bibliotecas de componentes que contêm flip-flops e latches que podem ser usados para a criação das entradas esquemáticas. Estas bibliotecas são chamadas **blocos primitivos**, **maxplus2** e **megafunção**. A biblioteca de blocos primitivos contém as portas lógicas básicas, todos os tipos de flip-flops padrão e elementos de armazenamento tipo latch. Você provavelmente já usou essa biblioteca para criar entradas esquemáticas de circuitos combinacionais. Alguns dos elementos de armazenamento disponíveis são dff, jkff, srff, tff e latch.

Flip-flops e outros blocos primitivos podem ser combinados em circuitos lógicos, e todo o circuito lógico pode então ser representado por um símbolo de bloco que simplesmente mostra suas entradas e saídas. Nos capítulos seguintes, você aprenderá a criar um símbolo de bloco para qualquer projeto que seja descrito por símbolos gráficos, AHDL ou VHDL.

A Altera também implementou versões equivalentes dos ubíquos (e também ultrapassados) chips lógicos padrão 74xxx para serem usadas nas entradas esquemáticas de projeto PLD. Esses blocos podem ser encontrados na biblioteca maxplus2 e incluem não somente os dispositivos lógicos fundamentais que estão contidos nos chips SSI, mas também as funções lógicas comuns mais complexas implementadas como chips MSI. Você pode descobrir a funcionalidade dos componentes maxplus2, às vezes chamados macrofunções, procurando (na rede ou em livros de dados) a planilha de dados correspondente para o chip equivalente de vários fabricantes. Alguns exemplos são 74112 (flip-flop JK), 74175 (registro de 4 bits) e 74375 (latch de 4 bits). O fabricante faz esta observação aos usuários do Quartus: "Em geral, a Altera recomenda o uso de megafunções em vez das macrofunções equivalentes em todos os projetos novos. Megafunções são mais fáceis de serem colocadas em escala para diferentes tamanhos e podem oferecer uma síntese lógica e implementação de dispositivos mais eficiente. O software Quartus II trabalha com macrofunções somente para compatibilidade retroativa com projetos criados com outras ferramentas EDA".

---

[1] Todas as seções que tratam de PLDs e HDLs podem ser desconsideradas sem prejudicar a continuidade e compreensão do conteúdo.

A biblioteca de megafunção contém vários módulos de alto nível que podem ser usados para a criação de projetos lógicos. Vários dos componentes incluídos são chamados **LPMs**, os quais se referem a um subconjunto de **biblioteca de módulos parametrizados**. Estas funções não tentam imitar um CI padrão em particular como os dispositivos na biblioteca maxplus2; em vez disso, oferecem uma solução genérica para os vários tipos de funções lógicas que são úteis em sistemas digitais. O termo *parametrizado* significa que, quando você instancia uma função da biblioteca, também especifica parâmetros que definem determinados atributos para o circuito que está descrevendo. Esses blocos versáteis são rápida e facilmente customizados para terem as características e os tamanhos desejados usando-se o MegaWizard Manager no Quartus. O projetista simplesmente especifica as características de dispositivo necessárias ao estabelecer o módulo para uso na aplicação. Os vários LPMs disponíveis podem ser encontrados por meio do menu HELP sob megafunções/LPM.

É evidente que o simulador Quartus II pode ser usado com o intuito de verificar os circuitos sequenciais criados pela captura esquemática antes de você programar um PLD para usar no seu projeto da mesma maneira que com circuitos combinacionais.

EXEMPLO 5.21

Compare a operação de um latch D habilitado por nível e um flip-flop D disparado por borda usando o simulador funcional Quartus.

Solução

A Figura 5.68 mostra o esquema Quartus que inclui latch e flip-flop (ambos da biblioteca de blocos primitivos) para serem testados. Podemos encontrar esses blocos primitivos lógicos clicando duas vezes na tela do bdf e olhando no boxe Bibliotecas a seguir:

/quartus/libraries/primitives/storage/

FIGURA 5.68 Esquema de latch D e flip-flop D.

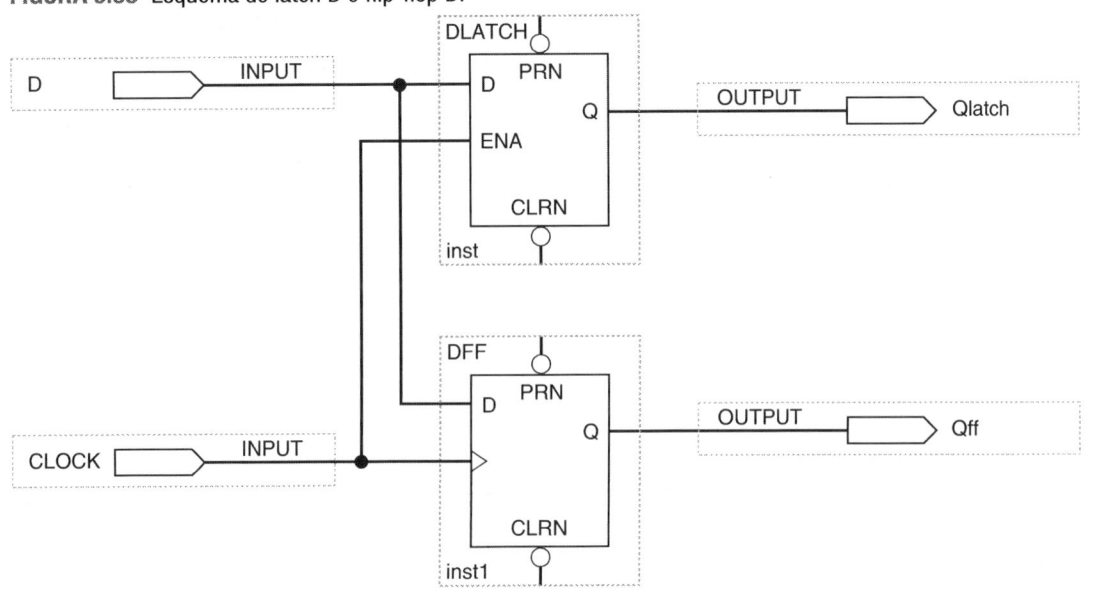

Os nomes dos blocos primitivos são LATCH D e FF D. A Figura 5.69 fornece um relatório de simulação que demonstra as diferenças operacionais entre o latch e o flip-flop. O latch é "transparente" sempre que ele é habilitado com um nível ALTO e está com latch quando a habilitação está em nível BAIXO. Sempre que a habilitação do latch for nível ALTO, a saída rastreará a entrada D. Por sua vez, o flip-flop só lê e armazena o valor de entrada D na margem ascendente da entrada do clock.

FIGURA 5.69 Relatório de simulação de latch D e flip-flop D.

EXEMPLO 5.22

Elabore um arquivo de descrição de bloco (bdf) de um registro que consiste em quatro flip-flops D usando o bloco primitivo FF D. A partir deste arquivo BDF, crie um símbolo de bloco e inclua-o em um novo projeto. Ele terá entradas chamadas D[3..0], TRANSFER (entrada de clock) e Q[3..0]. Determine a operação quando os sinais de entrada mostrados na Figura 5.70 são aplicados. Simule funcionalmente o registro usando Quartus para verificar sua previsão.

FIGURA 5.70 Sinais de entrada para o Exemplo 5.22.

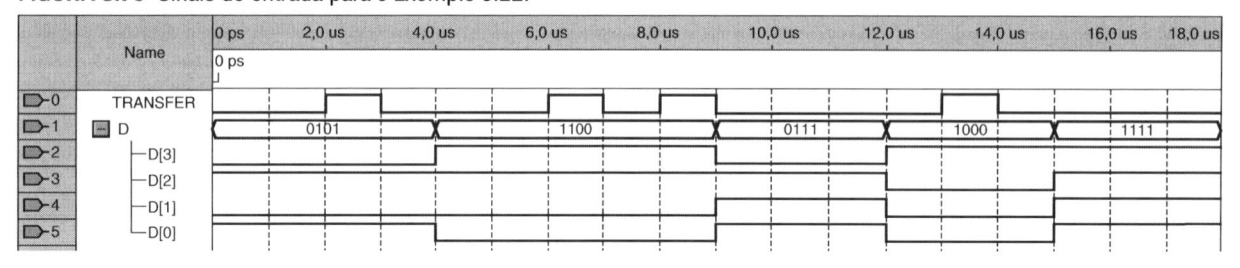

Solução

A Figura 5.71 mostra o arquivo de projeto chamado reg4bit. O registro de quatro bits foi criado usando blocos primitivos FF D. No menu Quartus, selecione:

>File
>>Create/Update
>>>Create symbol files for current file.

Isso produzirá o símbolo mostrado na Figura 5.72. Observe que neste arquivo de projeto podemos nomear os pinos de uma maneira que faz sentido para esta aplicação específica do símbolo do bloco. Os quatro flip-flops D armazenarão o respectivo nível de lógica de entrada D na transição positiva de TRANSFER. Os resultados da simulação são mostrados na Figura 5.73.

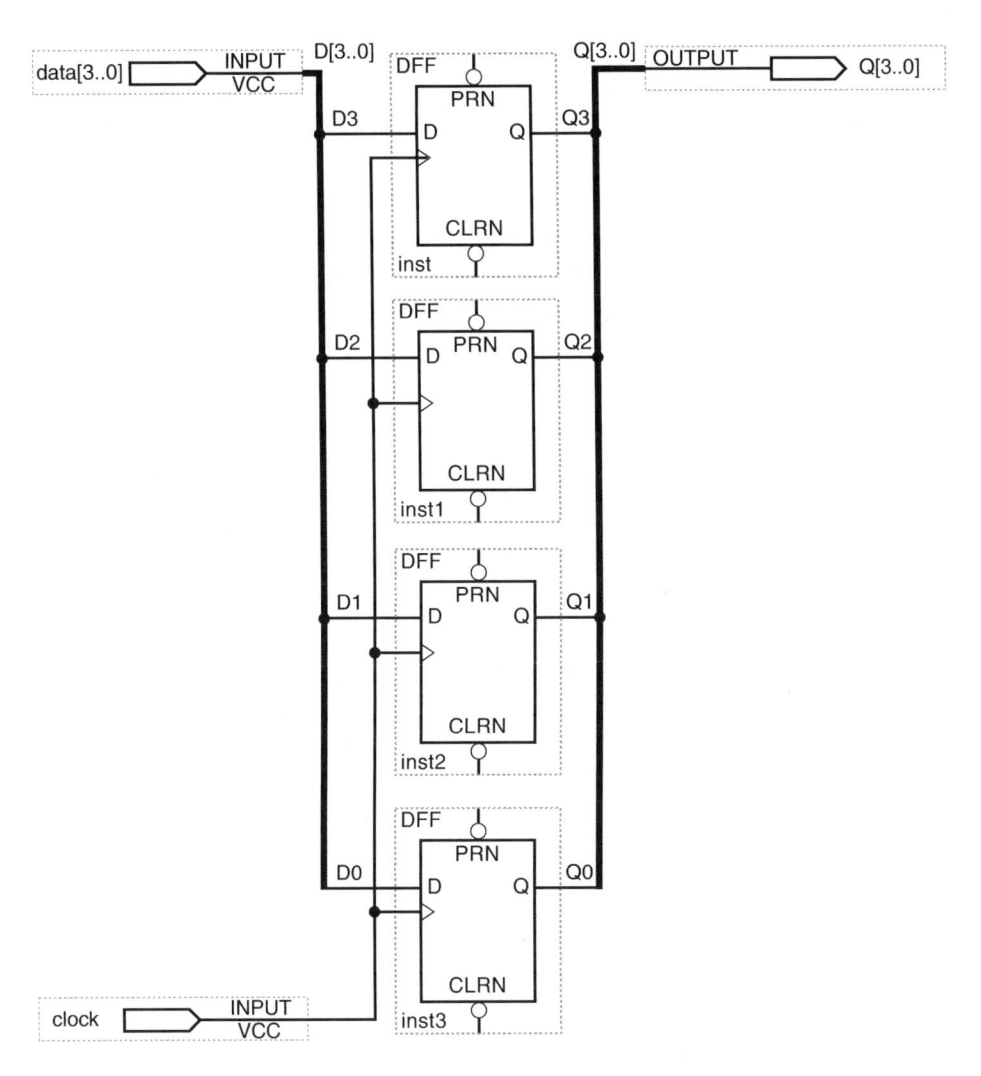

FIGURA 5.71 Conexão gráfica de blocos primitivos FF D para formar um registro de quatro bits.

FIGURA 5.72 Esquema usando um símbolo de bloco para um registro FF D de quatro bits.

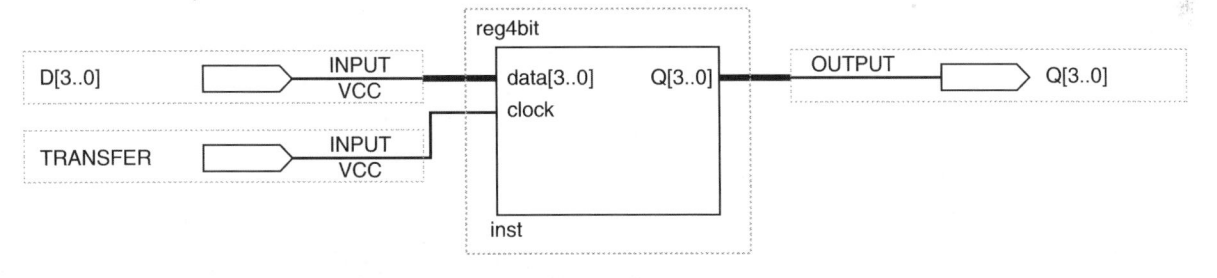

FIGURA 5.73 Resultados de simulação funcional para o Exemplo 5.22.

> **QUESTÃO DE REVISÃO**
>
> 1. Cite os nomes das três bibliotecas Quartus que contêm funções úteis para sistemas lógicos.

5.27 CIRCUITOS SEQUENCIAIS USANDO HDL

OBJETIVOS

Após ler esta seção, você será capaz de:
- Discriminar entre circuitos lógicos combinacionais e sequenciais.
- Descrever como a realimentação cria operação sequencial.
- Descrever circuitos de lógica sequencial usando AHDL e VHDL.

Nos capítulos 3 e 4, usamos HDL para programar um circuito lógico combinacional simples. Neste, estudamos circuitos lógicos contendo latches e FFs com clock que passam sequencialmente por diversos estados em resposta a transições de clock. Esses circuitos de latch e sequenciais podem ser também implementados usando-se PLDs e descritos com HDL.

A Seção 5.1 deste capítulo descreveu um latch com portas NAND. Você deve lembrar que a característica distintiva desse circuito é o fato de suas saídas serem interligadas de modo cruzado às entradas de suas portas. Isso faz que o circuito responda de modo diferente dependendo do estado em que suas saídas estão. Descrever com equações booleanas ou HDL circuitos com saídas *realimentadas* na entrada envolve o uso de variáveis de saída na parte condicional da descrição. Com equações booleanas, isso significa incluir termos de saída no lado direito da equação. Com construções IF/THEN, isso significa incluir variáveis de saída na cláusula IF. A maioria dos PLDs tem a capacidade de conectar o sinal de saída ao circuito de entrada a fim de acomodar a ação do latch.

Quando se escrevem equações que usam realimentação, algumas linguagens, como o VHDL, exigem designação especial para a porta de saída. Nesses casos, o bit da porta não é só uma saída, é uma saída com realimentação. A diferença é mostrada na Figura 5.74.

FIGURA 5.74 Três modos de entrada/saída.

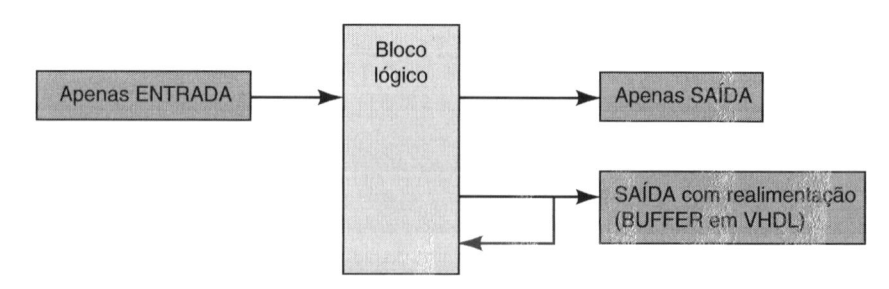

Em vez de descrever o funcionamento de um latch usando equações booleanas, vamos tentar pensar em uma descrição do comportamento do latch. As situações de que precisamos tratar são quando SBAR está ativo, quando RBAR está ativo e quando nenhum dos dois está ativo. Lembre-se de que o estado inválido ocorre quando ambas as entradas são ativadas ao mesmo tempo. Se podemos descrever um circuito que sempre reconhece uma de suas entradas como a dominante quando ambas estão ativas, então podemos evitar os resultados indesejáveis de ter uma condição de entrada inválida. Para descrever tal circuito, vamos nos perguntar sob que condições o latch deveria ser setado ($Q = 1$). Com certeza, o latch deve ser setado se a entrada SET estiver ativa. E depois que SET voltar ao seu nível inativo? Como o latch sabe que deve permanecer no estado SET? A descrição precisa usar *a condição de saída agora* para determinar a condição *futura* da saída. A seguinte declaração descreve as condições que devem tornar o nível da saída ALTO em um latch S-R:

IF (se) *SET* estiver ativo, THEN (então) *Q* deve estar em nível ALTO.

Que condições devem tornar o nível da saída BAIXO?

IF (se) *RESET* estiver ativo, THEN (então) *Q* deve estar em nível BAIXO.

E se nenhuma entrada estiver ativa? Então, a saída deve permanecer a mesma; e podemos expressar isso como $Q = Q$. Essa expressão fornece a realimentação do estado da saída a ser combinado com condições de entrada para decidir o que acontece após a saída.

E se ambas as entradas estiverem ativas (isto é, se tivermos uma combinação de entrada inválida)? A estrutura da decisão IF/ELSE mostrada graficamente na Figura 5.75 garante que o latch nunca tente responder a ambas as entradas. Se SET estiver ativo, independentemente do estado de RESET, a saída será forçada a ser de nível ALTO. Dessa maneira, uma entrada inválida sempre resultará em uma condição estabelecida. A cláusula ELSIF é considerada apenas quando SET não estiver ativo. O uso do termo de realimentação ($Q = Q$) afeta a operação (contendo a ação) só quando nenhuma entrada estiver ativa.

Quando se projetam circuitos sequenciais que realimentam as entradas com o valor da saída, é possível criar um sistema instável. Uma mudança no estado da saída pode realimentar as entradas, o que muda mais uma vez o estado da saída, que realimenta as entradas, o que muda novamente a saída. Essa oscilação é, obviamente, indesejável, de modo que é muito importante assegurar que nenhuma combinação de entradas e saídas possa causar isso. Uma análise cuidadosa, simulação e testes devem ser feitos para garantir que seu circuito seja estável sob todas as condições.

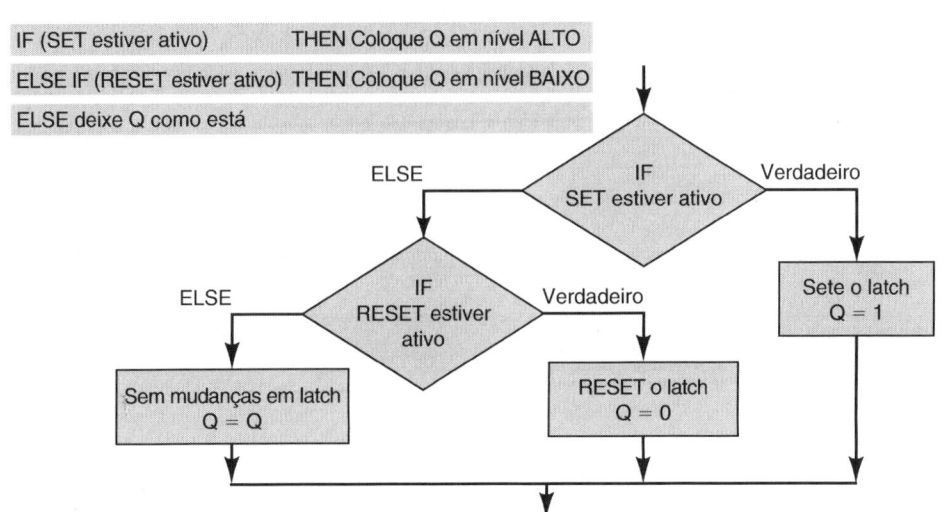

FIGURA 5.75 A lógica de uma descrição comportamental de um latch S-R.

EXEMPLO 5.23

Descreva uma entrada de nível ativo-em-baixo em um latch S-R com entradas chamadas SBAR, RBAR e uma saída chamada Q. Em seguida, faça a tabela de função de um latch NAND (veja a Figura 5.6), e a combinação de entrada inválida deve produzir Q = 1.

(a) Use AHDL.
(b) Use VHDL.

Solução

(a) A Figura 5.76 mostra uma solução possível em AHDL. Pontos importantes a serem observados:

1. Q é definido como OUTPUT, mesmo que seja *realimentado* no circuito. O AHDL possibilita que saídas sejam realimentadas no circuito.
2. A cláusula que se segue a IF determina que estado de saída ocorre quando ambas as entradas estão ativas (estado inválido). No exemplo de código aqui fornecido, o comando SET é o que manda.
3. Para avaliar a igualdade, o duplo sinal de igual é usado. Em outras palavras, SBAR = = 0 produz TRUE quando SBAR é ativo (BAIXO).

FIGURA 5.76 Um latch NAND com AHDL.

```
SUBDESIGN fig5_76
(
    sbar, rbar              :INPUT;
    q                       :OUTPUT;
)
BEGIN
    IF      sbar == 0 THEN  q = VCC;    -- set ou comando ilegal
    ELSIF   rbar == 0 THEN  q = GND;    -- reset
    ELSE                    q = q;      -- hold
    END IF;
END;
```

(b) A Figura 5.77 mostra uma solução possível em VHDL. Pontos importantes a serem observados:

1. Q é definido como OUT, embora seja realimentado no circuito. VHDL não permite que as portas do modo OUT sejam lidas dentro do código de descrição do hardware.
2. Um PROCESS (processo) descreve o que acontece quando os valores na lista de sensibilidade (SBAR, RBAR) mudam de estado.

FIGURA 5.77 Um latch NAND usando VHDL.

```
ENTITY fig5_77 IS
PORT (sbar, rbar     :IN BIT;
            q        :OUT BIT);
END fig5_77;
ARCHITECTURE behavior OF fig5_77 IS
BEGIN
PROCESS (sbar, rbar)
BEGIN
    IF sbar = '0' THEN q <= '1';      -- set ou comando ilegal
    ELSIF rbar = '0' THEN q <= '0';   -- reset
    END IF;                            -- hold implícito
END PROCESS;
END behavior;
```

3. A cláusula que se segue a IF determina que estado de saída ocorre quando ambas as entradas estão ativas (estado inválido). No exemplo de código aqui fornecido, o comando SET é o que manda.
4. Em VHDL, o latch de dados (armazenamento) é subentendido ao se deixar intencionalmente de fora a escolha ELSE em uma declaração IF. O compilador vai "entender" que, quando nenhuma das entradas de controle estiver ativa (BAIXO), a saída não mudará, o que resulta no armazenamento do bit de dados atual.

O latch D

O circuito do latch D transparente também pode ser facilmente implementado com HDLs. O Quartus possui disponível um bloco primitivo de biblioteca chamado LATCH. A biblioteca contém definições funcionais de componentes digitais disponíveis para a construção de circuitos lógicos. Dispositivos primitivos são blocos de construção fundamentais como os vários tipos de portas, flip-flops e latches. O módulo AHDL a seguir demonstra o uso desse bloco primitivo LATCH. Um latch chamado q é declarado na seção VARIABLE. A saída do latch é automaticamente conectada a um port de saída, já que q também é declarado como uma saída no SUBDESIGN. Basta que se conectem os ports de habilitação (.*ena*, do inglês *enable*) e de dados (.*d*) aos sinais de módulo apropriados (ver a lista padrão de portas para elementos de memória primitivos na Tabela 5.2). O módulo VHDL, também mostrado a seguir, é uma descrição comportamental da função do latch D. A linguagem VHDL lida com o armazenamento de bits de dados de maneira diferente. Em vez de declarar literalmente flip-flops ou latches, o elemento da memória é subentendido por uma declaração IF incompleta (observe a cláusula ELSE faltando na declaração IF deste exemplo). O compilador VHDL interpretará um resultado de teste falso para o IF como uma condição de não mudança para a designação de sinal para q, o que resulta na criação do elemento de memória.

LATCH D EM AHDL

```
SUBDESIGN dlatch_ahdl
(enable, din        :IN BIT;
     q              :OUTPUT;)
VARIABLE
     q              :LATCH;
BEGIN
     q.ena = enable;
     q.d = din;
END;
```

LATCH D EM VHDL

```
SUBDESIGN dlatch_ahdl
PORT  (enable, din  :IN BIT;
     q              :OUT BIT);
END   dlatch_vhdl;

ARCHITECTURE v OF dlatch_vhdl IS
BEGIN
     PROCESS (enable, din)
     BEGIN
        IF enable = '1'  THEN
             q <= din;
          END IF;
      END PROCESS;
END v;
```

TABELA 5.2 Identificadores de ports do bloco primitivo da Altera.

Função do port padrão	Nome do port do bloco primitivo
Entrada do clock	clk
Preset assíncrono (ativo-em-BAIXO)	prn
Clear assíncrono (ativo-em-BAIXO)	clrn
Entradas J, K, S, R, D	j, k, s, r, d
Entrada de habilitação (ENABLE) disparada por nível	ena
Saída Q	q

QUESTÕES DE REVISÃO

1. Qual é a característica que distingue os circuitos lógicos de latch em termos de hardware?
2. Qual é a principal característica dos circuitos sequenciais?

5.28 DISPOSITIVOS DISPARADOS POR BORDA

OBJETIVOS

Após ler esta seção, você será capaz de:

- Definir o termo *primitivos lógicos* usado pelo Quartus.

- Localizar listas de primitivos no sistema Quartus.
- Identificar recursos e detalhes de sintaxe que permitem o uso de blocos primitivos.
- Utilizar primitivos disparados por borda em AHDL.
- Descrever os flip-flops disparados por borda em VHDL.

No início do capítulo, apresentamos os dispositivos disparados por borda, cujas saídas respondem às entradas quando a entrada do clock vê uma "borda". Uma borda significa simplesmente uma transição de ALTO para BAIXO, ou vice-versa, e muitas vezes é chamada de **evento (event)**. Se escrevemos declarações concorrentes no código, como as saídas podem mudar apenas quando uma entrada de clock detecta um evento? A resposta a essa pergunta difere bastante dependendo da linguagem HDL que você utiliza. Nesta seção, vamos nos concentrar na criação de circuitos lógicos com clock em sua forma mais simples usando HDL. Usaremos FFs J-K para estabelecermos correlações com muitos dos exemplos dados anteriormente no capítulo.

O FF J-K é um bloco de construção padrão de circuitos lógicos (sequenciais) com clock conhecido como um **bloco primitivo lógico**. Em sua forma mais comum, possui cinco entradas e uma saída, como mostra a Figura 5.78. Os nomes de entrada/saída podem ser padronizados para permitir que nos refiramos às conexões desse circuito primitivo ou fundamental. A verdadeira operação do circuito primitivo é definida em uma biblioteca de componentes disponível do compilador de HDL ao gerar um circuito a partir de nossa descrição. O AHDL utiliza blocos primitivos lógicos para descrever o funcionamento de flip-flops. O VHDL oferece algo semelhante, mas também possibilita ao projetista descrever o funcionamento do circuito lógico com clock explicitamente no código.

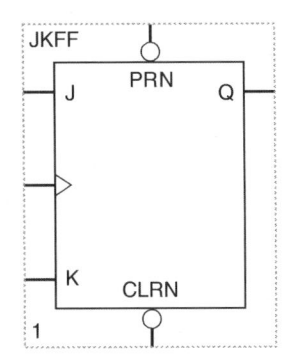

FIGURA 5.78 Bloco primitivo lógico de um flip-flop J-K.

FLIP-FLOPS EM AHDL

Um flip-flop pode ser usado em AHDL declarando-se um registrador (até mesmo um flip-flop é chamado de registrador). Vários tipos diferentes de blocos primitivos de registrador estão disponíveis em AHDL, inclusive JKFF, FF D, SRFF e latch. Cada tipo diferente de bloco primitivo de registrador possui nomes oficiais (segundo o software da Altera) para as portas desses blocos primitivos. Esses tipos podem ser encontrados por meio do menu de ajuda (HELP) do software ALTERA sob o título "Primitives" — a Tabela 5.2 lista alguns desses nomes. Registradores que usam esses blocos primitivos são declarados na seção VARIABLE do código. O registrador recebe um nome de instância, da mesma maneira que nomeamos variáveis intermediárias ou nós internos em exemplos anteriores. Em vez de declará-lo como um nó, contudo, ele é declarado pelo tipo do bloco primitivo do registrador. Por exemplo, um flip-flop J-K pode ser declarado como:

```
VARIABLE
    ff1    :JKFF;
```

O nome de instância é ff1 (você pode escolher o nome que quiser), e o tipo do bloco primitivo do registrador é JKFF (que a Altera exige que você use). Uma vez que você tenha declarado um registrador, ele é conectado às outras partes lógicas usando seus nomes de portas padrão. As portas (ou pinos) no flip-flop são chamadas pelo nome de instância, com uma extensão que designa a entrada ou a saída específica. Um exemplo de um FF J-K em AHDL é mostrado na Figura 5.79. Perceba que inventamos os nomes de entrada/saída nesse SUBDESIGN, a fim de distingui-las dos ports do bloco primitivo. O FF único é declarado na linha 8, como descrito anteriormente. A entrada ou porta J desse dispositivo é, então, rotulada *ff1.j*, a entrada K é *ff1.k*, a entrada do clock é *ff1.clk*, e assim por diante. Cada declaração de atribuição de porta fornecida fará as conexões necessárias para esse bloco do projeto. As portas *prn* e *clrn* são ambas de nível ativo-em-BAIXO, de controle assíncrono como as encontradas em um FF padrão. Na verdade, esses controles assíncronos em um bloco primitivo de FF podem ser usados para implementar um latch S-R de maneira mais eficiente do que o código na Figura 5.76. Os controles *prn* e *clrn* são opcionais em AHDL e desabilitados por default (em um lógico 1), caso sejam omitidos na seção lógica. Em outras palavras, se as linhas 10 e 11 forem apagadas, as portas *prn* e *clrn* de ff1 serão automaticamente ligadas a V_{CC}.

FIGURA 5.79 Flip-flop J-K único usando AHDL.

```
1  % J-K flip-flop circuit %
2  SUBDESIGN fig5_79
3  (
4    jin, kin, clkin, preset, clear :INPUT;
5    qout                           :OUTPUT;
6  )
7  VARIABLE
8    ff1  :JKFF;          -- define esse flip-flop como um tipo JKFF
9  BEGIN
10   ff1.prn = preset;    -- estes são opcionais, com default em vcc
11   ff1.clrn = clear;
12   ff1.j = jin;         -- conecta o bloco primitivo ao sinal de entrada
13   ff1.k = kin;
14   ff1.clk = clkin;
15   qout = ff1.q;        -- conecta o pino de saída ao bloco primitivo
16 END;
```

COMPONENTES DA BIBLIOTECA VHDL

O software da Altera vem com extensas bibliotecas de componentes e blocos primitivos que podem ser usadas pelo projetista. A descrição gráfica de um componente JKFF na biblioteca da Altera é mostrada na Figura 5.80(a). Depois de colocar o componente na folha de trabalho, cada uma de suas portas é conectada às entradas e às saídas do módulo. Esse mesmo conceito pode ser implementado em VHDL por meio de um componente de biblioteca. As entradas e as saídas desses componentes de biblioteca podem ser encontradas no menu de ajuda sob o título "Primitives" (HELP/Primitives). A Figura 5.80(b) mostra a declaração **COMPONENT** em VHDL para um bloco primitivo de FF *J-K*. Os principais pontos que devemos notar são o nome do componente (JKFF) e os nomes dos ports. São os mesmos nomes usados no símbolo gráfico da Figura 5.80(a). Perceba também que o *tipo* de cada variável de entrada e saída é STD_LOGIC, que é um dos tipos de dados padrão IEEE definidos na biblioteca e usados em muitos componentes da biblioteca.

A Figura 5.81 usa um componente JKFF da biblioteca em VHDL para criar um circuito equivalente ao projeto gráfico da Figura 5.80(a). As primeiras duas linhas dizem ao compilador para usar a biblioteca IEEE para encontrar as definições dos tipos de dados std_logic. As duas linhas seguintes dizem ao compilador que ele deve procurar na biblioteca da Altera quaisquer componentes da biblioteca padrão que serão usados posteriormente no código. As entradas e as saídas do módulo são declaradas como nos exemplos anteriores, a não ser pelo fato de que agora são STD_LOGIC, não BIT. Isso acontece porque os tipos dos ports do módulo devem combinar com os ports. Dentro da seção de arquitetura, um nome (ff1) é dado a essa instância do componente JKFF. As palavras-chave **PORT MAP** são seguidas de uma lista de todas as conexões que devem ser feitas nos ports do componente. Perceba que os ports do componente (por exemplo, clk) são listadas à esquerda do símbolo =>, e os objetos aos quais elas são conectadas (por exemplo, clkin) são listados à direita.

FIGURA 5.80 (a) Representação gráfica usando um componente. (b) Declaração de componente em VHDL.

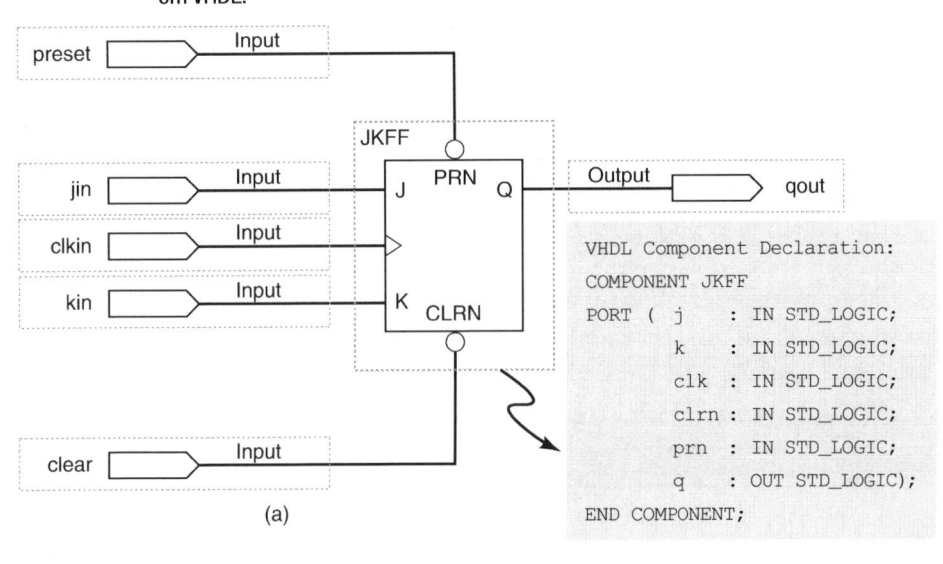

```
VHDL Component Declaration:
COMPONENT JKFF
PORT ( j    : IN STD_LOGIC;
       k    : IN STD_LOGIC;
       clk  : IN STD_LOGIC;
       clrn : IN STD_LOGIC;
       prn  : IN STD_LOGIC;
       q    : OUT STD_LOGIC);
END COMPONENT;
```

FIGURA 5.81 Um flip-flop J-K usando VHDL.

```
LIBRARY ieee;
USE    ieee.std_logic_1164.all;   -- define std_logic
types
LIBRARY  altera;
USE    altera.maxplus2.all;       -- fornece componentes
                                     padrão
ENTITY fig5_81 IS
PORT( clkin, jin, kin, preset, clear   :IN std_logic;
      qout                             :OUT std_logic);
END fig5_81;


ARCHITECTURE a OF fig5_81 IS
BEGIN
  ff1:   JKFF PORT MAP ( clk   => clkin,
                         j     => jin,
                         k     => kin,
                         prn   => preset,
                         clrn  => clear,
                         q     => qout);
END a;
```

FLIP-FLOPS EM VHDL

Agora que vimos como usar os componentes-padrão que estão disponíveis na biblioteca, vejamos como criar componentes que possam ser utilizados e reutilizados. Só para comparar, descreveremos o código VHDL para um flip-flop J-K idêntico ao componente JKFF da biblioteca.

O VHDL é uma linguagem bastante flexível e nos possibilita definir o funcionamento de dispositivos com clock explicitamente no código, sem depender de blocos primitivos lógicos. A chave dos circuitos sequenciais disparados por borda em VHDL é o PROCESS (processo). Como você deve se lembrar, essa palavra-chave é seguida de uma lista de sensibilidade entre parênteses. Sempre que uma variável na lista de sensibilidade muda de estado, o código no bloco de processo determina como o circuito deve responder. É como se o flip-flop não fizesse nada até a entrada do clock mudar de estado e só então avaliasse suas entradas e atualizasse suas saídas. Se o flip-flop precisa responder a outras entradas além de clock (por exemplo, preset e clear), elas podem ser acrescentadas à lista de sensibilidade. O código na Figura 5.82 mostra um flip-flop J-K escrito em VHDL.

Na linha 9 do código, é declarado um sinal com o nome de *qstate*. Sinais podem ser pensados como fios que conectam dois pontos na descrição do circuito e que possuem características implícitas de uma "memória". Isso significa que, assim que um valor é atribuído ao sinal, ele permanecerá naquele valor até que um diferente lhe seja atribuído no código. Em VHDL, uma VARIABLE (variável) costuma ser usada para implementar esse recurso de "memória", mas variáveis devem ser declaradas e usadas no mesmo bloco de descrição. Nesse exemplo, se *qstate* fosse declarado como VARIABLE (variável), deveria ter sido declarado dentro de PROCESS (após a linha 11) e atribuído a *q* antes do final do PROCESS (linha 21). Nosso exemplo usa um SIGNAL que pode ser declarado e usado em toda a descrição da arquitetura.

FIGURA 5.82 Flip-flop J-K único usando VHDL.

```
1    -- J-K Flip-Flop Circuit
2    ENTITY jk IS
3    PORT(
4         clk, j, k, prn, clrn :IN BIT;
5         q                    :OUT BIT);
6    END jk;
7
8    ARCHITECTURE a OF jk IS
9    SIGNAL qstate :BIT;
10   BEGIN
11      PROCESS(clk, prn, clrn)  -- responde a algum desses sinais
12      BEGIN
13         IF prn = '0' THEN qstate <= '1'; -- preset assíncrono
14         ELSIF clrn = '0' THEN qstate <= '0'; -- clear assíncrono
15         ELSIF clk = '1' AND clk'EVENT THEN -- na borda de subida do clock
16            IF j = '1' AND k = '1' THEN qstate <= NOT qstate;
17            ELSIF j = '1' AND k = '0' THEN qstate <= '1';
18            ELSIF j = '0' AND k = '1' THEN qstate <= '0';
19            END IF;
20         END IF;
21      END PROCESS;
22      q <= qstate;           -- atualiza o pino de saída
23   END a;
```

Perceba que a lista de sensibilidade de PROCESS contém os sinais de preset assíncrono e clear. O flip-flop deve responder a essas entradas assim que são declaradas acionadas (BAIXO), e essas entradas devem se sobrepor às entradas *J*, *K* e clock. Para conseguir isso, podemos usar a natureza sequencial das construções IF/ELSE. Primeiro, o PROCESS descreverá o que acontece quando apenas um dos três sinais — *clk*, *prn* ou *clrn* — muda de estado. A entrada de prioridade mais alta neste exemplo é *prn*, porque é avaliada primeiro na linha 13. Se for acionada, *qstate* será setado em nível ALTO e as outras entradas nem serão avaliadas, porque estão no ramo ELSE da decisão. Se *prn* for de nível ALTO, *clrn* será avaliada na linha 14 para que se verifique se é de nível BAIXO. Se for, o flip-flop será limpo (*cleared*) e nada mais será avaliado no PROCESS. A linha 15 será avaliada apenas se tanto *prn* quanto *clrn* forem de nível ALTO. O termo *clk*'**EVENT** na linha 15 é avaliado como TRUE (verdadeiro) apenas se houver transição em *clk*. Como *clk* = '1' precisa ser TRUE (verdadeiro) também, essa condição responde apenas a uma transição de borda de subida no clock. As próximas três condições das linhas 16, 17 e 18 são avaliadas apenas após uma borda de subida em *clk* e servem para atualizar o estado do flip-flop. Em outras palavras, são **aninhadas** (***nested***) dentro da declaração ELSIF da linha 15. Apenas os comandos *J-K* para comutar, set e reset são avaliados pela IF/ELSIF das linhas 16-18. Evidentemente, com um JK há um quarto comando, hold. A condição ELSE do dispositivo que "falta" será interpretada pelo VHDL como um dispositivo de memória implícita que manterá o estado PRESENT (atual) se nenhuma das condições JK dadas for TRUE (verdadeira). Observe que cada estrutura IF/ELSIF tem sua própria declaração de END IF. A linha 19 encerra a estrutura de decisão que decide setar, limpar ou comutar (*set*, *clear* ou *toggle*). A linha 20 encerra a estrutura IF/ELSIF que decide entre as respostas da borda de preset, clear e clock. Assim que se encerrar o PROCESS, o estado do flip-flop é transferido para o port de saída *q*.

Independentemente de a descrição ser feita em AHDL ou VHDL, o funcionamento adequado do circuito pode ser verificado por meio de um simulador. A parte mais importante e desafiadora da verificação com um simulador é criar um conjunto de condições de entrada hipotéticas que prove que o circuito faz tudo aquilo para que foi projetado. Há muitas maneiras de se fazer isso, e cabe ao projetista escolher a melhor. A simulação usada para verificar o funcionamento do bloco primitivo JKFF é mostrada na Figura 5.83. A entrada *preset* é inicialmente ativada, e, então, em t_1, a entrada *clear* é ativada. Esses testes garantem que *preset* e *clear* funcionam de modo assíncrono. A entrada *jin* é de nível ALTO em t_2 e *kin* é de nível ALTO em t_3. Entre esses pontos, as entradas em *jin* e *kin* estão em nível BAIXO. Essa parte da simulação testa os modos síncronos de set, hold e reset. A começar em t_4, o comando toggle é testado com *jin* = *kin* = 1. Perceba que, em t_5, *preset* é acionado (BAIXO) para testar se *preset* se sobrepõe ao comando comutação (toggle). Depois de t_6, a saída começa a comutar outra vez, e, em t_7, a entrada *clear* se sobrepõe às entradas síncronas. Testar todos os modos de funcionamento e a interação dos vários controles é importante em uma simulação.

FIGURA 5.83 Simulação do flip-flop J-K.

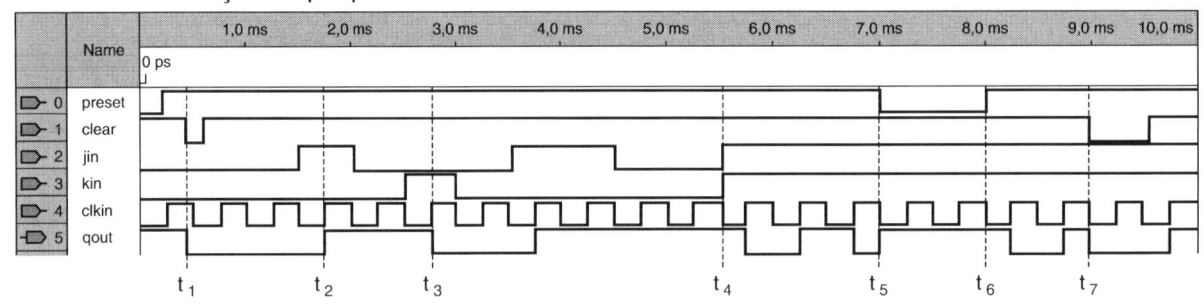

QUESTÕES DE REVISÃO

1. O que é um bloco primitivo lógico?
2. O que o projetista precisa saber para usar um bloco primitivo lógico?
3. No sistema da Altera, onde são encontradas as informações sobre blocos primitivos e funções de biblioteca?
4. Qual é o elemento-chave em VHDL que possibilita a descrição explícita dos circuitos lógicos com clock?
5. Que biblioteca define os tipos de dados std_logic?
6. Que biblioteca define os blocos primitivos lógicos e componentes comuns?

5.29 CIRCUITOS EM HDL COM COMPONENTES MÚLTIPLOS

OBJETIVOS

Após ler esta seção, você será capaz de:

■ Definir e declarar componentes em HDL.

- Interconectar componentes usando HDL.
- Criar e usar várias instâncias de componentes em um projeto HDL.

Começamos este capítulo estudando latches. Usamos latches para fazer flip-flops, e flip-flops para fazer muitos circuitos, inclusive contadores binários. Uma descrição gráfica (diagrama lógico) de um contador binário crescente simples é mostrada na Figura 5.84. Esse circuito é funcionalmente o mesmo da Figura 5.48, que foi desenhado com o LSB à direita para facilitar a visualização do valor numérico do contador binário. O circuito foi redesenhado aqui para mostrar o fluxo de sinais em um formato mais convencional, com entradas à esquerda e saídas à direita. Perceba que esses símbolos lógicos são disparados pela borda de descida. Esses flip-flops também não possuem entradas assíncronas *prn* ou *clrn*. Nosso objetivo é descrever o circuito desse contador em HDL interconectando três instâncias do mesmo componente do flip-flop J-K.

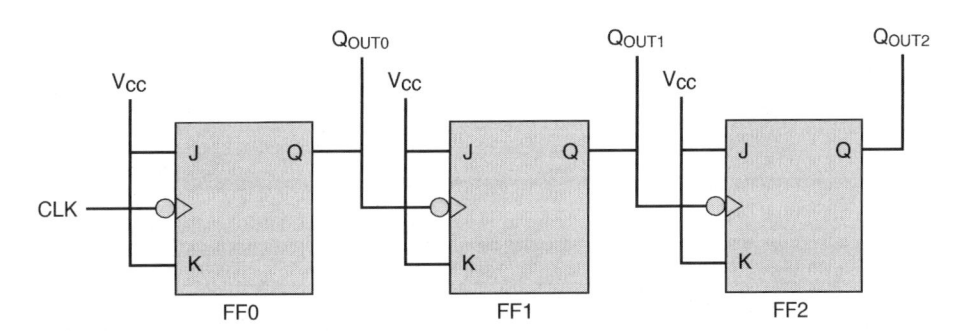

FIGURA 5.84 Um contador binário de três bits.

CONTADOR ASSÍNCRONO CRESCENTE EM AHDL

Uma descrição baseada em texto desse circuito requer três flip-flops do mesmo tipo, exatamente como na descrição gráfica. Consulte a Figura 5.85. Na linha 8 da figura, uma notação de matriz de bits é usada para declarar um registrador de três flip-flops J-K. O nome do registrador é *q*, como o do port de saída. O AHDL interpreta que a saída de cada flip-flop deve ser conectada ao port de saída. Cada bit da matriz *q* possui todos os atributos de um bloco primitivo JKFF. O AHDL é bastante flexível quanto ao uso de conjuntos indexados como esse. Como um exemplo do uso dessa notação de conjunto, veja como todas as entradas J e K para todos os flip-flops estão conectadas a V_{CC} nas linhas 11 e 12. Se os flip-flops tivessem sido nomeados A, B e C, em vez de por uma matriz de bits, seriam necessárias atribuições individuais para cada entrada J e K, o que tornaria o código muito longo. A seguir, são feitas as interconexões principais entre os flip-flops para transformar esse sistema em um contador assíncrono. O sinal do clock é invertido e atribuído à entrada de clock FF0 (linha 13); a saída Q de FF0 é invertida e atribuída à entrada do clock FF1 (linha 14), e assim por diante, formando um contador assíncrono.

FIGURA 5.85 Contador assíncrono de módulo 8 em AHDL.

```
1    % MOD 8 ripple up counter. %
2    SUBDESIGN fig5_85
3    (
4       clock                    :INPUT;
5       q[2..0]                  :OUTPUT;
6    )
7    VARIABLE
8       q[2..0]:JKFF;            -- define três FFs J-K
9    BEGIN
10                               -- obs.: prn, clrn com default em Vcc!
11      q[2..0].j = VCC;         -- modo de comutação J=K=1 para todos os FFs
12      q[2..0].k = VCC;
13      q[0].clk = !clock;
14      q[1].clk = !q[0].q;
15      q[2].clk = !q[1].q;      -- conecta os clocks na forma assíncrona
16   END;
```

CONTADOR ASSÍNCRONO EM VHDL

Descrevemos na Figura 5.82 o código VHDL para um JKFF disparado por borda positiva com controles preset e clear. O contador na Figura 5.84 é disparado por borda negativa e não requer preset ou clear assíncronos. Nosso objetivo é escrever o código VHDL para um desses flip-flops, representar três instâncias do mesmo flip-flop e interconectar os ports para criar o contador.

Começaremos vendo a descrição em VHDL na Figura 5.86, a partir da linha 18. Esse módulo de código VHDL descreve o funcionamento de um único componente de flip-flop J-K. O nome do componente é neg_jk (linha 18), e ele possui entradas *clk*, *j* e *k* (linha 19) e saída *q* (linha 20). Um sinal nomeado *qstate* é usado para guardar o estado do flip-flop e conectá-lo à saída *q*. Na linha 25, PROCESS possui apenas *clk* na lista de sensibilidade, de modo que ele responde apenas a variações no *clk* (transições positivas e negativas). A declaração que faz que esse flip-flop seja disparado pela borda de negativa está na linha 27. IF (*clk*'EVENT AND *clk* = '0') for verdadeiro, então uma borda *clk* acabou de ocorrer e *clk* está no nível BAIXO, o que significa que deve ter sido uma transição negativa de *clk*. As decisões IF/ELSE que se seguem implementam os quatro estados de um flip-flop J-K.

Agora que sabemos que um flip-flop chamado neg_jk funciona, vamos ver como podemos usá-lo três vezes em um circuito e ligar todos os ports. A linha 1 define a ENTITY, que constituirá o contador de três bits. As linhas 2 e 3 contêm as definições das entradas e saídas. Perceba que as saídas estão na forma de uma matriz de 3 bits (vetor de bits). Na linha 6, o SIGNAL *high* pode ser considerado um fio usado para conectar pontos no circuito que vai até V_{CC}. A linha 7 é importante porque é onde declaramos que planejamos usar em nosso projeto um componente de nome neg_jk. Nesse exemplo, o código real está escrito no final da página, mas poderia estar em um arquivo separado ou mesmo em uma biblioteca. Essa declaração diz ao compilador todos os fatos importantes sobre o componente e os nomes de seus ports.

FIGURA 5.86 Contador assíncrono de módulo 8 em VHDL.

```
1   ENTITY fig5_86 IS
2   PORT (clock              :IN BIT;
3        qout               :BUFFER BIT_VECTOR (2 DOWNTO 0));
4   END fig5_86;
5   ARCHITECTURE counter OF fig5_86 IS
6      SIGNAL high          :BIT;
7      COMPONENT neg_jk
8      PORT (  clk, j, k    :IN BIT;
9              q            :OUT BIT);
10     END COMPONENT;
11  BEGIN
12     high <= '1';         -- conecta em Vcc
13  ff0: neg_jk PORT MAP (j => high, k => high, clk => clock,   q => qout(0));
14  ff1: neg_jk PORT MAP (j => high, k => high, clk => qout(0),q => qout(1));
15  ff2: neg_jk PORT MAP (j => high, k => high, clk => qout(1),q => qout(2));
16  END counter;
17
18  ENTITY neg_jk IS
19  PORT (   clk, j, k      :IN BIT;
20           q              :OUT BIT);
21  END neg_jk;
22  ARCHITECTURE simple of neg_jk IS
23     SIGNAL qstate        :BIT;
24  BEGIN
25    PROCESS (clk)
26    BEGIN
27       IF (clk'EVENT AND clk = '0') THEN
28          IF j = '1' AND k = '1'  THEN qstate <= NOT qstate; -- comuta
29          ELSIF j ='1' AND k = '0'    THEN qstate <= '1';     -- set
30          ELSIF j = '0' AND k = '1'   THEN qstate <= '0';     -- reset
31          END IF;
32       END IF;
33    END PROCESS;
34    q <= qstate                 -- conecta o estado do flip-flop à saída
35  END simple;;
```

A parte final da descrição é a seção concorrente das linhas 12-15. Primeiro, o sinal *high* é conectado a V_{CC} na linha 12. As três linhas seguintes são instanciações dos componentes do flip-flop. As três instâncias são denominadas ff0, ff1 e ff2. Cada instância é seguida por um PORT MAP que lista cada port do componente e descreve o que está conectado no módulo.

Conectar componentes usando HDL não é difícil, mas bastante trabalhoso. Como você pode ver, mesmo para um circuito simples o arquivo é bastante longo. Esse método de descrever circuitos é conhecido como **nível de abstração estrutural** e exige que o projetista dê conta de cada pino de cada componente e defina sinais para cada fio que deve interconectar os componentes. As pessoas acostumadas a usar diagramas lógicos para descrever circuitos em geral acham fácil entender o nível estrutural, mas não é tão fácil de ler à primeira vista como o diagrama de circuito lógico equivalente. Na verdade, é seguro dizer que, se o nível de descrição estrutural fosse o único disponível, a maioria das pessoas preferiria usar descrições gráficas (esquemas) em vez de HDL. A verdadeira vantagem do HDL é o uso de níveis mais altos de abstração e a capacidade de confeccionar componentes que se adaptem perfeitamente às necessidades do projeto. Estudaremos o uso desses métodos, assim como ferramentas gráficas para conectar módulos, nos capítulos seguintes.

QUESTÕES DE REVISÃO

1. O mesmo componente pode ser usado mais de uma vez no mesmo circuito?
2. Em AHDL, onde são declaradas as instâncias múltiplas de um componente?
3. Como se distinguem as instâncias múltiplas de um componente?
4. Em AHDL, que operador é usado para "conectar" sinais?
5. Em VHDL, o que serve como "fios" que conectam componentes?
6. Em VHDL, que palavras-chave identificam a seção de código em que são especificadas conexões para instâncias de componentes?

RESUMO

1. Um flip-flop é um circuito lógico com uma característica de memória tal que suas saídas Q e $\overline{Q}$ vão para um novo estado em resposta a um pulso de entrada e permanecem nesse novo estado após o término do pulso de entrada.
2. Um latch NAND e um latch NOR são FFs simples que respondem a níveis lógicos nas entradas SET e RESET.
3. Limpar (resetar) um FF significa colocar sua saída no estado $Q = 0/\overline{Q} = 1$. Setar um FF significa colocar sua saída no estado $Q = 1/\overline{Q} = 0$.
4. FFs com clock têm uma entrada de clock (CLK, CP, CK) disparada por borda, o que significa que ele pode ser disparado na borda positiva ou na borda negativa do clock.
5. FFs disparados por borda (com clock) podem ser disparados para um novo estado por uma borda ativa na entrada de clock, de acordo com o estado das entradas síncronas do FF (S, R ou J, K ou D).
6. A maioria dos FFs com clock também possui entradas assíncronas que podem setar ou resetar o FF, independentemente da entrada do clock.
7. O latch D é um latch NAND modificado que opera como flip-flop D, exceto pelo fato de que não é disparado por borda.
8. Alguns dos principais usos dos FFs incluem armazenamento e transferência de dados, deslocamento de dados, contagem e divisão de frequência. Eles são usados em circuitos sequenciais que obedecem a uma sequência de estados predeterminada.
9. Um monoestável é um circuito lógico que pode ser disparado a partir do estado normal de repouso ($Q = 0$) até o estado ativo ($Q = 1$), em que ele permanece por um intervalo de tempo proporcional a uma constante de tempo RC.
10. Circuitos que têm entradas Schmitt-trigger respondem de maneira confiável a sinais de transição lenta e produzem saídas com transições limpas bem definidas.
11. Vários circuitos podem ser usados para gerar sinais de clock em uma frequência desejada, entre os quais estão os osciladores Schmitt-trigger, o temporizador 555 e os osciladores a cristal.
12. Um resumo completo dos diversos tipos de FFs pode ser encontrado no final deste livro.
13. Dispositivos lógicos programáveis podem ser programados para operar como circuitos de latch e circuitos sequenciais.
14. Blocos de construção fundamentais chamados blocos primitivos lógicos estão disponíveis na biblioteca da Altera para ajudar na implementação de sistemas maiores.
15. Flip-flops com clock estão disponíveis como blocos primitivos lógicos.
16. O código VHDL pode ser usado para descrever lógica com clock explicitamente sem usar blocos primitivos lógicos.
17. O VHDL possibilita que arquivos em HDL sejam usados como componentes em sistemas maiores. Componentes pré-fabricados estão disponíveis na biblioteca da Altera.
18. O HDL pode ser usado para descrever componentes interconectados de modo bastante semelhante à ferramenta de captura esquemática gráfica.

TERMOS IMPORTANTES

- flip-flop
- realimentação
- SET
- CLEAR
- RESET
- latch com portas NAND
- latch S-R
- trepidação do contato
- latch com portas NOR
- pulsos
- clock
- transição positiva (PGT)
- transição negativa (NGT)
- flip-flop D com clock
- período
- frequência
- disparada por borda
- entradas de controle
- entradas de controle síncronas
- estados metaestáveis
- tempo de setup, t_S
- tempo de hold, t_H

- flip-flop S-R com clock
- circuito direcionador de pulsos
- circuito detector de borda
- flip-flop J-K com clock
- modo de comutação
- transferência paralela
- latch D
- entradas assíncronas
- entradas de sobreposição
- atrasos de propagação
- circuitos sequenciais
- registradores
- transferência de dados
- transferência assíncrona
- transferência por interferência
- transferência serial de dados
- transferência síncrona
- registrador de deslocamento
- divisor de frequência
- contador binário
- tabela de estados
- diagrama de transição de estados

- número do módulo
- circuito Schmitt-trigger
- monoestável
- estado quase estável
- monoestável não redisparável
- monoestável redisparável
- multivibrador astável
- temporizador 555
- ciclo de trabalho
- gerador de clock a cristal
- desalinhamento do clock
- blocos primitivos
- maxplus2
- megafunção
- biblioteca de módulos parametrizados (LPMs)
- evento
- bloco primitivo lógico
- COMPONENT
- PORT MAP
- aninhadas (nested)
- nível de abstração estrutural

PROBLEMAS*

SEÇÕES 5.1 A 5.3

5.1* **B** Considerando, inicialmente, $Q = 0$, aplique as formas de onda x e y, mostradas na Figura 5.87, às entradas SET e RESET de um latch NAND e determine as formas de onda das saídas Q e $\overline{Q}$.

5.2 **B** Inverta as formas de onda x e y mostradas na Figura 5.87, aplique-as nas entradas SET e RESET de um latch NOR e determine as formas de onda das saídas Q e $\overline{Q}$. Considere, inicialmente, $Q = 0$.

5.3* As formas de onda mostradas na Figura 5.87 são aplicadas ao circuito da Figura 5.88. Considere, inicialmente, $Q = 0$ e determine a forma de onda da saída Q.

FIGURA 5.87 Problemas 5.1 a 5.3.

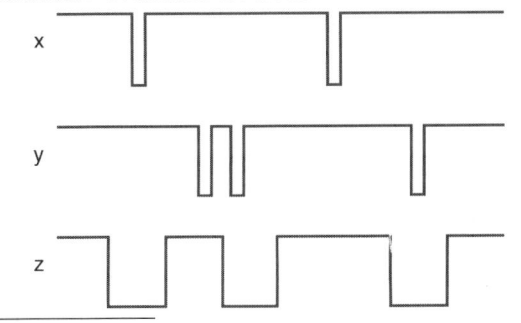

FIGURA 5.88 Problema 5.3.

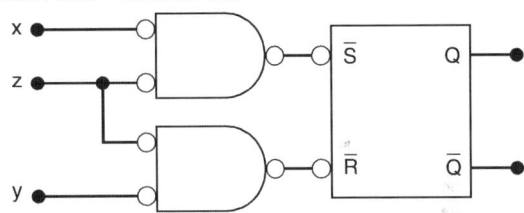

5.4 **D** Modifique o circuito mostrado na Figura 5.9 para usar um latch com portas NOR.

5.5 **D** Modifique o circuito mostrado na Figura 5.12 para usar um latch com portas NAND.

5.6* **T** Veja o circuito mostrado na Figura 5.13. Um técnico testa a operação do circuito observando as saídas com um osciloscópio digital enquanto a chave é comutada de A para B. Quando a chave é comutada, o osciloscópio mostra a forma de onda em X_B, conforme a Figura 5.89. Qual defeito no circuito poderia gerar esse resultado? (*Dica:* qual é a função do latch NAND?)

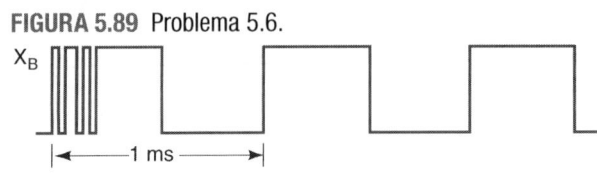

FIGURA 5.89 Problema 5.6.

* As respostas aos problemas marcados com uma estrela (*) podem ser encontradas na parte final do livro.

SEÇÕES 5.4 A 5.6

5.7 Determinado FF com clock tem os seguin-
B tes valores mínimos: $t_S = 20$ ns e $t_H = 5$ ns. Durante quanto tempo as entradas de controle devem permanecer estáveis antes da transição ativa do clock?

5.8 Aplique as formas de onda S, R e CLK mos-
B tradas na Figura 5.20 no FF da Figura 5.21 e determine a forma de onda da saída Q.

5.9* Aplique as formas de onda mostradas na
B Figura 5.90 no FF mostrado na Figura 5.20 e determine a forma de onda da saída Q. Repita o procedimento para o FF da Figura 5.21. Suponha, inicialmente, que $Q = 0$.

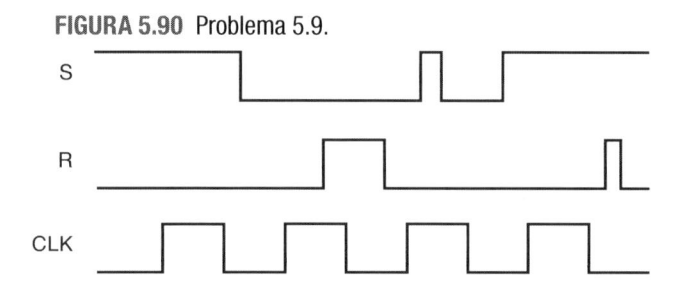

FIGURA 5.90 Problema 5.9.

5.10 Desenhe as seguintes formas de ondas de pulso digital. Acrescente os rótulos de t_r, t_f e t_w, da borda positiva e da borda negativa.
(a) Um pulso TTL negativo com $t_r = 20$ ns, $t_f = 5$ ns e $t_w = 50$ ns.
(b) Um pulso TTL positivo com $t_r = 5$ ns, $t_f = 1$ ns e $t_w = 25$ ns.
(c) Um pulso positivo com $t_w = 1$ ms, cuja borda de subida ocorre a cada 5 ms. Dê a frequência dessa forma de onda.

SEÇÃO 5.7

5.11* Aplique as formas de onda J, K e CLK mos-
B tradas na Figura 5.24 no FF da Figura 5.25. Considere, inicialmente, que $Q = 1$ e determine a forma de onda da saída Q.

FIGURA 5.92 Problema 5.14.

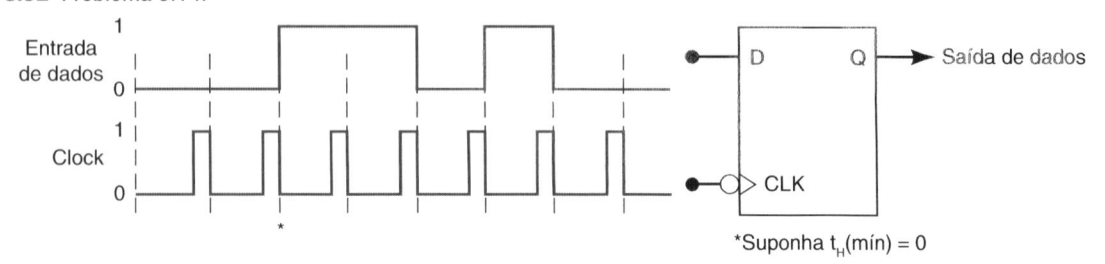

5.12 (a)* Mostre como um flip-flop J-K pode
D operar como um FF *toggle* (comuta de estado a cada pulso de clock). Em seguida, aplique um sinal de clock de 10 kHz na entrada de CLK e determine a forma de onda da saída Q.
(b) Conecte a saída Q desse FF à entrada de clock de um segundo FF J-K que também possui $J = K = 1$. Determine a frequência do sinal na saída desse FF.

5.13 As formas de onda mostradas na Figura 5.91
B são aplicadas em dois FFs diferentes:
(a) J-K disparado por borda positiva.
(b) J-K disparado por borda negativa.

Desenhe a forma de onda da saída Q para cada FF, considerando, inicialmente, que $Q = 0$. Suponha que cada um tenha $t_H = 0$.

FIGURA 5.91 Problema 5.13.

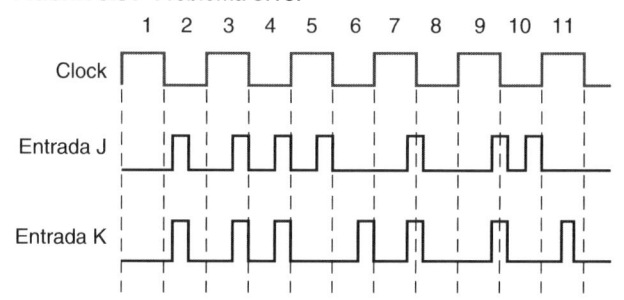

SEÇÃO 5.8

5.14 Algumas vezes, um FF D é usado para *atrasar* uma forma de onda binária, de modo que a informação binária aparece na saída certo tempo depois de aparecer na entrada D.
(a)* Determine a forma de onda Q na Figura 5.92 e compare-a com a forma de onda de entrada. Observe que ela é adiada da entrada por um período de clock.
(b) Como obter um atraso de dois períodos de clock?

5.15 (a) Aplique as formas de onda S e CLK
B mostradas na Figura 5.90 às entradas D

*Suponha t_H(mín) = 0

e *CLK* de um FF D disparado por transição positiva. Em seguida, determine a forma de onda da saída *Q*.

(b) Repita o procedimento usando a forma de onda *C*, mostrada na Figura 5.90, na entrada *D*.

5.16* Um FF D disparado por borda pode ser configurado para operar no modo de comutação, como um FF *toggle*, conforme é mostrado na Figura 5.93. Suponha, inicialmente, que *Q* = 0 e determine a forma de onda *Q*.

B

FIGURA 5.93 Flip-flop D configurado para comutar (como um FF tipo T) (Problema 5.16).

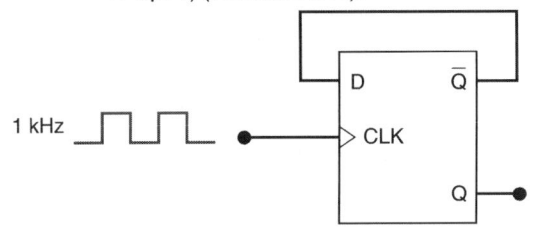

SEÇÃO 5.9

5.17 (a) Aplique as formas de onda *S* e *CLK*, mostradas na Figura 5.90, às entradas *D* e *EN* de um latch *D*, respectivamente, e determine a forma de onda da saída *Q*.

B

(b) Repita o procedimento usando a forma de onda *C* aplicada à entrada *D*.

5.18 Compare a operação do latch D com o flip-flop D disparado por borda negativa aplicando as formas de onda mostradas na Figura 5.94 em cada um e determinando as formas de onda da saída *Q*.

FIGURA 5.94 Problema 5.18.

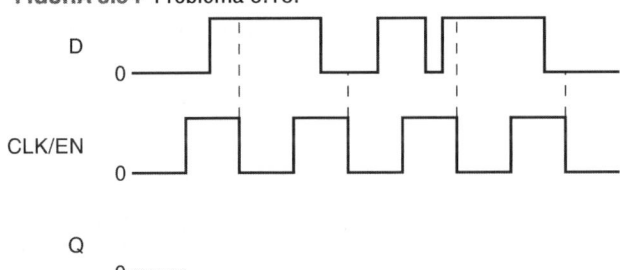

5.19 No Problema 5.16, vimos como um flip-flop D disparado por borda pode operar no modo *toggle*. Explique por que essa mesma ideia não funciona para um latch D.

SEÇÃO 5.10

5.20 Determine a forma de onda da saída *Q* do FF, mostrado na Figura 5.95. Considere, inicialmente, que *Q* = 0 e lembre-se de que as entradas assíncronas se sobrepõem a todas as outras.

B

FIGURA 5.95 Problema 5.20.

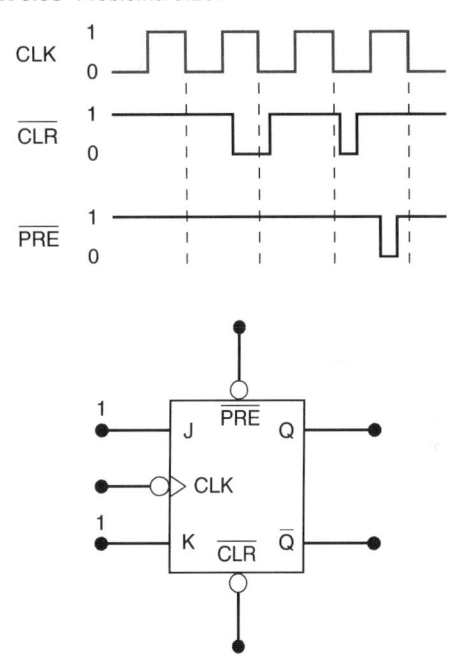

5.21* Aplique as formas de onda *CLK*, $\overline{PRE}$ e $\overline{CLR}$, mostradas na Figura 5.33, em um FF D disparado por borda positiva com entradas assíncronas ativas em nível BAIXO. Suponha que a entrada *D* seja mantida em nível ALTO e que a saída *Q* esteja inicialmente em nível BAIXO. Determine a forma de onda da saída *Q*.

B, N

5.22 Aplique as formas de onda mostradas na Figura 5.95 ao flip-flop D disparado na transição negativa e que tem entradas assíncronas ativas em nível BAIXO. Suponha que a entrada *D* seja mantida em nível BAIXO e que a saída *Q* esteja inicialmente em nível ALTO. Desenhe a forma de onda resultante na saída *Q*.

B

SEÇÃO 5.11

5.23 Use o site da Texas Instruments para verificar o FF D 74ALS74A.

B

(a)* Quanto tempo pode levar para a saída *Q* de um 74ALS74A comutar de 0 para 1 em resposta a uma transição ativa do *CLK*?

(b)* Por quanto tempo a entrada D precisa ser estável antes da borda do clock ativa no 74ALS74A?

(c) Qual é o pulso mais estreito que pode ser aplicado na entrada *PRE* de um FF D 74ALS74A?

5.24 Use o site do Texas Instruments para verificar o FF D 74ALS112A.
B

(a) Quanto tempo pode levar para limpar um 74ALS112 de modo assíncrono?

(b) Quanto tempo pode levar para setar um 74ALS112 de modo assíncrono?

(c) Qual é o intervalo mais curto aceitável entre as transições de clock ativas em um 74ALS74A?

(d) A entrada *J* de um 74ALS74A vai para o nível ALTO 15 ns antes da borda ativa de clock. A entrada *K* tem sido 0. O flip-flop setará de maneira confiável?

(e) Quanto tempo leva (depois da borda de clock) para armazenar de modo síncrono um 1 em um flip-flop *D* 74ALS74A limpo?

SEÇÕES 5.14 E 5.15

5.25* Modifique o circuito mostrado na Figura
D 5.39 para usar um flip-flop J-K.

5.26 No circuito mostrado na Figura 5.96, as
D entradas *A*, *B* e *C* estão inicialmente em nível BAIXO. Supõe-se que a saída *Y* vá para o nível ALTO apenas quando *A*, *B* e *C* forem para o nível ALTO em determinada sequência.

(a) Determine a sequência que faz que *Y* vá para o nível ALTO.

(b) Explique a necessidade do pulso INÍCIO.

(c) Modifique esse circuito, de modo a usar FFs D.

FIGURA 5.96 Problema 5.26.

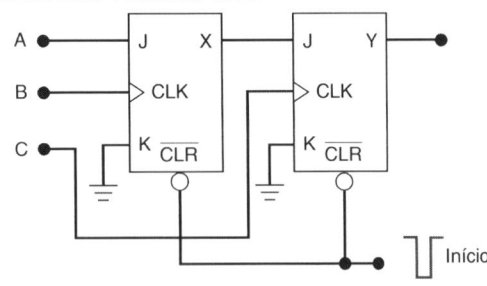

SEÇÕES 5.16 E 5.17

5.27* (a) Desenhe um diagrama de circuito para
D a transferência paralela síncrona de um registrador de três bits para outro usando flip-flops J-K.

(b) Repita a transferência paralela assíncrona.

5.28 Um registrador de deslocamento *circular*
D mantém a informação binária circulando pelo registrador à medida que os pulsos de clock são aplicados. O registrador de deslocamento, mostrado na Figura 5.46, pode ser convertido em registrador circular conectando-se X_0 à linha ENTRADA DE DADOS. Nenhuma entrada externa é usada. Suponha que esse registrador circular comece com o dado 1011 (ou seja, $X_3 = 1$, $X_2 = 0$, $X_1 = 1$ e $X_0 = 1$). Relacione a sequência de estados que os FFs do registrador apresentam enquanto oito pulsos de deslocamento são aplicados.

5.29* Veja a Figura 5.47, em que um número de
D três bits armazenado no registrador *X* é deslocado serialmente para o registrador *Y*. Como o circuito deve ser modificado para que, ao final da operação de transferência, o número original armazenado em *X* esteja presente nos dois registradores? (*Dica*: veja o Problema 5.28.)

SEÇÃO 5.18

5.30 Veja o circuito do contador mostrado na
B Figura 5.48 e responda:

(a)* Se o contador começar em 000, qual será o valor da contagem após 13 pulsos de clock? E após 99 pulsos? E após 256 pulsos?

(b) Se o contador começar em 100, qual será o valor da contagem após 13 pulsos? E após 99 pulsos? E após 256 pulsos?

(c) Conecte um quarto FF J-K (X_3) a esse contador e desenhe o diagrama de transição de estados para esse contador de 4 bits. Se a frequência de clock de entrada for de 80 MHz, como será a forma de onda em X_3?

5.31 Veja o contador binário mostrado na Figura
B 5.48. Modifique-o conectando $\overline{X_0}$ na entrada *CLK* do flip-flop X_1, e $\overline{X_1}$ na entrada *CLK* do flip-flop X_2. Comece com todos os FFs no estado 1 e desenhe as diversas formas de

onda de saída (X_0, X_1, X_2) para 16 pulsos de entrada. Em seguida, relacione a sequência de estados dos FFs, como foi feito na Figura 5.49. Esse contador é denominado *contador decrescente*. Por quê?

5.32 Desenhe o diagrama de transição de estados
B para esse contador decrescente e compare-o com o diagrama mostrado na Figura 5.50. Em que eles são diferentes?

5.33★ (a) Quantos FFs são necessários para cons-
B truir um contador binário que conte de 0 a 1.023?

(b) Determine a frequência na saída do último FF desse contador para uma frequência de clock de entrada de 2 MHz.

(c) Qual é o número do módulo do contador?

(d) Se o contador começar em zero, que valor de contagem ele apresentará após 2.060 pulsos?

5.34 Um contador binário recebe pulsos de um
B sinal de clock de 256 kHz. A frequência de saída do último FF é 2 kHz.

(a) Determine o número do módulo.

(b) Determine a faixa de contagem.

5.35 Um circuito fotodetector é usado para gerar
B um pulso a cada vez que um cliente entra em um determinado estabelecimento. Os pulsos são aplicados em um contador de 8 bits. O contador é usado para determinar quantos clientes entraram na loja. Depois de fechar a loja, o proprietário observa a contagem $00001001_2 = 9_{10}$. Ele sabe que esse valor não está correto, porque entraram muito mais que nove pessoas na loja. Supondo que o circuito do contador funciona corretamente, qual seria o motivo da discrepância?

SEÇÃO 5.19

5.36★ Modifique o circuito mostrado na Figura
D 5.58 de modo que apenas o código de endereço 10110110 permita que o dado seja transferido para o registrador X.

5.37 Suponha que o circuito mostrado na Figura
T 5.58 não esteja funcionando corretamente, de modo que os dados estão sendo transferidos para X tanto com o código de endereço 11111110 quanto com 11111111. Quais seriam alguns dos defeitos no circuito que poderiam causar isso?

5.38 Muitos microcontroladores compartilham
D os mesmos pinos para dar saída ao endereço inferior e aos dados de transferência. Para manter o endereço constante enquanto os dados são transferidos, a informação do endereço é guardada em um latch habilitado pelo sinal de controle ALE (habilitador do latch de endereço, do inglês *address latch enable*), como mostra a Figura 5.97. Conecte esse latch ao microcontrolador, de modo que ele recolha o que está no endereço inferior e linhas de dados enquanto ALE estiver no nível ALTO e guarde no endereço inferior apenas linhas em que ALE esteja no nível BAIXO.

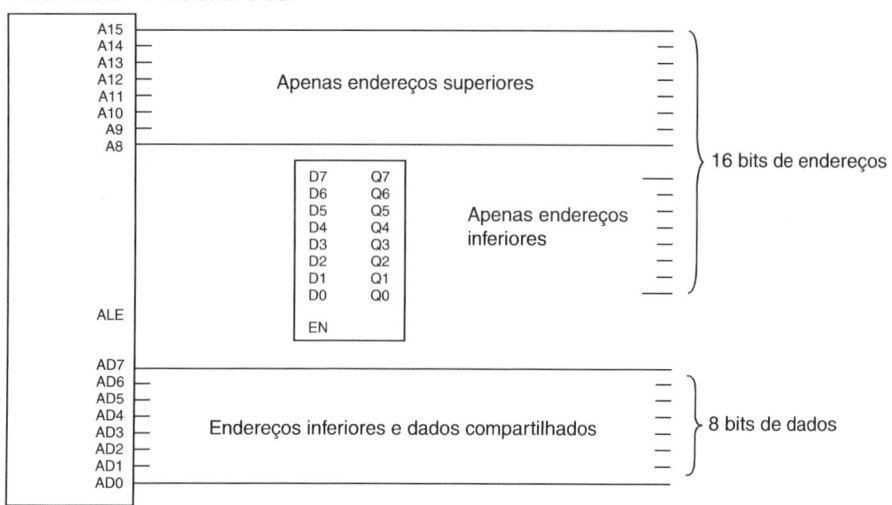

FIGURA 5.97 Problema 5.38.

5.39
D Modifique o circuito mostrado na Figura 5.58 de modo que a MPU tenha oito linhas de saída de dados conectadas para transferir 8 bits de dados para um registrador de 8 bits construído a partir de dois CIs 74HC175. Mostre todas as conexões do circuito.

SEÇÃO 5.21

5.40
B Veja as formas de onda mostradas na Figura 5.61(a). Mude a duração do pulso do monoestável para 0,5 ms e determine a saída Q para os dois tipos de monoestáveis. Em seguida, repita o procedimento usando um pulso de duração de 1,5 ms.

5.41★ A Figura 5.98 mostra três monoestáveis não redisparáveis conectados em cascata produzindo em sequência três pulsos de saída. Observe o "1" em frente ao pulso dentro do símbolo de cada monoestável indicando a operação não redisparável. Desenhe o diagrama de tempo mostrando a relação entre o pulso de entrada e as três saídas dos monoestáveis. Suponha um pulso de entrada com duração de 10 ms.

5.42 Um monoestável *redisparável* pode ser usado como detector de frequência de pulsos que detecta quando a frequência dos pulsos de entrada está abaixo de um valor predeterminado. Um exemplo simples dessa aplicação é mostrado na Figura 5.99. A operação inicia-se com o acionamento momentâneo de SW1.

(a) Descreva como esse circuito responde a uma frequência de entrada acima de 1 kHz.

(b) Descreva como o circuito responde a uma frequência de entrada abaixo de 1 kHz.

(c) Como você modificaria esse circuito para detectar quando a frequência de entrada cai abaixo de 50 kHz?

5.43 Veja o símbolo lógico para o monoestável não redisparável 74121 mostrado na Figura 5.62.

(a)★ Que condições de entrada são necessárias para o monoestável ser disparado por um sinal na entrada B?

(b) Que condições de entrada são necessárias para o monoestável ser disparado por um sinal na entrada A_1?

5.44
C, D A largura aproximada do pulso de saída de um monoestável 74121 é dada pela fórmula

$$t_p \approx 0{,}7\, R_T C_T,$$

em que R_T é a resistência conectada entre os pinos R_{EXT}/C_{EXT} e V_{CC}, e C_T é a capacitância conectada entre os pinos C_{EXT} e R_{EXT}/C_{EXT}. O valor de R_T pode variar

FIGURA 5.98 Problema 5.41.

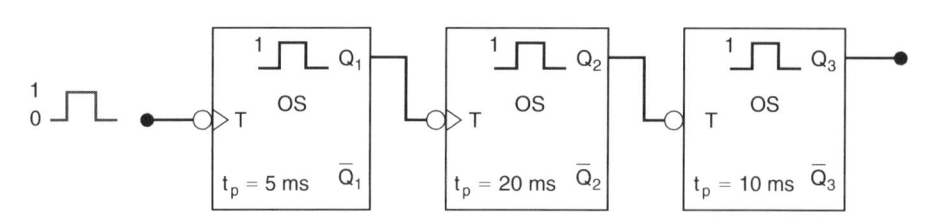

FIGURA 5.99 Problema 5.42.

entre 2 e 40 kΩ, e C_T pode ser tão grande quanto 1.000 μF.

(a) Mostre como um 74121 pode ser conectado para gerar um pulso ativo em nível BAIXO com duração de 5 ms sempre que um dos dois sinais (*E* ou *F*) fizer uma transição negativa. Tanto *E* quanto *F* estão normalmente no estado ALTO.

(b) Modifique o circuito de modo que o sinal na entrada de controle, *G*, desabilite o pulso de saída do monoestável independentemente do que ocorrer em *E* ou *F*.

SEÇÃO 5.22

5.45* Mostre como usar um INVERSOR Schmitt-trigger 74LS14 para gerar uma forma de onda aproximadamente quadrada com frequência de 10 kHz.
B, D

5.46 Projete um oscilador astável com 555 para gerar uma onda aproximadamente quadrada de 40 kHz. O capacitor C deve ser de 500 pF ou maior.
B, D

5.47 Um oscilador 555 pode ser combinado com um flip-flop J-K para gerar uma onda quadrada perfeita (ciclo de trabalho de 50%). Modifique o circuito do Problema 5.46 para incluir um flip-flop J-K. A saída final deve ser, ainda, uma onda quadrada de 40 kHz.
D

5.48 Projete o circuito de um temporizador 555 que produza uma forma de onda de 5 kHz e ciclo de trabalho de 10%. Escolha um capacitor de maior valor do que 500 pF e resistores de menos de 100 kΩ. Desenhe o diagrama do circuito incluindo os números de pinos.

5.49 O circuito na Figura 5.100 pode ser usado para gerar dois sinais de clock não sobrepostos e de mesma frequência. Esses sinais são usados em um sistema de microprocessador que requer quatro transições diferentes de clock para sincronizar suas operações.
C

(a) Desenhe as formas de onda de temporização CP1 e CP2 se o sinal *CLOCK* for uma onda quadrada de 1 MHz. Considere que t_{PLH} e t_{PHL} sejam de 20 ns para o FF e 10 ns para as portas AND.

(b) Esse circuito apresentaria um problema se o FF fosse trocado por outro com transição positiva de *CLK*. Desenhe as formas de onda CP1 e CP2 para essa situação. Tenha atenção especial para as condições que podem produzir glitches.

FIGURA 5.100 Problema 5.49.

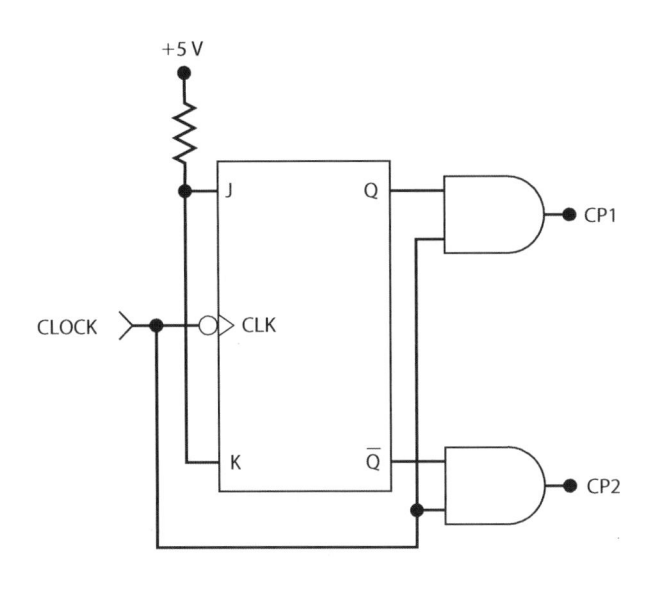

SEÇÃO 5.23

5.50 Veja o circuito contador mostrado na Figura 5.48. Considere que todas as entradas assíncronas estejam conectadas em V_{CC}. Quando testado, as formas de onda do circuito apresentam-se conforme é mostrado na Figura 5.101. Considere a seguinte lista de possíveis defeitos. Para cada um, indique "sim" ou "não" caso o defeito em questão possa ser a causa dos resultados observados. Justifique cada resposta.
T

(a)* A entrada *CLR* de X_2 está aberta.

(b)* Os tempos de transição da saída X_1 são muito longos, possivelmente em decorrência do efeito de carga.

(c) A saída X_2 está em curto com GND.

(d) O tempo de hold requerido por X_2 não está sendo atendido.

FIGURA 5.101 Problema 5.50.

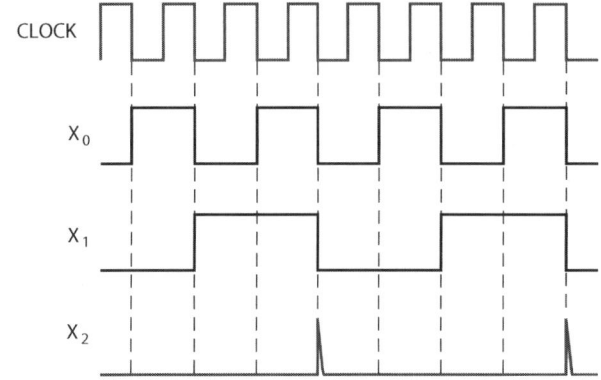

5.51
C, T Considere a situação mostrada na Figura 5.67 para cada um dos seguintes valores de temporização. Para cada um deles, indique se o flip-flop Q_2 responde corretamente ou não.

(a)★ Cada FF: t_{PLH} = 12 ns; t_{PHL} = 8 ns; t_S = 5 ns; t_H = 0 ns

(b) Porta NAND: t_{PLH} = 8 ns; t_{PHL} = 6 ns

(c) INVERTER: t_{PLH} = 7 ns; t_{PHL} = 5 ns

(d) Cada FF: t_{PLH} = 10 ns; t_{PHL} = 8 ns; t_S = 5 ns; t_H = 0 ns

(e) Porta NAND: t_{PLH} = 12 ns; t_{PHL} = 10 ns

(f) INVERTER: t_{PLH} = 8 ns; t_{PHL} = 6 ns

5.52
D Mostre e explique como o problema de desalinhamento do clock apresentado na Figura 5.67 pode ser eliminado com a inserção apropriada de dois INVERSORES.

5.53
T Veja o circuito mostrado na Figura 5.102. Considere que os CIs sejam todos da família lógica TTL. A forma de onda da saída Q foi obtida quando o circuito foi testado com os sinais de entrada mostrados e com a chave na posição voltada para cima; essa forma de onda não está correta. Considere a seguinte lista de defeitos e para cada um indique "sim" ou "não" caso o defeito em questão possa ser o real. Explique cada resposta.

(a)★ O ponto X está sempre em nível BAIXO em razão de um defeito na chave.

(b)★ O pino 1 de U1 está internamente em curto com V_{CC}.

(c) A conexão entre U1-3 e U2-3 está aberta.

(d) Existe uma ponte de solda entre os pinos 6 e 7 de U1.

FIGURA 5.102 Problema 5.53.

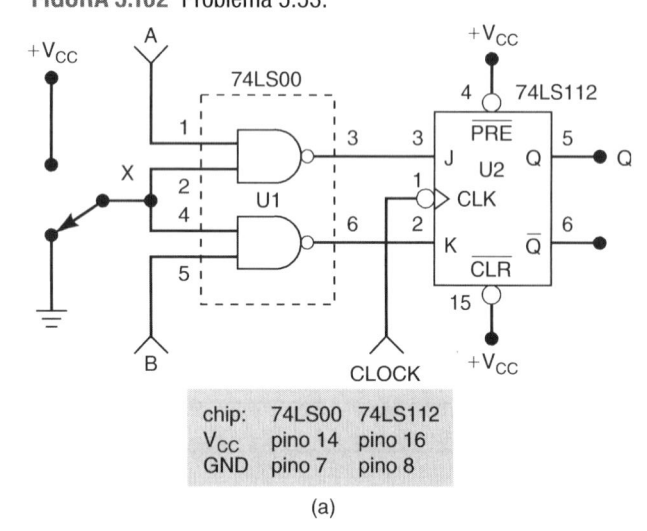

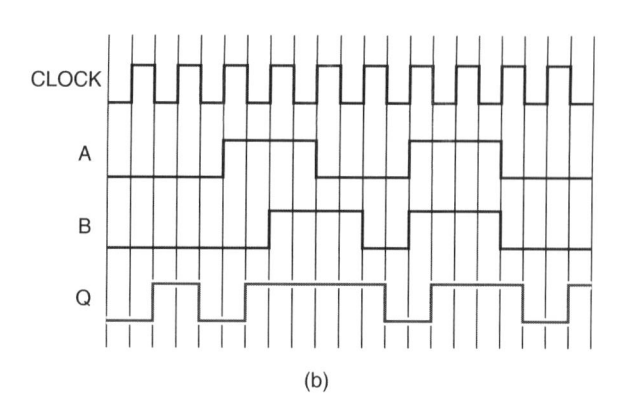

(a)

(b)

5.54
C O circuito da Figura 5.103 funciona como um cadeado eletrônico de combinação sequencial. Para operá-lo, proceda da seguinte maneira:

1. Ative momentaneamente a chave RESET.

2. Ajuste as chaves SWA, SWB e SWC para a primeira parte do segredo. Então, comute a chave ENTER momentaneamente.

3. Ajuste as chaves para a segunda parte da combinação e comute a chave ENTER de novo. Isso deve produzir um nível ALTO em Q_2 para abrir o cadeado. Se ocorrer a entrada de um código incorreto em qualquer um dos passos, o operador tem de reiniciar a sequência. Analise o circuito e determine a sequência de combinações que abrirá o cadeado.

5.55★
C, T Quando a combinação do cadeado da Figura 5.103 foi testada, constatou-se que a entrada com a combinação correta não abriu. Um teste com uma ponta lógica mostrou que, entrando com a primeira combinação correta, Q_1 é setado em nível ALTO, mas, entrando com a segunda combinação correta, produziu-se apenas um pulso momentâneo em Q_2. Considere cada uma das seguintes falhas e indique quais poderiam produzir a operação observada. Explique cada escolha.

(a) Efeito da trepidação de contato em SWA, SWB ou SWC.

(b) A entrada CLR de Q_2 está aberta.

(c) A conexão da saída da porta NAND-4 para a entrada da porta NAND-3 está aberta.

FIGURA 5.103 Problemas 5.54, 5.55 e 5.69.

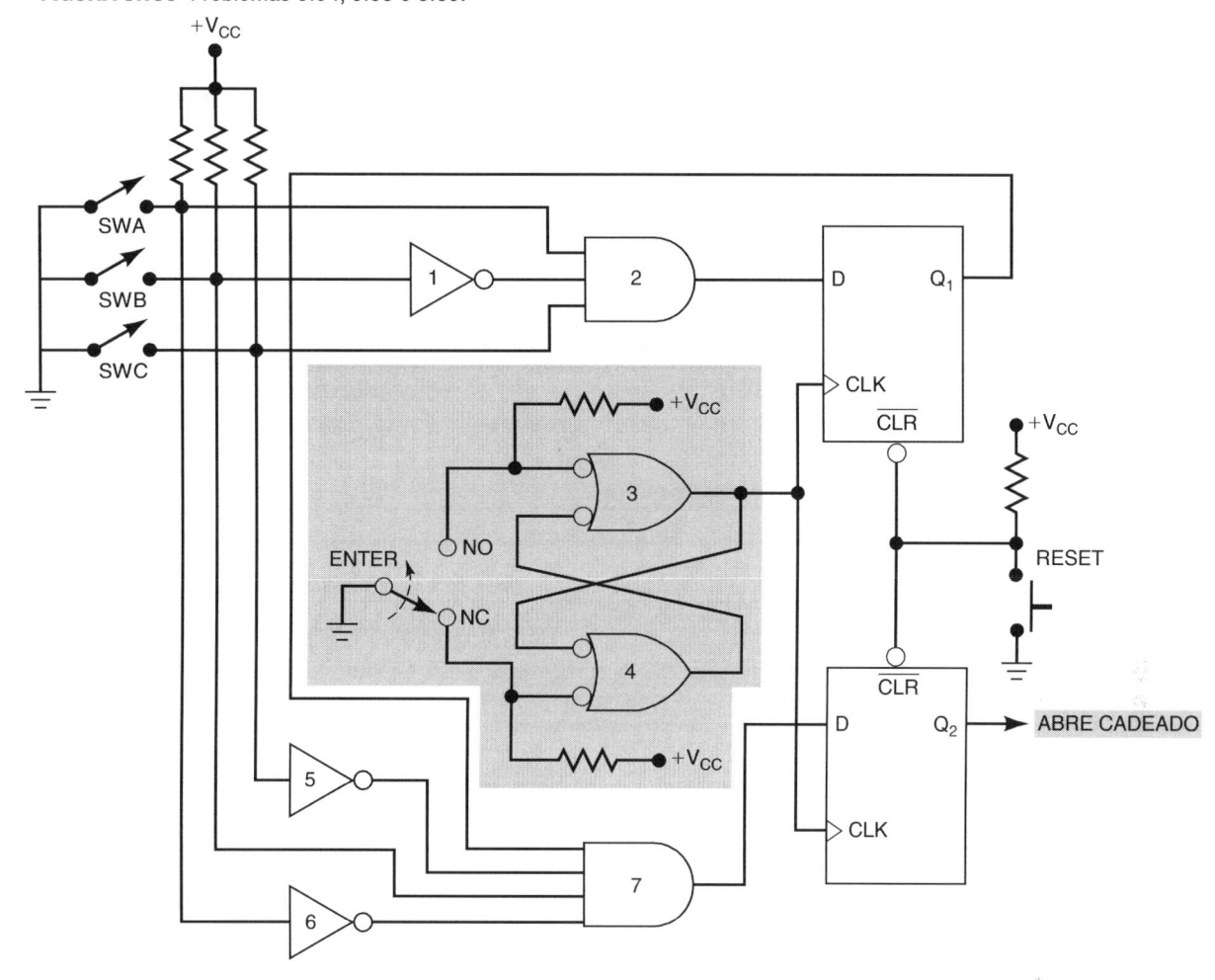

EXERCÍCIOS DE FIXAÇÃO

5.56 Para cada afirmação, indique o tipo de FF
B que está sendo descrito.

(a)★ Tem entrada de SET e CLEAR, mas não tem uma entrada *CLK*.

(b)★ Comuta a cada pulso de *CLK* quando suas entradas de controle estão, ambas, em nível ALTO.

(c)★ Tem uma entrada ENABLE em vez de uma entrada *CLK*.

(d)★ É usado para transferir dados facilmente de um registrador para outro.

(e) Tem apenas uma entrada de controle.

(f) Tem duas saídas complementares entre si.

(g) Pode mudar de estado apenas na transição ativa de *CLK*.

(h) É usado em contadores binários.

5.57 Defina os seguintes termos:
B (a) Entradas assíncronas

(b) Disparado por borda

(c) Registrador de deslocamento

(d) Divisão de frequência

(e) Transferência assíncrona

(f) Diagrama de transição de estados

(g) Transferência paralela de dados

(h) Transferência serial de dados

(i) Monoestável redisparável

(j) Entradas Schmitt-trigger

SEÇÕES 5.24 A 5.27

5.58 Simule o projeto em HDL de um latch
B NAND mostrado nas figuras 5.76 (AHDL) ou 5.77 (VHDL). O que esse latch S-R fará se um comando de entrada "inválido" for aplicado? Sabendo que qualquer latch S-R pode ter resultado de saída incomum, quando um comando de entrada inválido é aplicado, você deve simular essa condição de entrada, assim como os comandos

set, reset e hold normais do latch. Alguns projetos de latch apresentam tendência de oscilação da saída quando um comando inválido é seguido por um comando hold; verifique isso em sua simulação.

5.59★
B, H, N Escreva um arquivo de projeto em HDL para um latch S-R de entrada ativo em nível ALTO. Simule funcionalmente o projeto.

5.60
B, H, Modifique a descrição do latch dada na Figura 5.76 (AHDL) ou na Figura 5.77 (VHDL) para fazer o reset S-R de uma entrada inválida ser aplicado. Faça a simulação do projeto.

5.61★
B, H, Acrescente saídas invertidas aos projetos de latches NAND em HDL dados nas figuras 5.76 ou 5.77. Verifique a correção do funcionamento com uma simulação.

5.62
B Simule o projeto AHDL ou VHDL para o latch D dado na Seção 5.25.

5.63
D, H, N Crie um latch transparente de 4 bits com uma entrada *enable* (de habilitação) e simule (funcionalmente) seu projeto.

(a) Use o LATCH D primitivo em um arquivo de projeto esquemático.

(b) Use o LPM_LATCH em um arquivo de projeto esquemático.

(c) Use um arquivo de projeto HDL. Modifique o projeto do latch D dado na Seção 5.25 usando matrizes para as entradas e saídas de dados.

5.64
D, H, N Um flip-flop T (*toggle*) possui uma única entrada de controle (T). Quando T = 0, o flip-flop está no estado em que não há mudança (*no change*), de forma semelhante a um JKFF quando J = K = 0. Quando T = 1, o flip-flop está no modo de comutação, como acontece com um JKFF com J = K = 1. Crie um projeto HDL para um flip-flop T e simule-o funcionalmente.

5.65
H, N
(a) Crie o registro de deslocamento de 4 bits da Figura 5.46(a) usando a megafunção LPM_FF em uma entrada esquemática e simule-o funcionalmente.

(b) Crie o registro de deslocamento de 4 bits da Figura 5.46(a) usando um HDL e simule-o funcionalmente.

5.66★
H, N, Crie o circuito de dois registros mostrado na Figura 5.47. Inclua um *data_in* serial no registro X e simule-o funcionalmente.

(a) Use duas megafunções LPM_SHIFTREG em uma entrada esquemática.

(b) Use um HDL.

5.67
H
(a) Escreva um arquivo de projeto em AHDL para o circuito FF mostrado na Figura 5.67.

(b) Escreva um arquivo de projeto em VHDL para o circuito FF mostrado na Figura 5.67.

5.68 Simule a operação do circuito citado no Problema 5.67. A simulação deve ser idêntica e confirmar os resultados da Figura 5.67.

5.69
H
(a) Escreva um arquivo de projeto em AHDL para implementar todo o circuito da Figura 5.103.

(b) Escreva um arquivo de projeto em VHDL para implementar todo o circuito da Figura 5.103.

RESPOSTAS DAS QUESTÕES DE REVISÃO

SEÇÃO 5.1

1. ALTO; BAIXO.
2. $Q = 0, \overline{Q} = 1$.
3. Verdadeiro.
4. Aplicar um nível BAIXO momentaneamente na entrada $\overline{\text{SET}}$.

SEÇÃO 5.2

1. BAIXO; ALTO.
2. $Q = 1$ e $\overline{Q} = 0$.
3. Fazer RESET = 1.

4. $\overline{\text{SET}}$ e $\overline{\text{RESET}}$ estariam ambas normalmente no estado ativo em nível BAIXO.

SEÇÃO 5.4

1. Veja o Glossário.
2. Tempo entre 50% da borda positiva e 50% da borda negativa.
3. Tempo entre 10% e 90% da tensão de nível ALTO.
4. Tempo entre 90% e 10% de tensão de nível ALTO.

SEÇÃO 5.5

1. Entradas de controle síncronas e entradas de clock.
2. A saída do FF pode mudar apenas quando a transição apropriada do clock ocorrer.
3. Falso.
4. Tempo de setup é o intervalo de tempo imediatamente anterior à borda ativa do sinal *CLK*, durante o qual as entradas de controle devem permanecer estáveis. Tempo de hold é o intervalo de tempo imediatamente após a borda ativa do sinal *CLK*, durante o qual as entradas de controle devem permanecer estáveis.
5. Falso.
6. Descumprindo as restrições de tempo de setup e de holf.

SEÇÃO 5.6

1. ALTO; BAIXO; ALTO.
2. Porque *CLK** permanecerá em nível ALTO apenas por alguns nanossegundos.

SEÇÃO 5.7

1. Verdadeiro.
2. Não.
3. $J = 1, K = 0$.

SEÇÃO 5.8

1. *Q* vai para nível BAIXO no ponto *a* e permanece em nível BAIXO.
2. Falso. A entrada *D* pode mudar sem afetar *Q*, pois *Q* só pode mudar na borda ativa de *CLK*.
3. Sim, convertendo-se os FFs D (Figura 5.28).

SEÇÃO 5.9

1. Em um latch D, a saída *Q* pode mudar enquanto *EN* estiver em nível ALTO. Em um flip-flop D, a saída só pode mudar na borda ativa de *CLK*.
2. Falso.
3. Verdadeiro.

SEÇÃO 5.10

1. Entradas assíncronas operam independentemente da entrada *CLK*.

2. Sim, uma vez que $\overline{PRE}$ é ativo em nível BAIXO.
3. $J = K = 1$, $\overline{PRE} = \overline{CLR} = 1$ e uma transição positiva em *CLK*.

SEÇÃO 5.11

1. t_{PLH} e t_{PHL}.
2. Falso, pois a forma de onda também tem de satisfazer os parâmetros $t_W(L)$ e $t_W(H)$.
3. Tempo de setup t_{su}.
4. Tempo de hold t_h.
5. Verdadeiro.

SEÇÃO 5.12

1. Falso.
2. Verdadeiro.
3. Os níveis de entrada antes da borda do clock determinam a resposta de *Q*.

SEÇÃO 5.14

1. Sempre que houver um sinal externo aleatório que alimente as entradas de controle síncrono de um flip-flop.
2. Conecte o sinal aleatório em D, clock do sistema para clk e use *Q* como sinal sincronizado.

SEÇÃO 5.15

1. Se *Q* for nível ALTO, significa que D já era nível ALTO quando o clk foi nível ALTO: D leva a clock. Se *Q* for nível BAIXO, então clk leva a D.

SEÇÃO 5.16

1. Use uma porta XOR para identificar quando a entrada D (nível do sinal atual) é diferente da saída Q (nível de sinal mais recente).
2. Um pulso positivo de 500 ns.

SEÇÃO 5.17

1. Falso.
2. Flip-flop D.
3. Seis.
4. Verdadeiro.

SEÇÃO 5.18

1. Verdadeiro.

2. Poucas interconexões entre registradores.
3. $X_2X_1X_0 = 111$; $Y_2Y_1Y_0 = 101$.
4. Paralela.

SEÇÃO 5.19

1. 10 kHz.
2. Oito.
3. 256.
4. 2 kHz.
5. $00001000_2 = 8_{10}$.

SEÇÃO 5.20

1. Sincronização (primeiro FF D na Figura 5.57), transferência de dados (segundo FF D na Figura 5.57), detecção de borda (terceiro FF D na Figura 5.57), contagem (incluída no bloco contador).
2. Como mostrado na Figura 5.51, o sistema perde sua precisão de contagem sempre que inverte a direção.
3. Os sinais A e B são assíncronos. Eles podem chegar muito perto do clock, resultando em tempo de setup e descumprimentos mínimos da largura do pulso.

SEÇÃO 5.22

1. A saída pode conter oscilações.
2. Produzirá sinais de entrada rápidos e limpos, ainda que os sinais de entrada tenham transições lentas.

SEÇÃO 5.23

1. $Q = 0, \overline{Q} = 1$.
2. Verdadeiro.
3. Os valores externos de R e C.
4. Para um monoestável redisparável, cada novo pulso de disparo inicia um novo intervalo de temporização t_p, independentemente do estado lógico da saída Q.

SEÇÃO 5.24

1. 24 kHz.

2. 109,3 kHz; 66,7%.
3. A estabilidade na frequência.

SEÇÃO 5.25

1. O desalinhamento do clock é a chegada do sinal *CLK* às entradas de FFs distintos em instantes diferentes de tempo. Isso pode fazer que um FF comute para um estado incorreto.

SEÇÃO 5.26

1. Blocos primitivos, maxplus2 e megafunções.

SEÇÃO 5.27

1. Realimentação: as saídas são conectadas às entradas e determinam o próximo estado das saídas.
2. Evoluir por uma sequência predeterminada de estados em resposta a um sinal de clock de entrada.

SEÇÃO 5.28

1. Um bloco de construção padrão de uma biblioteca de componentes que apresentam algumas funções lógicas fundamentais.
2. Os nomes de cada entrada e saída e o do bloco primitivo reconhecido pelo sistema de desenvolvimento.
3. No menu de ajuda (HELP).
4. O PROCESS possibilita construções IF sequenciais e EVENT detecta as transições.
5. ieee.std_logic_1164
6. altera.maxplus2

SEÇÃO 5.29

1. Sim.
2. Na seção VARIABLE.
3. É atribuído um nome de variável a cada um.
4. =
5. Sinais (SIGNALs).
6. PORT MAP.

CAPÍTULO 6

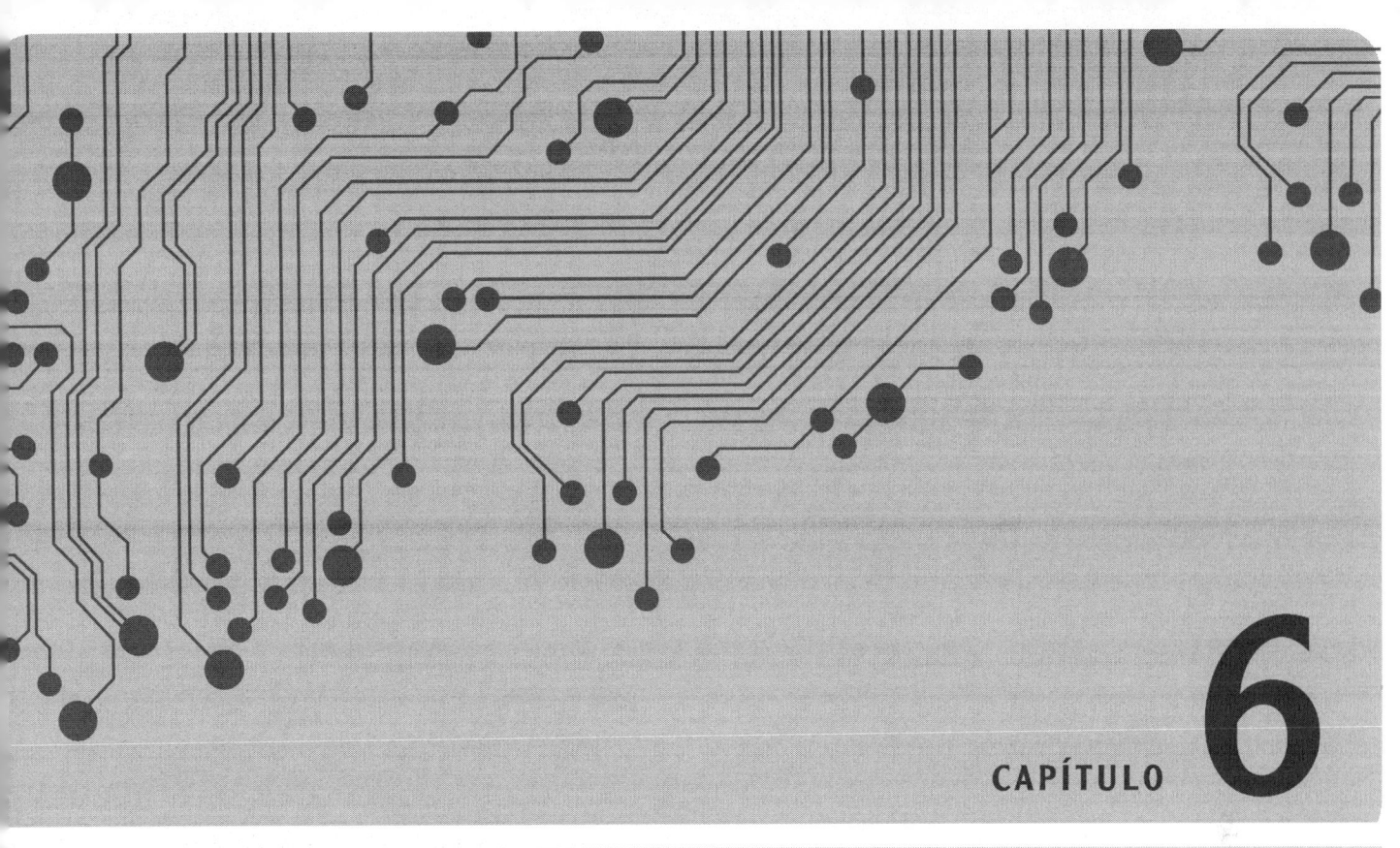

ARITMÉTICA DIGITAL: OPERAÇÕES E CIRCUITOS

■ CONTEÚDO

- 6.1 Adição e subtração binárias
- 6.2 Representação de números com sinal
- 6.3 Adição no sistema de complemento de 2
- 6.4 Subtração no sistema de complemento de 2
- 6.5 Multiplicação de números binários
- 6.6 Divisão binária
- 6.7 Adição BCD
- 6.8 Aritmética hexadecimal
- 6.9 Circuitos aritméticos
- 6.10 Somador binário paralelo
- 6.11 Projeto de um somador completo
- 6.12 Somador paralelo completo com registradores
- 6.13 Propagação do carry
- 6.14 Somador paralelo em circuito integrado
- 6.15 Circuitos de complemento de 2
- 6.16 Circuito integrado ALU
- 6.17 Análise de defeitos em estudo de caso
- 6.18 Usando funções da biblioteca Altera
- 6.19 Operações lógicas em vetores de bits com HDLs
- 6.20 Somadores em HDL
- 6.21 Parametrizando a capacidade em bits de um circuito

■ OBJETIVOS DO CAPÍTULO

Após ler este capítulo, você será capaz de:

- Efetuar soma, subtração, multiplicação e divisão de dois números binários.
- Somar e subtrair números hexadecimais.
- Diferenciar a soma binária da soma OR.
- Comparar as vantagens e desvantagens entre três sistemas diferentes de representação de números binários com sinal.
- Manipular números binários com sinal usando o sistema de complemento de 2.
- Compreender o processo de adição BCD.
- Descrever as operações básicas de uma unidade lógica/aritmética.
- Usar somadores completos no projeto de somadores binários paralelos.
- Citar as vantagens dos somadores paralelos com carry antecipado.
- Explicar a operação de um circuito somador/subtrator.
- Usar um circuito integrado ALU para realizar várias operações lógicas e aritméticas sobre os dados de entrada.
- Analisar estudos de caso de defeitos em circuitos somadores/subtratores.
- Usar funções digitais a partir da biblioteca para implementar circuitos mais complexos.
- Usar a forma de descrição das equações booleanas para executar operações sobre conjuntos inteiros de bits.
- Aplicar técnicas de engenharia de software para expandir a capacidade de uma descrição de hardware.

■ INTRODUÇÃO

Os computadores e as calculadoras digitais desempenham inúmeras operações aritméticas com números representados no formato binário. O tema da aritmética digital pode nos parecer muito complexo se quisermos compreender os vários métodos de computação e a teoria que os envolve. Felizmente, esse nível de conhecimento não é necessário à maioria dos técnicos, pelo menos até que se tornem experientes programadores de computadores. A abordagem que fazemos neste capítulo está concentrada nos princípios básicos necessários para se compreender como as máquinas digitais (computadores) desempenham as operações aritméticas básicas.

Primeiro, vamos estudar como as diversas operações aritméticas sobre números binários são realizadas usando "lápis e papel"; em seguida, abordaremos os circuitos lógicos reais que efetuam essas operações em um sistema digital. Por fim, aprenderemos como descrever circuitos simples usando técnicas de HDL. Vários métodos de expandir a capacidade desses circuitos também serão abordados. O foco principal será sobre os fundamentos do HDL, usando circuitos aritméticos como exemplo. Os poderosos recursos do HDL combinados com PLDs fornecerão a base para futuros estudos, projetos e experimentos mais profundos, com circuitos aritméticos mais sofisticados e em cursos mais avançados.

6.1 ADIÇÃO E SUBTRAÇÃO BINÁRIAS

OBJETIVOS

Após ler esta seção, você será capaz de:
- Calcular a soma de números binários de n bits.
- Calcular a diferença de números binários de n bits.

Vamos começar verificando as operações aritméticas mais simples realizadas por sistemas digitais: adição e subtração de dois números binários.

Adição binária

A adição de dois números binários é efetuada da mesma maneira que a adição de números decimais. De fato, a adição binária é mais simples, uma vez que são poucos casos. Primeiro, vamos rever a adição decimal:

$$
\begin{array}{r}
3\ 7\ 6 \quad \text{LSD} \\
+4\ 6\ 1 \\
\hline
8\ 3\ 7
\end{array}
$$

A operação sobre os dígitos é efetuada primeiro na posição de dígito menos significativo (LSD, do inglês *least-significant-digit*), produzindo uma soma igual a 7. Os dígitos da segunda posição são então somados, e o resultado é 13, gerando um **carry** (vai um) de 1 para a terceira posição. Isso produz uma soma igual a 8 na terceira posição.

Em geral, os mesmos passos são seguidos em uma adição binária. Contudo, apenas quatro casos podem ocorrer na soma de dois dígitos binários (bits) em qualquer posição. Esses casos são:

$$
\begin{aligned}
0 + 0 &= 0 \\
1 + 0 &= 1 \\
1 + 1 &= 10 = 0 + \text{carry de 1 para a próxima posição} \\
1 + 1 + 1 &= 11 = 1 + \text{carry de 1 para a próxima posição}
\end{aligned}
$$

Este último caso acontece quando dois bits de determinada posição são 1 e há um carry da posição anterior. Vejamos alguns exemplos de adição de dois números binários (o decimal equivalente está entre parênteses):

$$
\begin{array}{r}
011\ (3) \\
+\ 110\ (6) \\
\hline
1001\ (9)
\end{array}
\qquad
\begin{array}{r}
1001\ (9) \\
+\ 1111\ (15) \\
\hline
11000\ (24)
\end{array}
\qquad
\begin{array}{r}
11{,}011\ (3{,}375) \\
+\ 10{,}110\ (2{,}750) \\
\hline
110{,}001\ (6{,}125)
\end{array}
$$

Não é preciso considerar a adição de mais de dois números binários de uma vez, pois em todos os sistemas digitais o circuito que realiza a adição pode efetuar uma operação apenas com dois números de cada vez. Quando mais de dois números devem ser somados, adicionam-se os dois primeiros, e o resultado é acrescentado ao terceiro número, e assim por diante. Essa característica não representa uma desvantagem importante, uma vez que os computadores modernos podem desempenhar uma operação de adição em alguns nanossegundos.

A adição é a operação aritmética mais importante nos sistemas digitais. Como veremos, subtração, multiplicação e divisão, do modo como são realizadas na maioria dos computadores e calculadoras modernos, na realidade usam apenas a adição como suas operações básicas.

Subtração binária

Do mesmo modo, a subtração binária é efetuada como a subtração de números decimais. Existem apenas quatro situações possíveis quando se está subtraindo um bit de outro em qualquer posição de um número binário. Elas são:

$$0 - 0 = 0$$
$$1 - 1 = 0$$
$$1 - 0 = 1$$
$$0 - 1 \Rightarrow \text{precisa tomar emprestado} \Rightarrow 10 - 1 = 1$$

O último caso demonstra a necessidade de se tomar emprestado da próxima coluna para a esquerda quando subtrair 1 de 0. Aqui vão alguns exemplos da subtração de dois números binários (com equivalentes decimais entre parênteses):

```
   110 (6)       11011 (27)      1000,10 (8,50)
 - 010 (2)     - 01101 (13)    - 0011,01 (3,25)
   100 (4)       1110  (14)      101,01  (5,25)
```

QUESTÕES DE REVISÃO

1. Some os seguintes pares de números binários:
   (a) 10110 + 00111
   (b) 011,101 + 010,010
   (c) 10001111 + 00000001
2. Faça a subtração dos seguintes pares de números binários:
   (a) 101101 − 010010
   (b) 10001011 − 00110101
   (c) 10101,1101 − 01110,0110

6.2 REPRESENTAÇÃO DE NÚMEROS COM SINAL

OBJETIVOS

Após ler esta seção, você será capaz de:

- Descrever o conceito de sinal/magnitude.
- Produzir o complemento de 1 de qualquer número binário.
- Produzir o complemento de 2 de qualquer número binário.
- Usar o método do complemento de 2 para representar qualquer inteiro com sinal.
- Determinar o número de bits necessários para determinada faixa.
- Determinar o intervalo para um dado número de bits.
- Estender o intervalo de qualquer número binário com sinal.

■ Negar qualquer inteiro com sinal de complemento de 2.

Nos computadores digitais, os números binários são representados por um conjunto de dispositivos de armazenamento binário (ou seja, flip-flops). Cada dispositivo representa um bit. Por exemplo, um registrador de seis bits pode armazenar números binários na faixa de 000000 a 111111 (de 0 a 63 em decimal). Isso representa a *magnitude* do número. Como a maioria dos computadores e das calculadoras digitais efetua operações tanto com números negativos quanto positivos, é necessário representar, de alguma maneira, o *sinal* do número (+ ou −). Isso é feito, em geral, acrescentando ao número outro bit denominado **bit de sinal**. A convenção comum que tem sido adotada é de que um 0 no bit de sinal representa um número positivo, e um 1 no bit de sinal representa um número negativo. Isso está demonstrado na Figura 6.1. O registrador A contém os bits 0110100. O bit 0 na posição mais à esquerda (A_6) é o bit de sinal que representa + (positivo). Os outros seis bits são a magnitude do número 110100_2, que é igual a 52 em decimal. Dessa forma, o número armazenado no registrador A é +52. De modo semelhante, o número armazenado no registrador B é −52, uma vez que o bit de sinal é 1, representando − (negativo).

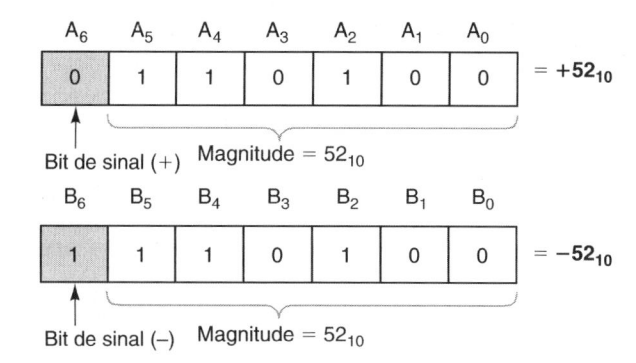

FIGURA 6.1 Representação de números com sinal na forma sinal-magnitude.

O bit de sinal é usado para indicar a natureza positiva ou negativa do número binário armazenado. Os números mostrados na Figura 6.1 são compostos por um bit de sinal e seis bits de magnitude. Os bits de magnitude correspondem ao equivalente binário direto do valor decimal representado. Essa representação é denominada **sistema sinal-magnitude** para números binários com sinal.

Embora o sistema sinal-magnitude seja uma representação direta, os computadores e as calculadoras em geral não o utilizam, porque a implementação do circuito é mais complexa que em outros sistemas. O sistema mais usado para se representarem números binários com sinal é o **sistema de complemento de 2**. Antes de saber como ele é, temos de determinar os complementos de 1 e de 2 de um número binário.

Forma do complemento de 1

O complemento de 1 de um número binário é obtido substituindo cada 0 por um 1 e cada 1 por um 0. Em outras palavras, substitui-se cada bit do número por seu complemento. Esse processo é mostrado a seguir.

1 0 1 1 0 1 número binário original
↓ ↓ ↓ ↓ ↓ ↓
0 1 0 0 1 0 complemento de cada bit para formar o complemento de 1

Dessa forma, dizemos que o complemento de 1 de 101101 é 010010.

Forma do complemento de 2

O complemento de 2 de um número binário é obtido tomando o complemento de 1 do número e somando 1 na posição do bit menos significativo. Esse processo é demonstrado a seguir para $101101_2 = 45_{10}$.

```
  1 0 1 1 0 1    número binário de 45
  0 1 0 0 1 0    complementa-se cada bit para obter o complemento de 1
+         1    adiciona-se 1 para obter o complemento de 2
  0 1 0 0 1 1    complemento de 2 do número binário original
```

Dessa forma, dizemos que 010011 é a representação em complemento de 2 de 101101.

Vejamos outro exemplo de conversão de um número binário em sua representação em complemento de 2.

```
  1 0 1 1 0 0    número binário original
  0 1 0 0 1 1    complemento de 1
+         1    soma-se 1
  0 1 0 1 0 0    complemento de 2 do número binário original
```

Representação de números com sinal usando complemento de 2

O sistema de complemento de 2 para representação de números com sinal funciona da seguinte maneira:

- Se o número for positivo, a magnitude é representada na forma binária direta, e um bit de sinal 0 é colocado em frente ao bit mais significativo (MSB, do inglês *most-significant-bit*). Isso é mostrado na Figura 6.2 para o número $+45_{10}$.

- Se o número for negativo, a magnitude é representada na forma do complemento de 2, e um bit de sinal 1 é colocado em frente ao MSB. Isso é mostrado na Figura 6.2 para o número -45_{10}.

O sistema de complemento de 2 é usado para representarmos números com sinal porque nos possibilita, conforme veremos, realizar a operação de subtração efetuando, na verdade, uma adição. Isso é importante porque um computador digital pode usar o mesmo circuito tanto na adição quanto na subtração, desse modo, poupando hardware.

FIGURA 6.2 Representação de números com sinal na forma de complemento de 2.

| 0 | 1 | 0 | 1 | 1 | 0 | 1 | = $+45_{10}$ |

Bit de sinal (+) Forma binária direta

| 1 | 0 | 1 | 0 | 0 | 1 | 1 | = -45_{10} |

Bit de sinal (−) Complemento de 2

EXEMPLO 6.1

Represente cada um dos seguintes números decimais com sinal como um número binário com sinal no sistema de complemento de 2. Use um total de 5 bits, incluindo o bit de sinal.

(a) +13
(b) −9
(c) +3
(d) −2
(e) −8

Solução

(a) Como o número é positivo, a magnitude (13) é representada na forma direta, ou seja, $13 = 1101_2$. Anexando um bit de sinal 0, temos

$$+13 = 0\underline{1101}$$
$$\text{bit de sinal} \nearrow$$

(b) Como o número é negativo, a magnitude (9) tem de ser representada na forma do complemento de 2:

$$9_{10} = 1001_2$$

$$\begin{array}{rl} 0110 & \text{(complemento de 1)} \\ +\ \ \ \ 1 & \text{(soma-se 1 ao LSB)} \\ \hline 0111 & \text{(complemento de 2)} \end{array}$$

Quando anexamos o bit de sinal 1, o número com sinal completo torna-se

$$-9 = 1\underline{0111}$$
$$\text{bit de sinal} \nearrow$$

O procedimento a ser seguido requer apenas dois passos. Primeiro, determina-se o complemento de 2 da magnitude; em seguida, anexa-se o bit de sinal. Isso pode ser feito em um passo se incluirmos o bit de sinal ao processo do complemento de 2. Por exemplo, para determinar a representação para −9, começamos com a representação para +9, *incluindo o bit de sinal,* e calculamos o complemento de 2, a fim de obtermos a representação para −9.

$$\begin{array}{rl} +9 = 01001 & \\ 10110 & \text{(complemento de 1 de cada bit, incluindo o bit de sinal)} \\ +\ \ \ \ 1 & \text{(soma-se 1 ao LSB)} \\ \hline -9 = 10111 & \text{(representação de −9 em complemento de 2)} \end{array}$$

É claro que o resultado é o mesmo que o obtido antes.

(c) O valor decimal 3 pode ser representado em binário usando apenas dois bits. Contudo, o enunciado do problema requer magnitude de quatro bits precedida de um bit de sinal. Dessa forma, temos

$$+3_{10} = 00011$$

Em muitas situações, o número de bits é fixado pelo tamanho dos registradores que armazenarão os números binários; logo, zeros devem ser acrescentados para preencher o número de posições de bits requerido.

(d) Comece escrevendo +2 usando cinco bits:

$$+2 = 00010$$
$$11101 \quad \text{(complemento de 1)}$$
$$+1 \quad \text{(soma-se 1)}$$
$$-2 = 11110 \quad \text{(representação de −2 em complemento de 2)}$$

(e) Comece com +8:

$$+8 = 01000$$
$$10111 \quad \text{(complementa-se cada bit)}$$
$$+1 \quad \text{(soma-se 1)}$$
$$-8 = 11000 \quad \text{(representação de −8 em complemento de 2)}$$

Extensão de sinal

O Exemplo 6.1 exigiu que usássemos um total de cinco bits para representarmos os números com sinal. O tamanho de um registrador (*número de flip-flops*) determina o número de dígitos binários armazenados para cada número. A maioria dos sistemas digitais atuais armazena números em registradores medidos em múltiplos pares de quatro bits. Em outras palavras, os registradores de armazenamento serão de 4, 8, 12, 16, 32 ou 64 bits. Em um sistema que armazena números de oito bits, sete bits representam a magnitude, e o MSB, o sinal. Se precisarmos armazenar um número positivo de cinco bits em um registrador de oito bits, faz sentido que simplesmente acrescentemos zeros à frente. O MSB (bit do sinal) ainda é 0, indicando um valor positivo.

$$\underbrace{0000}_{\text{zeros acrescentados 0s}} \underbrace{1001}_{\text{valor binário para 9}}$$

O que acontece quando tentamos armazenar números negativos de cinco bits em um registrador de oito bits? Na seção anterior, descobrimos que a representação binária de cinco bits em complemento de 2 para −9 é 10111.

$$1\,0111$$

Se acrescentarmos 0s à frente, esse número não será mais negativo em seu formato de oito bits. O modo correto de se ampliar um número negativo é acrescentar 1s à frente. Dessa forma, o valor armazenado para 9 negativo é

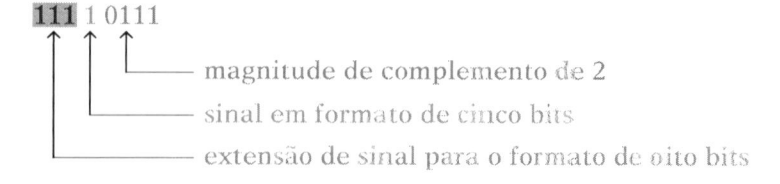

111 1 0111
— magnitude de complemento de 2
— sinal em formato de cinco bits
— extensão de sinal para o formato de oito bits

Negação

Negação é a operação de conversão de um número positivo em seu equivalente negativo ou de um número negativo em seu equivalente positivo. Quando os números binários com sinal estão representados no sistema do complemento de 2, a negação é obtida pela operação do complemento de 2. Para demonstrar, considere o número +9 em formato de oito bits. Sua representação com sinal é 00001001. Se fizermos o complemento de 2 desse número, obteremos 11110111, que representa −9. Da mesma forma, podemos iniciar com a representação de −9, que é 11110111, e obter seu complemento de 2, que é 00001001, que reconhecemos como +9. Esses passos são mostrados a seguir:

$$\begin{array}{lcc} \text{Iniciar com} & 00001001 & +9 \\ \text{Fazer o complemento de 2 (negação)} & 11110111 & -9 \\ \text{Negar de novo} & 00001001 & +9 \end{array}$$

Dessa forma, negamos um número binário com sinal pela complementação de 2.

A operação de negação altera o número para seu equivalente de sinal oposto. Usamos a negação nos passos (d) e (e) do Exemplo 6.1 para converter números positivos em seus equivalentes negativos.

EXEMPLO 6.2

Cada um dos seguintes números é um número binário com sinal de cinco bits no sistema do complemento de 2. Determine o valor decimal em cada caso:
(a) 01100 (b) 11010 (c) 10001

Solução
(a) O bit de sinal é 0, de modo que o número é *positivo* e os outros quatro bits representam a magnitude direta do número. Ou seja, $1100_2 = 12_{10}$. Dessa forma, o número decimal é +12.

(b) O bit de sinal de 11010 é 1; logo, sabemos que o número é negativo, mas não podemos dizer qual é sua magnitude. Temos de determinar a magnitude fazendo a negação (complemento de 2) do número para convertê-lo em seu equivalente positivo.

$$\begin{array}{rl} 11010 & \text{(número negativo original)} \\ 00101 & \text{(complemento de 1)} \\ +\quad 1 & \text{(soma-se 1)} \\ \hline 00110 & (+6) \end{array}$$

Uma vez que o resultado da operação de negação é 00110 = +6, o número original 11010 deve ser equivalente a −6.

(c) Seguindo o mesmo procedimento realizado em (b):

$$\begin{array}{rl} 10001 & \text{(número negativo original)} \\ 01110 & \text{(complemento de 1)} \\ +\quad 1 & \text{(soma-se 1)} \\ \hline 01111 & (+15) \end{array}$$

Dessa forma, 10001 = −15.

Caso especial na representação de complemento de 2

Sempre que um número com sinal tiver um 1 no bit de sinal e todos os bits de magnitude forem 0, seu equivalente decimal será -2^N, em que N é o número de bits da *magnitude*. Por exemplo:

$$1000 = -2^3 = -8$$
$$10000 = -2^4 = -16$$
$$100000 = -2^5 = -32$$

e assim por diante. Perceba que, neste caso, tomar o complemento de 2 produz o valor com o qual começamos, porque estamos no limite negativo do intervalo de números que podem ser representados com esses bits. Se estendermos o sinal desses números especiais, o procedimento de negação normal funcionará. Por exemplo, estendendo o número 1000 (–8) para 11000 (8 negativo de cinco bits) e tomando seu complemento de 2, obtemos 01000 (8), que é a magnitude do número negativo.

Dessa forma, diz-se que a faixa completa de valores que pode ser representada no sistema de complemento de 2 com N bits de magnitude é

$$-2^N \text{ para } + (2^N - 1)$$

Existe um total de 2^{N+1} diferentes valores, *incluindo* o zero.

Por exemplo, a Tabela 6.1 apresenta todos os números com sinal que podem ser representados com quatro bits ao se usar o sistema de complemento de 2 (veja que existem três bits de magnitude, logo $N = 3$). Perceba que a sequência começa em $-2^N = -2^3 = -8_{10} = 1000_2$ e termina em $+(2^N - 1) = +2^3 - 1 = +7_{10} = 0111_2$, acrescentando 0001 a cada passo como em um contador crescente.

TABELA 6.1

Valor decimal	Binário com sinal usando complemento de 2
$+7 = 2^3 - 1$	0111
+6	0110
+5	0101
+4	0100
+3	0011
+2	0010
+1	0001
0	0000
–1	1111
–2	1110
–3	1101
–4	1100
–5	1011
–6	1010
–7	1001
$-8 = -2^3$	1000

EXEMPLO 6.3

Qual é o intervalo de valores de números decimais *sem sinal* que pode ser representado com um byte?

Solução

Lembre-se de que um byte corresponde a oito bits. Como estamos interessados, neste caso, em números sem sinal, não há bit de sinal; portanto, os oito bits são usados para representar a magnitude. Logo, os valores estão na faixa de

$$00000000_2 = 0_{10}$$

a

$$11111111_2 = 255_{10}$$

Isso corresponde a um total de 256 valores diferentes, que poderíamos determinar como $2^8 = 256$.

EXEMPLO 6.4

Qual é a faixa de valores de números decimais *com sinal* que pode ser representada com um byte?

Solução

Uma vez que o MSB é usado como bit de sinal, existem sete bits para a magnitude. O maior valor negativo é

$$10000000_2 = -2^7 = -128_{10}$$

E o maior valor positivo é

$$01111111_2 = +2_7 - 1 = +127_{10}$$

Dessa forma, a faixa é de –128 a +127, em um total de 256 valores diferentes, incluindo o zero. Em outras palavras, uma vez que existem sete bits de magnitude ($N = 7$), há $2^{N+1} = 2^8 = 256$ valores diferentes.

EXEMPLO 6.5

Um computador tem armazenado em sua memória os seguintes números com sinal na forma do complemento de 2:

$$00011111_2 = +31_{10}$$
$$11110100_2 = -12_{10}$$

Enquanto executa um programa, o computador é instruído para converter cada número em seu equivalente de sinal oposto; ou seja, altera o +31 para –31 e o –12 para +12. Como ele faz isso?

Solução

O que ele faz é a operação de negação, em que um número com sinal pode ter a polaridade trocada pela operação do complemento de 2 no número *completo*, incluindo o bit de sinal. O circuito do computador pega o número da memória, efetua a operação do complemento de 2 e coloca o resultado de volta na memória.

QUESTÕES DE REVISÃO

1. Represente cada um dos seguintes valores como um número de oito bits com sinal no sistema de complemento de 2.
   (a) +13
   (b) –7
   (c) –128
2. Cada um dos seguintes números binários é um número com sinal no sistema de complemento de 2. Determine os respectivos números decimais equivalentes.
   (a) 100011
   (b) 1000000
   (c) 01111110
3. Qual é a faixa de valores de números decimais com sinal que pode ser representada com 12 bits (incluindo o bit de sinal)?
4. Quantos bits são necessários para representar valores decimais na faixa de –50 a +50?
5. Qual é o maior valor decimal negativo que pode ser representado por um número de dois bytes?
6. Faça a operação do complemento de 2 em cada um dos seguintes números:
   (a) 10000
   (b) 10000000
   (c) 1000
7. Defina a operação de negação.

6.3 ADIÇÃO NO SISTEMA DE COMPLEMENTO DE 2

OBJETIVOS

Após ler esta seção, você será capaz de:

- Calcular a soma de quaisquer dois inteiros com sinal no formato de complemento de 2.
- Interpretar o sinal e a magnitude da soma.

Analisaremos agora como as operações de adição e subtração são realizadas em máquinas digitais que usam a representação em complemento de 2 para números negativos. Nos diversos casos a serem considerados, é importante observar que sobre o bit de sinal de cada número é realizada a mesma operação que é feita sobre os bits de magnitude.

Caso I: Dois números positivos

A adição de dois números positivos é feita diretamente. Considere a adição de +9 com +4:

```
+9 →   0  1001       (1ª parcela)
+4 →   0  0100       (2ª parcela)
       0  1101       (soma = +13)
       ↑
       └─ bits de sinal
```

Perceba que os bits de sinal da **1ª parcela** e da **2ª parcela** são, ambos, 0, e o bit de sinal da soma é 0, indicando que a soma é positiva. Perceba também que a 1ª e a 2ª parcelas têm a mesma quantidade de bits. Isso *sempre* deve ser feito no sistema do complemento de 2.

Caso II: Um número positivo e outro menor e negativo

Considere a adição de +9 com –4. Lembre-se de que –4 será representado na forma do complemento de 2. Portanto, +4 (00100) deve ser convertido para –4 (11100).

```
        ┌─ bits de sinal
        ↓
+9 →   0  1001      (1ª parcela)
–4 →   1  1100      (2ª parcela)
      ─────────
     1  0  0101
     └── Esse carry é desconsiderado; o resultado é 00101 (soma = +5).
```

Neste caso, o bit de sinal da 2ª parcela é 1. Perceba que ele também participa do processo de soma. De fato, um carry é gerado na última posição da soma. *Esse carry sempre é desconsiderado*; sendo assim, a soma final é 00101, equivalente a +5.

Caso III: Um número positivo e outro maior e negativo

Considere a adição de –9 com +4:

```
–9  →   10111
+4  →   00100
       ──────
        11011     (soma = –5)
        ↑
        └── bit de sinal negativo
```

Aqui, a soma tem um bit de sinal 1, indicando um número negativo. Como a soma é negativa, está na forma do complemento de 2; logo, os últimos quatro bits, 1011, de fato representam o complemento de 2 da soma. Para obter a magnitude direta da soma, temos de fazer a negação (complemento de 2) de 11011; o resultado é 00101 = +5. Dessa forma, 11011 representa –5.

Caso IV: Dois números negativos

```
–9 →   10111
–4 →   11100
      ──────
    1  10011
    ↑    ↑
    │    └── bit de sinal
    └── Este carry é desconsiderado; o resultado é 10011 (soma = –13).
```

O resultado final é, novamente, negativo e está na forma do complemento de 2 com um bit de sinal 1. Efetuando a negação (complemento de 2), temos como resultado 01101 = +13.

Caso V: Números iguais e de sinais opostos

```
–9 →   10111
+9 →   01001
      ──────
    0  1 00000
       ↑
       └──── Desconsiderado; o resultado é 00000 (soma = +0).
```

Evidentemente, o resultado é +0, conforme o esperado.

QUESTÕES DE REVISÃO

Considere o sistema de complemento de 2 para as duas questões.
1. *Verdadeiro ou falso*: Suponha que a soma fique dentro de uma faixa válida para o número de bits. Sempre que a soma de dois números binários com sinal tiver um bit de sinal 1, a magnitude da soma estará na forma do complemento de 2.
2. Efetue a soma dos seguintes pares de números com sinal. Expresse a soma como número binário com sinal e como número decimal.
   (a) 100111 + 111011
   (b) 100111 + 011001

6.4 SUBTRAÇÃO NO SISTEMA DE COMPLEMENTO DE 2

OBJETIVOS

Após ler esta seção, você será capaz de:
- Calcular a diferença de dois inteiros com sinal no formato de complemento de 2.
- Interpretar o sinal e a magnitude da diferença.
- Identificar quando o excesso aritmético ocorreu.

A operação de subtração que usa o sistema de complemento de 2 na verdade envolve a operação de soma e não é diferente dos diversos casos de adição tratados na Seção 6.3. Ao efetuar a subtração de um número binário (**subtraendo**) de outro binário (**minuendo**), use os seguintes procedimentos:

1. *Faça a operação de negação do subtraendo.* Isso mudará o subtraendo para o valor equivalente com sinal oposto.
2. *Adicione esse número obtido ao minuendo.* O resultado dessa adição representará a *diferença* entre o subtraendo e o minuendo.

Mais uma vez, como em todas as operações aritméticas em complemento de 2, é necessário que os dois números tenham o mesmo número de bits em suas representações.

Vamos considerar o caso em que +4 é subtraído de +9.

$$\text{minuendo } (+9) \rightarrow 01001$$
$$\text{subtraendo } (+4) \rightarrow 00100$$

Efetue a negação do subtraendo para produzir 11100, que representa –4. Agora, some esse número ao minuendo.

```
    01001   (+9)
 +  11100   (-4)
  1 00101   (+5)
  ↑ Desconsiderado; o resultado, então é 0010
```

Quando o subtraendo é representado em complemento de 2, na verdade, torna-se igual a –4; dessa forma, estamos *somando* –4 com +9, que é o mesmo que subtrair +4 de +9. Essa é a mesma situação representada no caso II da Seção 6.3. Qualquer operação de subtração se torna de fato, de adição quando utilizamos o sistema de complemento de 2. Essa característica do sistema de complemento de 2 fez dele um dos sistemas mais utilizados entre os métodos disponíveis, uma vez que possibilita que a adição e a subtração sejam realizadas pelo mesmo circuito.

Vejamos outro exemplo, que mostra +9 sendo subtraído de –4:

$$\begin{array}{rl} 11100 & (-4) \\ -\ \underline{01001} & (+9) \end{array}$$

Fazendo a operação de negação do subtraendo (+9), obtemos 10111 (–9), que somamos ao minuendo (–4).

$$\begin{array}{rl} 11100 & (-4) \\ +\ \underline{10111} & (-9) \\ \overset{\uparrow}{1}\ 10011 & (-13) \\ \mathrel{\rlap{\raisebox{0.3ex}{$\llcorner$}}}\text{Desconsiderado} \end{array}$$

Verifique os resultados ao aplicar o procedimento já descrito para as seguintes subtrações: (a) +9 – (–4); (b) –9 – (+4); (c) –9 – (–4); (d) +4 – (–4). Lembre-se de que, quando o bit de sinal for 1, o resultado será negativo e estará na forma do complemento de 2.

Overflow aritmético

Em cada um dos exemplos anteriores de adição e subtração, os números são constituídos de um bit de sinal e quatro de magnitude. As respostas também consistem em um bit de sinal e quatro de magnitude. Qualquer carry na posição do sexto bit foi desconsiderado. Em todos esses casos, a magnitude da resposta era suficientemente pequena para ser representada com quatro bits. Vamos analisar a adição de +9 com +8.

$$\begin{array}{rl} +9 \to & 0\ \ 1001 \\ +8 \to & \underline{0\ \ 1000} \\ & 1\ \ 0001 \end{array}$$

sinal incorreto ↗   ↖ magnitude incorreta

A resposta tem um bit de sinal que indica resultado negativo, o que, evidentemente, é incorreto, uma vez que somamos dois números positivos. A resposta deveria ser +17, mas a magnitude 17 requer mais de quatro bits e, portanto, ocorreu um *overflow* na posição do bit de sinal. Essa condição de **overflow** ocorre apenas quando dois números positivos ou dois negativos são somados, e isso sempre produz resultado incorreto. O overflow pode ser detectado verificando se o bit de sinal do resultado tem o mesmo valor dos bits de sinal dos números que estão sendo somados.

A subtração no sistema de complemento de 2 é realizada pela operação de negação do minuendo e sua *adição* ao subtraendo, então, o overflow pode ocorrer apenas quando o minuendo e o subtraendo tiverem sinais diferentes. Por exemplo, se subtrairmos –8 de +9, sobre o número –8 é realizada a operação de negação, o que o torna +8 e, somado com +9, precisamente como já mostrado, o overflow produz um resultado negativo, que é errado, uma vez que a magnitude do resultado é muito grande.

Um computador tem um circuito especial para detectar qualquer condição de overflow quando dois números são somados ou subtraídos. Esse circuito de detecção enviará um sinal para a unidade de controle do computador, informando que ocorreu overflow e o resultado está incorreto. Analisaremos esse tipo de circuito no Problema 6.23, no final deste capítulo.

Círculos de números e aritmética binária

O conceito de aritmética com sinal e overflow pode ser demonstrado tomando-se os números da Tabela 6.1 e "curvando-os" em um círculo de números, como mostrado na Figura 6.3. Perceba que há duas maneiras de considerarmos este círculo. Ele pode ser pensado como um círculo de números sem sinal (como mostra o anel externo), com valor mínimo de 0 e máximo de 15, ou como números com sinal na forma de complemento de 2 (como mostra o anel interno), com valor máximo de 7 e mínimo de –8. Para somar usando um círculo de números, deve-se começar no valor da primeira parcela e avançar o número de casas indicado na segunda parcela ao redor do círculo no sentido horário. Por exemplo, para somar 2 + 3, comece no 2 (0010) e avance três casas no sentido horário, chegando ao 5 (0101). O overflow ocorre quando a soma é grande demais para caber em um formato de quatro bits com sinal, ou seja, quando se excede o valor máximo de 7. No círculo de números, isso é indicado quando, ao somar dois valores positivos, ultrapassa-se a linha entre 0111 (máximo positivo) e 1000 (máximo negativo).

FIGURA 6.3 Um círculo numérico de quatro bits.

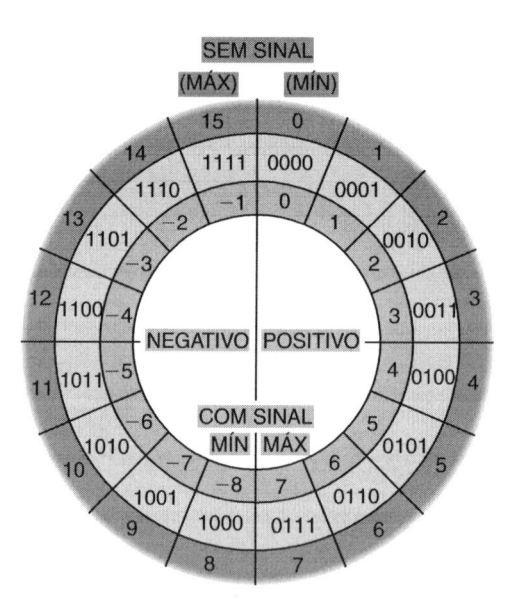

O círculo de números também pode demonstrar como funciona a subtração na forma de complemento de 2. Como exemplo, vamos subtrair 5 de 3. Decerto, sabemos que a resposta é –2, mas vamos resolver o problema por meio do círculo de números. Começamos no número 3 (0011) do círculo. O modo mais claro de subtrair é nos deslocarmos cinco casas no sentido *anti-horário*, o que nos leva ao número 1110 (–2). A operação menos óbvia que demonstra a aritmética do complemento de 2 é somar –5 ao número 3. Cinco negativo (o complemento de 2 de 0101) é 1011, que, interpretado como número binário sem sinal, representa o valor 11 (onze) em decimal. Comece no número 3 (0011) e avance 11 casas no sentido horário; você chegará de novo ao número 1110 (–2), que é o resultado correto.

Qualquer operação de subtração entre números de quatro bits de sinal oposto que produza resultado maior que 7 ou menor que –8 é um overflow do formato de quatro bits e produz resposta incorreta. Por exemplo, 3 menos –6 produz a resposta 9, mas avançar seis casas no sentido horário a partir de 3 nos leva ao número com sinal –7: ocorreu overflow, resultando em resposta incorreta.

QUESTÕES DE REVISÃO

1. Faça a subtração nos seguintes pares de números com sinal usando o sistema de complemento de 2. Expresse os resultados como números binários com sinal e como valores decimais.
   (a) 01001 – 11010
   (b) 10010 – 10011
2. Como o overflow aritmético pode ser detectado quando números com sinal são somados? E quando são subtraídos?

6.5 MULTIPLICAÇÃO DE NÚMEROS BINÁRIOS

OBJETIVOS

Após ler esta seção, você será capaz de:

- Efetuar o cálculo manual do produto de dois números binários sem sinal.
- Indicar o processo pelo qual os números binários com sinal são multiplicados para se gerar o produto com sinal.

A multiplicação de números binários é feita da mesma maneira que a de números decimais. Na verdade, o processo é mais simples, uma vez que os dígitos multiplicadores podem ser 0 ou 1; portanto, estaremos sempre multiplicando por 0 ou por 1 e por nenhum outro dígito. O exemplo a seguir demonstra essa operação para números binários não sinalizados:

$$
\begin{array}{r}
1001 \quad \leftarrow \text{multiplicando} = 9_{10} \\
\underline{1011} \quad \leftarrow \text{multiplicador} = 11_{10} \\
1001 \\
1001 \\
0000 \\
\underline{1001} \\
1100011 \quad \text{produto final} = 99_{10}
\end{array}
$$

produtos parciais

Nesse exemplo, o multiplicando e o multiplicador estão no formato binário direto, e não são usados bits de sinal. Os passos seguidos no processo são precisamente os mesmos seguidos na multiplicação decimal. Primeiro, o LSB do multiplicador é analisado; no nosso exemplo, ele é 1. Esse 1 multiplica o multiplicando, gerando 1001, que é escrito logo abaixo como o primeiro produto parcial. Em seguida, o segundo bit do multiplicador é analisado. Esse bit é 1; então, 1001 é escrito como o segundo produto parcial. Perceba que esse segundo produto parcial está *deslocado* uma posição à esquerda em relação ao primeiro produto. O terceiro bit do multiplicador é 0, sendo 0000 escrito como o terceiro produto parcial; perceba, de novo, que esse produto está deslocado uma posição em relação ao produto parcial anterior. O quarto bit multiplicador é 1; logo, o último produto parcial 1001 é, novamente, deslocado uma posição à esquerda. Então, os quatro produtos parciais são somados para gerar o produto final.

A maioria das máquinas digitais pode somar apenas dois números binários de cada vez. Por isso, os produtos parciais obtidos durante a multiplicação não podem ser somados ao mesmo tempo. Em vez disso, são somados dois de cada vez; ou seja, o primeiro é somado ao segundo, o resultado é somado ao terceiro, e assim por diante. Esse processo está demonstrado a seguir para o exemplo anterior:

$$\text{Soma} \begin{cases} 1001 & \leftarrow \text{primeiro produto parcial} \\ \underline{1001} & \leftarrow \text{segundo produto parcial deslocado à esquerda} \end{cases}$$

$$\text{Soma} \begin{cases} 11011 & \leftarrow \text{soma dos dois primeiros produtos parciais} \\ \underline{0000} & \leftarrow \text{terceiro produto parcial deslocado à esquerda} \end{cases}$$

$$\text{Soma} \begin{cases} 011011 & \leftarrow \text{soma dos três primeiros produtos parciais} \\ \underline{1001} & \leftarrow \text{quarto produto parcial deslocado à esquerda} \end{cases}$$

$$1100011 \leftarrow \text{soma dos quatro primeiros produtos parciais, que é igual ao produto final total}$$

Multiplicação em sistema de complemento de 2

Nos computadores que usam a representação em complemento de 2, a multiplicação é realizada da forma já descrita, desde que o multiplicando e o multiplicador sejam inseridos no formato binário direto. Se os dois números a serem multiplicados forem positivos, eles já estarão no formato binário direto e poderão ser multiplicados. Naturalmente, o resultado do produto é positivo, tendo um bit de sinal 0. Quando os dois números forem negativos, eles deverão estar na forma do complemento de 2. Obtém-se o complemento de 2 de cada um para convertê-los em números positivos, e, em seguida, os dois números são multiplicados. O produto é mantido como número positivo, e o bit de sinal é igual a 0.

Quando um número for positivo e o outro for negativo, o negativo será primeiro convertido em uma magnitude positiva por meio do complemento de 2. O produto terá um formato com magnitude direta. Contudo, o produto tem de ser negativo, uma vez que os números originais são de sinais opostos. Dessa forma, o produto é, então, alterado para a forma do complemento de 2, e o bit de sinal deve ser 1.

QUESTÃO DE REVISÃO

1. Multiplique os números sem sinal 0111 e 1110.

6.6 DIVISÃO BINÁRIA

OBJETIVO

Após ler esta seção, você será capaz de:

- Efetuar o cálculo manual do quociente e o restante de dois números binários sem sinal.

O processo para dividir um número binário (*dividendo*) por outro (*divisor*) é o mesmo seguido para números decimais, ao qual em geral nos referimos como "divisão longa". Esse processo real é mais simples com números binários, pois quando verificamos quantas vezes o divisor "cabe" dentro do dividendo, existem apenas duas possibilidades, 0 ou 1. Para demonstrar, considere os exemplos simples de divisão a seguir:

$$
\begin{array}{r}
0011 \\
11\overline{)1001} \\
\underline{011} \\
0011 \\
\underline{11} \\
0
\end{array}
\qquad
\begin{array}{r}
0010{,}1 \\
100\overline{)1010{,}0} \\
\underline{100} \\
100 \\
\underline{100} \\
0
\end{array}
$$

No primeiro exemplo, temos 1001_2 dividido por 11_2, que equivale a $9 \div 3$ em decimal. O resultado, ou quociente, é $0011_2 = 3_{10}$. No segundo exemplo, 1010_2 é dividido por 100_2, ou $10 \div 4$ em decimal. O resultado é $0010{,}1_2 = 2{,}5_{10}$.

Na maioria das máquinas digitais modernas, as subtrações que são parte da operação de divisão são normalmente realizadas usando o complemento de 2, ou seja, tomando-se o complemento de 2 do subtraendo para depois adicioná-lo.

A divisão de números com sinal é realizada da mesma forma que a multiplicação. Números negativos são transformados em positivos ao serem complementados, para que a divisão seja feita depois. Se o dividendo e o divisor tiverem sinais opostos, o quociente será transformado em um número negativo por meio do complemento de 2, e o bit de sinal é colocado em 1. Se o dividendo e o divisor tiverem o mesmo sinal, o quociente será mantido positivo, e o bit de sinal é colocado em 0.

6.7 ADIÇÃO BCD

OBJETIVOS

Após ler esta seção, você será capaz de:

- Efetuar os cálculos manuais da soma dos números BCD.
- Interpretar o resultado em decimal.

No Capítulo 2, aprendemos que muitos computadores e calculadoras usam o código BCD para representar números decimais. Lembre-se de que esse código toma *cada* dígito decimal e o representa em um código de quatro bits na faixa de 0000 a 1001. A adição de números decimais no formato BCD pode ser mais bem entendida considerando dois casos possíveis quando dois dígitos decimais são somados.

Soma menor ou igual a 9

Considere a soma de 5 com 4 usando a representação BCD para cada dígito:

$$
\begin{array}{rrl}
5 & 0101 & \leftarrow \text{BCD para 5} \\
\underline{+4} & \underline{+\ 0100} & \leftarrow \text{BCD para 4} \\
9 & 1001 & \leftarrow \text{BCD para 9}
\end{array}
$$

A adição é realizada como a adição binária normal, sendo o resultado 1001, que é o código BCD para 9. Como outro exemplo, some 45 e 33:

```
   45      0100 0101   ← BCD para 45
  +33    + 0011 0011   ← BCD para 33
   78      0111 1000   ← BCD para 78
```

Nesse exemplo, os códigos de quatro bits para 5 e 3 são somados em binário, gerando 1000, o BCD para 8. De maneira semelhante, somando o segundo dígito decimal de cada número, temos 0111, o BCD para 7. O resultado final é 01111000, o código BCD para 78.

Nos exemplos anteriores, nenhuma das somas dos pares de dígitos decimais excedeu 9; logo, *nenhum carry decimal foi produzido*. Para esses casos de adição BCD, o processo é direto e, na verdade, é o mesmo que para a adição binária.

Soma maior do que 9

Considere a adição de 6 com 7 em BCD:

```
   6      0110   ← BCD para 6
  +7    + 0111   ← BCD para 7
 +13     1101   ← grupo de código BCD inválido
```

O resultado 1101 não existe no código BCD; este é um dos seis grupos de códigos de quatro bits proibidos ou inválidos. Isso aconteceu porque a soma dos dois dígitos excedeu 9. Sempre que isso ocorrer, o resultado deve ser corrigido adicionando-se seis (0110) para pular os seis grupos de códigos inválidos:

```
          0110   ← BCD para 6
        + 0111   ← BCD para 7
          1101   ← soma inválida
          0110   ← soma-se 6 para corrigir
   0001   0011   ← BCD para 13
     1      3
```

Conforme mostrado, 0110 é somado ao resultado inválido, gerando o resultado BCD correto. Perceba que, com a adição de 0110, um carry é gerado para o decimal da segunda posição. Essa adição deve ser realizada sempre que o resultado da soma de dois dígitos decimais for maior que 9.

Como outro exemplo, efetue a soma de 47 e 35 em BCD:

```
   47    0100   0111   ← BCD para 47
  +35  + 0011   0101   ← BCD para 35
   82    0111   1100   ← soma inválida no primeiro dígito
            1↶  0110   ← soma-se 6 para corrigir
          1000   0010   ← soma BCD correta
            8      2
```

A soma dos códigos de quatro bits para os dígitos 7 e 5 resulta em uma soma inválida que é corrigida somando-se 0110. Perceba que a correção gera um carry de 1, que é transportado para ser somado ao resultado BCD dos dígitos da segunda posição.

Considere a adição de 59 e 38 em BCD:

```
         1
  59   0101 | 1001   ← BCD para 59
  38 + 0011 | 1000   ← BCD para 38
  97   1001  └0001   ← realiza-se a soma
              0110   ← soma-se 6 para corrigir
        1001  0111     BCD para 97
         9     7
```

Nesse caso, a adição dos dígitos menos significativos (LSDs) gera uma soma de 17 = 10001. Isso gera um carry para ser somado ao código dos dígitos da próxima posição, que são o 5 e o 3. Uma vez que 17 > 9, um fator de correção de 6 tem de ser somado ao LSD da soma. Essa adição para correção não gera carry; ele já foi gerado na adição original.

Ao resumir o procedimento da adição em BCD, temos:

1. Usando a adição binária comum, some os códigos BCD para cada dígito.
2. Para aquelas posições em que a soma for menor ou igual a 9, nenhuma correção será necessária. A soma estará no formato BCD adequado.
3. Quando a soma de dois dígitos for maior que 9, o fator de correção 0110 deverá ser somado ao resultado para se obter uma resposta BCD válida. Nesse caso, um carry sempre é gerado para o dígito da próxima posição, seja da adição original (passo 1), seja da adição de correção.

O procedimento para a adição em BCD é, evidentemente, mais complicado que a adição binária direta. Isso também é verdade para outras operações aritméticas em BCD. Realize a adição de 275 + 641. Em seguida, verifique o procedimento correto mostrado abaixo.

```
  275    0010   0111   0101   ← BCD para 275
 +641  + 0110   0100   0001   ← BCD para 641
  916    1000   1011   0110   ← realiza-se a soma
       +        0110          ← soma-se 6 para corrigir o segundo dígito
         1001   0001   0110   ← BCD para 916
```

Subtração BCD

O processo de subtração de números em BCD é mais difícil que a adição. A subtração envolve um procedimento de complemento seguido de soma semelhante ao método do complemento de 2. Não tratamos desse método neste livro.

QUESTÕES DE REVISÃO

1. Quando você acha que uma correção é necessária na adição BCD?
2. Represente 135_{10} e 265_{10} em BCD e, em seguida, realize a adição BCD. Verifique se o resultado está correto, convertendo-o de volta em decimal.

6.8 ARITMÉTICA HEXADECIMAL

OBJETIVOS

Após ler esta seção, você será capaz de:

■ Calcular a soma de dois números hexadecimais.

- Calcular a diferença de dois números hexadecimais.
- Reconhecer o sinal de um número quando expresso em hexadecimal.

Números em hexadecimal são usados extensivamente na programação em linguagem de máquina e na especificação de endereços de memória nos computadores. Quando se trabalha nessas áreas, encontram-se situações em que os números hexa devem ser somados ou subtraídos.

Adição hexadecimal

A adição de números hexadecimais é realizada basicamente da mesma maneira que a adição decimal, desde que você se lembre de que o maior dígito hexa é F em vez de 9. Sugere-se seguir esses procedimentos:

1. Some os dois dígitos hexa em decimal, inserindo mentalmente o equivalente decimal para os dígitos maiores que 9.
2. Se a soma for menor ou igual a 15, o resultado dela pode ser expresso como um dígito hexa.
3. Se a soma for maior ou igual a 16, subtraia 16 e transporte um 1 para a posição do próximo dígito.

Os exemplos a seguir demonstram esses procedimentos.

EXEMPLO 6.6

Some os números hexa 58 e 24.

Solução

$$\begin{array}{r} 58 \\ +24 \\ \hline 7C \end{array}$$

A soma dos LSDs (8 e 4) tem resultado 12, que corresponde a C em hexa. Nesse caso, não há carry para o dígito da próxima posição. Ao somar 5 e 2, gera-se o resultado 7.

EXEMPLO 6.7

Some os números hexa 58 e 4B.

Solução

$$\begin{array}{r} 58 \\ +4B \\ \hline A3 \end{array}$$

Comece somando 8 e B, substituindo mentalmente o decimal 11 por B. Isso gera soma igual a 19. Uma vez que 19 é maior que 16, subtraia 16 para obter 3; escreva o dígito 3 logo abaixo dos dígitos somados e transporte um carry 1 para a próxima posição. Esse carry é somado ao 5 e ao 4, gerando resultado 10_{10}, que é, então, convertido no hexadecimal A.

EXEMPLO 6.8

Some 3AF com 23C.

Solução

$$\begin{array}{r} 3AF \\ +23C \\ \hline 5EB \end{array}$$

A soma de F com C é considerada como 15 + 12 = 27_{10}. Uma vez que essa soma é maior que 16, subtraia 16 para obter 11_{10}, que corresponde ao hexadecimal B, e transporte um carry 1 para a segunda posição. Some esse carry aos dígitos A e 3 para obter E. Não há carry para a posição MSD.

Subtração hexadecimal

Lembre-se de que os números hexadecimais são apenas uma maneira eficiente de representarmos números binários. Dessa forma, podemos subtrair números hexa utilizando o mesmo método usado para números binários. O complemento de 2 do subtraendo em hexa deve ser efetuado e, então, *somado* ao minuendo; qualquer carry na posição MSD deve ser desconsiderado.

Como obter o complemento de 2 de um número hexadecimal? Uma vez que ele tenha sido convertido em binário, efetue a operação do complemento de 2 do binário equivalente e, então, converta-o de volta em hexa. O processo é demonstrado a seguir:

```
           73A           ← número hexa
    0111  0011  1010    ← converta em binário
    1000  1100  0110    ← efetue o complemento de 2
           8C6           ← converta de novo em hexa
```

Existe um procedimento mais rápido: subtraia *cada* dígito hexa de F; em seguida, some 1. Vamos experimentar esse procedimento para os exemplos anteriores.

$$\left.\begin{array}{ccc} F & F & F \\ -7 & -3 & -A \\ \hline 8 & C & 5 \end{array}\right\} \leftarrow \text{subtraia cada dígito hexa de F}$$

$$\begin{array}{ccc} & & +1 \quad \leftarrow \text{some 1} \\ \hline 8 & C & 6 \quad \leftarrow \text{equivalente hexa do complemento de 2} \end{array}$$

Experimente um dos procedimentos anteriores no número E63. O resultado correto para o complemento de 2 é 19D.

NA CALCULADORA

> Em uma calculadora hexadecimal, você pode subtrair os dígitos hexa a partir de uma sequência de Fs e depois somar 1, como acabou de ser demonstrado, ou pode somar 1 à sequência de todos os Fs e depois subtrair. Por exemplo, somando 1 a FFF_{16}, obtemos 1000_{16}. Digite na calculadora hexadecimal:
>
> 1000 − 73A =   A resposta é 8C6

EXEMPLO 6.9

Subtraia $3A5_{16}$ de 592_{16}.

Solução
Primeiro, converta o subtraendo (3A5) para sua forma em complemento de 2, usando um dos métodos apresentados. O resultado é C5B. Em seguida, some esse resultado ao minuendo (592):

$$\begin{array}{r} 592 \\ +C5B \\ \hline \rlap{\,\text{\Large ↑}}1ED \end{array}$$
↳ carry desconsiderado

Ignore a execução da adição MSD; o resultado é 1ED. Pode-se provar que isso está correto adicionando 1ED a 3A5 e verificando que ele é igual a 592_{16}.

Representação hexadecimal de números com sinal

Os dados armazenados na memória interna ou no disco rígido de um microcomputador, ou, ainda, em um CD-ROM, são geralmente armazenados em bytes (grupos de oito bits). O byte de dado armazenado em determinada posição de memória é, em muitos casos, expresso em hexadecimal por ser mais eficiente e menos propenso a erro que em binário. Quando o dado consiste em números *com sinal*, é útil reconhecer se um valor hexa representa um número positivo ou negativo. Por exemplo, a Tabela 6.2 relaciona os dados armazenados em um pequeno segmento de memória que começa no endereço 4000.

TABELA 6.2

Endereço hexadecimal	Dados binários armazenados	Valor hexadecimal	Valor decimal
4000	00111010	3A	+58
4001	11100101	E5	−29
4002	01010111	57	+87
4003	10000000	80	−128

Cada posição de memória armazena um único byte (oito bits), que é um número binário equivalente a um número decimal com sinal. Essa tabela também mostra o valor hexa equivalente a cada byte. Para um dado com valor negativo, o bit de sinal (MSB) do número binário é 1; isso sempre torna o MSD do número hexa maior ou igual a 8. Quando o dado tem valor positivo, o bit de sinal é 0, sendo o MSD do número hexa menor ou igual a 7. Essa afirmação é válida não importando quantos dígitos o número hexa tenha. *Quando o MSD for maior ou igual a 8, o número representado será negativo; quando for menor ou igual a 7, será positivo.*

QUESTÕES DE REVISÃO

1. Efetue a soma 67F + 2A4.
2. Efetue a subtração 67F − 2A4.
3. Quais dos seguintes números hexa representam valores positivos: 2F, 77EC, C000, 6D, FFFF?

6.9 CIRCUITOS ARITMÉTICOS

Objetivo

Após ler esta seção, você será capaz de:

■ Descrever o hardware, no nível do bloco funcional, que executa aritmética em computadores.

Uma função essencial da maioria dos computadores e calculadoras é a realização de operações aritméticas. Elas são realizadas na unidade lógica e aritmética de um computador, em que portas lógicas e flip-flops são combinados para que possam somar, subtrair, multiplicar e dividir números binários. Esses circuitos realizam operações aritméticas em uma velocidade considerada humanamente impossível.

Estudaremos agora alguns dos circuitos aritméticos básicos usados para a realização das operações aritméticas já discutidas. Em alguns casos, passaremos pelo desenvolvimento de projetos de circuitos, ainda que estejam disponíveis comercialmente na forma de circuitos integrados, para exercitarmos as técnicas aprendidas no Capítulo 4.

Unidade lógica e aritmética

Todas as operações aritméticas são realizadas na **unidade lógica e aritmética** (**ALU**, do inglês *arithmetic/logic unit*) de um computador. A Figura 6.4 é um diagrama em bloco que mostra os principais elementos incluídos em uma ALU típica. O objetivo principal de uma ALU é receber dados binários armazenados na memória e executar operações aritméticas e lógicas sobre eles, de acordo com instruções provenientes da unidade de controle.

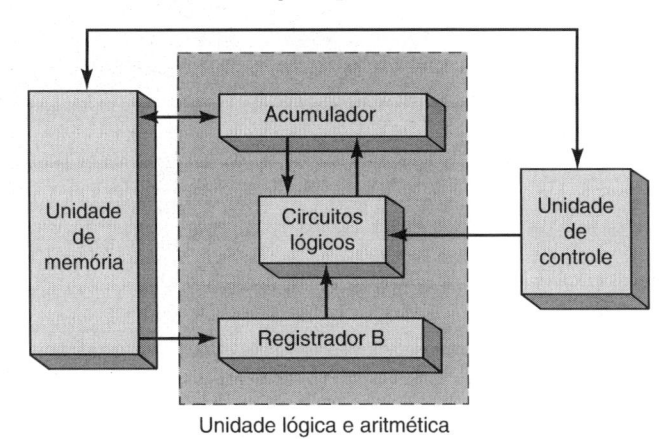

FIGURA 6.4 Blocos funcionais de uma ALU.

A ALU contém pelo menos dois registradores: o *registrador B* e o **registrador acumulador**. Ela também contém uma lógica combinacional que realiza operações aritméticas e lógicas sobre os números binários armazenados no registrador *B* e no acumulador. Uma sequência típica de operações pode ocorrer da seguinte maneira:

1. A unidade de controle recebe as instruções (a partir da unidade de memória) especificando que o número armazenado em determinada posição (endereço) da memória será somado ao número armazenado no registrador acumulador.
2. O número a ser somado é transferido da memória para o registrador *B*.
3. Os números no registrador *B* e no acumulador são somados no circuito lógico (sob o comando da unidade de controle). O resultado da soma é, então, enviado ao acumulador para ser armazenado.
4. O novo número no acumulador pode ser mantido nele de modo que outro número possa ser somado ou, se o processo aritmético em particular tiver terminado, ele poderá ser armazenado na memória.

Esses passos devem deixar claro por que o registrador acumulador recebeu esse nome. Esse registrador "acumula" os resultados das somas quando realiza sucessivas adições entre um novo número e a soma previamente acumulada. Na verdade, para qualquer problema aritmético que implique diversos passos, é comum o acumulador guardar o resultado dos passos intermediários enquanto são completados, assim como o resultado final quando o problema é terminado.

QUESTÕES DE REVISÃO

1. Denomine os três blocos de uma unidade lógica e aritmética.
2. O Acumulador e B são registradores. Qual bloco fundamental faz esses registros?
3. Por que o registrador A é chamado de acumulador?

6.10 SOMADOR BINÁRIO PARALELO

OBJETIVOS

Após ler esta seção, você será capaz de:

- Decompor um somador binário a seu bloco fundamental (Somador Completo), que adiciona uma coluna de bits.
- Conectar os blocos de Somador Completo para formar um somador para números binários de qualquer tamanho.
- Prever os níveis de lógica em qualquer ponto de um circuito de adição.

Computadores e calculadoras realizam operações de adição sobre dois números binários de cada vez, em que cada um deles pode ter diversos dígitos binários. A Figura 6.5 demonstra a adição de dois números de cinco bits. A 1ª parcela é armazenada no registrador acumulador; ou seja, o acumulador terá cinco FFs armazenando o valor 10101 nos sucessivos FFs. De modo semelhante, na 2ª parcela, o número a ser somado com a 1ª é armazenado no registrador B (neste caso, 00111).

FIGURA 6.5 Processo típico de adição binária.

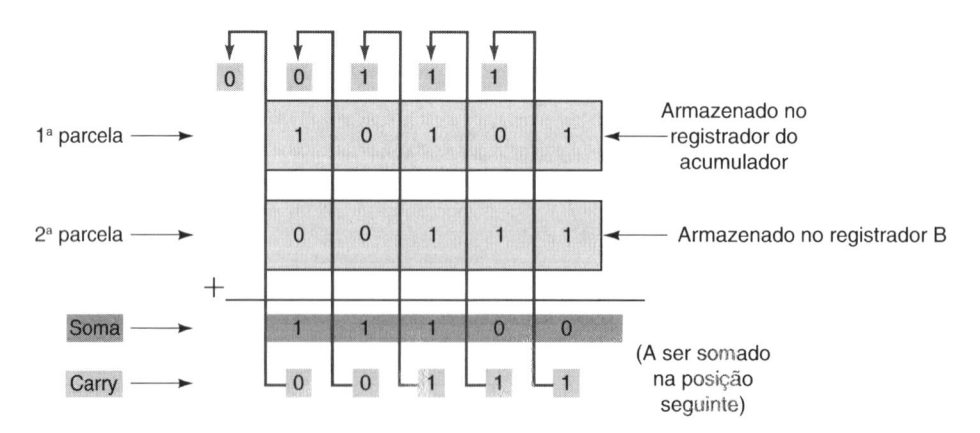

O processo de adição começa somando-se os bits menos significativos (LSBs) da 1ª e da 2ª parcelas. Dessa forma, 1 + 1 = 10, o que significa que a *soma* dos bits dessa posição é 0, com um *carry* de 1.

Esse carry tem de ser somado aos bits da próxima posição, da 1ª e da 2ª parcelas. Dessa forma, na segunda posição, 1 + 0 + 1 = 10, que é novamente uma soma de 0 com um carry de 1. Esse carry é somado aos bits da próxima posição, da 1ª e da 2ª parcelas, e assim por diante para as posições restantes, como é mostrado na Figura 6.5.

Em cada passo desse processo de adição, realizamos a adição de três bits: o bit da 1ª parcela, o da 2ª e o bit de carry proveniente da posição anterior. O resultado da adição desses três bits produz dois bits: um da *soma* e um de *carry* a ser somado aos bits da próxima posição. Deve ficar claro que o mesmo processo é seguido para cada posição de bit. Assim, se projetarmos um circuito lógico que possa duplicar esse processo, então tudo o que teremos a fazer será usar o mesmo circuito para cada posição de bit. Isso está demonstrado na Figura 6.6.

Nesse diagrama, as variáveis A_4, A_3, A_2, A_1 e A_0 representam os bits da 1ª parcela que são armazenados no acumulador (também denominado registrador A). As variáveis B_4, B_3, B_2, B_1 e B_0 representam os bits da 2ª parcela armazenados no registrador B. As variáveis C_4, C_3, C_2, C_1 e C_0 representam os bits de carry nas posições correspondentes. As variáveis S_4, S_3, S_2, S_1 e S_0 são os bits de saída do resultado para cada posição. Os bits correspondentes à 1ª e à 2ª parcelas são enviados para um circuito lógico denominado **somador completo** (FA, do inglês *full adder*), com um bit de carry da posição anterior. Por exemplo, os bits A_1 e B_1 são colocados nas entradas do somador completo 1 com C_1, que é o bit de carry gerado pela soma dos bits A_0 e B_0. Os bits A_0 e B_0 são colocados nas entradas do somador completo 0 com C_0. Uma vez que A_0 e B_0 são os LSBs da 1ª e da 2ª parcelas, C_0 parece ter sempre valor 0, já que não pode haver carry nessa posição. Contudo, veremos que há situações em que C_0 pode ser 1.

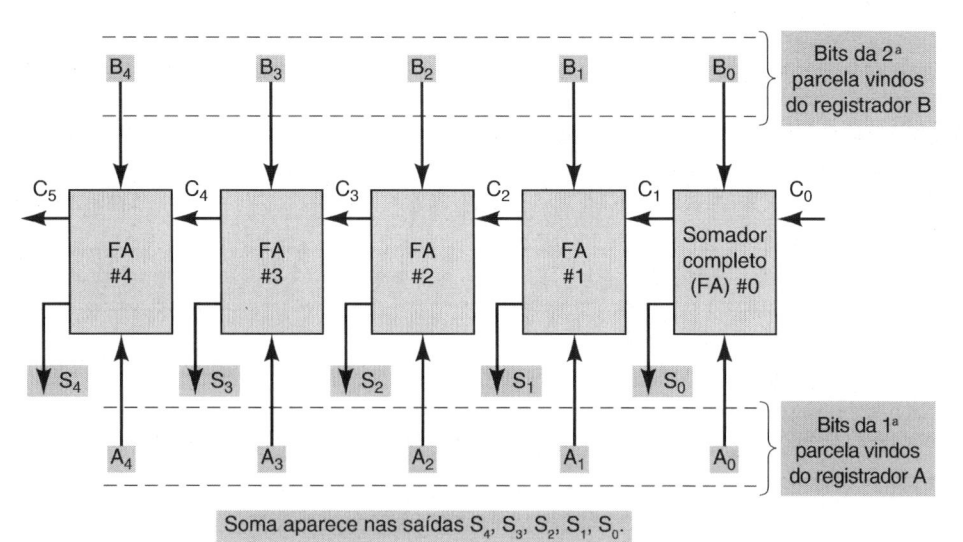

FIGURA 6.6 Diagrama em bloco de um circuito somador paralelo de cinco bits usando somadores completos.

O circuito de um somador completo usado em cada posição de bit tem três entradas: um bit A, um B e um C. Ele também gera duas saídas: um bit de soma e um de carry. Por exemplo, o somador completo 0 tem as entradas A_0, B_0 e C_0 e gera as saídas S_0 e C_1. O somador completo 1 tem A_1, B_1 e C_1 como entradas e S_1 e C_2 como saídas, e assim por diante. Essa disposição é repetida por um número de vezes igual ao número de bits da 1ª e 2ª parcelas. Embora essa ilustração seja para números de cinco bits, os números nos computadores modernos costumam estar na faixa de 8 a 64 bits.

A disposição na Figura 6.6 é denominada **somador paralelo**, porque todos os bits relativos à 1ª e 2ª parcelas são dispostos *simultaneamente* na entrada do somador. Isso significa que a adição do bit de cada posição é realizada ao mesmo tempo. Isso é diferente da forma como fazemos no papel, em que realizamos a operação de uma posição de cada vez, começando pelo LSB. Evidentemente a adição paralela é bastante rápida. Mais informações sobre esse assunto serão apresentadas adiante.

QUESTÕES DE REVISÃO

1. Quantas entradas tem um somador completo? E quantas saídas?
2. Considere os seguintes níveis nas entradas do circuito mostrado na Figura 6.6: $A_4A_3A_2A_1A_0 = 01001$; $B_4B_3B_2B_1B_0 = 00111$; $C_0 = 0$.
   (a) Qual é o nível lógico na saída do somador completo (FA) #2?
   (b) Qual é o nível lógico na saída C_5?

6.11 PROJETO DE UM SOMADOR COMPLETO

OBJETIVOS

Após ler esta seção, você será capaz de:

- Representar um Somador Completo como um diagrama de blocos.
- Especificar a função de um Somador Completo usando uma tabela-verdade.
- Usar técnicas normais de projeto combinacional para produzir o circuito lógico que vai adicionar.

Agora que sabemos como funciona um somador completo, podemos projetar um circuito lógico que realiza essa função. Primeiro, deve-se construir uma tabela-verdade mostrando os diversos valores de entrada e saída para todos os casos possíveis. A Figura 6.7 mostra uma tabela-verdade com três entradas, A, B e C_{IN}, e duas saídas, S e C_{OUT}. Existem oito casos possíveis para as três entradas, e, para cada caso, o valor da saída desejada é relacionado. Por exemplo, considere o caso em que $A = 1$, $B = 0$ e $C_{IN} = 1$. O somador completo (FA) tem de somar esses bits para gerar uma soma (S) igual a 0 e um carry (C_{OUT}) igual a 1. O leitor precisa verificar os outros casos para ter certeza de que foram entendidos.

FIGURA 6.7 Tabela-verdade para um circuito somador completo.

Entradas de bits da 1ª parcela	Entradas de bits da 2ª parcela	Entradas de bits do carry	Saída de bits da soma	Saída de bits do carry
A	B	C_{IN}	S	C_{OUT}
0	0	0	0	0
0	0	1	1	0
0	1	0	1	0
0	1	1	0	1
1	0	0	1	0
1	0	1	0	1
1	1	0	0	1
1	1	1	1	1

Como existem duas saídas, projetamos o circuito para cada uma individualmente, começando com a saída S. A tabela-verdade mostra que existem quatro casos em que S é igual a 1. Usando o método da soma de produtos, pode-se escrever a seguinte expressão para S:

$$S = \overline{A}\,\overline{B}C_{IN} + \overline{A}B\overline{C}_{IN} + A\overline{B}\,\overline{C}_{IN} + ABC_{IN} \quad (6\text{-}1)$$

Vamos tentar simplificar essa expressão por meio da fatoração. Infelizmente, nenhum dos termos na expressão tem duas variáveis em comum com qualquer dos outros termos. Contudo, $\overline{A}$ pode ser fatorado a partir dos dois primeiros termos, e A, dos dois últimos:

$$S = \overline{A}(\overline{B}C_{IN} + B\overline{C}_{IN}) + A(\overline{B}\,\overline{C}_{IN} + BC_{IN})$$

O primeiro termo dentro dos parênteses deve ser reconhecido como uma XOR de B com C_{IN}, que pode ser escrita como $B \oplus C_{IN}$. O segundo termo deve ser reconhecido como a XNOR de B com C_{IN}, que pode ser escrita como $\overline{B \oplus C_{IN}}$. Dessa forma, a expressão para S torna-se:

$$S = \overline{A}(B \oplus C_{IN}) + A(\overline{B \oplus C_{IN}})$$

Se fizermos $X = B \oplus C_{IN}$, a expressão poderá ser escrita como se apresenta a seguir:

$$S = \overline{A} \cdot X + A \cdot \overline{X} = A \oplus X$$

que é simplesmente a XOR de A com X. Substituindo a expressão para X, temos:

$$S = A \oplus [B \oplus C_{IN}] \quad (6\text{-}2)$$

Agora, considere a saída C_{OUT} na tabela-verdade mostrada na Figura 6.7. Pode-se escrever a expressão na forma de soma de produtos para C_{OUT} assim:

$$C_{OUT} = \overline{A}BC_{IN} + A\overline{B}C_{IN} + AB\overline{C}_{IN} + ABC_{IN}$$

Essa expressão pode ser simplificada por meio de fatoração. Empregaremos o truque que foi apresentado no Capítulo 4; aqui, ele será usado no termo ABC_{IN} *três* vezes, já que ele tem fatores comuns com cada um dos outros termos. Logo:

$$C_{OUT} = BC_{IN}(\overline{A} + A) + AC_{IN}(\overline{B} + B) + AB(\overline{C}_{IN} + C_{IN})$$
$$= BC_{IN} + AC_{IN} + AB \quad (6\text{-}3)$$

Essa expressão não pode ser mais simplificada.

As expressões (6.2) e (6.3) podem ser implementadas conforme mostrado na Figura 6.8. Algumas outras implementações podem ser usadas para gerar as mesmas expressões para S e C_{OUT} — nenhuma das quais possui qualquer vantagem particular sobre a que foi mostrada. O circuito completo com as entradas A, B e C_{IN} e as saídas S e C_{OUT} representa o FA. Cada um dos FAs mostrados na Figura 6.6 contém esse mesmo circuito (ou outro equivalente).

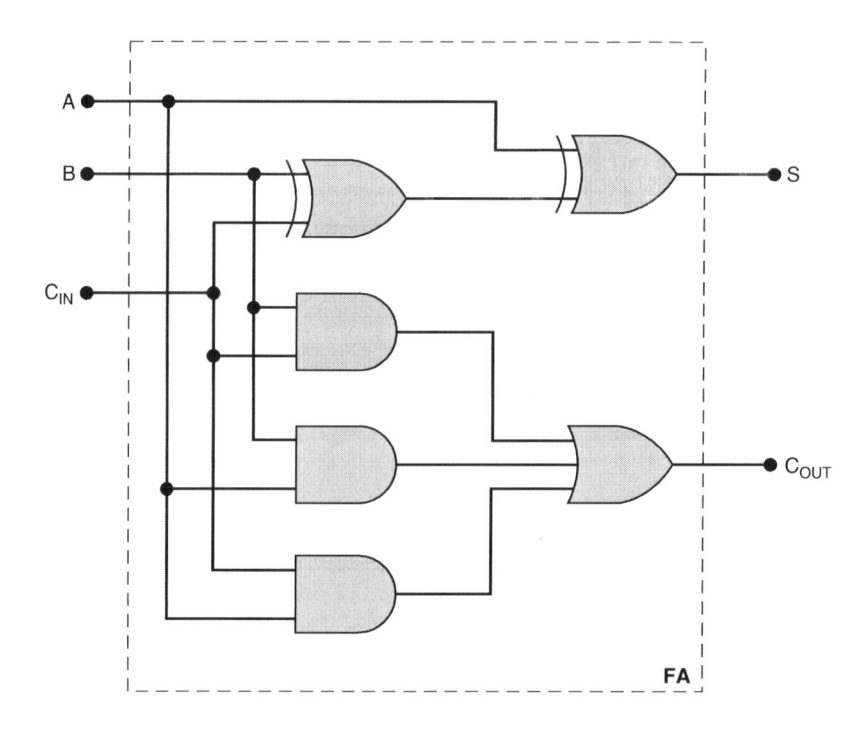

FIGURA 6.8 Circuito para um somador completo.

Simplificação com o mapa K

Simplificamos as expressões para S e C_{OUT} usando métodos algébricos. O método do mapa K também pode ser usado. A Figura 6.9(a) mostra o mapa K para a saída S. Esse mapa não tem 1s adjacentes, portanto não há pares ou quartetos para agrupar. Dessa forma, a expressão para S não pode ser simplificada usando um mapa K. Isso demonstra uma limitação desse método quando comparado com o algébrico. É possível simplificar a expressão para S por meio de fatoração e do uso de operações XOR e XNOR.

O mapa K para a saída C_{OUT} é mostrado na Figura 6.9(b). Os três pares agrupados geram a mesma expressão obtida pelo método algébrico.

FIGURA 6.9 Mapas K para as saídas de um somador completo.

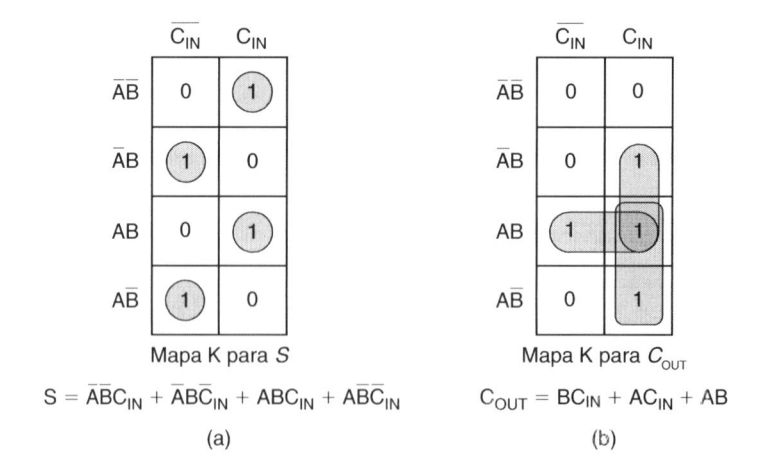

	$\overline{C_{IN}}$	C_{IN}
$\overline{A}\overline{B}$	0	1
$\overline{A}B$	1	0
AB	0	1
$A\overline{B}$	1	0

Mapa K para S

$S = \overline{A}\overline{B}C_{IN} + \overline{A}B\overline{C_{IN}} + ABC_{IN} + A\overline{B}\overline{C_{IN}}$

(a)

	$\overline{C_{IN}}$	C_{IN}
$\overline{A}\overline{B}$	0	0
$\overline{A}B$	0	1
AB	1	1
$A\overline{B}$	0	1

Mapa K para C_{OUT}

$C_{OUT} = BC_{IN} + AC_{IN} + AB$

(b)

Meio somador

Um FA opera com três entradas para gerar uma soma e um carry como saídas. Em alguns casos, é necessário um circuito que some apenas dois bits de entrada, para gerar uma soma e um carry como saídas. Um exemplo seria a adição dos bits LSBs de dois números binários nos quais não haja carry de entrada para ser somado. Um circuito lógico especial pode ser projetado para receber *dois* bits de entrada, A e B, e gerar como saídas uma soma (S) e um carry (C_{OUT}). Esse circuito é denominado **meio somador (HA**, do inglês *half adder*). Sua operação é semelhante à do FA, exceto pelo fato de operar com apenas dois bits. O projeto de um meio somador será visto em um exercício no final do capítulo.

QUESTÃO DE REVISÃO

1. Sem se referir ao texto, repita o projeto de um Somador Completo e um circuito de Meio Somador.

6.12 SOMADOR PARALELO COMPLETO COM REGISTRADORES

OBJETIVOS

Após ler esta seção, você será capaz de:

- Usar flip-flops do Capítulo 5 e circuitos de lógica combinacional para criar um circuito de adição aritmética com registro de soma (B) e registro de 1ª parcela/acumulador.
- Representar a operação da unidade aritmética como um diagrama de tempo.
- Prever a saída da unidade aritmética para qualquer entrada.

Em um computador, os números a serem somados são armazenados em registradores FF. A Figura 6.10 mostra o diagrama de um somador paralelo de quatro bits incluindo os registradores de armazenamento. Os bits da 1ª parcela, A_3 a A_0, são armazenados no acumulador (registrador A); os bits da 2ª parcela, B_3 a B_0, são armazenados no registrador B. Cada um desses registradores é constituído de flip-flops D para uma fácil transferência de dados.

O conteúdo do registrador A (ou seja, o número binário armazenado em A_3 até A_0) é somado ao conteúdo do registrador B pelos quatro FAs e à soma gerada nas saídas de S_3 até S_0. C4 é o carry de saída do quarto FA, podendo ser usado como carry de entrada de um quinto FA ou como um bit de *overflow* para indicar que a soma excedeu a 1111.

Observe que as saídas do resultado estão conectadas às entradas D do registrador A. Isso permitirá a transferência paralela dos bits para o registrador A quando ocorrer a transição positiva do pulso TRANSFER. Dessa forma, o resultado pode ser armazenado no registrador A.

Note também que as entradas D do registrador B recebem dados provenientes da memória, de modo que os números binários provenientes da memória serão transferidos de modo paralelo para o registrador B na transição positiva do pulso LOAD. Na maioria dos computadores também existe o fornecimento por transferência paralela de números binários da memória para o acumulador (registrador A). Por uma questão de simplicidade, o circuito necessário para a realização dessa transferência não é mostrado no diagrama; ele será visto em um exercício no fim do capítulo.

Por fim, perceba que as saídas do registrador A estão disponíveis para transferência de dados para outros destinos, tais como outro registrador ou a memória do computador. Isso torna o circuito somador disponível para um novo conjunto de números.

FIGURA 6.10 (a) Somador paralelo completo de quatro bits com registradores; (b) sinais usados para somar os números binários provenientes da memória e para armazenar o resultado no acumulador.

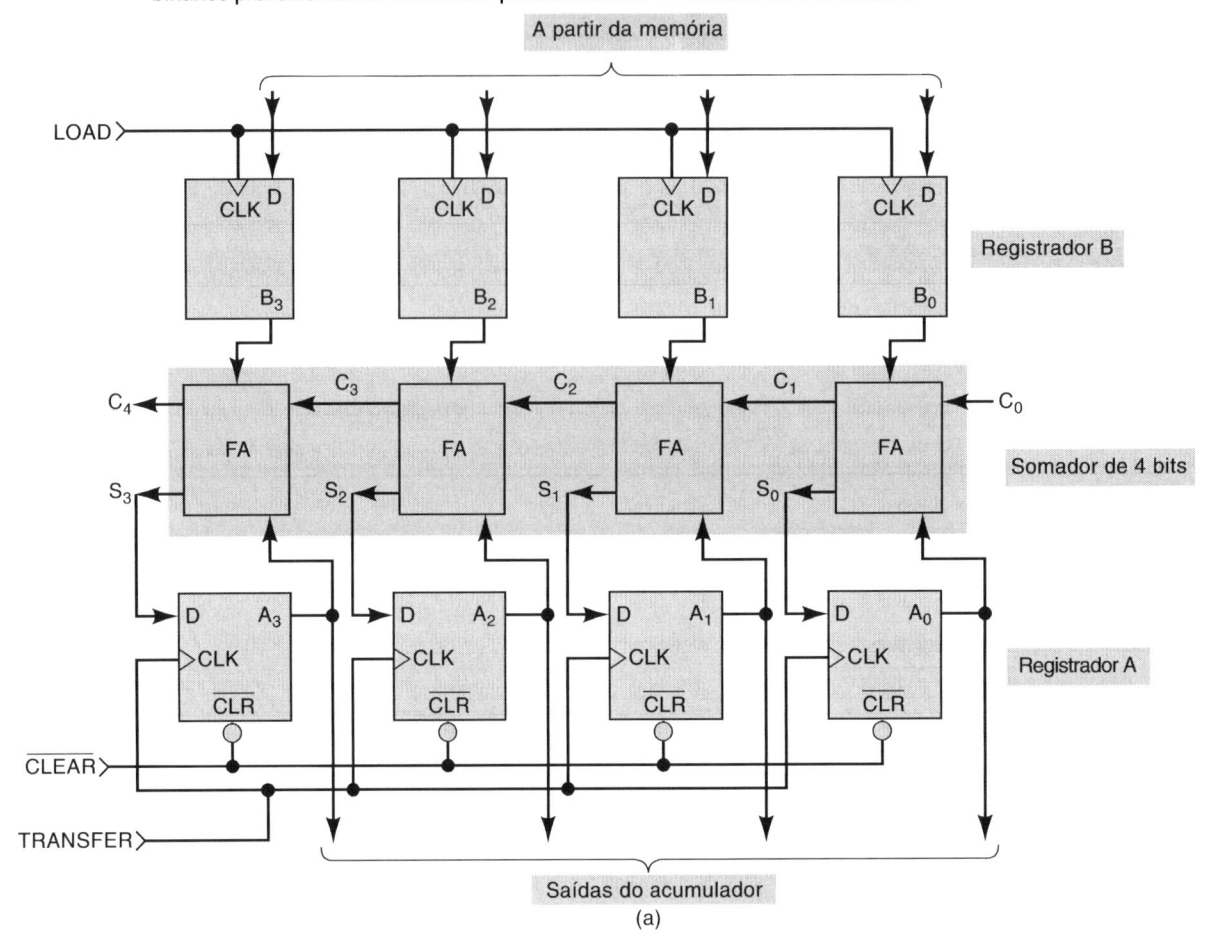

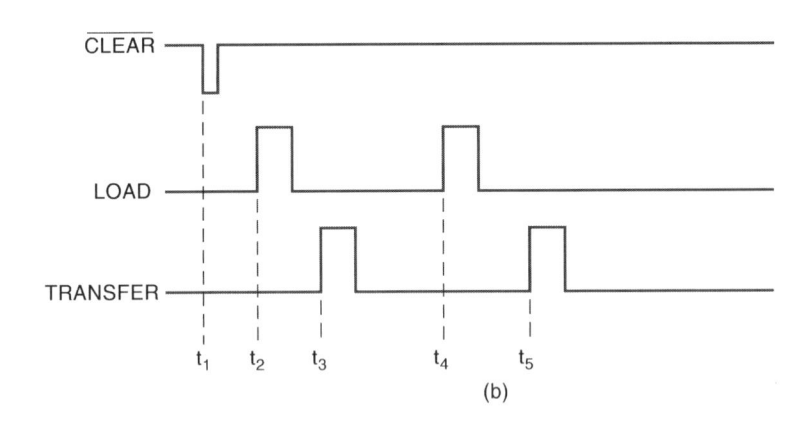

Notação para registradores

Antes de continuarmos o estudo do processo completo pelo qual esse circuito realiza a soma de dois números binários, será útil apresentar uma notação que torne mais fácil descrever o conteúdo de um registrador e as operações de transferência de dados.

Sempre que precisarmos saber o conteúdo de cada FF de um registrador ou de cada saída de um grupo de saídas, usaremos colchetes, conforme demonstrado a seguir:

$$[A] = 1011$$

Isso é o mesmo que dizer que $A_3 = 1, A_2 = 0, A_1 = 1$ e $A_0 = 1$. Em outras palavras, pense em [A] como a representação do "conteúdo do registrador A".

Cada vez que quisermos indicar a transferência de dados para um registrador ou a partir dele, usaremos uma seta, conforme demonstrado a seguir:

$$[B] \rightarrow [A]$$

Isso significa que o conteúdo do registrador B foi transferido para o A. O conteúdo anterior do registrador A será perdido após essa operação e o do B permanecerá inalterado. Esse tipo de notação é bastante comum, sobretudo em manuais que descrevem o funcionamento de microprocessadores e microcontroladores. Em muitos aspectos, é bastante semelhante à notação usada para nos referirmos a objetos de dados de vetores de bits quando utilizamos linguagem de descrição de hardware.

Sequência de operações

Agora, descreveremos o processo pelo qual o circuito da Figura 6.10 soma os números binários 1001 e 0101. Considere que $C_0 = 0$; ou seja, não há carry transportado para a posição do LSB.

1. [A] = 0000. Um pulso $\overline{\text{CLEAR}}$ é aplicado na entrada assíncrona ($\overline{CLR}$) de cada FF do registrador A. Isso ocorre no instante t_1.
2. [M] → [B]. Esse primeiro número binário é transferido da memória (M) para o registrador B; neste caso, o número binário 1001 é carregado no registrador B na transição positiva do pulso LOAD no instante t_2.
3. [1][S] → [A]. Com [B] = 1001 e [A] = 0000, o somador completo gera uma soma de 1001; ou seja, [S] = 1001. O resultado dessas saídas é transferido para o registrador A na transição positiva do pulso TRANSFER no instante t_3. Isso gera [A] = 1001.
4. [M] → [B]. O segundo número binário, 0101, é transferido da memória para o registrador B na transição positiva do segundo pulso LOAD no instante t_4. Isso gera [B] = 0101.
5. [S] → [A]. Com [B] = 0101 e [A] = 1001, os FAs geram [S] = 1110. O resultado dessas saídas é transferido para o registrador A quando o segundo pulso TRANSFER ocorre em t_5. Dessa forma, [A] = 1110.
6. Neste ponto, a soma dos dois primeiros números está presente no acumulador. Na maioria dos computadores, o conteúdo do acumulador, [A], é transferido para a memória do computador, de modo que o circuito somador possa ser usado para um novo conjunto de números. O circuito que realiza a transferência [A] → [M] não é mostrado na Figura 6.10.

QUESTÕES DE REVISÃO

1. Considere que quatro números diferentes de quatro bits, a partir da memória, são somados pelo circuito da Figura 6.10. Quantos pulsos $\overline{\text{CLEAR}}$ serão necessários? E quantos pulsos TRANSFER? E quantos pulsos LOAD?
2. Determine o conteúdo do registrador A após a seguinte sequência de operações: [A] = 0000, [0110] → [B], [S] → [A], [1110] → [B], [S] → [A].

---
[1] Apesar de S não ser um registrador, usaremos [S] para representar o grupo de saídas S.

6.13 PROPAGAÇÃO DO CARRY

OBJETIVOS

Após ler esta seção, você será capaz de:

- Calcular o atraso máximo para uma adição de *n* bits.
- Descrever estratégias para reduzir esses atrasos.

O somador paralelo mostrado na Figura 6.10 realiza adições em velocidade relativamente alta, uma vez que soma os bits de cada posição de maneira simultânea. Contudo, sua velocidade é limitada por um efeito denominado **propagação do carry** ou **ondulação do carry** (*carry ripple*), que pode ser mais bem explicado considerando a seguinte adição:

$$\begin{array}{r} 0111 \\ +\ 0001 \\ \hline 1000 \end{array}$$

A adição dos bits da posição LSB gera um carry para a segunda posição. Esse carry, quando somado aos bits da segunda posição, gera um carry para a terceira posição. O último carry, quando somado aos bits da terceira posição, gera um carry para a última posição (MSB). O importante a ser observado nesse exemplo é que a soma do bit gerado na *última* posição depende do carry que foi gerado na adição da *primeira* posição (LSB).

Observando o circuito da Figura 6.10 por esse ponto de vista, o bit S_3 do último somador completo depende do bit C_1 do primeiro somador completo. Porém, o sinal C_1 deve passar pelos três FAs antes de gerar a saída S_3. Ou seja, a saída S_3 não alcançará o valor correto até que C_1 tenha propagado por meio dos FAs intermediários. Isso representa um atraso que depende do atraso de propagação gerado em um FA. Por exemplo, se cada FA tem atraso de propagação de 40 ns, então S_3 não alcançará seu valor correto até que tenha decorrido 120 ns após C_1 ter sido gerado. Portanto, o pulso de comando de soma não pode ser aplicado até 160 ns após as parcelas dos números estarem presentes nos registradores FF (os 40 ns extras são devidos ao atraso do somador completo da posição LSB para gerar C_1).

É óbvio que a situação se torna muito pior se estendermos o circuito somador para que some um grande número de bits. Se o somador fosse manipular números de 32 bits, o atraso de propagação do carry seria de 1.280 ns = 1,28 μs. O pulso de soma não poderia ser aplicado antes de pelo menos 1,28 μs após os números estarem presentes nos registradores.

Essa magnitude de atraso é proibitiva para computadores de alta velocidade. Felizmente, os projetistas de circuitos lógicos desenvolveram uma série de esquemas engenhosos para reduzir esse atraso. Um desses esquemas, denominado **carry antecipado** (*look-ahead carry*), usa portas lógicas para observar os bits de mais baixa ordem das parcelas, a fim de ver se um carry de mais alta ordem deve ser gerado. Por exemplo, é possível construir um circuito lógico com B_2, B_1, B_0, A_2, A_1 e A_0 como entradas e C_3 como saída. Esse circuito lógico teria um atraso menor que o obtido pela propagação do carry utilizando os FAs. Esse esquema requer uma quantidade maior de circuitos extras, mas é necessário para produzir somadores de alta velocidade. Muitos somadores de alta velocidade disponíveis em circuitos integrados utilizam a técnica de carry antecipado ou outra semelhante para reduzir em geral os atrasos de propagação.

QUESTÕES DE REVISÃO

1. Suponha que são necessários 2 ns para que a saída de um somador completo se estabeleça após as entradas terem mudado. Para um somador de 16 bits, qual é a maior quantidade de tempo (pior caso) para se adicionarem dois números?
2. Qual é a maior frequência em que o registrador acumulador pode ser sincronizado?
3. Como um somador pode operar em frequências mais altas?

6.14 SOMADOR PARALELO EM CIRCUITO INTEGRADO

OBJETIVOS

Após ler esta seção, você será capaz de:

- Combinar blocos funcionais padrão para formar somadores de qualquer tamanho.
- Calcular a velocidade máxima de operação.
- Prever o estado lógico em qualquer ponto do circuito.

Vários somadores paralelos estão disponíveis na forma de CIs. O mais comum é um CI somador paralelo de quatro bits que contém quatro FAs interconectados e um circuito para gerar o carry antecipado necessário para operação em alta velocidade. Os CIs 7483A, 74LS83A, 74LS283 e 74HC283 são somadores paralelos de quatro bits.

A Figura 6.11(a) mostra o símbolo funcional para o somador paralelo de quatro bits 74HC283 (e seus equivalentes). As entradas desse CI são dois números de quatro bits, $A_3A_2A_1A_0$ e $B_3B_2B_1B_0$, e o carry, C_0, na posição LSB. As saídas são os bits do resultado da soma e o carry, C_4, proveniente da posição MSB. Os bits da soma são denominados $\Sigma_3\Sigma_2\Sigma_1\Sigma_0$, em que Σ é a letra grega maiúscula *sigma*. A denominação Σ é uma alternativa comum para a denominação S para um bit da soma.

Conexão em cascata de somadores paralelos

Dois ou mais CIs somadores podem ser conectados juntos (em cascata) para implementar a adição de números binários maiores. A Figura 6.11(b) mostra dois somadores 74HC283 conectados para somar os números de 8 bits $A_7A_6A_5A_4A_3A_2A_1A_0$ e $B_7B_6B_5B_4B_3B_2B_1B_0$. O somador à direita soma os bits de baixa ordem dos números. O somador à esquerda soma os bits de alta ordem *mais* o carry de saída C4 proveniente do somador de baixa ordem. As oito saídas são o resultado da soma dos dois números de 8 bits. C_8 é o carry proveniente da posição do MSB. Ele pode ser usado como carry de entrada de um terceiro estágio somador, caso números binários maiores sejam somados.

A característica de carry antecipado do 74HC283 aumenta a velocidade de operação dos dois estágios somadores porque o nível lógico em C_4, o carry de saída do estágio de baixa ordem, é gerado mais rapidamente do que se não tivesse o circuito de carry antecipado no chip 74HC283. Isso possibilita ao estágio de alta ordem gerar sua soma de modo mais rápido.

FIGURA 6.11 (a) Símbolo de bloco do somador paralelo de 4 bits 74HC283; (b) conexão em cascata de dois 74HC283s.

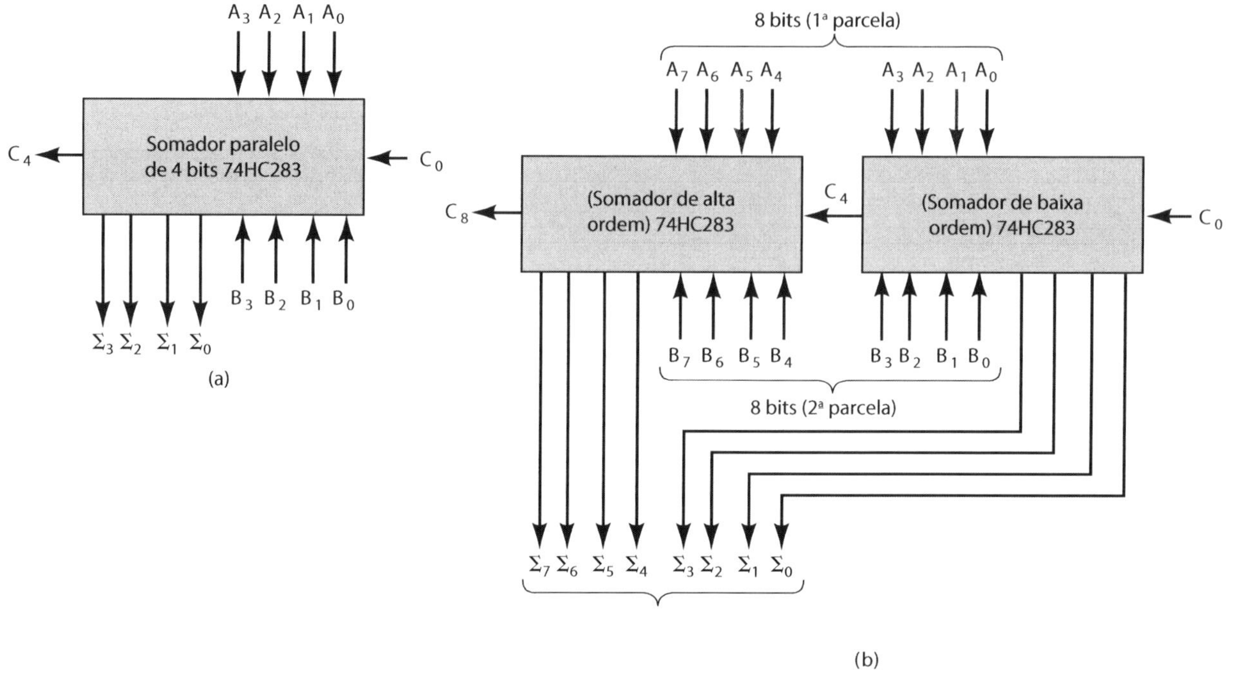

EXEMPLO 6.10

Determine os níveis lógicos nas entradas e saídas do somador de oito bits mostrado na Figura 6.11(b), em que 72_{10} é somado com 137_{10}.

Solução
Primeiro, converta cada número em um número binário de oito bits:

$$137 = 10001001$$
$$72 = 01001000$$

Esses dois valores binários serão colocados nas entradas A e B; ou seja, as entradas A serão 10001001 da esquerda para a direita, e as B serão 01001000 da esquerda para a direita. O somador gerará a soma binária dos dois números:

$$[A] = 10001001$$
$$[B] = 01001000$$
$$[\Sigma] = 11010001$$

As saídas do resultado serão 11010001, lidas da esquerda para a direita. Não há overflow no bit C_8; logo, ele será 0.

QUESTÕES DE REVISÃO

1. Quantos chips 74HC283 são necessários para somar dois números de 20 bits?
2. Se um 74HC283 tem atraso de propagação máximo de 30 ns, medido de C_0 para C_4, qual será o atraso de propagação total de um somador de 32 bits construído com 74HC283s?
3. Qual será o nível lógico em C_4 no Exemplo 6.10?

6.15 CIRCUITOS DE COMPLEMENTO DE 2

OBJETIVOS

Após ler esta seção, você será capaz de:

- Combinar um bloco de somador padrão com circuitos combinados e registros para criar um somador/subtrator.
- Prever níveis lógicos em qualquer ponto do sistema.
- Interpretar os resultados como inteiros com sinal.

A maioria dos computadores modernos usa o sistema de complemento de 2 para representar números negativos e realizar subtrações. As operações de adição e subtração de números com sinal podem ser realizadas apenas com a operação de adição se utilizarmos a forma do complemento de 2 para a representação de números negativos.

Adição

Os números positivos e negativos, incluindo os bits de sinal, podem ser somados em um circuito somador paralelo básico quando os números negativos forem colocados na forma do complemento de 2. Isso está demonstrado na Figura 6.12, para a adição de –3 com +6. O –3 representado na forma do complemento de 2 é 1101, em que o primeiro 1 é o bit de sinal; o +6 é representado como 0110, com o primeiro 0 sendo o bit de sinal. Esses números são armazenados em seus registradores correspondentes. O somador paralelo de quatro bits gera nas saídas o resultado 0011, que representa +3. A saída C_4 é 1, mas lembre-se de que esse bit é desconsiderado quando se usa o método do complemento de 2.

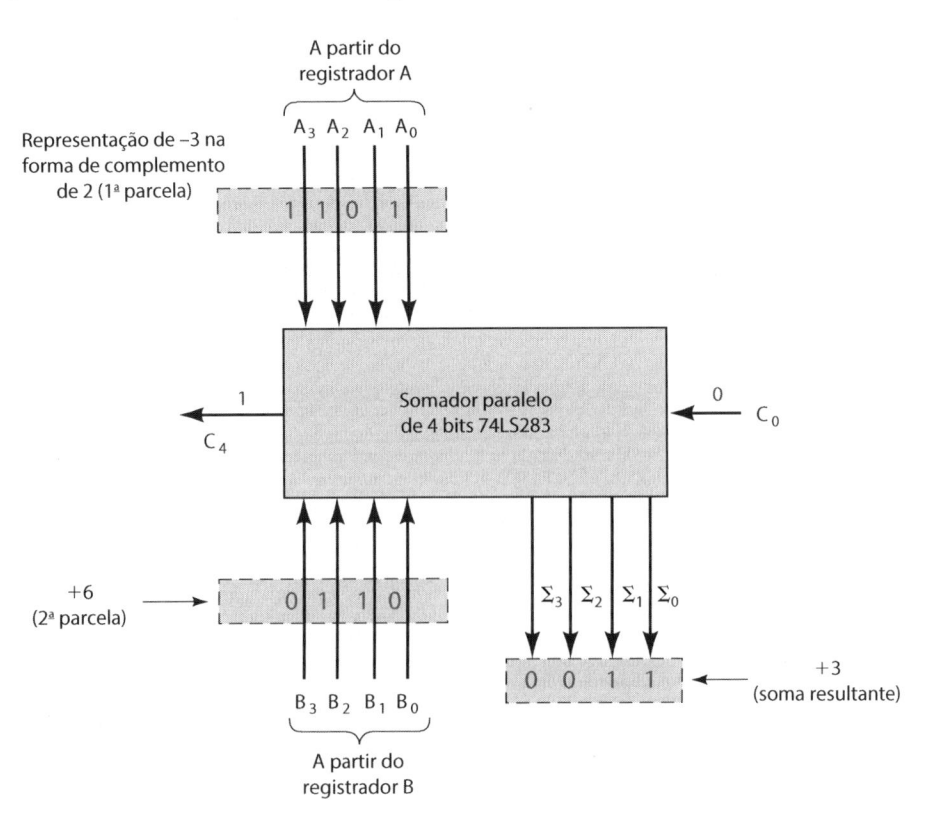

FIGURA 6.12 Somador paralelo usado para somar e subtrair números no sistema de complemento de 2.

Subtração

Quando o sistema de complemento de 2 é usado, o número a ser subtraído (subtraendo) é transformado para sua forma de complemento de 2 e, então, *somado* ao minuendo (número do qual o subtraendo será subtraído). Por exemplo, pode-se considerar que o minuendo já esteja armazenado no acumulador (registrador A). O subtraendo é, então, transferido para o registrador B (em um computador, esse número seria proveniente da memória) e transformado para sua forma de complemento de 2 antes de ser somado ao número do registrador A. O resultado nas saídas do circuito somador representa a *diferença* entre o minuendo e o subtraendo.

O circuito do somador paralelo que temos analisado poderá ser adaptado para realizar a subtração já descrita se conseguirmos obter o complemento de 2 do número armazenado no registrador B. O complemento de 2 de um número binário é obtido por meio do complemento (inversão) de cada bit e, em seguida, pela soma de 1 ao LSB. A Figura 6.13 mostra como isso pode ser implementado. As saídas *invertidas* do registrador B são usadas em vez das saídas normais; ou seja, $\overline{B}_0$, $\overline{B}_1$, $\overline{B}_2$ e $\overline{B}_3$ são colocadas nas entradas do somador (lembre-se de que B_3 é o bit de sinal). Isso resolve o problema da complementação de cada bit do número B. Além disso, C_0 é colocado em nível lógico 1, de modo que seja somado 1 ao bit LSB do somador; isso tem o mesmo efeito de somar 1 ao bit LSB do registrador B para se obter o complemento de 2.

As saídas de Σ_3 a Σ_0 representam o resultado da operação de subtração. Naturalmente, Σ_3 é o bit de sinal do resultado e indica se ele é positivo + ou negativo –. O carry de saída C_4 é novamente desconsiderado.

Para ajudar a esclarecer, analise os seguintes passos para a subtração de +6 de +4:

1. +4 é armazenado no registrador A como 0100.
2. +6 é armazenado no registrador B como 0110.
3. As saídas invertidas dos FFs do registrador B (1001) são colocadas na entrada do somador.
4. O circuito do somador paralelo soma $[A] = 0100$ com $[\overline{B}] = 1001$ junto a um carry $C_0 = 1$ no bit LSB. A operação é mostrada a seguir:

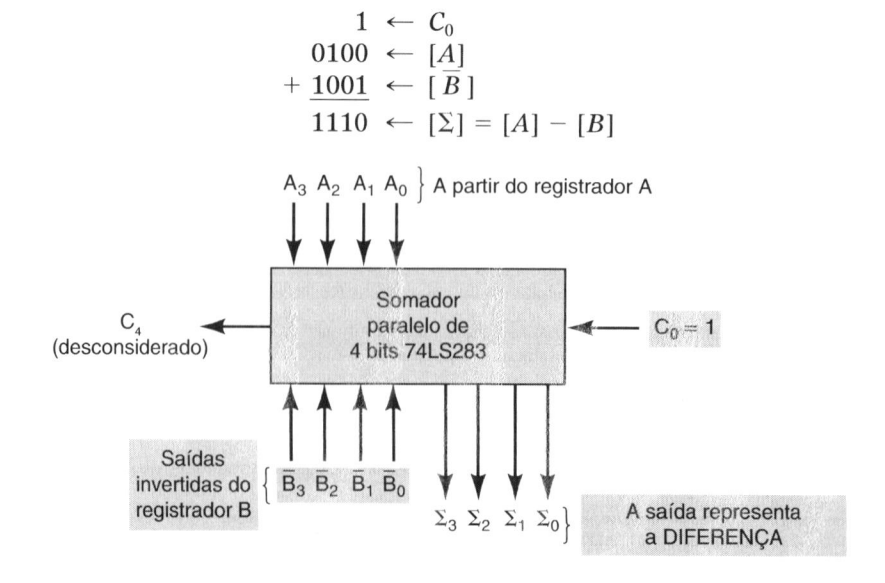

$$
\begin{array}{rl}
1 & \leftarrow C_0 \\
0100 & \leftarrow [A] \\
+\ 1001 & \leftarrow [\overline{B}] \\
\hline
1110 & \leftarrow [\Sigma] = [A] - [B]
\end{array}
$$

FIGURA 6.13 Somador paralelo usado para realizar uma subtração $(A - B)$ utilizando o sistema do complemento de 2. Os bits do subtraendo (B) são invertidos e $C_0 = 1$ para gerar o complemento de 2.

O resultado da soma nas saídas é 1110. Esse, na realidade, é o resultado da operação de *subtração*, a *diferença* entre o número do registrador A e o do B, ou seja, [A] – [B]. Uma vez que o bit de sinal = 1, o resultado é negativo e está na forma do complemento de 2. Pode-se verificar que 1110 representa -2_{10} efetuando o complemento de 2 e obtido $+2_{10}$:

$$\begin{array}{r} 1110 \\ 0001 \\ +1 \\ \hline 0010 = +2_{10} \end{array}$$

Adição e subtração combinadas

Deve estar claro agora que um circuito somador paralelo pode ser usado para adição ou subtração, dependendo se o número B é mantido inalterado ou convertido para sua forma de complemento de 2. Um circuito completo que pode realizar *tanto* adição *quanto* subtração, no sistema de complemento de 2, é mostrado na Figura 6.14.

Esse circuito **somador/subtrator** é controlado pelos sinais ADD e SUB. Quando o nível do sinal ADD for ALTO, o circuito realizará a adição dos números armazenados nos registradores A e B. Quando o nível lógico do sinal SUB for ALTO, o circuito subtrairá o número armazenado no registrador B do número armazenado no registrador A. A operação é descrita a seguir:

1. Considere ADD = 1 e SUB = 0. O sinal SUB = 0 *desabilita* (inibe) as portas AND 2, 4, 6 e 8, mantendo as saídas em nível 0. O sinal ADD = 1 *habilita* as portas AND 1, 3, 5 e 7, permitindo que as saídas passem os níveis B_0, B_1, B_2 e B_3, respectivamente.
2. Os níveis lógicos de B_0 a B_3 passam pelas portas OR para a entrada do somador paralelo de 4 bits para serem somados com os bits de A_0 a A_3. A *soma* aparece nas saídas de Σ_0 a Σ_3.
3. Perceba que o sinal SUB = 0 gera C_0 = 0 para o somador.
4. Agora, considere o sinal ADD = 0 e o sinal SUB = 1. O sinal ADD = 0 inibe as portas AND 1, 3, 5 e 7. O sinal SUB = 1 habilita as portas AND 2, 4, 6 e 8; dessa forma, nas saídas aparecem os níveis $\overline{B_0}$, $\overline{B_1}$, $\overline{B_2}$ e $\overline{B_3}$, respectivamente.
5. Os níveis de $\overline{B_0}$ a $\overline{B_3}$ passam pelas portas OR para as entradas do somador, para serem somados com os bits de A_0 a A_3. Perceba que C_0 agora é nível 1. Assim, o número armazenado no registrador B foi, na realidade, convertido na forma de complemento de 2.
6. A *diferença* aparece nas *saídas* de Σ_0 a Σ_3.

Circuitos como o somador/subtrator mostrado na Figura 6.14 são usados em computadores porque proporcionam um modo relativamente simples de somar e subtrair números binários com sinal. Na maioria dos computadores, os resultados presentes nas linhas de saída Σ são transferidos para o registrador A (acumulador), de forma que o resultado da adição, ou da subtração, termine sempre armazenado no registrador A. Isso é realizado aplicando-se um pulso TRANSFER nas entradas de *CLK* do registrador A.

FIGURA 6.14 Somador/subtrator paralelo usando o sistema de complemento de 2.

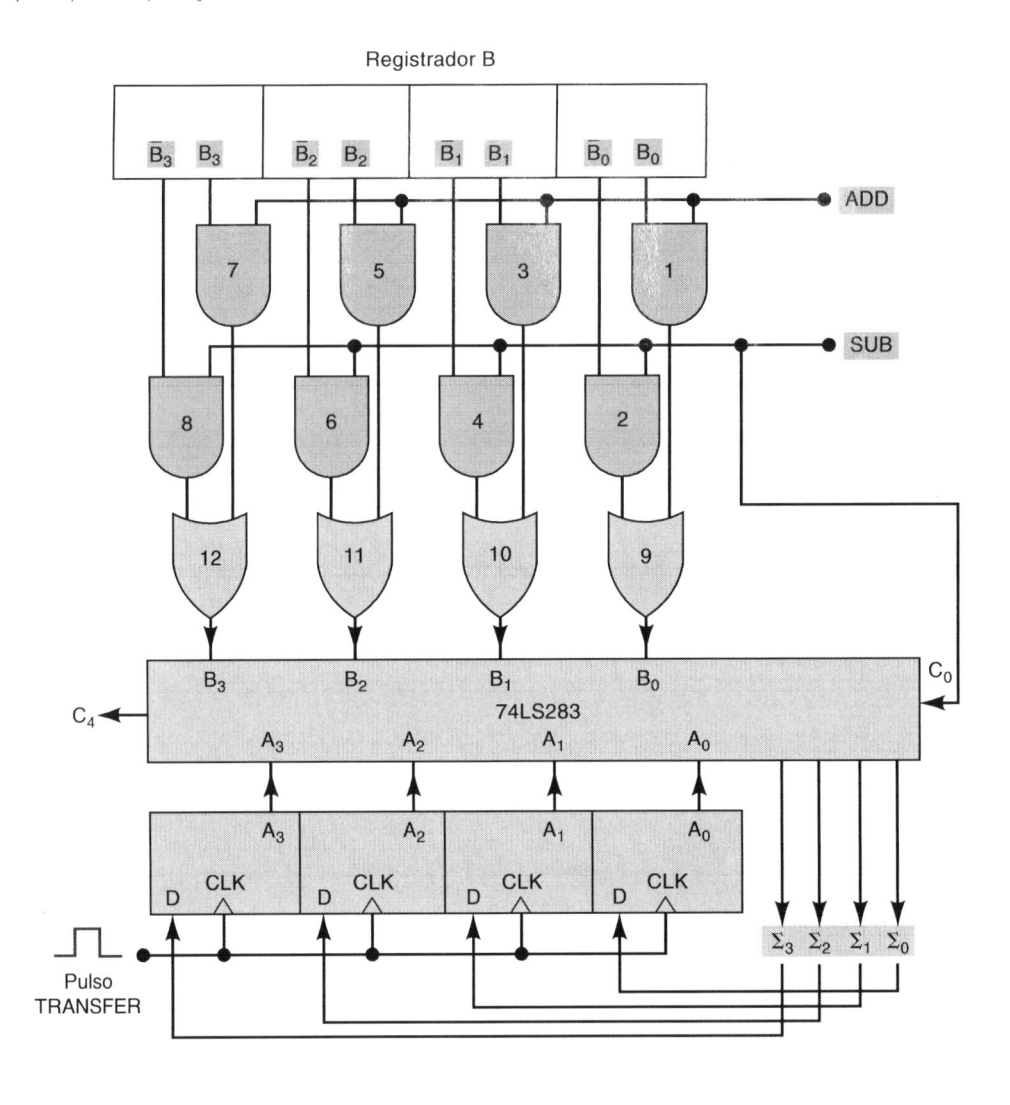

QUESTÕES DE REVISÃO

1. Por que C_0 tem de ser nível 1 para que o circuito somador mostrado na Figura 6.13 seja usado como subtrator?
2. Considere que [A] = 0011 e [B] = 0010 na Figura 6.14. Se ADD = 1 e SUB = 0, determine os níveis lógicos nas saídas das portas OR.
3. Repita a Questão 2 para ADD = 0 e SUB = 1.
4. *Verdadeiro ou falso*: quando o circuito somador/subtrator é usado para subtração, o complemento de 2 do subtraendo aparece na saída do somador.

6.16 CIRCUITO INTEGRADO ALU

OBJETIVOS

Após ler esta seção, você será capaz de:

- Prever a saída de blocos ALU padrão com todas as combinações de entrada.

- Combinar blocos ALU padrão para produzir uma ALU de qualquer tamanho.

Existem diversos CIs disponíveis denominados unidades lógicas e aritméticas (ALUs, do inglês *arithmetic/logic units*), ainda que não tenham toda a capacidade de uma ALU de um computador. Esses chips ALU são capazes de realizar diversas operações lógicas e aritméticas sobre dados binários de entrada. A operação específica realizada pelo CI ALU é determinada por um código binário específico colocado nas entradas de seleção de funções. Alguns dos CIs ALU são bastante complexos, e, por isso, necessitaríamos de muito tempo e espaço para explicar e demonstrar como funcionam. Nesta seção, usaremos um chip ALU relativamente simples, mas ainda útil, para mostrar os conceitos básicos envolvidos em todos os chips ALU. As ideias apresentadas aqui podem ser aplicadas em dispositivos mais complexos.

A ALU 74LS382/74HC382

A Figura 6.15(a) mostra o símbolo de bloco para uma ALU disponível no 74LS382 (TTL) e no 74HC382 (CMOS). Esse CI de 20 pinos opera com dois números de quatro bits na entrada, $A_3A_2A_1A_0$ e $B_3B_2B_1B_0$, para gerar uma saída de quatro bits $F_3F_2F_1F_0$. Essa ALU pode realizar *oito* operações diferentes. A operação realizada pela ALU, em qualquer instante, depende do código aplicado às entradas de seleção de funções $S_2S_1S_0$. A tabela na Figura 6.15(b) mostra as oito operações disponíveis. Descreveremos cada uma delas.

OPERAÇÃO CLEAR Com $S_2S_1S_0 = 000$, a ALU *limpa* todos os bits da saída F; logo, $F_3F_2F_1F_0 = 0000$.

OPERAÇÃO DE SOMA Com $S_2S_1S_0 = 011$, a ALU soma $A_3A_2A_1A_0$ com $B_3B_2B_1B_0$ para gerar sua soma em $F_3F_2F_1F_0$. Para essa operação, C_N é o carry de entrada para o LSB, sendo esse bit mantido em 0. C_{N+4} é o carry da saída a partir da posição MSB. *OVR* é a saída indicadora de overflow, que é detectado quando números com sinal são usados. *OVR* será nível 1 quando uma operação de soma, ou de subtração, gerar um resultado grande que não possa ser representado com quatro bits (incluindo o bit de sinal).

OPERAÇÕES DE SUBTRAÇÃO Com $S_2S_1S_0 = 001$, a ALU subtrai o número na entrada A do número na entrada B. Com $S_2S_1S_0 = 010$, subtrai B de A. Em qualquer um dos casos, a diferença aparece em $F_3F_2F_1F_0$. Perceba que a operação de subtração requer $C_N = 1$.

OPERAÇÃO XOR Com $S_2S_1S_0 = 100$, a ALU realiza a operação XOR bit a bit sobre as entradas A e B. Isso está demonstrado a seguir para $A_3A_2A_1A_0 = 0110$ e $B_3B_2B_1B_0 = 1100$.

$$A_3 \oplus B_3 = 0 \oplus 1 = 1 = F_3$$
$$A_2 \oplus B_2 = 1 \oplus 1 = 0 = F_2$$
$$A_1 \oplus B_1 = 1 \oplus 0 = 1 = F_1$$
$$A_0 \oplus B_0 = 0 \oplus 0 = 0 = F_0$$

O resultado é $F_3F_2F_1F_0 = 1010$.

FIGURA 6.15 (a) Símbolo de bloco para o chip ALU 74LS382/74HC382; (b) tabela de funções que mostra como as entradas de seleção (S) determinam a operação que deve ser feita sobre as entradas A e B.

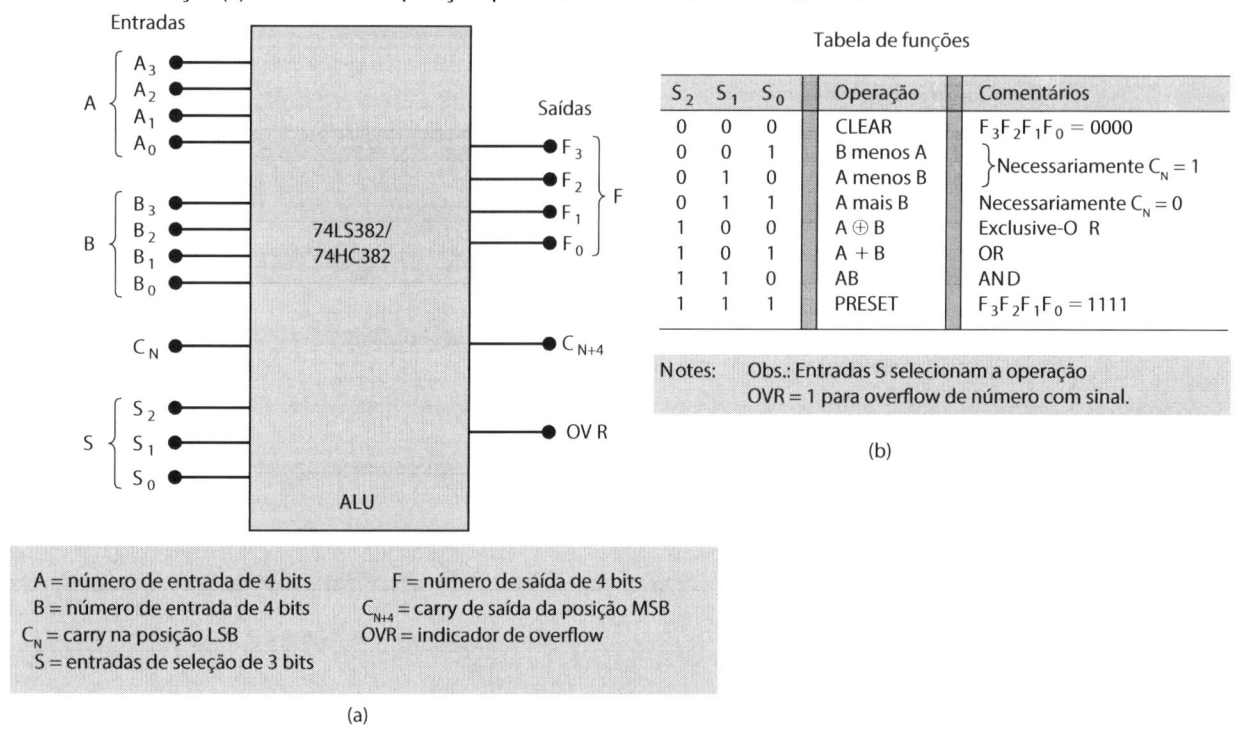

Tabela de funções

S_2	S_1	S_0	Operação	Comentários
0	0	0	CLEAR	$F_3F_2F_1F_0 = 0000$
0	0	1	B menos A	}Necessariamente $C_N = 1$
0	1	0	A menos B	
0	1	1	A mais B	Necessariamente $C_N = 0$
1	0	0	$A \oplus B$	Exclusive-OR
1	0	1	$A + B$	OR
1	1	0	AB	AND
1	1	1	PRESET	$F_3F_2F_1F_0 = 1111$

Notes: Obs.: Entradas S selecionam a operação
OVR = 1 para overflow de número com sinal.

(b)

A = número de entrada de 4 bits
B = número de entrada de 4 bits
C_N = carry na posição LSB
S = entradas de seleção de 3 bits
F = número de saída de 4 bits
C_{N+4} = carry de saída da posição MSB
OVR = indicador de overflow

(a)

OPERAÇÃO OR. Com $S_2S_1S_0 = 101$, a ALU realiza a operação OR bit a bit sobre as entradas A e B. Por exemplo, com $A_3A_2A_1A_0 = 0110$ e $B_3B_2B_1B_0 = 1100$, a ALU gera como resultado $F_3F_2F_1F_0 = 1110$.

OPERAÇÃO AND. Com $S_2S_1S_0 = 110$, a ALU realiza a operação AND bit a bit sobre as entradas A e B. Por exemplo, com $A_3A_2A_1A_0 = 0110$ e $B_3B_2B_1B_0 = 1100$, a ALU gera como resultado $F_3F_2F_1F_0 = 0100$.

OPERAÇÃO PRESET. Com $S_2S_1S_0 = 111$, a ALU *seta* todos os bits da saída, de modo que $F_3F_2F_1F_0 = 1111$.

EXEMPLO 6.11

(a) Determine as saídas do 74HC382 para as seguintes entradas: $S_2S_1S_0 = 010$, $A_3A_2A_1A_0 = 0100$, $B_3B_2B_1B_0 = 0001$ e $C_N = 1$.
(b) Altere o código de seleção para 011 e repita.

Solução

(a) A partir da tabela de funções mostrada na Figura 6.15(b), o código 010 seleciona a operação $(A - B)$. A ALU realiza a subtração no sistema de complemento de 2 fazendo o complemento de B e somando-o com A e C_N. Perceba que é necessário $C_N = 1$ para que o complemento de 2 de B seja efetivamente realizado.

$$\begin{array}{r} 1 \leftarrow C_N \\ 0100 \leftarrow A \\ +\ 1110 \leftarrow \overline{B} \\ \hline 10011 \end{array}$$

C_{N+4} ↑   ↑ $F_3\ F_2\ F_1\ F_0$

Como sempre ocorre na subtração em complemento de 2, o CARRY OUT a partir do MSB é desconsiderado. O resultado correto da operação $(A - B)$ aparece nas saídas F.

A saída OVR é determinada considerando que os números de entrada são com sinal. Dessa forma, $A_3A_2A_1A_0 = 0100 = +4_{10}$ e $B_3B_2B_1B_0 = 0001 = +1_{10}$. O resultado da operação de subtração é $F_3F_2F_1F_0 = 0011 = +3_{10}$, que está correto. Logo, não ocorreu overflow e $OVR = 0$. Se o resultado fosse negativo, ele estaria na forma do complemento de 2.

(b) O código de seleção 011 gera a soma das entradas A e B. Contudo, uma vez que $C_N = 1$, haverá um carry igual a 1 somado à posição LSB. Isso gera como resultado $F_3F_2F_1F_0 = 0110$, que é uma unidade maior que $(A + B)$. As saídas C_{N+4} e OVR são ambas nível 0. Para que a soma correta apareça nas saídas F, a entrada C_N também tem de ser 0.

Expandindo a ALU

Um único CI, 74LS382 ou 74HC382, opera com números de quatro bits. Dois ou mais desses chips podem ser conectados juntos para operar com números maiores. A Figura 6.16 mostra como duas ALUs de quatro bits podem ser combinadas para somar dois números de oito bits, $B_7B_6B_5B_4B_3B_2B_1B_0$ e $A_7A_6A_5A_4A_3A_2A_1A_0$, e gerar a saída soma $\Sigma_7\Sigma_6\Sigma_5\Sigma_4\Sigma_3\Sigma_2\Sigma_1\Sigma_0$. Analise esse diagrama de circuito e observe os seguintes pontos:

1. O chip Z1 opera nos quatro bits de baixa ordem dos dois números de entrada. O chip Z2 opera sobre os quatro bits de alta ordem.
2. A soma aparece nas saídas F de Z1 e Z2. Os bits de baixa ordem aparecem em Z1, e os de alta ordem, em Z2.
3. A entrada C_N de Z1 é a entrada de carry da posição LSB. Para adições, esse bit deve ser nível 0.
4. O carry de saída $[C_{N+4}]$ de Z1 é conectado à entrada de carry $[C_N]$ de Z2.
5. A saída OVR de Z2 indica overflow quando números de oito bits com sinal são usados.
6. As entradas de seleção correspondentes aos dois chips estão conectadas juntas; logo, Z1 e Z2 estarão sempre realizando a mesma operação. Para a adição, as entradas de seleção são mostradas como 011.

FIGURA 6.16 Dois chips de ALU 74HC382 conectados como um somador de 8 bits.

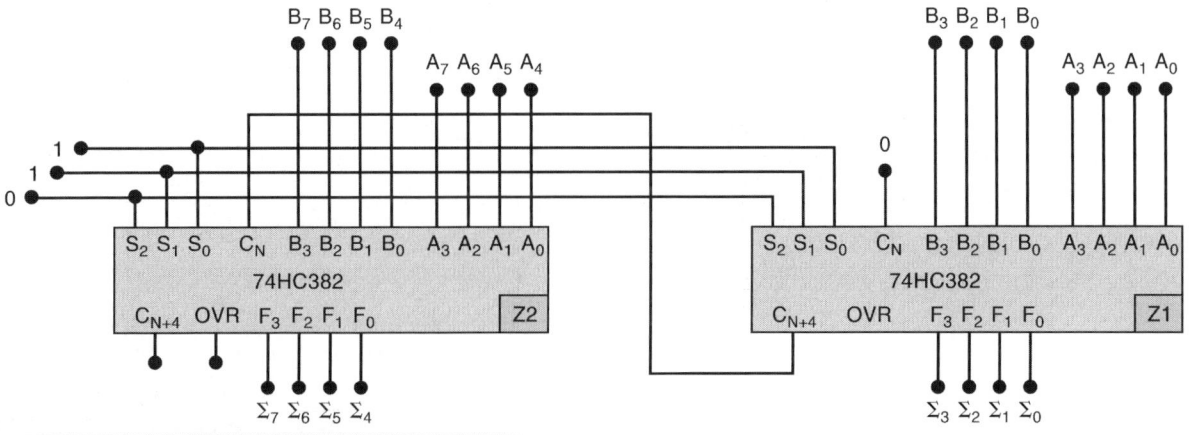

Obs.: Z1 soma bits de baixa ordem.
Z2 soma bits de alta ordem.
$\Sigma_7-\Sigma_0$ = soma de 8 bits.
OVR de Z2 é indicador de overflow de 8 bits.

EXEMPLO 6.12

Como a configuração mostrada na Figura 6.16 tem de ser alterada para o circuito realizar a subtração $(B - A)$?

Solução

O código de seleção de entrada [veja a tabela na Figura 6.15(b)] tem de ser alterado para 001, e a entrada C_N de Z1 deve ser nível 1.

Outras ALUs

O 74LS181/HC181 é outra ALU de quatro bits. Ele tem quatro entradas de seleção que podem selecionar qualquer uma das 16 operações diferentes. Também tem um bit de entrada, de modo que pode comutar entre operações lógicas e operações aritméticas (soma e subtração). Essa ALU tem uma saída $A = B$ que é usada para comparar a magnitude das entradas A e B. Quando os dois números de entrada forem exatamente iguais, a saída $A = B$ será nível 1; caso contrário, ela será nível 0.

O 74LS881/74HC881 é semelhante ao chip 181; porém, tem capacidade de realizar algumas operações lógicas adicionais.

QUESTÕES DE REVISÃO

1. Aplique as seguintes entradas na ALU mostrada na Figura 6.15 e determine as saídas correspondentes: $S_2S_1S_0 = 001$, $A_3A_2A_1A_0 = 1110$, $B_3B_2B_1B_0 = 1001$ e $C_N = 1$.
2. Altere o código de seleção para 011 e C_N para 0 e repita a Questão 1.
3. Altere o código de seleção para 110 e repita a Questão 1.
4. Aplique as seguintes entradas no circuito da Figura 6.16 e determine as saídas: $B = 01010011$, $A = 00011000$.
5. Altere o código de seleção para 111 e repita a Questão 4.
6. Quantos CIs 74HC382 são necessários para somar dois números de 32 bits?

6.17 ANÁLISE DE DEFEITOS EM ESTUDO DE CASO

OBJETIVO

Após ler esta seção, você será capaz de:

■ Melhorar as habilidades de solução de problemas ao estudar exemplos.

Uma especialista técnica testa um circuito somador/subtrator redesenhado na Figura 6.17 e lembra-se dos seguintes resultados do teste para diversos modos de operação:

Modo 1: ADD = 0, SUB = 0. As saídas de soma estão sempre com o mesmo valor do número armazenado no registrador *A mais um*. Por exemplo, quando $[A] = 0110$, a soma é $[\Sigma] = 0111$. Isso está incorreto, uma vez que as saídas das portas OR e C_0 deveriam ser todas nível 0 nesse modo, para gerar $[\Sigma] = [A]$.

Modo 2: ADD = 1, SUB = 0. A soma é sempre 1 a mais do que deveria ser. Por exemplo, com $[A] = 0010$ e $[B] = 0100$, a saída soma é 0111, em vez de 0110.

Modo 3: ADD = 0, SUB = 1. As saídas Σ são sempre iguais a [A] − [B], conforme esperado.

Quando a técnica analisa esses resultados, constata que as saídas de soma excedem o resultado esperado em 1 para os dois primeiros modos de operação. Primeiro, ela suspeita que uma das entradas LSB do somador pode estar com defeito, mas descarta essa possibilidade, porque tal defeito afetaria também a operação de subtração, que está funcionando de maneira correta. Por fim, percebe que existe outro defeito que poderia somar um 1 extra ao resultado para os dois primeiros modos sem causar erro na operação de subtração.

Lembre-se de que a entrada C_0 é 1 no modo de subtração como parte da operação de complemento de 2 sobre [B]. Nos outros modos, C_0 deve ser nível 0. A técnica verifica a conexão entre o sinal *SUB* e a entrada C_0 do somador e identifica que está aberta por causa de uma conexão de solda fria. Essa conexão aberta explica os resultados observados, uma vez que o somador TTL responde como se C_0 fosse constantemente nível lógico 1, fazendo que um 1 extra seja somado ao resultado nos modos 1 e 2. A conexão aberta não apresentava efeito no modo 3, porque C_0 deveria ser nível 1 de qualquer maneira.

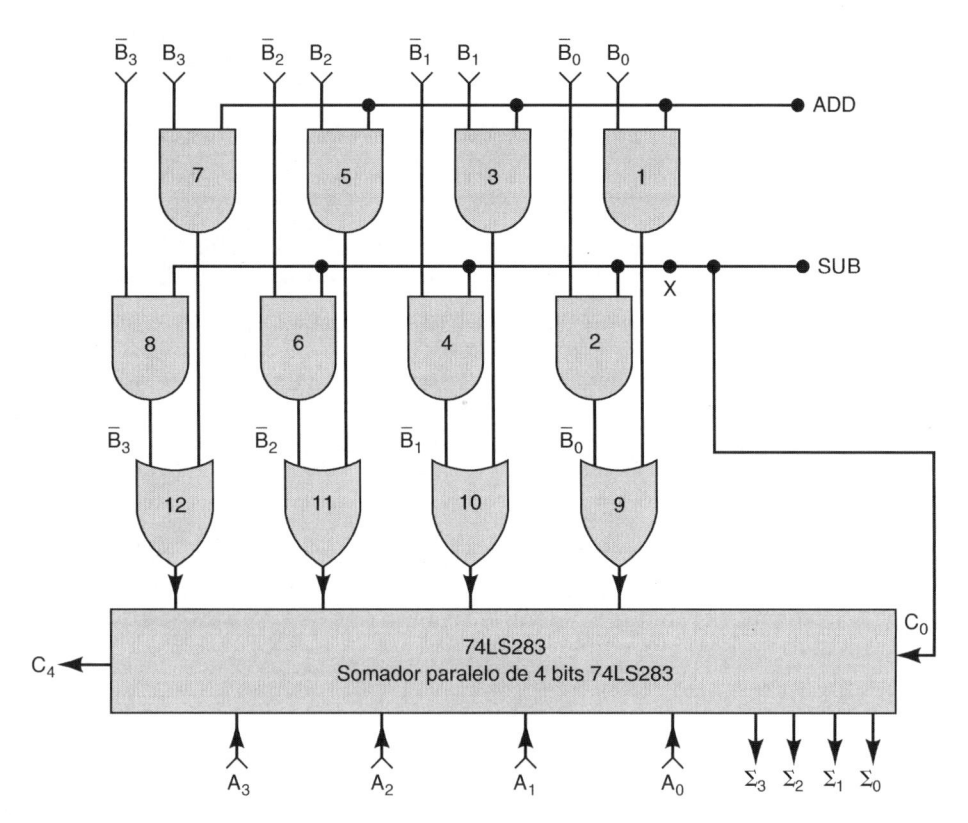

FIGURA 6.17 Circuito somador/subtrator paralelo.

EXEMPLO 6.13

Considere de novo o circuito somador/subtrator. Suponha que exista uma conexão aberta entre a entrada SUB e as portas AND no ponto X mostrado na Figura 6.17. Descreva os efeitos dessa conexão aberta na operação do circuito para cada modo.

Solução

Primeiro, perceba que esse defeito gera um nível lógico 1 na entrada afetada das portas AND 2, 4, 6 e 8, que habilita permanentemente essas portas a passar sua entrada $\overline{B}$ para a porta OR, como é mostrado.

Modo 1: ADD = 0, SUB = 0. O defeito faz o circuito realizar sempre uma subtração incompleta. O complemento de 1 de [B] alcança as saídas das portas OR e entra no somador junto com [A]. Com $C_0 = 0$, o complemento de 2 de [B] não é realizado completamente; ele terá uma unidade a menos. Dessa forma, o somador gera [A] – [B] – 1. Para demonstrar, vamos experimentar [A] = +6 = 0110 e [B] = +3 = 0011. O somador somará da seguinte forma:

$$\begin{aligned} \text{Complemento de 1 de } [B] = & \ 1100 \\ [A] = & \ 0110 \\ \text{resultado} = & \ 10010 \end{aligned}$$

↑ Carry desconsiderado

O resultado é 0010 = +2, em vez de 0011 = +3, como seria em uma subtração normal.

Modo 2: ADD = 1, SUB = 0. Com ADD = 1, as portas AND 1, 3, 5 e 7 permitirão a passagem das entradas B para as portas OR. Assim, cada porta OR terá um B e um $\overline{B}$ em suas entradas, gerando, portanto, uma saída em nível 1. Por exemplo, as entradas da porta OR 9 serão $\overline{B}_0$, proveniente da porta AND 2 (por conta do defeito), e B_0, proveniente da porta AND 1 (porque ADD = 1). Dessa forma, a porta OR 9 gerará uma saída que é $\overline{B}_0 + B_0$, que sempre será nível lógico 1.

O somador somará 1111, proveniente das portas OR, com [A], gerando uma soma que é uma unidade menor que [A]. Por quê? Porque $1111_2 = -1_{10}$.

Modo 3: ADD = 0, SUB = 1. Esse modo funcionará de maneira correta, uma vez que SUB = 1 habilita as portas AND 2, 4, 6 e 8 de qualquer maneira.

6.18 USANDO FUNÇÕES DA BIBLIOTECA ALTERA

OBJETIVOS

Após ler esta seção, você será capaz de:

- Procurar blocos funcionais padrão (macrofunções) na biblioteca do software Quartus.
- Definir os parâmetros de qualquer função.
- Criar blocos para atender às necessidades de qualquer circuito.

CIs dos somadores e da ALU que estudamos neste capítulo são apenas alguns dos muitos chips MSI que vêm sendo utilizados como blocos de construção de sistemas digitais há décadas. Sempre que uma tecnologia tem vida longa e útil, ela exerce um impacto duradouro sobre a área e as pessoas que a utilizam. Os circuitos integrados TTL com certeza pertencem a essa categoria e sobrevivem de diversas maneiras. Engenheiros e técnicos experientes estão familiarizados com os componentes-padrão. Os projetos existentes podem ser reelaborados e atualizados aproveitando os mesmos circuitos básicos se puderem ser implementados em um PLD VLSI. Especificações técnicas para esses dispositivos estão facilmente disponíveis, e estudar esses velhos componentes TTL ainda é um excelente modo de aprender os fundamentos de qualquer sistema digital, mesmo que não seja a prática padrão usá-los em novos projetos.

Por todas essas razões, o software de desenvolvimento da Altera oferece macrofunções na biblioteca maxplus2 para o usuário. Uma **macrofunção** é uma descrição autossuficiente de um circuito lógico com todas as entradas, as saídas e as características de funcionamento definidas. Em outras palavras, os engenheiros da Altera tiveram o trabalho de escrever o código necessário para fazer que um PLD imite o funcionamento de muitos dispositivos MSI TTL típicos. Tudo o que o projetista precisa saber é como acrescentá-lo ao resto do sistema. Vamos examinar um exemplo de como podemos usar componentes MSI padrão da biblioteca maxplus2 para criar nossos projetos com captura esquemática.

A unidade de lógica e aritmética (ALU) 74382 é um CI bastante sofisticado. A tarefa de descrever seu funcionamento usando código HDL é desafiadora, mas, certamente, está a nosso alcance. Consulte de novo os exemplos desse CI e seu funcionamento, que foram estudados na Seção 6.16. De modo mais específico, observe a Figura 6.16, que mostra como conectar em cascata dois chips ALU de quatro bits para fazer uma ALU de oito bits que possa servir como o núcleo de uma unidade central de processamento (CPU) de um microcontrolador. A Figura 6.18 mostra o método gráfico de descrição do circuito de oito bits usando o arquivo de descrição gráfica e blocos de macrofunções da biblioteca de componentes. Os símbolos do 74382 são simplesmente escolhidos na lista da biblioteca maxplus2 e exibidos na tela. Com um pouco de experiência, conectar esses chips torna-se bastante simples e intuitivo, mas existe uma maneira ainda mais fácil, LPMs de megafunção.

LPMs de megafunção para circuitos aritméticos

No Capítulo 5, discutimos nossas opções de componentes lógicos usando a captura esquemática. Criar um somador paralelo usando portas lógicas da biblioteca de primitivos exigiria um grande número de portas, de maneira que seria melhor usar macrofunções maxplus2 que emulam chips MSI ou LPMs de megafunção.

Vamos comparar estas duas escolhas para projetar um somador paralelo de 8 bits. O somador paralelo somará os valores de 8 bits $A[8..1]$ e $B[8..1]$ para produzir a soma de 9 bits $S[9..1]$. A macrofunção 74283 é escolhida para uma solução. Já que o 74283 é um somador paralelo de 4 bits, precisaremos conectar em cascata dois desses blocos para somar os operandos de 8 bits juntos [ver Figura 6.11(b)]. A Figura 6.19(a) mostra as conexões adequadas para se construir esse circuito. Observe as divisões de barramento para cada um dos dois barramentos de dados de entrada e a intercalação de barramentos para o barramento de dados de saída. Divisões e intercalações de barramento exigem a rotulação de barramentos e linhas de sinais. Outra possibilidade é usarmos **LPM_ADD_SUB** da pasta Aritmética da biblioteca de megafunção. Usaremos o MegaWizard Manager para configurar esse LPM somente para barramentos de entrada de dados de 8 bits variáveis e adição sem sinal. Não precisaremos incluir entrada de carry, mas, sim, saída de carry para o nono bit da soma. O diagrama esquemático resultante é mostrado na Figura 6.19(b). Ambos os circuitos proporcionarão a mesma funcionalidade.

A Seção 6.5 demonstra o procedimento para multiplicar números binários. Vamos comparar projetos esquemáticos para implementar um circuito lógico capaz de multiplicar dois números de 4 bits sem sinal. Uma solução usará macrofunções maxplus2, e a outra, uma megafunção LPM. O projeto de macrofunção é mostrado nas partes (a) e (b) na Figura 6.20. A parte (a) tem quatro conjuntos de quatro portas AND, um conjunto para cada um dos bits de entrada *b* que produzirão os quatro produtos parciais. Os rótulos de linhas e barramentos são usados para fazer as correções no diagrama esquemático Quartus. Esta técnica gera um diagrama esquemático muito mais conciso. Os quatro produtos parciais são, então, somados juntos, garantindo que eles estejam alinhados de maneira correta, usando as macrofunções 74283 na parte (b). O símbolo "wire" nos possibilita ter dois rótulos diferentes para a linha *pp0[0]/product[0]* no diagrama esquemático. Os resultados da simulação funcional mostrados na Figura 6.20(c) confirmam que conectamos de maneira correta o circuito, mesmo que tenha sido um pouco complicado. Nossa solução alternativa usando **LPM_MULT** é dada na Figura 6.20(d). Os resultados do circuito são os mesmos. Então qual solução você prefere?

FIGURA 6.18 Um arquivo de diagrama de bloco de uma ALU de oito bits da Altera.

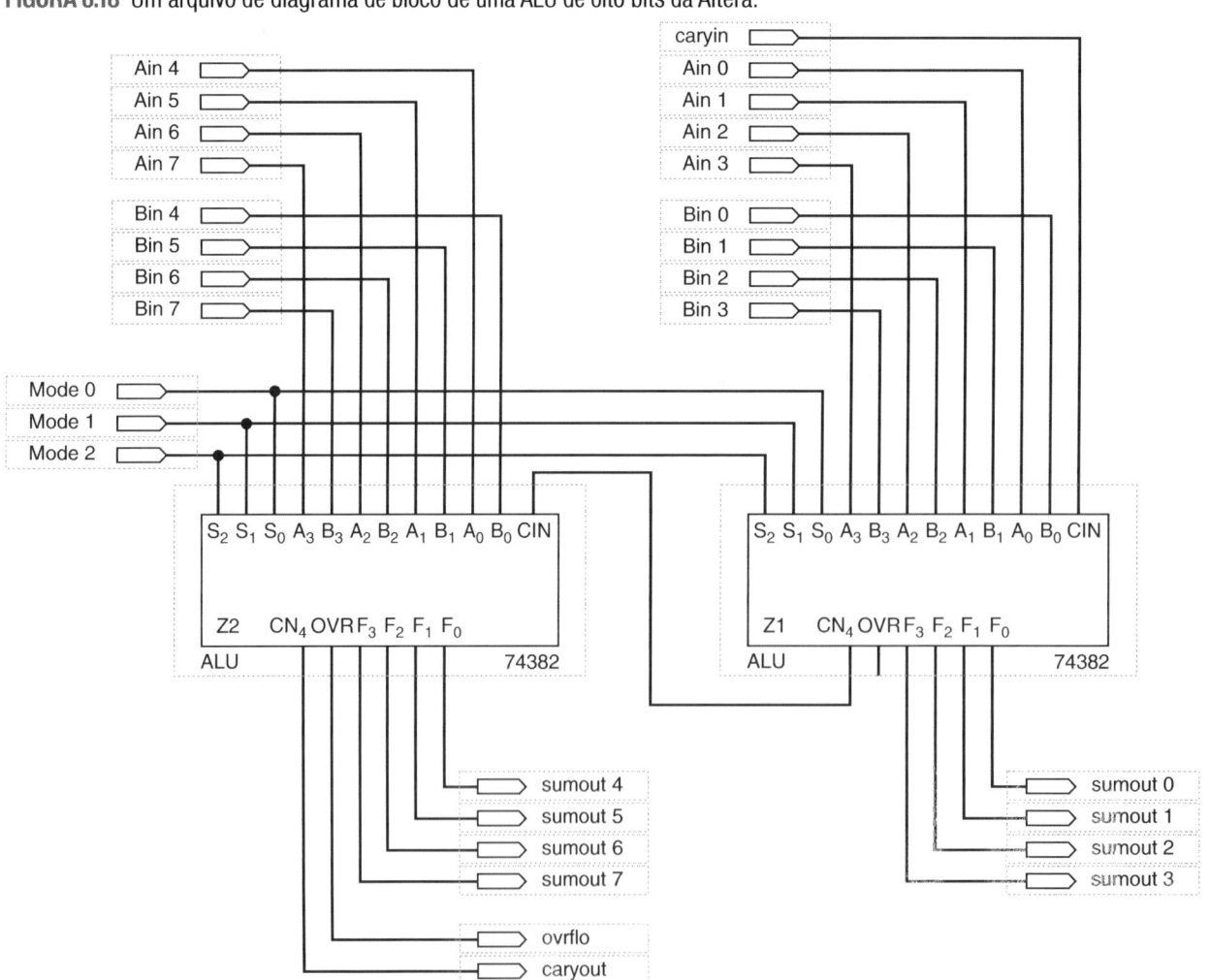

FIGURA 6.19 (a) Somador paralelo de oito bits usando uma macrofunção 74283; (b) somador paralelo de oito bits usando a megafunção LPM_ADD_SUB.

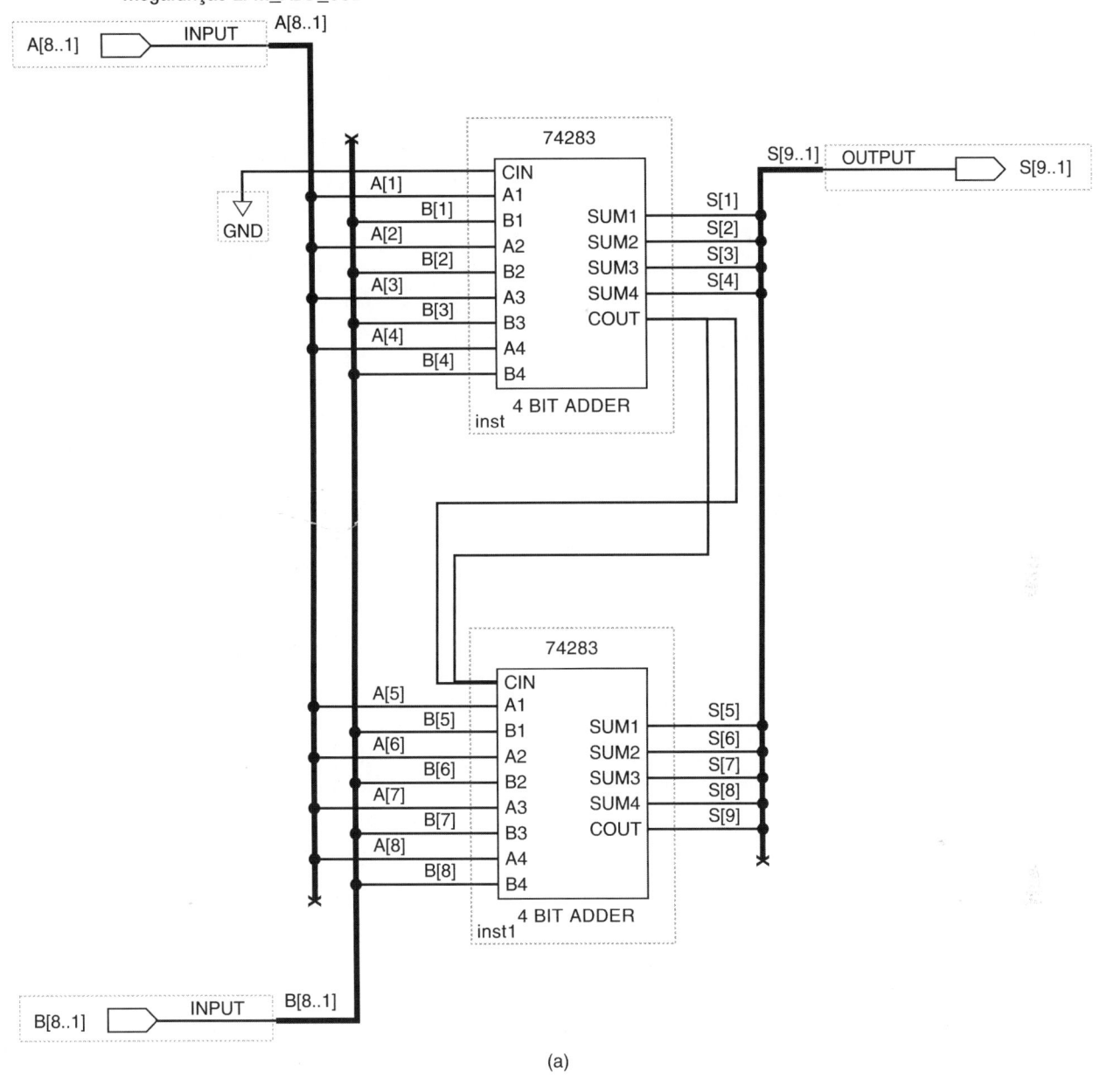

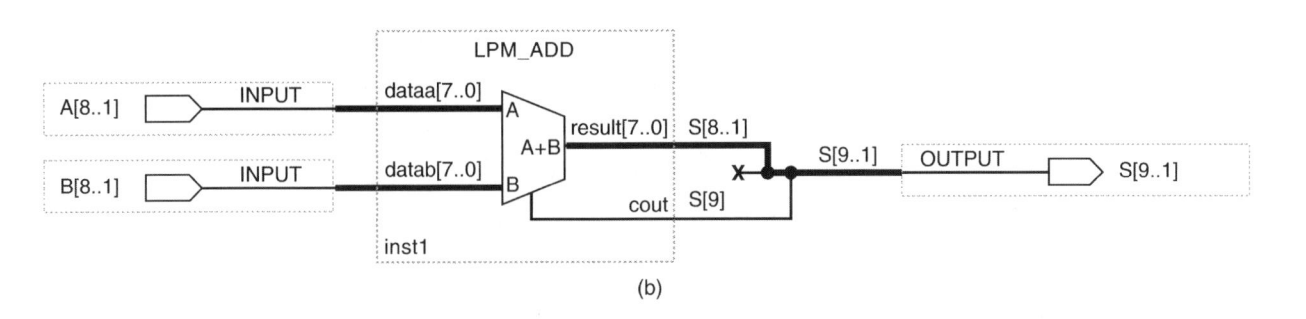

(a)

(b)

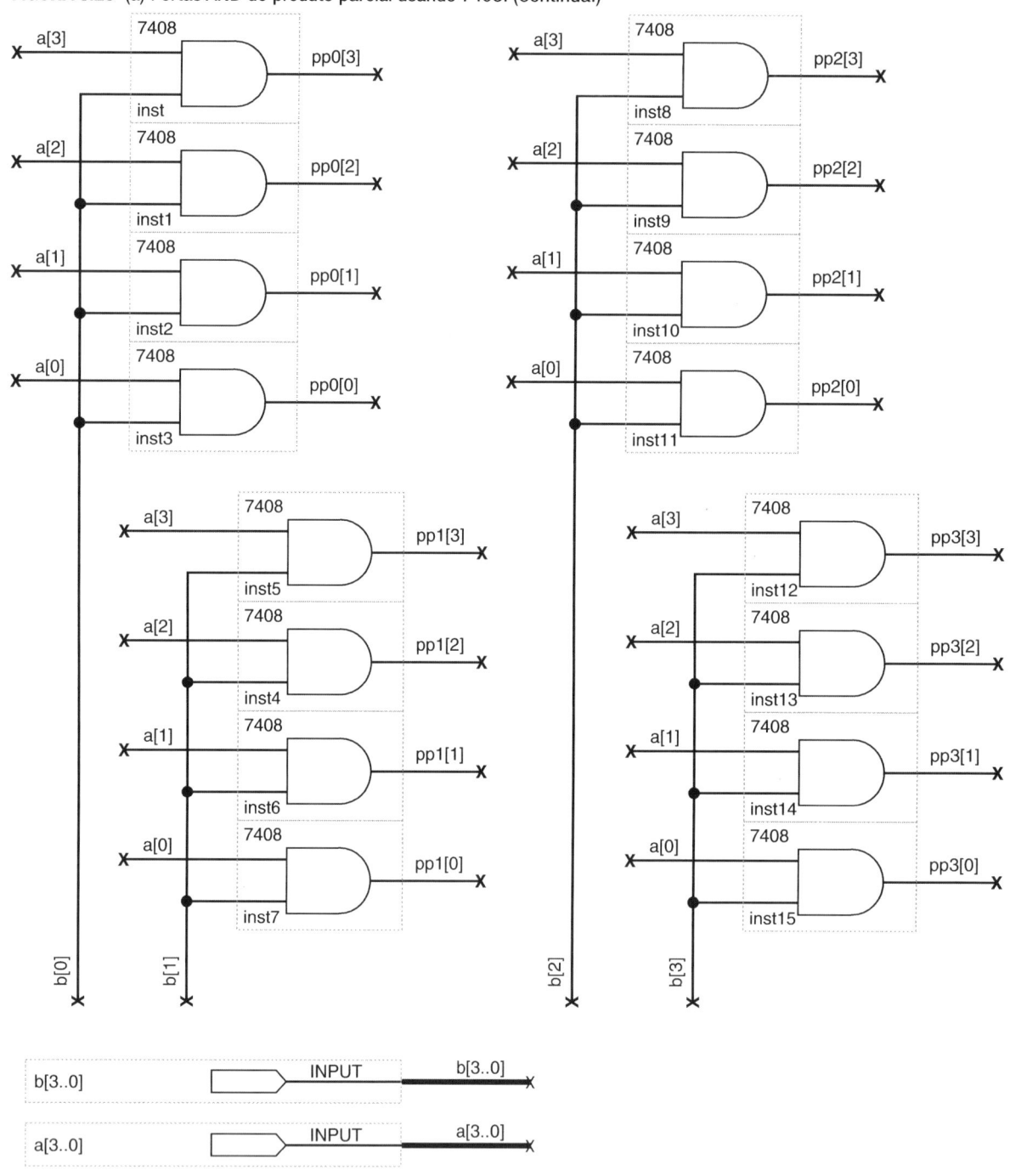

FIGURA 6.20 (a) Portas AND de produto parcial usando 7408. (Continua.)

(a)

Usando um somador paralelo para contar

A Seção 5.18 apresentou como um conjunto de flip-flops pode ser usado para se criar uma função de contagem binária. Já que o processo de contagem para mais é simplesmente somar um valor ao valor atual armazenado em um registrador, parece que seria viável conectar um registrador a um somador para se criar um contador binário. É exatamente o que fizemos na Figura 6.21(a) usando uma megafunção LPM_FF para um registrador e uma megafunção LPM_ADD_SUB para o bloco somador. O símbolo de bloco para reg4bit foi criado a partir de quatro flip-flops D, como mostrado no Capítulo 5, Exemplo 5.22. Existem muitas outras maneiras de se descrever a funcionalidade desse bloco usando AHDL, VHDL, macrofunções maxplus2 ou megafunções. O bloco add1 foi criado usando a megafunção LPM_ADD_SUB. O MegaWizard Plug-in Manager foi usado para definir os parâmetros da seguinte forma: barramentos de entrada de quatro bits, apenas adição, definir datab como um valor constante de 1, adição sem sinal, sem entradas ou saídas opcionais e sem pipeline. O resultado é um símbolo que adiciona o valor constante de 1 (entrada B) ao valor de quatro bits de reg4bit (entrada de somador A). Os resultados da simulação funcional dados na Figura 6.21(b) são uma sequência de contagem de reciclagem de 0000 a 1111, para um total de 16 estados, tornando esse projeto um contador MOD-16.

FIGURA 6.20 (*Continuação.*) (b) somador de produtos parcial usando macrofunções 74283; (c) resultados de simulação funcional; (d) solução de multiplicador de LPM.

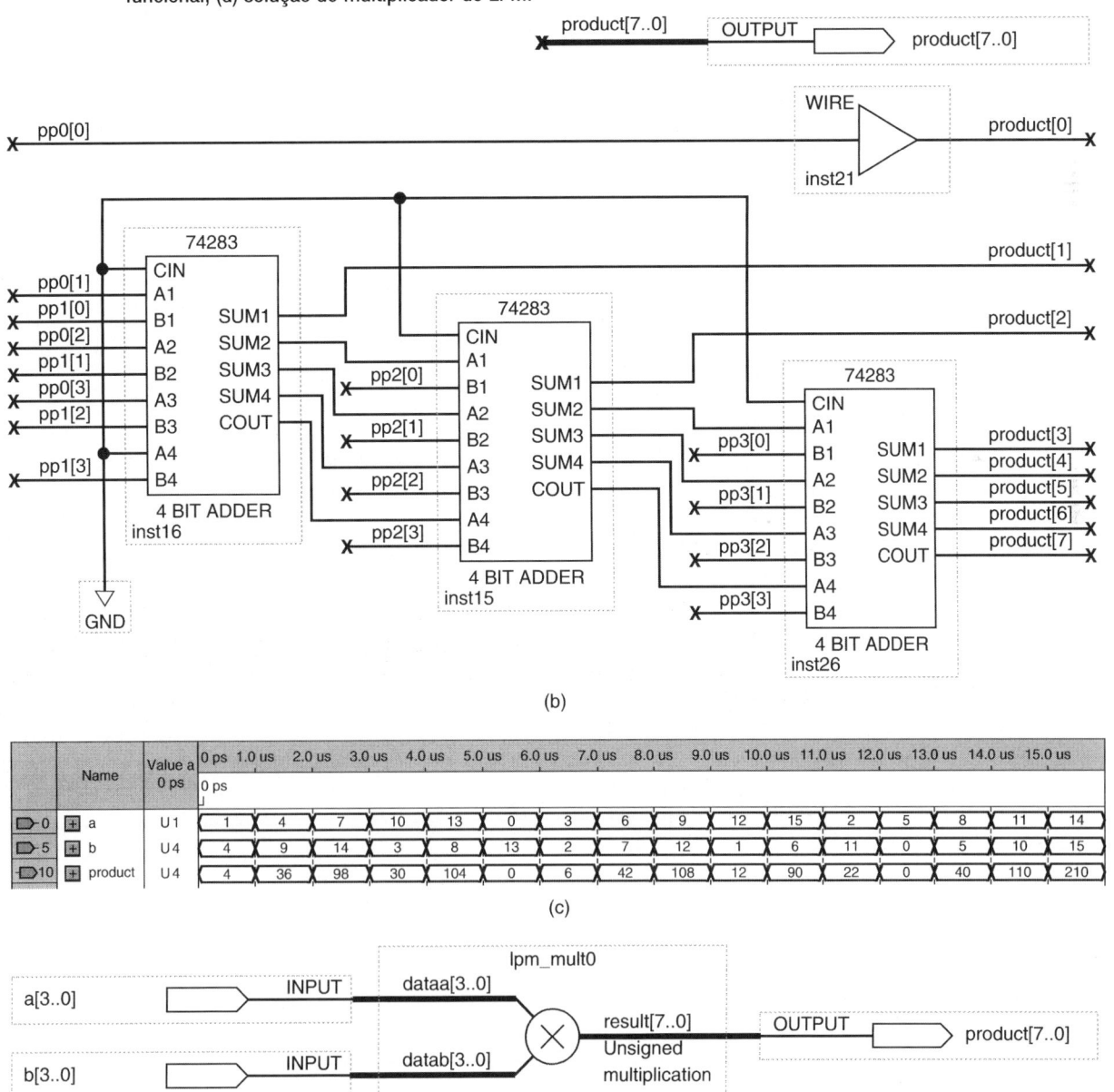

FIGURA 6.21 Contador binário: (a) diagrama de bloco usando LPMs; (b) resultados de simulação.

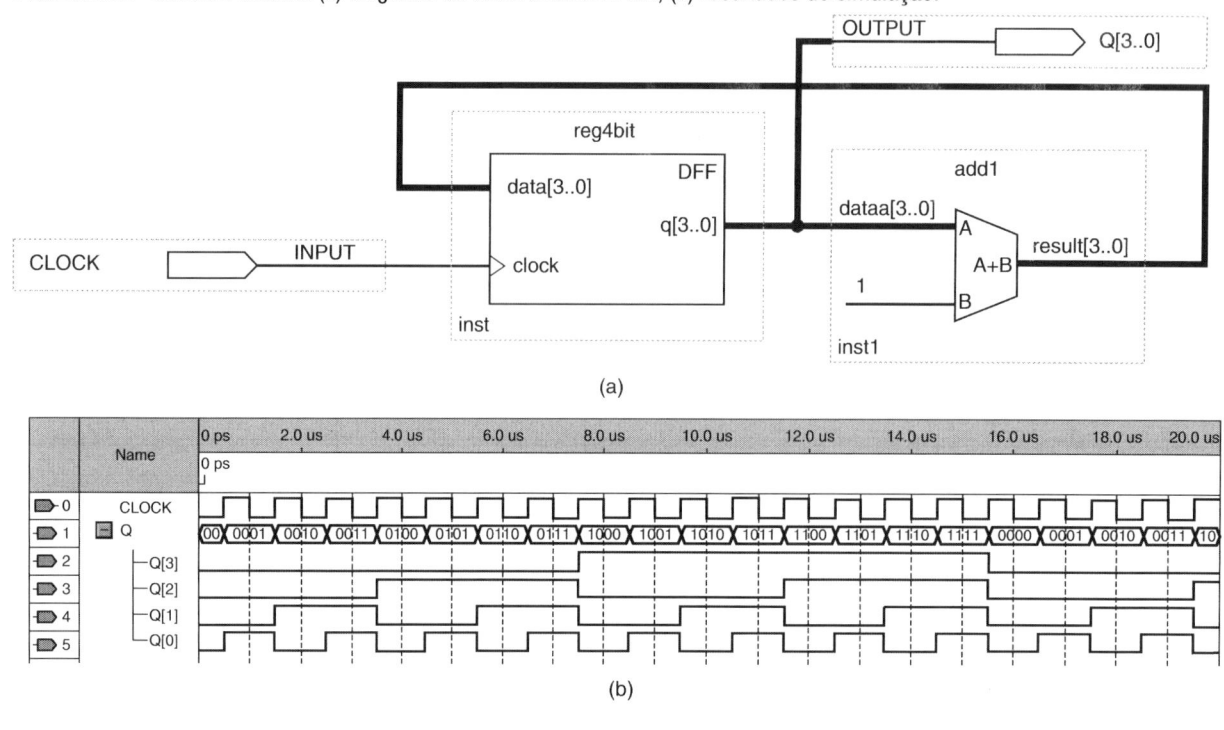

(a)

(b)

EXEMPLO 6.14

Crie um contador mod-8 usando um símbolo de blocos para o registrador e um bloco LPM para o subtrator.

Solução

Um projeto LPM e resultados de simulação funcionais, indicando que esse projeto é um contador mod-8, de reciclagem, são mostrados na Figura 6.22.

FIGURA 6.22 Diagrama de bloco de contador mod-8 e resultados de simulação funcionais.

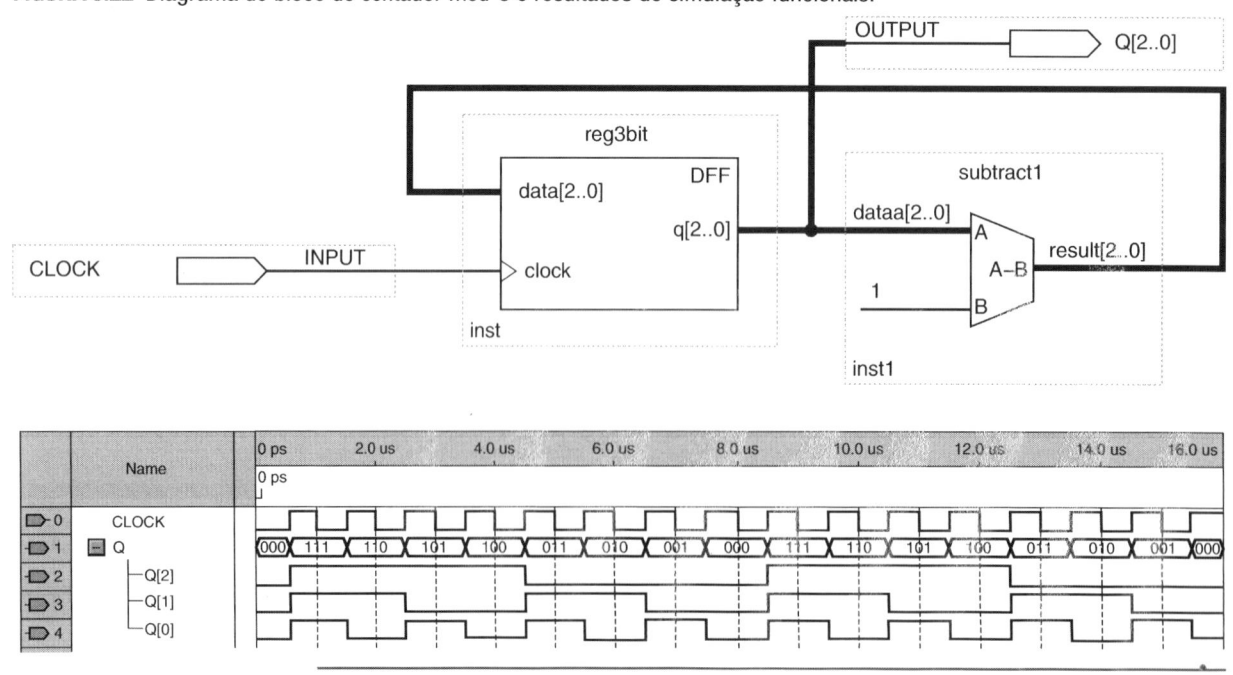

QUESTÕES DE REVISÃO

1. Onde podemos encontrar informações sobre o uso de uma macrofunção de somador paralelo 74283 no projeto esquemático?
2. O que é macrofunção?

6.19 OPERAÇÕES LÓGICAS EM VETORES DE BITS COM HDLS

OBJETIVOS

Após ler esta seção, você será capaz de:

- Combinar vetores de bits usando operadores lógicos com uso de uma sintaxe adequada em determinado HDL.
- Prever o resultado de combinações lógicas de vetores de bits.

Na Seção 6.16, examinamos um chip ALU que é capaz de desempenhar operações aritméticas e lógicas em dados de entrada binários. Agora, vamos analisar o código HDL que desempenhará essas operações lógicas com vetores de bits. Nesta seção, expandiremos nossa compreensão das técnicas de HDL em duas áreas principais: especificar grupos de bits em um vetor e usar operações lógicas para combinar vetores de bits usando expressões booleanas.

Na Seção 6.12, abordamos a notação para registradores, o que facilita a descrição do conteúdo de registradores e sinais formados por bits múltiplos. As linguagens HDL usam vetores de bits com uma notação semelhante para descrever sinais, como vimos no Capítulo 4. Por exemplo, em AHDL, o sinal de quatro bits chamado *d* é definido como:

```
VARIABLE d[3..0] :NODE.
```

Em VHDL, o mesmo formato de dados é expresso como:

```
SIGNAL d :BIT_VECTOR (3 DOWNTO 0).
```

Cada bit desses tipos de dados é designado por um número de elemento. Nesse exemplo de vetor de bits chamado *d*, os bits podem ser chamados de d3, d2, d1, d0. Eles também podem ser agrupados em **conjuntos**. Por exemplo, se quisermos nos referir aos três bits mais significativos de *d* como um conjunto, usamos a expressão d[3..1] em AHDL e a expressão d(3 DOWNTO 1) em VHDL. Uma vez que um valor seja atribuído ao vetor e o conjunto desejado de bits seja identificado, podemos executar operações lógicas sobre conjuntos inteiros de bits. Desde que os conjuntos possuam o mesmo tamanho (mesmo número de bits), dois conjuntos podem ser combinados em uma expressão lógica, exatamente como se podem combinar variáveis simples em uma equação booleana. Cada um dos pares de bits correspondentes nos dois conjuntos é combinado, como mostra a equação lógica. Isso permite que uma equação descreva a operação lógica executada sobre cada bit de um conjunto.

EXEMPLO 6.15

Suponha que D_3, D_2, D_1, D_0 tenha o valor 1011 e G_3, G_2, G_1, G_0 tenha o valor 1100. Vamos definir D = $[D_3, D_2, D_1, D_0]$ e G = $[G_3, G_2, G_1, G_0]$. Vamos definir também Y = $[Y_3, Y_2, Y_1, Y_0]$, em que Y está relacionado com D e G da seguinte maneira:

$$Y = D \cdot G$$

Qual é o valor de Y após essa operação?

Solução

$$\begin{array}{l} D_3, D_2, D_1, D_0 \quad 1\ 0\ 1\ 1 \\ \updownarrow\ \updownarrow\ \updownarrow\ \updownarrow \quad\quad\ \ \updownarrow\ \updownarrow\ \updownarrow\ \updownarrow \\ G_3, G_2, G_1, G_0 \quad 1\ 1\ 0\ 0 \\ \overline{Y_3, Y_2, Y_1, Y_0 \quad 1\ 0\ 0\ 0} \end{array}$$ AND com cada posição de bit em conjunto

Dessa forma, Y é um conjunto de quatro bits que vale 1000.

EXEMPLO 6.16

Para os valores do registrador descrito no Exemplo 6.15, declare d, g e y. Depois, escreva uma expressão em sua linguagem HDL favorita que execute a operação de AND sobre todos os bits.

Solução

```
SUBDESIGN bitwise_and
(       d[3..0], g[3..0]        :INPUT;
        y[3..0]                 :OUTPUT;)
BEGIN
        y[] = d[] & g[];
END;
```

```
ENTITY bitwise_and IS
PORT(d, g    :IN BIT_VECTOR (3 DOWNTO 0);
     y       :OUT BIT_VECTOR (3 DOWNTO 0));
END bitwise_and;
ARCHITECTURE a OF bitwise_and IS
BEGIN
    y <= d AND g;
END a;
```

QUESTÕES DE REVISÃO

1. Se [A] = 1001 e [B] = 0011, qual é o valor de (a) [A] · [B]? (b) [A] + [B]? (Observe que · significa AND; + significa OR.)
2. Se A[7..0] = 1010 1100, qual é o valor de (a) A[7..4]? (b) A[5..2]?
3. Em AHDL, o seguinte objeto é declarado: toggles[7..0] :INPUT. Forneça uma expressão para os quatro bits menos significativos usando sintaxe AHDL.
4. Em VHDL, o seguinte objeto é declarado: toggles :IN BIT_VECTOR (7 DOWNTO 0). Forneça uma expressão para os quatro bits menos significativos usando sintaxe VHDL.
5. Qual seria o resultado de uma operação de OR entre os dois registradores do Exemplo 6.15?
6. Escreva uma expressão em HDL que estabeleça uma operação de OR entre os dois objetos d e g. Use a sua HDL favorita.
7. Escreva uma expressão em HDL que estabeleça uma operação XOR entre os dois bits mais significativos de d e os dois menos significativos de g e coloque o resultado nos dois bits do meio de x.

6.20 SOMADORES EM HDL

OBJETIVO

Após ler esta seção, você será capaz de:

- Usar AHDL ou VHDL para descrever circuitos que executem operações antitéticas.

Nesta seção, veremos com é possível criar um circuito somador paralelo de oito bits usando linguagens HDL. O somador paralelo somará os valores de oito bits A[7..0] e B[7..0] para produzir a soma de 9 bits S[8..0]. A soma de nove bits incluirá o carry de saída como o nono bit. Uma opção seria criar o arquivo de projeto HDL para um somador paralelo de quatro bits, instruir Quartus para criar o símbolo do bloco correspondente e, então, usar o editor de bloco para desenhar um diagrama esquemático que se pareça muito com a Figura 6.19(a) (apesar de que, provavelmente, usaríamos entradas e saídas de vetores no símbolo de bloco para o HDL). Contudo, seria muito mais fácil simplesmente aumentarmos o tamanho de cada operando e variável de saída no arquivo de projeto HDL e dar o assunto por encerrado.

SOMADOR DE OITO BITS AHDL

Perceba que as linhas de subdesign 3 e 4 da Figura 6.23 especificam operandos de oito bits e a linha 5 cria um vetor de saída de nove bits. Nas linhas 8 e 9 do código AHDL, temos declarados dois vetores variáveis de bits chamados *aa* e *bb*. Os vetores de nove bits estão dentro desse bloco de subdesign e são descritos como nós "ocultos", já que não são visíveis fora do subdesign, seja como ports de entrada ou de saída. A razão para definirmos os vetores de nove bits é combinar o número de bits para a soma, pois também queremos a saída do nono bit da soma (o carry de saída do bit). As linhas 11 e 12 completarão os dois vetores ocultos com um zero à frente seguido pelo valor de entrada de oito bits apropriado. Cada uma das duas declarações de designação concatenará um zero ao valor de entrada de dados. A soma de saída de nove bits é produzida com a linha 13 somando juntas as duas variáveis internas *aa* e *bb*. O compilador ficará feliz, porque a linha 13 tem vetores de nove bits de ambos os lados do sinal de igual.

FIGURA 6.23 Somador de oito bits AHDL.

```
1   SUBDESIGN fig6_23
2   (
3   a[7..0]     :INPUT;          -- 1ª parcela de 8 bits
4   b[7..0]     :INPUT;          -- 2ª parcela de 8 bits
5   s[8..0]     :OUTPUT;         -- soma de 9 bits
6   )
7   VARIABLE
8   aa[8..0]    :NODE;           -- 1ª parcela expandida
9   bb[8..0]    :NODE;           -- 2ª parcela expandida
10  BEGIN
11  aa[8..0] = (GND,a[7..0]);    -- concatena com um zero à frente
12  bb[8..0] = (GND,b[7..0]);    -- a ambos os operandos
13  s[8..0] = aa[8..0] + bb[8..0]; -- adiciona operandos expandidos
14    END;
```

SOMADOR DE OITO BITS VHDL

As linhas 3 e 4 na declaração de entidade da Figura 6.24 farão o setup dos sinais de entrada de oito bits, e a linha 5 vai criar um sinal de saída de nove bits. Observe que os ports de entrada e saída no código VHDL (linhas 3-5) são declarados como sendo um tipo de dado inteiro. Presume-se que um tipo de dado BIT_VECTOR em VHDL presume ser apenas um vetor de bits sem valor numérico associado com o vetor. Um tipo de dados INTEGER, por outro lado, representará um valor numérico, de maneira que possamos realizar uma operação aritmética nele. Um inteiro binário de oito bits pode ter uma faixa de 0 a 255, enquanto um inteiro de nove bits terá uma faixa de valores de 0 a 511. A declaração de designação de sinal na linha 12 produzirá a soma dos dois operandos de entrada a e b, que é designada para o port de saída s.

FIGURA 6.24 Somador de oito bits VHDL.

```
1   ENTITY fig6_24 IS
2   PORT (
3        a    :IN INTEGER RANGE 0 TO 255;   -- 1ª parcela de 8 bits
4        b    :IN INTEGER RANGE 0 TO 255;   -- 2ª parcela de 8 bits
5        s    :OUT INTEGER RANGE 0 TO 511   -- soma de 9 bits
6   );
7   END fig6_24;
8
9   ARCHITECTURE parallel OF fig6_24 IS
10
11  BEGIN
12       s <= a + b;                          -- adiciona operandos
13  END parallel;
```

QUESTÕES DE REVISÃO

1. Modifique o código AHDL na Figura 6.23 para criar um somador paralelo de quatro bits.
2. Modifique o código VHDL na Figura 6.24 com o mesmo objetivo.

6.21 PARAMETRIZANDO A CAPACIDADE EM BITS DE UM CIRCUITO

Objetivos

Após ler esta seção, você será capaz de:

- Descrever as constantes.
- Usar constantes no código HDL.
- Prever a interpretação do compilador de expressões que contenham constantes.

Um modo que já aprendemos de expandir a capacidade de um circuito é conectar estágios em cascata, como fizemos com o somador paralelo

74283 e o ALU 74382 na Seção 6.18. Isso pode ser feito com o método dos arquivos de projeto de bloco da Altera (como na Figura 6.18) ou com o método estrutural baseado em texto do HDL. Com qualquer um deles, precisamos especificar todas as entradas, as saídas e as interconexões entre blocos. Na última seção, vimos que é muito fácil modificar o tamanho de cada variável de operando quando declaramos as entradas e saídas a fim de mudar o número de bits do somador paralelo necessárias para uma aplicação. Independentemente de precisarmos ou não de um somador de 4 bits, 8 bits, 12 bits ou qualquer outro tamanho, o código que define a lógica do circuito será quase idêntico. Apenas os tamanhos das entradas e saídas mudará. Isso é só um aperitivo para alguns dos aperfeiçoamentos que o HDL oferece em termos de eficiência. O projetista precisaria, contudo, analisar o código com cuidado e fazer todas as mudanças pertinentes para o tamanho desejado da aplicação.

Um importante princípio da engenharia de software é a representação simbólica das **constantes** utilizadas ao longo do código. Constantes são simplesmente números fixos representados por um nome (símbolo). Se podemos definir um símbolo (ou seja, criar um nome) no topo do código-fonte ao qual é atribuído o valor para o número total de bits e então usar esse símbolo (nome) ao longo de todo o código, é muito mais fácil modificar o circuito. Apenas uma linha do código precisa ser mudada para se expandir a capacidade do circuito. Os exemplos que se seguem acrescentam esse recurso ao código HDL para um circuito somador/subtrator. Um único bit de entrada chamado *add_sub* controlará a função do somador/subtrator. O circuito somará os dois operandos quando *add_sub* = 0 ou subtrair *b* de *a* quando *add_sub* = 1.

SOMADOR/SUBTRATOR EM AHDL

Em AHDL, usar constantes é bastante simples, como mostrado na linha 1 da Figura 6.25. A palavra-chave CONSTANT é seguida por um nome simbólico e pelo valor que lhe é atribuído. Pode-se permitir que o compilador faça alguns cálculos matemáticos simples a fim de estabelecer um valor para uma constante com base em outra. Esse recurso também pode ser usado para se fazer referência à constante no código, como mostrado nas linhas 12 a 14 e 23. Por exemplo, podemos nos referir a *c[7]* como *c[n]* e *c[8]* como *c[n + 1]*. O tamanho desse somador/subtrator pode ser expandido mudando-se o valor da constante declarada *n* para o número de bits desejado e depois recompilando.

Um conjunto de três novos vetores de bits ocultos é definido nas linhas 12 a 14. Cada uma dessas variáveis é um bit mais larga que o número de bits dado na linha 1 para a largura do somador paralelo. Esse bit extra foi acrescentado para capturar o carry de saída ou borrow (empresta um) produzido quando os dois operandos são somados ou subtraídos. Os dois operandos expandidos (linhas 12 e 13) são criados porque o compilador AHDL exige o mesmo número de bits para as variáveis em cada lado do sinal de igual quando calcula-se a soma (linha 19) ou diferença (linha 20). Um zero à frente é concatenado com cada um dos dados de entrada e atribuído às variáveis expandidas nas linhas 16 e 17. O *resultado* de saída será atribuído aos *n*-bits mais baixos do cálculo na linha 22 enquanto o *carryborrow* será atribuído ao valor de bit para o bit extra. A saída *carryborrow* será alta se o cálculo da soma (*a* + *b*) produzir um carry de saída final ou se o cálculo da diferença (*a* − *b*) subtrair um valor de *b* maior de um valor de *a* menor e, portanto, precisar tomar emprestado de uma fonte inexistente. Se os operandos forem valores binários sem sinal e a saída de *carryborrow* é alta, então o resultado *n*-bit será incorreto. Esta condição indicaria que mais do que *n* bits são necessários para a soma correta ou que um número maior foi subtraído de um menor. Como vimos nas seções 6.3 e 6.4, quando são usados números com sinal, a saída de *carryborrow* não é levada em consideração, e a resposta de *n*-bit também é um número com sinal. Além disso, precisaremos ficar atentos a um overflow em uma operação de números com sinal.

FIGURA 6.25 Descrição em AHDL de um somador/subtrator de *n* bits.

```
1   CONSTANT n = 6;        -- usuário determina o número de bits da entrada
2
3   SUBDESIGN figure6_25 -- addsub
4   (
5       a[n-1..0]          :INPUT;    -- 1ª parcela de n-bits
6       b[n-1..0]          :INPUT;    -- 2ª parcela de n-bits
7       add_sub            :INPUT;    -- soma ou subtrai
8       result[n-1..0]     :OUTPUT;   -- resposta de n-bit
9       carryborrow        :OUTPUT;   -- carry de saída
10  )
11  VARIABLE
12      aa[n..0]           :NODE;     -- 1ª parcela expandida
13      bb[n..0]           :NODE;     -- 2ª parcela expandida
14      rr[n..0]           :NODE;     -- resultado expandido
15  BEGIN
16      aa[] = (GND,a[]);             -- zero à frente
17      bb[] = (GND,b[]);             -- zero à frente
18      IF add_sub == GND THEN        -- somar se add_sub = 0
19              rr[] = aa[] + bb[];  -- calcula a soma
20      ELSE    rr[] = aa[] - bb[];  -- calcula a diferença
21      END IF;
22      result[] = rr[n-1..0];        -- obter resposta de n-bits
23      carryborrow = rr[n];          -- obter saída de carry ou borrow
24  END;
```

SOMADOR/SUBTRATOR EM VHDL

Em VHDL, usar constantes é um pouco mais complicado. As constantes devem ser incluídas em um **PACKAGE** (pacote), como mostra a Figura 6.26, linhas 1 a 6. Packages também são usados para conter definições de componentes e outras informações que devem estar disponíveis para todas as entidades do arquivo de projeto. Note que, na linha 8, a palavra-chave USE diz ao compilador para usar as definições nesse pacote em todo o arquivo de projeto. Dentro do pacote, a palavra-chave CONSTANT é seguida pelo nome simbólico, seu tipo e o valor que lhe deve ser atribuído por meio do operador :=. Note que, na linha 3, podemos deixar que o compilador faça alguns cálculos matemáticos simples para estabelecer o valor de uma constante com base em outra. Pode-se também usar esse recurso para fazer referência à constante no código, como mostrado nas linhas 12, 13, 15, 23 e 32. O tamanho desse somador/subtrator pode ser expandido simplesmente mudando-se o valor da constante declarada *n* para o número de bits desejado e depois recompilando o código.

FIGURA 6.26 Descrição de um somador/subtrator de *n* bits em VHDL.

```
1   PACKAGE const IS
2     CONSTANT n :INTEGER := 6;      -- usuário determina o número de bits da entrada
3     CONSTANT m :INTEGER := 2**n;   -- combinações computacionais = 2 para o n
4     CONSTANT p :INTEGER := n+1;    -- adicionar bit extra
5     CONSTANT q :INTEGER := 2**p;   -- combinações computacionais = 2 para o p
6   END const;
7
8   USE work.const.all;
9
10  ENTITY fig6_26 IS
11    PORT(
12      a             :IN INTEGER RANGE 0 TO m-1;    -- 1ª parcela
13      b             :IN INTEGER RANGE 0 TO m-1;    -- 2ª parcela;
14      add_sub       :IN BIT;                       -- soma ou subtrai
15      result        :OUT INTEGER RANGE 0 TO m-1;   -- resposta
16      carryborrow   :OUT BIT                       -- saída carryborrow
17    );
18  END fig6_26;
19
20  ARCHITECTURE parameterized OF fig6_26 IS
21  BEGIN
22    PROCESS (a, b, add_sub)
23      VARIABLE rr :INTEGER RANGE 0 TO q-1;   -- resultado com carryborrow
24    BEGIN
25      IF add_sub = '0' THEN                  -- soma se add_sub = 0
26          rr   := a + b;                     -- calcula soma
27      ELSE  rr := a - b;                     -- calcula diferença
28      END IF;
29      IF rr < m THEN                         -- verificar se era necessário um bit extra
30          result <= rr;                      -- obter resposta
31          carryborrow <= "0";                -- obter saída de carryborrow
32      ELSE  result <= rr-m;                  -- obter resposta
33          carryborrow <= "1";                -- obter saída de carryborrow
34      END IF;
35    END PROCESS;
36  END parameterized;
```

Já que a variável local *rr*, definida na linha 23, cobre uma faixa de números que é duas vezes o tamanho (isto é, potência de 2 maior) que os operandos de entrada, ela será um bit mais larga que o número de bits do somador paralelo dado na linha 2. Esse bit foi somado para capturar o carry de saída ou borrow produzido quando os dois operandos são somados ou subtraídos. Esta variável local receberá a resposta para o cálculo de soma ou subtração escolhido nas linhas 25 a 28. Se esta resposta estiver na mesma faixa que os operandos de entrada, o *resultado* de saída será atribuído ao resultado de cálculo na linha 30, enquanto o *carryborrow* será atribuído a um valor de bit de zero (linha 31). Se o cálculo produzir um valor que é maior que a faixa de operandos (isto é, declaração IF na linha 29 é falsa), então o peso da próxima posição de bit mais alta será subtraído do valor de *rr* (linha 32) e a saída de *carryborrow* será designada a uma saída lógica (linha 33). A saída *carryborrow* será alta se o cálculo da soma ($a + b$) produzir um carry de saída final ou se o cálculo da diferença ($a - b$) subtrair um valor de *b* maior de um valor de *a* menor e, portanto, precisar tomar emprestado de uma fonte inexistente. Se os operandos forem valores binários sem sinal e a saída de *carryborrow* for alta, então o resultado *n*-bit será incorreto. Esta condição indicaria que mais do que *n* bits são necessários para a soma correta ou que um número maior foi subtraído de um menor. Como vimos nas seções 6.3 e 6.4, quando são usados números com sinal, a saída de *carryborrow* não é levada em consideração, e a resposta de *n*-bit também é um número com sinal. Além disso, precisaremos ficar atentos a um overflow em uma operação de números com sinal.

QUESTÕES DE REVISÃO

1. Que palavra-chave é usada para atribuir um nome simbólico a um número fixo?
2. Em AHDL, onde são definidas as constantes? Onde elas são definidas em VHDL?
3. Por que constantes são úteis?
4. Se a constante max_val possui um valor de 127, como um compilador interpretará a expressão max_val − 5?

RESUMO

1. Para representar números binários com sinal, um bit de sinal é anexado como o MSB. Um sinal positivo + é representado pelo bit 0, e um negativo −, pelo bit 1.
2. O complemento de 2 de um número binário é obtido complementando-se cada bit e somando-se 1 ao resultado.
3. Na representação de números binários com sinal, usando o método do complemento de 2, os números positivos são representados por um bit de sinal igual a 0, seguido pelos bits de magnitude em sua forma binária direta. Os números negativos são representados por um bit de sinal igual a 1, seguido pela magnitude na forma do complemento de 2.
4. Sobre um número binário com sinal, pode-se realizar a operação de negação (número de mesmo valor, mas com sinal trocado) tomando-se o complemento de 2 do número, incluindo o bit de sinal.
5. A subtração pode ser realizada sobre números binários com sinal, fazendo-se a operação de negação (complemento de 2) do subtraendo e somando-o ao minuendo.
6. Na adição BCD, um passo especial para correção é necessário sempre que a soma do dígito de uma posição exceder a 9 (1001).
7. Quando números binários com sinal forem representados em hexadecimal, o MSD do número hexa será maior ou igual a 8 quando ele for negativo; e será menor ou igual a 7 quando o número for positivo.
8. A unidade lógica e aritmética (ALU) de um computador contém o circuito necessário para a realização de operações lógicas e aritméticas com os números binários armazenados na memória.
9. O acumulador é um registrador de uma ALU. Ele armazena um dos números com os quais será realizada uma operação e também é o local em que o resultado da operação é armazenado na ALU.
10. Um somador completo realiza a adição de dois bits mais um carry de entrada. Um so-

mador binário paralelo é feito conectando-se somadores completos em cascata.

11. O problema dos atrasos excessivos causados pelo atraso de propagação do carry pode ser reduzido fazendo-se uso de um circuito de geração de carry antecipado.

12. CIs somadores como o 74LS83/74HC83 e o 74LS283/74HC283 podem ser usados para construir somadores e subtratores paralelos de alta velocidade.

13. Um circuito somador BCD requer um circuito especial para correção.

14. Circuitos integrados de ALUs estão disponíveis e podem ser usados para se realizar uma ampla faixa de operações lógicas e aritméticas sobre dois números de entrada.

15. Funções pré-fabricadas estão disponíveis nas bibliotecas da Altera.

16. Esses componentes de biblioteca e os circuitos HDL que você cria podem ser interconectados com o uso de de técnicas gráficas ou de HDL.

17. Podem-se executar operações lógicas sobre todos os bits de um conjunto por meio de equações booleanas.

18. Boas técnicas de engenharia de software — e, em especial, o uso de símbolos para representar constantes — facilitam modificações no código e a expansão da capacidade em bits de circuitos, tais como os somadores completos.

19. Bibliotecas de módulos parametrizados (LPMs) oferecem uma solução flexível, facilmente modificável ou expansível para muitos tipos de circuitos digitais.

TERMOS IMPORTANTES

carry
bit de sinal
sistema sinal-magnitude
sistema de complemento de 2
negação
1ª parcela
2ª parcela
subtraendo
minuendo

overflow
unidade lógica e aritmética (ALU)
registrador acumulador
somador completo (FA)
somador paralelo
meio somador (HA)
propagação do carry (ondulação do carry)

carry antecipado
somador/subtrator
macrofunção
LPM_ADD_SUB
LPM_MULT
conjuntos
constantes
PACKAGE

PROBLEMAS*

SEÇÃO 6.1

6.1 Efetue as seguintes somas ou subtrações
B, N em binário. Verifique os resultados convertendo os números e fazendo os cálculos em decimal.

(a)* 1010 + 1011

(b)* 1111 + 0011

(c)* 1011,1101 + 11,1

(d) 0,1011 + 0,1111

(e) 10011011 + 10011101

(f) 1010,01 + 10,111

(g) 10001111 + 01010001

(h) 11001100 + 00110111

(i) 110010100011 + 011101111001

(j)* 1010 − 0111

(k)* 101010 − 100101

(l)* 1111,010 − 1000,001

(m) 10011 − 00110

(n) 11100010 − 01010001

(o) 100010,1001 − 001111,0010

(p) 1011000110 − 1001110100

SEÇÃO 6.2

6.2 Represente cada um dos números decimais
B seguintes no sistema do complemento de 2. Use um total de 8 bits, incluindo o bit de sinal.

(a)* +32

(b)* −14

(c)* +63

(d)* −104

(e)* +127

(f)* −127

---
* As respostas para os problemas marcados com uma estrela (*) podem ser encontradas no final do livro.

(g)* +89
(h)* −55
(i) −1
(j) −128
(k) +169
(l) 0
(m) +84
(n) +3
(o) −3
(p) −190

6.3 Cada um dos seguintes números representa
B um número decimal com sinal no sistema do complemento de 2. Determine o valor decimal em cada caso. (*Dica*: use a operação de negação para converter números negativos em positivos.)

(a)* 01101
(b)* 11101
(c)* 01111011
(d)* 10011001
(e)* 01111111
(f) 10000000
(g) 11111111
(h) 10000001
(i) 01100011
(j) 11011001

6.4 (a) Em que faixa de valores um número decimal com sinal pode ser representado usando 12 bits, incluindo o bit de sinal?
(b) Quantos bits seriam necessários para representar números decimais de −32.768 a +32.767?

6.5* Relacione, em ordem, todos os números com sinal que podem ser representados usando cinco bits na forma do complemento de 2.

6.6 Represente os seguintes valores decimais como um valor binário com sinal de oito bits. Em seguida, faça a operação de negação em cada um.

(a)* +73
(b)* −12
(c) +15
(d) −1
(e) −128
(f) +127

6.7 (a)* Qual é a faixa de valores decimais sem sinal que pode ser representada com 10 bits? E qual é a faixa de valores decimais com sinal que usa o mesmo número de bits?
(b) Repita ambos os problemas usando 8 bits.

SEÇÕES 6.3 E 6.4

6.8 A razão pela qual o método sinal-magnitude para representação de números com sinal não é usado na maioria dos computadores pode ser prontamente demonstrada fazendo-se o seguinte:

(a) Represente +12 com oito bits usando a forma sinal-magnitude.
(b) Represente −12 com oito bits usando a forma sinal-magnitude.
(c) Some os dois números binários e note que a soma não é igual a zero.

6.9 Realize as seguintes operações no sis-
N tema do complemento de 2. Use oito bits (incluindo o de sinal) para cada número. Verifique os resultados convertendo o resultado binário de volta para decimal.

(a)* Some +9 a +6.
(b)* Some +14 a −17.
(c)* Some +19 a −24.
(d)* Some −48 a −80.
(e)* Subtraia +16 de +17.
(f) Subtraia +21 de −13.
(g) Subtraia +47 de +47.
(h) Subtraia −36 de −15.
(i) Some +17 a −17.
(j) Subtraia −17 de −17.
(k) Some +68 a +45.
(l) Subtraia −50 de +77.

6.10 Repita o Problema 6.9 para os seguintes casos e mostre que ocorre overflow.

(a) Some +37 a +95.
(b) Subtraia +37 de −95.
(c) Some −37 a −95.
(d) Subtraia −37 de +95.

SEÇÕES 6.5 E 6.6

6.11 Multiplique os seguintes pares de números
B, N binários e verifique os resultados fazendo a multiplicação em decimal.

(a)★ 111 × 101

(b)★ 1011 × 1011

(c) 101,101 × 110,010

(d) 0,1101 × 0,1011

(e) 1111 × 1011

(f) 10110 × 111

6.12 Realize as seguintes divisões. Verifique os
B, N resultados fazendo a divisão em decimal.

(a)★ 1100 ÷ 100

(b)★ 111111 ÷ 1001

(c) 10111 ÷ 100

(d) 10110,1101 ÷ 1,1

(e) 1100011 ÷ 1001

(f) 100111011 ÷ 1111

SEÇÕES 6.7 E 6.8

6.13 Some os seguintes números decimais depois
B, N de os converter em código BCD.

(a)★ 74 + 23

(b)★ 58 + 37

(c)★ 147 + 380

(d) 385 + 118

(e) 998 + 003

(f) 623 + 599

(g) 555 + 274

(h) 487 + 116

6.14 Efetue a soma de cada um dos seguintes
B, N pares de números hexa.

(a)★ 3E91 + 2F93

(b)★ 91B + 6F2

(c)★ ABC + DEF

(d) 2FFE + 0002

(e) FFF + 0FF

(f) D191 + AAAB

(g) 5C74 + 22BA

(h) 39F0 + 411F

6.15 Efetue as seguintes subtrações sobre os
B, N pares de números hexa.

(a)★ 3E91 − 2F93

(b)★ 91B − 6F2

(c)★ 0300 − 005A

(d) 0200 − 0003

(e) F000 − EFFF

(f) 2F00 − 4000

(g) 9AE5 − C01D

(h) 4321 − F165

6.16 O manual do usuário de um microcomputador diz que ele tem uma faixa de memória utilizável situada nos seguintes endereços hexa: 0200 a 03FF e 4000 a 7FD0. Qual é o número total de posições de memória disponíveis?

6.17 (a)★ Certa posição de memória armazena o dado hexa 77. Se esse valor representa um número *sem sinal*, qual é o valor decimal?

(b)★ Se esse valor representa um número *com sinal*, qual é o valor decimal?

(c) Repita os itens (a) e (b) se o valor do dado for E5.

SEÇÃO 6.11

6.18 Converta o circuito do somador completo mostrado na Figura 6.8 de modo a ser implementado totalmente com portas NAND.

6.19★ Construa a tabela-verdade para um meio somador (com entradas *A* e *B*, saídas SOMA e CARRY). A partir da tabela-verdade, projete um circuito lógico que funcione como meio somador.

6.20 Um somador completo pode ser implementado de diversas maneiras. A Figura 6.27 mostra como um somador completo pode ser construído a partir de dois HAs. Construa uma tabela-verdade para essa configuração e note que esse circuito funciona como um FA.

FIGURA 6.27 Problema 6.20.

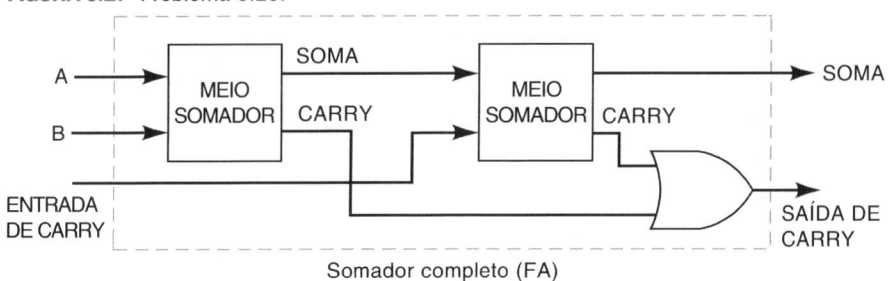

SEÇÃO 6.12

6.21* Veja a Figura 6.10. Determine os conteúdos do registrador A após essa sequência de operações: [A] = 0000, [0100] → [B], [S] → [A], [1011] → [B], [S] → [A].

6.22 Veja a Figura 6.10. Suponha que cada FF tem $t_{PLH} = t_{PHL} = 30$ ns, um tempo de setup de 10 ns e que cada FA tem um atraso de propagação de 40 ns. Qual é o tempo mínimo permitido entre a transição positiva do pulso LOAD e a transição positiva do pulso TRANSFER para uma operação adequada?

6.23
D Nos circuitos somador e subtrator abordados neste capítulo, não consideramos a possibilidade de *overflow*. Ele ocorre quando os dois números somados ou subtraídos geram um resultado que contém mais bits do que a capacidade do acumulador. Por exemplo, usando um registrador de quatro bits, incluindo um bit de sinal, podemos armazenar números na faixa de +7 a –8 (em complemento de 2). Logo, se o resultado de uma adição ou subtração exceder a +7 ou –8, diremos que ocorreu overflow. Quando ele ocorre, os resultados são inúteis, uma vez que não podem ser armazenados de maneira correta no registrador acumulador. Para demonstrar, somando-se +5 (0101) e +4 (0100), o resultado é 1001. Esse resultado seria interpretado de maneira incorreta como número negativo, uma vez que existe um bit 1 na posição do bit de sinal.

Nos computadores e nas calculadoras, costuma haver circuitos que são usados para se detectar uma condição de overflow. Há diversas maneiras de se fazer isso. Um método que pode ser usado para somadores que operam no sistema de complemento de 2 funciona como descrito a seguir:

1. Avalie os bits de sinal dos dois números somados.
2. Avalie o bit de sinal do resultado.
3. Um overflow ocorrerá sempre que os números que estão sendo somados forem *ambos positivos* e o bit de sinal do resultado for 1 *ou* quando os números forem *ambos negativos* e o bit de sinal do resultado for 0.

Esse método pode ser testado experimentando-se alguns exemplos. O leitor deve experimentar os seguintes casos para esclarecimento próprio: (1) 5 + 4; (2) –4 + (–6); (3) 3 + 2. Os casos 1 e 2 gerarão overflow, e o caso 3 não. Dessa forma, analisando os bits de sinal, pode-se projetar um circuito lógico que gere saída nível 1 sempre que a condição de overflow ocorrer. Projete esse circuito de overflow para o somador da Figura 6.10.

6.24
C, D Acrescente o circuito lógico necessário ao circuito mostrado na Figura 6.10 para implementar a transferência de dados da memória para o registrador A. Os dados provenientes da memória devem entrar no registrador A pelas entradas D na transição positiva do *primeiro* pulso TRANSFER; os dados da soma, saídas dos FAs, serão carregados no registrador A na transição positiva do *segundo* pulso TRANSFER. Em outras palavras, um pulso LOAD seguido de dois pulsos TRANSFER é necessário para se realizar a sequência completa de carga do registrador B a partir da memória, carregando o registrador A da memória e, então, transferindo o resultado da soma para o registrador A. (*Dica*: use um flip-flop X para controlar a fonte de dados que deve carregar o acumulador pelas entradas D.)

SEÇÃO 6.13

6.25* Projete um circuito de um carry antecipado para o somador mostrado na Figura
C, D 6.10 que gere o carry C_3 a ser colocado na entrada do FA do MSB, com base nos valores de $A_0, B_0, C_0, A_1, B_1, A_2$ e B_2. Em outras palavras, obtenha uma expressão para C_3 em função de $A_0, B_0, C_0, A_1, B_1, A_2$ e B_2. (*Dica*: comece escrevendo a expressão para C_1 em função de A_0, B_0 e C_0. Em seguida, escreva a expressão para C_2 em função de A_1, B_1 e C_1. Substitua a expressão para C_1 na expressão para C_2. Em seguida, escreva a expressão para C_3 em função de A_2, B_2 e C_2. Substitua a expressão para C_2 na expressão para C_3. Simplifique a expressão final para C_3 e coloque-a na forma de soma de produtos. Implemente o circuito.)

SEÇÃO 6.14

6.26 Mostre os níveis lógicos de cada entrada e
N saída do circuito da Figura 6.11 (b) quando EC_{16} for somado com 43_{16}.

SEÇÃO 6.15

6.27 No circuito mostrado na Figura 6.14, determine as saídas de soma para os seguintes casos:

(a)★ Registrador A = 0101 (+5), registrador B = 1110 (–2); SUB = 1, ADD = 0

(b) Registrador A = 1100 (–4), registrador B = 1110 (–2); SUB = 0, ADD = 1

(c) Repita o item (b) com ADD = SUB = 0

6.28 No circuito mostrado na Figura 6.14, determine as saídas de soma para os seguintes casos:

(a) Registrador A = 1101 (–3), registrador B = 0011 (+3); SUB = 1, ADD = 0

(b) Registrador A = 1100 (–4), registrador B = 0010 (+2); SUB = 0, ADD = 1

(c) Registrador A = 1011 (–5), registrador B = 0100 (+4); SUB = 1, ADD = 0

6.29 Para cada um dos cálculos do Problema 6.27, determine se ocorreu overflow.

6.30 Para cada um dos cálculos do Problema 6.28, determine se ocorreu overflow.

6.31 Mostre como as portas na Figura 6.14 podem
D ser implementadas usando três CIs 74HC00.

6.32★ Modifique o circuito mostrado na Figura
D 6.14 de modo que uma única entrada de controle, X, seja usada em vez de ADD e SUB. O circuito deve funcionar como somador, quando X = 0, e como subtrator, quando X = 1. Em seguida, simplifique cada conjunto de portas. (*Dica*: note que agora cada conjunto de portas está funcionando como inversor controlado.)

SEÇÃO 6.16

6.33 Determine as saídas F, C_{N+4} e OVR para cada
B um dos conjuntos de entradas aplicados a um 74LS382.

(a)★ $[S]$ = 011, $[A]$ = 0110, $[B]$ = 0011, C_N = 0

(b) $[S]$ = 001, $[A]$ = 0110, $[B]$ = 0011, C_N = 1

(c) $[S]$ = 010, $[A]$ = 0110, $[B]$ = 0011, C_N = 1

6.34 Mostre como um 74HC382 pode ser usado
D para gerar $[F]$ = $[\overline{A}]$. (*Dica*: lembre-se da propriedade especial de uma porta XOR.)

6.35 Determine as saídas Σ do circuito mostrado na Figura 6.16 para os seguintes conjuntos de entradas:

(a)★ $[S]$ = 110, $[A]$ = 10101100, $[B]$ = 00001111

(b) $[S]$ = 100, $[A]$ = 11101110, $[B]$ = 00110010

6.36 Acrescente o circuito lógico necessário ao
C, D mostrado na Figura 6.16 para produzir uma única saída em nível ALTO sempre que um número binário em A for igual ao número binário em B. Aplique o código de entrada de seleção apropriado (três códigos podem ser usados).

SEÇÃO 6.17

6.37 Considere o circuito mostrado na Figura
T 6.10. Suponha que a saída A_2 esteja fixa em nível BAIXO. Obedeça à sequência de operações para somar dois números e determine os resultados que aparecerão no registrador A após o segundo pulso TRANSFER para cada um dos casos a seguir. Note que os números são apresentados em decimal e que o primeiro é aquele que é carregado em B pelo primeiro pulso LOAD.

(a)★ 2 + 3

(b) 3 + 7

(c) 7 + 3

(d) 8 + 3

(e) 9 + 3

6.38 Um técnico montou o circuito somador/sub-
T trator mostrado na Figura 6.14. Durante os testes, ele percebeu que, sempre que uma adição era efetuada, o resultado era uma unidade a mais que o esperado e, quando uma subtração era realizada, o resultado era uma unidade menor que o esperado. Que tipo de erro o técnico cometeu na montagem do circuito?

6.39★ Descreva os sintomas que poderiam ocorrer nos seguintes pontos do circuito da Figura 6.14 se as linhas ADD e SUB fossem colocadas em curto:

(a) Entradas B[3..0] do CI 74LS283

(b) Entrada C_0 do CI 74LS283

(c) Saídas de SUM (Σ) [3..0]

(d) C_4

SEÇÃO 6.18

6.40 Simule funcionalmente (com 15 casos de teste) o somador de oito bits dado na:
N
(a) Figura 6.19(a).
(b) Figura 6.19(b).

6.41 Projete um contador mod-16 binário usando megafunções LPM_FF e LPM_ADD_SUB. A direção da contagem será controlada por uma entrada denominada UP_DN. Simule funcionalmente o projeto para verificar se opera de forma correta.
N, D

SEÇÃO 6.19

Os problemas 6.42 a 6.47 tratam dos mesmos dois vetores, a e b, que suporemos terem sido definidos em um arquivo fonte em HDL e que possuem os seguintes valores: [a] = [10010111], [b] = [00101100]. O vetor de saída [z] também é um vetor de bits de oito bits. Responda aos problemas 6.42 a 6.47 com base nessas informações. (Suponha que os bits indefinidos em z são 0.)

6.42 Declare esses objetos de dados usando a sua sintaxe HDL favorita.
B, H

6.43 Forneça o valor de z para cada expressão (são dadas expressões idênticas em AHDL e VHDL):
B, H
(a)★ z[ ] = a[ ] & b[ ];   z <= a AND b;
(b)★ z[ ] = a[ ] # b[ ];   z <= a OR b;
(c) z[ ] = a[ ] $!b[ ]; z <= a XOR NOT b;
(d) z[7..4] = a[3..0] & b[3..0];
z(7 DOWNTO 4) <= a(3 DOWNTO 0) AND b(3 DOWNTO 0);
(e) z[7..1] = a[6..0];
z[0] = GND; z(7 DOWNTO 1) <= a(6 DOWNTO 0); z(0) <= '0'

6.44 Qual é o valor de cada uma das seguintes expressões?
(a) a[3..0]   a(3 DOWNTO 0)
(b) b[0]   b(0)
(c) a[7]   a(7)

6.45 Qual é o valor de cada uma das seguintes expressões?
B, H
(a)★ a[5]   a(5)
(b)★ b[2]   b(2)
(c)★ b[7..1]   b(7 DOWNTO 1)

6.46★ Escreva uma ou mais declarações em HDL que desloquem todos os bits da posição [a] para a direita. O LSB deve mover-se para a posição MSB. Os dados deslocados devem terminar em z[ ].
H

6.47 Escreva uma ou mais declarações em HDL que tomem o nibble superior de b e coloquem no nibble inferior de z. O nibble superior de z deve ser zero.

6.48 Consulte o Problema 6.23. Modifique o código da Figura 6.23 ou da Figura 6.24 para acrescentar uma saída em overflow.
D, H

SEÇÃO 6.20

6.49 Modifique a Figura 6.23 ou a Figura 6.24 para fazer um somador de 12 bits sem usar constantes.
B, H

6.50 Modifique a Figura 6.23 ou a Figura 6.24 para fazer um somador versátil de n bits com uma constante definindo o número de bits.
B, H

6.51 Escreva um arquivo em HDL para criar o equivalente de um ALU 74382 sem usar macrofunção predefinida.
D, C, H

EXERCÍCIOS DE FIXAÇÃO

6.52 Defina cada termo:
(a) Somador completo.
(b) Complemento de 2.
(c) Unidade lógica e aritmética.
(d) Bit de sinal.
(e) Overflow.
(f) Acumulador.
(g) Somador paralelo.
(h) Carry antecipado.
(i) Negação.
(j) Registrador B.

APLICAÇÕES EM MICROCOMPUTADOR

6.53★ Em uma ALU típica de um microprocessador, os resultados de cada operação aritmética são geralmente (mas nem sempre) transferidos para o registrador acumulador, conforme as figuras 6.10 e 6.14. Na maioria das ALUs dos microprocessadores, o resultado de cada operação aritmética também é usado para controlar os estados de alguns flip-flops especiais denominados *flags*. Eles são usados pelo microprocessador quando toma decisões durante a execução de certos tipos de instruções. Os três flags mais comuns são:
C, D

S (flag de sinal). Esse FF está sempre no mesmo estado que o sinal da última operação realizada pela ALU.

Z (flag de zero). Esse flag será colocado em 1 sempre que o resultado de uma operação feita pela ALU for 0. Caso contrário, será colocado em 0.

C (flag de carry). Esse FF está sempre no mesmo estado em que o carry proveniente do MSB da ALU.

Usando o somador/subtrator da Figura 6.14 como se fosse uma ALU, projete o circuito lógico que implementa esses flags. As saídas de soma e C_4 são usadas para controlar para qual estado cada flag irá quando da ocorrência do pulso TRANSFER. Por exemplo, se a soma for exatamente 0 (ou seja, 0000), o flag Z será setado na transição positiva de TRANSFER; caso contrário, será resetado.

6.54★ No trabalho com microcomputadores, muitas vezes é necessário mover números binários a partir de registradores de oito bits para os de 16 bits. Considere os números 01001001 e 10101110, que representam +73 e –82, respectivamente, na forma do complemento de 2. Determine as representações de 16 bits para esses números decimais.

6.55 Compare as representações de 8 e 16 bits para +73 no Problema 6.54. Em seguida, compare as duas representações para –82. Existe uma regra geral que pode ser usada para se realizar facilmente a conversão da representação de 8 bits em 16 bits. Você pode perceber qual é? Ela tem algo relacionado ao bit de sinal do número de 8 bits.

RESPOSTAS DAS QUESTÕES DE REVISÃO

SEÇÃO 6.1
1. (a) 11101 (b) 101,111 (c) 10010000
2. (a) 011011 (b) 01010110 (c) 00111,0111

SEÇÃO 6.2
1. (a) 00001101
   (b) 11111001
   (c) 10000000
2. (a) –29
   (b) –64
   (c) +126
3. –2048 a +2047
4. Sete.
5. –32768
6. (a) 10000
   (b) 10000000
   (c) 1000
7. Remeta-se ao texto no capítulo.

SEÇÃO 6.3
1. Verdadeiro.
2. (a) $100010_2 = -30_{10}$
   (b) $000000_2 = 0_{10}$

SEÇÃO 6.4
1. (a) $01111_2 = +15_{10}$
   (b) $11111_2 = -1_{10}$
2. Comparando o bit de sinal do resultado da soma com os bits de sinal dos números somados.

SEÇÃO 6.5
1. 1100010

SEÇÃO 6.7
1. Se o resultado da soma em pelo menos uma posição digital decimal for maior que 1001 (9).
2. O fator de correção é somado nas posições digitais das unidades e das dezenas.

SEÇÃO 6.8
1. 923
2. 3DB
3. 2F, 77EC, 6D

SEÇÃO 6.9
1. Registrador de acumuladores, registrador B, circuitos de lógica aritmética.

2. O acumulador contém a entrada (1ª parcela) antes da adição e mantém a soma (1ª parcela + 2ª parcela) após a adição. As adições sucessivas produzem um total em execução.

SEÇÃO 6.10

1. Três; dois.
2. (a) $S_2 = 0, C_3 = 1$
   (b) $C_5 = 0$

SEÇÃO 6.11

1. Compare os resultados ao texto da Seção 6.11.

SEÇÃO 6.12

1. Um; quatro; quatro.
2. 0100

SEÇÃO 6.13

1. 16 somadores × 2 ns = 32 ns.
2. F = 1/T = 1/32 ns = 31,25 MHz
3. Use circuitos lógicos para prever carries antecipados.

SEÇÃO 6.14

1. Cinco chips.
2. 240 ns
3. 1

SEÇÃO 6.15

1. Para somar o 1 necessário para completar a representação em complemento de 2 do número no registrador B.
2. 0010
3. 1101
4. Falso; o complemento de 1 aparece lá.

SEÇÃO 6.16

1. $F = 1011$; $OVR = 0$; $C_{N+4} = 0$
2. $F = 0111$; $OVR = 1$; $C_{N+4} = 1$
3. $F = 1000$
4. $\Sigma = 01101011$; $C_{N+4} = OVR = 0$
5. $\Sigma = 11111111$
6. Oito.

SEÇÃO 6.18

1. Veja a planilha de dados para um chip MSI 74283.
2. Uma descrição em HDL de um CI padrão que pode ser obtida na biblioteca.

SEÇÃO 6.19

1. (a) 0001
   (b) 1011
2. (a) 1010
   (b) 1011
3. toggles[3..0]
4. toggles(3 DOWNTO 0)
5. [X] = [1,1,1,1]
6. AHDL: xx[ ] = d[ ] # g[ ]; VHDL: x <= d OR g;
7. AHDL: xx[2..1] = d[3..2] $ g[1..0]; VHDL: x(2 DOWNTO 1) <= d(3 DOWNTO 2) XOR g(1 DOWNTO 0)

SEÇÃO 6.20

1. Substitua 8 por 4 e 9 por 5 nas faixas dos vetores de bits.
2. Substitua 255 por 15 e 511 por 31 nas faixas de inteiros.

SEÇÃO 6.21

1. CONSTANT.
2. Em AHDL, perto do topo do arquivo fonte. Em VHDL, em PACKAGE perto do topo do arquivo fonte.
3. Eles possibilitam mudanças globais no valor de um símbolo usado ao longo de todo o código.
4. max_val – 5 representa o número 122.

CAPÍTULO 7

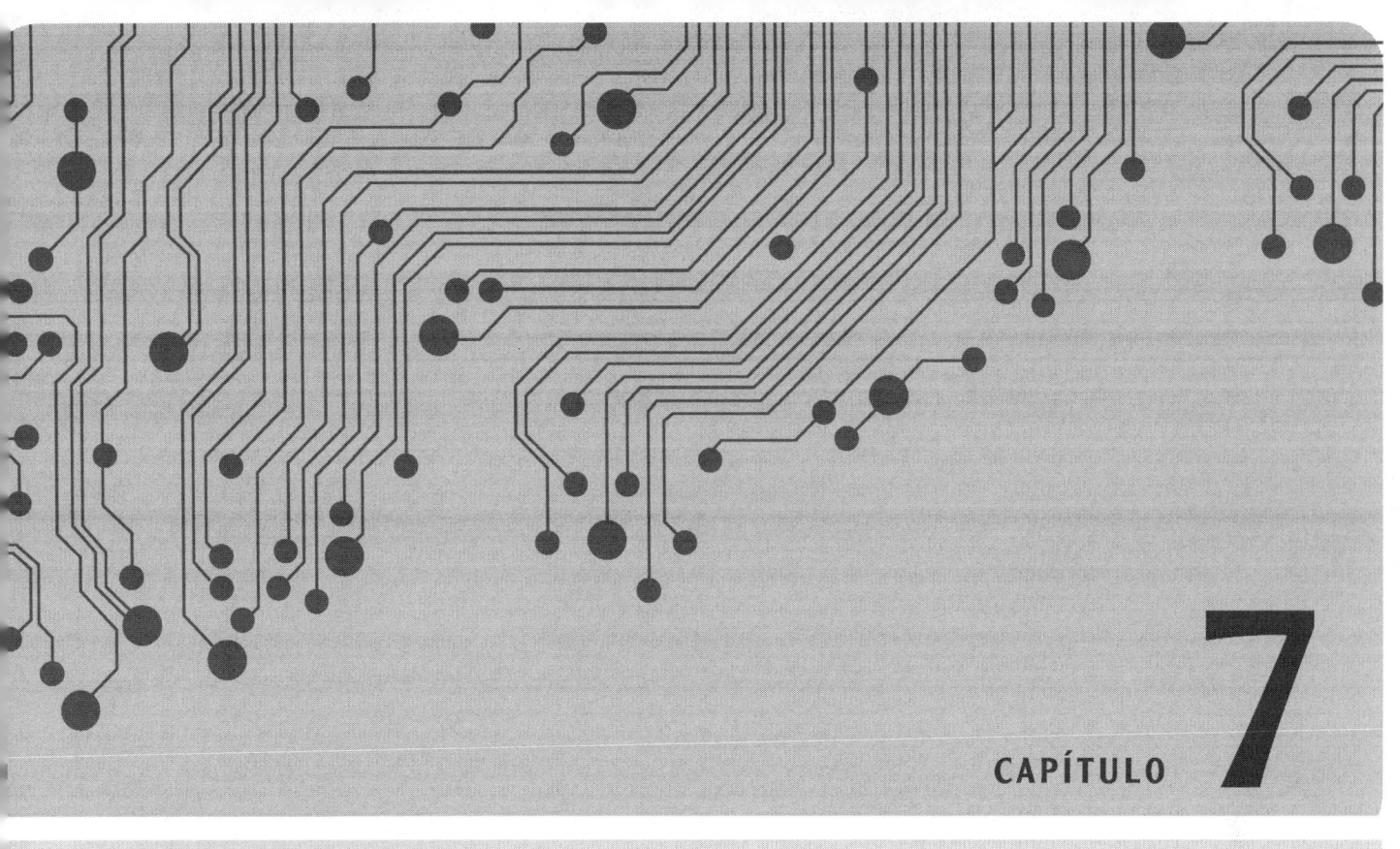

CONTADORES E REGISTRADORES

■ CONTEÚDO

Parte 1

- 7.1 Contadores assíncronos
- 7.2 Atraso de propagação em contadores assíncronos
- 7.3 Contadores síncronos (paralelos)
- 7.4 Contadores com números MOD < 2^N
- 7.5 Contadores síncronos decrescentes e crescentes/decrescentes
- 7.6 Contadores com carga paralela
- 7.7 Circuitos integrados de contadores síncronos
- 7.8 Decodificando um contador
- 7.9 Análise de contadores síncronos
- 7.10 Projeto de contadores síncronos
- 7.11 Funções de biblioteca Altera para contadores
- 7.12 Contadores básicos usando HDL
- 7.13 Conectando módulos em HDL
- 7.14 Máquinas de estado

Parte 2

- 7.15 Transferência de dados em registradores
- 7.16 Registradores de CIs
- 7.17 Contadores com registradores de deslocamento
- 7.18 Análise de defeitos
- 7.19 Registradores de megafunção
- 7.20 Registradores em HDL
- 7.21 Contadores em anel em HDL
- 7.22 Monoestáveis em HDL

■ OBJETIVOS DO CAPÍTULO

Após ler este capítulo, você será capaz de:

- Descrever a operação e as características dos contadores síncronos e assíncronos.
- Construir contadores com números MOD menor que 2^N.
- Construir contadores crescentes e decrescentes.
- Conectar contadores de múltiplos estágios.
- Analisar e avaliar diversos tipos de contadores.
- Projetar contadores síncronos com sequência de contagem arbitrária.
- Descrever diversas formas usadas para decodificar diferentes tipos de contadores.
- Descrever circuitos de contadores usando níveis diferentes de abstração em HDL.
- Construir contadores com registradores de deslocamento.
- Explicar a operação de diversos tipos de registradores de CIs.
- Descrever registradores de deslocamento e contadores com registradores de deslocamento usando HDL.
- Aplicar técnicas de análise de defeitos usadas em sistemas de lógica combinacional na análise de sistemas lógicos sequenciais.

■ INTRODUÇÃO

No Capítulo 5, aprendemos como os flip-flops podem ser conectados para funcionar como contadores e registradores. Até agora, estudamos os circuitos básicos de contadores e registradores. Os sistemas digitais empregaram muitas variações desses circuitos básicos, usando chips CI padrão, que rapidamente se tornaram obsoletos, ou a tecnologia de dispositivos lógicos programáveis e circuitos integrados customizados. Neste capítulo, vamos ver com mais detalhes os conceitos subjacentes e as características típicas de diferentes tipos de contadores e registradores. Nossa discussão abrangerá desde como portas lógicas são usadas para controlar os flip-flops, a fim de criar uma funcionalidade de contador ou registrador específica, até o uso de linguagens de descrição de hardware, para conseguir realizar o mesmo. Vamos enfatizar diagramas de tempo para ilustrar a operação de circuitos de contadores e registradores. Diagramas de tempo fornecem uma ferramenta poderosa para demonstrar graficamente as relações entre os sinais em um sistema digital. Simuladores de circuitos digitais apresentam seus resultados de análise como diagramas de tempo. Isso nos permite determinar se a funcionalidade e o tempo estão corretos para uma aplicação. Questões de tempo também estão se tornando cada dia mais importantes nos sistemas digitais de alta velocidade. Muitos sistemas podem ser capazes de operar a velocidades mais baixas, mas falham em frequências mais altas. Ser capaz de interpretar informações de diagramas de tempo é vital para um engenheiro ou um técnico.

Em razão do grande número de tópicos, este capítulo foi dividido em duas partes. Na **Parte 1** vamos discutir os princípios da operação de contadores, suas diversas configurações de circuito e CIs contadores representativos. Na **Parte 2** apresentaremos diversos tipos de CIs registradores, contadores com registradores de deslocamento e a análise de defeitos. Cada parte inclui uma seção que contém descrições em HDL de contadores e registradores. Uma lista de termos importantes e um resumo em separado são fornecidos para cada parte. Problemas para o capítulo inteiro são disponilizados após a Parte 2.

Conforme você avançar no estudo deste capítulo, usará constantemente conhecimentos abordados nos capítulos anteriores. É uma boa ideia rever o que foi aprendido sempre que julgar necessário.

Parte 1
7.1 CONTADORES ASSÍNCRONOS

OBJETIVOS
Após ler esta seção, você será capaz de:
- Conectar flip-flops em cascata para formar um contador binário assíncrono.
- Compor o diagrama de tempo de um contador.
- Definir o número MOD de qualquer contador.
- Utilizar um contador de MOD 2^N para dividir a frequência do clock por potências de 2.
- Avaliar o efeito na frequência e no ciclo de trabalho das formas de onda de saída se o Mod # < 2^N.

A Figura 7.1 mostra o circuito de um contador binário de quatro bits, como o contador binário de três bits, estudado na Seção 5.18. Vamos relembrar os seguintes pontos referentes à operação desse contador:

1. Os pulsos de clock são aplicados apenas na entrada *CLK* do flip-flop *A*. Desse modo, o flip-flop *A* comutará (mudará para o estado oposto) cada vez que ocorrer uma transição negativa (nível ALTO para BAIXO) no pulso de clock. Observe que $J = K = 1$ para todos os FFs.
2. A saída normal do flip-flop *A* age como entrada *CLK* para o flip-flop *B*, e o flip-flop *B* comuta a cada vez que a saída *A* muda de 1 para 0. Da mesma maneira, o flip-flop *C* comuta quando a saída *B* muda de 1 para 0, e o flip-flop *D* comuta quando a saída *C* muda de 1 para 0.
3. As saídas dos *FFs D, C, B* e *A* representam um número binário de quatro bits, sendo *D* o MSB. Vamos supor que todos os FFs tenham sido resetados para o estado 0 (as entradas de CLEAR não aparecem). As formas de onda, na Figura 7.1, mostram que uma contagem binária sequencial de 0000 a 1111 é seguida, à medida que os pulsos de clock são aplicados continuamente.
4. Após a transição negativa do décimo quinto pulso de clock, os FFs do contador estão na condição 1111. Na décima sexta borda de transição negativa, o flip-flop *A* muda de 1 para 0, fazendo o flip-flop *B* mudar de 1 para 0, e assim por diante, até que o contador chegue ao estado 0000. Em outras palavras, o contador realizou um ciclo completo de contagem (de 0000 a 1111) e foi *reciclado* de volta para 0000, a partir de onde começará um novo ciclo de contagem, conforme os pulsos subsequentes de clock forem aplicados.

Nesse contador, a saída de cada FF aciona a entrada *CLK* do FF seguinte. Esse tipo de contador é denominado **contador assíncrono**, porque os FFs não mudam de estado exatamente com o mesmo sincronismo com que os pulsos de clock são aplicados; apenas o flip-flop A responde aos pulsos de clock. O FF B deve esperar o FF A mudar de estado antes que ele possa comutar; o FF C deve esperar pelo FF B, e assim por diante. Desse modo, existirá atraso entre as respostas dos FFs sucessivos. Esse atraso é geralmente de 5 a 20 ns por FF e, em alguns casos, como veremos, pode ser problemático. Esse tipo de contador também é muitas vezes denominado **contador ondulante** (*ripple counter*, em inglês), por conta da maneira de os FFs responderem um após o outro como um tipo de efeito de ondulação.

FIGURA 7.1 Contador assíncrono (ondulante) de quatro bits.

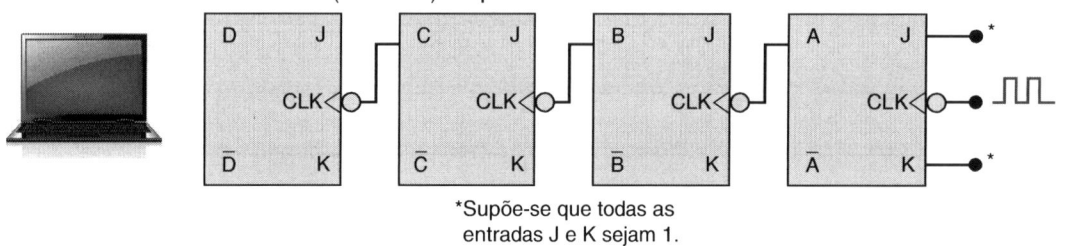

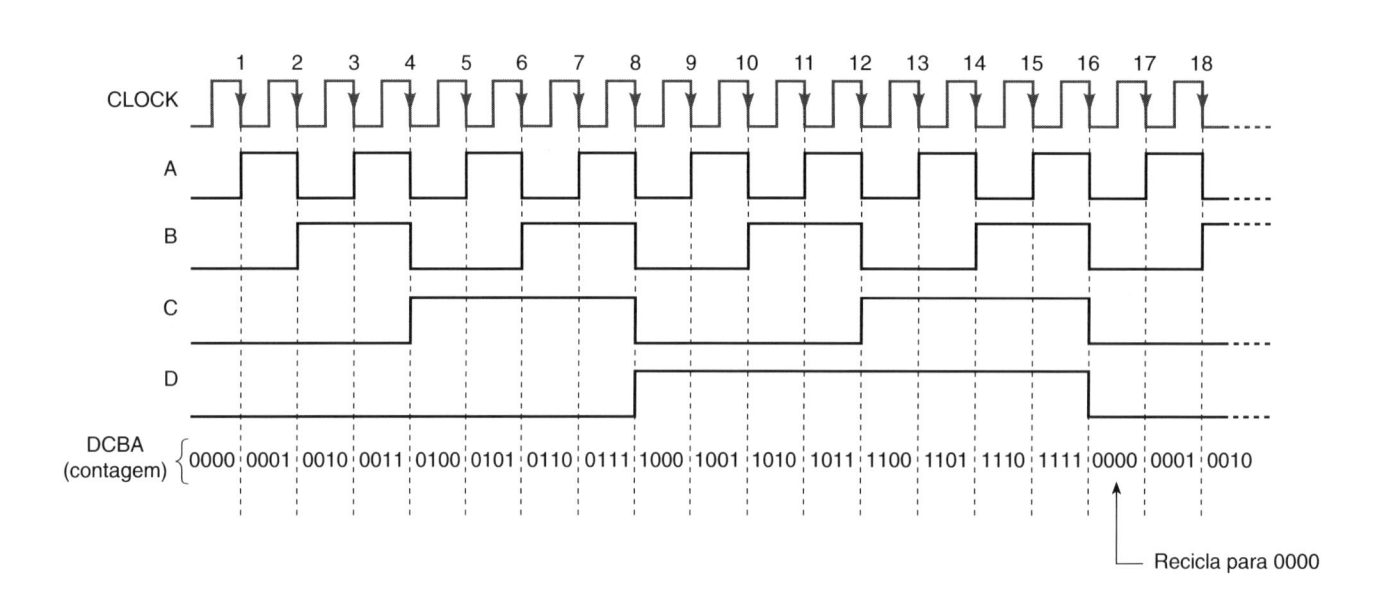

Fluxo do sinal

É uma convenção, nos esquemas de circuitos, desenhá-los (sempre que possível) com o fluxo de sinal indo da esquerda para a direita, com as entradas do lado esquerdo e as saídas do lado direito. Neste capítulo, quebraremos essa convenção com frequência, sobretudo em diagramas que mostram contadores. Por exemplo, na Figura 7.1, a entrada CLK de cada FF está do lado direito, as saídas estão do lado esquerdo e a entrada do sinal de clock vem da direita. Usamos essa configuração porque facilita a compreensão e o acompanhamento do funcionamento do contador (pois a ordem dos FFs é a mesma dos bits no número binário que o contador representa). Em outras palavras, o FF A (que é o LSB) é o FF mais à direita, e o FF D (que é o MSB) é o FF mais à esquerda. Se aplicássemos a convenção de fluxo de sinal da esquerda para a direita, colocaríamos o FF A do lado esquerdo e o FF D do lado direito, que apresenta disposição oposta à do número binário que o contador representa. Em alguns dos diagramas de contadores que aparecerão neste capítulo, empregaremos a convenção de fluxo de sinal da esquerda para a direita, de forma que você se acostume com ela.

EXEMPLO 7.1

O contador mostrado na Figura 7.1 começa no estado 0000, e então os pulsos de clock são aplicados. Algum tempo depois, são removidos e os FFs dos contadores apresentam o estado 0011. Quantos pulsos de clock ocorreram?

Solução
A resposta parece ser 3, uma vez que 0011 é o equivalente binário de 3. Contudo, com as informações dadas, não há como dizer se o contador foi reciclado ou não. Isso significa que podem ter ocorrido 19 pulsos de clock; os primeiros 16 teriam trazido o contador de volta para 0000, e os últimos três o teriam levado para 0011. Podem ter ocorrido 35 pulsos (dois ciclos completos de contagem mais três pulsos) ou 51 pulsos, e assim por diante.

Número de módulo

O contador mostrado na Figura 7.1 tem 16 estados distintos (de 0000 a 1111). Desse modo, é um *contador assíncrono de MOD-16*. Lembre-se de que o **número de módulo** é sempre igual ao número de estados que o contador percorre em cada ciclo completo de contagem antes de reciclar ao estado inicial. O número de módulo pode ser ampliado simplesmente acrescentando-se mais FFs ao contador. Ou seja:

$$\text{Número de módulo} = 2^N \quad (7.1)$$

onde N é o número de FFs conectados na configuração mostrada na Figura 7.1.

EXEMPLO 7.2

Um contador é necessário para contar o número de itens que passam por uma esteira de transporte. Uma fotocélula combinada a uma fonte de luz é usada para gerar um único pulso cada vez que um item passa pelo feixe de luz. O contador tem de ser capaz de contar mil itens. Quantos FFs são necessários?

Solução
Basta determinar qual valor de N é necessário, de modo que $2^N \geq 1000$. Como $2^9 = 512$, 9 FFs não são suficientes. $2^{10} = 1024$; logo, 10 FFs produzem um contador que conta até $1111111111_2 = 1023_{10}$. Portanto, devemos usar 10 FFs. Poderíamos usar mais de 10, mas seria desperdício, uma vez que qualquer FF além dos dez não seria necessário.

Divisão de frequência

Na Seção 5.18, aprendemos que em um contador básico cada FF proporciona uma forma de onda de saída que é exatamente a *metade* da frequência da forma de onda na entrada *CLK*. Para ilustrar, considere que o sinal de clock mostrado na Figura 7.1 seja 16 kHz. A Figura 7.2 mostra a forma de onda de saída dos FFs. A forma de onda na saída *A* é uma *onda quadrada* de 8 kHz, na saída *B* ela é de 4 kHz, na saída *C* é de 2 kHz e na saída *D* é de 1 kHz.

Observe que a saída do FF D tem frequência igual à frequência original do clock dividida por 16. Em geral:

Em qualquer contador, o sinal na saída do último FF (ou seja, o MSB) tem frequência igual à do clock de entrada dividida pelo número do módulo do contador.

Por exemplo, em um contador de MOD-16, a saída a partir do último FF tem uma frequência de $\frac{1}{16}$ da frequência do clock de entrada. Desse modo, ele pode ser chamado de *contador divisor por 16*. Da mesma maneira, um contador de MOD-8 tem frequência de saída de $\frac{1}{8}$ da entrada; ele é um *contador divisor por 8*.

FIGURA 7.2 Formas de onda de um contador mostrando a divisão de frequência por 2 de cada FF.

EXEMPLO 7.3

O primeiro passo envolvido na construção de um relógio digital é obter um sinal de 60 Hz e colocá-lo na entrada de um Schmitt-trigger, um circuito conformador de pulsos (ver Seção 5.20), para gerar uma onda quadrada, conforme ilustrado na Figura 7.3. A onda quadrada de 60 Hz é, então, colocada na entrada de um contador de MOD-60, usado para dividir a frequência de 60 Hz exatamente por 60, gerando uma forma de onda de 1 Hz. Essa forma de onda entra em uma série de contadores, que contam os segundos, minutos, horas etc. Quantos FFs são necessários para implementar um contador de MOD-60?

FIGURA 7.3 Exemplo 7.3.

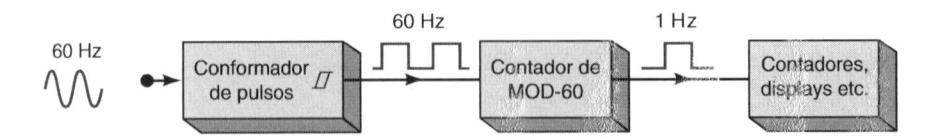

Solução

Não há potência inteira de 2 que seja igual a 60. A mais próxima é $2^6 = 64$. Desse modo, um contador que usa 6 FFs funciona como um contador de MOD-64. É claro que isso não satisfaz o requisito. Parece não haver solução se for usado um contador do tipo mostrado na Figura 7.1. Isso está parcialmente correto; na Seção 7.4, veremos como modificar esse contador binário básico para que, na prática, um contador de *qualquer* número de módulo possa ser obtido e não estejamos limitados ao valor de 2^N.

Ciclo de trabalho

Como é possível ver na Figura 7.2, em cada transição negativa de *CLOCK*, a saída do FF A comutará. Com um sinal de clock de frequência constante aplicado, significa que a forma de onda *A* será BAIXA, por um intervalo igual ao período de *CLOCK* e, então, será ALTA pelo mesmo período. O tempo durante o qual o sinal é ALTO é chamado de largura de pulso, t_w. O flip-flop A produz uma forma de onda de saída periódica, já que ela terá apenas um único pulso ocorrendo em cada ciclo da forma de onda repetida. O período da forma de onda *A* é a soma do tempo BAIXO com o ALTO, daquele sinal. Da mesma maneira, o sinal *A* é usado para fazer o clock do flip-flop *B*, de maneira que a saída *B* será BAIXA ou ALTA por um período igual ao da saída *A*. Os flip-flops C e D terão a mesma ação. A largura do pulso, para cada sinal de saída em nosso contador binário, é exatamente metade do período daquela forma de onda. Lembre-se de que o **ciclo de trabalho** de uma forma de onda periódica é definido como a razão entre a largura do pulso e o período, *T*, da forma de onda, e é expresso como percentagem.

$$\text{Ciclo de trabalho} = \frac{t_w}{T} \times 100\% \qquad (7.2)$$

Portanto, é possível ver que um contador binário, cujo MOD = 2^N, sempre produzirá sinais de saída que têm um ciclo de trabalho de 50%. Como veremos nas próximas seções deste capítulo, se o número MOD para um contador for menor que 2^N, então o ciclo de trabalho para alguns dos sinais de saída FF não será 50%. Na realidade, podem ocorrer algumas saídas de FF que não têm ciclo de trabalho definido, pois as formas de onda não têm padrão periódico simples. Para um contador com uma sequência de contagem truncada (ou seja, MOD < 2^N), será necessário analisar sua operação para determinar sequências de contagem, frequências de sinal de saída e ciclos de trabalho de forma de onda.

QUESTÕES DE REVISÃO

1. *Verdadeiro ou falso*: em contadores assíncronos, todos os FFs mudam de estado ao mesmo tempo.
2. Suponha que o contador, mostrado na Figura 7.1, esteja com a contagem 0101. Qual será a contagem após 27 pulsos de clock?
3. Qual seria o número MOD do contador se três FFs fossem acrescentados?

7.2 ATRASO DE PROPAGAÇÃO EM CONTADORES ASSÍNCRONOS

OBJETIVOS

Após ler esta seção, você será capaz de:

- Prever atrasos de propagação em contadores assíncronos.
- Identificar estados espúrios entre contagens.
- Determinar a frequência máxima de operação com base no número de FFs e atrasos de propagação.

Contadores assíncronos são o tipo mais simples de contadores binários, uma vez que requerem poucos componentes para produzir a operação de contagem desejada. Contudo, eles têm uma grande desvantagem, causada pelo princípio básico de operação: cada FF é disparado pela transição de saída do FF precedente. Em virtude do tempo de atraso de propagação (t_{pd}), inerente a cada FF, o segundo não responderá durante um intervalo de tempo t_{pd}, após o primeiro FF ter recebido uma transição ativa do clock; o terceiro FF não responderá por um intervalo de tempo igual a 2 × t_{pd}, após a transição do clock, e assim por diante. Em outras palavras, os atrasos de propagação dos FFs acumulam-se, de modo que o enésimo FF não muda de estado até que um intervalo de tempo igual a $N \times t_{pd}$, após a transição do clock, tenha ocorrido. Isso é ilustrado na Figura 7.4, em que as formas de onda para o contador assíncrono de três bits são mostradas.

O primeiro grupo de formas de onda, na Figura 7.4(a), mostra uma situação na qual um pulso de entrada ocorre a cada 1.000 ns (o período do clock é T = 1.000 ns), e considera-se que cada FF tem atraso de propagação de 50 ns (t_{pd} = 50 ns). Observe que a saída do flip-flop A comuta 50 ns após a transição negativa de cada pulso de entrada. De modo semelhante, a saída B comuta 50 ns depois que a saída A vai de 1 para 0, e a saída C comuta 50 ns depois que a saída B vai de 1 para 0. Como resultado, quando a quarta entrada de transição negativa ocorre, a saída C vai para nível ALTO após um atraso de 150 ns. Nessa situação, o contador opera de maneira adequada para que os FFs vão para seus estados corretos, representando a contagem binária. No entanto, a situação piora se os pulsos de entrada forem aplicados em frequência muito maior.

As formas de onda na Figura 7.4(b) mostram o que acontece se os pulsos de entrada ocorrerem a cada 100 ns. Mais uma vez, a saída de cada FF responde 50 ns após a transição de 1 para 0 na entrada CLK (observe a mudança na escala relativa de tempo). A situação particularmente interessante é a que ocorre após a transição negativa do *quarto* pulso de entrada, em que a saída C não vai para nível ALTO até que tenham decorrido 150 ns, que é o mesmo tempo que a saída A gasta para mudar para nível ALTO em resposta ao *quinto* pulso de entrada. Em outras palavras, a condição $C = 1$, $B = A = 0$ (contagem 100) nunca ocorrerá, porque a frequência de entrada é muito alta. Isso poderia causar um sério problema caso essa condição fosse supostamente usada para controlar outra operação em um sistema digital. Problemas como esse poderão ser evitados se o período entre os pulsos de entrada for bem maior que o atraso de propagação total do contador. Ou seja, para uma operação adequada é preciso que

$$T_{clock} \geq N \times t_{pd} \tag{7.3}$$

em que N = número de FFs. Em termos de frequência de entrada, a frequência máxima que pode ser usada é dada por

$$f_{máx} = \frac{1}{N \times t_{pd}} \tag{7.4}$$

Por exemplo, suponha que um contador assíncrono de quatro bits seja construído usando o flip-flop J-K 74LS112. A Tabela 5.2 mostra que o 74LS112 tem t_{PLH} = 16 ns e t_{PHL} = 24 ns como atrasos de propagação de CLK para a saída Q. Para calcular $f_{máx}$, consideraremos o "pior caso", ou seja, usaremos $t_{pd} = t_{PHL} = 24$ ns, de modo que

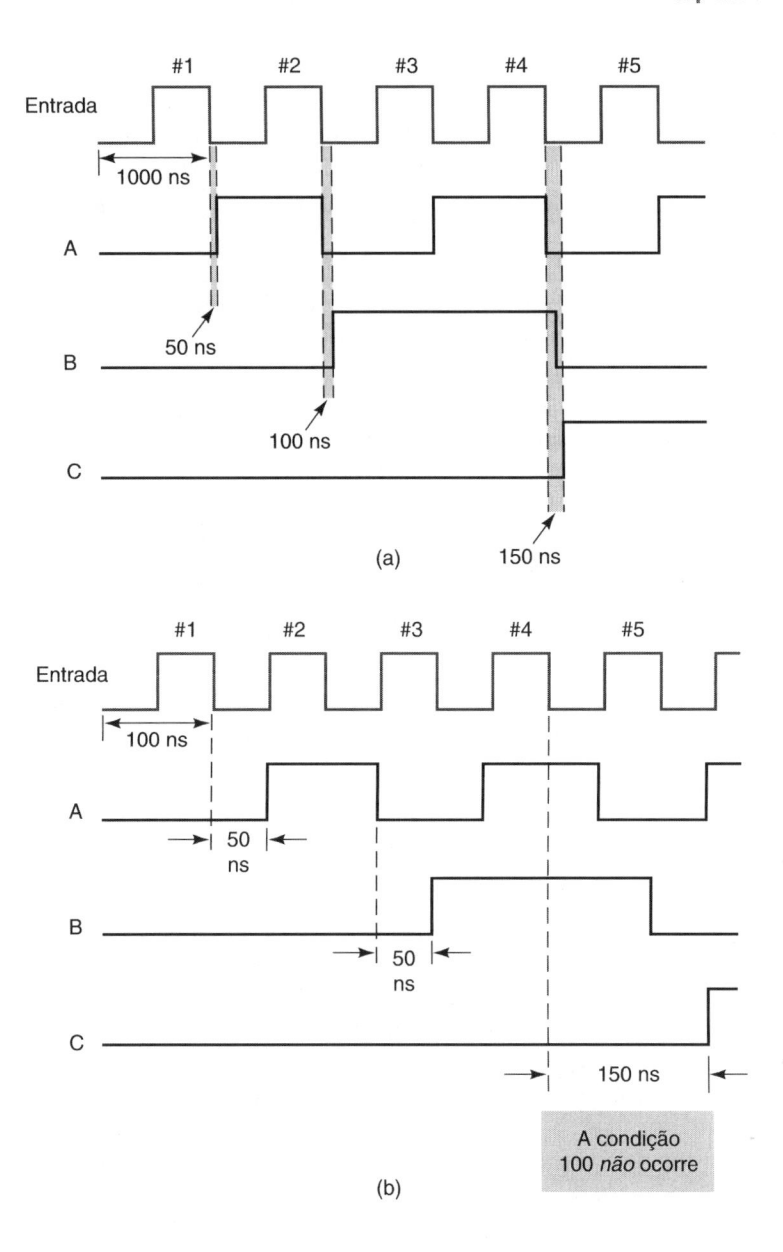

FIGURA 7.4 Formas de onda de um contador assíncrono de três bits ilustrando os efeitos dos atrasos de propagação dos FFs para diferentes frequências de pulsos de entrada.

$$f_{máx} = \frac{1}{4 \times 24 \text{ ns}} = 10,4 \text{ MHz}$$

É fácil observar que, à medida que o número de FFs aumenta, o atraso de propagação total aumenta e $f_{máx}$ diminui. Por exemplo, um contador assíncrono que usa seis FFs 74LS112 terá

$$f_{máx} = \frac{1}{6 \times 24 \text{ ns}} = 6,9 \text{ MHz}$$

Desse modo, os contadores assíncronos não são úteis para frequências muito altas, em especial para um grande número de bits. Outro problema provocado pelo atraso de propagação em contadores assíncronos ocorre quando tentamos detectar eletronicamente (*decodificar*) os estados de saída do contador. Se você olhar bem a Figura 7.4(a), verá que, para um período curto de tempo (50 ns, no exemplo) logo após o estado 011, o estado 010 ocorre antes de 100. Essa não é, obviamente, a sequência correta da contagem binária e, embora o olho humano seja lento demais para ver esse estado temporário, nossos circuitos digitais são rápidos o bastante para detectá-lo. Esses padrões errôneos de contagem podem gerar o que chamamos de *glitches* nos sinais produzidos por sistemas digitais que usam contadores assíncronos. A despeito de sua simplicidade, esses problemas limitam a utilidade dos contadores assíncronos em aplicações digitais.

QUESTÕES DE REVISÃO

1. Explique como a frequência limite máxima dos contadores assíncronos diminui à medida que aumenta o número de FFs do contador.
2. Determinado flip-flop J-K tem um t_{pd} = 12 ns. Qual é o contador de maior módulo que pode ser construído a partir desses FFs e ainda operar em uma frequência de até 10 MHz?

7.3 CONTADORES SÍNCRONOS (PARALELOS)

OBJETIVOS

Após ler esta seção, você será capaz de:

- Criar circuitos sequenciais que operam em sincronia.
- Calcular a frequência máxima de um contador que seja síncrono.

Os problemas encontrados com os contadores assíncronos são provocados pelo acúmulo dos atrasos de propagação dos FFs. Dito de outra maneira, nem todos os FFs mudam de estado em sincronismo com os pulsos de entrada. Essas limitações podem ser superadas com o uso de **contadores síncronos** ou **paralelos** nos quais os FFs são disparados de maneira simultânea (em paralelo) pelos pulsos de clock de entrada. Uma vez que os pulsos de clock de entrada são aplicados em todos os FFs, alguns recursos devem ser usados para controlar o momento em que um FF deve comutar e o momento em que deve permanecer inalterado quando ocorrer um pulso de clock. Isso é implementado usando-se as entradas *J* e *K*, conforme ilustrado na Figura 7.5 para um contador síncrono de quatro bits, contador síncrono MOD-16.

Se compararmos a configuração do circuito para esse contador síncrono com seu correspondente assíncrono mostrado na Figura 7.1, veremos as seguintes diferenças:

- As entradas *CLK* de todos os FFs estão conectadas juntas, de modo que o sinal de clock de entrada é aplicado de maneira simultânea em cada FF.
- Apenas o flip-flop *A*, o LSB, tem suas entradas *J* e *K* permanentemente em nível ALTO. As entradas *J* e *K* dos outros FFs são acionadas por uma combinação lógica das saídas dos FFs.
- O contador síncrono requer um circuito maior que o contador assíncrono.

Operação do circuito

Para que esse circuito conte de forma adequada em determinada transição negativa do clock, apenas aqueles FFs que supostamente devem comutar nessa transição negativa do clock devem ter *J* = *K* = 1 quando ocorrer essa transição. Vamos analisar a sequência de contagem do circuito na Figura 7.5(b) para ver o que acontece com cada FF.

FIGURA 7.5 Contador síncrono de MOD-16. Cada FF é disparado pela transição negativa do sinal de clock de entrada; desse modo, todas as transições dos FFs ocorrem ao mesmo tempo.

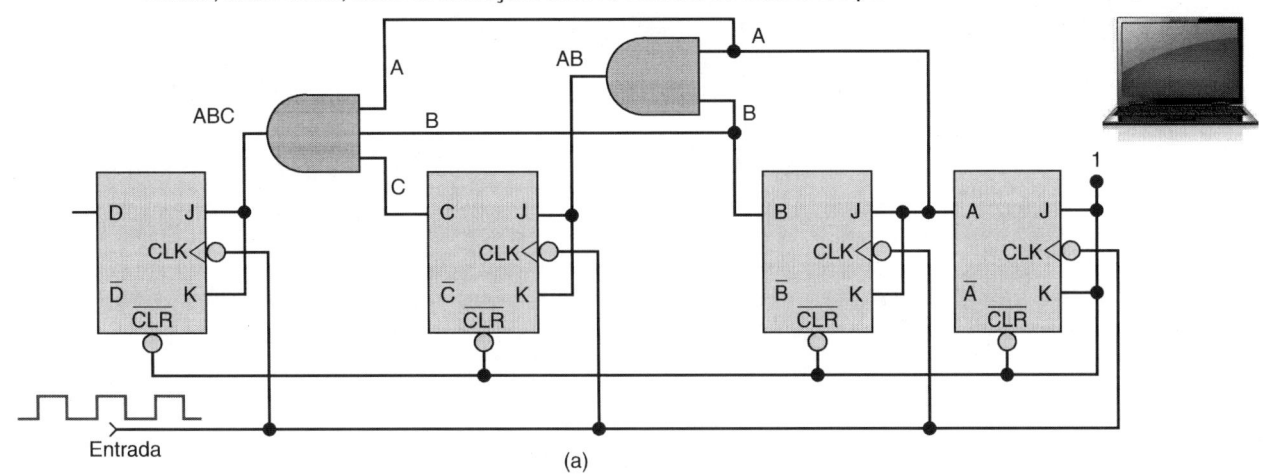

(a)

Count	D	C	B	A
0	0	0	0	0
1	0	0	0	1
2	0	0	1	0
3	0	0	1	1
4	0	1	0	0
5	0	1	0	1
6	0	1	1	0
7	0	1	1	1
8	1	0	0	0
9	1	0	0	1
10	1	0	1	0
11	1	0	1	1
12	1	1	0	0
13	1	1	0	1
14	1	1	1	0
15	1	1	1	1
0	0	0	0	0
.	.	.	.	.
.	.	etc.	.	.

(b)

A sequência de contagem mostra que o flip-flop A deve mudar de estado em cada transição negativa. Por isso, suas entradas J e K estão sempre em nível ALTO; dessa maneira, ele comuta em cada transição negativa de entrada de clock.

A sequência de contagem mostra que o flip-flop B deve mudar de estado em cada transição negativa que ocorrer enquanto $A = 1$. Por exemplo, quando a contagem for 0001, a próxima transição negativa deverá comutar B para o estado 1; quando for 0011, terá de comutar B para o estado 0; e assim por diante. Essa operação é implementada conectando-se a saída A nas entradas J e K do flip-flop B; desse modo, $J = K = 1$ apenas quando $A = 1$.

A sequência de contagem mostra que o flip-flop C deve mudar de estado em cada transição negativa que ocorrer enquanto $A = B = 1$. Por exemplo, quando a contagem for 0011, a próxima transição negativa deve comutar C para o estado 1; quando for 0111, terá de comutar C para o estado 0; e assim por diante. Conectando o sinal lógico AB nas entradas J e K do flip-flop C, esse FF somente comutará quando $A = B = 1$.

De modo análogo, é possível constatar que o flip-flop D deve comutar em toda transição negativa que ocorrer enquanto A = B = C = 1. Quando a contagem for 0111, a próxima transição negativa deverá comutar D para o estado 1; quando for 1111, terá de comutar D para o estado 0. Conectando o sinal lógico ABC nas entradas J e K do flip-flop D, ele comutará apenas quando A = B = C = 1.

O princípio básico para a construção de um contador síncrono pode, portanto, ser enunciado como:

Cada FF deve ter suas entradas J e K conectadas de modo que estejam no nível ALTO apenas quando as saídas de todos os FFs de mais baixa ordem estiverem no estado ALTO.

Vantagem dos contadores síncronos sobre os assíncronos

Em um contador paralelo, todos os FFs mudam de estado de forma simultânea; ou seja, estão sincronizados com as transições negativas dos pulsos de clock de entrada. Desse modo, diferentemente dos contadores assíncronos, os atrasos de propagação dos FFs não são somados para se obter o atraso total. Em vez disso, o tempo total de resposta de um contador síncrono como o da Figura 7.5 é o tempo de resposta de *um* FF para comutar *mais* o tempo para os novos níveis lógicos se propagarem por uma *única* porta AND para alcançar as entradas J e K. Ou seja, para um contador síncrono:

$$\text{atraso total} = t_{pd} \text{ do FF} + t_{pd} \text{ da porta AND} \qquad (7.5)$$

Esse atraso total não depende do número de FFs do contador e, em geral, é muito menor que o atraso de um contador assíncrono com o mesmo número de FFs. Assim, um contador síncrono pode operar com frequência de entrada muito maior. Logicamente, o circuito de um contador síncrono é mais complexo que o de um assíncrono.

CIs comerciais

Existem diversos CIs de contadores síncronos nas famílias lógicas TTL e CMOS. Alguns dos dispositivos mais utilizados são:

- 74ALS160/162, 74HC160/162: contadores síncronos decádicos.
- 74ALS161/163, 74HC161/163: contadores síncronos de MOD-16.

EXEMPLO 7.4

(a) Determine $f_{máx}$ para o contador mostrado na Figura 7.5(a) se o t_{pd} de cada FF for 50 ns e o t_{pd} de cada porta AND for 20 ns. Compare esses valores com $f_{máx}$ para um contador assíncrono de MOD-16.
(b) O que deve ser feito para mudar o módulo desse contador para MOD-32?
(c) Determine $f_{máx}$ para o contador paralelo de MOD-32.

Solução
(a) No contador síncrono, o atraso total que deve ser permitido entre os pulsos de clock de entrada é igual ao t_{pd} do FF + t_{pd} da porta AND. Desse modo, $T_{clock} \geq 50 + 20 = 70$ ns, e o contador síncrono tem frequência máxima de

$$f_{máx} = \frac{1}{T} = \cdot \frac{1}{70 \text{ ns}} = 14{,}3 \text{ MHz (contador paralelo)}$$

Um contador assíncrono de MOD-16 usa quatro FFs com t_{pd} = 50 ns. Da Equação 7.3, $T_{clock} \geq N \times t_{pd}$. Desse modo, $f_{máx}$ para o contador assíncrono é

$$f_{máx} = \frac{1}{T} = \frac{1}{4 \times 50 \text{ ns}} = 5 \text{ MHz (contador assíncrono)}$$

(b) Um quinto FF deve ser acrescentado, uma vez que 2^5 = 32. A entrada *CLK* desse FF também é conectada nos pulsos de entrada. Suas entradas *J* e *K* são acionadas pela saída da porta AND de quatro entradas, *A*, *B*, *C* e *D*.

(c) A $f_{máx}$ ainda é determinada como no item (a), independentemente do número de FFs no contador paralelo. Assim, $f_{máx}$ ainda é 14,3 MHz.

QUESTÕES DE REVISÃO

1. Qual é a vantagem dos contadores síncronos sobre os assíncronos? E a desvantagem?
2. Quantos dispositivos lógicos são necessários para um contador paralelo de MOD-64?
3. Qual é o sinal lógico que aciona as entradas *J* e *K* do flip-flop MSB para o contador da questão anterior?

7.4 CONTADORES COM NÚMEROS MOD < 2^N

OBJETIVOS

Após ler esta seção, você será capaz de:

- Modificar um contador binário de *n* bits para ter um MOD # de qualquer valor inteiro menor que 2^N.
- Traçar o tempo de qualquer contador, incluindo quaisquer estados temporários à medida que ele é reciclado.
- Traçar um diagrama de transição de estado de qualquer contador.
- Determinar se cada saída Q é periódica e, em caso afirmativo, seu período e frequência.

O contador básico síncrono na Figura 7.5 está limitado ao número MOD que é igual a 2^N, em que *N* é o número de FFs. Esse valor é, na realidade, o número MOD máximo que pode ser obtido usando-se *N* flip-flops. O contador básico pode ser modificado para gerar um número MOD menor que 2^N, possibilitando que o contador *pule estados* que normalmente são parte da sequência de contagem. Uma sequência de contagem truncada pode ser produzida de maneiras diferentes. Um dos métodos mais comuns para se fazer isso é ilustrado na Figura 7.6, com um contador de três bits. Desconsiderando a porta NAND por um momento, é possível ver que o contador é um contador binário de MOD-8 que conta em sequência de 000 a 111. Contudo, a presença da porta NAND altera essa sequência da seguinte forma:

1. A saída da porta NAND está conectada às entradas assíncronas da entrada $\overline{CLR}$ de cada FF. Enquanto a saída da porta NAND estiver em nível ALTO, não terá efeito sobre o contador. Todavia, quando ela vai para o nível BAIXO, reseta todos os FFs; logo, o contador vai imediatamente para o estado 000.

2. As entradas da porta NAND são as saídas dos flip-flops *B* e *C*, portanto, a saída da porta NAND vai para nível BAIXO sempre que $B = C = 1$. Essa condição ocorre quando o contador passa do estado 101 para o 110 na transição negativa do pulso 6 da entrada. O nível BAIXO na saída da porta NAND resetará de imediato (geralmente, em poucos nanossegundos) o contador para o estado 000. Uma vez que os FFs tenham sido resetados, a saída da porta NAND retorna para o nível ALTO, uma vez que a condição $B = C = 1$ não existe mais.
3. A sequência de contagem é, portanto:

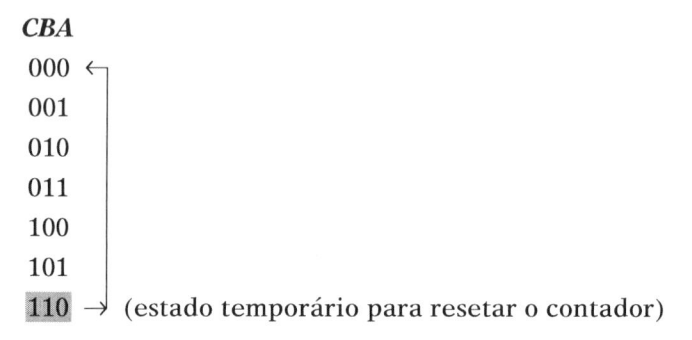

   CBA
   000 ←
   001
   010
   011
   100
   101
   110 → (estado temporário para resetar o contador)

Embora o contador chegue ao estado 110, ele se mantém nesse estado por apenas alguns nanossegundos antes de reciclar para 000. Desse modo, é possível dizer que esse contador conta de 000 (zero) a 101 (cinco) e, então, recicla para 000. Ele, essencialmente, pula 110 e 111; logo, passa por apenas seis estados diferentes; assim, trata-se de um contador de MOD-6. Estados temporários de contadores, como o estado 110 para esse contador, são chamados **estados de transição**.

FIGURA 7.6 Contador de MOD-6 produzido resetando-se um contador de MOD-8 quando a contagem de seis (110) ocorre.

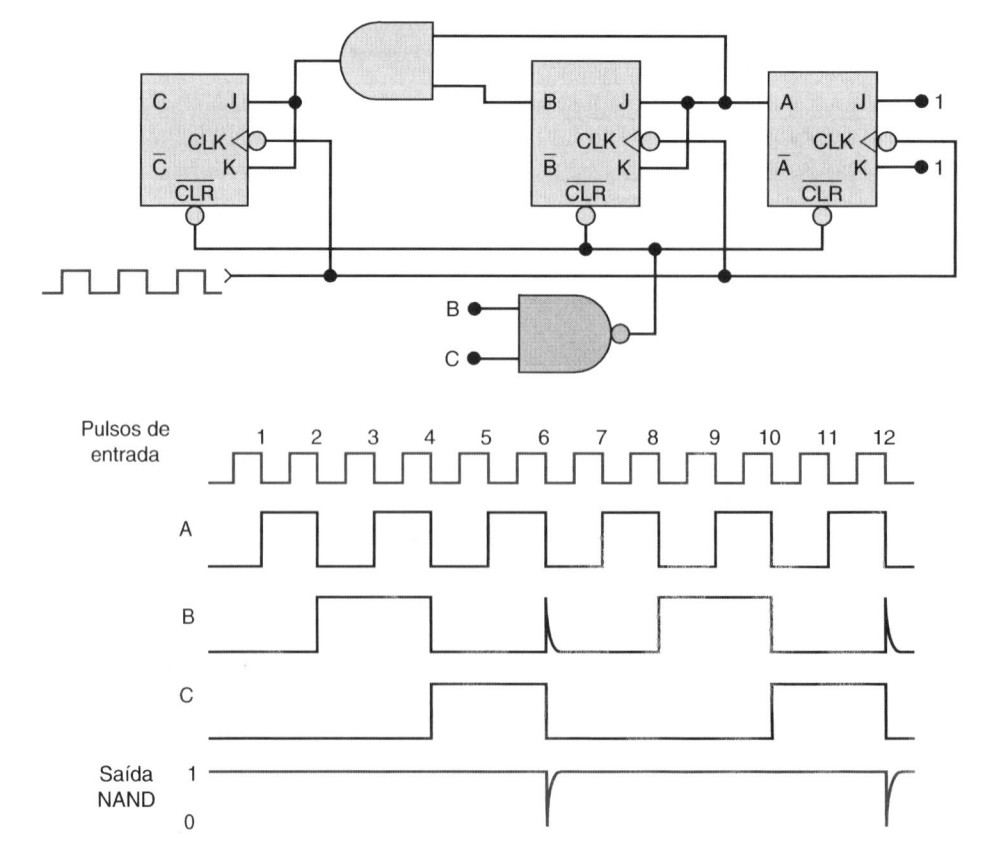

Observe que a forma de onda na saída *B* contém um *spike* ou um *glitch* causado pela ocorrência momentânea do estado 110 antes do reset. Esse glitch é muito estreito e, portanto, não gera indicação visível em LEDs indicadores ou displays numéricos. Poderia, no entanto, provocar um problema se a saída *B* estivesse sendo usada para acionar outros circuitos externos ao contador. Deve-se observar, também, que a saída *C* tem frequência igual a 1/6 da frequência de entrada; em outras palavras, esse contador de MOD-6 dividiu a frequência de entrada por *seis*. A forma de onda em *C não* é simetricamente quadrada (ciclo de trabalho de 50%), porque permanece em nível ALTO por apenas dois ciclos do sinal de clock, enquanto permanece em nível BAIXO por quatro ciclos do clock.

Diagrama de transição de estados

A Figura 7.7(a) apresenta o diagrama de transição de estados para o contador de MOD-6 que consta na Figura 7.6, mostrando como os FFs *A*, *B* e *C* mudam de estado à medida que os pulsos são aplicados na entrada *CLK* do flip-flop *A*. Lembre-se de que cada círculo representa um dos possíveis estados do contador e que as setas indicam como se passa de um estado para outro em resposta a um pulso de clock de entrada.

Se considerarmos a contagem iniciando em 000, o diagrama mostra que os estados do contador mudam de maneira crescente até a contagem 101. Quando o próximo pulso de clock ocorre, o contador passa momentaneamente para a contagem 110, antes de ir para a contagem estável 000. As linhas tracejadas indicam o estado temporário natural 110. Conforme já mencionado, a duração desse estado é tão curta que, para a maioria das aplicações, é possível considerar que o contador passa diretamente de 101 para 000 (linha contínua).

Observe que não há nenhuma seta entrando no estado 111 porque o contador nunca avançará até esse estado. Contudo, o estado 111 pode ocorrer quando o circuito é energizado, situação na qual os FFs assumem estados aleatórios. Se isso ocorrer, a condição 111 gerará um nível BAIXO na saída da porta NAND e imediatamente resetará o contador para 000. Desse modo, o estado 111 também é uma condição temporária que termina em 000.

Mostrando os estados do contador

Algumas vezes durante a operação normal e muitas vezes durante testes, é necessário ter um display que possibilite visualizar como o contador muda de estado em resposta aos pulsos de entrada. Trataremos em detalhes, mais adiante, as diversas maneiras de se fazer isso. Por enquanto, a Figura 7.7(b) mostra um dos métodos mais simples, com indicadores individuais com LEDs para saída de cada FF. A saída de cada FF está conectada em um INVERSOR cuja saída provê um caminho para a corrente do LED. Por exemplo, quando a saída *A* estiver em nível ALTO, a saída do INVERSOR estará em nível BAIXO e o LED acenderá. O LED aceso indica *A* = 1. Quando a saída *A* estiver em nível BAIXO, a saída do INVERSOR estará em nível ALTO e o LED apagará. O LED apagado indica que *A* = 0.

FIGURA 7.7 (a) Diagrama de transição de estados para o contador de MOD-6 mostrado na Figura 7.6. (b) Os LEDs são muitas vezes usados para apresentar os estados de um contador.

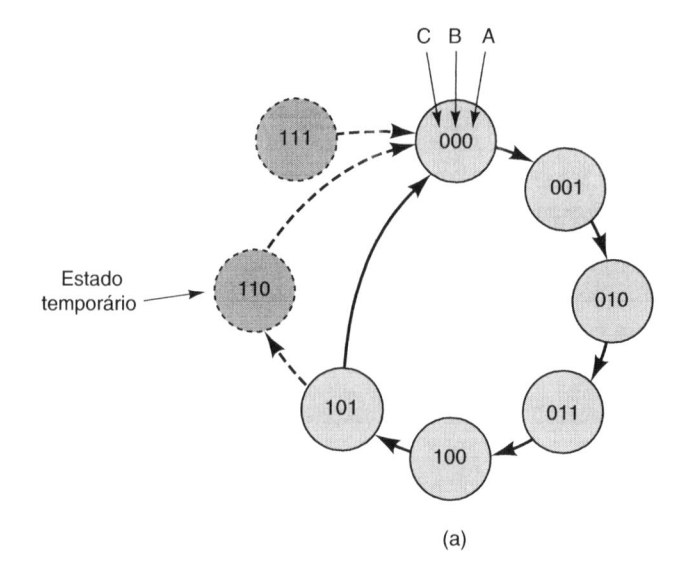

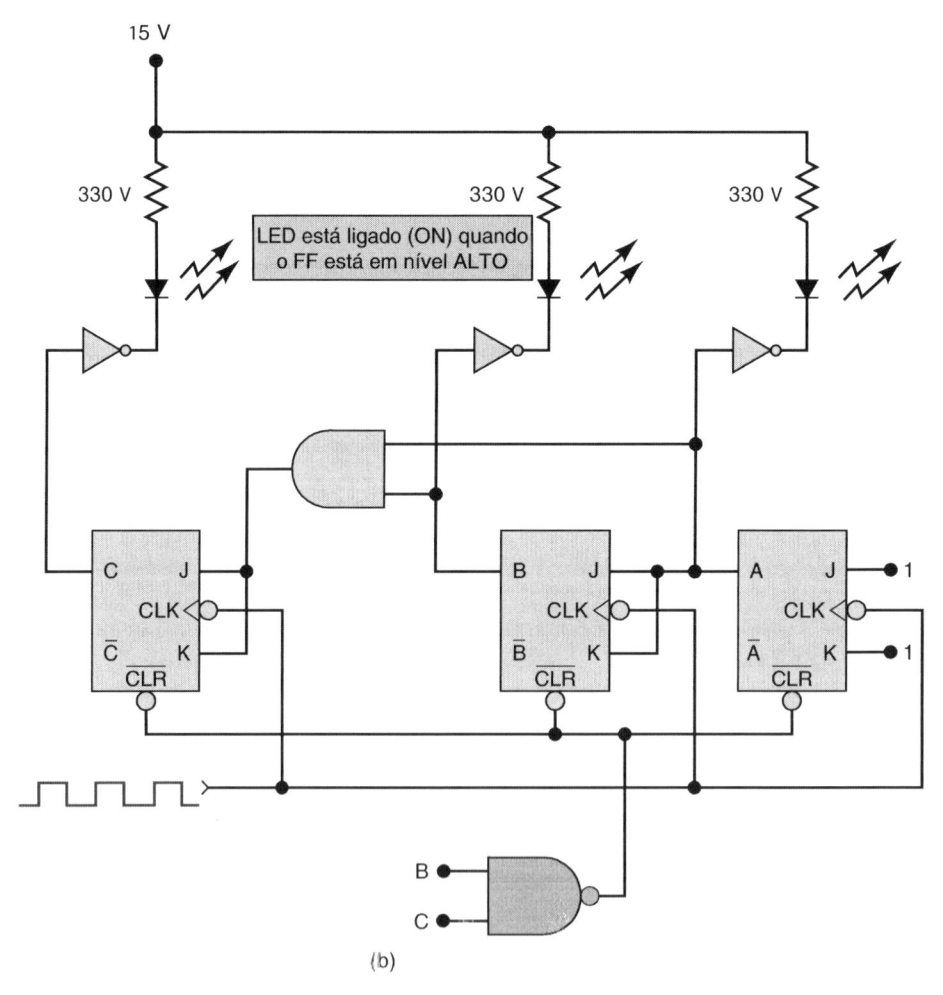

EXEMPLO 7.5

(a) Qual será o estado dos LEDs quando o contador na Figura 7.7(b) estiver com a contagem de cinco?

(b) O que os LEDs mostrarão quando o clock de entrada do contador for de 1 kHz?

(c) O estado 110 poderá ser visto nos LEDs?

Solução

(a) Como $5_{10} = 101_2$, os LEDs das posições 2^0 (*A*) e 2^2 (*C*) estarão acesos (ON) e o LED da posição 2^1 (*B*) estará apagado (OFF).

(b) A 1 kHz, os LEDs comutarão entre aceso e apagado tão rapidamente que para o olho humano se apresentarão como acesos todo o tempo com metade da intensidade luminosa.

(c) Não; o estado 110 se mantém por apenas alguns nanossegundos enquanto o contador recicla para 000.

Alterando o número MOD

O contador mostrado nas figuras 7.6 e 7.7 é um contador de MOD-6 em razão da escolha das entradas da porta NAND. Qualquer número MOD desejado pode ser obtido alterando-se essas entradas. Por exemplo, usando uma porta NAND de três entradas (*A*, *B* e *C*), o contador contaria normalmente até que a condição 111 fosse alcançada; nesse ponto, ele seria imediatamente resetado para o estado 000. Ignorando a excursão temporária no estado 111, o contador iria de 000 a 110 e, em seguida, reciclaria e voltaria para 000, resultando em um contador de MOD-7 (sete estados).

EXEMPLO 7.6

Determine o número MOD do contador mostrado na Figura 7.8(a). Determine também a frequência na saída *D*.

Solução

Esse é um contador de quatro bits que, em geral, contaria de 0000 até 1111. As entradas da NAND são *D*, *C* e *B*, o que significa que o contador recicla de imediato para 0000 quando a contagem 1110 (decimal 14) for alcançada. Desse modo, o contador tem 14 estados estáveis de 0000 a 1101 e é, portanto, um contador de *MOD-14*. Uma vez que a frequência de entrada é de 30 kHz, a frequência da saída *D* será

$$\frac{30 \text{ kHz}}{14} = 2{,}14 \text{ kHz}$$

Procedimento geral

Para construir um contador que inicie a contagem a partir de todos os bits em nível 0 e que tenha um número MOD de *X*:

1. Determine o menor número de FFs, de modo que $2^N \geq X$, e conecte-os como contador. Se $2^N = X$, dispense os passos 2 e 3.
2. Conecte a saída de uma porta NAND às entradas assíncronas CLEAR de todos os FFs.
3. Determine quais são os FFs em nível ALTO na contagem = *X*; então, conecte as saídas normais desses FFs às entradas da porta NAND.

FIGURA 7.8 (a) Contador de MOD-14; (b) contador de MOD-10 (decádico).

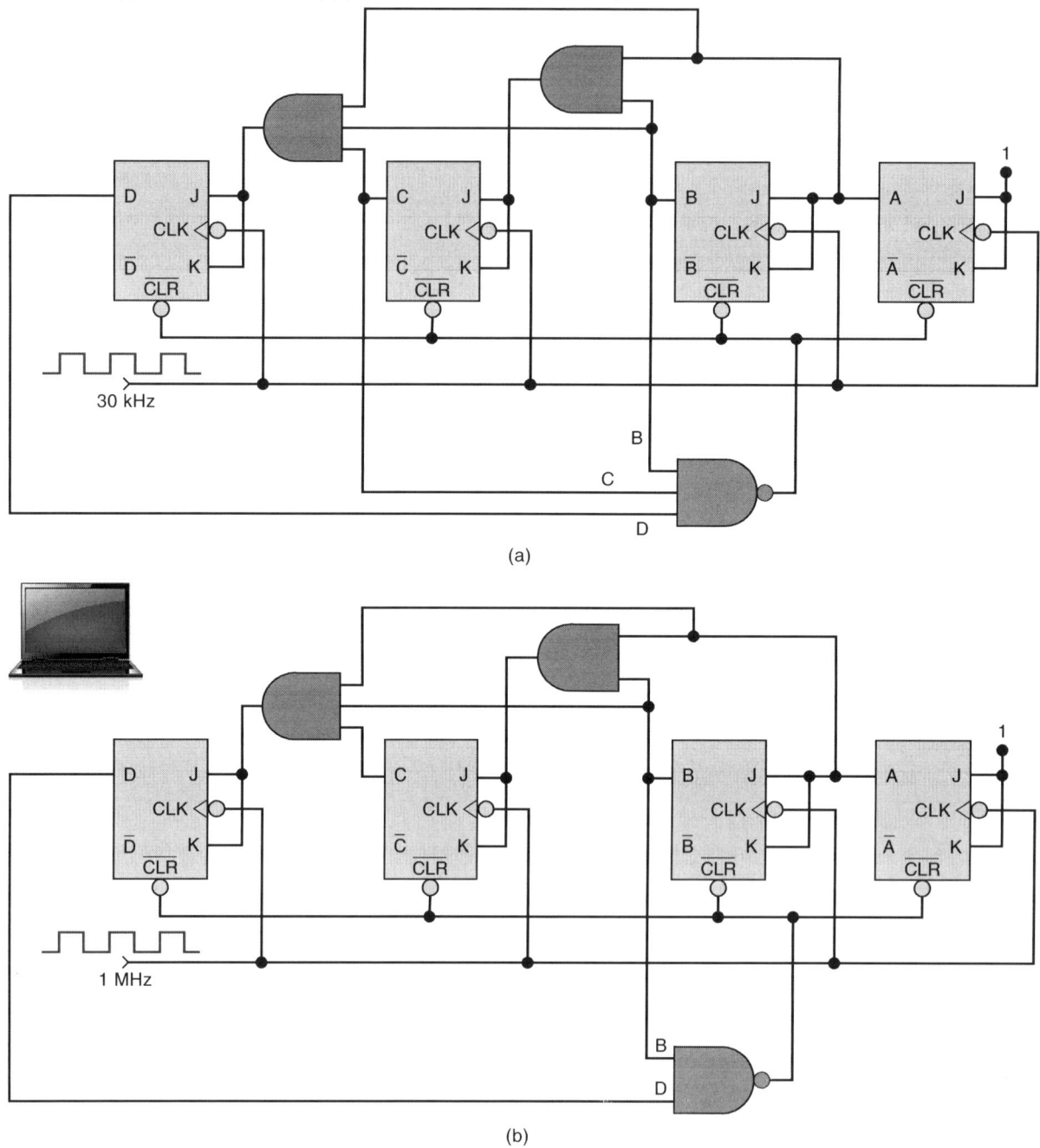

(a)

(b)

EXEMPLO 7.7

Construa um contador de MOD-10 que conte de 0000 (zero) a 1001 (decimal 9).

Solução
$2^3 = 8$ e $2^4 = 16$; assim, são necessários quatro FFs. Uma vez que o contador deve ter estados estáveis de operação até a contagem 1001, ele tem de ser resetado quando a contagem 1010 é alcançada. Portanto, as saídas dos FFs D e B devem ser conectadas como entradas da porta NAND. A Figura 7.8(b) mostra essa configuração.

Contadores decádicos/contadores BCD

O contador de MOD-10 mostrado no Exemplo 7.7 também é conhecido como **contador decádico**. Na realidade, um contador decádico é qualquer um que tenha dez estados distintos, não importando a sequência. Um contador decádico como o mostrado na Figura 7.8(b), que conta em sequência de 0000 (zero) a 1001 (decimal 9), costuma ser denominado **contador BCD**, porque usa apenas os dez grupos de códigos BCD (0000, 0001, ..., 1000 e 1001). Para resumir, qualquer contador de MOD-10 é um contador decádico; e qualquer contador decádico que conte em binário de 0000 a 1001 é BCD.

Os contadores decádicos, em especial os tipos BCD, encontram ampla área de aplicações em que pulsos, ou eventos, têm de ser contados e o resultado deve ser, apresentado em algum tipo de display numérico decimal. Vamos analisar esses contadores mais adiante. Um contador decádico também é muito usado para dividir frequências de pulsos *exatamente* por 10. Os pulsos de entrada são aplicados a entradas de clock paralelizadas, e pulsos de saída são obtidos a partir da saída do flip-flop D, que apresenta 1/10 da frequência de entrada do sinal.

EXEMPLO 7.8

No Exemplo 7.3, um contador de MOD-60 foi necessário para dividir a frequência da rede elétrica, 60 Hz, para se obter 1 Hz. Construa o contador de MOD-60 apropriado.

Solução

$2^5 = 32$ e $2^6 = 64$, portanto necessitamos de seis FFs, conforme mostrado na Figura 7.9. O contador deve ser resetado quando alcançar a contagem 60 (111100). Desse modo, as saídas dos flip-flops Q_5, Q_4, Q_3 e Q_2 devem ser conectadas na porta NAND. A saída do flip-flop Q_5 terá frequência de 1 Hz.

FIGURA 7.9 Contador de MOD-60.

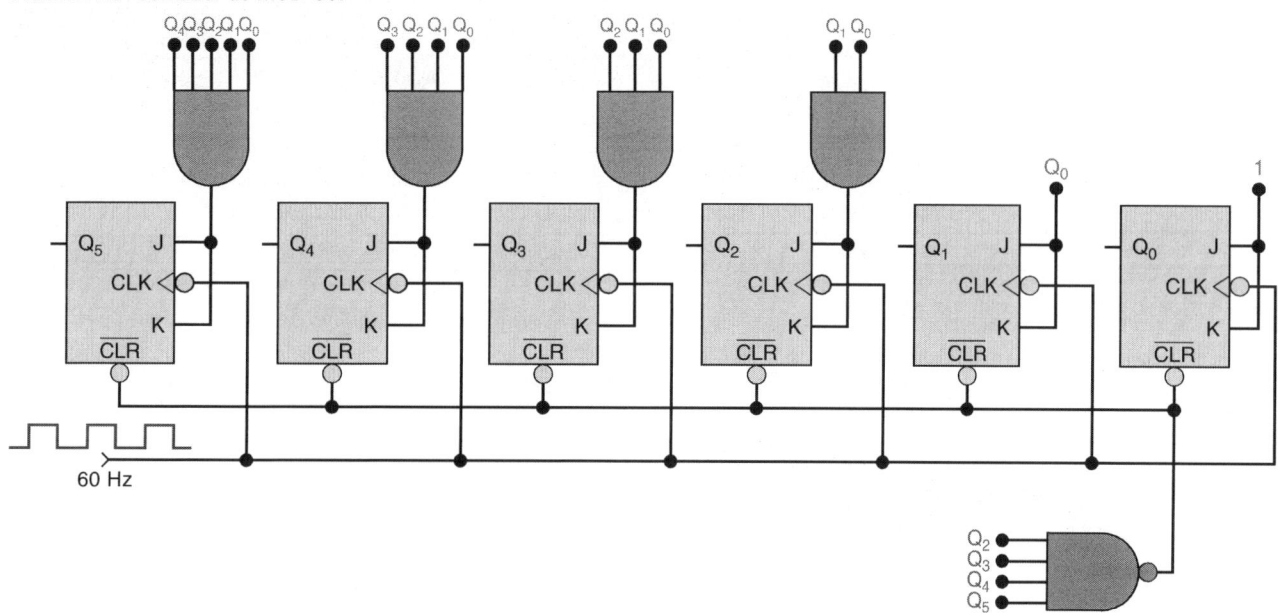

QUESTÕES DE REVISÃO

1. Quais são as saídas dos FFs que devem ser conectadas na porta NAND para se obter um contador de MOD-13?
2. *Verdadeiro ou falso*: todos os contadores BCD são contadores decádicos.
3. Qual é a frequência de saída MSB de um contador decádico cuja entrada de clock tem sinal de 50 kHz?

7.5 CONTADORES SÍNCRONOS DECRESCENTES E CRESCENTES/DECRESCENTES

OBJETIVOS

Após ler esta seção, você será capaz de:

- Criar contadores que possam fazem contagem crescente e decrescente.
- Usar diagramas de transição de estado para descrever o funcionamento dos contadores crescentes e decrescentes.

Na Seção 7.3, vimos que usar a saída de um FF de ordem mais baixa para controlar a comutação de cada FF cria um **contador crescente** síncrono. Um **contador decrescente** síncrono pode ser criado de maneira semelhante, só que com as saídas invertidas de cada FF para controlar as entradas J e K de ordem mais alta. Comparando o contador decrescente síncrono de MOD-16 da Figura 7.10 com o contador crescente da Figura 7.5, vemos que é preciso apenas substituir a saída invertida de cada FF correspondente no lugar das saídas A, B e C. Para uma sequência de contagem decrescente, o FF LSB (A) ainda precisa comutar a cada transição negativa do sinal de entrada do clock. O flip-flop B deve mudar de estado na próxima transição negativa do clock quando $A = 0$ ($\overline{A} = 1$). O flip-flop C muda de estado quando $A = B = 0$ ($\overline{A} \cdot \overline{B} = 1$) e o flip-flop D, quando $A = B = C = 0$ ($\overline{A} \cdot \overline{B} \cdot \overline{C} = 1$). Essa configuração de circuito produzirá a sequência de contagem: 15, 14, 13, 12, ..., 3, 2, 1, 0, 15, 14, e assim por diante, como mostra o diagrama de tempo.

A Figura 7.11(a) mostra como fazer um **contador crescente/decrescente** (*up/down counter*, em inglês). A entrada de controle Up/$\overline{\text{Down}}$ controla se as entradas J e K dos FFs seguintes serão acionadas pelas saídas normais ou pelas saídas invertidas dos FFs. Quando Up/$\overline{\text{Down}}$ for mantida em nível ALTO, as portas AND 1 e 2 estarão habilitadas, enquanto as portas AND 3 e 4 estarão desabilitadas (observe a presença do inversor). Isso permite que as saídas A e B passem pelas portas 1 e 2 para controlar as entradas J e K dos FFs B e C. Quando Up/$\overline{\text{Down}}$ for mantida em nível BAIXO, as portas AND 1 e 2 estarão desabilitadas, enquanto as portas AND 3 e 4 estarão habilitadas. Isso permite que as saídas A e B passem pelas portas 3 e 4 para as entradas J e K dos FFs B e C.

As formas de onda na Figura 7.11(b) ilustram a operação do contador. Observe que, para os primeiros cinco pulsos de clock, Up/$\overline{\text{Down}} = 1$ e o contador conta de forma crescente; para os últimos cinco, Up/$\overline{\text{Down}} = 0$ e o contador conta de forma decrescente.

O diagrama de transição de estados para esse contador é dado na Figura 7.11(c). As setas representam transições de estado que ocorrem na transição negativa do sinal de clock. Observe que há duas setas deixando cada círculo de estado. Isso é referido como uma **transição condicional**.

Obviamente, o próximo estado para esse contador depende do nível lógico aplicado à entrada de controle, Up/Down. Cada uma das setas deve ser rotulada com o nível lógico de controle de entrada que produz a transição indicada. O nome do sinal de controle é fornecido com uma legenda próxima do diagrama de transição de estados.

FIGURA 7.10 Contador decrescente síncrono de MOD-16 e formas de onda da saída.

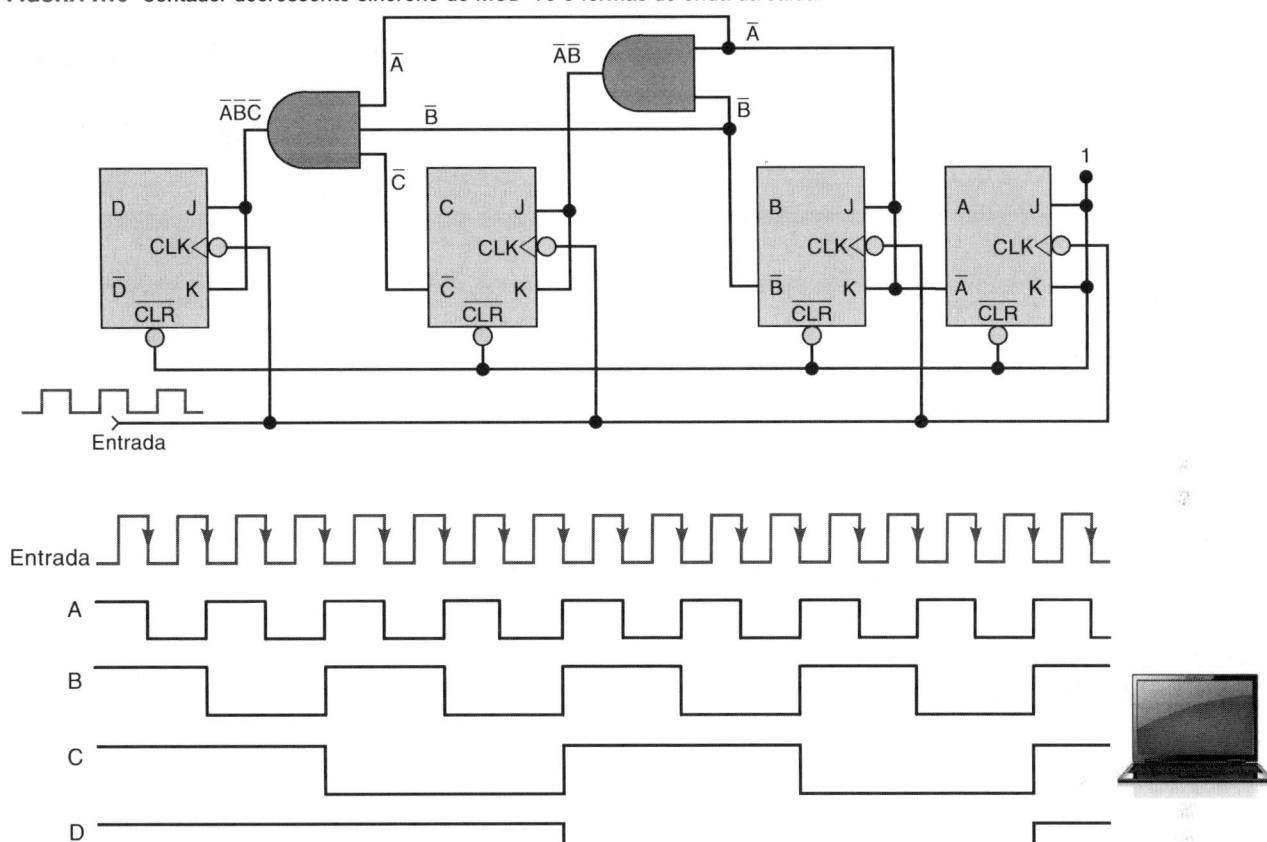

FIGURA 7.11 Contador crescente/decrescente síncrono de MOD-8: (a) diagrama esquemático; (b) amostra de diagrama de tempo; (c) diagrama de transição de estados.

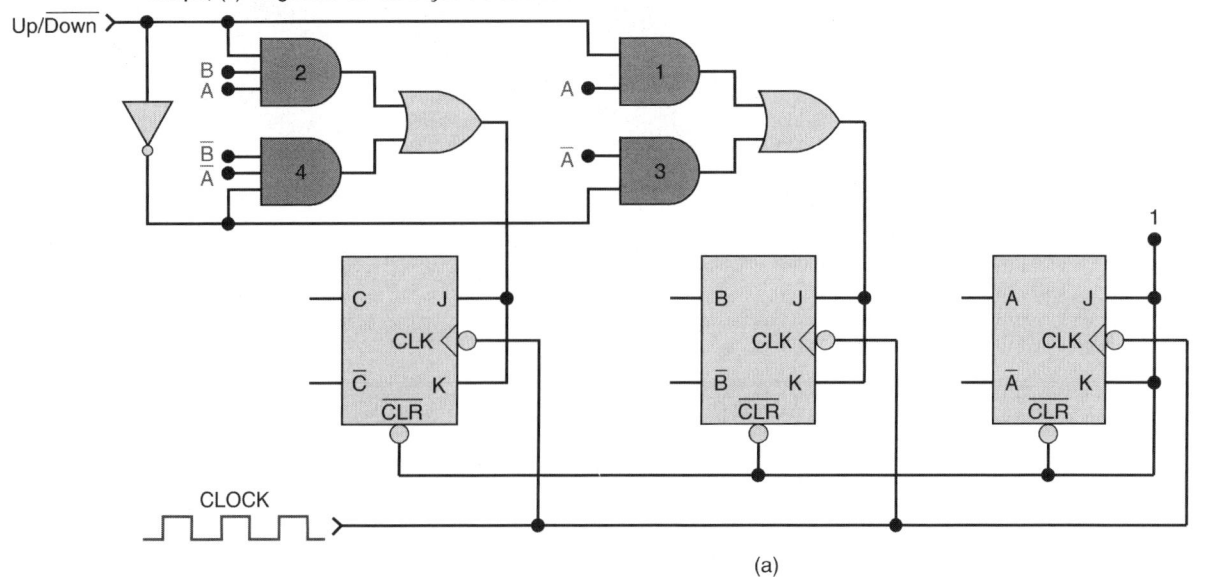

(a)

(b)

(c)

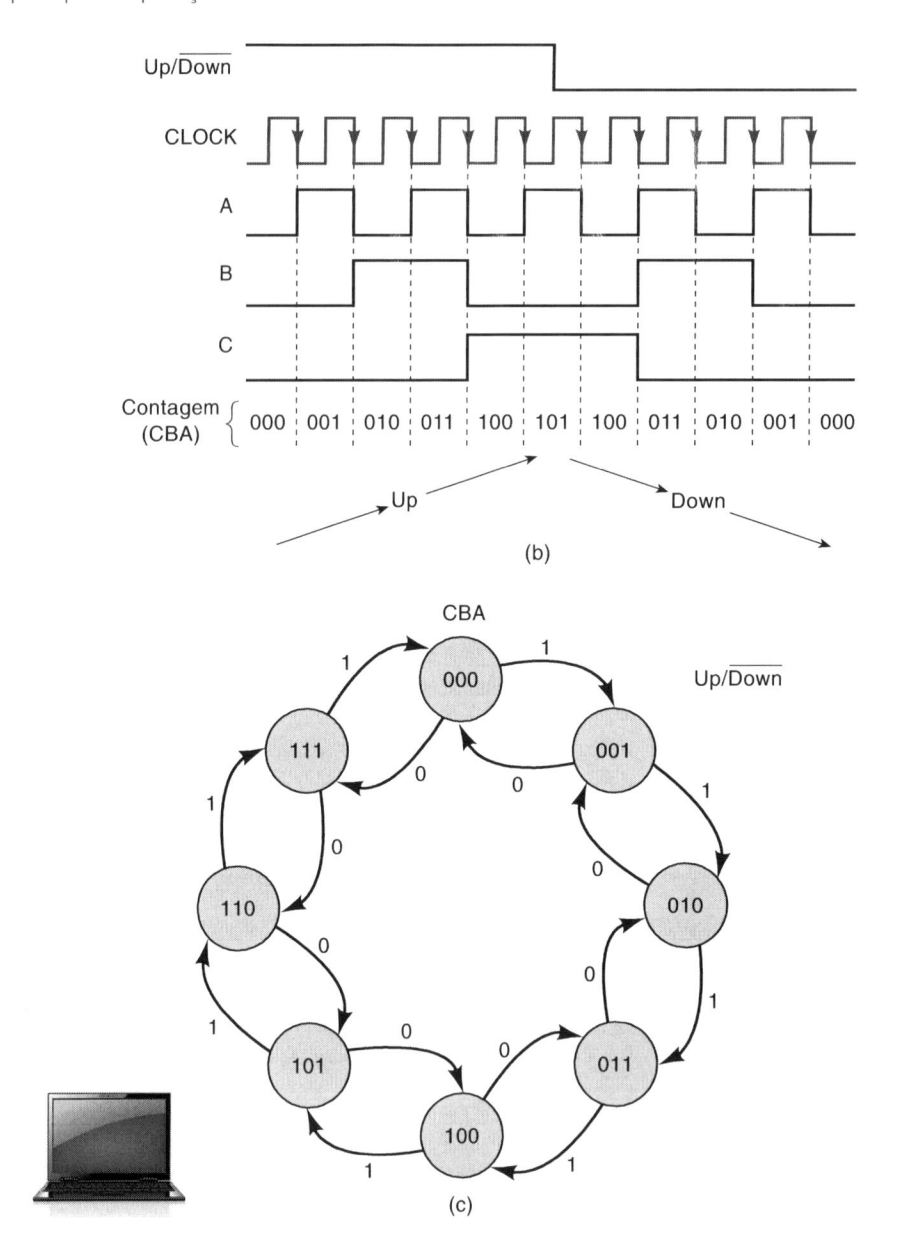

A nomenclatura usada para o sinal de controle (Up/$\overline{\text{Down}}$) foi escolhida para tornar claro como essa entrada afeta o contador. A operação de contagem crescente é ativada em nível ALTO; a operação de contagem decrescente, em nível BAIXO.

EXEMPLO 7.9

Que problemas poderiam ser causados se o sinal Up/$\overline{\text{Down}}$ na Figura 7.11(b) mudasse de nível na transição negativa do clock?

Solução

Os FFs operariam de modo imprevisível, uma vez que alguns teriam suas entradas J e K mudando aproximadamente no mesmo instante em que a transição negativa estivesse ocorrendo em suas entradas *CLK*. Contudo, os efeitos da mudança do sinal de controle deve propagar-se pelas duas portas antes de alcançar as entradas J e K, portanto, é mais provável que os FFs respondam de forma previsível aos níveis que estavam em *J* e *K* antes da transição negativa em *CLK*.

QUESTÕES DE REVISÃO

1. Qual é a diferença entre as sequências de contagem de um contador crescente e de um decrescente?
2. Que mudanças de circuito seriam necessárias para converter um contador síncrono binário crescente em um contador binário decrescente?

7.6 CONTADORES COM CARGA PARALELA

OBJETIVOS

Após ler esta seção, você será capaz de:

- Criar um contador que possa ser inicializado ou "carregado" com qualquer valor binário de *n* bits.
- Distinguir entre o controle síncrono e assíncrono no processo de carregamento.

Muitos contadores síncronos (paralelos) disponíveis na forma de CIs são projetados para serem **contadores carregáveis** (*presettable*); em outras palavras, podem ser inicializados com qualquer contagem inicial desejada assíncrona (independente do sinal de clock) ou sincronamente (na transição ativa do sinal de clock). Essa operação de inicialização também é denominada **carga paralela** do contador.

A Figura 7.12 mostra o circuito lógico para um contador crescente de três bits com carga paralela. As entradas *J*, *K* e *CLK* estão ligadas para a operação como um contador crescente paralelo. As entradas assíncronas PRESET e CLEAR estão ligadas para que se realize a carga assíncrona do contador. O contador é carregado com qualquer contagem desejada, a qualquer instante, da seguinte maneira:

1. Aplique a contagem desejada nas entradas paralelas de dados, P_2, P_1 e P_0.
2. Aplique um pulso de nível BAIXO na entrada de carga paralela (PARALLEL LOAD), $\overline{PL}$.

Esse procedimento realiza uma transferência assíncrona dos níveis em P_2, P_1 e P_0 para os flip-flops Q_2, Q_1 e Q_0, respectivamente (Seção 5.16). Essa *transferência forçada* ocorre independentemente das entradas *J*, *K* e *CLK*. O efeito da entrada *CLK* será desabilitado enquanto $\overline{PL}$ estiver em seu estado ativo (nível BAIXO), uma vez que cada FF terá uma de suas entradas assíncronas ativada enquanto $\overline{PL}$ = 0. Uma vez que $\overline{PL}$ retorne para o nível ALTO, os FFs podem responder às entradas *CLK* e podem prosseguir a operação de contagem crescente iniciando a partir do valor carregado no contador.

Por exemplo, digamos que $P_2 = 1$, $P_1 = 0$ e $P_0 = 1$. Enquanto $\overline{PL}$ estiver em nível ALTO, as entradas paralelas de dados não terão efeito. Se pulsos de clock forem aplicados, o contador realizará a operação normal de contagem crescente. Agora, digamos que $\overline{PL}$ seja pulsada em nível BAIXO quando o contador estiver na contagem 010 (ou seja, $Q_2 = 0$, $Q_1 = 1$ e $Q_0 = 0$). Esse nível BAIXO em $\overline{PL}$ produzirá níveis BAIXOS na entrada $\overline{CLR}$ de Q_1 e nas entradas $\overline{PRE}$ de Q_2 e Q_0, de modo que o contador vai para a contagem 101 *independentemente do que estiver ocorrendo na entrada CLK*. A contagem permanecerá em 101 até que $\overline{PL}$ seja desativada (retorne para nível ALTO); nesse instante, o contador prosseguirá na contagem crescente dos pulsos de clock a partir da contagem 101.

Essa carga assíncrona é usada por muitos CIs de contadores, tais como o 74ALS190, 74ALS191, 74ALS192 e 74ALS193 da família TTL e os equivalentes CMOS, 74HC190, 74HC191, 74HC192 e 74HC193.

FIGURA 7.12 Contador síncrono com carga paralela assíncrona.

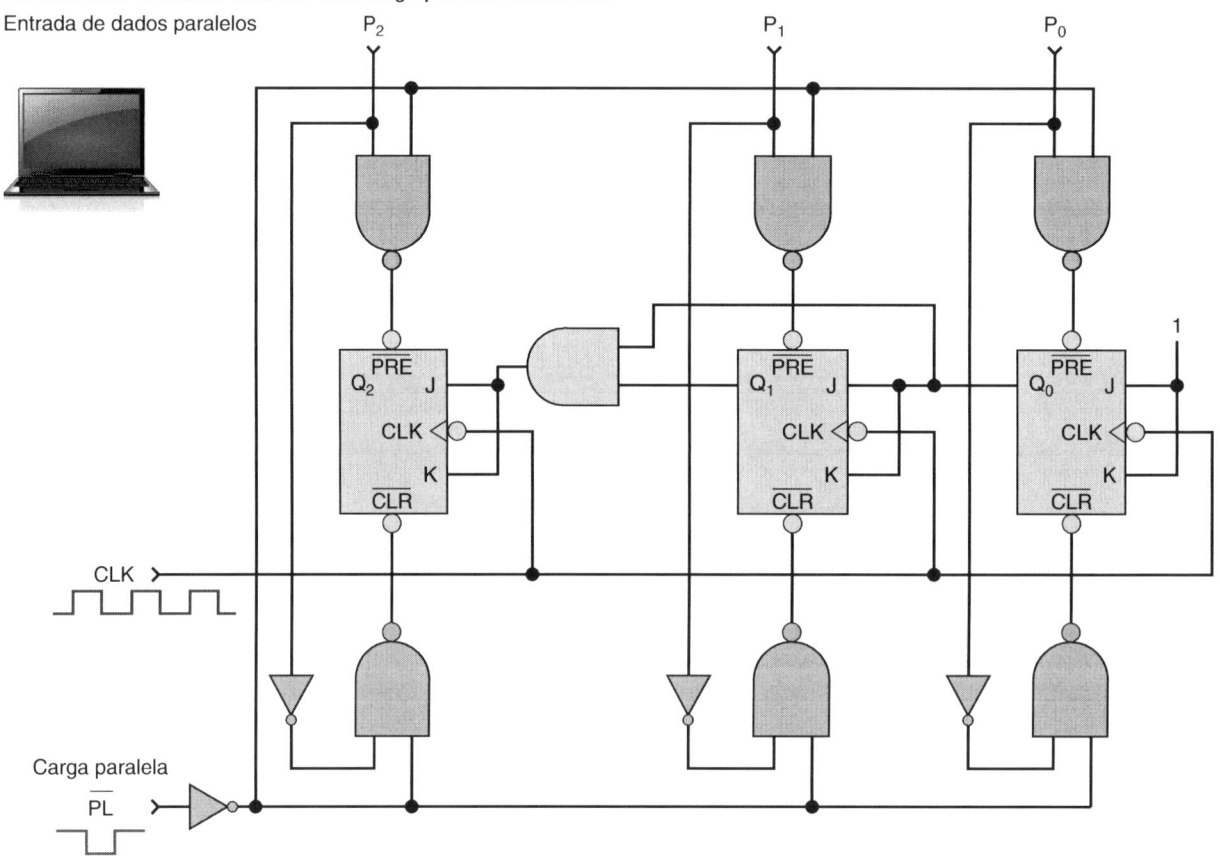

Carga síncrona

Muitos CIs de contadores paralelos usam *carga síncrona*, em que o contador é carregado na transição ativa do mesmo sinal de clock usado para a contagem. O nível lógico aplicado na entrada determina se a transição ativa do clock carregará o contador ou se será contada como uma operação normal de contagem.

Exemplos de CIs de contadores que usam carga síncrona incluem os 74ALS160, 74ALS161, 74ALS162 e 74ALS163 da família TTL e os equivalentes CMOS, 74HC160, 74HC161, 74HC162 e 74HC163.

QUESTÕES DE REVISÃO

1. O que significa dizer que um contador é carregável?
2. Descreva a diferença entre carga assíncrona e síncrona.

7.7 CIRCUITOS INTEGRADOS DE CONTADORES SÍNCRONOS

OBJETIVOS

Após ler esta seção, você será capaz de:

- Identificar e descrever os recursos comuns de controle encontrados nos contadores.
- Distinguir entre entradas de controle síncronas e assíncronas.
- Analisar a operação dos circuitos de contagem e prever seu diagrama de tempo, sequência, módulo e transição de estado.
- Conectar em cascata os blocos do contador de forma síncrona.

As séries 74ALS160-163/74HC160-163

A Figura 7.13 mostra o símbolo lógico, o módulo e a tabela de funções para a série de circuitos integrados de contadores de 74ALS160 a 74ALS163 (e seus equivalentes CMOS, 74HC160 a 74HC163). Esses contadores recicláveis de quatro bits têm saídas denominadas QD, QC, QB, QA, sendo QA o LSB e QD o MSB. Seu clock é ativado por uma transição positiva aplicada a *CLK*. Cada um dos quatro dispositivos diferentes possui uma combinação de duas variações de recursos. Como você pode ver na Figura 7.13(b), dois dos contadores são de MOD-10 (74ALS160 e 74ALS162), enquanto os outros dois são binários de MOD-16 (74ALS161 e 74ALS163). A outra diferença está na operação da função *clear* [destacada na Figura 7.13(c)]. Tanto o 74ALS160 quanto o 74ALS161 possuem uma entrada *clear* assíncrona. Isso significa que, assim que o nível $\overline{CLR}$ vai para BAIXO ($\overline{CLR}$ é ativo-em--BAIXO em todos os quatro componentes), a saída do contador é resetada para 0000. Por outro lado, os CIs dos contadores 74ALS162 e 74ALS163 são limpos sincronamente. Para esses contadores serem limpos sincronamente, a entrada $\overline{CLR}$ deve estar no nível BAIXO e uma transição positiva deve ser aplicada à entrada de clock. A entrada *clear* tem precedência sobre todas as outras funções nessa série de CIs de contadores. *Clear* se sobrepõe (*override*) a todas as outras entradas de controle, como indicam os Xs na tabela de funções da Figura 7.13(c).

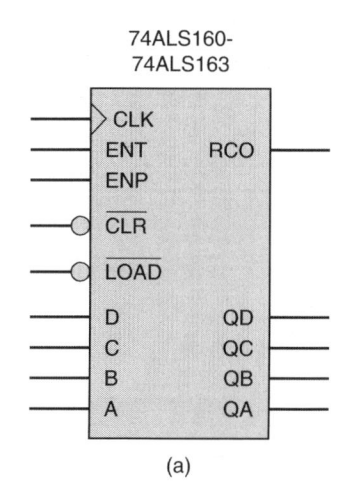

Número do componente	Módulo
74ALS160	10
74ALS161	16
74ALS162	10
74ALS163	16

(b)

FIGURA 7.13 Série de contadores síncronos 74ALS160 a 74ALS163: (a) símbolo lógico; (b) módulo; (c) tabela de funções.

Tabela de funções das séries 74ALS160-74ALS163

CLR	LOAD	ENP	ENT	CLK	Função	Número de componentes
L	X	X	X	X	Clear assíncrono	74ALS160 & 74ALS161
L	X	X	X	↑	Clear síncrono	74ALS162 & 74ALS163
H	L	X	X	↑	Carga síncrona	Todos
H	H	H	H	↑	Contagem crescente	Todos
H	H	L	X	X	Sem mudança	Todos
H	H	X	L	X	Sem mudança	Todos

(c)

A segunda função em precedência disponível nessa série de CIs de contadores é a carga paralela de dados nos flip-flops do contador. Para carregar os valores de dados, torne a entrada clear inativa (ALTO), aplique o valor de quatro bits desejado aos pinos da entrada de dados D, C, B, A (A é o LSB e D é o MSB), aplique um nível BAIXO ao controle $\overline{LOAD}$ de entrada e, então, aplique um clock no chip com uma transição positiva. A função carga é, desse modo, síncrona e tem prioridade sobre a contagem, portanto não importa que níveis lógicos são aplicados a ENT ou ENP. Para contar a partir do estado preset, será necessário desabilitar a carga (colocando-a em nível ALTO) e habilitar a função de contagem. Se a função carga estiver inativa, não importa o que é aplicado aos pinos da entrada de dados.

Para habilitar a contagem, a função de menor precedência, as entradas $\overline{CLR}$ e $\overline{LOAD}$ de controle precisam estar inativas. Além disso, há dois controles em nível ativo ALTO para habilitar a contagem (*count*), ENT e ENP, que são, essencialmente, unidos por um AND para controlar a função *count*. Se qualquer um dos controles de **habilitação da contagem**, ou ambos, estiverem inativos (BAIXO), o contador ficará no estado atual. Portanto, para incrementar a contagem a cada transição positiva em CLK, as quatro entradas de controle precisam estar em nível ALTO. Na contagem, os contadores decádicos (74ALS160 e 74ALS162) voltarão automaticamente a 0000 depois do estado 1001 (9), e os contadores binários (74ALS161 e 74ALS163) reciclarão automaticamente depois de 1111 (15).

Essa série de CIs de contadores possui mais um pino de saída, RCO. A função dessa saída de nível ativo ALTO é detectar (*decodificar*) o estado último ou terminal do contador. O estado terminal de um contador decádico é 1001 (9), enquanto o de um contador de MOD-16 é 1111 (15). ENT, a entrada de habilitação da primeira contagem, também controla a operação de RCO e precisa estar em nível ALTO para que o contador indique com a saída RCO que chegou a seu estado terminal. Você verá que esse recurso é bastante útil quando se conectam dois ou mais CIs de contadores em um arranjo de múltiplos estágios para a criação de contadores maiores.

EXEMPLO 7.10

Consulte a Figura 7.14, em que você pode ver os sinais de entrada de um 74HC163 em um diagrama de tempo. As entradas de dados paralelos estão permanentemente conectadas em 1100. Suponha que o contador esteja inicialmente no estado 0000 e determine as formas de onda das saídas.

Solução

Inicialmente (em t_0), os FFs do contador estão em nível BAIXO. Como esse não é o estado terminal do contador, o RCO da saída também está em nível

BAIXO. A primeira transição positiva em CLK ocorre no instante t_1 e, como todas as entradas de controle estão em nível ALTO, o contador sobe para 0001. O contador continua contando em ordem crescente a cada transição positiva até t_2. A entrada $\overline{CLR}$ está em nível BAIXO em t_2. Isso reseta o contador sincronamente até 0000 em t_2. Depois de t_2, a entrada $\overline{CLR}$ torna-se inativa (ALTO), então o contador começa a contar em ordem crescente outra vez a partir de 0000, a cada transição positiva subsequente. A entrada de $\overline{LOAD}$ está no nível BAIXO em t_3, isso carrega sincronamente o valor de dados aplicado 1100 (12) no contador em t_3. Após t_3, a entrada $\overline{LOAD}$ torna-se inativa (ALTO), portanto o contador continua contando de modo crescente a partir de 1100 a cada transição positiva subsequente, até chegar a t4. A saída do contador não muda em t_4 ou t_5, já que ENP ou ENT (entradas de habilitação de contagem) estão no nível BAIXO. Isso suspende a contagem em 1110 (14). Em t_6, o contador é habilitado outra vez e conta em ordem crescente até 1111 (15), seu estado terminal. Em consequência, a saída RCO torna-se de nível ALTO. Em t_7, outra transição positiva em CLK faz que o contador retorne a 0000 e RCO volte à saída de nível BAIXO.

FIGURA 7.14 Exemplo 7.10.

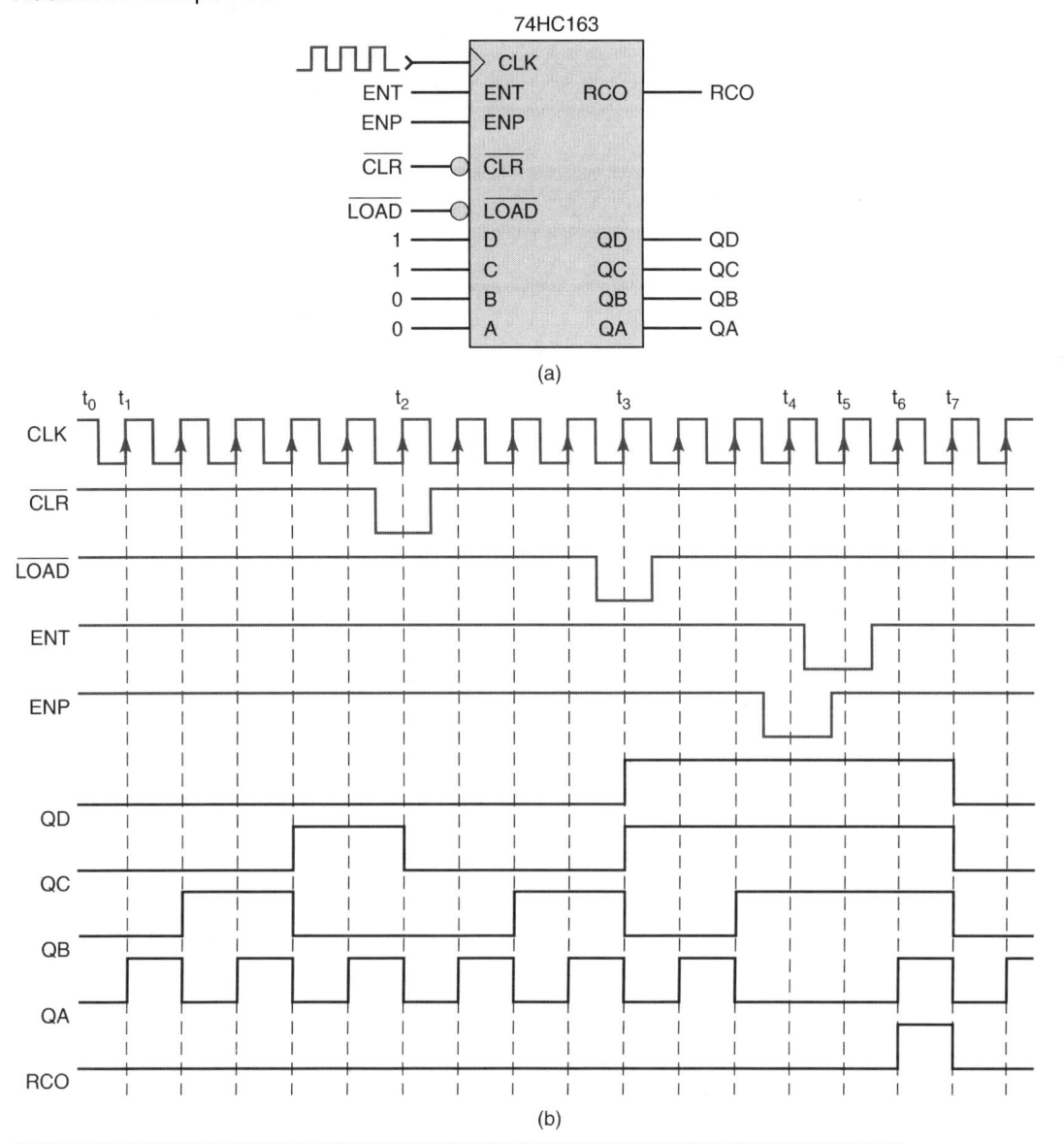

EXEMPLO 7.11

Consulte a Figura 7.15, em que podemos ver os sinais de entrada de um 74HC160 em um diagrama de tempo. As entradas de dados paralelos estão permanentemente conectadas em 0111. Suponha que o contador esteja de início no estado 0000 e determine as formas de onda da saída do contador.

FIGURA 7.15 Exemplo 7.11.

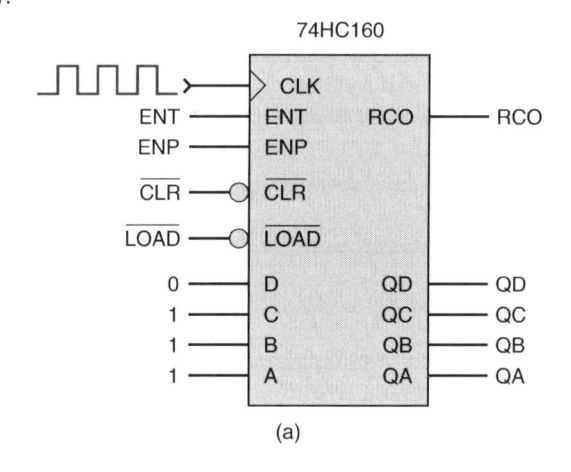

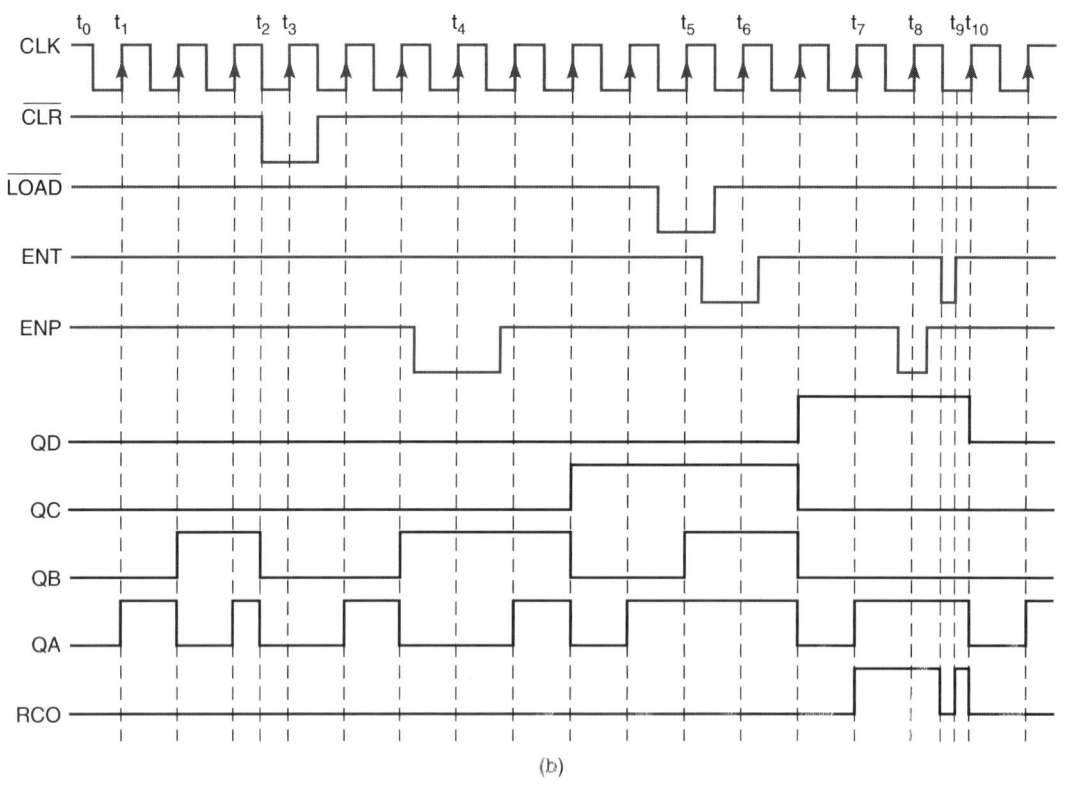

Solução

Inicialmente (em t_0), os FFs do contador estão em nível BAIXO. Como esse não é o estado terminal do contador BCD, o *RCO* da saída também será de nível BAIXO. A primeira transição positiva na entrada *CLK* ocorre em t_1 e, como todas as entradas de controle estão em nível ALTO, o contador incrementará até 0001. O contador continua a contagem crescente a cada transição positiva até t_2. A entrada assíncrona $\overline{CLR}$ vai para nível BAIXO em t_2 e reseta de imediato o contador a 0000 nesse ponto. Em t_3, a entrada $\overline{CLR}$ ainda está no nível ativo (BAIXO), então a transição positiva da entrada CLK será ignorada, e o contador permanecerá em 0000. Mais tarde, a entrada $\overline{CLR}$ passará de novo a ser inativa, e o contador contará em ordem crescente até 0001 e depois até 0010. Em t_4, a habilitação da contagem ENP está em nível BAIXO, então a contagem se mantém em 0010. Nas subsequentes transições positivas da entrada CLK, o contador está habilitado e conta crescentemente até t_5. A entrada de $LOAD$ está em nível BAIXO em t_5. Isso carregará sincronamente o valor de dados aplicado 0111 (7) no contador em t_5. Em t_6, a habilitação ENT está em nível BAIXO, então a contagem se mantém em 0111. Nas duas transições positivas subsequentes após t_6, o contador continuará contando em ordem crescente, já que foi reabilitado. Em t_7, o contador BCD chega a seu estado terminal 1001 (9) e a saída RCO vai para o nível ALTO. Em t_8, ENP está no nível BAIXO e o contador para de contar (permanecendo em 1001). Em t_9, enquanto ENT está em nível BAIXO, a saída RCO será desabilitada de modo a voltar ao nível BAIXO, embora o contador ainda esteja em seu estado terminal (1001). Lembre-se de que apenas ENT controla a saída RCO. Quando ENT volta ao nível ALTO durante o estado terminal do contador, RCO vai para nível ALTO outra vez. Em t_{10}, o contador está habilitado; ele retorna a 0000 e, então, conta até 0001 na última transição positiva.

As séries 74ALS190-191/74HC190-191

A Figura 7.16 mostra o símbolo lógico, o módulo e a tabela de funções da série de CIs de contadores 74ALS190 e 74ALS191 (e seus equivalentes CMOS, 74HC190 e 74HC191). Esses contadores autorregressivos de quatro bits possuem saídas denominadas QD, QC, QB, QA, sendo QA o LSB e QD o MSB. Seu clock é ativado por uma transição positiva aplicada à CLK. A única diferença entre os dois componentes é o módulo do contador. O 74ALS190 é um contador de MOD-10, e o 74ALS191 é um contador binário de MOD-16. Ambos os CIs são contadores crescentes/decrescentes e possuem entrada de carga assíncrona, de nível ativo BAIXO. Isso significa que, assim que $\overline{LOAD}$ for para nível BAIXO, o contador será carregado com os dados paralelos nos pinos de entrada D, C, B, A (A é o LSB e D é o MSB). Se a função de carga

Código do componente	Módulo
74ALS190	10
74ALS191	16

(b)

Tabela de funções das séries 74ALS190-74ALS191

$\overline{LOAD}$	$\overline{CTEN}$	D/$\overline{U}$	CLK	Função
L	X	X	X	Carga assíncrona
H	L	L	↑	Contagem crescente
H	L	H	↑	Contagem decrescente
H	H	X	X	Sem mudança

(c)

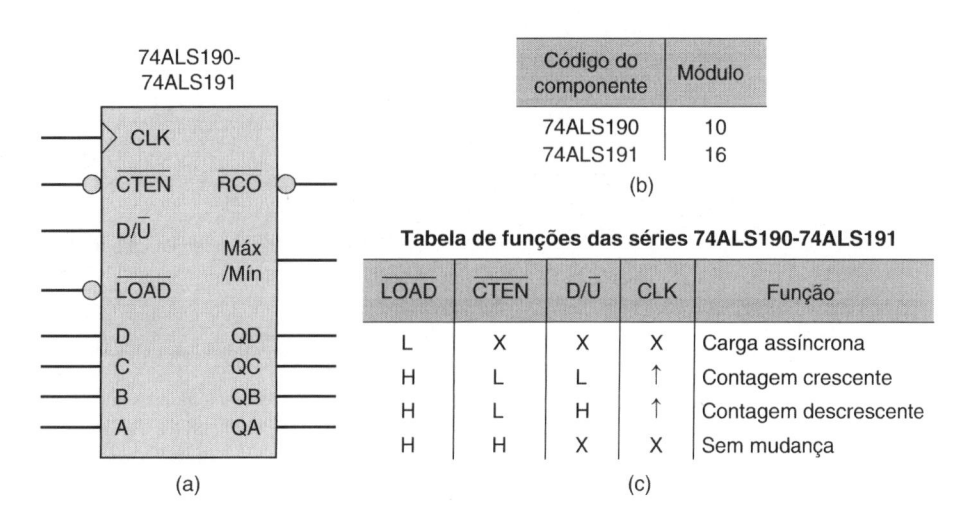

FIGURA 7.16 As séries de contadores síncronos 74ALS190-74ALS191: (a) símbolo lógico; (b) módulo; (c) tabela de funções.

estiver inativa, não importa o que é aplicado aos pinos de entrada de dados. A entrada de carga tem precedência sobre a função de contagem.

Para contar, a entrada de controle de $\overline{LOAD}$ deve estar inativa (nível ALTO) e o controle da habilitação da contagem $\overline{CTEN}$ deve estar em nível BAIXO. O sentido da contagem é controlado pela entrada de controle $D/\overline{U}$. Se $D/\overline{U}$ estiver em nível BAIXO, a contagem será incrementada a cada transição positiva em CLK, enquanto em nível ALTO em $D/\overline{U}$ decrementará a contagem. Ambos os contadores reciclam automaticamente, seja qual for o sentido de contagem. O contador decádico retorna a 0000 após o estado 1001 (9), quando está contando em ordem crescente, ou para 1001 após o estado 0000, quando está contando em ordem decrescente. O contador binário retorna a 0000 após 1111 (15), quando conta em ordem crescente; ou para 1111 após o estado 0000, quando conta em ordem decrescente.

Esses chips de contador possuem mais dois pinos de saída, MAX/MIN e $\overline{RCO}$. MAX/MIN é uma saída de nível ativo ALTO que detecta (decodifica) o estado terminal do contador. Como eles são contadores crescentes/decrescentes, o estado terminal depende do sentido da contagem. O estado terminal (MIN) para ambos os contadores, quando estão contando em ordem decrescente, é 0000 (0). No entanto, quando estão contando em ordem crescente, o estado terminal (MAX) para um contador decádico é 1001 (9), enquanto para um contador de MOD-16 é 1111 (15). Observe que MAX/MIN detecta somente um estado na sequência de contagem — o que depende apenas de a contagem estar em ordem crescente ou decrescente. A saída $\overline{RCO}$ de nível ativo BAIXO também detecta o estado terminal adequado ao contador, mas o processo é um pouco mais complicado. Primeiro, porque só está habilitada quando $\overline{CTEN}$ está em nível BAIXO. Além disso, $\overline{RCO}$ só está em nível BAIXO enquanto a entrada CLK também está em nível BAIXO. Desse modo, $\overline{RCO}$ imita a forma de onda de CLK somente durante o estado terminal enquanto o contador estiver habilitado.

EXEMPLO 7.12

Consulte a Figura 7.17, em que os sinais de entrada de um 74HC190 são fornecidos em um diagrama de tempo aplicado. As entradas de dados paralelos estão permanentemente conectadas em 0111. Suponha que o contador esteja de início no estado 0000 e determine as formas de onda da saída do contador.

FIGURA 7.17 Exemplo 7.12.

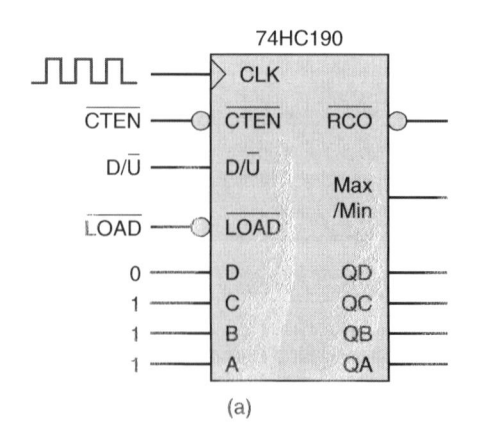

(b)

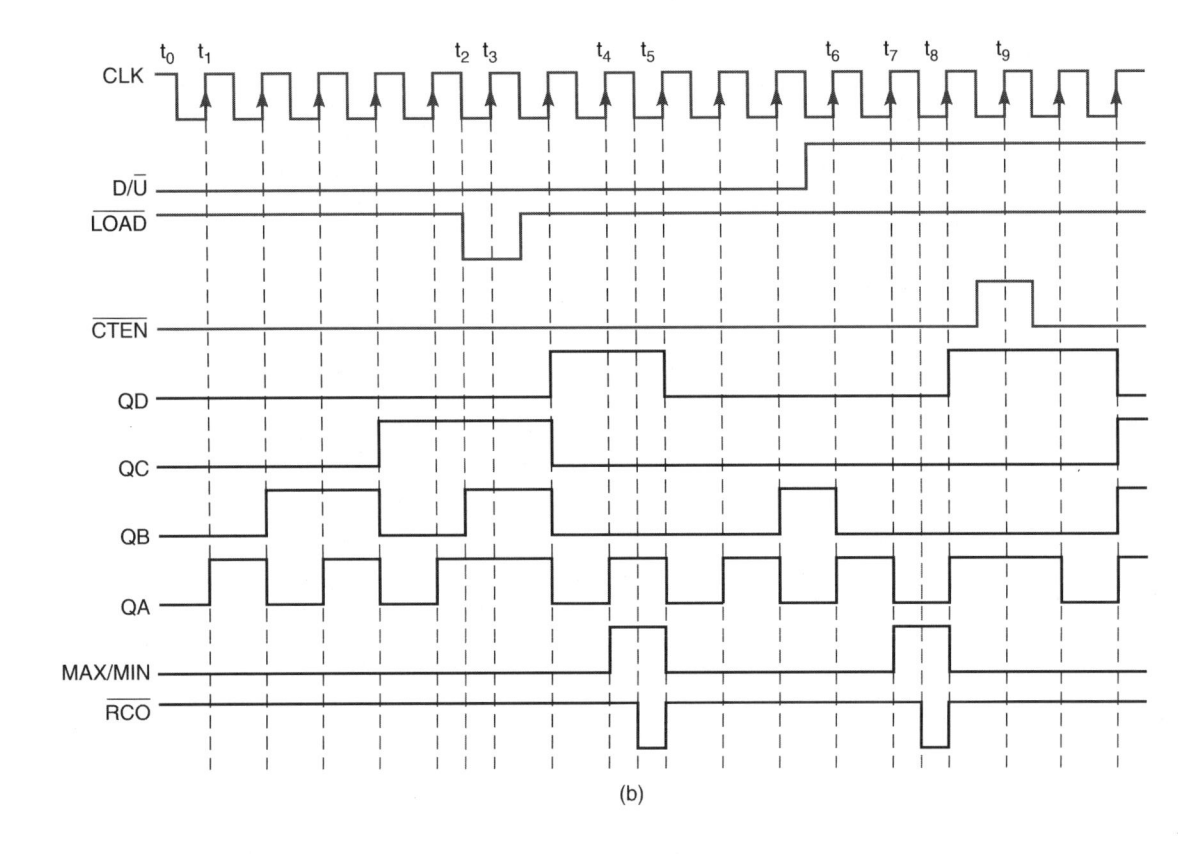

Solução

Inicialmente (em t_0), os FFs do contador estão em nível BAIXO. Uma vez que o contador esteja habilitado ($\overline{CTEN}$ = 0) e o controle do sentido da contagem $D/\overline{U} = 0$, o contador BCD começa a contar em ordem crescente na primeira transição positiva aplicada a CLK em t_1 e continua a contagem crescente a cada transição positiva até t_2, em que a contagem chega a 0101. A entrada assíncrona de $\overline{LOAD}$ vai para o nível BAIXO em t_2 e carrega de imediato 0111 no contador nesse ponto. Em t_3, a entrada de $\overline{LOAD}$ ainda está em nível ativo (BAIXO), então a transição positiva da entrada CLK é ignorada e o contador permanece em 0111. Mais tarde, a entrada de $\overline{LOAD}$ vai de novo para o nível ALTO e o contador conta em ordem crescente até 1000 na próxima transição positiva. Em t_4, o contador incrementa até 1001, estado terminal para um contador BCD crescente, e a saída *MAX/MIN* vai para o nível ALTO. Durante t_5, o contador está em seu estado terminal e a entrada CLK está em nível BAIXO, então $\overline{RCO}$ vai para o nível BAIXO. Nas transições positivas subsequentes na entrada CLK, o contador retorna a 0000 e continua a contagem crescente até t_6. Logo antes de t_6, o controle $D/\overline{U}$ passa para nível ALTO. Isso faz o contador contar em ordem decrescente em t_6 e de novo em t_7, em que está no estado 0000, que é terminal, já que agora estamos contando em ordem decrescente, e *MAX/MIN* produz um nível ALTO. Durante t_8, quando a entrada CLK vai para nível BAIXO, a saída $\overline{RCO}$ será BAIXO outra vez. Em t_9, o contador é desabilitado com $\overline{CTEN}$ = 1 e fica parado em 1001. Nos pulsos de CLK subsequentes, o contador continua a contagem decrescente.

EXEMPLO 7.13

Compare o funcionamento de dois contadores, um com carga síncrona e outro com carga assíncrona. Consulte a Figura 7.18(a), em que um 74ALS163 e um 74ALS191 foram conectados de maneira semelhante para contar em binário em ordem crescente. Ambos os chips são acionados pelo mesmo sinal de clock, e suas saídas QD e QC passam por uma operação NAND para controlar os respectivos controles de entrada $\overline{LOAD}$. Suponha que ambos os contadores estejam inicialmente no estado 0000.

(a) Determine a forma de onda da saída de cada contador.
(b) Qual é a sequência de contagem de reciclagem e o módulo de cada contador?
(c) Por que eles têm sequências de contagem diferentes?
(d) Desenhe o diagrama de transição de estado completo (incluindo todos os 16 estados) para cada contador.

Solução

(a) Começando no estado 0000, cada contador contará em ordem crescente até chegar ao estado 1100 (12), como mostra a Figura 7.18(b). A saída de cada porta NAND aplicará nível BAIXO à respectiva entrada $\overline{LOAD}$ naquele momento. O 74ALS163 possui um $\overline{LOAD}$ síncrono e esperará até a próxima transição positiva em CLK para carregar 0001 no contador. O 74ALS191 possui $\overline{LOAD}$ assíncrono e carregará 0001 de imediato no contador. Isso tornará o estado 1100 temporário para o 74ALS191. O estado temporário produzirá alguns *spikes* ou *glitches* em algumas das saídas do contador por conta de suas rápidas mudanças de estados.

FIGURA 7.18 Exemplo 7.13.

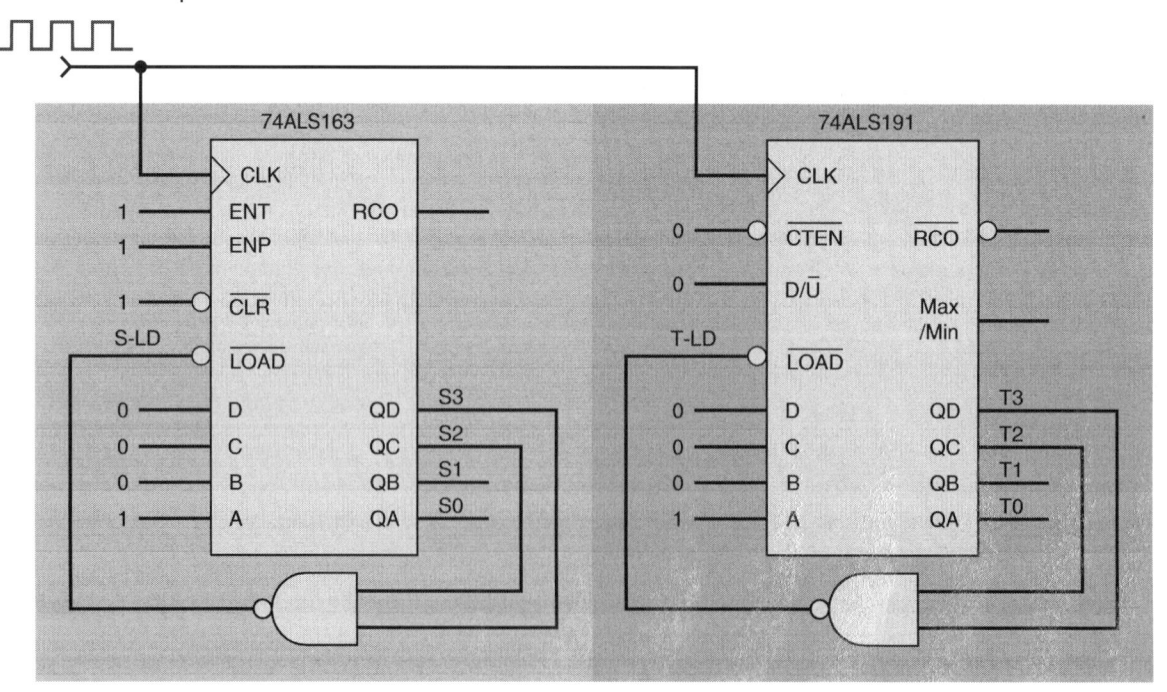

(a)

(*continua*)

(continuação)

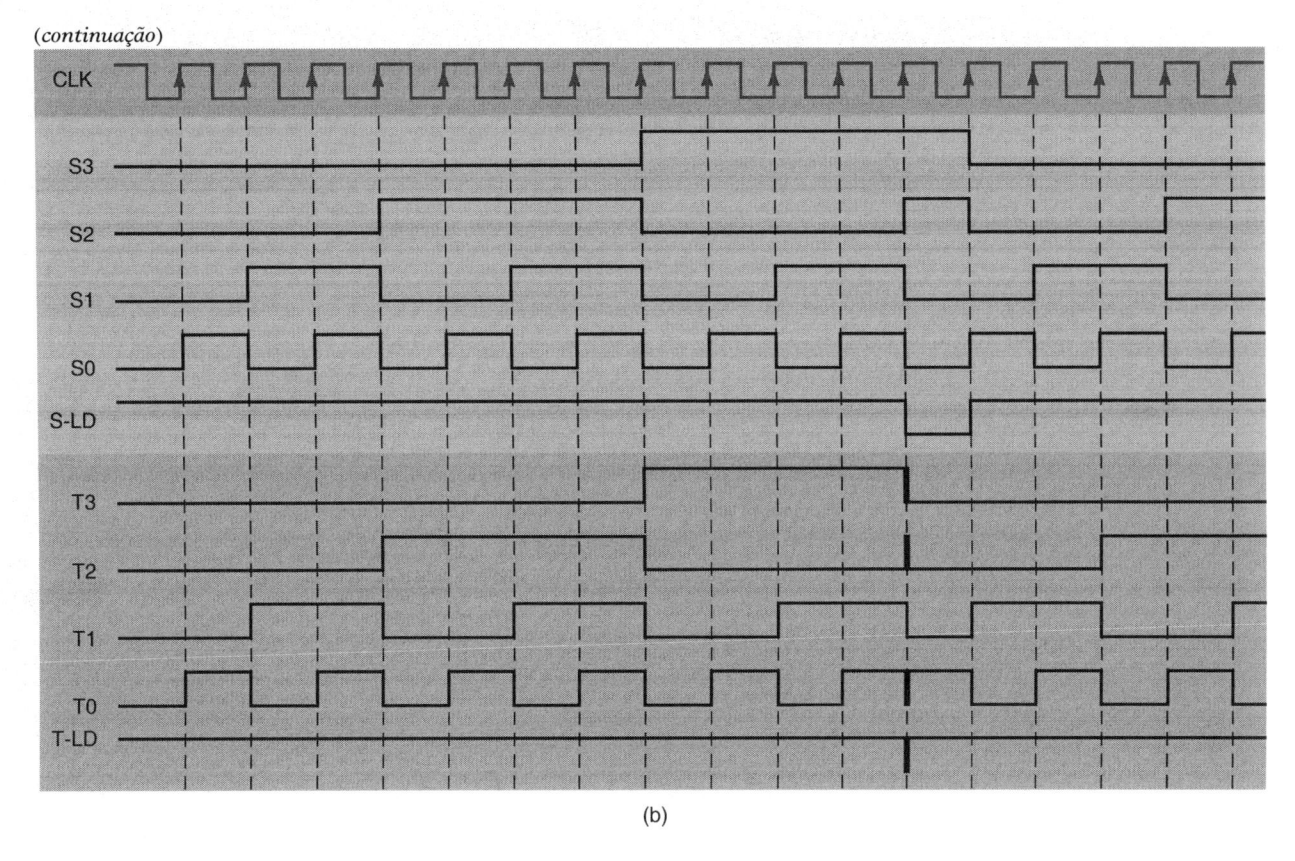

(b)

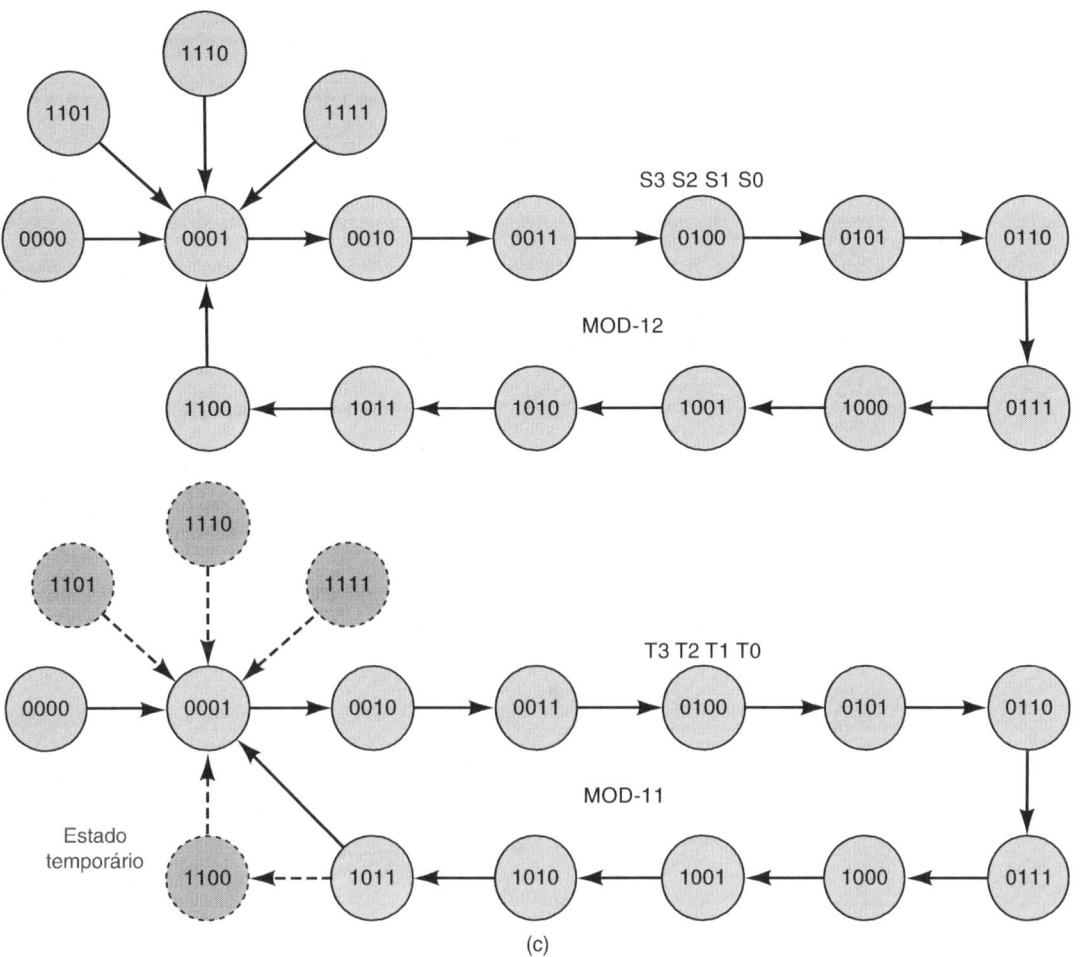

S3 S2 S1 S0

MOD-12

T3 T2 T1 T0

MOD-11

Estado temporário

(c)

(b) O circuito do 74ALS163 possui uma sequência de contagem de reciclagem de 0001 até 1100 e é um contador de MOD-12. O circuito do 74ALS191 possui uma sequência de contagem de reciclagem de 0001 até 1011 e é de MOD-11. Os estados temporários não são incluídos na determinação do módulo de um contador.

(c) Os circuitos dos contadores têm sequências de contagem diferentes porque um possui carga síncrona e o outro, assíncrona.

(d) Os diagramas de transição de estado são mostrados na Figura 7.18(c). Ambos os contadores contarão em ordem crescente até alcançar o estado 1100, ponto em que a porta NAND habilita o controle $\overline{LOAD}$. Com o 74ALS163, o próximo estado será 0001 quando o contador for disparado. A porta NAND trata os três outros estados (1101, 1110 e 1111) da mesma maneira e carregará 0001 no próximo clock. Já que a função LOAD para um 74ALS191 é assíncrona, cada um dos quatro estados (11XX) detectados pela porta NAND carregam de imediato 0001 no contador. Isso tornará cada um desses estados transitórios quando (ou se) ocorrerem. As condições de transitoriedade são mostradas como linhas tracejadas no diagrama de transição de estados. Observe que o estado 0000 não ocorre mais uma vez na sequência de contagem para qualquer dos contadores.

Contador de múltiplos estágios

Muitos contadores de CIs padrão foram projetados para facilitar a conexão de múltiplos chips para criar circuitos com extensão de contagem mais ampla. Todos os chips de contadores apresentados nesta seção podem ser conectados em uma configuração de **múltiplos estágios** ou em **cascata**. Na Figura 7.19, dois 74ALS163 estão conectados em configuração de um contador de dois estágios que produz uma sequência binária de reciclagem de 0 a 255 para um módulo máximo de 256. Aplicar um nível BAIXO à entrada $\overline{CLR}$ limpa sincronamente ambos os estágios do contador, e aplicar um nível BAIXO em $\overline{LD}$ carrega sincronamente o contador de oito bits com o valor binário nas entradas $D7, D6, D5, D4, D3, D2, D1, D0$ ($D0$ = LSB). O bloco à esquerda (estágio 1) é o estágio de baixa ordem e fornece as saídas menos significativas do contador $Q3, Q2, Q1, Q0$ (com $Q0$ como LSB). O estágio 2 à direita fornece as saídas mais significativas $Q7, Q6, Q5, Q4$ (com $Q7$ como MSB).

FIGURA 7.19 Dois 74ALS163s conectados em configuração de dois estágios para ampliar o intervalo máximo de contagem.

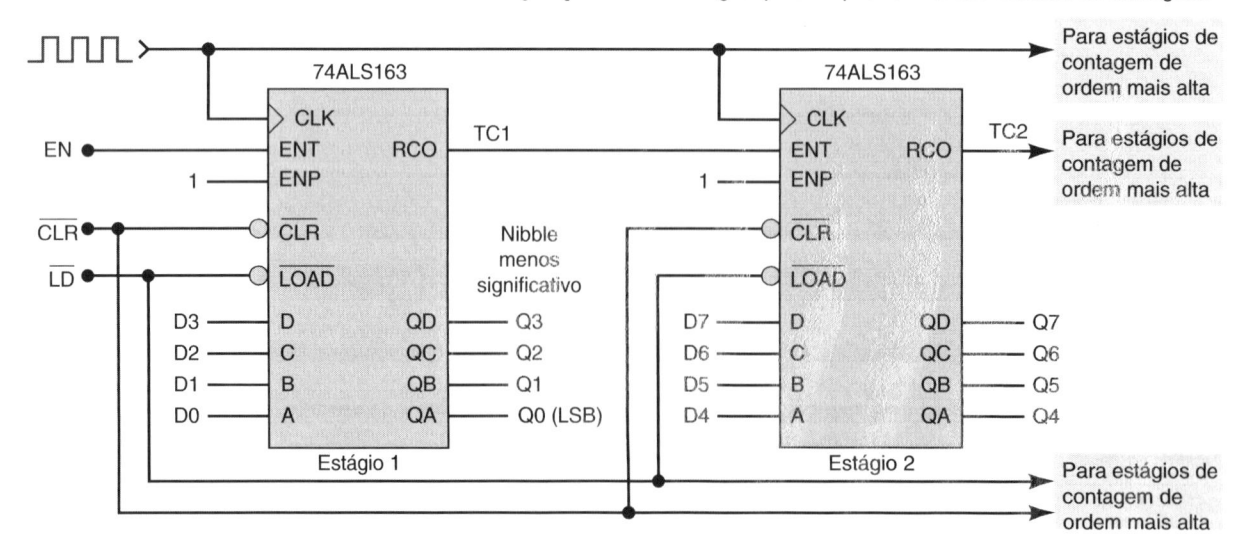

EN, a habilitação para o contador de oito bits, está conectada à entrada *ENT* no estágio 1. Observe que devemos usar a entrada *ENT*, e não *ENP*, porque apenas *ENT* controla a saída *RCO*. Usar *ENT* e *RCO* torna a conexão em cascata bastante simples. Aplica-se um clock síncrono com a união de ambos os blocos do contador, mas o bloco à direita (estágio 2) permanece desabilitado até que o nibble de saída menos significativo tenha chegado ao estado terminal, o que será indicado pela saída *TC1*. Quando *Q3, Q2, Q1, Q0* chegam a 1111, e se *EN* for ALTO, *TC1* resulta em nível ALTO. Isso permite que ambos os estágios do contador aumentem uma unidade na próxima transição positiva do clock. O estágio 1 voltará a 0000 e o estágio 2 sofrerá um incremento desde o estado da saída anterior. *TC1* voltará ao nível BAIXO, já que o estágio 1 não está mais em seu estado terminal. Com os pulsos de clock subsequentes, o estágio 1 continuará a contar em ordem crescente se *EN* = 1 até chegar mais uma vez a 1111 e o processo se repetir. Quando o contador de oito bits chegar a 11111111, retornará a 00000000 no próximo pulso de clock.

Chips adicionais do contador 74ALS163 podem ser conectados em cascata da mesma maneira. O *TC2* pode ser conectado ao controle *ENT* do próximo chip, e assim por diante. O *TC2* será de nível ALTO quando *Q7, Q6, Q5, Q4* for 1111 e *TC1* for ALTO, o que, por sua vez, significa que *Q3, Q2, Q1* e *Q0* também são iguais a 1111 e *EN* é de nível ALTO. Essa técnica de conectar em cascata funciona para todos os chips (de famílias TTL ou CMOS) nessa série, até para os contadores BCD. A série 74ALS190-191 (ou 74HC190-191) também pode ser conectada em cascata usando o $\overline{CTEN}$ ativo BAIXO e pinos $\overline{RCO}$. Um contador de múltiplos estágios usando chips 74ALS190-191 conectados desse modo pode contar em ordem crescente ou decrescente.

QUESTÕES DE REVISÃO

1. Descreva a função das entradas $\overline{LOAD}$ e *D, C, B, A*.
2. Descreva a função da entrada *CLR*.
3. *Verdadeiro ou falso*: o 74HC161 não pode ser carregado enquanto $\overline{CLR}$ estiver ativa.
4. Quais níveis lógicos devem estar presentes nas entradas de controle para que o 74ALS162 conte os pulsos aplicados na *CLK*?
5. Quais níveis lógicos devem estar presentes nas entradas de controle para que o 74HC190 conte em ordem decrescente os pulsos aplicados na *CLK*?
6. Qual seria a faixa de contagem máxima para um contador de quatro estágios construído com CIs 74HC163? Qual seria a faixa de contagem máxima para CIs 74ALS190?

7.8 DECODIFICANDO UM CONTADOR

OBJETIVOS

Após ler esta seção, você será capaz de:

- Definir a operação de decodificação.
- Decodificar qualquer estado de um contador.
- Fornecer lógica de saída que seja ativo-em-ALTO ou ativo-em-BAIXO.

Contadores digitais são em geral usados em aplicações nas quais a contagem representada pelo estado dos flip-flops deve ser, de algum modo, determinada ou visualizada. Uma das maneiras mais simples de visualizar o conteúdo de um contador é conectar a saída de cada flip-flop a um pequeno indicador LED [veja a Figura 7.7(b)]. Desse modo, os estados dos flip-flops são visivelmente representados pelos LEDs (aceso (ON) = 1, apagado (OFF) = 0), e a contagem pode ser mentalmente determinada pela **decodificação** dos estados binários dos LEDs. Por exemplo, suponha que esse método seja usado para um contador BCD e os estados dos LEDs sejam apagado-aceso-aceso-apagado, respectivamente. Isso representa 0110, que mentalmente decodificaríamos como o decimal 6. Outras combinações dos estados dos LEDs representariam as outras contagens possíveis.

O método que utiliza LEDs para visualização da contagem torna-se inconveniente à medida que o tamanho (número de bits) do contador aumenta, porque é muito mais difícil decodificar mentalmente os resultados mostrados. Por essa razão, seria desejável desenvolver um meio para decodificar *eletronicamente* o conteúdo de um contador e mostrar os resultados de um modo que fosse imediatamente reconhecido e não necessitasse de decodificação mental.

Uma razão ainda mais importante para a decodificação eletrônica do conteúdo de um contador diz respeito às muitas aplicações nas quais contadores são usados para controlar a temporização ou o sequenciamento das operações *automaticamente*, sem intervenção humana. Por exemplo, a operação de certo sistema poderia ser iniciada quando o contador alcançasse o estado 101100 (contagem de 44_{10}). Um circuito lógico poderá ser usado para decodificar ou para detectar quando essa contagem em particular estiver presente e, então, iniciar a operação. Muitas operações podem precisar ser controladas dessa maneira em um sistema digital. É claro que a intervenção humana nesse processo seria indesejável, exceto em sistemas bastante lentos.

Decodificação ativa em nível ALTO

Um contador de módulo X possui X estados diferentes; cada estado é uma sequência particular de 0s e 1s armazenados nos flip-flops do contador. Uma malha de decodificação é um circuito lógico que gera X saídas diferentes, cada uma das quais detecta (decodifica) a presença de um estado particular do contador. As saídas do decodificador podem ser projetadas para gerar nível ALTO ou BAIXO quando a detecção ocorrer. Um decodificador ativo em nível ALTO gera saídas em nível ALTO para indicar a detecção. A Figura 7.20 mostra um circuito decodificador ativo em nível ALTO para um contador de MOD-8. O decodificador consiste em oito portas AND de três entradas. Cada porta AND gera um nível ALTO para um estado particular do contador.

Por exemplo, a porta AND 0 tem em suas entradas as saídas dos FFs $\overline{C}$, $\overline{B}$ e $\overline{A}$. Desse modo, sua saída estará em nível BAIXO durante todo o tempo, *exceto* quando $A = B = C = 0$, ou seja, na contagem de 000 (zero). De maneira semelhante, a porta AND 5 tem em suas entradas as saídas dos FFs C, $\overline{B}$ e A, portanto sua saída vai para o nível ALTO apenas quando $C = 1, B = 0$ e $A = 1$, ou seja, na contagem 101 (decimal 5). As demais portas AND operam de maneira semelhante para as outras contagens possíveis. Em qualquer instante de tempo, apenas a saída de uma única porta AND estará em nível ALTO: aquela que está decodificando especificamente a contagem presente no contador. As formas de onda na Figura 7.20 mostram isso claramente.

FIGURA 7.20 Usando portas AND para decodificar um contador de MOD-8.

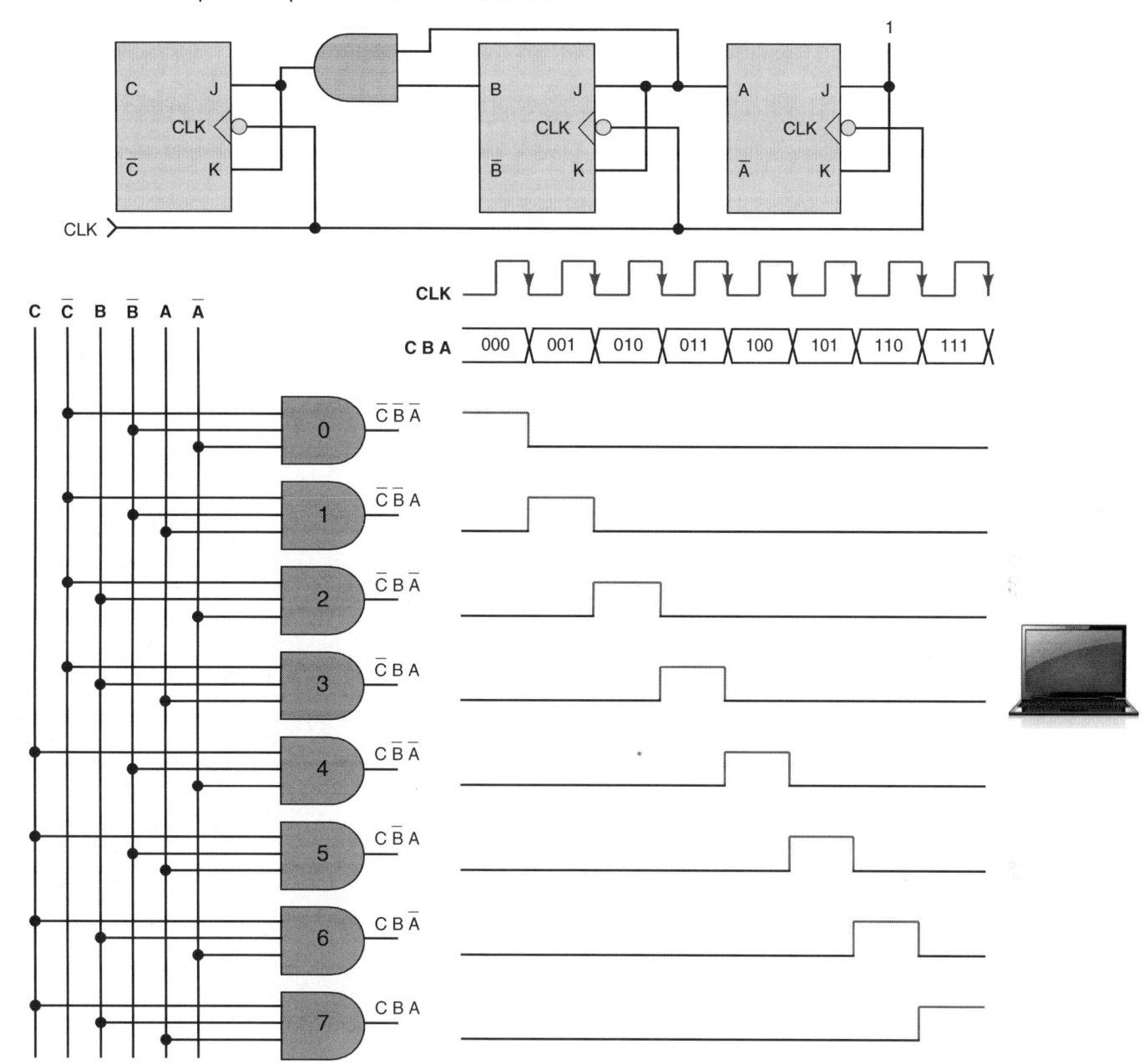

As oito saídas das portas AND podem ser usadas para controlar oito LEDs que representam números decimais de 0 a 7. Apenas um LED estará aceso em cada instante de tempo, indicando a contagem apropriada.

O decodificador feito com portas AND pode ser estendido para contadores com qualquer número de estados. O exemplo a seguir ilustra essa afirmação.

EXEMPLO 7.14

Quantas portas AND são necessárias para decodificar por completo todos os estados de um contador binário de MOD-32? Quais são as entradas da porta que decodificam a contagem 21?

Solução

Um contador de MOD-32 tem 32 estados possíveis. Uma porta AND é necessária para decodificar cada estado; portanto, o decodificador requer 32 portas AND. Uma vez que $32 = 2^5$, o contador contém cinco FFs. Desse modo, cada porta terá cinco entradas, uma para cada FF. Para decodificar a contagem 21 (que corresponde a 10101_2), é necessária uma porta AND com entradas $E, \overline{D}, C, \overline{B}$ e A, em que E é o flip-flop MSB.

Decodificação ativa em nível BAIXO

Se portas NAND forem usadas em vez de portas AND, as saídas do decodificador produzirão um sinal normalmente de nível ALTO, que vai para nível BAIXO apenas quando o número que estiver sendo decodificado ocorrer. Os dois tipos de decodificadores serão usados, dependendo do tipo de circuito que estiver sendo acionado pelas saídas do decodificador.

EXEMPLO 7.15

A Figura 7.21, a seguir, mostra uma situação comum em que um contador é usado para gerar uma forma de onda de controle que seria utilizada para controlar dispositivos tais como motor, uma válvula solenoide ou um aquecedor. O contador de MOD-16 passa continuamente por sua sequência de contagem. Cada vez que ele passa pela contagem 8 (1000), a NAND da parte superior gera uma saída de nível BAIXO, que seta o flip-flop X para o estado 1. O flip-flop X permanece em nível ALTO até que o contador alcance a contagem 14 (1110), que, por sua vez, é decodificada pela NAND da parte inferior. Esta, ao gerar nível BAIXO em sua saída, reseta o FF X para o estado 0. Assim, a saída X se apresentará em nível ALTO entre as contagens de 8 a 14 para cada ciclo do contador.

Decodificação de um contador BCD

Um contador BCD tem dez estados que podem ser decodificados com as técnicas já descritas. Os decodificadores BCD têm dez saídas que correspondem aos dígitos decimais de 0 a 9 representados pelos estados dos FFs do contador. Essas saídas podem ser usadas para controlar dez LEDs indicadores individuais em um mostrador. Mais frequentemente, em vez de usar dez LEDs individuais, um único dispositivo, um display é usado para mostrar os números decimais de 0 a 9. Uma classe de displays decimais contém sete pequenos segmentos feitos de um material (tipicamente, LEDs ou displays de cristal líquido) que emite luz própria ou reflete a luz ambiente. As saídas de um decodificador BCD controlam aqueles segmentos iluminados para produzir um padrão que represente um dos dígitos decimais.

Abordaremos com detalhes esses tipos de decodificadores e displays no Capítulo 9. Entretanto, como os contadores BCD e seus decodificadores e displays associados são muito comuns, usaremos uma unidade decodificador/display (veja a Figura 7.22) para representar o circuito completo utilizado para visualizar o conteúdo de um contador BCD como dígito decimal.

FIGURA 7.21 Exemplo 7.15.

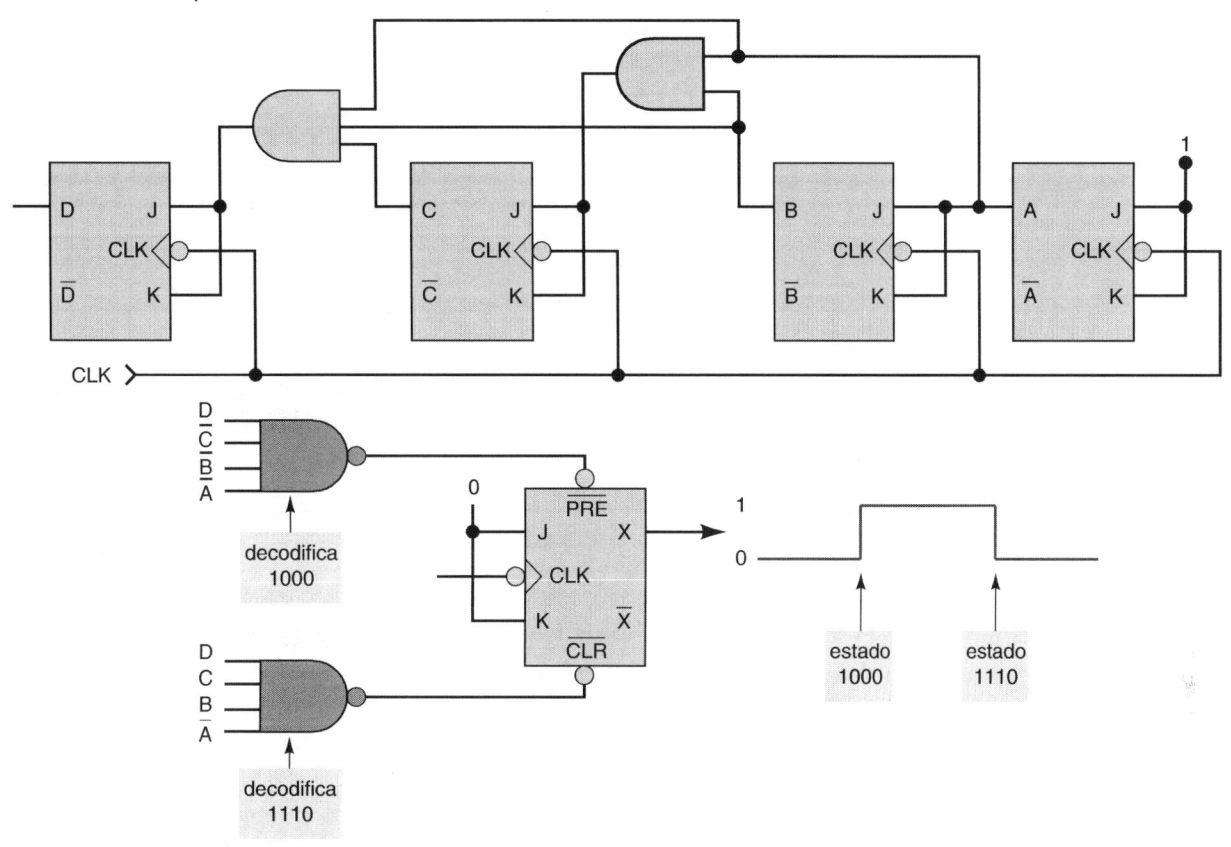

FIGURA 7.22 Contadores BCD em geral têm sua contagem mostrada em um único display.

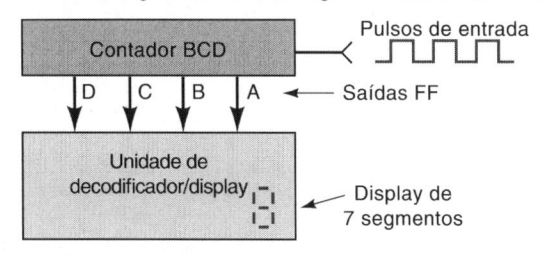

QUESTÕES DE REVISÃO

1. Quantas portas são necessárias para decodificar por completo um contador de seis bits?
2. Descreva a porta de decodificação necessária para gerar uma saída de nível BAIXO quando um contador de MOD-64 estiver na contagem 23.

7.9 ANÁLISE DE CONTADORES SÍNCRONOS

OBJETIVOS

Após ler esta seção, você será capaz de:
- Criar tabelas de estado ATUAL/PRÓXIMO para circuitos FF.
- Usar as tabelas de estado ATUAL/PRÓXIMO para analisar um circuito FF.

- Traçar um diagrama de tempo do circuito.
- Traçar um diagrama de transição de estado do circuito.

Circuitos de contadores síncronos podem ser projetados de modo personalizado para gerar qualquer sequência de contagem. É possível usar apenas as entradas síncronas que são aplicadas aos flip-flops individuais para produzir a sequência do contador. Não usando controles de FF assíncronos, como clear, para alterar a sequência do contador, não temos de lidar com estados temporários e possíveis glitches nas formas de ondas da saída. O processo de projetar contadores completamente síncronos será estudado na próxima seção. Primeiro, vamos ver como analisar o projeto de um contador desse tipo prevendo as entradas de controle do FF para cada estado do contador. Uma **tabela de estado ATUAL/PRÓXIMO estado** é uma ferramenta útil nessa análise. O primeiro passo é escrever a expressão lógica para a entrada de controle de cada FF. Em seguida, considere um estado ATUAL para o contador e aplique essa combinação de bits às expressões lógicas do controle. As saídas das expressões de controle permitirão prever os comandos para cada FF e o PRÓXIMO estado resultante para o contador depois da aplicação do clock. Repita o processo de análise até que toda a sequência de contagem seja determinada.

A Figura 7.23 é um contador síncrono que possui entradas J e K levemente diferentes das que vimos na Seção 7.3 para um contador binário crescente regular. Essas pequenas mudanças nos circuitos de controle farão o contador produzir uma sequência de contagem diferente. As expressões da entrada de controle para esse contador são:

$$J_C = A \cdot B$$
$$K_C = C$$
$$J_B = K_B = A$$
$$J_A = K_A = \overline{C}$$

Vamos supor que o estado ATUAL para o contador seja $CBA = 000$. Aplicando essa combinação às expressões de controle anteriores, obteremos $J_C K_C = 0\ 0$, $J_B K_B = 0\ 0$ e $J_A K_A = 1\ 1$. Essas entradas de controle dirão aos FFs C e B para se manterem estáveis (hold) e ao FF A para comutar (toggle) na próxima transição negativa de CLK. O PRÓXIMO estado previsto é 001 para CBA. Essa informação foi fornecida na primeira linha da tabela de estado ATUAL/PRÓXIMO estado (Tabela 7.1). A seguir, pode-se usar o estado 001 como estado ATUAL. Analisar as expressões de controle com essa nova combinação resultará em $J_C K_C = 0\ 0$, $J_B K_B = 1\ 1$ e $J_A K_A = 1\ 1$, dando um comando hold para o FF C e comandos toggle para os FFs B e A. Isso produzirá um PRÓXIMO estado de 010 para CBA, o que está anotado na segunda linha da Tabela 7.1. Continuando esse processo, obteremos 000, 001, 010, 011, 100, 000. Trata-se de uma sequência de contagem de MOD-5. Da mesma maneira, é possível prever o PRÓXIMO estado para as três combinações de estado possíveis remanescentes. Ao fazer isso, podemos determinar se o projeto do contador é *autocorretor*. Um **contador autocorretor** é um contador em que estados normalmente não usados retornam à sequência de contagem normal. Se qualquer desses estados não usados não puder retornar à sequência normal, diz-se que o contador é não autocorretor. Nossas previsões para o PRÓXIMO estado para todos os possíveis estados foram registradas na Tabela 7.1. As linhas destacadas indicam que o projeto desse contador é autocorretor. O diagrama completo de transição de estado e o diagrama de tempo para esse contador são mostrados na Figura 7.24.

FIGURA 7.23 Contador síncrono com diferentes entradas de controle.

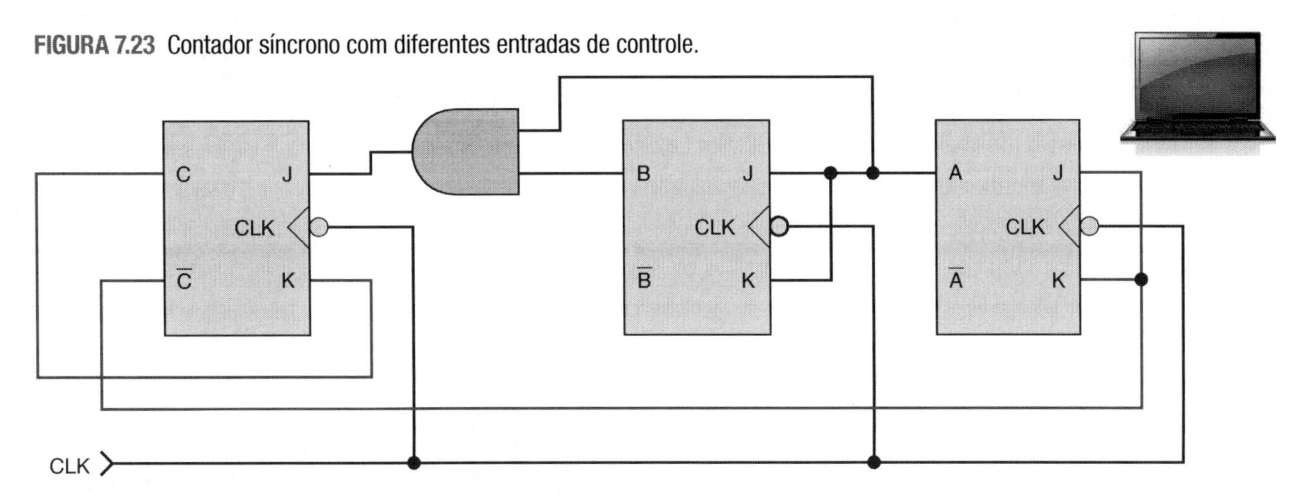

TABELA 7.1 Tabela de análise de estado ATUAL/PRÓXIMO estado para a Figura 7.23.

Estado ATUAL			Entradas de controle						PRÓXIMO estado		
C	B	A	J_C	K_C	J_B	K_B	J_A	K_A	C	B	A
0	0	0	0	0	0	0	1	1	0	0	1
0	0	1	0	0	1	1	1	1	0	1	0
0	1	0	0	0	0	0	1	1	0	1	1
0	1	1	1	0	1	1	1	1	1	0	0
1	0	0	0	1	0	0	0	0	0	0	0
1	0	1	0	1	1	1	0	0	0	1	1
1	1	0	0	1	0	0	0	0	0	1	0
1	1	1	1	1	1	1	0	0	0	0	1

FIGURA 7.24 (a) Diagrama de transição de estados; (b) diagrama de tempo para o contador síncrono da Figura 7.23.

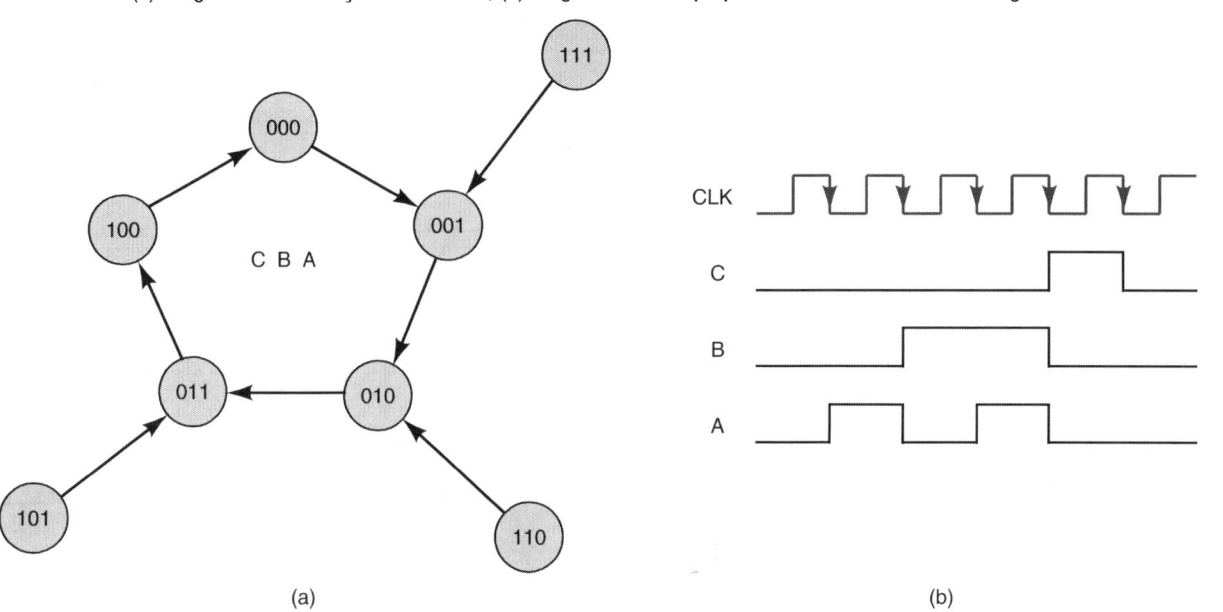

(a)

(b)

É possível também analisar o funcionamento de circuitos de contadores que usam flip-flops D para armazenar o estado atual do contador. O circuito de controle de um tipo D costuma ser mais complexo que um contador equivalente de tipo J-K que produza a mesma sequência de contagem, mas com metade do número de entradas síncronas para controlar. A maioria dos PLDs utiliza flip-flops D para seus componentes de memória, então a análise desse tipo de circuito de contador dá uma ideia de como os contadores são programados de fato dentro de um PLD.

Um contador síncrono projetado com flip-flops D é mostrado na Figura 7.25. O primeiro passo é escrever as expressões lógicas para as entradas D:

$$D_C = C\overline{B} + C\overline{A} + \overline{C}BA$$
$$D_B = \overline{B}A + B\overline{A}$$
$$D_A = \overline{A}$$

A seguir, determinaremos a tabela de estado ATUAL/PRÓXIMO estado do circuito do contador determinando um estado e aplicando aquele conjunto de valores de bit às expressões de entrada fornecidas acima. Se escolhermos $CBA = 000$ para o estado do contador inicial, descobriremos que $D_C = 0$, $D_B = 0$ e $D_A = 1$. Com uma transição positiva no CLOCK, os flip-flops "carregarão" no valor 001, que se torna o PRÓXIMO estado do contador. Usar 001 como estado ATUAL produzirá as entradas $D_C = 0$, $D_B = 1$ e $D_A = 0$, de modo que 010 será o PRÓXIMO estado, e assim por diante. A tabela completa de estado ATUAL/PRÓXIMO estado (Tabela 7.2) indica que esse circuito é um contador binário de MOD-8 reciclável. Aplicando um pouco de álgebra booleana às expressões de entrada, vemos que há, na verdade, um padrão bastante simples de circuito na criação de contadores binários a partir de flip-flops D:

$$D_C = C\,\overline{B} + C\,\overline{A} + \overline{C}\,B\,A$$
$$D_B = \overline{B}\,A + B\,\overline{A} =$$
$$D_A = \overline{A}$$

FIGURA 7.25 Contador síncrono usando flip-flops D.

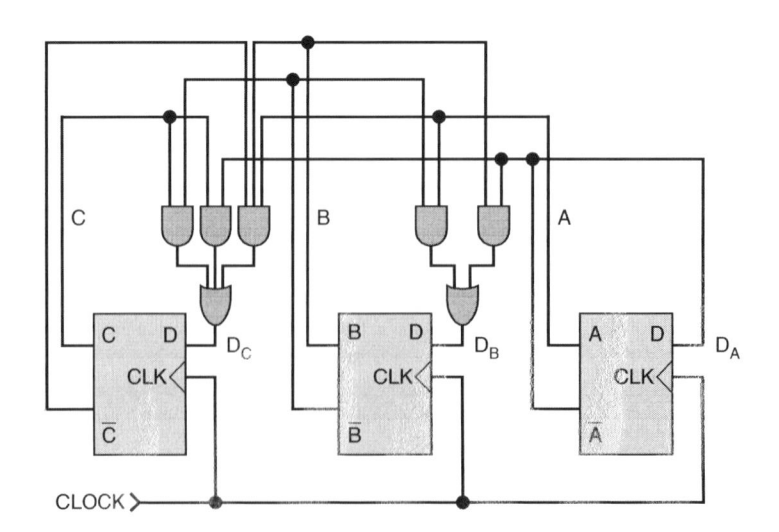

TABELA 7.2 Tabela de análise para a Figura 7.25.

Estado ATUAL			Entradas de controle			PRÓXIMO estado		
C	B	A	D_C	D_B	D_A	C	B	A
0	0	0	0	0	1	0	0	1
0	0	1	0	1	0	0	1	0
0	1	0	0	1	1	0	1	1
0	1	1	1	0	0	1	0	0
1	0	0	1	0	1	1	0	1
1	0	1	1	1	0	1	1	0
1	1	0	1	1	1	1	1	1
1	1	1	0	0	0	0	0	0

É importante observar que os recursos de portas da maioria dos PLDs consistem, na verdade, de conjuntos de aranjos de circuitos AND-OR e que a expressão lógica de soma de produtos descreve de modo mais preciso a implementação do circuito interno. De qualquer forma, podemos ver que as expressões foram significativamente simplificadas pelo uso da função XOR. Isso nos leva a prever corretamente que, para criar um contador binário MOD-16 com flip-flops D, precisaríamos de um quarto FF com:

$$D_D = D \oplus (A\,B\,C)$$

QUESTÕES DE REVISÃO

1. Por que é desejável evitar ter controles assíncronos em contadores?
2. Que ferramenta é útil na análise de contadores síncronos?
3. O que determina a sequência de contagem no circuito de um contador?
4. Que característica do contador é descrita quando se diz que ele é autocorretor?

7.10 PROJETO DE CONTADORES SÍNCRONOS[1]

OBJETIVOS

Após ler esta seção, você será capaz de:

- Seguir um processo para criar contadores que progridem por meio de qualquer sequência de estados.
- Criar uma tabela de excitação ATUAL/PRÓXIMO.
- Criar um sequenciador que conduzirá um motor de passo.

Muitas configurações diferentes de contadores estão disponíveis como CIs — assíncronos, síncronos e combinações assíncrono/síncrono. A maioria conta em uma sequência binária normal ou uma sequência de contagem BCD, embora suas sequências de contagem possam ser, de algum modo, alteradas com o uso dos métodos demonstrados para as séries de CIs 74ALS160-163 e 74ALS190-191. Existem situações, todavia, em que um

---

[1] Esta seção pode ser omitida sem afetar a continuidade do restante do livro.

contador deve seguir uma sequência que não a binária normal, como 000, 010, 101, 001, 110, 000...

Existem vários métodos para se projetarem contadores que sigam sequências arbitrárias. Apresentaremos em detalhes um método muito comum que utiliza flip-flops J-K em uma configuração de contadores síncronos. Esse mesmo método pode ser usado em projetos com flip-flops D. Essa técnica é um dos vários procedimentos que fazem parte de uma área de projetos de circuitos digitais chamada **projeto de circuitos sequenciais**, que normalmente está incluída em um curso avançado.

Ideia básica

Em contadores síncronos, todos os FFs são disparados ao mesmo tempo. Antes de cada pulso de clock, as entradas *J* e *K* de cada FF devem estar no nível correto para garantir que o flip-flop vá para o estado correto. Por exemplo, considere a situação em que o estado 101 do contador CBA é seguido pelo estado 011. Quando ocorrer o próximo pulso de clock, as entradas *J* e *K* dos FFs deverão estar nos níveis corretos para fazer que o flip-flop C mude de 1 para 0, que o flip-flop B mude de 0 para 1 e o flip-flop A mude de 1 para 1 (ou seja, não mude).

O procedimento para projetar um contador síncrono, então, torna-se um processo de projeto de circuitos lógicos, que *decodifica* os vários estados do contador para fornecer os níveis lógicos apropriados para cada entrada *J* e *K* no momento certo. As entradas desses circuitos decodificadores são provenientes das saídas de um ou mais flip-flops. Para ilustrar, no contador síncrono da Figura 7.5, a porta AND que fornece as entradas *J* e *K* do flip-flop C decodifica os estados dos flip-flops A e B. Da mesma maneira, a porta AND que fornece as entradas *J* e *K* do flip-flop D decodifica os estados dos flip-flops A, B e C.

Tabela de excitação J-K

Antes de iniciarmos o processo de projetar circuitos decodificadores para cada entrada *J* e *K*, temos primeiro de rever a operação de um flip-flop J-K usando uma abordagem diferente por meio da *tabela de excitação* (Tabela 7.3). A coluna mais à esquerda dessa tabela relaciona cada transição possível da saída de um flip-flop. A segunda e a terceira colunas relacionam o estado ATUAL do flip-flop, simbolizado por Q_n, e o PRÓXIMO estado, simbolizado por Q_{n+1}, para cada transição. As duas últimas colunas relacionam os níveis lógicos necessários nas entradas *J* e *K* para gerar cada uma das transições. Vamos examinar cada caso.

TABELA 7.3 Tabela de excitação J-K.

Transição na saída do *FF*	Estado ATUAL Q_n	PRÓXIMO estado Q_{n+1}	J	K
0 → 0	0	0	0	x
0 → 1	0	1	1	x
1 → 0	1	0	x	1
1 → 1	1	1	x	0

TRANSIÇÃO 0 → 0. O estado ATUAL do flip-flop é 0 e deve permanecer em 0 quando o pulso de clock for aplicado. A partir da nossa compreensão de como um flip-flop J-K funciona, isso pode acontecer quando $J = K = 0$ (condição sem mudança) ou $J = 0$ e $K = 1$ (condição reset). Portanto, J deve estar em 0, mas K pode estar em qualquer nível. A tabela indica isso com um '0' em J e um 'x' em K. Lembre-se de que 'x' representa uma condição de irrelevância.

TRANSIÇÃO 0 → 1. O estado ATUAL é 0 e deve mudar para 1. Isso pode acontecer quando $J = 1$ e $K = 0$ (condição set) ou $J = K = 1$ (condição de comutação). Desse modo, para que essa transição ocorra, J deve estar em nível 1, mas K pode estar em qualquer nível.

TRANSIÇÃO 1 → 0. O estado ATUAL é 1 e deve mudar para 0. Isso pode acontecer quando $J = 0$ e $K = 1$ ou $J = K = 1$. Assim, K deve estar em nível 1, mas J pode estar em qualquer nível.

TRANSIÇÃO 1 → 1. O estado ATUAL é 1 e deve permanecer em 1. Isso pode acontecer quando $J = K = 0$ ou $J = 1$ e $K = 0$. Desse modo, K deve estar em nível 0, mas J pode estar em qualquer nível.

O uso dessa **tabela de excitação J-K** (Tabela 7.3) é a parte principal do procedimento de projeto de contadores síncronos.

Procedimento de projeto

Passaremos agora por um procedimento completo de projeto de contadores síncronos. Embora façamos isso para uma sequência de contagem específica, os mesmos passos podem ser aplicados para qualquer sequência desejada.

Passo 1. Determine o número desejado de bits (FFs) e a sequência de contagem desejada.

Para o nosso exemplo, projetaremos um contador de três bits cuja sequência de contagem pode ser vista na Tabela 7.4. Observe que essa sequência não inclui os estados 101, 110 e 111. Vamos nos referir a eles como *estados indesejáveis*.

Passo 2. Desenhe o diagrama de transição de estados mostrando *todos* os estados possíveis, inclusive aqueles que não são parte da sequência de contagem desejada.

Para o nosso exemplo, o diagrama de transição de estados pode ser visto na Figura 7.26. Os estados de 000 a 100 estão ligados conforme a sequência esperada. O que há de novo nesse diagrama é a inclusão de um PRÓXIMO estado definido para todos os estados indesejáveis. Eles têm de ser incluídos em nosso projeto para o caso de o contador ir para um desses estados ao energizar o circuito ou em razão do ruído presente. O projetista pode escolher, para cada um dos estados indesejáveis, para que estado ele deve ir mediante a aplicação do próximo pulso de clock. O projetista pode também escolher não definir a ação do contador para os estados indesejáveis. Em outras palavras, podemos não nos importar com o PRÓXIMO estado para qualquer estado indesejado. Usar o enfoque "irrelevância" de projeto resultará, de modo geral, em um projeto mais simples, mas pode ser, potencialmente, um problema na aplicação em que o contador deverá ser usado. Para o nosso projeto-exemplo, escolheremos fazer com que todos

TABELA 7.4 A sequência de estados desejados.

C	B	A
0	0	0
0	0	1
0	1	0
0	1	1
1	0	0
0	0	0
0	0	1
	etc.	

os estados indesejados vão para o estado 000. Isso fará o nosso projeto ser autocorretor, mas levemente diferente do exemplo de contador de MOD-5 que foi analisado na Seção 7.9.

FIGURA 7.26 Diagrama de transição de estados para o exemplo de projeto do contador síncrono.

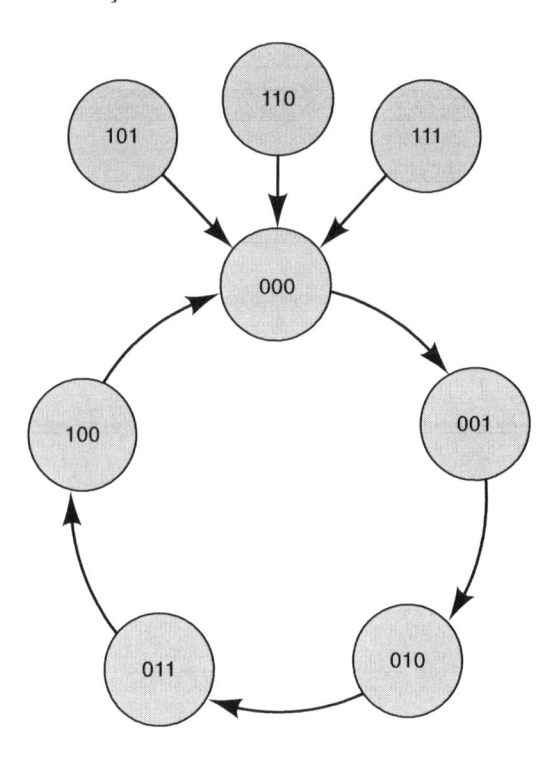

Passo 3. Use o diagrama de transição de estados para montar uma tabela que liste *todos* os estados ATUAIS e PRÓXIMOS.

Em nosso exemplo, essa informação pode ser vista na Tabela 7.5. O lado esquerdo da tabela relaciona *todos* os estados possíveis, mesmo aqueles que não fazem parte da sequência. Vamos denominá-los estados ATUAIS. O lado direito relaciona o PRÓXIMO estado para cada estado ATUAL. Esses podem ser obtidos a partir do diagrama de transição de estados da Figura 7.26. Por exemplo, a linha 1 mostra que o estado ATUAL 000 tem como PRÓXIMO estado 001; a linha 5 mostra que o estado ATUAL 100 tem como PRÓXIMO estado 000. As linhas 6, 7 e 8 mostram que os estados ATUAIS indesejáveis 101, 110 e 111 têm como PRÓXIMO estado 000.

TABELA 7.5 Tabela completa de estado ATUAL/PRÓXIMO estado.

		Estado ATUAL			PRÓXIMO estado		
		C	B	A	C	B	A
Linha	1	0	0	0	0	0	1
	2	0	0	1	0	1	0
	3	0	1	0	0	1	1
	4	0	1	1	1	0	0
	5	1	0	0	0	0	0
	6	1	0	1	0	0	0
	7	1	1	0	0	0	0
	8	1	1	1	0	0	0

Passo 4. Acrescente uma coluna a essa tabela para cada entrada J e K. Para cada estado ATUAL, indique os níveis exigidos em cada entrada J e K a fim de produzir a transição para o PRÓXIMO estado.

Nosso exemplo utiliza três flip-flops — C, B e A —, e cada um deles tem entradas J e K. Portanto, devemos acrescentar seis novas colunas na Tabela 7.6. Essa tabela completa é chamada **tabela de excitação do circuito**. As seis novas colunas são as entradas J e K de cada flip-flop. Podemos obter os valores valores para cada coluna J e K utilizando a Tabela 7.3, tabela de excitação do flip-flop J-K que já desenvolvemos. Demonstraremos isso para vários casos, e você poderá verificar o resto.

Vamos observar a linha 1 da Tabela 7.6. O estado ATUAL 000 deve ir para o PRÓXIMO estado 001 na ocorrência de um pulso de clock. Para essa transição, o flip-flop C vai de 0 para 0. A partir da tabela de excitação J-K, veremos que J_C deve estar em 0 e K_C em "x" para que essa transição ocorra. O flip-flop B também vai de 0 para 0, portanto, $J_B = 0$ e $K_B = x$. O flip-flop A vai de 0 para 1. A partir da Tabela 7.3, vemos que $J_A = 1$ e $K_A = x$ para essa transição.

Na linha 4 da Tabela 7.6, o estado ATUAL 011 tem como PRÓXIMO estado 100. Para essa transição de estado, o flip-flop C vai de 0 para 1, o que requer que $J_C = 1$ e $K_C = x$. Os flip-flops B e A estão, ambos, indo de 1 para 0. A tabela de excitação J-K indica que esses dois flip-flops necessitam que $J = x$ e $K = 1$ para que isso ocorra.

Os níveis para J e K necessários para todas as outras linhas da Tabela 7.6 podem ser determinados da mesma maneira.

TABELA 7.6 Tabela de excitação do circuito.

	Estado ATUAL			PRÓXIMO estado								
	C	B	A	C	B	A	J_C	K_C	J_B	K_B	J_A	K_A
Linha 1	0	0	0	0	0	1	0	x	0	x	1	x
2	0	0	1	0	1	0	0	x	1	x	x	1
3	0	1	0	0	1	1	0	x	x	0	1	x
4	0	1	1	1	0	0	1	x	x	1	x	1
5	1	0	0	0	0	0	x	1	0	x	0	x
6	1	0	1	0	0	0	x	1	0	x	x	1
7	1	1	0	0	0	0	x	1	x	1	0	x
8	1	1	1	0	0	0	x	1	x	1	x	1

Passo 5. Projete os circuitos lógicos necessários para gerar os níveis requeridos em cada entrada J e K.

A Tabela 7.6, a tabela de excitação do circuito, relaciona as seis entradas J e K — J_C, K_C, J_B, K_B, J_A e K_A. Devemos entender cada uma delas como saídas de um circuito lógico próprio cujas entradas são provenientes dos flip-flops C, B e A. Portanto, devemos projetar um circuito lógico para cada uma delas. Vamos projetar um circuito para J_A.

Para fazer isso, devemos observar o estado ATUAL nos flip-flops C, B e A e os níveis desejados para J_A em cada caso. Essa informação pode ser obtida da Tabela 7.6 e vista na Figura 7.27(a). Essa tabela-verdade mostra os níveis desejados para J_A em cada estado ATUAL. É claro que para alguns desses casos temos uma condição de irrelevância para J_A. Para desenvolver o circuito lógico para J_A, devemos determinar sua expressão em termos de C, B e A. Faremos isso transferindo a informação contida na tabela-verdade para um mapa de Karnaugh de três variáveis e simplificando o mapa K, como na Figura 7.27(b).

Existem apenas dois 1s nesse mapa de Karnaugh, que podem ser agrupados para obtenção do termo $\overline{A}\,\overline{C}$; se utilizarmos as condições de irrelevância $A\,\overline{B}\,\overline{C}$ e ABC como 1s, poderemos agrupar um quarteto para obter o termo mais simples $\overline{C}$. Assim, a expressão final será

$$J_A = \overline{C}$$

Agora, vamos considerar K_A. Podemos seguir os mesmos passos que usamos para J_A. Contudo, observando os valores de K_A na tabela de excitação do circuito, temos apenas 1s e condições de irrelevância. Se trocarmos todas as condições de irrelevância por 1s, teremos K_A sempre igual a 1. Desse modo, a expressão final será

$$K_A = 1$$

De maneira semelhante, é possível obter expressões para J_C, K_C, J_B e K_B. Os mapas de K para essas expressões podem ser vistos na Figura 7.28. Você pode confirmar se as expressões estão corretas conferindo-as com a tabela de excitação do circuito.

FIGURA 7.27 (a) Parte da tabela de excitação do circuito mostrando J_A para cada estado ATUAL; (b) mapa de Karnaugh usado para obter uma expressão simplificada para J_A.

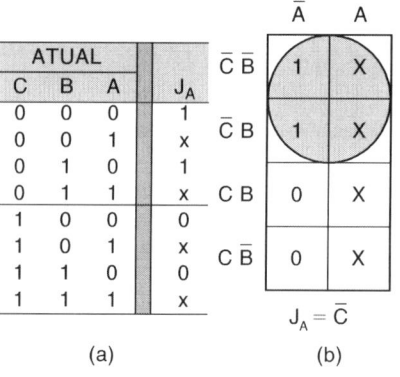

FIGURA 7.28 (a) Mapas de Karnaugh para os circuitos lógicos J_B e K_B; (b) mapas de Karnaugh para os circuitos lógicos J_C e K_C.

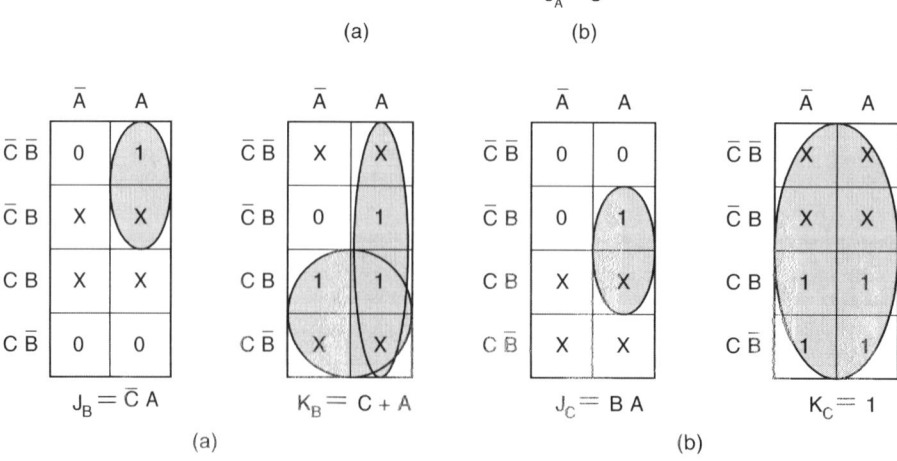

Passo 6. Implemente as expressões finais.

Os circuitos lógicos para cada entrada J e K são implementados a partir das expressões obtidas no mapa K. O circuito completo do contador síncrono projetado está na Figura 7.29. Observe que todos os flip-flops são disparados em paralelo. Você pode observar que os circuitos lógicos para as entradas *J* e *K* concordam com as figuras 7.27 e 7.28.

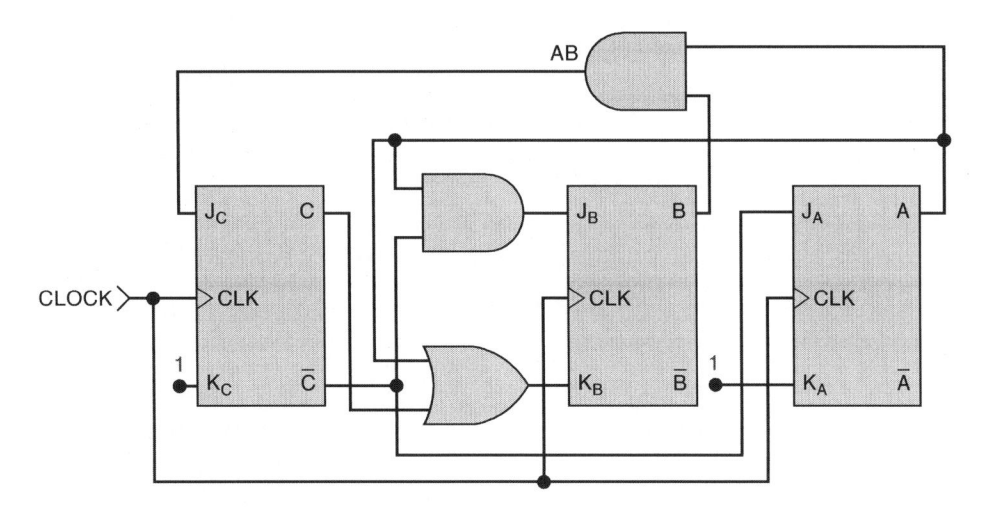

FIGURA 7.29 Implementação final do exemplo de projeto de um contador síncrono.

Controle de um motor de passo

Vamos aplicar esse procedimento de projeto em uma situação prática — o controle de um *motor de passo*, que gira em passos discretos, em geral, 15° por passo, em vez de girar em movimento contínuo. Os enrolamentos dentro do motor devem ser energizados e desenergizados em uma sequência específica para produzir movimentos em passos discretos. Sinais digitais são normalmente usados para controlar a corrente em cada enrolamento do motor. Motores de passo são bastante utilizados em situações nas quais o controle preciso de posição é necessário, como no posicionamento de cabeças para leitura/escrita de discos magnéticos, no controle de cabeças de impressoras e em robôs.

A Figura 7.30(a) mostra um diagrama de um típico motor de passo de quatro enrolamentos. Para que o motor gire de modo correto, os enrolamentos 1 e 2 devem estar sempre em estados opostos; ou seja, quando o enrolamento 1 está energizado, o enrolamento 2 não está, e vice-versa. Da mesma maneira, os enrolamentos 3 e 4 devem estar sempre em estados opostos. As saídas de um contador síncrono de dois bits são usadas para controlar a corrente nos quatro enrolamentos. A e $\overline{A}$ controlam os enrolamentos 1 e 2, e B e $\overline{B}$ controlam os enrolamentos 3 e 4. Os amplificadores de corrente são necessários porque as saídas dos flip-flops não podem gerar a corrente exigida pelos enrolamentos.

Uma vez que o motor de passo pode girar em sentido horário ou anti-horário, temos uma entrada de direção, D, usada para controlar a direção de rotação. Os diagramas de estados para as duas situações podem ser vistos na Figura 7.30(b). Para termos a rotação em sentido horário, devemos ter $D = 0$, e o estado do contador, *BA*, tem de seguir a ordem 11, 10, 00, 01, 11, 10, ..., e assim por diante, conforme disparado pela entrada de sinal. Para rotação no sentido anti-horário, $D = 1$, e o contador tem de seguir a sequência 11, 01, 00, 10, 11, 01, ..., e assim por diante.

Estamos, agora, prontos para seguir os seis passos para o projeto de um contador síncrono. Os passos 1 e 2 já foram dados e podemos proceder aos passos 3 e 4. A Tabela 7.7 mostra cada estado ATUAL possível para *D*, *B* e *A* e o PRÓXIMO estado desejado junto com os níveis lógicos necessários para as entradas J e K alcançarem as transições. Observe que, em todos os casos, a entrada de direção, D, não muda do estado ATUAL para o PRÓXIMO estado; isso acontece porque ela é uma entrada independente que é mantida em nível ALTO ou BAIXO à medida que o contador avança em sua sequência.

O passo 5 do procedimento de projeto é apresentado na Figura 7.31, na qual a informação da Tabela 7.7 foi transferida para os mapas de Karnaugh que mostram como cada sinal J e K está relacionado ao estado ATUAL de D, B e A. Fazendo os agrupamentos apropriados, as expressões lógicas simplificadas para cada sinal são obtidas.

O passo final é mostrado na Figura 7.32, em que o contador síncrono de dois bits é implementado usando as expressões para J e K obtidas nos mapas de Karnaugh.

FIGURA 7.30 (a) Um contador síncrono fornece a sequência apropriada de saídas para acionar o motor de passo; (b) diagrama de transição de estados para os dois estados da entrada de direção, D.

(a)

Rotação no sentido horário
D = 0

Rotação no sentido anti-horário
D = 1

(b)

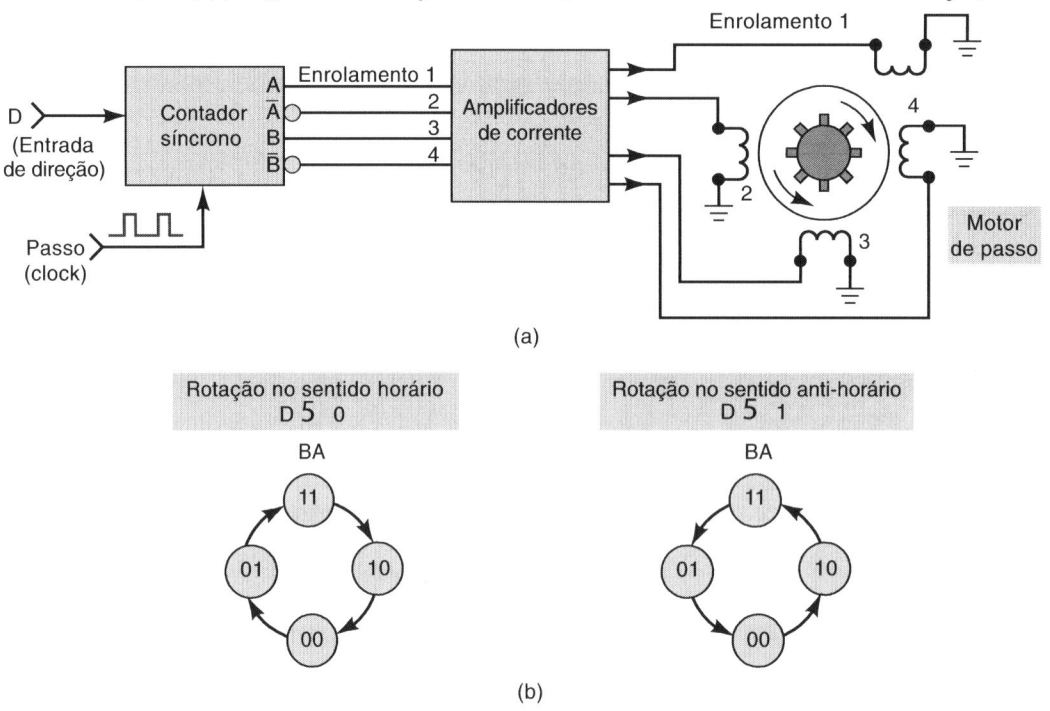

TABELA 7.7 Tabela de excitação para o motor de passo.

Estado ATUAL			PRÓXIMO estado		Entradas de controle			
D	B	A	B	A	J_B	K_B	J_A	K_A
0	0	0	0	1	0	x	1	x
0	0	1	1	1	1	x	x	0
0	1	0	0	0	x	1	0	x
0	1	1	1	0	x	0	x	1
1	0	0	1	0	1	x	0	x
1	0	1	0	0	0	x	x	1
1	1	0	1	1	x	0	1	x
1	1	1	0	1	x	1	x	0

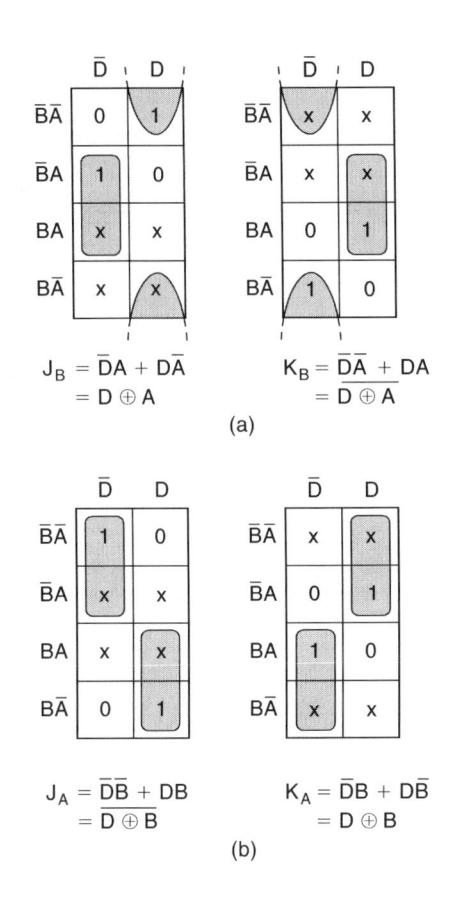

FIGURA 7.31 (a) Mapas de Karnaugh para J_B e K_B; (b) mapas de Karnaugh para J_A e K_A.

$$J_B = \overline{D}A + D\overline{A} = D \oplus A$$

$$K_B = \overline{D}\,\overline{A} + DA = \overline{D \oplus A}$$

(a)

$$J_A = \overline{D}\,\overline{B} + DB = \overline{D \oplus B}$$

$$K_A = \overline{D}B + D\overline{B} = D \oplus B$$

(b)

FIGURA 7.32 Contador síncrono implementado a partir das equações para J e K.

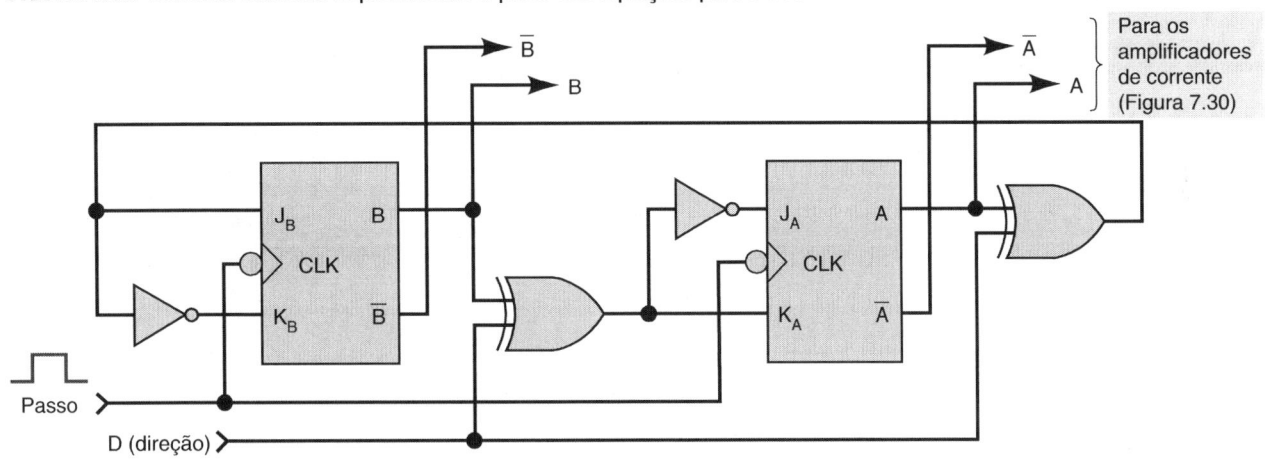

Projeto de contador síncrono com FFs D

Fornecemos um procedimento detalhado para o projeto de contadores síncronos usando flip-flops J-K. Historicamente, flip-flops J-K têm sido usados para implementar contadores, porque os circuitos lógicos necessários para as entradas J e K costumam ser mais simples que os necessários para controlar um contador síncrono equivalente usando flip-flops D. Quando projetamos contadores para serem implementados em PLDs, em que normalmente há muitas portas lógicas disponíveis, faz sentido usar flip-flops D em vez de J-K. Vamos, agora, ver um projeto de contador síncrono usando FFs D.

Projetar circuitos de contadores usando flip-flops D é ainda mais fácil que com flip-flops J-K. Vamos demonstrar isso projetando um circuito de FF D que produz a mesma sequência de contagem dada na Figura 7.26. Os três primeiros passos do projeto de contador síncrono D são idênticos à técnica usada no J-K. O passo 4 do projeto de FF D é simples, já que as entradas D necessárias são as mesmas do PRÓXIMO estado desejado, como visto na Tabela 7.8. O passo 5 é gerar as expressões lógicas a partir da tabela de estado ATUAL/PRÓXIMO estado para as entradas D. A Figura 7.33 apresenta os mapas de Karnaugh e as expressões simplificadas. Por fim, no passo 6, o contador pode ser implementado com o circuito mostrado na Figura 7.34.

TABELA 7.8 Tabela de excitação de flip-flops D.

Estado ATUAL			PRÓXIMO estado			Entradas de controle		
C	B	A	C	B	A	D_C	D_B	D_A
0	0	0	0	0	1	0	0	1
0	0	1	0	1	0	0	1	0
0	1	0	0	1	1	0	1	1
0	1	1	1	0	0	1	0	0
1	0	0	0	0	0	0	0	0
1	0	1	0	0	0	0	0	0
1	1	0	0	0	0	0	0	0
1	1	1	0	0	0	0	0	0

FIGURA 7.33 Mapas de Karnaugh e expressões lógicas simplificadas para o projeto de um contador flip-flop de MOD-5.

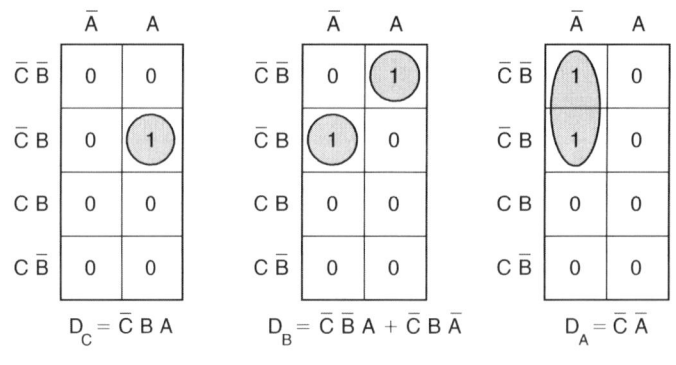

$$D_C = \overline{C} B A$$

$$D_B = \overline{C} \overline{B} A + \overline{C} B \overline{A}$$

$$D_A = \overline{C} \overline{A}$$

FIGURA 7.34 Implementação do circuito do projeto de um contador flip-flop D de MOD-5.

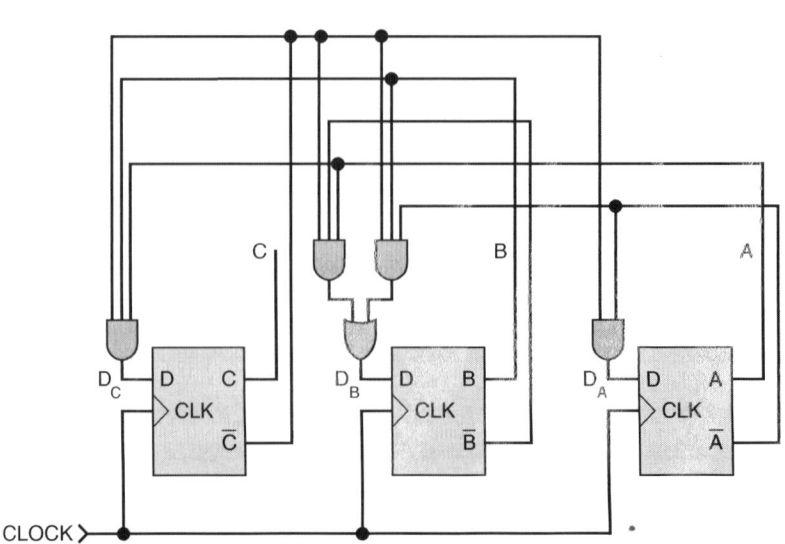

QUESTÕES DE REVISÃO

1. Relacione os seis passos do procedimento de projeto para um contador síncrono.
2. Que informação está contida na tabela de estado ATUAL/PRÓXIMO estado?
3. Que informação está contida na tabela de excitação do circuito?
4. *Verdadeiro ou falso*: o procedimento de projeto de contadores síncronos pode ser usado para a sequência: 0010, 0011, 0100, 0111, 1010, 1110, 1111; a partir daí, repete-se o ciclo.

7.11 FUNÇÕES DE BIBLIOTECA ALTERA PARA CONTADORES

OBJETIVOS

Após ler esta seção, você será capaz de:
- Localizar a biblioteca de módulos parametrizados da Altera (LPMs).
- Especificar os parâmetros comuns aos contadores.
- Criar módulos para atender às necessidades do sistema.

É possível usar o Quartus Block Editor para programar um PLD com qualquer contador usando flip-flops e portas como aquelas ilustradas nas seções anteriores deste capítulo. Como vimos nos capítulos 5 e 6, o software Quartus II da Altera contém bibliotecas de blocos de construção digitais comuns, o que incluiria representações funcionalmente equivalentes de chips de contador MSI "antigos" como as séries 74160-74163 e 74190-74191 de dispositivos MSI. Estas macrofunções podem ser encontradas na biblioteca maxplus2. Isso torna muito fácil a criação de diagramas esquemáticos como aqueles apresentados nas figuras 7.18(a) ou 7.19. Uma opção de contador ainda mais versátil está disponível com a megafunção **LPM_COUNTER** (encontrada na pasta Plug-Ins Arithmetic). O MegaWizard Manager torna a tarefa de projetar contadores fácil e rápida. Tudo o que você precisa fazer é escolher as características desejadas, o número de bits e os módulos. Um contador crescente/decrescente de MOD-16 com recursos completos (mas que não usa todas as opções disponíveis) é mostrado na Figura 7.35. O contador tem controle de habilitação de contagem ativo em nível ALTO e fará uma contagem crescente quando *UP_DN* = 1 ou decrescente se *UP_DN* = 0. O contador também pode ser sincronicamente limpo (*cleared*) e carregado de modo paralelo com dados novos que são inseridos na porta rotulada *DATA[3..0]*. O carry-out (*cout*) vai decodificar o estado terminal do contador de 15 quando contando para cima ou 0 quando contando para baixo. Todas estas características são automaticamente criadas simplesmente dizendo-se ao Wizard o que é necessário.

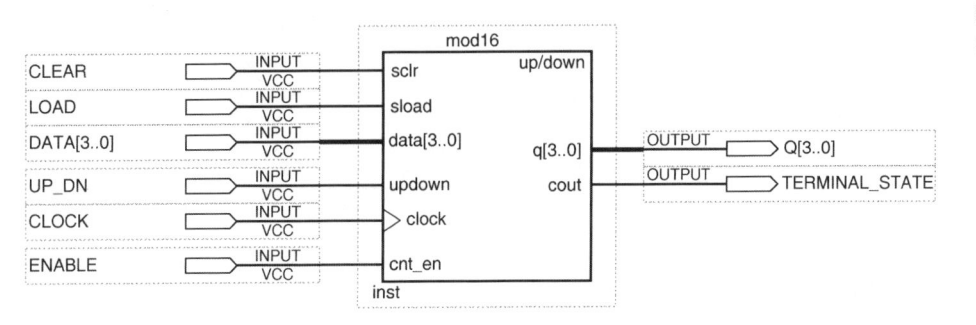

FIGURA 7.35 Contador de MOD-16 completo.

EXEMPLO 7.16

Projete os contadores de horas e minutos para um relógio digital. Use um contador binário para as horas e contadores BCD em cascata para os minutos. Já que o bloco de minutos e o bloco de segundos de um relógio digital vão cada um exigir contadores de MOD-60, poderemos usar o mesmo projeto para ambas as seções do relógio. Forneça entradas de habilitação para cada bloco de contador de maneira que possam ser colocados juntos em cascata.

Solução

O projeto LPM do contador de horas é mostrado na Figura 7.36(a). A entrada de habilitação *EN_HR* será controlada pelo bloco contador de minutos. Quando o contador de minutos alcançar seu estado terminal de 59, o contador de horas deve ser habilitado, e, então, ambos os contadores (de horas e minutos) serão acionados de modo simultâneo. As configurações MegaWizard para o bloco contador de horas são dadas na Figura 7.36(b). A sequência de contagem binária de reciclagem para o contador de horas será de 1 a 12, de maneira que o contador de MOD-12 será necessário. Todavia, o módulo que foi entrada para o Wizard é 13, já que o contador LPM reciclará automaticamente para 0; queremos que o contador conte até 12, o que serão 13 estados em vez de 12. O contador é, então, forçado a reciclar de volta a 1 em vez de 0 pelo controle da entrada *sset* (e especificando um valor de dados de 1) com a saída de decodificação de estado terminal *DECODE12*. Essa saída de decodificador também pode controlar potencialmente um flip-flop AM/PM mesmo que não tenha sido especificado para esse projeto. Resultados de simulação (observe que foi usada uma escala de tempo arbitrária) para esse projeto são dados na Figura 7.36(c).

O contador de minutos (Figura 7.37) é projetado para fornecer uma sequência de contagem BCD para o contador MOD-60 ao subdividi-lo em dois blocos de contador LPM. Isso o tornará mais conveniente para realização de uma interface com um display digital (ver Capítulo 9 para detalhes de circuito de display). O bloco *onesLPM* é um contador de MOD-10 que terá como saída o dígito menos significativo (LSD) para o contador de minutos. O bloco *tensLPM* produz o dígito mais significativo (MSD) com sequência de contagem de MOD-6. A habilitação carry-in (*cin*) foi escolhida especificamente para esses contadores porque ela também habilita a decodificação carry-out (*cout*) dos estados terminais de cada contador. Isso facilita a colocação em cascata dos dois sub-blocos juntos, o que é feito conectando-se *cout* de *onesLPM* ao *cin* dos *tensLPM*. Quando os dois blocos de contadores foram colocados em cascata dessa maneira, a entrada de habilitação *EN_MOD60* será capaz de controlar todo o contador de minutos. Essa técnica também permite que a porta de saída *DECODE59* detecte quando *tensLPM* está no estado terminal de 5 e (AND) *onesLPM* está no estado terminal de 9, ou, em outras palavras, estado 59 para o contador de minutos inteiro. Resultados de simulação funcional (de novo, uma escala de tempo arbitrária foi usada) para esse projeto são dados na Figura 7.37(c).

Capítulo 7 Contadores e registradores 467

FIGURA 7.36 Contador de horas de um relógio digital: (a) diagrama de bloco; (b) configurações MegaWizard; (c) resultados de simulação.

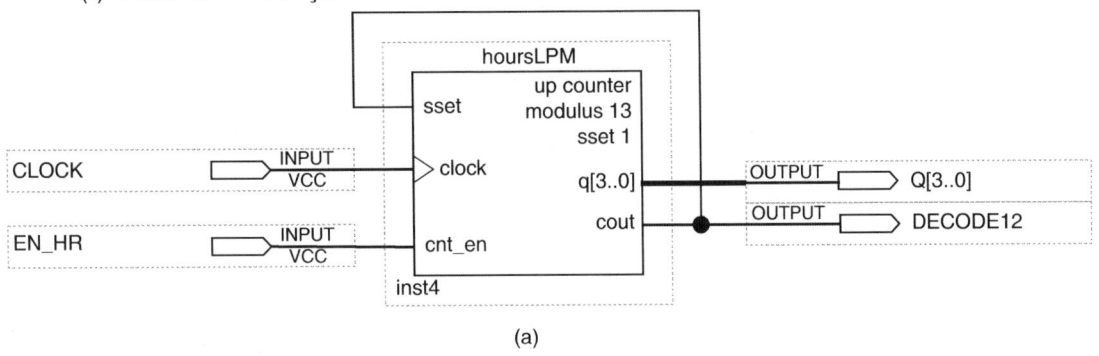

(a)

LPM parameter decisions:

How wide should the 'q' output bus be? 4

What should the counter direction be? Select UP only

Which type of counter do you want? Select Modulus with a count modulus of 13

Do you want any optional additional ports? Select Count Enable and Carry-out

Do you want any optional inputs?

  Synchronous inputs: Select Set => Set to 1   Asynchronous: none

(b)

(c)

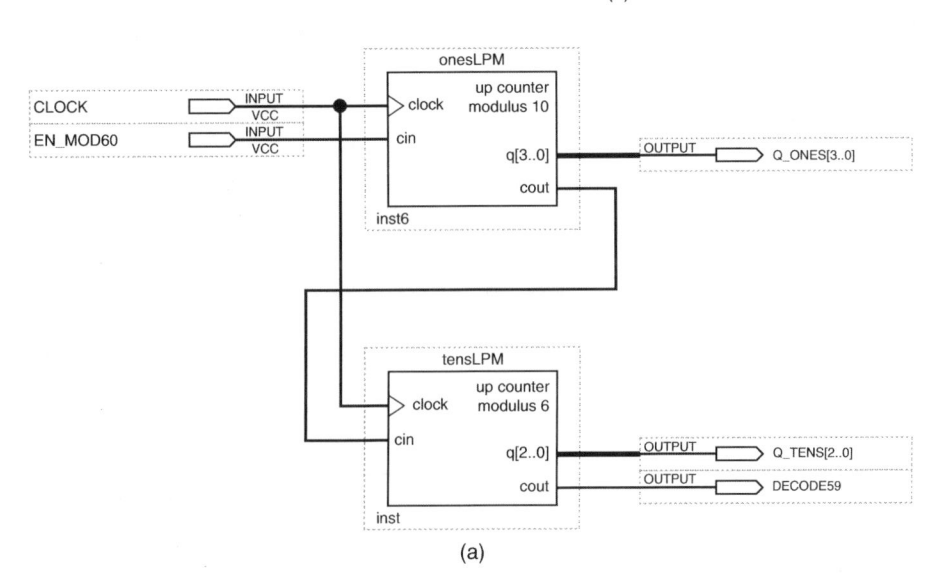

FIGURA 7.37 Contador de minutos de um relógio digital: (a) diagrama de bloco; (b) configurações MegaWizard para onesLPM (esquerda) e tensLPM (direita); (c) resultados de simulação.

(a)

LPM parameter decisions:

Ones_LPM

Which type of counter do you want?   Select Modulus with a count modulus of 10

Do you want any optional additional ports?   Select Carry-in and Carry-out

Tens_LPM

Which type of counter do you want?   Select Modulus with a count modulus of 6

Do you want any optional additional ports?   Select Carry-in and Carry-out

(b)

(c)

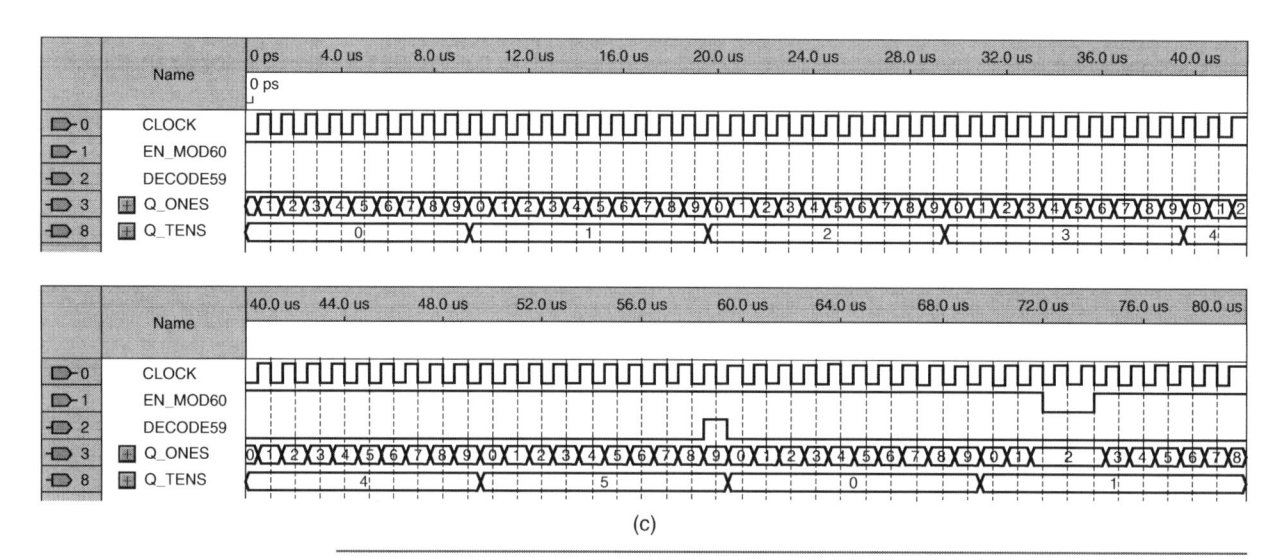

EXEMPLO 7.17

Projete o circuito divisor de frequência a fim de obter a frequência de clock correta para impulsionar o contador de segundos de MOD-60 de um relógio digital. A frequência de clock do sistema é 1 kHz.

Solução

A frequência de clock para o contador de segundos deve ser 1 Hz. Portanto, precisaremos dividir o sinal de 1 kHz por 1.000 para produzir a frequência apropriada. Um bloco LPM_COUNTER com um módulo de 1.000 foi criado (ver Figura 7.38). A saída MSB fornecerá um fator de divisão de frequência igual ao módulo do contador. A frequência em Q[9] será igual à de entrada dividida por 1.000. O único sinal de saída necessário é Q[9], de maneira que o barramento de saída foi dividido para obter apenas um sinal. Sempre que um barramento é dividido, as divisões de barramento e sinal devem ser rotuladas. Aplicamos a frequência de clock especificada (1 kHz) para nossa simulação. Os resultados de simulação funcional mostram o período correto de 1 segundo para o sinal de saída se um clock de 1 kHz for aplicado ao contador. A Figura 7.38(c) é um *zoom-in* do sinal de clock para mostrar seu período, medido em Quartus usando duas barras de tempo (note que a marca de tempo é

+1,0 ms após a primeira barra de tempo). O período para o sinal de saída é medido na Figura 7.38(d).

FIGURA 7.38 Divisor de frequência de clock: (a) diagrama de bloco; (b) configurações de MegaWizard; (c) medindo o período de entrada simulado com barras de tempo; (d) medindo o período de saída para resultados de simulação.

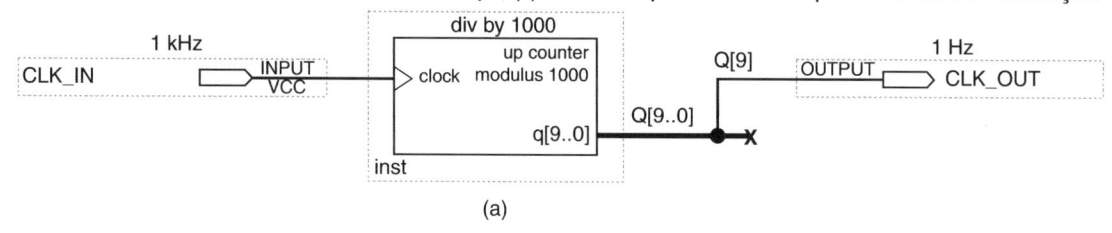

LPM parameter decisions:

How wide should the 'q' output bus be?   10

What should the counter direction be?   Select UP only

Which type of counter do you want?   Select Modulus with a count modulus of   1000

Do you want any optional additional port?   None

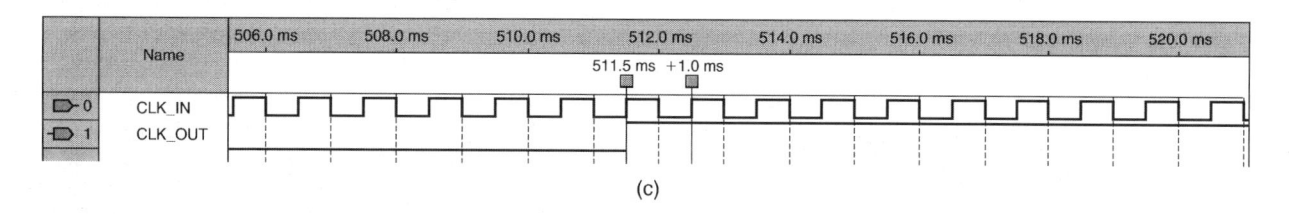

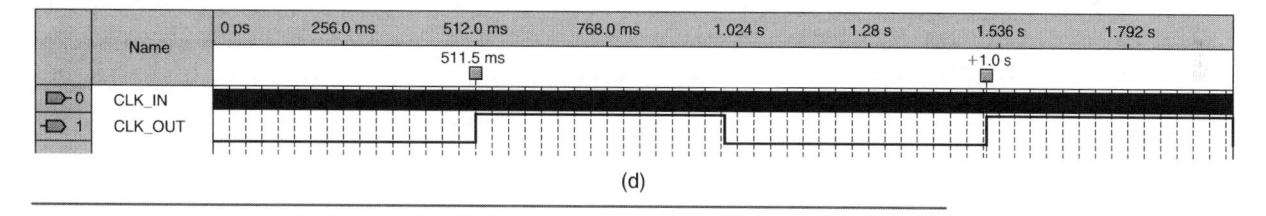

QUESTÕES DE REVISÃO

1. Qual pasta de biblioteca de megafunção Altera contém LPM_COUNTER?
2. Como você define as características e os módulos para um LPM_COUNTER?
3. Explique a diferença entre um clear assíncrono e um síncrono para um contador.
4. Qual a função do *cout* para um LPM_COUNTER?
5. A contagem de um LPM_COUNTER pode ser habilitada ou desabilitada usando *cnt_en* ou *cin*. Qual a diferença entre esses dois controles?

7.12 CONTADORES BÁSICOS USANDO HDL

OBJETIVOS

Após ler esta seção, você será capaz de:
- Descrever as operações do contador usando o HDL.
- Usar registros em AHDL.
- Usar processos em VHDL
- Descrever operações síncronas e assíncronas usando o HDL.
- Determinar precedência/prioridade de controles usando HDL.

No Capítulo 5, estudamos flip-flops e os métodos usados em HDLs para representar circuitos. A última seção do Capítulo 5 mostrou como conectar componentes de FF de modo bem semelhante àquele como se conectam circuitos integrados uns aos outros. Conectando a saída Q de um FF à entrada de clock do FF seguinte, descobrimos que é possível criar um circuito do contador. Usar HDL para descrever conexões entre componentes é o que se chama de nível estrutural de abstração. É óbvio que construir um circuito complexo com métodos estruturais seria enfadonho e difícil de interpretar. Nesta seção, ampliaremos o uso de HDL para descrever circuitos empregando métodos considerados de níveis mais elevados de abstração. Esse termo soa intimidador, mas quer dizer apenas que existem formas muito mais concisas e sensatas de descrever o que desejamos que um contador faça, sem nos preocuparmos com os detalhes de como conectar os circuitos do flip-flop para fazer isso.

Continua sendo crucial entender os princípios fundamentais do funcionamento dos flip-flops em comparação com as portas lógicas combinacionais. Como você deve se lembrar, flip-flops possuem algumas características únicas: a saída normalmente é atualizada conforme a condição das entradas de controle síncrono quando ocorre uma *borda ativa* de clock, o que significa que há um estado lógico na saída Q antes da borda do clock (estado ATUAL) e, potencialmente, um estado diferente na saída Q após a borda do clock (PRÓXIMO estado). Um flip-flop "lembra" ou mantém seu estado entre clocks, independentemente das mudanças nas entradas de controle síncrono (por exemplo, J e K).

Circuitos de contadores usando HDL baseiam-se nessa compreensão básica de um circuito que passa por uma sequência de estados em resposta ao evento de uma borda do clock. Contadores assíncronos fornecem um circuito fácil de analisar e entender. Eles são também muito menos complicados de construir com flip-flops e portas lógicas que seus equivalentes síncronos. O problema dos contadores assíncronos é a combinação do atraso e dos estados temporários espúrios que ocorrem quando o contador muda de estado. Quando avançamos para o nível de abstração seguinte e planejamos usar PLDs para implementar um projeto, não estamos mais nos concentrando em problemas de conexão, mas em descrever o funcionamento do circuito de modo conciso. Em consequência, os métodos que utilizamos para descrever circuitos de contadores em HDL empregam sobretudo técnicas síncronas, em que todos os flip-flops são atualizados de modo simultâneo em resposta ao mesmo evento de clock. Todos os bits em uma sequência de contagem passam do estado ATUAL para o PRÓXIMO estado prescrito ao mesmo tempo, o que impede quaisquer estados intermediários espúrios.

Métodos de descrição de transição de estado

O próximo método de descrição de circuitos que precisamos estudar utiliza tabelas. Esse método não lida com conexões entre ports de componentes, mas com a atribuição de valores a objetos como ports, sinais e variáveis. Em outras palavras, descreve como os dados de saída se relacionam com os de entrada ao longo do circuito. Já usamos esse método em vários dos circuitos introdutórios nos capítulos 3 e 4, como tabelas-verdade. Em circuitos sequenciais de contadores, o equivalente da tabela-verdade é a tabela de estado ATUAL/PRÓXIMO estado, como vimos na seção anterior. Podemos usar HDL fundamentalmente para descrever a tabela de estado ATUAL/PRÓXIMO estado do circuito e, assim, evitar uma cansativa descrição detalhada da geração de equações booleanas, como fizemos na Seção 7.10, para projetar com dispositivos lógicos comuns.

DESCRIÇÕES DE ESTADO EM AHDL

Como um exemplo de um circuito simples de contador, implementaremos o contador de MOD-5 da Figura 7.26 em AHDL. As entradas e saídas são definidas na seção SUBDESIGN da Figura 7.39, como sempre. Na seção VARIABLE na linha 7, declaramos (ou instanciamos) um vetor de três bits de blocos primitivos de um FF D que recebe o nome de instância *count[ ]*. Esse vetor será tratado basicamente como registrador de três bits no projeto. Vamos definir, em essência, que valor deve ser armazenado para cada PRÓXIMO estado. Como esse é um contador síncrono, precisamos conectar todas as entradas *clk* de FF D à *entrada de clock* SUBDESIGN. Em AHDL, isso é feito pela seguinte declaração na seção lógica:

count[ ].clk = clock;

FIGURA 7.39 Contador de MOD-5 em AHDL.

```
1    SUBDESIGN fig7_39
2    (
3           clock           :INPUT;
4           qout[2..0]      :OUTPUT;
5    )
6    VARIABLE
7           count[2..0]     :DFF;           --cria um registrador de 3 bits
8    BEGIN
9           count[].clk = clock;            --conecta todos os clocks em paralelo
10
11                  CASE count[].q IS
12   --                     Present                 Next
13   ----------------------------------------------------------------
14                          WHEN  0         =>      count[].d = 1;
15                          WHEN  1         =>      count[].d = 2;
16                          WHEN  2         =>      count[].d = 3;
17                          WHEN  3         =>      count[].d = 4;
18                          WHEN  4         =>      count[].d = 0;
19                          WHEN  OTHERS    =>      count[].d = 0;
20                  END CASE;
21           qout[] = count[].q;            --conecta o registrador a pinos de saída
22   END;
```

Os blocos primitivos de flip-flop fornecidos em AHDL possuem entradas e saídas padrão (*standard*) que são chamados de "ports". Esses ports recebem o nome padrão que é anexado ao nome de instância dos flip-flops. Como vimos na Tabela 5.3, o nome do port do clock é *.clk*, uma entrada D é denominada *.d* e a saída do FF recebe o nome *.q*. Para implementar a tabela de estado ATUAL/PRÓXIMO estado, usamos uma construção CASE. Para cada um dos possíveis valores do registrador *count[ ]*, determinamos o valor que deve ser colocado nas entradas D dos flip-flops, o que determinará o PRÓXIMO estado do contador. A declaração na linha 21 atribui o valor de *count[ ]* aos pinos de saída. Sem essa linha, o contador ficaria "embutido" na seção de SUBDESIGN e não seria visível para o mundo exterior.

Uma solução alternativa é dada na Figura 7.40, em que duas modificações são feitas a partir da Figura 7.39. A primeira está na linha 7, em que o nome do vetor dos flip-flops D é o mesmo da porta de saída em SUBDESIGN. Isso conectará automaticamente as saídas do flip-flop às saídas de SUBDESIGN e eliminará a necessidade de se incluir uma declaração de atribuição como a linha 21 da primeira solução. A segunda modificação é o uso de uma TABLE (tabela) do AHDL em vez da declaração CASE usada na Figura 7.39. Na linha 11, a porta *.q* no vetor *q[ ]* DFF representa o lado da tabela do estado ATUAL, enquanto o port *.d* em *q[ ]* representa o PRÓXIMO estado em que entrará o conjunto de entradas D do vetor quando uma transição positiva for aplicada ao *clock*.

FIGURA 7.40 Outra versão do contador de MOD-5 descrito na Figura 7.26.

```
1    SUBDESIGN fig7_40
2    (
3        clock      :INPUT;
4        q[2..0]    :OUTPUT;
5    )
6    VARIABLE
7        q[2..0]    :DFF;      -- cria um registrador de 3 bits
8    BEGIN
9        q[].clk = clock;      -- conecta todos os clocks em paralelo
10       TABLE
11           q[].q  => q[].d;
12           0      => 1;
13           1      => 2;
14           2      => 3;
15           3      => 4;
16           4      => 0;
17           5      => 0;
18           6      => 0;
19           7      => 0;
20       END TABLE;
21   END;
```

DESCRIÇÕES DE ESTADO EM VHDL

Como exemplo de um circuito simples de contador, implementaremos o contador de MOD-5 da Figura 7.26 em VHDL. Nosso propósito com esse exemplo é mostrar um contador que utilize uma estrutura de controle semelhante à tabela de estado ATUAL/PRÓXIMO estado. Duas tarefas principais devem ser realizadas em VHDL: detectar a borda de clock desejada e atribuir o PRÓXIMO estado adequado ao contador. Em nossos estudos sobre os flip-flops, vimos que um PROCESS (processo) pode ser usado para responder a uma transição de um sinal de entrada. Além disso, aprendemos que uma construção CASE pode avaliar uma expressão e, para qualquer valor de entrada válido, atribuir um valor correspondente a outro sinal. O código na Figura 7.41 usa um PROCESS e uma construção CASE para implementar esse contador. As entradas e saídas são definidas na declaração ENTITY, como já vimos.

Quando usamos VHDL para descrever um contador, precisamos achar um modo de "armazenar" o estado do contador entre pulsos de clock (ou seja, a ação de um flip-flop). Isso pode ser feito de duas maneiras: por meio de SIGNALs ou de VARIABLEs. Nos exemplos anteriores, empregamos abundantemente SIGNALs que funcionavam de modo concomitante. Um SIGNAL em VHDL guarda o último valor que lhe foi atribuído, de maneira bastante semelhante a um flip-flop. Em consequência, podemos usá-lo como o objeto de dados que representa o valor do contador. Esse SIGNAL pode ser usado, então, para conectar o valor do contador a quaisquer outros elementos na descrição da arquitetura.

Nesse projeto, decidimos usar uma **VARIABLE** em vez de um SIGNAL como o objeto de dados que armazena o valor do contador. VARIABLEs não são exatamente como SIGNALs, porque não são usadas para conectar várias partes do projeto. Em vez disso, são usadas para "armazenar" um valor. São consideradas objetos de dados locais porque são reconhecidas apenas dentro do PROCESS (processo) em que são declaradas. Na linha 11 da Figura 7.41, a variável chamada *count* é declarada dentro do PROCESS antes de BEGIN. Seu tipo é o mesmo do port de saída *q*. A palavra-chave PROCESS na linha 10 é seguida pela lista de sensibilidade que contém o sinal de entrada *clock*. Sempre que *clock* muda de estado, PROCESS é invocado, e as declarações dentro de PROCESS serão avaliadas e produzirão um resultado. Um atributo 'EVENT será TRUE (verdadeiro) se o sinal que o precede tiver acabado de mudar de estado. A linha 13 afirma que, se *clock* tiver acabado de mudar de estado e agora for "1", saberemos que foi uma borda de subida. Para implementar a tabela de estado ATUAL/PRÓXIMO estado, usamos uma construção CASE. Para cada um dos possíveis valores da variável *count*, determinamos o PRÓXIMO estado do contador. Note que empregamos o operador := é para atribuir um valor a uma variável. A linha 25 atribui o valor armazenado em *count* aos pinos de saída. Como *count* é uma variável local, essa atribuição deve ser feita antes de END PROCESS na linha 26.

FIGURA 7.41 Contador de MOD-5 em VHDL.

```
1  ENTITY fig7_41 IS
2  PORT (
3     clock    :IN BIT;
4     q        :OUT BIT_VECTOR(2 DOWNTO 0)
5  );
6  END fig7_41 ;
7
8  ARCHITECTURE a OF fig7_41        IS
9  BEGIN
10   PROCESS (clock)                              -- responde à entrada clk
11   VARIABLE count: BIT_VECTOR(2 DOWNTO 0);      -- cria registrador de 3 bits
12   BEGIN
13     IF (clock = '1' AND clock'EVENT) THEN      -- dispara borda de subida
14       CASE count IS
15  --       Present          Next
16  ----------------------------------------------------------------------
17         WHEN "000"   => count := "001";
18         WHEN "001"   => count := "010";
19         WHEN "010"   => count := "011";
20         WHEN "011"   => count := "100";
21         WHEN "100"   => count := "000";
22         WHEN OTHERS  => count := "000";
23       END CASE;
24     END IF;
25     q <= count;            -- conecta registrador com os pinos de saída
26   END PROCESS;
27  END a;
```

Descrição comportamental

O **nível de abstração comportamental** é um modo de descrever um circuito relatando seu comportamento em termos bastante semelhantes ao modo como se explica seu funcionamento em linguagem "normal". Pense em como o funcionamento do circuito de um contador poderia ser descrito por alguém que não entende de flip-flops ou de portas lógicas. Talvez a descrição dessa pessoa soe como: "Quando a entrada do contador passa de BAIXO para ALTO, o número na saída aumenta em 1". Esse nível de descrição baseia-se mais em relações de causa e efeito que no caminho do fluxo de dados ou em detalhes de conexão. Contudo, não podemos simplesmente usar uma linguagem qualquer para descrever o comportamento do circuito. Dentro dos limites do HDL, é preciso usar uma linguagem adequada.

AHDL

Em AHDL, o primeiro passo importante nesse método de descrição é declarar os pinos de saída do contador de modo adequado. Eles devem ser declarados como um vetor de bits, com índices decrescendo da esquerda para a direita e com 0 como o índice menos significativo, não com bits individuais chamados a, b, c, d, e assim por diante. Desse modo, o valor numérico associado ao nome do vetor de bits é interpretado como um número binário sobre o qual certas operações aritméticas podem ser executadas. Por exemplo, o vetor de bits *count* da Figura 7.42 pode conter os bits 1001, como mostrado. O compilador de AHDL interpreta esse padrão de bit como tendo o valor 9 em decimal.

Para criar nosso contador de MOD-5 em AHDL, precisaremos de um registrador de três bits que armazenará o estado atual do contador. Esse vetor de três bits, chamado *count*, é declarado com o uso de flip-flops D na linha 7 da Figura 7.43. Lembre-se, da Figura 7.40, que é possível nomear o vetor DFF com o mesmo nome da porta de saída *q[2..0]* e, assim, eliminar a linha 15; mas precisaríamos também mudar *count[ ]* para *q[ ]* em toda a seção lógica. Em outras palavras, a declaração da linha 7 pode ser mudada para

```
q[2..0]   :DFF;
```

Se isso fosse feito, todas as referências a *count* que se seguem mudariam para *q*. Isso tornaria o código mais breve, mas não expõe os conceitos universais do HDL de modo muito claro. Em AHDL, todos os clocks podem ser especificados como conectados entre si e a uma fonte de clock comum por meio da declaração da linha 10, *count[ ].clk = clock*. Nesse exemplo, *count[ ].clk* refere-se à entrada de clock de cada flip-flop em um vetor chamado *count*.

FIGURA 7.42 Elementos de um registrador D armazenando o número 9.

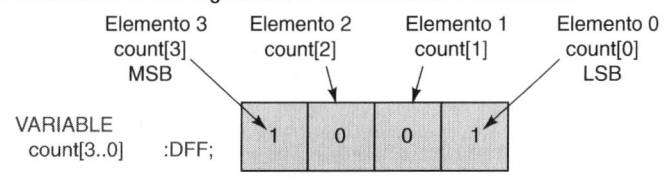

```
              Elemento 3   Elemento 2   Elemento 1   Elemento 0
              count[3]     count[2]     count[1]     count[0]
              MSB                                    LSB
VARIABLE
   count[3..0]   :DFF;    │ 1 │ 0 │ 0 │ 1 │
```

FIGURA 7.43 Descrição comportamental de um contador em AHDL.

```
1  SUBDESIGN fig7_43
2  (
3    clock       :INPUT;
4    q[2..0]     :OUTPUT;          -- declara vetor de 3 bits de saída
5  )
6  VARIABLE
7    count[2..0] :DFF;              -- declara um registrador de flip-flops D.
8
9  BEGIN
10   count[].clk = clock;           -- conecta todos os clocks a uma fonte síncrona
11   IF count[].q < 4 THEN          -- observe que count[] é o mesmo que count[].q
12     count[].d = count[].q + 1;   -- incrementa o valor atual em 1
13   ELSE count[].d = 0;            -- recicla para 0; força os estados não usados a 0
14   END IF;
15   q[] = count[].q;               -- transfere conteúdo do registrador para as saídas
16 END;
```

A descrição comportamental desse contador é bastante simples. O estado atual é avaliado (*count[ ].q*) na linha 11 e, se for menor que o valor mais alto desejado, ele usará a descrição *count[ ].d = count.q + 1* (linha 12). Isso significa que o estado atual das entradas *D* deve ser igual a um valor que seja um número maior que o estado atual das saídas *Q*. Quando o estado atual do contador houver chegado ao estado desejado mais alto, o teste da declaração de *IF* será falso, resultando em um valor de entrada de PRÓXIMO estado igual a 0 (linha 13), que recicla o contador. A última instrução na linha 15 apenas conecta o valor do contador aos pinos de saída do dispositivo.

VHDL

Em VHDL, o primeiro passo importante é declarar o port de saída do contador de modo adequado, como mostrado na Figura 7.44. Os tipos de dados do port de saída (linha 3) devem combinar com o tipo da variável do contador (linha 9) e devem permitir operações aritméticas. Lembre-se de que VHDL trata BIT_VECTORS como sequência de bits, não como quantidade numérica binária. Para reconhecer um sinal como quantidade numérica, o objeto de dados precisa ser declarado como tipo INTEGER. O compilador olha para a cláusula de RANGE 0 TO 7 na linha 3 e sabe que o contador precisa de três bits. Uma declaração semelhante é necessária para a variável do registrador na linha 9, que efetuará a contagem crescente e foi denominada *count*. A primeira declaração depois de BEGIN no PROCESS responde à borda de subida do clock como nos exemplos anteriores. Usam-se, então, métodos de descrição comportamental para definir a resposta do contador à borda do clock. Se o contador não tiver chegado a seu máximo (linha 12), deverá ser incrementado (linha 13). Caso contrário (linha 14), deverá ser reciclado, voltando ao zero (linha 15). A última instrução na linha 18 simplesmente conecta o valor do contador aos pinos de saída do dispositivo.

FIGURA 7.44 Descrição comportamental de um contador em VHDL.

```
1  ENTITY fig7_44 IS
2  PORT( clock:IN BIT;
3       q :OUT INTEGER RANGE 0 TO 7 );
4  END fig7_44;
5
6  ARCHITECTURE a OF fig7_44 IS
7  BEGIN
8    PROCESS (clock)
9    VARIABLE count: INTEGER RANGE 0 to 7; -- define uma VARIABLE numérica
10   BEGIN
11     IF (clock = '1' AND clock'EVENT) THEN   -- borda de subida?
12       IF count < 4 THEN        -- inferior ao máximo?
13         count := count + 1;    -- incrementa valor
14       ELSE                     -- deve ser igual ou maior que o máximo
15         count := 0;            -- recicla para zero
16       END IF;
17     END IF;
18   q <= count;      -- transfere conteúdos do registrador para as saídas
19   END PROCESS;
20 END a;
```

Simulação de contadores básicos

A simulação de qualquer de nossos projetos de contadores de MOD-5 é bastante simples. Os contadores têm apenas um bit de entrada (*clock*) e três de saída (*q2 q1 q0*) para exibir em uma simulação. Como a frequência de clock não foi especificada, é possível usar a que desejarmos para uma simulação funcional — embora devamos evitar um clock de alta frequência, a não ser que queiramos investigar os efeitos dos atrasos de propagação. Praticamente a única decisão que devemos tomar é determinar quantos pulsos de clock aplicar. Como o contador é de MOD-5, devemos aplicar pelo menos cinco pulsos de clock para verificar se o projeto HDL está com a sequência de contagem correta e se está reciclando de maneira correta. A simulação começará no estado inicial 000. Não conseguiremos testar nenhum dos estados não usados porque os projetos em HDL não fornecem um modo de carregar o contador para qualquer um deles. Nossos resultados da simulação do projeto em HDL de um contador de MOD-5 são mostrados na Figura 7.45.

FIGURA 7.45 Resultados da simulação do projeto em HDL de um contador de MOD-5.

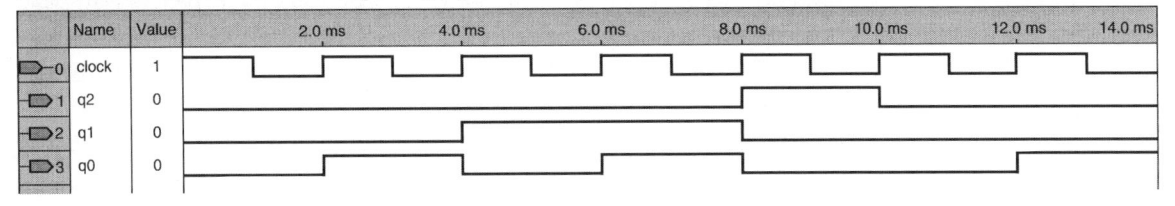

Name	Value	2.0 ms	4.0 ms	6.0 ms	8.0 ms	10.0 ms	12.0 ms	14.0 ms
clock	1							
q2	0							
q1	0							
q0	0							

Contadores com recursos completos em HDL

Os exemplos que escolhemos até agora foram de contadores básicos. Tudo o que eles fazem é contar até quatro e depois voltar a zero. Os CIs de contadores comuns que examinamos possuem vários outros recursos que os tornam muito úteis para diversas aplicações digitais. Considere, por exemplo, os CIs dos contadores 74161 e 74191 que vimos na Seção 7.7. Esses dispositivos possuem combinações de vários recursos, inclusive habilitação de contagem, contagem crescente/decrescente, carga paralela (carrega a qualquer contagem) e limpeza (*clearing*). Além disso, esses contadores foram projetados para facilitar a conexão síncrona em cascata quando se quer criar contadores maiores. Nesta seção, exploraremos as técnicas que permitem incluir esses recursos em um contador em HDL. Vamos criar um contador que reunirá mais recursos que os encontrados tanto no 74161 quanto no 74191. Usaremos esse exemplo para demonstrar os métodos para projetar um contador com recursos que sirvam especificamente às nossas necessidades. Quando usamos HDLs para criar projetos digitais, não estamos limitados a recursos incluídos em determinado CI.

Vamos rever as especificações de nosso exemplo de contador mais complexo. O contador binário de MOD-16 reciclável deve mudar de estado na borda de subida da entrada de clock quando o contador estiver habilitado em um nível ALTO. Uma entrada de controle de sentido fará que o contador conte em ordem crescente quando estiver em nível BAIXO ou em ordem decrescente quando estiver em nível ALTO. O contador terá um clear ativo-em-ALTO, assíncrono, para resetar o contador de imediato quando a entrada de controle estiver ativada. O contador pode ser carregado sincronamente com um número nos pinos de entrada de dados quando o controle de carga estiver no nível ALTO. A ordem de prioridade das funções de controle de entrada, da mais alta à mais baixa, será: limpar, carregar e contar. E, por fim, o contador incluirá também uma saída de nível ativo-em-ALTO que detectará o estado terminal do contador quando a função count estiver habilitada. Lembre-se de que o estado terminal dependerá do sentido da contagem. Como veremos, o funcionamento correto desses recursos é determinado pelo modo como escrevemos o código HDL, então precisaremos prestar bastante atenção aos detalhes.

CONTADOR COM RECURSOS COMPLETOS EM AHDL

O código na Figura 7.46 implementa todos os recursos de que falamos. Trata-se de um contador de quatro bits, mas pode ser expandido com facilidade. Leia as entradas e as saídas nas linhas 3 e 4 para entender o que cada uma faz. Se você não entendeu, releia os parágrafos anteriores desta seção. A linha 7 define um registrador de quatro bits de flip-flops D que servirá como contador. Não esqueça que esse registrador poderia ter recebido o mesmo nome da variável de saída (*q*). Foram dados nomes diferentes para distinguir entre portas (entradas e saídas) do circuito e os dispositivos que estão operando dentro dele. A entrada de clock está conectada a todas as entradas *clk* de todos os flip-flops D na linha 10. Todas as entradas clear de nível ativo-em-BAIXO (*clrn*) para o bloco primitivo DFF estão conectadas ao complemento do sinal de entrada *clear* na linha 11. Isso limpa os flip-flops quando a entrada *clear* vai para o nível ALTO, porque as entradas *prn* e *clrn* aplicadas ao bloco primitivo DFF não dependem do clock (ou seja, são assíncronas).

Para fazer a função load (carga) síncrona, as entradas *D* dos flip-flops devem ser controladas de modo que os dados de entrada (*din*) estejam presentes nas entradas *D* quando a linha de load estiver no nível ALTO. Dessa maneira, quando a próxima borda ativa do clock ocorrer, os dados serão carregados no contador. Essa ação deve ocorrer independentemente de o contador estar habilitado ou não. Em consequência, a primeira decisão condicional (IF) na linha 12 avalia a entrada de carga. Lembre-se do Capítulo 4, que dizia que a estrutura de decisão IF/ELSE dá precedência à primeira condição verdadeira encontrada, porque, uma vez que tenha encontrado uma condição verdadeira, não avalia as condições das cláusulas ELSE subsequentes. Nesse caso, significa que a linha load é ativada, não importando se a contagem está habilitada ou se está tentando contar em ordem crescente ou decrescente. Uma carga paralela será efetuada na próxima borda do clock.

FIGURA 7.46 Contador com recursos completos em AHDL.

```
1  SUBDESIGN fig7_46
2  (
3    clock, clear, load, cntenabl, down, din[3..0]    :INPUT;
4    q[3..0], term_ct :OUTPUT;  -- declara vetor de 4 bits de saída
5  )
6  VARIABLE
7    count[3..0]  :DFF;    -- declara um registrador de flip-flops D
8
9  BEGIN
10   count[].clk = clock;   -- conecta todos os clocks em fonte síncrona
11   count[].clrn= !clear;  -- conecta clear assíncrono ativo-em-ALTO
12   IF load THEN count[].d = din[];              -- carga síncrona
13     ELSIF !cntenabl THEN count[].d = count[].q;  -- guarda contagem
14     ELSIF !down THEN count[].d = count[].q + 1;  -- incrementa
15     ELSE count[].d = count[].q - 1;              -- decrementa
16   END IF;
17   IF ((count[].q == 0) & down # (count[].q == 15) & !down)& cntenabl
18     THEN term_ct = VCC;  -- conecta sinal de saída em
                                      cascata sincronamente
19     ELSE term_ct = GND;
20   END IF;
21   q[] = count[].q;   -- transfere conteúdo do registrador
                                      para a saída
22 END;
```

Supondo que a linha load não esteja ativa, a cláusula ELSIF na linha 13 é avaliada para verificar se a contagem está desabilitada. Em AHDL, é muito importante compreender que a saída *Q* deve ser realimentada na entrada *D* de modo que, na próxima borda do clock, o registrador guardará o valor anterior. Esquecer de inserir essa cláusula faz que as entradas *D* resultem em zero por default, resetando o contador. Se o contador estiver habilitado, a cláusula ELSIF na linha 14 será avaliada e incrementará *count* (linha 14) ou decrementará *count* (linha 15). Resumindo: decida, primeiro, se é hora de carregar; em seguida, decida se a contagem deve ficar parada ou mudar; depois, se quer contar em ordem crescente ou decrescente.

A próxima função descrita é a detecção (ou decodificação) da contagem terminal. As linhas 17-20 decidem se a contagem terminal foi atingida durante a contagem crescente ou decrescente. O operador formado pelo duplo sinal de igual (= =) é o que testa a igualdade entre as expressões de cada lado do operador. Qual estado do contador é o terminal é algo que depende do sentido da contagem. Isso é determinado aplicando-se uma operação de AND entre a detecção do estado terminal apropriado de 0 ou 15 com a expressão correta, *down* ou !*down*. *Term_ct* produzirá nível ALTO se o estado correto tiver sido alcançado; caso contrário, produzirá nível BAIXO. A linha 21 conectará a saída de *count* aos pinos de saída de SUBDESIGN.

Um dos conceitos-chave do uso de HDLs é que, em geral, é muito fácil expandir o tamanho de um módulo lógico. Vamos estudar as mudanças necessárias nesse projeto em AHDL para aumentar o módulo do contador binário para 256. Como $2^8 = 256$, precisaremos aumentar o número de bits para oito. Apenas quatro modificações serão necessárias na Figura 7.46 para fazer essa alteração no número de módulos do contador:

Linha #	Modificação
3	din[3 7 .. 0]
4	q[3 7 .. 0]
7	count[3 7 .. 0]
17	(count[ ].q = = 15 255)

CONTADOR COM RECURSOS COMPLETOS EM VHDL

O código na Figura 7.47 implementa os recursos a que nos referimos. Trata-se de um contador de quatro bits, que pode ser facilmente expandido. Leia as entradas e saídas nas linhas 2-5 para ter certeza de que entendeu o que cada uma deve fazer. Caso não tenha entendido, releia os parágrafos anteriores desta seção. A declaração PROCESS na linha 10 é a chave para os circuitos com clock descritos em VHDL e também desempenha um importante papel em determinar se o circuito responde de modo síncrono ou assíncrono a suas entradas. Queremos que esse circuito responda de imediato a transições nas entradas *clock*, *clear* e *down*. Com esses sinais na lista de sensibilidade, garantimos que o código dentro de PROCESS será avaliado assim que qualquer dessas entradas mude de estado. A variável *count* é definida na linha 11 como INTEGER, de modo que pode ser incrementada e decrementada com facilidade. Variáveis são declaradas dentro de PROCESS e podem ser usadas apenas dentro de PROCESS.

FIGURA 7.47 Contador com recursos completos em VHDL.

```vhdl
1  ENTITY fig7_47 IS
2  PORT( clock, clear, load, cntenabl, down   :IN BIT;
3      din            :IN INTEGER RANGE 0 TO 15;
4      q              :OUT INTEGER RANGE 0 TO 15;
5  term_ct    :OUT BIT);
6  END fig7_47;
7
8  ARCHITECTURE a OF fig7_47 IS
9    BEGIN
10     PROCESS (clock, clear, down)
11     VARIABLE count :INTEGER RANGE 0 to 15;   -- define sinal
                                                   numérico
12       BEGIN
13         IF clear = '1' THEN count := 0;       -- clear assíncrono
14         ELSIF (clock = '1' AND clock'EVENT) THEN  -- borda de subida?
15           IF load = '1' THEN count := din;    -- carga paralela
16           ELSIF cntenabl = '1' THEN           -- habilitada?
17             IF down = '0' THEN count := count + 1;  -- incrementa
18             ELSE    count := count - 1;       -- decrementa
19             END IF;
20           END IF;
21         END IF;
22         IF (((count = 0) AND (down = '1')) OR
23             ((count = 15) AND (down = '0'))) AND cntenabl = '1'
24           THEN   term_ct <= '1';
25           ELSE   term_ct <= '0';
26         END IF;
27         q <= count;   -- transfere conteúdo do registrador para saídas
28       END PROCESS;
29     END a;
```

A entrada *clear* recebe precedência ao ser avaliada com o primeiro comando IF na linha 13. Lembre-se, do Capítulo 4, de que a estrutura de decisão IF/ELSE dá precedência à primeira condição verdadeira encontrada, porque não avalia as condições nas cláusulas ELSE subsequentes. Nesse caso, se *clear* está ativa, as outras condições não importam. A saída será zero. Para fazer a função *carga* operar sincronamente, ela deve ser avaliada após a detecção da borda do clock, que é detectada na linha 14, e o circuito verifica de imediato se *load* está ativa. Se estiver ativa, *count* é carregada a partir de *din*, independente de o contador estar habilitado. Em consequência, a decisão condicional (IF) na linha 15 avalia a entrada de *carga*; só se ela estiver inativa a linha 16 será avaliada e verificará se o contador está habilitado. Se estiver, *count* será incrementada ou decrementada (linhas 17 e 18, respectivamente).

O próximo passo é detectar a contagem terminal. As linhas 22-25 decidem se a contagem terminal máxima ou mínima foi atingida e colocam a saída no nível apropriado. A estrutura de tomada de decisões é muito importante porque queremos avaliar essa situação, independentemente de o processo de tomada de decisão ter sido invocado por *clock*, *clear* ou *down*. Note que essa decisão não é outro ramo ELSE das decisões IF anteriores, mas é avaliada para cada sinal na lista de sensibilidade *após* a limpeza ou contagem ter ocorrido. Depois que essas decisões são tomadas, *count* deve ter o valor correto no registrador, e a linha 27 conecta efetivamente o registrador aos pinos de saída.

Um dos conceitos-chave do uso de HDLs é que costuma ser muito fácil expandir um módulo lógico. Vamos ver as mudanças necessárias nesse projeto em VHDL para aumentar os módulos desse contador binário para 256. Serão necessárias quatro modificações na Figura 7.47 para alterar o módulo do contador:

Linha #	Modificação
3	RANGE 0 TO ~~15~~ 255
4	RANGE 0 TO ~~15~~ 255
11	RANGE 0 TO ~~15~~ 255
23	(count = ~~15~~ 255)

Simulação de contador com recursos completos

A simulação de nosso projeto de contador com recursos completos exigirá um pouco de planejamento para gerar as formas de onda de entrada adequadas. Embora não seja necessário simular exaustivamente todas as combinações de entradas concebíveis, precisamos testar um número suficiente de condições de entrada possíveis para nos convencermos de que o contador funciona de modo adequado. É isso que deveríamos fazer também para testar nosso projeto protótipo. O contador possui cinco sinais de entrada (*clock*, *clear*, *load*, *cntenabl* e *din*) e dois sinais de saída diferentes (*q* e *term_ct*) para exibir em nossa simulação. Um dos sinais de entrada e um dos sinais de saída têm, na verdade, quatro bits de extensão. Escolheremos uma frequência de clock conveniente, já que nenhuma foi especificada para nossa simulação funcional do contador. Precisaremos fornecer pulsos de clock suficientes para permitir o exame de diversas condições de funcionamento. A simulação deve testar as funções de habilitação e desabilitação do contador, a contagem crescente e decrescente, a limpeza do contador, a carga de um valor e a contagem a partir dele, bem como a detecção do estado de contagem terminal.

Essas são algumas das questões gerais sobre simulação que deveríamos considerar ao criar nossas formas de onda de entrada. A simulação começará com o estado de saída inicial em 0000. Portanto, seria melhor esperar até que a contagem houvesse chegado a outro estado antes de aplicar uma entrada clear, para podermos ver uma mudança na saída. Da mesma maneira, carregar o mesmo valor como o PRÓXIMO estado do contador não nos convence de que *load* esteja funcionando de modo correto. Mudar sinais de controle de entrada ao mesmo tempo que ocorre uma borda de clock pode criar problemas no tempo de setup e produzir resultados duvidosos. Controles assíncronos devem ser aplicados em momentos em que não estejam ocorrendo bordas de clock, para mostrar claramente que a ação do circuito resultante é imediata e não depende do clock. Em geral, devemos usar bom senso ao criar formas de onda de entrada e considerar que estamos tentando fazer verificações com uma simulação — que será valiosa no projeto se aplicarmos condições de entrada apropriadas e avaliarmos os resultados de maneira crítica.

Alguns resultados da simulação para o contador com recursos completos são mostrados na Figura 7.48. A entrada de quatro bits *din* e a saída de quatro bits *q* são mostradas em hexadecimal. O contador está inicialmente habilitado (*cntenabl* = 1) para contar em ordem crescente (*down* = 0), e vemos que a saída está incrementando 0, 1, 2, 3, 4, 5. Em t_1, o contador responde de modo síncrono (ou seja, na TRANSIÇÃO POSITIVA do *clock*) ao nível ALTO aplicado à entrada de *carga*. O contador é carregado com a entrada de dados (*din*) paralela de valor 8. Isso também mostra que a carga tem precedência sobre a contagem, já que ambas estão ativas ao mesmo tempo. Depois de t_1, load vai para o nível BAIXO outra vez e o contador continua a contagem crescente a partir de 8. Uma entrada de nível BAIXO em *cntenabl* faz o contador se manter no estado 9 por um ciclo extra do clock. A contagem prossegue quando *cntenabl* vai mais uma vez para o nível ALTO até t_2, quando o contador é limpo assincronamente. Observe o tempo reduzido para o estado de saída A por conta da limpeza imediata do contador. Precisaríamos dar um zoom para ver de fato qual é o estado de A. Vemos, também, que a função clear tem prioridade maior quando os três controles, *clear*, *load* e *cntenabl*, são simultaneamente de nível alto. A sequência de contagem crescente continua e recicla para 0 depois do estado F para verificar que o contador é binário de MOD-16. Em t_3, o contador chega a seu estado terminal F quando a contagem é crescente e as saídas *term_ct* estão em nível ALTO. Em t_4, o contador começa a contar em ordem decrescente porque *down* passou para o nível ALTO. Mais uma vez, as saídas *term_ct* estão em nível ALTO, já que o contador está agora no estado 0, que é o terminal quando a contagem é decrescente. Observe que, por conta da ação de *term_ct*, o estado terminal do contador depende de seu sentido de contagem, controlado pela entrada *down*. A contagem se mantém no estado 0 por um período extra de clock quando *cntenabl* vai para o nível BAIXO. A saída *term_ct* também é desabilitada enquanto *cntenabl* = 0. A sequência de contagem decrescente continua de modo correto quando *cntenabl* vai de novo para o nível ALTO. Em t_5, o contador carrega sincronamente os dados paralelos de valor 5. Em t_6, o contador é limpo assincronamente. Mais uma vez, a prioridade da carga ou da limpeza sobre uma contagem decrescente é verificada em t_5 e t_6. Será que verificamos que nosso projeto funciona de maneira correta em relação às especificações? Fizemos um ótimo trabalho, mas há duas condições de teste que devem ser acrescentadas. O contador será limpo ou carregará quando *cntenabl* estiver em nível BAIXO? Parece que nos esquecemos de verificar esses casos. Como você pode ver, projetos complexos exigem muita reflexão para verificar de forma adequada seu funcionamento, seja por simulação, seja em testes de bancada. Você consegue pensar em outros testes que poderíamos aplicar?

FIGURA 7.48 Resultados da simulação do projeto em HDL de um contador com recursos completos.

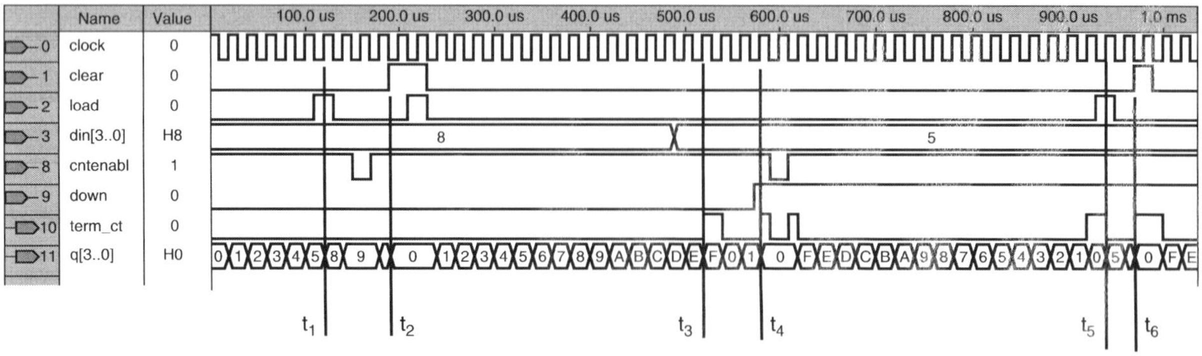

QUESTÕES DE REVISÃO

1. Que tipo de tabela é usado para descrever o funcionamento de um contador?
2. Quando se projeta um contador com flip-flops D, o que é aplicado às entradas *D* a fim de levar o contador ao PRÓXIMO estado na próxima borda ativa de clock?
3. Como você faria uma descrição em HDL para disparar um dispositivo de armazenamento (flip-flop) em uma borda de descida em vez de uma borda de subida do clock?
4. Que método descreve o funcionamento do circuito usando relações de causa e efeito?
5. Qual é a diferença entre um clear assíncrono e um load síncrono?
6. Como se cria uma função clear assíncrona em HDL?
7. Como se criam prioridades de funções em uma descrição de um contador em HDL?

7.13 CONECTANDO MÓDULOS EM HDL

OBJETIVOS

Após ler esta seção, você será capaz de:

- Usar técnicas de projeto hierárquico para descrever sistemas.
- Combinar blocos graficamente.
- Combinar blocos usando VHDL.

Na seção anterior, vimos como implementar recursos em um contador comum usando HDL. Vamos também investigar como conectar esses circuitos de contadores a outros módulos digitais para criar sistemas maiores. Projetar grandes sistemas digitais se torna muito mais fácil se o sistema é subdividido em módulos menores, mais manejáveis e que sejam interconectados. Essa é a essência do conceito de **projeto hierárquico**, e veremos suas vantagens com projetos-exemplo no Capítulo 10. Vamos examinar as técnicas básicas para conectar módulos.

DECODIFICANDO O CONTADOR DE MOD-5 EM AHDL

Falamos brevemente sobre a ideia de decodificar um contador na Seção 7.8. Você deve se lembrar de que um circuito decodificador detecta o estado de um contador pelo padrão de bit único para aquele estado. Vejamos como conectar um circuito decodificador ao projeto de contador de MOD-5 na Figura 7.39 (ou na Figura 7.40). Renomearemos o contador SUBDESIGN mod5 para que seja um pouco mais descritivo no diagrama em bloco do circuito geral que desenharemos mais tarde. Como o contador não produz os oito estados possíveis para um contador de três bits, nosso projeto de decodificador mostrado na Figura 7.49 apenas decodificará os estados usados, de 000 a 100. Os três bits de entrada (*c* = MSB) declarados na linha 3 serão conectados depois às saídas do contador de MOD-5. As cinco saídas para o decodificador são nomeadas de *state0* até *state4* na linha 4. Um comando CASE (linhas 7-14) descreve o comportamento do decodificador verificando a combinação de entrada *c b a* para determinar qual das saídas do decodificador deve estar em nível ALTO. Quando a entrada *c b a* é 000, apenas a saída *state0* está em nível ALTO, ou, quando *c b a* é 001, apenas a saída *state1* está em nível ALTO, e assim por diante. Qualquer valor de entrada maior que 100 — que é coberto por OTHERS e, na verdade, não deveria ocorrer nessa aplicação — fará que todas as saídas sejam de nível BAIXO.

FIGURA 7.49 Módulo de decodificador de contador de MOD-5 em AHDL.

```
1   SUBDESIGN decode5
2   (
3       c, b, a             : INPUT;
4       state[0..4]         : OUTPUT;
5   )
6   BEGIN
7       CASE (c,b,a) IS         -- decodifica valor binário
8           WHEN B"000"  =>   state[] = B"10000";
9           WHEN B"001"  =>   state[] = B"01000";
10          WHEN B"010"  =>   state[] = B"00100";
11          WHEN B"011"  =>   state[] = B"00010";
12          WHEN B"100"  =>   state[] = B"00001";
13          WHEN OTHERS  =>   state[] = B"00000";
14      END CASE;
15  END;
```

Vamos instruir o software da Altera a criar símbolos para nossos dois arquivos de projeto, mod5 (usando um nome mais descritivo, para qualquer uma das opções de arquivo anterior) e decode5. Isso nos permitirá desenhar um diagrama em bloco (Figura 7.50) para o circuito completo, que consiste nesses dois módulos, ports de entrada e saída e as conexões entre eles. Cada símbolo é rotulado com seu nome dado em SUBDESIGN, mod5 ou decode5. Observe que algumas das conexões são desenhadas com linhas mais fortes. Esse traçado representa um barramento, que é uma coleção de linhas de sinal. As mais leves são sinais individuais. Os símbolos criados pela Altera desenharão, automaticamente, ports para indicar se representam sinais individuais ou barramentos. Isso será determinado pelas declarações de sinal, na seção SUBDESIGN. Ports com nomes de grupos serão desenhados como barramentos. Como o port de saída do contador é um barramento, mas os ports de entrada do decodificador são sinais individuais, será necessário dividir o barramento em linhas de sinal individual, para conectar os dois módulos. Sempre que o barramento é dividido, deve-se acrescentar o rótulo tanto do nome do sinal de grupo do barramento quanto dos sinais individuais utilizados. Nosso diagrama em bloco possui um barramento rotulado *q[2..0]* e os sinais individuais correspondentes *q[2]*, *q[1]* e *q[0]*. Os resultados da simulação dos circuitos desse contador e decodificador são mostrados na Figura 7.51.

FIGURA 7.50 Diagrama em bloco do projeto do circuito do contador de MOD-5 e decodificador.

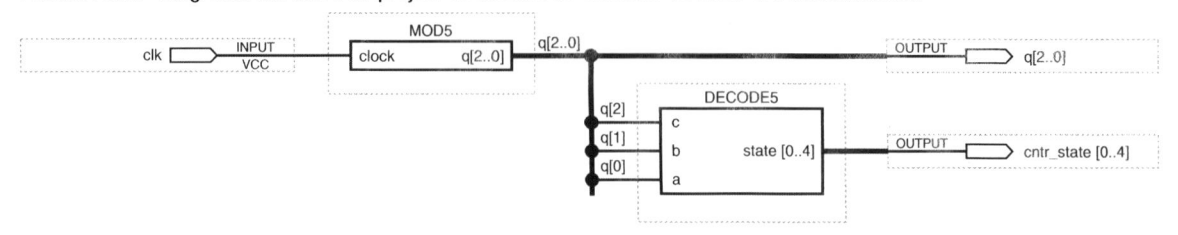

FIGURA 7.51 Simulação do circuito do contador de MOD-5 e decodificador.

Name	Value	1.0 us	2.0 us	3.0 us	4.0 us	5.0 us	6.0 us	7.0 us	8.0 us	9.0 us	10.0 us	11.0 us
clk	0											
q[2..0]	B 000	000		001		010		011		100		000
cntr_state[0..4]	B 10000	10000		01000		00100		00010		00001		10000

DECODIFICANDO O CONTADOR DE MOD-5 EM VHDL

Na Seção 7.8, conversamos um pouco sobre a ideia de decodificar um contador. Você deve se lembrar que um circuito decodificador detecta o estado de um contador pelo padrão de bit único para esse estado. Vejamos como conectar um circuito decodificador ao projeto de contador de MOD-5 na Figura 7.41. Renomearemos o contador como ENTITY mod5 para facilitar a identificação do módulo em nosso circuito geral. Como o contador não produz todos os oito possíveis estados para um contador de três bits, nosso projeto de decodificador mostrado na Figura 7.52 decodificará os estados usados, do 000 ao 100. Os três bits de entrada (c = MSB) declarados na linha 3 serão conectados mais tarde às saídas do contador de MOD-5. As cinco saídas para o decodificador são nomeadas *state*, um vetor de bits, na linha 4. Um sinal de vetor de bits interno chamado *input* é declarado na linha 9. A linha 11 combina os três bits do port de entrada (c b a) a um vetor de bits chamado *input*, que, então, pode ser avaliado pelo comando CASE nas linhas 14-21. Se qualquer um dos bits de entrada mudar de nível lógico, PROCESS será invocado para determinar a saída resultante. O comando CASE descreve o comportamento do decodificador verificando a combinação *input* (representando c b a) para determinar qual das saídas do decodificador deve ser de nível ALTO. Quando *input* for 000, apenas a saída *state(0)* será de nível ALTO; quando *input* for 001, apenas a saída *state(1)* será de nível ALTO, e assim por diante. Qualquer valor de *input* maior que 100, que é coberto por OTHERS e, na verdade, não deveria ocorrer nessa aplicação, resultará em nível BAIXO em todas as saídas.

Como estamos usando o software de desenvolvimento de PLDs da Altera, é possível conectar os dois módulos graficamente. Para fazer isso, você precisará instruir o software a criar símbolos para nossos dois arquivos de projeto, mod5 (usando um nome mais descritivo para qualquer uma das escolhas de arquivo de projeto anteriores) e decode5. Isso nos permitirá desenhar um diagrama em bloco (Figura 7.50) para o circuito completo que consiste desses dois módulos, dos ports de entrada e saída e das conexões entre eles. Observe que algumas dessas conexões estão desenhadas com linhas mais fortes, que representam um barramento — uma coleção de linhas de sinal. As mais leves são sinais individuais. Os símbolos criados pela Altera desenharão ports para indicar se representam sinais individuais ou barramentos. Isso será determinado pelas declarações de tipo de dados para cada port na seção ENTITY. Ports BIT_VECTOR serão desenhados como barramentos e ports de tipo BIT, como linhas de sinal individual. Como o port de saída do contador é um barramento, mas os ports de entrada do decodificador são sinais individuais, será necessário dividir o barramento em linhas de sinal individual para conectar os dois módulos um ao outro. Sempre que um barramento é dividido, é preciso aplicar um rótulo tanto ao nome do sinal de grupo do barramento quanto aos sinais individuais que estão sendo usados. Nosso diagrama em bloco possui um barramento rotulado como *q[2..0]* e os sinais individuais correspondentes, como *q[2]*, *q[1]* e *q[0]*. Os resultados da simulação do circuito desse contador e decodificador são mostrados na Figura 7.51.

A técnica VHDL padrão (e uma alternativa ao software da Altera) para conectar módulos de projeto é usar VHDL para descrever as conexões entre os módulos em um arquivo de texto. Os módulos desejados são instanciados em um arquivo de projeto de nível mais alto usando COMPONENTs em que os ports do módulo são declarados. As conexões para cada instância em que o módulo é utilizado estão listadas em um PORT MAP. Um arquivo VHDL que conecta os módulos mod5 e decode5 é mostrado na Figura 7.53. Embora *q* seja um port de saída para o arquivo de projeto de nível superior, seu tipo é declarado como BUFFER na linha 4 — porque é necessário "ler" vetores de bits para uma entrada para o COMPONENT *decode5* em seu PORT MAP (linha 25). O VHDL não permite que ports de saída sejam usados como entradas. O módulo mod5 é declarado nas linhas 10-15, e o módulo decode5, nas linhas 16-21. As descrições de ENTITY/ARCHITECTURE para mod5 e decode5 podem ser incluídas dentro do arquivo de projeto de nível superior ou salvas na mesma pasta que o arquivo de nível superior, como foi feito aqui. O PORT MAP para cada instância dos módulos está listado nas linhas 23 e 24-25. A palavra à esquerda do caractere de dois pontos é um rótulo único para cada instância, e o nome do módulo está à direita; depois, está a palavra-chave PORT MAP; por fim, entre parênteses, são nomeadas as associações entre os sinais do projeto e os ports. O operador (=>) indica quais ports do módulo (do lado esquerdo) estão conectados a quais sinais de sistema de alto nível (do lado direito). Os resultados da simulação desse circuito são mostrados na Figura 7.51.

FIGURA 7.52 Módulo de decodificador de contador de MOD-5 em VHDL.

```
1  ENTITY   decode5   IS
2  PORT (
3           c, b, a   : IN BIT;
4           state     : OUT BIT_VECTOR (0 TO 4)
5  );
6  END decode5;
7
8  ARCHITECTURE a OF decode5 IS
9  SIGNAL     input    : BIT_VECTOR (2 DOWNTO 0);
10 BEGIN
11      input <= (c & b & a);   -- combina entradas em vetor de bits
12      PROCESS (c, b, a)
13      BEGIN
14           CASE input IS
15                WHEN "000" =>       state <= "10000";
16                WHEN "001" =>       state <= "01000";
17                WHEN "010" =>       state <= "00100";
18                WHEN "011" =>       state <= "00010";
19                WHEN "100" =>       state <= "00001";
20                WHEN OTHERS =>      state <= "00000";
21           END CASE;
22      END PROCESS;
23 END a;
```

FIGURA 7.53 Arquivo em VHDL de nível mais alto para conectar mod5 e decode5.

```vhdl
1  ENTITY mod5decoded1 IS
2  PORT (
3      clk           :IN BIT;
4      q             :BUFFER BIT_VECTOR (2 DOWNTO 0);
5      cntr_state    :OUT BIT_VECTOR (0 TO 4)
6      );
7  END mod5decoded1;
8
9  ARCHITECTURE toplevel OF mod5decoded1 IS
10 COMPONENT mod5
11     PORT (
12         clock     :IN BIT;
13         q         :OUT BIT_VECTOR (2 DOWNTO 0)
14         );
15 END COMPONENT;
16 COMPONENT decode5
17     PORT (
18         c, b, a   :IN BIT;
19         state     :OUT BIT_VECTOR (0 TO 4)
20         );
21 END COMPONENT;
22 BEGIN
23 counter:  mod5        PORT MAP (clock => clk, q => q);
24 decoder:  decode5     PORT MAP
25     (c => q(2), b => q(1), a => q(0), state => cntr_state);
26 END toplevel;
```

Contador BCD de MOD-100

Queremos projetar um contador BCD de MOD-100, reciclável, que tenha um clear síncrono. Criar um módulo de contador BCD de MOD-10 conectando em cascata, sincronamente, dois desses módulos em um arquivo de projeto de nível mais alto é o modo mais fácil de fazer isso. As entradas de clock dos dois módulos de MOD-10 serão conectadas ao clock do sistema para obter a conexão síncrona em cascata dos dois módulos de contador. Lembre-se de que há vantagens significativas em usar um projeto de contador síncrono em vez de técnicas de clock assíncronas. Além disso, se não empregamos clock síncrono, o clear síncrono não funcionará de modo adequado. Mesmo que as especificações do projeto não exijam habilitação da contagem ou detecção de contagem terminal para o contador de MOD-100, será necessário incluir esses recursos no projeto. Para conectar em cascata dois contadores sincronamente, os recursos de habilitação e decodificação serão necessários. A entrada de habilitação de contagem faz o contador ignorar as bordas de clock, a não ser que esteja habilitada. A saída da contagem terminal indica que a sequência de contagem chegou ao limite e reciclará no próximo clock. Para conectar estágios de contador sincronamente em cascata, a saída da contagem terminal é conectada à entrada de habilitação do próximo estágio de ordem mais alta. Usando a habilitação de contagem para controlar também a decodificação da contagem terminal, nosso contador de MOD-10 pode ser usado para criar contadores BCD ainda maiores.

CONECTANDO CONTADORES BCD EM CASCATA EM AHDL

O SUBDESIGN de nosso contador BCD de MOD-10 é mostrado na Figura 7.54. O estado terminal para um contador BCD é 9. As linhas 10-13 detectarão esse estado terminal quando o contador estiver habilitado com um nível ALTO. Aplicar uma operação de AND ao controle *enable* na função de decodificação permitirá que mais de dois módulos de contador sejam conectados em cascata sincronamente e tornará nosso projeto de mod10 mais versátil. A função *clear* operará sincronamente em AHDL se a incluirmos no comando IF, como mostrado nas linhas 14-15. Se *clear* estiver inativa, precisaremos verificar se o contador está habilitado (linha 16). Se *enable* estiver em nível ALTO, o contador verificará, usando comando IF nas linhas 17-21, desde que o último estado 9 tenha sido alcançado. Após o estado 9, o contador recicla sincronamente para 0. Caso contrário, a contagem será incrementada. Se o contador estiver desabilitado, as linhas 22-23 guardarão o valor atual da contagem, realimentando a entrada do contador com a saída atual. Essa ação de guardar (holding) será necessária no contador de MOD-100 em cascata, para que os dígitos das dezenas guardem o estado atual enquanto os dígitos das unidades avançam pela sequência de contagem. Uma estratégia de projeto adequada seria simular esse módulo para verificar se está funcionando de forma correta, antes de usá-lo em aplicações de circuitos mais complexos. Pelos resultados da simulação do mod10, fornecidos na Figura 7.55, vemos que a sequência de contagem está correta, *clear* está funcionando sincronamente e tem a precedência, e *enable* controla tanto a função count quanto a saída de decodificação *tc*.

FIGURA 7.54 Contador BCD de MOD-10 em AHDL.

```
1  SUBDESIGN  mod10
2  (
3      clock, enable, clear         :INPUT;
4      counter[3..0], tc            :OUTPUT;
5  )
6  VARIABLE
7      counter[3..0]                :DFF;
8  BEGIN
9      counter[].clk  = clock;
10     IF counter[].q == 9 & enable == VCC  THEN
11             tc = VCC;             -- detecta contagem terminal
12     ELSE    tc = GND;
13     END IF;
14     IF  clear  THEN
15         counter[].d = B"0000";    -- clear síncrono
16     ELSIF  enable  THEN           -- clear tem precedência
17         IF counter[].q == 9  THEN -- verifica o último estado
18             counter[].d = B"0000";
19         ELSE
20             counter[].d = counter[].q + 1;  -- incrementa
21         END IF;
22     ELSE                          -- guarda count quando desabilitado
23         counter[].d = counter[].q;
24     END IF;
25 END;
```

Depois de criar um símbolo padrão para o nosso módulo de contador mod10, podemos desenhar o diagrama em bloco para o contador BCD de

MOD-100. Ports de entrada e de saída e conexões também foram acrescentados para a criação do projeto da Figura 7.56. Observe que as saídas do contador que representam os dígitos das unidades e das dezenas são desenhadas como barramentos. Aplica-se sincronamente um clock aos módulos de mod10. Estes são conectados em cascata, por meio da saída da contagem terminal dos dígitos das unidades para controlar a entrada enable dos dígitos das dezenas. O port de entrada *en* controla a habilitação/desabilitação de todo o circuito do contador de MOD-100. O projeto de contador BCD pode ser facilmente expandido com um estágio de mod10 adicional, conectando a saída *tc* à entrada *enable* seguinte, para cada dígito necessário. Uma amostra dos resultados da simulação pode ser vista na Figura 7.57. A simulação mostra que o contador de MOD-100 possui uma sequência de contagem BCD correta e pode ser limpo de modo síncrono.

FIGURA 7.55 Resultados da simulação do MOD-10.

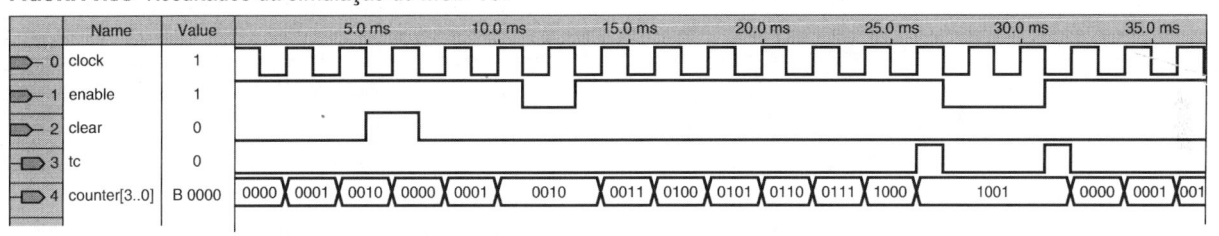

FIGURA 7.56 Diagrama em bloco de projeto de contador BCD de MOD-100.

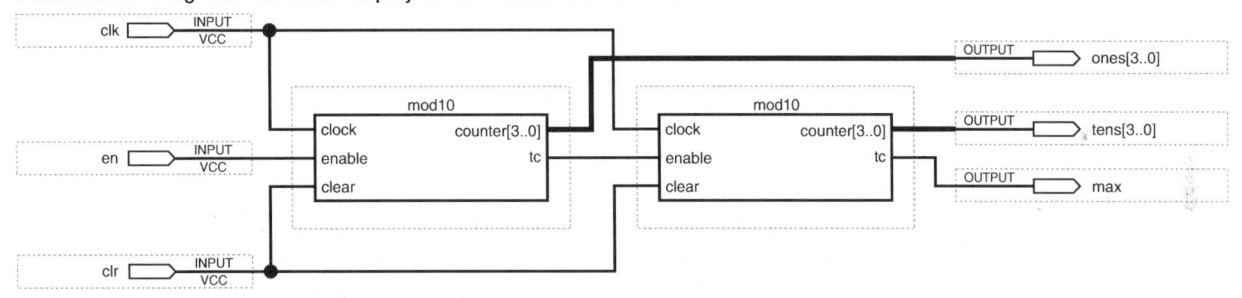

FIGURA 7.57 Resultados da simulação do projeto de contador BCD de MOD-100.

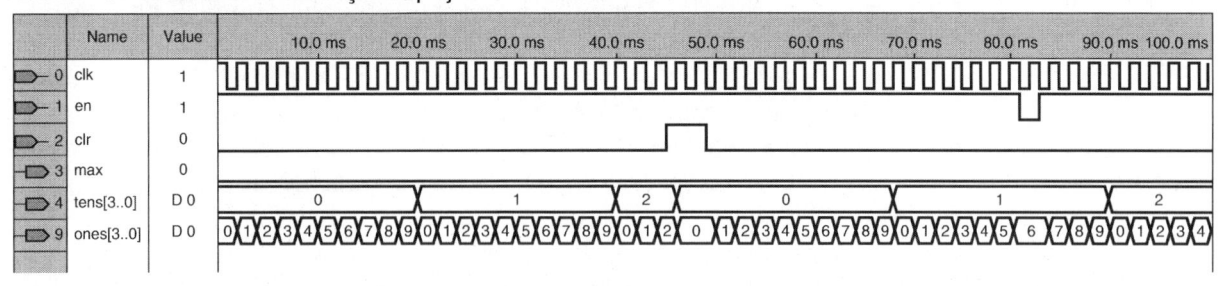

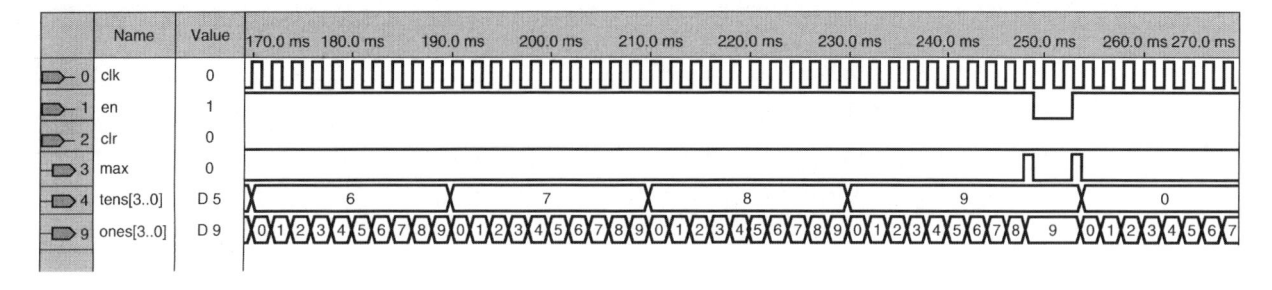

CONECTANDO CONTADORES BCD EM CASCATA EM VHDL

As seções ENTITY e ARCHITECTURE do nosso contador BCD de MOD-10 são mostradas nas linhas 26-51 da Figura 7.58. O estado terminal de um contador BCD é 9. As linhas 38-40 detectarão esse estado terminal apenas quando o contador estiver habilitado com nível ALTO. Aplicar uma operação de AND no controle *enable* na função decodificadora permitirá que mais de dois módulos de contador sejam sincronamente conectados em cascata, caso seja necessário, e tornará nosso projeto de MOD-10 mais versátil. A função *clear* será síncrona em VHDL, se a aninharmos no comando IF (linha 42) depois que a borda do clock houver sido detectada na linha 41. Se *clear* estiver inativa, devemos verificar se o contador está habilitado (linha 43). Se *enable* estiver em nível ALTO, o contador verificará, usando outro IF aninhado nas linhas 44-46, se o último estado 9 foi alcançado. Após o estado 9, o contador recicla sincronamente para 0. Caso contrário, a contagem será incrementada. Se o contador estiver desabilitado, o VHDL guardará automaticamente o valor atual da contagem. Essa ação de guardar (*holding*) será necessária no contador de MOD-100 em cascata para que os dígitos das dezenas guardem o estado atual enquanto os dígitos das unidades avançam durante a sequência de contagem. Uma estratégia de projeto adequada seria simular esse módulo como uma ENTITY separada para verificar se está funcionando de maneira correta, antes que seja usado em aplicações de circuitos mais complexos. Pelos resultados da simulação do mod10 ENTITY, fornecidos na Figura 7.55, vemos que a sequência de contagem está correta, *clear* funciona de modo síncrono e tem precedência, e *enable* controla tanto a função count quanto a saída de decodificação.

Temos duas escolhas para implementar o contador de MOD-100. Uma técnica é representar o projeto graficamente em um diagrama em bloco, como visto na Figura 7.56. Os módulos do contador mod10, ports de entrada, ports de saída e conexões também foram acrescentados para a criação do contador de MOD-100. Observe que as saídas do contador que representam os dígitos das unidades e dezenas são desenhadas como barramentos. Aplica-se sincronamente um clock aos módulos mod10. Estes são conectados em cascata usando a saída da contagem terminal dos dígitos das unidades para controlar a entrada enable dos dígitos das dezenas. O port de entrada *en* controla a habilitação/desabilitação de todo o circuito do contador de MOD-100. O projeto de contador BCD pode ser facilmente expandido com um estágio de mod10 adicional, conectando a saída *tc* à entrada *enable* seguinte para cada dígito necessário. Uma amostra dos resultados da simulação pode ser vista na Figura 7.57. A simulação mostra que o contador de MOD-100 possui sequência de contagem BCD correta e pode ser limpo sincronamente.

A segunda técnica para se criar o contador de MOD-100 é fazer as conexões necessárias entre módulos de projeto descrevendo a estrutura do circuito em VHDL. O código para o arquivo de projeto desse sistema é fornecido na Figura 7.58. A descrição ENTITY/ARCHITECTURE para o sub-bloco de mod10 está contida no arquivo de projeto geral do mod100 (mas pode estar em um arquivo separado dentro da pasta do projeto). O arquivo de projeto de mod100 seria o nível superior do projeto hierárquico desse sistema. Ele contém sub-blocos de nível mais baixo, que são, na verdade, duas cópias do contador de mod10 de nível mais baixo. O COMPONENT do mod10 está declarado nesse arquivo de projeto de nível mais alto (linhas

10-16). As conexões para cada instância em que o módulo é utilizado estão listadas em um PORT MAP. Como precisamos de duas instâncias do mod10, há um PORT MAP para cada uma (linhas 19-20 e 21-22). Cada instância deve ter um rótulo único (*digit1* ou *digit2*) para que se possa distingui-las. Os PORT MAPs contêm associações nomeadas entre as portas do módulo de nível mais baixo, fornecidas à esquerda, e os sinais de nível mais alto aos quais estão conectadas, fornecidos à direita. Esse circuito produz os mesmos resultados da simulação mostrada na Figura 7.57.

FIGURA 7.58 Contador BCD de MOD-100 em VHDL.

```
1  ENTITY mod100 IS
2  PORT (
3       clk, en, clr                :IN BIT;
4       ones                        :OUT INTEGER RANGE 0 TO 15;
5       tens                        :OUT INTEGER RANGE 0 TO 15;
6       max                         :OUT BIT
7  );
8  END mod100;
9  ARCHITECTURE toplevel OF mod100 IS
10 COMPONENT mod10
11      PORT (
12           clock, enable, clear    :IN BIT;
13           q                       :OUT INTEGER RANGE 0 TO 15;
14           tc                      :OUT BIT
15           );
16 END COMPONENT;
17 SIGNAL rco                        :BIT;
18 BEGIN
19 digit1:  mod10  PORT MAP (clock => clk, enable => en,
20                           clear => clr, q => ones, tc => rco);
21 digit2:  mod10  PORT MAP (clock => clk, enable => rco,
22                           clear => clr, q => tens, tc => max);
23 END toplevel;
24
25
26 ENTITY mod10 IS
27 PORT (
28      clock, enable, clear         :IN BIT;
29      q                            :OUT INTEGER RANGE 0 TO 15;
30      tc                           :OUT BIT
31 );
32 END mod10;
33 ARCHITECTURE lowerblk OF mod10 IS
34 BEGIN
35      PROCESS (clock, enable)
36          VARIABLE counter         :INTEGER RANGE 0 TO 15;
37      BEGIN
38          IF ((counter = 9) AND (enable = '1')) THEN  tc <= '1';
39          ELSE tc <= '0';
40          END IF;
41          IF (clock'EVENT AND clock = '1') THEN
42              IF (clear = '1') THEN  counter := 0;
43              ELSIF  (enable = '1') THEN
44                  IF (counter = 9) THEN  counter := 0;
45                  ELSE    counter := counter + 1;
46                  END IF;
47              END IF;
48          END IF;
49          q <= counter;
50      END PROCESS;
51 END lowerblk;
```

> **QUESTÕES DE REVISÃO**
>
> 1. Descreva como se conectam módulos em HDL para a criação de um sistema digital.
> 2. O que é barramento e como ele é representado em um arquivo de projeto em diagrama em bloco gráfico no Altera?
> 3. Que recursos devem ser incluídos para conectar módulos de contador sincronamente em cascata?

7.14 MÁQUINAS DE ESTADO

OBJETIVOS

Após ler esta seção, você será capaz de:

- Definir os modelos Mealy e Moore de máquinas de estado.
- Diferenciar entre contadores e máquinas de estado e os métodos para descrever ambos.
- Descrever os modelos de Mealy e Moore de máquinas de estado usando o HDL.

O termo **máquina de estado** refere-se a um circuito que sequencia um conjunto de estados predeterminados controlados por um clock e outros sinais de entrada. Portanto, os circuitos de contadores que estudamos até agora no Capítulo 7 são máquinas de estado. Em geral, empregamos o termo *contador* para circuitos sequenciais que possuem uma sequência de contagem numérica regular. Eles podem ser crescentes ou decrescentes, ter módulos completos 2^N ou ter apenas um módulo $< 2^N$, ser recicláveis ou parar automaticamente em algum estado predeterminado. Um contador, como o nome implica, serve para contar. As coisas contadas são chamadas pulsos de clock, e esses pulsos podem representar vários tipos de eventos, podem ser ciclos de um sinal em uma divisão de frequência ou ser segundos, minutos e horas de um dia para um relógio digital. Eles podem indicar que um item se moveu na esteira de alimentação em uma fábrica ou que um carro passou por um local específico na estrada.

O termo *máquina de estado* é empregado mais habitualmente para descrever outros tipos de circuitos sequenciais. Eles podem ter um padrão de contagem irregular, como nosso circuito de controle de um motor de passo na Seção 7.10. O objetivo daquele projeto era acionar um motor de passo, de modo que ele girasse em passos angulares precisos. O circuito de controle tinha de produzir a sequência de estados específica para aquele movimento, em vez de contar numericamente. Há muitas aplicações em que não estamos interessados no valor binário específico para cada estado, porque usamos a lógica de decodificação apropriada para identificar estados específicos de interesse e gerar sinais de saída desejados. A distinção geral entre os dois termos é que um *contador*, em geral, conta eventos, enquanto uma *máquina de estado* costuma ser usada para controlar eventos. O termo descritivo correto depende de como queremos usar o circuito sequencial.

O diagrama em bloco mostrado na Figura 7.59 pode representar uma máquina de estado ou um contador. Na Seção 7.10, descobrimos que o procedimento clássico de projeto de circuito sequencial era prever quantos flip-flops seriam necessários e, então, determinar o circuito combinacional para produzir a sequência desejada. A saída produzida por um contador ou uma máquina de estado pode vir diretamente das saídas do flip-flop, ou alguns circuitos lógicos, como indicado no diagrama em bloco, podem ser necessários. As duas variações são chamadas de **modelo Mealy** de circuito sequencial e **modelo Moore**. No Mealy, os sinais de saída também são controlados por sinais de entrada adicionais, enquanto o Moore não possui controle externo para os sinais de saída gerados. A saída do modelo Moore é função apenas do estado atual do flip-flop. Um exemplo de um projeto de tipo modelo Moore seria o circuito de MOD-5 decodificado na Seção 7.13. Por outro lado, o projeto de contador BCD na mesma seção seria um projeto de tipo modelo Mealy, por causa da saída externa (*enable*) que controla a saída de decodificação do estado terminal (*tc*). Uma consequência importante dessa variação sutil nos projetos é que as saídas de um circuito de tipo Moore serão completamente síncronas em relação ao clock do circuito, enquanto saídas produzidas por um circuito de tipo Mealy podem mudar assincronamente. A entrada enable não é síncrona em relação ao clock do sistema em nosso projeto de MOD-10.

Em HDLs, obviamente, é possível criar máquinas de estado simples e de descrição intuitiva. Como um exemplo bastante simplificado e compreensível, a seguinte descrição de hardware trata dos quatro estados pelos quais uma máquina de lavar pode passar. Embora a máquina de lavar de verdade seja mais complexa que nesse exemplo, servirá para demonstrar as técnicas. Essa máquina fica ociosa até o botão de início ser apertado; então, enche-se de água até o tanque estar completo; depois, o agitador entra em funcionamento até que o temporizador assinale o final; e, por fim, o tanque gira até a água ser eliminada, e a máquina volta ao estado de desligada. O objetivo desse exemplo é o uso de um conjunto de estados nomeados para os quais não há valores binários definidos. O nome da variável do contador é *wash*, que pode estar em qualquer dos estados nomeados: *idle* (inativo), *fill* (encher), *agitate (agitar)* ou *spin (girar ou centrifugar)*.

FIGURA 7.59 Diagrama em bloco de contadores e máquinas de estado.

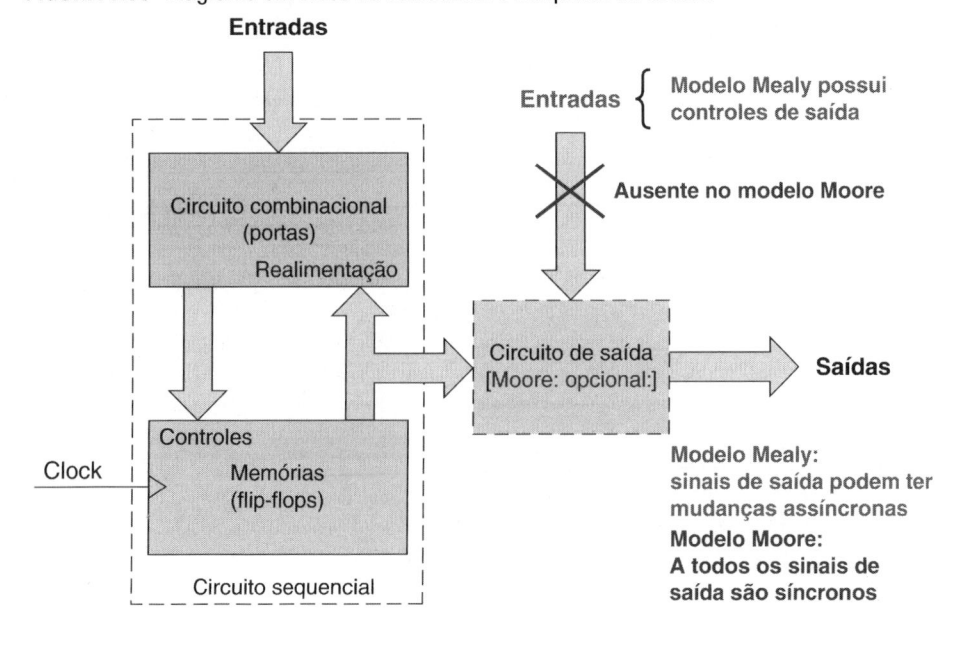

MÁQUINA DE ESTADO SIMPLES EM AHDL

O código AHDL na Figura 7.60 mostra a sintaxe para se declarar um contador com estados nomeados nas linhas 6 e 7. O nome desse contador é *ciclo*. A palavra-chave **MACHINE** é usada em AHDL para definir *ciclo* como uma máquina de estado. O número de bits necessário para esse contador produzir os estados nomeados será determinado pelo compilador. Observe, na linha 7, que os estados são nomeados, mas o valor binário para cada estado também é deixado para o compilador determinar. O projetista não precisa se preocupar com esse nível de detalhe. A estrutura CASE nas linhas 11-25 e a lógica de decodificação que aciona as saídas (linhas 27-33) referem-se aos estados por nome. Isso torna a descrição de fácil leitura e dá ao compilador mais liberdade para minimizar o circuito. Se o projeto exigir que a máquina de estado também seja conectada a um port de saída, então a linha 6 poderá ser mudada para:

```
cycle: MACHINE OF BITS (st[1..0])
```

FIGURA 7.60 Exemplo de máquina de estado em AHDL.

```
1   SUBDESIGN fig7_60
2   (  clock, start, full, timesup, dry     :INPUT;
3      water_valve, ag_mode, sp_mode        :OUTPUT;
4   )
5   VARIABLE
6   cycle:   MACHINE
7            WITH STATES (idle, fill, agitate, spin);
8   BEGIN
9   cycle.clk = clock;
10
11      CASE cycle IS
12         WHEN idle =>IF start THEN cycle = fill;
13                     ELSE     cycle = idle;
14                     END IF;
15         WHEN fill =>IF full THEN cycle = agitate;
16                     ELSE     cycle = fill;
17                     END IF;
18         WHEN agitate => IF timesup THEN cycle = spin;
19                     ELSE     cycle = agitate;
20                     END IF;
21         WHEN spin => IF dry THEN cycle = idle;
22                     ELSE     cycle = spin;
23                     END IF;
24         WHEN OTHERS => cycle = idle;
25      END CASE;
26
27      TABLE
28         cycle       => water_valve,    ag_mode,  sp_mode;
29         idle        => GND,            GND,      GND;
30         fill        => VCC,            GND,      GND;
31         agitate     => GND,            VCC,      GND;
32         spin        => GND,            GND,      VCC;
33      END TABLE;
34   END;
```

e a saída port *st[1..0]* poderá ser acrescentada à seção SUBDESIGN. Uma segunda opção disponível nas máquinas de estado é a possibilidade de o projetista definir um valor binário para cada estado. Isso pode ser feito, neste exemplo, mudando a linha 7 para:

```
WITH STATES (idle = B"00", fill = B"01", agitate = B"11",
spin = B"10");
```

MÁQUINA DE ESTADO SIMPLES EM VHDL

O código VHDL na Figura 7.61 mostra a sintaxe para se declarar um contador com estados nomeados. Na linha 6, um objeto de dados é declarado com o nome de *state_machine*. Observe a palavra-chave TYPE. Isso se chama **tipo enumerado** em VHDL, em que o projetista lista em nomes simbólicos todos os possíveis valores que um sinal, uma variável ou um port que seja declarado como sendo desse tipo pode assumir. Observe também que, na linha 6, os estados são nomeados, mas o valor binário para cada estado é deixado para o compilador determinar. O projetista não precisa se preocupar com esse nível de detalhe. A estrutura CASE nas linhas 12-29 e a lógica de decodificação que aciona as saídas (linhas 31-36) referem-se aos estados por nome. Isso torna a descrição de fácil leitura e dá ao compilador mais liberdade para minimizar os circuitos.

FIGURA 7.61 Exemplo de máquina de estado em VHDL.

```
1  ENTITY  fig7_61  IS
2  PORT (    clock, start, full, timesup, dry        :IN BIT;
3           water_valve, ag_mode, sp_mode            :OUT BIT);
4  END fig7_61;
5  ARCHITECTURE  vhdl  OF  fig7_61  IS
6  TYPE  state_machine  IS  (idle, fill, agitate, spin);
7  BEGIN
8     PROCESS (clock)
9     VARIABLE  cycle                :state_machine;
10    BEGIN
11    IF (clock'EVENT  AND  clock = '1')  THEN
12       CASE  cycle  IS
13          WHEN idle =>
14              IF start = '1' THEN     cycle := fill;
15              ELSE                    cycle := idle;
16              END IF;
17          WHEN fill =>
18              IF full = '1' THEN      cycle := agitate;
19              ELSE                    cycle := fill;
20              END IF;
21          WHEN agitate =>
22              IF timesup = '1' THEN   cycle := spin;
23              ELSE                    cycle := agitate;
24              END IF;
25          WHEN spin =>
26              IF dry = '1' THEN       cycle := idle;
27              ELSE
28              END IF;
                                        cycle := spin;
29       END CASE;
30    END IF;
31    CASE  cycle  IS
32       WHEN idle    => water_valve <= '0'; ag_mode <= '0'; sp_mode <= '0';
33       WHEN fill    => water_valve <= '1'; ag_mode <= '0'; sp_mode <= '0';
34       WHEN agitate => water_valve <= '0'; ag_mode <= '1'; sp_mode <= '0';
35       WHEN spin    => water_valve <= '0'; ag_mode <= '0'; sp_mode <= '1';
36    END CASE;
37    END PROCESS;
38 END vhdl;
```

Simulação de máquinas de estado

O uso do simulador para verificar nossos projetos em HDL produz os resultados fornecidos na Figura 7.62. O simulador da Altera também nos permite simular nós intermediários em módulos de projeto. A máquina de estado "aninhada" chamada *ciclo* foi incluída em uma simulação para confirmar que funciona de modo correto. Observe que os resultados de *ciclo* são fornecidos duas vezes, já que serão exibidos de modo diferente em duas HDLs. O simulador não pode, na verdade, mostrar as simulações em AHDL e VHDL ao mesmo tempo. As informações do segundo nó interno foram apenas copiadas e coladas na figura. Em AHDL os nomes de estado de máquinas são exibidos, enquanto em VHDL os valores atribuídos pelo compilador para os nomes de estado enumerados é que são exibidos.

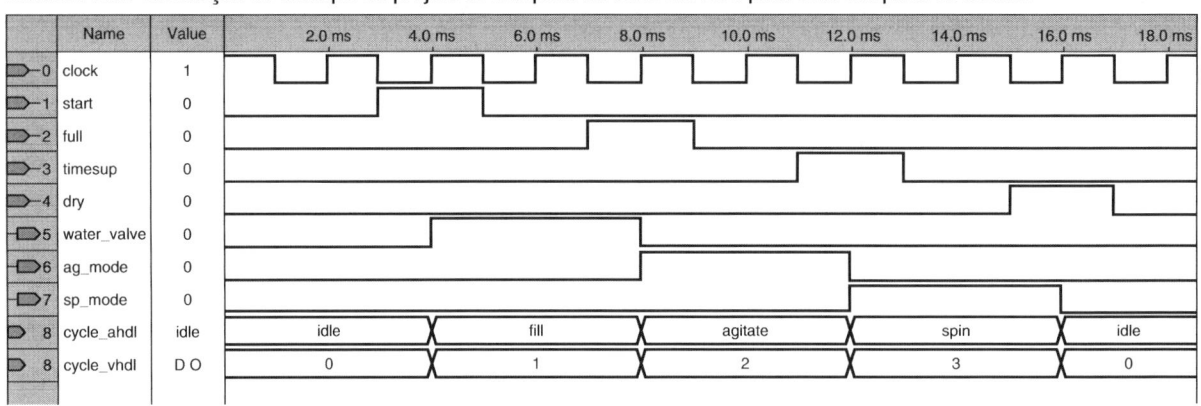

FIGURA 7.62 Simulação de exemplo de projeto de máquina de lavar em HDL para uma máquina de estado.

Name	Value								
clock	1								
start	0								
full	0								
timesup	0								
dry	0								
water_valve	0								
ag_mode	0								
sp_mode	0								
cycle_ahdl	idle	idle		fill		agitate		spin	idle
cycle_vhdl	D 0	0		1		2		3	0

Máquina de estado de semáforo

Vamos examinar um projeto de máquina de estado um pouco mais complicado: um controlador de semáforo. O diagrama em bloco é mostrado na Figura 7.63. Nosso controlador simples é projetado para controlar o fluxo de trânsito na intersecção de uma via principal com outra menos movimentada. O trânsito fluirá de forma ininterrupta pela principal com a luz verde, até que um carro seja percebido na secundária (indicado por uma entrada rotulada como *car*). Após um tempo de atraso que é fixado pela entrada binária de cinco bits rotulada como *tmaingrn*, o farol da via principal mudará para amarelo. O tempo de atraso *tmaingrn* garante que a via principal receberá uma luz verde durante pelo menos essa duração de tempo a cada ciclo de luzes. A luz amarela durará por um tempo fixado no projeto HDL e, então, passará à vermelha. Quando o farol da via principal está vermelho, o da outra passa a ser verde. O farol da secundária ficará verde por um tempo fixado pela entrada binária de cinco bits rotulada como *tsidegrn*. Mais uma vez, o farol amarelo durará pelo mesmo tempo, e, então, o farol da via secundária voltará a ser vermelho, e o da via principal voltará a ser verde. O módulo de atraso controlará os períodos de tempo para cada uma das luzes. Os atrasos em tempo real serão o período do clock do sistema multiplicado pelo fator de atraso. O módulo de controle determina o estado do controlador de tráfego. Há quatro combinações de luzes — verde na principal/vermelha na secundária, amarela na principal/vermelha na secundária, vermelha na principal/verde na secundária e vermelha na principal/amarela na secundária —, de modo que o controle precisará ter quatro estados. Os estados das luzes do tráfego estão traduzidos nos padrões ligado-desligado (*on-off*, em inglês) adequados para cada um dos seis pares de luzes pelo módulo lite_ctrl. As saídas rotuladas como *change* e *lite* são fornecidas com fins de diagnóstico. *Reset* é usada para inicializar cada um dos dois circuitos sequenciais.

FIGURA 7.63 Controlador de semáforo.

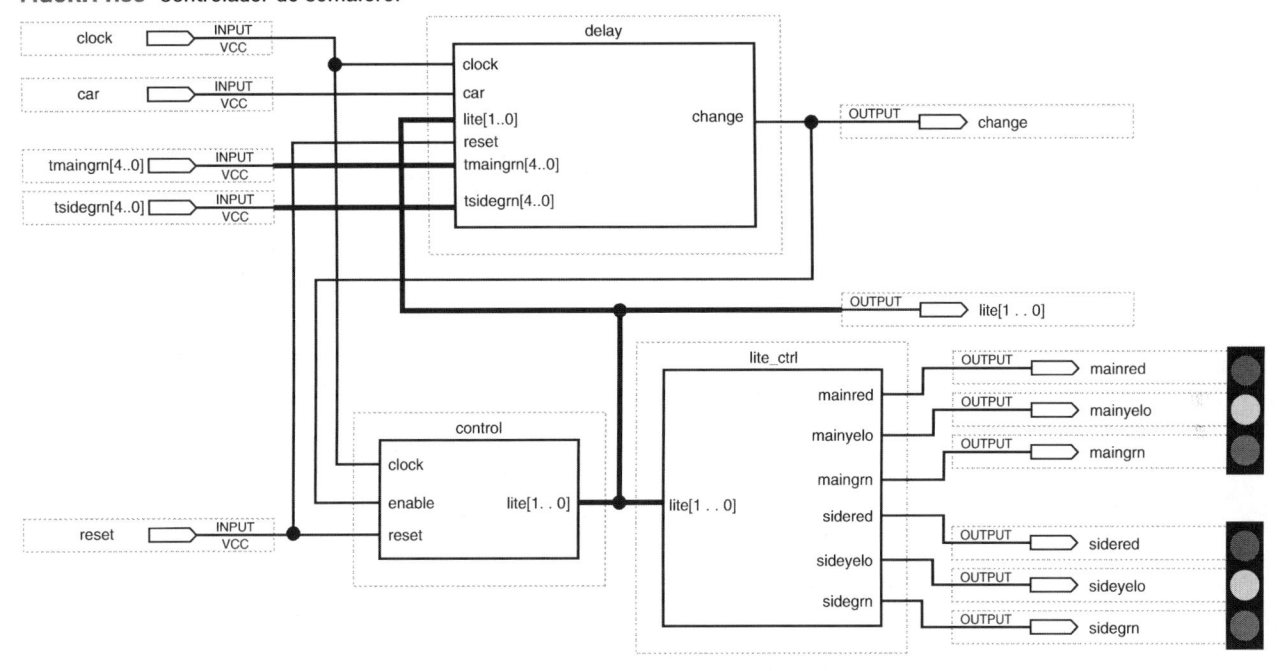

CONTROLADOR DE SEMÁFORO EM AHDL

Os três módulos de projeto para nosso controlador de semáforo em AHDL estão listados na Figura 7.64. Trata-se, na verdade, de três arquivos de projeto separados interconectados com o projeto de diagrama em bloco mostrado na Figura 7.63. O módulo de atraso (linhas 1-23) é, basicamente, um contador interno (linha 20) chamado *mach*, que espera em zero quando o farol da via principal está verde (*lite* = 0) até ser disparado pelo sensor de carros (linha 13) e carregar o fator de atraso *tmaingrn*–1 na linha 14. Como o contador decrementa até zero, subtrai-se um de cada fator de atraso para fazer o atraso do módulo do contador ser igual ao valor do fator de atraso. Por exemplo, se quisermos ter um fator de atraso de 25, o contador deverá contar em ordem decrescente de 24 até 0. A real extensão de tempo representada pelos fatores de atraso depende da frequência de clock. Com frequência de clock de 1 Hz, o período seria 1 s, e os fatores de atraso seriam em segundos. A linha 22 define um sinal de saída chamado *change*, que detecta quando *mach* é igual a 1. *Change* será de nível ALTO para indicar que a condição de teste é verdadeira, o que, por sua vez, habilitará a máquina de estado no módulo de controle a passar para o PRÓXIMO estado (*lite* = 1) quando o clock for programado para indicar a luz amarela na via principal. À medida que o contador de atraso *mach* conta em ordem decrescente e chega a 0, CASE determina que *lite* possui um novo valor, e o tempo fixado de fator de atraso de 5 para uma luz amarela é carregado (carregando, na verdade, um valor de 5 menos 1, como já explicamos) em *mach* (linha 16) no próximo clock. A contagem decrescente continua a partir desse novo tempo de atraso, com *change* habilitando outra vez o módulo de controle para passar a seu PRÓXIMO estado (*lite* = 2) quando *mach* é igual a 1, o que resulta em um farol verde na via secundária. Quando *mach* chega a zero de novo, o tempo de atraso (*tsidegrn*–1) para o farol verde na secundária será carregado no contador decrescente (linha 17). Quando *change* se tornar ativa outra vez, *lite* avançará para o estado 3, acendendo a luz amarela na via secundária. *Mach* reciclará, voltando ao valor 4 (5–1) na linha 18 durante o tempo de atraso fixado para a luz amarela. Quando *change* for ativada dessa vez, o módulo de controle voltará ao estado *lite* = 0 (luz verde na via principal). Quando *mach* decrementar ao estado terminal (zero) dessa vez, as linhas 13-15 determinarão, pelo estado da entrada do sensor *car*, se esperam por outro carro ou se carregam o fator de atraso para uma luz verde na via principal (*tmaingrn*–1) começar o ciclo outra vez. A via principal receberá a luz verde por pelo menos essa extensão de tempo, mesmo que haja fluxo contínuo de carros na via secundária. É claro que poderíamos aperfeiçoar esse projeto, mas isso o tornaria mais complicado.

O módulo de controle (linhas 25-40) contém uma máquina de estado chamada *light* que passará sequencialmente pelos quatro estados das combinações de luzes. Os bits para a máquina de estado são nomeados e conectados como ports de saída para esse módulo (linhas 27 e 29). Os quatro estados de *light* são denominados *mgrn*, *myel*, *sgrn* e *syel* na linha 30. Cada estado representa que via, principal ou secundária, deve receber uma luz verde ou amarela. A outra via receberá uma luz vermelha. Os valores para cada estado do módulo de controle também foram especificados na linha 30, de modo que é possível identificá-los como entradas para os outros dois módulos, delay e lite_ctrl. A entrada *enable* está conectada ao sinal de saída *change* produzido pelo módulo delay. Quando habilitada, a máquina de estado *light* avançará para o PRÓXIMO estado quando o clock for aplicado como descrito pelo comando CASE e o comando aninhado IF nas linhas 34-39. Caso contrário, *light* se mantém no estado atual.

O módulo lite_ctrl (linhas 42-57) receberá a entrada *lite[1..0]*, que representa o estado da máquina de estado *light* a partir do módulo de controle, e levará à saída os sinais que acionarão as combinações adequadas de luzes verde, amarela e vermelha para as vias principal e secundária. Cada saída do módulo lite_ctrl será, na verdade, conectada a circuitos de acionamento de lâmpadas, para controlar as tensões e correntes mais elevadas necessárias para as lâmpadas reais de um farol. O comando CASE nas linhas 47-55 determina qual combinação de luz na via principal/via secundária acionar para cada estado de *light*. A função do módulo lite_ctrl é semelhante à de um decodificador. Ele decodifica cada combinação de estado de *lite* para ligar uma luz verde ou amarela em uma via e uma luz vermelha em outra. Uma combinação única de saída é produzida para cada estado de entrada.

FIGURA 7.64 Arquivos de projeto em AHDL para controlador de semáforo.

```
1  SUBDESIGN  delay
2  (  clock, car, lite[1..0], reset      :INPUT;
3     tmaingrn[4..0], tsidegrn[4..0]     :INPUT;
4     change                             :OUTPUT;  )
5  VARIABLE
6     mach[4..0]                         :DFF;
7  BEGIN
8     mach[].clk = clock;                            -- com clock de 1 Hz, tempo em segundos
9     mach[].clrn = reset;
10    IF   mach[] == 0   THEN
11       CASE  lite[]  IS                            -- verifica estado do controlador do farol
12          WHEN 0 =>
13             IF   !car  THEN  mach[].d = 0;        -- espera carro na via secundária
14             ELSE   mach[].d = tmaingrn[] - 1;     -- fixa tempo para verde na principal
15             END IF;
16          WHEN 1 => mach[].d = 5 - 1;              -- fixa tempo para amarelo na principal
17          WHEN 2 => mach[].d = tsidegrn[] - 1;     -- fixa tempo para verde na secundária
18          WHEN 3 => mach[].d = 5 - 1;              -- fixa tempo para amarelo na secundária
19       END CASE;
20    ELSE  mach[].d = mach[].q - 1;                 -- decrementa temporizador
21    END IF;
22    change = mach[] == 1;                          -- muda luzes no módulo de controle
23 END;
24 -------------------------------------------------------------------------------
25 SUBDESIGN  control
26 (  clock, enable, reset   :INPUT;
27    lite[1..0]             :OUTPUT;  )
28 VARIABLE
29    light:    MACHINE OF BITS (lite[1..0]) -- necessita de 4 estados para as combinações de luzes
30              WITH STATES (mgrn = B"00", myel = B"01", sgrn = B"10", syel = B"11");
31 BEGIN
32    light.clk = clock;
33    light.reset = !reset;             -- MACHINE tem reset assíncrono ativo em nível alto
34    CASE  light  IS                   -- espera para mudar enable para mudar os estados do farol
35       WHEN mgrn   =>   IF enable THEN light = myel;  ELSE light = mgrn;  END IF;
36       WHEN myel   =>   IF enable THEN light = sgrn;  ELSE light = myel;  END IF;
37       WHEN sgrn   =>   IF enable THEN light = syel;  ELSE light = sgrn;  END IF;
38       WHEN syel   =>   IF enable THEN light = mgrn;  ELSE light = syel;  END IF;
39    END CASE;
40 END;
41 -------------------------------------------------------------------------------
42 SUBDESIGN lite_ctrl
43 (  lite[1..0]                   :INPUT;
44    mainred, mainyelo, maingrn   :OUTPUT;
45    sidered, sideyelo, sidegrn   :OUTPUT;  )
46 BEGIN
47    CASE lite[]      IS           -- determina que luzes acender
48       WHEN B"00"   =>   maingrn = VCC; mainyelo = GND; mainred = GND;
49                         sidegrn = GND; sideyelo = GND; sidered = VCC;
50       WHEN B"01"   =>   maingrn = GND; mainyelo = VCC; mainred = GND;
51                         sidegrn = GND; sideyelo = GND; sidered = VCC;
52       WHEN B"10"   =>   maingrn = GND; mainyelo = GND; mainred = VCC;
53                         sidegrn = VCC; sideyelo = GND; sidered = GND;
54       WHEN B"11"   =>   maingrn = GND; mainyelo = GND; mainred = VCC;
55                         sidegrn = GND; sideyelo = VCC; sidered = GND;
56    END CASE;
57 END;
```

CONTROLADOR DE SEMÁFORO EM VHDL

O projeto em VHDL para o controlador de semáforo pode ser visto na Figura 7.65. O nível superior do projeto está descrito estruturalmente nas linhas 1-34. Há três módulos COMPONENT a declarar (linhas 10-24). Os PORT MAPs que fornecem as interconexões entre cada módulo e o projeto de nível superior estão listados nas linhas 26-33.

O módulo de atraso (linhas 36-66) é basicamente um contador decrescente interno (linha 59) criado com a variável integer *mach* que espera em zero quando a via principal está em luz verde (*lite* = "00") até ser disparada pelo sensor de carros (linha 52) e carregar o fator de atraso *tmaingrn*–1 na linha 53. Como o contador decrementa até 0, subtrai-se um de cada fator de atraso para tornar o módulo de contador de atrasos igual ao valor do fator de atraso. Por exemplo, se desejamos ter um fator de atraso de 25, o contador deve contar em ordem decrescente de 24 até 0. A real extensão de tempo representada pelos fatores de atraso depende da frequência de clock. Com uma frequência de clock de 1 Hz, o período seria 1 s e os fatores de atraso estariam em segundos. As linhas 62-64 definem um sinal de saída chamado *change* que detecta quando *mach* é igual a 1. *Change* será de nível ALTO para indicar que a condição de teste é verdadeira, o que, por sua vez, habilitará a máquina de estado no módulo de controle a passar para o PRÓXIMO estado (*lite* = "01") quando seu clock estiver programado para indicar a luz amarela na via principal. Quando *mach* chegar a 0, CASE determinará que *lite* possui um novo valor, e o tempo fixado do fator de atraso de 5 para a luz amarela é carregado (na verdade, o valor carregado é de 5 menos 1, como já mostramos) em *mach* (linha 55) no próximo clock. A contagem decrescente continua a partir desse novo tempo de atraso, com *change* habilitando mais uma vez o módulo de controle a passar para seu PRÓXIMO estado (*lite* = 00"), o que resulta em uma luz verde na via secundária. Quando *mach* chegar outra vez a 0, o atraso de tempo (*tsidegrn*–1) para a luz verde na via secundária será carregado no contador decrescente (linha 56). Quando *change* se tornar ativa de novo, *lite* avançará para "11" e produzirá uma luz amarela na via secundária. *Mach* reciclará, voltando ao valor 4 (5 – 1), na linha 57, durante o atraso de tempo fixado para a luz amarela. Quando *change* se tornar ativa dessa vez, o módulo de controle voltará a *lite* = "00" (luz verde na via principal). Quando *mach* decrementar a seu estado terminal (0) dessa vez, as linhas 52-54 determinarão, pelo estado da entrada do sensor *car*, se esperam por outro carro ou se carregam o fator de atraso para uma luz verde na via principal (*tmaingrn*–1) começar o ciclo outra vez. A via principal receberá uma luz verde durante, no mínimo, essa extensão de tempo, mesmo que haja fluxo contínuo de carros na via secundária. É claro que poderíamos aperfeiçoar esse projeto, mas isso o tornaria mais complicado.

O módulo de controle (linhas 68-96) contém uma máquina de estado chamada *lights* que passará sequencialmente pelos quatro estados enumerados para as combinações de faróis. Os quatro estados enumerados para *lights* são *mgrn*, *myel*, *sgrn* e *syel* (linhas 73 e 76). Cada estado representa que via, principal ou secundária, deve receber luz verde ou amarela. A outra via receberá luz vermelha. A entrada *enable* está conectada ao sinal de saída *change* produzido pelo módulo de atraso (*delay*). Quando estiver habilitada, a máquina de estado *lights* avançará para o PRÓXIMO estado quando seu clock for aplicado, como descrito no comando IF aninhado e no CASE nas linhas 79-88. Caso contrário, *lights* se manterá no estado atual. Os padrões de bit para o port de saída *lite* foram especificados para cada estado de *lights* com o comando CASE nas linhas 89-94, de modo que é possível identificá-los como entradas para os outros dois módulos, delay e lite_ctrl.

O módulo lite_ctrl (linhas 98-118) recebe como entrada *lite*, que representa o estado da máquina de estado *lights* a partir do módulo de controle e levará à saída os sinais que acionarão as combinações adequadas de luz verde, amarela e vermelha para as vias principal e secundária. Cada saída do módulo lite_ctrl será, na verdade, conectada a circuitos de um acionador de lâmpadas para controlar as tensões e correntes mais altas necessárias às lâmpadas reais de um farol. O comando CASE nas linhas 107-116, invocado por PROCESS quando a entrada *lite* muda, determina qual combinação de luzes de via principal/via secundária acionar para cada estado de *lights*. A função do módulo lite_ctrl é bastante semelhante à de um decodificador. Em essência, ele decodifica cada combinação de estado de *lite* para acender a luz verde ou amarela em uma via e a luz vermelha na outra. Uma combinação de saída única é produzida para cada estado de entrada.

FIGURA 7.65 Projeto de controlador de semáforo em VHDL.

```
1  ENTITY   traffic  IS
2  PORT  (   clock, car, reset              :IN BIT;
3            tmaingrn, tsidegrn             :IN INTEGER RANGE 0 TO 31;
4            lite                           :BUFFER INTEGER RANGE 0 TO 3;
5            change                         :BUFFER BIT;
6            mainred, mainyelo, maingrn     :OUT BIT;
7            sidered, sideyelo, sidegrn     :OUT BIT);
8  END traffic;
9  ARCHITECTURE  toplevel OF  traffic  IS
10 COMPONENT delay
11     PORT ( clock, car, reset             :IN BIT;
12            lite                          :IN INTEGER RANGE 0 TO 3;
13            tmaingrn, tsidegrn            :IN INTEGER RANGE 0 TO 31;
14            change                        :OUT BIT);
15 END COMPONENT;
16 COMPONENT control
17     PORT ( clock, enable, reset          :IN BIT;
18            lite                          :OUT INTEGER RANGE 0 TO 3);
19 END COMPONENT;
20 COMPONENT lite_ctrl
21     PORT ( lite                          :IN INTEGER RANGE 0 TO 3;
22            mainred, mainyelo, maingrn    :OUT BIT;
23            sidered, sideyelo, sidegrn    :OUT BIT);
24 END COMPONENT;
25 BEGIN
26 module1:   delay     PORT MAP (clock => clock, car => car, reset => reset,
27                       lite => lite, tmaingrn => tmaingrn, tsidegrn => tsidegrn,
28                       change => change);
29 module2:   control   PORT MAP (clock => clock, enable => change, reset => reset,
30                       lite => lite);
31 module3:   lite_ctrl PORT MAP (lite => lite, mainred => mainred, mainyelo => mainyelo,
32                       maingrn => maingrn, sidered => sidered, sideyelo => sideyelo,
33                       sidegrn => sidegrn);
34 END toplevel;
```

```vhdl
35 ------------------------------------------------------------------------------
36 ENTITY   delay   IS
37 PORT  (    clock, car, reset        :IN BIT;
38              lite                         :IN BIT_VECTOR (1 DOWNTO 0);
39              tmaingrn, tsidegrn           :IN INTEGER RANGE 0 TO 31;
40              change                       :OUT BIT);
41 END delay;
42 ARCHITECTURE   time   OF delay   IS
43 BEGIN
44     PROCESS (clock, reset)
45     VARIABLE   mach                      :INTEGER RANGE 0 TO 31;
46     BEGIN
47     IF   reset = '0'    THEN   mach := 0;
48     ELSIF (clock = '1' AND clock'EVENT)    THEN    -- com clock de 1 Hz, tempos em segundos
49         IF   mach = 0   THEN
50            CASE   lite   IS
51               WHEN "00"
52                 IF car = '0' THEN   mach := 0;        -- espera o carro na via secundária
53                 ELSE             mach := tmaingrn - 1; -- fixa tempo para verde na principal
54                 END IF;
55             WHEN "01"    => mach := 5 - 1;           -- fixa tempo para amarelo na principal
56             WHEN "10"    => mach :=  tsidegrn - 1;   -- fixa tempo para verde na secundária
57             WHEN "11"    => mach := 5 - 1;           -- fixa tempo para amarelo na secundária
58         END CASE;
59      ELSE  mach := mach - 1;                         -- decrementa temporizador
60       END IF;
61     END IF;
62     IF   mach = 1   THEN   change <= '1';            -- muda luzes em control
63     ELSE   change <= '0';
64     END IF;
65     END PROCESS;
66 END time;
67 ------------------------------------------------------------------------------
68 ENTITY   control   IS
69 PORT  (    clock, enable, reset    :IN BIT;
70              lite                        :OUT BIT_VECTOR (1 DOWNTO 0));
71 END control;
72 ARCHITECTURE   a   OF   control   IS
73 TYPE   enumerated   IS (mgrn, myel, sgrn, syel); -- necessita de 4 estados para combinações de luz
74 BEGIN
75     PROCESS (clock, reset)
76     VARIABLE   lights  :enumerated;
77     BEGIN
78        IF   reset = '0'   THEN   lights := mgrn;
79        ELSIF (clock = '1' AND clock'EVENT)   THEN
80           IF   enable = '1'   THEN        -- espera que enable mude os estados da luz
81              CASE   lights   IS
82                 WHEN   mgrn      =>     lights := myel;
83                 WHEN   myel      =>     lights := sgrn;
84                 WHEN   sgrn      =>     lights := syel;
85                 WHEN   syel      =>     lights := mgrn;
86              END CASE;
87           END IF;
88        END IF;
89        CASE   lights   IS                   -- padrões para os estados da luz
90           WHEN   mgrn =>    lite <= "00";
91           WHEN   myel =>    lite <= "01";
92           WHEN   sgrn =>    lite <= "10";
93           WHEN   syel =>    lite <= "11";
94        END CASE;
95     END PROCESS;
96 END a;
97 ------------------------------------------------------------------------------
98 ENTITY   lite_ctrl   IS
99 PORT  (    lite                         :IN BIT_VECTOR (1 DOWNTO 0);
100             mainred, mainyelo, maingrn   :OUT BIT;
101             sidered, sideyelo, sidegrn   :OUT BIT);
```

```
102 END lite_ctrl;
103 ARCHITECTURE  patterns  OF  lite_ctrl  IS
104 BEGIN
105     PROCESS (lite)
106     BEGIN
107        CASE lite IS    -- estado de control determina que luzes acender/apagar
108           WHEN "00" => maingrn <= '1';        mainyelo <= '0';        mainred <= '0';
109                        sidegrn <= '0';        sideyelo <= '0';        sidered <= '1';
110           WHEN "01" => maingrn <= '0';        mainyelo <= '1';        mainred <= '0';
111                        sidegrn <= '0';        sideyelo <= '0';        sidered <= '1';
112           WHEN "10" => maingrn <= '0';        mainyelo <= '0';        mainred <= '1';
113                        sidegrn <= '1';        sideyelo <= '0';        sidered <= '0';
114           WHEN "11" => maingrn <= '0';        mainyelo <= '0';        mainred <= '1';
115                        sidegrn <= '0';        sideyelo <= '1';        sidered <= '0';
116        END CASE;
117     END PROCESS;
118 END patterns;
```

Escolhendo técnicas de codificação HDL

A essa altura, você deve estar se perguntando por que há tantas formas de descrever circuitos lógicos. Se uma forma é mais fácil que as outras, por que não estudar apenas ela? A resposta é que cada nível de abstração oferece vantagens em relação aos outros em certos casos. O método estrutural proporciona o controle mais completo sobre as interconexões. O uso de equações booleanas, tabelas-verdade e tabelas de estado ATUAL/PRÓXIMO estado permite-nos descrever o modo como os dados fluem pelo circuito usando HDL. Por fim, o método comportamental permite uma descrição mais abstrata do funcionamento do circuito em termos de causa e efeito. Na prática, cada arquivo-fonte pode ter partes categorizadas em diferentes níveis de abstração. Escolher o nível adequado quando se escreve código não é tanto uma questão de certo e errado, mas de estilo e preferência.

Há também diversas formas de lidar com qualquer tarefa em termos de escolher estruturas de controle. Devemos usar atribuições de sinal selecionadas ou equações booleanas, IF/ELSE ou CASE, processos sequenciais ou declarações concorrentes, macrofunções ou megafunções? Ou devemos escrever nosso próprio código? As respostas a essas perguntas acabam por definir sua estratégia pessoal para resolver o problema. As preferências e as vantagens de usar um método em vez de outro serão estabelecidas com a prática e a experiência.

QUESTÕES DE REVISÃO

1. Qual é a diferença fundamental entre um contador e uma máquina de estado?
2. Qual é a diferença entre descrever um contador e uma máquina de estado em HDL?
3. Se os estados binários reais de uma máquina de estado não estão definidos no código HDL, como são atribuídos?
4. Qual é a vantagem de se usar uma descrição de máquina de estado?

RESUMO DA PARTE 1

1. Em contadores assíncronos (ondulantes), o sinal de clock é aplicado ao FF LSB e todos os outros FFs são disparados pela saída do FF precedente.

2. O módulo de um contador é o número de estados estáveis em seu ciclo de contagem; esse valor também é o valor máximo do fator de divisão de frequência.

3. O valor normal (máximo) do número de módulo de um contador é 2^N. Um meio de modificar o módulo de um contador é acrescentar um circuito que faça que o contador recicle antes de alcançar sua última contagem normal.

4. Os contadores podem ser conectados em cascata para produzir faixas de contagens e fatores de divisão de frequência maiores.

5. Em um contador síncrono (paralelo), todos os FFs são disparados ao mesmo tempo a partir do sinal de clock de entrada.

6. A frequência máxima de clock para um contador assíncrono, $f_{máx}$, diminui à medida que o número de bits aumenta. Para um contador síncrono, $f_{máx}$ permanece a mesma, independentemente do número de bits do contador.

7. Contador decádico é qualquer contador de MOD-10. BCD é um decádico cuja sequência de contagem são os dez códigos BCD (0-9).

8. Um contador que possui entrada de dados pode ser carregado com qualquer contagem inicial desejada.

9. Um contador crescente/decrescente pode ser comandado para contar de forma crescente ou decrescente.

10. As portas lógicas podem ser usadas para decodificar (detectar) qualquer um dos estados de um contador.

11. A sequência de contagem de um contador síncrono pode ser determinada facilmente com uma tabela de estado ATUAL/PRÓXIMO estado que lista todos os estados possíveis, informações sobre o controle de entradas do flip-flop e os PRÓXIMOS estados resultantes.

12. Contadores síncronos com sequências de contagem arbitrárias podem ser implementados seguindo um procedimento padrão de projeto.

13. Contadores com módulos e recursos específicos podem ser facilmente criados com a megafunção LPM_COUNTER usando o MegaWizard Manager ou com descrições comportamentais usando um HDL.

14. Todos os recursos disponíveis em vários CIs contadores-padrão, como carga ou limpeza assíncrona ou síncrona, habilitação de contagem e decodificação terminal de contagem, podem ser descritos em HDL. Em HDL, os contadores podem ser facilmente modificados, aumentando-se o número MOD ou alterando-se os níveis ativos nos controles.

15. Os sistemas digitais podem ser subdivididos em módulos ou blocos menores que podem ser interconectados como um projeto hierárquico.

16. Máquinas de estado podem ser representadas em HDL por meio de nomes descritivos para cada estado, em vez de especificar uma sequência de estados numérica.

TERMOS IMPORTANTES DA PARTE 1

contador assíncrono (ondulante)
número de módulo
ciclo de trabalho
glitches
contadores síncronos (paralelos)
estados de transição
contador decádico
contador BCD
contador crescente
contador decrescente
contadores crescentes/
   decrescentes

transição condicional
contadores carregáveis
carga paralela
habilitação da contagem
múltiplos estágios
cascata
decodificação
tabela de estado ATUAL/
   PRÓXIMO estado
contador autocorretor
projeto de circuitos sequenciais
tabela de excitação J-K

tabela de excitação
   do circuito
LPM_COUNTER
   VARIABLE
nível de abstração
   comportamental
projeto hierárquico
máquina de estado
modelo Mealy
modelo Moore
MACHINE
tipo enumerado

Parte 2
7.15 TRANSFERÊNCIA DE DADOS EM REGISTRADORES

Objetivo

Após ler esta seção, você será capaz de:

- Categorizar os modos de entrada/saída para transferência de registro.

Os vários tipos de registradores podem ser classificados de acordo com a maneira pela qual os dados são apresentados ao registrador para armazenamento e pelo modo como saem do registrador. As diversas classificações são relacionadas a seguir e ilustradas na Figura 7.66.

1. Entrada paralela/saída paralela (PIPO, do inglês, *parallel in/parallel out*).
2. Entrada serial/saída serial (SISO, do inglês, *serial in/serial out*).
3. Entrada paralela/saída serial (PISO, do inglês, *parallel in/serial out*).
4. Entrada serial/saída paralela (SIPO, do inglês, *serial in/parallel out*).

O fluxo de dados serial por um registrador é geralmente chamado de deslocamento (*shifting*), e os dados podem ser deslocados para a esquerda ou para a direita. Se o dado de saída serial é realimentado para a entrada serial do mesmo registrador, a operação é chamada de rotação de dados. A entrada paralela de dados é, em geral, descrita como uma carga de registrador. Muitas aplicações podem ter registradores capazes de uma série de diferentes movimentos de dados.

FIGURA 7.66 Circuitos de transferência de dados: (a) PIPO; (b) SISO; (c) PISO; (d) SIPO.

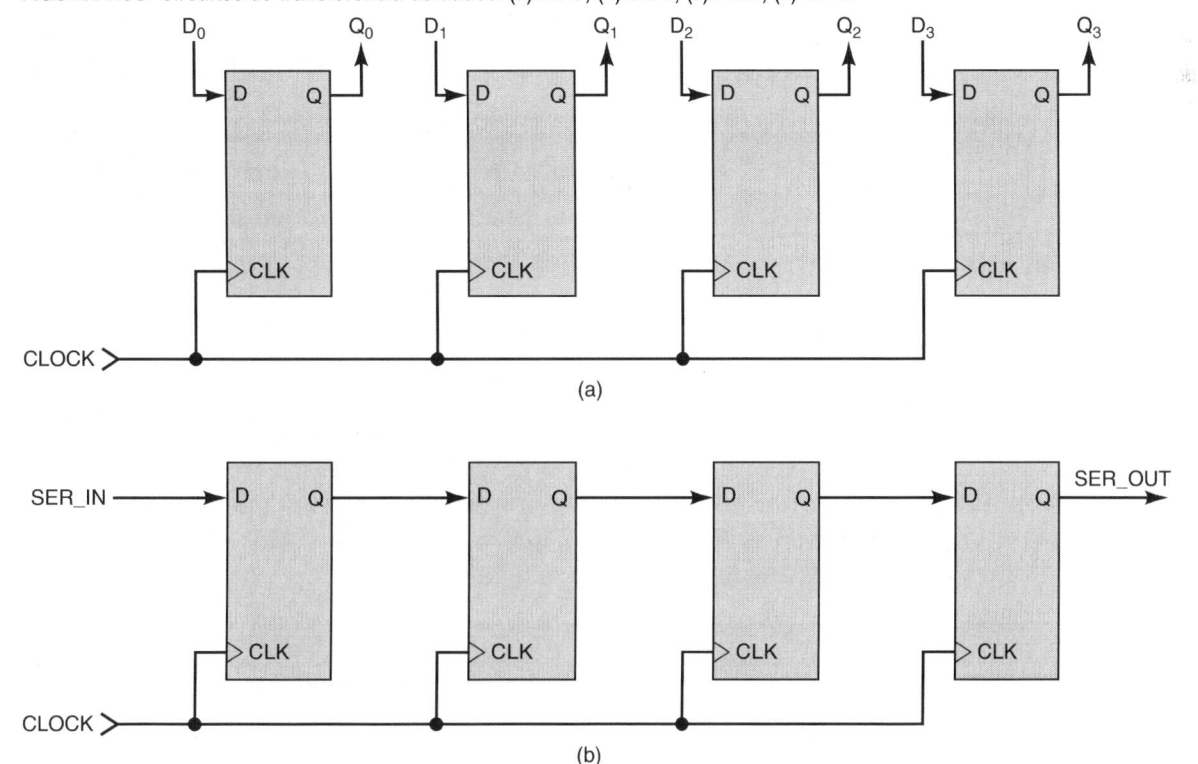

(c)

(d)

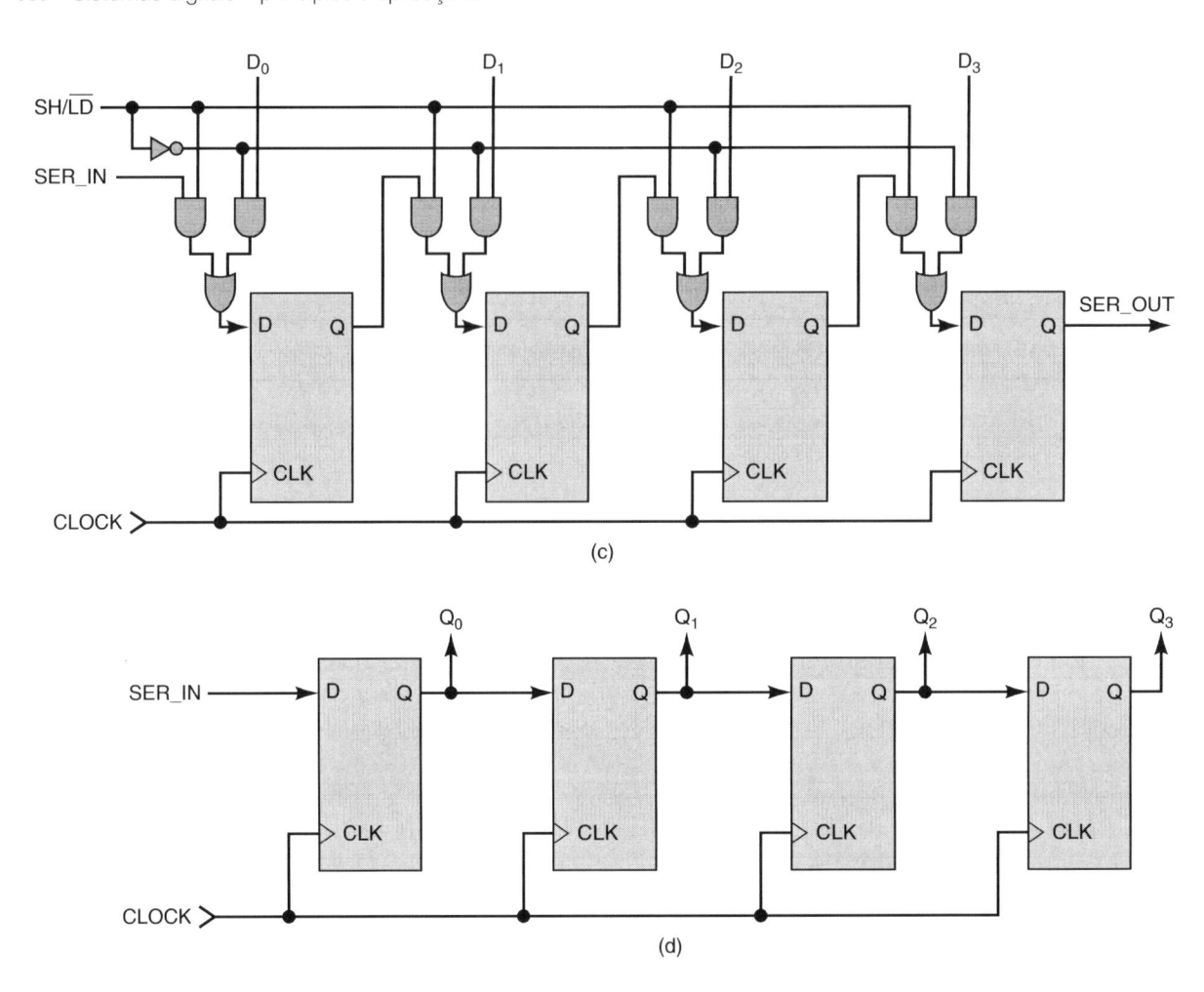

7.16 REGISTRADORES DE CIS

OBJETIVOS

Após ler esta seção, você será capaz de:
- Definir controles comuns para operações de registro.
- Prever a saída para qualquer combinação de entradas.
- Representar operações de registro usando diagramas de tempo.
- Decompor blocos funcionais para cada configuração de registro para grupos de flip-flops e lógica de controle.

Muitos circuitos integrados de registradores padrão foram projetados ao longo dos anos. Há chips para cada classificação de fluxo de dados, que podem ser colocados em cascata juntos para a criação de registradores de tamanho maior. Normalmente, o projetista lógico consegue encontrar o que é necessário para determinada aplicação. Vamos examinar um CI representativo de cada categoria de fluxo de dados.

Entrada paralela/saída paralela – O 74ALS174/74HC174

Um grupo de flip-flops que armazenam múltiplos bits ao mesmo tempo e nos quais todos os bits do valor binário armazenado estão diretamente disponíveis é conhecido como registrador de **entrada paralela/saída paralela**. A Figura 7.67(a) mostra o diagrama lógico para o 74ALS174 (também para o 74HC174), um registrador de seis bits que tem entradas paralelas, D_5 a D_0, e saídas paralelas, Q_5 a Q_0. Os dados paralelos são carregados no registrador na transição positiva da entrada de clock *CP*. Uma entrada de reset geral, $\overline{MR}$, pode ser usada para resetar assincronamente todos os FFs do registrador para 0. O símbolo lógico para o 74ALS174 é mostrado na Figura 7.67(b). Esse símbolo é usado em diagramas de circuitos para representar o circuito da Figura 7.67(a).

O 74ALS174 é usado em geral para a transferência síncrona paralela de dados em que os níveis lógicos presentes nas entradas *D* são transferidos para as saídas *Q* correspondentes quando ocorre transição positiva no clock *CP*. No entanto, esse CI pode ser conectado para uma transferência serial de dados, conforme é mostrado nos exemplos a seguir.

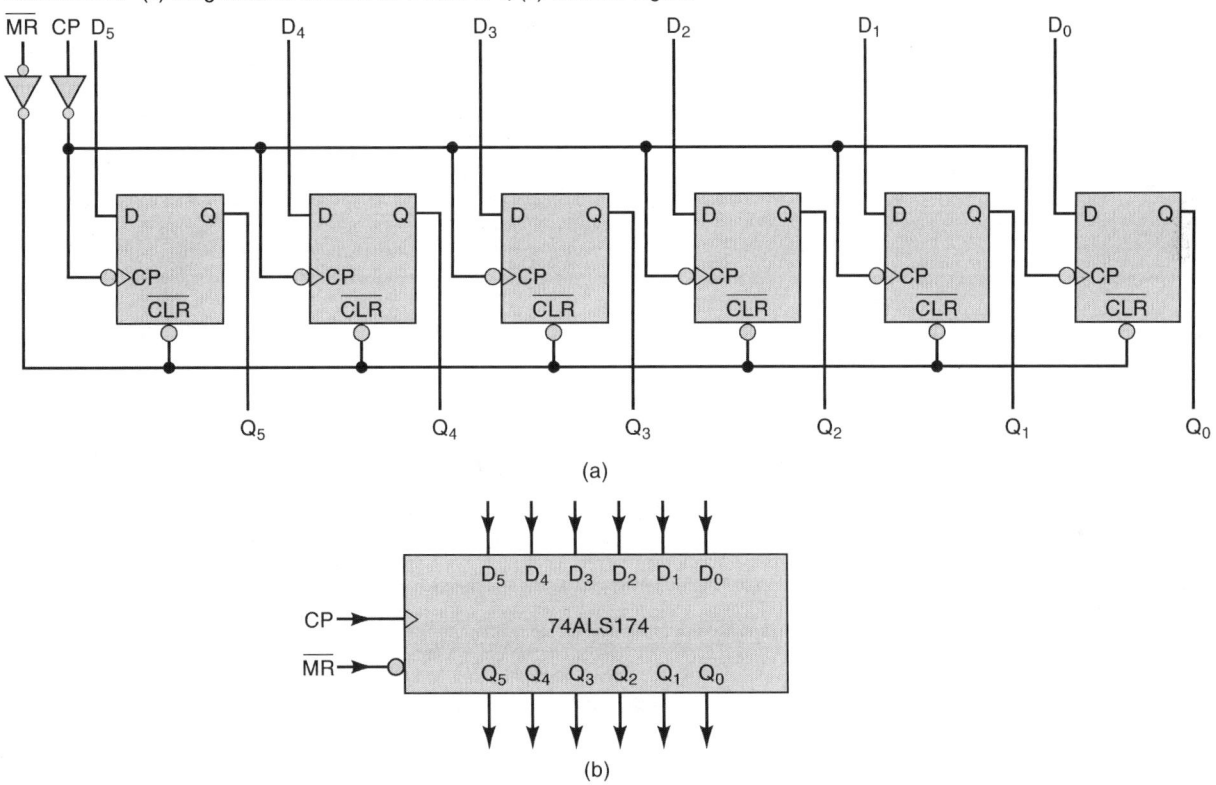

FIGURA 7.67 (a) Diagrama do circuito do 74ALS174; (b) símbolo lógico.

EXEMPLO 7.18

Mostre como conectar um 74ALS174 de modo que ele opere como registrador de deslocamento serial com os dados deslocados a cada transição positiva em *CP* conforme se segue: entrada serial → Q_5 → Q_4 → Q_3 → Q_2 → Q_1 → Q_0. Em outras palavras, um dado serial entrará em D_5 e sairá em Q_0.

Solução
Ao analisar a Figura 7.67(a), podemos ver que, para conectar os seis FFs como um registrador de deslocamento serial, temos de conectar uma saída *Q* de um FF à entrada *D* do FF seguinte, de modo que o dado seja transferido no formato requerido. A Figura 7.68 mostra como isso é implementado. Note que o dado se desloca da esquerda para a direita, com a entrada de dados aplicada em D_5 e a saída de dados obtida em Q_0.

FIGURA 7.68 Exemplo 7.18: um 74ALS174 conectado como um registrador de deslocamento.

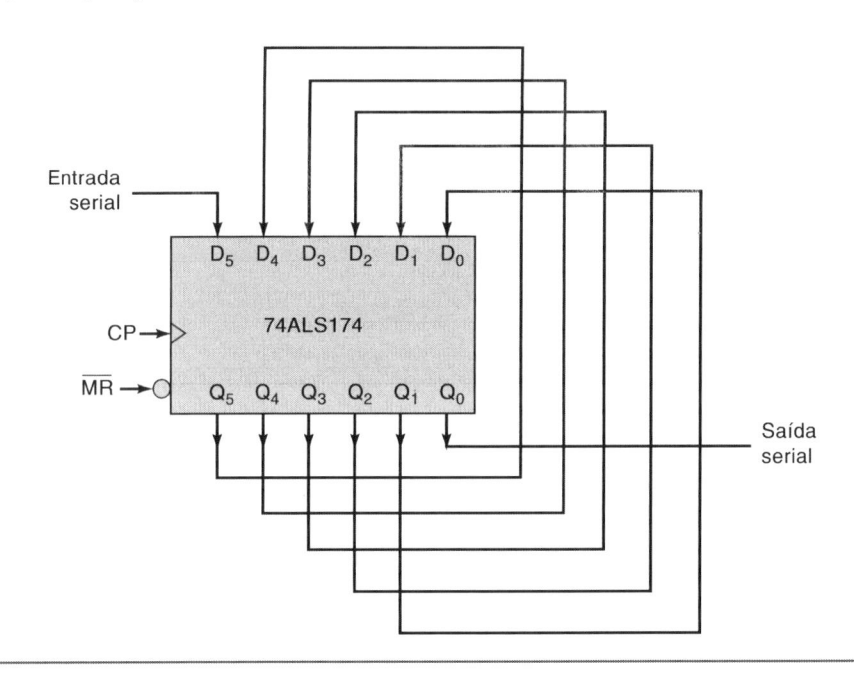

EXEMPLO 7.19

Como você conectaria dois 74ALS174 para operar como registrador de deslocamento de 12 bits?

Solução
Conecte um segundo CI 74ALS174 como registrador de deslocamento e Q_0, a partir do primeiro CI, para D_5 do segundo CI. Conecte as entradas *CP* dos dois CIs de modo que sejam disparados a partir do mesmo sinal. Conecte também as entradas MR se estiverem usando reset assíncrono.

Entrada serial/saída serial — O 74ALS166/74HC166

Um registrador de deslocamento de **entrada serial/saída serial** terá de ser carregado um bit por vez. Os dados vão se mover um bit por vez a cada pulso de clock ao longo do conjunto de flip-flops até a outra extremidade do registrador. Com clock contínuo, os dados sairão do registrador um bit de cada vez na mesma ordem em que foram carregados. O 74HC166 (e também o 74ALS166) pode ser usado como registrador de entrada serial/saída serial. O diagrama lógico e o símbolo esquemático do 74HC166 são mostrados na Figura 7.69. É um registrador de deslocamento de oito bits, dos quais apenas FF QH é acessível. Os dados seriais entram em *SER* e são armazenados no FF QA. A saída serial fica na outra extremidade do registrador de deslocamento, em Q_H. Como pode ser visto na tabela de funções desse registrador de deslocamento, na Figura 7.69(c), os dados paralelos também podem ser carregados sincronamente nele. Se $SH/\overline{LD}$ = 1, a função do registrador será o deslocamento serial, enquanto um nível BAIXO carregará os dados de modo paralelo por meio das entradas de *A* até *H*. As funções de deslocamento serial síncrono e carga paralela podem ser desabilitadas aplicando-se um nível ALTO à entrada de controle *CLK INH*. O registrador possui também uma entrada clear assíncrona de nível ativo--em-BAIXO ($\overline{CLR}$).

FIGURA 7.69 (a) Diagrama do circuito do 74HC166; (b) símbolo lógico; (c) tabela de funções.

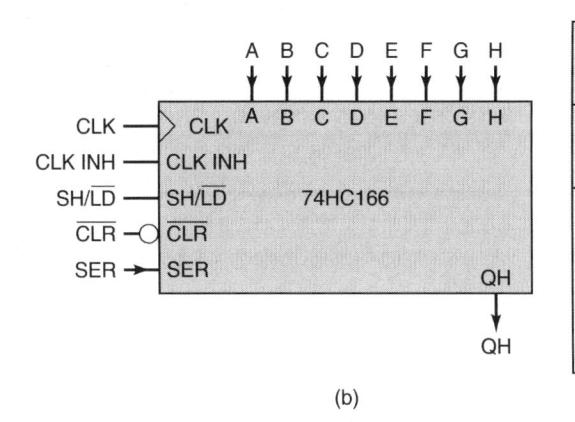

(a)

(b)

ENTRADAS						SAÍDAS		
						INTERNAS		
$\overline{CLR}$	$SH/\overline{LD}$	CLK INH	CLK	SER	PARALELO A...H	Q_A	Q_B	Q_H
L	X	X	X	X	X	L	L	L
H	X	L	L	X	X	Q_{A0}	Q_{B0}	Q_{H0}
H	L	L	↑	X	a...h	a	b	h
H	H	L	↑	H	X	H	Q_{An}	Q_{Gn}
H	H	L	↑	L	X	L	Q_{An}	Q_{Gn}
H	X	H	↑	X	X	Q_{A0}	Q_{B0}	Q_{H0}

(c)

EXEMPLO 7.20

Um registrador de deslocamento é utilizado para atrasar um sinal digital por um número inteiro de ciclos de clock. O sinal digital é aplicado à entrada serial do registrador e deslocado pelo registrador de deslocamento por sucessivos pulsos de clock até que alcance o final do registrador, no qual aparece como sinal de saída. Esse método de atrasar o efeito de um sinal digital é comum no campo das comunicações digitais. Por exemplo, o sinal digital pode ser a versão digitalizada de um sinal de áudio atrasado antes de ser transmitido. As formas de onda de entrada mostradas na Figura 7.70 são aplicadas a um 74HC166. Determine a forma de onda de saída resultante.

Solução

QH começa em nível BAIXO, pois todos os flip-flops são limpos inicialmente pelo nível BAIXO aplicado à entrada síncrona $\overline{CLR}$ no início do diagrama de tempo. Em t_1, o registrador de deslocamento receberá o bit atual aplicado a *SER*. Este será armazenado em QA. Em t_2, o primeiro bit passará a QB e um segundo em *SER* será armazenado em QA. Em t_3, o primeiro bit passará a QC e um terceiro em *SER* será armazenado em QA. O primeiro bit de entrada de dados finalmente aparecerá à saída QH em t_8. Cada bit de entrada sucessivo em *SER* chegará a QH com um atraso de oito ciclos de clock.

FIGURA 7.70 Exemplo 7.20.

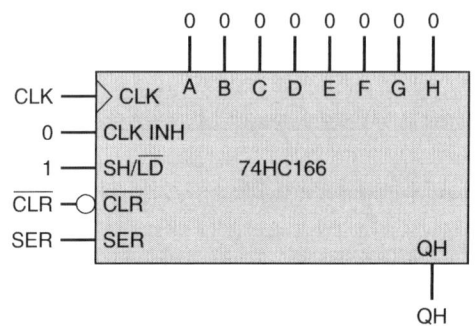

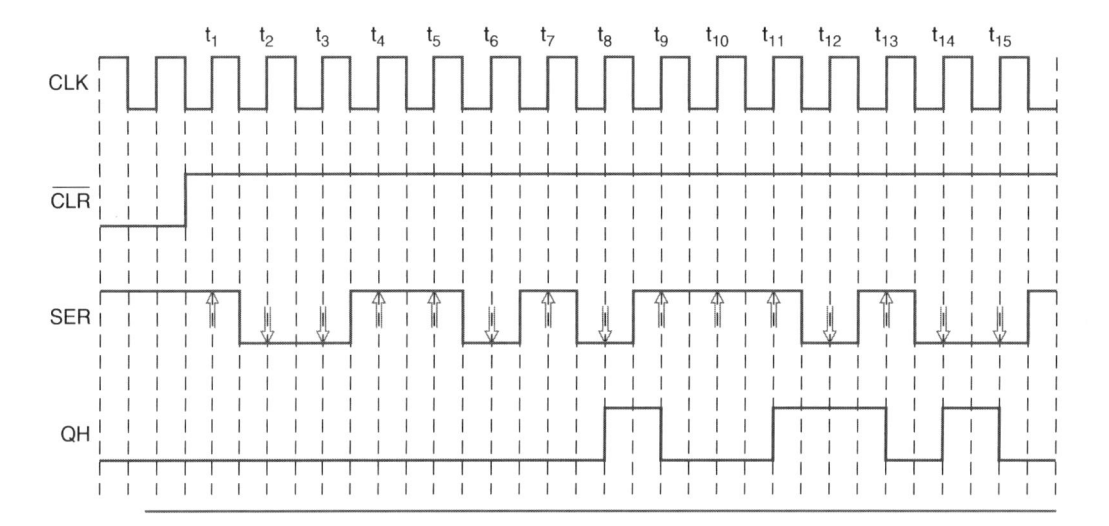

Entrada paralela/saída serial — O 74ALS165/74HC165

O símbolo lógico para o 74HC165 é mostrado na Figura 7.71(a). Esse CI é um registrador de oito bits com **entrada paralela/saída serial**. Ele, na verdade, tem tanto entrada serial de dados, via D_S, quanto entrada de dados assíncrona, via P_0 a P_7. O registrador contém oito FFs, Q_0 a Q_7, conectados internamente como registrador de deslocamento, mas as únicas saídas acessíveis são Q_7 e $\overline{Q_7}$. *CP* é a entrada de clock usada para a operação de deslocamento. A entrada de inibição do clock, *CP INH*, pode ser usada para anular o efeito dos pulsos em *CP*. A entrada de deslocamento/carga, $SH/\overline{LD}$, determina a operação que está sendo realizada, deslocando ou carregando de modo paralelo. A tabela de funções na Figura 7.71(b) mostra como as diversas combinações de entrada determinam a operação realizada, caso exista. A carga paralela é assíncrona, e o deslocamento serial é síncrono. Observe que a função de deslocamento serial sempre será síncrona, já que o clock precisa garantir que os dados de saída se movam um bit por vez a cada borda de clock adequada.

EXEMPLO 7.21

Analise a tabela de funções do 74HC165 e determine (a) as condições necessárias para carregar o registrador com um dado paralelo e (b) as condições necessárias para a operação de deslocamento.

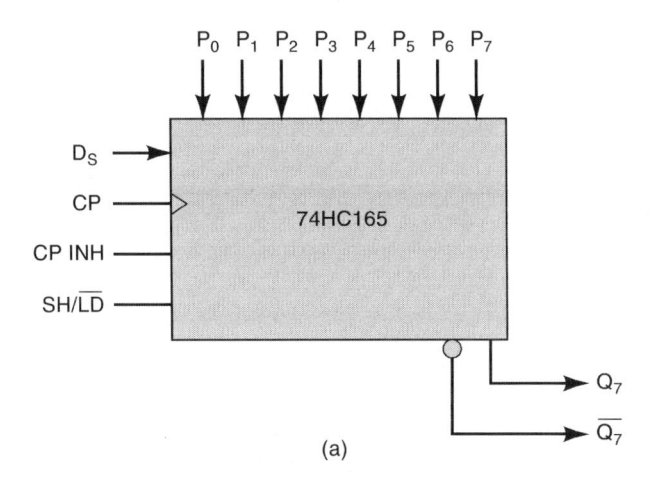

FIGURA 7.71 (a) Símbolo lógico para o registrador com entrada paralela/saída serial 74HC165; (b) tabela de funções.

(a)

Tabela de funções

Entradas			Operação
$SH/\overline{LD}$	CP	CP INH	
L	X	X	Carga paralela
H	H	X	Sem mudança
H	X	H	Sem mudança
H	⌐	L	Deslocamento
H	L	⌐	Deslocamento

H = nível alto
X = imaterial
⌐ = PGT

(b)

Solução
(a) A primeira linha da tabela mostra que a entrada $SH/\overline{LD}$ tem de estar em nível BAIXO para a operação de carga paralela. Quando estiver em nível BAIXO, os dados presentes nas entradas P são carregados *assincronamente* nos FFs do registrador, independentemente das entradas CP e CP INH. É claro que apenas as saídas a partir do último FF estão disponíveis externamente.

(b) A operação de deslocamento não pode ser feita, a menos que a entrada $SH/\overline{LD}$ esteja em nível ALTO e ocorra transição positiva em CP quando CP INH estiver em nível BAIXO [quarta linha da tabela na Figura 7.71(b)]. Um nível ALTO em CP INH inibirá o efeito de qualquer pulso de clock. Observe que as funções das entradas CP e CP INH podem ser invertidas, conforme indicado pela última linha da tabela. Isso ocorre porque esses dois sinais passam por uma porta OR dentro do CI.

EXEMPLO 7.22

Determine a saída Q_7 ao se conectar um CI 74HC165 com $D_S = 0$ e CP $INH = 0$ e, então, aplique as formas de onda dadas na Figura 7.72. P_0–P_7 representam os dados paralelos em $P_0\ P_1\ P_2\ P_3\ P_4\ P_5\ P_6\ P_7$.

Solução

Desenhamos o diagrama de tempo para os oito FFs de modo a acompanhar seu conteúdo ao longo do tempo, ainda que apenas Q_7 esteja acessível. A carga paralela é assíncrona e ocorrerá assim que $\overline{SH/LD}$ vá para o nível BAIXO. Depois que $\overline{SH/LD}$ voltar ao nível ALTO, os dados armazenados no registrador passarão de um FF para o lado direito (rumo a Q_7) a cada transição positiva em CP.

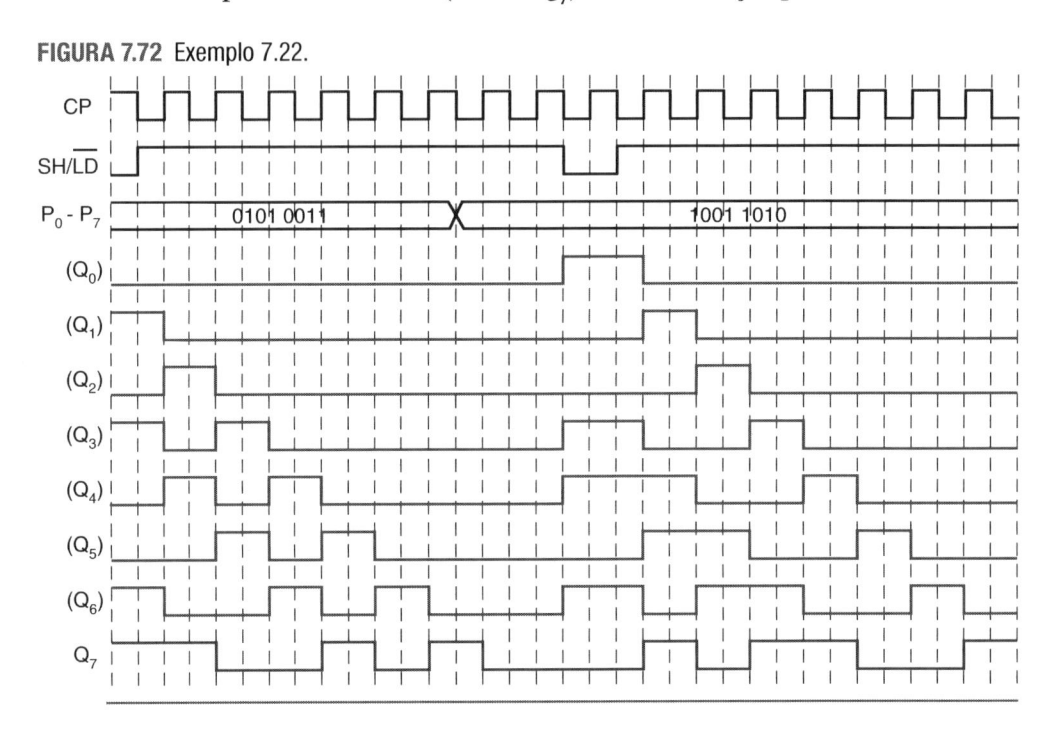

FIGURA 7.72 Exemplo 7.22.

Entrada serial/saída paralela — O 74ALS164/74HC164

O diagrama lógico para 74ALS164 é mostrado na Figura 7.73(a); é um registrador de deslocamento de oito bits com **entrada serial/saída paralela**, com a saída de cada FF externamente acessível. Em vez de uma única entrada serial, uma porta AND combina as entradas A e B para produzir a entrada serial para o flip-flop Q_0.

FIGURA 7.73 (a) Diagrama lógico para o 74ALS164; (b) símbolo lógico.

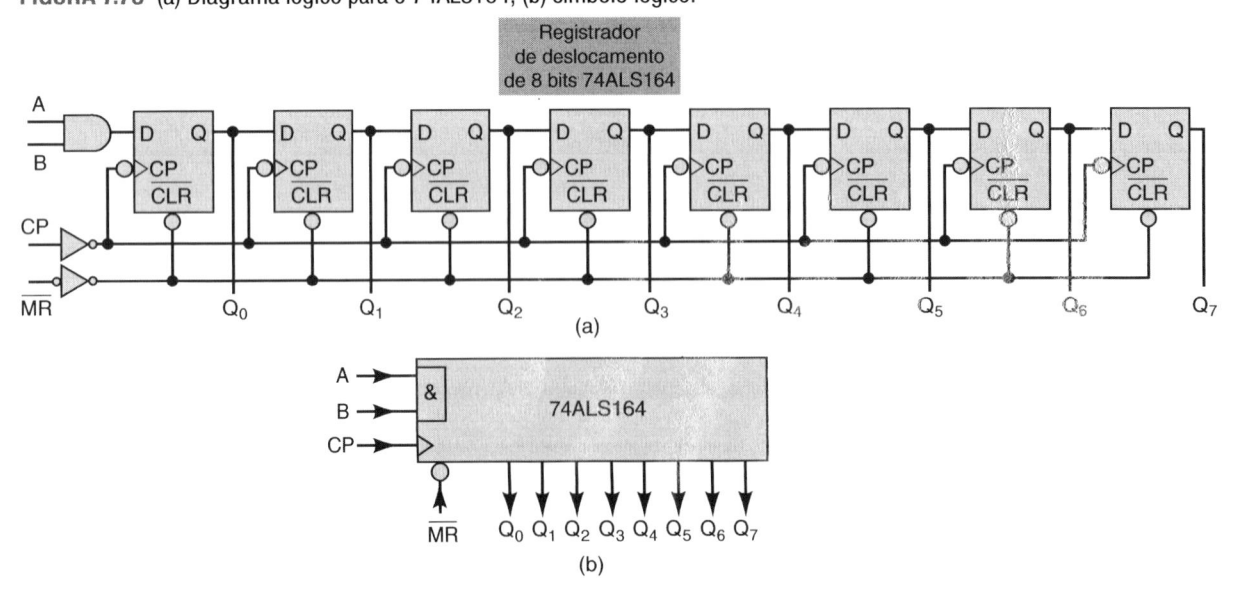

A operação de deslocamento ocorre nas transições positivas da entrada de clock *CP*. A entrada $\overline{MR}$, quando está em nível BAIXO, proporciona o reset assíncrono de todos os FFs.

O símbolo lógico para o 74ALS164 é mostrado na Figura 7.73(b). Observe que o símbolo "&" é usado dentro do bloco para indicar que as entradas *A* e *B* passam por uma porta AND dentro do CI e a saída dessa porta é aplicada à entrada *D* do FF Q_0.

EXEMPLO 7.23

Considere que o conteúdo inicial do registrador 74ALS164 na Figura 7.74(a) seja 00000000. Determine a sequência de estados conforme os pulsos de clock são aplicados.

FIGURA 7.74 Exemplo 7.23.

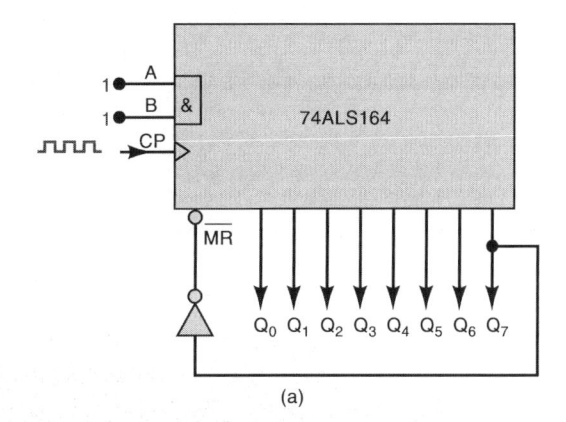

Número de pulsos de entrada	Q_0	Q_1	Q_2	Q_3	Q_4	Q_5	Q_6	Q_7
0	0	0	0	0	0	0	0	0
1	1	0	0	0	0	0	0	0
2	1	1	0	0	0	0	0	0
3	1	1	1	0	0	0	0	0
4	1	1	1	1	0	0	0	0
5	1	1	1	1	1	0	0	0
6	1	1	1	1	1	1	0	0
7	1	1	1	1	1	1	1	0
8	1	1	1	1	1	1	1	1

Estado temporário

(b)

Solução

A sequência correta é dada na Figura 7.74(b). Com $A = B = 1$, a entrada serial é 1, portanto, 1s serão deslocados pelo registrador em cada transição positiva de *CP*. Como Q_7 está inicialmente em 0, a entrada $\overline{MR}$ está inativa. No oitavo pulso, o registrador tenta ir para o estado 11111111, quando o 1 do FF Q_6 se desloca para Q_7. Esse estado ocorre momentaneamente, pois $Q_7 = 1$ gera nível BAIXO em $\overline{MR}$, que reseta de imediato o registrador de volta para 00000000. Então, a sequência é repetida nos próximos oito pulsos de clock.

QUESTÕES DE REVISÃO

1. Que tipo de registrador pode ter um número binário completo carregado em uma operação e, então, deslocá-lo um bit de cada vez?
2. *Verdadeiro ou falso*: um registrador de entrada serial/saída paralela pode ter todos os seus bits mostrados de uma vez.
3. Que tipo de registrador pode ter entrada de dados de um bit de cada vez, mas tem todos os bits de dados disponíveis como saídas?
4. Em que tipo de registrador armazenamos dados um bit de cada vez e temos acesso a apenas um bit de saída por vez?
5. Como difere a entrada paralela de dados entre o 74165 e o 74174?
6. Como funciona a entrada *CP INH* do 74ALS165?
7. Na Figura 7.72, troque os valores em P_0–P_7, ou seja, troque os valores 01010011 e 10011010 e redesenhe o tempo de saída de cada Q.

7.17 CONTADORES COM REGISTRADORES DE DESLOCAMENTO

OBJETIVOS

Após ler esta seção, você será capaz de:

- Definir termos comuns, contador em anel e contador Johnson.
- Estabelecer características dos contadores em anel e Johnson.

Na Seção 5.17, vimos como conectar FFs para formar um registrador de deslocamento para transferir dados da esquerda para a direita, ou vice-versa, um bit por vez (serialmente). Contadores com registradores de deslocamento usam a *realimentação*, o que significa que a saída do último FF do registrador é conectada de volta ao primeiro flip-flop, de alguma forma.

Contador em anel

O contador com registrador de deslocamento mais simples é essencialmente um **registrador de deslocamento circular** conectado de modo que o último FF desloque seu valor para o primeiro. Essa configuração é mostrada na Figura 7.75 pelo uso de flip-flops do tipo *D* (flip-flops J-K também podem ser usados). Os FFs são conectados para que a informação seja deslocada da esquerda para a direita e circule de volta de Q_0 para Q_3. Na maioria dos casos, um único 1 está no registrador e circula por ele enquanto pulsos de clock são aplicados. Por essa razão, é chamado **contador em anel**.

As formas de onda, a tabela de sequência e o diagrama de estados na Figura 7.75 mostram os diversos estados dos FFs à medida que pulsos são aplicados, considerando o estado inicial de $Q_3 = 1$ e $Q_2 = Q_1 = Q_0 = 0$. Após o primeiro pulso, o 1 foi deslocado de Q_3 para Q_2; portanto, o contador está em 0100. O segundo pulso gera o estado 0010, e o terceiro pulso gera o estado 0001. No *quarto* pulso de clock, o 1 é transferido de Q_0 para Q_3, resultando no estado 1000, que é, obviamente, o inicial. Pulsos subsequentes farão que a sequência se repita.

Esse contador funciona como um contador de MOD-4, uma vez que tem *quatro* estados distintos antes que a sequência se repita. Apesar de esse circuito não progredir conforme a sequência de contagem binária normal, ele ainda é um contador, porque cada contagem corresponde a um único conjunto de estados dos flip-flops. Note que a saída de cada FF tem frequência igual a 1/4 da frequência do clock, uma vez que ele é um contador em anel de MOD-4.

Contadores em anel podem ser construídos para qualquer número MOD desejado; um contador em anel de MOD-N utiliza N flip-flops conectados segundo a configuração mostrada na Figura 7.75. De modo geral, um contador em anel necessitará de mais flip-flops que um contador binário de mesmo número MOD. Por exemplo, um contador em anel de módulo 8 necessita de oito FFs, enquanto um contador binário de MOD-8 requer apenas três.

Apesar de menos eficiente no uso de FFs, um contador em anel ainda tem utilidade porque pode ser decodificado sem a utilização de portas decodificadoras. O sinal decodificado para cada estado é obtido na saída de seu flip-flop correspondente. Compare as formas de onda do contador em anel com aquelas decodificadas que podem ser vistas na Figura 7.20. Em alguns casos, um contador em anel pode ser uma escolha melhor que um contador binário com suas portas decodificadoras associadas. Isso é especialmente verdade em aplicações nas quais o contador é usado para controlar a sequência de operações em um sistema.

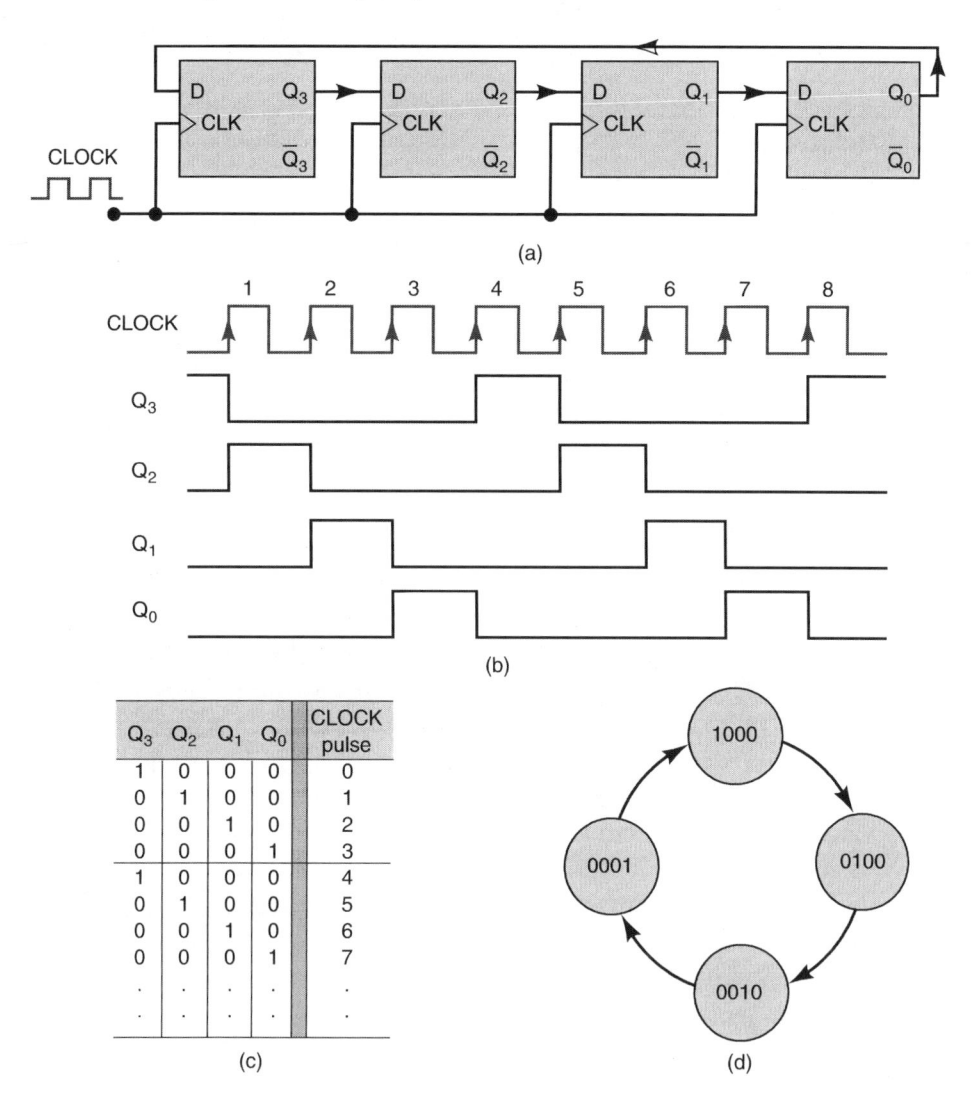

FIGURA 7.75 (a) Contador em anel de 4 bits; (b) formas de onda; (c) tabela de sequência; (d) diagrama de estados.

Q_3	Q_2	Q_1	Q_0	CLOCK pulse
1	0	0	0	0
0	1	0	0	1
0	0	1	0	2
0	0	0	1	3
1	0	0	0	4
0	1	0	0	5
0	0	1	0	6
0	0	0	1	7
.	.	.	.	.
.	.	.	.	.

Partida de contador em anel

Para funcionar de forma correta, o contador em anel tem de iniciar com apenas um FF no estado 1 e os outros no estado 0. Uma vez que os estados iniciais dos FFs são imprevisíveis quando o circuito é energizado, o contador deve ser colocado no estado inicial desejado antes da aplicação dos pulsos de clock. Um modo de fazer isso é aplicar um pulso momentâneo à entrada assíncrona $\overline{PRE}$ de um dos FFs (por exemplo, Q_3 na Figura 7.75) e à entrada $\overline{CLR}$ de todos os outros FFs. Outro método é mostrado na Figura 7.76. Ao energizar o circuito, o capacitor será carregado de maneira relativamente lenta em direção a $+V_{CC}$. A saída do INVERSOR Schmitt-trigger 1 permanecerá em nível ALTO, e a saída do INVERSOR 2, em nível BAIXO até que a tensão do capacitor exceda a tensão de disparo (V_{T+}) da entrada do INVERSOR 1 (em torno de 1,7 V). Isso manterá a entrada $\overline{PRE}$ de Q_3 e a entrada $\overline{CLR}$ de Q_2, Q_1 e Q_0 em nível BAIXO por tempo suficientemente grande enquanto o circuito estiver sendo energizado para assegurar que o contador comece em 1000.

FIGURA 7.76 Circuito que assegura que o contador em anel da Figura 7.75 inicie no estado 1000 quando energizado.

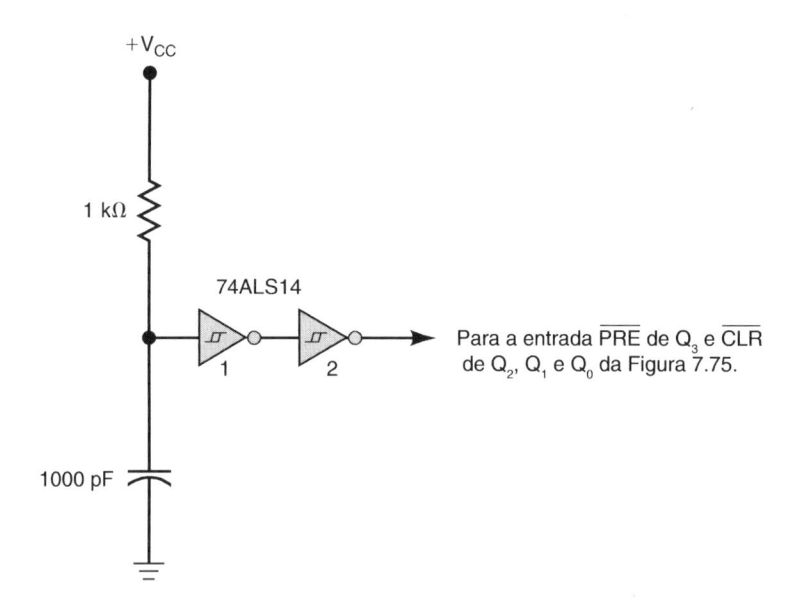

Contador Johnson

O contador em anel básico pode ser ligeiramente modificado para produzir outro tipo de contador com registrador de deslocamento com propriedades um pouco diferentes. O **contador Johnson** ou **em anel torcido** é construído exatamente como um contador em anel normal, exceto pelo fato de que a saída *invertida* do último FF é que está conectada à entrada do primeiro. Um contador Johnson de três bits é mostrado na Figura 7.77. Observe que a saída $\overline{Q_0}$ é conectada de volta à entrada D de Q_2, o que significa que o *inverso* do nível armazenado em Q_0 será transferido para Q_2 no pulso de clock.

A operação de um contador Johnson é facilmente analisada se observarmos que, em cada transição positiva do pulso de clock, o nível de Q_2 é deslocado para Q_1, o de Q_1, para Q_0, e o *inverso* do nível de Q_0, para Q_2. Usando essas ideias e considerando que todos os FFs estejam de início em 0, as formas de onda, a tabela de sequência e o diagrama de estados vistos na Figura 7.77 podem ser gerados.

A análise das formas de onda e da tabela de sequência revela os seguintes pontos importantes:

1. Esse contador possui seis estados distintos — 000, 100, 110, 111, 011 e 001 — antes que a sequência se repita. Desse modo, é um contador Johnson de MOD-6. Observe que não conta segundo a contagem binária normal.

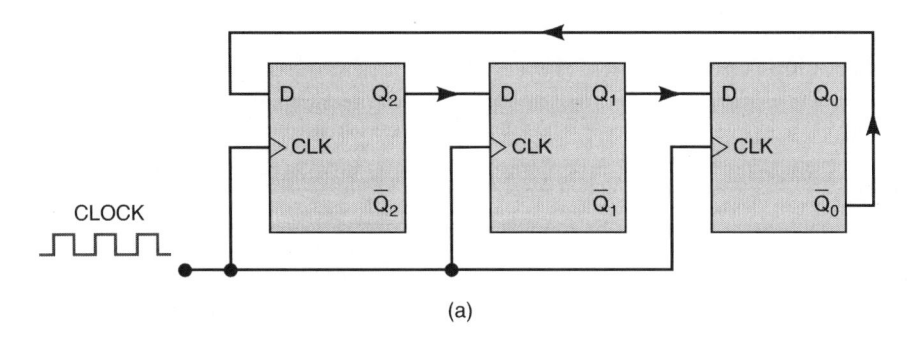

FIGURA 7.77 (a) Contador Johnson de MOD-6; (b) formas de onda; (c) tabela de sequência; (d) diagrama de estado.

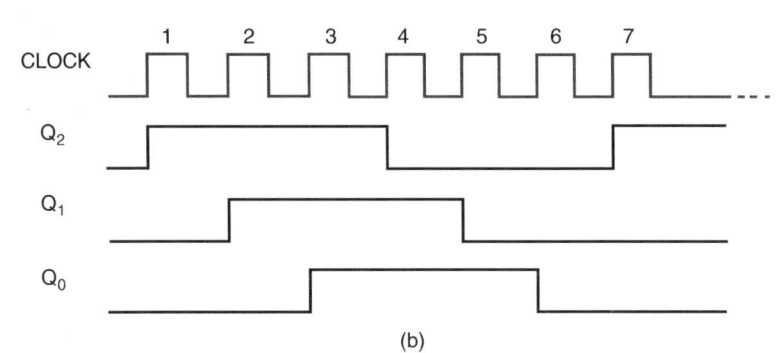

Q_2	Q_1	Q_0	Pulsos de CLOCK
0	0	0	0
1	0	0	1
1	1	0	2
1	1	1	3
0	1	1	4
0	0	1	5
0	0	0	6
1	0	0	7
1	1	0	8
.	.	.	.
.	.	.	.
.	.	.	.

(c)

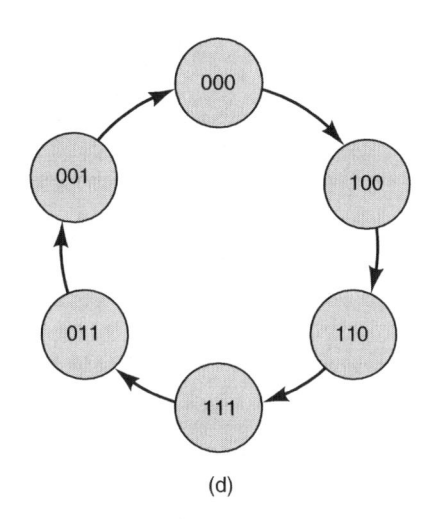

(d)

2. A forma de onda de cada FF é quadrada (ciclo de trabalho de 50%) com 1/6 da frequência do clock. Além disso, as formas de onda dos FFs estão deslocadas de um período de clock.

O número MOD de um contador Johnson será sempre *duas* vezes o número de FFs. Por exemplo, se conectarmos cinco FFs conforme a configuração da Figura 7.77, teremos um contador Johnson de MOD-10, no qual a saída de cada FF é uma onda quadrada com 1/10 da frequência do clock. Assim, é possível construir um contador de MOD-*N* (em que *N* é um número par) conectando-se *N*/2 flip-flops na configuração de contador Johnson.

Decodificando um contador Johnson

Para dado número MOD, um contador Johnson necessita de metade do número de FFs em relação a um contador em anel. Contudo, necessita de portas decodificadoras, enquanto o contador em anel não. Como um contador binário, o contador Johnson usa uma porta lógica para decodificar cada contagem, mas necessita apenas de portas de duas entradas, independentemente do número de flip-flops. A Figura 7.78 mostra as portas decodificadoras para os seis estados do contador Johnson da Figura 7.77.

Observe que cada porta decodificadora possui apenas duas entradas, mesmo havendo três FFs no contador. Isso acontece porque, para cada contagem, dois dos três FFs estão em uma combinação única de estados. Por exemplo, a combinação $Q_2 = Q_0 = 0$ ocorre apenas uma vez na sequência, na contagem 0. Então, a porta AND 0, com entradas $\overline{Q}_2$ e $\overline{Q}_0$, pode ser usada para decodificar essa contagem. Essa mesma característica é compartilhada por todos os outros estados da sequência, como é possível verificar. De fato, *qualquer* que seja o *tamanho* do contador Johnson, as portas decodificadoras terão apenas duas entradas.

Contadores Johnson representam um meio-termo entre contadores binários e em anel. Um contador Johnson requer menos FFs que um contador em anel; todavia, em geral, necessita de mais que um contador binário; ele tem mais circuitos decodificadores que um contador em anel, embora menos que um contador binário. Desse modo, às vezes é uma escolha lógica para certas aplicações.

FIGURA 7.78 Lógica de decodificação para um contador Johnson de módulo 6.

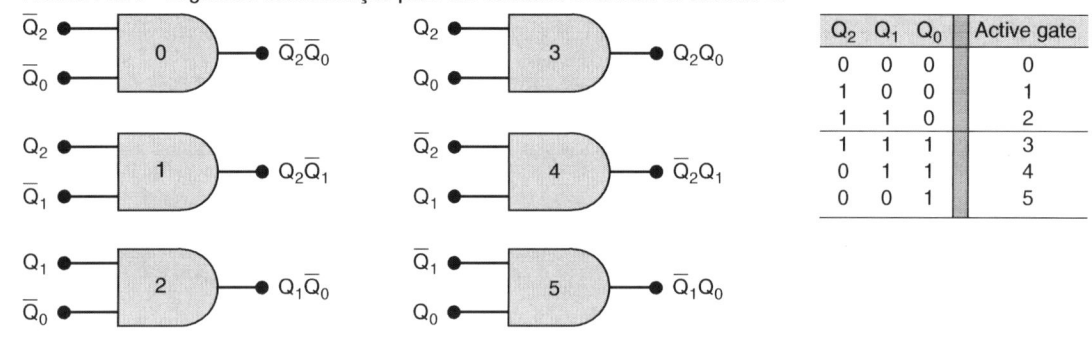

Q_2	Q_1	Q_0	Active gate
0	0	0	0
1	0	0	1
1	1	0	2
1	1	1	3
0	1	1	4
0	0	1	5

Contadores com registradores de deslocamento de CIs

Existem poucos contadores em anel ou Johnson disponíveis como circuitos integrados porque é relativamente simples pegar um CI registrador de deslocamento e conectá-lo como um contador em anel ou como um Johnson. Alguns dos CIs contadores Johnson CMOS (74HC4017, 74HC4022) incluem o circuito de decodificação completo no mesmo CI do contador.

QUESTÕES DE REVISÃO

1. Que contador com registrador de deslocamento requer um número maior de FFs para determinado número MOD?
2. Que contador com registrador de deslocamento requer mais circuitos de decodificação?
3. Como um contador em anel pode ser convertido em um contador Johnson?
4. *Verdadeiro ou falso*:
   (a) As saídas de um contador em anel são sempre ondas quadradas.
   (b) O circuito decodificador para um contador Johnson é mais simples que para um contador binário.
   (c) Contadores em anel e Johnson são contadores síncronos.
5. Quantos FFs são necessários em um contador em anel de MOD-16? E em um contador Johnson de MOD-16?

7.18 ANÁLISE DE DEFEITOS

Objetivo

Após ler esta seção, você será capaz de:
- Aprimorar as habilidades analíticas a para solução de problemas.

Flip-flops, contadores e registradores são os principais componentes em **sistemas de lógica sequencial**. Um sistema de lógica sequencial, em razão de seus dispositivos de memória, tem como característica que sua saída e sequência de operações dependem tanto das entradas atuais como das anteriores. Embora os sistemas de lógica sequencial sejam geralmente mais complexos que os sistemas lógicos combinacionais, os procedimentos essenciais para análise de defeitos se aplicam bem em ambos os tipos de sistemas. Sistemas sequenciais estão sujeitos aos mesmos tipos de defeitos (circuitos abertos, curtos, falhas internas em CIs etc.) que os combinacionais.

Muitos dos passos utilizados para isolar as falhas em um sistema combinacional podem ser aplicados em sistemas sequenciais. Uma das técnicas mais eficazes de análise de defeitos começa com a observação da operação do sistema pelo pesquisador que, por meio de raciocínio analítico, determina as causas possíveis do mau funcionamento. Então, ele utiliza os instrumentos de teste disponíveis para isolar o defeito. Os exemplos seguintes mostrarão o tipo de raciocínio analítico que seria o passo inicial na análise de defeitos dos sistemas sequenciais. Após estudar esses exemplos, você estará pronto para "atacar" os problemas de análise de defeitos no final do capítulo.

EXEMPLO 7.24

A Figura 7.79(a) mostra um 74ALS161 ligado como contador de MOD-12, que produz a sequência de contagem fornecida na Figura 7.79(b). Determine as possíveis causas do mau funcionamento do circuito.

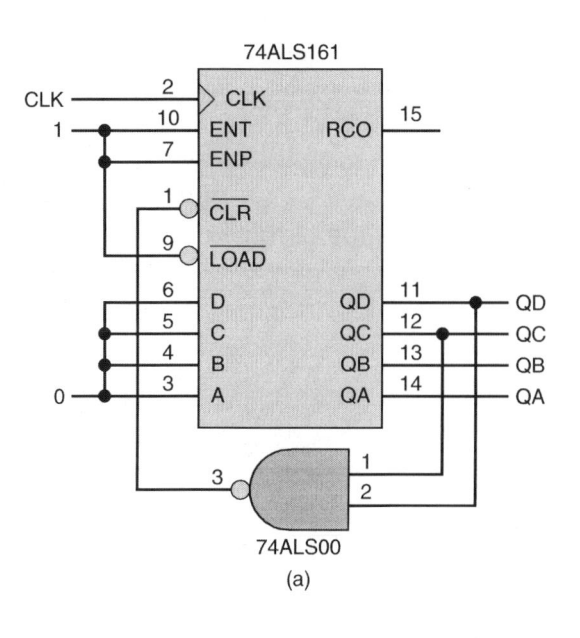

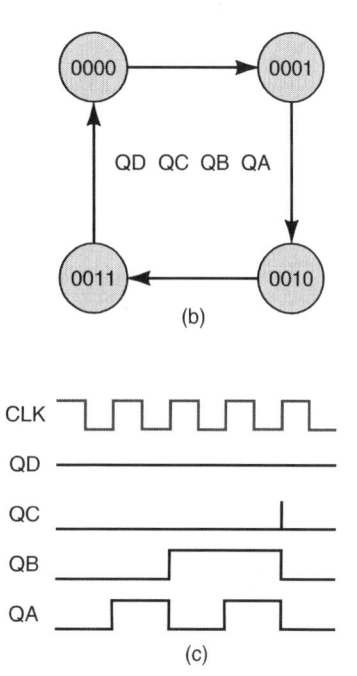

FIGURA 7.79 Exemplo 7.24.

Solução

As saídas QB e QA parecem funcionar de maneira correta, mas QC e QD permanecem em nível BAIXO. Nossa primeira suspeita a respeito da falha seria que QC está em curto-circuito com a GND, mas a verificação com ohmímetro não confirma isso. O 74ALS161 pode ter uma falha interna que o impede de contar acima de 0011. Tentamos remover o chip NAND 7400 do soquete e colocar o pino $\overline{CLR}$ em curto para obter nível ALTO. O contador agora conta uma sequência regular de MOD-16; então, pelo menos suas saídas parecem estar corretas. Em seguida, decidimos observar o pino $\overline{CLR}$ com NAND reconectado. Uma ponta de prova lógica com sua "captura de pulso" ligada mostra que o pino $\overline{CLR}$ está recebendo pulsos. Conectando um osciloscópio às saídas, vemos que o contador produz as formas de onda mostradas na Figura 7.79(c). Observa-se um glitch em QC quando o contador deveria ir para o estado 0100. Isso indica que 0100 é temporário quando o estado temporário deveria, na verdade, ser 1100. A conexão QD à porta NAND está sob suspeita, então, usamos nossa ponta de prova para verificar o pino 2. Não há sinal lógico indicado no pino 2, o que nos leva à conclusão de que a culpa é de uma abertura entre a saída QD e o pino 2 na porta NAND. A entrada NAND está flutuando e em nível ALTO, fazendo que o circuito detecte o estado 0100 em vez de 1100, como deveria.

EXEMPLO 7.25

Um técnico recebe um "registro de problema" para uma placa de circuito que diz que o divisor de frequência variável funciona "de vez em quando". Parece um daqueles problemas intermitentes — em geral, os mais raros de acontecer! A primeira ideia do técnico é devolver o circuito com um bilhete: "Use só quando estiver funcionando bem!", mas ele acaba decidindo investigar melhor, pois se trata de um bom desafio. O esquema do bloco de circuito é mostrado na Figura 7.80. O fator de divisão desejado é aplicado à entrada $f[7..0]$ em binário. O contador de oito bits efetua a contagem decrescente desse número até chegar a 0 e, então, carrega assincronamente em $f[\ ]$ outra vez, tornando 0 um estado temporário. O módulo resultante será igual ao valor em $f[\ ]$. O sinal de frequência de saída é obtido decodificando-se o estado 00000001, o que torna a frequência de *out* igual à de *in* dividida pelo valor binário $f[\ ]$. Na aplicação, a frequência de *in* é 100 kHz. Mude $f[\ ]$, e uma nova frequência vai para a saída.

Solução

O técnico decide efetuar alguns testes. Ele escolhe alguns fatores de divisão fáceis para aplicar em f e registra os resultados listados na Tabela 7.9. Ele observa que o circuito produz resultados corretos em alguns testes e incorretos em outros. Entretanto, o problema não parece ser intermitente. Na verdade, parece depender do valor de f. O técnico decide calcular a relação entre as frequências de entrada e saída para três testes que falharam e obtém os seguintes resultados:

```
100 kHz/398.4 Hz = 251
100 kHz/1041.7 Hz = 96
100 kHz/9090.9 Hz = 11
```

FIGURA 7.80 Exemplo 7.25.

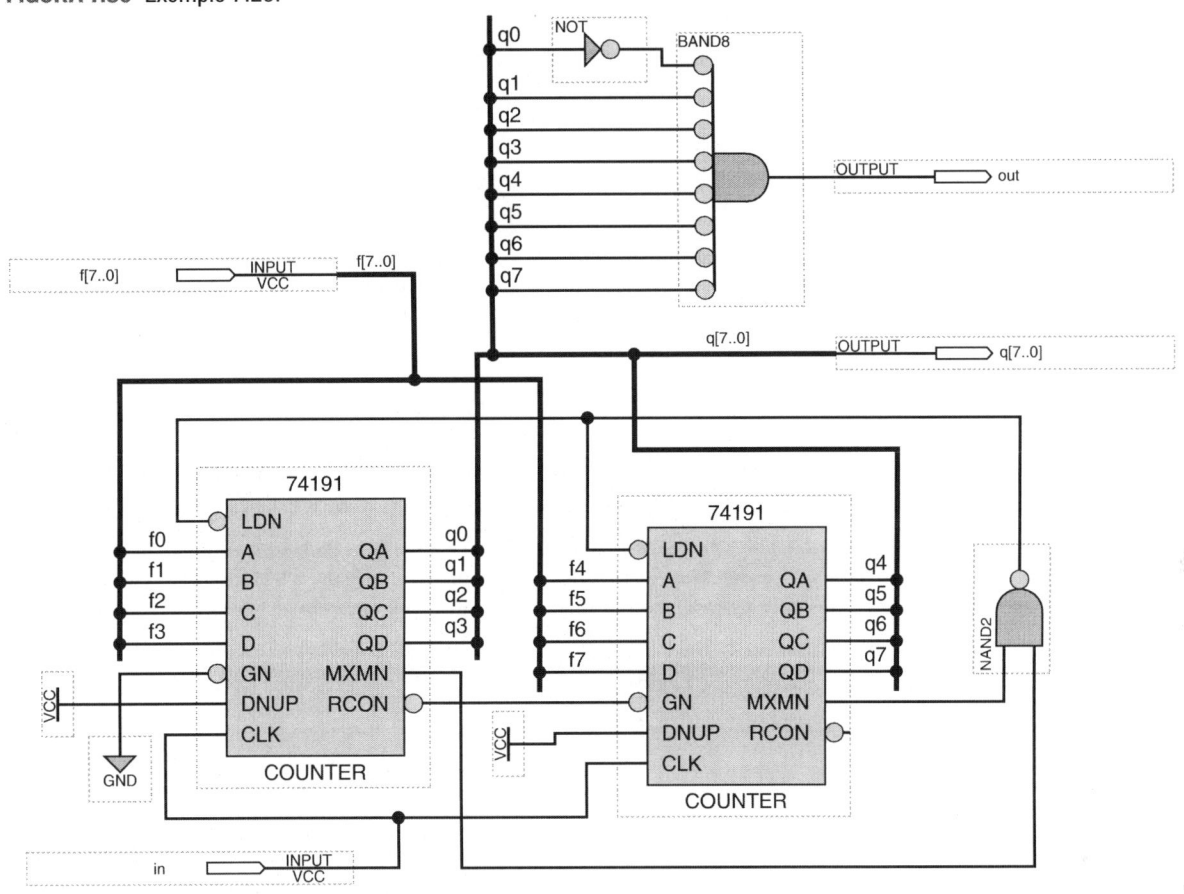

TABELA 7.9 Frequências de saídas medidas.

f[ ] (decimal)	f[ ] (binário)	Medido f_{out}	OK?
255	11111111	398,4 Hz	
240	11110000	416,7 Hz	✓
200	11001000	500,0 Hz	✓
100	01100100	1041,7 Hz	
50	00110010	2000,0 Hz	✓
25	00011001	4000,0 Hz	✓
15	00001111	9090,9 Hz	

Cada erro parece ser um fator de divisão quatro vezes menor que o aplicado à entrada. Depois de observar mais uma vez a representação binária de *f*, ele nota que todos os erros aconteceram quando $f2 = 1$. O peso desse bit, obviamente, é quatro. Eureca! Esse bit parece não entrar — é hora de um teste de ponta de prova lógica no pino *f2*. Como esperado, a ponta de prova lógica indica que o pino está em nível BAIXO independente do valor de *f2*.

7.19 REGISTRADORES DE MEGAFUNÇÃO

OBJETIVOS

Após ler esta seção, você será capaz de:

- Localizar a biblioteca Altera de módulos parametrizados para aplicações comuns de registradores de deslocamento.
- Especificar parâmetros para atender às necessidades de um sistema.

A biblioteca Maxplus2/Quartus II também contém versões funcionalmente equivalentes de chips registradores MSI "antigos", como os exemplos discutidos na Seção 7.16. Uma opção de esquema mais fácil para a implementação registradores nos projetos está disponível com a megafunção **LPM_SHIFTREG** (encontrada na pasta Plug-Ins Storage do MegaWizard Manager).

Na Figura 7.81(a) é mostrado um exemplo de registrador de deslocamento com múltiplas finalidades de oito bits criado com a megafunção LPM_SHIFTREG. As quatro categorias de movimentos de dados podem ser conseguidas com esse registrador. Os dados podem ser entrados de modo serial ou em paralelo, e a saída de dados está disponível de modo serial ou em paralelo. O deslocamento serial é para a esquerda ou na direção de Q7 com novos dados sendo inseridos em Q0 em cada transição positiva de CLOCK. A operação SISO para esse registrador é simulada na Figura 7.81(b). Dados de entrada serial são aplicados para *SER_IN*, e a saída serial está disponível em *SER_OUT* (ou *Q[7]*). Já que se trata de um registrador de oito bits, ele exigirá oito pulsos de clock para carregar serialmente oito novos bits de dados no registrador; desse modo, depois, os dados estariam, então, disponíveis para saída paralela para a operação de registrador SIPO. A Figura 7.81(c) ilustra a operação de registrador PISO com *SER_IN* = 0, enquanto a Figura 7.81(d) entra serialmente um 1. Um novo dado paralelo é carregado sincronicamente quando *LOAD* = 1. Já que todas as saídas de registradores (*Q[7..0]*) estão disponíveis, o registrador também pode ser usado para uma operação de registrador PIPO.

FIGURA 7.81 Registrador de deslocamento com múltiplas finalidades: (a) diagrama de bloco & configurações MegaWizard; (b), (c), (d) resultados de simulação funcional.

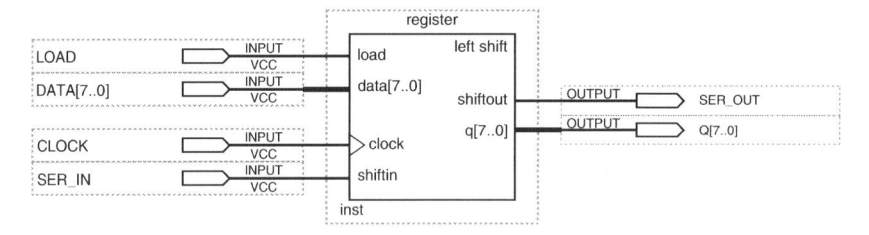

(b)

(c)

(d)

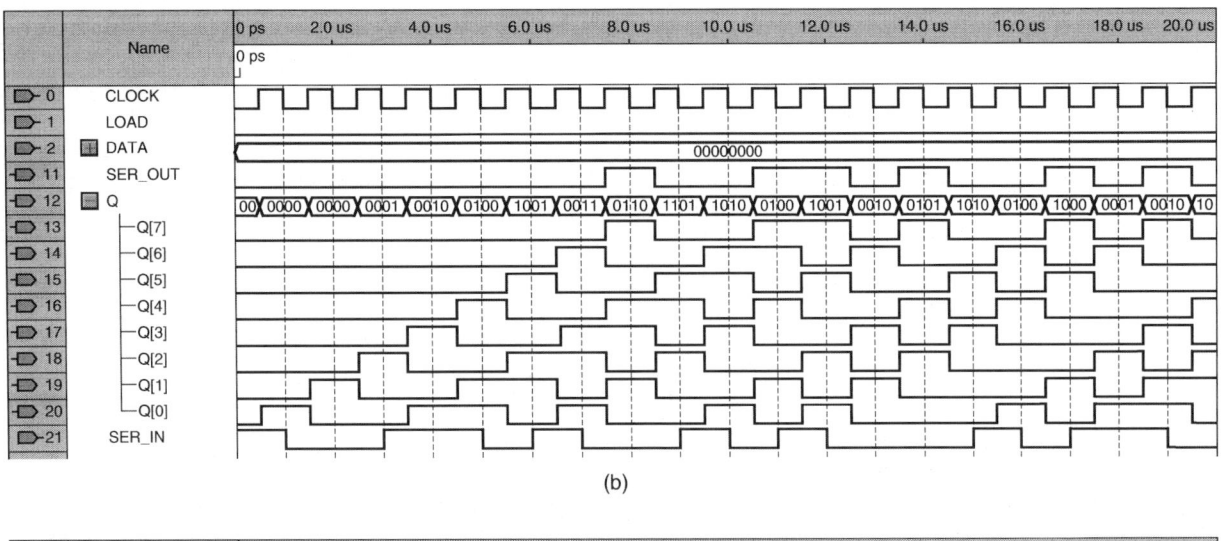

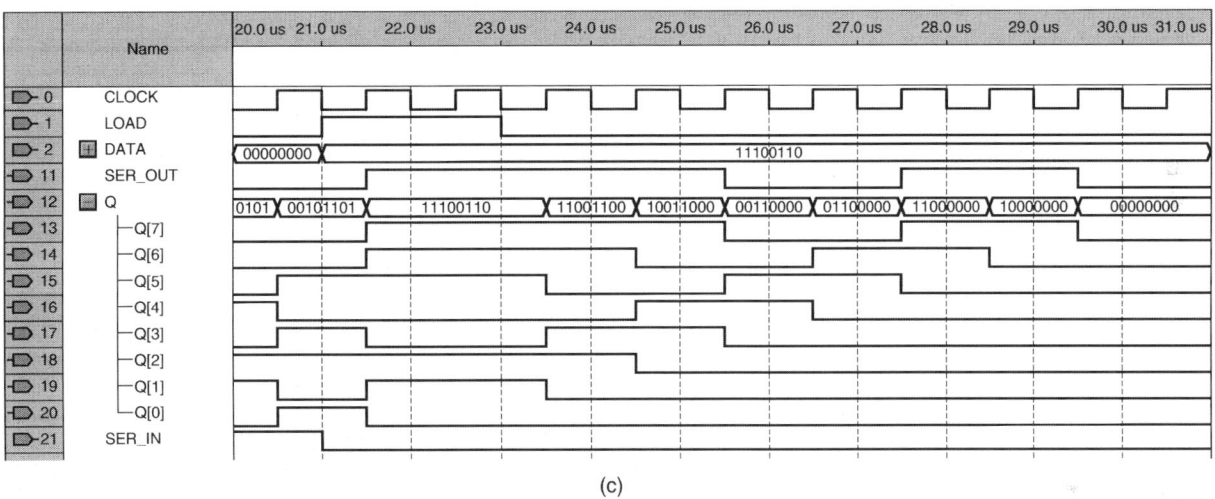

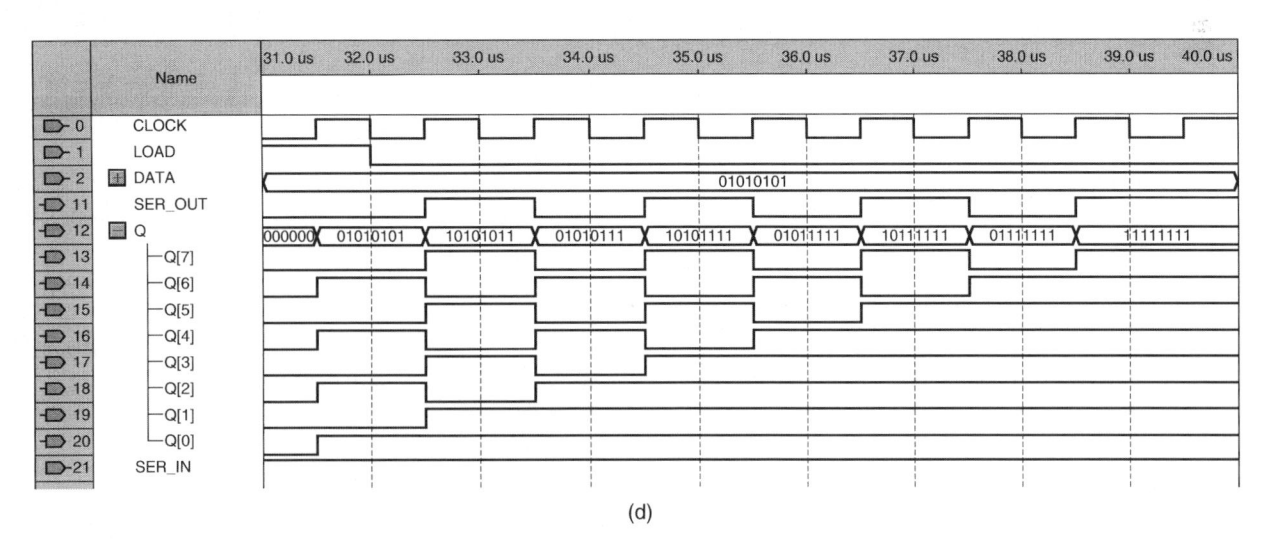

EXEMPLO 7.26

Projete um contador em anel de MOD-5 com LPM_SHIFTREG. Use um controle assíncrono para recomeçar o contador em anel em 10000 de maneira que ele comece a contar na sequência adequada e inclua um controle de habilitação de contagem ativo em nível ALTO.

Solução

Um contador em anel de MOD-5 exige um registrador de deslocamento de cinco bits com a saída serial realimentada para a entrada serial. A megafunção LPM_SHIFTREG foi usada para a implementação do registrador de deslocamento mostrado na Figura 7.82(a). O controle *aset* (conjunto assíncrono) com valor de entrada de dados constante de 10000 é usado para recomeçar o contador em anel. Os resultados de simulação funcional são mostrados na Figura 7.82(b).

FIGURA 7.82 Contador em anel de MOD-5: (a) diagrama em bloco & configurações de MegaWizard; (b) resultados de simulação.

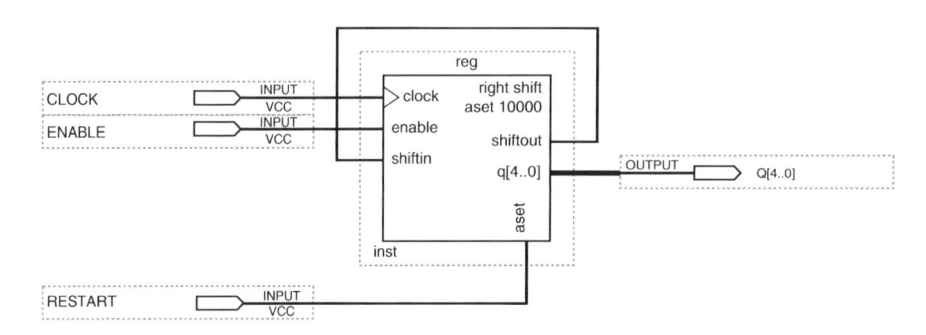

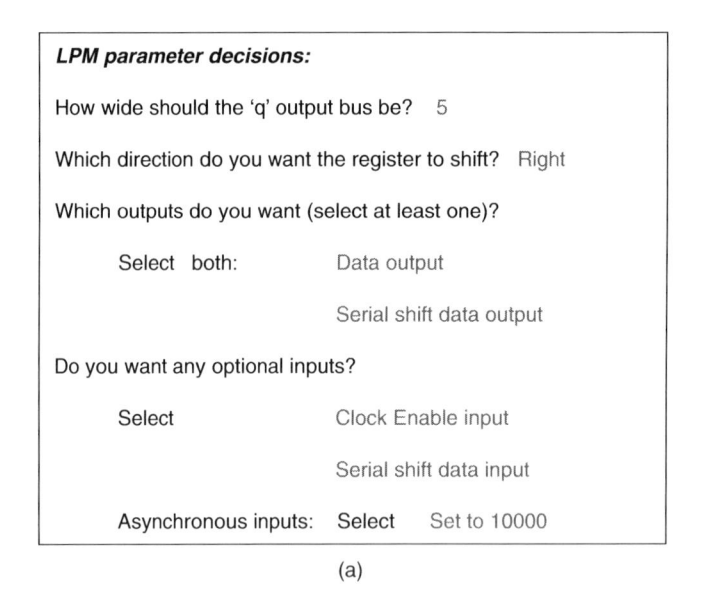

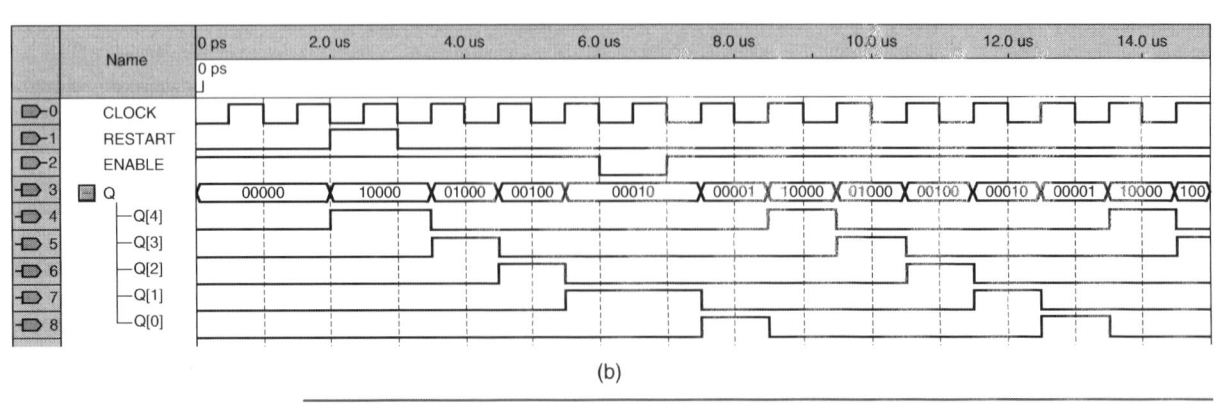

QUESTÃO DE REVISÃO

1. Quais classificações para movimento de dados podem ser implementadas por um registrador de deslocamento usando megafunção LPM_COUNTER?

7.20 REGISTRADORES EM HDL

OBJETIVO

Após ler esta seção, você será capaz de:
- Descrever operações comuns de registrador de deslocamento e modos de transferência de entrada/saída usando HDL.

As várias opções de transferência de dados serial e paralela dentro de registradores foram detalhadas na Seção 7.15, e alguns exemplos de CIs que executam essas operações foram examinados na Seção 7.16. A vantagem de se usar HDL para descrever um registrador está no fato de que um circuito aceita qualquer uma dessas opções e tantos bits quantos forem necessários apenas mudando-se algumas palavras.

As técnicas de HDL usam vetores de bits para descrever os dados de um registrador e transferir esses dados em um formato paralelo ou serial. Para entender como dados são deslocados em HDL, considere os diagramas na Figura 7.83, que mostra quatro flip-flops executando operações de transferência de carga paralela, deslocamento para a direita, para a esquerda e armazenamento de dados. Em todos esses diagramas, os bits são transferidos sincronamente, o que significa que se movem ao mesmo tempo em uma única borda de clock. Na Figura 7.83(a), os dados que devem ser carregados de modo paralelo no registrador são introduzidos nas entradas D e, no pulso de clock seguinte, transferidos às saídas q. Deslocar dados significa que cada bit é transferido para a posição de bit imediatamente à direita, enquanto um novo bit é transferido para a locação à esquerda e o último da extremidade direita é perdido. Essa situação é retratada na Figura 7.83(b). Observe que o conjunto de dados que queremos no PRÓXIMO estado é formado por novas entradas seriais e três dos quatro bits no vetor de estado ATUAL. Esses dados precisam ser deslocados e sobrescrevem os quatro bits de dados do registrador. A mesma operação acontece na Figura 7.83(c), só que os dados estão se movendo para a esquerda. A chave para deslocar os conteúdos do registrador para a direita ou para a esquerda é agrupar os três bits de dados do estado ATUAL adequados, na ordem correta, com o bit da entrada serial, de modo que esses quatro bits possam ser carregados em paralelo no registrador. A **concatenação** (ação de agrupar em sequência específica) do desejado conjunto de bits de dados pode ser usada para descrever o movimento de dados necessário ao deslocamento serial em qualquer sentido. O último modo é aquele que chamamos "armazenamento de dados", mostrado na Figura 7.83(d). Esse modo pode parecer desnecessário, porque os registradores (flip-flops) guardam dados naturalmente. Devemos pensar, contudo, no que deve ser feito com um registrador para que guarde seu valor quando seu clock estiver ativo. As saídas Q devem ser conectadas às entradas D de cada flip-flop, de modo que os velhos dados sejam recarregados em cada clock. Vejamos alguns exemplos de circuitos de registrador de deslocamento em HDL.

FIGURA 7.83 Transferências de dados em registradores de deslocamento: (a) carga paralela; (b) deslocamento para a direita; (c) deslocamento para a esquerda; (d) armazenamento de dados.

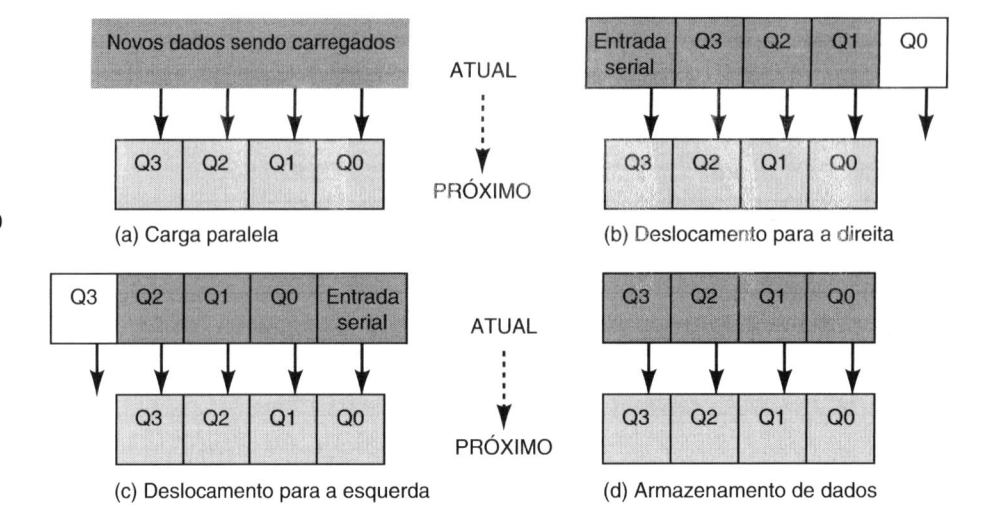

(a) Carga paralela

(b) Deslocamento para a direita

(c) Deslocamento para a esquerda

(d) Armazenamento de dados

REGISTRADOR DE ENTRADA SERIAL/SAÍDA SERIAL (SISO) EM AHDL

Um registrador de quatro bits de entrada serial/saída serial em AHDL pode ser visto na Figura 7.84. Um vetor de quatro flip-flops D é instanciado na linha 7, e a saída serial é obtida a partir do último FF $q0$ (linha 10). Se o controle *shift* estiver em nível ALTO, *serial_in* será deslocado para o registrador e os outros bits se moverão para a direita (linhas 11-15). Concatenar *serial_in* e os bits de saída de FF $q3$, $q2$ e $q1$ nessa ordem cria o padrão de bit de entrada adequado de deslocamento para a direita (linha 12). Se o controle *shift* está em nível BAIXO, o registrador guardará os dados atuais (linha 14). Os resultados da simulação são mostrados na Figura 7.85.

FIGURA 7.84 Registrador de entrada serial/saída serial em AHDL.

```
1   SUBDESIGN    fig7_84
2   (
3     clk, shift, serial_in         :INPUT;
4     serial_out                    :OUTPUT;
5   )
6   VARIABLE
7     q[3..0]                       :DFF;
8   BEGIN
9     q[].clk = clk;
10    serial_out = q0.q;                  -- leva à saída último bit do registrador
11    IF (shift == VCC  ) THEN
12       q[3..0].d = (serial_in, q[3..1].q);  -- concatena para deslocamento
13    ELSE
14       q[3..0].d = (q[3..0].q);          -- armazena dados
15    END IF;
16  END;
```

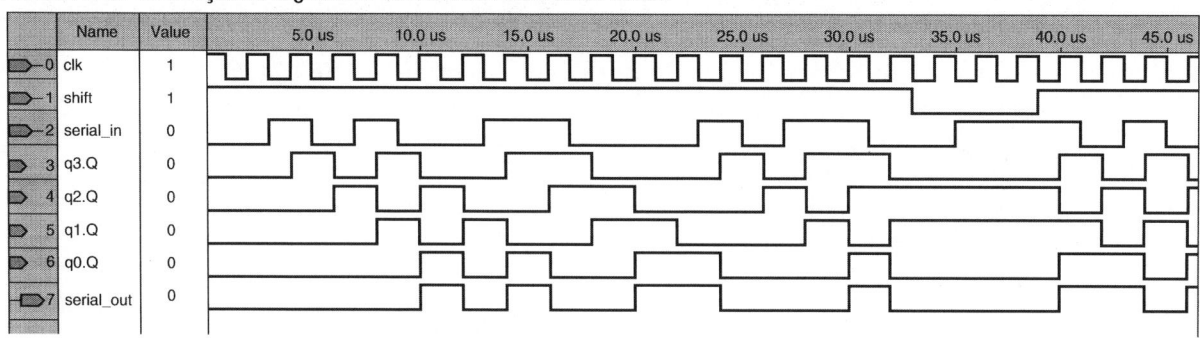

FIGURA 7.85 Simulação de registrador de entrada serial/saída serial.

REGISTRADOR DE ENTRADA SERIAL/SAÍDA SERIAL (SISO) EM VHDL

O código para um registrador de quatro bits de entrada serial/saída serial em VHDL é mostrado na Figura 7.86. Cria-se um registrador por meio da declaração da variável *q* na linha 8, e a saída serial é obtida a partir do último bit do registrador ou *q(0)* (linha 10). Se o controle *shift* estiver em nível ALTO, *serial_in* será deslocado para o registrador e os outros bits se moverão para a direita (linhas 12-14). Concatenar *serial_in* e os bits do registrador *q(3)*, *q(2)* e *q(1)* nessa ordem cria o padrão de bit de entrada de dados adequado para o deslocamento para a direita (linha 13). Se o controle *shift* estiver em nível BAIXO, o VHDL irá supor que a variável permanece a mesma e, portanto, guardará os dados atuais. Os resultados da simulação são mostrados na Figura 7.85.

FIGURA 7.86 Registrador de entrada serial/saída serial em VHDL.

```
1   ENTITY  fig7_86  IS
2   PORT (    clk, shift, serial_in       :IN BIT;
3             serial_out                  :OUT BIT    );
4   END fig7-86;
5   ARCHITECTURE  vhdl  OF  fig7-86  IS
6   BEGIN
7   PROCESS (clk)
8     VARIABLE  q                   :BIT_VECTOR (3 DOWNTO 0);
9     BEGIN
10    serial_out <= q(0);            -- leva à saída último bit
                                        do registrador
11    IF (clk'EVENT AND clk = '1') THEN
12       IF (shift = '1') THEN
13          q := ( serial_in & q(3 DOWNTO 1));  -- concatena para
                                                   deslocamento
14       END IF;                     -- caso contrário,
                                        guarda dados
15    END IF;
16  END PROCESS;
17  END vhdl;
```

REGISTRADOR DE ENTRADA PARALELA/SAÍDA SERIAL (PISO) EM AHDL

Um registrador de quatro bits de entrada paralela/saída serial em AHDL é apresentado na Figura 7.87. O registrador chamado *q* é criado na linha 8 usando quatro FFs *D*, e a saída serial a partir de *q0* é descrita na linha 11. O registrador tem controles separados de *load* (carga) paralela e *shift* (deslocamento) serial. As funções do registrador são definidas nas linhas 12-15. Se *load* estiver em nível ALTO, a entrada externa *data[3..0]* será carregada sincronamente. *Load* tem prioridade e precisa estar em nível BAIXO para deslocar de modo serial os conteúdos do registrador em cada transição positiva de *clk* quando *shift* estiver em nível ALTO. O padrão para deslocar dados para a direita é criado por concatenação na linha 13. Observe que uma constante em nível BAIXO será a entrada serial de dados em uma operação de deslocamento. Se nem *load* nem *shift* estiverem em nível ALTO, o registrador guardará o valor dos dados atuais (linha 14). Os resultados da simulação são mostrados na Figura 7.88.

FIGURA 7.87 Registrador de entrada paralela/saída serial em AHDL.

```
1  SUBDESIGN  fig7_87
2  (
3      clk, shift, load  :INPUT;
4      data[3..0]        :INPUT;
5      serial_out        :OUTPUT;
6  )
7  VARIABLE
8      q[3..0]           :DFF;
9  BEGIN
10     q[].clk = clk;
11     serial_out = q0.q;                                      -- leva à saída último bit do registrador
12     IF (load == VCC)   THEN  q[3..0].d = data[3..0];        -- carga paralela
13     ELSIF (shift == VCC) THEN  q[3..0].d = (GND, q[3..1].q); -- deslocamento
14     ELSE  q[3..0].d = q[3..0].q;                            -- guarda
15     END IF;
16 END;
```

FIGURA 7.88 Simulação de registrador de entrada paralela/saída serial.

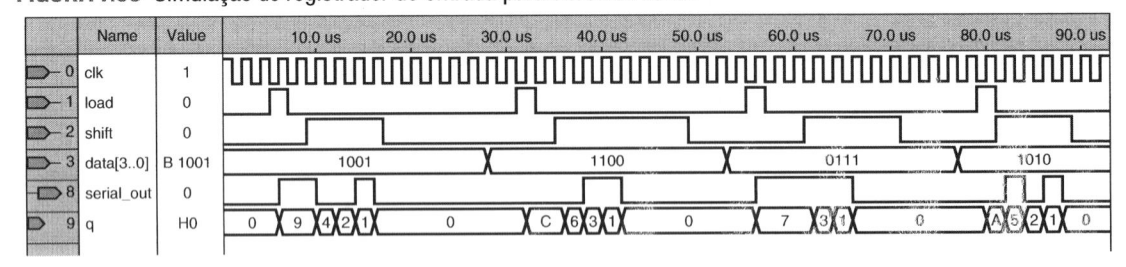

REGISTRADOR DE ENTRADA PARALELA/SAÍDA SERIAL (PISO) EM VHDL

Um registrador de quatro bits de entrada paralela/saída serial em VHDL é apresentado na Figura 7.89. O registrador é criado com a declaração de variável para *q* na linha 11, e a saída serial a partir de *q(0)* é descrita na linha 13. O registrador possui controles separados de *load* (carga) paralela e *shift* (deslocamento) serial. As funções do registrador são definidas nas linhas 14-18. Se *load* estiver em nível ALTO, a entrada externa de *dados* será carregada sincronamente. *Load* tem prioridade e deve estar em nível BAIXO para deslocar serialmente o conteúdo do registrador em cada transição positiva de *clk* quando *shift* estiver em nível ALTO. O padrão para deslocar dados para a direita é criado por concatenação na linha 16. Observe que uma constante em nível BAIXO será a entrada serial de dados em uma operação de deslocamento. Se nem *load* nem *shift* estiverem em nível ALTO, o registrador guardará o valor dos dados atuais, conforme o funcionamento típico do VHDL. Os resultados da simulação são mostrados na Figura 7.88.

FIGURA 7.89 Registrador de entrada paralela/saída serial em VHDL.

```
1   ENTITY   fig7_89  IS
2   PORT (
3        clk, shift, load        :IN BIT;
4        data                    :IN BIT_VECTOR (3 DOWNTO 0);
5        serial_out              :OUT BIT
6   );
7   END fig 7-89;
8   ARCHITECTURE vhdl OF fig 7-89 IS
9   BEGIN
10  PROCESS (clk)
11       VARIABLE q         :BIT_VECTOR (3 DOWNTO 0);
12       BEGIN
13       serial_out <= q(0);                              -- leva à saída último bit do registrador
14       IF (clk'EVENT AND clk = '1') THEN
15            IF (load = '1') THEN q := data;    -- carga paralela
16            ELSIF (shift = '1') THEN q := ('0' & q(3 DOWNTO 1));  -- deslocamento
17            END IF;                                     -- caso contrário, guarda
18       END IF;
19  END PROCESS;
20  END vhdl;
```

EXEMPLO 7.27

Suponha que desejemos projetar, usando HDL, um registrador de deslocamento universal de quatro bits com quatro modos síncronos de operação: armazenamento de dados, deslocamento para a esquerda, deslocamento para a direita e carga paralela. Dois bits de entrada selecionarão a operação que será executada em cada transição positiva do clock. Para implementarmos um registrador de deslocamento, podemos usar código estrutural e descrever uma sequência de flip-flops. Tornar o registrador de deslocamento versátil, permitindo o deslocamento para a direita ou para a esquerda ou a carga paralela, faria esse arquivo bastante longo e, assim, difícil de ler e entender pelos métodos estruturais. Uma solução bem melhor é o uso dos métodos mais abstratos e intuitivos disponíveis em HDL para se descrever o circuito de modo conciso. Para isso, devemos desenvolver uma estratégia que criará a ação de deslocamento. Trata-se de uma ideia semelhante à apresentada no Exemplo 7.18, no qual um chip registrador de flip-flop D (74174) foi montado de modo a formar um registrador de deslocamento. Em vez de pensarmos no registrador de deslocamento como uma sequência serial de flip-flops, consideramos um registrador paralelo cujo conteúdo é transferido em paralelo para um conjunto de bits deslocado em uma posição de bit. A Figura 7.83 apresenta todas as transferências necessárias para esse projeto.

Solução

O primeiro passo é definir uma entrada de dois bits chamada *mode*, com a qual podemos especificar os modos 0, 1, 2 ou 3. O próximo desafio é decidir como escolher entre as quatro operações usando HDL. Vários métodos podem funcionar. A estrutura CASE foi escolhida porque permite que se escolha um conjunto diferente de instruções em HDL para todos os possíveis valores de modo. Não há prioridade associada à verificação de configurações de modo existentes ou intervalos de números que se sobreponham, então não precisamos das vantagens da construção IF/ELSE. As soluções em HDL são fornecidas nas figuras 7.90 e 7.91. As mesmas entradas e saídas são definidas em ambas as abordagens: um clock, quatro bits de dados de carga paralela, um bit único para a entrada serial do registrador, dois bits para o modo de seleção e quatro bits de saída.

FIGURA 7.90 Registrador de deslocamento universal em AHDL.

```
1    SUBDESIGN fig7_90
2    (
3       clock        :INPUT;
4       din[3..0]    :INPUT;     -- entrada de dados paralelos
5       ser_in       :INPUT;     -- entrada de dados seriais
                                    da esquerda ou da direita
6       mode[1..0]   :INPUT;     -- selecionador de MODE: 0=guarda,
                                    1=direita, 2=esquerda, 3=carga
7       q[3..0]      :OUTPUT;
8    )
9    VARIABLE
10      ff[3..0]:DFF;            -- define conjunto do registrador
11   BEGIN
12      ff[].clk = clock;        -- clock síncrono
13      CASE mode[] IS
14         WHEN 0 => ff[].d     = ff[].q;         -- guarda deslocamento
15         WHEN 1 => ff[2..0].d = ff[3..1].q);    -- deslocamento para
                                                     a direita
16                   ff[3].d    = ser_in;         -- novos dados vindos
                                                     da esquerda
17         WHEN 2 => ff[3..1].d = ff[2..0].q;     -- deslocamento para
                                                     a esquerda
18                   ff[0].d    = ser_in;         -- novo bit de dados
                                                     vindo da direita
19         WHEN 3 => ff[].d     = din[];          -- carga paralela
20      END CASE;
21      q[] = ff[].q;                             -- atualiza saídas
22   END;
```

FIGURA 7.91 Registrador de deslocamento universal em VHDL.

```vhdl
1  ENTITY   fig7_91   IS
2  PORT (
3      clock              :IN BIT;
4      din                :IN BIT_VECTOR (3 DOWNTO 0);    -- entrada de dados paralelos
5      ser_in             :IN BIT;                         -- entrada de dados seriais da
                                                             esquerda ou da direita
6      mode               :IN INTEGER RANGE 0 TO 3;       -- 0=hold 1=rt 2=lt 3=load
7      q                  :OUT BIT_VECTOR (3 DOWNTO 0));
8  END fig7_91;
9  ARCHITECTURE a  OF fig7_91  IS
10 BEGIN
11     PROCESS (clock)                                    -- responde a clock
12     VARIABLE  ff   :BIT_VECTOR (3 DOWNTO 0);
13     BEGIN
14         IF (clock'EVENT AND clock = '1')  THEN
15             CASE mode  IS
16                 WHEN 0  => ff := ff;                   -- guarda dados
17                 WHEN 1  => ff(2 DOWNTO 0)  := ff(3 DOWNTO 1);  -- deslocamento para a direita
18                            ff(3) := ser_in;
19                 WHEN 2  => ff(3 DOWNTO 1)  := ff(2 DOWNTO 0);  -- deslocamento para a esquerda
20                            ff(0) := ser_in;
21                 WHEN 3  => ff := din;                  -- carga paralela
22             END CASE;
23         END IF;
24         q <= ff;                                       -- atualiza saídas
25     END PROCESS;
26 END a;
```

SOLUÇÃO EM AHDL

A solução em AHDL da Figura 7.90 usa um registrador de flip-flops D declarado com o nome *ff* na linha 10, representando o estado atual do registrador. Como todos os flip-flops precisam ter o clock ativado ao mesmo tempo (sincronamente), a linha 12 contém as atribuições para as entradas de clock. A construção CASE seleciona uma configuração de transferência diferente para cada valor das entradas de *mode*. O modo 0 (armazenamento de dados) usa uma transferência paralela direta do estado atual para as mesmas posições de bit nas entradas *D* para produzir o PRÓXIMO estado. O modo 1 (deslocamento para a direita), descrito nas linhas 15 e 16, transfere os bits 3, 2 e 1 para as posições de bit 2, 1 e 0, respectivamente, e carrega o bit 3 a partir da entrada serial. O modo 2 (deslocamento para a esquerda) executa uma operação semelhante no sentido oposto (linhas 17 e 18). O modo 3 (carga paralela) transfere o valor das entradas paralelas de dados para se tornar o PRÓXIMO estado do registrador. O código cria os circuitos que escolhem uma dessas operações lógicas no registrador real, e os dados adequados são transferidos para os pinos de saída no próximo clock. Esse código pode ser reduzido combinando-se as linhas 15 e 16 em uma única expressão que concatena *ser_in* com os três bits de dados e agrupa-os em um conjunto de quatro bits. A expressão que pode substituir as linhas 15 e 16 é:

```
WHEN 1 => ff[ ].d = (ser_in, ff[3..1].q);
```

As linhas 17 e 18 também podem ser substituídas por:

```
WHEN 2 => ff[ ].d = (ff[2..0].q,ser_in);
```

SOLUÇÃO EM VHDL

A solução em VHDL da Figura 7.91 define uma variável interna com o nome *ff* na linha 12, representando o estado atual do registrador. Como todas as operações de transferência precisam acontecer em resposta a uma transição positiva do clock, usa-se um PROCESS, com *clock* especificado na lista de sensibilidade. A construção CASE seleciona uma configuração de transferência diferente para cada valor das entradas de *mode*. O modo 0 (armazenamento de dados) utiliza uma transferência paralela direta a partir do estado atual para as mesmas posições de bit para produzir o PRÓXIMO estado. O modo 1 (deslocamento para a direita) transfere os bits 3, 2 e 1 para as posições de bit 2, 1 e 0, respectivamente (linha 17), e carrega o bit 3 a partir da entrada serial (linha 18). O modo 2 (deslocamento para a esquerda) executa uma operação semelhante, no sentido oposto. O modo 3 (carga paralela) transfere o valor das entradas paralelas de dados para o PRÓXIMO estado do registrador. Depois de escolher uma dessas operações no registrador real, os dados são transferidos para os pinos de saída na linha 24. Esse código pode ser reduzido combinando-se as linhas 17 e 18 em uma única expressão que concatene *ser_in* com os três bits de dados e os agrupe em um conjunto de quatro bits. A expressão que pode substituir as linhas 17 e 18 é:

```
WHEN 1 => ff := ser_in & ff(3 DOWNTO 1);
```

As linhas 19 e 20 também podem ser substituídas por:

```
WHEN 2 => ff := ff(2 DOWNTO 0) & ser_in;
```

QUESTÕES DE REVISÃO

1. Escreva uma expressão em HDL que implemente um deslocamento para a esquerda de um vetor de oito bits *reg[7..0]* com uma entrada serial *dat*.
2. Por que é necessário recarregar os dados atuais no modo armazenamento de dados em um registrador de deslocamento?

7.21 CONTADORES EM ANEL EM HDL

OBJETIVOS

Após ler esta seção, você será capaz de:

- Descrever uma operação de contadores em anel usando HDL.
- Assegurar que um contador em anel vai se autoiniciar usando HDL.

Na Seção 7.17, usamos um registrador de deslocamento para fazer um contador que circula um único nível lógico ativo por todos os seus flip-flops. Chamamos esse dispositivo de contador em anel. Uma característica de contadores em anel é o fato de o módulo ser igual ao número de flip-flops no registrador e, assim, haver muitos estados não utilizados e inválidos. Já discutimos maneiras de descrever contadores usando a construção CASE para especificar as transições de estado ATUAL e PRÓXIMO estado. Naqueles exemplos, tratamos dos estados inválidos, incluindo-os sob o título "outros". Esse método também funciona para contadores em anel. Nesta seção, contudo, veremos um modo mais intuitivo para descrever contadores de deslocamento.

Esses métodos usam as mesmas técnicas descritas na Seção 7.20 para fazer o registrador se deslocar uma posição em cada clock. O principal recurso nesse código é o método de completar o "anel" acionando a linha *ser_in* do registrador de deslocamento. Com planejamento, garantimos que o contador chegue, enfim, à sequência desejada, independentemente do estado inicial. Nesse exemplo, recriamos a operação do contador em anel cujo diagrama de estados foi mostrado na Figura 7.75(d). A fim de tornar esse contador de autoinício sem usar entradas assíncronas, controlamos a linha *ser_in* do registrador de deslocamento com uma construção IF/ELSE. Sempre que detectarmos que os três bits de ordem mais alta estão todos em nível BAIXO, vamos supor que o bit de ordem mais baixa esteja em nível ALTO e, no próximo clock, queremos deslocar um nível ALTO para *ser_in*. Em todos os outros estados (válidos e inválidos), deslocamos um nível BAIXO. Independentemente do estado no qual o contador é inicializado, ele acaba se enchendo de zeros; nesse momento, nossa lógica produz nível ALTO para iniciar a sequência em anel.

CONTADOR EM ANEL EM AHDL

O código AHDL mostrado na Figura 7.92 deve parecer familiar. As linhas 11 e 12 controlam a entrada serial usando a estratégia que acabamos de descrever. Observe o uso do operador simbolizado pelo duplo sinal de igual (= =) na linha 11. Esse operador avalia se as expressões de ambos os lados são iguais. Lembre-se de que o operador de sinal de igual simples (=) atribui (ou seja, conecta) um objeto a outro. A linha 14 implementa a ação de deslocamento para a direita que descrevemos na seção anterior. Os resultados da simulação são mostrados na Figura 7.93.

FIGURA 7.92 Contador de quatro bits em anel em AHDL.

```
1   SUBDESIGN fig7_92
2   (
3     clk :INPUT;
4     q[3..0]       :OUTPUT;
5   )
6   VARIABLE
7     ff[3..0]      :DFF;
8     ser_in        :NODE;
9   BEGIN
10    ff[].clk = clk;
11    IF ff[3..1].q == B"000" THEN ser_in = VCC;  -- autoinício
12    ELSE ser_in = GND;
13    END IF;
14    ff[3..0].d = (ser_in, ff[3..1].q);  -- deslocamento para
                                              a direita
15    q[] = ff[].q;
16  END;
```

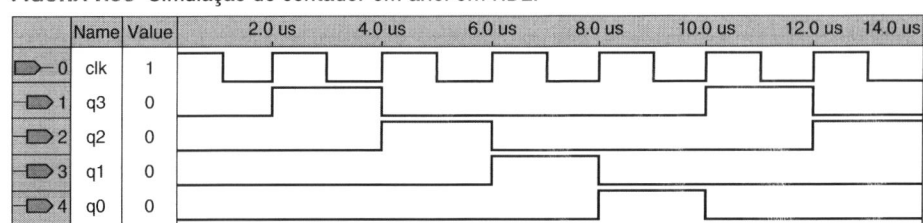

FIGURA 7.93 Simulação de contador em anel em HDL.

CONTADOR EM ANEL EM VHDL

O código VHDL mostrado na Figura 7.94 deve parecer familiar. As linhas 12 e 13 controlam a entrada serial usando a estratégia que acabamos de descrever. A linha 16 implementa a ação de deslocamento para a direita, apresentada na seção anterior. Os resultados da simulação são mostrados na Figura 7.93.

FIGURA 7.94 Contador de quatro bits em anel em VHDL.

```
1  ENTITY  fig7_94  IS
2  PORT (      clk           :IN BIT;
3              q             :OUT BIT_VECTOR (3 DOWNTO 0));
4  END fig7_94;
5
6  ARCHITECTURE vhdl OF fig7_94 IS
7  SIGNAL   ser_in         :BIT;
8  BEGIN
9  PROCESS (clk)
10   VARIABLE  ff            :BIT_VECTOR (3 DOWNTO 0);
11   BEGIN
12    IF (ff(3 DOWNTO 1) = "000")  THEN  ser_in <= '1'; -- autoinício
13    ELSE  ser_in <= '0';
14    END IF;
15    IF (clk'EVENT AND clk = '1')   THEN
16       ff(3 DOWNTO 0)       := (ser_in & ff(3 DOWNTO 1));-- deslocamento
                                                             para a direita
17    END IF;
18    q <= ff;
19  END PROCESS;
20  END vhdl;
```

QUESTÕES DE REVISÃO

1. O que significa autoinício para um contador em anel?
2. Que linhas da Figura 7.92 garantem que o contador em anel tenha autoinício?
3. Que linhas da Figura 7.94 garantem que o contador em anel tenha autoinício?

7.22 MONOESTÁVEIS EM HDL

OBJETIVOS

Após ler esta seção, você será capaz de:
- Descrever a operação de multivibradores monoestáveis usando HDL.
- Diferenciar as características operacionais de um monoestável.
- Prever a saída de qualquer monoestável, dadas as entradas.

Outro circuito importante que estudamos foi o monoestável. É possível aplicar o conceito de contador para implementar um **monoestável digital** usando HDL. Lembre-se do Capítulo 5, que tratou de monoestáveis como dispositivos que produzem um pulso de largura predefinida quando a entrada de disparo é ativada. Um monoestável *não disparável* ignora a entrada de disparo enquanto a saída do pulso ainda estiver ativa. Um monoestável *redisparável* inicia um pulso em resposta a um disparo e reinicia o temporizador de pulso interno quando uma borda de disparo subsequente ocorre antes de o pulso estar completo. O primeiro exemplo que estudamos é um monoestável digital não redisparável, disparado em nível ALTO. Os monoestáveis que estudamos no Capítulo 5 usavam um resistor e um capacitor como mecanismo para controlar a largura do pulso interno. Para criar um monoestável com técnicas de HDL, usamos um contador de quatro bits para determinar a largura do pulso. As entradas são um sinal de clock, trigger (disparo), clear (limpeza) e o valor de largura do pulso. A única saída é o pulso de saída, Q. A ideia é bastante simples. Sempre que um disparo for detectado, faça o pulso ir para o nível ALTO e carregue um contador decrescente com um número a partir da entrada da largura do pulso. Quanto maior esse número, mais tempo levará para contar em ordem decrescente até zero. A vantagem desse monoestável é que a largura do pulso pode ser ajustada mudando-se o valor carregado no contador. Nas próximas seções, pense na seguinte questão: "O que torna esse circuito não redisparável e o que o torna disparável por nível?"

MONOESTÁVEIS SIMPLES EM AHDL

Uma descrição de monoestável não redisparável, sensível a nível, em AHDL é mostrada na Figura 7.95. Um registrador de quatro flip-flops é criado na linha 8 e serve como contador em ordem decrescente durante o pulso. O *clock* é conectado em paralelo com todos os flip-flops na linha 10. A função reset é implementada conectando-se a linha do controle *reset* diretamente com a entrada clear assíncrona de cada flip-flop na linha 11. Depois dessas atribuições, a primeira condição a ser testada é o disparo (trigger). Se estiver ativo (nível ALTO) em qualquer momento enquanto o valor da contagem for 0 (ou seja, o pulso anterior foi concluído), então o valor de atraso (delay) será carregado no contador. Na linha 14, ele testa para ver se o pulso foi concluído, verificando se o contador chegou a zero. Se isso aconteceu, então o contador não deveria reiniciar, mas ficar em zero. Se a contagem não estiver em zero, então o contador provavelmente estará contando e, desse modo, a linha 15 prepara os flip-flops para decrementar no próximo clock. Por fim, a linha 17 gera pulso de saída. Essa expressão booleana pode ser pensada da seguinte maneira: "Coloque o pulso (Q) em nível ALTO quando a *contagem* tiver qualquer valor diferente de zero".

FIGURA 7.95 Monoestável não redisparável em AHDL.

```
1   SUBDESIGN fig7_95
2   (
3      clock, trigger, reset   : INPUT;
4      delay[3..0]             : INPUT;
5      q                       : OUTPUT;
6   )
7   VARIABLE
8      count[3..0]    : DFF;
9   BEGIN
10     count[].clk = clock;
11     count[].clrn = reset;
12     IF trigger & count[].q == b"0000" THEN
13         count[].d = delay[];
14     ELSIF count[].q == B"0000" THEN count[].d = B"0000";
15     ELSE count[].d = count[].q - 1;
16     END IF;
17     q = count[].q != B"0000";   -- gera pulso de saída
18  END;
```

MONOESTÁVEIS SIMPLES EM VHDL

Uma descrição de monoestável não redisparável sensível a nível em VHDL é mostrada na Figura 7.96. As entradas e saídas são declaradas nas linhas 3-5, como descrito anteriormente. Na descrição de arquitetura, é utilizado um PROCESS (linha 11) para se responder a qualquer uma das duas entradas: clock ou reset. Dentro desse PROCESS, uma variável é usada para representar o valor no contador. A entrada que deve ter precedência de sobreposição (*overriding*) é o sinal *reset*. Isso é testado (linha 14), e, se estiver ativa, a contagem é limpa de imediato. Se *reset* não estiver ativa, a linha 15 é avaliada e procura por uma borda de subida no *clock*. A linha 16 verifica o disparo (trigger). Se ele estiver ativo em qualquer momento enquanto o valor da contagem for 0 (ou seja pulso anterior foi concluído), então o valor de largura é carregado no contador. Na linha 18, testa-se para ver se o pulso foi concluído verificando-se se o contador chegou ao 0. Caso tenha chegado, o contador não deve reiniciar, mas permanecer em zero. Se a contagem não estiver em zero, o contador pode estar contando, e a linha 19 prepara os flip-flops para decrementar no próximo clock. Por fim, as linhas 22 e 23 geram um pulso de saída. Essa expressão booleana pode ser pensada da seguinte maneira: "Coloque o pulso (q) em nível ALTO quando a contagem tiver qualquer valor diferente de 0".

FIGURA 7.96 Monoestável não redisparável em VHDL.

```
1   ENTITY fig7_96 IS
2   PORT (
3       clock, trigger, reset    :IN BIT;
4       delay                    :IN INTEGER RANGE 0 TO 15;
5       q :OUT BIT
6       );
7   END fig 7_96;
8
9   ARCHITECTURE vhdl OF fig7_96 IS
10  BEGIN
11    PROCESS (clock, reset)
12    VARIABLE count           : INTEGER RANGE 0 TO 15;
13    BEGIN
14      IF reset = '0' THEN count := 0;
15      ELSIF (clock'EVENT AND clock = '1' ) THEN
16        IF trigger = '1' AND count = 0 THEN
17          count := delay;                  -- carrega contador
18        ELSIF count = 0 THEN count := 0;
19        ELSE count := count - 1;
20        END IF;
21      END IF;
22      IF count /= 0 THEN q <= '1';
23      ELSE q <= '0';
24      END IF;
25    END PROCESS;
26  END vhdl;
```

Simulação de monoestáveis não redisparáveis

Agora que revisamos o código que descreve esse monoestável, vamos avaliar seu desempenho. Converter um circuito tradicionalmente analógico em digital costuma proporcionar vantagens e desvantagens. Em um chip padrão de monoestável, um pulso de saída inicia-se imediatamente após o disparo. Para o monoestável digital descrito aqui, um pulso de saída inicia-se na próxima borda de clock e dura enquanto o contador tiver um valor maior que 0. Essa situação é mostrada na Figura 7.97, no primeiro ms da simulação. Observe que trigger (disparo) vai para o nível alto quase 0,5 ms antes que *q* responda. Se outro evento de disparo acontecer enquanto o contador está em contagem decrescente (como aquele logo antes dos 3 ms), ele é ignorado. Isso é uma característica dos não redisparáveis.

Outro ponto a ser observado em relação ao monoestável digital é que o pulso de disparo deve ser longo o bastante para ser visto como de nível ALTO na borda de subida do clock. Perto da marca dos 4,5 ms, um pulso ocorre em uma entrada de disparo, mas vai para o nível BAIXO antes da borda de subida do clock. Esse circuito *não* responde a esse evento de entrada. Assim que passa dos 5 ms, o disparo vai para o nível ALTO e permanece lá. O pulso dura exatamente 6 ms; contudo, como a entrada de disparo permanece em nível ALTO, ele responde com outro pulso de saída um clock depois. O motivo é que esse circuito é disparado por nível, não por borda, como a maioria dos CIs monoestáveis.

FIGURA 7.97 Simulação de monoestáveis não redisparáveis.

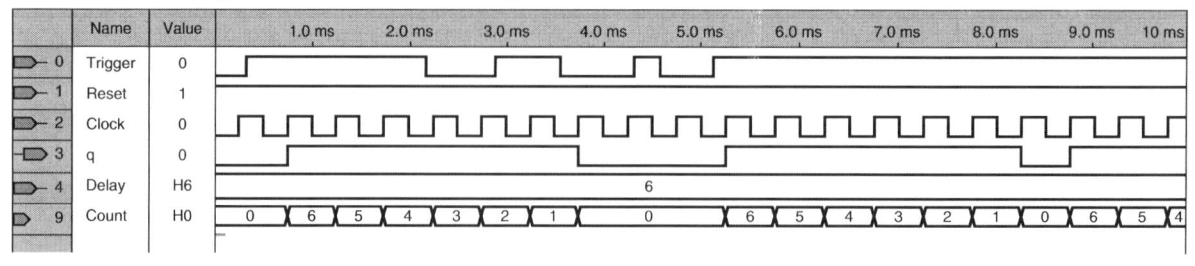

	Name	Value									
0	Trigger	0									
1	Reset	1									
2	Clock	0									
3	q	0									
4	Delay	H6	6								
9	Count	H0	0	6 5 4 3 2 1	0	6 5 4 3 2 1	0	6 5 4			

Monoestáveis redisparáveis disparados por borda em HDL

Muitas aplicações de monoestáveis exigem que o circuito responda a uma borda em vez de a um nível. Como o código HDL pode ser usado para fazer o circuito responder uma vez a cada transição positiva em sua entrada de disparo? A técnica descrita aqui é chamada de *captura de borda* e tem sido há anos uma ferramenta bastante útil para a programação de microcontroladores. Como veremos, é igualmente útil para a descrição de disparos por borda em um circuito digital usando uma HDL. Esta seção apresenta um exemplo de um monoestável redisparável e explica a captura de borda, que pode ser útil em outras situações.

O funcionamento geral desse monoestável redisparável requer que ele responda à borda de subida da entrada trigger. Assim que a borda é detectada, ele deve começar a controlar a largura do pulso. No monoestável digital, isso significa que ele carrega o contador o mais cedo possível após a borda de disparo e começa a contar em ordem decrescente rumo ao 0. Se outro evento de disparo (borda de subida) ocorrer antes que o pulso termine, o contador é recarregado de imediato, e a contagem de tempo do pulso recomeça, mantendo, assim, o pulso. Ativar clear a qualquer ponto deve forçar o contador a zerar e encerrar o pulso. A largura mínima do pulso de saída é o número atribuído à entrada da largura multiplicado pelo período do clock.

A estratégia por trás da captura de borda em um monoestável é demonstrada na Figura 7.98. Em cada borda de clock ativa há duas importantes informações: a primeira é o estado da entrada *trigger* (disparo) *agora*, e a segunda é o estado da entrada *trigger* (disparo) quando a última borda de clock ativa ocorreu. Comece em um ponto *a* do diagrama da Figura 7.98 e determine esses dois valores; passe, então, para o ponto *b*; e assim por diante. Ao completar essa tarefa, você poderá concluir que, no ponto *c*, um único resultado foi obtido. Agora, *trigger* está em nível ALTO, mas estava em nível BAIXO na última borda de clock ativa. Esse é o ponto em que detectamos o evento da borda *trigger* (disparo).

Para saber qual era o estado de *trigger* (disparo) na última borda de clock ativa, o sistema deve lembrar do último valor que *trigger possuía naquele ponto*. Isso é feito armazenando-se o valor do bit de trigger em um flip-flop. Lembre-se de que discutimos uma ideia semelhante no Capítulo 5 quando tratamos do uso de um flip-flop para detectar uma sequência. O código para um monoestável é escrito de tal forma que o contador é carregado depois que a borda de subida é detectada na entrada *trigger*.

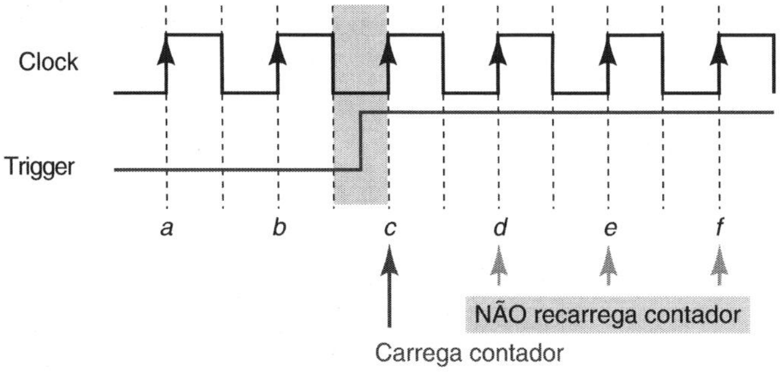

FIGURA 7.98 Detectando bordas.

MONOESTÁVEIS REDISPARÁVEIS DISPARADOS POR BORDA EM AHDL

As primeiras cinco linhas da Figura 7.99 são idênticas às do exemplo anterior, do não redisparável. Em AHDL, a única forma de lembrar um valor obtido no passado é armazená-lo em um flip-flop. Esta seção utiliza um flip-flop chamado *trig_was* (linha 9) para armazenar o valor que estava em trigger (disparo) na última borda de clock ativa. Esse flip-flop é conectado de modo que trigger está ligado à sua entrada *D* (linha 14) e o clock é conectado à entrada *clk* (linha 13). A saída *Q* de *trig_was* lembra o valor do *disparo* exatamente até a próxima borda de clock. Nesse ponto, usamos a linha 16 para avaliar se uma borda de disparo ocorreu. Se *trigger* estiver em nível ALTO (agora), mas estava em nível BAIXO (no último clock), é hora de carregar o contador (linha 17). A linha 18 garante que, uma vez que a contagem chegue a 0, permanecerá até um novo disparo. Se as decisões permitirem que a linha 19 seja avaliada, isso significa que há um valor carregado no contador e que não é 0, então o contador precisa ser decrementado. Por fim, um pulso de saída é emitido em nível ALTO sempre que um valor diferente de 0000 ainda esteja no contador, como vimos anteriormente.

FIGURA 7.99 Monoestável redisparável com disparo por borda em AHDL.

```
1   SUBDESIGN fig7_99
2   (
3      clock, trigger, reset    : INPUT;
4      delay[3..0]              : INPUT;
5      q                        : OUTPUT;
6   )
7   VARIABLE
8              count[3..0]      : DFF;
9              trig_was         : DFF;
10  BEGIN
11     count[].clk = clock;
12     count[].clrn = reset;
13     trig_was.clk = clock;
14     trig_was.d = trigger;
15
16     IF trigger & !trig_was.q THEN
17           count[].d = delay[];
18     ELSIF count[].q == B"0000" THEN count[].d = B"0000";
19     ELSE count[].d = count[].q - 1;
20     END IF;
21     q = count[].q != B"0000";
22  END;
```

MMONOESTÁVEIS REDISPARÁVEIS DISPARADOS POR BORDA EM VHDLL

A descrição ENTITY na Figura 7.100 é exatamente como o exemplo anterior, de não redisparável. Na verdade, as únicas diferenças entre esse exemplo e o da Figura 7.96 têm a ver com a lógica do processo de decisão. Quando queremos lembrar um valor em VHDL, ele precisa ser armazenado em uma VARIABLE (variável). Lembre-se de que é possível pensar em um PROCESS (processo) como uma descrição do que acontece cada vez que um sinal na lista de sensibilidade muda de estado. Uma VARIABLE (variável) retém o último valor atribuído a ela entre as vezes que o processo é invocado. Nesse sentido, ela age como um flip-flop. No monoestável, precisamos armazenar um valor que nos diz qual era o valor de trigger (disparo) na última borda de clock ativa. A linha 11 declara um bit de variável para esse propósito. A primeira decisão (linha 13) é a decisão de sobreposição que verifica e responde à entrada *reset*. Observe que se trata de um controle assíncrono, porque é avaliado antes de a borda de clock ser detectada na linha 14. A linha 14 determina que uma transição positiva do clock ocorreu, e, então, a lógica principal desse processo é avaliada entre as linhas 15 e 20.

FIGURA 7.100 Monoestável redisparável com disparo por borda em VHDL.

```
1   ENTITY fig7_100 IS
2   PORT   ( clock, trigger, reset : IN BIT;
3          delay                   : IN INTEGER RANGE 0 TO 15;
4          q                       : OUT BIT);
5   END fig7_100;
6
7   ARCHITECTURE vhdl OF fig7_100 IS
8   BEGIN
9       PROCESS (clock, reset)
10      VARIABLE count     : INTEGER RANGE 0 TO 15;
11      VARIABLE trig_was  : BIT;
12      BEGIN
13          IF reset = '0' THEN count := 0;
14          ELSIF (clock'EVENT AND clock = '1' ) THEN
15              IF trigger = '1' AND trig_was = '0' THEN
16                  count := delay;    -- carrega contador
17                  trig_was := '1';   -- "lembra" a borda detectada
18              ELSIF count = 0 THEN count := 0;  -- guarda @ 0
19              ELSE count := count - 1;          -- decrementa
20              END IF;
21              IF trigger = '0'  THEN trig_was := '0';
22              END IF;
23          END IF;
24          IF count /= 0 THEN q <= '1';
25          ELSE q <= '0';
26          END IF;
27      END PROCESS;
28  END vhdl;
```

Quando uma borda de clock ocorre, uma de três condições é verdadeira:

1. Uma borda de disparo ocorreu e deve-se carregar o contador.
2. O contador está em 0 e é preciso mantê-lo assim.
3. O contador não está em 0 e precisamos contar em ordem decrescente de um em um.

Lembre-se de que é muito importante considerar a ordem em que as perguntas e as atribuições são feitas nas declarações de PROCESS em VHDL, porque a *sequência* afeta a operação do circuito que estamos descrevendo. O código que atualiza a variável *trig_was* deve vir depois da avaliação de sua condição anterior. Por isso, as condições necessárias para detectar a borda de subida em *trigger* são avaliadas na linha 15. Se uma borda tiver ocorrido, então o contador é carregado (linha 16) e a variável é atualizada (linha 17) para se lembrar disso pela primeira vez. Se não ocorreu uma borda de disparo, o código guarda o 0 (linha 18) ou conta em ordem decrescente (linha 19). A linha 21 garante que, assim que a entrada de disparo (*trigger*) for para o nível BAIXO, a variável *trig_was* se lembra disso resetando. Por fim, as linhas 24-25 são usadas para criar um pulso de saída durante o tempo que o contador não é 0.

Simulação de monoestáveis redisparáveis disparados por borda

Os dois aperfeiçoamentos que fizemos nesse monoestável no último exemplo foram o disparo por borda e o recurso do redisparo. A Figura 7.101 avalia os novos recursos. Observe, no primeiro ms do diagrama de tempo, que uma borda de disparo é detectada, mas a resposta não é imediata. Um pulso de saída vai para o nível alto na próxima borda de clock. Isso é um inconveniente do monoestável digital. O recurso do redisparo é demonstrado por volta da marca dos 2 ms. Note que *trigger* vai para o nível alto e, na próxima borda de clock, a contagem recomeça em 5, sustentando um pulso de saída. Observe, também, que, mesmo depois que o pulso de saída *q* é completado e o disparo ainda está em nível ALTO, o monoestável não dispara outro pulso, porque não é ativado por nível, e sim disparado por borda de subida. Na marca de 6 ms, um pulso de disparo curto ocorre, mas é ignorado porque não permanece em nível ALTO até o próximo clock. Por outro lado, um pulso de disparo ainda mais curto, que ocorre logo após a marca de 7 ms, dispara o monoestável porque acontece durante uma borda de subida do clock. O pulso de saída resultante dura exatamente cinco ciclos de clock, porque não ocorrem outros disparos durante esse período.

Para minimizar os efeitos da resposta retardada a bordas de disparo e a possibilidade de ignorar bordas de disparo curtas demais, esse circuito pode ser aperfeiçoado de modo bastante simples. A frequência de clock e o número de bits usados para carregar o valor do atraso (delay) podem ser aumentados para fornecer o mesmo intervalo de largura de pulsos (com um controle mais preciso) ao mesmo tempo que se reduz a largura mínima de pulso de disparo. Para resolver esse problema por completo, o monoestável deve responder assincronamente à entrada de disparo. Isso é possível tanto em AHDL quanto em VHDL e sempre resultará em um pulso de largura flutuante em até um período de clock.

FIGURA 7.101 Simulação de monoestável redisparável disparado por borda.

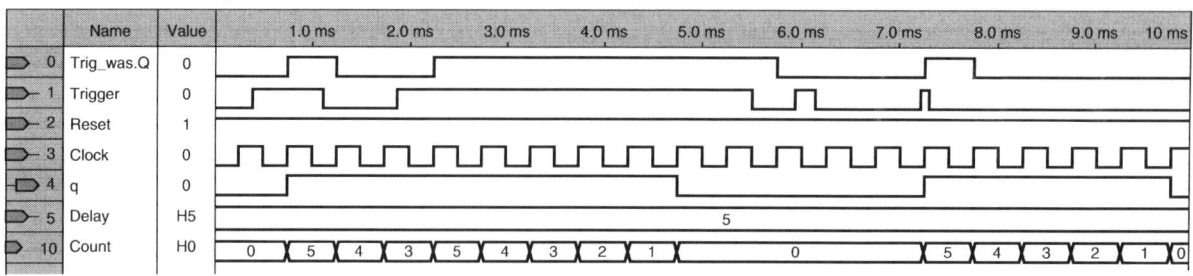

Name	Value	
0 Trig_was.Q	0	
1 Trigger	0	
2 Reset	1	
3 Clock	0	
4 q	0	
5 Delay	H5	5
10 Count	H0	0, 5, 4, 3, 5, 4, 3, 2, 1, 0, 5, 4, 3, 2, 1, 0

QUESTÕES DE REVISÃO

1. Que sinal de entrada de controle possui prioridade mais alta em cada uma das descrições de monoestáveis?
2. Cite dois fatores que determinam quanto durará um pulso de um monoestável digital.
3. Nos monoestáveis mostrados nesta seção, os contadores são carregados síncrona ou assincronamente?
4. Qual é a vantagem de carregar um contador sincronamente?
5. Qual é a vantagem de carregar um contador assincronamente?
6. Quais são as duas informações necessárias para detectar uma borda?

RESUMO DA PARTE 2

1. Diversos registradores na forma de CIs estão disponíveis e podem ser classificados de acordo com o tipo de entrada que possuem: paralela (todos os bits carregados simultaneamente), serial (um de cada vez) ou ambos. Da mesma maneira, os registradores podem ter saídas paralelas (todos os bits disponibilizados de maneira simultânea) ou seriais (um de cada vez).

2. Um sistema de lógica sequencial usa FFs, contadores e registradores junto com portas lógicas. Suas saídas e a sequência de operações dependem das entradas atuais e das anteriores.

3. A análise de defeitos em um circuito lógico sequencial começa pela observação de como o sistema opera, seguida de um raciocínio analítico para determinar as possíveis causas de qualquer mau funcionamento e, finalmente, de medidas de teste para isolar o defeito real.

4. Um contador em anel é, na verdade, um registrador de deslocamento de *N* bits que recircula um único 1 continuamente, agindo, assim, como contador de MOD-*N*. Um contador Johnson é um contador em anel modificado que funciona como um contador de MOD-2*N*.

5. Registradores de deslocamento podem ser implementados com HDL escrevendo-se descrições adaptadas de sua operação.

6. A megafunção LPM_SHIFTREG pode ser usada em esquemas para implementar registradores de deslocamento para cada uma das opções de transferência de dados.

7. É muito importante que se compreendam vetores/matrizes de bit e sua notação para se descreverem as operações dos registradores de deslocamento.

8. Contadores com registradores de deslocamento, como o contador Johnson e os contadores em anel, podem ser implementados facilmente em HDL. Recursos de decodificação e autoinício são facilmente incluídos na descrição.

9. Monoestáveis digitais são implementados com um contador carregado com valor de atraso (delay) quando a entrada de disparo (trigger) é detectada e contam em ordem decrescente até 0. Durante o tempo de contagem decrescente, o pulso de saída é mantido em nível ALTO.

10. Com a colocação estratégica de expressões de descrição de hardware, os monoestáveis podem ser disparados por borda ou por nível e redisparáveis ou não redisparáveis em HDL. Eles produzem um pulso de saída que responde síncrona ou assincronamente ao disparo.

TERMOS IMPORTANTES DA PARTE 2

entrada paralela/saída paralela
entrada serial/saída serial
entrada paralela/saída serial
entrada serial/saída paralela
registrador de deslocamento circular
contador em anel
contador Johnson (contador em anel torcido)
sistema de lógica sequencial
LPM_SHIFTREG
concatenação
monoestável digital

PROBLEMAS*

PARTE 1

SEÇÃO 7.1

7.1★ Acrescente outro flip-flop, E, no contador
B mostrado na Figura 7.1. O sinal de clock é uma onda quadrada de 8 MHz.
- (a) Qual será a frequência na saída E? Qual será o ciclo de trabalho desse sinal?
- (b) Repita o item (a) para um sinal de clock com ciclo de trabalho de 20%.
- (c) Qual será a frequência na saída C?
- (d) Qual é o número MOD desse contador?

7.2 Construa um contador binário que converta
B um sinal de pulso de 64 kHz em uma onda quadrada de 1 kHz.

7.3★ Considere que um contador binário de cinco
B bits inicie no estado 00000. Qual será sua contagem após 144 pulsos de entrada?

7.4 Um contador assíncrono de 10 bits tem sinal
B de clock de 256 kHz aplicado.
- (a) Qual é o número MOD desse contador?
- (b) Qual será a frequência na saída do MSB?
- (c) Qual será o ciclo de trabalho do sinal MSB?
- (d) Suponha que o contador inicie em 0. Qual será a contagem em hexadecimal após 1.000 pulsos de entrada?

SEÇÃO 7.2

7.5★ Um contador assíncrono de quatro bits é acionado por um sinal de clock de 20 MHz. Desenhe as formas de onda na saída de cada FF se cada um deles tiver um t_{pd} = 20 ns. Determine que estados de contagem, caso existam, não ocorrerão em virtude dos atrasos de propagação.

7.6 (a) Qual é a frequência máxima de clock que pode ser usada com o contador do Problema 7.5?
- (b) Qual seria o $f_{máx}$ se o contador fosse expandido para seis bits?

SEÇÕES 7.3 E 7.4

7.7★ (a) Desenhe o diagrama do circuito para
B um contador síncrono de MOD-32.
- (b) Determine $f_{máx}$ para esse contador se cada FF tiver um t_{pd} = 20 ns e cada porta, um t_{pd} = 10 ns.

7.8 (a) Desenhe o diagrama do circuito para
B um contador síncrono de MOD-64.
- (b) Determine $f_{máx}$ para esse contador se cada FF tiver um t_{pd} = 20 ns e cada porta, um t_{pd} = 10 ns.

7.9 O contador decádico na Figura 7.8(b) tem
B, N um clock de 1 kHz aplicado.
- (a) Desenhe as formas de onda para cada saída dos FFs, mostrando quaisquer glitches que possam aparecer.
- (b) Determine a frequência do sinal na saída D.
- (c) Se o contador estiver originalmente no estado 1000, em que estado o contador estará após 14 pulsos de clock terem sido aplicados?
- (d) Se o contador estiver originalmente no estado 0101, em que estado o contador estará após 20 pulsos de clock terem sido aplicados?

7.10 Repita o Problema 7.9 para o contador mos-
B trado na Figura 7.8(a) com um clock de 70 kHz.

7.11★ Mude as entradas da porta NAND na Figura 7.9, de modo que o contador divida a frequência por 50.

7.12 Projete um contador síncrono que tenha
D como saída um sinal de 10 kHz quando um clock de 1 MHz lhe é aplicado.

---

* As respostas para os problemas marcados com uma estrela (*) podem ser encontradas no final do livro.

SEÇÕES 7.5 E 7.6

7.13★ Desenhe um contador decrescente síncrono
B de MOD-32.

7.14 Desenhe um contador crescente/decrescente
B síncrono de MOD-16. O sentido da contagem é controlado por *dir* (*dir* = 0 para contagem crescente).

7.15★ Determine a sequência de contagem do conta-
C, T dor crescente/decrescente da Figura 7.11 se a saída INVERSOR estiver fixa no nível ALTO. Suponha que o contador comece em 000.

7.16 Complete o diagrama de tempo da Figura 7.102 para o contador carregável da Figura 7.12. Note que a condição inicial do contador é dada no diagrama de tempo.

SEÇÃO 7.7

7.17★ Complete o diagrama de tempo da Figura 7.103 para um 74ALS161 com as formas de onda de entrada aplicadas indicadas. Suponha que o estado inicial seja 0000.

7.18 Complete o diagrama de tempo da Figura 7.104 para um 74ALS162 com as formas de onda de entrada aplicadas indicadas. Suponha que o estado inicial seja 0000.

FIGURA 7.102 Diagrama de tempo para o Problema 7.16.

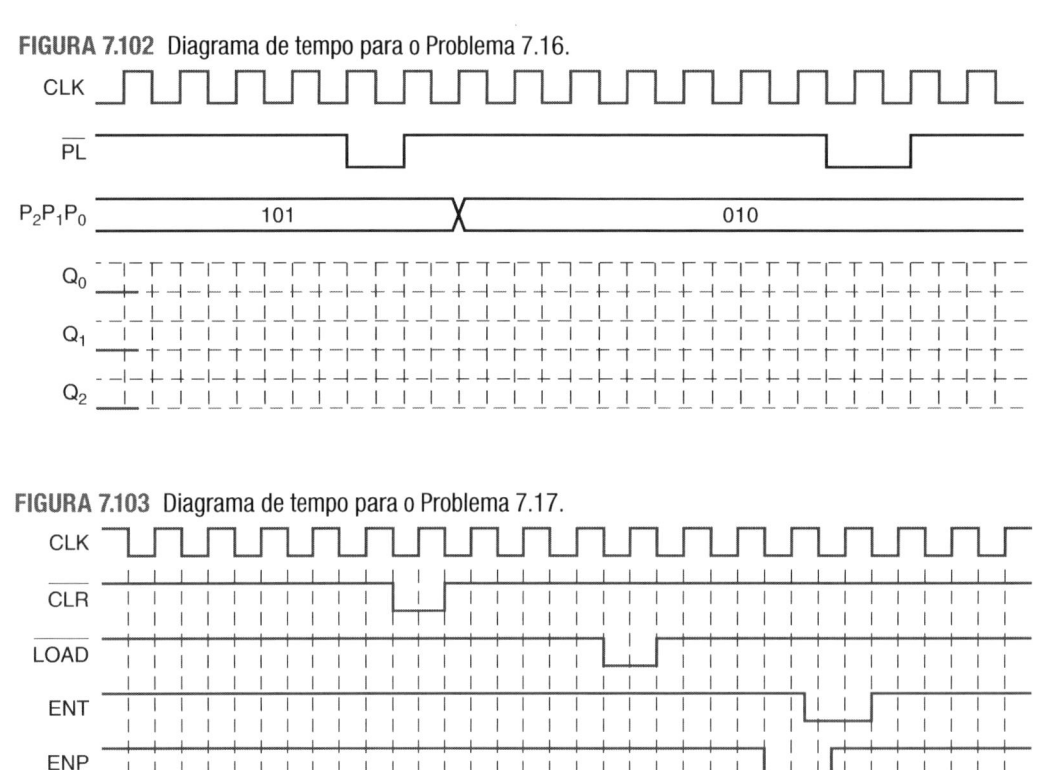

FIGURA 7.103 Diagrama de tempo para o Problema 7.17.

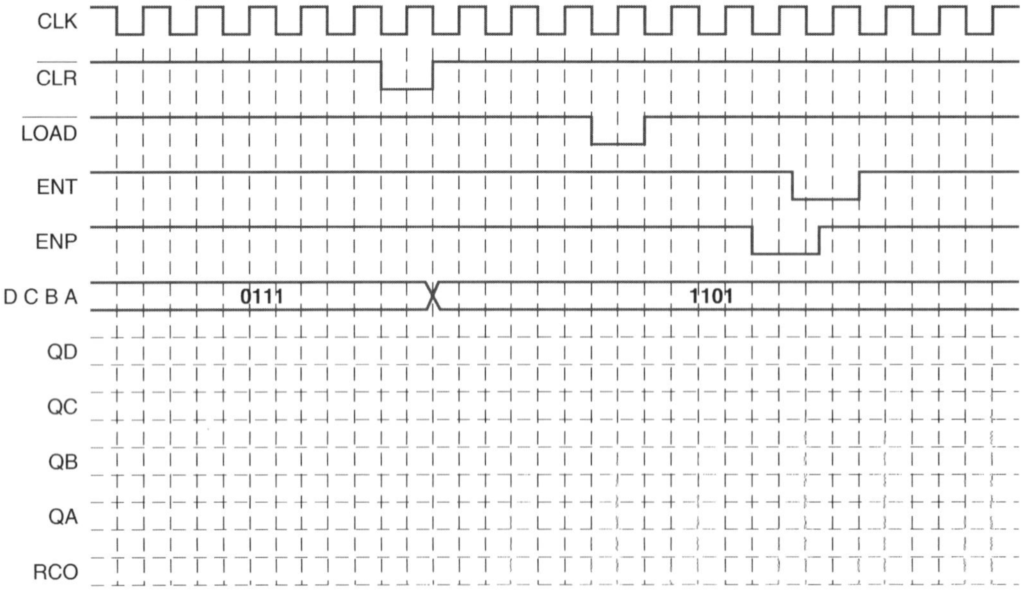

FIGURA 7.104 Diagrama de tempo para o Problema 7.18.

FIGURA 7.105 Diagrama de tempo para os problemas 7.19 e 7.20.

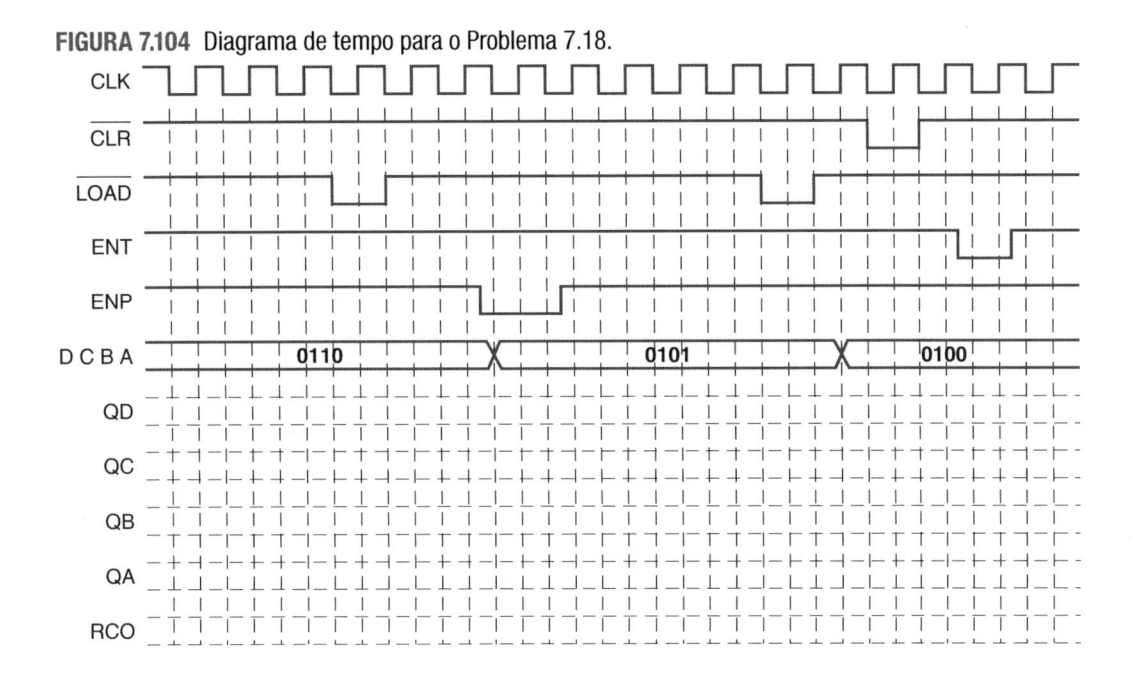

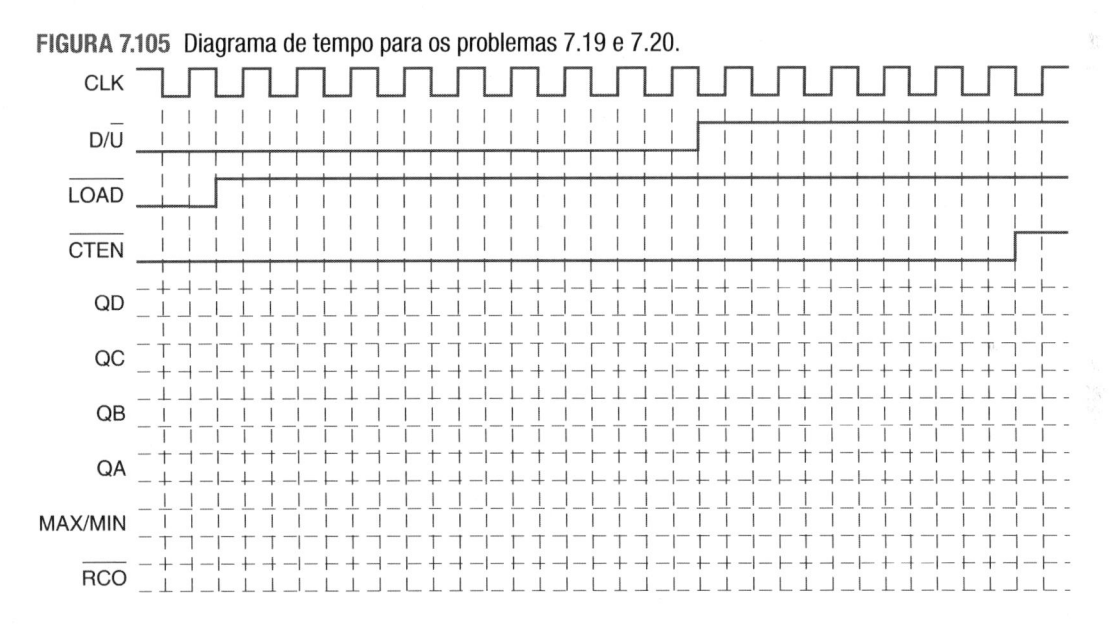

7.19★ Complete o diagrama de tempo da Figura 7.105 para um 74ALS190 com as formas de onda de entrada aplicadas indicadas. A entrada *DCBA* é 0101.

7.20 Repita o Problema 7.19 para um 74ALS191 e uma entrada *DCBA* de 1100.

7.21★ Consulte o circuito do CI contador da Figura
B 7.106(a):

(a) Desenhe o diagrama de transição de estados para as saídas *QD QC QB QA* do contador.

(b) Determine o módulo do contador.

(c) Qual é a relação da frequência de saída do MSB com a frequência de entrada *CLK*?

(d) Qual é o ciclo de trabalho da forma de onda da saída do MSB?

7.22 Repita o Problema 7.21 para o circuito do CI contador da Figura 7.106(b).
B

7.23★ Consulte o circuito do CI contador da Figura 7.107(a):
B

    (a) Desenhe o diagrama de tempo para as saídas $QD\ QC\ QB\ QA$.

    (b) Qual é o módulo do contador?

    (c) Qual é a sequência de contagem? É crescente ou decrescente?

    (d) Podem-se produzir os mesmos módulos com um 74HC190? Pode-se produzir a mesma sequência de contagem com um 74HC190?

7.24 Consulte o circuito do CI contador da Figura 7.107(b):

    (a) Descreva a saída do contador em $QD\ QC\ QB\ QA$ se $\overline{START}$ estiver em nível BAIXO.

    (b) Descreva a saída do contador em $QD\ QC\ QB\ QA$ se $\overline{START}$ estiver momentaneamente em nível BAIXO e depois retornar ao nível ALTO.

    (c) Qual é o módulo do contador? Ele é reciclável?

FIGURA 7.106 Problemas 7.21 e 7.22.

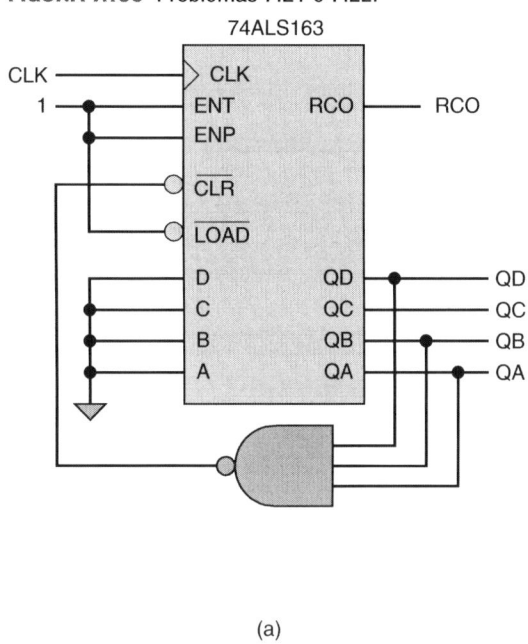

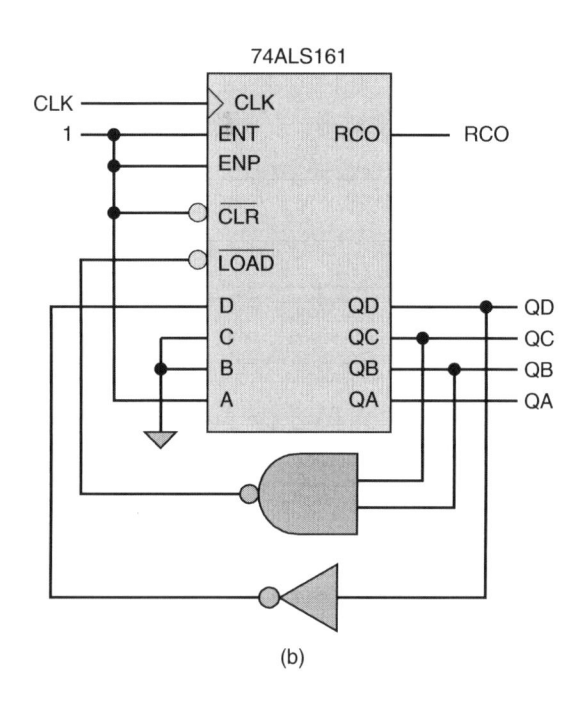

FIGURA 7.107 Problemas 7.23 e 7.24.

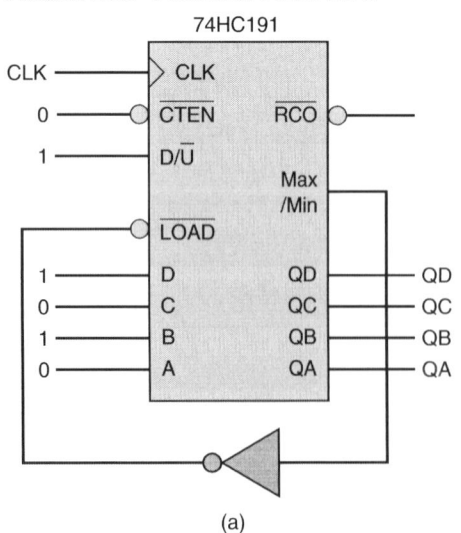

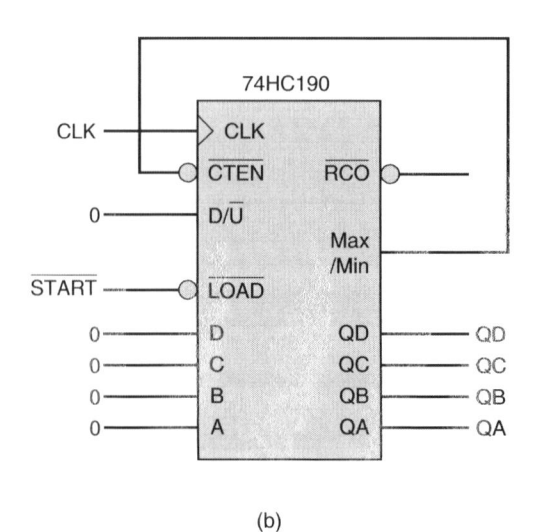

7.25* D Desenhe um esquema para criar um contador de MOD-6, reciclável, que use:
(a) Um controle clear em um 74ALS160.
(b) Um controle clear em um 74ALS162.

7.26 D Desenhe um esquema para criar um contador de MOD-6, reciclável, que produza a sequência de contagem:
(a) 1, 2, 3, 4, 5, 6 e repita com um 74ALS162.
(b) 5, 4, 3, 2, 1, 0 e repita com um 74ALS190.
(c) 6, 5, 4, 3, 2, 1 e repita com um 74ALS190.

7.27* D Projete um contador binário de MOD-100 usando dois chips 74HC161 ou dois 74HC163 e todas as portas necessárias. Os CIs contadores devem ser conectados em cascata sincronamente para produzir a sequência de contagem binária de 0 a 99. O MOD-100 deve ter duas entradas de controle, uma habilitação de contagem ($\overline{EN}$) ativo em nível baixo e um clear ($\overline{CLR}$) assíncrono, ativo em nível baixo. Nomeie as saídas do contador $Q0$, $Q1$, $Q2$ etc., com $Q0$ = LSB. Qual saída é o MSB?

7.28 D Projete um contador binário de MOD-100 usando dois chips 74HC160 ou dois 74HC162 e todas as portas necessárias. Os contadores de CIs devem ser conectados em cascata sincronamente para produzir uma sequência de contagem BCD de 0 a 99. O MOD-100 deve ter duas entradas de controle, uma habilitação de contagem (*EN*) em nível ativo-em-ALTO e um load (*LD*) síncrono, ativo-em-ALTO. Nomeie as saídas do contador $Q0$, $Q1$, $Q2$ etc., com $Q0$ = LSB. Qual é o conjunto de saídas que representa o dígito das dezenas?

7.29* B Com uma entrada de clock de 6 MHz em um 74ALS163 que tenha as quatro entradas de controle em nível ALTO, determine a frequência de saída e o ciclo de trabalho para as *cinco* saídas (inclusive *RCO*).

7.30 B Com uma entrada de clock de 6 MHz em um 74ALS162 que tenha as quatro entradas de controle em nível ALTO, determine a frequência de saída e o ciclo de trabalho para as seguintes saídas: QA, QC, QD, RCO. O que há de incomum no padrão de forma de onda produzido pela saída QB? Essa característica de padrão resulta em um ciclo de trabalho indefinido.

7.31* B A frequência de f_{in} é 6 MHz na Figura 7.108. Os dois CIs contadores foram conectados em cascata assincronamente de modo que a frequência de saída produzida pelo contador U1 é a frequência de entrada do contador U2. Determine a frequência de saída para f_{out1} e f_{out2}.

FIGURA 7.108 Problema 7.31.

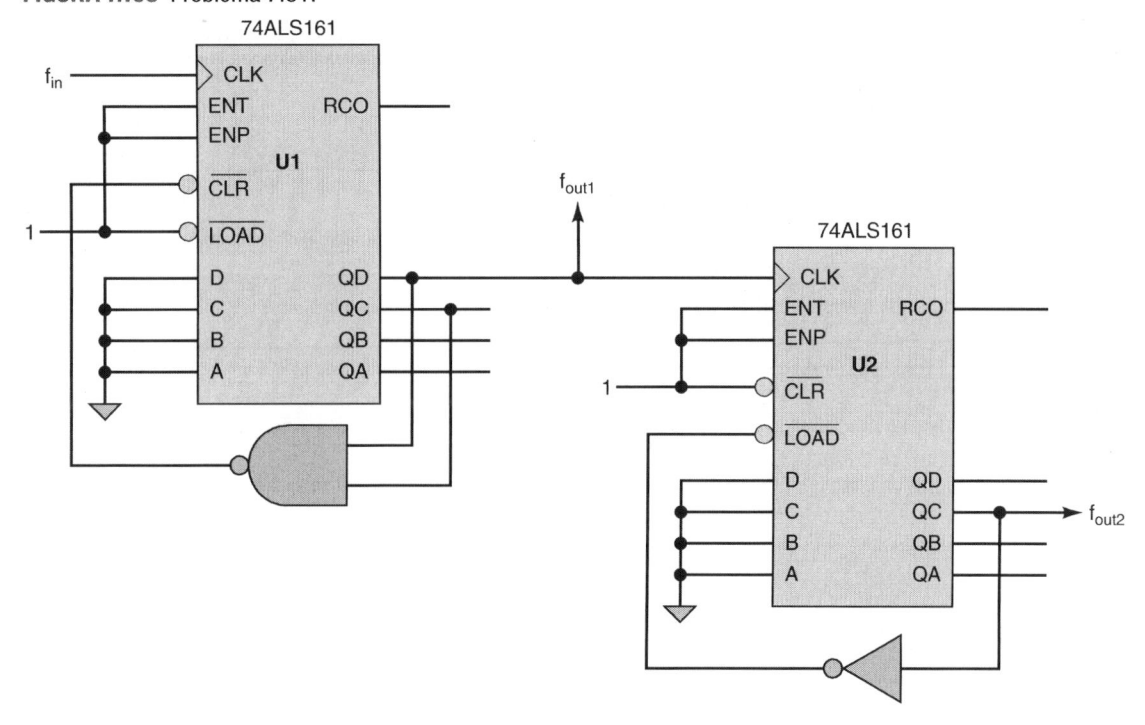

7.32 A frequência de f_{in} é 1,5 MHz na Figura
B 7.109. Os dois chips contadores de CIs foram conectados em cascata assincronamente de modo que a frequência de saída produzida pelo contador U1 é a frequência de entrada do contador U2. Determine a frequência de saída para f_{out1} e f_{out2}.

7.33★ Projete um circuito divisor de frequência
D que produza as três seguintes frequências de sinal de entrada: 1,5 MHz, 150 kHz e 100 kHz. Use os contadores 74HC162 e 74HC163 e todas as portas necessárias. A frequência de entrada é 12 MHz.

7.34 Projete um circuito divisor de frequência
D que produza as três seguintes frequências de sinal de entrada: 1 MHz, 800 kHz e 100 kHz. Use os contadores de chips 74HC160 e 74HC161 e todas as portas necessárias. A frequência de entrada é 12 MHz.

SEÇÃO 7.8

7.35★ Desenhe as portas necessárias para deco-
B dificar todos os estados de um contador de MOD-16 usando saídas em nível ativo-em-BAIXO.

7.36 Desenhe as portas AND necessárias para
B decodificar os dez estados do contador BCD da Figura 7.8(b).

SEÇÃO 7.9

7.37★ Analise o contador síncrono na Figura
C 7.110(a). Desenhe o diagrama de tempo e obtenha o módulo do contador.

7.38 Repita o Problema 7.37 para a Figura
C 7.110(b).

7.39★ Analise o contador síncrono na Figura
C 7.111(a). Desenhe o diagrama de tempo e obtenha o módulo do contador.

7.40 Repita o Problema 7.39 para a Figura
C 7.111(b).

7.41★ Analise o contador síncrono na Figura
C 7.112(a). F é uma entrada de controle. Desenhe o diagrama de transição de estados e obtenha o módulo do contador.

7.42 Analise o contador síncrono na Figura
C 7.112(b). Desenhe o diagrama completo de transição de estados e obtenha o módulo do contador. Esse contador é autocorretor?

SEÇÃO 7.10

7.43★ (a) Projete um contador síncrono usando
D FFs J-K que tenha a seguinte sequência: 000, 010, 101, 110 e repete. Os estados indesejáveis (não usados) 001, 011, 100 e 111 devem levar o contador sempre para 000 no próximo pulso de clock.

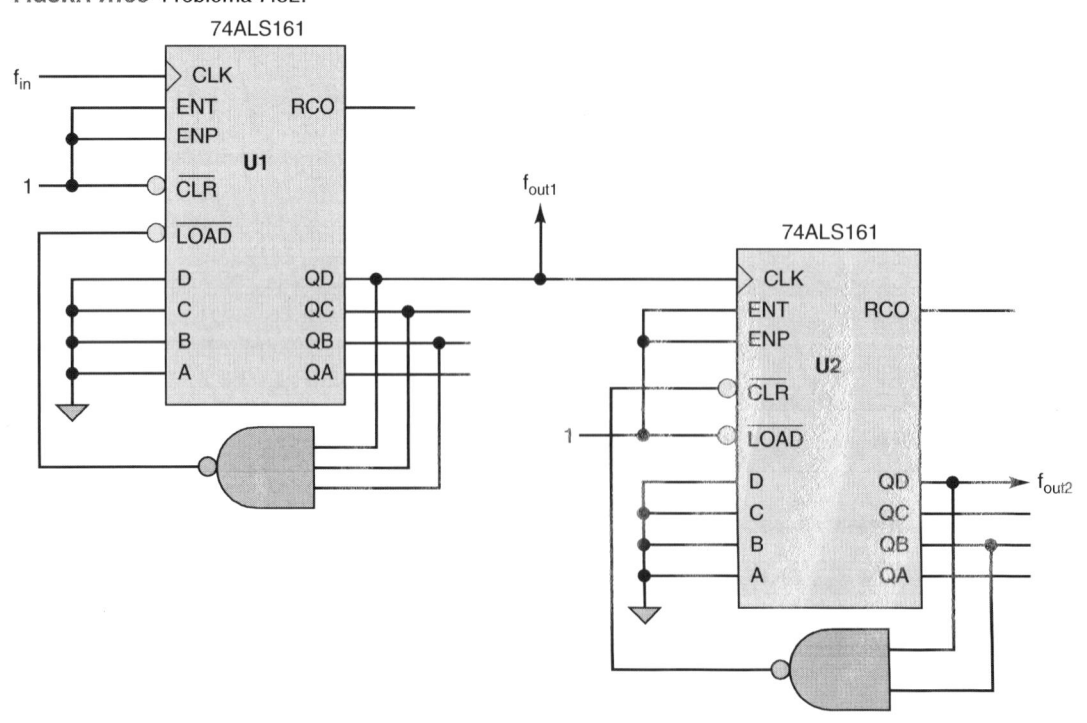

FIGURA 7.109 Problema 7.32.

(b) Redesenhe o contador do item (a) sem restrição sobre os estados não usados — ou seja, seus PRÓXIMOS estados podem ser de irrelevância. Compare com o projeto do item (a).

FIGURA 7.110 Problemas 7.37 e 7.38.

(a)

(b)

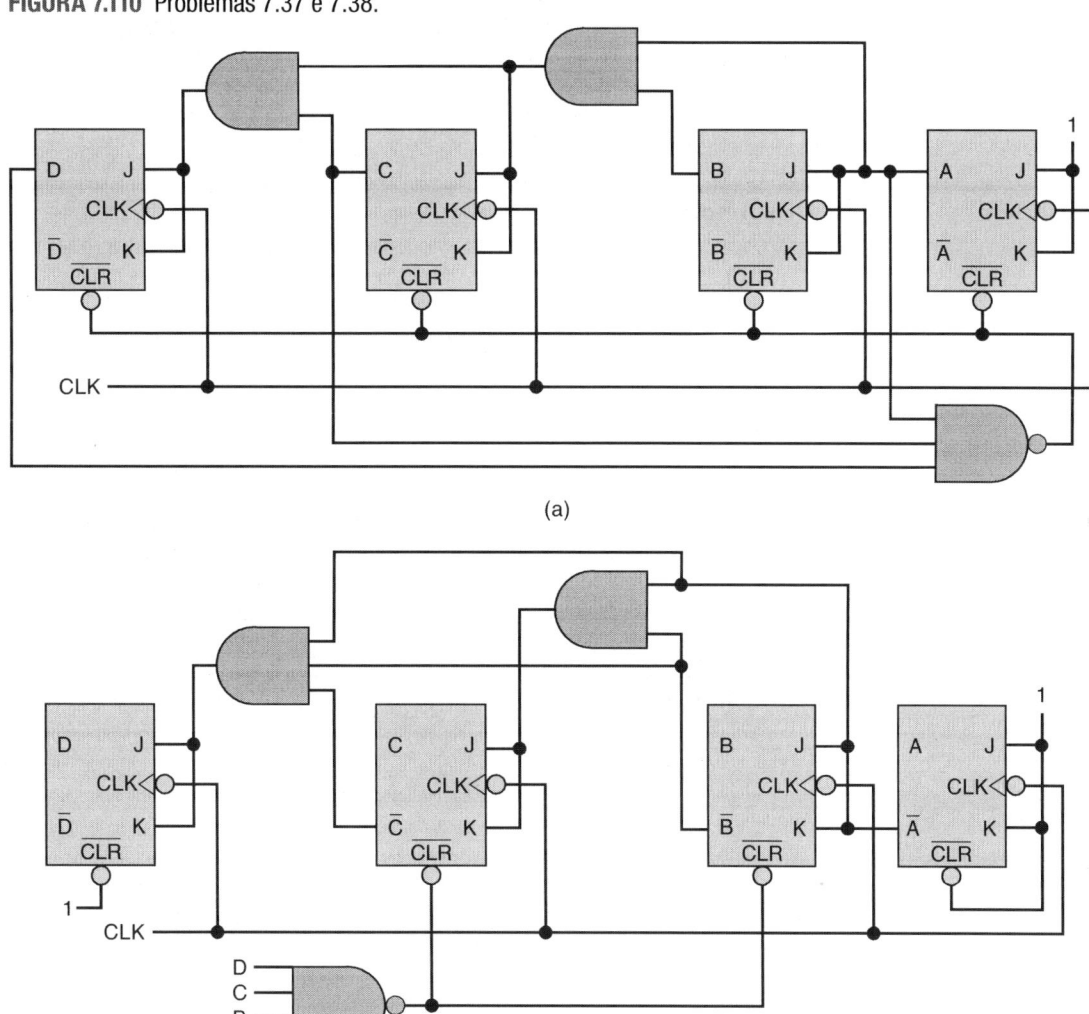

FIGURA 7.111 Problemas 7.39 e 7.40.

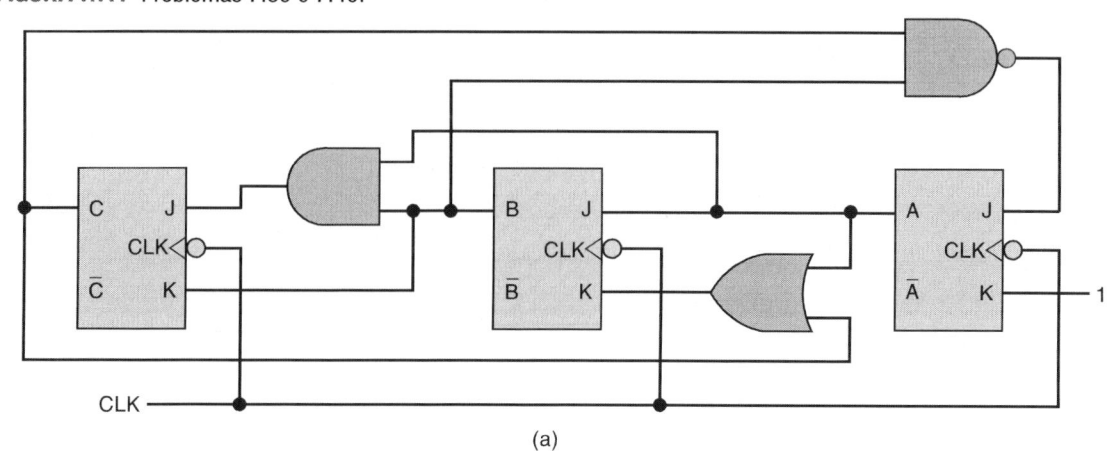

(a)

(*continua*)

(*continuação*)

(b)

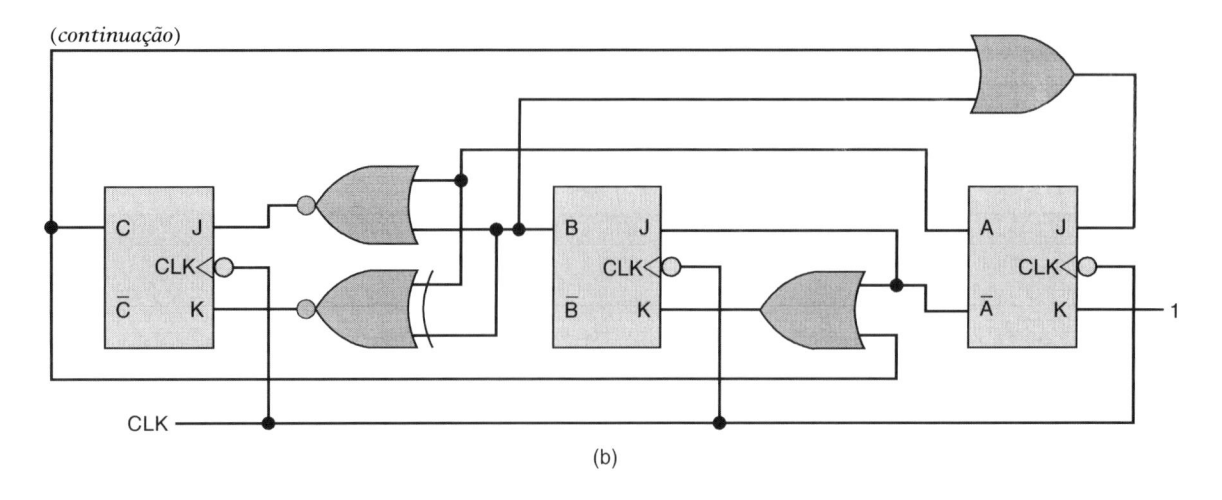

FIGURA 7.112 Problemas 7.41 e 7.42.

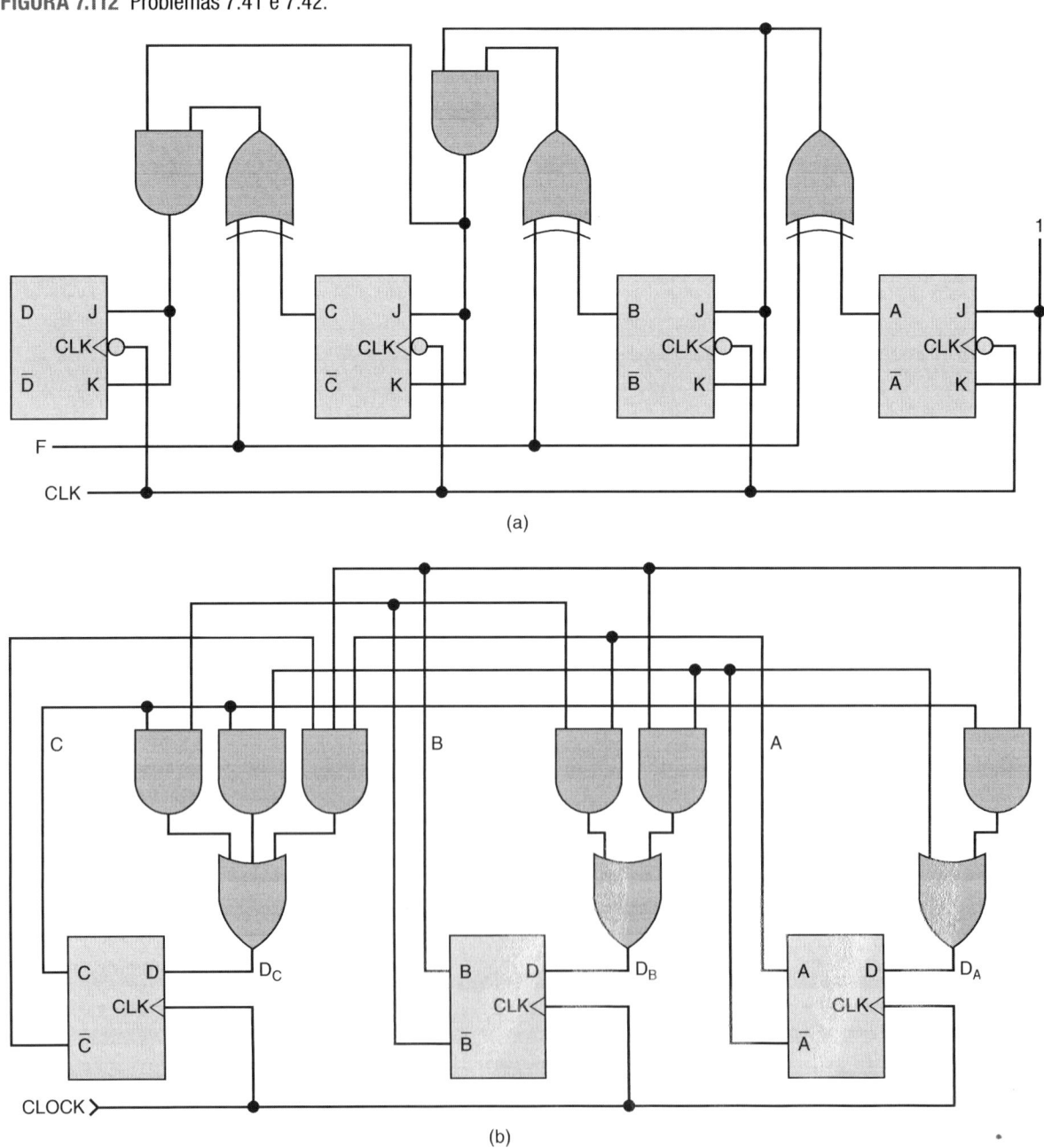

(a)

(b)

7.44 Projete um contador síncrono reciclável de
D MOD-5 que produza a seguinte sequência: 100, 011, 010, 001, 000 e repete. Use flip-flops J-K.

(a) Force os estados não usados a irem para 000 no próximo pulso de clock.

(b) Use PRÓXIMOs estados de irrelevância para os estados não usados. Esse projeto é autocorretor?

7.45* Projete um contador BCD decrescente síncrono, reciclável, com um FF J-K usando PRÓXIMOs estados de irrelevância.
D

7.46 Projete um contador crescente/decrescente
D síncrono, reciclável, de módulo 7 com FFs J-K. Use os estados de 000 a 110 no contador. Controle o sentido de contagem com a entrada D ($D = 0$ para contagem crescente e $D = 1$ para decrescente).

7.47* Projete um contador binário decrescente de
D MOD-8, síncrono, reciclável, com um FFs D.

7.48 Projete um contador de MOD-12 síncrono,
D reciclável, com FFs D. Use os estados de 0000 a 1011 no contador.

SEÇÕES 7.11 E 7.12

7.49* Projete um contador crescente de MOD-13,
H, D, N reciclável. A sequência de contagem deve ir de 0000 a 1100. Simule o contador (funcional).

(a) Use LPM_COUNTER.

(b) Use um HDL.

7.50 Projete um contador decrescente de MOD-25,
H, D, N reciclável. A sequência de contagem deve ir de 11000 a 00000. Simule o contador (funcional).

(a) Use LPM_COUNTER.

(b) Use um HDL.

7.51* Projete um contador de MOD-16, reciclável,
H, D, em código Gray, usando HDL. O contador deve ter uma habilitação em nível ativo ALTO (*cnt*). Simule o contador.

7.52 Projete um controlador bidirecional, de
H, D, meio passo, para um motor de passo, usando HDL. A entrada do controle de sentido (*dir*) produzirá um padrão no sentido horário (CW) quando ALTO ou anti-horário quando BAIXO. A sequência é dada na Figura 7.113. Simule o circuito sequencial.

FIGURA 7.113 Problema 7.52.

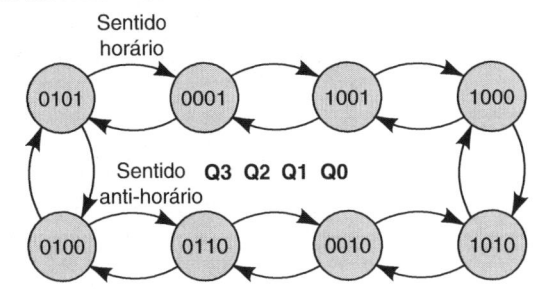

Sentido horário
0101 ↔ 0001 ↔ 1001 ↔ 1000
Sentido anti-horário   Q3 Q2 Q1 Q0
0100 ↔ 0110 ↔ 0010 ↔ 1010

7.53* Projete um circuito divisor de frequência
H, D, N para produzir uma saída de sinal de 100 kHz. A frequência de entrada é 5 MHz. Simule o contador.

(a) Use LPM_COUNTER.

(b) Use um HDL.

7.54 Projete um circuito divisor de frequência
H, D, N para produzir a saída de um de dois sinais de frequência. A frequência de saída é selecionada pela entrada de controle *fselect*. O divisor produzirá frequência de 5 kHz quando *fselect* = 0 ou 12 kHz quando *fselect* = 1. A frequência de entrada é 60 kHz. Simule o contador (funcional).

(a) Use LPM_COUNTER. Dicas: crie um contador decrescente que recarregue o valor apropriado (determinado por *fselect*) após o estado terminal ter sido alcançado. Você precisará de uma porta lógica.

(b) Use um HDL.

7.55* Expanda o contador com recursos comple-
H, B tos em HDL da Seção 7.12, transformando-o em um contador de MOD-256. Simule o contador.

7.56 Expanda o contador com recursos comple-
H, B tos em HDL da Seção 7.12 transformando-o em um contador de MOD-1024. Simule o contador.

7.57* Projete um contador decrescente de MOD-16,
H, D, N reciclável. O contador deve ter os seguintes controles (da prioridade mais baixa para a mais alta): uma habilitação de contagem com nível ativo BAIXO (*en*), um clear síncrono com nível ativo ALTO (*clr*) e um load síncrono com nível ativo BAIXO (*ld*). Decodifique a contagem terminal quando habilitada por *en*. Simule o contador (funcional). Não deixe de verificar a operação do decodificador.

(a) Use LPM_COUNTER. Use quaisquer portas lógicas necessárias.

(b) Use um HDL.

7.58 Projete um contador crescente/decrescente,
H, D, N de MOD-10, reciclável. O contador contará em ordem crescente, quando *up* = 1, e em ordem decrescente quando *up* = 0. O contador deve ter também os seguintes controles (da prioridade mais baixa para a mais alta): uma habilitação de contagem em nível ativo-em-ALTO (*enable*), um load síncrono em nível ativo-em-ALTO (*load*) e um clear assíncrono em nível ativo-em-BAIXO (*clear*). Decodifique a contagem terminal quando habilitada por *enable*. Simule o contador (funcional).

(a) Use LPM_COUNTER. Use quaisquer portas lógicas necessárias.

(b) Use um HDL.

SEÇÃO 7.13

7.59* Crie um contador BCD de MOD-1000 conec-
H tando em cascata três dos módulos de contadores BCD em HDL (descritos na Seção 7.13). Simule o contador.

7.60 Crie um contador binário de MOD-256
H conectando em cascata dois dos módulos de MOD-16, de recursos completos, em HDL (descritos na Seção 7.12). Simule o contador.

7.61* Projete um contador BCD síncrono de MOD-50
H, D, N conectando em cascata um contador de MOD-10 e outro de MOD-5. O contador de MOD-50 deve ter uma habilitação de contagem com nível ativo-em-ALTO (*enable*) e um clear síncrono com nível ativo-em-BAIXO (*clrn*). Não deixe de incluir um detector de contagem terminal para que os dígitos das unidades se conectem em cascata com os dígitos das dezenas. Simule o contador.

(a) Use LPM_COUNTER. Use quaisquer portas lógicas necessárias.

(b) Use um HDL.

7.62 Projete um contador BCD decrescente sín-
H, D, N crono de MOD-100 conectando em cascata dois contadores decrescentes de MOD-10. O contador de MOD-100 deve ter carga paralela síncrona (*load*). Simule o contador (funcional).

(a) Use LPM_COUNTER.

(b) Use um HDL.

SEÇÃO 7.14

7.63* Modifique a descrição em HDL que se
H encontra na Figura 7.60 ou na Figura 7.61 para acrescentar uma sequência de enxágue depois que as roupas estiverem lavadas. A nova sequência da máquina de estado deve ser *idle* → *wash_fill* → *wash_agitate* → *wash_spin* → *rinse_fill* → *rinse_agitate* → *rinse_spin* → *idle*. Use água quente para lavar e fria para enxaguar (acrescente bits de saída para controlar os dois registros de água). Simule o projeto HDL modificado.

7.64 Simule o projeto de semáforo em HDL apre-
H sentado na Seção 7.14.

PARTE 2

SEÇÕES 7.15 E 7.16

7.65* Um conjunto de registradores 74ALS174 é
B conectado como mostrado na Figura 7.114. Que tipo de transferência de dados é executada em cada registrador? Determine a saída de cada registrador quando $\overline{MR}$ é pulsado momentaneamente em nível BAIXO e, depois, de cada um dos pulsos de clock indicados (CP#) na Tabela 7.10. Quantos pulsos de clock devem ser aplicados antes que os dados inseridos em $I5-I0$ estejam disponíveis em $Z5-Z0$?

TABELA 7.10

↑ CLK	$\overline{MR}$	I5-I10	W5-W0	X5-X0	Y5-Y0	Z5-Z0
X	0	101010				
CP1	1	101010				
CP2	1	010101				
CP3	1	000111				
CP4	1	111000				
CP5	1	011011				
CP6	1	001101				
CP7	1	000000				
CP8	1	000000				

7.66 Complete o diagrama de tempo na Figura
B 7.115 para um 74HC174. Como o diagrama de tempo mostra que o reset master é assíncrono?

7.67* Quantos pulsos de clock são necessários
B para carregar completamente oito bits de dados seriais em um 74ALS166? Como isso se relaciona com o número de flip-flops contidos no registrador?

FIGURA 7.114 Problema 7.65.

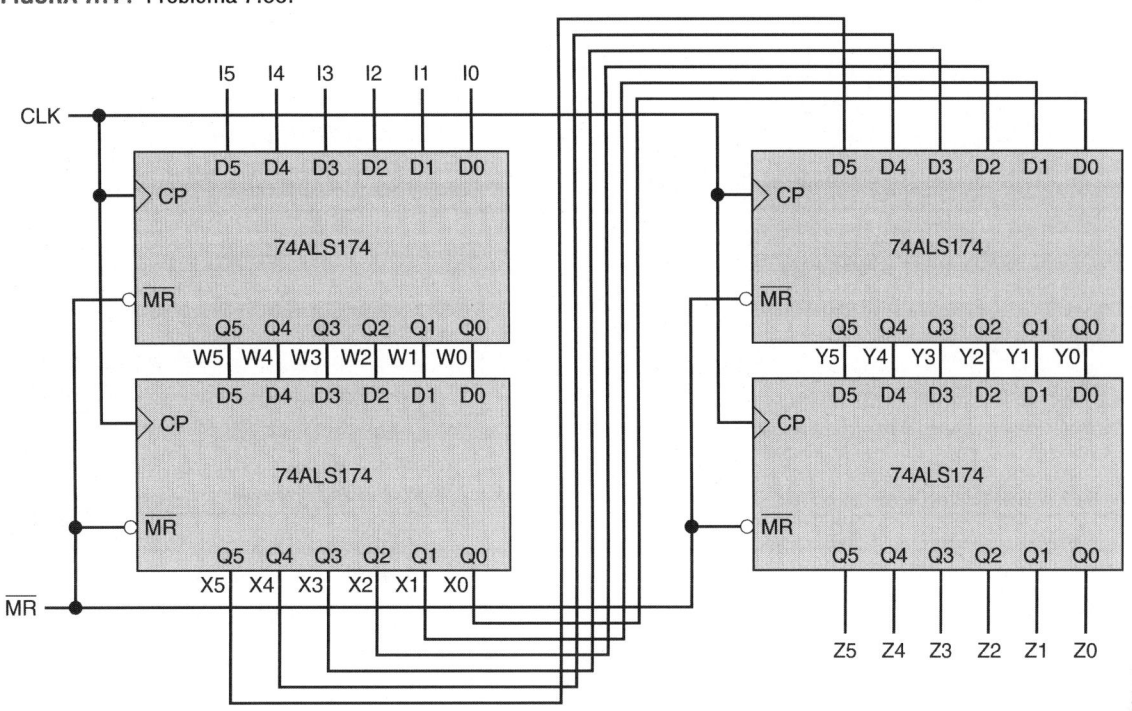

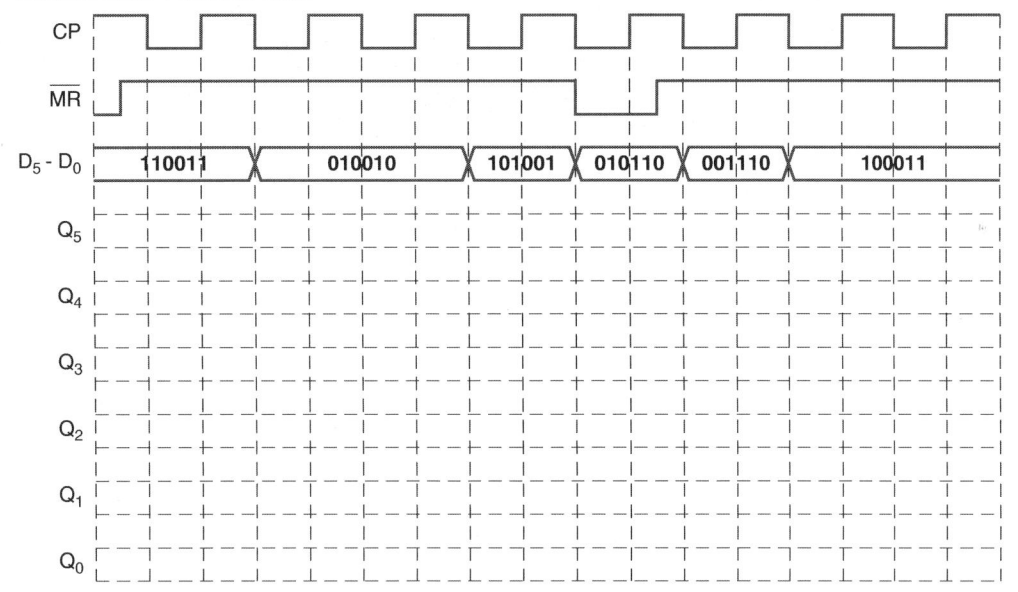

FIGURA 7.115 Problema 7.66.

7.68 Repita o Exemplo 7.20 para as formas de
B onda de entrada dadas na Figura 7.116.

7.69★ Repita o Exemplo 7.22 com $D_S = 1$ e as formas de onda de entrada dadas na Figura 7.117.

7.70 Aplique as formas de onda de entrada dadas na Figura 7.118 em um 74ALS166 e determine a saída produzida.

7.71★ Enquanto analisa parte do esquema de
B um equipamento, um técnico (ou um engenheiro) frequentemente encontra um CI que não lhe é familiar. Nesses casos, torna-se necessário consultar as especificações do dispositivo. Use essas informações do 74AS194, que é um registrador de deslocamento bidirecional universal, para responder às seguintes questões:

(a) A entrada $\overline{CLR}$ é assíncrona ou síncrona?

(b) *Verdadeiro ou falso*: quando *CLK* estiver em nível BAIXO, os níveis de S_0 e S_1 não terão efeito no registrador.

(c) Considere as seguintes condições:

$Q_A\ Q_B\ Q_C\ Q_D = 1\ 0\ 1\ 1$
$A\ B\ C\ D = 0\ 1\ 1\ 0$
$\overline{CLR} = 1$
$SR\ SER = 0$
$SL\ SER = 1$

Se $S_0 = 0$ e $S_1 = 1$, quais serão as saídas do registrador após um pulso *CLK*? E após dois e três pulsos? E após quatro pulsos?

(d) Use as mesmas condições, exceto $S_0 = 1$, $S_1 = 0$, e repita o item (c).

(e) Repita o item (c) com $S_0 = 1$ e $S_1 = 1$.

(f) Repita o item (c) com $S_0 = 0$ e $S_1 = 0$.

(g) Use as mesmas condições do item (c); considere que a saída Q_A esteja conectada em *SL SER*. Quais serão as saídas do registrador após quatro pulsos em *CLK*?

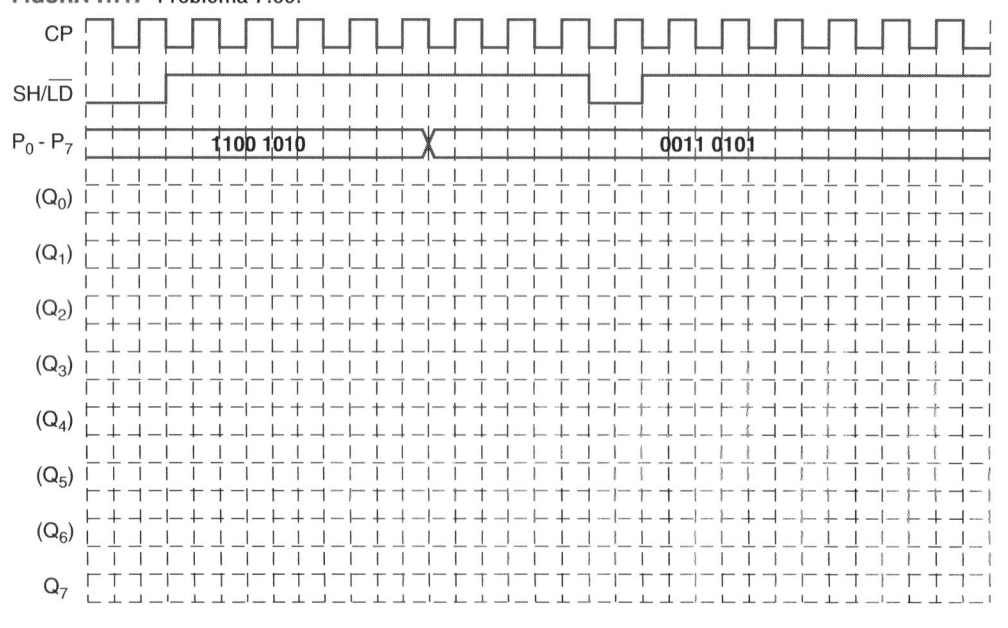

7.72 Consulte a Figura 7.119 para responder às
C seguintes questões:

(a) Que função do registrador (load ou shift) será executada no próximo clock se in = 1 e out = 0? Que valor será inserido no momento do clock?

(b) Que função do registrador (load ou shift) será executada no próximo clock se in = 0 e out = 1? Que valor será inserido no momento do clock?

(c) Que função do registrador (load ou shift) será executada no próximo clock se in = 0 e out = 0? Que valor será inserido no momento do clock?

(d) Que função do registrador (load ou shift) será executada no próximo clock se in = 1 e out = 1? Que valor será inserido no momento do clock?

FIGURA 7.116 Problema 7.68.

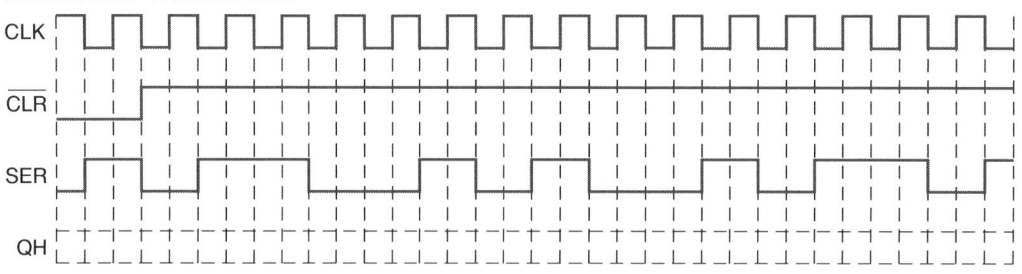

FIGURA 7.117 Problema 7.69.

FIGURA 7.118 Problema 7.70.

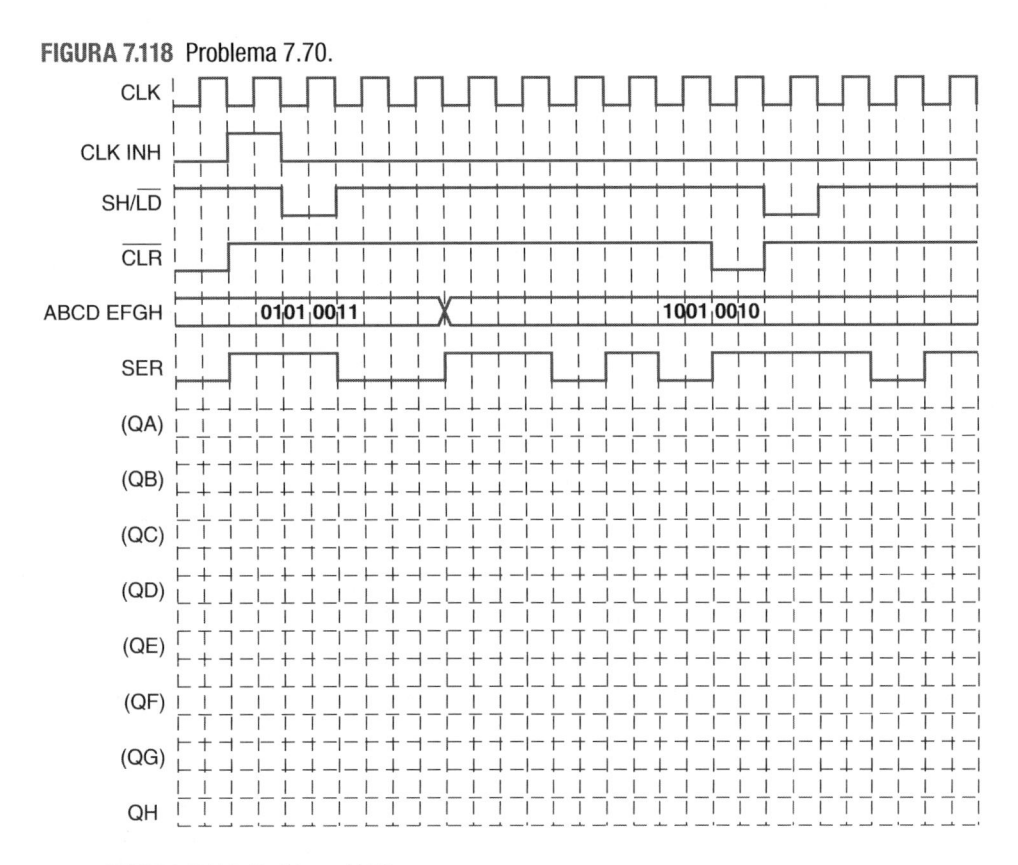

FIGURA 7.119 Problema 7.72.

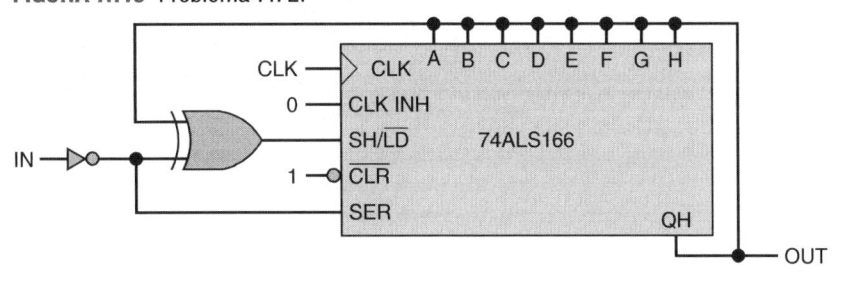

(e) Que condição de entrada acabará (após vários pulsos de clock) fazendo a saída mudar de estado?

(f) Mudar o nível lógico de saída requer que a nova condição de entrada dure pelo menos quantos pulsos de clock?

(g) Se o sinal de entrada muda de nível e depois volta ao nível lógico original antes do número de pulsos de clock especificado na parte (f), o que acontece com o sinal de saída?

(h) Explique por que esse circuito pode ser usado para eliminar a trepidação de contatos.

SEÇÃO 7.17

7.73★ Desenhe o diagrama para um contador
B em anel de MOD-5 usando flip-flops *J-K*. Assegure-se de que o contador iniciará com a sequência de contagem adequada quando ligado.

7.74 Acrescente mais um flip-flop *J-K* para converter o contador em anel de MOD-5 do Problema 7.73 em um de MOD-10. Determine a sequência de estados desse contador. Esse é um exemplo de um contador decádico que não é BCD. Desenhe o circuito decodificador para esse contador.

7.75★ Desenhe o diagrama para o contador
B Johnson de MOD-10 usando um 74HC164.

Assegure-se de que inicie a sequência de contagem adequada quando ele estiver ligado. Determine a sequência de contagem desse contador e desenhe o circuito decodificador necessário para decodificar cada um dos dez estados. Esse é outro exemplo de contador decádico que não é BCD.

7.76 A entrada de clock do contador Johnson do Problema 7.75 é 10 Hz. Qual é a frequência e o ciclo de trabalho de cada uma das saídas do contador?

SEÇÃO 7.18

7.77* O contador de MOD-10 da Figura 7.8(b) produz uma sequência de contagem 0000, 0001, 0010, 0011, 0100, 0101, 0110, 0111 e repete. Identifique possíveis defeitos que possam ter produzido esse resultado.
T

7.78 O contador de MOD-10 da Figura 7.8(b) produz uma sequência de contagem 0000, 0101, 0010, 0111, 1000, 1101, 1010, 1111 e repete. Identifique possíveis defeitos que possam ter produzido esse resultado.
T

SEÇÕES 7.19 E 7.20

7.79* Crie um registrador de deslocamento de oito bits com entrada serial/saída serial (SISO). A entrada serial é chamada *ser* e a saída serial é chamada *qout*. Uma habilitação em nível ativo-em-BAIXO (*en*) controla o registrador de deslocamento. Simule o projeto (funcional).
N

(a) Use LPM_SHIFTREG. Use quaisquer portas lógicas necessárias.

(b) Use um HDL.

7.80 Crie um registrador de deslocamento de oito bits com entrada paralela/saída paralela. Os dados que entram são *d[7..0]* e as saídas são *q[7..0]*. Uma habilitação em nível ativo-em-ALTO (*id*) controla o registrador de deslocamento. Simule o projeto (funcional).
N

(a) Use LPM_FF.

(b) Use um HDL.

7.81*
Crie um registrador de deslocamento de oito bits com entrada paralela/saída serial. Os dados que entram são *d[7..0]* e a saída é *q0*. A função de registrador de deslocamento é controlada por *sh_ld* (*sh_ld* = 0 para carga paralela síncrona e *sh_ld* = 1 para deslocamento serial). Enquanto estiver se deslocando, a entrada serial deve ter nível BAIXO constante. O registrador também deve ter um clear assíncrono em nível ativo-em-BAIXO (*clrn*). Simule o projeto (funcional).

(a) Use LPM_SHIFTREG. Use quaisquer portas lógicas necessárias.

(b) Use um HDL.

7.82 Crie um registrador de deslocamento de oito bits com entrada serial/saída paralela. Os dados que entram são *ser_in* e as saídas são *q[7..0]*. A função de registrador de deslocamento está habilitada por um controle de nível ativo ALTO chamado *shift*. O registrador de deslocamento também possui um clear síncrono de prioridade mais alta em nível ativo-em-ALTO (*clear*). Simule o projeto (funcional).
N

(a) Use LPM_SHIFTREG. Use quaisquer portas lógicas necessárias.

(b) Use um HDL.

7.83 Simule o projeto de registrador de deslocamento universal do Exemplo 7.27.
H

7.84 Crie um registrador de deslocamento universal de oito bits conectando em cascata dois dos módulos do Exemplo 7.27. Simule o projeto.
H

SEÇÃO 7.21

7.85* Projete um contador Johnson de MOD-10 com autoinício e com reset assíncrono em nível ativo-em-ALTO (*reset*) usando HDL. Simule o projeto.
H, D

7.86 Às vezes, uma aplicação digital precisa de um contador em anel que recircule um único 0 em vez de um único 1. O contador em anel teria, então, uma saída em nível ativo-em-BAIXO, em vez de ativo-em-ALTO. Projete um contador em anel de MOD-8, com autoinício e com saída em nível ativo-em-BAIXO usando HDL. O contador em anel também deve ter um controle *hold* em nível ativo-em-ALTO para desabilitar a contagem. Simule o projeto.
H, D

SEÇÃO 7.22

7.87* Use o simulador da Altera para testar o projeto de monoestável não redisparável, sensível a nível, da Figura 7.95 (AHDL) ou Figura 7.96 (VHDL). Use um clock de 1 kHz e crie um pulso de saída de 10 ms para a simulação. Verifique que:
H

(a) A largura de pulso correta seja criada quando ocorrer o disparo.

(b) A saída só possa ser encerrada com a entrada reset.

(c) O projeto de monoestável seja não redisparável e não possa ser disparado outra vez até que o tempo tenha se esgotado.

(d) O sinal de disparo dure tempo suficiente para ser captado pelo clock.

(e) A largura de pulso possa ser alterada para um valor diferente.

7.88 Modifique o projeto de monoestável não
H redisparável, sensível a nível, da Figura 7.95 (AHDL) ou da Figura 7.96 (VHDL) de modo que o monoestável seja redisparável e continue sendo sensível a nível. Simule o projeto.

EXERCÍCIO DE FIXAÇÃO

7.89* Para cada uma das seguintes afirma-
B ções, indique o(s) tipo(s) de contador(es) descrito(s):

(a) Cada FF é disparado ao mesmo tempo.

(b) Cada FF divide a frequência em sua entrada CLK por 2.

(c) A sequência de contagem é 111, 110, 101, 100, 011, 010, 001, 000.

(d) O contador tem dez estados distintos.

(e) O atraso total de chaveamento é a soma dos atrasos individuais de cada FF.

(f) Esse contador não requer lógica de decodificação.

(g) O número MOD é sempre duas vezes o número de FFs.

(h) Esse contador divide a frequência de entrada pelo número MOD.

(i) Esse contador pode começar a sequência de contagem em qualquer estado inicial desejado.

(j) Esse contador pode contar em ambas as direções.

(k) Esse contador pode apresentar glitches de decodificação por conta dos atrasos de propagação.

(l) Esse contador conta apenas de 0 a 9.

(m) Esse contador pode ser projetado para contar em sequências arbitrárias determinando-se o circuito lógico necessário na entrada de controle síncrona de cada flip-flop.

RESPOSTAS DAS QUESTÕES DE REVISÃO

PARTE 1
SEÇÃO 7.1

1. Falso.
2. 0000
3. 128

SEÇÃO 7.2

1. Cada FF adiciona seu atraso de propagação ao atraso total do contador em resposta ao pulso de clock.
2. MOD-256.

SEÇÃO 7.3

1. Pode operar em frequências de clock muito altas e tem um circuito de maior complexidade.
2. Seis FFs e quatro portas AND.
3. ABCDE.

SEÇÃO 7.4

1. D, C e A.
2. Verdadeiro, uma vez que um contador BCD tem dez estados distintos.
3. 5 kHz.

SEÇÃO 7.5

1. Em um contador crescente, a contagem é incrementada de 1 a cada pulso de clock; em um contador decrescente, é decrementada de 1 a cada pulso.
2. Muda conexões para saídas invertidas respectivas em vez de Qs.

SEÇÃO 7.6

1. Ele pode ser carregado com qualquer contagem inicial desejada.
2. A carga assíncrona é independente da entrada de clock, enquanto a carga

síncrona ocorre na borga ativa do sinal de clock.

SEÇÃO 7.7

1. $\overline{LOAD}$ é o controle que habilita a carga paralela das entradas de dados D C B A (A = LSB).
2. $\overline{CLR}$ é o controle que habilita resetamento do contador a 0000.
3. Verdadeiro.
4. Todas as entradas de controle ($\overline{CLR}$, $\overline{LOAD}$, ENT e ENP) no 74162 devem estar em nível ALTO.
5. $\overline{LOAD}$ = 1, $\overline{CTEN}$ = 0 e D/$\overline{U}$ = 1 para contagem decrescente.
6. 74HC163: 0 a 65.535; 74ALS190: 0 a 9999 ou 9999 a 0.

SEÇÃO 7.8

1. 64
2. Uma porta NAND de seis entradas com entradas A, B, C, $\overline{D}$, E e $\overline{F}$.

SEÇÃO 7.9

1. Não teremos de lidar com estados temporários e possíveis glitches, mas com formas de onda de saída.
2. Tabela de estado ATUAL/PRÓXIMO estado.
3. As portas controlam a sequência de contagem.
4. Todos os estados não usados revertem à sequência de contagem do contador.

SEÇÃO 7.10

1. Veja o texto.
2. A cada estado ATUAL está associado o PRÓXIMO estado desejado.
3. Ela mostra os níveis necessários em cada entrada síncrona dos flip-flops para que sejam geradas as transições de estado do contador.
4. Verdadeiro.

SEÇÃO 7.11

1. Aritmética.
2. Use o MegaWizard Manager.

3. Um clear assíncrono ocorrerá tão logo (após curto atraso de propagação) o sinal de controle se torne ativo, enquanto um clear síncrono ocorrerá na próxima borda de clock após se assegurar do controle.
4. Cout decodificará automaticamente o último (ou terminal) estado na sequência de contagem.
5. Cin habilita/desabilita o sinal cout.

SEÇÃO 7.12

1. Tabelas de estado ATUAL/PRÓXIMO estado.
2. O PRÓXIMO estado desejado.
3. AHDL: ff[ ].clk = !clock
   VHDL: IF (clock = '0' AND clock' EVENT) THEN
4. Descrição comportamental.
5. Um clear assíncrono faz que o contador limpe de imediato. Um load síncrono ocorre na próxima borda ativa de clock.
6. AHDL: use .clrn nos FFs; VHDL: defina a função clear antes de verificar a borda do clock.
7. Pela ordem de avaliação de um comando IF.

SEÇÃO 7.13

1. Ambas as HDLs podem usar um diagrama de bloco para conectar módulos; o VHDL também pode usar um arquivo de texto que descreva as conexões entre os componentes.
2. Um barramento é uma coleção de linhas de sinal; representado graficamente como uma linha de traço mais forte.
3. Habilitação de contagem e decodificação de contagem terminal.

SEÇÃO 7.14

1. Costuma-se usar um contador para contar eventos, enquanto uma máquina de estado costuma ser usada para controlá-los.
2. Uma máquina de estado pode ser apresentada por meio de símbolos que descrevam seus estados, em vez de estados binários reais.
3. O compilador atribui os valores ideais para se minimizar o circuito.
4. A descrição é muito mais fácil de se escrever e entender.

PARTE 2
SEÇÃO 7.16
1. Entrada paralela/saída serial.
2. Verdadeiro.
3. Entrada serial/saída paralela.
4. Entrada serial/saída serial.
5. O 74165 usa transferência paralela assíncrona de dados; o 74174 usa transferência síncrona.
6. Um nível ALTO inibe o deslocamento a cada pulso CP.
7. Compare com as saídas correspondentes da figura.

SEÇÃO 7.17
1. Contador em anel.
2. Contador Johnson.
3. A saída invertida do último FF é conectada à entrada do primeiro FF.
4. (a) Falso (b) Verdadeiro (c) Verdadeiro
5. 16; 8.

SEÇÃO 7.19
1. PIPO, SISO, PISO, SIPO (os 4)

SEÇÃO 7.20
1. AHDL: reg [ ] .d = (reg [6..0], dat)
   VHDL: reg := reg (6 DOWNTO 0) & dat
2. Porque o registrador pode continuar a receber bordas de clock durante o hold.

SEÇÃO 7.21
1. Pode começar em qualquer estado, mas acaba chegando à sequência em anel desejada.
2. Linhas 11 e 12.
3. Linhas 12 e 13.

SEÇÃO 7.22
1. A entrada reset.
2. A frequência de clock e o valor de atraso (delay) carregado no contador.
3. Sincronamente.
4. A largura do pulso de saída é constante.
5. O pulso de saída responde à borda de disparo de imediato.
6. O estado do disparo na borda de clock atual e seu estado na borda anterior.

CAPÍTULO 8

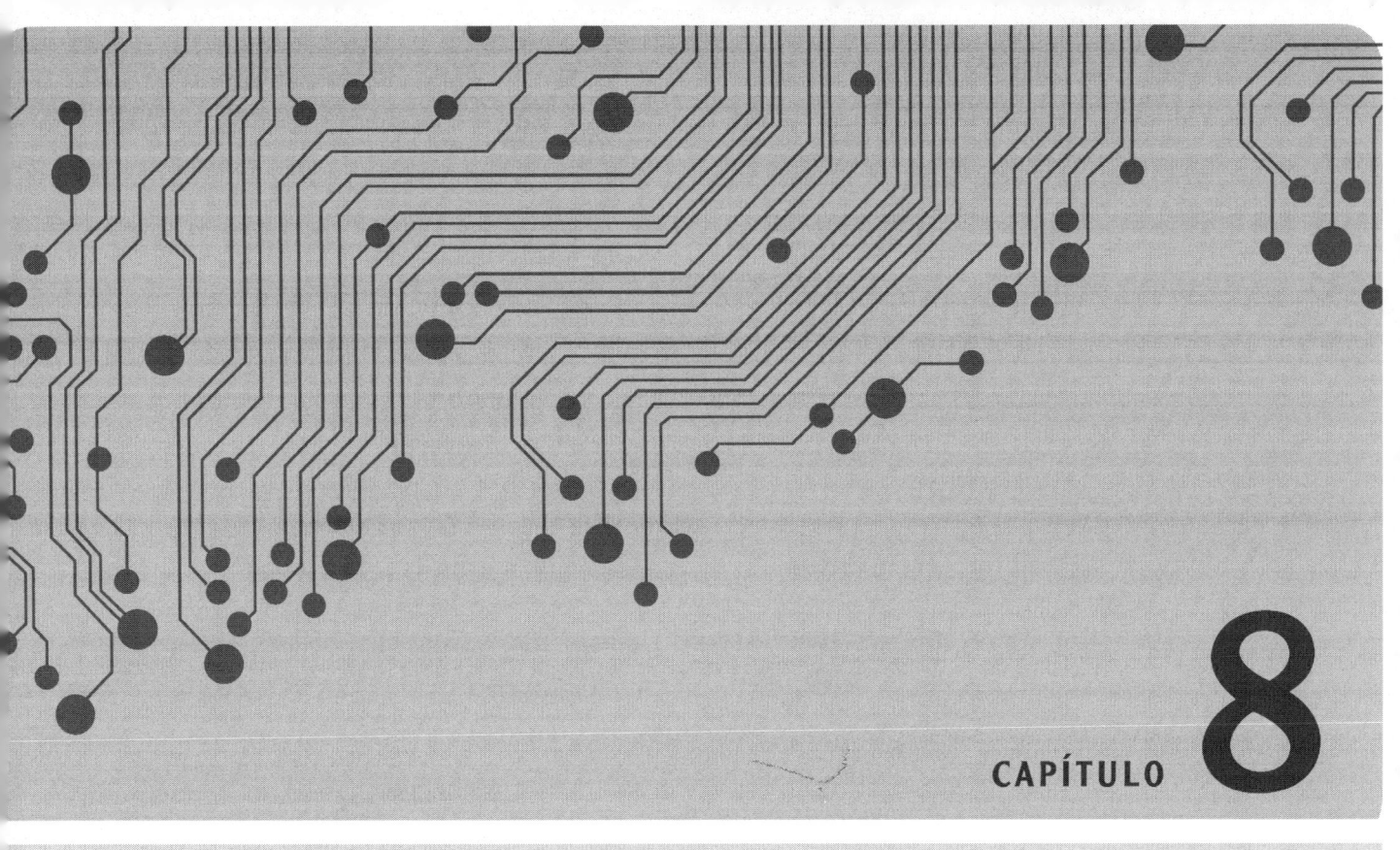

FAMÍLIAS LÓGICAS DE CIRCUITOS INTEGRADOS

■ CONTEÚDO

8.1 Terminologia de CIs digitais
8.2 A família lógica TTL
8.3 Especificações técnicas (data sheets) para TTL
8.4 Características da série TTL
8.5 Fan-out e acionamento de carga para TTL
8.6 Outras características de TTL
8.7 Tecnologia MOS
8.8 Lógica MOS complementar
8.9 Características da série CMOS
8.10 Tecnologia de baixa tensão
8.11 Saídas de coletor aberto e de dreno aberto
8.12 Saídas lógicas tristate (três estados)
8.13 Interface lógica de barramento de alta velocidade
8.14 Porta de transmissão CMOS (chave bilateral)
8.15 Interfaceamento de CIs
8.16 Interfaceamento com tensão mista
8.17 Comparadores de tensão analógicos
8.18 Análise de defeitos
8.19 Características de um FPGA

■ OBJETIVOS DO CAPÍTULO

Após ler este capítulo, você será capaz de:

- Ler e compreender a terminologia dos CIs digitais conforme as especificações técnicas dos fabricantes.
- Comparar as características da TTL padrão com as de outras séries TTL.
- Determinar o fan-out para dado dispositivo lógico.
- Usar dispositivos lógicos com saídas de coletor aberto.
- Analisar circuitos que contenham dispositivos tristate.
- Comparar características das diversas séries CMOS.
- Analisar circuitos que usam chaves bilaterais CMOS para permitir que um sistema digital controle sinais analógicos.
- Descrever as principais características das famílias lógicas TTL, ECL, MOS e CMOS e as principais diferenças entre elas.
- Descrever as diversas considerações necessárias ao interligar circuitos digitais de diferentes famílias lógicas.
- Usar comparadores de tensão para permitir que um sistema digital seja controlado por sinais analógicos.
- Usar um pulsador lógico e uma ponta de prova lógica como ferramentas na análise de defeitos de circuitos digitais.

■ INTRODUÇÃO

Conforme descrevemos no Capítulo 4, a tecnologia de CIs digitais avançou com rapidez da integração em pequena escala (SSI) — com menos de 12 portas por chip — para a integração em média escala (MSI) — com 12 a 99 portas equivalentes por chip —, depois, até as integrações em larga escala e em escala muito ampla (LSI e VLSI, respectivamente) — que podem ter dezenas de milhares de portas por chip — e, mais recentemente, para ULSI (escala ultralarga) e GSI (escala giga) — com mais de 100 mil e 1 milhão de portas por chip, respectivamente.

Os principais motivos por que os sistemas digitais modernos usam circuitos integrados são óbvios. Os CIs contêm muito mais circuitos em um pequeno encapsulamento, de modo que o tamanho total da maioria dos sistemas digitais é reduzido. O custo é reduzido de maneira significativa por conta da economia da produção em massa de grandes volumes de dispositivos semelhantes. Algumas das outras vantagens não são tão aparentes.

Os CIs têm tornado os sistemas digitais mais confiáveis pela redução do número de conexões externas de um dispositivo para outro. Antes da existência dos CIs, todas as conexões de circuito eram feitas a partir de um componente discreto (transistor, diodo, resistor etc.) para outro. Agora, a maioria das conexões é feita internamente aos CIs, onde estão protegidas de soldas ruins, interrupções ou curtos nas trilhas da placa de circuito impresso e de outros problemas físicos. Os CIs também reduziram em muito a potência elétrica necessária para desempenhar determinada função, pois seus circuitos miniaturizados exigem menos potência que os equivalentes discretos. Além dos ganhos no custo da fonte de alimentação, essa redução na potência também significa que o sistema não necessita de muitas ventilações.

Existem algumas coisas que os CIs não podem fazer. Eles não suportam correntes ou tensões muito grandes, pois o calor gerado em um espaço tão pequeno causaria aumento de temperatura acima dos limites aceitáveis. Além disso, não se podem implementar facilmente em CIs certos dispositivos elétricos, tais como indutores, transformadores e grandes capacitores. Por essas razões, os CIs são usados sobretudo para desempenhar operações em circuitos de baixa potência, denominados *processamento de informação*. Esta é precisamente a função dos circuitos lógicos digitais que estivemos estudando. O circuito digital tomará decisões com base nas condições de entrada presentes. Quando dispositivos que exigem níveis de potência mais altos têm de ser controlados por um circuito lógico, algum tipo de circuito de interfaceamento será necessário. E, em geral, usará componentes discretos ou chips CI de potência especial.

Com a vasta utilização dos CIs, tornou-se necessário conhecer e compreender as características elétricas e de tempo das famílias lógicas dos CIs mais comuns. Lembre-se de que as diversas famílias lógicas diferem umas das outras na maioria dos componentes que usam em seus circuitos. TTL e ECL utilizam transistores *bipolares* como principal elemento de circuito; PMOS, NMOS e CMOS usam transistores *MOSFET* como componente principal. Essas famílias lógicas variadas têm características elétricas diferenciadas que devem ser consideradas ao se projetarem sistemas digitais. As características elétricas de uma família lógica são dependentes tanto do tipo de transistor quanto dos circuitos internos dos chips. Inúmeras subfamílias de CIs digitais foram desenvolvidas ao longo do tempo para proporcionar melhorias no consumo de energia do sistema e em sua velocidade. Vemos uma evolução contínua (e em andamento) de dispositivos de alta potência/baixa velocidade para chips de alta velocidade/baixa potência.

Neste capítulo, apresentaremos as características importantes de cada uma dessas famílias de CIs e de suas subfamílias. O ponto mais importante é compreender o tipo de circuito de entrada e de saída para cada família lógica. Uma vez que isso seja entendido, você estará mais bem preparado para analisar defeitos e projetar circuitos digitais que contenham quaisquer combinações dessas famílias de CIs. Estudaremos o funcionamento interno de dispositivos de cada família com o circuito mais simples, que conduz às principais características de todos os membros da família de dispositivos.

8.1 TERMINOLOGIA DE CIs DIGITAIS

Objetivos

Após ler esta seção, você será capaz de:

- Definir, interpretar e medir os parâmetros comumente usados e designações de parâmetros a partir de especificações técnicas.
- Procurar e interpretar as informações de desempenho a partir das especificações técnicas.

Embora existam muitos fabricantes de CIs, a maior parte da nomenclatura e da terminologia é padronizada. Os termos mais úteis são definidos e discutidos a seguir.

Parâmetros de corrente e tensão (Figura 8.1)

- V_{IH}(mín) — tensão de entrada em nível alto (*high-level input voltage*). É o nível de tensão mínimo requerido para o nível lógico 1 em uma *entrada*. Qualquer tensão abaixo desse nível não será aceita como nível ALTO pelo circuito lógico.

- V_{IL}(máx) — tensão de entrada em nível baixo (*low-level input voltage*). É o nível de tensão máximo requerido para o nível lógico 0 em uma *entrada*. Qualquer tensão acima desse nível não será aceita como nível BAIXO pelo circuito lógico.

- V_{OH}(mín) — tensão de saída em nível alto (*high-level output voltage*). É o nível de tensão mínimo na *saída* de um circuito lógico, no estado lógico 1, sob determinadas condições de carga.

- V_{OL}(máx) — tensão de saída em nível baixo (*low-level output voltage*). É o nível de tensão máximo na *saída* de um circuito lógico, no estado lógico 0, sob determinadas condições de carga.

- I_{IH} — corrente de entrada em nível alto (*high-level input current*). É a corrente que flui para uma entrada quando uma tensão de nível ALTO especificada é aplicada nessa entrada.

- I_{IL} — corrente de entrada em nível baixo (*low-level input current*). É a corrente que flui para uma entrada quando uma tensão de nível baixo especificada é aplicada nessa entrada.

- I_{OH} — corrente de saída em nível alto (*high-level output current*). É a corrente que flui de uma saída, no estado lógico 1, sob determinadas condições de carga.

- I_{OL} — corrente de saída em nível baixo (*low-level output current*). É a corrente que flui de uma saída, no estado lógico 0, sob determinadas condições de carga.

Observação: os sentidos reais das correntes podem ser opostos àqueles mostrados na Figura 8.1, dependendo da família lógica. Todas as descrições de fluxo de corrente neste texto se referem ao fluxo de corrente convencional (do potencial maior para o menor). Mantendo a convenção da maioria dos manuais, a corrente que flui para um nó ou dispositivo é considerada positiva, e a que flui para fora é considerada negativa.

FIGURA 8.1 Correntes e tensões nos dois estados lógicos.

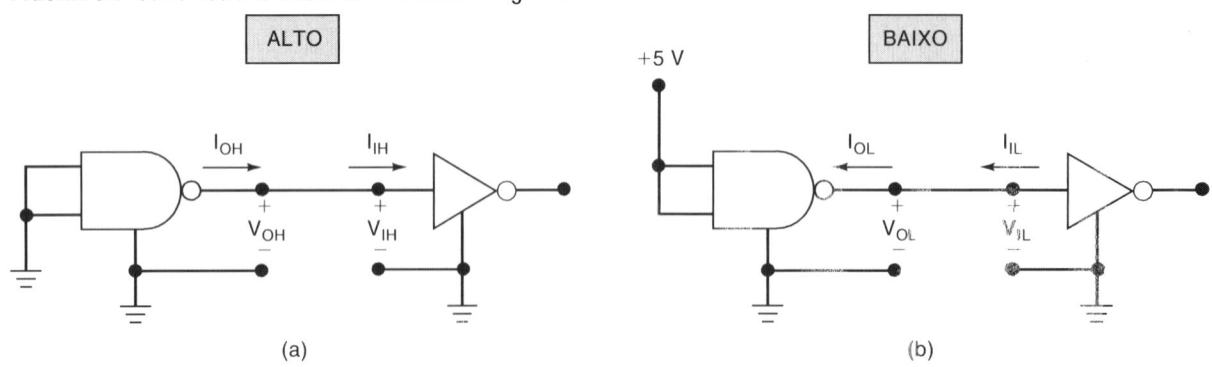

Fan-out

Em geral, a saída de um circuito lógico precisa acionar várias entradas lógicas. Às vezes, todos os CIs em um sistema digital pertencem a uma mesma família lógica, porém muitos sistemas fazem uso de diversas famílias. O termo **fan-out** (também denominado *fator de acionamento de carga*) é definido como o número *máximo* de entradas lógicas que uma saída pode acionar com segurança. Por exemplo, uma porta lógica especificada como tendo fan-out de 10 pode acionar 10 entradas lógicas. Se esse número for excedido, as tensões de nível lógico de saída não podem mais ser garantidas. É claro que o fan-out depende da natureza das entradas dos dispositivos conectados a uma saída. A menos que uma família lógica diferente seja especificada como dispositivo de carga, supõe-se que fan-out seja relativo a dispositivos de carga da mesma família do dispositivo acionador.

Atrasos de propagação

Um sinal lógico sempre sofre atraso ao atravessar um circuito. Os dois tempos de atrasos de propagação são definidos a seguir:

- t_{PLH}: tempo de atraso do estado lógico 0 para o estado lógico 1 (BAIXO para ALTO, ou *LOW to HIGH*).

- t_{PHL}: tempo de atraso do estado lógico 1 para o estado lógico 0 (ALTO para BAIXO, ou *HIGH to LOW*).

A Figura 8.2 ilustra esses atrasos de propagação para um INVERSOR. Observe que t_{PHL} é o atraso na resposta da saída quando ela vai de nível ALTO para BAIXO. Ele é medido entre os pontos que representam 50% nas transições de entrada e saída. O t_{PLH} é o atraso na resposta da saída quando ela vai de nível BAIXO para ALTO.

Em alguns circuitos lógicos, t_{PHL} e t_{PLH} não têm o mesmo valor, e ambos variarão dependendo das condições de carga capacitiva. Os valores dos tempos de propagação são usados como medida da velocidade relativa dos circuitos lógicos. Por exemplo, um circuito lógico com valores de 10 ns é mais rápido que um com valores de 20 ns, sob dadas condições de carga.

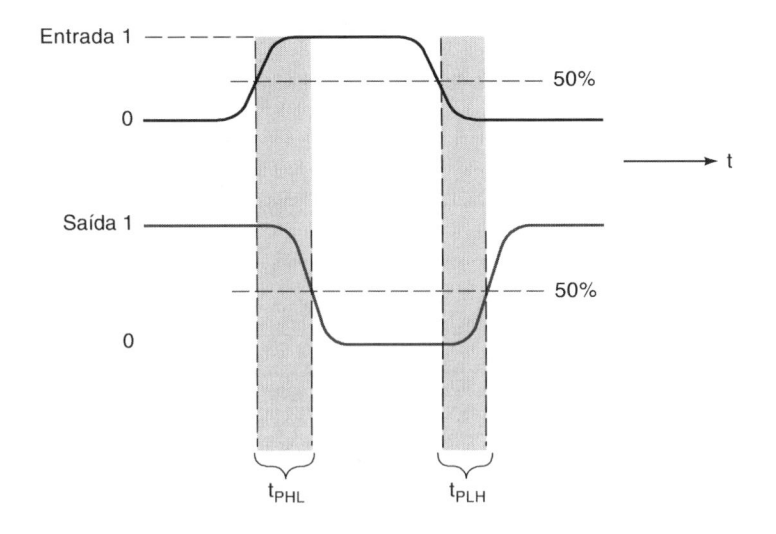

FIGURA 8.2 Atrasos de propagação.

Requisitos de potência

Todo CI necessita de certa quantidade de potência elétrica para ser operado. Essa potência é fornecida por uma ou mais tensões da fonte de alimentação conectadas ao(s) pino(s) de alimentação do CI identificados como V_{CC} (para TTL) ou V_{DD} (para dispositivos MOS).

A quantidade de potência que um CI requer é determinada pela corrente, I_{CC} (ou I_{DD}), que ele consome da fonte de alimentação V_{CC} (ou V_{DD}), e a potência real é o produto $I_{CC} \times V_{CC}$ (ou $I_{DD} \times V_{DD}$). Para muitos CIs, a corrente consumida da fonte varia conforme os estados lógicos dos circuitos no chip. Por exemplo, a Figura 8.3(a) mostra um chip NAND em que *todas as saídas* das portas estão em nível ALTO. A corrente consumida da fonte V_{CC} para esse caso é denominada I_{CCH}. Da mesma forma, a Figura 8.3(b) mostra o consumo de corrente quando *todas as saídas* estão em nível BAIXO. Essa corrente é chamada I_{CCL}. Os valores são medidos com as saídas em aberto (sem carga), já que o acionamento de carga também teria efeito sobre I_{CCH}.

Em alguns circuitos lógicos, I_{CCH} e I_{CCL} têm valores diferentes. Para alguns dispositivos, a corrente média é calculada considerando que as saídas das portas estão em nível BAIXO durante metade do tempo e em nível ALTO durante outra metade.

$$I_{CC}(\text{méd}) = \frac{I_{CCH} + I_{CCL}}{2}$$

Para calcular o consumo médio de potência, esta equação pode ser reescrita como

$$P_D(\text{méd}) = I_{CC}(\text{méd}) \times V_{CC}$$

FIGURA 8.3 I_{CCH} e I_{CCL}.

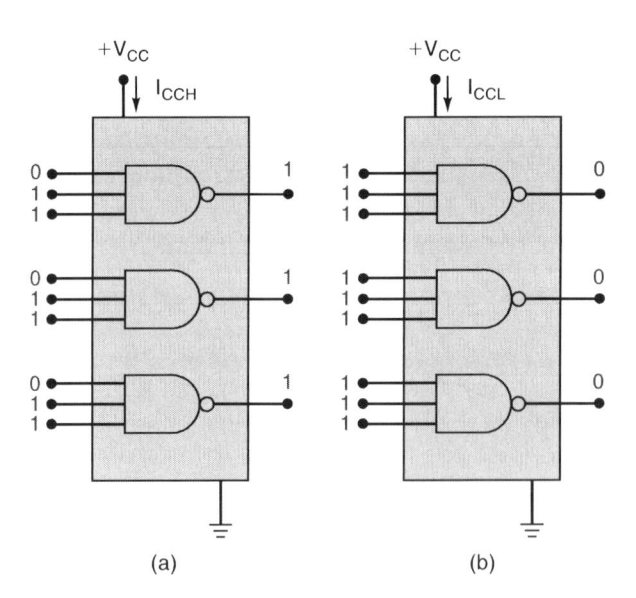

(a)   (b)

Imunidade ao ruído

Campos elétricos e magnéticos parasitas podem induzir tensões nos fios de conexão entre os circuitos lógicos. Esses sinais espúrios indesejáveis são chamados de *ruído* e podem, algumas vezes, fazer a tensão na entrada de um circuito lógico cair abaixo de $V_{IH}(\text{mín})$ ou aumentar além de $V_{IL}(\text{máx})$, o que pode produzir uma operação imprevisível. A **imunidade ao ruído** de um circuito lógico refere-se à capacidade do circuito de tolerar ruídos sem provocar alterações espúrias na tensão de saída. Uma medida quantitativa da imunidade ao ruído é denominada **margem de ruído** e é apresentada na Figura 8.4.

A Figura 8.4(a) consiste em um diagrama que mostra a faixa de tensões que podem ocorrer na saída de um circuito lógico. Qualquer tensão maior que V_{OH}(mín) é considerada nível lógico 1, e qualquer tensão menor que V_{OL}(máx) é considerada nível lógico 0. Tensões na faixa indeterminada não deveriam aparecer na saída de um circuito lógico sob condições normais. A Figura 8.4(b) mostra os requisitos de tensão na entrada de um circuito lógico, que responderá a qualquer entrada maior que V_{IH}(mín) como nível lógico 1 e a tensões menores que V_{IL}(máx) como nível lógico 0. As tensões na faixa indeterminada produzirão uma resposta imprevisível e não devem ser usadas.

A *margem de ruído para o estado alto* V_{NH} é definida como

$$V_{NH} = V_{OH}(\text{mín}) - V_{IH}(\text{mín}) \quad (8\text{-}1)$$

e é apresentada na Figura 8.4. V_{NH} é a diferença entre a menor saída em nível ALTO e a menor tensão de entrada necessária para um nível ALTO. Quando uma saída lógica em nível ALTO aciona uma entrada de um circuito lógico, qualquer pico de ruído negativo maior que V_{NH} que apareça na linha de sinal pode fazer a tensão cair na faixa indeterminada, na qual uma operação imprevisível pode acontecer.

A *margem de ruído para o estado BAIXO* V_{NL} é definida como

$$V_{NL} = V_{IL}(\text{máx}) - V_{OL}(\text{máx}) \quad (8\text{-}2)$$

e é a diferença entre a maior saída em nível BAIXO e a maior tensão de entrada requerida para esse nível. Quando uma saída lógica em nível BAIXO está acionando uma entrada lógica, qualquer pico de ruído positivo maior que V_{NL} pode fazer a tensão ir para a faixa indeterminada.

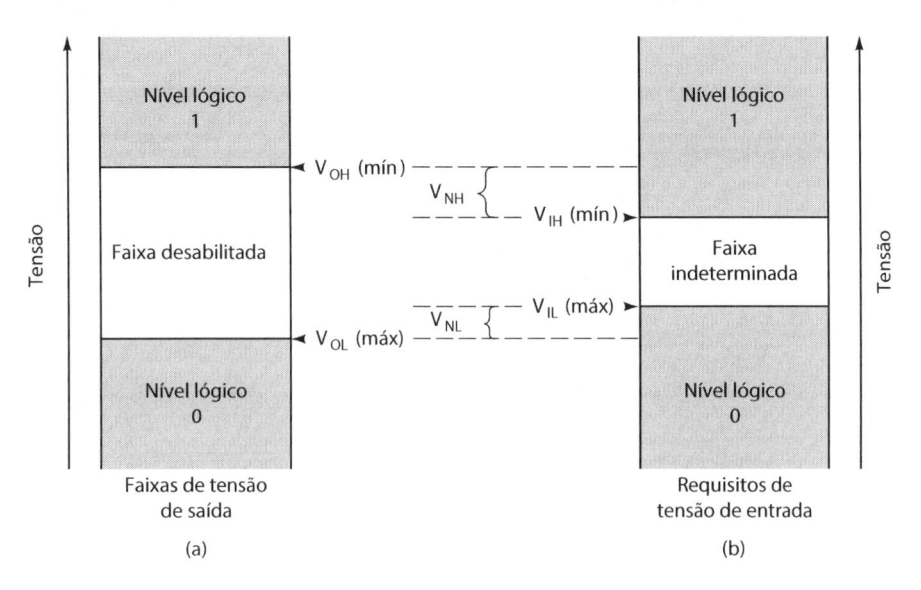

FIGURA 8.4 Margens de ruído CC.

EXEMPLO 8.1

As especificações das tensões de entrada e saída para a família TTL padrão estão listadas na Tabela 8.1. Use esses valores para determinar o que está sendo pedido a seguir.

(a) A maior amplitude de um pico de ruído que pode ser tolerada quando uma saída em nível ALTO aciona uma entrada.

(b) A maior amplitude de um pico de ruído que pode ser tolerada quando uma saída em nível BAIXO aciona uma entrada.

TABELA 8.1 Especificações de tensão I/O.

Parâmetro	Mín (V)	Típico (V)	Máx (V)
V_{OH}	2,4	3,4	
V_{OL}		0,2	0,4
V_{IH}	2,0*		
V_{IL}			0,8*

* Geralmente, apenas os valores V_{IH} mínimo e V_{IL} máximo são dados.

Solução

(a) Quando uma saída está em nível ALTO, ela pode estar tão baixa quanto V_{OH}(mín) = 2,4 V. A tensão mínima a que uma entrada responderá como nível ALTO é V_{IH}(mín) = 2,0 V. Um pico negativo de ruído pode levar a tensão real abaixo dos 2,0 V caso sua amplitude seja maior que

$$V_{NH} = V_{OH}(\text{mín}) - V_{IH}(\text{mín})$$
$$= 2,4\,V - 2,0\,V = 0,4\,V$$

(b) Quando uma saída está em nível BAIXO, ela pode ser tão alta quanto V_{OL}(máx) = 0,4 V. A tensão máxima a que uma entrada responderá como nível BAIXO é V_{IL}(máx) = 0,8 V. Um pico positivo de ruído pode levar a tensão real para acima dos 0,8 V caso sua amplitude seja maior que

$$V_{NL} = V_{IL}(\text{máx}) - V_{OL}(\text{máx})$$
$$= 0,8\,V - 0,4\,V = 0,4\,V$$

Níveis de tensão inválidos

Para operar de maneira adequada, os níveis de tensão de entrada de um circuito lógico devem ser mantidos fora da faixa indeterminada apresentada na Figura 8.4(b); ou seja, eles devem ser menores que V_{IL}(máx) ou maiores que V_{IH}(mín). Para as especificações da série TTL padrão, apresentadas no Exemplo 8.1, isso significa que a tensão de entrada deve ser menor que 0,8 V ou maior que 2,0 V. Uma tensão de entrada entre 0,8 e 2,0 V é considerada *inválida* e produzirá uma resposta de saída imprevisível, de modo que deve ser evitada. Em operação normal, uma tensão de entrada lógica não estará dentro da região inválida, pois vem de uma saída lógica dentro das especificações apresentadas. Contudo, quando essa saída lógica tem problema de funcionamento ou de sobrecarga (ou seja, seu fan-out é excedido), então sua tensão pode estar na região inválida. Os níveis inválidos de tensão em um circuito digital também podem ser causados por tensões de alimentação fora da faixa aceitável. É importante saber as faixas de tensões válidas para a família lógica usada, de modo que condições inválidas possam ser reconhecidas durante testes ou análise de defeitos.

Ação de fornecimento de corrente e de absorção de corrente

As famílias lógicas podem ser descritas segundo o modo como a corrente flui entre a saída de um circuito lógico e a entrada de outro. A Figura 8.5(a) demonstra a ação de **fornecimento de corrente**. Quando a saída da porta n. 1 está em nível ALTO, ela fornece uma corrente I_{IH} para a entrada da porta n. 2, que funciona essencialmente como resistência para a GND. Desse modo, a saída da porta n. 1 funciona como *fornecedora* de corrente para a entrada da porta n. 2. É possível comparar a uma torneira que opera como *fonte* de água.

A ação de **absorção de corrente** é demonstrada na Figura 8.5(b). Nesse caso, o circuito de entrada da porta n. 2 está representado como resistência ligada a +V_{CC}, o terminal positivo da fonte de alimentação. Quando a saída da porta n. 1 vai para o estado BAIXO, a corrente flui no sentido mostrado, do circuito de entrada da porta n. 2, pela resistência da saída da porta n. 1, para GND. Em outras palavras, no estado BAIXO o circuito da saída que aciona a entrada da porta n. 2 deve ser capaz de *absorver* a corrente, I_{IL}, vinda dessa entrada. É possível pensar nisso como um *ralo* pelo qual a água flui.

A distinção entre o fornecimento e a absorção de corrente é importante e se tornará mais aparente ao analisarmos as diversas famílias lógicas.

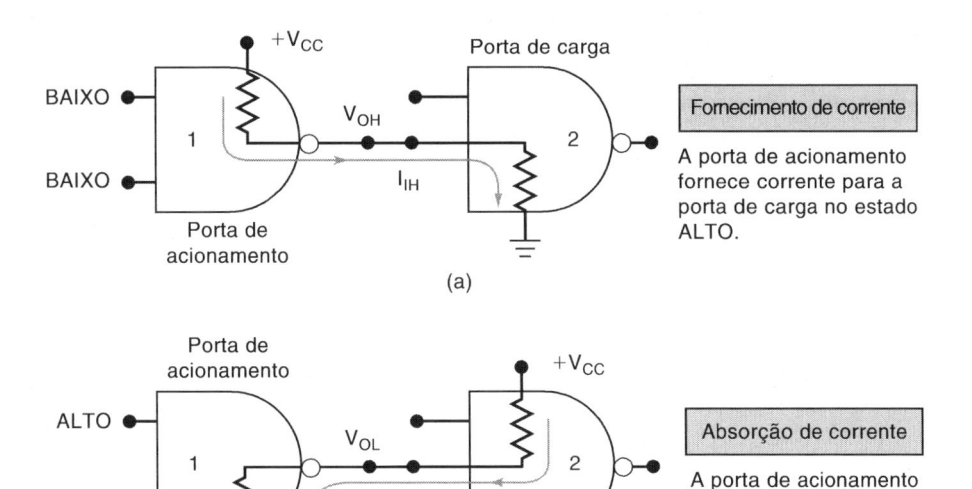

FIGURA 8.5 Comparação entre as ações de fornecimento de corrente e de absorção de corrente.

Encapsulamentos de CIs

Os desenvolvimentos e avanços nos circuitos integrados continuam cada vez mais velozes. O mesmo vale para os encapsulamentos de CIs. Existe uma variedade de tipos de encapsulamentos, que se diferem no tamanho físico, nas condições ambientais e de consumo de energia sob as quais o dispositivo pode operar de maneira confiável e no modo pelo qual o encapsulamento do CI é montado na placa de circuito impresso. A Figura 8.6 mostra sete encapsulamentos de CIs representativos.

O encapsulamento na Figura 8.6(a) é o **DIP** (do inglês, ***dual-in-line package***), que existe há bastante tempo. Seus pinos (ou *leads*) estão dispostos nos dois maiores lados do encapsulamento retangular. O dispositivo mostrado é um DIP de 24 pinos. Observe a presença do chanfro em um dos lados, usado para localizar o pino 1. Alguns DIPs utilizam um pequeno ponto na superfície superior do encapsulamento para localizar o pino 1. Os pinos que saem do encapsulamento DIP estão dispostos de tal forma que o CI pode ser colocado em um soquete ou inserido nos furos de uma placa de circuito impresso. O espaçamento entre os pinos (**passo entre pinos**) mais comum é de 100 mils (um mil é um milésimo de polegada).

Quase todas as placas de circuito novas produzidas por equipamentos automáticos de fabricação deixaram de usar o encapsulamento DIP, cujos pinos são inseridos pelos furos na placa de circuito impresso. Os métodos atuais de fabricação utilizam a **tecnologia de montagem em superfície** (**SMT**, do inglês, *surface-mount technology*), que coloca um CI sobre contatos elétricos na superfície da placa. Eles são mantidos no lugar por uma pasta de solda, e a placa inteira é aquecida para a realização das conexões de solda. A precisão da máquina de colocação permite um espaçamento bem pequeno entre pinos. Os pinos nos encapsulamentos para montagem em superfície são dobrados, apresentando uma área adequada para a solda. Por conta da forma de seus pinos, esse encapsulamento é chamado de *gull-wing* ("asa de gaivota"). Podem ser encontrados muitos encapsulamentos diferentes para dispositivos de montagem em superfície. Alguns dos mais comuns para CIs lógicos são mostrados na Figura 8.6. Os tipos mais antigos de encapsulamentos de montagem em superfície são os vários de contorno pequeno, como o SOIC (do inglês, *small-outline integrated circuit*), mostrado na Figura 8.6(b). A Tabela 8.2 fornece a definição de cada sigla, com as respectivas dimensões.

A necessidade de mais e mais conexões em CIs complexos resultou em outro encapsulamento bastante popular, que tem pinos nos quatro lados do chip. O PLCC tem pinos no formato da letra J, que se curvam sob o CI, conforme mostrado na Figura 8.6(c). Esses dispositivos podem ser montados diretamente em placas de circuito impresso e, também, colocados em soquetes PLCC especiais. Isso costuma ser feito com componentes que podem precisar ser substituídos em reparos ou atualizações, como dispositivos lógicos programáveis ou unidades centrais de processamento em computadores. Os encapsulamentos QFP e TQFP possuem pinos asas de gaivota nos quatro lados, conforme mostra a Figura 8.6(d). O BGA (do inglês, *ball grid array*), mostrado na Figura 8.6(e), é um encapsulamento para montagem em superfície que oferece densidade ainda maior. O PGA (do inglês, *pin grid array*) é um encapsulamento semelhante usado quando os componentes são inseridos em soquetes, o que permite que sejam removidos com facilidade. O encapsulamento PGA tem um longo pino em vez de bolas de contatos (BGA) em cada posição da matriz de contatos. O encapsulamento LGA (do inglês, *land grid array*) na Figura 8.6(f) é, essencialmente, um encapsulamento BGA sem as bolas de solda fixadas.

A proliferação de equipamentos pequenos e portáteis ao consumidor, como câmeras digitais, telefones celulares, computadores portáteis (PDAs), sistemas de áudio portáteis e outros dispositivos, criou uma necessidade de circuitos lógicos em encapsulamentos muito pequenos. Existem portas lógicas disponíveis em encapsulamentos para montagem em superfície individuais contendo uma, duas ou três portas (1G, 2G, 3G, respectivamente). Esses dispositivos podem ter um número de pinos tão reduzido quanto cinco ou seis (alimentação, terra [GND], duas ou três entradas e uma saída), como o encapsulamento exemplificado na Figura 8.6(g), e ocupar menos espaço que uma letra nesta página.

FIGURA 8.6 Encapsulamentos comuns de CIs.

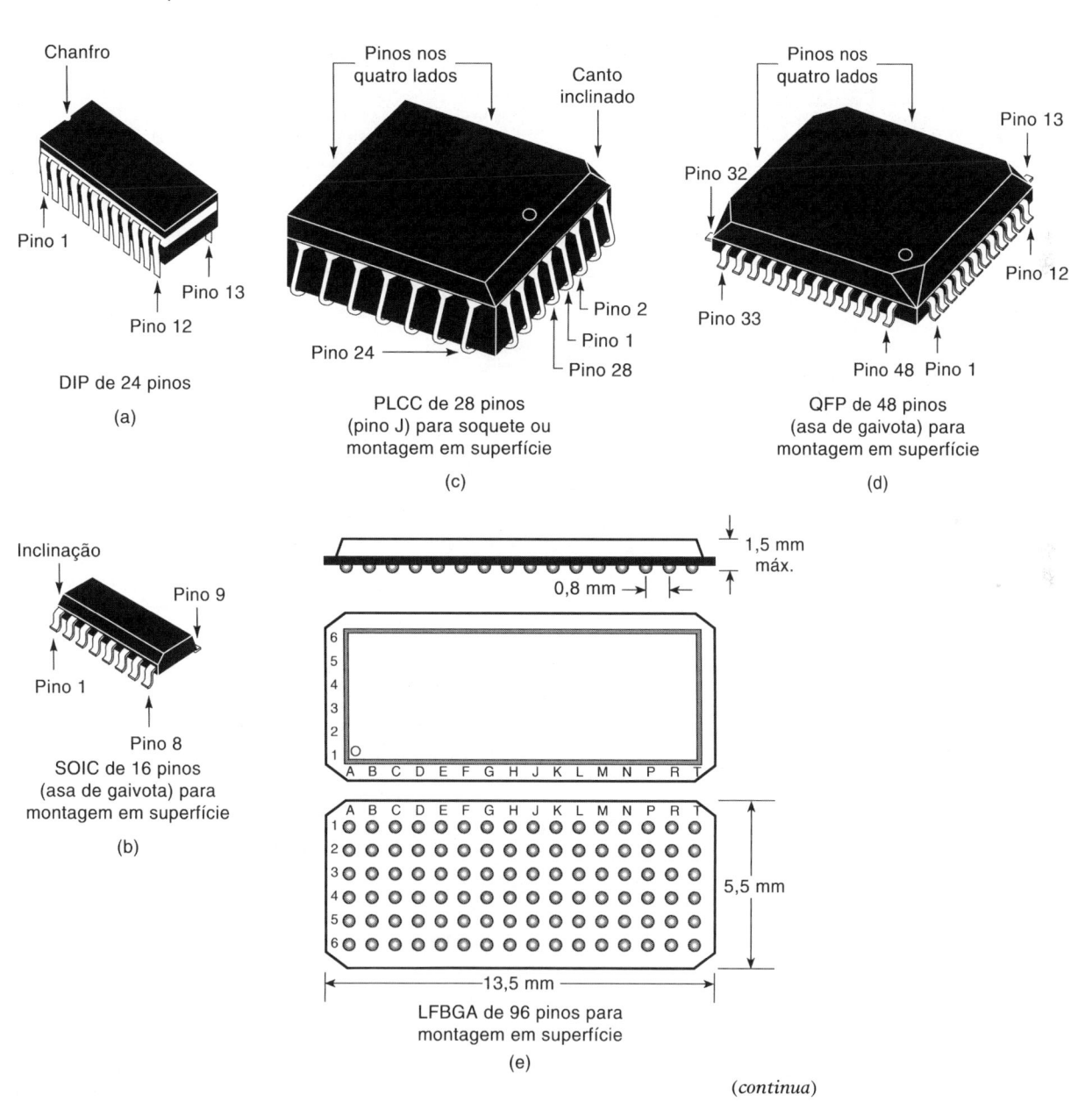

DIP de 24 pinos
(a)

SOIC de 16 pinos
(asa de gaivota) para
montagem em superfície
(b)

PLCC de 28 pinos
(pino J) para soquete ou
montagem em superfície
(c)

QFP de 48 pinos
(asa de gaivota) para
montagem em superfície
(d)

LFBGA de 96 pinos para
montagem em superfície
(e)

(*continua*)

(*continuação*)

LGA de 208 pinos para montagem em superfície
(f)

SC-70 de 5 ou 6 pinos para montagem em superfície
(g)

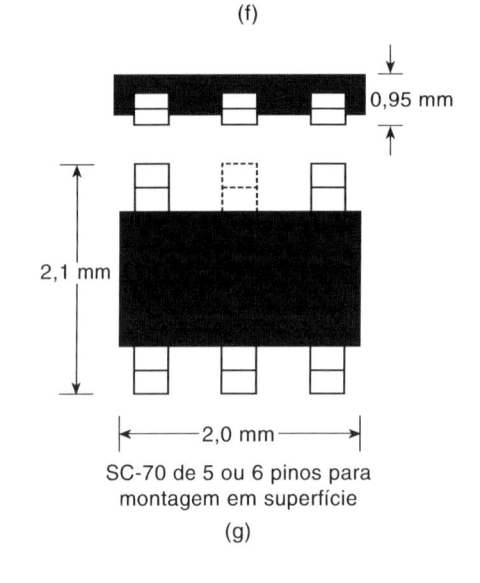

TABELA 8.2 Encapsulamento de CIs.

Sigla	Nome do encapsulamento	Altura	Passo entre pinos
DIP	Dual-in-line package	200 mils (5,1 mm)	100 mils (2,54 mm)
SOIC	Small outline integrated circuit	2,65 mm	50 mils (1,27 mm)
SSOP	Shrink small outline package	2,0 mm	0,65 mm
TSSOP	Thin shrink small outline package	1,1 mm	0,65 mm
TVSOP	Thin very small outline package	1,2 mm	0,4 mm
PLCC	Plastic leaded chip carrier	4,5 mm	1,27 mm
QFP	Quad flat pack	4,5 mm	0,635 mm
TQFP	Thin quad flat pack	1,6 mm	0,5 mm
LFBGA	Low-profile fine-pitch ball grid array	1,5 mm	0,8 mm
LGA	Land grid array	0,9 mm	0,8 mm

QUESTÕES DE REVISÃO

1. Defina cada termo: V_{OH}, V_{IL}, I_{OL}, I_{IH}, t_{PLH}, t_{PHL}, I_{CCL} e I_{CCH}.
2. *Verdadeiro ou falso*: se um circuito lógico tem um fan-out de 5, o circuito tem cinco saídas.
3. *Verdadeiro ou falso*: a margem de ruído em nível ALTO é a diferença entre V_{IH}(mín) e V_{CC}.
4. Descreva a diferença entre fornecimento de corrente e absorção de corrente.
5. Que tipo de encapsulamento de CIs pode ser colocado em soquetes?
6. Que tipo de encapsulamento tem pinos dobrados sob o CI?
7. Em que os encapsulamentos para montagem em superfície diferem dos DIPs?
8. Um dispositivo TTL padrão funcionará com nível de entrada de 1,7 V?

8.2 A FAMÍLIA LÓGICA TTL

OBJETIVOS

Após ler esta seção, você será capaz de:

- Relacionar a tecnologia do transistor bipolar e a configuração do circuito às características operacionais do TTL.
- Relacionar a função lógica à operação do circuito usando circuitos de transistores bipolares.

Durante a preparação deste livro, CIs de integrações em pequena e média escalas (SSI e MSI) ainda estavam disponíveis na tecnologia da série **TTL** padrão, que existe há mais de 45 anos. Essa série original de dispositivos e seus descendentes na família TTL teve enorme influência sobre as características dos dispositivos lógicos atuais. Gerações sucessivas de lógica TTL foram desenvolvidas por duas décadas com cada geração proporcionando melhorias graduais na velocidade e no consumo de energia. Embora a família bipolar TTL como um todo esteja em declínio, iniciaremos nossa apresentação sobre CIs lógicos com os dispositivos que deram forma à tecnologia digital.

O circuito lógico básico TTL é a porta NAND, mostrada na Figura 8.7(a). Ainda que a família TTL padrão esteja quase obsoleta, é possível aprender muito sobre os dispositivos atuais da família lógica estudando o circuito original em sua forma mais simples. As características de entrada da família TTL são provenientes da configuração de múltiplos emissores (junção de diodo) do transistor Q_1. A polarização direta de qualquer (ou ambas) dessas junções de diodos fará Q_1 conduzir. Apenas quando todas as junções estiverem polarizadas inversamente, o transistor estará em corte. Esse transistor de entrada com *múltiplos emissores* pode ter até oito emissores, em uma porta NAND de oito entradas.

Observe, também, que, na saída do circuito, os transistores Q_3 e Q_4 estão em uma configuração denominada **totem pole**. O estágio totem pole é construído com dois transistores que operam como chaves, Q_3 e Q_4. A função de Q_3 é conectar V_{CC} à saída, produzindo nível lógico ALTO. A função de Q_4 é conectar a saída à GND, produzindo nível lógico BAIXO. Como veremos em breve, em uma operação normal, Q_3 ou Q_4 conduzirá, dependendo do estado lógico da saída.

FIGURA 8.7 (a) Porta NAND TTL básica; (b) equivalente a diodo para Q_1.

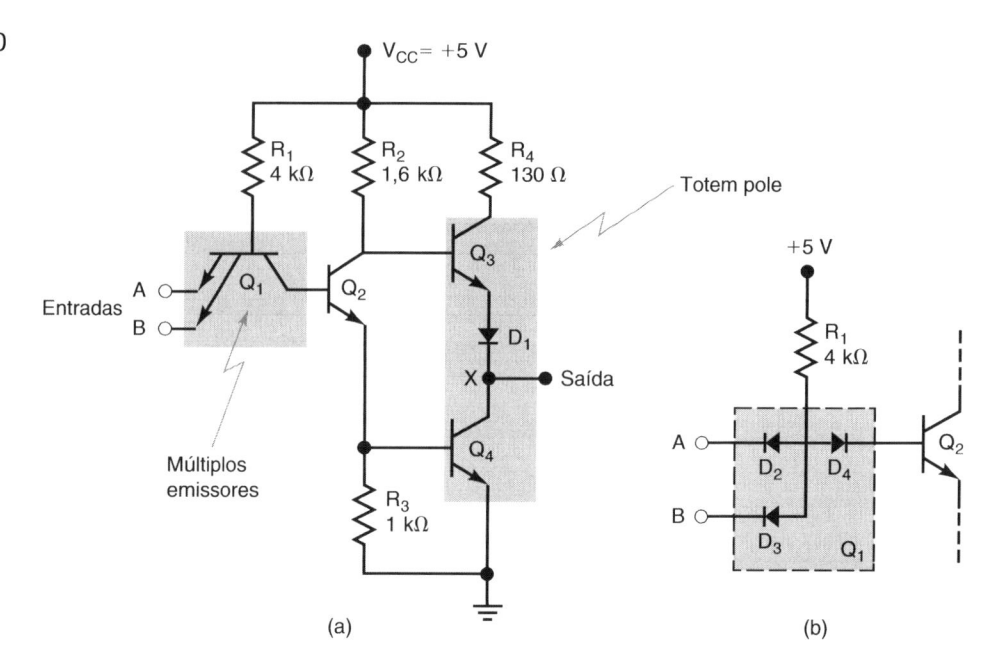

Operação do circuito — estado BAIXO

Embora esse circuito pareça complexo, é possível simplificar a análise utilizando o equivalente ao diodo do transistor de múltiplos emissores, Q_1, conforme mostrado na Figura 8.7(b). Os diodos D_2 e D_3 representam as duas junções base-emissor (E–B) de Q_1, e D_4 é a junção base-coletor (C–B). Na análise a seguir, vamos usar essa representação para Q_1.

Primeiro, vamos considerar o caso em que a saída está em nível BAIXO. A Figura 8.8(a) mostra essa situação com as entradas A e B em +5 V. A tensão de +5 V nos catodos de D_2 e D_3 deixa esses diodos cortados, e eles praticamente não conduzirão corrente. A fonte de +5 V fornecerá corrente por R_1 e D_4 para a base de Q_2, que conduz. A corrente do emissor de Q_2 fluirá para a base de Q_4 e o fará conduzir. Ao mesmo tempo, o fluxo de corrente no coletor de Q_2 produz queda de tensão sobre R_2, que reduz a tensão no coletor de Q_2 para um valor baixo que é insuficiente para fazer Q_3 conduzir.

A tensão do coletor de Q_2 é de cerca de 0,8 V. Isso porque o emissor de Q_2 está a 0,7 V em relação à GND, por conta da tensão direta entre E–B de Q_4, e o coletor de Q_2 está a 0,1 V em relação a seu emissor por conta do V_{CE}(sat). Esse valor de 0,8 V na base de Q_3 não é suficiente para polarizar diretamente a junção E–B de Q_3 e o diodo D_1. Na verdade, D_1 é necessário para manter Q_3 cortado nessa situação.

Com Q_4 conduzindo, o terminal de saída, X, estará com tensão muito baixa, uma vez que a resistência de Q_4, quando conduz, é baixa (1 a 25 Ω). Na verdade, a tensão de saída, V_{OL}, depende de quanta corrente de coletor Q_4 conduz. Com Q_3 cortado, não existe corrente vindo do terminal da fonte de +5 V por R_4. Como veremos, a corrente do coletor de Q_4 virá das entradas TTL às quais o terminal X estiver conectado.

É importante notar que as entradas em nível ALTO, A e B, terão de fornecer apenas a pequena corrente de fuga dos diodos. Normalmente, essa corrente, I_{IH}, é por volta de 10 μA em temperatura ambiente.

FIGURA 8.8 Porta NAND TTL nos seus dois estados de saída.

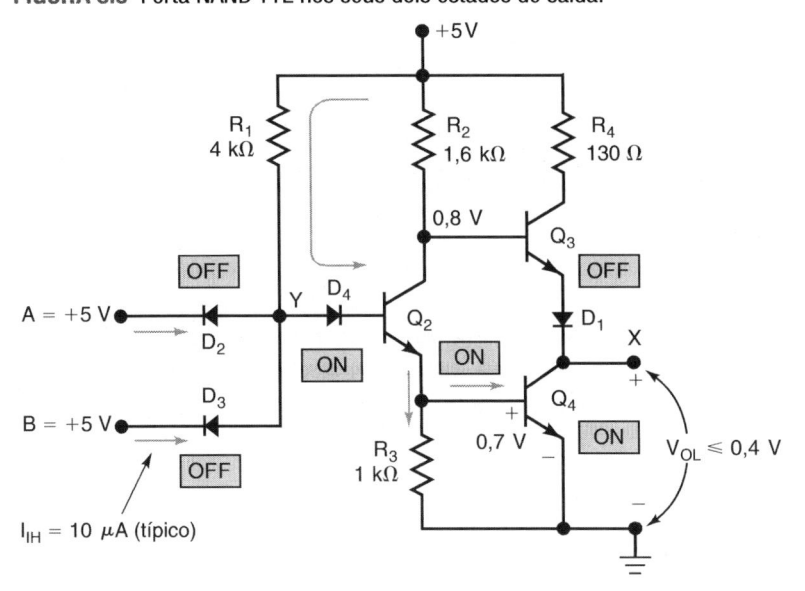

(a) Saída em nível BAIXO

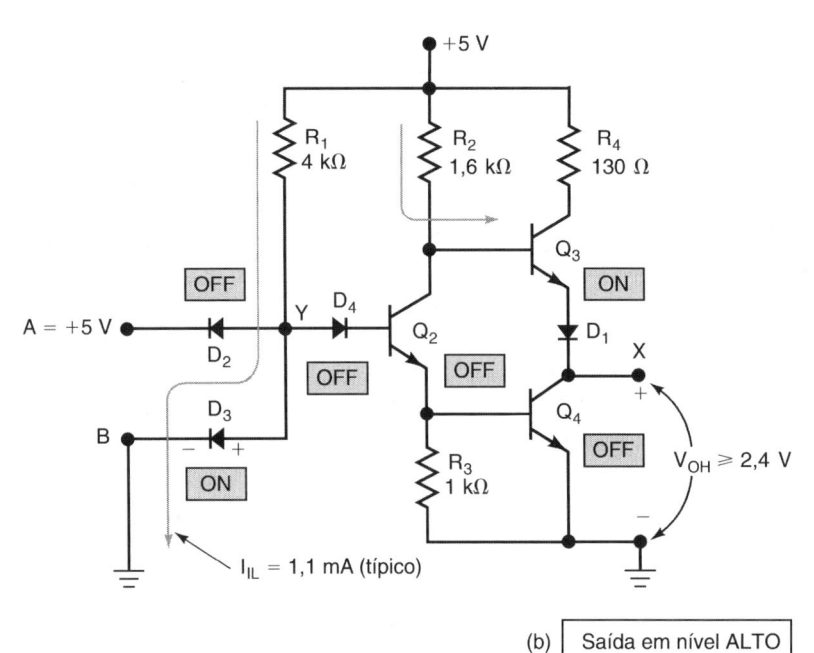

Condições de entrada	Condições de saída
A e B estão ambas em nível ALTO (≥ 2 V)	Q_3 OFF
As correntes de entrada são muito baixas $I_{IH} = 10$ μA	Q_4 ON, logo, V_x está em nível baixo ($\leq 0,4$ V)

(b) Saída em nível ALTO

Condições de entrada	Condições de saída
A ou B ou ambas estão em nível BAIXO ($\leq 0,8$ V)	Q_4 OFF
A corrente flui para GND pelo terminal de entrada em nível BAIXO $I_{IL} = 1,1$ mA	Q_3 atua como seguidor de emissor e $V_{OH} \geq 2,4$ V, em geral, 3,6 V

Operação do circuito — estado ALTO

A Figura 8.8(b) mostra a situação em que a saída do circuito está em nível ALTO. Essa situação pode ser produzida conectando uma ou ambas as entradas em nível BAIXO. Nesse caso, a entrada B está conectada a GND. Isso polarizará D_3 diretamente, de modo que a corrente fluirá do terminal de +5 V, por R_1 e D_3 e pelo terminal B, para GND. A tensão direta sobre D_3 manterá o ponto Y em cerca de 0,7 V. Essa tensão não é suficiente para polarizar D_4 e a junção E–B de Q_2 para condução.

Com Q_2 em corte, não existe corrente de base para Q_4, e ele corta. Como não existe corrente de coletor em Q_2, a tensão na base de Q_3 será grande o suficiente para polarizar diretamente Q_3 e D_1, de modo que Q_3 conduz. Na verdade, Q_3 opera como seguidor de emissor, porque o terminal de saída X está no emissor. Sem carga conectada do ponto X para GND, V_{OH} estará em torno de 3,4 a 3,8 V, pois duas quedas de diodo de 0,7 V (E–B de Q_3 e D_1) devem ser subtraídas dos 5 V aplicados à base de Q_3. Essa tensão diminuirá com a carga, porque esta receberá corrente do emissor de Q_3, que, por sua vez, receberá corrente de base por R_2, aumentando, portanto, a queda de tensão sobre R_2.

É importante notar que existe uma corrente substancial fluindo pelo terminal de entrada B para GND, quando B é mantida em nível BAIXO. Essa corrente, I_{IL}, é determinada pelo valor do resistor R_1, que varia de uma série para outra. Para TTL padrão, ela está em torno de 1,1 mA. A entrada B em nível BAIXO funciona como *absorvedor* para GND dessa corrente.

Ação de absorção de corrente

Uma saída TTL atua como absorvedor de corrente no estado BAIXO, pois *recebe* corrente da entrada da porta que está acionando. A Figura 8.9 mostra uma porta TTL acionando a entrada de outra porta (a carga) para ambos os estados de tensão de saída. Para a situação de estado de saída em nível BAIXO apresentada na Figura 8.9(a), o transistor Q_4 da porta de acionamento está conduzindo (ON) e "conecta" o ponto X à GND. Essa tensão em nível BAIXO em X polariza diretamente a junção base-emissor de Q_1, e a corrente flui, como mostrado, de volta por Q_4. Desse modo, Q_4 está realizando uma ação de absorção da corrente (I_{IL}) proveniente da entrada da porta de carga. É comum nos referirmos a Q_4 como **transistor de absorção de corrente** ou **transistor de pull-down**, porque leva a tensão de saída para seu estado BAIXO.

FIGURA 8.9 (a) Quando a saída TTL está no estado BAIXO, Q_4 atua como absorvedor de corrente, drenando sua corrente da carga. (b) Com a saída no estado ALTO, Q_3 atua como fornecedor de corrente para a porta de carga.

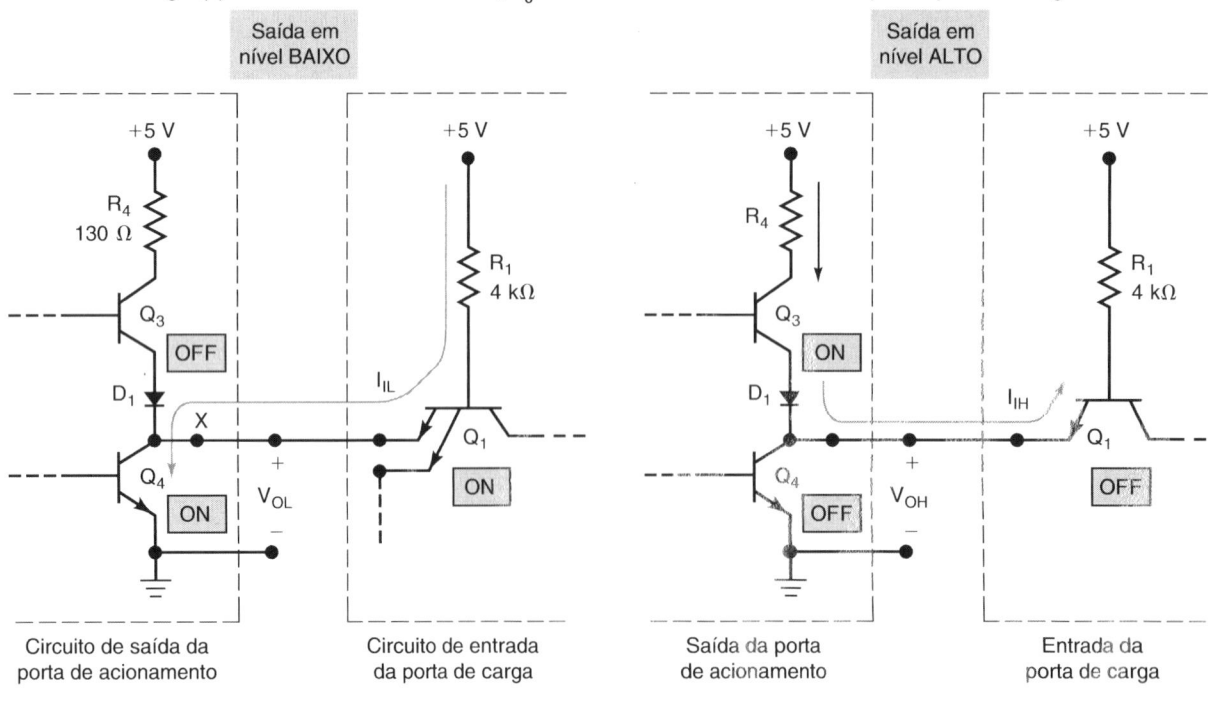

Ação de fornecimento de corrente

Uma saída TTL atua como fornecedora de corrente no estado ALTO. Isso é mostrado na Figura 8.9(b), em que o transistor Q_3 está fornecendo a corrente de entrada, I_{IH}, necessária para o transistor Q_1 da porta de carga. Conforme já mencionado, é uma pequena corrente de fuga de polarização reversa (normalmente, 10 μA). Costumamos nos referir a Q_3 como **transistor de fornecimento de corrente** ou **transistor de pull-up**. Em algumas das séries TTL mais modernas, o circuito de pull-up é formado por dois transistores, em vez de por um transistor e um diodo.

Circuito de saída totem pole

Diversos pontos devem ser comentados com relação à configuração totem pole do circuito de saída TTL, como mostrado na Figura 8.9, já que não é claro por que ele é usado. A mesma lógica poderia ser obtida eliminando-se Q_3 e D_1 e conectando a parte de baixo de R_4 no coletor de Q_4. Mas isso significa que Q_4 conduziria uma corrente bem maior no estado saturado (5 V/130 $\Omega \approx$ 40 mA). Com Q_3 no circuito, não existirá corrente por R_4 no estado de saída BAIXO. Isso é importante, pois mantém baixa a dissipação de potência do circuito.

Outra vantagem dessa configuração ocorre no estado de saída em nível ALTO. Nesse caso, Q_3 atua como seguidor de emissor, com baixa impedância de saída (normalmente, 10 Ω). Essa baixa impedância de saída acarreta uma pequena constante de tempo para carregar qualquer carga capacitiva na saída. Essa ação (geralmente, chamada de *pull-up ativo*) proporciona tempos de subida muito curtos para as formas de onda nas saídas TTL.

Uma desvantagem da configuração de saída totem pole acontece durante a transição de nível BAIXO para ALTO. Infelizmente, Q_4 para de conduzir mais lentamente que Q_3 passa a conduzir, portanto, existe um intervalo de poucos nanossegundos durante o qual ambos os transistores estão conduzindo, e uma corrente relativamente grande (30 a 40 mA) será consumida da fonte de 5 V. Isso pode representar um problema que analisaremos adiante.

Porta NOR TTL

A Figura 8.10 mostra o circuito interno para uma porta NOR TTL. Não faremos análise detalhada desse circuito, mas é importante notar como ele pode ser comparado com o circuito NAND mostrado na Figura 8.8. Na entrada, é possível ver que o circuito NOR *não usa um transistor com múltiplos emissores*; em vez disso, cada entrada é aplicada ao emissor de um transistor em separado. Na saída, o circuito NOR utiliza a mesma configuração totem pole que o circuito NAND.

Resumo

Todos os circuitos TTL têm estrutura semelhante. As portas NAND e AND utilizam transistores de múltiplos emissores ou múltiplas junções de diodos nas entradas; as portas NOR e OR usam transistores de entrada separados. Em qualquer dos casos, a entrada será o catodo (região N) de uma junção P–N, de modo que uma tensão de entrada em nível ALTO manterá a junção reversamente polarizada, e apenas uma pequena corrente de fuga (I_{IH}) fluirá. Por outro lado, uma tensão de entrada em nível BAIXO faz a junção conduzir, e uma corrente relativamente grande (I_{IL}) fluirá de volta para a fonte do sinal. A maioria dos circuitos TTL, não todos, tem algum tipo de configuração de saída totem pole. Existem exceções que discutiremos adiante.

FIGURA 8.10 Circuito da porta NOR TTL.

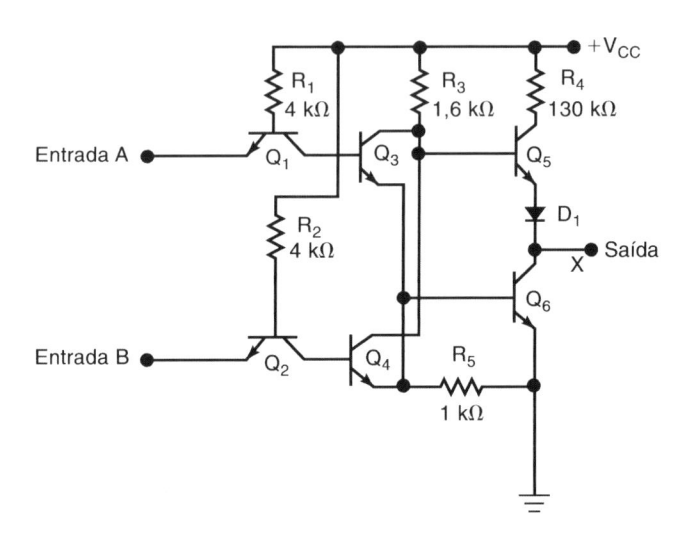

QUESTÕES DE REVISÃO

1. *Verdadeiro ou falso*: uma saída TTL atua como absorvedor de corrente no estado BAIXO.
2. Em qual estado de entrada TTL flui a maior quantidade de corrente?
3. Relacione vantagens e desvantagens de uma saída totem pole.
4. Qual transistor TTL é o de pull-up no circuito NAND?
5. Qual transistor TTL é o de pull-down no circuito NOR?
6. Em que o circuito TTL NOR difere do circuito NAND?

8.3 ESPECIFICAÇÕES TÉCNICAS (DATA SHEETS) PARA TTL

OBJETIVO

Após ler esta seção, você será capaz de:

- Usar uma especificação técnica para encontrar características operacionais de qualquer dispositivo lógico.

Em 1964, a Texas Instruments Corporation introduziu a primeira linha de CIs TTL padrão. As séries 54/74, como eram denominadas, têm sido uma das famílias lógicas de CIs mais usadas. Vamos nos referir a elas apenas como série 74, uma vez que a principal diferença entre as versões 54 e 74 é que os dispositivos das séries 54 podem operar em faixas de temperatura e tensão de alimentação maiores. Muitos fabricantes de semicondutores ainda produzem CIs TTL. Felizmente, todos usam o mesmo sistema de número de identificação, de modo que o número de identificação básico de um CI é o mesmo de um fabricante para outro. Contudo, cada um anexa prefixos próprios ao número de identificação do CI. Por exemplo, a Texas Instruments usa o prefixo SN, a National Semiconductor usa DM, e a Signetics usa S. Desse modo, dependendo do fabricante, você pode ver um chip quádruplo de portas NOR denominado DM7402, SN7402, S7402 ou semelhante. A parte importante é o número 7402, que é o mesmo para todos os fabricantes.

Conforme aprendemos no Capítulo 4, existem diversas séries de dispositivos lógicos na família TTL (74, 74LS, 74S etc.). A série padrão original e seus descendentes imediatos (74, 74LS, 74S) não são mais recomendados pelos fabricantes para uso em novos projetos. Apesar disso, ainda existe demanda suficiente para manter a produção. O entendimento das características que definem as capacidades e limitações de qualquer dispositivo lógico é vital. Esta seção definirá essas características usando as séries ALS (Schottky avançada de baixa potência, em inglês: *advanced low--power Schottky*) e o ajudará a entender uma típica especificação técnica (*data sheet*). Mais adiante, introduziremos as outras séries TTL e compararemos as características.

É possível encontrar todas as informações a respeito de qualquer CI consultando as especificações técnicas (*data sheets*), publicadas pelo fabricante, para determinada família de CIs. Essas especificações podem ser obtidas em manuais, CD-ROMs ou pela internet, no site do fabricante do CI. A Figura 8.11 apresenta as especificações técnicas do fabricante para o CI de portas NAND 74ALS00, que mostra as condições de operação recomendadas, características elétricas e características de comutação, e é onde a maioria dos parâmetros discutidos nos parágrafos seguintes nesta seção pode ser encontrada. À medida que discutimos cada parâmetro, você deve recorrer a essa especificação técnica para saber a origem da informação.

FIGURA 8.11 Manual (*data sheet*) da porta NAND do CI 74ALS00.

Recommended Operating Conditions		54ALS00			74ALS00			Unit
		Min	Nominal	Max	Min	Nominal	Max	
V_{CC}	Supply voltage	4.5	5	5.5	4.5	5	5.5	V
V_{IH}	High-level input voltage	2			2			V
V_{IL}	Low-level input voltage			0.8			0.8	V
I_{OL}	Low-level output current			4			8	mA
I_{OH}	High-level output current			−0.4			−0.4	mA
T_A	Operating free-air temperature	−55		125	0		70	°C

Electrical Characteristics		54ALS00			74ALS00			Unit
Parameter	Test Conditions	Min	Typical	Max	Min	Typical	Max	
V_{IK}	V_{CC} = 4.5 V I_I = −18 mA			−1.2			−1.5	V
V_{OH}	V_{CC} = 4.5 V I_{OH} = −0.4 mA	$V_{CC}-2$			$V_{CC}-2$			V
V_{OL}	V_{CC} = 4.5 V I_{OL} = 4 mA		0.25	0.4		0.25	0.4	V
	I_{OL} = 8 mA					0.35	0.5	
I_I	V_{CC} = 5.5 V V_I = 7 V			0.1			0.1	mA
I_{IH}	V_{CC} = 5.5 V V_I = 2.7 V			20			20	uA
I_{IL}	V_{CC} = 5.5 V V_I = 0.4 V			−0.1			−0.1	mA
I_O	V_{CC} = 5.5 V V_O = 2.25 V	−20		−112	−30		−112	mA
I_{CCH}	V_{CC} = 5.5 V V_I = 0 V		0.5	0.85		0.5	0.85	mA
I_{CCL}	V_{CC} = 5.5 V V_I = 4.5 V		1.5	3		1.5	3	mA

(*continua*)

(continuação)

Switching Characteristics			V_{CC} = 4.5 V to 5.5 V C_L = 50 pF R_L = 500Ω $T_{A = MIN\ to\ MAX}$				Unit
			54ALS00		74ALS00		
Parameter	From (input)	To (output)	Min	Max	Min	Max	
t_{PLH}	A or B	Y	3	15	3	11	ns
t_{PHL}			2	9	2	8	ns

Faixas de tensão de alimentação e de temperatura

Tanto a série 74ALS quanto a 54ALS usam tensão de alimentação nominal (V_{CC}) de 5 V e podem tolerar uma variação de 4,5 a 5,5 V. A série 74ALS é projetada para operar de forma adequada em temperatura ambiente variando de 0 a 70 °C, enquanto a série 54ALS pode operar de –55 °C a +125 °C. Por causa da maior tolerância a variações de tensão e temperatura, a série 54ALS é mais cara. Ela é empregada apenas em aplicações nas quais seja necessário manter uma operação confiável sob uma faixa limitada de condições. As aplicações militares e espaciais são exemplos disso.

Níveis de tensão

Os níveis de tensão lógica de entrada e saída para a série 74ALS podem ser encontrados nas especificações técnicas mostradas na Figura 8.11. A Tabela 8.3 apresenta esses parâmetros de modo resumido. Os valores mínimo e máximo mostrados são para as condições de pior caso de tensão de alimentação, temperatura e condições de acionamento de carga. Uma verificação na tabela revela nível lógico 0 de saída garantido de V_{OL} = 0,5 V, que é 300 mV menor que a tensão de nível lógico 0 necessária na entrada V_{IL} = 0,8 V. Isso significa que a margem de ruído CC garantida para o estado BAIXO é 300 mV. Ou seja,

$$V_{NL} = V_{IL}(\text{máx}) - V_{OL}(\text{máx}) = 0,8\ V - 0,5\ V = 0,3\ V = 300\ mV$$

TABELA 8.3 Níveis de tensão da série 74ALS.

	Mínimo	Típico	Máximo
V_{OL} (V)	—	0,35	0,5
V_{OH} (V)	2,5	3,4	—
V_{IL} (V)	—	—	0,8
V_{IH} (V)	2,0	—	—

De maneira semelhante, a tensão de saída de nível lógico 1, V_{OH}, tem um valor mínimo garantido de 2,5 V, que é 500 mV maior que a tensão de nível lógico 1 necessária em uma entrada, V_{IH} = 2,0 V. Desse modo, o estado ALTO tem margem de ruído CC de 500 mV.

$$V_{NH} = V_{OH}(\text{mín}) - V_{IH}(\text{mín}) = 2,5\ V - 2,0\ V = 0,5\ V = 500\ mV$$

Dessa maneira, a margem de ruído CC *garantida para o pior caso* para a série 74ALS é de 300 mV.

Faixas máximas de tensão

Os valores de tensão na Tabela 8.3 *não incluem* os limites absolutos máximos além dos quais a vida útil do CI pode ser prejudicada. As condições absolutas máximas de operação são, em geral, apresentadas na parte superior das especificações técnicas (a Figura 8.11 não mostra esses parâmetros). As tensões aplicadas em qualquer entrada de um CI dessa série nunca excedem a +7,0 V. Uma tensão maior que +7,0 V aplicada no emissor de qualquer entrada pode causar ruptura por tensão reversa da junção base-emissor (E–B) de Q_1.

Existe também um limite de tensão *negativa* máxima que pode ser aplicada em uma entrada TTL. Esse limite, –0,5 V, existe porque a maioria dos circuitos emprega diodos de proteção (*shunt*) em cada entrada. Deixamos propositalmente para analisar esses diodos depois, uma vez que não têm função na operação normal do circuito. Eles são conectados a partir de cada entrada para GND com a função de limitar a excursão negativa da tensão de entrada que, muitas vezes, acontece quando os sinais lógicos têm oscilação excessiva. Não se deve aplicar mais que –0,5 V em uma entrada, porque esses diodos de proteção entrariam em condução e drenariam uma corrente substancial, fazendo, provavelmente, o diodo entrar em curto, resultando em uma entrada permanentemente defeituosa.

Dissipação de potência

Uma porta NAND TTL ALS consome, em média, 2,4 mW. Esse é um resultado de um I_{CCH} = 0,85 mA e um I_{CCL} = 3 mA, que produz um I_{CC}(méd) = 1,93 mA e P_D(méd) = 1,93 mA × 5 V = 9,65 mW. Essa potência de 9,65 mW é a potência total requerida pelas quatro portas no chip. Desse modo, uma porta NAND requer uma média de 2,4 mW.

Atrasos de propagação

A especificação técnica nos fornece os atrasos de propagação mínimo e máximo. Considere como valor típico a média entre t_{PLH} = 7 ns e t_{PHL} = 5 ns. O atraso de propagação *médio* típico é t_{pd}(méd) = 6 ns.

EXEMPLO 8.2

Veja as especificações técnicas para o 74ALS00, CI quádruplo de portas NAND de duas entradas, mostradas na Figura 8.11. Determine a potência de dissipação média *máxima* e o atraso de propagação médio *máximo* para uma *única* porta.

Solução

Procure nas características elétricas os valores *máximos* de I_{CCH} e I_{CCL}. Os valores são 0,85 mA e 3 mA, respectivamente. O I_{CC} médio é, portanto, 1,9 mA. A potência média é obtida multiplicando-se esse valor por V_{CC}. As especificações técnicas indicam que esses valores de I_{CC} foram obtidos quando V_{CC} estava em seu valor máximo (5,5 V para a série 74ALS). Desse modo, temos

$$P_D(\text{méd}) = 1{,}9 \text{ mA} \times 5{,}5 \text{ V} = 10{,}45 \text{ mW}$$

como potência consumida pelo CI *completo*. É possível determinar a potência consumida por uma porta NAND dividindo esse valor por 4:

$$P_D(\text{méd}) = 2{,}6 \text{ mW por porta}$$

Como essa potência média consumida foi calculada usando os valores de tensão e corrente máximos, ela é a potência média máxima que uma porta NAND 74ALS00 consumirá no pior caso. Os projetistas costumam usar os valores de pior caso para garantir que seus circuitos funcionem sob todas as condições.

Os atrasos de propagação máximos para uma porta NAND 74ALS00 são listados como

$$t_{PLH} = 11 \text{ ns} \qquad t_{PHL} = 8 \text{ ns}$$

de modo que a média para o atraso de propagação máximo é

$$t_{pd}(\text{méd}) = \frac{11 + 8}{2} = 9{,}5 \text{ ns}$$

De novo, esse é o atraso de propagação médio máximo possível para a condição de pior caso.

QUESTÕES DE REVISÃO

1. Qual é a corrente máxima que o 74ALS00 pode fornecer para uma carga, mantendo uma lógica válida 1 em sua saída?
2. Qual é a tensão válida mais alta que um 74ALS00 interpretará como uma lógica 0 em suas entradas?
3. Quanto tempo (máx) demorará para a saída de um 74ALS00 ir para nível ALTO depois que sua entrada for nível BAIXO?
4. Qual é a corrente máxima extraída da fonte de alimentação de um CI 74ALS00 se todas as suas saídas forem nível BAIXO?

8.4 CARACTERÍSTICAS DA SÉRIE TTL

OBJETIVOS

Após ler esta seção, você será capaz de:

- Avaliar as diferenças de desempenho entre várias séries de tecnologia da família TTL.
- Identificar as melhores séries para otimizar uma característica particular.

A série TTL padrão 74 tem originado várias outras. Todas oferecem ampla variedade de portas e flip-flops em integração em pequena escala (SSI, do inglês, *small-scale integration*) e contadores, registradores, multiplexadores, decodificadores/codificadores e funções lógicas em integração em média escala (MSI, do inglês, *medium-scale integration*). As séries TTL discutidas a seguir, muitas vezes denominadas "subfamílias", oferecem ampla faixa de capacidades de velocidade e potência.

TTL padrão, série 74

O padrão original, série 74, da lógica TTL foi descrito na Seção 8.2. Esses dispositivos ainda estão disponíveis, mas na maioria dos casos não são mais uma escolha razoável para novos projetos, uma vez que outros dispositivos agora disponíveis têm desempenho muito melhor a um custo inferior.

TTL Schottky, série 74S

A série 7400 opera usando comutação saturada na qual muitos de seus transistores, quando estão em condução, estão saturados. Essa operação provoca atraso de tempo de armazenamento, t_S, quando os transistores comutam do estado de condução (ON) para o estado de corte (OFF), e isso limita a velocidade de chaveamento do circuito.

A série 74S reduz esse atraso de tempo de armazenamento ao impedir que o transistor fique fortemente saturado. Isso é conseguido usando-se um diodo de barreira Schottky (SBD, do inglês, *Schottky barrier diode*) conectado entre a base e o coletor de cada transistor, como vemos na Figura 8.12(a). O diodo Schottky tem tensão direta de apenas 0,25 V. Desse modo, quando a junção base-coletor (C–B) se tornar diretamente polarizada no princípio da saturação, o diodo Schottky conduzirá e desviará da base parte da corrente. Isso reduzirá o excesso de corrente na base e diminuirá o tempo de atraso de armazenamento no desligamento do transistor.

Conforme mostrado na Figura 8.12(a), a combinação do diodo Schottky com o transistor é representada por um símbolo especial. Esse símbolo é usado para todos os transistores no diagrama de circuito para a porta NAND 74S00 mostrados na Figura 8.12(b). Essa porta NAND 74S00 tem atraso de propagação médio de apenas 3 ns — seis vezes mais rápido que um 7400. Observe a presença dos diodos de proteção D_1 e D_2 para limitar tensões negativas na entrada.

Os circuitos na série 74S também usam resistores de valores menores para melhorar os tempos de chaveamento. Isso aumenta a dissipação média de potência para cerca de 20 mW — cerca de duas vezes maior que a série 74. Os circuitos 74S também usam um par Darlington (Q_3 e Q_4) para proporcionar um tempo menor de subida da tensão de saída, quando esta comuta de ON para OFF.

FIGURA 8.12 (a) Transistor com diodo Schottky grampeador; (b) circuito de uma porta NAND básica da série TTL-S.

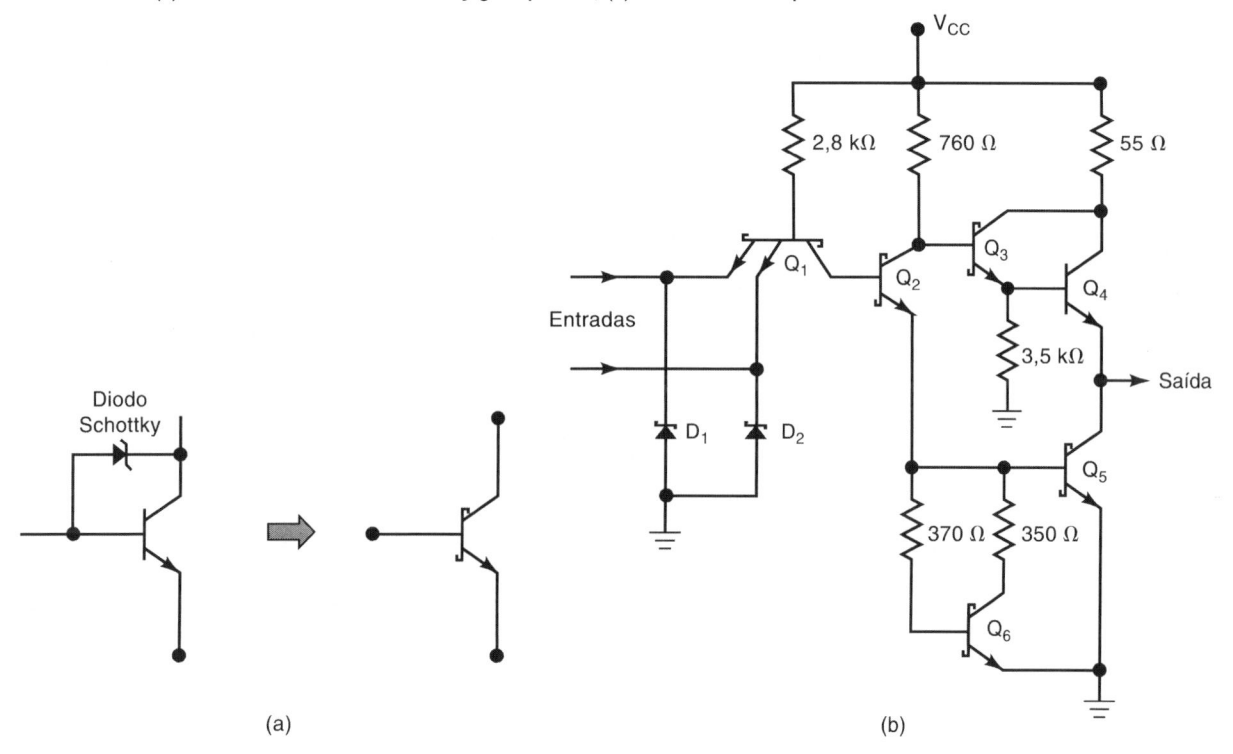

TTL Schottky de baixa potência, série 74LS (LS-TTL)

A série 74LS é uma versão de menor potência e menor velocidade da série 74S. Ela usa o transistor com diodo Schottky grampeador, porém com resistores de maior valor que a série 74S. Os resistores de maior valor reduzem a potência requerida pelo circuito, provocando aumento nos tempos de chaveamento. Uma porta NAND na série 74LS tem atraso de propagação médio típico de 9,5 ns e dissipação média de 2 mW.

TTL Schottky avançada, série 74AS (AS-TTL)

Inovações no projeto de circuitos integrados levaram ao desenvolvimento de duas séries TTL: Schottky avançada (74AS) e Schottky avançada de baixa potência (74ALS). A série 74AS fornece uma considerável melhoria na velocidade em relação à série 74S, com requisitos de potência bem menores. A comparação é mostrada na Tabela 8.4 para uma porta NAND de cada série. Essa comparação mostra com clareza as vantagens da série 74AS. Ela é a série TTL mais rápida, e seu produto velocidade-potência é significativamente mais baixo que o da série 74S. A 74AS tem outras melhorias, incluindo valores menores para correntes de entrada (I_{IL}, I_{IH}), o que resulta em um fan-out maior que nas séries 74S.

TTL Schottky avançada de baixa potência, série 74ALS

Esta série oferece uma melhoria sobre a 74LS tanto na velocidade quanto na dissipação de potência, como ilustram os números da Tabela 8.5. A série 74ALS tem a menor dissipação de potência de todas as séries TTL.

TABELA 8.4 Velocidade e potência para as séries S e AS.

	74S	74AS
Atraso de propagação	3 ns	1,7 ns
Dissipação de potência	20 mW	8 mW

TABELA 8.5 Velocidade e potência para as séries LS e ALS.

	74LS	74ALS
Atraso de propagação	9,5 ns	4 ns
Dissipação de potência	2 mW	1,2 mW

TTL fast — 74F

Esta série TTL utiliza uma técnica para fabricação de circuitos integrados que reduz as capacitâncias entre os dispositivos internos para alcançar atrasos de propagação reduzidos. Uma porta NAND típica tem atraso de propagação médio de 3 ns e consumo de 6 mW. Os CIs nesta série são designados com a letra F no número. Por exemplo, o 74F04 é um chip com seis inversores.

Comparação das características das séries TTL

A Tabela 8.6 apresenta os valores típicos para algumas das mais importantes características de cada série TTL. Todos os dados de desempenho, exceto para taxa de clock máxima, são para uma porta NAND de cada série. A taxa de clock máxima é especificada como a frequência máxima a ser usada para comutar um flip-flop J-K. Isso dá uma medida útil da faixa de frequência na qual cada série de CIs pode ser operada.

TABELA 8.6 Características típicas das séries TTL.

	74	74S	74LS	74AS	74ALS	74F
Índices de desempenho						
Atraso de propagação (ns)	9	3	9,5	1,7	4	3
Dissipação de potência (mW)	10	20	2	8	1,2	6
Taxa de clock máxima (MHz)	35	125	45	200	70	100
Fan-out (mesma série)	10	20	20	40	20	33
Parâmetros de tensão						
$V_{OH}(\text{mín})$ (V)	2,4	2,7	2,7	2,5	2,5	2,5
$V_{OL}(\text{máx})$ (V)	0,4	0,5	0,5	0,5	0,5	0,5
$V_{IH}(\text{mín})$ (V)	2,0	2,0	2,0	2,0	2,0	2,0
$V_{IL}(\text{máx})$ (V)	0,8	0,8	0,8	0,8	0,8	0,8

EXEMPLO 8.3

Use a Tabela 8.6 para calcular as margens de ruído CC para um CI 74LS típico. Como se comparam com as margens de ruído obtidas para TTL padrão?

Solução

74LS

$V_{NH} = V_{OH}(\text{mín}) - V_{IH}(\text{mín})$
$= 2,7\,\text{V} - 2,0\,\text{V}$
$= 0,7\,\text{V}$
$V_{NL} = V_{IL}(\text{máx}) - V_{OL}(\text{máx})$
$= 0,8\,\text{V} - 0,5\,\text{V}$
$= 0,3\,\text{V}$

74

$V_{NH} = 2,4\,\text{V} - 2,0\,\text{V}$
$= 0,4\,\text{V}$
$V_{NL} = 0,8\,\text{V} - 0,4\,\text{V}$
$= 0,4\,\text{V}$

EXEMPLO 8.4

Qual das séries TTL pode acionar o maior número de dispositivos de entrada da mesma série?

Solução
A série 74AS tem o maior fan-out (40). Isso significa que uma porta NAND de um 74AS00 pode acionar 40 entradas padronizadas de outros dispositivos 74AS. Se quisermos determinar o número de entradas de uma série TTL *diferente* que uma saída pode acionar, precisaremos conhecer as correntes de entrada e saída das duas séries. Trataremos disso em detalhes na próxima seção.

QUESTÕES DE REVISÃO

1. (a) Qual das séries TTL é a melhor em altas frequências?
   (b) Qual das séries TTL tem a maior margem de ruído em nível ALTO?
   (c) Quais séries se tornaram essencialmente obsoletas nos novos projetos?
   (d) Quais séries utilizam um diodo especial para reduzir o tempo de chaveamento?
   (e) Qual série seria melhor para um circuito alimentado por baterias funcionando a 10 MHz?
2. Supondo o mesmo custo para cada, por que você escolheria usar um contador 74ALS193 em vez de um 74LS193 ou um 74AS193, em um circuito operando com um clock de 40 MHz?
3. Identifique os transistores de pull-up e pull-down para o circuito 74S na Figura 8.12.

8.5 FAN-OUT E ACIONAMENTO DE CARGA PARA TTL

Objetivos

Após ler esta seção, você será capaz de:

- Aplicar o conhecimento do circuito interno para determinar os limites de carregamento.
- Determinar o número de entradas (de qualquer série) que podem ser acionadas por uma saída.

É importante compreender o que determina o fan-out ou a capacidade de acionamento da saída de um CI. A Figura 8.13(a) mostra uma saída TTL padrão no estado BAIXO conectada para acionar diversas entradas TTL padrão. O transistor Q_4 conduz (ON) e absorve uma quantidade de corrente I_{OL}, que é a soma das correntes I_{IL} de cada entrada. Em seu estado ON, a resistência de coletor para emissor de Q_4 é muito pequena, mas não zero, e, portanto, a corrente I_{OL} produzirá queda de tensão V_{OL}. Essa tensão não deve exceder o limite V_{OL}(máx) do CI. Isso limita o valor máximo de I_{OL} e, portanto, o número de cargas que podem ser acionadas.

Para ilustrar, suponha que os CIs sejam da série 74 e que cada I_{IL} seja de 1,6 mA. Da Tabela 8.6, temos que a série 74 tem V_{OL}(máx) = 0,4 V e V_{IL}(máx) = 0,8 V. Vamos supor também que Q_4 pode absorver até 16 mA antes que a tensão de saída alcance V_{OL}(máx) = 0,4 V. Isso significa que ele pode absorver a corrente de até 16 mA/1,6 mA = 10 cargas. Se estiver conectado a mais de dez cargas, seu I_{OL} aumentará e provocará também aumento de V_{OL} para um valor acima de 0,4 V. Isso, em geral, é indesejável porque reduz a margem de ruído nas entradas do CI [lembre-se, $V_{NL} = V_{IL}$(máx) − V_{OL}(máx)]. Na verdade, se V_{OL} ultrapassar V_{IL}(máx) = 0,8 V, ela estará na faixa indeterminada.

Uma situação parecida acontece no estado ALTO, ilustrada na Figura 8.13(b). Nela, Q_3 atua como seguidor de emissor que fornece uma corrente total I_{OH}, que é a soma das correntes I_{IH} das diferentes entradas TTL. Se cargas em demasia forem acionadas, essa corrente I_{OH} se tornará suficientemente grande para causar quedas de tensão em R_2, na junção base-emissor de Q_3, e em D_1, de modo a levar V_{OH} para um valor abaixo de V_{OH}(mín). Isso também é indesejável, já que reduz a margem de ruído no estado ALTO e poderia, até mesmo, deixar V_{OH} na faixa indeterminada.

Em resumo, a saída TTL tem um limite, I_{OL}(máx), de quantidade de corrente que pode absorver no estado BAIXO. E também tem um limite, I_{OH}(máx), de quantidade de corrente que pode fornecer no estado ALTO. Esses limites de corrente de saída não devem ser excedidos se os níveis de tensão de saída precisarem ficar dentro das faixas especificadas.

FIGURA 8.13 Correntes quando uma saída TTL está acionando diversas entradas.

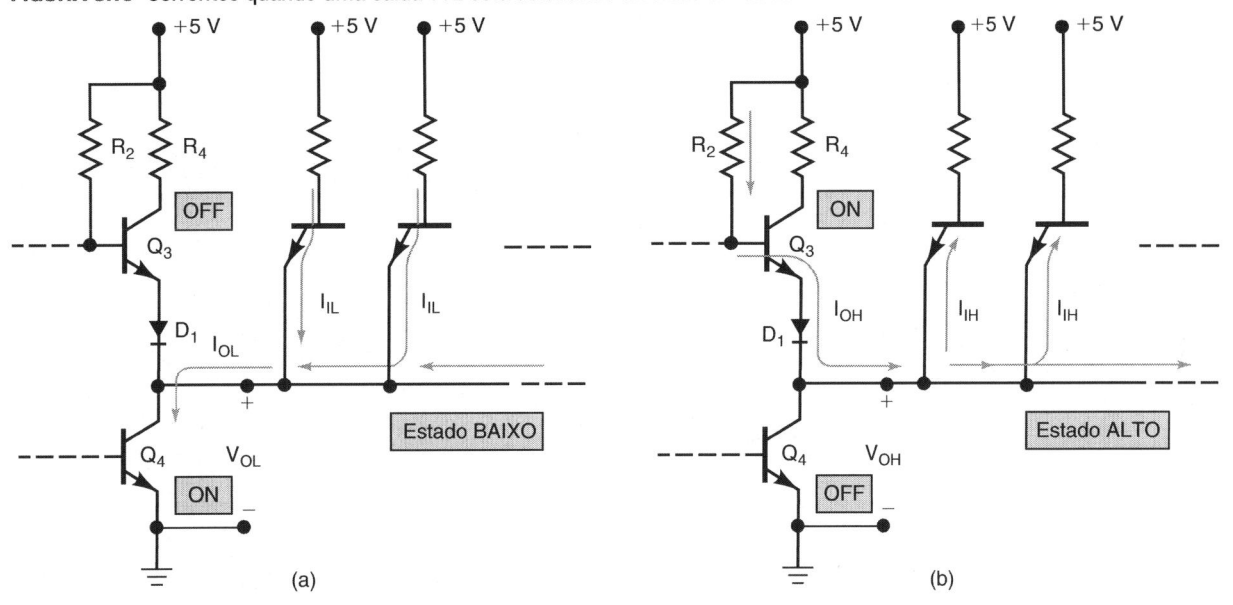

Determinando o fan-out

Para determinar quantas entradas diferentes a saída de um CI pode acionar, é preciso saber a capacidade de corrente da saída [ou seja, I_{OL}(máx) e I_{OH}(máx)] e os requisitos de corrente de cada entrada (ou seja, I_{IL} e I_{IH}). Essa informação está presente de algum modo na especificação técnica do CI disponível no site do fabricante. Os exemplos a seguir ilustrarão várias situações.

EXEMPLO 8.5

Quantas portas NAND 74ALS00 podem ser acionadas pela saída de uma porta NAND 74ALS00?

Solução

Vamos considerar, primeiro, o estado BAIXO, conforme ilustrado na Figura 8.14. Consulte a especificação técnica do 74ALS00 na Figura 8.11 e identifique

$$I_{OL}(\text{máx}) = 8 \text{ mA}$$
$$I_{IL}(\text{máx}) = 0,1 \text{ mA}$$

Isso informa que uma saída 74ALS00 pode absorver, no máximo, 8 mA e que cada entrada 74ALS00 fornece, no máximo, 0,1 mA para a saída da porta acionadora. Dessa forma, o número de entradas que podem ser acionadas no estado BAIXO é

$$\text{fan-out (BAIXO)} = \frac{I_{OL}(\text{máx})}{I_{IL}(\text{máx})}$$
$$= \frac{8 \text{ mA}}{0,1 \text{ mA}}$$
$$= 80$$

(*Observação*: a corrente de entrada I_{IL} é, na realidade, –0,1 mA. O sinal negativo é usado para indicar que essa corrente flui para *fora* do terminal de entrada; é possível ignorar o sinal para os nossos propósitos neste caso.) O estado ALTO é analisado da mesma maneira. Consulte a especificação técnica para identificar os valores para I_{OH} e I_{IH}, ignorando qualquer sinal negativo.

$$I_{OH}(\text{máx}) = 0,4 \text{ mA} = 400 \text{ }\mu A$$
$$I_{IH}(\text{máx}) = 20 \text{ }\mu A$$

FIGURA 8.14 Exemplo 8.5.

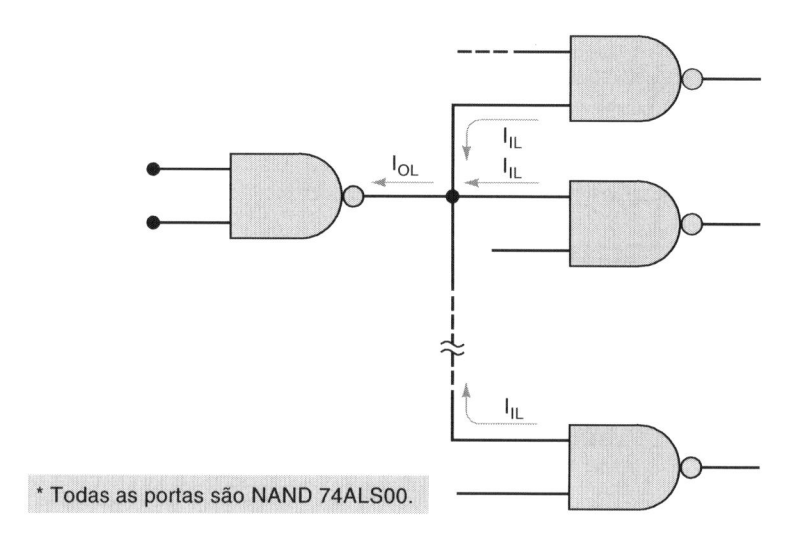

* Todas as portas são NAND 74ALS00.

Desse modo, o número de entradas que podem ser acionadas no estado ALTO é

$$\text{fan-out (ALTO)} = \frac{I_{OH}(\text{máx})}{I_{IH}(\text{máx})}$$
$$= \frac{400 \text{ }\mu A}{20 \text{ }\mu A}$$
$$= 20$$

Se o fan-out (BAIXO) e o fan-out (ALTO) não tiverem o mesmo valor, como algumas vezes acontece, o fan-out é escolhido como o menor entre os dois valores. Assim, a porta NAND 74ALS00 pode acionar até 20 outras portas NAND 74ALS00.

EXEMPLO 8.6

Consulte as especificações técnicas na Tabela 8.7 e determine quantas portas NAND 74AS20 podem ser acionadas pela saída de outra porta 74AS20.

Solução

A Tabela 8.7 fornece os seguintes valores para a série 74AS:

$$I_{OH}(\text{máx}) = 2 \text{ mA}$$
$$I_{OL}(\text{máx}) = 20 \text{ mA}$$
$$I_{IH}(\text{máx}) = 20 \text{ μA}$$
$$I_{IL}(\text{máx}) = 0{,}5 \text{ mA}$$

Considerando, primeiro, o estado ALTO, temos

$$\text{fan-out (ALTO)} = \frac{2 \text{ mA}}{20 \text{ μA}} = 100$$

Para o estado BAIXO, temos

$$\text{fan-out (ALTO)} = \frac{20 \text{ mA}}{0{,}5 \text{ mA}} = 40$$

Neste caso, o fan-out global escolhido é 40, uma vez que é o menor dos dois valores. Desse modo, um 74AS20 pode acionar 40 entradas de outros 74AS20.

TABELA 8.7 Parâmetros de corrente para portas lógicas da série TTL.*

Séries TTL	Saídas		Entradas	
	I_{OH}	I_{OL}	I_{IH}	I_{IL}
74	−0,4 mA	16 mA	40 μA	−1,6 mA
74S	−1 mA	20 mA	50 μA	−2 mA
74LS	−0,4 mA	8 mA	20 μA	−0,4 mA
74AS	−2 mA	20 mA	20 μA	−0,5 mA
74ALS	−0,4 mA	8 mA	20 μA	−0,1 mA
74F	−1 mA	20 mA	20 μA	−0,6 mA

*Alguns dispositivos podem ter parâmetros de corrente diferentes. Sempre consulte as especificações técnicas.

Nos equipamentos mais antigos, você notará que a maioria dos CIs lógicos escolhidos pertence à mesma família lógica. Nos sistemas digitais atuais, o mais provável é aparecer uma combinação de várias famílias lógicas. Como consequência, os cálculos de acionamento de carga e fan-out não são feitos tão diretamente como eram antes. Um bom método para determinar o acionamento de carga de qualquer saída digital é o seguinte:

Passo 1. Some o I_{IH} para todas as entradas conectadas em uma saída. Essa soma deve ser menor que a especificação de I_{OH} da saída.

Passo 2. Some o I_{IL} para todas as entradas conectadas em uma saída. Essa soma deve ser menor que a especificação de I_{OL} da saída.

A Tabela 8.7 mostra as especificações de limite para as correntes de entrada e saída de portas lógicas simples de várias famílias TTL. Observe que alguns desses valores de corrente são dados como números negativos. Essa convenção é usada para mostrar o sentido do fluxo de corrente. Os valores positivos indicam que a corrente flui para dentro do nó especificado, se for uma entrada ou uma saída; já os valores negativos indicam que a corrente flui para fora do nó especificado. Dessa forma, todos os valores de I_{OH} são negativos, já que a corrente flui para fora da saída (corrente fornecida), e todos os valores de I_{OL} são positivos, pois a corrente de carga flui para dentro do pino de saída em direção a GND (corrente absorvida). De forma parecida, I_{IH} é positiva, enquanto I_{IL} é negativa. Quando for calcular o acionamento de carga e o fan-out conforme descrito, ignore esses sinais.

EXEMPLO 8.7

A saída de uma porta NAND 74ALS00 aciona três entradas de portas 74S e uma entrada 7406. Usando dados da Tabela 8.7, determine se existe um problema de acionamento de carga.

Solução

1. Some todos os valores de I_{IH}:

$$3 \cdot (I_{IH} \text{ para 74S}) + 1 \cdot (I_{IH} \text{ para 74})$$
$$\text{Total} = 3 \cdot (50\ \mu A) + 1 \cdot (40\ \mu A) = 190\ \mu A$$

O valor de I_{OH} para a saída 74ALS é 400 μA (máx), que é maior que a soma das cargas (190 μA). Isso não representa problema quando a saída é nível ALTO.

2. Some todos os valores de I_{IL}:

$$3 \cdot (I_{IL} \text{ para 74S}) + 1 \cdot (I_{IL} \text{ para 74})$$
$$\text{Total} = 3 \cdot (2\ mA) + 1 \cdot (1,6\ mA) = 7,6\ mA$$

O parâmetro I_{OH} para uma saída 74ALS é 8 mA (máx), que é maior que a soma das cargas (7,6 mA). Isso não representa problema quando a saída é nível BAIXO.

EXEMPLO 8.8

A saída da porta NAND 74ALS00 no Exemplo 8.7 precisa ser usada para acionar algumas entradas 74ALS além da carga nele descrita. Quantas entradas adicionais 74ALS poderiam ser acionadas pela saída sem provocar sobrecarga?

Solução

A partir dos cálculos feitos no Exemplo 8.7, vemos que apenas o estado BAIXO está mais próximo de uma sobrecarga. Uma entrada 74ALS tem um I_{IL} de 0,1 mA. A corrente máxima drenada (I_{OL}) é de 8 mA, e a corrente de carga é 7,6 mA (conforme calculado no Exemplo 8.7). A corrente adicional que a saída pode drenar é calculada do seguinte modo:

$$\text{Corrente adicional} = I_{OL\text{máx}} - \text{soma de cargas } (I_{IL})$$
$$= 8\ mA - 7,6\ mA = 0,4\ mA$$

Esta saída pode adicionar até quatro entradas 74ALS a mais, tendo, cada uma, um I_{IL} de 0,1 mA.

EXEMPLO 8.9

A saída de um inversor 74AS04 está provendo o sinal CLEAR para um registrador paralelo construído com flip-flops D 74AS74A. Qual o número máximo de entradas $\overline{CLR}$ de flip-flops que essa porta pode acionar?

Solução

As especificações para as entradas dos flip-flops nem sempre são iguais para as entradas de portas lógicas na mesma família. Consulte a especificação técnica do 74AS74A em <www.ti.com>. As entradas de clock e D são semelhantes às entradas das portas da Tabela 8.7. Contudo, as entradas $\overline{PRE}$ e $\overline{CLR}$ têm especificações de $I_{IH} = 40$ μA e $I_{IL} = 1,8$ mA. O 74AS04 tem especificações de $I_{OH} = 2$ mA e $I_{OL} = 20$ mA.

Número máximo de entradas (ALTO) = 2 mA/40 μA = 50
Número máximo de entradas (BAIXO) = 20 mA/1,8 mA = 11,11

Deve-se limitar o fan-out a 11 entradas $\overline{CLR}$.

QUESTÕES DE REVISÃO

1. Que fatores determinam o I_{OL}(máx) de um dispositivo?
2. Quantas entradas do 7407 podem ser acionadas por um 74AS?
3. O que pode acontecer se uma saída TTL for conectada a mais entradas do que é capaz de acionar?
4. Quantas entradas CP do integrado 74S112 podem ser acionadas por uma saída do 74LS04? E por uma saída do 74F00?

8.6 OUTRAS CARACTERÍSTICAS DE TTL

OBJETIVOS

Após ler esta seção, você será capaz de:

- Identificar características comuns dos CIs de tecnologia TTL.
- Usar o conhecimento de circuitos internos para lidar de maneira inteligente com problemas comuns de projetos.
- Aplicar técnicas de projeto exigidas pela tecnologia TTL a fim de garantir confiabilidade.

Devemos compreender muitas outras características da lógica TTL se quisermos usá-la com inteligência em uma aplicação de sistema digital.

Entradas desconectadas (flutuando)

Qualquer entrada para um circuito TTL que é deixada desconectada (aberta) atua exatamente como o nível lógico 1 aplicado a ela, pois em ambos os casos a junção base-emissor ou o diodo na entrada não estarão diretamente polarizados. Isso significa que, em *qualquer* CI TTL, *todas* as entradas serão 1s se não estiverem conectadas a algum sinal lógico ou a GND. Quando uma entrada está desconectada, diz-se que está **flutuando**.

Entradas não utilizadas

Muitas vezes, nem todas as entradas de um CI TTL são usadas em determinada aplicação. Um exemplo comum é quando nem todas as entradas de uma porta lógica são necessárias para a função lógica requisitada. Por exemplo, suponha que precisamos da operação lógica AB e que estamos usando um CI com uma porta NAND de três entradas. Os modos possíveis de tratar isso são mostrados na Figura 8.15.

FIGURA 8.15 Três formas de lidar com entradas lógicas não utilizadas.

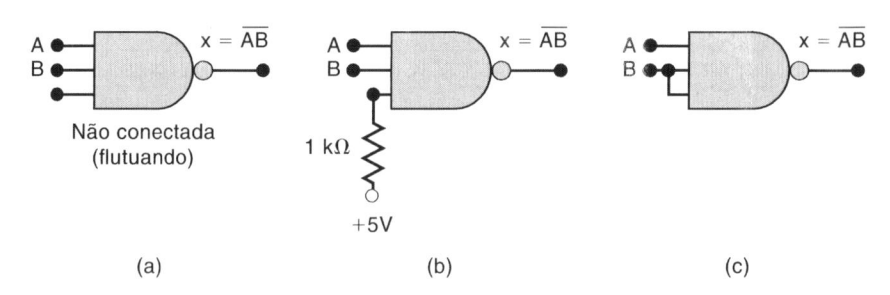

Na Figura 8.15(a), a entrada não utilizada está desconectada, o que significa que atua como nível lógico 1. A saída da porta NAND é, portanto, $x = \overline{A \cdot B \cdot 1} = \overline{A \cdot B}$, que é o resultado desejado. Embora a lógica esteja correta, não é desejável deixar uma entrada desconectada, pois ela atua como antena e pode captar sinais irradiados capazes de causar o funcionamento inadequado da porta. Uma técnica melhor é mostrada na Figura 8.15(b). Nesse caso, a entrada não utilizada é conectada a +5 V por um resistor de 1 kΩ, de modo que o nível lógico é 1. O resistor de 1 kΩ serve simplesmente para proteção de corrente das junções base-emissor das entradas da porta, no caso de spikes na fonte de alimentação. Essa mesma técnica pode ser usada para porta AND, já que 1 em uma entrada não utilizada não afetará a saída. Até 30 entradas não utilizadas podem compartilhar o mesmo resistor de 1 kΩ ligado a V_{CC}.

Uma terceira possibilidade é mostrada na Figura 8.15(c), em que a entrada não utilizada é ligada a uma utilizada. Isso é satisfatório, contanto que o circuito acionador da entrada *B* não tenha o fan-out excedido. Essa técnica pode ser usada para *qualquer* tipo de porta. Para portas OR e NOR, as entradas não utilizadas não podem ficar desconectadas nem ligadas a +5 V, uma vez que isso produzirá um nível lógico constante na saída (1 para OR, 0 para NOR), independentemente das outras entradas. Em vez disso, para essas portas, as entradas não utilizadas devem ser conectadas a GND (0 V) para nível 0 ou devem ser ligadas a entradas usadas, como na Figura 8.15(c).

Entradas conectadas

Quando duas (ou mais) entradas TTL na mesma porta são conectadas para formar uma entrada comum, como na Figura 8.15(c), essa entrada comum representará, em geral, uma carga que é a soma das correntes de carga de entrada individual. A única exceção é para portas NAND e AND. Para elas, a carga da entrada em estado BAIXO *é a mesma de uma única entrada*, não importando quantas entradas estão conectadas.

Para ilustrar, considere que cada entrada da porta NAND de três entradas na Figura 8.15(c) tem 0,5 mA para I_{IL} e 20 μA para I_{IH}. A entrada comum *B* representará, então, uma carga de entrada de 40 μA no estado ALTO, mas de apenas 0,5 mA no estado BAIXO. O mesmo seria válido para uma porta AND. Se fosse uma porta OR ou uma NOR, a entrada *B* comum representaria uma carga de entrada de 40 μA no estado ALTO e 1 mA no estado BAIXO.

Podemos entender o motivo dessa característica verificando novamente o diagrama de circuito da porta NAND TTL da Figura 8.8(b). A corrente I_{IL} está limitada pela resistência R_1. Mesmo se as entradas *A* e *B* fossem ligadas juntas e aterradas, essa corrente não se alteraria, ela apenas se dividiria e fluiria por caminhos paralelos pelos diodos D_2 e D_3. A situação é diferente para portas OR e NOR, já que não utilizam transistores com múltiplos emissores, mas têm transistores de entrada separados para cada entrada, conforme vimos na Figura 8.10.

EXEMPLO 8.10

Determine a carga que a saída X está acionando na Figura 8.16. Suponha que cada porta é um dispositivo da série 74LS com $I_{IH} = 20\ \mu A$ e $I_{IL} = 0{,}4$ mA.

Solução

O acionamento de carga na saída da porta n. 1 é equivalente a seis cargas de entrada 74LS no estado ALTO, mas a apenas cinco cargas de entrada 74LS no estado BAIXO. Isso porque a porta NAND representa uma única carga de entrada no estado BAIXO.

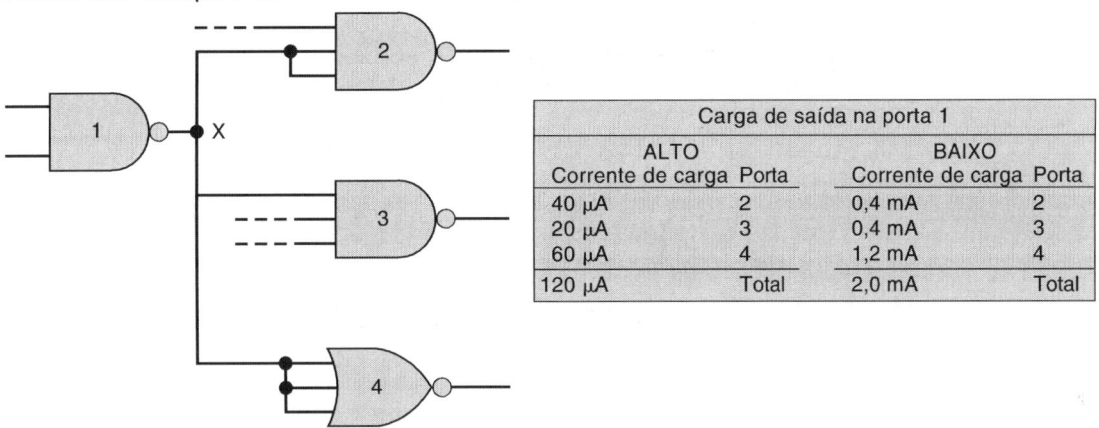

FIGURA 8.16 Exemplo 8.10.

Carga de saída na porta 1			
ALTO		BAIXO	
Corrente de carga	Porta	Corrente de carga	Porta
40 µA	2	0,4 mA	2
20 µA	3	0,4 mA	3
60 µA	4	1,2 mA	4
120 µA	Total	2,0 mA	Total

Colocando entradas TTL em nível baixo

Ocasionalmente, surgem situações nas quais uma entrada TTL deve ser mantida normalmente em nível BAIXO e, então, colocada em nível ALTO pela atuação de uma chave mecânica. Isso é ilustrado na Figura 8.17 para a entrada de um monoestável. Esse monoestável é disparado por uma transição positiva que acontece quando a chave é momentaneamente fechada. O resistor R serve para manter a entrada T em nível BAIXO enquanto a chave permanece aberta. Deve-se ter o cuidado de manter o valor de R baixo o suficiente para que a tensão sobre ele, por conta da corrente I_{IL} que flui da entrada do monoestável para GND, não exceda $V_{IL}(\text{máx})$. Desse modo, o maior valor de R é dado por

$$I_{IL} \times R_{\text{máx}} = V_{IL}(\text{máx})$$
$$R_{\text{máx}} = \frac{V_{IL}(\text{máx})}{I_{IL}} \qquad (8.3)$$

R deve ser mantido abaixo desse valor para garantir que a entrada do monoestável terá o nível BAIXO aceitável enquanto a chave estiver aberta. O valor mínimo de R é determinado pelo consumo de corrente da fonte de 5 V quando a chave é fechada. Na prática, esse consumo da corrente deve ser minimizado mantendo-se R ligeiramente abaixo de $R_{\text{máx}}$.

FIGURA 8.17

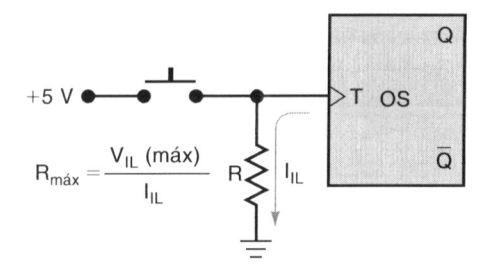

EXEMPLO 8.11

Determine um valor aceitável para R caso o monoestável seja um CI TTL 74LS com corrente I_{IL} de 0,4 mA.

Solução

O valor de I_{IL} será, no máximo, 0,4 mA. Esse valor deve ser usado para calcular $R_{máx}$. Da Tabela 8.6, $V_{IL}(máx) = 0,8$ V para a série 74LS. Dessa forma, temos

$$R_{máx} = \frac{0,8 \text{ V}}{0,4 \text{ mA}} = 2.000 \ \Omega$$

Uma boa escolha seria $R = 1,8$ kΩ, que é um valor padrão de resistor.

Transientes de corrente

Os circuitos lógicos TTL são afetados por spikes ou transientes internos de corrente causados pela estrutura de saída totem pole. Quando a saída está comutando do estado BAIXO para o ALTO (Figura 8.18), os dois transistores de saída estão mudando de estado: Q_3 de OFF para ON e Q_4 de ON para OFF. Tendo em vista que Q_4 está saindo da condição de saturado, ele leva mais tempo que Q_3 para mudar de estado. Logo, existe um pequeno intervalo (por volta de 2 ns) durante a comutação em que ambos os transistores estão conduzindo e um surto de corrente relativamente alto (30 a 50 mA) é solicitado da fonte de +5 V. A duração desse transiente de corrente é estendida pelos efeitos de qualquer capacitância de carga no circuito de saída. Essa capacitância consiste em capacitâncias parasitas das ligações e em capacitância de entrada de quaisquer circuitos de carga e deve ser carregada para o nível de tensão do estado de saída ALTO. Esse efeito total pode ser resumido como se segue:

Sempre que uma saída TTL totem pole vai de nível BAIXO para ALTO, um pico de corrente de alta amplitude é drenado da fonte V_{CC}.

FIGURA 8.18 Um grande spike de corrente é drenado de V_{CC} quando uma saída totem pole comuta de nível BAIXO para ALTO.

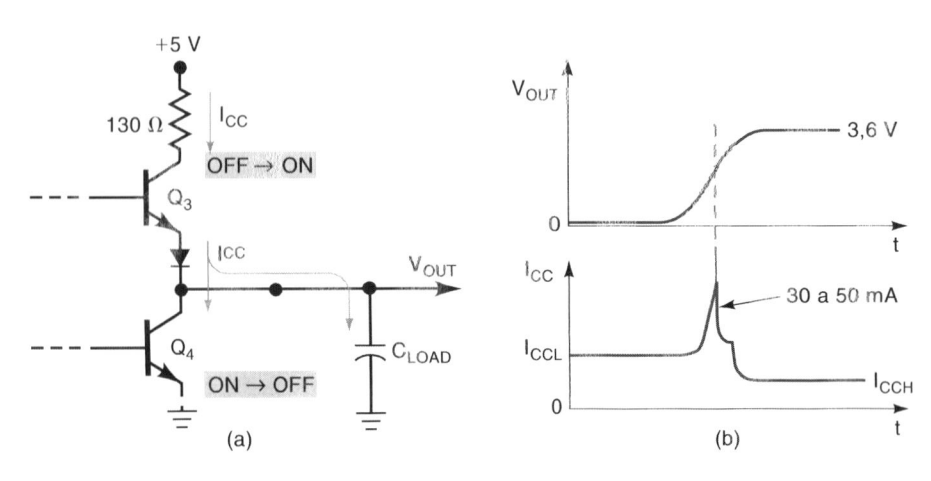

Em um circuito ou sistema digital complexo, existem muitas saídas TTL trocando de estado simultaneamente, cada uma drenando um spike estreito de corrente da fonte. O efeito cumulativo de todos esses spikes de corrente será um spike de tensão na linha V_{CC}, por causa, sobretudo, da indutância distribuída na linha da fonte de alimentação [lembre-se: $V = L(di/dt)$ para indutância, e di/dt é muito grande para um spike de corrente de 2 ns]. Esse spike de tensão pode causar problemas durante as transições, a menos que algum tipo de filtragem seja usado. A técnica mais comum utiliza pequenos capacitores de radiofrequência conectados entre V_{CC} e GND, para "colocar em curto" esses spikes de alta frequência. Isso é chamado de **desacoplamento da fonte de alimentação**.

É prática comum conectar um capacitor cerâmico de disco de 0,01 μF ou 0,1 μF de baixa indutância entre V_{CC} e GND próximo de cada CI TTL em uma placa de circuito impresso. Os terminais do capacitor são mantidos bem pequenos para minimizar a indutância em série.

Além disso, é procedimento comum conectar um grande capacitor (2 a 20 μF) entre V_{CC} e GND de cada placa para filtrar as variações de frequências relativamente baixas em V_{CC} causadas pelas grandes mudanças nos níveis de I_{CC} à medida que as saídas comutam de estado.

QUESTÕES DE REVISÃO

1. Qual será o nível lógico de saída de uma porta NAND TTL que tem todas as entradas desconectadas?
2. Quais são as duas formas aceitáveis de lidar com entradas não utilizadas em uma porta AND?
3. Repita a Questão 2 para uma porta NOR.
4. *Verdadeiro ou falso*: quando as entradas de uma porta NAND são conectadas, são sempre tratadas como uma única carga para a fonte de sinal.
5. O que é desacoplamento da fonte de alimentação? Por que isso é usado?

8.7 TECNOLOGIA MOS

OBJETIVOS

Após ler esta seção, você será capaz de:

- Relacionar a tecnologia do transistor MOS e a configuração do circuito às características operacionais.
- Relacionar a função lógica à operação do circuito usando circuitos de transistores MOS.
- Estimar as características elétricas do MOS para as condições ON e OFF.

O termo tecnologia MOS (metal óxido semicondutor) é derivado da estrutura básica MOS, que consiste de um eletrodo de metal sobre um óxido isolante, que, por sua vez, está sobre um substrato de semicondutor. Os transistores implementados com essa tecnologia são transistores de efeito de campo denominados **MOSFETs**. Isso significa que o *campo* elétrico do eletrodo de *metal*, do lado do *óxido* isolante, tem *efeito* sobre a resistência do substrato. A maioria dos CIs digitais MOS é constituída somente de MOSFETs, e nenhum outro componente.

As principais vantagens do MOSFET são ser relativamente simples, ter baixo custo de fabricação, ser pequeno e consumir pouquíssima potência. A fabricação de CIs MOS apresenta 1/3 da complexidade de fabricação de CIs bipolares (TTL, ECL etc.). Além disso, os dispositivos MOS ocupam menos espaço no chip se comparados a transistores bipolares. O mais importante é que os CIs digitais MOS em geral não usam os elementos resistores nos CIs que ocupam uma área relativamente grande nos chips de CIs bipolares.

Em resumo, os CIs MOS podem acomodar um número muito maior de elementos de circuito em um único chip do que CIs bipolares. Essa vantagem é evidenciada pelo fato de que os CIs MOS têm dominado os CIs bipolares na área da integração em larga escala (LSI, VLSI). A alta densidade de encapsulamento dos CIs MOS torna-os especialmente adequados para CIs complexos, como chips de microprocessadores e memórias. Aperfeiçoamentos na tecnologia de CIs MOS conduziram a dispositivos mais rápidos que as séries TTL 74, 74LS e 74ALS, com características de acionamento de corrente comparáveis. Desse modo, os dispositivos MOS (em especial, CMOS) também têm dominado o mercado de dispositivos SSI e MSI. A família TTL 74AS ainda é mais rápida que o melhor dispositivo CMOS, porém a custo de uma dissipação de potência muito maior.

A principal desvantagem dos dispositivos MOS é o risco de serem danificados por eletricidade estática. Embora isso possa ser minimizado por procedimentos adequados de manuseio, os TTL ainda são muito mais duráveis para experimentos de laboratório. Consequentemente, é provável que você veja dispositivos TTL sendo usados no aprendizado enquanto estiverem disponíveis.

O MOSFET

Atualmente, existem dois tipos de MOSFETs: *depleção* e *enriquecimento*. Os CIs digitais MOS usam exclusivamente MOSFETs do tipo enriquecimento; dessa maneira, apenas esse tipo será considerado nas discussões a seguir. No mais, vamos nos limitar a analisar a operação desses MOSFETs como chaves liga/desliga.

A Figura 8.19 mostra os símbolos esquemáticos para os MOSFETs do tipo enriquecimento canal N e canal P, em que o sentido da seta indica se o canal é P ou N. Os símbolos mostram uma linha tracejada entre a *fonte* e o *dreno* indicando que *normalmente* não há canal de condução entre esses eletrodos. Além disso, mostram a separação entre a *porta* e os outros terminais para indicar a alta resistência (geralmente, em torno de 10^{12} Ω) da camada de óxido entre a porta (*gate*) e o canal formado no substrato.

FIGURA 8.19 Símbolos esquemáticos para MOSFETs do tipo enriquecimento.

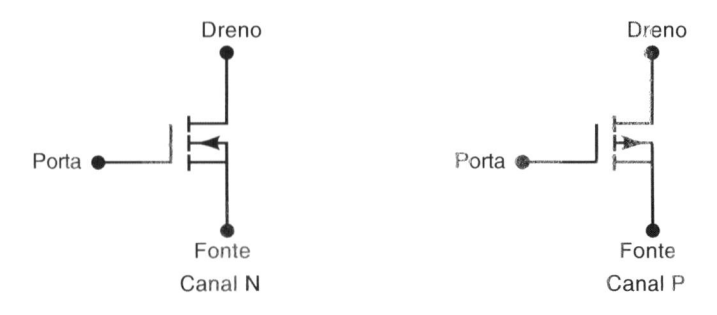

Chave MOSFET básica

A Figura 8.20 mostra a operação de chaveamento de um MOSFET canal N, elemento básico de uma família de dispositivos conhecida como **N-MOS**. Para um dispositivo canal N, o dreno tem polaridade positiva com relação à fonte. A tensão entre a porta e a fonte, V_{GS}, é a de entrada, usada para controlar a resistência entre dreno e fonte (ou seja, resistência do canal) e, assim sendo, determinar se o dispositivo está ligado ou desligado.

Quando V_{GS} = 0 V, não existe canal de condução entre a fonte e o dreno, e o dispositivo está desligado, conforme mostra a Figura 8.20(b). Em geral, a resistência do canal no estado desligado (OFF) é 10^{10} Ω, o que, para a maioria dos propósitos, é considerado *circuito aberto*. O MOSFET permanece desligado enquanto V_{GS} é 0 ou negativa. À medida que V_{GS} se torna positiva (porta positiva com relação à fonte), a tensão de limiar (V_T) é alcançada, ponto no qual um canal de condução começa a se formar entre fonte e dreno. Em geral, V_T = +1,5 V para um MOSFET canal N, e, portanto, qualquer $V_{GS} \geq 1{,}5$ V fará com que o MOSFET entre em condução. Na maioria dos casos, um valor de V_{GS} bem maior que V_T é usado para o MOSFET conduzir melhor. De acordo com a Figura 8.20(b), quando V_{GS} = +5 V, a resistência entre a fonte e o dreno cai para um valor de R_{ON} = 1.000 Ω.

Em essência, o MOSFET canal N comuta de uma resistência muito alta para uma baixa conforme a tensão na porta comuta de uma tensão de nível BAIXO para uma de nível ALTO. É útil imaginar o MOSFET como uma chave aberta ou fechada entre a fonte e o dreno. A Figura 8.20(c) mostra como um inversor pode ser formado usando um transistor MOSFET canal N como chave. Os primeiros dispositivos lógicos MOSFET canal N foram construídos por tal abordagem. A desvantagem desse circuito, assim como do TTL, é que, quando o transistor está ligado (ON), sempre haverá corrente fluindo da fonte para GND produzindo calor.

O MOSFET canal P, ou **P-MOS**, mostrado na Figura 8.21(a), funciona exatamente da mesma maneira que o de canal N, exceto por usar tensões de polaridade opostas. Para P-MOSFETs, o dreno é conectado ao lado inferior do circuito, de modo a ser polarizado negativamente com relação à fonte. Para ligar o P-MOSFET, uma tensão *menor* que exceda a V_T tem de ser aplicada à porta, o que significa que a tensão na porta, relativa à fonte, deve ser negativa.

A Figura 8.21(b) mostra que, quando a porta está em 5 V com relação a GND (mesma tensão aplicada à fonte), o transistor está desligado (OFF) e existe uma resistência bastante alta entre o dreno e a fonte. Quando a porta está em 0 V (com relação a GND), a tensão da porta para a fonte V_{GS} = –5 V e liga o transistor (ON), baixando a resistência do dreno para a fonte. O circuito da Figura 8.21 (c) mostra a ação de chaveamento de um inversor usando a lógica P-MOS.

A Tabela 8.8 resume as características de chaveamento dos dispositivos canal N e canal P.

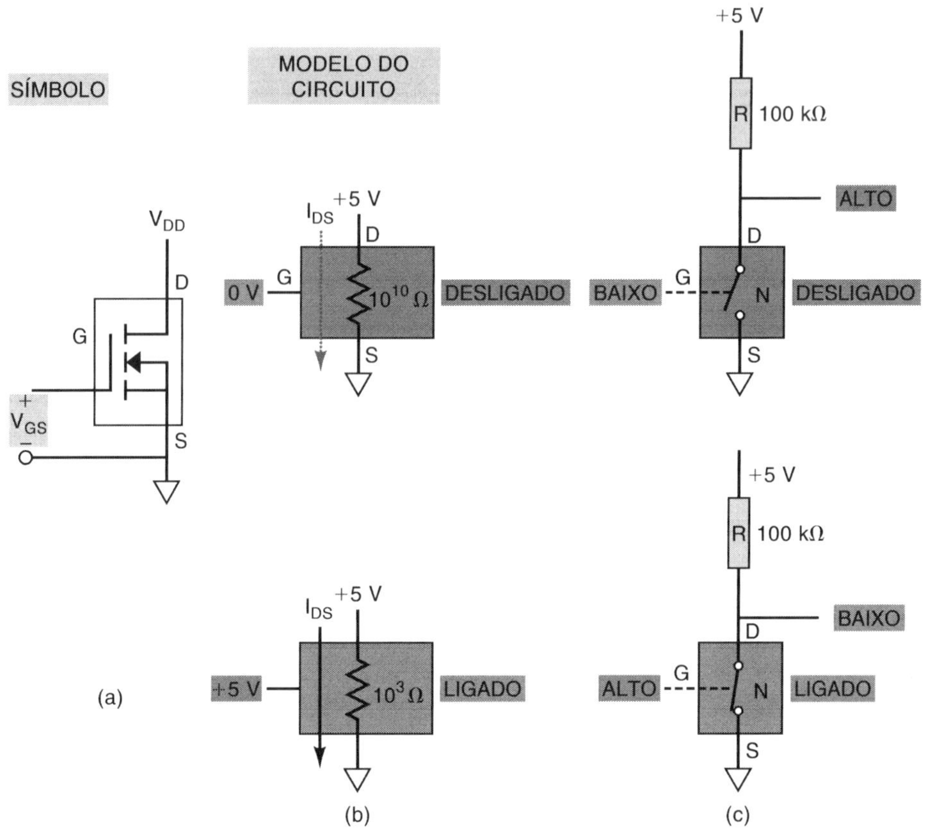

FIGURA 8.20 MOSFET canal N usado como chave: (a) símbolo; (b) modelo do circuito; (c) funcionamento do inversor N-MOS.

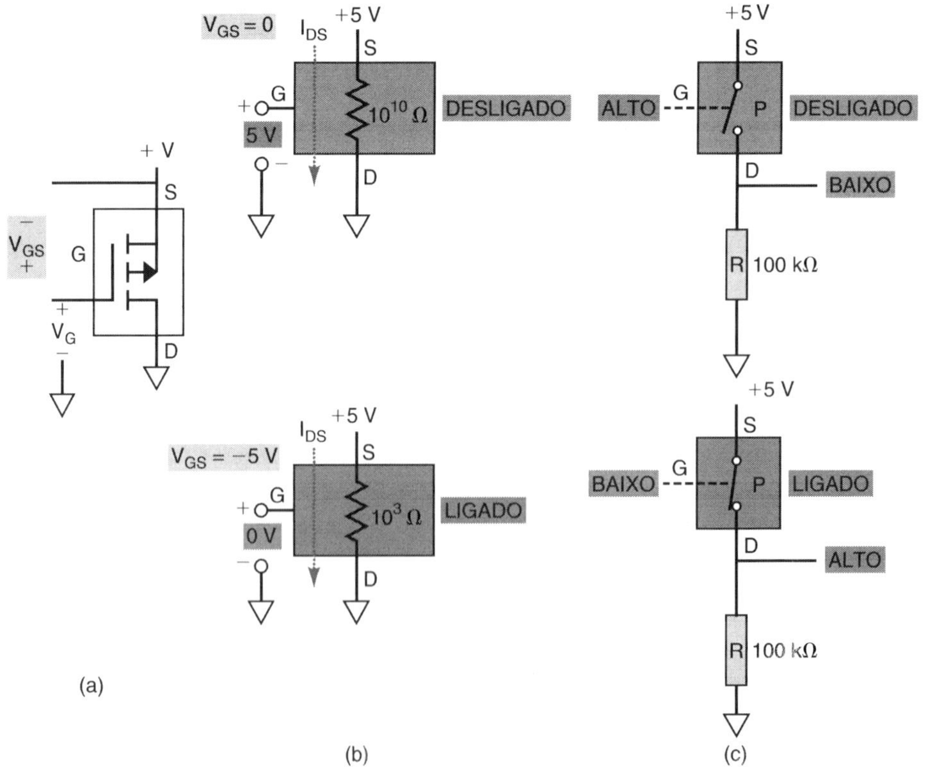

FIGURA 8.21 MOSFET canal P usado como chave: (a) símbolo; (b) modelo do circuito em estado desligado (OFF) e ligado (ON); (c) circuito inversor P-MOS.

TABELA 8.8 Características MOSFET.

	Polarização de dreno para fonte	Tensão entre porta e fonte (V_{GS}) necessária para condução	R_{ON} (Ω)	R_{OFF} (Ω)
Canal P	Negativo	Em geral, mais negativa que −1,5 V	1.000 (típico)	10^{10}
Canal N	Positivo	Em geral, mais positiva que +1,5 V	1.000 (típico)	10^{10}

QUESTÕES DE REVISÃO

1. Qual valor abaixo está mais próximo do dreno para resistência da fonte de um MOSFET que está ligado?
   1 ohm, 1 quilo-ohm, 1 mega-ohm, 1 giga-ohm
2. Qual valor abaixo está mais próximo do dreno para resistência da fonte de um MOSFET que está desligado?
   1 ohm, 1 quilo-ohm, 1 mega-ohm, 1 giga-ohm
3. Qual componente elétrico fundamental a porta de um MOSFET representa?

8.8 LÓGICA MOS COMPLEMENTAR

OBJETIVOS

Após ler esta seção, você será capaz de:

- Relacionar a tecnologia de transistores MOS e a configuração do circuito com as características operacionais para CMOS.
- Relacionar a função lógica ao funcionamento do circuito usando circuitos de tecnologia CMOS.

Os circuitos lógicos P-MOS e N-MOS usam menos componentes e são muito mais fáceis de fabricar que os TTL. Em consequência, começaram a dominar os mercados de LSI e VLSI nas décadas de 1970 e 1980. Nessa época, uma nova tecnologia emergiu, usando tanto transistores P-MOS (como chaves de potencial alto) quanto N-MOS (como chaves de potencial baixo) em um mesmo circuito lógico. Esse tipo de tecnologia é conhecido como MOS complementar ou **CMOS**. Os circuitos lógicos CMOS não são tão simples nem tão fáceis de fabricar quanto os P-MOS ou N-MOS, mas são mais rápidos e consomem menos energia, por isso dominam o mercado atual.

Inversor CMOS

O circuito básico de INVERSOR CMOS é mostrado na Figura 8.22. Nesse diagrama e em outros que seguirão, os símbolos padronizados para MOSFETs foram trocados por blocos com as denominações P e N para indicar um P-MOSFET e um N-MOSFET, respectivamente. Isso é feito por conveniência na análise dos circuitos. O INVERSOR CMOS tem dois MOSFETs em série, de modo que o dispositivo com canal P tem sua fonte conectada a $+V_{DD}$ (tensão positiva), e o dispositivo de canal N tem sua fonte conectada a GND.[1] As portas dos dois dispositivos estão conectadas em uma entrada comum. Os drenos dos dois dispositivos são conectados em uma saída comum.

---

[1] A maioria dos fabricantes denomina esse terminal V_{SS}.

FIGURA 8.22 INVERSOR básico CMOS.

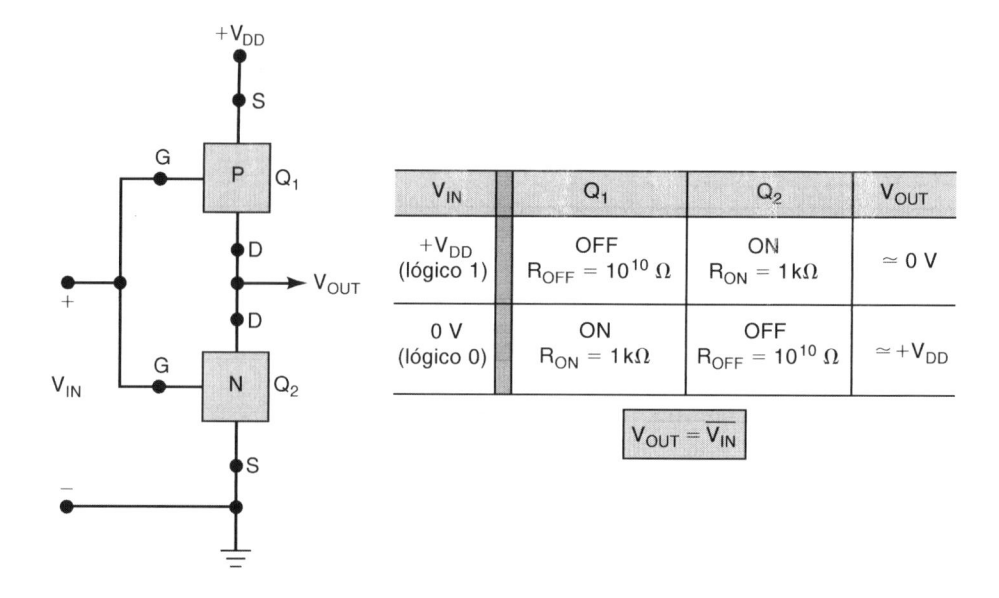

V_{IN}	Q_1	Q_2	V_{OUT}
$+V_{DD}$ (lógico 1)	OFF $R_{OFF} = 10^{10}\,\Omega$	ON $R_{ON} = 1\,k\Omega$	$\approx 0\,V$
0 V (lógico 0)	ON $R_{ON} = 1\,k\Omega$	OFF $R_{OFF} = 10^{10}\,\Omega$	$\approx +V_{DD}$

$$V_{OUT} = \overline{V_{IN}}$$

Os níveis lógicos CMOS são essencialmente $+V_{DD}$ para o nível lógico 1 e 0 V para o nível lógico 0. Considere, primeiro, o caso em que $V_{IN} = +V_{DD}$. Nessa situação, a porta de Q_1 (canal P) está em 0 V com relação à fonte de Q_1. Então, Q_1 estará em seu estado OFF com $R_{OFF} \approx 10^{10}\,\Omega$. A porta de Q_2 (canal N) estará com $+V_{DD}$ com relação à fonte. Assim sendo, Q_2 estará ligado, provavelmente, com $R_{ON} = 1\,k\Omega$. O divisor de tensão entre o R_{OFF} de Q_1 e o R_{ON} de Q_2 produzirá $V_{OUT} \approx 0\,V$.

Agora, considere o caso em que $V_{IN} = 0\,V$. Q_1 tem sua porta com um potencial negativo com relação à fonte, enquanto Q_2 tem $V_{GS} = 0\,V$. Logo, Q_1 estará ligado com $R_{ON} = 1\,k\Omega$ e Q_2, desligado com $R_{OFF} = 10^{10}\,\Omega$, produzindo um V_{OUT} de cerca de $+V_{DD}$. Esses dois estados de operação aparecem resumidos na tabela da Figura 8.22, mostrando que o circuito age como INVERSOR lógico.

Porta NAND CMOS

Outras funções lógicas podem ser construídas modificando o INVERSOR básico. A Figura 8.23 mostra uma porta NAND formada pela adição de um MOSFET canal P em paralelo e um MOSFET canal N em série ao INVERSOR básico. Para analisar esse circuito, é importante perceber que uma entrada em 0 V liga seu P-MOSFET correspondente e desliga seu N-MOSFET. O oposto se dá para uma entrada em $+V_{DD}$. Desse modo, pode-se observar que o único instante em que uma saída em nível BAIXO acontecerá será quando as entradas *A* e *B* estiverem em nível ALTO ($+V_{DD}$) para ligar os MOSFETs, proporcionando, portanto, uma resistência menor de um terminal de saída para GND. Para todas as outras condições, ao menos um P-MOSFET estará ligado enquanto ao menos um N-MOSFET estiver desligado. Isso produz uma saída em nível ALTO.

Porta NOR CMOS

A porta NOR CMOS é formada adicionando-se um P-MOSFET em série e um N-MOSFET em paralelo ao INVERSOR básico, como mostrado na Figura 8.24. Mais uma vez, esse circuito pode ser analisado se observarmos que um nível BAIXO em qualquer uma das entradas liga seu P-MOSFET correspondente e desliga seu N-MOSFET, e o oposto acontece com uma entrada em nível ALTO. Cabe ao leitor verificar que esse circuito opera com uma porta NOR.

Portas AND e OR CMOS podem ser formadas pela combinação de NANDs e NORs com INVERSORES.

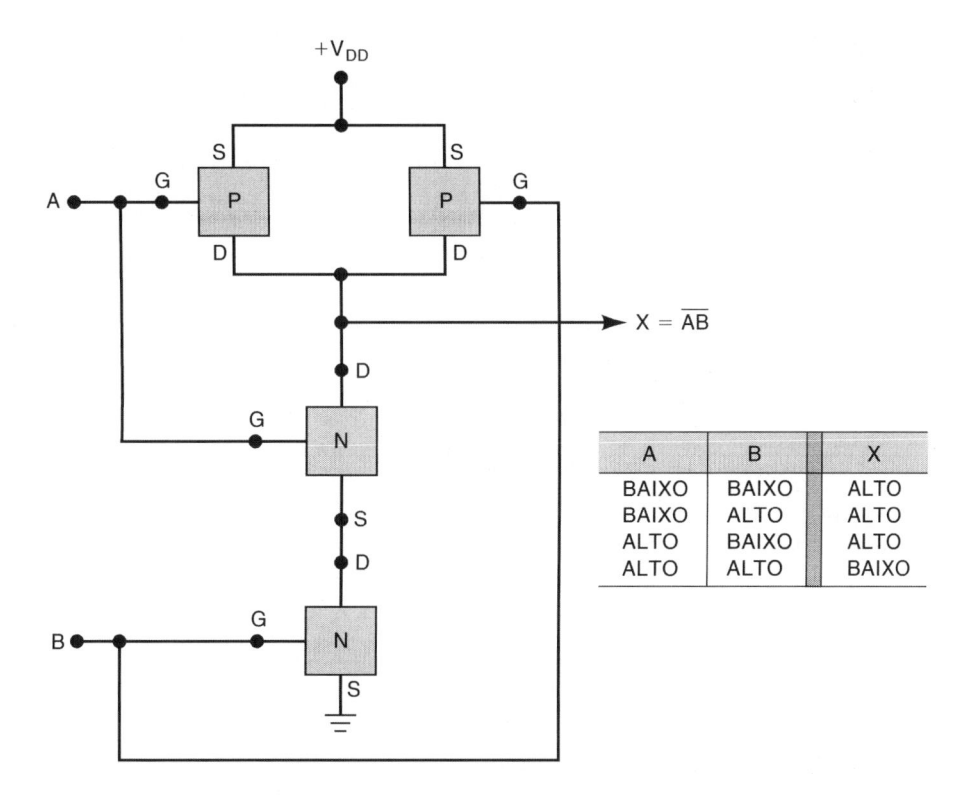

FIGURA 8.23 Porta NAND CMOS.

A	B	X
BAIXO	BAIXO	ALTO
BAIXO	ALTO	ALTO
ALTO	BAIXO	ALTO
ALTO	ALTO	BAIXO

$X = \overline{AB}$

FIGURA 8.24 Porta NOR CMOS.

A	B	X
BAIXO	BAIXO	ALTO
BAIXO	ALTO	BAIXO
ALTO	BAIXO	BAIXO
ALTO	ALTO	BAIXO

$X = \overline{A+B}$

FF SET-RESET CMOS

Duas portas NOR ou NAND CMOS podem ser ligadas com acoplamento cruzado para formar um simples latch SET-RESET. Portas adicionais são utilizadas para converter o latch SET-RESET básico em flip-flops D e J-K com clock.

QUESTÕES DE REVISÃO

1. Em que o circuito interno CMOS difere do N-MOS?
2. Quantos MOSFETs canal P existem em um INVERSOR CMOS?
3. Quantos MOSFETs existem em uma porta NAND CMOS de três entradas?

8.9 CARACTERÍSTICAS DA SÉRIE CMOS

OBJETIVOS

Após ler esta seção, você será capaz de:

- Avaliar a compatibilidade da série CMOS com os componentes da série TTL.
- Identificar as séries CMOS e reconhecer suas características de desempenho.
- Identificar características comuns aos circuitos lógicos da tecnologia CMOS.

Os CIs CMOS fornecem não apenas as mesmas funções lógicas disponíveis na família TTL, mas também várias funções especiais não disponíveis na TTL. Várias séries CMOS diferentes foram desenvolvidas à medida que os fabricantes procuravam melhorar as características. Antes de estudarmos as diversas séries CMOS, é importante definir alguns termos que serão usados quando os CIs de famílias ou séries diferentes forem usados juntos ou substituírem um ao outro.

- **Compatível pino a pino.** Dois CIs são compatíveis pino a pino quando suas pinagens são as mesmas. Por exemplo, o pino 7 em ambos os CIs é GND, o pino 1 em ambos é a entrada do primeiro INVERSOR, e assim por diante.
- **Funcionalmente equivalente.** Dois CIs são funcionalmente equivalentes quando as funções lógicas que realizam são as mesmas. Por exemplo, ambos contêm quatro portas NAND de duas entradas ou seis flip-flops do tipo D disparados pela borda de subida do sinal de clock.
- **Eletricamente compatível.** Dois CIs são eletricamente compatíveis quando podem ser ligados um ao outro, sem necessidade de se tomar precauções especiais para assegurar a operação correta.

Série 4000/14000

As séries CMOS mais antigas são a série 4000, que foi produzida primeiro pela RCA, e sua funcionalmente equivalente série 14000, da Motorola. Os dispositivos da série 4000/14000 têm consumo muito baixo e podem operar em uma larga faixa de tensões de alimentação (3 a 15 V). Eles são lentos quando comparados com TTL ou a outras séries CMOS e possuem capacidade de corrente de saída bem baixa. Não são compatíveis nem pino a pino nem eletricamente com nenhuma das séries TTL. Os dispositivos da série 4000/14000 raramente são utilizados em novos projetos, exceto quando um CI de uso especial dessa série é necessário e não está disponível em outras.

74HC/HCT (CMOS de alta velocidade)

A série 74HC aumentou em dez vezes a velocidade de operação em comparação aos dispositivos 74LS e possui capacidade de corrente muito mais alta que a das primeiras séries 7400. Os CIs 74HC/HCT são compatíveis pino a pino e funcionalmente equivalentes a CIs TTL com a mesma numeração. Os dispositivos 74HCT são eletricamente compatíveis com TTL, mas os 74HC não. Isso significa, por exemplo, que o chip INVERSOR sêxtuplo 74HCT04 pode substituir um chip 74LS04, e vice-versa. Isso também indica que um CI 74HCT pode ser conectado diretamente a qualquer CI TTL.

74AC/ACT (CMOS avançada)

Com frequência, fazemos referência a essa série como ACL (lógica CMOS avançada — em inglês, *advanced CMOS logic*). Essa série é funcionalmente equivalente a diversas séries TTL, mas *não* é compatível pino a pino com TTL, pois a disposição dos pinos no chip 74AC ou 74ACT foi escolhida para melhorar a imunidade a ruído, de modo que as entradas do dispositivo sejam menos sensíveis às variações de sinal que acontecem em outros pinos do CI. Os dispositivos 74AC não são compatíveis eletricamente com TTL; os dispositivos 74ACT podem ser conectados diretamente a dispositivos TTL. A série ACL oferece vantagens sobre a série HC em imunidade a ruído, atraso de propagação e velocidade máxima de clock.

A numeração dos dispositivos dessa série difere um pouco da numeração das séries TTL, 74C e 74HC/HCT. Ela adota um número de dispositivo com cinco dígitos, começando com os dígitos 11. Os exemplos a seguir ilustram isso:

$$74AC11\;004 \equiv 74HC\;04$$
$$74ACT11\;293 \equiv 74HCT\;293$$

74AHC/AHCT (CMOS avançada de alta velocidade)

Essa série de dispositivos CMOS oferece uma migração natural das séries HC para aplicações de alta velocidade, baixo consumo e baixa capacidade de acionamento. Os componentes dessa série são três vezes mais rápidos e podem ser usados como substitutos diretos de componentes da série HC. Eles oferecem imunidade ao ruído semelhante, sem os problemas de transientes de chaveamento frequentemente associados a características de acionamento necessárias a essa velocidade.

Lógica BiCMOS de 5 V

Inúmeros fabricantes de CIs desenvolveram séries lógicas que combinam as melhores características das lógicas bipolar e do CMOS, denominada lógica BiCMOS. O baixo consumo do CMOS e a alta velocidade dos circuitos bipolares são integrados para produzir uma família lógica de consumo baixo e velocidade alta. A maioria das funções SSI e MSI não está disponível em CIs BiCMOS; estes estão limitados a funções usadas para interface com microprocessadores e em aplicações que envolvam memórias, como latches, buffers, drivers e transceptores. A série 74BCT (tecnologia de interface de barramento BiCMOS, do inglês, *BiCMOS bus-interface technology*) oferece redução de 75% no consumo em relação à família 74F, ao mesmo tempo que mantém a velocidade de operação e as características de acionamento semelhantes. Os componentes dessa série são compatíveis pino a pino com os componentes TTL padrão e operam com níveis lógicos segundo o padrão de 5 V. A série 74ABT (tecnologia BiCMOS avançada, do inglês, *advanced BiCMOS technology*) é a segunda geração dos dispositivos de interface de barramento BiCMOS. Detalhes sobre a lógica de interface de barramento serão apresentados na Seção 8.13.

Tensão de alimentação

Os dispositivos das séries 4000/14000 e 74C operam com V_{DD} variando de 3 a 15 V, o que torna esses circuitos versáteis. Eles podem ser usados em circuitos alimentados com bateria, com alimentação padrão de 5 V e naqueles em que uma tensão de alimentação maior é usada para atender às margens de ruído necessárias para o funcionamento em ambiente ruidoso. As séries 74HC/HCT, 74AC/ACT e 74AHC/AHCT operam com tensões de alimentação em uma faixa muito mais estreita, em geral, entre 2 e 6 V.

As séries lógicas projetadas para operar com tensões baixas (ou seja, 2,5 ou 3,3 V) também estão disponíveis. Sempre que dispositivos que usam tensões de alimentação diferentes forem interconectados em um mesmo sistema digital, medidas especiais têm de ser tomadas. Os dispositivos de baixa tensão e as técnicas especiais de interfaceamento serão abordados na Seção 8.10.

Níveis de tensão lógicos

Os níveis de tensão de entrada e saída são diferentes em cada uma das séries CMOS. A Tabela 8.9 relaciona os valores de tensão das séries CMOS, bem como das séries TTL. Os valores listados consideram que todos os dispositivos estão operando com tensão de alimentação igual a 5 V e acionando entradas da mesma família lógica.

A análise dessa tabela mostra alguns pontos importantes. Primeiro, note que V_{OL} para dispositivos CMOS é muito próximo de 0 V, e V_{OH}, de 5 V. A razão disso é que as saídas CMOS não têm de fornecer ou absorver quantidade significativa de corrente quando acionando entradas CMOS, porque estas possuem resistência de entrada muito alta (10^{12} Ω). Observe, também, que, exceto nas famílias 74HCT e 74ACT, os níveis de tensão de entrada necessários são maiores para CMOS que para TTL. Lembre-se de que as séries 74HCT e 74ACT foram projetadas para serem eletricamente compatíveis com TTL e, portanto, devem ser capazes de aceitar os mesmos níveis de tensão de entrada das séries TTL.

TABELA 8.9 Níveis de tensão (em volts) de entrada e saída com $V_{DD} = V_{CC} = +5$ V.

Parâmetro	CMOS							TTL			
	4000B	74HC	74HCT	74AC	74ACT	74AHC	74AHCT	74	74LS	74AS	74ALS
V_{IH}(mín)	3,5	3,5	2,0	3,5	2,0	3,85	2,0	2,0	2,0	2,0	2,0
V_{IL}(máx)	1,5	1,0	0,8	1,5	0,8	1,65	0,8	0,8	0,8	0,8	0,8
V_{OH}(mín)	4,95	4,9	4,9	4,9	4,9	4,4	3,15	2,4	2,7	2,7	2,5
V_{OL}(máx)	0,05	0,1	0,1	0,1	0,1	0,44	0,1	0,4	0,5	0,5	0,5
V_{NH}	1,45	1,4	2,9	1,4	2,9	0,55	1,15	0,4	0,7	0,7	0,7
V_{NL}	1,45	0,9	0,7	1,4	0,7	1,21	0,7	0,4	0,3	0,3	0,4

Margens de ruído

As margens de ruído para cada família também são dadas na Tabela 8.9. Elas são calculadas usando

$$V_{NH} = V_{OH}(\text{mín}) - V_{IH}(\text{mín})$$
$$V_{NL} = V_{IL}(\text{máx}) - V_{OL}(\text{máx})$$

Observe que, de modo geral, os dispositivos CMOS têm margens de ruído maiores que os TTL. A diferença seria ainda maior se os dispositivos CMOS operassem com fonte de alimentação maior que 5 V.

Dissipação de potência

Quando o circuito lógico CMOS está estático (não está comutando), sua dissipação de potência é bem baixa. Podemos ver a razão disso examinando cada um dos circuitos mostrados nas figuras 8.22 a 8.24. Observe que, independentemente do estado da saída, existe uma resistência muito alta entre os terminais V_{DD} e GND, porque há sempre um MOSFET desligado no caminho da corrente. Como resultado, a dissipação de potência CC típica dos circuitos CMOS é de apenas 2,5 nW por porta quando $V_{DD} = 5$ V. Mesmo quando $V_{DD} = 10$ V, essa dissipação de potência aumenta para apenas 10 nW. Com esses valores para P_D, é fácil entender por que dispositivos CMOS são especialmente indicados para aplicações em que os circuitos são alimentados por bateria ou em que existe um sistema de emergência com bateria.

Dissipação de potência (P_D) aumenta com a frequência

A dissipação de potência de um CI CMOS será bastante baixa desde que ele esteja em uma condição CC, ou seja, com a saída em nível constante. Infelizmente, P_D aumenta de modo proporcional à frequência de comutação de estado do circuito. Por exemplo, uma porta NAND CMOS tem $P_D = 10$ nW quando está em uma das condições CC e $P_D = 0,1$ mW em uma frequência de 100 kpps e 1 mW a 1 MHz. A razão para essa dependência com relação à frequência está ilustrada na Figura 8.25.

FIGURA 8.25 Spikes de corrente são drenados da fonte de alimentação V_{DD} cada vez que a saída comuta de nível BAIXO para ALTO. Isso acontece, sobretudo, por conta da corrente de carga das capacitâncias de carga.

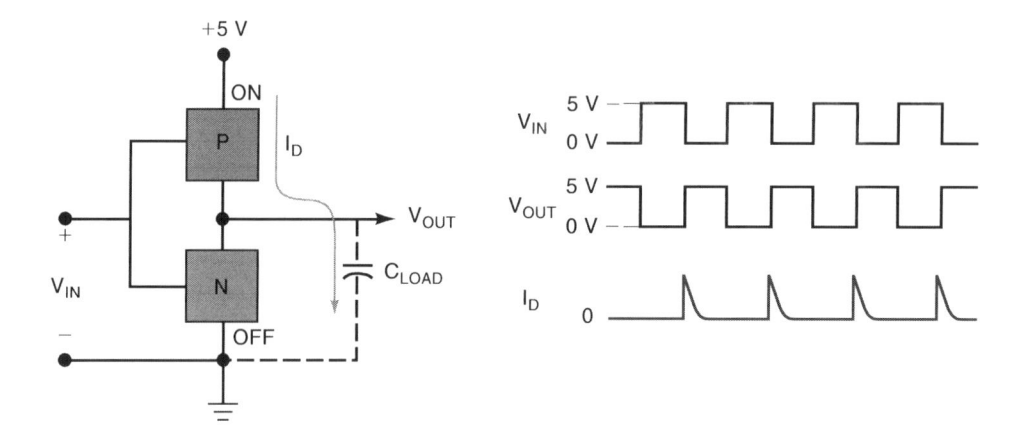

Cada vez que uma saída CMOS comuta de nível BAIXO para ALTO, uma corrente transiente deve ser fornecida para capacitância de carga, que consiste na combinação de todas as capacitâncias de entrada de quaisquer cargas que forem acionadas com a capacitância de saída do dispositivo. Esses pulsos estreitos de corrente devem ser fornecidos por V_{DD} e podem ter amplitude típica de 5 mA com duração de 20 a 30 ns. É claro que, à medida que a frequência de comutação aumenta, existe um número maior desses pulsos de corrente acontecendo por segundo, e, portanto, a corrente média drenada de V_{DD} aumenta. Mesmo com capacitância de carga muito baixa, existe um breve momento da transição de nível BAIXO para ALTO ou de nível ALTO para BAIXO em que os dois transistores de saída estão conduzindo. Isso diminui a resistência entre a fonte de alimentação e GND, causando também um pulso de corrente.

Desse modo, em frequências mais altas, as séries CMOS começam a perder algumas das vantagens que têm sobre outras famílias lógicas. Como regra geral, uma porta CMOS terá a mesma P_D média que uma porta 74LS em frequência próxima de 2 a 3 MHz. Acima dessas frequências, a potência de dispositivos TTL também aumenta com a frequência por causa de corrente requerida para inverter a carga na capacitância de carga. Em chips MSI, a situação é um pouco mais complexa do que o estabelecido aqui, e o projetista deve fazer uma análise detalhada para determinar se a série CMOS em questão apresenta vantagem com relação à dissipação de potência na frequência particular de operação.

Fan-out

Do mesmo modo que as entradas N-MOS e P-MOS, as CMOS têm resistência bastante alta (10^{12} Ω) e quase não drenam corrente da fonte de sinal. Cada entrada CMOS, contudo, geralmente apresenta uma carga de 5 pF para GND. Essa capacitância de entrada limita o número de entradas CMOS que uma saída CMOS pode acionar (veja a Figura 8.26). A saída CMOS deve carregar e descarregar a combinação de todas as capacitâncias de entrada em paralelo, de modo que o tempo de comutação da saída aumentará proporcionalmente ao número de cargas acionadas. Em geral, cada carga CMOS aumenta o atraso de propagação do circuito acionador em 3 ns. Por exemplo, a porta NAND n. 1 na Figura 8.26 teria um t_{PLH} de 25 ns se não estivesse acionando carga nenhuma. Esse valor aumentaria para 25 ns + 20(3 ns) = 85 ns se estivesse acionando *vinte* cargas.

Dessa forma, o fan-out CMOS depende do atraso de propagação máximo permitido. Em geral, as saídas CMOS estão limitadas a um fan-out de 50 para operação em baixa frequência (≤ 1 MHz). É claro que, para operação em alta frequência, o fan-out teria de ser diminuído.

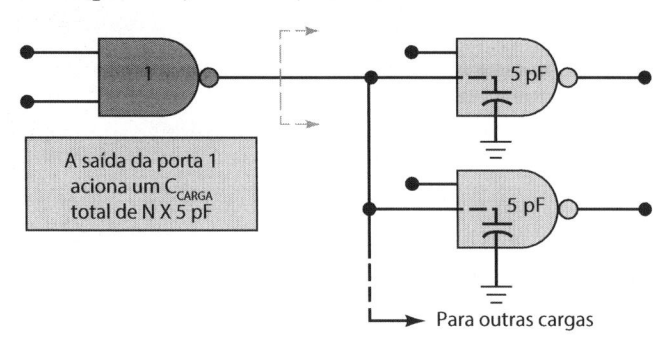

FIGURA 8.26 Cada entrada CMOS contribui para a capacitância de carga total vista pela saída da porta acionadora.

Velocidade de comutação

Apesar de o circuito CMOS, assim como o N-MOS ou o P-MOS, ter de acionar cargas capacitivas relativamente grandes, sua velocidade de comutação é um tanto alta por conta da baixa resistência de saída em cada estado. Lembre-se de que uma saída N-MOS deve carregar uma carga capacitiva por um resistor relativamente grande (100 kΩ). No circuito CMOS, a resistência de saída no estado ALTO é a R_{ON} do P-MOSFET, que é, em geral, menor ou igual a 1 kΩ. Isso permite que o capacitor de carga seja carregado de maneira mais rápida.

Uma porta NAND da série 4000 terá, na maioria dos casos, um t_{pd} médio de 50 ns, com V_{DD} = 5 V, e um de 25 ns, com V_{DD} = 10 V. A razão dessa melhora no t_{pd} quando V_{DD} aumenta é que a R_{ON} do MOSFET diminui quando ele é alimentado com tensões mais altas. Então, pode parecer que V_{DD} deveria ser o maior possível para que o circuito operasse em altas frequências. Contudo, um V_{DD} maior resultaria em um aumento de dissipação de potência.

Uma típica porta NAND da série 74HC/HCT tem um t_{pd} médio em torno de 8 ns quando V_{DD} = 5 V. Uma porta NAND 74AC/ACT tem um t_{pd} médio em torno de 4,7 ns. Uma porta NAND 74AHC tem um t_{pd} médio de 4,3 ns.

Entradas não usadas

Entradas CMOS nunca devem ficar desconectadas. Todas devem ser conectadas a um nível de tensão fixo (0 V ou V_{DD}) ou a alguma outra entrada.

Essa regra se aplica também à entrada de portas lógicas que não foram usadas em um chip. Uma entrada CMOS não conectada é suscetível a ruído e à eletricidade estática, que poderiam facilmente polarizar os MOSFETs canal P e canal N para um estado de condução, resultando no aumento da dissipação de potência e em possível superaquecimento.

Sensibilidade à eletricidade estática

Todos os dispositivos eletrônicos, em diferentes graus, podem ser danificados por serem sensíveis à eletricidade estática. O corpo humano é um grande armazenador de cargas estáticas. Por exemplo, quando andamos sobre carpete, nosso corpo pode adquirir uma carga estática de mais de 30.000 V. Se tocarmos em um dispositivo eletrônico, parte dessa carga poderá ser transferida para ele. As famílias lógicas MOS (e todos os MOSFETs) são especialmente suscetíveis a danos por carga eletrostática. Toda essa diferença de potencial (carga eletrostática) aplicada na fina camada de óxido supera sua capacidade de isolamento elétrico. Quando essa camada se rompe, o fluxo de corrente resultante (descarga) é semelhante a um raio e fura a camada de óxido, danificando permanentemente o dispositivo.

A **descarga eletrostática** (**ESD**, do inglês, *electrostatic discharge*) é responsável por grande parte dos danos em equipamentos eletrônicos, e os fabricantes têm dedicado considerável atenção em desenvolver procedimentos especiais de manuseio, para todos os dispositivos e circuitos eletrônicos. Mesmo que os CIs mais modernos tenham uma rede resistor-diodo interna para proteger entradas e saídas dos efeitos da ESD, as seguintes precauções são adotadas pela maioria dos laboratórios de engenharia, unidades de produção e departamentos de serviço em campo:

1. Conectar o chassi de todos os instrumentos de teste, pontas de ferro de solda e sua bancada de trabalho (se for de metal) ao terra da rede (ou seja, ao pino próprio da tomada de 110 VAC). Isso impede o acúmulo de carga estática nesses dispositivos, a qual poderia ser transferida para qualquer placa de circuito impresso ou CI que entrasse em contato com eles.
2. Conectar-se ao terra da rede com uma pulseira antiestática. Isso permite que as cargas potencialmente perigosas de seu corpo sejam descarregadas para a terra. A pulseira contém um resistor de 1 MΩ que limita a corrente a um valor não letal para o caso de a pessoa acidentalmente tocar em uma tensão "viva" enquanto estiver trabalhando com o equipamento.
3. Manter os CIs (em especial os MOS) em espuma condutora ou sobre folha de alumínio. Isso faz que todos os pinos estejam em curto, impedindo que diferenças de potencial perigosas se desenvolvam entre dois pinos.
4. Evitar tocar os pinos dos CIs e os inserir de imediato no circuito após sua remoção da embalagem protetora.
5. Curto-circuitar os conectores de borda de placas de circuito impresso quando estiverem sendo carregadas ou transportadas. Evitar tocar os conectores de borda. Armazenar placas de circuito impresso em plástico condutor ou envelopes metálicos.
6. Não deixar as entradas não utilizadas dos CIs em aberto, porque tendem a acumular carga dispersa.

Latch-up

Por causa da presença inevitável de transistores PNP e NPN *parasitas* (indesejados) no substrato dos CIs CMOS, uma condição conhecida como **latch-up** pode acontecer em certas circunstâncias. Se esses transistores parasitas em um chip CMOS são disparados para condução, ficam travados (permanentemente ligados), e uma grande corrente pode destruir o CI. A maioria dos CIs CMOS mais modernos possui um circuito de proteção que ajuda a prevenir o latch-up. Contudo, ainda pode acontecer quando os valores máximos de tensão são excedidos. Latch-ups podem ser disparados por spikes de alta tensão ou oscilações nas entradas e saídas do dispositivo. Diodos grampeadores podem ser conectados externamente para proteger tais transientes, em especial quando os CIs são usados em ambientes industriais, em que a comutação de alta tensão e/ou de grandes cargas de corrente acontece (controladores de motores, relés etc.). Uma fonte de alimentação bem regulada minimiza esses spikes em V_{DD}; se a fonte possuir um limitador de corrente, ela limitará a corrente antes que o latch-up ocorra. Técnicas modernas de fabricação de CMOS têm reduzido bastante a suscetibilidade dos CIs ao latch-up.

QUESTÕES DE REVISÃO

1. Quais séries CMOS são compatíveis pino a pino com TTL?
2. Quais séries CMOS são eletricamente compatíveis com TTL?
3. Quais séries CMOS são funcionalmente equivalentes à TTL?
4. Que família lógica combina as melhores características da lógica CMOS e da bipolar?
5. Que fatores determinam o fan-out de dispositivos CMOS?
6. Que precauções devem ser tomadas no manuseio de CIs CMOS?
7. Que família de CIs (CMOS, TTL) é mais indicada para aplicações alimentadas por bateria?
8. *Verdadeiro ou falso*:
   (a) O consumo de potência aumenta com a frequência de operação para componentes CMOS.
   (b) Entradas CMOS não utilizadas podem ser mantidas desconectadas.
   (c) Componentes TTL são mais indicados que os CMOS para operação em ambientes com ruído elétrico alto.
   (d) A velocidade de comutação no componente CMOS aumenta com a frequência de operação.
   (e) A velocidade de comutação no componente CMOS aumenta com o aumento da tensão de alimentação.
   (f) A condição de latch-up é uma vantagem dos componentes CMOS sobre os TTL.

8.10 TECNOLOGIA DE BAIXA TENSÃO

OBJETIVO

Após ler esta seção, você será capaz de:

■ Identificar séries de dispositivos lógicos e tecnologias que operam em níveis de tensão mais baixos.

Os fabricantes de CIs sempre buscam formas de juntar um número maior de dispositivos semicondutores (diodos, resistores, transistores etc.) em um único chip, ou seja, aumentar a densidade no chip. Isso proporciona dois grandes benefícios. Primeiro, permite que mais circuitos sejam encapsulados em um chip; segundo, com os circuitos mais próximos entre si, o tempo de propagação de sinais diminui, aumentando a velocidade de operação do circuito como um todo. Também há desvantagens quando a densidade do chip é maior. Quando os circuitos são colocados muito próximos uns dos outros, o material que isola um circuito do outro é mais estreito, o que diminui o valor de tensão a que o dispositivo pode resistir antes que ocorra a ruptura do dielétrico. Ao aumentar a densidade do chip, aumenta-se sua dissipação de potência, que pode elevar sua temperatura para um nível acima do máximo permitido para uma operação segura.

Essas desvantagens podem ser neutralizadas fazendo o chip operar a baixos níveis de tensão, reduzindo, assim, a dissipação de potência. Várias séries lógicas presentes no mercado operam com 3,3 V. As mais recentes são otimizadas para funcionar com 2,5 V. Essa tecnologia de baixa tensão pode muito bem sinalizar o início de uma transição no campo dos equipamentos digitais, que, eventualmente, terão todos os CIs digitais operando em baixa tensão.

Dispositivos de baixa tensão são atualmente projetados para aplicações desde jogos eletrônicos a estações de trabalho de engenharia. As CPUs recentes são dispositivos de 2,5 V, e chips de RAM dinâmica de 3,3 V são usados em módulos de memória de computadores pessoais.

Diversas séries lógicas de baixa tensão estão disponíveis hoje em dia. Não é possível abordar todas as famílias e séries de todos os fabricantes, portanto, descreveremos as oferecidas atualmente pela Texas Instruments.

Família CMOS

- A série *74LVC* (CMOS de baixa tensão, do inglês, *low-voltage CMOS*) contém a maior coleção de portas SSI e funções MSI de famílias de 5 V, com dispositivos de interface de barramento, como buffers, latches, drivers etc. Essa série é capaz de lidar com níveis lógicos de 5 V em suas entradas; portanto, pode converter os sistemas de 5 V em sistemas de 3 V. Enquanto a corrente de acionamento estiver baixa o suficiente para manter a tensão de saída dentro de limites aceitáveis, a série 74LVC também poderá acionar entradas TTL de 5 V. O parâmetro de entrada V_{IH} de componentes CMOS de 5 V, como o 74HC/AHC, não permite ser acionado por dispositivos LVC.

- A série *74ALVC* (CMOS de baixa tensão avançado, do inglês, *advanced low-voltage CMOS*) atualmente oferece o maior desempenho. Dispositivos dessa série são destinados, sobretudo, a aplicações de interface de barramento com lógica de 3,3 V.

- A série *74LV* (baixa tensão, do inglês, *low-voltage*) oferece a tecnologia CMOS e muitas outras portas SSI e funções lógicas MSI, junto a alguns buffers octais populares, latches e flip-flops. Foi projetada para operar apenas com outros dispositivos de 3,3 V.

- A série *74AVC* (CMOS de tensão muito baixa avançado, do inglês, *advanced very-low-voltage CMOS*) foi introduzida pensando-se em novos sistemas. Essa série é otimizada para sistemas de 2,5 V, mas pode operar com tensões de alimentação tão baixas quanto 1,2 V ou tão altas quanto 3,3 V. Essa ampla faixa torna a série útil em sistemas com tensões mistas. Ela tem atrasos de propagação menores que 2 ns, sendo concorrente de dispositivos bipolares 74AS. Apresenta muitas características de interface de barramento da série BiCMOS que a tornarão útil em futuras gerações de estações de trabalho de baixa tensão, PCs, redes e equipamentos de telecomunicações.

- A série *74AUC* (CMOS de tensão ultrabaixa avançado, do inglês, *advanced ultra-low-voltage CMOS*) é otimizada para funcionar com níveis lógicos de 1,8 V.

- A série *74AUP* (CMOS de potência ultrabaixa avançado, do inglês, *advanced ultra-low power*) é a série lógica de potência mais baixa no mercado e é usada em aplicações portáteis que funcionam com bateria.

- A série *74CBT* (tecnologia cross bar, do inglês, *cross bar technology*) oferece circuitos de interface de barramento que podem comutar com rapidez quando habilitados e não carregar o barramento quando desabilitados.

- A série *74CBTLV* (tecnologia cross bar de baixa tensão, do inglês, *cross bar technology low-voltage*) é o complemento de 3,3 V para a série 74CBT.

- A série *74GTLP* (do inglês, *gunning transceiver logic plus*) foi feita para aplicações em placas-mãe (*backplane*) paralelas de alta velocidade. Será detalhada em outra seção.

- A série *74SSTV* (lógica com terminação com toco, do inglês, *stub series terminated logic*) é útil nos sistemas de memória avançada de alta velocidade dos computadores atuais.

- A série *TS switch* (chaveamento de sinal, do inglês, *TI signal switch*) foi criada para aplicações de sinal misto e oferece comutação analógica-digital e soluções multiplexadoras.

- A série *74TVC* (interface com grampeador de tensão, do inglês, *translation voltage clamp*) é usada para proteger entradas e saídas de dispositivos sensíveis de sobrecarga de tensão nas linhas de barramento.

Família BiCMOS

- A série *74LVT* (tecnologia BiCMOS de baixa tensão, do inglês, *low-voltage BiCMOS technology*) contém dispositivos BiCMOS projetados para aplicações de interfaces de barramento de 8 e 16 bits. Assim como a série LVC, suas entradas são capazes de lidar com níveis lógicos de 5 V e servem como conversor de 5 V para 3 V. Uma vez que os níveis de saída [V_{OH}(mín) e V_{OL}(máx)] são equivalentes aos níveis TTL, eles são compatíveis eletricamente com TTL. A Tabela 8.10 compara diversas características.

- A série *74ALVT* (tecnologia BiCMOS de baixa tensão avançada, do inglês *advanced low-voltage BiCMOS technology*) é um aprimoramento da série LVT. Ela oferece tensões de operação de 3,3 V ou 2,5 V a 3 ns e é compatível pino a pino com as séries ABT e LVT. Ela também foi projetada para aplicações de interfaces de barramento.

- A série *74ALB* (BiCMOS de baixa tensão avançada, do inglês, *advanced low-voltage BiCMOS*) foi projetada para aplicações de interfaces de barramento de 3,3 V. Fornece saídas com capacidade de acionamento de 25 mA e atrasos de propagação de apenas 2,2 ns.

- A série *74VME* foi projetada para operar com tecnologia de barramento padrão VME (*VERSA Module Eurocard*).

TABELA 8.10 Características das séries de baixa tensão.

	LV	ALVC	AVC	ALVT	ALB
V_{CC} (recomendado)	2,7–3,6	2,3–3,6	1,65–3,6	2,3–2,7	3–3,6
t_{pd} (ns)	18	3	1,9	3,5	2
V_{IH} (V)	2 para V_{CC} + 0,5	2,0 para 4,6	1,2 para 4,6	2 para 7	2,2 para 4,6
V_{IL} (V)	0,8	0,8	0,7	0,8	0,6
I_{OH} (mA)	6	12	8	32	25
I_{OL} (mA)	6	12	8	32	25

Engenheiros e técnicos da área digital não podem pressupor que cada CI de um circuito digital, um sistema ou parte de um equipamento esteja operando com 5 V e devem estar preparados para lidar com as questões de interfaceamento em sistemas com tensões mistas. Os conhecimentos de interfaceamento deste capítulo lhe permitirão fazer isso independentemente do que acontecer à medida que os sistemas de baixa tensão se tornarem comuns.

O avanço contínuo dos dispositivos móveis exigiu circuitos de baixa tensão/baixa potência. Hoje, ainda há um mix de 5 V, 3,3 V, 2,5 V, 1,8 V e até 1,5 V de tecnologia no mercado.

QUESTÕES DE REVISÃO

1. Quais são as duas vantagens dos CIs de alta densidade?
2. Quais são as desvantagens?
3. Qual é o valor mínimo da tensão de nível ALTO para uma entrada 74LVT?
4. Quais séries de baixa tensão podem operar apenas com outros CIs de séries de baixa tensão?
5. Quais são as séries de baixa tensão compatíveis eletricamente com TTL?

8.11 SAÍDAS DE COLETOR ABERTO E DE DRENO ABERTO

OBJETIVOS

Após ler esta seção, você será capaz de:

- Definir coletor aberto/dreno aberto em termos de circuitos internos.
- Aplicar circuitos de saída de coletor aberto/dreno aberto às necessidades de projeto.
- Identificar os circuitos que possuem saídas de coletor aberto/dreno aberto.

Existem situações nas quais diversos dispositivos digitais devem compartilhar o uso de um único fio para transmitir sinal a um dispositivo destinatário, como se fossem vizinhos compartilhando a mesma rua: inúmeros dispositivos devem ter suas saídas conectadas ao mesmo fio que, basicamente, conecta-os entre si. Para todos os dispositivos lógicos considerados até esse momento, isso representa um problema. Cada saída tem dois estados, ALTO e BAIXO. Quando uma saída está no nível ALTO, a outra está no nível BAIXO, e quando elas são conectadas, há um conflito ALTO/BAIXO. Quem ganha? Assim como em uma queda de braço, o mais forte. Nesse caso, o circuito cujo transistor de saída tiver a menor resistência no estado "ON" conduzirá a tensão de saída em sua direção.

A Figura 8.27 mostra um diagrama em bloco genérico de dois dispositivos lógicos com saídas conectadas a um fio. Se os dois dispositivos forem CMOS, então a resistência no estado ON do circuito pull-up que tem como saída nível ALTO será aproximadamente a mesma que a resistência ON do circuito pull-down que apresenta uma saída de nível BAIXO. A tensão no fio comum estará em torno da metade da tensão de alimentação, que está na faixa indeterminada para a maioria das séries CMOS e é inaceitável para acionar uma entrada CMOS. Além disso, a corrente pelos dois MOSFETs em condução será maior que o normal, em especial para valores acima de V_{DD}, e isso pode danificar os CIs.

As saídas CMOS de dispositivos convencionais nunca devem ser conectadas.

Se os dois dispositivos forem TTL com saídas totem pole, conforme mostrado na Figura 8.28, uma situação semelhante aconteceria, mas com resultados distintos por conta da diferença no circuito de saída. Suponha que a saída da porta A esteja no estado ALTO (Q_{3A} ON, Q_{4A} OFF) e a saída da porta B esteja no estado BAIXO (Q_{3B} OFF, Q_{4B} ON). Nessa situação, Q_{4B} tem resistência de carga muito menor que Q_{3A} e drenará uma corrente muito maior que a corrente para a qual ele foi projetado. Essa corrente talvez não danifique Q_{3A} ou Q_{4B} de imediato, mas pode causar superaquecimento, deteriorando o desempenho e provocando eventual dano ao dispositivo.

Outro problema causado por essa corrente relativamente alta fluindo por Q_{4B} é uma grande queda de tensão entre coletor e emissor do transistor, fazendo V_{OL} se situar entre 0,5 e 1 V. Isso é maior que o valor V_{OL}(máx) permitido. Por essas razões:

As saídas TTL totem pole nunca devem ser conectadas.

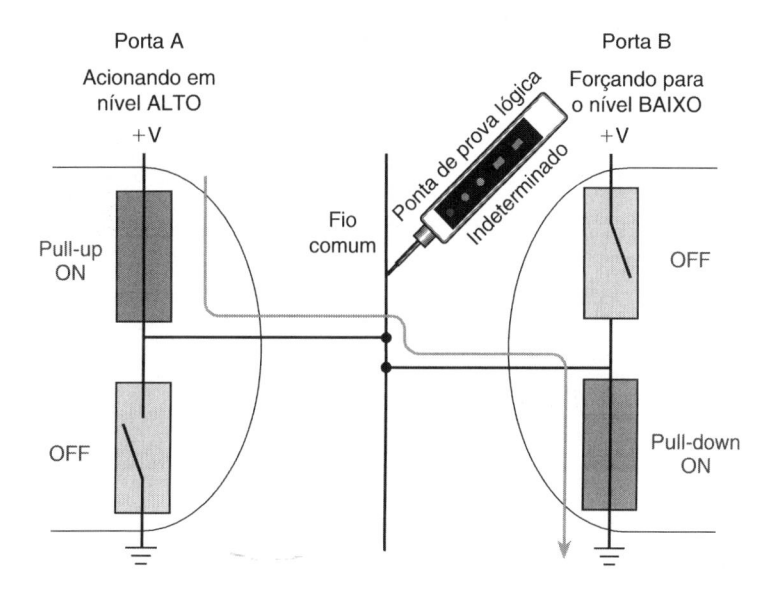

FIGURA 8.27 Duas saídas competindo para o controle de um fio.

FIGURA 8.28 Saídas totem pole conectadas podem produzir uma corrente muito alta por Q_4.

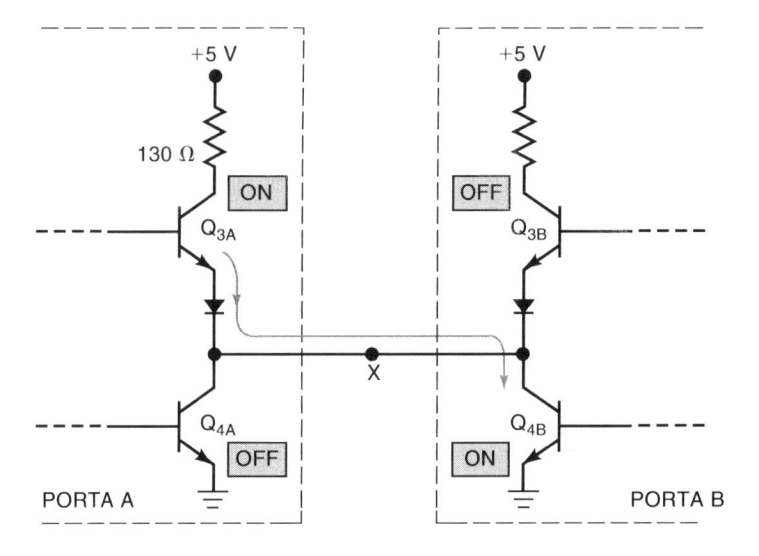

Saídas de coletor e de dreno abertos

Uma solução para o problema do compartilhamento de um fio comum entre portas lógicas é remover o transistor pull-up ativo do circuito de saída de cada porta. Dessa maneira, nenhuma das portas insistirá no nível lógico ALTO. Os circuitos de saída TTL modificados são denominados **saídas de coletor aberto**. Os CMOS equivalentes são denominados saídas de dreno aberto. A saída é tomada no dreno do MOSFET pull-down canal N, que é um circuito aberto (ou seja, não está conectado a outro circuito).

A saída TTL equivalente é chamada de saída de coletor aberto porque o coletor do transistor da parte inferior do totem pole é conectado diretamente ao pino de saída e a nada mais, conforme a Figura 8.29(a). A estrutura de coletor aberto elimina o circuito de pull-up formado por Q_3, D_1 e R_4. Com a saída no estado BAIXO, Q_4 está ON (tem corrente de base e apresenta curto entre coletor e emissor); com a saída no estado ALTO, Q_4 está OFF (não tem corrente de base e apresenta circuito aberto entre coletor e emissor). Uma vez que o circuito não tem um caminho para estabelecer uma saída de nível ALTO, o projetista deve conectar um resistor de pull-up, R_P, externo na saída, como mostra a Figura 8.29(b).

FIGURA 8.29 (a) Circuito TTL de coletor aberto; (b) com resistor de pull-up externo.

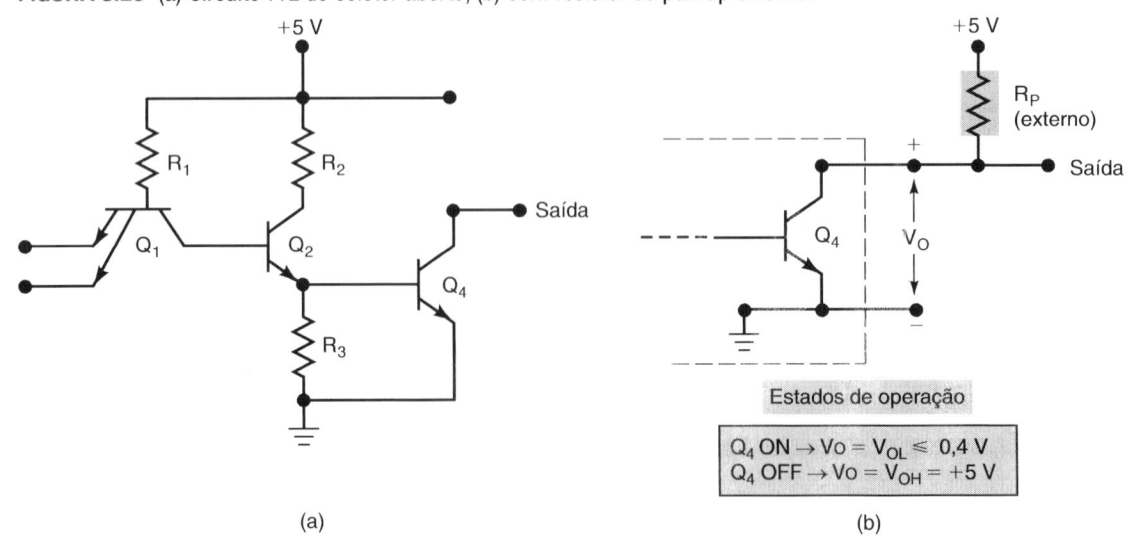

Q_4 ON → $V_O = V_{OL} \leq 0{,}4$ V
Q_4 OFF → $V_O = V_{OH} = +5$ V

Quando Q_4 está ON, ele faz que a tensão de saída seja de nível BAIXO. Quando Q_4 está OFF, R_P faz que seja nível ALTO. Observe que sem o resistor de pull-up a tensão de saída seria indeterminada (flutuante). O valor do resistor R_P é geralmente escolhido como 10 kΩ. Esse valor é pequeno o suficiente para que, no estado ALTO, a queda de tensão nele, em razão da corrente de carga, não diminua a tensão de saída abaixo do V_{OH} mínimo. Esse resistor tem um valor alto o suficiente para que, no estado BAIXO, limite a corrente por Q_4 a um valor abaixo de I_{OL}(máx).

Quando várias portas com saídas de coletor ou dreno aberto compartilham uma conexão, conforme a Figura 8.30, o fio comum fica em nível ALTO por conta do resistor de pull-up. Quando qualquer uma (ou mais de uma) das saídas das portas for nível BAIXO, haverá queda de tensão de 5 V sobre o resistor R_P, e o ponto de conexão comum estará no estado BAIXO. Uma vez que a saída comum ficará em nível ALTO apenas quando todas estiverem no estado ALTO, conectando as saídas implementamos a função lógica AND. Isso é denominado conexão **wired-AND** e representado pelo símbolo de uma porta AND tracejada. Na realidade, a porta AND não existe. *Uma conexão wired-AND pode ser implementada apenas com dispositivos lógicos TTL de coletor aberto ou dispositivos CMOS de dreno aberto.*

Resumindo, os circuitos de coletor aberto e de dreno aberto não são capazes de fazer suas saídas irem para o nível ALTO por um circuito ativo; eles apenas fazem que assumam nível BAIXO. Essa característica pode ser usada para permitir que diversos dispositivos compartilhem o mesmo fio e transmitam um nível lógico para outro dispositivo ou combinem de fato as saídas dos dispositivos em uma função lógica AND. Conforme já dito, o propósito do transistor de pull-up ativo no circuito de saída de uma porta convencional é carregar com rapidez a capacitância de carga, permitindo chaveamento rápido. Os dispositivos de coletor e dreno abertos têm velocidade de chaveamento muito lenta de nível BAIXO para ALTO e, por isso, não são usados em aplicações de alta velocidade.

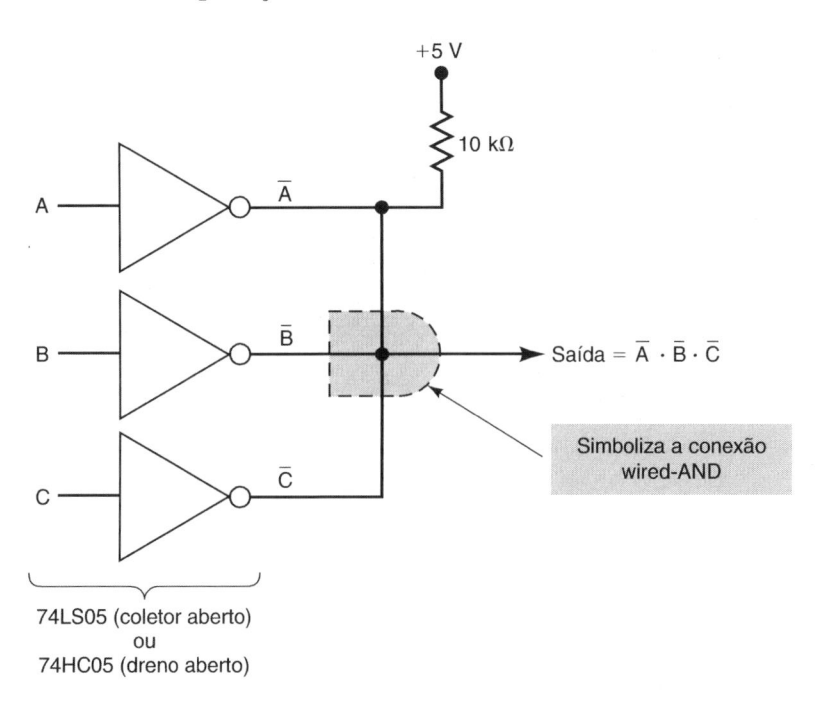

FIGURA 8.30 Operação wired-AND usando portas de coletor aberto.

Buffers/drivers de coletor aberto e de dreno aberto

O predomínio das aplicações de saídas de coletor e de dreno abertos foi maior na época do surgimento dos circuitos lógicos. Atualmente, o uso mais comum é como **buffer/driver**. Um buffer, ou um driver, é um circuito lógico projetado para ter capacidade de corrente e/ou tensão de saída maior que um dispositivo lógico comum. Eles permitem que uma saída de circuito de pequena capacidade acione uma carga que exige maior corrente. Os circuitos de coletor e dreno abertos oferecem, de certa maneira, uma flexibilidade única como buffers/drivers.

Por causa de suas especificações para I_{OL} e V_{OH}, o 7406 e o 7407 são os únicos dispositivos TTL padrão recomendados para novos projetos. O 7406 é um CI buffer/driver de coletor aberto que contém seis INVERSORES com saídas de coletor aberto capazes de drenar até 40 mA no estado BAIXO. Além disso, é capaz de lidar com tensões de saída de até 30 V no estado ALTO. Isso significa que a saída pode ser conectada a uma carga que opera com tensão maior que 5 V. Isso é ilustrado na Figura 8.31, em que um 7406 é usado como buffer entre um flip-flop 74LS112 e uma lâmpada incandescente de 24 V e 25 mA. O 7406 controla o estado ON/OFF da lâmpada para indicar o estado da saída Q do flip-flop. Observe que a lâmpada é alimentada com +24 V e funciona como resistor de pull-up para a saída de coletor aberto.

Quando $Q = 1$, a saída do 7406 vai para nível BAIXO, seu transistor de saída drena os 25 mA da corrente da lâmpada alimentada pela fonte de 24 V, e a lâmpada fica ligada. Quando $Q = 0$, o transistor de saída do 7406 é desligado; não há caminho para a passagem de corrente, e a lâmpada fica desligada. Nesse estado, a tensão de 24 V aparece sobre o transistor de saída, que está OFF, de modo que $V_{OH} = 24$ V, que é menor que o parâmetro V_{OH} máximo do 7406.

Saídas de coletor aberto são usadas com frequência para acionar LEDs, como vemos na Figura 8.32(a). O resistor é usado para limitar a corrente em um valor seguro. Quando a saída do INVERSOR for nível BAIXO, seu transistor de saída proporcionará um caminho de baixa resistência para GND para a corrente do LED, de modo que o LED estará ligado. Quando a saída do INVERSOR for nível ALTO, seu transistor de saída estará desligado, e não haverá caminho para a corrente do LED; nesse estado, o LED estará desligado.

O 7407 é um buffer não inversor de coletor aberto, com os mesmos parâmetros de tensão e corrente que o 7406.

O 74HC05 é um CI inversor sêxtuplo de dreno aberto com capacidade para corrente de até 25 mA. A Figura 8.32(b) mostra uma forma de fazer uma interface de um FF D 74AHC74 com um relé de controle — uma chave eletromagnética. Os contatos fecham-se quando a corrente projetada flui pela bobina. O 74HC05 é capaz de lidar com relés de correntes e tensões relativamente altas, de modo que a saída do 74AHC74 possa ligar e desligar o relé.

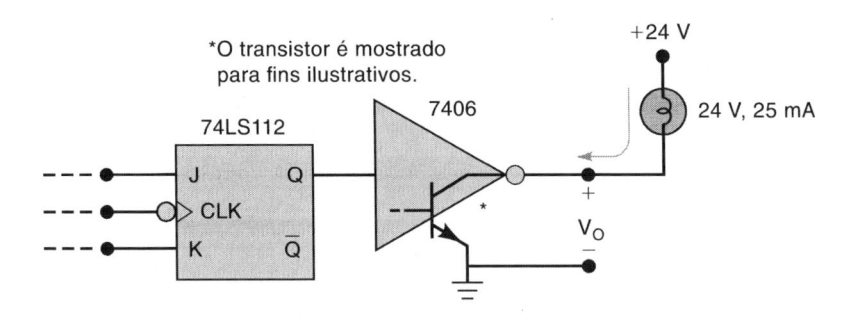

FIGURA 8.31 Um buffer/driver com saída de coletor aberto aciona uma carga de alta corrente e alta tensão.

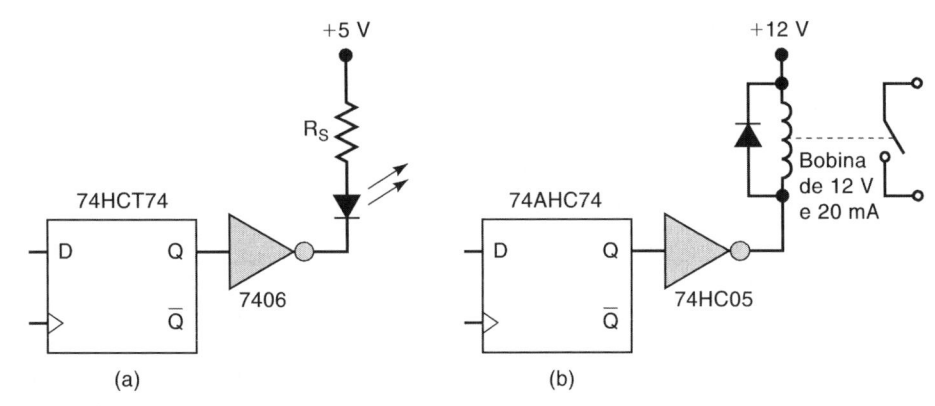

FIGURA 8.32 (a) Uma saída de coletor aberto pode ser usada para acionar um LED; (b) uma saída CMOS de dreno aberto.

Símbolo IEEE/ANSI para saída de coletor e dreno abertos

A simbologia IEEE/ANSI usa uma notação diferente para identificar saídas de coletor e dreno abertos. A Figura 8.33 mostra a representação no padrão IEEE/ANSI para uma saída de coletor ou dreno aberto. É um losango sublinhado. Embora neste livro não usemos a simbologia IEEE/ANSI, esse losango sublinhado indicará saídas de coletor e dreno abertos.

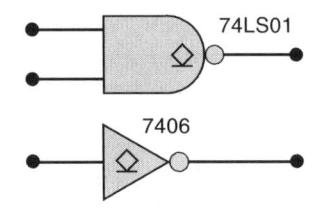

FIGURA 8.33 Notação IEEE/ANSI para saídas de coletor e de dreno abertos.

QUESTÕES DE REVISÃO

1. Em que situação acontece conflito entre níveis lógicos ALTO/BAIXO?
2. Por que saídas totem pole não devem ser conectadas?
3. Em que as saídas de coletor aberto diferem das totem pole?
4. Por que uma saída de coletor aberto precisa de um resistor de pull-up?
5. Qual é a expressão lógica para a conexão wired-AND de seis saídas de um 7406?
6. Por que as saídas de coletor aberto são geralmente mais lentas que as totem pole?
7. Qual é o símbolo IEEE/ANSI para as saídas de coletor aberto?

8.12 SAÍDAS LÓGICAS TRISTATE (TRÊS ESTADOS)

OBJETIVOS

Após ler esta seção, você será capaz de:

- Definir a lógica tristate em termos de circuitos internos.
- Aplicar circuitos de saída tristate para projetar as necessidades.
- Identificar os circuitos que possuem saídas lógicas tristate.

A configuração **tristate** é um terceiro tipo de circuito usado nas famílias TTL e CMOS. Esse tipo aproveita a alta velocidade da configuração de saída pull-up/pull-down ao mesmo tempo que permite que as saídas sejam conectadas para compartilhar um fio. É denominada tristate porque permite três estados na saída: ALTO, BAIXO e alta impedância (Hi-Z). O estado de alta impedância é uma condição na qual os dois transistores, pull-up e pull-down, são desligados (OFF), e o terminal de saída fica em alta impedância tanto para GND quanto para a tensão de alimentação +V. A Figura 8.34 ilustra esses três estados para um simples circuito inversor.

Dispositivos com saída tristate têm uma entrada *enable* (habilitar), frequentemente denominada *E* para *enable* ou *OE* para *output enable* (habilitação de saída). Quando *OE* = 1, conforme mostrado nas figuras 8.34(a) e (b), o circuito opera como INVERSOR normal porque o nível lógico ALTO em *OE* habilita a saída, que será nível ALTO ou BAIXO, dependendo da entrada. Quando *OE* = 0, conforme mostrado na Figura 8.34(c), a saída é *desabilitada*. A saída entra no estado de alta impedância tendo os dois transistores de saída em estado não condutor. Nesse estado, o terminal de saída é, em essência, um circuito aberto (não está eletricamente conectado a nada).

FIGURA 8.34 Três condições de saída tristate.

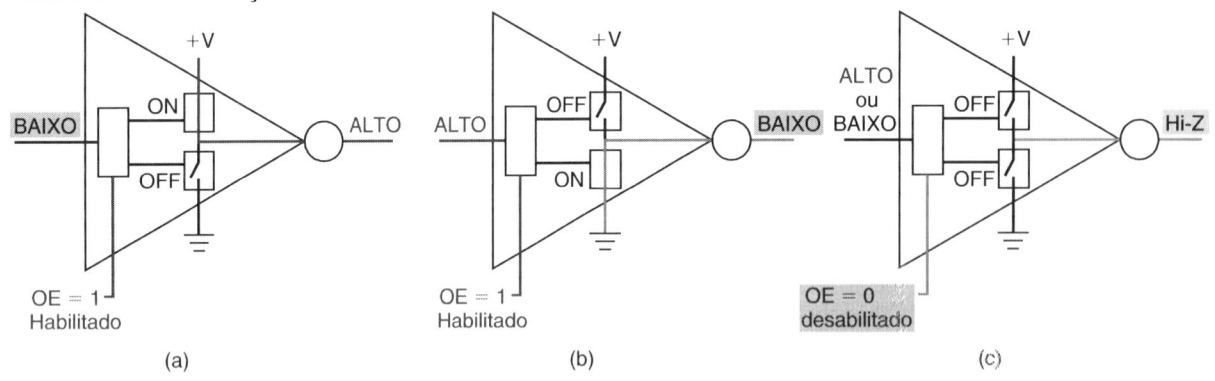

Vantagem do tristate

As saídas dos CIs com tristate podem ser conectadas (compartilhando o uso de um fio) sem sacrificar a velocidade de chaveamento. Isso é possível por conta da saída tristate que, quando habilitada, opera como totem pole para TTL ou pull-up/pull-down CMOS com baixa impedância e alta velocidade. Contudo, é importante perceber que, quando saídas tristate estão conectadas, apenas uma delas deve ser habilitada por vez. Caso contrário, duas saídas ativas competiriam pelo controle do fio, conforme discutido antes, provocando correntes impróprias e níveis lógicos inválidos.

Em nossa discussão sobre circuitos de coletor aberto, dreno aberto e tristate, mencionamos casos em que as saídas de inúmeros dispositivos precisam compartilhar um único fio para transmitir informação para outro dispositivo. O fio compartilhado é chamado de linha de barramento. Um barramento de entrada é construído com várias linhas (fios) usadas para transportar uma informação digital entre dois ou mais dispositivos que compartilham este barramento.

Buffers tristate

Um *buffer tristate* é um circuito que controla a passagem de um sinal lógico da entrada para a saída. Alguns buffers tristate invertem o sinal que passa por eles. Os circuitos mostrados na Figura 8.34 podem ser denominados *buffers tristate inversores*.

Dois CIs buffers tristate usados comumente são o 74LS125 e o 74LS126. Ambos contêm quatro buffers tristate *não inversores* como os da Figura 8.35. O 74LS125 e o 74LS126 diferem apenas no estado ativo de suas entradas ENABLE. O 74LS125 permite que o sinal na entrada A alcance a saída quando $\overline{E} = 0$, enquanto o 74LS126 permite a passagem do sinal de entrada quando $E = 1$.

Os buffers tristate têm muitas aplicações nos circuitos em que diversos sinais são conectados a linhas comuns (barramentos). Analisaremos algumas no Capítulo 9, porém é possível se ter uma ideia a partir da Figura 8.36(a). Nesse caso, há três sinais lógicos A, B e C conectados a uma linha de barramento por buffers tristate 74AHC126. Essa configuração permite transmitir qualquer um dos três sinais pela linha de barramento para outros circuitos, habilitando o buffer apropriado.

Por exemplo, considere a situação mostrada na Figura 8.36(b), em que $E_B = 1$ e $E_A = E_C = 0$. Isso desabilita os buffers das partes superior e inferior, de modo que suas saídas estarão em alta impedância e, essencialmente, desconectadas do barramento. Isso está simbolizado por um X no diagrama. O buffer da parte central está habilitado; desse modo, o sinal em sua entrada, B, passa para sua saída e, como consequência, para o barramento, de onde é levado para outros circuitos conectados ao barramento. Quando saídas tristate são conectadas, conforme a Figura 8.36, é importante lembrar que não mais que uma saída deve ser habilitada por vez. De outra forma, duas ou mais saídas totem pole ativas seriam conectadas, produzindo correntes impróprias. Ainda que não ocorra dano, essa situação produziria um sinal no barramento que é uma combinação de mais de um sinal. Isso é normalmente denominado **contenção de barramento**. A Figura 8.37 mostra o efeito da habilitação das saídas A e B de forma simultânea. Na Figura 8.36, quando as entradas A e B estão em estados opostos, elas competem pelo controle do barramento. A tensão resultante é um estado lógico inválido. Em sistemas de barramento tristate, o projetista deve garantir que o sinal de habilitação não permitirá que a contenção de barramento ocorra.

FIGURA 8.35 Buffers tristate não inversores.

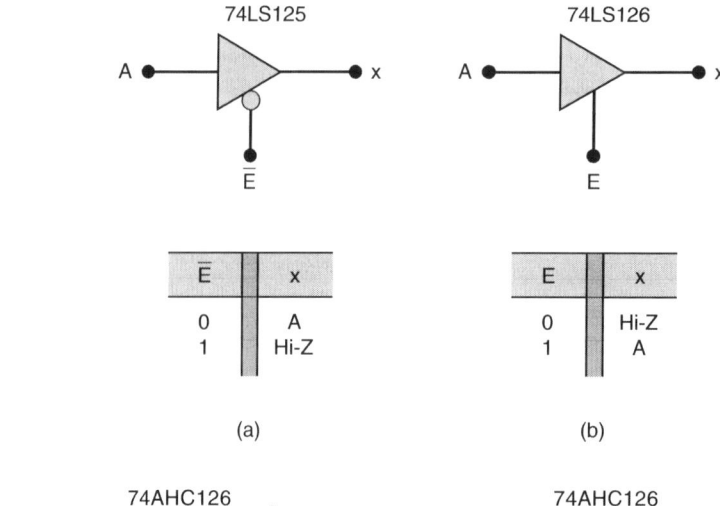

(a) 74LS125

$\overline{E}$	x
0	A
1	Hi-Z

(b) 74LS126

E	x
0	Hi-Z
1	A

FIGURA 8.36 (a) Buffers tristate usados para conectar alguns sinais a um barramento comum; (b) condições para transmitir o sinal *B* para o barramento.

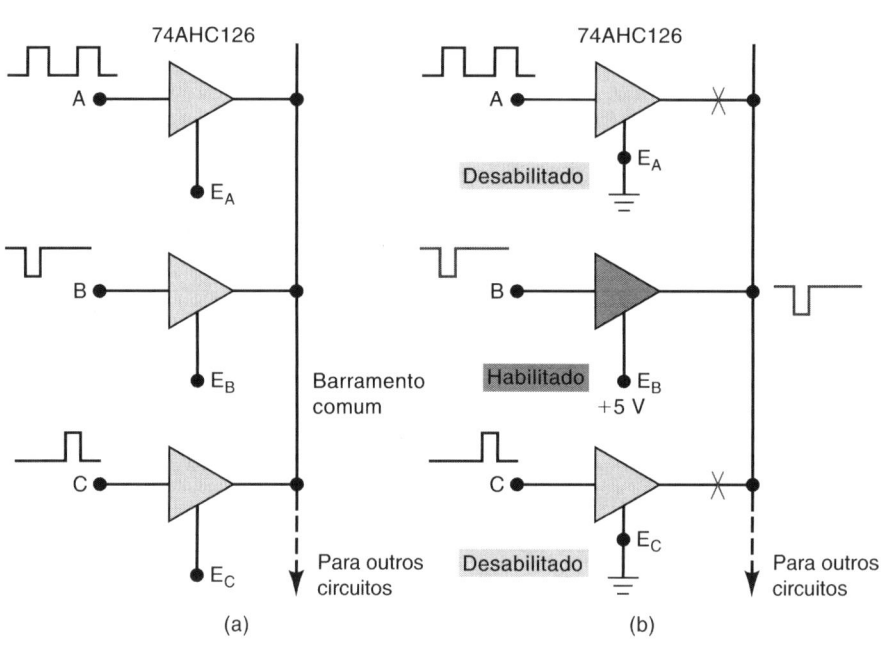

FIGURA 8.37 Se duas saídas CMOS habilitadas forem conectadas, o barramento terá tensão de cerca de $V_{DD}/2$ quando as saídas tiverem níveis diferentes.

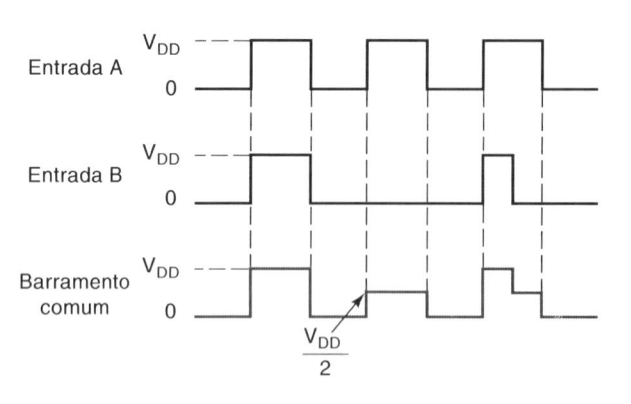

CIs tristate

Além dos buffers tristate, muitos CIs são projetados com saídas tristate. Por exemplo, o 74LS374 é um CI registrador de oito FFs do tipo D com saídas tristate. Isso significa que é um registrador de oito bits construído com FFs do tipo D cujas saídas são conectadas a buffers tristate. Esse tipo de registrador pode ser conectado a linhas comuns de barramento, com saídas de outros dispositivos semelhantes, para permitir uma transferência eficiente de dados pelo barramento. Analisaremos essa configuração de *barramento de dados tristate* no Capítulo 9. Outros tipos de dispositivos lógicos disponíveis com saídas tristate incluem decodificadores, multiplexadores, conversores analógico-digitais, chips de memória e microprocessadores.

Símbolo IEEE/ANSI para saídas tristate

A simbologia lógica tradicional não tem notação especial para saídas tristate. A Figura 8.38 mostra a notação usada na simbologia IEEE/ANSI para indicar a saída tristate. Essa notação é um triângulo que aponta para baixo. Embora não seja parte da simbologia tradicional, usaremos esse triângulo para indicar saídas tristate no restante deste livro.

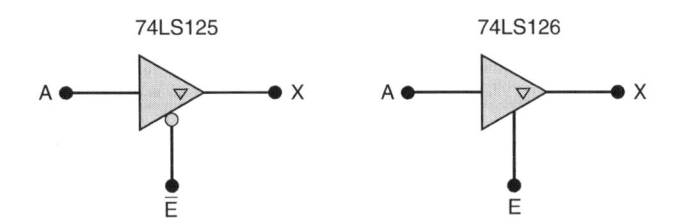

FIGURA 8.38 Notação IEEE/ANSI para saídas tristate.

QUESTÕES DE REVISÃO

1. Quais são os três estados possíveis de uma saída tristate?
2. Qual é o estado de uma saída tristate desabilitada?
3. O que é contenção de barramento?
4. Que condições são necessárias para transmitir o sinal C pelo barramento mostrado na Figura 8.37?
5. Qual é a designação IEEE/ANSI para saídas tristate?

8.13 INTERFACE LÓGICA DE BARRAMENTO DE ALTA VELOCIDADE

OBJETIVOS

Após ler esta seção, você será capaz de:

- Relacionar os problemas do circuito analógico (R, L, C) aos circuitos lógicos em frequências muito altas.
- Identificar a tecnologia que possa operar em frequências muito altas.

Muitos sistemas digitais usam um barramento compartilhado para transferir sinais digitais e dados entre componentes do sistema. Como você pode ver nessa discussão sobre o desenvolvimento da tecnologia CMOS, os sistemas estão ficando cada vez mais rápidos. Muitas das recentes séries lógicas de alta velocidade são projetadas especificamente para interface em sistemas com barramento tristate. Os componentes nessas séries são, em geral, buffers tristate, transceptores bidirecionais, latches e acionadores (*drivers*) de linha de alta corrente.

Muitas vezes, uma distância separa fisicamente os dispositivos nesses sistemas. Se essa distância for maior que 4 polegadas (cerca de 10 cm), as linhas de barramento entre eles precisa ser vista como uma linha de transmissão. Embora a teoria sobre linha de transmissão possa ocupar um volume inteiro e estar além do objetivo deste livro, a ideia geral é bastante simples. Os fios têm indutância (L), capacitância (C) e resistência (R); isso significa que, para sinais que variam (CA), eles têm uma impedância característica que pode afetar um sinal colocado em uma das extremidades e distorcê-lo ao alcançar a outra extremidade. Nesses sistemas de altas velocidades que estudamos, os tempos envolvidos diminuem, e os efeitos de ondas refletidas (semelhantes a ecos) e oscilações tornam-se uma preocupação real. É possível combater os problemas associados às linhas de transmissão de diversas maneiras. Para evitar pulsos de onda refletidos, o final do barramento deve ter uma terminação com resistência igual à impedância da linha (em torno de 50 Ω), conforme mostrado na Figura 8.39(a). Esse método não é prático, por causa da grande corrente requerida para manter as tensões dos níveis lógicos por resistências tão baixas. Outra técnica usa um capacitor para bloquear a corrente CC quando a linha não varia, mas aparece como resistor nas transições de subida e descida dos pulsos. Esse método é ilustrado na Figura 8.39(b).

Usando um divisor de tensão, como se vê na Figura 8.39(c), com resistências maiores que a da linha, a impedância ajuda a reduzir as reflexões. Contudo, com centenas de linhas individuais de barramento, isso claramente se torna uma carga de alto consumo para a fonte de alimentação. A terminação com diodos, mostrada na Figura 8.39(d), simplesmente ceifa os picos das oscilações causadas pela reação LC natural da linha. Terminações em série com o dispositivo fonte, conforme é mostrado na Figura 8.39(e), diminuem a velocidade de chaveamento, o que reduz a frequência limite do barramento ainda que melhore bastante a segurança dos sinais no barramento.

Como você pode ver, nenhum desses métodos é ideal. Os fabricantes de CIs estão projetando novas séries de circuitos lógicos que superam muitos desses problemas. As séries lógicas de interfaces de barramento da Texas Instruments oferecem novos circuitos de saída que diminuem a impedância de saída durante as transições do sinal para proporcionar tempos de transição menores; durante o estado estacionário, a impedância aumenta (de modo semelhante à terminação em série) para amortecer oscilações e reduzir reflexões na linha do barramento. A série GTLP (*gunning transceiver logic plus*) de dispositivos de interface de barramento é projetada especialmente para acionar barramentos longos que conectam módulos de um grande sistema digital. O backplane se refere à placa-mãe (ou sistema de cabeamento) que os módulos de um sistema conectam. Todos os sinais de interconexão viajam entre os módulos na condução de caminhos no backplane.

Outra grande inovação no mundo da interface de barramento de alta velocidade é a **interface diferencial de baixa tensão** (**LVDS**, do inglês, *low-voltage differential signaling*). Essa tecnologia utiliza dois condutores para cada sinal, e o circuito diferencial faz que o sistema responda à diferença entre os dois condutores. Sinais de ruídos indesejados costumam estar presentes nas duas linhas e não têm efeito sobre a diferença entre elas. Para representar os dois estados lógicos, o LVDS utiliza uma oscilação de baixa tensão, mas troca de polaridade para distinguir claramente entre 1 e 0.

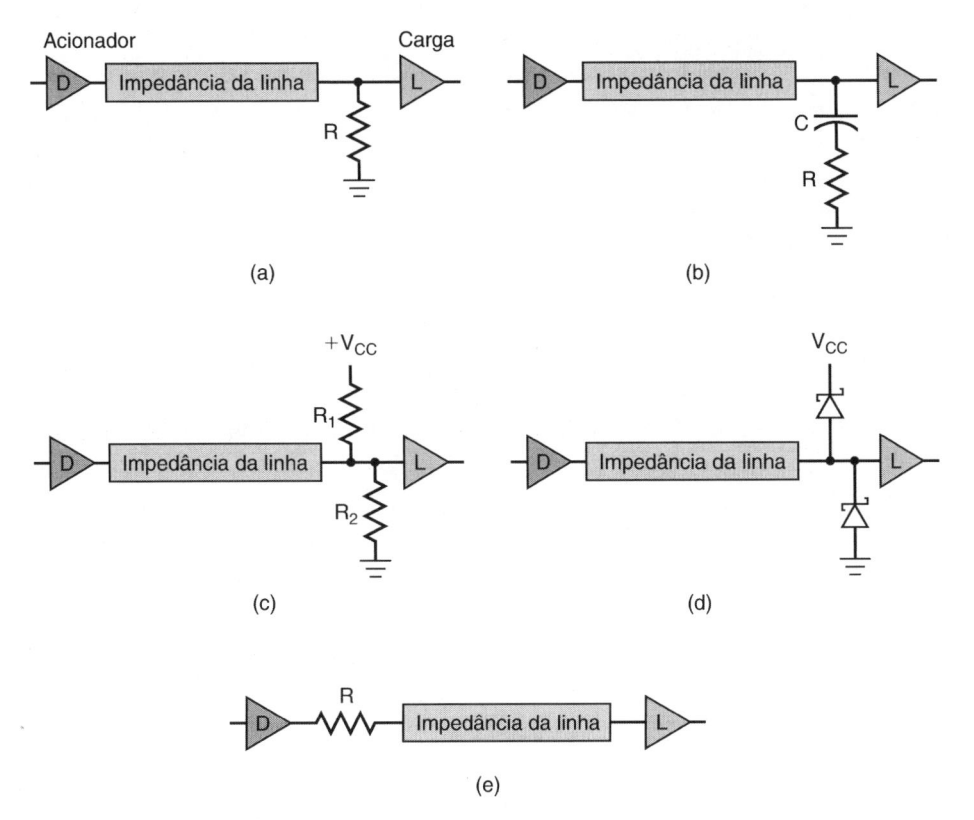

FIGURA 8.39 Técnicas de terminação de barramento.

QUESTÕES DE REVISÃO

1. Qual a distância necessária entre componentes para que os efeitos de "linha de transmissão" sejam ignorados?
2. Quais são as três características dos fios reais que fazem sinais serem distorcidos quando se movem por eles?
3. Qual o propósito das terminações de barramento?

8.14 PORTA DE TRANSMISSÃO CMOS (CHAVE BILATERAL)

OBJETIVOS

Após ler esta seção, você será capaz de:

- Reconhecer e aplicar uma chave bilateral CMOS.
- Explicar o funcionamento de uma chave bilateral CMOS.

Um circuito CMOS especial que não tem contrapartida TTL ou ECL é a **chave de porta de transmissão** ou **bilateral**, que atua essencialmente como uma chave unipolar de acionamento único controlado por um nível lógico de entrada. Esta porta de transmissão passa sinais em ambos os sentidos e é útil para aplicações digitais e analógicas.

A Figura 8.40(a) mostra a configuração básica da chave bilateral. Ela consiste de um P-MOSFET e um N-MOSFET paralelos, de modo que tensões de entrada com ambas as polaridades possam ser comutadas. O nível lógico na entrada CONTROLE e seu inverso são usados para fechar (ON) e abrir (OFF) a chave. Quando a entrada CONTROLE é nível ALTO, os dois MOSFETs estão ligados e a chave está fechada. Quando a entrada

CONTROLE é nível BAIXO, os dois MOSFETs estão desligados e a chave está aberta. O ideal é que esse circuito funcione como um relé eletromecânico. Contudo, na prática, não é um curto perfeito quando a chave está fechada; a resistência R_{ON} tem valor de 200 Ω. No estado em que está aberta, essa resistência da chave é grande, com um valor típico de 10^{12} Ω, o que, para a maioria dos propósitos, é considerado circuito aberto. O símbolo mostrado na Figura 8.40(b) representa a chave bilateral.

Esse circuito é denominado chave *bilateral* porque os terminais de entrada podem ser intercambiáveis. Os sinais aplicados na entrada da chave podem ser tanto digitais quanto analógicos, desde que estejam dentro dos limites de 0 a V_{DD} volts.

A Figura 8.41(a) mostra o diagrama lógico tradicional para um 4016, que é um CI com quatro chaves bilaterais, também disponível na série 74HC como 74HC4016. Esse CI contém quatro chaves bilaterais que operam conforme já descrito. Cada chave é independentemente controlada por uma entrada própria. Por exemplo, o estado ON/OFF da chave na parte superior é controlado pela $CONT_A$. Uma vez que as chaves são bidirecionais, qualquer terminal pode ser usado como entrada ou saída, como é possível ver pelas indicações.

FIGURA 8.40 Chave bilateral do CMOS (porta de transmissão).

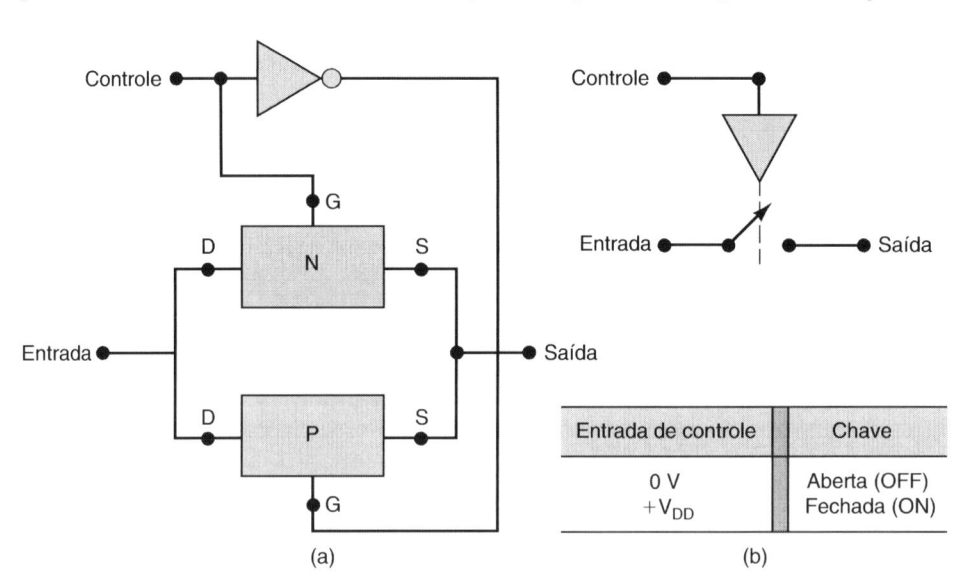

FIGURA 8.41 A chave quádrupla bilateral 4016/74HC4016.

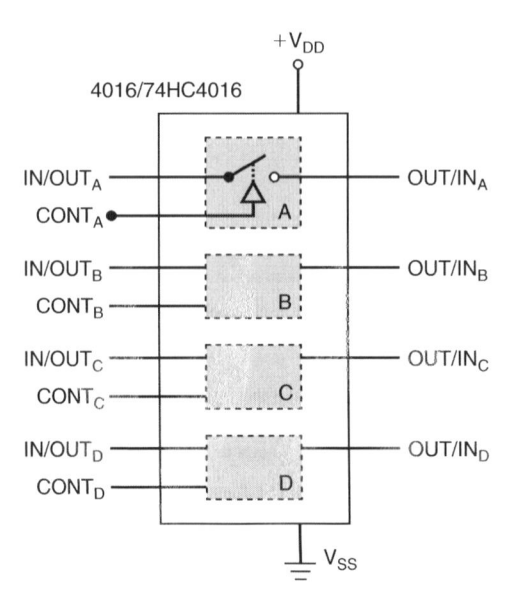

EXEMPLO 8.12

Descreva a operação do circuito da Figura 8.42.

Solução

Nesse circuito, duas chaves bilaterais estão conectadas e um sinal em uma entrada analógica comum pode ser chaveado tanto para a saída X quanto para a Y, dependendo do estado lógico da entrada OUTPUT SELECT. Quando OUTPUT SELECT for nível BAIXO, a chave da parte superior estará fechada e a da inferior, aberta, de modo que V_{IN} estará conectada à saída X. Quando OUTPUT SELECT for nível ALTO, a chave da parte superior estará aberta e a da inferior, fechada, assim, V_{IN} estará conectada à saída Y. A Figura 8.42(b) mostra algumas formas de onda típicas. Observe que, para uma operação adequada, V_{IN} deve estar dentro da faixa de 0 V a + V_{DD}.

FIGURA 8.42 Exemplo 8.12: Chaves bilaterais 74HC4016 usados para comutar um sinal analógico para duas saídas diferentes.

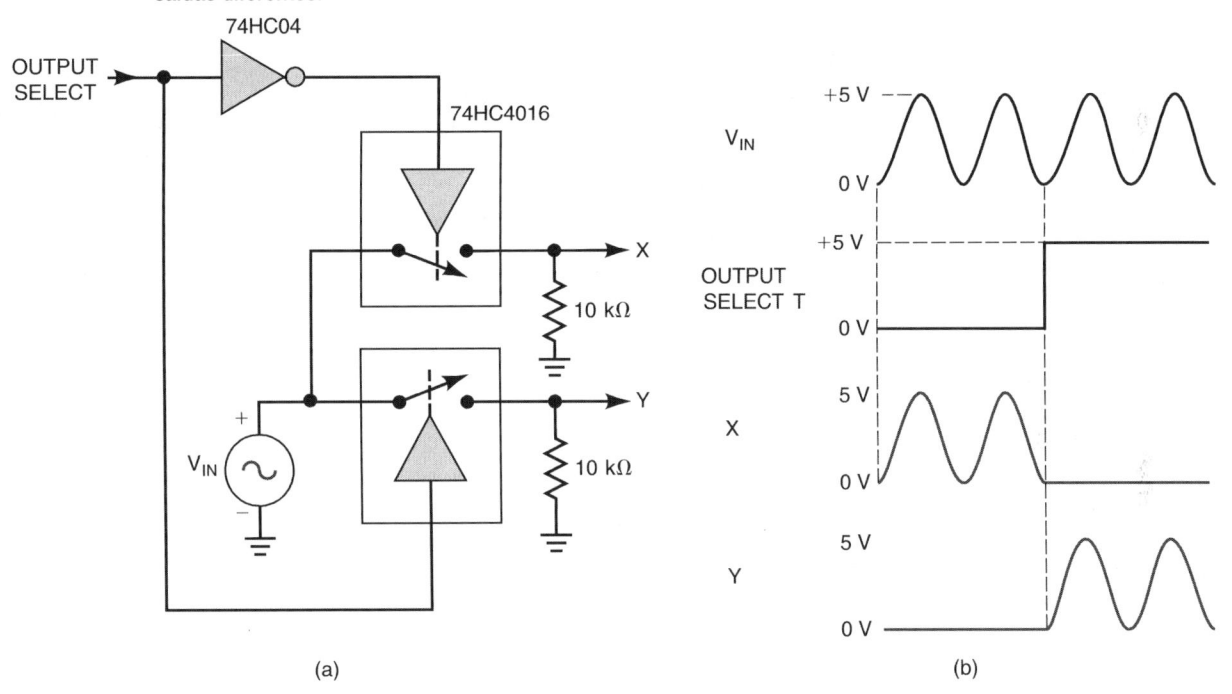

A chave bilateral 4016/74HC4016 pode comutar apenas tensões que estejam dentro do intervalo de 0 V a V_{DD}, portanto não pode ser usada para sinais de polaridade positiva e negativa com relação a GND. Os CIs 4316 e 74HC4316 são chaves bilaterais quádruplas que podem chavear sinais analógicos *bipolares*. Esses dispositivos têm um segundo terminal de alimentação denominado V_{EE}, que pode ser negativo com relação a GND. Isso permite a entrada de sinais que estejam na faixa de V_{EE} a V_{DD}. Por exemplo, com V_{EE} = –5 V e V_{DD} = +5 V, o sinal analógico de entrada pode ter qualquer valor de –5 V a +5 V.

QUESTÕES DE REVISÃO

1. Descreva o funcionamento de uma chave bilateral CMOS.
2. *Verdadeiro ou falso*: não existe chave bilateral TTL.

8.15 INTERFACEAMENTO DE CIs

OBJETIVO

Após ler esta seção, você será capaz de:

- Identificar e superar os desafios de interfacear várias famílias lógicas com suas diversas características.

Interfaceamento significa conectar a(s) saída(s) de um circuito ou sistema na(s) entrada(s) de outro com características elétricas diferentes. Muitas vezes, não pode ser feita conexão direta porque existem diferenças nas características elétricas entre o circuito *acionador*, que fornece o sinal de saída, e a *carga*, que recebe o sinal. Um circuito de interface é conectado entre o acionador e a carga, como mostra a Figura 8.43. Sua função é receber o sinal de saída do acionador e condicioná-lo para que seja compatível com os requisitos da carga. Nos sistemas digitais, isso é bastante simples, porque cada dispositivo está ligado ou desligado. A interface deve assegurar que, quando as saídas do acionador estiverem em nível ALTO, a carga receba um sinal percebido como de nível ALTO e, quando estiverem em nível BAIXO, a carga receba de nível BAIXO.

O circuito de interface mais simples e desejável entre acionador e carga é uma conexão direta. É claro que dispositivos que pertencem à mesma série são projetados para fazer interface uns com os outros. Atualmente, todavia, muitos sistemas são compostos por famílias, tensões e séries mistas. Nesses sistemas, o desafio é assegurar que o acionador seja capaz de ativar a carga nos estados ALTO e BAIXO de modo confiável.

FIGURA 8.43 Lógica de interfaceamento de CIs: (a) nenhuma interface é necessária; (b) requer interface.

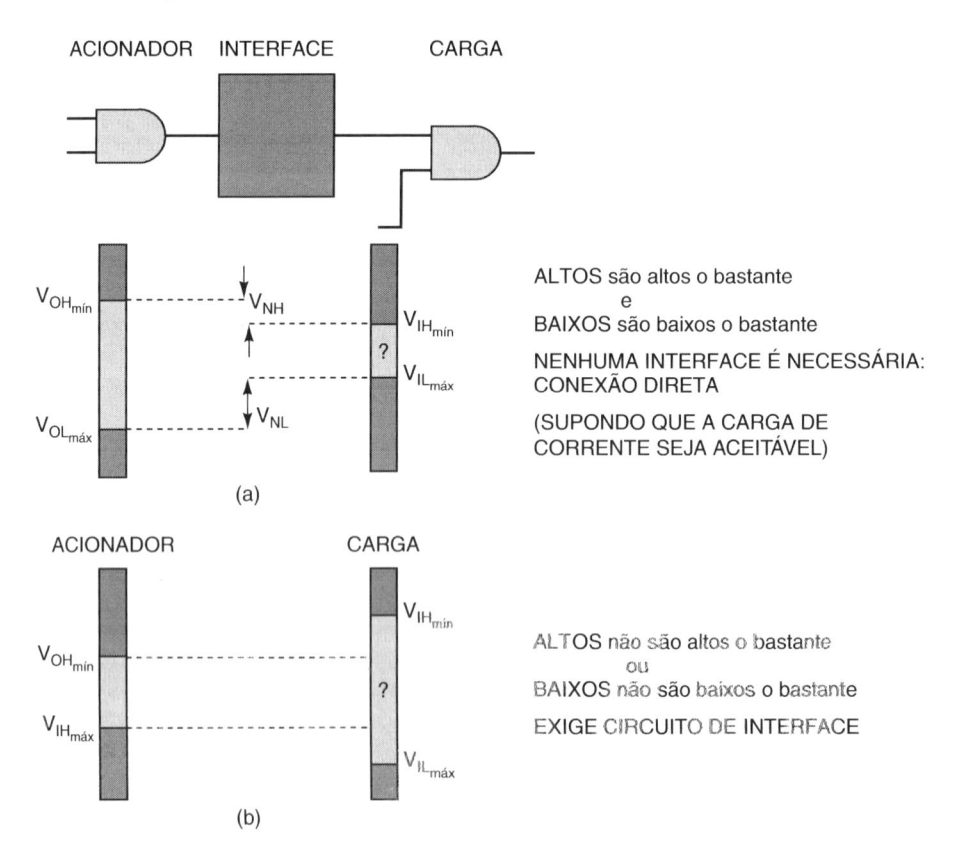

Em qualquer dos casos mostrados na Figura 8.43(a), em que o V_{OH} do acionador é *suficientemente maior* que o V_{OH}(mín) da carga e o V_{OL} do acionador é *suficientemente menor* que o V_{IL}(máx) da carga, não há necessidade de um circuito de interface que seja mais que uma conexão direta. "Quão *maior*?" e "Quão *menor*?" são as perguntas relacionadas a quanto ruído é esperado no sistema. Lembre-se de que as margens de ruído (V_{NH} e V_{NL}) são medidas dessa diferença entre as características de saída e entrada. (Consulte a Figura 8.4.) A margem de ruído mínima aceitável para qualquer sistema é decidida pelo projetista. Sempre que V_{NH} ou V_{NL} tenham sido estabelecidas como pequenas demais (ou mesmo negativas), um circuito de interface é necessário para assegurar que o acionador e a carga trabalhem juntos. Essa situação é retratada na Figura 8.43(b). Resumindo, dispositivos lógicos serão compatíveis em termos de tensão, e nenhuma interface será necessária sob as seguintes circunstâncias:

Acionador	Carga
V_{OH}(mín)	$> V_{IH}$(mín) + V_{NH}
V_{OL}(máx) + V_{NL}	$< V_{IL}$(máx)

Deve-se notar, também, que, sobretudo ao se usarem famílias mais antigas, as características de corrente (em oposição às de tensão) do acionador e da carga também devem combinar. A I_{OH} do acionador deve ser capaz de fornecer corrente suficiente para alimentar a I_{IH} necessária da carga, e a I_{OL}, de absorver corrente suficiente para se adaptar à I_{IL} da carga. Esse assunto foi tratado na Seção 8.5, quando discutimos fan-out. A maioria dos dispositivos lógicos modernos possui capacidade de acionamento suficientemente alta e corrente de entrada suficientemente baixa para tornar raros os problemas de carga. Contudo, isso é importante ao se colocar em interface dispositivos de entrada/saída externos, como motores, luzes ou aquecedores. Resumindo os requisitos de carga de corrente:

Acionador	Carga
I_{OH}(máx)	$> I_{IH}$(total)
I_{OL}(máx)	$> I_{IL}$(total)

A Tabela 8.11 lista os valores nominais de dispositivos digitais de diversas famílias e séries. Dentro de cada família, haverá exceções aos valores listados; por isso, na prática, é importante que você consulte a especificação técnica do CI para obter os valores reais de corrente e tensão. Por conveniência, usaremos esses valores nos exemplos que se seguem.

TABELA 8.11 Correntes de entrada e saída para dispositivos padrão com tensão de alimentação de 5 V.

Parâmetro	CMOS				TTL				
	4000B	74HC/HCT	74AC/ACT	74AHC/AHCT	74	74LS	74AS	74ALS	74F
I_{IH}(máx)	1 µA	1 µA	1 µA	1 µA	40 A	20 µA	20 µA	20 µA	20 µA
I_{IL}(máx)	1 µA	1 µA	1 µA	1 µA	1,6 mA	0,4 mA	0,5 mA	100 mA	0,6 mA
I_{OH}(máx)	0,4 mA	4 mA	24 mA	8 mA	0,4 mA	0,4 mA	2 mA	400 mA	1,0 mA
I_{OL}(máx)	0,4 mA	4 mA	24 mA	8 mA	16 mA	8 mA	20 mA	8 mA	20 mA

TTL e CMOS em interface de 5 V

Quando fazemos o interfaceamento de diferentes tipos de CIs, devemos verificar se o dispositivo acionador pode satisfazer os requisitos de corrente e tensão do dispositivo de carga. Uma análise na Tabela 8.11

indica que os valores de corrente de entrada para CMOS são muito baixos comparados às capacidades de corrente de saída de qualquer série TTL. Desse modo, TTL satisfaz os requisitos de corrente de entrada CMOS.

Contudo, existe um problema quando comparamos os parâmetros de tensões de saída TTL aos de entrada CMOS. A Tabela 8.9 mostra que V_{OH}(mín) de cada série TTL é muito baixo quando comparado com o parâmetro V_{IH}(mín) das séries 4000B, 74HC e 74AC. Para essas situações, algumas vezes, é preciso elevar a tensão de saída TTL a um nível aceitável para CMOS.

A solução mais comum para essa situação é mostrada na Figura 8.44, em que a saída TTL é conectada a +5 V com um resistor de pull-up. A presença do resistor de pull-up faz que a saída TTL aumente para cerca de 5 V no estado ALTO, provendo um nível de tensão de entrada adequado para CMOS. Esse resistor de pull-up não é necessário se o dispositivo CMOS for um 74HCT ou um 74ACT, porque essas séries são projetadas para receber diretamente saídas TTL, conforme se vê na Tabela 8.9.

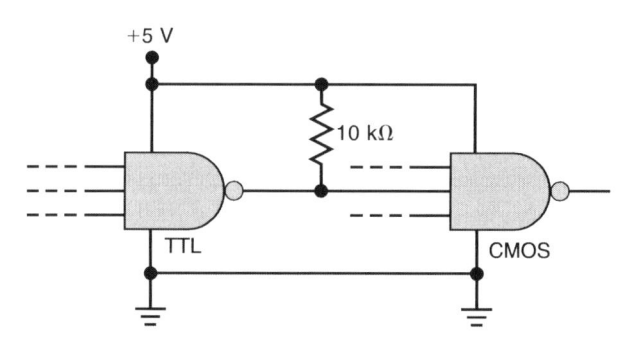

FIGURA 8.4 de pull-up e quando disp acionam out

CMOS acionando TTL

Antes de considerarmos o problema de interfaceamento de uma saída CMOS com uma entrada TTL, seria bom rever as características para os dois estados lógicos. A Figura 8.45(a) mostra o circuito de saída equivalente no estado ALTO. O R_{ON} do P-MOSFET conecta o terminal de saída para V_{DD} (lembre-se de que o N-MOSFET está desligado). Dessa forma, o circuito de saída CMOS funciona como uma fonte V_{DD} com resistência interna R_{ON}, cujo valor varia, tipicamente, de 100 a 1.000 Ω.

A Figura 8.45(b) mostra o circuito de saída equivalente no estado BAIXO. O R_{ON} do N-MOSFET conecta o terminal de saída a GND (lembre-se de que o P-MOSFET está desligado). Assim, a saída CMOS atua como resistência baixa para GND; ou seja, atua como um absorvente de corrente.

FIGURA 8.45 Circuitos equivalentes de uma saída CMOS para os dois estados lógicos.

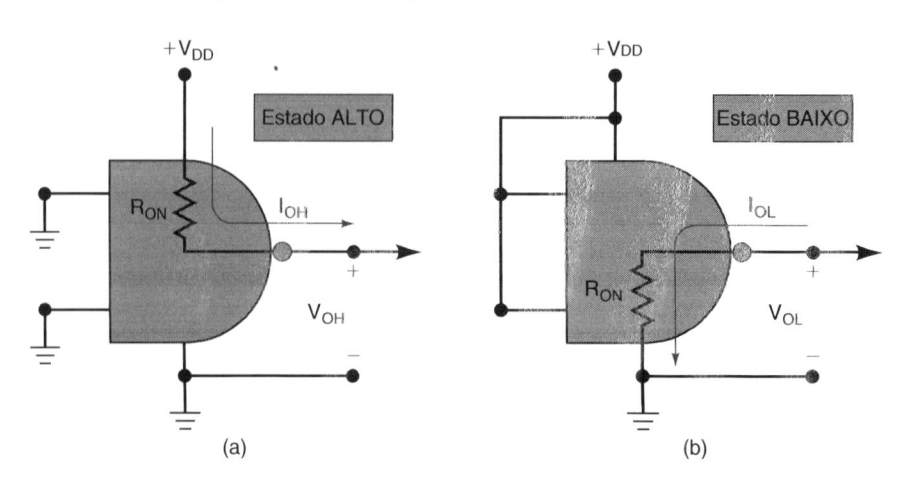

CMOS acionando TTL no estado ALTO

A Tabela 8.9 mostra que saídas CMOS podem fornecer tensão suficiente (V_{OH}) para satisfazer um parâmetro de entrada TTL no estado ALTO (V_{IH}). A Tabela 8.11 mostra que saídas CMOS podem fornecer uma corrente (I_{OH}) mais que suficiente para satisfazer o parâmetro de corrente de entrada TTL (I_{IH}). Desse modo, nenhuma consideração especial é necessária para o estado ALTO.

CMOS acionando TTL no estado BAIXO

A Tabela 8.11 mostra que as entradas TTL têm uma corrente de entrada, no estado BAIXO, de valor relativamente alto, podendo ir desde 100 μA a 1,6 mA. As séries 74HC e 74HCT podem absorver até 4 mA, portanto não teriam dificuldades em acionar uma *única* carga TTL de qualquer uma das séries. Contudo, a série 4000B é mais limitada. O seu I_{OL}, de baixa capacidade, não é suficiente para acionar nem mesmo uma única entrada das séries 74 ou 74AS. A série 74AHC tem capacidade de acionamento comparável à série 74LS.

Para a situação em que um acionador não fornece corrente suficiente para a carga, a solução da interface é selecionar um buffer com especificações de entrada compatíveis com o acionador e com capacidade de acionamento suficiente para a carga. A Figura 8.46(a) exemplifica essa situação. A corrente de saída máxima de 4001B não é suficiente para acionar cinco entradas ALS. Ela é capaz de acionar a entrada do 74HC125, que, por sua vez, pode acionar outras. Outra solução possível é mostrada na Figura 8.49(b), em que a carga é dividida entre inúmeros componentes de séries 4001 de tal modo que nenhuma saída necessite acionar mais que três cargas.

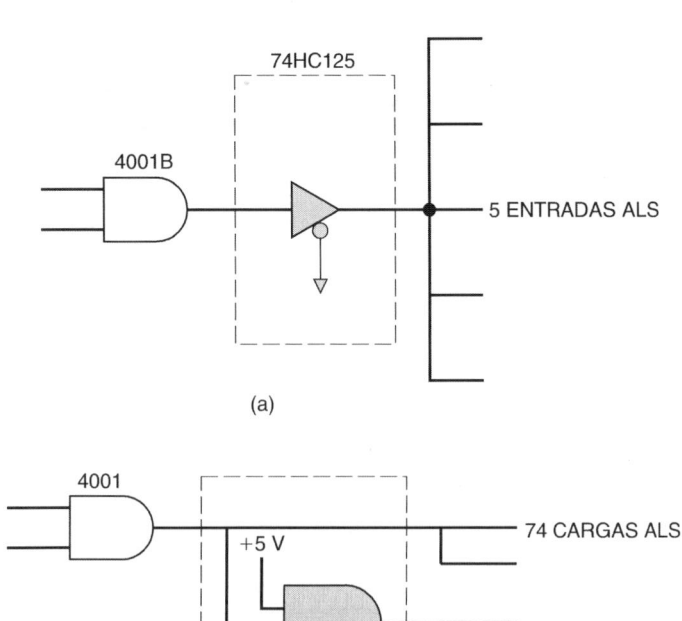

FIGURA 8.46 (a) Usando um dispositivo da série HC como CI de interface. (b) Usando uma porta semelhante para compartilhar a carga.

EXEMPLO 8.13

Uma saída de 74HC aciona três entradas de 7406. Esse projeto é bom?

Solução

Não! O 74HC00 pode absorver 4 mA, mas a entrada I_{IL} do 7406 é de 1,6 mA. A corrente de carga total quando o nível está BAIXO é 1,6 mA × 3 = 4,8 mA. É corrente demais para a carga.

EXEMPLO 8.14

Uma saída de 4001B aciona três entradas de um 74LS. Esse é um circuito bem projetado?

Solução

Não! O 4001B pode absorver 0,4 mA, mas cada entrada do 74LS contribui com 0,4 mA × 3 = 1,2 mA. Corrente demais para a carga.

QUESTÕES DE REVISÃO

1. O que precisa ser feito para se implementar uma interface entre uma saída TTL padrão e uma entrada de um 74AC ou 74HC? Considere V_{DD} = +5 V.
2. Qual costuma ser o problema quando CMOS aciona TTL?

8.16 INTERFACEAMENTO COM TENSÃO MISTA

Objetivo

Após ler esta seção, você será capaz de:

- Fazer interface de modo efetivo com dispositivos lógicos que operam em diferentes níveis lógicos e fontes de alimentação.

Como citado na Seção 8.10, muitos dos novos dispositivos lógicos operam com menos de 5 V. Em diversas situações, eles precisam se comunicar uns com os outros. Nesta seção, veremos como interfacear dispositivos lógicos que operam com diferentes padrões de tensão.

Saídas de baixa tensão acionando cargas de alta tensão

Em algumas situações, o V_{OH} do acionador é levemente inferior ao valor que a carga requer para reconhecê-lo como de nível ALTO. Essa situação foi discutida quando tratamos da interface de saídas TTL com entradas de CMOS de 5 V. O único componente necessário foi um resistor de pull-up de 10 kΩ, que eleva a tensão de saída do TTL acima de 3,3 V quando ela está em nível ALTO.

Quando existe necessidade de deslocamento de maior valor na tensão porque o acionador e a carga operam em diferentes tensões de fonte de alimentação, precisamos de um circuito de interface **conversor de níveis de tensão**. Um exemplo disso é um dispositivo CMOS de baixa tensão (1,8 V) acionando uma entrada CMOS de 5 V. O acionador pode fornecer um máximo de 1,8 V como nível ALTO, e a porta de carga requer 3,33 V. Precisamos de uma interface que aceite níveis lógicos de 1,8 V e os converta nos níveis do CMOS de 5 V. A maneira mais simples é com um buffer de dreno aberto, tal como o 74LVC07 mostrado na Figura 8.47(a). Observe que o resistor de pull-up está conectado à fonte de 5 V, enquanto a fonte de alimentação do buffer de interface é 1,8 V. Outra solução é utilizar um circuito conversor dual de níveis de tensão como o 74AVC1T45, mostrado na Figura 8.47(b). Esse dispositivo usa duas tensões diferentes de fonte de alimentação, uma para entradas e outra para saídas, e converte entre os dois níveis.

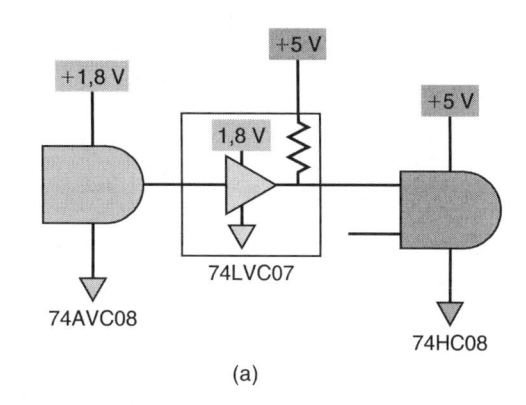

FIGURA 8.47 (a) Usando um dreno aberto com resistor de pull-up para alta tensão. (b) Usando um conversor de níveis de tensão.

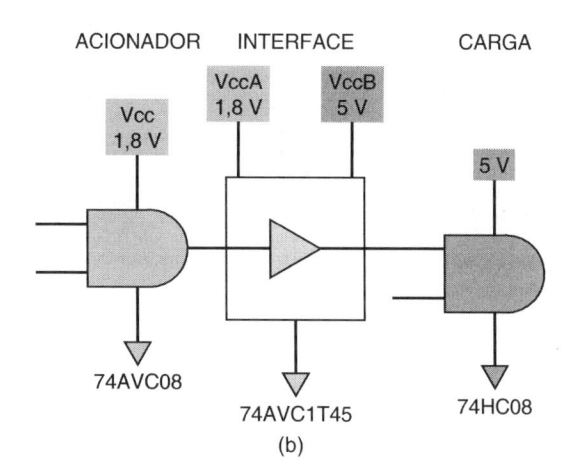

Saídas de alta tensão acionando cargas de baixa tensão

Quando circuitos lógicos que operam com uma fonte de tensão mais alta devem acionar outros que operam com uma fonte de tensão mais baixa, a tensão de saída do acionador muitas vezes ultrapassa os limites seguros que a porta de carga pode suportar. Nessas situações, um conversor dual de níveis de tensão pode ser usado, como ilustra a Figura 8.47(b). Outra solução comum para esse problema é interfacear os dois circuitos usando um buffer de uma série que suporte a tensão de entrada mais alta. A Figura 8.48 mostra um componente CMOS de 5 V acionando a entrada de uma série AUC de 1,8 V. A tensão mais alta que a entrada (porta de carga) do AUC pode suportar é 3,6 V. Contudo, um 74LVC07A suporta até 5,5 V de entrada sem sofrer danos, mesmo que opere com 1,8 V. A Figura 8.48 mostra como usar a tolerância a tensões mais altas do 74LVC07A para converter um nível lógico de 5 V em um de 1,8 V.

A essa altura, você pode estar imaginando: "Por que alguém usaria uma combinação de componentes tão incompatíveis?" A resposta está relacionada às questões que envolvem sistemas maiores e à tentativa de equilibrar o desempenho e o custo. Em um sistema de computador, por exemplo, podemos ter uma CPU de 2,5 V, um módulo de memória de 3,3 V e um controlador de disco rígido de 5 V, todos funcionando na mesma placa-mãe. Os componentes de baixa tensão podem ser necessários para se obter o desempenho desejado, e o disco rígido de 5 V pode ser o mais barato ou o único tipo disponível. Os dispositivos acionadores e de carga podem não ser portas lógicas padrão, mas um componente VLSI em nosso sistema. Quando lemos as especificações técnicas desses dispositivos, devemos verificar suas características de saída e interfaceá-los usando as técnicas mostradas. Conforme os padrões lógicos evoluem, é importante fazer os sistemas trabalharem usando quaisquer dos inúmeros componentes à disposição.

FIGURA 8.48 Uma série de baixa tensão com entradas tolerantes a 5 V como interface.

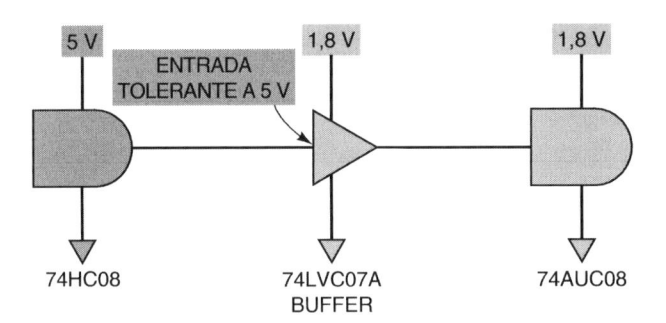

QUESTÕES DE REVISÃO

1. Qual é a função de um circuito de *interface*?
2. *Verdadeiro ou falso*: todas as saídas CMOS podem acionar entradas TTL no estado ALTO.
3. *Verdadeiro ou falso*: qualquer saída CMOS pode acionar pelo menos uma entrada TTL.
4. Qual série CMOS pode acionar TTL sem um resistor de pull-up?
5. Quantas entradas 7400 podem ser acionadas a partir de uma saída 74HCT00?

8.17 COMPARADORES DE TENSÃO ANALÓGICOS

OBJETIVOS

Após ler esta seção, você será capaz de:

- Definir a operação de um comparador analógico de tensão.
- Fazer interface de um comparador analógico de tensão para qualquer entrada de família lógica/série.

Outro dispositivo útil para interfaceamento de sistemas digitais é o **comparador analógico de tensão**. Ele é útil em sistemas que contêm tensões analógicas e componentes digitais. Ele compara duas tensões: se a tensão na entrada (+) for maior que na entrada (–), a saída será nível ALTO; se a tensão na entrada (–) for maior que na entrada (+), será nível BAIXO. As entradas de um comparador podem ser vistas como entradas analógicas, mas a saída é digital, uma vez que sempre estará em nível ALTO ou BAIXO. Por essa razão, o comparador de tensão é frequentemente denominado conversor analógico-digital (A/D) de um bit. Estudaremos os conversores A/D em detalhes no Capítulo 11.

Um LM339 é um CI analógico linear que contém quatro comparadores de tensão. A saída de cada comparador é um transistor de coletor aberto semelhante a uma saída TTL também de coletor aberto. V_{CC} pode variar de 2 a 36 V, mas, em geral, o valor escolhido é um pouco maior que as tensões analógicas de entrada a serem comparadas. Um resistor de pull-up deve ser conectado da saída para a mesma fonte de alimentação usada pelos circuitos digitais (em geral, 5 V).

EXEMPLO 8.15

Suponha que uma incubadora tem um alarme de emergência para avisar se a temperatura exceder um nível perigoso. O dispositivo de medição da temperatura é um LM34 que apresenta na saída uma tensão diretamente proporcional à temperatura e varia 10 mV por grau Fahrenheit (°F). O alarme do sistema digital deve emitir um som quando a temperatura excede 100 °F. Projete um circuito de interface entre o sensor de temperatura e o circuito digital.

Solução
Precisamos comparar a tensão do sensor a uma tensão de limiar fixa. Primeiro, deve-se calcular a tensão de limiar adequada. Queremos que a saída do comparador vá para o nível ALTO quando a temperatura exceder 100 °F. A tensão de saída do LM34 a 100 °F será

$$100 \text{ °F} \cdot 10 \text{ mV/°F} = 1,0 \text{ V}$$

Isso significa que devemos colocar uma tensão de 1,0 V no pino da entrada (–) do comparador e conectar a saída do LM34 na entrada (+). Para gerar 1,0 V, é possível usar um circuito divisor de tensão e escolher uma corrente de polarização de 100 μA. A corrente de entrada do LM339 pode ser desconsiderada, uma vez que ele drena uma corrente menor que 1 μA. Isso significa que $R_1 + R_2$ tem de ser 10 kΩ. Neste exemplo, podemos usar para todos os componentes uma fonte de alimentação de +5 V. A Figura 8.49 mostra o circuito completo. Os cálculos são os seguintes:

$$V_{R2} = V_{CC} \cdot \frac{R_2}{R_1 + R_2}$$
$$R_2 = V_{R2} \cdot (R_1 + R_2)/V_{CC}$$
$$= 1,0 \text{ V}(10 \text{ k}\Omega)/5 \text{ V} = 2 \text{ k}\Omega$$
$$R_1 = 10 \text{ k}\Omega - R_2 = 10 \text{ k}\Omega - 2 \text{ k}\Omega = 8 \text{ k}\Omega$$

FIGURA 8.49 Um detector de limite de temperatura usando um comparador de tensão LM339.

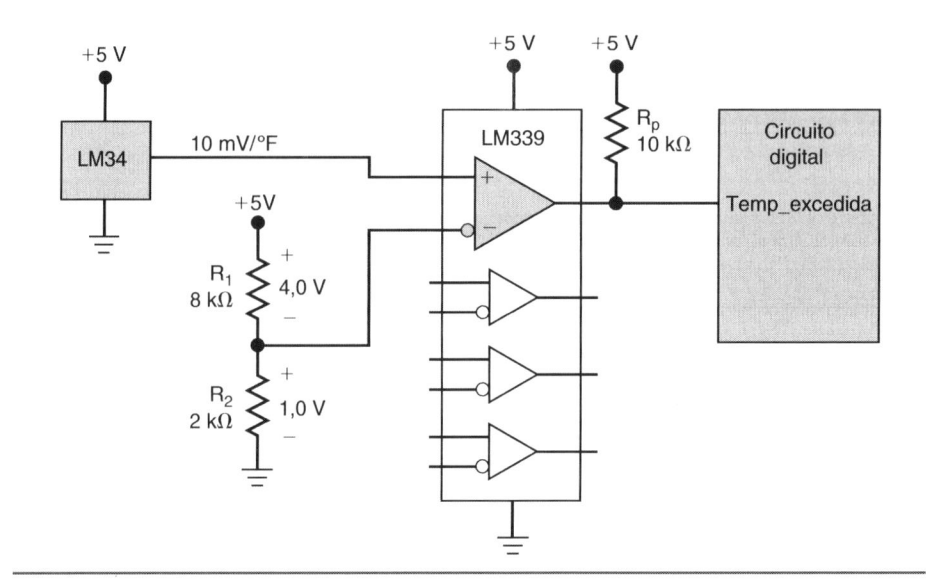

QUESTÕES DE REVISÃO

1. O que faz a saída de um comparador de tensão ir para o estado lógico ALTO?
2. O que faz a saída de um comparador de tensão ir para o estado lógico BAIXO?
3. A saída de um LM339 é mais parecida com uma TTL totem pole ou uma de coletor aberto?

8.18 ANÁLISE DE DEFEITOS

OBJETIVO

Após ler esta seção, você será capaz de:

■ Usar um pulsador lógico e uma ponta de prova lógica para encontrar falhas em um circuito digital.

Um **pulsador lógico** é uma ferramenta de teste e análise de defeitos que gera um pulso de curta duração quando acionado manualmente, em geral por um botão. O pulsador lógico mostrado na Figura 8.50 tem sua ponta em forma de agulha, que toca o ponto do circuito no qual deve ser aplicado um pulso. Ele é projetado para detectar o nível de tensão no ponto de teste e gerar um pulso de tensão de nível oposto. Em outras palavras, se o ponto de teste for nível BAIXO, o pulsador lógico gerará um pulso estreito de nível positivo; se o ponto de teste for nível ALTO, gerará um pulso estreito de nível negativo.

O pulsador lógico é usado para mudar momentaneamente o nível lógico em um ponto de teste, mesmo que a saída de outro dispositivo esteja conectada ao mesmo ponto. Na Figura 8.50, o pulsador lógico está em contato com a saída da porta NAND. Ele tem uma impedância de saída muito baixa (em geral, 2 Ω ou menos), de modo que pode se sobrepor à saída da porta

NAND e mudar a tensão no ponto de teste. Contudo, não é capaz de gerar pulso em um ponto se este estiver em curto com GND ou V_{CC} (por exemplo, uma ponte de solda).

FIGURA 8.50 Um pulsador lógico pode injetar um pulso em qualquer ponto que não esteja em curto com GND ou V_{CC}.

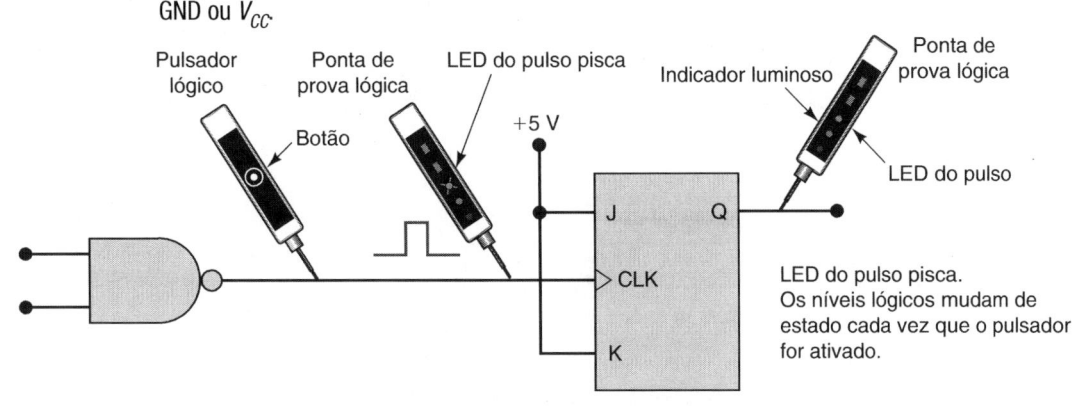

Usando um pulsador lógico e uma ponta de prova para testar um circuito

Um pulsador lógico pode ser usado para se injetar manualmente um pulso ou uma série de pulsos em um circuito para se testar a resposta do circuito. Uma ponta de prova lógica é quase sempre usada para monitorar a resposta do circuito no pulsador lógico. Na Figura 8.50, a operação de comutação do flip-flop *J-K* é testada aplicando-se pulsos a partir de um pulsador lógico e monitorando a saída *Q* com uma ponta de prova lógica. Essa combinação é útil para se verificar a operação de um dispositivo lógico quando ele está conectado ao circuito. Observe que o pulsador lógico é colocado no ponto de teste do circuito *sem* desconectar a saída da porta NAND que aciona o mesmo ponto. Quando a ponta de prova é colocada no mesmo ponto de teste que o pulsador, os indicadores de nível lógico permanecem inalterados (nesse exemplo, em nível BAIXO), mas o indicador amarelo de pulso pisca cada vez que o botão é pressionado. Quando a ponta de prova é colocada na saída *Q*, o LED do pulso pisca uma vez (indicando transição), e os indicadores de nível lógico mudam de estado cada vez que o botão é pressionado.

Descobrindo pontos do circuito em curto

O pulsador lógico e a ponta de prova podem ser usados para a identificação de pontos em curto com GND ou V_{CC}, como mostra a Figura 8.51. Quando você coloca o pulsador lógico e a ponta de prova no mesmo ponto e pressiona o botão, a ponta de prova deve indicar a ocorrência de um pulso no ponto de teste. Se a ponta de prova indicar um nível constante BAIXO e o LED de pulso não piscar, o ponto de teste estará em curto com GND, como mostra a Figura 8.51(a). Se a ponta de prova indicar um nível constante ALTO e o LED do pulso não piscar, o ponto de teste estará em curto com V_{CC}, como mostra a Figura 8.51(b).

FIGURA 8.51 Um pulsador lógico e uma ponta de prova lógica podem ser usados para identificar pontos em curto.

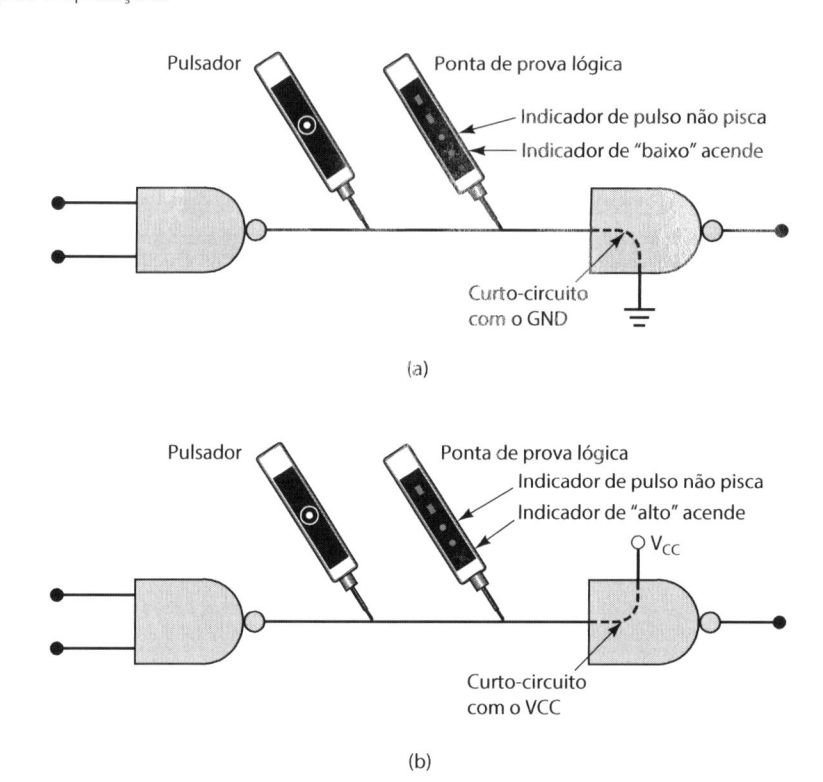

(a)

(b)

QUESTÕES DE REVISÃO

1. Qual a função de um pulsador lógico?
2. *Verdadeiro ou falso*: um pulsador lógico gera pulso de tensão em qualquer ponto do circuito.
3. *Verdadeiro ou falso*: um pulsador lógico pode forçar um nível ALTO ou BAIXO em um ponto do circuito durante longos períodos de tempo.
4. Como um ponto de prova lógica responde ao pulsador lógico?

8.19 CARACTERÍSTICAS DE UM FPGA

Objetivo

Após ler esta seção, você será capaz de:

- Usar recursos disponíveis em FPGAs para fazer interface com uma ampla variedade de tecnologias de circuitos digitais.

Mostramos em capítulos anteriores como implementar circuitos digitais usando PLDs. Essas maravilhas de flexibilidade de projeto digital usam tecnologia CMOS, mas podem também fornecer uma série de opções nas características elétricas. Vamos examinar as características elétricas e de tempo para uma família PLD de exemplo. Escolhemos a Altera Cyclone™ II, uma popular família de dispositivos para a indústria e educação. Tais dispositivos pertencem a uma subcategoria de dispositivos PLD referidos como matrizes de portas programáveis em campo (FPGA, do inglês, *field programmable gate arrays*). Apresentaremos mais informações sobre diferentes categorias e arquiteturas de PLDs no Capítulo 13.

Tensão de fonte de alimentação

Duas tensões de fonte de alimentação diferentes têm de ser aplicadas a um chip Cyclone II. Uma tensão de alimentação, V_{CCINT}, fornece tensão para a lógica interna do chip. O valor nominal é 1,2 V para V_{CCINT}. Uma tensão de alimentação separada, V_{CCIO}, será aplicada para acionar os buffers de entrada e saída dos chips Cyclone. O valor de V_{CCIO} dependerá dos níveis de tensão lógica de saída desejados. Esses dispositivos operam nos níveis de 3,3 V, 2,5 V, 1,8 V ou 1,5 V, aplicando a tensão de alimentação correspondente para V_{CCIO}.

Níveis de tensão lógica

Enquanto, no passado, havia, em geral, apenas uma ou duas interfaces padrão para I/O dentro de um sistema, hoje em dia, é comum vermos três ou mais interfaces padrão. Esta tendência é impulsionada por diversos fatores que incluem projetos compatíveis de retorno, complexidade e tamanho dos sistemas mais novos e diferentes exigências para os variados subsistemas dentro de sistemas. Interfaces de extremidade única são comuns para sinais I/O que trocam em menos que 300 MHz. Sinais de extremidade única, que exigem apenas uma trilha na placa de circuito impresso e com níveis de tensão medidos em relação a um terra comum, são baratos e fáceis de usar. Por outro lado, interfaces diferenciais, que usam dois percursos de sinais que formam um loop de corrente com fluxo de corrente em uma ou outra direção, operam com sinais de tensão mais baixos e podem chavear a frequências mais altas. A sinalização diferencial também exibe rejeição de ruído de modo comum, a qual oferece melhor imunidade de ruído para projetos de circuitos. A principal desvantagem no uso de interfaces diferenciais é o custo adicional de dois pinos de chip e duas trilhas correspondentes na placa de circuito impresso para cada sinal.

Dispositivos Cyclone dão suporte a uma variedade de padrões de entrada/saída que fornecem aos projetistas a flexibilidade necessária para seus sistemas digitais. Alguns dos padrões I/O para fins gerais, de terminação única, e seus parâmetros de tensão de entrada e saída estão listados na Tabela 8.12. Dispositivos Cyclone também podem ser programados para várias outras opções de interface de terminação única. Além disso, a família Cyclone dá suporte a uma série de padrões I/O diferenciais capazes de fornecer melhor imunidade ao ruído, geração de interferência eletromagnética mais baixa (EMI, do inglês, *electromagnetic interference*) e consumo de energia reduzido.

TABELA 8.12 Características do Altera Cyclone II usando padrões I/O para uso geral.

	Padrão I/O				
Parâmetro	3,3 V LVTTL	3,3 V LVCMOS	2,5 V LVTTL & LVCMOS	1,8 V LVTTL & LVCMOS	1,5 V LVTTL & LVCMOS
V_{IL}(máx) (V)	0,8	0,8	0,7	$0,35 \times V_{CCIO}$	$0,35 \times V_{CCIO}$
V_{IH}(mín) (V)	1,7	1,7	1,7	$0,65 \times V_{CCIO}$	$0,65 \times V_{CCIO}$
V_{OL}(máx) (V)	0,45	0,2	0,4	0,45	$0,25 \times V_{CCIO}$
V_{OH}(mín) (V)	2,4	$V_{CCIO} - 0,2$	2,0	$V_{CCIO} - 0,45$	$0,75 \times V_{CCIO}$

Dissipação de energia

Os dispositivos Cyclone II usam tecnologia CMOS, e, portanto, o consumo de energia do chip será baixo. Assim como outros dispositivos CMOS, o montante de energia dependerá do nível de tensão, frequências e cargas para os sinais I/O. Um dispositivo Cyclone II pode ser configurado para um número infinito de projetos, de maneira que não é possível simplesmente afirmar o montante de dissipação de energia para um dispositivo Cyclone.

O software Quartus II tem duas ferramentas para estimar o montante de uso de energia para uma aplicação. O PowerPlay Early Power Analyzer é usado durante os estágios iniciais do projeto para estimar a magnitude da potência do dispositivo. O PowerPlay Power Analyzer é usado no processo de projeto, seguidamente com vetores de teste de amostra, para conseguir uma estimativa mais precisa de consumo de potência. Em ambos os casos, serão estimativas de potência, mas dão ao projetista uma ideia do montante de consumo de energia para o dispositivo FPGA alvo.

Tensão de entrada máxima e classificações de corrente de saída

A tensão de sinal de entrada CC máxima é 4,6 V. Cada pino de saída em um dispositivo Cyclone II pode drenar até 40 mA ou coletar até 25 mA.

Velocidade de chaveamento

Os chips Cyclone II estão disponíveis em três graus de velocidade diferentes, –6 (traço seis), –7 e –8, sendo –6 a versão mais rápida. A velocidade dependerá da aplicação e de como ela é implementada no dispositivo programável. A Tabela 8.13 compara a frequência de clock máxima para implementações LPM de contadores binários de 16 bits e de 64 bits ao se usar cada um dos três graus de velocidade para dispositivos Cyclone II.

TABELA 8.13 Comparação do desempenho do controlador do Cyclone II da Altera.

Aplicação	Grau de velocidade –6	Grau de velocidade –7	Grau de velocidade –8
Contador de 16 bits	401,6 MHz	349,4 MHz	310,65 MHz
Contador de 64 bits	157,15 MHz	137,98 MHz	126,27 MHz

RESUMO

1. Todos os dispositivos lógicos têm natureza semelhante, mas são bastante diferentes no que se refere a detalhes. Uma compreensão dos termos usados para descrever essas características é importante e nos permite comparar e verificar o desempenho dos dispositivos. Compreendendo capacidades e limitações de cada tipo, é possível combiná-los de modo inteligente, aproveitando os pontos positivos de cada um para a construção de sistemas digitais confiáveis.

2. A família de dispositivos lógicos TTL tem sido usada nos últimos 45 anos. Seu circuito usa transistores bipolares. Essa família inclui muitos dispositivos lógicos SSI e MSI. Várias séries com numeração semelhante têm sido desenvolvidas à medida que os avanços na tecnologia oferecem melhorias nas características.

3. Quando dispositivos precisam ser conectados, é importante saber quantas entradas determinada saída pode acionar sem comprometer a confiabilidade. Essa característica é denominada *fan-out*.

4. Saídas de coletor e de dreno abertos podem ser conectadas para implementar uma

função "wired-AND". Saídas tristate podem ser conectadas para permitir que inúmeros dispositivos compartilhem um caminho comum de dados, conhecido como *barramento*. Nesse caso, apenas um dispositivo pode colocar um nível lógico no barramento (ou seja, acioná-lo) em qualquer instante.

5. Os dispositivos lógicos *mais rápidos* pertencem à família que usa lógica com acoplamento pelo emissor (ECL). Essa tecnologia também usa transistores bipolares, mas não é tão amplamente usada como a TTL em razão das características inconvenientes de entrada e saída.

6. Transistores MOSFETs também podem ser usados para implementar funções lógicas. As principais vantagens da lógica MOS são a baixa potência e a grande densidade de encapsulamento.

7. O uso de MOSFETs complementares produziu a família lógica CMOS, cuja tecnologia tem ganhado mercado pela baixa potência e a velocidade competitiva.

8. A contínua necessidade de redução de potência e tamanho tem levado os fabricantes a desenvolver novas séries de dispositivos que operam com 3,3 V e 2,5 V.

9. Dispositivos lógicos que utilizam tecnologias diversas nem sempre podem ser conectados e operar confiavelmente. As características de tensão e corrente de entradas e saídas devem ser consideradas, e precauções devem ser tomadas para garantir uma operação adequada.

10. A tecnologia CMOS permite a um sistema digital controlar chaves analógicas denominadas *portas de transmissão*. Esses dispositivos podem permitir ou bloquear a passagem de um sinal analógico, dependendo do nível lógico digital que as controla.

11. Comparadores analógicos de tensão oferecem outra ponte entre sistemas analógicos e digitais. Eles comparam tensões analógicas e apresentam como saída um nível lógico digital em função da tensão maior. Permitem, ainda, que um sistema analógico controle um digital.

12. Muitos FPGAs usam tecnologia CMOS, que dá suporte a uma série de padrões de entrada/saída, e estão disponíveis em diferentes graus de velocidade.

TERMOS IMPORTANTES

fan-out
imunidade ao ruído
margem de ruído
fornecimento de corrente
absorção de corrente
DIP
passo entre pinos
tecnologia de montagem em superfície (SMT)
TTL
totem pole
transistor de pull-down

transistor de pull-up
entrada desconectada (flutuando)
desacoplamento da fonte de alimentação
MOSFETs
N-MOS
P-MOS
CMOS
descarga eletrostática (ESD)
latch-up
saída de coletor aberto
wired-AND

buffer/driver
tristate
contenção de barramento
interface diferencial de baixa tensão (LVDS)
chave porta de transmissão (chave bilateral)
interfaceamento
conversor de níveis de tensão
comparador analógico de tensão
pulsador lógico

PROBLEMAS*

SEÇÕES 8.1 A 8.3

8.1* Dois circuitos lógicos diferentes têm as
B características mostradas na Tabela 8.14.

(a) Qual deles tem melhor imunidade a ruído CC em estado BAIXO? E em estado ALTO?

(b) Qual pode operar nas frequências mais altas?

(c) Qual drena a maior corrente de alimentação?

---

* As respostas para os problemas assinalados com uma estrela (*) podem ser encontradas no final do livro.

TABELA 8.14

	Circuito A	Circuito B
$V_{alimentação}$ (V)	6	5
V_{IH}(mín) (V)	1,6	1,8
V_{IL}(máx) (V)	0,9	0,7
V_{OH}(mín) (V)	2,2	2,5
V_{OL}(máx) (V)	0,4	0,3
t_{PLH} (ns)	10	18
t_{PHL} (ns)	8	14
P_D (mW)	16	10

8.2 B Consulte as especificações técnicas dos CIs e use os valores *máximos* para determinar P_D(méd) e t_{pd}(méd) para uma porta de cada um dos CIs TTL (veja o Exemplo 8.2 na Seção 8.3).

(a)* 7432

(b)* 74S32

(c) 74LS20

(d) 74ALS20

(e) 74AS20

8.3 B Determinada família lógica tem os seguintes parâmetros de tensão:

V_{IH}(mín) = 3,5 V V_{IL}(máx) = 1 V
V_{OH}(mín) = 4,9 V V_{OL}(máx) = 0,1 V

(a)* Qual o maior spike positivo de ruído que pode ser tolerado?

(b) E o maior spike negativo?

EXERCÍCIO DE FIXAÇÃO

8.4* B Para cada afirmação, indique o termo ou o parâmetro descrito.

(a) A corrente de entrada quando o nível lógico 1 é aplicado nessa entrada.

(b) A corrente drenada da fonte V_{CC} quando todas as saídas forem nível BAIXO.

(c) Tempo requerido para uma saída comutar do estado 1 para o 0.

(d) A amplitude do spike de tensão que pode ser tolerada por uma entrada em nível ALTO sem provocar operação indeterminada.

(e) Um encapsulamento de CI que não necessita de furos na placa de circuito impresso.

(f) Quando uma saída em nível BAIXO recebe corrente de um circuito de entrada que ela está acionando.

(g) Número de entradas diferentes que uma saída pode acionar com segurança.

(h) Configuração de transistores de saída em um circuito TTL padrão.

(i) Outro termo que descreve o transistor de pull-down Q_4.

(j) Faixa de valores de V_{CC} permitida para TTL.

(k) V_{OH}(mín) e V_{IH}(mín) para a série 74ALS.

(l) V_{IL}(máx) e V_{OL}(máx) para a série 74ALS.

(m) Quando uma saída em nível ALTO fornece corrente para uma carga.

SEÇÃO 8.4

8.5* (a) A partir da Tabela 8.6, determine as margens de ruído quando um componente 74LS está acionando uma entrada 74ALS.

(b) Repita o item (a) para 74ALS acionando 74LS.

(c) Qual será a margem de ruído total de um circuito lógico que usa combinação de circuitos 74LS e 74ALS?

(d) Um circuito lógico tem V_{IL}(máx) = 450 mV. Que séries TTL podem ser usadas com ele?

SEÇÕES 8.5 E 8.6

8.6 B Exercícios de fixação

(a) Defina *fan-out*.

(b)* Em que tipo de portas as entradas conectadas contam como uma única carga de entrada em estado BAIXO?

(c)* Defina entradas em "flutuação".

(d) O que causa spikes estreitos de corrente em TTL? Que efeito indesejável eles podem produzir? O que pode ser feito para reduzir esse efeito?

(e) Quando uma saída TTL aciona uma entrada TTL, de onde vem I_{OL}? Para onde I_{OH} vai?

8.7 Use a Tabela 8.11 para determinar o fan-out na interface da primeira família lógica acionando a segunda.

(a)★ 74AS para 74AS.

(b)★ 74F para 74F.

(c) 74AHC para 74AS.

(d) 74HC para 74ALS.

8.8 Consulte a especificação técnica para o flip-
B flop J-K 74LS112.

(a)★ Determine as correntes de carga para as entradas J e K nos níveis ALTO e BAIXO.

(b) Determine também para as entradas clock e clear nos níveis ALTO e BAIXO.

(c) Quantas entradas de clock de um 74LS112 podem ser acionadas por uma saída do mesmo CI?

8.9★ A Figura 8.52(a) mostra um flip-flop J-K
B 74LS112 cuja saída deve acionar oito entradas TTL padrão. Uma vez que isso excede o fan-out do 74LS112, algum buffer é necessário. A Figura 8.52(b) mostra a possibilidade de usar uma porta NAND de um 74LS37 (CI NAND buffer quádruplo), que possui um fan-out muito maior que o 74LS112. Observe que, como a saída $\overline{Q}$ está sendo usada, a porta NAND está agindo como INVERSOR. Veja a especificação técnica do 74LS37.

(a) Determine o fan-out máximo para TTL padrão.

(b) Determine sua máxima absorção de corrente em estado BAIXO.

8.10 Portas tipo buffer são geralmente mais
D caras que as comuns, e, às vezes, portas comuns não utilizadas podem ser usadas para resolver um problema de carga como o da Figura 8.52(a). Mostre como portas NAND 74LS00 podem ser usadas para resolver o problema.

8.11★ Veja o diagrama lógico da Figura 8.53, em
B que a saída de um XOR 74LS86 aciona várias entradas 74LS20. Determine se o fan-out do CI 74LS86 está sendo excedido e explique. Repita o exercício considerando os dispositivos 74AS. Use a Tabela 8.7.

FIGURA 8.52 Problemas 8.9 e 8.10.

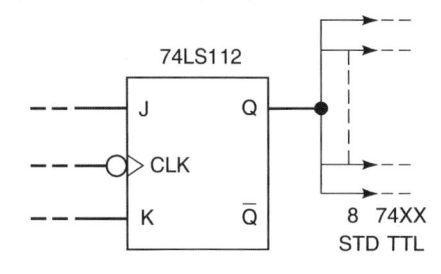

(a)

(b)

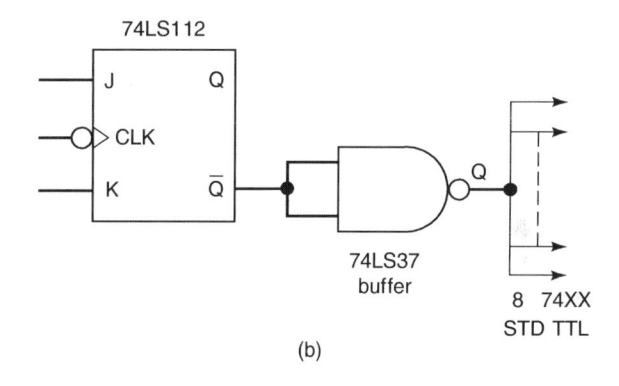

FIGURA 8.53 Problemas 8.11 e 8.13.

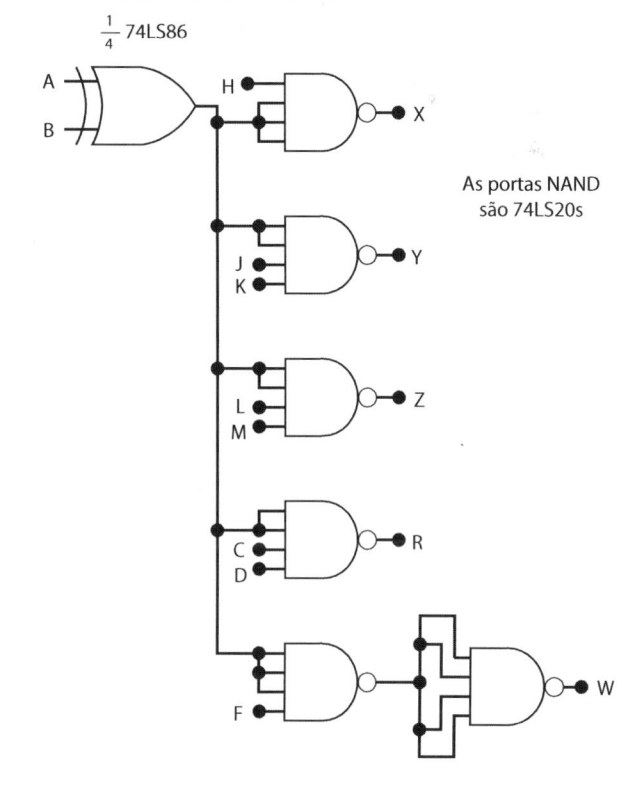

8.12 Quanto tempo demora para que a saída
B típica de um 74LS04 mude de estado em

resposta a uma borda de subida em sua entrada?

8.13★ Para o circuito da Figura 8.53, determine qual o maior tempo possível para que uma mudança na entrada *A* seja sentida na saída *W*. Suponha o pior caso e valores máximos para os atrasos de propagação. (*Sugestão*: lembre-se de que portas NAND são inversoras.) Repita o exercício usando, agora, apenas dispositivos 74ALS.

C

8.14 (a)★ A Figura 8.54 mostra um contador 74LS193 com sua entrada de reset principal (*MR*) ativa em nível ALTO controlada por uma chave. O resistor *R* é usado para colocar *MR* em nível BAIXO quando a chave está aberta. Qual é o valor máximo que pode ser usado para *R*?

(b) Repita o item (a) para 74ALS193.

FIGURA 8.54 Problema 8.14.

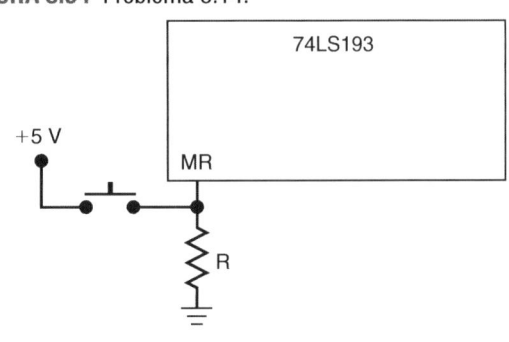

8.15 A Figura 8.55(a) mostra um circuito usado para converter uma senoide de 60 Hz em um sinal de 60 pps, que pode disparar de modo confiável FFs e contadores. Esse tipo de circuito pode ser usado em um relógio digital.

C, T

(a) Explique a operação do circuito.

(b)★ Um técnico testa esse circuito e observa que a saída do 74LS14 permanece em nível BAIXO. Ele verifica a forma de onda na entrada do INVERSOR, e ela aparece como na Figura 8.55(b). Achando que o INVERSOR está com problemas, ele substitui o chip e observa os mesmos resultados. O que você acha que causa o problema e como pode ser solucionado? (*Sugestão*: analise a forma de onda v_x.)

FIGURA 8.55 Problema 8.15.

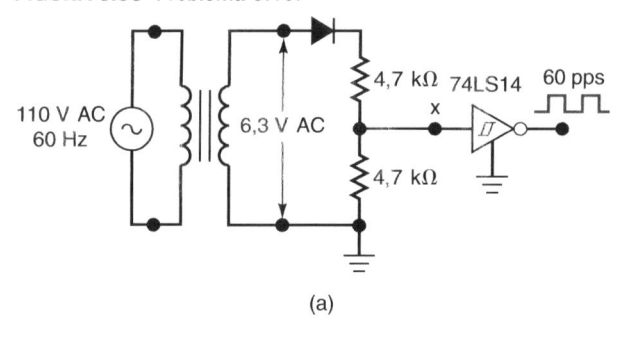

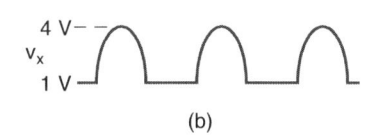

8.16 Para cada forma de onda da Figura 8.56, determine *por que não* disparam de modo confiável a entrada *CLK* de um 74LS112.

T

FIGURA 8.56 Problema 8.16.

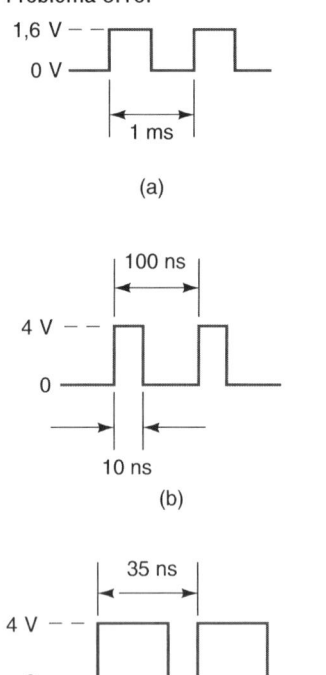

8.17 Um técnico monta um circuito lógico para teste. À medida que testa a operação, verifica que inúmeros FFs e contadores são disparados de modo irregular. Como todo bom técnico, ele verifica o valor de V_{CC} com um voltímetro e obtém como leitura 4,97 V,

T

que é aceitável para TTL. Então, passa a verificar as ligações e a substituir os CIs um por um, mas o problema persiste. Por fim, decide observar a linha de V_{CC} com um osciloscópio e vê a forma de onda mostrada na Figura 8.57. Qual a causa provável do ruído em V_{CC}? O que o técnico se esqueceu de colocar quando montou o circuito?

FIGURA 8.57 Problema 8.17.

SEÇÕES 8.7 A 8.10

8.18 Que tipo de MOSFET é ligado colocando-se:
B
(a) 5 V na porta e 0 V na fonte?
(b) 0 V na porta e 5 V na fonte?

8.19* Quais das vantagens apresentadas a seguir
B a família CMOS tem sobre a família TTL?
(a) Maior densidade de encapsulamento.
(b) Maior velocidade.
(c) Maior fan-out.
(d) Menor impedância de saída.
(e) Processo de fabricação mais simples.
(f) Mais adaptada para LSI.
(g) Baixo valor de P_D (abaixo de 1 MHz).
(h) Usa apenas transistores como elemento de circuito.
(i) Baixa capacitância de entrada.
(j) Menor suscetibilidade a descarga eletrostática.

8.20 Quais das seguintes condições de operação provavelmente resultarão em menor potência média, P_D, dissipada por um sistema lógico CMOS? Explique.
(a) V_{DD} = 5 V, frequência de chaveamento $f_{máx}$ = 1 MHz
(b) V_{DD} = 5 V, $f_{máx}$ = 10 kHz
(c) V_{DD} = 10 V, $f_{máx}$ = 10 kHz

8.21* A saída de cada INVERSOR do CI 74LS04
C aciona duas entradas 74HCT08. A entrada de cada INVERSOR permanece em nível BAIXO durante 99% do tempo. Qual é a máxima potência que o chip 74LS04 está dissipando?

8.22 Use os valores da Tabela 8.9 para calcular a margem de ruído para o estado ALTO quando uma porta 74HC aciona uma entrada 74LS.

8.23 O que provoca o latch-up em um CI CMOS? O que poderia acontecer nessa condição? Que precauções poderiam ser tomadas para evitar o latch-up?

8.24 Consulte as especificações técnicas do CI de portas NAND 74HC20. Use os valores máximos para calcular P_D(méd) e t_{pd}(méd). Compare aos valores calculados para TTL no Problema 8.2.

SEÇÕES 8.11 E 8.12

8.25 Exercício de fixação
B
(a) Defina wired-AND.
(b) O que é um resistor de pull-up? Por que ele é usado?
(c) Quais tipos de saídas TTL podem seguramente ser conectados?
(d) O que é contenção de barramento?

8.26 O 74LS09 é um CI TTL quádruplo que contém
D portas AND de duas entradas e saídas de coletor aberto. Mostre como 74LS09s podem ser usados para implementar a operação $x = A \cdot B \cdot C \cdot D \cdot E \cdot F \cdot G \cdot H \cdot I \cdot J \cdot K \cdot M$.

8.27* Determine a expressão lógica para a saída
B X mostrada na Figura 8.58.

FIGURA 8.58 Problema 8.27.

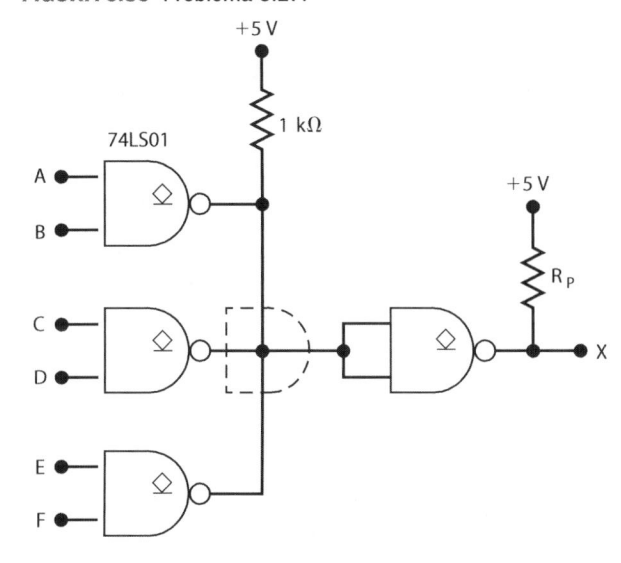

8.28 Quais das seguintes situações destruiriam,
C mais provavelmente, uma saída TTL totem

pole enquanto ela tentasse comutar de nível ALTO para BAIXO?

(a) Saída conectada a +5 V.
(b) Saída conectada a GND.
(c) Aplicação de 7 V na entrada.
(d) A saída conectada a outra TTL totem pole.

8.29* D A Figura 8.59(a) mostra um 7406, um buffer inversor com saída de coletor aberto, usado para controlar o estado ON/OFF de um LED para indicar o estado da saída Q de um FF. A especificação nominal para o LED é $V_F = 2{,}4$ V, com um $I_F = 20$ mA, e $I_F(\text{máx}) = 30$ mA.

(a) Qual é o valor de tensão que aparece na saída do 7406 quando $Q = 0$?
(b) Escolha um valor apropriado para o resistor operar de maneira adequada.

8.30 Na Figura 8.59(b), a saída do 7406 é usada para comutar a corrente de um relé.

(a)* Qual valor de tensão terá a saída do 7406 quando $Q = 0$?
(b)* Qual é a maior corrente para o relé que pode ser usada?
(c) Como podemos modificar esse circuito para usar um 7407?

8.31 A Figura 8.60 mostra como dois buffers tristate podem ser usados para a construção de um *transceptor bidirecional* que permita que um dado digital seja transmitido em ambos os sentidos (de A para B ou de B para A). Descreva a operação do circuito para os dois estados da entrada DIREÇÃO.

FIGURA 8.60 Problema 8.31.

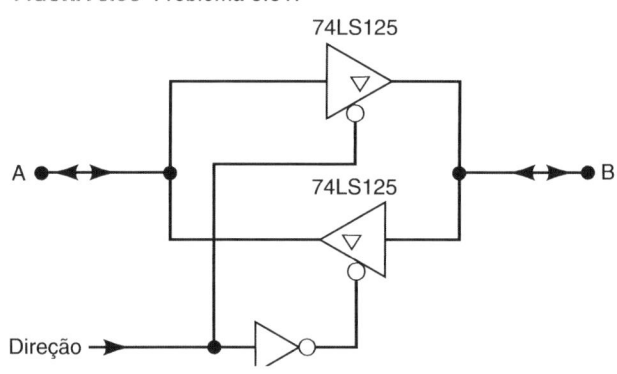

FIGURA 8.59 Problemas 8.29 e 8.30.

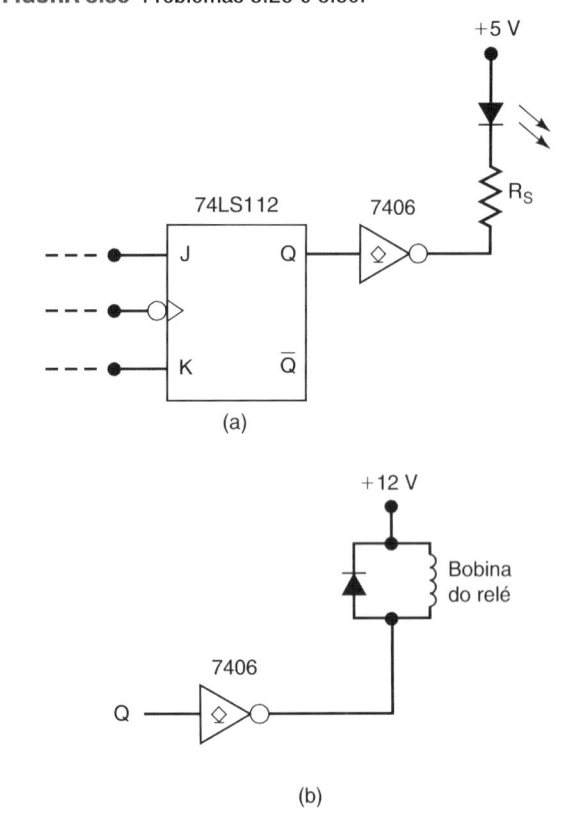

8.32 O circuito da Figura 8.61 é usado para gerar as entradas de habilitação para o da Figura 8.37.

(a) Determine qual das entradas de dados (A, B ou C) aparecerá no barramento para cada combinação das entradas x e y.
(b) Explique por que o circuito não funcionará se a porta NOR for substituída por uma XNOR.

FIGURA 8.61 Problema 8.32.

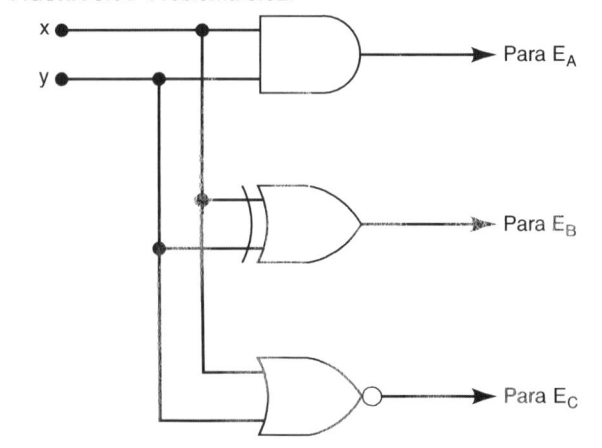

8.33★ Que tipo de circuito contador, visto no Capítulo 7, controlaria as entradas de habilitação do mostrado na Figura 8.37 de modo que apenas um dos buffers fosse ativado em um instante qualquer e que os buffers fossem habilitados de forma sequencial?

8.34. Um módulo de faixa ultrassônica Ping
D pode medir a distância com base no tempo que o som leva para o objeto e para o eco retornarem ao módulo. O usuário deve fornecer um pulso lógico positivo para gerar a explosão do ultrassom (estrondo). Imediatamente após o estrondo, a saída do módulo fica ALTA até que o eco seja detectado e retorne BAIXO. O tempo ALTO para o pulso de saída é proporcional à distância do objeto que causou o eco. No entanto, o módulo Ping tem apenas um único pino que serve como entrada e saída. Use buffers tristate e quaisquer portas lógicas necessárias para permitir que uma única entrada de botão ALTO ativa pulse o pino de sinal e, imediatamente após esse pulso terminar, que o pino de sinal acione uma saída.

SEÇÃO 8.13

8.35 Exercício de fixação

(a) Como a resistência está presente em todas as linhas de transmissão?

(b) Como a indutância está presente em todas as linhas de transmissão?

(c) Como a capacitância está presente em todas as linhas de transmissão?

(d) Os efeitos combinados dos componentes R, L e C de uma linha de transmissão são referidos como linha de _____?

(e) As ondas refletidas e o toque são minimizados, combinando a impedância da linha com a impedância _____.

(f) Os circuitos colocados no final de uma linha de transmissão para minimizar os efeitos adversos são chamados de linha de _____.

(g) O que significa o acrônimo LVDS?

(h) Como os dois níveis lógicos são diferenciados no LVDS?

SEÇÃO 8.14

8.36★ Determine valores aproximados de V_{OUT} para os dois estados da entrada CONTROL na Figura 8.62.

FIGURA 8.62 Problema 8.36.

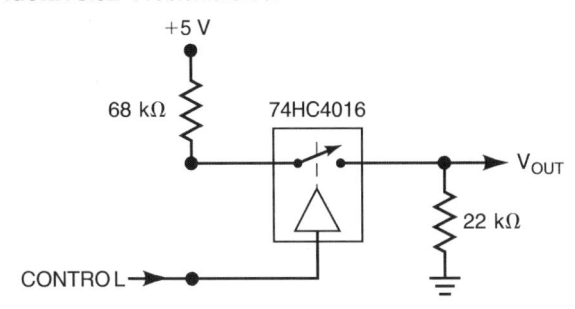

8.37★ Determine a forma de onda na saída X do circuito mostrado na Figura 8.63 para a da entrada dada. Considere $R_{ON} \approx 200\ \Omega$ para a chave bilateral.

FIGURA 8.63 Problema 8.37.

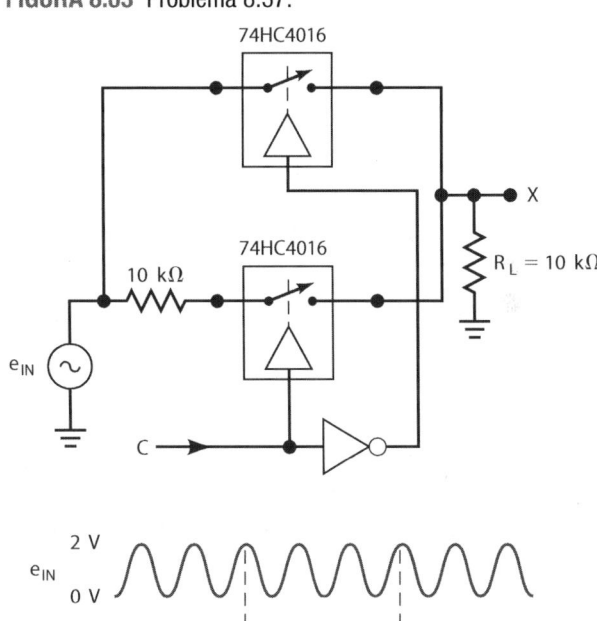

8.38★ Determine o ganho do circuito amp-op mos-
D, C trado na Figura 8.64 para os dois estados da entrada SELEÇÃO DE GANHO. Esse circuito mostra o princípio básico da amplificação controlada de um sinal.

FIGURA 8.64 Problema 8.38.

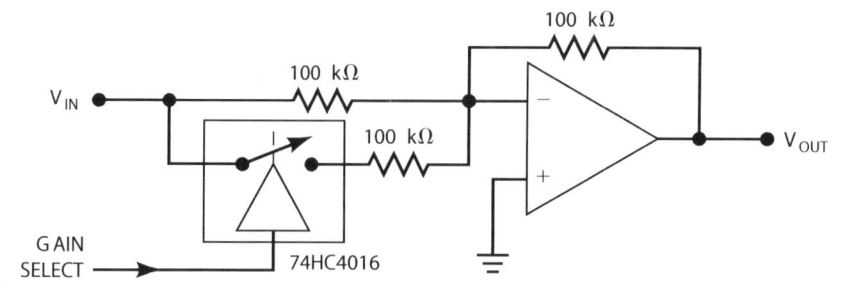

SEÇÃO 8.15

8.39* Exercício de fixação
B
(a) Que série CMOS pode ter suas entradas acionadas diretamente a partir de saídas TTL?

(b) Qual é a função do conversor de nível? Em que situações ele é usado?

(c) Por que é necessário um buffer entre algumas saídas CMOS e entradas TTL?

(d) *Verdadeiro ou falso*: a maioria das saídas CMOS tem problemas de fornecimento de corrente para entradas TTL no estado ALTO.

8.40 Veja a Figura 8.65(a), em que uma saída
T TTL 74LS, saída Q, está acionando um INVERSOR CMOS que opera com $V_{DD} = 10$ V. As formas de onda em Q e X são mostradas na Figura 8.65(b). Qual das seguintes afirmações é um possível motivo para que X permaneça em nível ALTO?

(a) A fonte de 10 V está com defeito.

(b) O resistor de pull-up é muito grande.

(c) A saída do 74LS112 não suporta 10 V e mantém uma tensão de 5,5 V no estado ALTO, que está na faixa indeterminada para a entrada CMOS.

(d) A entrada CMOS é uma carga grande para a saída TTL.

FIGURA 8.65 Problema 8.40.

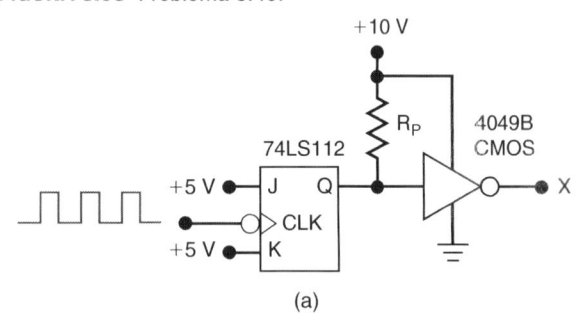

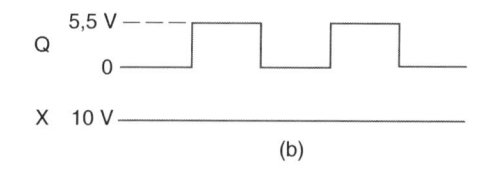

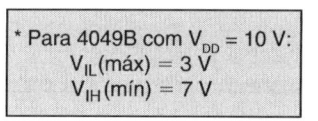

*Para 4049B com $V_{DD} = 10$ V:
V_{IL}(máx) = 3 V
V_{IH}(mín) = 7 V

8.41 (a)* Use a Tabela 8.11 para determinar quantas entradas 74AS podem, em geral, ser acionadas por uma saída 4000B.

(b) Repita o item (a) para uma sída 74HC.

8.42 A Figura 8.66 é um circuito lógico mal proje-
T tado. Ele contém pelo menos oito situações nas quais as características dos CIs não foram levadas em conta de maneira adequada. Encontre o maior número dessas situações.

8.43 Repita o Problema 8.42 com as seguintes
T alterações no circuito:

(a) Cada CI TTL é substituído pelo equivalente 74LS.

(b) O 4001B é substituído por um 74HCT02.

8.44* Use a Tabela 8.11 para explicar por que o circuito da Figura 8.67 não funciona como deveria. Como o problema pode ser corrigido?

SEÇÃO 8.17

8.45 O tanque de gasolina de um carro tem uma
D unidade transmissora do nível de combustível que funciona como potenciômetro. Uma boia move-se para cima ou para baixo de acordo com o nível, alterando o valor do resistor variável e gerando tensão proporcional. Um tanque cheio faz o circuito gerar 12 V e um tanque vazio faz gerar 0 V. Projete um circuito usando um LM339 que acione

FIGURA 8.66 Problemas 8.42 e 8.43.

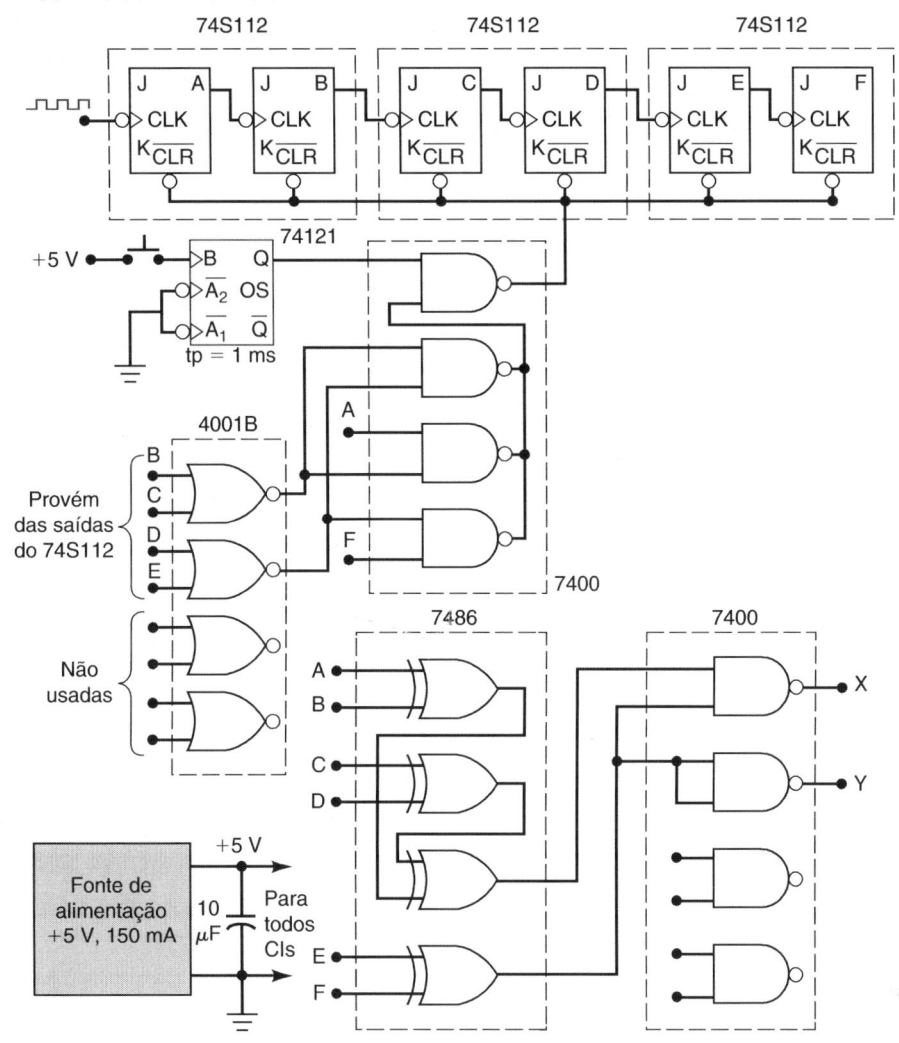

FIGURA 8.67 Problema 8.44.

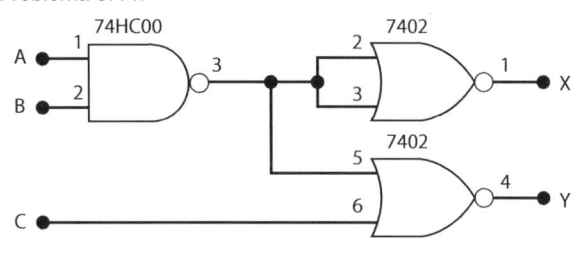

uma lâmpada indicadora de "nível baixo de combustível" quando a tensão transmitida pela unidade for inferior a 0,5 V.

8.46★
D
O circuito comparador de sobretemperatura mostrado na Figura 8.49 é modificado pela substituição do sensor de temperatura LM34 por um LM35, cuja saída varia de 10 mV por grau Celsius. O alarme ainda tem de ser ativado (no nível ALTO) quando a temperatura supera 100 °F, que corresponde a cerca de 38 °C. Recalcule os valores de R_1 e R_2 para completar a modificação.

SEÇÃO 8.18

8.47
T
O circuito mostrado na Figura 8.68 usa um CI 74HC05 que contém seis INVERSORES de dreno aberto. Os INVERSORES são conectados em configuração wired-AND. A saída da porta NAND está sempre no estado ALTO, independentemente das entradas de A-H. Descreva um procedimento que utilize uma ponta lógica e um pulsador para isolar o defeito.

FIGURA 8.68 Problema 8.47.

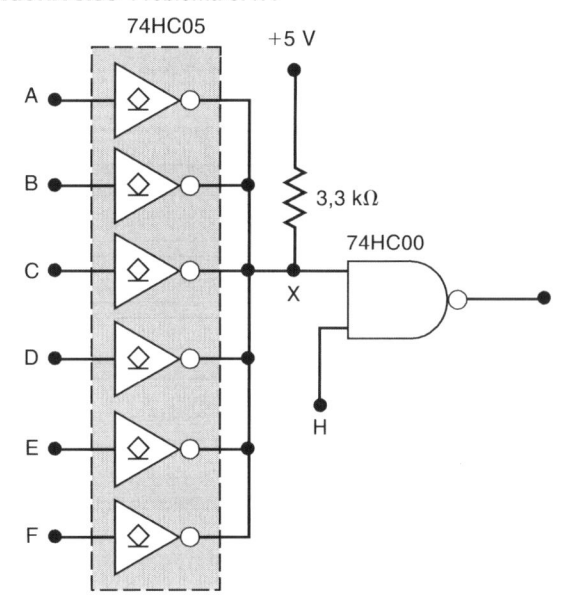

8.48 O circuito mostrado na Figura 8.50 tem uma ponte de solda para GND em algum lugar entre a saída da porta NAND e a entrada do FF. Descreva um procedimento que indique que o problema está na placa do circuito e provavelmente não na porta NAND nem nos CIs do FF.

T

8.49★ Na Figura 8.44, uma ponta de prova indica que a parte inferior do resistor de pull-up está permanentemente no estado BAIXO. Qual das afirmações a seguir é a possível falha?

T

(a) O transistor que fornece a corrente na porta TTL está aberto.

(b) O transistor que absorve a corrente na porta TTL tem um curto entre coletor e emissor.

(c) Existe um circuito aberto na conexão de R_P com a porta CMOS.

APLICAÇÕES EM MICROCOMPUTADOR

8.50★ No Capítulo 5, estudamos como um microprocessador (MPU), sob o controle de um software, transfere dados para um registrador externo. O diagrama do circuito está representado na Figura 8.69. Uma vez que os dados estiverem armazenados no registrador, poderão ser usados para qualquer propósito necessário. Algumas vezes, cada bit individual no registrador tem uma função. Por exemplo, no computador de um automóvel, cada bit poderia representar o estado de uma variável física diferente monitorada pelo MPU. Um bit poderia indicar quando a temperatura do motor estivesse muito alta. Outro poderia sinalizar a pressão do óleo muito baixa. Em outras aplicações, os bits em um registrador são usados para produzir uma tensão analógica, que pode ser utilizada para acionar dispositivos que necessitam de entradas analógicas com níveis de tensão diferentes. Esboce a forma de onda a partir de DAC.

C

A Figura 8.70 mostra como é possível utilizar o MPU para gerar tensão analógica a partir dos dados do registrador mostrado na Figura 8.69 e usá-los para controlar as entradas de um amplificador somador. Considere que o MPU execute um programa que transfira um novo conjunto de dados para o registrador a cada 10 μs, de acordo com a Tabela 8.15. Esboce a forma de onda da tensão de V_{OUT}.

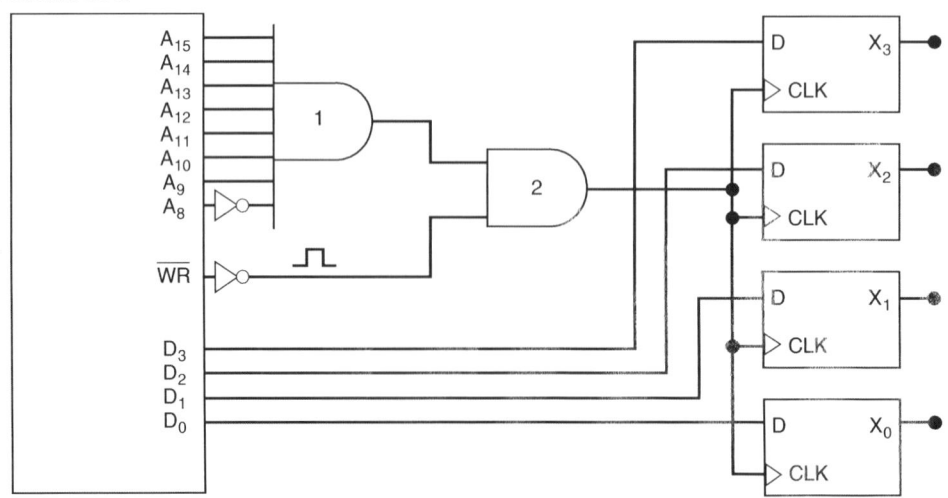

FIGURA 8.69 Problema 8.50.

FIGURA 8.70 Problema 8.50.

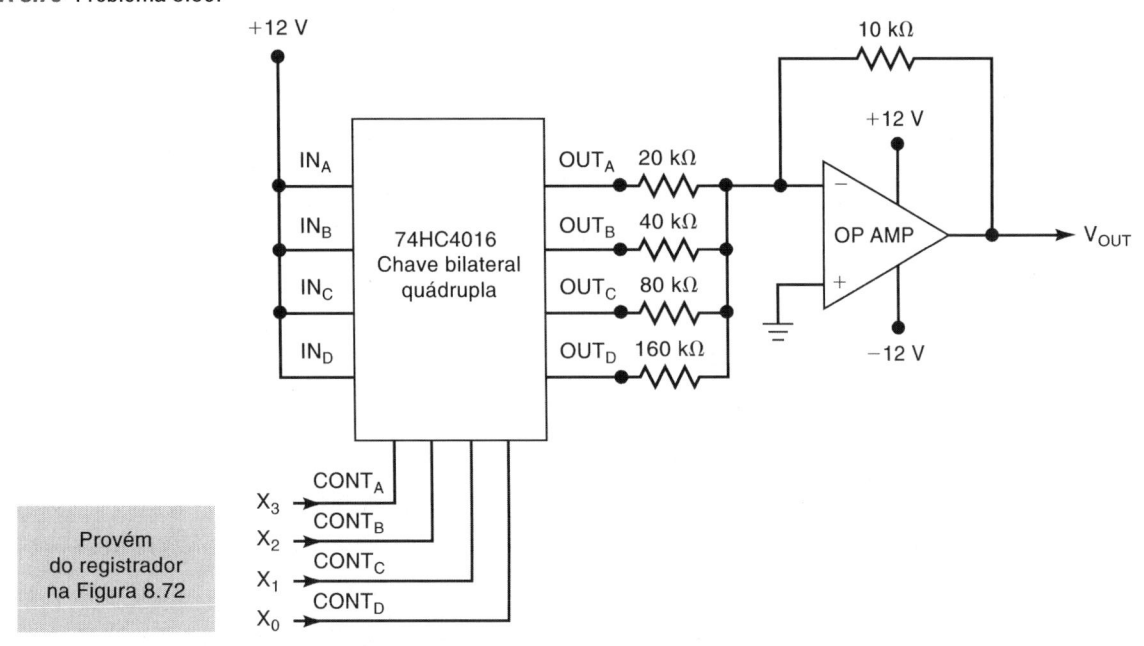

TABELA 8.15 Problema 8.50.

Tempo (µs)	Dados MPU
0	0000
10	0010
20	0100
30	0111
40	1010
50	1110
60	1111
70	1111
80	1110
90	1100
100	1000

RESPOSTAS DAS QUESTÕES DE REVISÃO

SEÇÃO 8.1

1. Veja o texto.
2. Falso.
3. Falso; V_{NH} é a diferença entre V_{OH}(mín) e V_{IH}(mín).
4. Absorção de corrente: a saída, na realidade, recebe (absorve) corrente a partir da entrada do circuito acionado. Fornecimento de corrente: a saída fornece corrente para o circuito acionado.
5. DIP.
6. Pino J.
7. Seus pinos são dobrados.
8. Não.

SEÇÃO 8.2

1. Verdadeiro.
2. BAIXO.
3. Comutação mais rápida, baixa dissipação de potência; maior duração dos spikes de corrente durante a transição de nível BAIXO para ALTO.
4. $Q3$.
5. $Q6$.

6. Não tem transistores com múltiplos emissores.

SEÇÃO 8.3

1. $I_{OHmáx} = 0,4$ mA
2. $V_{ILmáx} = 0,8$ V
3. $t_{PLHmáx} = 11$ ns
4. $I_{CCLmáx} = 3$ mA

SEÇÃO 8.4

1. (a) 74AS (b) 74S, 74LS (c) 74 padrão (d) 74S, 74LS, 74AS, 74ALS (e) 74ALS
2. Os três podem operar com 40 MHz, mas o 74ALS193 gasta menos potência.
3. Q_4, Q_5, respectivamente.

SEÇÃO 8.5

1. A resistência no estado ON de Q_4 e o V_{OL}(máx).
2. 12
3. Sua tensão de saída pode não permanecer nos intervalos permitidos para os níveis lógicos 0 e 1.
4. Dois; cinco.

SEÇÃO 8.6

1. BAIXO.
2. Conectá-la a $+V_{CC}$ por um resistor de 1 kΩ; conectá-la a outra entrada.
3. Conectá-la a GND; conectá-la a outra entrada.
4. Falso; apenas no estado BAIXO.
5. Conectando um pequeno capacitor de RF entre V_{CC} e GND próximo de cada CI TTL para filtrar os spikes de tensão de saída causados pelas rápidas mudanças no valor da corrente durante as transições de nível BAIXO para ALTO na saída.

SEÇÃO 8.7

1. 1 kilo-ohm.
2. 1 Giga-ohm.
3. Capacitor.

SEÇÃO 8.8

1. CMOS usa tanto MOSFET canal N quanto canal P.

2. Um.
3. Seis.

SEÇÃO 8.9

1. 74C, HC, HCT, AHC, AHCT.
2. 74ACT, HCT, AHCT.
3. 74C, HC/HCT, AC/ACT, AHC/AHCT.
4. BiCMOS.
5. Atraso máximo de propagação permitido a capacitância de entrada de cada carga.
6. Veja o texto.
7. CMOS.
8. (a) Verdadeiro.
   (b) Falso.
   (c) Falso.
   (d) Falso.
   (e) Verdadeiro.
   (f) Falso.

SEÇÃO 8.10

1. Mais circuitos no chip; maior velocidade de operação.
2. Não pode lidar com tensões altas; a dissipação de potência aumentada pode superaquecer o chip.
3. O mesmo que TTL padrão: 2 V.
4. 74ALVC, 74LV.
5. 74LVT.

SEÇÃO 8.11

1. Quando duas ou mais saídas de circuito são conectadas.
2. Pode fluir uma corrente muito alta que danifique o circuito; V_{OL} excede V_{OL}(máx).
3. O coletor do transistor que absorve a corrente, Q_4, não está conectado (não existe Q_3). 4. Para gerar um nível V_{OH}.
5. $\overline{A}\,\overline{B}\,\overline{C}\,\overline{D}\,\overline{E}\,\overline{F}$.
6. Não há transistor pull-up ativo.
7. Veja a Figura 8.33.

SEÇÃO 8.12

1. ALTO, BAIXO e alta impedância.
2. Alta impedância.

3. Quando duas ou mais saídas tristate conectadas a um barramento comum são habilitadas ao mesmo tempo.
4. $E_A = E_B = 0, E_C = 1$.
5. Veja a Figura 8.38.

SEÇÃO 8.13
1. Menor do que 4 polegadas.
2. Resistência, capacitância e indutância.
3. Para reduzir reflexões e oscilações na linha.

SEÇÃO 8.14
1. O nível lógico na entrada de controle controla o *status* aberto/fechado de uma chave bidirecional que pode transmitir sinais analógicos em qualquer direção.
2. Verdadeiro.

SEÇÃO 8.15
1. Um resistor de pull-up deve ser conectado a +5 V na saída TTL.
2. CMOS I_{OH} ou I_{OL} podem estar muito baixos.

SEÇÃO 8.16
1. Ela pega a saída de um circuito de acionamento e a condiciona de forma que seja compatível com os requisitos de entrada da carga.
2. Verdadeiro.
3. Falso; por exemplo, a série 4000B não pode afundar I_{IL} de um 74 ou 74AS.
4. 74HCT e ACT.
5. Dois.

SEÇÃO 8.17
1. $V^{(+)} > V^{(-)}$.
2. $V^{(-)} > V^{(+)}$.
3. Coletor aberto.

SEÇÃO 8.18
1. Ele injeta um pulso de tensão com dada polaridade em um ponto que não esteja em curto com V_{CC} ou GND.
2. Falso.
3. Falso.
4. O LED do pulso pisca todas as vezes que o pulso é ativado.

CAPÍTULO 9

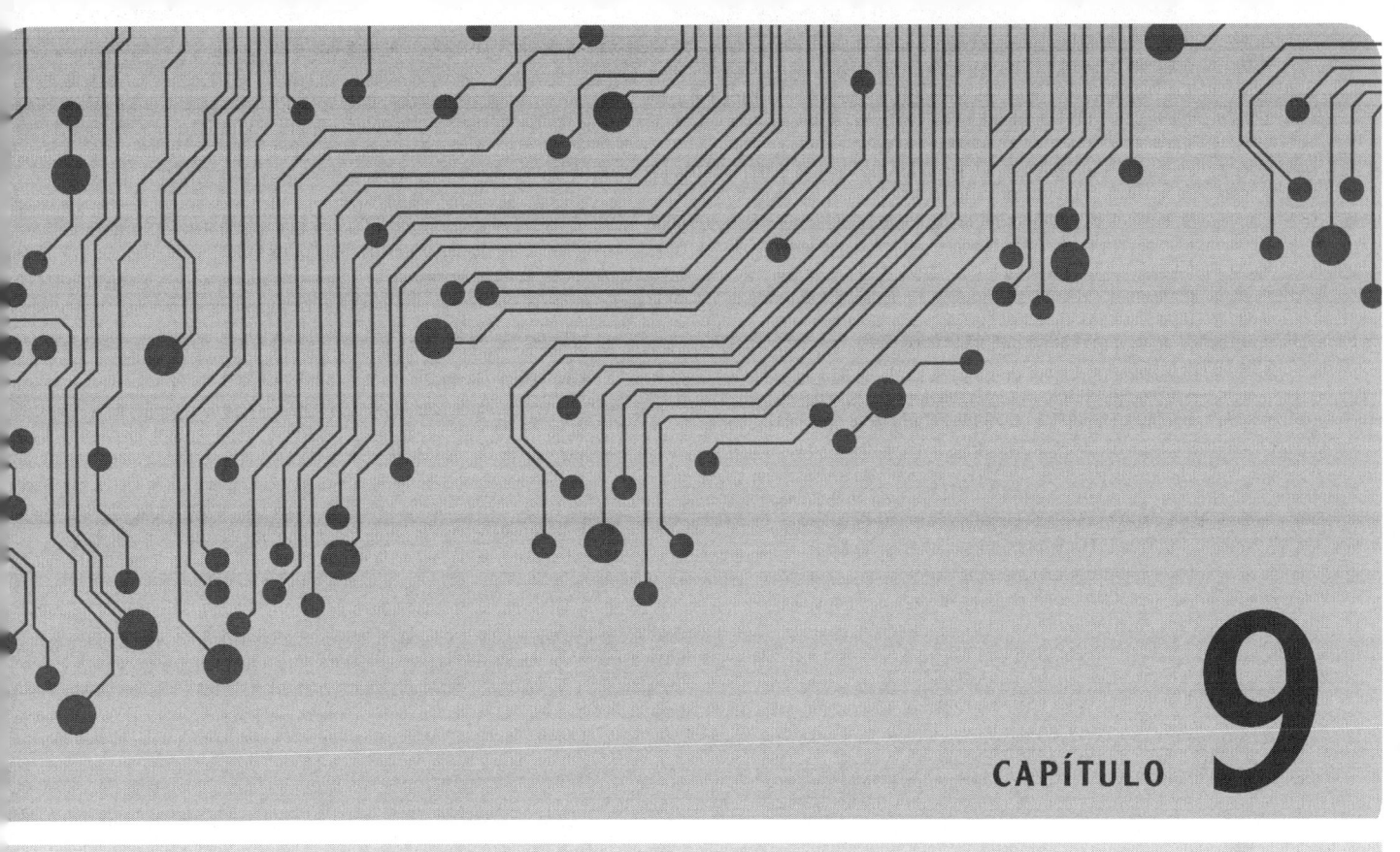

CIRCUITOS LÓGICOS MSI

■ CONTEÚDO

- 9.1 Decodificadores
- 9.2 Decodificadores/drivers BCD para 7 segmentos
- 9.3 Displays de cristal líquido
- 9.4 Codificadores
- 9.5 Análise de defeitos
- 9.6 Multiplexadores (seletores de dados)
- 9.7 Aplicações de multiplexadores
- 9.8 Demultiplexadores (distribuidores de dados)
- 9.9 Mais análise de defeitos
- 9.10 Comparador de magnitude
- 9.11 Conversores de código
- 9.12 Barramento de dados
- 9.13 O registrador Tristate 74ALS173/HC173
- 9.14 Operação de barramento de dados
- 9.15 Decodificadores usando HDL
- 9.16 Decodificador/driver HDL para 7 segmentos
- 9.17 Codificadores usando HDL
- 9.18 Multiplexadores e demultiplexadores em HDL
- 9.19 Comparadores de magnitude em HDL
- 9.20 Conversores de código em HDL

■ OBJETIVOS DO CAPÍTULO

Após ler este capítulo, você será capaz de:

- Analisar e usar decodificadores e codificadores em diversos tipos de circuito.
- Comparar as vantagens e desvantagens de displays de LED e LCD.
- Utilizar a técnica de observação/análise para análise de defeitos dos circuitos digitais.
- Analisar a operação de multiplexadores e demultiplexadores em aplicações de circuito.
- Comparar dois números binários usando um circuito comparador de magnitude.
- Descrever a função e operação dos conversores de código.
- Mencionar as precauções que devem ser consideradas quando circuitos digitais são conectados usando o conceito de barramento de dados.
- Usar HDL para implementar os circuitos lógicos MSI equivalentes.

■ INTRODUÇÃO

Os sistemas digitais obtêm dados codificados em binário e informações que, de algum modo, são continuamente submetidas a operações. Algumas das operações incluem: (1) *decodificação e codificação*; (2) *multiplexação*; (3) *demultiplexação*; (4) *comparação*; (5) *conversão de código*; (6) *barramento de dados*. Todas essas operações, além de outras não citadas, têm sido facilitadas pela disponibilidade de numerosos CIs na categoria MSI (*medium-scale-integration*).

Neste capítulo, estudaremos vários tipos comuns de blocos básicos. Para cada tipo, haverá uma breve discussão sobre seu princípio básico de operação, para, então, serem apresentados os exemplos específicos. Depois, mostraremos como eles podem ser utilizados de modo individual ou combinados com outros blocos em várias aplicações.

9.1 DECODIFICADORES

OBJETIVOS

Após ler esta seção, você será capaz de:

- Definir o termo *decodificador*.
- Estabelecer a natureza das entradas e saídas de um decodificador.
- Definir o papel de uma entrada de "habilitação" para um decodificador.

Um **decodificador** é um circuito lógico que recebe um conjunto de entradas que representa um número binário e ativa apenas a saída que corresponde ao número recebido. Em outras palavras, um circuito decodificador analisa as entradas, determina o número binário presente e ativa a saída correspondente ao número na entrada; todas as outras saídas permanecem desativadas. Na Figura 9.1, é mostrado o diagrama geral de um decodificador com N entradas e M saídas. Uma vez que cada uma das N

entradas pode ser 0 ou 1, existem 2^N possibilidades de combinações, ou códigos. Para cada uma delas, apenas uma das *M* saídas será ativada (nível ALTO); todas as outras estarão em nível BAIXO. Muitos decodificadores são projetados para gerar saídas ativas em nível BAIXO, nas quais apenas a selecionada estará em nível BAIXO, enquanto todas as outras estarão em nível ALTO. Isso será indicado pela presença de pequenos círculos nas linhas de saída no diagrama do decodificador.

Alguns decodificadores não usam as 2^N possibilidades de códigos de entrada, mas apenas determinado número delas. Por exemplo, um decodificador BCD para decimal tem um código de entrada de quatro bits e *dez* linhas de saída que correspondem aos *dez* grupos do código BCD (0000 a 1001). Decodificadores desse tipo são, muitas vezes, projetados de modo que, se qualquer um dos códigos não utilizados for aplicado na entrada, *nenhuma* das saídas será ativada.

No Capítulo 7, estudamos como os decodificadores são associados a contadores para detectar os diversos estados do contador. Nesse tipo de aplicação, os FFs fornecem o código binário de entrada para o decodificador. O mesmo circuito decodificador básico é utilizado, não importando qual é a origem dos dados de entrada. A Figura 9.2 mostra o circuito de um decodificador com três entradas e $2^3 = 8$ saídas. Ele usa apenas portas AND, portanto as saídas são ativas em nível ALTO. Observe que, para determinado código de entrada, a única saída ativada (nível ALTO) é a que corresponde ao decimal equivalente ao código binário de entrada (por exemplo, a saída O_6 vai para nível ALTO apenas quando $CBA = 110_2 = 6_{10}$).

Esse decodificador pode ser identificado de diversas maneiras. Ele pode ser denominado *decodificador de 3 linhas para 8 linhas*, porque tem três linhas de entrada e oito de saída. Pode ser denominado *decodificador* ou *conversor binário em octal* porque recebe um código binário de entrada e ativa uma das oito (octal) saídas correspondente a tal código. Ou pode ser identificado como um *decodificador 1 de 8*, porque apenas uma das oito saídas é ativada por vez.

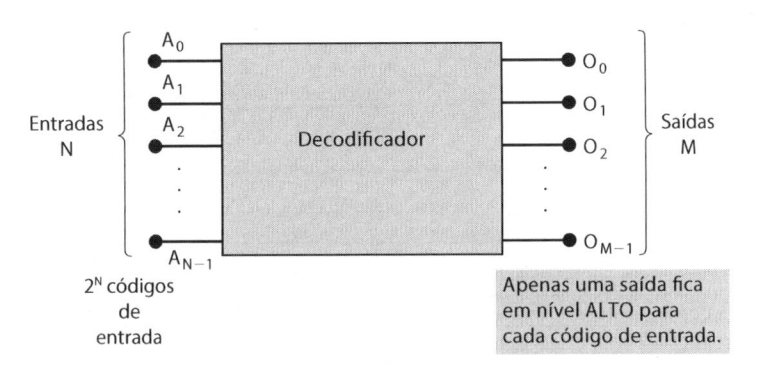

FIGURA 9.1 Diagrama geral de um decodificador.

Entradas ENABLE (HABILITAÇÃO)

Alguns decodificadores têm uma ou mais entradas *enable* (em português, *habilitação*) utilizadas para controlar a operação de um decodificador. Por exemplo, veja o decodificador da Figura 9.2 e imagine que exista uma linha *ENABLE* comum conectada em cada porta com quatro entradas. Com essa linha *ENABLE* mantida em nível ALTO, o decodificador funciona normalmente, e o código de entrada *A*, *B* e *C* determina a saída que estará em

FIGURA 9.2 Decodificador de 3 linhas para 8 linhas (ou 1 de 8).

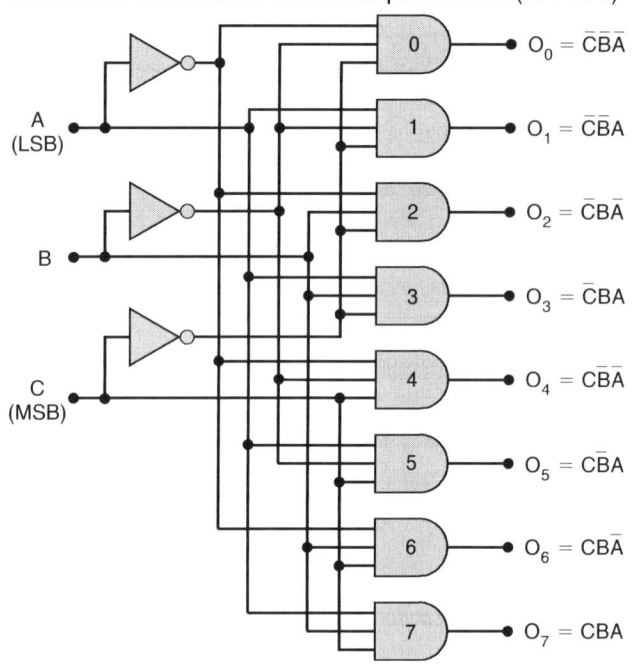

$O_0 = \bar{C}\bar{B}\bar{A}$
$O_1 = \bar{C}\bar{B}A$
$O_2 = \bar{C}B\bar{A}$
$O_3 = \bar{C}BA$
$O_4 = C\bar{B}\bar{A}$
$O_5 = C\bar{B}A$
$O_6 = CB\bar{A}$
$O_7 = CBA$

C	B	A	O_7	O_6	O_5	O_4	O_3	O_2	O_1	O_0
0	0	0	0	0	0	0	0	0	0	1
0	0	1	0	0	0	0	0	0	1	0
0	1	0	0	0	0	0	0	1	0	0
0	1	1	0	0	0	0	1	0	0	0
1	0	0	0	0	0	1	0	0	0	0
1	0	1	0	0	1	0	0	0	0	0
1	1	0	0	1	0	0	0	0	0	0
1	1	1	1	0	0	0	0	0	0	0

nível ALTO. Contudo, com a entrada *ENABLE* mantida em nível BAIXO, *todas* as saídas serão forçadas para o estado BAIXO independentemente dos níveis nas entradas A, B e C. Desse modo, o decodificador é habilitado apenas se a entrada *ENABLE* estiver em nível ALTO.

A Figura 9.3(a) mostra o diagrama lógico para o decodificador 74ALS138. Analisando com cuidado, podemos determinar exatamente como ele funciona. Primeiro, observe que há saídas com portas NAND ativas em nível BAIXO. Outra indicação é a identificação das saídas como $\bar{O}_7$, $\bar{O}_6$, $\bar{O}_5$ e assim por diante; a barra sobre o nome da saída indica que ela é ativa em nível BAIXO.

O código de entrada é aplicado em A_2, A_1 e A_0; em que A_2 é o MSB. Com três entradas e oito saídas, este é um decodificador 3 para 8, ou, de modo equivalente, um decodificador 1 de 8.

$\bar{E}_1$, $\bar{E}_2$ e E_3 são entradas de habilitação separadas combinadas em uma porta AND. Para habilitar as portas NAND de saída a responderem ao código de entrada $A_2A_1A_0$, a saída dessa porta AND tem de estar em nível ALTO. Isso acontece apenas quando $\bar{E}_1 = \bar{E}_2 = 0$ e $E_3 = 1$. Em outras palavras, $\bar{E}_1$ e $\bar{E}_2$ são ativos em nível BAIXO, E_3 é ativo em nível ALTO, e os três devem estar em seus estados ativos para ativar as saídas do decodificador. Se uma ou mais entradas de habilitação estiverem no estado inativo, a saída da AND estará em nível BAIXO, forçando as saídas NAND para seus estados inativos (nível ALTO) independentemente do código de entrada. A operação é resumida na tabela-verdade mostrada na Figura 9.3(b). Lembre-se de que *x* representa uma condição de irrelevância.

O símbolo lógico para o 74ALS138 é mostrado na Figura 9.3(c). Observe como as saídas ativas em nível BAIXO e as entradas de habilitação são representadas. Mesmo que a porta AND de habilitação seja mostrada fora do bloco do decodificador, ela faz parte do circuito interno do CI. O 74HC138 é a versão CMOS de alta velocidade desse decodificador.

Usando o software Quartus II e o MegaWizard Plug-In Manager, como descrito nos capítulos anteriores, podemos criar blocos funcionais como decodificadores. O wizard possibilita que você escolha coisas como quantas entradas você quer, a presença de uma entrada *ENABLE*, e quais saídas decodificadas devem ser incluídas no bloco funcional. A Figura 9.3(d) mostra um bloco de megafunção para um decodificador semelhante ao 74138. Duas diferenças são que esta megafunção tem apenas uma entrada *ENABLE* (ativa em nível ALTO) e que conta com saídas ativas em nível ALTO.

FIGURA 9.3 (a) Diagrama lógico para o decodificador 74ALS138; (b) tabela-verdade; (c) símbolo lógico; (d) megafunção Quartus II.

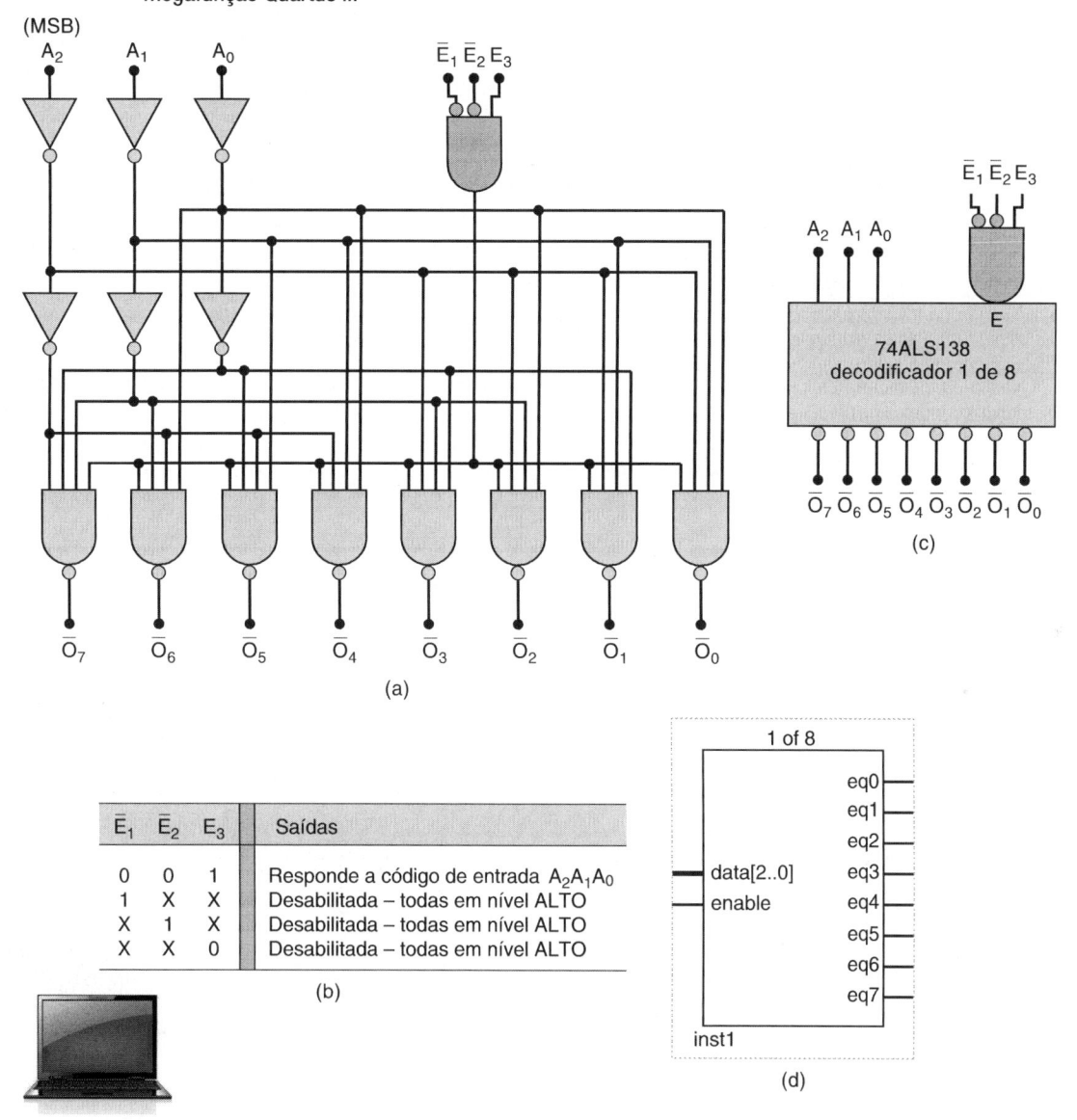

$\overline{E}_1$	$\overline{E}_2$	E_3	Saídas
0	0	1	Responde a código de entrada $A_2 A_1 A_0$
1	X	X	Desabilitada – todas em nível ALTO
X	1	X	Desabilitada – todas em nível ALTO
X	X	0	Desabilitada – todas em nível ALTO

(b)

EXEMPLO 9.1

Indique os estados das saídas do 74ALS138 para cada um dos seguintes conjuntos de entradas:

(a) $E_3 = \overline{E}_2 = 1, \overline{E}_1 = 0, A_2 = A_1 = 1, A_0 = 0$
(b) $E_3 = 1, \overline{E}_2 = \overline{E}_1 = 0, A_2 = 0, A_1 = A_0 = 1$

Solução
(a) Com $\overline{E}_2 = 1$, o decodificador está desabilitado e todas as saídas estarão no estado inativo ALTO. Isso pode ser determinado a partir da tabela-verdade ou seguindo os níveis lógicos de entrada ao longo do circuito lógico.
(b) Todas as entradas de habilitação estão ativadas; portanto, o decodificador está habilitado. Ele decodificará o código de entrada $011_2 = 3_{10}$ e ativará a saída $\overline{O}_3$. Desse modo, $\overline{O}_3$ estará em nível BAIXO e as outras saídas estarão em nível ALTO.

EXEMPLO 9.2

A Figura 9.4(a) mostra como quatro 74ALS138 e um INVERSOR podem ser configurados para funcionar como um decodificador 1 de 32. Os decodificadores são nomeados de Z_1 a Z_4 para facilitar a identificação, e as oito saídas, a partir de cada um, são combinadas formando 32 saídas. As saídas de Z_1 são $\overline{O}_0$ a $\overline{O}_7$; as saídas $\overline{O}_0$ a $\overline{O}_7$ de Z_2 foram renomeadas como $\overline{O}_8$ a $\overline{O}_{15}$, respectivamente; as de Z_3, como $\overline{O}_{16}$ a $\overline{O}_{23}$; e as de Z_4, como $\overline{O}_{24}$ a $\overline{O}_{31}$. Um código de entrada de cinco bits, $A_4A_3A_2A_1A_0$, ativará apenas uma das 32 saídas para cada um dos 32 códigos possíveis.
(a) Qual saída será ativada para $A_4A_3A_2A_1A_0 = 01101$?
(b) Qual faixa de código de entrada ativará o chip Z_4?
(c) Crie um circuito de megafunção em Quartus que vá implementar um decodificador 1 de 32 com saídas ativas em nível ALTO.

FIGURA 9.4 (a) Quatro 74ALS138 formando um decodificador 1 de 32; (b) uma megafunção de decodificador 1 de 32.

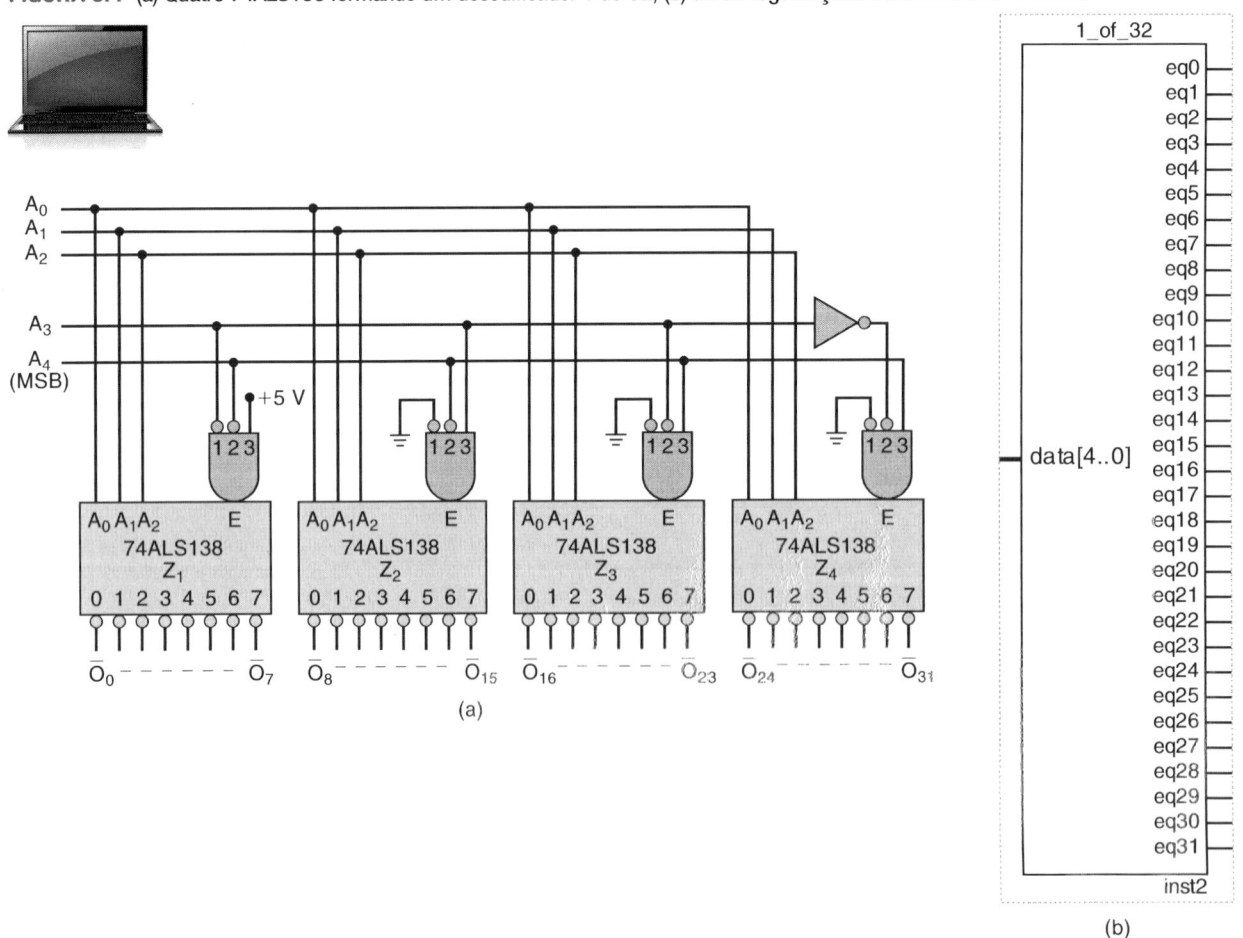

Solução

(a) O código de cinco bits tem duas partes distintas. Os bits A_4 e A_3 determinam qual dos chips decodificadores, Z_1 a Z_4, será habilitado, enquanto $A_2 A_1 A_0$ determinam qual das saídas do chip habilitado será ativada. Com $A_4 A_3 = 01$, apenas Z_2 terá todas as entradas de habilitação ativadas. Desse modo, Z_2 responde ao código de entrada $A_2 A_1 A_0 = 101$ e ativa sua saída $\overline{O}_5$, que foi renomeada como $\overline{O}_{13}$. Desse modo, o código de entrada 01101, equivalente em binário ao decimal 13, fará que a saída $\overline{O}_{13}$ vá para nível BAIXO, enquanto todas as outras permanecerão em ALTO.

(b) Para habilitar Z_4, A_4 e A_3 devem estar em nível ALTO. Desse modo, todos os códigos de entrada na faixa de 11000 (24_{10}) a 11111 (31_{10}) ativarão Z_4. Isso corresponde às saídas $\overline{O}_{24}$ a $\overline{O}_{31}$.

(c) Use o MegaWizard Plug-in Manager para criar um decodificador, como na Figura 9.4(b).

Decodificadores BCD para decimal

A Figura 9.5(a) mostra o diagrama lógico para um 7442, um **decodificador BCD para decimal**. Ele também está disponível como 74LS42 e 74HC42. Cada saída vai para nível BAIXO apenas quando a entrada BCD correspondente é aplicada. Por exemplo, $\overline{O}_5$ vai para nível BAIXO quando a entrada é $DCBA = 0101$; $\overline{O}_8$ vai para nível BAIXO quando $DCBA = 1000$. Para as combinações de entrada inválidas para BCD, nenhuma das saídas será ativada. Esse decodificador também pode ser denominado *decodificador 4 para 10* ou *1 de 10*. O símbolo lógico e a tabela-verdade para o 7442 são mostrados na mesma figura. Observe que esse decodificador não tem entrada de habilitação (enable). No Problema 9.7(a), veremos como o 7442 pode ser utilizado como um decodificador 3 para 8 com a entrada D sendo utilizada como *ENABLE*.

FIGURA 9.5 (a) Diagrama lógico para o decodificador BCD para decimal 7442; (b) símbolo lógico; (c) tabela-verdade.

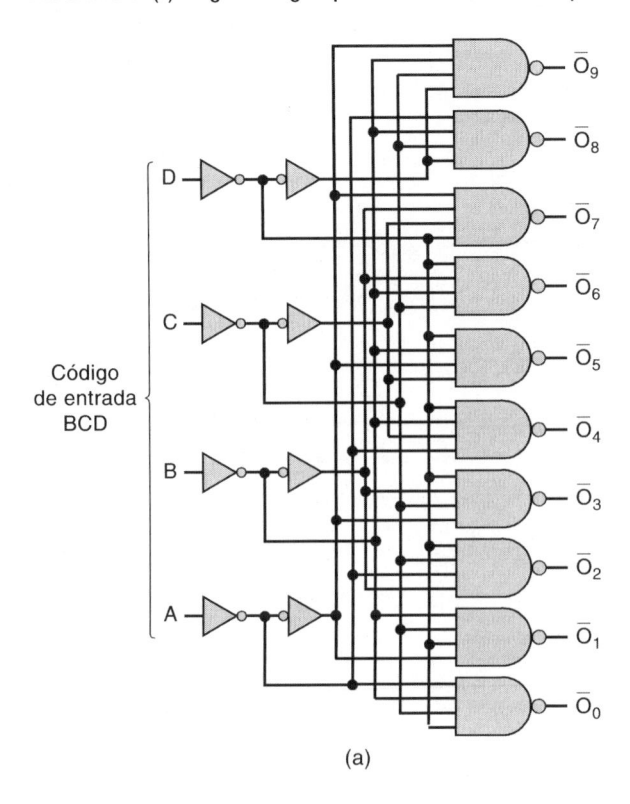

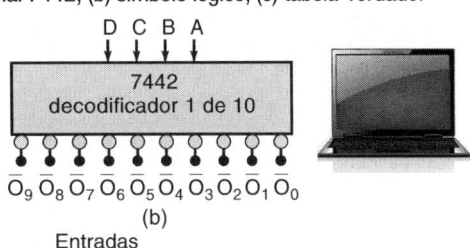

D	C	B	A	Saída em nível ativo
L	L	L	L	$\overline{O}_0$
L	L	L	H	$\overline{O}_1$
L	L	H	L	$\overline{O}_2$
L	L	H	H	$\overline{O}_3$
L	H	L	L	$\overline{O}_4$
L	H	L	H	$\overline{O}_5$
L	H	H	L	$\overline{O}_6$
L	H	H	H	$\overline{O}_7$
H	L	L	L	$\overline{O}_8$
H	L	L	H	$\overline{O}_9$
H	L	H	L	Nenhuma
H	L	H	H	Nenhuma
H	H	L	L	Nenhuma
H	H	L	H	Nenhuma
H	H	H	L	Nenhuma
H	H	H	H	Nenhuma

H = Nível de tensão ALTO.
L = Nível de tensão BAIXO.
(c)

Decodificador/driver BCD para decimal

O TTL 7445 é um decodificador/**driver** BCD para decimal. O termo *driver* é acrescentado a essa descrição pelo fato de o CI ter saídas de coletor aberto capazes de operar com valores-limite de correntes e tensões maiores que os de uma saída TTL comum. As saídas do 7445 são capazes de absorver até 80 mA no estado BAIXO e podem ser levadas até 30 V no ALTO. Isso as torna apropriadas para acionamento direto de cargas como LEDs ou lâmpadas, relés ou motores CC.

Aplicações de decodificadores

Os decodificadores são utilizados sempre que uma saída, ou um grupo delas, tem de ser ativada na ocorrência de uma combinação específica de níveis de entrada, que são muitas vezes gerados pelas saídas de um contador ou de um registrador. Quando as entradas do decodificador vêm de um contador que recebe pulsos de forma contínua, as saídas são ativadas sequencialmente e podem ser utilizadas como sinais de temporização ou sequenciamento para ligar ou desligar dispositivos em determinados momentos. Um exemplo dessa operação está na Figura 9.6 usando o contador 74ALS163 e o decodificador/driver 7445 já descrito.

FIGURA 9.6 Exemplo 9.3: combinação contador/decodificador utilizada para gerar operações de temporização e de sequenciamento.

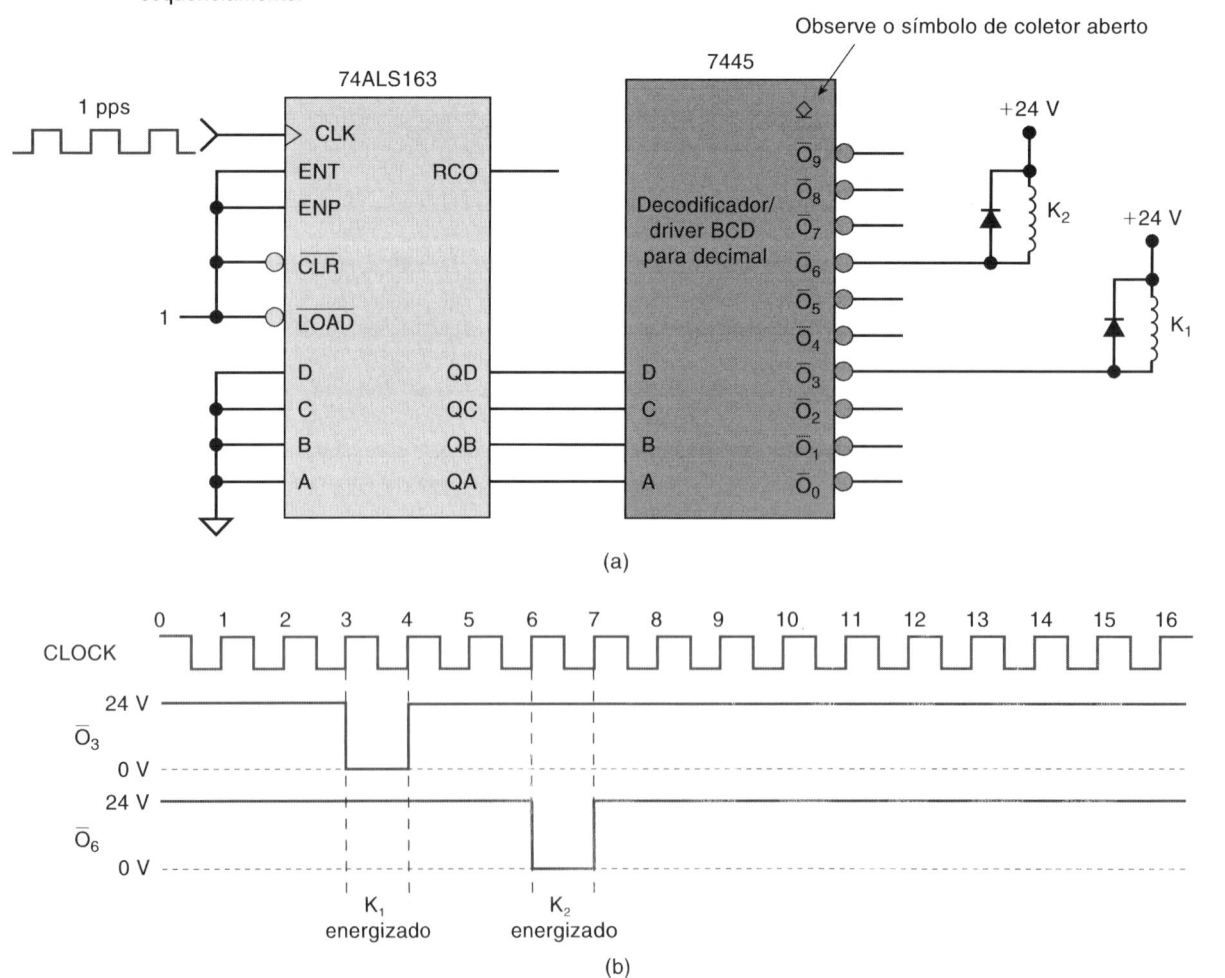

EXEMPLO 9.3

Descreva a operação do circuito mostrado na Figura 9.6(a).

Solução

O contador recebe pulsos por meio de um sinal de 1 pps (pulso por segundo) e, portanto, realiza a contagem binária a uma taxa de 1 contagem/s. As saídas dos FFs dos contadores estão conectadas nas entradas do decodificador. As saídas de coletor aberto $\overline{O}_3$ e $\overline{O}_6$ do 7445 são utilizadas para ligar e desligar os relés K_1 e K_2. Por exemplo, quando $\overline{O}_3$ estiver no estado inativo (ALTO), seu transistor de saída estará desligado (cortado), de modo que nenhuma corrente poderá fluir pelo relé K_1, e ele estará desenergizado. Quando O_3 estiver no estado ativo (BAIXO), seu transistor de saída estará ligado e atuará como absorvedor de corrente por K_1, de modo que K_1 estará energizado. Observe que os relés operam a partir de uma tensão de +24 V. Veja também a presença dos diodos em paralelo com as bobinas dos relés; esses diodos protegem os transistores de saída do decodificador do grande "impulso indutivo" de tensão que seria produzido quando a corrente na bobina fosse interrompida de maneira abrupta.

O diagrama de temporização na Figura 9.6(b) mostra a sequência dos eventos. Se considerarmos que o contador está no estado 0000 no instante 0, ambas as saídas ($\overline{O}_3$ e $\overline{O}_6$) estarão de início no estado inativo (ALTO), no qual seus transistores de saída estarão desligados, e ambos os relés, desenergizados. À medida que os pulsos de clock forem aplicados, o contador será incrementado uma vez por segundo. Na transição negativa do terceiro pulso (instante 3), o contador irá para o estado 0011 (3). Isso ativará a saída $\overline{O}_3$ do decodificador, que, por sua vez, energizará K_1. Na transição negativa do quarto pulso, o contador irá para o estado 0100 (4). Isso desativará $\overline{O}_3$ e desenergizará o relé K_1.

De modo semelhante, no instante 6, o contador irá para o estado 0110 (6); isso fará $\overline{O}_6 = 0$ e energizará K_2. No instante 7, o contador irá para o estado 0111 (7) e desativará O_6 para desenergizar K_2.

O contador continuará contando à medida que os pulsos forem aplicados. Após 16 pulsos, a sequência será reiniciada.

Decodificadores são muito utilizados nos sistemas de memória de um computador, no qual respondem aos endereços gerados pelo processador central para ativar uma posição específica de memória. Cada CI de memória possui diversos registradores que podem armazenar números binários (dados). Cada registrador precisa ter seu próprio endereço para distingui-lo de todos os outros registradores. Um decodificador é implementado nos circuitos internos dos CIs de memória e possibilita que determinado registrador de armazenamento seja ativado quando uma combinação única de entrada (ou seja, seu endereço) é aplicada. Em um sistema, é comum haver diversos CIs de memória combinados para implementar a capacidade total de armazenamento. Um decodificador é utilizado para selecionar um chip de memória em resposta a uma faixa de endereços decodificando os bits mais significativos do sistema de endereço e habilitando (selecionando) determinado CI. Analisaremos essa aplicação no Problema 9.63 e com maior profundidade quando estudarmos memórias no Capítulo 12.

Em sistemas de memórias mais complicados, os CIs são organizados em múltiplos bancos que têm de ser selecionados individualmente ou de modo simultâneo, se o microprocessador desejar um ou mais bytes por vez. Isso significa que, sob determinadas circunstâncias, mais de uma saída do decodificador deve ser ativada. Para sistemas desse tipo, um dispositivo de lógica programável é frequentemente utilizado para implementar o decodificador, uma vez que um único decodificador 1 de 8 não é suficiente. Dispositivos lógicos programáveis podem ser utilizados para aplicações específicas de decodificação.

QUESTÕES DE REVISÃO

1. Um decodificador pode ter mais de uma saída ativada de cada vez?
2. Qual é a função da(s) entrada(s) de habilitação de um decodificador?
3. Em que o 7445 difere do 7442?
4. O 74154 é um decodificador 4 para 16 com duas entradas de habilitação ativas em nível BAIXO. Quantos pinos (incluindo alimentação e terra) tem esse CI?

9.2 DECODIFICADORES/DRIVERS BCD PARA 7 SEGMENTOS

OBJETIVOS

Após ler esta seção, você será capaz de:

- Aplicar o conceito de decodificação ao acionamento de LEDs individuais dispostos para formar um numeral decimal.
- Fazer a distinção entre displays de catodo comum e de anodo comum.
- Conectar corretamente um decodificador/driver a um display de LED.

A maioria dos equipamentos digitais possui um meio de apresentação de informações que pode ser prontamente entendida pelo usuário ou operador. Essas informações são, muitas vezes, dados numéricos, mas também podem ser alfanuméricos (números e letras). Um dos métodos mais simples e populares para apresentação de dígitos numéricos usa uma configuração de sete segmentos [Figura 9.7(a)] para formar os caracteres decimais de 0 a 9 e, por vezes, os caracteres hexadecimais de A a F. Uma configuração comum usa diodos emissores de luz (LEDs) para cada segmento. Controlando-se a corrente em cada LED, alguns segmentos acendem e outros ficam apagados, formando o padrão do caractere desejado. A Figura 9.7(b) mostra os padrões de segmentos utilizados para apresentar os diversos dígitos. Por exemplo, para apresentar um "6", os segmentos a, c, d, e, f e g são acesos enquanto o segmento b fica apagado.

Um **decodificador/driver BCD para 7 segmentos** é utilizado para receber uma entrada BCD de quatro bits e gerar as saídas que acionam os segmentos apropriados para apresentar o dígito decimal. A lógica para esse decodificador é mais complicada que a dos decodificadores, que já estudamos, porque cada saída é ativada para mais de uma combinação de entrada. Por exemplo, o segmento e tem de ser ativado para qualquer um dos dígitos 0, 2, 6 e 8, ou seja, sempre que qualquer um dos códigos 0000, 0010, 0110 ou 1000 ocorra.

FIGURA 9.7 (a) Configuração dos 7 segmentos; (b) segmentos ativados para cada dígito.

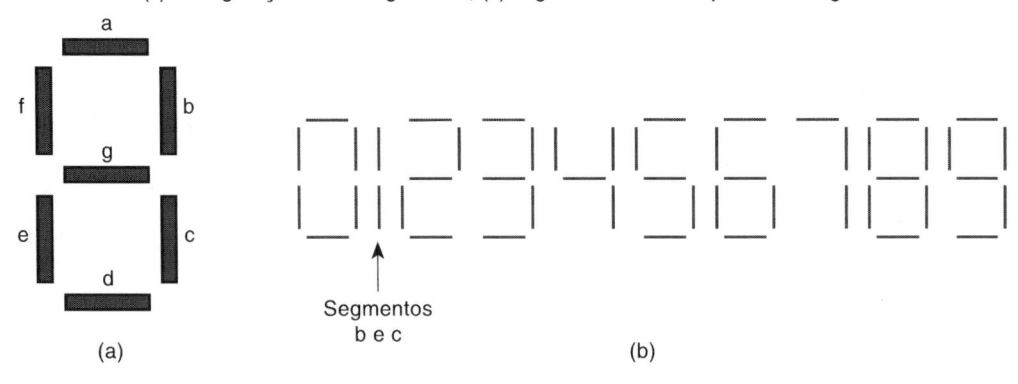

A Figura 9.8(a) mostra um decodificador/driver BCD para 7 segmentos (TTL 7446 ou 7447) utilizado para acionar um display de LEDs de 7 segmentos. Cada segmento consiste em um LED (diodo emissor de luz). Diodos são dispositivos em estado sólido que possibilitam que a corrente passe em um sentido, mas bloqueiam o outro. Sempre que o anodo de um LED é mais positivo que o catodo por cerca de 2 V, o LED se acende. Os anodos dos LEDs são conectados em V_{CC} (+5 V). Os catodos dos LEDs são conectados, por meio de resistores de limitação de corrente, nas saídas apropriadas do decodificador/driver, que tem saídas de coletor aberto ativas em nível BAIXO com transistores acionadores que absorvem uma corrente razoavelmente grande. Isso é necessário porque os LEDs chegam a requerer de 10 a 40 mA por segmento, dependendo de seu tipo e tamanho.

Para demonstrar a operação desse circuito, vamos supor que a entrada BCD seja $D = 0, C = 1, B = 0, A = 1$, que é o BCD correspondente a 5. Com essas entradas, as saídas do decodificador/driver $\bar{a}, \bar{f}, \bar{g}, \bar{c}$ e $\bar{d}$ serão acionadas

FIGURA 9.8 (a) Decodificador/driver BCD para 7 segmentos acionando um display de LEDs de 7 segmentos tipo anodo comum; (b) padrões de segmentos para todos os códigos de entrada possíveis.

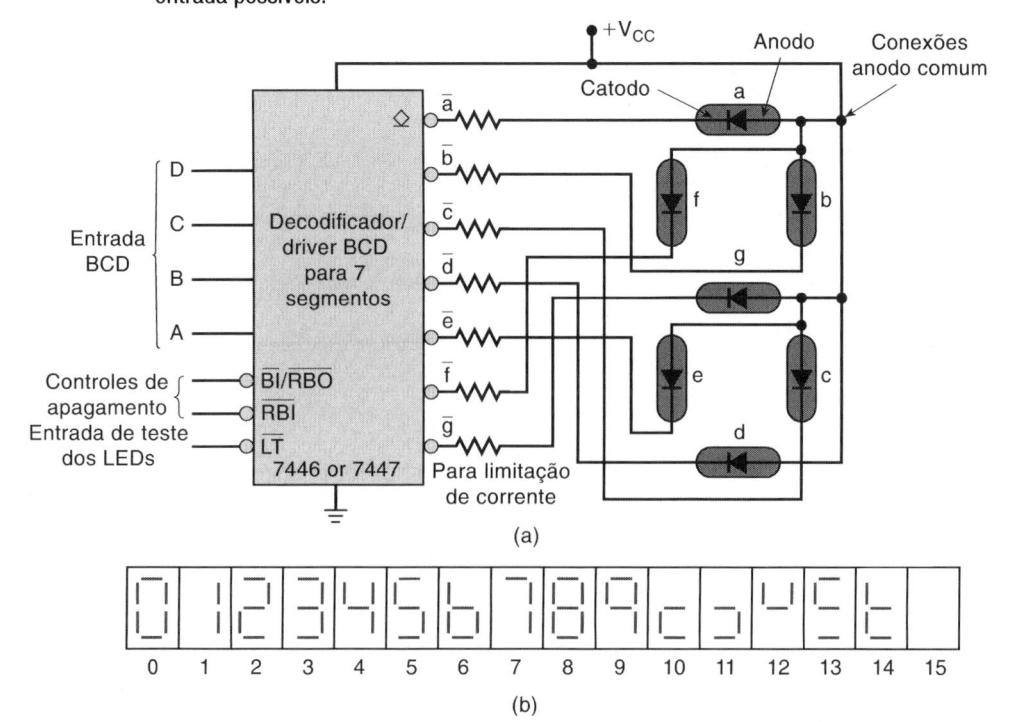

em nível BAIXO (conectadas em GND), permitindo que uma corrente flua pelos LEDs dos segmentos *a*, *f*, *g*, *c* e *d* e, portanto, apresente o numeral 5. As saídas $\overline{b}$ e $\overline{e}$ estarão em nível ALTO (aberto), de modo que os segmentos *b* e *e* não acenderão.

Os decodificadores/drivers 7446/47 são projetados para ativar segmentos específicos mesmo que o código de entrada não seja BCD (maior que 1001). A Figura 9.8(b) mostra os padrões de segmentos ativados para todos os códigos possíveis de entrada de 0000 a 1111. Observe que 1111 (15) apagará todos os segmentos.

Decodificadores/drivers de 7 segmentos, como os 7446/47, são exceções para a regra de circuitos decodificadores que ativam apenas uma das saídas para cada combinação de entrada. Melhor dizendo, eles ativam um único padrão de saída para cada combinação de entrada.

Displays de LEDs anodo comum *versus* catodo comum

O display de LEDs utilizado no circuito da Figura 9.8 é do tipo **anodo comum** porque os anodos de todos os segmentos são conectados juntos em V_{CC}. Outro tipo de display de LEDs de 7 segmentos usa uma configuração **catodo comum**, na qual os catodos de todos os segmentos são conectados em GND. Esse tipo de display deve ser acionado por um decodificador/driver com saídas ativas em nível ALTO que aplica uma tensão de nível ALTO nos anodos dos segmentos a serem ativados. Uma vez que cada segmento requer de 10 a 20 mA de corrente para acender, os dispositivos TTL e CMOS não costumam ser utilizados para acionar diretamente um display do tipo catodo comum. Lembre-se do Capítulo 8, no qual foi dito que saídas TTL e CMOS não são capazes de fornecer grande quantidade de corrente. Costuma-se utilizar um circuito de interface com transistor entre os chips de decodificador e o display catodo comum.

EXEMPLO 9.4

Cada segmento de um display de LEDs de 7 segmentos típico opera com 10 mA a 2,7 V para uma intensidade luminosa normal. Calcule o resistor limitador de corrente necessário para produzir cerca de 10 mA por segmento.

Solução
Consultando o circuito da Figura 9.8(a), podemos ver que cada resistor em série deve ter uma queda de tensão igual à diferença entre V_{CC} = 5 V e a tensão 2,7 V correspondente ao segmento. Esses 2,3 V sobre o resistor têm de produzir uma corrente em torno de 10 mA. Desse modo, temos:

$$R_S = \frac{2,3 \text{ V}}{10 \text{ mA}} = 230 \text{ }\Omega$$

Um valor padrão de resistor próximo a esse pode ser utilizado. Um resistor de 220 Ω seria uma boa escolha.

QUESTÕES DE REVISÃO

1. Quais são os segmentos de LEDs ligados para uma entrada 1001 em um decodificador/driver?
2. *Verdadeiro ou falso*: mais de uma saída de um decodificador/driver BCD para 7 segmentos pode ser ativada de uma vez.

9.3 DISPLAYS DE CRISTAL LÍQUIDO

OBJETIVOS

Após ler esta seção, você será capaz de:
- Descrever o funcionamento de um LCD.
- Distinguir entre LCDs reflexivos e retroiluminados.
- Definir os termos associados à tecnologia de display de LCD.
- Descrever os princípios de funcionamento da tecnologia LCD a cores.

Um display de LEDs gera ou emite energia luminosa conforme a corrente passa pelos segmentos individuais. Um display de cristal líquido (**LCD**, do inglês, *liquid-crystal display*) controla a reflexão da luz disponível, que pode ser simplesmente ambiente, como a luz do sol ou iluminação artificial; LCDs *reflexivos* usam luz ambiente. A luz também pode ser fornecida por uma pequena fonte que faz parte da unidade do display; LCDs *backlit* usam esse método. Em qualquer caso, os LCDs obtiveram grande aceitação em virtude do baixo consumo de potência comparado com os LEDs, sobretudo em equipamentos que operam com baterias, tais como calculadoras, relógios digitais e instrumentos eletrônicos portáteis de medição. Os LEDs, por sua vez, têm a vantagem de apresentar maior brilho e, ao contrário dos LCDs reflexivos, são visíveis em áreas escuras ou pouco iluminadas.

Basicamente, os LCDs operam a partir de tensão baixa (em geral, de 3 a 15 V rms) e sinais CA de baixa frequência (25 a 60 Hz) e absorvem uma corrente pequena. Muitas vezes, eles são configurados como displays de 7 segmentos para leituras numéricas, conforme é mostrado na Figura 9.9(a). A tensão CA necessária para ligar o segmento é aplicada entre ele e o **backplane**, que é comum para todos os segmentos. O segmento e o backplane formam um capacitor que absorve uma corrente pequena, desde que a frequência CA seja mantida baixa. Essa frequência não costuma ser menor que 25 Hz, porque poderia produzir cintilação (em inglês, *flicker*) visível.

FIGURA 9.9 Display de cristal líquido: (a) configuração básica; (b) aplicação de tensão entre o segmento e o backplane ativa o segmento. Tensão zero desliga o segmento.

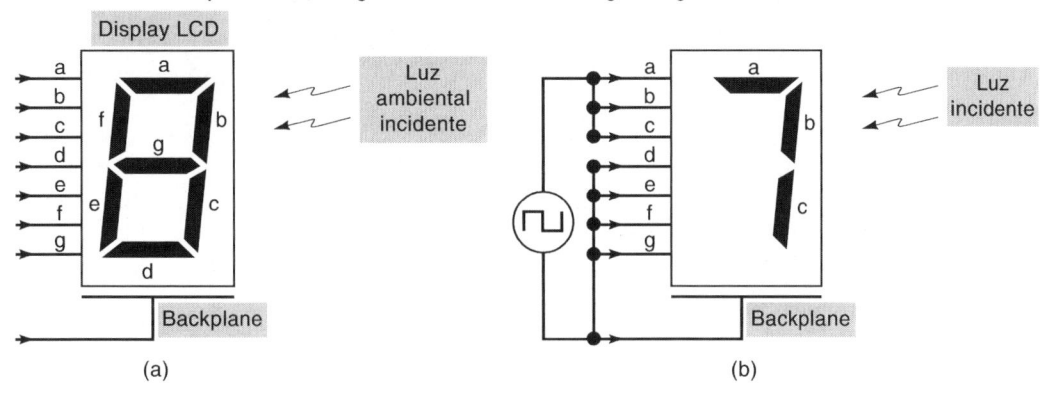

Uma explicação simplificada de como um LCD funciona: quando não há diferença de tensão entre um segmento e o backplane, diz-se que o segmento está *desativado* (OFF). Os segmentos *d*, *e*, *f* e *g* na Figura 9.9(b) estão OFF e refletirão a luz incidente de modo que parecerão invisíveis contra o fundo. Quando uma tensão CA apropriada é aplicada entre o segmento e o backplane, o segmento é ativado (ON). Os segmentos *a*, *b* e *c* na Figura

9.9(b) estão ON e não refletirão a luz incidente; desse modo, parecerão escuros contra o fundo.

Acionando um LCD

Um segmento de um LCD será ligado quando uma tensão CA for aplicada entre o segmento e o backplane e estará desligado quando não houver tal tensão. Em vez de gerar um sinal CA, é comum produzir a tensão CA requerida aplicando ondas quadradas fora de fase ao segmento e ao backplane. Isso está demonstrado na Figura 9.10(a) para um segmento. Uma onda quadrada de 40 Hz é aplicada ao backplane e também em uma das entradas da XOR CMOS 74HC86. A outra é a entrada de controle que determina se o segmento estará ON ou OFF.

Quando a entrada CONTROLE estiver em nível BAIXO, a saída da XOR será exatamente a mesma onda quadrada de 40 Hz, de modo que os sinais aplicados ao segmento e ao backplane serão iguais. Como não haverá diferença de tensão, o segmento estará OFF. Quando a entrada CONTROLE estiver em nível ALTO, a saída da XOR será o INVERSO da onda quadrada de 40 Hz, de modo que o sinal aplicado ao segmento estará fora de fase com relação ao sinal aplicado ao backplane. Como resultado, a tensão no segmento será, alternadamente, +5 V e –5 V com relação ao backplane. Essa tensão CA ligará o segmento.

FIGURA 9.10 (a) Método para acionamento de um segmento de LCD; (b) acionamento de display de 7 segmentos.

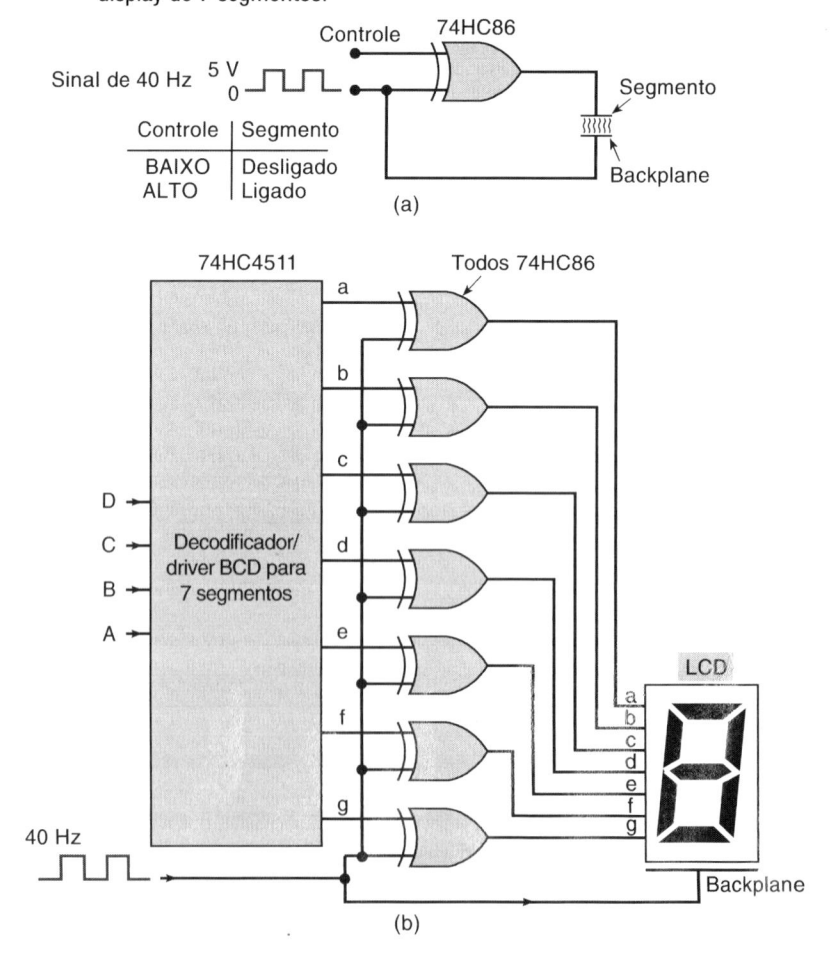

Essa mesma ideia pode ser estendida para todo o display, como se vê na Figura 9.10(b). Nesse caso, o decodificador/driver BCD para 7 segmentos CMOS 74HC4511 gera os sinais de CONTROLE para cada uma das sete portas XOR dos sete segmentos. O 74HC4511 tem saídas ativas em nível ALTO, uma vez que um nível ALTO é necessário para ligar um segmento. O decodificador/driver e as portas XOR mostrados na Figura 9.10(b) estão disponíveis em um único chip. O CI CMOS 74HC4543 é um dispositivo desse tipo. Ele recebe um código de entrada BCD e gera as saídas para acionar diretamente os segmentos do LCD.

De modo geral, os dispositivos CMOS são utilizados para acionar LCDs por dois motivos: (1) requerem muito menos potência que TTL e são mais adequados para aplicações alimentadas por baterias nas quais os LCDs são utilizados; (2) a tensão no estado BAIXO de dispositivos TTL não é exatamente 0 V; pode ser até 0,4 V. Isso produz um componente de tensão CC entre o segmento e o backplane que diminuiria de modo considerável a durabilidade de um LCD.

Tipos de LCDs

Cristais líquidos estão disponíveis como displays numéricos decimais de 7 segmentos com vários dígitos. Eles podem ter tamanhos diversos e muitos caracteres especiais, como dois-pontos (:) para displays de relógios, indicadores + e − para voltímetros digitais, vírgula decimal para calculadoras e indicadores de bateria descarregada, uma vez que muitos dispositivos LCD são alimentados por bateria. Esses displays devem ser acionados por chip decodificador/driver, tal como o 74HC4543.

Um tipo de LCD mais complexo, porém mais facilmente disponível, é o alfanumérico. Esses módulos são disponibilizados por diversos fabricantes em vários formatos, como o de 1 linha por 16 caracteres até os de 4 linhas por 40 caracteres. A interface para esses módulos precisa ser padronizada para que o LCD de qualquer fabricante use o mesmo formato de dados e sinais. O módulo inclui alguns chips VLSI que tornam simples o uso desses dispositivos. Oito linhas de dados são utilizadas para enviar o código ASCII do que você deseja mostrar no display. Essas linhas também transportam códigos especiais de controle para o registro de comando do LCD. Outras três entradas (Register Select, Read/Write e Enable) são utilizadas para controlar a posição, direção e temporização da transferência de dados. À medida que os caracteres são enviados para o módulo, ele os armazena em sua própria memória e os apresenta na tela do display.

Outros módulos de LCD possibilitam ao usuário criar um display gráfico por meio do controle individual dos pontos da tela, denominados **pixels**. Grandes painéis LCD podem ser atualizados a uma taxa elevada, produzindo filmes de alta qualidade. Nesses displays, as linhas de controle são configuradas em uma malha de linhas e colunas. Na intersecção de cada linha e coluna está um pixel que atua como uma "janela", ou "obturador", que pode ser eletronicamente aberta e fechada para controlar a quantidade de luz transmitida pela célula. A tensão entre a linha e a coluna determina o brilho de cada pixel. Em um computador laptop, um número binário para cada pixel é armazenado na memória de "vídeo". Esses números são convertidos em tensões aplicadas no display.

Cada pixel em um display colorido é feito com três subpixels, que controlam a luz que passa pelos filtros vermelho, verde ou azul. Em uma tela LCD de 640 por 480 existiriam 640 × 3 conexões para as colunas e 480 conexões para as linhas, em um total de 2.400 conexões para o LCD. É claro que o circuito de acionamento para tal dispositivo é um VLSI complexo.

Os avanços na tecnologia para displays LCD têm aumentado a velocidade em que os pixels podem ser ligados e desligados. As telas antigas eram denominadas Twisted Nematic (TN) ou Super Twisted Nematic (STN). Esses dispositivos são conhecidos como LCDs passivos. Em vez de usar backplane uniforme como os displays LCD de 7 segmentos, eles têm linhas paralelas condutoras fabricadas sobre duas peças de vidro, utilizadas para conter o material de cristal líquido com as linhas condutoras dispostas em 90°, formando uma malha de linhas e colunas, conforme ilustra a Figura 9.11. A intersecção de cada linha e coluna forma um pixel. O chaveamento efetivo de corrente para ligar e desligar é feito no CI acionador que é conectado nas linhas e nas colunas do display. Displays de matriz passiva são muito lentos para desligar. Isso limita a velocidade na qual objetos podem se mover na tela sem deixar rastro.

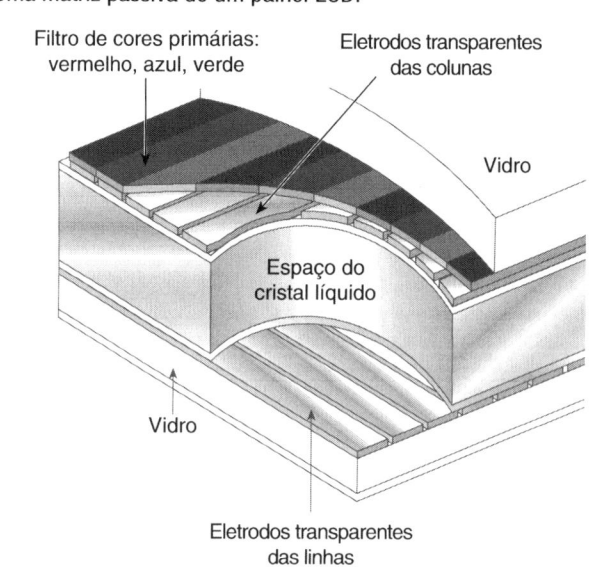

FIGURA 9.11 Uma matriz passiva de um painel LCD.

Os displays mais recentes são denominados LCDs TFT de matriz ativa — expressão que significa que há um elemento ativo no display para comutar o pixel na operação de ligá-lo e desligá-lo. O componente ativo é um transistor de filme fino (TFT, do inglês, *thin film transistor*), fabricado diretamente sobre uma peça de vidro. A outra peça tem uma camada uniforme para formar um backplane. As linhas de controle para esses transistores funcionam nas linhas e colunas entre os pixels. A tecnologia que possibilita a fabricação desses transistores, formando uma matriz sobre um filme fino do tamanho da tela de um laptop, tem tornado possível a existência desses displays. Eles proporcionam um display com resposta mais rápida e maior resolução. O uso da tecnologia de polissilício permite que os circuitos acionadores sejam integrados na unidade do display, reduzindo problemas de conexões e necessitando de uma área de perímetro pequena em torno do LCD.

Outras tecnologias de displays incluem vácuo fluorescente, plasma de descarga de gás e eletroluminescência. A física ótica para cada um desses displays varia, mas o princípio de controle é o mesmo. Um sistema digital deve ativar a linha e a coluna de uma matriz para controlar a quantidade de luz no pixel correspondente à intersecção linha/coluna.

QUESTÕES DE REVISÃO

1. Indique quais das seguintes declarações se referem ao display LCD e quais se referem ao de LEDs:
   (a) Emite luz.
   (b) Reflete a luz ambiente.
   (c) É melhor para aplicações de baixa potência.
   (d) Requer uma tensão AC.
   (e) Usa uma configuração de 7 segmentos para produzir os dígitos.
   (f) Requer resistores de limitação de corrente.
2. Que tipo de dado é enviado para cada um dos seguintes sistemas?
   (a) Um display LCD de 7 segmentos com um decodificador/driver.
   (b) Um módulo LCD alfanumérico.
   (c) Um display LCD de computador.

9.4 CODIFICADORES

OBJETIVOS

Após ler esta seção, você será capaz de:

■ Definir o termo *codificador*.

■ Indicar a natureza das entradas e saídas de um codificador.

■ Descrever aplicações comuns de codificadores.

A maioria dos decodificadores aceita um código de entrada e produz um nível ALTO (ou BAIXO) em *uma* linha de saída. Em outras palavras, podemos dizer que um decodificador identifica, reconhece ou detecta determinado código. O oposto desse processo de decodificação é chamado **codificação** e é realizado por um circuito lógico denominado **codificador**. Um codificador tem certo número de linhas de entrada, em que somente uma é ativada por vez, e produz um código de saída de N bits, dependendo de qual entrada está ativada. A Figura 9.12 mostra o diagrama geral para um codificador com M entradas e N saídas. Nesse caso, as entradas são ativadas em nível ALTO, o que significa que estão, normalmente, em nível BAIXO.

FIGURA 9.12 Diagrama geral de um codificador.

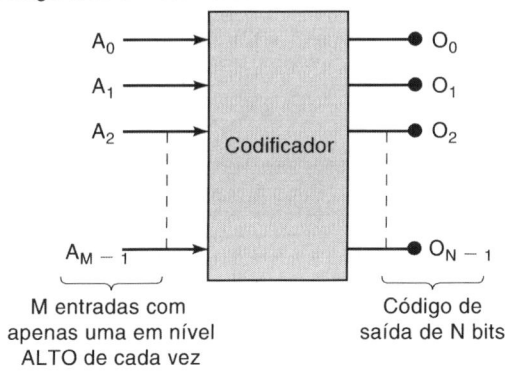

Vimos que um *decodificador binário para octal* (*de 3 para 8 linhas*) aceita um código de entrada de três bits e ativa uma dentre oito linhas de saída correspondente a esse código. Um *codificador octal para binário* (*de 8 para 3 linhas*) realiza a função oposta: aceita oito linhas de entrada e produz um código de saída de três bits correspondente à entrada ativada. A Figura 9.13 mostra o circuito lógico e a tabela-verdade para um codificador octal para binário com entradas ativas em nível BAIXO.

Seguindo a lógica, pode-se verificar que o nível BAIXO em qualquer das entradas produzirá um código binário de saída correspondente à entrada. Por exemplo, um nível BAIXO em $\overline{A}_3$ (enquanto todas as outras entradas estiverem em nível ALTO) gera $O_2 = 0$, $O_1 = 1$ e $O_0 = 1$, código binário que corresponde ao 3. Observe que $\overline{A}_0$ não está conectado nas portas lógicas porque as saídas do codificador estarão normalmente em 000 quando nenhuma das entradas de $\overline{A}_1$ a $\overline{A}_7$ estiver em nível BAIXO.

FIGURA 9.13 Circuito lógico para um codificador octal para binário (8 linhas para 3 linhas). Para uma operação adequada, apenas uma entrada deve ser ativada de cada vez.

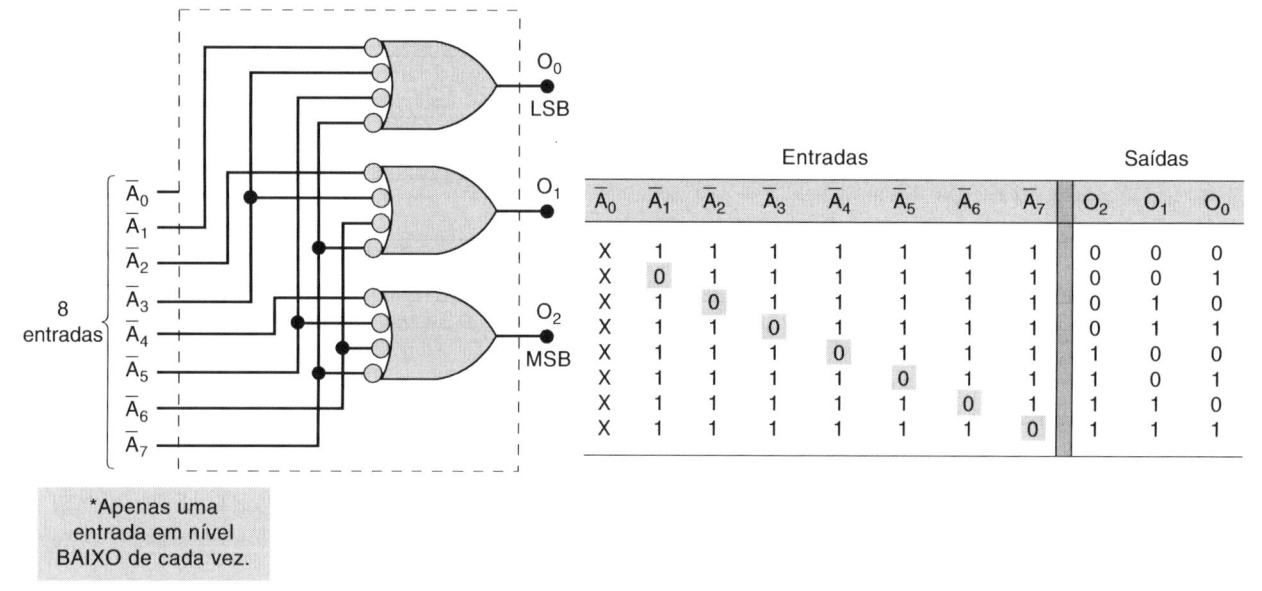

$\overline{A}_0$	$\overline{A}_1$	$\overline{A}_2$	$\overline{A}_3$	$\overline{A}_4$	$\overline{A}_5$	$\overline{A}_6$	$\overline{A}_7$	O_2	O_1	O_0
X	1	1	1	1	1	1	1	0	0	0
X	0	1	1	1	1	1	1	0	0	1
X	1	0	1	1	1	1	1	0	1	0
X	1	1	0	1	1	1	1	0	1	1
X	1	1	1	0	1	1	1	1	0	0
X	1	1	1	1	0	1	1	1	0	1
X	1	1	1	1	1	0	1	1	1	0
X	1	1	1	1	1	1	0	1	1	1

*Apenas uma entrada em nível BAIXO de cada vez.

EXEMPLO 9.5

Determine as saídas do codificador mostrado na Figura 9.13 quando $\overline{A}_3$ e $\overline{A}_5$ estiverem simultaneamente em nível BAIXO.

Solução
Seguindo o circuito pelas portas lógicas, vemos que os níveis BAIXOS nessas duas entradas produzirão níveis ALTOS em cada saída; em outras palavras, o código binário 111. De fato, esse não é o código de nenhuma das entradas ativadas.

Codificadores de prioridades

O último exemplo identificou uma desvantagem do circuito codificador simples mostrado na Figura 9.13 quando mais de uma entrada é ativada. Uma versão modificada desse circuito, denominada **codificador de**

prioridade, inclui a lógica necessária para garantir que, quando duas ou mais entradas forem ativadas, o código de saída corresponda à entrada com número mais alto. Por exemplo, quando ambas as entradas ($\overline{A}_3$ e $\overline{A}_5$) estiverem no nível BAIXO, o código da saída será 101 (5). De modo semelhante, quando $\overline{A}_6, \overline{A}_2$ e $\overline{A}_0$ estiverem no nível BAIXO, o código da saída será 110 (6). Os 74148, 74LS148 e 74HC148 são codificadores de prioridade octal para binário.

Codificador de prioridade decimal para BCD 74147

A Figura 9.14 mostra o símbolo lógico e a tabela-verdade para o 74147 (74LS147, 74HC147), que funciona como codificador de prioridade decimal para BCD. Ele tem nove entradas ativas em nível BAIXO representando os dígitos decimais de 1 a 9 e produz um código BCD *invertido* correspondente à entrada de número mais alto ativada.

FIGURA 9.14 Codificador de prioridade decimal para BCD 74147.

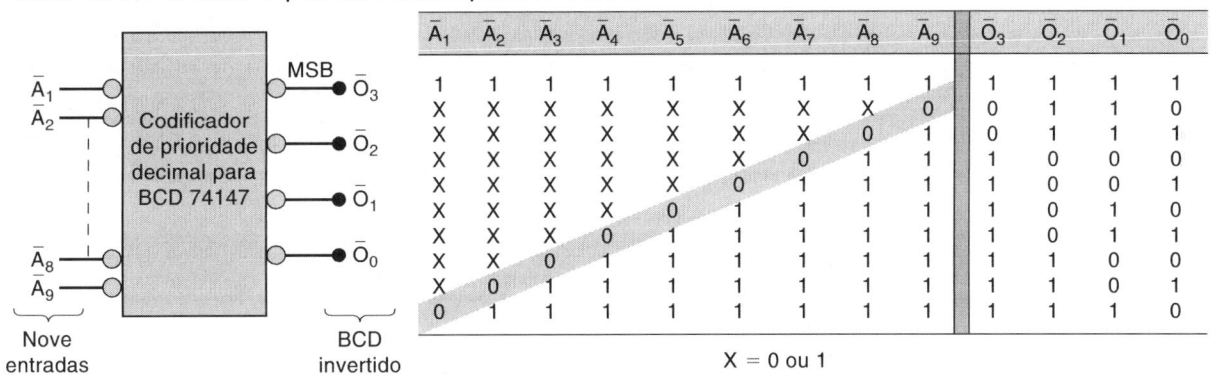

$\overline{A}_1$	$\overline{A}_2$	$\overline{A}_3$	$\overline{A}_4$	$\overline{A}_5$	$\overline{A}_6$	$\overline{A}_7$	$\overline{A}_8$	$\overline{A}_9$	$\overline{O}_3$	$\overline{O}_2$	$\overline{O}_1$	$\overline{O}_0$
1	1	1	1	1	1	1	1	1	1	1	1	1
X	X	X	X	X	X	X	X	0	0	1	1	0
X	X	X	X	X	X	X	0	1	0	1	1	1
X	X	X	X	X	X	0	1	1	1	0	0	0
X	X	X	X	X	0	1	1	1	1	0	0	1
X	X	X	X	0	1	1	1	1	1	0	1	0
X	X	X	0	1	1	1	1	1	1	0	1	1
X	X	0	1	1	1	1	1	1	1	1	0	0
X	0	1	1	1	1	1	1	1	1	1	0	1
0	1	1	1	1	1	1	1	1	1	1	1	0

X = 0 ou 1

Vamos examinar a tabela-verdade para ver como esse CI funciona. A primeira linha da tabela mostra as entradas no estado inativo ALTO. Para essa condição, as saídas são 1111, que é o inverso de 0000, código BCD para 0. A segunda linha da tabela indica que um nível BAIXO em $\overline{A}_9$, independentemente do estado das outras entradas, gera o código de saída 0110, inverso de 1001, código BCD para 9. A terceira linha mostra que um nível BAIXO em $\overline{A}_8$, desde que $\overline{A}_9$ esteja em nível ALTO, gera o código de saída 0111, inverso de 1000, código BCD para 8. De maneira semelhante, o restante das linhas na tabela mostra que um nível BAIXO em qualquer entrada, desde que a de número mais alto esteja em nível ALTO, produzirá código BCD inverso.

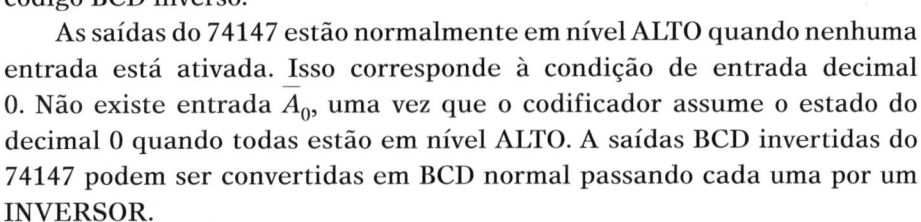

As saídas do 74147 estão normalmente em nível ALTO quando nenhuma entrada está ativada. Isso corresponde à condição de entrada decimal 0. Não existe entrada $\overline{A}_0$, uma vez que o codificador assume o estado do decimal 0 quando todas estão em nível ALTO. A saídas BCD invertidas do 74147 podem ser convertidas em BCD normal passando cada uma por um INVERSOR.

EXEMPLO 9.6

Determine os estados das saídas mostrados na Figura 9.14 quando $\overline{A}_5, \overline{A}_7$ e $\overline{A}_3$ estiverem em nível BAIXO e todas as outras entradas forem nível ALTO.

Solução

A tabela-verdade mostra que, quando $\overline{A}_7$ estiver em nível BAIXO, os níveis em $\overline{A}_5$ e $\overline{A}_3$ não importam. Desse modo, as saídas serão 1000, inverso de 0111 (7).

Codificador de chaves

A Figura 9.15 mostra como um CI 74147 pode ser utilizado como *codificador de chaves*. As dez chaves poderiam ser as teclas do teclado de uma calculadora representando os dígitos de 0 a 9. Elas são normalmente do tipo aberto; assim, as entradas do codificador estão todas em nível ALTO, e a saída BCD é 0000 (observe os INVERSORES). Quando a tecla de um dígito é pressionada, o circuito produz o código BCD para aquele dígito. Uma vez que o 74LS147 é um codificador de prioridade, teclas pressionadas de maneira simultânea produzirão o código BCD para a tecla de maior número.

O codificador de chaves mostrado na Figura 9.15 pode ser utilizado sempre que dados em BCD tiverem de ser fornecidos manualmente para um sistema digital. Um primeiro exemplo seria uma calculadora eletrônica, na qual o operador pressionaria várias teclas em sequência para fornecer um número decimal. Em uma calculadora simples, o código BCD para cada dígito decimal é enviado para um registrador de armazenamento de quatro bits. Em outras palavras, quando a primeira tecla é pressionada, o código BCD para aquele dígito é enviado para um registrador FF de quatro bits; quando a segunda é pressionada, o código BCD para aquele dígito é enviado para *outro* registrador FF de quatro bits, e assim por diante. Desse modo, uma calculadora capaz de operar oito dígitos terá oito registradores de quatro bits para armazenar os códigos BCD deles. Cada registrador de quatro bits aciona um decodificador/driver e um display numérico, de modo que os números de oito dígitos possam ser mostrados no display.

FIGURA 9.15 Codificador de chaves BCD para decimal.

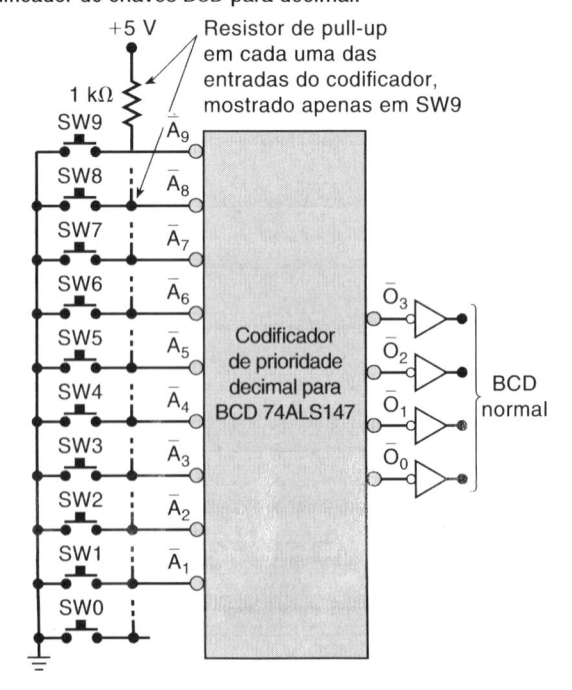

A operação descrita anteriormente pode ser realizada pelo circuito mostrado na Figura 9.16. Esse circuito recebe três dígitos decimais digitados em sequência em um teclado, codifica-os em BCD e armazena-os em três registradores de saída. Os 12 flip-flops D, Q_0 a Q_{11}, são utilizados para receber e armazenar os códigos BCD dos dígitos. Q_8 a Q_{11} armazenam o código BCD para o mais significativo (MSD), que é o primeiro a ser digitado

FIGURA 9.16 Circuito para entrada pelo teclado de números de três dígitos em registradores de armazenamento.

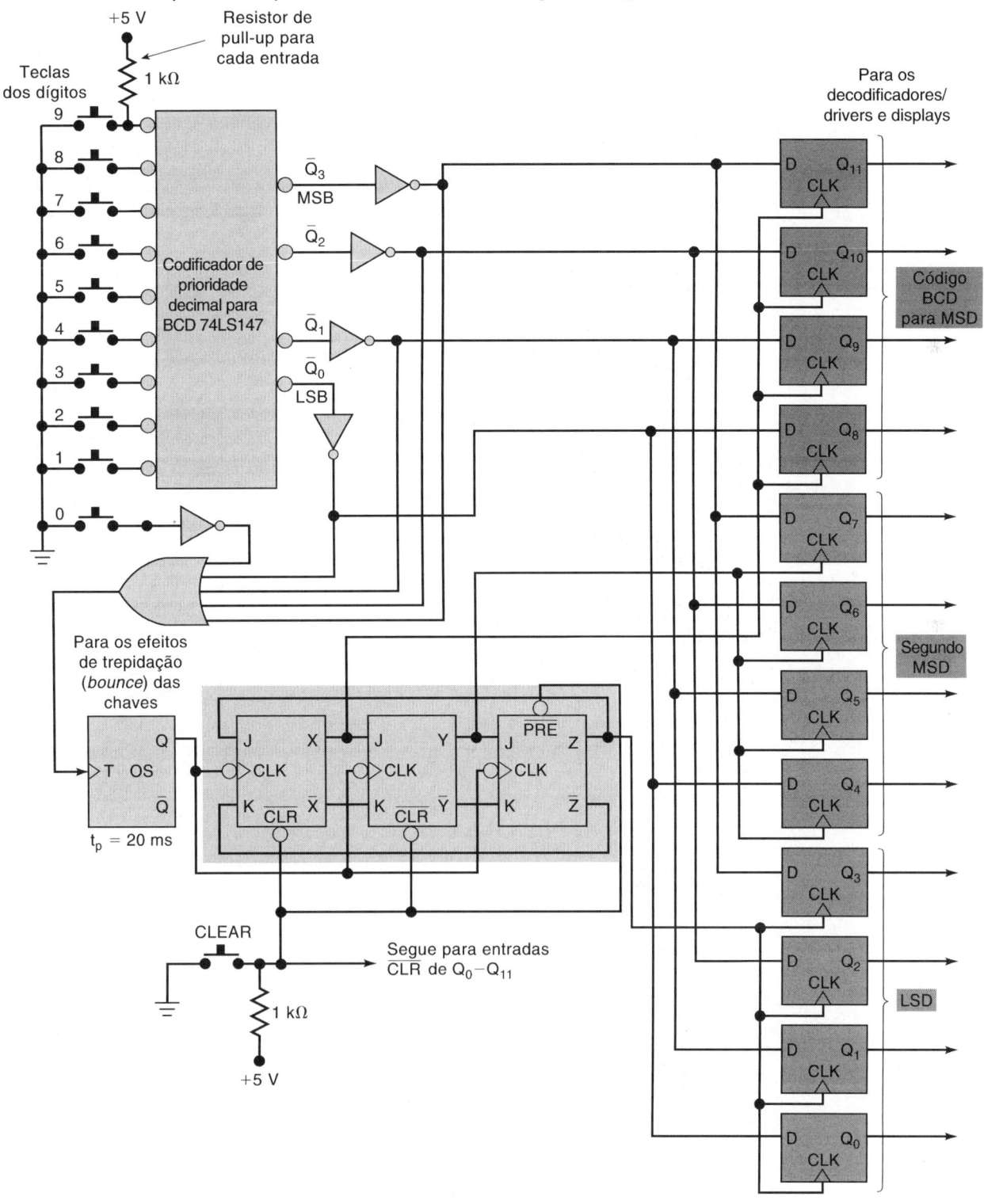

no teclado. Q_4 a Q_7 armazenam o segundo dígito, e Q_0 a Q_3, o terceiro. Os flip-flops X, Y e Z formam um contador em anel (Capítulo 7) que controla a transferência de dados das saídas do codificador para as saídas apropriadas do registrador. A porta OR gera saída em nível ALTO sempre que uma tecla é pressionada. Essa saída pode ser afetada pela trepidação do contato, que geraria vários pulsos antes de se estabilizar no estado ALTO. O monoestável é utilizado para neutralizar a trepidação das chaves — ele é disparado na primeira transição positiva da saída da porta OR e permanece em nível ALTO durante 20 ms, bem além do tempo de duração da trepidação da chave. A saída do monoestável dispara o contador em anel.

A operação do circuito é descrita a seguir para o caso em que o número 309 está sendo digitado:

1. A tecla CLEAR é pressionada. Isso faz que todos os flip-flops D, Q_0 a Q_{11}, estejam no nível 0 e os flip-flops X e Y estejam em nível 0 e o flip-flop Z esteja em nível 1; desse modo, o contador em anel começa no estado 001.
2. A tecla CLEAR é liberada e a tecla "3", pressionada. As saídas 1100 do codificador são invertidas para gerar 0011, código BCD para 3. Esses dígitos binários são enviados para as entradas D dos três registradores de saída de quatro bits.
3. A saída da porta OR vai para o nível ALTO (uma vez que duas entradas estão em nível ALTO) e dispara o monoestável, Q = 1, por 20 ms. Após 20 ms, Q retorna para nível BAIXO e dispara o contador em anel para o estado 100 (X vai para nível ALTO). A transição positiva de X ativa as entradas CLK dos flip-flops D Q_8 a Q_{11}, de modo que as saídas do codificador são transferidas para esses FFs. Ou seja, $Q_{11} = 0$, $Q_{10} = 0$, $Q_9 = 1$ e $Q_8 = 1$. Observe que os flip-flops Q_0 a Q_7 não são afetados, porque suas entradas CLK não receberam uma transição positiva.
4. A tecla "3" é liberada, e a saída da porta OR retorna para nível BAIXO. A tecla "0" é, então, pressionada. Isso gera código BCD 0000, que aparece nas entradas dos três registradores.
5. A saída da porta OR vai para nível ALTO em resposta à tecla "0" (observe o INVERSOR) e dispara o monoestável por 20 ms. Após 20 ms, o contador em anel muda para o estado 010 (Y vai para nível ALTO). A transição positiva em Y ativa as entradas CLK Q_4 a Q_7 e transfere 0000 para esses FFs. Observe que os FFs Q_0 a Q_3 e Q_8 a Q_{11} não são afetados pela transição em Y.
6. A tecla "0" é liberada, e a saída da porta OR retorna para nível BAIXO. A tecla "9" é pressionada, gerando a saída BCD 1001, que aparece nas entradas dos registros de armazenamento.
7. A saída da porta OR vai para nível ALTO de novo, disparando o monoestável, que torna a disparar o contador em anel para o estado 001 (Z vai para nível ALTO). A transição positiva em Z ativa as entradas CLK Q_0 a Q_3 e transfere 1001 para esses FFs. Os outros FFs de armazenamento não são afetados.
8. Nesse ponto, o registrador de armazenamento contém 001100001001, começando com o FF Q_{11}. Esse é o código BCD de 309. As saídas desse registrador acionam o decodificador/driver, que, por sua vez, aciona os displays apropriados para a indicação dos dígitos 309.

9. As saídas dos FFs de armazenamento acionam também outros circuitos no sistema. Em uma calculadora, por exemplo, essas saídas seriam enviadas para a seção aritmética para serem processadas.

Vários problemas no final do capítulo tratam de outros aspectos desse circuito, incluindo exercícios de análise de defeitos.

O 74ALS148 é um pouco mais sofisticado que o '147. Possui oito entradas codificadas em um número binário de três bits. Esse CI também contém três pinos de controle, como indicado na Tabela 9.1. A Entrada Enable ($\overline{EI}$, do inglês, *Enable Input*) e a Saída Enable ($\overline{EO}$, do inglês, *Enable Output*) podem ser usadas para conectar em cascata dois CIs, produzindo um codificador hexadecimal para binário. O pino $\overline{EI}$ deve estar em nível BAIXO para que qualquer pino de saída vá para o estado BAIXO, e o pino $\overline{EO}$ só vá para o estado BAIXO quando nenhuma das oito entradas estiver ativa e $\overline{EI}$ estiver ativo. A saída $\overline{GS}$ é usada para indicar quando pelo menos uma das oito entradas está ativa. É preciso observar que as saídas de A_2 a A_0 são invertidas, exatamente como no 74147.

TABELA 9.1 Tabela de funções do 74ALS148.

	Entradas									Saídas				
$\overline{EI}$	0	1	2	3	4	5	6	7		$\overline{A_2}$	$\overline{A_1}$	$\overline{A_0}$	$\overline{GS}$	$\overline{EO}$
H	x	x	x	x	x	x	x	x		H	H	H	H	H
L	H	H	H	H	H	H	H	H		H	H	H	H	L
L	x	x	x	x	x	x	x	L		L	L	L	L	H
L	x	x	x	x	x	x	L	H		L	L	H	L	H
L	x	x	x	x	x	L	H	H		L	H	L	L	H
L	x	x	x	x	L	H	H	H		L	H	H	L	H
L	x	x	x	L	H	H	H	H		H	L	L	L	H
L	x	x	L	H	H	H	H	H		H	L	H	L	H
L	x	L	H	H	H	H	H	H		H	H	L	L	H
L	L	H	H	H	H	H	H	H		H	H	H	L	H

QUESTÕES DE REVISÃO

1. Em que um codificador difere de um decodificador?
2. Em que um codificador de prioridade difere de um codificador simples?
3. Quais serão as saídas, no circuito mostrado na Figura 9.15, quando SW6, SW5 e SW2 forem fechadas?
4. Descreva a função de cada uma das seguintes partes do circuito para entrada de dados pelo teclado mostrado na Figura 9.16.
   (a) Porta OR.
   (b) Codificador 74147.
   (c) Monoestável.
   (d) Flip-flops X, Y, Z.
   (e) Flip-flops Q_0 a Q_{11}.
5. Qual é o propósito de cada entrada e saída de controle em um codificador 74148?

9.5 ANÁLISE DE DEFEITOS

OBJETIVO

Após ler esta seção, você será capaz de:
- Expandir técnicas e habilidades de análise de defeitos.

À medida que os circuitos e sistemas se tornam mais complexos, o número de possíveis causas de defeito aumenta. Embora o procedimento para isolá-los e corrigi-los permaneça o mesmo, a aplicação do processo de **observação/análise** torna-se mais importante, porque ajuda o responsável a limitar a localização do defeito a uma pequena área do circuito. Isso reduz a quantidade de passos de testes e os resultados que têm de ser analisados. Entendendo a operação do circuito, observando os sintomas do defeito e raciocinando em função do modo como o circuito opera, o responsável pela análise de defeitos é capaz de estabelecer um prognóstico dos tipos de defeitos possíveis antes mesmo de usar uma ponta de prova lógica ou um osciloscópio. Esse processo de observação/análise é um método que os inexperientes hesitam em aplicar, talvez em virtude da grande variedade e capacidades dos modernos equipamentos de testes disponíveis. É fácil tornar-se confiante em demasia com esses instrumentos e não usar a habilidade analítica e o raciocínio.

Os exemplos a seguir demonstram como o processo de observação/análise pode ser aplicado. Muitos problemas de análise de defeitos do final do capítulo proporcionarão a oportunidade de desenvolver habilidade na aplicação desse processo.

Outra estratégia vital na análise de defeitos é conhecida como **dividir e conquistar**. Ela é utilizada para localizar o problema após a observação/análise ter gerado um número de possibilidades. Seria menos eficiente investigar cada possível causa, uma por uma. O método de divisão e conquista identifica um ponto no circuito que pode ser testado, dividindo, portanto, o número total das possíveis causas pela metade. Em sistemas simples, isso parece desnecessário, porém, à medida que a complexidade aumenta, o número de possíveis causas também cresce. Se existirem oito causas possíveis, então, um teste deve eliminar quatro. Um teste seguinte, mais duas e, no terceiro teste, deve-se identificar o problema.

EXEMPLO 9.7

Uma técnica testa o circuito mostrado na Figura 9.4 usando um conjunto de chaves para gerar o código de entrada em A_4 a A_0. Ela gera cada código possível de entrada e verifica a saída correspondente decodificada para verificar se foi ativada. Ela observa que todas as saídas ímpares respondem de maneira correta, mas as pares falham quando os códigos são aplicados. Quais são os defeitos mais prováveis?

Solução
Em uma situação em que tantas saídas estão falhando, não é razoável supor que cada uma tenha uma falha. É mais provável que alguma condição na entrada seja a causa. O que as saídas pares têm em comum? Os códigos de entrada para várias delas estão relacionados na Tabela 9.2.

É claro que cada saída par requer um código de entrada com $A_0 = 0$ para ser ativada. Desse modo, as falhas mais prováveis seriam as que evitam que A_0 esteja em nível BAIXO. Isso inclui:

1. Um defeito na chave conectada na entrada A_0.
2. Um caminho aberto entre a chave e a linha A_0.
3. Um curto externo da linha A_0 para V_{CC}.
4. Um curto interno para V_{CC} nas entradas A_0 de qualquer um dos chips decodificadores.

TABELA 9.2 Dados para o Exemplo 9.7

Saída	Código de entrada
$\overline{O}_0$	00000
$\overline{O}_4$	00100
$\overline{O}_{14}$	01110
$\overline{O}_{18}$	10010

Por meio de observação e análise, a técnica identificou algumas possíveis causas. As causas potenciais 1 e 2 estão nas chaves que geram o endereço. As causas 3 e 4 estão no circuito de decodificação, que pode ser dividido abrindo-se a conexão entre a chave menos significativa e a entrada A_0, conforme mostrado na Figura 9.17. Uma ponta de prova lógica é utilizada para verificar se a chave pode gerar não só um nível BAIXO como também um ALTO. Pouco importa o resultado — duas das quatro possíveis causas foram eliminadas.

Desse modo, o defeito é limitado a uma área específica do circuito. O defeito exato pode ser rastreado com as técnicas de teste e medição com as quais já estamos familiarizados.

FIGURA 9.17 Circuito para análise de defeitos do Exemplo 9.7.

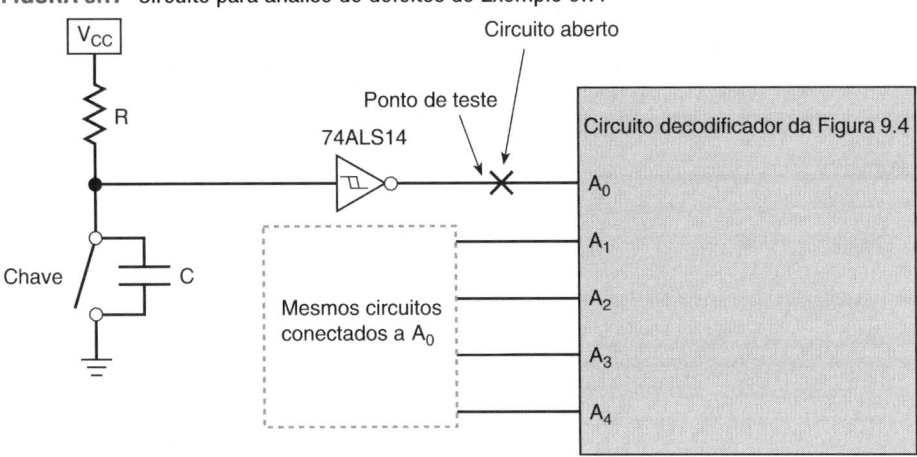

EXEMPLO 9.8

Um técnico conecta a saída de um contador BCD na entrada de um decodificador/driver mostrado na Figura 9.8. Ele aplica pulsos no contador em uma frequência muito baixa e observa o display de LEDs, que apresenta os padrões mostrados a seguir, conforme o contador conta de forma crescente de 0000 a 1001. Analise com cuidado a sequência observada e tente estabelecer um prognóstico do defeito mais provável.

CONTAGEM	0	1	2	3	4	5	6	7	8	9
Display observado	0	1	ͨ	3	H	ͨ	6	7	8	ᴎ
Display esperado	0	1	2	3	4	5	6	7	8	9

Solução

Comparando o display observado com o display esperado para cada contagem, constatamos diversos pontos importantes:

- Para aquelas contagens em que o display observado está incorreto, ele não apresenta um padrão de segmento que corresponde a contagens maiores que 1001.
- Isso exclui um contador defeituoso ou com erros de ligação com o decodificador/driver.
- Os padrões de segmentos corretos (0, 1, 3, 6, 7 e 8) têm em comum a propriedade na qual os segmentos *e* e *f* estão, ambos, ligados ou desligados.
- Os padrões de segmentos incorretos têm em comum a propriedade na qual os segmentos *e* e *f* estão em estados opostos e, se trocarmos entre eles os estados desses dois segmentos, o padrão correto será obtido.

Considerando esses aspectos, somos levados a concluir que o técnico provavelmente trocou as conexões dos segmentos *e* e *f*.

QUESTÕES DE REVISÃO

1. Cite as duas técnicas de análise de defeitos descritas nesta seção.
2. Na primeira técnica, descreva o que é observado e o que está sendo analisado.
3. Na segunda técnica, descreva o que está sendo dividido.

9.6 MULTIPLEXADORES (SELETORES DE DADOS)

OBJETIVOS

Após ler esta seção, você será capaz de:

- Definir o termo *multiplexador*.
- Estabelecer a natureza das entradas e saídas de um multiplexador.
- Definir o papel de uma entrada "habilitada" para um multiplexador.

Sistemas de som modernos podem ter uma chave que seleciona música a partir de uma das quatro fontes: MP3 player, receptor de TV, sintonizador de rádio ou áudio de DVD. Essa chave seleciona um dos sinais eletrônicos e envia-o para o amplificador de potência e os alto-falantes. Em termos simples, isso é o que um **multiplexador (MUX)** faz: seleciona um dos diversos sinais de entrada e transfere-o para a saída.

O *multiplexador digital*, ou *seletor de dados*, é um circuito lógico que recebe diversos dados digitais de entrada e seleciona um, em determinado instante, para transferi-lo para a saída. O envio do dado de entrada desejado para a saída é controlado pelas entradas de SELEÇÃO (muitas vezes, denominadas ENDEREÇO). A Figura 9.18 mostra o diagrama funcional de um multiplexador digital geral. As entradas e saídas são desenhadas como setas mais largas e não como linhas; isso indica que as entradas podem ser, na realidade, mais de uma linha de sinal.

O multiplexador atua como uma chave de múltiplas posições controlada digitalmente, em que o código aplicado nas entradas de SELEÇÃO controla a entrada de dados que será comutada para a saída. Por exemplo, a saída Z será igual à entrada I_0 para um código de entrada de SELEÇÃO particular; Z será igual a I_1 para outro, e assim por diante. Em outras palavras,

FIGURA 9.18 Diagrama funcional de um multiplexador (MUX) digital.

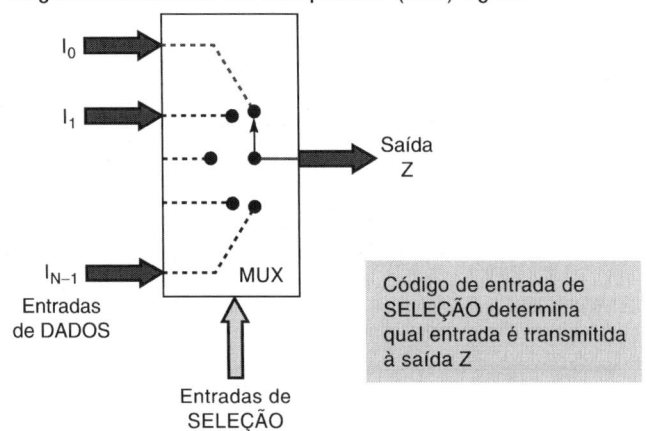

um multiplexador seleciona uma das N entradas e transmite o dado selecionado para um único canal de saída. Isso é denominado **multiplexação**.

Multiplexador básico de duas entradas

A Figura 9.19 mostra o circuito lógico para um multiplexador de duas entradas com entradas de dados I_0 e I_1 e entrada de SELEÇÃO S. O nível lógico aplicado na entrada S determina a porta AND a ser habilitada, de modo que o dado de entrada passe pela porta OR para a saída Z. Analisando de outra maneira, a expressão booleana para a saída é

$$Z = I_0 \overline{S} + I_1 S$$

Com $S = 0$, essa expressão se torna

$$Z = I_0 \cdot 1 + I_1 \cdot 0$$
$$= I_0$$

que indica que a saída Z será idêntica ao sinal de entrada I_0, que, por sua vez, poderá ser um nível lógico fixo ou um sinal lógico que varia no tempo. Com $S = 1$, a expressão se torna

$$Z = I_0 \cdot 0 + I_1 \cdot 1 = I_1$$

mostrando que a saída Z será idêntica ao sinal de entrada I_1.

Um exemplo no qual um MUX de duas entradas poderia ser utilizado seria em um sistema digital que usasse dois sinais diferentes de MASTER CLOCK: um clock de alta velocidade (digamos, 10 MHz) em um modo de operação e um de baixa (digamos, 4,77 MHz) para o outro modo. Usando o circuito mostrado na Figura 9.19, o clock de 10 MHz seria conectado na entrada I_0, e o de 4,77 MHz, na entrada I_1. Um sinal proveniente da seção lógica de controle do sistema acionaria a entrada de SELEÇÃO para controlar o sinal de clock na saída Z para enviá-lo a outras partes do circuito.

Multiplexador de quatro entradas

A mesma ideia básica pode ser utilizada para formar o multiplexador mostrado na Figura 9.20(a). Nesse caso, existem quatro entradas, seletivamente transmitidas para a saída de acordo com as quatro combinações possíveis para as entradas de seleção $S_1 S_0$. Cada uma é selecionada por uma

FIGURA 9.19 Multiplexador de duas entradas.

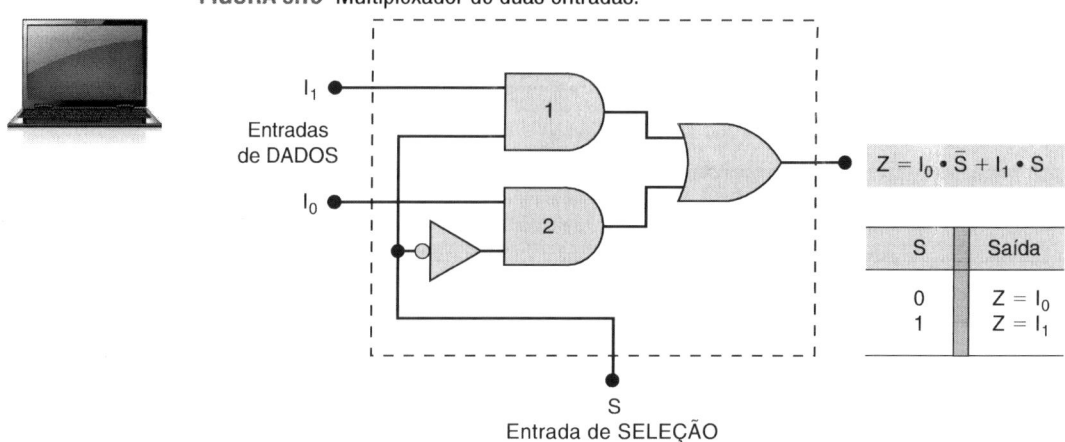

$$Z = I_0 \cdot \overline{S} + I_1 \cdot S$$

S	Saída
0	$Z = I_0$
1	$Z = I_1$

S
Entrada de SELEÇÃO

combinação diferente de níveis nas entradas de seleção. A entrada I_0 é selecionada com $\overline{S_1}\overline{S_0}$, de modo que I_0 passará por sua porta AND para a saída Z apenas quando $S_1 = 0$ e $S_0 = 0$. A tabela mostrada na figura fornece as saídas para os outros três códigos de entrada de seleção.

Outro circuito que executa exatamente a mesma função é mostrado na Figura 9.20(b). Essa abordagem utiliza buffers tristate para selecionar um dos sinais. O decodificador assegura que apenas um buffer seja habilitado de cada vez. S_1 e S_0 são utilizados para especificar qual dos sinais de entrada tem a permissão de passar por seu buffer e chegar à saída.

Multiplexadores de 2, 4, 8 e 16 entradas estão disponíveis nas famílias lógicas CMOS e TTL. Esses CIs básicos podem ser combinados a fim de compor multiplexadores com um número maior de entradas.

FIGURA 9.20 Multiplexador de quatro entradas: (a) usando lógica de soma de produtos; (b) usando buffers tristate.

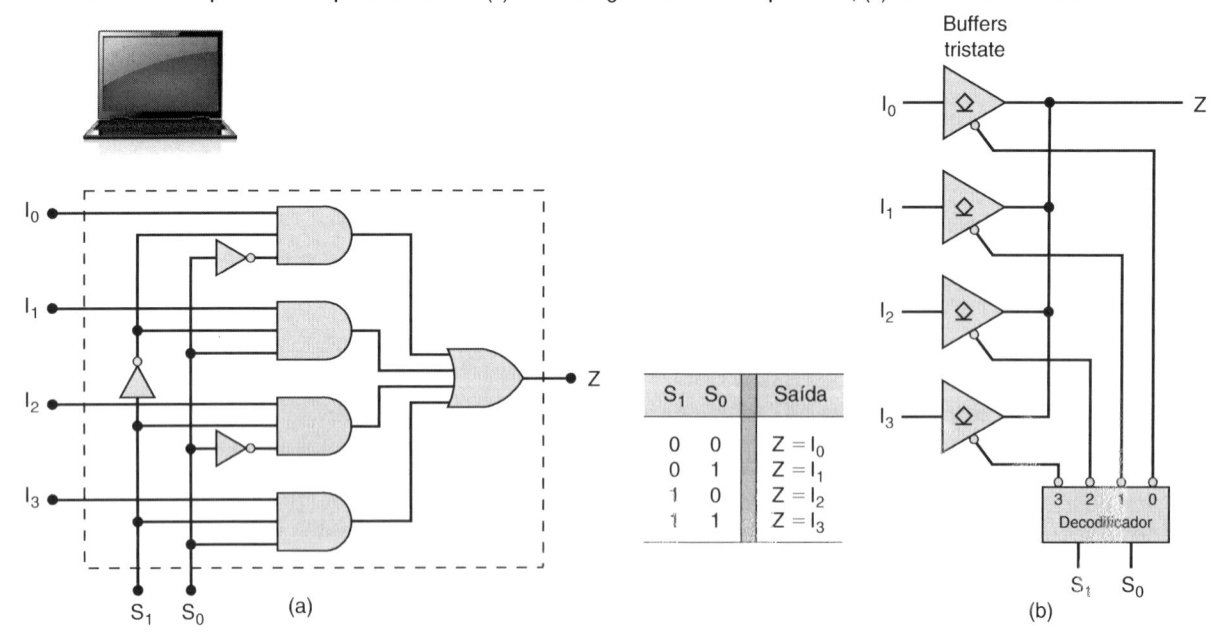

S_1	S_0	Saída
0	0	$Z = I_0$
0	1	$Z = I_1$
1	0	$Z = I_2$
1	1	$Z = I_3$

Multiplexador de oito entradas

A Figura 9.21(a) mostra o diagrama lógico para o multiplexador de oito entradas 74ALS151 (74HC151), que tem uma de habilitação $\overline{E}$ e gera ambas as saídas — normal e invertida. Quando $\overline{E} = 0$, as entradas de seleção $S_2 S_1 S_0$

selecionam uma das entradas de dados (de I_0 a I_7) para ser transferida para a saída Z. Quando $\overline{E} = 1$, o multiplexador é desabilitado, de modo que Z = 0 independente do código na entrada de seleção. Essa operação é resumida na Figura 9.21(b), e o símbolo lógico do 74151 é mostrado na Figura 9.21(c). O símbolo para uma megafunção Altera equivalente é mostrado na Figura 9.21(d).

FIGURA 9.21 (a) Diagrama lógico para o multiplexador 74ALS151; (b) tabela-verdade; (c) símbolo lógico; (d) uma megafunção MUX semelhante.

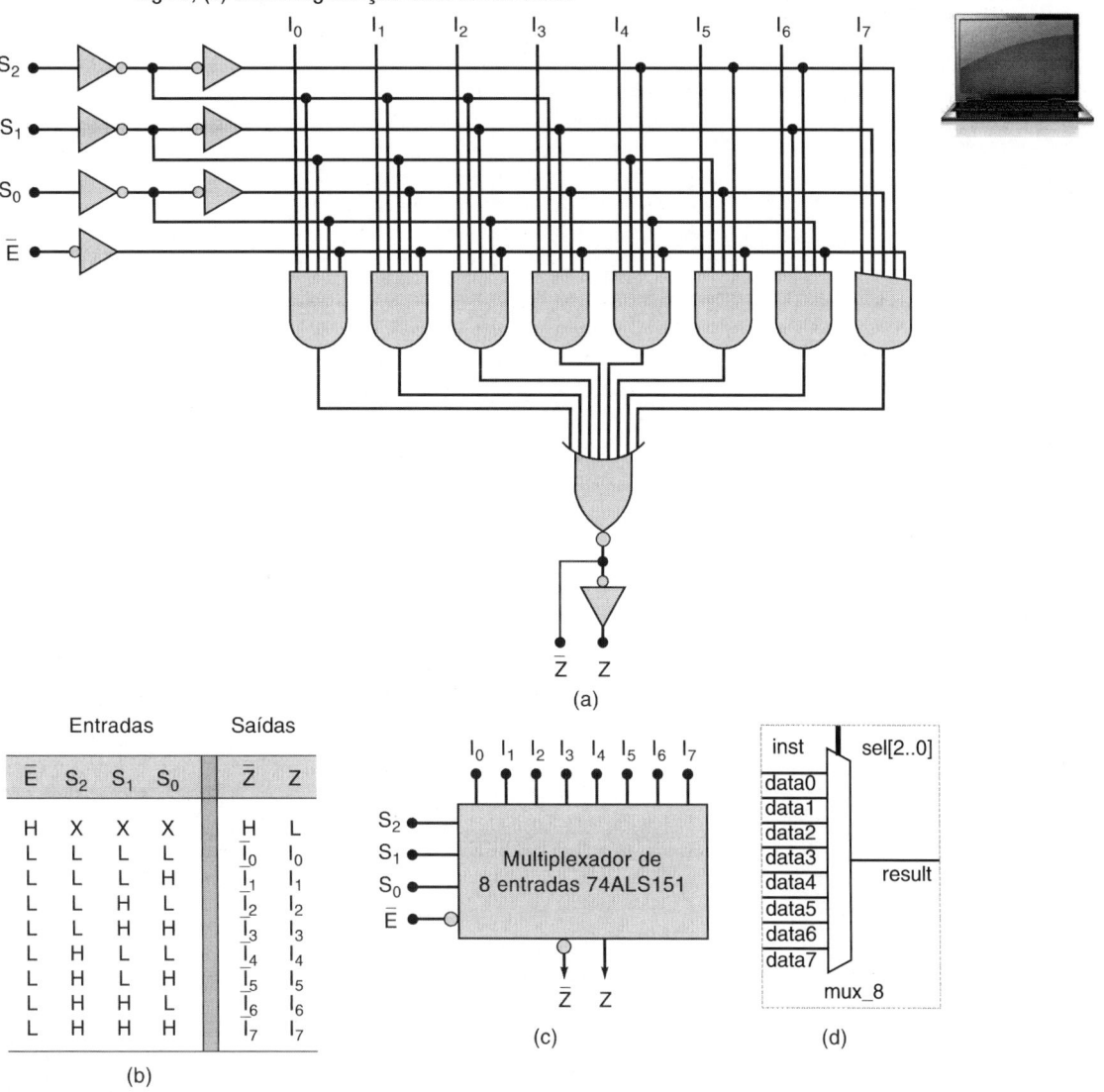

Entradas				Saídas	
$\overline{E}$	S_2	S_1	S_0	$\overline{Z}$	Z
H	X	X	X	H	L
L	L	L	L	$\overline{I_0}$	I_0
L	L	L	H	$\overline{I_1}$	I_1
L	L	H	L	$\overline{I_2}$	I_2
L	L	H	H	$\overline{I_3}$	I_3
L	H	L	L	$\overline{I_4}$	I_4
L	H	L	H	$\overline{I_5}$	I_5
L	H	H	L	$\overline{I_6}$	I_6
L	H	H	H	$\overline{I_7}$	I_7

(b)

EXEMPLO 9.9

O circuito na Figura 9.22(a) usa dois CIs 74HC151, um INVERSOR e uma porta OR. Descreva sua operação.

Solução

O circuito tem um total de 16 entradas de dados, oito em cada multiplexador. As duas saídas do multiplexador são combinadas em uma porta OR para gerar uma única saída X. O circuito funciona como um multiplexador de 16 entradas. As quatro entradas de seleção $S_3 S_2 S_1 S_0$ selecionam uma das 16 entradas para transferi-la para a saída X.

A entrada S_3 determina o multiplexador que é habilitado. Quando $S_3 = 0$, o multiplexador da parte superior é habilitado, e $S_2S_1S_0$ determinam a entrada de dados que será transmitida para a saída passando pela porta OR até X. Quando $S_3 = 1$, o multiplexador da parte inferior é habilitado, e $S_2S_1S_0$ selecionam uma das entradas de dados para passar para a saída X. A Figura 9.22(b) mostra que a mesma funcionalidade pode ser obtida especificando-se mais entradas para uma megafunção Altera, em vez de se combinarem blocos modulares menores.

FIGURA 9.22 (a) Exemplo 9.9: dois 74HC151 combinados a fim de compor um multiplexador de 16 entradas; (b) uma megafunção semelhante.

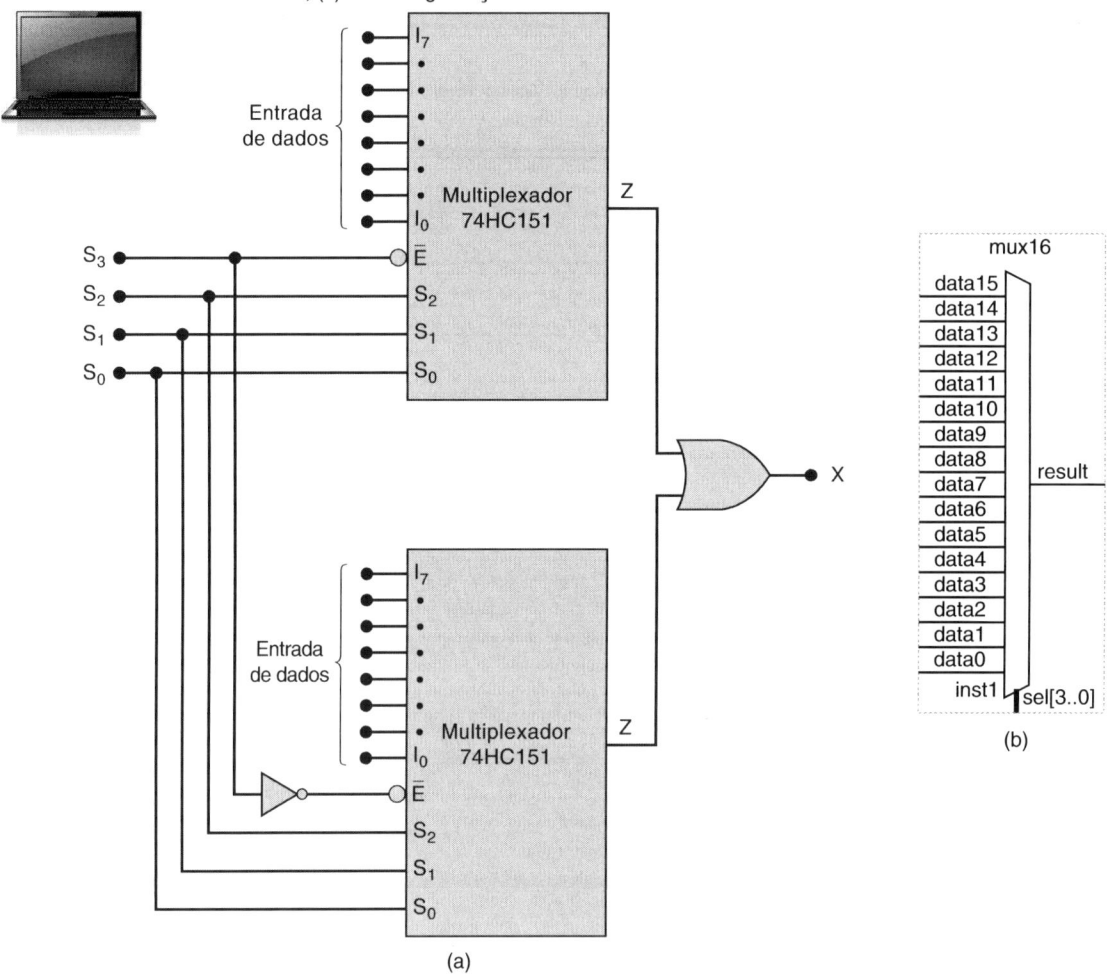

MUX quádruplo de duas entradas (74ALS157/HC157)

O 74ALS157 é um multiplexador útil que contém quatro multiplexadores de duas entradas, como ilustra a Figura 9.19. O diagrama lógico para o 74ALS157 está representado na Figura 9.23(a). Observe a forma de denominação das entradas de dados e das saídas. Subscritos a, b, c e d representam os quatro bits de um número binário. I_1 e I_0 representam os dois números de entrada, e Z representa o número de saída de 4 bits. A Figura 9.23(b) mostra o símbolo lógico, e (c) é uma tabela de funções que mostra qual sinal está conectado à saída baseada em S. Megafunções podem ser criadas com facilidade conforme mostrado na Figura 9.23(d).

FIGURA 9.23 (a) Diagrama lógico para o multiplexador 74ALS157; (b) símbolo lógico; (c) tabela-verdade; (d) megafunção MUX com dois canais de entrada de quatro bits.

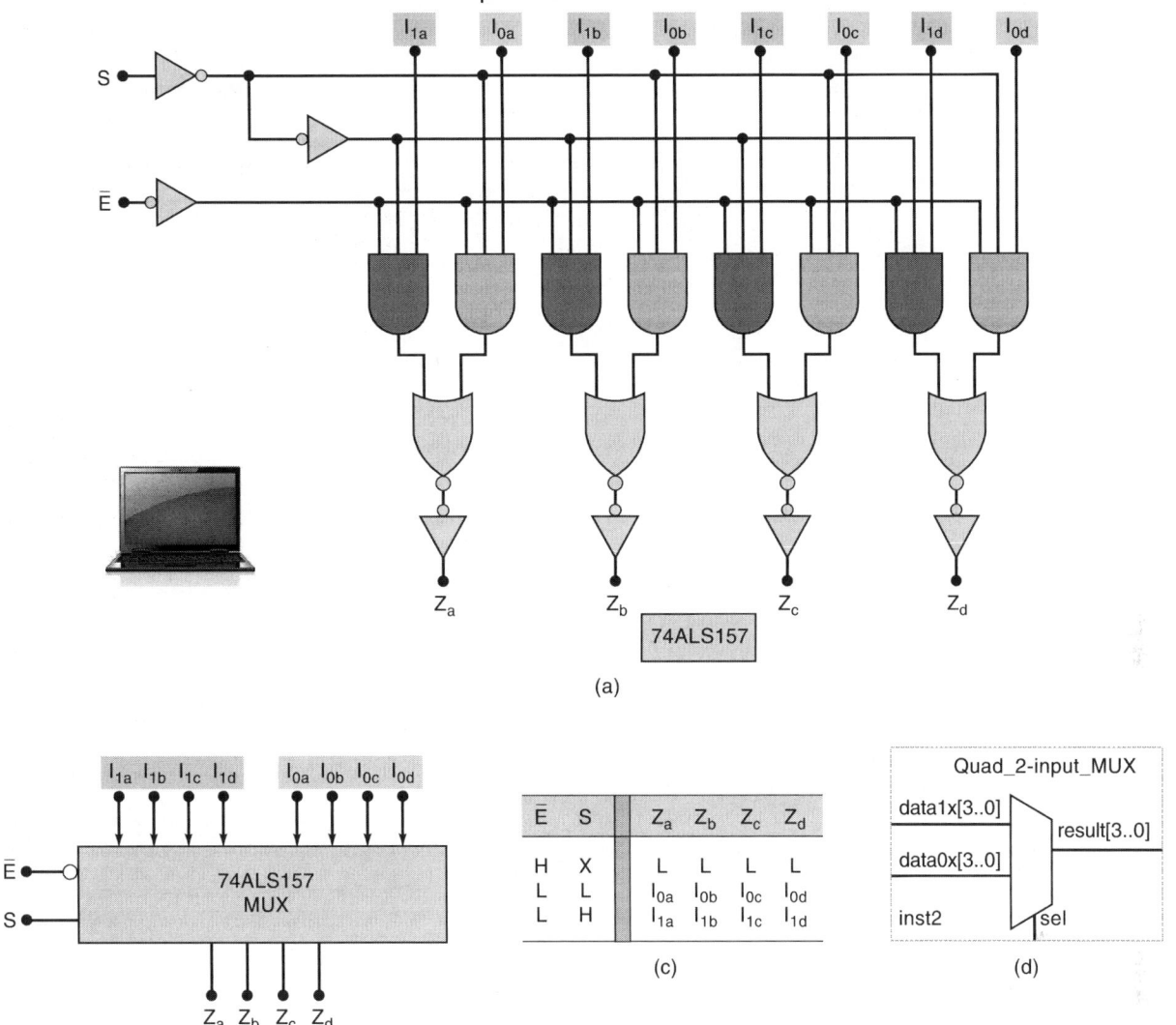

EXEMPLO 9.10

Determine as condições de entrada necessárias para que cada saída Z na Figura 9.23 receba o nível lógico de sua correspondente entrada I_0. Repita para I_1.

Solução
A entrada de habilitação tem de estar ativada; ou seja, $\overline{E} = 0$. Para que Z_a seja igual a I_{0a}, a entrada de seleção deve estar em nível BAIXO. Essas mesmas condições produzirão $Z_b = I_{0b}$, $Z_c = I_{0c}$ e $Z_d = I_{0d}$.
Com $\overline{E} = 0$ e $S = 1$, as saídas Z seguirão o conjunto de entradas I_1; ou seja, $Z_a = I_{1a}$, $Z_b = I_{1b}$, $Z_c = I_{1c}$ e $Z_d = I_{1d}$.
Todas as saídas serão desabilitadas (BAIXO) quando $\overline{E} = 1$.
Pode-se pensar nesse multiplexador como simples, de duas entradas, cada uma com quatro linhas e a saída com quatro linhas. As quatro linhas de saída apresentam um dos dois conjuntos de quatro linhas de entrada, sob o controle da de seleção.

QUESTÕES DE REVISÃO

1. Qual é a função das entradas de seleção de um multiplexador?
2. Um multiplexador pode comutar uma das 32 entradas de dados para sua saída. Quantas entradas diferentes têm esse MUX?

9.7 APLICAÇÕES DE MULTIPLEXADORES

OBJETIVOS

Após ler esta seção, você será capaz de:

- Identificar aplicações comuns de multiplexadores.
- Escolher a configuração apropriada de um MUX para determinada aplicação.

Circuitos multiplexadores encontram numerosas e variadas aplicações em sistemas digitais de todos os tipos. Essas aplicações incluem seleção de dados, roteamento de dados, sequenciamento de operações, conversões paralelo-série, geração de formas de onda e geração de funções lógicas. Analisaremos algumas dessas aplicações nesta seção e muitas outras nos problemas do final do capítulo.

Roteamento de dados

Multiplexadores podem rotear dados de diversas fontes para um destino. Uma aplicação típica usa multiplexadores 74ALS157 para selecionar e apresentar o conteúdo de dois contadores BCD usando um *único* conjunto de decodificador/driver e display de LEDs. A configuração do circuito é mostrada na Figura 9.24.

Cada contador consiste em dois estágios BCD em cascata e é acionado por um sinal próprio de clock. Quando a linha SELECIONA CONTADOR estiver em nível ALTO, as saídas do contador 1 estarão habilitadas a passar pelo multiplexador para o decodificador/driver para serem apresentadas no display de LEDs. Quando a linha SELECIONA CONTADOR = 0, as saídas do contador 2 passarão pelos multiplexadores para o display. Desse modo, o conteúdo de um contador ou de outro será mostrado sob o controle da entrada SELECIONA CONTADOR. Uma situação comum na qual esse circuito poderia ser utilizado é um relógio digital, cujos circuitos contêm diversos contadores e registradores responsáveis por segundos, minutos, horas, dias, meses, alarme, e assim por diante. Um esquema de multiplexação como esse possibilita que diferentes dados sejam apresentados em um número limitado de mostradores decimais.

O propósito da técnica de multiplexação, como aqui, é *compartilhar* circuitos dos decodificadores/drivers e displays entre dois contadores em vez de ter um conjunto individual de decodificadores/drivers e displays para cada. Isso resulta em economia de conexões, em especial quando mais estágios BCD são acrescentados em cada um. O mais importante é que isso representa uma diminuição no consumo de potência, porque os decodificadores/drivers e displays de LEDs absorvem, relativamente, grandes quantidades de corrente da fonte V_{CC}. Essa técnica tem a limitação de que apenas o conteúdo de um contador pode ser apresentado no display de cada vez. Contudo,

FIGURA 9.24 Sistema para mostrar dois contadores BCD de mais de um dígito, sendo um por vez.

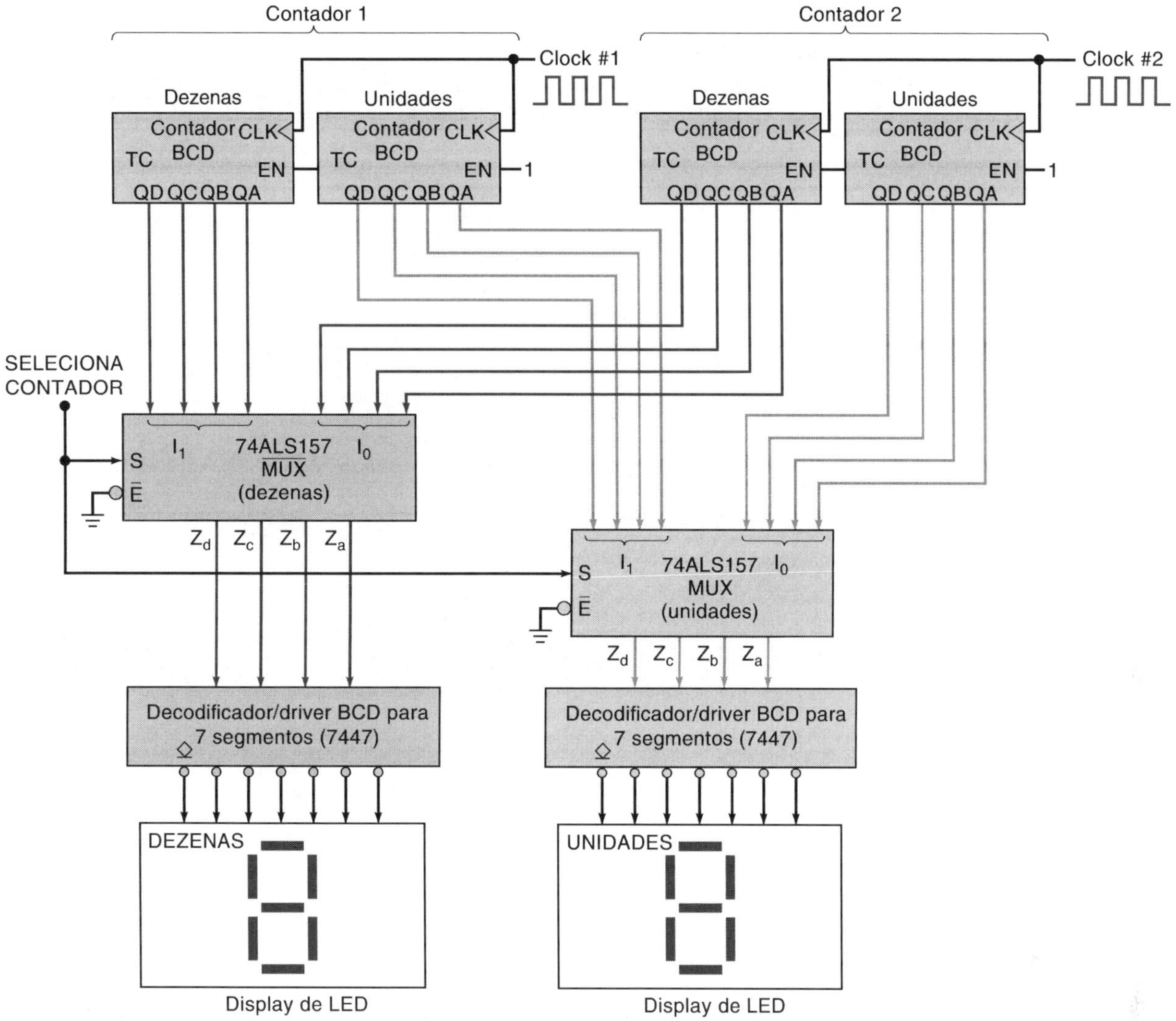

em muitas aplicações, isso não é desvantagem. Uma configuração de chaves mecânicas poderia ter sido utilizada para comutar, primeiro, um contador e, em seguida, o outro para os decodificadores/drivers e displays, mas o número necessário de chaves, a complexidade das conexões e o tamanho físico poderiam ser desvantajosos em relação ao método lógico mostrado na Figura 9.24.

Conversão paralelo em série

Muitos sistemas digitais processam dados binários no formato paralelo (todos os bits de maneira simultânea) porque é mais rápido. No entanto, quando se transmitem dados em distâncias mais longas, não é desejável pelo número de linhas para transmissão. Por essa razão, dados ou informações binárias no formato paralelo são, em geral, convertidos em serial antes de serem transmitidos para um destino remoto. Uma maneira de fazer essa **conversão paralelo em série** é usar um multiplexador, conforme se vê na Figura 9.25.

Os dados são apresentados no formato paralelo na saída do registrador X e colocados nas oito entradas do multiplexador. Um contador de três bits (MOD-8) é utilizado para gerar os bits do código de seleção $S_2S_1S_0$ de modo que ele vá de 000 a 111 à medida que os pulsos de clock forem aplicados. Desse modo, a saída do multiplexador será X_0 durante o primeiro período do clock, X_1 durante o segundo, e assim por diante. A saída Z é uma forma de onda que é a representação serial do dado paralelo de entrada. As formas de onda mostradas na figura são para o caso no qual $X_7X_6X_5X_4X_3X_2X_1X_0 =$ = 10110101. Esse processo de conversão gasta oito ciclos de clock. Observe que X_0 (o LSB) é transmitido primeiro e X_7 (o MSB) é transmitido por último.

FIGURA 9.25 (a) Conversão paralelo em série; (b) formas de onda para $X_7X_6X_5X_4X_3X_2X_1X_0 = 10110101$.

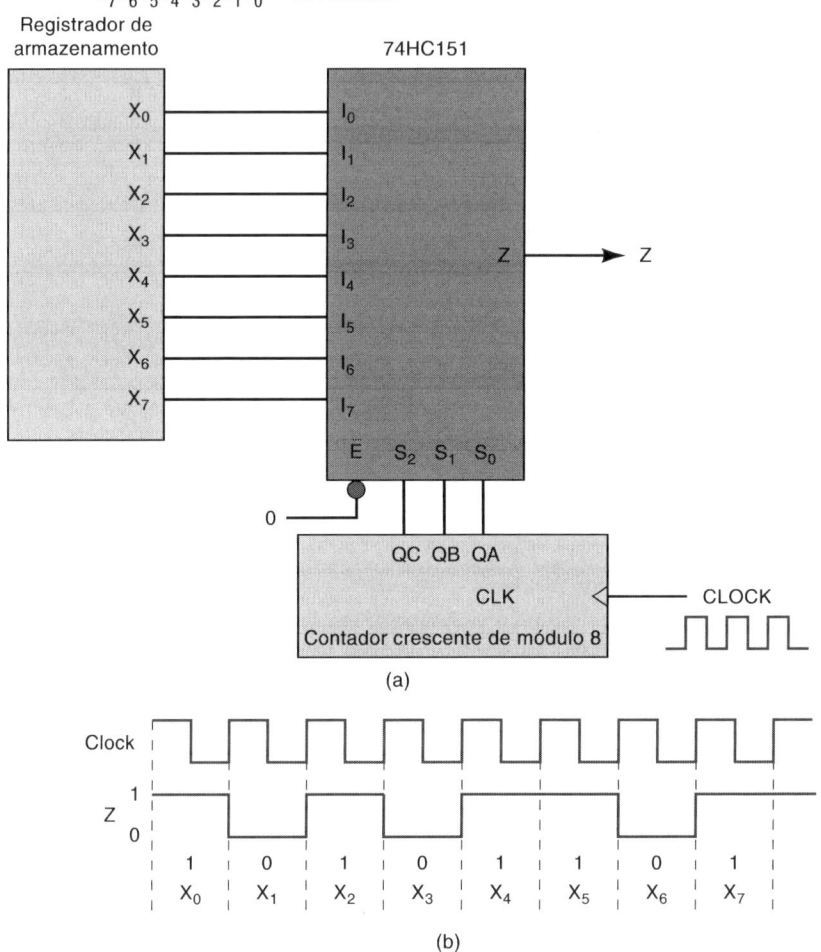

Sequenciamento de operações

O circuito mostrado na Figura 9.26 usa um multiplexador de oito entradas como parte de um sequenciador de controle de sete passos, no qual cada passo atua em uma parte do processo físico controlado, que poderia ser, por exemplo, um processo em que se misturassem dois ingredientes líquidos e, então, se cozinhasse a mistura. O circuito também usa um decodificador de 3 para 8 linhas e um contador binário de módulo 8. A operação é descrita a seguir:

1. De início, o contador é inicializado no estado 000. As saídas do contador são colocadas nas entradas do multiplexador e do decodificador. Desse modo, a saída do decodificador $\overline{O}_0 = 0$ e todas as outras são 1; todas as entradas dos ATUADORES do processo estão em nível BAIXO. As saídas dos SENSORES do processo iniciam-se em nível BAIXO. A saída do multiplexador $\overline{Z} = \overline{I}_0 = 1$, uma vez que as entradas S são 000.
2. O pulso START inicia o sequenciamento de operações colocando o flip-flop Q_0 em nível ALTO, levando o contador para o estado 001. Isso faz

que a saída do decodificador $\overline{O}_1$ vá para nível BAIXO, ativando o atuador 1, que é o primeiro passo do processo (abrir a válvula de enchimento 1).

3. Algum tempo depois, a saída do SENSOR 1 vai para nível ALTO, indicando o término do primeiro passo (a chave de boia indica que o tanque está cheio). Esse nível está presente na entrada I_1 do multiplexador. Ele é invertido e alcança a saída $\overline{Z}$, uma vez que o código de seleção proveniente do contador é 001.

FIGURA 9.26 Sequenciador de controle de sete passos.

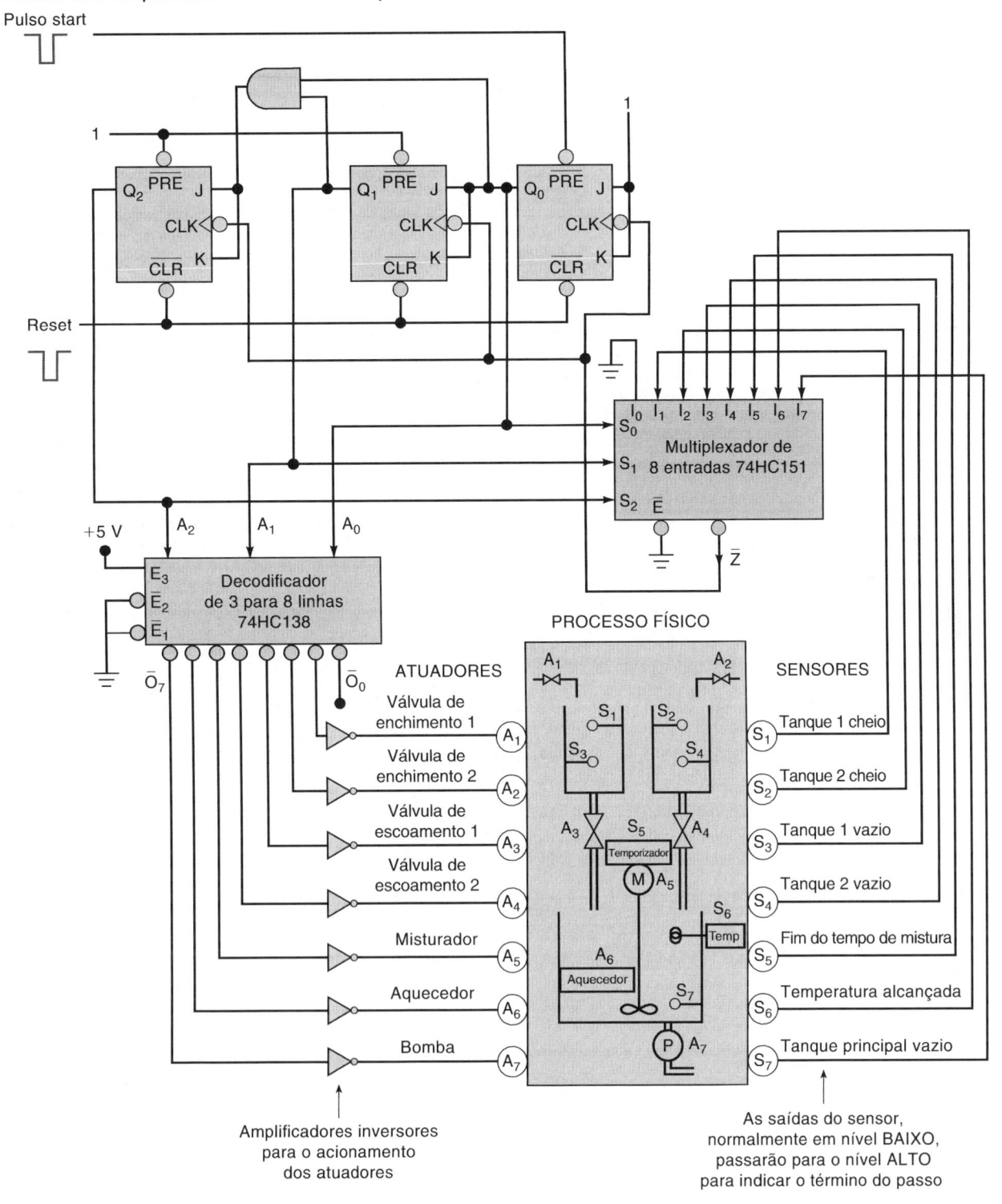

4. A transição de $\overline{Z}$ para nível BAIXO é levada para a entrada *CLK* do flip-flop Q_0. Essa transição negativa avança o contador para o estado 010.
5. A saída $\overline{O}_2$ do decodificador agora vai para nível BAIXO, ativando o atuador 2, que é o segundo passo do processo (abertura da válvula de enchimento 2). $\overline{Z}$, então, é igual a $\overline{I}_2$ (o código de seleção é 010). Uma vez que a saída do SENSOR 2 ainda está em nível BAIXO, $\overline{Z}$ vai para nível ALTO.
6. Quando o segundo passo do processo é concluído, a saída do SENSOR 2 vai para nível ALTO, gerando um nível BAIXO em $\overline{Z}$ e avançando o contador para 011.
7. Essa ação se repete para cada um dos passos. Quando o sétimo passo é concluído, a saída do SENSOR 7 vai para nível ALTO, fazendo o contador passar de 111 para 000 e permanecer até que outro pulso START recomece a sequência.

Geração de funções lógicas

Multiplexadores podem ser utilizados para implementar funções lógicas diretamente da tabela-verdade sem simplificação. Para isso, as entradas de seleção são utilizadas como variáveis lógicas, e cada dado de entrada é conectado de modo permanente em nível ALTO ou BAIXO, conforme for preciso, a fim de satisfazer a tabela-verdade.

A Figura 9.27 demonstra como um multiplexador de oito entradas pode ser utilizado para implementar o circuito lógico que satisfaz a tabela-verdade determinada. As variáveis de entrada *A*, *B*, *C* são conectadas em S_0, S_1, S_2, respectivamente, de modo que os níveis nessas entradas determinam o dado que aparecerá na saída Z. De acordo com a tabela-verdade, Z deve estar em nível BAIXO quando *CBA* = 000. Desse modo, a entrada I_0 do multiplexador deve ser conectada em nível BAIXO. Do mesmo modo, Z deve estar em nível BAIXO para *CBA* = 011, 100, 101 e 110; e as entradas I_3, I_4, I_5 e I_6 devem ser conectadas em nível BAIXO. Outros conjuntos de condições *CBA* devem produzir Z = 1, e, portanto, as entradas I_1, I_2 e I_7 estão conectadas em nível ALTO.

É fácil ver que qualquer tabela-verdade de três variáveis pode ser implementada com esse multiplexador de oito entradas. Muitas vezes, esse método é mais eficiente do que usar portas lógicas separadas. Por exemplo, se escrevermos a expressão na forma de soma de produtos para a tabela-verdade mostrada na Figura 9.27, teremos

$$Z = A\overline{B}\,\overline{C} + \overline{A}B\overline{C} + ABC$$

Ela *não pode* ser simplificada nem algebricamente nem pelo mapa K, pois sua implementação necessitaria de três INVERSORES e quatro portas NAND, em um total de três CIs.

Existe um método ainda mais eficiente para usar multiplexadores na implementação de funções lógicas. Ele possibilitará ao projetista de circuitos lógicos usar um multiplexador com três entradas de seleção (por exemplo, um 74HC151) para implementar uma função lógica de *quatro variáveis*. Apresentaremos esse método no Problema 9.37.

O mais importante a respeito do uso de multiplexadores para implementar uma expressão de soma de produtos é que a função lógica é trocada apenas substituindo-se os 1s e 0s das entradas do multiplexador. Ou seja, um multiplexador pode facilmente ser utilizado como dispositivo lógico programável (PLD). Muitos PLDs usam essa estratégia em blocos de hardware chamados de tabelas LUT (do inglês, *look-up tables*). Analisaremos as tabelas LUT de forma detalhada nos capítulos 12 e 13.

FIGURA 9.27 Multiplexador utilizado para implementar uma função lógica descrita por uma tabela-verdade.

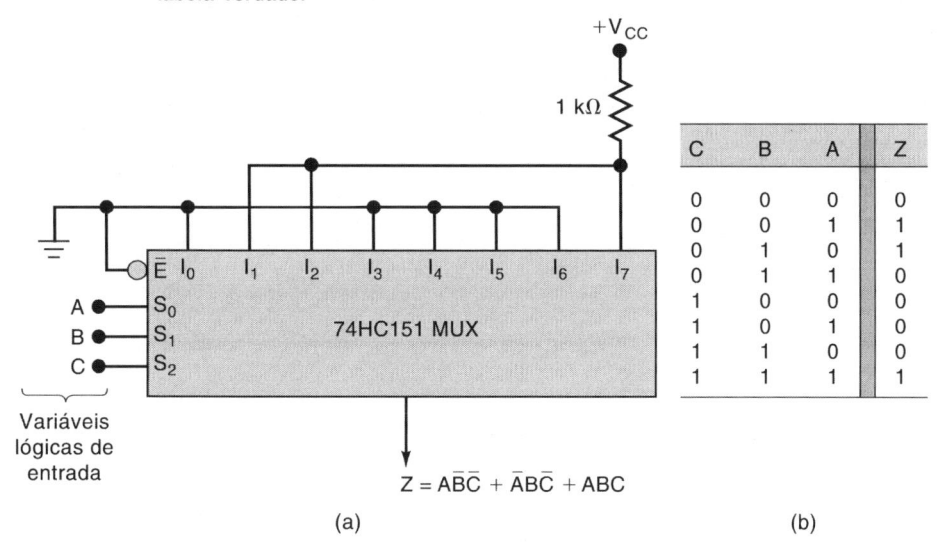

C	B	A	Z
0	0	0	0
0	0	1	1
0	1	0	1
0	1	1	0
1	0	0	0
1	0	1	0
1	1	0	0
1	1	1	1

$Z = A\bar{B}\bar{C} + \bar{A}B\bar{C} + ABC$

(a)   (b)

QUESTÕES DE REVISÃO

1. Cite algumas das principais aplicações dos multiplexadores.
2. *Verdadeiro ou falso*: quando um multiplexador é utilizado para implementar uma função lógica, as variáveis lógicas são aplicadas nas entradas de dados do multiplexador.
3. Que tipo de circuito fornece as entradas de seleção quando um MUX é utilizado como conversor paralelo em série?

9.8 DEMULTIPLEXADORES (DISTRIBUIDORES DE DADOS)

OBJETIVOS

Após ler esta seção, você será capaz de:

- Definir o termo *demultiplexador*.
- Estabelecer a natureza das entradas e saídas de um demultiplexador.
- Descrever o papel de uma entrada "habilitar" para um demultiplexador.

Um multiplexador recebe várias entradas e transmite *uma* para a saída. Um **demultiplexador (DEMUX)** realiza a operação inversa: recebe uma única entrada e a distribui para várias saídas. A Figura 9.28 mostra o diagrama funcional para um demultiplexador digital. As setas mais largas nas entradas e saídas podem representar uma ou mais linhas. O código de entrada de seleção determina para qual saída o DADO de entrada será transmitido. Ou seja, o demultiplexador recebe uma fonte de dados e a distribui para um dos *N* canais de saída como se fosse uma chave de várias posições.

FIGURA 9.28 Demultiplexador genérico.

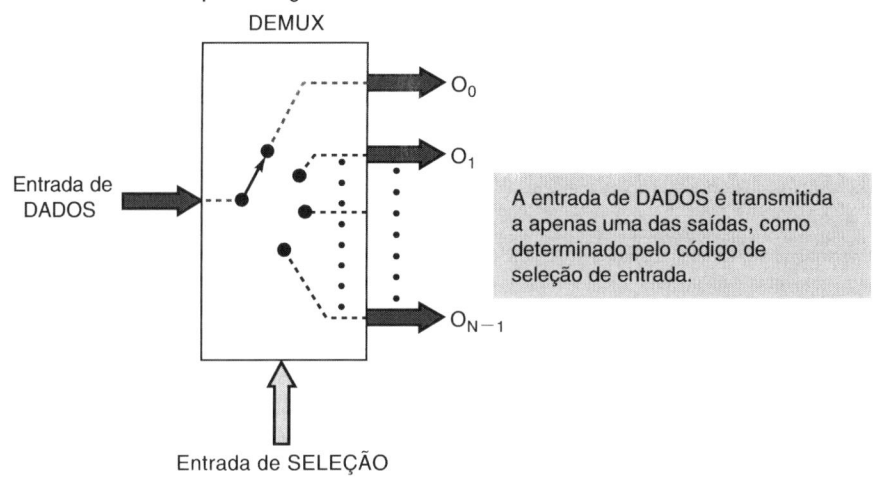

A entrada de DADOS é transmitida a apenas uma das saídas, como determinado pelo código de seleção de entrada.

Demultiplexador de 1 para 8 linhas

A Figura 9.29 mostra o diagrama lógico para um demultiplexador que distribui uma linha de entrada para oito de saída. A única linha I de entrada de dados é conectada nas oito portas AND, mas apenas uma será habilitada pelas linhas de entrada de SELEÇÃO. Por exemplo, com $S_2S_1S_0 = 000$, apenas a porta AND 0 será habilitada, e a entrada de dados I aparecerá na saída O_0. Outros códigos de SELEÇÃO farão a entrada I alcançar as outras saídas. A tabela-verdade resume a operação.

O circuito demultiplexador mostrado na Figura 9.29 é muito semelhante ao decodificador de 3 para 8 linhas mostrado na Figura 9.2, exceto pelo fato de que uma quarta entrada (I) foi acrescentada em cada porta. Foi ressaltado que muitos CIs decodificadores têm uma entrada de HABILITAÇÃO extra acrescentada às portas do decodificador. Esse tipo de CI decodificador pode, portanto, ser utilizado como demultiplexador, com as entradas de código binário (por exemplo, A, B, C na Figura 9.2), servindo como as entradas de SELEÇÃO e a entrada de HABILITAÇÃO, como a de dados I. Por este motivo, os fabricantes de CIs muitas vezes chamam esse tipo de dispositivo de *decodificador/demultiplexador*; ele pode ser utilizado para ambas as funções.

Vimos o 74ALS138 como decodificador 1 de 8. A Figura 9.30 mostra como ele pode ser utilizado como demultiplexador. A entrada de habilitação $\overline{E}_1$ é utilizada como a entrada de dados I, enquanto as outras duas são mantidas em seus estados ativos. As entradas $A_2A_1A_0$ são usadas como código de seleção. Para demonstrar a operação, vamos supor que as entradas de seleção sejam 000. Com esse código de entrada, a única saída que pode ser ativada é $\overline{O}_0$, enquanto as outras estarão em nível ALTO. $\overline{O}_0$ irá para nível BAIXO apenas se $\overline{E}_1$ estiver em nível BAIXO e estará em nível ALTO se $\overline{E}_1$ estiver em nível ALTO. Ou seja, $\overline{O}_0$ *seguirá o sinal em* $\overline{E}_1$ (isto é, a entrada de dados I), enquanto as outras saídas permanecem em nível ALTO. De modo semelhante, um código diferente aplicado em $A_2A_1A_0$ vai fazer a saída correspondente seguir a entrada de dados, I.

A Figura 9.30(b) mostra as formas de onda típicas para o caso em que $A_2A_1A_0 = 000$ seleciona a saída $\overline{O}_0$. Nesse caso, o sinal de dados aplicado em $\overline{E}_1$ será transmitido para $\overline{O}_0$, e as outras saídas permanecerão em seus estados inativos (ALTO).

FIGURA 9.29 Demultiplexador de 1 para 8 linhas.

$O_0 = I \cdot (\bar{S}_2 \bar{S}_1 \bar{S}_0)$
$O_1 = I \cdot (\bar{S}_2 \bar{S}_1 S_0)$
$O_2 = I \cdot (\bar{S}_2 S_1 \bar{S}_0)$
$O_3 = I \cdot (\bar{S}_2 S_1 S_0)$
$O_4 = I \cdot (S_2 \bar{S}_1 \bar{S}_0)$
$O_5 = I \cdot (S_2 \bar{S}_1 S_0)$
$O_6 = I \cdot (S_2 S_1 \bar{S}_0)$
$O_7 = I \cdot (S_2 S_1 S_0)$

Entrada de dados
I

Código de seleção			Saídas							
S_2	S_1	S_0	O_7	O_6	O_5	O_4	O_3	O_2	O_1	O_0
0	0	0	0	0	0	0	0	0	0	I
0	0	1	0	0	0	0	0	0	I	0
0	1	0	0	0	0	0	0	I	0	0
0	1	1	0	0	0	0	I	0	0	0
1	0	0	0	0	0	I	0	0	0	0
1	0	1	0	0	I	0	0	0	0	0
1	1	0	0	I	0	0	0	0	0	0
1	1	1	I	0	0	0	0	0	0	0

Obs.: I é a entrada de dados.

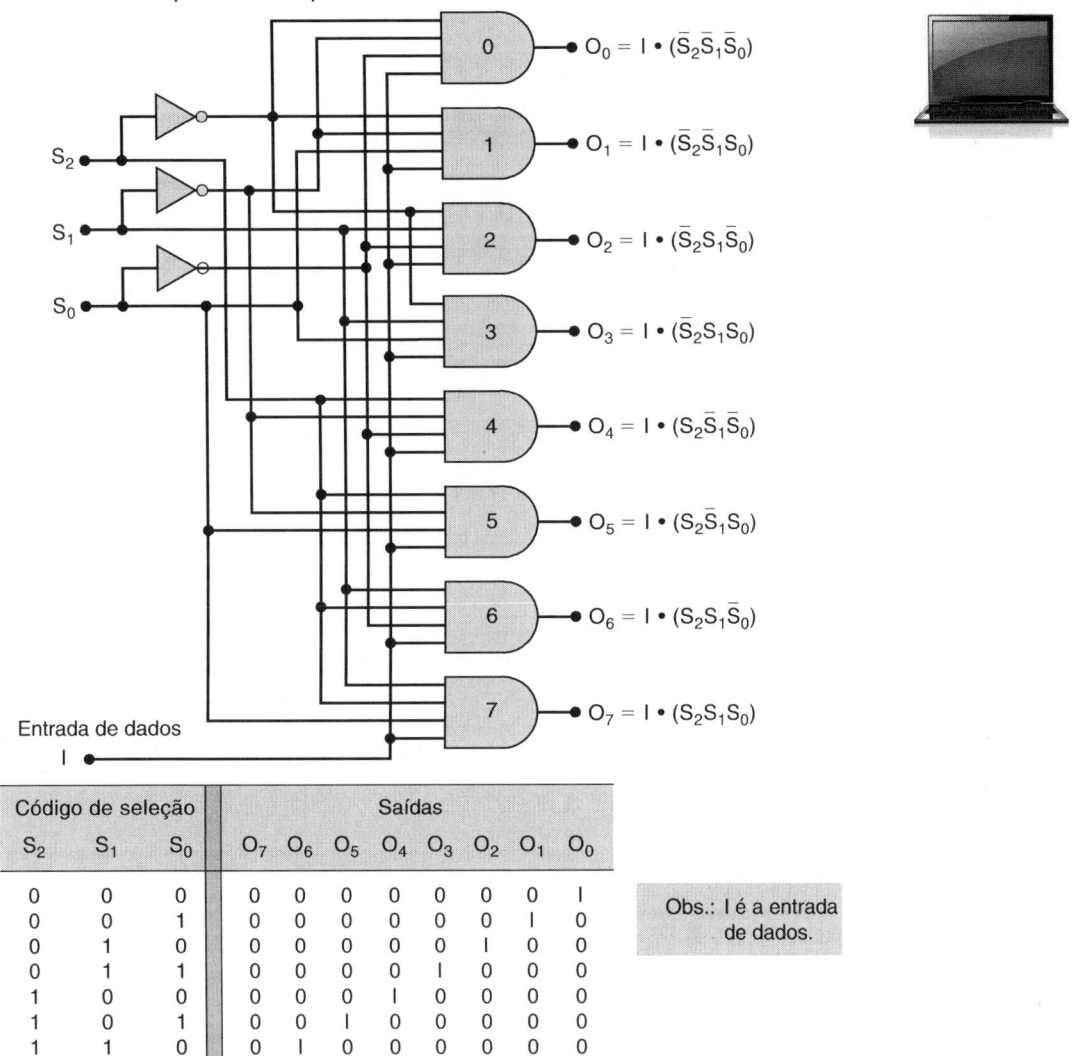

FIGURA 9.30 (a) O decodificador 74ALS138 pode funcionar como demultiplexador com $\bar{E}_1$ como entrada de dados; (b) formas de ondas típicas para o código de seleção $A_2A_1A_0 = 000$ mostram que $\bar{O}_0$ é idêntica à entrada de dados I em $\bar{E}_1$.

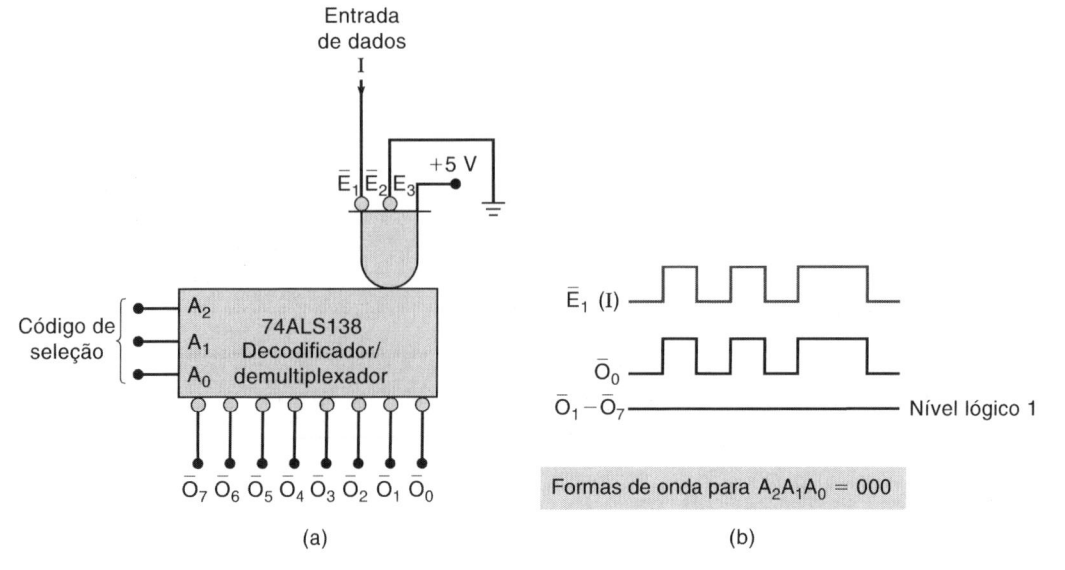

Entrada de dados
I

$\bar{E}_1$ $\bar{E}_2$ E_3 +5 V

Código de seleção
A_2
A_1
A_0
74ALS138
Decodificador/
demultiplexador

$\bar{O}_7$ $\bar{O}_6$ $\bar{O}_5$ $\bar{O}_4$ $\bar{O}_3$ $\bar{O}_2$ $\bar{O}_1$ $\bar{O}_0$

(a)

$\bar{E}_1$ (I)

$\bar{O}_0$

$\bar{O}_1 - \bar{O}_7$ ——— Nível lógico 1

Formas de onda para $A_2A_1A_0 = 000$

(b)

Sistema de monitoração de segurança

Considere o caso de um sistema de monitoração de segurança de uma planta industrial em que o estado aberto ou fechado de várias portas deve ser monitorado. Cada porta controla o estado de uma chave, e é necessário mostrar o estado de cada chave por meio de LEDs montados em um painel remoto de monitoração na sala de segurança. Um meio de fazer isso seria levar o sinal da chave de cada porta para um LED no painel de monitoração. Isso exigiria a instalação de grande quantidade de fios por uma longa distância. Uma solução mais adequada, que reduziria a quantidade de fios para o painel de monitoração, usa uma combinação multiplexador/demultiplexador. A Figura 9.31 mostra um sistema capaz de gerenciar oito portas, mas a mesma ideia básica pode ser estendida para qualquer número de portas.

FIGURA 9.31 Sistema de monitoração de segurança.

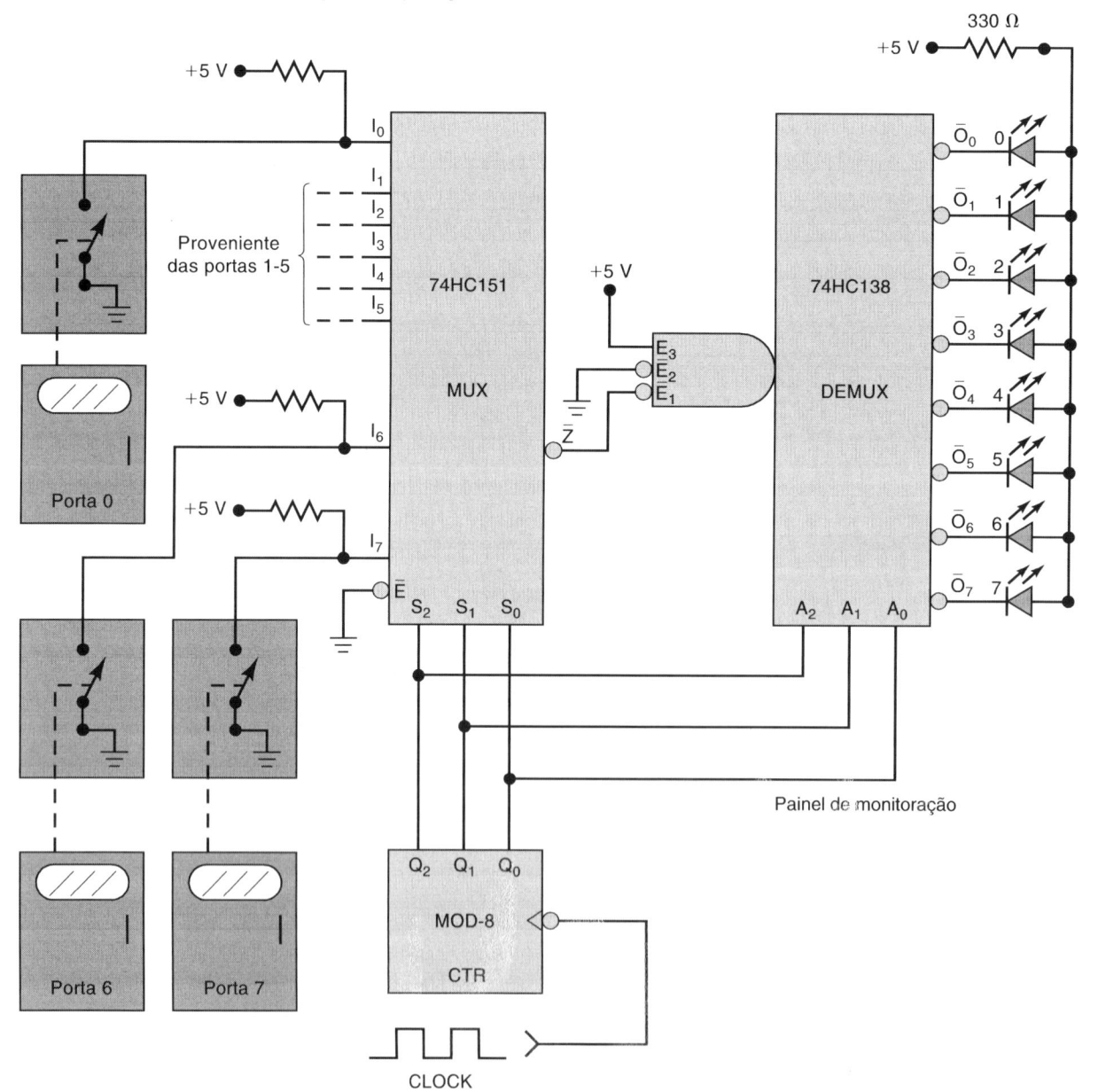

EXEMPLO 9.11

Analise com cuidado o diagrama mostrado na Figura 9.31 e descreva sua operação completa.

Solução

As chaves das oito portas são as entradas de dados do MUX; elas gerarão nível ALTO quando a porta estiver aberta e nível BAIXO quando estiver fechada. O contador MOD-8 gera as entradas de seleção do MUX e também do DEMUX no painel remoto de monitoração. Cada saída do DEMUX está conectada a um LED indicador que acenderá quando a saída estiver em nível BAIXO. Os pulsos de clock aplicados no contador farão as entradas de seleção passarem por todos os estados possíveis de 000 a 111. Em cada número do contador, o estado da chave da porta que tem o mesmo número do contador será invertido pelo MUX e passará para a saída $\overline{Z}$. Essa saída será transmitida para a entrada do DEMUX, que a passará para a saída correspondente.

Por exemplo, digamos que o contador esteja na contagem 110 (6). Enquanto está nesse estado, consideremos que a porta 6 esteja fechada. O nível BAIXO em I_6 passará pelo MUX e será invertido para produzir um nível ALTO em $\overline{Z}$. Esse nível ALTO passará, pelo DEMUX, para a saída $\overline{O}_6$, de modo que o LED 6 apagará, sinalizando que a porta 6 está fechada. Agora, digamos que a porta 6 seja aberta. Um nível BAIXO aparecerá em $\overline{Z}$ e $\overline{O}_6$, de modo que o LED 6 acenderá, sinalizando que a porta 6 foi aberta. É claro que os outros LEDs estarão apagados durante o tempo em que apenas a saída $\overline{O}_6$ estiver ativa.

À medida que o contador passar por seus oito estados, 000 a 111, os LEDs indicarão em sequência os estados das oito portas. Se todas as portas estiverem fechadas, nenhum LED estará aceso, mesmo quando a saída correspondente do DEMUX for selecionada. Se uma porta for aberta, o LED correspondente estará aceso apenas durante o intervalo de tempo em que o contador estiver na contagem apropriada; o LED estará desligado para as outras contagens. Desse modo, ele ficará piscando se a porta correspondente estiver aberta. A taxa na qual o LED pisca pode ser ajustada alterando-se a frequência do clock.

Observe que existem apenas quatro linhas de sinais dos circuitos dos "sensores das portas" para o painel remoto de monitoração: a saída $\overline{Z}$ e três linhas de seleção. Isso representa uma economia de quatro linhas quando comparada à alternativa de uma linha para cada porta. A combinação MUX/DEMUX é utilizada para transmitir o estado de cada porta para o LED correspondente, um em cada instante (serialmente) em vez de todos de uma só vez (paralelamente).

Sistema síncrono de transmissão de dados

As figuras 9.32 e 9.33 mostram os diagramas lógicos para um sistema síncrono de transmissão de dados utilizado para transmitir serialmente palavras de dados de quatro bits de um transmissor para um receptor remoto. Para operar esse sistema, quatro palavras de dados são carregadas em paralelo nos registradores de entrada do bloco de transmissão, e o sinal *transmit* é ativado. Os 16 bits de dados são, então, enviados em uma única linha de dados, um bit por vez, reagrupados pelo receptor e armazenados nos registradores de saída. Vamos analisar os detalhes do circuito do transmissor da Figura 9.32. A entrada *clock* é um sinal de clock de alta frequência, constante e periódico, que sincroniza as atividades do sistema. As palavras de dados de quatro bits são armazenadas de modo individual, e sincronamente, nos registradores de entrada paralela/saída serial quando habilitadas pelo *ld_x* apropriado. Para simplificar, as entradas paralelas de dados nos registradores de entrada paralela/saída serial não são mostradas no diagrama. Esses registradores de entrada devem deslocar os dados para a direita e também levar o LSB (bit mais à direita) para o MSB (bit mais à esquerda). Com essa configuração, todos os bits são deslocados para a saída serial e acabam voltando às próprias locações depois de quatro pulsos de clock.

FIGURA 9.32 Bloco de transmissão em um sistema síncrono de transmissão de dados.

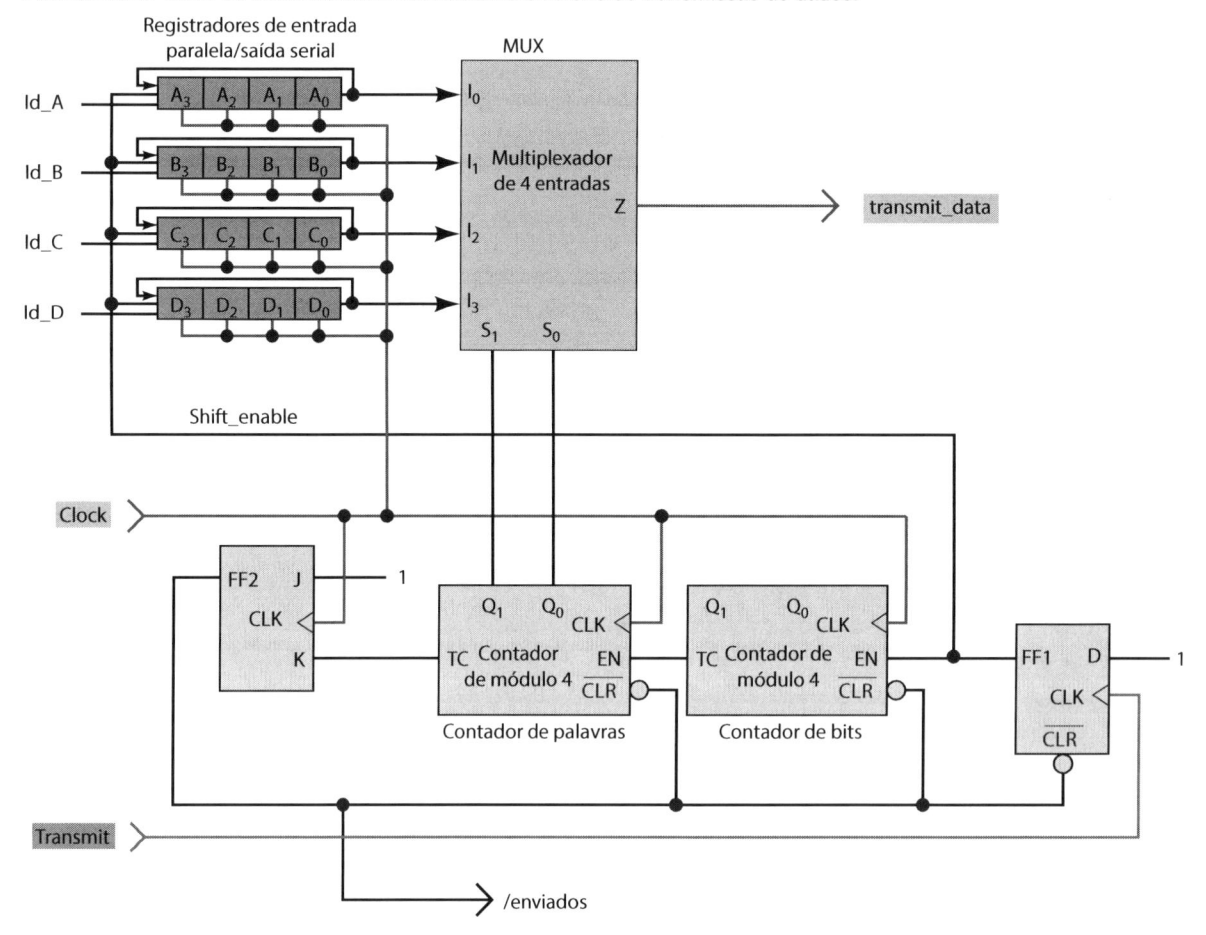

FUNCIONAMENTO DO TRANSMISSOR. De início, vamos supor que todos os flip-flops e os dois contadores de módulo 4 na Figura 9.32 são limpos. Na próxima transição positiva do clock, FF2 é setado (SET), removendo o comando clear assíncrono dos contadores e FF1. Quando o sinal *transmit* vai para o nível ALTO, FF1 é setado, o que coloca todos os registradores no modo de deslocamento. O multiplexador seleciona a entrada 0 (registrador A) porque o contador de palavras MOD-4 está em 0. Nesse ponto, o LSB do registrador A está na linha *transmit_data*. Os três próximos pulsos de clock (contados pelo contador de bits) deslocam os outros bits do registrador A para a saída serial. Como resultado, a linha *transmit_data* leva para a saída os bits do registrador A, um por vez, do menos ao mais significativo. Na quarta transição positiva do clock, o contador de bits volta a zero, o contador de palavras incrementa até 1, todos os registradores de deslocamento devolvem seus dados à posição original e o multiplexador seleciona os dados do LSB a partir do registrador B para levar à saída na linha *transmit_data*. Os três próximos clocks deslocam o conteúdo do registrador B, seguidos pelos registradores C e D. Na 16ª transição positiva, FF2 comuta para o estado zero, resetando os contadores e desabilitando outras contagens ao limpar FF1. A próxima transição positiva seta FF2 outra vez, e o sistema espera que novos dados sejam carregados e aguarda a próxima ocorrência do sinal *transmit*.

FUNCIONAMENTO DO RECEPTOR. O circuito receptor mostrado na Figura 9.33 é bastante semelhante em funcionamento ao transmissor. Observe que todos os flip-flops, contadores e registradores usam o mesmo clock que o transmissor. O receptor usa um demultiplexador para distribuir os dados seriais ao registrador de entrada serial/saída paralela apropriado e um decodificador para habilitar um registrador por vez. Vamos analisar esse circuito com todos os contadores e flip-flops em zero. O próximo *clock* seta FF2, removendo o comando clear assíncrono dos contadores e FF1. Quando a linha *transmit* vai para nível ALTO, FF1 é setado, habilitando o contador de bits, o de palavras e também o decodificador. Com o contador de palavras em zero, o decodificador habilita o registrador A, e o demultiplexador conecta a linha de dados seriais (que contém o LSB do registrador de transmissão A) à entrada do registrador de recepção A. A próxima transição positiva desloca o bit de dados menos significativo para o registrador A e faz o contador de bits avançar. As três transições positivas seguintes deslocam os três bits de dados seguintes para o registrador A, o contador de bits volta para zero, o de palavras incrementa até 1, e o decodificador e o demultiplexador comutam para o registrador B. Depois

FIGURA 9.33 Bloco de recepção em sistema síncrono de transmissão de dados.

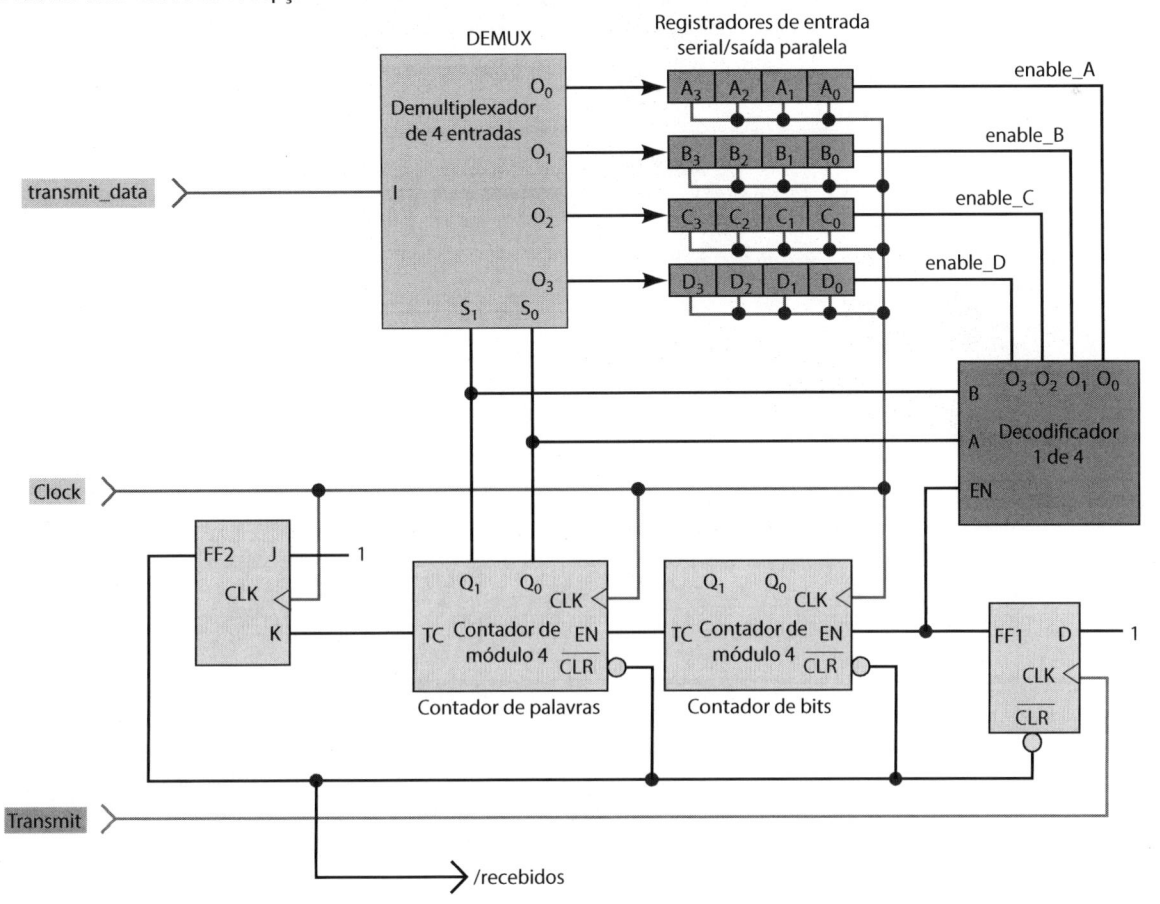

da 16ª transição positiva, os quatro registradores contêm os dados adequados, FF2 comutou para o estado zero, FF1 é limpo e desabilita o decodificador, que desabilita os registradores de entrada serial/saída paralela. Na transição positiva seguinte, FF2 é setado e o sistema espera pela próxima transmissão de dados.

TEMPORIZAÇÃO DO SISTEMA. O diagrama de tempo da Figura 9.34 mostra os dados paralelos carregados no transmissor, o fluxo de dados seriais e a distribuição e o armazenamento dos quatro valores de dados nos registradores de recepção. Nos tempos t_1–t_4, os valores de dados binários (mostrados como hex 3, 5, 6 e D) são carregados nos registradores de transmissão A, B, C e D, respectivamente. O sistema permanece inativo até que a linha *transmit* vá para nível ALTO em t_5. Nesse ponto, o LSB do registrador A (A_0) está na linha *transmit_data*. Observe que t_5–t_8, os dados na saída O_0 do DEMUX são idênticos à linha *transmit_data*. Isso mostra que o DEMUX distribuiu *transmit_data* para o registrador de deslocamento A. Em t_6, a transição positiva do clock desloca A_0 para o MSB do registrador de recepção A, os registradores de transmissão de dados (não mostrados no diagrama de tempo) são deslocados, e o bit de dados A_1 aparece na linha *transmit_data*. Nos tempos t_7, t_8 e t_9, os outros três bits são deslocados para o registrador A, de modo que, depois de t_9, o registrador de recepção A contenha os bits de dados armazenados no registrador de transmissão A. O diagrama mostra que o DEMUX comutou para distribuir os dados para o registrador B, porque a saída de DEMUX O_1 está idêntica a *transmit_data* de t_9 a t_{11}. A começar por t_{10}, os dados são deslocados para o registrador de recepção B, que em t_{11} contém o valor originalmente armazenado no registrador de transmissão B. O registrador C e o D são enviados e armazenados de t_{11} a t_{12} e de t_{12} a t_{13}, respectivamente.

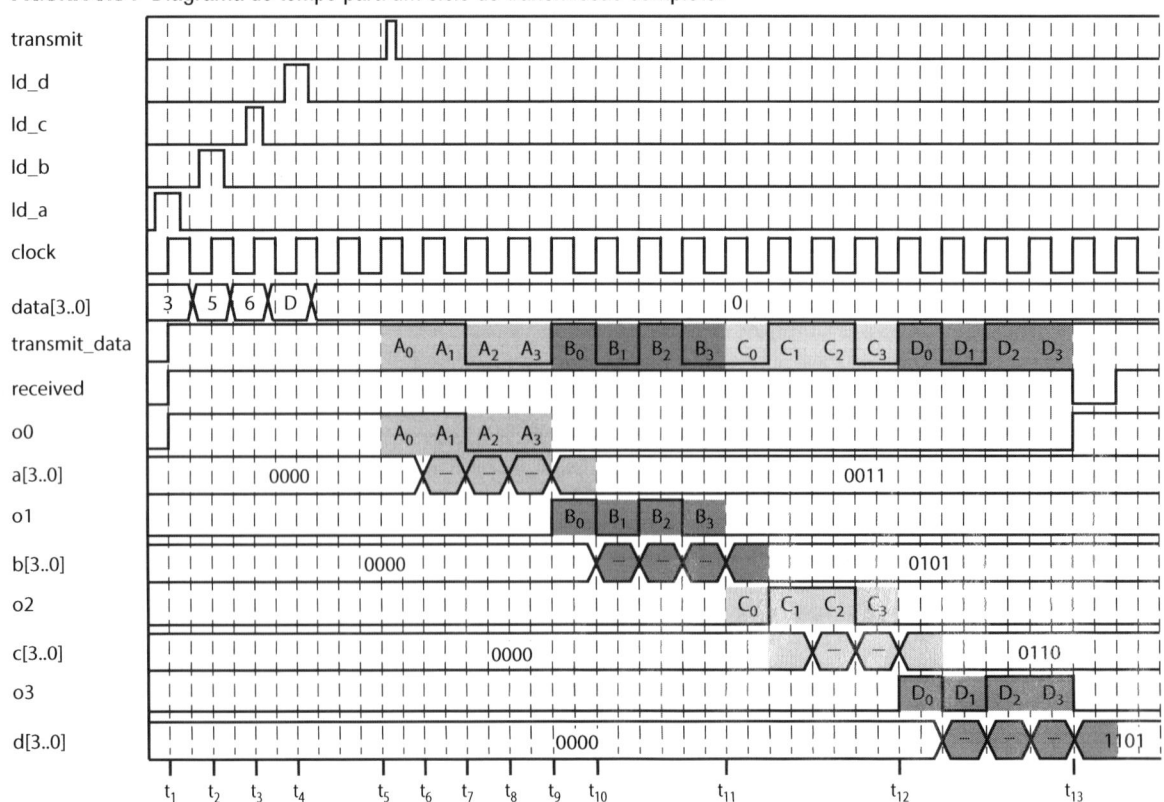

FIGURA 9.34 Diagrama de tempo para um ciclo de transmissão completo.

Multiplexação por divisão de tempo

Há muitos casos em que vários sinais digitais independentes devem ser transportados por longas distâncias usando o mesmo caminho de dados ou meio de transmissão, como conexão a cabo, cabo de fibra ótica ou radiofrequência sem fio. Os sinais devem "se revezar" usando o caminho. É muito claro que essas aplicações exigem multiplexação e demultiplexação. Isso parece muito simples, mas se os sinais estão "se revezando" viajando pelo caminho, como todos eles podem estar chegando ao mesmo tempo no final do recebimento? Como um exemplo engraçado, pense em quatro pessoas dividindo um único rádio bidirecional, cada uma tentando conversar com uma de outras quatro pessoas do outro lado. Enquanto uma dupla está falando, os outros seis estão completamente ociosos, aguardando o próximo turno. Se o nosso moderno sistema de telefonia funcionasse dessa forma, as pessoas ficariam satisfeitas com o "revezamento"? Na verdade, nosso sistema de telefonia nos permite ter muitas conversas compartilhando um único cabo de fibra ótica que transmite essas conversas por muitos quilômetros. Se, a qualquer momento, houver apenas 1 ou 0 na fibra, como todas as conversas continuarão ao mesmo tempo? Esta seção descreve a estratégia que resolve esse problema chamado de **multiplexação por divisão de tempo** (**TDM**, do inglês, *time division multiplexing*).

A TDM permite que cada sinal use o caminho comum por apenas um período muito curto de tempo. Ao comutar o MUX/DEMUX rápido o suficiente, apenas uma parte muito pequena (isto é, uma fatia de tempo) de cada forma de onda digital estará usando o caminho de dados a qualquer momento. Cada peça será 1 ou 0, e serão necessárias muitas dessas minúsculas peças para compor um ciclo completo do sinal digital, como mostra a Figura 9.35.

O diagrama de blocos de um sistema para executar o TDM em quatro canais de dados é mostrado na Figura 9.36. O bloco de contador percorre os números de canal de 0 a 3. Por simplicidade, este mesmo valor de contagem está disponível na extremidade de recepção a ser utilizada pelo DEMUX e pelo decodificador.

Cada pequena parte dos sinais multiplexados é distribuída para seu destino adequado pelo demultiplexador no final do fio. Como cada pedaço minúsculo sai do demultiplexador no canal atualmente selecionado, ele

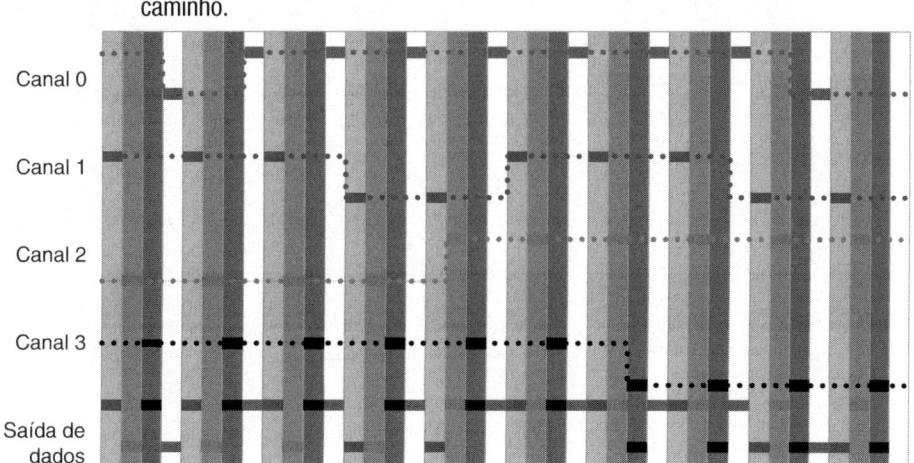

FIGURA 9.35 Quatro canais de formas de onda digitais sendo multiplexados em um único caminho.

deve, de alguma forma, permanecer em seu estado atual (1 ou 0) enquanto todos os outros canais tomam sua vez no fio. Na Figura 9.35, esse intervalo é representado pelas linhas pontilhadas entre os bits. O valor é mantido armazenando um pouco de dados em um flip-flop D até que o turno desse canal apareça de novo. Para armazenar os dados no flip-flop D, devemos fornecer uma borda de clock enquanto os dados estão estáveis. Em outras palavras, a borda do clock deve ocorrer entre o momento em que o bit de dados chega primeiro e bem antes que ele desapareça (quando o DEMUX se alterna de novo). O papel do decodificador é entregar uma borda de clock crescente ao flip-flop apropriado no momento apropriado. Observe na Figura 9.37 como as bordas de subida das saídas do decodificador Y estão no centro dos estados do contador. Isso é feito ativando-se a habilitação do decodificador (ativo em nível BAIXO) com o meio ciclo baixo do clock, que começa a meio caminho entre as bordas positivas do clock que aumentam o número do canal.

O aspecto mais importante de um sistema TDM é a velocidade na qual os canais são comutados e os sinais são amostrados. Para este sistema, a velocidade do clock deve ser rápida o suficiente para garantir um mínimo absoluto de quatro ciclos de clock durante o menor intervalo de dados constantes. Mesmo nessa velocidade de clock, as formas de onda de saída serão levemente distorcidas da forma de onda de entrada, porque as transições são atrasadas até a próxima amostragem desse canal. Em geral, quanto maior a frequência do clock, mais semelhantes serão as formas de onda de saída à entrada.

FIGURA 9.36 Um sistema MUX/DEMUX de fatia de tempo.

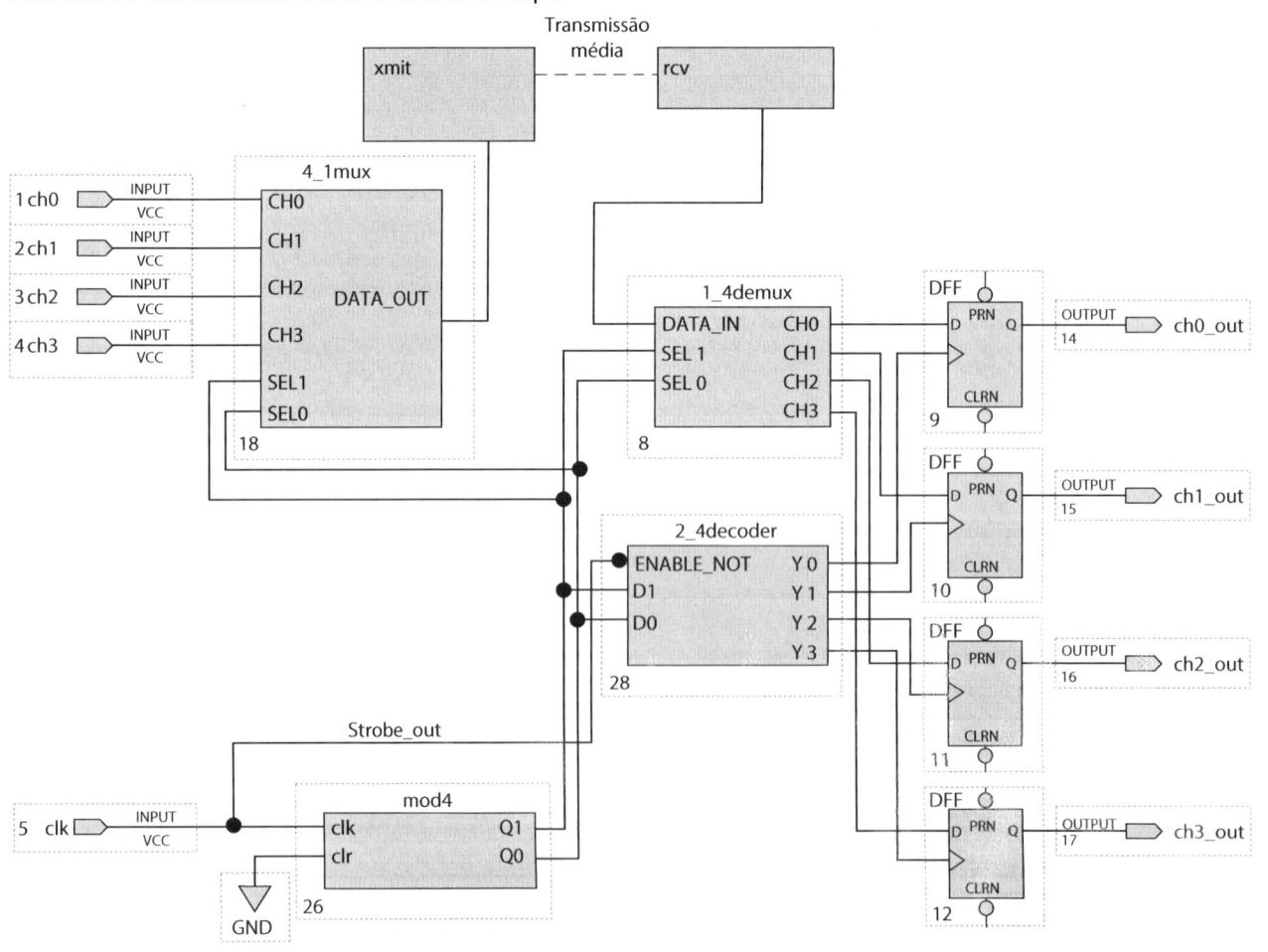

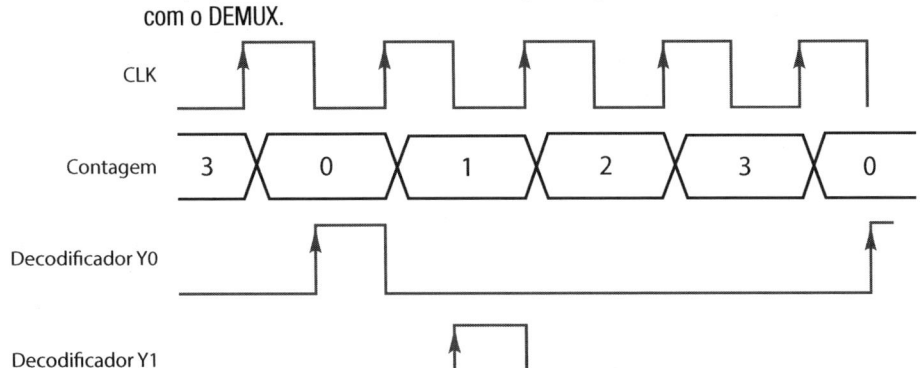

FIGURA 9.37 Tempo para as saídas do decodificador para capturar dados válidos com o DEMUX.

Este é um sistema TDM simplificado destinado a demonstrar os conceitos. Um sistema real precisaria gerar sinais de clock separados, um no transmissor e outro no receptor. Os clocks e os contadores em cada extremidade precisam ser sincronizados. Ao estudar tópicos mais avançados em comunicação digital, você verá como os blocos básicos que estudamos podem ser utilizados para resolver problemas como esse.

QUESTÕES DE REVISÃO

1. Explique a diferença entre um DEMUX e um MUX.
2. *Verdadeiro ou falso*: o circuito para um DEMUX é basicamente o mesmo que para um decodificador.
3. Para o sistema mostrado na Figura 9.31, o que a guarda de segurança verá no painel de monitoração quando todas as portas estiverem abertas?

9.9 MAIS ANÁLISE DE DEFEITOS

OBJETIVO

Após ler esta seção, você será capaz de:

■ Aprimorar técnicas e habilidades de análise de defeitos.

Vejamos mais três exemplos para demonstrar o processo de observação/análise, passo inicial e de grande importância na análise de defeitos. Para cada caso, experimente determinar o defeito do circuito antes das soluções.

EXEMPLO 9.12

Considere o circuito mostrado na Figura 9.24. Um teste realizado nesse circuito gerou os resultados mostrados na Tabela 9.3. Qual é o provável defeito do circuito?

TABELA 9.3

		Contagem real	Contagem mostrada no display
Caso 1	Contador 1	25	25
	Contador 2	37	35
Caso 2	Contador 1	49	49
	Contador 2	72	79
Caso 3	Contador 1	96	96
	Contador 2	14	16

Solução

Em cada um dos testes, o display do contador 1 coincide com o valor real de sua contagem. Isso indica que as entradas I_1, todas as saídas do MUX e ambos os displays estão funcionando. Por outro lado, cada teste mostra que o dígito das *dezenas* do contador 2 é mostrado de maneira correta, mas o das *unidades* não. Isso poderia significar que existe defeito em algum ponto entre a saída da seção de unidades do contador 2 e suas entradas I_0 do MUX. Deveríamos comparar os padrões de bits do valor real com o mostrado no display para as unidades do contador 2 (Tabela 9.4). A ideia é procurar por algo como um bit que não muda (sempre em nível BAIXO ou ALTO) ou dois invertidos (conexões trocadas). Os dados na Tabela 9.4 não revelam padrão óbvio.

TABELA 9.4

	Unidades reais	Unidades mostradas no display
Caso 1	0111 (7)	0101 (5)
Caso 2	0010 (2)	1001 (9)
Caso 3	0100 (4)	0110 (6)

Ao observarmos de novo os resultados registrados dos testes, vemos que o dígito das unidades do contador 2 é sempre o mesmo que o das unidades do contador 1. Esse sintoma provavelmente é resultado de um nível lógico ALTO constante na entrada de seleção no MUX das unidades, uma vez que ele passaria de maneira contínua o dígito das unidades do contador 1 para suas saídas. Esse nível lógico ALTO constante na entrada de seleção provavelmente é devido a uma ligação aberta entre a entrada de seleção do MUX das dezenas e a entrada de seleção do MUX das unidades. Isso não poderia ser causado por um curto para V_{CC}, uma vez que também manteria a entrada de seleção do MUX das dezenas em um nível lógico ALTO constante, e sabemos que o MUX das dezenas está funcionando.

EXEMPLO 9.13

O sistema de monitoração de segurança mostrado na Figura 9.31 é testado, e os resultados são registrados na Tabela 9.5. Quais são os possíveis defeitos que poderiam produzir esses resultados?

TABELA 9.5

Condição	LEDs
Todas as portas fechadas	Todos os LEDs apagados
Porta 0 aberta	LED 4 piscando
Porta 1 aberta	LED 5 piscando
Porta 2 aberta	LED 6 piscando
Porta 3 aberta	LED 7 piscando
Porta 4 aberta	LED 4 piscando
Porta 5 aberta	LED 5 piscando
Porta 6 aberta	LED 6 piscando
Porta 7 aberta	LED 7 piscando

Solução

Mais uma vez, os dados deveriam ser examinados para verificar se existe um padrão que restringiria a procura do defeito a uma área menor do circuito. Os dados mostrados na Tabela 9.5 revelam que os LEDs corretos piscam para as portas de 4 a 7 abertas. Os dados também mostram que, para as portas de 0 a 3 abertas, o número de LEDs que piscam é *quatro* a mais que o de portas, e os LEDs de 0 a 3 estão sempre desligados. Isso provavelmente é causado por um nível lógico ALTO constante em A_2, o MSB da entrada de seleção do DEMUX, uma vez que isso faria que o código de seleção fosse sempre igual ou maior que 4, o que somaria 4 aos códigos de seleção entre 0 e 3.

Desse modo, temos duas possibilidades: A_2 está de algum modo em curto com V_{CC} ou existe uma conexão aberta em A_2. E é possível eliminar a primeira opção, uma vez que ela significaria que a entrada S_2 do MUX estaria fixa em nível ALTO. Se fosse assim, o estado das portas de 0 a 3 não passaria pelo MUX e pelo DEMUX. Sabemos que isso não é verdade porque os dados mostram que, quando qualquer uma dessas portas está aberta, ela afeta uma das saídas do DEMUX.

EXEMPLO 9.14

Um importante princípio na análise de defeitos, conhecido como *dividir e conquistar*, foi explicado na Seção 9.5. Não se trata de uma estratégia militar, mas de descrever o modo mais eficiente de eliminar as partes do circuito que não estão funcionando bem. Suponha que os dados tenham sido carregados nos quatro registradores de transmissão da Figura 9.32 e que o pulso de transmissão tenha ocorrido, mas, após os próximos 16 pulsos de clock, nenhum dado novo tenha aparecido nos registradores de recepção mostrados na Figura 9.33. Qual é o modo mais eficiente de solucionar o problema?

Solução

Em um sistema digital síncrono que simplesmente não está funcionando, o mais racional é conferir se a fonte de alimentação e o clock estão operando, assim como você verificaria o pulso de uma pessoa caída ao chão. Contudo, supondo que o clock oscile, há formas muito mais eficientes de isolar o problema do que escolher ao acaso pontos no circuito e testar para ver se o sinal correto está presente. Queremos executar um teste nesse circuito de modo que, se obtivermos os resultados desejados, saibamos que metade do circuito está funcionando de modo correto e eliminemos essa metade de nossas considerações. Nesse circuito, o melhor lugar para procurar é a linha *transmit_data*. Uma ponta de prova lógica deve ser colocada na linha *transmit_data*, e o sinal *transmit* deve ser ativado. Se uma rajada de pulsos for observada na ponta de prova lógica, isso significa que a seção de transmissão está funcionando. Podemos não saber se os dados estão corretos, porém não se esqueça de que o problema não é que o receptor receba dados incorretos, mas que não receba nenhum. Se, contudo, não se observa rajada de pulsos, decerto há algum problema na seção de transmissão.

O diagrama em forma de árvore de análise de defeitos mostrado na Figura 9.38 é útil para isolar problemas em um sistema. Vamos supor que não existam pulsos em *transmit_data*. Agora, precisamos fazer um teste em um transmissor para provar que metade dele funciona de modo adequado. Nesse caso, o circuito não é facilmente dividido ao meio. Uma boa escolha seria examinar a saída do contador de palavras. Uma ponta de prova lógica deve ser colocada nas entradas de seleção do MUX, e o sinal *transmit* deve ser ativado. Se pulsos breves ocorrerem de imediato após *transmit*, então toda a seção de controle (composta por dois contadores e dois flip-flops) provavelmente estará funcionando bem e poderemos procurar em outro lugar. O próximo lugar a procurar são as saídas dos registradores de entrada paralela/saída serial (ou as entradas de dados do MUX). Se pulsos de dados estiverem presentes em todas as linhas após *transmit* ser ativado, o problema deve estar no MUX. Caso contrário, podemos isolar a seção de entrada paralela/saída serial. Todo teste executado deve eliminar a maior extensão possível dos circuitos restantes até que reste apenas um bloco pequeno que contenha o defeito.

9.10 COMPARADOR DE MAGNITUDE

OBJETIVOS

Após ler esta seção, você será capaz de:

- Definir o termo *comparador de magnitude*.
- Identificar e definir a função de cada entrada e saída de um comparador de magnitude.
- Fazer blocos de comparação modulares em cascata.

Outro elemento útil da categoria de CIs MSI é o **comparador de magnitude**, circuito lógico combinacional que compara duas quantidades binárias e gera saídas para indicar qual tem a maior magnitude. A Figura 9.39(a) mostra o símbolo lógico, e a parte (b) mostra a tabela-verdade do comparador de magnitude de quatro bits 74HC85. A Figura 9.39(c) mostra o símbolo de megafunção. Entradas em cascata não são necessárias em uma megafunção, pois não é preciso dispô-las dessa forma. Em vez disso, basta especificar portas de entrada de dados maiores.

Entradas de dados

O 74HC85 compara dois números binários de quatro bits *sem sinal*. Um deles é $A_3A_2A_1A_0$, denominado palavra *A*; o outro é $B_3B_2B_1B_0$, denominado palavra *B*. O termo *palavra* é utilizado no campo dos computadores digitais para designar um grupo de bits que representa um tipo específico de informação. Nesse caso, a palavra *A* e a *B* representam quantidades numéricas.

FIGURA 9.38 Exemplo 9.14: diagrama em forma de árvore para análise de defeitos.

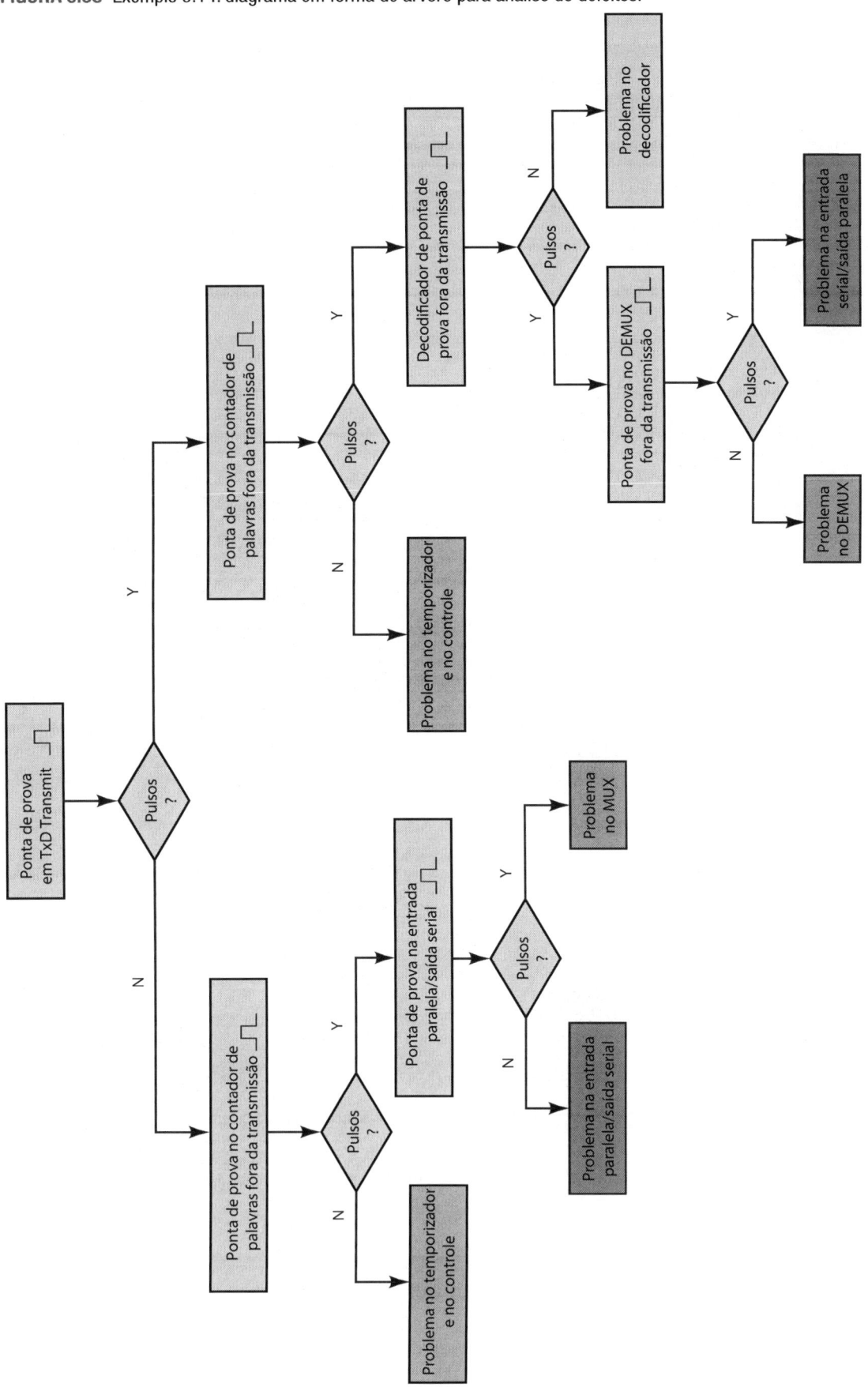

FIGURA 9.39 (a) Símbolo lógico; (b) tabela-verdade para um comparador de magnitude de quatro bits 74HC85 (7485, 74LS85); (c) megafunção semelhante.

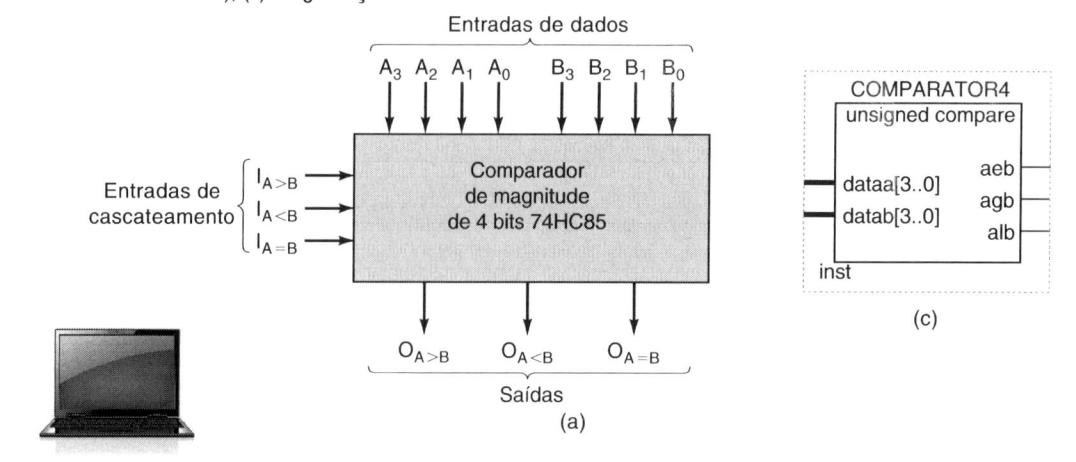

TABELAS-VERDADE

Comparando entradas				Entradas de cascateamento			Saídas		
A_3, B_3	A_2, B_2	A_1, B_1	A_0, B_0	$I_{A>B}$	$I_{A<B}$	$I_{A=B}$	$O_{A>B}$	$O_{A<B}$	$O_{A=B}$
$A_3>B_3$	X	X	X	X	X	X	H	L	L
$A_3<B_3$	X	X	X	X	X	X	L	H	L
$A_3=B_3$	$A_2>B_2$	X	X	X	X	X	H	L	L
$A_3=B_3$	$A_2<B_2$	X	X	X	X	X	L	H	L
$A_3=B_3$	$A_2=B_2$	$A_1>B_1$	X	X	X	X	H	L	L
$A_3=B_3$	$A_2=B_2$	$A_1<B_1$	X	X	X	X	L	H	L
$A_3=B_3$	$A_2=B_2$	$A_1=B_1$	$A_0>B_0$	X	X	X	H	L	L
$A_3=B_3$	$A_2=B_2$	$A_1=B_1$	$A_0<B_0$	X	X	X	L	H	L
$A_3=B_3$	$A_2=B_2$	$A_1=B_1$	$A_0=B_0$	H	L	L	H	L	L
$A_3=B_3$	$A_2=B_2$	$A_1=B_1$	$A_0=B_0$	L	H	L	L	H	L
$A_3=B_3$	$A_2=B_2$	$A_1=B_1$	$A_0=B_0$	X	X	H	L	L	H
$A_3=B_3$	$A_2=B_2$	$A_1=B_1$	$A_0=B_0$	L	L	L	H	H	L
$A_3=B_3$	$A_2=B_2$	$A_1=B_1$	$A_0=B_0$	H	H	L	L	L	L

H = Nível de tensão ALTO
L = Nível de tensão BAIXO
X = Irrelevante

(b)

Saídas

O 74HC85 tem três saídas ativas em nível ALTO. A saída $O_{A>B}$ estará em nível ALTO quando a magnitude da palavra *A* for maior que a magnitude da palavra *B*. A saída $O_{A<B}$ estará em nível ALTO quando a magnitude da palavra *A* for menor que a magnitude da palavra *B*. A saída $O_{A=B}$ estará em nível ALTO quando a palavra *A* e a palavra *B* forem idênticas.

Entradas de cascateamento

As entradas de cascateamento fornecem um meio de expandir a operação de comparação por mais de quatro bits, cascateando dois ou mais comparadores de quatro bits. Observe que as entradas de cascateamento são identificadas da mesma forma que as saídas. Quando uma comparação de quatro bits é realizada, como demonstra a Figura 9.40(a), elas devem ser conectadas conforme é mostrado para que a comparação produza saídas corretas.

Quando dois comparadores são cascateados, as saídas de mais baixa ordem de um comparador são conectadas nas correspondentes entradas de mais alta ordem do outro comparador. Isso é mostrado na Figura 9.40(b), em que o comparador da esquerda compara os quatro bits de mais baixa ordem das duas palavras de oito bits: $A_7A_6A_5A_4A_3A_2A_1A_0$ e $B_7B_6B_5B_4B_3B_2B_1B_0$. Suas saídas são ligadas nas entradas de cascateamento do comparador da direita, que compara os bits de mais alta ordem. As saídas do comparador de mais alta ordem são as finais, que indicam o resultado da comparação de oito bits.

FIGURA 9.40 (a) 74HC85 conectado como comparador de quatro bits; (b) dois 74HC85 cascateados para formar um comparador de oito bits.

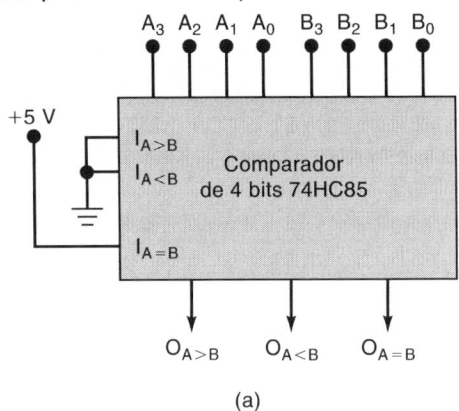

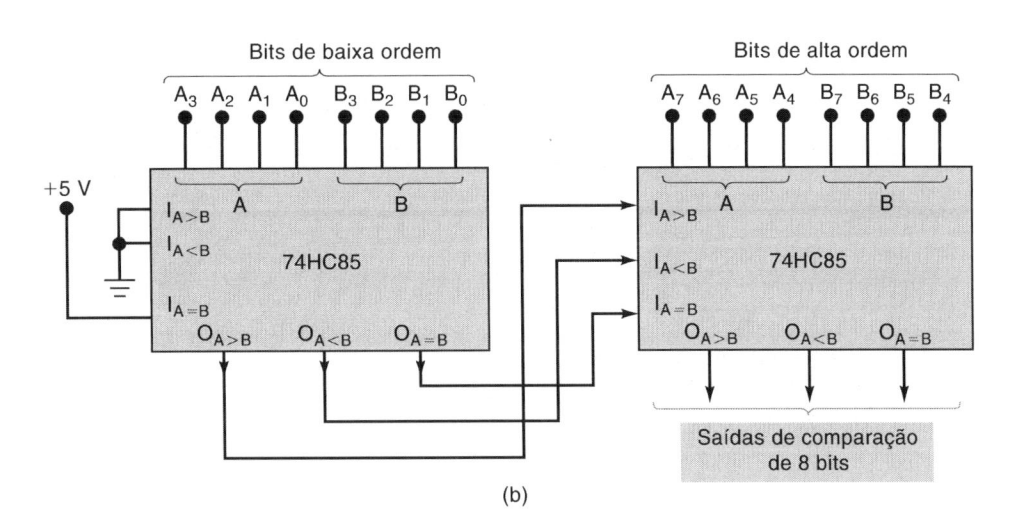

EXEMPLO 9.15

Descreva a operação de comparação de oito bits do circuito mostrado na Figura 9.40(b) para os seguintes casos:
(a) $A_7A_6A_5A_4A_3A_2A_1A_0 = 10101111$; $B_7B_6B_5B_4B_3B_2B_1B_0 = 10110001$
(b) $A_7A_6A_5A_4A_3A_2A_1A_0 = 10101111$; $B_7B_6B_5B_4B_3B_2B_1B_0 = 10101001$

Solução
(a) O comparador de mais alta ordem compara as entradas $A_7A_6A_5A_4 = 1010$ e $B_7B_6B_5B_4 = 1011$ e gera $O_{A<B} = 1$, independentemente dos níveis aplicados nas entradas de cascateamento provenientes do comparador de mais baixa ordem. Ou seja, uma vez que o de mais alta ordem detecta uma diferença nos bits de mais alta ordem das duas palavras de oito bits, ele sabe qual palavra de oito bits é maior sem ter de verificar o resultado da comparação de mais baixa ordem.

(b) O comparador de mais alta ordem identifica que $A_7A_6A_5A_4 = B_7B_6B_5B_4 = 1010$; portanto, ele tem de observar suas entradas de cascateamento para ver o resultado da comparação de mais baixa ordem. O comparador de mais baixa ordem tem $A_3A_2A_1A_0 = 1111$ e $B_3B_2B_1B_0 = 1001$, que gera um nível 1 na saída $O_{A>B}$ e na entrada $I_{A>B}$ do comparador de mais alta ordem, que detecta esse nível 1 e, uma vez que os dados de entrada são iguais, gera um nível ALTO em sua saída $O_{A>B}$ para indicar o resultado da comparação de oito bits.

Aplicações

Comparadores de magnitude também são úteis em aplicações de controle nas quais um número binário que representa uma variável física controlada (por exemplo, posição, velocidade ou temperatura) é comparado a um valor de referência. As saídas do comparador são utilizadas para atuar nos circuitos que levam as variáveis físicas em direção ao valor de referência. O exemplo a seguir demonstra uma aplicação. Analisaremos outra aplicação de comparador no Problema 9.52.

EXEMPLO 9.16

Considere um termostato digital no qual a medida de temperatura de uma sala é convertida em número digital e aplicada nas entradas A de um comparador. A temperatura desejada, informada por meio de um teclado, é armazenada em um registrador conectado às entradas B. Se $A < B$, o aquecedor deveria ser ativado para aquecer a sala. O aquecedor deveria continuar ligado enquanto $A = B$ e desligar quando $A > B$. Conforme a sala esfriasse, o aquecedor deveria permanecer desligado enquanto $A = B$ e ser religado quando $A < B$. Que circuito digital poderia ser utilizado para interfacear um comparador de magnitude com o aquecedor para realizar essa aplicação de controle de termostato descrita?

Solução

Usar a saída $O_{A<B}$ para acionar diretamente o aquecedor poderia causar seu desligamento tão logo os valores se tornassem iguais. Isso provocaria um ciclo liga/desliga do aquecedor quando a temperatura atual estivesse muito próxima do limite entre $A < B$ e $A = B$. Usando um latch SET-CLEAR de porta NOR (consulte o Capítulo 5), como mostrado na Figura 9.41, o sistema opera conforme descrito. Observe que $O_{A<B}$ está conectado na entrada SET e $O_{A>B}$, na entrada CLEAR do latch. Quando a temperatura estiver mais alta que a desejada, ela limpará o latch, desligando o aquecedor. Quando estiver mais fria, o comparador setará o latch, ligando o aquecedor.

QUESTÕES DE REVISÃO

1. Qual é a finalidade das entradas de cascateamento do 74HC85?
2. Quais são as saídas de um 74HC85 com as seguintes entradas: $A_3A_2A_1A_0 = B_3B_2B_1B_0 = 1001$, $I_{A>B} = I_{A<B} = 0$ e $I_{A=B} = 1$?
3. Por que não há entradas de cascateamento em uma megafunção de comparador Quartus?

FIGURA 9.41 Comparador de magnitude utilizado em um termostato digital.

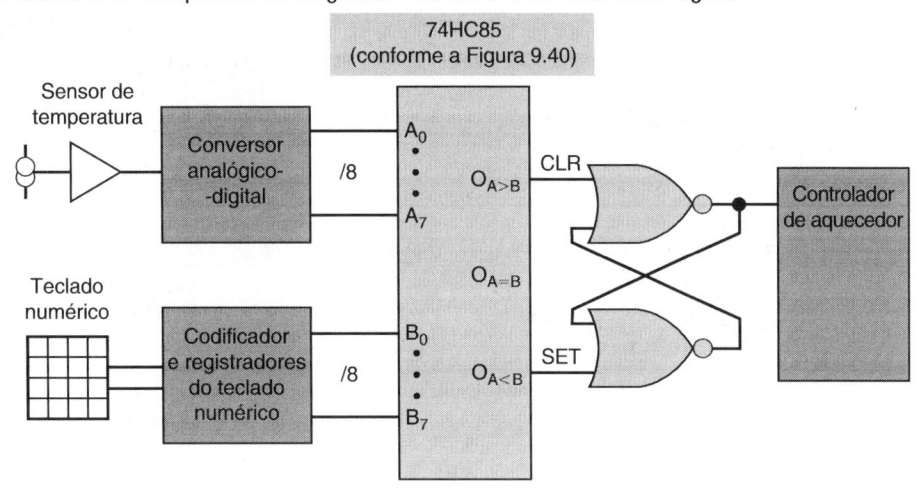

9.11 CONVERSORES DE CÓDIGO

OBJETIVO

Após ler esta seção, você será capaz de:

- Descrever os circuitos que convertem de um método de codificação para outro.

Um conversor de código é um circuito lógico que muda os dados apresentados em um tipo de código binário para outro. O decodificador/driver BCD para 7 segmentos que apresentamos antes é um conversor de código porque muda o código BCD de entrada para o código de 7 segmentos necessário para o display de LEDs. Uma lista parcial de algumas das conversões de códigos mais comuns é dada na Tabela 9.6.

Como exemplo de circuito conversor de código, vamos considerar um conversor BCD em binário. Antes de analisarmos a implementação do circuito, devemos rever a representação BCD.

Valores decimais de dois dígitos variando de 00 a 99 podem ser representados em BCD por dois grupos de códigos de quatro bits. Por exemplo, 57_{10} é representado como

$$\underbrace{0101}_{5} \quad \underbrace{0111}_{7} \quad \text{(BCD)}$$

A representação binária direta para 57 decimal é

$$57_{10} = 111001_2$$

O maior valor decimal de dois dígitos é 99 e tem a seguinte representação:

$$99_{10} = 10011001 \text{ (BCD)} = 1100011_2$$

Observe que a representação binária requer apenas sete bits.

TABELA 9.6 Conversões comuns.

BCD em 7 segmentos
BCD em binário
Binário em BCD
Binário em código Gray
Código Gray em binário

Ideia básica

O diagrama na Figura 9.42 mostra a ideia básica para um conversor de dois dígitos BCD em binário. As entradas do conversor são os dois grupos de código de quatro bits $D_0 C_0 B_0 A_0$, representando o 10^0, ou o dígito das unidades, e $D_1C_1B_1A_1$, representando o 10^1, ou o dígito das dezenas, do valor decimal. As saídas do conversor são $b_6b_5b_4b_3b_2b_1b_0$, os sete bits do equivalente binário do mesmo valor decimal. Observe a diferença nos pesos dos bits BCD e dos bits binários.

FIGURA 9.42 Ideia básica de um conversor BCD em binário de dois dígitos.

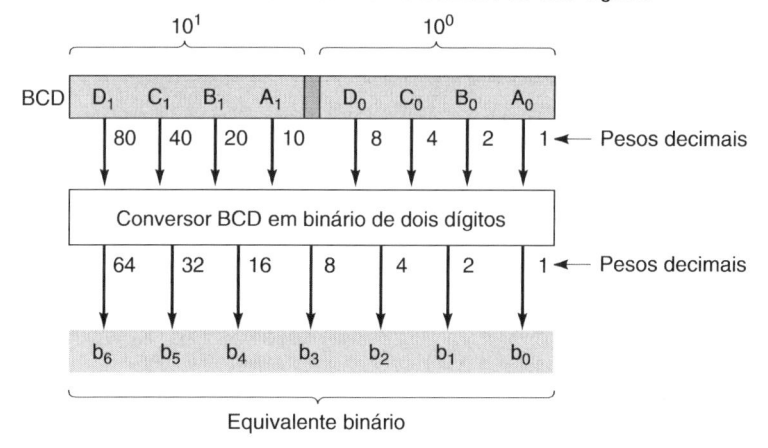

Um uso típico de conversor BCD em binário seria aquele em que dados em BCD de um instrumento, tal como um multímetro digital (DMM, do inglês, *digital multimeter*), fossem transferidos para um computador para armazenamento ou processamento. Os dados devem ser convertidos em binário de modo que possam ser operados em binário pela ALU do computador, que talvez não seja capaz de realizar operações aritméticas em dados BCD. O conversor binário em BCD pode ser implementado por hardware ou software. O método de hardware (que estamos analisando no momento) é, em geral, mais rápido, porém requer um circuito extra. O método de software não usa circuito extra, mas gasta mais tempo, uma vez que o software faz a conversão passo a passo. O método escolhido em determinadas aplicações depende de o tempo de conversão ser ou não importante.

Processo de conversão

Os bits na representação BCD têm pesos decimais que são 8, 4, 2, 1 dentro de cada grupo de código, mas diferem por um fator de 10 de um grupo de código (dígito decimal) para o próximo. A Figura 9.42 mostra os pesos dos bits para a representação BCD de dois dígitos.

O peso decimal de cada dígito na representação BCD pode ser convertido em seu equivalente binário. O resultado é mostrado na Tabela 9.7. Usando esses pesos, podemos realizar a conversão BCD em binário fazendo o seguinte:

Calcule a soma binária dos equivalentes binários de todos os bits que forem 1s na representação BCD.

EXEMPLO 9.17

Converta 01010010 (BCD para o decimal 52) em binário. Repita para 10010101 (decimal 95).

Solução

Escreva os equivalentes binários para os 1s na representação BCD. Em seguida, some todos em binários.

```
0 1 0 1 0 0 1 0   (BCD)
       └──→ 0000010 (binário para 2)
     └────→ 0001010 (binário para 10)
 └──────→ + 0101000 (binário para 40)
            0110100 (binário para 52)


1 0 0 1 0 1 0 1   (BCD)
             └──→ 0000001 (binário para 1)
         └──────→ 0000100 (binário para 4)
     └──────────→ 0001010 (binário para 10)
 └──────────→ + 1010000 (binário para 80)
              1011111 (binário para 95)
```

TABELA 9.7 Equivalentes binários dos pesos decimais de cada bit BCD.

Bit BCD	Pesos decimais	Equivalente binário						
		b_6	b_5	b_4	b_3	b_2	b_1	b_0
A_0	1	0	0	0	0	0	0	1
B_0	2	0	0	0	0	0	1	0
C_0	4	0	0	0	0	1	0	0
D_0	8	0	0	0	1	0	0	0
A_1	10	0	0	0	1	0	1	0
B_1	20	0	0	1	0	1	0	0
C_1	40	0	1	0	1	0	0	0
D_1	80	1	0	1	0	0	0	0

Implementação do circuito

Com certeza, um meio de implementar o circuito lógico que realiza esse processo de conversão é usar circuitos somadores binários. A Figura 9.43 mostra como dois somadores paralelos de quatro bits 74HC83 podem ser conectados para realizar a conversão. Essa é uma das diversas possibilidades de configuração de somadores que funcionaria. Você deve revisar a operação desse CI na Seção 6.14.

Os dois CIs somadores adicionam os bits BCD em uma combinação adequada de acordo com a Tabela 9.7. Por exemplo, a tabela mostra que A_0 é o único bit BCD que contribui para o LSB, b_0, do equivalente binário. Uma vez que não há carry para essa posição, A_0 é conectado diretamente com a saída b_0. A tabela mostra, também, que apenas os bits BCD B_0 e A_1 contribuem para o bit b_1 da saída binária. Esses dois bits são combinados no somador da parte superior para produzir a saída b_1. De modo semelhante, apenas os bits BCD D_0, A_1 e C_1 contribuem para o bit b_3. O somador da parte superior combina D_0 e A_1 para gerar Σ_2, que é conectado ao somador da parte inferior, em que C_1 é somado a ele para produzir b_3.

FIGURA 9.43 Conversor BCD em binário implementado com somadores paralelos de quatro bits 74HC83.

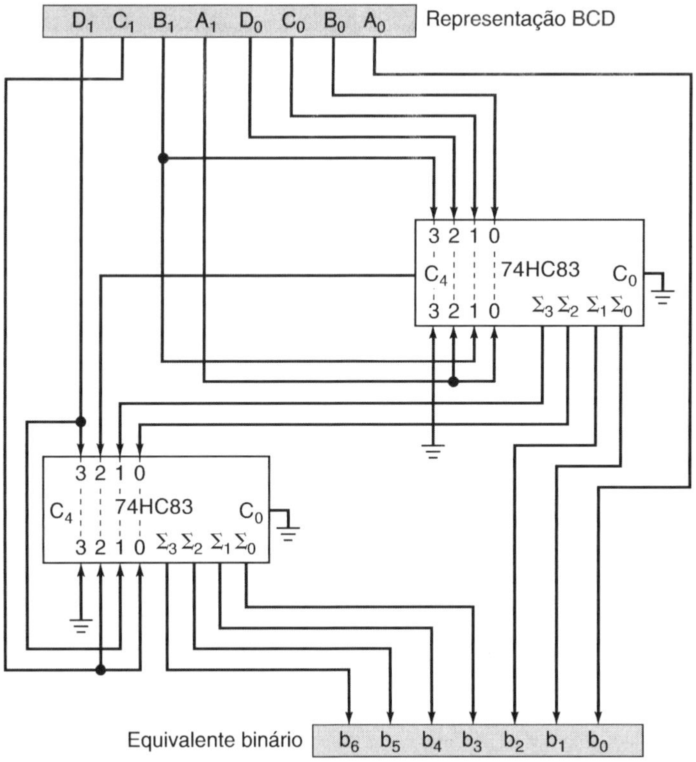

EXEMPLO 9.18

A representação BCD para o decimal 56 é aplicada ao conversor mostrado na Figura 9.43. Determine as saídas Σ de cada somador e a saída final binária.

Solução

Escreva os bits da representação BCD 01010110 no diagrama do circuito. Uma vez que $A_0 = 0$, o bit b_0 da saída é 0.

As entradas de cima do somador da parte superior são 0011, e as entradas de baixo são 0101. Esses somadores adicionam esses valores para produzir

$$\begin{array}{r} 0011 \\ +0101 \\ \hline 1000 \end{array} = \Sigma_3 \Sigma_2 \Sigma_1 \Sigma_0 \text{ saídas do somador da parte superior}$$

Os bits Σ_1 e Σ_0 tornam-se as saídas binárias b_2 e b_1, respectivamente. Os bits Σ_3 e Σ_2 são ligados ao somador da parte inferior. As entradas de cima do somador da parte inferior são, portanto, 0010; as entradas de baixo são 0101. Esses somadores adicionam esses valores para produzir

$$\begin{array}{r} 0010 \\ +0101 \\ \hline 0111 \end{array} = \Sigma_3 \Sigma_2 \Sigma_1 \Sigma_0 \text{ saídas do somador da parte superior}$$

Esses bits tornam-se $b_6 b_5 b_4 b_3$, respectivamente.

Desse modo, temos $b_6 b_5 b_4 b_3 b_2 b_1 b_0 = 0111000$ 0111000 como o equivalente binário correto para o decimal 56.

Implementação de outros conversores de códigos

Embora todos os tipos de conversores de códigos possam ser construídos pela combinação de portas lógicas, circuitos somadores ou outros circuitos lógicos combinacionais, os circuitos podem se tornar bastante complexos, requerendo vários CIs. Muitas vezes, é mais eficiente usar uma memória apenas de leitura (ROM) ou um dispositivo de lógica programável (PLD) para funcionar como conversor de código. Conforme veremos nos capítulos 12 e 13, esses circuitos contêm o equivalente a centenas de portas lógicas e podem ser programados para fornecer uma ampla faixa de funções lógicas.

QUESTÕES DE REVISÃO

1. O que é um conversor de código?
2. Quantas saídas binárias teria um conversor BCD em binário de três dígitos?

9.12 BARRAMENTO DE DADOS

OBJETIVOS

Após ler esta seção, você será capaz de:

- Definir um barramento de dados.
- Usar a lógica tristate para conectar dispositivos a um barramento de dados.

Em computadores, a transferência de dados se dá por meio de um conjunto de linhas comuns denominadas **barramento de dados**. Nos computadores organizados em barramentos, muitos dispositivos diferentes podem ter suas entradas e saídas conectadas nas linhas comuns do barramento de dados. Por isso, frequentemente, os dispositivos conectados ao barramento de dados terão saídas tristate ou serão conectados por meio de buffers tristate.

Alguns dos dispositivos comumente conectados no barramento de dados são (1) microprocessadores; (2) CIs de memória semicondutora — abordados no Capítulo 12; e (3) conversores digital-analógicos (DACs) e analógico-digitais (ADCs) — descritos no Capítulo 11.

A Figura 9.44 demonstra uma situação comum, em que um microprocessador (o chip da CPU de um microcomputador) é conectado em diversos dispositivos por um barramento de dados de oito linhas. O barramento de dados é uma coleção de caminhos condutores sobre os quais dados digitais são transmitidos de um dispositivo para outro. Cada dispositivo fornece uma saída de oito bits, que são enviados para as entradas do microprocessador pelas oito linhas do barramento de dados. Claramente, tendo em vista que todas as saídas dos três dispositivos estão conectadas nas mesmas entradas do microprocessador pelas vias do barramento de dados, temos de estar conscientes dos problemas de contenção (Seção 8.12), nos quais dois ou mais sinais conectados na mesma linha de barramento ficam ativos e competem um com o outro. A contenção de barramento será evitada se os dispositivos tiverem saídas tristate ou forem conectados no barramento por buffers tristate (Seção 8.12). As entradas de habilitação de saída (*OE*) de cada dispositivo (ou seu buffer) são utilizadas para garantir que apenas um dispositivo tenha as saídas ativadas em dado instante.

FIGURA 9.44 Três dispositivos diferentes podem transmitir oito bits de dados, por meio de um barramento de dados de oito linhas, para um microprocessador; apenas um dispositivo é habilitado de cada vez para que a contenção de barramento seja evitada.

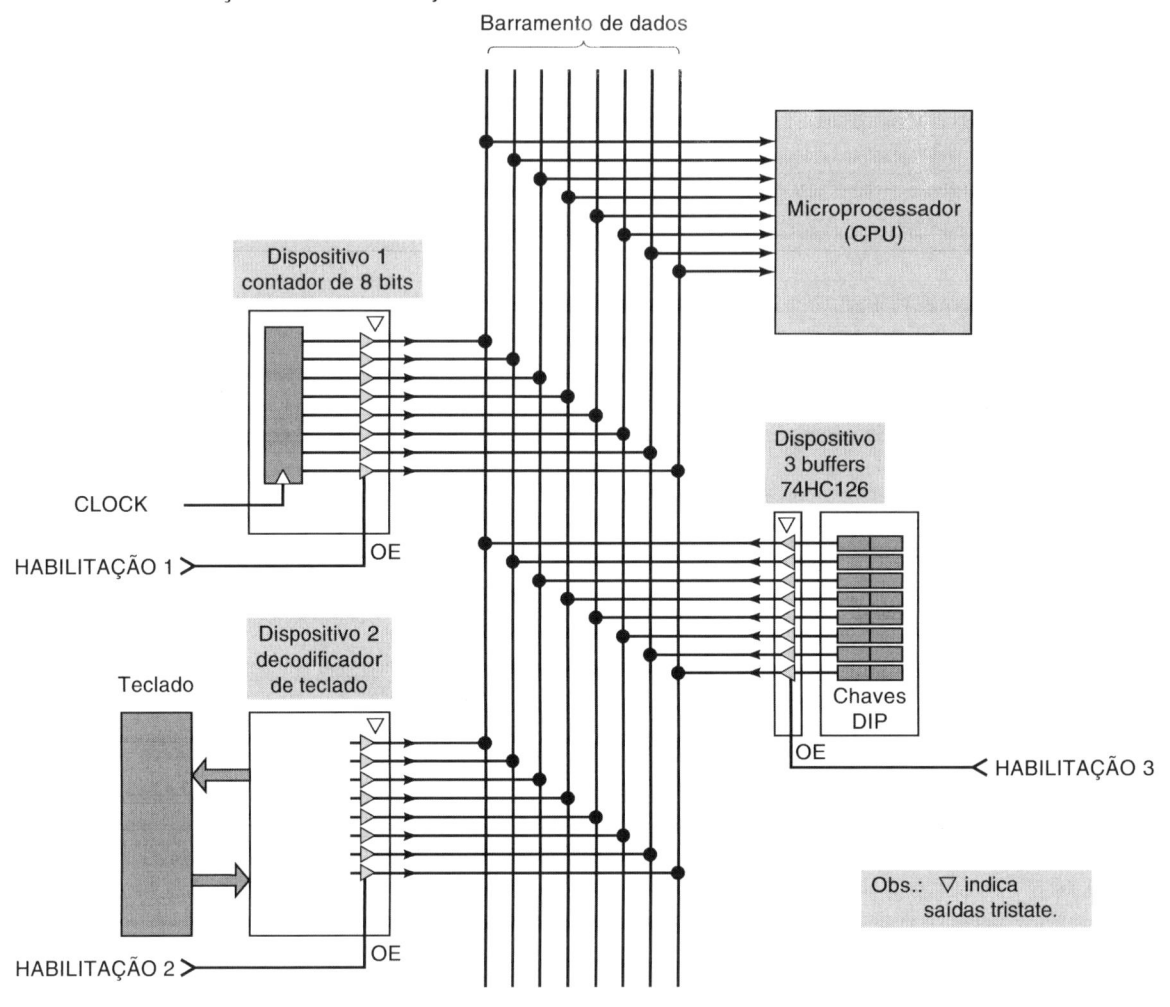

EXEMPLO 9.19

(a) Para o circuito mostrado na Figura 9.44, descreva as condições necessárias para a transmissão dos dados do dispositivo 3 para o microprocessador.
(b) Qual será o estado do barramento de dados quando nenhum dispositivo estiver habilitado?

Solução
(a) A HABILITAÇÃO 3 deve ser ativada; a HABILITAÇÃO 1 e a HABILITAÇÃO 2 devem estar em seus estados inativos. Isso colocará as saídas do dispositivo 1 e do 2 no estado de alta impedância e, essencialmente, desconectadas do barramento. As saídas do dispositivo 3 serão ativadas de modo que seus níveis lógicos apareçam nas linhas do barramento de dados e sejam transmitidos para as entradas do microprocessador. Podemos visualizar isso cobrindo os dispositivos 1 e 2 como se eles não fizessem parte do circuito; então, estaremos deixando apenas o dispositivo 3 conectado no microprocessador por meio do barramento de dados.
(b) Se nenhuma entrada de habilitação de dispositivo estiver ativada, todas as saídas estarão no estado de alta impedância. Isso desconecta todas as saídas dos dispositivos do barramento de dados. Desse modo, não há nível

lógico definido em qualquer uma das linhas do barramento de dados; elas estarão no estado indeterminado. Essa condição é conhecida como **barramento em flutuação,** e dizemos que cada linha do barramento de dados está em um estado de *flutuação* (indeterminado). A tela de um osciloscópio para uma linha em flutuação seria imprevisível. Uma ponta de prova lógica indicaria um nível lógico indeterminado.

QUESTÕES DE REVISÃO

1. O que significa o termo *barramento de dados*?
2. O que é *contenção de barramento* e o que deve ser feito para evitá-la?
3. O que é um *barramento em flutuação*?

9.13 O REGISTRADOR TRISTATE 74ALS173/HC173

OBJETIVOS

Após ler esta seção, você será capaz de:

- Descrever as entradas e saídas de um típico registrador tristate.
- Prever a saída de um 74173 para qualquer conjunto de entradas.

Os dispositivos conectados no barramento de dados contêm registradores (em geral, flip-flops) que mantêm os dados. As saídas desses registradores são conectadas em buffers tristate que possibilitam que sejam ligados no barramento de dados. Vamos demonstrar os detalhes da operação usando um registrador na forma de CI que inclui buffers tristate no mesmo CI: o TTL 74ALS173 (disponível também na versão CMOS 74HC173). Seu diagrama lógico e a tabela-verdade são mostrados na Figura 9.45.

O 74ALS173 é um registrador de quatro bits com entrada e saída paralelas. Observe que as saídas dos FFs estão conectadas nos buffers tristate que fornecem as saídas O_0 a O_3. Veja também que as entradas de dados D_0 a D_3 estão conectadas nas entradas D dos FFs do registrador por um circuito lógico. Essa lógica permite dois modos de operação: (1) *carga*, em que os dados nas entradas D_0 a D_3 são transferidos para os FFs na transição positiva do pulso de clock em *CP*; e (2) *manutenção*, em que os dados do registrador não mudam quando a transição positiva ocorre em *CP*.

EXEMPLO 9.20

Para um 74ALS173:
(a) Quais são as condições de entrada que produzem a operação de carga?
(b) Quais são as condições de entrada que produzem a operação de manutenção?
(c) Que condições de entrada permitem às saídas internas do registrador aparecerem em O_0 a O_3?

Solução
(a) As duas últimas linhas da tabela-verdade da Figura 9.45 mostram que cada saída Q assume o valor presente em sua entrada D quando ocorre uma transição positiva em *CP*, desde que *MR* esteja em nível BAIXO, tal como *ambas* as entradas de habilitação de entrada, $\overline{IE}_1$ e $\overline{IE}_2$.

FIGURA 9.45 Tabela-verdade e diagrama lógico para o registrador tristate 74ALS173.

Entradas					Saídas dos FF
MR	CP	$\overline{IE}_1$	$\overline{IE}_2$	D_n	Q
H	X	X	X	X	L
L	L	X	X	X	Q_0
L	↗	H	X	X	Q_0
L	↗	X	H	X	Q_0
L	↗	L	L	L	L
L	↗	L	L	H	H

Quando $\overline{OE}_1$ e $\overline{OE}_2$ estão em nível ALTO, a saída está em OFF (alta impedância); contudo, isso não afeta o conteúdo ou a operação sequencial do registrador.

H = nível de tensão ALTO Q = saída antes da transição positiva
L = nível de tensão BAIXO
X = irrelevante

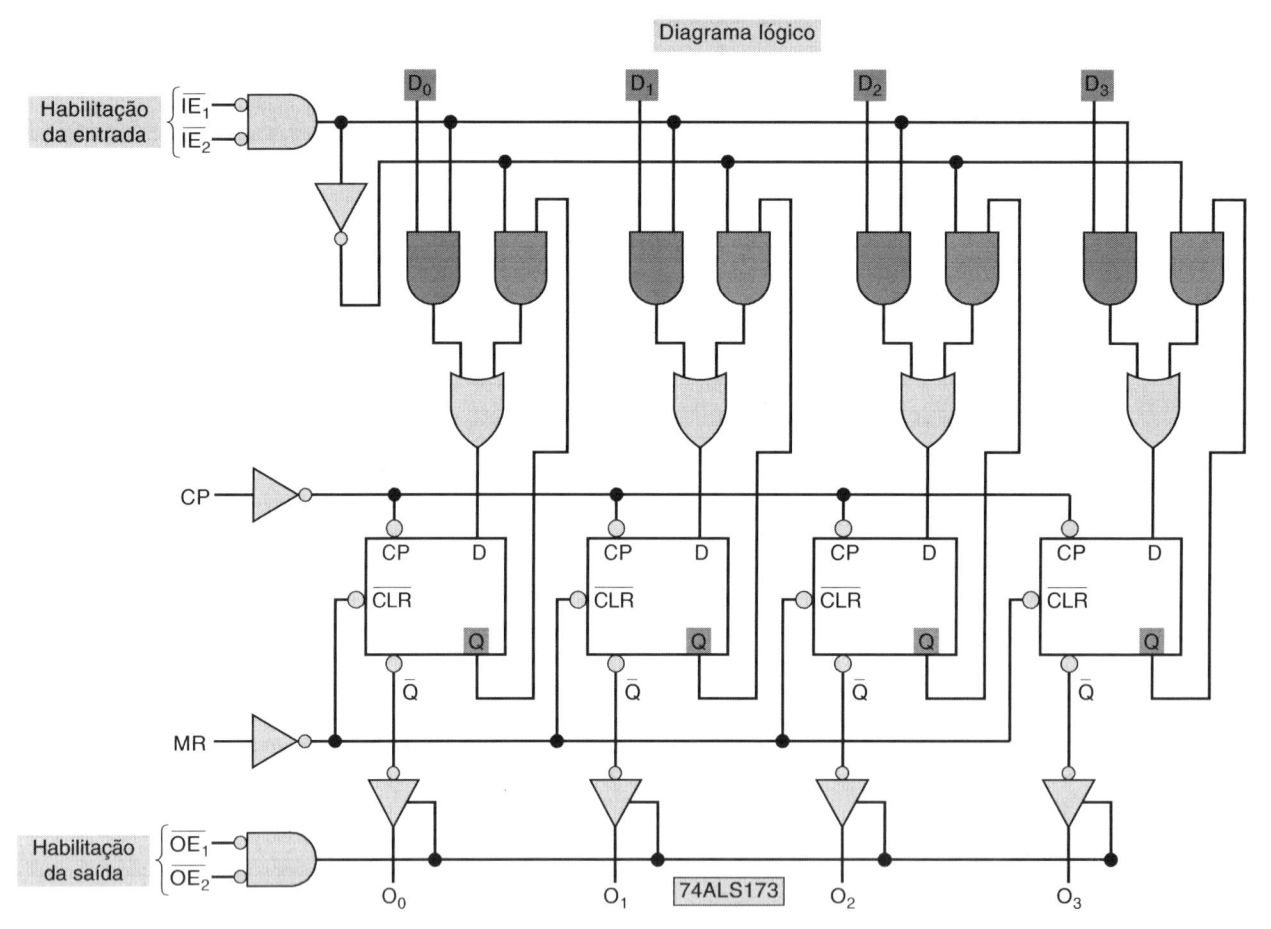

Diagrama lógico

(b) A terceira e a quarta linhas da tabela-verdade indicam que, quando qualquer das entradas $\overline{IE}$ estiver em nível ALTO, as entradas D não terão efeito e as saídas Q manterão seus valores atuais quando a transição positiva ocorrer.

(c) Os buffers de saída serão habilitados quando *ambas* as entradas de habilitação de saída, $\overline{OE}_1$ e $\overline{OE}_2$, estiverem em nível BAIXO. Isso faz as saídas dos registradores passarem para as saídas externas O_0 a O_3. Se alguma das entradas de habilitação de saída estiver em nível ALTO, os buffers serão desabilitados e as saídas ficarão no estado de alta impedância.

Observe que as entradas $\overline{OE}$ não têm efeito na operação de carregamento de dados. Elas são utilizadas apenas para controlar se as saídas dos registradores são passadas ou não para as saídas externas.

O símbolo lógico para o 74ALS173/HC173 é mostrado na Figura 9.46. Incluímos a notação IEEE/ANSI "&" para indicar a relação AND dos dois pares de entradas de habilitação.

FIGURA 9.46 Símbolo lógico para o CI 74ALS173/HC173.

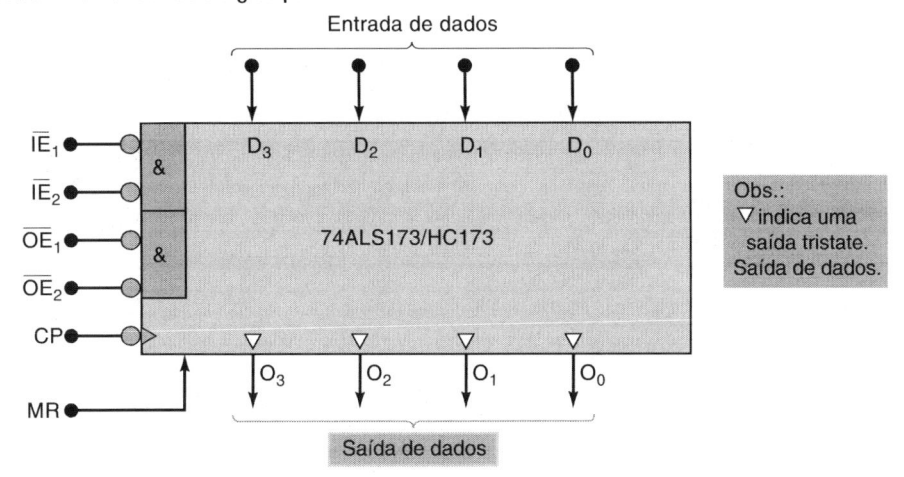

QUESTÕES DE REVISÃO

1. Considere que ambas as entradas $\overline{IE}$ estejam em nível BAIXO e que $D_0D_1D_2D_3 = 1011$. Quais são os níveis lógicos presentes nas entradas D dos FFs?
2. *Verdadeiro ou falso*: o registrador não pode ser carregado quando a entrada de reset geral (MR) for mantida em nível ALTO.
3. Quais serão os níveis de saída quando MR = ALTO e ambas as entradas OE forem mantidas em nível BAIXO?

9.14 OPERAÇÃO DE BARRAMENTO DE DADOS

OBJETIVOS

Após ler esta seção, você será capaz de:

- Descrever a operação do barramento de dados graficamente, por meio de diagramas de tempo, e verbalmente.
- Analisar as transferências de dados entre dispositivos em um barramento.

O barramento de dados é muito importante nos sistemas de computador, e seu significado não será apreciado até os estudos sobre memórias e microprocessadores. No momento, demonstraremos a operação de barramento de dados para uma transferência de dados entre registradores. A Figura 9.47 mostra um sistema organizado em barramentos com três registradores tristate 74HC173. Observe que cada registrador tem seu par de entradas $\overline{OE}$ interligadas como uma entrada $\overline{OE}$ e analogamente para as entradas $\overline{IE}$. Veja, também, que os registradores são identificados como A, B e C de cima para baixo. Isso está indicado pelo subscrito em cada entrada e saída.

Nessa disposição, o barramento de dados consiste em quatro linhas denominadas DB_0 a DB_3. As saídas correspondentes a cada registrador são conectadas na mesma linha do barramento de dados (por exemplo, O_{3A}, O_{3B} e O_{3C} são conectadas em DB_3). Uma vez que os três registradores têm suas saídas conectadas juntas, é imperativo que apenas um deles as tenha habilitadas e que as saídas dos outros dois registradores permaneçam no estado de alta impedância. Caso contrário, haverá contenção de barramento (dois ou mais conjuntos de saídas competirão entre si), produzindo níveis incorretos no barramento e possível dano nos buffers de saída dos registradores.

As entradas correspondentes dos registradores também são ligadas na mesma linha do barramento (por exemplo, D_{3A}, D_{3B} e D_{3C} são conectadas em DB_3). Desse modo, os níveis no barramento estarão sempre prontos para serem transferidos para um ou mais registradores, dependendo das entradas $\overline{IE}$.

Operação de transferência de dados

O conteúdo de qualquer um dos três registradores pode ser transferido de forma paralela pelo barramento de dados para um dos outros registradores por meio da aplicação adequada de níveis lógicos nas entradas de habilitação dos registradores. Em um sistema típico, a unidade de controle do computador (ou seja, a CPU) produz os sinais que selecionam o registrador que colocará dados no barramento e aquele que os pegará. O exemplo a seguir demonstra isso.

EXEMPLO 9.21

Descreva os sinais de entrada necessários para transferir $[A] \Rightarrow [C]$.

Solução
Primeiro, apenas o registrador A deve ter as saídas habilitadas. Ou seja, precisamos de

$$\overline{OE}_A = 0 \qquad \overline{OE}_B = \overline{OE}_C = 1$$

Isso colocará o conteúdo do registrador A nas linhas do barramento de dados.
Em seguida, apenas o registrador C deve ter as entradas habilitadas. Para isso, devemos ter

$$\overline{IE}_C = 0 \qquad \overline{IE}_A = \overline{IE}_B = 1$$

Isso possibilitará que apenas o registrador C receba dados do barramento de dados quando ocorrer a transição positiva do sinal de clock.
Por fim, é necessário um pulso de clock para transferir os dados do barramento para os FFs do registrador C.

Sinais do barramento

O diagrama de tempo da Figura 9.48 mostra os diversos sinais envolvidos na transferência dos dados 1011 do registrador A para o C. As linhas $\overline{IE}$ e $\overline{OE}$, que não são mostradas, são consideradas inativas no estado ALTO.

FIGURA 9.47 Registradores tristate conectados em um barramento de dados.

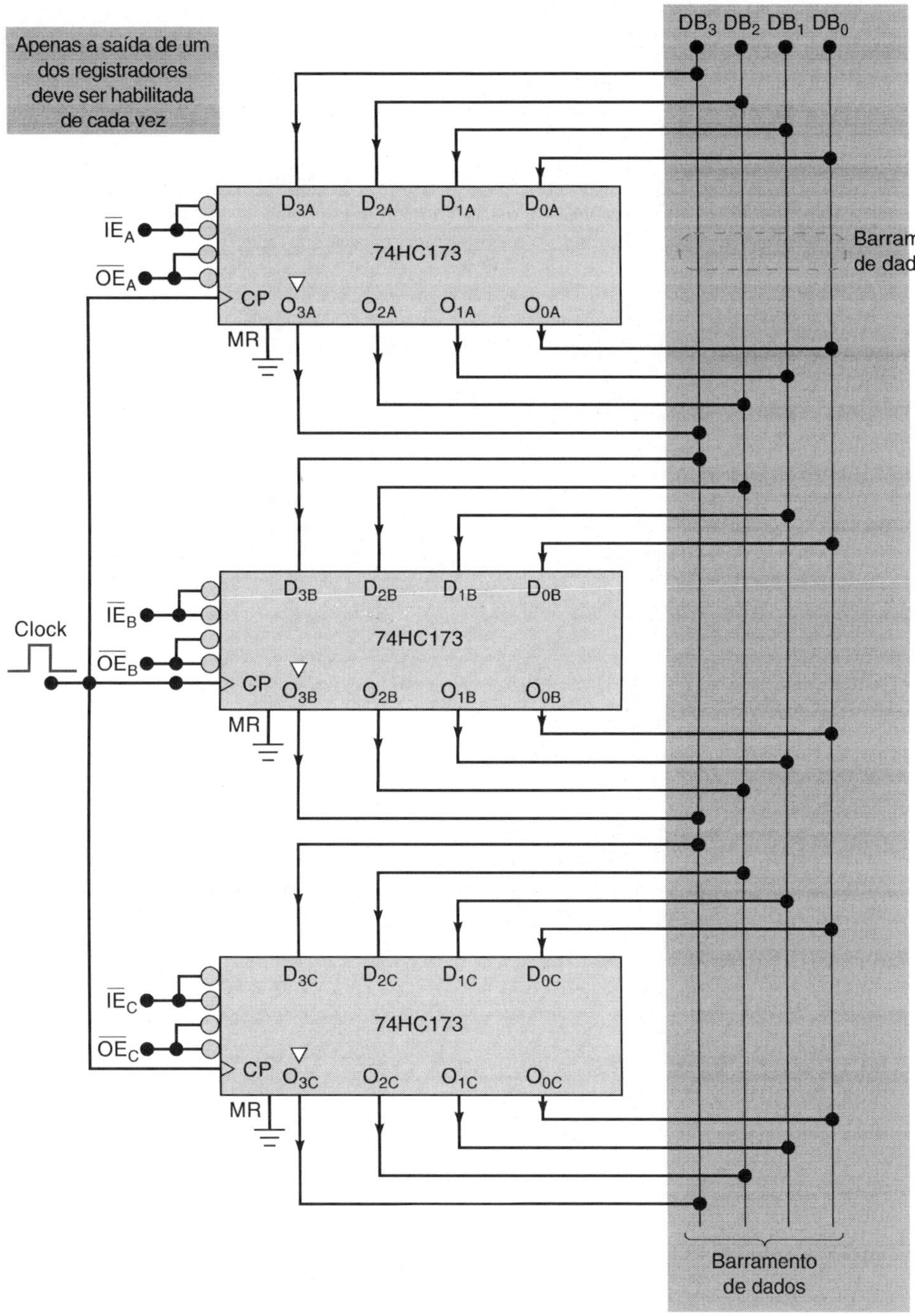

Antes do instante t_1, $\overline{IE}_C$ e $\overline{OE}_A$ também estão em nível ALTO; desse modo, todas as saídas dos registradores estão desabilitadas e nenhum deles colocará dados nas linhas do barramento. Ou seja, as linhas do barramento de dados estão em alta impedância ou no estado de "flutuação", conforme representado pelas linhas riscadas no diagrama de tempo. O estado de alta impedância não corresponde a nenhum nível de tensão em particular.

Em t_1, as entradas $\overline{IE}_C$ e $\overline{OE}_A$ são ativadas. As saídas do registrador A são habilitadas e começam a mudar as linhas DB_3 a DB_0 do barramento de dados do estado de alta impedância para os níveis lógicos 1011. Após um tempo para estabilização dos níveis lógicos no barramento, uma transição positiva do sinal de clock é aplicada no instante t_2. Ela vai transferir esses níveis lógicos para o registrador C, uma vez que $\overline{IE}_C$ está ativo. Se a transição positiva ocorrer antes que o barramento de dados tenha níveis lógicos válidos, dados imprevisíveis serão transferidos para o registrador C.

FIGURA 9.48 Ativação de sinais durante a transferência dos dados 1011 do registrador A para o registrador C.

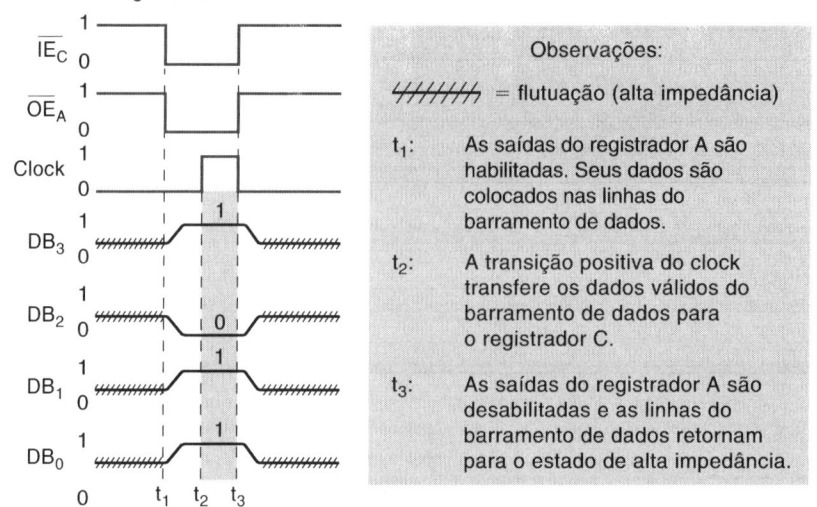

Observações:

////// = flutuação (alta impedância)

t_1: As saídas do registrador A são habilitadas. Seus dados são colocados nas linhas do barramento de dados.

t_2: A transição positiva do clock transfere os dados válidos do barramento de dados para o registrador C.

t_3: As saídas do registrador A são desabilitadas e as linhas do barramento de dados retornam para o estado de alta impedância.

No instante t_3, as linhas $\overline{IE}_C$ e $\overline{OE}_A$ retornam para seus estados inativos. Como resultado, as saídas do registrador A vão para o estado de alta impedância. Isso remove os dados de saída do registrador A das linhas do barramento e estas retornam para o estado de alta impedância.

Observe que as linhas do barramento de dados mostram níveis lógicos válidos apenas durante o intervalo de tempo em que as saídas do registrador A estão habilitadas. Em todos os outros momentos, as linhas do barramento de dados estão em flutuação, e não há meio de predizer como apareceriam em um osciloscópio. Uma ponta de prova lógica apresentaria a indicação "indeterminado" se uma linha do barramento em flutuação fosse monitorada. Observe também a taxa relativamente lenta de mudança dos sinais nas linhas do barramento de dados. Embora esse efeito tenha sido um tanto exagerado no diagrama, é característica comum dos sistemas de barramento e é provocado pela capacitância de carga de cada linha, que consiste em uma combinação das capacitâncias parasitas e da contribuição das capacitâncias de cada entrada e saída conectada na linha.

Diagrama simplificado de tempo de barramento

O diagrama de tempo da Figura 9.48 mostra os sinais em cada uma das quatro linhas do barramento de dados. O mesmo tipo de ativação de sinais ocorre em um sistema digital que usa um barramento de dados comum de 8, 16 ou 32 linhas. Para esses barramentos mais largos, os diagramas de tempo como os mostrados na Figura 9.48 seriam grandes e complicados demais. Há um método simplificado para mostrar a atividade de sinais que ocorre em um conjunto de linhas de barramento que usa uma única forma de onda de tempo para representar o conjunto completo das linhas de barramento. Isso está demonstrado na Figura 9.49 para a mesma situação de transferência de dados mostrada na Figura 9.48. Observe como a atividade do barramento de dados é representada. Sobretudo, observe como os dados 1011 são indicados no diagrama durante o intervalo t_2–t_3. Usaremos esse diagrama simplificado de tempo de barramento daqui em diante.

FIGURA 9.49 Forma simplificada de mostrar a ativação de sinais nas linhas do barramento de dados.

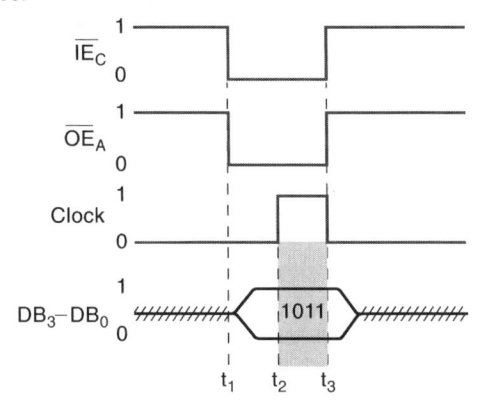

Expandindo o barramento

A operação de transferência de dados do barramento de dados de quatro linhas mostrado na Figura 9.47 é típica de um barramento de dados mais largo encontrado na maioria dos computadores e outros sistemas digitais — geralmente, barramentos de dados de 8, 16 ou 32 linhas. Os mais largos têm mais de três dispositivos conectados, mas a operação básica de transferência de dados é a mesma: *um dispositivo tem suas saídas habilitadas de modo que os dados sejam colocados no barramento de dados; outro dispositivo tem suas entradas habilitadas de modo que ele possa pegar esses dados do barramento e armazená-los no circuito interno na borda apropriada do clock.*

O número de linhas do barramento depende do tamanho da **palavra** dos dados (unidade de dados) a ser transferida pelo barramento. Um computador que tem um tamanho de palavra de 8 bits terá barramento de dados de 8 linhas; um computador que tem um tamanho de palavra de 16 bits terá barramento de dados de 16 linhas, e assim por diante. O número de dispositivos conectados no barramento de dados varia de um computador para outro e depende de fatores como a quantidade de memória e o número de dispositivos de entrada e saída que deve se comunicar com a CPU pelo barramento de dados.

Todas as saídas dos dispositivos devem estar conectadas no barramento por buffers tristate. Alguns dispositivos, como o registrador 74173, têm esses buffers no mesmo chip. Outros precisam ser conectados no barramento por um CI denominado **driver de barramento**. Um CI driver de barramento tem saídas tristate com impedância de saída muito baixa, que pode carregar e descarregar rapidamente a capacitância do barramento. Essa capacitância representa o efeito cumulativo de todas as capacitâncias parasitas das diferentes entradas e saídas conectadas no barramento e pode causar deterioração nos tempos de transição dos sinais no barramento se eles não forem acionados a partir de uma fonte de sinal de baixa impedância. A Figura 9.50 mostra um CI driver de barramento octal 74HC541 conectando as saídas de um conversor analógico-digital (ADC) de oito bits em um barramento de dados. O ADC tem saídas tristate, mas falta capacidade de acionamento para carregar a capacitância de barramento (mostrados como capacitores para GND na figura). Observe que o bit de dado 0 aciona o barramento diretamente, sem a assistência de um driver de barramento. Se o tempo de transição for suficientemente lento, pode ser que a tensão nunca alcance o nível lógico ALTO dentro do intervalo de tempo da habilitação. As duas entradas de habilitação do driver de barramento são conectadas, de modo que o nível BAIXO na linha comum de *HABILITAÇÃO* possibilite às saídas do ADC passarem para o barramento de dados pelos buffers, de onde podem ser transferidas para outro dispositivo.

FIGURA 9.50 Um driver de barramento octal 74HC541 conecta as saídas de um conversor analógico-digital (ADC) em um barramento digital de oito linhas. A saída D_0 está conectada diretamente no barramento, demonstrando os efeitos da capacitância.

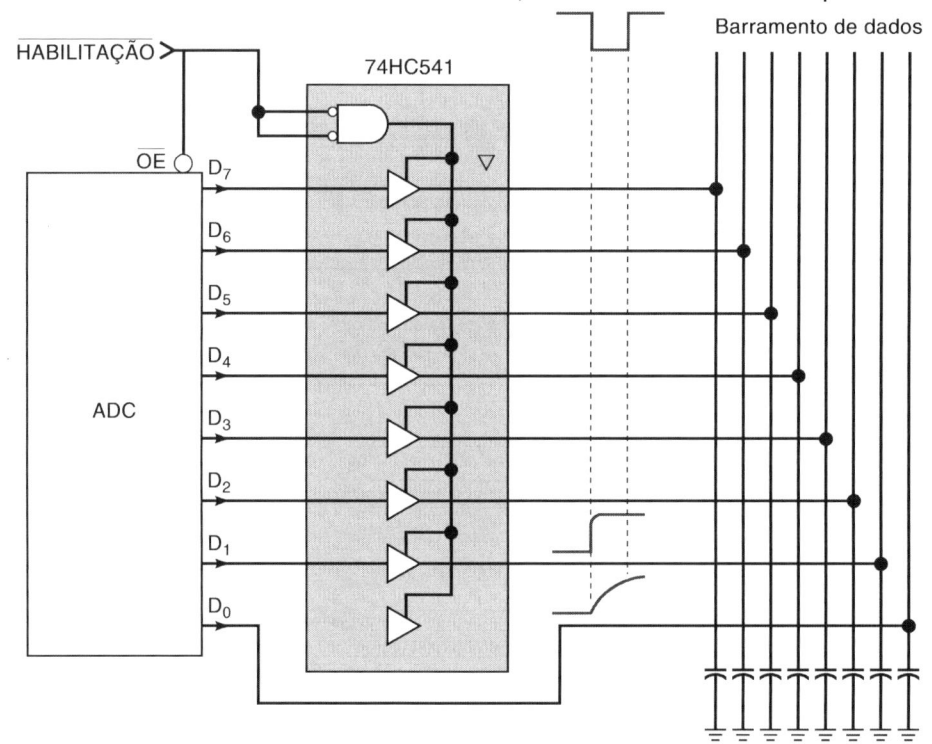

Representação simplificada de barramento

Em geral, muitos dispositivos estão conectados no mesmo barramento de dados. No diagrama esquemático de um circuito, isso pode produzir um arranjo confuso de linhas e conexões. Por esse motivo, uma representação mais simplificada das conexões no barramento de dados costuma ser utilizada em diagramas em bloco e em alguns esquemas de circuitos. Um tipo de representação simplificada é mostrado na Figura 9.51 para um barramento de dados de oito linhas.

As conexões de e para o barramento de dados são representadas por setas largas. Os números entre colchetes indicam o número de bits que cada registrador contém, assim como o número de linhas que conectam as entradas do registrador e as saídas no barramento.

Outro método para a representação de barramentos é apresentado na Figura 9.52. Ela mostra as oito linhas das saídas individuais de um driver de barramento 74HC541, denominadas D_7–D_0, reunidas (não conectadas) e representadas como uma única linha. Essas linhas de dados de saída reunidas são conectadas no barramento de dados, que também é mostrado como uma linha (isto é, as oito linhas estão reunidas). A notação "/8" indica o número de linhas representado por cada linha mais grossa. Esse método é utilizado para representar as conexões do barramento de dados para as oito entradas de dados do

FIGURA 9.51 Representação simplificada das disposições de um barramento.

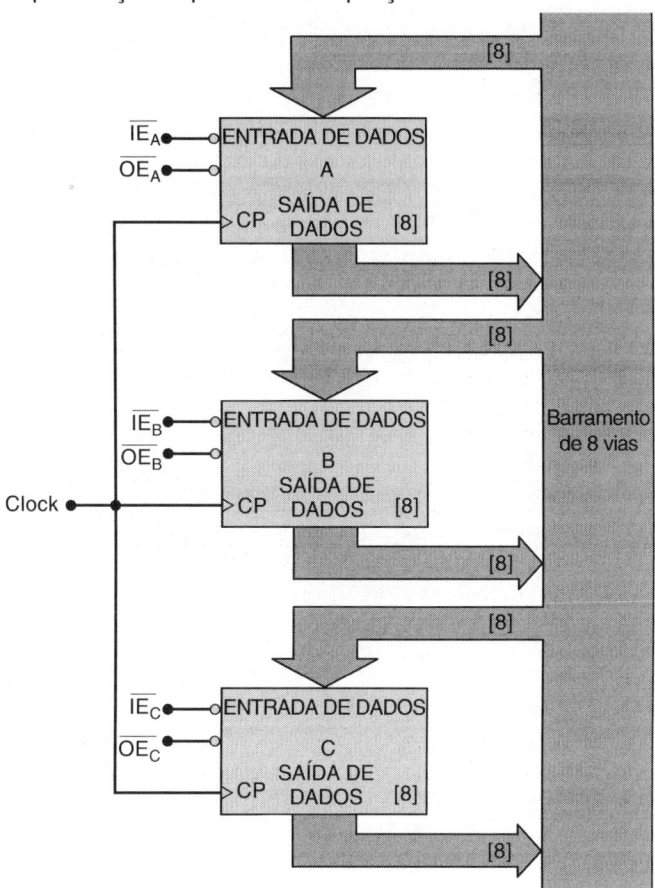

microprocessador. Quando ele é utilizado, é importante identificar ambas as terminações de cada conexão que pertencem à linha mais grossa, uma vez que a conexão não pode ser acompanhada visualmente no diagrama.

FIGURA 9.52 Método de reunião das linhas para representação simplificada das conexões no barramento de dados. O "/8" indica um barramento de dados de oito linhas.

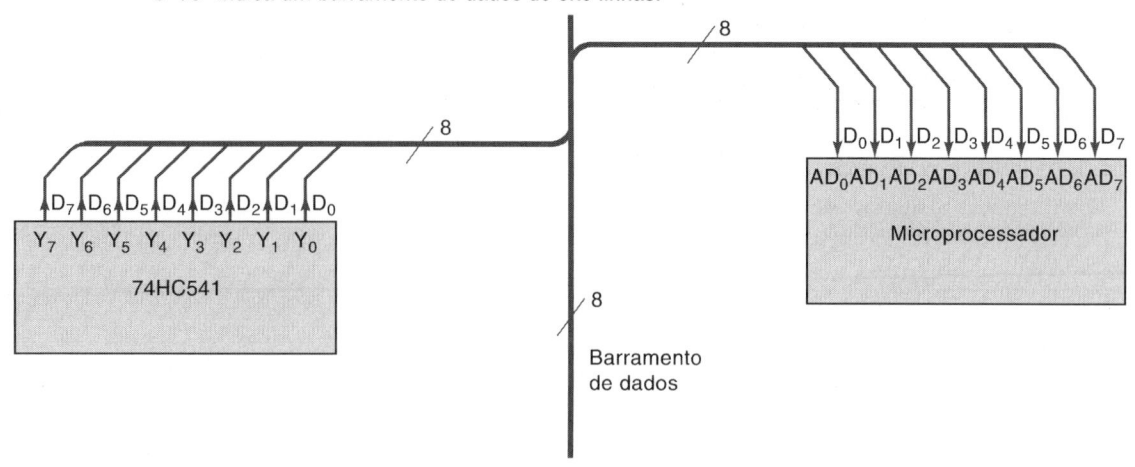

Barramento bidirecional

Cada registrador mostrado na Figura 9.47 tem suas entradas e saídas conectadas no barramento de dados, desse modo, entradas e saídas correspondentes estão juntas. Por exemplo, cada registrador tem a saída O_2

conectada na entrada D_2 em razão das conexões comuns para DB_2. Quando um circuito integrado é utilizado desse modo, é desnecessário ter pinos de entrada e pinos de saída.

Pelo fato de as entradas e saídas serem muitas vezes conectadas juntas nos sistemas de barramento, os fabricantes têm desenvolvido CIs que conectam entradas e saídas *internamente*, para reduzir o número de pinos IC e o número de conexões ao barramento. A Figura 9.53 demonstra isso para um registrador de quatro bits. As linhas de entradas de dados (D_0 a D_3) e as linhas de saída (O_0 a O_3) separadas foram substituídas por linhas de entrada/saída (I/O_0 a I/O_3).

FIGURA 9.53 Registrador bidirecional conectado no barramento de dados.

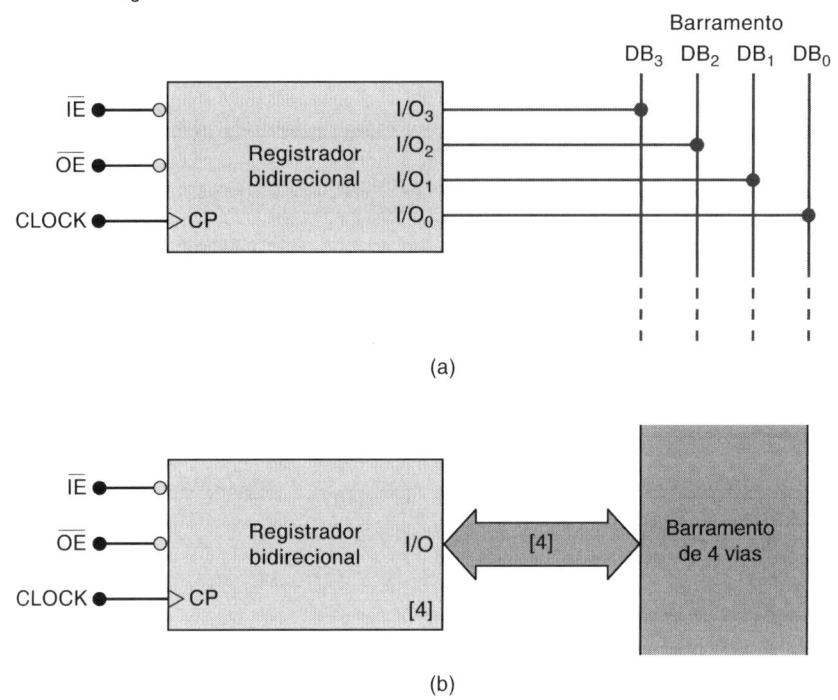

Cada linha I/O funcionará tanto como entrada quanto como saída, dependendo dos estados das entradas de habilitação. Desse modo, são denominadas **linhas bidirecionais de dados**. O 74ALS299 é um registrador de oito bits com linhas I/O comuns. Muitos CIs de memória e microprocessadores têm transferência bidirecional de dados.

Retornaremos ao importante tópico do barramento de dados na abordagem detalhada de sistemas de memória no Capítulo 12.

QUESTÕES DE REVISÃO

1. O que acontecerá se $\overline{OE}_A = \overline{OE}_B =$ BAIXO na Figura 9.47?
2. Que nível lógico ficará na linha de barramento de dados quando todos os dispositivos conectados ao barramento estiverem desabilitados?
3. Qual é a função de um driver de barramento?
4. Quais são os motivos para a existência de registradores com linhas I/O comuns?
5. Desenhe de novo o circuito da Figura 9.53(a) usando o método de representação com linha mais grossa. (A resposta aparece na Figura 9.54.)

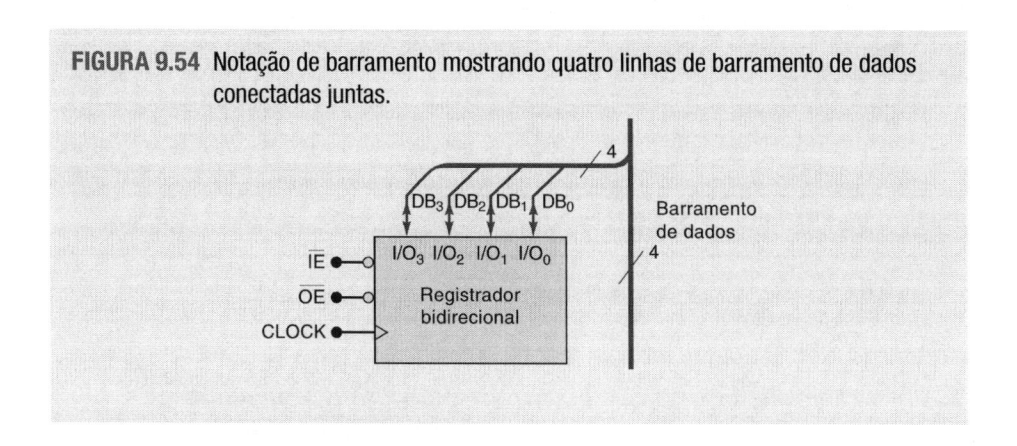

FIGURA 9.54 Notação de barramento mostrando quatro linhas de barramento de dados conectadas juntas.

9.15 DECODIFICADORES USANDO HDL

OBJETIVO

Após ler esta seção, você será capaz de:

- Usar o HDL para descrever qualquer tipo de decodificador.

A Seção 9.1 apresentou o decodificador como um dispositivo que reconhece um número binário em sua entrada e ativa uma saída correspondente. Como exemplo, foi apresentado o decodificador 1 de 8 74138. Ele utiliza três entradas binárias para ativar uma das oito saídas quando o CI está habilitado. Para estudar métodos de HDL para implementar os tipos de dispositivos digitais abordados neste capítulo, vamos nos concentrar, de início, nos componentes comuns MSI, discutidos anteriormente. Não só o funcionamento desses dispositivos já foi descrito neste livro, mas, também, outros textos de referência estão disponíveis nos manuais. Em todos esses casos, é fundamental que você entenda o que se espera que o dispositivo faça antes de tentar decifrar o código HDL que o descreve.

Na prática, não recomendamos, por exemplo, que se escrevam novos códigos para executar a tarefa de um 74138. Afinal, existe uma macrofunção disponível que funciona exatamente como esse componente padrão. Usar esses dispositivos como exemplos e mostrar as técnicas de HDL utilizadas para criá-los propiciam o aperfeiçoamento deles, de modo que um circuito que sirva para a aplicação em questão possa ser descrito. Em alguns casos, acrescentaremos nossos próprios aperfeiçoamentos a um circuito que tenha sido descrito; em outros, descreveremos uma versão mais simples de um componente a fim de nos concentrar nos princípios centrais das HDL e evitar confundir recursos.

Os métodos utilizados para definir as entradas e saídas devem levar em consideração o objetivo desses sinais. No caso de um decodificador 1 de 8 como o 74138, descrito na Figura 9.3, há três entradas de habilitação ($\overline{E_1}, \overline{E_2}$ e E_3) que deveriam ser descritas como entradas individuais do dispositivo. Por outro lado, as entradas binárias que devem ser decodificadas (A_2, A_1 e A_0) têm de ser descritas como números de três bits. As saídas podem ser descritas como oito bits individuais. Também podem ser descritas como um vetor de oito bits, com a saída 0 representada pelo elemento 0 no vetor, e assim por diante, até a saída 7, representada pelo elemento 7. Dependendo do modo como o código é escrito, uma estratégia pode ser mais simples de escrever que a outra. De modo geral, usar nomes individuais torna o propósito de cada bit de I/O mais claro, e utilizar vetores de bits simplifica a escrita do código.

Quando uma aplicação como um decodificador pede uma resposta única do circuito correspondente a cada combinação de suas variáveis de entrada, os dois métodos que melhor servem a esse propósito são a construção CASE e a tabela-verdade. O aspecto interessante desse decodificador é que a resposta de saída deve acontecer quando *todas* as habilitações (enables) estiverem ativas. Se qualquer das habilitações não estiver ativa, todas as saídas irão para o nível ALTO. Os exemplos que se seguem mostrarão formas de decodificar o número de entrada apenas quando *todas* as habilitações estiverem ativas.

DECODIFICADORES EM AHDL

A primeira ilustração de um decodificador em AHDL, mostrada na Figura 9.55, visa demonstrar o uso de uma construção CASE avaliada apenas sob a condição de que todas as habilitações (enables) estejam ativas. Todas as saídas devem reverter ao nível ALTO assim que qualquer habilitação for desativada. Esse exemplo também demonstra como fazer isso sem atribuir explicitamente um valor a cada saída e usa bits de saídas nomeados individualmente.

A linha 3 define o número binário de três bits que será decodificado. A linha 4 define as três entradas de habilitação, e a linha 5 nomeia especificamente cada saída. O que há de especial nessa solução é o uso da palavra-chave **DEFAULTS** em AHDL (linhas 10 a 13) para estabelecer um valor para variáveis não especificadas em nenhum outro ponto do código. Essa manobra possibilita que cada *case* force um bit a ir para nível BAIXO sem especificar que os outros devem ir para o nível ALTO.

A próxima ilustração, na Figura 9.56, busca demonstrar o mesmo decodificador usando a abordagem da tabela-verdade. Observe que as saídas são definidas como vetores de bits, mas continuam sendo numeradas de *y[7]* até *y[0]*, em ordem decrescente. O aspecto a se destacar nesse código é o uso de valores de irrelevância na tabela-verdade. A linha 11 concatena os seis bits de entrada em uma variável única (vetor de bits) chamada *inputs[ ]*. Observe que, nas linhas 14, 15 e 16 da tabela, apenas um valor de bit é especificado como 1 ou 0. Os outros estão no estado de irrelevância (X). A linha 14 diz: "Enquanto *e3* não for habilitada, não importa o que as outras entradas estão fazendo, as saídas permanecerão em nível ALTO". As linhas 15 e 16 fazem o mesmo, garantindo que, se *e2bar* ou *e1bar* estiverem em nível ALTO (desabilitadas), as saídas permanecerão em nível ALTO. As linhas de 17 a 24 afirmam que, enquanto os primeiros três bits (habilitações) forem "100", a saída adequada do decodificador estará ativa para corresponder aos três bits de mais baixa ordem de *inputs[ ]*.

FIGURA 9.55 AHDL equivalente ao decodificador 74138.

```
1   SUBDESIGN fig9_55
2   (
3       a[2..0]                     :INPUT;  -- entradas binárias
4       e3, e2bar, e1bar            :INPUT;  -- entradas de habilitação
5       y7,y6,y5,y4,y3,y2,y1,y0     :OUTPUT; -- saídas decodificadas
6   )
7   VARIABLE
8       enable                      :NODE;
9   BEGIN
10      DEFAULTS
11          y7=VCC;y6=VCC;y5=VCC;y4=VCC;
12          y3=VCC;y2=VCC;y1=VCC;y0=VCC;        -- todos os defaults em nível ALTO
13      END DEFAULTS;
14      enable = e3 & !e2bar & !e1bar;  -- todas as habilitações ativadas
```

(*continua*)

(continuação)
```
15      IF enable THEN
16        CASE a[] IS
17           WHEN 0   =>    y0 = GND;
18           WHEN 1   =>    y1 = GND;
19           WHEN 2   =>    y2 = GND;
20           WHEN 3   =>    y3 = GND;
21           WHEN 4   =>    y4 = GND;
22           WHEN 5   =>    y5 = GND;
23           WHEN 6   =>    y6 = GND;
24           WHEN 7   =>    y7 = GND;
25        END CASE;
26      END IF;
27   END;
```

FIGURA 9.56 Decodificador em AHDL usando TABLE (em português, *tabela*).

```
1    SUBDESIGN fig9_56
2    (
3       a[2..0]              :INPUT;    -- entradas do decodificador
4       e3, e2bar, e1bar     :INPUT;    -- entradas de habilitação
5       y[7..0]              :OUTPUT;   -- saídas decodificadas
6    )
7    VARIABLE
8       inputs[5..0]         :NODE;     -- as seis entradas combinadas
9
10   BEGIN
11      inputs[] = (e3, e2bar, e1bar, a[]); -- concatena as entradas
12      TABLE
13         inputs[]     =>   y[];
14         B"0XXXXX"    =>   B"11111111";   -- e3 desabilitada
15         B"X1XXXX"    =>   B"11111111";   -- e2bar desabilitada
16         B"XX1XXX"    =>   B"11111111";   -- e1bar desabilitada
17         B"100000"    =>   B"11111110";   -- Y0 ativa
18         B"100001"    =>   B"11111101";   -- Y1 ativa
19         B"100010"    =>   B"11111011";   -- Y2 ativa
20         B"100011"    =>   B"11110111";   -- Y3 ativa
21         B"100100"    =>   B"11101111";   -- Y4 ativa
22         B"100101"    =>   B"11011111";   -- Y5 ativa
23         B"100110"    =>   B"10111111";   -- Y6 ativa
24         B"100111"    =>   B"01111111";   -- Y7 ativa
25      END TABLE;
26   END;
```

DECODIFICADORES EM VHDL

A solução em VHDL apresentada na Figura 9.57 emprega o método da tabela-verdade. A principal estratégia nessa solução envolve a concatenação dos três bits de habilitação (*e3*, *e2bar*, *e1bar*) com a entrada binária *a* na linha 11. A atribuição de sinal selecionada em VHDL atribui um valor a um sinal quando há uma combinação específica de entradas. A linha 12 (WITH inputs SELECT) indica que estamos usando o valor das *entradas* de sinal intermediário para determinar que valor é atribuído a *y*. Cada uma das saídas *y* está listada nas linhas 13-20. Observe que apenas combinações que começam com 100 seguem a cláusula WHEN nessas linhas. Essa combinação de *e3*, *e2bar* e *e1bar* é necessária para tornar todas as habilitações ativas. A linha 21 atribui um estado desabilitado a todas as saídas quando qualquer combinação diferente de 100 está presente nas entradas de habilitação.

FIGURA 9.57 Equivalente em VHDL ao decodificador 74138.

```
1   ENTITY fig9_57 IS
2   PORT (
3       a   :IN BIT_VECTOR (2 DOWNTO 0);
4       e3, e2bar, e1bar :IN BIT;
5       y   :OUT BIT_VECTOR (7 DOWNTO 0)
6       );
7   END fig9_57;
8   ARCHITECTURE truth OF fig9_57 IS
9   SIGNAL inputs: BIT_VECTOR (5 DOWNTO 0); --combina habilitações à entrada binária
10      BEGIN
11         inputs <= e3 & e2bar & e1bar & a;
12         WITH inputs SELECT
13             y <= "11111110" WHEN "100000",  --Y0 ativa
14                  "11111101" WHEN "100001",  --Y1 ativa
15                  "11111011" WHEN "100010",  --Y2 ativa
16                  "11110111" WHEN "100011",  --Y3 ativa
17                  "11101111" WHEN "100100",  --Y4 ativa
18                  "11011111" WHEN "100101",  --Y5 ativa
19                  "10111111" WHEN "100110",  --Y6 ativa
20                  "01111111" WHEN "100111",  --Y7 ativa
21                  "11111111" WHEN OTHERS;    --desabilitadas
22  END truth;
```

QUESTÕES DE REVISÃO

1. Qual é o propósito das três entradas: *e3*, *e2bar* e *e1bar* do 74138?
2. Cite dois métodos de se descrever o funcionamento de um decodificador em AHDL.
3. Nomeie dois métodos de descrição do funcionamento de um decodificador em VHDL.

9.16 DECODIFICADOR/DRIVER HDL PARA 7 SEGMENTOS

OBJETIVO

Após ler esta seção, você será capaz de:

■ Usar HDL para descrever qualquer tipo de decodificador/driver de display.

A Seção 9.2 descreveu um decodificador/driver BCD para 7 segmentos. O número do componente padrão para o circuito é 7447. Nesta seção, estudaremos o código HDL necessário para produzir um dispositivo que cumpra a mesma função que o 7447. Lembre-se de que $\overline{BI}$ (entrada de apagamento, do inglês, *blanking input*) é o controle de sobreposição (*overriding*) que desativa todos os segmentos independentemente de outros níveis de entrada. A entrada $\overline{LT}$ (teste de lâmpada, do inglês, *lamp test*) é utilizada para testar todos os segmentos no display, acendendo-os. $\overline{RBO}$ (saída de controle de apagamento, do inglês, *ripple blanking output*) é projetada para ir para o nível BAIXO quando $\overline{RBI}$ (entrada de controle de apagamento, do inglês, *ripple blanking input*) está em nível BAIXO e o valor da entrada BCD é 0. Em geral, em aplicações de display com múltiplos dígitos, cada pino $\overline{RBO}$ está conectado ao pino $\overline{RBI}$ do próximo dígito à direita. Essa configuração apaga todos os zeros iniciais em um valor de display sem apagar os zeros no meio de um número. Por exemplo, o número 2002 apareceria como 2002, mas o número 0002 apareceria como _ _ _2. Um recurso do 7447 difícil de reproduzir em HDL é a combinação do pino de entrada/saída chamada $\overline{BI}/\overline{RBO}$. Em vez de complicar o código, decidimos criar uma entrada separada ($\overline{BI}$) e uma saída ($\overline{RBO}$) em dois pinos diferentes. Também não tentamos reproduzir os caracteres não BCD do display de um 7447; simplesmente, apagamos todos os segmentos de valores maiores que 9.

Há muitas decisões que devemos tomar quando projetamos um circuito como esse. A primeira envolve o tipo de display que pretendemos usar. Se for um display de catodo comum, então um 1 lógico acende o segmento LED. Se for de anodo comum, então um 0 lógico é necessário para acender um segmento. A seguir, precisamos decidir o tipo de entradas, saídas e variáveis intermediárias. Resolvemos que as saídas de cada segmento individual devem receber um nome de bit (*a–g*), em vez de usarmos um vetor de bits. Essa configuração torna-se mais clara quando conectamos o display ao CI. Esses bits individuais podem ser agrupados como um conjunto de bits e ter valores binários atribuídos a eles, como fizemos em AHDL, ou podemos usar um vetor de bits que seja uma variável intermediária, para atribuir os sete níveis de bits em uma única declaração, como fizemos em VHDL. As entradas BCD são tratadas como um número de quatro bits, e os controles de apagamento são bits individuais. Outra questão que afeta bastante os padrões de bits no código HDL é a decisão arbitrária da ordem dos nomes dos segmentos *a–g*. Neste livro, atribuímos o segmento *a* ao bit mais à esquerda no padrão de bit binário, com os bits se movendo alfabeticamente da esquerda para a direita.

Alguns controles devem ter precedência sobre outros. Por exemplo, $\overline{LT}$ deve sobrepor-se a qualquer dígito regular, e $\overline{BI}$ deve sobrepor-se até mesmo à entrada de teste da lâmpada. Nesses exemplos, a estrutura de controle IF/ELSE é utilizada para estabelecer a precedência. A primeira condição avaliada como verdadeira determinará a saída resultante, independente de outros níveis de entrada. Comandos ELSE subsequentes não terão efeito, e esta é a razão pela qual o código testa primeiro $\overline{BI}$, depois $\overline{LT}$, depois $\overline{RBI}$ e, por fim, determina o padrão de segmento correto.

DECODIFICADOR/DRIVER EM AHDL

O código AHDL para esse circuito está na Figura 9.58. O AHDL possibilita que os bits de saída sejam agrupados em um conjunto separando os bits com vírgulas e colocando-os entre parênteses. Um grupo de estados binários pode ser atribuído diretamente a esses conjuntos de bits, como mostrado nas linhas 9, 11, 13 e 15. Essa convenção evita a necessidade de uma variável intermediária e é muito mais sucinta que oito declarações de atribuição separadas. O recurso da tabela (em inglês, *TABLE*) do AHDL é útil nessa aplicação para correlacionar um valor de entrada BCD com um padrão de bit de 7 segmentos.

FIGURA 9.58 Decodificador-display BCD para 7 segmentos em AHDL.

```
1   SUBDESIGN fig9_58
2   (
3      bcd[3..0]        :INPUT;           -- número de 4 bits
4      lt, bi, rbi      :INPUT;           -- 3 controles independentes
5      a,b,c,d,e,f,g,rbo :OUTPUT;         -- saídas individuais
6   )
7   BEGIN
8      IF !bi THEN
9         (a,b,c,d,e,f,g,rbo) = (1,1,1,1,1,1,1,0);    % apaga tudo %
10     ELSIF     !lt THEN
11        (a,b,c,d,e,f,g,rbo) = (0,0,0,0,0,0,0,1);    % testa segmentos %
12     ELSIF !rbi & bcd[] == 0 THEN
13        (a,b,c,d,e,f,g,rbo) = (1,1,1,1,1,1,1,0);    % apaga 0s iniciais %
14     ELSIF bcd[] > 9 THEN
15        (a,b,c,d,e,f,g,rbo) = (1,1,1,1,1,1,1,1);    % apaga entrada não BCD %
16     ELSE
17        TABLE                            % display de 7 segmentos com anodo comum %
18        bcd[]    =>      a,b,c,d,e,f,g,rbo;
19        0    =>    0,0,0,0,0,0,1,1;
20        1    =>    1,0,0,1,1,1,1,1;
21        2    =>    0,0,1,0,0,1,0,1;
22        3    =>    0,0,0,0,1,1,0,1;
23        4    =>    1,0,0,1,1,0,0,1;
24        5    =>    0,1,0,0,1,0,0,1;
25        6    =>    1,1,0,0,0,0,0,1;
26        7    =>    0,0,0,1,1,1,1,1;
27        8    =>    0,0,0,0,0,0,0,1;
28        9    =>    0,0,0,1,1,0,0,1;
29        END TABLE;
30     END IF;
31  END;
```

DECODIFICADOR/DRIVER EM VHDL

O código VHDL para esse circuito está na Figura 9.59. Essa ilustração mostra o uso de uma VARIABLE (variável) em vez de um SIGNAL (sinal). Uma VARIABLE pode ser pensada como um pedaço de papel utilizado para escrever números que serão necessários mais tarde. Um SIGNAL, por outro lado, pode ser encarado como um fio conectando dois pontos no circuito. Na linha 12, a palavra-chave VARIABLE é utilizada para declarar *segmentos* como um vetor de bits de sete bits. Observe a ordem dos índices dessa variável: de 0 a 6 (declarados como 0 TO 6). Em VHDL, isso significa que o elemento 0 aparece na extremidade esquerda do padrão de bit binário, e o elemento 6, na extremidade direita. Isso é o oposto da maioria dos exemplos neste livro que apresentavam variáveis, mas é preciso compreender a importância da declaração em VHDL. Nesse exemplo, o segmento *a* é um bit 0 (à esquerda), o segmento *b* é um bit 1 (movendo-se para a direita), e assim por diante.

Observe que, na linha 3, a entrada BCD é declarada como um INTEGER (inteiro). Isso possibilita que nos refiramos a ele por seu valor numérico em decimal, em vez de nos limitarmos a referências de padrão de bit. Uma declaração PROCESS é empregada para que possamos usar a construção

IF/ELSE e estabelecer a precedência de uma entrada sobre outra. Observe que a lista de sensibilidade contém todas as entradas. O código dentro de PROCESS descreve a operação comportamental do circuito necessária quando qualquer das entradas na lista de sensibilidade muda de estado. Outro ponto muito importante nessa ilustração é o operador de atribuição das variáveis. Observe na linha 15, por exemplo, a atribuição *segments :=* *"1111111"*. O operador de atribuição da variável := é utilizado com variáveis em lugar do operador <= utilizado em atribuições de sinal. Nas linhas 36–42, os bits individuais estabelecidos nas decisões IF/ELSE recebem as atribuições dos bits de saída adequados.

FIGURA 9.59 Decodificador-display BCD para 7 segmentos em VHDL.

```
1   ENTITY fig9_59 IS
2   PORT (
3           bcd                     :IN INTEGER RANGE 0 TO 15;
4           lt, bi, rbi             :IN BIT;
5           a,b,c,d,e,f,g,rbo       :OUT BIT
6       );
7   END fig9_59;
8
9   ARCHITECTURE vhdl OF fig9_59 IS
10  BEGIN
11  PROCESS (bcd, lt, bi, rbi)
12  VARIABLE  segments      :BIT_VECTOR (0 TO 6);
13      BEGIN
14        IF  bi = '0' THEN
15           segments := "1111111";    rbo <= '0'; -- apaga tudo
16        ELSIF lt = '0' THEN
17           segments := "0000000";    rbo <= '1'; -- testa segmentos
18        ELSIF (rbi = '0' AND bcd = 0) THEN
19           segments := "1111111";    rbo <= '0'; -- apaga 0s iniciais
20        ELSE
21           rbo <= '1';
22           CASE bcd IS   -- display padrão anodo comum para 7 segmentos
23                WHEN 0  => segments := "0000001";
24                WHEN 1  => segments := "1001111";
25                WHEN 2  => segments := "0010010";
26                WHEN 3  => segments := "0000110";
27                WHEN 4  => segments := "1001100";
28                WHEN 5  => segments := "0100100";
29                WHEN 6  => segments := "1100000";
30                WHEN 7  => segments := "0001111";
31                WHEN 8  => segments := "0000000";
32                WHEN 9  => segments := "0001100";
33                WHEN OTHERS => segments := "1111111";
34           END CASE;
35        END IF;
36      a <= segments(0); -- atribui bits de vetor a pinos de saída
37      b <= segments(1);
38      c <= segments(2);
39      d <= segments(3);
40      e <= segments(4);
41      f <= segments(5);
42      g <= segments(6);
43    END PROCESS;
44  END vhdl;
```

QUESTÕES DE REVISÃO

1. Que recurso do 7447 é difícil de ser reproduzido em hardware de PLD e código HDL?
2. Esses exemplos de driver decodificador HDL são de displays para 7 segmentos de anodo ou de catodo comum?
3. Como certas entradas (por exemplo, teste da lâmpada) recebem precedência sobre outras (por exemplo, RBI) no código HDL desta seção?

9.17 CODIFICADORES USANDO HDL

OBJETIVOS

Após ler esta seção, você será capaz de:

- Usar o HDL para descrever qualquer tipo de codificador.
- Arbitrar múltiplas ativações de entrada por prioridade em AHDL e VHDL.
- Descrever as saídas tristate em AHDL e VHDL.

Na Seção 9.4, tratamos de codificadores e codificadores de prioridade. Existem semelhanças, é claro, entre decodificadores e codificadores. Os decodificadores tomam um número binário e ativam uma saída que corresponde àquele número. Um codificador funciona no outro sentido, monitorando uma de várias entradas; quando uma delas é ativada, produz um número binário correspondente. Se mais de uma entrada é ativada ao mesmo tempo, um codificador de prioridade ignora a entrada menos significativa e produz o valor binário que corresponde à entrada mais significativa. Ou seja, ele dá prioridade às entradas mais significativas sobre as menos significativas. Esta seção trata dos métodos que podem ser utilizados em HDL para descrever circuitos que tenham essa característica de prioridade para algumas entradas.

Outro conceito importante apresentado no Capítulo 8 foi o do circuito de saída tristate. Dispositivos com saídas tristate podem produzir um nível ALTO ou um nível BAIXO lógico, como qualquer circuito normal, quando sua saída está habilitada. Contudo, esses dispositivos podem ter suas saídas desabilitadas, o que os coloca em estado "desconectado" ou de alta impedância. Isso é muito importante para dispositivos conectados a barramentos comuns, como descrito na Seção 9.12. A próxima pergunta lógica é: "Como descrevemos saídas tristate usando HDL?" Esta seção incorpora saídas tristate ao projeto do codificador para resolver essa questão. A fim de mantermos a explicação centrada no essencial, criamos um circuito que imita o codificador de prioridade 74147, com um recurso adicional de saídas tristate em nível ativo ALTO. Outros recursos — como entradas e saídas em cascata (aquelas encontradas em um 74148) — serão deixados para que você os explore depois. Um símbolo para o circuito que estamos descrevendo é mostrado na Figura 9.60. Como todas as entradas são rotuladas de maneira bastante semelhante à notação de vetor de bits, faz sentido utilizar esse vetor para descrever as entradas do codificador. A habilitação tristate deve ser um bit único, e as saídas codificadas podem ser descritas como um valor numérico inteiro (em inglês, *integer*).

FIGURA 9.60 Descrição gráfica de um codificador com saídas tristate.

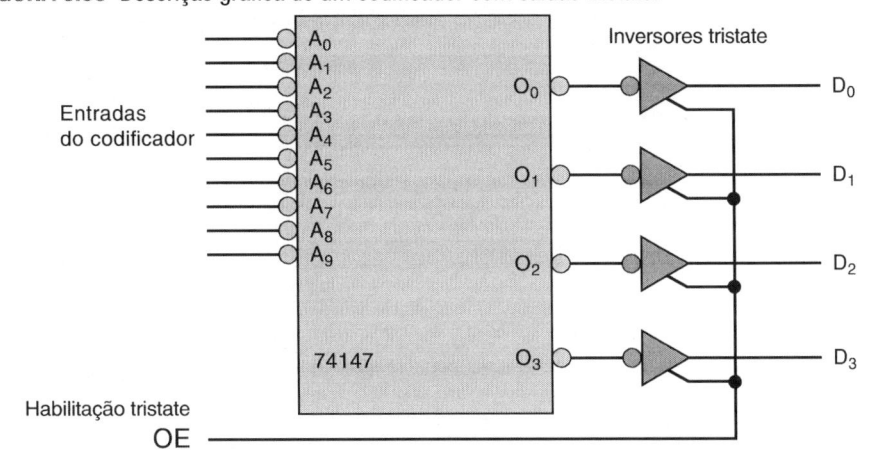

CODIFICADOR EM AHDL

O ponto mais importante a ser observado na Figura 9.61 é o método de estabelecimento de prioridade, mas note também as atribuições de I/O (entrada/saída). As descrições de entrada/saída em AHDL não fornecem um tipo separado para inteiros, mas possibilitam que se faça referência a um vetor de bits como um inteiro. Em consequência, a linha 4 descreve as saídas como um vetor de bits. Nessa ilustração, é utilizada uma tabela (TABLE) bastante semelhante às tabelas muitas vezes encontradas em manuais que descrevem o funcionamento desse circuito. A chave para essa tabela é o uso do estado de irrelevância (X) nas entradas. A prioridade é descrita por meio do modo como posicionamos esses estados de irrelevância na tabela-verdade. Lendo a linha 15, por exemplo, vemos que, assim que encontramos uma entrada ativa (BAIXO na entrada $a[4]$), os bits de entrada de mais baixa ordem não importam. A saída foi determinada como 4. As saídas tristate são criadas por meio da função primitiva predefinida :TRI na linha 6. Essa linha conecta os atributos de um buffer tristate à variável denominada *buffer*. Lembre-se de que é dessa maneira que um flip-flop é descrito em AHDL. As portas de um buffer tristate são simples. Elas representam a entrada (*in*), a saída (*out*) e a habilitação da saída tristate (*oe*).

A próxima ilustração (Figura 9.62) usa a construção IF/ELSE para estabelecer prioridades de maneira semelhante ao método demonstrado no exemplo do decodificador para 7 segmentos. A primeira condição IF avaliada como verdadeira (TRUE) fará (THEN) que o valor correspondente seja aplicado às entradas do buffer tristate. A prioridade é estabelecida pela ordem em que listamos as condições de IF. Observe que elas se iniciam na entrada 9, a de mais alta ordem. Esse código acrescenta outro recurso, o de colocar as saídas em estado de alta impedância quando nenhuma entrada está ativada. A linha 20 mostra que as habilitações de saída serão ativadas só quando o pino *oe* e uma das entradas estão ativos. Outro ponto interessante nesse código é o uso da notação de vetor de bits para descrever entradas individuais. Por exemplo, a linha 9 afirma que se (IF) a entrada da chave 9 estiver ativa (em nível BAIXO), então (THEN) será atribuído às entradas do buffer tristate o valor 9 (em binário, é claro).

FIGURA 9.61 Codificador de prioridade com saídas tristate em AHDL

```
1   SUBDESIGN fig9_61
2   (
3       a[9..0], oe            :INPUT;
4       d[3..0]                :OUTPUT;
5   )
6   VARIABLE buffer[3..0]   :TRI;
7   BEGIN
8       TABLE
9           a[]                 => buffer[].in;
10          B"1111111111"  => B"1111";    -- nenhuma entrada ativa
11          B"1111111110"  => B"0000";    -- 0
12          B"111111110X"  => B"0001";    -- 1
13          B"11111110XX"  => B"0010";    -- 2
14          B"1111110XXX"  => B"0011";    -- 3
15          B"111110XXXX"  => B"0100";    -- 4
16          B"11110XXXXX"  => B"0101";    -- 5
17          B"1110XXXXXX"  => B"0110";    -- 6
18          B"110XXXXXXX"  => B"0111";    -- 7
19          B"10XXXXXXXX"  => B"1000";    -- 8
20          B"0XXXXXXXXX"  => B"1001";    -- 9
21      END TABLE;
22      buffer[].oe = oe;       -- conecta linha de habilitação
23      d[] = buffer[].out;     -- conecta saídas
24  END;
```

FIGURA 9.62 Codificador de prioridade usando IF/ELSE em AHDL.

```
1   SUBDESIGN fig9_62
2   (
3       sw[9..0], oe   :INPUT;
4       d[3..0]        :OUTPUT;
5   )
6   VARIABLE
7       buffers[3..0]  :TRI;
8   BEGIN
9       IF     !sw[9]    THEN   buffers[].in = 9;
10      ELSIF  !sw[8]    THEN   buffers[].in = 8;
11      ELSIF  !sw[7]    THEN   buffers[].in = 7;
12      ELSIF  !sw[6]    THEN   buffers[].in = 6;
13      ELSIF  !sw[5]    THEN   buffers[].in = 5;
14      ELSIF  !sw[4]    THEN   buffers[].in = 4;
15      ELSIF  !sw[3]    THEN   buffers[].in = 3;
16      ELSIF  !sw[2]    THEN   buffers[].in = 2;
17      ELSIF  !sw[1]    THEN   buffers[].in = 1;
18      ELSE                    buffers[].in = 0;
19      END IF;
20  buffers[].oe = oe & sw[]!=b"1111111111";   -- habilita todas as entradas
21  d[] = buffers[].out;                        -- conecta às saídas
22  END;
```

CODIFICADOR EM VHDL

Duas técnicas importantes em VHDL são mostradas nessa descrição de um codificador de prioridade. A primeira é o uso de saídas tristate em VHDL, e a segunda, um novo método de se descrever prioridade. A Figura 9.63 mostra as definições de entrada/saída para esse circuito codificador. Observe, na linha 6, que as chaves de entrada são definidas como vetores de bits com índices de 9 a 0. Veja, também, que a saída *d* é definida como um vetor de bits padrão IEEE (tipo std_logic_vector). Essa definição é necessária para possibilitar o uso de estados de alta impedância (tristate) nas saídas e também explicar a necessidade de LIBRARY e USE nas linhas 1 e 2. Como mencionado, um ponto bastante importante nessa ilustração é o método de descrever a precedência para as entradas. Esse código emprega a **declaração de atribuição de sinal condicional**, que começa na linha 14 e continua até a 24. Na linha 14, ela atribui o valor listado à direita de <= à variável *d* à esquerda, supondo que a condição após WHEN seja verdadeira. Se essa cláusula não for verdadeira, as cláusulas que se seguem a ELSE serão avaliadas uma de cada vez até que se encontre uma verdadeira. O valor que precede WHEN será, então, atribuído a *d*. Um atributo muito importante da declaração de atribuição de sinal condicional é a avaliação sequencial. A precedência dessas instruções é estabelecida pela ordem em que são listadas. Observe que, nessa ilustração, a primeira condição testada (linha 14) é a habilitação das saídas tristate. Lembre-se do Capítulo 8, no qual os três estados de uma saída tristate são ALTO, BAIXO e alta impedância (Hi-Z). Quando o valor "ZZZZ" é atribuído à saída, cada saída está no estado de alta impedância. Se as saídas estiverem desabilitadas (Hi-Z), nenhuma das outras codificações importa. A linha 15 testa a entrada de mais alta prioridade, que é o bit 9 do vetor de entradas *sw*. Se estiver ativa (em nível BAIXO), então um valor de 9 será apresentado à saída, independentemente de outras entradas serem ativadas ao mesmo tempo.

FIGURA 9.63 Codificador de prioridade usando atribuição de sinal condicional em VHDL.

```
1    LIBRARY    ieee;
2    USE ieee.std_logic_1164.ALL;
3
4    ENTITY fig9_63 IS
5    PORT(
6       sw :IN BIT_VECTOR (9 DOWNTO 0);   -- lógica padrão não é necessária
7       oe :IN BIT;                       -- lógica padrão não é necessária
8       d  :OUT STD_LOGIC_VECTOR (3 DOWNTO 0)-- lógica padrão para alta impedância
9       );
10   END fig9_63;
11
12   ARCHITECTURE a OF fig9_63 IS
13      BEGIN
14         d <= "ZZZZ"  WHEN  ((oe = '0') OR (sw = "1111111111")) ELSE
15              "1001"  WHEN  sw(9) = '0' ELSE
16              "1000"  WHEN  sw(8) = '0' ELSE
17              "0111"  WHEN  sw(7) = '0' ELSE
18              "0110"  WHEN  sw(6) = '0' ELSE
19              "0101"  WHEN  sw(5) = '0' ELSE
20              "0100"  WHEN  sw(4) = '0' ELSE
21              "0011"  WHEN  sw(3) = '0' ELSE
22              "0010"  WHEN  sw(2) = '0' ELSE
23              "0001"  WHEN  sw(1) = '0' ELSE
24              "0000"  WHEN  sw(0) = '0';
25   END a;
```

> **QUESTÕES DE REVISÃO**
>
> 1. Cite dois métodos em AHDL para dar prioridade a certas entradas.
> 2. Cite dois métodos em VHDL para dar prioridade a certas entradas.
> 3. Em AHDL, como são implementadas as saídas tristate?
> 4. Em VHDL, como são implementadas as saídas tristate?

9.18 MULTIPLEXADORES E DEMULTIPLEXADORES EM HDL

OBJETIVO

Após ler esta seção, você será capaz de:

- Usar o HDL para descrever qualquer tipo de multiplexador ou demultiplexador.

Um multiplexador é um dispositivo que atua como uma chave seletora para sinais digitais. As entradas de seleção são utilizadas para especificar o canal de entrada que deve ser "conectado" aos pinos de saída. Um demultiplexador funciona no sentido oposto, tomando um sinal digital como uma entrada e distribuindo-a para uma de suas saídas. A Figura 9.64 mostra um sistema multiplexador/demultiplexador com quatro canais de entrada de dados. Cada entrada é um número de quatro bits. Esses dispositivos não são exatamente como quaisquer dos multiplexadores ou demultiplexadores já descritos neste capítulo, mas funcionam da mesma maneira. O sistema dessa ilustração possibilita que quatro sinais digitais compartilhem uma "tubulação" (*pipeline*) comum a fim de transportar dados de um ponto a outro. As entradas de seleção são utilizadas para se decidir que sinal deve passar pela tubulação a cada vez.

Nesta seção, veremos códigos para implementar tanto o multiplexador quanto o demultiplexador. O problema-chave em HDL tanto para o MUX quanto para o DEMUX é a atribuição de sinais sob certas condições. Para o DEMUX, outro problema é atribuir um estado a todas as saídas não selecionadas para distribuir dados no momento. Ou seja, quando uma saída não está sendo utilizada para dados (não foi selecionada), queremos que ela tenha todos os bits em nível ALTO, todos os bits em nível BAIXO ou que a tristate esteja desabilitada? Nas descrições seguintes, decidimos colocar todas as saídas em nível ALTO quando não selecionadas, mas, com a estrutura mostrada, seria fácil trocar para qualquer uma das outras possibilidades.

FIGURA 9.64 Quatro canais de dados compartilhando um caminho de dados comum.

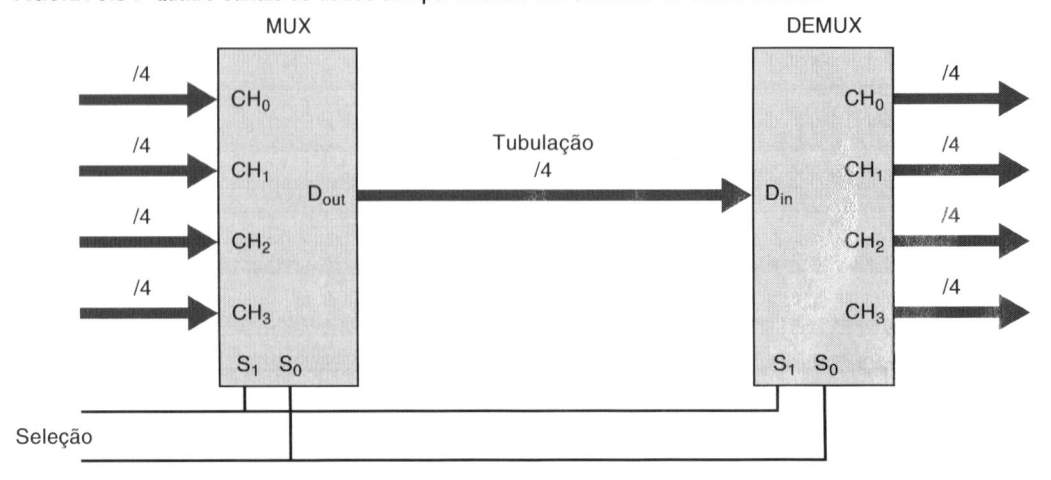

MUX E DEMUX EM AHDL

Primeiro, implementaremos o multiplexador. A Figura 9.65 descreve um multiplexador com quatro entradas de quatro bits cada. Cada canal de entrada é denominado de modo que identifique seu número de canal. Nessa figura, cada entrada é descrita como um vetor de quatro bits. A entrada de seleção (*s[ ]*) exige dois bits para especificar os quatro números de canal (0–3). Uma construção CASE é utilizada para atribuir um canal de entrada condicionalmente aos pinos de saída. A linha 9, por exemplo, afirma que, no caso em que as entradas de seleção (*s[ ]*) estejam setadas para 0 (ou seja, o binário 00), o circuito deve conectar a entrada do canal 0 na saída de dados. Observe que, quando se atribuem conexões, o destino (saída) do sinal fica à esquerda do sinal de = e a fonte (entrada) fica à direita.

FIGURA 9.65 MUX de quatro bits × quatro canais em AHDL.

```
1   SUBDESIGN fig9_65
2   (
3      ch0[3..0], ch1[3..0], ch2[3..0], ch3[3..0]:INPUT;
4      s[1..0]                                  :INPUT; -- entradas de seleção
5      dout[3..0]                               :OUTPUT;
6   )
7   BEGIN
8      CASE s[] IS
9         WHEN 0 =>     dout[] = ch0[];
10        WHEN 1 =>     dout[] = ch1[];
11        WHEN 2 =>     dout[] = ch2[];
12        WHEN 3 =>     dout[] = ch3[];
13     END CASE;
14  END;
```

FIGURA 9.66 DEMUX de quatro bits × quatro canais em AHDL.

```
1   SUBDESIGN fig9_66
2   (
3      ch0[3..0], ch1[3..0], ch2[3..0], ch3[3..0]  :OUTPUT;
4      s[1..0]                                     :INPUT;
5      din[3..0]                                   :INPUT;
6   )
7   BEGIN
8      DEFAULTS
9         ch0[] = B"1111";
10        ch1[] = B"1111";
11        ch2[] = B"1111";
12        ch3[] = B"1111";
13     END DEFAULTS;
14
15     CASE s[] IS
16        WHEN 0 =>     ch0[] = din[];
17        WHEN 1 =>     ch1[] = din[];
18        WHEN 2 =>     ch2[] = din[];
19        WHEN 3 =>     ch3[] = din[];
20     END CASE;
21  END;
```

O código do demultiplexador funciona de modo semelhante, mas tem apenas um canal de entrada e quatro de saída. Ele também deve assegurar que todas as saídas estejam em nível ALTO quando não selecionadas. Na Figura 9.66, entradas e saídas são declaradas do modo usual, nas linhas 3–5. A condição padrão para cada canal é especificada após a palavra-chave DEFAULTS, que diz ao compilador para gerar um circuito que coloca todas as saídas em nível ALTO, a não ser que tenham um valor atribuído especificamente em algum ponto do código. Se essa seção default não for especificada, os valores de saída serão todos postos de maneira automática em nível BAIXO. Observe, nas linhas 16–19, que o sinal de entrada é conectado condicionalmente a um dos canais de saída. Em consequência, o canal de saída fica à esquerda do sinal de = e o de entrada, à direita.

MUX E DEMUX EM VHDL

A Figura 9.67 mostra o código que cria um MUX de quatro canais com quatro bits por canal. As entradas são declaradas como vetores de bits na linha 3. Poderiam ter sido declaradas, também, como inteiros de 0 a 15. Qualquer que seja o modo como as entradas são declaradas, as saídas devem ser de mesmo tipo. Veja, na linha 4, que a entrada de seleção (s) é declarada como um inteiro decimal de 0 a 3 (equivalente aos binários de 00 a 11). Isso possibilita que nos refiramos a ele por seu número decimal de canal no código, o que facilita a compreensão. As linhas 11–15 usam a declaração de atribuição de sinal selecionada para "conectar" a entrada apropriada à saída, dependendo do valor nas entradas de seleção. Por exemplo, a linha 15 afirma que o canal 3 deve ser selecionado e conectado às saídas de dados quando as entradas de seleção estiverem setadas para 3.

O código para o demultiplexador funciona de maneira semelhante, mas possui apenas um canal de entrada e quatro de saída. Na Figura 9.68, as entradas e saídas são declaradas, normalmente, nas linhas 3–5. Observe que, na linha 3, a entrada de seleção (s) é declarada como de tipo inteiro, exatamente como no código para o MUX na Figura 9.67. O funcionamento de um DEMUX é descrito mais facilmente com várias declarações de

FIGURA 9.67 MUX de quatro bits × quatro canais em VHDL.

```
1    ENTITY fig9_67 IS
2    PORT  (
3            ch0, ch1, ch2, ch3    :IN BIT_VECTOR (3 DOWNTO 0);
4            s                     :IN INTEGER RANGE 0 TO 3;
5            dout                  :OUT BIT_VECTOR (3 DOWNTO 0)
6         );
7    END fig9_67;
8
9    ARCHITECTURE selecter OF fig9_67 IS
10      BEGIN
11         WITH s SELECT
12         dout    <= ch0 WHEN 0,  -- seleciona o canal 0 para a saída
13                 ch1 WHEN 1,     -- seleciona o canal 1 para a saída
14                 ch2 WHEN 2,     -- seleciona o canal 2 para a saída
15                 ch3 WHEN 3;     -- seleciona o canal 3 para a saída
16      END selecter;
```

FIGURA 9.68 DEMUX de quatro bits × quatro canais em VHDL.

```
1   ENTITY fig9_68 IS
2   PORT (
3         s                       :IN INTEGER RANGE 0 TO 3;
4         din                     :IN BIT_VECTOR (3 DOWNTO 0);
5         ch0, ch1, ch2, ch3      :OUT BIT_VECTOR(3 DOWNTO 0)
6        );
7   END fig9_68;
8
9   ARCHITECTURE selecter OF fig9_68 IS
10     BEGIN
11       ch0 <= din WHEN s = 0 ELSE "1111";
12       ch1 <= din WHEN s = 1 ELSE "1111";
13       ch2 <= din WHEN s = 2 ELSE "1111";
14       ch3 <= din WHEN s = 3 ELSE "1111";
15     END selecter;
```

atribuição de sinal condicional, como mostram as linhas 11–14. Já decidimos que o código para esse DEMUX devia assegurar que todas as saídas estivessem em nível ALTO quando não fossem selecionadas. Isto é feito com a cláusula ELSE de cada atribuição de sinal condicional. Se a cláusula ELSE não fosse utilizada, os valores de saída seriam postos automaticamente em nível BAIXO. Por exemplo, a linha 13 afirma que o canal 2 será conectado às entradas de dados sempre que as entradas de seleção forem setadas para 2. Se *s* for setado para qualquer outro valor, então o canal 2 será forçado a ter todos os bits em nível ALTO.

QUESTÕES DE REVISÃO

1. Para o MUX de quatro bits por quatro canais, dê o nome das entradas de dados, saídas de dados e entradas de controle que escolhem um dos quatro canais.
2. Para o DEMUX de quatro bits por quatro canais, dê o nome das entradas de dados, saídas de dados e entradas de controle que escolhem um dos quatro canais.
3. No exemplo em AHDL, como são determinados os estados lógicos dos canais que não foram selecionados?
4. No exemplo em VHDL, como são determinados os estados lógicos dos canais que não foram selecionados?

9.19 COMPARADORES DE MAGNITUDE EM HDL

OBJETIVO

Após ler esta seção, você será capaz de:

■ Usar HDL para descrever qualquer comparador de magnitude.

Na Seção 9.10, estudamos um chip comparador de magnitude 7485. Como o nome indica, esse dispositivo compara a magnitude de dois números binários e indica a relação entre eles (maior que, menor que, igual a).

Entradas de controle são fornecidas com o propósito de conectar esses chips em cascata. Esses chips são interconectados de modo que o chip que compara os bits de mais baixa ordem tem suas saídas conectadas às entradas de controle do próximo chip de mais alta ordem, como mostra a Figura 9.40. Quando o estágio de mais alta ordem detecta que suas entradas de dados têm mesma magnitude, ele procura pelo próximo estado mais baixo e usa essas entradas de controle para tomar a decisão final. Isso nos dá a oportunidade de verificar uma das diferenças básicas entre usar chips de lógica tradicional e usar HDL para projetar um circuito. Se precisarmos comparar valores maiores em HDL, poderemos ajustar o tamanho das portas de entrada do comparador para o valor que precisamos em vez de tentar conectar em cascata vários comparadores de quatro bits. Como consequência, não é preciso conectar controles de entrada em cascata na versão em HDL.

Há muitos modos possíveis de descrever o funcionamento de um comparador. Contudo, é melhor usar uma construção IF/ELSE, porque cada cláusula IF avalia uma relação entre dois valores, em vez de procurar um valor único de uma variável, como faz a construção CASE. As duas entradas comparadas devem ser, sem dúvida, declaradas como valores numéricos. As três saídas do comparador devem ser declaradas como bits individuais, para que o propósito de cada bit possa ser rotulado de modo claro.

COMPARADOR EM AHDL

O código AHDL na Figura 9.69 segue o algoritmo do emprego de construções IF/ELSE. Observe, na linha 3, que os valores de dados são declarados como números de quatro bits. Veja, também, nas linhas 8, 10 e 11, que várias instruções podem ser utilizadas para especificar o funcionamento do circuito quando a cláusula IF é verdadeira. Cada instrução é utilizada para estabelecer o nível em uma das saídas. Essas três declarações são consideradas concorrentes, e a ordem em que são listadas não faz diferença. Por exemplo, na linha 8, quando A é maior que B, a saída *agtb* vai para o nível ALTO ao mesmo tempo que as outras duas saídas (*altb*, *aeqb*) vão para o nível BAIXO.

FIGURA 9.69 Comparador de magnitude em AHDL.

```
1    SUBDESIGN fig9_69
2    (
3       a[3..0], b[3..0]    :INPUT;
4       agtb, altb, aeqb    :OUTPUT;
5    )
6    BEGIN
7       IF    a[] > b[] THEN
8                agtb = VCC;   altb = GND;   aeqb = GND;
9       ELSIF a[] < b[] THEN
10               agtb = GND;   altb = VCC;   aeqb = GND;
11      ELSE     agtb = GND;   altb = GND;   aeqb = VCC;
12      END IF;
13   END;
```

COMPARADOR EM VHDL

O código VHDL na Figura 9.70 segue o algoritmo utilizado nas construções IF/ELSE. Observe, na linha 2, que os valores de dados são declarados como inteiros de quatro bits. Lembre-se de que, em VHDL, as construções IF/ELSE só podem ser usadas dentro de um PROCESS (processo). Nesse caso, queremos avaliar o PROCESS quando qualquer das entradas mudar de estado. Em consequência, cada entrada é listada na lista de sensibilidade dentro de parênteses. Observe, também, nas linhas 10, 11 e 12, que várias declarações podem ser utilizadas para especificar o funcionamento do circuito quando a cláusula IF é verdadeira. Cada declaração é utilizada para estabelecer o nível de uma das saídas. Essas três declarações são consideradas concorrentes, e a ordem em que estão listadas não faz diferença. Por exemplo, na linha 11, quando A é maior que B, a saída *agtb* vai para o nível ALTO ao mesmo tempo que as outras duas saídas (*altb*, *aeqb*) vão para o nível BAIXO.

FIGURA 9.70 Comparador de magnitude em VHDL.

```
1   ENTITY fig9_70 IS
2   PORT (   a, b                 : IN INTEGER RANGE 0 TO 15;
3            agtb, altb, aeqb     : OUT BIT);
4   END fig9_70
5
6   ARCHITECTURE vhdl OF fig9_70 IS
7   BEGIN
8      PROCESS (a, b)
9      BEGIN
10        IF      a < b THEN    altb <= '1';  agtb <= '0';  aeqb <= '0';
11        ELSIF a > b THEN      altb <= '0';  agtb <= '1';  aeqb <= '0';
12        ELSE                  altb <= '0';  agtb <= '0';  aeqb <= '1';
13        END IF;
14     END PROCESS;
15  END vhdl;
```

QUESTÕES DE REVISÃO

1. Que tipo de objetos de dados devem ser declarados como entradas de dados para um comparador?
2. Qual é a estrutura de controle fundamental utilizada para descrever um comparador?
3. Quais são os principais operadores utilizados?

9.20 CONVERSORES DE CÓDIGO EM HDL

Objetivo

Após ler esta seção, você será capaz de:

- Usar o HDL para descrever qualquer conversor de código.

A Seção 9.11 apresentou alguns métodos que usam circuitos somadores de maneira interessante, mas nem um pouco intuitiva, para efetuar uma conversão de BCD em binário. No Capítulo 6, tratamos de circuitos somadores, e o circuito da Figura 9.43 pode, com certeza, ser implementado usando HDL e macrofunções de 7483 ou descrições de somadores que já sabemos escrever. No entanto, essa é uma excelente oportunidade para apontar as grandes vantagens que HDL pode proporcionar, por possibilitar que um circuito seja descrito de modo mais sensato. No caso da conversão de BCD em binário, o método sensato de converter é usar os conceitos que aprendemos na escola sobre o sistema de numeração decimal. Você já aprendeu que o número 275 é, na verdade:

$$
\begin{aligned}
& 2 \times 100 = 200 \\
+\ & 7 \times 10 = 70 \\
+\ & 5 \times 1 = \underline{5} \\
& 275
\end{aligned}
$$

Agora, estudamos o sistema de numeração BCD e entendemos que 275 é representado em BCD como 0010 0111 0101. Cada dígito é representado em binário. Se pudermos multiplicar esses dígitos decimais binários de 4 bits pelo peso decimal (representado em binário) e somá-los, teremos uma resposta em binário equivalente à quantidade em BCD. Por exemplo, vamos usar a representação BCD para 275:

BCD	Peso decimal (em binário)	Produto parcial (em binário)
0010 ×	1100100 =	11001000
+ 0111 ×	1010 =	01000110
+ 0101 ×	1 =	0101
		100010011 = 275_{10}

Vamos demonstrar a conversão de um número decimal de dois dígitos representado por um código BCD de oito bits para seu valor binário equivalente usando HDL. A solução usará a seguinte estratégia:

Tome o dígito BCD mais significativo (o das dezenas) e multiplique-o por 10. Some esse produto com o dígito BCD menos significativo (o das unidades).

A resposta será um número binário que representa a quantidade BCD. É importante entender que o compilador de HDL não tenta, necessariamente, implementar um verdadeiro circuito multiplicador nessa solução. Ele cria o circuito mais eficiente, que cumpra a tarefa, que possibilite ao projetista descrever seu comportamento do modo mais objetivo.

CONVERSOR DE CÓDIGO BCD PARA BINÁRIO EM AHDL

A principal estratégia é ser capaz de multiplicar por 10. O AHDL não possui operador de multiplicação. Desse modo, precisamos de alguns truques matemáticos. Usaremos o deslocamento de bits para executar a multiplicação e, depois, a propriedade distributiva da álgebra para multiplicar por 10. Assim como deslocar um número decimal um dígito para a esquerda multiplica-o por 10, podemos deslocar um número binário para uma posição à esquerda, multiplicando-o por 2. Deslocar duas posições multiplica um número binário por 4, e deslocar três posições multiplica-o por 8. A propriedade distributiva nos diz que:

$$\text{num} \times 10 = \text{num} \times (8 + 2) = (\text{num} \times 8) + (\text{num} \times 2)$$

Se pudermos tomar o dígito das dezenas BCD e deslocá-lo três posições para a esquerda (multiplicando-o por 8) e depois tomar o mesmo número e o deslocar uma posição para a esquerda (multiplicando-o por 2) e, então, somar os dois, o resultado será o mesmo que se multiplicarmos o dígito BCD por 10. Esse valor é, então, somado ao dígito das unidades BCD para produzir o equivalente em binário da entrada BCD de dois dígitos.

O próximo desafio é deslocar o dígito BCD para a esquerda usando AHDL. Como o AHDL nos possibilita criar conjuntos de variáveis, podemos deslocar os bits acrescentando zeros à extremidade direita do vetor. Por exemplo, se tivermos o número 5 em BCD (0101) e quisermos deslocá-lo três posições, poderemos concatenar o número 0101 com o 000 em um conjunto, da seguinte maneira:

(B "0101", B "000") = B "0101000"

O código AHDL da Figura 9.71 inicia-se declarando entradas para os dígitos das unidades e dezenas do BCD. A saída binária deve poder representar 99_{10}, que requer sete bits. Precisamos também de uma variável para guardar o produto do dígito BCD multiplicado por 10. A linha 5 declara essa variável como um número de sete bits. A linha 8 executa o deslocamento do vetor das dezenas *tens[ ]* três vezes e soma-o ao vetor das dezenas *tens[ ]* deslocado uma posição para a esquerda. Observe que esse último conjunto deve ter sete bits em ordem para serem somados ao primeiro conjunto, por isso é preciso concatenar B"00" na extremidade esquerda. Por fim, na linha 10, o resultado da linha 8 é somado aos dígitos das unidades do BCD com zeros acrescentados à frente (para compor sete bits) a fim de formar a saída binária.

FIGURA 9.71 Conversor de código BCD para binário em AHDL.

```
1    SUBDESIGN fig9_71
2    (   ones[3..0], tens[3..0]     :INPUT;
3        binary[6..0]               :OUTPUT;  )
4
5    VARIABLE times10[6..0]         :NODE;  % variável para dígito das dezenas vezes 10%
6
7    BEGIN
8       times10[] = (tens[],B"000") + (B"00",tens[],B"0");
9          % desloca para a esquerda 3X (vezes 8) + desloca para a esquerda 1X (vezes 2) %
10      binary[] = times10[] + (B"000",ones[]);
11         % dígito das dezenas vezes 10 + 1 dígito das unidades %
12   END;
```

CONVERSOR DE CÓDIGO BCD PARA BINÁRIO EM VHDL

A solução em VHDL na Figura 9.72 é bastante simples por conta das poderosas operações matemáticas disponíveis nessa linguagem. As entradas e saídas devem ser declaradas como inteiros porque pretendemos executar operações aritméticas com elas. Observe que o intervalo é especificado com base no maior número BCD válido que emprega dois dígitos. Na linha 9, o dígito das dezenas é multiplicado por dez, e na linha 10, o dígito das unidades é somado para formar o equivalente em binário da entrada BCD.

FIGURA 9.72 Conversor de código BCD para binário em VHDL.

```
1    ENTITY fig9_72 IS
2    PORT (  ones, tens   :IN INTEGER RANGE 0 TO 9;
3            binary       :OUT INTEGER RANGE 0 TO 99);
4    END fig9_72;
5
6    ARCHITECTURE vhdl OF fig9_72 IS
7    SIGNAL times10        :INTEGER RANGE 0 TO 90;
8    BEGIN
9       times10 <= tens * 10;
10      binary <= times10 + ones;
11   END vhdl;
```

QUESTÕES DE REVISÃO

1. Para um número BCD de dois dígitos (oito bits), qual é o peso decimal do dígito mais significativo?
2. Em AHDL, como é feita a multiplicação por 10?
3. Em VHDL, como é feita a multiplicação por 10?

RESUMO

1. Um decodificador é um dispositivo cuja saída será ativada apenas quando uma única combinação binária (código) estiver presente em suas entradas. Muitos decodificadores MSI têm diversas saídas, cada uma correspondendo a uma das diversas combinações possíveis de entrada.

2. Sistemas digitais com frequência precisam apresentar números decimais. Isso é feito com displays de 7 segmentos acionados por chips especiais que decodificam o número binário e o convertem para padrões de segmentos que representam números decimais para as pessoas. Os elementos dos segmentos podem ser diodos emissores de luz, cristais líquidos ou eletrodos brilhantes imersos em gás neon.

3. LCDs gráficos usam uma matriz de elementos denominados pixels para criar uma imagem em uma tela. Cada pixel é controlado pela ativação da linha e da coluna que têm este pixel em comum. O nível do brilho de cada pixel é armazenado como um número binário na memória de vídeo. Um circuito digital de certa complexidade tem de atualizar a memória de vídeo e todas as combinações de linhas/colunas, controlando a quantidade de luz que pode passar por cada pixel.

4. Um codificador é um dispositivo que gera um único código binário em resposta à ativação de cada entrada individual.

5. A análise de defeitos de um sistema digital envolve *observação/análise* para identificar as possíveis causas e um processo de eliminação, denominado *dividir e conquistar*, para isolar e identificar a causa.

6. Multiplexadores atuam como chaves controladas digitalmente que selecionam e conectam uma entrada lógica de cada vez ao pino de saída. Alternando-se, muitos sinais de dados diferentes podem compartilhar a mesma via de dados usando multiplexadores. Demultiplexadores são utilizados na outra extremidade da via de dados para separar os sinais que compartilham a via e distribuí-los para os respectivos destinos.

7. Comparadores de magnitude servem como indicadores da relação entre dois números binários, com saídas que mostram >, < e =.

8. Muitas vezes, precisamos efetuar conversões entre as várias formas de representação de quantidades com números binários. Os conversores de código são dispositivos que recebem uma das formas de representação binária e a convertem em outra.

9. Em sistemas digitais, muitos dispositivos têm de compartilhar a mesma via de dados, que costuma ser denominada *barramento de dados*. Ainda que diversos dispositivos possam "dirigir" o barramento, apenas um "*driver*" de barramento pode ser ativado a cada vez. Isso significa que os dispositivos devem se alternar para aplicar seus sinais lógicos no barramento.

10. Para se alternarem, os dispositivos devem possuir *saídas tristate*, que podem ser desabilitadas quando outro dispositivo está acionando o barramento. No estado desabilitado, a saída do dispositivo é, essencialmente, desconectada do barramento, passando para um estado que oferece um caminho de alta impedância tanto para GND quanto para o positivo da fonte de alimentação. Dispositivos projetados para interfacear um barramento têm saídas que podem estar em nível ALTO, BAIXO ou desabilitadas (alta impedância).

11. PLDs oferecem uma alternativa ao uso de circuitos MSI para a implementação de sistemas digitais. Equações booleanas podem ser utilizadas para se descrever a operação desses circuitos, mas HDLs também oferecem construções de uma linguagem de alto nível.

12. Em HDL, existem macrofunções disponíveis para muitos componentes padrão MSI descritos neste capítulo.

13. Pode-se usar código adaptado em HDL para descrever cada uma das funções lógicas apresentadas neste capítulo.

14. Em AHDL, podemos estabelecer prioridade e precedência usando entradas de irrelevância em tabelas-verdade e decisões IF/ELSE. Em VHDL, a prioridade e a precedência podem ser estabelecidas por meio de atribuições de sinal condicional ou de um PROCESS contendo decisões IF/ELSE ou CASE.

15. Podemos criar saídas tristate em HDL. O AHDL possui funções primitivas :TRI que acionam as saídas. O VHDL atribui Z (alta impedância) como estado válido para saídas STD_LOGIC.

16. A declaração DEFAULTS em AHDL pode ser utilizada para definir o nível adequado a saídas que não estão explicitamente definidas no código.

17. A cláusula ELSE na declaração de atribuição de sinal condicional do VHDL pode ser utilizada para definir o estado padrão de uma saída.

TERMOS IMPORTANTES

decodificador
decodificador BCD para decimal
driver
decodificador/driver BCD para 7 segmentos
anodo comum
catodo comum
LCD
backplane
pixel
codificação

codificador
codificador de prioridade
observação/análise
dividir e conquistar
multiplexador (MUX)
multiplexação
conversão paralelo em série
demultiplexador (DEMUX)
multiplexação por divisão de tempo (TDM)
comparador de magnitude

barramento de dados
barramento em flutuação
palavra
driver de barramento
linhas bidirecionais de dados
DEFAULTS
declaração de atribuição de sinal condicional

PROBLEMAS*

SEÇÃO 9.1

9.1 Consulte a Figura 9.3. Determine os níveis
B de cada saída do decodificador para os seguintes conjuntos de condições de entrada:

(a)* Todas as entradas em nível BAIXO.

(b)* Todas as entradas em nível BAIXO exceto E_3 = ALTO.

(c) Todas as entradas em nível ALTO exceto $\overline{E}_1 = \overline{E}_2$ = BAIXO.

(d) Todas as entradas em nível ALTO.

9.2* Qual é o número de entradas e saídas de um
B decodificador que aceita 64 combinações diferentes de entrada?

9.3 Para um 74ALS138, que condições de
B entrada produzirão as seguintes saídas?

(a)* Nível BAIXO em $\overline{O}_6$.

---

* As respostas para os problemas assinalados com uma estrela (*) podem ser encontradas no final do livro.

(b)* Nível BAIXO em $\overline{O}_3$.

(c) Nível BAIXO em $\overline{O}_5$.

(d) Nível BAIXO em $\overline{O}_0$ e $\overline{O}_7$, simultaneamente.

9.4 D Mostre como usar 74LS138 para formar um decodificador 1 de 16.

9.5* A Figura 9.73 mostra como um decodificador pode ser utilizado na geração de sinais de controle. Considere que um pulso RESET tenha ocorrido no instante t_0 e determine a forma de onda CONTROL para 32 pulsos de clock.

9.6 D Modifique o circuito mostrado na Figura 9.73 para produzir uma forma de onda CONTROL que vai para nível BAIXO de t_{20} a t_{24}. (*Dica*: a modificação não requer lógica adicional.)

9.7 (a)* O decodificador 7442 mostrado na Figura 9.5 não tem entrada ENABLE. Contudo, podemos operá-lo como um decodificador 3 de 8 sem usar as saídas $\overline{O}_8$ e $\overline{O}_9$ e empregando a entrada D como ENABLE. Isso está demonstrado na Figura 9.74. Descreva como essa configuração funciona como um decodificador 1 de 8 e explique como o nível em D habilita ou desabilita a saída.

(b) Use uma megafunção para criar um decodificador decimal com habilitação.

FIGURA 9.74 Problema 9.7.

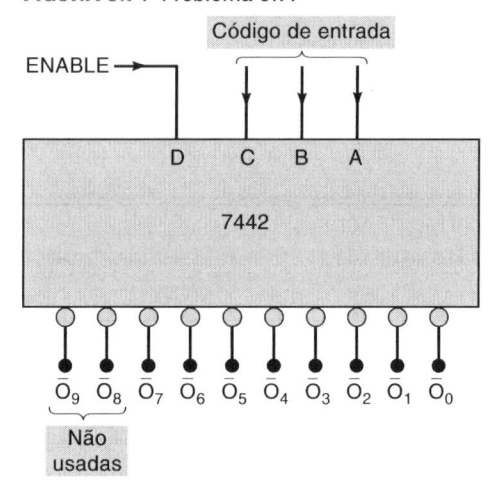

FIGURA 9.73 Problemas 9.5 e 9.6.

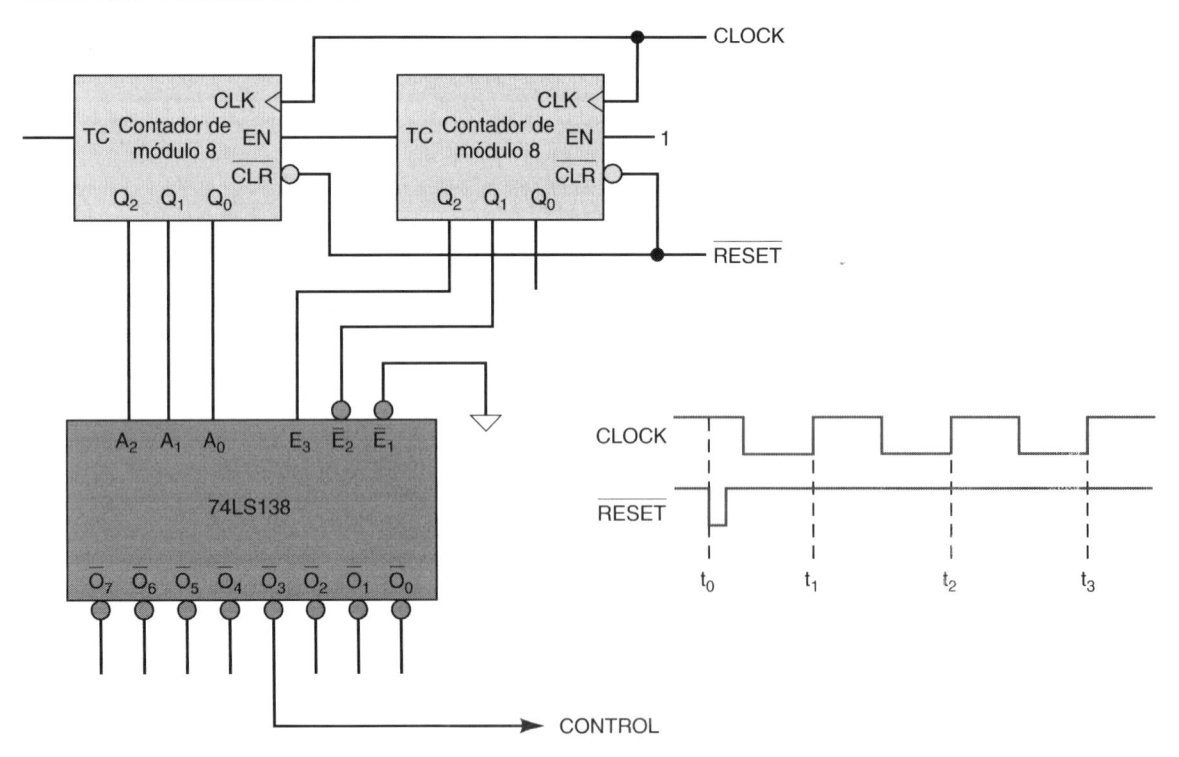

9.8 Considere as formas de onda mostradas na Figura 9.75. Aplique esses sinais no 74LS138 conforme mostrado a seguir:

$A \to A_0 \quad B \to A_1 \quad C \to A_2 \quad D \to E_3$

Considere que $\overline{E_1}$ e $\overline{E_2}$ estejam conectados em nível BAIXO e desenhe as formas de onda para as saídas $\overline{O_0}, \overline{O_3}, \overline{O_6}$ e $\overline{O_7}$.

9.9 D Modifique o circuito mostrado na Figura 9.6 de modo que o relé K_1 permaneça energizado a partir da transição positiva 3 a 5 e que o K_2 permaneça energizado a partida da transição positiva 6 a 9. (*Dica*: essa modificação não requer circuito adicional.)

SEÇÕES 9.2 E 9.3

9.10★ B, D Mostre como conectar decodificadores/drivers BCD para 7 segmentos e displays de LEDs de 7 segmentos para o circuito do relógio da Figura 7.22. Considere que cada segmento é acionado com cerca de 10 mA a 2,5 V.

9.11 B (a) Consulte o circuito mostrado na Figura 9.10 e desenhe as formas de ondas para segmento e backplane em relação a GND, para CONTROLE = 0. Em seguida, desenhe a forma de onda da tensão de segmento em relação à tensão de backplane.

(b) Repita a parte (a) para CONTROLE = 1.

9.12★ C, D O decodificador/driver BCD para 7 segmentos mostrado na Figura 9.8 contém a lógica para ativação de cada segmento para a entrada BCD apropriada. Projete a lógica para ativação do segmento g.

SEÇÃO 9.4

9.13★ Exercício de fixação

B Para cada item, indique se ele se refere a um decodificador ou a um codificador.

(a) Tem mais entradas do que saídas.

(b) É utilizado para converter acionamento de teclas em um código binário.

(c) Apenas uma saída pode ser ativada de cada vez.

(d) Pode ser utilizado para interfacear uma entrada BCD para um display de LED.

(e) Muitas vezes, tem saídas do tipo driver para lidar com os valores maiores de I e V.

9.14 Determine os níveis de saída para o codificador 74147 quando $\overline{A_8} = \overline{A_4} = 0$ e as outras entradas estão em nível ALTO.

9.15 Aplique os sinais mostrados na Figura 9.75 às entradas de um 74147 conforme se segue:

$A \to \overline{A_7} \quad B \to \overline{A_4} \quad C \to \overline{A_2} \quad D \to \overline{A_1}$

Desenhe as formas de ondas para as saídas do codificador.

9.16 C, D A Figura 9.76 mostra o diagrama em bloco de um circuito lógico utilizado para controlar o número de cópias feitas por uma máquina copiadora. O operador seleciona o número de cópias desejadas fechando uma das chaves seletoras S_1 a S_9. Esse número é codificado em BCD por um codificador e enviado para um circuito comparador. O operador, então, pressiona a chave de contato momentâneo START, que reseta os contadores e inicia

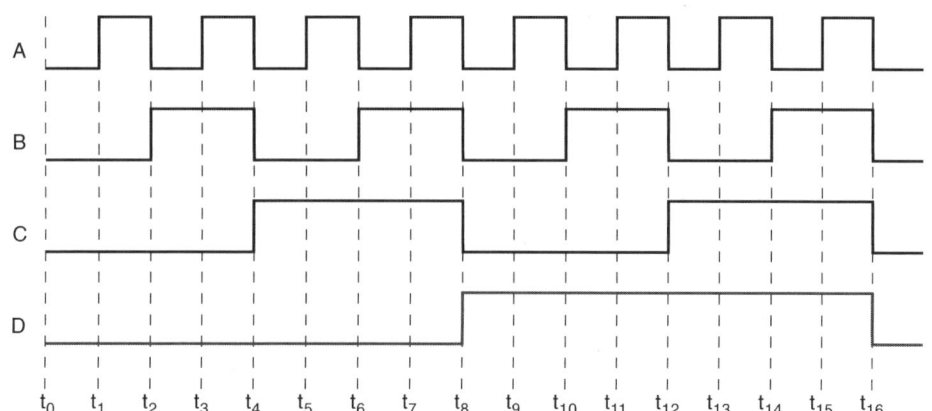

FIGURA 9.75 Problemas 9.8, 9.15 e 9.41.

a saída OPERAÇÃO em nível ALTO, que é enviada para a máquina iniciar a operação de fazer cópias. Para cada cópia, um pulso é gerado e enviado para o contador BCD. As saídas do contador são comparadas continuamente com as saídas do codificador de chaves pelo comparador. Quando os dois números BCD forem iguais, indicando que o número de cópias desejadas foi feito, a saída $\overline{X}$ do comparador vai para nível BAIXO; isso faz o nível do sinal OPERAÇÃO retornar para nível BAIXO e parar a máquina, de modo que não sejam realizadas mais cópias. Ativar a chave START fará que o processo se repita. Projete o circuito lógico completo para o comparador e as seções de controle desse sistema.

9.17* C, D O circuito de teclado mostrado na Figura 9.16 foi projetado para aceitar números decimais de três dígitos. O que aconteceria se fossem ativadas *quatro* teclas (por exemplo, 3095)? Projete a lógica necessária a ser acrescentada nesse circuito, de modo que, pelo fato de três dígitos terem sido digitados, qualquer dígito a mais seja ignorado até que a tecla CLEAR seja pressionada. Em outras palavras, se 3095 for digitado no teclado, os registradores de saída apresentarão 309 e ignorarão o 5 e quaisquer dígitos subsequentes até que o circuito seja resetado (tecla CLEAR).

SEÇÃO 9.5

9.18* T Um técnico monta o circuito de teclado mostrado na Figura 9.16 e testa a operação experimentando digitar uma série de números de três dígitos. Ele identificou que algumas vezes o dígito "0" entrava no lugar do dígito pressionado. Observou também que isso acontecia com todas as teclas de forma mais ou menos aleatória, embora fosse pior para algumas. Ele substituiu todos os CIs, e o mau funcionamento persistiu. Qual dos seguintes defeitos do circuito explicaria suas observações? Discorra sobre sua escolha.

(a) O técnico se esqueceu de conectar todas as entradas não usadas da porta OR em GND.

(b) Ele se enganou usando a saída $\overline{Q}$ do monoestável em vez da saída Q.

(c) O efeito da trepidação da chave das teclas dura mais do que 20 ms.

(d) As saídas Y e Z estão em curto.

9.19 T Repita o Problema 9.18 com os seguintes sintomas: os registradores e displays permanecem em 0, não importando por quanto tempo a tecla é pressionada.

9.20* T Enquanto testa o circuito mostrado na Figura 9.16, um técnico identifica que toda tecla de número ímpar resulta na entrada correta do dígito, e toda tecla de número

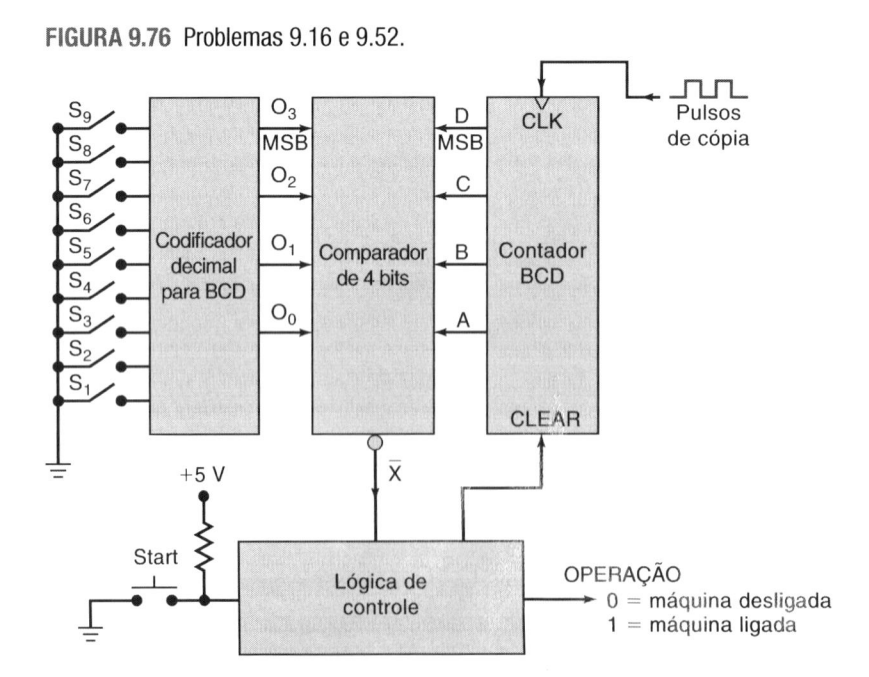

FIGURA 9.76 Problemas 9.16 e 9.52.

par, na entrada errada, conforme descrito a seguir: a tecla 0 faz entrar o dígito 1, a tecla 2 faz entrar o dígito 3, a tecla 4 faz entrar o dígito 5, e assim por diante. Considere cada um dos seguintes defeitos como causas possíveis do mau funcionamento. Para cada possibilidade, explique por que ela pode ser ou não a causa real.

(a) Há uma conexão aberta da saída do inversor LSB para as entradas D dos FFs.

(b) A entrada D do flip flop Q_8 está em curto internamente com V_{CC}.

(c) Uma pasta de solda está causando um curto entre $\overline{O}_0$ e GND.

9.21* Um técnico testa o circuito mostrado na Figura 9.4, conforme descrito no Exemplo 9.7, e obtém os seguintes resultados: todas as saídas funcionam, exceto $\overline{O}_{16}$ a $\overline{O}_{19}$ e $\overline{O}_{24}$ a $\overline{O}_{27}$, que estão de modo permanente em nível ALTO. Qual é o defeito mais provável?

T

9.22 Um técnico testa o circuito mostrado na Figura 9.4, conforme descrito no Exemplo 9.7, e identifica que a saída correta é ativada para cada código de entrada possível, exceto para aqueles relacionados na Tabela 9.8. Analise essa tabela e determine a provável causa do mau funcionamento.

T

TABELA 9.8

Código de entrada					
A_4	A_3	A_2	A_1	A_0	Saídas ativas
1	0	0	0	0	$\overline{O}_{16}$ e $\overline{O}_{24}$
1	0	0	0	1	$\overline{O}_{17}$ e $\overline{O}_{25}$
1	0	0	1	0	$\overline{O}_{18}$ e $\overline{O}_{26}$
1	0	0	1	1	$\overline{O}_{19}$ e $\overline{O}_{27}$
1	0	1	0	0	$\overline{O}_{20}$ e $\overline{O}_{28}$
1	0	1	0	1	$\overline{O}_{21}$ e $\overline{O}_{29}$
1	0	1	1	0	$\overline{O}_{22}$ e $\overline{O}_{30}$
1	0	1	1	1	$\overline{O}_{23}$ e $\overline{O}_{31}$

9.23* Suponha que um resistor de 22 Ω tenha sido utilizado erroneamente para o segmento g do circuito mostrado na Figura 9.8. Como isso afetaria o display? Quais são os problemas possíveis de ocorrer?

T

9.24 Repita o Exemplo 9.8 com a sequência observada mostrada a seguir:

T

CONTAGEM	0	1	2	3	4	5	6	7	8	9
Display observado	0	1	2	3	8	9	c	⊐	4	5

9.25* Repita o Exemplo 9.8 com a sequência observada mostrada a seguir:

T

CONTAGEM	0	1	2	3	4	5	6	7	8	9
Display observado	0	7	2	3	9	9	8	7	8	9

9.26* Para testar o circuito mostrado na Figura 9.10, um técnico conecta um contador BCD nas entradas do 74HC4511 e pulsa o contador em uma taxa muito baixa. Ele observa que o segmento f funciona de maneira errada e nenhum padrão especial ficou evidente. Cite algumas das causas possíveis do mau funcionamento. (*Dica*: lembre-se de que os CIs são CMOS.)

T

SEÇÕES 9.6 E 9.7

9.27 O diagrama de tempo na Figura 9.77 é aplicado no circuito mostrado na Figura 9.19. Desenhe a forma de onda na saída Z.

B

FIGURA 9.77 Problema 9.27.

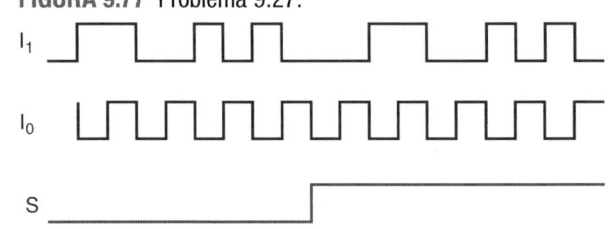

9.28 A Figura 7.73 mostra um registrador de deslocamento de oito bits que pode ser utilizado para atrasar um sinal entre 1 e 8 períodos de clock. Mostre como conectar um 74151 a ele para selecionar a saída Q desejada e indicar o nível lógico necessário nas entradas de seleção para fornecer um atraso de 6 × T_{clk}.

9.29★ O circuito mostrado na Figura 9.78 faz uso de três multiplexadores de duas entradas (Figura 9.19). Determine a função desempenhada por esse circuito.

FIGURA 9.78 Problema 9.29.

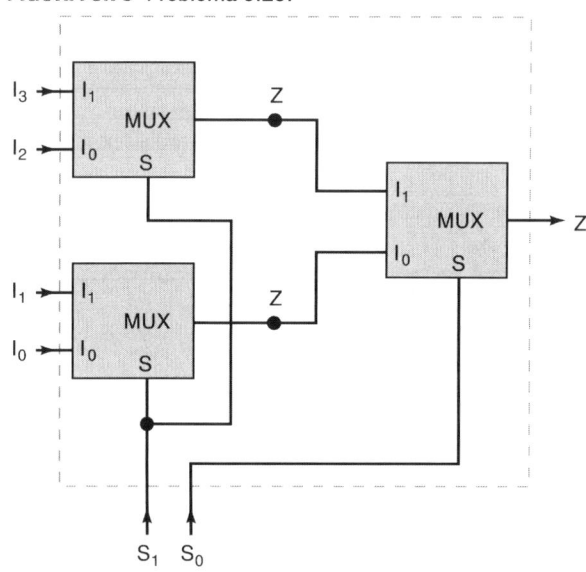

9.30 (a) Use a ideia do Problema 9.29 para configurar vários multiplexadores 1 de 8, 74151, para formar um multiplexador 1 de 64.
D

(b) Use uma megafunção Quartus II para criar um MUX 1 de 2, um MUX 1 de 4 e um MUX 1 de 8.

9.31 (a)★ Mostre como dois 74157 e um 74151 podem ser configurados e formar um
C, D

multiplexador 1 de 16 sem necessidade de lógica adicional. Identifique as entradas I_0 a I_{15} para mostrar como elas correspondem ao código de seleção.

(b) Crie um multiplexador 1 de 16 usando uma megafunção.

9.32 (a) Faça a expansão do circuito mostrado na Figura 9.24 para apresentar o conteúdo de dois contadores BCD de três estágios.

(b)★ Conte o número de conexões desse circuito e compare com o número requerido caso fossem utilizados display e decodificador/driver separados para cada estágio de cada contador.

9.33★ A Figura 9.79 mostra como um multiplexador pode ser utilizado para gerar formas de ondas lógicas com qualquer padrão desejado. O padrão é programado com oito chaves de um polo e duas posições, e a forma de onda é repetidamente gerada ao se aplicarem pulsos no contador MOD-8. Desenhe a forma de onda em Z para as posições mostradas.

9.34 Troque o contador MOD-8 do circuito da Figura 9.79 por um contador MOD-16 e conecte o MSB na entrada $\overline{E}$ do multiplexador. Desenhe a forma de onda Z.

9.35★ Mostre como um 74151 pode ser utilizado
D para gerar a função lógica $Z = AB + BC + AC$.

9.36 Mostre como um multiplexador de 16
D entradas, tal como o 74150, é utilizado

FIGURA 9.79 Problemas 9.33 e 9.34.

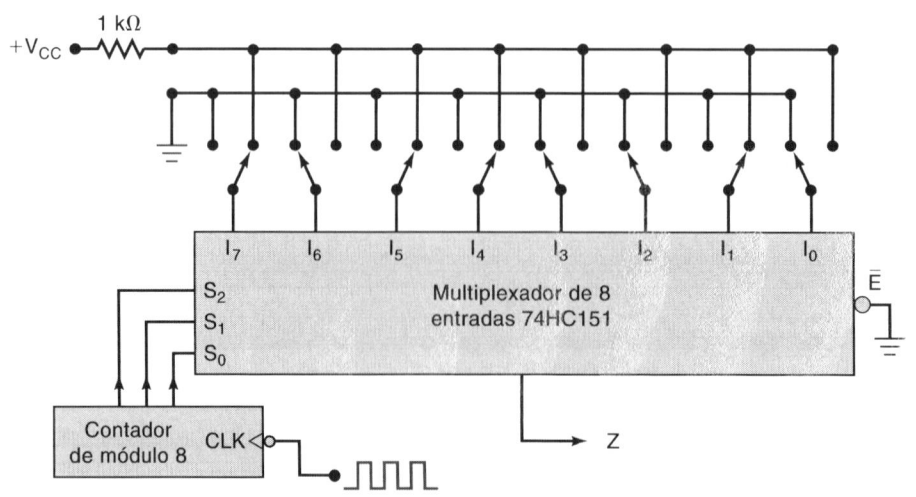

para gerar a função $Z = \overline{A}\,\overline{B}\,\overline{C}D + BCD + A\overline{B}\,\overline{D} + ABCD$.

9.37* O circuito da Figura 9.80 mostra como um
N MUX de oito entradas pode ser utilizado para gerar uma função de quatro variáveis lógicas, mesmo que o MUX tenha apenas três entradas de SELEÇÃO. Três das variáveis lógicas, A, B e C, estão conectadas nas entradas de SELEÇÃO. A quarta variável, D, e seu inverso, $\overline{D}$, são conectados em entradas de dados selecionadas do MUX, conforme requer a função lógica desejada. As outras entradas de dados do MUX são conectadas em nível BAIXO ou ALTO, conforme requer a função lógica.

(a) Construa uma tabela-verdade mostrando a saída Z para as 16 combinações possíveis das variáveis de entrada.

(b) Escreva a expressão para Z na forma de soma de produtos e simplifique-a para verificar que

$$Z = \overline{C}B\overline{A} + D\overline{C}\,\overline{B}A + \overline{D}CB\,\overline{A}$$

FIGURA 9.80 Problemas 9.37 e 9.38.

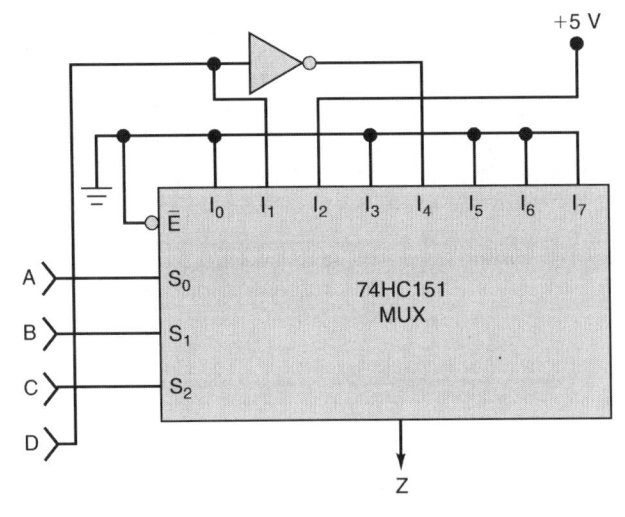

9.38 O método de hardware utilizado na Figura 9.80 pode ser utilizado para qualquer função lógica de quatro variáveis. Por exemplo, $Z = \overline{D}\,\overline{B}\,\overline{C}A + \overline{C}BA + DC\overline{B}A + CB\overline{A}$ é implementada seguindo estes passos:

1. Construa uma tabela-verdade em duas metades lado a lado, como mostra a Tabela 9.9. Observe que a metade à esquerda mostra todas as combinações de CBA quando D = 0, e a metade à direita demonstra todas as combinações de CBA quando D = 1.

2. Escreva o valor de Z para todas as combinações de quatro bits em que D = 0 e também em que D = 1.

3. Construa uma coluna à direita, como mostrado, que descreva o que deve ser conectado a cada uma das oito entradas I_n dos MUXs.

4. Para cada linha da tabela, compare o valor de Z quando D = 0 com quando D = 1. Forneça a informação apropriada para I_n da seguinte maneira:

Quando Z = 0 independentemente de D = 0 ou 1, então (THEN) $I_n = 0$ (GND).

Quando Z = 1 independentemente de D = 0 ou 1, então (THEN) $I_n = 1$ (VCC).

Quando Z = 0 quando D = 0 e (AND) Z = 1 quando D = 1, então (THEN) $I_n = D$.

Quando Z = 1 quando D = 0 e (AND) Z = 0 quando D = 1, então (THEN) $I_n = \overline{D}$.

(a) Verifique o projeto da Figura 9.80 usando esse método.

(b) Use esse método para implementar uma função que gere nível ALTO apenas quando as quatro variáveis de entrada estiverem no mesmo nível ou quando as variáveis B e C estiverem em níveis diferentes.

TABELA 9.9

DCBA	D = 0 Z	DCBA	D = 1 Z	I_n
0000	0	1000	0	$I_0 = 0$
0001	1	1001	0	$I_1 = \overline{D}$
0010	0	1010	0	$I_2 = 0$
0011	1	1011	1	$I_3 = 1$
0100	0	1100	0	$I_4 = 0$
0101	0	1101	1	$I_5 = D$
0110	1	1110	1	$I_6 = 1$
0111	0	1111	0	$I_7 = 1$

SEÇÃO 9.8

9.39* Exercícios de fixação
B Para cada item, indique se ele se refere a um decodificador, a um codificador, a um MUX ou a um DEMUX.

(a) Tem mais entradas do que saídas.
(b) Usa entradas de SELEÇÃO.
(c) Pode ser utilizado na conversão paralelo em série.
(d) Produz um código binário em sua saída.
(e) Apenas uma de suas saídas pode ser ativada por vez.
(f) Pode ser utilizado para rotear um sinal de entrada para uma das diversas saídas possíveis.
(g) Pode ser utilizado para gerar funções lógicas arbitrárias.

9.40 Mostre como o decodificador 7442 pode ser utilizado como demultiplexador 1 de 8. (*Dica*: veja o Problema 9.7.)

9.41★ Aplique as formas de ondas mostradas na Figura 9.75 nas entradas do DEMUX 74ALS138 da Figura 9.30(a), conforme se segue:

$D \to A_2 \quad C \to A_1 \quad B \to A_0 \quad A \to \overline{E}_1$

Desenhe as formas de ondas nas saídas do DEMUX.

9.42 Considere o sistema mostrado na Figura 9.31. Suponha que a frequência de clock seja 10 pps. Descreva qual será a indicação do painel de monitoração para cada um dos seguintes casos:
(a) Todas as portas fechadas.
(b) Todas as portas abertas.
(c) As portas 2 e 6 abertas.

9.43★ Modifique o sistema mostrado na Figura
C, D 9.31 para lidar com 16 portas. Use um MUX de 16 entradas 74150 e dois DEMUXes 74LS138. Quantas linhas vão para o painel remoto de monitoração?

9.44 Desenhe as formas de ondas em transmit_data e saídas DEMUX O_0, O_1, O_2 e O_3 na Figura 9.33 para os seguintes dados nos registradores de transmissão na Figura 9.32: $[A] = 0011$, $[B]$, 0110, $[C] = 1001$, $[D] = 0111$.

9.45 A Figura 9.81 mostra como um display LCD gráfico 8 × 8 é controlado por um 74HC138 configurado como um decodificador, e um 74HC138 configurado como um demultiplexador. Desenhe 48 ciclos do clock e a entrada de dados necessária para ativar os pixels mostrados ligados no display.

FIGURA 9.81 Problema 9.45.

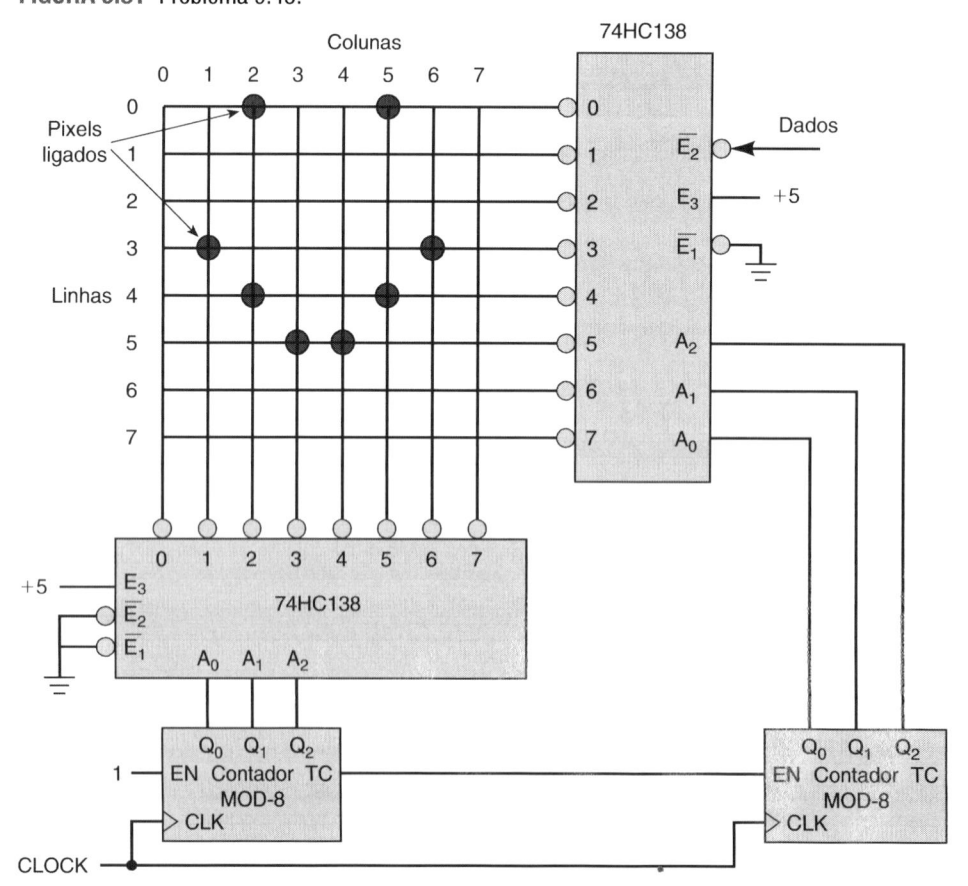

SEÇÃO 9.9

9.46 Considere o sequenciador de controle mostrado na Figura 9.26. Descreva como cada um dos defeitos a seguir afetará sua operação.
T

(a)★ A entrada I_3 do MUX está em curto com GND.

(b) As conexões dos sensores 3 e 4 para o MUX estão invertidas.

9.47★ Considere o circuito da Figura 9.24. Um teste no circuito levou aos resultados mostrados na Tabela 9.10. Quais são as possíveis causas do mau funcionamento?
T

TABELA 9.10

		Contagem real	Contagem mostrada
Caso 1	Contador 1	33	33
	Contador 2	47	47
Caso 2	Contador 1	82	02
	Contador 2	64	64
Caso 3	Contador 1	63	63
	Contador 2	95	15

9.48★ Um teste no sistema de monitoração de segurança mostrado na Figura 9.31 produz os resultados registrados na Tabela 9.11. Quais são os defeitos possíveis nessa operação?
T

TABELA 9.11

Condição	LEDs
Todas as portas fechadas	Todos os LEDs apagados
Porta 0 aberta	LED 0 piscando
Porta 1 aberta	LED 2 piscando
Porta 2 aberta	LED 1 piscando
Porta 3 aberta	LED 3 piscando
Porta 4 aberta	LED 4 piscando
Porta 5 aberta	LED 6 piscando
Porta 6 aberta	LED 5 piscando
Porta 7 aberta	LED 7 piscando

9.49★ Um teste no sistema de monitoração de segurança mostrado na Figura 9.31 produz os resultados registrados na Tabela 9.12. Quais
T
são os defeitos possíveis? Como isso pode ser verificado ou eliminado como falha?

TABELA 9.12

Condição	LEDs
Todas as portas fechadas	Todos os LEDs apagados
Porta 0 aberta	LED 0 piscando
Porta 1 aberta	LED 1 piscando
Porta 2 aberta	LED 2 piscando
Porta 3 aberta	LED 3 piscando
Porta 4 aberta	LED 4 piscando
Porta 5 aberta	LED 5 piscando
Porta 6 aberta	Nenhum LED piscando
Porta 7 aberta	Nenhum LED piscando
Portas 6 e 7 abertas	LEDs 6 e 7 piscando

9.50★ O sistema síncrono de transmissão de dados mostrado na Figura 9.32 e na Figura 9.33 não está funcionando. Um osciloscópio é utilizado para monitorar as saídas do MUX e DEMUX durante um ciclo de transmissão, com os resultados mostrados na Figura 9.82.
T

Quais são as causas possíveis do mau funcionamento?

9.51 O sistema síncrono de transmissão de dados mostrado nas figuras 9.32 e 9.33 não está funcionando de maneira adequada, e o diagrama em forma de árvore da análise de defeitos da Figura 9.38 foi utilizado para isolar o problema na seção de temporizador e controle da recepção. Desenhe um diagrama em forma de árvore da análise de defeitos que isole o problema a um dos quatro blocos daquela seção (FF1, contador de bits, contador de palavras ou FF2). Considere todos os fios e conexões como mostrados, sem nenhum erro de conexão.
T

SEÇÃO 9.10

9.52 Desenhe de novo o circuito do Problema 9.16 usando um comparador de magnitude 74HC85. Acrescente uma característica de "detecção de excesso de cópias" que ative uma saída de ALARME se a saída OPERAÇÃO falhar em parar a máquina quando o número requisitado de cópias for atingido.
C, D

FIGURA 9.82 Problema 9.50.

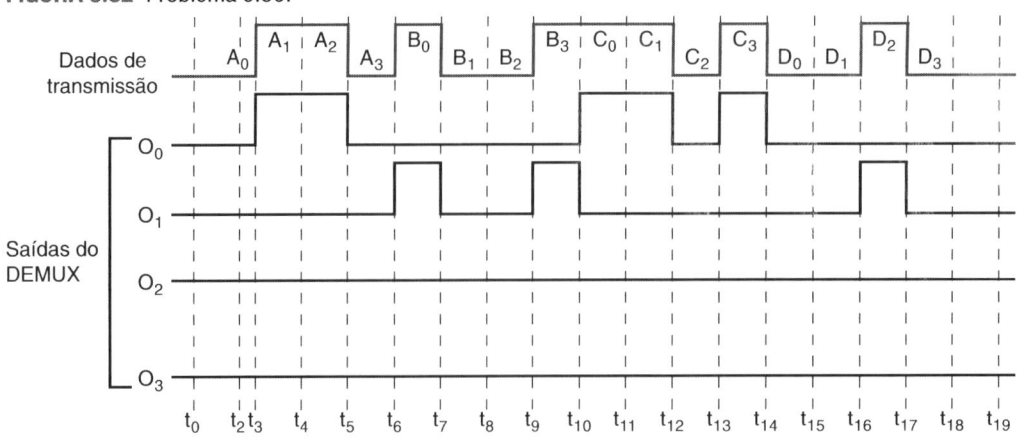

9.53 (a)★ Mostre como conectar 74HC85s para comparar dois números de 10 bits.
D
(b) Crie um comparador de 10 bits usando uma megafunção.

SEÇÃO 9.11

9.54 Considere uma entrada BCD 69 para o conversor de código mostrado na Figura 9.40. Determine os níveis de cada saída Σ e da saída binária final.

9.55★ Um técnico testa o conversor de código mostrado na Figura 9.43 e observa os seguintes
T resultados:

Entrada BCD	Saída binária
52	0110011
95	1100000
27	0011011

Qual é o provável defeito do circuito?

SEÇÕES 9.12 A 9.14

9.56 Exercício de fixação
B
Verdadeiro ou falso:

(a) Um dispositivo conectado no barramento de dados deve ter saídas tristate.

(b) Contenção de barramento ocorre quando mais de um dispositivo recebe dados do barramento.

(c) Um barramento de dados de oito linhas pode transferir, de modo mais eficiente, dados com maiores extensões de bits que um de quatro linhas.

(d) Um CI de driver de barramento em geral tem impedância de saída alta.

(e) Registradores bidirecionais e buffers têm linhas I/O comuns.

9.57★ Para a configuração de barramento mostrada na Figura 9.47, descreva as necessidades do sinal de entrada para a transferência simultânea do conteúdo do registrador C para os outros dois.

9.58 Considere que os registradores na Figura 9.47 estão de início com [A] = 1011, [B] = 1000 e [C] = 0111. Os sinais mostrados na Figura 9.83 são aplicados nas entradas do registrador.

(a) Determine o conteúdo de cada registrador nos instantes t_1, t_2, t_3 e t_4.

(b) Descreva o que aconteceria se $\overline{IE}_A$ estivesse em nível BAIXO quando ocorresse o terceiro pulso de clock.

FIGURA 9.83 Problemas 9.58 e 9.59.

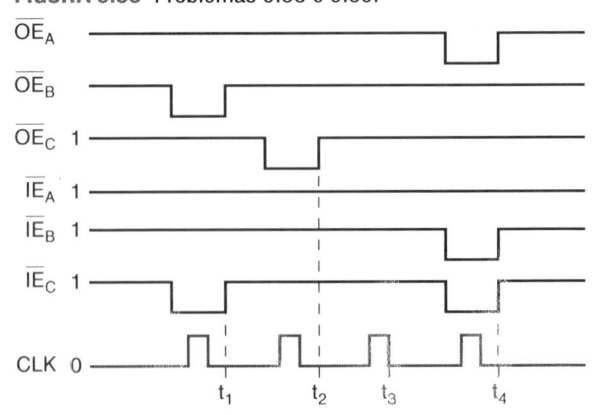

9.59 Considere as mesmas condições iniciais do Problema 9.58 e desenhe o sinal em DB_3 para as formas de ondas mostradas na Figura 9.83.

9.60 A Figura 9.84 mostra dois dispositivos acrescentados ao barramento de dados do circuito da Figura 9.47. Um deles é um conjunto de chaves com buffers que pode ser utilizado para inserir dados manualmente nos registradores de barramento. O outro é um registrador de saída utilizado para fazer o latch de quaisquer dados que estejam no barramento durante uma operação de transferência de dados e mostrá-los em um conjunto de LEDs.

(a) Considere que todos os registradores contêm 0000. Faça um resumo da sequência de operações para carregar os registradores com os seguintes dados provenientes das chaves: [A] = 1011, [B] = 0001, [C] = 1110.

(b) Qual será o estado dos LEDs no final dessa sequência?

9.61 Agora que o circuito da Figura 9.85 foi
C acrescentado ao da Figura 9.47, um total de cinco dispositivos está conectado no barramento de dados. O circuito mostrado na Figura 9.85(a) será utilizado para gerar os sinais de habilitação necessários para as diferentes transferências de dados pelo barramento de dados. Esse circuito usa um chip 74HC139 que contém dois decodificadores 1 de 4 idênticos e independentes com habilitação ativa em nível BAIXO. O decodificador da parte de cima é utilizado para selecionar o dispositivo que colocará os dados no barramento de dados (seleção de saída), e o da parte de baixo é utilizado para selecionar o dispositivo que pegará os dados do barramento de dados (seleção de entrada). Suponha que as saídas do decodificador estejam conectadas nas entradas de habilitação dos dispositivos ligados ao barramento de dados. Considere também que todos os registradores contêm, inicialmente, 0000 no instante t_0 e que as chaves estejam nas posições mostradas na Figura 9.84.

(a)★ Determine os conteúdos de cada registrador nos instantes t_1, t_2 e t_3 em resposta às formas de ondas mostradas na Figura 9.85(b).

(b) Pode ocorrer contenção de barramento nesse circuito? Explique.

9.62 Mostre como um 74HC541 (Figura 9.50) pode ser utilizado no circuito da Figura 9.84.

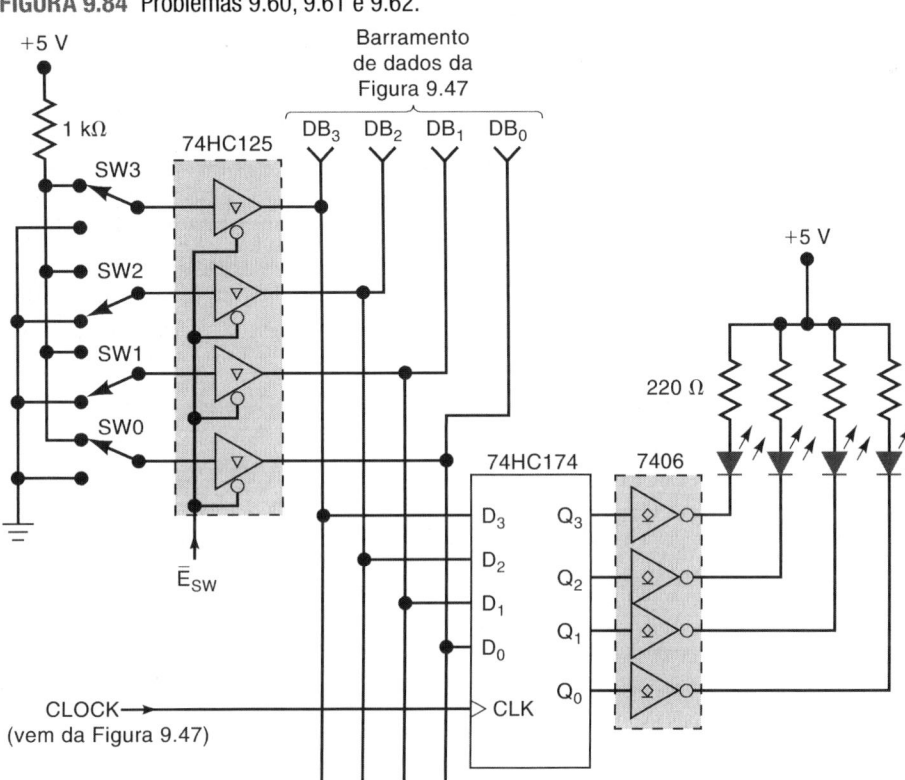

FIGURA 9.84 Problemas 9.60, 9.61 e 9.62.

FIGURA 9.85 Problema 9.61.

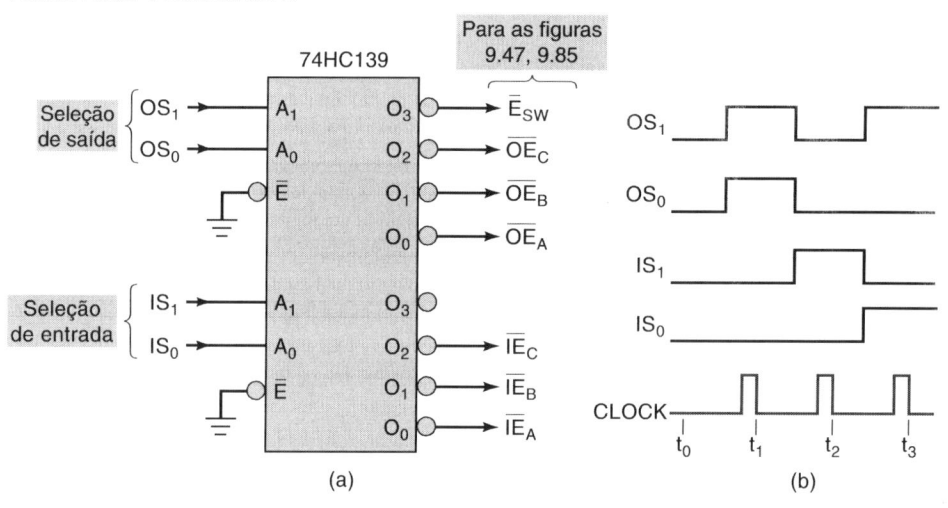

APLICAÇÕES EM MICROCOMPUTADOR

9.63★ A Figura 9.86 mostra o circuito básico para
C, N interfacear um microprocessador (MPU) com um módulo de memória, que contém um ou mais CIs (Capítulo 12) que podem tanto receber dados do microprocessador (operação WRITE) quanto enviar dados para ele (operação READ). Os dados são transferidos pelas oito linhas do barramento de dados. As linhas de dados do MPU e as I/O da memória estão conectadas em um barramento comum. No momento, vamos analisar como o MPU controla a seleção do módulo de memória para as operações READ ou WRITE. Os passos envolvidos são:

1. O MPU coloca o endereço de memória em suas linhas de saídas de endereço A_{15} a A_0.

2. O MPU gera o sinal $R/\overline{W}$ para informar ao módulo de memória que a operação será realizada: $R/\overline{W} = 1$ para READ, $R/\overline{W} = 0$ para WRITE.

3. Os cinco bits superiores das linhas de endereço do MPU são decodificados pelo 74ALS138, que controla a entrada de habilitação (ENABLE) do módulo de memória. Essa entrada de habilitação tem de ser ativada para que o módulo de memória realize uma operação READ ou WRITE.

4. Os outros 11 bits de endereço estão conectados no módulo de memória, que os usa para selecionar a posição *interna* específica a ser acessada pelo MPU, desde que a entrada de habilitação (ENABLE) esteja ativa.

Para ler ou escrever no módulo de memória, a MPU deve colocar o endereço correto nas linhas de endereço para habilitar a memória e depois pulsar *CP* para o estado ALTO.

(a) Determine, caso exista algum, qual destes endereços hexadecimais ativará o módulo de memória: 607F, 57FA, 5F00.

(b) Determine qual faixa de endereços hexa ativará a memória. (*Dica*: as entradas A_0 a A_{10} para a memória podem ter qualquer combinação.)

(c) Suponha que um segundo módulo idêntico de memória seja acrescentado ao circuito com seus endereços, $R/\overline{W}$, e linhas I/O de dados conectados exatamente do mesmo modo que o primeiro módulo, *exceto* pelo fato de que sua entrada de habilitação (ENABLE) está ligada à saída $\overline{O}_4$ do decodificador. Qual é a faixa de endereços hexa que ativará esse segundo módulo?

(d) É possível para o MPU ler ou escrever nos dois módulos ao mesmo tempo? Explique.

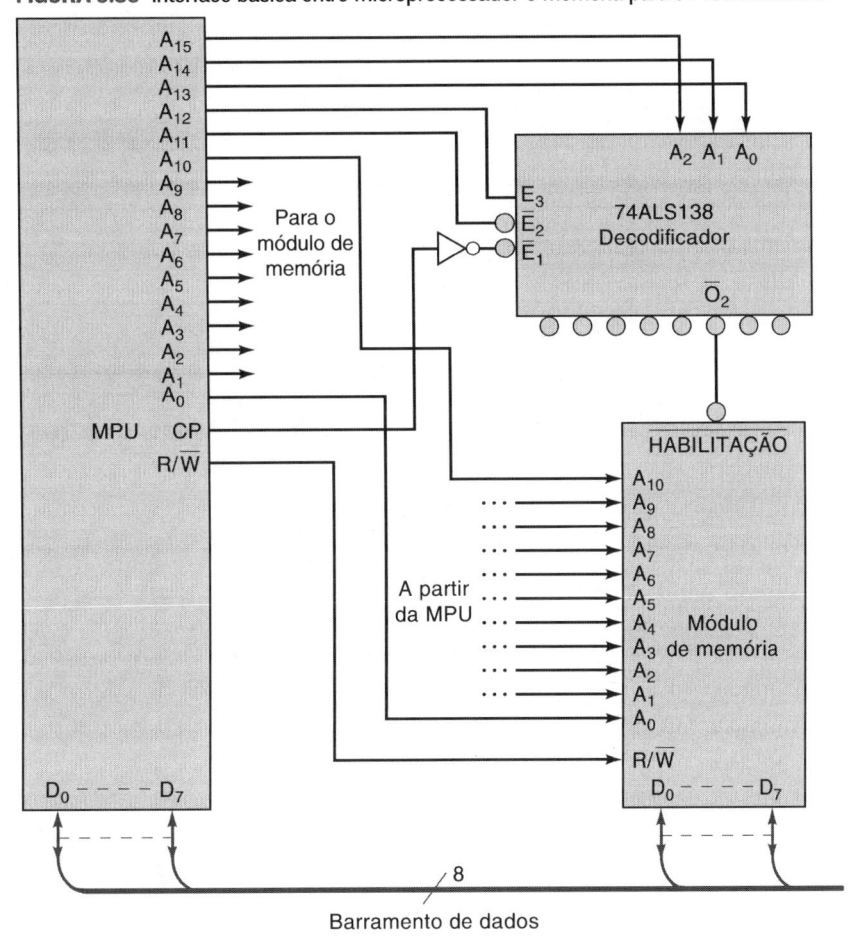

FIGURA 9.86 Interface básica entre microprocessador e memória para o Problema 9.63.

PROBLEMA DE PROJETO

9.64
C, D
O circuito de teclado mostrado na Figura 9.16 será utilizado como parte de uma chave eletrônica digital que opera da seguinte maneira: quando ativada, uma saída UNLOCK vai para o nível ALTO. Esse nível é utilizado para energizar um solenoide que retrai um parafuso e possibilita que a porta seja aberta. Para ativar UNLOCK, o operador tem de pressionar a tecla CLEAR e, então, entrar com a sequência correta de três teclas.

(a) Mostre como comparadores 74HC85 e qualquer outra lógica necessária podem ser acrescentados ao circuito de teclado para produzir a operação da chave digital descrita acima para uma sequência de teclas de CLEAR-3-5-8.

(b) Modifique o circuito para ativar uma saída ALARME se o operador digitar qualquer coisa que não seja a sequência correta das três teclas.

SEÇÕES 9.15 A 9.20

9.65★
H, D
Escreva o código em HDL para implementar um decodificador BCD para decimal (o equivalente a um 7442).

9.66
H, D
Escreva o código em HDL para implementar um decodificador/driver hexadecimal para um display de 7 segmentos. Os primeiros dez caracteres devem aparecer como mostrado na Figura 9.7. Os últimos seis, como na Figura 9.87.

FIGURA 9.87 Caracteres hexadecimais para o Problema 9.66.

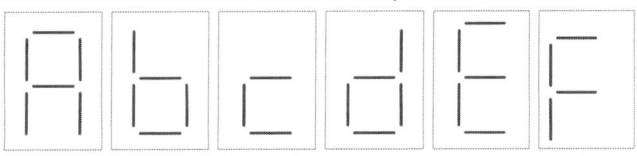

9.67
B, H Escreva a descrição de um codificador (ENCODER) de baixa prioridade que sempre codifique o número de mais baixa ordem se duas entradas forem ativadas de modo simultâneo.

9.68
H Reescreva o código do comparador de quatro bits das figuras 9.69 ou 9.70 para criar um comparador de oito bits sem usar macrofunções.

9.69
H Use HDL para descrever um número binário de quatro bits para um conversor de código BCD de dois dígitos.

9.70
H Use HDL para descrever um código BCD de três dígitos para um conversor de números binários de oito bits. (A entrada máxima BCD é 255.)

RESPOSTAS DAS QUESTÕES DE REVISÃO

SEÇÃO 9.1

1. Não.
2. A entrada de habilitação controla se a lógica do decodificador responde ou não ao código binário de entrada.
3. O 7445 tem saídas de coletor aberto que podem operar até 30 V e 80 mA.
4. 24 pinos: 2 habilitações, 4 entradas, 16 saídas, V_{CC} e GND.

SEÇÃO 9.2

1. a, b, c, f, g.
2. Verdadeiro.

SEÇÃO 9.3

1. LEDs: (a), (e), (f). LCDs: (b), (c), (d), (e).
2. (a) Quatro bits BCD, (b) sete ou oito bits ASCII, (c) valor binário para a intensidade do pixel.

SEÇÃO 9.4

1. Um codificador produz um código de saída correspondente à entrada ativada. Um decodificador ativa uma saída correspondente ao código de entrada aplicado.
2. Em um codificador de prioridade, o código de saída corresponde à entrada de *maior* número que é ativada.
3. BCD normal = 0110.
4. (a) Produz uma transição positiva quando uma tecla é pressionada; (b) converte a tecla pressionada em seu código BCD; (c) gera pulso livre dos efeitos da trepidação para disparar o contador em anel; (d) forma um contador em anel que fornece os sinais de clock para os registradores de saída; (e) armazena os códigos BCD gerados pela ativação das teclas.

5. $\overline{E}_1$ e $\overline{E}_0$ são usadas para conexão em cascata e $\overline{GS}$ indica uma entrada em nível ativo.

SEÇÃO 9.5

1. Observação/análise e dividir e conquistar.
2. Observe os sintomas e analise o sistema para possíveis causas.
3. O circuito é dividido em duas seções: uma seção funciona comprovadamente e a outra seção contém a falha.

SEÇÃO 9.6

1. O número binário nas entradas selecionadas determina que entrada de dados passará para a saída.
2. 32 entradas de dados e cinco entradas de seleção.

SEÇÃO 9.7

1. Conversão paralelo em série, roteamento de dados, geração de funções lógicas, operações de sequenciamento.
2. Falso; elas são aplicadas às entradas de seleção.
3. Contador.

SEÇÃO 9.8

1. Um MUX seleciona um dos diversos sinais de entrada a ser passado para a saída; um DEMUX seleciona uma das diversas saídas para receber o sinal de entrada.
2. Verdadeiro, desde que o decodificador tenha uma entrada de habilitação (ENABLE).
3. Os LEDs acenderão e apagarão em sequência.

SEÇÃO 9.10

1. Para expandir as operações de comparação para números com mais de quatro bits.

2. $O_{A=B} = 1$; as outras saídas são 0.
3. Consegue-se expandir para comparar números maiores ao se especificar mais bits de entrada.

SEÇÃO 9.11

1. Um conversor de código recebe os dados de entrada representados em um tipo de código binário e converte-os para outro tipo de código binário.
2. Três dígitos podem representar valores decimais até 999. Para representar 999 em binário direto, são necessários dez bits.

SEÇÃO 9.12

1. Um conjunto de linhas de conexão nas quais entradas e saídas de diversos dispositivos diferentes podem ser conectadas.
2. A contenção de barramento ocorre quando as saídas de mais de um dispositivo conectado em um barramento são habilitadas ao mesmo tempo. Isso é evitado controlando-se as entradas de habilitação, de modo que não possa parar.
3. Uma condição na qual todos os dispositivos conectados no barramento estão em alta impedância.

SEÇÃO 9.13

1. 1011
2. Verdadeiro.
3. 0000

SEÇÃO 9.14

1. Contenção de barramento.
2. Flutuação, alta impedância.
3. Fornecer saídas tristate de baixa impedância.
4. Reduzir o número de pinos do CI e o número de conexões ao barramento de dados.
5. Veja a Figura 9.54.

SEÇÃO 9.15

1. São entradas de habilitação. Todas devem estar ativas para que o decodificador funcione.
2. A construção CASE e TABLE (tabela).
3. A declaração de atribuição de sinal selecionada e a construção CASE.

SEÇÃO 9.16

1. A combinação do pino de entrada/saída BI/RBO.
2. Anodo comum. As saídas conectam os catodos e vão para o nível ALTO para acender os segmentos.
3. A estrutura de controle IF/ELSE é avaliada de modo sequencial e dá precedência na ordem em que as decisões estão listadas.

SEÇÃO 9.17

1. Uma entrada de irrelevância em uma tabela-verdade e a estrutura de controle IF/ELSE.
2. A estrutura de controle IF/ELSE e a declaração de atribuição de sinal condicional.
3. Usando a função primitiva :TRI e atribuindo um valor a OE.
4. Usando o tipo de dados padrão IEEE, STD_LOGIC ou STD_LOGIC_VECTOR que têm um valor possível de Z.

SEÇÃO 9.18

1. Entradas: *ch0*, *ch1*, *ch2*, *ch3*; saída: *dout*; entradas de controle (Select): s.
2. Entrada: *din*; saídas: *ch0*, *ch1*, *ch2*, *ch3*; entradas de controle (Select): s.
3. DEFAULTS.
4. ELSE.

SEÇÃO 9.19

1. Objetos de dados numéricos (por exemplo, INTEGER em VHDL).
2. IF/ ELSE.
3. Operadores relacionais (<, >).

SEÇÃO 9.20

1. 10
2. Multiplicando por 8 + 2. Deslocar o dígito BCD três posições para a esquerda multiplica por 8, e deslocar o mesmo dígito BCD uma posição para a esquerda multiplica por 2. Somando esses resultados, obtém-se o dígito BCD multiplicado por 10.
3. Em VHDL, basta empregar o operador * para multiplicar.

CAPÍTULO 10

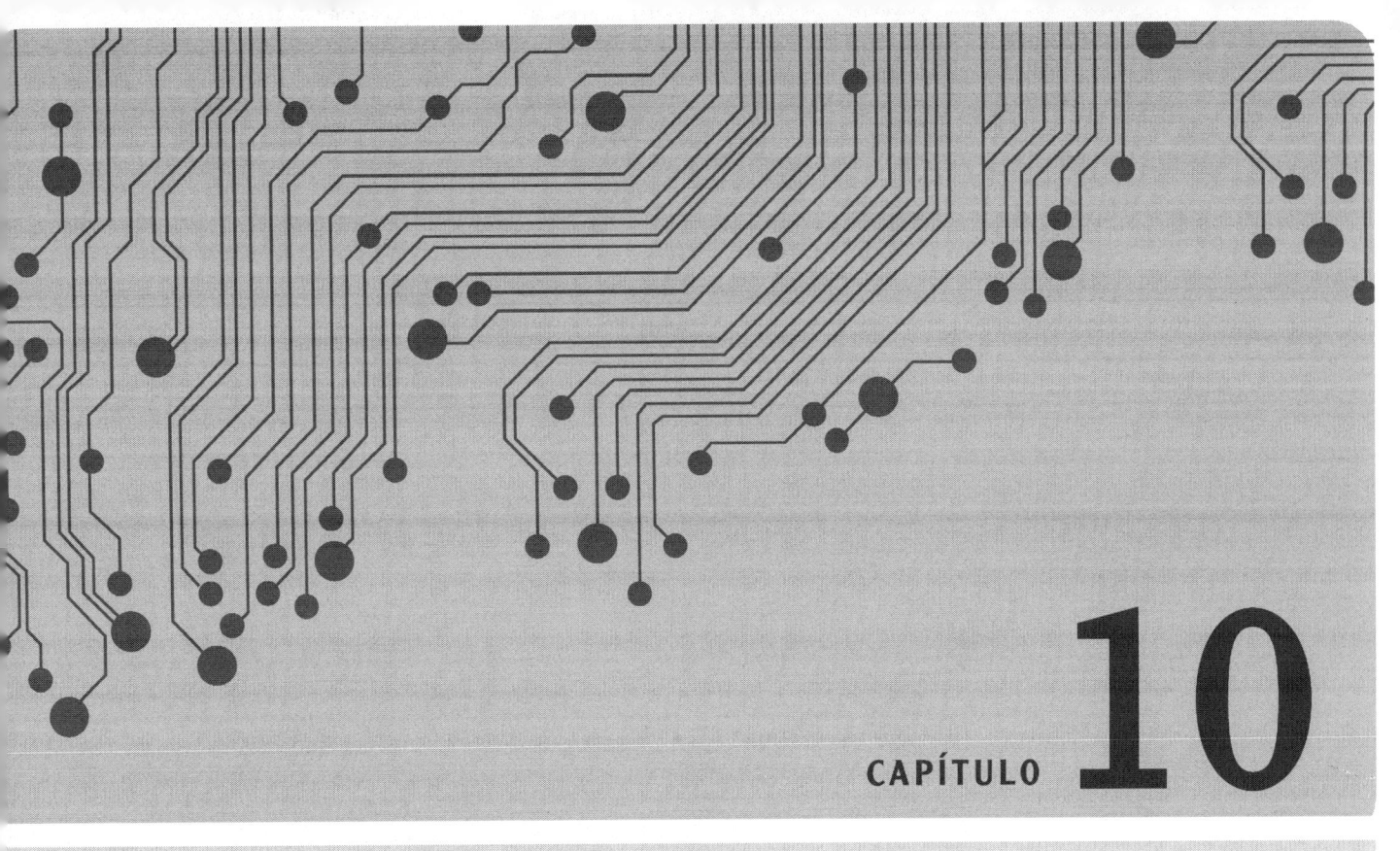

PROJETOS DE SISTEMA DIGITAL USANDO HDL

■ CONTEÚDO

10.1 Gerenciamento de pequenos projetos
10.2 Projeto de acionador de motor de passo
10.3 Projeto de codificador para teclado numérico
10.4 Projeto de relógio digital
10.5 Projeto de forno de micro-ondas
10.6 Projeto de frequencímetro

■ OBJETIVOS DO CAPÍTULO

Após ler este capítulo, você será capaz de:

- Analisar o funcionamento de sistemas feitos de diversos componentes já estudados neste livro.
- Descrever um projeto inteiro em um arquivo em HDL.
- Descrever o processo de gerenciamento de projetos hierárquicos.
- Dividir um projeto em blocos (partes) manejáveis.
- Usar ferramentas do software Quartus II a fim de implementar um projeto modular hierárquico.
- Desenvolver estratégias para testar o funcionamento dos circuitos digitais.

■ INTRODUÇÃO

Nos primeiros nove capítulos deste livro, explicamos os blocos de construção fundamentais dos sistemas digitais. Agora que os separamos e analisamos, não queremos descartá-los e esquecê-los: é hora de construir algo com eles. Alguns dos exemplos utilizados para demonstrar o funcionamento de circuitos individuais são, na verdade, sistemas digitais, e vimos como eles funcionam. Neste capítulo, vamos nos concentrar mais no processo de construção.

Pesquisas mostram que grande parte dos profissionais nos campos da eletricidade e da engenharia e tecnologia de computação é responsável pelo gerenciamento de projetos. A experiência com estudantes também tem mostrado que o modo mais eficiente de gerenciar um projeto não é óbvio a todos, o que explica por que acabamos aprendendo pelo método mais difícil (tentativa e erro). Este capítulo busca fornecer um plano estratégico para gerenciar projetos, ao mesmo tempo que o ajudará a aprender mais sobre sistemas digitais e ferramentas modernas para desenvolvê-los. Os princípios aqui não se limitam a projetos digitais ou mesmo eletrônicos em geral, eles podem ser aplicados à construção de uma casa ou de um empreendimento. Com certeza, eles o tornarão mais bem-sucedido e reduzirão suas frustrações.

As linguagens de descrição de hardware foram, na verdade, criadas com o propósito de gerenciar amplos sistemas digitais para documentação, testes de simulação e síntese de circuitos de trabalho. De tal maneira, as ferramentas dos softwares da Altera foram especialmente projetadas para funcionar com gerenciamento de projetos muito além do escopo deste livro. Descreveremos alguns dos recursos dos pacotes de software da Altera à medida que percorrermos os passos de desenvolvimento desses pequenos projetos. O conceito de desenvolvimento modular hierárquico de projeto, apresentado no Capítulo 4, será demonstrado aqui em uma série de exemplos.

10.1 GERENCIAMENTO DE PEQUENOS PROJETOS

OBJETIVOS

Após ler esta seção, você será capaz de:

- Listar as etapas do gerenciamento de projetos.
- Identificar subtarefas, estratégias e objetivos em cada etapa.

Os primeiros projetos descritos aqui são sistemas relativamente pequenos, formados por um número reduzido de blocos de construção. Esses projetos podem ser desenvolvidos em módulos separados, mas essa abordagem tornaria tudo mais complicado. Eles são pequenos o bastante para que seja interessante implementar todo o projeto em um único arquivo de projeto em HDL. Isso não significa, contudo, que um processo estruturado não deva completar o projeto. De fato, a maioria dos passos que devem ser seguidos em um grande projeto modular também é aplicável a esses exemplos. Os passos que devem ser seguidos são: (1) definição geral; (2) planejamento estratégico (decomposição do problema) da divisão do projeto em partes pequenas; (3) síntese e teste de cada parte; e (4) integração do sistema e testes.

Definição

O primeiro passo em qualquer projeto é a definição de seu escopo. Nesse passo, as seguintes questões devem ser esclarecidas:

- Quantos bits de dados são necessários?
- Quantos dispositivos são controlados pelas saídas?
- Quais são os nomes de cada entrada e saída?
- As entradas e saídas estão em nível ativo ALTO ou ativo BAIXO?
- Quais são os requisitos de velocidade?
- Como esse dispositivo deve funcionar?
- O que definirá a finalização bem-sucedida desse projeto?

Esse passo deve levar a uma descrição completa e detalhada do funcionamento geral do projeto, uma definição de suas entradas e saídas e especificações numéricas completas de suas capacidades e limitações.

Planejamento estratégico/decomposição do problema

O segundo passo envolve o desenvolvimento de uma estratégia para dividir esse projeto em partes manejáveis. Esse processo é referido como decomposição do problema, pois a função geral está definida em termos de diversos blocos funcionais mais simples. Os requisitos para as partes são:

- Desenvolver um modo de testar cada parte.
- Cada parte deve se encaixar bem no sistema todo.
- Conhecer a natureza de todos os sinais que conectam as partes.
- O funcionamento exato de cada bloco deve ser definido e entendido.
- Devemos ter uma visão clara de como fazer cada bloco funcionar.

O último requisito pode parecer óbvio, mas é incrível o número de projetos ao redor de um bloco central que envolve um milagre técnico ainda não descoberto ou que viola leis muito básicas, como a da conservação da energia. Nesse estágio, cada subsistema (bloco de seção) se torna, de certa maneira, um projeto em si, com a possibilidade de subsistemas adicionais definidos dentro de seus limites. Esse é o conceito de projeto hierárquico.

Síntese e teste

Cada subsistema deve ser construído a partir de seu nível mais simples. No caso de um sistema digital projetado usando HDL, significa escrever trechos de código e desenvolver um plano para testar esse código e garantir que ele preencha todos os critérios. Muitas vezes, isso é feito por uma simulação. Quando um circuito é simulado em um computador, o projetista deve criar todos os cenários experimentados pelo circuito real e saber qual deveria ser a resposta apropriada a essas entradas. Esses testes costumam exigir muita reflexão, e esse não é um aspecto que deva ser negligenciado. O pior erro que se pode cometer é concluir que um bloco fundamental funciona perfeitamente e descobrir mais tarde as situações em que ele falha. Essa situação desagradável provavelmente o forçará a repensar muitos dos outros blocos, anulando, desse modo, muito de seu trabalho.

Integração do sistema e testes

O último passo é colocar os blocos juntos e testá-los como unidade. Blocos são acrescentados e testados em cada estágio até que todo o projeto funcione. Muitas vezes, esse aspecto é minimizado, mas é raro que aconteça sem percalços. Mesmo que você cuide de todos os detalhes, sempre há uma ou outra coisa em que ninguém pensou.

Alguns aspectos do planejamento e gerenciamento de projetos vão além do escopo deste livro. Um deles é a seleção de uma plataforma de hardware que melhor se adapte à aplicação. No Capítulo 13, exploraremos o amplo campo dos sistemas digitais e veremos as capacidades e limitações de PLDs de várias categorias. Outra dimensão bastante crítica do gerenciamento de projetos é o tempo. Seu chefe lhe dará um prazo para completar o projeto, e você precisará planejar o trabalho (e o esforço) para cumpri-lo. Não trataremos do gerenciamento de tempo neste livro, mas, como regra geral, você descobrirá que a maioria das fases do projeto leva de duas a três vezes mais tempo do que se imagina de início.

QUESTÕES DE REVISÃO

1. Cite os passos do gerenciamento de projetos.
2. Em que estágio você deve decidir como medir o sucesso?

10.2 PROJETO DE ACIONADOR DE MOTOR DE PASSO

OBJETIVOS

Após ler esta seção, você será capaz de:

- Descrever os requisitos de um sistema acionador de motor de passo.
- Definir cada entrada e saída.
- Descrever a operação lógica do sistema usando o HDL.

O objetivo desta seção é demonstrar uma típica aplicação de contadores combinados com circuitos decodificadores. Um sistema digital muitas vezes contém um contador que percorre uma sequência especificada em ciclos e cujos estados de saída são decodificados por um circuito lógico combinacional que, por sua vez, controla o funcionamento do sistema. Muitas aplicações possuem, também, entradas externas usadas para colocar o sistema em diversos modos de funcionamento. Esta seção discute esses recursos a fim de se controlar um motor de passo.

Em um projeto real, o primeiro passo da definição envolve pesquisa da parte do gerenciador do projeto. Nesta seção (ou projeto), é fundamental entendermos o que é um motor de passo e como ele funciona, antes de tentarmos criar um circuito para controlá-lo. Na Seção 7.10, demonstraremos como projetar um contador síncrono simples que aciona um motor de passo. A sequência apresentada nesta seção é chamada de sequência de passo completo (*full-step*). Como você deve se lembrar, ela envolvia dois flip-flops e suas saídas Q e $\overline{Q}$ acionando os quatro enrolamentos do motor. A sequência sempre tem dois enrolamentos do motor de passo energizados em qualquer estado da sequência e, em geral, causa uma rotação de 15° por passo. Outras sequências, contudo, também causam tal rotação. Se você olhar para uma sequência de passo completo, notará que cada transição de estado envolve desligar um enrolamento e ligar outro, simultaneamente. Por exemplo, veja o primeiro estado (1010) na sequência de passo completo. Quando ela passa para o segundo estado, o enrolamento 1 é desligado e o 0 é ligado. A sequência de meio passo é criada inserindo-se um estado com apenas um enrolamento energizado entre passos completos, como apresentado na coluna do meio da Tabela 10.1. Nesta sequência, um enrolamento é desenergizado antes que o outro seja energizado. O primeiro estado é 1010 e o segundo é 1000, o que significa que o enrolamento 1 é desligado em um estado antes de o 0 ser ligado. Esse estado intermediário faz que o eixo do motor gire metade (7,5°) do que giraria na sequência de passo completo (15°). Uma sequência de meio passo é usada quando se desejam passos menores e mais passos por revolução são aceitáveis. O motor de passo gira de maneira bastante similar a uma sequência de passo completo (15° por passo) se você aplicar apenas uma sequência de estados intermediários com um enrolamento energizado por vez. Essa sequência, chamada "wave-drive", tem menos torque, mas funciona de modo mais suave que uma sequência de passo completo com velocidades moderadas. A sequência wave-drive é mostrada na coluna à direita da Tabela 10.1.

TABELA 10.1 Sequências de acionamento de enrolamento de motor de passo.

Sequência de passo completo Enrolamento 3210	Sequência de meio passo Enrolamento 3210	Sequência wave-drive Enrolamento 3210
1010	1010	
	1000	1000
1001	1001	
	0001	0001
0101	0101	
	0100	0100
0110	0110	
	0010	0010

Definição do problema

Um laboratório de microprocessadores precisa de uma interface universal para acionar um motor de passo. Para experiências com microcontroladores acionando motores de passo, seria útil ter um único CI de interface universal conectado ao motor de passo. Esse circuito precisa aceitar todas as formas típicas de sinais de acionamento de motor de um microcontrolador e ativar as bobinas do motor para que ele funcione do modo desejado. A interface precisa funcionar de um entre quatro modos: passo completo decodificado, meio passo decodificado, wave-drive decodificado ou acionamento direto não decodificado. O modo é selecionado controlando-se os níveis lógicos nos pinos de entrada *M1*, *M0*. Nos primeiros três modos, a interface recebe apenas dois bits de controle — um pulso de passo e um bit de controle de sentido — vindos do microcontrolador. Cada vez que vê uma borda de *subida* na entrada de passo, o circuito deve fazer o motor se deslocar de um incremento de movimento no sentido horário ou anti-horário, dependendo do nível atual do bit de sentido. Dependendo do modo em que o CI se encontra, as saídas responderão a cada pulso de passo mudando de estado conforme as sequências do enrolamento do motor apresentadas na Tabela 10.1. O quarto modo de funcionamento desse circuito deve permitir que o microcontrolador controle diretamente cada bobina do motor. Nesse modo, o circuito aceita quatro bits de controle do microcontrolador e transmite esses níveis lógicos diretamente a suas saídas, usadas para energizar os enrolamentos do motor. Os quatro modos estão resumidos na Tabela 10.2.

TABELA 10.2 Definições de modo para o motor de passo.

Modo	M1	M0	Sinais de entrada	Saída
0	0	0	Passo, sentido	Sequência de contagem de passo completo
1	0	1	Passo, sentido	Sequência de contagem wave-drive
2	1	0	Passo, sentido	Sequência de contagem de meio passo
3	1	1	Quatro entradas de controle	Acionamento direto a partir de entradas de controle

Nos modos 0, 1 e 2, as saídas contam a sequência de contagem correspondente a cada borda de subida da entrada de passo. A entrada de sentido da Tabela 10.2 determina se a sequência se move para a frente ou para trás pelos estados na Tabela 10.1, girando, desse modo, o motor em sentido horário ou anti-horário. Com base nessa descrição, é possível tomar decisões com relação ao projeto.

Entradas
Passo (*step*): disparo por borda de subida
Sentido (*direction*): 0 = para a frente ao longo da tabela; 1 = para trás ao longo da tabela
cin0, cin1, cin2, cin3, m1, m0: entradas de controle em nível ativo-em-ALTO

Saídas
cout0, cout1, cout2, cout3: saídas de controle em nível ativo-em-ALTO

Planejamento estratégico/decomposição de problema

Este projeto possui dois requisitos-chave. Ele requer um circuito contador sequencial que controle as saídas em três dos modos. No último modo, a saída não segue um contador, mas as entradas de controle. Embora haja várias formas de dividir esse projeto e preencher esses requisitos, escolhemos decompor isso em dois blocos funcionais: um contador e outro decodificador. O primeiro é um simples contador binário crescente/decrescente que responde às entradas de *passo* e *sentido*. O segundo é um circuito lógico combinacional que traduz (decodifica) a contagem binária no estado de saída apropriado, dependendo da configuração da entrada de modo. Esse circuito também ignora as entradas do contador e transmite as entradas de controle diretamente às saídas quando o modo estiver setado para 3. O diagrama do circuito é apresentado na Figura 10.1.

O desenvolvimento e planejamento do teste é simples. O primeiro passo é construir o contador crescente/decrescente, que deve ser testado em um simulador usando apenas as entradas de sentido e passo. A seguir, deve-se fazer cada sequência decodificada funcionar individualmente com o contador e fazer que as entradas de modo selecionem uma das sequências do decodificador, além de acrescentar a opção de acionamento direto (que é bastante comum). Quando o circuito puder seguir os estados apresentados na Tabela 10.1 em ambos os sentidos para cada sequência de modo e transmitir os quatro sinais *cin* diretamente a *cout* no modo 3, atingimos nosso objetivo.

FIGURA 10.1 Um circuito de interface para um motor de passo universal.

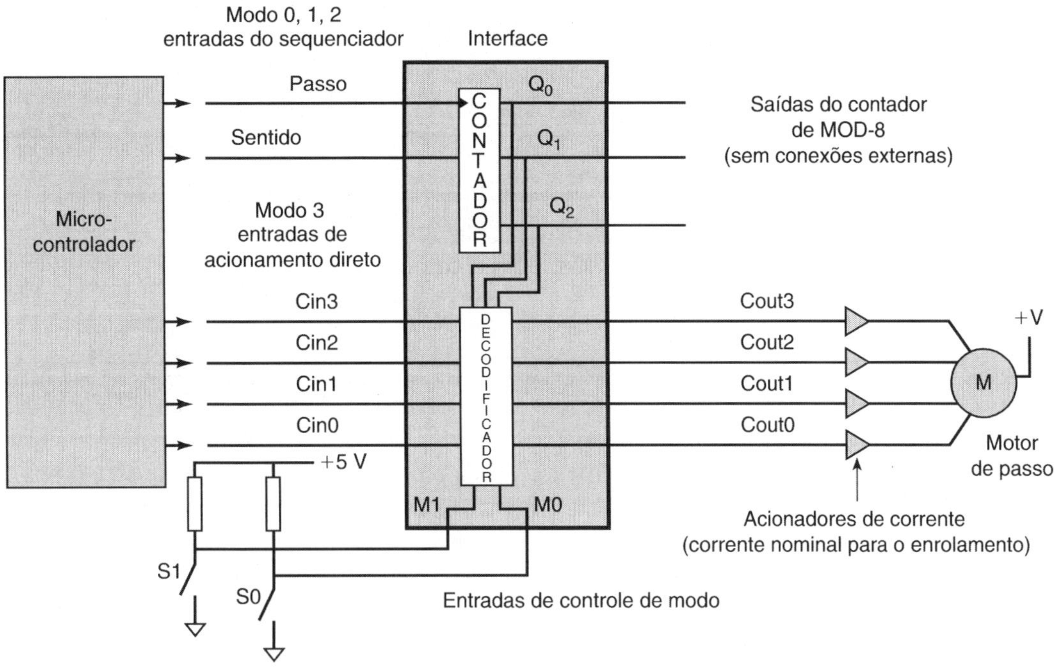

Síntese e testes

O código nas figuras 10.2 e 10.3 demonstra o primeiro estágio de desenvolvimento: projetar e testar um contador crescente/decrescente. Usaremos uma variável intermediária para o valor do contador e a testaremos levando a contagem da saída diretamente a *q*. Para testar essa parte do projeto, precisamos apenas garantir que ele conte em ordem crescente e decrescente ao longo dos oito estados. A Figura 10.4 exibe os resultados da simulação. Precisamos apenas fornecer os pulsos do clock e criar um sinal de controle de sentido, e o simulador mostrará a resposta do contador.

FIGURA 10.2 Decodificador de sequência de passo completo em AHDL.

```
SUBDESIGN fig10_2
(
  step, dir     :INPUT;
  q[2..0]       :OUTPUT;
)
VARIABLE
count[2..0]    : DFF;

BEGIN
  count[].clk = step;
  IF dir THEN count[].d = count[].q + 1;
  ELSE        count[].d = count[].q - 1;
  END IF;
  q[] = count[].q;
  END;
```

FIGURA 10.3 Decodificador de sequência de passo completo em VHDL.

```
ENTITY fig10_3 IS
PORT( step, dir   :IN BIT;
      q           :OUT INTEGER RANGE 0 TO 7);
END fig10_3;

ARCHITECTURE vhdl OF fig10_3 IS
BEGIN
    PROCESS (step)
    VARIABLE count  :INTEGER RANGE 0 TO 7;
    BEGIN
       IF (step'EVENT AND step = '1') THEN
          IF dir = '1' THEN count:= count + 1;
          ELSE              count:= count - 1;
          END IF;
       END IF;
       q <= count;
    END PROCESS;
END vhdl;
```

FIGURA 10.4 Teste de simulação de um MOD-8 básico.

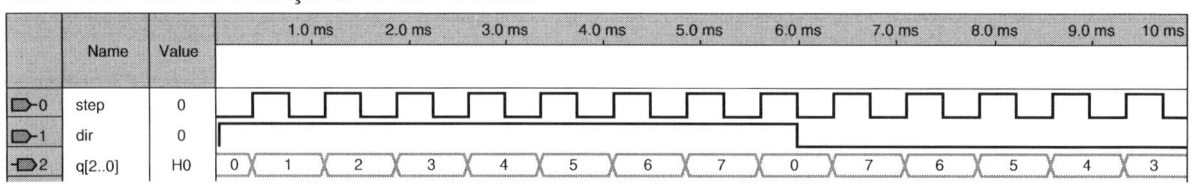

Name	Value									
step	0									
dir	0									
q[2..0]	H0	0	1	2	3	4	5	6	7	0	7 6 5 4 3

O próximo passo é acrescentar uma das saídas decodificadas e testá-la, o que exigirá a especificação de saída *cout* de quatro bits. Os bits de saída *q* do contador de MOD-8 são mantidos por causa da continuidade. A Figura 10.5 exibe o código AHDL para esse estágio de testes, e a Figura 10.6 apresenta o código VHDL para o mesmo estágio de testes. Note que uma construção CASE é usada para decodificar o contador e acionar as saídas. No código VHDL, as saídas *cout* foram declaradas como de tipo bit_vector porque queremos atribuir padrões de bit binário a elas. A Figura 10.7 demonstra o teste simulado de seu funcionamento com ciclos de clock suficientes incluídos para testar um ciclo de contagem crescente e decrescente do contador.

As outras sequências de contagem são variações do código que acabamos de testar. Provavelmente, não é necessário testar todas, então é um bom momento para introduzir as entradas de seleção de modo (*m*) e as entradas de controle dos enrolamentos de acionamento direto (*cin*). Observe que as novas entradas foram definidas nas figuras 10.8 (AHDL) e 10.9 (VHDL). Como o controle de modo possui quatro estados possíveis e queremos fazer algo diferente com cada um, uma construção CASE é a melhor opção. Em outras palavras, resolvemos usar uma estrutura CASE para selecionar o modo e outra dentro de cada modo para selecionar a saída apropriada. Fazer uso de uma construção dentro de outra é chamado de **aninhamento**. O uso do espaçamento é muito importante para mostrar a estrutura e a lógica do código, sobretudo quando se utiliza um aninhamento.

As simulações da Figura 10.10 confirmam que o circuito está funcionando de maneira adequada. A Figura 10.10(a) exibe todos os estados decodificando no modo 0 (passo completo) e completando o ciclo em ambos os sentidos. Note que, depois que o modo (m) muda para 01_2, a saída (*cout*) é decodificada como sequência wave-drive. A Figura 10.10(b) apresenta a sequência wave-drive (modo 1) em ambos os sentidos e depois muda o modo para 10_2, o que resulta em uma sequência de meio passo decodificada a partir do contador de MOD-8. Por fim, a Figura 10.10(c) apresenta o modo de meio passo contando em ordem crescente e reiniciando em ordem decrescente. O dispositivo, então, muda para o modo 3 (acionamento direto) aos 7,5 ms, o que demonstra que os dados em *cin* são transferidos assincronamente para as saídas. Observe que os valores escolhidos para *cin* garantem que todos os bits possam ir para os estados ALTO e BAIXO.

A integração final e os testes devem envolver mais que a simulação. Um motor de passo e um acionador de corrente reais devem ser conectados ao circuito e testados. Nesse caso, a velocidade do passo usada na simulação seria provavelmente maior que a suportada por um verdadeiro motor de passo e precisaria ser diminuída para um verdadeiro teste funcional de hardware.

FIGURA 10.5 Teste de simulação de um MOD-8 básico.

```
SUBDESIGN fig10_5
(
    step, dir      :INPUT;
    q[2..0]        :OUTPUT;
    cout[3..0]     :OUTPUT;
)
VARIABLE
    count[2..0]    : DFF;

BEGIN
    count[].clk = step;
    IF dir THEN count[].d = count[].q + 1;
    ELSE        count[].d = count[].q - 1;
    END IF;
    q[] = count[].q;
    CASE count[] IS
        WHEN B"000"   => cout[] = B"1010";
        WHEN B"001"   => cout[] = B"1001";
        WHEN B"010"   => cout[] = B"0101";
        WHEN B"011"   => cout[] = B"0110";
        WHEN B"100"   => cout[] = B"1010";
        WHEN B"101"   => cout[] = B"1001";
        WHEN B"110"   => cout[] = B"0101";
        WHEN B"111"   => cout[] = B"0110";
    END CASE;
END;
```

FIGURA 10.6 Decodificador de sequência de passo completo em AHDL.

```
ENTITY fig10_6 IS
PORT ( step, dir  :IN BIT;
       q          :OUT INTEGER RANGE 0 TO 7;
       cout       :OUT BIT_VECTOR (3 downto 0));
END fig10_6;

ARCHITECTURE vhdl OF fig10_6 IS
BEGIN
    PROCESS (step)
    VARIABLE count :INTEGER RANGE 0 TO 7;
    BEGIN
        IF (step'EVENT AND step = '1') THEN
            IF dir = '1' THEN count := count + 1;
            ELSE              count := count - 1;
            END IF;
            q <= count;
        END IF;
        CASE count IS
            WHEN 0  => cout <= B"1010";
            WHEN 1  => cout <= B"1001";
            WHEN 2  => cout <= B"0101";
            WHEN 3  => cout <= B"0110";
            WHEN 4  => cout <= B"1010";
            WHEN 5  => cout <= B"1001";
            WHEN 6  => cout <= B"0101";
            WHEN 7  => cout <= B"0110";
        END CASE;
    END PROCESS;
END vhdl;
```

FIGURA 10.7 Decodificador de sequência de passo completo em VHDL.

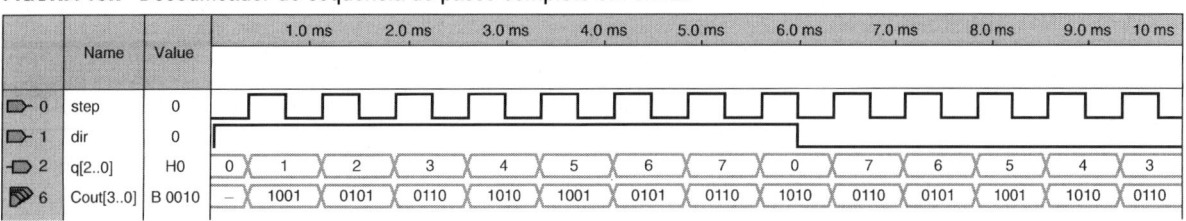

	Name	Value	1.0 ms	2.0 ms	3.0 ms	4.0 ms	5.0 ms	6.0 ms	7.0 ms	8.0 ms	9.0 ms	10 ms
0	step	0										
1	dir	0										
2	q[2..0]	H0	1	2	3	4	5	6	7 / 0	7	6	5 / 4 / 3
6	Cout[3..0]	B 0010	1001	0101	0110	1010	1001	0101	0110 / 1010	0110	0101	1001 / 1010 / 0110

FIGURA 10.8 Acionador de motor de passo em AHDL.

```
SUBDESIGN fig10_8
(
    step, dir              :INPUT;
    m[1..0], cin[3..0]     :INPUT;
    cout[3..0], q[2..0]    :OUTPUT;
)
VARIABLE
    count[2..0]    : DFF;
BEGIN
    count[].clk = step;
    IF dir THEN count[].d = count[].q + 1;
    ELSE        count[].d = count[].q - 1;
    END IF;
    q[] = count[].q;
    CASE m[] IS
    WHEN 0 =>
            CASE count[] IS        -- PASSO COMPLETO
            WHEN B"000"   => cout[] = B"1010";
            WHEN B"001"   => cout[] = B"1001";
            WHEN B"010"   => cout[] = B"0101";
            WHEN B"011"   => cout[] = B"0110";
            WHEN B"100"   => cout[] = B"1010";
            WHEN B"101"   => cout[] = B"1001";
            WHEN B"110"   => cout[] = B"0101";
            WHEN B"111"   => cout[] = B"0110";
            END CASE;
    WHEN 1 =>
            CASE count[] IS        -- WAVE DRIVE
            WHEN B"000"   => cout[] = B"1000";
            WHEN B"001"   => cout[] = B"0001";
            WHEN B"010"   => cout[] = B"0100";
            WHEN B"011"   => cout[] = B"0010";
            WHEN B"100"   => cout[] = B"1000";
            WHEN B"101"   => cout[] = B"0001";
            WHEN B"110"   => cout[] = B"0100";
            WHEN B"111"   => cout[] = B"0010";
            END CASE;
    WHEN 2 =>
            CASE count[] IS        -- MEIO PASSO
            WHEN B"000"   => cout[] = B"1010";
            WHEN B"001"   => cout[] = B"1000";
            WHEN B"010"   => cout[] = B"1001";
            WHEN B"011"   => cout[] = B"0001";
            WHEN B"100"   => cout[] = B"0101";
            WHEN B"101"   => cout[] = B"0100";
            WHEN B"110"   => cout[] = B"0110";
            WHEN B"111"   => cout[] = B"0010";
            END CASE;
    WHEN 3 =>  cout[] = cin[];  -- Direct Drive
    END CASE;
END;
```

FIGURA 10.9 Acionador de motor de passo em VHDL.

```vhdl
ENTITY fig10_9 IS
PORT (   step, dir    :IN BIT;
         m            :IN BIT_VECTOR (1 DOWNTO 0);
         cin          :IN BIT_VECTOR (3 DOWNTO 0);
         q            :OUT INTEGER RANGE 0 TO 7;
         cout         :OUT BIT_VECTOR (3 DOWNTO 0));
END fig10_9;

ARCHITECTURE vhdl OF fig10_9 IS
BEGIN
   PROCESS (step)
   VARIABLE count      :INTEGER RANGE 0 TO 7;
   BEGIN
      IF (step'EVENT AND step = '1') THEN
         IF dir = '1' THEN count := count + 1;
         ELSE              count := count - 1;
         END IF;
      END IF;
      q <= count;
   CASE m IS
      WHEN "00" =>                    -- PASSO COMPLETO
         CASE count IS
            WHEN 0   => cout <= "1010";
            WHEN 1   => cout <= "1001";
            WHEN 2   => cout <= "0101";
            WHEN 3   => cout <= "0110";
            WHEN 4   => cout <= "1010";
            WHEN 5   => cout <= "1001";
            WHEN 6   => cout <= "0101";
            WHEN 7   => cout <= "0110";
         END CASE;
      WHEN "01" =>                    -- WAVE DRIVE
         CASE count IS
            WHEN 0   => cout <= "1000";
            WHEN 1   => cout <= "0001";
            WHEN 2   => cout <= "0100";
            WHEN 3   => cout <= "0010";
            WHEN 4   => cout <= "1000";
            WHEN 5   => cout <= "0001";
            WHEN 6   => cout <= "0100";
            WHEN 7   => cout <= "0010";
         END CASE;
      WHEN "10" =>                    -- MEIO PASSO
         CASE count IS
            WHEN 0   => cout <= "1010";
            WHEN 1   => cout <= "1000";
            WHEN 2   => cout <= "1001";
            WHEN 3   => cout <= "0001";
            WHEN 4   => cout <= "0101";
            WHEN 5   => cout <= "0100";
            WHEN 6   => cout <= "0110";
            WHEN 7   => cout <= "0010";
         END CASE;
      WHEN "11" =>   cout <= cin;--Direct Drive
   END CASE;
   END PROCESS;
END vhdl;;
```

FIGURA 10.10 Teste de simulação de um acionador de motor de passo.

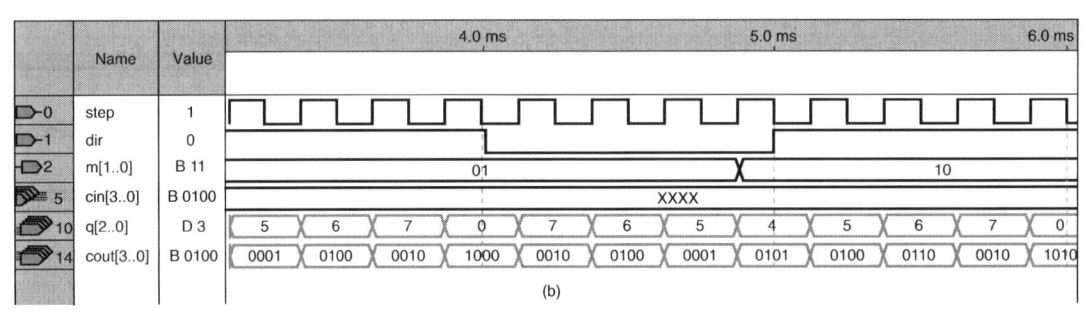

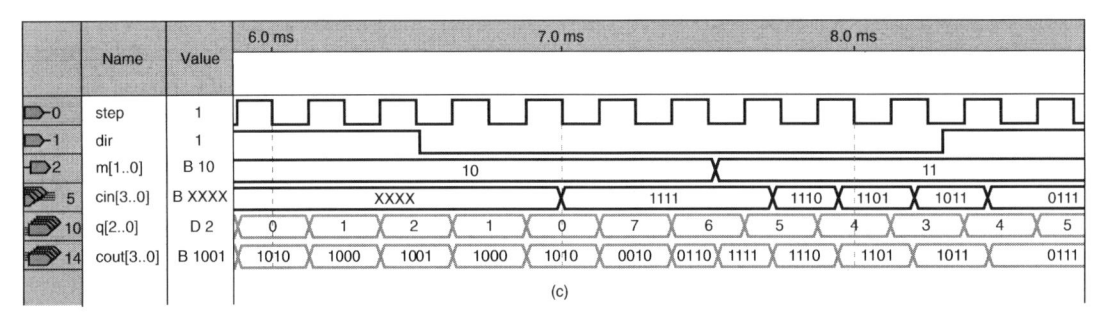

Name	Value	1.0 ms								2.0 ms			
step	0	⎍⎍⎍⎍⎍⎍⎍⎍⎍⎍											
dir	1												
m[1..0]	B 00	00									01		
cin[3..0]	B XXXX	XXXX											
q[2..0]	D 0	0	1	2	3	4	5	6	7	0	7	6	5
cout[3..0]	B 1010	—	1001	0101	0110	1010	1001	0101	1001	1010	0110	0100	0001

(a)

Name	Value	4.0 ms						5.0 ms				6.0 ms
step	1											
dir	0											
m[1..0]	B 11	01						10				
cin[3..0]	B 0100	XXXX										
q[2..0]	D 3	5	6	7	0	7	6	5	4	5	6	7	0
cout[3..0]	B 0100	0001	0100	0010	1000	0010	0100	0001	0101	0100	0110	0010	1010

(b)

Name	Value	6.0 ms						7.0 ms				8.0 ms
step	1											
dir	1											
m[1..0]	B 10	10								11		
cin[3..0]	B XXXX	XXXX					1111		1110	1101	1011		0111
q[2..0]	D 2	0	1	2	1	0	7	6	5	4	3	4	5
cout[3..0]	B 1001	1010	1000	1001	1000	1010	0010	0110	1111	1110	1101	1011	0111

(c)

QUESTÕES DE REVISÃO

1. Quais são os quatro modos de funcionamento para esse acionador de motor de passo?
2. Quais são as entradas do modo de acionamento direto?
3. Quais são as entradas do modo wave-drive?
4. Quantos estados existem em uma sequência de meio passo?

10.3 PROJETO DE CODIFICADOR PARA TECLADO NUMÉRICO

OBJETIVOS

Após ler esta seção, você será capaz de:

- Descrever os requisitos de um projeto de codificador de teclado.
- Definir cada entrada e saída.
- Descrever o funcionamento lógico do sistema usando o HDL.

Outra habilidade importante é a análise de circuito. Isso pode soar como um livro sobre sistemas analógicos, mas a verdade é que é preciso analisar e entender como os circuitos digitais funcionam. Nesta seção, apresentamos um circuito e analisamos seu funcionamento. Então, usamos as habilidades que adquirimos para reprojetar esse circuito e escrever seu código em HDL.

Análise do problema

Para reforçar os conceitos relativos a codificação que estudamos no Capítulo 9, apresentamos um circuito digital útil que codifica um teclado numérico hexadecimal (16 teclas) em uma saída binária de quatro bits. Codificadores como esse, em geral, possuem uma saída de strobe que indica quando alguém aperta e solta uma tecla. Como teclados numéricos muitas vezes fazem interface com sistemas de barramento de microcomputadores, as saídas codificadas devem ter habilitações tristate. A Figura 10.11 apresenta o diagrama de bloco do codificador para teclado numérico.

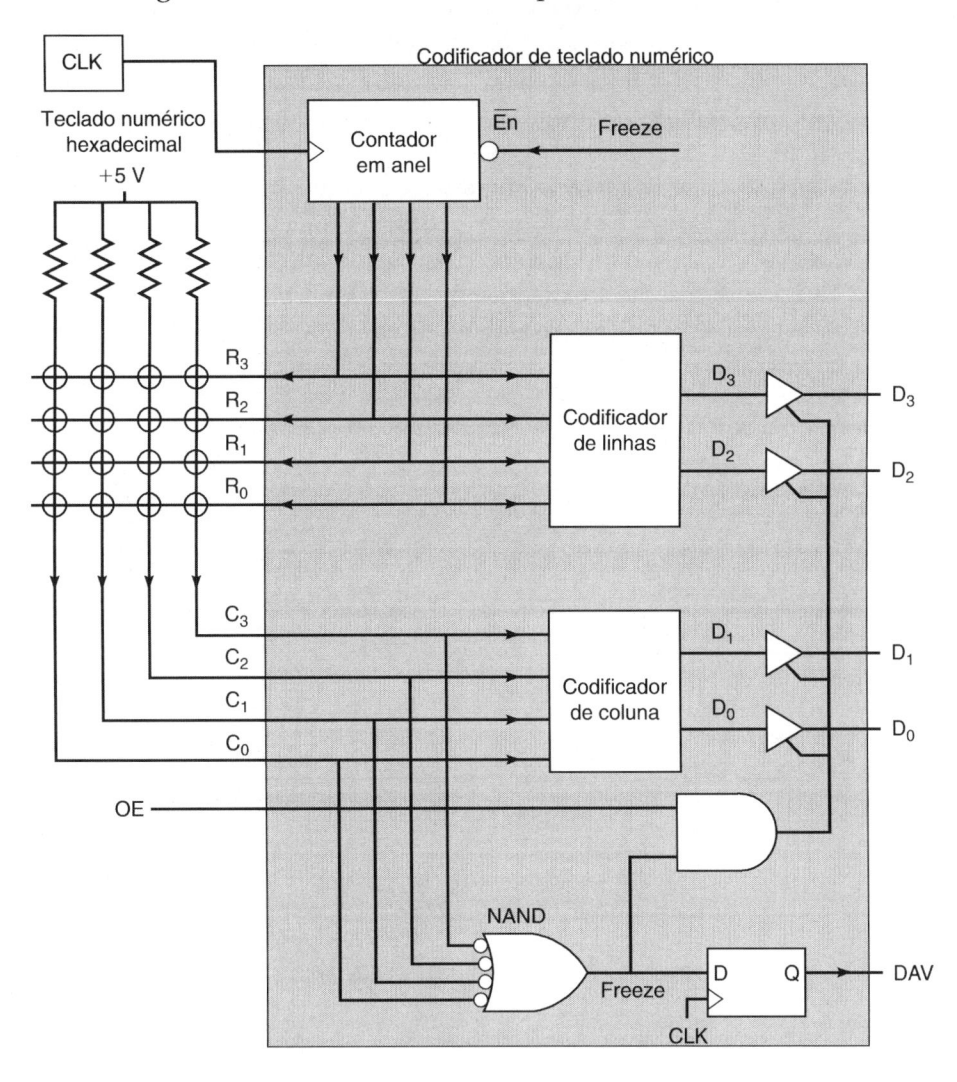

FIGURA 10.11 Diagrama de bloco de codificador para teclado numérico.

O método do codificador de prioridade apresentado no Capítulo 9, na Figura 9.15, é eficaz para teclados numéricos pequenos. Entretanto, grandes teclados como os encontrados em computadores pessoais devem usar uma técnica diferente. Neles, cada tecla não é um interruptor independente ligado a V_{CC} ou a GND. Em vez disso, cada interruptor de tecla é usado para conectar uma linha a uma coluna na matriz do teclado. Quando as teclas não são pressionadas, não existem conexões entre linhas e colunas. O truque para saber qual tecla está sendo pressionada é ativar (colocar em nível BAIXO) uma linha por vez e verificar se uma das colunas foi para o nível BAIXO. Se sim, então, a tecla pressionada está na intersecção da linha ativada e da coluna que está agora em nível BAIXO. Se não, sabemos que nenhuma tecla da linha ativada está sendo pressionada, e podemos verificar a próxima linha, colocando-a em nível BAIXO. Ativar linhas sequencialmente é chamado *varredura* (*scanning*) do teclado. A vantagem desse método é uma redução das conexões para o teclado numérico. Nesse caso, 16 teclas podem ser codificadas usando oito entradas/saídas.

Cada tecla representa uma combinação única de um número de linha e um de coluna. Ao numerarmos estrategicamente as linhas e colunas, podemos combinar os números binários de linha e coluna para criar o valor binário das teclas hexadecimais, como apresentado na Figura 10.12, na qual a linha 1 (01_2) é colocada em nível BAIXO e os dados no codificador de coluna são 10_2, então a tecla da linha 1, coluna 2, está, evidentemente, pressionada. A porta NAND na Figura 10.11 é usada para determinar se qualquer coluna está em nível BAIXO, indicando que uma tecla está pressionada na linha ativa. A saída dessa porta chama-se *Freeze* (congelar) porque, quando uma tecla está pressionada, queremos congelar o contador em anel e parar a varredura até que a tecla seja liberada. Enquanto os codificadores passam pelo atraso de propagação e os buffers tristate são habilitados, as saídas de dados ficam em um estado temporário. Na próxima borda de subida do clock, o flip-flop D transfere um nível ALTO de *Freeze* para a saída *DAV*, indicando que uma tecla está sendo pressionada e os dados válidos estão disponíveis.

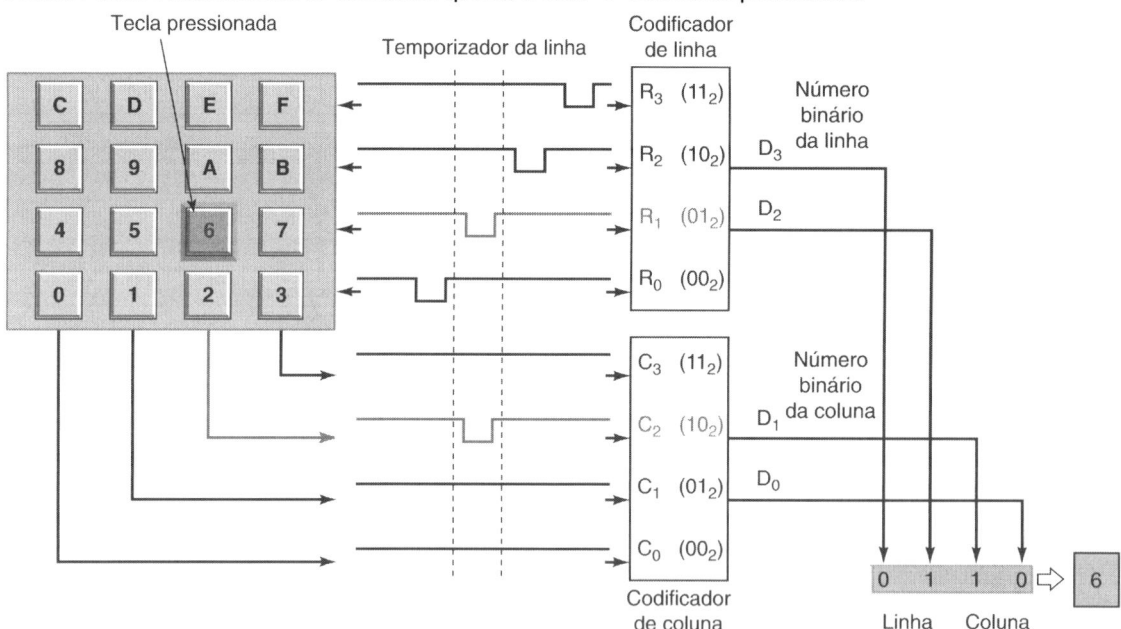

FIGURA 10.12 Funcionamento do codificador quando a tecla "6" está sendo pressionada.

Um contador registrador de deslocamento (contador em anel), como vimos no Capítulo 7, é usado para gerar a varredura sequencial das quatro linhas. A sequência de contagem usa quatro estados, cada um com um bit diferente colocado em nível BAIXO. Quando uma tecla pressionada é detectada, o contador em anel deve guardar o estado atual (*freeze*) até que a tecla seja liberada. A Figura 10.13 apresenta o diagrama de transição de estado. Todos os estados desse contador devem ser codificados a fim de gerar um número de linha binário de dois bits. Os valores de coluna também devem ser codificados a fim de gerar um número de coluna binário de dois bits. O sistema precisará das seguintes entradas e saídas:

4	saídas de acionamento de linha	$R_0 - R_3$
4	entradas de leitura de coluna	$C_0 - C_3$
4	saídas de dados codificados	$D_0 - D_3$
1	saída strobe de dados disponíveis	DAV
1	entrada de habilitação tristate	OE
1	entrada de clock	CLK

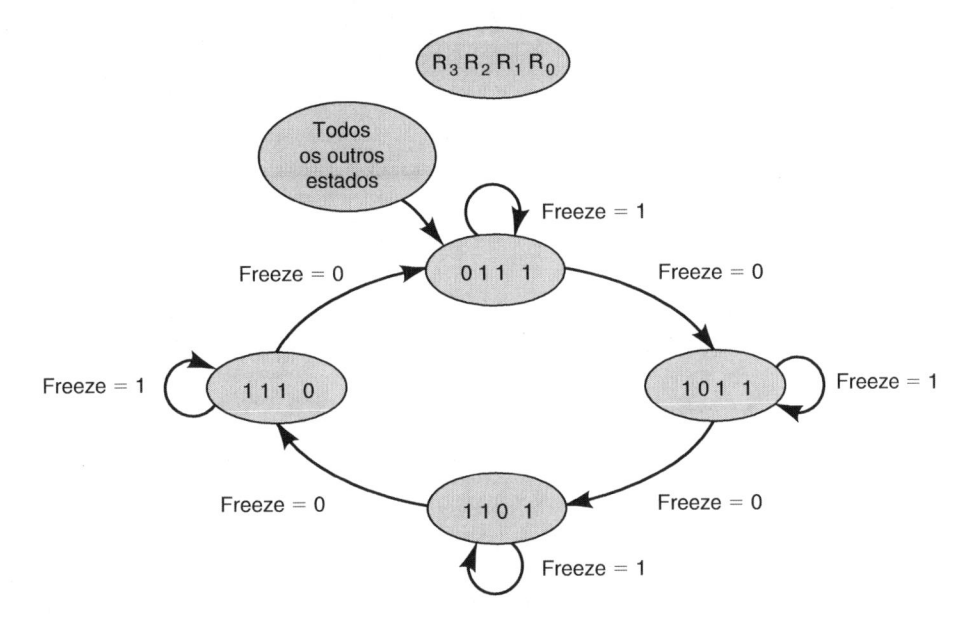

FIGURA 10.13 Diagrama de estado do contador em anel de acionamento de linha.

Planejamento estratégico/decomposição do problema

Esse circuito já está estruturado, de modo que podemos escrever trechos de código HDL a fim de emular cada seção do sistema. Os principais blocos são:

Um contador em anel com saídas em nível ativo BAIXO.
Dois codificadores para números de linha e coluna.
Detecção de pressionamento de tecla e circuitos de habilitação tristate.

Como esses circuitos já foram vistos em capítulos anteriores, não apresentaremos o desenvolvimento e os testes de cada bloco. As soluções que se seguem irão diretamente para as fases de integração e teste do projeto.

SOLUÇÃO EM AHDL

As entradas e saídas (veja a Figura 10.14) são definidas nas linhas 3–8 e seguem a descrição obtida a partir da análise dos esquemas do circuito. A seção VARIABLE (variável) define várias características desse circuito codificador. O bit de *congelamento* (*freeze*) detecta quando a tecla está pressionada. O nó de dados é usado a fim de combinar os dados do codificador de linha e coluna. A matriz de bits *ts* (linha 13) representa um buffer tristate, como no Capítulo 9. Lembre-se de que cada bit desse buffer possui uma entrada (*ts[ ] . IN*), uma saída (*ts.OUT*) e uma habilitação de saída (*ts[ ].OE*). O bit *data_avail* (linha 14) representa um flip-flop D com entradas *data_avail.CLK*, *data_avail.D* e saída *data_avail.Q*.

FIGURA 10.14 Codificador para varredura do teclado numérico em AHDL.

```
1    SUBDESIGN fig10_14
2    (
3       clk            :INPUT;
4       col[3..0]      :INPUT;
5       oe             :INPUT;        --habilitação de saída tristate
6       row[3..0]      :OUTPUT;
7       d[3..0]]       :OUTPUT;
8       dav            :OUTPUT;       --dados disponíveis
9    )
10   VARIABLE
11      freeze         :NODE;
12      data[3..0]     :NODE;
13      ts[3..0]       :TRI;
14      data_avail     :DFF;
15      ring: MACHINE OF BITS (row[3..0])
16         WITH STATES (s1 = B"1110", s2 = B"1101", s3 = B"1011", s4 = B"0111",
17                      % s = ring states %
18                 f1 = B"0001", f2 = B"0010", f3 = B"0011", f4 = B"0100",
19                 f5 = B"0101", f6 = B"0110", f7 = B"1000", f8 = B"1001",
20                 f9 = B"1010", fa = B"1100", fb = B"1111", fc = B"0000");
21                 % f = estados não usados --> projeto autocorretor %
22   BEGIN
23      ring.CLK = clk;
24      ring.ENA = !freeze;
25      data_avail.CLK = clk;
26      data_avail.D = freeze;
27      dav = data_avail.Q;
28      ts[].OE = oe & freeze;
29      ts[].IN = data[];
30      d[] = ts[].OUT;
31
32      CASE ring IS
33         WHEN s1 =>    ring = s2;    data[3..2] = B"00";
34         WHEN s2 =>    ring = s3;    data[3..2] = B"01";
35         WHEN s3 =>    ring = s4;    data[3..2] = B"10";
36         WHEN s4 =>    ring = s1;    data[3..2] = B"11";
37         WHEN OTHERS => ring = s1;
38      END CASE;
39
40      CASE col[] IS
41         WHEN B"1110" =>    data[1..0] = B"00";    freeze = VCC;
42         WHEN B"1101" =>    data[1..0] = B"01";    freeze = VCC;
43         WHEN B"1011" =>    data[1..0] = B"10";    freeze = VCC;
44         WHEN B"0111" =>    data[1..0] = B"11";    freeze = VCC;
45         WHEN OTHERS  =>    data[1..0] = B"00";    freeze = GND;
46      END CASE;
47   END;
```

As linhas 15–20 demonstram um poderoso recurso do AHDL que permite definir uma máquina de estado, com cada estado composto pelo padrão de bit de que necessitamos. Na linha 15, o nome *ring* foi dado a essa máquina de estado porque ela atua como contador em anel. Os bits que a compõem são os de quatro linhas que foram definidos na linha 6. Esses estados são rotulados como *s1–s4*, e seus padrões de bit lhes são atribuídos de modo que, para cada estado, um dos quatro bits está em nível BAIXO, como um contador em anel em um nível ativo-em-BAIXO. Os outros 12 estados são especificados por meio de um rótulo arbitrário que começa com *f* a fim de indicar que não são estados válidos. As linhas entre 23 e 30 conectam basicamente todos os componentes, conforme apresentado no desenho de circuito da Figura 10.11. A sequência de contagem em anel e a codificação do valor da linha são descritas nas linhas 32–38. Para cada valor de *ring* em estado ATUAL, o PRÓXIMO estado é definido, assim como a saída apropriada do codificador de linha (*data[3..2]*). A linha 37 assegura que esse contador autoiniciará indo para *s1* a partir de qualquer estado que não esteja entre *s1* e *s4*. A codificação do valor da coluna está descrita nas linhas 40–46. Note que a geração do sinal *freeze* nesse projeto não segue o diagrama da Figura 10.11 com exatidão. Nesse projeto, em vez de aplicar uma operação de NAND entre as colunas, a estrutura CASE ativa *freeze* apenas quando uma (e somente uma) coluna está em nível BAIXO. Desse modo, se diversas teclas forem pressionadas ao mesmo tempo, o codificador não as reconheceria como teclas pressionadas de modo válido e não ativaria *dav*.

SOLUÇÃO EM VHDL

Compare a descrição em VHDL na Figura 10.15 com o desenho do circuito da Figura 10.11. As entradas e saídas são definidas nas linhas 5–9 e seguem a descrição obtida a partir da análise do esquema. Dois SIGNALs são definidos nas linhas 13 e 14 para esse projeto. O bit de congelamento (*freeze*) detecta quando a tecla está pressionada. O sinal *data* é usado a fim de combinar os dados do codificador de linha e de coluna a fim de compor o valor de quatro bits que representa a tecla pressionada. O contador em anel é implementado com um PROCESS (processo) que responde à entrada *clk*. A linha 26 assegura que esse contador autoiniciará indo para o estado "1110" a partir de qualquer estado que não aqueles na sequência *ring*. Observe que, na linha 20, o estado de *freeze* é verificado antes que uma instrução CASE seja usada a fim de atribuir um PRÓXIMO estado a *ring*. É assim que a habilitação de contagem é implementada nesse projeto. Na linha 29, a saída de dados disponíveis (*dav*) é atualizada sincronamente com o valor de *freeze*. Isso ocorre assim porque está dentro da estrutura IF (linhas 19–30), que detecta a borda ativa do clock. As instruções restantes (linhas 31–52) não dependem das bordas ativas do clock, mas descrevem o que o circuito fará em cada uma.

A codificação do valor da linha está descrita nas linhas 33–39. Para cada valor de *ring* no estado ATUAL, a saída do codificador de linha *data*(3 DOWNTO 2) é definida. A codificação do valor da coluna é descrita nas linhas 41–47. Note que a geração do sinal *freeze* nesse projeto não segue o diagrama da Figura 10.11 com exatidão. Nesse projeto, em vez de aplicar uma operação de NAND entre as colunas, a estrutura CASE ativa *freeze* só quando uma (e somente uma) coluna está em nível BAIXO. Assim, se diversas teclas estivessem pressionadas na mesma linha, o codificador não reconheceria nenhuma tecla pressionada como válida e não ativaria *dav*.

FIGURA 10.15 Codificador para varredura do teclado numérico em VHDL.

```vhdl
1    LIBRARY ieee;
2    USE ieee.std_logic_1164.all;
3
4    ENTITY fig10_15 IS
5    PORT (    clk           :IN STD_LOGIC;
6              col           :IN STD_LOGIC_VECTOR (3 DOWNTO 0);
7              row           :OUT STD_LOGIC_VECTOR (3 DOWNTO 0);
8              d             :OUT STD_LOGIC_VECTOR (3 DOWNTO 0);
9              dav           :OUT STD_LOGIC                      );
10   END fig10_15;
11
12   ARCHITECTURE vhdl OF fig10_15 IS
13   SIGNAL freeze          :STD_LOGIC;
14   SIGNAL data            :STD_LOGIC_VECTOR (3 DOWNTO 0);
15   BEGIN
16      PROCESS (clk)
17      VARIABLE ring       :STD_LOGIC_VECTOR (3 DOWNTO 0);
18      BEGIN
19         IF (clk'EVENT AND clk = '1') THEN
20            IF freeze = '0' THEN
21               CASE ring IS
22                  WHEN "1110" => ring := "1101";
23                  WHEN "1101" => ring := "1011";
24                  WHEN "1011" => ring := "0111";
25                  WHEN "0111" => ring := "1110";
26                  WHEN OTHERS => ring := "1110";
27               END CASE;
28            END IF;
29            dav <= freeze;
30         END IF;
31         row <= ring;
32
33         CASE ring IS
34            WHEN "1110" => data(3 DOWNTO 2) <= "00";
35            WHEN "1101" => data(3 DOWNTO 2) <= "01";
36            WHEN "1011" => data(3 DOWNTO 2) <= "10";
37            WHEN "0111" => data(3 DOWNTO 2) <= "11";
38            WHEN OTHERS => data(3 DOWNTO 2) <= "00";
39         END CASE;
40
41         CASE col IS
42            WHEN "1110" => data(1 DOWNTO 0) <= "00";       freeze <= '1';
43            WHEN "1101" => data(1 DOWNTO 0) <= "01";       freeze <= '1';
44            WHEN "1011" => data(1 DOWNTO 0) <= "10";       freeze <= '1';
45            WHEN "0111" => data(1 DOWNTO 0) <= "11";       freeze <= '1';
46            WHEN OTHERS => data(1 DOWNTO 0) <= "00";       freeze <= '0';
47         END CASE;
48
49         IF freeze = '1' THEN d <= data;
50         ELSE              d <= "ZZZZ";
51         END IF;
52      END PROCESS;
53   END vhdl;
```

A simulação do projeto é apresentada na Figura 10.16. Os valores das colunas (*col*) são fornecidos pelo projetista como uma entrada de teste que simula o valor lido a partir das colunas do teclado numérico enquanto as linhas estão passando pela varredura. Enquanto as colunas estiverem em nível ALTO (ou seja, o valor hexa F está em *col*), o contador *ring* está habilitado, *dav* está em nível BAIXO, e as saídas *d* estão no estado de alta impedância. Logo antes da marca de 3 ms, simula-se um 7 como entrada *col*, o que significa que uma das colunas foi para o nível BAIXO. Isso é uma simulação de uma tecla detectada na coluna mais significativa (C3) da matriz do teclado numérico. Observe que, como resultado de a coluna ir para o nível BAIXO, no próximo estado ativo (de subida) da borda do clock, a linha *dav* vai para o nível ALTO e o contador em anel não muda de estado. Enquanto a tecla estiver pressionada, ele estará desabilitado e não poderá passar ao PRÓXIMO estado. Nesse ponto, o valor da linha é o hexadecimal E (1110_2), o que significa que a linha menos significativa (R0) está sendo levada para o nível BAIXO pelo contador em anel. O codificador de linha converte isso no número binário da linha (00). A tecla localizada na intersecção da linha menos significativa (00_2) com a coluna mais significativa (11_2) é a tecla 3 (Figura 10.12). Nesse ponto, as saídas *d* guardam o valor 3 da tecla codificada (0011_2). Logo após a marca de 4 ms, a simulação imita a liberação da tecla, mudando o valor da coluna de volta ao hexadecimal F, o que faz que a saída *d* vá para o estado de alta impedância. Na próxima borda de subida do clock, a linha *dav* vai para nível BAIXO e o contador em anel retoma sua sequência de contagem.

FIGURA 10.16 Simulação do codificador para varredura do teclado numérico.

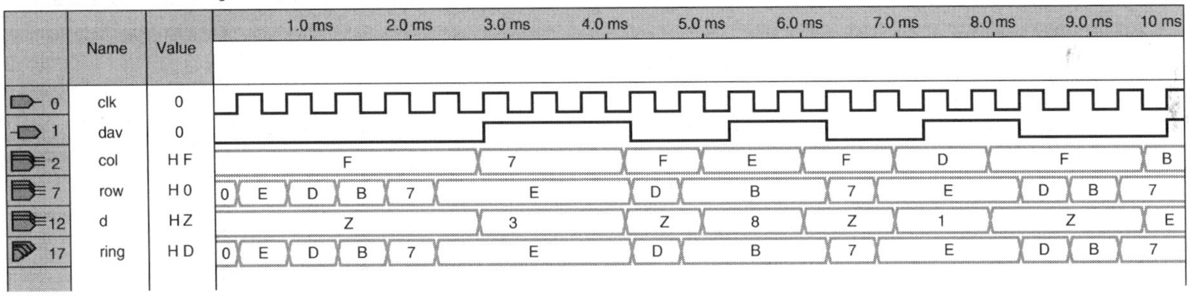

QUESTÕES DE REVISÃO

1. Quantas linhas do teclado em varredura são ativadas em qualquer momento?
2. Se duas teclas são pressionadas na mesma coluna de forma simultânea, que tecla será codificada?
3. Qual é o propósito do flip-flop D no pino DAV?
4. O tempo entre o momento em que a tecla é pressionada e o momento em que DAV vai para o nível ALTO será sempre o mesmo?
5. Quando os pinos de saída de dados estão no estado de alta impedância?

10.4 PROJETO DE RELÓGIO DIGITAL

OBJETIVOS

Após ler esta seção, você será capaz de:

- Descrever os requisitos de um projeto de relógio digital.
- Decompor o projeto para blocos mais simples.
- Definir a entrada e saída de cada bloco.
- Descrever a operação lógica do sistema usando o HDL.
- Integrar os blocos usando técnicas gráficas e HDL.

Uma das aplicações mais comuns de contadores é o relógio digital, que mostra o tempo em horas, minutos e, às vezes, segundos. Para se construir um relógio digital preciso, é necessária uma frequência de clock básica controlada rigorosamente. No caso de relógios digitais a bateria, a frequência básica costuma ser obtida a partir de um oscilador de cristal de quartzo. Os relógios digitais que funcionam baseados em uma linha de alimentação CA podem usar *60 Hz* como frequência de clock básica. Em qualquer dos casos, a frequência básica deve ser dividida a 1 Hz ou 1 pulso por segundo (pps). A Figura 10.17 apresenta o diagrama de bloco básico para um relógio digital operando a 60 Hz.

FIGURA 10.17 Diagrama de bloco para um relógio digital.

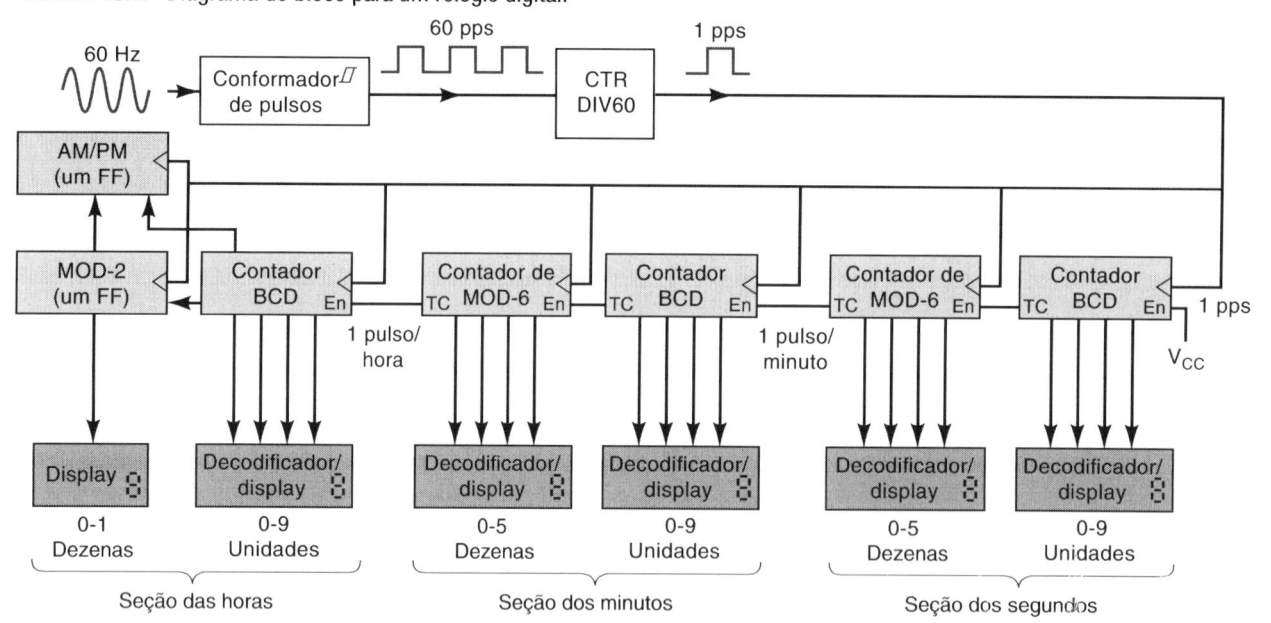

O sinal de *60 Hz* é enviado por um circuito Schmitt-trigger a fim de gerar uma onda quadrada com a velocidade de 60 pps. Essa forma de onda de 60 pps é colocada na entrada de um contador de MOD-60, usado para dividir 60 pps até obter 1 pps. O sinal de 1 pps é usado como clock síncrono para todos os estágios do contador, conectados sincronamente em cascata. O primeiro estágio é a seção SEGUNDOS, usada para contar e exibir segundos de 0 a 9. O contador *BCD* avança uma contagem por segundo. Quando esse estágio chega a 9 segundos, o contador BCD ativa sua saída de contagem terminal (*tc*) e, na próxima borda de clock ativa, recicla para 0. A contagem terminal do BCD habilita o contador de MOD-6 e faz que ele incremente em 1 ao mesmo tempo que o contador BCD recicla. Esse processo continua por 59 segundos, quando o contador de MOD-6 está em 101 (5) e o contador BCD está em 1001 (9), de modo que o display mostra 59 s e a saída *tc* do contador de MOD-6 está em nível ALTO. O próximo pulso recicla os contadores BCD e de MOD-6 para zero (lembre-se de que o contador de MOD-6 conta de 0 a 5).

A saída *tc* do contador de MOD-6 na seção SEGUNDOS possui frequência de 1 pulso por minuto (ou seja, o contador de MOD-6 recicla a cada 60 s). Esse sinal é enviado à seção MINUTOS, que conta e exibe os minutos de 0 a 59. Ela é igual à seção SEGUNDOS e funciona exatamente da mesma forma.

A saída *tc* do contador de MOD-6 na seção MINUTOS possui frequência de 1 pulso por hora (ou seja, o contador de MOD-6 recicla a cada 60 minutos). Esse sinal é enviado à seção HORAS, que conta e exibe as horas de 1 a 12 e é diferente das seções SEGUNDOS e MINUTOS porque nunca vai para o estado 0. O circuito nessa seção é muito incomum para garantir uma investigação mais detalhada.

A Figura 10.18 apresenta em detalhes o circuito contido na seção HORAS. Ele inclui um contador BCD para contar unidades de horas e um único FF (MOD-2) para contar dezenas de horas. O contador BCD é um 74160 que possui duas entradas em nível ativo-em-ALTO, ENT e ENP, às quais se aplica uma operação AND a fim de habilitar a contagem. A entrada ENT também habilita o RCO (*ripple carry out*) de nível ativo-em-ALTO que detecta a contagem terminal BCD de 9. A entrada ENT e a saída RCO podem, desse modo, ser usadas para conectar os contadores sincronamente em cascata. A entrada ENP é fixa em nível ALTO, de modo que o contador incrementará sempre que ENT estiver em nível ALTO.

FIGURA 10.18 Circuito detalhado da seção HORAS.

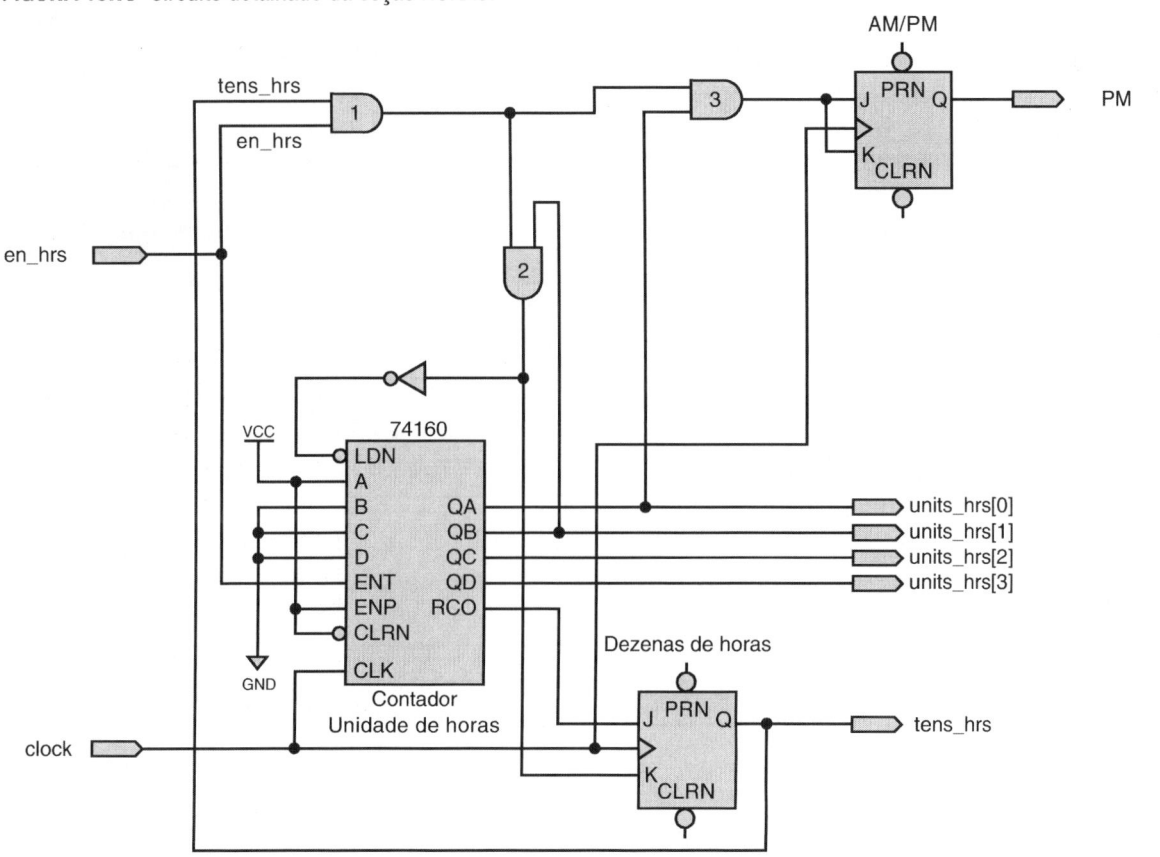

O contador de horas está habilitado nos estágios de minutos e segundos durante apenas um pulso de clock a cada hora. Quando essa condição acontece, ENT está em nível ALTO, o que significa que os estágios minutos:segundos estão em 59:59. Por exemplo, em 9:59:59, o flip-flop das dezenas de horas mantém-se em 0, o 74160, em 1001_2 (9), e a saída RCO está em nível ALTO, colocando o flip-flop das dezenas de horas no modo SET. Os dois dígitos do display de horas exibem 09. Na próxima borda de subida do clock, o contador BCD avança para o PRÓXIMO estado natural de 0000_2, RCO vai para o nível BAIXO, e o flip-flop das dezenas de horas avança para 1, de modo que os dígitos das horas no display agora mostram 10.

Quando chegamos a 11:59:59, a porta AND 1 detecta que as dezenas de horas são 1 e a entrada de habilitação está ativa (os estágios anteriores estão em 59:59). A porta AND 3 combina as condições da porta AND 1 e a condição de que o contador BCD esteja no estado 0001_2. A saída da porta AND 3 estará em nível ALTO apenas às 11:59:59 na sequência de contagem de horas. No próximo pulso de clock, o flip-flop AM/PM comuta, indicando meio-dia (ALTO) ou meia-noite (BAIXO). Ao mesmo tempo, o contador BCD avança para 2 e os estágios minutos:segundos voltam a 00:00, o que resulta em um display em BCD de 12:00:00. Às 12:59:59, a porta AND 1 detecta que o dígito das dezenas é 1 e está na hora de avançar as horas. A porta AND 2 detecta que o contador BCD está em 2. A saída da porta AND 2 prepara-se para executar duas tarefas na próxima borda de clock: resetar o flip-flop das dezenas de horas e carregar o contador 74160 com o valor 0001_2. Depois do próximo pulso de clock, é 01:00:00.

O funcionamento de circuitos de contador faz sentido agora, e você já deve ter boas noções de como conectar CIs MSI para fazer esse relógio digital. Note que esse projeto é, na verdade, composto de diversos circuitos pequenos e relativamente simples estrategicamente interligados para compor o relógio. Lembre-se de que, no Capítulo 4, mencionamos brevemente o conceito de projeto modular, hierárquico e de desenvolvimento de sistemas digitais. Agora, é possível aplicar esses princípios a um projeto usando o sistema de desenvolvimento Quartus II da Altera. Você deve compreender o funcionamento dos circuitos descritos antes de levar adiante o projeto desse relógio em HDL. Reserve algum tempo a fim de rever esse material.

Projeto hierárquico top-down

Quando problemas são grandes e complexos, é necessário que se passe por múltiplos níveis de decomposição do problema. Esses múltiplos níveis são seguidamente referidos como hierarquia. O aspecto estratégico de como o problema é decomposto torna-se mais importante ainda à medida que sua complexidade aumenta. Em cada nível, as interconexões entre blocos devem ser simplificadas ao máximo com uma clara visão da função de cada bloco, um plano para testá-la e um olhar atento para elementos comuns que podem ser aperfeiçoados e reutilizados em diversos lugares. O relógio de alarme já foi decomposto em pequenos blocos analisados de baixo para cima. Esta seção nos levará ao processo de projeto que parte do topo.

Um projeto top-down é aquele que se inicia no nível mais alto de complexidade na hierarquia, ou que fica todo dentro de uma caixa fechada e escura com entradas e saídas. Os detalhes referentes ao que está na caixa não são conhecidos. Neste ponto, só podemos dizer como queremos que ele se comporte. Escolhemos relógio digital porque todos conhecem o resultado final do funcionamento desse dispositivo. Um aspecto importante desse estágio do processo é estabelecer o escopo do projeto. Por exemplo, esse relógio não terá como estabelecer uma hora, configurar um alarme, desligar o alarme, ativar a função soneca ou incorporar outros recursos que você pode encontrar em outros relógios. Acrescentar esses recursos agora apenas tornaria o exemplo complicado. Não vamos incluir o condicionamento de sinal que transforma uma onda senoidal de 60 Hz em uma forma de onda digital de 60 pulsos por segundo ou os circuitos do decodificador/display. O projeto que estamos implementando tem as seguintes especificações:

Entradas: 60 pps, forma de onda compatível com CMOS (precisão dependente da frequência da linha)
Saídas: Horas em BCD: 1 bit para as dezenas (TENS) e 4 bits para as unidades (UNITS)
          Minutos em BCD: 3 bits para as dezenas (TENS) e 4 bits para as unidades (UNITS)
          Segundos em BCD: 3 bits para as dezenas (TENS) e 4 bits para as unidades (UNITS)
          Indicador PM
Sequência de minutos e segundos: BCD de MOD-60
          00-59 (representação decimal de BCD)
Sequência de horas: BCD de MOD-12
          01-12 (representação decimal de BCD)
Intervalo geral do display
          01:00:00-12:59:59
Indicador AM/PM comuta em 12:00:00

Uma **hierarquia** é um grupo de objetos dispostos em classificação de magnitude, importância ou complexidade. Um diagrama de bloco do projeto geral (nível mais alto da hierarquia) é apresentado na Figura 10.19. Observe que há quatro bits para cada saída de unidades em BCD e apenas três para cada saída das dezenas dos minutos e dos segundos em BCD. Como o dígito BCD mais significativo para a casa das dezenas é 5 (101_2), apenas três bits são necessários. Observe, também, que a casa das dezenas para as horas (HR_TENS) é de apenas um bit. Nunca terá um valor que não 0 ou 1.

A próxima fase é dividir esse problema em seções mais administráveis. Primeiro, é preciso tomar a entrada de 60 pps e transformá-la em um sinal de temporização de 1 pps. O circuito que divide uma frequência de referência a uma velocidade exigida pelo sistema é chamado de **prescaler**. A seguir, deve-se ter seções individuais para os contadores de segundos, minutos e horas. Até agora, o diagrama de hierarquia se parece com a Figura 10.20, que apresenta o projeto dividido em quatro subseções.

O objetivo da seção de divisão de frequência é dividir a entrada de 60 pps a uma frequência de 1 pps. Isso exige um contador de MOD-60, e a sequência da contagem não tem, na verdade, importância. Neste exemplo, as seções de minutos e segundos exigem contadores de MOD-60 que contam de 00 a 59 em BCD. Procurar por similaridades como esta é importante no processo. Nesse caso, podemos usar exatamente o mesmo projeto de circuito a fim de implementar o prescaler, o contador de minutos e o de segundos.

Um contador BCD de MOD-60 pode facilmente ser feito a partir de um de MOD-10 (decádico) conectado em cascata a um BCD de MOD-6, como vimos no diagrama da Figura 10.17. Isso quer dizer que, dentro de cada um desses blocos de MOD-60, encontraremos um diagrama similar ao da Figura 10.21. A hierarquia do projeto agora se parece com o que é apresentado na Figura 10.22.

FIGURA 10.19 O bloco de nível superior da hierarquia.

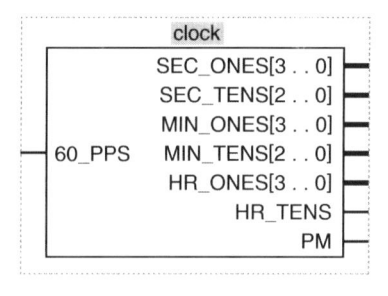

FIGURA 10.20 As quatro subseções no segundo nível da hierarquia.

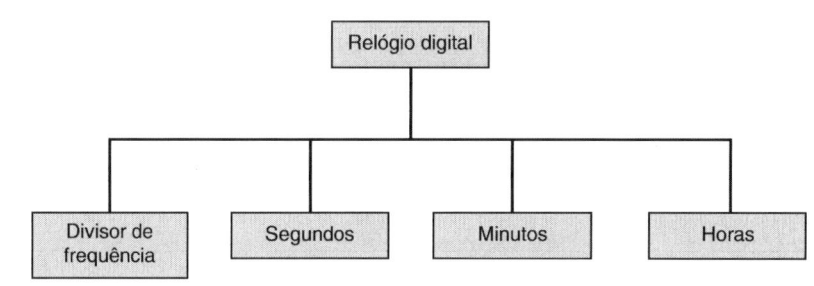

FIGURA 10.21 Os blocos dentro da seção do contador de MOD-60.

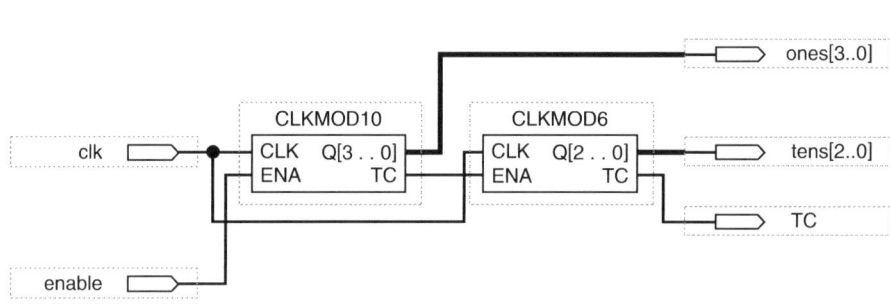

FIGURA 10.22 A hierarquia completa do projeto de relógio digital.

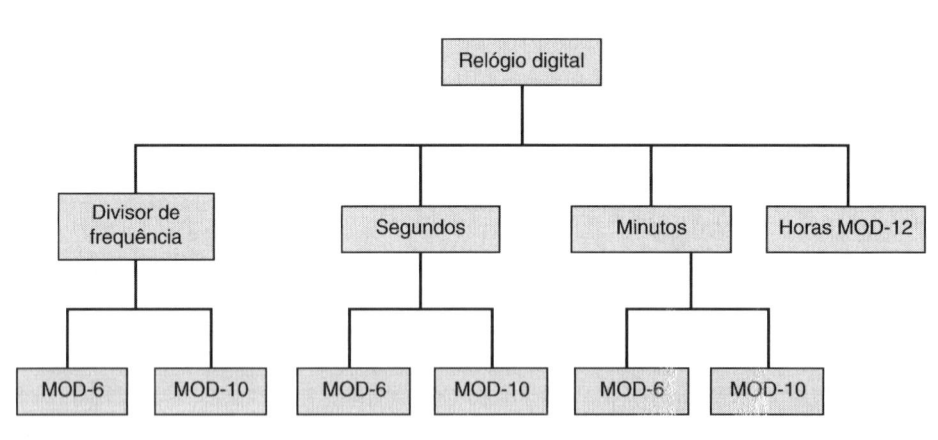

A decisão final do projeto é entre dividir ou não a seção do contador de MOD-12 para horas em dois estágios, como exibe a Figura 10.18. Uma opção é conectar as macrofunções desses componentes-padrão da biblioteca HDL, como já foi discutido em capítulos anteriores. Como esse circuito é incomum, decidimos, em vez disso, descrever as horas do contador de MOD-12 usando um único módulo em HDL. Descreveremos também os blocos de construção dos contadores de MOD-6 e MOD-10 em HDL. Todo o circuito do relógio pode, então, ser construído a partir dessas três descrições de circuitos básicos. É claro que mesmo esses blocos podem ser divididos em blocos menores de flip-flop e projetados usando o diagrama esquemático, mas será mais fácil usar HDL nesse nível.

Construindo os blocos de baixo para cima (*bottom up*)

Cada um dos blocos básicos é apresentado aqui tanto em AHDL quanto em VHDL. Apresentamos o contador de MOD-6 como uma modificação das descrições do contador síncrono de MOD-5 explicadas no Capítulo 7 (figuras 7.43 e 7.44). Depois, modificamos o código para criar o contador de MOD-10 e, por fim, projetamos o contador de horas de MOD-12. Construímos o relógio a partir desses três blocos básicos.

CONTADOR DE MOD-6 EM AHDL

Os únicos recursos adicionais necessários a esse projeto que não estão incluídos na Figura 7.43 são uma entrada de habilitação de contagem (*enable*) e uma saída de contagem terminal (*tc*), apresentadas na Figura 10.23. Note que a entrada (*enable*, linha 3) e a saída (*tc*, linha 4) extras são incluídas na definição de entrada/saída. Uma nova linha (11) na descrição de arquitetura testa *enable* antes de decidir como atualizar o valor de *count* (linhas 12–15). Se *enable* está em nível BAIXO, o mesmo valor é guardado em *count* a cada borda de clock pelo ramo ELSE (linha 16). Lembre-se de encerrar a construção IF com um comando END IF, como fizemos nas linhas 15 e 17. A contagem terminal (*tc*, linha 18) estará em nível ALTO quando for *verdadeiro* que *count* = = 5 e *enable* estiver ativa (lógica AND, representada pelo símbolo &). Observe o uso do duplo sinal de igual (= =) a fim de avaliar a igualdade em AHDL.

FIGURA 10.23 Projeto de contador de MOD-6 em AHDL.

```
1   SUBDESIGN fig10_23
2   (
3      clock, enable      :INPUT;    -- coloca clock e enable em modo síncrono.
4      q[2..0], tc        :OUTPUT;   -- contador de 3 bits
5   )
6   VARIABLE
7      count[2..0]   :DFF;   -- declara um registrador de flip-flops D.
8
9   BEGIN
10     count[].clk = clock;     -- conecta todos os clocks à fonte síncrona
11     IF enable THEN
12        IF count[].q < 5 THEN
13           count[].d = count[].q + 1;   -- incrementa valor atual em um
14        ELSE count[].d = 0;              -- recicla, reforça estados não usados a 0
15        END IF;
16     ELSE count[].d = count[].q;         -- não habilitados: mantêm essa contagem
17     END IF;
18     tc = enable & count[].q == 5;       -- detecta contagem máxima caso habilitada
19     q[] = count[].q;                    -- conecta registrador às saídas
20  END;
```

CONTADOR DE MOD-6 EM VHDL

Os únicos recursos adicionais necessários a esse projeto que não estão incluídos na Figura 7.44 são a entrada de habilitação de contagem (*enable*) e a saída de contagem terminal (*tc*), apresentadas na Figura 10.24. Note que a entrada (*enable*, linha 2) e a saída (*tc*, linha 4) extras estão incluídas na definição de entrada/saída. Uma nova linha (15) na descrição de arquitetura testa *enable* antes de decidir como atualizar o valor de *count* (linhas 16–20). No caso em que *enable* está em nível BAIXO, o valor atual é guardado na variável *count* e a contagem não é incrementada. Lembre-se de terminar uma construção IF com um comando END IF, como fizemos nas linhas 20–22. O indicador de contagem terminal (*tc*, linhas 24 e 25) estará em nível ALTO quando for *verdadeiro* que count = 5 e *enable* estiver ativa (lógica AND).

FIGURA 10.24 Projeto de contador de MOD-6 em VHDL.

```
1  ENTITY fig10_24 IS
2  PORT( clock, enable      :IN BIT ;
3        q                  :OUT INTEGER RANGE 0 TO 5;
4        tc                 :OUT BIT
5      );
6  END fig10_24;
7
8  ARCHITECTURE a OF fig10_24 IS
9  BEGIN
10    PROCESS (clock)                            -- responde a clock
11    VARIABLE count   :INTEGER RANGE 0 TO 5;
12
13    BEGIN
14       IF (clock = '1' AND clock'event) THEN
15          IF enable = '1' THEN                 -- entrada síncrona em cascata
16             IF count < 5 THEN                 -- contagem < máx (terminal)?
17                count := count + 1;
18             ELSE
19                count := 0;
20             END IF;
21          END IF;
22       END IF;
23       IF (count = 5) AND (enable = '1') THEN  -- sincroniza saída em cascata
24          tc <= '1';                           -- indica tc terminal
25       ELSE tc <= '0';
26       END IF;
27       q <= count;                             -- atualiza saídas
28    END PROCESS;
29    END a;
```

O teste de simulação do contador de MOD-6 na Figura 10.25 verifica que ele conta de 0 a 5 e responde a uma entrada de habilitação de contagem ignorando os pulsos de clock e congelando a contagem sempre que *enable* está em nível BAIXO. Ele também gera a saída *tc* quando está habilitada e sua contagem máxima é 5.

FIGURA 10.25 Simulação do contador de MOD-6.

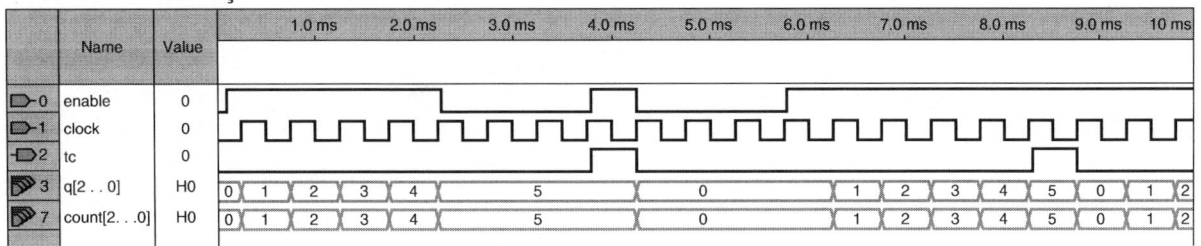

Name	Value	1.0 ms	2.0 ms	3.0 ms	4.0 ms	5.0 ms	6.0 ms	7.0 ms	8.0 ms	9.0 ms	10 ms
enable	0										
clock	0										
tc	0										
q[2..0]	H0	0	1	2	3	4	5	0	1	2	3	4	5	0	1	2
count[2...0]	H0	0	1	2	3	4	5	0	1	2	3	4	5	0	1	2

CONTADOR DE MOD-10 EM AHDL

O contador de MOD-10 varia pouco a partir do contador de MOD-6 descrito na Figura 10.23. As únicas mudanças necessárias são a alteração do número de bits no port de saída e do registrador (na seção VARIABLE), junto com o valor máximo que o contador deve alcançar antes de reciclar. A Figura 10.26 apresenta o projeto do contador de MOD-10.

FIGURA 10.26 Projeto de contador de MOD-10 em AHDL.

```
1   SUBDESIGN fig10_26
2   (
3      clock, enable      :INPUT;       -- coloca clock e enable em modo síncrono.
4      q[3..0], tc        :OUTPUT;      -- contador decádico de 4 bits
5   )
6   VARIABLE
7      count[3..0] :DFF;                -- declara um registrador de flip-flops D.
8
9   BEGIN
10     count[].clk = clock;             -- conecta todos os clocks à fonte síncrona
11     IF enable THEN
12        IF count[].q < 9 THEN
13           count[].d = count[].q + 1; -- incrementa o valor atual em um
14        ELSE count[].d = 0;            -- recicla, força estados não usados a 0
15        END IF;
16     ELSE count[].d = count[].q;      -- não habilitados: manter a contagem
17     END IF;
18     tc = enable & count[].q == 9;    -- detecta contagem máxima
19     q[] = count[].q;                 -- conecta registrador às saídas
20  END;
```

CONTADOR DE MOD-10 EM VHDL

O contador de MOD-10 varia muito pouco a partir do contador de MOD-6 descrito na Figura 10.24. As únicas alterações necessárias envolvem a mudança do número de bits no port de saída e da variável *count* (usando INTEGER RANGE), junto com o valor máximo que o contador deve alcançar antes de reciclar. A Figura 10.27 apresenta o projeto do contador de MOD-10.

FIGURA 10.27 Projeto de contador de MOD-10 em VHDL.

```vhdl
1   ENTITY fig10_27 IS
2   PORT( clock, enable    :IN BIT;
3         q                :OUT INTEGER RANGE 0 TO 9;
4         tc               :OUT BIT
5       );
6   END fig10_27;
7
8   ARCHITECTURE a OF fig10_27 IS
9   BEGIN
10      PROCESS (clock)                              -- responde a clock
11      VARIABLE count   :INTEGER RANGE 0 TO 9;
12
13      BEGIN
14         IF (clock = '1' AND clock'event) THEN
15            IF enable = '1' THEN                   -- entrada síncrona em cascata
16               IF count < 9 THEN                   -- contador decádico
17                  count := count + 1;
18               ELSE
19                  count := 0;
20               END IF;
21            END IF;
22         END IF;
23         IF (count = 9) AND (enable = '1') THEN    -- saída síncrona em cascata
24            tc <= '1';
25         ELSE tc <= '0';
26         END IF;
27         q <= count;                               -- atualiza saídas
28      END PROCESS;
29   END a;
```

Projeto do contador de MOD-12

Já decidimos que o contador de horas deve ser implementado como único arquivo de projeto em HDL. Será um contador BCD de MOD-12 que segue a sequência das horas de um relógio (1–12) e fornece um indicador de AM/PM (antes do meio-dia/depois do meio-dia). Lembre-se do passo inicial do projeto, de que as saídas BCD precisam ser uma matriz de quatro bits para o dígito de mais baixa ordem e de bit único para o dígito de mais alta ordem. Para projetar esse circuito de contador, pense em como ele deve funcionar. Sua sequência é:

01 02 03 04 05 06 07 08 09 10 11 12 01...

Ao observar essa sequência, concluímos que há quatro áreas críticas que definem as operações necessárias a fim de gerar o PRÓXIMO estado apropriado:

1. Quando o valor estiver entre 01 e 08, incremente o dígito mais baixo e mantenha o mais alto.
2. Quando o valor for 09, resete o dígito mais baixo para 0 e force o mais alto a 1.
3. Quando o valor for 10 ou 11, incremente o dígito mais baixo e mantenha o mais alto.
4. Quando o valor for 12, resete o dígito mais baixo para 1 e o mais alto para 0.

Como essas condições avaliam um intervalo de valores, é mais apropriado usar uma construção IF/ELSIF que uma CASE. Além disso, é preciso identificar o momento de comutar o indicador de AM/PM. Esse momento acontece quando o estado da hora é 11 e *enable* está em nível ALTO, o que significa que os contadores de mais baixa ordem estão em seu máximo (59:59).

CONTADOR DE MOD-12 EM AHDL

O contador em AHDL precisa de um banco de quatro flip-flops D para o dígito BCD de mais baixa ordem e um único flip-flop D para o dígito BCD de mais alta ordem, porque seu valor será sempre 0 ou 1. Também é necessário um flip-flop J-K para controlar *A.M.* e *P.M.* Esses blocos primitivos são declarados nas linhas 7–9 da Figura 10.28. Observe também que nesse projeto são usados os mesmos nomes para os ports de saída. Esse é um recurso conveniente do AHDL. Quando a entrada de habilitação (*ena*) está ativa, o circuito avalia os comandos IF/ELSE das linhas 16–28 e executa a operação apropriada no nibble alto e baixo do número BCD. Sempre que a entrada de habilitação está em nível BAIXO, o valor não muda, como exibem as linhas 30 e 31. A linha 33 detecta quando a contagem chega a 11 enquanto o contador está habilitado. Esse sinal é aplicado às entradas *J* e *K* do flip-flop am_pm a fim de fazê-lo comutar em 11:59:59.

FIGURA 10.28 Contador de horas de MOD-12 em AHDL.

```
1   SUBDESIGN fig10_28
2   (
3       clk, ena            :INPUT;
4       low[3..0], hi, pm   :OUTPUT;
5   )
6   VARIABLE
7       low[3..0]       :DFF;
8       hi              :DFF;
9       am_pm           :JKFF;
10      time            :NODE;
11  BEGIN
12      low[].clk = clk;        -- clock síncrono
13      hi.clk = clk;
14      am_pm.clk = clk;
15      IF ena THEN             -- usa enable a fim de contar
16          IF low[].q < 9 & hi.q == 0    THEN
17              low[].d = low[].q + 1; -- incrementa dígito baixo
18              hi.d = hi.q; -- guarda dígito alto
19          ELSIF low[].q == 9 THEN
20              low[].d = 0;
21              hi.d = VCC;
22          ELSIF hi.q == 1 & low[].q < 2 THEN
23              low[].d = low[].q + 1;
24              hi.d = hi.q;
25          ELSIF hi.q == 1 & low[].q == 2 THEN
26              low[].d = 1;
27              hi.d = GND;
28          END IF;
29      ELSE
30          low[].d = low[].q;
31          hi.d = hi.q;
32      END IF;
33      time = hi.q == 1 & low[3..0].q == 1 & ena;  -- detecta 11:59:59
34      am_pm.j = time;         -- comuta am/pm ao meio-dia e à meia-noite
35      am_pm.k = time;
36      pm = am_pm.q;
37  END;
```

CONTADOR DE MOD-12 EM VHDL

O contador em VHDL da Figura 10.29 precisa de uma saída de quatro bits para o dígito BCD de mais baixa ordem e um único bit de saída para o BCD de mais alta ordem, porque seu valor sempre será 0 ou 1. Essas saídas (linhas 3 e 4) e também as variáveis que geram as saídas (linhas 12 e 13) são declaradas como inteiros, porque isso torna "contar" possível meramente somando 1 a um valor de variável. Em cada borda ativa do clock, quando a entrada de habilitação está ativa, o circuito precisa decidir o que fazer com o contador de unidades de horas em BCD, o flip-flop de bit único para as dezenas das horas e também o flip-flop AM/PM.

FIGURA 10.29 Contador de horas de MOD-12 em VHDL.

```
1   ENTITY fig10_29 IS
2   PORT( clk, ena        :IN BIT ;
3         low             :OUT INTEGER RANGE 0 TO 9;
4         hi              :OUT INTEGER RANGE 0 TO 1;
5         pm              :OUT BIT                );
6   END fig10_29;
7
8   ARCHITECTURE a OF fig10_29 IS
9   BEGIN
10     PROCESS (clk)                              -- responde a clock
11     VARIABLE am_pm :BIT;
12     VARIABLE ones  :INTEGER RANGE 0 TO 9;      -- sinal de 4 bits para unidades
13     VARIABLE tens  :INTEGER RANGE 0 TO 1;      -- sinal de 1 bit para as dezenas
14     BEGIN
15        IF (clk = '1' AND clk'EVENT) THEN
16           IF ena = '1' THEN                    -- entrada síncrona em cascata
17              IF (ones = 1) AND (tens = 1) THEN  -- em 11:59:59
18                 am_pm := NOT am_pm;             -- comuta am/pm
19              END IF;
20              IF (ones < 9) AND (tens = 0) THEN  -- estados 00-08
21                 ones := ones + 1;               -- incrementa unidades
22              ELSIF ones = 9 THEN                -- estado 09...seta para 10:00
23                 ones := 0;                      -- unidades resetam para zero
24                 tens := 1;                      -- dezenas aumentam para 1
25              ELSIF (tens = 1) AND (ones < 2) THEN-- estados 10, 11
26                 ones := ones + 1;               -- incrementa unidades
27              ELSIF (tens = 1) AND (ones = 2) THEN -- estado 12
28                 ones := 1;                      -- seta para 01:00
29                 tens := 0;
30              END IF;
31  -------------------------------------------------------------
32  -- Este espaço é um local alternativo para atualizar am/pm
33  -------------------------------------------------------------
34           END IF;
35        END IF;
36        pm <= am_pm;
37        low <= ones;                            -- atualiza saídas
38        hi <= tens;
39     END PROCESS;
40  END a;
```

Essa é uma excelente oportunidade para apontar alguns dos recursos avançados do VHDL que permitem ao projetista descrever o funcionamento do circuito final de hardware. Em capítulos anteriores, vimos que as declarações dentro de um PROCESS (processo) são avaliadas sequencialmente. Lembre-se de que as declarações fora do processo são consideradas concorrentes, e a ordem em que estão escritas no arquivo de projeto não tem efeito sobre o funcionamento do circuito final. Nesse exemplo, devemos avaliar o estado atual a fim de decidir se devemos comutar o indicador AM/PM e fazer o contador avançar para o PRÓXIMO estado. Os problemas a serem resolvidos incluem:

1. Como nos "lembramos" do valor atual da contagem em VHDL?
2. Avaliamos a contagem atual a fim de ver se está em 11 (para decidir se precisamos comutar o flip-flop AM/PM) e, então, incrementar para 12 ou incrementamos o estado do contador de 11 para 12 e, então, avaliamos a contagem para ver se está em 12 (para saber se precisamos comutar o flip-flop AM/PM)?

Quanto à primeira questão, há duas formas de lembrar o estado atual de um contador em VHDL. Tanto SIGNALs (sinais) quanto VARIABLEs (variáveis) guardam seu valor até serem atualizados. Em geral, os SIGNALS são usados para conectar pontos no circuito como fios, e as VARIABLEs são usadas como registrador a fim de armazenar dados entre atualizações. Em consequência, as VARIABLEs costumam ser usadas para implementar contadores. A principal diferença entre eles é que as VARIABLEs são locais ao PROCESS em que são declaradas, e os SIGNALS são globais. Além disso, considera-se que as VARIABLEs são atualizadas imediatamente dentro de uma sequência de instruções em um PROCESS, enquanto os SIGNALs mencionados em um PROCESS são atualizados quando o PROCESS é suspenso. Neste exemplo, resolvemos usar VARIABLEs locais ao PROCESS que descreve o que deve acontecer quando ocorre a borda ativa do clock.

Quanto à segunda questão, qualquer das estratégias funcionará; mas como podemos descrevê-las usando VHDL? Se quisermos que o circuito comute entre AM e PM detectando 11 antes que o contador atualize (como em uma conexão em cascata síncrona), então o teste deverá ocorrer no código antes de as VARIABLEs (variáveis) serem atualizadas. Esse teste é apresentado no arquivo de projeto da Figura 10.29 nas linhas 17-19. Por outro lado, se quisermos que o circuito comute entre AM e PM detectando quando chegou a hora 12 depois da borda de clock (de modo similar a contadores assíncronos conectados em cascata), então as VARIABLEs (variáveis) deverão ser atualizadas antes do teste para o valor 12. Para modificar o projeto na Figura 10.29 a fim de cumprir essa tarefa, a construção IF nas linhas 17–19 pode ser deslocada para a área em branco entre as linhas 31–33 e editada conforme mostrado a seguir:

```
31      IF (ones = 2) AND (tens = 1) THEN  -- em 12:00:00
32          am_pm := NOT am_pm;            -- comute am/pm
33      END IF;
```

A ordem das declarações e o valor decodificado fazem toda a diferença com relação a como o circuito funciona. Nas linhas 36–38, a variável *am_pm*

> é conectada ao port *pm*, o dígito BCD para as unidades é aplicado aos quatro bits mais baixos da saída (*low*) e o dígito das dezenas (uma variável de bit único) é aplicado ao dígito mais significativo (*hi*) do port de saída. Como todas VARIABLEs são locais, as instruções devem ocorrer antes de END PROCESS na linha 39.

Depois que o projeto é compilado, ele deve ser simulado para que seu funcionamento seja verificado, sobretudo nas áreas críticas. A Figura 10.30 apresenta um exemplo de simulação para testar o contador. Do lado esquerdo do diagrama de tempo, o contador é desabilitado e guarda a hora 11, porque os dígitos *hi* e *low[ ]* estão em 1. Na borda de subida do clock, depois que *enable* vai para o nível ALTO, a hora passa de 11 para 12 e faz o indicador PM ir para o nível ALTO, o que significa que é meio-dia. A próxima borda ativa faz a contagem reciclar de 12 para 01. Do lado direito do diagrama de tempo, a mesma sequência é simulada, o que mostra que haveria, na verdade, muitos pulsos de clock entre os momentos em que a hora incrementa. No ciclo de clock antes de precisar incrementar, *enable* é levada ao nível ALTO pela contagem terminal do estágio anterior.

FIGURA 10.30 Simulação do contador de horas de MOD-12.

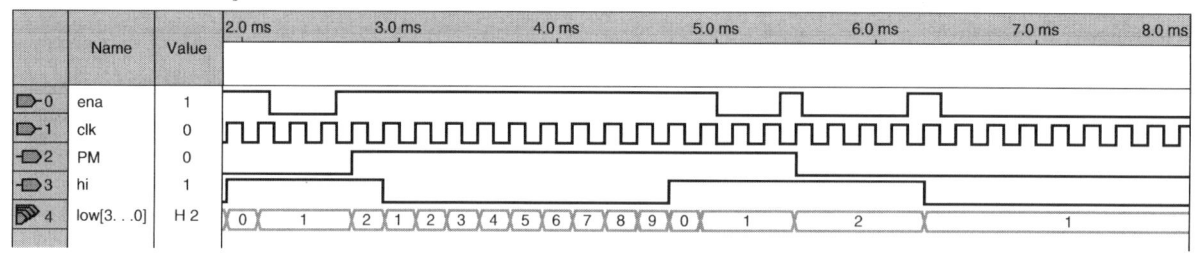

Combinando blocos graficamente

Os blocos de construção do projeto foram definidos, criados e simulados individualmente a fim de verificar se funcionam de forma correta. Agora, é hora de combinar os blocos para formar as seções e montar o produto final. O software da Altera oferece várias maneiras de efetuar a integração das partes de um projeto. No Capítulo 4, mencionamos que os diferentes tipos de arquivos de projeto (AHDL, VHDL, VERILOG, diagramas esquemáticos) podem ser combinados graficamente. Essa técnica é possibilitada por um recurso que permite criar um "símbolo" para representar um arquivo de projeto em particular. Por exemplo, o arquivo de projeto para o contador de MOD-6 escrito em VHDL (fig10_24) pode ser representado no software como o bloco de circuito, conforme mostrado na Figura 10.31(a). O software Quartus II cria esse símbolo a um simples clicar de botão. A partir desse ponto, o software reconhecerá o símbolo como funcionando de acordo com o projeto especificado no código HDL. O símbolo da Figura 10.31(b) foi criado a partir do arquivo em AHDL para o contador de MOD-10 da Figura 10.26, e o da Figura 10.31(c) foi criado a partir do arquivo em VHDL para o contador de MOD-12 da Figura 10.29. (A razão para estes blocos serem chamados pelo número da figura é simplesmente tornar mais fácil a localização dos arquivos de projeto no site. Em um ambiente de projeto, diferente do que se faz em um livro didático, eles devem ser chamados de acordo com seu propósito, por nomes como MOD6, MOD10 e CLOCK_HOURS.)

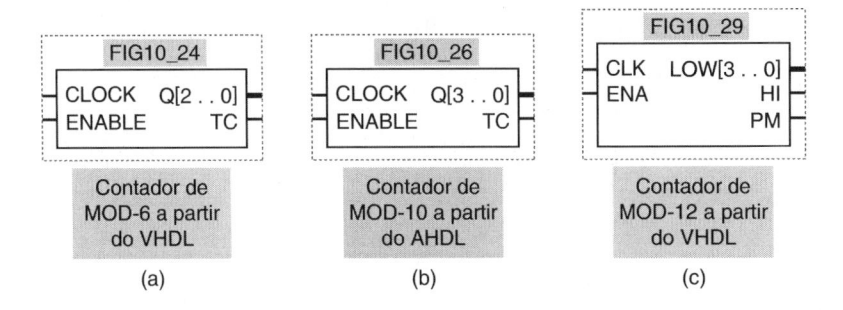

FIGURA 10.31 Símbolos de bloco gráfico gerados a partir de arquivos de projeto em HDL: (a) contador de MOD-6 a partir do VHDL; (b) contador de MOD-10 a partir do AHDL; (c) contador de MOD-12 a partir do VHDL.

(a) FIG10_24 — CLOCK Q[2..0], ENABLE TC — Contador de MOD-6 a partir do VHDL

(b) FIG10_26 — CLOCK Q[3..0], ENABLE TC — Contador de MOD-10 a partir do AHDL

(c) FIG10_29 — CLK LOW[3..0], ENA HI, PM — Contador de MOD-12 a partir do VHDL

Seguindo a hierarquia de projeto estabelecida, o próximo passo é combinar o contador de MOD-6 e os contadores de MOD-10 de modo a fazer um bloco de MOD-60. O software Quartus II utiliza arquivos de projeto de blocos (.bdf) a fim de integrar os símbolos do bloco por linhas que conectam ports de entrada, símbolos e ports de saída. O resultado é apresentado na Figura 10.32, que representa um arquivo BDF no Quartus II. Esse arquivo de projeto gráfico ou de blocos pode ser compilado e usado para simular o funcionamento do contador de MOD-60. Quando for verificado que o projeto funciona, o sistema do Quartus II nos permitirá usar esse circuito a fim de criar um símbolo do bloco, como ilustra a Figura 10.33.

O símbolo do contador de MOD-60 pode ser utilizado repetidas vezes com o símbolo do contador de MOD-12 a fim de criar o diagrama simbólico do bloco ao nível do sistema, como apresentado na Figura 10.34. Até mesmo esse diagrama ao nível do sistema pode ser representado por um símbolo do bloco do projeto inteiro, conforme exibe a Figura 10.35.

FIGURA 10.32 Combinando graficamente blocos em HDL para fazer o contador de MOD-60.

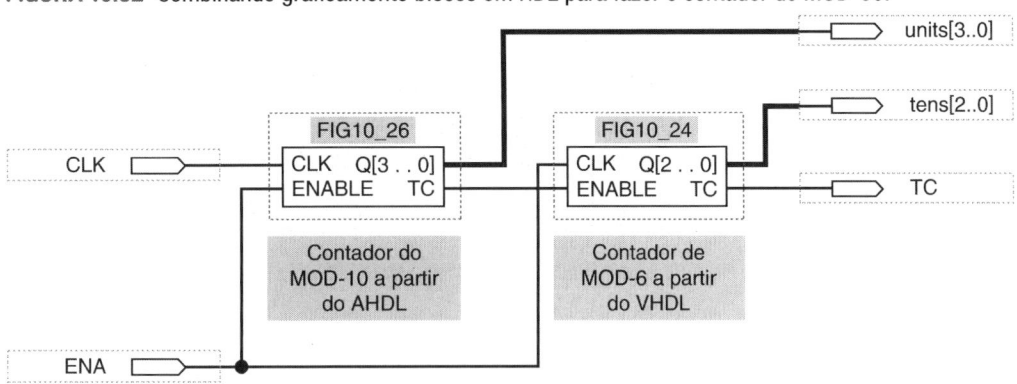

Combinando blocos usando apenas HDL

A abordagem gráfica funciona bem, desde que esteja disponível e seja apropriada ao objetivo do projeto. Como já mencionamos, o HDL foi desenvolvido com o intuito de fornecer um modo conveniente de documentar sistemas complexos e armazenar a informação de maneira mais independente de tempo e softwares. É razoável supor que, com o AHDL, a opção da integração gráfica de subprojetos estará sempre

FIGURA 10.33 Contador de MOD-60.

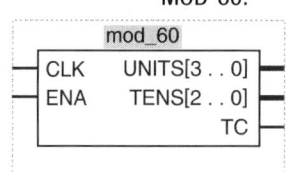

mod_60 — CLK, ENA, UNITS[3..0], TENS[2..0], TC

disponível nas ferramentas da Altera; entretanto, essa suposição não é razoável para os usuários do VHDL. Muitos sistemas de desenvolvimento de VHDL não oferecem equivalente à integração de blocos gráficos da Altera, e por isso é importante abordar o mesmo conceito de desenvolvimento modular hierárquico e integração de projeto usando apenas ferramentas de linguagem baseadas em texto. Nosso estudo da integração em AHDL não será tão extenso quanto o que efetuamos para o VHDL porque o método gráfico é costumeiramente o preferido.

FIGURA 10.34 Projeto completo do relógio conectado com símbolos de bloco.

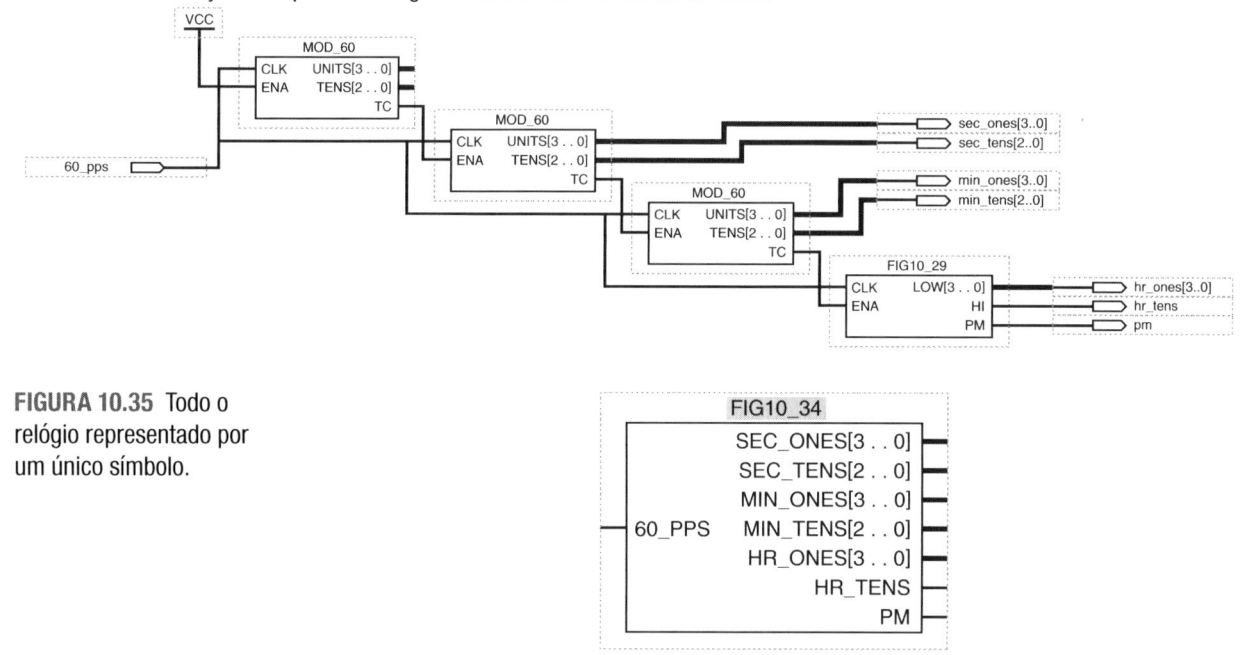

FIGURA 10.35 Todo o relógio representado por um único símbolo.

INTEGRAÇÃO DE MÓDULOS EM AHDL

Vamos voltar aos dois arquivos em AHDL para o contador de MOD-6 e os contadores de MOD-10. Como combinar esses arquivos em um contador de MOD-60 usando apenas AHDL baseado em texto? O método é, na verdade, similar ao da integração gráfica. Em vez de criar uma representação em "símbolo" dos arquivos do contador de MOD-6 e do contador de MOD-10, um novo tipo de arquivo, chamado "INCLUDE" (incluir), é criado. Ele contém todas as informações importantes sobre o arquivo AHDL que representa. Para descrever um contador de MOD-60, um novo arquivo TDF, apresentado na Figura 10.36, é aberto. Os arquivos do bloco de construção são "incluídos" no topo, como exibem as linhas 1 e 2. A seguir, os nomes usados para os blocos de construção são usados como componentes de biblioteca ou blocos primitivos a fim de definir a natureza de uma variável. Na linha 10, a variável *mod10* é usada para representar o contador de MOD-10 em outro módulo (fig10_26). *MOD10* agora tem todos os atributos (entradas, saídas, operação funcional) descritos em fig10_26.tdf. Da mesma maneira, na linha 11, a variável *mod6* recebe os atributos do contador de MOD-6 da fig10_23.tdf. As linhas 13–19 cumprem a mesma tarefa de desenhar linhas no arquivo BDF de modo a conectar os componentes uns aos outros e às ports de entrada/saída.

FIGURA 10.36 Contador de MOD-60 feito a partir de contadores de MOD-10 e MOD-6 em AHDL.

```
1   INCLUDE "fig10_26.inc";  -- módulo de contador de MOD-10
2   INCLUDE "fig10_23.inc";  -- módulo de contador de MOD-6
3
4   SUBDESIGN fig10_36
5   (
6      clk, ena                    :INPUT;
7      ones[3..0], tens[2..0], tc  :OUTPUT;
8   )
9   VARIABLE
10     mod10             :fig10_26;   -- MOD-10 para unidades
11     mod6              :fig10_23;   -- MOD-6 para dezenas
12  BEGIN
13     mod10.clock = clk;            -- clock síncrono
14     mod6.clock = clk;
15     mod10.enable = ena;
16     mod6.enable = mod10.tc;       -- em cascata
17     ones[3..0] = mod10.q[3..0];   -- 1s
18     tens[2..0] = mod6.q[2..0];    -- 10s
19     tc = mod6.tc;                 -- Fazer contagem terminal em 59
20  END;
```

Esse arquivo (FIG10_36.TDF) pode ser convertido em um arquivo INCLUDE (fig10_36.inc) pelo compilador e, então, usado em outro arquivo tdf que descreva a interconexão das principais seções para se criar o sistema. Cada nível da hierarquia se relaciona aos módulos constituintes dos níveis mais baixos.

INTEGRAÇÃO DE MÓDULOS EM VHDL

Voltemos aos dois arquivos em VHDL para o contador de MOD-6 e os contadores de MOD-10 apresentados nas figuras 10.24 e 10.27, respectivamente. Como combinar esses arquivos em um contador de MOD-60 usando apenas VHDL baseado em texto? O método é bastante similar ao da integração gráfica. Em vez de criar uma representação em "símbolo" dos arquivos dos contadores de MOD-6 e de 10, esses arquivos de projeto são descritos como um COMPONENT (componente), como vimos no Capítulo 5. Ele contém todas as informações importantes sobre o arquivo em VHDL que ele representa. Para descrever um contador de MOD-60, um novo arquivo VHDL, apresentado na Figura 10.37, é aberto. Os arquivos do bloco de construção são descritos como "componentes", como exibem as linhas 10–14 e 15–19 na descrição de arquitetura. A seguir, os nomes para os blocos de construção (componentes) são usados junto com as palavras-chave PORT MAP a fim de descrever a interconexão desses componentes. As informações nas seções PORT MAP descrevem exatamente as mesmas operações que os fios desenhados em um diagrama esquemático de um arquivo BDF.

Por fim, o arquivo VHDL que representa o bloco no topo da hierarquia é criado, com componentes das figuras 10.37 (MOD-60) e 10.29 (MOD-12). Esse arquivo é apresentado na Figura 10.38. Note que a forma geral é a seguinte:

Definições de entrada/saída: linhas 1–7
Definições de sinais: linhas 10–11
Definições de componentes: linhas 12–23
Instanciações de componentes e estabelecimento de conexões entre eles: linhas 27–52

FIGURA 10.37 Contador de MOD-60 feito a partir de contadores de MOD-10 e MOD-6 em AHDL.

```
1    ENTITY fig10_37 IS
2    PORT( clk, ena       :IN BIT ;
3          tens           :OUT INTEGER RANGE 0 TO 5;
4          ones           :OUT INTEGER RANGE 0 TO 9;
5          tc             :OUT BIT            );
6    END fig10_37;
7
8    ARCHITECTURE a OF fig10_37 IS
9    SIGNAL cascade_wire  :BIT;
10   COMPONENT fig10_24              -- módulo do contador de MOD-6
11   PORT( clock, enable  :IN BIT ;
12         q              :OUT INTEGER RANGE 0 TO 5;
13         tc             :OUT BIT);
14   END COMPONENT;
15   COMPONENT fig10_27              -- módulo do contador de MOD-10
16   PORT( clock, enable  :IN BIT ;
17         q              :OUT INTEGER RANGE 0 TO 9;
18         tc             :OUT BIT);
19   END COMPONENT;
20
21   BEGIN
22      mod10:fig10_27
23         PORT MAP(   clock => clk,
24                     enable => ena,
25                     q   => ones,
26                     tc => cascade_wire);
27
28      mod6:fig10_24
29         PORT MAP(   clock => clk,
30                     enable => cascade_wire,
31                     q   => tens,
32                     tc => tc);
33   END a;
```

FIGURA 10.38 Relógio completo em VHDL.

```vhdl
1    ENTITY fig10_38 IS
2    PORT( pps_60                             :IN BIT ;
3          hour_tens                          :OUT INTEGER RANGE 0 TO 1;
4          hour_ones, min_ones, sec_ones      :OUT INTEGER RANGE 0 TO 9;
5          min_tens, sec_tens                 :OUT INTEGER RANGE 0 to 5;
6          pm                                 :OUT BIT                  );
7    END fig10_38;
8
9    ARCHITECTURE a OF fig10_38 IS
10   SIGNAL cascade_wire1, cascade_wire2, cascade_wire3    :BIT;
11   SIGNAL enabled                                        :BIT;
12   COMPONENT fig10_37      -- MOD-60
13   PORT( clk, ena      :IN BIT ;
14         tens          :OUT INTEGER RANGE 0 TO 5;
15         ones          :OUT INTEGER RANGE 0 TO 9;
16         tc            :OUT BIT           );
17   END COMPONENT;
18   COMPONENT fig10_29     -- MOD-12
19   PORT( clk, ena      :IN BIT ;
20         low           :OUT INTEGER RANGE 0 TO 9;
21         hi            :OUT INTEGER RANGE 0 TO 1;
22         pm            :OUT BIT           );
23   END COMPONENT;
24   BEGIN
25      enabled <= '1';
26
27      prescale:fig10_37        -- MOD-60 prescaler
28         PORT MAP(    clk   => pps_60,
29                      ena   => enabled,
30                      tc    => cascade_wire1);
31
32      second:fig10_37          -- contador de segundos do MOD-60
33         PORT MAP(    clk   => pps_60,
34                      ena   => cascade_wire1,
35                      ones  => sec_ones,
36                      tens  => sec_tens,
37                      tc    => cascade_wire2);
38
39      minute:fig10_37          -- contador de minutos do MOD-60
40         PORT MAP(    clk   => pps_60,
41                      ena   => cascade_wire2,
42                      ones  => min_ones,
43                      tens  => min_tens,
44                      tc    => cascade_wire3);
45
46      hour:fig10_29            -- contador de horas do MOD-12
47         PORT MAP(    clk   => pps_60,
48                      ena   => cascade_wire3,
49                      low   => hour_ones,
50                      hi    => hour_tens,
51                      pm    => pm);
52   END a;
```

QUESTÕES DE REVISÃO

1. O que é definido no nível superior de um projeto hierárquico?
2. Onde se inicia o processo do projeto?
3. Onde começa o processo de construção?
4. Em que estágio(s) devem ser feitos testes de simulação?

10.5 PROJETO DE FORNO DE MICRO-ONDAS

OBJETIVOS

Após ler esta seção, você será capaz de:

- Descrever os requisitos de um sistema de forno de micro-ondas.
- Decompor o sistema em blocos mais simples.
- Definir cada entrada e saída para cada bloco.
- Descrever a lógica do sistema usando o HDL.

Até esse ponto, discutimos os blocos de construção elementares de sistemas digitais e analisamos exemplos de sistemas simples que usam alguns desses blocos. Nesta seção, cobriremos um sistema completo bastante conhecido: o forno de micro-ondas. Este sistema contém muitos dos blocos de construção que constituem os sistemas digitais e demonstra como podem ser combinados a fim de controlar uma das invenções de maior impacto em nossas vidas.

Fornos de micro-ondas apenas usam um gerador de radiofrequência (rf) com energia suficiente para excitar as moléculas no alimento e aquecê-lo. Os quatro componentes básicos usados nesses eletrodomésticos não mudaram muito desde que a cozinha com micro-ondas foi inventada, na década de 1960: um transformador de alta-voltagem, um diodo, um capacitor e um tubo de magnetron. A coisa mais importante que você precisa saber a respeito deste circuito é que ao aplicar 120 VAC ao transformador, o forno cozinha o alimento, e ao desconectar o 120 VAC, o forno desliga. Em outras palavras, ele pode ser controlado por um 1 ou um 0. Os circuitos que controlam o forno de micro-ondas mudaram com o passar dos anos, de simples timers mecânicos a sistemas digitais sofisticados. O controlador que vamos projetar permite que o usuário programe o tempo de cozimento desejado, em minutos e segundos, e oferece os controles básicos para um forno comum, similar ao da foto na Figura 10.39(a).

Definição do projeto

Vamos começar no topo e definir entradas e saídas do sistema para o controlador de micro-ondas. Deve ser observado que a intenção deste projeto é implementá-lo na placa de desenvolvimento do Altera DE1 (ou DE2 ou similar), como demonstrado na Figura 10.39(b). Já que os níveis lógicos ativos para o sistema combinam com os recursos de hardware (chaves e displays) das placas Altera, decidimos usar dez chaves individuais para representar as entradas de teclado numérico, similares ao codificador apresentado na Figura 9.15. Uma abordagem alternativa seria utilizar uma matriz externa do teclado numérico, como descrita na Seção 10.3. Este exemplo opta por evitar a utilização de hardwares externos à placa de desenvolvimento. O diagrama de bloco da Figura 10.40 define o escopo do projeto junto com as especificações detalhadas listadas na Tabela 10.3.

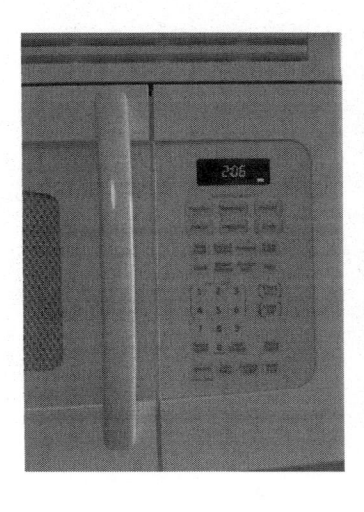

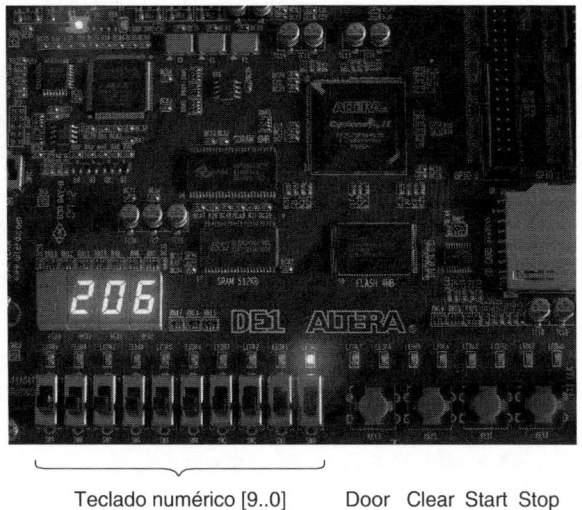

FIGURA 10.39 (a) Forno de micro-ondas comum; (b) projeto do forno de micro-ondas na placa DE1.

Teclado numérico [9..0]   Door Clear Start Stop switch

(a)   (b)

FIGURA 10.40 Diagrama do bloco de sistema para o forno de micro-ondas.

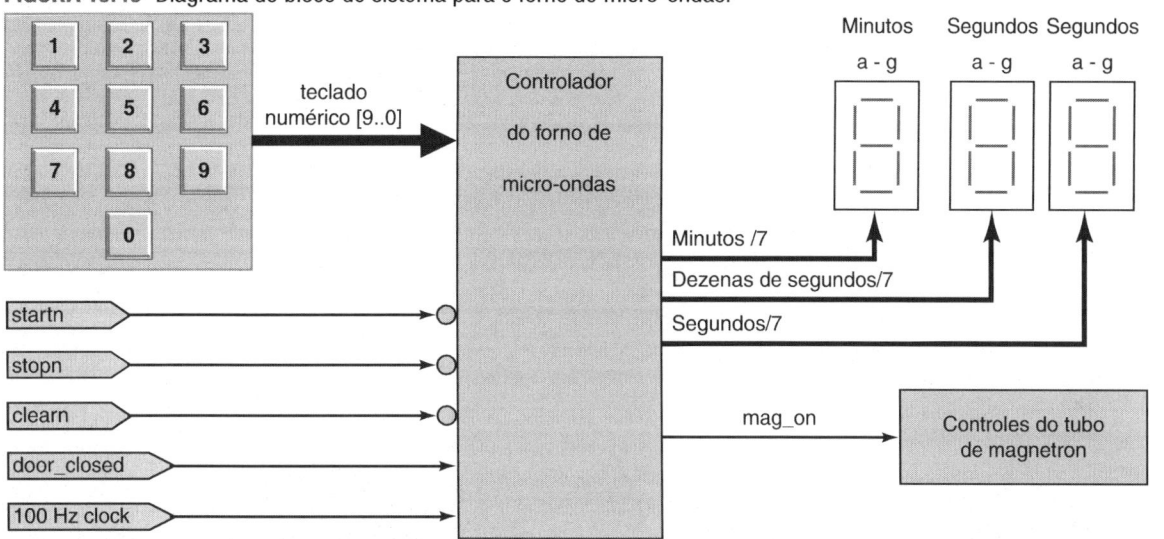

TABELA 10.3 Especificações de sinais de micro-ondas.

Sinal de entrada	Especificação do sinal
clock	100 Hz, níveis lógicos padrão 3,3 V
startn, stopn, clearn	Normalmente, em nível ALTO, botões ativos em nível BAIXO de impulso momentâneo, níveis lógicos padrão 3,3 V
door_closed	ALTO quando a porta está fechada, BAIXO quando a porta está aberta
keypad (0–9)	10 botões de teclado numérico individuais: ativos em nível ALTO (chaves de correr usadas no DE1)
Sinal de saída	**Especificação do sinal**
mag_on	Saída ativa em nível ALTO usada a fim de aplicar 120 VAC ao circuito magnetron
min_segs (a–g)	Saídas ativas em nível BAIXO para dígito de display alto (minutos): segmentos a–g, respectivamente
sec_tens_segs (a–g)	Saídas ativas em nível BAIXO para dígito de display médio (dezenas de segundos): segmentos a–g, respectivamente
sec_ones_segs (a–g)	Saídas ativas em nível BAIXO para dígito de display baixo (unidades de segundos): segmentos a–g, respectivamente

O sistema deve funcionar como um forno de micro-ondas comum. Quando não estiver cozinhando um alimento, você deve ser capaz de entrar o tempo de cozimento desejado pressionando os números no teclado numérico. Cada número pressionado aparece à direita do display, e os outros dígitos se deslocam para a esquerda. Quando o botão iniciar é pressionado, supondo-se que a porta está fechada, o tubo de magnetron é ativado e os dígitos fazem uma contagem decrescente em minutos e segundos. Zeros à frente são eliminados no display. Se a porta for aberta ou o botão de parar for pressionado, o tempo para no valor atual e o magnetron é desligado. Pressionar clear (limpar) a qualquer momento força a contagem a 0. Quando a contagem chega a 0, o magnetron é desligado e o tempo lê 0. Se uma pessoa entra um valor inicial para segundos maior que 59 (isto é, 60–99), o contador de segundos deve contar de maneira decrescente deste valor até 00.

Planejamento estratégico/decomposição do problema

A primeira decisão estratégica deveria ser a respeito do uso de um microcontrolador ou um circuito digital personalizado. Para essa aplicação não há razão de um microcontrolador não ser usado para controlar o forno. De fato, o forno de micro-ondas talvez use um microcontrolador para este propósito. Lembre-se de que o microcontrolador é um sistema de computador em um chip. Ele realiza instruções sequenciais que o projetista armazenou na memória. Instruções como conferir cada entrada, desempenhar quaisquer cálculos e atualizar as saídas podem ser realizadas de maneira mais rápida que o dedo de uma pessoa consegue pressionar e soltar um botão. Qualquer microcontrolador é rápido o suficiente para acompanhar o movimento humano, de maneira que a velocidade de circuitos digitais personalizados não é necessária para essa aplicação. Entretanto, este é um livro sobre sistemas digitais, e escolhemos incluir o maior número possível de blocos de construção de sistemas digitais nesta solução. O micro-ondas será implementado como circuito digital em um FPGA (em inglês, *field programmable gate array*) em vez de um microcontrolador. Esta decisão afeta a maneira que planejamos os blocos do projeto.

As características do forno de micro-ondas nos permitem identificar com facilidade os principais blocos funcionais do sistema. Há muitas maneiras para se decompor um sistema. Por exemplo, o projetista deve decidir quantos blocos funcionais são apropriados e quantos níveis hierárquicos são necessários e também tomar algumas decisões estratégicas que afetam o grau de dificuldade a fim de solucionar cada bloco funcional. O projeto é decomposto de tal maneira que há três níveis de hierarquia e quatro blocos funcionais no nível 2. As complexidades dos blocos vão do simples ao complexo. Quando tarefas são designadas para uma equipe de projeto, o administrador é capaz de alinhar a tarefa com o nível de experiência/habilidade dos membros da equipe.

Talvez o bloco funcional mais óbvio no sistema do forno de micro-ondas seja o timer de minutos/segundos, um circuito que conta de maneira decrescente em intervalos de um segundo. Os requisitos deste bloco de contador são:

- Ele deve contar de maneira decrescente e parar de contar quando chegar a zero.
- Ele deve ser carregado (minutos e segundos) um dígito BCD por vez. Dígitos têm de se deslocar para a esquerda.
- Ele deve poder ser limpo.
- Ele deve ser capaz de ser desabilitado (manter a contagem atual).

A segunda decisão estratégica deve ser tomada neste ponto. O projeto deve usar um contador binário direto ou BCD para o timer do forno? Um contador binário direto é fácil de se descrever ou construir, mas como poderia ser carregado com o número binário apropriado cada vez que uma tecla é pressionada? Lembre-se de que cada entrada de tecla gera um dígito BCD. O circuito que poderia mudar entradas BCD em um número binário e carregar esse contador exigiria operações matemáticas sofisticadas. Do lado da saída, o bloco de circuito que traduz este número binário (do contador) para o BCD de 7 segmentos também seria complexo. Utilizar um contador binário pode não ser uma boa ideia. Por outro lado, se pudermos fazer o contador operar como estágios BCD que são colocados juntos em cascata, o bloco do contador será ligeiramente mais complexo que um simples contador binário; mas o carregamento dos dados e a exibição destes será muito mais simples. Lembre-se, toda decisão tem consequências, sendo assim, gastar um tempo pensando nas consequências das suas decisões é um ótimo investimento. Decidimos usar um contador BCD em cascata. Em consequência, as entradas necessárias são um único dígito BCD (isto é, valor de dados de 4 bits), uma linha de controle de *carga* (*load*), uma de *clock*, uma de *habilitação* (*enable*) e uma de *clear*, como vemos na Figura 10.41. Observe a partir dos rótulos que as linhas *loadn* e *clearn* são ativas em nível BAIXO enquanto a *habilitação* é ativa em nível ALTO. As saídas são três dígitos BCD e uma linha de sinal (zero) que indica quando o contador chegou a 0.

FIGURA 10.41 O bloco de contador de minutos/segundos do sistema de micro-ondas.

Vamos decompor o bloco de contador minutos/segundos em módulos funcionais, criando um terceiro nível da hierarquia. A Figura 10.42 demonstra como três estágios de contador BCD podem ser conectados em cascata a fim de criar tal funcionalidade. Cada estágio é um contador BCD decrescente de dígito único. Entretanto, já que o contador de segundos deve contar de maneira decrescente em segundos de 59 para 00, o das dezenas de segundos (dígito do meio) deve ser um BCD de MOD-6. Os outros dois estágios, os contadores de unidades de segundos

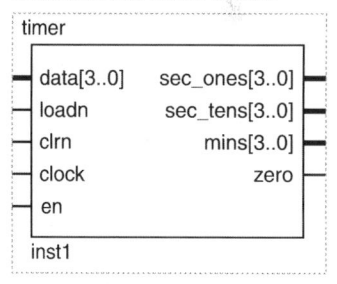

FIGURA 10.42 Nível 3: o bloco contador decrescente BCD de 3 dígitos para minutos e segundos.

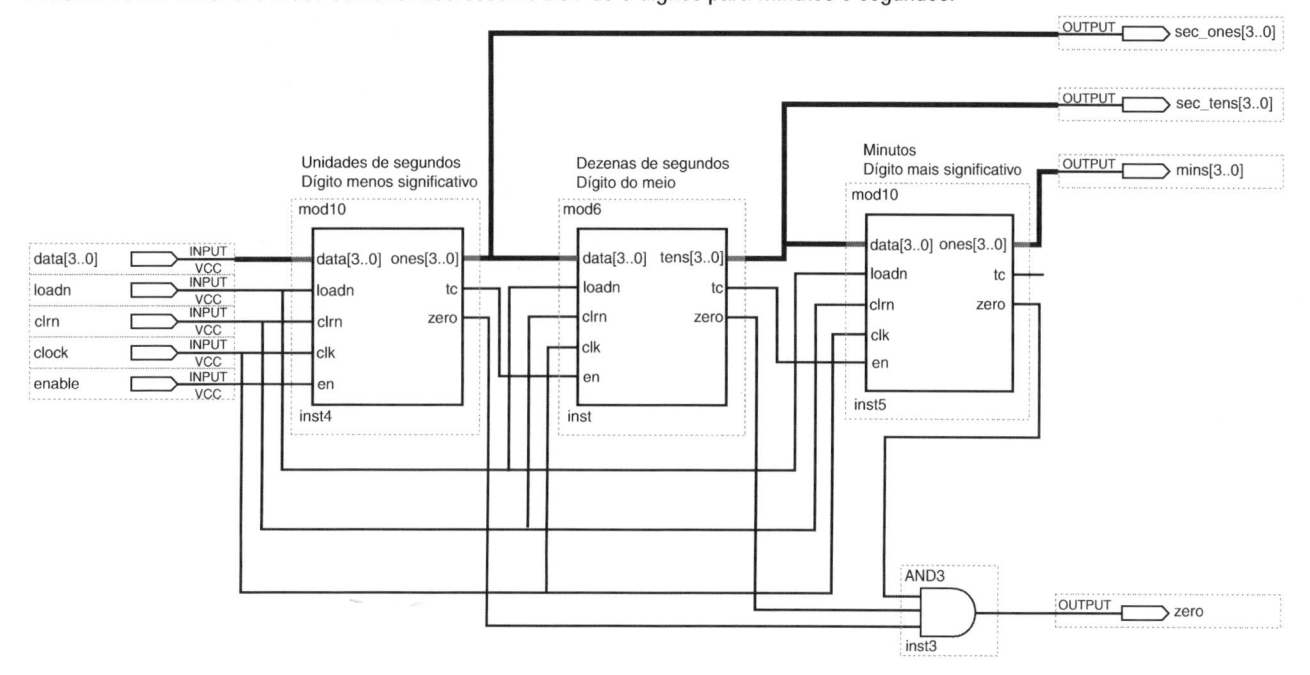

e minutos, são de MOD-10 idênticos. Reduzimos o problema à criação um contador decrescente BCD de MOD-*N* com as seguintes características: cada estágio deve ter uma capacidade de carga paralela síncrona a um controle *loadn* ativo em nível BAIXO. A função *clearn* é assíncrona e ativa em nível BAIXO, enquanto a habilitação (en, do inglês, *enable*) é ativa em nível ALTO. Todos os sinais *load*, *clear* e *clock* para cada dígito são vinculados e acionados pelo sinal de entrada correspondente. Cada bloco tem uma saída chamada *tc* (*terminal count*, em português, *contagem terminal*). O propósito da *tc* é indicar quando aquele dígito de contador está no valor mínimo (0) e quando irá para o valor máximo no próximo *clock*. O *tc* vai para o nível ALTO quando o contador chega a zero, presumindo que o contador esteja habilitado.

A conexão em cascata dos três contadores é conseguida ao se conectar o *tc* do estágio mais baixo para a habilitação do próximo estágio mais alto. Desse modo, quando o estágio na ordem mais baixa está desabilitado, todos os estágios mantêm seus valores atuais. Note, também, que a saída BCD do estágio de dígito menos significativo está conectada à entrada de dados BCD do estágio de dígito médio e que a saída BCD do estágio de dígito médio está conectada à entrada de dados BCD do dígito mais significativo (MSD). Isto é feito a fim de se realizar a transferência de dados ou operação de deslocamento cada vez que há um novo dígito.

O segundo bloco funcional (nível 2 da hierarquia) no sistema é o bloco de entrada/controle do timer, que é responsável por reconhecer entradas-chave e controlar o bloco de contador. Ele tem dez chaves do teclado numérico como entradas, um *clock* de 100 Hz e um *enablen* ativo em nível BAIXO, que vai permitir que o codificador de teclado numérico funcione e determine qual sinal será enviado para a entrada de clock do bloco contador. O *clock* para o contador deve ser uma forma de onda de clock de 1 Hz quando o magnetron está energizado. Quando o magnetron está desligado e as chaves estão sendo pressionadas a fim de entrar o tempo de cozimento, a entrada de clock do bloco contador tem de receber uma única transição positiva (PGT, do inglês, *positive-going transition*) alguns milissegundos após cada tecla ter sido pressionada. Ele não pode receber outra transição positiva até a tecla ser solta, ou carregaria múltiplos dígitos para uma única entrada de tecla. Assegurar que uma entrada limpa seja recebida de cada ativação de chave é referido como *eliminar o efeito de trepidação do contato*, analisado no Capítulo 5. Neste caso, a eliminação do efeito de trepidação do contato se dá esperando (atrasando) alguns milissegundos após o botão ter sido pressionado antes de criar uma transição positiva que vai inserir o dígito BCD no contador. Para criar este atraso, um contador de três bits não reciclável começa a contar quando uma chave é pressionada. Quando o contador chega a 4 (40 ms depois), a saída torna-se ALTA, criando uma transição positiva. O contador continua a contar de maneira crescente, mas para em 7 até o controle de clear ser ativado e a chave, solta. A Figura 10.43 apresenta este bloco de controle com seus elementos funcionais (nível 3). Observe os blocos de construção digitais diferentes usados aqui: codificação, divisão de frequência, multiplexação e contagem.

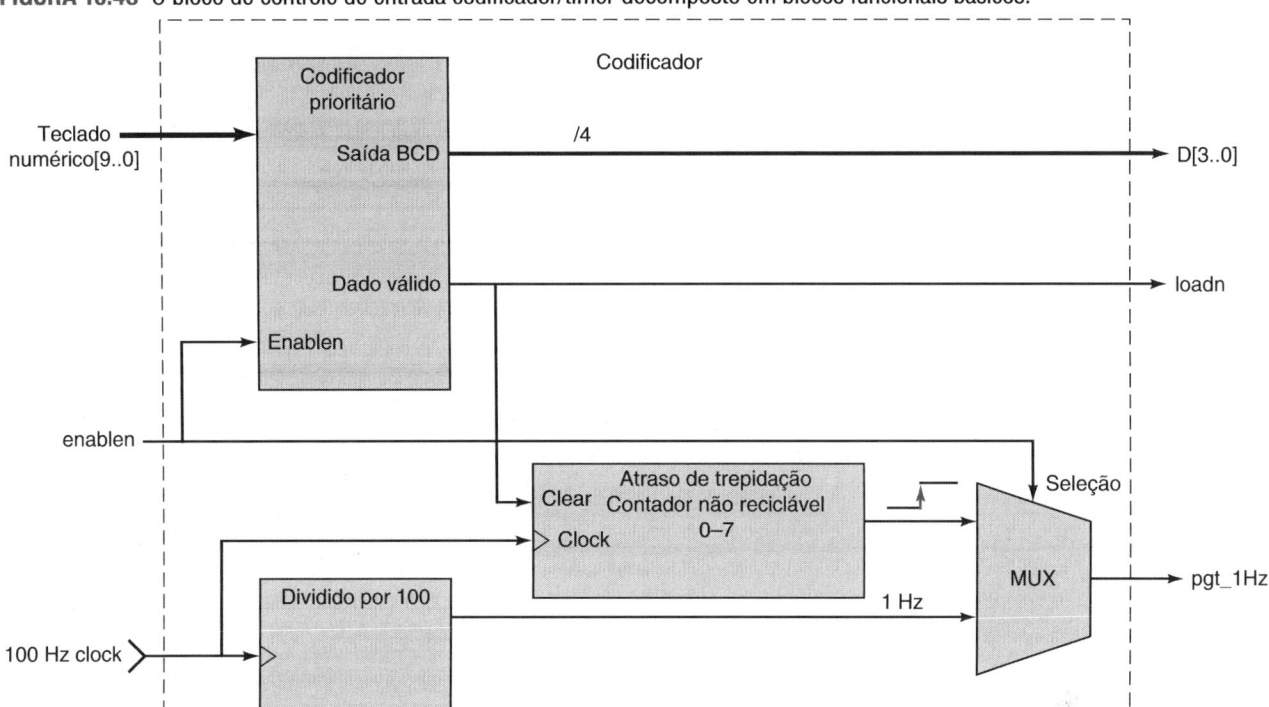

FIGURA 10.43 O bloco de controle de entrada codificador/timer decomposto em blocos funcionais básicos.

O terceiro bloco funcional de nível 2 é o bloco de controle magnetron. É um bloco lógico usado a fim de controlar a saída de tubo de magnetron (*mag_on*) e deve ligar o magnetron quando o botão de iniciar for pressionado e seguir ligado após o botão de iniciar ser solto. Isto significa que é necessária uma ação de *latch* dentro deste bloco, o qual também precisa de alguma lógica combinacional a fim de determinar as condições que podem ligar e desligar o tubo de magnetron. A Figura 10.44 apresenta os elementos funcionais deste bloco. Note que as entradas são as quatro chaves do sistema (controles de usuário), assim como um sinal que indica que o timer expirou (*timer_done*).

FIGURA 10.44 O bloco de controle do magnetron decomposto em blocos funcionais básicos.

O quarto bloco funcional deve decodificar os três dígitos BCD, acionar os displays de LED de 7 segmentos e fornecer funções de eliminação de zeros à frente. O bloco de decodificação poderia ser decomposto em três circuitos decodificador/driver 7447 (nível 3 da hierarquia) descritos no Capítulo 9. A funcionalidade completa do bloco de decodificação é facilmente implementada com um único arquivo de fonte HDL, tornando o terceiro nível de hierarquia desnecessário.

A Figura 10.45 apresenta o diagrama de bloco inteiro para o nível 2 da hierarquia com todos os sinais de interconexão.

FIGURA 10.45 Nível 2 da hierarquia que exibe blocos e sinais.

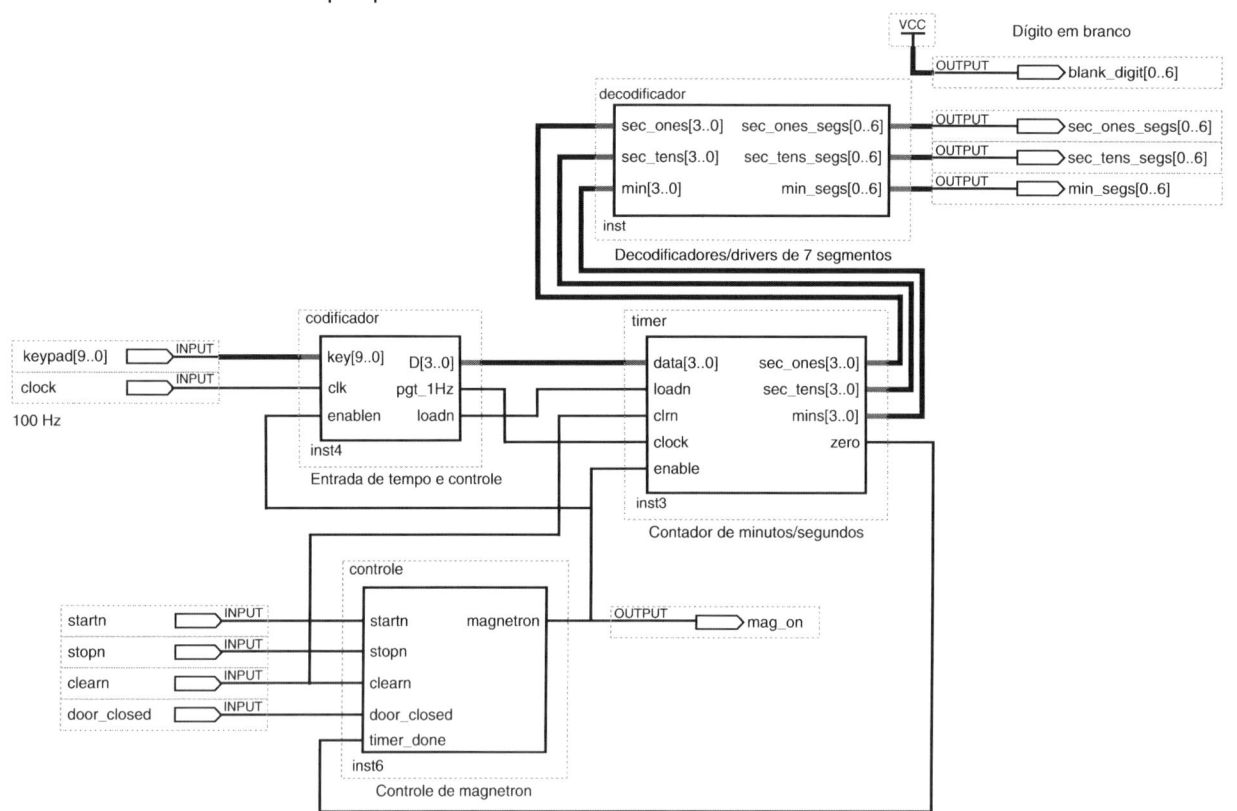

Síntese/integração e testes

O projeto do forno de micro-ondas foi agora decomposto como mostrado nos três níveis de hierarquia da Figura 10.46. Note que nos níveis mais baixos (nível 3) temos apenas blocos funcionais familiares básicos. Cada um destes blocos funcionais pode ser implementado usando circuitos similares a outros exemplos neste texto, por modelos de CIs TTL (funções maxplus2), por megafunções Quartus ou descrevendo seu funcionamento usando linguagem de descrição de hardware. Agora, cabe a você solucionar o problema de sintetizar os pequenos blocos, testar cada um e integrar o sistema. Se este projeto for implementado em uma placa DE1 (ou DE2) da Altera, há duas questões a mais a serem observadas. Os ports conectados a VCC no canto superior direito da Figura 10.45 são os segmentos do display mais significativo de 7 segmentos (chamado *Blank Digit*). Isto é feito a fim de desligar o quarto dígito (não utilizado). Além disso, o clock de 100 Hz pode ser fornecido pela entrada de clock externa, ou usando-se o cristal de

50 MHz *on-board* e dividindo-o por 500 mil (*prescaling*), com o uso de um contador de megafunção como descrito no Capítulo 7.

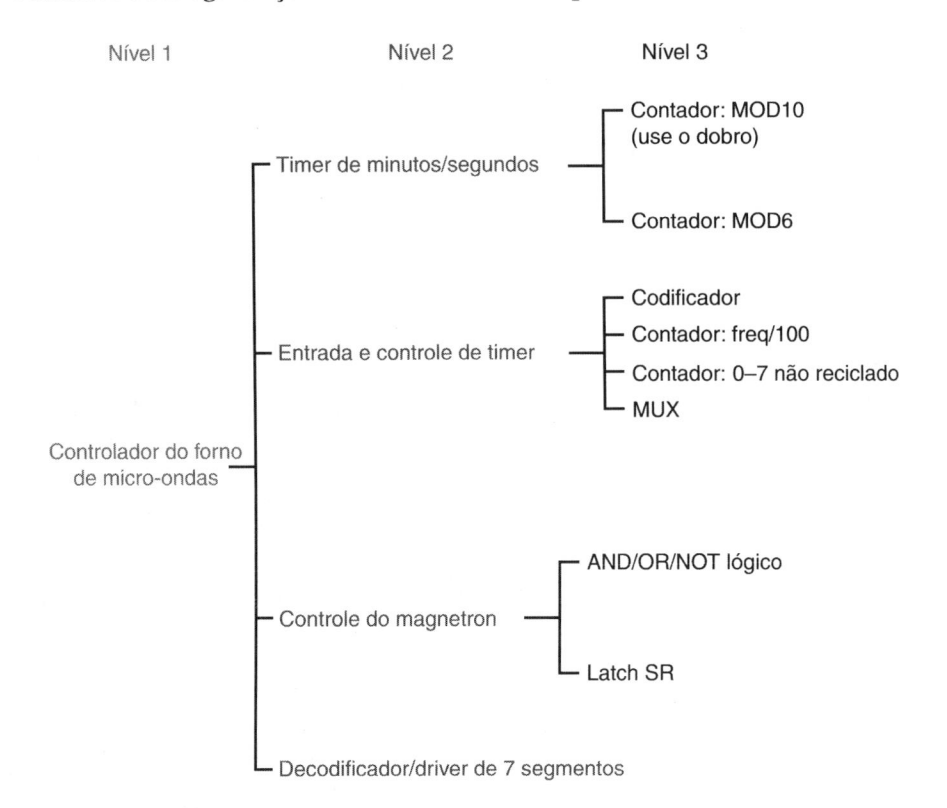

FIGURA 10.46 Decomposição do projeto em três níveis de hierarquia.

```
Nível 1                    Nível 2                         Nível 3

                                                         ┌─ Contador: MOD10
                                                         │  (use o dobro)
                        ┌─ Timer de minutos/segundos ────┤
                        │                                └─ Contador: MOD6
                        │
                        │                                ┌─ Codificador
                        │                                ├─ Contador: freq/100
                        ├─ Entrada e controle de timer ──┤
Controlador do forno ───┤                                ├─ Contador: 0–7 não reciclado
de micro-ondas          │                                └─ MUX
                        │
                        │                                ┌─ AND/OR/NOT lógico
                        ├─ Controle do magnetron ────────┤
                        │                                └─ Latch SR
                        │
                        └─ Decodificador/driver de 7 segmentos
```

QUESTÕES DE REVISÃO

1. Quais são os nomes dos blocos funcionais no nível 2 da hierarquia do forno de micro-ondas?
2. Descreva o sinal que aciona a entrada de clock para o timer de minutos/segundos se nenhum botão no teclado numérico estiver pressionado.
3. Descreva o sinal que aciona a entrada de clock para o timer de minutos/segundos se quaisquer botões no teclado numérico estiverem pressionados.

10.6 PROJETO DE FREQUENCÍMETRO

OBJETIVOS

Após ler esta seção, você será capaz de:

- Descrever os requisitos de um sistema de medida de frequência.
- Decompor o sistema em blocos mais simples.
- Definir cada entrada e saída para cada bloco.

O projeto desta seção demonstra o uso de contadores e outras funções de lógica padrão a fim de implementar um sistema denominado frequencímetro, que é similar ao equipamento de teste que você provavelmente já usou no laboratório. A teoria do funcionamento é descrita em termos dos dispositivos lógicos convencionais MSI e depois relacionada aos blocos de construção desenvolvidos usando HDL. Como na maioria dos projetos, esse exemplo consiste em circuitos já estudados em capítulos anteriores. Eles são combinados aqui a fim de formar um sistema digital com propósito único. Primeiro, vamos definir o frequencímetro.

Um **frequencímetro** é um circuito que mede e exibe a frequência de um sinal. Como você sabe, a frequência de uma forma de onda periódica é o número de ciclos por segundo. Moldar cada ciclo de frequência desconhecida em um pulso digital permite que utilizemos um circuito digital para contar os ciclos. A ideia geral por trás da medida de frequência envolve habilitar a contagem do número de ciclos (pulsos) da forma de onda recebida durante um período de tempo especificado, chamado **intervalo de amostra**. A duração do intervalo de amostra determina o intervalo de frequências a ser medido. Um intervalo mais longo fornece uma precisão maior para baixas frequências, mas gera overflow no contador ao chegar às frequências mais altas. Um intervalo de amostra mais curto fornece uma medida menos precisa de frequências baixas, mas mede uma frequência máxima bem mais alta sem exceder o limite máximo do contador.

EXEMPLO 10.1

Suponha que um frequencímetro use um contador BCD de quatro dígitos. Determine a frequência máxima medida usando cada um dos seguintes intervalos de amostra:

(a) 1 segundo.   (b) 0,1 segundo.   (c) 0,01 segundo.

Solução

(a) Com um intervalo de amostra de 1 s, o contador de quatro dígitos pode contar em ordem crescente até 9.999 pulsos. A frequência é 9.999 pulsos por segundo ou 9,999 kHz.

(b) O contador pode contar até 9.999 pulsos dentro do intervalo de amostra de 0,1 s. Isso significa uma frequência de 99.990 pulsos por segundo ou 99,99 kHz.

(c) O contador pode contar até 9.999 pulsos dentro do intervalo de amostra de 0,01 s. Isso significa uma frequência de 999.900 pulsos por segundo ou 999,9 kHz.

EXEMPLO 10.2

Se uma frequência de 3.792 pps for aplicada à entrada do frequencímetro, o que o contador lerá em cada um dos seguintes intervalos de amostra?

(a) 1 segundo.   (b) 0,1 segundo.   (c) 10 ms.

Solução

(a) Durante um intervalo de amostra de 1 s, o contador contará 3.792 ciclos. A frequência lida será 3,792 kpps.

(b) Durante um intervalo de amostra de 0,1 s, o número de pulsos que será contado é 379 ou 380 ciclos, dependendo de onde começar o intervalo. A frequência lida será 03,79 kpps ou 03,80 kpps.

(c) Durante um intervalo de amostra de 0,01 s, o número de pulsos contado será 37 ou 38 ciclos, dependendo de onde começar o intervalo de amostra. A frequência lida será 003,7 kpps ou 003,8 kpps.

Um dos métodos mais simples de se construir um frequencímetro é mostrado como diagrama de bloco na Figura 10.47. Os blocos principais são o contador, o registrador do display, o decodificador/display e a unidade de temporização e controle. O bloco do contador contém diversos contadores BCD conectados em cascata usados a fim de contar o número de pulsos gerados pelo sinal desconhecido aplicado à entrada de clock. O bloco do contador possui controles de habilitação (enable) e limpeza (clear). O período de tempo para a contagem (intervalo de amostra) é controlado por um sinal de habilitação gerado pelo bloco de temporização e controle. A duração de tempo para os contadores BCD serem habilitados é selecionada com a entrada de seleção de intervalo para o bloco de temporização e controle. Isso permite ao usuário selecionar o intervalo de frequência que deseja medir e determinar de modo eficaz o local do ponto decimal no mostrador digital. A largura de pulso do sinal de habilitação (intervalo de amostra) é fundamental para se medir a frequência precisamente. O contador deve ser limpo antes de habilitado para uma nova medição de frequência do sinal desconhecido. Depois que uma nova contagem for efetuada, o contador será desabilitado, e a medição de frequência mais recente será armazenada no registrador do display. A saída do registrador do display é a entrada do decodificador e do bloco do display, no qual os valores BCD são convertidos em decimal para o mostrador do display. Usar um registrador de display separado permite que o frequencímetro efetue nova medição em segundo plano, de modo que o usuário não veja o contador enquanto está totalizando o número de pulsos para uma nova leitura. Em vez disso, o display é atualizado periodicamente com a última leitura de frequência.

A precisão do frequencímetro depende quase inteiramente da precisão da frequência de clock do sistema, usada para criar a largura de pulso apropriada para o sinal de habilitação do contador. Um gerador de clock controlado por cristal é usado na Figura 10.47 para gerar um clock de sistema preciso para o bloco de temporização e controle.

Um bloco de conformador de pulso é necessário para assegurar que o sinal desconhecido, cuja frequência deve ser medida, seja compatível com a entrada de clock do bloco do contador. Um circuito Schmitt-trigger pode ser usado a fim de converter formas de onda "não quadradas" (senoidais, triangulares etc.), desde que o sinal de entrada desconhecido tenha

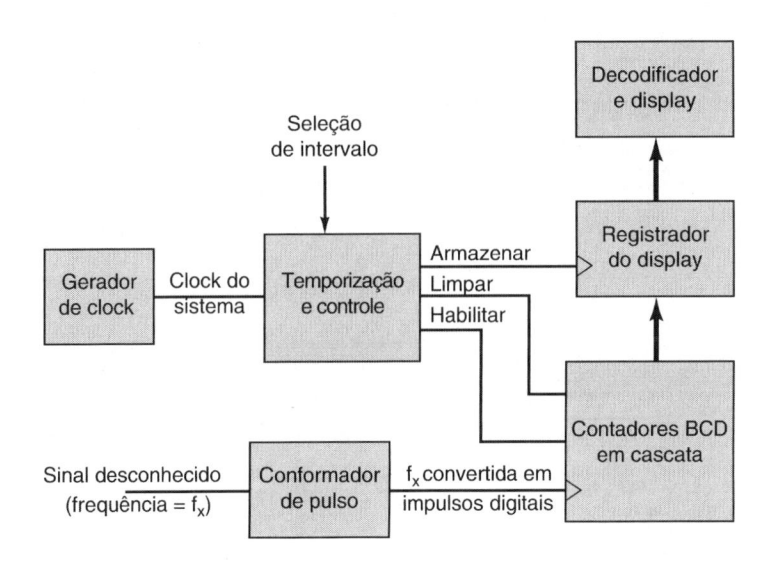

FIGURA 10.47 Diagrama de bloco de um frequencímetro básico.

amplitude satisfatória. Se o sinal desconhecido puder ter amplitude maior ou menor que a compatível com determinado Schmitt-trigger, um circuito condicionador de sinal analógico adicional, como controle de ganho automático, será necessário para o bloco conformador de pulso.

O diagrama de tempo do controle do frequencímetro é mostrado na Figura 10.48. O clock de controle deriva do sinal de clock do sistema por divisores de frequência contidos no bloco de controle e temporização. O período do sinal do clock de controle é usado para criar a largura de pulso de habilitação. Um contador de controle reciclável dentro do bloco de controle e temporização tem o clock ativado pelo sinal de controle de clock. Ele possui estados decodificados selecionados para gerar a sequência repetida de sinal de controle (*clear*, *enable* e *store*). O contador (estágios BCD conectados em cascata) é, primeiramente, limpo. Então, o contador é habilitado para o intervalo de amostra apropriado para contar os pulsos digitais, que têm a mesma frequência que o sinal desconhecido. Depois de desabilitar o contador, a nova contagem é armazenada no registrador do display.

As seções do contador, do registrador do display e do decodificador/display são simples e não serão detalhadas aqui. O bloco de temporização e controle é o "cérebro" de nosso frequencímetro e merece uma explicação melhor sobre seu funcionamento. A Figura 10.49 mostra os sub-blocos dentro do bloco de temporização e controle. Em nosso projeto-exemplo, vamos supor que o gerador de clock produz sinal de clock do sistema de 100 kHz. A frequência do sistema é dividida por um conjunto de cinco contadores decádicos (de MOD-10). Isso dá ao usuário seis diferentes frequências a serem selecionadas pelo multiplexador para a frequência de clock de controle usando o controle de seleção de intervalo. Como o período do clock de controle é o mesmo da largura de pulso da habilitação do contador, essa configuração permite que o frequencímetro tenha seis diferentes intervalos de medida de frequência. O contador de controle é um contador de MOD-6 que possui três estados selecionados decodificados pelo gerador de sinal de controle a fim de gerar os sinais de controle *clear*, *enable* e *store*.

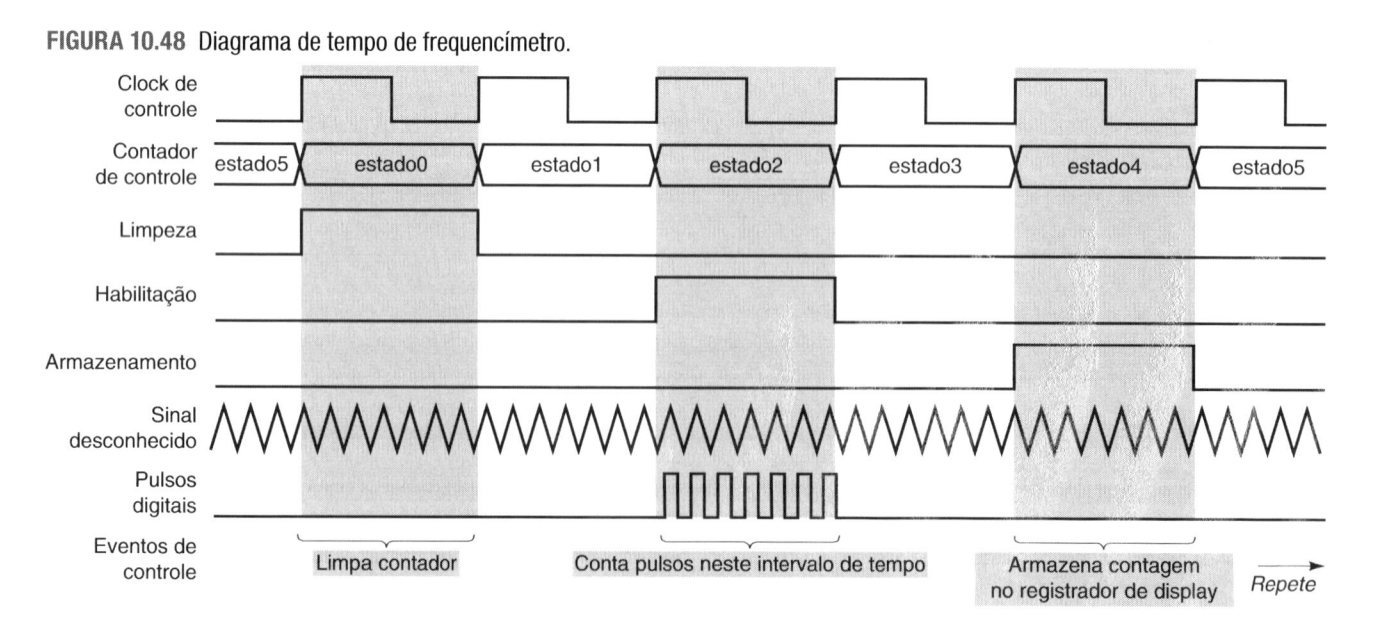

FIGURA 10.48 Diagrama de tempo de frequencímetro.

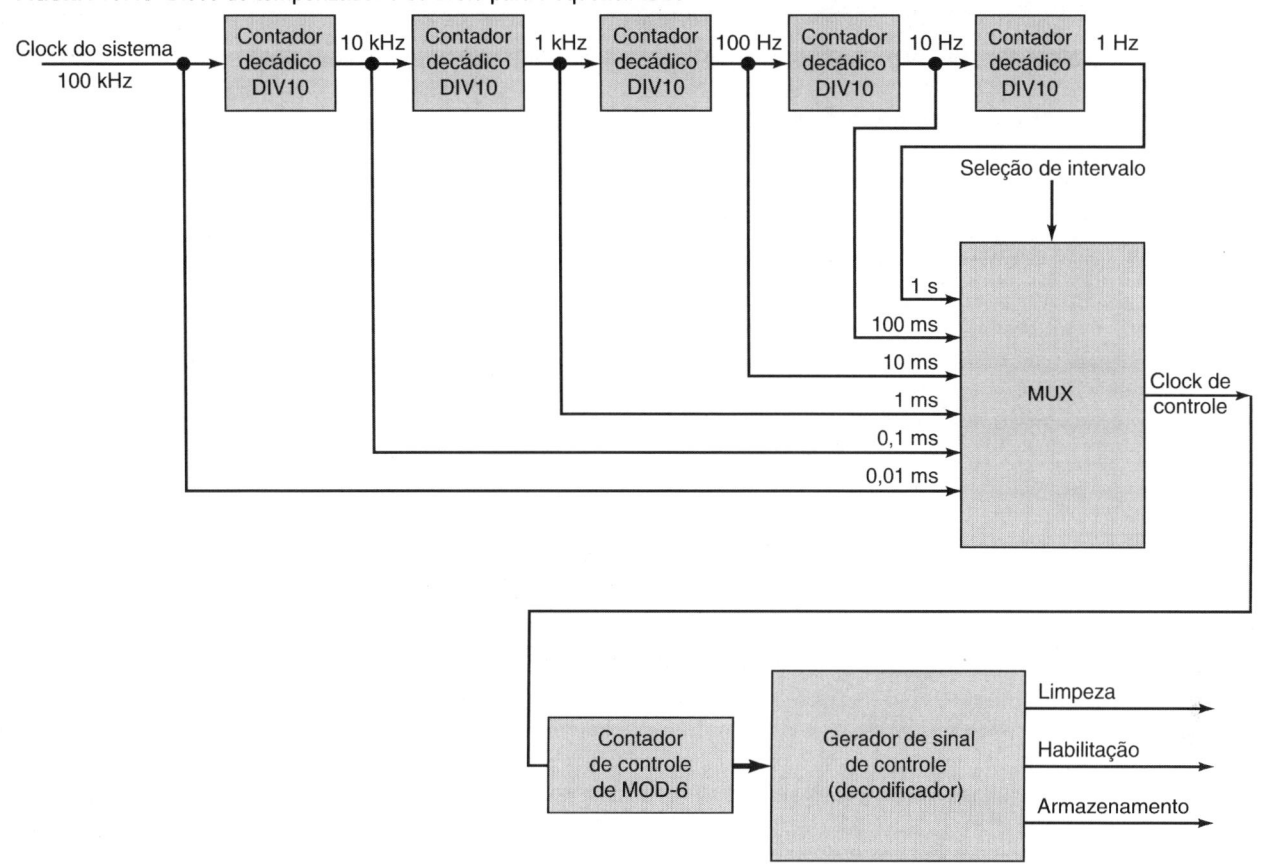

FIGURA 10.49 Bloco de temporizador e controle para frequencímetro.

EXEMPLO 10.3

Suponha que o contador BCD da Figura 10.47 seja composto por três estágios BCD conectados em cascata e seus displays associados. Se a frequência desconhecida estiver entre 1 kpps e 9,99 kpps, que intervalo de amostra deverá ser selecionado ao se usar o MUX da Figura 10.49?

Solução

Com três contadores BCD, a capacidade total do contador é 999. Uma frequência de 9,99 kpps gera contagem de 999 se um intervalo de amostra de 0,1 s for usado. Desse modo, a fim de utilizar a plena capacidade do contador, o MUX deve selecionar o período de clock de 0,1 s (10 Hz). Se um intervalo de amostra de 1 s fosse utilizado, a capacidade do contador ultrapassaria o limite da frequência no intervalo especificado. Se um intervalo de amostra mais curto fosse usado, o contador contaria apenas entre 1 e 99, o que daria uma leitura de apenas dois dígitos significativos e seria um desperdício da capacidade do contador.

QUESTÕES DE REVISÃO

1. Qual é o propósito de fazer o sinal desconhecido passar por um conformador de pulso?
2. Quais são as unidades de medida de frequência?
3. O que apresenta o display durante o intervalo de amostra?

RESUMO

1. Um gerenciamento de projetos pode ser bem-sucedido se adotar os passos a seguir: definição geral do projeto; divisão em blocos pequenos e estratégicos; síntese e teste de cada bloco; e integração do sistema.
2. Pequenos projetos como o acionador para motor de passo podem ser efetuados em um único arquivo de projeto, mesmo que desenvolvidos modularmente.
3. Projetos que são compostos por diversos blocos de construção simples, como o codificador para teclado numérico, podem gerar sistemas úteis.
4. Projetos maiores, como relógio digital e forno de micro-ondas, podem, muitas vezes, apresentar a vantagem de que módulos padrão comuns podem ser usados repetidamente no projeto.
5. Os projetos devem ser construídos e testados em módulos a partir de níveis mais baixos de hierarquia.
6. Módulos preexistentes podem ser facilmente combinados a novos módulos adaptados usando tanto métodos gráficos quanto descrições baseadas em texto.
7. Módulos podem ser combinados e representados como um único bloco no próximo nível mais alto de hierarquia usando as ferramentas de projeto da Altera.

TERMOS IMPORTANTES

aninhamento
hierarquia
prescaler
frequencímetro
intervalo de amostra

PROBLEMAS*

SEÇÃO 10.1

10.1 O sistema de monitoração de segurança da Seção 9.8 (Capítulo 9) pode ser desenvolvido como projeto.
B

(a) Escreva uma definição de projeto com especificações para esse sistema.

(b) Defina três blocos importantes desse projeto.

(c) Identifique os sinais que interconectam os blocos.

(d)★ Em que frequência deve operar o oscilador para que pisque a uma velocidade de 2,5 Hz?

(e)★ Por que é razoável usar apenas um resistor de limitação de corrente para oito LEDs?

SEÇÃO 10.2

Os problemas 10.2 a 10.8 referem-se aos motores de passo descritos na Seção 10.2.

10.2★ Quantos passos completos devem ocorrer para uma revolução completa?
B

10.3★ Quantos graus de rotação resultam de um ciclo completo pela sequência de passo na Tabela 10.1?
B

10.4 Quantos graus de rotação resultam de um ciclo completo pela sequência de meio passo na Tabela 10.1?
B

10.5 As linhas *cout* da Figura 10.1 começaram em 1010 e progrediram pela seguinte sequência: 1010, 1001, 0101, 0110.
B

(a)★ Quantos graus o eixo girou?

(b) Que sequência inverterá a rotação e fará o eixo voltar à posição original?

10.6 Descreva um método para testar o acionador do motor de passo em:
B

(a) Modo de passo completo.

(b) Modo de meio passo.

(c) Modo wave-drive.

(d) Modo de acionamento direto.

10.7 Reescreva o arquivo de projeto do acionador para o motor de passo da Figura 10.8 ou da Figura 10.9 sem usar a declaração CASE. Use o HDL que preferir.
D, H

---

* As respostas para os problemas marcados com uma estrela (★) podem ser encontradas ao final do livro.

10.8
D, H Modifique o arquivo de projeto do motor de passo da Figura 10.8 ou da Figura 10.9 a fim de acrescentar uma entrada de habilitação que coloque as saídas no estado de alta impedância (tristate) quando inativa = 0.

SEÇÃO 10.3

10.9
B Escreva a tabela de estados para o contador em anel apresentado na Figura 10.11 e na Figura 10.13.

10.10★
B Sem nenhuma tecla pressionada, qual é o valor em $c[3..0]$?

10.11
B Considere que o contador em anel está no estado 0111 quando se aperta a tecla 7. O contador em anel avançará para o PRÓXIMO estado?

10.12
B Suponha que a tecla 9 seja pressionada e mantida até DAV = 1.

(a)★ Qual é o valor no contador em anel?

(b) Qual é o valor codificado pelo codificador de linha?

(c) Qual é o valor codificado pelo codificador de coluna?

(d) Que número binário está nas linhas $D[3..0]$?

10.13★
B No Problema 10.12, os dados serão válidos na borda de descida de DAV?

10.14
B, D Se você usasse um latch para guardar os dados do teclado numérico em um registrador 74174, que sinal do teclado numérico conectaria ao clock do registrador? Desenhe o circuito.

10.15★
T O teclado numérico é conectado a um latch octal transparente 74373, como apresentado na Figura 10.50. A saída está correta enquanto a tecla é pressionada. Entretanto, é incapaz de armazenar dados entre os pressionamentos de tecla. Por que esse circuito *não* funciona?

SEÇÃO 10.4

10.16
B Suponha que um clock de 1 Hz seja aplicado ao estágio dos segundos do relógio da Figura 10.17. A saída de contagem terminal (*tc*) do contador de MOD-10 das *unidades de segundos* é apresentada na Figura 10.51. Desenhe um diagrama similar mostrando o número de ciclos de clock entre os pulsos de saída *tc* do:

(a)★ Contador das dezenas de segundos.

(b) Contador das unidades de minutos.

(c) Contador das dezenas de minutos.

10.17★
B Quantos ciclos da linha de alimentação de 60 Hz ocorrerão em 24 horas? Que problema você acha que vai acontecer se simularmos o funcionamento de todo o circuito do relógio?

FIGURA 10.50 Problema 10.15.

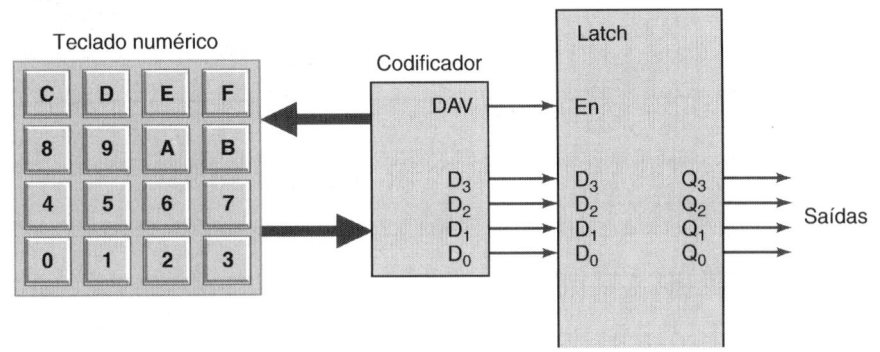

FIGURA 10.51 Problema 10.16.

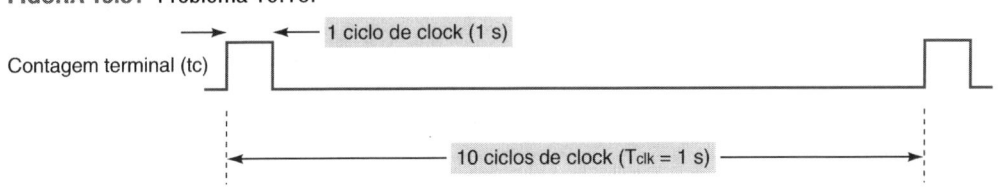

10.18* Muitos relógios digitais são ajustados fazen-
D do-os contar mais rápido enquanto um botão é pressionado. Modifique o projeto para acrescentar esse recurso.

10.19 Modifique o estágio das horas da Figura
D, H 10.18 a fim de mostrar horário militar (00-23 horas).

SEÇÃO 10.5

10.20 Veja a Figura 10.42. Cada bloco contador
D, N representa o nível mais baixo da hierarquia estabelecida para este projeto: um bloco funcional básico. Suas especificações são: MOD-10 (ou 6), contador decrescente BCD, carga síncrona ativa em nível BAIXO, clear assíncrono ativo em nível BAIXO, habilitação ativa em nível ALTO, acionado por borda positiva, saída de contagem terminal ativa em nível ALTO (porta por habilitação), saída zero de decodificação ativa em nível ALTO.

(a) Crie uma megafunção Altera a fim de implementar este bloco.

(b) Escreva o código AHDL a fim de implementar este bloco.

(c) Escreva o código VHDL a fim de implementar este bloco.

10.21 Veja a Figura 10.43. Os sub-blocos (codificador,
D, N contador *divide-by*, contador não reciclável, MUX) poderiam ser implementados como blocos separados no terceiro nível de hierarquia deste projeto. O código pode ser encontrado em exemplos anteriores que funcionarão para cada um desses blocos com uma ligeira modificação. Esses elementos funcionais também podem ser combinados em um único arquivo de fonte HDL. Escreva o código para todo o bloco de controle codificador/timer em:

(a) AHDL.

(b) VHDL.

10.22 Veja a Figura 10.44. O bloco à esquerda
D, N refere-se a de lógica combinacional que deve controlar o latch S-R que liga e desliga o tubo de magnetron.

(a) Desenhe o diagrama lógico usando apenas portas para implementar esse circuito.

(b) Descreva este bloco usando AHDL.

(c) Descreva este bloco usando VHDL.

10.23 Veja a Figura 10.45. Este bloco decodifica os
D, N três dígitos BCD do bloco de timer e aciona os displays LED de 7 segmentos ativos em nível BAIXO. Ele também deve eliminar zeros à frente.

(a) Use blocos lógicos padrão 7447 para implementar este bloco.

(b) Use um AHDL para implementar este bloco.

(c) Use um VHDL para implementar este bloco.

SEÇÃO 10.6

10.24 Desenhe o diagrama de hierarquia para o
B projeto do frequencímetro.

10.25 Escreva o código HDL para o contador de
D, H controle de MOD-6 e para o gerador de sinal de controle da Figura 10.49.

10.26* Escreva o código HDL para o MUX da
D, H Figura 10.49.

10.27 Use técnicas de projeto gráfico e o conta-
D dor BCD descrito na Figura 10.31, o MUX e o projeto do gerador de sinal de controle para criar todo o bloco temporizador e de controle para o projeto do frequencímetro.

10.28 Escreva o código HDL para a seção de tem-
D, H porizador e controle do frequencímetro.

RESPOSTAS DAS QUESTÕES DE REVISÃO

SEÇÃO 10.1

1. Definição, planejamento estratégico/decomposição do problema, síntese e testes, integração do sistema e testes.

2. O estágio da definição.

SEÇÃO 10.2

1. Passo completo, meio passo, wave-drive e acionamento direto.

2. cin_0-cin_3 [chaves de seleção de modo em (1,1)].

3. Passo (*step*), sentido (*dir*) [chaves de seleção de modo em (0,1)].
4. Oito estados.

SEÇÃO 10.3

1. Apenas uma.
2. A primeira que passa pela varredura após ser pressionada (em geral, a primeira).
3. Para DAV ir para o estado ALTO depois que os dados se estabilizam.
4. Não, vai para o nível ALTO no próximo clock depois que a tecla é pressionada.
5. Sempre que OE está em nível BAIXO ou quando nenhuma tecla é pressionada.

SEÇÃO 10.4

1. As especificações de funcionamento geral e as entradas e saídas do sistema.
2. No nível superior da hierarquia.
3. No nível mais baixo, construindo primeiro os blocos mais simples.
4. Em cada estágio da implementação modular.

SEÇÃO 10.5

1. Contador de minutos/segundos; Timer entrada/controle; Magnetron Control; Decodificador/acionador de 7 segmentos.
2. Forma de onda de clock a frequência de 1 Hz.
3. Única transição positiva que acontece em torno de 40 ms após a tecla ter sido pressionada. Ela permanece em nível ALTO até a chave ser solta.

SEÇÃO 10.6

1. Para mudar a forma do sinal analógico para digital de mesma frequência.
2. Ciclos por segundo (Hz) ou pulsos por segundo (pps).
3. O display demonstra a frequência medida durante o intervalo de amostra anterior.

CAPÍTULO 11

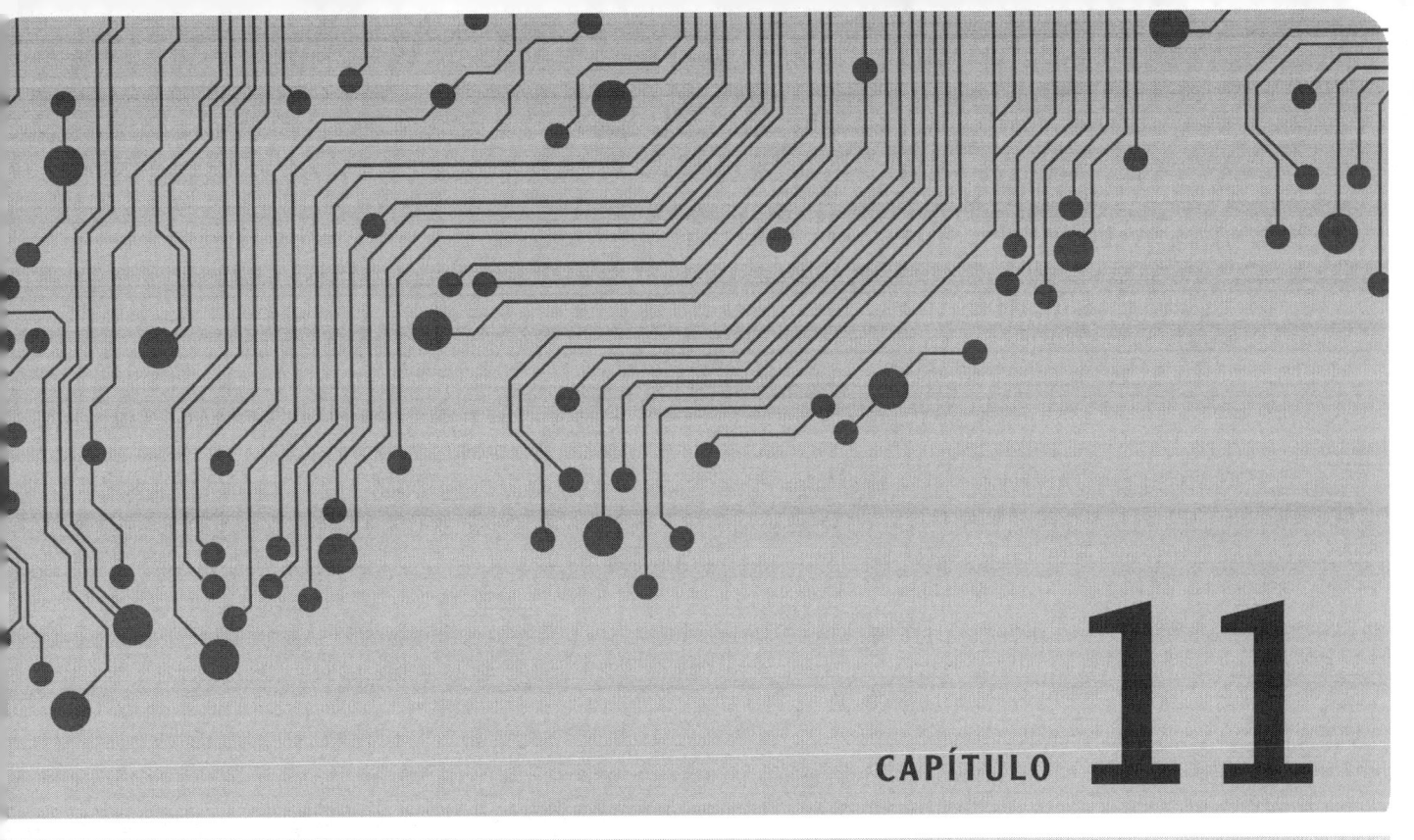

INTERFACE COM O MUNDO ANALÓGICO

■ CONTEÚDO

11.1 Revisão de digital *versus* analógico
11.2 Conversão digital-analógica
11.3 Circuitos DAC
11.4 Especificações de DACs
11.5 Um circuito integrado DAC
11.6 Aplicações de DACs
11.7 Análise de defeitos em DACs
11.8 Conversão analógico-digital
11.9 ADC de rampa digital
11.10 Aquisição de dados
11.11 ADC de aproximações sucessivas
11.12 ADCs flash
11.13 Outros métodos de conversão A/D
11.14 Arquiteturas típicas para aplicações de ADCs
11.15 Circuitos de amostragem e retenção
11.16 Multiplexação
11.17 Processamento digital de sinais (DSP)
11.18 Aplicações de interfaceamento analógico

OBJETIVOS DO CAPÍTULO

Após ler este capítulo, você será capaz de:

- Descrever a teoria de funcionamento e as limitações dos circuitos de diversos tipos de conversores digital-analógicos (DACs).
- Explicar as diversas especificações dos fabricantes de DACs.
- Usar diferentes procedimentos de testes para análise de defeitos em circuitos com DACs.
- Comparar vantagens e desvantagens entre as principais arquiteturas de ADCs.
- Analisar o processo pelo qual um computador em conjunto com um ADC digitaliza um sinal analógico e, então, reconstrói esse sinal a partir dos dados digitais.
- Explicar a necessidade do uso de circuitos de amostragem e retenção em conjunto com ADCs.
- Descrever a operação de um sistema de multiplexação analógico.
- Descrever os conceitos básicos do processamento digital de sinais.

11.1 REVISÃO DE DIGITAL *VERSUS* ANALÓGICO

OBJETIVO

Após ler esta seção, você será capaz de:

- Descrever o papel de cada elemento de um sistema de controle digital.

Uma **quantidade digital** terá um valor especificado entre duas possibilidades, como 0 ou 1, BAIXO ou ALTO, verdadeiro ou falso. Na prática, uma quantidade digital, como uma tensão, tem um valor que está dentro de faixas, e definimos que valores dentro de determinada faixa possuem o mesmo valor digital. Por exemplo, para a lógica TTL sabemos que

$$0 \text{ V para } 0{,}8 \text{ V} = 0 \text{ lógico}$$
$$2 \text{ V para } 5 \text{ V} = 1 \text{ lógico}$$

A qualquer tensão na faixa de 0 a 0,8 V é atribuído o valor digital 0, e a qualquer tensão na faixa de 2 a 5 V é associado o valor digital 1. Os valores exatos de tensão não são significativos, porque os circuitos digitais respondem da mesma maneira a todos os valores de tensão dentro das faixas determinadas.

Por outro lado, uma **quantidade analógica** pode assumir qualquer valor ao longo de uma faixa contínua, e, o mais importante, seu valor exato é significativo. Por exemplo, a saída de um conversor analógico temperatura-tensão pode ser medida como 2,76 V, representando uma temperatura específica de 27,6 °C. Se a medida da tensão fosse diferente, como 2,34 V ou 3,78 V, isso representaria uma temperatura completamente diferente. Em outras palavras, cada valor de uma quantidade analógica tem um significado diferente. Outro exemplo disso é a tensão de saída de um amplificador de áudio para um alto-falante. Essa tensão é uma quantidade analógica porque cada um dos valores possíveis produz uma resposta diferente.

A maior parte das variáveis físicas é analógica por natureza e pode assumir qualquer valor dentro de uma faixa contínua. Como exemplo, é possível citar temperatura, pressão, intensidade luminosa, sinais de áudio, posição, velocidade rotacional e de taxa de fluxo. Os sistemas digitais realizam as operações internas usando circuitos digitais e operações digitais. Qualquer informação que deva entrar em um sistema digital precisa ser colocada no formato digital. De modo semelhante, as saídas de um sistema digital estão sempre no formato digital. Quando um sistema digital, como um computador, é usado para monitorar e/ou controlar um processo físico, é preciso lidar com as diferenças entre a natureza digital do computador e a natureza analógica das variáveis do processo. A Figura 11.1 representa essa situação. O diagrama mostra os cinco elementos envolvidos quando um computador monitora e controla uma variável física presumivelmente analógica:

1. **Transdutor.** A variável física é, em geral, uma grandeza não elétrica. Um **transdutor** converte a variável física em elétrica. Alguns transdutores comuns são sensores de temperatura, fotocélulas, fotodiodos, medidores de vazão, transdutores de pressão e tacômetros. A saída elétrica do transdutor é uma tensão ou corrente analógica proporcional à variável física monitorada, que poderia ser a temperatura da água de um grande tanque abastecido por tubos de água quente e fria. Digamos que a temperatura da água varie de 80 a 150 °F e que um sensor de temperatura e o circuito associado convertam a temperatura de 800 a 1.500 mV. Note que a saída do transdutor é diretamente proporcional à temperatura, de forma que cada 1 °F gera saída de 10 mV. Esse fator de proporcionalidade foi escolhido por conveniência.
2. **Conversor analógico-digital.** A saída elétrica analógica do transdutor serve como entrada analógica do **conversor analógico-digital** (**ADC**, do inglês, *analog-to-digital converter*). Ele converte essa entrada analógica em saída digital, que consiste em um número de bits que representa o valor da entrada analógica. Por exemplo, o ADC poderia converter os valores analógicos de 800 a 1.500 mV para valores binários na faixa de 01010000 (80) a 10010110 (150). Note que a saída binária do ADC é proporcional à tensão de entrada analógica; dessa forma, cada unidade de saída digital representa 10 mV.

FIGURA 11.1 Conversores analógico-digital (ADC) e digital-analógico (DAC) são usados para interfacear um computador com o mundo analógico, de modo que monitore uma variável física.

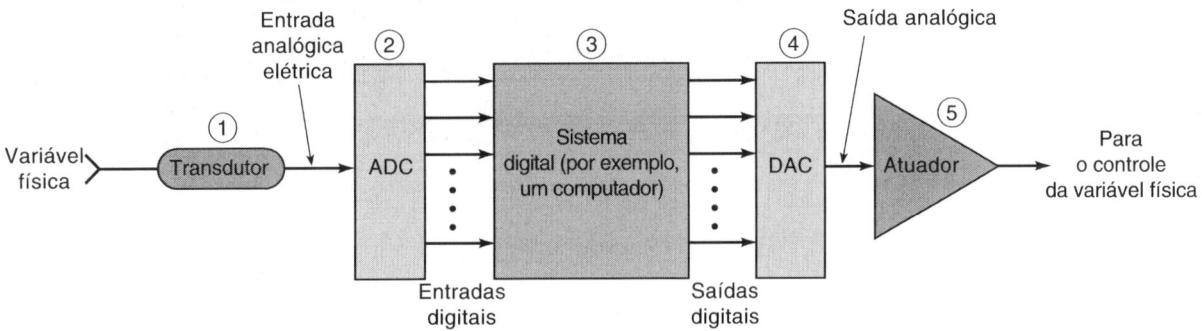

3. **Computador.** A representação digital da variável de processo é transmitida do ADC para o computador digital, que armazena o valor digital e o processa de acordo com as instruções do programa que está executando. O programa poderia realizar cálculos ou outras operações sobre

as representações digitais da temperatura para gerar saída digital usada para controlar a temperatura.

4. **Conversor digital-analógico.** Essa saída digital do computador está conectada a um **conversor digital-analógico** (**DAC**, do inglês, *digital-to-analog converter*), que a converte em tensão ou corrente analógica proporcional. Por exemplo, o computador produziria uma saída digital de 00000000 a 11111111, que o DAC converteria para a faixa de tensão de 0 a 10 V.

5. **Atuador.** O sinal analógico do DAC é quase sempre conectado a algum dispositivo ou circuito que serve como atuador para controlar a variável física. Em nosso exemplo sobre a temperatura da água, o atuador poderia ser uma válvula controlada eletricamente e que regula o fluxo de água quente para o tanque de acordo com a tensão analógica do DAC. A velocidade do fluxo poderia variar proporcionalmente a essa tensão analógica, com 0 V não produzindo fluxo e 10 V produzindo fluxo máximo.

Desse modo, vemos que ADCs e DACs funcionam como *interfaces* entre um sistema digital, como um computador, e o mundo analógico. Essa função se tornou cada vez mais importante à medida que os computadores de baixo custo passaram a ser usados em áreas de controle de processos, em que antes o controle por meio do computador não era praticável.

QUESTÕES DE REVISÃO

1. Qual é a função de um transdutor?
2. Qual é a função de um ADC?
3. O que um computador costuma fazer com o dado que é recebido de um ADC?
4. Qual é a função realizada por um DAC?
5. Qual é a função realizada por um atuador?

11.2 CONVERSÃO DIGITAL-ANALÓGICA

OBJETIVOS

Após ler esta seção, você será capaz de:

- Determinar a saída em escala total de um DAC.
- Dar a entrada digital, calcular a saída analógica.
- Dar a saída analógica, calcular a entrada digital.
- Determinar o tamanho do passo ou a resolução de um DAC.
- Calcular a resolução percentual.

Começaremos os estudos sobre conversões digital-analógica (D/A) e analógico-digital (A/D). Uma vez que diversos métodos de conversões A/D usam o processo de conversão D/A, analisaremos primeiro a conversão D/A.

Em essência, a *conversão* D/A é o processo em que o valor representado em código *digital* (como binário direto ou BCD) é convertido em tensão ou corrente proporcional ao valor digital. A Figura 11.2(a) mostra o símbolo para um conversor D/A típico de quatro bits. Por enquanto, não vamos nos preocupar com circuitos internos. No momento, analisaremos as diversas relações de entrada e saída.

FIGURA 11.2 DAC de quatro bits com saída em tensão.

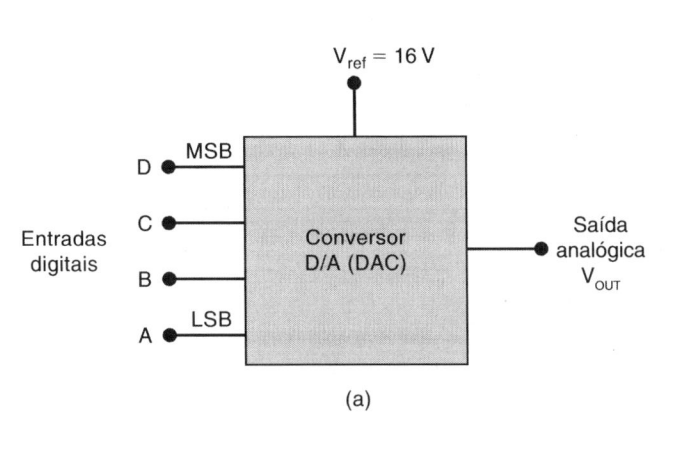

D	C	B	A	V_{OUT}	
0	0	0	0	0	Volts
0	0	0	1	1	
0	0	1	0	2	
0	0	1	1	3	
0	1	0	0	4	
0	1	0	1	5	
0	1	1	0	6	
0	1	1	1	7	
1	0	0	0	8	
1	0	0	1	9	
1	0	1	0	10	
1	0	1	1	11	
1	1	0	0	12	
1	1	0	1	13	
1	1	1	0	14	
1	1	1	1	15	Volts

(a)

(b)

Note que existe uma entrada para uma tensão de referência, V_{ref}. Essa entrada é usada para determinar a **saída de fundo de escala** ou o valor máximo que o conversor D/A gera. As entradas digitais D, C, B e A são, em geral, acionadas pela saída do registrador de um sistema digital. Os $2^4 = 16$ diferentes números binários representados por esses quatro bits são listados na Figura 11.2(b). Para cada número de entrada, a tensão de saída do conversor D/A é única. Na realidade, para esse caso, a tensão de saída analógica V_{OUT} é igual em volts ao número binário. Também poderia ser duas vezes o número binário ou qualquer outro fator de proporcionalidade. A mesma ideia seria verdadeira se a saída do conversor D/A fosse uma corrente I_{OUT}.

Em geral,

$$\text{saída analógica} = K \times \text{entrada digital} \qquad (11.1)$$

em que K é o fator de proporcionalidade e é constante para determinado DAC conectado em uma tensão de referência fixa. A saída analógica pode, claro, ser tensão ou corrente. Quando for tensão, K terá unidade de tensão e, quando for corrente, K terá unidade de corrente. Para o DAC mostrado na Figura 11.2, $K = 1$ V, de forma que

$$V_{OUT} = (1 \text{ V}) \times \text{entrada digital}$$

É possível usar essa expressão para calcular V_{OUT} para qualquer valor de entrada digital. Por exemplo, com uma entrada digital de $1100_2 = 12_{10}$, temos

$$V_{OUT} = 1 \text{ V} \times 12 = 12 \text{ V}$$

EXEMPLO 11.1A

Um DAC de cinco bits tem saída em corrente. Para entrada digital de 10100, é gerada corrente de saída de 10 mA. Qual será o I_{OUT} para uma entrada digital de 11101?

Solução

A entrada digital 10100_2 é igual ao decimal 20. Uma vez que $I_{OUT} = 10$ mA para esse caso, o fator de proporcionalidade deve ser 0,5 mA. Dessa forma, é possível calcular I_{OUT} para qualquer entrada digital como $11101_2 = 29_{10}$, conforme mostrado a seguir:

$$I_{OUT} = (0,5 \text{ mA}) \times 29$$
$$= 14,5 \text{ mA}$$

Lembre-se de que o fator de proporcionalidade, K, varia de um DAC para outro e depende da tensão de referência.

EXEMPLO 11.1B

Qual o maior valor de tensão de saída de um DAC de oito bits que gera 1 V para uma entrada digital de 00110010?

Solução

$$00110010_2 = 50_{10}$$
$$1,0 \text{ V} = K \times 50$$

Portanto,

$$K = 20 \text{ mV}$$

A maior tensão de saída ocorrerá para uma entrada de $11111111_2 = 255_{10}$.

$$V_{OUT}(\text{máx}) = 20 \text{ mV} \times 255$$
$$= 5,10 \text{ V}$$

Saída analógica

A saída de um DAC não é tecnicamente analógica, porque pode assumir valores específicos como os 16 níveis de tensão possíveis para V_{OUT} no diagrama da Figura 11.2, enquanto V_{ref} for constante. Nesse sentido, a saída é, na verdade, digital. Contudo, como veremos, o número de valores possíveis de saída pode ser aumentado, e a diferença entre valores sucessivos, diminuída com o aumento do número de bits de entrada. Isso nos possibilita gerar uma saída cada vez mais parecida com uma quantidade analógica que varia ao longo de uma faixa de valores. Em outras palavras, a saída de um DAC é "pseudoanalógica". Porém, continuaremos a nos referir a ela como analógica, tendo em mente que é uma aproximação para uma quantidade analógica pura.

Pesos de entrada

Para o DAC mostrado na Figura 11.2, deve-se notar que cada entrada digital contribui com uma quantidade diferente para a saída analógica. Isso é fácil de perceber se analisarmos os casos em que apenas uma entrada está em nível ALTO (Tabela 11.1). As contribuições de cada entrada digital são *ponderadas* de acordo com sua posição no número binário. Dessa forma, A, que é o LSB, tem um *peso* de 1 V; B, de 2 V; C, de 4 V; e D, o MSB, tem o maior peso, 8 V. Os pesos são, em sequência, dobrados para cada bit, começando pelo LSB. É possível considerar V_{OUT} a soma ponderada das entradas digitais. Por exemplo, para determinar V_{OUT} para a entrada digital 0111, pode-se somar C, B e A para obter 4 V + 2 V + 1 V = 7 V.

TABELA 11.1 Contribuições de bits para V_{OUT}.

D	C	B	A		V_{out} (V)
0	0	0	1	→	1
0	0	1	0	→	2
0	1	0	0	→	4
1	0	0	0	→	8

EXEMPLO 11.2

Um conversor D/A de cinco bits gera $V_{OUT} = 0{,}2$ V para uma entrada digital de 00001. Determine o valor de V_{OUT} para uma entrada de 11111.

Solução

Sem dúvida, 0,2 V é o peso de LSB. Desse modo, os pesos dos outros bits devem ser 0,4 V, 0,8 V, 1,6 V e 3,2 V, respectivamente. Para uma entrada digital de 11111, o valor de V_{OUT} será 3,2 V + 1,6 V + 0,8 V + 0,4 V + 0,2 V = 6,2 V.

Resolução (tamanho do degrau)

A **resolução** de um conversor D/A é definida como a menor variação na saída analógica como resultado de uma mudança na entrada digital. Tendo como referência a tabela na Figura 11.2, a resolução é 1 V, uma vez que V_{OUT} não pode ter variação menor que 1 V quando o valor da entrada digital muda. A resolução é igual ao peso do LSB e também é conhecida como **tamanho do degrau**, uma vez que representa a variação de V_{OUT}, conforme a mudança do valor da entrada digital de um degrau para o próximo. Isso está mais bem representado na Figura 11.3, em que as saídas de um contador de quatro bits acionam as entradas do DAC. À medida que o contador passa pelos 16 estados, por meio do sinal de clock, a saída do DAC é uma forma de onda do tipo **escada** que aumenta 1 V por degrau. Quando o contador está em 1111, a saída do DAC está em seu valor máximo de 15 V; esse é o valor de fundo de escala. Quando o contador recicla para 0000, a saída do DAC retorna para 0 V. A resolução (ou tamanho do degrau) é o tamanho dos saltos na forma de onda do tipo escada; nesse caso, cada degrau é 1 V.

FIGURA 11.3 Formas de onda de saída de um DAC com as entradas sendo acionadas por contador binário.

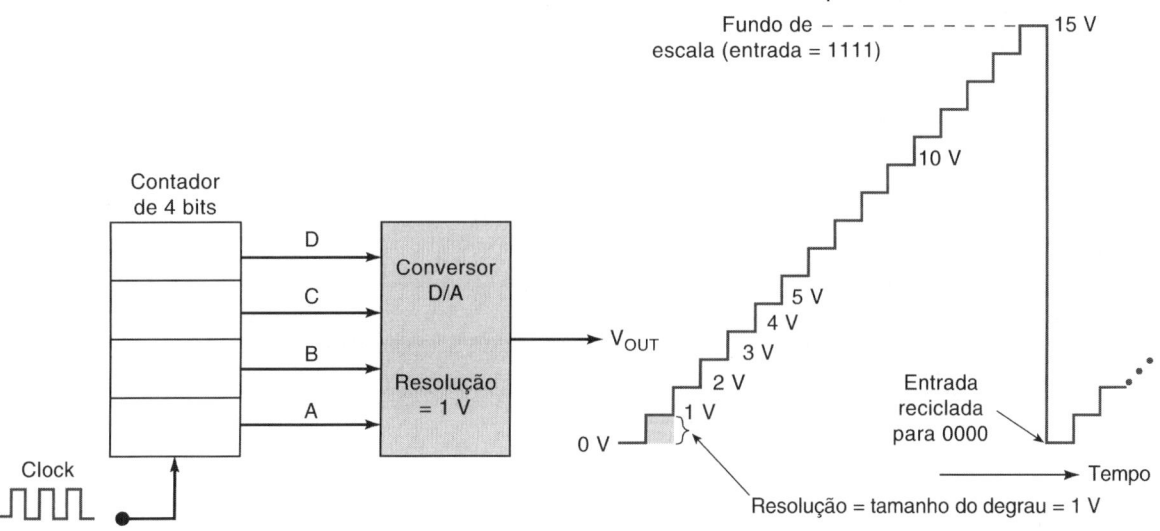

Note que a escada tem níveis que correspondem aos 16 estados de entrada, mas existem apenas 15 degraus ou saltos entre o nível 0 V e o fundo de escala. Em geral, para um DAC de N bits, o número de níveis diferentes é 2^N, e o número de degraus é $2^N - 1$.

Você já deve ter percebido que resolução (tamanho do degrau) é o mesmo que fator de proporcionalidade na relação de entrada e saída de um DAC:

$$\text{saída analógica} = K \times \text{entrada digital}$$

Uma nova interpretação dessa expressão seria que uma entrada digital é igual ao número de degraus, K é a quantidade de tensão (ou corrente) por degrau, e a saída analógica é o produto dos dois. Dessa forma, temos uma forma conveniente de calcular o valor de K para um conversor D/A:

$$\text{resolução} = K = \frac{A_{fs}}{(2^N - 1)} \quad (11.2)$$

onde A_{fs} é a saída de fundo de escala analógica e N é o número de bits.

EXEMPLO 11.3A

Qual a resolução (tamanho do degrau) do DAC do Exemplo 11.2? Descreva o sinal de saída do tipo escada desse DAC.

Solução

O LSB para esse conversor tem peso de 0,2 V. Essa é a resolução ou tamanho do degrau. Uma forma de onda do tipo degrau de escada pode ser gerada conectando um contador de cinco bits nas entradas do DAC. A escada terá 32 níveis, desde 0 V até uma saída de fundo de escala de 6,2 V, e 31 degraus de 0,2 V cada.

EXEMPLO 11.3B

Para o DAC do Exemplo 11.2, determine V_{OUT} para uma entrada digital de 10001.

Solução

O tamanho do degrau é 0,2 V, fator de proporcionalidade K. A entrada digital é $10001 = 17_{10}$. Dessa forma, temos

$$V_{OUT} = (0{,}2\,V) \times 17$$
$$= 3{,}4\,V$$

Resolução percentual

Embora a resolução possa ser expressa como a quantidade de tensão ou corrente por degrau, também é útil expressá-la como porcentagem da *saída de fundo de escala*. Para ilustrar, o DAC da Figura 11.3 tem uma saída máxima de fundo de escala de 15 V (quando a entrada digital é 1111). O tamanho do degrau é 1 V, que resulta em resolução percentual de

$$\%\,\text{resolução} = \frac{\text{tamanho do grau}}{\text{fundo de escala (F.S.)}} \times 100\% \quad (11.3)$$

$$= \frac{1\,V}{15\,V} \times 100\% = 6{,}67\%$$

EXEMPLO 11.4

Um DAC de 10 bits tem um tamanho de degrau de 10 mV. Determine a tensão de saída de fundo de escala e a resolução percentual.

Solução

Com 10 bits, existem $2^{10} - 1 = 1.023$ degraus de 10 mV cada. A saída de fundo de escala será 10 mV $\times$ 1.023 = 10,23 V, e

$$\% \text{ resolução} = \frac{10\,\text{mV}}{10,23\,\text{V}} \times 100\% \approx 0,1\%$$

O Exemplo 11.4 ajuda a demonstrar que a resolução percentual se torna menor conforme o número de bits de entrada aumenta. De fato, a resolução percentual também pode ser calculada a partir de

$$\% \text{ resolução} = \frac{1}{\text{número total de degraus}} \times 100\% \qquad (11.4)$$

Para um código binário de entrada de N bits, o número total de degraus é $2^N - 1$. Dessa forma, no exemplo anterior,

$$\begin{aligned}\% \text{ resolução} &= \frac{1}{2^{10} - 1} \times 100\% \\ &= \frac{1}{1.023} \times 100\% \\ &\approx 0,1\%\end{aligned}$$

Isso significa que *apenas o número de bits* determina a resolução *percentual*. Ao aumentá-lo, cresce o número de degraus para alcançar o fundo de escala, de forma que cada um é a menor parte da tensão de fundo de escala. A maioria dos fabricantes de DACs especifica a resolução como o número de bits.

O que significa resolução?

Um DAC não pode gerar faixa contínua de valores de saída, e, assim, estritamente falando, sua saída não é analógica. Um DAC gera um conjunto finito de valores de saída. No exemplo de temperatura da água na Seção 11.1, o computador gera saída digital para fornecer tensão analógica entre 0 e 10 V para uma válvula controlada eletricamente. A resolução do DAC (número de bits) determina quantos valores possíveis de tensão o computador envia para a válvula. Se for usado um DAC de seis bits, existirão 63 degraus possíveis de 0,159 V entre 0 e 10 V. Quando um DAC de oito bits for usado, existirão 255 degraus possíveis de 0,039 V entre 0 e 10 V. Quanto maior for o número de bits, mais fina será a resolução (menor tamanho do degrau).

O projetista deve decidir qual resolução é necessária com base no desempenho requerido. A resolução limita o quanto a saída de um DAC pode estar próxima de determinado valor analógico. Em geral, o custo dos DACs aumenta com o número de bits e, portanto, o projetista usará a quantidade necessária de bits.

EXEMPLO 11.5

A Figura 11.4 mostra um computador controlando a velocidade de um motor. A corrente analógica de 0 a 2 mA do DAC é amplificada para produzir de 0 a

1.000 rpm (rotações por minuto). Quantos bits deveriam ser usados se o computador fosse capaz de produzir uma velocidade que estivesse, no máximo, a 2 rpm da desejada?

FIGURA 11.4 Exemplo 11.5.

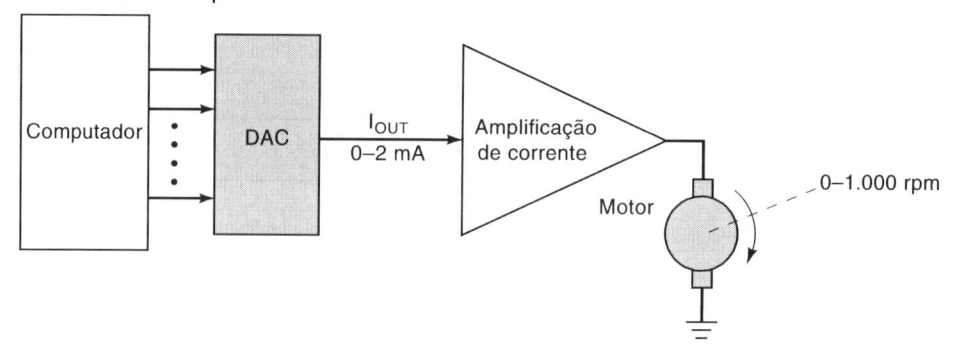

Solução
A velocidade do motor varia de 0 a 1.000 rpm conforme o DAC vai de zero para o fundo de escala. Cada degrau na saída do DAC produz um degrau na velocidade do motor. Queremos que o tamanho do degrau não seja maior que 2 rpm. Dessa forma, precisamos de pelo menos 500 degraus (1.000/2). Agora, devemos determinar quantos bits são necessários para que existam pelo menos 500 degraus de zero ao fundo de escala. Sabemos que o número de degraus é $2^N - 1$; desse modo, pode-se dizer que

$$2^N - 1 \geq 500$$

ou

$$2^N \geq 501$$

Uma vez que $2^8 = 256$ e $2^9 = 512$, o menor número de bits que produz um mínimo de 500 degraus é *nove*. Poderíamos usar mais, mas isso aumentaria o custo do DAC.

EXEMPLO 11.6

Usando nove bits, a que valor próximo de 326 rpm a velocidade do motor pode ser ajustada?

Solução
Com nove bits, existirão 511 degraus ($2^9 - 1$). De tal modo, a velocidade do motor aumentará em degraus de 1.000 rpm/511 = 1,957 rpm. O número de degraus necessários para alcançar 326 rpm é 326/1,957 = 166,58, que não é um valor inteiro, por isso o arredondaremos para 167 degraus. A velocidade real do motor no degrau 167 será 167 × 1,957 = 326,8 rpm. Dessa forma, o computador deve enviar o equivalente binário de nove bits de 167_{10} para produzir a velocidade desejada para o motor dentro da resolução do sistema.

Em todos os exemplos, temos considerado os DACs com precisão na geração de saída analógica diretamente proporcional à entrada binária e a resolução como limitante do quão próximo é possível chegar de um valor analógico desejado. É claro que isso não é real, uma vez que todos os dispositivos contêm imprecisões. Analisaremos causas e efeitos da imprecisão dos DACs nas seções 11.3 e 11.4.

DACs bipolares

Até este ponto, temos classificado a entrada binária para o DAC como um número sem sinal e a saída do DAC como tensão ou corrente positiva. Muitos DACs geram tensões negativas por pequenas alterações no circuito analógico na saída. Nesse caso, o intervalo de entradas binárias (por exemplo, entre 00000000 e 11111111) vai de $-V_{ref}$ a cerca de $+V_{ref}$. O valor de 10000000 é convertido em uma saída de 0 V. A saída de um sistema digital em números com sinal na forma de complemento de 2 pode acionar esse tipo de DAC ao inverter o MSB, que converte os números binários com sinal nos valores adequados ao DAC, como mostra a Tabela 11.2.

Outros DACs podem ter circuitos internos extras e aceitar números com sinal em forma de complemento de 2 como entradas. Por exemplo, suponha um DAC bipolar de seis bits que use o sistema de complemento de 2 e tenha resolução de 0,2 V. Os valores binários de entrada variam de 100000 (–32) a 011111 (+31) para produzir saídas analógicas na faixa de –6,4 a +6,2 V. Existem 63 degraus ($2^6 - 1$) de 0,2 V entre esses limites.

TABELA 11.2 Conversão de inteiros assinados para requisitos de entrada do DAC.

	Números com sinal na forma de complemento de 2	Entradas de DAC	V_{out} de DAC
Mais positivo	01111111	11111111	$\sim +V_{ref}$
Zero	00000000	10000000	0 V
Mais negativo	10000000	00000000	$-V_{ref}$

QUESTÕES DE REVISÃO

1. Um DAC de oito bits tem saída de 3,92 mA para entrada de 01100010. Quais são a resolução e a saída de fundo de escala do DAC?
2. Qual é o peso do MSB do DAC da questão 1?
3. Qual é a resolução percentual de um DAC de oito bits?
4. Quantas tensões diferentes de saída um DAC de 12 bits pode produzir?
5. Para o sistema mostrado na Figura 11.4, quantos bits deveriam ser usados se o computador controlasse a velocidade do motor mantendo-a a 0,4 rpm?
6. *Verdadeiro ou falso*: a resolução percentual de um DAC depende *apenas* do número de bits.
7. Qual é a vantagem de uma resolução menor (mais fina)?

11.3 CIRCUITOS DAC

OBJETIVOS

Após ler esta seção, você será capaz de:

- Analisar os circuitos analógicos usados para realizar a conversão de digital-analógico.
- Indicar os fatores que afetam a precisão da conversão em um DAC.

Existem diversos métodos e circuitos para implementar a operação D/A descrita. Analisaremos esquemas básicos para compreendê-los. Não é importante estar familiarizado com todos os esquemas de circuitos, porque os conversores D/A estão disponíveis como CIs ou módulos encapsulados que não requerem conhecimentos dos circuitos. Em vez disso, é importante saber as características significativas de desempenho dos DACs para que possam ser usados com inteligência. Isso será abordado na Seção 11.4.

A Figura 11.5(a) mostra o circuito básico para um tipo de DAC de quatro bits. *A*, *B*, *C* e *D* são entradas binárias que supomos ter valores de 0 ou 5 V. O *amplificador operacional* é empregado como somador, que produz a soma ponderada das tensões de entrada. Pode-se dizer que ele multiplica cada tensão de entrada pela razão entre o resistor de realimentação R_F e o correspondente de entrada R_{IN}. Em tal circuito, $R_F = 1$ kΩ e os resistores de entrada variam de 1 a 8 kΩ. Como a entrada *D* tem $R_{IN} = 1$ kΩ, o amplificador somador passa a tensão em *D* sem atenuação. A entrada *C* tem $R_{IN} = 2$ kΩ, de forma que ela será atenuada em $\frac{1}{2}$. De modo semelhante, a entrada *B* será atenuada em $\frac{1}{4}$, e a entrada *A*, em $\frac{1}{8}$. Assim, a saída do amplificador pode ser expressa como

$$V_{OUT} = -(V_D + \tfrac{1}{2} V_C + \tfrac{1}{4} V_B + \tfrac{1}{8} V_A) \qquad (11.5)$$

O sinal negativo aparece porque o amplificador somador tem polaridade invertida, o que não importa.

FIGURA 11.5 DAC simples usando um amplificador operacional na configuração amplificador somador com resistores com ponderação binária.

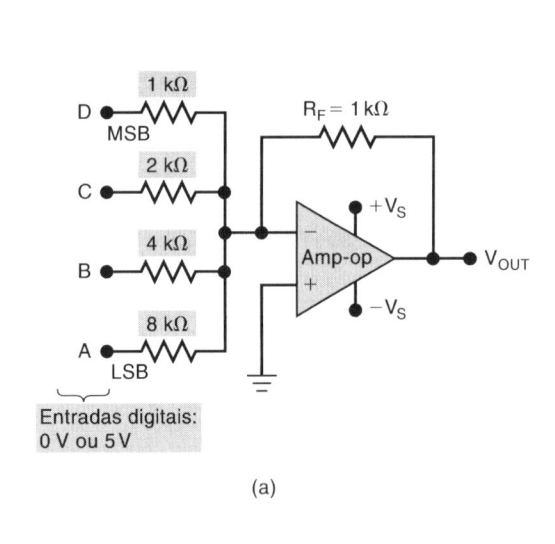

D	C	B	A	V_{OUT} (volts)
0	0	0	0	0
0	0	0	1	−0,625 ← LSB
0	0	1	0	−1,25
0	0	1	1	−1,875
0	1	0	0	−2,5
0	1	0	1	−3,125
0	1	1	0	−3,75
0	1	1	1	−4,375
1	0	0	0	−5
1	0	0	1	−5,625
1	0	1	0	−6,250
1	0	1	1	−6,875
1	1	0	0	−7,5
1	1	0	1	−8,125
1	1	1	0	−8,75
1	1	1	1	−9,375 ← Fundo de escala

(a) Circuito com entradas digitais D (MSB, 1 kΩ), C (2 kΩ), B (4 kΩ), A (LSB, 8 kΩ), $R_F = 1$ kΩ, Amp-op com $+V_S$ e $-V_S$, saída V_{OUT}. Entradas digitais: 0 V ou 5 V.

(b) Código de entrada.

É claro que a saída do amplificador somador é uma tensão analógica que representa uma soma ponderada das entradas digitais, conforme a tabela da Figura 11.5(b), que relaciona as condições de entradas possíveis e a tensão amplificada de saída resultante. A saída é avaliada para qualquer condição de entrada posicionando as entradas em 0 ou 5 V. Por exemplo, se a entrada digital for 1010, então $V_D = V_B = 5$ V e $V_C = V_A = 0$ V. Dessa forma, usando a Equação 11.5,

$$V_{OUT} = -(5\ V + 0\ V + \tfrac{1}{4} \times 5\ V + 0\ V)$$
$$= -6{,}25\ V$$

A resolução desse conversor D/A é igual ao peso do LSB, ou seja, $\frac{1}{8} \times 5\text{V} = 0,625\text{V}$. Conforme mostra a tabela, a saída analógica aumenta em 0,625 V quando o número binário de entrada avança um passo.

EXEMPLO 11.7

(a) Determine o peso de cada bit de entrada do circuito da Figura 11.5(a).
(b) Mude R_F para 250 Ω e determine a saída de fundo de escala.

Solução

(a) O MSB passa com ganho = 1, portanto seu peso na saída é 5 V. Dessa forma,

$$\text{MSB} \rightarrow 5\text{ V}$$
$$2^{\text{o}}\text{ MSB} \rightarrow 2,5\text{ V}$$
$$3^{\text{o}}\text{ MSB} \rightarrow 1,25\text{ V}$$
$$4^{\text{o}}\text{ MSB} = \text{LSB} \rightarrow 0,625\text{ V}$$

(b) Se R_F for reduzido em fator de 4, para 250 Ω, o peso de cada entrada será quatro vezes *menor* que os valores apresentados. De tal modo, a saída de fundo de escala será reduzida nesse mesmo fator e passará a ser –9,375/4 = –2,344 V.

Observando valores dos resistores de entrada no circuito da Figura 11.5, não deveria surpreender que sejam *binariamente ponderados*. Em outras palavras, começando pelo resistor MSB, os valores aumentam em um fator de 2. Isso, com certeza, produz a ponderação desejada na tensão de saída.

Precisão da conversão

A tabela mostrada na Figura 11.5(b) fornece os valores *ideais* de V_{OUT} para as diversas entradas. Para o circuito produzir esses valores mais próximos possíveis da tabela, ele depende de dois fatores: (1) a precisão dos resistores de entrada e de realimentação e (2) a precisão dos níveis de tensão de entrada. Os resistores podem ser construídos com valores precisos (dentro de 0,01% dos desejados) ao se ajustar, mas os níveis de tensão de entrada precisam ser tratados de maneira diferente. Deve estar claro que as entradas digitais não podem estar conectadas às saídas de FFs ou portas lógicas, porque os níveis lógicos de saída desses dispositivos não têm valores precisos como 0 V e 5 V, mas variam dentro de faixas. Por essa razão, é necessário acrescentar algum circuito entre cada entrada digital e seu resistor de entrada para o amplificador somador, conforme mostra a Figura 11.6.

Cada entrada digital controla uma chave semicondutora, como uma porta de transmissão CMOS, que estudamos no Capítulo 8. Quando estiver em nível ALTO, a chave fechará e conectará a *fonte de referência de precisão* ao resistor de entrada; quando estiver em nível BAIXO, a chave será aberta. A fonte de referência produz uma tensão muito estável e precisa, necessária para gerar uma saída analógica exata.

DAC com saída em corrente

A Figura 11.7(a) mostra um esquema básico para a geração de corrente de saída analógica proporcional à entrada binária. O circuito mostrado é um DAC de quatro bits usando resistores ponderados binariamente. O circuito usa quatro ramos paralelos para a corrente, cada um controlado por uma chave semicondutora, tal como uma porta de transmissão CMOS. O estado de cada chave é controlado pelos níveis lógicos das entradas binárias. A corrente em cada ramo é determinada pela tensão de referência precisa, V_{REF}, e pela precisão do resistor do ramo. Os resistores são ponderados binariamente, assim como as correntes, e a corrente total, I_{OUT}, será a soma de todas. O ramo MSB tem o menor resistor, R; o próximo resistor tem o dobro desse valor; e assim por diante. A corrente de saída pode ser levada a fluir por uma carga R_L muito menor que R, de modo que essa resistência não tenha efeito no valor da corrente. O ideal é que R_L fosse um curto para terra.

FIGURA 11.6 DAC de quatro bits completo incluindo a fonte de referência de precisão.

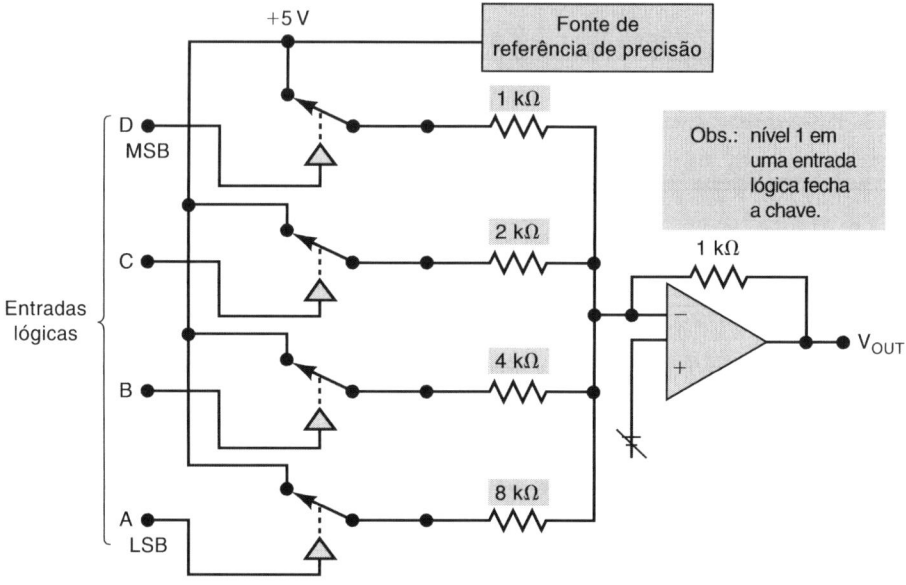

FIGURA 11.7 (a) DAC básico com saída em corrente; (b) conectado a um conversor corrente-tensão de amplificador operacional.

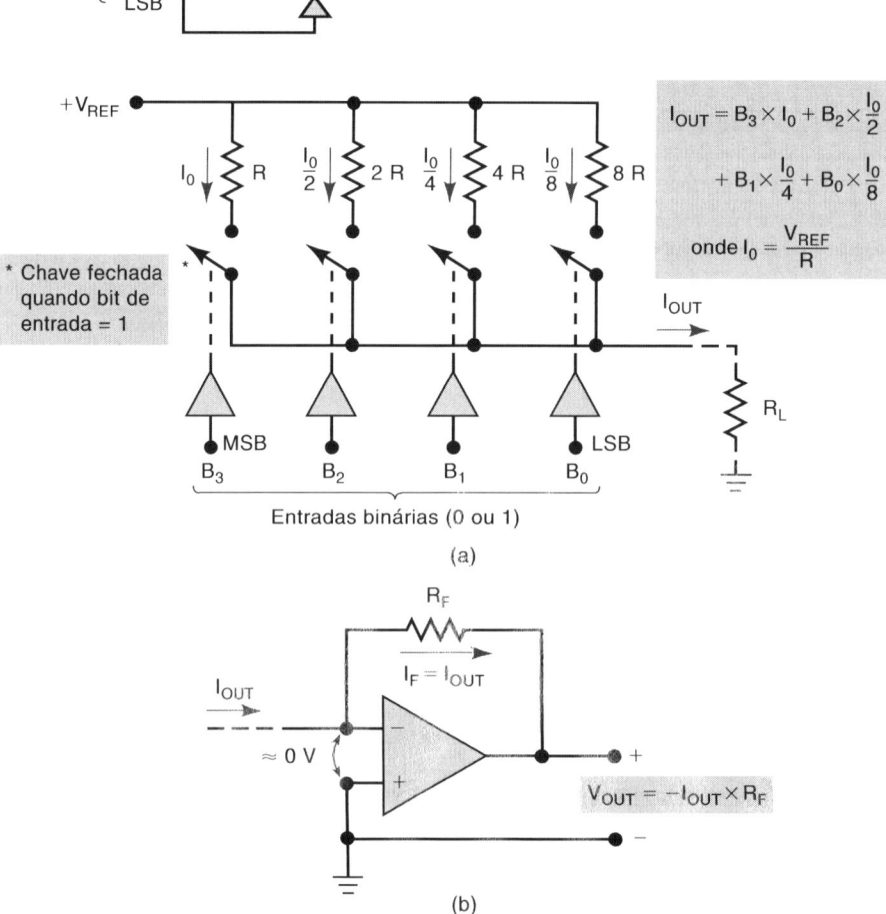

EXEMPLO 11.8

Considere $V_{REF} = 10$ V e $R = 10$ kΩ. Determine a resolução e a saída de fundo de escala para esse DAC. Considere que R_L seja muito menor que R.

Solução

$I_{OUT} = V_{REF}/R = 1$ mA. Esse é o peso do MSB. As outras três correntes serão 0,5, 0,25 e 0,125 mA. O LSB é 0,125 mA, que também é a resolução.

A saída de fundo de escala ocorrerá quando as entradas binárias estiverem em nível ALTO, de maneira que cada chave de corrente seja fechada e

$$I_{OUT} = 1 + 0,5 + 0,25 + 0,125 = 1,875 \text{ mA}$$

Note que a corrente de saída é proporcional a V_{REF}. Se for aumentada ou diminuída, a resolução e a saída de fundo de escala mudarão de forma proporcional.

Para I_{OUT} ser precisa, R_L deveria estar em curto com GND. Uma maneira comum de implementar isso é usando um amplificador operacional na configuração de conversor corrente-tensão, como mostra a Figura 11.7(b). Nesse caso, I_{OUT} do DAC é conectada à entrada '–' do amplificador operacional, virtualmente no potencial GND. A realimentação negativa do amplificador operacional força uma corrente igual a I_{OUT} a fluir por R_F para gerar $V_{OUT} = -I_{OUT} \times R_F$. Dessa forma, V_{OUT} será uma tensão analógica proporcional à entrada binária do DAC. Essa saída analógica pode acionar uma ampla variedade de cargas sem ficar sobrecarregada.

Rede R/2R

Os circuitos DAC que apresentamos usam resistores ponderados para produzir o peso apropriado de cada bit. Apesar de esse método funcionar na teoria, ele tem algumas limitações práticas. O maior problema é a grande diferença nos valores dos resistores entre o LSB e o MSB, sobretudo em DACs de alta resolução (ou seja, muitos bits). Por exemplo, se o resistor MSB for de 1 kΩ em um DAC de 12 bits, o resistor LSB vai superar 2 MΩ. Com a atual tecnologia de fabricação de CIs, é difícil produzir valores de resistência em uma faixa tão ampla de resistências que conservem razão precisa, sobretudo com variações na temperatura.

Por essa razão, é preferível ter um circuito que use resistências com valores próximos. Um dos circuitos DAC mais amplamente usados que preenche esse requisito é a *rede R/2R*, com valores de resistência entre 2 e 1. Um DAC desse tipo é mostrado na Figura 11.8.

Note como os resistores estão configurados e, em especial, repare que apenas dois valores diferentes são usados, R e $2R$. A corrente I_{OUT} depende da posição das quatro chaves, e as entradas binárias $B_3B_2B_1B_0$ controlam os estados delas. Essa corrente pode fluir por um amplificador operacional na configuração conversor corrente-tensão a fim de gerar V_{OUT}. Não faremos uma análise detalhada desse circuito, mas podemos obter que o valor de V_{OUT} é dado pela expressão

$$V_{OUT} = \frac{-V_{REF}}{16} \times B \qquad (11.6)$$

em que B é o valor da entrada binária, que pode variar de 0000 (0) a 1111 (15).

FIGURA 11.8 DAC básico com rede R/2R

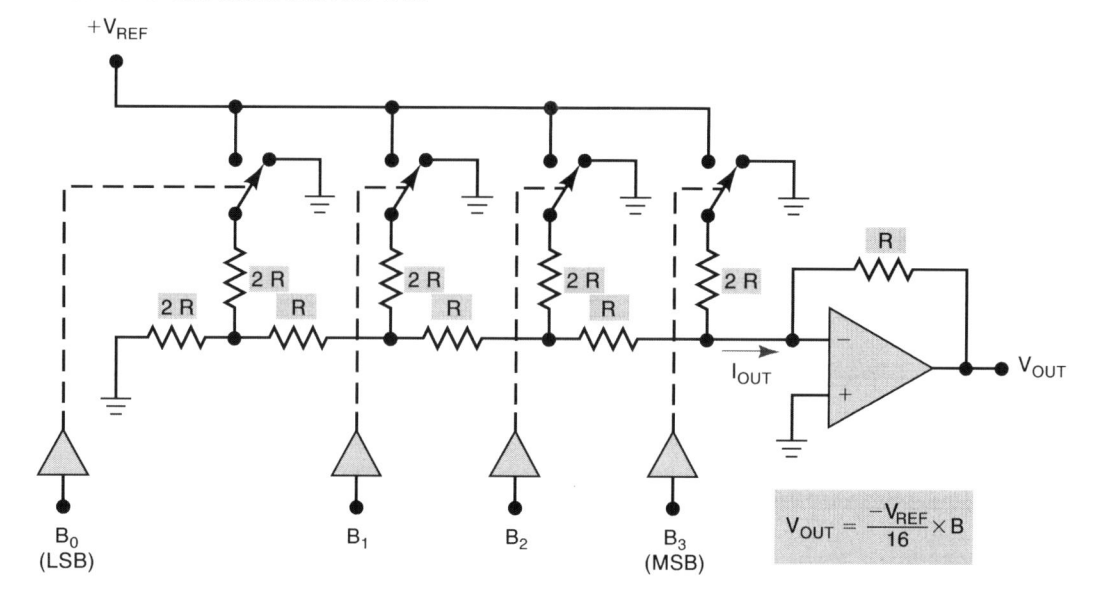

$$V_{OUT} = \frac{-V_{REF}}{16} \times B$$

EXEMPLO 11.9

Considere $V_{REF} = 10$ V para o DAC mostrado na Figura 11.8. Quais são a resolução e a saída de fundo de escala desse conversor?

Solução

A resolução é igual ao peso do LSB, que pode ser determinado por $B = 0001 = 1$ na Equação (11.6):

$$\text{resolução} = \frac{-10 \text{ V} \times 1}{16}$$
$$= -0{,}625 \text{ V}$$

A saída de fundo de escala ocorre para $B = 1111 = 15_{10}$. Mais uma vez, usando a Equação (11.6),

$$\text{fundo de escala} = \frac{-10 \text{ V} \times 15}{16}$$
$$= -9{,}375 \text{ V}$$

QUESTÕES DE REVISÃO

1. Qual é a vantagem dos DACs com rede *R/2R* em relação aos outros que usam resistores com ponderação binária?
2. Determinado DAC de seis bits usa resistores com ponderação binária. Se o resistor MSB for de 20 kΩ, qual será o valor do LSB?
3. Qual será a resolução se o valor de R_F no circuito da Figura 11.5 for 800 Ω?
4. O que acontecerá com a resolução e a saída de fundo de escala quando V_{REF} for aumentada em 20%?

11.4 ESPECIFICAÇÕES DE DACS

OBJETIVOS

Após ler esta seção, você será capaz de:
- Definir termos associados aos DACs.
- Interpretar as especificações dadas pelos fabricantes de DACs.

Uma ampla variedade de DACs está disponível como CIs ou módulos encapsulados, autocontidos. É preciso estar familiarizado com as especificações mais importantes dos fabricantes para avaliar se um DAC é adequado a uma aplicação em particular.

Resolução

Conforme mencionado antes, a resolução percentual de um DAC depende unicamente do número de bits. Por essa razão, os fabricantes a especificam pelo número de bits. Um DAC de dez bits tem uma resolução mais fina (menor) que um DAC de oito bits.

Precisão

Os fabricantes de DACs costumam especificar a precisão de diversas formas. As duas formas mais comuns são denominadas **erro de fundo de escala** e **erro de linearidade**, normalmente expressos como porcentagem da saída de fundo de escala (% F.S.).

O erro de fundo de escala é o desvio máximo da saída do DAC do valor esperado (ideal), expresso como porcentagem do fundo de escala. Por exemplo, considere que o DAC mostrado na Figura 11.5 tenha precisão de ± 0,01% F.S. Uma vez que esse conversor tem saída de fundo de escala de 9,375 V, esse percentual resulta em

$$\pm 0{,}01\% \times 9{,}375 \text{ V} = \pm 0{,}9375 \text{ mV}$$

Isso significa que a saída desse DAC pode, em qualquer instante, apresentar uma diferença de até 0,9375 mV em seu valor esperado.

O erro de linearidade é o desvio máximo a partir do tamanho ideal do degrau. Por exemplo, o DAC mostrado na Figura 11.5 tem tamanho de degrau esperado de 0,625 V. Se esse conversor apresenta erro de linearidade de ± 0,01% F.S., significa que o *tamanho do degrau* real poderia apresentar diferença de até 0,9375 mV.

É importante entender que a precisão e a resolução de um DAC devem ser compatíveis. É ilógico ter resolução de, digamos, 1% e precisão de 0,1%, ou vice-versa. A fim de ilustrar, um DAC com resolução de 1% e saída de fundo de escala de 10 V pode produzir tensão analógica de saída a 0,1 V de qualquer valor desejado, considerando precisão perfeita. Não faz sentido ter precisão de 0,01% F.S. (ou 1 mV), que custa caro, se a resolução limita a proximidade do valor desejado a 0,1 V. O mesmo pode ser dito para uma resolução muito pequena (muitos bits) enquanto a precisão é pobre; é um desperdício de bits de entrada.

EXEMPLO 11.10

Determinado DAC de oito bits tem saída de fundo de escala de 2 mA e erro de ± 0,5% F.S. Qual a faixa de saídas possíveis para uma entrada de 10000000?

Solução

O tamanho do degrau é 2 mA/255 = 7,84 μA. Uma vez que 10000000 = 128_{10}, a saída ideal deveria ser 128 × 7,84 μA = 1.004 μA. O erro poderia ser de até

$$\pm 0,5\% \times 2 \text{ mA} = \pm 10 \ \mu\text{A}$$

Dessa forma, a saída real pode desviar-se desse valor a partir dos 1.004 μA ideais, portanto, pode ser qualquer valor entre 994 e 1.004 μA.

Erro de offset

O ideal é que a saída de um DAC seja 0 V quando a entrada binária estiver com todos os bits em 0. Contudo, na prática, existirá tensão pequena na saída para essa situação; isso é denominado **erro de offset**. Este erro, se não corrigido, será somado à saída esperada do DAC em *todas* as entradas. Por exemplo, digamos que um DAC de quatro bits tenha erro de offset de +2 mV e tamanho de degrau *perfeito* de 100 mV. A Tabela 11.3 mostra a saída ideal e real do DAC para diversos casos de entrada. Note que está 2 mV maior que a saída esperada; isso é decorrente do erro de offset, que pode ser tanto negativo como positivo.

Muitos DACs têm ajuste de offset externo que nos possibilita zerá-lo. Isso costuma ser implementado aplicando-se 0s em todas as entradas do DAC e monitorando a saída enquanto um *potenciômetro de ajuste de offset* é ajustado até que a saída esteja tão próxima de 0 V quanto necessário.

TABELA 11.3 Exemplos de saída que demonstram um deslocamento de 2 mV.

Código de entrada	Saída ideal (mV)	Saída real (mV)
0000	0	2
0001	100	102
1000	800	802
1111	1500	1502

Tempo de estabilização

A velocidade de operação de um DAC é especificada fornecendo-se o **tempo de estabilização**, necessário para a saída do DAC ir de zero ao fundo de escala conforme a entrada binária muda desde todos os bits em 0 até todos em 1. Na verdade, o tempo de estabilização é o tempo para a saída do DAC estabilizar-se a $\pm\frac{1}{2}$ tamanho do degrau (resolução) do valor final. Por exemplo, se um DAC tem resolução de 10 mV, o tempo de estabilização é o tempo que a saída leva para estabilizar-se a menos de 5 mV do valor de fundo de escala.

Valores típicos para o tempo de estabilização variam de 50 ns a 10 μs. Em geral, DACs com saída em corrente têm tempos de estabilização menores que aqueles com saída em tensão. A principal razão para essa diferença é o tempo de resposta do amplificador operacional usado na configuração de conversor corrente-tensão.

Monotonicidade

Um DAC é **monotônico** se sua saída aumenta conforme a entrada binária é incrementada de um valor para o seguinte. Outra forma de descrever isso é que a saída do tipo escada não terá degrau para baixo conforme a entrada binária for incrementada de zero até o fundo de escala.

QUESTÕES DE REVISÃO

1. Defina *erro de fundo de escala*.
2. O que é *tempo de estabilização*?
3. Descreva o erro de offset e seu efeito na saída do DAC.
4. Por que os DACs com saída em tensão costumam ser mais lentos que os com saída em corrente?

11.5 UM CIRCUITO INTEGRADO DAC

OBJETIVOS

Após ler esta seção, você será capaz de:

- Usar um DAC AD7524 de oito bits em um sistema digital.
- Descrever o papel de cada entrada.
- Indicar as limitações do DAC AD7524.

O AD7524, CI CMOS disponibilizado por diversos fabricantes, é um conversor D/A de oito bits que usa uma rede *R/2R*. Seu símbolo é apresentado na Figura 11.9(a). Esse DAC tem entrada de oito bits que pode ser armazenada internamente sob o controle das entradas Seleção do chip [*Chip Select* ($\overline{CS}$)] e WRITE ($\overline{WR}$). Quando essas duas entradas de controle estão em nível BAIXO, as entradas digitais D_7–D_0 produzem a corrente analógica de saída *OUT 1* (o terminal *OUT 2* é normalmente conectado em GND). Quando forem para o nível ALTO, os dados da entrada digital serão armazenados, e a saída analógica permanecerá no nível correspondente aos dados digitais em latch. Alterações subsequentes nas entradas digitais não terão efeito em *OUT 1* nesse estado de latch.

O tempo máximo de estabilização para o AD7524 é, em geral, 100 ns, e sua precisão de fundo de escala é ± 0,2% F.S. O V_{REF} pode variar em tensões negativas e positivas de 0 a 25 V, de modo que correntes analógicas de saída de ambas as polaridades são produzidas. A corrente de saída pode ser convertida em tensão por meio de um amplificador operacional conectado, conforme ilustra a Figura 11.9(b). Note que o resistor de realimentação do amplificador operacional já está interno ao chip DAC. O circuito amp-op mostrado na Figura 11.9(c) gera saída bipolar que varia de $-V_{REF}$ (quando entrada = 00000000) a quase $+V_{REF}$ (quando entrada = 11111111).

FIGURA 11.9 (a) DAC de oito bits AD7524 com entradas com latch; (b) conversor amp-op de corrente para tensão fornece tensão de saída variando de 0 V a cerca de −10 V; (c) circuito amp-op para gerar saída bipolar de −10 V a cerca de +10 V.

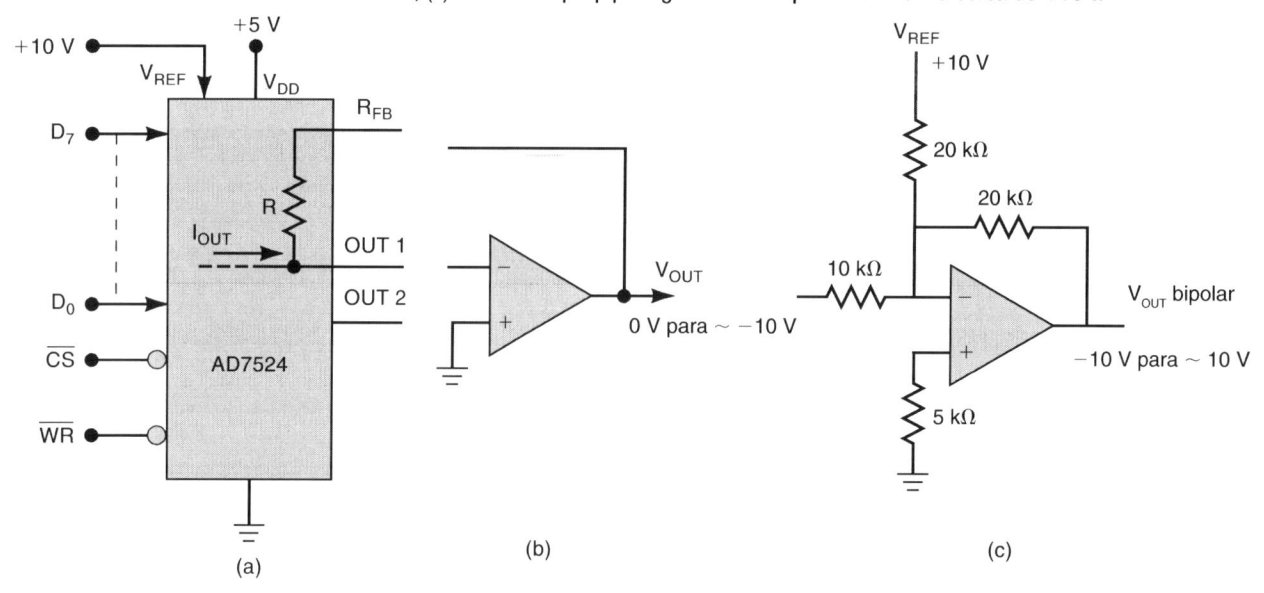

QUESTÕES DE REVISÃO

1. O AD7524 pode ser conectado a um barramento tristate?
2. Qual é o papel da linha WR no AD7524?
3. Liste três limitações do AD7524.

11.6 APLICAÇÕES DE DACS

Objetivo

Após ler esta seção, você será capaz de:

- Identificar aplicações típicas de DACs.

DACs são usados sempre que a saída de um circuito digital deve fornecer tensão ou corrente analógica para acionar um dispositivo analógico. Algumas das aplicações mais comuns estão descritas nos parágrafos seguintes.

Controle

A saída digital de um computador pode ser convertida em sinal analógico de controle para ajustar a velocidade de um motor ou a temperatura de um forno ou controlar qualquer variável física.

Teste automático

Computadores podem ser programados para gerar sinais analógicos (por meio de um DAC) necessários para testar circuitos analógicos. A resposta analógica de saída dos circuitos de teste costuma ser convertida em valores digitais por um ADC e enviada ao computador para ser armazenada, mostrada e, algumas vezes, analisada.

Reconstrução de sinais

Em muitas aplicações, ocorre a **digitalização** de um sinal analógico; ou seja, pontos sucessivos do sinal são convertidos em seus equivalentes digitais e armazenados em memória. Essa conversão é realizada por um conversor analógico-digital (ADC). Um DAC pode, então, ser usado para converter os dados digitalizados, que foram armazenados, de volta para a forma analógica, um de cada vez, reconstruindo o sinal original. Essa combinação de digitalização e reconstrução é usada em sistemas de áudio com CDs e gravação de áudio e vídeo digitais. Vamos abordar isso após os ADCs.

Conversão A/D

Diversos tipos de ADCs usam DACs como parte de seus circuitos, como veremos na Seção 11.8.

Controle de amplitude digital

DACs também são usados para reduzir a amplitude de um sinal analógico conectando-o à entrada V_{REF}, como mostra a Figura 11.10. A entrada binária escala o sinal em V_{REF}: $V_{OUT} = V_{REF} \times$ binário de entrada/2^N. Quando o valor binário máximo de entrada é aplicado, a saída é quase igual à entrada V_{REF}. Contudo, quando um valor que representa metade do máximo (por exemplo, 1000000_2 para um conversor unipolar de oito bits) é aplicado às entradas, a saída é metade de V_{REF}. Se V_{REF} é um sinal (por exemplo, onda senoidal) que varia dentro do intervalo da tensão de referência, a saída será a mesma forma de onda analógica completa, cuja amplitude depende do número digital aplicado ao DAC. Desse modo, um sistema digital pode controlar o volume de um sistema de áudio ou a amplitude de um gerador de funções.

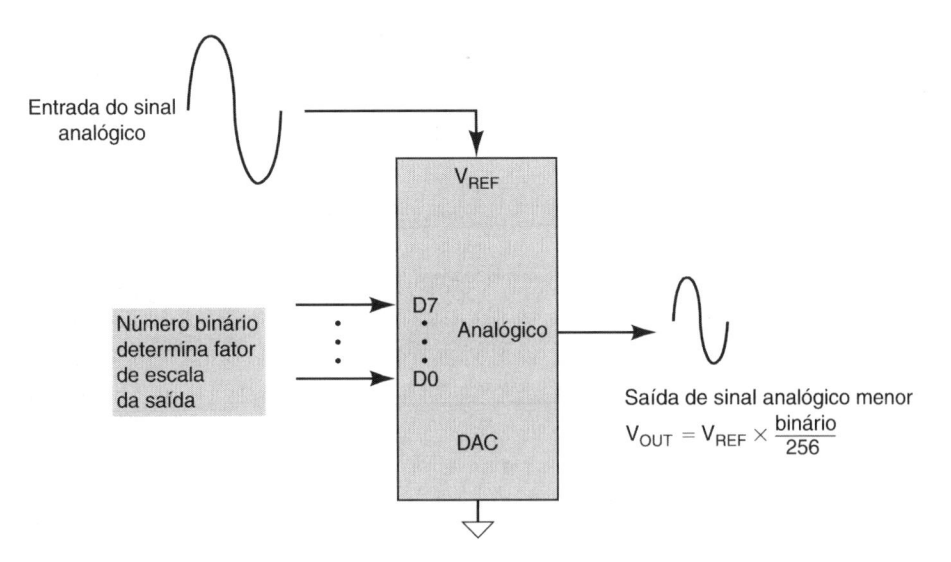

FIGURA 11.10 Um DAC usado para controlar a amplitude de um sinal analógico.

Saída de sinal analógico menor
$$V_{OUT} = V_{REF} \times \frac{\text{binário}}{256}$$

DACs seriais

Muitas dessas aplicações de DACs envolvem microprocessador. O principal problema do uso de DACs com dados paralelos é que ocupam muitos bits do port de um microcomputador. Nos casos em que a velocidade na transferência de dados não é importante, um microprocessador envia os valores digitais para um DAC por uma interface serial para aplicações em que a velocidade não é o principal requisito. DACs seriais estão disponíveis prontamente em um registrador de deslocamento do tipo entrada serial/saída paralela. Muitos desses dispositivos têm mais de um DAC no mesmo chip. Os dados digitais, junto com um código que especifica o DAC desejado, são enviados para o chip, um bit por vez. Conforme cada bit é apresentado na entrada do DAC, um pulso é aplicado na entrada de clock serial para deslocá-lo para dentro. Após o número apropriado de pulsos de clock, o valor do dado é armazenado em latch e convertido em seu valor analógico.

QUESTÃO DE REVISÃO

1. Liste três aplicações de DACs.

11.7 ANÁLISE DE DEFEITOS EM DACS

Objetivos

Após ler esta seção, você será capaz de:

- Identificar modos de falha e imprecisões comuns associados aos DACs.
- Testar um DAC.

DACs são digitais e analógicos. Pontas de prova e pulsadores podem ser usados nas entradas digitais, mas um medidor ou um osciloscópio deve ser usado na saída analógica. Há, basicamente, dois meios de se testar a operação de DACs: um *teste de precisão estático* e um *teste do tipo escada*.

O teste estático implica configurar a entrada binária com um valor fixo e verificar a saída analógica com um medidor de alta precisão. Esse teste é usado para conferir se os valores de saída estão dentro da faixa esperada, de acordo com as especificações de precisão do DAC. Se não estiverem, pode ser por diversas causas, entre elas:

- Variação nos valores dos componentes internos ao DAC (por exemplo, valores de resistores) causada por temperatura, envelhecimento ou outro fator, o que produz valores de saída fora da faixa de precisão esperada.

- Conexões abertas ou em curto em quaisquer das entradas binárias. Esse fator tanto impede que uma entrada tenha seu peso somado na saída analógica quanto faz seu peso estar sempre presente na saída. É um problema difícil de detectar quando o defeito está nas entradas menos significativas.

- Problema na tensão de referência. É capaz de provocar resultados imprevisíveis porque a saída analógica depende diretamente de V_{REF}. Para DACs que usam fontes de referência externa, a tensão pode ser facilmente verificada com um voltímetro digital. Muitos têm tensões de referência internas não verificáveis; alguns a disponibilizam em um pino do CI.

- Erro de offset excessivo causado pelo envelhecimento do componente ou pela temperatura, o que produz saídas que diferem por um valor fixo. Se o DAC tem capacidade de ajuste externo de offset, esse tipo de erro pode inicialmente ser anulado, mas alterações na temperatura de operação fazem que o erro reapareça.

O teste do tipo escada é usado para verificar a **monotonicidade** do DAC; ou seja, se a saída aumenta a cada degrau conforme a entrada binária é incrementada, como mostra a Figura 11.3. Os degraus na escada precisam ter o mesmo tamanho, e não deve haver degraus faltando ou para baixo até que o fundo de escala seja alcançado. Esse teste detecta defeitos internos ou externos que fazem que uma entrada não contribua ou contribua permanentemente para a saída analógica. O exemplo a seguir demonstra isso.

EXEMPLO 11.11

Como seria a forma de onda do tipo escada se a entrada C do DAC mostrado na Figura 11.3 estivesse aberta? Suponha entradas do DAC compatíveis ao TTL.

Solução

Uma conexão aberta em C é interpretada como nível lógico constante em 1 pelo DAC. Isso contribuirá com uma tensão constante de 4 V para a saída do DAC, de modo que a forma de onda de saída do DAC será como na Figura 11.11. As linhas tracejadas formam a escada que apareceria caso o DAC estivesse funcionando. Note que a forma de onda da saída com defeito é igual à correta durante aqueles instantes em que a entrada C estaria em nível ALTO.

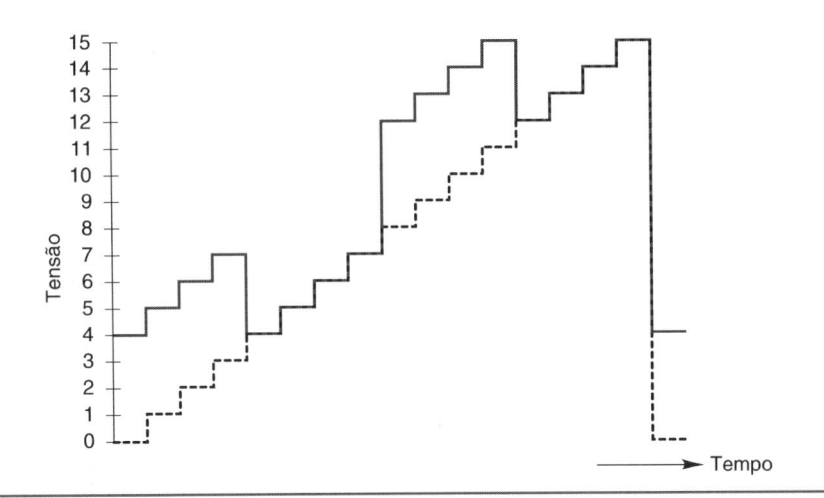

FIGURA 11.11 Exemplo 11.11.

QUESTÃO DE REVISÃO

1. Liste três modos de falha comuns associados a DACs.

11.8 CONVERSÃO ANALÓGICO-DIGITAL

OBJETIVOS

Após ler esta seção, você será capaz de:

- Descrever o papel de um DAC em um conversor analógico-digital.
- Descrever um modelo geral de como um ADC funciona.

Um conversor analógico-digital recebe uma tensão analógica de entrada e, após certo tempo, produz um código digital de saída que representa a entrada analógica. O processo de conversão A/D é, em geral, mais complexo e consome mais tempo que o D/A, e diversos métodos diferentes têm sido desenvolvidos e usados. Analisaremos alguns, mesmo que não seja necessário projetar ou construir ADCs (que estão disponíveis como unidades completamente encapsuladas). Contudo, as técnicas empregadas fornecem uma compreensão dos fatores que determinam o desempenho de um ADC.

Alguns tipos importantes de ADCs usam um DAC como parte de seus circuitos. A Figura 11.12 mostra um diagrama em bloco geral para essa classe de ADC. A temporização da operação é fornecida por um sinal de clock de entrada. A unidade de controle contém o circuito lógico para a geração da sequência apropriada de operações em resposta ao comando START, que inicia o processo de conversão. O amplificador operacional comparador tem duas entradas *analógicas* e uma saída *digital*, que muda de estado dependendo da maior entrada analógica.

A operação básica de ADCs desse tipo consiste nos seguintes passos:

1. O pulso de comando START inicia a operação.
2. Em uma frequência determinada pelo clock, a unidade de controle modifica continuamente o número binário armazenado no registrador.
3. O número binário no registrador é convertido em tensão analógica, V_{AX}, pelo DAC.
4. O comparador compara V_{AX} com a entrada analógica V_A. Enquanto $V_{AX} < V_A$, a saída do comparador permanece em nível ALTO. Quando V_{AX} excede V_A em uma quantidade no mínimo igual a V_T (tensão de limiar), a saída do comparador vai para o nível BAIXO e para o processo de modificação do número do registrador. Nesse ponto, V_{AX} é uma boa aproximação para V_A. O número digital no registrador, equivalente digital de V_{AX}, também é o equivalente digital aproximado de V_A, dentro da resolução e precisão do sistema.
5. A lógica de controle ativa o sinal de fim de conversão, *EOC* (em inglês, *end-of-conversion*), quando finalizada.

As diversas variações desse esquema de conversão A/D diferem na maneira pela qual a seção de controle modifica continuamente o número no registrador. Fora isso, a ideia básica é a mesma, com o registrador mantendo a saída digital quando o processo de conversão é finalizado.

FIGURA 11.12 Diagrama geral de uma classe de ADCs.

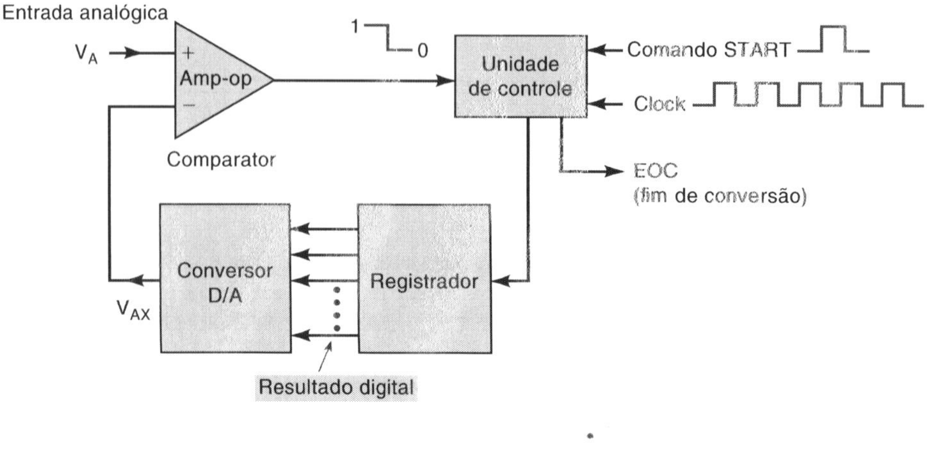

QUESTÕES DE REVISÃO

1. Qual é a função do comparador no ADC?
2. Qual é o equivalente digital aproximado de V_A quando a conversão é finalizada?
3. Qual é a função do sinal *EOC*?

11.9 ADC DE RAMPA DIGITAL

OBJETIVOS

Após ler esta seção, você será capaz de:

- Descrever o funcionamento de um ADC de rampa digital.
- Definir erro de quantização.
- Determinar e comparar a resolução e precisão dos ADCs.

Uma das versões mais simples do ADC da Figura 11.12 usa um contador binário como registrador e possibilita que o clock incremente o contador um passo de cada vez até $V_{AX} \geq V_A$. Ele é denominado **ADC de rampa digital** porque a forma de onda em V_{AX} é uma rampa passo a passo (na verdade, uma escada) como a da Figura 11.3. Também é conhecido como ADC *tipo contador*.

A Figura 11.13 mostra o diagrama para um ADC de rampa digital. Ele contém um contador, um DAC, um comparador e uma porta AND de controle. A saída do comparador serve como sinal $\overline{EOC}$ (fim de conversão) ativo em nível BAIXO. Se considerarmos que V_A, a tensão analógica a ser convertida, é positiva, a operação se dá como segue:

1. Um pulso START é aplicado para levar o contador para 0. O nível ALTO em START também inibe os pulsos de clock a passar pela porta AND para o contador.
2. Com todas as entradas em 0, a saída do DAC será $V_{AX} = 0$ V.
3. Uma vez que $V_A > V_{AX}$, a saída do comparador, $\overline{EOC}$, será nível ALTO.
4. Quando START retorna para nível BAIXO, a porta AND é habilitada e os pulsos de clock vão para o contador.
5. Conforme o contador avança, a saída do DAC, V_{AX}, aumenta um degrau por vez, como mostra a Figura 11.13(b).
6. Isso continua até que V_{AX} alcance o degrau que excede V_A por uma quantidade igual ou maior que V_T (em geral, de 10 a 100 μV). Nesse ponto, $\overline{EOC}$ vai para o nível BAIXO e inibe a passagem dos pulsos para o contador, que interrompe a contagem.
7. O processo de conversão, então, está completo, conforme sinalizado pela transição de ALTO para BAIXO de $\overline{EOC}$, e o conteúdo do contador é a representação digital de V_A.
8. O contador manterá o valor digital até que um próximo pulso START inicie uma nova conversão.

FIGURA 11.13 ADC de rampa digital.

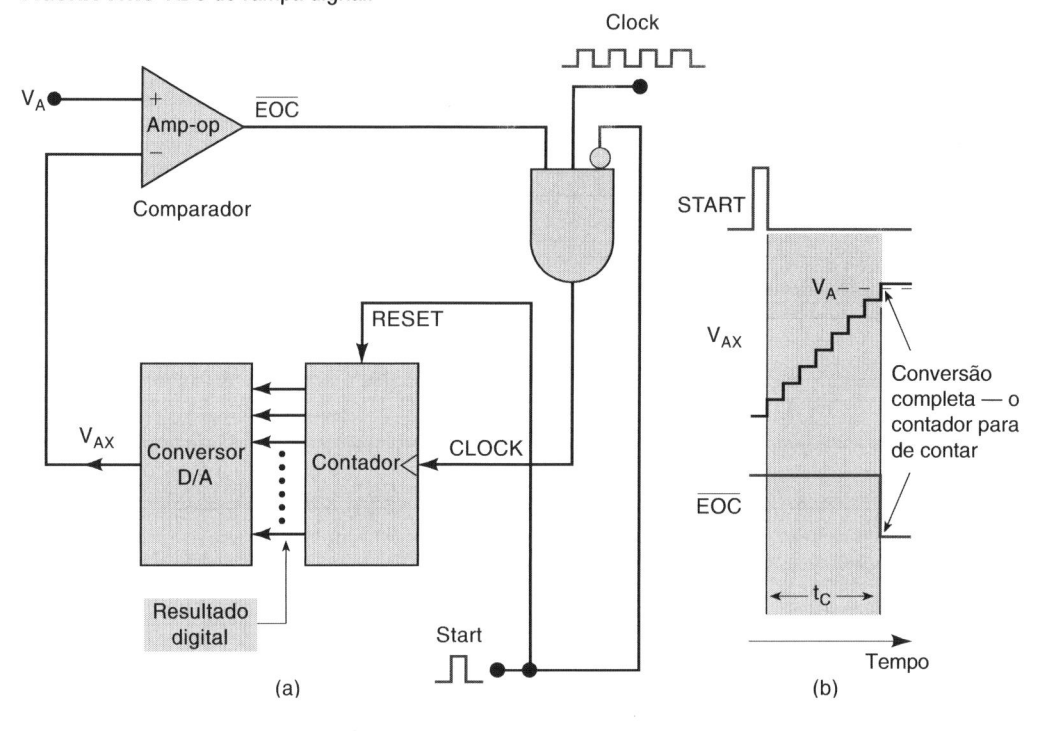

(a) (b)

EXEMPLO 11.12

Suponha os seguintes valores para o ADC mostrado na Figura 11.13: frequência de clock = 1 MHz; $V_T = 0{,}1$ mV; saída de fundo de escala do DAC = 10,23 V e entrada de 10 bits. Determine os valores a seguir.
(a) O equivalente digital obtido para $V_A = 3{,}728$ V.
(b) O tempo de conversão.
(c) A resolução desse conversor.

Solução
(a) O DAC tem entrada de 10 bits e saída de fundo de escala de 10,23 V. Dessa maneira, o número total de degraus possíveis é $2^{10} - 1 = 1.023$. Portanto, o tamanho do degrau é

$$\frac{10{,}23 \text{ V}}{1.023} = 10 \text{ mV}$$

Isso significa que V_{AX} aumenta em degraus de 10 mV à medida que o contador funciona em ordem crescente a partir de 0. Uma vez que $V_A = 3{,}728$ V e $V_T = 0{,}1$ mV, V_{AX} deve alcançar 3,7281 V, ou mais, antes de o comparador comutar para o nível BAIXO. Isso requer

$$\frac{3{,}7281 \text{ V}}{10 \text{ mV}} = 372{,}81 = 373 \text{ passos}$$

No final da conversão, o contador manterá o equivalente binário de 373, que é 0101110101. Esse é o equivalente digital desejado de $V_A = 3{,}728$ V, como produzido por esse ADC.
(b) Trezentos e setenta e três degraus foram necessários para completar a conversão. Desse modo, 373 pulsos de clock ocorreram em uma taxa de um por microssegundo (1 por ms). Isso dá um tempo total de conversão de 373 μs.

(c) A resolução é igual ao tamanho do degrau do DAC, 10 mV. Em porcentagem, isso é $1/1.023 \times 100\% \approx 0{,}1\%$.

EXEMPLO 11.13

Para o mesmo ADC do Exemplo 11.12, determine a faixa de tensão de entrada analógica que produziria o mesmo resultado digital de $0101110101_2 = 373_{10}$.

Solução

A Tabela 11.4 mostra a tensão de saída, V_{AX}, do DAC ideal para alguns dos degraus em torno do 373º. Se V_A for pouco menor que 3,72 V (por uma quantidade $< V_T$), então $\overline{EOC}$ não irá para o nível BAIXO quando V_{AX} alcançar o degrau 3,72 V; irá para o nível BAIXO no degrau 3,73 V. Se V_A for pouco menor que 3,73 V (por uma quantidade $< V_T$), então $\overline{EOC}$ não irá para o nível BAIXO até que V_{AX} alcance o degrau 3,74 V. Dessa forma, enquanto V_A estiver entre 3,72 e 3,73 V, $\overline{EOC}$ irá para o nível BAIXO quando V_{AX} alcançar o degrau 3,73 V. A faixa exata de valores de V_A é

$$3{,}72 \text{ V} - V_T \quad \text{para} \quad 3{,}73 \text{ V} - V_T$$

TABELA 11.4 Tensões de saída ideais em várias etapas.

Degrau	V_{AX} (V)
371	3,71
372	3,72
373	3,73
374	3,74
375	3,75

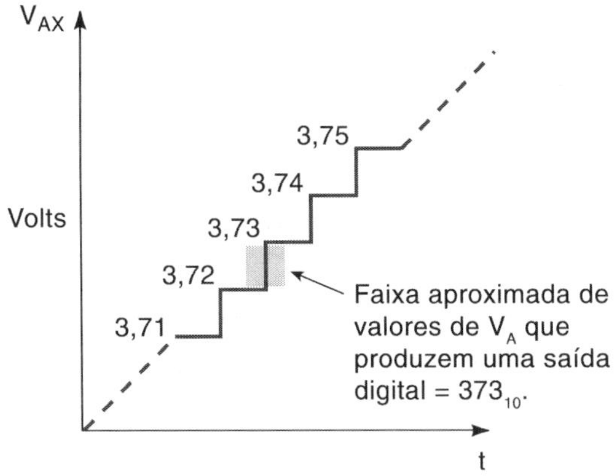

Contudo, como V_T é muito pequeno, é possível simplificar dizendo que a faixa é de cerca de 3,72 a 3,73 — uma faixa igual a 10 mV, a resolução do DAC. Isso está representado na Figura 11.14.

FIGURA 11.14 Exemplo 11.13.

Precisão e resolução de A/D

É muito importante entender os erros associados a qualquer tipo de medição. Uma inevitável fonte de erros no método da rampa digital é que o tamanho do degrau ou a resolução do DAC interno é a menor unidade de medida. Imagine medir a altura dos jogadores de basquete, colocando-os em pé próximos a uma escada com degraus de 30 cm e atribuindo-lhes a altura do primeiro degrau maior que suas cabeças. Qualquer um com mais de 1,80 m mediria 2,10 m! De forma análoga, a tensão de saída V_{AX} é uma forma de onda do tipo escada que aumenta em passos discretos até exceder a tensão de entrada, V_A. Tornando o tamanho do degrau menor, é possível reduzir o erro potencial, mas sempre haverá diferença entre a quantidade real (analógica) e o valor digital associado. Isso é denominado **erro de quantização**. Dessa maneira, V_{AX} é uma aproximação de V_A; e o melhor é que V_{AX} esteja, no máximo, a 10 mV de V_A se a resolução (tamanho do degrau) for 10 mV. Esse erro de quantização, que pode ser reduzido aumentando-se o número de bits no contador e no DAC, é algumas vezes chamado de erro de +1 LSB, indicando diferença equivalente ao peso do LSB.

Uma prática mais comum é verificar o erro de quantização simétrico em relação a um múltiplo inteiro da resolução $\pm\frac{1}{2}$ LSB. Isso é feito garantindo-se que a saída varie em unidade de resolução $\frac{1}{2}$ abaixo e acima da tensão de entrada nominal. Por exemplo, se a resolução for 10 mV, a saída A/D comutaria idealmente de 0 para 1 em 5 mV e de 1 para 2 em 15 mV. O valor nominal (10 mV), que é representado pelo valor digital 1, está idealmente dentro de 5 mV ($\frac{1}{2}$ LSB) da verdadeira tensão de entrada. O Problema 11.28 apresenta um método de resolver isso. De qualquer forma, há um pequeno intervalo de tensões de entrada que gera a mesma saída digital.

A especificação de precisão reflete o fato de que a saída de muitos ADCs não comuta de valor binário para o próximo na tensão de entrada recomendada. Alguns ADCs comutam em tensões mais altas que o esperado, e outros, em tensões levemente mais baixas. A imprecisão e inconsistência devem-se a componentes imperfeitos, tais como resistores, comparadores, chaves de corrente, e assim por diante. A precisão pode ser expressa como porcentagem do fundo de escala, tal como para o DAC, mas, em geral, é especificada como $\pm n$ LSB, em que n é um valor fracionário ou 1. Por exemplo, se a precisão é $\pm\frac{1}{4}$ LSB com resolução de 10 mV e supondo que a saída deva idealmente comutar de 0 para 1 em 5 mV, sabemos que a saída varia de 0 a 1 em qualquer tensão de entrada entre 2,5 e 7,5 mV. Nesse caso, suporíamos que qualquer tensão entre 7,5 e 12,5 mV geraria, com certeza, o valor 1. Contudo, a saída do binário 1 poderia representar um valor nominal de 10 mV com tensão real aplicada de 2,5 mV, um erro de $\frac{3}{4}$ de bit — soma dos erros de quantização e de precisão.

EXEMPLO 11.14

Um ADC de oito bits, semelhante ao da Figura 11.13, tem entrada de fundo de escala de 2,55 V (ou seja, V_A = 2,55 V produz uma saída digital de 11111111). O erro especificado é $\pm\frac{1}{4}$ LSB. Determine o erro máximo na medição.

Solução

O tamanho do degrau é 2,55 V/(2^8 – 1), exatamente 10 mV. Isso significa que, mesmo que o DAC não apresente imprecisões, a saída V_{AX} pode desviar-se até 10 mV porque V_{AX} muda apenas em degraus de 10 mV; esse é o erro de quantização. O erro especificado de $\pm\frac{1}{4}$ LSB é $\pm\frac{1}{4}\times 10$ mV = 2,5 mV, o que significa que o valor de V_{AX} se desvia em até 2,5 mV por conta das imprecisões. Dessa forma, o erro total seria de até 10 mV + 2,5 mV = 12,5 mV.

Por exemplo, suponha que a entrada analógica fosse 1,268 V. Se a saída do DAC fosse precisa, a escada pararia no degrau 127 (1,27 V). Mas digamos que V_{AX} se desviasse em –2 mV, sendo, portanto, 1,268 V no degrau 127. Isso não seria grande o suficiente para parar a conversão; ela pararia no degrau 128. De tal modo, a saída digital seria $10000000_2 = 128_{10}$ para uma entrada analógica de 1,268 V, erro de 12 mV.

Tempo de conversão, t_C

O tempo de conversão, o intervalo entre o fim do pulso START e a ativação da saída $\overline{EOC}$ são mostrados na Figura 11.13(b). O contador conta a partir de 0 e continua até que V_{AX} exceda V_A, ponto no qual $\overline{EOC}$ vai para o nível BAIXO, finalizando o processo de conversão. Deve ficar claro que o valor do tempo de conversão, t_C, depende de V_A. Um valor grande de V_A requer mais degraus antes que a tensão da escada exceda V_A.

O tempo máximo de conversão ocorre com V_A um pouco abaixo do fundo de escala, de modo que V_{AX} tem de ir para o último degrau para ativar $\overline{EOC}$. Para um conversor de N bits, isso seria

$$t_C(\text{máx}) = (2^N - 1) \text{ ciclos de clock}$$

Por exemplo, o ADC no Exemplo 11.12 teria um tempo máximo de conversão de

$$t_C(\text{máx}) = (2^{10} - 1) \times 1\ \mu s = 1.023\ \mu s$$

Algumas vezes, o tempo médio de conversão é especificado; é a metade do tempo máximo de conversão. Para o conversor de rampa digital, isso seria

$$t_C(\text{méd}) = \frac{t_C(\text{máx})}{2} \approx 2^{N-1} \text{ ciclos de clock}$$

A maior desvantagem do método de rampa digital é que o tempo de conversão dobra para cada bit acrescentado ao contador, de modo que a resolução pode ser melhorada com o custo de um t_C longo. Isso torna esse tipo de ADC inadequado para aplicações que necessitem de repetidas conversões A/D de sinais analógicos. Contudo, para aplicações de baixa velocidade, a relativa simplicidade do conversor de rampa digital é vantagem sobre os ADCs mais complexos, de alta velocidade.

EXEMPLO 11.15

O que acontecerá na operação de um ADC de rampa digital se a entrada analógica V_A for maior que o valor de fundo de escala?

Solução

Consultando a Figura 11.13, é evidente que a saída do comparador nunca irá para o nível BAIXO, já que a tensão da escada não excede V_A. Dessa maneira, pulsos serão continuamente aplicados no contador, de modo que ele contará repetidas vezes de 0 até o valor máximo, voltará a 0, contando em ordem crescente, e assim por diante. Isso produzirá repetidas formas de ondas do tipo escada em V_{AX} de 0 ao fundo de escala, o que continuará até que V_A diminua abaixo do fundo de escala.

QUESTÕES DE REVISÃO

1. Descreva a operação básica de um ADC de rampa digital.
2. Explique o que é *erro de quantização*.
3. Por que o tempo de conversão aumenta com o valor da tensão analógica de entrada?
4. *Verdadeiro ou falso*: com o restante permanecendo igual, um ADC de rampa digital de 10 bits terá resolução melhor e também tempo de conversão maior que um ADC de 8 bits.
5. Cite uma vantagem e uma desvantagem de um ADC de rampa digital.
6. Para o conversor do Exemplo 11.12, determine a saída digital para $V_A = 1,345$ V. Repita para $V_A = 1,342$ V.

11.10 AQUISIÇÃO DE DADOS

Objetivos

Após ler esta seção, você será capaz de:
- Descrever técnicas típicas de aquisição de dados.
- Indicar as limitações da reconstrução do sinal usando A/D e D/A.
- Descrever o falseamento.
- Determinar a frequência de sinal falso dada a frequência de amostragem e frequência do sinal analógico.
- Determinar a frequência mínima de amostragem para evitar o falseamento.

Existem diversas aplicações nas quais dados analógicos devem ser *digitalizados* (convertidos em digitais) e transferidos para a memória de um computador. O processo pelo qual o computador adquire esses dados analógicos digitalizados é conhecido como *aquisição de dados*. A aquisição do valor de um único ponto de dados é a **amostragem** do sinal analógico, e esse ponto é quase sempre denominado *amostra*. O computador pode aplicar os dados de diferentes maneiras, dependendo da aplicação. Em uma aplicação de armazenamento, tal como uma gravação digital de áudio ou de vídeo, o microcomputador interno armazena os dados e os transfere para o DAC para reproduzir o sinal analógico original. Em uma aplicação de controle de processo, o computador analisa os dados ou realiza cálculos para determinar as saídas de controle a gerar.

A Figura 11.15(a) mostra como um microcomputador é conectado a um ADC de rampa digital para adquirir dados. O computador gera pulsos START que iniciam a cada nova conversão A/D. O sinal $\overline{EOC}$ (fim de conversão) do ADC é conectado ao computador. Este monitora o sinal $\overline{EOC}$ para identificar quando a conversão A/D está completa; então, transfere os dados digitais da saída do ADC para a memória.

As formas de ondas mostradas na Figura 11.15(b) representam como o computador adquire uma versão digital do sinal analógico, V_A. A forma de onda do tipo escada V_{AX} gerada internamente ao ADC é sobreposta à V_A para fins de representação. O processo começa em t_0, quando o computador gera um pulso START e inicia um ciclo de conversão A/D. A conversão é completada em t_1, quando a escada excede V_A e $\overline{EOC}$ vai para o nível BAIXO. Essa transição negativa em $\overline{EOC}$ sinaliza ao computador que o ADC tem uma saída digital que representa o valor de V_A no ponto *a*, e esse dado será armazenado na memória.

O computador gera um novo pulso START logo após t_1, para iniciar um segundo ciclo de conversão. Note que isso reseta a escada para 0, e $\overline{EOC}$ volta para o nível ALTO porque o pulso START reseta o contador do ADC. A segunda conversão termina em t_2, quando a escada excede de novo V_A. O computador, então, carrega o dado digital correspondente ao ponto *b* na memória. Esses passos são repetidos em t_3, t_4, e assim por diante.

O processo pelo qual o computador gera um pulso START, monitora $\overline{EOC}$ e carrega o dado do ADC é feito sob o controle de um programa que o computador está executando. Esse programa de aquisição de dados determinará quantos pontos de dados do sinal analógico serão armazenados na memória do computador.

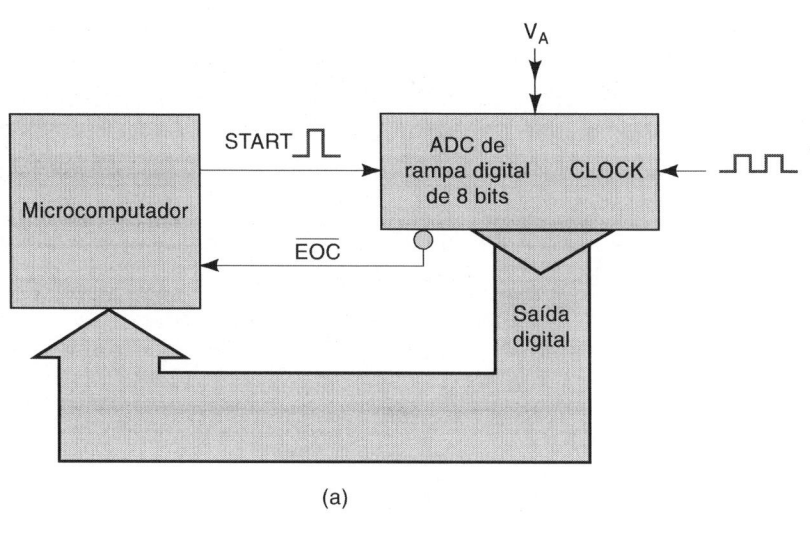

FIGURA 11.15 (a) Típico sistema computacional de aquisição de dados; (b) formas de ondas mostrando como o computador inicia cada novo ciclo de conversão e, então, carrega, no final da conversão, o dado digital na memória.

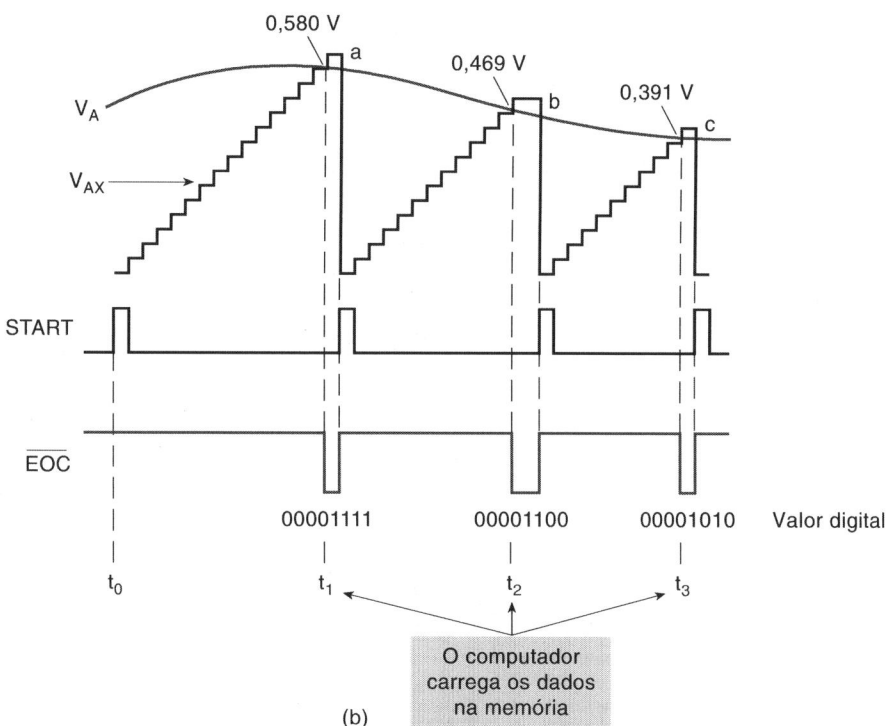

Reconstruindo um sinal digitalizado

Na Figura 11.15(b), o ADC está operando em velocidade máxima, já que um novo pulso START é gerado imediatamente após o computador adquirir o dado de saída do ADC da conversão anterior. Note que os tempos de conversão não são constantes porque o valor da entrada analógica está mudando. O problema com esse método de armazenar uma forma de onda é que, para a reconstrução da forma, precisaríamos saber o instante em que cada valor de dado deve ser reproduzido. Em geral, quando se armazena uma forma de onda digitalizada, as amostras são obtidas em intervalos fixos a uma taxa pelo menos duas vezes maior que a maior frequência no sinal analógico. O sistema digital armazena a forma de onda como uma lista de valores de dados amostrados. A Tabela 11.5 apresenta a lista que seria armazenada se o sinal mostrado na Figura 11.16(a) fosse digitalizado.

Na Figura 11.16(a) vemos como o ADC realiza conversões continuamente para digitalizar o sinal analógico nos pontos a, b, c, d, e assim por diante. Se esses dados digitais são usados para reconstruir o sinal, o resultado parece com o da Figura 11.16(b). A linha preta representa a forma de onda da tensão que seria a saída do conversor D/A. A outra linha seria o resultado da passagem do sinal por um simples filtro RC de passagem baixa. É possível constatar que é uma boa reprodução do sinal analógico original, porque ele não realiza transição rápida entre os pontos digitalizados. Se o sinal analógico contivesse variações de alta frequência, o ADC não seria capaz de seguir as variações, e a versão reproduzida seria menos precisa.

TABELA 11.5 Amostras de dados digitalizados.

Ponto	Tensão real (V)	Equivalente digital
a	1,22	01111010
b	1,47	10010011
c	1,74	10101110
d	1,70	10101010
e	1,35	10000111
f	1,12	01110000
g	0,91	01011011
h	0,82	01010010

FIGURA 11.16
(a) Digitalizando um sinal analógico; (b) reconstruindo o sinal analógico a partir dos dados digitais.

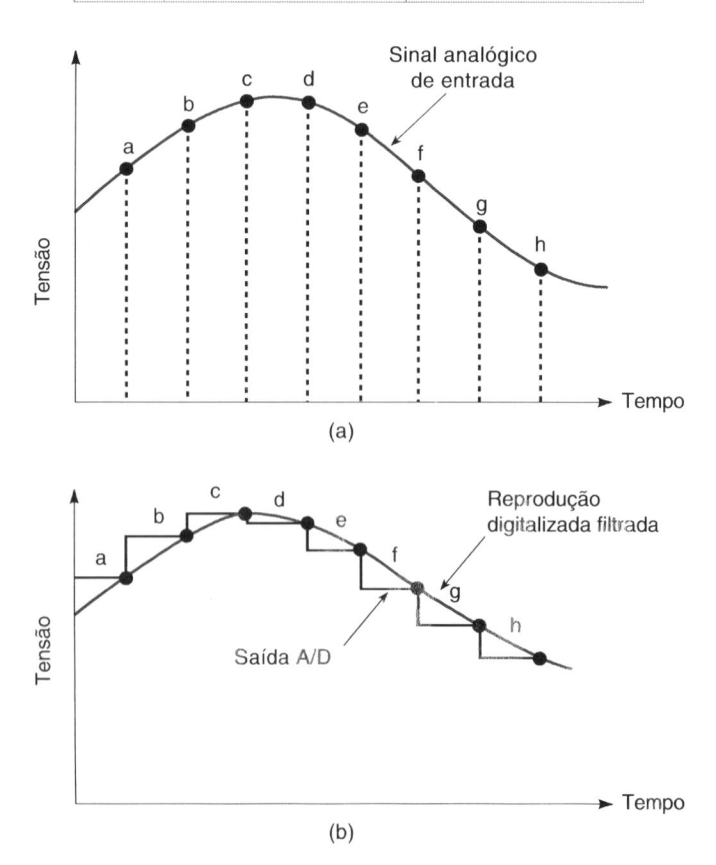

Falseamento

O objetivo óbvio na reconstrução de sinais é a reconstrução quase idêntica ao sinal analógico original. Para evitar perda de informação, como provou Harry Nyquist, o sinal de entrada tem de ser amostrado a uma taxa maior que duas vezes o componente de maior frequência do sinal de entrada. Por exemplo, se a maior frequência em um sistema de áudio é menor que 10 kHz, é preciso amostrar o sinal de áudio a 20 mil amostras por segundo para que seja possível reconstruí-lo. A frequência na qual as amostras são obtidas é a **frequência de amostragem**, F_S (do inglês, *sampling frequency*). O que você acha que aconteceria se, por algum motivo, um tom de 12 kHz estivesse presente na entrada de sinal? Infelizmente, o sistema *não* iria ignorá-lo por ele ser muito alto! Em vez disso, ocorreria um fenômeno chamado falseamento (*aliasing*). Um **sinal falso** é gerado pela amostragem do sinal a uma taxa menor que a mínima identificada por Nyquist (duas vezes a maior frequência de entrada). Nesse caso, qualquer frequência acima de 10 kHz produziria frequência falsa. A frequência de sinal falso é sempre a diferença entre qualquer múltiplo inteiro da frequência de amostragem F_S (20 kHz) e a frequência de entrada digitalizada (12 kHz). Em vez de escutar um tom de 12 kHz no sinal reconstruído, você escutaria um tom de 8 kHz que não é o original.

Para ver como o falseamento pode acontecer, considere a onda senoidal da Figura 11.17. Sua frequência é 1,9 kHz. Os pontos mostram onde a forma de onda é amostrada a cada 500 µs (F_S = 2 kHz). Se interconectarmos os pontos que montam a forma de onda amostrada, descobriremos que montam uma onda cossenoidal com período de 10 ms e frequência de 100 Hz. Isso demonstra que a frequência falsa é igual à diferença entre a frequência de amostragem e a de entrada. Se pudéssemos escutar a saída resultante dessa aquisição de dados, não soaria como 1,9 kHz; soaria como 100 Hz.

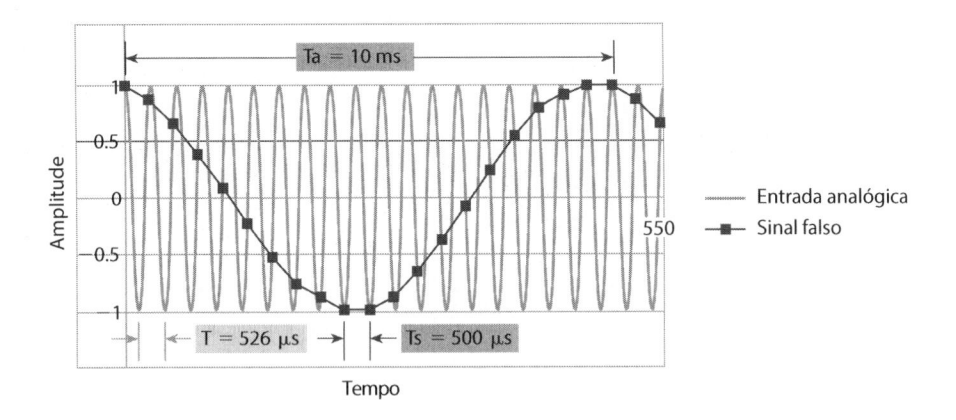

FIGURA 11.17 Um sinal falso por conta da subamostragem.

O problema com a **subamostragem** ($F_S < 2F_{in}$ máx) é que o sistema digital não tem ideia de que há uma frequência alta na entrada, apenas amostra a entrada e armazena os dados. Quando reconstrói o sinal, a frequência falsa (100 Hz) está presente, o sinal original de 1,9 kHz está perdido e o sinal reconstruído não soa da mesma maneira. Isso porque um sistema de aquisição de dados não admite uma entrada de frequências maiores que a metade de F_S.

ADCs seriais

Como vimos nesta seção, muitas aplicações de aquisição de dados ADC usarão um microcomputador para controlar o sistema e coletar os dados. Conforme já mencionado a respeito de aplicações DAC, uma interface de dados paralelos para um microcomputador exige muitos bits de portas para dar entrada aos dados. Hoje em dia, muitos chips de ADC são projetados, em vez disso, para dar saída aos dados serialmente, proporcionando uma interface mais eficiente em termos de custos com o resto do sistema de aquisição de dados. Estes ADCs têm um registrador de deslocamento de entrada paralela/saída serial (PISO) inserido para converter os dados em um fluxo de bits que tem o clock ativado serialmente no chip do microcomputador.

QUESTÕES DE REVISÃO

1. O que é *digitalização de um sinal*?
2. Descreva os passos de um processo computacional de aquisição de dados.
3. Qual a mínima frequência de amostragem necessária para se reconstruir um sinal analógico?
4. O que ocorre se um sinal for amostrado abaixo da frequência mínima determinada na questão 3?

11.11 ADC DE APROXIMAÇÕES SUCESSIVAS

OBJETIVOS

Após ler esta seção, você será capaz de:

- Descrever o funcionamento de um ADC de aproximação sucessiva.
- Determinar o tempo de conversão de um SAADC.
- Comparar as características das estratégias de ADC.
- Usar um ADC0804 para atender às especificações no sistema de aquisição de dados.
- Indicar o papel de cada entrada e saída de um ADC0804.
- Determinar a resolução de um ADC.

O **conversor de aproximações sucessivas** (**SAC**, do inglês, *successive-approximation converter*) é um dos mais usados. Ele tem circuito mais complexo que um ADC de rampa digital, mas tempo de conversão muito menor. Além disso, conversores de aproximações sucessivas têm valor fixo de tempo de conversão que não depende do valor analógico de entrada.

A configuração básica, mostrada na Figura 11.18(a), é semelhante à do ADC de rampa digital. Contudo, o conversor de aproximações sucessivas não usa um contador para fornecer a entrada do bloco DAC, mas um registrador. A lógica de controle modifica bit a bit o conteúdo do registrador até que o dado do registro seja o equivalente digital da entrada analógica V_A dentro da resolução do conversor. A sequência básica de operações é dada pelo fluxograma mostrado na Figura 11.18(b). Seguiremos esse fluxograma à medida que analisarmos o exemplo da Figura 11.19.

Para esse exemplo, escolhemos um conversor simples de quatro bits com tamanho de degrau de 1 V. Ainda que a maioria desses conversores na prática tenha mais bits e menor resolução que o do exemplo, a operação será a mesma. Nesse momento, você já é capaz de determinar que os quatro bits do registrador que acionam o DAC têm pesos de 8, 4, 2 e 1 V, respectivamente.

Vamos supor que a entrada analógica seja $V_A = 10{,}4$ V. A operação começa com a lógica de controle inicializando com 0 todos os bits do registrador de forma que $Q_3 = Q_2 = Q_1 = Q_0 = 0$. Expressaremos isso como $[Q] = 0000$. Isso faz a saída do DAC $V_{AX} = 0$ V, conforme indicado no instante t_0 da Figura 11.19. Com $V_{AX} < V_A$, a saída do comparador está em nível ALTO.

FIGURA 11.18 ADC de aproximações sucessivas: (a) diagrama em bloco simplificado; (b) fluxograma de operação.

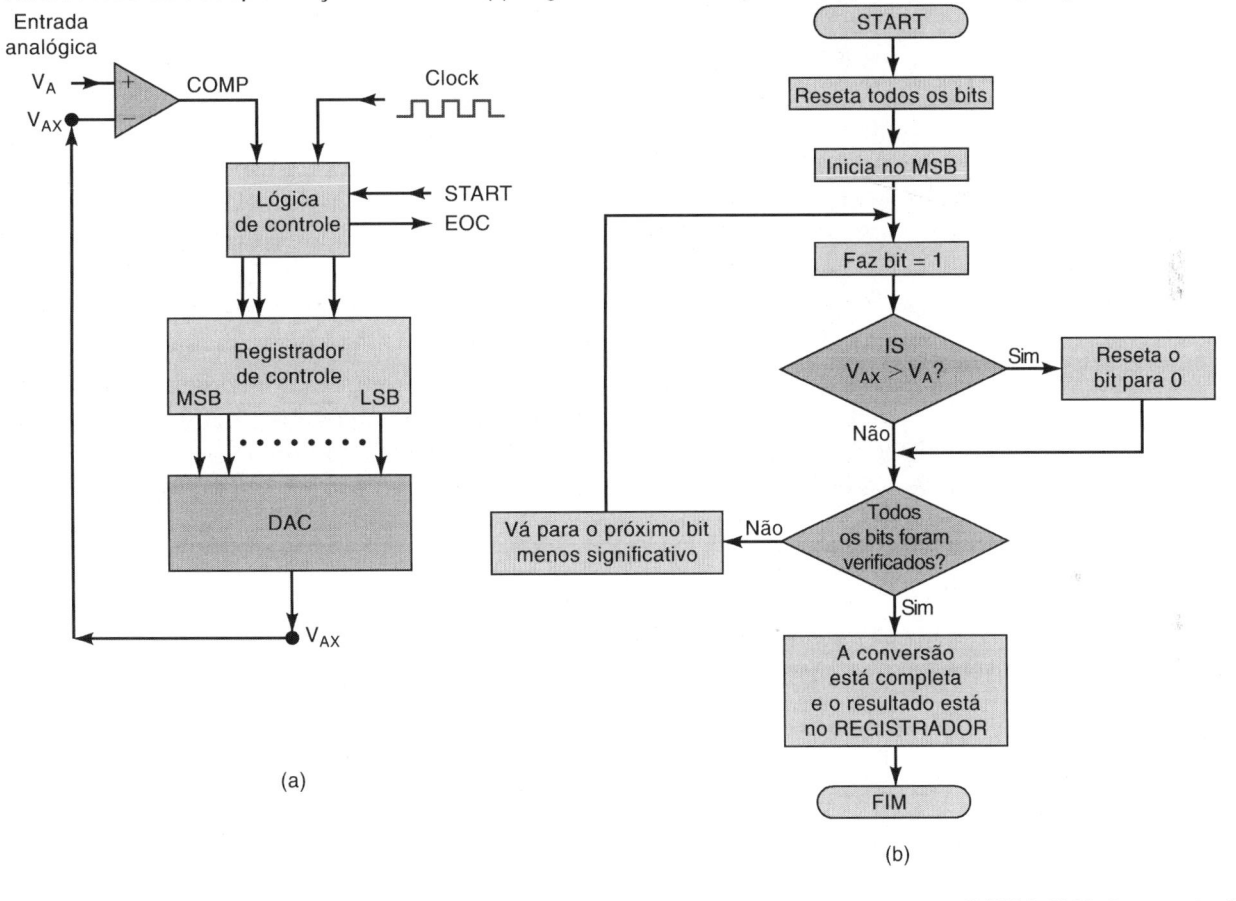

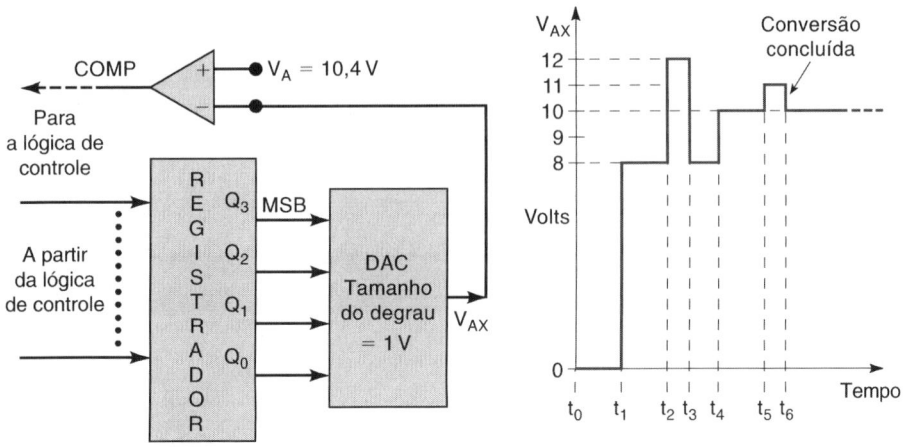

FIGURA 11.19 Representação da operação de um DAC de aproximações sucessivas usando um tamanho de degrau de 1 V e VA = 10,4 V.

No próximo passo (instante t_1), a lógica de controle faz o MSB do registrador igual a 1, de modo que $[Q] = 1000$ e $V_{AX} = 8$ V. Como $V_{AX} < V_A$, a saída do comparador está em nível ALTO. Esse nível diz para a lógica de controle que o MSB setado não faz V_{AX} exceder V_A, de modo que o MSB é mantido em nível 1.

A lógica de controle atua, então, sobre o próximo bit menos significativo, Q_2. Ela coloca Q_2 em nível 1 para produzir $[Q] = 1100$ e $V_{AX} = 12$ V no instante t_2. Como $V_{AX} > V_A$, a saída do comparador vai para o nível BAIXO. Este nível sinaliza para a lógica de controle que o valor de V_{AX} é muito grande, e a lógica de controle, então, retorna Q_2 para o nível 0 em t_3. De tal modo, em t_3, o conteúdo do registrador retorna para 1000 e V_{AX}, para 8 V.

O próximo passo ocorre em t_4, quando a lógica de controle seta o próximo bit menos significativo, Q_1, de modo que $[Q] = 1010$ e $V_{AX} = 10$ V. Com $V_{AX} < V_A$, a saída do comparador está em nível ALTO e diz para a lógica de controle manter Q_1 em nível 1.

O último passo ocorre em t_5, quando a lógica de controle seta o próximo bit menos significativo, Q_0, de modo que $[Q] = 1011$ e $V_{AX} = 11$ V. Uma vez que $V_{AX} > V_A$, a saída do comparador vai para o nível BAIXO para sinalizar que V_{AX} é muito grande, e a lógica de controle retorna Q_0 para 0 em t_6.

Nesse momento, todos os bits do registrador foram processados, a conversão está completa e a lógica de controle ativa a saída $\overline{EOC}$ para sinalizar que o equivalente digital de V_A está no registrador. No exemplo, a saída digital para $V_A = 10{,}4$ V é $[Q] = 1010$. Note que 1010 é, na verdade, equivalente a 10 V, *menor* que a entrada analógica; essa é uma característica do método de aproximações sucessivas. Lembre-se de que, no método de rampa digital, a saída digital era equivalente à tensão no degrau acima de V_A.

EXEMPLO 11.16

Um conversor de aproximações sucessivas de 8 bits tem resolução de 20 mV. Qual será a saída digital para uma entrada analógica de 2,17 V?

Solução

$$2{,}17 \text{ V}/20 \text{ mV} = 108{,}5$$

de modo que o degrau 108 produziria $V_{AX} = 2{,}16$ V e o degrau 109 produziria 2,18 V. Esse conversor produz um V_{AX} final que está no degrau *abaixo* de V_A. Portanto, para o caso de $V_A = 2{,}17$ V, o resultado digital seria $108_{10} = 01101100_2$.

Tempo de conversão

Na operação que acabamos de descrever, a lógica de controle atua em cada bit do registrador, ajusta-o para 1, decide se o mantém ou não em 1 e passa para o próximo. O processamento de cada bit dura um ciclo de clock, de modo que o tempo total (t_C) de conversão para um conversor de aproximações sucessivas (SAC) de N bits será de N ciclos de clock. Ou seja,

$$t_C \text{ para SAC} = N \times 1 \text{ ciclo de clock}$$

será o mesmo, *independentemente do valor de V_A*, pois a lógica de controle deve processar cada bit para identificar se é ou não necessário um nível 1.

EXEMPLO 11.17

Compare os tempos máximos de conversão de um ADC de rampa digital de 10 bits e de um ADC de aproximações sucessivas, se ambos utilizam frequência de clock de 500 kHz.

Solução

Para o conversor de rampa digital, o tempo máximo de conversão é

$$(2^N - 1) \times (1 \text{ ciclo de clock}) = 1.023 \times 2\ \mu s = 2.046\ \mu s$$

Para um conversor de aproximações sucessivas de 10 bits, o tempo de conversão é dez períodos do clock ou

$$10 \times 2\ \mu s = 20\ \mu s$$

Dessa forma, este é cerca de cem vezes mais rápido que um conversor de rampa digital.

Como os conversores de aproximações sucessivas têm tempos de conversão relativamente rápidos, seu uso em aplicações de aquisição de dados possibilita que mais dados sejam adquiridos em determinado intervalo. Isso pode ser importante quando os dados analógicos variam a uma taxa alta.

Como diversos conversores de aproximações sucessivas estão disponíveis como CIs, raramente é necessário projetar o circuito lógico de controle; por isso, não o abordaremos aqui. Para aqueles que se interessarem em detalhes da lógica de controle, sugerimos consultar manuais dos fabricantes.

Um CI comercial: o ADC de aproximações sucessivas ADC0804

ADCs são disponibilizados por diversos fabricantes de CIs com uma ampla faixa de características de operação e vantagens. Analisaremos um dos mais populares para ter uma ideia do que é usado em sistemas. A Figura 11.20 mostra a configuração de pinos para o ADC0804, que é um CI CMOS de 20 pinos que realiza conversões A/D pelo método de aproximações sucessivas. Algumas de suas características importantes são as seguintes:

- Ele tem duas entradas analógicas, $V_{IN}(+)$ e $V_{IN}(-)$, para possibilitar **entradas diferenciais**. Em outras palavras, a analógica real, V_{IN}, é a diferença de tensão aplicada a esses pinos [V_{IN} analógico = $V_{IN}(+) - V_{IN}(-)$]. Para medições comuns, a entrada analógica é aplicada em $V_{IN}(+)$, enquanto $V_{IN}(-)$ é conectada ao terra (GND) analógico. Durante a operação normal, o conversor usa $V_{CC} = +5$ V como tensão de referência, e a tensão analógica de entrada pode variar de 0 a 5 V de fundo de escala.

- Ele converte a tensão diferencial analógica de entrada em uma saída digital de oito bits com buffers tristate. O circuito interno é mais complicado que o descrito na Figura 11.19 para transições entre valores de entrada que ocorrem no valor nominal de $\pm\frac{1}{2}$ LSB. Por exemplo, com uma resolução de 10 mV, a saída A/D comutaria de 0 para 1 em 5 mV, de

1 para 2 em 15 mV, e assim por diante. Para esse conversor, a resolução é calculada como $V_{REF}/256$; com $V_{REF} = 5$ V, a resolução é 19,53 mV. A entrada nominal de fundo de escala é $255 \times 19,53 = 4,98$ V, que gera saída de 11111111. Esse conversor terá saída de 11111111 para qualquer entrada analógica entre 4,971 e 4,990 V.

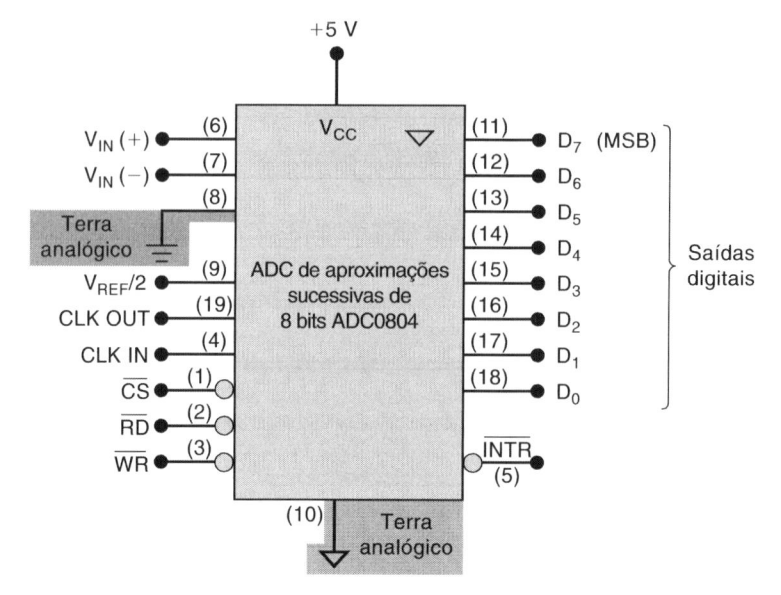

FIGURA 11.20 ADC de aproximações sucessivas de 8 bits com saídas de tristate ADC0804. Os números entre parênteses são os números dos pinos do CI.

- Ele tem um circuito gerador de clock interno que produz frequência de $f = 1/(1,1RC)$, em que R e C são valores dos componentes conectados externamente. Uma frequência de clock típica é 606 kHz usando $R = 10$ kΩ e $C = 150$ pF. Um sinal de clock externo pode ser usado, se desejado, conectando-o ao pino CLK IN.

- Usando frequência de clock de 606 kHz, o tempo de conversão é de cerca de 100 μs.

- Ele tem conexões de terra separadas para tensões analógicas e digitais. O pino 8 é um terra analógico conectado ao ponto de referência comum do circuito que gera a tensão analógica. O pino 10 é o terra digital usado por todos os dispositivos digitais no sistema. (Note os símbolos usados para os terras diferentes.) O terra digital é ruidoso por causa das rápidas mudanças de corrente que ocorrem quando os dispositivos digitais mudam de estado. Embora não seja necessário usar um terra analógico separado, garantimos que o ruído do terra digital é impedido de provocar chaveamentos prematuros do comparador analógico dentro do ADC.

Esse CI é projetado para ser facilmente interfaceado com o barramento de dados de um microprocessador. Por essa razão, os nomes das mesmas entradas e saídas do ADC0804 originam-se em funções comuns a um sistema baseado em microprocessador, que são definidas a seguir:

- $\overline{CS}$ (Chip Select, em português, Seleção de chip). Esta entrada deve estar no estado ativo-em-BAIXO para que as entradas $\overline{RD}$ ou $\overline{WR}$ tenham efeito. Com $\overline{CS}$ em nível ALTO, as saídas digitais ficam no estado de alta impedância, e nenhuma conversão pode ser realizada.

- $\overline{RD}$ (READ, em português, LEITURA). Esta entrada é usada para habilitar os buffers das saídas digitais. Com $\overline{CS} = \overline{RD} =$ nível BAIXO, os pinos das saídas digitais terão níveis lógicos que representam o resultado da *última* conversão A/D. O microcomputador *lerá* (buscará) esse valor de dado digital pelo sistema de barramento de dados.

- $\overline{WR}$ (WRITE, em português, ESCRITA). Um pulso de nível BAIXO é aplicado nessa entrada para sinalizar o início de uma nova conversão. Esta entrada é denominada **WRITE** porque, em uma aplicação típica, o microcomputador gera um pulso WRITE (semelhante ao usado para escrever na memória) que a aciona.

- $\overline{INTR}$ (INTERRUPT, em português, INTERRUPÇÃO). Este sinal de saída vai para o nível ALTO no início de uma conversão e retorna para o nível BAIXO para sinalizar o fim da conversão. Esse é o sinal de saída de fim de conversão, denominado INTERRUPT porque, em uma situação típica, é enviado para a entrada de interrupção do microprocessador para chamar a atenção e informar que o dado do ADC está pronto para ser lido.

- $V_{REF}/2$. Esta é uma entrada opcional que pode ser usada para reduzir a tensão de referência interna e, portanto, alterar a faixa de entrada analógica sobre a qual o conversor pode operar. Quando está desconectada, sua tensão é $\frac{1}{2}$ de V_{CC}, pois V_{CC} é usado como referência. Com tensão de alimentação V_{CC} nominal de 5 V, $V_{REF}/2$ será 2,5 V. Note que qualquer desvio de V_{CC} do valor nominal produz um valor diferente para V_{REF} e, portanto, para a resolução. Conectando uma tensão externa (limitada a $V_{REF}/2 \leq \frac{1}{2} \times V_{CC}$) nesse pino, a referência interna é alterada para o dobro dessa tensão, e a faixa analógica de entrada é alterada. A Tabela 11.6 representa isto.

- CLK OUT. Um resistor é conectado a este pino para usar o clock interno. O sinal de clock aparece neste pino.

- CLK IN. Usado para entrada de clock externo ou para a conexão de um capacitor quando o clock interno for utilizado.

TABELA 11.6 Exemplos relacionados a V_{REF}, intervalo V_{IN} e resolução.

$V_{REF}/2$ (V)	Faixa analógica de entrada (V)	Resolução (mV)
Aberto	0–5	19,5
2,25	0–4,5	17,6
2	0–4	15,6
1,5	0–3	11,7

EXEMPLO 11.18

Um ADC0804 será usado em uma aplicação que exige resolução de 10 mV.
(a) Qual é a tensão a ser aplicada ao pino $V_{REF}/2$?
(b) Qual faixa de entrada analógica este circuito digitaliza?
(c) Qual é a tensão de entrada de fundo de escala nominal?
(d) Qual é a tensão de entrada mínima que produzirá saída de fundo de escala?
(e) Qual é a saída binária para uma entrada analógica de 2 V?

Solução

(a) A resolução especificada é

$$10 \text{ mV} = \frac{V_{REF}}{256}$$

Portanto,
$$V_{REF} = 256 \times 10 \text{ mV} = 2{,}56 \text{ V}$$
$$\frac{V_{REF}}{2} = \frac{2{,}56 \text{ V}}{2} = 1{,}28 \text{ V}$$

(b) A faixa de entrada analógica é 0–2,56 V.

(c) Uma saída de fundo de escala será produzida para
$$255 \times 10 \text{ m} = 2{,}55 \text{ V}$$

(d) A tensão de entrada mínima para o fundo de escala é
$$2{,}55 \text{ V} - \tfrac{1}{2} \text{LSB} = 2{,}55 \text{ V} - \tfrac{1}{2} \times 10 \text{ mV} = 2{,}545 \text{ V}$$

(e) A saída é
$$\frac{2{,}00 \text{ V}}{10 \text{ mV}} = 200_{10} = 11001000_2$$

A Figura 11.21(a) mostra a conexão típica de um ADC0804 com um microcomputador em uma aplicação de aquisição de dados. O microcomputador controla quando a conversão é realizada gerando sinais $\overline{CS}$ e $\overline{WR}$. Ele adquire o dado de saída do ADC pelos sinais $\overline{CS}$ e $\overline{RD}$ após detectar uma transição negativa em $\overline{INTR}$, indicando o fim da conversão. As formas de ondas na Figura 11.21(b) mostram as ativações dos sinais durante o processo de aquisição de dados. Note que $\overline{INTR}$ vai para o nível ALTO quando $\overline{CS}$ e $\overline{WR}$ estão em nível BAIXO, mas o processo de conversão não começa até que $\overline{WR}$ retorne ao nível ALTO. Note também que as linhas de saída de dados do ADC estão no estado de alta impedância até que o microcomputador ative $\overline{CS}$ e $\overline{RD}$; nesse ponto, os buffers de dados do ADC são habilitados de modo que os dados do ADC sejam enviados ao microcomputador pelo barramento de dados. As linhas de dados retornam ao estado de alta impedância quando $\overline{CS}$ ou $\overline{RD}$ retornam ao nível ALTO.

Nessa aplicação do ADC0804, o sinal de entrada varia na faixa de 0,5 a 3,5 V. Para aproveitar a resolução de oito bits, o ADC deve adequar-se à especificação do sinal analógico. Nesse caso, a faixa completa é de 3 V. Contudo, ela tem um offset de 0,5 V em relação a GND, aplicado na entrada negativa $V_{IN}(-)$, estabelecendo-o como o valor 0 de referência. A faixa de 3 V é ajustada aplicando-se 1,5 V em $V_{REF}/2$, que estabelece V_{REF} como 3 V. Uma entrada de 0,5 V produz um valor digital de 00000000, e uma entrada de 3,5 V (ou qualquer valor acima de 3,482) produz 11111111.

Outro cuidado importante ao interfacear sinais digitais e analógicos é com o *ruído*. Note que os caminhos dos terras digital e analógico são separados. Os dois terras são interligados em um ponto muito próximo do conversor A/D. Um caminho de resistência baixa conecta esse ponto ao terminal negativo da fonte de alimentação. Também é aconselhável rotear separadamente linhas positivas da fonte de alimentação para os dispositivos digitais e analógicos e usar capacitores (0,01 μF) de desacoplamento muito próximos das conexões de alimentação de cada chip ao terra.

FIGURA 11.21 (a) Uma aplicação de um ADC0804; (b) sinais de temporização típicos durante a aquisição de dados.

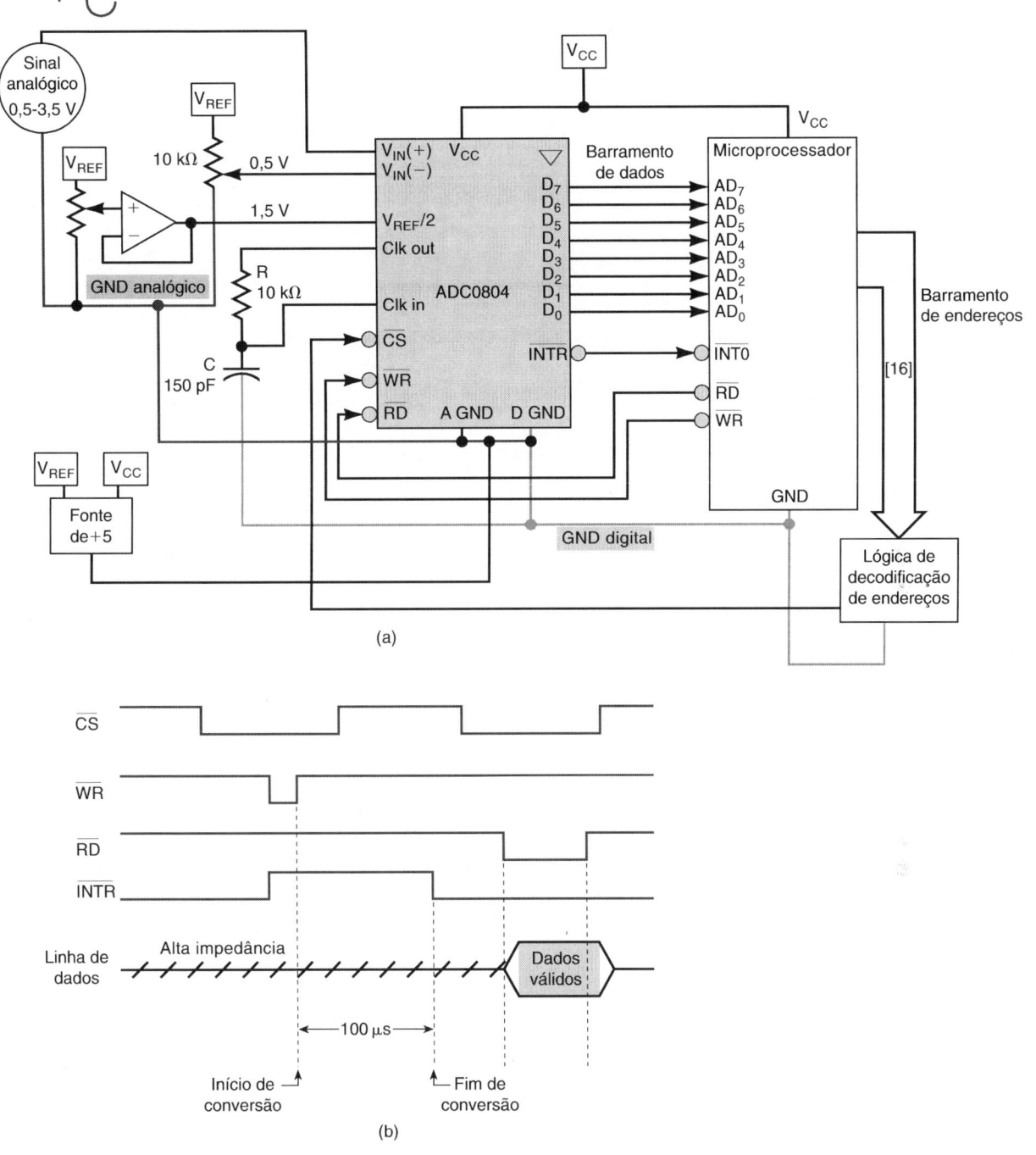

EXEMPLO 11.19

Para o ADC0804 na Figura 11.21, determine:

(a) A saída binária produzida com entrada analógica de 1,168 V.

(b) A tensão de entrada analógica nominal que produz saída de 01100111.

(c) A faixa de valores de entrada analógicos que produz saída de 01100111.

Solução

(a) O ADC neste circuito converterá a diferença de tensão entre as duas entradas analógicas.

$$V_{IN}(+) - V_{IN}(-) = 1{,}168 \text{ V} - 0{,}5 \text{ V} = 0{,}668 \text{ V}$$

A resolução é

$$\frac{V_{REF}}{256} = \frac{2 \times 1{,}5 \text{ V}}{256} = 11{,}7 \text{ mV}$$

A saída binária é

$$\frac{0{,}668 \text{ V}}{11{,}7 \text{ mV}} = 57_{10} = 00111001_2$$

(b) A saída é

$$01100111_2 = 103_{10}$$

A entrada analógica nominal é

$$V_{IN}(+) = (103 \times 11{,}7 \text{ mV}) + 0{,}5 \text{ V} = 1{,}705 \text{ V}$$

(c) A faixa de entrada analógica é a tensão de entrada nominal $\pm \frac{1}{2}$ LSB.

$$1{,}705 \text{ V} \pm (\tfrac{1}{2} \times 11{,}7 \text{ mV}) = 1{,}699 \text{ para } 1{,}711 \text{ V}$$

QUESTÕES DE REVISÃO

1. Qual é a principal vantagem de um ADC de aproximações sucessivas com relação a um de rampa digital?
2. Qual é a principal desvantagem de um ADC de aproximações sucessivas comparado a um de rampa digital?
3. *Verdadeiro ou falso*: o tempo de conversão para um conversor de aproximações sucessivas aumenta à medida que a tensão analógica aumenta.
4. Responda às seguintes questões relativas ao ADC0804.
   (a) Qual é a resolução em bits?
   (b) Qual é a faixa normal de tensão analógica de entrada?
   (c) Descreva as funções das entradas $\overline{CS}$, $\overline{WR}$ e $\overline{RD}$.
   (d) Qual é a função da saída $\overline{INTR}$?
   (e) Por que ele tem dois terras separados?
   (f) Qual é a finalidade de $V_{IN}(-)$?

11.12 ADCs FLASH

OBJETIVOS

Após ler esta seção, você será capaz de:

- Descrever o funcionamento de um ADCs flash.
- Comparar as estratégias do ADC.

O **conversor flash** é o ADC disponível de maior velocidade, porém requer muito mais circuitos que os outros tipos. Por exemplo, um ADC flash de seis bits requer 63 comparadores analógicos, enquanto uma unidade de oito bits requer 255, e um conversor de dez bits, 1.023. O grande número de comparadores tem limitado o tamanho dos conversores flash. CIs conversores do tipo flash estão disponíveis em unidades de dois a oito bits, e a maioria dos fabricantes oferece também unidades de nove e dez bits.

Descreveremos o princípio de funcionamento de um conversor flash de três bits para limitar o circuito a um tamanho razoável. Uma vez entendido o conversor de três bits, será fácil compreender a ideia básica de um conversor flash com um número de bits maior.

O conversor flash mostrado na Figura 11.22(a) tem resolução de três bits e tamanho de degrau de 1 V. O divisor de tensão estabelece os níveis de referência para cada comparador, de modo que existem sete níveis correspondentes a 1 V (peso do LSB), 2 V, 3 V, ..., e 7 V (fundo de escala). A entrada analógica, V_A, está conectada às entradas de cada comparador.

Com $V_A < 1$ V, todas as saídas dos comparadores, C_1 a C_7, estarão em nível ALTO. Com $V_A > 1$ V, uma ou mais estarão em nível BAIXO. As saídas dos comparadores são conectadas em um codificador de prioridade, com entradas ativas em nível BAIXO, que gera saída binária correspondente à saída do comparador de maior número em nível BAIXO. Por exemplo, quando V_A está entre 3 e 4 V, as saídas C_1, C_2 e C_3 estarão em nível BAIXO e as outras, em nível ALTO. O codificador de prioridade responderá apenas ao nível BAIXO em C_3 e produzirá saída binária $CBA = 011$, equivalente digital de V_A dentro da resolução de 1 V. Quando V_A for maior que 7 V, as saídas de C_1 a C_7 estarão em nível BAIXO, e o codificador produzirá $CBA = 111$ como equivalente digital de V_A. A tabela da Figura 11.22(b) mostra as respostas para todos os valores possíveis de entrada analógica.

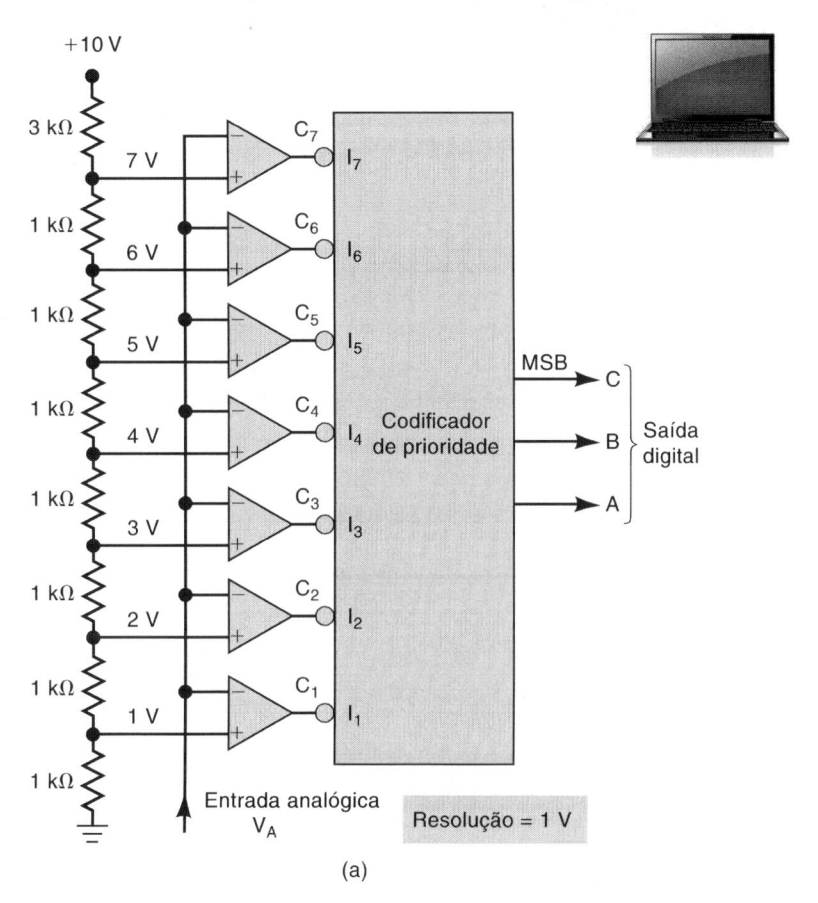

FIGURA 11.22 (a) ADC flash de três bits; (b) tabela-verdade.

Entrada analógica	Saídas dos comparadores							Saídas digitais		
V_A	C_1	C_2	C_3	C_4	C_5	C_6	C_7	C	B	A
0–1 V	1	1	1	1	1	1	1	0	0	0
1–2 V	0	1	1	1	1	1	1	0	0	1
2–3 V	0	0	1	1	1	1	1	0	1	0
3–4 V	0	0	0	1	1	1	1	0	1	1
4–5 V	0	0	0	0	1	1	1	1	0	0
5–6 V	0	0	0	0	0	1	1	1	0	1
6–7 V	0	0	0	0	0	0	1	1	1	0
> 7 V	0	0	0	0	0	0	0	1	1	1

(b)

O ADC flash mostrado na Figura 11.22 tem resolução de 1 V porque a entrada analógica deve variar em 1 V para levar a saída digital para o próximo valor. Para atingir melhores resoluções, teríamos de aumentar o número de níveis de tensão de entrada (ou seja, usar mais resistores divisores) e o número de comparadores. Por exemplo, um conversor flash de oito bits exigiria $2^8 = 256$ níveis de tensão, incluindo 0 V. Isso requereria 256 resistores e 255 comparadores (não existe comparador para o nível 0 V). As saídas dos 255 comparadores seriam conectadas a um circuito codificador de prioridade, que produziria um código de oito bits correspondente à saída do comparador de mais alta ordem em nível BAIXO. Em geral, um conversor flash de N bits precisaria de $2^N - 1$ comparadores, 2^N resistores e a lógica necessária para o codificador.

Tempo de conversão

O conversor flash não usa sinal de clock porque nenhuma temporização ou sequenciamento são necessários. As conversões são realizadas de forma contínua. Quando o valor da entrada analógica muda, as saídas dos comparadores mudam, fazendo, portanto, as saídas do codificador também mudarem. O tempo de conversão é o gasto para uma nova saída digital aparecer em resposta a uma mudança em V_A e depende apenas dos atrasos de propagação dos comparadores e da lógica de codificação. Por esse motivo, os conversores do tipo flash possuem tempos de conversão pequenos e são adequados para aplicações que precisam digitalizar sinais analógicos de largura de banda muito alta (ou seja, alta frequência), como em aquisição de dados, comunicações, processamento de radar e aplicações de amostragem de osciloscópio. Conversores flash, contudo, podem ser caros e tendem a possuir resoluções relativamente baixas e alto consumo de energia.

QUESTÕES DE REVISÃO

1. *Verdadeiro ou falso*: um ADC flash não contém DAC.
2. Quantos comparadores seriam necessários para um conversor flash de 12 bits? E quantos resistores?
3. Cite a principal vantagem e a principal desvantagem de um conversor flash.

11.13 OUTROS MÉTODOS DE CONVERSÃO A/D

OBJETIVOS

Após ler esta seção, você será capaz de:
- Descrever o ADC de integração de inclinação dupla.
- Descrever o ADC de tensão para frequência.
- Descrever a modulação sigma/delta.
- Descrever o ADC com pipeline.

Diversos outros métodos de conversão A/D vêm sendo usados, cada um com vantagens e desvantagens relativas. Descreveremos brevemente alguns deles.

ADC de rampa dupla

O **conversor de rampa dupla** tem um dos maiores tempos de conversão (em geral, 10 a 100 ms), porém apresenta custo relativamente baixo, porque não requer componentes de precisão como DAC ou VCO (oscilador controlado por tensão). A operação básica desse conversor envolve a carga e a descarga *linear* de um capacitor usando circuito integrador [ver Figura 11.23(a)]. Primeiro, o capacitor é carregado por um intervalo de tempo fixo usando uma corrente constante proporcional à tensão de entrada analógica, V_A, como mostrado na Figura 11.23(b). Dessa forma, ao final desse intervalo fixo de carga, a tensão no capacitor será proporcional a V_A. Nesse ponto, o capacitor é descarregado linearmente a partir de uma corrente constante derivada de uma tensão de referência precisa, $-V_{ref}$. Quando o comparador de tensão detecta tensão no capacitor de 0 V, a descarga linear termina. Durante o intervalo da descarga, uma frequência digital de referência é enviada a um contador. A duração do intervalo de descarga é proporcional à tensão inicial do capacitor. Dessa forma, no final do intervalo de descarga, o contador terá valor proporcional à tensão inicial do capacitor, que, conforme dissemos, é proporcional a V_A.

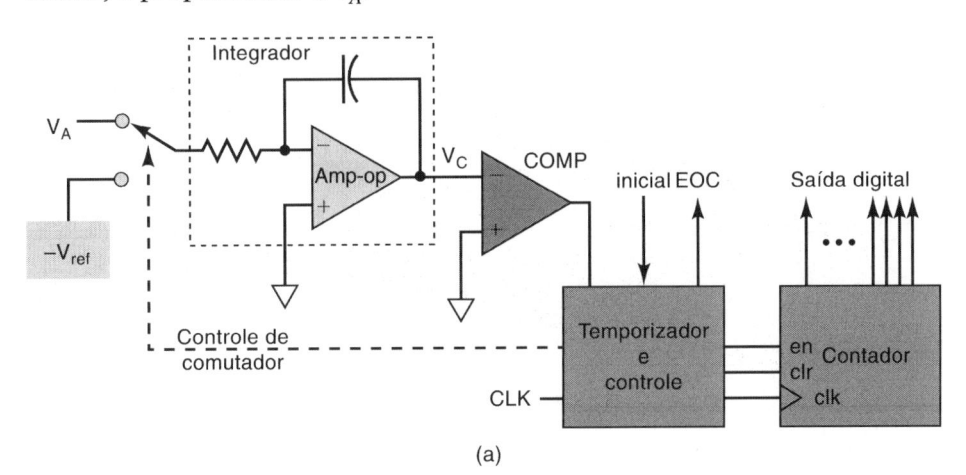

FIGURA 11.23 ADC integrado de inclinação dupla. (a) Diagrama de bloco; (b) capacitor de carga/descarga.

(a)

|V_C|

- V_{C2}
- Comutador de V_A a $-V_{ref}$ em t_0
- Carga C usando V_A (inclinação $\propto V_A$)
- Descarga C usando $-V_{ref}$ (inclinação constante)
- Entrada V_{A2}
- $t_2 \propto V_{A2}$
- V_{C1}
- Entrada V_{A1}
- $t_1 \propto V_{A1}$
- Intervalo de tempo fixo
- t_0, t_1, t_2

(b)

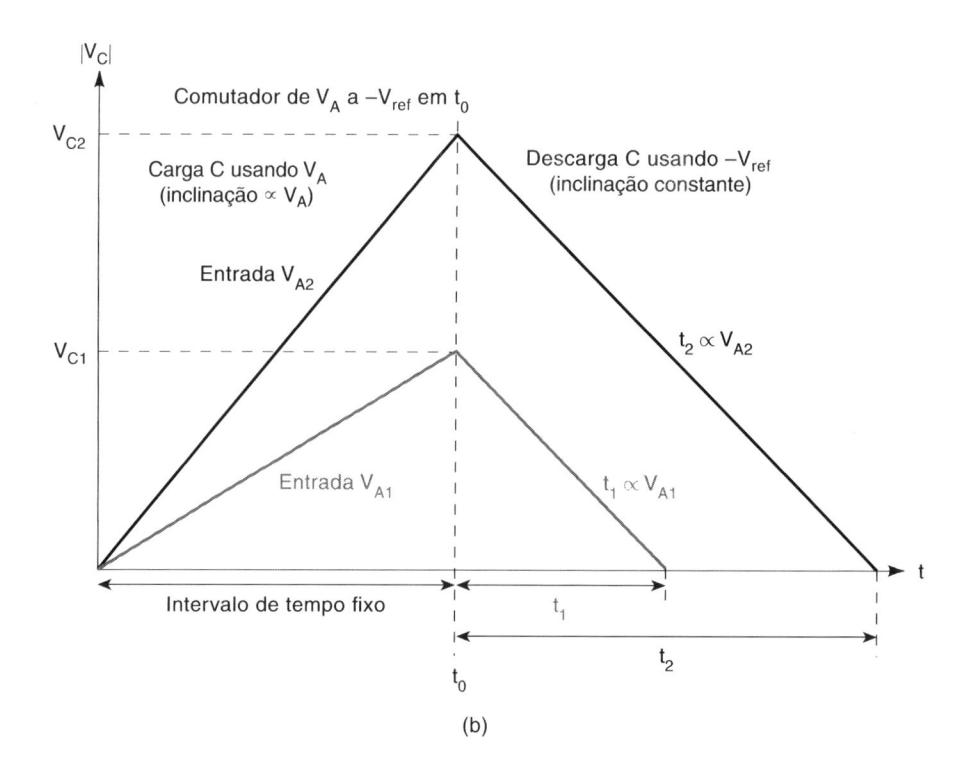

Além do baixo custo, ADCs integrados de inclinação dupla proporcionam abordagem de alta resolução para a conversão de sinais analógicos de largura de banda baixa (ou seja, baixa frequência). Outra vantagem do ADC de inclinação dupla é a baixa sensibilidade ao ruído e às variações nos valores dos componentes provocadas pelas mudanças de temperatura. Por causa dos longos tempos de conversão, o ADC de inclinação dupla não é usado em aplicação de aquisição de dados. Contudo, os longos tempos de conversão não são problema em aplicações tais como voltímetros ou multímetros, e é nesse tipo de dispositivo que eles encontram sua principal aplicação.

ADC de tensão-frequência

O **ADC de tensão-frequência** é mais simples porque não usa DAC. Ele usa um *oscilador controlado por tensão linear* (*VCO*, do inglês, *voltage-controlled oscillator*) que produz frequência de saída proporcional à tensão de entrada. A tensão analógica a ser convertida é aplicada no VCO para gerar uma frequência de saída. Essa frequência é enviada ao contador durante um $\propto$ intervalo de tempo fixo. A contagem final é proporcional ao valor da tensão analógica.

Para ilustrar, suponha que o VCO gere frequência de 10 kHz para cada volt de entrada (ou seja, 1 V produz 10 kHz, 1,5 V produz 15 kHz, 2,73 V produz 27,3 kHz). Se a tensão analógica de entrada for 4,54 V, a saída do VCO será um sinal de 45,4 kHz que ativa o clock de um contador por, digamos, 10 ms. Após o intervalo de contagem de 10 ms, o contador terá contagem de 454, que é a representação digital de 4,54 V.

Embora este seja um método simples de conversão, ele é complicado de ser implementado com alto grau de precisão por causa da dificuldade relacionada ao projeto de VCOs com precisões maiores que 0,1%.

Uma das principais aplicações desse tipo de conversor é em ambientes industriais barulhentos, em que sinais analógicos pequenos devem ser transmitidos a partir de circuitos transdutores para um computador de controle. Os pequenos sinais analógicos podem ser afetados pelo ruído, se transmitidos diretamente para o computador de controle. A melhor solução é enviar o sinal analógico para um VCO, que gera sinal digital cuja frequência de saída varia de acordo com a entrada analógica. Esse sinal digital é transmitido para o computador, sendo menos afetado pelo ruído. Os circuitos no computador de controle contarão pulsos digitais (ou seja, executarão uma função de medição de frequência) para produzir um valor digital equivalente à entrada analógica original.

Modulação sigma/delta

Outra forma de representar uma informação analógica no formato digital é a **modulação sigma/delta**. Um conversor A/D sigma/delta é um dispositivo de sobreamostragem, o que significa que ele efetua amostras em uma frequência maior que a mínima taxa de amostragem, que é duas vezes maior que a maior frequência mais alta na onda analógica de entrada. A abordagem sigma/delta, como a de tensão-frequência, não produz um número de múltiplos bits para cada amostra. Em vez disso, ela representa a tensão analógica variando a densidade de 1s lógicos em uma sequência única de dados seriais. Para representar a parte positiva da forma de onda, um fluxo de bits com alta densidade de 1s é gerado pelo modulador (por exemplo, 01111101111110111110111). Para representar a parte negativa, uma baixa densidade de 1s (ou seja, uma alta densidade de 0s) é gerada (por exemplo, 00010001000010001000).

A modulação sigma/delta é usada tanto em conversão A/D quanto em D/A. Uma forma de circuito modulador sigma/delta é projetada para converter sinal analógico contínuo em fluxo de bits modulado (A/D). A outra forma converte uma sequência de amostras digitais no fluxo de bits modulado (D/A). Como a nossa perspectiva é a dos sistemas digitais, é mais fácil entender o último desses dois circuitos, porque ele é todo formado pelos componentes digitais que estudamos. A Figura 11.24 mostra um circuito com valor digital com sinal de cinco bits como entrada e converte-o em um fluxo de bits sigma/delta. Vamos supor que os números a serem colocados no intervalo de entrada desse circuito variem de –8 a +8. O primeiro componente é simplesmente um subtrator (a seção delta) parecido com o estudado na Figura 6.14. O subtrator determina quão distante o número de entrada está de seu valor máximo ou mínimo. A diferença costuma ser chamada de sinal de erro. Os dois segundos componentes (o somador e o registrador D) formam um acumulador bastante semelhante ao circuito da Figura 6.10 (a seção sigma). Para cada amostra que entra, o acumulador soma a diferença (sinal de erro) ao total acumulado. Quando o erro é pequeno, esse total (sigma) varia em incrementos pequenos. Quando o erro é grande, varia em grandes incrementos. O último componente compara o total acumulado a um limiar fixado, que nesse caso é 0. Em outras palavras, determina simplesmente se o total é positivo ou negativo. Isso é feito por meio do MSB (bit de sinal) de sigma. Assim que o total se torna positivo, o MSB vai para o nível BAIXO e realimenta a seção delta com o máximo valor positivo (+8). Quando o MSB de sigma se torna negativo, ele realimenta o máximo valor negativo (–8).

FIGURA 11.24 Modulação sigma/delta em um conversor D/A.

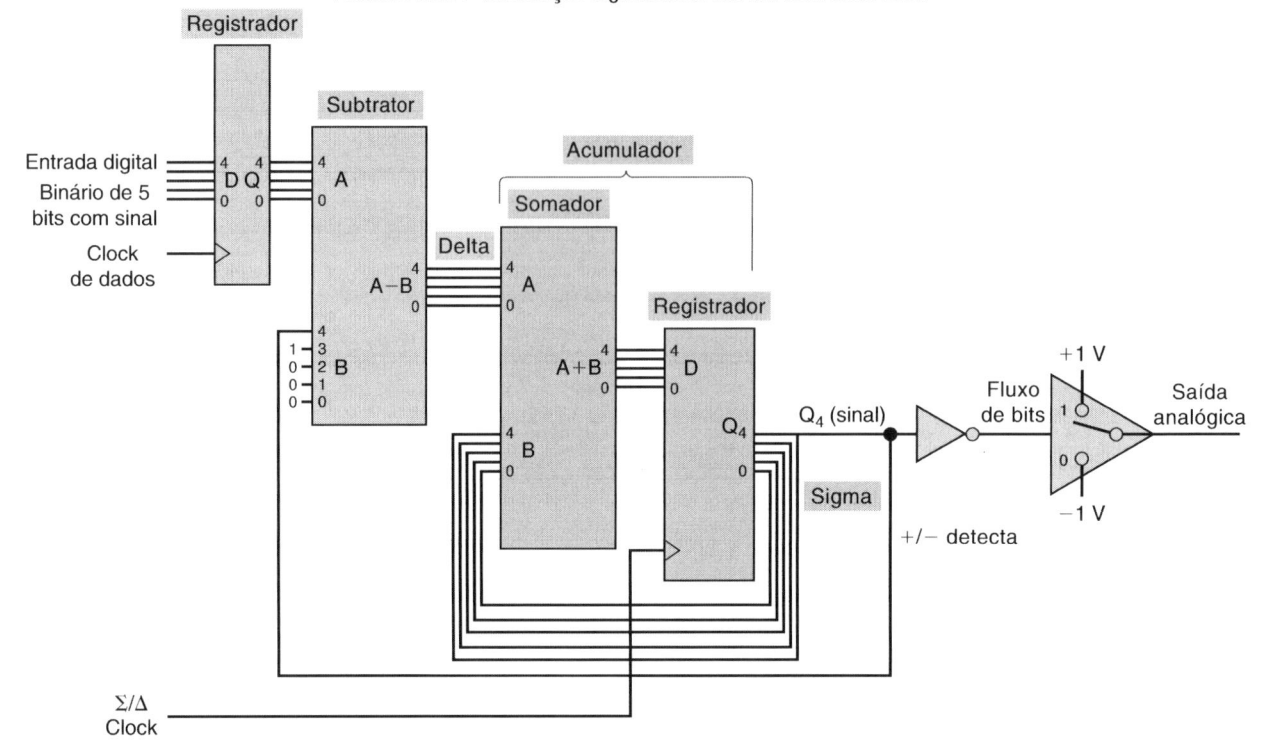

Vamos usar alguns exemplos para investigar as operações de um DAC sigma/delta. A Tabela 11.7 mostra o funcionamento do conversor quando um valor 0 é a entrada. Note que os bits do fluxo de saída alternam entre 1 e 0, e o valor médio da saída analógica é 0 V. A Tabela 11.8 mostra o que acontece quando a entrada digital é 4. Se supusermos que 8 é o fundo de escala, isso representa $\frac{4}{8} = 0{,}5$. A saída está em nível ALTO para as três amostras e em nível BAIXO para uma amostra, padrão que se repete a cada quatro amostras. O valor médio da saída analógica é $(1 + 1 + 1 - 1)/4 = 0{,}5$ V.

TABELA 11.7 Modulador sigma/delta com entrada 0.

Amostra (n)	Entrada digital	Delta	Sigma	Bits de fluxo de saída	Saída analógica	Realimentação
1	0	−8	0	1	1	8
2	0	8	−8	0	−1	−8
3	0	−8	0	1	1	8
4	0	8	−8	0	−1	−8
5	0	−8	0	1	1	8
6	0	8	−8	0	−1	−8
7	0	−8	0	1	1	8
8	0	8	−8	0	−1	−8

TABELA 11.8 Modulador sigma/delta com entrada 4.

Amostra (n)	Entrada digital	Delta	Sigma	Bits de fluxo de saída	Saída analógica	Realimentação
1	4	−4	4	1	1	8
2	4	−4	0	1	1	8
3	4	12	−4	0	−1	−8
4	4	−4	8	1	1	8
5	4	−4	4	1	1	8
6	4	−4	0	1	1	8
7	4	12	−4	0	−1	−8
8	4	−4	8	1	1	8

Vamos utilizar uma entrada −5, que representa $-\frac{5}{8} = -0{,}625$. A Tabela 11.9 mostra a saída resultante. O padrão no fluxo de bits não é periódico. A partir da coluna sigma, é possível ver que são necessárias 16 amostras para o padrão se repetir. Se tomarmos a densidade geral dos bits e calcularmos o valor médio da entrada analógica ao longo de 16 amostras, descobriremos que é igual a −0,625. Aparelhos de CD e MP3 provavelmente usam conversor sigma/delta D/A que operam nesse modo. Os números digitais de 16 bits saem do CD serialmente; então, eles são formatados em padrões de dados paralelos e têm seu clock ativado, transformando-se em conversor. À medida que os números em variação entram no conversor, o valor médio da saída analógica muda. A seguir, a saída analógica passa por um circuito chamado filtro de passagem baixa que atenua as mudanças súbitas e gera

TABELA 11.9 Modulador sigma/delta com entrada −5.

Amostra (n)	Entrada digital	Delta	Sigma	Bits de fluxo de saída	Saída analógica	Realimentação
1	−5	3	−5	0	−1	−8
2	−5	3	−2	0	−1	−8
3	−5	−13	1	1	1	8
4	−5	3	−12	0	−1	−8
5	−5	3	−9	0	−1	−8
6	−5	3	−6	0	−1	−8
7	−5	3	−3	0	−1	−8
8	−5	−13	0	1	1	8
9	−5	3	−13	0	−1	−8
10	−5	3	−10	0	−1	−8
11	−5	3	−7	0	−1	−8
12	−5	3	−4	0	−1	−8
13	−5	3	−1	0	−1	−8
14	−5	−13	2	1	1	8
15	−5	3	−11	0	−1	−8
16	−5	3	−8	0	−1	−8
17	−5	3	−5	0	−1	−8
18	−5	3	−2	0	−1	−8

tensão de variações suaves, que é o valor médio do fluxo de bits. Nos fones de ouvido, esse sinal analógico variável soa exatamente como a gravação original. Um conversor sigma/delta A/D funciona de maneira bem semelhante, mas converte a tensão analógica no fluxo de bits modulado. Para armazenar os dados digitalizados como uma lista de números binários de N bits, a densidade média de bits de 2^N amostras de fluxo de bits é calculada e armazenada.

ADC com pipeline

Um **ADC com pipeline** usa dois ou mais estágios de subfaixas. Cada estágio contém um ADC de n-bits junto com um DAC de n-bits, como mostrado na Figura 11.25(a). O primeiro estágio realizará uma conversão sem precisão da entrada analógica e produzirá os bits mais significativos para serem usados para a saída digital. Este resultado digital é convertido em tensão analógica interna pelo DAC. A saída do DAC será subtraída da entrada analógica original. A diferença entre o sinal de entrada e a saída DAC será amplificada por um ganho de conjunto, G, e é referida como sinal residual, convertido para uma resolução mais fina pelo próximo estágio de pipeline [ver Figura 11.25(b)]. Cada estágio de subfaixa produzirá uma resolução mais fina da entrada analógica. O sinal residual produzido pelo último estágio será digitalizado por um bloco ADC final, gerando os bits de resolução mais fina para o ADC com pipeline, que é, essencialmente, um refinamento do ADC de aproximação sucessiva no qual o sinal de referência de retorno consiste na conversão provisória de um conjunto de bits, em vez de apenas o próximo bit mais significativo. Ao utilizar ADCs flash de 3 ou 4 bits nos estágios de subfaixas, o ADC com pipeline é rápido, tem alta resolução e é relativamente barato. Esta técnica se tornou muito popular.

FIGURA 11.25 ADC com pipeline. (a) Diagrama de bloco de um único estágio de subfaixa; (b) estágios de subfaixas múltiplos com pipeline juntos.

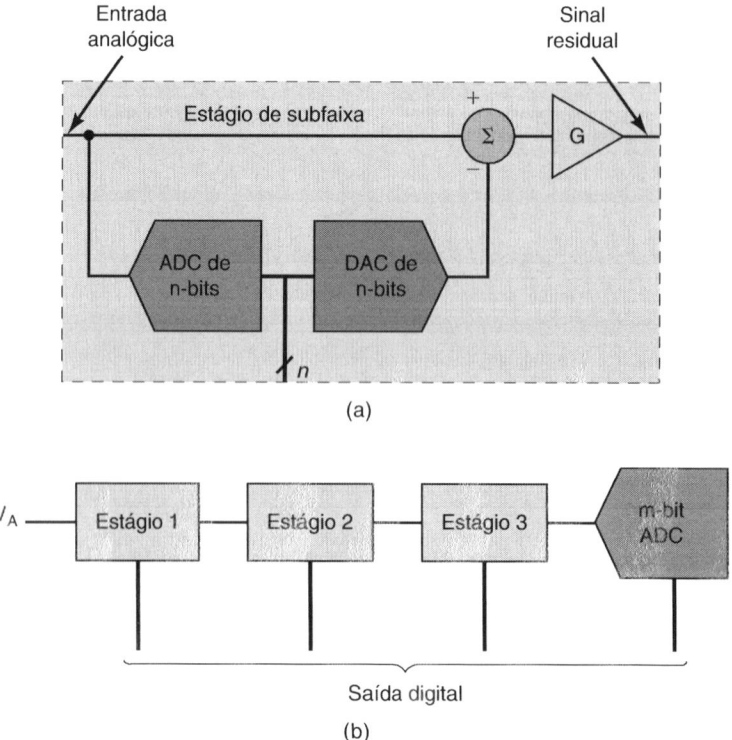

QUESTÕES DE REVISÃO

1. O que estágios de subfaixas múltiplos produzem em um ADC com pipeline?
2. Qual é o principal elemento de um ADC tensão-frequência?
3. Cite duas vantagens e uma desvantagem de um ADC de rampa dupla.
4. Cite três tipos de ADCs que não usam um DAC.
5. Quantos bits de dados de saída um modulador sigma/delta usa?

11.14 ARQUITETURAS TÍPICAS PARA APLICAÇÕES DE ADCS

OBJETIVOS

Após ler esta seção, você será capaz de:

- Categorizar as várias estratégias do ADC.
- Relacionar as categorias às aplicações típicas.

A maioria das aplicações de ADCs tende a cair em uma dessas quatro áreas (listadas na ordem das velocidades de conversão exigidas, da mais baixa para a mais alta): medição industrial de precisão, voz/áudio, aquisição de dados e alta velocidade. A baixa taxa de amostragem, alta resolução e boa rejeição ao ruído de ADCs integrados de inclinação dupla são características ideais para o monitoramento de sinais CC com instrumentação, como multímetros digitais. Uma ampla variedade de aplicações de medição industrial que exigem larguras de faixa moderadas e alta resolução, incluindo monitoramento de sensores e controle motor, usam ADCs sigma/delta. Com sua alta resolução e sobreamostragem inerente, ADCs sigma/delta dominam as aplicações de voz e áudio. A aproximação sucessiva é a principal estruturação para a maioria dos sistemas de aquisição de dados complexos que precisam digitalizar múltiplos canais de dados analógicos. A arquitetura pipeline é uma escolha para muitas aplicações de alta velocidade, como osciloscópios digitais, analisadores de espectro, exames médicos por imagem, vídeos digitais (DVDs e HDTV), radares, comunicadores e câmeras digitais. Aplicações de velocidade mais alta podem exigir a arquitetura de flash para ADC, a um custo relativamente alto e baixa resolução.

QUESTÕES DE REVISÃO

1. Cite aplicativos de conversores A/D sigma/delta.
2. Informe uma aplicação de conversores A/D integrados de inclinação dupla.
3. Liste alguns aplicativos de ADCs com pipeline.
4. Qual ADC é mais bem incluído em sistemas de aquisição de dados baseados em microcontroladores?

11.15 CIRCUITOS DE AMOSTRAGEM E RETENÇÃO

OBJETIVO

Após ler esta seção, você será capaz de:

- Descrever o papel de um circuito de amostragem e retenção.

Quando uma tensão analógica é conectada diretamente à entrada de um ADC, o processo de conversão pode ser adversamente afetado se a tensão analógica estiver mudando durante o tempo de conversão. A estabilidade se dá por meio de um **circuito de amostragem e retenção** (**S/H**, do inglês, *sample-and-hold circuit*) para manter a tensão analógica durante a conversão A/D. Um diagrama simplificado de um circuito S/H é mostrado na Figura 11.26.

O circuito S/H contém um amplificador buffer A_1 com ganho unitário que apresenta alta impedância para o sinal analógico e tem baixa impedância de saída capaz de carregar rapidamente o capacitor de retenção, C_h, que será conectado na saída de A_1 quando a chave controlada digitalmente for fechada. Isso é denominado operação de *amostragem*. A chave será fechada para carregar C_h com o valor atual da entrada analógica. Por exemplo, se a chave for fechada no instante t_0, a saída A_1 carregará rapidamente C_h até a tensão V_0. Quando a chave abrir, C_h *manterá* essa tensão, de modo que a saída de A_2 aplicará essa tensão no ADC. O amplificador buffer de ganho unitário A_2 apresenta alta impedância de entrada que não descarrega a tensão no capacitor durante o tempo de conversão do ADC, e, dessa forma, o ADC receberá a tensão CC de entrada V_0.

FIGURA 11.26 Diagrama simplificado de um circuito S/H.

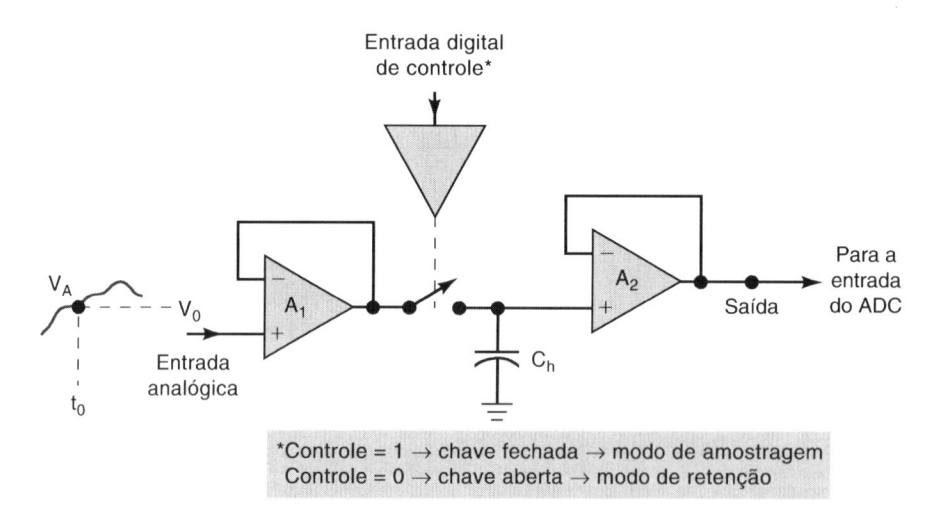

Em um sistema de aquisição de dados controlado por computador, como o discutido, a chave S/H seria controlada por um sinal digital, que fecharia a chave para que C_h fosse carregada com a nova amostra da tensão analógica; o intervalo durante o qual a chave teria de permanecer fechada é denominado **tempo de aquisição** e depende do valor de C_h e das características do circuito S/H. O sinal do computador abriria, então, a chave para possibilitar que C_h guardasse seu valor e fornecesse tensão analógica relativamente constante à saída A_2.

O AD781 é um circuito integrado S/H que possui um tempo de aquisição máximo de 700 ns. Durante o tempo de retenção, a tensão do capacitor cairá (descarregará) em uma velocidade de apenas 0,01 $\mu V/\mu s$. A queda de tensão dentro do intervalo de amostragem deve ser inferior ao peso do LSB. Por exemplo, um conversor de 10 bits com um intervalo de fundo de escala de 10 V deveria ter peso de LSB de cerca de 10 mV. Levaria 1 s para que a queda do capacitor igualasse o peso do LSB do ADC. Não haveria, contudo, necessidade de se guardar a amostra por tempo tão longo no processo de conversão.

QUESTÕES DE REVISÃO

1. Descreva a função do circuito S/H.
2. *Verdadeiro ou falso*: os amplificadores em um circuito S/H são usados para ampliar a tensão.

11.16 MULTIPLEXAÇÃO

OBJETIVOS

Após ler esta seção, você será capaz de:
- Usar um ADC multicanal.
- Descrever o papel do MUX analógico em um ADC multicanal.

Quando entradas analógicas de fontes diversas precisam ser convertidas, pode-se usar uma técnica de multiplexação, de modo que um ADC possa ser compartilhado. O esquema básico para um sistema de aquisição de quatro canais está representado na Figura 11.27. A chave rotatória *S* é usada para comutar cada sinal analógico para a entrada do ADC, um por vez, em sequência. O circuito de controle controla o posicionamento da chave de acordo com os bits de *seleção de endereço*, A_1, A_0, do contador de módulo 4. Por exemplo, com $A_1 A_0 = 00$, a chave conecta V_{A0} à entrada do ADC, $A_1 A_0 = 01$ conecta V_{A1} à entrada do ADC, e assim por diante. Cada canal de entrada tem um código de endereço que, quando presente, conecta esse canal ao ADC.

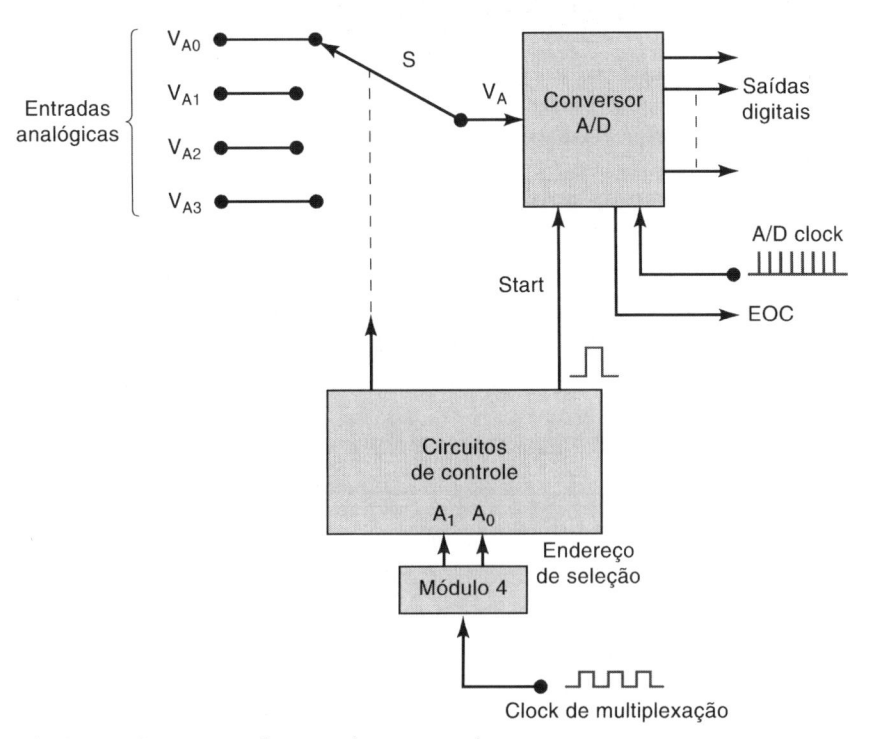

FIGURA 11.27 Conversão de quatro entradas analógicas, por meio de multiplexação, por um ADC.

A operação ocorre da seguinte maneira:
1. Com o endereço de seleção = 00, V_{A0} é conectado na entrada do ADC.
2. O circuito de controle gera um pulso START para iniciar a conversão de V_{A0} em seu equivalente digital.

3. Quando a conversão estiver completa, *EOC* sinaliza que o dado de saída do ADC está pronto. Em geral, esse dado é transferido para o computador pelo barramento de dados.
4. O clock de multiplexação incrementa o endereço de seleção para 01, o que conecta V_{A1} no ADC.
5. Os passos 2 e 3 são repetidos com o equivalente digital de V_{A1}, presente nas saídas do ADC.
6. O clock de multiplexação incrementa o endereço de seleção para 10, e V_{A2} é conectado ao ADC.
7. Os passos 2 e 3 são repetidos com o equivalente digital de V_{A2}, presente nas saídas do ADC.
8. O clock de multiplexação incrementa o endereço de seleção para 11, e V_{A3} é conectado ao ADC.
9. Os passos 2 e 3 são repetidos com o equivalente digital de V_{A3}, presente nas saídas do ADC.

O clock de multiplexação controla a velocidade em que os sinais analógicos são chaveados em sequência para o ADC. A velocidade máxima é determinada pelo atraso das chaves e o tempo de conversão do ADC. O atraso da chave pode ser minimizado usando-se chaves semicondutoras, tais como a chave bilateral CMOS descrita no Capítulo 8. Ela pode ser necessária para conectar um circuito S/H à entrada do ADC, se a entrada analógica variar de modo significativo durante o tempo de conversão do ADC.

Muitos circuitos integrados ADCs contêm o circuito de multiplexação no mesmo chip do ADC. O ADC0808, por exemplo, pode multiplexar oito diferentes entradas analógicas em um ADC. Ele usa um código de entrada de seleção de três bits para determinar a entrada analógica a ser conectada ao ADC.

QUESTÕES DE REVISÃO

1. Qual é a vantagem do esquema de multiplexação?
2. Como o contador de endereço deveria ser alterado se existissem oito entradas analógicas?

11.17 PROCESSAMENTO DIGITAL DE SINAIS (DSP)

OBJETIVOS

Após ler esta seção, você será capaz de:

■ Descrever o processo de realização do DSP.
■ Descrever a filtragem digital.
■ Descrever os blocos funcionais necessários em um DSP.
■ Definir termos comuns para aplicativos DSP.

Uma das áreas mais dinâmicas dos sistemas digitais hoje em dia é o campo do **processamento digital de sinais** (**DSP**, do inglês, *digital signal processing*). O DSP é um microprocessador que foi otimizado para realizar cálculos repetitivos sobre uma série de dados digitalizados. Esses dados, em geral, são fornecidos para o DSP a partir de um conversor A/D. Explicar a matemática que possibilita a um DSP processar esses dados é algo que vai além do escopo deste livro, portanto, basta dizer que, para cada novo dado recebido, os cálculos são realizados (rapidamente). Esses cálculos envolvem os dados mais recentes, assim como diversos outros relativos a amostras anteriores. O resultado dos cálculos produz uma nova saída de dados, geralmente enviada para um conversor D/A. Um sistema DSP é semelhante ao diagrama em bloco mostrado na Figura 11.1. A mais significativa diferença está no hardware especializado contido na seção do computador.

A principal aplicação de DSP é na filtragem e no condicionamento de sinais analógicos. Como um exemplo bastante simples, um DSP pode ser programado para receber uma forma de onda analógica, como a saída de um amplificador de áudio, e passar para a saída apenas os componentes abaixo de certa frequência. Todas as frequências altas são atenuadas pelo filtro. Talvez você se lembre do seu estudo de circuitos analógicos, de que o mesmo pode ser conseguido com um simples filtro de passagem baixa feito com um resistor e um capacitor. A vantagem que o DSP tem sobre os resistores e capacitores é a flexibilidade de alterar a frequência de corte sem substituição de componente. Em vez disso, os números são simplesmente alterados nos cálculos para se adaptarem à resposta dinâmica do filtro. Você já esteve em um auditório no qual o sistema de som começou a apitar? Isso é evitado se a frequência degenerativa realimentada puder ser filtrada. Infelizmente, a frequência que provoca o apito muda com o número de pessoas no ambiente, com as roupas que estiverem usando e muitos outros fatores. Com um equalizador de áudio baseado em DSP, a frequência de oscilação é detectada e os filtros são ajustados de forma dinâmica para sintonizá-la.

Filtragem digital

Para entender a filtragem digital, imagine que você esteja comprando e vendendo ações. Para decidir quando comprar e vender, é preciso conhecer o comportamento do mercado. Você deseja ignorar variações repentinas, de curto prazo (alta frequência), mas reagir a uma tendência total (médias de 30 dias). Você lê o jornal, todos os dias faz uma amostragem do preço de fechamento de suas ações e as registra. Então, usa uma fórmula para calcular a média dos preços dos últimos 30 dias. Esse valor médio é registrado conforme mostrado na Figura 11.28, e o gráfico resultante é usado para tomar decisões. Esta é uma forma de filtragem do sinal digital (sequência de amostras de dados) que representa a atividade do mercado de ações.

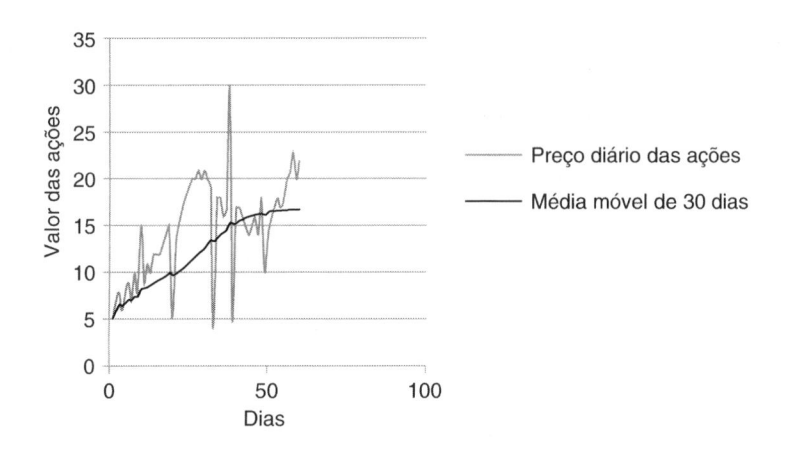

FIGURA 11.28 Filtragem digital da atividade do mercado de ações.

Agora, imagine que, em vez de preços das ações, um sistema digital está amostrando um sinal de áudio (analógico) de um microfone com um conversor A/D. Em vez de uma amostragem por dia, ele amostra 20 mil vezes por segundo (uma amostra a cada 50 μs). Calcula-se uma média ponderada usando-se os dados relativos às últimas 256 amostras e produz-se um único dado de saída. Uma **média ponderada** significa que alguns dados são considerados mais importantes que outros. Cada uma das amostras é multiplicada por um número fracionário (entre 0 e 1) antes de elas serem somadas. Essa operação do cálculo da média está processando (filtrando) o sinal de áudio. A parte mais difícil dessa forma de DSP está em determinar as constantes corretas dos pesos para o cálculo da média a fim de obter as características desejadas do filtro. Felizmente, existem softwares disponíveis para PCs que fazem isso facilmente. O hardware especial de DSP tem de realizar as seguintes operações:

Ler a amostra mais recente (um novo número) a partir do conversor A/D.
Substituir a primeira amostra (de 256) pela mais recente do conversor A/D.
Multiplicar cada uma das 256 amostras pela correspondente constante de peso.
Somar todos esses produtos.
Fornecer o resultado da soma dos produtos (1 número) para o conversor D/A.

A Figura 11.29 mostra a estrutura básica de um DSP. A seção de multiplicação e acumulação (**MAC**) é a parte central de todos os DSPs e é usada na maioria das aplicações. Um hardware especial, como o que você conhecerá no Capítulo 12, é usado para implementar o sistema de memória que armazena os dados das amostras e os valores dos pesos. A **unidade lógica e aritmética** e o *barrel shifter* (registrador de deslocamento) fornecem o suporte necessário para tratar com o sistema de numeração binário enquanto processa os sinais.

FIGURA 11.29 Arquitetura de um processador digital de sinais.

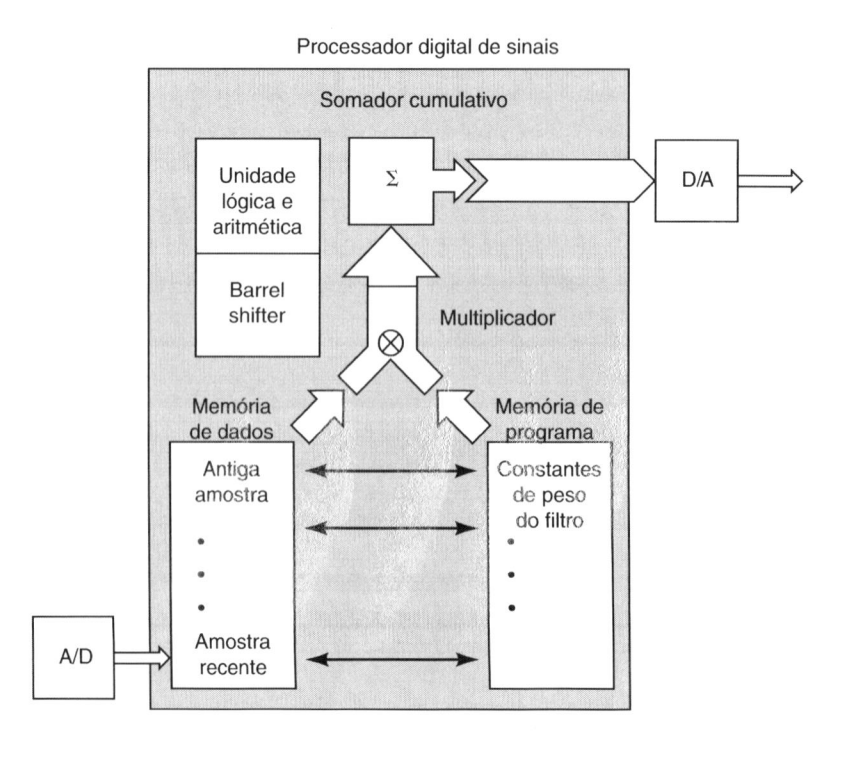

Outra aplicação útil de DSP é a **sobreamostragem** ou **filtragem por interpolação**. Como você deve se lembrar, a forma de onda reconstruída é uma aproximação da original em razão do erro de quantização. As mudanças súbitas de um dado relativo a um ponto para o próximo também introduzem ruído de alta frequência no sinal reconstruído. Um DSP é capaz de inserir dados interpolados no sinal digital. A Figura 11.30 mostra como uma filtragem por interpolação com sobreamostragem 4X suaviza uma forma de onda e faz a filtragem final possível com um circuito analógico mais simples. O DSP realiza essa função nos CD players para proporcionar uma excelente reprodução de áudio. Os pontos redondos representam os dados gravados digitalmente na mídia. Os triângulos representam os pontos de dados interpolados que o filtro digital insere em seu aparelho antes do filtro analógico final de saída.

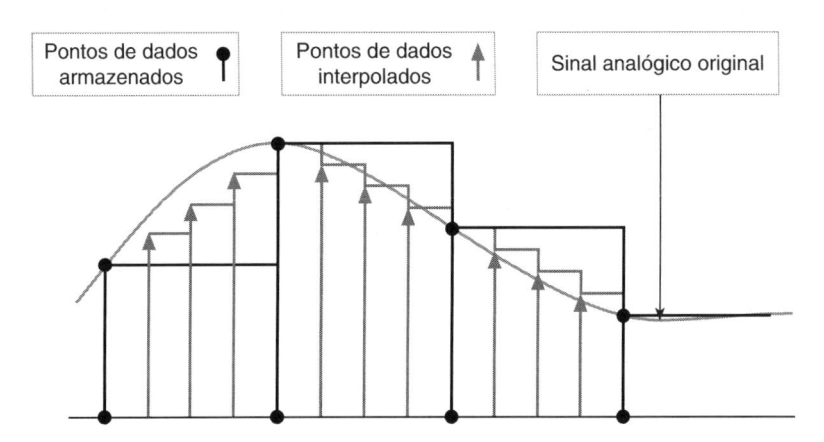

FIGURA 11.30 Inserção de pontos de dados interpolados em um sinal digital para redução de ruído.

Muitos dos conceitos importantes que você precisa entender para passar para o estudo de DSP foram apresentados neste capítulo e em anteriores. O hardware e os métodos de conversão A/D e D/A, com os conceitos de aquisição de dados e amostragem, são fundamentais. Tópicos como representação de números binários com sinal (incluindo frações), adição binária com sinal e multiplicação (abordada no Capítulo 6) e registradores de deslocamento (Capítulo 7) são necessários para se compreender o hardware e a programação de um DSP. Conceitos de sistemas de memória, apresentados no próximo capítulo, também serão importantes.

O DSP está sendo integrado em muitos sistemas familiares a você. MP3 players usam DSP para filtrar os dados digitais que estão sendo lidos do disco para minimizar o ruído de quantização que é inevitavelmente causado pela digitalização da música. Sistemas de telefonia usam DSP para cancelamento de eco nas linhas de telefone. Caixas com efeitos especiais para guitarras e outros instrumentos proporcionam eco, *reverb*, *phasing* e outros efeitos usando DSP. O uso de aplicações baseadas em DSP está crescendo atualmente, na mesma velocidade em que as aplicações de microprocessadores cresceram no início da década de 1980. Elas fornecem uma solução digital para muitos problemas analógicos tradicionais. Alguns outros exemplos de aplicações incluem reconhecimento de voz, criptografia de dados para telecomunicações, transformadas rápidas de Fourier (FFTs, do inglês *fast Fourier transforms*), processamento de imagens em televisão digital, formação de feixes ultrassônicos em eletrônica biomédica e cancelamento de ruído em controles industriais. Com a continuação dessa tendência, veremos, em breve, todos os sistemas eletrônicos contendo circuitos de processamento de sinais.

> **QUESTÕES DE REVISÃO**
>
> 1. Qual é a principal aplicação de DSP?
> 2. Qual é a fonte típica de dados digitais para um DSP?
> 3. Qual é a vantagem de um filtro baseado em DSP sobre um filtro analógico?
> 4. Qual é a característica central de um hardware de um DSP?
> 5. Quantos pontos de dados interpolados são inseridos entre amostras quando se realiza filtragem digital com sobreamostragem 4X? Quantos pontos são inseridos para uma sobreamostragem 8X?

11.18 APLICAÇÕES DE INTERFACEAMENTO ANALÓGICO

Objetivo

Após ler esta seção, você será capaz de:

- Identificar aplicações comuns de técnicas A/D e D/A.

O mundo a nossa volta é basicamente analógico, mas os sistemas eletrônicos que lidam com as informações analógicas são, sobretudo, digitais. Isto, é claro, significa que será necessário fornecer circuitos de interface entre as porções analógicas e as digitais de todo o sistema. Incluí-los no sistema resultará em complexidade adicional, mais gastos e atrasos de processamento. Nossa motivação para empregar sistemas digitais é que eles têm vantagens inerentes sobre os analógicos em algumas características importantes como velocidade de operação, tamanho, exatidão e precisão dos dados processados, facilidade de projeto e baixo custo global. Além disso, sistemas digitais são muito mais flexíveis que circuitos analógicos equivalentes. Vamos examinar algumas aplicações comuns que utilizam interfaceamento analógico em sistemas digitais.

Sistemas de aquisição de dados

O processo de adquirir e armazenar informações digitalizadas é chamado de aquisição de dados. Dados analógicos são convertidos por um ADC, e os valores binários resultantes são, então, armazenados na memória. O sistema de aquisição de dados monitora diversas questões, como ambiente, processos industriais ou informações de áudio e vídeo. Os dados coletados são processados por um computador e, muitas vezes, gerados para algum tipo de display. Os resultados também podem ser usados para controlar a operação de um sistema ou um processo. Sistemas de medição baseados em computador servem para uma série de aplicações.

Um diagrama de bloco típico de um sistema de aquisição de dados é mostrado na Figura 11.31. Transdutores (ou sensores) são dispositivos que convertem um fenômeno físico ou uma propriedade (por exemplo, temperatura, esforço, pressão ou luz) em quantidades elétricas, como voltagem ou resistência. Transdutor e características de ADCs determinam a precisão do sistema de aquisição de dados. Estas características também definem muitos dos requisitos de condicionamento de sinal do sistema de medição. Os sinais do transdutor normalmente têm de ser modificados de alguma maneira por amplificação, atenuação, isolamento ou, talvez, usados em um arranjo de ponte elétrica. Todas essas são funções comuns realizadas pelo bloco de condicionamento de sinal. O bloco de amostragem e retenção é usado para capturar um sinal analógico em mudança durante o processo de conversão analógica para digital. A saída digital do ADC é transferida serialmente ou em paralelo ao computador para armazenamento e processamento.

FIGURA 11.31 Diagrama de bloco de um sistema de aquisição de dados.

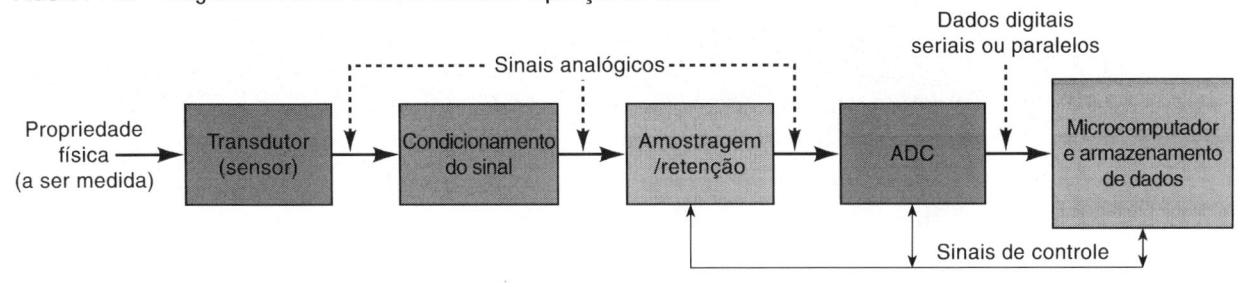

Para aquisição de múltiplos dados de sinais de entrada analógicos, um ADC com canais de entrada multiplexados pode ser usado, com transdutores em separado, condicionamento de sinal e blocos de amostragem e retenção para cada sinal analógico. Monitores de coração encontrados em um hospital e os osciloscópios de armazenamento digital em um laboratório são sistemas de aquisição de dados. Osciloscópios são projetados para medir entradas de voltagem diretamente, de maneira que não têm o bloco de transdutor incluído no diagrama.

Câmera digital

Outra aplicação familiar que faz interfaceamento entre dispositivos analógicos e sistema digital é a câmera digital. Um diagrama de bloco simplificado de uma câmera digital é mostrado na Figura 11.32. Este sistema eletrônico é semelhante ao de aquisição de dados já discutido. O transdutor usado em uma câmera digital é um dispositivo acoplado de carga (CCD), que consiste de uma matriz de 2 dimensões de capacitores conectados para formar um registro de deslocamento analógico. Uma imagem é projetada através da lente da câmera na superfície do CCD. A energia de luz faz cada capacitor acumular carga elétrica proporcional à intensidade de luz no local. Os sinais analógicos são, então, lidos a partir do CCD, deslocando as cargas elétricas pelos capacitores sucessivos, sob o controle de drivers e circuitos de temporização. As séries de tensões analógicas produzidas pelas cargas de capacitor são amplificadas (condicionamento de sinal) e digitalizadas pelo ADC. O bloco DSP aplica um algoritmo de processamento de sinal de imagem aos dados digitais resultantes antes de armazenar as informações em um dispositivo de memória. Os dados digitais são comprimidos e exigem menos espaço de armazenamento. A **compressão de dados** é o processo de codificação de informações com menos bits representando os dados originais. A compressão de dados funciona somente quando tanto o transmissor quanto o receptor da informação entendem o esquema de codificação específico.

FIGURA 11.32 Diagrama de bloco de uma câmera digital.

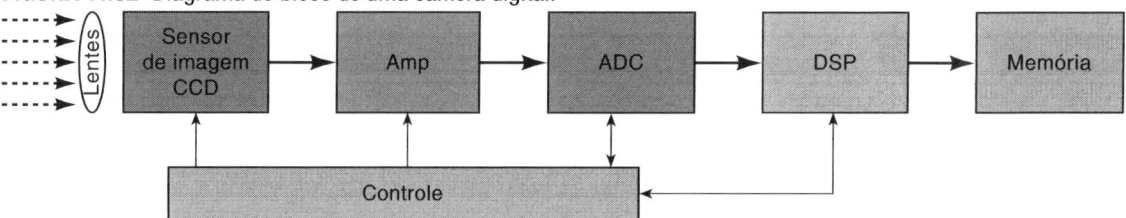

Há muitos esquemas de codificação diferentes, de maneira que é preciso saber qual foi aplicado para se decodificar a informação. Um método de compressão de dados comum para imagens fotográficas, JPEG, é assim chamado em razão do comitê (Joint Photographic Experts Group) que criou o padrão. Esse método de compressão costuma ter perdas, o que significa que algumas informações da imagem original são perdidas e não podem ser restauradas, possivelmente afetando a qualidade da imagem. Existem também técnicas sem perda que podem ser usadas para a compressão de dados. Fatores a serem considerados quando se escolhe usar um esquema de compressão de dados incluem o grau de compressão, o montante de distorção que será apresentado ao se usar uma técnica de compressão com perdas e os recursos computacionais exigidos para se comprimir e descomprimir os dados.

Telefone celular digital

Como exemplo final de dispositivos que exigem interfaceamento de sinais analógicos para sistema digital, vamos examinar mais uma vez o telefone celular digital. Um diagrama de bloco simplificado é mostrado na Figura 11.33. O sinal de voz analógico é captado por um microfone e precisa ser amplificado e filtrado para reduzir sua largura de banda (condicionamento de sinal, de novo) antes de ser digitalizado pelo ADC. Da mesma maneira, a informação digital recebida deve ser convertida de volta para um sinal analógico pelo DAC. A saída analógica do DAC passa, então, por um filtro de passagem baixa para recuperar a informação de voz de frequência mais baixa amplificada de maneira que seja ouvida do alto-falante do telefone. A codificação da informação de voz analógica em formato digital e a decodificação de volta para uma saída analógica é realizada pelo **codec** de voz. Um hardware codec combina as funções do codificador (ADC) e do decodificador (DAC), assim como o condicionamento de sinal em um chip CI complexo. O bloco DSP desempenha diversas funções de processamento, incluindo compressão de dados e codificação da informação de fala digitalizada do ADC (ou texto e dados de foto). A compressão de dados reduz os requisitos de largura de banda para transmissão, e a codificação proporciona uma transmissão segura dos dados. O bloco transmissor de RF desempenha a modulação e amplificação do sinal de radiofrequência enviado para a torre de celular. O bloco receptor de RF amplifica o sinal de radiofrequência recebido da torre e o demodula para obter a informação digital a ser processada pelo bloco DSP, que realiza a decodificação e descompressão de dados da informação de voz ou outros enviados para o telefone.

FIGURA 11.33 Diagrama de bloco simplificado de um telefone celular digital.

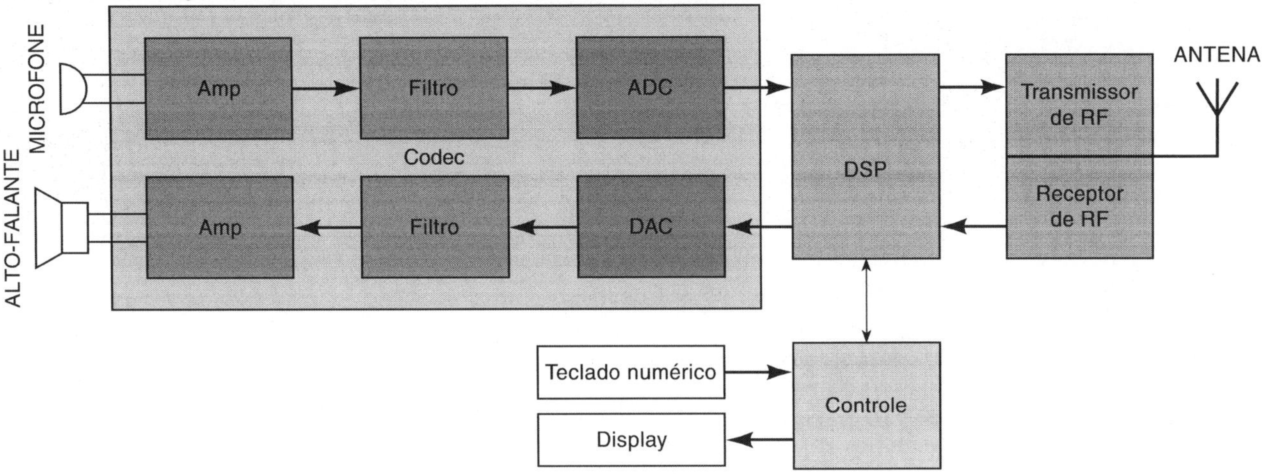

Há algumas tarefas importantes que o telefone celular foi capaz de realizar sem que você nem pensasse a respeito. Ele tem de se comunicar com a torre celular mais próxima para deixar que o sistema saiba que seu telefone está lá; tem de escolher os canais de comunicação para sua chamada; tem de passar a chamada para outra torre à medida que você e seu telefone se deslocam. Trata-se de um equipamento eletrônico realmente espetacular!

QUESTÃO DE REVISÃO

1. Cite três aplicativos de interface analógica.

RESUMO

1. Variáveis físicas que desejamos medir, como temperatura, pressão, umidade, distância, velocidade etc., são quantidades que variam. Um transdutor pode ser usado para converter essas quantidades em sinal elétrico de tensão ou corrente que varie de modo proporcional à variável física. Essas tensões variáveis continuamente ou sinais de corrente são denominados sinais *analógicos*.

2. Para medir uma variável física, o sistema digital deve atribuir um número binário ao valor analógico presente naquele instante. Isso é realizado por um conversor A/D. Para gerar valores de tensões ou correntes que controlem processos físicos, o sistema digital deve converter números binários em magnitudes de tensão ou corrente. Isso é realizado por um conversor D/A.

3. O conversor D/A com *n* bits divide uma faixa de valores analógicos (tensão ou corrente) em $2^n - 1$ partes. O tamanho ou magnitude de cada parte é o valor analógico equivalente ao peso do bit menos significativo. Isso é denominado *resolução* ou *tamanho do degrau*.

4. A maioria dos conversores D/A usa redes de resistências que fazem quantidades de correntes ponderadas fluir quando alguma das entradas binárias é ativada. A quantidade de corrente é proporcional ao peso binário de cada bit de entrada. Essas correntes ponderadas são somadas para gerar o sinal analógico de saída.

5. O conversor A/D deve atribuir um número binário a uma quantidade analógica (variável contínua). A precisão com que um conversor A/D realiza essa conversão depende da quantidade de números a que ele pode fazer atribuições e do tamanho da faixa analógica. A menor alteração no valor analógico que um ADC chega a medir é denominada *resolução*, o peso do bit menos significativo.

6. Amostrando-se repetidamente o sinal analógico de entrada, convertendo-o para digital e armazenando os valores em um dispositivo de

memória, uma forma de onda analógica pode ser capturada. Para se reconstruir o sinal, os valores digitais são lidos do dispositivo de memória na mesma velocidade com a qual foram armazenados e, então, são enviados para um conversor D/A. A saída do D/A é filtrada para suavizar os degraus e reconstruir a forma de onda original. A largura de banda do sinal amostrado é limitada a $\frac{1}{2} F_S$. Frequências de entrada maiores que $\frac{1}{2} FS$ criam sinal *falso* com frequência igual à diferença entre o múltiplo inteiro mais próximo de F_S e a frequência de entrada. Essa diferença será sempre menor que $\frac{1}{2} F_S$.

7. O ADC de rampa digital é o tipo mais simples, mas é pouco usado porque seu tempo de conversão é variável. Um conversor de aproximações sucessivas tem tempo de conversão constante e é, provavelmente, o conversor de uso geral mais comum.

8. Conversores do tipo flash usam comparadores analógicos e codificador de prioridade para atribuir valor digital a uma entrada analógica. São os mais rápidos, uma vez que os únicos atrasos envolvidos são atrasos de propagação.

9. Outros métodos populares de A/D incluem aqueles com pipeline, integração, conversão tensão-frequência e conversão sigma/delta. Cada tipo de conversor tem seu próprio nicho de aplicações.

10. Qualquer conversor D/A pode ser usado com outros circuitos, como multiplexadores analógicos, que selecionam um dos diversos sinais analógicos a serem convertidos, um de cada vez. Circuitos S/H podem ser usados para "congelar" um sinal analógico que varia rapidamente enquanto a conversão está sendo realizada.

11. Processamento digital de sinais é um novo campo fascinante da eletrônica que está em desenvolvimento. Esses dispositivos possibilitam que cálculos sejam realizados rapidamente para emular, digitalmente, a operação de muitos circuitos de filtros analógicos. A principal característica da arquitetura de um DSP é um circuito de hardware multiplicador e somador que multiplica pares de números entre si e acumula a soma desses produtos. Esse circuito é usado para se realizar eficientemente os cálculos da média móvel utilizados para implementar filtros digitais e outras funções de DSP, responsáveis por avanços recentes em áudio de alta fidelidade, TV de alta definição e telecomunicações.

TERMOS IMPORTANTES

quantidade digital
quantidade analógica
transdutor
conversor analógico-digital (ADC)
conversor digital-analógico (DAC)
saída de fundo de escala
resolução
escada
erro de fundo de escala
erro de linearidade
erro de offset
tempo de estabilização
monotonicidade

digitalização
ADC de rampa digital
erro de quantização
amostragem
frequência de amostragem, F_S
sinal falso
subamostragem
conversor de aproximações sucessivas (SAC)
entradas diferenciais
WRITE
conversor flash
ADC de rampa dupla
ADC de tensão-frequência
modulação sigma/delta

ADC com pipeline
circuito de amostragem e retenção (S/H)
tempo de aquisição
processamento digital de sinais (DSP)
média ponderada
MAC
unidade lógica e aritmética
barrel shifter
sobreamostragem
filtragem por interpolação
compressão de dados
codec

PROBLEMAS*

SEÇÕES 11.1 E 11.2

11.1 Exercício de fixação

B
(a) Qual é a expressão que relaciona a saída às entradas de um DAC?

(b) Defina *tamanho de degrau* para um DAC.

(c) Defina *resolução* para um DAC.

(d) Defina *fundo de escala*.

(e) Defina *resolução percentual*.

(f)* *Verdadeiro ou falso*: um DAC de 10 bits terá resolução pior que um de 12 bits para a mesma saída de fundo de escala.

---

* As respostas para os problemas marcados com uma estrela (*) podem ser encontradas ao final do livro.

(g)★ *Verdadeiro ou falso*: um DAC de 10 bits com saída de fundo de escala de 10 V tem resolução percentual menor que um de 10 bits com 12 V de fundo de escala.

11.2 Um DAC de 8 bits produz tensão de saída de
B 2 V para um código de entrada de 01100100. Qual será o valor de V_{OUT} para um código de entrada de 10110011?

11.3★ Determine o peso de cada bit de entrada
B para o DAC do Problema 11.2.

11.4 Qual é a resolução do DAC do Problema
B 11.2 em volts e em porcentagem?

11.5★ Qual é a resolução em volts de um DAC de
B 10 bits cuja saída F.S. é 5 V?

11.6 Quantos bits são necessários para um DAC
B de modo que sua saída F.S. seja 10 mA e sua resolução seja menor que 40 μA?

11.7★ Qual é a resolução percentual do DAC mos-
B trado na Figura 11.34? Qual será o tamanho do degrau se o superior for de 2 V?

11.8 Qual é a causa dos spikes na forma de onda
C V_{OUT} na Figura 11.34? (*Dica*: note que o contador é ondulante e que os spikes ocorrem em degraus alternados.)

11.9★ Supondo um DAC de 12 bits com precisão
B perfeita, a que valor mais próximo de 250 rpm a velocidade do motor pode ser ajustada na Figura 11.4?

11.10 Um DAC de 12 bits tem saída de fundo de escala de 15 V. Determine o tamanho do degrau, a resolução percentual e o valor de V_{OUT} para um código de entrada de 011010010101.

11.11★ Um microcontrolador possui um port de saída de oito bits que deve ser usado para acionar um DAC. O DAC disponível tem 10 bits de entrada e saída de fundo de escala de 10 V. A aplicação requer tensão entre 0 e 10 V em degraus de 50 mV ou menores. Quais 8 bits do DAC de 10 bits serão conectados ao port de saída?

11.12 Você precisa de um DAC que suporte um intervalo de 12 V com resolução de 20 mV ou menos. Quantos bits são necessários?

SEÇÃO 11.3

11.13★ O tamanho do degrau do DAC mostrado na
D Figura 11.5 pode ser mudado alterando-se o valor de R_F. Determine o valor requerido de R_F para um tamanho de degrau de 0,5 V. O novo valor de R_F altera a resolução percentual?

11.14 Suponha que a saída do DAC mostrado na
D Figura 11.7(a) esteja conectada ao amplificador operacional da Figura 11.7(b).

(a) Com $V_{REF} = 5$ V, $R = 20$ kΩ e $R_F = 10$ kΩ, determine o tamanho do degrau e a tensão de fundo de escala de V_{OUT}.

(b) Mude o valor de R_F de modo que a tensão de fundo de escala de V_{OUT} seja -2 V.

(c) Use esse novo valor de R_F e determine o fator de proporcionalidade, K, na relação $V_{OUT} = K(V_{REF} \times B)$. ($B$ é o valor da entrada binária.)

11.15★ Qual a vantagem do DAC da Figura 11.8
B sobre o da Figura 11.7, sobretudo para um grande número de bits de entrada?

SEÇÕES 11.4 A 11.6

11.16 Um DAC de oito bits tem erro de fundo de escala de 0,2% F.S. Se o DAC tem saída de fundo de escala de 10 mA, qual é o máximo que ele pode apresentar de erro para qualquer entrada digital? Se a saída D/A fornece 50 μA para uma entrada digital

FIGURA 11.34 Problemas 11.7 e 11.8.

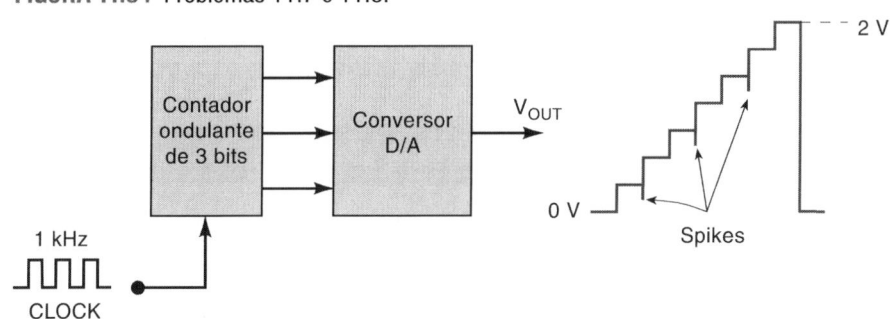

de 00000001, isso está dentro da faixa de precisão especificada? (Suponha que não exista erro de offset.)

11.17 O controle de dispositivo de posicionamento pode ser feito utilizando-se um *servomotor*, motor projetado para acionar um dispositivo mecânico enquanto existe sinal de erro. A Figura 11.35 mostra um sistema servocontrolado simples que é controlado por entrada digital que vem diretamente de um computador ou de um meio de saída, tal como uma fita magnética. A alavanca é movida verticalmente pelo servomotor. O motor gira no sentido horário ou anti-horário, dependendo de a tensão do amplificador de potência (A.P.) ser positiva ou negativa. O motor para quando a saída do A.P. é 0.

C

A posição mecânica da alavanca é convertida em uma tensão CC pelo potenciômetro acoplado mostrado. Quando a alavanca está no ponto de referência 0, $V_P = 0$ V. O valor de V_P aumenta a uma taxa de 1 V/2,5 cm até que a alavanca alcance o ponto mais alto (25 cm) e $V_P = 10$ V. A posição desejada da alavanca é fornecida por um código digital do computador levado para o DAC, produzindo V_A. A *diferença* entre V_P e V_A (denominada *erro*) é gerada pelo amplificador *diferencial* e é amplificada pelo A.P. para acionar o motor na direção que faz o sinal de erro diminuir para 0, ou seja, move a alavanca até que $V_P = V_A$.

(a)* Caso se queira posicionar a alavanca com resolução de 0,1 cm, qual o número de bits necessários no código de entrada digital?

(b) Na operação real, a alavanca pode oscilar um pouco em torno da posição desejada, especialmente se um potenciômetro de *fio* for usado. Por quê?

11.18 Exercício de fixação

B

(a) Defina *rede de resistores binariamente ponderados*.

(b) Defina *rede R/2R*.

(c) Defina *tempo de estabilização de um DAC*.

(d) Defina *erro de fundo de escala*.

(e) Defina *erro de offset*.

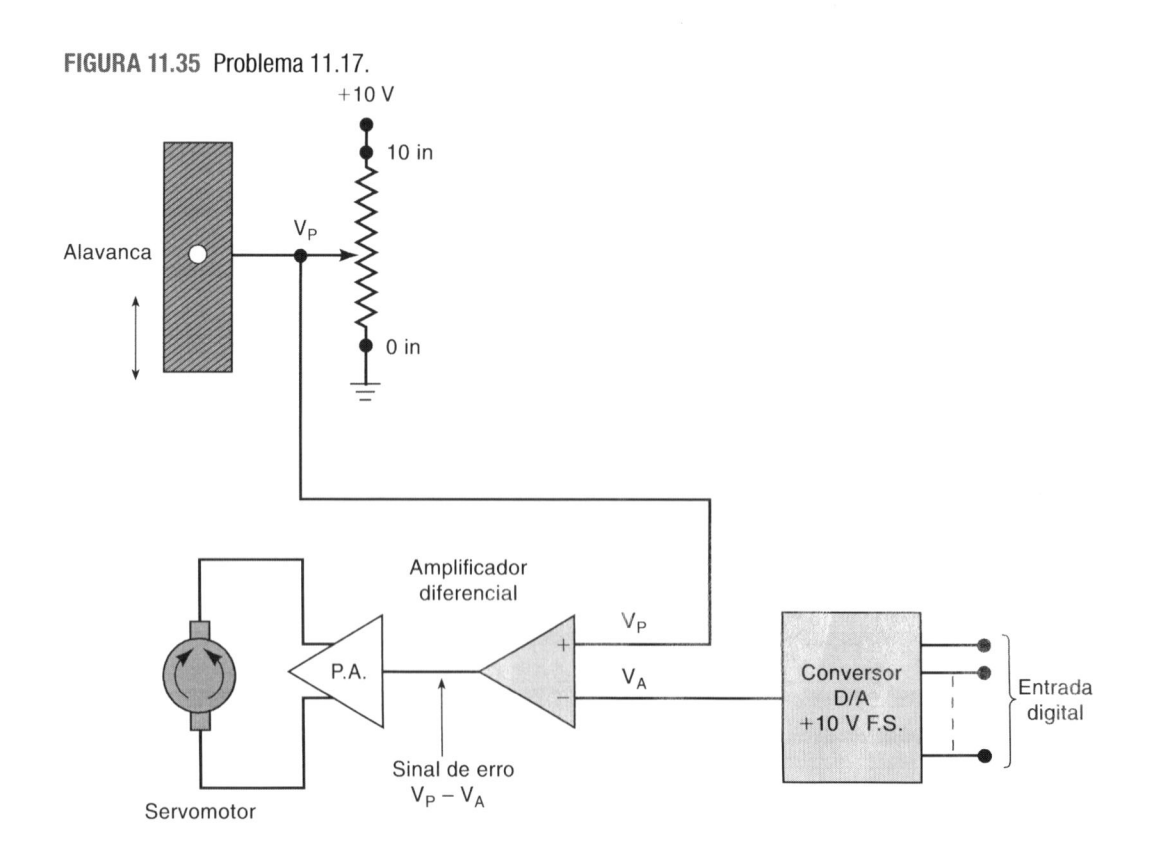

FIGURA 11.35 Problema 11.17.

11.19* Determinado DAC de seis bits tem saída de fundo de escala de 1,26 V. Sua precisão é especificada como ± 0,1% F.S., e ele tem erro de offset de ± 1 mV. Suponha que o erro não tenha sido anulado. Considere as medidas feitas nesse DAC (Tabela 11.10) e determine quais não estão dentro das especificações do dispositivo. (*Dica*: o erro de offset é somado ao erro causado pelas imprecisões dos componentes.)

TABELA 11.10 Dados para o Problema 11.19.

Código de entrada	Saída
000010	41,5 mV
000111	140,2 mV
001100	242,5 mV
111111	1,258 V

SEÇÃO 11.7

11.20 Certo DAC tem as seguintes especificações:
T resolução de oito bits, fundo de escala = 2,55 V, offset ≤ 2 mV; precisão = ± 0,1% F.S. Um teste estático no DAC produz os resultados mostrados na Tabela 11.11. Qual é a provável causa do mau funcionamento?

TABELA 11.11 Dados para o Problema 11.20.

Código de entrada	Saída
00000000	8 mV
00000001	18,2 mV
00000010	28,5 mV
00000100	48,3 mV
00001111	158,3 mV
10000000	1,289 V

11.21* Repita o Problema 11.20 usando os dados medidos mostrados na Tabela 11.12.

TABELA 11.12 Dados para o Problema 11.21.

Código de entrada	Saída
00000000	20,5 mV
00000001	30,5 mV
00000010	20,5 mV
00000100	60,6 mV
00001111	150,6 mV
10000000	1,300 V

11.22* Um técnico conecta um contador no DAC mos-
T trado na Figura 11.3 para realizar um teste do tipo escada usando um clock de 1 kHz. O resultado é mostrado na Figura 11.36. Qual é a provável causa da incorreção?

SEÇÕES 11.8 E 11.9

11.23 Exercício de fixação

Preencha os espaços na seguinte descrição do ADC mostrado na Figura 11.13. Cada espaço pode ter uma ou mais palavras.

Um pulso START é aplicado para _____ o contador e para impedir o _____ de passar pela porta AND para o _____. Nesse ponto, a saída do DAC, V_{AX}, é _____ e *EOC* é _____.

Quando START retorna a _____, a porta AND é _____, e o contador é habilitado a _____. O sinal V_{AX} é aumentado um _____ por vez até que _____ V_A. Nesse ponto, _____ vai para o nível BAIXO para _____ pulsos de _____. Isso sinaliza o final da conversão, e o equivalente digital de V_A está presente na _____.

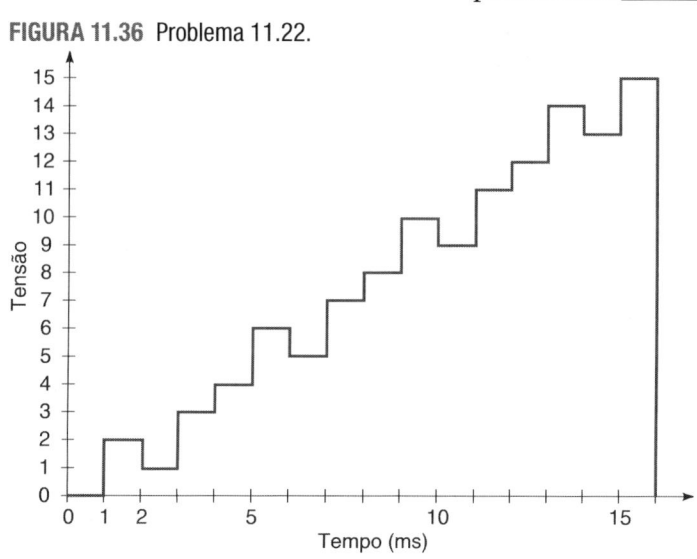

FIGURA 11.36 Problema 11.22.

11.24 Um ADC de rampa digital de oito bits com resolução de 40 mV usa frequência de clock de 2,5 MHz e comparador com $V_T = 1$ mV. Determine os seguintes valores:
B

(a)★ A saída digital para $V_A = 6$ V.

(b) A saída digital para 6,035 V.

(c) Os tempos máximo e médio de conversão para esse ADC.

11.25 Por que as saídas digitais para os itens (a) e (b) do Problema 11.24 são iguais?
B

11.26 O que aconteceria no ADC do Problema 11.24 se uma tensão analógica de $V_A = 10,853$ V fosse aplicada na entrada? Qual forma de onda apareceria na saída do conversor D/A? Acrescente a lógica necessária a esse ADC de modo que uma indicação de 'fora de escala' seja gerada sempre que V_A for muito grande.
D

11.27★Um ADC tem as seguintes características: resolução, 12 bits; erro de fundo de escala, 0,03% F.S.; saída de fundo de escala, +5 V.
B

(a) Qual é o erro de quantização em volts?

(b) Qual é o erro total possível em volts?

11.28 O erro de quantização de um ADC como o da Figura 11.13 é sempre positivo, já que o valor de V_{AX} deve exceder V_A para que a saída do comparador mude de estado. Isso significa que o valor de V_{AX} poderia ser até 1 LSB maior que V_A. Esse erro de quantização pode ser modificado de modo que V_{AX} fique dentro de $\pm\frac{1}{2}$ LSB de V_A, acrescentando-se tensão fixa igual a $\pm\frac{1}{2}$ LSB ($\pm\frac{1}{2}$ degrau) ao valor de V_A. A Figura 11.37 mostra isso para um conversor com uma resolução de 10 mV/degrau. Uma tensão fixa de +5 mV é somada à saída do conversor D/A no amplificador somador, e o resultado, V_{AY}, é enviado ao comparador, que tem $V_T = 1$ mV.
C

Para esse conversor modificado, determine a saída digital para os seguintes valores de V_A.

(a)★ $V_A = 5,022$ V.

(b) $V_A = 50,28$ V.

Determine o erro de quantização em cada caso comparando V_{AX} e V_A. Note que o erro é positivo em um caso e negativo no outro.

11.29 Para o ADC da Figura 11.37, determine a faixa de valores analógicos de entrada que produzirá uma saída digital de 0100011100.
C

FIGURA 11.37 Problemas 11.28 e 11.29.

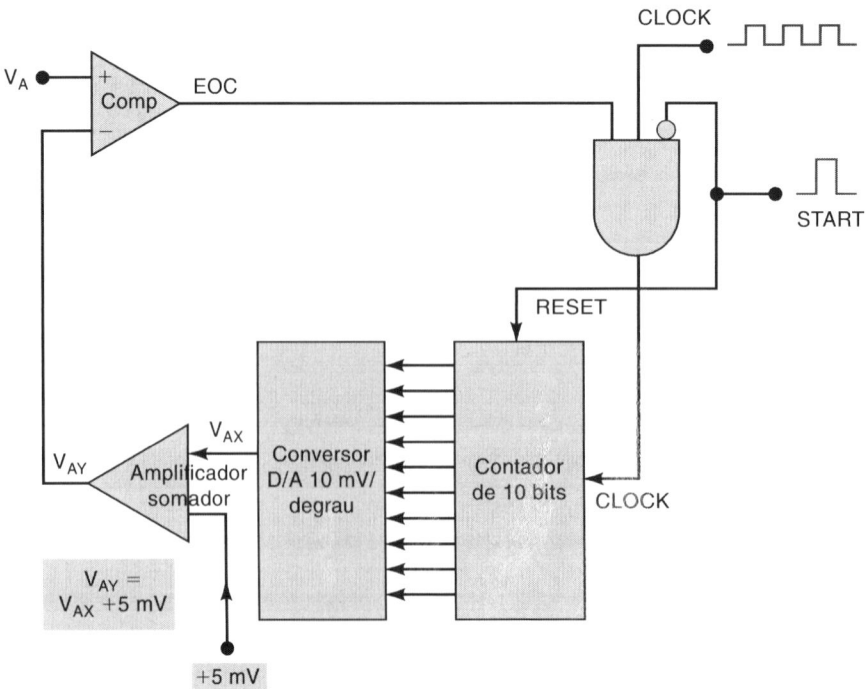

SEÇÃO 11.10

11.30 Suponha que o sinal analógico na Figura 11.38(a) seja digitalizado por conversões A/D contínuas feitas por um conversor de rampa digital de oito bits cuja rampa cresce a 1 V por 25 μs. Esboce o sinal reconstruído usando os dados obtidos durante o processo de digitalização. Compare-o com o sinal original e discuta o que poderia ser feito para torná-lo uma representação mais precisa.

11.31* Na onda senoidal mostrada na Figura
C 11.38(b), marque os pontos de amostragem feitos por um conversor A/D flash em intervalos de 75 μs (começando na origem). Então, desenhe a saída reconstruída do conversor D/A (interligue os pontos amostrados a uma linha reta para mostrar a filtragem). Calcule a frequência de amostragem, a da senoide de entrada e a diferença entre elas. Em seguida, compare com a frequência da forma de onda reconstruída resultante.

11.32 Um sistema de aquisição de dados amostrados é usado para digitalizar um sinal de áudio. Suponha que a frequência de amostragem, F_S, seja de 20 kHz. Determine a frequência de saída que será escutada para cada uma das seguintes frequências de entrada.

(a)* Sinal de entrada = 5 kHz.
(b)* Sinal de entrada = 10,1 kHz.
(c) Sinal de entrada = 10,2 kHz.
(d) Sinal de entrada = 15 kHz.
(e) Sinal de entrada = 19,1 kHz.
(f) Sinal de entrada = 19,2 kHz.

SEÇÃO 11.11

11.33* Exercício de fixação
B Indique se cada uma das seguintes afirmações se refere ao ADC de rampa digital, ao de aproximações sucessivas ou a ambos.

(a) Produz um sinal tipo escada na saída de seu DAC.
(b) Tem tempo de conversão constante independentemente de V_A.
(c) Tem tempo médio de conversão menor.
(d) Usa comparador analógico.
(e) Usa DAC.
(f) Usa contador.
(g) Tem lógica de controle complexa.
(h) Tem saída $\overline{EOC}$.

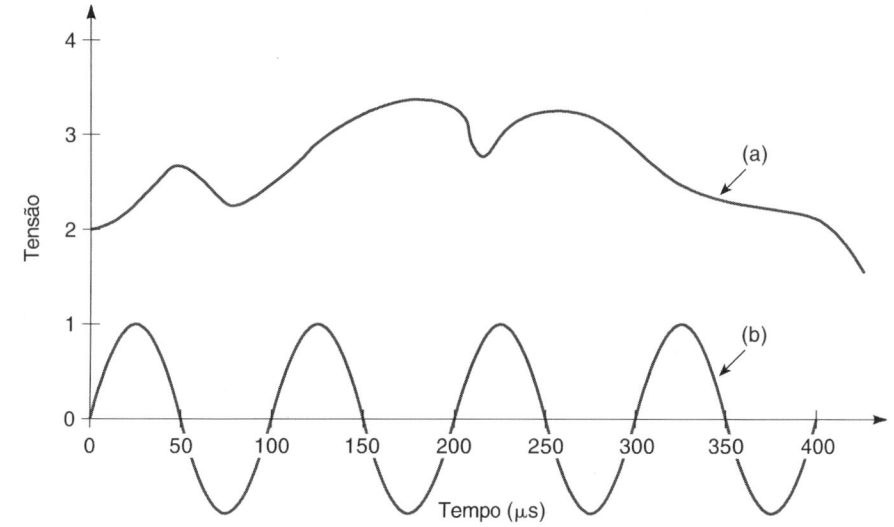

11.34 Desenhe a forma de onda para V_{AX} à medida que o conversor de aproximações sucessivas da Figura 11.19 converte $V_A = 6,7$ V.

11.35 Repita o Problema 11.34 para $V_A = 16$ V.

11.36* Um conversor de aproximações sucessivas
B de oito bits tem 2,55 V de fundo de escala. O tempo de conversão para $V_A = 1$ V é 80 μs. Qual será o tempo de conversão para $V_A = 1,5$ V?

FIGURA 11.38 Problemas 11.30, 11.31 e 11.41.

11.37 A Figura 11.39 mostra a forma de onda em V_{AX} para um conversor de aproximações sucessivas de seis bits com tamanho de degrau de 40 mV durante um ciclo completo de conversão. Analise essa forma de onda e descreva o que está ocorrendo nos instantes de t_0 a t_5. Em seguida, determine a saída digital resultante.

11.38★ Consulte a Figura 11.21. Qual é o valor
B aproximado da entrada analógica se o barramento de dados do microcomputador apresenta 10010111 quando $\overline{RD}$ é pulsado em nível BAIXO?

11.39 Conecte uma fonte de referência de 2 V a
D $V_{REF}/2$ e repita o Problema 11.38.

11.40★ Projete uma interface ADC para um termos-
C, D tato digital usando o sensor de temperatura LM34 e o ADC0804. Seu sistema deve medir com precisão (± 0,2 °F) de 50 a 101 °F. O LM34 fornece 0,01 V por grau F (0 °F = 0 V).

(a) Qual seria o valor digital de 50 °F para a melhor resolução?

(b) Qual tensão deve ser aplicada em $V_{IN}(-)$?

(c) Qual é a faixa de fundo de escala da tensão de entrada?

(d) Qual tensão deve ser aplicada em $V_{REF}/2$?

(e) Qual é o valor binário que representa 72°F?

(f) Qual é a resolução em °F? E em V?

SEÇÃO 11.12

11.41 Discuta como um ADC flash, com tempo
B de conversão de 1 μs, funcionaria para a situação do Problema 11.30.

11.42 Elabore o diagrama do circuito para um
D conversor flash de quatro bits com saída BCD e resolução de 0,1 V. Suponha que uma tensão de alimentação de precisão de +5 V esteja disponível.

EXERCÍCIO DE FIXAÇÃO

11.43 Para cada uma das seguintes afirmações,
B indique que tipo de ADC está sendo descrito: rampa digital, aproximações sucessivas ou flash.

(a) Método de conversão mais rápido.

(b) Precisa de pulso START.

(c) Requer mais circuitos.

(d) Não usa DAC.

(e) Gera sinal do tipo escada.

(f) Usa comparador analógico.

(g) Tem tempo de conversão relativamente fixo independente de V_A.

SEÇÃO 11.13

11.44 Exercício de fixação
B Para cada afirmação, indique qual(is) tipo(s) de ADC está(ão) sendo descrito(s).

(a) Usa estágios de subfaixa.

(b) Usa grande número de comparadores.

(c) Usa VCO.

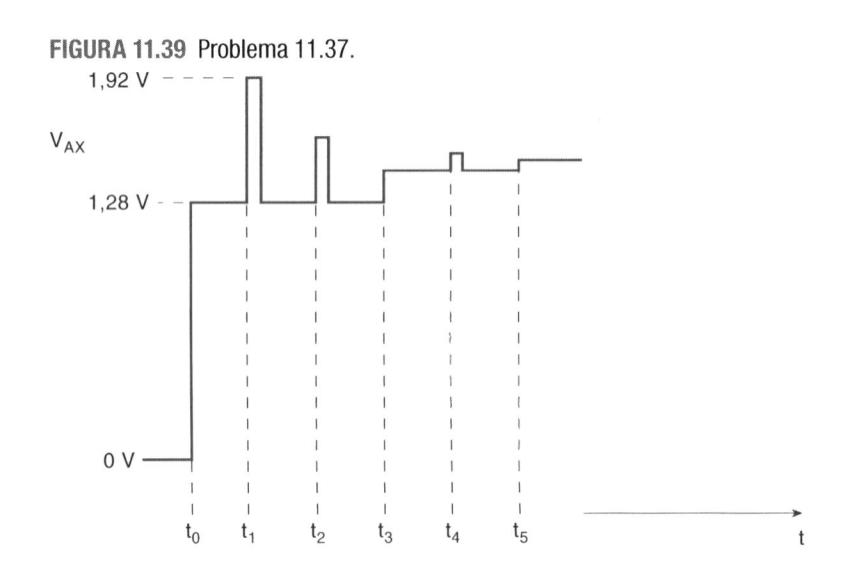

FIGURA 11.39 Problema 11.37.

(d) É usado em ambientes industriais barulhentos.

(e) Usa capacitor.

(f) É relativamente insensível à temperatura.

SEÇÕES 11.15 E 11.16

11.45★ Consulte o circuito S/H mostrado na Figura
T 11.26. Que defeito resultaria em V_{OUT} parecendo exatamente igual a V_A? Que falha faria que V_{OUT} ficasse permanentemente em 0?

11.46 Use o CI CMOS 4016 (Seção 8.15) para
C, D implementar o circuito de chaveamento mostrado na Figura 11.27 e projete a lógica de controle para que cada entrada analógica fosse convertida no equivalente digital na sequência. O ADC é um conversor de aproximações sucessivas de 10 bits que usa um sinal de clock de 50 kHz e requer pulso start de 10 μs de duração para iniciar cada conversão. As saídas digitais são mantidas estáveis por 100 μs após o final da conversão antes de comutar a próxima entrada analógica. Escolha uma frequência apropriada de clock de multiplexação.

APLICAÇÃO EM MICROCOMPUTADOR

11.47★ A Figura 11.21 mostra como o ADC0804 é
C, D interfaceado com um microcomputador. Ela mostra três sinais de controle $\overline{CS}$, $\overline{RD}$ e $\overline{WR}$ gerados pelo microcomputador para o ADC. Esses sinais são usados para iniciar cada nova conversão A/D e ler (transferir) o dado de saída do ADC para o microcomputador pelo barramento de dados.

A Figura 11.40 mostra como seria implementada a lógica de decodificação de endereço. O sinal $\overline{CS}$ que ativa o ADC0804 é desenvolvido pelas oito linhas de endereços de alta ordem do barramento de endereço do MPU. Sempre que o MPU se comunicar com o ADC0804, colocará o ADC0804 no endereço de barramento, e a lógica de decodificação acionará o sinal $\overline{CS}$ em nível BAIXO. Note que, além das linhas de endereços, um sinal de temporização e controle (*ALE*) é conectado à entrada de habilitação $\overline{E_2}$. Quando *ALE* estiver em nível ALTO, o endereço pode estar em transição; dessa forma, o decodificador deve estar desabilitado até que *ALE* vá para o nível BAIXO (instante no qual o endereço será válido e estável). Isso serve apenas para temporização; não tem efeito sobre o endereço do ADC.

(a) Determine o endereço do ADC0804.

(b) Modifique o diagrama da Figura 11.40 para colocar o ADC0804 no endereço hexa E8XX.

(c) Modifique o diagrama da Figura 11.40 para colocar o ADC0804 no endereço hexa FFXX.

FIGURA 11.40 Problema 11.47: MPU interfaceado com o ADC0804 da Figura 11.20.

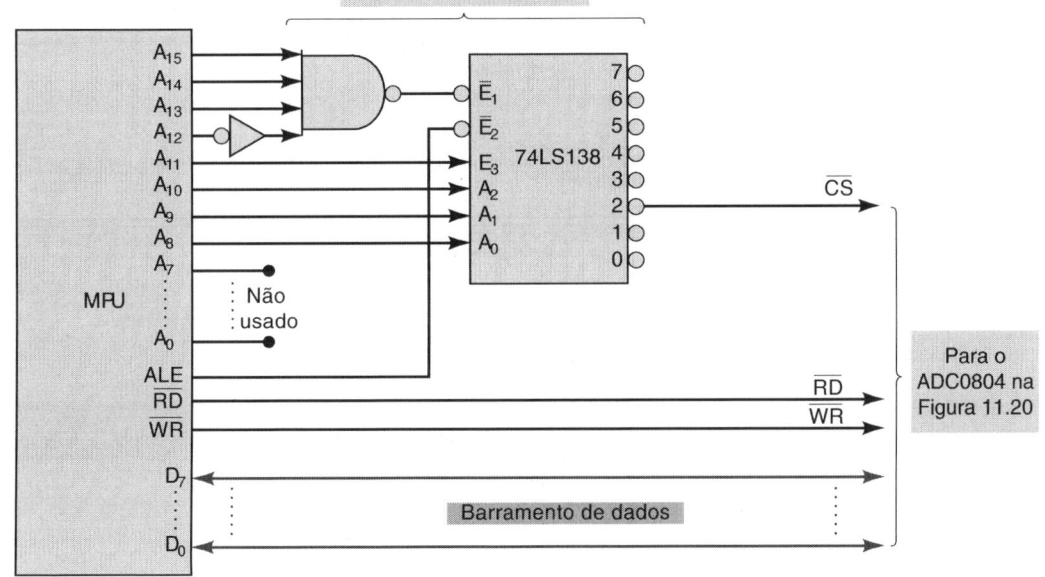

11.48 Você tem à disposição um conversor A/D
D de aproximações sucessivas de 10 bits (AD 573), mas seu sistema requer apenas oito bits de resolução e você dispõe somente de um port de oito bits em seu microprocessador. Você usa esse conversor A/D? Em caso afirmativo, quais das 10 linhas de dados você ligaria ao port?

SEÇÃO 11.17

11.49 Os dados na Tabela 11.13 são as amostras de entradas obtidas por um conversor A/D. Note que, se o dado de entrada fosse registrado, representaria uma função degrau como a borda de subida de sinal digital. Calcule a média dos quatro pontos de dados mais recentes, começando com OUT[4] e procedendo até OUT[10]. Registre os valores para IN e OUT em frente ao número n da amostra, conforme mostra a Figura 11.41.

Exemplos de cálculos:

OUT[n] = (IN[n − 3] + IN[n − 2] + IN[n − 1] + IN[n])/4 = 0

OUT[4] = (IN[1] + IN[2] + IN[3] + IN[4])/4 = 0

OUT[5] = (IN[2] + IN[3] + IN[4] + IN[5])/4 = 2,5

(Note que os cálculos são equivalentes a multiplicar cada amostra por $\frac{1}{4}$ e somá-las.)

11.50 Repita o problema anterior usando uma média ponderada das últimas quatro amostras. Os pesos nesse caso estão dando maior ênfase às recentes e menor às anteriores. Use os pesos 0,1, 0,2, 0,3 e 0,4.

OUT[n] = 0,1(IN[n − 3]) + 0,2(IN[n − 2]) + 0,3(IN[n − 1]) + 0,4(IN[n])

OUT[5] = 0,1(IN[2]) + 0,2(IN[3]) + 0,3(IN[4]) + 0,4(IN[5]) = 4

11.51 O que significa o termo MAC?

11.52★Exercícios de fixação

Verdadeiro ou falso:

(a) Um sinal digital é uma tensão que varia de modo contínuo.

(b) Um sinal digital é uma sequência de números que representa um sinal analógico.

Quando se processa um sinal analógico, a saída pode ser distorcida devido:

(a) Ao erro de quantização quando se converte um sinal analógico em digital.

(b) A uma amostragem insuficiente do sinal original em uma frequência.

(c) A variações de temperatura nos componentes do processador.

(d) Aos componentes de alta frequência associados a transições rápidas da tensão de saída do DAC.

(e) Ao ruído elétrico na fonte de alimentação.

(f) A sinais falsos introduzidos pelo sistema digital.

TABELA 11.13 Dados para o Problema 11.49.

Amostra n	1	2	3	4	5	6	7	8	9	10
IN[n] (V)	0	0	0	0	10	10	10	10	10	10
OUT[n] (V)	0	0	0							

FIGURA 11.41 Formato de gráfico para os problemas 11.49 e 11.50.

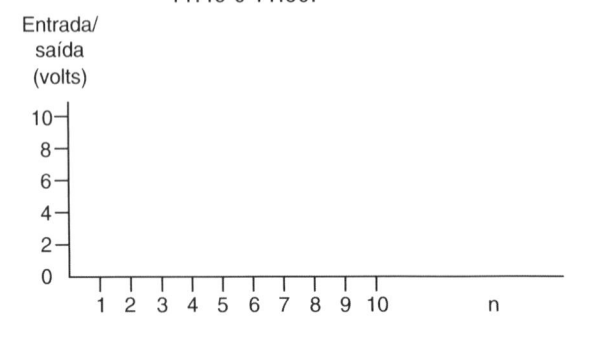

RESPOSTAS DAS QUESTÕES DE REVISÃO

SEÇÃO 11.1

1. Converte uma quantidade física não elétrica em elétrica.
2. Converte tensão ou corrente analógica em representação digital.
3. Armazena-os; realiza cálculos ou outras operações com eles.
4. Converte dados digitais em representações analógicas.
5. Controla uma variável física de acordo com um sinal elétrico de entrada.

SEÇÃO 11.2

1. 40 μA; 10,2 mA
2. 5,12 mA
3. 0,39%
4. 4.096
5. 12
6. Verdadeiro.
7. Produz maior número de saídas analógicas possíveis entre 0 e o fundo de escala.

SEÇÃO 11.3

1. Usa apenas dois valores diferentes de resistores.
2. 640 kΩ
3. 0,5 V
4. Aumenta em 20%.

SEÇÃO 11.4

1. Desvio máximo do valor ideal de saída do DAC, expresso como porcentagem do fundo de escala.
2. Tempo necessário para estabilizar a saída de um DAC dentro de $\frac{1}{2}$ tamanho de degrau de seu valor de fundo de escala quando a entrada digital muda de 0 para o fundo de escala.
3. O erro de offset soma um pequeno valor positivo ou negativo à saída analógica esperada para qualquer entrada digital.
4. Por conta do tempo de resposta do amplificador operacional na configuração de conversor corrente-tensão.

SEÇÃO 11.5

1. Sim.
2. Fornece o sinal de habilitação para o latch de dados de entrada. O latch é ativado quando CS e WR são declarados.
3. 1. Faixa de V_{REF} +/–25 V, resolução de oito bits, precisão = / –0,2% F.S., tempo de estabilização 100 ns.

SEÇÃO 11.6

1. Controle, teste automático, reconstrução de sinal, conversão A/D.

SEÇÃO 11.7

1. Variação, conexões abertas ou em curto nas entradas, V_{REF} defeituoso, erro de offset.

SEÇÃO 11.8

1. Informa à lógica de controle quando a saída do DAC excede a entrada analógica.
2. Nas saídas do registrador.
3. Informa quando a conversão está completa e o equivalente digital de V_A está no registrador de saída.

SEÇÃO 11.9

1. A entrada digital do DAC é incrementada até que a saída em escada exceda a entrada analógica.
2. Um erro interno causado pelo fato de que V_{AX} não aumenta de modo contínuo, mas em degraus iguais à resolução do DAC. A tensão V_{AX} final pode ser diferente de V_A até por um tamanho de degrau.
3. Se V_A aumenta, demora mais passos até que V_{AX} alcance o degrau que primeiro excede V_A.
4. Verdadeiro.
5. Circuito simples; tempo de conversão relativamente longo que varia com V_A.
6. $00100001 11_2 = 135_{10}$ para ambos os casos.

SEÇÃO 11.10

1. Processo de converter diferentes pontos de um sinal analógico em digital e armazenar os dados digitais para uso posterior.

2. O computador gera o sinal START para iniciar uma conversão A/D do sinal analógico. Quando $\overline{EOC}$ vai para o nível BAIXO, sinaliza ao computador que a conversão está completa. Então, o computador carrega a saída do ADC na memória. O processo é repetido para o próximo ponto no sinal analógico.
3. Duas vezes a maior frequência presente no sinal de entrada.
4. Uma frequência falsa aparecerá na saída.

SEÇÃO 11.11

1. O conversor de aproximações sucessivas tem tempo curto de conversão que não se altera com V_A.
2. Tem lógica de controle mais complexa.
3. Falso.
4. (a) 8. (b) 0–5 V. (c) $\overline{CS}$ controla os efeitos dos sinais $\overline{RD}$ e $\overline{WR}$; $\overline{WR}$ é usado para iniciar a conversão; $\overline{RD}$ habilita os buffers de saída. (d) Quando em nível BAIXO, sinaliza o fim da conversão. (e) Separa o terra digital ruidoso do analógico para não contaminar o sinal analógico de entrada. (f) Todas as tensões analógicas em $V_{in}(+)$ são medidas em relação a esse ponto. Isso possibilita que a faixa de entrada seja deslocada em relação ao terra.

SEÇÃO 11.12

1. Verdadeiro.
2. 4095 comparadores e 4096 resistores.
3. A maior vantagem é sua velocidade de conversão; a desvantagem é o número necessário de componentes para uma resolução prática.

SEÇÃO 11.13

1. Resoluções mais finas da entrada analógica.
2. Um VCO.
3. Vantagens: baixo custo, imunidade a variações de temperatura; desvantagens: tempo de conversão muito longo.
4. ADC flash, ADC tensão-frequência e ADC rampa dupla.
5. Um.

SEÇÃO 11.14

1. Áudio, controle do motor, sensores.
2. Tensões CC e DVMs.
3. Vídeo, osciloscópios, imagem médica.
4. Aproximação sucessiva ADC.

SEÇÃO 11.15

1. Pega uma amostra do sinal de tensão analógico e armazena-a em um capacitor.
2. Falso; são buffers de ganho unitário com alta impedância de entrada e baixa impedância de saída.

SEÇÃO 11.16

1. Usa um único ADC.
2. Deveria tornar-se módulo 8.

SEÇÃO 11.17

1. Filtragem de sinais analógicos.
2. Um conversor A/D.
3. Para alterar a resposta dinâmica, você apenas muda os números em um programa de computador, não os componentes do hardware.
4. A unidade de multiplicação e acumulação (MAC).
5. 3; 7.

SEÇÃO 11.18

1. Aquisição de dados, câmeras digitais, telefones celulares.

CAPÍTULO 12

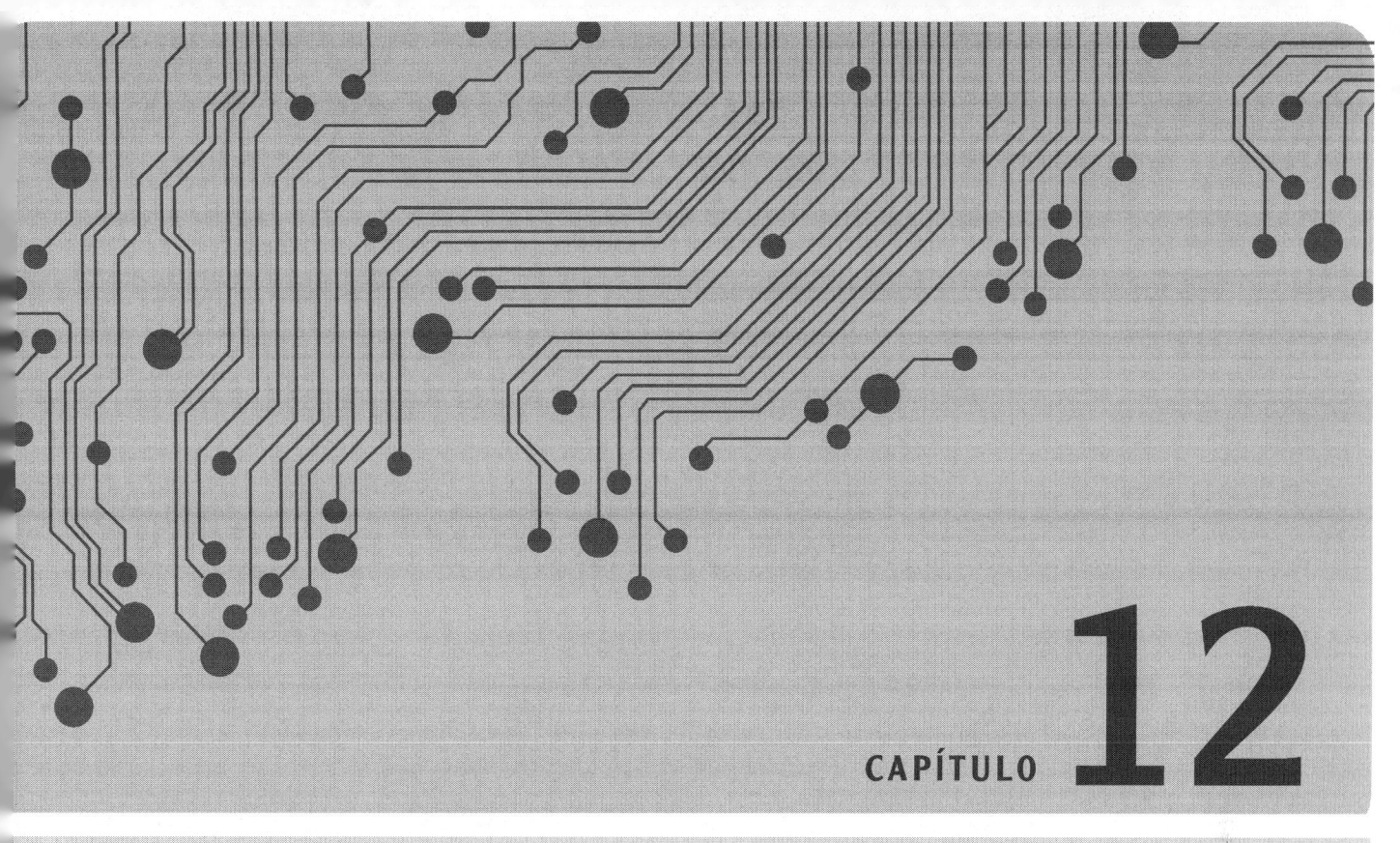

DISPOSITIVOS DE MEMÓRIA

■ CONTEÚDO

12.1 Terminologia de memórias
12.2 Operação geral da memória
12.3 Conexões CPU-memória
12.4 Memória de apenas leitura
12.5 Arquitetura da ROM
12.6 Temporização da ROM
12.7 Tipos de ROMs
12.8 Memória flash
12.9 Aplicações das ROMs
12.10 RAM semicondutora
12.11 Arquitetura da RAM
12.12 RAM estática (SRAM)
12.13 RAM dinâmica (DRAM)
12.14 Estrutura e operação da RAM dinâmica
12.15 Ciclos de leitura/escrita da DRAM
12.16 Refresh da DRAM
12.17 Tecnologia da DRAM
12.18 Outras tecnologias de memória
12.19 Expansão do tamanho da palavra e da capacidade
12.20 Funções especiais da memória

■ OBJETIVOS DO CAPÍTULO

Após ler este capítulo, você será capaz de:

- Definir a terminologia associada aos sistemas de memória.
- Descrever a diferença entre memória de leitura/escrita e memória de apenas leitura.
- Discutir a diferença entre memória volátil e não volátil.
- Determinar a capacidade de um dispositivo de memória a partir de suas entradas e suas saídas.
- Apontar os passos que ocorrem quando a CPU lê ou escreve na memória.
- Distinguir entre os vários tipos de ROMs e citar algumas aplicações comuns.
- Descrever a organização e operação de RAMs dinâmicas e estáticas.
- Comparar as vantagens e desvantagens relativas de memórias EPROM, EEPROM e flash.
- Combinar CIs de memórias para formar bancos de memórias com capacidade e/ou tamanho de palavra maiores.

■ INTRODUÇÃO

A maior vantagem dos sistemas digitais sobre os analógicos reside na capacidade de armazenar facilmente grandes quantidades de informações digitais e dados tanto por períodos curtos quanto por longos. Essa capacidade das memórias torna os sistemas digitais muito versáteis e adaptados a várias situações. Por exemplo, em um computador digital, a memória principal armazena instruções que informam ao computador o que fazer sob *todas* as circunstâncias para que ele realize sua tarefa com um mínimo de intervenção humana.

Este capítulo é dedicado ao estudo dos tipos de memórias mais comuns usados em dispositivos de memória e sistemas. Estamos familiarizados com o flip-flop, dispositivo eletrônico de memória. Também já estudamos como grupos de FFs, denominados *registradores*, podem ser usados para armazenar informações que podem ser transferidas para outros lugares. Registradores FF são elementos de memória de alta velocidade usados de modo extensivo nas operações internas de um computador, no qual informações digitais são movidas de maneira contínua de um local para outro. Avanços na tecnologia LSI e VLSI têm tornado possível obter grandes números de FFs em um único chip, organizados em vários formatos de matriz de memória. As memórias semicondutoras bipolar e MOS são os dispositivos mais rápidos disponíveis, e seu custo tem diminuído à medida que a tecnologia VLSI é aperfeiçoada.

Dados digitais podem também ser armazenados como cargas em capacitores; um tipo muito importante de memória semicondutora usa esse princípio para obter alta densidade de armazenamento com baixos níveis requeridos de consumo de energia.

Memórias semicondutoras são usadas como a **memória principal** de um computador (Figura 12.1) em que operações rápidas são importantes. A memória principal de um computador, também denominada *memória de trabalho*, comunica-se com a unidade central de processamento (CPU, do inglês, *central processing unit*) à medida que as instruções de um programa são executadas. Um programa e qualquer dado usado por ele permanecem na memória principal enquanto o computador o executa. As memórias RAM e ROM (a serem definidas em breve) constituem a memória principal.

Outra maneira de armazenamento é realizada pela **memória auxiliar** (Figura 12.1), que está separada da memória principal de trabalho. A memória auxiliar, também denominada *memória de massa*, tem capacidade de armazenar uma enorme quantidade de dados sem necessidade de energia elétrica. A memória auxiliar opera em uma velocidade muito menor que a principal e armazena programas e dados não usados pela CPU no momento. Essas informações são transferidas para a memória principal quando o computador precisa delas. Dispositivos comuns de memória auxiliar são o disco magnético e o *compact disk* (CD), que é acessado oticamente.

Vamos analisar em detalhes as características dos dispositivos de memória mais comuns usados como uma memória interna de um computador. Mas, primeiro, definiremos alguns termos comuns usados em sistemas de memória.

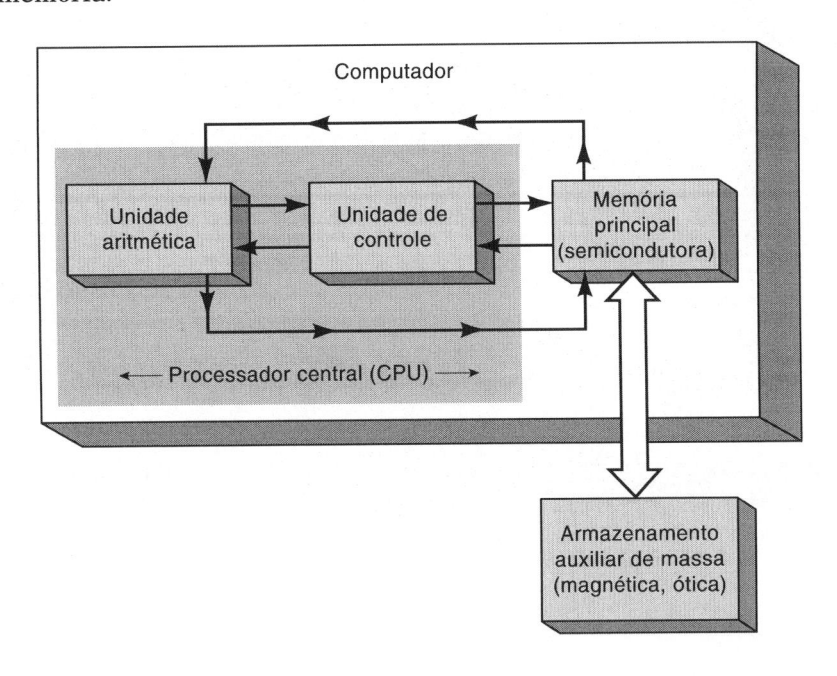

FIGURA 12.1 Um sistema de computador geralmente usa uma memória principal de alta velocidade e uma memória auxiliar externa mais lenta.

12.1 TERMINOLOGIA DE MEMÓRIAS

OBJETIVO

Após ler esta seção, você será capaz de:
- Definir termos comuns aos sistemas de memória.

O estudo dos dispositivos e de sistemas de memória está repleto de termos desconhecidos e até difíceis. Antes de fazermos uma discussão detalhada sobre memórias, é útil compreender alguns termos básicos. Outros serão definidos à medida que aparecerem no capítulo.

- **Célula de memória.** Dispositivo ou circuito elétrico usado para armazenar um único bit (0 ou 1). Exemplos de células de memória incluem flip-flop, capacitor carregado e pequeno ponto em uma fita ou disco magnético.
- **Palavra de memória.** Grupo de bits (células) em uma memória que representa instruções ou dados de algum tipo. Por exemplo, um registrador de oito FFs pode ser considerado uma memória que armazena uma palavra de 8 bits. O tamanho da palavra em computadores varia de 8 a 64 bits, dependendo do tamanho do computador.
- **Byte.** Termo usado para um grupo de 8 bits. Um byte sempre consiste em 8 bits. Os tamanhos de palavras podem ser expressos em bytes e em bits. Por exemplo, uma palavra com tamanho de 8 bits também é de um byte, uma palavra com tamanho de 16 bits corresponde a dois bytes, e assim por diante.
- **Capacidade.** Modo de especificar quantos bits são armazenados em determinado dispositivo ou sistema completo de memória. Para ilustrar, suponha que temos uma memória que armazene 4.096 palavras de 20 bits. Isso representa uma capacidade de 81.920 bits. Poderíamos expressar essa capacidade de memória como 4.096 × 20. Desse modo, o primeiro número (4.096) é o de palavras e o segundo (20) é a quantidade de bits por palavra (tamanho da palavra). O número de palavras em uma memória é, frequentemente, um múltiplo de 1.024. É comum o uso da designação "1K" para representar $1.024 = 2^{10}$ quando nos referimos à capacidade da memória. Assim, uma memória que tem capacidade de armazenamento de 4K × 20 é uma memória de 4.096 × 20. O desenvolvimento de memórias de maior capacidade trouxe a designação "1M" ou "um mega" para representar $2^{20} = 1.048.576$. Dessa forma, uma memória com capacidade de 2M × 8 tem, na realidade, capacidade de 2.097.152 × 8. A designação "giga" refere-se a $2^{30} = 1.073.741.824$.

EXEMPLO 12.1A

Certo tipo de chip de memória semicondutora é especificado como 2K × 8. Quantas palavras podem ser armazenadas nesse chip? Qual é o tamanho da palavra? Qual é o número total de bits que esse chip pode armazenar?

Solução

$$2K = 2 \times 1.024 = 2.048 \text{ palavras}$$

Cada palavra é 8 bits (um byte). O número total de bits é, portanto,

$$2.048 \times 8 = 16.384 \text{ bits}$$

EXEMPLO 12.1B

Qual é a memória que armazena mais bits: uma memória de 5M × 8 ou uma que armazena 1M de palavras com um tamanho de palavra de 16 bits?

Solução

$$5M \times 8 = 5 \times 1.048.576 \times 8 = 41.943.040 \text{ bits}$$
$$1M \times 16 = 1.048.576 \times 16 = 16.777.216 \text{ bits}$$

A memória de 5M × 8 armazena mais bits.

- **Densidade.** Outro termo para *capacidade*. Quando dizemos que um dispositivo de memória tem densidade maior que outro, queremos dizer que ele pode armazenar mais bits no mesmo espaço, ou seja, ele é mais denso.
- **Endereço.** Número que identifica a posição de uma palavra na memória. Cada palavra armazenada em um dispositivo ou sistema de memória tem um único endereço. Os endereços existem em um sistema digital como um número binário, embora os números octal, hexadecimal e decimal sejam usados, por conveniência, para representar o endereço. A Figura 12.2 demonstra uma pequena memória que consiste em oito palavras. Cada uma dessas palavras tem endereço específico representado por um número de três bits que varia de 000 a 111. Sempre que nos referirmos a uma palavra específica localizada na memória, usaremos o código de seu endereço para identificá-la.

Endereços	
000	Palavra 0
001	Palavra 1
010	Palavra 2
011	Palavra 3
100	Palavra 4
101	Palavra 5
110	Palavra 6
111	Palavra 7

FIGURA 12.2 Cada posição de palavra tem um endereço binário específico.

- **Operação de leitura.** Operação segundo a qual a palavra binária armazenada em uma posição específica (endereço) da memória é detectada e, então, transferida para outro dispositivo. Por exemplo, se desejarmos usar a palavra 4 da memória demonstrada na Figura 12.2 para alguma finalidade, deveremos realizar uma operação de leitura no endereço 100. A operação de leitura é denominada operação de *busca*, uma vez que uma palavra está sendo buscada da memória. Usamos os dois termos indistintamente.
- **Operação de escrita.** Operação segundo a qual uma nova palavra é colocada em uma posição particular da memória. Também é chamada de operação de *armazenamento*. Sempre que uma nova palavra é escrita em uma posição da memória, ela substitui a palavra que estava armazenada lá.
- **Tempo de acesso.** Medida da velocidade de operação de um dispositivo de memória. É o tempo necessário para se realizar uma operação de leitura. Mais especificamente, é o tempo entre o recebimento de um novo endereço de entrada, pela memória, e o instante em que os dados se tornam disponíveis na saída da memória. O símbolo t_{ACC} é usado para tempo de acesso.
- **Memória volátil.** Requer a aplicação de tensão elétrica para armazenar informação. Se a tensão elétrica for removida, todas as informações armazenadas na memória serão perdidas. Muitas memórias semicondutoras são voláteis. Todas as memórias magnéticas, por sua vez, são *não voláteis*, o que significa que armazenam a informação sem tensão elétrica.
- **Memória de acesso aleatório (RAM, do inglês, *random-access memory*).** É aquela na qual a posição física real da palavra na memória não tem

efeito sobre o tempo de leitura ou de escrita naquela posição. Ou seja, o tempo de acesso é o mesmo para qualquer endereço. A maioria das memórias semicondutoras são RAMs.

- **Memória de acesso sequencial (SAM, do inglês, *sequential-access memory*).** O tipo de memória no qual o tempo de acesso não é constante, mas varia dependendo da posição do endereço. Determinada palavra armazenada é encontrada percorrendo-se todos os endereços até que o desejado seja alcançado. Isso produz tempos de acesso muito maiores que os das memórias de acesso aleatório. As memórias de acesso sequencial são usadas onde os dados a serem acessados vêm em uma longa sequência de palavras sucessivas. Memórias de vídeo, por exemplo, devem fornecer seu conteúdo na mesma ordem repetidamente para manter a imagem na tela. Dois exemplos a mais de memórias de acesso sequencial são sistemas de backup de fita magnética e DVDs. Para representar a diferença entre SAM e RAM, considere a informação armazenada em um DVD (do inglês, *digital video disk*). Um filme em DVD é dividido em capítulos que podem ser escolhidos de um menu. O espectador tem acesso aleatório ao início de cada capítulo. Contudo, ver uma cena em particular exige o uso do mecanismo de passar para a frente ou para trás para escanear as cenas, como a memória de acesso sequencial.

- **Memória de leitura e escrita (RWM, do inglês, *read/write memory*).** Qualquer uma que possa ser lida ou escrita de maneira fácil.

- **Memória de apenas leitura (ROM, do inglês, *read-only memory*).** Uma ampla classe de memórias semicondutoras projetadas para aplicações nas quais a razão de operações de leitura por operações de escrita é alta. Tecnicamente, uma ROM pode ser escrita (programada) em apenas um ciclo e costuma ser realizada na fábrica. Depois disso, apenas informações podem ser lidas da memória. Outros tipos de memória ROM são, sobretudo, de leitura (RMM, do inglês, *read-mostly memories*) e podem ser escritas mais de uma vez; a operação de escrita é mais complicada que a de leitura e não é realizada com frequência. Os vários tipos de ROM serão discutidos mais adiante. *Todas as ROMs são não voláteis* e armazenam dados, mesmo quando a tensão elétrica é removida.

- **Dispositivos de memória estática.** Dispositivos de memória semicondutora nos quais os dados permanecem armazenados enquanto a fonte de alimentação estiver aplicada, sem necessidade de reescrever periodicamente os dados.

- **Dispositivos de memória dinâmica.** Dispositivos de memória semicondutora nos quais os dados armazenados *não* se mantêm permanentemente armazenados, mesmo com a fonte de alimentação aplicada, a menos que sejam em tempos regulares reescritos na memória. Essa última operação é denominada *refresh* (reavivação).

- **Memória principal.** Também chamada de *memória de trabalho* do computador. Armazena instruções e dados que a CPU está acessando no momento.

- **Memória de cache.** Um bloco de memória de alta velocidade que opera entre a memória principal mais lenta e a CPU a fim de otimizar a velocidade do computador. A memória de cache pode estar localizada fixamente em uma CPU ou na placa mãe ou em ambos.

- **Memória auxiliar.** Também chamada de *memória de massa* porque armazena grande quantidade de informações externas à principal. É mais lenta que a memória principal e é sempre não volátil.

QUESTÕES DE REVISÃO

1. Defina os seguintes termos:
   (a) *Célula de memória*.
   (b) *Palavra de memória*.
   (c) *Endereço*.
   (d) *Byte*.
   (e) *Tempo de acesso*.
2. Uma dada memória tem uma capacidade de 8K × 16. Quantos bits ela tem em cada palavra? Quantas palavras estão sendo armazenadas? Quantas células de memória contém?
3. Explique a diferença entre as operações de leitura (busca) e as de escrita (armazenamento).
4. *Verdadeiro ou falso*: uma memória volátil perderá seus dados armazenados quando a energia elétrica for interrompida.
5. Explique a diferença entre SAM e RAM.
6. Explique a diferença entre RWM e ROM.
7. *Verdadeiro ou falso*: uma memória dinâmica manterá seus dados enquanto a energia elétrica for aplicada.

12.2 OPERAÇÃO GERAL DA MEMÓRIA

OBJETIVOS

Após ler esta seção, você será capaz de:

- Descrever o processo usado para ler e escrever dispositivos de memória de estado sólido.
- Definir o papel das entradas de controle para dispositivos de memória de estado sólido.
- Relacionar a configuração da memória ao número de pinos no CI.

Embora cada tipo seja diferente em sua operação interna, certos princípios básicos de operação são os mesmos para todos os sistemas de memória. Uma compreensão dessas ideias básicas ajudará no estudo dos dispositivos individuais de memória.

Todo sistema de memória requer vários tipos diferentes de linhas de entrada e de saída para realizar as seguintes funções:

1. Aplicar o endereço binário da posição de memória acessada.
2. Habilitar o dispositivo de memória para responder às entradas de controle.
3. Colocar os dados armazenados no endereço especificado nas linhas de dados internas.
4. No caso de operação de leitura, habilitar as saídas tristate, as quais aplicam os dados aos pinos de saída.
5. No caso de operação de escrita, aplicar os dados a serem armazenados aos pinos de entrada de dados.

6. Habilitar a operação de escrita, que faz que os dados sejam armazenados na posição especificada.
7. Desativar os controles de leitura ou escrita quando terminar a leitura ou escrita e desabilitar o CI de memória.

A Figura 12.3(a) demonstra essas funções básicas em um diagrama simplificado de uma memória de 32 × 4 que armazena 32 palavras de quatro bits. Uma vez que o tamanho da palavra é quatro bits, existem quatro linhas de entrada de dados, I_0 a I_3, e quatro de saída, O_0 a O_3. Durante uma operação de escrita, os dados a serem armazenados na memória devem ser aplicados nas linhas de entrada de dados. Durante uma operação de leitura, a palavra lida da memória aparece nas linhas de saída de dados.

FIGURA 12.3 (a) Diagrama de memória de 32 × 4; (b) configuração virtual das células de memória em 32 palavras de quatro bits.

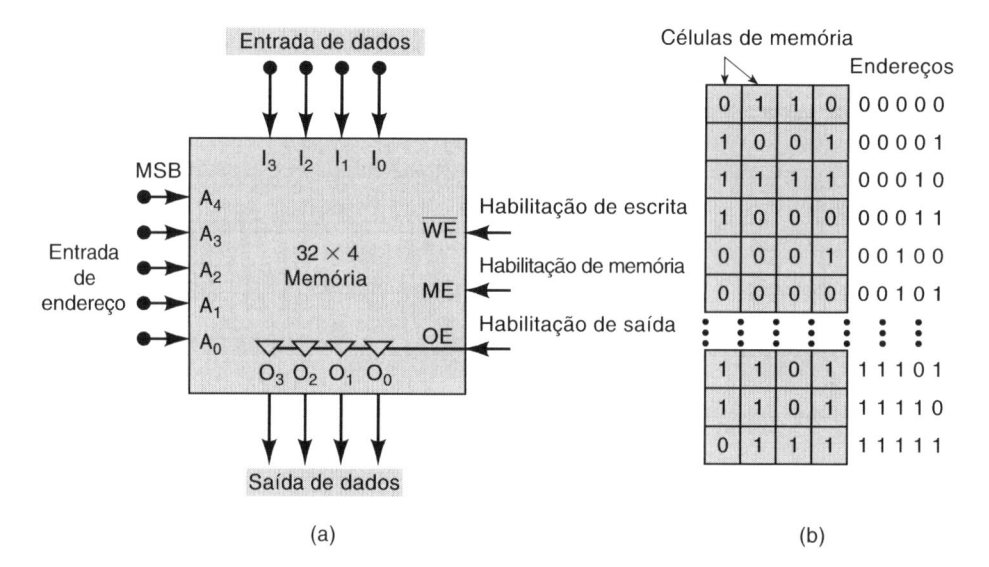

(a)

(b)

Entradas de endereço

Como essa memória (Figura 12.3) armazena 32 palavras, ela tem 32 posições diferentes de armazenamento e, portanto, 32 endereços binários de 00000 a 11111 (0 a 31 em decimal). Desse modo, existem cinco entradas de endereço, A_0 a A_4. Para acessar uma das posições da memória para uma operação de leitura ou de escrita, o código de endereço de cinco bits para determinada posição é aplicado nas entradas de endereço. Em geral, N entradas de endereço são necessárias para uma memória de capacidade de 2^N palavras.

É possível visualizar a memória da Figura 12.3(a) como um arranjo de 32 registradores, no qual cada registrador mantém uma palavra de quatro bits, conforme representado na Figura 12.3(b). Cada endereço contém quatro células de memória que mantêm 1s e 0s que constituem a palavra de dados. Por exemplo, a palavra de dados 0110 está armazenada no endereço 00000, a palavra de dados 1001 está armazenada no endereço 00001, e assim por diante.

A entrada $\overline{WE}$

A entrada $\overline{WE}$ (*write enable*, em português, *habilitação de escrita*) é ativada para permitir que a memória armazene dados. A barra sobre $\overline{WE}$ indica que a operação de escrita ocorre quando $\overline{WE}$ = 0. Outras denominações são usadas, em alguns casos, para essa entrada. Duas das mais comuns são $\overline{W}$ (escrita) e $R/\overline{W}$. Mais uma vez, a barra indica que a operação de escrita ocorre quando a entrada está em nível BAIXO. Independentemente da maneira como é chamada, essa entrada deve estar em nível ALTO quando ocorre uma operação de leitura. Um sinal de controle é conectado a $\overline{WE}$, ativo somente quando o sistema inseriu dados estáveis para serem armazenados na memória no barramento de dados.

Uma representação simplificada das operações de leitura e de escrita é demonstrada na Figura 12.4. A Figura 12.4(a) demonstra a palavra de dados 0100 no registrador de memória no endereço 00011. Essa palavra de dados deve ser aplicada nas linhas de entrada de dados da memória e substituir os dados já armazenados lá. A Figura 12.4(b) demonstra a palavra de dados 1101 lida do endereço 11110. Essa palavra de dados apareceria nas linhas de saídas de dados. Após a operação de leitura, a palavra de dados 1101 ainda está armazenada no endereço 11110. Em outras palavras, a operação de leitura não altera o dado armazenado.

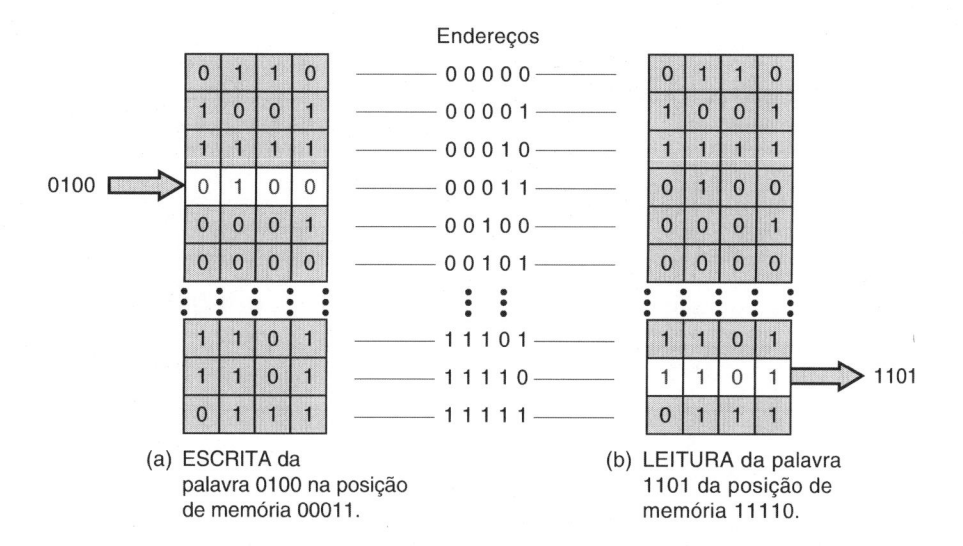

FIGURA 12.4 Representação simplificada das operações de leitura e de escrita em uma memória de 32 × 4: (a) escrevendo a palavra de dados 0100 na posição de memória 00011; (b) lendo a palavra de dados 1101 da posição de memória 11110.

(a) ESCRITA da palavra 0100 na posição de memória 00011.

(b) LEITURA da palavra 1101 da posição de memória 11110.

Habilitação de saída (OE, do inglês, *output enable*)

Já que a maioria dos dispositivos é projetada para operar em um barramento tristate, é necessário desabilitar os drivers de saída todas as vezes em que não estejam sendo lidos dados da memória. O pino *OE* é ativado para habilitar os buffers tristate e desativado para colocar os buffers em estado de alta impedância (Hi-Z). Um sinal de controle é conectado ao *OE*, ativo somente quando o barramento está pronto para receber os dados da memória.

Habilitação da memória

Muitos sistemas de memória desabilitam a memória por completo, ou parte dela, de modo que não responda às outras entradas. Isso está representado na Figura 12.3 como a entrada de *habilitação da memória* (*memory enable*); ela pode ter diferentes nomes em vários sistemas de memória, tais como *chip enable* (*CE*) ou *chip select* (*CS*). Nesse caso, é demonstrado um dispositivo que tem entrada ativa em nível ALTO e habilita a memória a operar quando essa entrada é mantida em nível ALTO. Um nível BAIXO nessa entrada desabilita a memória, de maneira que ela não responderá às entradas de endereço, dados, $\overline{WE}$ e *OE*. Esse tipo de entrada é útil quando vários módulos de memória são combinados para formar uma de maior capacidade. Analisaremos essa ideia adiante.

EXEMPLO 12.2

Descreva as condições em cada entrada e saída quando o conteúdo do endereço 00100 deve ser lido. Consulte a Figura 12.4.

Solução

  Entradas de endereço: 00100
  Entradas de dados: xxxx (não usadas)
  $\overline{WE}$: nível ALTO
  memory enable: nível ALTO
  Saídas de dados: 0001

EXEMPLO 12.3

Descreva as condições em cada entrada e saída quando a palavra de dados 1110 estiver no endereço 01101 (ver Figura 12.4).

Solução

  Entradas de endereço: 01101
  Entradas de dados: 1110
  $\overline{WE}$: nível BAIXO
  habilitação da memória (*memory enable* — ME): nível ALTO
  Saídas de dados: xxxx (não usadas; normalmente, em alta impedância)

EXEMPLO 12.4

Determinada memória tem capacidade de 4K × 8.
(a) Quantas linhas de entradas e de saídas de dados ela tem?
(b) Quantas linhas de endereço ela tem?
(c) Qual é sua capacidade em bytes?

Solução
(a) Oito de cada, uma vez que o tamanho da palavra é oito.
(b) A memória armazena 4K = 4 × 1.024 = 4.096 palavras. Desse modo, existem 4.096 endereços de memória. Uma vez que 4.096 = 2^{12}, é preciso um código de 12 bits de endereço para especificar um dos 4.096 endereços.
(c) Um byte são oito bits. Essa memória tem uma capacidade de 4.096 bytes.

A memória usada como exemplo na Figura 12.3 representa as importantes funções de entrada e de saída comuns para a maioria dos sistemas. É claro que, cada tipo de memória tem outras linhas de entrada e de saída peculiares. Isso será descrito à medida que apresentarmos os tipos específicos de memórias.

QUESTÕES DE REVISÃO

1. Quantas entradas de endereço, entradas de dados e saídas de dados são necessárias para uma memória de 16K × 12?
2. Qual é a função da entrada $\overline{WE}$?
3. Qual é a função da entrada *memory enable*?

12.3 CONEXÕES CPU-MEMÓRIA

Objetivos

Após ler esta seção, você será capaz de:

- Distinguir entre a origem e o destino dos dados em um sistema de computador durante os ciclos de leitura e escrita.
- Listar a sequência de eventos necessária para uma operação de leitura e escrita.
- Identificar os principais barramentos de um sistema de computador e declarar sua finalidade.

A parte principal deste capítulo é dedicada à memória semicondutora que, conforme já dito, tornou-se a principal da maioria dos computadores modernos. Lembre-se de que a memória principal se comunica com a CPU. Não é preciso estar familiarizado com a operação detalhada de uma CPU neste momento, pois o tratamento simplificado dado à interface CPU--memória fornecerá a perspectiva necessária para tornar nosso estudo dos dispositivos de memória mais significativo.

A memória principal de um computador é construída com CIs de RAMs e ROMs interfaceados com a CPU por meio de três grupos de linhas de sinais ou barramentos. Eles são demonstrados na Figura 12.5 como linhas ou barramento de endereço, linhas ou barramento de dados e linhas de controle ou barramento de dados, bem como linhas e barramento de controle. Cada um desses barramentos consiste em diversas linhas (note que são representadas por uma única linha com uma barra), e o número de linhas em cada barramento varia de um computador para outro. Os três barramentos são fundamentais para permitir que a CPU escreva dados na memória e leia seus dados.

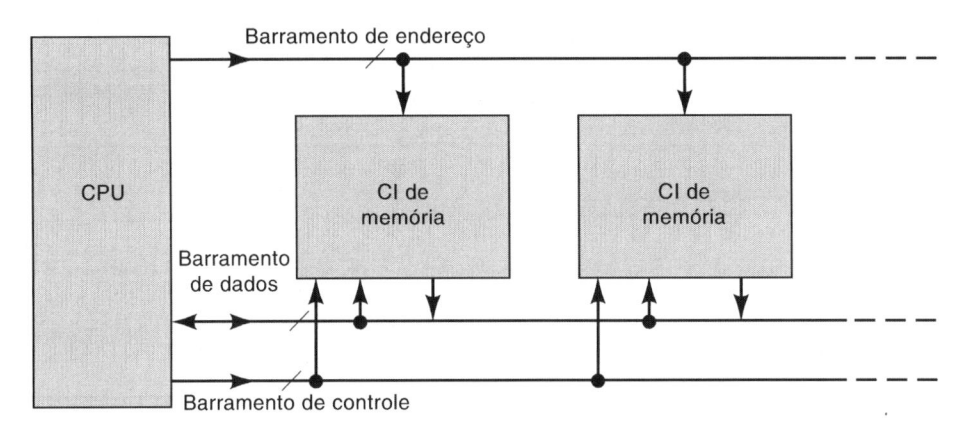

FIGURA 12.5 Três grupos de linhas (barramentos) conectando os CIs de memória principal na CPU.

Quando um computador executa as instruções de um programa, a CPU busca (lê) informações daquelas posições na memória que contêm (1) o código do programa representando as operações a serem realizadas e (2) os dados sobre os quais as operações são realizadas. A CPU também armazena (escreve) dados em posições da memória conforme indicado pelas instruções do programa. Sempre que a CPU escrever um dado em determinada posição da memória, terão de ser realizados os passos a seguir.

Operação de escrita

1. A CPU fornece o endereço binário da posição da memória em que o dado será armazenado. Ela o coloca nas linhas do barramento de endereço.
2. Um decodificador de endereços ativa a entrada de habilitação (*CE* ou *CS*) do dispositivo de memória.
3. A CPU coloca os dados a serem armazenados nas linhas de barramento de dados.
4. A CPU ativa as linhas de sinal de controle apropriadas para a operação de escrita na memória (por exemplo, $\overline{WR}$ ou $R/\overline{W}$) que é conectada a $\overline{WE}$ no CI de memória.
5. Os CIs de memória decodificam internamente o endereço binário para determinar a posição para a operação de armazenamento.
6. Os dados no barramento são transferidos para a posição de memória selecionada.

Sempre que a CPU desejar ler um dado de determinada posição de memória, os seguintes passos deverão ser realizados:

Operação de leitura

1. A CPU fornece o endereço binário da posição de memória da qual o dado deve ser recuperado. Ela o coloca nas linhas do barramento de endereço.
2. Um decodificador de endereço ativa a entrada habilitada do dispositivo de memória (*CE* ou *CS*).
3. A CPU ativa as linhas de sinal de controle apropriadas para a operação de leitura na memória (por exemplo, $\overline{RD}$) que é conectada a $\overline{OE}$ no CI de memória.
4. Os CIs de memória decodificam internamente o endereço binário para determinar a posição selecionada para a operação de leitura.
5. Os CIs de memória colocam o dado da posição de memória selecionada no barramento de dados, a partir do qual são transferidos para a CPU.

Esses passos devem ter esclarecido a função de cada um dos barramentos do sistema:

- **Barramento de endereço.** É *unidirecional* e transporta as saídas binárias de endereço da CPU para os CIs de memória para selecionar uma das posições de memória.
- **Barramento de dados.** É *bidirecional* e transporta dados entre a CPU e os CIs de memória.
- **Barramento de controle.** Transporta sinais de controle (por exemplo, $\overline{RD}$, $\overline{WR}$) da CPU para os CIs de memória.

À medida que abordarmos CIs comerciais de memória, vamos avaliar a atividade dos sinais que aparecem nesses barramentos para as operações de leitura e escrita.

QUESTÕES DE REVISÃO

1. Aponte os três grupos de linhas que conectam a CPU e a memória interna.
2. Apresente os passos que ocorrem quando a CPU lê da memória.
3. Apresente os passos que ocorrem quando a CPU escreve na memória.

12.4 MEMÓRIA DE APENAS LEITURA

OBJETIVOS

Após ler esta seção, você será capaz de:
- Descrever as entradas e saídas de uma ROM.
- Distinguir entre memória volátil e não volátil.
- Definir o processo de programação para uma ROM.

A memória de apenas leitura é um tipo semicondutor projetado para manter os dados permanentes ou que não mudam com frequência. Durante operações normais, nenhum dado novo pode ser escrito na ROM, mas pode ser lido dela. Para algumas ROMs, os dados armazenados devem ser gravados durante o processo de fabricação; para outras, podem ser inseridos eletricamente. O processo de inserção dos dados é chamado de **programação**, ou "*queima*" da ROM. Algumas ROMs não podem ter seus dados alterados depois de programados; outras podem ser *apagadas* e reprogramadas tantas vezes quanto desejado. Mais adiante analisaremos esses tipos de ROMs. Por enquanto, vamos supor que tenham sido programadas e mantenham os dados.

As ROMs são usadas para armazenar dados e informações que não mudam durante as operações normais de um sistema. O principal uso das ROMs é no armazenamento de programas em microcomputadores. Uma vez que todas as ROMs são *não voláteis*, esses programas não são perdidos quando a energia elétrica é desligada. Quando o microcomputador é ligado, ele pode iniciar a execução do programa armazenado. As ROMs também são usadas para programas e dados armazenados em equipamentos controlados por microprocessador, como caixas registradoras eletrônicas, aparelhos e sistemas de segurança.

Diagrama em bloco de uma ROM

Um diagrama em bloco típico para ROM é demonstrado na Figura 12.6(a). Ele tem três conjuntos de sinais: entradas de endereço, entrada(s) de controle e saídas de dados. A partir da discussão anterior, é possível determinar que essa ROM armazena 16 palavras, uma vez que tem $2^4 = 16$ endereços possíveis e que cada palavra contém oito bits, já que existem oito saídas de dados. Desse modo, essa é uma ROM de 16 × 8. Outra maneira de descrever a capacidade dessa ROM é dizer que ela armazena 16 bytes de dados.

As saídas de dados da maioria dos CIs de ROM são tristate, para permitir a conexão de vários CIs de ROM no mesmo barramento de dados para expansão da memória. Os números mais comuns de saídas de dados são 4, 8 e 16 bits, e as palavras de 8 bits são as mais comuns.

A entrada de controle $\overline{CS}$ é a de **seleção do chip** (em inglês, *chip select*). É, essencialmente, uma entrada que habilita ou desabilita as saídas da ROM. Alguns fabricantes usam denominações diferentes, tais como *CE* (*chip enable*, em português, habilitação do chip) ou *OE* (*output enable*, em português, habilitação da saída). Muitas ROMs têm duas ou mais entradas de controle que devem ser ativadas para que as saídas de dados sejam habilitadas de modo que os dados possam ser lidos a partir do endereço selecionado. Em alguns CIs de ROM, uma das entradas de controle (em geral, a *CE*) é usada para colocar a ROM em modo *stand by* de baixa potência quando não está sendo usada. Isso reduz a corrente drenada da fonte de alimentação do sistema.

A entrada $\overline{CS}$ demonstrada na Figura 12.6(a) é ativa em nível BAIXO; portanto, deve estar no estado BAIXO para habilitar os dados da ROM a aparecer nas saídas de dados. Note que não existe entrada $\overline{WE}$ (habilitação de escrita, do inglês, *write enable*), porque não se pode escrever na ROM em uma operação normal.

FIGURA 12.6 (a) Símbolo de uma ROM típica; (b) tabela demonstrando os dados binários de cada endereço; (c) a mesma tabela em hexa.

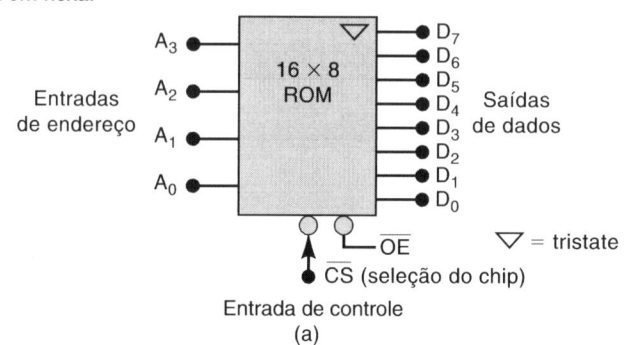

(a)

Palavra	Endereço A_3 A_2 A_1 A_0	Dados D_7 D_6 D_5 D_4 D_3 D_2 D_1 D_0
0	0 0 0 0	1 1 0 1 1 1 1 0
1	0 0 0 1	0 0 1 1 1 0 1 0
2	0 0 1 0	1 0 0 0 0 1 0 1
3	0 0 1 1	1 0 1 0 1 1 1 1
4	0 1 0 0	0 0 0 1 1 0 0 1
5	0 1 0 1	0 1 1 1 1 0 1 1
6	0 1 1 0	0 0 0 0 0 0 0 0
7	0 1 1 1	1 1 1 0 1 1 0 1
8	1 0 0 0	0 0 1 1 1 1 0 0
9	1 0 0 1	1 1 1 1 1 1 1 1
10	1 0 1 0	1 0 1 1 1 0 0 0
11	1 0 1 1	1 1 0 0 0 1 1 1
12	1 1 0 0	0 0 1 0 0 1 1 1
13	1 1 0 1	0 1 1 0 1 0 1 0
14	1 1 1 0	1 1 0 1 0 0 1 0
15	1 1 1 1	0 1 0 1 1 0 1 1

(b)

Palavra	Endereço $A_3 A_2 A_1 A_0$	Dados $D_7 - D_0$
0	0	DE
1	1	3A
2	2	85
3	3	AF
4	4	19
5	5	7B
6	6	00
7	7	ED
8	8	3C
9	9	FF
10	A	B8
11	B	C7
12	C	27
13	D	6A
14	E	D2
15	F	5B

(c)

A operação de leitura

Vamos supor que uma ROM foi programada com os dados demonstrados na tabela da Figura 12.6(b). Dezesseis palavras de dados diferentes foram armazenadas nos 16 endereços diferentes. Por exemplo, a palavra de dados armazenada na posição 0011 é 10101111. É claro que os dados foram armazenados em binário na ROM, mas usamos a notação hexadecimal para demonstrar de modo mais eficiente os dados programados. Isso foi feito na Figura 12.6(c).

Para ler uma palavra de dados da ROM, precisamos de duas coisas: (1) aplicar a entrada de endereço apropriada e, então, (2) ativar as entradas de controle. Por exemplo, se quisermos ler o dado armazenado na posição 0111 da ROM demonstrada na Figura 12.6, devemos aplicar $A_3A_2A_1A_0 = 0111$ nas entradas de endereço e, então, um nível BAIXO em $\overline{CS}$. As entradas de endereço serão decodificadas internamente na ROM para selecionar a palavra de dado correta, 11101101, que aparecerá nas saídas D_7 a D_0 após $\overline{OE}$ declarada (BAIXO). Se $\overline{CS}$ for mantida em nível ALTO, as saídas da ROM estarão desabilitadas e ficarão no estado de alta impedância.

QUESTÕES DE REVISÃO

1. *Verdadeiro ou falso*: todas as ROMs são não voláteis.
2. Descreva os procedimentos para a leitura de uma ROM.
3. O que é *programação* ou "*queima*" de uma ROM?

12.5 ARQUITETURA DA ROM

OBJETIVOS

Após ler esta seção, você será capaz de:

- Descrever os sub-blocos que compõem uma ROM e o papel de cada um.
- Relacionar os endereços com a localização física dos dados na memória.

A arquitetura (estrutura) interna do CI de uma ROM é bem complexa, e não precisamos nos familiarizar com todos os seus detalhes. No entanto, seria didático estudar um diagrama simplificado, tal como o demonstrado na Figura 12.7, para uma ROM de 16 × 8. Existem quatro partes básicas: *matriz de registradores, decodificador de linhas, decodificador de colunas* e *buffers de saída*.

FIGURA 12.7 Arquitetura de uma ROM de 16 × 8. Cada registrador armazena uma palavra de 8 bits.

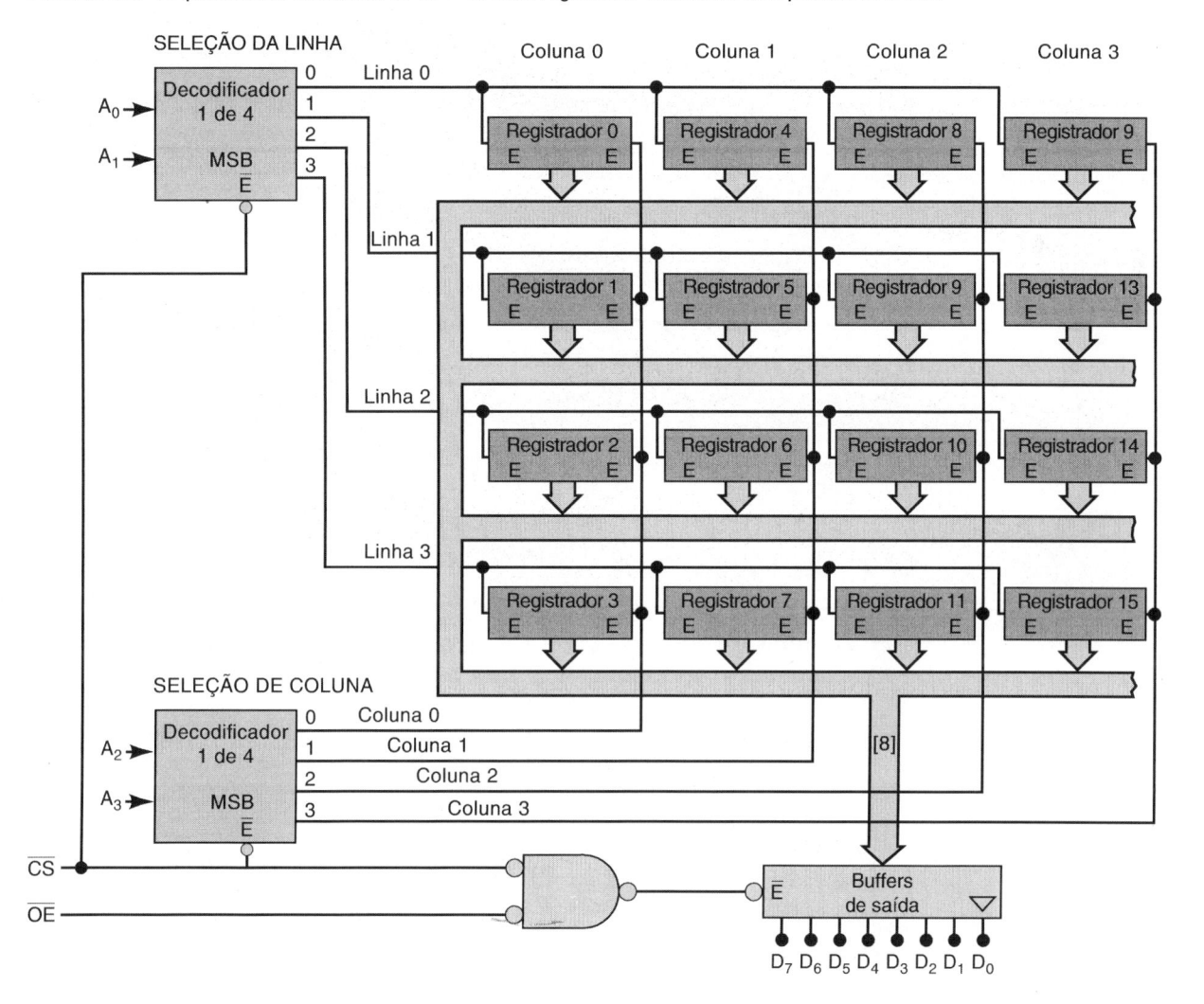

Matriz de registradores

A matriz de registradores armazena dados programados na ROM. Cada registrador contém um número de células de memória igual ao tamanho da palavra. Nesse caso, cada registrador armazena uma palavra de oito bits. Os registradores são organizados em uma configuração de matriz quadrada comum para muitos chips de memória semicondutora. É possível especificar a posição de cada registrador como se ele estivesse em uma linha e uma coluna específicas. Por exemplo, o registrador 0 está na linha 0, coluna 0, e o registrador 9 está na linha 1, coluna 2.

As oito saídas de dados de cada registrador são conectadas no barramento interno de dados que percorre o circuito. Cada registrador tem duas entradas de habilitação (E); as duas devem estar em nível ALTO para que o dado do registrador possa ser colocado no barramento.

Decodificadores de endereço

O código de endereço $A_3A_2A_1A_0$ aplicado determina o registrador da matriz que será habilitado a colocar sua palavra de dados de oito bits no barramento. Os bits de endereço A_1A_0 são fornecidos ao decodificador 1 de 4, que ativa uma das linhas, e os de endereço A_3A_2, ao segundo decodificador 1 de 4, que ativa uma coluna. Apenas um registrador terá a linha e a coluna selecionadas pelas entradas de endereço e será habilitado.

EXEMPLO 12.5

Qual registrador será habilitado pela entrada de endereço 1101?

Solução

$A_3A_2 = 11$ faz o decodificador de coluna ativar a coluna 3, e $A_1A_0 = 01$ faz o decodificador de linha ativar a linha 1. Isso estabelece dois níveis ALTOS nas entradas de habilitação do registrador 13, permitindo que seu conteúdo seja colocado no barramento. Note que os outros registradores da coluna 3 terão apenas uma entrada de habilitação ativada; o mesmo vale para os outros registradores da linha 1.

EXEMPLO 12.6

Qual endereço de entrada habilitará o registrador 7?

Solução

As entradas de habilitação desse registrador estão conectadas na linha 3 e na coluna 1, respectivamente. Para selecionar a linha 3, as entradas A_1A_0 devem estar em 11 e, para selecionar a coluna 1, A_3A_2 devem estar em 01. Desse modo, o endereço requerido é $A_3A_2A_1A_0 = 0111$.

Buffers de saída

O registrador que é habilitado pelas entradas de endereço colocará seus dados no barramento. Tais dados alimentam os buffers de saída, que passarão os dados para as saídas de dados externas, desde que $\overline{CS}$ e $\overline{OE}$

sejam nível BAIXO. Se $\overline{CS}$ ou $\overline{OE}$ forem nível ALTO, os buffers de saída estarão no estado de alta impedância e D_7 a D_0 estarão flutuando.

A arquitetura demonstrada na Figura 12.7 é semelhante à de muitos CIs de ROM. Dependendo do número de palavras de dados armazenados, os registros em algumas ROMs não serão dispostos em uma matriz quadrada. Por exemplo, o 27C64 da Intel é um CMOS de ROM que armazena 8.192 palavras de oito bits. Seus 8.192 registradores são dispostos em uma matriz de 256 linhas × 32 colunas.

EXEMPLO 12.7

Descreva a arquitetura interna de uma ROM que armazena 4K bytes e usa uma matriz quadrada de registradores.

Solução

4K é, na realidade, 4 × 1.024 = 4.096 e, portanto, essa ROM armazena 4.096 palavras de oito bits. Cada palavra pode ser armazenada em um registrador de oito bits, e existem 4.096 registradores conectados em um barramento de dados comum interno ao chip. Uma vez que 4.096 = 64^2, os registradores são organizados em uma matriz de 64 × 64; ou seja, 64 linhas e 64 colunas. Isso requer um decodificador 1 de 64 para seis entradas de endereço para selecionar a linha e um segundo decodificador 1 de 64 para outras seis entradas de endereço para selecionar uma coluna. Desse modo, é necessário um total de 12 entradas de endereço. Faz sentido, pois 2^{12} = 4.096 e existem 4.096 endereços diferentes.

QUESTÕES DE REVISÃO

1. Que código de endereço de entrada é necessário para ler o dado do registro 9 na Figura 12.7?
2. Descreva a função do decodificador de seleção de linha, do decodificador de seleção de coluna e dos buffers de saída na arquitetura de uma ROM.

12.6 TEMPORIZAÇÃO DA ROM

OBJETIVO

Após ler esta seção, você será capaz de:

- Interpretar diagramas de tempo que definem as limitações operacionais das ROMs.

Há atraso de propagação entre a aplicação das entradas da ROM e o aparecimento dos dados na saída durante uma operação de leitura. Esse atraso, denominado tempo de acesso, t_{ACC}, é uma medida da velocidade de operação da ROM. O tempo de acesso é descrito graficamente pelas formas de ondas demonstradas na Figura 12.8.

A forma de onda da parte superior representa as entradas de endereço — a da parte central representa a ativação tanto de uma habilitação de saída ativa em nível BAIXO, $\overline{OE}$, quanto um *chip select*, $\overline{CS}$, ativo em nível BAIXO; a da parte inferior representa as saídas de dados. No instante t_0, as entradas de endereço estão em algum nível específico, algumas em nível ALTO, outras em nível BAIXO. Ou $\overline{OE}$ ou $\overline{CS}$ estão em nível ALTO, de modo que as saídas de dados da ROM estão em alta impedância (representado pela linha tracejada).

Imediatamente antes de t_1, as entradas estão mudando para um novo endereço para uma nova operação de leitura. Em t_1, o novo endereço é válido, ou seja, cada entrada de endereço está em um nível lógico válido, e $\overline{CS}$ será ativada. Nesse momento, os circuitos internos da ROM começam a decodificar as novas entradas de endereço para selecionar o registrador que enviará dados para os buffers de saída. Em t_2, as entradas $\overline{CS}$ e $\overline{OE}$ são ativadas para habilitar os buffers de saída. Por fim, em t_3, as saídas mudam do estado de alta impedância para saídas de dados válidos que representam os números binários armazenados no endereço especificado.

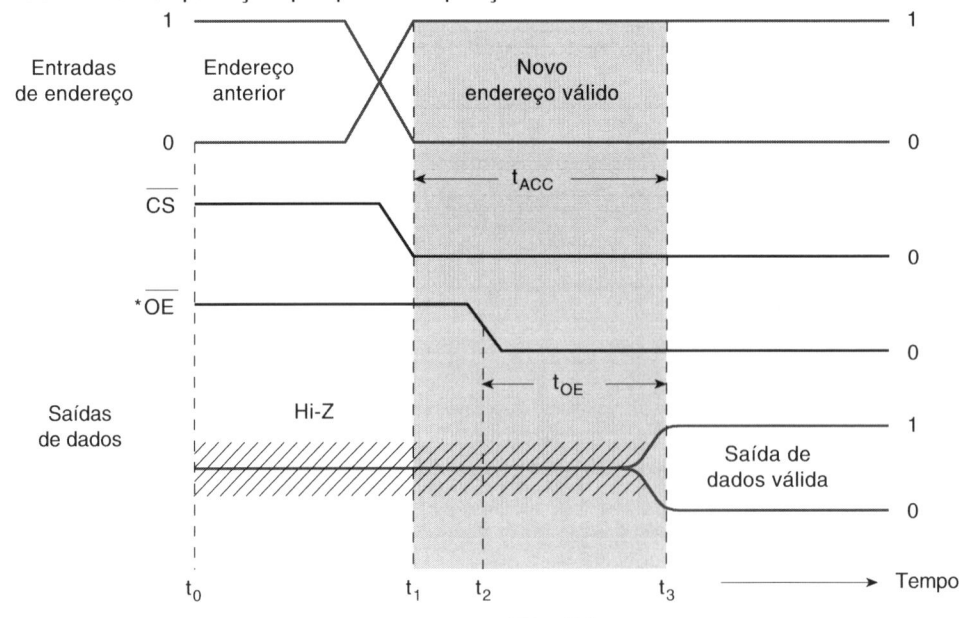

FIGURA 12.8 Temporização típica para uma operação de leitura de uma ROM.

*t_{OE} é medido a partir do momento que $\overline{CS}$ e $\overline{OE}$ tenham sido ambos ativados.

O atraso entre t_1, quando o novo endereço se torna válido, e t_3, quando as saídas de dados se tornam válidas, é o tempo de acesso t_{ACC}. ROMs bipolares típicas têm tempos de acesso na faixa de 30 a 90 ns; tempos de acesso de dispositivos NMOS variam de 35 a 500 ns. Aperfeiçoamentos na tecnologia CMOS trouxeram os tempos de acesso para a faixa de 20 a 60 ns. Como consequência, ROMs mais recentes (maiores) raramente são produzidas com tecnologia bipolar e NMOS.

Outro importante parâmetro de temporização é o *tempo de habilitação da saída*, t_{OE}, atraso entre a entrada $\overline{OE}$ e a saída de dados válidos. Valores normais para t_{OE} são mais curtos que o tempo de acesso. Tal parâmetro (t_{OE}) é importante em situações em que as entradas de endereço já estão ajustadas em seus novos valores, mas as saídas da ROM ainda não foram habilitadas. Quando $\overline{OE}$ for para o nível BAIXO para habilitar as saídas, o atraso será o t_{OE}.

QUESTÕES DE REVISÃO

1. Qual sinal de um microcontrolador estaria normalmente conectado à entrada OE de uma ROM?
2. Qual especificação de tempo define o tempo mínimo a partir de quando a CPU coloca um novo endereço até o final do pulso RD?

12.7 TIPOS DE ROMs

OBJETIVOS

Após ler esta seção, você será capaz de:

- Descrever as tecnologias que contribuíram para a evolução das ROMs.
- Indicar os meios pelos quais 1 ou 0 são armazenados na célula de determinado tipo de ROM.
- Indicar os recursos funcionais que caracterizam cada tipo de ROM.
- Identificar os pontos fortes e fracos de cada tecnologia.

Agora que compreendemos a arquitetura interna e da operação externa de dispositivos ROM, estudaremos os vários tipos de ROMs para saber como diferem na maneira como são programados, apagados e reprogramados.

ROM programada por máscara

A ROM programada por máscara tem as informações armazenadas ao mesmo tempo que o circuito integrado é fabricado. Como na Figura 12.9, ROMs são constituídas por uma matriz retangular de transistores. As informações são armazenadas conectando ou desconectando a fonte de um transistor à coluna de saída. O último passo no processo de fabricação é formar esses ramos de condutores ou conexões. O processo utiliza uma "máscara" para depositar metais sobre o silício, que determina onde se formam as conexões, de maneira bastante similar ao uso de estêncil e tinta em *spray*, mas em escala menor. A máscara é muito precisa e cara e deve ser feita de acordo com as especificações do cliente, com as informações binárias corretas. Em consequência, esse tipo de ROM é econômico apenas quando uma grande quantidade é programada exatamente com as mesmas informações.

FIGURA 12.9 Estrutura de uma MROM MOS demonstra o uso de um MOSFET para cada célula de memória. Uma conexão de fonte aberta armazena um "0"; uma conexão fechada armazena "1".

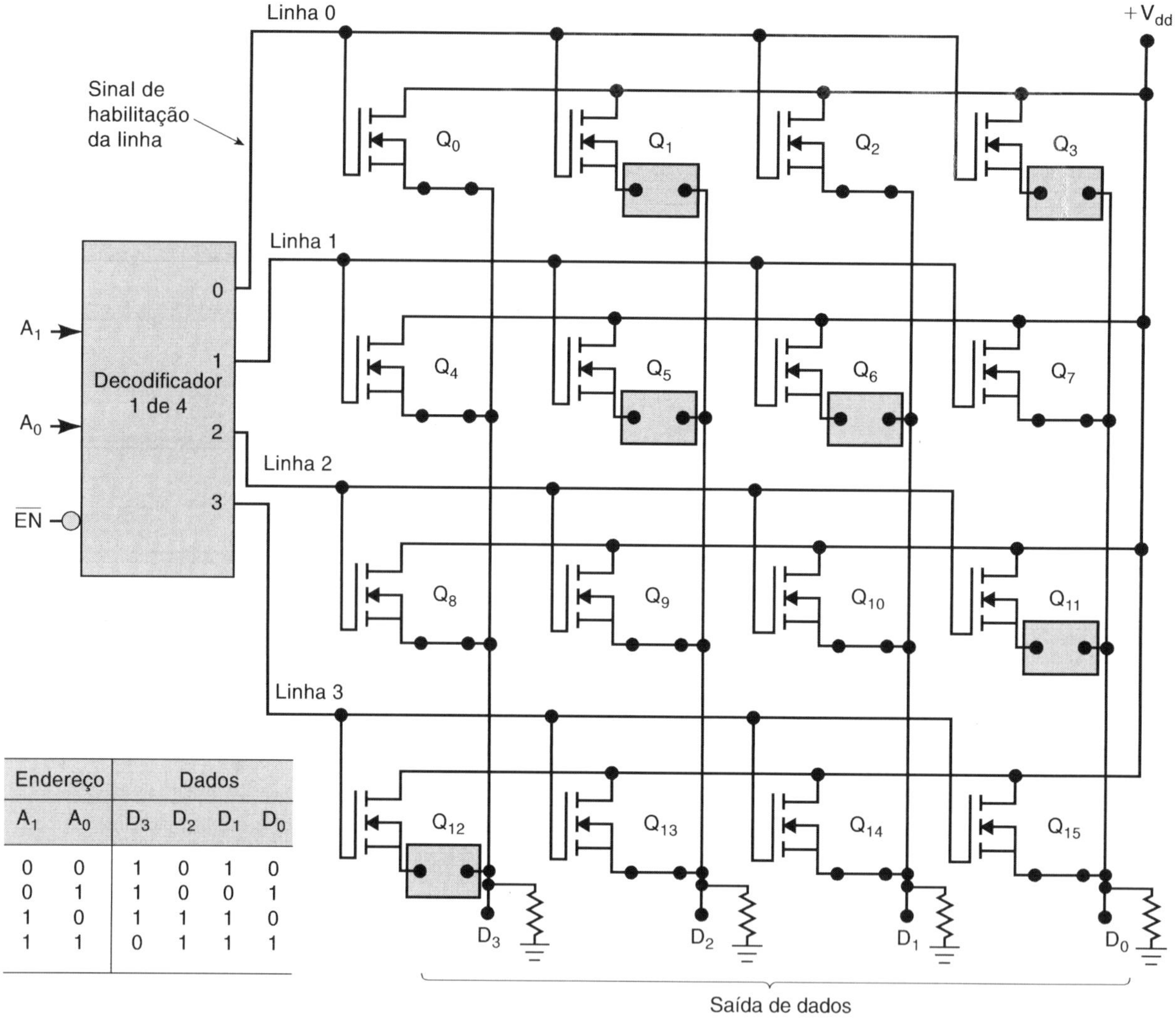

Endereço		Dados			
A_1	A_0	D_3	D_2	D_1	D_0
0	0	1	0	1	0
0	1	1	0	0	1
1	0	1	1	1	0
1	1	0	1	1	1

ROMs programadas por máscara são conhecidas apenas por ROMs, o que acaba causando confusão, uma vez que o termo representa a ampla categoria de dispositivos que, durante operações normais, são apenas lidos. Usaremos a abreviação MROM ao nos referirmos às ROMs programadas por máscara.

A Figura 12.9 demonstra a estrutura de uma pequena MROM MOS. Ela consiste em 16 células de memória organizadas em quatro linhas de quatro células. Cada célula é um transistor MOSFET canal-N conectado na configuração de dreno comum (entrada na porta, saída na fonte). As células da linha de cima (LINHA 0) constituem um registrador de quatro bits. Note que alguns dos transistores dessa linha (Q_0 e Q_2) têm seus terminais-fonte conectados na linha de saída da coluna, enquanto os outros (Q_1 e Q_3) não. O mesmo ocorre para as células em cada uma das outras linhas. A presença ou ausência da conexão dos terminais-fonte determina se a célula está armazenando nível 1 ou nível 0, respectivamente. A condição de cada conexão de terminal-fonte é controlada durante a produção pela máscara fotográfica baseada nos dados fornecidos pelo cliente.

Note que as saídas de dados estão conectadas às colunas. No que diz respeito à saída D_3, por exemplo, qualquer transistor com conexão do terminal-fonte (como Q_0, Q_4 e Q_8) para a coluna de saída pode chavear V_{dd} para a coluna, levando-a para nível lógico ALTO. Se V_{dd} não for conectado na coluna, a saída será mantida em nível lógico BAIXO pelo resistor de *pull-down*. Em qualquer instante, no máximo um dos transistores de uma coluna estará ligado por conta do decodificador de linha.

O decodificador 1 de 4 é usado para as entradas de endereço A_1A_0 para selecionar a linha (registrador) que terá os dados lidos. As saídas ativas em nível ALTO do decodificador fornecem sinais de habilitação de LINHA que são entradas de porta para as diversas linhas das células. Se a entrada de habilitação do decodificador, $\overline{EN}$, for mantida em nível ALTO, as saídas dele estarão no estado inativo BAIXO e os transistores não conduzirão em virtude da ausência de tensão no terminal de qualquer porta. Para essa situação, as saídas de dados estarão no estado BAIXO.

Quando $\overline{EN}$ estiver no estado ativo BAIXO, as condições nas entradas de endereço determinarão a linha (registrador) habilitada para que o dado possa ser lido nas saídas de dados. Por exemplo, para ler a LINHA 0, as entradas A_1A_0 são ajustadas para 00. Isso coloca um nível ALTO na LINHA 0; todas as outras estarão em 0 V. Esse nível ALTO na LINHA 0 liga os transistores Q_0, Q_1, Q_2 e Q_3. Com os transistores da linha em condução, V_{dd} será comutada para cada terminal-fonte dos transistores. As saídas D_3 e D_1 vão para o nível ALTO, uma vez que Q_0 e Q_2 estão conectados nas respectivas colunas. D_2 e D_0 permanecerão em nível BAIXO, porque não apresentam conexão com os terminais-fonte de suas colunas. De modo similar, a aplicação de outros códigos de endereço produzirá as saídas de dados a partir dos registradores correspondentes. A tabela na Figura 12.9 demonstra os dados para cada endereço. Você deve verificar como estão correlacionados com as conexões dos terminais-fonte das diversas células.

EXEMPLO 12.8

MROMs podem ser usadas para armazenar tabelas de funções matemáticas. Mostre como a MROM da Figura 12.9 pode ser usada para armazenar a função $y = x^2 + 3$, na qual a entrada de endereço é o valor de x e o valor da saída de dados é y.

Solução

O primeiro passo é construir uma tabela demonstrando a saída desejada para cada conjunto de entradas. O número binário de entrada, x, é representado pelo endereço A_1A_0. O de saída é o valor desejado de y. Por exemplo, quando $x = A_1A_0 = 10_2 = 2_{10}$, a saída deve ser $2^2 + 3 = 7_{10} = 0111_2$. O quadro completo é demonstrado na Tabela 12.1. Essa tabela é fornecida ao fabricante de MROM para o desenvolvimento das máscaras que permitirão conexões apropriadas com as células de memória durante o processo de fabricação. Por exemplo, a primeira linha da tabela indica que as conexões do terminal-fonte de Q_0 e Q_1 estão desconectadas, enquanto as conexões para Q_2 e Q_3 são implementadas.

TABELA 12.1 Dados de ROM para o Exemplo 12.8.

x		$y = x^2 + 3$			
A_1	A_0	D_3	D_2	D_1	D_0
0	0	0	0	1	1
0	1	0	1	0	0
1	0	0	1	1	1
1	1	1	1	0	0

MROMs costumam ter saídas tristate usadas em um sistema de barramento, como vimos no Capítulo 9. Como consequência, deve haver entrada de controle para habilitá-las e desabilitá-las. Essa entrada de controle costuma ser chamada de *OE* (*output enable*, em português, habilitação de saída). Para distinguir essa entrada de habilitação tristate da entrada de habilitação do decodificador de endereços, este último costuma ser chamado de habilitador de chip (*CE*, do inglês, *chip enable*). O habilitador de chip faz mais que simplesmente habilitar o decodificador de endereços. Quando *CE* está desabilitada, todas as funções do chip estão desabilitadas, inclusive as saídas tristate, e todo o circuito é colocado em modo **power-down** (em português, *redução de consumo*), que drena menos corrente da fonte de alimentação. A Figura 12.10 demonstra um MROM de 32K × 8. As 15 linhas de endereços (A_0–A_{14}) podem identificar 2^{15} posições de memória (32.767 ou 32K). Cada posição de memória guarda um valor de dados de oito bits a ser colocado nas linhas de dados D_7–D_0 quando o chip e as saídas estão habilitados.

FIGURA 12.10 Símbolo lógico para a MROM de 32K × 8.

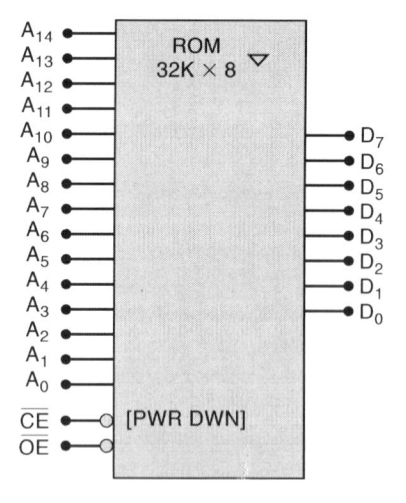

ROMs programáveis (PROMs)

Uma ROM programável por máscara poderia ser usada exceto para aplicações de grande volume, em que o custo seria distribuído em várias unidades. Para aplicações que usam volume menor, os fabricantes desenvolveram PROMs com **conexões a fusível** programadas pelo usuário; ou seja, as memórias não são programadas durante o processo de fabricação, mas pelo próprio usuário. Contudo, uma vez programada, a PROM será semelhante a uma MROM, que não pode ser apagada e reprogramada. Desse modo, se o programa na PROM estiver errado ou tiver de ser alterado, essa

PROM terá de ser jogada fora. Por isso, esses dispositivos são, muitas vezes, denominados ROMs "programáveis apenas uma vez" (OTP, do inglês, *one time programmable*).

A estrutura da PROM com conexão a fusível é similar à estrutura da MROM, em que determinadas conexões são deixadas intactas ou são abertas para programar as células de memória como nível 1 ou como nível 0, respectivamente. Uma PROM vem do fabricante com uma conexão a fusível fina no terminal-fonte de todos os transistores. Nessa condição, os transistores armazenam um 1. O usuário pode "soprar" o fusível para qualquer transistor que precisa armazenar a 0. Em geral, os dados são programados ou "queimados" em uma PROM selecionando-se uma linha e aplicando-se o endereço desejado nas entradas de endereço, colocando-se os dados desejados nas entradas de dados e, depois, aplicando-se um pulso em um pino especial de programação do CI. A Figura 12.11 demonstra como isso é feito.

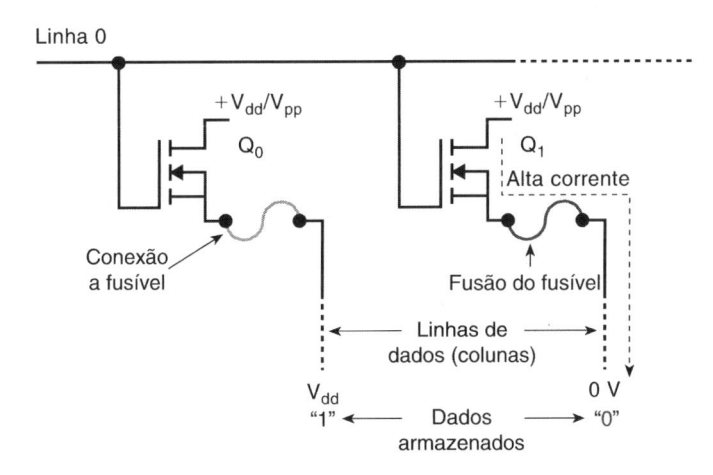

FIGURA 12.11 As PROMs usam conexões a fusíveis que podem ser seletivamente soprados pelo usuário para programar um nível lógico 0 na célula.

Todos os transistores na linha selecionada (linha 0) são ligados, e a tensão V_{pp} é aplicada nos terminais de dreno. As colunas (linhas de dados) que têm nível lógico 0 (por exemplo, Q_1) fornecerão um caminho de alta corrente pela conexão de fusível, queimando-o (abrindo-o) e armazenando permanentemente um nível lógico 0. As de nível lógico 1 (por exemplo, Q_0) têm V_{pp} de um lado do fusível e V_{dd} do outro, absorvendo menos corrente e deixando o fusível intacto. Uma vez que todos os endereços sejam programados dessa maneira, os dados serão armazenados permanentemente na PROM e poderão ser sempre lidos acessando-se o endereço apropriado. O dado não mudará quando a alimentação do CI de PROM for retirada, porque nada fará que uma conexão de fusível aberta seja fechada de novo.

ROM programável e apagável (EPROM, do inglês, *erasable programmable ROM*)

Uma EPROM pode ser programada pelo usuário e ser *apagada* e reprogramada quantas vezes for desejado. Uma vez programada, a EPROM é uma memória *não volátil* que mantém indefinidamente os dados armazenados. O processo para a programação de uma EPROM é o mesmo que para uma PROM.

O elemento de armazenamento em uma EPROM é constituído de transistores MOS com uma porta de silício sem conexão elétrica (ou seja, porta flutuante), mas bastante próximos de um eletrodo, como demonstrado na Figura 12.12. No estado normal, não há carga armazenada na porta flutuante, e o transistor produzirá um nível lógico 1 sempre que for selecionado pelo decodificador de endereço. Para programar um 0, um pulso de alta tensão é usado para deixar uma carga líquida na porta flutuante. Essa carga faz o transistor produzir um nível lógico 0 na saída quando selecionado. Uma vez que a carga é presa na porta flutuante e não possui um caminho de descarga, o 0 ficará armazenado até que seja apagado. Os dados são apagados devolvendo-se todas as células ao 1 lógico. Para fazer isso, a carga no eletrodo flutuante é neutralizada expondo-se o silício à luz ultravioleta (UV) de alta intensidade por vários minutos. Os UVEPROMS têm uma janela de vidro que permite que a luz UV brilhe no silício. O CI deve ser removido do circuito e colocado sob uma lâmpada UV de alta intensidade por cerca de 20 minutos.

Os UVEPROMS tornaram-se obsoletos, mas a tecnologia de transistor de porta flutuante foi uma tremenda inovação que abriu o caminho para a tecnologia de memória não volátil encontrada nos sistemas digitais atuais.

FIGURA 12.12 (a) Um MOSFET de porta flutuante; (b) seu símbolo esquemático.

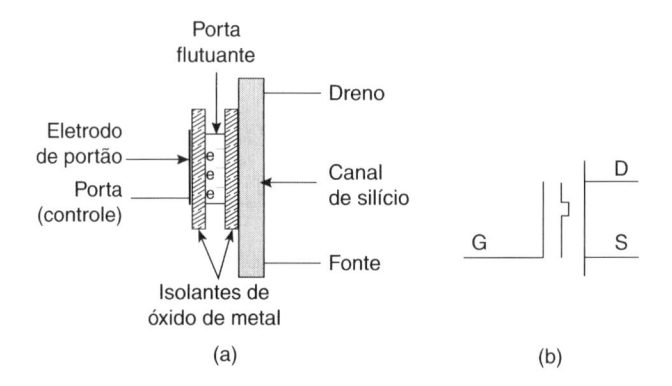

PROM apagável eletricamente (EEPROM, do inglês, *electrically erasable PROM*)

As desvantagens da EPROM foram superadas pelo desenvolvimento da **EEPROM** como um aperfeiçoamento da EPROM. A EEPROM mantém a mesma estrutura de porta flutuante da EPROM, mas com o acréscimo de uma região muito fina de óxido acima do dreno do MOSFET da célula de memória, essencialmente implementando outra comutação de transistor MOS. O diagrama do circuito é demonstrado na Figura 12.13. Essa modificação produz a principal característica da EEPROM — a capacidade de ser apagada eletricamente. Aplicando-se uma tensão alta entre a porta do MOSFET e o dreno, uma carga pode ser induzida na porta flutuante, em que permanece mesmo quando a tensão de alimentação é removida; a aplicação reversa da mesma tensão faz a carga presa na porta flutuante ser removida. Como esse mecanismo de transporte da carga requer correntes baixas, o apagamento e a programação de uma EEPROM são feitos no *próprio circuito* (ou seja, sem fonte de luz ultravioleta nem unidade especial programadora de PROM).

Para apagar a célula, as cargas são depositadas na porta flutuante. Isso é feito aplicando-se tensão de programação maior que o normal (V_{pp})

à linha de palavras e à porta de controle enquanto a linha de bits está em terra, como demonstrado na Figura 12.13(a). O transistor superior está ligado, e a alta voltagem da porta ao canal deposita a carga na porta flutuante, armazenando um nível lógico "1".

Para armazenar um "0" na célula EEPROM, a tensão de programação (V_{pp}) é aplicada à linha de bits e à linha de palavras enquanto a porta de controle está em GND [Figura 12.13(b)]. Com o transistor superior ligado, isso essencialmente aplica a voltagem reversa na região da porta flutuante, removendo a carga da porta flutuante e neutralizando-a.

A Figura 12.13(c) demonstra como armazenar um "1" na célula EEPROM durante um ciclo de escrita. Note que a escrita em uma célula só pode ser feita depois de ela ter sido apagada. A tensão de programação é aplicada apenas na linha de bits. Zero volt é aplicado à linha de palavras e também à tensão de controle. O transistor superior está desligado e a tensão reversa não é aplicada, deixando, assim, a carga (que foi depositada durante a operação de apagamento) na porta flutuante.

Ao ler a célula, um nível lógico normal (V_{DD}) é aplicado à linha da palavra e à porta de controle. Se a porta flutuante estiver carregada, a tensão da porta de controle (V_{DD}) não pode ligar o MOSFET da porta flutuante e, portanto, gera uma saída em nível lógico "1", conforme demonstrado na Figura 12.14(a). Se a porta flutuante for neutralizada, como na Figura 12.14(b), a tensão lógica na porta de controle liga o MOSFET da porta flutuante, deixando em GND a linha de bit e emitindo um nível lógico "0".

Outra vantagem da EEPROM sobre a EPROM é a capacidade de apagar e reescrever eletricamente bytes *individuais* (palavras de oito bits) na matriz de memória. Durante uma operação de escrever, o circuito interno apaga automaticamente todas as células em um local de endereço antes de escrever nos novos dados. Essa capacidade de apagar o byte torna muito mais fácil fazer alterações nos dados armazenados em uma EEPROM.

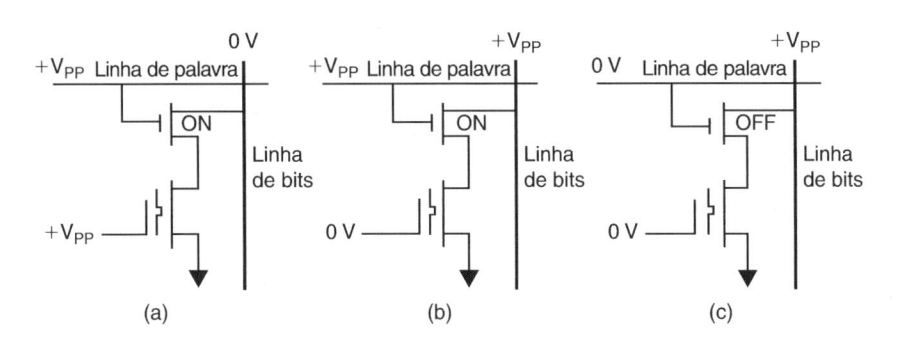

FIGURA 12.13 (a) Apagando/pré-carregando uma célula; (b) escrevendo um "0"; (c) escrever um "1".

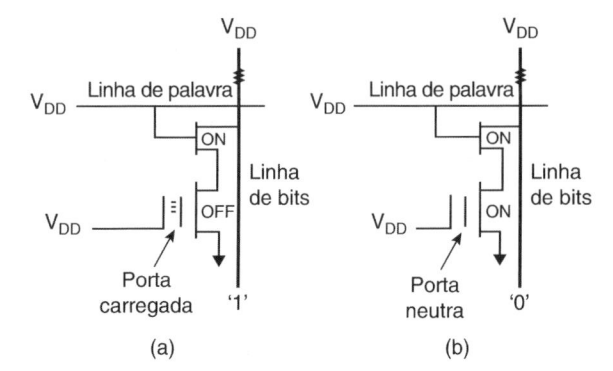

FIGURA 12.14 (a) Leitura de um nível lógico "1"; (b) leitura de um nível lógico "0".

QUESTÕES DE REVISÃO

1. *Verdadeiro ou falso*: uma MROM pode ser programada pelo usuário.
2. Em que uma PROM difere de uma MROM? Ela pode ser apagada e reprogramada?
3. *Verdadeiro ou falso*: uma PROM armazena um nível lógico 1 quando sua conexão de fusível está intacta.
4. Como se apaga uma EPROM?
5. *Verdadeiro ou falso*: não existe meio de apagar apenas uma parte de uma memória EPROM.
6. Que função é realizada pelos programadores de PROM e EPROM?
7. Quais são as desvantagens da EPROM que foram superadas pela EEPROM?
8. Quais são as principais desvantagens da EEPROM?
9. Qual é o tipo de ROM que pode apagar um byte de cada vez?
10. Como um nível lógico 1 é representado em uma célula UVEPROM?
11. Como um nível lógico 1 é representado em uma célula EEPROM?

12.8 MEMÓRIA FLASH

Objetivos

Após ler esta seção, você será capaz de:

- Descrever a tecnologia usada para armazenar 1s e 0s na memória flash.
- Identificar o papel de cada entrada e saída de um CI de memória flash.
- Distinguir entre dispositivos flash NAND e NOR e suas características.

As EPROMs são não voláteis, oferecem tempos de acesso de leitura rápidos e alta densidade e baixo custo por bit. Contudo, elas precisam ser removidas dos circuitos para serem apagadas e reprogramadas. As EEPROMs são não voláteis, oferecem rápido acesso para leitura e possibilitam o apagamento e a reprogramação de bytes individuais no circuito. Elas têm baixa densidade e custo muito maior que as EPROMs.

O desafio para os engenheiros de semicondutores foi fabricar uma memória não volátil com a capacidade da EEPROM de apagamento elétrico no próprio circuito, mas com densidades e custos muito próximos dos apresentados pelas EPROMs, mantendo a alta velocidade de leitura de ambas. A resposta para esse desafio foi a **memória flash**.

Em sua estrutura, uma célula de memória flash é semelhante a uma com um único transistor da EPROM (diferente da célula mais complexa da EEPROM com dois transistores), apenas um pouco maior. Ela tem uma camada de óxido mais fina na porta, que possibilita o apagamento elétrico, mas pode ser construída com uma densidade muito maior que a das EEPROMs. O custo da memória flash é bem menor que o da EEPROM. A Figura 12.15 representa uma comparação relativa entre as diversas memórias semicondutoras não voláteis. A flexibilidade de apagar e programar aumenta (da base para o ápice do triângulo), assim como a complexidade e o custo do dispositivo. As MROMs e PROMs são os dispositivos mais simples, mas não podem ser apagados e reprogramados. A EEPROM é o dispositivo mais complexo e mais caro porque pode ser apagado e reprogramado byte a byte no circuito.

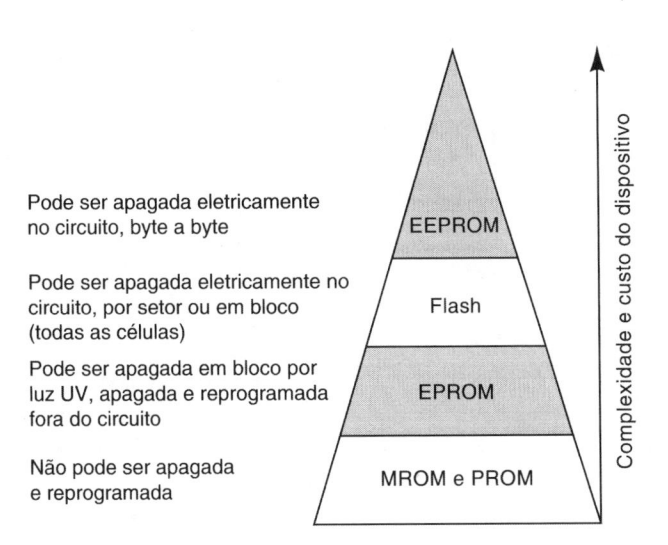

FIGURA 12.15 As relações de compromisso entre as memórias semicondutoras não voláteis demonstram que a complexidade e o custo aumentam à medida que a flexibilidade no apagamento e na programação aumenta.

Pode ser apagada eletricamente no circuito, byte a byte — EEPROM

Pode ser apagada eletricamente no circuito, por setor ou em bloco (todas as células) — Flash

Pode ser apagada em bloco por luz UV, apagada e reprogramada fora do circuito — EPROM

Não pode ser apagada e reprogramada — MROM e PROM

As memórias flash são assim chamadas em virtude de seus tempos curtos de apagamento e de escrita. A maioria dos chips flash usa uma operação de *apagamento total*, na qual as células do chip são apagadas de maneira simultânea, ou de *apagamento por setor*, na qual setores específicos da matriz de memória (por exemplo, 512 bytes) são apagados. Isso evita apagar e reprogramar todas as células quando apenas uma parte da memória precisa ser atualizada. Uma memória flash tem tempo de escrita mais rápido que o da EEPROM. A moderna tecnologia de fabricação de IC reduziu bastante o custo por bit da memória flash. As vantagens da flash e da EEPROM tornaram obsoletas as tecnologias EPROM, MROM e PROM. A EEPROM ainda é usada onde suas vantagens sobre o flash justificam o custo extra e a densidade menor.

Um CI de memória flash CMOS típico

A Figura 12.16 demonstra o símbolo lógico para o chip da memória flash CMOS similar ao CI incluído na placa Altera/Terasic DE1 que tem capacidade 4M × 8 ou 2M × 16. O diagrama demonstra 21 entradas de endereço (A_0–A_{20}) necessárias para selecionar os diferentes endereços de memória; ou seja, 2^{21} = 2M = 2.097.152. Os 16 pinos de entradas/saídas de dados (DQ_0–DQ_{15}) são usados como entradas durante operações de escrita na memória e como saídas durante operações de leitura. Esses pinos de dados flutuam para o estado de alta impedância quando o chip não está selecionado ($\overline{CE}$ = nível ALTO) ou quando as saídas estão desabilitadas ($\overline{OE}$ = *nível ALTO*). A entrada de habilitação de escrita ($\overline{WE}$) é usada para controlar as operações de escrita na memória.

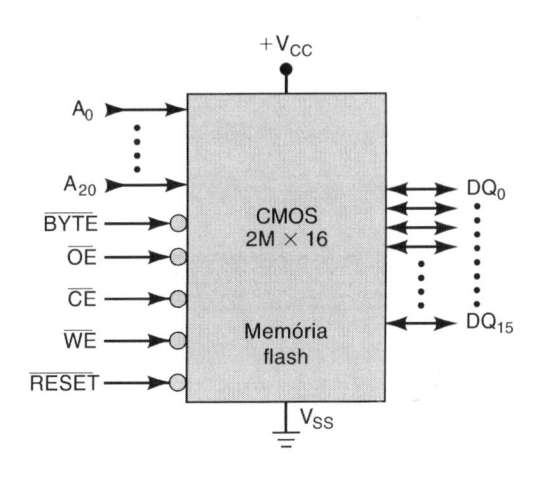

FIGURA 12.16 Símbolo lógico para um chip de memória flash típico.

As entradas $\overline{CE}$, $\overline{OE}$ e $\overline{WE}$ controlam o que acontece nos pinos de dados da mesma maneira que para a EEPROM 2864. Esses pinos de dados são conectados normalmente no barramento de dados. Durante uma operação de escrita, os dados são transferidos pelo barramento de dados, a partir do microprocessador, para o CI. Durante a operação de leitura, os dados do interior do chip são transferidos pelo barramento de dados — em geral, para o microprocessador.

O funcionamento desse chip de memória flash poderá ser mais bem entendido ao analisarmos sua estrutura interna. A Figura 12.17 é o diagrama de um chip de memória flash típico demonstrando seus principais blocos funcionais. Uma característica singular dessa estrutura é o *registrador de comando*, usado para gerenciar as funções do chip. Os códigos de comando são escritos nesse registrador para controlar qual operação interna será realizada no chip (por exemplo, apagar, apagar-verificar, programar, programar-verificar). Esses códigos de comando vêm pelo barramento de dados do microprocessador. A lógica de controle de estados analisa o conteúdo do registrador de comando e gera os sinais lógicos e de controle para os outros circuitos do chip executarem os passos da operação.

FIGURA 12.17 Diagrama funcional de um chip de memória flash.

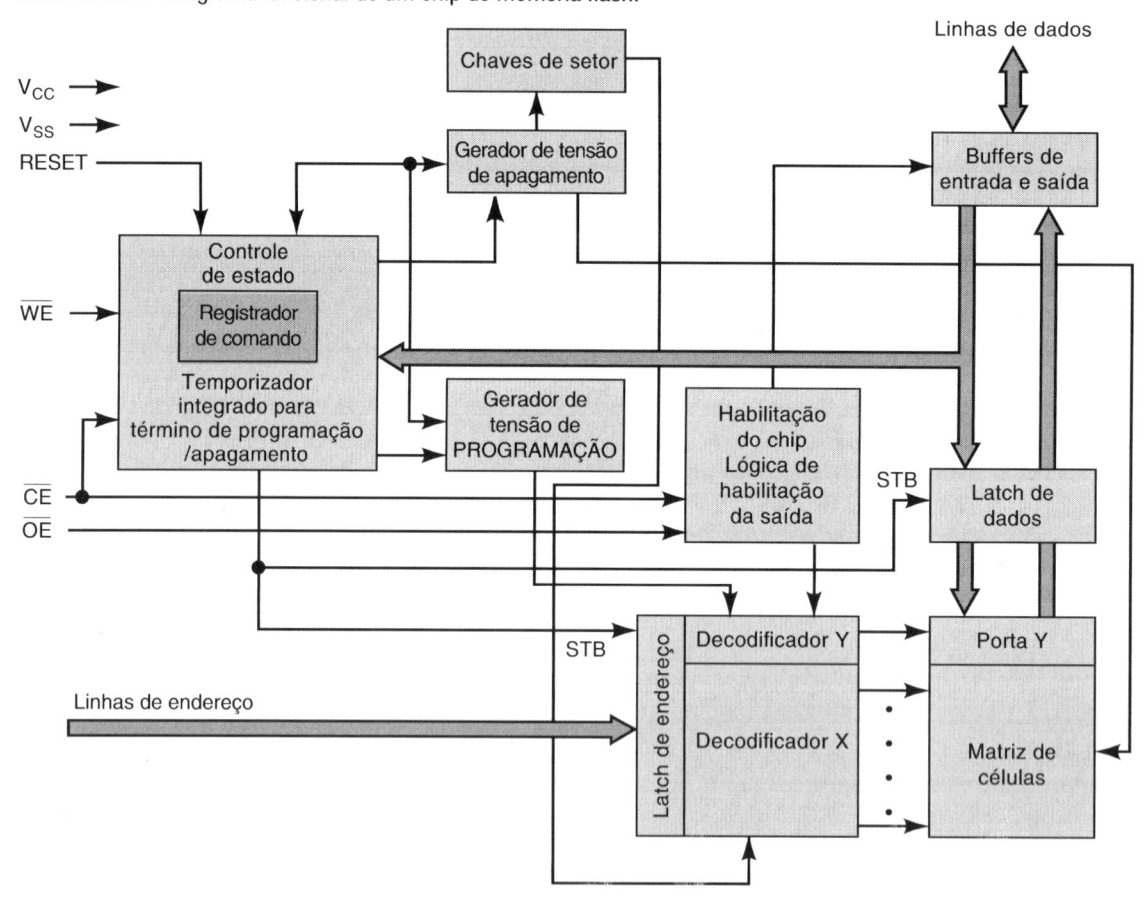

Tecnologia flash: NOR e NAND

A força propulsora para o progresso tecnológico é a demanda por dispositivos de capacidade maior, operação mais rápida, gasto de energia mais baixo e custo menor do que temos hoje. Os primeiros dispositivos flash foram criados como tentativa de melhorar o EEPROM em cada um desses aspectos com um compromisso na forma de bloco em vez de apagamento de bytes. Esses dispositivos flash são referidos com tecnologia **flash NOR**. Um exemplo recente de um CI flash NOR é o Spansion S29AL032D, usado nas populares placas Altera/Terasic DE1 e DE2.

A tecnologia flash NOR utiliza MOSFETS de porta flutuante (FGMOSFET) arranjados em paralelo uns com os outros entre a linha de *bits* (colunas na matriz) e o terra, como demonstrado na Figura 12.18(a). Note que cada linha de *palavra* (linhas na matriz) controla uma chave de transistor que conecta a linha de *bits* (coluna) ao terra. Se WL0 OR WL1 OR WL2... OR WL5 está em nível ALTO, a linha de *bits* será puxada para um nível BAIXO. Esta configuração de circuito funciona como uma porta NOR, razão pela qual ele é chamado de *flash NOR*. Cada transistor é lido ou escrito independentemente dos outros no grupo.

O desejo de usar a memória flash como um meio de armazenar grandes quantidades de dados resultou em alguns critérios de projeto novos para outra categoria de produtos de memória flash. Para o armazenamento em massa (como um drive de disco rígido) não é necessário ter acesso aleatório a cada byte de dados. Todos os dados para um arquivo de documento, uma foto ou uma gravação digital são armazenados de modo sequencial em grupos de bytes ou setores. Pesquisadores procuram maneiras para melhorar a densidade de dispositivos flash de armazenamento em massa à custa de sua capacidade de acesso aleatório. O resultado é a tecnologia **flash NAND**, que usa um grupo de FGMOSFETs em série uns com os outros, conectando a linha de *bits* com o terra, como demonstrado na Figura 12.18(b). Note que para conseguir puxar a linha de *bits* para um nível BAIXO é necessária a ativação (ALTO) de WL0 AND WL1 AND WL2... AND WL7, que é como a função lógica de uma porta NAND, daí o nome *flash NAND*. Para o circuito flash NAND, os dados armazenados em cada transistor devem ser acessados em conjunto com as outras linhas de *palavra* no grupo ativadas por uma tensão de porta de controle suficiente para ligar os outros transistores, independentemente do montante de carga na porta flutuante. Por exemplo, para ler os dados no transistor conectado a WL1, uma tensão de controle normal é aplicada a WL1, o que faz seu MOSFET ser ligado se um 0 lógico for armazenado ou permanecer desligado se for um 1. No mesmo instante, outros transistores são forçados (resultando em resistência muito baixa entre fonte e dreno) por tensão mais alta sobre suas linhas de *palavra* (WL0, WL2–WL7), o que assegura que formem um percurso de baixa resistência e possibilita que os dados armazenados no MOSFET de WL1 controlem a tensão na linha de *bits*.

A fim de apagar/programar/ler as células NAND, um registrador de buffer de página é associado a cada bloco de células NAND, como demonstrado na Figura 12.19. Os dados são deslocados para dentro e para fora do registrador de buffer de página uma palavra de cada vez. Algum circuito digital dedicado no CI de memória transfere uma página de dados dos FGMOSFETs para o registrador de buffer de página (para leitura) ou transfere dados do registrador de buffer para os FGMOSFETs (para escrita). Ele também pode apagar os dados armazenando 1s em cada transistor. A justificativa para a complexidade encontra-se na economia de espaço dessa técnica. A memória flash NAND pode ser implementada em uma pegada (*footprint*) muito menor na pastilha de silício.

FIGURA 12.18 (a) Qualquer transistor "LIGADO" pode puxar a linha de bits para nível BAIXO; (b) todos os transistores devem estar no modo "LIGADO" para puxar a linha de bits para nível BAIXO.

(a) Circuito flash NOR

(b) Circuito flash NAND

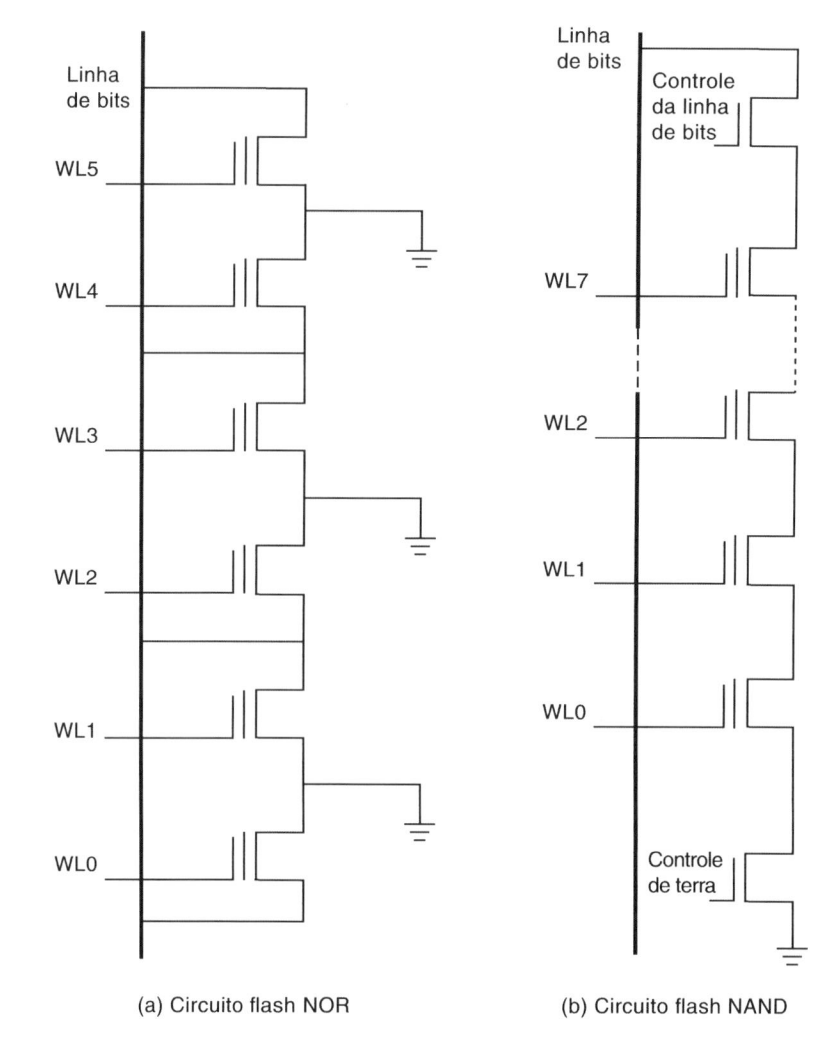

FIGURA 12.19 Arquitetura de flash NAND.

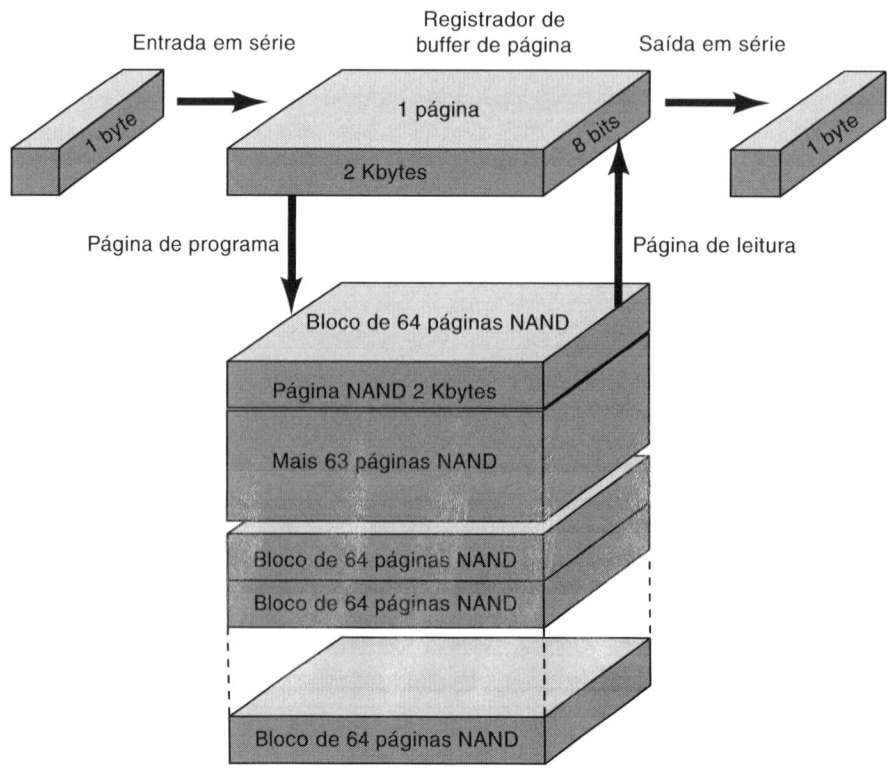

Ambas as tecnologias flash (NAND e NOR) têm vantagens e desvantagens. O circuito flash NAND oferece apagamento e tempo de programa rápidos, mas os dados devem estar em blocos. O flash NOR oferece tempo de leitura mais rápido e acesso aleatório. Como consequência, o flash NOR é usado para funções como chips de BIOS para seu computador, e o flash NAND é usado para o armazenamento em massa de fotos, música e outros arquivos em dispositivos como câmeras digitais, cartões de memória e USB flash drives. Como para a maioria das tecnologias em evolução, estão sendo encontradas maneiras de se aproveitar a densidade mais alta e o custo por bit mais baixo do flash NAND, enquanto seu desempenho vai se adequando para cada vez mais aplicações.

QUESTÕES DE REVISÃO

1. Qual é a principal vantagem da memória flash sobre as EPROMs?
2. Qual é a principal vantagem da memória flash sobre as EEPROMs?
3. O que significa a palavra *flash*?
4. Qual é a função de um registrador de comando de memória flash?
5. Quais são as funções lógicas NAND/NOR usadas para descrever a memória flash?
6. Qual configuração de flash é apagável por byte?
7. Qual configuração de flash é usada em pen drives USB?

12.9 APLICAÇÕES DAS ROMs

OBJETIVO

Após ler esta seção, você será capaz de:

■ Listar e descrever algumas aplicações comuns de ROMs em sistemas digitais.

Com exceção da MROM e da PROM, a maioria dos dispositivos ROM pode ser reprogramada; portanto, não são *memórias de apenas leitura*. No entanto, o termo *ROM* ainda é usado para EPROMs, EEPROMs e memórias flash porque, durante uma operação normal, os conteúdos armazenados nesses dispositivos não são tão alterados quanto lidos. Portanto, o termo ROM é aplicado a todos os dispositivos de memória semicondutora não volátil e usado em aplicações em que o armazenamento não volátil de informações, dados ou códigos de programa necessário e em que os dados armazenados raramente ou nunca são alterados. A seguir, apresentaremos algumas das áreas de aplicações mais comuns.

Memória de programa de microcontrolador dedicado

Os microcontroladores são dominantes em relação à maioria dos produtos eletrônicos disponíveis ao consumidor hoje no mercado. O sistema de freios e o controlador do motor do carro, o telefone celular, a filmadora de vídeo digital, o forno de micro-ondas e muitos outros produtos possuem microcontrolador. Esses pequenos computadores têm instruções de programa armazenadas em memória não volátil — em outras palavras, em

ROM. A maioria dos microcontroladores tem uma ROM flash integrada no mesmo CI que a CPU. Muitos têm também uma área de EEPROM que oferece recursos de apagamento de bytes e armazenamento não volátil.

Transferência de dados e portabilidade

A necessidade de armazenar e transferir um grande conjunto de informação binária é exigência de muitos sistemas que funcionam à bateria de baixa potência. Telefones celulares armazenam fotografias, videoclipes, informações sobre compromissos, e-mails, endereços e até mesmo e-books. Câmeras digitais armazenam muitas fotografias em cartões de memória removíveis. Discos (drives) de flash são conectados à porta USB de um computador e armazenam gigabytes de informação. O aparelho de MP3 é carregado com música e funciona com bateria. Todos esses dispositivos eletrônicos comuns exigem baixa potência, baixo custo, alta densidade, armazenamento não volátil com escrita no próprio circuito — recursos que a memória flash proporciona.

Memória *bootstrap*

Muitos microcomputadores e a maioria dos computadores maiores não têm o sistema operacional armazenado em ROM, mas, em vez disso, em unidades externas de memórias de massa — em geral, discos magnéticos. Então, como esses computadores sabem o que fazer? Um programa relativamente pequeno, denominado **bootstrap**, é armazenado na ROM. (O termo *bootstrap* vem da ideia de puxar a si mesmo.) Quando o computador é energizado, ele executa as instruções que estão nesse programa *bootstrap*. Essas instruções fazem a CPU inicializar o hardware do sistema. Então, o programa *bootstrap* carrega o sistema operacional da memória de massa (disco) para a memória principal interna. Nesse momento, começa a execução do sistema operacional, e o computador passa a responder aos comandos do usuário. Esse processo de inicialização costuma ser chamado de "boot do sistema".

Muitos chips de processamento digital de sinais carregam memórias internas de programa a partir de uma ROM *bootstrap* externa. Algumas PLDs mais avançadas carregam as informações de programação que configuram seus circuitos lógicos a partir de uma ROM externa para uma área de RAM interna à PLD. Isso também é feito quando a fonte é ligada. Dessa maneira, a PLD é reprogramada alterando-se a ROM *bootstrap*, em vez de alterar o próprio chip PLD.

Tabelas de dados

As ROMs costumam ser usadas para armazenar tabelas de dados não alteradas. Alguns exemplos são as tabelas trigonométricas (por exemplo, seno, cosseno etc.) e as de conversão de códigos. O sistema digital pode usar essas tabelas de dados para "procurar" o valor correto. Por exemplo, uma ROM serviria para armazenar a função seno para ângulos de 0° a 90°. Ela pode ser organizada em uma matriz 128 × 8 com sete entradas de endereço e oito saídas de dados. As entradas de endereço representam o ângulo em incrementos de cerca de 0,7°. Por exemplo, o endereço 0000000 é 0°, o endereço 0000001 é 0,7°, o endereço 0000010 é 1,41°, e assim por diante, até o endereço 1111111, que é 89,3°. Quando um endereço é aplicado na

ROM, as saídas de dados representam o seno do ângulo. Por exemplo, com uma entrada de 1000000 (que representa cerca de 45°), as saídas de dados serão 10110101. Uma vez que o seno é menor ou igual a 1, esses dados são interpretados como fração, 0,10110101, e, quando convertido para decimal, 0,707 (seno de 45°). É importante que o usuário dessa ROM entenda o formato no qual os dados estão armazenados.

ROMs padrão com tabelas de consulta para funções como essas estavam prontamente disponíveis em chips TTL. Hoje, a maioria dos sistemas que precisam procurar valores equivalentes envolve um microprocessador, e a tabela de consulta na qual os dados são armazenados está na mesma ROM que mantém as instruções do programa.

Conversor de dados

Os circuitos conversores de dados recebem os dados em um tipo de código e produzem uma saída expressa em outro tipo. A conversão de códigos será necessária, por exemplo, quando um computador fornecer como saída dados em código binário simples e quisermos convertê-los em BCD para que sejam demonstrados em um display de LEDs de 7 segmentos.

Um dos métodos mais simples de conversão de código usa uma ROM programada para que a aplicação de determinado endereço (código antigo) produza uma saída de dados que represente o equivalente em um novo código. O 74185 é uma ROM TTL que armazena a conversão de código binário em BCD para uma entrada binária de seis bits. Para ilustrar, um endereço binário de entrada de 100110 (decimal 38) produzirá uma saída de dados de 00111000, que é o código BCD para o decimal 38.

Gerador de funções

O gerador de funções é um circuito que produz formas de onda senoidais, dentes de serra, triangulares e quadradas. A Figura 12.20 demonstra como uma tabela armazenada em ROM e um DAC são usados para gerar um sinal de saída senoidal.

A ROM armazena 256 diferentes valores de oito bits, cada um correspondendo a um valor diferente da forma de onda (ou seja, um ponto de tensão diferente na senoide). O contador de oito bits é pulsado de maneira contínua por um sinal de clock para fornecer endereços sequenciais de entrada para a ROM. À medida que o contador passa pelos 256 endereços diferentes, a ROM fornece como saída os 256 pontos de dados para o DAC. A saída do DAC será uma forma de onda com 256 níveis analógicos de tensão correspondendo aos pontos de dados. O filtro de passagem baixa suaviza os passos na saída DAC para produzir uma forma de onda suave.

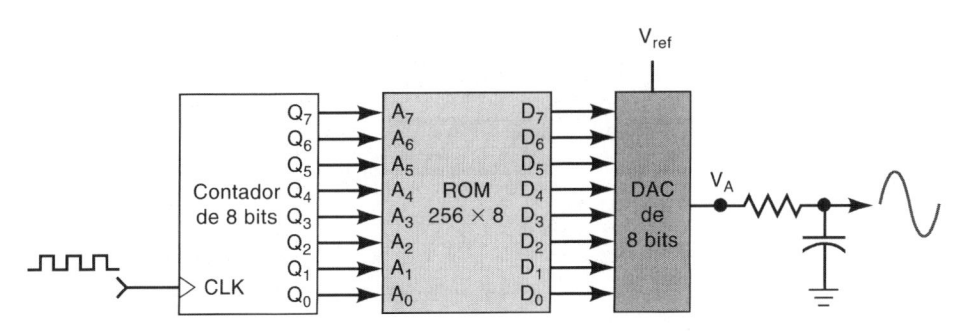

FIGURA 12.20 Gerador de funções usando uma ROM e um DAC.

QUESTÕES DE REVISÃO

1. Descreva como um computador usa um programa de *bootstrap*.
2. O que é um conversor de código?
3. Quais são os principais elementos de um gerador de funções?

12.10 RAM SEMICONDUTORA

OBJETIVOS

Após ler esta seção, você será capaz de:

- Definir a RAM como normalmente é usada.
- Descrever o papel da RAM nos sistemas.

Lembre-se de que o termo *RAM* significa *memória de acesso direto*, ou seja, qualquer endereço de memória possui a mesma facilidade de acesso que qualquer outro. Muitos tipos de memória podem ser classificados como tendo acesso aleatório, mas quando o termo *RAM* é usado para memórias semicondutoras, são as de leitura e de escrita (RWM) em oposição à ROM. Uma vez que é comum o uso do termo RAM para significar memória semicondutora RWM, ele será empregado nas explicações a seguir.

As RAMs são usadas em computadores para armazenamento *temporário* de programas e dados. Os conteúdos de vários endereços da RAM são lidos e escritos conforme o computador executa o programa. Isso requer que os ciclos de leitura e escrita sejam rápidos para que a RAM não torne lenta a operação do computador.

A principal desvantagem das RAMs é que são voláteis e perdem as informações armazenadas se a alimentação for interrompida ou desligada. Contudo, algumas RAMs CMOS usam uma quantidade tão pequena de energia no modo *stand by* (operações de leitura ou escrita não são realizadas nesse modo) que são alimentadas por baterias sempre que a fonte de energia principal é interrompida. Por sua vez, a principal vantagem da RAM é ser escrita e lida rapidamente.

As explicações a seguir sobre a RAM serão baseadas no que foi explicado sobre a ROM, já que muitos de seus conceitos básicos são comuns a ambos os tipos de memórias.

QUESTÕES DE REVISÃO

1. A RAM é volátil?
2. Como a RAM difere da ROM?
3. *Verdadeiro ou falso*: a RAM é o único dispositivo de memória que é acessado de modo aleatório.

12.11 ARQUITETURA DA RAM

OBJETIVOS

Após ler esta seção, você será capaz de:

- Descrever os blocos funcionais que compõem um IC de RAM.

- Descrever a sequência de operações realizadas nas entradas de controle de uma RAM para ler e escrever.
- Relacionar a configuração com o número de pinos em um IC de RAM.

Da mesma maneira que fizemos com a ROM, é útil pensar na RAM como um número de registradores armazenando uma palavra de dado e com um endereço. As RAMs são fabricadas com capacidades de palavras de 1K, 4K, 8K, 16K, 64K, 128K, 256K e 1.024K e com tamanhos de palavra de 1, 4 ou 8 bits. Conforme veremos, a capacidade de palavras e o tamanho de palavra podem ser expandidos, combinando-se CIs de memórias.

A Figura 12.21 demonstra a arquitetura simplificada de uma RAM que armazena 64 palavras de quatro bits cada (ou seja, uma memória de 64 × 4). Essas palavras têm endereços que variam de 0 a 63_{10}. Para selecionar um dos 64 endereços para leitura ou escrita, um código binário de endereço é aplicado no circuito decodificador. Uma vez que $64 = 2^6$, o decodificador requer um código de entrada de seis bits. Cada código de endereço ativa uma saída do decodificador que, por sua vez, habilita o registrador correspondente. Por exemplo, suponha que seja aplicado o endereço

$$A_5 A_4 A_3 A_2 A_1 A_0 = 011010$$

Como $011010_2 = 26_{10}$, a saída 26 do decodificador vai para nível alto, selecionando o registrador 26 tanto para a operação de leitura quanto de escrita.

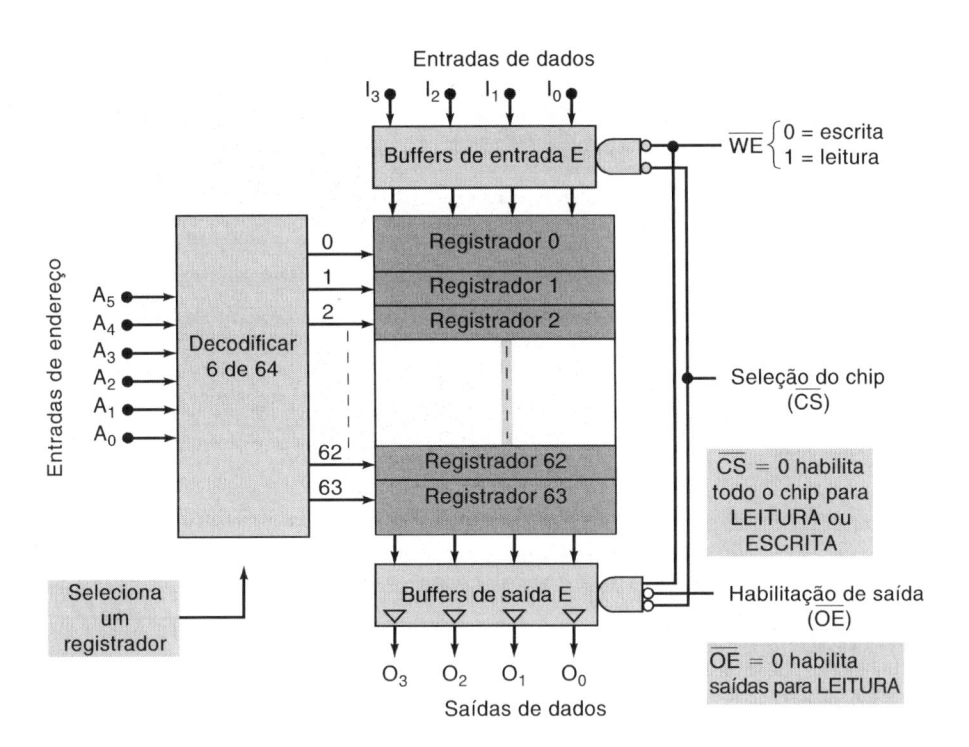

FIGURA 12.21 Organização interna de uma RAM de 64 × 4.

Operação de leitura

O código de endereço seleciona um registrador no chip de memória para leitura ou escrita. Para *ler* o conteúdo do registrador selecionado, a entrada de habilitação de escrita ($\overline{WE}$)[1] deve estar em nível 1. Além disso, a

---

[1] Alguns fabricantes usam o símbolo R/$\overline{W}$ (ler/escrever) ou $\overline{W}$ em vez de $\overline{WE}$. De qualquer modo, a operação é a mesma.

entrada CHIP SELECT ($\overline{CS}$) deve ser ativada (neste caso, nível 0). A combinação de $\overline{WE}$ = 1, $\overline{CS}$ = 0 e $\overline{OE}$ = 0 habilita os buffers de saída, de modo que o conteúdo do registrador selecionado aparece nas quatro saídas de dados. $\overline{WE}$ = 1 também *desabilita* os buffers de entrada, de modo que as entradas de dados não afetem a memória durante a leitura.

Operação de escrita

Para escrever uma nova palavra de quatro bits no registrador selecionado, é necessário fazer $\overline{WE}$ = 0 e $\overline{CS}$ = 0. Essa combinação *habilita* os buffers de entrada de modo que a palavra de quatro bits, aplicada nas entradas de dados, será carregada no registrador selecionado. A entrada $\overline{WE}$ = 0 também *desabilita* os buffers de saída, do tipo tristate, para que as saídas de dados fiquem em alta impedância durante a operação de escrita. A operação de escrita destrói a palavra armazenada previamente naquele endereço.

Seleção do chip

A maioria dos chips de memória tem uma ou mais entradas *CS* usadas para habilitar ou desabilitar completamente o chip. No modo desabilitado, todas as entradas e as saídas de dados são desabilitadas (alta impedância); desse modo, não há nenhuma operação de leitura ou escrita. Nesse modo, o conteúdo da memória não é afetado. O motivo da existência de entradas *CS* torna-se claro quando associamos chips de memória para obter memórias de maior capacidade. Note que muitos fabricantes chamam essas entradas de *chip enable* (*CE*). Quando *CS* ou *CE* estão em seus estados ativos, diz-se que o chip de memória está *selecionado*; caso contrário, diz-se que *não está*. Muitos CIs de memória são projetados para ter consumo de potência baixo quando não estão selecionados. Em grandes sistemas com memória, para dada operação, um ou mais chips de memória serão selecionados enquanto os outros não. Mais informações sobre isso serão vistas adiante.

Pinos comuns de entrada e saída

Para conservar o número de pinos no encapsulamento do CI, os fabricantes costumam combinar as funções de entrada e saída de dados usando pinos de entrada/saída comuns. As entradas $\overline{OE}$ e $\overline{WE}$ controlam a função desses pinos de I/O. Durante uma operação de leitura, quando $\overline{WE}$ = 1 e $\overline{OE}$ = 0, os pinos de I/O atuam como saídas de dados que fornecem o conteúdo do endereço selecionado. Durante uma operação de escrita, quando $\overline{WE}$ = 0 e $\overline{OE}$ = 1, atuam como entradas para que os dados a serem escritos sejam fornecidos.

É possível entender por que isso é feito considerando o chip demonstrado na Figura 12.21. Com pinos de entrada e saída separados, são necessários 19 pinos (incluindo os GND e alimentação). Com quatro pinos de I/O comuns, são necessários apenas 15. A economia de pinos torna-se ainda mais significativa para chips com tamanho maior de palavra.

Na maioria das aplicações, dispositivos de memória são usados com um barramento de dados bidirecional, como estudamos no Capítulo 9. Para esse tipo de sistema, mesmo se o chip de memória tivesse pinos de entrada e saída separados, eles estariam conectados uns aos outros no mesmo barramento de dados. Quando há pinos de entrada e saída separados, é uma RAM de porta dupla. Ela é usada em aplicações nas quais a velocidade é muito importante e os dados entrando vêm de um dispositivo diferente do qual saem. Um bom exemplo é o vídeo RAM no PC. A RAM deve ser lida pelo cartão de vídeo para recarregar a tela e ser alimentada com informações atualizadas do sistema de barramento.

QUESTÕES DE REVISÃO

1. Descreva as condições de entrada necessárias para se ler uma palavra de determinado endereço de uma RAM.
2. Por que alguns CIs de RAM têm pinos de entrada e de saída comuns?
3. Quantos pinos são necessários para a RAM de 64K × 4 com uma entrada $\overline{CS}$, uma de controle $R/\overline{W}$, alimentação, GND e pinos de I/O comuns?

12.12 RAM ESTÁTICA (SRAM)

Objetivos

Após ler esta seção, você será capaz de:

- Descrever os meios pelos quais 1s e 0s são armazenados em uma célula RAM.
- Distinguir entre os circuitos usados como células de memória em dispositivos de memória bipolar, NMOS e CMOS.
- Definir o termo "estático".
- Descrever a sequência de eventos de um ciclo de leitura e escrita para RAM.
- Interpretar os diagramas de tempo que definem as limitações associadas aos sinais de controle das RAMs.

A operação de RAM que analisamos aplica-se a uma **RAM estática** (**SRAM**, do inglês, *static RAM*), que armazena dados enquanto a alimentação do chip é mantida. As células de memória RAM estática são, essencialmente, flip-flops que permanecem em dado estado (armazenam um bit) por período indeterminado, desde que a alimentação do circuito não seja interrompida. Na Seção 12.13, descreveremos **RAMs dinâmicas**, que armazenam dados como cargas em capacitores. Nesse caso, os dados armazenados vão desaparecendo gradativamente em razão da descarga do capacitor, de modo que é necessário realizar periodicamente o **refresh** deles (ou seja, recarregar os capacitores).

RAMs estáticas (SRAMs) estão disponíveis nas tecnologias bipolar, MOS e BiCMOS; a maioria das aplicações usa RAMs CMOS. As mesmas vantagens e desvantagens que caracterizam essas tecnologias em circuitos lógicos aplicam-se às memórias. A Figura 12.22 compara os circuitos de latch usados nas tecnologias bipolar, NMOS e CMOS. A célula bipolar é rápida, demanda energia e requer mais área na pastilha de silício porque um transistor bipolar é mais complexo que um MOSFET e resistores são relativamente grandes. A célula NMOS usa MOSFETs como resistores (Q_3 e Q_4), tornando-a menor, e os valores de resistência fazem-na operar com menos energia. Todavia, em ambas as células há sempre corrente que flui através de um lado do circuito de latch ou do outro. A célula CMOS elimina esse problema ao usar MOSFETs tipo P e tipo N. Em qualquer dos estados do latch de CMOS, quase não há corrente fluindo de V_{DD} a V_{SS}. O resultado é o consumo de energia mais baixo e a alta velocidade de operação, mas circuitos mais complexos, o que resulta em uma pegada maior na pastilha de silício. Os transistores que possibilitam que a linha de *palavra* escolha a célula não são demonstrados neste diagrama, para simplificar, mas ajudam a aumentar o tamanho da célula RAM estática.

FIGURA 12.22 Células típicas de RAM estática bipolar, NMOS e CMOS.

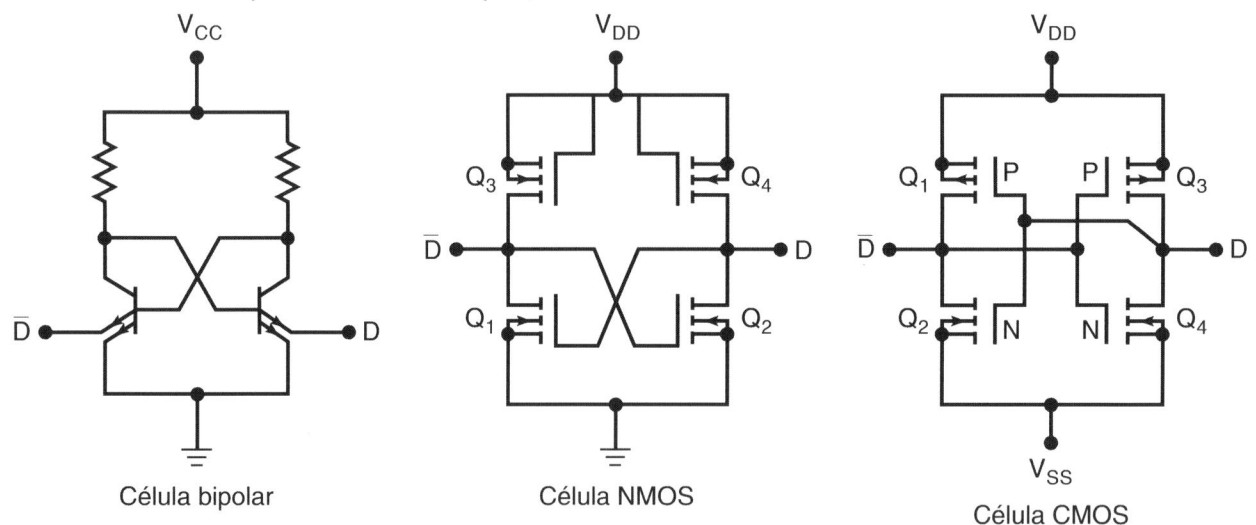

Temporização de uma RAM estática

CIs de memória RAM são mais usados como memória interna de um computador. A CPU (unidade central de processamento) realiza operações de leitura e de escrita nesse tipo de memória em velocidade alta, determinada por suas limitações. Os chips de memória que são interfaceados com a CPU devem ser rápidos para responder aos comandos de leitura e escrita da CPU, e um projetista de computador deve se preocupar com as diversas características de temporização das RAMs.

Nem todas as RAMs têm as mesmas características de temporização, mas a maioria é similar, e, portanto, usaremos um conjunto típico para demonstrar isso. A nomenclatura para os diferentes parâmetros varia de um fabricante para outro, mas o significado de cada parâmetro é fácil de se determinar a partir dos diagramas de temporização das RAMs fornecidos nas especificações técnicas. A Figura 12.23 demonstra os diagramas de temporização para um ciclo de leitura e de escrita completos de um chip de RAM típico.

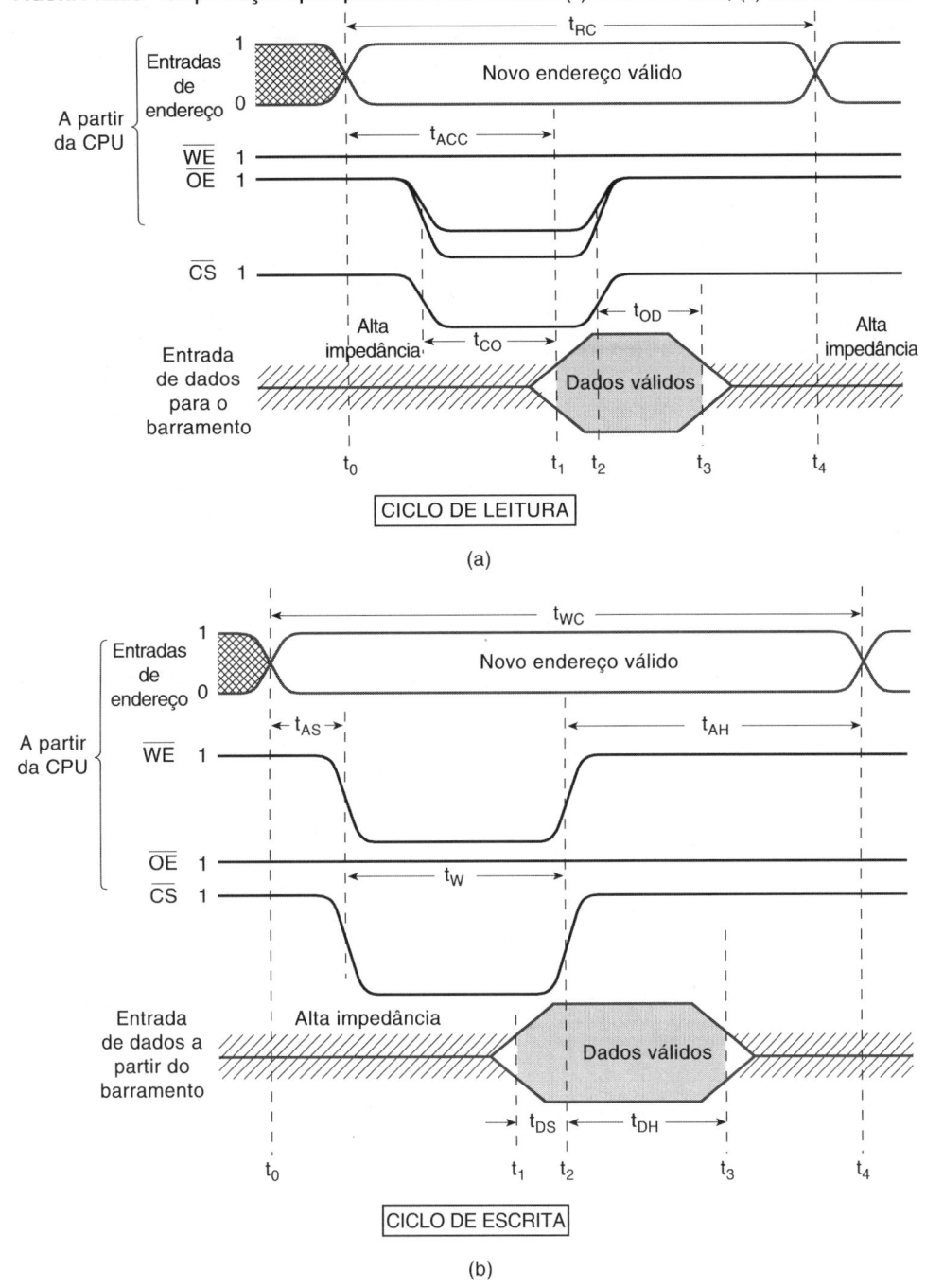

FIGURA 12.23 Temporização típica para uma RAM estática: (a) ciclo de leitura; (b) ciclo de escrita.

Ciclo de leitura

As formas de onda na Figura 12.23(a) demonstram como as entradas de endereço, $\overline{WE}$, $\overline{OE}$ e de seleção do chip se comportam durante um ciclo de leitura na memória. Conforme discutido, a CPU fornece esses sinais de entrada para a RAM quando deseja ler dados de determinado endereço. Embora uma RAM possa ter várias entradas de endereço fornecidas pelo barramento da CPU, o diagrama as representa como mudando ou retendo um valor estável. A saída de dados da RAM é demonstrada pelo mesmo método. Lembre-se de que a saída de dados de uma RAM está conectada no barramento da CPU (Figura 12.5).

O ciclo de leitura começa no instante t_0. Antes desse instante, as entradas teriam qualquer endereço que estivesse no barramento proveniente da operação anterior. Desde que o pino de seleção de chip da RAM não esteja ativo, ela não responde a esse endereço "antigo". Note que a linha $\overline{WE}$ está em nível ALTO antes de t_0 e permanece durante o ciclo de leitura. Na maioria dos sistemas de memória, a linha $\overline{WE}$ é mantida no estado ALTO, exceto quando acionada em nível BAIXO durante um ciclo de escrita. A saída de dados da RAM está em seu estado de alta impedância, uma vez que $\overline{CS} = 1$ e $\overline{OE} = 1$.

Em t_0, a CPU aplica um novo endereço nas entradas da RAM; esse é o endereço da posição de memória a ser lida. Após um intervalo de tempo necessário para que os sinais de endereço se estabilizem, a linha $\overline{CS}$ é ativada. Nesse diagrama, a habilitação de saída é ativada no mesmo instante. Lembre-se de que tanto $\overline{CS}$ e quanto $\overline{OE}$ devem ser declaradas a fim de acessar qualquer posição de memória e acionar os drivers tristate, respectivamente. A RAM responde colocando o dado do endereço na linha de saída de dados em t_1. O intervalo entre t_0 e t_1 é o tempo de acesso da RAM, t_{ACC}, e é o tempo entre a aplicação de um novo endereço e o surgimento do dado válido na saída. O parâmetro de tempo, t_{CO}, é o que a saída da RAM gasta para ir do estado de alta impedância para um nível de dado válido, uma vez que $\overline{CS}$ e $\overline{OE}$ ou ambas tenham sido ativadas. Um tempo pode ser especificado para a saída tornar-se válida após $\overline{CS}$, e outro tempo em separado após $\overline{OE}$ até o dado tornar-se válido. Para simplificar, estamos presumindo que são os mesmos e nos referimos a eles como t_{CO}.

No instante t_2, $\overline{CS}$ e $\overline{OE}$ retornam para o estado ALTO, e a saída da RAM, retorna para seu estado de alta impedância após um intervalo denominado t_{OD}. Desse modo, o dado da RAM estará no barramento de dados entre t_1 e t_3. A CPU pode capturar o dado do barramento em qualquer instante durante esse intervalo e o armazenará em um de seus registradores internos.

O tempo total do ciclo de leitura, t_{RC}, estende-se de t_0 a t_4, quando a CPU altera as entradas de endereço para um endereço diferente para o próximo ciclo de leitura e escrita.

Ciclo de escrita

A Figura 12.23(b) demonstra a atividade dos sinais para um ciclo de escrita que começa quando a CPU fornece um novo endereço para a RAM no instante t_0. A CPU aciona as linhas $\overline{WE}$ e $\overline{CS}$ em nível BAIXO após esperar por um intervalo t_{AS}, denominado *tempo de setup de endereço*. Esse parâmetro fornece o tempo necessário para o decodificador da RAM responder a um novo endereço. As linhas $\overline{WE}$ e $\overline{CS}$ são mantidas em nível BAIXO por t_W, denominado intervalo de tempo de escrita.

Durante esse intervalo, no instante t_1 a CPU fornece dados válidos para o barramento de dados para serem escritos na RAM. Esses dados devem ser mantidos nas entradas da RAM por um intervalo de tempo t_{DS}, antes da desativação de $\overline{WE}$ e $\overline{CS}$ em t_2, e por um intervalo t_{DH} após a desativação dos mesmos sinais. O intervalo t_{DS} é denominado *tempo de setup dos dados*, e t_{DH}, *tempo de hold dos dados*. De modo similar, as entradas de endereço têm de permanecer estáveis durante o intervalo de tempo de hold de endereço, t_{AH}, após t_2. Se qualquer um desses parâmetros de tempo de setup ou hold não for respeitado, a operação de escrita não será realizada de modo confiável.

O tempo total do ciclo de escrita, t_{WC}, estende-se de t_0 a t_4, quando a CPU altera as linhas de endereço para um novo endereço para o próximo ciclo de leitura ou de escrita.

O tempo do ciclo de leitura, t_{RC}, e o do ciclo de escrita, t_{WC}, determinam a velocidade de um chip de memória. Por exemplo, em uma aplicação real, uma CPU realiza leituras sucessivas de palavras de dados na memória, uma após a outra. Se a memória tiver t_{RC} de 50 ns, a CPU poderá ler uma palavra a cada 50 ns, ou 20 milhões de palavras por segundo; para um t_{RC} de 10 ns, a CPU poderá ler 100 milhões de palavras por segundo.

QUESTÕES DE REVISÃO

1. Como uma célula RAM estática difere de uma célula RAM dinâmica?
2. Qual tecnologia de memória costuma usar menos energia?
3. Que dispositivo insere dados no barramento de dados durante um ciclo de leitura?
4. Que dispositivo insere dados no barramento de dados durante um ciclo de escrita?
5. Que parâmetros de temporização da RAM determinam sua velocidade operacional?

12.13 RAM DINÂMICA (DRAM)

OBJETIVOS

Após ler esta seção, você será capaz de:

- Descrever os meios pelos quais 1s e 0s são armazenados na DRAM.
- Identificar as aplicações da DRAM.
- Descrever os pontos fortes e as limitações da DRAM em relação a outros dispositivos de memória.

A RAM dinâmica existe desde os anos 1960. Desde então, a tecnologia fez enormes melhorias em capacidade, densidade e velocidade, mas os princípios fundamentais da operação permaneceram essencialmente os mesmos. Essa discussão usará exemplos que são muito pequenos em capacidade em relação aos chips DRAM que estão funcionando em seu computador ou dispositivo móvel. A principal diferença está no número de linhas de endereço.

As RAMs dinâmicas são fabricadas usando a tecnologia MOS e são conhecidas por sua alta capacidade, baixa necessidade de energia e velocidade operacional moderada. Como já dissemos, ao contrário das RAMs estáticas, que armazenam informações em FFs, as RAMs dinâmicas armazenam 1s e 0s como cargas em um pequeno capacitor MOS (normalmente, alguns picofarads). Por conta da tendência de que essas cargas vazem após um período de tempo, as RAMs dinâmicas exigem recarga periódica das células de memória; isso é chamado de *refresh* da RAM dinâmica. Cada chip de RAM tem um intervalo específico no qual cada célula deve ser reavivada. Isso varia de 2 ms para chips DRAM mais antigos a 64 ms para chips DRAM DDR (*Double Data Rate*) modernos.

A necessidade de reavivamento é uma desvantagem da RAM dinâmica quando comparada porque requer circuitos externos de suporte. Alguns chips de DRAM têm os circuitos de controle de refresh incorporados e não necessitam de hardware externo extra, mas requerem temporização especial dos sinais nas entradas de controle do chip. Além disso, conforme veremos, as entradas de endereço para uma DRAM devem ser tratadas de modo mais complexo do que para uma SRAM. Portanto, é mais difícil projetar um sistema com DRAMs que com SRAMs. Contudo, a maior capacidade e o menor consumo fazem que as DRAMs sejam escolhidas em sistemas nos quais as considerações de projeto mais importantes sejam tamanho, custo e consumo reduzidos.

Para aplicações nas quais a velocidade e a complexidade sejam mais críticas que o custo, o espaço e as considerações de consumo, as RAMs estáticas ainda são melhores. Elas são mais rápidas que as RAMs dinâmicas e não requerem operações de refresh. São mais fáceis de usar em um projeto, porém não competem com os requisitos de alta capacidade e baixo consumo das RAMs dinâmicas.

Em virtude da simplicidade da estrutura de sua célula, as DRAMs têm, em geral, quatro vezes a densidade das SRAMs. Isso possibilita que quatro vezes mais capacidade de memória seja colocada em uma única placa; além disso, pode-se dizer que elas necessitam de um quarto do espaço em placa para a mesma capacidade de memória. O custo por bit no armazenamento usando RAM dinâmica costuma ser entre um quinto e um quarto do custo das RAMs estáticas. Também se obtém economia em função do consumo de energia de uma RAM dinâmica, o qual se encontra entre um sexto e metade da energia consumida por uma RAM estática. Isso possibilita o uso de fontes de alimentação menores e mais baratas.

As principais aplicações das SRAMs estão nas áreas em que apenas pequenas quantidades de memória são necessárias ou nas quais é requerida alta velocidade. Muitos instrumentos e eletrodomésticos controlados por microprocessador possuem capacidade de memória pequena. Alguns instrumentos, como osciloscópios digitais e analisadores lógicos, necessitam de memórias de velocidade alta. Para aplicações como essas, costumam ser usadas SRAMs.

A memória interna principal da maioria dos computadores pessoais, notebooks, tablets e celulares é a DRAM, em razão da alta capacidade e do baixo consumo. No entanto, esses computadores utilizam, algumas vezes, pequenas quantidades de SRAM para funções que requerem grande velocidade, como vídeos gráficos, tabelas de consulta e memória cache.

QUESTÕES DE REVISÃO

1. Quais são as principais desvantagens das RAMs dinâmicas sobre as estáticas?
2. Relacione as vantagens das RAMs dinâmicas comparadas com as RAMs estáticas.
3. Qual tipo de RAM você espera encontrar nos principais módulos de memória de seu computador?

12.14 ESTRUTURA E OPERAÇÃO DA RAM DINÂMICA

OBJETIVOS

Após ler esta seção, você será capaz de:

- Descrever o processo de leitura, escrita e refresh de DRAM.
- Explicar a necessidade de se fazer a multiplexação de endereços.
- Relacionar a configuração com o número de pinos de entrada.
- Descrever o papel das entradas do barramento de controle.

A arquitetura interna de uma RAM dinâmica pode ser visualizada como uma matriz de células de um bit, conforme representado na Figura 12.24. Nesse caso, 16.384 células são organizadas em uma matriz de 128 × 128. Cada célula ocupa uma linha e uma coluna na matriz. São necessárias 14 entradas de endereço para selecionar uma das células (2^{14} = 16.384); os bits menos significativos, A_0 a A_6, selecionam a coluna, e os bits de mais alta ordem, A_7 a A_{13}, selecionam a linha. Cada endereço de 14 bits seleciona uma única célula para escrita ou leitura. A estrutura demonstrada na Figura 12.24 é a de um chip de DRAM de 16K × 1. Hoje em dia, os chips de DRAM estão disponíveis em diversas configurações. As DRAMs com tamanho de palavra de oito bits (ou mais) têm configuração de células semelhante àquela da Figura 12.24, exceto pelo fato de que cada posição na matriz contém oito células e de que cada endereço aplicado seleciona um grupo de oito células para uma operação de leitura ou de escrita. Conforme veremos, tamanhos de palavras maiores também podem ser alcançados combinando-se vários chips em uma configuração apropriada.

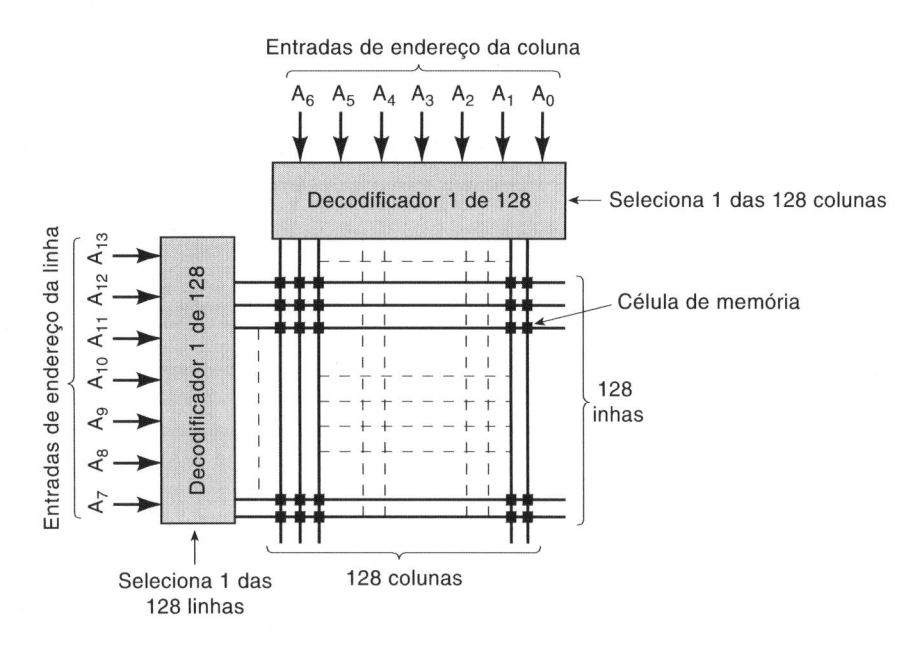

FIGURA 12.24 Configuração das células em uma RAM dinâmica de 16K × 1.

A Figura 12.25 representa de modo simbólico uma célula de memória dinâmica e seus circuitos associados. Muitos detalhes do circuito não são apresentados, mas esse diagrama descreve as ideias essenciais relacionadas à leitura e à escrita em uma DRAM. As chaves SW1 a SW4 são MOSFETs controlados pelas diversas saídas do decodificador de endereço e pelo sinal $\overline{WE}$. O capacitor, sem dúvida, é a célula de armazenamento. Um amplificador sensor poderia servir a uma coluna inteira de células de memória, mas atua apenas sobre o bit da linha selecionada.

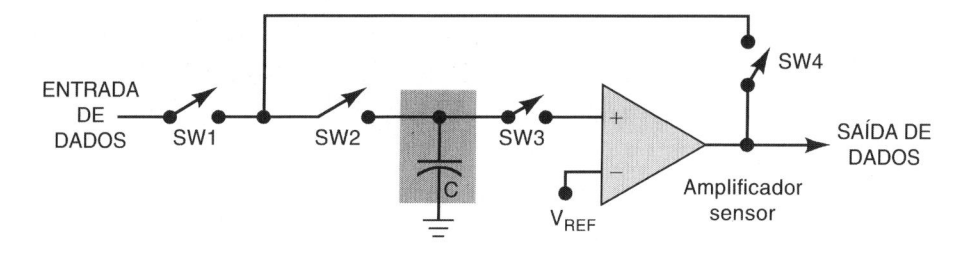

FIGURA 12.25 Representação simbólica de célula de memória dinâmica. Durante uma operação de ESCRITA, as chaves semicondutoras SW1 e SW2 são fechadas. Durante uma operação de LEITURA, todas as chaves são fechadas, exceto SW1.

Para escrever dados na célula, os sinais do decodificador de endereço e da lógica de leitura/escrita fecham as chaves SW1 e SW2, enquanto mantêm SW3 e SW4 abertas. Isso leva o dado de entrada para C. Um nível lógico 1 na entrada de dados carrega o capacitor C, e um nível lógico 0 o descarrega. Em seguida, as chaves são abertas de modo que o capacitor C fique desconectado do restante do circuito. Ele reteria sua carga indefinidamente, mas há alguma fuga pelas chaves desligadas, de modo que perde a carga de modo gradativo.

Para ler dados da célula, as chaves SW2, SW3 e SW4 são fechadas e SW1 é mantida aberta. Isso conecta a tensão armazenada no capacitor ao *amplificador sensor*. Esse amplificador compara a tensão do capacitor a um valor de referência para determinar se é um nível lógico 0 ou 1 que está armazenado e para produzir uma tensão bem definida de 0 V ou 5 V para a saída de dados. Essa saída de dados também está conectada em C (SW2 e SW4 estão fechadas) e restaura a tensão nele por recarga ou descarga. Em outras palavras, o bit de dado em uma célula de memória é restaurado cada vez que é lido.

Multiplexação de endereço

A matriz DRAM de 16K × 1 demonstrada na Figura 12.24 está obsoleta. Ela tem 14 entradas de endereço; uma DRAM de 64K × 1 teria 16 entradas de endereço. Uma DRAM de 1M × 4 necessita de 20 entradas de endereço; uma de 4M × 1 necessita de 22 entradas de endereço. DRAMs modernas têm capacidades de gigabits. Chips de memórias de alta capacidade como esses precisariam de muitos pinos, se cada entrada de endereço necessitasse de um pino separado. Para reduzir o número de pinos nos chips DRAM de alta capacidade, os fabricantes utilizam a **multiplexação de endereços**, segundo a qual cada entrada de endereço pode acomodar dois bits. A economia de pinos se traduz em decréscimo no tamanho dos encapsulamentos dos CIs. Isso é muito importante em placas de memória de alta capacidade, nas quais se deseja maximizar a quantidade de memória em uma placa.

Um exemplo da estrutura de uma DRAM é demonstrado na Figura 12.26. Dependendo da capacidade, do número de bits de dados por posição e do fabricante, a organização interna de uma CI de memória será ligeiramente diferente; contudo, vamos nos concentrar nos aspectos comuns a todas as DRAMs. As células de memória são dispostas em vários bancos de matrizes retangulares. Uma única linha (para cada banco) é selecionada pelo decodificador. O endereço da coluna é decodificado e usado para selecionar um dos bancos e selecionar uma coluna para cada bit na palavra de dados. Por exemplo, se esse dispositivo usa uma palavra de dados de oito bits, determinado endereço de coluna habilitará as oito colunas que compõem esse local de memória de oito bits. O esquema de endereço multiplexado que já descrevemos exige que todo o endereço não seja aplicado de uma vez, mas em duas partes: o endereço da linha e, então, o da coluna. Note que as linhas de endereço são conectadas diretamente ao registrador de endereço da linha e ao de endereço da coluna. O registrador da linha armazena a parte de cima do endereço, e o registrador de coluna, a de baixo. Dois sinais de temporização importantes são usados para controlar quando a informação de endereço é armazenada nesses registradores. O **strobe do endereço da linha** ($\overline{RAS}$, do inglês, *row address strobe*) armazena os conteúdos das entradas de endereços no registrador de endereços da linha. O **strobe do endereço da coluna** ($\overline{CAS}$, do inglês, *column address strobe*) armazena os conteúdos das entradas de endereços no registrador de endereços da coluna.

Um endereço completo é aplicado a uma DRAM em duas etapas usando $\overline{RAS}$ e $\overline{CAS}$. A temporização é demonstrada na Figura 12.26(b). De início, estão ambas em nível ALTO. No instante t_0, o endereço da linha (ou seja, a metade superior do endereço completo) é aplicado nas entradas de endereço. Depois de decorrido o tempo de setup (t_{RS}) do registrador de endereço da linha, a entrada $\overline{RAS}$ é acionada em nível BAIXO em t_1. Essa transição negativa carrega o endereço da linha no registrador da linha, de modo que os bits de endereço superiores apareçam nas entradas do decodificador da linha. O nível BAIXO em $\overline{RAS}$ também habilita esse decodificador, de modo que decodifique o endereço da linha e selecione uma linha da matriz.

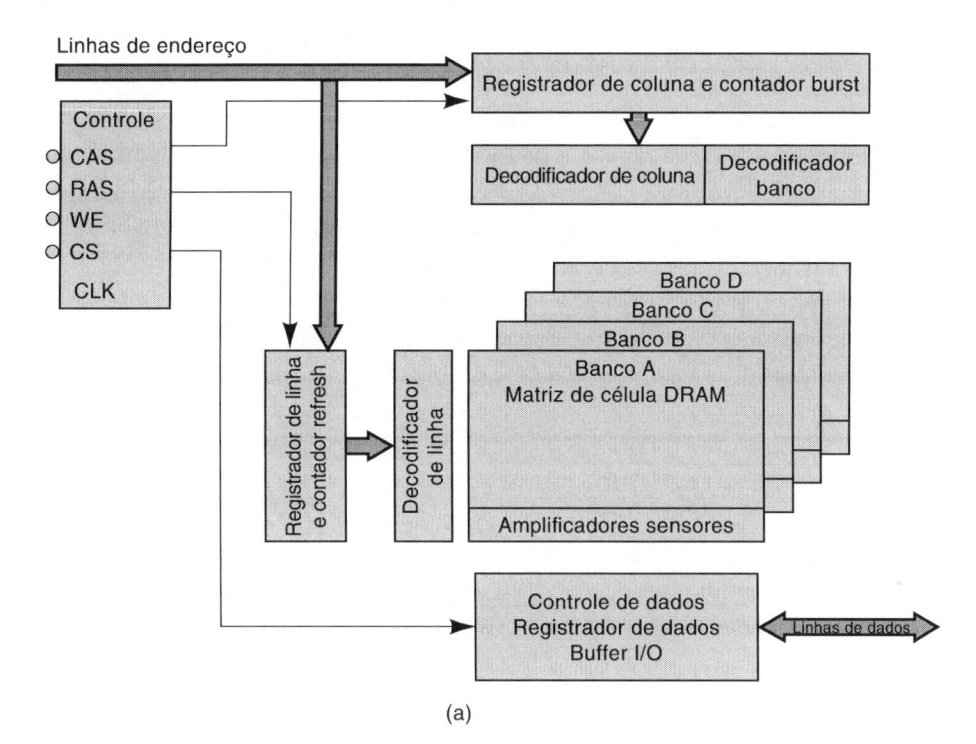

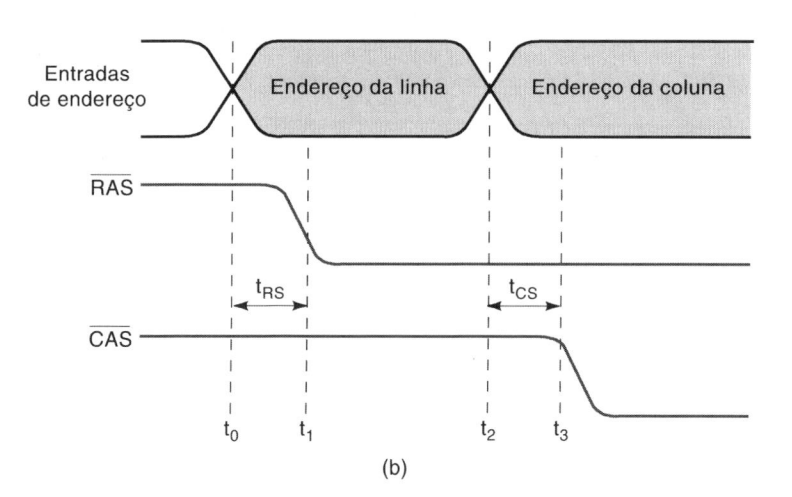

FIGURA 12.26 (a) Arquitetura simplificada de uma DRAM típica; (b) temporização de $\overline{RAS}/\overline{CAS}$.

No instante t_2, o endereço da coluna (ou seja, a metade inferior do endereço completo) é aplicado nas entradas de endereço. Em t_3, a entrada $\overline{CAS}$ é acionada em nível BAIXO para carregar o endereço da coluna no registrador de endereço da coluna. Essa entrada ativada também habilita o decodificador da coluna, de modo que decodifique o endereço da coluna e selecione uma coluna da matriz.

Nesse momento, as duas partes do endereço estão nos respectivos registradores, os decodificadores decodificaram o endereço para selecionar uma célula que corresponde ao endereço da linha e da coluna e uma operação de leitura ou de escrita pode ser realizada da mesma maneira que em uma RAM estática.

Como você pode perceber, diversas operações devem ser realizadas antes que os dados que são armazenados na DRAM de fato apareçam nas saídas. O termo **latência** descreve o tempo necessário para a realização dessa operações. Cada operação dura certo tempo, e isso determina a velocidade máxima com que os dados na memória podem ser acessados.

Em um sistema simples de computador, as entradas de endereço para a memória do sistema vêm da CPU. Quando a CPU quer acessar determinada posição da memória, ela gera o endereço completo e coloca-o nas linhas de endereço que constituem o barramento de endereço. A Figura 12.27(a) demonstra isso para uma pequena memória de computador que tem capacidade de 64K de palavras e, portanto, requer barramento de endereço de 16 linhas diretamente da CPU para a memória.

Essa configuração funciona para ROM ou para RAM estática, mas deve ser modificada para DRAM que usa endereçamento multiplexado. Se todos os 64K da memória forem DRAM, as entradas de endereço serão apenas 8. Isso significa que as 16 linhas de endereço da CPU devem ser aplicadas em um circuito multiplexador que transmitirá 8 bits de endereço por vez para as entradas de endereço da memória. Isso é representado na Figura 12.27(b). A entrada de seleção do multiplexador, denominada *MUX*, controla se as linhas de endereço A_0 a A_7 ou A_8 a A_{15} da CPU estão presentes nas entradas de endereço da DRAM.

A temporização do sinal *MUX* deve ser sincronizada aos sinais de $\overline{RAS}$ e $\overline{CAS}$ que determinam o carregamento dos endereços na DRAM. Isso está na Figura 12.28. A entrada *MUX* deve estar em nível BAIXO quando $\overline{RAS}$ é pulsado em nível BAIXO, de modo que as linhas de endereço A_8 a A_{15} da CPU alcancem as entradas de endereço da DRAM para serem carregadas na transição negativa de $\overline{RAS}$. De maneira semelhante, *MUX* tem de estar em nível ALTO quando $\overline{CAS}$ é pulsado em nível BAIXO, de modo que A_0 a A_7 da CPU estejam presentes nas entradas da DRAM para serem carregadas na transição negativa de $\overline{CAS}$.

O circuito de multiplexação e temporização real não está demonstrado aqui, mas será visto nos problemas no final do capítulo (problemas 12.26 e 12.27).

QUESTÕES DE REVISÃO

1. Descreva a estrutura da matriz da DRAM de 64K × 1.
2. Qual é o benefício da multiplexação de endereço?
3. Quantas entradas de endereço têm uma DRAM de 1M × 1?
4. Quais são as funções dos sinais $\overline{RAS}$ e $\overline{CAS}$?
5. Qual é a função do sinal *MUX*?

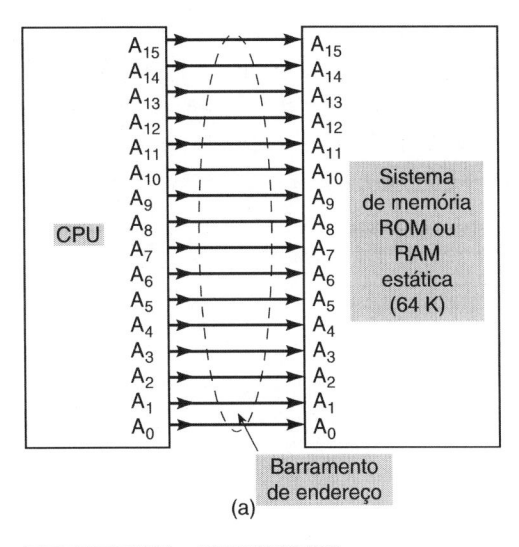

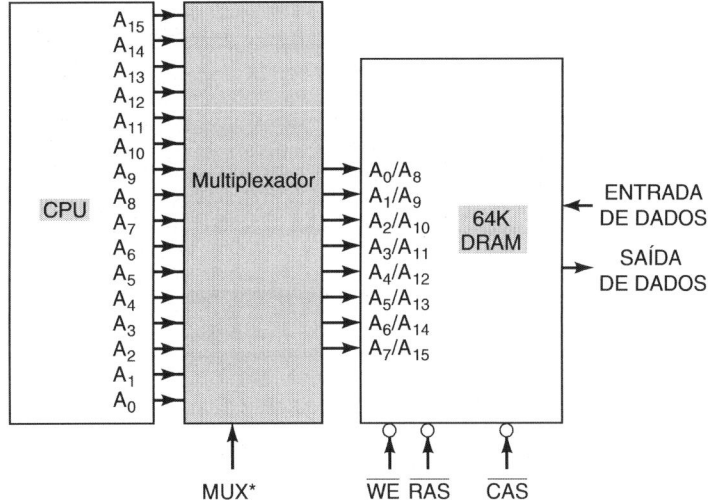

FIGURA 12.27 (a) O barramento de endereço da CPU acionando uma ROM ou uma RAM estática; (b) os endereços da CPU acionam um multiplexador usado para as linhas de endereço dentro da DRAM.

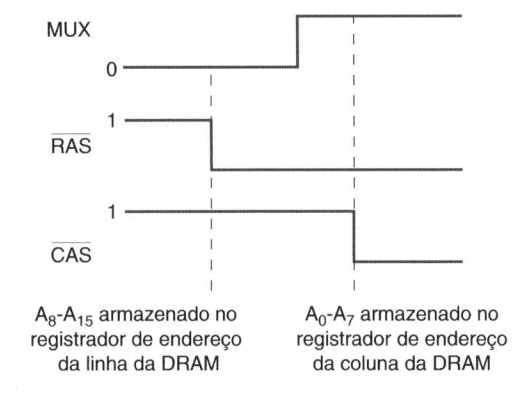

*MUX = 0 transmite o endereço A_8-A_{15} para a DRAM.
MUX = 1 transmite o endereço A_0-A_7 para a DRAM.

FIGURA 12.28 Temporização necessária para multiplexação de endereço.

A_8-A_{15} armazenado no registrador de endereço da linha da DRAM

A_0-A_7 armazenado no registrador de endereço da coluna da DRAM

12.15 CICLOS DE LEITURA/ESCRITA DA DRAM

Objetivo

Após ler esta seção, você será capaz de:

- Descrever a sequência de eventos para realizar leitura e escrita em uma DRAM.

A temporização das operações de leitura e de escrita de uma DRAM é mais complexa que de uma RAM estática, e existem muitos requisitos críticos de temporização que o projetista de sistemas com memória DRAM deve considerar. Nesse momento, uma discussão detalhada desses requisitos geraria mais confusão que esclarecimentos. Vamos nos concentrar na sequência de temporização básica para as operações de leitura e de escrita de um sistema com memória DRAM semelhante à demonstrada na Figura 12.27(b).

Ciclo de leitura de uma DRAM

A Figura 12.29 demonstra o comportamento típico dos sinais durante a operação de leitura. Suponha que o sinal $\overline{WE}$ esteja no estado ALTO durante toda a operação. A seguir, é apresentada a descrição passo a passo dos eventos que ocorrem nos instantes indicados no diagrama.

- t_0: MUX é acionado em nível BAIXO para aplicar os bits de endereço da linha (A_8 a A_{15}) nas entradas de endereço da DRAM.
- t_1: a entrada $\overline{RAS}$ é acionada em nível BAIXO para carregar o endereço de linha na DRAM.
- t_2: MUX vai para nível ALTO para colocar o endereço de coluna (A_0 a A_7) nas entradas de endereço da DRAM.
- t_3: a entrada $\overline{CAS}$ vai para nível BAIXO para carregar o endereço da coluna na DRAM.
- t_4: a DRAM responde colocando dados válidos, provenientes da célula de memória selecionada, na linha de saída de dados (SAÍDA DE DADOS).
- t_5: os sinais MUX, $\overline{RAS}$ e $\overline{CAS}$, e SAÍDA DE DADOS retornam para os estados iniciais.

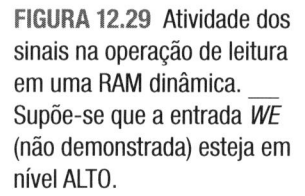

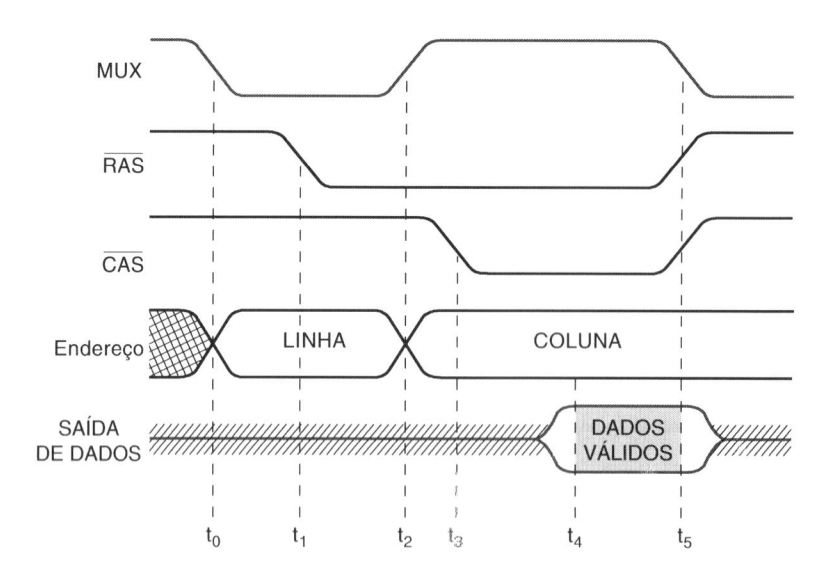

FIGURA 12.29 Atividade dos sinais na operação de leitura em uma RAM dinâmica. Supõe-se que a entrada $\overline{WE}$ (não demonstrada) esteja em nível ALTO.

Ciclo de escrita de uma DRAM

A Figura 12.30 demonstra a atividade típica dos sinais durante uma operação de escrita em uma DRAM. Vejamos a sequência de eventos.

- t_0: o nível BAIXO em MUX coloca o endereço da linha nas entradas da DRAM.

- t_1: a transição negativa em $\overline{RAS}$ carrega o endereço da linha na DRAM.
- t_2: MUX vai para nível ALTO para colocar o endereço da coluna nas entradas da DRAM.
- t_3: a transição negativa em $\overline{CAS}$ carrega o endereço da coluna na DRAM.
- t_4: o dado a ser escrito é colocado na linha de ENTRADA DE DADOS.
- t_5: a entrada $\overline{WE}$ é pulsada em nível BAIXO para escrever o dado na célula selecionada.
- t_6: os dados de entrada são removidos de ENTRADA DE DADOS.
- t_7: os sinais MUX, $\overline{RAS}$, $\overline{CAS}$ e $\overline{WE}$ retornam a seus estados iniciais.

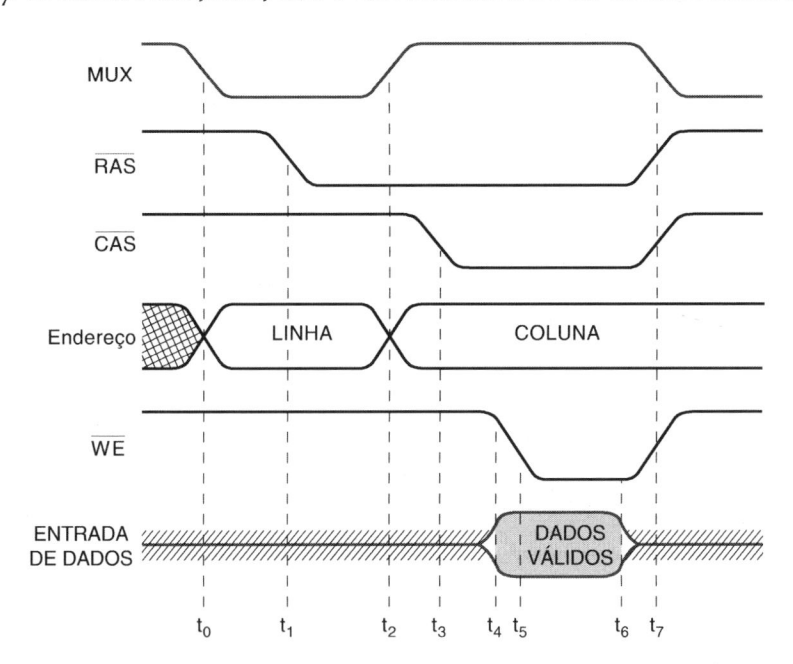

FIGURA 12.30 Atividade dos sinais na operação de escrita em uma RAM dinâmica.

QUESTÕES DE REVISÃO

1. *Verdadeiro ou falso*:
   (a) Durante um ciclo de leitura, o sinal $\overline{RAS}$ é ativado antes do sinal $\overline{CAS}$.
   (b) Durante uma operação de escrita, $\overline{CAS}$ é ativado antes de $\overline{RAS}$.
   (c) $\overline{WE}$ é mantido em nível BAIXO durante toda a operação de escrita.
   (d) As entradas de endereço para uma DRAM mudam duas vezes durante uma operação de leitura ou de escrita.
2. Qual é o sinal na Figura 12.27(b) que garante que a parte correta do endereço completo apareça nas entradas da DRAM?

12.16 REFRESH DA DRAM

OBJETIVOS

Após ler esta seção, você será capaz de:
- Descrever o processo de refresh de células em uma DRAM.
- Descrever o hardware que deve envolver uma DRAM.

A célula de uma DRAM é reavivada (operação de refresh) a cada operação de leitura. Cada célula de memória deve ser reavivada periodicamente (em geral, 2 a 8 ms, para os dispositivos de capacidade descritos aqui) ou seus dados serão perdidos. Esse requisito poderia parecer difícil, até mesmo impossível, de atender no caso de DRAMs de alta capacidade. Por exemplo, uma DRAM de 1M × 1 tem 10^{20} = 1.048.576 células, configuradas como 1.024 linhas × 1.024 colunas. Para garantir que o dado de cada célula seja reavivado dentro de 4 ms, seria necessário que as operações de leitura fossem realizadas em endereços sucessivos a uma taxa de um a cada 4 ns (4 ms/1.048.576 ≈ 4 ns), o que é muito rápido para uma DRAM. Felizmente, os fabricantes projetaram as DRAM de modo que

sempre que uma operação de leitura for realizada em uma célula, todas as células daquela linha serão reavivadas.

Desse modo, é necessária uma operação de leitura em cada *linha* da matriz da DRAM a cada 4 ms para garantir que todas as *células* da matriz sejam reavivadas. Se qualquer endereço for carregado no registrador de endereço de linha, as 1.024 células daquela linha serão reavivadas de modo automático.

De fato, essa característica de refresh por linha torna fácil manter todas as células da DRAM reavivadas. No entanto, durante a operação normal do sistema, não é provável que seja realizada uma operação de leitura em cada linha da DRAM dentro do tempo limite de refresh. Portanto, uma lógica de controle de refresh é necessária externamente ao chip da DRAM ou como parte de seus circuitos internos. Em ambos os casos, existem dois modos de refresh: em *rajada* (*burst*) e *distribuído*.

No modo de refresh em rajada, a operação normal da memória é suspensa e cada linha da DRAM é reavivada em sucessão até que todas as linhas tenham sido reavivadas. Com memórias maiores, isso pode levar um tempo relativamente maior, o que desacelera o sistema. No modo de refresh distribuído, a reavivação é intercalada com as operações normais da memória. Os sistemas de computadores modernos usam essa estratégia.

O método mais universal para reavivar a DRAM é o **refresh apenas com $\overline{RAS}$**. Ele é realizado habilitando-se o endereço da linha com $\overline{RAS}$ enquanto $\overline{CAS}$ e $\overline{WE}$ permanecem em nível ALTO. A Figura 12.31 representa como o refresh apenas com $\overline{RAS}$ é usado para um refresh por rajada de uma DRAM com 1.024 linhas. Um **contador de refresh** é usado para fornecer os 10 bits do endereço da linha para as entradas da DRAM começando em 0000000000 (linha 0). A entrada $\overline{RAS}$ é pulsada em nível BAIXO para carregar o endereço na DRAM, e isso reaviva a linha 0 nos dois bancos. O contador é incrementado e o processo é repetido até o endereço 1111111111 (linha 1.023).

FIGURA 12.31 O método de refresh com $\overline{RAS}$ usa o sinal para carregar o endereço da linha na DRAM e reavivar todas as células daquela linha. O refresh apenas com $\overline{RAS}$ pode ser usado para realizar um refresh por rajada, conforme demonstrado. Um contador de refresh fornece os endereços sequenciais da linha 0 até a linha 1.023.

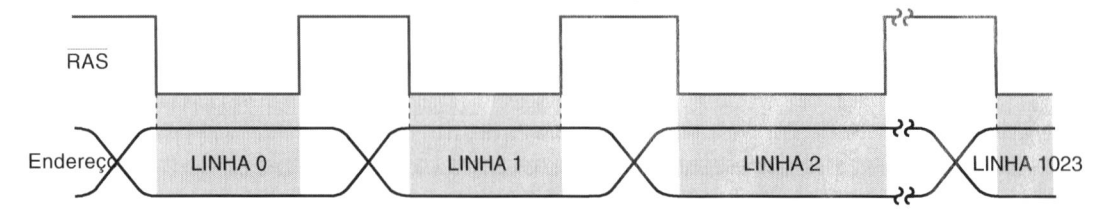

* Observação: as linhas R/$\overline{W}$ e $\overline{CAS}$ são mantidas em nível ALTO.

Embora a ideia de um contador de refresh pareça simples, deve-se observar que seus endereços de linha a partir do contador de refresh não interferem nos provenientes da CPU durante uma operação normal de leitura/escrita. Por essa razão, os endereços do contador de refresh devem ser multiplexados com os da CPU, de modo que a fonte apropriada da DRAM seja ativada nos momentos adequados.

Para aliviar a CPU de algumas responsabilidades, há um chip especial denominado **controlador de DRAM**. No mínimo, ele realiza a multiplexação de endereço e a geração da sequência de contagem de refresh, deixando a temporização para os sinais de $\overline{RAS}$, $\overline{CAS}$ e MUX, para outros circuitos lógicos e para a pessoa que programa o computador. Outros controladores de DRAM são totalmente automáticos. Suas entradas parecem bastante com as de uma RAM estática ou de uma ROM. Eles geram a sequência de refresh em frequência suficiente para manter a memória, para a multiplexação do barramento de endereços, para gerar os sinais de $\overline{RAS}$ e $\overline{CAS}$ e, também, para gerenciar o controle da DRAM entre os ciclos de leitura/escrita da CPU e as operações locais de refresh. Nos computadores atuais, o controlador de DRAM e os outros circuitos controladores de alto nível são integrados em um conjunto de circuitos VLSI chamados de "chipset". Conforme as mais novas tecnologias de DRAM são desenvolvidas, novos chipsets são projetados para aproveitar os últimos avanços. Em muitos casos, o número de chipsets existentes (ou antecipados) que suportam determinada tecnologia estabelece a tecnologia de DRAM na qual os fabricantes investirão.

A maioria dos chips de DRAM em produção hoje tem capacidade de refresh no próprio chip que elimina a necessidade de fornecimento externo de endereços de refresh. Um desses é chamado *refresh $\overline{CAS}$ antes de $\overline{RAS}$*. Nesse método, o sinal de $\overline{CAS}$ é acionado em nível BAIXO e mantido até depois de $\overline{RAS}$ ir para nível BAIXO. Essa sequência fará o refresh de uma linha da matriz de memória e incrementará um contador interno que gerará os endereços de linha. Para realizar um refresh de rajada usando essa característica, $\overline{CAS}$ pode ser mantido em nível BAIXO, enquanto $\overline{RAS}$ é pulsado uma vez para cada linha até que todas sejam reavivadas. Durante esse ciclo de refresh, todos os endereços externos são ignorados. O refresh distribuído é mais fácil com esses dispositivos, porque o contador de linhas interno controla a próxima linha que precisa ser reavivada. O controlador de memória deve assegurar que apenas essas atualizações de linha ocorram dentro do intervalo de refresh.

QUESTÕES DE REVISÃO

1. *Verdadeiro ou falso*:
   (a) Na maioria das DRAMs, é necessário ler apenas uma célula em dada linha para reavivar todas as outras.
   (b) No modo de refresh por rajada, toda a matriz é reavivada por um pulso $\overline{RAS}$.
2. Qual é a função de um contador de refresh?
3. Quais são as funções realizadas por um controlador DRAM?
4. *Verdadeiro ou falso*:
   (a) No método de refresh apenas com $\overline{RAS}$, o sinal de $\overline{CAS}$ é mantido em nível BAIXO.
   (b) O refresh $\overline{CAS}$ antes de $\overline{RAS}$ pode ser usado apenas por DRAMs com os circuitos de controle de refresh no próprio chip.

12.17 TECNOLOGIA DA DRAM[2]

OBJETIVOS

Após ler esta seção, você será capaz de:

- Identificar algumas embalagens comuns para módulos DRAM usados em computadores.
- Descrever algumas das mudanças evolutivas na tecnologia que levaram aos atuais sistemas DRAM.

Ao selecionar um tipo particular de dispositivo RAM para um sistema, um projetista precisa tomar algumas decisões. A capacidade (maior possível), a velocidade (maior possível), a potência (menor possível), o custo (menor possível), a pegada (menor possível) e a versatilidade (tão fácil de alterar quanto possível) têm de ser avaliados, porque nenhum tipo de RAM maximiza todas essas características desejadas. O mercado de RAMs semicondutoras busca uma mistura ideal dessas características em seus produtos para diversas aplicações. Esta seção explica alguns desses termos independente da tecnologia de RAM.

Módulos de memória

Como muitas empresas fabricam placas-mãe para sistemas de computadores, foram adotados conectores de interfaces padronizados para memórias. Esses conectores recebem um pequeno cartão de circuito impresso com pontos de contato na borda do cartão em ambas as faces. Esses cartões de módulos possibilitam uma fácil instalação ou substituição de componentes de memória no computador. O módulo de memória em linha simples (SIMM, do inglês, *single-in-line memory module*) é um cartão de circuito impresso com 72 pontos de contatos equivalentes nas duas faces. Um ponto redundante de contato em cada face da placa oferece garantias de que um contato bom e confiável foi feito. Tais módulos usam DRAM de apenas 5 V que variam em capacidade de 1 a 16 Mbits em encapsulamentos para montagem em superfície do tipo asa de gaivota ou pino J. Esses módulos de memória variam em capacidade de 1 a 32 Mbytes.

Os novos módulos de memória em duas linhas (DIMM, do inglês, *dual-in-line memory module*) têm contatos únicos em cada face do cartão. Cartões DIMM variam de 168 pinos a 240 pinos. Pinos extras são necessários porque os DIMMs são conectados em barramentos de dados de 64 bits como os encontrados nos PCs modernos. Maiores capacidades de armazenamento também requerem mais linhas de endereço. Versões de 3,3 V e 5 V estão disponíveis, além de com e sem buffers. A capacidade desses módulos depende dos chips da DRAM montados neles; conforme a capacidade das DRAMs aumenta, a capacidade de DIMMs também aumenta. O chipset e o projeto da placa-mãe usada em um sistema determinam o tipo de DIMM a ser usado. Para aplicações compactas, como laptops, módulos de memória em duas linhas de perfil baixo (SODIMM, do inglês, *small-outline dual-in-line memory module*) estão disponíveis.

---

[2] Este tópico pode ser desconsiderado sem prejudicar a compreensão da sequência do livro.

O principal problema da indústria de computadores é fornecer sistemas de memória que acompanhem os aumentos de velocidade do clock dos microprocessadores enquanto mantêm os custos razoáveis. Características especiais estão sendo acrescentadas aos dispositivos DRAM básicos para aumentar sua largura de banda total. Embora esses métodos de melhorar o desempenho estejam constantemente mudando, as tecnologias descritas nas seções a seguir estão sendo extensivamente mencionadas na literatura relacionada à memória.

DRAM FPM

O modo de página rápida (FPM, do inglês, *fast page mode*) possibilita acesso mais rápido a qualquer posição de memória dentro da "página" corrente. Uma página é uma faixa de endereços de memória que tem os bits mais significativos iguais. Para acessar dados na página corrente, apenas as linhas menos significativas de endereço são alteradas.

DRAM EDO

DRAMs com saída de dados estendida (EDO, do inglês, *extended data output*) apresentam uma pequena melhoria em relação às FPM. Para acessar determinada página, o valor do dado na posição corrente de memória é detectado e armazenado nos pinos de saída. Nas DRAMs FPM, o amplificador sensor aciona a saída sem um latch, necessitando que a entrada $\overline{CAS}$ seja mantida em nível baixo até que o dado se torne válido. Com a memória EDO, enquanto esses dados são apresentados nas saídas, $\overline{CAS}$ pode completar seu ciclo, um novo endereço na página corrente é decodificado e o caminho dos dados é inicializado para o próximo acesso. Isso possibilita ao controlador da memória enviar o próximo endereço ao mesmo tempo que a palavra corrente é lida.

SDRAM

As DRAMs síncronas são projetadas para transferir dados em *rajadas* rápidas de diversas posições da memória. A primeira a ser acessada é a mais lenta por conta do *overhead* (latência) do armazenamento do endereço de linha e de coluna. A partir daí, os dados são transferidos para fora pelo clock do sistema (em vez da linha de controle $\overline{CAS}$) em rajadas de posições de memória dentro da mesma página. Internamente, as SDRAMs são organizadas em dois (ou mais) bancos. Isso possibilita que os dados sejam lidos logo, acessando cada um dos dois bancos. Para fornecer todas as características e a flexibilidade necessária para esse tipo de DRAM funcionar com ampla variedade de requisitos de sistema, os circuitos dentro da SDRAM têm-se tornado mais complexos. Uma sequência de comandos é necessária para informar à SDRAM as opções necessárias, como comprimento da rajada, dados sequenciais ou entrelaçados e modos $\overline{CAS}$ antes de $\overline{RAS}$ ou autorrefresh. O modo de autorrefresh permite ao dispositivo de memória realizar as funções necessárias para manter as células reavivadas.

DDRSDRAM

A SDRAM com dupla taxa de dados é uma especificação de interface de memória referida em textos sobre computadores. Essa designação refere-se à interface do módulo de memória com o barramento do PC. A DDR usa tecnologia DRAM síncrona, mas consegue alcançar taxas de dados mais altas para o sistema ao transferir dados nas bordas de subida e de descida do clock do sistema. Em essência, a DDR alcança taxas de transferência de rajada algumas vezes mais rápidas que os antigos DRAMs. A tecnologia DDR passou por quatro gerações de melhorias, com a última especificação DDR4. Cada geração encontrou formas de melhorar a velocidade da operação de um computador.

QUESTÕES DE REVISÃO

1. Os módulos SIMMs e DIMMs são intercambiáveis?
2. O que é uma "página" de memória?
3. Por que o "modo de página" é mais rápido?
4. O que significa o termo *EDO*?
5. Qual é o termo usado para acessar diversas posições consecutivas de memória?
6. Como o DDR duplica a taxa de dados?
7. Qual foi a principal melhoria na mudança de DDR para DDR2 para DDR3 para DDR4?

12.18 OUTRAS TECNOLOGIAS DE MEMÓRIA

OBJETIVO

Após ler esta seção, você será capaz de:

■ Descrever métodos de criação de memória que não sejam baseados na tecnologia CI de silício.

Os métodos de armazenamento de informações que discutimos até o momento envolvem elos fusíveis, MOSFETs de porta flutuante, capacitadores e circuitos de flip-flops (latch). Outros métodos de armazenamento de dados estão sendo amplamente usados, e novos métodos estão constantemente sendo pesquisados.

Armazenamento magnético

A tecnologia do armazenamento magnético de informações digitais remonta aos primeiros sistemas de computador, que envolviam o uso de rolos de fita magnética para armazenamento e recuperação a longo prazo de programas e arquivos de dados: tecnologia adaptada da indústria de gravação de áudio. Depois, a melhoria foi no revestimento de discos rígidos com um meio magnético, fazendo-os girar movendo radialmente uma cabeça magnética de leitura/escrita sobre o disco. Isso oferecia acesso mais rápido e aleatório aos dados em qualquer posição na superfície do disco.

As unidades de discos rígidos originais (dos anos 1950) foram construídas da mesma maneira; eram do tamanho de uma máquina de lavar roupa, tinham motores de propulsão de fuso de $\frac{1}{2}$ cavalo de potência e armazenavam em torno de 5 megabytes, montante de dados pequeno em relação aos padrões atuais. Meios portáteis na forma de "discos flexíveis" e "disquetes" vieram em seguida, usando a mesma tecnologia que os discos rígidos, e ficaram obsoletos à medida que drives USB flash se tornaram o meio de armazenamento portátil predominante. A tecnologia de discos magnéticos melhorou na densidade de armazenamento (e leitura) de 1s e 0s e está próxima dos limites físicos do tamanho do domínio magnético individual. Muitos problemas foram superados no manuseio de um volume tão grande de dados. Por exemplo, a detecção de erros de bits e os métodos de correção usados em unidades de discos rígidos reparam até múltiplos erros em um pacote de dados. A confiabilidade mecânica também melhorou, e o tamanho da máquina foi reduzido.

Dados eram armazenados por modulação de frequência: 1s e 0s eram representados por duas frequências de áudio. Unidades de discos rígidos modernas não usam tons de áudio, elas polarizam os domínios magnéticos do meio com polaridade para um 1 e a oposta para um 0. A informação-chave lida dessas unidades de disco rígido é a transição do 0 para 1 ou 1 para 0, e não de cada bit de dados em si. Para que isso funcione, os dados devem ser codificados de tal maneira que o número de 1s ou 0s consecutivos seja de comprimento limitado. É a chamada codificação de comprimento limitado (RLL, do inglês, *Run Lenght Limited*). O esquema da RLL aumentou a densidade do armazenamento de dados.

MRAM O armazenamento magnético de dados de alta velocidade, acesso aleatório e não volátil, também foi tentado nos primórdios dos computadores com tecnologia de "núcleo magnético". Isso envolvia a polarização de linhas e colunas de pequenos eletromagnetos em qualquer direção. Em razão do tamanho, custo e demandas de potência, tal tecnologia foi substituída por memórias de semicondutores. De maneira surpreendente, foi trazida de volta na forma da **memória de acesso aleatório magnetorresistente** (**MRAM**, do inglês, *magnetoresistive random acess memory*). Lembre-se da mesma grade de linhas e colunas de células de armazenamento que estudamos nas memórias de semicondutores. Em vez de um circuito transistor em cada interseção de uma fila e uma coluna, imagine uma nanopartícula magnética polarizada (girando) em uma de duas maneiras possíveis. Quando uma linha é acessada e a corrente flui através da linha de coluna, um campo magnético criado é o mesmo ou o oposto em polaridade ao da célula de armazenamento magnético. A interação dessas duas polaridades afeta a resistência para o fluxo de corrente em fio. O valor do bit armazenado (1 ou 0) é detectado com base na resistência (montante de fluxo de corrente) através da linha da coluna. Dados são escritos alterando a polaridade ou o giro da posição do bit magnético. Esses dispositivos estão disponíveis, mas ainda são caros. Espera-se que a questão econômica permita que a MRAM seja produzida em massa, que ela possa se tornar a tecnologia de memória ideal e substituir os discos rígidos mecânicos, Flash e DRAM. O fato de ela ser não volátil e mesmo assim ter um tempo de leitura/escrita rápido lhe proporciona vantagem sobre a DRAM. A memória flash oferece um número limitado de ciclos de escrita, e MRAM oferece uma escrita sem limites. Ciclos de escrita flash também são mais lentos que a MRAM. Discos rígidos são muito lentos e têm partes móveis que se desgastam.

Memória ótica

O disco ótico é uma tecnologia de armazenamento de memória digital significativa. Os *compact discs* (CDs) de áudio digital foram disponibilizados no início dos anos 1980, e a tecnologia disseminou-se para atender às necessidades do armazenamento de dados em computadores, DVDs (*digital video discs*) e, mais recentemente, em discos de *Blu-Ray*. Todos usam a mesma tecnologia, diferenciando-se no formato e densidade de informações que podem ser armazenadas/recuperadas em disco. Os discos são fabricados com uma superfície altamente refletiva. Para armazenar dados nos discos, um feixe de laser intenso foca em um ponto pequeno e altera as propriedades de difração da luz da superfície de maneira que ela deixa de refletir a luz tão bem. Dados digitais (1s e 0s) são armazenados um de cada vez lançando o laser alternadamente (*on* e *off*) enquanto o disco gira. A informação é configurada como uma espiral contínua de pontos de dados que começam no centro do disco e progridem na direção do perímetro. A precisão do feixe de laser possibilita que grandes quantidades de dados (até 700 Mbytes para um CD) sejam armazenadas no disco.

A fim de ler os dados, um feixe de laser menos potente foca sobre a superfície do disco e a luz refletida é medida. Em qualquer ponto, a luz é percebida como um 1 ou um 0. Esse sistema ótico é montado sobre um mecanismo que se desloca para a frente e para trás ao longo do raio, seguindo o padrão em espiral dos dados à medida que o disco gira. Os dados recuperados do sistema ótico aparecem um bit por vez em um fluxo de dados serial. Controlando a velocidade angular do disco conforme o raio da espiral muda, mantém uma taxa constante de dados que entram. O fluxo de dados é decodificado e agrupado em palavras de dados.

CDs e DVDs graváveis possibilitam-nos armazenar grandes montantes de dados como backup de arquivos do disco rígido, fazer filmagens e compartilhar fotos digitais em meios muito baratos. Os discos CD-R têm um revestimento que altera suas propriedades quando o laser os atinge. Os discos CD-RW podem ter dados anteriores sobrescritos. Isso é conseguido usando o laser para aplicar dois tratamentos de calor diferentes à camada especial que mudam suas características refletivas/refrativas de um ponto a outro entre um 1 e um 0.

A tecnologia de disco Blu-Ray usa um comprimento de onda mais curto para produzir um feixe mais fino e densidades de bits mais altas usando o laser de espectro vermelho dos formatos de CD e DVD. A tecnologia Blu-Ray possibilita que filmes de alta definição inteiros sejam colocados no mercado em um único disco, capaz de armazenar até 25 Gbytes por lado.

RAM de mudança de fase (PRAM, do inglês, *phase change RAM*)

Essa tecnologia usa um material que tem a capacidade de alterar a fase facilmente. Em outras palavras, se o material fosse água, poderíamos mudá-lo de líquido a vapor, e vice-versa, facilmente. Os dois estados do material de mudança de fase são cristalinos (estado ordenado), o que lhes confere uma resistência muito baixa, e amorfos (estado desordenado), o que lhes confere uma resistência muito alta. O material torna-se cristalino após uma baixa corrente de pulso relativamente longo ser aplicada. Ele muda para amorfo depois que uma alta corrente de pulso relativamente curto é aplicada. Diferentes materiais e métodos de afetar uma mudança de fase estão sendo pesquisados. Quando os problemas forem superados, muitos acreditam que essa tecnologia poderá substituir o FLASH e o DRAM.

RAM ferroelétrica (FRAM, do inglês, *ferroelectric RAM*)

Trata-se de uma tecnologia muito parecida com a DRAM, uma vez que armazena dados na forma de uma carga elétrica. Em vez de usar um capacitor convencional e armazenar a carga no dielétrico, ele usa um material ferroelétrico. A carga não vaza como um capacitor tradicional em DRAM, portanto, não há necessidade de refresh e não é volátil.

QUESTÕES DE REVISÃO

1. Qual é o dispositivo de armazenamento magnético mais comum hoje em dia?
2. Que tipo de tecnologia de memória em estado sólido tem chances de substituir as tecnologias existentes como a "memória universal"?
3. Qual é a principal vantagem no uso de CDs e DVDs para o armazenamento de informações digitais?

12.19 EXPANSÃO DO TAMANHO DA PALAVRA E DA CAPACIDADE

OBJETIVOS

Após ler esta seção, você será capaz de:

- Construir sistemas de memória de uma configuração usando vários blocos menores.
- Explicar o efeito da descodificação de endereço incompleta no mapa de memória de um sistema.

Em diversas aplicações de memórias, a capacidade ou o tamanho da palavra necessários para RAM ou ROM não podem ser obtidos com um chip de memória. Em vez disso, chips de memória devem ser combinados para fornecer a capacidade e/ou o tamanho da palavra. Veremos como isso é feito por meio de exemplos das principais ideias empregadas quando os chips de memória são interfaceados com um microprocessador. Os exemplos têm objetivo didático, e os tamanhos dos chips de memória usados foram escolhidos para economizar espaço. As técnicas apresentadas podem ser estendidas para chips de memória de maior capacidade.

Expansão do tamanho da palavra

Suponha que precisemos de uma memória para armazenar 16 palavras de oito bits e tudo o que temos são chips de memória RAM de 16 × 4 com linhas de I/O comuns. É possível combinar dois desses chips de 16 × 4 para produzir a memória desejada. A configuração para isso é demonstrada na Figura 12.32. Analise esse diagrama cuidadosamente e tente entendê-lo antes de prosseguir.

Como cada chip pode armazenar 16 palavras de quatro bits e desejamos armazenar 16 palavras de oito bits, usaremos cada chip para armazenar *metade* de cada palavra. Em outras palavras, a RAM 0 armazena os quatro bits de *mais alta* ordem de cada uma das 16 palavras e a RAM 1 armazena os quatro bits de *mais baixa* ordem. Uma palavra de oito bits completa está disponível nas saídas das RAMs conectadas no barramento de dados.

Qualquer uma das 16 palavras é selecionada aplicando-se o código de endereço apropriado nas quatro linhas do *barramento de endereço* (A_3, A_2, A_1, A_0). As linhas de endereço vêm da CPU. Note que cada linha do barramento está conectada na entrada de endereço correspondente em cada chip. Isso significa que, uma vez que um código de endereço é colocado no barramento de endereço, ele é aplicado em ambos os chips, de modo que a mesma posição em cada é acessada ao mesmo tempo.

FIGURA 12.32 Combinando duas RAMs de 16 × 4 em um módulo de 16 × 8.

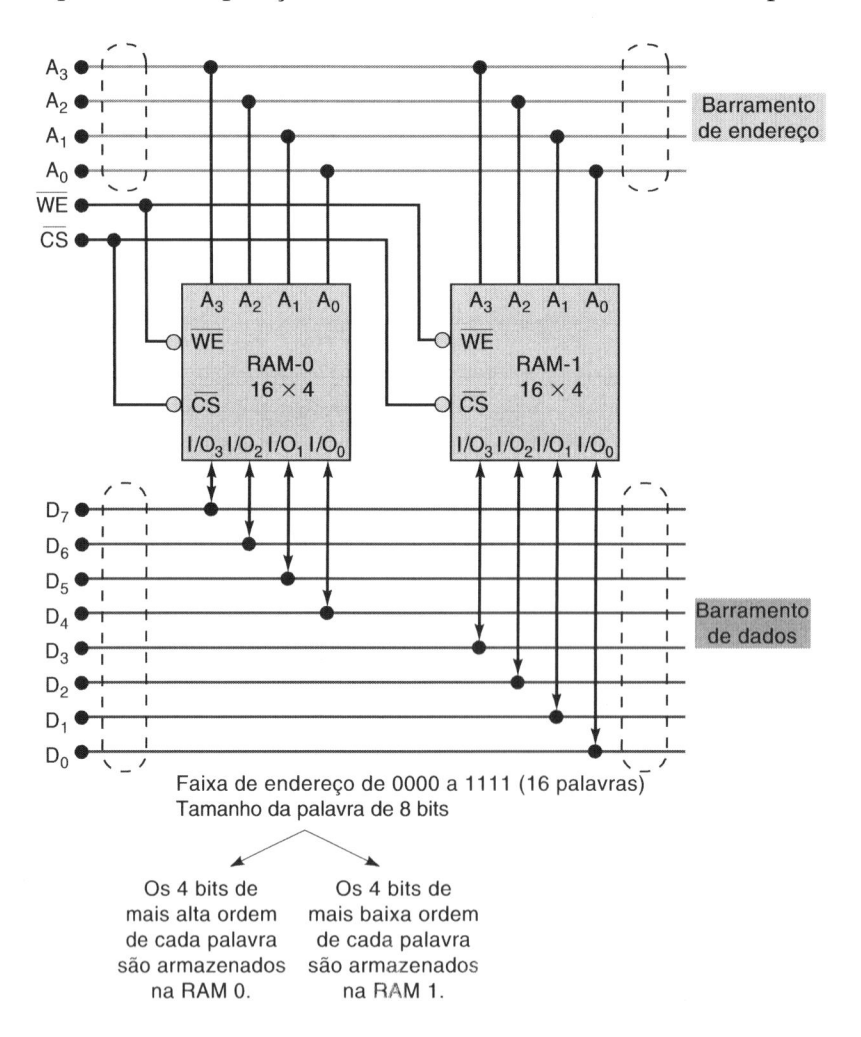

Uma vez que o endereço esteja selecionado, é possível ler ou escrever nele sob o controle das linhas comuns de $\overline{WE}$ e $\overline{CS}$. Para leitura, $\overline{WE}$ deve estar em nível alto e $\overline{CS}$ deve estar em nível baixo. Isso faz que as linhas de I/O da RAM atuem como *saídas*. A RAM-0 coloca sua palavra de quatro bits selecionada nas quatro linhas do barramento de dados superior, e a RAM-1 coloca sua palavra de quatro bits nas quatro linhas do barramento de dados inferior. O barramento de dados, então, contém a palavra completa de oito bits selecionada que pode ser transmitida para outro dispositivo (em geral, para um registrador na CPU).

Para uma operação de escrita, $\overline{WE} = 0$ e $\overline{CS} = 0$ fazem as linhas de I/O da RAM atuarem como *entradas*. A palavra de oito bits a ser escrita é colocada no barramento de dados (em geral, pela CPU). Os quatro bits de mais alta ordem são escritos na posição selecionada na RAM-0, e os quatro bits de mais baixa ordem, na RAM-1.

Em essência, a combinação dos dois chips de RAM atua de maneira semelhante a um único chip de memória de 16 × 8. Referimo-nos a essa combinação como um *módulo de memória* de 16 × 8.

A mesma ideia básica para a expansão do tamanho da palavra funciona para diferentes situações. Leia o seguinte exemplo e esboce um diagrama do sistema antes de olhar a solução apresentada.

EXEMPLO 12.9

O 2125A é uma RAM estática com capacidade de 1K × 1, entrada de seleção do chip ativa em nível BAIXO e entradas e saídas de dados separadas. Mostre como combinar vários chips 2125A para formar um módulo de 1K × 8.

Solução

O arranjo é demonstrado na Figura 12.33, na qual oito chips 2125A são usados para formar um módulo de 1K × 8. Cada chip armazena um dos bits das 1.024 palavras de oito bits. Note que todas as entradas $\overline{WE}$ e $\overline{CS}$ estão conectadas e as 10 linhas do barramento de endereço estão conectadas nas entradas de endereço de cada chip. Note, também, que, já que a 2125A tem pinos de entrada e saída de dados separados, esses dois pinos de cada chip estão conectados na mesma linha do barramento de dados.

FIGURA 12.33 Oito chips 2125A de 1K × 1 organizados como uma memória de 1K × 8.

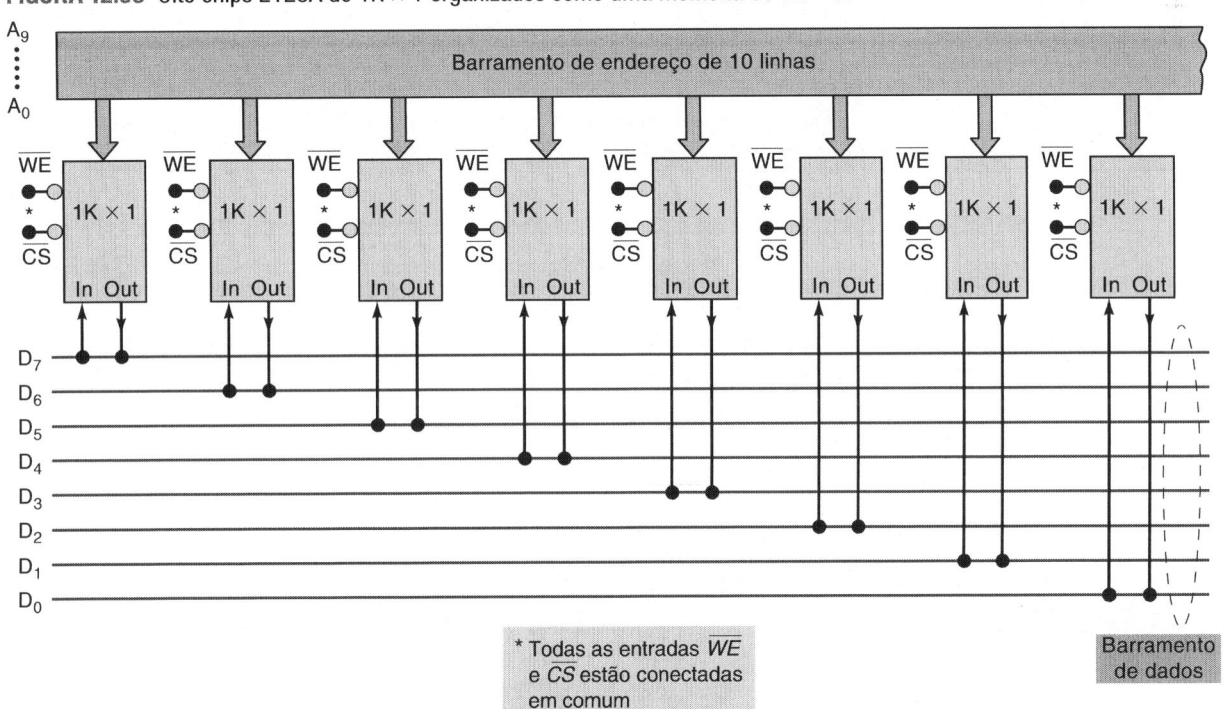

Expansão da capacidade

Suponha que necessitamos de uma memória que possa armazenar 32 palavras de quatro bits e tudo o que temos são chips de 16 × 4. Combinando dois chips de 16 × 4, conforme demonstra a Figura 12.34, é possível produzir a memória desejada. Mais uma vez, analise esse diagrama e tente compreendê-lo antes de continuar a leitura.

FIGURA 12.34 Combinando dois chips de 16 × 4 para formar uma memória de 32 × 4.

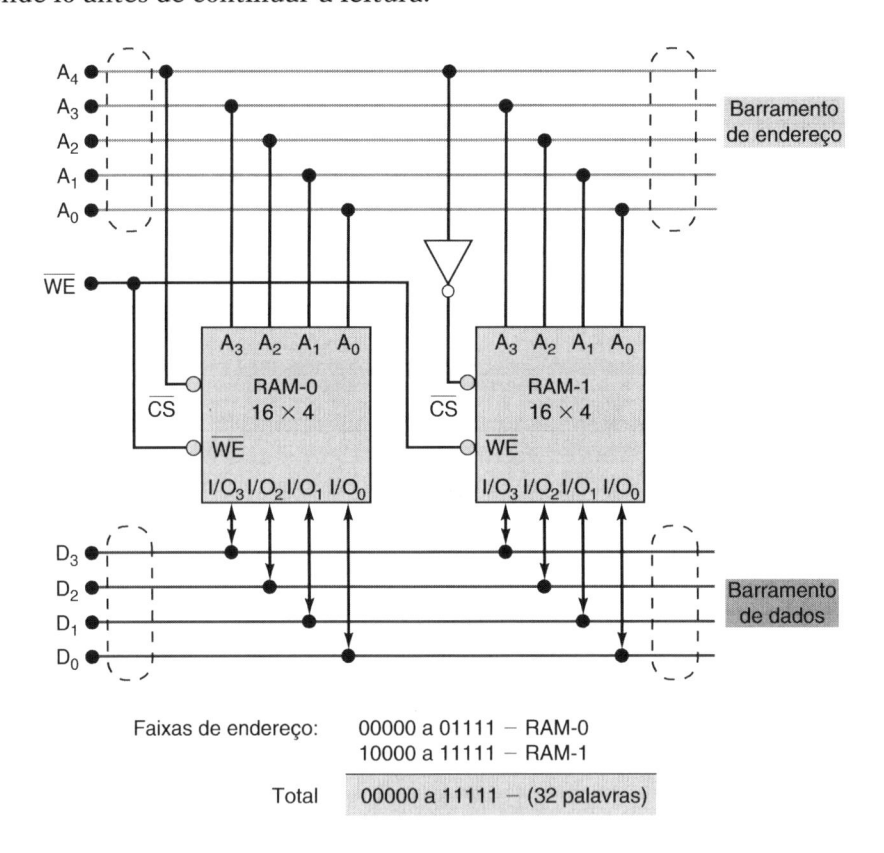

Faixas de endereço:	00000 a 01111 — RAM-0
	10000 a 11111 — RAM-1
Total	00000 a 11111 — (32 palavras)

Cada RAM é usada para armazenar 16 palavras de quatro bits. Os quatro pinos de entrada/saída (I/O) de dados de cada RAM são conectados nas quatro linhas comuns do barramento de dados. Apenas um dos chips de RAM pode ser selecionado (habilitado) por vez, de modo que não existirá problema de contenção de barramento. Isso está garantido pelo acionamento das respectivas entradas $\overline{CS}$ a partir de sinais lógicos diferentes.

Como a capacidade desse módulo de memória é 32 × 4, deve haver 32 endereços diferentes. Isso requer um barramento de endereço de *cinco* linhas. A linha de endereço mais alta, A_4, é usada para selecionar uma ou outra RAM (via entradas $\overline{CS}$) como aquela que será lida ou escrita. As outras quatro, A_0 a A_3, são usadas para selecionar uma das 16 posições de memória do chip de RAM.

Para ilustrar, quando $A_4 = 0$, o $\overline{CS}$ da RAM-0 habilita esse chip para leitura ou escrita. Então, qualquer posição na RAM-0 pode ser acessada por A_3 a A_0. As últimas quatro linhas de endereço podem variar de 0000 a 1111 para selecionar a posição desejada. Desse modo, a faixa de endereços que representa posições na RAM-0 é

$$A_4 A_3 A_2 A_1 A_0 = 00000 \text{ a } 01111$$

Note que quando $A_4 = 0$, o $\overline{CS}$ da RAM-1 está em nível alto, de modo que suas linhas de I/O estão desabilitadas (alta impedância) e não se comunicam (não fornecem nem recebem dados) com o barramento de dados.

Deve estar claro que, quando $A_4 = 1$, as funções da RAM-0 e da RAM-1 são trocadas. A RAM-1 está habilitada e as linhas A_3 a A_0 selecionam uma das posições. Dessa forma, a faixa de endereços na RAM-1 é

$$A_4A_3A_2A_1A_0 = 10000 \text{ a } 11111$$

EXEMPLO 12.10

Desejamos combinar algumas PROMs de 2K × 8 para produzir capacidade total de 8K × 8. Quantos chips de PROM são necessários? E quantas linhas no barramento de endereço são exigidas?

Solução

São necessários quatro chips de PROM, cada um armazenando 2K dos 8K de palavras. Uma vez que 8K = 8 × 1.024 = 8.192 = 2^{13}, são necessárias 13 linhas de endereço.

A configuração da memória do Exemplo 12.10 é similar à memória 32 × 4 da Figura 12.34. Contudo, é mais complexa, porque requer um circuito decodificador para gerar os sinais de entrada $\overline{CS}$. O diagrama completo para essa memória de 8.192 × 8 é demonstrado na Figura 12.35(a).

A capacidade total do bloco da ROM são 8.192 bytes. Esse sistema possui um barramento de endereço de 16 bits, normal em sistemas pequenos baseados em microcontroladores. O decodificador desse sistema só pode ser habilitado quando A_{15} e A_{14} estão em nível BAIXO e E está em ALTO. Isso significa que ele só decodifica endereços menores que hexa 4000. É mais fácil entender isso com o mapa de memória da Figura 12.35(b), que demonstra que os dois MSBs de mais alta ordem (A_{15} e A_{14}) estão sempre em nível BAIXO para endereços menores que hexa 4000. As linhas de endereço A_{13}–A_{11} são conectadas às entradas C–A do decodificador, respectivamente. Esses três bits são decodificados e usados para selecionar um dos CIs da memória. Note, no mapa de bits da Figura 12.35(b), que os endereços contidos em PROM 0 têm $A_{13}, A_{12}, A_{11} = 0, 0, 0$; PROM 1 é selecionada quando esses bits possuem um valor 0, 0, 1; PROM 2, quando os bits possuem um valor 0, 1, 0, e PROM 3, quando o valor dos bits é 0, 1, 1. Quando qualquer PROM é selecionada, as linhas de endereço A_{10}–A_0 variam de todos os 0s para os 1s. Para resumir o esquema de endereços desse sistema, os dois bits de mais alta ordem selecionam o decodificador, os próximos três bits (A_{13}–A_{11}) selecionam um entre os quatro chips de PROM e as linhas de endereço abaixo de 11 selecionam um entre os 2.048 bytes de posições de memória na PROM habilitada.

Quando o endereço de sistema de 4000 ou mais estiver no barramento de endereço, nenhuma das PROMs será habilitada. No entanto, saídas de decodificador 4–7 são usadas para habilitar mais chips de memória, se desejarmos expandir a capacidade do sistema de memória. O mapa de memória do lado direito da Figura 12.35(b) demonstra uma área de 48K de espaço do sistema não ocupado por esse bloco de memória. Para usar essa área do mapa de memória, é preciso mais lógica de decodificação.

FIGURA 12.35 (a) Quatro PROMs de 2K × 8 dispostos para formar uma memória com capacidade total de 8K × 8; (b) mapa de memória do sistema completo.

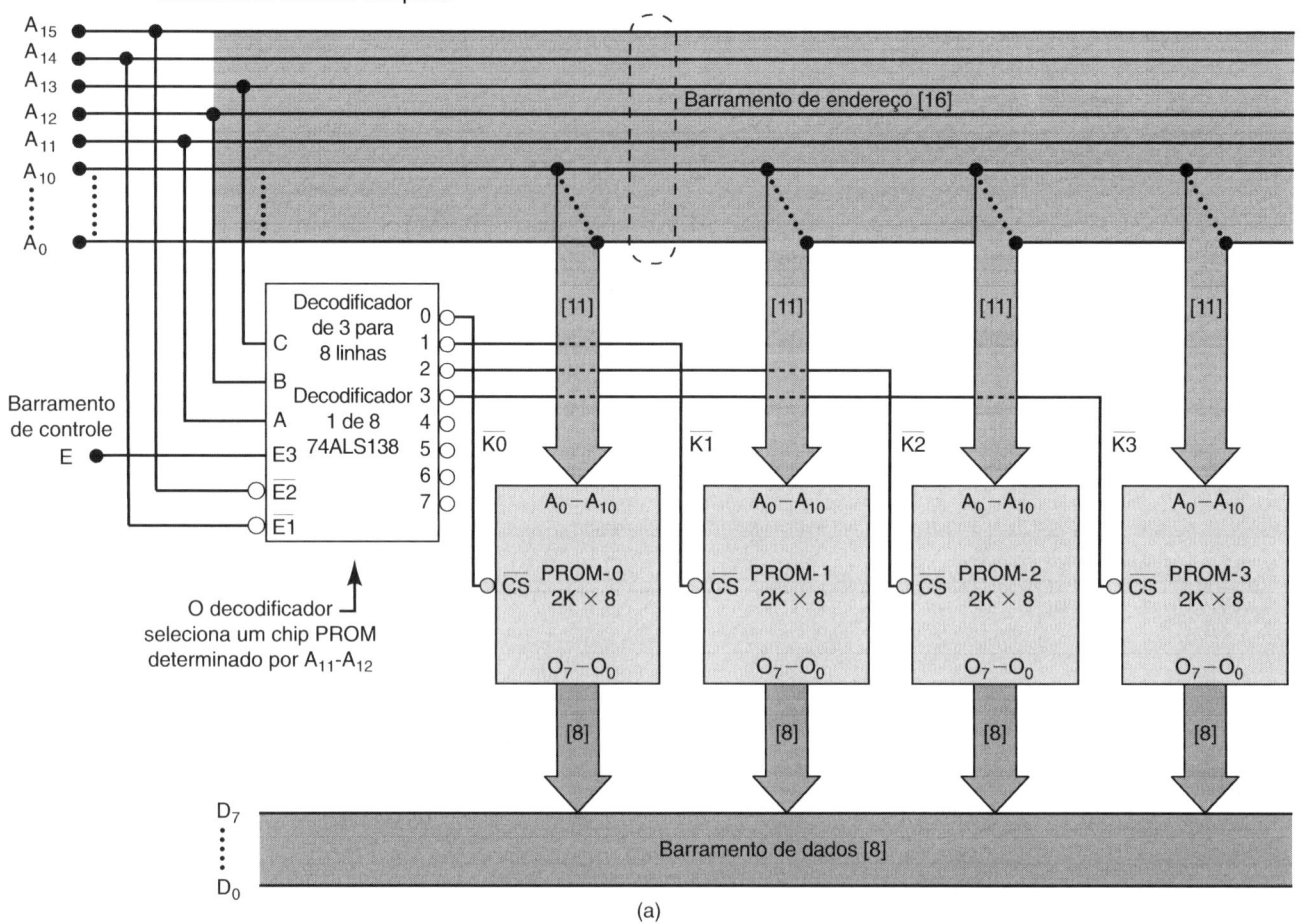

(a)

A_{15}	A_{14}	A_{13}	A_{12}	A_{11}	A_{10}	A_9	A_8	A_7	A_6	A_5	A_4	A_3	A_2	A_1	A_0	Endereço	Mapa do sistema	
0	0	0	0	0	0	0	0	0	0	0	0	0	0	0	0	0000		
																	PROM-0	2K
0	0	0	0	0	1	1	1	1	1	1	1	1	1	1	1	07FF		
0	0	0	0	1	0	0	0	0	0	0	0	0	0	0	0	0800		
																	PROM-1	2K
0	0	0	0	1	1	1	1	1	1	1	1	1	1	1	1	0FFF		
0	0	0	1	0	0	0	0	0	0	0	0	0	0	0	0	1000		
																	PROM-2	2K
0	0	0	1	0	1	1	1	1	1	1	1	1	1	1	1	17FF		
0	0	0	1	1	0	0	0	0	0	0	0	0	0	0	0	1800		
																	PROM-3	2K
0	0	0	1	1	1	1	1	1	1	1	1	1	1	1	1	1FFF		
0	0	1	0	0	0	0	0	0	0	0	0	0	0	0	0	2000	O_4	
		1	0	1													O_5 Decodificado	8K
		1	1	0													O_6 Expansão	
0	0	1	1	1	1	1	1	1	1	1	1	1	1	1	1	3FFF	O_7	
0	1	0	0	0	0	0	0	0	0	0	0	0	0	0	0	4000		
																	Disponível	48K
1	1	1	1	1	1	1	1	1	1	1	1	1	1	1	1	FFFF		

(b)

EXEMPLO 12.11

O que seria preciso para expandir para 32K × 8 a memória demonstrada na Figura 12.37? Descreva quais linhas de endereço são usadas.

Solução

Uma capacidade de 32K requer 16 CIs da PROM de 2K. Quatro foram demonstradas e mais quatro podem ser conectadas às saídas O_4–O_7 do decodificador existente. Isso constitui metade do sistema. Os outros oito CIs da PROM podem ser selecionados acrescentando-se outro decodificador 74ALS138 e habilitando-o quando $A_{15} = 0$ e $A_{14} = 1$. Isso é feito conectando-se um inversor entre A_{14} e $\overline{E_1}$ ao mesmo tempo que se conecta A_{15} diretamente a $\overline{E_2}$. As outras conexões são as mesmas do decodificador existente.

Decodificação incompleta de endereço

Em muitas situações, é necessário usar vários dispositivos de memória no mesmo sistema. Por exemplo, considere os requisitos de um sistema de painel digital de um automóvel, que é implementado por um microprocessador. Como consequência, vamos precisar de ROMs não voláteis para armazenar as instruções do programa e de memórias de leitura e de escrita para armazenar os dígitos que representam a velocidade, as RPMs, a quantidade de combustível, e assim por diante. Outros valores digitalizados devem ser armazenados para representar a pressão do óleo, a temperatura do motor, a tensão da bateria, e assim por diante. Também será necessário armazenamento não volátil de leitura/escrita (EEPROM) para leitura do odômetro; não seria bom que ele fosse inicializado em 0 ou assumisse um valor aleatório sempre que a bateria do carro fosse desconectada.

FIGURA 12.36 Um sistema com decodificação incompleta de endereços.

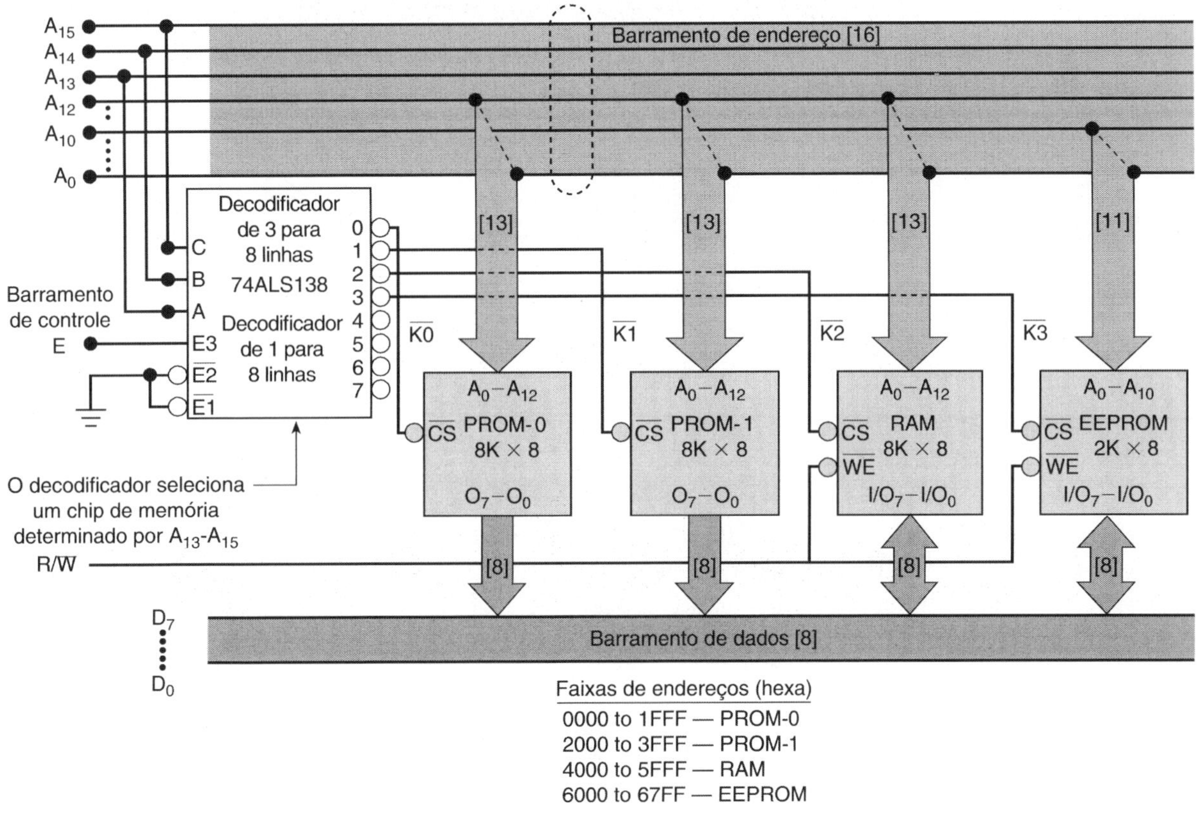

A Figura 12.36 demonstra um sistema de memória a ser usado em um microcomputador. Note que a parte da ROM é construída com dois dispositivos de 8K × 8 (PROM 0 e PROM 1). A parte da RAM requer um único dispositivo de 8K × 8. A EEPROM disponível é um dispositivo de apenas 2K × 8. O sistema de memória requer um decodificador para selecionar um dispositivo por vez. Esse decodificador divide o espaço de memória (supondo os 16 bits de endereço) em blocos de endereços de 8K. Em outras palavras, cada saída do decodificador é ativada por 8.192 (8K) endereços diferentes. Note que as três linhas superiores controlam o decodificador. As 13 linhas de mais baixa ordem estão conectadas diretamente às entradas de endereço dos chips de memória. A única exceção é a EEPROM, que tem apenas 11 linhas para os 2 Kbytes de capacidade. Se o endereço (em hexa) dessa EEPROM variar de 6000 a 67FF, ela responderá a esses endereços conforme desejado. Contudo, as duas linhas de endereço, A_{11} e A_{12}, não estão envolvidas no esquema de decodificação desse chip. A saída do decodificador ($\overline{K_3}$) é ativada nos 8K, mas o chip conectado contém apenas 2K posições. Como resultado, a EEPROM responde aos outros 6K nos blocos decodificados da memória. O mesmo conteúdo da EEPROM aparecerá nos endereços 6800--6FFF, 7000-77FF e 7800-7FFF. Essas áreas de memória ocupadas de modo redundante por um dispositivo por conta da decodificação parcial de endereço são denominadas áreas de **memória refletida**. Isso ocorre muitas vezes em sistemas em que há abundância de espaço de endereço e necessidade de minimizar a lógica de decodificação. Um **mapa de memória** desse sistema, conforme a Figura 12.37, demonstra os endereços atribuídos a cada dispositivo, assim como o espaço de memória disponível para expansão.

FIGURA 12.37 Um mapa de memória de um painel de controle digital.

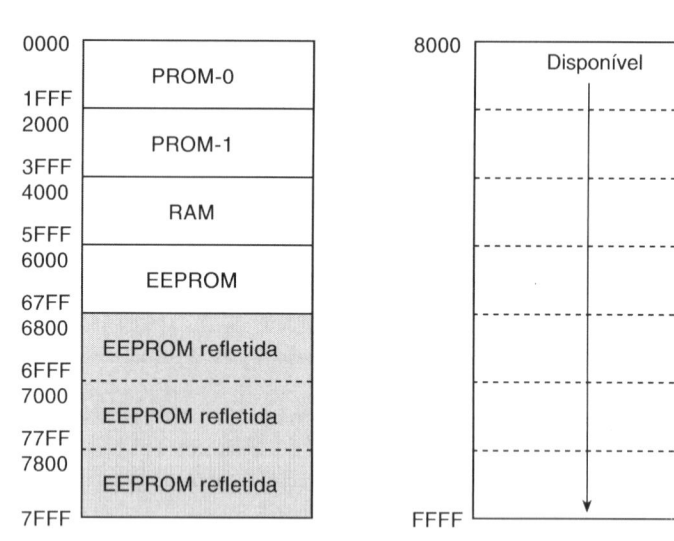

Combinando chips de DRAM

Os CIs de DRAM muitas vezes são encontrados com tamanhos de palavras de um a quatro bits; portanto, vários devem ser combinados para se formarem módulos com tamanhos de palavra maiores. A Figura 12.38 demonstra oito chips de DRAM formando um módulo de 4M × 8. Cada chip tem capacidade de 4M × 1.

Existem vários pontos a serem observados. Primeiro, uma vez que 4M = 2^{22}, o chip de memória tem 11 entradas de endereço; lembre-se de que as DRAMs usam entradas de endereço multiplexadas. O multiplexador de endereços recebe 22 linhas do barramento de endereço da CPU e as transforma em um barramento de endereço de 11 linhas para os chips de DRAM. Segundo, as entradas $\overline{RAS}$, $\overline{CAS}$ e $\overline{WE}$ dos oito chips estão conectadas, de modo que todos eles são ativados de maneira simultânea para cada operação na memória. Por fim, lembre-se de que muitos CIs de DRAM têm circuitos de controle de refresh internos ao chip, de modo que não há necessidade de contador de refresh externo.

FIGURA 12.38 Oito chips de DRAM de 4M × 1 combinados para formar um módulo de memória de 4M × 8.

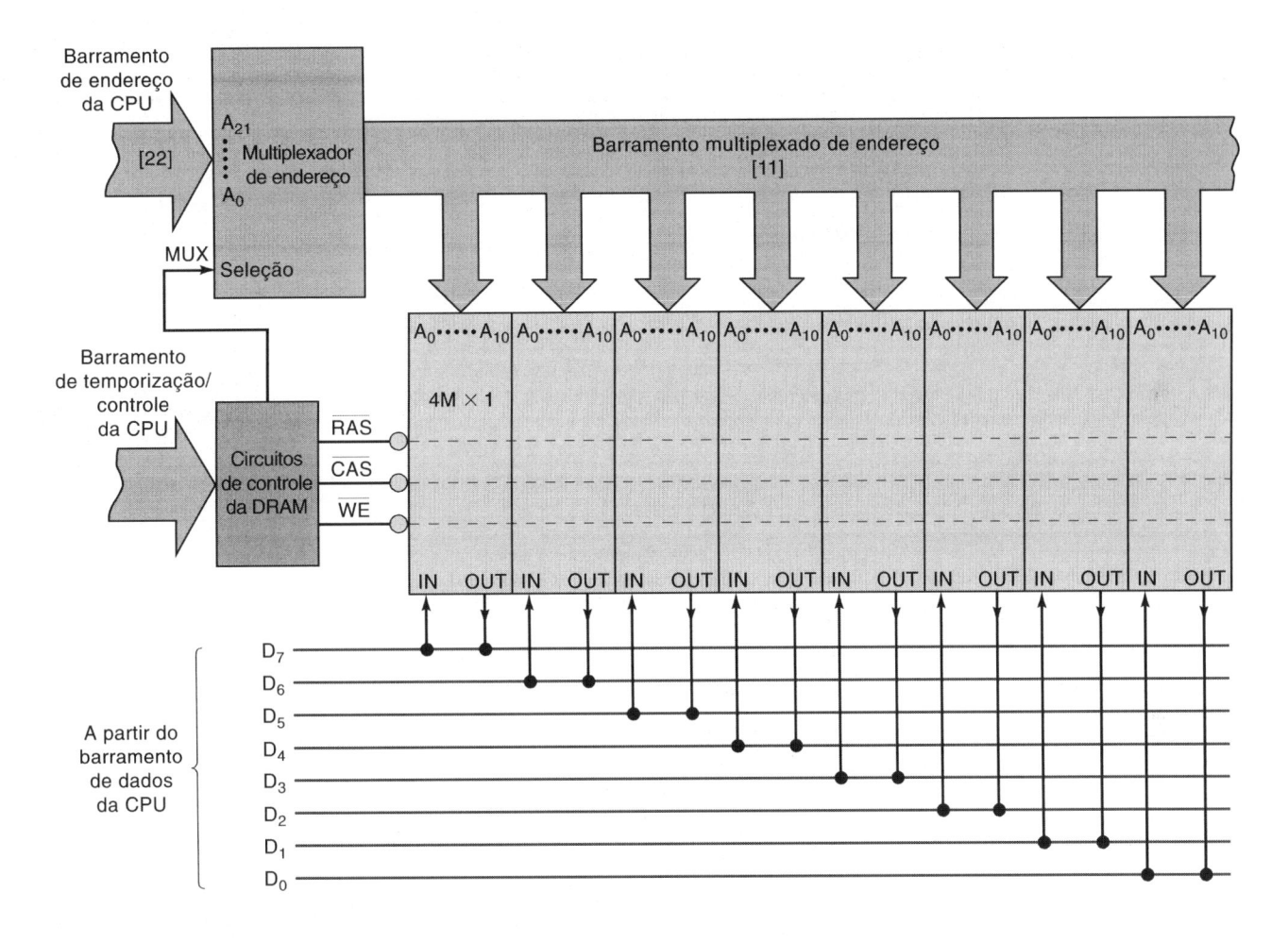

QUESTÕES DE REVISÃO

1. O MCM6209C é um chip de RAM estática de 64K × 4. Quantos chips são necessários para formar um módulo de 1M × 4?
2. Quantos são necessários para compor um módulo de 64K × 16?
3. *Verdadeiro ou falso*: quando chips de memória são combinados para se formar um módulo com capacidade ou tamanho de palavra maior, as entradas *CS* de cada chip são conectadas.
4. *Verdadeiro ou falso*: quando chips de memória são combinados para se obter uma capacidade maior, cada chip é conectado nas mesmas linhas do barramento de dados.
5. Se duas das linhas de endereço forem excluídas do esquema de decodificação de endereço de um chip de memória, quantos blocos de memória o mesmo chip ocupará?

12.20 FUNÇÕES ESPECIAIS DA MEMÓRIA

Objetivos

Após ler esta seção, você será capaz de:

- Definir alguns tipos comuns de sistemas de memória.
- Explicar o propósito de cada sistema.

Vimos que os dispositivos RAM e ROM são usados como memória interna de alta velocidade dos computadores que se comunicam diretamente com a CPU (ou seja, microprocessador). Nesta seção, descreveremos de maneira breve algumas das funções especiais que os dispositivos de memória semicondutora realizam nos computadores e em outros equipamentos e sistemas digitais. Nessa discussão, não pretendemos fornecer detalhes de como essas funções são implementadas, mas introduzir as ideias básicas.

Memória cache

A fim de compreender o papel da memória cache, vamos rever alguns conceitos sobre computadores.

- Unidades de discos rígidos contêm muitas instruções para o computador, mas são muito lentas.
- As instruções devem deslocar-se através de cabos (barramentos de dados) por uma distância considerável. Isso limita a velocidade na qual as linhas de dados podem mudar sem distorções nem erros.
- Quando você clica sobre uma aplicação, uma porção do código (que pode ter muitos Megabytes) é carregada da unidade de disco rígido para a memória em atividade (DRAM).
- A CPU da maioria dos computadores pode operar a velocidades altas (mais de 2 GHz).
- Uma DRAM é muito mais rápida que uma unidade de disco rígido, mas mais lenta que uma CPU. Os dados devem viajar sobre os cabos da DRAM para a CPU. Portanto, a taxa de clock de barramento é mais lenta que a da CPU.

O problema em computadores é que a CPU pode lidar com instruções de maneira muito mais rápida que elas podem ser buscadas a partir da DRAM. A fim de tirar vantagem disso, a memória que ela busca deve ser capaz de fornecer instruções na mesma velocidade. Isso significa que os circuitos de memória física devem ser rápidos e estar próximos da CPU. Já que não é razoável colocar toda a memória em funcionamento no chip da CPU, arquitetos de computadores fazem a melhor escolha: colocam uma pequena cache de memória (Kbytes) de SRAM rápida no núcleo da CPU. Essa cache contém as instruções de que a CPU precisará em um futuro próximo. Por estar mais próxima do núcleo da CPU, é chamada de cache nível 1 (L1). Os conteúdos dessa cache podem ser acessados com rapidez.

Muitas CPUs hoje em dia têm múltiplos núcleos no mesmo CI. Cada um desses núcleos tem sua própria cache L1. Eles compartilham uma interface de barramento integrada no mesmo CI. Associado com a unidade de interface de barramento comum há outro bloco de memória conhecido como cache L2. Ele pode ter capacidade de vários Megabytes e, estando no mesmo CI, pode atender a qualquer um dos cachês L1 com rapidez. A cache L2 é abastecida com instruções da DRAM na placa-mãe, ou o sistema pode ter uma cache L3 na placa-mãe (entre o cache L2 e DRAM) mais rápida que a DRAM.

A CPU recebe instruções da cache L1 a velocidades muito rápidas. Quando a CPU precisa de uma instrução que não está na cache L1 (falha de cache), ela vai para a cache L2 procurá-la. Isso leva um pouco mais de tempo. Se ela não encontra na cache L2, ela precisa ir para a cache L3 ou mesmo a DRAM do sistema para recarregar as caches. Isso leva muito mais tempo, pois o barramento do sistema opera em um clock mais lento por conta da latência da DRAM e das distâncias que os dados percorrem.

Pense nesse processo como algo similar à maneira como um cozinheiro trabalha. Os ingredientes estão próximos à mão. Se algo mais é necessário, ele vai até a despensa, onde o estoque local está armazenado. Se o ingrediente não está ali, ele deve pedir para um fornecedor de fora, e assim por adiante. Estoques são mantidos em cada nível para aumentar a eficiência enquanto se gerencia o custo. Estas são as mesmas razões pelas quais usamos a memória cache em um computador.

Memória primeiro a entrar, primeiro a sair (FIFO, do inglês, *first-in, first-out memory*)

Em sistemas de memória em que o primeiro a entrar é o primeiro a sair (**FIFO**), os dados escritos na área de armazenamento da RAM são lidos na mesma ordem em que foram escritos. Em outras palavras, a primeira palavra escrita no bloco de memória é a primeira do bloco lida, daí o nome FIFO. Essa ideia está demonstrada na Figura 12.39.

A Figura 12.39(a) demonstra a sequência de escrita de três bytes no bloco de memória. Note que, à medida que cada novo byte é escrito na posição 1, os outros se movem para a próxima posição. A Figura 12.39(b) demonstra a sequência de leitura de dados do bloco FIFO. O primeiro byte lido é o primeiro escrito, e assim por diante. A operação FIFO é controlada por *registradores ponteiros de endereço* especiais que mantêm o caminho em que os dados são escritos e a posição a partir da qual são lidos.

Uma memória FIFO é útil como **buffer de transferência de dados** entre sistemas que transferem dados em diferentes taxas. Um exemplo é a transferência de dados a partir do computador para uma impressora. O computador envia os dados relativos aos caracteres para a impressora em uma taxa alta, digamos, 1 byte a cada 10 μs. Esses dados preenchem a memória FIFO da impressora. A impressora lê os dados da memória FIFO a uma taxa menor, digamos, 1 byte a cada 5 ms, e imprime os caracteres correspondentes na mesma ordem em que foram enviados pelo computador.

FIGURA 12.39 Na FIFO, os valores de dados são lidos da memória (b) na mesma ordem em que foram escritos na memória (a).

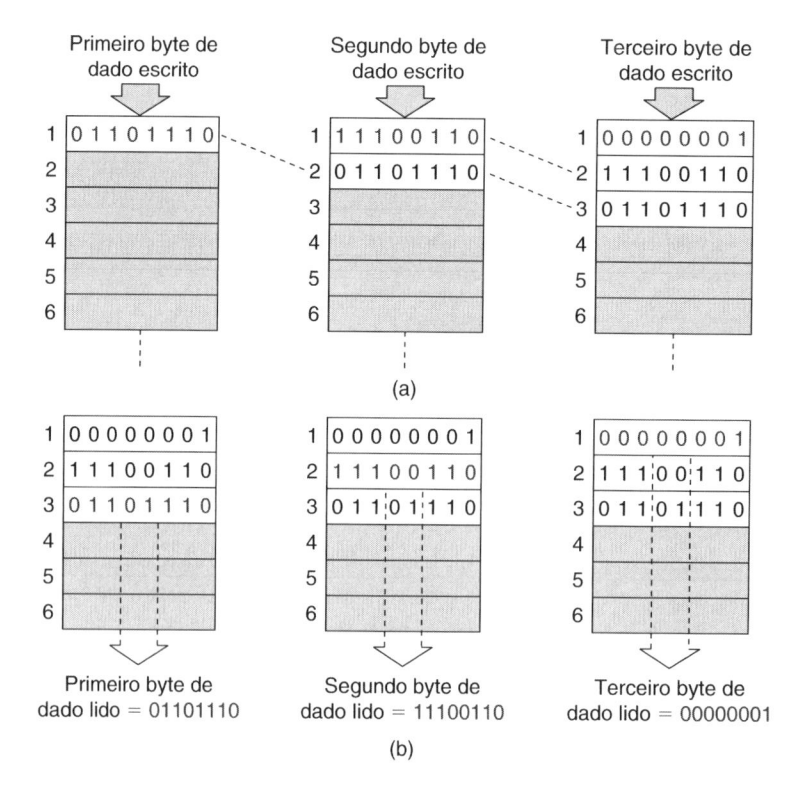

	Primeiro byte de dado escrito ↓		Segundo byte de dado escrito ↓		Terceiro byte de dado escrito ↓
1	0 1 1 0 1 1 1 0	1	1 1 1 0 0 1 1 0	1	0 0 0 0 0 0 0 1
2		2	0 1 1 0 1 1 1 0	2	1 1 1 0 0 1 1 0
3		3		3	0 1 1 0 1 1 1 0
4		4		4	
5		5		5	
6		6		6	

(a)

1	0 0 0 0 0 0 0 1	1	0 0 0 0 0 0 0 1	1	0 0 0 0 0 0 0 1
2	1 1 1 0 0 1 1 0	2	1 1 1 0 0 1 1 0	2	1 1 1 0 0 1 1 0
3	0 1 1 0 1 1 1 0	3	0 1 1 0 1 1 1 0	3	0 1 1 0 1 1 1 0
4		4		4	
5		5		5	
6		6		6	

Primeiro byte de dado lido = 01101110   Segundo byte de dado lido = 11100110   Terceiro byte de dado lido = 00000001

(b)

A memória FIFO também pode ser usada como buffer de transferência de dados entre um dispositivo lento, como um teclado e um computador de alta velocidade. Nesse caso, a memória FIFO recebe os dados do teclado a uma taxa assíncrona e lenta, que é função do digitador, e os armazena. O computador lê, então, os códigos das teclas armazenadas recentemente muito rápido em determinado ponto do programa. Desse modo, realiza outras tarefas enquanto a memória FIFO é preenchida de maneira lenta com dados.

Buffer circular

Buffers de transferência de dados (FIFOs) são, em geral, denominados **buffers lineares**. Logo que todas as posições estejam carregadas, nenhuma entrada a mais de dados é realizada até que ele seja esvaziado. Desse modo, nenhuma das informações "antigas" é perdida. Um sistema de memória similar é denominado **buffer circular**. Esses sistemas são usados para armazenar os últimos n valores de entrada, em que n é o número de posições de memória do buffer. Cada vez que um novo valor é escrito no buffer circular, ele sobrescreve (substitui) o valor mais antigo. Os buffers circulares são endereçados por um contador de endereços de módulo n. Como consequência, quando o endereço mais alto é alcançado, o contador de endereço recicla, e a próxima posição será o endereço mais baixo. Como vimos no Capítulo 11, filtros digitais e outras operações DSP realizam cálculos usando um grupo de amostras recentes. Um hardware especial incluído no DSP possibilita a implementação fácil de buffers circulares na memória.

QUESTÕES DE REVISÃO

1. Qual é a principal razão para o uso da memória cache?
2. O que significa *FIFO*?
3. O que é um buffer de transferência de dados?
4. Em que um buffer circular difere de um buffer linear?

RESUMO

1. Todos os dispositivos de memória armazenam níveis lógicos binários (0s e 1s) em uma estrutura em matriz. O tamanho de cada palavra binária (número de bits) armazenada varia dependendo do dispositivo de memória. Os valores binários são denominados *dados*.

2. O local (posição) no dispositivo de memória em que o dado é armazenado é identificado por um número binário denominado *endereço*. Cada posição de memória tem um endereço único.

3. Todos os dispositivos de memória operam da mesma maneira. Para escrever dados na memória, o endereço a ser acessado é colocado na entrada de endereço, os dados a serem armazenados são aplicados nas entradas de dados e os sinais de controle são acionados para armazenar os dados. Para ler dados da memória, o endereço é aplicado, os sinais de controle são manipulados e os valores de dados aparecem nos pinos de saída.

4. Os dispositivos de memória são usados com uma CPU de microprocessador que gera sinais de endereço e controle e fornece os dados a serem armazenados ou usa os dados obtidos da memória. As operações de leitura e escrita *sempre* são realizadas da perspectiva da CPU. A escrita coloca dados na memória, e a leitura recupera os dados a partir dela.

5. A maioria das memórias de apenas leitura (ROMs) tem dados inseridos uma vez e, a partir daí, seus conteúdos não mudam. Esse processo de armazenamento é denominado *programação*. Elas não perdem seus dados quando a alimentação é removida do dispositivo. As MROMs são programadas durante o processo de fabricação. As PROMs são programadas pelo usuário. As EPROMs são como as PROMs, mas podem ser apagadas usando-se luz ultravioleta. As EEPROMs e os dispositivos de memória flash são apagáveis e podem ter o conteúdo alterado após a programação.

6. Memória de acesso aleatório (RAM) é um termo genérico dado aos dispositivos que têm dados facilmente armazenados e recuperados. Os dados permanecem em um dispositivo RAM apenas enquanto a alimentação é aplicada.

7. A RAM estática (SRAM) usa elementos de armazenamento que são simplesmente circuitos latch. Uma vez que os dados estiverem armazenados, permanecem inalterados enquanto a alimentação é aplicada no chip. A RAM estática é fácil de ser usada, mas apresenta maior custo por bit e maior consumo de energia que a RAM dinâmica.

8. A RAM dinâmica (DRAM) usa capacitores para armazenar dados, carregando-os ou descarregando. A simplicidade da célula de armazenamento possibilita que as DRAMs armazenem grande quantidade de dados. Uma vez que a carga dos capacitores deve ser reavivada regularmente, as DRAMs são mais complicadas de usar que as SRAMs. Circuitos extras são acrescentados nos sistemas de DRAM para controlar a leitura, a escrita e os ciclos de refresh. Em muitos dispositivos mais recentes, essas características estão sendo integradas no próprio chip da DRAM. O objetivo da tecnologia DRAM é colocar mais bits em uma pastilha de silício menor, de forma que consuma menos energia e tenha maior velocidade de resposta.

9. A MRAM armazena dados polarizando uma partícula magnética muito pequena em uma de duas direções possíveis. Quando a célula é lida, sua polaridade afeta a resistência da linha de coluna. A resistência é percebida como um 1 ou um 0.

10. Os sistemas de memória requerem uma ampla variedade de configurações. Os chips de memória podem ser combinados para implementar qualquer configuração desejada se o sistema precisar de mais bits por posição ou maior capacidade de palavras. Todos os tipos de ROM e RAM podem ser combinados dentro do mesmo sistema de memória.

TERMOS IMPORTANTES

memória principal
memória auxiliar
célula de memória
palavra de memória
byte
capacidade
densidade
endereço
operação de leitura
operação de escrita
tempo de acesso
memória volátil
memória de acesso aleatório (RAM)
memória de acesso sequencial (SAM)
memória de leitura e escrita (RWM)
memória de apenas leitura (ROM)
memória cache
barramento de endereço
barramento de dados
barramento de controle
programação
seleção do chip
power-down
conexões a fusível
PROM eletricamente apagável (EEPROM)
memória flash
flash NOR
flash NAND
bootstrap
RAM estática (SRAM)
RAM dinâmica
refresh
multiplexação de endereços
strobe do endereço da linha ($\overline{RAS}$)
strobe do endereço da coluna ($\overline{CAS}$)
latência
refresh apenas com $\overline{RAS}$
contador de refresh
controlador de DRAM
memória de acesso aleatório magnetorresistente (MRAM)
memória refletida
mapa de memória
FIFO
buffer de transferência de dados
buffers lineares
buffer circular

PROBLEMAS*

SEÇÕES 11.1 E 11.2

12.1★ Dada memória tem capacidade de 16K × 32.
B Quantas palavras ela armazena? Qual é o número de bits por palavra? Quantas células de memória ela contém?

12.2 Quantos endereços diferentes são requeridos pela memória do Problema 12.1?
B

12.3★ Qual é a capacidade de uma memória que tem 16 entradas de endereço, quatro entradas de dados e quatro saídas de dados?
B

12.4 Determinada memória armazena 8K palavras de 16 bits. Quantas linhas de entrada e de saída de dados ela tem? Quantas linhas de endereço? Qual é sua capacidade em bytes?
B

EXERCÍCIOS DE FIXAÇÃO

12.5 Defina cada um dos termos a seguir.
B
(a) RAM.
(b) RWM.
(c) ROM.
(d) Memória interna.
(e) Memória auxiliar.
(f) Capacidade.
(g) Volatilidade.
(h) Densidade.
(i) Leitura.
(j) Escrita.

12.6 (a) Quais são os três barramentos existentes em um sistema de memória de computador?
B
(b) Qual barramento é usado pela CPU para selecionar uma posição de memória?
(c) Qual barramento é usado para transportar dados da memória para a CPU durante uma operação de leitura?
(d) Quem fornece os dados para o barramento de dados em uma operação de escrita?

SEÇÕES 12.4 E 12.5

12.7★ Consulte a Figura 12.6. Determine as saídas de dados para cada uma das seguintes condições de entrada.
B
(a) [A] = 1011; $\overline{CS}$ = 1, $\overline{OE}$ = 0
(b) [A] = 0111; $\overline{CS}$ = 0, $\overline{OE}$ = 0

12.8 Consulte a Figura 12.7.
B
(a) Qual registrador é habilitado pelo endereço de entrada 1011?
(b) Qual é o código de endereço de entrada que seleciona o registro 4?

* As respostas para os problemas assinalados com uma estrela (★) podem ser encontradas no final do livro.

12.9* Dada ROM tem capacidade de 16K × 4 e
B estrutura interna semelhante à demonstrada na Figura 12.7.

(a) Quantos registradores há na matriz?

(b) Quantos bits há em cada registrador?

(c) Qual é o tamanho de decodificadores que ela requer?

EXERCÍCIO DE FIXAÇÃO

12.10 (a) *Verdadeiro ou falso*: as ROMs não podem
B ser apagadas.

(b) O que significa *programar* ou "*queimar*" uma ROM?

(c) Defina tempo de acesso de uma ROM.

(d) Quantas entradas de dados, saídas de dados e entradas de endereço são necessárias para uma ROM de 1.024 × 4?

(e) Qual é a função dos decodificadores no chip de ROM?

SEÇÃO 12.6

12.11* A Figura 12.40 demonstra como os dados
C, D de uma ROM podem ser transferidos para um registrador externo. Essa ROM tem os seguintes parâmetros de temporização: $t_{ACC} = 250$ ns e $t_{OE} = 120$ ns. Suponha que novas entradas de endereço foram aplicadas na ROM 500 ns antes de ocorrer o pulso TRANSFER. Determine a duração mínima do pulso TRANSFER para uma transferência de dados confiável.

12.12 Repita o Problema 12.11 se as entradas de
C, D endereço forem alteradas 70 ns antes do pulso TRANSFER.

FIGURA 12.40 Problema 12.11.

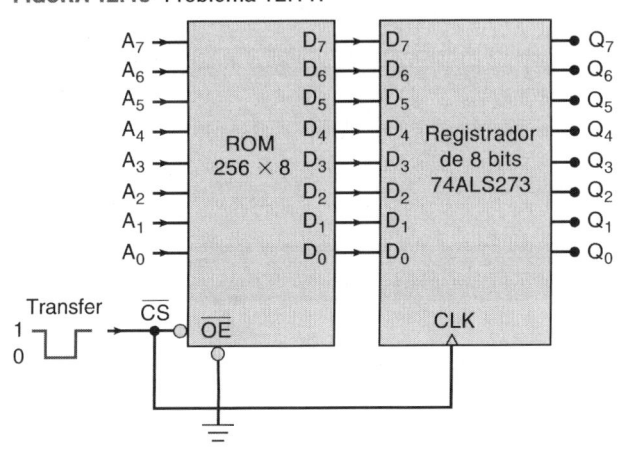

SEÇÕES 12.7 E 12.8

12.13 Exercício de fixação

B Para cada item a seguir, indique o tipo de memória descrita: MROM, PROM, EPROM, EEPROM ou flash. Alguns corresponderão a mais de um tipo de memória.

(a) Pode ser programada pelo usuário, mas não pode ser apagada.

(b) É programada pelo fabricante.

(c) É volátil.

(d) Pode ser apagada e reprogramada diversas vezes.

(e) Palavras individuais podem ser apagadas e reescritas.

(f) É apagada com luz ultravioleta.

(g) É apagada eletricamente.

(h) Usa fusíveis.

(i) Pode ser apagada totalmente ou em setores de 512 bytes.

(j) Não precisa ser removida do sistema para ser apagada e reprogramada.

(k) Requer uma tensão de alimentação especial para programação.

(l) O tempo de apagamento é cerca de 15 a 20 minutos.

12.14 Que transistores na Figura 12.9 estarão em
B condução quando $A_1 = A_0 = 1$ e $\overline{EN} = 0$?

12.15* Altere as conexões da MROM demonstradas na Figura 12.9 de modo que armazene a função $y = 3x + 5$.

12.16 A Figura 12.41 demonstra um circuito para
D programar manualmente uma EPROM 2732. Cada pino de dado está conectado em uma chave que coloca o nível em 1 ou 0. As entradas de endereço são acionadas por um contador de 12 bits. O pulso de programação de 50 ms é gerado por um monoestável a cada vez que o botão PROGRAM é pressionado.

(a) Explique como esse circuito pode programar de maneira sequencial as posições da memória EPROM com os dados desejados.

(b) Mostre como 74293 e um 74121 podem ser usados para implementar esse circuito.

(c) A trepidação da chave teria algum efeito na operação do circuito?

FIGURA 12.41 Problema 12.16.

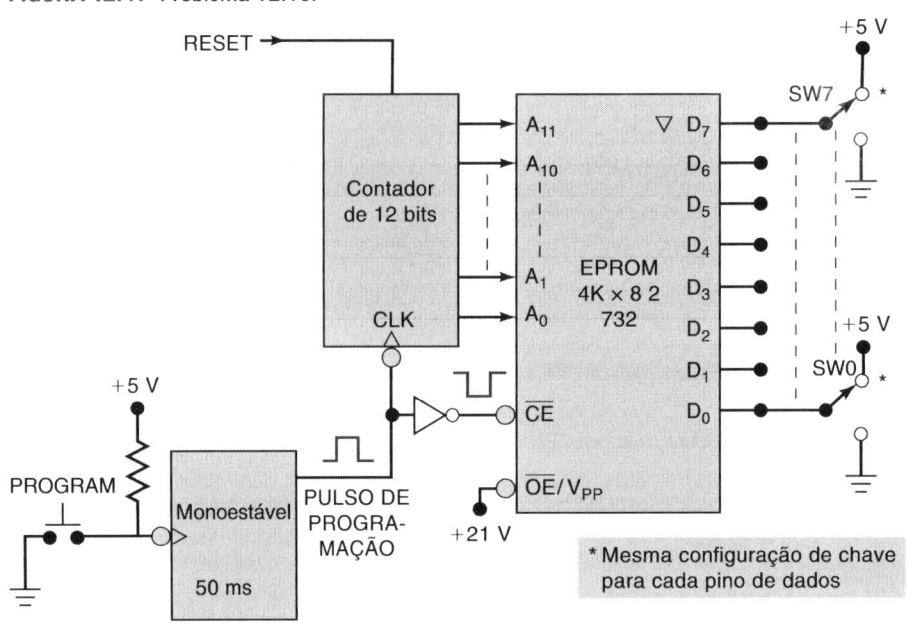

12.17
N
A Figura 12.42 demonstra o chip de memória flash conectado em uma CPU por um barramento de dados e um de endereço. A CPU escreve ou lê na matriz da memória flash enviando o endereço desejado e gerando os sinais de controle apropriados para o chip. A CPU assegura a linha $\overline{RD}$ após ela ter terminado de produzir um endereço estável e quer ler dados do dispositivo de memória. A CPU assegura a linha $\overline{WR}$ após ter terminado de produzir um endereço estável e ter colocado os dados para serem armazenados no barramento.

(a) Que lógica de controle possibilita que essa matriz da memória flash ocupe endereços entre 8000_{16} e $FFFF_{16}$?

(b) Qual barramento levará os códigos de comando da CPU para o chip de memória flash?

(c) Que tipo de ciclo de barramento será executado para enviar códigos de controle para o chip de memória flash?

FIGURA 12.42 Problema 12.17.

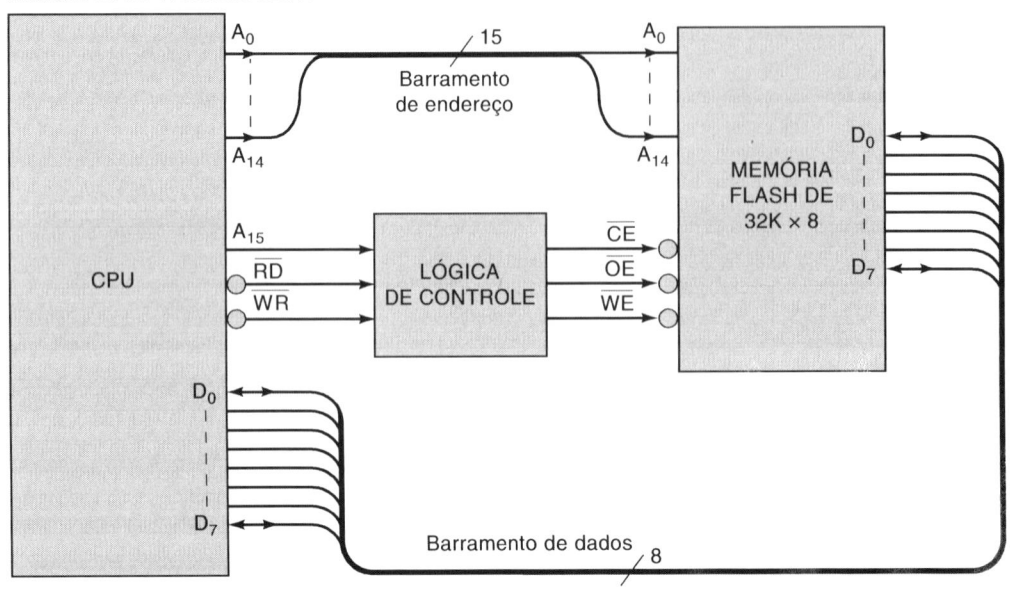

12.18 Outra aplicação com ROM é a geração de sinais de temporização e controle. A Figura 12.43 demonstra uma ROM de 16 × 8 com entradas de endereço acionadas por contador de MOD-16, para que os endereços sejam incrementados a cada pulso de entrada. Suponha que a ROM seja programada conforme demonstra a Figura 12.6 e esboce a forma de onda em cada saída à medida que os pulsos forem aplicados. Ignore os atrasos da ROM. Considere que o contador inicia em 0000.

FIGURA 12.43 Problema 12.18.

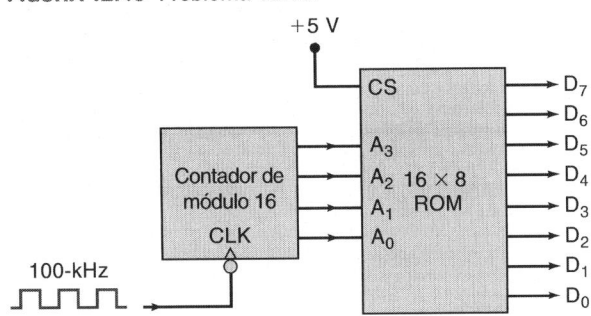

12.19★ Altere o programa armazenado na ROM do Problema 12.18 para gerar a forma de onda D_7 demonstrada na Figura 12.44.

D

12.20★ Remeta-se ao circuito gerador de funções demonstrado na Figura 12.20.

D

(a) Qual é a frequência de clock que resulta em onda senoidal de 100 Hz na saída?

(b) Qual é o método usado para variar a amplitude de pico a pico da onda senoidal?

12.21 O sistema demonstrado na Figura 12.45 é um gerador de forma de onda (função). Ele usa quatro tabelas de consulta de 256 posições em uma memória ROM de 1 Kbyte para armazenar um ciclo de onda senoidal (endereços de 000-0FF), uma rampa com inclinação positiva (endereços de 100-1FF), uma com inclinação negativa (200-2FF) e uma onda triangular (300-3FF). A relação de fase entre os três canais de saída é controlada pelos valores iniciais carregados nos três contadores. Os parâmetros críticos

N, C

de temporização são $t_{pd}(_{\text{ck-Q e OE-Q máx}})$ dos contadores = 10 ns, dos latches = 5 ns e t_{ACC} da ROM = 20 ns. Analise o diagrama até compreender como o circuito opera e, em seguida, responda:

(a) Na Figura 12.45, os três latches da esquerda desempenham uma função que representa um dos blocos de construção básicos dos sistemas digitais como apresentado no Capítulo 9. Que função é essa?

(b) Os quatro latches alimentados pela ROM servem para implementar outro bloco de construção básico dos sistemas digitais. Que função é essa?

(c) Por que os latches octais que alimentam os DACs são necessários?

(d) Que número deve constar no contador selecionador de função de MOD-4 para produzir cada uma das formas de onda a seguir: triangular; senoidal; rampa negativa; rampa positiva?

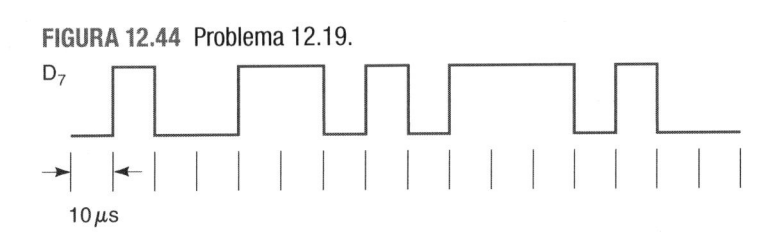

FIGURA 12.44 Problema 12.19.

FIGURA 12.45 Problemas 12.21 e 12.22.

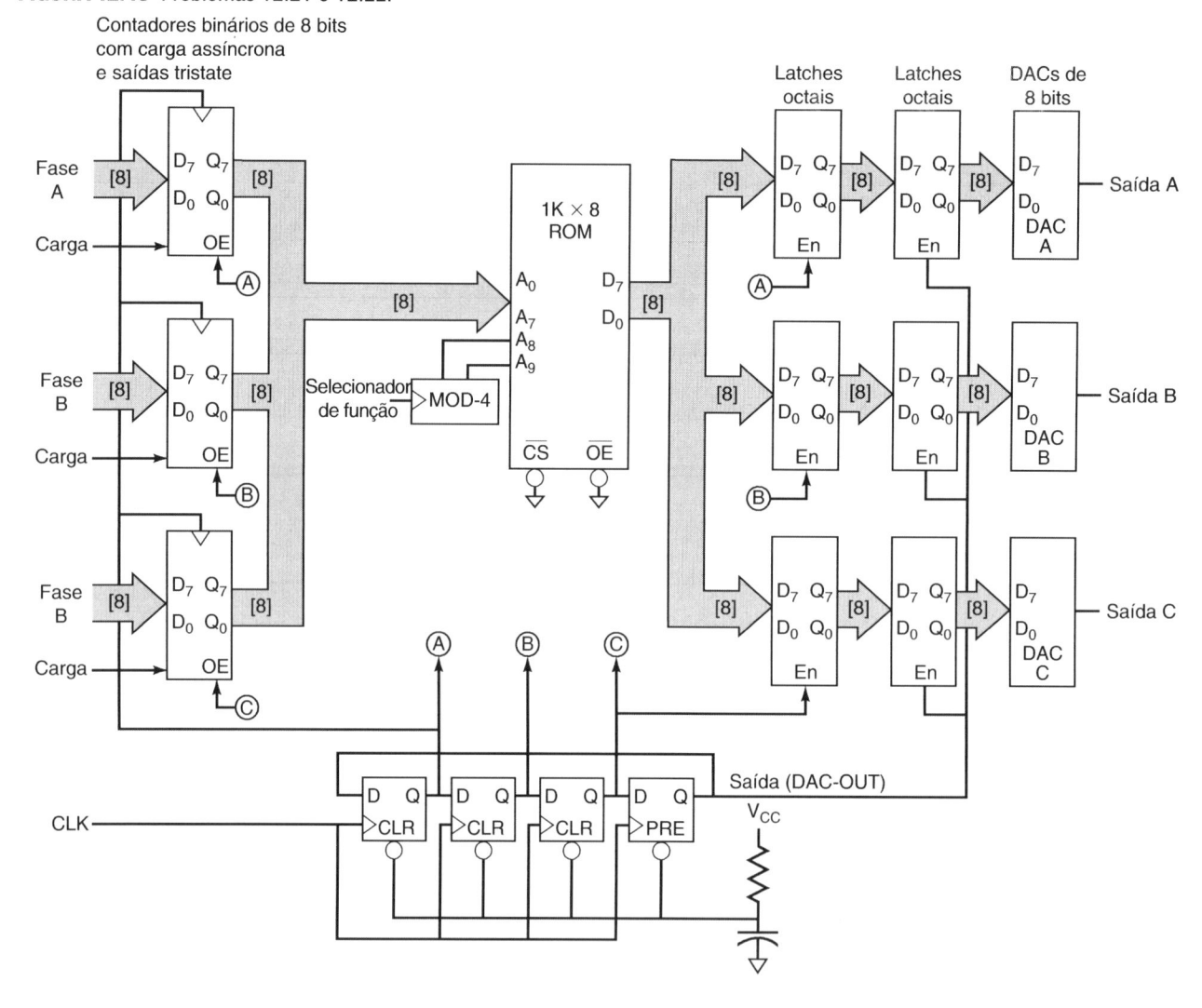

12.22* Verifique o Problema 12.21.
C

(a) Se o contador A for carregado de início com 0, quais valores deverão ser carregados nos contadores B e C de maneira que o sinal A esteja 90° atrasado em relação a B e 180° atrasado em relação a C?

(b) Se o contador A for carregado de início com 0, quais valores deverão ser carregados nos contadores B e C para gerar onda trifásica senoidal com 120° de deslocamento relativo entre cada saída?

(c) Qual deve ser a frequência dos pulsos na saída DAC para gerar onda senoidal de 60 Hz na saída?

(d) Qual é a frequência máxima da entrada CLK?

(e) Qual é a frequência máxima das formas de onda de saída?

(f) Qual é o propósito do contador selecionador de função?

SEÇÃO 12.11

12.23 (a) Desenhe o símbolo lógico para uma RAM estática CMOS MCM101514 organizada no formato de 256K × 4 com entradas e saídas de dados separadas e uma entrada de habilitação de chip ativa em nível BAIXO.

(b) Desenhe o símbolo lógico para uma RAM estática CMOS MCM6249 organizada no formato de 1M × 4 com I/O comuns, uma entrada de habilitação de chip ativa em nível BAIXO e uma entrada de habilitação de saída ativa em nível BAIXO.

SEÇÃO 12.12

12.24* Certa RAM estática tem os seguintes parâmetros de temporização (em nanossegundos):

$t_{RC} = 100$ $t_{AS} = 20$
$t_{ACC} = 100$ $t_{AH} =$ não fornecido
$t_{CO} = 70$ $t_W = 40$
$t_{OD} = 30$ $t_{DS} = 10$
$t_{WC} = 100$ $t_{DH} = 20$

(a) Quanto tempo depois que as linhas de endereço estabilizam aparecem dados válidos na saída durante um ciclo de leitura?

(b) Por quanto tempo os dados de saída permanecem válidos após $\overline{CS}$ retornar para nível ALTO?

(c) Quantas operações de leitura por segundo podem ser realizadas?

(d) Durante quanto tempo as entradas $\overline{WE}$ e $\overline{CS}$ deveriam ser mantidas em nível ALTO após a estabilização de um novo endereço em um ciclo de escrita?

D (e) Qual é o tempo mínimo que os dados de entrada devem permanecer válidos para que ocorra uma operação de escrita confiável?

(f) Durante quanto tempo as entradas de endereço devem ser mantidas estáveis após $\overline{WE}$ e $\overline{CS}$ retornarem para nível ALTO?

(g) Quantas operações de escrita por segundo podem ser realizadas?

SEÇÕES 12.13 A 12.17

12.25 Desenhe o símbolo lógico para a memória TMS4256, que é uma DRAM de 256K × 1. Quantos pinos são economizados ao se usar a multiplexação de endereço para essa DRAM?

12.26 A Figura 12.46(a) demonstra um cir-
D cuito que gera os sinais $\overline{RAS}$, $\overline{CAS}$ e MUX para uma operação adequada do circuito demonstrado na Figura 12.27(b). O sinal de clock principal de 10 MHz fornece a temporização básica. O sinal de requisição de memória ($MEMR$) é gerado pela CPU com sincronismo com o clock principal, conforme demonstra a parte (b) da figura.

$MEMR$ está normalmente em nível BAIXO e é acionado em nível ALTO se a CPU desejar acessar a memória para operação de leitura ou de escrita. Determine as formas de onda em Q_0, $\overline{Q_1}$ e Q_2 e compare-as com as formas de onda desejadas, demonstradas na Figura 12.28.

12.27 Mostre como conectar dois multiplexadores 74157 para fornecer a função de multiplexação requerida pelo circuito da Figura 12.27(b).

12.28 Verifique os sinais na Figura 12.29. Descreva o que ocorre em cada instante identificado na figura.

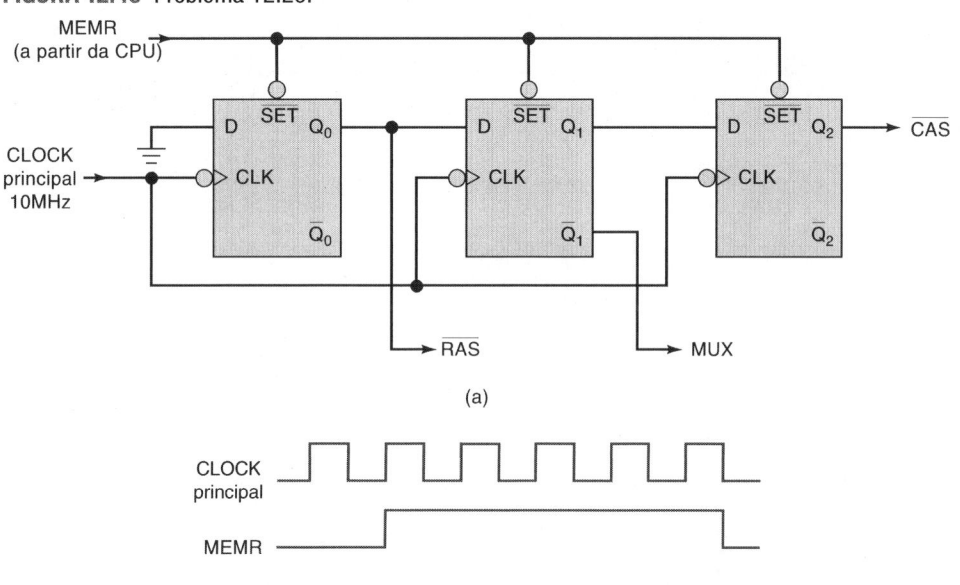

FIGURA 12.46 Problema 12.26.

12.29 Repita o Problema 12.28 para o circuito da Figura 12.30.

12.30* A memória 21256 é uma DRAM de 256K × 1 que consiste em uma matriz de células de 512 × 512, as quais devem ser reavivadas dentro de 4 ms para que o dado seja mantido. Cada vez que um ciclo $\overline{CAS}$ antes de um refresh de $\overline{RAS}$ ocorre, os circuitos de refresh internos ao chip reavivam uma linha da matriz no endereço de linha especificado por um contador de refresh. O contador é incrementado após cada refresh. A que taxa os ciclos de $\overline{CAS}$ antes de $\overline{RAS}$ devem ser aplicados a fim de que todos os dados sejam mantidos?

C

12.31 A SDRAM na placa DE1 da Terasic contém uma SDRAM de 8 Mbytes. Esse CI tem 12 endereços (A_{11}–A_0). Os 12 bits de endereços são armazenados no registrador da linha por $\overline{RAS}$. O CI tem dois pinos de entrada (separados das entradas de endereço) para especificar qual banco é acessado.

N

(a) Quantos bancos há nesse CI?

(b) Quantos bytes há em cada banco?

(c) Quantas linhas devem ser reavivadas nessa SDRAM?

(d) Quantos bits devem ser armazenados no registrador de endereço da coluna para selecionar um dos bytes de memória armazenados no banco selecionado?

SEÇÃO 12.19

12.32 Mostre como combinar dois chips RAM 6264 (use a internet para verificar a tabela de dados) para produzir um módulo de 8K × 16.

D

12.33 Mostre como conectar dois chips RAM 6264 (use a internet para verificar a tabela de dados) para produzir um módulo de RAM de 16K × 8. O circuito não necessita de lógica adicional. Desenhe um mapa de memória mostrando a faixa de endereço de cada chip de RAM.

D

12.34* Descreva como modificar o circuito demonstrado na Figura 12.35 de modo que ele tenha capacidade de 16K × 8. Use os mesmos tipos de chips de PROM.

D

12.35 Modifique o circuito de decodificação representado na Figura 12.35 a fim de operar com barramento de endereço de 16 linhas (ou seja, acrescente A_{13}, A_{14} e A_{15}). As quatro PROMs mantêm as seis faixas de endereço.

D

12.36 Para o sistema de memória demonstrado na Figura 12.36, considere que a CPU armazena um byte de dados no endereço de sistema 4000 (hexa).

C

(a) Em qual dos chips o byte é armazenado?

(b) Existe outro endereço nesse sistema que acesse esse byte?

(c) Responda às partes (a) e (b) considerando que a CPU armazenou um byte no endereço 6007. (*Dica*: lembre-se, a decodificação da EEPROM não é completa.)

(d) Suponha que o programa esteja armazenando uma sequência de bytes de dados na EEPROM e que acabou de escrever o byte 2.048 no endereço 67FF. Se o programador permitir o armazenamento de mais um byte no endereço 6.800, qual será o efeito sobre os primeiros 2.048 bytes?

12.37 Desenhe o diagrama para uma memória de 256K × 8 que usa chip de RAM com as seguintes especificações: capacidade de 64K × 4, linhas comuns de entrada/saída e duas entradas para seleção de chip ativas em nível BAIXO. [*Dica*: o circuito é projetado usando apenas dois inversores (mais os chips de memória).]

D

RESPOSTAS DAS QUESTÕES DE REVISÃO

SEÇÃO 12.1

1. Verifique o texto.

2. 16 bits por palavra; 8.192 palavras; 131.072 bits ou células.

3. Em uma operação de leitura, uma palavra é obtida de uma posição de memória e é transferida para outro dispositivo. Em uma operação de escrita, uma nova palavra é colocada em uma posição de memória, substituindo outra já armazenada.

4. Verdadeiro.

5. SAM: o tempo de acesso não é constante; depende da posição física da palavra acessada. RAM: o tempo de acesso é o mesmo para qualquer posição.

6. RWM é uma memória na qual se lê ou se escreve com a mesma facilidade. ROM é uma memória sobretudo de leitura, e a escrita é muito infrequente.
7. Falso; o dado deve ser periodicamente reavivado.

SEÇÃO 12.2

1. 14, 12, 12.
2. Comanda a memória a realizar operação de escrita.
3. Quando estiver no estado ativo, essa entrada habilitará a memória a realizar a operação de leitura ou escrita respondendo às entradas $\overline{OE}$ e $\overline{WE}$. Quando estiver no seu estado inativo, essa entrada desabilitará a memória, de modo que não realizará a função de leitura ou escrita.

SEÇÃO 12.3

1. Linhas de endereço, linhas de dados, linhas de controle.
2. Veja o texto.
3. Veja o texto.

SEÇÃO 12.4

1. Verdadeiro.
2. Aplicação das entradas de endereço desejadas; ativação da(s) entrada(s) de controle; os dados aparecem nas saídas de dados.
3. Processo de colocação de dados na ROM.

SEÇÃO 12.5

1. $A_3A_2A_1A_0 = 1001$
2. O decodificador de seleção da linha ativa uma das entradas de habilitação de todos os registradores na linha selecionada. O decodificador de seleção da coluna ativa uma das entradas de habilitação de todos os registradores na coluna selecionada. Pelos buffers de saída passam os dados do barramento de dados interno para os pinos de saída da ROM quando as entradas $\overline{CS}$ e $\overline{OE}$ são ativadas.

SEÇÃO 12.6

1. RD.
2. t_{ACC}.

SEÇÃO 12.7

1. Falso; pelo fabricante.
2. Uma PROM pode ser programada uma vez pelo usuário. Ela não pode ser apagada nem reprogramada.
3. Verdadeiro.
4. Pela exposição à luz ultravioleta.
5. Verdadeiro.
6. Programa automaticamente os dados nas células de memória um endereço de cada vez.
7. Uma EEPROM pode ser apagada eletricamente e reprogramada sem ser removida do circuito e tem apagamento por byte.
8. Baixa densidade; alto custo; ciclo de apagamento lento.
9. EEPROM.
10. Uma carga neutralizada na porta flutuante.
11. Uma carga negativa depositada na porta flutuante.

SEÇÃO 12.8

1. Eletricamente apagável e reprogramável no circuito.
2. Alta densidade; baixo custo.
3. Tempos curtos de apagamento e programação.
4. O conteúdo desse registrador controla as funções internas do chip.
5. A configuração elétrica das células de memória é similar aos circuitos que funcionam como porta NAND ou NOR.
6. NOR.
7. NAND.

SEÇÃO 12.9

1. Na energização, o computador executa um pequeno programa de *bootstrap* na ROM para inicializar o hardware do sistema e carregar o sistema operacional da memória de massa (disco).
2. Circuito que recebe dados representados em um tipo de código e os converte em outro tipo de código.
3. Contador, ROM, DAC, filtro de passagem baixa.

SEÇÃO 12.10

1. Sim
2. A RAM pode ser facilmente escrita.
3. Falso, as ROMs também podem ser acessadas aleatoriamente.

SEÇÃO 12.11

1. Os endereços desejados aplicados nas entradas de endereço; $\overline{WE} = 1$; $\overline{CS}$ ou $\overline{CE}$ ativado; $\overline{OE}$ ativado.
2. Para reduzir a contagem de pinos.
3. 24, incluindo V_{CC} e terra.

SEÇÃO 12.12

1. Células SRAM são flip-flops; células DRAM usam capacitores.
2. CMOS.
3. Memória.
4. CPU.
5. Tempos de ciclo de leitura e de escrita.

SEÇÃO 12.13

1. Em geral, de menor velocidade; necessita ser reavivada.
2. Baixo consumo; alta capacidade; baixo custo por bit.
3. DRAM.

SEÇÃO 12.14

1. 256 linhas × 256 colunas.
2. Economiza pinos no chip.
3. 1M = 1.024K = 1.024 × 1.024. Desse modo, existem 1.024 linhas por 1.024 colunas. Uma vez que $1.024 = 2^{10}$, o chip precisa de 10 entradas de endereço.
4. $\overline{RAS}$ é usado para armazenar o endereço de linha no registrador de linha da DRAM. $\overline{CAS}$ é usado para armazenar o endereço de coluna no registrador de coluna.
5. *MUX* multiplexa o endereço completo em endereços de linha e de coluna para a entrada da DRAM.

SEÇÃO 12.15

1. (a) Verdadeiro (b) Falso (c) Falso (d) Verdadeiro.
2. *MUX*.

SEÇÃO 12.16

1. (a) Verdadeiro (b) Falso.
2. fornece o endereço de linha para a DRAM durante os ciclos de refresh.
3. Multiplexação de endereço e operação de refresh.
4. (a) Falso.
   (b) Verdadeiro.

SEÇÃO 12.17

1. Não.
2. Posições de memória com a mesma parte mais significativa do endereço (mesma linha).
3. Apenas o endereço de coluna deve ser armazenado.
4. Extended data output.
5. *Burst* (rajada).
6. Transfere dados na borda de subida e de descida do clock.
7. Velocidade do sistema.

SEÇÃO 12.18

1. A unidade de disco rígido na maioria dos computadores.
2. RAM magnetorresistente.
3. Baixo custo, grande capacidade, portabilidade.

SEÇÃO 12.19

1. Dezesseis.
2. Quatro.
3. Falso; quando se expande a capacidade de memória, cada chip é selecionado por uma saída diferente do decodificador (Figura 12.35).
4. Verdadeiro.
5. Quatro.

SEÇÃO 12.20

1. Para otimizar velocidade *versus* custo.
2. Os dados são lidos da memória na mesma ordem em que foram escritos.
3. Uma memória FIFO que é usada para transferir dados entre dispositivos com velocidades de operação diferentes.
4. Buffers circulares retornam do endereço de mais alta ordem para o de mais baixa, e o dado mais recente sempre se sobrepõe ao mais antigo.

CAPÍTULO 13

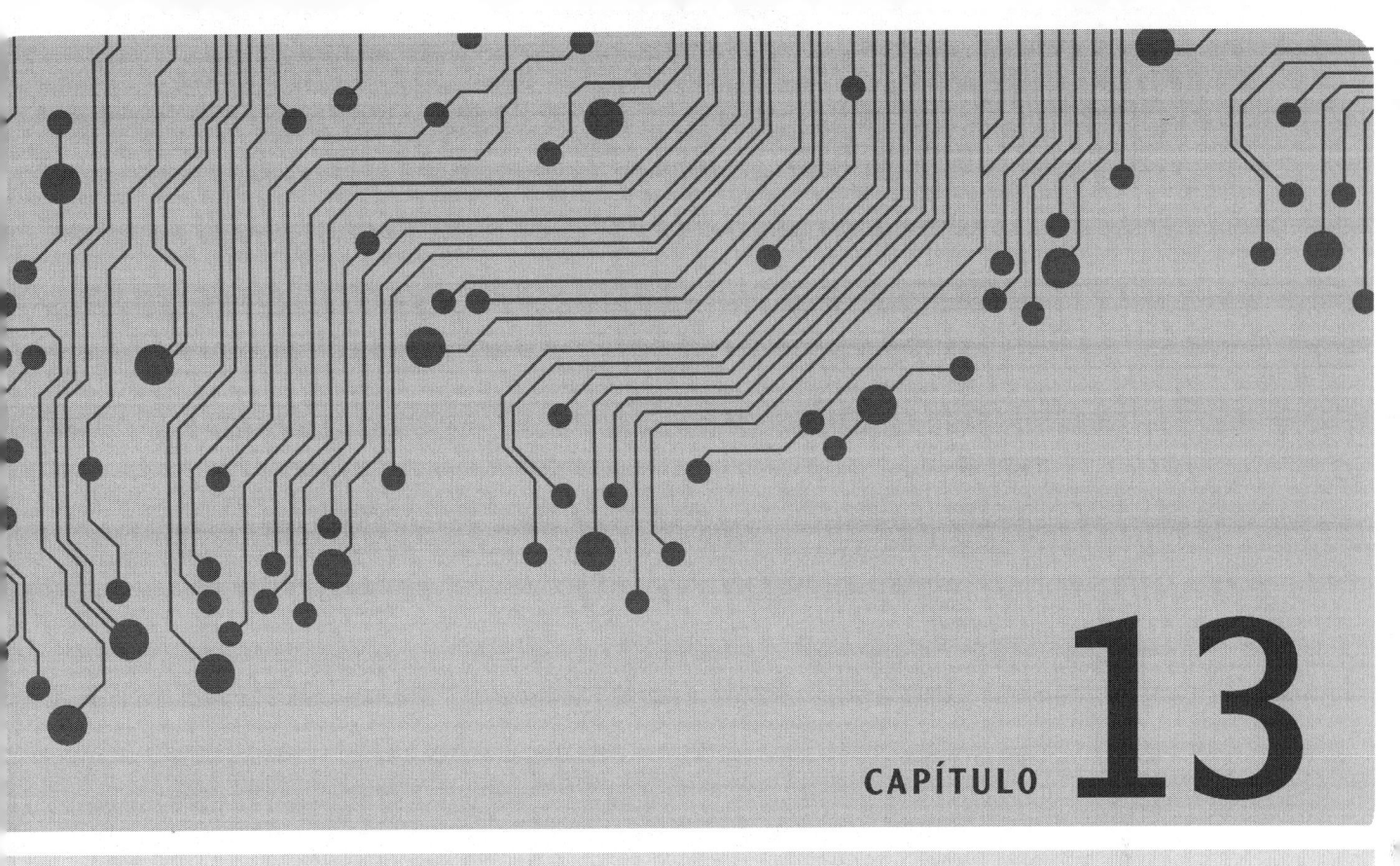

ARQUITETURAS DE DISPOSITIVOS LÓGICOS PROGRAMÁVEIS[1]

■ CONTEÚDO

13.1 Árvore das famílias de sistemas digitais
13.2 Princípios fundamentais dos circuitos de PLDs
13.3 Arquiteturas de PLDs
13.4 As famílias Altera MAX e MAX II
13.5 Gerações de HCPLDs

---

[1] Os diagramas dos dispositivos Altera apresentados neste capítulo foram reproduzidos por cortesia da Altera Corporation, de San Jose, na Califórnia, EUA.

■ OBJETIVOS DO CAPÍTULO

Após ler este capítulo, você será capaz de:
- Especificar as diferentes categorias de dispositivos de sistema digital.
- Descrever os diversos tipos de PLDs.
- Interpretar informações em manuais de PLDs.
- Definir a terminologia de PLDs.
- Comparar as diversas tecnologias de programação usadas em PLDs.
- Contrastar as arquiteturas de vários tipos de PLDs.
- Comparar os recursos de CPLDs e FPGAs da Altera.

■ INTRODUÇÃO

Ao longo deste livro, aprendemos sobre uma ampla variedade de circuitos digitais. Agora você sabe como a construção de blocos de sistemas funciona e pode combiná-los para resolver uma ampla variedade de problemas. Sistemas digitais mais complicados, como microcomputadores e processadores digitais de sinais, também foram citados brevemente. A diferença entre sistemas de microcomputador/DSP e outros sistemas digitais é que os primeiros seguem instruções especificadas pelo projetista. Muitas aplicações requerem respostas mais rápidas que uma arquitetura de microcomputador/DSP pode oferecer, e, nesses casos, tem de ser usado um circuito digital convencional. No mercado atual, em que a tecnologia avança de maneira incessante, a maioria dos sistemas digitais convencionais não é implementada com chips de dispositivos lógicos padronizados que contêm somente portas simples ou funções do tipo MSI. Em vez disso, dispositivos lógicos programáveis, que contêm circuitos necessários para criar funções lógicas, estão sendo usados para implementar sistemas digitais. Esses dispositivos não são programados com uma lista de instruções, como um computador ou um DSP. Pelo contrário, o hardware interno deles é configurado pela conexão ou desconexão eletrônica de pontos no circuito.

Por que os PLDs estão dominando o mercado? Com dispositivos programáveis, a mesma funcionalidade pode ser obtida com um CI, em vez de com diversos chips individuais. Isso significa menor espaço ocupado na placa, menor consumo de energia, maior confiabilidade, menor inventário e, em geral, menor custo de fabricação.

Nos capítulos anteriores, você se familiarizou com o processo de programação de alguns PLDs simples usando AHDL ou VHDL. Ao mesmo tempo, conheceu todos os blocos de construção de sistemas digitais. A implementação de circuitos digitais com PLDs até esse momento foi apresentada como uma "caixa-preta". Não havíamos nos preocupado com o que acontecia dentro do PLD para fazê-lo funcionar. Agora que você compreende os processos dentro da caixa-preta, é hora de abri-la e saber como ela funciona. Isso possibilitará que você tome as melhores decisões quando selecionar e aplicar um PLD na solução de um problema. Neste capítulo, serão vistos diversos tipos de hardware disponíveis para desenvolver sistemas digitais. Em seguida, serão apresentadas as arquiteturas de diversas famílias de PLDs.

13.1 ÁRVORE DAS FAMÍLIAS DE SISTEMAS DIGITAIS

OBJETIVOS

Após ler esta seção, você será capaz de:

- Categorizar várias soluções de tecnologia para a implementação do sistema digital.
- Comparar os pontos fortes e as limitações da tecnologia entre e dentro das categorias.
- Definir termos comuns e siglas comuns aos sistemas digitais.

Embora o principal objetivo deste capítulo seja investigar arquiteturas de PLDs, também é útil conhecer os tipos de hardware disponíveis para os projetistas de sistemas digitais, porque isso dá uma noção das alternativas. O funcionamento desejado para o circuito em geral pode ser obtido com diversos tipos de hardware digital. Ao longo deste livro, foram descritos tanto dispositivos de lógica padrão quanto o modo como os dispositivos lógicos programáveis podem ser usados para criar os mesmos blocos funcionais. Microcomputadores e sistemas de DSP também podem ser aplicados, desde que se use a sequência correta de instruções (isto é, o programa da aplicação) para produzir a função de circuito desejada. As decisões de engenharia de projeto devem levar em conta muitos fatores, inclusive a velocidade de operação, o custo de fabricação, o consumo de potência, o tamanho, o tempo disponível para projetar etc. De fato, a maioria dos projetos digitais complexos inclui uma mescla de categorias de hardware. As interconexões entre vários tipos precisam ser avaliadas quando se projeta um sistema digital.

Uma árvore das famílias de sistemas digitais (Figura 13.1) mostrando a maioria das opções de hardware pode ser útil para classificar as diversas categorias de dispositivos digitais. A representação gráfica não mostra os detalhes — alguns dos tipos de dispositivos mais complexos possuem muitas subcategorias adicionais, e dispositivos mais antigos, obsoletos, foram omitidos para tornar a figura mais legível. As principais categorias de sistemas digitais incluem a lógica padrão, os circuitos integrados de aplicação específica (ASICs, do inglês, *aplication-specific integrated circuits*) e microprocessadores/dispositivos de processamento digital de sinais (DSP, do inglês, *digital signal processing*).

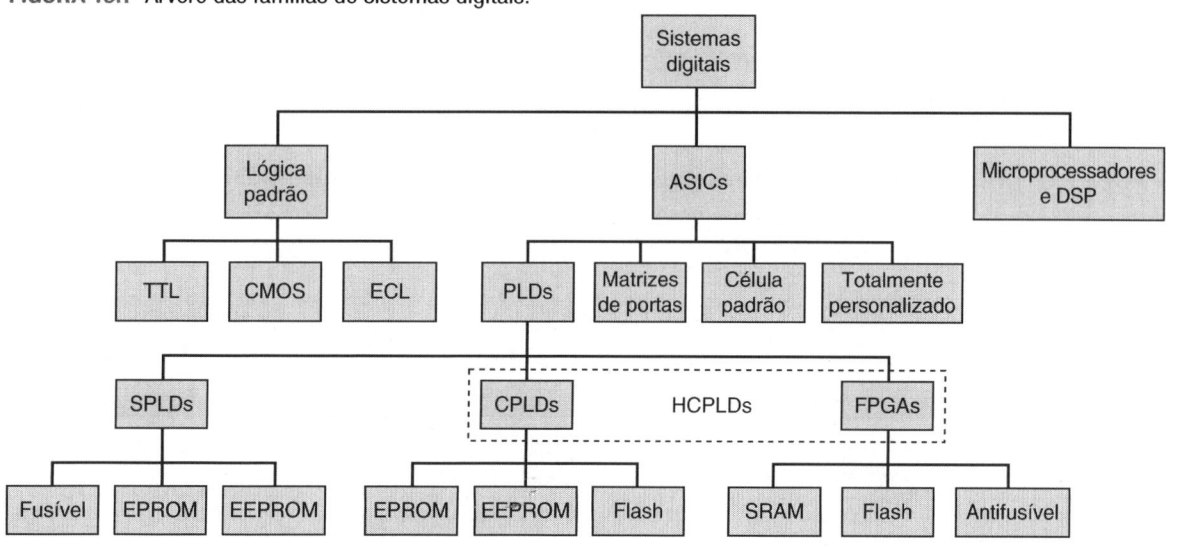

FIGURA 13.1 Árvore das famílias de sistemas digitais.

A primeira categoria de **dispositivos lógicos padrão** engloba os componentes digitais básicos (portas, flip-flops, decodificadores, multiplexadores, registradores, contadores etc.) disponíveis como chips SSI e MSI. Esses dispositivos são usados há anos (alguns há mais de 45) para projetar sistemas digitais complexos. Uma desvantagem óbvia é que o sistema é formado por centenas desses chips. Esses dispositivos baratos ainda podem ser úteis se o projeto não for muito complexo. Como discutimos no Capítulo 8, há duas tecnologias principais relacionadas a dispositivos de lógica padrão: TTL e CMOS. TTL é uma tecnologia madura, composta por diversas subfamílias desenvolvidas ao longo de vários anos de uso. Poucos projetos novos aplicam lógica TTL, mas muitos sistemas digitais ainda contêm dispositivos desse tipo. CMOS é a família de dispositivos lógicos padrão mais popular hoje em dia, principalmente em decorrência do baixo consumo de energia. Dispositivos lógicos padrão ainda estão disponíveis para o projetista digital, mas, se a aplicação for complexa, serão necessários muitos chips SSI/MSI. Essa solução não é interessante para as necessidades atuais de projeto.

A categoria **microprocessador/processamento digital de sinais (DSP)** é um método muito diferente aplicado ao projeto de sistemas digitais. Esses dispositivos contêm, na verdade, vários tipos de blocos funcionais cujo funcionamento foi explicado ao longo deste livro. Com sistemas microcomputador/DSP, os dispositivos são controlados eletronicamente e os dados podem ser manipulados ao se executar um programa de instruções que foi produzido para a aplicação. Os sistemas microcomputador/DSP são mais flexíveis, porque tudo o que se tem a fazer é trocar o programa. O grande problema dessa categoria de sistemas digitais é a velocidade. *Uma solução de hardware para o projeto de sistema digital sempre é mais rápida que uma de software.*

A terceira categoria principal de sistemas digitais são os **circuitos integrados de aplicação específica** (**ASICs**, do inglês, *application-specific integrated circuits*). Essa ampla categoria representa a solução moderna em termos de hardware para sistemas digitais. Como o nome da categoria diz, um circuito integrado é projetado para implementar uma aplicação desejada. Existem quatro subcategorias de dispositivos ASIC para criar sistemas digitais: lógicos programáveis, matrizes de portas (em inglês, *gate arrays*), célula padrão (em inglês, *standard-cell*) e totalmente personalizado (em inglês, *full-custom*).

Os **dispositivos lógicos programáveis** (**PLDs**, do inglês, *programmable logic devices*), às vezes chamados de dispositivos lógicos programáveis em campo (FPLDs, do inglês, *field-programmable logic devices*), podem ser adaptados para a criação de alguns circuitos digitais, desde simples portas lógicas até estruturas complexas. Muitos exemplos de projetos de PLDs foram apresentados nos capítulos anteriores. A escolha de um ASIC para o projetista é diferente das outras três subcategorias. Com um investimento de capital pequeno, qualquer empresa pode comprar os softwares de desenvolvimento e hardware necessários para programar PLDs para seus projetos digitais. Por outro lado, obter um ASIC de matriz de portas, de célula padrão ou totalmente personalizado exige um contrato com uma fábrica de CIs para fabricar o chip desejado. Essa opção normalmente é cara e requer que a empresa compre grande quantidade de componentes para que o custo compense.

Matrizes de portas (em inglês, *gate arrays*) são circuitos ULSI que oferecem centenas de milhares de portas. As funções lógicas desejadas são criadas pelas interconexões dessas portas pré-fabricadas. Uma máscara personalizada pelo usuário para a aplicação específica determina as interconexões entre as portas, de modo semelhante a dados armazenados em uma ROM programada por máscara. Por essa razão, são chamadas, muitas vezes, de matrizes de portas programadas por máscara (MPGAs, do inglês, *mask-programmed gate arrays*). Individualmente, esses dispositivos são menos caros que PLDs com o mesmo número de portas, mas o processo personalizado de programação pelo fabricante do chip é caro e requer muito tempo de processamento.

ASICs de célula padrão usam blocos de construção de função lógica predefinida para criar o sistema digital desejado. A disposição do CI de cada célula foi projetada, e uma biblioteca de células disponíveis é armazenada na base de dados de um computador. As células necessárias são dispostas para a aplicação, então, as interconexões entre as células são determinadas. Os custos do projeto feito com um ASIC de célula padrão são ainda mais altos que os de um projeto feito com MPGAs, porque todas as máscaras de fabricação do CI que definem os componentes e interconexões devem ser projetadas de maneira personalizada. Ainda mais tempo de processamento é necessário para a criação das máscaras adicionais. As células padrão levam uma vantagem significativa sobre as matrizes de portas. As funções baseadas em células foram projetadas para serem muito menores que as funções equivalentes nas matrizes de portas, o que permite uma operação mais veloz e custo de fabricação menor.

ASICs totalmente personalizados são considerados a melhor opção em termos de ASIC. Como o nome implica, todos os componentes (transistores, resistores e capacitores) e as interconexões entre eles são personalizados pelo projetista do CI. O projeto requer uma quantidade significativa de tempo e dinheiro, mas pode resultar em CIs que operem à máxima velocidade possível e exigem a menor área de molde (chip CI individual). Tamanhos menores de molde de CI permitem que caibam mais chips em uma lâmina de silício, o que baixa de modo significativo o custo de fabricação de cada CI.

Mais sobre PLDs

Este capítulo trata, sobretudo, de PLDs, então, vamos tratar mais detalhadamente desses ramos da árvore das famílias. O desenvolvimento da tecnologia de PLDs tem avançado de maneira contínua desde que os primeiros PLDs apareceram, mais de 35 anos atrás. Os primeiros dispositivos continham o equivalente a poucas centenas de portas; agora, existem peças disponíveis contendo milhões. Os antigos podiam lidar com poucas entradas e saídas com capacidades lógicas limitadas; agora, existem PLDs que lidam com centenas de entradas e saídas. Dispositivos originais só podiam ser programados uma vez e, se o projeto mudasse, o velho PLD teria de ser removido do circuito e um novo, programado com o projeto atualizado, colocado em seu lugar. Com dispositivos mais novos, o projeto lógico interno muda rapidamente, enquanto o chip ainda está conectado a uma placa de circuito impresso em um sistema eletrônico.

Em linhas gerais, os PLDs são descritos como pertencentes a três tipos diferentes: **dispositivos lógicos programáveis simples** (**SPLDs**, do inglês, *simple programmable logic devices*), **dispositivos lógicos programáveis complexos** (**CPLDs**, do inglês, *complex programmable logic devices*) ou **matrizes de portas programáveis em campo** (**FPGAs**, do inglês, *field programmable gate arrays*). Existem inúmeros fabricantes de PLDs de diversas famílias, portanto, há variações de arquitetura. Vamos tentar discutir as características gerais de cada um, mas as diferenças nem sempre são óbvias. A diferença entre CPLDs e FPGAs é um tanto obscura, porque os fabricantes lançam constantemente novos aperfeiçoamentos de arquitetura e divulgam informações confusas, para vender mais produtos. Juntos, os CPLDs e FPGAs costumam ser chamados de **dispositivos lógicos programáveis de alta capacidade** (**HCPLDs**, do inglês, *high-capacity programmable logic devices*). As tecnologias de programação para PLDs são, na verdade, baseadas nos vários tipos de memória de semicondutor. À medida que novos tipos de memória foram desenvolvidos, a mesma tecnologia foi aplicada à criação de novos tipos de dispositivos de PLDs.

A quantidade de recursos lógicos disponível é a maior diferença entre SPLDs e HCPLDs. Atualmente, os SPLDs costumam conter o equivalente a 600 portas ou menos, enquanto os HCPLDs possuem centenas de milhares. Os recursos internos de interconexão por sinais programáveis são muito mais limitados nos SPLDs, geralmente menos complicados e mais baratos que HCPLDs. Aplicações digitais pequenas necessitam apenas dos recursos de um SPLD. Por outro lado, HCPLDs são capazes de proporcionar os recursos de circuito para complexos sistemas digitais completos, e HCPLDs maiores e mais sofisticados são projetados todos os anos.

A classificação SPLD inclui os primeiros dispositivos PLDs. A quantidade de recursos lógicos contida pode ser relativamente pequena se comparada aos padrões de hoje, mas representaram um passo importante por sua capacidade de criar um CI personalizado que substituía dispositivos de lógica padrão. Ao longo dos anos, avanços na área dos semicondutores deram origem a vários tipos de SPLD. O primeiro tipo de PLD a despertar o interesse dos projetistas de circuito foi programado com a queima literal de fusíveis selecionados na matriz. Os fusíveis intactos nesses dispositivos **programáveis apenas uma vez** (**OTP**, do inglês, *one-time programmable*) forneceram conexões elétricas para os circuitos AND/OR produzirem as funções desejadas. Esse dispositivo lógico baseou-se na conexão a fusível da tecnologia de memória PROM (Seção 12.7) e costumava ser chamado de arranjo lógico programável (PLA, do inglês, *programmable logic array*). Os PLDs não obtiveram aceitação entre os projetistas digitais até o final da década de 1970, quando surgiu um dispositivo chamado **lógica de arranjo programável** (**PAL**, do inglês, *programmable array logic*). As conexões a fusível programáveis em um PAL são usadas para determinar as conexões de entrada para um conjunto de portas AND conectadas a portas OR fixas. Com o desenvolvimento da PROM apagável por ultravioleta, vieram os PLDs baseados em EPROM, em meados da década de 1980, seguidos por PLDs que usavam tecnologia eletricamente apagável (EEPROM).

Os CPLDs combinam uma série de dispositivos do tipo PAL no mesmo chip. A maioria dos CPLDs contém blocos lógicos que têm circuitos lógicos AND/OR fixos programáveis com menos termos-produto disponíveis que a maioria dos dispositivos PAL. Todos os blocos lógicos (que costumam ser chamados de **macrocélulas**) podem lidar com muitas variáveis de entrada, e os recursos internos de roteamento de sinal lógico programável tendem a ser uniformes em todo o chip, produzindo atrasos de sinal consistentes. Quando mais termos-produto são necessários, os blocos lógicos passam a compartilhar portas, ou vários blocos lógicos podem ser combinados para implementar a expressão. O flip-flop usado para implementar o registrador na macrocélula é configurado para operar como D, JK, T (comutação) ou SR. Os pinos de entrada e saída das arquiteturas de alguns CPLDs estão associados a macrocélulas específicas, e, em geral, as macrocélulas adicionais são ocultas (isto é, não são conectadas a um pino). Outras arquiteturas de CPLDs podem ter blocos I/O independentes com registradores internos usados para reter (latch) dados que entram ou saem. As tecnologias de programação usadas em CPLDs são todas não voláteis e incluem EPROM, EEPROM e flash, sendo EEPROM a mais comum. As três tecnologias são apagáveis e reprogramáveis.

Os FPGAs também possuem características fundamentais compartilhadas. Em geral, eles consistem em vários módulos lógicos programáveis relativamente pequenos e independentes interconectados para criar funções maiores. Cada módulo lida, normalmente, com até quatro ou cinco variáveis de entrada. A maioria dos FPGAs utiliza uma **tabela de consulta** (**LUT**, do inglês, *look-up table*) para criar as funções lógicas desejadas. Uma LUT funciona como uma tabela-verdade, no sentido de que a saída é programada para criar a função combinacional ao armazenar o 0 ou 1 adequado a cada combinação de entrada. Os recursos de roteamento de sinal programável dentro do chip tendem a ser bem variados, com extensões de caminhos diferentes disponíveis. Os atrasos de sinal em um projeto dependem do roteamento real de sinal selecionado pelo software de programação. Os módulos lógicos também contêm registradores programáveis. Eles não são associados a nenhum pino de I/O. Em vez disso, cada pino de I/O é conectado ao bloco programável de entrada/saída que, por sua vez, é conectado aos módulos lógicos com linhas de roteamento selecionadas. Os blocos de I/O podem ser configurados para fornecer recursos de entrada, saída ou bidirecionais, e registradores internos, usados para armazenar dados que entram ou saem. Uma arquitetura geral de FPGAs é mostrada na Figura 13.2. Todos os blocos lógicos e os de entrada/saída implementam qualquer circuito lógico. As interconexões programáveis são estabelecidas por meio de linhas que passam pelas linhas e colunas nos canais entre esses blocos. Alguns FPGAs incluem grandes blocos de memória RAM; outros não.

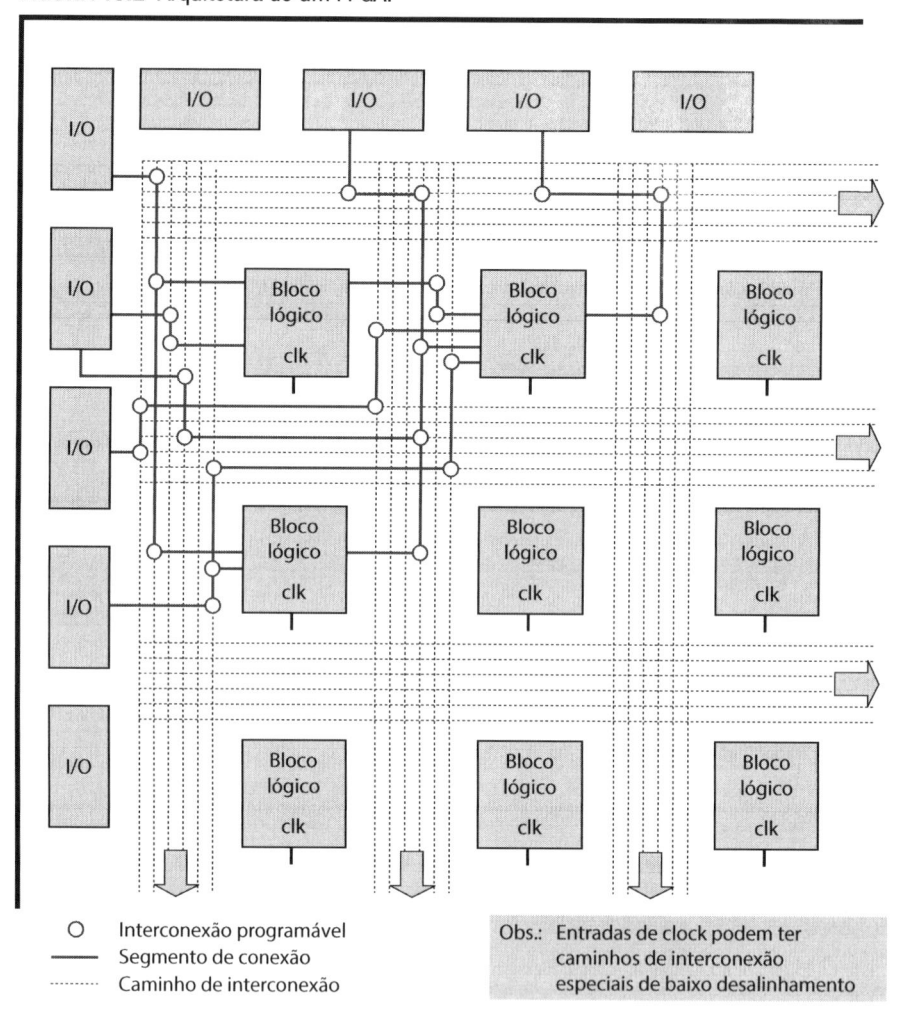

FIGURA 13.2 Arquitetura de um FPGA.

○ Interconexão programável
— Segmento de conexão
····· Caminho de interconexão

Obs.: Entradas de clock podem ter caminhos de interconexão especiais de baixo desalinhamento

As tecnologias de programação usadas em dispositivos FPGA incluem SRAM, flash e antifusível, sendo SRAM a mais comum. Dispositivos baseados em SRAM são voláteis e, portanto, exigem que o FPGA seja reconfigurado (programado) quando energizado. As informações de programação que definem como cada bloco lógico funciona, quais blocos I/O são entradas e saídas e também como são interconectados, estão armazenadas em uma memória externa transferida por download para o FPGA baseado em SRAM quando o dispositivo é carregado. Dispositivos antifusíveis são programáveis apenas uma vez e, portanto, são não voláteis. A tecnologia de memória antifusível não é usada para dispositivos de memória, mas, como o nome indica, é o oposto da tecnologia fusível. Em vez de abrir uma conexão a fusível para impedir uma conexão de sinal, uma camada isolante entre interconexões contém um curto elétrico para produzir uma conexão de sinal. Dispositivos antifusíveis são programados pelo usuário final, pelo fabricante ou pelo distribuidor.

As diferenças de arquitetura entre CPLDs e FPGAs, em diversos fabricantes de HCPLDs e nas diversas famílias de dispositivos de um mesmo fabricante podem afetar a eficiência da implementação do projeto em uma aplicação específica. Pergunta-se: "A arquitetura dessa família de PLDs é a que melhor se adapta à minha aplicação?" É muito difícil, contudo, prever que arquitetura seria a melhor escolha para um sistema digital complexo. Apenas parte das portas disponíveis pode ser utilizada. Quem sabe quantas portas equivalentes serão necessárias em um grande projeto? O projeto básico dos recursos de roteamento de sinal afeta o quanto os recursos lógicos dos PLDs serão utilizados. As interconexões segmentadas encontradas em FPGAs podem gerar atrasos menores entre blocos lógicos adjacentes e atrasos maiores entre blocos mais distantes que os que seriam gerados pelo tipo contínuo de interconexão encontrada na maioria dos CPLDs. Não existe resposta simples para tal pergunta, mas certamente todos os fabricantes de HCPLDs darão a mesma: o produto deles é o melhor!

Outro fator importante a ser considerado comparando FPGAs é a disponibilidade de **propriedade intelectual (IP**, do inglês, *intelectual property*). O termo refere-se a projetos predefinidos de blocos digitais complexos usados com seus próprios blocos de projeto para satisfazer as necessidades das aplicações. Os blocos IP são disponibilizados pelos fabricantes FPGA ou por fontes terceirizadas. Um exemplo de alguns projetos de propriedade intelectual da Altera é a família de processadores embutidos versáteis chamados Nios® II. Muitas vezes, é possível avaliar o uso do código de propriedade intelectual no projeto sem custo, mas, em geral, haverá uma taxa de licenciamento para usá-lo em seu produto. Os tipos de propriedade intelectual disponíveis para uso em dispositivos FPGA incluem processadores embutidos, blocos de construção DSP e circuitos de núcleo padrão para funções periféricas e de interface. O ciclo de vida para produtos eletrônicos está cada vez mais curto por causa do rápido desenvolvimento de tecnologias e recursos de produtos da geração seguinte. É cada vez mais importante para os projetistas encontrar maneiras de encurtar o ciclo de projeto e desenvolvimento de produtos novos. Recursos de propriedade intelectual diminuem bastante a quantidade de tempo para projetar um produto e, portanto, o tempo que a empresa leva para colocá-lo no mercado.

Como você pode ver, o campo dos PLDs é bastante diversificado e está em constante mudança. Você deve ter agora o conhecimento básico de vários tipos e tecnologias necessários para interpretar as especificações técnicas do PLD e aprender mais sobre eles.

QUESTÕES DE REVISÃO

1. Quais são as três principais categorias de sistemas digitais?
2. Qual é a maior desvantagem de um projeto para microprocessador/DSP?
3. O que significa a sigla ASIC?
4. Quais são os quatro tipos de ASICs?
5. O que são HCPLDs?
6. Quais são as duas maiores diferenças entre CPLDs e FPGAs?
7. O que significa volatilidade?

13.2 PRINCÍPIOS FUNDAMENTAIS DOS CIRCUITOS DE PLDs

OBJETIVOS

Após ler esta seção, você será capaz de:

- Descrever estratégias de arquitetura para a implementação de circuitos lógicos programáveis.
- Reconhecer e usar convenções simbólicas comuns às informações técnicas de PLDs.

A Figura 13.3 mostra um PLD simples. Cada uma das quatro portas OR gera uma saída que é uma função das duas variáveis de entrada, *A* e *B*. Cada função de saída é programada com os fusíveis posicionados entre as portas AND e cada uma das portas OR.

Cada uma das entradas *A* e *B* está conectada a um buffer não inversor e a um inversor para produzir a forma verdadeira e invertida de cada variável. Essas são as *linhas de entrada* da matriz de portas AND. Cada porta AND está conectada a duas linhas de entrada diferentes que geram um único produto das variáveis de entrada. As saídas das portas AND são denominadas *linhas-produto*.

Cada linha-produto está conectada a uma das quatro entradas de cada porta OR por fusíveis. Com todas essas conexões inicialmente intactas, cada saída de porta OR apresenta um nível constante 1. Vamos ver a prova:

$$O_1 = \overline{A}\,\overline{B} + \overline{A}B + A\overline{B} + AB$$
$$= \overline{A}(\overline{B} + B) + A(\overline{B} + B)$$
$$= \overline{A} + A = 1$$

Cada uma das quatro saídas O_1, O_2, O_3 e O_4 pode ser *programada* para ser função de *A* e *B* ao "queimar" seletivamente os fusíveis apropriados. Os PLDs são projetados de modo que uma entrada OR queimada atue com um nível lógico 0. Por exemplo, se queimarmos os fusíveis 1 e 4 da porta OR no 1, a saída O_1 torna-se

$$O_1 = 0 + \overline{A}B + A\overline{B} + 0 = \overline{A}B + A\overline{B}$$

FIGURA 13.3 Exemplo de um dispositivo lógico programável.

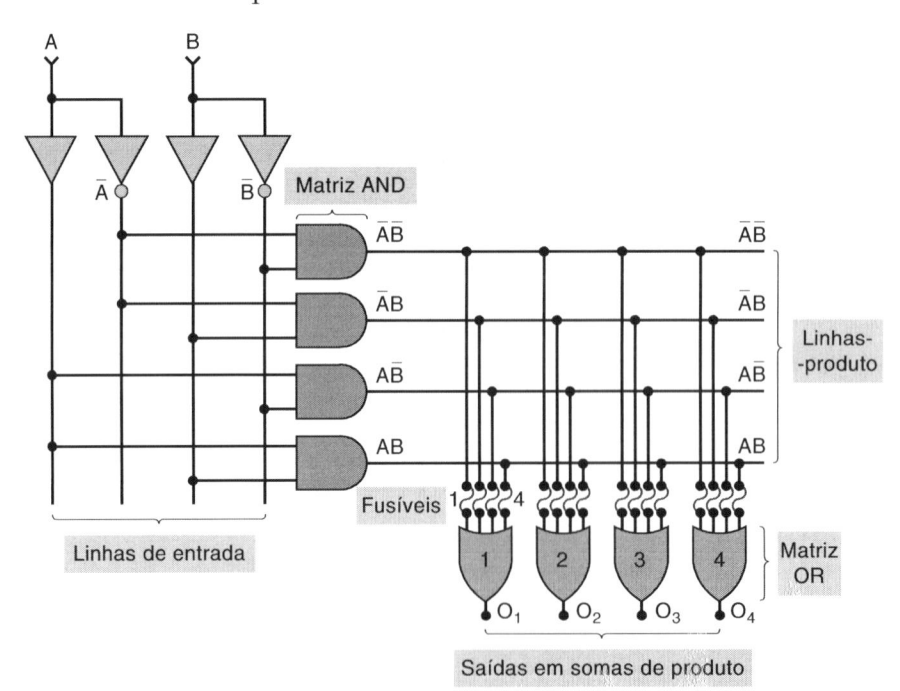

É possível programar cada saída OR para executar qualquer função desejada de modo semelhante. Uma vez que todas as saídas tenham sido programadas, o dispositivo gera de forma permanente a função de saída selecionada.

Simbologia de PLDs

O exemplo da Figura 13.3 tem apenas duas variáveis de entrada, e o diagrama do circuito é complexo. Imagine como seria confuso o diagrama para PLDs com muito mais entradas. Por essa razão, os fabricantes de PLDs adotaram uma representação simplificada dos circuitos internos desses dispositivos.

A Figura 13.4 mostra o mesmo circuito PLD da Figura 13.3 usando a simbologia simplificada. Primeiro, observe que os buffers de entrada são representados por um único buffer com duas saídas, uma invertida e a outra não. Em seguida, perceba que uma *única linha* é mostrada na porta AND para representar as quatro entradas. Cada vez que uma linha cruza uma coluna, representa uma entrada separada da porta AND. As conexões das linhas das variáveis de entrada para as entradas da porta AND são indicadas por pontos. Um ponto significa que essa conexão na entrada da porta AND é fixa (isto é, não pode ser alterada). À primeira vista, parece que as variáveis de entrada estão conectadas umas às outras. É importante perceber que *não* é esse o caso, porque uma única linha representa *múltiplas* entradas na porta AND.

As entradas de cada porta OR também são designadas por uma única linha que representa as quatro entradas. Um X representa um fusível intacto conectando uma linha-produto a uma entrada da porta OR. A ausência de um X (ou um ponto) em qualquer intersecção representa um fusível queimado. Nas entradas das portas OR, os fusíveis queimados (entradas desconectadas) estão em nível BAIXO, e as entradas das portas AND com fusíveis queimados estão em nível ALTO. Nesse exemplo, as saídas estão programadas como:

$$O_1 = \overline{A}B + A\overline{B}$$
$$O_2 = AB$$
$$O_3 = 0$$
$$O_4 = 1$$

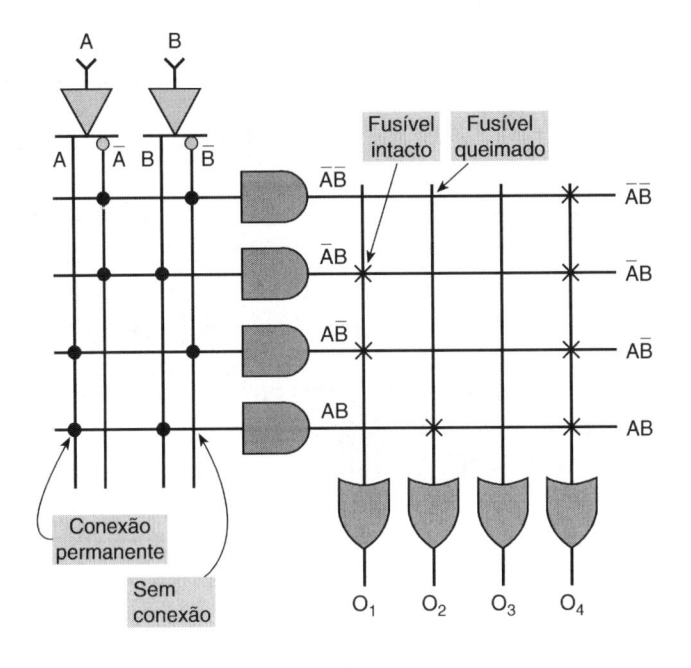

FIGURA 13.4 Simbologia simplificada de PLDs.

QUESTÕES DE REVISÃO

1. O que é um PLD?
2. Qual seria a saída O_1 na Figura 13.3, se os fusíveis 1 e 2 estivessem queimados?
3. O que representa um X no diagrama de um PLD?
4. O que representa um ponto no diagrama de um PLD?

13.3 ARQUITETURAS DE PLDs

OBJETIVOS

Após ler esta seção, você será capaz de:

- Analisar a arquitetura de hardware de vários dispositivos programáveis.
- Prescrever configurações de hardware para qualquer função lógica.
- Identificar pontos fortes e limitações de diferentes dispositivos.

O conceito de PLD conduziu a diferentes projetos de arquitetura dos circuitos internos desses dispositivos. Nesta seção, serão analisadas algumas dessas diferenças básicas de arquitetura.

PROMs

A arquitetura dos circuitos programáveis da seção anterior envolve a programação de conexões a portas OR. As portas AND são usadas para decodificar todas as combinações possíveis das variáveis de entrada, conforme mostra a Figura 13.5(a). Para qualquer combinação, a linha correspondente é ativada (vai para nível ALTO). Se uma entrada OR for conectada àquela linha, um nível ALTO aparecerá na saída da OR. Se não for, um nível BAIXO aparecerá na saída da OR. Isso lhe parece familiar? Consulte a Figura 12.9. Se você acha que as variáveis são como entradas de endereço e os fusíveis intactos/queimados são como 1s e 0s, você deve reconhecer a arquitetura de uma PROM.

A Figura 13.5(b) mostra como a PROM seria programada para gerar quatro funções lógicas específicas. Vamos seguir o procedimento para obter a saída $O_3 = AB + \overline{C}\,\overline{D}$. O primeiro passo é elaborar a tabela-verdade mostrando o nível da saída O_3 desejada para as combinações de entrada (Tabela 13.1).

Em seguida, escreva os produtos AND para aqueles casos em que a saída é 1. A saída O_3 é a soma OR desses produtos. Desse modo, apenas os fusíveis que conectam esses termos-produto nas entradas da porta OR 3 são deixados intactos. Todos os outros são queimados, conforme mostra a Figura 13.5(b). Esse mesmo procedimento é seguido para determinar o estado dos fusíveis nas outras entradas da porta OR.

A PROM pode gerar qualquer função lógica possível nas variáveis de entrada porque gera cada termo-produto AND possível. Em geral, qualquer aplicação que requer que as combinações lógicas de entrada sejam avaliadas é uma candidata a PROM. Contudo, as PROMs tornam-se impraticáveis quando um maior número de variáveis de entrada passa a ser utilizado, porque o número de fusíveis dobra a cada variável acrescentada.

Chamar uma PROM de PLD é uma questão semântica. Você já percebeu que uma PROM é programável e é um dispositivo lógico. Esse é um modo de utilização de uma PROM que tem como objetivo a implementação de uma expressão lógica de soma de produtos em vez de armazenamento de dados em posições de memória. O problema real é a tradução de equações lógicas em mapas de fusíveis para determinada PROM. O compilador lógico de uso geral projetado para programar SPLDs tem uma lista de dispositivos da categoria PROM com os quais é compatível. Se decidir usar qualquer EPROM antiga como PLD, você precisará gerar seu próprio mapa de bits (semelhante ao que os fabricantes usaram para construí-la), o que é bastante trabalhoso.

Capítulo 14 Arquiteturas de dispositivos lógicos programáveis 975

FIGURA 13.5 (a) A arquitetura da PROM torna-a adequada para PLDs; (b) fusíveis são queimados para programar as saídas para determinadas funções.

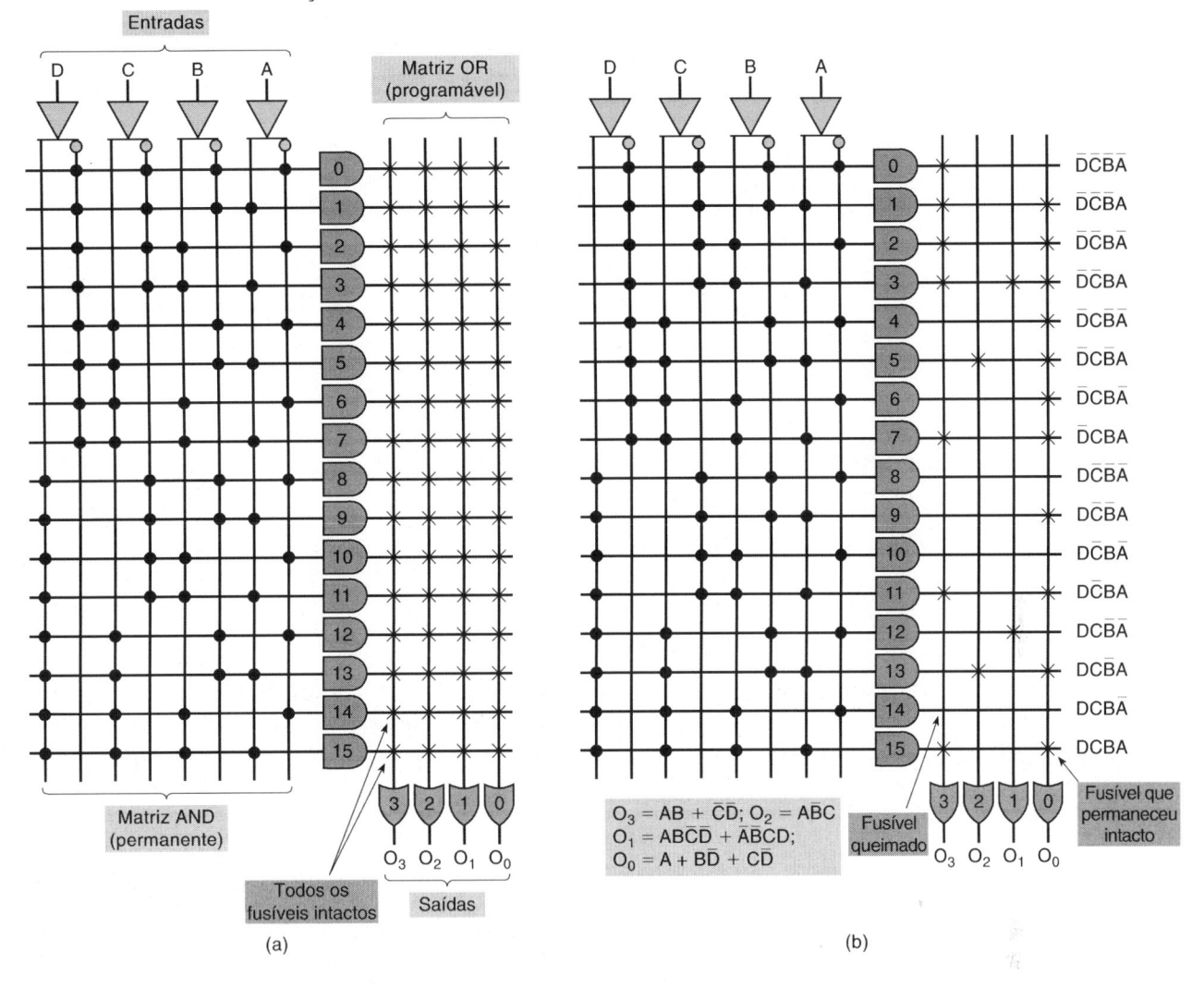

(a) Matriz AND (permanente); Matriz OR (programável); Todos os fusíveis intactos; Saídas O_3 O_2 O_1 O_0

(b) $O_3 = AB + \overline{C}D$; $O_2 = A\overline{B}C$; $O_1 = AB\overline{C}\overline{D} + \overline{A}BCD$; $O_0 = A + B\overline{D} + C\overline{D}$; Fusível queimado; Fusível que permaneceu intacto

TABELA 13.1 Uma PROM usada para gerar uma função lógica no O_3.

D	C	B	A	O_3		
0	0	0	0	1	→	$\overline{D}\,\overline{C}\,\overline{B}\,\overline{A}$
0	0	0	1	1	→	$\overline{D}\,\overline{C}\,\overline{B}\,A$
0	0	1	0	1	→	$\overline{D}\,\overline{C}\,B\,\overline{A}$
0	0	1	1	1	→	$\overline{D}\,\overline{C}\,B\,A$
0	1	0	0	0		
0	1	0	1	0		
0	1	1	0	0		
0	1	1	1	1	→	$\overline{D}\,C\,B\,A$
1	0	0	0	0		
1	0	0	1	0		
1	0	1	0	0		
1	0	1	1	1	→	$D\,\overline{C}\,B\,A$
1	1	0	0	0		
1	1	0	1	0		
1	1	1	0	0		
1	1	1	1	1	→	$D\,C\,B\,A$

Lógica de arranjo programável (PAL)

A arquitetura da PROM está bem adaptada a essas aplicações em que cada combinação de entrada possível é necessária para gerar as funções de saída. Exemplos disso são os conversores de código e as tabelas de dados (tabelas de consulta) que analisamos no Capítulo 12. Contudo, quando implementam expressões na forma de soma de produtos, elas não apresentam uso muito eficiente do circuito. Cada combinação nas entradas de endereço deve ser decodificada, e cada termo-produto expandido tem um fusível associado usado para uni-los com uma operação OR. Por exemplo, observe quantos fusíveis há na Figura 13.5 para programar uma simples expressão na forma de soma de produtos e quantos termos-produto muitas vezes não são usados. Isso levou ao desenvolvimento de uma classe de PLDs denominada lógica de arranjo programável (PAL, do inglês, *programmable array logic*). A arquitetura de uma PAL difere um pouco da de uma PROM, conforme mostra a Figura 13.6(a).

A PAL tem estrutura AND e OR similar à PROM, mas na PAL as entradas das portas AND são programáveis, enquanto as entradas das portas OR são fixas. Isso significa que cada porta AND pode ser programada para gerar qualquer produto desejado de quatro variáveis de entrada e seus complementos. Cada porta OR tem conexões fixas com apenas quatro saídas AND. Isso limita a função de saída a quatro termos-produto. Se uma função necessitar de mais que quatro termos-produto, ela não será implementada com essa PAL; teria de ser usada uma PAL com mais entradas OR. Se menos de quatro termos-produto forem necessários, o termo não usado deverá ser feito 0.

A Figura 13.6(b) mostra como essa PAL é programada para gerar quatro funções lógicas especificadas. Vamos seguir o procedimento para obter a saída $O_3 = AB + \overline{C}\,\overline{D}$. Primeiro, vamos expressar essa saída como a soma OR de quatro termos, porque as portas OR têm quatro entradas. Isso é feito inserindo 0s. Assim, temos

$$O_3 = AB + \overline{C}\,\overline{D} + 0 + 0$$

Em seguida, determina-se como programar as entradas das portas AND 1, 2, 3 e 4, para que forneçam os corretos termos-produto para a porta OR 3. Isso é feito termo a termo. O primeiro termo, AB, é obtido deixando intactos os fusíveis que conectam as entradas A e B à porta AND 1 e queimando os outros fusíveis da linha. Assim, também, o segundo termo, $\overline{C}\,\overline{D}$, é obtido deixando intactos apenas os fusíveis que conectam as entradas $\overline{C}$ e $\overline{D}$ à porta AND 2. O terceiro termo é 0. Uma constante 0 é produzida na saída da porta AND 3, deixando os fusíveis das entradas intactos. Isso produziria uma saída $A\overline{A}B\overline{B}C\overline{C}D\overline{D}$ que, como sabemos, é 0. O quarto termo também é 0, então os fusíveis das entradas da porta AND 4 também permanecem intactos.

As entradas das outras portas AND são programadas de modo semelhante para gerar as outras funções de saída. Observe, em especial, que muitas das portas AND têm todos os fusíveis de entradas intactos, já que precisam gerar 0s.

FIGURA 13.6 (a) Arquitetura típica de uma PAL; (b) a mesma PAL programada para implementar determinadas funções.

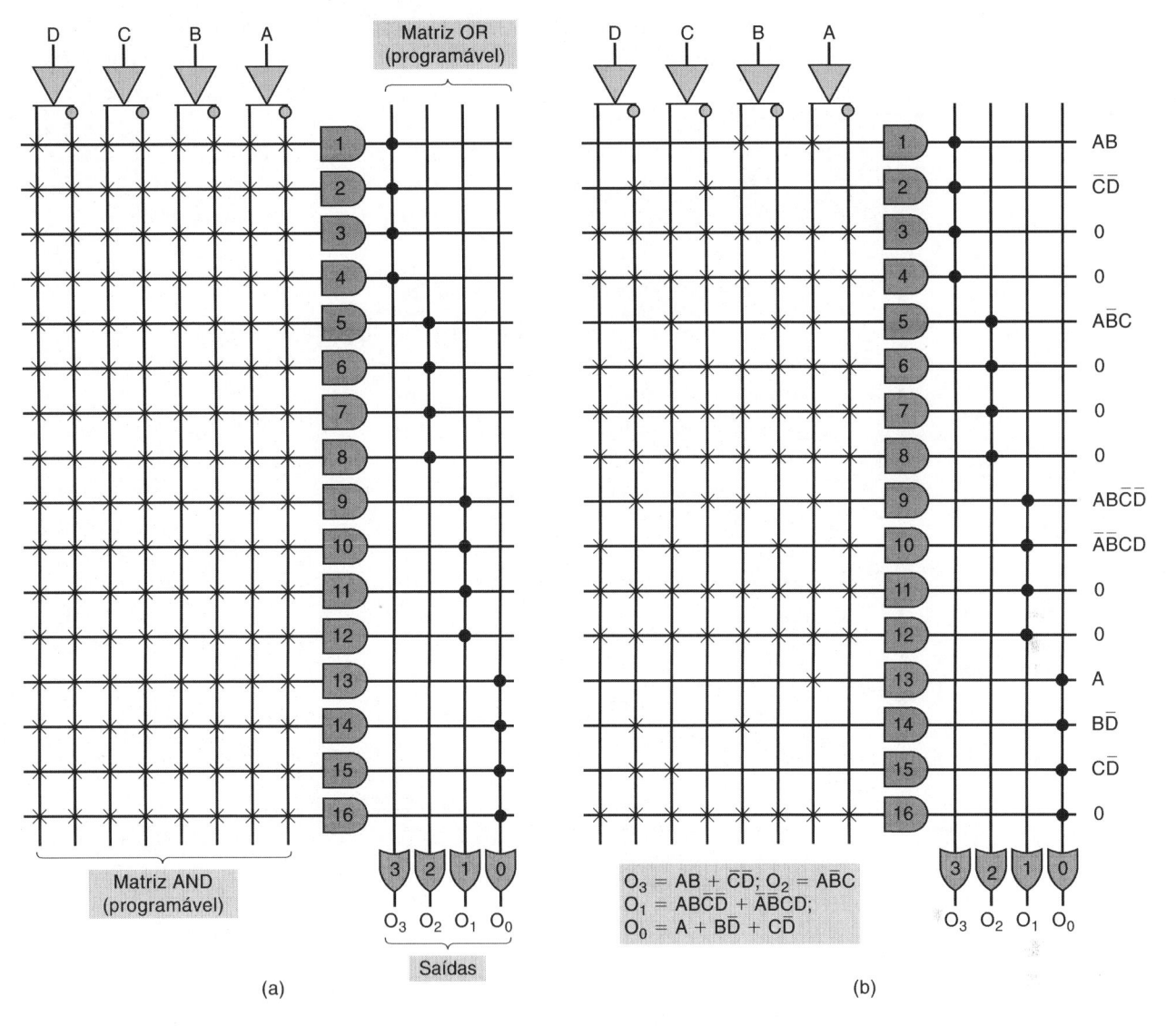

$O_3 = AB + \overline{C}\overline{D}$; $O_2 = A\overline{B}C$
$O_1 = AB\overline{C}\overline{D} + \overline{A}\overline{B}CD$;
$O_0 = A + B\overline{D} + C\overline{D}$

Um exemplo de circuito integrado PAL comercial é o PAL16L8, que possui dez entradas lógicas e oito funções de saída. Cada porta OR de saída tem conexões fixas com sete saídas de portas AND, assim ela pode gerar funções que incluam até sete termos. Uma característica a mais dessa PAL em particular é que seis das oito saídas são realimentadas para a matriz AND, em que elas podem ser conectadas às entradas de qualquer porta AND. Isso a torna muito útil na geração de todos os tipos de lógica combinacional.

A família PAL também contém dispositivos com variações do circuito básico de soma de produtos que descrevemos. Por exemplo, a maioria dos dispositivos PAL tem um buffer tristate acionando o pino de saída. Outros ligam o circuito lógico de soma de produtos às entradas de FFs D e usam um dos pinos como entrada de clock para disparar os flip-flops de saída em sincronia. Esses dispositivos são denominados *PLDs com registradores*, visto que as saídas passam por um registrador. Um exemplo é o dispositivo PAL16R8, que tem oito saídas com registradores (que também servem como entradas), mais oito entradas dedicadas.

Arranjo lógico programável em campo (FPLA)

O dispositivo de arranjo lógico programável em campo (FPLA, do inglês, *field programmable logic array*) foi desenvolvido na metade da década de 1970 como o primeiro sem memória. Ele usava tanto uma matriz AND programável quanto uma matriz OR programável. Embora o dispositivo FPLA seja mais flexível que a arquitetura PAL, sua aceitação entre os engenheiros não é ampla. FPLAs são usados em projetos de máquina de estado em que um grande número de termos-produto é necessário em cada expressão de soma de produtos.

Arranjo de lógica genérico (GAL)

Dispositivos de arranjo de lógica genérico (GAL, do inglês, *generic array logic*) têm arquitetura muito similar aos PAL previamente descritos. PALs de baixa densidade, padrão, são programáveis de uma vez. Chips GAL, por outro lado, usam matriz EEPROM na matriz programável que determina as conexões para as portas AND em estrutura de circuito AND/OR. As chaves EEPROM podem ser apagadas e reprogramadas pelo menos cem vezes. O segundo recurso que proporciona aos chips GAL uma vantagem significativa sobre os dispositivos PAL é sua macrocélula de lógica de saída (OLMC, do inglês, *output logic macrocell*) programável. Além das portas AND e OR usadas para fornecer a soma de funções de produto, GALs contêm flip-flops opcionais para aplicações de registrador e contador, buffers tristate para as saídas e multiplexadores de controle usados para selecionar os vários modos de operação (veja a Figura 13.7). Em consequência, dispositivos GAL servem de substitutos genéricos, compatíveis em termos de pinos, para a maioria dos dispositivos PAL. Termos-produto criados pelas portas AND que alimentam uma porta OR no OLMC geram função soma de produtos (SOP) roteada para a saída como função combinacional ou, em vez disso, registrada em clock em um flip-flop D para saída registrada. Posições específicas na matriz de memória EEPROM são usadas para controlar as conexões programáveis e opções para o chip. O software de programação cuida automaticamente de todos os detalhes. Chips GAL são dispositivos SPLD baratos e versáteis.

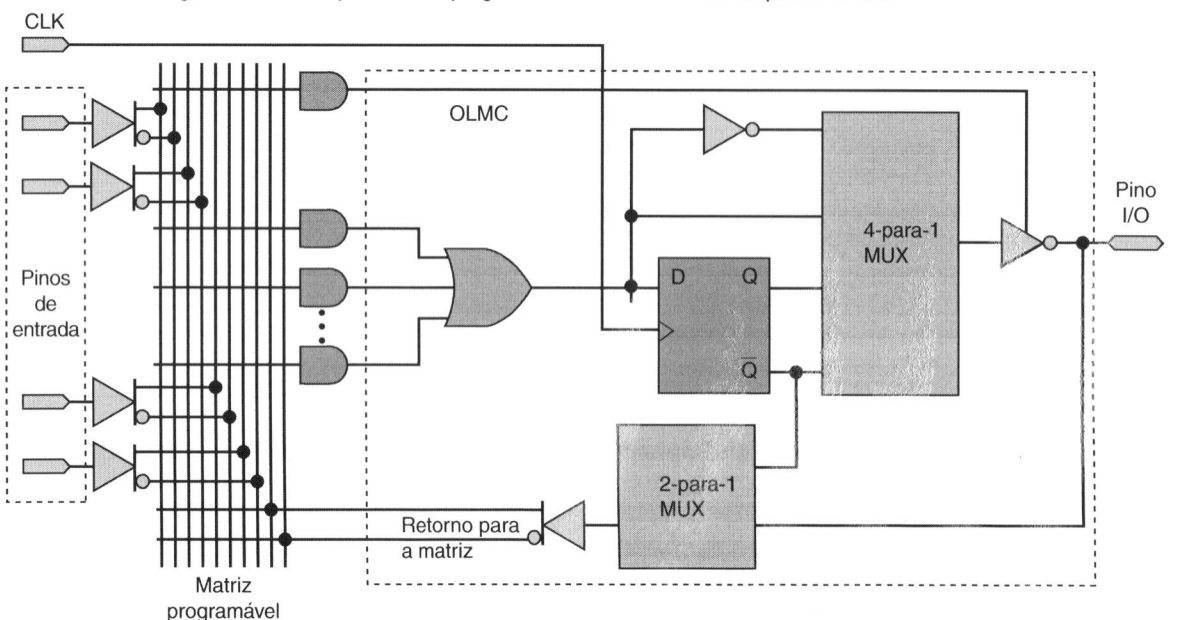

FIGURA 13.7 Diagrama em bloco para matriz programável AND e OLMC em dispositivos GAL.

QUESTÕES DE REVISÃO

1. Verifique se os fusíveis das funções das saídas O_2, O_1 e O_0 na Figura 13.5(b) foram queimados corretamente.
2. Um dispositivo PAL tem uma matriz ___ permanente e uma ___ programável.
3. Uma PROM tem uma matriz ___ permanente e uma ___ programável.
4. Qual seria a alteração na equação para a saída O_1, na Figura 13.5(b), se todos os fusíveis da porta AND 14 fossem deixados intactos?
5. Mencione duas vantagens dos dispositivos GAL sobre os dispositivos PAL.

13.4 AS FAMÍLIAS ALTERA MAX E MAX II

OBJETIVOS

Após ler esta seção, você será capaz de:

- Descrever as semelhanças e diferenças entre os SPLDs e a família MAX7000S de CPLDs.
- Descrever a mudança de matrizes AND/OR para LUTs como a solução de hardware para elementos de lógica.
- Descrever a mudança para a configuração da SRAM em EEPROM.

A família Altera MAX7000S de CPLDs representa o próximo passo evolutivo importante na lógica programável após os chips GAL. Um membro dessa família foi usado em placas de desenvolvimento de Altera UP2 que eram amplamente utilizadas em instituições educacionais. Essas partes estão agora obsoletas, mas ajudam a mostrar como a tecnologia se desenvolveu. Essa família usou arquitetura para as macrocélulas muito semelhante à descrita para os chips GAL na seção anterior. Grupos de 16 dessas macrocélulas são definidos como **blocos de matriz lógica** (**LABs**, do inglês, *logic array blocks*). Um único bloco de matriz lógica funciona de modo muito parecido com um chip GAL contendo 16 macrocélulas. Contudo, nesses CPLDs existem muitos LABs interconectados entre si por meio de uma **matriz de interconexão programável** (**PIA**, do inglês, *programmable interconnect array*). Foi possível configurar esses dispositivos durante o circuito por meio de uma interface serial padrão de 4 fios JTAG ou removendo os CIs da placa de circuito e usando um programador. À medida que os modernos dispositivos programáveis se tornaram mais complexos e mais densamente embalados (tecnologia de montagem em superfície), eles deixaram de ser removíveis. A programação em circuito por meio da interface JTAG tornou-se o meio padrão de programação/configuração de PLDs, dispositivos de memória e microcontroladores. Observe que, com cada nova família de dispositivos, a tendência é incorporar sucessos arquitetônicos de gerações anteriores, fazer melhorias arquitetônicas, aumentar a densidade desses circuitos em um chip por ordens de magnitude, além de aumentar a velocidade, melhorar a eficiência energética e reduzir o custo.

A nova família Altera MAX II de CPLDs possui uma arquitetura muito diferente. Em vez da matriz de portas programáveis AND/OR fixo de macrocélulas e da PIA de roteamento global usada nos dispositivos MAX7000S, essa família usa uma arquitetura de tabela de consulta (LUT, do inglês, *look-up table*) e linha de molde de área mais eficiente, bem como estrutura roteada por sinal de coluna. A tabela de consulta produz funções lógicas ao armazenar os resultados de saída da função desejada na memória baseada em SRAM, atuando essencialmente como a tabela verdade para a função lógica. A tecnologia SRAM para PLDs, embora volátil, programa muito mais rápido do que os dispositivos baseados em EEPROM e também permite uma densidade muito alta de células de armazenamento que são usadas para programar os dispositivos PLD maiores. Para conseguir uma programação aparentemente "não volátil" dos dispositivos MAX II, as informações de configuração para uma aplicação de projeto são armazenadas em uma memória flash incorporada no chip: a memória flash de configuração (CFM, do inglês, *configuration flash memory*).

Vamos examinar o conceito de uma LUT. A LUT é a porção do bloco de lógica programável que produz uma função combinatória (veja a Figura 13.8). Essa função pode ser utilizada como saída do bloco lógico ou pode ser registrada (controlada pelo MUX interno). A própria LUT consiste em um conjunto de flip-flops que armazenam a tabela verdade desejada para nossa função. LUTs costumam ser bastante pequenas, tipicamente manipulando quatro variáveis de entrada e, portanto, nossa tabela-verdade teria um total de 16 combinações. Precisamos de um flip-flop para armazenar cada um dos 16 valores da função (ver Figura 13.9). Até quatro variáveis de entrada no nosso exemplo LUTs serão conectadas às entradas de dados no bloco do descodificador usando interconexões programáveis. A combinação de entrada que é aplicada determinará qual dos 16 flip-flops será selecionado para alimentar a saída por meio dos buffers tristate. A LUT é basicamente um bloco de memória SRAM de 16 × 1. Tudo o que temos a fazer para criar qualquer função desejada (de até quatro variáveis de entrada) é armazenar o conjunto apropriado de 0s e 1s nos flip-flops de LUT. Isso é essencialmente o que é feito para programar esse tipo de PLD. Como os flip-flops são voláteis (eles são SRAM); precisamos carregar a memória LUT para as funções desejadas sempre que o PLD é ativado. Esse processo é chamado de configuração do PLD. Outras partes do dispositivo também são programadas da mesma forma usando outros bits de memória SRAM para armazenar as informações de programação. Essa é a técnica de programação básica para os blocos lógicos, denominados **elementos lógicos** (**LEs**, do inglês, *logic elements*), encontrados nos dispositivos MAX II.

FIGURA 13.8 Diagrama simplificado de um bloco de lógica programável que usa uma LUT.

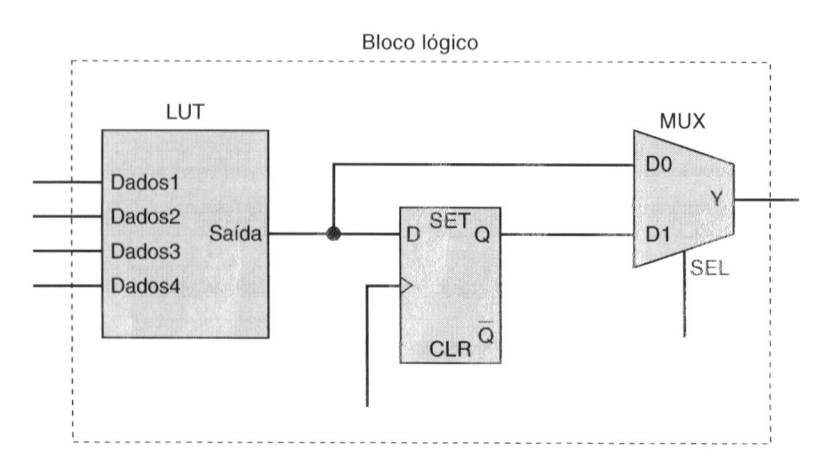

A arquitetura MAX II possui grupos de 10 LEs que estão dispostos juntos em uma estrutura que é chamada de bloco de matriz lógica, LAB. Os LABs são colocados em linhas e colunas com o sistema de interconexão de sinais, chamado MultiTrack, localizado entre as linhas LAB e as colunas. Os pinos de I/O para dispositivos MAX II estão conectados aos elementos de entrada/saída (IOEs) que estão localizados em torno da periferia do chip. Os IOEs, por sua vez, estão conectados aos LABs adjacentes nas extremidades de cada linha e coluna. As características de I/O padrão desejadas são programadas no dispositivo quando está configurado.

Cada dispositivo MAX II contém um bloco de memória flash. A maioria desse armazenamento de memória flash é o bloco de memória flash de configuração dedicada, que proporciona o armazenamento não volátil para todas as informações de configuração do SRAM. O CFM vai baixar e configurar automaticamente a lógica e as I/O ao inicializar, proporcionando, assim, uma operação quase instantânea. A parte restante da memória flash é chamada de bloco de memória flash do usuário (UFM, do inglês, *user flash memory*), que fornece 8.192 bits de armazenamento de uso geral. A UFM possui conexões de porta programáveis para a matriz lógica a fim de ler e gravar dados.

FIGURA 13.9 Diagrama de bloco funcional para uma LUT.

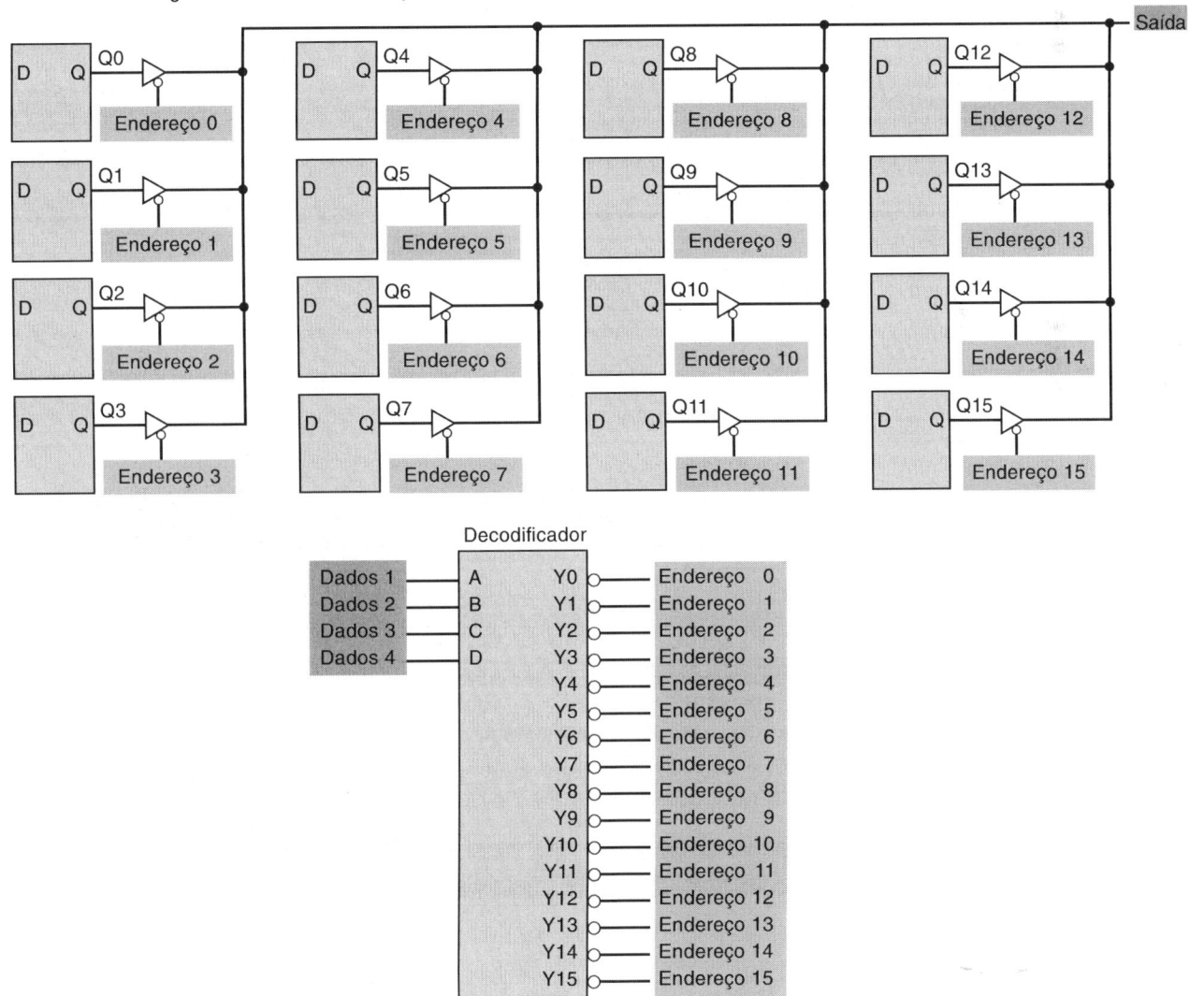

> **QUESTÕES DE REVISÃO**
>
> 1. Que características são transferidas dos SPLDs para os CLPDs MAX/7000?
> 2. Quais foram as novas melhorias da série MAX7000S?
> 3. O que é uma tabela de consulta?
> 4. Qual é a vantagem da tecnologia de programação SRAM sobre a EEPROM?
> 5. Qual é a desvantagem da tecnologia de programação SRAM em relação à EEPROM?

13.5 GERAÇÕES DE HCPLDs

OBJETIVOS

Após ler esta seção, você será capaz de:

- Descrever os recursos adicionados com cada nova geração de FPGA.
- Identificar as características necessárias para futuras gerações de FPGAs.

As demandas do mercado de produtos de consumo são implacáveis e as inovações recentes mais significativas possuem sistemas digitais no seu núcleo. A Altera e outras empresas de semicondutores mantiveram-se fornecendo FPGAs que contêm milhões de elementos de lógica. Novas séries estão constantemente sendo desenvolvidas e séries mais antigas estão sendo eliminadas. Esta seção simplesmente fornecerá uma visão geral dessa progressão. As últimas gerações de FPGAs são muito mais poderosas do que qualquer sistema que possa ser razoavelmente coberto em um curso de um semestre. No entanto, os conselhos de desenvolvimento com todas essas capacidades estão disponíveis a preços razoáveis para instituições educacionais.

O MAX II foi seguido pelo CPLD MAX V e o FPGA MAX 10. O MAX V ainda é uma parte não volátil de arquitetura similar ao MAX II. As melhorias, além de oferecer mais elementos lógicos, foram focadas em incluir outras conveniências para projetistas. Blocos dedicados de memória flash, memória RAM, osciladores e PLLs (*phase-locked loops*) foram integrados nessas partes de FPGA. O MAX 10 melhorou esses recursos adicionando conversores analógicos a digitais, blocos DSP e controladores de memória DDR3 DRAM para continuar sendo o menor, mais rápido, mais frio e mais barato.

A família Cyclone foi amplamente distribuída nas placas de desenvolvimento Terasic DE0 Nano (Cyclone IV), DE1 e DE2 (Cyclone II), que foram amplamente utilizadas em cursos de laboratório. Essas placas foram atualizadas para usar FPGAs de geração recente mais poderosas. O Cyclone V está agora no coração do DE1 SoC, DE0 Nano SoC e várias outras placas de desenvolvimento popular. Esses dispositivos têm capacidade suficiente para criar microcontroladores dentro do FPGA, junto com os muitos blocos periféricos, como multiplicadores, ADC, memória, controladores de memória, PLLs, e assim por diante. O termo *SoC* refere-se ao sistema no chip (do inglês, *system on chip*). Começamos este capítulo descrevendo as muitas opções de como implementar um sistema digital com lógica padrão, ASICs ou microprocessadores/DSP. Agora, os FPGAs podem incluir todas essas funções dentro de um CI único.

A arquitetura básica de uma FPGA série Cyclone é semelhante à estrutura da família MAX II. Em um dispositivo Cyclone, as funções lógicas são implementadas em LEs (elementos lógicos, do inglês, *Logic elements*) que contêm uma LUT de quatro entradas baseada em SRAM e um registro programável (flip-flop). Os LEs estão agrupados em LAB, e os recursos de roteamento de sinal incluem MultiTrack, DirectLink e conexões locais. Ao contrário da família MAX II, os dispositivos Cyclone são voláteis e devem ser configurados no momento da inicialização. Os dispositivos Cyclone podem ser configurados usando um controlador externo (como um PLD não volátil ou um microprocessador), um dispositivo de memória de configuração ou um cabo de download de um PC.

A série Arria e Stratix da FPGA continua a oferecer os recursos exigidos pela explosão dos sistemas digitais e seu apetite insaciável por melhorias na velocidade, tamanho, eficiência e custo. O campo dos sistemas digitais nunca foi tão empolgante. A oportunidade de contribuir para inovações verdadeiramente revolucionárias e em mudança de cultura nunca foi mais aberta. Agora você tem a base, e os materiais estão disponíveis para você construir qualquer coisa que possa imaginar.

QUESTÕES DE REVISÃO

1. Nomeie três recursos que foram adicionados à maioria dos CIs de FPGA para torná-los mais capazes de implementar qualquer sistema digital.
2. Descreva as melhorias com cada nova geração de FPGA.

RESUMO

1. Os dispositivos lógicos programáveis (PLDs) são a tecnologia-chave para o futuro dos sistemas digitais.
2. Os PLDs reduzem a lista de componentes de substituição, simplificam o circuito protótipo, encurtam o ciclo de desenvolvimento, reduzem o tamanho e os requisitos de potência do produto e permitem que o hardware de um circuito seja atualizado com facilidade.
3. As maiores categorias de sistemas digitais são lógica padrão, circuitos integrados de aplicação específica (ASICs) e dispositivos de processamento de sinais por microprocessador/dispositivos de processamento digital de sinais (DSP).
4. Dispositivos ASIC podem ser lógicos programáveis (PLDs), matrizes de portas, células padrão ou totalmente personalizados (*full-custom*).
5. PLDs são o tipo mais barato de ASIC para se desenvolver.
6. PLDs simples (SPLDs) contêm o equivalente a 600 ou menos portas e são programados com tecnologia de fusível (*fuse*), EPROM ou EEPROM.
7. PLDs de alta capacidade (HCPLDs) pertencem a duas principais categorias de arquitetura: dispositivos lógicos programáveis complexos (CPLDs) e matrizes de portas programáveis em campo (FPGAs).
8. As tecnologias de programação CPLD mais comuns são EEPROM e flash, ambas não voláteis.
9. A tecnologia de programação FPGA mais comum é SRAM, que é volátil.
10. A família Altera MAX7000s de CPLDs contém vários grupos interconectados de macrocélulas programadas em circuito por meio de uma interface JTAG.
11. A família Altera MAX7000S de CPLDs é não volátil e programável no sistema (ISP).
12. Uma vez que a tecnologia de programação SRAM é volátil, ela deve ser reconfigurada ao inicializar; mas fornece uma densidade muito alta de células de armazenamento que são usadas para programar PLDs maiores.
13. A família de CPLD Altera MAX II usa memória flash *on-chip* para configurar automaticamente o dispositivo no modo de inicialização.
14. A série Altera Cyclone de FPGAs é volátil.

TERMOS IMPORTANTES

dispositivos lógicos padrão
microprocessador/processamento digital de sinais (DSP)
circuitos integrados de aplicação específica (ASIC)
dispositivos lógicos programáveis (PLD)
matrizes de portas
ASIC de célula padrão
ASIC totalmente personalizado
dispositivos lógicos programáveis simples (SPLD)
dispositivos lógicos programáveis complexos (CPLD)
matriz de portas programáveis em campo (FPGA)
dispositivos lógicos programáveis de alta capacidade (HCPLD)
programável apenas uma vez (OTP)
lógica de arranjo programável (PAL)
macrocélulas
tabela de consulta (LUT)
propriedade intelectual (IP)
bloco de matriz lógica (LAB)
matriz de interconexão programável (PIA)
elementos lógicos (LEs)

PROBLEMAS*

SEÇÃO 13.1

13.1 Descreva cada uma das principais categorias de sistemas digitais a seguir:
  (a) lógica padrão.
  (b) ASICs.
  (c) microprocessador/DSP.

13.2★ Aponte três fatores que costumam ser considerados em decisões de engenharia de projeto.

13.3 Por que um sistema microprocessador/DSP é chamado de solução de software para um projeto?

13.4★ Qual é a principal vantagem de uma solução de hardware em relação a uma de software para um projeto?

13.5 Descreva cada uma das quatro seguintes subcategorias ASIC:
  (a) PLDs.
  (b) matrizes de portas (*gate arrays*).
  (c) célula padrão (*standard-cell*).
  (d) totalmente personalizado (*full-custom*).

13.6★ Quais são as principais vantagens e desvantagens de um ASIC totalmente personalizado?

13.7 Aponte as seis tecnologias de programação de PLD. O que significa "programável apenas uma vez"? O que significa "volátil"?

13.8★ Em que a programação de PLDs baseados em SRAM difere de outras tecnologias de programação?

SEÇÃO 13.4

13.9 Descreva as funções de cada uma dessas estruturas de arquitetura encontradas na família MAX7000S da Altera:
  (a) LAB.
  (b) PIA.
  (c) Macrocélula.

13.10★ Quais são as duas formas para programar os dispositivos da família MAX7000S?

13.11 Qual interface de dispositivo padrão é usada para programação no sistema na família MAX7000S?

13.12★ O que é uma LUT na família MAX II?

13.13 Diferencie as estruturas do bloco lógico que são usadas para produzir uma função combinatória nas famílias MAX7000S e MAX II.

13.14 Que tipo de tecnologia de programação é utilizada em LEs da família MAX II?

13.15 Como um CLPD MAX II consegue incluir a função "ligar instantaneamente" no modo de inicialização em uma aplicação?

RESPOSTAS DAS QUESTÕES DE REVISÃO

SEÇÃO 13.1

1. Lógica padrão, ASICs, microprocessador.
2. Velocidade.
3. Circuito integrado de aplicação específica.
4. Dispositivos lógicos programáveis, matrizes de portas, células padrão, totalmente personalizados.
5. Dispositivos lógicos programáveis de alta capacidade.

* As respostas para os problemas assinalados com uma estrela (★) podem ser encontradas no final do livro.

6. (1) Blocos lógicos: CPLDs programáveis AND/OR fixo *versus* FPGAs de LUT. (2) Recursos de roteamento de sinal: CPLDs uniformes *versus* FPGAs variados.
7. Volatilidade é a propriedade de um PLD (ou dispositivo de memória) de perder informações armazenadas ao ser desenergizado.

SEÇÃO 13.2

1. Um CI que contém grande número de portas cujas interconexões podem ser modificadas pelo usuário para executar uma função específica.
2. $O_1 = A$
3. Um fusível intacto.
4. Uma conexão permanente.

SEÇÃO 13.3

2. OR permanente; AND programável.
3. AND permanente; OR programável.
4. $O_1 = AB\overline{C}\,\overline{D} + \overline{A}\,BCD + \overline{A}BCD = AB\overline{C}\,\overline{D} + \overline{A}CD$
5. Apagável e reprogramável; tem um OLMC.

SEÇÃO 13.4

1. A família MAX usou arquitetura matriz AND e arquitetura de macrocélulas semelhantes, mas agrupou muitas delas em blocos de matriz lógica (LAB) e as interconectou com um arranjo de interconexão programável (PIA).
2. As tabelas de consulta utilizam tecnologia de memória para implementar tabelas-verdade de funções lógicas. Isso ocupa muito menos espaço do que uma matriz programável de conexões para portas AND com portas OR nas macrocélulas.
3. Uma tabela de consulta geralmente é uma matriz de SRAM de 16 palavras por bit usada para armazenar os níveis de lógica de saída desejados para uma função lógica simples.
4. Programas SRAM são mais rápidos e têm maior densidade de célula lógica do que EEPROM.
5. A SRAM é volátil e deve ser reconfigurada após a inicialização do dispositivo.

SEÇÃO 13.5

1. Blocos de memória SRAM e FLASH, PLLs, multiplicadores, DACS e ADCs.
2. Os FPGAs devem continuar a tornar-se mais densos (isto é, mais circuitos lógicos em uma área menor). Eles devem se tornar mais rápidos, atrair menos potência e oferecer maior economia do que as gerações anteriores.

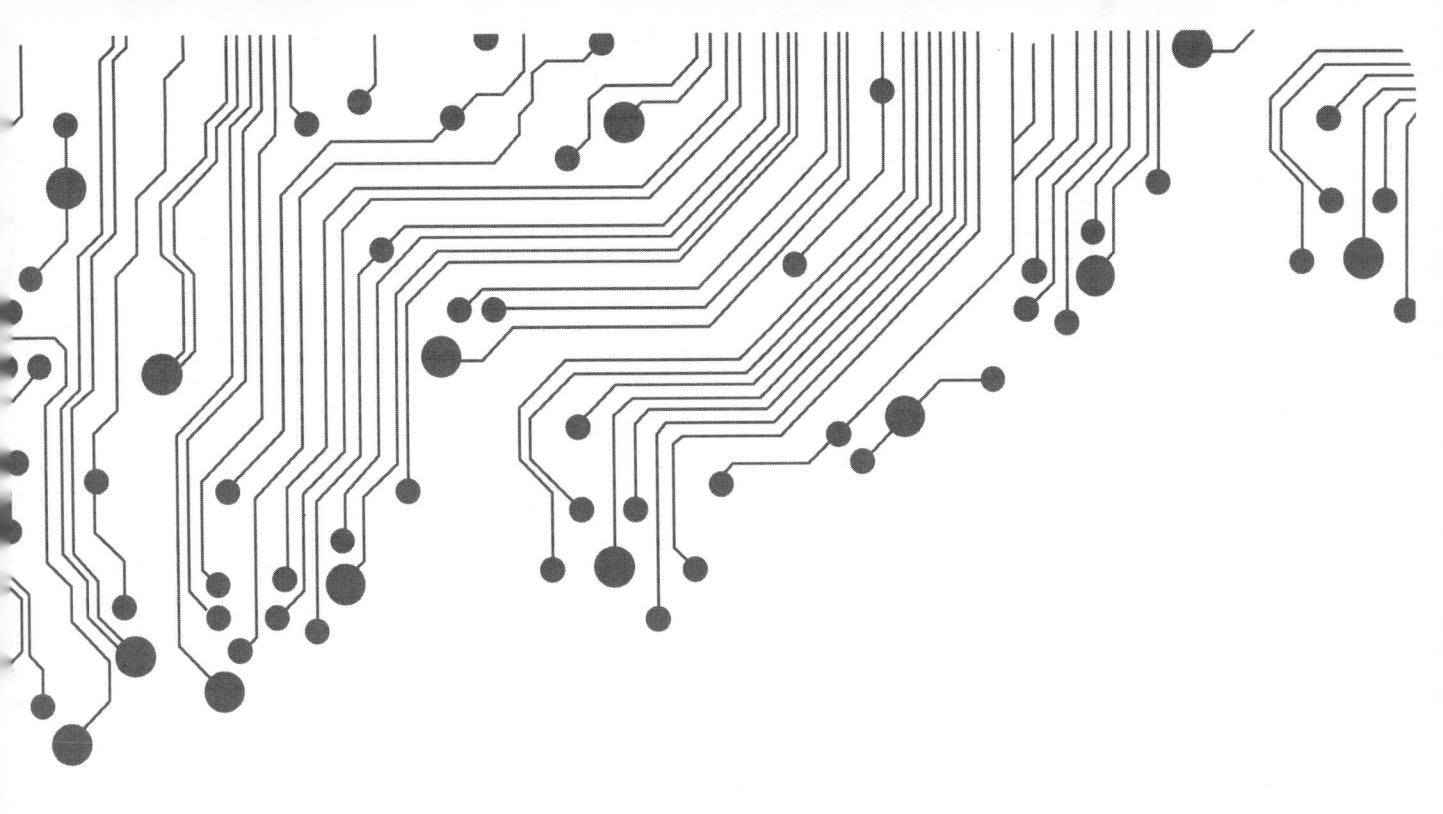

GLOSSÁRIO

Absorção de corrente A saída de um circuito lógico absorve a corrente da entrada do circuito lógico que está acionando.

Acionado Termo usado para descrever o estado de um sinal lógico; sinônimo de "ativo".

ADC com pipeline Estratégia de conversão que usa conversores flash de alta velocidade em dois ou mais estágios, cada qual determinando uma parte do resultado binário inicial com o estágio mais significativo.

ADC de aproximação sucessiva Tipo de conversor analógico-digital em que um registrador de entrada paralela interna e uma lógica de controle complexa são utilizados a fim de fazer a conversão. O tempo de conversão para esse tipo de conversor é sempre o mesmo, independentemente do valor na entrada de sinal analógico.

ADC de rampa digital Tipo de conversor analógico-digital no qual é gerada uma forma de onda interna do tipo escada, utilizada a fim de realizar a conversão. O tempo de conversão desse tipo de conversor analógico-digital varia conforme o valor do sinal analógico de entrada.

ADC de rampa dupla Tipo de conversor analógico-digital que carrega linearmente um capacitor de uma corrente proporcional a V_A por um intervalo de tempo fixo e, em seguida, incrementa um contador à medida que o capacitor é descarregado linearmente para 0.

ADC de tensão-frequência Tipo de conversor analógico-digital que converte uma tensão analógica em uma frequência de pulsos que é contada a fim de gerar a saída digital.

ADC Flash Tipo de conversor analógico-digital que apresenta a maior velocidade de operação disponível.

Agrupamento Combinação de quadrados adjacentes que contêm 1s em um mapa de Karnaugh com o objetivo de simplificar a expressão na forma de soma de produtos.

Álgebra booleana Processo algébrico usado como ferramenta no projeto e na análise de sistemas digitais. Na álgebra booleana, somente dois valores são possíveis, 0 e 1.

Amostragem Aquisição e digitalização de um ponto de um sinal analógico em determinado instante de tempo.

Aninhamento Quando uma estrutura de controle é inserida dentro de outra estrutura.

Anodo comum Display de LEDs que tem os anodos de todos os segmentos conectados.

Aquisição de dados Processo pelo qual um computador adquire dados analógicos digitalizados.

ARCHITECTURE Palavra-chave em VHDL usada a fim de iniciar uma seção de código que define a operação de um bloco de circuito (ENTITY).

Arranjo de interconexão programável (PIA) Termo que a Altera Corporation utiliza para descrever os recursos utilizados a fim de conectar os LABs e os módulos de entrada/saída.

Arranjo de lógica programável (PLA) Classe de dispositivos lógicos programáveis. Tanto a matriz AND quanto a matriz OR são programáveis. Também é chamado de *arranjo lógico programável em campo (FPLA)*.

Arranjo lógico programável em campo (FPLA) PLD que usa tanto matriz programável AND quanto OR.

ASIC totalmente personalizado Circuito integrado de aplicação específica (ASIC) inteiramente projetado e fabricado a partir de elementos fundamentais de dispositivos eletrônicos, como transistores, diodos, resistores e capacitores.

Atrasos de propagação (tPLH/tPHL) Atraso a partir do instante em que um sinal é aplicado até o instante em que a saída realiza sua mudança.

Atribuição de sinal condicional Uma construção concorrente em VHDL que avalia uma série de condições de modo sequencial para determinar o valor apropriado a ser atribuído a um sinal. A primeira condição avaliada como verdadeira determina o valor atribuído.

Atuador Dispositivo controlado eletricamente que lida com uma variável física.

Backplane Conexão elétrica comum a todos os segmentos de um LCD.

Barramento Conjunto de fios que transportam bits de informação relacionados.

Barramento de controle Conjunto de linhas de sinais utilizado para sincronizar as atividades da CPU e os elementos µC separados.

Barramento de dados Linhas bidirecionais que transportam dados entre a CPU e a memória ou entre a CPU e os dispositivos de I/O.

Barramento de endereço Linhas unidirecionais que transportam o código de endereço da CPU para a memória e os dispositivos de I/O.

Barramento em flutuação Quando todas as saídas conectadas a um barramento de dados estão no estado de alta impedância.

Barrel shifter Registrador que desloca, de forma bastante eficiente, um número binário para a esquerda ou para a direita de uma quantidade qualquer de bits.

Biblioteca Coleção de descrições de circuitos de *hardware* utilizada como módulos em um arquivo de projeto.

Biblioteca de módulos parametrizáveis (LPM) Um grupo de blocos lógicos funcionais genéricos, com recursos variáveis (parâmetros) que podem ser incluídos ou omitidos a fim de atender a um requisito de projeto específico (p. ex., número de bits, número MOD, opções de controle).

Bit Dígito no sistema binário.

BIT Em VHDL, tipo de objeto de dados que representa um único dígito binário (bit).

Bit de paridade Bit adicionado a cada palavra de código de modo que o número total de 1s que está sendo transmitido seja sempre par (ou sempre ímpar).

Bit de sinal Bit binário que é adicionado à posição mais à esquerda do número binário que indica se o número representa uma quantidade negativa ou positiva.

Bit mais significativo (MSB) Bit mais à esquerda (de maior peso) em determinado número.

Bit menos significativo (LSB) Bit mais à direita (menor peso) de uma quantidade expressa em binário.

BIT_VECTOR Em VHDL, tipo de objeto de dados representando um vetor de bits. *Veja também* Vetor de bits.

Bloco de arranjo lógico (LAB) Termo que a Altera Corporation usa para descrever blocos de construção de seus CPLDs. Cada LAB é semelhante em complexidade a um SPLD.

Borda Uma transição de uma forma de onda de nível BAIXO para ALTO ou de nível ALTO para BAIXO.

Borda de descida *Veja* Transição negativa.

Borda de subida *Veja* Transição positiva.

Buffer circular Sistema de memória que contém sempre os últimos *n* dados escritos. Quando um novo dado é armazenado, ele sobrescreve o último dado no buffer.

Buffer de transferência de dados Aplicação de FIFOs na qual dados sequenciais são escritos na FIFO em certa taxa e lidos em uma taxa diferente.

Buffer/driver Circuito projetado para ter capacidade de tensão e/ou corrente de saída maior que os circuitos lógicos comuns.

Buffer linear Sistema de memória FIFO no qual os dados entram em determinada taxa e saem em outra taxa. Após todas as posições de memória serem preenchidas, nenhum novo dado é armazenado até que todos sejam lidos do buffer. *Veja também* Memória first-in, first-out (FIFO).

Byte Grupo de oito bits.

Capacidade Quantidade de espaço de armazenamento de uma memória expressa como número de bits ou número de palavras.

Captura esquemática Programa de computador que interpreta símbolos gráficos e conexões de sinais e converte em relações lógicas.

Carga paralela *Veja* Transferência paralela de dados.

Carry Dígito ou bit gerado quando dois números são somados e o resultado é maior ou igual à base do sistema de numeração que está sendo usado.

Carry antecipado Característica que alguns somadores paralelos têm de prever, sem esperar o carry se propagar pelos somadores completos, se um bit de carry (C_{OUT}) será gerado ou não como resultado da adição, reduzindo, assim, o atraso de propagação total.

Carry ondulante *Veja* Propagação do carry.

CAS (*strobe* do endereço da coluna) Sinal usado para armazenar o endereço da coluna em uma DRAM.

CAS antes de RAS Método de refresh de DRAMs que têm contadores embutidos. Quando a entrada *CAS* é acionada em nível BAIXO e mantida nesse nível à medida que *RAS* é pulsado em nível BAIXO, uma operação interna de refresh é realizada no endereço da linha fornecido pelo contador de refresh no chip.

CASE Estrutura de controle que seleciona uma entre várias opções ao descrever uma operação de circuito baseada no valor de um objeto de dados.

Catodo comum Display de LEDs que tem os catodos de todos os segmentos conectados.

Célula de memória Dispositivo que armazena um único bit.

Célula padrão ASIC Circuito integrado de aplicação específica (ASIC) composto de blocos lógicos pré-projetados de uma biblioteca de projetos de célula padrão interconectados durante o estágio de projeto de sistema e depois fabricados em um único CI.

Chave bilateral Circuito CMOS que funciona de modo similar à chave de um polo e uma posição controlada por um nível lógico de entrada.

Chip select Entrada de um dispositivo digital que controla se ele realizará ou não sua função. Também chamado de *chip enable*.

Circuito de amostragem e retenção (S/H) Tipo de circuito que usa um amplificador de ganho unitário em conjunto com um capacitor a fim de manter a entrada estável durante o processo de conversão analógico-digital.

Circuito detector de borda Circuito que produz spike positivo estreito que ocorre de maneira coincidente com a transição ativa de um pulso de clock de entrada.

Circuito direcionador de pulsos Circuito lógico utilizado a fim de selecionar o destino do pulso de entrada dependendo dos níveis lógicos presentes nas entradas do circuito.

Circuito lógico Qualquer circuito que se comporte segundo um conjunto de regras lógicas.

Circuito NOR exclusivo (XNOR) Circuito de duas entradas lógicas que produz saída em nível ALTO apenas quando elas são iguais.

Circuito NOT *Veja* INVERTER.

Circuito OR exclusivo (XOR) Circuito de duas entradas lógicas que produz saída em nível ALTO apenas quando elas são diferentes.

Circuito Schmitt-Trigger Circuito digital que aceita sinal de entrada de variação lenta e produz sinal de saída com transições rápidas e sem oscilações.

Circuito sequencial Circuito lógico cujas saídas podem mudar de estado em sincronismo com um sinal de clock periódico. O novo estado de uma saída depende de seu estado atual, assim como dos estados atuais das outras saídas e níveis lógicos aplicados às entradas de controle.

Circuitos inibidores Circuitos lógicos que controlam a passagem de um sinal de entrada para a saída.

Circuitos integrados de aplicação específica (ASIC) CI especialmente projetado a fim de preencher as exigências de uma aplicação. As subcategorias incluem PLDs, matrizes de portas, células padrão e CIs totalmente personalizados.

Circuitos integrados digitais Circuitos digitais implementados utilizando uma das diversas tecnologias para fabricação de circuitos integrados.

Circuitos lógicos combinacionais Circuitos construídos a partir da combinação de portas lógicas, sem realimentação das saídas nas entradas.

CIs bipolares Circuitos integrados digitais nos quais os transistores NPN e PNP são os principais elementos do circuito.

CIs unipolares Circuitos digitais integrados nos quais os transistores por efeito de campo unipolares (MOSFETs) são os principais elementos.

CLEAR Entrada de um latch ou flip-flop utilizada a fim de fazer $Q = 0$.

Clock Sinal digital que controla a temporização de eventos em um sistema síncrono.

CMOS (*complementary metal oxide semiconductor*) Tecnologia de circuitos integrados que utiliza o MOSFET como principal elemento. Essa família lógica pertence à categoria de CIs digitais unipolares.

Codec Codificação/Decodificação. Dispositivo que realiza conversões analógicas para digitais (codificação) e digitais para analógicas (decodificação).

Codificação Utilização de um grupo de símbolos para representar números, letras ou palavras.

Codificação binária direta Representação de um número decimal pelo número binário equivalente.

Codificador de prioridade Tipo especial de codificador que detecta quando duas ou mais entradas são ativadas de forma simultânea e gera um código correspondente à entrada de maior prioridade (maior número).

Código ASCII (*American Standard Code for Information Interchange*) Código alfanumérico de sete bits usado pela maioria dos fabricantes de computadores.

Código decimal codificado em binário (Código BCD) Código de quatro bits usado a fim de representar cada dígito de um número decimal pelo equivalente binário de quatro bits.

Código gray Código que nunca possui mais de um bit em mudança quando passa de um estado a outro.

Códigos alfanuméricos Códigos que representam números, letras, sinais de pontuação e caracteres especiais.

Comentários Texto acrescentado a qualquer arquivo de projeto em HDL ou em programas para computador que descreve o propósito e o funcionamento do código em geral ou de declarações individuais no código. A documentação referente a autor, data, revisão etc. também pode estar contida nos comentários.

Comparador de magnitude Circuito digital que compara duas quantidades binárias de entrada e gera as saídas que indicam se são iguais ou, se não, qual é maior.

Comparador de tensão analógico Circuito que compara duas tensões analógicas de entrada e produz saída que indica qual é maior.

Compatível pino a pino Quando os pinos correspondentes de dois CIs diferentes têm as mesmas funções.

Compilador Programa que traduz um arquivo-texto escrito em linguagem de alto nível em um arquivo binário carregado em um dispositivo programável, como um PLD ou a memória de um computador.

Complemento *Veja* Inversão.

Complemento de 1 Resultado obtido quando cada bit de um número binário é complementado.

Complemento de 2 Resultado obtido quando um 1 é adicionado na posição do bit menos significativo de um número em complemento de 1.

COMPONENT Palavra-chave em VHDL usada no topo de um arquivo de projeto a fim de fornecer informações sobre um componente de biblioteca.

Compressão de dados Estratégia que permite que arquivos grandes de dados sejam armazenados em um espaço de memória muito menor.

Computador digital Sistema de hardware que realiza operações lógicas e aritméticas, manipula dados e toma decisões.

Comutação Processo de mudança de um estado binário em outro.

Concatenar Termo usado para descrever a configuração ou ligação de dois ou mais objetos de dados em conjuntos ordenados.

Concorrente Eventos que ocorrem de modo simultâneo. Em HDL, os circuitos gerados por declarações concorrentes não são afetados pela sequência das declarações no código.

Condição irrelevante Situação que ocorre quando um nível de saída de um circuito, para certo conjunto de condições de entrada, pode ser 0 ou 1.

Conexão a fusível Material condutor que para de conduzir (ou seja, fica aberto) quando passa uma corrente excessiva por ele.

Conexão em cascata Conexão de circuitos lógicos em série com a saída de um circuito acionando a entrada do próximo, e assim por diante.

Conjunto Agrupamento de variáveis ou sinais concatenados.

Constantes Nomes simbólicos que representam valores numéricos fixos (escalares).

Contador Circuito lógico sequencial feito de flip-flops está em clocks por meio de uma sequência de estados. A sequência é frequentemente (mas não sempre) de inteiros consecutivos ou sequência de contador.

Contador assíncrono Tipo de contador no qual a saída de cada flip-flop serve de sinal de entrada de clock para o flip-flop seguinte.

Contador autocorretor Contador que sempre efetua a sequência pretendida, independentemente de seu estado inicial.

Contador BCD Contador binário que conta de 0000_2 a 1001_2 antes de reciclar.

Contador binário Grupo de flip-flops conectados de um modo especial, tal que os estados dos flip-flops representam o número binário equivalente ao número de pulsos que ocorreram na entrada do contador.

Contador com carga paralela Contador que pode ser predefinido para qualquer contagem inicial de forma síncrona ou assíncrona.

Contador crescente Contador de 0 até o valor máximo.

Contador crescente/decrescente Contador que conta em modo crescente ou decrescente, dependendo de como as entradas de controle são ativadas.

Contador decádico Qualquer contador que é capaz de apresentar dez estados lógicos diferentes.

Contador decrescente Contador a partir de uma contagem máxima até 0.

Contador de múltiplos Contador no qual vários estágios de contagem estão conectados de modo que a saída de um deles sirva como entrada do clock do próximo estágio para alcançar uma faixa maior de contagem ou divisão de frequência.

Contador de refresh Contador que mantém os endereços da linha durante a operação de refresh da DRAM.

Contador em anel Registrador de deslocamento no qual a saída do último flip-flop é conectada na entrada do primeiro.

Contador Johnson Registrador de deslocamento em que a saída invertida do último flip-flop é conectada à entrada do primeiro.

Contador ondulante *Veja* Contador assíncrono.

Contador paralelo *Veja* Contador síncrono.

Contador síncrono Contador no qual todos os flip-flops são disparados de forma simultânea.

Contenção Dois (ou mais) sinais de saída conectados a fim de acionar um ponto comum com diferentes níveis de tensão. *Veja* Contenção de barramento.

Contenção de barramento Situação na qual as saídas de dois ou mais dispositivos ativos são colocadas no mesmo barramento de modo simultâneo.

Controlador de DRAM CI utilizado a fim de tratar as operações de refresh e multiplexação de endereço necessárias para os sistemas DRAM.

Conversão paralelo-série Processo pelo qual todos os bits são apresentados de maneira simultânea na entrada de um circuito e transmitidos para a saída, um bit por vez.

Conversor analógico-digital (ADC) Circuito que converte a entrada analógica na saída digital correspondente.

Conversor de níveis de tensão Circuito que recebe um conjunto de tensões de entrada e o converte em um conjunto diferente de níveis lógicos.

Conversor digital-analógico (DAC) Circuito que converte a entrada digital na saída analógica correspondente.

DAC bipolar Conversor digital-analógico que aceita números binários com sinal na entrada e produz o valor analógico de saída positivo ou negativo correspondente.

Dados Representações binárias de valores numéricos ou informações não numéricas em um sistema digital. Dados são utilizados e, muitas vezes, modificados por um programa de computador.

Declaração de atribuição concorrente Declaração em AHDL ou VHDL que descreve um circuito que funciona de maneira simultânea a outros descritos por declarações concorrentes.

Decodificação Ato de identificar dada combinação binária (código) a fim de mostrar seu valor ou reconhecer sua presença.

Decodificador Circuito digital que converte um código binário de entrada em uma única saída numérica correspondente.

Decodificador 1 de 10 *Veja* Decodificador BCD para decimal.

Decodificador 4 para 10 *Veja* Decodificador BCD para decimal.

Decodificador ativo em nível ALTO (BAIXO) Decodificador que produz um nível lógico ALTO (BAIXO) na saída quando a detecção ocorre.

Decodificador BCD para decimal Decodificador que converte a entrada BCD na única saída decimal equivalente.

Decodificador/Driver BCD para 7 segmentos Circuito digital que recebe uma entrada BCD de quatro bits e ativa as saídas necessárias para mostrar o dígito decimal equivalente em display de 7 segmentos.

DEFAULTS Em AHDL, palavra-chave utilizada a fim de estabelecer um valor padrão a um sinal combinacional para instâncias em que o código não explicita valor.

Demultiplexador (DEMUX) Circuito lógico que, dependendo do estado das entradas de seleção, direciona a entrada de dados para uma das saídas de dados.

Densidade Medida relativa da capacidade de armazenar bits em determinado espaço.

Desabilitar Ação pela qual um circuito é impedido de realizar sua função normal, como passar um sinal de entrada para saída.

Desacoplamento da fonte de alimentação Conexão de pequenos capacitores de RF entre GND e V_{CC} próximos a cada circuito integrado TTL na placa de circuito impresso.

Desalinhamento do clock Chegada de sinal nas entradas de clock de diferentes flip-flops em instantes de tempo diferentes, em razão dos atrasos de propagação.

Descarga eletrostática (ESD) Ocorrência frequentemente prejudicial de transferência da eletricidade estática (ou seja, de carga eletrostática) de uma superfície para outra. Esse impulso de corrente pode destruir dispositivos eletrônicos.

Diagrama de tempo Descrição dos níveis lógicos em relação ao tempo.

Diagrama de transição de estados Representação gráfica da operação de circuito binário sequencial, mostrando os estados de cada FF e as condições necessárias para fazer transições de um estado para o próximo.

Digitalização Processo pelo qual um sinal analógico é convertido em dados digitais.

Dígito binário Bit.

Dígito mais significativo (MSD) Dígito que ocupa a posição de maior peso em determinado número.

Dígito menos significativo (LSD) Dígito que ocupa a posição de menor peso em determinado número.

Disco rígido Disco magnético de metal rígido utilizado para armazenamento de grande quantidade de dados.

Disparado por borda Modo pelo qual um flip-flop é ativado pela transição de sinal. O flip-flop pode ser disparado pela borda de subida ou de descida.

Disparado por nível Um circuito digital que responderá às entradas de controle sempre que sua entrada de disparo estiver em seu nível ativo.

Disparo Sinal de entrada em um flip-flop ou monoestável que faz que a saída mude de estado dependendo das condições dos sinais de controle.

Dispositivo lógico programável (PLD) CI que contém um grande número de funções lógicas interconectadas. O usuário pode programar o CI para uma função específica pelo rompimento seletivo das interconexões apropriadas.

Dispositivo lógico programável simples (SPLD) PLD com poucas centenas de portas lógicas e possivelmente algumas macrocélulas programáveis disponíveis.

Distribuidores de dados *Veja* Demultiplexador (DEMUX).

Dividir e conquistar Técnica de análise de defeitos na qual testes são realizados a fim de eliminar metade das possíveis causas remanescentes de mau funcionamento.

Divisão de frequência O uso de circuitos de flip-flop para produzir uma forma de onda de saída cuja frequência é igual à frequência de clock de entrada dividida em alguns valores de inteiros.

Downloading Processo de transferir arquivos de saída para um programador de dispositivos.

Driver Termo técnico algumas vezes incluído na descrição de CIs para indicar que as saídas do CI podem operar com limites de tensão e/ou corrente mais altos que um CI normal padrão.

Drivers de barramento Circuitos que servem de buffer para as saídas dos dispositivos conectados em um barramento comum, usados quando um grande número de dispositivos compartilha um barramento.

Dual-in-line package **(DIP)** Tipo de encapsulamento de CIs bastante comum, com duas linhas de pinos paralelos para serem inseridos em soquete ou em furos de uma placa de circuito impresso.

Duty cycle Intervalo em que um pulso periódico de forma de onda está ativo em porcentagem. Para sinais ativos em ALTO, o tempo ALTO é dividido pelo período.

Elementos lógicos Um termo que a Altera Corporation usa para descrever os blocos de construção PLD que são programados como uma tabela de consulta baseada em RAM.

ELSE Estrutura de controle utilizada em conjunção com IF/THEN a fim de executar ação alternativa no caso em que a condição é falsa. Uma IF/THEN/ELSE sempre executa uma entre duas ações.

ELSIF Estrutura de controle utilizada múltiplas vezes em seguida a um comando IF a fim de selecionar uma entre diversas opções ao descrever a operação de um circuito dependendo se as expressões associadas são verdadeiras ou falsas.

Endereço Número que identifica a posição de uma palavra na memória.

ENTITY Palavra-chave em VHDL utilizada a fim de definir a estrutura de bloco básica de um circuito. Essa palavra é seguida por um nome para o bloco e as definições de suas ports de entrada/saída.

Entrada flutuante Sinal de entrada que é deixada desconectada em um circuito lógico.

Entrada paralela/saída paralela Tipo de registrador carregado com dados paralelos e que tem saídas paralelas disponíveis.

Entrada paralela/saída serial Tipo de registrador que pode ser carregado com dados paralelos e tem somente uma saída serial.

Entradas assíncronas Entradas de flip-flops que afetam a operação deles independentemente das entradas síncronas e de clock.

Entradas de controle Sinais de entrada que sincronamente ou assincronamente determinam o estado de saída de um flip-flop.

Entradas de controle síncronas *Veja* Entradas de controle.

Entradas de sobreposição Sinônimo de "entradas assíncronas".

Entradas diferenciais Método de conectar um sinal analógico às entradas + e – de um circuito analógico de modo que o circuito analógico opere sobre a diferença de tensão entre as duas entradas.

Entrada serial/saída serial Tipo de registrador que pode ser carregado com dados serialmente e que tem uma única saída serial.

Erro de fundo de escala Termo utilizado por fabricantes de conversores digital-analógicos para especificar a precisão de um conversor D/A. É definido como o desvio máximo da saída do conversor D/A em relação ao valor ideal esperado.

Erro de linearidade Termo utilizado por fabricantes de conversores digital-analógicos a fim de especificar a precisão dos dispositivos. É definido como o desvio máximo no tamanho do degrau quando comparado ao ideal.

Erro de offset Desvio do valor de tensão de saída, do valor ideal de 0 V, de um conversor digital-analógico quando todos os bits de entrada estão em 0. Na verdade, existe uma pequena tensão na saída nessa situação.

Erro de quantização Erro causado pela resolução não zero do conversor analógico-digital. Erro inerente ao dispositivo.

Estado CLEAR O estado $Q = 0$ de um flip-flop.

Estado de RESET O estado em que $Q = 0$ em um flip-flop.

Estado quase estável Estado no qual o monoestável é temporariamente colocado (em geral, $Q = 1$) antes de retornar ao estado estável (em geral, $Q = 0$).

Estado SET Estado de um flip-flop no qual $Q = 1$.

Estados lógicos A condição lógica (Verdadeiro/Falso, 1/0) de um bit ou grupo de bits em um sistema digital.

Estados metastáveis Uma tensão anormal que pode estar temporariamente presente em uma saída quando as restrições de tempo são violadas.

Estado transiente Combinações de bits que aparecem por um tempo muito curto como sinais que se propagam por um sistema digital durante uma mudança de um monoestável a outro.

Estruturas de controle de decisão Declarações e sintaxe que descrevem como escolher entre duas ou mais opções no código.

EVENT Palavra-chave utilizada em VHDL como um atributo ligado a um sinal a fim de detectar transição. Em geral, um evento significa um sinal em estado alterado.

Fan-out Número máximo de entradas lógicas padrão que a saída de um circuito digital aciona de modo confiável.

Feedback Prática comum de alimentar informações de saída de volta para as entradas de um circuito. Feedback é fundamental para todos os circuitos sequenciais.

Filtragem por interpolação Outro nome para sobreamostragem. A interpolação refere-se a valores intermediários inseridos no sinal digital a fim de suavizar a forma de onda de saída.

Flip-flop Dispositivo de memória capaz de armazenar um nível lógico.

Flip-flop D *Veja* Flip-flop D com clock.

Flip-flop D com clock Tipo de flip-flop no qual a entrada *D* (dados) é síncrona.

Flip-flop J-K com clock Tipo de flip-flop no qual as entradas *J* e *K* são síncronas.

Flip-flops com clock Flip-flops que têm entrada de clock.

Flip-flop S-R com clock Tipo de flip-flop no qual as entradas SET e RESET são síncronas.

Flutuação Termo utilizado para descrever uma port ou nó em um circuito que não é acionado por nada.

Forma de onda do tipo escada Tipo de forma de onda gerado na saída de um conversor D/A conforme sua entrada digital é incrementada.

Forma de produtos de soma (POS) Expressão lógica que consiste em dois ou mais termos OR que são unidos por AND.

Forma de soma de produtos (SOP) Expressão lógica que consiste em dois termos AND ou mais (produtos) colocados juntos em OR.

Fornecimento de corrente A saída de um circuito lógico fornece corrente para a entrada do circuito lógico que está acionando.

Frequência (F) O número de ciclos por unidade de tempo de uma forma de onda periódica.

Frequência de amostragem (Fs) A velocidade em que um sinal analógico é digitalizado (amostras por segundo).

Frequência máxima do clock (fMÁX) Frequência mais alta aplicada à entrada de clock de um flip-flop que o dispara de modo confiável.

Frequencímetro Circuito que pode medir e mostrar a frequência de um sinal.

Função maxplus2 O nome que o Quartus II usa para descrever funções de biblioteca que emulam recursos padrão TTL da série 74XX.

Funcionalmente equivalente Quando as funções lógicas executadas por dois CIs diferentes são exatamente as mesmas.

GENERATE Palavra-chave em VHDL utilizada com a construção FOR para definir de modo iterativo e interconectar múltiplos componentes similares.

Geração da função lógica Implementação de função lógica diretamente da tabela-verdade por um CI digital como, por exemplo, um multiplexador.

Gerador de clock a cristal Circuito que usa cristal de quartzo a fim de gerar um sinal de clock em uma frequência precisa.

Gerador de funções Circuito que produz diferentes formas de onda. Pode ser construído utilizando-se uma ROM, um DAC e um contador.

Gerador de paridade Circuito que pega um conjunto de bits de dados e produz um bit de paridade correto para os dados.

Glitch Alteração de tensão espúria, momentânea, estreita e bem definida.

GSI Giga Scale Integration (1 milhão de portas ou mais).

Habilitação Ação pela qual se permite que um circuito realize sua função normal, tal como passar sinal de entrada para a saída.

Habilitação de contagem Entrada em contador síncrono que controla se as saídas respondem a uma transição ativa de clock ou se a ignoram.

Hierarquia Grupo de tarefas arrumadas em ordem hierárquica de magnitude, importância ou complexidade.

IEEE/ANSI Institute of Electrical and Electronics Engineers/American National Standards Institute, ambos organizações profissionais que estabelecem padrões.

IF/THEN Estrutura de controle que avalia uma condição e executa uma ação, se a condição é verdadeira, ou a ignora e segue para a próxima condição, se é falsa.

Imunidade ao ruído Capacidade de um circuito de tolerar ruído de tensão em suas entradas.

Indeterminado Diz-se de um nível lógico de tensão, fora da faixa correta de tensões tanto para 0 lógico como para 1 lógico.

Índice Outro nome para o número do elemento de qualquer bit ou vetor de bits.

Instruções Códigos binários que informam ao computador as operações a realizar. Um programa é formado por uma sequência ordenada de instruções.

In-system programmable **(ISP)** Meio pelo qual um chip não precisa ser removido da placa do circuito a fim de armazenar informação de programação.

INTEGER Em VHDL, tipo de objeto de dados que representa um valor numérico.

Interfaceamento Interligação de dispositivos diferentes de tal modo que sejam capazes de funcionar de maneira compatível e coordenada; conexão de saída de um sistema na entrada com características elétricas diferentes.

Intervalo de amostragem Janela de tempo durante a qual um frequencímetro amostra e determina a frequência desconhecida do sinal.

Inversão Fazer um nível lógico ir para o valor oposto.

INVERSOR Também chamado de circuito NOT; circuito lógico que implementa a operação NOT. Um INVERSOR tem apenas uma entrada, e seu nível lógico de saída é sempre o oposto do de entrada.

JTAG Joint Test Action Group, grupo que criou uma interface padrão que permite o acesso ao mecanismo interno de um chip para fins de teste, controle e programação.

Latch Tipo de flip-flop; ação pela qual a saída de um circuito lógico captura e mantém o valor de entrada.

Latch com portas NAND Flip-flop construído com duas portas NAND em acoplamento cruzado.

Latch D Circuito que contém latch com portas NAND e duas portas NAND direcionadoras.

Latch de porta NOR Flip-flop construído a partir das duas portas NOR acopladas transversais.

Latch S-R Circuito com entradas SET(S) e RESET(R) e saída Q. A saída Q lembra o último comando ativo nas suas entradas.

Latch-up Condição na qual correntes altas circulam em um CI CMOS provocadas por pulsos de alta tensão ou por oscilações nas entradas ou saídas do dispositivo.

Latência Atraso inerente associado à leitura de dados em uma DRAM. É causado pelos requisitos de temporização de colocação dos endereços de linha e coluna e o tempo para os dados estabilizarem na saída.

LCD Display de cristal líquido.

LED Diodo emissor de luz.

Leitura Termo utilizado para descrever a condição na qual a CPU está recebendo dados de outro elemento.

Linguagem de descrição de hardware (HDL) Método baseado em texto de descrição de hardware digital que segue sintaxe rígida para representar objetos de dados e estruturas de controle.

Linguagem de descrição de hardware da Altera (AHDL) HDL patenteada, desenvolvida pela Altera Corporation para programar seus dispositivos lógicos programáveis.

Linguagem de descrição de hardware de circuito integrado de velocidade muito alta (VHDL) Linguagem de descrição de hardware desenvolvida pelo Departamento de Defesa dos Estados Unidos para documentar, simular e sintetizar sistemas digitais complexos.

Linha bidirecional de dados Termo usado quando uma linha de dados funciona tanto como de entrada quanto como de saída, dependendo dos estados das entradas de habilitação.

Lista de sensibilidade Lista de sinais utilizados para evocar a sequência de declarações em um PROCESS.

Literais Em VHDL, valor escalar ou padrão de bit que deve ser atribuído a um objeto de dados.

Lógica de arranjo programável (PAL) Classe de dispositivos lógicos programáveis. A matriz AND é programável, enquanto a matriz OR é fixa.

Lógica padrão Grande variedade de componentes de CIs digitais básicos disponível em várias tecnologias como chips MSI e SSI.

Loop FOR *Veja* Loop iterativo.

Loop iterativo Estrutura de controle que implica uma operação repetitiva e um número de iterações declarado.

LPM_ADD_SUB Uma função disponível na biblioteca que pode somar ou subtrair.

LPM_COUNTER Uma função contador disponível na biblioteca.

LPM_FF Uma função flip-flop disponível na biblioteca.

LPM_LATCH Um circuito de latch disparado por nível disponível na biblioteca.

LPM_MULT Uma função disponível na biblioteca que pode multiplicar.

LPM_SHIFTREG Uma função de registradores de deslocamento disponível na biblioteca.

LSI Integração em larga escala (de 100 a 9999 portas).

MAC Abreviação de unidade de multiplicação e acumulação (*multiply accumulate unit*); é a seção do hardware de um DSP que multiplica uma amostra por um coeficiente e, então, acumula (soma) o resultado total desses produtos.

MACHINE Palavra-chave em AHDL utilizada a fim de criar uma máquina de estado em um arquivo de projeto.

Macrocélula Circuito formado por componentes digitais básicos, tais como portas AND, portas OR, registradores e circuitos de controle tristate interconectados dentro de um PLD por um programa.

Macrocélula da lógica de saída (OLMC) Grupo de elementos lógicos (portas, multiplexadores, flip-flops, buffers) em um PLD, que pode ser configurado de várias maneiras.

Macrofunções Termo utilizado pela Altera Corporation para designar as descrições de hardware predefinidas em suas bibliotecas que representam componentes padrão de CI.

Mapa de Karnaugh (Mapa K) Forma bidimensional de uma tabela-verdade utilizada para simplificar expressões na forma de soma de produtos.

Mapa de memória Diagrama de um sistema de memória que mostra as faixas de endereço de todos os dispositivos de memória existentes, bem como o espaço de memória para expansão.

Máquina de estado Circuito sequencial que passa por vários estados definidos.

Margem de ruído Medida quantitativa da imunidade ao ruído.

Matriz de portas Circuito integrado de aplicação específica (ASIC) formado por centenas de milhares de portas básicas pré-fabricadas interconectadas de modo personalizado nos últimos estágios de fabricação para formar o circuito digital desejado.

Matriz de portas programável em campo (FPGA) Classe de PLDs que contém uma matriz de células lógicas mais complexas interconectadas de modo bastante flexível a fim de implementar circuitos lógicos de alto nível.

Matriz de termos de entrada Parte de um dispositivo de lógica programável que permite que as entradas sejam seletivamente conectadas ou desconectadas da lógica interna.

Média ponderada Cálculo da média de um grupo de amostras associadas a diferentes pesos (entre 0 e 1) para cada amostra.

Megafunção Bloco de construção complexo ou de alto nível disponível na biblioteca da Altera; o nome no software Quartus II descreve funções versáteis disponíveis na biblioteca de módulos parametrizados (LPM).

Meio somador (HA) Circuito lógico com duas entradas e duas saídas. As entradas são um bit da primeira parcela e um bit da segunda. As saídas são o bit de soma, produzido pela adição dos dois bits de entrada, e o bit de carry de saída (C_{OUT}) que será somado no próximo estágio.

Memória Capacidade da saída de um circuito em permanecer em um estado mesmo quando a condição de entrada que o causou seja eliminada.

Memória auxiliar Parte da memória de um computador separada da memória principal. Em geral, tem alta densidade e alta capacidade, como os discos magnéticos.

Memória de acesso aleatório (RAM) Memória na qual o tempo de acesso é o mesmo para qualquer posição.

Memória de acesso sequencial (SAM) Memória na qual o tempo de acesso varia de acordo com a localização dos dados.

Memória de cache Sistema de memória de alta velocidade que pode ser carregado a partir de um sistema mais lento de DRAM e acessado de maneira rápida por uma CPU de alta velocidade.

Memória de disco magnético Memória de massa que armazena dados como pontos magnetizados em um disco giratório de superfície plana.

Memória de disco ótico Tipo de memória de massa que usa *laser* a fim de ler e escrever em um disco de revestimento especial.

Memória de leitura/escrita (RWM) Qualquer memória que pode ser lida e escrita com a mesma facilidade.

Memória de massa Armazena grandes quantidades de dados. Não faz parte da memória interna.

Memória first-in, first-out (FIFO) Memória semicondutora de acesso sequencial na qual os dados são lidos na mesma ordem em que foram escritos.

Memória flash CI de memória não volátil com acesso rápido e que pode ser apagada no próprio circuito, como as EEPROMs, mas com densidades mais altas e custo menor.

Memória flash NAND Modo de conectar células de memória flash (transistores de porta flutuante) que se assemelhe a um circuito de porta NAND e resulta em uma densidade muito alta em um custo de acesso aleatório.

Memória flash NOR Um modo de conectar as células de memória flash (transistores de porta flutuante) que se assemelha a um circuito de porta NOR e resulta em acesso aleatório de alta velocidade do custo de espaço na pastilha de silício.

Memória não volátil Memória que mantém a informação armazenada sem necessidade de alimentação.

Memória principal Parte da memória de alto desempenho de um computador que armazena programas e dados que estão atualmente funcionando. Também chamada de *memória de trabalho*.

Memória refletida Habilitação redundante de um dispositivo de memória em mais de uma faixa de endereços como resultado de decodificação de endereço incompleta.

Memória volátil Memória que necessita de tensão de alimentação para manter a informação armazenada.

Método de paridade Esquema utilizado para detecção de erro durante a transmissão de dados.

Microcomputador Membro mais novo da família dos computadores, o qual consiste em um chip microprocessador, chips de memória e chips de interface de I/O. Em alguns casos, todos os itens mencionados são colocados em um único CI.

Microcontrolador Microcomputador utilizado como controlador dedicado no controle de máquina, equipamento ou processo.

Microcontrolador dedicado Microcontrolador agregado a um produto comercial, como um videocassete ou um eletrodoméstico.

Microprocessador (MPU) Chip LSI que contém a unidade central do processamento (CPU).

Minuendo Número a partir do qual o subtraendo deve ser subtraído.

Modelo Mealy Modelo de máquina de estado no qual os sinais de saída são controlados por entradas combinacionais, assim como pelo estado do circuito sequencial.

Modelo Moore Modelo de máquina de estado em que os sinais de saída são controlados apenas pelas saídas sequenciais do circuito.

Modo Atributo de um port em um circuito digital que o define como de entrada, saída ou bidirecional.

Modo de comutação Modo no qual o flip-flop muda de estado a cada pulso.

Modulação sigma/delta Método de amostragem de sinal analógico e conversão de seus pontos de dados em fluxo de bits de dados seriais.

Monoestável (os) Circuito que pertence à família dos flip-flops, mas que possui apenas um estado estável (em geral, $Q = 0$).

Monoestável digital Monoestável que usa um contador e um clock em vez de um circuito RC como base de tempo.

Monoestável não redisparável Monoestável que não responde a sinal na entrada de disparo enquanto está em seu estado quase-estável.

Monoestável redisparável Monoestável que responde ao sinal de disparo enquanto está em seu estado quase-estável.

Monotonicidade Propriedade pela qual a saída de um conversor digital-analógico aumenta com a entrada binária.

Montagem em superfície Método para fabricar placas de circuito em que os CIs são soldados em ilhas condutoras na superfície da placa.

MOSFET Transistor de efeito de campo metal-óxido-semicondutor.

MROM (ROM programada por máscara) ROM programada pelo fabricante de acordo com as especificações do cliente. Não pode ser apagada ou reprogramada.

MSI Integração em média escala (de 12 a 99 portas).

Multiplexação Processo de seleção de uma das várias fontes de dados de entrada e transmissão dos dados selecionados para um único canal de saída.

Multiplexação de endereço Multiplexação utilizada em RAMs dinâmicas a fim de poupar pinos no CI. Isso envolve o armazenamento de duas partes do endereço completo dentro do CI em etapas separadas.

Multiplexador (MUX) Circuito lógico que, dependendo do status de suas entradas selecionadas, canalizará uma de várias entradas de dados para sua saída.

Multivibrador astável Circuito digital que oscila entre dois estados instáveis de saída.

Multivibrador monoestável *Veja* Monoestável (os).

Não acionado Termo utilizado a fim de descrever o estado de um sinal lógico; sinônimo de "inativo".

Não periódica Uma forma de onda que não tem um período constante e consistente.

Negação Operação de conversão de um número positivo no número negativo equivalente, ou vice-versa. Um número binário sinalizado é negado pela operação de complemento de 2.

Nibble Grupo de quatro bits.

Nível de abstração comportamental Técnica de descrição de um circuito digital que se concentra em como o circuito reage às entradas de habilitação.

Nível de abstração estrutural Técnica para descrever um circuito digital que se concentra nas portas de conexão de módulos com sinais.

Nível lógico Estado de uma variável. O nível 1 (ALTO) e o 0 (BAIXO) correspondem a duas faixas de tensão utilizadas por dispositivos digitais.

Nível lógico ativo Nível lógico no qual um circuito é considerado ativo. Se o símbolo para o circuito incluir um pequeno círculo, este será ativado em nível BAIXO. Por outro lado, se ele não tiver o pequeno círculo, então será acionado em nível ALTO.

NMOS (N-channel metal-oxide-semiconductor) Tecnologia de circuitos integrados que usa MOSFETs canal N como elemento principal.

NODE Palavra-chave em AHDL utilizada a fim de declarar uma variável intermediária (objeto de dados) que é local àquele subdesign.

Nó interno Ponto definido em um circuito que não é acessível de fora dele.

Número MOD Número de estados diferentes pelos quais um contador pode passar; a razão de divisão de frequência do contador.

Objetos Várias formas de representar dados no código de qualquer HDL.

Observação/análise Processo utilizado na análise de defeitos de sistemas ou circuitos a fim de prever possíveis falhas antes mesmo de tomar qualquer um dos instrumentos de análise de defeitos. Quando esse processo é utilizado, o responsável pela análise deve entender a operação do circuito, observar os sintomas de falha e deduzir durante a operação.

Octetos Grupos de oito 1s adjacentes em um mapa de Karnaugh.

Operação AND Operação da álgebra booleana em que o símbolo é usado para indicar a operação aplicada em duas ou mais variáveis lógicas. O resultado da operação AND estará em nível ALTO (nível lógico 1) apenas se todas as variáveis estiverem em nível ALTO.

Operação de carga Transferência de dados para flip-flop, registrador, contador ou posição de memória.

Operação de escrita Operação na qual uma nova palavra é colocada em um local de memória específico.

Operação de leitura Operação na qual a palavra em uma posição de memória é transferida para outro dispositivo.

Operação NOT Operação da álgebra booleana na qual a barra sobreposta (−) ou o símbolo (') são utilizados para indicar a inversão de uma ou mais variáveis lógicas.

Operação OR Operação da álgebra booleana na qual o símbolo + é utilizado para indicar a operação OR de duas ou mais variáveis lógicas. O resultado da operação OR será ALTO (nível lógico 1), se uma ou mais variáveis estiverem em nível ALTO.

Oscilador controlado por tensão (VCO) Circuito que produz um sinal de saída com frequência proporcional à tensão aplicada à entrada.

Osciloscópio de armazenamento digital Instrumento que amostra, digitaliza, armazena e apresenta formas de onda de tensões analógicas.

Overflow Quando, no processo de adição de números binários com sinal, a magnitude da soma é muito grande para o tamanho da palavra e produz um sinal incorreto.

PACKAGE Palavra-chave em VHDL utilizada para definir um conjunto de elementos globais disponíveis a outros módulos.

Palavra Grupo de bits que representam determinada unidade de informação.

Palavra de computador Grupo de bits binários que é a unidade básica de informação em um computador.

Palavra de memória Grupos de bits na memória que representam dados ou instruções de algum tipo.

Passo entre pinos A distância entre os centros dos pinos adjacentes em um CI.

Pequenos círculos Pequenos círculos nas linhas de entrada ou saída dos símbolos lógicos dos circuitos que representam a inversão de determinado sinal. Se um pequeno círculo está presente, diz-se que a entrada ou saída é ativa em nível BAIXO.

Periódico Um ciclo que se repete regularmente no tempo e na forma.

Período (T) Tempo requerido para o ciclo completo de um evento ou uma forma de onda periódicos.

Pixel Pequenos pontos de luz que fazem a imagem gráfica em um display.

PLD complexo (CPLD) Classe de PLDs que contém um arranjo de blocos do tipo PAL interconectados.

PLD de alta capacidade (HCPLD) PLD com milhares de portas lógicas e muitos recursos de macrocélulas programáveis, junto com recursos de interconexão extremamente flexíveis.

P-MOS (*p-channel metal-oxide-semiconductor*) Tecnologia de circuitos integrados que usa MOSFETs de canal P como elemento principal.

Polaridade de saída programável Recurso presente em diversos PLDs nos quais uma porta XOR com fusível de polaridade dá ao projetista a opção de inverter ou não a saída do dispositivo.

Ponta de prova lógica Ferramenta para análise de defeitos de circuitos digitais que detecta e indica o nível lógico em um ponto particular do circuito.

Ponto binário Marca que separa o inteiro da porção fracional de uma quantidade binária.

Porta AND Circuito digital que implementa a operação AND. A saída desse circuito fica em nível ALTO (nível lógico 1) apenas se todas as entradas estiverem em nível ALTO.

Porta de transmissão *Veja* Chave bilateral.

Porta NAND Circuito lógico que opera como porta AND seguida por um INVERSOR. A saída de uma porta NAND será nível BAIXO (nível lógico 0) apenas se todas as entradas forem nível ALTO (nível lógico 1).

Porta NOR Circuito lógico que opera como porta OR seguida de um INVERSOR. A saída de uma porta NOR está em nível BAIXO (nível lógico 0) quando pelo menos uma entrada está em nível ALTO (nível lógico 1).

Porta OR Circuito digital que implementa uma operação OR. A saída desse circuito estará em nível ALTO (nível lógico 1) se pelo menos uma das entradas estiver em nível ALTO.

PORT MAP Palavra-chave em VHDL que precede a lista de conexões especificadas entre componentes.

Power-down Modo de operação no qual um chip é desabilitado e consome muito menos que quando totalmente habilitado.

Prescaler Circuito de contador que toma a frequência de referência de base e a divide na taxa exigida por um sistema.

PRESET Entrada assíncrona utilizada a fim de colocar de imediato a saída $Q = 1$.

Primeira parcela Número a ser adicionado a outro.

Primitivo Um dos blocos funcionais básicos utilizados para projetar circuitos com o software Quartus II.

Primitivo lógico Descrição de circuito de um componente fundamental incluído no sistema de bibliotecas do Quartus II.

PROCESS Palavra-chave em VHDL que define o início de um bloco de código que descreve um circuito que deve responder quando certos sinais (na lista de sensibilidade) mudam de estado. Todas as declarações sequenciais devem ocorrer dentro de um *processo*.

Processamento digital de sinais (DSP) Método de realizar cálculos repetitivos em uma série de palavras digitais de entrada para condicionamento de sinal. Em geral, os dados são amostras digitalizadas de um sinal analógico.

Programa Sequência de instruções, codificadas em binário, projetadas para serem executadas pelo computador a fim de que ele realize determinada tarefa.

Programa bootstrap Programa armazenado na ROM que o computador executa ao ser energizado.

Programador Equipamento utilizado a fim de aplicar as tensões apropriadas em chips de PLDs e PROMs para programá-los.

Programar O ato de armazenar 1s e 0s em um dispositivo lógico programável para configurar suas características comportamentais.

Programável apenas uma vez (OTP) Ampla categoria de componentes que são programados alterando de modo permanente as conexões (isto é, "queimando" um fusível).

Projeto hierárquico Método de construção de um projeto dividindo-o em seus módulos constituintes, cada um dos quais dividido em módulos constituintes ainda mais simples.

PROM apagável eletricamente (EEPROM) ROM que pode ser eletricamente programado, apagado e reprogramado.

Propagação do carry Atraso intrínseco no circuito de alguns somadores paralelos que impede o bit de carry (C_{OUT}) e o resultado da adição de aparecerem na saída de forma simultânea.

Propriedade intelectual (IP) Ideia, projeto ou descrição de algo reivindicado pelos projetistas como seus. Por exemplo, circuitos complexos (como um microprocessador) descritos em HDL são considerados propriedade intelectual.

Pulsador lógico Ferramenta de teste que gera pulso de curta duração quando acionada manualmente.

Pulso Mudança momentânea no estado lógico que representa evento para um sistema digital.

Quantidade analógica Um valor de uma variável que pode mudar de maneira contínua.

Quantidade digital Valor de uma variável que pode mudar apenas em passos discretos.

RAM dinâmica (DRAM) Tipo de memória semicondutora que armazena os dados como cargas em capacitores que precisam de refresh periódico.

RAM estática (SRAM) RAM semicondutora que armazena a informação em células de flip-flop que não necessitam de refreshs periódicos.

RAM magnetorresistiva (MRAM) Tecnologia de memória que armazena 1s e 0s alterando a polaridade ou "spin" de vários pequenos domínios magnéticos. A informação é lida medindo a quantidade de energia que flui por meio do domínio magnético (isto é, a polaridade do spin afeta a resistência da célula).

RAM não volátil Combinação de uma RAM e uma EEPROM ou flash em um mesmo CI. A EEPROM serve como um backup não volátil do conteúdo da RAM.

RAS (Strobe do endereço de linha) Sinal utilizado a fim de armazenar o endereço da linha no chip de DRAM.

Rede DAC *R/2R* Tipo de conversor digital-analógico no qual a variação dos valores internos de resistência se distribui apenas na faixa de 2 para 1.

Refresh Processo de recarga das células de uma memória dinâmica.

Refresh apenas com RAS Método para refresh da DRAM no qual apenas os endereços da coluna são mostrados na DRAM pela entrada *RAS*.

Registrador Grupo de flip-flops capaz de armazenar dados.

Registrador de acumulador Registrador principal de uma unidade lógica e aritmética (ALU).

Registrador de buffer Registrador que mantém os dados digitais temporariamente.

Registrador de deslocamento Circuito digital que aceita dados binários de alguma fonte de entrada e os desloca por uma série de flip-flops, um bit por vez.

Registrador de deslocamento circular Registrador de deslocamento no qual a saída do último flip-flop está conectada à entrada do primeiro.

Representação analógica Representação de quantidade que varia em uma faixa contínua de valores.

Representação digital Representação de quantidade que varia em passos discretos ao longo de uma faixa de valores.

RESET Termo sinônimo de "CLEAR".

Resolução Em um conversor digital-analógico, a menor mudança que ocorre na saída para uma mudança na entrada digital; também é chamado de *tamanho do degrau*. Em um conversor analógico-digital, a menor quantidade que a entrada analógica pode variar a fim de provocar mudança na saída digital.

Resolução percentual A razão entre o tamanho do degrau e o valor de fundo de escala de um conversor digital-analógico. A resolução percentual também pode ser definida como o inverso do número máximo de degraus de um conversor digital-analógico.

ROM (memória apenas de leitura) Dispositivo de memória projetado para aplicações nas quais a razão entre as operações de leitura e as de escrita é muito alta.

ROM programável (PROM) ROM que pode ser programada eletricamente pelo usuário. Não pode ser apagada ou reprogramada.

ROM programável e apagável (EPROM) ROM programada eletricamente pelo usuário e que pode ser apagada (em geral, com luz ultravioleta) e reprogramada tantas vezes quantas se deseje.

Ruído Flutuações de tensão espúrias presentes no ambiente e que causam mau funcionamento em circuitos digitais.

Saída de coletor aberto Tipo de estrutura de saída utilizado em alguns circuitos TTL no qual apenas um transistor com o coletor flutuando é utilizado.

Saída de fundo de escala Valor de saída máximo possível de um conversor digital-analógico.

Saída totem-pole Termo utilizado a fim de descrever o modo pelo qual dois transistores bipolares são conectados para formar a saída da maioria dos circuitos TTL.

SBD Diodo de barreira Schottky utilizado em todas as séries TTL Schottky.

Segunda parcela Número no qual a primeira parcela é adicionada.

Select signal assignment Declaração em VHDL que permite que um objeto de dados receba a atribuição de valor de uma de diversas fontes de sinal, dependendo do valor de uma expressão.

Seletores de dados *Veja* Multiplexador (MUX).

Sequencial Algo que ocorre em uma unidade de cada vez e em certa ordem. Em HDL, os circuitos que são gerados por declarações sequenciais comportam-se de modo diferente conforme a ordem das declarações no código.

SET Entrada para um latch ou FF que torna $Q = 1$.

Sigma (Σ) Letra grega que representa adição e é utilizada para denominar os bits de saída da soma de um somador paralelo.

Símbolo lógico alternativo Símbolo equivalente do ponto de vista lógico, que indica o nível ativo das entradas e saídas.

Simulador Programa de computador que calcula os estados corretos das saídas de um circuito lógico, com base na descrição da lógica do circuito e em suas entradas atuais.

Sinal falso Sinal digital que resulta da amostragem de um sinal de entrada a uma taxa menor que duas vezes a frequência contida no sinal de entrada.

Sinalizador diferencial de baixa tensão (LVDS) Tecnologia para acionar linhas de dados de alta velocidade em sistemas de baixa tensão, usando dois condutores e invertendo a polaridade a fim de distinguir entre ALTO e BAIXO.

Sinal local *Veja* Nó interno.

Sintaxe Regras que definem palavras-chave e sua disposição, seu uso, sua pontuação e seu formato em determinada linguagem.

Sistema analógico Combinação de dispositivos projetados para manipular quantidades físicas representadas na forma analógica.

Sistema decimal Sistema de numeração que utiliza dez dígitos ou símbolos diferentes a fim de representar uma quantidade.

Sistema de numeração hexadecimal Sistema de numeração de base 16. Os dígitos 0 até 9 mais as letras de A até F são utilizados a fim de expressar um número hexadecimal.

Sistema de numeração octal Sistema de numeração de base 8; dígitos de 0 a 7 são utilizados a fim de expressar um número octal.

Sistema de valor posicional Sistema no qual o valor de um dígito depende de sua posição relativa.

Sistema digital Combinação de dispositivos projetados a fim de manipular quantidades físicas representadas na forma digital.

Sistema híbrido Sistema que emprega técnicas analógicas e digitais.

Sistema numérico binário Sistema de numeração no qual existem somente dois valores de dígitos possíveis, 0 e 1.

Sistema sinal-magnitude Sistema para representação de números binários sinalizados em que o bit mais significativo representa o sinal do número e os bits restantes representam o valor absoluto (magnitude).

Sistemas síncronos Sistemas nos quais as saídas do circuito mudam de estado apenas nas transições do clock.

Sobreamostragem Inserção de pontos de dados, entre dados amostrados, em um sinal digital para tornar fácil a filtragem das bordas abruptas na forma de onda proveniente de um DAC.

Somador completo (FA) Circuito lógico com três entradas e duas saídas. As entradas são um bit de carry (C_{IN}) do estágio anterior, um bit da segunda parcela e um bit da primeira parcela, respectivamente. As saídas são o bit de soma e o bit de carry de saída (C_{OUT}) produzidos pela adição de bits a partir da primeira parcela com o bit da segunda parcela e C_{IN}.

Somador paralelo Circuito digital composto de somadores completos e utilizado a fim de somar todos os bits a partir da primeira e segunda parcelas de forma simultânea.

Somador/subtrator Circuito somador que subtrai complementando (negando) um dos operandos. *Veja também* Somador paralelo.

Soquete ZIF Tipo de soquete para CI que facilita a inserção e retirada do CI.

Spike *Veja* Glitch.

SSI Integração em baixa escala (menos de 12 portas).

STD_LOGIC Em VHDL, tipo de dado definido como padrão IEEE. É semelhante ao tipo BIT, porém oferece mais valores possíveis além de 1 ou 0.

STD_LOGIC_VECTOR Em VHDL, tipo de dado definido como padrão IEEE. É semelhante ao tipo BIT_VECTOR, mas oferece mais valores possíveis além de apenas 1 ou 0 para cada elemento.

Strobe Outro nome para entrada de habilitação em geral utilizada para armazenar valor em um registrador.

Strobing Técnica utilizada com frequência a fim de eliminar spikes na decodificação.

Subamostragem Aquisição de amostras de um sinal em uma taxa menor que duas vezes a maior frequência contida no sinal.

SUBDESIGN Palavra-chave em AHDL utilizada a fim de dar início a uma descrição de circuito.

Substrato Pedaço de material semicondutor que é a base da estrutura de qualquer CI digital.

Subtraendo Número que deve ser subtraído do minuendo.

Supercomputadores Computadores com grande velocidade e potência computacional.

Tabela de consulta (LUT) Uma maneira de implementar uma única função lógica armazenando o estado lógico de saída correto em um local da memória que corresponda a cada combinação particular de variáveis de entrada.

Tabela de estado ATUAL/PRÓXIMO estado Tabela que lista os atuais estados possíveis de um circuito (contador) sequencial e identifica o estado seguinte correspondente a ele.

Tabela de estados Tabela cujas entradas representam a sequência dos estados individuais dos flip-flops (ou seja, 1 ou 0) para um circuito sequencial binário.

Tabela de excitação do circuito Tabela que mostra as possíveis transições de estado de um circuito e os níveis necessários em J e K para cada flip-flop.

Tabela de transição J-K Tabela que mostra as condições necessárias para as entradas J-K para cada uma das possíveis transições de estado de um flip-flop J-K.

Tabela-verdade Tabela lógica que descreve a saída do circuito em resposta às várias combinações de níveis lógicos nas entradas.

Tamanho da palavra Número de bits nas palavras binárias com o qual o sistema digital opera.

Tamanho do degrau *Veja* Resolução.

Tecnologia de baixa tensão Nova linha de dispositivos lógicos que operam com tensão de alimentação de 3,3 V ou menor.

Tempo de acesso Tempo entre o momento em que a memória recebe um novo endereço de entrada e o momento em que os dados de saída se tornam disponíveis em uma operação de leitura.

Tempo de aquisição Tempo necessário para um circuito de amostragem e retenção (*sample-and-hold*) capturar o valor analógico presente na entrada.

Tempo de estabilização Intervalo que a saída do conversor D/A demora para ir de 0 até meio degrau do valor de fundo de escala quando a entrada altera todos os bits de 0 para 1.

Tempo de manutenção (tH) Intervalo imediatamente após a transição ativa do sinal de clock durante o qual a entrada de controle deve permanecer estável.

Tempo de preparação (Setup) (tS) Intervalo que precede a transição ativa do sinal de clock, durante o qual a entrada de controle deve permanecer em nível apropriado.

Temporizador 555 CI que pode ser conectado a fim de operar em diversos modos, como um multivibrador monoestável ou astável.

Tempos de transição do clock Tempos mínimos de subida e descida para as transições do sinal de clock usado por determinado CI, especificados pelo fabricante.

Teoremas booleanos Regras aplicadas na álgebra booleana para simplificar expressões lógicas.

Teoremas de DeMorgan (1) Teorema que afirma que o complemento da soma (operação OR) é igual ao produto (operação AND) dos complementos e (2) teorema que afirma que o complemento de um produto (operação AND) é igual à soma (operação OR) dos complementos.

Teste da escada Processo pelo qual a entrada de um conversor D/A é incrementada e a saída, monitorada a fim de determinar se exibe ou não um formato de escada.

Teste de precisão estático Teste no qual um valor binário fixo é aplicado à entrada de um conversor digital-analógico e sua saída analógica é medida de maneira acurada. O valor medido deve estar na faixa de valores especificada pelo fabricante.

Tipo O atributo de uma variável em uma linguagem baseada em computador que define seu tamanho e como ela pode ser utilizada.

Tipo enumerado Tipo definido pelo usuário em VHDL para um sinal ou uma variável.

Top-down Método de projeto que inicia no nível geral do sistema e depois define uma hierarquia de módulos.

Transdutor Dispositivo que converte variável física em elétrica (p. ex., uma fotocélula ou um termopar).

Transferência assíncrona Transferência de dados realizada sem a ajuda do clock.

Transferência de dados *Veja* Transferência paralela de dados *ou* Transferência serial de dados.

Transferência paralela de dados Operação pela qual diversos bits de dados são transferidos de forma simultânea para um contador ou registrador.

Transferência por interferência *Veja* Transferência assíncrona.

Transferência serial de dados Transferência de dados de um lugar para outro, um bit por vez.

Transferência síncrona Transferência de dados realizada usando as entradas síncronas e a entrada de clock de um flip-flop.

Transição condicional Quando duas ou mais setas deixam um pequeno círculo em um diagrama de transição de estado. Cada seta é marcada com uma "condição" da variável que causa transição.

Transição negativa Quando o sinal de clock passa de 1 para 0.

Transição positiva (PGT) Quando o sinal de clock vai de nível lógico 0 para 1.

Transientes de corrente Spikes de corrente gerados pela estrutura de saída totem-pole de um circuito TTL provocados quando ambos os transistores estão conduzindo de forma simultânea.

Transistor de absorção de corrente Nome dado ao transistor de saída (Q_4) de um circuito TTL. Esse transistor conduz quando a saída está em nível lógico BAIXO.

Transistor de fornecimento de corrente Nome dado ao transistor de saída (Q_3) da maioria dos circuitos TTL. Esse transistor conduz quando a saída está em nível lógico ALTO.

Transistor de pull-down *Veja* Transistor de absorção de corrente.

Transistor de pull-up *Veja* Transistor de fornecimento de corrente.

Transmissão paralela Transferência simultânea de todos os bits de um número binário de um lugar para outro.

Transmissão serial Transferência de informação binária de um lugar para outro, um bit por vez.

Transparência Em um latch D, indica que a saída Q segue a entrada D.

Trepidação de contato Característica de todas as chaves mecânicas de vibrar quando forçadas a uma nova posição. As vibrações ocasionam o fechamento e a abertura repetitiva do circuito, até que terminem.

Tristate Tipo de estrutura de saída que permite três estados de saída: ALTO, BAIXO e alta impedância (Hi-Z).

TTL (*transistor/transistor logic*) Tecnologia de circuitos integrados que usa transistor bipolar como elemento principal.

TTL Schottky Subfamília TTL que usa o circuito TTL padrão básico, com exceção do diodo de barreira Schottky (SBD) conectado na base e no coletor de cada transistor para chaveamento mais rápido.

TTL Schottky de baixa potência (TTL-LS) Subfamília TTL que usa circuito idêntico ao TTL Schottky, mas com resistores de maior valor.

ULSI Integração em escala ultragrande (100 mil ou mais portas).

Unidade central de processamento (CPU) Parte de um computador composta pela unidade lógica e aritmética (ALU) e pela unidade de controle.

Unidade de controle Parte de um computador que realiza a decodificação das instruções do programa e a geração dos sinais de controle e temporização necessários para a execução de tais instruções.

Unidade de entrada Parte de um computador que facilita o fornecimento de informação a partir da unidade de memória ou da ALU.

Unidade de memória Parte de um computador que armazena instruções e dados recebidos da unidade de entrada e também os resultados das operações da unidade lógica e aritmética.

Unidade de saída Parte de um computador que recebe dados da unidade de memória ou ALU e os apresenta.

Unidade lógica e aritmética (ALU) Circuito digital usado nos computadores para realizar diversas operações lógicas e aritméticas.

VARIABLE Palavra-chave em AHDL, utilizada para iniciar uma seção do código que define os nomes e tipos dos objetos de dados e blocos primitivos de bibliotecas. Uma palavra-chave é usada em VHDL a fim de declarar um objeto de dados local dentro de um PROCESS.

Verificador de paridade Circuito que recebe um conjunto de bits de dados (incluindo o bit de paridade) e verifica se está com a paridade correta.

Vetor de bits Maneira de representar um grupo de bits dando um nome e atribuindo um número de elemento a cada posição de bit.

Vetor de teste Conjuntos de entradas utilizados a fim de testar o projeto de um PLD antes que ele seja programado.

VLSI Integração em escala muito grande (10 mil a 99.999 portas).

Wired-AND Termo utilizado para descrever funções lógicas criadas pela utilização de saídas de coletor aberto conectadas umas às outras.

WRITE Termo utilizado para descrever a situação em que a CPU envia dados para outro elemento.

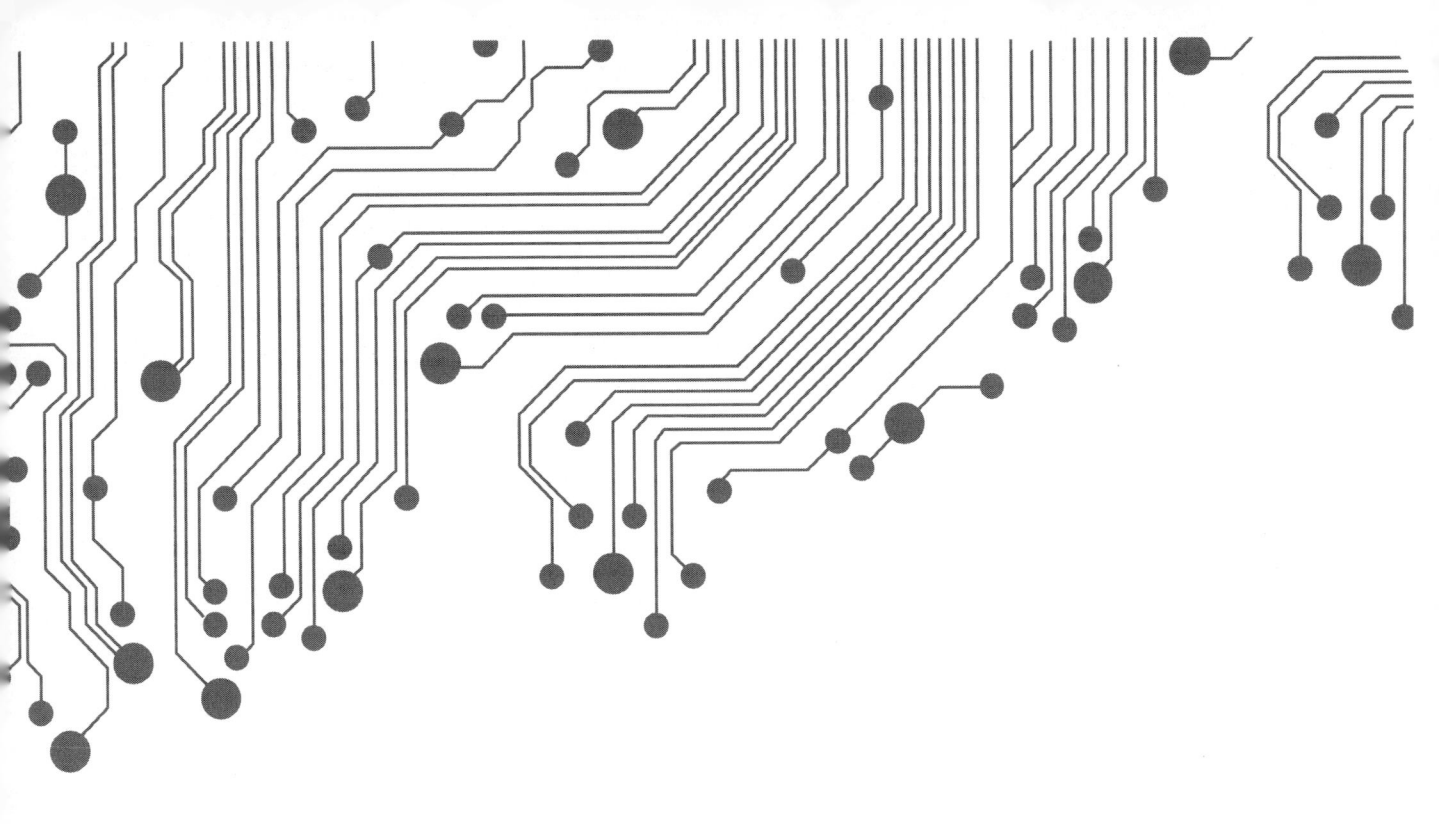

RESPOSTAS DOS PROBLEMAS SELECIONADOS*

CAPÍTULO 1

1.5 (a) Door_open (c) Passenger_seated

1.6

```
4,4 V ─┐         ┌─────────────┐         ┌──
       │  2 ms   │    4 ms     │  2 ms   │
0,2 V  └─────────┘             └─────────┘
```

1.7 T = 7 ms; F = 143 Hz; DC = 71,4%

1.11 (a) e (e) são digitais; (b), (c) e (d) são analógicos.

1.13 (a) 25 (b) 9,5625 (c) 1241,6875.

1.15 000, 001, 010, 011, 100, 101, 110, 111.

1.17 1.023.

1.19 Nove bits.

1.22. (a) e $2^N - 1 = 15$ e $N = 4$; portanto, quatro linhas são necessárias para transmissão paralela. (b) Apenas uma linha é necessária para transmissão serial.

CAPÍTULO 2

2.1 (a) 22 (c) 2.313 (e) 255 (g) 983 (i) 38 (k) 59

2.2 (a) 100101 (c) 10111101 (e) 1001101 (g) 11001101 (i) 111111111

2.3 (a) 255

2.4 (a) 1.859 (c) 14.333 (e) 357 (g) 2.047

2.5 (a) 3B (c) 397 (e) 303 (g) 10000

2.6 (a) 11101000011 (c) 11011111111101 (e) 101100101 (g) 011111111111

2.7 (a) 16 (c) 909 (e) FF (g) 3D7

2.9 $2.133_{10} = 855_{16} = 100001010101_2$

2.11 (a) 146 (c) 12.634 (e) 15 (g) 704

2.12 (a) 4B (c) 800 (e) 1C4D (g) 6.413

2.15 4.095_{10}

2.16 (a) 10010010 (c) 0011011111111101 (e) 1111 (g) 1011000000

2.17 280, 281, 282, 283, 284, 285, 286, 287, 288, 289, 28A, 28B, 28C, 28D, 28E, 28F, 290, 291, 292, 293, 294, 295, 296, 297, 298, 299, 29A, 29B, 29C, 29D, 29E, 29F, 2A0

2.19 (a) 01000111 (c) 000110000111 (e) 00010011 (g) 10001001011000100111 (i) 01110010 (k) 01100001

2.21 (a) 9.752 (c) 695 (e) 492

2.22 (a) 64 (b) FFFFFFFF (c) 999.999

2.25 78, A0, BD, A0, 33, AA, F9

2.26 (a) BEN SMITH

2.27 (a) 101110100 (bit de paridade à esquerda) (c) 11000100010000100 (e) 0000101100101

2.28 (a) Não há erro de bit único. (b) Erro de bit único. (c) Duplo erro. (d) Não há erro de bit único.

2.30 (a) 10110001001 (b) 11111111 (c) 209 (d) 59.943 (e) 9C1 (f) 010100010001 (g) 565 (h) 10DC (i) 1961 (j) 15.900 (k) 640 (l) 952B (m) 100001100101 (n) 947 (o) 10001100101 (p) 101100110100 (q) 1001010 (r) 01011000 (BCD)

---

* Obs.: As soluções para alguns problemas são apresentadas na Site de apoio <www.grupoa.com.br>.

2.31 (a) 100101 (b) 00110111 (c) 25 (d) 0110011 0110111
2.32 (a) Hexa. (b) 2. (c) Dígito. (d) Gray. (e) Paridade; erros de bit único. (f) ASCII. (g) Hexa. (h) Byte.
2.33 (a) 1000
2.34 (a) 1011_2
2.35 (a) 777A (c) 1000 (e) A00
2.36 (a) 7778 (c) 0FFE (e) 9FE
2.37 (a) 1.048.576 (b) Cinco (c) 000FF
(d) 2k = $0–2047_{10}$ = $0–7FF_{16}$
2.39 Oito.

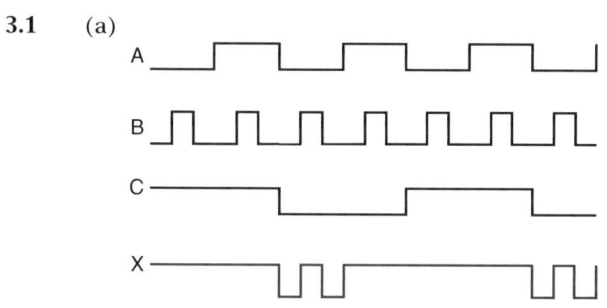

CAPÍTULO 3

3.1 (a)

3.1 (c) x ficará em nível ALTO constante.
3.6 (a) x fica em nível ALTO apenas quando A, B e C estiverem todas em nível ALTO.
3.7 Substituir a porta OR por uma porta AND.
3.8 A SAÍDA ficará sempre em nível BAIXO.
3.12 (a) $x = (\overline{\overline{A} + \overline{B}})BC$. x fica em nível ALTO apenas quando ABC = 111.
3.13 X ficará em nível ALTO em todos os casos em que $E = 1$, exceto quando $EDCBA$ = 10101, 10110 e 10111.
3.14 (a) $x = D \cdot (\overline{AB + C}) + E$.
3.16

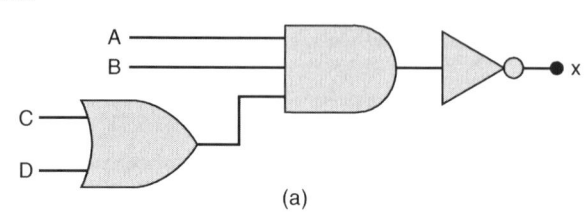

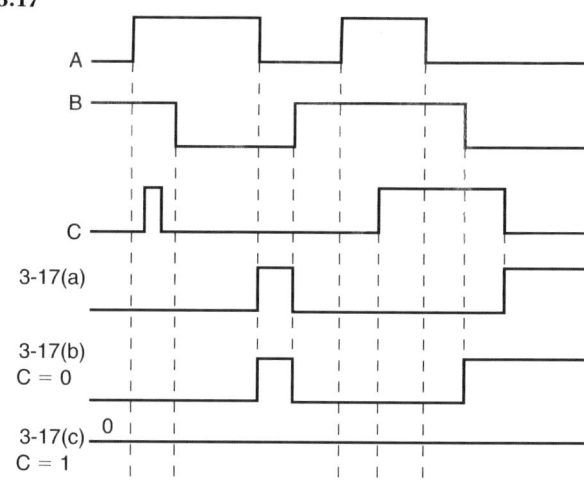

3.17

3.19 $x = \overline{(A + B) \cdot (\overline{B + C})}$
$x = 0$ apenas quando $A = B = 0$, $C = 1$.
3.23 (a) 1 (b) A (c) 0 (d) C (e) 0 (f) D (g) D (h) 1 (i) G (j) y
3.24 (a) $MP\overline{N} + \overline{M}\,\overline{P}N$
3.26 (a) $A + \overline{B} + C$ (c) $\overline{A} + \overline{B} + CD$ (e) $A + B$ (g) $\overline{A} + B + \overline{C} + \overline{D}$
3.27 $A + B + \overline{C}$
3.32 (a) $W = 1$ quando $T = 1$ e $P = 1$ ou $R = 0$.
3.35 (a) NOR (b) AND (c) NAND
3.37 (a)

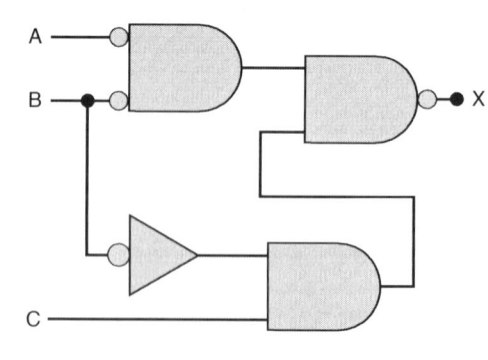

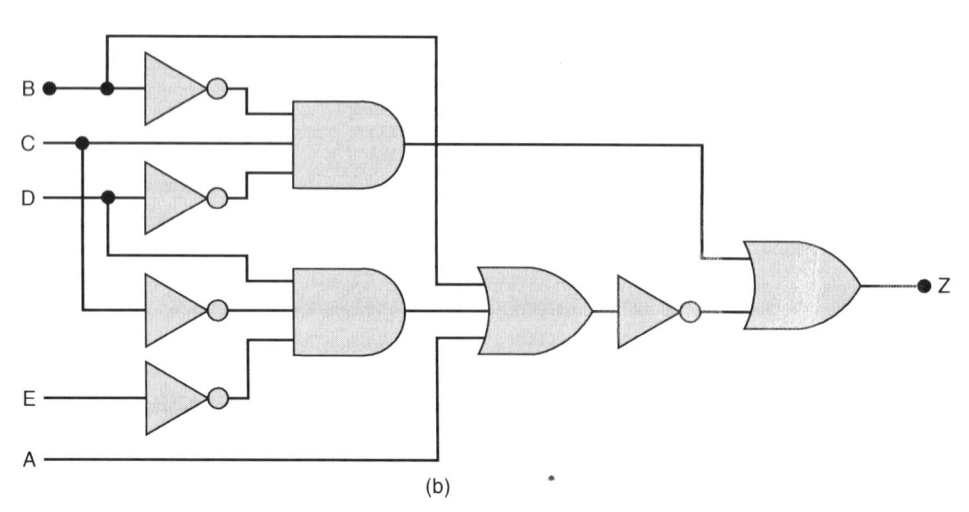

3.40 X vai para nível ALTO quando $E = 1$, ou $D = 0$, ou $B = C = 0$, ou quando $B = 1$ e $A = 0$.

3.41 (a) nível ALTO. (b) nível BAIXO.

3.43 $\overline{LIGHT} = 0$ quando $A = B = 0$ ou $A = B = 1$.

3.45 (a) Falso. (b) Verdadeiro. (c) Falso. (d) Verdadeiro. (e) Falso. (f) Falso. (g) Verdadeiro. (h) Falso. (i) Verdadeiro. (j) Verdadeiro.

3.47 A solução está disponível no Material de Apoio.

3.49 Colocar INVERSORES nas entradas A_7, A_5, A_4 e A_2 do 74HC30.

3.51 Requer seis portas NAND de 2 entradas.

CAPÍTULO 4

4.1 (a) $C\overline{A} + CB$ (b) $\overline{Q}R + Q\overline{R}$ (c) $C + \overline{A}$ (d) $\overline{R}\,\overline{S}\,\overline{T}$ (e) $BC + \overline{B}(\overline{C} + A)$ (f) $BC + \overline{B}(\overline{C} + A)$ ou $BC + \overline{B}\,\overline{C} + A\,\overline{B}$ (g) $\overline{D} + A\,\overline{B}\,\overline{C} + \overline{A}\,\overline{B}\,C$ (h) $x = ABC + AB\overline{D} + \overline{A}BD + \overline{B}\,\overline{C}\,\overline{D}$

4.3 $MN + Q$

4.4 Uma solução: $\overline{x} = \overline{B}C + AB\overline{C}$. Outra solução: $x = \overline{A}B + \overline{B}C$. Mais uma solução: $BC + \overline{B}\,\overline{C} + \overline{A}C$

4.7 $x = \overline{A}_3(A_2 + A_1 A_0)$

4.9

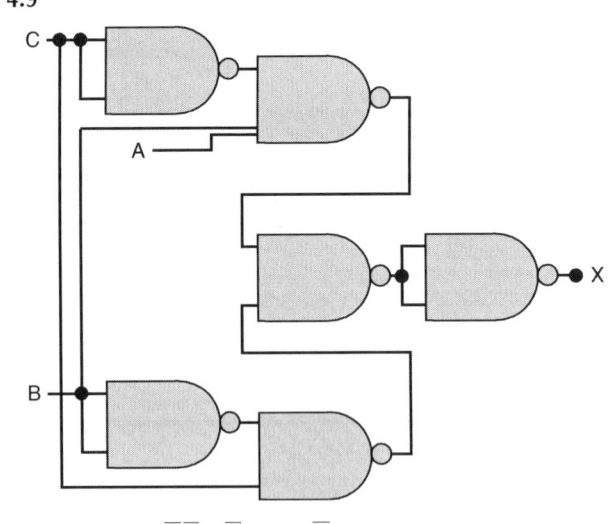

4.11 (a) $x = \overline{A}\,\overline{C} + \overline{B}C + AC\overline{D}$

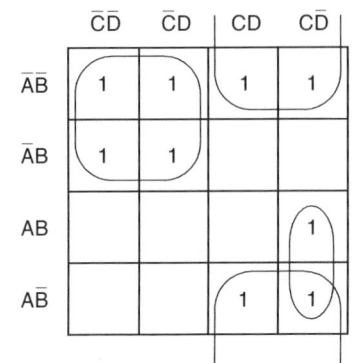

4.14 (a) $x = BC + \overline{B}\,\overline{C} + AC$; ou $x = BC + \overline{B}\,\overline{C} + A\overline{B}$ (c) Uma simplificação possível:
$x = \overline{A}BD + ABC + AB\overline{D} + \overline{B}\,\overline{C}\overline{D}$; outra:
$x = ABC + \overline{A}BD + A\overline{C}\overline{D} + \overline{B}\,\overline{C}\overline{D}$

4.15 $x = \overline{A}_3 A_2 + \overline{A}_3 A_1 A_0$

4.16 (a) Melhor solução: $x = B\overline{C} + AD$

4.17 $x = \overline{S}_1\overline{S}_2 + \overline{S}_1\overline{S}_3 + \overline{S}_3\overline{S}_4 + \overline{S}_2\overline{S}_3 + \overline{S}_2\overline{S}_4$

4.18 $z = \overline{BC} + \overline{A}\,B\,\overline{D}$

4.21 $A = 0, B = C = 1$

4.23 Uma possibilidade é mostrada a seguir.

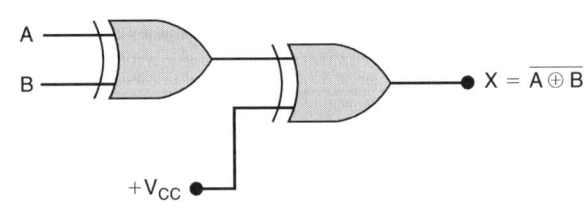

4.24 Quatro portas XNOR cujas saídas são conectadas em uma porta AND.

4.26 Quatro saídas em que z_3 é o MSB:
$z_3 = y_1 y_0 x_1 x_0$
$z_2 = y_1 x_1 (\overline{y}_0 + \overline{x}_0)$
$z_1 = y_0 x_1 (\overline{y}_1 + \overline{x}_0) + y_1 x_0 (\overline{y}_0 + \overline{x}_1)$
$z_0 = y_0 x_0$

4.28 $x = AB\overline{(C \oplus D)}$

4.30 N-S $= \overline{C}\overline{D}(A + B) + AB(\overline{C} + \overline{D})$; L–O $= \overline{N-S}$

4.33 (a) Não. (b) Não.

4.35 $x = A + BCD$

4.38 $z = x_1 x_0 y_1 y_0 + x_1 \overline{x}_0 y_1 \overline{y}_0 + \overline{x}_1 x_0 \overline{y}_1 y_0 + \overline{x}_1 \overline{x}_0 \overline{y}_1 \overline{y}_0$
Nenhum par, nem quarteto nem octeto.

4.40 (a) Indeterminado. (b) 1,4-1,8 V. (c) Veja a seguir.

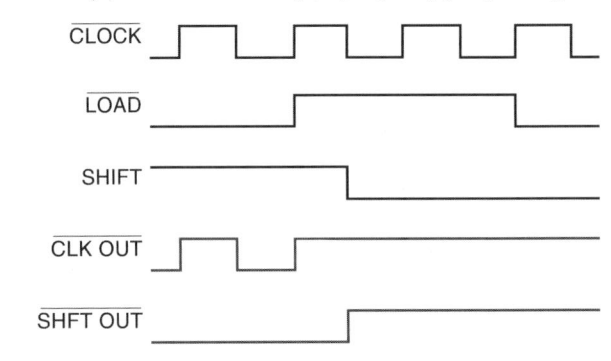

4.43 Possíveis defeitos: V_{CC} ou GND em Z2; Z2-1 ou Z2-2 aberto interna ou externamente; Z2-3 aberto internamente.

4.44 Sim: (c), (e), (f). Não: (a), (b), (d), (g).

4.46 Z2-6 e Z2-11 em curto entre si.

4.48 Defeitos mais prováveis: falta de GND ou V_{CC} em Z1; Z1 foi colocado invertido; Z1 está danificado.

4.49 Possíveis defeitos: Z2-13 em curto para V_{CC}; Z2-8 em curto para V_{CC}; conexão aberta em Z2-13; Z2-3, Z2-6, Z2-9 ou Z2-10 em curto para GND.

4.50 (a) Verdadeiro. (b) Verdadeiro. (c) Falso. (d) Falso. (e) Verdadeiro.

4.54 Equação booleana; tabela-verdade; diagrama esquemático.

4.56 (a) AHDL: gadgets[7..0] :OUTPUT;
         VHDL: gadgets   :OUT BIT_VECTOR
                             (7 DOWNTO 0);

4.57 (a) AHDL: H"98" B"10011000" 152
VHDL: X"98" B"10011000" 152

4.58 AHDL: outbits[3] = inbits[1];
outbits[2] = inbits[3];
outbits[1] = inbits[0];
outbits[0] = inbits[2];
VHDL: outbits(3) <= inbits(1);
outbits(2) <= inbits(3);
outbits(1) <= inbits(0);
outbits(0) <= inbits(2);

4.60
```
BEGIN
    IF digital_value[ ]<10 THEN
        z = VCC; --saída em 1
    ELSE z = GND; --saída em 0
    END IF;
END;
```

4.62
```
PROCESS (digital_value)
    BEGIN
        IF (digital_value < 10) THEN
            z < = '1';
        ELSE
            z < = '0';
        END IF;
END PROCESS
```

4.65 S=!P#Q&R
4.68 (a) 00 a EF

CAPÍTULO 5

5.1

5.3

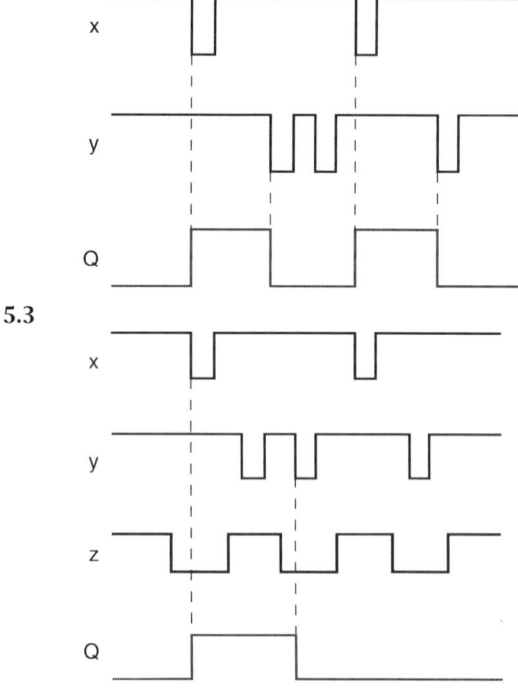

5.6 Z1-4 permanentemente em nível ALTO.
5.9 Considere $Q = 0$ inicialmente.

Para uma transição positiva em FF: Q irá para nível ALTO na primeira transição positiva de CLK.
Para uma transição negativa em FF: Q irá para nível ALTO na primeira transição negativa de CLK, irá para nível BAIXO na segunda transição negativa e para nível ALTO novamente na quarta transição negativa.

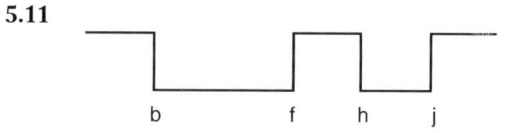

5.11

5.12 (a) Uma onda quadrada de 5 kHz.
5.14 (a)

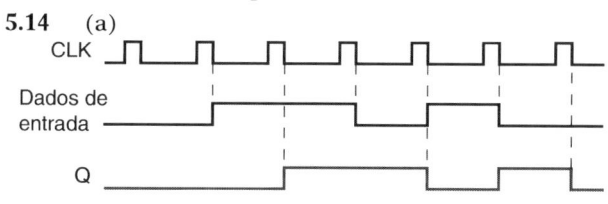

5.16 Uma onda quadrada de 500 Hz.
5.21

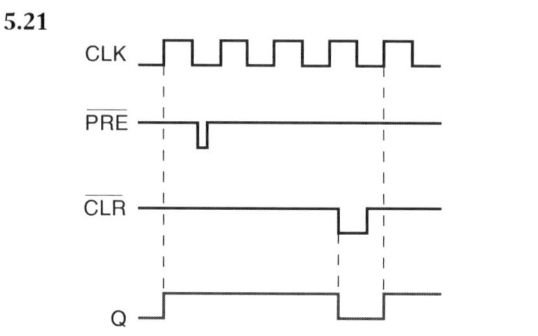

5.23 (a) Tplh máx = 16 ns. (b) Tsu = 15 ns.
5.25 Conecte A em J e $\overline{A}$ em K.
5.27 (a) Conecte X em J e $\overline{X}$ em K. (b) Use a configuração da Figura 5.39.
5.29 Conecte X_0 na entrada D de X_2.
5.30 (a) 101; 011; 000
5.33 (a) 10 (b) 1.953 Hz (c) 1.024 (d) 12
5.36 Coloque INVERSORES em A_8, A_{11} e A_{14}.
5.41

5.43 (a) A_1 ou A_2 deve estar em nível BAIXO quando uma transição positiva ocorrer em B.
5.45 Uma possibilidade é $R = 1$ kΩ e $C = 80$ nF.
5.50 (a) Não. Considerando a lógica TTL, a entrada em aberto teria o mesmo comportamento que a entrada em nível lógico 1.(b) Sim. Os tempos de transição da saída X_1 estão altos.
5.51 (a) Sim.
5.53 (a) Não, porque o FF está sensível ao valor das entradas. (b) Não, porque há transições do sinal de clock.

5.55 (a) Não, porque o circuito não é sensível à borda desses sinais e eles estarão estáveis na borda de clock. (b) Não, porque o sinal é ativo em nível lógico 0. (c) Sim, porque isso impediria uma segunda borda de clock.

5.56 (a) Latches NAND e NOR. (b) J-K. (c) Latch D. (d) Flip-flop D.

5.59 *A solução está disponível no Material de Apoio.*

5.61 *A solução está disponível no Material de Apoio.*

5.66 *A solução está disponível no Material de Apoio.*

CAPÍTULO 6

6.1 (a) 10101 (b) 10010 (c) 1111,0101 (j) 11 (k) 101 (l) 111,001

6.2 (a) 00100000 (incluindo bit de sinal) (b) 11110010 (c) 00111111 (d) 10011000 (e) 01111111 (f) 10000001 (g) 01011001 (h) 11001001

6.3 (a) +13 (b) –3 (c) +123 (d) –103 (e) +127

6.5 De -16_{10} a 15_{10}

6.6 (a) 01001001; 10110111 (b) 11110100; 00001100

6.7 (a) 0 a 1.023; –512 a +511

6.9 (a) 00001111 (b) 11111101 (c) 11111011 (d) 10000000 (e) 00000001

6.11 (a) 100011 (b) 1111001

6.12 (a) 11 (b) 111

6.13 (a) 10010111 (BCD) (b) 10010101 (BCD) (c) 010100100111 (BCD)

6.14 (a) 6E24 (b) 100D (c) 18AB

6.15 (a) 0EFE (b) 229 (c) 02A6

6.17 (a) 119 (b) +119

6.19 SOMA = $A \oplus B$; CARRY = AB

6.21 [A] = 1111, ou [A] = 000 (se C_0 = 1)

6.25 $C_3 = A_2B_2 + (A_2 + B_2)\{A_1B_1 + (A_1 + B_1)[A_0B_0 + A_0C_0 + B_0C_0]\}$

6.27 (a) SOMA = 0111

6.32

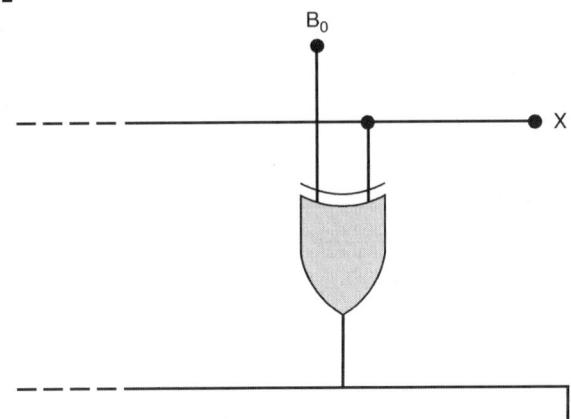

[circuit diagram showing B_0 input to gate with output X, feeding into Somador block]

6.33

	[F]	C_{N+4}	OVR
(a)	1001	0	1

6.35 (a) 00001100

6.37 (a) 0001 (b) 1010

6.39 (a) 1111. (b) ALTO. (c) Não muda. (d) ALTO.

6.43 (a) 00000100 (b) 10111111

6.45 (a) 0 (b) 1 (c) 0010110

6.46 **AHDL**
z[6..0] = a[7..1];
z[7] = a[0];
VHDL
z(6..0) < = a(7..1);
z(7) < = a(0);

6.53 Use flip-flops D. Conecte $\overline{(S_3 + S_2 + S_1 + S_0)}$ na entrada D do FF 0; C_4 na entrada do FF de D carry; e S_3 na entrada D do FF do flag de sinal.

6.54 0000000001001001; 1111111110101110

CAPÍTULO 7

7.1 (a) 250 kHz; 50%. (b) Os mesmos valores que em (a). (c) 1 MHz. (d) 32.

7.3 10000_2

7.5 Os estados 1000 e 0000 nunca ocorrem.

7.7 (a) *A solução está disponível no Material de Apoio.* (b) 33 MHz

7.11 Substitua quatro entradas NAND por três entradas NAND acionando todos os CLRs FF CLRs cujas entradas são Q5, Q4 e Q1.

7.13 *A solução está disponível no Material de Apoio.*

7.15 O contador muda de estado entre 000 e 111 a cada pulso de clock.

7.17 *A solução está disponível no Material de Apoio.*

7.19 *A solução está disponível no Material de Apoio.*

7.21 (a) 0000, 0001, 0010, 0011, 0100, 0101, 0110, 0111, 1000, 1001, 1010, 1011, e repete. (b) MOD-12. (c) A frequência em QD (MSB) é 1/12 da frequência de CLDK. (d) 33,3%.

7.23 (a) *A solução está disponível no Material de Apoio.* (b) MOD-10. (c) De 10 até 1. (d) Pode produzir MOD-10, mas não a mesma sequência.

7.25 *A solução está disponível no Material de Apoio.* **7.27** *A solução está disponível no Material de Apoio.* **7.29**

Saída	QA	QB	QC	QD	RCO
Frequência	3 MHz	1,5 MHz	750 kHz	375 kHz	375 kHz
Ciclo de tarefa	50%	50%	50%	50%	6,25%

7.31 Frequência em f_{out1} = 500 kHz, em f_{out2} = 100 kHz

7.33 12M/8 = 1,5M 1,5M/10 = 150k 1,5M/15 = 100k. *A solução também está disponível no Material de Apoio.*

7.35 *A solução está disponível no Material de Apoio.*

7.37 *A solução está disponível no Material de Apoio.*

7.39 *A solução está disponível no Material de Apoio.*

7.41 A solução está disponível no Material de Apoio.
7.43 (a) $J_A = B\ C$, $K_A = 1$, $J_B = C\ A + C\ \bar{A}$, $K_B = 1$, $J_C = B\ \bar{A}$, $K_C = B + \bar{A}$
(b) $J_A = B\ \bar{C}$, $K_A = 1$, $J_B = K_B = 1$, $J_C = K_C = B$

7.45 $J_A = K_A = 1$, $J_B = C\bar{A} + D\bar{A}$, $K_B = \bar{A}$, $J_C = D\bar{A}$, $K_C = B\ \bar{A}$, $J_D = C\ \bar{B}\ \bar{A}$, $K_D = A$

7.47 $D_A = \bar{A}$, $D_B = B\ A + \bar{B}\ \bar{A}$, $D_C = C\ A + C\ B + \bar{C}\ \bar{B}\ \bar{A}$

7.49 A solução está disponível no Material de Apoio.
7.51 A solução está disponível no Material de Apoio.
7.53 A solução está disponível no Material de Apoio.
7.55 A solução está disponível no Material de Apoio.
7.57 A solução está disponível no Material de Apoio.
7.59 A solução está disponível no Material de Apoio.
7.61 A solução está disponível no Material de Apoio.
7.63 A solução está disponível no Material de Apoio.
7.65 A solução está disponível no Material de Apoio.
7.67 Oito pulsos de clock são necessários para carregar serialmente um 74166, já que há oito FFs no chip.
7.69 A solução está disponível no Material de Apoio.
7.71 A solução está disponível no Material de Apoio.
7.73 A solução está disponível no Material de Apoio.
7.75 A solução está disponível no Material de Apoio.
7.77 Saída de 3 entradas AND ou entradas J, K no FF D em curto para DND, saída do FF D em curto para GND, entrada CLK do FF D aberta, entrada B para NAND aberta.
7.79 A solução está disponível no Material de Apoio.
7.81 A solução está disponível no Material de Apoio.
7.83 A solução está disponível no Material de Apoio.
7.85 A solução está disponível no Material de Apoio.
7.87 A solução está disponível no Material de Apoio.
7.89 (a) Paralelo. (b) Binário. (c) MOD-8 decrescente. (d) MOD-10, BCD, decádico. (e) Assíncrono, ondulante. (f) Em anel. (g) Johnson. (h) Todos. (i) Predefinido. (j) Crescente/decrescente. (k) Assíncrono, ondulante. (l) MOD-10, BCD, decádico. (m) Síncrono, paralelo.

CAPÍTULO 8

8.1 (a) $A; B$ (b) A (c) A
8.2 (a) 39,4 mW; 18,5 ns (b) 65,6 mW; 7,0 ns
8.3 (a) 0,9 V
8.4 (a) I_{IH} (b) I_{CCL} (c) t_{PHL} (d) V_{NH} (e) Montagem em superfície. (f) Absorção de corrente. (g) Fan-out. (h) Totem-pole. (i) Transistor de absorção. (j) 4,75 a 5,25 V (k) 2,5 V; 2,0 V (l) 0,8 V; 0,5 V (m) Fornecimento.
8.5 (a) 0,7 V; 0,3 V (b) 0,5 V; 0,4 V (c) 0,5 V; 0,3 V
8.6 (b) AND, NAND. (c) Entradas desconectadas.
8.7 (a) 40 (b) 33
8.8 (a) 20 μA/0,4 mA
8.9 (a) 30/15 (b) 24 mA
8.11 O fan-out não é excedido em nenhum dos casos.
8.13 60 ns; 38 ns
8.14 (a) 2 kΩ
8.15 (b) O resistor de 4,7 kΩ tem um valor muito alto.
8.19 a, c, e, f, g, h
8.21 12,6 mW
8.27 $AB + CD + FG$
8.29 (a) 5 V. (b) $R_S = 110\ \Omega$ para uma corrente de LED de 20 mA.
8.30 (a) 12 V (b) 40 mA
8.33 Contador em anel.
8.36 1,22 V; 0 V
8.37

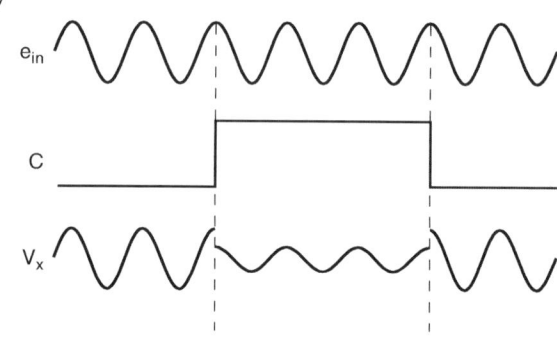

8.3 −1 e −2
8.39 (a) 74HCT. (b) Converte tensões dos níveis lógicos. (c) CMOS não pode absorver a corrente do TTL. (d) Falso.
8.41 (a) Nenhum.
8.44 O fan-out do 74HC00 é excedido; desconecte o pino 3 do 7402 e conecte-o em GND.
8.46 $R_2 = 1,5\ k\Omega$, $R_1 = 18\ k\Omega$
8.49 (b) é um defeito possível.
8.50 0 V a −11,25 V e de volta para −6 V.

CAPÍTULO 9

9.1 (a) Todas em nível ALTO. (b) $\bar{O}_0$ = nível BAIXO.
9.2 6 entradas, 64 saídas.
9.3 (a) $E_3\bar{E}_2\bar{E}_1 = 100$; $[A] = 110$
(b) $E_3\bar{E}_2\bar{E}_1 = 100$; $[A] = 011$
9.5

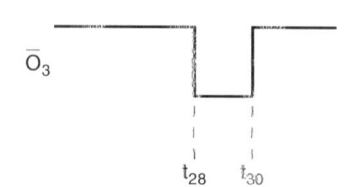

9.7 (a) Habilitada quando $D = 0$.
9.10 Os resistores são de 250 Ω.

9.12

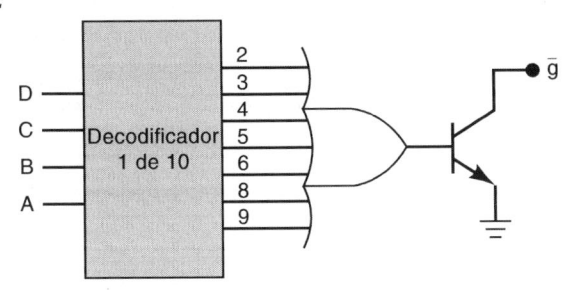

[Diagrama: Decodificador 1 de 10 com entradas D, C, B, A e saídas 2, 3, 4, 5, 6, 8, 9 conectadas a uma porta OR que aciona um transistor com saída $\bar{g}$]

9.13 (a), (b) Codificador. (c), (d), (e) Decodificador.

9.17 A quarta tecla pressionada seria colocada no registrador MSD.

9.18 Opção (b).

9.20 (a) Sim. (b) Não. (c) Não.

9.21 A linha A_2 do barramento está aberta entre Z2 e Z3.

9.23 O segmento *g* é muito vivo: o LED de segmento ou o transistor de saída do decodificador poderiam queimar.

9.25 Saídas do decodificador: *a* e *b* estão em curto entre si.

9.26 A conexão "f" do decodificador/driver para a porta XOR está aberta.

9.29 Um MUX de 4 para 1.

9.31 (a)

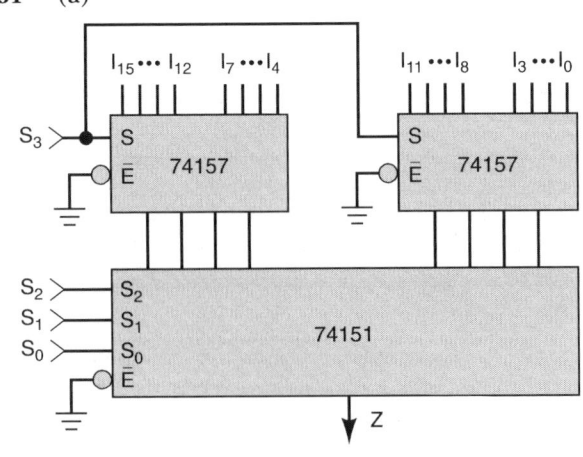

[Diagrama: Dois CIs 74157 com entradas $I_{15}...I_{12}$, $I_7...I_4$, $I_{11}...I_8$, $I_3...I_0$, controle S_3, $\bar{E}$, saídas conectadas a 74151 com entradas S_2, S_1, S_0, $\bar{E}$, e saída Z]

9.32 (b) O número total de conexões no circuito usando multiplexadores é 63, sem incluir V_{CC} e GND nem as conexões de entrada de clock do contador. O número total para o circuito que usa decodificadores/drivers é 66.

9.33

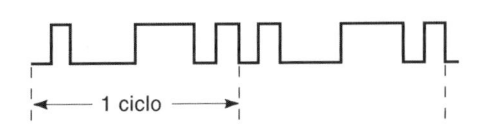

[Diagrama de forma de onda com 1 ciclo indicado]

9.35

A	B	C	
0	0	0	$0 \Rightarrow I_0$
0	0	1	$0 \Rightarrow I_1$
0	1	0	$0 \Rightarrow I_2$
0	1	1	$1 \Rightarrow I_3$
1	0	0	$0 \Rightarrow I_4$
1	0	1	$1 \Rightarrow I_5$
1	1	0	$1 \Rightarrow I_6$
1	1	1	$1 \Rightarrow I_7$

9.37 Z = nível ALTO para DCBA = 0010, 0100, 1001, 1010.

9.39 (a) Codificador, MUX. (b) MUX, DEMUX. (c) MUX. (d) Codificador. (e) Decodificador, DEMUX. (f) DEMUX. (g) MUX.

9.41 Cada saída de DEMUX vai para nível BAIXO, uma de cada vez em sequência.

9.43 Cinco linhas.

9.46 (a) O sequenciamento para após o atuador 3 ser ativado.

9.47 O defeito provável é um curto para GND no MSB do MUX das dezenas.

9.48 Provavelmente, Q_0 e Q_1 estão trocados.

9.49 As entradas 6 e 7 do MUX estão provavelmente em curto entre si.

9.50 S_1 permanece em nível BAIXO.

9.53 (a) Use três CIs 74HC85.

9.55 Provavelmente, A_0 e B_0 estão trocados.

9.57 $\overline{OE}_C = 0, \overline{IE}_C = 1; \overline{OE}_B = \overline{OE}_A = 1; \overline{IE}_B = \overline{IE}_A = 0$; aplicar um pulso de clock.

9.61 (a) Em t_3, cada registrador retém 1001.

9.63 (a) 57FA. (b) 5000 a 57FF. (c) 9000 a 97FF. (d) Não.

9.65 *A solução está disponível no Material de Apoio.*

CAPÍTULO 10

10.1 (d) 20 Hz. (e) Apenas um LED será aceso a cada vez.

10.2 24

10.3 Quatro estados = quatro passos * 15°/passo = 60° de rotação.

10.5 Três estados de transição * 15°/passo = 45° de rotação.

10.10 1111

10.12 (a) 1011

10.13 Não.

10.15 Os dados se vão (alta impedância) antes que DAV vá para o nível BAIXO. O estado de alta impedância é armazenado.

10.16

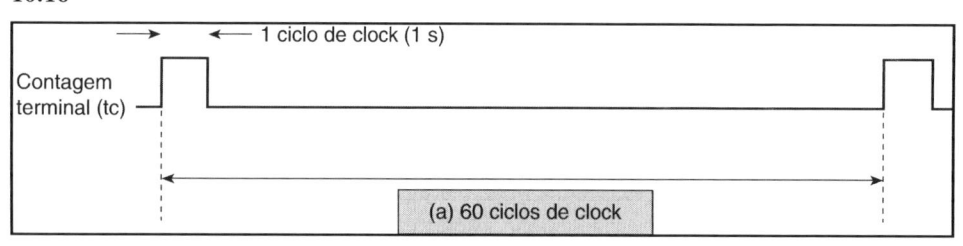

```
                 →    ← 1 ciclo de clock (1 s)
              ┌──┐                                          ┌──┐
Contagem      │  │                                          │  │
terminal (tc) ┘  └──────────────────────────────────────────┘  └─
                 ←───────────── (a) 60 ciclos de clock ──────→
```

10.17 60 ciclos/s * 60 s/min * 60 min/h * 24 h/dia = = 5.184.000 ciclos/dia. Leva um longo tempo para gerar um arquivo de simulação.

10.18 Quando a entrada set está ativa, desvia-se do prescaler e alimenta o clock de 60 Hz diretamente no contador das unidades de segundo.

10.26 *A solução está disponível no Material de Apoio.*

CAPÍTULO 11

11.1 (f), (g) Falso.
11.3 LSB = 20 mV.
11.5 Aproximadamente, 5 mV.
11.7 14,3%, 0,286 V
11.9 250,06 rpm
11.11 Os oito MSBs: PORT[7..0] & DAC[9..2]
11.13 800 Ω; não.
11.15 Usa poucos valores diferentes de R.
11.17 (a) Sete.
11.19 242,5 mV não está dentro das especificações.
11.21 O bit 1 do DAC está aberto ou permanentemente em nível ALTO.
11.22 Os bits 0 e 1 estão trocados
11.24 (a) 10010111
11.27 (a) 1,2 mV (b) 2,7 mV
11.28 (a) 0111110110
11.31 A frequência da forma de onda reconstruída é 3,33 kHz.
11.32 (a) 5 kHz (b) 9,9 kHz
11.33 Rampa digital: *a, d, e, f, h*. Aproximações sucessivas: *b, c, d, e, g, h*.
11.36 80 μs
11.38 2,276 V
11.40 (a) 00000000 (b) 500 mV (c) 510 mV (d) 255 mV (e) 01101110 (f) 0,199 °F; 1,99 mV
11.45 A chave permanece fechada; a chave permanece aberta ou o capacitor está em curto.
11.47 (a) O endereço é EA*xx*.
11.52 Falso: a, e, g. Verdadeiro: b, c, d, f, h

CAPÍTULO 12

12.1 16.384; 32; 524.288
12.3 64K x 4
12.7 (a) Alta impedância (b) 11101101
12.9 (a) 16.384. (b) Quatro. (c) Dois decodificadores 1 de 128.
12.11 120 ns
12.15 Os seguintes transistores terão as conexões de fonte abertas: $Q_0, Q_2, Q_5, Q_6, Q_7, Q_9$ e Q_{15}.
12.19 Dados em hexa: 5E, BA, 05, 2F, 99, FB, 00, ED, 3C, FF, B8, C7, 27, EA, 52 e 5B.
12.20 (a) 25,6 kHz (b) Ajuste V_{ref}
12.22 (a) [B] = 40 (hexa); [C] = 80 (hexa) (b) [B] = 55 (hexa); [C] = AA (hexa) (c) 15.360 Hz (d) 28,6 MHz (e) 27,9 kHZ
12.24 (a) 100 ns (b) 30 ns (c) 10 milhões (d) 20 ns (e) 30 ns (f) 40 ns (g) 10 milhões
12.30 A cada 7,8 μs
12.34 Acrescente mais quatro PROMs (PROM-4 até PROM-7) no circuito. Conecte suas saídas de dados e entradas de endereço aos barramentos de dados e endereço, respectivamente. Conecte AB_{13} à entrada C do decodificador, e conecte as saídas 4 a 7 do decodificador às entradas CS das PROMs 4 a 7, respectivamente.

CAPÍTULO 13

13.2 A velocidade necessária para a operação do circuito, o custo de fabricação, o consumo de energia do sistema, o tamanho do sistema, o tempo disponível para projetar o produto etc.
13.4 Velocidade de operação
13.6 Vantagens: maior velocidade e menor área de *die*. Desvantagens: tempo e gastos para o projeto/desenvolvimento.
13.8 PLDs baseados em SRAM devem ser configurados (programados) ao serem energizados.
13.10 Em um programador de PLD ou no sistema (via interface JTAG).
13.12 É uma tabela de consulta usada para definir as funções lógicas usando memória SRAM.

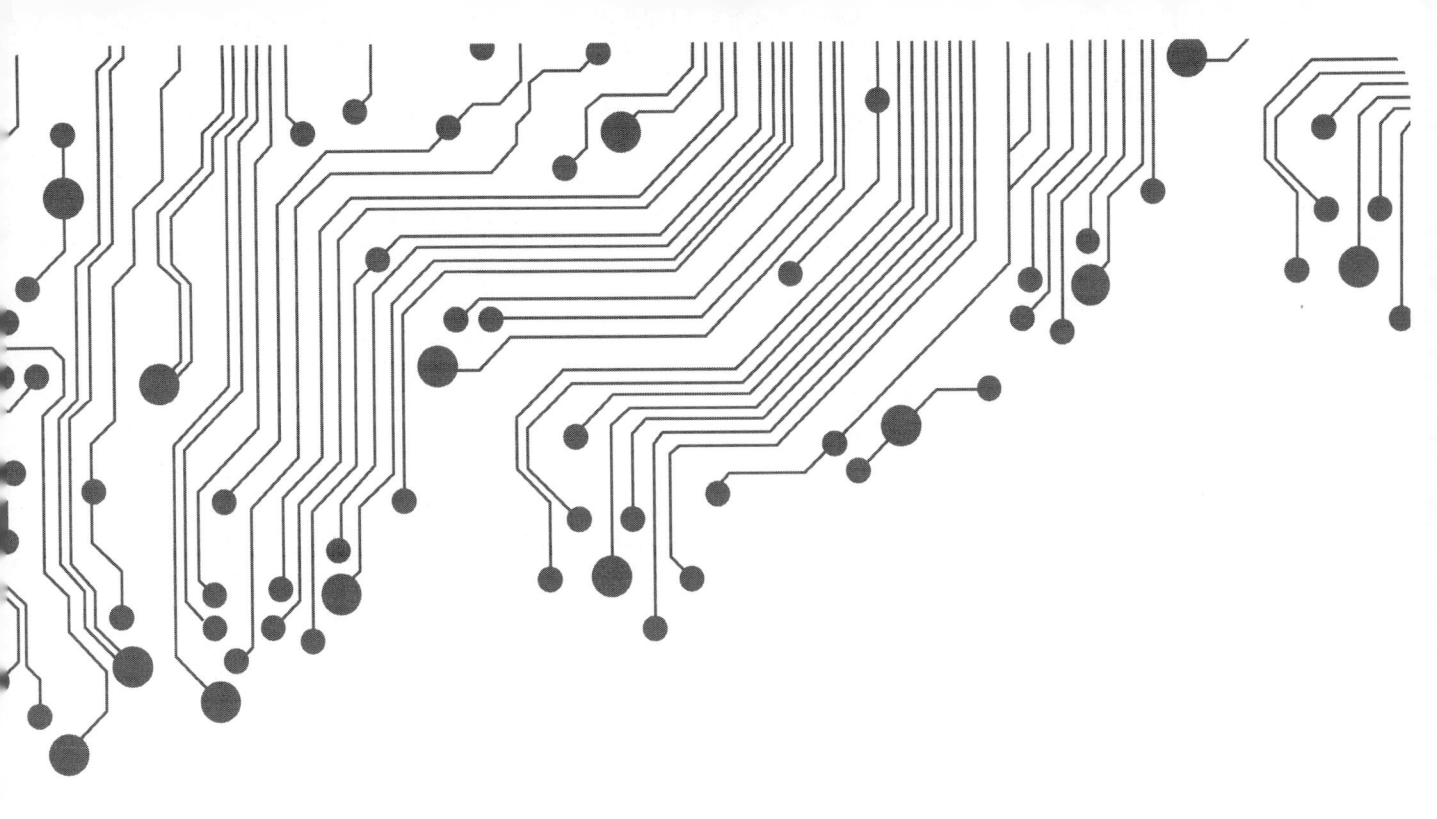

ÍNDICE DE CIS

74XX

7400 Quatro portas NAND de 2 entradas, 647
7402 Quatro portas NOR de 2 entradas, 579, 647
7404 Seis inversores, 180
7406 Seis inversores buffers/drivers (com saídas de coletor aberto de alta tensão), 616, 630, 644, 753
7407 Seis buffers/drivers (com saídas de coletor aberto de alta tensão) 616
7408 Quatro portas AND de duas entradas, 394
7413 Duas portas NAND de quatro entradas com entradas Schmitt-trigger, 302
7414 Seis inversores Schmitt-trigger, 302, 306
7442 Decodificador BCD para decimal, 659, 744
7445 Decodificador/driver BCD para decimal, 660
7446 Decodificador/driver BCD para sete segmentos, 663
7447 Decodificador/driver BCD para sete segmentos, 663, 685, 726
7483 Somador completo de 4 bits (somador paralelo), 380, 740,
7485 Comparador de magnitude de 4 bits, 704, 737
7486 Quatro portas EX-OR de duas entradas, 647
74112 Dois Flip-flop J-K sensíveis a borda com preset e clear, 314
74121 Um monoestável não redisparável, 304-305, 647
74122 Um monoestável redisparável, 304
74123 Dois monoestáveis redisparáveis, 304
74138 Decodificador/demultiplexador 1 de 8, 723
74147 Codificador de prioridade decimal para BCD, 671-675, 730
74148 Codificador octal-binário de prioridade, 671
74160 Contador BCD, 465, 779-780
74161 Contador de MOD-16 síncrono, 465
74162 Contador síncrono decimal, 465
74163 Contador MOD-16 síncrono, 465
74173 Registradores tipo D de 4 bits com saídas tristate, 719
74175 Quatro flip-flops tipo D com clear, 314
74185 Conversor de código binário para BCD de 6 bits,917
74190 Contador crescente/decrescente de 4 bits, 465
74191 Contador crescente/decrescente síncrono de 4 bits,465, 521
74221 Dois monoestáveis não redisparáveis, 304
74283 Somador paralelo de 4 bits, 393, 395, 400-401
74375 Latches biestáveis quádruplos, 314
74382 ALU, 391-392

74ACXX

74AC02 Quatro portas NOR de 2 entradas, 181
74AC11 004 Seis inversores, 603

74ACTXX

74ACT02 Quatro portas NOR de 2 entradas, 181
74ACT11 293 Contador binário de quatro bits, 603

74AHCXX

74AHC74 Dois flip-flops D disparados por borda, 616-617
74AHC126 Quatro buffers não inversores tristate, 619-620

74ALSXX

74ALS00 Quatro portas NAND de duas entradas, 519, 579, 580, 587-588, 590
74ALS04 Seis inversores, 180
74ALS14 Seis inversores Schmitt-trigger, 516
74ALS138 Decodificador/demultiplexador 1 de 8, 656-657, 690-691, 755, 945
74ALS151 Multiplexador de 8 entradas, 680-681
74ALS157 Quatro seletores/multiplexadores de 2 para 1 linha, 682-683
74ALS160 Contador síncrono decádico, 424, 437-441, 455
74ALS161 Contador síncrono de MOD-16, 424, 437-441, 455, 519, 546, 547-548
74ALS162 Contador síncrono decádico, 424, 437-441, 455
74ALS163 Contador síncrono de MOD-16, 424, 437-441, 444-447, 455, 546, 660
74ALS164 Registrador de deslocamento de 8 bits com entrada serial/saída paralela, 512-513
74ALS165 Registrador de deslocamento de 8 bits com entrada paralela/saída serial, 510-512
74ALS166 Registrador de deslocamento de 8 bits com entrada serial/saída serial, 496-508, 555
74ALS173 Registrador tipo D de 4 bits com saídas tristate, 713-715
74ALS174 Registrador de 6 bits com entrada paralela/saída paralela, 506-508, 552
74ALS190 Contador síncrono crescente/decrescente de 4 bits, 436, 441-447, 455
74ALS191 Contador síncrono crescente/decrescente de 4 bits, 436, 441-447, 455
74ALS192 Contador síncrono crescente/decrescente de 4 bits, 436
74ALS193 Contador síncrono crescente/decrescente de 4 bits, 436
74ALS273 Registrador de 8 bits, 955
74ALS299 Registrador de 8 bits com linhas de I/O comuns, 722

74ASXX

74AS04 Seis inversores, 180, 590-591
74AS20 Duas portas NAND positivas de 4 entradas, 588-589
74AS74 Dois flip-flops D disparados por borda, 590

74AUCXX

74AUC08 Quatro portas AND de duas entradas, 632

74AVCXX

74AVC08 Quatro portas AND de duas entradas, 631
74AVC1T45 Conversor dual de níveis de tensão, 631

74CXX

74C02 Quatro portas NOR de duas entradas, 180
74C86 Quatro portas EX-OR de duas entradas, 168
74C266 Quatro EX-NOR, 169

74FXX

74F04 Seis inversores, 584

74HCXX

74HC00 Quatro portas NAND de duas entradas, 153, 183, 630, 647-648
74HC02 Quatro portas NOR de 2 entradas, 180, 192
74HC04 Seis inversores, 183, 603, 625
74HC05 Seis inversores com dreno aberto, 615, 616, 647
74HC08 Quatro portas AND de 2 entradas, 192, 631-632
74HC13 Duas Portas NAND de quatro entradas Schmitt-trigger, 302
74HC14 Seis inversores Schmitt-trigger, 302, 306
74HC42 Decodificador BCD para decimal, 659
74HC83 Somador completo de 4 bits, 709
74HC85 Comparador de magnitude de 4 bits, 702-704
74HC86 Quatro portas EX-OR de duas entradas, 168, 666-667
74HC123 Dois monoestáveis redisparáveis, 304
74HC125 Quatro buffers não inversores tristate, 629, 753
74HC126 Quatro buffers não inversores tristate, 712
74HC138 Decodificador/demultiplexador 1 de 8, 687, 692, 750
74HC139 Dois decodificadores 1 de 4 com habilitação ativa em nível BAIXO, 754
74HC147 Codificador de prioridade decimal para BCD, 671
74HC148 Codificador de prioridade octal-para-binário, 671
74HC151 Multiplexador de 8 entradas, 680-682
74HC157 Multiplexadores/seletores de dados 2 linhas para 1 linha quádruplos, 682-683
74HC160 Contador decádico síncrono, 424, 437-441
74HC161 Contador síncrono de MOD-16, 424, 437-441
74HC162 Contador decádico síncrono, 424, 437-441
74HC163 Contador síncrono de MOD-16, 424, 437-441
74HC164 Registrador de deslocamento de 8 bits com entrada serial/saída paralela, 512-513
74HC165 Registrador de deslocamento de 8 bits com entrada paralela/saída serial, 510-512
74HC166 Registrador de deslocamento de 8 bits com entrada serial/saída serial, 508-510
74HC173 Registrador tipo D de 4 bits com saídas tristate, 713
74HC174 Registrador de 6 bits com entrada paralela/saída paralela, 506-508, 753
74HC181 ALU (unidade lógica e aritmética), 388
74HC190 Contador síncrono crescente/decrescente de 4 bits, 436, 441-447, 546
74HC191 Contador síncrono crescente/decrescente de 4 bits, 436, 441-447, 546
74HC192 Contador síncrono crescente/decrescente de 4 bits, 436
74HC193 Contador síncrono crescente/decrescente de 4 bits, 436
74HC221 Dois monoestáveis não redisparáveis, 304
74HC266 Quatro EX-NOR, 169
74HC283 Somador completo de 4 bits (somador paralelo), 379-380

74HC382 ALU (Arithmetic Logic Unit), 385-387
74HC541 oito drivers de linha, 719-721
74HC881 ALU (unidade lógica e aritmética), 388
74HC4016 Quatro chaves bilaterais, 624-625, 644, 648
74HC4017 Contador Johnson, 518
74HC4022 Contador Johnson, 518
74HC4316 Quatro chaves bilaterais, 625
74HC4511 Decodificador/driver BCD para 7 segmentos, 667
74HC4543 Decodificador/driver para display LCD numérico, 667

74HCTXX

74HCT02 Quatro portas NOR de 2 entradas, 180
74HCT04 Seis inversores, 603
74HCT74 Dois flip-flops D disparáveis por borda, 617
74HCT293 Contador binário de 4 bits, 603

74LSXX

74LS00 Quatro portas NAND de 2 entradas, 105-106, 189, 193, 235311, 340
74LS01 Quatro portas NAND de 2 entradas com saídas em coletor aberto, 617, 643
74LS04 Seis inversores, 180, 235, 603
74LS05 Seis inversores com dreno aberto, 615
74LS08 Quatro portas AND de 2 entradas, 105-106
74LS13 Duas portas NAND de 4 entradas com entradas Schmitt-trigger, 296
74LS14 Seis inversores Schmitt-trigger, 302, 306, 642, 677
74LS20 Duas portas NAND de 4 entradas, 641
74LS32 Quatro portas OR de 2 entradas, 105-106
74LS37 Quatro portas NAND de 2 entradas (buffers), 641
74LS42 Decodificador BCD para decimal, 659
74LS74 Dois flip-flops D disparado por borda, 311
74LS83A Somador completo de 4 bits (somador paralelo), 379
74LS85 Comparador de magnitude de 4 bits, 704
74LS86 Quatro portas EX-OR de 2 entradas, 168, 193, 641
74LS112 Dois flip-flops J-K disparados por borda, 340, 616-617, 641, 642, 646
74LS122 Um monoestável redisparável, 304
74LS123 Dois monoestáveis redisparáveis, 304
74LS125 Quatro buffers tristate não inversores, 619-620, 621, 644
74LS126 Quatro buffers tristate não inversores, 619-620, 621
74LS138 Decodificador/demultiplexador 1 de 8, 744, 881
74LS147 Codificador de prioridade decimal para BCD, 671-675
74LS148 Codificador de prioridade octal-binário, 655, 675
74LS181 ALU (unidade lógica e aritmética), 388
74LS193 Contador síncrono crescente/decrescente de 4 bits, 642
74LS221 Dois monoestáveis não redisparáveis, 304
74LS266 Quatro XNOR, 169
74LS283 Somador completo de 4 bits (somador paralelo), 379, 381, 384, 389
74LS374 Registrador de FF tipo D octal, 620
74LS382 ALU (unidade lógica e aritmética), 385-387
74LS881 ALU (unidade lógica e aritmética), 388

74LVCXX

74LVC07 Seis buffers/drivers (com coletor aberto), 631

74SXX

74S00 Quatro portas NAND de 2 entradas, 583
74S04 Seis inversores, 180
74S112 Dois flip-flops *J-K* disparável por borda, 647

Outros ICs

555 Temporizador, 306-307
2125A SRAM 1K × 1, 943
27C64 ROM MOS 8K × 8, 901
2732 EPROM 4K × 8, 955
4001B Quatro portas NOR de 2 entradas, 180, 629, 647
4016 Quatro chaves bilaterais, 625
4049B Seis inversores, 646
4316 Quatro chaves bilaterais, 625
AD781 Circuito integrado de amostragem e retenção, 864
AD7524 DAC de 8 bits, 831
ADC0804 ADC de aproximações sucessivas, 849-854
ADC0808 ADC de aproximações sucessivas, 866
EPM 7128SLC84 PLD da ALTERA, 178
LM34 Dispositivo de medição de temperatura, 633
LM339 Comparador de voltagem analógico quádruplo, 633
MCM101514 SRAM CMOS 256K × 4, 958
MCM6209C SRAM 64K × 4, 949
MCM6249 SRAM CMOS 1M × 4, 958
PAL16R8 PLD com 8 saídas registradas, 977
TMS4256 DRAM 256 × 1, 959

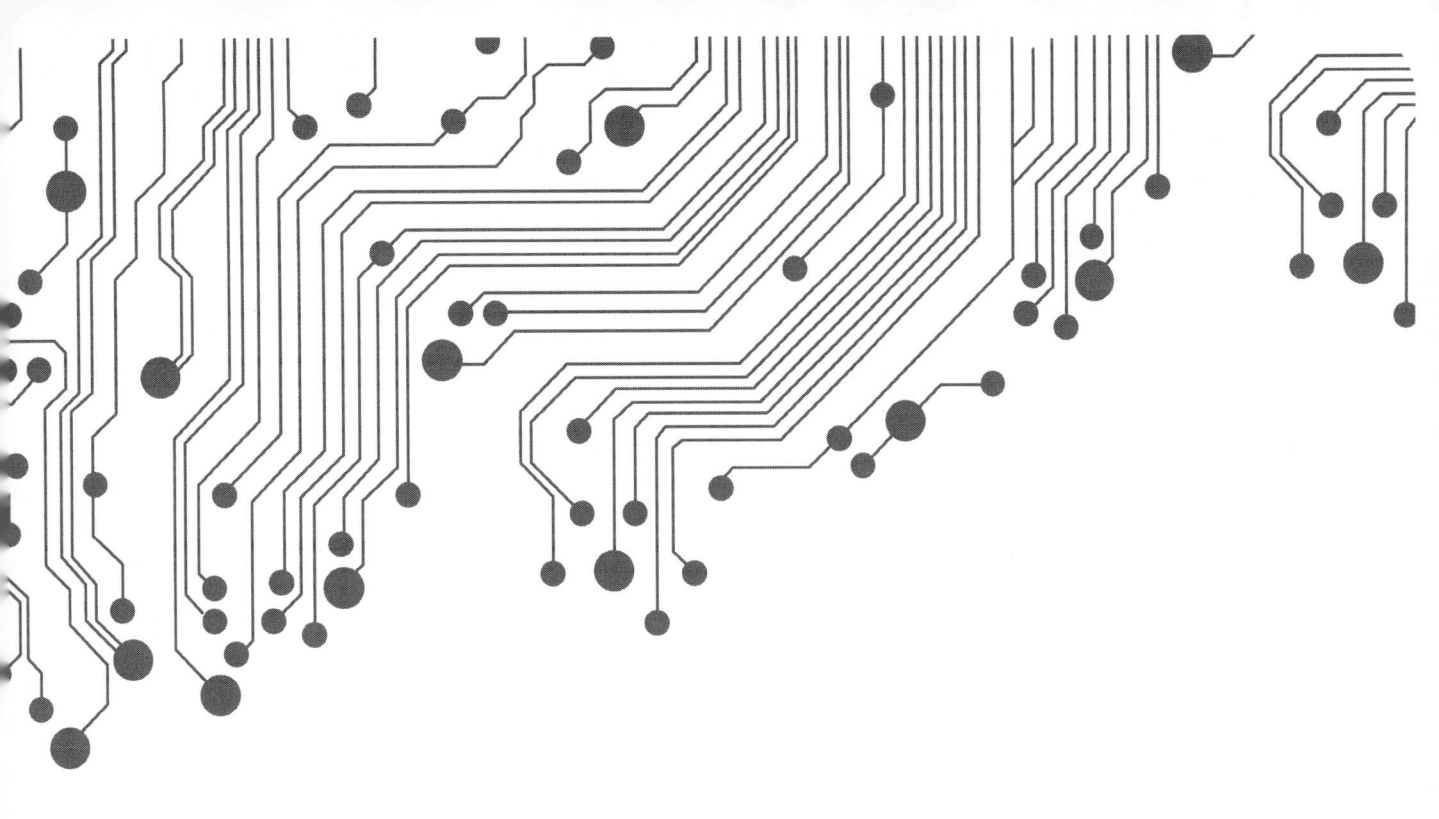

ÍNDICE

1ª parcela, 356, 370
2ª parcela (complemento), 357, 371

A

Acumulador, 369
ADC de dupla rampa, 857-858
Adição e subtração combinadas, 383
Adição em
    BCD, 363-365
    binário, 347-348
    hexadecimal, 365-368
    sistema de complemento de 2, 356-358
        dois números negativos, 357
        dois números positivos, 356
        número positivo e número negativo maior, 356
        número positivo e número negativo menor, 357
        números iguais e opostos, 358
Agrupamento Quad, 158-159
Agrupamento, 157-159
    octetos, 159-160
    pares, 157-158
    quads, 158-159
AHDL, 119, 122, 465-466
    acionador de passo, 768
        teste de simulação, 768
    arquivo de projeto, 214
    BEGIN, 125
    CASE, 223-224, 483, 531, 723, 735
    codificador, 731-733
    comentários, 128-129
    comparador de magnitude, 737

comparador, 738
CONSTANT, 401
Contador BCD MOD-100, 488
contador completo, 477-478
contador de *ripple* ascendente (MOD-8), 329
contador em anel, 532-533
contador MOD-5, 471-472, 485
contador MOD-6, 783-792
contador MOD-8, 765
contador MOD-10, 487-488, 786, 792
    símbolos de bloco gráfico, 790
contador MOD-12, 787-788
contador MOD-60, 791
contadores BCD em cascata, 487-488
controlador de semáforo, 497-501
conversor de código BCD para binário, 740-741
conversor de código, 740-741
declaração de atribuição simultânea, 125
declarações de vetor de bits, 210
decodificador(s), 723-725
    driver, 726-730
sequência completa, 766
decodificando o contador MOD-5, 483-484
DEFAULTS, 724-735
demultiplexadores, 735-736
descrição booleana usando, 125
descrição comportamental de um contador em, 476
descrições de estados em, 471-472
elementos essenciais em, 125
ELSE, 478
ELSIF, 223-479
END, 125-126

flip-flop J-K, 323
flip-flops, 323-324
identificadores de *port* primitivos, Altera, 321
IF/THEN/ELSE, 218-219, 730-731, 786
INCLUDE, 792
INPUT, 125
integração do módulo, 792-793
latch D, 321
Latch NAND, 320
MACHINE, 494-495
máquinas de estado, simples, 494-495
monoestáveis, simples, 535
monoestável não redisparável, 535
multiplexadores, 735-736
NODE, AHDL, 128-397
nós internos, 128-129
OUTPUT, 125
projeto de acionador de motor de passo (*ver também* HDL-linguagem de descrição de hardware)
projeto de clock digital (HDL), 777-795 (*ver também* HDL-linguagem de descrição de hardware)
projeto de contador de frequência, 803-808 (*ver também* HDL-linguagem de descrição de hardware)
projeto do codificador do teclado 770-777 (*ver também* HDL-linguagem de descrição de hardware)
    escaneamento, 770
    simulação, 777
    solução, 773-775
redisparável, monoestável disparado por borda, 539-540
registrador de deslocamento, universal, 530-531
registrador PISO, 528-529
registro SISO, 527-528
somador de oito bits, 399
somador/subtrator, 400-401
SUBDESIGN, 125, 128-129, 209-210, 324, 471, 479, 483-484
tabelas-verdade, 214-215
TABLE, 724, 731
variáveis intermediárias em, 129
VARIÁVEL, 128-129, 321, 397
Aliasing, 845-846
Alimentação de referência de precisão, 825
ALTERA
  arquivo de diagrama de bloco de uma ALU de oito bits, 392
  blocos de matriz lógica (LABs), 979
  ciclone
    família IV E, 982
    recursos de dispositivos das séries II e III, 982
    série, 982
  configurações megaWizard, 522-524
  contador binário ascendente, 394
  contador MOD-16 completo, 465
  diagrama de bloco de contador abaixo de MOD-8 e resultados de simulação funcional, 396
  elementos lógicos (LEs), 980
  família MAX II, 979-983
    bloco de matriz lógica (LAB), 982-983
    diagrama de bloco, 980-981
    estrutura LAB (bloco de matriz lógica), 982-983
    LE (elementos lógicos) no modo normal, 980
    memória flash de configuração (CFM), 981
    recursos, 982
  Família MAX7000S, 979-982
    macrocélula, 979-980
  funções de biblioteca, usando, 390-397
    para contadores, 465-469
  identificadores de portas primitivas, 321
  LEs, 978
  linguagem de descrição do hardware, 119-122
  LPM_COUNTER, 465
  LPM_SHIFTREG, 522
  LPMs de megafunção para circuitos aritméticos, 392-393
  macrofunção, 390
  matriz de interconexão programável (PIA), 979
  Quartus II, 120
    biblioteca maxplus2, 522
    captura esquemática, 184
    megafunções
      comparador de magnitude, 702-707
      decodificadores, 656-657
      mux, 679-680
  SER_IN, 522
  SER_OUT, 522
  somador paralelo de oito bits usando a macrofunção, 391-393
  somador paralelo de oito bits usando LPM_ADD_SUB megafunção, 393-395
  somador paralelo para contar, usando, 394-396
Amostragem, 841
  frequência, 845
Amplificador operacional (em um DAC), 824
Amplificador sensor (em DRAM), 927
Amplitude, 17
Analisando contadores síncronos, 451-456
  representação, 15
  sistemas, 17
Análise de defeitos, estudo de caso, 309-314
  circuitos de flip-flop, 309-314
    entradas abertas, 309-311
    falhas de CIs internas, 185-191
    observação/análise, 676
    pulsador lógico e ponta de prova para testar um circuito, usando, 35
    saídas em curto-circuito, 311-312
  circuitos prototipados, 195-200
  contadores, 518-520
  conversores de digital para analógico, 833-834
  decodificadores, circuito com, 669-670
  defeito
    correção, 184
    detecção, 184
    CI externo, 191-195
    isolamento, 184
  diagrama de árvore, 703
  dividir-e-conquistar, 676
  encontrando nós em curto, 635
  estudo de caso
    somador/subtrator binário paralelo, 388-390
  ferramentas usadas em, 185, 634-635
  passos básicos, 184-185
  sistema de monitoramento de segurança, 691-694

sistema de transmissão de dados síncrono, 694-695
sistemas de lógica sequencial, 518
sistemas digitais, 184-185, 634-635 (*ver também* Sistemas digitais)
somador/subtrator binário paralelo, 388-390
Analógico para digital (ADC)
   aproximação sucessiva, 846-854 (*ver também* Conversor digital para analógico)
   aquisição de dados, 841-846
   arquiteturas típicas para aplicações, 863
   CI, aproximação sucessiva de oito bits (ADC0804), 849-854
      aplicação, 851
      Chip Select (*CS*), 851
      CLK IN, 851
      CLK OUT, 851
      entradas diferenciais, 849
      INTERRUPT (*INTR*), 851
      READ (*RD*), 850
      $V_{ref}/2$, 850
      WRITE (*WR*), 851
   circuito de amostragem e retenção, 864-865
   controle de amplitude digital, 832-833
   conversão, 832, 834-835
   conversor (ADC), 18, 815
   dupla rampa, 857-858
   erro de quantização, 839-840
   flash, 854-856
   modulação sigma/delta, 858-862
   multiplexação, 865-866
   outros métodos de conversão, 856-863
   pipeline, 862-863
   precisão, 840
   rampa digital, 837-839
   resolução 839-841
   série 846
   tempo de conversão, 840, 841, 847
   tensão para frequência, 858
Apagamento de memória em bloco, 910
Aplicações da interface analógica, 870-872
   câmera digital, 871
   sistemas de aquisição de dados, 870-871
   telefone celular digital, 872-873
Aproximação sucessiva ADC, 846-854
Armazenamento magnético, 938-939
Armazenamento temporário, RAM, 918
ARQUITETURA, 126, 211
Arquiteturas ADC típicas para aplicações, 863-864
Arranjos de portas programáveis em campo (FPGA), 636-637, 967-971
   arquitetura, 937
   características de, 636-638
   características do Altera Cyclone II usando padrões de I/O de uso geral, 637
   comparação do contador do Altera Cyclone I desempenho, 638
   dissipação de energia, 637
   níveis de tensão lógica, 636-637
   tensão de alimentação, 636
   tensão máxima de entrada e características de corrente de saída, 638
   velocidade de comutação, 638

ASICs, 966-967
Ativo (*ver também* Níveis atribuídos)
   circuitos lógicos, 110-111
   decodificação ativa em nível ALTO, 448-450
   decodificação ativa em nível BAIXO, 450
Atraso(s) de propagação, 115, 419-422
   circuitos integrados, 565-567
   em contadores assíncronos, 419-422
   flip-flop, 273
   porta TTL NAND, 580
Atuador, 816
Avançado
   BiCMOS de baixa tensão (74ALVT), 611
   CMOS 74AC/ACT, 603
   CMOS 74AHC de alta velocidade, 603
   CMOS de baixa tensão (74ALVC), 610
   CMOS de baixa tensão (74AVC), 611
   CMOS de tensão ultrabaixa (74AUC), 610
   potência ultrabaixa (74AUP), 611
   série Schottky TTL 74ALS de baixa potência (ALS-TTL), 584-585
   série Schottky TTL 74AS (AS-TTL), 584

B

Baixa tensão (74LV), 611
   características da série, 611
   CMOS (74LVC), 610-611
   Tecnologia BiCMOS (74LVT), 611
   tecnologia de tensão, 608-612
Ball Grid Array, 566
Barramento
   contenção, 620
   controle, 896
   dados, 896
   drivers, 719
   endereço, 896
   expandindo, 718-719
   lógica de interface de alta velocidade, 621-622
   representação, simplificada, 720
   sinais, 716-718
   técnicas de terminação de barramento, 623
Barramento, bidirecional, 721-722, 895
Barramento, LCD, 666
Bibliotecas de módulos parametrizados (LPMs), 315
BiCMOS
   lógica de 5 volts, 604
   família, 610-611
Bidirecional
   barramento, 721-722
   linhas de dados, 722
Binário
   adição, 347-348
   aritmética e círculos numéricos, 360-361
   BCD, 47-49
   contador, 288
   dígito 22
   divisão, 362
   método de paridade para detecção de erros, 57-60
   multiplicação, 362-363
   ponto, 21
   quantidades, representação de, 24-25
   sequência de contagem, 22

subtração, 347
Bit
    de overflow, 376
    de soma, 371
    mais significativo (MSB), 22
    menos significativo (LSB), 22
Booleano
    álgebra, 72
    avaliação das saídas do circuito lógico, 87-90
    constantes e variáveis, 72
    descrição dos circuitos lógicos, 85-87
    implementando circuitos a partir de expressões, 90-91
    Operação AND, 79-82
    Operação NOT, 72, 82-83
        resumo, 84
    Operação OR, 75-79
        resumo, 76-79
    Porta NAND, 91-95
    Porta NOR, 91-95
    que simbologia usar, 110-115
    representação alternativa lógica-porta, 106-109
    simplificando circuitos lógicos, 142-143
    tabelas-verdade, 73-74
    teoremas de DeMorgan, 99-102
    teoremas, 95-99
Bootstrap
    memória, 915
    programa, 915
Borda
    descida, 9
    negativo, 9
Bordas, de um sinal de clock, 254-255
Bordas/eventos, 12
Buffer(s)
    tristate, 618-619
    circular, 952
    coletor aberto, 616-617
    driver, 616-617
    inversor, 618
    linear, 952
    não inversor, 620
    saída, ROM, 899
Buffer/drivers de coletor aberto, 616-617
Byte, 53-54-888

C

Capacidade, memória
    definição, 888
    expansão, 941-949
Características básicas dos ICs digitais, 176-184
Características de um FPGA, 636-638
Carregamento
    Fator, 564
    TTL, 585-591
Carry, 347-370
    antecipado, 378
    bit, 371
    propagação, 378-379
CASE usando
    AHDL, 223
    VHDL, 224
Célula de memória estática NMOS, 922

Celular, 30, 872-873
Chave
    bilateral, 623-625
    codificadores, 672-676
    desbloqueando, 246
Chave de sinal TI (chave TS), 611
Chip, 176
Chip select, 897-920
CI CMOS de memória flash típico, 911-912
Ciclo de gravação
    tempo, 924
    tempo de hold de dados, 924
    tempo de setup de dados, 924
    tempo de setup do endereço, 924
Ciclo de trabalho, 11, 419
Circuito
    de saída totem-pole, 576-577
    detector de borda, 261
    integrado de somador paralelo, 379-381
Circuito NOT (INVERTER), 83-84
    circuitos contendo, 86-87
    definição, 84
    implementando a partir de expressões booleanas, 90-91
    inversor controlado, 169
    qual representação usar, 111-115
    representação alternativa, 106-111
    símbolo, 84
    teoremas de DeMorgan, 99-102
Circuitos aritméticos, 368-370
Circuitos de amostragem e retenção, 904-905
Circuitos de inibição, 81
Circuitos habilitar/desabilitar, 174-176
Circuitos integrados ALU, 368-369, 384-388
    expandindo a ALU, 387
    operações
        ADD, 385
        AND, 386
        CLEAR, 385
        EX-OR, 386
        OR, 386
        PRESET, 386
        SUBTRACT, 385
Circuitos integrados de aplicação específica (ASICs), 966-967
Circuitos integrados de Registradores, 500-513
    entrada paralela/saída serial (74ALS165/74HC165), 510-512
    entrada serial/saída paralela (74ALS164/74HC164), 512-513
    entrada serial/saída serial (74ALS166/74HC166), 508-510
    entradas paralelas/saídas paralelas (74ALS174/74HC174), 505-507
Circuitos lógicos
    analisando, 113-114
    análise usando uma tabela, 88-90
    aritmética, 369-370
    avaliação de saídas, 87-90
    circuito formatador de pulso, 418
    definição, 13
    desabilitado, 173-174

descrevendo, 68, 138
    algebricamente, 85-87
diagramas de conexão, 183-184
e tecnologia, 13-14
habilitado, 173-174
implementando a partir de expressões booleanas, 90-91
implementando com PLDs, 123-124
interface, 625-630
pulso-direção, 175
Circuitos lógicos combinacionais, 139-238
    exclusive-NOR, 166-172
    exclusive-OR, 166-172
    formulário de soma de produtos, 141-142
    gerador de paridade e verificador, 172-173
    método do mapa de Karnaugh, 154-166
    procedimento de projeto completo, 150-154
    processo completo de simplificação, 159-163
    produto de somas, 141-142
    projetando, 148-154
    resumo, 227-228
    simplificação algébrica, 143-148
    simplificando, 143-148
Circuitos lógicos MSI
    barramento de dados, 709-710
    codificadores, 669-676
    decodificador BCD para decimal, 660
    decodificador/drivers BCD para 7 segmentos, 662-663
    decodificadores, 654-662
    demultiplexadores (DEMUXs), 689-699
    displays de cristal líquido (LCDs), 665-668
    multiplexadores (MUX), 679-689
    registradores tristate, 715-716
    resumo, 742-743
Circuitos sequenciais, 276
    em PLDs usando entrada esquemática, 314-317
    projeto, 456-465
    usando a entrada esquemática, 314-317
    usando HDL, 318-321
Circuitos, digital, 8 (ver também Circuitos lógicos)
    complemento de 2, 381-384
    gerador de clock, 309
    habilitar/desativar, 174-176
    somador/subtrator, 383
Círculos de números e aritmética binária, 360-361
CIs digitais unipolares, 178-179 (ver também família lógica CMOS)
CLEAR, 290-291
Clock
    bordas, 254
    ciclo de trabalho, 419
    circuitos geradores, 306-308
        controlado por cristal, 308
        controlado por cristal, 309
    definição, 254
    desvio, 312-314
    frequência, 254
    período, 254
    pulso BAIXO $t_w(L)$, 273
    pulso HIGH $t_w(H)$, 273
    sinais, 254-258
    tempos de transição, 273
CMOS 74HC/HCT de alta velocidade, 603
Codec, 872

Codificação, 669, 939
    binária direta, 47
    de duração limitada (RLL), 939
Codificador de prioridade de decimal para BCD (74147), 671-672
Codificadores de prioridades, 671
Codificadores de quadratura, 51-52, 279, 291
Codificadores, 668-676
    8 linhas para 3 linhas, 670
    chave, 672-676
    octal para binário, 670
    prioridade decimal para BCD, 671-672
    prioridade, 671-672
Código
    alfanumérico, 55-57
    BCD, 47-49
    colocando tudo em conjunto, 52
    definição, 47
    de endereço, 298
    Gray, 50-52
Código ASCII, 55-57
    preenchimento, 57
Código BCD (código codificado em binário), 47-49
    códigos proibidos, 48
    comparação com binário, 48-49
    decodificador BCD para decimal, 659
    decodificador/driver BCD para 7 segmentos, 662-663
    decodificador/driver BCD para decimal, 660
    subtração, 367
    vantagem, 49
Código Padrão Americano para Troca de Informação (*American Standard Code for Information Interchange*, ASCII), 55-56
Códigos alfanuméricos, 55-57
Coletor aberto
    buffer/drivers, 616-617
    saídas, 612-617
Combinando chips DRAM, 948-949
Comparador de magnitude, 702, 707, 738, 739
    aplicações, 706
    entradas de dados, 702
    entradas em cascata, 704-706
    saídas, 704
Comparadores de tensão analógica, 630-632
    decodificação do contador, 447-451
Complementação, 82 (ver também operação NOT)
Complemento de 2
    adição, 357-358
    circuitos, 381-384
        adição, 381-384
        subtração, 381-384
    forma, 349
    representação de caso especial, 353-356
    subtração 358-361
    sistema, 349
        adição e subtração, combinada, 383-384
        multiplicação, 361-363
Complemento ou inversão lógica (operação NOT), 83-84
Comportamental
    descrição, 474
    nível de abstração, 474
Computadores

controlador embutido, 30
diagrama funcional de, 29
digital, 28-31
linguagens de programação, 119-123
microcomputador, 29
microcontrolador, 29
microprocessador, 29
principais partes de, 28-29
processo de decisão de um programa, 121
sistema de aquisição de dados, 842-844
tipos de, 29-30
Comutação, 22
Concatenação, 526
Conceitos introdutórios, 2, 35
Condições irrelevantes, 164-165
Conexão AND com fio, 614-616
Configurações do MegaWizard, 522-523
Configurando o flip-flop
    e redefinindo simultaneamente, 244
    latch, 244
Conjuntos, HDL, 396
Considerações de tempo, 271-273
Constantes, 401
Construindo os blocos *bottom-up* (clock digital usando HDL), 783
Contador de refresh, 935
Contador Johnson, 516-518
    decodificação, 518
Contadores assíncronos (ripple), 415-419
    número MOD, 417
Contadores BCD, 431
    decodificação, 450
    exibindo dois dígitos múltiplos, 683
Contadores com registradores de deslocamento, 514-518
Contadores completos em HDL, 477-478
Contadores de décadas, 431
Contadores de registro de mudança de circuito integrado, 518
Contadores e registradores, 413-542
    análise de falhas, 518-522
    anel, 514-516, 701
    arranjo em vários estágios, 446-447
    assíncrono (ondulação), 415-419
        atraso de propagação, 419-422
    autocorreção, 456
    BCD, decodificação, 450
    com números MOD _2N, 425-426
    década, 431
    decodificação, 437, 447-451, 518
    em cascata, 446-447
    entrada paralela/saída paralela (74ALS164/74HC164), 512-513
    entrada paralela/saída paralela (74ALS174/74HC174), 505-508
    entrada paralela/saída serial (74ALS165/74HC165), 510-512
    entrada serial/saída serial (74ALS166/74HC166), 508-510
    estado ATUAL, 451-456
    estado NEXT, 451-456
    estados de transição, 427
    estados indesejados, 457
    exibindo estados, 427
    HDL, 469-483
    ideia básica, 456
    Johnson, 516-518
        com números MOD _2N, 425-426
        decodificação, 518
    pré-configurável, 435-436
    pré-configuração síncrona, 437
    procedimento de projeto, 457-461
    projeto síncrono com FFs D, 463-464
    projeto síncrono, 455-465
    realimentação, com, 514
    reciclar, 415
    registrador de deslocamento, 514-518
    resposta instável (glitch), 422-427
    resumo, 504, 542-543
    ripple, 329-332, 415, 419
    Série 74ALS160-163/74HC160-163, 436-441
    Série 74ALS190-191/74HC190-191, 441-446
    síncrono (paralelo), 422, 425, 436, 441
        para baixo e para cima/baixo, 432-435
    síncrono, analisando, 451-456
    spike, 427
    tabela de excitação J-K, 457
Contador em anel, 514-516
    começando a, 514
    diagrama de estados, de, 514, 772
    no circuito, 701
Contadores predefinidos, 435-436
Contadores síncronos (paralelos), 422-425
    CIs reais, 424-425
    operação, 424-425
    para baixo e para cima/para baixo, 432-435
    pré-configurável, 435-436
    projeto, 456-465
        controle do motor de passo, 461-463
    vantagens sobre assíncronas, 425
Contadores síncronos de CI, 436-447
Contagem habilitada, 437
Contagem zero, 22
Contando
    Binário, 22-24
    decimal, 20-21
    hexadecimal, 45
    operação, 288-289
Controlador embutido, 30
Controle
    barramento, 896
    entradas, 256-270
        síncrono, 256
    unidade 29
Conversor digital para analógico (DAC), 19, 815, 843
Conversor, dados, 917
Conversores de código, 707-711, 739-742
    ideia básica, 707
    implementação do circuito, 709-710
    outras implementações, 711
    processo de conversão, 707-708
Conversores digital para analógico da rede $R/2R$, 827-828
    análise de defeitos, 833-834
    aplicações, 832-834
    bipolar, 823

circuito integrado (AD7524), 831-832
circuitos, 823-828
controle, usado em, 832
conversão de analógico para digital, usada em, 835-837
conversão, 816-823
digitalizando um sinal, 845
erro de compensação, 831
escada, 819
especificações, 828-830
forma de onda de saída, 819
monotonicidade, 831
perfeito, 829
pesos de entrada, 818-819
precisão de conversão, 825
precisão, 829-830
reconstrução de sinal, 844
rede R/2R, 827-828
resolução percentual, 820-821
resolução, 819-821
saída analógica, 817
saída em corrente, com, 825-827
saída em escala total, 817, 819
serial, 833
tamanho do passo, 819-820
tempo de estabilização, 830
teste de escada, 834
teste de precisão estática, 834
Corrente
ação de drenagem, TTL, 569, 576
ação de fornecimento, 569, 576
parâmetros para CIs digitais, 563-564
transistor de drenagem, TTL, 576
transistor de fornecimento, TTL, 576
transitórios, TTL, 594-595
CPU (do inglês, *central processing unit*), 29
Cross Bar Technology (74CBT, tecnologia cross bar), 611
baixa tensão (74CBTLV), 611

D

D latch (*ver* Flip-flops)
DAC (*ver* Conversor de digital para analógico)
DAC bipolares, 825
Dados
amostragem, 841
aquisição, 841-846, 870
armazenamento e transferência, 280-282
barramento
definidos, 711
flutuante, 713
método do agrupamento, 720
operação, 716-723
compressão, 871
conversor, 917
distribuidores, 689-699
linhas, 298
operação de transferência, 280
palavra, 719
roteamento, por MUXs, 684-685
seletores, 679-680
tabelas, 917
taxa de buffer, 952

tempo de hold, 924
tempo de setup, 924
Dados de transferência, registrador, 504
Decimal
contagem, 20-21
ponto, 19
Declaração de atribuição de sinal condicional, 733
Decodificação
contadores, 447-451
Johnson, contador, 516-518
Decodificador de 3 linhas a 8 linhas, 660
Decodificadores octal para binários, 670
Decodificadores, 654-663
1 de 10, 6591 de 8, 655
3 linhas para 8 linhas, 660
4 para 10, 659
aplicativos, 659-660
BCD para decimal, 655
binário para octal, 655
coluna, 900
demultiplexador, 689-699
displays de cristal líquido (LCDs), 662-664
drivers de segmento BCD para 7, 663-665
endereço, 900
entradas ENABLE, 655
linha, 990
usando HDL, 722-725
Demultiplexadores (DEMUXs), 689-699, 734-737
1 linha para 8 linhas, 690-691
sistema de monitoramento de segurança, aplicações, 691-694
Desacoplamento, fonte de alimentação TTL, 595
Descarga eletrostática (ESD), 608
memória do programa do microcontrolador, 915
Descodificação de endereço incompleta, 947-948
Descrevendo circuitos lógicos, 68-138
resumo, 130-131
Detecção de erros, método de paridade par, 57-60
Detecção de transição ou evento, 279
Detectando
uma sequência de entrada, 278-279
uma transição ou evento, 279
Detector de limite de temperatura usando um LM, 344,632
Diagrama de bloco (clock digital usando HDL), 778
Diagrama de transição, estado, 289
Diagramas
análise de tempo simplificada, 718
conexões de circuitos lógicos, 183-184
temporização, 456
transição do estado, 289, 427, 456
Diagramas de temporização, 7, 456
barramento simplificado, 718
Digital, técnicas
aritmética, 345-411
adição BCD362-365
adição binária, 347-348
adição hexadecimal, 365-366
adição no sistema de complemento de 2, 356-357
circuitos, 368-370
círculos numéricos e aritmética binária, 360-361
divisão binária, 362

multiplicação binária, 361-362
operações e circuitos, 345-411
propagação de carry, 378-379
representação de números com sinal, 348-356
representação hexadecimal de números com sinal, 368-369
resumo, 404-405
sistema de complemento de 2, multiplicação, 362
sistema de complemento de 2, subtração, 358-361
somador binário paralelo, 370-372
somador completo, 371
somador paralelo de circuito integrado, 379-381
subtração hexadecimal, 367-368
árvore da família, 965-971
câmera, 871
circuitos 8, 13 (ver também Circuitos lógicos)
circuitos integrados, 13
computadores, 28-32 (ver também Microcomputadores)
controle de amplitude, 832-833
e sistemas analógicos, 17-19
monoestáveis, HDL, 535-542
multiplexador, 679-680
pulsos, 252-253
quantidade, 814-815
rampa ADC, 837-839
representação, 15-16
    arquitetura, 868
    barrel shifter, 868
    filtragem de interpolação, 870
    filtragem, 867-870
    média ponderada, 868
    processamento de sinal (DSP), 866-870
    seção de multiplicação e acumulação (MAC), 868
    sobreamostragem, 869
    unidade lógica aritmética (ALU), 868
sistema de controle de temperatura, 18
sistemas de números, 19-23
técnicas
    limitações, 18-19
    vantagens, 17
telefone celular, 871-872
vs. análogo, revisão, 814-816
Digitalizar
    reconstruindo um sinal, 841-844
    sinal, 832, 844-846
Dígito mais significativo (MSD), 19
Dígito menos significativo (LSD), 19
Dígitos, 15-19
DIMM, 936
Diodo, barreira Schottky (SBD), 583
Diodos emissores de luz (LEDs), 663-665
    anodo comum versus catodo comum, 663-665
DIP (encapsulamento dual-in-line), 176
Displays
    LCD, 663-669
        painel de matriz passiva, 668

        reflexivo, 665
        retroiluminado, 665
        Super Nematic Twisted (STN), 668
        TFT (Thin Film Transistor), 669
        Twisted Nematic (TN), 668
    LED, 663-665
        anodo comum, 664
        catodo comum, 664
Dispositivos complexos de lógica programável (CPLDs), 967
Dispositivos desencadeados por borda, 323-328
    evento, 323
    primitivos lógicos, 323
Dispositivos lógicos programáveis (PLDs), 120, 200, 208, 314, 315
    arquitetura/s, 974-979
        FPGA (ver Arranjos de portas programáveis em campo)
        FPLA (matriz de lógica programável em campo), 978
        lógica de matriz programável (PAL), 969, 974, 978
        PROMs, 974-975
        resumo, 983
    blocos primitivos, 314
    circuitos sequenciais usando entrada esquemática, 314-317
    CPLD, 967
    exemplos de, 966-971
    fluxograma do ciclo de desenvolvimento, 207
    FPGA (ver Arranjos de portas programáveis em campo)
    fundamentos dos circuitos PLD, 971-974
    hardware, 201-202
    HCPLD, 967
    linhas de produtos, 971
    lógica de matriz genérica (GAL), 978-979
    lógica de matriz programável (PAL), 969
    macrocélula, 969
    mais, 967-971
    matrizes de porta programadas com máscara (MPGAs), 963
    maxplus2, 212, 314
    megafunção, 314-315
    organograma hierárquico organizacional, 206
    processo de desenvolvimento e projeto, 206-207
        top-down, 206
        vetores de teste, 206
    programação, 202-203
        JTAG, 203
        padrão JEDEC, 203
        placa de desenvolvimento, 203
        soquete de força de inserção zero (ZIF), 202-203
    programador, 203
    programável uma vez (OTP), 969
    projeto hierárquico, 205
    simbologia, 973
    software de desenvolvimento, 203-205
        AHDL, 204
        compiladores, 123

simulação de tempo, circuito descrito em HDL, 207
VHDL, 204
SPLD, 967-969
tabela de consulta (LUT), 975
tipo asa da gaivota ou pino J, 936
universal, 203
Dispositivos lógicos programáveis de alta capacidade (HCPLDs), 967
gerações, 982-983
Dispositivos lógicos programáveis simples (SPLDs), 967-969
Divida e conquiste, processo de análise de problemas, 676
Dividendo, 363
Divisão, binária, 363
Divisor, 363
Dreno aberto
buffer/drivers, 616-617
saídas, 612-617
Driver, decodificador, 659
DSP (Digital Signal Processing), 865-870
Dual
encapsulamento em linha dupla (DIP), 566

E

EDO (Extended Data Output) DRAM, 937
EEPROMs (PROMs eletricamente apagáveis), 908-909
Eliminação do setor, 910
ELSIF, 222-223
usando AHDL, 223
usando VHDL, 223
Em cascata
somadores paralelos, 379-381
encapsulamento *dual-in-line* (DIP), 176
Encapsulamentos de circuitos integrados, 569-573
asa de gaivota, 572
ball grid array, 572
comum, 569
dual em linha (DIP), 569-572
lead pitch, 569
ligações em forma de J, 572
matriz de grade de bola de cinco pinos de baixo perfil (LFBGA), 572
matriz de grade de terra (LGA), 572
plastic leaded chip carrier (PLCC), 572
quad flat pack (QFP), 572
shrink small outline package (SSOP), 572
small outline IC (SOIC), 572
tecnologia de montagem em superfície, 569
thin quad flat pack (TQFP), 572
thin shrink small outline package (TSSOP), 572
thin very small outline package (TVSOP), 572
Encapsulamentos para montagem em superfície do tipo asa de gaivota ou pino J, 936
Endereço, 889
barramento, 895,935
decodificação incompleta, 947-948
decodificadores, ROM, 900
entradas, 678, 894
multiplexação (em DRAM), 927-931
registrador de ponteiro, 952
tempo de setup, 924

unidirecional, 894
Entrada
correntes para dispositivos padrão com tensão de alimentação de 5 V, 627-628
de gatilho, 260
de habilitação de gravação (*WE*), 893-894
detecção de sequência, 278-279
unidade, 28
Entradas assíncronas, 268-271
designações para, 270-271
Entradas combinadas, TTL, 592
Entradas de seleção, (em MUXs), 679-680
Entradas diferenciais, 849
entradas ENABLE, decodificadores, 655-659
Entradas flutuantes, 181-183 (*ver também* Entradas desconectadas)
Entradas não conectadas
CMOS, 181-183, 607
TTL, 181-183, 591-592
Entradas substituídas, 270P
EPROMs (ROM programáveis apagáveis), 907-908
Erro de linearidade (de um DAC), 829
Erro de offset, 830
Erro de quantização, 839-840
Erro em escala cheia (de um DAC), 829
Escada
forma de onda, de um DAC, 819
teste, de um DAC, 834
Escada, R/2R, 827-828
Escolhendo técnicas de codificação HDL, 500
Estado
descrições em AHDL, 471-472
descrições em VHDL, 473-476
diagrama de transição, 289, 427
contador Mod-6, 427
contador síncrono, 457
máquinas, 492-504
simulação de, 496-497
controlador de semáforo, 497-501
métodos de descrição de transição, HDL, 471
tabela, 288
Estado desbloqueado, latch, 244
Estado NEXT, 451-456
Estado quase estável, 302
Estados de transição, 427
Estados metaestáveis, 256, 298
Estruturas de controle de decisão em HDL, 216-227
Evento, 323
Exclusivo
circuito NOR, 168-172
circuito OR, 166-167
Exibindo estados do contador, 427
Extensão, sinal, 352-353

F

Falhas externas, 191-192
Família lógica CMOS, 14, 178, 179, 599, 608
74ALB, 611
acionando TTL, 628
no estado BAIXO, 629-630
no estado HIGH, 628

baixa tensão avançada, 611
BiCMOS 5-volt, 603
BiCMOS de baixa tensão, 611
características da série, 602-604
célula de RAM estática, 878, 921, 922
chave bilateral, 623-625
circuito INVERSOR, 179-600
compatível pino a pino, 603
comutador TS, 611
descarga eletrostática (ESD), 608
dissipação de energia, 605
eletricamente compatível, 180-603
entradas não conectadas, 181-183
entradas não utilizados, 608
faixas de tensão de nível lógico, 181
fan-out, 607-608
funcionalmente equivalente, 602
ground, 181
latch-up, 608
margens de ruído, 604
memória flash IC, típica, 910-914
método do mapa de Karnaugh, 375
níveis de baixa tensão, 604
níveis de tensão, 604
PD aumenta com a frequência, 605-606
porta de transmissão, saídas tristate, 617-621
porta NAND, 600-601
porta NOR, 601-602
saída de dreno aberto, 612-617
saídas em curto, 612
sensibilidade estática, 607-608
série 4000/14000, 180
série 4000/14000, 602-603
série 74AC, 180
série 74AC, 562
série 74ACT, 180
série 74ACT, 603
série 74AHC, 603
série 74AHCT, 603
série 74ALVC, 610
série 74ALVT, 611
série 74AUP, 611
série 74AVC, 610
série 74C, 180
série 74HC, 180
série 74HC, 603
série 74HCT, 180
série 74HCT, 603
série 74LV, 610
série 74LVC, 610-611
série 74LVT, 611
série 74VME, 611
SET-RESET FF, 602
tensão de alimentação, 180-181, 604
tensões de entrada, 604
tensões de saída, 604
velocidade de comutação, 607
Família lógica TTL, 14, 179-180, 573-578
ação de pull-up ativa, 577
atrasos de propagação, 580
capacidade de corrente, 589
capacidade de tensão máxima, 580
características da série, 585-586
características, 582-585
carregando, 585-591
circuito de saída totem-pole, 573, 577
circuito INVERTER, 179
comparação das características da série, 585
conectando 5 V e CMOS, 628
contadores de anel torcido, 517
definição, 179
dissipação de energia, 580-582
drenagem de corrente, TTL, 576
entradas em conjunto, 592
entradas não conectadas (flutuantes), 181-183
entradas não utilizadas, 591-592
faixa de temperatura, 579
faixas de tensão de nível lógico, 181
fan-out, 585-586
folhas de dados, 578-580
ground, 180-181
níveis de tensão, 579-580
operação do circuito em estado ALTO, 575
operação do circuito em estado BAIXO, 573-575
outras características, 591-595
polarizando entradas em nível BAIXO, 593
porta NAND, básica, 573-574
porta NOR, básica, 578
potência, 180-181
resumo, 577
saídas de coletores abertos, 612-617
série ALS, 180
série AS, 180
série LS, 180
série padrão, 75, 585
série rápida (74F), 584-585
série S, 180
série Schottky 74LS de baixa potência (LS-TTL), 584
série Schottky 74S, 584
subfamílias, 179, 582-586
tensão de alimentação (potência), 180-181, 579
tensões de entrada, 604
tensões de saída, 604
transientes de corrente, TTL, 594-597
tristate, 617-621
Famílias de circuitos integrados lógicos, 562-653
ALU(s), 384-388
adicionar operação, 385
expandindo, 387
operação AND, 386
operação CLEAR, 385
Operação EX-OR, 386
operação OR, 386
operação PRESET, 386
operação SUBTRACT, 386
bipolar, 178-179
características básicas, 176-184
definição, 562-563
interface, 625-630
resumo, 638
terminologia, 563-573
unipolar, 178-179
Fan-out, 564
CMOS, 607
Determinando, 586-591

TTL, 585-591
Fast TTL (74F), 584
FGMOSFET, 912
Filtragem com interpolação, 870
First in, first out (FIFO), 951-952
Flash
    ADC, 856
    CI de memória CMOS típica, 911-912
    memória, 910-914
    NAND, 912-913
    NOR, 912-913
    tecnologia, 912-913
    tempo de conversão de, 856
Flip-flops, 27, 239, 344
    aplicações, 276
        com restrições de tempo, 291-298
    atrasos de propagação, 273
    características da memória, 242
    com clock D, 264-266
        implementação de, 264
    com clock, 254-258
    configuração, 242
    D (dados), 264-265
        implementação de, 253
    definição, 241
    detecção de sequência de entrada, 278-279
    divisão de frequência e contagem, 287-290
    entradas assíncronas, 268-271
    entradas predominantes, 270
    estado quando se liga a alimentação, 250
    J-K, 261-264
    Latch D (*latch* transparente), 266-268, 321
    latch de portas NAND, 242-247
        análise de defeitos em estudos de caso, 250-252
        representações alternativas, 245
        resumo de, 244-245
        usando AHDL, 320
    latch de portas NOR, 248-250
    latches, 27
    limpando, 242
    multivibrador biestável, 242
    realimentação, 241
    registradores de deslocamento, 283-276
    reinicialização, 242
    resumo, 332-333
    saída ambígua, 261
    sensível a borda, 255
    sinais de clock, 254-258
    sincronização, 276-278
    S-R, 258-261
    tempos de setup e hold, 255-258
    terminologia, 245
Flip-flops com clock, 254-258
    D, 264-266
    entradas assíncronas, 268-271
    J-K, 261-264
    latch D (latch transparente), 266-268, 321
    S-R, 258-261
Flip-flops J-K, 261-264
Flutuante, 181
    barramento, 713
    entradas (*ver também* Entradas não conectadas)

porta, MOSFETs, 907-909, 912-913
Forma do complemento de 1, 349
Formulário de Soma de Produtos, 141-142
Frequência máxima de clock ($f_{máx}$), 273
Frequência, 11-12, 254
    divisão, 287-290, 417-418
    e contagem, 287-290
    projeto de contador (HDL), 803-808 (*ver também* HDL)
Funções especiais de memória, 949-952
Funções Maxplus2, VHDL, 212

G

GAL (lógica de matriz genérica), 978-979
    células macro de lógica de saída (OLMCs), 978-979
Gerador
    função, 917
    paridade, 172-173
Gerador de funções, 917
Geradores de clock a cristal, 308
Gerenciamento de pequenos projetos (usando HDL), 760-761
    definição, 760, 796-797
    integração e teste de sistemas, 760
    planejamento estratégico, 760-761
    problema de decomposição, 60-761
    síntese e teste, 761
Glitches, 422, 427
Gráfico hierárquico organizacional, 206
Gravação, incompleta, 192
Gunning Transceivers Logic Plus, 623

H

HDL (linguagem de descrição de hardware), 119, 203
    aninhamento, 766
        bloco de tempo e controle, 805
    CASE, 531, 723, 766, 786, 787
    circuitos com múltiplos componentes, 329-332
    codificadores, 730-734
    combinando blocos usando apenas, 791-792
    comparador de magnitude, 738-739
    comparador, 738-738
    concatenação, 520
    conectando módulos, 483-491
    contadores, 469-483
        completos em, 477-478
        em anel, 532-533
    conversores de código, 739-742
    decodificador/driver, segmento de 7, 726-730
    decodificadores, usando, 723-725
    demultiplexadores, 734-737
    descrição comportamental, 474
        diagrama de blocos, 805
        diagrama de temporização, 806
        diagrama esquemático, 125
        latch D, 321
        latch NAND, 320
    escalares, 208
    escolhendo técnicas de codificação, 500
    estruturas de controle de decisão, 216-227
        concorrentes, 216
        sequenciais, 216

formato e sintaxe, 124-126
gerenciamento de pequenos projetos, 760-761
    decomposição de problema, 760-761, 764-765, 772, 797-802
    definição, 760, 796-797
    integração e teste de sistemas, 761, 802
    planejamento estratégico, 760, 764-765, 772, 797, 802
    síntese e teste, 761, 765-766
IF/ELSE, 217-218, 533
IF/ELSIF, 786
IF/THEN, 217
índice, 209
    intervalo de amostragem, 804
literais, 208
matrizes de bits, 209-210
métodos de descrição de transição de estado, 471
modo, 125
monoestáveis, 535-542
multiplexadores, 734-735
NEXT, 531-532
nível comportamental de abstração, 474
nível estrutural de abstração, 332
PRESENT, 532
projetando sistemas numéricos em, 208
projeto contador de frequência, 803-808
    bloco de tempo e controle, 805
    diagrama de blocos, 805
    diagrama de temporização, 806
    intervalo de amostragem, 804
projeto de clock digital, 777-795
    circuito de seção de horas, 778
    combinando blocos graficamente, 790-791
    construindo os blocos *bottom up*, 783
    diagrama de bloco, 778
    hierarquia completa do projeto, 783
    pré-escalador, 782
    projeto hierárquico top-down, 780-783
    seção MOD-60, 782
    simulação do contador MOD-6, 784-786
projeto de driver de motor de passo, 761-770
    decomposição de problema, 764-765
    definição do problema, 763-764
    planejamento estratégico, 764-765
    sequência completa, 766
    sequência de meio passo, 763-764
    sequência de movimentação de ondas, 763
    síntese e teste, 765-766
projeto de forno de micro-ondas, 795-803
    bloco de controle de entrada do codificador/temporizador, 801
    bloco de controle do magnetron, 801
    contador minutos/segundos, 799
    definição do projeto, 796-808
    diagrama de bloco do sistema, 796
    hierarquia mostrando blocos e sinais, 802
    integração e teste, 802
    o contador BCD de 3 dígitos por minutos e segundos, 800
    planejamento estratégico, 797-802
    problema de decomposição, 797-802
    síntese, 802
    TC (contagem de terminais), 800
projeto do codificador do teclado, 770-777
    análise de problemas, 770
    diagrama de bloco, 772
    operação do codificador, 772
    planejamento estratégico, 772
    problema de decomposição, 772
    simulação, 777
projeto hierárquico, 483
projeto MOD-12, 787-788
projetos usando, 759-811
redisparável, monoestáveis disparados por borda, 539-540
registradores, 520-532
representando dados, 208-213
símbolo do bloco gráfico MOD-60, 791
simulação de tempo, 207
simulação do contador básico, 477
simulação do contador completo, 481-482
sintaxe e formato, 124-126
somadores, 399-400
tabelas-verdade, 213-216
TABLE, 723
tipo, 125
vetores de bits, 209-210
Hertz, 254
Hexadecimal
    adição, 365-367
    aritmética, 365-368
    representação de números com sinal, subtração, 367-368
    sistema numérico, 42-47
Hierarquia, 780-783
    completa do projeto (relógio digital usando HDL), 783

I

ICs digitais bipolares, 178-179
Identificação
    sinais ativos em nível BAIXO, 114
    sinais de bistate, 114-115
IF/ELSE, 217-218
IF/THEN, 211-217
IF/THEN/ELSE usando AHDL, 218-219
Implementando circuitos lógicos com PLDs, 123-124
Implicações dos teoremas de DeMorgan, 101-102
Inclinação, clock, 312-314
Indeterminado
    nível lógico, 185
    tensões, 181
Integração de médio porte (MSI), 178, 562
Integração e teste do sistema (usando HDL), 761
Integração em escala Giga (GSI), 178, 562
Integração em larga escala (LSI), 178, 562
Integração em pequena escala (SSI), 178, 562
Interface
    circuito integrado, 625-630
    CIs lógicos, 626
    com o mundo analógico, 813-884
        resumo, 873-874

não necessário, 626
necessário, 626
saídas de alta tensão ligadas a cargas de baixa tensão, 630
saídas de baixa tensão ligadas a cargas de alta tensão, 630
tensão mista, 630-631
TTL 5T e CMOS, 628
Interface de tensão mista, 630-631
saídas de alta tensão ligadas a cargas de baixa tensão, 630-631
saídas de baixa tensão ligadas a cargas de alta tensão, 630
tradutor de nível de tensão, 630
Interface JTAG, 203, 979
Interpretação do símbolo lógico, 110
resumo, 111
Introdução a1s e 0s digitais, 4, 8
Inversão, 80-81. (*ver também* a operação NOT)
Inversor controlado, 169
Inversor, 81
circuitos contendo 86-87
inversor controlado, 169
resposta ao inversor lento e ruidoso, 301
Invertendo o buffer tristate, 618

L

Land grid array (LGA), 572
Largura de pulso ativa assíncrona, 273
Latch D (latch transparente), 267-268, 321
Latch transparente (Latch D), 266-268
Latches, 27, 239, 252, 268 (*ver também* Flip-flops)
configuração, 244
reinicialização, 244
S-R, 245
Latch-up, 608
Latência, 930
LCDs reflexivos, 665-666
LCDs retroiluminados, 665
Lei distributiva, 96
Leis associativas, 96
Leis comutativas, 96
Leitor de DVD, diagrama de blocos, 205
Limitações das técnicas digitais, 18-19
Linguagens de descrição *versus* linguagens de programação, 119-122
Linguagens de programação, computador, 120-121
Lógica
diagrama usando captura de esquema Quartus II, 184
estados, 5
geração de funções, 688-689
gerador de pulso, como usar, 185, 634, 635
nível, 72
padrão (PLD), 967
ponta de prova, como usar, 185, 634, 635
primitivo, 323
Lógica de interface de barramento de alta velocidade, 621-622
LPMs de megafunção para circuitos aritméticos, 392-393
LPMs, 315
LUT (tabela de consulta), 969
diagrama de blocos funcionais, 981

Luz ultravioleta, EPROMs, 908
LVDS (sinalização diferencial de baixa tensão), 623

M

Macrofunção, 390
Magnitude dos números binários, 349
Mapa de Karnaugh
agrupamento, 157-159
condições irrelevantes, 164-165
formato, 154-157
método, 154-166
preenchimento da expressão de saída, 163-164
processo completo de simplificação, 159-163
resumo, 166
simplificação, 375
Máquinas, estado, 492-494
Margem de ruído de estado alto (VNH), 568
Margem de ruído de estado baixo (VNL), 568
Margem de ruído, 567
CMOS, 605
CC, 567
Matriz de registradores, 900
Meio somador, 376
Memória auxiliar, 887
cache, 890, 950-951
de acesso sequencial (SAM), 889-890
de leitura/gravação (RWM), 890
não volátil, 907-920, 910, 915
óptica, 939-940
volátil, 889-890
Memória, 27, 883, 962
acesso aleatório (RAM), 889
acesso aleatório magnetorresistente (MRAM), 939
auxiliar, 887, 890
bootstrap, 915
cache, 890, 950, 951
capacidade, 888
capacidade de expansão, 940-949
conexões, CPU, 895-897
célula, 888
célula de memória estática NMOS, 922
célula RAM estática CMOS, 922
células de RAM estáticas NMOS e CMOS bipolares, 921-922
densidade, 888
disco compacto, 887
dispositivos, 885-962
dispositivos dinâmicos, 890
estática, dispositivos, 890
expandindo o tamanho da palavra, 940-949
flash, 910-914
arquitetura, NAND, 914
apagamento em massa, 910
registro de comando, 911
diagrama funcional, 912
CI, memória flash CMOS típica, 911-912
NAND, 912-913
NOR, 912-913
apagamento do setor, 910
trocas, 910
habilitado, 893
ler/escrever, 890

acesso sequencial, 889-890
    funções especiais, 949-952
    memória cache, 950-951
    first-in, first-out, 951-952
mapa, 948
massa, 887, 915
Memória first-in, first-out (FIFO), 951-952
módulo, 949
módulos, DRAM, 936-937
não volátil, 889-890, 897
operação de armazenamento, 889
operação de busca, 889
operação geral, 891-895
outras tecnologias
    armazenamento magnético, 938-939
    blu-ray, 939-940
    ópticas, 939-940
palavra 889
principal, 887, 890
programa de microcontrolador embutido, 915
refletida, 948
resumo, 952-953
somente leitura (ROM), 890
terminologia, 887-890
trabalhando, 887-890
unidade, 28
volátil, 889

Método de divisão repetida, 40-41
Método de paridade ímpar, 58
Método do agrupamento, 720-721
Microcomputador
    aplicação, 298-300
    definição, 29
    unidade de entrada, 28
    unidade de memória, 28
    unidade de saída, 29
Microcontrolador, 29
Microprocessador, 29
    operação de escrita, 895
    operação READ, 895
    processamento de sinal digital (DSP), 965-966
Minuendo, 359
Modelo Mealy, 492
Modelo Moore, 492
    controlador de semáforo, 496-501
    simulação de, 496-497
Modo de comutação, 261
Modo de página rápida (FPM) DRAM, 937
Monoestável (multivibrador monoestável), 302-305
    AHDL, 535, 540
    dispositivos reais, 304
    HDL, 535-542
    redisparável, disparado por borda em HDL, 539-540
    VHDL, 536-540, 540-542
Monoestável não disparável, 302-303
Monoestável redisparável, 303
Monotonicidade (de um DAC), 831
MOS
    descarga eletrostática (ESD), 608FETs, 595-599
    família lógica, 595-599
    NMOS, 597-599
    sensibilidade estática, 607-608

MOSFET de depleção, 597
MOSFET modo enriquecimento, 597
MOSFET, 595-599
    chave básica, 597-598
    circuitos digitais, 597-598
    CMOS, 600-602
    FGMOSFET, 912
    N-MOS, 597
    P-MOS, 599
Mostradores de cristais líquidos (LCDs), 665-668
    backplane, 666
    conduzindo um, 666-667
    tipos, 667-669
Motor de passo
    controle, 461-463
    projeto de driver (HDL), 761-770 (*ver também* HDL)
    universal, circuito de interface, 765
Multiplexação
    ADC, 865-866
    endereço (em DRAM), 927-931
Multiplexador de divisão de tempo, 696-699
Multiplexador de duas entradas, básico, 679
Multiplexadores (MUX), 679-689, 734
    aplicações, 683-689, 706-707
    de oito entradas, 680-682
    de quatro entradas, 680
    divisão do tempo, 696-699
    duas entradas, básicas, 679-680
    dupla entrada quad, 682-683
    oito entradas, 680-681
    quatro entradas, 680
    sequência de controle, sete passos, 687
    sequencialização de operações, usando, 685-688
Multiplicação
    de números binários, 361-363
    no sistema de complemento de 2, 363
Multivibrador de funcionamento livre, 305-309
Multivibrador monoestável, 305-309
    temporizador 555
    usado como, 305-308
Multivibradores biestáveis, 242, 305, 309 (*ver também* Flip-flops)
    Bit, 22
    carry, 370-371
    matrizes, 209-210
    soma, 371
    vetores, 210

N

Negação, 352-353
Nibble, 53-54
Nios®, II, 971NMOS
    circuitos lógicos, 597
Níveis de tensão, 579-580
    inválidos, 569
Níveis declarados, 114
Níveis não atribuídos, 114
Nível desencadeado, 12
Nós internos, AHDL, 128-129
Notação de dependência
    &, 715
    $\triangledown$, 621

◇, 617
Número MOD, 289, 417
    contador em anel, 514-515
    contador Johnson, 516-518
    mudando, 427
    procedimento geral, 429-430
Números com sinal, 348-356
    em forma de sinal-magnitude, 349

O

Observação/análise, processos de análise de defeitos, 676
Octetos, agrupamento, 159-160
Operação
    atualizar, 890
    busca, 889
Operação AND, 72, 79, 82
    resumo, 81
Operação de gravação
    CPU, 895
    definição, 889
    RAM, 920
Operação de leitura
    CPU, 895
    definida, 920
    RAM, 918
Operação de transferência, dados, 280
Operação NOT, 72, 82-83
Operação OR, 75-79
    qual representação usar, 111-114
    resumo, 77
Operações lógicas, 72
    em matrizes de bits com HDLs, 396-398
Oscilador, Schmitt-trigger, 305
OTP (ROM programável uma única vez), 907, 969
Overflow aritmético, 359-360

P

Padrão
    ASICs de células, 967
    lógica (PLD), 967
Padrão JEDEC, 203
Palavra, 53-54
    ciclo de gravação, 298
    tamanho 53-54
Paralelo
    ALS174/74HC174, 505-508
    carregamento, 435
    conversão paralela a serial, 685
    entrada paralela/saída paralela 74
    entrada paralela/saída serial 74ALS165/74HC165, 510-512
    transmissão, 25-27
Parametrizando a capacidade de bits de um circuito 400-404
Parasitas, 608
Pares, agrupamento, 157-158
Paridade
    bit, 58-60
    erros
        bit único, 58
        dois bits, 58
    geração, 172

    gerador, 172-173
    método para detecção de erros, 57-60
    verificação, 58, 172
    verificador, 172-173
Passos discretos, 15
Período, 10, 11, 11, 254
Pinos comuns de entrada/saída (na RAM), 920-921
Pipeline ADC, 862-863
PIPO (entrada paralela/saída paralela), 505
PISO (entrada paralela/saída serial), 504
Pixels, 668
Placa
    bit, 348
    extensão, 352-353
Planejamento estratégico (usando HDL), 760-662, 764-765
PLCC (plastic leaded chip carrier), 572
Ponderado binariamente, 825
Pontes de solda, 192
Porta AND, 80-82 (*ver também* Circuitos lógicos combinacionais)
    definição, 80
    descrição booleana, 79
    implementando a partir de expressões booleanas, 90-91
    qual representação usar, 110-116
    representação alternativa de porta lógica, 106-109
    resumo da operação, 81
    símbolo, 80
    teoremas booleanos, 95-102
Porta de transmissão, CMOS, 623-625
Porta flutuante MOS, 912
Porta NAND, 91-95
    circuito interno de FF J-K disparado por borda, 263-264
    circuito interno de FF S-R disparado por borda, 260-261
    CMOS, 601
    decodificação de contagem, 447-451
    definição, 93-94
    flip-flop de latch, 242-247
    qual representação usar, 111-115
    representação alternativa, 106-111
    TTL, 573
    universalidade de, 103-106
Porta NOR, 91-95
    CMOS, 601-602
    definição, 91
    latch, 248-250
    NMOS, 597
    qual representação de porta usar, 111-115
    representação alternativa, 106-111
    universalidade de, 103-106
Porta OR, 75-79
    definição, 75
    implementando a partir de expressões booleanas, 90-91
    representação lógica-porta alternativa, 106-111
    símbolo, 75
    teoremas booleanos, 95-100
Porta(s)
    AND, 79-82
    atraso de propagação, 116-117
    Matrizes, 966-967

NAND, 91-95
NÃO (inversor), 83-84
NOR, 91-95
OR, 75-79
qual simbologia usar, 111-115
XNOR, 168-172
XOR, 166-167
Portas lógicas, 72-138
   AND, 80
   avaliação de saídas, 87-90
   circuito NOT (INVERTER), 84
   NAND, 91-95
   NOR, 91-95
   OR, 75-79
   qual representação usar, 111-115
   representação alternativa, 106-111
   resumo dos métodos para descrever, 117-119
   tabelas-verdade, 73-74
   teoremas booleanos, 92-99
   teoremas de DeMorgan, 99-102
   XNOR, 168-172
   XOR, 166-167
Potência
   baixa (em MROM), 906
   desacoplamento de alimentação, TTL, 595
   requisitos para CIs digitais, 565-567
Preenchendo o mapa K da expressão de saída, 163-164
Prescaler (relógio digital usando HDL), 782
PRESENT, 452-456
PRESET, 270
Principais partes de um computador, 28-29
Problema de decomposição (usando HDL), 760, 764, 765, 772
Problemas de temporização em circuitos flip-flop, 273-276
Problemas de temporização, 273-276, 296-298
Programa, definição, 17-28
Programado por máscara
   arranjos de portas (MPGAs), 966
   ROM (MROM), 960
Programador, 203
Programadores universais, 203
Projetando circuitos de lógica combinacional, 148-154
Projeto de circuito sequencial, 456-465
Projeto hierárquico, 205
   top-down (clock digital usando HDL), 779-783
Projetos, usando HDL, 759-811
   administração, 760-761
   relógio digital, 777-795
   codificador do teclado, 770-777
   contador de frequência, 803-796
   driver de motor de passo, 761-770
   forno de micro-ondas, 795-803
PROMs eletronicamente apagáveis (EEPROMs), 908-909
PROMs, conectadas por fusível, 906G
Propriedade intelectual (IP, do inglês, *intelectual property*), 971
Pulso(s), 252-253
   borda de descida, 252
   borda de subida, 252
   circuito de direção, 175, 261
   circuito formatação, 418
   negativo, 252-253
   positivo, 252-253

Q

Quad
   flat pack (QFP), 572
   multiplexadores de duas entradas, 682
Quantidade analógica, 814
Quartus II, 120
   biblioteca maxplus2, 522
   captura esquemática, 184
   comparador de magnitude, 707
   decodificadores, 656-657
   mux, 679-680
Quartzo
   cristal, 309
   relógio, 288

R

RAM dinâmica (DRAM), 925-926
   arquitetura simplificada típica, 929
   arquitetura simplificada, 929
   ciclos de leitura/escrita, DRAM, 927-932
      ciclo de escrita, 932
      ciclo de leitura, 927
   combinando chips, 948-949
   contador de refresh, 935
   controlador, 935
   DDRSDRAM, 937-938
   DIMM, 939
   EDO, 937
   estrutura e operação, 926-931
   FPM (Modo de página rápida), 937
   módulos de memória, 939-937
   multiplexação de endereços, 927-931
   refresh, 925, 932-935
      burst, 934
      distribuído, 934
      refresh apenas com RAS, 934
      refresh CAS antes de RAS, 935
   SDRAM (DRAM síncrono), 937
   SIMM, 936
   SODIMM, 936
   tecnologia 936-938
RAM estática (SRAM), 910-926
   chip real (MCM6264C), 924-926
   ciclo de escrita, 924
   ciclo de leitura, 922-924
   tamanho de passo, 819-820
   temporização, 922
RAM magneto-resistiva, 939
RAMs (memórias de acesso aleatório)
   arquitetura, 920-921
   autoteste de ativação, 981-982
   definidas, 889 dispositivos dinâmicos, 890
   emicondutoras, 918
   estáticas (SRAM), 921-924
   expansão da capacidade, 943-947
   expansão do tamanho da palavra, 940-949
   magnetorresistentes, 939
Reconstruindo um sinal digitalizado, 844-845
Refresh, DRAM, 925, 932, 935
Registrador de deslocamento, 868

circular, 514
Registradores de deslocamento, 283-287, 505-508, 505-510
    à esquerda, 287
        entrada paralela/saída paralela, 74ALS174/74HC174, 506-507
        entrada serial/saída serial, 74ALS166/74HC166, 508-509
Registradores de megafunção, 522-524
Registradores, 280, 413, 542
    acumulador, 370
    e contadores, 413, 542
    megafunção, 522-524
    notação, 376-377
    operação de deslocamento à esquerda, 287
    ponteiro de endereço, 951
    sequência de operações, 377
    somadores paralelos completos, 376-377
    transferência de dados, 504HDL, 520-532
    tristate (74ALS173/HC173), 715-716
    inserção de, 111-113
Registro de comando, 911
Registro de deslocamento universal, AHDL, VHDL, 530-531
Registro PISO, AHDL, 528-529
Registro PISO, VHDL, 528-531
Registro SISO, AHDL, 527-528
Registro SISO, VHDL, 527
Repor um flip-flop, definição, 244
Representação alternativa da porta lógica, 106-109
Representações numéricas, 14-16
    dados em HDL, 208-213
    números com sinal, 347-356
    quantidades binárias, 24-25
    usando complementos de 2, 350-351
RESET, 270
Resolução, 819-820
    ADC, 839-841
    DAC, 819-820, 828
    percentual, 820-821
Resolução, porcentagem, 820-821
Ripple, 378
ROM (memória somente leitura), 897-899
    aplicações, 915-918
    arquitetura, 899
    buffers de saída, 900-901
        apagado, 897
        decodificador de coluna, 899
        definição, 900-901
        diagrama de bloco, 897-898
        programados por máscara, 904-906
        programável por uma vez (OTP), 907
        queima, 897
    decodificador de linha, 899
    Operação READ, 898
    programação, 897
    tempo, 901-902
    tipos de, 902-909
ROM programável uma única vez (OTP), 907, 969
ROMs programáveis (PROMs), 906-907
ROMs programáveis apagáveis (EPROMs), 907-908
Ruído elétrico, 57
Ruído, 18, 309
    imunidade, 567

S

Saída
    buffers, ROM, 900
    carregamento, 193
    correntes para dispositivos padrão com uma tensão de alimentação de 5 V, 611
    habilitar (OE), 894
    tempo de ativação (t_{OE}), 902
    unidade 29
Saída em escala cheia (de um DAC), 817-819
Saída flip-flop Saída de flip-flop normal, 241
    invertida, 241
SAM (memória de acesso sequencial), 889-890
SBD (Diodo de barreira Schottky), 584
Schmitt-trigger
    dispositivos, 300-302
    oscilador, 305
    resposta à entrada de ruído lenta, 301
    Schottky
    diodo de barreira (SBD), 584
SDRAM (DRAM síncrono), 937
SDRAM de taxa de dados dupla (DDRSDRAM), 937
Seleção do endereço de linha (RAS), 929
Sequência conduzida por onda (HDL, motor de passo), 763
Sequência de meio passo (HDL), 763
Sequência de passo completo (HDL), 763
Serial
    ADCs, 846
    entrada serial/saída serial, 74ALS166/74HC166, 508-510
    transmissão, 25-27
Série 74 TTL, 583-584
Série 74AC, 180, 603
Série 74ACT, 180-603
Série 74AHC, 603
Série 74AHCT, 603
Série 74ALB, 611
Série 74ALS TTL, 584-585
Série 74ALVC, 610
Série 74ALVT, 611
Série 74AS TTL, 584-585
Série 74AUC, 610
Série 74AVC, 610
Série 74C, 180
Série 74CBT, 611
Série 74CBTLV, 611
Série 74GTLP, 611
Série 74HC, 180, 603
Série 74HCT, 180, 603
Série 74LS TTL, 180, 584
Série 74LV, 611
Série 74LVC, 610-611
Série 74LVT, 611
Série 74S TTL, 584
Série 74SSTV, 611
Série 74TVC, 611
Série Schottky TTL 74LS de baixa potência (LS-TTL), 585
Série TTL 74, 180

Série TTL 74F-Fast, 584
Série TTL 74S, 584
Shrink small outline package (SSOP), 572
Sigma (Σ), 379
    modulação delta (ADC), 858-862
Símbolo IEEE/ANSI para
    saídas de coletor/dreno abertos, 617
    saídas tristate, 621
SIMM, 936-937
Simulação de máquinas de estado, 496-497
Sinais digitais, 8-13
    altos e baixos ao longo do tempo, 10
    bordas/eventos, 12
    ciclo de trabalho, 11
    periódico/não periódico, 12
    período/frequência, 10-11
Sinais intermediários, 117-118
Sinais locais, VHDL, 129
Sinais lógicos
    identificação - ativa em nível BAIXO, 114
    identificação, dois estados, 114-115
Sinal
    ciclo de trabalho, 418-419
    contenção, 190
    falseamento, 846
    fluxo, 416
Sinalização diferencial de baixa tensão (LVDS), 623
Sincronização, flip-flop, 276-277
Síncrono
    carga, 436
    entradas de controle, 355
    entradas, 255, 270
    projeto de contador com FF D, 463-465
    sistemas, 236, 254
    transferência, 280
Síntese e teste (usando HDL), 761, 765-766
SIPO (registrador de entrada serial/saída paralela), 504
SISO (registrador de entrada serial/saída serial), 504
Sistema Base-10, 19
Sistema binário, 21-22
    conversão de binário para decimal, 40
    conversão de binário para gray, 50
    conversão de binário para hexadecimal, 45
    conversão decimal para binário, 40-42
    conversão gray para binário, 50
    conversão hexadecimal, 44-45
    conversões, resumo, 46-47
    negação, 352-353
    números com sinal, representando, 348-356
    quantidades representativas, 24-25
    transmissão paralela e serial, 26-27
Sistema de magnitude, 349
Sistema de monitoramento de segurança, 691-694
Sistema de transmissão de dados síncrono, 694-696
    operação do receptor, 696
    operação do transmissor, 695-696
    temporização do sistema, 696
Sistema decimal, 19-20
    conversão de binário para decimal, 40
    conversão de decimal para binário, 40-42
    conversão de decimal para hexadecimal, 43-44
    conversão hexa para decimal, 43

    conversões, resumo, 46-47
    faixa de contagem, 42
Sistema posicional, 19
Sistemas assíncronos, 254
Sistemas de lógica sequencial, análise de defeitos, 518
Sistemas de números, 19-23 (*ver também* o sistema binário)
    aplicativos, 61-63
    binário, 21-22
    decimal, 19-20 (*ver também* o Sistema decimal)
    digital 19-24
    e códigos, 37-68
    hexadecimal, 42-47
    resumo, 63
Sistemas digitais, 17
    análise de defeitos, 184, 185, 634-635, 676, 678, 699, 703
        circuitos prototipados, 195-200
    carga de saída, 193
    conceitos introdutórios, 2-35
        resumo, 32
    curto entre dois pinos, 190-191
    diagrama de árvore, 703
    entrada internamente em curto-circuito para terra ou alimentação, 187-188
    entrada ou saída em circuito aberto, 188-190
    fonte de energia, defeituosa, 192-193
    linhas de sinal abertas, 191-192
    linhas de sinal em curto-circuito, 192
    mal funcionamento em circuitos internos, 187
    saída internamente em curto a terra ou alimentação, 187
Sistemas mistos, digitais e analógicos, 17-19
Small outline integrated circuit (SOIC), 572
SODIMM, 936
Software de desenvolvimento (para PLDs), 203-205
Soma BCD, 363-365
    a soma é igual a 9 ou menos, 363
    superior a 9364-365
Soma de produtos, 141-142
Somador binário paralelo, 370-372
    análise de defeitos em estudos de caso, 388-390
    circuitos de complementos de 2, 381-384
    circuitos integrados, 379-381
    completo, com registradores, 376-377
    propagação de carry, 378-379
Somadores
    completos, 371
    paralelo de quatro bits, 381-384
    paralelos, 370-372
Somadores completos, 371
    projeto de, 372-376
    simplificação de mapa K, 375
Soquete de força de inserção zero (ZIF), 202-203
Spike, 427
SPLDs, 967-969
Strobe do endereço da coluna (*CAS, do inglês, column address strobe*), 929
Stub Series Terminated Logic (74SSTV), 611
SUBDESIGN, 125, 210-211
Subpixels, 668
Substrato, 176

Subtração
    BCD, 365
    binário, 348
    circuitos de complementos de 2, 381, 384
    hexadecimal, 367-368
    sistema de complementos de 2, 358, 361
Subtraendo, 355

T

Tabela
    análise usando, 88-90
    consulta (LUT), 96
    estado, 288
    excitação do circuito, 424-425
    J-K, 456-457
    de consulta (LUT), 969
    de excitação de circuito, 460
    de excitação J-K, 456
    Tabelas-verdade, 73-74
    usando AHDL, 214-215
    usando HDL, 213-216
    usando VHDL, 215-216
Tecnologia Blu-ray, 939-940
Tempo de acesso
    definição, 889
    ROM, 901
Tempo de aquisição, circuitos de amostragem e retenção, 864
Tempo de conversão, ADC, 840-841, 847
Tempo de hold (t_H), 256-257I
Tempo de setup (t_S), 255-257, 271
Temporizador 555 usado como um multivibrador monoestável, 305-309 (*ver também* o multivibrador monoestável)
Tensão
    comparadores, 630-632
    níveis, inválidos, 568-569
    nível de conversão, 630
    oscilador controlado, linear (VCO), 858
    para frequência ADC, 858
    parâmetros para CIs digitais, 563-564
Tensão de limiar negativa (V_{T-}), 300-302
Tensão de limiar positiva (V_{T+}), 300
Teoremas
    booleanos, 95
    DeMorgan, 99-102
    multivariáveis, 97-99
Teoremas de DeMorgan, 99-101
    implicações de, 101-102
Teste de circuito automático (usando DACs), 832
Teste de precisão estática, de um DAC, 834
Thin Film Transistor (TFT), 669
Thin quad flat pack (TQFP), 572
Thin shrink small outline package (TSSOP), 572
Thin very small outline package (TVSOP), 572
Tipos de computadores, 29-30
    controlador embutido, 30
    microcomputador, 29
    microcontrolador, 29
    microprocessador, 29
Tipos de LCDs, 667-669
Transdutor, 815
Transferência assíncrona, 280-282

Transferência assíncrona, 282, 437
Transferência de dados serial, 283-287
    entre registradores, 285
Transferência de dados, 280-282
    assíncrono, 280
    barramento de dados716-718
    demultiplexadores, 689-699
    e armazenamento, 280-283
    e portabilidade, 915
    operação, 716-718
    paralelo, 266, 282-283
    registradores de deslocamento, 283-287
    registradores, entre, 716
    requisito de tempo de hold, 284-285
    serial, 282
    simulação, completa, (HDL), 766
    simultânea, 282
    síncrona, 282
    transferência paralela *versus* serial, 286
        economia e simplicidade de, 286
        velocidade, 286
Transferência paralela de dados, 266, 282-283
    versus transferência serial, 287
Transições, 12
    negativa, 254
    positiva, 254
Transistor de entrada de múltiplos emissores, 573
Transistor de pull-down, TTL, 576
Translation Voltage Clamp (74TVC), 611
Transmissão paralela e serial, 25-27
    trocas entre, 26
Trepidação de contato (bounce), 246
Tristate
    barramento de dados, 621
    conectado ao barramento de dados, 715
    registos (74ALS173/HC173), 715-716
    saídas, 617-621
Trocas (para memórias não voláteis), 910

U

Unidade aritmética/lógica (ALU), 29, 368-370, 384, 388
    partes funcionais de um, 368
Unidade central de processamento (CPU), 29 (*ver também* Microprocessadores)
Universalidade das portas NAND e portas NOR, 103-106
Utilidade do hexa, 45-46

V

Vantagens das técnicas digitais, 17
Verificador, paridade, 172-173
Versa Module Eurocard (74VME), 611
VHDL, 120-121, 476-477
    ARQUITECTURE, 126, 210, 486, 490
    BIT, 126, 212, 326
    BUFFER, 486
    CASE, 224,473, 474, 496, 501, 531
    clock completo, 794
    comentários, 129-130
    comparador, 741
    COMPONENTE (S), 324-326, 486, 491, 501
        arquivo de projeto, 215
        biblioteca, 324-326

bibliotecas, 212, 733
   componentes, 324, 326
   de módulos parametrizados, 314
circuitos HDL com múltiplos, 328-332
codificador, 733-734
comparador de magnitude, 739
CONSTANTE, 402
contador BCD MOD-100, 490-491
contador completo, 479-480
contador MOD-10, 785-786, 793
contador MOD-12, 788-791
   símbolos de bloco gráfico, 791
   simulação, 790
contador MOD-5, 474
contador MOD-6, 783, 793
   símbolos de bloco gráfico, 790
   simulação, 786
contador MOD-60, 793
contador MOD-8, 765
conversor, 741
declaração de atribuição de sinal condicional, 733
declaração de atribuição simultânea, 125
declaração, 326
decodificador (es), 725
   drivers, 727-728
   sequência completa, 766
decodificando o contador MOD-5, 484-486
demultiplexadores, 736-737
DOWNTO, 397, 775
driver, 727-730
somador de oito bits, 399-400
elementos essenciais em, 126
EVENT, 327, 331, 474
ELSIF, 222-223
END, 126, 474
ENTITY, 126, 210, 215, 331, 473, 484-486, 490-491
flip-flop J-K, 326-328
flip-flops, 326-328
   contador de ripple MOD-8, 329-331
   flip-flop J-K, 326-328
   simulação, 327
IF/THEN/ELSE, 219-220, 496, 492, 731, 739
IN, 210
INTEGER, 212, 219, 399, 730-731
integração do módulo, 793-795
latch D, 321
latch NAND, 320
LPMs, 315
macrofunções, 212

MAP, funções maxplus2, 212
monoestáveis, simples, 536-540
monoestável não disparável, 542-543
multiplexadores, 736-737
objetos, 212
projeto de relógio digital, 777-795 (*ver também* HDL)
projeto de contador de frequência, 803-808
projeto do codificador para teclado numérico (HDL), 770-777 (*ver também* HDL)
   simulação, 777
   solução, 775-777
representação gráfica usando, 326
sequência completa, 766
simulação, 327, 765
sinais intermediários em, 130
sinais locais, 129-130
tipo enumerado, 496
tipos de dados comuns, 212
PACKAGE, 396
PORT, 126
   MAP, 326, 332
PROCESS, 220, 326, 331, 473-474, 476, 479, 480, 484, 500, 531, 540, 730, 739, 789
RANGE, 219, 476
redisparável, monoestável disparado por borda, 540-542
registrador PISO, 529-531
registro de mudanças, universal, 530-531
registro SISO, 527
SELECIONE, 215
simulação, 536-539, 541-542
   do contador completo, 479-481
SINAL, 129-130, 215-216, 327, 396, 473, 727, 733
somador/subtrator,
   de n bits, 402-404
STD_LOGIC, 212, 326 STD_LOGIC_VECTOR, 212
tabelas-verdade, 215-216
   atribuições de sinal selecionadas, 215-216
   concatenando, 215-216
teste de simulação, 766
TIPO, 495
valores, tabela, 215
VARIABLE, 327, 473, 540, 727, 733
WHEN, 725
WITH, 215
VHDL (linguagem de descrição de hardware de circuito integrado de alta velocidade), 120-121
Vetores de teste, 206
VLSI (integração de grande escala), 178, 562

W

WHEN, 725
WITH, 215

TEOREMAS BOOLEANOS

1. $x \cdot 0 = 0$
2. $x \cdot 1 = x$
3. $x \cdot x = x$
4. $x \cdot \bar{x} = 0$
5. $x + 0 = x$
6. $x + 1 = 1$
7. $x + x = x$

8. $x + \bar{x} = 1$
9. $x + y = y + x$
10. $x \cdot y = y \cdot x$
11. $x + (y + z) = (x + y) + z = x + y + z$
12. $x(yz) = (xy)z = xyz$
13a. $x(y + z) = xy + xz$
13b. $(w + x)(y + z) = wy + xy + wz + xz$

14. $x + xy = x$
15a. $x + \bar{x}y = x + y$
15b. $\bar{x} + xy = \bar{x} + y$
16. $\overline{x + y} = \bar{x}\,\bar{y}$
17. $\overline{xy} = \bar{x} + \bar{y}$

TABELAS-VERDADE DE PORTA LÓGICA

A	B	OR $A + B$	NOR $\overline{A + B}$	AND $A \cdot B$	NAND $\overline{A \cdot B}$	XOR $A \oplus B$	XNOR $\overline{A \oplus B}$
0	0	0	1	0	1	0	1
0	1	1	0	0	1	1	0
1	0	1	0	0	1	1	0
1	1	1	0	1	0	0	1

SÍMBOLOS DE PORTA LÓGICA

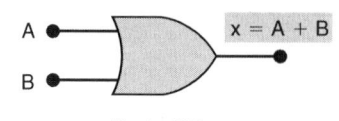

Porta OR: $x = A + B$

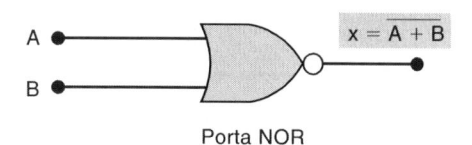

Porta NOR: $x = \overline{A + B}$

Porta AND: $x = AB$

Porta NAND: $x = \overline{AB}$

XOR: $x = A \oplus B = \bar{A}B + A\bar{B}$

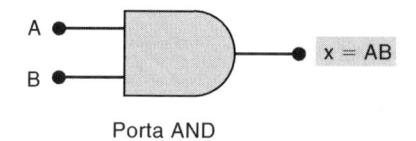

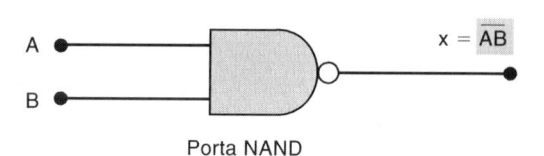

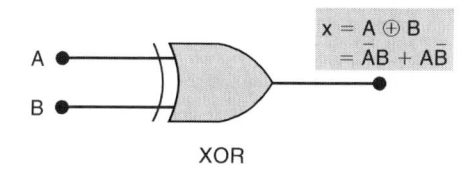

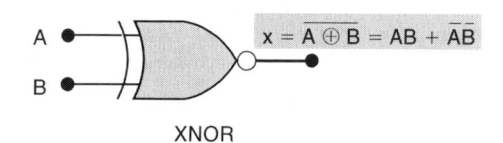

XNOR: $x = \overline{A \oplus B} = AB + \bar{A}\bar{B}$

FLIP-FLOPS

Latch NOR

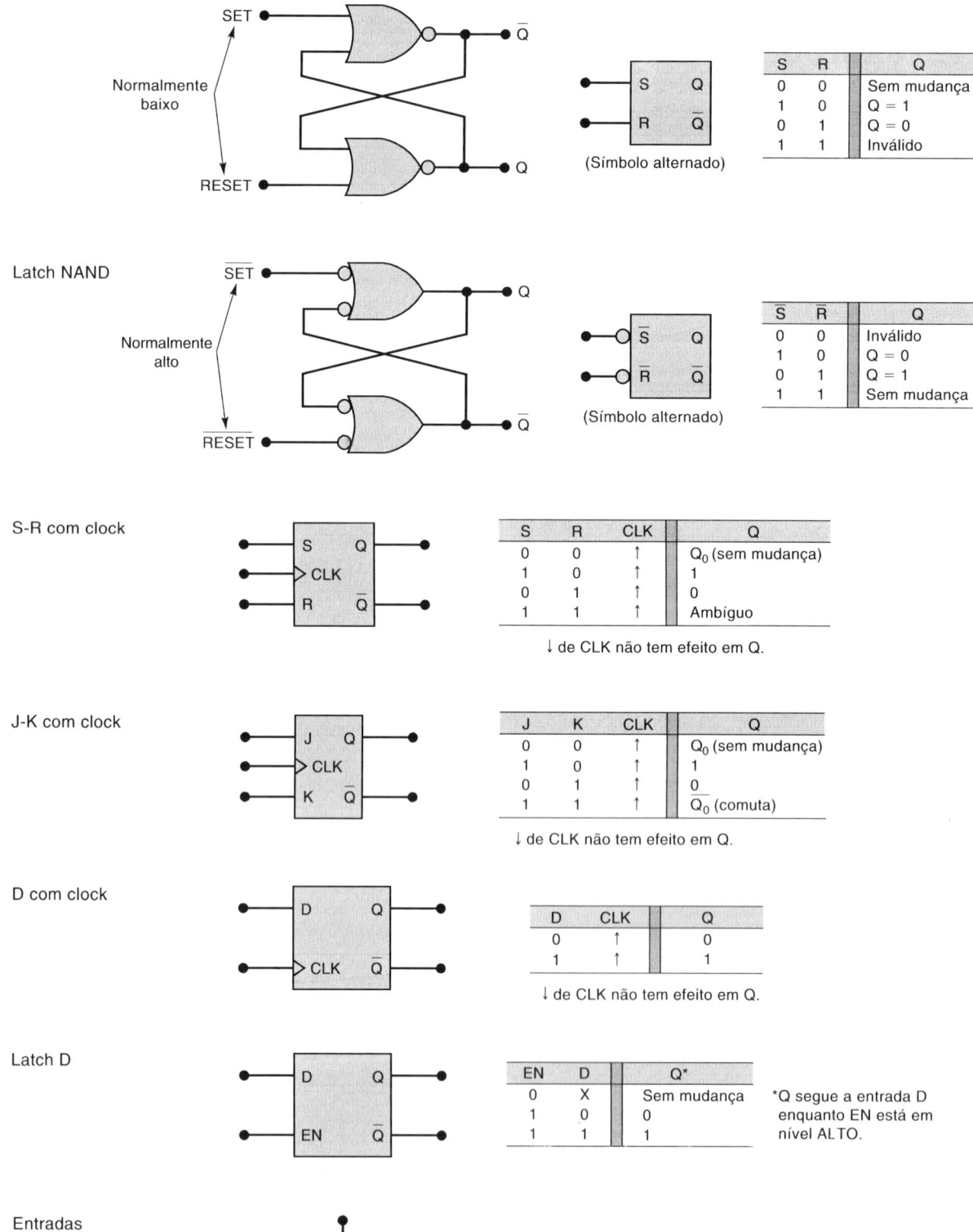

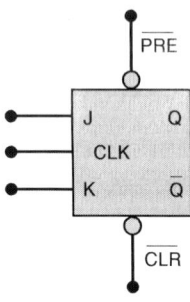

Normalmente baixo (SET, RESET)

(Símbolo alternado)

S	R	Q
0	0	Sem mudança
1	0	Q = 1
0	1	Q = 0
1	1	Inválido

Latch NAND

Normalmente alto ($\overline{SET}$, $\overline{RESET}$)

(Símbolo alternado)

$\overline{S}$	$\overline{R}$	Q
0	0	Inválido
1	0	Q = 0
0	1	Q = 1
1	1	Sem mudança

S-R com clock

S	R	CLK	Q
0	0	↑	Q_0 (sem mudança)
1	0	↑	1
0	1	↑	0
1	1	↑	Ambíguo

↓ de CLK não tem efeito em Q.

J-K com clock

J	K	CLK	Q
0	0	↑	Q_0 (sem mudança)
1	0	↑	1
0	1	↑	0
1	1	↑	$\overline{Q_0}$ (comuta)

↓ de CLK não tem efeito em Q.

D com clock

D	CLK	Q
0	↑	0
1	↑	1

↓ de CLK não tem efeito em Q.

Latch D

EN	D	Q*
0	X	Sem mudança
1	0	0
1	1	1

*Q segue a entrada D enquanto EN está em nível ALTO.

Entradas assíncronas

$\overline{PRE}$	$\overline{CLR}$	Q*
1	1	Sem efeito; o FF pode responder a J, K e CLK
1	0	Q = 0 independente de J, K, CLK
0	1	Q = 1 independente de J, K, CLK
0	0	Ambíguo (não usado)

*CLK pode estar em qualquer estado.